AF555611

LA

REVUE SCIENTIFIQUE

DE LA FRANCE ET DE L'ÉTRANGER

REVUE DES COURS SCIENTIFIQUES (2e SÉRIE)

COLLÉGE DE FRANCE
MUSÉUM D'HISTOIRE NATURELLE — SORBONNE — ÉCOLES DE PHARMACIE
FACULTÉS DE MÉDECINE — SOCIÉTÉS SAVANTES
FACULTÉS DES SCIENCES — UNIVERSITÉS ÉTRANGÈRES
CONFÉRENCES LIBRES
TRAVAUX SCIENTIFIQUES FRANÇAIS ET ÉTRANGERS

Avec figures intercalées dans le texte

DEUXIÈME SÉRIE

1re ANNÉE — 1er SEMESTRE
JUILLET-DÉCEMBRE 1871

PARIS
LIBRAIRIE GERMER BAILLIÈRE
17, RUE DE L'ÉCOLE-DE-MÉDECINE, 17
1871

LA

REVUE SCIENTIFIQUE

PARIS. — IMPRIMERIE DE E. MARTINET, RUE MIGNON, 2.

LA

REVUE SCIENTIFIQUE

DE LA FRANCE ET DE L'ÉTRANGER

REVUE DES COURS SCIENTIFIQUES (2E SÉRIE)

DIRECTION : MM. EUG. YUNG ET ÉM. ALGLAVE

2e SÉRIE — 1re ANNÉE NUMÉRO 1 1er JUILLET 1871

Paris, le 1er juillet 1871.

Après la crise terrible que nous venons de traverser, la préoccupation de tous les esprits, c'est de rechercher les causes de nos désastres et les moyens de nous régénérer pour préparer la revanche de l'avenir. A ce double point de vue, la science doit concentrer désormais une grande partie de l'attention publique.

Un de nos chimistes les plus éminents, M. Pasteur, se demandait pendant la guerre pourquoi la France, au moment du péril, ne trouvait pas d'hommes supérieurs pour la sauver. On se reportait alors aux glorieux souvenirs de la grande révolution, on croyait voir renaître les miracles qu'elle avait su enfanter. Mais les désastres s'accumulaient chaque jour et les sauveurs ne se montraient point. Pourquoi? parce que l'éducation scientifique avait été insuffisante pour les préparer.

La force de l'Allemagne, nous l'avons dit plus d'une fois, lui vient surtout de ses universités, de l'esprit scientifique qui les anime et qui a passé naturellement dans l'armée allemande, résultante de la nation tout entière. Nous ne pouvons espérer de revanche qu'en prenant à l'Allemagne les armes qui nous ont vaincus. C'est donc sur le terrain de la science qu'il faut combattre d'abord, pour nous préparer à lutter sur d'autres champs de bataille, parce que c'est la science seule qui donne aujourd'hui la victoire. C'est elle aussi qui peut régénérer la société, puisque la société moderne repose sur les applications de la science.

Depuis sept ans, la *Revue des cours scientifiques* s'était donné pour mission de répandre les études scientifiques en les prenant à leur source la plus haute, les chaires publiques. La situation nouvelle du pays l'oblige à étendre son programme. En dehors de l'enseignement supérieur proprement dit, il faut examiner les rapports de la science avec l'organisation économique et sociale, les grandes industries, les arts militaires, etc. D'ailleurs la *Revue* avait abordé déjà cet ordre de questions, et, par exemple, les articles que nous avons publiés sur l'artillerie depuis plusieurs années contiennent bien des indications qui n'auraient peut-être pas été inutiles.

Comme signe extérieur de l'extension de son programme correspondant à son extension matérielle, la *Revue des cours scientifiques* s'appelle désormais REVUE SCIENTIFIQUE. Mais elle continue à marcher dans la même direction, avec le même esprit; elle veut répandre la science sans l'abaisser.

On a beaucoup parlé de vulgariser la science. Le mot était mal choisi, et il faisait prévoir les défauts de bien des publications qui prenaient cet objectif. Il faut augmenter autant que possible le nombre de ceux qui cultivent la science ou au moins qui s'y intéressent; mais il faut viser à ce but sans la déguiser ou la frelater. Il faut la montrer telle qu'elle est, en élevant jusqu'à elle les hommes capables de cet effort sans chercher à la mettre au niveau de ceux qui ne peuvent pas ou ne veulent pas monter. Il faut la *populariser* en faisant un peuple scientifique. Pour atteindre ce but, il ne suffit pas de divulguer les connaissances scientifiques, qui se faussent bien souvent dans des intelligences mal préparées et mal dirigées; il faut avant tout et surtout répandre *l'esprit scientifique*.

Tandis que la guerre ravageait la France, deux grands travaux scientifiques se sont terminés. Le premier, c'est le percement du gigantesque tunnel du mont Cenis, qui va nous relier directement à l'Italie; le second, c'est la pose de la ligne télégraphique directe entre l'Angleterre et les Indes.

Pendant la même période, la science a perdu plusieurs de ses hommes les plus éminents : à Paris, Longet, professeur de physiologie à la Faculté de médecine; Lartet, professeur de paléontologie au Muséum; Payen, professeur de chimie industrielle au Conservatoire des arts et métiers; et Maniel, l'un de nos ingénieurs les plus remarquables, à qui on doit le fameux pont tournant de Brest; Gustave Lambert, le promoteur de l'expédition française au pôle nord; en Allemagne, Bischoff et Haidinger; en Angleterre, l'astronome sir John Herschell; en Suisse, le zoologiste Claparède, etc. Nous avons perdu deux de nos jeunes collaborateurs, destinés certainement à un bel avenir : le docteur Guillard, tué à Buzenval, et le docteur Lemattre, victime de son dévouement dans son service d'ambulance, qui venait de lui mériter la croix.

ÉMILE ALGLAVE.

Voici une lettre qui nous est envoyée sur les travaux de M. Édouard Claparède :

M. Edouard Claparède, l'éminent zoologiste de Genève, professeur à l'Académie de cette ville, a succombé le 2 juin dernier, à Sienne (Toscane), à la maladie dont il était atteint depuis longtemps.

Élève de Jean Müller, c'est sous les auspices de ce maître illustre que M. Claparède a débuté dans la science ; c'est par ses conseils qu'il a, dès cette époque, dirigé ses recherches vers les espèces animales inférieures. Une fois qu'il eut pris le goût de ces études et apprécié leur importance pour la physiologie générale et l'histoire du développement, il se consacra presque exclusivement à l'observation de ces types dégradés de l'animalité. Entré de bonne heure dans la voie si largement ouverte aux investigations des zoologistes par MM. Milne Edwards, Audouin, de Quatrefages, M. Claparède était, comme Sars, passé maître dans la connaissance de ce monde marin.

M. Claparède s'est toujours fait remarquer par l'indépendance de son esprit et de son caractère, dans le sens le plus honorable du mot. Jeune et professant dans un pays de libre examen, il adopta avec enthousiasme les idées de Darwin sur la transformation des espèces, fondée sur les deux grands principes de l'adaptation et de la transmission héréditaire. Il s'est souvent plu à apporter en confirmation de cette doctrine des faits tirés de ses observations personnelles. Un des exemples les plus curieux qu'il cite à ce sujet lui est fourni par certains Acarides parasites des Rongeurs. Beaucoup de ces animalcules sont pourvus d'un organe, en forme de crochet annulaire, qui leur sert à embrasser le poil le long duquel ils peuvent, à l'aide de leurs organes de locomotion, monter et descendre sans danger de tomber. On peut comparer leur situation à celle d'un singe fixé par sa chaîne à un anneau qui se meut librement autour d'un mât : l'animal peut bien exécuter toutes sortes de tours, mais est incapable de s'éloigner de son pieu. Or, M. Claparède a signalé ce fait intéressant que le crochet des Acarides résulte de la transformation de parties du corps les plus dissemblables, tantôt des lèvres, tantôt de telle ou telle paire de pattes, ou enfin de certains appendices situés dans le voisinage de l'anus. Cette absence d'homologie entre des organes remplissant d'ailleurs des fonctions physiologiques identiques parle hautement, suivant M. Claparède, en faveur des idées darwiniennes.

Docte comme un Allemand, il écrivait avec une clarté toute française. Malgré son état maladif, il déployait, dans la culture de la science qu'il aimait avec passion, une ardeur dont les carrières scientifiques n'offrent que de rares exemples. Comme en prévision de sa fin prochaine, il avait, dans ces dernières années, multiplié encore ses travaux dans une mesure que l'on peut réellement appeler surprenante. Grâce à sa connaissance des deux langues française et allemande, qu'il écrivait avec une égale facilité, il a pu alimenter des résultats de ses observations la plupart des recueils les plus importants consacrés aux sciences naturelles, publiés en France, en Suisse et en Allemagne, tels que les *Mémoires de la Société de physique et d'histoire naturelle de Genève*, les *Archives d'anatomie de Jean Müller*, le *Journal de zoologie scientifique*, dirigé par MM. Siebold et Kölliker, les *Annales des sciences naturelles*, etc. Ajoutons que la plupart de ses travaux sont accompagnés de dessins exécutés avec une rare habileté et d'une exactitude que ses confrères ont pu fréquemment apprécier.

M. Claparède était né en 1832 ; par conséquent il n'avait pas encore atteint sa quarantième année.

Voici la liste des principaux travaux originaux de M. Claparède :

1° *Cyclostomatis elegantis* anatome. Dissert. inaug. 1857.

2° Anatomie der *Neritina fluviatilis*. 1857.

3° Zur Morphologie der Augen bei den Arthropoden. 1859.

4° De la formation et de la fécondation des œufs chez les vers nématodes. 1859.

5° Études sur les Infusoires et les Rhizopodes, en collaboration avec Lachmann. 1858-1861. Mémoire couronné par l'Académie des sciences de Paris.

6° Recherches anatomiques sur les Annélides, Turbellariés, Opalines et Grégarines observés dans les Hébrides. 1861.

7° Recherches anatomiques sur les Oligochètes. 1862.

8° Recherches sur l'évolution des Araignées. 1862.

9° Glanures zootomiques parmi les Annélides de Port-Vendres. 1864.

10° Beobachtungen über Anatomie und Entwickelungsgeschichte an der Küste von Normandie angestellt. 1863.

11° Les Annélides chitopodes du golfe de Naples. 1868.

12° Studien an Aricaden. 1868.

13° Histologische Untersuchungen über der Regenwurm (*Lumbricus terrestris*, L.).

ASSOCIATION BRITANNIQUE

POUR L'AVANCEMENT DES SCIENCES

CONGRÈS DE LIVERPOOL

M. TH. H. HUXLEY

de la Société royale de Londres

Discours présidentiel. — L'origine de la vie

I

Mylords, mesdames et messieurs,

Un usage depuis longtemps consacré impose au nouveau président de l'*Association britannique* le devoir de profiter du poste élevé où le placent un instant les suffrages de ses collègues pour explorer des yeux les horizons du monde scientifique et vous exposer ce qu'on peut découvrir de cet observatoire éminent. Il doit indiquer dans quelle direction marchent les nombreuses phalanges de cette noble armée qui exploite le champ des sciences naturelles; il doit dire quelles forteresses importantes elle a récemment conquises sur notre grand ennemi à tous, l'ignorance; il doit aussi marquer avec l'impartialité convenable dans quels endroits les postes avancés de la science ont été refoulés, et où un siége longtemps poursuivi n'a fait aucun progrès nouveau.

Je vais essayer de suivre ces antiques précédents, en proportionnant toutefois mon discours aux limites de mes connaissances et de mon talent. Je ne me hasarderai pas à entreprendre un tableau synthétique du monde de la science, ni même à esquisser une de ses grandes provinces, la Biologie, dont quelques districts m'ont été rendus familiers par mes occupations habituelles. J'essaierai seulement de vous retracer l'histoire, la naissance et les progrès d'une seule doctrine biologique. Je m'efforcerai de vous donner quelque notion des résultats théoriques et pratiques dont nous sommes directement ou indirectement redevables au travail de sept générations de patients et laborieux investigateurs qui ont développé une idée née, il y a plus de deux siècles, dans l'esprit d'un naturaliste italien sagace et observateur.

PREMIÈRE PARTIE

D'OU VIENNENT LES ÊTRES VIVANTS

II. — La génération spontanée dans l'antiquité

C'est une chose d'expérience journalière que la difficulté d'empêcher un grand nombre de matières alimentaires de se couvrir de moisissures; les fruits en apparence les plus sains recèlent souvent des insectes à leur intérieur ; la viande abandonnée librement à l'air peut se corrompre et devenir une fourmilière de vers; l'eau ordinaire elle-même, quand on la laisse stagnante dans un vase découvert, se trouble tôt ou tard et se remplit de matières vivantes.

Les philosophes de l'antiquité, interrogés sur la cause de ces phénomènes, se tiraient d'affaire avec une réponse à la fois facile et spécieuse. Il ne leur venait même pas à l'esprit de douter que ces formes inférieures de la vie ne prissent naissance dans les matières où elles faisaient leur apparition. Lucrèce, celui de tous les poëtes anciens et modernes, Gœthe excepté, qui s'est le plus enivré de l'esprit des sciences, veut s'exprimer en philosophe bien plus encore qu'en poëte quand il écrit : « C'est avec beaucoup de raison que la terre a reçu

» le nom de mère, car tout est tiré de ses entrailles. Même » aujourd'hui, de nombreuses créatures vivantes s'élancent » de son sein, formées par les pluies et la chaleur du so- » leil (1). »

L'axiome de la science antique que *la corruption d'une chose est la naissance d'une autre* revêtit sa forme populaire dans cette idée que la graine mourait avant que la jeune plante en sortît; croyance tellement répandue et si bien consacrée que saint Paul l'invoque dans un des plus admirables élans de sa bouillante éloquence :

« Insensé, ce que tu sèmes n'est pas vivifié, tant qu'il n'a pas subi la mort (2). »

Ainsi donc, la maxime que la vie peut et doit procéder de ce qui ne possède pas la vie était acceptée par les philosophes, les poëtes et le peuple chez les nations les plus éclairées il y a dix-huit cents ans; elle reste la doctrine reçue de toute l'Europe, savante ou ignorante, pendant le cours du moyen âge et jusqu'au XVIIe siècle.

III. — Harvey. — Le primordium oviforme.

Parmi les nombreux titres de gloire de notre grand compatriote Harvey, on place ordinairement le mérite d'avoir constaté le premier le démenti que les faits, sur ce point comme sur d'autres, donnaient à l'autorité de la tradition; mais je ne puis découvrir nulle part dans ses écrits le fondement de cette croyance si généralement reçue. Après une exploration attentive des *Exercitationes de generatione*, voici ce qui en ressort le plus clairement à mes yeux :

Dans l'opinion d'Harvey, les animaux et les plantes sortaient tous de ce qu'il appelle un « *primordium vegetale* », expression qu'on peut traduire aujourd'hui par *germe végétal*. — Il dit que ce *primordium vegetale* est « *oviforme* », c'est-à-dire semblable à un œuf; non pas, a-t-il soin d'ajouter, qu'il ait nécessairement la forme d'un œuf, mais parce qu'il en possède la constitution et la nature. Que ce « *primordium oviforme* » doit dériver dans tous les cas de parents doués de vie : Harvey ne le maintient nulle part d'une manière expresse, quoique cette opinion paraisse bien résulter d'un ou deux passages; mais, dans d'autres endroits, il emploie plus d'une fois un langage qui implique une entière croyance à la génération spontanée ou équivoque (3).

(1) Linquitur, ut merito maternum nomen adepta
Terra sit, e terra quoniam sunt cuncta creata.
Multaque, nunc etiam existunt animalia terris
Imbribus et calido solis concreta vapore.

De rerum natura, lib. V, 793-796.

La traduction est faite d'après celle de M. Munro. Mais le sens du dernier vers ne serait-il pas mieux rendu ainsi : « Engendrées dans les » eaux pluviales et les vapeurs chaudes que soulèvent les rayons du » soleil ? »

(2) *Première épître aux Corinthiens*, XV, 36.

(3) Lisez le passage suivant dans l'*Exercitatio prima* : « Item *sponte* » *nascentia* dicuntur; non quod ex *putredine* oriunda sint; sed quod » casu, naturæ sponte, et æquivoca (ut aiunt) generatione, a paren- » tibus sui dissimilibus proveniant. » — Voici un extrait du *De uteri membranis* : « In cunctorum viventium generatione (sicut diximus) hoc » solenne est, ut ortum ducunt a *primordio* aliquo, quod tum materiam » tum efficiendi potestatem in se habet; sit que adeo id, ex quo et a » quo quicquid nascitur, ortum suum ducat. Tale primordium in anima- » libus (*sive ab aliis generantibus proveniant, sive sponte, aut ex pu-* » *tredine nascentur*) est humor in tunica aliqua aut putamine conclusus. » — Comparez aussi ce que Redi a écrit sur les opinions d'Harvey (*Esperienze*, p. 11).

En réalité, le principal objet du merveilleux petit traité d'Harvey n'est pas la génération tout entière au sens physiologique du mot, mais le développement, et il avait surtout pour but d'établir la doctrine de l'Épigenèse.

IV. — Expériences et doctrine de Redi : toute matière vivante vient d'une matière vivante.

La première fois qu'on trouve clairement énoncée cette hypothèse : toute matière vivante sort d'une matière vivante préexistante, — c'est chez un contemporain d'Harvey, un peu plus jeune que lui, originaire de ce pays fécond en grands hommes dans tous les départements de l'activité humaine, qui occupait aux XVIe et XVIIe siècles dans l'Europe intellectuelle la place que possède aujourd'hui l'Allemagne. Harvey avait fait la plus grande partie de son éducation scientifique en Italie et sous la direction de professeurs italiens. C'est un étudiant élevé dans les mêmes écoles, Francesco Redi, — homme aux connaissances les plus étendues et aux talents les plus variés, également distingué comme écrivain, comme poëte, comme médecin et comme naturaliste, — qui publiait, il y a juste deux cent deux ans, ses *Esperienze intorno alla generazione degl' Insetti* et donnait au monde l'idée dont je me propose de retracer le développement progressif. Le livre de Redi eut cinq éditions en vingt ans; l'extrême simplicité de ses expériences et la précision de ses arguments conquirent à ses vues et à leurs conséquences une adhésion presque universelle.

Redi ne s'était pas embarrassé dans des considérations spéculatives; il avait attaqué expérimentalement des cas particuliers de ce qu'on supposait être une « génération spontanée ». Voici, dit-il, des animaux morts ou des morceaux de viande; je les expose à l'air par un temps chaud, et en peu de jour ils fourmillent de vers. Vous me dites que ces vers ont été engendrés dans la chair corrompue. Mais si je place des matières semblables, par un temps frais, dans un vase dont je ferme l'ouverture avec une fine gaze, on ne voit plus apparaître aucun vers, et cependant les matières mortes se putréfient tout aussi bien qu'auparavant. Il en résulte évidemment que les vers ne sont pas engendrés par la corruption de la viande, et que la cause de leur formation réside dans *quelque chose* qui est arrêté par la gaze. Mais la gaze ne peut arrêter ni fluides aériformes, ni liquides; ce *quelque chose* doit donc consister en particules solides trop grosses pour traverser les mailles de la gaze.

Qu'était-ce que ces particules solides? L'incertitude ne fut pas de longue durée. Des essaims de mouches attirés par l'odeur de la viande se réunirent bientôt autour du vase; poussées par un instinct puissant, qui cette fois les fourvoyait, elles déposèrent sur la gaze des œufs qui produisirent aussitôt des vers. La conclusion devenait indéniable : les vers ne sont pas engendrés par la viande; les œufs qui leur donnent naissance sont apportés à travers l'air par les mouches.

Ces expériences paraissent d'une simplicité presque puérile, et l'on se demande comment personne n'avait encore songé à les faire. Cependant, si simples qu'elles soient, elles méritent l'étude la plus attentive : car, depuis cette époque, chaque partie des recherches expérimentales relatives à ce sujet a été calquée sur le modèle fourni par le savant italien.

Comme le résultat des expériences restait toujours le même, quelle que fût la nature des matières employées, il n'est pas étonnant qu'elles aient fait naître dans l'esprit de Redi la supposition que tous les autres cas analogues de production apparente de la vie par des matières mortes devaient également s'expliquer par l'introduction au milieu de ces matières mortes de germes vivants venus du dehors (1). Ainsi se forma définitivement cette hypothèse que les matières vivantes sont toujours produites par l'agencement de matières vivantes préexistantes; dorénavant elle eut le droit de se considérer en possession et de réclamer qu'on la réfute dans chaque cas particulier avant que la production de matières vivantes par un autre moyen pût être admise par des esprits judicieux.

J'aurai besoin de me référer très-souvent à cette hypothèse ; aussi, pour éviter la longueur d'une circonlocution, je lui donnerai le nom d'hypothèse de la *Biogenèse*, et j'appellerai la doctrine contraire, — d'après laquelle des matières vivantes peuvent dériver de matières privées de vie, — l'hypothèse de l'*Abiogenèse*.

V. — Controverse soulevée par les travaux de Redi. — Biogenèse, Homogenèse et Xénogenèse.

Au XVIIe siècle, comme je l'ai dit, cette dernière doctrine était dominante ; elle avait pour elle la double sanction de l'antiquité et de l'autorité, et il est intéressant de remarquer que Redi n'échappa point à la destinée ordinaire des inventeurs d'avoir à se défendre contre l'accusation de combattre l'autorité des Écritures (2). Ses adversaires déclaraient que la génération des abeilles par la dépouille d'un lion mort était affirmée dans le livre des Juges comme l'origine de cette fameuse énigme avec laquelle Samson embarrassait les Philistins :

> La nourriture est sortie de celui qui mangeait
> Et la douceur est sortie du fort.

A toutes les attaques, Redi opposa la force des faits démontrables et soutint d'admirables combats pour la biogenèse ; mais il est digne de remarque que le sens dans lequel il entendait cette doctrine le ferait infailliblement ranger, s'il vivait de nos jours, parmi les défenseurs de la génération spontanée. *Omne vivum ex ovo*, aucune vie sans vie précédente. Ces formules résument en aphorismes la doctrine de Redi ; mais il ne va pas plus loin.

Il donna même une preuve très-remarquable de la prudence philosophique et de l'impartialité de son esprit. Ayant pressenti, par une vue théorique, la véritable manière dont les insectes s'introduisaient dans les fruits et les galles des plantes, il ne crut pas, après réflexion, que l'évidence de son hypothèse fût suffisante pour la maintenir, et préféra, par conséquent, supposer que ces insectes étaient engendrés par une modification de la substance vivante des plantes elles-mêmes. En réalité, il regarde ces productions végétales comme des organes au moyen desquels la plante donne naissance à un animal, et considère cette génération d'animaux déterminés comme la cause finale des galles et, jusqu'à un certain point, des fruits. Il propose d'expliquer d'une manière analogue la présence des parasites dans le corps des animaux (1).

Il y a un grand intérêt à se rendre un compte exact de la position de Redi, car les directions d'idées qu'il a déterminées ont toujours, depuis lors, servi de guide aux travaux des naturalistes. Sans restriction, il adopte la biogenèse, comme l'opposé de l'abiogenèse, et je vais examiner en premier lieu,

(1) « Pure contentandomi sempre in questa ed in ciascuna altra cosa, da ciascuno più savio, là dove io difettuosamente parlassi, esser corretto ; non tacero, che per molte osservazioni molti volti da me fatte, mi sento inclinato a credere che la terra, da quelle prime piante, e da quei primi animali in poi, che ella nei primi giorni del mondo produsse per comandemento del sovrano ed omnipotente Fattore, non abbia mai più prodotto da se medesima nè erba nè albero, nè animale alcuno perfetto o imperfetto che ei se fosse ; e che tutto quello, che ne' tempi trapassati è nato e che ora nascere in lei, o da lei veggiamo, venga tutto dalla semenza reale e vera delle piante, e degli animali stessi, i quali col mezzo del proprio seme la loro spezie conservano. E se bene tutto giorno scorghiamo da' cadaveri degli animali, e da tutte quante le maniere dell' erbe, e de' fiori, e dei frutti imputriditi, e corrotti nascere vermi infiniti—

> Nonne vides quæcunque mora, fluidoque calore
> Corpora tabescunt in parva animalia verti—

Io mi sento, dico, inclinato a credere che tutti quei vermi si generino dal seme paterno ; e che le carni, e l'erbe, e l'altre cose tutte putrefatte, o putrefattibili non facciano altra parte, nè abbiano altro ufizio nella generazione degl' insetti, se non d'apprestare un luogo o un nido proporzionato, in cui dagli animali nel tempo della figliatura sieno portati, e partoriti i vermi, o l'uova o l'altre semenze dei vermi, i quali tosto che nati sono, trovano in esso nido un sufficiente alimento abilissimo per nutricarsi : e se in quello non son portate dalle madri queste suddette semenze, niente mai, e replicatamente niente, vi s'ingegneri e nasca. » — Redi, *Esperienze*, p. 14 et 16.

(2) « Molti, e molti altri ancora vi potrei annoverare, se non fossi chiamato a rispondere alle rampogne di alcuni, che bruscamente mi rammentano ciò, che si legge nel capitolo quattordicesimo del sacrosanto Libro de' giudici...! » -- Redi, *l. c.*, p. 45.

(1) Le passage (*Esperienze...*, p. 120) mérite d'être cité en entier :

« Se dovessi palesarvi il mio sentimento crederei che i frutti, i legumi, gli alberi e le foglie, in due maniere inverminassero. Una, perchè venendo i bachi per di fuora, e cercando l'alimento, col rodere ci aprono la strada, ed arrivano alla più interna midolla de' frutti e de' legni. L'altra maniera si è, ehe io per me stimerei, che non fosse gran fatto disdicevole il credere, che quell' anima o quella virtù, la quale genera i fiori ed i frutti nelle piante viventi, sia quella stessa che generi ancora i bachi di esse piante. E chi sà forse, che molti frutti degli alberi non sieno prodotti, non per un fine primario e principale, ma bensì per un uffizio secondario e servile, destinato alla generazione di que' vermi, servendo a loro in vece di matrice, in cui dimorino un prefisso e determinato tempo ; il quale arrivato escan fuora a godere il sole.

» Io m' immagino, che questo mio pensiero non vi parrà totalmente un paradosso ; mentre farete riflessione a quelle tante sorte di galle, di coccole, di ricci, di calici, di cornetti e di lappole, che son produtte dalle querce, dalle farnie, da' cerri, da' sugheri, da' lecci e da altri simili alberi da ghianda ; imperciocchè in quelle gallozzole, e particolarmente nelle più grosse, che si chiamano coronati, ne' ricci capelluti, che ciuffoli da' nostri contadini son detti ; nei ricci legnosi del cerro, ne' ricci stellati della quercia, nelle galluzze della foglia del leccio si vede evidentissimamente, che la prima e principale intenzione della natura è formare dentro di quelle un animale volante ; vedendosi nel centro della gallozzola un uovo, che col crescere e col maturarsi di essa gallozzola va crescendo e maturando anch' egli, e cresce altresì a suo tempo quel verme, che nell' uovo si racchiude ; il qual verme, quando la gallozzola è finita di maturare e che è venuto il termine destinato al suo nascimento, diventa, di verme che era, una mosca.... Io vi confesso ingenuamente, che prima d'aver fatte queste mie esperienze intorno alla generazione degl' insetti mi dava a credere, o per dir meglio sospettava, che forse la gallozzola nascesse, perchè arrivando la mosca nel tempo della primavera, e facendo una piccolissima fessura ne' rami più teneri della quercia, in quella fessura nascondesse uno de suoi semi, il quale fosse cagione che sbocciasse fuora la gallozzola ; e che mai non si vedessero galle o gallozzole o ricci o cornetti o calici o coccole, se non in que' rami, ne' quali le mosche avessero depositate le loro semenze ; e mi dava ad intendere, che le gallozzole fossero une malattia cagionata nelle querce dalle punture delle mosche, in quella guisa stessa che dalle punture d'altri animaletti simiglievoli veggiamo crescere de' tumori ne' corpi degli animali. »

tout de suite, comment des investigations bien postérieures ont justifié sa conduite.

Mais Redi pensait, en outre, qu'il y avait deux modes de biogenèse. Dans un premier mode, le plus ordinaire et qu'on rencontre communément, les parents vivants donnent naissance à des descendants qui parcourent le même cycle de modifications qu'ils ont suivi eux-mêmes : le semblable engendre le semblable. Ce premier mode a reçu le nom d'*homogenèse*. Dans l'autre mode, les parents vivants sont supposés donner naissance à des descendants qui traversent une série d'états successifs tout à fait différents de ceux qu'ont subis les parents et qui ne retournent pas au cycle de ces parents. Ce second mode devrait s'appeler *hétérogenèse*, puisque les descendants diffèrent des parents d'une manière complète et permanente. Malheureusement, le mot d'hétérogenèse a été employé dans un sens différent; c'est pourquoi M. H. Milne Edwards lui a substitué celui de *xénogenèse*, qui indique quelque chose d'étranger.

Après avoir discuté l'hypothèse de Redi d'une biogenèse universelle, je montrerai dans quelles limites le développement de la science a justifié son autre hypothèse de la xénogenèse.

DEUXIÈME PARTIE

HISTOIRE DE LA BIOGENÈSE

VI. — Triomphe des idées de Redi aux XVIIe et XVIIIe siècles

Les progrès triomphants de l'hypothèse biogénésique continuèrent sans opposition pendant près d'un siècle. L'application du microscope à l'anatomie entre les mains de Grew, de Leeuwenhoeck, de Swammerdam, de Lyonet, de Vallisnieri, de Réaumur, et d'autres illustres investigateurs de la nature à cette époque, dévoilait une telle complexité d'organisation dans les êtres les plus dégradés et les plus petits ; elle révélait partout une telle prodigalité de précautions pour assurer leur multiplication au moyen de germes d'une sorte ou d'une autre, que l'hypothèse de l'abiogenèse commençait à paraître non-seulement fausse mais absurde. Au milieu du XVIIIe siècle, quand Needham et Buffon reprirent cette question, elle était frappée d'un discrédit presque universel (1).

Mais l'habileté des constructeurs de microscopes du XVIIIe siècle atteignit bientôt ses limites. Un microscope grossissant de 400 diamètres, était le chef-d'œuvre des opticiens d'alors. Or, un pouvoir grossissant de 400 diamètres, même quand la définition des images atteint l'exquise précision de nos lentilles achromatiques modernes, permet à peine de distinguer nettement les formes les plus délicates de la vie. Une mire d'un vingt-cinquième de pouce seulement de diamètre présente, à dix pouces de l'œil, la même dimension apparente qu'un objet d'un dix-millième de pouce en diamètre quand il est grossi 400 fois. Or, il y a un grand nombre de formes de matière vivante dont le diamètre ne dépasse pas un quarante millième de pouce. Une infusion filtrée de foin, qu'on a laissée stagnante pendant deux jours, est remplie de particules vivantes parmi lesquelles celle qui atteint le diamètre d'un globule rouge du sang humain, soit environ un trois mille deux centième ($\frac{1}{3200}$) de pouce, est une géante. C'est seulement en conservant ces faits présents à l'esprit qu'on peut apprécier avec justice les théories et les vues remarquables développées par Buffon et Needham au milieu du XVIIIe siècle.

(1) Needham écrivait en 1750 :

« Les naturalistes modernes s'accordent unanimement à établir, comme une vérité certaine, que toute plante vient de sa semence spécifique, tout animal d'un œuf ou de quelque chose d'analogue préexistant dans la plante, ou dans l'animal de même espèce qui le produit. » — *Nouvelles observations*, p. 169.

« Les naturalistes ont généralement cru que les animaux microscopiques étaient engendrés par des œufs transportés dans l'air, ou déposés dans des eaux dormantes par des insectes volants. » — *Ibid.*, p. 176.

VII. — Needham et Buffon. — Génération spontanée des animalcules infusoires.

Quand des matières animales ou végétales infusent dans l'eau, elles se ramollissent et se désagrègent progressivement ; puis l'eau se remplit d'un grand nombre de petits êtres fort mobiles, tirant de leur lieu de naissance le nom d'*animalcules infusoires*, et que le microscope seul permet de découvrir. Une grande partie de ces animalcules appartient à la catégorie des particules très-délicates dont j'ai parlé et qui, sous les microscopes ordinaires du XVIIIe siècle, devaient présenter tous uniformément l'apparence de points et de lignes.

Diverses considérations théoriques, que je ne puis examiner maintenant, mais qui paraissaient assez fondées dans l'état des connaissances d'alors, conduisirent Buffon et Needham à douter que l'hypothèse de Redi pût s'appliquer aux animalcules infusoires. Needham, avec beaucoup d'à-propos, chercha à soumettre ses idées au contrôle de l'expérience.

Voici quel fut son raisonnement : Si les animalcules infusoires proviennent de germes, ces germes doivent exister, soit dans la matière qu'on fait infuser, soit dans l'eau où a lieu l'infusion, soit enfin dans l'air qui la recouvre. Or, la vitalité de tous les germes est détruite par la chaleur. Je vais donc fermer soigneusement le vase et mastiquer le bouchon ; puis je le chaufferai en le recouvrant tout entier de cendres chaudes pour faire bouillir l'infusion. Je dois ainsi tuer infailliblement tous les germes qui se trouveraient dans l'appareil. Par conséquent, si l'hypothèse de Redi est fondée, lorsque l'infusion sera retirée et mise au frais, il ne pourra plus s'y développer aucun animalcule. Au contraire, si les animalcules ne dérivent pas de germes préexistants, mais sont engendrés par la substance infusée elle-même, ils doivent apparaître comme d'ordinaire.

Needham trouva que, dans les conditions de ses expériences, des animalcules prenaient toujours naissance au sein des infusions, quand il s'était écoulé un temps suffisant pour rendre leur développement possible.

VIII. — Buffon. — Hypothèse des molécules organiques.

Dans beaucoup de ses travaux, Needham était associé avec Buffon, et les résultats de leurs expériences concordaient admirablement avec l'hypothèse des « *molécules organiques* » imaginée par le grand naturaliste français. D'après cette hypothèse, la vie est la propriété inséparable de certaines molécules matérielles indestructibles qui existent dans tous les corps vivants et possèdent une activité propre par laquelle elles se distinguent de la matière non douée de vie. Chaque organisme vivant, individuel, est formé de leur combinaison temporaire. Elles sont avec lui dans le même rapport que les particules d'eau avec la cascade ou le torrent, ou encore avec le gouffre dans lequel l'eau se précipite. La forme de l'organisme est déterminée par la réaction mutuelle entre les conditions ambiantes et les activités propres des molécules organiques qui le composent. De même que le barrage du torrent ne détruit qu'une forme et laisse subsister intacte les molécules d'eau avec toutes leurs activités propres, de même ce que nous appelons mort et putréfaction d'un animal ou d'une plante est seulement la destruction de la forme ou du mode d'association de ses molécules organiques constitutives, qui prennent alors leur liberté comme animalcules infusoires.

Il faut bien remarquer que cette doctrine ne rentre pas du tout dans l'abiogenèse avec laquelle on l'a souvent confondue. D'après cette hypothèse, une pièce de viande ou une poignée de foin n'est morte qu'en un certain sens limité. La viande est du bœuf mort, et le foin de l'herbe morte ; mais les *molécules organiques* de la viande ou du foin ne sont pas mortes ; elles sont prêtes, au contraire, à manifester leur vitalité aussitôt que les enveloppes mortuaires du bœuf et de l'herbe, dans lesquelles elles sont emprisonnées, auront été déchirées par l'action macérante de l'eau. L'hypothèse de Buffon doit donc être rangée dans la xénogenèse plutôt que dans l'abiogenèse. Telle qu'elle est, si l'on a la justice de se souvenir qu'elle est antérieure aux débuts de la chimie moderne et des arts optiques actuels, on reconnaîtra sans doute qu'elle renfermait une vue des plus ingénieuses et des plus fécondes.

IX. — Spallanzani. — Critique victorieuse des expériences de Needham.

Mais la grande tragédie de la science, où la plus brillante hypothèse succombe sous le fait le moins gracieux, se représente d'une manière continue devant les philosophes, et elle fut jouée presque immédiatement aux dépens de Buffon et Needham.

Ce fut encore un Italien, l'abbé Spallanzani, digne successeur et représentant de Redi par sa finesse, son ingéniosité et sa science, qui soumit les expériences et les conclusions de Needham à une pénétrante critique. Il se pouvait que les expériences de Needham eussent fourni les résultats qu'il a décrits ; mais justifiaient-elles ses raisonnements ? N'était-il pas possible, en premier lieu, qu'il n'eût pas complétement interdit tout accès à l'air par son bouchon et son mastic ? En second lieu, ne se pouvait-il pas aussi qu'il eût insuffisamment chauffé l'infusion et l'air baignant sa surface ?

Sur ces deux points, Spallanzani obtint gain de cause contre le naturaliste anglais. Il démontra que si l'on fermait d'abord hermétiquement, en fondant leurs cols à la lampe, les vases de verre contenant l'infusion, et si on les exposait ensuite à la température de l'eau bouillante pendant trois quarts d'heure ou une heure (1), il ne se montrait jamais aucun animalcule dans leur sein.

Il faut reconnaître que les expériences et les raisonnements de Spallanzani donnèrent une réponse aussi complète qu'écrasante à ceux de Needham. Mais nous oublions tous trop souvent qu'autre chose est réfuter une proposition et autre chose établir l'exactitude de la doctrine qui, implicitement ou explicitement, contredit cette proposition. Les progrès de la science montrèrent bientôt que si Needham était convaincu d'avoir tort, Spallanzani n'avait pas démontré qu'il eût raison.

(1) Voyez Spallanzani, *Opere*, t. VI, pp. 42 et 51.

X. — Découverte du rôle de l'oxygène dans la vie. — Expériences de Schulze et Schwann pour confirmer celles de Spallanzani.

Au commencement de la seconde moitié du XVIIIe siècle, la chimie moderne se développa rapidement et aborda bientôt les grands problèmes que la biologie s'était vainement efforcée d'attaquer sans son secours. La découverte de l'oxygène conduisit à poser les bases de la théorie scientifique de la respiration, et à rechercher les curieuses réactions des substances organiques avec l'oxygène. La présence de l'oxygène libre apparut comme une des conditions d'existence de la vie et de ces singuliers changements dans les matières organiques, connus sous le nom de fermentation et de putréfaction. Le problème de l'origine des animalcules infusoires entrait ainsi dans une nouvelle phase. A quoi tenait l'absence d'animalcules dans les expériences de Spallanzani ? Était-ce à la matière organique des infusions ou à l'oxygène de l'air ? Comment pouvait-on savoir si le développement de la vie qui devait prendre naissance n'avait pas été interrompu ou empêché par ces changements ?

La bataille devait s'engager de nouveau. Il était nécessaire de répéter les expériences dans des conditions choisies pour mettre hors de doute que ni l'oxygène de l'air ni la composition des matières organiques n'étaient altérés d'aucune manière dans leur rôle d'éléments indispensables à l'existence de la vie.

Schulze et Schwann reprirent la question à ce point de vue, en 1836 et 1837. Le passage de l'air à travers des tubes de verre, chauffés au rouge ou dans l'acide sulfurique concentré, ne pouvait modifier la proportion de son oxygène ; mais il devait certainement arrêter ou détruire toutes les matières organiques que contiendrait cet air. Ces expérimentateurs disposèrent donc un appareil dans lequel l'air ne venait en contact avec l'infusion bouillie qu'après avoir traversé des tubes chauffés au rouge ou de l'acide sulfurique concentré. Voici les résultats qu'ils obtinrent. L'infusion, ainsi traitée, ne produisit aucune particule vivante ; mais, quand cette même infusion fut ensuite exposée à l'air libre, les animalcules y apparurent avec rapidité et abondance. L'exactitude de ces expériences a été tour à tour niée et affirmée. Mais, en admettant qu'il faille les accepter, tout ce qu'elles prouvaient réellement, c'est que le traitement auquel l'air avait été soumis détruisait *quelque chose* d'essentiel au développement de la vie dans l'infusion. Ce *quelque chose* pouvait être un gaz, un liquide ou un solide ; et l'idée qu'il consistait en germes restait toujours une simple hypothèse d'une probabilité plus ou moins grande.

XI. — Cagniard de La Tour et Helmholtz. — Découverte du caractère vital de la fermentation et de la putréfaction.

Pendant que Schulze et Schwann se livraient à ces investigations, une remarquable découverte sortait des recherches de Cagniard de La Tour. Il démontra que la levûre ordinaire était formée par l'accumulation de petites plantes. La fermentation du malt ou de l'orge, dans la fabrication de la bière, s'accompagne toujours du rapide développement et de la multiplication de ces *Torulæ*. Puisque la fermentation est caractérisée par le développement d'organismes microscopiques en nombre énorme, elle devait désormais être assimilée à la décomposition d'une infusion de matières animales ou végétales ordinaires, et cela conduisait naturellement à supposer que ces organismes étaient, d'une manière ou d'une autre, les causes de la fermentation et de la putréfaction.

Les chimistes, Berzelius et Liebig en tête, se moquèrent d'abord dédaigneusement de cette idée. Mais en 1843, un homme alors bien jeune, qui a donné depuis cet exemple unique de conquérir le plus haut rang à la fois en mathématiques, en physique et en physiologie, — je veux parler de l'illustre Helmholtz, — réussit à ramener la question au contrôle de l'expérience par une méthode aussi élégante que concluante.

Helmholtz prit deux liquides, l'un capable de provoquer la putréfaction ou la fermentation, l'autre simplement putrescible ou fermentescible, et les sépara par une membrane qui laissait traverser les liquides et leur permettait de se mélanger, mais empêchait le passage des solides. Voici quel fut le résultat. Les liquides putrescibles ou fermentescibles s'imprégnèrent des produits de la pourriture ou de la fermentation qui baignaient l'autre face de la membrane, mais on ne les vit ni fermenter ni pourrir comme d'ordinaire, et l'on n'y trouva aucun de ces organismes qui abondaient dans le liquide fermenté ou putréfié et s'y engendraient.

La cause du développement de ces organismes devait donc résider dans quelque chose qui ne pouvait pas traverser la membrane. Comme les expériences de Helmholtz précédaient de beaucoup les recherches de Graham sur les substances colloïdes, sa conclusion naturelle fut que l'agent ainsi intercepté par la membrane ne pouvait être qu'une matière solide. En réalité, le travail d'Helmholtz resserrait le problème dans ces termes : l'agent qui provoque la fermentation et la putréfaction et donne en même temps naissance à des organismes vivants dans les liquides fermentescibles ou putrescibles, n'est ni un gaz ni un liquide diffusible ; c'est donc, soit une substance colloïde, soit une matière divisée en très-petites particules solides.

XII. — Schroeder et Dusch et J. Tyndall. — La fermentation et la putréfaction sont produites par des particules solides.

Les recherches de Schroeder et Dusch en 1854, et de Schroeder seul en 1859, éclaircirent ce point par des expériences qui n'étaient que le raffinement de celles de Redi. Un monceau de coton est, physiquement parlant, une pile fort épaisse de gazes très-serrées, dont la finesse de maille dépend du tassement produit par la compression du coton. Schroeder et Dusch établirent, — pour toutes les matières putréfiables qu'ils avaient employées, excepté le lait et le jaune d'œuf, — qu'une infusion bouillie et mise ensuite en contact avec de l'air filtré à travers du coton, ne se putréfiait pas, ne fermentait pas et ne produisait aucune forme vivante.

Il est difficile d'imaginer ce qu'aurait pu arrêter ce fin tamis de coton, si ce n'est de petites particules solides. Cependant la démonstration restait incomplète tant qu'on ne prouvait pas positivement, d'abord que l'air ordinaire contient de telles particules, ensuite que la filtration à travers le coton arrête ces particules en ne laissant passer que l'air physiquement pur. Cette preuve a été fournie l'année dernière par les remarquables expériences de M. le professeur J. Tyndall.

L'objection ordinaire des abiogénistes c'est que, si la doctrine biogénique est vraie, l'air doit être obstrué de germes ; et ils regardent cette idée comme le comble de l'absurdité. Mais la Nature est très-déraisonnable par occasion, et M. J. Tyndall a établi, en particulier, que cette absurdité était cependant une chose très-réelle. Il a prouvé que l'air ordinaire n'est pas plus pur qu'une espèce de bouillon formé de particules solides très-ténues, que ces particules sont détruites presque complétement par la chaleur, enfin qu'elles sont retenues par un filtrage à travers du coton qui rend l'air optiquement pur (1).

XIII. — Pasteur. — Établissement de la théorie des germes atmosphériques.

Il reste encore à montrer, non dans l'ordre de l'histoire mais dans celui de la logique, que parmi ces particules solides destructibles se trouvent réellement des germes capables de provoquer le développement d'organismes vivants dans des infusions convenables. Cette partie du travail a été accomplie par M. Pasteur dans ses belles recherches qui rendront son nom à jamais célèbre, et qui, en dépit de toutes les attaques dont elles ont été l'objet, me paraissent encore aujourd'hui, comme il y a sept ans (2), un modèle d'expérimentation patiente et de raisonnement logique.

Il filtra l'air sur du coton et prouva, comme Schroeder et Dusch l'avaient déjà fait, qu'après cette opération il ne contenait plus aucun agent capable de provoquer le développement de la vie dans les liquides les plus propres à la manifestation de ce phénomène. Mais M. Pasteur ajouta en outre à l'enchaînement de la démonstration les trois derniers anneaux d'une grande importance.

En premier lieu, il soumit à un examen microscopique le coton qui avait servi de filtre et montra, parmi les particules solides retenues par lui, plusieurs corps qu'il était facile de reconnaître pour des germes.

En second lieu, il fit voir que ces germes étaient capables de donner naissance à des organismes vivants lorsqu'on les semait tout simplement dans une infusion propre au développement de ces organismes.

En troisième lieu enfin, il prouva que l'inaptitude de l'air filtré sur le coton à donner naissance à la vie ne tenait pas à quelque changement caché produit par le coton dans les éléments de l'air, en montrant que le coton pouvait être tout à fait écarté de l'appareil, et une communication parfaitement libre laissée entre l'air extérieur et celui qui remplit le ballon à expérience. Voici comment il y parvint.

Le col du ballon fut étiré en tube et recourbé vers le bas ; puis, lorsque le liquide contenu dans ce ballon eut été soigneusement bouilli, le tube fut chauffé à une température suffisante pour détruire tous les germes que pouvait contenir l'air entré dans le ballon pendant le refroidissement du liquide. L'appareil peut alors être abandonné à lui-même un temps quelconque et jamais la vie ne s'y manifeste.

La raison en est simple : il y a sans doute une libre communication entre l'atmosphère chargée de germes et l'air intérieur du ballon qui en est dépourvu ; mais le contact ne

(1) Voyez notre t. VI, pp. 242 et 284, [numéros des 20 mars et 3 avril 1869.

(2) Voyez *Lectures to Working men on the causes of the phenomena of organic nature*, 1863.

peut s'établir que dans le col tubulaire, dont l'ouverture se dirige vers le bas. Comme les germes n'ont pas le pouvoir de remonter et qu'il n'y a pas de courants pour les soulever, ils ne pénètrent jamais dans l'intérieur du ballon ; mais si l'on brise le col tubulaire non loin du point où il se détache du ballon et qu'on donne ainsi un libre accès aux germes tombant verticalement de l'atmosphère, le liquide, qui était resté limpide et inhabité pendant des mois, se trouble en peu de jours et se remplit d'organismes vivants (1).

Ces expériences ont été répétées à diverses reprises avec le plus entier succès par des observateurs indépendants les uns des autres. Voici, pour voir les faits soi-même, une méthode très-simple que je vais décrire.

On prépare une infusion (fort employée par M. Pasteur, et souvent appelée infusion Pasteur) composée d'eau tenant en dissolution du tartrate d'ammoniaque, du sucre et de la levûre de bière (2). On la divise en trois parties placées dans autant de ballons et qu'on fait bouillir un quart d'heure. Pendant que la vapeur s'échappe, on bouche le col d'un des ballons avec un gros bouchon de coton, de telle sorte que ce ballon soit alors complétement rempli de vapeur d'eau. Puis on place les ballons au frais et, quand leur contenu est refroidi, on ajoute à l'un des ballons ouverts une goutte d'une infusion filtrée de foin, laissée stagnante depuis vingt heures et conséquemment remplie d'organismes fort mobiles et très-petits, connus sous le nom de Bactéries. En une couple de jours, par une température ordinaire, la multiplication énorme des bactéries donne au liquide du ballon une apparence laiteuse. Le troisième ballon, ouvert et exposé à l'air, se remplit également, plus ou moins tôt, de bactéries, et des plaques de moisissure peuvent s'y montrer. Au contraire, le liquide du premier ballon, dont le col est bouché avec du coton, conserve sa limpidité pendant un temps indéfini.

J'ai cherché en vain une autre explication de ces faits, que l'hypothèse toute naturelle exprimée en ces termes : l'air contient des germes capables de produire les *Fungi* de la moisissure et des bactéries semblables à celles qui ont servi à infecter après la première infusion. Je n'ai pas encore rencontré un seul défenseur de l'abiogenèse capable de soutenir sérieusement que les atomes de sucre, de tartrate d'ammoniaque, de levûre et d'eau, sans aucune autre influence que celle du libre accès de l'air et d'une température ordinaire, se réorganisent eux-mêmes pour donner naissance au protoplasme d'une bactérie. Or, il faut choisir entre cette hypothèse et celle que les bactéries dérivent des germes atmosphériques. Mais si c'est bien dans ces germes que réside leur mode de propagation, on ne doit pas prétendre, sans assumer le fardeau de la preuve, que d'autres formes semblables sont engendrées d'une manière différente.

XIV. — État actuel de la question.

Récapitulons les anneaux de cette longue chaîne de preuves. On peut démontrer les points suivants :

1° Un liquide éminemment propre au développement des formes inférieures de la vie, mais qui ne contient aucun germe ni aucun composé de protéine, produit des organismes vivants en grande abondance quand on l'expose à l'air ordinaire ; ce liquide, au contraire, ne développe rien de semblable quand on le met en contact avec de l'air purgé mécaniquement des particules solides flottant d'ordinaire dans son sein et qu'on peut rendre visibles par des moyens appropriés.

2° La grande majorité de ces particules est destructible par la chaleur, et un certain nombre d'entre elles est constitué par des germes ou des particules vivantes, capables de donner naissance aux mêmes formes de vie que celles qui apparaissent dans ce liquide exposé à l'air non purifié.

3° La contamination du liquide en expérience par une goutte de liquide qu'on sait contenir des particules vivantes provoque les mêmes phénomènes que l'exposition à l'air non purifié.

4° Enfin, il est certain que ces particules vivantes sont trop ténues pour que leur suspension dans l'atmosphère présente des difficultés sérieuses. Lorsqu'on pense au contraire à leur légèreté et à l'immense diffusion des organismes qui les produisent, il devient impossible de comprendre comment elles ne seraient point répandues par myriades dans l'atmosphère.

Je crois donc qu'il faut reconnaître le plus grand poids aux preuves directes ou indirectes en faveur de la biogenèse, pour toutes les formes vivantes connues.

Dans l'autre camp, les seules allégations dignes d'examen reposent sur les faits suivants : des liquides hermétiquement clos, soumis à une température élevée longtemps prolongée, ont montré quelquefois, lorsqu'on les a ouverts, des êtres vivants d'une organisation inférieure.

Une première réponse se présente d'elle-même, c'est la probabilité de quelques causes d'erreurs dans les expériences invoquées, car elles sont reproduites chaque jour sur la plus grande échelle, avec des résultats entièrement différents. Viande, fruits, légumes, vrais éléments des infusions les plus fermentescibles et putrescibles, sont préservés de la contagion, je crois pouvoir dire par milliers de tonneaux chaque année, au moyen d'une méthode qui est tout simplement l'application des expériences de Spallanzani.

Les matières à préserver sont soumises à l'ébullition dans des boîtes de fer-blanc, munies d'un petit trou ; on soude ce trou lorsque l'air intérieur de la boîte a été remplacé par de la vapeur. Cette méthode permet de conserver des matières alimentaires pendant des années à l'abri de la fermentation, de la putréfaction et de la moisissure.

Ce résultat ne tient pas à l'exclusion de l'oxygène, car il est maintenant établi que l'oxygène libre n'est pas nécessaire à la fermentation ni à la putréfaction. Il ne tient pas non plus à ce que les boîtes ont été privées d'air, car Pasteur a montré que les vibrions et les bactéries peuvent vivre sans air ni oxygène libre. Il ne tient pas davantage à ce que les viandes ou légumes bouillis auraient perdu la faculté de fermenter et pourrir, ceux-là le savent bien qui ont eu la mauvaise fortune de voyager sur un navire pourvu de boîtes à conserves maladroitement fermées. Quelle peut donc en être la cause, si ce n'est l'exclusion des germes ? Je pense que les abiogénistes sont obligés de répondre à cette question avant de

(1) Voyez une conférence de M. Pasteur, *Des générations spontanées*, dans la *Revue des cours scientifiques*, t. Ier, p. 257, numéro du 23 avril 1864.

(2) Une infusion de foin traitée de la même manière donne des résultats semblables ; mais, comme elle contient des matières organiques, elle ne pourrait pas servir de base au raisonnement qui va suivre.

réclamer notre attention par des expériences précisément du même ordre.

Il y a plus. Si les expériences que j'ai rapportées méritent réellement confiance, l'abiogenèse n'a aucun moyen de prendre aujourd'hui une place dans la science. On sait, en effet, que la résistance des matières vivantes à la chaleur varie dans des limites considérables et que l'étendue de ces limites dépend des conditions physiques et chimiques du milieu ambiant. Or, dans l'état actuel de la science, si nous avions à opter entre les deux termes de cette alternative : — ou les germes peuvent résister à une chaleur plus grande qu'on ne le supposait, ou les molécules de matière morte peuvent, sans raison valable ni intelligible, se réorganiser elles-mêmes en corps vivants, exactement comme il est certain que cela se produit souvent d'une autre manière, — dans ce cas, je ne comprendrais pas que le choix pût rester un seul moment douteux.

XV. — Conjecture sur l'origine première de la vie.

Tout en donnant à mes convictions une forme aussi énergique, je ne veux pas insinuer que l'abiogenèse n'a jamais mérité de place dans le passé de la science ou n'en occupera jamais dans son avenir, et je tiens à me défendre contre cette supposition ; quand la chimie organique, la physique moléculaire et la physiologie sont encore en enfance et accomplissent chaque jour de merveilleux progrès, on atteindrait, à mes yeux, le comble de la présomption, en déclarant que les conditions dans lesquelles la matière acquiert les propriétés appelées *vitales* ne pourront pas être un jour réunies artificiellement. Mais je suis à l'abri de toute critique en affirmant que je n'aperçois aujourd'hui aucun motif de croire que cette grande conquête soit déjà réalisée.

Lorsque je jette les regards en arrière sur les immenses perspectives du passé, je ne trouve rien qui rappelle le commencement de la vie ; aucun indice ne me conduit donc à une opinion arrêtée sur les circonstances de son apparition. L'opinion, au sens scientifique du mot, est une chose sérieuse ; elle suppose une base solide. Dire, en l'absence reconnue de preuves, que j'ai quelque opinion sur la manière dont les formes de vie actuelles ont pris naissance, ce serait donc attribuer aux mots un sens inexact. Mais la conjecture est permise là où une opinion scientifique n'existe pas encore.

S'il m'était donné de porter mes regards au delà des abîmes de temps enregistrés par la géologie, jusqu'à cette époque encore plus reculée où la terre présentait des conditions physiques et chimiques aussi impossibles à revoir maintenant qu'un homme est incapable de se rappeler son enfance, alors je m'attendrais à contempler l'évolution du protoplasma vivant sortant de la matière dépourvue de vie. Je m'attendrais à voir apparaître ce protoplasma sous des formes d'une grande simplicité, capables, comme les *Fungi* actuelles de déterminer la formation de nouveaux protoplasma avec des substances telles que des carbonates, oxalates et tartrates d'ammoniaque, des phosphates alcalins et terreux, et de l'eau, sans le concours de la lumière. Telle est la conjecture à laquelle me conduiraient des raisons d'analogie. Mais, je vous prie de nouveau de ne pas l'oublier, je n'ai aucun droit de présenter mon idée autrement qu'à titre d'acte de foi philosophique.

Voilà l'histoire des progrès de la grande doctrine de Redi, la Biogenèse. Avec les réserves que j'ai indiquées, elle me paraît aujourd'hui victorieuse sur toute la ligne.

TROISIÈME PARTIE

HISTOIRE DE LA XÉNOGENÈSE

J'arrive au second problème posé par Redi entre la xénogenèse et l'homogenèse. A côté des êtres vivants ordinaires, donnant naissance à des descendants qui parcourent le même cycle de formes que leurs parents, y a-t-il d'autres êtres vivants dont les descendants présentent des caractères opposés à ceux de leurs parents? Sur cette seconde question, les recherches de deux siècles ont conduit à un résultat tout différent.

XVI. — Les parasites des animaux et les galles des plantes.

Dès la première moitié du XVIIIe siècle, Vallisnieri, Réaumur et d'autres savants avaient établi que les insectes trouvés dans les galles ne dérivaient pas des plantes sur lesquelles se développaient les galles, mais étaient dus à l'introduction d'œufs d'insectes dans les tissus de ces plantes. Mais les ténias, les cysticerques, les douves, restèrent pour longtemps encore la citadelle des défenseurs de la xénogenèse. C'est seulement dans ces derniers trente ans que l'admirable patience de von Siebold, van Beneden, Leuckart, Küchenmeister et autres helminthologistes est parvenu à rattacher chacun de ces parasites, — souvent à travers les métamorphoses et les détours les plus étranges, — à un œuf dérivé d'un parent semblable à son descendant, soit actuellement, soit en puissance.

La tendance des recherches sur d'autres points est partout dirigée dans le même sens. Ainsi une plante peut donner naissance à des bulbes; mais ces bulbes produisent, tôt ou tard, soit des graines, soit des spores, d'où sort la forme primitive; un polype peut engendrer une méduse, un pluteus produire un échinoderme ; mais la méduse et l'échinoderme fournissent des œufs qui reproduisent le polype et le pluteus : ce sont donc tout simplement des états passagers dans le cycle de la vie de l'espèce.

XVII. — La xénogenèse en pathologie. — Les tumeurs hétérologues, les virus, les maladies contagieuses et infectieuses.

Mais la pathologie nous offre des faits qui approchent d'une manière fort remarquable de la vraie xénogenèse.

Comme je viens de le dire, on sait, depuis Vallisnieri et Réaumur, que les galles des plantes et les abcès des bestiaux sont produits par des insectes qui introduisent leurs œufs dans les parties de l'organisme animal ou végétal où se développent ces productions morbides. C'est une chose d'expérience familière à tout le monde qu'une simple pression sur la peau suffit pour engendrer des cors. Eh bien, les galles, les abcès et les cors ne sont-ils pas des parties d'un corps vivant qui deviennent, jusqu'à un certain point, des organismes indépendants et distincts? Sous l'influence de certaines conditions extérieures, les éléments du corps qui devaient se développer dans la subordination convenable à son plan général, se mettent à vivre pour eux-mêmes et appliquent à leurs propres desseins la nourriture qu'ils reçoivent.

De ces productions inoffensives, comme les cors et les verrues, part toute une hiérarchie conduisant aux tumeurs dangereuses qui par leur seule masse et l'obstacle mécanique qu'elles occasionnent, détruisent l'organisme d'où elles sont sorties. Enfin, dans ces terribles tumeurs connues sous le nom de cancers, les développements anormaux acquièrent la faculté de se reproduire et de se multiplier; c'est alors au point de vue morphologique seulement qu'ils se distinguent des vers parasites dont la vie n'est ni plus ni moins étroitement liée à celle des organismes infectés.

S'il y avait des productions morbides dont les éléments histologiques seraient capables de conserver, hors du corps, une existence indépendante et séparée, il me semble que la limite obscure entre les développements pathologiques et la xénogenèse serait effacée. J'incline même à croire que le progrès de nos découvertes nous a déjà presque amenés à ce point. M. Simon m'a fait présent du plus récemment imprimé des précieux *Rapports sur la santé publique* adressés par lui chaque année aux lords du Conseil privé, en sa qualité d'officier médical de ce conseil. L'appendice de ce rapport contient un *Essai préliminaire sur la pathologie intime de la contagion*, par le docteur Burdon Sanderson, qui est une des discussions les plus claires, les plus complètes et les mieux raisonnées d'une grande question scientifique qui soit venue depuis longtemps à ma connaissance. Je vous renvoie à ce rapport pour les détails et les preuves des théories que je vais exposer.

Vous êtes tous familiers avec les diverses circonstances de la vaccination. On fait une légère piqûre à la peau et une quantité infiniment petite de vaccin est insérée dans la plaie. Au bout d'un certain temps, une pustule apparaît à l'endroit de la piqûre et le liquide qui gonfle les parois de cette pustule est du vaccin en quantité cent ou mille fois plus considérable que celle qui avait été introduite sous la peau.

Que s'est-il passé dans le cours de cette opération? Le vaccin a-t-il tout simplement provoqué par sa propriété irritante une pustule dont le liquide possède cette même propriété irritante? Ou bien la matière vaccinale contient-elle des particules vivantes qui se développent et se multiplient là où elles sont semées? Les observations de M. Chauveau, étendues et confirmées par le docteur Sanderson lui-même, paraissent ne laisser aucun doute sur ce point. Des expériences, semblables en principe à celles d'Helmholtz sur la fermentation et la putréfaction, ont démontré que les éléments actifs de la lymphe vaccinale n'étaient pas diffusibles et consistaient en particules très-ténues, n'excédant pas un vingt millième ($\frac{1}{20000}$) de pouce en diamètre, qu'on découvrait dans la lymphe au moyen du microscope.

Des expériences analogues ont établi que deux des maladies épizootiques les plus meurtrières, la clavelée et la morve, dépendent également dans leur existence et leur propagation de particules solides vivantes extrêmement petites auxquelles on a donné le nom de *microzymas*. Un animal atteint d'une de ces terribles maladies est une source d'infection et de contagion pour ceux qui l'approchent, précisément par la même raison qu'un vaisseau de bière fermentée peut propager sa fermentation, par infection ou contagion, à du malt frais. Dans les deux cas, les particules solides vivantes sont les éléments actifs; le liquide où elles flottent, et aux dépens duquel elles vivent, reste tout à fait passif.

Ici arrive la question de savoir si ces microzymas résultent de l'homogenèse ou de la xénogenèse. Comment les torulæ de la levûre ne peuvent-ils naître que par le développement de germes préexistants? Ou bien, comment les éléments de la noix de galle peuvent-ils dériver d'une modification et d'une individualisation, produites par certaines circonstances, dans les tissus du corps où on les trouve? Faut-il y voir des parasites, au sens zoologique du mot, ou simplement ce que Virchow a nommé des *développements hétérologues?* Il est facile de comprendre combien cette question présente d'importance, qu'on la considère au point de vue pratique ou au point de vue théorique. On peut se débarrasser d'un parasite en détruisant ses germes; au contraire, une production pathologique ne peut être supprimée qu'en écartant les conditions qui lui donnent naissance.

Il me semble que ce grand problème doit être résolu pour chaque maladie séparément, car l'analogie ouvre deux voies distinctes. J'ai indiqué l'analogie avec les modifications pathologiques, qui est favorable à l'origine xénogénétique des microzymas; je dois parler maintenant des analogies également puissantes d'après lesquelles ces particules délétères prendraient naissance par le procédé ordinaire de la génération, le même engendrant le même.

XVIII. — Maladies parasitaires chez les animaux et les plantes. — Histoire de l'Empusa muscæ.

C'est un fait maintenant bien établi que certaines maladies, chez les plantes et chez les animaux, qui présentent tous les caractères d'épidémies contagieuses et infectieuses, sont produites par de petits organismes. La rouille du blé (1) est l'exemple le plus connu de ce genre de maladies et l'on ne peut mettre en doute que les maladies du raisin et des pommes de terre ne rentrent dans la même catégorie. Parmi les animaux, les insectes sont extrêmement sujets aux ravages des maladies contagieuses et infectieuses produites par les *Fungi* microscopiques.

En automne, il n'est pas rare de voir des mouches immobiles contre les carreaux des fenêtres, entourées d'une sorte de cercle magique en blanc. A l'examen microscopique, on reconnaît que ce cercle magique est formé d'innombrables spores rejetés dans toutes les directions par un petit *fungus* appelé *Empusa muscæ*, dont les filaments sécréteurs des spores enveloppent, comme une pile de velours, le corps de la mouche. Ces filaments sécréteurs de spores se relient à d'autres qui criblent l'intérieur du corps de la mouche comme une fine laine après avoir dévoré et détruit les entrailles de l'insecte.

Telle est l'*Empusa* lors de son entier développement. Remontons aux phases antérieures de son existence. Chez des mouches encore pleines d'activité et présentant toutes les apparences de la santé, on trouve les *Empusæ* sous la forme de petits corpuscules qui flottent dans le sang de l'insecte. Ces corpuscules se multiplient et s'allongent en filaments aux dépens de la substance de la mouche; quand ils ont enfin tué le patient, ils sortent de son corps et répandent leurs spores. Les mouches saines enfermées avec une mouche malade contractent cette maladie mortelle et périssent comme les autres.

(1) Sur ces maladies parasitaires des plantes, et en particulier la rouille du blé, voyez la *Revue des cours scientifiques*, tome VII, page 374, numéro du 14 mars 1870.

Un observateur très-compétent, M. Colin, qui a étudié avec beaucoup de soin le développement de l'*Empusa* dans la mouche, n'est point parvenu à découvrir comment les germes très-ténus de l'*Empusa* pénétraient dans le corps de la mouche. La culture des spores ne donne point naissance à des germes de ce genre, et l'on ne peut en découvrir ni dans l'air ni dans la nourriture de la mouche. Ce fait paraissait extrêmement semblable à un cas d'abiogenèse ou au moins de xénogenèse; et c'est seulement à une époque toute récente que la marche réelle des phénomènes a été découverte.

On a démontré que lorsqu'une des spores tombe sur le corps d'une mouche elle commence à germer et pousse un prolongement qui s'ouvre un chemin à travers la peau de la mouche; une fois parvenue dans l'intérieur du corps de sa victime, elle y répand les petits corpuscules flottants qui sont la première forme de l'*Empusa*. La maladie est contagieuse, parce qu'une mouche saine mise en contact avec une mouche malade d'où s'échappent des filaments chargés de spores est sûre d'emporter une spore ou deux. Elle est en même temps infectieuse, parce que les spores se répandent sur toutes les matières placées dans le voisinage des mouches mortes.

XIX. — Maladie des vers a soie : les corpuscules du Panhistophyton. — Travaux de MM. Pasteur, Lebert, Filippi.

On sait depuis longtemps que les vers à soie sont sujets à une affection contagieuse et infectieuse très-meurtrière appelée la *muscardine*. Audoin l'a transmise par inoculation. Cette maladie est entièrement due au développement d'un fungus, le *Botrytis Bassiana*, dans le corps de la chenille ; son caractère contagieux et infectieux s'explique de la même manière que pour les maladies de la mouche. Mais, dans ces dernières années, une épizootie plus terrible encore s'est produite parmi les vers à soie. Je puis vous indiquer quelques faits pour vous donner une idée de l'importance des pertes qu'elle a occasionnées, en France seulement.

La production de la soie est, depuis des siècles, une branche importante de l'industrie dans la France méridionale. En 1853, elle avait atteint un tel degré de développement que la récolte de la sériciculture française était estimée au dixième de celle du monde entier, et formait une valeur de 117 millions de francs. Quant à la somme que représentent en argent toutes les industries qui se rattachent au travail de la soie brute ainsi produite, il est trop élevé pour que je puisse essayer de l'estimer. Il me suffit de dire que la ville de Lyon est fondée sur la soie française, comme Manchester l'était sur le coton d'Amérique avant la guerre de la sécession.

Les vers à soie sont exposés à plusieurs maladies, et, même avant 1853, une épizoótie particulière, — fréquemment accompagnée par l'apparition de taches noires sur la peau (d'où lui est venu le nom de *pébrine*), — s'était fait remarquer par la mortalité qu'elle produisait. Mais, dans les années qui suivirent 1853, cette épizootie éclata avec une violence tellement grande, qu'en 1856 la récolte de la soie était réduite au tiers du total qu'elle avait atteint en 1853, et, jusqu'à l'année dernière ou la précédente, elle ne s'est plus jamais élevée à la moitié du produit réalisé en 1853.

Cela ne signifie pas seulement que le grand nombre de peuples engagés dans la culture de la soie sont appauvris de quelques trente millions sterlings (750 millions de francs) qu'ils devraient posséder aujourd'hui; cela ne signifie pas seulement qu'on a dû payer fort cher des graines de vers à soie importées d'outre-mer; qu'après avoir employé son argent à cet achat, à la culture des mûriers et aux frais de la magnanerie, l'éleveur a constamment vu ses vers à soie périr et lui-même tomber dans la ruine; — cela veut dire aussi que les métiers de Lyon ont manqué de travail, et que pendant des années la paresse et la misère se sont abattues sur une partie d'une nombreuse population qui était jusque-là industrieuse et pleine de santé.

En 1858, la gravité de la situation détermina l'Académie des sciences de Paris à nommer une commission dont faisait partie un naturaliste distingué, M. de Quatrefages, pour rechercher la nature de cette maladie, et imaginer, si c'était possible, quelques moyens d'arrêter le fléau. En lisant le rapport présenté par M. de Quatrefages en 1859, on est frappé d'une remarque extrêmement intéressante : ses études approfondies sur la pébrine ont fait entrer dans son esprit la conviction que la maladie des vers à soie, par son mode de naissance et de propagation, est comparable sous tous les rapports au choléra de l'espèce humaine (1); mais elle diffère du choléra par des caractères qui la rendent encore plus terrible : elle est héréditaire, et, dans certaines circonstances, elle devient contagieuse en même temps qu'infectieuse.

Le naturaliste italien Filippi a découvert dans le sang des vers à soie atteints de cette étrange affection une multitude de corpuscules cylindriques ayant chacun environ un six millième ($\frac{1}{6000}$) de pouce de longueur. Ces corpuscules ont été soigneusement étudiés par Lebert. Il les a nommés *Panhistophyton*, parce qu'ils foisonnent dans tous les tissus et dans tous les organes de l'insecte, et passent même dans les œufs non encore développés des femelles, lorsque la maladie atteint une grande intensité. Mais ces corpuscules sont-ils la cause de la maladie ou ne font-ils que l'accompagner? Certains naturalistes adoptèrent la première opinion, d'autres s'en tinrent à la seconde.

Alarmé des ravages persistants de la maladie et de l'inefficacité des remèdes jusque-là proposés, le gouvernement français chargea M. Pasteur de l'étudier, et c'est alors seulement que la question reçut sa solution définitive.

Il en coûta à cet éminent chimiste de grands sacrifices de temps, de repos d'esprit, et je regrette d'avoir à ajouter la perte de sa santé. Mais ces sacrifices ne furent pas faits en vain.

On sait maintenant que la pébrine, ce fléau non moins dévastateur que le choléra, est produit par le développement et la multiplication du *Panhistophyton* dans les vers à soie. Elle est contagieuse et infectieuse, parce que les corpuscules du *Panhistophyton* passent directement ou indirectement du corps des chenilles malades dans le canal digestif des chenilles saines qui les avoisinent. Elle est héréditaire, parce que ces mêmes corpuscules pénètrent dans les œufs dès leur première formation, et, par conséquent, sont emportés avec eux lorsque l'insecte les pond.

Ce dernier fait explique en même temps pourquoi la pébrine présente cette particularité singulière d'une maladie qui est héréditaire seulement du côté de la mère. Il y a là un

(1) *Études sur les maladies actuelles des vers à soie*, p. 53.

exemple de ces phénomènes, en apparence capricieux et incompréhensibles, observés dans l'histoire de la pébrine, mais qui s'expliquent en partant de ce fait que la maladie est produite par la présence des organismes microscopiques du *Panhistophyton*.

Tels sont les résultats établis relativement à la pébrine. Quelles indications peuvent-ils donner pour une méthode destinée à prévenir ce fléau?

Il est clair que tout dépend de la manière dont le *Panhistophyton* prend naissance. S'il peut être engendré par abiogenèse ou par xénogenèse, dans les vers à soie ou leurs parents, il faut, pour extirper la maladie, prévenir l'occurrence des conditions dans lesquelles cette génération se produit. Mais si, au contraire, le *Panhistophyton* est un organisme indépendant qui ne peut pas plus être engendré par le ver à soie que le gui ne peut être engendré par le pommier ou le chêne sur lequel il se développe, bien qu'il ait besoin du ver à soie pour naître et vivre de la même manière que le gui a besoin du pommier, alors les indications sont toutes différentes. Il n'y a qu'une seule chose à faire, c'est de se débarrasser des germes de *Panhistophyton* et de les maintenir à l'écart.

Comme il est facile de le deviner d'après le caractère de ses travaux antérieurs, M. Pasteur fut conduit à croire que la seconde théorie est la vraie; et, guidé par cette théorie, il a institué une méthode d'extirpation de la maladie qui a été couronnée du succès le plus complet partout où on l'a mise en pratique d'une façon convenable.

XX. — Les organismes microscopiques comme cause de la mortalité humaine.

Il n'y a donc plus aucune raison de douter que, chez les insectes, des maladies contagieuses et infectieuses d'une grande malignité ne soient produites par des petits organismes nés de germes préexistants, c'est-à-dire par homogenèse; d'un autre côté, je n'aperçois aucun motif de croire que ce qui existe chez les insectes ne se retrouve pas également chez les animaux plus élevés.

En fait, il est déjà très-probable que plusieurs maladies fort malignes et d'un caractère mortel, auxquelles l'homme est sujet, sont, comme la pébrine, l'œuvre d'organismes microscopiques. Je me réfère pour l'évidence de cette assertion aux faits très-concluants réunis par M. le professeur Lister dans ses diverses publications, bien connues de vous tous, sur la méthode de traitement antiseptique.

Il me semble impossible de lire ces ouvrages sans en tirer une ferme conviction que je résume ainsi : La mortalité lamentable qui s'attache si souvent aux traces du plus habile opérateur, les suites mortelles des plaies et blessures, qui paraissent hanter les murs des grands hôpitaux et détruisent, même aujourd'hui, plus d'hommes encore que les balles et les baïonnettes, tout cela est dû à l'introduction dans les plaies de petits organismes qui s'y développent et s'y multiplient. Le chirurgien qui sauvera le plus de vies sera donc celui qui appliquera le mieux les conséquences pratiques de l'hypothèse de Redi.

XXI. — Conclusion. — Utilité matérielle de ses recherches spéculatives.

En commençant ce discours, je demandais votre attention pour tracer devant vous le chemin suivi par une idée scientifique, dans les longues évolutions de son progrès, depuis la période d'hypothèse vraisemblable jusqu'à celle de la loi naturelle établie. Notre voyage ne nous a pas conduits dans des régions bien attrayantes; nous avons le plus souvent visité un pays arrosé par des rivières abominables, peuplé seulement de vers et de moisissures.

On peut s'imaginer avec quels sourires et quels haussements d'épaules les contemporains sérieux et pratiques de Redi et de Spallanzani glosèrent sur l'inutile dépense de leur grande habileté employée à la solution d'un problème peut-être assez curieux en lui-même, mais dont on ne concevait pas l'intérêt pour l'humanité.

Vous l'avez remarqué, cependant, nous n'avons pas eu besoin de nous avancer bien loin sur notre route pour découvrir, à droite et à gauche, des champs chargés d'une moisson de graines d'or immédiatement convertible en ces choses auxquelles l'homme le plus sordidement pratique reconnaît une valeur, — je veux dire l'argent et la vie.

Les pertes directement produites en France par la pébrine depuis dix-sept ans ne peuvent pas être estimées en dessous de cinquante millions sterlings (1250 millions de francs). Ajoutez-y ce que l'idée de Redi a donné, dans les mains de Pasteur, aux producteurs de vins et aux fabricants de vinaigre, puis essayez de capitaliser ces valeurs : vous trouverez qu'il y a là une grande source de réparation pour les pertes pécuniaires produites par l'effroyable et funeste guerre de cet automne.

Quant au résultat des idées de Redi pour la vie, comment pourrions-nous estimer, même superficiellement, ce que vaut la connaissance de la nature des maladies épidémiques et épizootiques, et par conséquent des moyens de les combattre et de les détruire, connaissance qui est certainement à son aurore?

Sans remonter au delà de dix ans, on peut trouver trois années, — 1863, 1864 et 1869, — pendant lesquelles le nombre total des décès par la fièvre scarlatine seulement atteignit 90 000. Tel est le compte des victimes, sans parler de ceux qui restent mutilés ou incapables de travailler. — Plaise à Dieu que les victimes de la guerre actuelle, la plus sanglante de toutes celles qu'on ait vues, ne forment pas une liste encore plus longue ! — Les faits que j'ai placés devant vous ne permettent pas, même à l'esprit le plus timide, de douter que la nature et les causes de ce fléau ne doivent être comprises un jour, comme le sont maintenant celles de la pébrine, et que le long massacre de nos innocents ne doive enfin trouver un terme.

L'humanité apprendra ainsi une fois de plus que « le peuple périt faute de connaissances », que l'allégement de la misère et l'augmentation du bien-être des hommes doivent être utilement cherchés et trouvés dans l'étude active, patiente et amoureuse des innombrables aspects de la nature, étude dont les résultats constituent les connaissances exactes, c'est-à-dire la science.

C'est la justification et la gloire de cette grande assemblée que le seul but de sa réunion est l'avancement de la moitié de la science consacrée aux phénomènes naturels que nous appelons physiques. Puissent ses efforts être couronnés du plus entier succès !

TH. H. HUXLEY,
Professeur d'histoire naturelle à l'École royale des mines de Londres.

ASSOCIATION BRITANNIQUE

POUR L'AVANCEMENT DES SCIENCES

CONGRÈS DE LIVERPOOL

DISCOURS DE M. J. TYNDALL

de la Société royale de Londres

Rôle de l'imagination dans les sciences

J'ai emporté cette année dans les Alpes la lourde tâche du discours de ce soir. Sur la voie de recherches nouvelles, je n'ai rien terminé d'une manière assez complète pour l'exposer devant vous. Il ne me reste donc d'autre parti à prendre que de me rabattre sur les souvenirs que j'ai pu trouver dans les recoins de mon esprit, pour composer les fils et tisser le canevas de ce discours.

En dehors des souvenirs, les montagnes ne m'ont apporté aucun secours direct. Pour exciter les émotions là où elles sont si faciles à naître, en même temps que pour nourrir indirectement l'intelligence et la volonté, je pris avec moi deux volumes de poésies, le *Farbenlehre* de Gœthe, et l'ouvrage récemment publié sur la *Logique*, par M. Alexander Bain. L'aiguillon, je suis marri de le dire, n'était pas assez pointu pour la cuirasse de paresse qu'il avait à transpercer. Dans Gœthe, je remarquais surtout les blessures qu'un homme de génie s'infligeait à lui-même, en venant se briser en vain contre la philosophie de Newton. Pendant quelque temps, M. Bain devint mon principal compagnon. Je le trouvais à la fois savant et pratique ; la clarté de son style est généralement empreinte de sécheresse, mais parfois aussi il éclate en mouvements pleins de chaleur, montrant que les logiciens, comme les autres hommes, nourrissent dans leur âme le feu commun de l'humanité.

Il m'intéressa surtout lorsque j'y trouvai, comme dans un miroir, l'état de mon propre esprit. Au point de vue de l'intelligence et au point de vue de la société, il est mauvais que l'homme soit seul ; on supporte plus patiemment les douleurs d'esprit, quand on sait que d'autres les ont déjà expérimentées. Certains passages du livre de M. Bain me semblent indiquer qu'il n'a point échappé à de pareilles tristesses.

Voici, comme exemple, un de ces passages. Parlant des vicissitudes de l'énergie intellectuelle, que nous avons tous éprouvées de temps en temps, M. Bain dit : « L'incertitude » sur la direction où l'on cherchera ses prochaines découvertes » produit les souffrances de la lutte, en même temps que la » faiblesse de l'indécision (1). » Ces mots portent avec eux la marque irrécusable d'une expérience personnelle. En effet, l'action de l'investigateur est intermittente. Il se cramponne à un sujet de recherches, le combat, le vainc, et s'épuise peut-être lui-même pour le moment, en même temps que son sujet.

(1) *Induction*, p. 422.

Il respire alors un instant et renouvelle ses forces pour une autre campagne. Mais cette période de halte entre deux investigations, n'est pas toujours un repos complet ; c'est souvent une époque de doute et d'abattement, de tristesse et d'ennui. « L'incertitude sur la direction où l'on cherchera ses prochaines » découvertes produit les souffrances de la lutte, en même » temps que la faiblesse de l'indécision. »

Tel était exactement mon état d'esprit dans les Alpes, cette année. En une vingtaine de mots, M. Bain a esquissé mon diagnostic intellectuel. C'est au milieu de ces mauvaises dispositions que j'ai eu à m'équiper pour l'heure présente, et l'épreuve que je subis en ce moment.

Cependant, bien que j'eusse vu avec plaisir cette fonction confiée à d'autres mains que les miennes, je ne pouvais par aucun moyen m'y soustraire. La défection serait pire que la défaite. D'une manière ou d'une autre — faiblement ou avec force, médiocrement ou avec succès, sur les plus hautes cimes de la pensée ou dans les platitudes de la place publique, — ma tâche doit être remplie. Je cherchai de divers côtés secours et assistance; mais, pour le moment, je ne voyais autour de moi que de vastes cavernes, et en moi qu'un désert absolument stérilisé. Mon cas ressemblait à celui d'un médecin tombé malade, qui a oublié son art et a grandement besoin des prescriptions d'un ami.

M. Bain a écrit quelque chose pour moi; il dit : « Vos con» naissances actuelles doivent former les anneaux d'une chaîne » reliant ce qui est déjà terminé à ce qui doit être maintenant » entrepris (1). » Ces paroles m'avertissaient de faire un retour sur le passé, et d'y renouer les fils brisés de mes recherches antérieures. J'ai tenté de suivre cet avis. Avant de partir pour la Suisse, j'avais beaucoup pensé à la lumière et à la chaleur, au magnétisme et à l'électricité, aux germes organiques, aux atomes, aux molécules, à la génération spontanée, aux comètes et au ciel. Je cherchai à renouer alliance avec l'un ou l'autre de ces sujets, et je réussis enfin à établir un certain rapport entre ma pensée et la lumière. Le désir me vint de retracer, et de vous mettre en état de suivre, quelques-unes des opérations les plus mystérieuses de cet agent. Je souhaitai, si c'était possible, de vous introduire dans les coulisses de la scène des sens, et de vous montrer le mécanisme caché de l'action optique. Je ne crois pas que le temps d'un homme de science soit mal employé à prendre quelque peine, et même beaucoup de peine, pour faire participer son auditoire à ses pensées.

Avant tout, il doit dégager son esprit de tout ce qui serait vague et indécis; puis il pourra exprimer en un langage clair et précis, langage qui montre sans voile jusqu'à ses erreurs mêmes, les idées définies qu'il aura conçues. Avec un exposé scientifique ainsi entendu, on peut, je crois, faire beaucoup. On peut, j'en suis persuadé, même devant un auditoire comme celui qui m'écoute, découvrir jusqu'à un certain point la nature invisible; on peut ainsi inspirer, non-seulement à des étudiants véritables, mais même à tous ceux qui ont les dispositions, l'application et les capacités nécessaires, un intérêt intelligent pour les travaux scientifiques. Sans doute, il faut du temps et du travail pour arriver à ce résultat ; mais la science ne peut que gagner à la sympathie ainsi éveillée en sa faveur dans le public.

Comment donc révèlerons-nous ces mystères ? Comment,

(1) *Induction*, p. 422.

par exemple, pourrons-nous saisir la base physique de la lumière, puisque, comme celle de la vie même, elle se trouve complétement en dehors du domaine des sens ? Ici les philosophes ont peut-être raison d'affirmer que nous ne pouvons aller au delà des limites de l'expérience. Mais, en tout cas, nous pouvons porter cette expérience bien loin de son point de départ. Nous pouvons aussi agrandir, diminuer, modifier et combiner les expériences, de manière à leur donner des applications tout à fait nouvelles. Nous avons l'imagination, cette faculté qui réunit ce que les Allemands appellent *Anschaunungsgabe* et *Einbildungskraft* ; avec elle, nous pouvons porter la lumière dans les ténèbres qui entourent le monde des sens.

La science aussi a ses *conservateurs*, qui regardent l'imagination comme une faculté qu'il faut plutôt craindre et éviter qu'utiliser. En la voyant à l'œuvre dans des têtes trop faibles, on a exagéré le mal qu'elle pouvait faire. Il serait aussi juste de proscrire la vapeur parce qu'il y a des chaudières qui font explosion. Contenue dans de justes bornes, et modérée par la raison, l'imagination devient le plus puissant instrument de découvertes physiques. Si Newton a franchi l'espace qui sépare la chute d'une pomme de la chute d'une planète, ce n'est que par un bond prodigieux de l'imagination. Quand William Thomson essaye de placer entre les pointes de son compas les plus petites parcelles de la matière, et de les mesurer en fractions de millimètres, c'est réellement l'imagination qui opère. Et ceux qui nous ont parlé dernièrement du protoplasme et de la vie, ne nous ont-il pas surtout donné les conceptions de l'imagination, guidée et contrôlée par l'analogie des faits scientifiques reconnus. En un mot, sans cette faculté, notre connaissance de la nature ne serait qu'un tableau de faits qui coexistent ou se succèdent. Nous croirions encore à la succession du jour et de la nuit, de l'été et de l'hiver ; mais la force, cette âme de l'Univers, serait bannie, les relations de cause à effet seraient effacées, et avec elles la science qui relie entre elles les diverses parties de la nature, pour en faire un ensemble organisé.

Je voudrais faire comprendre par quelques exemples simples l'usage que les hommes de science ont déjà fait de cette faculté d'imagination, et indiquer ensuite quelques-unes des applications qu'ils pourront en faire plus tard. Commençons par les expériences élémentaires ; observons, par exemple, la chute de grosses gouttes de pluie dans un étang tranquille. Chaque goutte, en frappant l'eau, devient un centre de mouvement d'où partent une série d'ondes circulaires. La pesanteur et la force d'inertie sont les agents de ce mouvement d'ondulation, et il suffit d'une expérience même grossière pour montrer que la vitesse de propagation est de moins d'un pied par seconde. Un corps plongé dans l'eau reçoit une série de chocs légers, à mesure que les petites ondes viennent successivement le frapper. Mais, en même temps, un mouvement plus délicat s'établit et se propage. Si l'on plonge dans l'eau la tête et les oreilles, on sent alors, comme Franklin en fit l'expérience, le choc de la goutte qui se transmet au nerf auditif ; on entend le petit bruit de sa chute. Or, cette onde sonore se propage, non avec une vitesse d'un pied, mais bien avec une vitesse de 4700 pieds (1428 mètres) par seconde. Dans ce dernier cas, ce n'est pas la pesanteur, mais l'élasticité de l'eau qui est en jeu. Toute molécule liquide poussée contre la molécule voisine, transmet son mouvement avec une rapidité extrême, de sorte que les vibrations se propagent, pour ainsi dire, instantanément. L'incompressibilité de l'eau, démontrée par la fameuse expérience de Florence, donne la mesure de son élasticité ; et c'est à cette propriété, que l'eau possède à un degré si élevé, qu'il faut attribuer la transmission rapide des vibrations sonores dans l'eau.

Mais, vous le savez, l'eau n'est pas indispensable à la transmission du son ; l'air est le milieu où il se propage le plus ordinairement. Vous savez aussi que, lorsque l'air a la densité et l'élasticité qui correspondent à la température de congélation de l'eau, la vitesse du son dans l'air est de 1090 pieds (331 mètres) par seconde. C'est là presque exactement le quart de la vitesse de propagation dans l'eau ; et cela s'explique : en effet, bien que le poids plus grand de l'eau tende à diminuer la vitesse du son, l'énorme élasticité moléculaire du liquide fait bien plus que compenser ce désavantage. Nous avons bien des moyens de mettre en évidence les vibrations de l'air ; nous connaissons la longueur et la fréquence des ondes sonores, et nous sommes également fort avancés dans l'art de mettre l'air en vibration. Nous connaissons les phénomènes et les lois de la vibration des verges, des tuyaux d'orgue, des membranes, des plaques et des cloches. Nous savons arrêter un son par un autre son. Nous savons ce que signifient, au point de vue de la physique, musique et bruit, harmonie et désaccord. En un mot, pour le son nous avons une idée très-claire des actions physiques extérieures qui correspondent à nos sensations.

Dans l'étude de ces phénomènes de l'acoustique, nous nous écartons très-peu de l'expérience sensible proprement dite. Néanmoins, notre imagination s'y exerce jusqu'à un certain point. Notre œil, par exemple, ne peut voir les ondes sonores se contracter et se dilater. Nous les construisons par la pensée, et nous croyons aussi fermement à leur existence qu'à celle de l'air lui-même. Mais bientôt il nous faut transporter nos expériences sur un terrain nouveau. Une fois maîtres de la cause et du mécanisme du son, nous voulons connaître la cause et le mécanisme de la lumière ; nous voulons étendre nos recherches du nerf auditif au nerf optique. Or, l'intelligence humaine possède une puissance d'expansion, je serais presque tenté de dire une puissance de création, qui s'exerce par la simple méditation des faits. La légende qui nous représente l'esprit méditant sur le chaos tire peut-être son origine de la connaissance de cette faculté. Dans le cas qui nous occupe, cette faculté s'est manifestée en transportant dans l'espace, pour l'appliquer à la lumière, une forme du mécanisme du son, convenablement modifié. Nous savons parfaitement de quoi dépend la vitesse du son. Si la densité d'un milieu diminue, tandis que son élasticité reste constante, la vitesse du son s'accroît. Si l'élasticité augmente, et que la densité reste constante, la vitesse s'accroît encore. Une densité faible, et une grande élasticité, voilà donc les deux conditions d'une propagation rapide. Or, on sait que la lumière se meut avec la vitesse effrayante de 185 000 milles (près de 350 000 kilomètres) par seconde. Comment arriver à une telle vitesse ? En remplissant hardiment l'espace d'un milieu suffisamment raréfié et élastique. Prenons ce milieu pour point de départ, en lui accordant une ou deux autres qualités nécessaires ; appliquons à ce milieu les lois les plus rigoureuses de la mécanique ; donnons à chaque pas que nous ferons en avant la sûreté du syllogisme ; faisons ainsi passer notre conception du domaine de l'imagination à celui des sens, et voyons si les résultats définitifs de cette déduction ne seront pas les phénomènes de la lumière, tels que les connaissances ordinaires et l'expérience habilement dirigée nous les révèlent. Si dans les variétés multipliées de ces phénomènes, y compris ceux du caractère le plus compliqué, cette conception fondamentale nous met toujours en présence de la vérité ; si la nature extérieure ne se trouve jamais en contradiction avec les conséquences que nous en déduisons; si, de plus, cette conception a même appelé notre attention sur des phénomènes qui avaient jusqu'alors échappé à tous les yeux, et même aux suppositions les plus hardies; si elle semble nous douer d'une faculté de divination que l'expérience n'a jamais trouvée en défaut; — une conception semblable, qui ne trompe jamais, mais amène toujours au terrain solide des faits, doit, selon nous, être quelque chose de plus qu'une simple fiction scientifique. En la formant, cette unité complexe et créatrice dans laquelle la raison et l'imagination se confondent, nous a introduits dans un monde tout aussi réel que celui des sens, et dont ce dernier lui-même est la révélation et la preuve.

Loin de moi, cependant, le désir de vous arrêter d'une manière immuable à telle ou telle conception théorique. Malgré toute notre confiance, il peut être bon de conserver à la théorie un caractère plastique et susceptible de changement. On peut d'ailleurs alléguer que, quoique les phénomènes se passent *comme si* le milieu existait, la démonstration absolue de son existence n'a pas encore été donnée. Je n'ai garde de nier la valeur que peut avoir un pareil argument; mais cherchons cependant si l'analogie ne peut nous fournir quelque idée de sa force véritable. Vous pensez que, dans la société, vous êtes entourés d'êtres raisonnables comme vous; vous en êtes peut-être aussi fermement convaincu que de toute autre chose. Sur quoi se fonde cette conviction? Uniquement sur ce fait, que vos semblables se conduisent comme s'ils étaient raisonnables; l'hypothèse, car ce n'est qu'une pure hypothèse, explique les faits. Prenons un exemple assez élevé : vous pensez que notre président est un être raisonnable. Et pourquoi? Nous n'avons aucune méthode de superposition par laquelle un de nous puisse s'adapter intellectuellement à un autre, de manière à démontrer la coïncidence dans la possession de la raison. Si donc vous tenez notre président pour raisonnable, c'est parce qu'il se comporte *comme s'il* était raisonnable. De même que pour l'existence de l'éther, vous ne pouvez arriver au delà de ce *comme si*. Bien plus, je ne serais pas étonné qu'en examinant de près les données sur lesquelles reposent les deux conclusions, bien des personnes respectables en vinssent à penser que l'avantage est du côté de l'éther.

Ce milieu universel, cet éther lumineux, comme on l'appelle, est le véhicule, et non la source, du mouvement des ondes. Il reçoit et transmet le mouvement, mais il ne le crée pas. D'où viennent les mouvements qu'il transmet? Surtout de corps lumineux. Par ce mouvement d'un corps lumineux, je ne veux pas dire son déplacement, comme le tremblement de la flamme d'une bougie, ou la formation de proéminences rougeâtres à la surface du soleil. Je veux dire un mouvement intérieur des atomes ou molécules des corps lumineux. Cependant il est bon de faire ici certaines réserves. Beaucoup de chimistes de notre époque refusent d'admettre l'existence réelle des atomes et des molécules. Par prudence, ils ne s'aventurent pas jusqu'à la théorie atomique énoncée par Dalton, théorie si claire, si bien définie, et si facilement applicable à la matière; ils rejettent toutes les formes de cette théorie, et ne permettent pas à leur intelligence d'aller au delà de la doctrine des proportions multiples. Je respecte cette prudence, tout en la trouvant exagérée dans son application. Les chimistes qui reculent devant ces idées d'atomes et de molécules, acceptent sans hésiter la théorie des ondulations lumineuses; ils croient tous, comme vous et moi, à l'existence de l'éther et de ses ondes lumineuses. Examinons à quoi cette croyance les engage. Que votre imagination entre encore une fois en jeu, et se représente une série d'ondes sonores se propageant dans l'air. Suivez-les jusqu'à leur origine, et qu'y trouvez-vous ? Un corps vibrant défini et tangible. Ce sera peut-être la voix d'un être humain, ou un tuyau d'orgue, ou bien encore une corde tendue. Suivez de même, jusqu'à leur source, une série d'ondes d'éther; n'oubliez pas, en même temps, que votre éther est une substance matérielle, dense, élastique, et susceptible de mouvements qui sont déterminés et réglés par des lois mécaniques. Et alors, que vous attendez-vous à trouver pour source d'une série d'ondes d'éther? Demandez à votre imagination si elle est disposée à accepter une proportion multiple vibrante, — un rapport numérique en oscillation. Je crois qu'elle s'y refusera. Vous ne pouvez prendre cette abstraction pour couronnement de l'édifice. L'imagination scientifique, toute-puissante ici, demande, pour origine et pour cause d'une série d'ondes d'éther, une parcelle de matière vibrante, tout aussi bien définie, malgré son extrême petitesse, que celle qui donne naissance à un son musical. Cette parcelle, nous l'appelons atome ou molécule. Je crois que l'imagination, quand nous la concentrons sur une définition bien nette, arrive nécessairement à cette image.

Pour conserver entière la continuité de ma pensée dans le cours de cette étude, pour empêcher, soit le manque de connaissances, soit le défaut de mémoire, de laisser une lacune dans notre tableau, je veux ici parcourir rapidement un terrain qui est probablement familier à la plupart d'entre mes auditeurs, mais que je désire rendre familier à tous. Les ondes produites dans l'éther par les vibrations des atomes des corps lumineux, ont des longueurs et des amplitudes différentes. L'amplitude est l'étendue de la vibration des différentes parties de l'onde. Dans les ondes proprement dites, les vagues de la mer, l'amplitude est la hauteur de la crête au-dessus du niveau général, tandis que la longueur de la vague est la distance qui sépare deux crêtes consécutives. Les ondes produites par le soleil peuvent, de prime abord, se diviser en deux classes, celles qui produisent la vision, et celles qui ne la produisent pas. Mais les ondes lumineuses ont entre elles des différences marquées d'étendue, de forme et de force. La longueur de la plus grande de ces ondes est à peu près double de celle de la plus petite, mais l'amplitude de la plus grande peut probablement aller jusqu'à cent fois celle de la plus petite. Or, la force ou l'énergie de l'onde, mot qui, au point de vue de la sensation, signifie l'intensité de la lumière, est proportionnelle au carré de l'amplitude. Ainsi, l'amplitude étant cent fois plus grande, l'énergie des plus grandes ondes lumineuses sera égale à dix mille fois celle des plus petites, résultat qui n'a rien d'improbable. Ces chiffres sont, bien entendu, présentés ici, non comme des données numériques exactes, mais comme des nombres qui peuvent vous donner une idée nette des différences qui existent probablement entre les ondes lumineuses. Et, si nous considérons l'ensemble de la radiation solaire, avec ses ondes obscures aussi bien que ses ondes lumineuses, je crois qu'il est probable que la force ou l'énergie de la plus grande onde est égale à un million de fois celle de la plus petite.

Au point de vue des sensations qu'elles déterminent, les différentes ondes lumineuses produisent les couleurs différentes. Le rouge, par exemple, est produit par les plus grandes ondes, le violet par les plus petites, et le vert par une onde de longueur et d'amplitude moyennes. En passant dans un milieu plus réfringent, tel que le verre, l'eau ou le sulfate de carbone, toutes les ondes se trouvent retardées, mais les petites le sont plus que les autres. Ce fait nous donne un moyen de séparer l'une de l'autre les différentes classes d'ondes; ou, en d'autres termes, d'analyser la lumière. Les ondes lumineuses produites par le soleil, en traversant un prisme réfringent, sont inégalement déviées de leur direction primitive; le rouge subit la plus faible déviation, et le violet la plus forte. Ces ondes sont virtuellement séparées, et s'en vont peindre le spectre solaire sur un écran blanc disposé pour les recevoir. En réalité, le spectre contient une infinité de couleurs; mais l'insuffisance de notre langage et de notre puissance de distinction est cause que nous le divisons en sept segments : rouge, orangé, jaune, vert, bleu, indigo, violet. Ce sont là les sept couleurs primitives. Séparées ou mêlées en différentes proportions, les ondes solaires donnent toutes les couleurs que nous observons dans la nature, et dont nous faisons usage dans les arts. Prises collectivement, elles produisent sur nous l'impression du blanc. La lumière solaire pure et non réfractée est blanche; et si l'on diminue dans la même proportion toutes les ondes qui constituent cette lumière, elle perdra de son intensité, mais elle sera toujours blanche. L'œil a peine à supporter la blancheur de la neige des Alpes, lorsqu'elle est éclairée par le soleil; si le ciel se couvre, la même neige est toujours blanche. Dans ce cas, la lumière réfléchie se trouve affaiblie, et quand nous nous élevons au-dessus des nuages, en gravissant, par exemple, un des sommets des Alpes, ou celui du *Snowdon*, et que nous regardons, dans une direction convenablement choisie, les nuages éclairés par le soleil, ils nous paraissent d'une blancheur éblouissante. En effet, les nuages ordinaires partagent la lumière qu'ils reçoivent du soleil en deux parts, l'une réfléchie, et l'autre transmise; dans chacune d'elles, les proportions des ondes qui produisent la sensation du blanc sont sensiblement conservées.

Il est bien entendu que les conditions indispensables à cette sensation se trouveraient détruites si toutes les ondes étaient diminuées *également*, ou de la même quantité absolue. La diminution doit être proportionnelle et non égale. Si la réflection sépare exactement en deux parties égales les ondes de la lumière rouge, alors, pour que la lumière reste blanche, il faut que les ondes du jaune, de l'orangé, du vert et du bleu soient aussi séparées en deux parties égales. En un mot, la réduction doit s'opérer, non par quantités absolument égales, mais par parties fractionnelles égales. Dans la lumière blanche, la supériorité d'énergie des grandes ondes sur les petites doit toujours être immense. S'il en était autrement, le bleu, qui correspond physiologiquement aux plus petites ondes, dominerait dans nos sensations.

Le désir que j'ai de rendre ces notions aussi complètes que possible, me porte à passer rapidement sur ces points connus, et le même désir me fera insister un peu davantage sur d'autres points. Mais ici mon expérience m'inspire une certaine inquiétude. Quand je considère l'effet du dîner sur le système nerveux, et les rapports de ce système avec les facultés intellectuelles auxquelles je m'adresse en ce moment; quand je me rappelle que l'expérience du genre humain tout entier a reconnu comme indispensables à un discours prononcé après dîner certains éléments de perfection bien définis, et que je songe combien ces éléments brillent en ce moment par leur absence, je sens une appréhension bien naturelle pour un homme qui voudrait rester en bons termes avec ses semblables en général, et avec les membres de l'Association britannique en particulier. Je pourrais peut-être comparer mon état à celui de l'éther, que la science définit comme une réunion de vibrations. Mais le pis est que, si vous ne rejetez le verdict général sur l'effet du dîner, si vous ne prouvez par votre exemple qu'une expérience uniforme ne l'est pas nécessairement dans tous les cas, ce qui sera un grand point pour quelques-uns, le tremblement que j'éprouve risque fort de devenir de plus en plus pénible. Mais je me rappelle les paroles consolantes d'un écrivain inspiré, quoique ses œuvres ne soient pas toutes parmi les livres canoniques, qui nous dit que la peur est un mauvais conseiller. Je veux donc la chasser loin de moi, bien certain que vous écarterez tous ce doux sommeil qui pourrait sembler en ce moment la suite inévitable du dîner, pour porter courageusement vos études de l'éther et de ses ondes dans des régions que jusqu'ici les pionniers de la science ont seuls explorées.

Non-seulement les ondulations de l'éther sont réfléchies par les nuages, les solides et les liquides, mais encore lorsqu'elles passent d'un air raréfié dans un air plus dense, ou réciproquement, une partie du mouvement ondulatoire est toujours réfléchie. Or, la densité de notre atmosphère varie sans cesse, en passant des couches supérieures aux couches inférieures. Pour fixer nos idées, nous pouvons considérer l'atmosphère comme composée d'une série de couches concentriques ou d'enveloppes minces superposées, dont chacune aurait partout la même densité, mais différerait légèrement sous ce rapport des deux couches adjacentes. La lumière se réfléchirait sur les surfaces de séparation de toutes ces couches, et leur action produirait le même effet que celle de l'atmosphère véritable. Et maintenant, je vais demander à votre imagination de se représenter cette réflexion de la lumière. Que devient la lumière réfléchie? Les couches de l'atmosphère ont leurs surfaces convexes tournées vers le soleil; ce sont donc autant de miroirs convexes de faible puissance réfléchissante, et vous verrez sans peine que la lumière réfléchie régulièrement par ces surfaces ne peut arriver jusqu'à la terre, mais se disperse dans l'espace.

Mais quoique la lumière du soleil ne soit pas réfléchie de cette façon des couches atmosphériques vers la terre, nous savons d'une manière certaine que la lumière de notre firmament est de la lumière réfléchie. Nous pourrions en donner ici les preuves les plus fortes; mais il nous suffit de considérer que la lumière nous vient à la fois de toutes les parties de notre hémisphère céleste. La lumière du firmament nous arrive en se croisant avec les rayons solaires, et même dans un sens contraire à leur direction; et ce mouvement latéral et opposé des ondes lumineuses ne peut provenir que de la réflexion des ondes sur l'air lui-même, ou sur un corps en suspension dans l'air. Il est évident aussi que, dans ce cas, les choses ne se passent pas comme avec les nuages, et que le ciel ne réfléchit pas la lumière solaire dans les proportions qui donnent la lumière blanche. Le ciel est bleu, ce qui indique que les plus grandes ondes font défaut. Quand on explique les causes de la coloration du ciel, la première question qui se présente par analogie est assurément celle-ci : l'air n'est-il pas bleu ? En effet, pour expliquer pourquoi le ciel est bleu, on dit souvent que c'est parce que l'air est bleu. Mais la raison, s'appuyant sur l'observation, pose alors cette question : si l'air est bleu, comment la lumière du soleil à son lever et à son coucher, cette lumière qui traverse une couche d'air fort étendue, peut-elle être jaune, orange ou même rouge ? Le passage de la lumière solaire blanche, à travers un milieu bleu, ne peut assurément pas la rendre rouge. L'hypothèse de l'air bleu ne peut donc pas se soutenir. En réalité, l'agent, quel qu'il soit, qui nous envoie la lumière du ciel, exerce une action dichroïque.

La lumière réfléchie est bleue ; la lumière transmise est orange ou rouge. Il y a donc là une différence marquée entre la substance du ciel et celle d'un nuage ordinaire, lequel n'exerce aucune action dichroïque de ce genre.

En combinant les forces de l'imagination et de la raison, nous pouvons pénétrer ce mystère aussi. Le nuage ne tient pas compte de la grandeur des ondulations de l'éther, mais les réfléchit toutes également ; il ne choisit pas. Or ceci peut provenir de ce que les parcelles de nuage sont si grandes par rapport aux ondes de l'éther, qu'elles les réfléchissent toutes indifféremment. Une large falaise renvoie une vague de l'Atlantique aussi facilement qu'une ride produite par l'aile d'un oiseau de mer; et, de même, en présence de grandes surfaces réfléchissantes, les différences de grandeur qui existent entre les ondes de l'éther peuvent s'effacer. Supposons au contraire que les parcelles réfléchissantes, au lieu d'être très-grandes, soient très-petites par rapport aux ondes. Dans ce cas, ce n'est plus l'onde tout entière qui est arrêtée et renvoyée en grande partie ; une petite portion seulement est brisée et réfléchie. La grande masse de l'onde passe par dessus cette petite parcelle sans éprouver de réflexion. Jetons donc par la pensée dans notre atmosphère une poignée de ces petites parcelles étrangères, et chargeons notre imagination de suivre leur action sur les ondes solaires. Des ondes de toute grandeur se heurtent contre ces parcelles, et l'on voit à chaque choc une partie de l'onde frappée se détacher par réflexion. Toutes les ondes du spectre, depuis le rouge jusqu'au violet, subissent cette action. Mais dans quelles proportions les ondes seront-elles dispersées ? Une image claire va nous permettre de devancer la réponse de l'expérience. Rappelons-nous que les ondes rouges sont aux ondes bleues à peu près dans le rapport des vagues de l'Océan aux rides, et considérons si ces parcelles infiniment petites peuvent disperser toutes les ondes dans les mêmes proportions. Si elles ne le peuvent, et un peu de réflexion vous prouvera qu'elles ne le peuvent en effet, la coloration doit être un accident de la dispersion. La grandeur n'est qu'une question de rapport ; plus l'onde est petite, plus grandes sont les dimensions relatives des parcelles que l'onde vient heurter, et plus grand aussi est le rapport de la portion réfléchie à l'onde totale. Un caillou qui se trouve sur le chemin des ondes circulaires produites par nos grosses gouttes de pluie à la surface tranquille d'un étang, renverra une partie considérable de l'onde incidente, tandis que la proportion d'une plus grande onde réfléchie par le même caillou pourrait être infinitésimale. Or, nous avons déjà montré clairement que la lumière solaire ne reste blanche qu'à condition que les proportions dont elle se compose ne seront pas altérées; mais dans la séparation produite par ces très-petites parcelles, nous voyons que les proportions sont réellement altérées ; un excès des plus petites ondes est renvoyé par les parcelles, et, par conséquent, dans la lumière dispersée, le bleu sera la couleur dominante. Les autres couleurs du spectre doivent, jusqu'à un certain point, se trouver associées au bleu. Elles ne sont pas absentes, mais elles sont en trop petite quantité. En effet, nous devrions les avoir toutes, mais dans des proportions décroissantes, du violet au rouge.

Voilà donc un cas particulier que nous avons soumis à l'imagination; et, en admettant la vérité de la théorie des ondulations, nous sommes, je le crois, arrivés d'une façon légitime à la conclusion que, si des parcelles assez petites par rapport aux ondes de l'éther étaient répandues dans notre atmosphère, la lumière dispersée par ces particules serait justement comme celle que nous observons dans notre ciel azuré. En analysant cette lumière, nous y trouvons toutes les couleurs du spectre, mais nous les y trouvons dans les proportions indiquées par notre conclusion.

Occupons-nous maintenant de la lumière qui passe entre les parcelles, sans être dispersée. Que devient-elle en définitive ? Par ses chocs successifs avec les parcelles, la lumière blanche perd de plus en plus la proportion de bleu qu'elle doit contenir. On prévoit facilement ce qui va en résulter. La lumière transmise à de petites distances doit paraître jaunâtre. Mais à mesure que le soleil descend vers l'horizon, l'épaisseur de l'atmosphère traversée augmente, et avec elle le nombre des parcelles qui dispersent la lumière. Elles lui font perdre successivement le violet, l'indigo, le bleu, et troublent même les proportions du vert. La lumière transmise dans ces circonstances doit passer du jaune à l'orangé, puis au rouge. C'est là exactement ce que nous présente la nature. Ainsi, tandis que la lumière réfléchie nous donne à midi l'azur foncé du ciel des Alpes, la lumière transmise nous donne au soleil couchant le rouge chaud des neiges des Alpes. Assurément les phénomènes se passent *comme si* notre atmosphère était un milieu rendu légèrement trouble par des parcelles étrangères d'une extrême ténuité, qui y seraient maintenues mécaniquement en suspension.

Ici encore nous rencontrons ce mot sceptique, *comme si*. C'est là un véritable parasite de la science, toujours là et toujours prêt à s'implanter et à végéter, s'il le peut, sur les points faibles de notre philosophie. Mais une constitution forte peut défier le parasite ; et, dans le cas actuel, à mesure que nous interrogeons les faits, la probabilité s'accroît comme la santé en quelque sorte, jusqu'à ce qu'enfin la maladie du doute ait complétement disparu. Tout d'abord nous nous demandons : est-il possible de prouver réellement que les petites parcelles agissent comme nous venons de le dire ? Assurément, oui. Chacun de vous peut soumettre la question à l'épreuve de l'expérience. L'eau ne dissout pas la résine, mais l'alcool peut le faire ; et, quand on verse dans de l'eau un peu d'alcool contenant de la résine en dissolution, cette dernière se sépare immédiatement en parcelles solides, qui donnent à l'eau une teinte laiteuse. Ce précipité est plus ou moins grossier : suivant la quantité de résine dissoute, on peut l'obtenir en caillots, ou en parcelles extrêmement fines. Le professeur Brücke a indiqué les proportions qui donnent des parcelles tout à fait convenables au but que nous proposons. On fait dissoudre 1 gramme de résine pure dans 87 grammes d'alcool absolu ; puis on verse la dissolution limpide dans un flacon plein d'eau claire, que l'on agite vivement. Il se forme ainsi un précipité d'une finesse extrême, qui révèle sa présence par son action sur la lumière. Si l'on place une surface noire derrière le flacon, et qu'on y laisse arriver la lumière d'en haut ou par devant, le milieu paraît distinctement bleu. Ce n'est peut-être pas un bleu aussi pur que je l'ai observé cette année dans les Alpes, par certains jours exceptionnels ; mais c'est un bleu de ciel très-naturel. Des traces de savon dans l'eau lui donnent une teinte bleue. Le lait de Londres, et, je le crains, celui de Liverpool, approchent de la même couleur, par la même cause ; et Helmholtz n'a pas craint de nous révéler qu'un œil bleu est simplement un milieu trouble.

Il serait facile de multiplier les exemples de ce genre. L'action des milieux troubles sur la lumière a été fort bien exposée par Gœthe : bien qu'il ne connût pas la théorie des ondulations, le poëte fut amené par ses expériences à regarder le bleu du firmament comme dû à un milieu trouble éclairé, derrière lequel se trouve l'obscurité de l'espace. Il décrit des verres qui sont d'un jaune brillant à la lumière transmise, et d'un bleu magnifique à la lumière réfléchie. Le professeur Stokes, qui a probablement été le premier à reconnaître la nature réelle de l'action des petites parcelles matérielles sur les ondes de l'éther, décrit un verre de la même nature (1). Ce que les artistes appellent *glacé* est sans doute un effet de ce genre. Par l'action de menues parcelles de matière, les bruns d'un tableau offrent souvent l'aspect de ce que l'on appelle la fleur sur une prune. En frottant le vernis avec un foulard, on établit une sorte de continuité optique, et cet effet disparaît. Il y a quelques années, j'ai assisté aux expériences faites par M. Hirst, à Zermatt, sur l'eau trouble de la Visp, qui était chargée de substances réduites en poudre fine par l'action des glaciers. Quand l'eau était laissée à elle-même pendant un jour ou deux, les parties plus grossières se déposaient, mais la poudre plus fine restait en suspension et donnait à l'eau une teinte évidemment bleue. Sans doute, la couleur bleue de certains lacs des Alpes est due en partie à cette cause. Le professeur Roscoe mentionne plusieurs cas remarquables du même genre. Dans un mémoire très-remarquable, M. Forbes a montré que la vapeur qui s'échappe par la soupape de sûreté d'une locomotive, observée dans des circonstances favorables, présente les couleurs du ciel lorsqu'elle est arrivée à un certain point de condensation : elle est bleue à la lumière réfléchie, et orange ou rouge à la lumière transmise. La fumée de la tourbe offre jusqu'à un certain point le même phénomène, comme Gœthe l'avait fort bien remarqué. Il y a plus de dix ans, me trouvant à Killarney, au sud-ouest de l'Irlande, par un temps très-calme, je me suis amusé à observer les colonnes de fumée qui s'élevaient tout droit des cheminées des cabanes voisines. De ma place, je pouvais facilement projeter par le regard la partie inférieure d'une de ces colonnes sur le feuillage sombre d'un pin, et la partie supérieure sur un nuage brillant. Dans le premier cas, la fumée, que je voyais surtout à la lumière réfléchie, était bleue ; dans le second, vue surtout à la lumière transmise, elle était rougeâtre. Cette fumée n'était pas absolument dans des circonstances qui pouvaient nous donner le reflet des Alpes ; mais l'effet produit en approchait. Le précipité fin de Brücke, dont nous avons parlé plus haut, paraît jaunâtre à la lumière transmise ; mais en le concentrant suffisamment, vous pouvez rendre la lumière blanche du soleil de midi aussi rouge que celle que l'on voit en regardant le soleil à travers la fumée de Liverpool, ou à l'horizon des Alpes. Je ne veux cependant pas prendre la fumée grossière du charbon de terre comme exemple de l'action des petites parcelles de matière, parce que cette fumée absorbe et détruit bientôt les ondes bleues, au lieu de les envoyer à l'œil de l'observateur. Ces faits multipliés, et bien d'autres encore qu'il serait trop long de citer ici, s'expliquent par ce seul principe que, quand les parcelles dispersantes sont petites par rapport aux ondes, nous avons dans la lumière réfléchie une plus grande proportion des plus petites ondes, et dans la lumière transmise une plus grande proportion des grandes ondes, qu'il n'y en avait dans la lumière blanche primitive. Au point de vue physiologique, il en résulte que dans la lumière réfléchie c'est le bleu qui domine, et dans la lumière transmise, l'orangé ou le rouge. Mais poussons nos recherches encore plus loin. Nos meilleurs microscopes nous font voir facilement des objets qui n'ont pas plus de $\frac{1}{80000}$ de pouce ($\frac{1}{3000}$ de millimètre) de diamètre. Cette quantité est plus petite que la longueur d'une onde de lumière rouge. Un microscope excellent pourrait même nous permettre de discerner des objets dont le diamètre ne dépasserait pas la longueur des plus petites ondes du spectre visible. Le microscope peut donc nous servir à soumettre nos parcelles matérielles à l'épreuve de l'expérience. Si elles sont aussi grandes que les ondes lumineuses, nous les verrons infailliblement ; si nous ne les voyons pas, c'est qu'elles sont plus petites. J'ai remis à notre président un flacon contenant des parcelles de Brücke plus nombreuses et plus grossières que celles que Brücke lui-même avait étudiées. Le liquide, d'un bleu laiteux, a été soumis par M. Huxley à son microscope le plus puissant. Il m'a démontré, lors de ces recherches, que si des parcelles ayant même $\frac{1}{100000}$ de pouce ($\frac{1}{4000}$ de millimètre) de diamètre s'étaient trouvées dans le liquide, elles n'auraient pu échapper à l'observateur. Mais il fut impossible d'en apercevoir une seule : sous le microscope, le liquide trouble ne pouvait se distinguer de l'eau distillée. Je dois dire que Brücke aussi avait constaté que les parcelles sont trop petites pour être vues au microscope.

Mais il nous est possible de reproduire bien plus exactement que nous ne l'avons fait jusqu'ici, les conditions naturelles de ce problème. Nous pouvons créer dans l'atmosphère, comme le savent un grand nombre de vous, des cieux artificiels, et démontrer leur identité parfaite avec le ciel naturel, au point de vue de la production de plusieurs phénomènes tout à fait inattendus. En outre, par un procédé d'accroissement continu, nous pouvons rattacher la matière du ciel, s'il m'est permis de parler ainsi, à la matière moléculaire d'un côté, et à la matière massive, c'est-à-dire en masses appréciables, de l'autre. Pour mieux me faire comprendre, je choisirai une expérience citée par M. Morren, de Marseille, à la dernière réunion de l'Association britannique. Le soufre et l'oxygène peuvent se combiner et former du gaz acide sulfureux ; l'acide sulfureux est ce gaz suffocant que l'on sent

(1) Ce verre avait, à la lumière réfléchie, une couleur qui ressemblait beaucoup à celle d'une décoction d'écorce de marrons d'Inde. Il est assez curieux de remarquer que Gœthe parle de cette même décoction : « Man nehme einen Streif frischer Rinde von der Rosskastanie, man stecke denselben in ein Glas Wasser und in der kürzesten Zeit werden wir das vollkommenste Himmelblau entstehen sehen. » — (Gœthe's *Werke*, t. XXIX, p. 24.)

lorsque l'on brûle dans l'air une allumette soufrée. Deux atomes d'oxygène et un de soufre constituent une molécule d'acide sulfureux. Or, on a montré récemment, dans un très-grand nombre de cas, que les ondes d'éther qui proviennent d'une source assez énergique, telle que le soleil ou la lumière électrique, peuvent, par leur choc, déterminer la séparation des atomes des molécules gazeuses. Un chimiste donnerait à cela le nom de *décomposition* par la lumière ; mais nous, qui examinons la puissance et les fonctions de l'imagination, nous devons avoir constamment présentes à l'esprit les images physiques qui correspondent, dans notre pensée, aux termes que nous employons. Aussi dirai-je, d'une manière précise et bien définie, que les éléments des molécules d'acide sulfureux sont séparés par le choc des ondes d'éther. Si nous enfermons cet acide dans un récipient convenable, que nous le placions dans un lieu obscur, et que nous y fassions passer un rayon de lumière vive, nous ne voyons d'abord rien de particulier ; le récipient qui contient le gaz semble absolument vide. Bientôt, cependant, sur le passage du rayon lumineux, on observe une belle couleur bleu de ciel, qui est due aux parcelles de soufre mises en liberté. Pendant quelques instants le bleu devient plus intense, puis il blanchit, et du bleu blanchâtre il passe au blanc, d'une manière plus ou moins complète. Si l'action se maintient pendant un temps suffisamment long, le tube finit par se remplir d'un épais nuage de parcelles de soufre, que l'on peut rendre visibles en employant des moyens convenables.

Ainsi, dans ce cas, nos ondes d'éther brisent le lien de l'affinité chimique, et mettent en liberté le soufre, corps solide à la température ordinaire, et qui, par conséquent, tombe bientôt sous les sens. Avant tout, nous avons les atomes libres de soufre, qui sont à la fois invisibles et incapables d'exciter la rétine d'une manière sensible, avec la lumière diffuse. Mais ces atomes se réunissent peu à peu de manière à former des parcelles ; et ces dernières, s'accroissant d'une manière continue par l'adjonction de nouveaux atomes, arrivent, au bout d'une minute ou deux, à présenter l'aspect de la matière du ciel. Dans cet état, tout en étant elles-mêmes invisibles, elles peuvent envoyer à la rétine une quantité de mouvements ondulatoires suffisante pour produire le bleu du firmament. Les parcelles restent dans cet état, ou du moins on peut les y faire rester un temps considérable, pendant lequel elles échappent à nos meilleurs microscopes. Mais, comme elles grossissent constamment, elles arrivent par des gradations insensibles à l'état de *nuage*, et alors elles ne peuvent plus échapper à l'œil armé d'un instrument puissant. Ainsi, et sans aucune solution de continuité, nous partons de la matière à l'état de molécule, et nous arrivons à la matière à l'état de masse : la matière du ciel est le terme moyen de cette série de transformations.

Au lieu d'acide sulfureux, nous aurions pu choisir une douzaine d'autres substances, qui toutes auraient donné le même résultat. Avec quelques-unes — probablement avec toutes — on peut conserver la matière à l'état de bleu de ciel pendant quinze ou vingt minutes, sans suspendre l'action de la lumière. Pendant ces quinze ou vingt minutes, les parcelles s'accroissent constamment, sans jamais dépasser le degré de petitesse nécessaire pour produire le bleu de ciel. Or, quand vous avez devant vous deux vases contenant l'un et l'autre de la matière de ciel, vous pouvez reconnaître très-distinctement celui qui contient les parcelles les plus grosses. Quand l'œil se trouve, comme il l'est pour cette expérience, placé dans une obscurité relative, et que les quantités de mouvement ondulatoire qui frappent la rétine sont petits, l'œil, dis-je, est sensible aux moindres différences de lumière. Les parcelles les plus grosses se reconnaissent à la plus grande blancheur de la lumière qu'elles renvoient. Rappelez-vous maintenant l'observation, ou plutôt la tentative d'observation faite par notre président, quand il essaya, sans y réussir, de distinguer les parcelles de résine dans le milieu de Brücke, et, quand vous l'aurez fait, prêtez-moi votre attention. J'ai fait agir un rayon de lumière sur une certaine vapeur. En deux minutes le bleu s'était montré, mais au bout d'un quart d'heure il était encore bleu. Au bout d'un quart d'heure, par exemple, sa couleur et quelques autres phénomènes indiquaient que c'était le bleu de parcelles assurément plus petites que celles que M. Huxley avait vainement cherché à apercevoir. Ces parcelles, nous l'avons déjà dit, devaient avoir moins de $\frac{1''}{100\,000}$ de pouce ($\frac{1}{4000}$ de millimètre) de diamètre. Et maintenant je vous demanderai de soumettre à votre imagination la question suivante : Voici des parcelles de matière qui se sont constamment accrues pendant un quart d'heure, et qui, au bout de ce temps, sont indubitablement plus petites que celles qui ont défié le microscope de M. Huxley ; quelle devait être, dans l'origine, la grosseur de ces parcelles ? Quelle idée pouvez-vous vous faire de la grandeur de parcelles semblables ? De même que les distances des espaces stellaires ne produisent en nous que le sentiment d'une immensité étourdissante, sans laisser d'impression distincte dans l'esprit, de même les grandeurs auxquelles nous avons affaire ici nous laissent un sentiment étourdissant de petitesse. Nous étudions ici des infiniment petits auprès desquels les êtres microscopiques sont littéralement immenses.

Le fait que les comètes laissent passer la lumière des étoiles, et d'autres considérations encore ont fourni à John Herschel des conclusions inattendues sur le poids et la densité de ces astres errants. Vous savez que ces corps extraordinaires projettent quelquefois des queues de cent millions de milles de longueur, et de cinquante mille milles de diamètre. Le diamètre de notre terre est de huit mille milles (12 738 000 mètres). La terre, le ciel, et une portion considérable d'espace au delà du ciel, seraient certainement compris dans une sphère de dix mille milles de diamètre. Remplissons cette sphère de matière cométaire, et faisons-en notre unité de mesure. Un calcul facile nous enseigne que pour produire une queue de comète aussi grande que celle dont nous parlions tout à l'heure, il faudrait verser dans l'espace environ trois cent mille de ces mesures. Or, supposez toute cette matière réunie et suffisamment comprimée, quel en serait, selon vous, le volume ?

John Herschel vous dirait probablement que la masse tout entière serait facilement emportée en un seul voyage par un cheval ordinaire. En réalité, je ne crois pas qu'il lui fallût plus d'une petite fraction de force de cheval pour enlever la poussière cométaire. Après cela, vous admettrez peut-être sans vous récrier l'idée que j'ai quelquefois eue au sujet de la quantité de matière dont se compose notre ciel. Supposez donc que la terre soit entourée d'une enveloppe située assez loin de la surface pour se trouver au-dessus des matières grossières en suspension dans les régions inférieures de l'atmosphère — soit, pour fixer les idées, la hauteur du Matterhorn ou du mont Blanc. En dehors de cette enveloppe, nous avons le firmament, d'un bleu foncé. Supposez que dans la partie de l'atmosphère ainsi laissée en dehors on puisse balayer et réunir suffisamment la matière du ciel; quelle quantité obtiendrait-on ainsi? J'ai quelquefois pensé qu'elle tiendrait dans une valise de dame, voire même une valise d'homme, peut-être même dans une tabatière. Le ciel véritable est-il susceptible d'une telle condensation? Je ne saurais le dire; mais il n'est pas douteux pour moi qu'il ne fût possible de constituer, avec la quantité de matière qui remplirait le creux de la main, un ciel tout aussi vaste que le nôtre, et aussi bon en apparence.

Malgré la petitesse de leur masse totale, les parcelles dont se compose notre ciel sont en nombre pour ainsi dire infini, comme le prouve la continuité de sa lumière. Ce n'est pas par plaques séparées ni sur des points éloignés les uns des autres que l'azur du ciel se révèle à nos sens. Pour l'observateur qui se tient sur le sommet du mont Blanc, le bleu est aussi uniforme et aussi cohérent que la surface du corps solide le plus dense : un dôme de marbre n'aurait pas une continuité plus absolue. M. Glaisher vous dira que si notre enveloppe supposée était portée à deux fois la hauteur du mont Blanc, nous verrions encore le ciel bleu au-dessus de nos têtes. Partout dans l'atmosphère se trouvent ces parcelles de matière céleste. Elles remplissent les vallées des Alpes, et s'étendent comme une gaze légère devant les montagnes couvertes de pins. Quelquefois la lumière qu'elles réfléchissent enveloppe si bien les pics qu'elle en dérobe les contours. Cette année, j'ai vu le Weisshorn disparaître ainsi dans une lumière bleuâtre. Des instruments convenables peuvent éteindre le reflet de ces parcelles célestes, et alors les montagnes que cachait ce reflet reparaissent tout à coup distinctement. L'extinction de ce reflet, en face d'une montagne sombre, fait l'effet d'un voile qui se lèverait brusquement. C'est donc la lumière, par son action sur l'œil, et non les parcelles jouant le rôle de corps opaques, qui cache l'objet éloigné. Dans le jour, cette lumière éteint celle des étoiles ; même par le clair de lune, elle peut nous empêcher de voir toutes les étoiles comprises entre la cinquième et la onzième grandeur. Cette lumière pourrait se comparer à un bruit, et le rayonnement stellaire à un faible murmure étouffé par le bruit. Quelle est la nature des parcelles qui donnent cette lumière? je ne veux point examiner ici cette question discutée ; mais je puis dire que de la Rive attribue la vapeur lumineuse des Alpes par le beau temps, à des germes organiques flottants. Or, on a prétendu rejeter comme absurde l'existence de germes aussi abondants. On a affirmé qu'ils obscurciraient l'air; et cette prétendue impossibilité de leur existence en nombre suffisant, sans arrêter la lumière solaire, a fourni un argument puissant aux partisans de la génération spontanée. Des arguments semblables ont été invoqués par les adversaires de l'intervention des germes dans les maladies épidémiques, et les deux partis en ont fièrement appelé au microscope et à la balance de précision pour décider en dernier ressort. Sans me déclarer le moins du monde pour les idées de de la Rive, sans faire ici aucune objection à la doctrine de la génération spontanée, sans prendre parti pour la théorie des germes des maladies, je veux simplement appeler votre attention sur ce fait, qu'il existe dans l'atmosphère des parcelles matérielles qui échappent et au microscope et à la balance, qui n'obscurcissent pas l'air, et s'y trouvent néanmoins en si grande multitude, que l'hyperbole israélite du nombre des grains de sable de la mer, devient insignifiante en comparaison.

La diversité des opinions humaines sur ces questions et d'autres encore, s'explique peut-être, jusqu'à un certain point, par la doctrine de relativité qui joue un rôle si important en philosophie. D'après cette doctrine, les impressions que nous recevons d'un fait ou d'une réunion de faits, dépendent de l'état où nous étions auparavant. Deux voyageurs qui arrivent au même pic, l'un en montant de la plaine, et l'autre en descendant d'une montagne plus élevée, éprouvent des impressions tout à fait différentes. Pour le premier le paysage s'étend, pour le second il se resserre ; et ce changement de situation donne nécessairement des impressions différentes. Dans les sciences aussi, la loi de relativité peut jouer un rôle important. Prenons deux hommes, l'un appartenant à l'école des sens, et surtout occupé d'observations, et l'autre à l'école de l'imagination, et habitué aux idées d'atomes et de molécules dont nous avons si souvent parlé : pour ces hommes, une parcelle de matière de $\frac{1}{10000}$ de pouce ($\frac{1}{1000}$ de millimètre) de diamètre n'aurait pas du tout la même valeur. Le premier y arrive en descendant des hauteurs de ses masses, le second en montant de plaines de molécules. Pour l'un cette parcelle est petite, pour l'autre elle est grande. Il en est de même de leur manière d'apprécier les êtres les plus petits que le microscope nous révèle. Pour l'un de ces hommes, ils touchent aux limites de la divisibilité de la matière, et il se figure facilement les molécules dont ils sont directement formés ; il n'y a qu'un pas de l'atome à l'être organisé. L'autre, au contraire, aperçoit entre les deux des gradations organiques sans nombre. Auprès de ses atomes, les plus petits des vibrions et des bactéries qu'il découvre dans le champ de son microscope, sont autant de léviathans énormes. La loi de relativité suffit jusqu'à un certain point pour expliquer les partis différents auxquels se rangent ces deux hommes sur la question de la génération spontanée. Les preuves qui suffisent à l'un laissent l'autre parfaitement incrédule ; et tandis que, pour le premier, l'argument le plus hardi et l'extension la plus frappante de la doctrine sembleront tout à fait convaincants, le second n'y verra qu'un travail inutile imposé aux savants de l'avenir pour en prouver la fausseté. Quelle devrait être l'attitude de chacun d'eux? Ne devrait-il pas travailler comme s'il se proposait surtout de prouver la vérité des opinions qu'il combat?

J'espère, monsieur le président, que vous, dont des circonstances que je regrette ont fait un biologiste, mais qui éprouvez encore quelque sympathie pour un genre de recherches auquel vous étiez si bien préparé, j'espère que vous m'excuserez si je dis à vos confrères que certains d'entre eux semblent ne pas se faire une idée exacte de la distance qui sépare les limites des êtres microscopiques des limites des molécules. Il en résulte qu'ils emploient quelquefois un langage qui peut engendrer des idées fausses. Par exemple, lorsqu'on nous dit que le contenu d'une cellule est parfaitement homogène et sans organisation, parce que le microscope n'y fait découvrir aucune trace d'organisation, je crois que le microscope joue alors un rôle dangereux. Si vous y réfléchissez un peu, vous reconnaîtrez tous que le microscope ne peut rien décider sur la question véritable de la structure des germes. L'eau distillée présente une homogénéité plus parfaite que le contenu d'un germe organique quelconque. D'où vient que ce liquide cesse de se contracter à 4° centigrades, et se dilate jusqu'au point de congélation ? Il y a là dans sa structure quelque chose de particulier qui échappe au microscope, et lui échappera probablement toujours, à quelque degré de perfection que cet instrument puisse arriver. Mettez cette eau distillée dans le champ d'action d'un électro-aimant, puis examinez-la au microscope. Y verrez-vous quelque changement lorsque le fer doux sera aimanté? Pas le moindre ; et cependant il s'en est opéré de profonds et de fort complexes. D'abord les particules de l'eau ont acquis la polarité diamagnétique ; et, de plus, en vertu de la structure que lui donne la tension magnétique de ses molécules, le liquide dévie un rayon de lumière d'une façon parfaitement déterminée sous le double rapport de la quantité et de la direction. Il est à regretter pour vous et pour moi de ne pas voir parmi nous en cette occasion sir W. Thompson ; notre savant collègue, dont la brillante imagination a si bien approfondi ce sujet, nous ferait voir avec lui les actions moléculaires compliquées qu'entraîne la rotation du plan de polarisation par la force magnétique. En étudiant cette question, il a vécu dans un monde de matière et de mouvement dont le microscope ne saurait donner la clef, et devant lequel il est impuissant. Les exemples de ce genre sont, pour ainsi dire, innombrables. Le diamant, l'améthyste et tous les autres cristaux qui se forment dans les laboratoires de la nature et dans ceux de l'homme, sont-ils dépourvus de structure régulière? Évidemment non ; mais que nous apprend le microscope à cet égard? Rien. Nous ne saurions trop nous pénétrer de l'idée qu'entre la limite à laquelle arrive le microscope, et celle des grandeurs moléculaires, il y a place pour un nombre infini de permutations et de combinaisons. C'est dans cette région que les pôles des atomes se constituent, que leurs puissances acquièrent certaines tendances, de sorte que lorsque ces pôles et ces puissances ont leur liberté d'action et rencontrent une excitation convenable dans le milieu qui leur est propre, ils déterminent d'abord le germe, puis l'organisme complet. Ce premier arrangement des atomes, dont dépend toute leur action subséquente, défie des instruments plus puissants encore que ne le sont nos microscopes. Ces phénomènes sont tellement complexes que, bien longtemps avant que l'observation puisse intervenir avec quelque chance de succès, l'intelligence la plus cultivée, l'imagination la plus pénétrante et la mieux exercée se décourage et renonce au problème qu'elle entrevoit. Nous sommes frappés de stupeur ; et il n'est pas de microscope qui puisse y remédier, car nous ne doutons pas seulement de la puissance de notre instrument ; nous doutons si nous avons nous-mêmes des facultés intellectuelles qui nous permettent de nous mesurer un jour avec les forces constitutives de la nature.

Mais la faculté de spéculation, dont l'imagination est une part si importante, persiste à s'aventurer dans des régions où il semble complétement impossible d'arriver jamais à la certitude. Bien que l'analyse détaillée soit, et doive peut-être rester à jamais, au-dessus de nos forces, nous pouvons peut-être arriver à des idées générales. En tout cas, il est évident qu'au delà des avant-postes actuels des recherches microscopiques, s'étend un champ immense où l'imagination peut se donner libre carrière. Mais il n'y a que les esprits privilégiés, ceux qui savent jouir de la liberté sans en abuser, et retenir l'imagination dans les limites marquées par la raison, qui puissent y travailler avec fruit. Cependant la liberté est tellement essentielle à leur avis, qu'ils sont prêts, pour l'assurer, à fermer les yeux sur bien des escapades de leurs confrères plus faibles. Sous bien des rapports, M. Darwin a usé avec hardiesse de la tolérance scientifique de son époque. Il a librement du temps dans son développement des espèces, et il n'est pas moins hardi avec la matière dans sa théorie de la pangenèse. D'après cette théorie, un germe microscopique est un monde de germes plus petits encore. Non-seulement l'ensemble de l'organisme est contenu dans le germe, mais chaque organe différent y a son germe particulier. C'est là, je le répète, spéculer hardiment sur la divisibilité de la matière et la distribution de ses forces. Mais, à moins d'être parfaitement certains qu'il dépasse les limites de la raison, qu'il attaque à son insu les faits reconnus ou les lois démontrées ; — car un esprit comme celui de Darwin ne peut jamais s'élever sciemment contre les faits ou les lois, — nous devons, je le crois, être fort prudents quand il s'agit de fixer des bornes à son horizon intellectuel. Dès qu'il y a le moindre doute sur quelque point, il faut décider en faveur de la liberté d'un tel esprit ; pour ses pareils, une grande latitude est déjà par elle-même une puissance, quand même ils devraient n'en jamais faire usage. Je suis heureux de penser que les faits et les arguments contenus dans ce discours tendent plutôt à justifier qu'à condamner M. Darwin ; qu'ils doivent plutôt étendre que resserrer l'espace nécessaire à ce hardi philosophe, puisqu'ils semblent montrer que la divisibilité de la matière et la distribution de la force vont tout aussi loin qu'il l'a prétendu jusqu'à ce jour.

Chez M. Darwin, l'observation, l'imagination et la raison réunies ont su retrouver avec une sagacité et un succès merveilleux une partie de la série des successions biologiques. Guidé par l'analogie, dans son *Origine des espèces*, il place à l'origine de la vie un germe primordial d'où il fait sortir toutes les formes de la vie, si riches et si variées, qui couvrent maintenant la surface du globe. Si cette explication était vraie, elle ne serait pas définitive pour cela. L'imagination humaine ne manquerait pas de regarder derrière le germe, et de demander comment il a été produit. Il est évidemment impossible d'arriver à rien de certain sur ce point ; mais on peut, du moins, se former une opinion plausible. Au milieu des obscurités de pareilles études, on accueille la moindre lueur ; on cherche à s'éclairer par tous les moyens. L'investigateur patient étudie les méthodes de la nature dans les siècles et les mondes qui l'ont précédé. Et quoique la certitude qui appartient aux recherches expérimentales fasse ici défaut, l'imagination n'est pas cependant tout à fait privée de guide. De l'examen du système solaire, Kant et Laplace ont pu conclure que ses différents corps ont autrefois fait partie d'une masse unique ; que la matière nébulaire a précédé la matière condensée ; qu'avec la suite des siècles la chaleur avait disparu, les vapeurs s'étaient condensées, les planètes s'étaient détachées, et qu'enfin la principale partie du nuage de feu s'était réduite d'elle-même à la grandeur et à la densité de notre soleil. La terre elle-même porte des traces évidentes de l'action du feu ; et, de nos jours, l'hypothèse de Kant et de Laplace se trouve confirmée par l'analyse spectrale qui démontre l'identité de composition chimique de la terre et du soleil. En acceptant comme probables ces vues sur la formation de notre système, nous voulons naturellement rattacher la vie actuelle de notre planète à sa vie passée. Nous voulons savoir quelque chose de nos ancêtres les plus reculés. Au moment où la terre s'est détachée de la masse centrale, la vie telle que nous la comprenons ne pouvait y exister. Comment y est-elle venue ? Ce que nous voulons encourager ici, c'est une liberté respectueuse, une liberté précédée de la discipline sévère qui réprime toute licence d'esprit; ce que nous voulons écarter et de la science et de partout, c'est le dogmatisme. Et ici, je me mets à la disposition de cette assemblée ; je suis prêt à m'arrêter ou à continuer, comme elle le voudra. Je n'ai pas le droit de vous présenter, sans votre assentiment, les idées informes qui flottent comme des nuages, ou vont bientôt prendre plus de consistance dans les spéculations de la science moderne. Cependant, si vous voulez que je vous parle franchement et avec honnêteté, je suis prêt à le faire. Ici, c'est à vous de commander, et à moi d'obéir.

Il y a deux manières d'envisager la question. Ou bien la vie existait en puissance dans la matière à l'état nébulaire, et en est sortie par voie de développement naturel; ou bien c'est un principe ajouté à la matière à une époque plus récente. Sur la question de temps, la manière de voir a beaucoup changé de nos jours; j'ajouterai que le changement n'est pas moins grand au point de vue du courage et du désir de combattre loyalement pour ses opinions. Le clergé anglais, ou tout au moins le clergé de Londres, sait écouter avec calme les idées les plus avancées; il invite, il défie presque les hommes qui professent ces idées à les déclarer et à les soutenir ouvertement. Aucune théorie ne peut l'émouvoir; il affronte les hypothèses les plus radicales, pourvu qu'elles soient présentées dans la langue des gens bien élevés. Il renonce également aux foudres du ciel et aux terreurs de l'enfer, pour n'employer que les armes courtoises du monde contre les théories qui lui déplaisent. En réalité, les plus grands poltrons de notre époque ne se trouvent pas dans le clergé, mais parmi les savants eux-mêmes.

Il y a deux ou trois ans, dans un des vieux colléges de Londres, institution religieuse, j'ai assisté à une conférence remarquable, faite par un orateur également remarquable. Trois ou quatre cents ecclésiastiques étaient présents à cette conférence. L'orateur commença par la civilisation de l'Égypte à l'époque de Joseph; il fit voir que l'organisation si parfaite du royaume et la possession de chariots, puisque Joseph allait en chariot, indiquaient une civilisation déjà fort ancienne. Il passa ensuite à la boue du Nil, à sa vitesse d'accroissement, à son épaisseur actuelle, et aux débris travaillés par la main des hommes, que l'on y trouve; puis aux rochers qui bornent la vallée du Nil, et qui sont pleins de débris organiques. Alors, dans un langage d'une admirable clarté, il développa devant son auditoire l'idée de l'énorme antiquité du monde, en opposition avec l'âge qu'on lui attribue ordinairement. Tandis qu'il parlait, il semblait nager contre le courant; il croyait évidemment combattre une conviction générale. Il s'attendait à une lutte; je m'y attendais aussi. Mais nous nous trompions: il n'y avait ni courant contraire, ni conviction opposée, ni résistance; tout au plus, par-ci par-là, quelques tentatives à moitié plaisantes, mais sans résultat, pour l'embarrasser dans son discours. L'assemblée admit tout ce qu'il disait de l'ancienneté de la terre, et de l'existence de la vie sur le globe. Tout cela on le savait depuis longtemps, et l'on railla agréablement l'orateur de n'avoir rien su trouver de plus nouveau. Il était évident que tous ces ecclésiastiques, qui étaient, je dois le dire, des plus distingués de leur ordre, avaient entièrement renoncé aux anciennes limites, et transporté l'idée de l'origine de la vie à une époque indéfiniment reculée.

Au fond, ils ont tous, s'il m'est permis de le dire, autant de goût pour la vérité scientifique que les autres hommes; seulement la résistance à cette disposition, résistance qui vient de l'éducation, est généralement plus forte chez eux que chez d'autres. Ils possèdent bien l'élément positif, l'amour de la vérité; mais c'est que l'élément négatif, la crainte de l'erreur l'emporte. Pour déterminer la force d'un courant électrique, il faut deux choses : la force électro-motrice, et la résistance dont cette force doit triompher. La force du courant est exprimée par une fraction ayant pour numérateur la première, et pour dénominateur la seconde. La force du courant qui entraîne le clergé vers la science pourrait aussi se représenter par une fraction ayant pour numérateur l'élément positif dont nous venons de parler, et pour dénominateur l'élément négatif. Le numérateur n'est pas zéro; il n'est même pas très-petit, mais le dénominateur est grand; et ainsi la force du courant a la valeur que nous lui connaissons. C'est ainsi qu'on peut s'expliquer la lenteur de conception et même l'hostilité déclarée; ce sont, en général, des erreurs de jugement, et non des attaques contre la vérité. Que dans toutes les classes de la société la vérité exerce cette puissance de fascination, c'est ce qui paraît peut-être tout simple à la plupart d'entre nous ; mais c'est assurément ce qui paraît tout à fait surprenant à quelques-uns. Des modifications sans nombre que la vie a subies par le choix naturel, et par des gradations infinies, ressort en définitive ce grand résultat, que la vérité est plus forte que l'erreur, et qu'il suffit d'exposer clairement la vérité au monde, pour la lui faire accueillir. Personne n'est probablement plus étonné de ce résultat que celui-là même qui nous a donné la loi du choix naturel. Pour employer une expression qui nous est familière, les choses se passent *comme si* la véracité se trouvait au fond même des choses; comme si, après des siècles de travail latent, elle s'était enfin développée dans la vie de l'homme; comme si elle devait encore se développer, se fortifier, pousser des branches plus vigoureuses et un feuillage plus épais, et tendre de plus en plus, par sa présence et par l'ombre qu'elle jette autour d'elle, à faire disparaître du sol intellectuel jusqu'aux germes de l'erreur.

Mais ce n'est là qu'une parenthèse; voici la question que nous nous sommes posée au sujet de l'introduction de la vie : la vie appartient-elle à ce que nous appelons matière, ou bien est-ce un principe indépendant ajouté à la matière à une époque donnée, lorsque les conditions physiques sont devenues favorables à son développement? Posons cette question avec tout le respect que nous devons à la foi et aux principes que nous avons reçus dès le berceau, et qui sont d'ailleurs les antécédents historiques incontestables de nos progrès actuels. Je le répète, posons la question avec respect, mais aussi posons-la en termes clairs et bien définis. Nous avons les motifs les plus forts de croire qu'à une certaine époque de son histoire, la terre n'était pas et ne pouvait pas être le siége de la vie. Que cette époque ait été une période d'état nébulaire, ou simplement une période de fusion, c'est ce qu'il importe assez peu de savoir; et si nous parlons encore d'état nébulaire, c'est que les probabilités sont réellement de ce côté. Voici notre question : l'énergie créatrice s'est-elle arrêtée jusqu'à ce que la matière nébulaire se fût condensée, jusqu'à ce que la terre se fût détachée de la masse centrale, jusqu'à ce que le feu du soleil se fût assez éloigné de la terre pour permettre à la planète de se recouvrir d'une croûte solide? A-t-elle attendu que l'air se fût isolé, que les mers se fussent formées, que l'évaporation, la condensation et la pluie eussent commencé; que l'action de l'atmosphère eût attaqué et décomposé les roches fondues, de manière à former le sol; que la distance et la dispersion eussent tempéré la force des rayons du soleil de manière à les rendre chimiquement propres aux décompositions qu'exige la vie des végétaux? Après avoir attendu ainsi la manifestation des conditions nécessaires, la puissance créatrice a-t-elle alors commandé, « que la vie soit » ! C'est là une hypothèse qui n'est assurément pas sans difficultés; mais, en même temps, c'est une hypothèse qui n'est pas au-dessous du noble esprit de ceux qui l'ont soutenue.

La science moderne est appelée à décider entre cette hypothèse et une autre; bientôt peut-être l'intelligence publique tout entière sera appelée à décider aussi. Ce qui est bien certain, c'est que l'hypothèse que nous venons de vous exposer ne saurait être renversée par un assaut; si jamais elle se rend, elle ne le fera qu'après un siége prolongé. Pour conquérir de nouveaux territoires, il faut à la discussion moderne plus de temps encore qu'aux armes modernes, bien que dans les deux cas on avance plus rapidement qu'autrefois. Mais quelles que soient à cet égard les convictions d'individus isolés, l'hypothèse contraire à la précédente, celle de l'*évolution naturelle*, mettra bien du temps, des siècles sans doute, à s'introduire dans les esprits. Quel est, en effet, le fond même, l'essence de cette hypothèse? Réduisez-la à sa plus simple expression, et vous vous trouvez en présence de cette idée : que non-seulement les formes inférieures de la vie des animalcules ou des animaux, non-seulement les formes plus élevées du cheval et du lion, non-seulement le mécanisme délicat et merveilleux du corps humain, mais encore l'esprit humain lui-même, la sensibilité, l'intelligence, la volonté et tous leurs phénomènes ont été autrefois à l'état latent dans un nuage de vapeur lumineuse. Assurément, énoncer une semblable hypothèse, c'est déjà plus que la réfuter. Mais elle ne veut peut-être pas s'arrêter-là. Un grand nombre de ses partisans admettraient sans doute qu'en ce moment toute notre philosophie, notre poésie, notre science et nos arts, — Platon, Shakespeare, Newton et Raphaël, — existent en puissance dans le feu du soleil. Nous sommes avides de connaître notre origine. Si l'hypothèse de l'évolution est vraie, même ce désir qui n'est pas encore exaucé a dû, pour nous arriver, traverser les siècles qui séparent l'état inconscient primitif de la connaissance que nous possédons aujourd'hui. Je ne pense pas qu'un partisan de l'évolution puisse dire que j'exagère en aucune façon cette doctrine. Je ne fais que la dépouiller de ce qu'elle peut avoir de vague, pour vous présenter sans déguisement et sans voile les idées qui doivent la soutenir ou la renverser.

Assurément, ces idées sont d'une absurdité trop monstrueuse pour être soutenues par un homme de bon sens. Permettons-leur cependant de se défendre. Mettons-nous en face de cette hypothèse, et bannissant de notre esprit toute crainte et toute émotion, examinons-la jusqu'au fond avec l'œil pénétrant d'une raison inflexible. Pourquoi ces idées sont-elles absurdes, pourquoi un esprit sensé doit-il les rejeter? La loi de relativité, dont nous parlions tout à l'heure, peut encore trouver ici son application. Ces idées d'évolution sont absurdes, monstrueuses, dignes du gibet intellectuel, quand nous les comparons aux idées sur la matière qui nous ont été inculquées dans notre jeunesse. L'esprit et la matière nous ont été toujours été présentés comme absolument opposés, l'un tout à fait noble, l'autre tout à fait vile. Mais cette idée est-elle juste? Représente-t-elle ce ue notre maître spirituel appellerait le fait éternel de l'univers? Tout dépend de la manière dont nous répondrons à cette question. Supposons que dans notre jeunesse, au lieu de nous présenter cette opposition entre l'esprit et la matière, on nous eût appris à les considérer comme également dignes et également merveilleux; à les regarder, en un mot, comme les deux faces d'un seul et même mystère. Supposons que dans notre jeunesse on nous eût enseigné non les idées du poëte Young, mais celles de Gœthe, pour qui la matière n'est pas la matière brute, mais bien *le vêtement vivant de Dieu*; ne pensez-vous pas que dans ce cas la loi de relativité donnerait un résultat tout à fait différent? N'est-il pas probable que notre répugnance pour l'idée d'une union primordiale entre l'esprit et la matière serait bien diminuée? Sans cette révolution complète dans les idées qui règnent actuellement, l'hypothèse de l'évolution est condamnée; mais dans un grand nombre d'esprits profondément réfléchis, cette révolution est déjà faite. Ils n'abaissent aucun des deux termes de ce dualisme mystérieux; mais ils relèvent l'un d'eux de son abaissement, ils n'admettent plus le divorce qui existait jusqu'ici entre les deux principes. Voici en substance, sinon en propres termes ce qu'ils disent de l'esprit et de la matière : « Que l'homme ne sépare point ce que Dieu a uni. »

Je vous ai ainsi conduits jusqu'à la limite extrême de la science spéculative, puisque la pensée scientifique ne s'est jamais encore hasardée au delà des nébuleuses; j'ai essayé de vous exposer les opinions que je crois que l'on doit déclarer sans hésitation. Je ne crois pas que nous devions rejeter avec mépris cette hypothèse d'évolution; je ne crois pas qu'il faille la dénoncer comme criminelle. Il faut l'appeler au tribunal de la raison disciplinée, pour l'y justifier ou l'y condamner. Écoutons ceux qui la soutiennent avec sagesse; soyons tolérants pour ceux, et le nombre en est grand, qui essayent follement de faire l'un ou l'autre. Dans cette discussion, il ne peut y avoir de déplacé que le dogmatisme, d'un côté comme de l'autre. Ne craignez pas l'hypothèse de l'évolution. Raffermissez-vous devant elle dans cette foi au triomphe final de la vérité, que Gamaliel exprimait si bien par ces paroles : « Si elle vient de Dieu, vous ne pouvez la renverser; si elle vient de l'homme, elle s'anéantira d'elle-même. » Sous la lumière vive de l'examen scientifique, cette hypothèse ne peut manquer de disparaître si elle n'a point un fonds de vérité. Croyez-moi, son existence à l'état d'hypothèse dans l'esprit, n'a rien d'incompatible avec l'existence simultanée de toutes les vertus que nous appelons chrétiennes. Elle ne résout pas, elle ne prétend pas résoudre le mystère fondamental de ce monde; en réalité, elle le laisse intact. Au fond, elle ne fait guère que transporter l'idée de l'origine de la vie dans un passé indéfiniment éloigné.

En effet, en admettant la nébuleuse et sa vie en puissance, la question de savoir d'où elles viennent resterait toujours également obscure et embarrassante. Et quant aux siècles d'oubli qui séparent la vie inconsciente de la nébuleuse de la vie consciente de la terre, ce n'est là, après tout, qu'une extension de la période d'oubli qui a précédé la naissance de chacun de nous. Les partisans de l'évolution connaissent très-bien l'incertitude de leurs données, et ne leur accordent qu'une adhésion provisoire. Ils considèrent l'hypothèse nébulaire comme probable, et, faute de preuve contraire, ils étendent la méthode de la nature du présent au passé. Ils n'ont pour cela d'autre guide que l'uniformité de l'action de la nature, établie par l'observation. Dans tout le domaine des recherches physiques, ils n'ont jamais constaté un seul caprice de la nature. Partout dans ce domaine les lois de la continuité physique et intellectuelle se sont maintenues d'accord. Après avoir ainsi déterminé les éléments de leur courbe dans ce monde d'observation et d'expérience, ils prolongent cette courbe dans le monde qui a précédé, et admettent comme probable la suite ininterrompue du développement depuis la nébuleuse jusqu'à notre époque. Vous n'entendez jamais les défenseurs véritablement philosophes de la doctrine de l'uniformité parler d'impossibilités dans la nature. Ils ne disent jamais, quoiqu'on les en accuse toujours, qu'il est impossible à l'architecte de l'univers de modifier son œuvre. Ils ne s'inquiètent pas de ce qui est possible, mais de ce qui est réellement; ils ne cherchent pas le monde qui *pourrait* exister, mais celui qui existe. Ce monde, ils l'explorent avec un courage qui n'exclut pas le respect, et suivant des méthodes que l'on doit juger d'après leurs fruits. Leur seul désir est de savoir la vérité; leur seule crainte, de croire un mensonge. Et s'ils connaissent la force de la science, s'ils lui accordent une entière confiance, ils connaissent aussi les bornes que la science ne saurait franchir sans perdre sa force. Ils savent surtout qu'il se présente à la pensée des questions que la science, dans son état actuel, ne peut même songer à résoudre. Ces questions, ils les tiennent à l'étude, et ils ne veulent pas permettre qu'on prétende borner leur horizon intellectuel. Ils sont également dégagés de toute alliance avec l'athée qui dit que Dieu n'existe pas, et avec le théiste qui prétend connaître les intentions divines. « Deux choses, dit Kant, me frappent de crainte : ce sont les cieux étoilés et le sentiment de la responsabilité humaine. » L'homme de science aussi, quand son corps et son esprit sont également sains et vigoureux, lorsque l'excitation de l'action a fait place au calme de la réflexion, l'homme de science ressent la même crainte. Cette crainte respectueuse lui fait oublier les détails grossiers de la terre, et semble l'unir à une puissance qui complète et soutient son existence, mais qu'il ne peut ni analyser ni comprendre.

J. Tyndall.

— Traduit de l'anglais par Battier. —

ACADÉMIE DES SCIENCES DE BELGIQUE

M. P. J. VAN BENEDEN
correspondant de l'Institut

Le commensalisme dans le règne animal (1)

LES ECHENEIS ET LES NAUCRATES DANS LEURS RAPPORTS AVEC LES POISSONS QU'ILS HANTENT.

Depuis quelque temps déjà, je guettais l'occasion de visiter deux poissons dont le genre de vie et la nourriture sont encore problématiques; je veux parler des *Echeneis* ou *Remora*, et des *Pilotes* ou *Naucrates ;* les premiers s'attachent, comme on le sait, aux grands poissons bons nageurs, par les plaques de la tête, les autres sont accompagnés des Requins ou les accompagnent toujours, association qui leur a valu le nom de *Pilotes*.

Ces *Echeneis* vivent-ils aux dépens des poissons auxquels ils s'attachent, ou se nourrissent-ils pour leur propre compte par leur propre industrie? En d'autres termes, sont-ils parasites ou commensaux, ne demandant au Squale qu'une place pour aller plus vite, un gîte pour être plus en sûreté?

Ces *Pilotes* vivent-ils de quelques débris des Requins, des restes qui tombent de leur proie, ou pêchent-ils, comme les Requins eux-mêmes, dans les mêmes eaux?

J'ai profité de mon passage à Londres, me rendant à l'*Association britannique* de Liverpool, pour mettre à contribution les magnifiques collections du *British Museum*, que les savants directeurs de cet établissement unique mettent si obligeamment à la disposition de tous ceux qui travaillent. Mon savant confrère et ami le docteur Günther, qui a sous sa direction la classe des Poissons et des Reptiles, a bien voulu m'aider à ouvrir un certain nombre d'entre eux, et grâce à sa complaisante coopération, nous avons pu mieux nous assurer de leur genre de vie que si nous avions visité les parages qu'ils hantent.

En ouvrant leur estomac, nous avons pris connaissance de leur menu, et voici le résultat de cette visite domiciliaire.

Le premier poisson que nous examinons est un *Echeneis Naucrates* de Bahia; son estomac est vide, sauf un fragment de coquille que nous croyons devoir rapporter au genre *Haliotis*.

Le second est un *Echeneis remora* de 35 centimètres de long à peu près, provenant de Sainte-Hélène. Son estomac est plein. En l'ouvrant, nous y trouvons un morceau de poisson qui le remplit presque complétement, et des vertèbres isolées dont la chair est digérée.

Dans un autre *Echeneis remora* nous trouvons plusieurs petits poissons de 2 centimètres de long appartenant à une même espèce. Ce sont, me dit le docteur Günther, de jeunes Pilotes (*Naucrates ductor*) dont Cuvier a fait un genre nouveau sous le nom de *Nauclerus*. Le bocal de cet *Echeneis remora* n'indiquait pas de lieu d'origine. L'étiquette portait *old collection*, ancienne collection.

La question est donc décidée pour les *Echeneis :* ils mangent des poissons vivants ; ils ne vivent pas aux dépens des Squales sur lesquels ils s'établissent, ils ne leur demandent qu'une place pour aller plus vite et se sustentent dans les mêmes eaux à l'aide de leur propre industrie; ils ne sont pas plus parasites des poissons qui les portent, que les cavaliers ne sont parasites du cheval qu'ils montent. Ils se servent des Requins pour être conduits plus vite et plus loin dans des eaux poissonneuses, où ils pourront pêcher à côté de leur hôte. Les Requins et les *Echeneis* mangent jusqu'à un certain point dans les mêmes eaux, et j'allais dire dans le même plat, puisqu'ils choisissent tous les deux ce qui est à leur convenance pour la grandeur comme pour le goût, et, à ce point de vue, ces poissons sont de vrais commensaux. Ils se nourrissent comme les *Coronules* et les *Tubicinelles* qui ont élu domicile sur la tête ou sur le dos des *Baleines*.

Mais comment trouve-t-on dans l'estomac du premier un morceau de coquille d'*Haliotis*, dans le second quelques vertèbres d'un poisson, quelques vertèbres seulement, et un morceau de poisson coupé au milieu du corps? Ces vertèbres proviennent évidemment d'une amorce, dont l'*Echeneis* a digéré la chair, et le morceau de poisson en place est l'amorce qu'il venait d'avaler au moment où il a été pris et mis dans la liqueur. En examinant les lèvres on en trouvait la preuve : la peau était déchirée par l'hameçon au-dessus des os maxillaires.

Quant au morceau de coquille, il est à supposer que ce n'est pas l'*Echeneis* qui est allé chercher ce Mollusque au fond de la mer, mais qu'il a avalé et digéré le poisson qui s'en est repu.

Nous avons ensuite fait la visite de quelques Pilotes qui n'avaient pas moins de 35 centimètres de long.

L'estomac du premier renfermait un morceau de poisson et des pelures de pomme de terre; il portait comme seule indication de lieu : « de l'Océan ». Dans un second nous avons trouvé des crustacés de 15 millimètres de long.

Dans un troisième l'estomac contenait également des débris d'un poisson qui le remplissait complétement; il provenait de Madère.

Un quatrième renfermait encore des crustacés (le *Typhis rapax*, Edw., et un autre Amphipode encore indéterminé), un morceau de peau de poisson et un débris de *fucus*.

Le Pilote est donc également ichthyophage et crustophage, et l'on pourrait même dire qu'il est omnivore.

Il a avalé les débris de pommes de terre qu'on a jetés par-dessus bord, il a avalé le poisson qui a servi d'amorce, et il n'a pas dédaigné les crustacés ni les autres corps flottants qu'il a trouvés à sa portée.

On peut en conclure qu'il n'y a d'autre rapport entre le Pilote et le Requin que de vivre dans les mêmes eaux ; chacun d'eux guette avec avidité la pâture qui est proportionnée à sa taille.

J'avais donc soupçonné à tort que le Pilote nage avec les Squales dans le but d'attraper les restes de leurs repas, ou de sucer les fèces dont la substance nutritive n'est sans doute pas complétement épuisée.

P. J. Van Beneden,
Professeur à l'Université de Louvain.

(1) Voyez dans la *Revue des cours scientifiques*, 1re série, tome VII, pages 145 et 592, numéros des 5 janvier et 13 août 1870, d'autres articles de M. P. J. van Beneden sur ce sujet.

Le propriétaire-gérant : Germer Baillière.

PARIS. — IMPRIMERIE DE E. MARTINET, RUE MIGNON, 2.

LA
REVUE SCIENTIFIQUE
DE LA FRANCE ET DE L'ÉTRANGER
REVUE DES COURS SCIENTIFIQUES (2e SÉRIE)

DIRECTION : MM. EUG. YUNG ET ÉM. ALGLAVE

2e SÉRIE — 1re ANNÉE NUMÉRO 2 8 JUILLET 1871

Paris, le 7 juillet 1871.

L'UNIVERSITÉ DE STRASBOURG

La reddition de Strasbourg, le 27 septembre 1870, et son occupation par les Prussiens qui le bombardaient depuis le 13 août, ont eu pour conséquence immédiate la fermeture des Facultés de ce grand centre académique de l'Est ; le traité de paix, en consacrant la cession de l'Alsace à l'empire germanique, a supprimé pour nous un des foyers les plus complets de l'enseignement supérieur en France. Nous raconterons un autre jour quelle a été la conduite des Prussiens vis-à-vis des établissements scientifiques et des hommes de science en Alsace. Les renseignements les plus significatifs nous arrivent en foule. Mais la tyrannie prussienne oblige à garder le silence, dans l'intérêt même des victimes, car le récit des rigueurs anciennes les signalerait souvent à des rigueurs nouvelles.

Le gouvernement et l'assemblée vont être appelés à décider des moyens de réparer cette perte, et à rouvrir, sur un nouveau point du territoire, des établissements qui continuent à favoriser l'échange des idées scientifiques entre les deux pays riverains. Il est intéressant de se rendre compte de ce qu'a été l'Académie de Strasbourg, pour juger où et comment sera le plus utilement comblé le vide laissé par sa perte.

Strasbourg, ancienne ville libre, possédait une Université autonome qui a persisté lors de la réunion de l'Alsace à la France, sous Louis XIV, jusqu'à ce que l'organisation de l'Université de France sous le premier empire, tout en respectant le faisceau complet des facultés, lui ait imposé la loi commune. Le personnel enseignant y a successivement compté des noms illustres, parmi lesquels les Alsaciens de naissance ne le cédaient en rien à leurs collègues appelés, des autres parties de la France, à y occuper avec éclat les chaires du haut enseignement.

Tandis que les facultés des lettres et des sciences subissaient là comme partout, malgré la célébrité des maîtres, la conséquence du système des écoles spéciales, polytechnique et normale, du gouvernement, et que la Faculté de droit voyait sa fréquentation diminuée par la récente création d'une rivale à Nancy, la Faculté de médecine, au contraire, renforcée en dernier lieu par la juxtaposition de l'École de santé militaire, était plus florissante que jamais ; sans s'embarrasser de doctrines surannées, sans autre drapeau que celui de la saine observation et de l'expérimentation, elle suivait d'un pas assuré la voie du progrès dans la science moderne, donnant à la France de bons médecins et des savants justement estimés.

La dernière guerre a brusquement fermé tous ces établissements que nos vainqueurs vont rouvrir à leur plus grand profit. En prenant Strasbourg, ils y ont trouvé la bibliothèque académique, les superbes collections d'histoire naturelle, les musées d'anatomie normale et pathologique, les cabinets de physique et les laboratoires de chimie, d'histologie et de physiologie, sauvés des terribles effets du bombardement. Le gouvernement prussien consacre une somme de trois millions à les compléter, et de plus, la nouvelle université allemande de Strasbourg recevra de l'État une dotation annuelle de plus de 800 000 francs. C'est le triple de ce que coûtent toutes les Facultés françaises réunies. Triste rapprochement, bien fait pour mortifier notre orgueil et nous éclairer sur les causes de nos désastres !

Devant de si immenses pertes, la France ne doit pas rester inactive ; l'heure de la réorganisation est venue ; si les richesses ainsi accumulées depuis des siècles sont enlevées à la science française, elle est prête à se remettre à l'œuvre pour réparer ces désastres, et n'attend pour cela que la reconstitution du centre enseignant ; doit-on s'attendre dans ce but à la création d'une université complète comme l'était celle de Strasbourg ? A part la Faculté de théologie protestante, la question reviendrait à créer une Faculté de médecine dans une ville dotée déjà des autres facultés de droit, des lettres et des sciences ; on serait peut-être entraîné ainsi à sacrifier les intérêts de la future école de médecine à l'établissement d'une réunion de corps enseignants dont l'avantage est de conduire à cette autonomie à laquelle aspirent les adeptes de l'enseignement libre. Quel que soit l'avenir réservé à nos institutions d'instruction sous ce rapport, n'est-il pas plus sage, au sortir de la crise terrible que vient de traverser la France et du bouleversement qui en est la conséquence, de maintenir provisoirement les institutions en vigueur en y introduisant tout le libéralisme compatible avec leur fonctionnement, comme d'ouvrir, par exemple, les locaux universitaires aux cours particuliers (*privat docent*)?

Tandis que les universités complètes présentent des avantages au point de vue de la corporation ou de l'autonomie, il est entre les diverses facultés des affinités bien autrement importantes à leur vitalité propre ; c'est ainsi que le droit et les lettres se complètent réciproquement, comme d'autre part les sciences et la médecine se commandent intimement; les facultés de droit et des lettres sont encore en nombre tel en France, que la suppression de celles de Strasbourg ne met pas en souffrance ces branches d'enseignement; la Faculté des sciences peut, au même titre, n'être pas remplacée, mais à la condition d'installer la Faculté nouvelle de médecine à côté d'une des Facultés des sciences existantes. Cette juxtaposition permettra d'alléger, quand on le voudra, l'enseignement médical des études purement scientifiques (chimie, physique, histoire naturelle) qui devraient être rendues à qui de droit. Ceci étant posé, il reste à voir ce qu'il en est de la Faculté de médecine.

Or, l'enseignement médical supérieur, réparti naguère entre trois Facultés, ne peut être assuré aujourd'hui par Paris et Montpellier. Si la France meurtrie n'avait pas si grand besoin de se recueillir et de rentrer dans le tranquille usage de ses moyens avant de songer à des réformes radicales dans son système d'enseignement supérieur, le moment pourrait être favorable pour apporter les améliorations générales appropriées aux besoins de la science médicale moderne. On trouverait sans doute avantage à supprimer les écoles secondaires, quitte à garder les plus importantes d'entre elles pour les ériger en Faculté, et doter ainsi le pays de quelques grands centres d'éducation médicale, répartis également sur le territoire. Mais c'est là une révolution dont l'opportunité immédiate est plus contestable que ne le serait son utilité. La question urgente est la réouverture d'une troisième Faculté de médecine à laquelle prétendent plusieurs grandes villes de France. Dans l'Est, Nancy et Lyon rivalisent d'ardeur et d'offres libérales pour en devenir le siége. L'une, Nancy, fait valoir sa situation géographique, son voisinage de la nouvelle frontière franco-germanique, sa position avancée vers ces contrées d'Alsace et de Lorraine, brutalement arrachées à la mère patrie; l'autre, Lyon, rappelant que ses aspirations à la transformation de son École secondaire en Faculté remontent à quelque vingt ans, appuie sa compétition des ressources immenses qu'elle offre aux études médicales : nombreuse population, hôpitaux considérables et multiples; corps médical et scientifique distingué, grande fréquentation de son école secondaire, école vétérinaire, etc. Il n'est pas douteux que Lyon ne réunisse les éléments de grande prospérité pour une Faculté de médecine, tels que Nancy arrivera difficilement à les égaler, même en préjugeant du grand développement qu'imprimera à cette ville sa nouvelle situation de ville frontière où afflueront les Lorrains et les Alsaciens avides de se soutraire à la domination germanique.

Les grands hôpitaux, comme ceux de Lyon, fournissent seuls les éléments indispensables sans lesquels l'instruction médicale détournée de son objet capital passe fatalement du terrain des faits et de leur saine interprétation à des vues théoriques, doctrinaires et spéculatives qui dévient tôt ou tard, et arrêtent fatalement tout progrès en matière de sciences.

La proximité de l'Allemagne prêtait à Strasbourg, pour la diffusion des travaux scientifiques d'outre-Rhin, un rôle qui tenait bien plus à la conservation de la langue allemande parmi les Alsaciens qu'au voisinage pur et simple de la frontière; les nombreuses traductions faites à Paris même, et l'enseignement de toutes parts, sont là pour prouver qu'aujourd'hui la diffusion de la science universelle dépend uniquement de la connaissance des langues étrangères. Quant à l'échange d'idées, aux relations individuelles de pays à pays, la nouvelle frontière franco-germanique, loin de faciliter dans l'Est les relations internationales, leur opposera la terrible barrière du patriotisme profondément meurtri et des rancunes trop justifiées.

Lyon, au contraire, est voisin de la Suisse et jouit de tous les avantages que peut donner la proximité d'un pays libre où la vie intellectuelle, favorisée par de sages et libérales institutions, est des plus actives, et puise sans cesse aux trésors du vrai cosmopolitisme scientifique. De ce côté, la frontière nous attire; de l'autre, elle nous repoussera au moins longtemps encore.

Enfin, il est une considération d'un autre ordre, mais qui ne semble pas devoir être négligée dans la solution de ce problème déjà trop compliqué par des arguments d'un ordre extra-scientifique. A en juger d'après les tendances bien marquées du courant moderne, la liberté de l'enseignement supérieur pourrait bien ne plus tarder à s'imposer chez nous; l'État, outre le privilége de la collation des grades, ne renoncera point à ses établissements qui doivent, au contraire, rendre redoutable toute concurrence d'institutions privées rivales.

Il serait de bonne prévoyance pour lui de ne pas négliger de s'approprier un centre important qui, voyant ses légitimes aspirations rejetées aujourd'hui, réservera et développera ses immenses ressources pour s'ériger, un jour, en école libre, et faire ainsi, au plus grand profit de l'intérêt général, une concurrence dangereuse à cette même université de France qui aurait négligé de se l'approprier, comme elle le peut dès aujourd'hui pour son bien et pour le bien de tous. *Caveant consules!*

LES CLIMATS D'AUTREFOIS

Si nous essayons de jeter un coup d'œil d'ensemble sur l'époque quaternaire, nous demeurons frappés moins de la variété et des grandes dimensions des animaux terrestres, que des phénomènes physiques et climatériques qui ont marqué cette période. Une légitime curiosité nous invite à en rechercher les causes. C'est donc ici le lieu de nous occuper de l'important problème des anciens climats; mais, auparavant, je crois utile de retracer, en peu de lignes, la marche de la température à toutes les époques géologiques.

D'abord incandescente, la terre se refroidit par le rayonnement; bientôt la planète naissante se recouvre d'une pellicule rocheuse qui augmente sans cesse en épaisseur et devient l'écorce solide; les océans se constituent. Jusqu'à l'époque laurentienne, la température était trop élevée, et, sans doute aussi, l'atmosphère trop lourde et trop impure pour que la vie pût exister. A partir de l'époque silurienne, ou à peu près, le climat était uniformément tropical sur toute la planète, point excessif à l'équateur, nullement refroidi dans le voisinage des pôles. Cet état de choses persiste, sans le moindre changement, jusque vers le milieu de l'époque crétacée : tout au plus ose-t-on indiquer des moments de sécheresse et d'humidité relatives. Il est cependant infiniment probable que l'atmosphère s'est épurée de plus en plus et que la végétation de l'époque houillère a contribué à la débarrasser d'une énorme quantité d'acide carbonique. Vers la fin de l'époque crétacée, commencent à se manifester les premiers signes d'inégalité dans les climats et de refroidissement dans le nord des continents. Ces signes se marquent davantage pendant la période suivante. A l'époque éocène, la température des environs de Paris n'était plus que juxta-tropicale; à la fin de l'époque tertiaire, elle différait à peine de ce qu'elle est aujourd'hui. Le refroidissement avait commencé par les régions circumpolaires, et désormais les lignes isothermes se dessinent à la surface du globe. Bientôt se produisent les phénomènes qui rendent tout à fait remarquable et exceptionnelle la période quaternaire : de véritables déluges inondent et ravagent les terres fermes, les glaciers des pôles et ceux des montagnes prennent une énorme extension, et, après de nombreuses oscillations, la température finit par demeurer stationnaire, et les temps actuels commencent. Il y a donc, en somme, une première période d'un refroidissement continu, à laquelle succède une longue période d'une chaleur égale et uniforme, suivie d'une troisième période de refroidissement lent et régulier; puis se manifestent les oscillations de la période glaciaire, laquelle fait place à l'état de choses actuel.

Le premier refroidissement s'explique d'une manière naturelle par le rayonnement de la planète, désormais isolée dans l'espace et ne trouvant plus d'aliment en elle-même pour entretenir sa chaleur originelle; mais la période de stabilité qui lui succède est loin d'avoir donné lieu à des hypothèses aussi satisfaisantes.

Avant toute discussion, il y a un point sur lequel je dois beaucoup insister : c'est que les phénomènes astronomiques extraordinaires ne peuvent être invoqués. Abandonnée à elle-même, la terre a continué et continuera de décrire dans l'espace ses ellipses éternelles, uniquement modifiées par les causes perturbatrices signalées par les astronomes. Rien ne peut, en effet, justifier les théories contraires, les lois de la mécanique démontrant que le mouvement communiqué ne change jamais de nature et ne varie jamais. Je ne me préoccuperai donc point du déplacement de l'axe de rotation, non plus que de l'accélération ou du ralentissement du mouvement diurne et du mouvement annuel, et de phénomènes analogues qui ont été gratuitement imaginés. J'écarterai également les suppositions de chocs de comètes ou de gros bolides, de variation dans la température de l'espace que parcourt le système planétaire, d'augmentation ou de diminution passagère dans la chaleur et l'éclat du soleil, de réchauffement par un astre vagabond, de refroidissement par un essaim d'astéroïdes interposés entre la terre et le soleil, et autres conceptions de même ordre qui, sans être toutes improbables, ne se trouvent absolument justifiées par quoi que ce soit. En un mot, je ne m'occuperai pas des systèmes de pure imagination.

Tout d'abord se présente l'idée de la chaleur centrale encore sensible à l'extérieur et contribuant à élever la température de l'air. Quoique plusieurs géologues l'aient rejetée, cette hypothèse doit être prise en sérieuse considération. Il est impossible de se refuser à admettre que le feu intérieur, dont l'influence au dehors compte encore pour un trentième de degré environ, n'ait produit autrefois des effets plus sensibles. N'oublions pas que, dans les régions équatoriales, l'augmentation de la chaleur interne commence à partir d'une profondeur de 2 ou 3 décimètres. Quelques milliers de siècles auparavant, cette chaleur arrivait jusqu'à la surface du sol, et, en remontant dans les âges, elle s'étendait de plus en plus de part et d'autre de l'équateur et augmentait proportionnellement en intensité. Cependant cette hypothèse est absolument inconciliable avec l'état actuel des choses, et notamment avec l'existence d'un soleil doué de la même chaleur qu'aujourd'hui. En effet, comme l'inclinaison de l'axe terrestre sur le plan de l'écliptique n'a jamais varié que d'une quantité insignifiante, l'équateur a reçu en tout temps beaucoup plus de chaleur solaire que les pôles, et le rapport entre l'échauffement équatorial et l'échauffement polaire n'a jamais pu changer. Puisque la température moyenne des régions équatoriales oscille aujourd'hui entre 27 et 31 degrés, ce n'est point exagérer que de la porter à 30 degrés à l'époque silurienne ou à l'époque jurassique. Comme la chaleur était uniforme sur tout le globe, les contrées polaires à la latitude du Spitzberg, par exemple, avaient également une moyenne de 30 degrés, ou à peu près. Mais aujourd'hui cette moyenne n'est plus que de — 8°,6. Mettons —8 degrés en nombre rond. Pour rétablir l'ancien état de choses au Spitzberg, il faudrait donc augmenter de 38 degrés sa température actuelle. Mais si l'on impute au feu central cette augmentation, ou, en d'autres termes, si la chaleur interne du globe élevait de 38 degrés la température extérieure à l'époque silurienne, les régions équatoriales, que nous supposons échauffées par le soleil au moins autant qu'aujourd'hui, recevaient en outre de cet astre 30 degrés de chaleur. Leur température moyenne s'élevait donc à 68 degrés ou à peu près, ce qui aurait rendu toute vie impossible. Or, comme ces contrées nourrissaient, pendant la période paléozoïque et la presque totalité de la période secondaire, les mêmes animaux et les mêmes végétaux que les régions circumpolaires, on est forcé d'admettre que leur température moyenne n'excédait pas sensiblement celle qui existe de nos jours entre les tropiques. Il en résulte que si le soleil avait alors possédé sa chaleur actuelle, le feu central aurait rendu inhabitables les régions équatoriales, et que si l'influence de ce dernier avait cessé de se manifester au dehors, le soleil aurait produit les mêmes résultats, puisque, pour entretenir au Spitzberg une flore et une faune tropicales, il aurait dû porter à plus de 65 degrés la température moyenne de la zone torride. Comme on ne peut supprimer le soleil, force est donc de chercher une hypothèse expliquant soit l'affaiblissement, sinon l'annihilation de l'influence de cet astre, soit l'uniformité de son action à toutes les latitudes.

M. Blandet paraît entrer dans ce dernier ordre d'idées. Prenant pour point de départ le système de Laplace, il suppose que pendant tout le temps qu'a régné l'uniformité de température, le soleil, beaucoup moins condensé et presque nébuleux, occupait dans le ciel un espace considérable, 20 ou 30 degrés peut-être, et que les planètes inférieures, Mercure par exemple, faisaient encore partie de sa masse. Moins concentrée, puisqu'elle provenait d'une surface infiniment plus étendue, la chaleur solaire tombait moins obliquement sur les pôles terrestres et échauffait uniformément la planète, qui jouissait ainsi d'une température égale et modérément élevée. Je ne suis pas assez compétent pour oser discuter cette hypothèse au point de vue de la physique mathématique; elle me paraît cependant inconciliable avec l'intervention, qui a eu lieu en tout temps, de certains phénomènes astronomiques dont il sera question ci-après, et je crois qu'on peut lui reprocher en outre d'offrir les inconvénients de tous les systèmes exclusifs, qui attribuent à une cause unique des résultats auxquels ont souvent part une infinité de facteurs, comme c'est certainement ici le cas.

Si, en effet, renonçant pour le moment aux grandes théories, nous essayons de dégager les inconnues du problème si compliqué des climats d'autrefois, nous trouvons, dans la composition de l'ancienne atmosphère et dans la distribution des terres et des mers quelques indications utiles. Comme les terres fermes ont sans cesse gagné en superficie, les eaux marines occupaient jadis beaucoup plus d'espace sur le globe et contribuaient, dans une certaine mesure, à entretenir un climat marin, c'est-à-dire uniforme. L'atmosphère était certainement plus étendue, plus lourde, plus humide, plus riche en acide carbonique que de nos jours; elle s'opposait donc beaucoup plus énergiquement à la perte de la chaleur obscure, tout en se laissant traverser par la chaleur lumineuse du soleil. A ce propos, je rappellerai que M. Tyndall estime que quelques centièmes d'acide carbonique dans l'air empêchent presque absolument le rayonnement de la chaleur obscure, sans mettre obstacle à la chaleur lumineuse. La terre se trouvait donc comme en serre-chaude, et l'énorme quantité de vapeur aqueuse atmosphérique entretenait dans les zones équatoriales, plus encore que de nos jours, ces épais rideaux de nuages qui modèrent l'ardeur d'un soleil vertical. Je suis loin de prétendre que là soient toutes les causes de l'égalité de température d'autrefois, mais je pense que toutes les théories sont obligées de tenir compte de l'ancienne composition de l'atmosphère.

En combinant le système de M. Blandet avec l'hypothèse du réchauffement par le feu central, et en prenant en considération les aperçus qui précèdent, on arrive presque à quelque chose de satisfaisant. Il suffit d'admettre que, pendant toute la période à température uniforme, la terre recevait du feu central la plus grande partie de sa chaleur externe, et que le soleil, encore un peu nébuleux, mais produisant déjà une lumière suffisante, ne l'échauffait que faiblement. Protégées par leurs nuages, les régions équatoriales ne pouvaient prendre de cet astre un excès de chaleur, et, d'un autre côté, la pression, l'acide carbonique et la vapeur aqueuse mettaient obstacle au refroidissement. L'influence solaire étant pour ainsi dire annihilée, restait seulement le feu central, qui exerçait également et uniformément son influence sur toutes les parties de la terre. Il est bien entendu que je ne donne cette théorie que pour ce qu'elle vaut, c'est-à-dire comme une pure hypothèse elle-même issue d'une autre hypothèse, puisqu'elle s'appuie sur la doctrine d'Herschel et de Laplace; on pourrait aussi bien accepter toute autre supposition aboutissant aux mêmes fins, et qui ne s'écarterait pas trop des limites du probable.

La troisième période climatérique marquée par le refroidissement lent et régulier qui commence vers la fin de l'époque crétacée et se prolonge pendant toute la durée de l'époque tertiaire, s'explique assez naturellement au moyen de l'hypothèse que je viens d'exposer. On admettrait alors que la température a baissé et que les climats se sont peu à peu dessinés, parce que l'influence du feu central a cessé pendant cette période, que le soleil s'est condensé pour devenir notre unique source de chaleur et que l'atmosphère s'est épurée. A tout autre point de vue, et en supposant la terre refroidie et le soleil condensé depuis longtemps, on ne devine pas pourquoi la chaleur aurait diminué.

La quatrième période climatérique est caractérisée par les alternances de froid et de chaud qui ont amené les pluies diluviennes et les glaces de l'époque quaternaire. Ici le problème se complique singulièrement. Si, en effet, on peut aisément concevoir, sauf à l'expliquer plus tard, un refroidissement lent et progressif, comment se rendre compte des oscillations extraordinaires de la température de l'époque? Qu'elle soit tombée à l'état solide ou à l'état liquide, il faut expliquer l'origine de l'énorme quantité d'eau précipitée de l'atmosphère pour entretenir les anciens glaciers et pour creuser les vallées d'érosion. Ce n'est pas sérieusement qu'on pourrait soutenir aujourd'hui que les seuls auxiliaires des glaciers ont été la longueur du temps et l'intensité du refroidissement, et que les vallées d'érosion furent ouvertes par les eaux provenant de la fonte des neiges. Ces vallées sont antérieures aux glaciers qui les remplissent, et, d'un autre côté, on en voit commencer un nombre immense à des niveaux et dans des contrées où les glaciers n'ont jamais existé. A quelque point de vue que l'on se place, force est donc d'admettre que l'époque glaciaire a été marquée par des chutes d'eau d'une abondance et d'une continuité extraordinaires. Mais l'hypothèse d'un refroidissement subit et prolongé expliquerait au plus la possibilité d'une première averse. Il ne faut pas oublier que, pendant l'époque tertiaire, la température avait baissé graduellement, au point que vers la fin de la période elle différait à peine de ce qu'elle est aujourd'hui. Dans de telles conditions, l'atmosphère ne pouvait plus renfermer une quantité extraordinaire de vapeur d'eau. Une fois précipitée à la suite d'un refroidissement que nous supposons aussi intense que l'on voudra, cette eau devait retourner à l'atmosphère afin de continuer à alimenter les pluies et les neiges incessantes de l'époque, ce qui indiquerait une élévation subite et considérable de température. Mais, pour creuser si profondément les vallées d'érosion, il a fallu bien des siècles, bien des averses, bien des débâcles. Par conséquent, les pluies diluviennes ont duré fort longtemps. Quelle que soit la quantité de vapeur d'eau que renfermât alors l'atmosphère, elle devait se trouver épuisée en peu de jours, en quelques semaines au plus; et il devient fort difficile de comprendre où des pluies aussi intenses et aussi prolongées pouvaient trouver leur aliment, car on est obligé d'imaginer des alternances de refroidissements et de réchauffements à courte échéance se reproduisant des centaines et des milliers de fois à l'époque quaternaire. L'hypothèse d'une grande augmentation dans l'inclinaison de l'axe terrestre sur l'écliptique se présente tout d'abord à l'esprit. Si notre globe s'est trouvé momentanément dans les conditions actuelles de la planète Vénus, on comprend que chacun de ses hémisphères ait été extraordinairement échauffé, puis refroidi dans le cours d'une année. Mais c'est là une hypothèse que rien ne peut justifier, et qui se trouve en opposition avec les lois de la mécanique céleste.

Je ne rapporterai que pour mémoire d'autres théories,

qu'on pourrait qualifier de géologiques, et qui ne sont, à mon avis, que de pures hypothèses, quelquefois infiniment improbables. Telle est, par exemple, l'idée émise par un savant allemand de l'échauffement des régions boréales par les roches éruptives anciennes. Plusieurs auteurs, qui admettent un refroidissement glaciaire intense et prolongé, l'ont attribué à un exhaussement général des terres fermes. D'autres ont expliqué le retrait des glaciers de l'Europe par un réchauffement provenant de l'émersion subite du désert du Sahara, à la suite de laquelle les vents brûlants de cette partie de l'Afrique ont pu exercer leur influence sur les contrées septentrionales. Mais ils ne disent pas comment ont disparu les glaciers des deux Amériques. On a également fait intervenir le gulf-stream et les courants marins ; mais le moyen d'en déterminer la direction, et même d'en prouver l'existence, quand on ne sait pas exactement quelle était, à tous les instants du passé, la configuration précise des terres et des mers ?

Pour la solution de ces problèmes si compliqués, dont je viens d'exposer les données principales, on a enfin invoqué les causes astronomiques ordinaires. Elles se présentent comme une dernière ressource dont nous userions d'autant plus volontiers que nous nous sentons naturellement porté à en admettre l'intervention. Il importe donc de savoir à quoi nous en tenir à cet égard.

En ce qui concerne la précession des équinoxes et la nutation, il est facile de se convaincre que ces deux phénomènes, considérés isolément, n'exercent qu'une influence presque inappréciable sur les climats, puisqu'ils se bornent à modifier la direction de l'axe terrestre, dont l'inclinaison demeure à peu près constante. Si les temps historiques sont trop courts pour que nous puissions apprécier les effets qu'on a attribués à la précession, et constater s'il y a ou non déluge périodique et déplacement du centre de gravité du globe tous les dix mille cinq cents ans, comme le veut M. Adhémar, au moins savons-nous fort bien, par l'expérience, que l'influence du mouvement de nutation, lequel s'achève en un peu moins de dix-neuf ans, est complétement nulle. La précession des équinoxes a néanmoins contribué, si je ne me trompe, à augmenter la variété des phénomènes climatériques de l'époque quaternaire. D'ailleurs les hypothèses astronomiques qui spéculent sur l'alternance des périodes diluviennes dans les deux hémisphères, dont l'un traversait une époque glaciaire pendant que l'autre se trouvait extraordinairement échauffé, paraissent inadmissibles. Il est bien difficile, en effet, de ne pas regarder comme contemporains les dépôts diluviens des deux Amériques, où l'on a trouvé les mêmes mammifères, tels que *Equus curvidens*, *Megatherium Cuvieri*, *Megalonyx Jeffersoni*, etc. Si cette présomption vient à être confirmée, les glaces ont envahi à la fois les deux hémisphères, et l'on est autorisé à opposer une fin de non-recevoir absolue à toutes ces doctrines.

D'un autre côté, il semble que l'hypothèse des causes astronomiques doive être complétement éliminée, puisque leurs effets ne se sont point manifestés pendant les périodes de stabilité puis de refroidissement régulier qui séparent l'époque laurentienne de l'époque quaternaire. En effet, durant cette incalculable suite de siècles, on ne découvre aucun indice de refroidissement ou de réchauffement, et tout au plus ose-t-on indiquer des moments de sécheresse et d'humidité relatives. Et comme il est impossible de supposer que les causes astronomiques n'aient commencé à agir qu'à partir des temps diluviens, il semble qu'on doive tenir pour suspectes les explications qui les prennent pour point de départ. Ce n'est que dans les cas où l'hypothèse imaginée par l'auteur ou toute autre analogue serait une réalité, c'est-à-dire en supposant que l'influence du soleil eût été annihilée pendant la longue période de stabilité qui a précédé l'époque quaternaire, que l'on pourrait comprendre l'intervention presque subite de ces causes.

Il est vrai que l'une d'elles expliquerait suffisamment les phénomènes quaternaires ; je veux parler de l'excentricité de l'ellipse. Préalablement je dois déclarer que mon attention a été attirée sur ce point par M. Bourguignat, dont je ne connais d'ailleurs nullement le système, et avec qui je ne puis me rencontrer que fortuitement et à mon insu, si rencontre il y a. Voici ce que l'on pourrait dire.

Comme le globe terrestre ne perd aucun atome de matière et n'en reçoit du monde extérieur que par les chutes d'aérolithes, il est de la dernière évidence que les pluies diluviennes ont été produites par les eaux terrestres seulement. Par conséquent, ces eaux ont été vaporisées, puis condensées des milliers de fois. Chaque vaporisation suppose un réchauffement, chaque condensation un refroidissement. S'il est prouvé que l'excentricité de l'ellipse ait pu varier au point que la terre se soit trouvée beaucoup plus rapprochée du soleil à son périhélie et beaucoup plus éloignée à son aphélie, on a une explication aussi simple que naturelle de l'ensemble des phénomènes quaternaires. Chaque année, la grande chaleur du périhélie augmentait l'évaporation, et, par conséquent, l'alimentation des pluies, et le froid prolongé et rigoureux de l'aphélie précipitait à la surface du sol d'énormes quantités de neiges et d'eaux pluviales. Ainsi furent ouvertes les vallées d'érosion, ainsi purent s'étendre les anciens glaciers. Les effets de la précession des équinoxes et des perturbations, combinés avec ceux de l'excentricité, donnaient lieu, d'ailleurs, à un déplacement incessant des saisons, qui pouvait amener des complications suffisant à toutes les exigences, chaque hémisphère arrivant au périhélie ou à l'aphélie tantôt en hiver, tantôt en été, tantôt à un autre moment de l'année. Le retour à un état de choses moins extrême avait pour conséquence les instants de calme, dits de réchauffement, pendant lesquels les glaciers opéraient leur retrait ; puis il survenait une nouvelle période diluvienne quand les foyers de l'ellipse s'étaient suffisamment éloignés du centre. L'époque actuelle n'est qu'un de ces moments d'équilibre relatif de la température au périhélie et à l'aphélie ; elle sera infailliblement suivie d'une nouvelle période diluvienne et glaciaire. Si mon hypothèse est exacte, je n'ai pas besoin de dire que les écarts extrêmes de la température au périhélie et à l'aphélie n'ont jamais été excessifs, puisque la vie n'a cessé d'exister un seul instant. Il appartient d'ailleurs à l'astronomie et à la physique de nous apprendre à quel point sont fondées les conjectures que je viens d'exprimer, et d'indiquer le moment et la durée de toutes les périodes glaciaires passées et futures.

Je terminerai en résumant brièvement l'ensemble de mes hypothèses, sur la valeur desquelles je ne me fais pas illusion, mais que je serais heureux de voir discutées et contrôlées par des hommes compétents.

Abandonnée à elle-même dans les espaces célestes, la terre incandescente se refroidit par le rayonnement et se revêtit bientôt d'une enveloppe solide. Un peu plus tard, l'eau put subsister à l'état liquide, puis apparurent les végétaux et les animaux. Mais le soleil, encore à demi nébuleux, n'échauffait que faiblement la jeune planète, qui recevait du feu central presque toute sa chaleur. La composition particulière de l'atmosphère, plus lourde, plus épaisse, plus riche en acide carbonique et en vapeur d'eau, contribuait beaucoup à maintenir, sur tout le globe, une température uniforme et élevée. L'influence de l'excentricité de l'ellipse ne pouvait alors se faire sentir que faiblement, puisque l'action du soleil se trouvait presque annihilée ; tout au plus faut-il attribuer aux causes astronomiques les alternances de sécheresse et d'humidité qu'on a cru remarquer à diverses époques géologiques. Vers la fin de la période crétacée commencent à se montrer les effets de la condensation incessante du soleil. En même temps la chaleur centrale cesse peu à peu de réagir à l'extérieur, et l'atmosphère achève de s'épurer. Alors se refroidissent les pôles terrestres, les isothermes se dessinent insensiblement et l'action des causes astronomiques devient prépondérante. La phase principale de la condensation solaire, la seule qui intéresse notre globe, se produit pendant la durée de la période tertiaire, à la fin de laquelle le soleil était arrivé à son état présent. Il faut également supposer que la terre était alors à peu près à sa distance actuelle du soleil au périhélie et à l'aphélie, puisque les effets de l'excentricité de l'ellipse ne se font sentir qu'à partir de l'époque quaternaire, dont ils expliquent les allures climatériques extraordinaires. Aujourd'hui notre planète se trouve dans une telle position, par rapport à l'astre central, que l'influence de l'excentricité de l'ellipse est presque insensible ; mais cette influence augmentera peu à peu, et à l'avenir le globe traversera une alternance de périodes diluviennes et de périodes ordinaires, tant que le soleil conservera sa chaleur et tant que subsisteront les mers et l'atmosphère. L'absorption probable de ces dernières fera définitivement passer notre planète à l'état de lune.

Ch. Contejean,
Professeur à la Faculté des sciences de Poitiers.

ACADÉMIE DES SCIENCES DE BELGIQUE

SÉANCE PUBLIQUE ANNUELLE

M. A. BELLYNCK

Les anomalies chez l'homme et chez les animaux

Messieurs,

Je ne m'attendais nullement, il y a quelques jours, à l'honneur de prendre aujourd'hui la parole dans cette enceinte ; la rédaction précipitée de mon travail réclame donc l'indulgence de mes auditeurs.

Le sujet, messieurs, dont je viens vous entretenir, c'est-à-dire *Les anomalies chez l'homme et chez les animaux*, n'est pas seulement de nature à piquer la curiosité, il jette en même temps de grandes lumières sur l'histoire des animaux et surtout de l'homme, et son étude acquiert chaque jour une plus grande importance.

La science des *anomalies* ou *monstruosités* a reçu le nom de *tératologie*, et il importe, avant tout, de la bien définir. La tératologie dont il est ici question comprend l'étude des déviations organiques que l'homme et les animaux apportent en naissant. On ne considère donc pas comme telles les déformations dues à des accidents postérieurs à la naissance, ou à des maladies, non plus que les difformités provoquées à dessein par des parents dénaturés. Il n'est pas rare de rencontrer sur nos foires de ces êtres déformés que la cupidité exploite, et au sujet desquels la police n'est pas toujours assez en éveil. C'est aux auteurs de ces atrocités qu'il conviendrait, à juste titre, d'appliquer le nom de *monstres*, mais dans un ordre d'idées différent de celui qui fait le sujet de cet entretien.

Historique. — Nous ne sommes plus au temps où les monstres étaient des objets d'épouvante et des présages de calamités. Une famine, une guerre, une épidémie, trouvaient toujours un précurseur dans quelque être difforme contre lequel les lois ne manquaient pas de sévir. — Jusqu'au XVIIe siècle, on approuva les lois grecques et romaines qui condamnaient à mort les enfants affectés de monstruosité, et ce n'est qu'en 1605 que le médecin Riolan avança, comme une nouveauté hardie, qu'on pouvait désormais se dispenser de faire périr les sexdigitaires, les macrocéphales, les géants et les nains, et qu'il suffisait de les soustraire à tous les regards ; quant aux autres, il voulait qu'on les mît à mort sans délai. C'est par allusion à cette coutume barbare qu'un dicton populaire répète encore de nos jours, qu'*il faut étouffer le monstre*.

On conçoit en effet que nos pères, dans leur simplicité, aient été saisis d'effroi en entendant les récits fantastiques accrédités de leur temps, ou en examinant les figures horribles dont fourmillent les ouvrages d'Ambroise Paré, d'Ulysse Aldrovande, de Fortunio Liceti et de Gaspar Schott. Dans la plupart de ces figures cependant, comme dans les personnages de la Fable, il existe ordinairement un fonds de vérité. Ces prétendus portraits n'ont pas été faits d'après nature ; tous les caractères sont exagérés, les membres sont agencés d'une manière impossible, et l'on y représente à l'état adulte des monstres qui ne naissent jamais viables. — Trop souvent aussi des voyageurs crédules ont accueilli avec confiance des traditions fondées sur des faits mal observés. C'est ainsi que des peuples ignorants, voyant pour la première fois des hommes à cheval, s'imaginèrent que le cavalier et sa monture ne faisaient qu'un : c'est l'origine probable des centaures. — Il n'est pas rare non plus de rencontrer chez des brocanteurs de mauvaise foi des animaux fabriqués de toutes pièces, réunissant sur un même individu des parties empruntées à des espèces diverses. Plus d'un naturaliste s'est laissé duper de la sorte, et Cuvier lui-même, nommé expert par les tribunaux pour constater si un gros poisson n'était pas formé de la réunion de deux petits, hésita longtemps et eut bien de la peine à démêler la fraude. Il est facile à un empailleur adroit de surajouter à un animal une tête ou un membre. La greffe animale peut même opérer des annexions de ce genre sur des animaux vivants, et produire aussi des monstres doubles. On conçoit dès lors que des témoins dignes de foi déposent en faveur de faits que la nature désavoue et qui ne sont dus qu'à la supercherie.

Ce ne fut que vers le milieu du XVIIIe siècle que les préjugés commencèrent à tomber et que les monstres devinrent des sujets de curiosité et d'un intérêt vague. Mais il faut arriver à ces derniers temps pour voir les anomalies devenir un objet intéressant d'étude, et répandre la lumière sur l'anatomie et la physiologie. Les monstruosités ne sont plus désormais un désordre aveugle; des lois ont présidé à ces productions insolites, et dans bien des cas il a été possible de les faire naître à volonté.

On nous permettra d'exposer brièvement les déviations les mieux constatées, et de faire voir comment certains faits, en passant par la bouche du vulgaire, ont été plus d'une fois dénaturés.

Isidore Geoffroy Saint-Hilaire fait remarquer que les anomalies portent sur la *suppression* des organes, sur leur *nombre*, leurs *connexions*, leur *position*, leur *volume*, leur *forme*, leur *composition élémentaire*, ou sur plusieurs de ces conditions réunies.

I

Toutes les anomalies ne présentent pas la même gravité. En général, celles qui ne portent que sur des organes ayant plusieurs homologues, comme les vertèbres, les côtes, les doigts, les dents, les pattes, les anneaux du corps, les articles des antennes..., ne nuisent en rien aux fonctions de la vie et passent souvent inaperçues.

Parmi les anomalies peu graves, il faut citer en première ligne le *nanisme* et le *gigantisme*. On a vu des *nains* dans tous les pays, et notre honorable secrétaire, M. Ad. Quetelet, qui a toujours eu tant à cœur le progrès des sciences, en a signalé plusieurs en Belgique dans le courant de ce siècle; il leur a consacré des notices intéressantes dans les *Bulletins de l'Académie* (1re série, t. XVII, 1850). — La taille des plus petits ne paraît pas avoir été au-dessous de 50 centimètres. Depuis longtemps on a relégué parmi les fables l'histoire de ce nain égyptien auquel Nicéphore Calliste ne donne que la taille d'une perdrix, et celle du poète Aristratus qui, au rapport d'Athénée, était tellement petit qu'il échappait à la vue. — On attribue généralement le nanisme à un mauvais état de santé, et on ne le rencontre guère chez les animaux à l'état sauvage. — Au temps où les nains servaient à l'amusement des princes, on a vu des marchands en faire une branche de commerce et chercher à arrêter le développement de quelques malheureux enfants en les torturant par des bandelettes.

Les *géants* aussi ont eu leur histoire fabuleuse. L'académicien Henrion, en 1718, assignait à Adam cent vingt-trois pieds, et à Ève cent dix-huit, et à leurs descendants une taille graduellement décroissante. Ces statures extraordinaires accréditées chez les anciens n'étaient basées que sur des témoignages mal précisés ou indignes de confiance, et les prétendus ossements de géants découverts à diverses époques étaient des os d'éléphants, de mastodontes, de cétacés, et d'autres grands animaux. — Les tailles gigantesques bien constatées ne s'élèvent guère au delà de huit à neuf pieds, et le géant Goliath dont il est fait mention au premier livre des Rois ne paraît pas avoir dépassé cette limite. — Les géants sont en général faibles de corps et d'esprit, lents et paresseux, et leur vie est courte. Berkeley, au siècle passé, parvint, par certains principes hygiéniques, à produire sur un enfant une taille d'environ huit pieds, mais le géant mourut vieux à vingt ans. — On ne connaît pas non plus de géants parmi les animaux.

L'accroissement de la taille, qui s'arrête ordinairement à l'époque de la puberté, présente parfois une *précocité anomale*. Le recueil de l'Académie des sciences de Paris de 1758 mentionne un enfant de six ans qui avait une taille de six pieds et la barbe d'un homme de trente ans; dès lors il cessa de croître et devint contrefait.

Toutefois l'augmentation et la diminution de volume ne sont pas toujours réparties d'une manière égale sur tout le corps, comme dans le nanisme et le gigantisme; on a vu des têtes de géant sur des épaules de nain et d'autres parties du corps également disproportionnées. — Certains individus ont une prédisposition au développement du système adipeux; témoin les femmes des Boschimans qui, à l'instar des chameaux, portent en croupe une énorme loupe de graisse. — Il en est de même du système pileux. — Plusieurs de ces anomalies peuvent résulter d'un arrêt partiel de développement, ou d'un développement trop rapide, et, par une sorte de *balancement des organes*, on voit souvent un organe se développer aux dépens d'un autre.

Les organes, en conservant leur volume normal, peuvent aussi dévier dans leur *forme*. La déformation de la tête des idiots et des hydrocéphales, et celle de divers membres, se rencontrent chez les animaux aussi bien que chez l'homme.

Les anomalies de *couleur* ne sont pas moins remarquables. On sait que la coloration de la peau n'est que superficielle; sa matière colorante est produite à l'intérieur de l'épiderme, et suivant que ce pigment est plus ou moins abondant, l'individu est noir ou blanc, ou présente une nuance intermédiaire. La cause de cette anomalie nous échappe entièrement. Chez les albinos, la matière colorante fait complètement défaut; chez le nègre elle atteint son maximum; des uns aux autres, la transition est insensible. Les animaux aussi nous fournissent un grand nombre d'exemples d'albinisme et de mélanisme, même à l'état sauvage. — Si le mélanisme est partiel, il donne lieu parfois à ces taches bien connues qui peuvent ressembler à certains objets, et que le vulgaire attribue à l'imagination de la mère. C'était une de ces taches irrégulières que portait sur la poitrine une petite fille née à Valenciennes en 1795; on crut y voir la figure du bonnet de la liberté; il n'en fallut pas davantage, aux yeux du gouvernement de ce temps-là, pour mériter à la mère un diplôme de patriotisme et une pension de 400 francs.

Quant aux anomalies de *structure*, on a signalé des plaques ou des prolongements cornés qui recouvraient la peau. Le fait le plus connu est celui d'un Anglais, nommé Lambert, surnommé l'*Homme porc-épic*: il s'est reproduit pendant trois générations, et il a été parfaitement observé et décrit en 1802 par le docteur Tilesius.

La *disposition des parties* s'écarte aussi parfois des règles ordinaires. On a vu le cerveau, les poumons, le cœur, les viscères, les reins..., hors de leur place accoutumée. — Le renversement du pied ou *pied bot* et la torsion des autres membres ne sont pas rares. — Les dents, les ongles, les poils, les cornes..., prennent aussi très-souvent des directions insolites. — Enfin, le déplacement des vaisseaux, des nerfs, des muscles, des ligaments..., est également très-fréquent.

La *connexion* des organes entre eux offre aussi de nombreuses anomalies. Tantôt les dents sont hors de rang et entremêlées comme un bataillon en déroute; tantôt les divers canaux du corps vont déboucher par des voies inaccoutumées. — Ici, les ouvertures naturelles, la bouche, l'anus, les conduits auditifs, les narines, les paupières, l'iris, sont imperforés, et il faut les ouvrir violemment par une incision; là, au contraire, il existe des perforations du diaphragme, de l'ombilic, de la joue..., dues à un arrêt de développement. — Chez les uns, par un développement outre mesure, c'est la fusion des yeux, des conques auditives, des reins, des poumons, des hémisphères cérébraux, des doigts, des dents, des côtes, c'est l'adhérence de la langue au palais ; chez les autres, ce sont des divisions et des fissures, dont plusieurs donnent lieu, chez l'homme, au *bec-de-lièvre*, à la *gueule-de-loup*, et à la division de la langue comme chez les reptiles.

Le *nombre* joue, à son tour, un grand rôle dans les anomalies du règne animal. On a vu des individus totalement privés de dents ; un autre, par compensation, en avait jusqu'à 72. — Les côtes et les vertèbres, surtout celles de la queue, se trouvent aussi parfois réduites ; d'autres fois, au contraire, il s'en présente de surnuméraires. La bifurcation d'une côte chez plusieurs cétacés (baleines, baleinoptères) avait donné lieu à la création de genres nouveaux ; un de nos honorables collègues, M. P.-J. Van Beneden, a fait voir qu'il n'y avait là qu'une anomalie accidentelle et que ces genres intrus n'ont nulle raison d'être. — On a vu plus d'une fois des doigts manquer à l'appel, et dans d'autres cas, en revanche, on en comptait jusqu'à 6, 7 et 8 à chaque membre. Ce qu'il y a de remarquable, c'est que ces doigts multiples peuvent se transmettre par génération, et les familles de *sedigiti* n'étaient pas rares chez les Romains. — Quelquefois aussi on a vu les poils faire défaut, comme chez les chiens turcs, tandis qu'on a connu des hommes dont tout le corps était velu.

La plupart des anomalies de ce premier embranchement ne présentent rien de grave et n'empêchent point l'individu qui en est affecté de parvenir à l'âge adulte. Il en est de même dans la catégorie qui va suivre et à laquelle on a donné le nom d'Hétérotaxie.

II

Ici, tous les organes internes ont une disposition inverse ; ceux qui sont ordinairement à droite se trouvent du côté gauche, et cela à l'insu de celui même qui offre ce phénomène. Nos journaux ont fait connaître, il y a peu d'années, un de ces cas d'*inversion splanchnique* chez un professeur d'anatomie d'une de nos universités, et qu'on n'a pu constater qu'après son décès (1). — M. Dareste a trouvé que cette inversion, très-rare chez l'homme et chez les mammifères, est très-fréquente chez les embryons de poule, et il est parvenu à la produire artificiellement. Il lui a suffi pour cela de placer les œufs de façon que leur axe fût dans une situation oblique par rapport à l'axe des tuyaux de chauffe de la couveuse, et que leur pôle aigu fût plus élevé que leur pôle obtus ; il faut en même temps un certain abaissement de température ; de cette manière on provoque un excès de développement à la gauche de l'embryon et, par suite, une inversion organique. Mais, dans cette expérience, les poulets sont toujours hydropiques, et l'on n'a pu jusqu'ici les faire éclore.

Certains animaux dont la forme n'est pas symétrique peuvent même présenter une *inversion générale* qui se manifeste à l'extérieur, et il n'est pas rare de rencontrer des escargots dont la coquille tourne en sens inverse, et des poissons pleuronectes, comme le turbot, qui portent du côté droit leurs deux yeux qui normalement se trouvent du côté gauche. En un mot, c'est l'état normal vu dans un miroir.

III

Les *hermaphrodismes*, dont on a tant parlé à toutes les époques, sont aussi des anomalies qui forment une division à part. Cette réunion des deux sexes sur le même individu est l'état normal de certaines classes d'animaux ; chez les autres, elle est accidentelle. Il est à remarquer que bien souvent l'hermaphrodisme n'est qu'apparent. Lorsqu'il existe chez les mammifères et surtout chez l'homme, l'un des appareils est toujours rudimentaire, le développement de l'un entrave celui de l'autre. C'est à tort qu'on a voulu expliquer cette anomalie par la fusion de deux individus ; l'individu est toujours unique. — Parmi les faits mentionnés par les auteurs, nous ne pouvons passer sous silence ceux que M. Siebold a observés pendant quatre ans dans une ruche d'abeilles. Presque tous les individus différaient entre eux. L'un était mâle du côté droit et femelle du côté gauche ; l'autre était mâle par devant et femelle par derrière, et réciproquement ; celui-ci était mâle à l'intérieur et femelle à l'extérieur ; celui-là, intérieurement mâle d'un côté et femelle de l'autre, offrait le contraire au dehors ; chez plusieurs, les anneaux du corps étaient alternativement mâles et femelles ; en un mot, la nature semblait avoir épuisé chez eux toutes les combinaisons imaginables.

IV

Nous arrivons à une quatrième catégorie de faits anormaux, beaucoup plus graves et auxquels surtout on a donné le nom de monstruosités. Les uns ne possèdent que les éléments d'un *seul* individu, les autres sont des monstres *doubles* ou *triples*. Parmi les premiers nous citerons des individus privés de bras et de jambes, et dont les mains et les pieds sont insérés directement sur le tronc ; on leur a donné le nom de *phocomèles* parce qu'on les a comparés à des phoques. — Quelques-uns ont des membres privés de doigts, d'autres n'ont pas de membres du tout, ou n'ont que les membres inférieurs. Ces sortes de monstruosités ne sont nullement incompatibles avec la vie. — Il en est autrement lorsqu'il y a fusion plus ou moins complète des membres abdominaux, qui, souvent alors, sont terminés par un pied unique ou par un simple moignon, comme on représente les sirènes de la Fable ; la vie, dans ce cas, n'est que de quelques heures. Il en est de même lorsqu'il y a éventration des viscères, déformation ou hernie du cerveau, et à plus forte raison quand le cerveau manque.

Parmi les autres monstres qui ne naissent pas non plus viables, on peut citer encore ceux qui présentent l'atrophie de l'appareil nasal, ainsi que le rapprochement ou la fusion des yeux. Ces derniers, pourvus d'un œil unique dans une orbite médiane, rappellent les cyclopes de la Fable. Le nez atrophié est réduit à une petite trompe qui atteint rarement la longueur d'un nez normal. Eh bien, cette *rhinocéphalie* a suffi aux anciens pour leur faire admettre des hommes à tête d'éléphant, et ils les ont figurés dans leurs livres par un adulte muni d'une tête véritable d'un de ces animaux, avec sa longue trompe, ses énormes défenses, et ses grandes oreilles pendantes. — L'atrophie de la face, qui réunit les deux oreilles sur la ligne médiane, ne permet non plus qu'une vie éphémère. — Lorsque la tête elle-même est atrophiée ou qu'elle fait complétement défaut, ou bien lorsque le corps privé de viscères est réduit à une simple bourse, la vie cesse avec la rupture du cordon ombilical.

Enfin, le corps peut être réduit à une masse irrégulière composée surtout d'os, de dents, de poils et de graisse ; dans cet état d'imperfection, il ne saurait vivre qu'en parasite aux

(1) M. Dresse, professeur à l'université de Liége.

dépens de sa mère. Ces masses inertes ont pourtant leur existence propre, et leur gestion peut durer un demi-siècle; on leur a trouvé parfois des dents de la seconde dentition. Les anciens attribuaient à ces *môles* la faculté de marcher sans membres, de voler sans ailes, et de rentrer à volonté comme les Didelphes dans la cavité où s'était opéré leur développement.

Jusqu'ici nous n'avons parlé que des monstres *simples*. Il en est d'autres chez lesquels on trouve réunis les éléments de deux sujets. Les monstres doubles sont aussi très-variés chez l'homme et chez les animaux. Il est à remarquer que l'union a presque toujours lieu par les faces homologues, et que les organes des deux sujets sont disposés plus ou moins symétriquement des deux côtés du plan d'union.

Dans la plupart des cas, les deux individus offrent le même degré de développement, et chacun contribue pour sa quote-part à la vie commune. — Buffon a décrit longuement le monstre bi-femelle connu sous le double nom d'*Hélène* et de *Judith;* ces jumeaux étaient nés en Hongrie en 1701 et moururent à vingt-deux ans. L'union avait lieu par derrière. — On a vu aussi des jumeaux qui étaient unis front à front, et qui vécurent dix ans. D'autres adhéraient entre eux par le sommet de la tête, d'autres par leurs bassins.—Les deux *frères siamois*, nés en 1811 et encore en vie en ce moment, sont réunis par l'extrémité inférieure du sternum; plus d'une fois ils ont songé à se faire séparer. Une opération de ce genre avait, dit-on, réussi vers la fin du XVIIIe siècle : c'étaient deux sœurs qu'on avait désunies dès leur enfance. — On a vu des unions encore plus intimes et plus étendues, où il n'y avait plus qu'une seule cavité thoracique; dans un pareil cas, la mort date de la naissance.

Quelquefois les deux têtes sont confondues, et le monstre a deux visages; la moitié de chaque face appartient alors au même individu. La viabilité de ces Janus est improbable; à plus forte raison lorsque la fusion est encore plus grande et que la tête paraît unique et simple. — Il faut reléguer parmi les fables ces lièvres à huit pattes dont quatre paraissent sur le dos, et qui, poursuivis par le chasseur et fatigués de courir, se retournent brusquement sur les pattes restées inactives et recommencent à courir de plus belle. Ces monstres ne sont pourtant pas impossibles, mais leur viabilité n'est pas probable.

On a beaucoup parlé du monstre nommé *Ritta-Christina* né en Sardaigne en 1829, et qui mourut à Paris âgé de huit mois; il n'était double qu'à sa partie supérieure; l'une des jambes appartenait à Ritta et l'autre à Christina, comme le prouvait le chatouillement. La mort de la première entraîna celle de sa sœur. — On cite également un monstre bimâle du même genre qui mourut en Écosse à vingt-huit ans.

Enfin, la fusion des deux corps peut aller jusqu'à faire croire au premier abord qu'on n'a affaire qu'à un seul individu.

Pour compléter ce tableau, il ne nous reste plus qu'à signaler les monstres *parasitaires*.—Qu'on se figure un individu normal portant sur lui un individu très-petit et vivant à ses dépens. Ce parasite reste ordinairement stationnaire, tandis que son hôte poursuit sa croissance; il peut être plus ou moins complet ou se trouver réduit à quelques membres. La vie de ces êtres paraît purement végétale, et les actions exercées sur eux sont souvent perçues par le sujet principal. — Un des parasites les plus curieux que l'on connaisse est réduit à une tête de grandeur ordinaire insérée par son sommet sur le sommet de la tête principale. L'*épicome* le plus connu est celui qui naquit au Bengale en 1785. Lorsqu'il vint au monde, la sage-femme épouvantée le jeta dans le feu, mais on l'en retira et il guérit de ses blessures; il mourut à l'âge de cinq ans de la morsure d'une vipère. La tête accessoire était peu sensible; elle semblait pourtant partager les joies et surtout les chagrins de la tête normale. Un monstre semblable, mais plus imparfait, a été signalé en 1828 par le docteur Vottem (de Liége).

Ce qui semble surtout dépasser les limites du vrai, c'est l'*endocymie*, c'est-à-dire le parasitisme par inclusion. Le parasite plus ou moins informe est emboîté dans l'individu normal. Cette inclusion peut avoir lieu dans une poche sous la peau ou dans l'abdomen, et cette sorte de gestation ordinairement inaperçue pendant la vie du propriétaire, n'est dévoilée que par l'autopsie. On a vu un homme de cinquante ans porter dans son corps un de ces parasites qui vivait à ses dépens. Dernièrement encore, nos journaux rapportaient un fait semblable, et leur témoignage aura rencontré plus d'un incrédule. Et pourtant la science a donné de ces faits une explication assez naturelle. Il est probable que le plus petit de ces jumeaux a adhéré aux intestins du plus grand, lorsque ceux-ci étaient encore pendants hors de l'abdomen; la rentrée des intestins du sujet principal a eu pour résultat la traction et l'inclusion de l'autre.

Mais il est temps de mettre fin à cette énumération déjà bien longue.— Les *monstres triples*, beaucoup plus rares, sont soumis aux mêmes lois que les monstres *doubles*. — On ne connaît pas de monstres *quadruples*.

Il est à remarquer que le nombre des anomalies décroît à mesure qu'on descend dans la série animale. Elles sont bien plus communes chez les animaux domestiques et surtout chez l'homme, et quelques-unes sont transmissibles par génération. — Les êtres affectés par les anomalies les plus graves n'ont aucune chance de viabilité, à moins qu'ils ne vivent en parasites sur des sujets bien portants.

Chez les monstres doubles, il y a dualité physique et morale; la sensibilité n'est commune que près des points de contact. Soumis pendant toute leur vie aux mêmes influences, ils ont souvent les mêmes idées, les mêmes désirs; il y a chez eux parité, mais non unité; ils ne pensent et n'agissent pas toujours de la même manière, et plus d'une fois on les a vus en mésintelligence. — Tous les monstres doubles observés jusqu'ici étaient ou bimâles ou bifemelles. — Enfin, les monstres moitié hommes, moitié animaux, auxquels croyaient nos aïeux, et que le sceptique Voltaire admettait de la meilleure foi du monde, sont purement imaginaires; une hybridité de ce genre sera toujours impossible.

Quant aux *causes* des anomalies, ce sont des perturbations qui peuvent précéder la fécondation, ou l'accompagner ou la suivre. Un grand nombre de cas sont dus à une violence extérieure ou à de fortes impressions morales. Mais c'est à tort que le vulgaire attribue des anomalies *déterminées d'avance* à l'imagination de la mère. Sans doute le moral peut influer sur le physique au point de mettre obstacle au développement normal; mais un objet que l'on voit, que l'on craint ou que l'on désire, n'aura jamais assez de puissance pour imprimer son image sur le corps d'un enfant qui n'est pas né.

L'étude des lois qui président à la formation des anomalies a permis, dans beaucoup de cas, de produire artificiellement des monstres.—On a expérimenté sur les œufs de la poule en les secouant, en les maintenant dans des positions insolites, en induisant partiellement la coquille d'une substance imperméable à l'air, et l'on a obtenu des poussins incomplets, estropiés de toutes les façons. Mais c'est surtout en donnant à l'œuf une certaine position par rapport à la chaleur que M. Dareste a pu produire des anomalies prévues d'avance. Il a constaté aussi qu'une température supérieure à 40 degrés détermine souvent le nanisme, et il conclut que l'arrêt de développement est la cause prochaine de la plupart des monstruosités simples.— M. Lereboullet a opéré sur des œufs de brochet, et il a obtenu des poissons doubles et triples.

L'ensemble des faits que nous venons d'exposer nous fait voir jusqu'où la nature peut s'écarter de sa marche ordinaire. La nature, sans doute, n'a pas épuisé toutes ses ressources; plusieurs anomalies que présentent les animaux pourraient également se retrouver chez l'homme, et réciproquement; mais il est des limites qui ne seront pas dépassées.

Comme on peut l'entrevoir, l'étude des anomalies est propre à dissiper bien des préjugés, et à faire tomber bien des récits absurdes: elle joue un grand rôle dans l'anatomie, la physiologie et la zoologie. — Elle a aussi des rapports intimes avec la médecine légale : plus d'une fois on a soulevé devant les tribunaux les questions de *sexe* et de *viabilité;* les avocats peuvent avoir à discuter des cas de *succession*, de *mariage*, de *vengeance des lois* chez les êtres doubles.— Enfin, la théologie à son tour peut y apprendre que tout être vivant né de la femme, quelle que soit sa forme, est un être humain ; que dans les monstres doubles, aussi bien que dans les unitaires, les plus imparfaits sont également doués d'une âme créée à l'image de Dieu, et que mettre fin à l'existence de ces êtres est un crime d'homicide dans les mêmes conditions que chez les êtres normaux. — Enfin, nous pouvons conclure de cet exposé que dans l'œuvre du Créateur rien n'est laissé au hasard; les déviations les plus étranges ont leurs lois, et l'ensemble de ces lois porte la lumière sur le plan général de la création. En un mot, cette étude est digne de tout point qu'on s'y livre et qu'on en tienne compte dans l'enseignement.

A. Bellynck,

Professeur au collége Notre-Dame de la Paix (Namur).

ASSOCIATION BRITANNIQUE

POUR L'AVANCEMENT DES SCIENCES

CONGRÈS DE LIVERPOOL

M. J. MACQUORN RANKINE

de la Société royale de Londres

Sur quelques questions théoriques relatives à l'architecture navale

L'auteur se propose d'examiner brièvement, dans leurs résultats, quelques applications de la théorie mathématique de l'hydrodynamique à des questions relatives, d'une part, à la détermination de la forme des navires, et d'autre part, aux actions mutuelles qui sont mises en jeu entre un navire et l'eau sur laquelle il flotte.

L'art de la détermination de la forme des navires s'est développé peu à peu, dans le cours de milliers d'années, par des procédés analogues à ceux qui constituent la *sélection naturelle* et la *lutte pour l'existence;* il est arrivé, dans des mains habiles, à un degré de perfection qui laisse peu de chose à désirer, tant qu'il ne s'agit que de déterminer la figure à donner à un bâtiment qui devra répondre à certaines exigences et remplir certaines conditions, déjà obtenues d'autres fois par le développement naturel de l'expérience pratique. Mais il se présente fréquemment des cas dans lesquels il faudrait remplir certaines indications nouvelles, et répondre à des objets qui sortent complétement de ce que l'on a déjà obtenu dans la construction des navires antérieurement existants. Dans ces cas-là, le procédé de développement graduel par une suite d'essais pratiques, exécutés sans le contrôle et le concours de la science, serait extrêmement lent et coûteux; aussi devient-il alors nécessaire de connaître les lois qui régissent les actions du bâtiment sur l'eau et de l'eau sur le bâtiment, et d'appliquer à l'architecture navale ces données scientifiques.

Au nombre des questions qui viennent ainsi s'imposer à notre étude, étaient, dès l'abord, les suivantes : — Quelle doit être la forme de la surface ou paroi immergée d'un bâtiment, pour que les particules aqueuses puissent glisser facilement sur cette surface? Cette forme étant donnée, comment affecte-t-elle le mouvement de ces particules dans son voisinage, et quelles sont les forces mutuelles qui agissent entre les particules de l'eau et cette surface?

A la première de ces questions, l'expérience pratique répond, en dehors de tout aide scientifique, que la surface doit appartenir à la classe de ce que l'on appelle les *surfaces unies* (c'est-à-dire exemptes de changements brusques de direction et de courbure), surfaces dont diverses formes, après avoir subi l'épreuve de l'expérience, sont aujourd'hui bien connues des constructeurs maritimes habiles. Cette réponse peut satisfaire jusqu'à un certain point, mais elle est fort incomplète : pour résoudre les problèmes qui se rapportent aux actions mutuelles de l'eau sur le bâtiment, et réciproquement, il faut quelque chose de plus: il faut pouvoir construire des surfaces unies par des règles géométriques fondées sur les lois des mouvements des fluides, et exprimer leurs formes par des équations algébriques.

Depuis très-longtemps on a fait des tentatives nombreuses pour atteindre ce but; mais, comme ces tentatives n'avaient point pour base fondamentale la connaissance des lois de l'hydrodynamique, elles n'ont abouti qu'à faire trouver certaines règles empiriques pour reproduire, au besoin, des formes antérieurement mises au jour par la pratique; elles n'ont conduit d'ailleurs à aucune connaissance des mouvements des particules aqueuses, non plus que des forces mises en jeu par ces particules ou sur ces particules; elles présentaient, en somme, peu ou point d'avantages sur le procédé primitif, qui consistait à tracer son plan, à la main et à vue d'œil, en adoucissant, unissant les lignes à l'aide d'une baguette élastique appelée une *volige*. Pour ce qui concerne ce procédé, à la vérité, les méthodes mathématiques auxquelles il faut avoir recours, doivent être considérées non comme devant le remplacer pour déterminer la forme d'un navire, mais comme un moyen d'arriver à la connaissance des actions mutuelles qui s'exercent entre ce navire et l'eau qui l'entoure, connaissance que l'ancien procédé est incapable de nous fournir.

La plus ancienne méthode de construction navale par des

règles mathématiques, basée sur les principes de l'hydrodynamique, est celle que proposa M. Scott Russell, il y a environ vingt-cinq ans, et qu'on a vue depuis appliquée de tous côtés sur une grande échelle. Elle consistait à adopter pour lignes longitudinales d'un bâtiment des courbes imitées du dessin des ondes sur l'eau; les lois des mouvements que les surfaces construites sur ce modèle impriment à l'eau furent étudiées et reconnues avec un certain degré d'approximation. Toutefois ces *lignes d'ondes*, tout en constituant des courbes très-*unies*, dans le sens déjà donné à ce mot, n'étaient pas les seules courbes qui possédaient la propriété de glisser facilement au travers de l'eau, mais seulement une classe parmi les classes innombrables de courbes jouissant de cette même propriété. L'expérience a parfaitement montré d'ailleurs que des navires pouvaient être excellents, dont les lignes différaient considérablement de ces lignes d'ondes. Il était dès lors à désirer qu'on trouvât enfin des méthodes de construction par des règles mathématiques, fondées sur les lois des mouvements des liquides.

Tel a été l'objet d'une série de recherches qui ont été communiquées à la Société royale, à différentes dates, depuis 1862. Elles avaient rapport à la construction de ce qu'on a proposé d'appeler des *lignes de courant*. Une ligne de courant est la trace ou le chemin que décrit une particule d'eau dans un courant coulant doucement et régulièrement. Si, lorsqu'un navire avance, en fendant l'eau avec une certaine vitesse, nous imaginons que le navire est stationnaire, et que l'eau coule de son avant à son arrière en un courant uniforme et régulier de vitesse moyenne égale, cette hypothèse ne change en rien les mouvements du navire et de l'eau relativement l'un à l'autre; dès lors, si la forme superficielle de la paroi du navire est celle d'une surface unie, il est évident que toutes les traces des particules aqueuses glissant sur cette surface sont des lignes de courant, et cette surface elle-même est une surface contenant un nombre infini de lignes de courant, ou, comme on l'a appelée, une *surface de lignes de courant*. Il faut observer en outre que lorsqu'on a déduit des lois des mouvements des fluides les relations qui existent entre la forme des lignes de courant en différents points d'un courant, et entre ces formes et les vitesses des particules quand elles glissent suivant différentes portions de ces lignes, on connaît la relation qui existe entre la forme et la vitesse d'un navire dont la surface coïncide avec une certaine disposition de ces lignes de courant, et les mouvements des particules d'eau dans diverses positions dans le voisinage de ce bâtiment.

L'auteur explique alors, en s'aidant de figures, les méthodes de construction des lignes de courants. Ces méthodes sont basées sur l'application aux lignes de courant, dans un courant fluide, d'un procédé mathématique qui avait été antérieurement appliqué par M. Clark Macwell à des lignes de force électrique et magnétique. Un courant fluide se représente sur le papier, en dessinant une suite de lignes de courants distribuées de telle façon qu'entre chaque couple de ces lignes se trouve un courant élémentaire d'un volume donné constant. Ainsi, tandis que la direction du courant est indiquée, dans une quelconque de ses parties, par la direction des lignes de courant, sa vitesse est indiquée par le rapprochement ou l'écartement relatif de ces lignes : elle est évidemment plus grande là où ces lignes sont plus rapprochées les unes des autres, et moindre là où elles sont plus largement séparées. Si, sur la même feuille de papier, on dessine deux séries différentes de lignes de courants, celles-ci représentent les courants produits dans une seule et même masse fluide par deux séries distinctes de forces. Les deux séries de lignes forment alors un réseau; et si, par les angles des mailles de ce réseau, on mène une troisième série de lignes de courant, on peut démontrer, en vertu du principe de la composition des mouvements, que cette troisième série de lignes représente le courant produit dans une même masse fluide par la combinaison des forces, qui, agissant séparément, auraient produit les courants représentés respectivement par les deux premières séries de lignes. Cette dernière série peut s'appeler lignes de courant résultantes. Supposons maintenant qu'on mène une troisième série de lignes de courant composantes, représentant un courant produit par une troisième série de forces : cette série de lignes va former encore un réseau avec les lignes de courant résultantes déjà tracées, et une nouvelle série de lignes menées par les angles des mailles de ce second réseau représentera le courant résultant produit par la combinaison de ces trois séries de forces; ainsi de suite pour des combinaisons de quelque degré de complication qu'on le voudra.

Pour dessiner un système de lignes de courant approprié aux lignes longitudinales d'un bâtiment, il faut combiner au moins trois séries de lignes de courant composantes. La première est une série de lignes droites parallèles représentant un courant uniforme, coulant vers l'arrière du bâtiment avec une vitesse égale à sa vitesse effective. La seconde est formée de droites rayonnant d'un point appelé *foyer* situé à l'avant du bâtiment; elles représentent le mouvement divergent que produit ce bâtiment déplaçant l'eau près de son avant. Enfin, la troisième série de lignes de courant composantes est constituée par des droites convergeant vers un second foyer placé à l'arrière du bâtiment, et elles représentent le mouvement de l'eau se refermant derrière lui. Les lignes de courant résultantes ainsi obtenues présentent une grande variété de formes; ces formes ressemblent toutes à celles d'un navire véritable, qui aurait toutes les proportions possibles de longueur et de largeur, et tous les degrés de grosseur et de finesse à ses extrémités, depuis l'obtus parfait d'une sorte d'ovale jusqu'à l'acuité la plus absolue. On a proposé d'appeler les lignes de courant de cette catégorie *neoïds oogènes*, c'est-à-dire lignes semblables à des navires engendrés d'un ovale, parce qu'une série donnée quelconque de ces lignes peut être engendrée par la marche d'un courant d'eau autour d'un solide ovale de dimensions convenables.

Les propriétés de ces courbes ont été étudiées en 1862. Elles présentent cet inconvénient, que les ovales complétement obtus sont les seules courbes de l'espèce qui possèdent une étendue finie, toutes les autres courbes de cette catégorie se prolongent indéfiniment dans deux directions, en avant et en arrière; pour imiter les lignes longitudinales d'un navire à extrémités aiguës, il faut prendre une partie seulement de quelqu'une de ces courbes indéfinies.

En 1870, on introduisit dans la construction de ces courbes un perfectionnement qui supprime la défectuosité dont il vient d'être question : ce perfectionnement consiste dans l'introduction d'une ou de plusieurs paires de foyers additionnels impliquant la combinaison de cinq séries au moins de ligne de courant composantes. Grâce à cet expédient, on peut imite les lignes longitudinales de navires véritables au moyen d courbes fermées complètes, sans faire usage de portions rap portées de courbes indéfinies. L'indication du mouvement des particules aqueuses par les lignes de courant placées en dehors des lignes fermées qui représentent la forme du navire, devient ainsi plus exacte et plus précise. L'auteur rappelle que l'idée d'employer quatre foyers et au-dessus, lui a été suggérée par les expériences de M. Froude sur la résistance des navires ressemblant à la forme d'un oiseau nageant, objet pour lequel on adopte tout spécialement les lignes de courant avec quatre foyers. On a proposé d'appeler ces lignes *neoïds cycnogènes*, c'est-à-dire courbes semblables à un navire de forme analogue à celle d'un cygne. Dans ces courbes, les foyers extrêmes, c'est-à-dire antérieur et postérieur, sont placés à la proue et à la poupe ou dans leur voisinage ; la proue et la poupe sont représentées sur le dessin par de petites courbes en fer-à-cheval ; elles sont ainsi arrondies au lieu d'être anguleuses comme dans la pratique ordinaire. Les foyers intérieurs sont situés respectivement dans l'avant et dans l'arrière.

Lorsque les foyers des lignes longitudinales d'un navire ont été déterminés, le rapport de l'énergie totale du mouvement imprimé aux particules d'eau, à celle du mouvement du bâtiment lui-même, peut se déterminer approximativement.

L'auteur signale ensuite et explique l'importance de quelques-unes des propriétés mécaniques des ondes, au point de vue de la détermination de la forme des navires, surtout si l'on considère ces propriétés dans leurs rapports avec celles des lignes de courant. On sait depuis longtemps qu'un navire, s'avançant sur l'eau, est accompagné de séries d'ondes, dont les dimensions et la situation dépendent de la vitesse du navire; mais la première découverte d'une loi définie et précise, au sujet de ces ondes, est due à M. Scott Russel, qui la publia il y a environ vingt-cinq ans. L'auteur décrit alors d'une manière générale les mouvements des particules d'eau dans une série d'ondes, et il éclaircit sa démonstration au moyen d'une machine imaginée pour cet objet. Il montre comment, pendant que la forme de l'onde se propage, chaque particule isolée d'eau décrit dans un plan vertical une orbite d'étendue finie. La durée périodique d'une onde, sa longueur, la profondeur à laquelle s'étend un mouvement ayant un rapport donné avec le mouvement superficiel, enfin la vitesse de propagation de ce mouvement, tous ces éléments ont entre eux des rapports régis par certaines lois que l'auteur passe en revue. M. Scott Russel, ajoute-t-il, a démontré que, lorsque le bateau n'avance pas plus vite que la vitesse normale de propagation des ondes qu'il soulève, ces ondes sont de hauteur modérée, et ajoutent peu de chose ou rien du tout à la résistance qu'il éprouve ; mais lorsque cette limite de vitesse est dépassée, les ondes et la résistance qu'elles apportent croissent rapidement à mesure que s'accroît la vitesse.

L'opinion du professeur Rankine, au sujet de ces phénomènes, est que, lorsque la vitesse du bâtiment est moindre que la vitesse normale des ondes qu'il soulève ou égale à cette vitesse, la résistance éprouvée par le bâtiment provient entièrement ou presque entièrement de celle qui résulte du frottement de l'eau glissant sur sa paroi : cette opinion est confirmée par les résultats de l'expérience pratique de la construction des navires. Le mouvement ondulatoire imprimé à l'eau, une fois pour toutes, au moment où le bâtiment se lance, se propage en avant, comme la houle de l'Océan, passant d'une partie de l'eau à l'autre, et n'exigeant pour se maintenir qu'une dépense de force extrêmement petite, sinon nulle. Mais lorsque le bâtiment marche avec une vitesse supérieure à la vitesse normale des ondes qu'il soulève, ces ondes, pour l'accompagner, sont obligées de s'écarter latéralement au lieu de se propager directement en avant; dès lors, le navire doit, en employant sa puissance motrice, faire naître constamment un mouvement ondulatoire commençant, toujours nouveau, au sein des masses liquides encore parfaitement immobiles; de là la dépense de force que l'expérience constate lorsqu'un bâtiment marche avec une vitesse qui dépasse la vitesse appropriée à sa longueur. Cette divergence ou écartement latéral de la série des ondes a un effet modificateur sur les lignes de courant qui représentent les mouvements des particules d'eau. D'abord, elle leur fait prendre une forme sinueuse ou serpentine ; de plus, au lieu de se refermer en arrière du bâteau aux mêmes distances de sa course auxquelles elles étaient situées lorsqu'elles étaient en avant de lui, ces ondes demeurent rejetées en dehors d'une manière permanente. En d'autres termes, les particules d'eau ne reviennent plus à leurs distances originelles du plan longitudinal médian du bâtiment, mais elles sont transportées latéralement d'une manière définitive. L'eau, qui ne revient plus ainsi se refermer complétement en arrière du navire, est remplacée par de l'eau qui s'élève des couches profondes et forme une masse de remous tournoyant dans le sillage du bâtiment.

Enfin, l'auteur explique les principes suivant lesquels la stabilité d'un navire en mer se trouve affectée par les vagues tempétueuses, et les différences qui existent entre les propriétés de stabilité et de fixité. La théorie mathématique de la stabilité des bâtiments est connue et appliquée avec des résultats utiles depuis près d'un siècle; mais, dans le courant de ces dix dernières années, elle a reçu quelques additions importantes, dues particulièrement aux recherches de M. Froude sur la manière suivant laquelle les mouvements des vagues affectent le roulis du bâtiment. Un navire stable (*stiff*) est celui qui tend fortement à conserver et à recouvrer sa position perpendiculaire à la surface de l'eau. Un bâtiment fixe (*steady*) est celui qui tend à conserver une position de perpendicularité absolue. Sur l'eau tranquille ces deux propriétés se confondent, et un navire stable est en même temps un navire fixe. Au milieu des vagues, au contraire, ces deux propriétés sont fréquemment inverses l'une de l'autre. Un bâtiment stable tend, pendant son roulis, à suivre les mouvements du roulis des vagues elles-mêmes; il n'embarque point; mais il est ce qu'on appelle pénible, à cause de son roulis excessif. La propriété de stabilité appartient au plus haut degré à un radeau, ou bien à un navire qui, comme un radeau, est large et bas, et dont la période normale de roulis, sur l'eau tranquille, est très-courte relativement à la durée périodique du mouvement ondulatoire des vagues. Pour qu'un bâtiment puisse ne pas rouler au milieu des vagues, sa période normale de roulis doit être beaucoup plus longue que celle des vagues; pour obtenir cette propriété sans rendre le navire faible de côté, il faut répartir à son bord les charges sur les côtés, aussi loin que possible de son centre de gravité; on dit alors qu'il *donne des ailes aux poids*. Un bâtiment dont la période normale de roulis, sur l'eau tranquille, n'est qu'un peu plus courte ou un peu plus longue que celle des vagues, n'a les avantages ni de la première, ni de la seconde propriété; en effet, il roule à un angle plus grand que l'inclinaison des vagues; mais sa condition est surtout dangereuse si sa période normale de roulis est un peu plus grande que celle des vagues, car alors il tend constamment à pencher vers la crête de vagues la plus rapprochée, au risque de s'y briser : c'est ce qu'on appelle rouler *contre les vagues.* La condition la plus dangereuse est celle d'un bâtiment dont la période de roulis, sur l'eau tranquille, est égale à celle des vagues qu'il rencontre, car alors les vagues successives le font rouler d'un angle de plus en plus considérable; dans ces circonstances, un bâtiment ne peut présenter aucune sécurité, quelque grande que soit sa stabilité statique.

Tous ces principes sont connus depuis quelques années, grâce aux travaux de M. Froude. L'auteur montre, en terminant, une machine qu'il a inventée pour les éclaircir, machine dans laquelle il a reproduit approximativement les conditions dynamiques des navires de divers degrés de stabilité et de fixité au moyen d'un pendule construit d'une façon spéciale, suspendu à une épingle, et dont les mouvements imitent ceux d'une particule d'eau mise en mouvement par des vagues.

J. Macquorn Rankine.

— Traduit de l'anglais par le Dr René Benoît. —

L'ACADÉMIE DES SCIENCES PENDANT L'ARMISTICE ET LA COMMUNE

(mars, avril, mai, juin)

Sommaire. — Le Muséum, les Gobelins et l'Observatoire pendant la Commune. — M. Bouley : La peste bovine et la consommation de la viande des bêtes atteintes. — M. Decaisne : La santé publique pendant le siége. — M. Durand-Claye : Assainissement municipal de Paris pendant le siége. — M. Déclat : L'acide phénique contre les maladies épidémiques et en particulier la peste bovine. — M. Payen : Désinfection des locaux occupés par des malades atteints de maladies contagieuses. Les subsistances pendant le siége de Paris ; nouveaux aliments. — M. Laboulbène : Examen microscopique du sang dans le scorbut. — M. Melsens : Introduction de l'iodate de potasse dans l'économie. — M. Morin : Acclimatation du quinquina à la Réunion. — M. Decaisne : La température chez l'enfant malade. — M. Becquerel : Origine céleste de l'électricité atmosphérique. — M. Dubrunfaut : Le suif et les corps gras alimentaires. — M. Byasson : Recherches sur l'hydrate de chloral.

Déclaration de M. E. Chevreul, *directeur du Muséum, le lundi* 29 *mai.*

« C'est avec une satisfaction bien vive que j'annonce à l'Académie que le Muséum d'histoire naturelle a heureusement échappé aux dangers qu'il a courus et à l'incendie dont il fut menacé toute la journée du mercredi 24.

» Les dommages qu'il a éprouvés sont peu de chose, relativement à ce qui pouvait arriver.

» Qu'il me soit permis de dire à l'Académie combien nos confrères, M. Decaisne pour les serres et les jardins, M. Milne Edwards pour la ménagerie et les collections de son service, M. Delafosse pour les galeries de minéralogie et de géologie, et M. de Quatrefages pour la galerie d'anthropologie, ont déployé de zèle et d'activité dans cette circonstance où toutes les collections du Muséum pouvaient être anéanties. Combien j'ai regretté que notre confrère M. Blanchard et M. le professeur Deshayes, logés loin de nous, aient, pour cette raison, été obligés d'interrompre, de temps en temps, les services qu'ils ont rendus au Muséum, empêchés par la force d'y parvenir lorsqu'ils l'auraient voulu.

» Enfin M. Gervais, logé hors de l'établissement, mais dans son voisinage, n'a épargné ni son temps ni sa vie même pour veiller à la conservation des collections de l'anatomie comparée. Si des faits parlent en faveur du logement des professeurs au Muséum, opinion que j'ai toujours soutenue, les événements sont là pour la justifier.

» Dans les circonstances si graves auxquelles nous venons d'échapper, il est de mon devoir de dire aux amis de la science ce qu'ils doivent de remercîments aux professeurs du Muséum dont je viens de citer les noms.

Déclaration de M. E. Chevreul, *directeur des teintures des manufactures des Gobelins, de la Savonnerie et de Beauvais.*

« Il ne s'est trouvé aucune autorité aux Gobelins, lorsque le feu y a été mis ; mais des tapissiers, prenant l'initiative, ont prêché d'exemple : la part du feu a été faite courageusement, et avec une grande intelligence.

» L'incendie a détruit 80 mètres de bâtiments composant :

» 1° La galerie ouverte au public ;

» 2° Un atelier renfermant six métiers ;

» 3° Trois salles renfermant des broches chargées de fils teints ;

» 4° L'école de tapisserie ;

» 5° Un atelier de peinture ;

» 6° Une partie du magasin des plâtres destinés à l'enseignement du dessin.

» La perte vraiment désastreuse est la collection des tapisseries depuis Louis XIV jusqu'à nos jours.

» Le projet des incendiaires était de brûler tous les bâtiments.

» C'est au courage de tous les employés des Gobelins, et des honnêtes gens du quartier, hommes, femmes et enfants, qu'on est redevable de la conservation des bâtiments qui ont échappé à l'incendie ; et si, dans un tel désastre, il m'est permis de dire un mot, on me le pardonnera en faveur du sentiment de reconnaissance qui me le dicte, c'est que, sans ce courage, sans ce zèle, les Gobelins n'existeraient plus, et dès lors auraient disparu les produits de mes recherches sur la laine et le suint, auxquelles je me livre depuis bientôt un demi-siècle. »

M. Delaunay fait le 5 juin la Communication suivante :

« J'aurais voulu donner à l'Académie, dès lundi dernier, des détails sur ce que l'Observatoire de Paris a eu à souffrir pendant les jours de calamité publique que nous venions de traverser. Mais, étant sorti de Paris, le vendredi 26 mai, dès que l'Observatoire m'a paru hors de danger, je me suis trouvé dans l'impossibilité d'y rentrer avant la séance de l'Académie.

» Les grands instruments de l'Observatoire, qui avaient été démontés et mis en lieu sûr pendant le siége de la ville par l'armée prussienne, étaient déjà réinstallés, et nos travaux de toute espèce commençaient à reprendre une certaine activité, lorsqu'a éclaté la malheureuse insurrection qui vient de se terminer par de si grands désastres. Pris à l'improviste, et ne soupçonnant pas d'ailleurs que cette insurrection pût prendre d'aussi effroyables proportions, j'ai laissé tous les instruments de l'Observatoire en place. Bientôt, en présence des exigences croissantes de la *Commune,* la plupart des astronomes ont dû quitter l'Observatoire, et se réfugier en province. M. Marié-Davy est venu s'installer dans l'établissement et m'a été d'un puissant secours pour en sauvegarder les parties les plus essentielles.

» Jusqu'au dimanche 21 mai, nous n'avons pas été inquiétés. Mais, à l'approche de la crise finale, l'Observatoire a été envahi par les insurgés qui en ont fait un centre de résistance, sans qu'il nous fût possible de nous y opposer. Cette construction élevée, massive, avec sa terrasse supérieure garnie de solides parapets en pierre, constituait en effet pour eux une véritable forteresse ; ils s'y sont maintenus longtemps, malgré le feu nourri des troupes qui cherchaient à les en déloger. Dans la nuit du mardi 23 au mercredi 24, les insurgés ne pouvant plus tenir se sont retirés en mettant le feu dans une pièce du rez-de-chaussée, dont ils avaient enfoncé la porte. Avertis à temps, nous sommes parvenus à éteindre l'incendie ; mais déjà de beaux instruments de géodésie avaient été détruits, ainsi que M. Y. Villarceau l'a fait connaître à l'Académie dans sa dernière séance. Bientôt les insurgés, faisant un retour offensif, sont rentrés à l'Observatoire, furieux de ce que nous avions mis obstacle à leurs projets de destruction, et déclarant qu'ils mettraient de nouveau le feu, mais cette fois partout en même temps, afin qu'il nous fût impossible de l'éteindre. Nous sommes restés sous le coup de cette menace pendant douze heures encore, au bout desquelles l'Observatoire a été délivré, sans que les nouveaux projets d'incendie aient été mis à exécution.

» Outre les pertes des instruments de géodésie dont a parlé M. Y. Villarceau, nous avons à regretter la dégradation du grand équatorial de la tour de l'ouest, construit par M. Eichens; cet équatorial a reçu beaucoup de balles, mais il n'a heureusement pas été atteint dans ses parties essentielles et peut être réparé. L'équatorial de Gambey a reçu une seule balle qui n'a fait que de déformer le tuyau de la lunette. Toutes les coupoles de l'Observatoire sont criblées de trous de balles. Mais, au milieu de tous ces dégâts, je suis heureux de pouvoir dire que la salle des instruments méridiens est absolument intacte, et que rien n'a souffert dans notre bibliothèque, ni dans nos archives. »

La peste bovine et la consommation des bêtes atteintes.

M. Bouley, dans la séance du 27 février et dans celle du 13 mars, s'est occupé de l'emploi de la viande des animaux atteints de la peste bovine, pour l'alimentation ; question très-grave, car elle a trait à une maladie qui sévit actuellement sur nos troupeaux de bêtes à cornes, dans toute l'étendue du territoire occupé ou traversé par les armées allemandes, et il est nécessaire, en effet, que l'on sache nettement si l'on peut, sans danger, faire entrer dans la consommation la viande provenant des animaux de boucherie atteints de cette maladie. L'épizootie dont nous subissons actuellement les sévices nous est connue de longue date et l'on sait, par l'expérience de tous les temps et de tous les pays, à quoi s'en tenir relativement à l'usage alimentaire de la chair des animaux qu'elle a frappés.

Cette épizootie n'est autre, en effet, que le *typhus contagieux des bêtes à cornes*, auquel il convient mieux de donner le nom de *peste bovine*.

La peste bovine est la compagne inséparable des armées qui effectuent leur mouvement de l'est à l'ouest, et depuis les barbares jusqu'à nos jours, elle a fait invasion à leur suite dans l'Europe occidentale. Aujourd'hui encore elle vient de s'abattre sur nos troupeaux, et il est facile de prévoir la grandeur du désastre qu'elle peut occasionner. Tant que Paris fut investi, les troupeaux considérables qu'il renfermait furent exempts de la peste ; aucun cas d'épizootie ne s'est déclaré. Dès que l'investissement a été levé et que de nouveaux bestiaux furent introduits, dont quelques-uns provenaient de l'armée ennemie, la peste entra avec eux et se répandit rapidement dans le stock de la Villette, où se trouvaient 6 à 7000 bœufs.

Ces animaux, les suspects et même les malades, furent livrés à la consommation, parce que la certitude est acquise, basée sur l'expérience des siècles, que l'usage alimentaire de ces viandes ne pouvait avoir aucun inconvénient sur la santé publique.

A cet égard, M. Bouley annonce qu'il a le droit d'être très-affirmatif, parce qu'il parle d'après ce qu'il a vu et expérimenté lui-même. La peste bovine, maladie si contagieuse pour l'espèce bovine, qu'elle n'épargne aucun des sujets qu'elle touche, et si grave qu'elle les tue tous à coup sûr, la peste bovine est sans aucun danger pour l'homme, au point de vue de la contagion. Les expériences d'inoculation faites sur eux-mêmes par des expérimentateurs désintéressés de leurs propres dangers, par dévouement à la science, les observations recueillies dans tous les pays sur les mille et un ouvriers qui manipulent les cadavres des animaux abattus malades, ou morts de maladie, tous ces faits témoignent sans aucune exception de l'immunité acquise à l'homme relativement à l'action contagieuse de la peste bovine. Point de doute possible à cet égard.

La preuve de l'innocuité absolue de ces viandes pour l'alimentation est faite de longue date. Dans tous les pays où cette maladie règne en permanence, la viande des bœufs malades a toujours été consommée. Elle l'a toujours été dans les pays que la peste bovine a envahis accidentellement, comme l'Angleterre et la Hollande en 1866. En 1814, lors de l'invasion, les bœufs affectés de la peste, importée alors comme aujourd'hui par les armées venant de l'est, ont été mangés sans inconvénient. Enfin, depuis que l'investissement a cessé, tout le monde mange à Paris des viandes que l'épizootie a atteintes.

M. Bouley insiste sur cette innocuité absolue de la viande des animaux atteints de la peste, parce que si l'on proscrivait l'usage alimentaire, sous un prétexte nullement fondé, on priverait l'alimentation d'une ressource précieuse et l'on agrandirait d'autant la ruine causée par le fléau.

Il ne sert à rien de dissimuler nos désastres. Pour ce qui est de la peste bovine, par exemple, elle existe : elle règne dans un trop grand nombre de nos provinces, elle y cause des ruines incalculables. Il vaut mieux le savoir, et envisager ce redoutable fléau dans toute sa grandeur.

Or, il n'est pas en définitive au-dessus de notre pouvoir de le surmonter, de le circonscrire et de l'étouffer dans les lieux qu'il occupe aujourd'hui.

Tant que l'ennemi occupe nos provinces, la tâche est difficile ; mais dès que nous serons maîtres de nos actions, nous devons tout mettre en œuvre pour sauver des atteintes de la peste ce qui nous reste de bétail.

La peste bovine, en effet, et il faut insister sur ce point, n'est pas une maladie indigène ; endémique dans les steppes de l'Europe orientale, qui se prolongent jusqu'en Hongrie et dans ceux de l'Asie, elle nous fut toujours amenée, chaque fois que des armées se sont mises en mouvement de l'est à l'ouest.

Tout troupeau déplacé de ces steppes recèle en lui la contagion et la sème à profusion sur sa route. Chaque animal atteint devient un nouveau foyer d'infection; mais cette épizootie ne dure, chez nous, que si on laisse libre carrière à la contagion. C'est par la contagion qu'elle se propage ; supprimez la contagion, et la maladie disparait.

M. Bouley insiste surtout sur ce point fondamental, à savoir que c'est une maladie exotique qui n'est et n'a jamais été importée chez nous que par la contagion, que la contagion seule entretient, et qui disparaît, lorsque par une circonstance ou par une autre, la contagion ne sait plus où se prendre.

Voilà, dit-il, ce dont il faut que l'on soit bien convaincu partout, dans les administrations chargées des services publics et dans toutes nos communes. C'est pour avoir méconnu ce grand fait et pour n'avoir voulu ajouter aucune croyance aux conseils des vétérinaires anglais, que l'Angleterre tout entière, et l'Écosse, durent d'être ravagées en 1865 par la peste bovine.

Le fléau fut apporté par un troupeau amené par mer du golfe de Finlande sur le marché de Londres. Ce troupeau a pu franchir le trajet dans un temps plus court que la période d'incubation de la maladie, qui a fait explosion seulement après le débarquement.

M. Bouley annonce, en terminant, que des expériences sont en voie d'exécution pour examiner l'action de l'acide phénique, dont l'emploi a été préconisé par quelques personnes : les unes dirigées par lui-même, à l'École militaire, et les autres par M. Déclat, à l'abattoir de Grenelle, mais il n'est possible jusqu'ici d'en tirer aucune conclusion.

La santé publique pendant le siége.

M. Decaisne extrait d'un travail qu'il prépare en ce moment sur les différentes questions d'hygiène soulevées pendant le siége de Paris, quelques faits intéressants, pour montrer par quelles phases successives a passé la santé publique pour arriver à une mortalité aussi considérable.

Pour rendre la démonstration plus palpable, il prend comme types les six maladies qui ont apporté à la mortalité le contingent le plus considérable et il ne tient compte des autres que pour le total général des décès. Ces dix maladies sont : la variole, la fièvre typhoïde, la bronchite, la pneumonie, la diarrhée et la dysenterie.

Chacun sait avec quelle intensité la *variole* a régné à Paris depuis la fin de 1869 et le nombre énorme de victimes qu'elle a faites : elle était en voie de décroissance et tout faisait présager la fin de l'épidémie, lorsque Paris, au mois de septembre 1870, reçut dans son sein de nombreux bataillons de mobiles des départements et l'armée du général Vinoy. Les mobiles furent logés chez les particuliers, et l'on put dès lors prédire une nouvelle recrudescence de la variole. En effet, le chiffre des décès, qui du 25 septembre au 1er octobre arrive à 210, devient bientôt 310, 360, 419 et 431 pour une période de sept jours : il se maintient à ce chiffre jusqu'au 1er janvier pour redescendre ensuite.

— La *fièvre typhoïde* accusait le 10 septembre 1870, 39 cas de mort pour une semaine; mais bientôt ce chiffre s'élève au mois de novembre, et atteint celui de 375, du 15 au 20 janvier 1871.

Si l'on se rappelle que la fièvre typhoïde atteint surtout les jeunes gens nouvellement arrivés à Paris, mal logés, mal nourris, soumis à toutes sortes de privations, au froid, aux fatigues excessives et en proie à la nostalgie, on aura une idée des causes principales de cette recrudescence.

— La *bronchite* comptait, au 10 septembre 1870, 45 décès pour une semaine : au mois d'octobre, elle donne 70 cas, puis 117, 190, et enfin 593 et 539 pour les deux semaines du 4 au 17 février 1871.

Pour cette maladie, nous trouvons des causes particulières à la situation du moment. L'alimentation insuffisante, l'anémie qui en est la conséquence fatale, les souffrances du froid, expliquent suffisamment le chiffre des décès pour cette maladie.

— La *pneumonie* a suivi de près la même marche que la bronchite, sans atteindre cependant les mêmes proportions : elle est inscrite pour 54 décès au 10 septembre. Elle commence à croître en octobre et arrive à 108 cas au 10 décembre. Elle prend alors une recrudescence très-sensible : on en compte 262, 390, 426, et enfin 478 au 27 janvier.

Nous pourrions dire de la pneumonie ce que nous avons dit pour les causes de la mortalité de la bronchite.

— La *diarrhée* accusait 25 cas de mort au 11 septembre : elle atteint 103 au 27 décembre, et enfin 151 du 1er au 6 janvier. Cette maladie a sévi avec une grande rigueur sur les petits enfants.

— La *dysenterie* a atteint le chiffre de 51 décès au 31 décembre, moyenne qu'elle n'a guère dépassée.

Si, maintenant, nous comparons la mortalité générale pour la période de sept jours du 4 au 10 septembre 1870, et celle du 11 au 17 février 1871, nous trouvons pour la première le chiffre de 981 décès, et pour la seconde celui de 4103, qui avait été dépassé avant l'armistice.

M. Decaisne annonce, en terminant, qu'il se propose, pour compléter ce travail, de rechercher toutes les causes de cette mortalité effrayante, sans oublier celles qui ont eu une influence désastreuse sur nos ambulances de blessés.

Assainissement municipal de Paris pendant le siége.

Dans une lettre à M. Dumas, M. Durand-Claye s'occupe de cette question si importante, et lui rend compte des notables modifications qu'on a dû faire subir à ce service par suite de l'investissement de la capitale. La banlieue étant occupée par l'ennemi dans un rayon très-voisin de l'enceinte, toutes les opérations qui s'accomplissaient hors de l'enceinte cessèrent d'être possibles, et cependant les exigences de la salubrité étaient plus exigeantes que jamais.

Les détritus dont la prompte disparition assure seule la salubrité de la cité, sont : les *vidanges*, les *eaux d'égout*, les *ordures ménagères*.

En temps ordinaire, les vidanges sont transportées à la Villette, et de là refoulées par machines à la voirie de Bondy, pour y être transformées en poudrette et en sulfate d'ammoniaque.

Les eaux d'égout finissent par déboucher en Seine, par deux collecteurs, celui de Clichy et celui de Saint-Denis.

Les ordures ménagères ramassées dans les rues sont transportées dans la banlieue, où elles se transforment par exposition à l'air en un engrais nommé *gadoue*.

Pendant le siége, ces opérations furent modifiées de la façon suivante :

— *Vidanges.* — Le village de Bondy se trouvant sur les limites extrêmes des avant-postes, il devint impossible de continuer le service du dépotoir de la Villette : une coupure fut pratiquée sur les conduits de refoulement aux environs de Pantin, et une communication directe établie entre cette conduite et le canal de retour très-voisin par lequel les eaux vannes redescendent ordinairement de Bondy vers le collecteur de Saint-Denis. Les matières refoulées descendaient donc directement dans le collecteur, sans qu'aucun inconvénient en ait été signalé.

— *Eaux d'égout.* — Le service des égouts dans Paris continua suivant les procédés habituels : seulement le cube d'eau, versé aux égouts fut extrêmement réduit, par suite de la coupure, par l'ennemi, du canal de l'Ourcq et de l'aqueduc de la Dhuis.

Les lavages des ruisseaux furent à peu près laissés de côté, par suite de l'insuffisance de l'eau et de l'absence du personnel, presque uniquement composé de Prussiens.

Le service d'épuration et d'utilisation des eaux d'égout dans la plaine de Gennevillers fut forcément suspendu, le pont de Clichy ayant sauté par ordre de l'autorité militaire.

— *Ordures ménagères.* — Le transport des ordures dans la banlieue dut être complétement abandonné. D'abord le dépôt direct des ordures dans les rues fut formellement interdit : elles durent être placées dans des seaux ou paniers que l'on vidait dans des tombereaux passant à cinq heures et demie du matin.

Les tombereaux, une fois pleins, allaient se déverser dans vingt dépôts publics, situés dans les terrains vagues des arrondissements voisins de l'enceinte.

Toutes ces opérations purent s'exécuter convenablement, malgré la réduction du personnel, et la propreté des rues fut toujours très-satisfaisante.

Rapport sur la désinfection des locaux affectés durant le siége aux personnes atteintes de maladies contagieuses.

M. Payen, rapporteur de la commission chargée par l'Académie d'examiner cette question, lut, dans la séance du 4 mars, son rapport, dont nous extrayons les faits principaux.

Depuis longtemps déjà, on admet que les maladies infectieuses sont transmissibles par des êtres vivants, germes, spores ou ferments de microphytes ou de microzoaires. Aussi les efforts de la science se sont-ils dirigés vers les agents chimiques susceptibles d'attaquer ces organismes rudimentaires et de détruire leur vitalité. Plusieurs commissions se sont déjà occupées de ces questions. Beaucoup d'agents chimiques ont été proposés, au nombre desquels nous devons citer en première ligne le chlore et les hypochlorites, l'acide phénique et quelques agents chimiques très-énergiques, oxydants ou vénéneux. C'est de l'ensemble de toutes ces recherches, basées sur l'expérience, que nous allons extraire les moyens qui nous semblent les plus efficaces. Au nombre et au premier rang des agents destructeurs des germes, on s'est accordé à recommander l'acide hypoazotique. Toutefois l'emploi de ce gaz vénéneux exige de grandes précautions de la part des gens chargés de l'employer. Avant de procéder au dégagement des vapeurs nitreuses, il faut calfeutrer soigneusement, avec des bandes de papier collé, toutes les issues de la pièce que l'on veut désinfecter et dans laquelle sont suspendus les objets, matelas, couvertures, etc., sur lesquels on veut faire agir l'agent désinfectant. Puis, pour chaque espace de 30 à 40 mètres cubes d'air, on emploiera le mélange suivant, disposé dans une terrine :

Eau.	2 litres.
Acide azotique ordinaire.	2500 grammes.
Tournure de cuivre.	300 id.

On met le cuivre en dernier lieu, puis on ferme la porte et on la calfeutre avec soin. Les choses seront laissées en cet état quarante-huit heures.

Il est urgent, avant de rentrer dans la chambre, d'établir pendant quelque temps une ventilation, afin de débarrasser l'air des vapeurs vénéneuses qu'il renferme.

Un autre procédé d'assainissement, d'une exécution plus facile, moins dangereuse et moins dispendieuse, paraît offrir les mêmes garanties d'efficacité. On le réalise par l'emploi de poudre siliceuse ou même de sciure de bois imprégnée d'un tiers de leur poids d'acide phénique pur.

Ce mélange, placé dans des terrines, suffit, en vertu de la diffusion de l'acide phénique, pour remplir spontanément l'espace de sa vapeur.

On a même pu, en ménageant les doses, employer cet acide, dissous dans 25 à 30 fois son poids d'eau, en aspersions journalières sur le sol des chambres ou salles des ambulances et même sur les draps des lits. Cette opération pratiquée en Angleterre a produit d'excellents effets.

Cette dissolution d'acide phénique fut aussi employée pour désinfecter la morgue pendant les chaleurs de l'été et a donné de très-bons résultats.

Voici enfin comment s'effectuent actuellement les fumigations chlorées, auxquelles on expose dans les hôpitaux les linges, matelas, etc., d'après les indications de M. Regnault. On introduit 500 grammes de chlorure de chaux dans un sac de toile, puis on ferme solidement le sac avec une ficelle. Ce sac est mis dans une terrine contenant 1 litre d'acide chlorhydrique ordinaire, étendu de 3 litres d'eau. Dès que le sac est mis dans l'acide, on ferme la porte de la chambre, et on laisse les choses ainsi pendant vingt-quatre heures : on peut alors ouvrir et ventiler avant de rentrer dans la pièce.

Les subsistances pendant le siége de Paris.

Dans les *Comptes rendus* du 29 mai, se trouve un mémoire très-étendu de M. Payen sur *les subsistances pendant le siége de Paris en* 1870.

M. Payen avait annoncé l'intention de lire ce mémoire le 15 mai. C'est le 13 qu'il a succombé. Le mémoire a été confié par sa famille à M. Chevreul, qui s'est chargé du soin d'en faire une analyse verbale. Le mémoire fut inséré en entier. Nous allons en extraire les faits principaux.

M. Payen, dans ce travail, s'est proposé de montrer comment, malgré la soudaineté du blocus enfermant dans Paris près de deux millions cinq cent mille habitants, comment les immenses approvisionnements d'une des premières cités commerçantes du monde, comment les magasins des matières premières des industries métropolitaines sont venus combler les vides d'une gigantesque consommation journalière ; comment des industries nouvelles, utilisant les matières organiques abandonnées naguère, ont, du même coup, assaini des dépôts qui, disait-on, devaient bientôt infecter et rendre mortel l'air que nous respirons ; comment enfin, ces substances altérables, soustraites à la fermentation et transformées chaque jour en produits nutritifs, ont accru dans une large mesure nos subsistances. — Nous verrons, en outre, que plusieurs de ces industries nouvelles doivent survivre désormais aux circonstances exceptionnelles qui les ont fait naître, et accroître ainsi d'une manière durable nos ressources en produits animaux.

Le conseil de salubrité fut dès les premiers jours chargé de proposer les mesures à prendre pour prévenir les dangers de l'accumulation sur quelques points voisins des remparts, des détritus, boues, fumiers, enlevés chaque jour des rues auxquels venaient s'ajouter les fumiers produits par l'introduction subite dans nos murs de 5000 bœufs et de 150 000 moutons destinés aux approvisionnements.

Après un examen attentif de cette question, on vit que ces dangers seraient facilement écartés, à la condition toutefois d'éviter que les eaux pluviales puissent, en délayant ces matières organiques accumulées, former ensuite des mares ou des eaux stagnantes.

On fit donc préparer un écoulement facile vers les cours d'eau ou des terrains en pente, ou encore vers des fonds sableux très-perméables.

Dans les premiers jours du siége, un de nos agriculteurs, publiciste distingué, M. Joigneaux, et l'un de nos plus habiles horticulteurs, M. Laizier, proposèrent au gouvernement d'utiliser pour la culture automnale et même au delà, les 200 hectares de terrains vacants, renfermés dans l'enceinte des remparts, afin d'obtenir, à l'aide de semis précoces, protégés par les abris de nombreux châssis vitrés, de jeunes plantes foliacées, de choux, de chicorées, de colza, consommables en vert, sous forme de salades et de feuilles cuites; on trouvait ainsi l'utilisation immédiate de tous les fumiers. Ce projet fut adopté, et l'on se mit promptement à l'œuvre : les jeunes plantes étaient levées au bout de quinze jours et tout fit espérer que, malgré la rigueur de la saison, les légumes de primeur ne nous manqueraient pas. Et, en effet, jamais peut-être on n'a vu, à cette époque de l'année, une telle abondance de produits alimentaires de ce genre : gros choux, petits choux de Bruxelles, céleri, choux-fleurs et surtout betteraves rouges, jaunes et blanches... Après cette digression sur les nouvelles cultures maraîchères, revenons aux faits inquiétants qui se sont manifestés dès les premiers jours du siége.

En effet, les 12 000 litres de sang provenant des animaux abattus chaque jour, qui, avant le siége, étaient transportés en dehors des murs dans des usines où la dessiccation les réduisait à un dixième de leur poids et permettait d'expédier ce résidu sec aux agriculteurs comme un puissant engrais, ne pouvaient plus l'être pendant le siége.

Cette industrie ne pouvant s'exercer dans Paris en raison des émanations infectes qu'elle répand, on cherchait les moyens d'arrêter la fermentation putride, si prompte du sang liquide, lorsque M. Riche proposa de transformer en boudin comestible tout le sang des abattoirs. Il se trouva heureusement un très-actif et intelligent industriel, M. Dordron, qui se chargea de l'entreprise, et en peu de jours la conduisit à bonne fin.

Le succès remarquable de cette entreprise en suggéra plusieurs autres non moins heureuses. De nombreux débris négligés dans les jours d'abondance : les tendons et les rognures de peaux de bœuf, de veau et de mouton ordinairement abandonnés aux fabricants de gélatine, furent rendus comestibles à l'égal des pieds de mouton. Les intestins des bœufs, des vaches et des veaux, ceux des moutons, réservés d'ordinaire à la fabrication des cordes harmoniques, entrèrent dans la préparation des andouilles ou servaient à confectionner des enveloppes de saucissons.

Hippophagie. Nouveaux aliments. — Parmi les innovations heureuses que les suprêmes nécessités du siége auront fait surgir, ou définitivement consacrées, on devra compter l'application généralisée de la viande de cheval à l'alimentation publique et la connaissance scientifique des qualités organoleptiques de certains produits de dépeçage de ces animaux ; qualités bien supérieures à celles des produits analogues obtenus jusque-là exclusivement des animaux des espèces bovine et ovine.

Mise en pratique avec un remarquable succès, dans l'intérêt de nos armées par le grand chirurgien militaire Larrey, l'hippophagie était depuis quelques années vivement recommandée par les écrits et les exemples d'Isidore-Geoffroy Saint-Hilaire, puis par M. Decroix, vétérinaire habile, et enfin, M. de Quatrefages. — Déjà, sur l'avis des conseils d'hygiène et de salubrité, on avait autorisé dans Paris et dans plusieurs villes de province l'établissement de boucheries spéciales de viande de cheval. Cette utile pratique commençait donc à être favorablement accueillie en France, au moment où l'investissement de la capitale vint hâter le moment où les préjugés qui résistaient encore seraient complétement dissipés.

On a reconnu que parmi les animaux de l'espèce chevaline, les juments offrent la chair la meilleure, viennent ensuite les chevaux hongres; enfin les produits de dépeçage des chevaux entiers occupent le troisième rang.

Toutes choses égales d'ailleurs, les chevaux abattus en bon état donnent en viande nette un rendement supérieur de 10 pour 100 environ au produit obtenu des animaux de l'espèce bovine.

Les expériences comparatives ont dévoilé plusieurs avantages notables en faveur des produits de l'abatage des chevaux. Au point de vue des salaisons, par exemple, cette viande se comporte comme celle du bœuf, tandis que le mouton, comme chacun le sait, perd une telle quantité de liquide, que son tissu devient fibreux et peu sapide. — Sous le point de vue des qualités alimentaires, le cheval fournit des substances grasses très-variées, présentant depuis la fluidité de l'huile d'olive, jusqu'à une consistance butyreuse, toutes exemptes d'odeur ou douées d'un léger arome agréable. Ces substances, déjà appréciées à Paris, s'employèrent pendant le siége dans les préparations culinaires comme les meilleurs succédanés connus du beurre. — Préparée avec soin, cette graisse peut même, sans subir aucune épuration, lutter avantageusement avec la graisse d'oie.

Il n'en est pas de même de la graisse des bœufs et des moutons.

Ces graisses ont toujours une légère odeur de suif que M. Dordron, dont nous avons déjà parlé, est parvenu à leur enlever, en employant à chaud un bain alcalin. Dès lors, ces produits, sensiblement inodores, ont pu être vendus sous la dénomination exagérée de *beurre de Paris*. — Plus tard, en mélangeant ces graisses épurées avec les différentes graisses de cheval, on a pu obtenir des produits de différentes consistances et qui furent très-recherchés.

Parmi les divers autres approvisionnements réunis en vue de destinations toutes différentes de celles qu'elles reçurent alors, nous pouvons citer l'albumine desséchée, obtenue par la dessiccation à 30° ou 35° du blanc d'œuf et destinée à être exportée pour servir à l'impression des étoffes dites d'*Indienne*.

Cette albumine desséchée, représentant l'albumine de près de huit millions d'œufs, restait sans usage, lorsque M. Barral montra qu'à cet état elle restait soluble et pouvait reconstituer sensiblement le blanc d'œuf si on lui restituait les six parties d'eau qu'elle avait perdues par la dessiccation.

C'est ainsi qu'on vit reparaître une foule de substances alimentaires, accumulées pour une foule d'usages, et qui, utilisées, contribuèrent pour une large part à la durée, on pourrait presque dire au renouvellement de nos ressources alimentaires.

N'est-ce pas un de ces approvisionnements imprévus que ces centaines de mille kilogrammes de fécule humide qui, d'après une méthode nouvelle, accumulées dans des citernes enterrées, devaient bientôt, en entrant dans la composition du pain, en accroître les quantités disponibles, tandis que dans les intentions des fabricants cette abondante matière première devait être transformée en sirops pour les brasseurs, les confiseurs et les liquoristes.

Tel fut encore, dans nos approvisionnements, le rôle du tapioka. Cette substance amylacée du Brésil existait en si grande quantité qu'on en eut jusqu'à la fin du siége.

Plusieurs industries spéciales, très-dignement représentées dans Paris, concoururent aussi, d'une façon directe et indirecte, pour subvenir à l'alimentation parisienne.

Au premier rang on peut citer les raffineries de sucre très-abondamment pourvues en sucre brut pour leur service journalier, qui ont pu jusqu'à la fin pourvoir à la consommation parisienne en vendant les deux produits qu'elles obtiennent avec le sucre brut, le sucre raffiné et la mélasse; et enfin pourvoir à la fabrication active de deux autres produits alimentaires, salubres et économiques, le chocolat et le pain d'épice.

Les immenses approvisionnements des grandes fabriques de confitures et de fruits confits, destinées à l'origine à l'exportation, ont contribué largement pour leur part à l'alimentation, surtout en rendant plus variée, plus agréable et plus hygiénique la consommation du pain. — On peut en dire autant des sucs et sirops de fruits, qui, additionnés de gélatine animale, donnèrent lieu à d'excellentes confitures.

M. Payen s'étend ensuite beaucoup sur les services qu'a rendus la gélatine animale; mais cette question spéciale ayant déjà été examinée dans cette revue, nous n'y reviendrons pas.

L'acide phénique contre les épidémies et en particulier la peste bovine.

M. Déclat, dans la séance du 10 avril, a lu devant l'Académie un mémoire relatif aux expériences qu'il a commencées sur l'application à la peste bovine de sa nouvelle méthode de traitement applicable à toutes les maladies épidémiques.

Vers le milieu de février, apprenant que le typhus régnait en Bretagne, M. Déclat se rendit aussitôt à Morlaix pour y commencer ses essais : de là il fut conduit par M. Lecoz, vétérinaire distingué de cette ville, dans une ferme des environs dirigée par M. Guernisson, où il trouva dans les mêmes étables sept animaux malades : l'un agonisant, le second couché et ne pouvant plus se relever, et les cinq autres plus ou moins gravement atteints. Aussitôt il fit prendre à ces animaux un breuvage phéniqué contenant 5 grammes d'acide phéniqué dans 5 à 6 litres d'eau, et il pratiqua le reste de sa médication (médication indiquée dans un pli cacheté qu'il a déposé à l'Institut, mais qu'il désire tenir encore secrète pour le moment). De ces 7 animaux 3 ont succombé, 4 ont guéri. M. Lecoz, de son côté, a expérimenté sur 10 autres animaux et a obtenu 6 guérisons. En résumé, 17 animaux traités, 7 morts et 10 guérisons.

Mais en fait de peste bovine, le traitement curatif ne fut pas le seul but que poursuivit M. Déclat : ce qu'il voulut obtenir dans cette maladie, comme dans toutes les maladies à forme foudroyante, ce fut de prévenir ce qu'on est souvent impuissant à guérir. Il comptait surtout sur les bienfaits du traitement prophylactique. Ce traitement, annonce M. Déclat, a dépassé toutes ses espérances.

En effet, M. Lecoz, d'après les indications de M. Déclat, a expérimenté non-seulement sur la contagion au contact, mais encore dans les plus mauvaises conditions possibles, c'est-à-dire sur des animaux vivant à côté d'autres animaux gravement atteints, parfois déjà morts depuis plusieurs heures, et couchant sur la même litière. M. Lecoz a expérimenté sur 25 animaux placés dans ces diverses conditions, et aucun n'a contracté la maladie. Et cependant, ainsi que nous l'avons vu dans le travail de M. Bouley cité plus haut, lorsque dans une étable quelques animaux sont malades, tous les autres renfermés dans la même étable sont à coup sûr voués à la maladie, c'est-à-dire à la mort : aussi n'hésite-t-on pas immédiatement à conseiller l'abatage comme seul remède à la propagation du fléau.

Partant de ce fait que le typhus, s'il se contracte à peu près invariablement au contact, ne se contracte pas deux fois, et désireux d'être sûr que les animaux traités avaient bien été guéris du typhus, M. Déclat pria M. Lecoz d'inoculer quelques-uns de ces animaux avec des déjections, des sécrétions et du sang d'animaux très-malades.

Une vache guérie primitivement fut donc inoculée le 23 mars, et six jours après se portait parfaitement.

M. Déclat cite encore quelques faits à l'appui de son traitement, et termine par les conclusions suivantes :

Avec ma méthode de traitement intelligemment appliquée :

1° On prévient le typhus à peu près toujours;

2° On le guérit presque toujours à l'état d'incubation;

3° On le guérit très-souvent à la première période de développement;

4° On le guérit quelquefois à une période plus avancée.

Examen microscopique du sang dans le scorbut

M. Laboulbène annonce que les cas de scorbut qu'il a pu observer, tant à l'hôpital du Gros-Caillou qu'à l'hôpital Necker, ont commencé à se montrer à la fin de l'année 1870, alors que la nourriture insuffisante, la privation de végétaux frais et le froid prolongé avaient agi sur la population renfermée à Paris pendant le siége. Les caractères de la maladie, quant à son intensité et à sa gravité, ont été variables, et il n'a pas vu mourir un seul malade du scorbut proprement dit, à moins que celui-ci ne survînt chez une personne déjà affaiblie par une affection antérieure.

Les symptômes peuvent être rassemblés en trois catégories ou groupes distincts :

1° Il apparaissait chez les sujets débiles des taches noirâtres sur les membres inférieurs principalement. Ces taches siégeaient autour des bulbes pileux. Elles étaient violacées, ne disparaissaient pas sous la pression du doigt. D'autres taches occupaient la peau dans l'intervalle des bulbes pileux. Leur dimension variait de la grandeur d'un millimètre en diamètre jusqu'à celle d'une lentille et plus. Ces taches étaient nettement ecchymotiques, et elles s'effaçaient au bout de plusieurs jours, après avoir passé par des teintes brunâtres et jaunes.

Plusieurs apparitions successives pouvaient être observées, tant sur les membres que sur le tronc. On reconnaît par cette description abrégée les signes du *purpura simplex*.

1° Avec ou sans purpura, les malades, après plusieurs jours de souffrances lourdes dans les membres, voyaient survenir de larges taches noirâtres, entourées d'une teinte plus claire et jaunâtre. Ces ecchymoses profondes siégeaient aux cuisses et aux jambes, rarement sur le tronc. Je ne les ai point vues dans les plis des articulations, mais près des masses musculaires. Des nodosités et une tuméfaction sous-cutanée accompagnaient ces larges taches, dues à des infiltrations sanguines ayant eu lieu dans le tissu musculaire et sous la peau, et dont la teinte n'apparaissait que par imbibition.

3° Enfin, coïncidant avec l'apparition du purpura ou des ecchymoses, plus rarement à l'état isolé, les gencives des malades, après avoir été sensibles et prurigineuses, se tuméfiaient, formaient à la sertissure des dents un bourrelet violacé ou bleuâtre, tant en dehors, sous les lèvres, que vers la voûte palatine et l'arcade interne du maxillaire inférieur; l'haleine était fétide; la mastication des aliments très-douloureuse ou empêchée; des ulcérations et des hémorrhagies se produisaient sur les gencives fongueuses.

Une teinte terreuse de la peau, un sentiment d'essoufflement et de faiblesse excessive étaient remarqués chez tous les malades, ainsi qu'un souffle doux à la base du cœur et au premier bruit.

Enfin un murmure doux et un frémissement sous le doigt dans les vaisseaux du cou étaient faciles à percevoir, surtout dans les cas les plus accusés du scorbut ecchymotique ou gingival.

M. Laboulbène a fait un grand nombre de fois l'analyse du sang des divers malades scorbutiques, et voici ce qu'il a observé :

1° Dans les cas simples de purpura, ordinairement le sang était tout à fait normal. Les globules rouges ou blancs (hématies ou leucocytes) avaient leur aspect, leurs dimensions et leurs quantités relatives ordinaires. Cependant plusieurs fois il existait un plus grand nombre de globules blancs ou leucocytes que dans le sang normal.

2° Chez les malades qui avaient de larges ecchymoses, avec ou sans les gencives fongueuses, le sang était presque toujours pâle, moins coloré en rouge que chez les sujets non scorbutiques, où il était examiné par comparaison.

Le nombre des globules blancs était augmenté, et cela dans une proportion notable. M. Laboulbène a pu compter quinze, vingt et jusqu'à trente globules blancs dans le champ du microscope, en observant avec l'objectif 5 et l'oculaire 1 du microscope de Nachet.

Ces leucocytes offraient des dimensions variant de 1 millième à 1 centième de millimètre de diamètre. Ils présentaient des expansions sarcodiques très-manifestes.

Un fait sur lequel il faut insister, c'est la présence d'une quantité notable et constante de globulins ou leucocytes nucléaires, tantôt disséminés, plus souvent réunis en amas peu réguliers. Dans tous les cas de scorbut et chez les malades des deux sexes, ces éléments anatomiques étaient augmentés de nombre.

3° Le sang retiré des gencives a offert les mêmes caractères que le sang retiré du doigt, à part la présence de *vibrions* provenant de la bouche. Dans toutes ses observations, l'auteur a eu soin, après avoir piqué le doigt du malade, de ne prendre sur la lame de verre que l'extrémité de la gouttelette formée.

Enfin, dans la majorité des observations, lorsqu'on revoyait les préparations après les avoir laissé reposer pendant un temps assez long, on trouvait de très-fines fibrilles dues à la coagulation fibrineuse du sang.

De ces observations l'auteur conclut :

1° Que, dans le sang du scorbutique, le nombre des globules blancs ou leucocytes a augmenté en proportion notable, tant pour les leucocytes ordinaires que pour les leucocytes nucléaires ou globulaires.

2° Que cette augmentation de proportion de leucocytes ne lui paraît point assez caractéristique pour être regardée comme propre au scorbut; car on l'observe dans un grand nombre d'états pathologiques et de maladies diverses, surtout de l'ordre des *maladies générales*.

3° La coagulation fibrillaire de la fibrine est facile à apercevoir dans le sang des scorbutiques.

Introduction de l'iodate de potasse dans l'économie.

M. Melsens a prouvé depuis longtemps que l'iodate de potasse se transforme dans l'économie en iodure de potassium, et que, dans ces conditions, on devait le considérer comme un véritable poison.

La note actuelle reproduit deux observations nouvelles qui viennent confirmer ce fait.

1° Un chien du poids de 9kil,500, recevant à discrétion une nourriture composée de pain et de viande, est soumis à l'administration de l'iodate de potasse à la dose de 2 grammes par jour en deux fois, le matin et le soir. On observe des vomissements dès la première administration; mais ceux-ci offrent le troisième jour un phénomène très-curieux. Le pain rejeté par les vomissements est par places coloré en bleu violacé. Ce phénomène se reproduit plusieurs fois. La mort arrive après quelques jours : l'animal ne pèse plus que 7kil,600. L'iodate de potasse, dans ces conditions, est donc bien un poison.

2° On place sous la peau d'un chien pesant 6kil,600, dans deux poches pratiquées près de la colonne vertébrale, audessous des omoplates, 20 grammes d'iodate de potasse. L'animal venait de prendre son repas. Environ une heure après, on rencontre un peu d'iode libre dans la salive. Une heure et demie après survient un premier vomissement à réaction acide. On y reconnaît la présence d'un iodure alcalin. Vingt minutes après, second vomissement acide, renfermant de la mie de pain colorée en bleu violacé. Après quelques vomissements colorés en bleu, l'animal ne rend plus qu'un liquide incolore très-visqueux. Ce liquide, neutre d'abord, devient très-nettement alcalin. La viscosité de cette matière est caractéristique.

Le chien, opéré à dix heures trente minutes du matin, est

mort dans la nuit. On a retrouvé plus de 12 grammes d'iodate pur dans les deux poches.

Ces expériences, jointes à d'autres qu'il publiera bientôt, confirment, dit l'auteur, malgré les objections faites aux conclusions de ses précédents mémoires, les faits qu'il avait constatés et les déductions logiques qui en découlent.

Acclimatation du Quinquina officinalis *à la Réunion.*

M. le général Morin avait déjà fait connaître à l'Académie, dans sa séance du 27 décembre 1869, les premiers résultats des essais d'acclimatation du *Quinquina officinalis* à l'île de la Réunion, entrepris par son fils et par M. le docteur Vinson, à l'aide de graines dont les premières lui avaient été remises le 26 mars 1866, en séance, par M. Decaisne.

Ces essais se continuent avec succès par des envois successifs de graines obtenues principalement de l'obligeance du savant M. Van Gorkum, directeur des cultures à Batavia, et par l'intermédiaire de M. Duchesne de Bellecour, consul de France à Batavia, et de M. Auber, vice-consul à Pointes-de-Galles.

La dernière malle de la Réunion a apporté l'état suivant des cultures à la date du 1er janvier 1871 :

A Salazie, à 1200 mètres d'altitude, 2 pieds de *Cinchona officinalis,* qui ont pu être sauvés par M. Vinson du premier semis, en mai 1866, viennent à merveille et ont atteint 5 mètres de hauteur.

Ce qui semble prouver parfaitement leur complète acclimatation, c'est que, pour la première fois, ils sont en ce moment couverts de fleurs. Il n'est pas probable que cette année les fleurs soient fécondées ; mais on peut espérer que, dans un an, on pourra commencer à récolter des graines.

Ilet-à-Guillaume, à 1000 mètres d'altitude, 2 pieds de *Cinchona officinalis*, qui ont quatre pieds et demi, sont d'une très-belle venue et atteignent 4 mètres de hauteur.

35 pieds de *Cinchona calisaya* qui viennent parfaitement. Ils sont âgés de deux ans et demi, et ont en moyenne 70 centimètres de hauteur.

Observations. — Quelques boutures ont été faites cette année en prenant les sujets sur les cinchonas les plus âgés. Elles viennent à merveille. Ce qui prouve que le climat et l'altitude leur conviennent. On va multiplier les boutures cette année.

Au Bulé, à 1200 mètres d'altitude, 2 pieds de *Cinchona calisaya,* ayant près de trois ans et demi, ont 2 mètres de hauteur.

Au jardin de la Société d'acclimatation, 111 pieds de *cinchona,* des variétés *calisaya* et *officinalis,* ayant sept mois, ont été distribués à des propriétaires des parties hautes de l'île.

A Saint-Leu, à 1200 mètres d'altitude, 6 pieds de *Cinchona calisaya,* ayant deux ans et demi et 2 mètres de hauteur.

45 pieds de *Cinchona calisaya,* ayant sept mois, atteignent en moyenne 15 centimètres de hauteur.

Au Brûlé, à 800 mètres d'altitude, 31 pieds de *Cinchona calisaya,* ayant sept mois et viennent bien.

Le total général de ces pieds de cinchonas est de 234.

Cet état démontre suffisamment que l'acclimatation du précieux végétal dans l'île de la Réunion doit être considérée comme une question résolue.

Des envois de graines ont été faits par M. Ed. Morin au consul de France à Madagascar pour propager ainsi le *Cinchona officinalis* dans cette île.

La température chez l'enfant malade.

De 1840 à 1860, il s'est fait en France une série de travaux importants sur la température animale. On peut citer ceux de MM. Andral et Gavarret sur la température dans les maladies chez l'adulte, ceux de M. Roger sur ses variations dans les maladies des enfants, ceux de M. Demarquay pour les maladies chirurgicales, et enfin les études beaucoup plus importantes que ce savant chirurgien a faites avec M. Auguste Duméril sur l'action des poisons et des agents thérapeutiques sur la température animale dans la période de 1849 à 1851.

Malgré ces études si importantes et si justement appréciées M. Decaisne a pensé qu'il y avait encore à glaner dans ce coin de la science, et les recherches qu'il a poursuivies pendant tout le temps du siége de Paris sur l'alimentation insuffisante et ses effets sur le développement et la terminaison des maladies, lui ont permis d'établir, dans certaines affections du moins, la température de l'enfant nouveau-né.

On trouvera plus tard, dit l'auteur dans son travail sur l'alimentation insuffisante et ses effets pendant le siége de Paris, la relation qu'il a cherché à établir entre elle et les variations de la température chez l'enfant : c'est cette relation, dit-il, qui explique, selon lui, la différence qui existe entre ses chiffres et ceux de ses devanciers, qui n'ont pas observé dans les mêmes conditions.

Il est à peu près admis que la température de l'enfant à sa naissance est de 37°,25. Mais elle baisse aussitôt, et on la voit, au bout de quelques minutes, descendre graduellement jusqu'à 35°,50. Le lendemain même elle est revenue à son état primitif. On a établi aussi que, dans l'état de maladie, le maximum de température s'est élevé chez l'enfant nouveau-né à 42°,50 et le minimum à 23°,50. D'après les recherches de M. Roger, la température des enfants oscille entre 19 degrés. Chez les adultes, cette oscillation n'est que de 17 degrés. M. Decaisne a étudié la température des enfants principalement dans trois maladies : la *pneumonie*, la *méningite* et l'*entéro colite*.

Les sujets atteints de pneumonie observés sont au nombre de 12 : 3 âgés de quinze jours à un mois ; 5 de un à trois mois et 4 de trois à quatre mois.

Chez les 3 premiers, la température a varié entre 38 et 40 degrés pendant plusieurs jours, sans jamais dépasser ce chiffre.

Chez les 5 enfants de un à trois mois, le thermomètre a donné entre 37 et 39 degrés.

Enfin, chez les 4 derniers, il a oscillé entre 38 et 42°,25.

Ce chiffre de 42°,25 est le plus élevé qu'on ait jamais observé dans la pneumonie ; en même temps qu'il soignait cet enfant qui accusait 42°,25, l'auteur en soignait un autre à peu près du même âge et atteint de bronchite capillaire. Cet enfant a toujours eu une température d'environ 37 degrés. Il est facile de comprendre toute l'importance de ce fait au point de vue du diagnostic différentiel de ces deux maladies, ainsi que l'avaient parfaitement constaté déjà les médecins qui ont étudié comparativement la température dans ces deux maladies.

M. Decaisne a étudié la température chez quatre enfants

atteints de *méningite*, âgés de trois à six mois. Chez tous les quatre, il a observé un abaissement de température dans la seconde période, dite période d'invasion et d'accroissement. Elle a oscillé, chez ces quatre malades, entre 32 et 35 degrés pendant deux ou trois jours, et seulement à certaines heures. Sans nier toute la valeur de cet abaissement passager de la température dans la méningite, je ne crois pas qu'on doive le considérer comme un caractère infaillible, ainsi que quelques auteurs paraissent l'admettre. Et, en effet, on sait que, dans cette période, la fièvre se montre sous le type intermittent, avec les frissons des fièvres d'accès et l'abaissement de la température qu'ils déterminent.

C'est seulement pendant le frisson qu'il a constaté l'abaissement de la température, et encore ce phénomène n'est-il pas constant. Malheureusement les observations recueillies sur cette maladie ne sont pas très-nombreuses.

Il n'en est pas de même de l'*entéro-colite*, dont l'auteur a pu recueillir 31 cas qu'il a étudiés complétement.

Ces 31 malades étaient tous atteints d'entéro-colite aiguë ou entérite cholériforme foudroyante, maladie qui a fait tant de victimes pendant le siége.

Tous les sujets ont été examinés dans la période ultime de la maladie, au moment où le corps maigrit à vue d'œil, où les yeux s'excavent, où la peau ne résiste plus au doigt et se refroidit, où les évacuations ne se comptent plus.

Chez 6 enfants âgés de huit à quinze jours, l'auteur a constaté pendant cette période, comme minimum, 35 à 35°,15, et, quand les évacuations cessèrent quelques heures, 36 et 37 degrés.

Chez 11 enfants de un à deux mois, la température était en moyenne de 34 à 35°,20, pour revenir au moment de la réaction entre 36 et 37°,55.

Chez 4 enfants de trois à quatre mois, l'auteur a observé entre 33 et 35°,10. Chez 2 qui ont eu de la réaction, la température est revenue à 36 et 37°,35.

5 enfants de cinq à six mois ont donné 34 et 36°,25, et 2, pendant la réaction, 38°,15 et 39°,10.

3 enfants de sept à huit mois, qui n'ont pas eu de réaction, ont accusé de 35°,10 à 36°,35.

Enfin, 2, de neuf à onze mois, ont donné, l'un 34°,30 pendant deux jours sans réaction, et l'autre 34°,25, et, pendant la réaction, 39°,41.

Ces 31 enfants, à l'exception de 5, étaient dans de déplorables conditions hygiéniques. 22 étaient nourris par leurs mères soumises à toutes les privations de la misère pendant le siége et ne pouvant leur donner qu'un lait bien appauvri. Les autres étaient élevés au biberon avec un lait de vache détestable, en quantité insuffisante, ou avec des potages indigestes.

En terminant, M. Decaisne dit que dans le cours de ses recherches, sur lesquelles il compte revenir dans un travail plus complet sur l'alimentation insuffisante, il a pu souvent vérifier la justesse de l'observation de Chossat, qui, dans son mémoire sur l'inanition, dit qu'elle est la cause de mort qui marche de front et en silence avec toute maladie dans laquelle l'alimentation n'est pas à l'état normal.

L'inanition arrive à son terme naturel quelquefois plutôt, quelquefois plus tard que la maladie qu'elle accompagne sourdement, et peut devenir ainsi maladie principale où elle n'avait d'abord été qu'épiphénomène.

Origine céleste de l'électricité atmosphérique.

On ignore encore l'origine de l'électricité atmosphérique, malgré les recherches faites jusqu'ici pour y parvenir; les découvertes récentes sur la constitution physique et chimique du soleil, et les recherches auxquelles M. Becquerel père s'est livré depuis quelque temps lui ont permis aujourd'hui d'aborder cette question importante.

La terre et l'atmosphère sont de vastes réservoirs d'électricité, où la nature va puiser les causes des orages et d'autres phénomènes atmosphériques; l'un et l'autre sont dans deux états électriques différents lorsque le ciel est serein.

L'air possède un excès d'électricité positive dont l'intensité va en augmentant en s'élevant au-dessus du sol jusque dans les régions les plus élevées de l'atmosphère. Là où se montrent les aurores boréales, phénomènes dus à des décharges électriques, la terre possède un excès d'électricité négative dont on ne connaît pas la distribution dans son intérieur.

M. Becquerel a commencé par montrer que toutes les causes physiques, chimiques et physiologiques qui dégagent de l'électricité à la surface de la terre ne peuvent fournir les quantités énormes d'électricité répandues dans les espaces planétaires. Si cela était, pourquoi la tension de l'électricité positive irait-elle en augmentant, quand le contraire devrait avoir lieu, en s'éloignant de la source d'électricité? Il restait à examiner jusqu'à quel point il était possible de lui attribuer une origine céleste.

M. Becquerel a commencé par rappeler les notions que l'on possède sur la formation de la terre, sur les éruptions volcaniques et les effets électriques puissants qui les ont accompagnées dans les temps primitifs, ainsi que sur la constitution physique et chimique du soleil, telle que nous la connaissons aujourd'hui.

Lorsqu'on eut observé deux protubérances roses pendant l'éclipse totale du 8 juillet 1842, on se trouva, suivant l'expression d'Arago, sur la trace d'une troisième enveloppe située au-dessus de la photosphère, formée de nuages obscurs ou lumineux.

Dans la séance du 18 janvier 1869, M. Janssen annonça à l'Académie qu'il existait autour du soleil une atmosphère hydrogénée et une dépendance entre la présence des taches et les protubérances ayant une même composition, et qu'il était parvenu, par une méthode qui lui était propre, à suivre les protubérances jusque sur le soleil lui-même, ce qui lui avait permis de découvrir la relation précédente. Les protubérances ne sont donc que les portions les plus saillantes de la matière hydrogénée qui entoure de toutes parts le soleil.

Indépendamment des quinze à vingt substances qui se trouvent dans la photosphère, substances qui font partie de la terre, M. Rayer a observé dans les raies du spectre une raie jaune qui n'appartient pas au sodium, mais bien à une substance non décrite encore. En outre, le P. Secchi a trouvé de la vapeur d'eau dans la même atmosphère.

Des taches qui ont quelquefois 16 000 lieues d'étendue paraissent être les cavités par lesquelles s'échappent de la photosphère l'hydrogène et les diverses substances qui composent l'atmosphère solaire. Or, l'hydrogène, qui ne paraît être d'ici que le résultat d'une décomposition, emporte avec lui de l'électricité positive, qui se répand dans les espaces planétaires, puis dans l'atmosphère terrestre et même dans la terre, en diminuant toujours d'intensité, à cause de la mauvaise conductibilité des couches d'air de plus en plus denses, et de celle de la croûte superficielle de la terre. Celle-ci ne serait donc négative que parce qu'elle serait moins positive que l'air.

Pour montrer comment l'électricité positive émanant du soleil se répand dans les espaces planétaires, M. Becquerel a commencé par rappeler que l'électricité ne se propage dans un milieu qu'autant que ce milieu contient de la matière qui lui sert de véhicule. On sait effectivement que les propriétés lumineuses de l'électricité appartiennent en grande partie à la matière pondérable, à travers laquelle les décharges sont transmises.

La présence de l'électricité n'est constatée dans ces expériences que par des effets lumineux; mais il y a d'autres moyens de manifester cette présence : il suffit pour cela de mettre en communication avec le conducteur d'une machine électrique en action un vase de métal contenant un liquide vaporisable. On ne tarde pas à s'apercevoir que l'évaporation est plus grande que celle qui a lieu dans un vase semblable contenant le même liquide, mais non électrisé. Il est prouvé par là que l'électricité peut se répandre dans un espace vide, quand elle peut entraîner avec elle de la matière.

M. Becquerel a invoqué ensuite un autre ordre de phénomènes pour démontrer l'existence de la matière gazeuse dans l'espace, bien au delà de l'étendue que l'on assigne à l'atmosphère terrestre : nous voulons parler des aurores boréales, qui sont dues à des décharges électriques produites dans des milieux où il existe encore des matières gazeuses. On a trouvé, par exemple, que l'aurore boréale du 19 octobre 1726, visible en même temps à Varsovie, Moscou, Rome, Naples, Lisbonne, avait son siége à 200 kilomètres au moins de la surface terrestre.

La commission scientifique envoyée dans le Nord en 1838 a eu l'occasion d'observer cent quarante-trois aurores boréales, toutes produites à des distances variant de 100 à 200 kilomètres.

L'auteur rapporte ensuite, dans son mémoire, tout ce qui concerne le bruissement plus ou moins fort entendu pendant les aurores boréales par les habitants des régions polaires, situées à de grandes distances les unes des autres. Bergmann rapporte ainsi que des voyageurs, en traversant les montagnes de la Norvége, ayant été enveloppés par une aurore boréale, ont senti une forte odeur de soufre, que l'on pourrait attribuer à l'ozone. Enfin de pareils faits ont été constatés par M. Paul Robert, aéronaute, qui, parti de Paris pendant le siége en décembre dernier, est descendu, quatorze heures après en Norwége, sur le mont l'Ide, à 1300 mètres de hauteur, au milieu de la neige. Voici ce qui est rapporté à propos de ce voyage par M. Cartrillhac.

« *A travers un brouillard plus rare, il put voir s'agiter les brillants rayons d'une aurore boréale, qui répandait partout une étrange lumière* (p. 31).

Bientôt, un son étrange, un mugissement incompréhensible se fait entendre (p. 25). *Le bruit cesse complétement. Il s'élève alors une odeur de soufre des plus prononcées, presque asphyxiante* (p. 28).

D'après ces différents témoignages, on ne saurait donc mettre en doute la véracité de ces observations.

Ces principes posés, l'auteur discute les deux questions suivantes :

1° L'électricité positive, en sortant de la photosphère avec le gaz hydrogène, se répand dans les espaces planétaires, non-seulement avec le concours des matières gazeuses plus ou moins diffuses qui s'y trouvent, mais encore avec celui des matières qu'elle entraîne avec elle en sortant de la photosphère. Cette même électricité arrive dans l'atmosphère terrestre, puis dans la terre, en diminuant d'intensité, à cause de la résistance qu'elle éprouve en traversant dans l'atmosphère des couches de plus en plus denses.

2° Quel travail peut exécuter l'électricité négative que la masse solaire conserve, une fois que l'hydrogène quitte la photosphère ?

Il faudrait savoir pour répondre catégoriquement à ces deux questions si les espaces planétaires contiennent ou non des matières gazeuses, ou bien si le vide est parfait.

Dans le cas où l'espace contiendrait des gaz plus ou moins raréfiés, l'électricité positive s'y répandrait comme on le sait, par une suite de décompositions et de recompositions du fluide naturel, qui entoure les particules de ces gaz, lequel ne paraît être autre que le principe éthéré qui transmet la lumière à d'immenses distances.

Or, l'état de grande raréfaction des gaz qui composent l'atmosphère solaire, bien au delà de la partie lumineuse, à des distances excessives, est très-admissible, vu la température du soleil, quand on pense surtout que la croûte terrestre, qui sous l'influence solaire participerait de la température des espaces célestes, possède une atmosphère qui s'étend bien au delà de 200 kilomètres.

Indépendamment des matières gazeuses que l'on pense devoir exister dans les espaces planétaires, il s'y trouve encore des myriades d'aérolithes dont la grosseur varie depuis celle des masses de fer météorique que l'on trouve éparses sur le globe, jusqu'à celles de graine très-fine de poussière dont on a des exemples dans les éruptions de nos volcans.

Le nombre de ces aérolithes est quelquefois si considérable, que Humboldt, dans son voyage en Amérique, a vu pendant une traversée en mer le ciel tout en feu, comme si l'on eût tiré un immense feu d'artifice.

Ce spectacle éblouissant était dû, d'après ce célèbre voyageur, à une multitude d'aérolithes répandus dans l'atmosphère.

On est donc porté à croire, d'après cela, que le vide absolu n'existe pas dans les espaces planétaires, où des gaz, particulièrement de l'hydrogène, peuvent se répandre ? Rien ne s'opposerait donc à la propagation de l'électricité dans ces mêmes espaces.

M. Becquerel a examiné aussi, dans son mémoire, ce que devient l'électricité négative qui se répand dans la masse solaire, pendant la sortie de la photosphère de l'électricité positive avec l'hydrogène, par les taches solaires, de même que les gaz et l'électricité sortent des cratères des volcans terrestres.

L'électricité négative du soleil et l'électricité positive de son atmosphère se trouvent à peu près dans des conditions semblables à celles où sont les deux mêmes électricités dans la terre et son atmosphère ; or, comme ces deux astres paraissent composés des mêmes éléments et ne diffèrent entre eux, à part les dimensions, que par une différence considérable dans les températures, les mêmes effets physiques et chimiques doivent s'y produire lorsque l'électricité négative s'y propage.

M. Becquerel se propose de faire connaître ultérieurement quelques-uns de ces effets.

Si la théorie qui vient d'être exposée, dit l'auteur, de l'origine céleste attribuée à l'électricité atmosphérique laisse encore à désirer sur quelques points, cela tient à ce qu'on ignore encore quelles sont les matières gazeuses, dans un état de diffusion plus ou moins grand, répandues dans les espaces planétaires, car il n'est guère possible d'admettre le vide parfait. Les recherches auxquelles nous nous livrons en ce moment serviront, nous l'espérons, à jeter quelque jour sur une question qui intéresse à un haut degré la physique céleste et *la physique terrestre.*

Le suif et les corps gras alimentaires.

Le suif le plus infect est dépouillé de son odeur caractéristique, quand il a servi à l'opération culinaire connue sous le nom de *friture*, et après un traitement de ce genre il peut servir à toutes les préparations culinaires. Ces faits trouvent dans la science une explication satisfaisante.

M. Dubrunfaut avait déjà établi, il y a quelques années, que l'huile de poisson est dépouillée radicalement de ses principes odorants par un simple chauffage à haute température (330 degrés).

Il a démontré, en outre, que les acides gras distillent dans un courant de vapeur d'eau à une température supérieure à 100 degrés, alors que les corps gras neutres restent fixes dans ces conditions. Il a démontré enfin que tous les corps gras neutres se comportent comme les acides gras sous l'influence d'un courant de vapeur quand ils ont été préalablement chauffés à 300 ou 330 degrés.

Si l'on examine avec ces données ce qui se passe dans la friture, on explique facilement l'épuration signalée.

Les cuisiniers qui ne font pas usage de thermomètres pour reconnaître la température utile à donner à leur friture, se servent de méthodes empiriques ; l'une d'elles consiste dans l'apparition à la surface du corps gras chauffé, d'une vapeur blanche plus ou moins intense ; cette vapeur apparaît quand la température approche de 210 à 220 degrés. A cette température, la friture se fait dans le minimum de temps et le produit absorbe le minimum de corps gras.

Dans ces conditions, on réunit tous les éléments qui sont favorables à l'élimination des acides gras volatils, qui sont en général les causes immédiates des odeurs des corps gras.

Le fait est que le suif se trouve ainsi parfaitement épuré, de manière à pouvoir servir à la préparation de tous les aliments, comme le meilleur axonge et les meilleures graisses de cuisine. Ce fait très-simple indique ce qu'il y aurait à faire pour épurer artificiellement le suif.

Pour pratiquer cette opération dans la cuisine, il suffit de faire fondre le suif dans une poêle à frire, d'élever modérément la température à 140° ou 150°, puis d'y projeter avec précaution de petites quantités d'eau avec un goupillon. Le corps gras subit ainsi le mouvement d'ébullition de la friture : la vapeur le traverse à l'état de vapeur surchauffée ; les corps gras neutres qui, à l'exemple de l'hircine de M. Chevreul, donnent des acides gras volatils, sont en même temps acidifiés et volatilisés et la masse des corps gras est épurée.

Il existe dans le commerce de Paris des masses considérables de suif à chandelles qui peuvent ainsi être régénérées et restituées à l'alimentation.

L'huile de colza peut aussi, par ce procédé, fournir à l'alimentation une ressource non moins précieuse que le suif.

Ce procédé épurateur trouve sa justification dans des opérations culinaires fort usuelles. En effet, les graisses usitées de tout temps en cuisine sont les graisses de rôtis et de pot au feu, qui toutes ont la même origine que les suifs du commerce, dont elles ne diffèrent que par les modes de préparation. Cependant les graisses de cuisine n'ont que peu ou point l'odeur repoussante du suif.

Après l'explication que nous avons donnée de l'épuration du suif par la simple opération de la friture, il est facile de comprendre que les conditions de cette épuration sont réalisées avec perfection dans la préparation des viandes rôties.

Les conditions d'épurations se trouvent moins bien réalisées pour la graisse du pot au feu, mais l'expérience prouve que, même dans ces conditions, il y a épuration réelle. Ces résultats se trouvent complétement applicables à l'huile de colza.

Recherches sur l'hydrate de chloral.

M. Byasson communique le résultat de recherches entreprises depuis plus d'une année sur l'hydrate de chloral. Contrairement aux conclusions de M. Liebreich et de quelques autres expérimentateurs, et en se fondant sur l'action comparée du chloroforme, du formiate de soude, de l'hydrate de chloral, de l'acide trichloracétique sur des grenouilles, des rats et des chiens, et incidemment sur l'homme pour l'hydrate de chloral, l'auteur formule les conclusions suivantes :

1° L'action de l'hydrate de chloral sur l'organisme est différente de celle du chloroforme.

2° Cette action est spéciale à ce corps, mais elle peut être considérée comme la résultante de celle des deux produits dans lesquels elle se dédouble, surtout au contact du sang, le chloroforme et l'acide formique.

3° L'action de l'hydrate de chloral sur l'organisme animal est différente de celle de l'acide trichloracétique et du trichloracétate de soude qui se dédoublent en chloroforme et acide acétique, tout en étant comparable.

Une partie du chloroforme formé par l'action des carbonates alcalins du sang sur l'hydrate de chloral s'élimine par la voie pulmonaire : une partie de l'acide formique se retrouve dans l'urine à l'état de formiate de soude.

TRAVAUX SCIENTIFIQUES ÉTRANGERS

Les trous vitellins chez les œufs fécondés des Amphibiens, par le docteur C. Van Bambeke.

« M. le docteur Van Bambeke, préparateur d'anatomie comparée à l'université de Gand, dont l'Académie de Belgique a publié l'an dernier le mémoire sur le développement de l'œuf du Pélobate, lui a adressé cette année une notice concernant une particularité digne d'attention qu'il a observée sur les œufs fécondés des Amphibiens.

» Au mois de juin 1868, il constate, pour la première fois, sur des œufs fécondés d'Axolotl, immédiatement après la ponte, l'existence de fossettes ou trous à la surface du vitellus. Ces trous, visibles à un faible grossissement, occupent les deux hémisphères, mais principalement le supérieur ou foncé ; ils sont en nombre très-variable, de un à douze ; disposés sans ordre apparent, parfois très-rapprochés et même plus ou moins confondus entre eux. Quelquefois, au lieu de trous, il se rencontre des sillons ou gouttières qui ne résultent pas de la fusion de plusieurs trous. Les fossettes non fusionnées sont régulièrement circulaires, et il est à remarquer que le diamètre de ces dernières est sensiblement le même. L'aspect des trous varie selon qu'ils siégent sur l'hémisphère foncé ou sur l'hémisphère clair.

» Ces trous vitellins ne se rencontrent pas seulement sur l'œuf des Axolotls, mais se voient aussi sur ceux des *Tritons Alpestris*, *Tæniatus* et *Helveticus*. M. Van Bambeke les a constatés également sur les œufs des Batraciens anoures. Un seul auteur en fait mention, c'est Remak, qui les a signalés sur l'œuf de la grenouille verte. Mais cet auteur a commis une double erreur : « La première, qu'il importe surtout de » relever, » c'est que Remak a décrit comme trous vitellins la *fovea germinativa;* la seconde, c'est qu'il affirme que Prévost et Dumas ont déjà parlé de l'existence de ces trous; celle-ci n'est, pour ainsi dire, que la conséquence de la première, car ces auteurs n'ont aperçu que la fossette germinative qu'ils appellent improprement cicatricule. Après s'être arrêté un instant sur le diamètre variable des trous chez les diverses espèces, M. Van Bambeke insiste sur ce point qu'il ne les a observés que dans les cas où les spermatozoïdes avaient pu arriver au contact des ovules. Les trous vitellins, contrairement à ce qui arrive pour la fossette germinative, ont disparu ou ne tardent pas à disparaître du moment que le premier méridien s'est formé.

» Après avoir établi les apparences extérieures de ces perforations, M. le docteur Van Bambeke s'occupe de la manière dont les trous vitellins se comportent par rapport à l'intérieur de l'œuf.

» Pour cela il se sert du procédé qui lui a donné d'excellents résultats dans son étude sur le développement du Pélobate brun : il a recours à des coupes minces, transparentes, obtenues sur des œufs préalablement durcis. Il a pu démontrer de cette manière que ces trous sont l'entrée d'un conduit, dont le trajet est indiqué par sa coloration foncée et qui aboutit à une dilatation, sorte de *nucleus* terminal, généralement de forme ovalaire, entouré d'une sorte de zone constituée par des stries rayonnantes de la substance vitelline. La longueur, la direction de ces conduits varient beaucoup. Nous ne suivrons pas l'auteur dans la description minutieuse qu'il en fait, parce qu'il nous faudrait tout copier de peur d'oublier un détail essentiel. Nous préférons renvoyer au travail lui-même ainsi qu'à la planche qui l'accompagne. (*Bulletins de l'Académie royale de Belgique*, 1870, 2e série, n° 7, tome XXX, page 58.)

» A quoi faut-il attribuer ces conduits? Il nous paraît hors de doute qu'il s'agit de la pénétration d'un corps étranger dans l'intérieur du vitellus; « l'aspect général des conduits, leur petit diamètre et notam- » ment la présence du pigment *entraîné* dans leur intérieur, ne per- » mettent pas, nous semble-t-il, une autre explication ». Le corps étranger ne serait autre, d'après M. le docteur Van Bambeke, que le spermatozoïde; Newport n'a-t-il pas vu, en effet, les spermatozoïdes traverser la membrane la plus interne de l'œuf et disparaître? Notre auteur avoue n'avoir jamais vu cette pénétration, signalée par le naturaliste anglais, mais celle-ci lui est prouvée par la disposition des trous et des conduits : ils ont un diamètre sensiblement uniforme chez chaque espèce, plus grand chez celles dont les spermatozoïdes sont plus volumineux (Tritons et Axolotl); la disposition spirale ou ondulée des conduits s'explique par le mode de progression de ces animalcules quand ils perforent les membranes (*serpentine motion*, Newport). Les trous, généralement ronds, forment parfois des espèces de sillons ou gouttières; cette variante s'expliquerait encore par le mode de pénétration des éléments fécondateurs qui, d'après Newport, percent les membranes perpendiculairement ou sous un angle incliné légèrement de l'un ou de l'autre côté. Enfin les trous vitellins disparaissent au moment « de l'apparition du premier méridien, c'est-à-dire à une » époque où l'action des spermatozoïdes est devenue inutile ». Par tous ces motifs, M. Van Bambeke croit donc que ces trous vitellins sont le résultat de la pénétration de spermatozoïdes dans l'intérieur de l'œuf. Il avait cru d'abord pouvoir en inférer une hypothèse jetant quelque lumière sur l'action ultérieure de ces éléments fécondateurs, et « vu la » constance des trous vitellins, la ressemblance de leurs dilatations » terminales avec les noyaux des sphères de segmentation, la plus » grande fréquence de ces dilatations dans la zone sus-équatoriale », il supposa « qu'une de ces dilatations pourrait bien persister et devenir le » *nucleus*, point de départ de la fragmentation. Mais une telle manière » de voir, ajoute l'auteur, n'est pas soutenable en présence de ce qui » se passe dans l'œuf des Anoures; là, les trous vitellins sont l'excep- » tion, et cependant les œufs complétement privés de ces trous se déve- » loppent; ils ne sont donc pas une condition nécessaire de la féconda- » tion et ne doivent pas être considérés comme la voie normale suivie » par les spermatozoïdes ».

» Je suis porté à accepter l'explication que fournit l'auteur sur ce détail d'embryologie comparée; je regrette seulement qu'il n'ait pu nous donner cette opinion sous forme d'hypothèse, et que l'observation directe ne lui ait pas permis de l'avancer comme un fait réel. Espérons que plus tard il sera plus heureux et qu'il parviendra à nous fournir la démonstration sensible de la pénétration des spermatozoïdes dans l'ovule par les trous vitellins.

POELMAN,
Professeur à l'université de Gand.

CHRONIQUE

RÉOUVERTURE DES COURS PUBLICS

Les cours publics ont repris, mais pour durer bien peu dans la plupart des établissements scientifiques de Paris, sauf la Faculté de médecine liée par les nécessités d'un enseignement professionnel.

Au Collége de France, plusieurs cours n'ont pas recommencé, d'autres ont été interrompus à peine repris. Les principaux cours à signaler sont ceux de MM. Claude Bernard, Berthelot et Balard.

Au Muséum d'histoire naturelle, M. Schimper vient d'être chargé de la chaire de paléontologie et doit bientôt l'occuper. La plupart des cours se feront pendant l'été. Signalons dès maintenant les leçons de M. de Quatrefages sur la formation des races européennes actuelles.

SOCIÉTÉ DE BIOLOGIE.

Dans la séance du 18 mars, M. Paul Bert, professeur à la Faculté des sciences de Paris, a proposé à la Société de prendre la résolution suivante :

« La Société de biologie,

» Considérant que les savants et professeurs allemands, par leurs excitations à la haine et à la jalousie de leurs compatriotes et de leurs élèves contre les Français, ont sciemment contribué à préparer la guerre actuelle, et à lui donner un caractère inusité d'acharnement féroce et scientifiquement systématique;

» Considérant que, dans cette guerre, des actes nombreux de déprédation et de cruauté, qui supposent chez leurs auteurs la qualité d'hommes de science, ou tout au moins des préoccupations et des moyens d'action scientifiques, ont été commis et connus de l'Allemagne sans qu'aucune protestation venue desdits savants les ait flétris et en ait repoussé la responsabilité;

» Qu'ils ont ainsi perdu, collectivement, les droits aux égards et aux respects que, chez les peuples civilisés, se témoignent, pendant l'état de guerre, les hommes voués à la culture des choses de l'esprit;

» Décide :

» 1° Les savants originaires ou habitants des pays allemands qui viennent d'être en guerre avec la France, qui sont, à un titre quelconque, membres de la Société de biologie, cessent de faire partie de ladite Société;

» 2° Aucun savant ayant lesdites origine ou résidence ne pourra être dorénavant nommé membre de la Société;

» 3° La Société ne recevra en communication et n'admettra au concours, pour les prix qu'elle décerne, aucun mémoire émanant d'un savant appartenant auxdites catégories;

4° L'entrée de la salle des séances leur sera interdite.

» En conséquence, sont dès aujourd'hui rayés de la liste des membres de la Société de biologie, MM.

» La présente décision leur sera notifiée avec tous ses dispositifs par les soins de M. le secrétaire général. »

La Société a nommé une commission pour examiner cette proposition, qui sera discutée dans une de ses prochaines séances.

M. N. Gréhant, docteur en médecine et ès sciences naturelles, aide-naturaliste au Muséum d'histoire naturelle, ouvrira un cours public de physiologie expérimentale le lundi 10 juillet 1871, à cinq heures, dans l'amphithéâtre n° 3 de l'École pratique de la Faculté de médecine, et le continuera les lundis, mardis et jeudis à la même heure.

Le propriétaire-gérant : GERMER BAILLIÈRE.

PARIS. — IMPRIMERIE DE E. MARTINET, RUE MIGNON, 2.

LA
REVUE SCIENTIFIQUE
DE LA FRANCE ET DE L'ÉTRANGER
REVUE DES COURS SCIENTIFIQUES (2e SÉRIE)

DIRECTION : MM. EUG. YUNG ET ÉM. ALGLAVE

2e SÉRIE — 1re ANNÉE | NUMÉRO 3 | 15 JUILLET 1871

Paris, le 14 juillet 1871.

LA FORCE VITALE A L'ACADÉMIE DE BRUXELLES

Il y a un peu plus d'une année, un des doyens de la science européenne, M. d'Omalius d'Halloy, soulevait devant l'Académie des sciences de Bruxelles la question de l'essence de la vie et de la cause des phénomènes manifestés par les êtres vivants. Le professeur de physiologie de l'Université de Gand, M. Poelman, fit à cette occasion une profession de foi vitaliste dont la hardiesse avait de quoi surprendre dans l'état actuel de la science. M. Poelman enseigne que tout travail organique est nécessairement dirigé par une *intelligence fonctionnelle*. En relevant cette déclaration (*Revue des cours scientifiques*, 17 juin 1870, tome VII, page 448) nous invitions les physiologistes belges qui s'inspirent d'idées plus modernes à exposer publiquement leurs principes pour montrer que l'*intelligence fonctionnelle* ne dirigeait pas l'enseignement belge tout entier.

Peu de temps après, le professeur de physiologie de l'Université de Bruxelles, M. Gluge, répondait à notre appel en développant devant l'Académie des sciences des principes entièrement opposés à ceux de M. Poelman.

Voici le texte de la lecture de M. Gluge :

« J'aurais voulu ne pas prendre part à la discussion qu'a soulevée M. d'Omalius, malgré le respect affectueux que je professe pour notre illustre confrère, parce que je ne pense pas qu'une telle discussion puisse amener un résultat utile pour une Académie des sciences; mais la communication faite à la Compagnie par notre savant confrère, M. Poelman, a fait quelque bruit à l'étranger; on somme pour ainsi dire les professeurs de physiologie de la Belgique de déclarer s'ils adoptent encore une force vitale spéciale. Mes opinions sur ce point sont parfaitement connues; elles sont publiées dans mon *Manuel de physiologie* (1). Néanmoins, voici un peu de mots ma pensée.

(1) Édition II, 1854, p. 11.

» Il existe deux classes de connaissances produites par l'intelligence humaine. Les premières sont le résultat du travail des organes des sens, combiné avec celui du cerveau. Quand on a découvert les lois d'après lesquelles les phénomènes de la nature se produisent, alors naissent les sciences, selon le mot profond de Bacon : *Non est scientia nisi universalium, singularium non est scientia !* Eh bien ! la force vitale est dans ce cas; personne n'a pu jusqu'à présent, par une méthode scientifique connue, en démontrer l'existence. Nous voyons des phénomènes des corps vivants, nous ne savons rien d'une force spéciale; et notre devoir est d'étudier le corps vivant avec les mêmes moyens et d'après les mêmes méthodes que les corps dits inertes. Les progrès modernes de la physiologie sont dus à cette vue large des phénomènes de la nature. On n'admet plus sans démonstration l'existence d'une force différente pour la naissance d'une planète et d'un animal. Magendie (1) me disait un jour que ce serait le plus grand service qu'on pût rendre à la physiologie si l'on parvenait à démontrer que la contraction musculaire est un phénomène purement physique et chimique sans l'intervention d'aucune force vitale. On est parvenu à le démontrer. Qu'on se soit trop souvent hâté d'appliquer nos connaissances physiques et chimiques actuelles à l'interprétation des organismes vivants, je ne le conteste pas, mais cela ne prouve rien pour l'existence d'une force vitale spéciale. Quant au rapport des forces avec la matière, je ne comprends pas l'existence d'une force séparée de celle-ci, et le mot d'un grand philosophe, que la force est une cause se suffisant à elle-même, est et reste une énigme pour moi. Il n'y a qu'une cause qui se suffise à elle-même, et celle-là est inabordable à la science humaine. A la seconde

(1) Qu'il me soit permis de rappeler, à cette occasion, qu'en 1838 j'ai créé, à notre université de Bruxelles, le cours de physiologie expérimentale, qui avait été purement théorique jusqu'alors et celui d'anatomie pathologique. Sorti des leçons de Magendie, le créateur de la physiologie expérimentale moderne, et honoré de son amitié, grâce à la recommandation de M. de Humboldt, j'aurais voulu continuer sur le domaine de la physiologie des travaux que j'ai dû restreindre principalement à celui de l'anatomie pathologique. La position modeste des professeurs de notre université libre ne leur permet pas, comme à ceux de l'État, de s'occuper exclusivement de la science.

série des connaissances produites par l'intelligence appartiennent celles qui concernent le moi libre et impérissable; ce sont des connaissances que j'appellerai d'intuition, parce qu'il n'est pas possible d'en donner la démonstration scientifique comme de celles de la première classe; elles sont acceptées de confiance par ceux qui ne peuvent accomplir le même travail intellectuel; elles sont développées de génération en génération, modifiées par les races et les lieux. Nier, à cause de l'absence de démonstration scientifique, l'existence de ce moi libre et impérissable, c'est retourner au matérialisme brutal du nègre sauvage de l'Afrique centrale dont nous parle sir Samuel Baker dans son voyage à la découverte des sources du Nil.»

M. d'Omalius d'Halloy vient de reprendre la question dans les termes suivants, toujours devant l'Académie de Bruxelles :

« Quoique je sois étranger aux études physiologiques et plus encore à celles que l'on nomme philosophiques, psychologiques, métaphysiques, j'ai eu l'occasion d'émettre quelques opinions qui s'y rattachent, et ayant vu, l'année dernière, qu'il existe une école qui admet l'inséparabilité de la force et de la matière dans les phénomènes biologiques, j'ai prié nos confrères physiologistes de me faire connaître leurs opinions à ce sujet. Cette démarche nous a valu de savantes communications. Mais, comme quelques-unes des objections que j'ai faites contre la doctrine dont il s'agit n'ont pas été relevées, je demande à la classe la permission de résumer mes opinions sur les forces, dans l'espoir d'obtenir de nouveaux éclaircissements.

» Nous ne connaissons les forces que par les phénomènes qu'elles produisent et nous n'avons aucune notion sur leur nature. Je crois cependant que nous pouvons les considérer comme formant deux divisions très-distinctes, l'une qui produit les phénomènes physico-chimiques, l'autre qui donne naissance aux êtres vivants, et que je nomme, avec les anciens physiologistes, *forces vitales*.

» Je n'ai pas à examiner si la première division se compose de plusieurs forces, ainsi qu'on l'a cru pendant longtemps, ou s'il n'y a qu'une seule force physico-chimique qui se manifeste de diverses manières, comme l'annonce la physique moderne, cette question étant indifférente à celle de l'inséparabilité de la matière et des forces de la seconde division.

» Je suis porté à croire que les forces physico-chimiques sont inséparables de la matière, car plusieurs de leurs manifestations ont toujours lieu lorsqu'elles ne sont pas empêchées par une cause connue, de sorte que, dans l'hypothèse de leur unité, leur inséparabilité doit être considérée comme applicable à toutes leurs manifestations.

» Il en est, selon moi, tout autrement des forces vitales, car le mouvement vital ne peut se produire qu'autant qu'il ait été communiqué à la matière par un être vivant. Il est vrai que l'on a cru anciennement à la production spontanée de quelques animaux, mais les progrès de la science ont fait reconnaître que ces animaux se reproduisent de la manière ordinaire, et, si quelques personnes croient encore à la génération spontanée, elles ne l'appliquent qu'à des êtres microscopiques qu'il est presque impossible d'expulser complétement des appareils où se font les expériences. D'autres personnes ont aussi cru voir quelque chose de favorable à la génération spontanée, lorsque les chimistes ont découvert le moyen de fabriquer des combinaisons analogues à des produits de la vie, et que, pour cette raison, on a nommées matière organique; mais cette dénomination est impropre, puisque ces combinaisons ne proviennent pas d'un corps organisé, qu'elles ne sont pas organisées, et que, de même que les autres matières, elles ne peuvent s'organiser que par l'action d'un être vivant.

» On invoque en faveur de l'inséparabilité de la force et de la matière, dans les phénomènes biologiques, le principe théorique qu'une force ne peut exister sans matière. Il est vrai qu'une force ne peut se manifester à nos yeux que quand elle agit sur la matière; mais je ne vois pas que cette circonstance soit suffisante pour autoriser à nier l'existence de forces qui, au lieu d'être inséparables de la matière, ne peuvent lui être communiquées que par un être qui en est doué. Lorsque nous donnons une chiquenaude à une bille, pouvons-nous dire que la force qui met cette bille en mouvement se trouvait dans la bille avant qu'elle eût reçu la chiquenaude?

» On a également invoqué, en faveur de l'inséparabilité des forces vitales et de la matière, les contractions musculaires produites par l'électricité. Si cette assertion se rapporte simplement aux mouvements que l'on produit au moyen de l'électricité sur un animal mort depuis peu, je réponds que ce phénomène annonce seulement que les muscles de cet animal ont conservé une organisation qui permet à l'électricité de produire des effets analogues à ceux que détermine la force vitale, et que, s'il était dû à l'inséparabilité de la force et de la matière, il ne cesserait pas d'être possible au bout de quelque temps.

» Si, au contraire, l'assertion dont il s'agit, ayant une portée beaucoup plus étendue, fait allusion à l'hypothèse d'après laquelle l'action des nerfs s'opérerait au moyen de l'électricité, ce serait une application d'un principe que je suis loin de contester, c'est-à-dire qu'une grande partie des phénomènes qui se passent dans les corps vivants sont dus aux forces physico-chimiques.

» En effet, la matière qui entre dans les corps vivants doit y conserver ses forces physico-chimiques, puisque nous considérons ces forces comme inséparables de la matière; mais je crois que c'est la force vitale qui dispose les choses de façon que les phénomènes physico-chimiques produisent les résultats vers lesquels tend la force vitale. Cette dernière joue, selon moi, le même rôle que le directeur d'un établissement industriel, lorsqu'il dispose les choses pour que des corps soient décomposés ou pour qu'il se fasse de nouvelles combinaisons, selon le but qu'il veut atteindre.

» Les mouvements que l'on peut déterminer en irritant certaines parties d'un corps à l'état de cadavre depuis peu, ainsi que la croissance des cheveux et des ongles que l'on a observée comme ayant eu lieu après la mort, ne prouvent pas l'inséparabilité de la matière et de la force vitale, mais seulement que l'impulsion donnée par cette force peut, après la retraite de celle-ci, se conserver pendant quelque temps dans certaines parties du cadavre. C'est encore le phénomène de la bille qui se meut après que la main qui a donné la chiquenaude s'est retirée.

» Je ne pense pas non plus que l'on puisse voir une preuve d'inséparabilité dans les effets que des excitants matériels exercent sur les phénomènes vitaux, car on ne peut contester que l'excitation intellectuelle n'agisse sur les fonctions de plusieurs organes, d'où l'on conçoit que l'excitation matérielle de ces organes puisse, de son côté, réagir sur les phénomènes intellectuels.

» La circonstance qu'il existe des êtres vivants qui peuvent être dépecés en parties qui conservent la vie, qui se développent et deviennent des êtres parfaits, ne peut pas non plus être invoquée en faveur de l'inséparabilité, car ces êtres ont également reçu le mouvement vital d'un être préexistant. Ce phénomène annonce seulement que la force vitale qui anime ces êtres est susceptible de se diviser en plusieurs parties sans perdre ses propriétés, tandis que chez d'autres êtres, où la force vitale ne peut produire un nouvel être qu'après avoir pris la forme de graines ou d'œufs, il suffit du retranchement d'une partie essentielle pour amener la mort.

» En somme, je ne connais point de fait qui prouve que la force vitale est inséparable de la matière, et l'on n'a pas encore répondu aux deux questions suivantes que j'avais posées l'année dernière, savoir :

» Pourquoi les êtres vivants sont-ils soumis à la mort, tandis que, dans l'hypothèse de l'inséparabilité, ils devraient avoir une existence aussi durable qu'un cristal de quartz?

Pourquoi les êtres vivants, qui sont tous composés à peu près des mêmes éléments, prennent-ils l'immensité de formes qui les caractérisent, tandis que, quand la matière n'est soumise qu'aux forces physico-chimiques, elle ne prend qu'un petit nombre de formes, qui sont, en général, particulières à chaque nature d'éléments?

» Ces différences que présente la série des êtres vivants et la reproduction de leurs formes ne peuvent s'expliquer, selon moi, qu'en supposant qu'il existe autant de forces vitales distinctes qu'il y a de formes d'êtres vivants susceptibles de se reproduire par la génération, mais je regarde ces forces comme uniques chez chaque être vivant; de sorte que toutes les fonctions de ces êtres ne seraient que des manifestations d'une même force, phénomène analogue aux transformations qu'admet la physique moderne pour la force physico-chimique.

» Je crois également qu'une force vitale peut se modifier et se diviser en plusieurs autres par suite de circonstances particulières, et même se perdre lorsque tous les êtres qui en sont animés périssent en même temps; ce qui explique les variations de la série paléontologique, l'extinction des espèces perdues et la formation des nouvelles races.

» Les forces vitales peuvent se ranger dans deux grandes divisions : celles qui donnent naissance aux végétaux, que nous considérons comme privés de sensibilité, et celles qui animent les êtres du règne animal. Ces dernières peuvent encore se subdiviser en deux catégories, dont l'une comprend les forces vitales de toutes les bêtes et l'autre celle de l'homme. En effet, quelles que soient l'intelligence et la sociabilité dont sont douées quelques bêtes, on ne peut disconvenir que l'homme possède des aptitudes que l'on ne trouve chez aucune espèce de bêtes. Je suis donc d'avis que la force vitale qui anime l'homme mérite un nom différent de celles qui animent les autres êtres vivants. Je lui réserve en conséquence le nom d'âme, que je refuse aux autres forces vitales, sans contester que plusieurs de celles-ci jouissent de la faculté de déterminer des phénomènes intellectuels; car je ne vois pas pourquoi on refuserait cette faculté aux forces d'un ordre supérieur, lorsque nous voyons celles qui animent les êtres les plus dégradés donner à ceux-ci la faculté de choisir leurs aliments et de les disposer de manière à former leurs organes.

» Quoique je n'aime pas à faire intervenir les croyances religieuses dans les discussions scientifiques, je terminerai en faisant remarquer que l'assimilation de l'âme aux forces vitales n'a rien de contraire au dogme de son immortalité. Je me permets même d'ajouter qu'en restreignant le nom d'âme à la force vitale qui anime l'homme, je me crois plus dans l'esprit de nos livres sacrés que ceux qui l'appliquent à des forces qui se trouvent chez quelques autres êtres vivants; car la Genèse nous dit que Dieu, après avoir créé les végétaux et les bêtes, a créé l'homme à son image. Or, Dieu étant un être essentiellement spirituel, il n'a pu faire allusion à la partie matérielle et décomposable de l'homme, mais à sa partie spirituelle, c'est-à-dire à ce que j'appelle sa force vitale, qui, pour être à l'image de Dieu, doit être éternelle, qualité que je ne crois pas appartenir aux forces vitales des bêtes et des végétaux. »

L'avis d'un homme comme M. d'Omalius d'Halloy est toujours précieux à recueillir et peut-être plus encore parce qu'il est étranger aux études physiologiques proprement dites, c'est-à-dire aux écoles qu'on pourrait accuser d'entretenir certains préjugés.

Tout en déclarant que les forces physico-chimiques sont inséparables de la matière, M. d'Omalius d'Halloy regarde la force vitale comme une entité distincte; mais il borne son rôle à diriger l'action de forces secondaires unies à la matière, qui sont ainsi la cause directe des phénomènes manifestés chez les êtres vivants.

M. d'Omalius résume les motifs de sa doctrine en deux questions, moins embarrassantes à nos yeux qu'il ne paraît le croire.

1° Pourquoi les êtres vivants, composés à peu près des mêmes éléments, présentent-ils tant de formes diverses? Chaque forme, dit M. d'Omalius, doit être l'œuvre d'une force vitale spéciale.

Mais il est bien plus simple d'admettre que cette variété est due à l'extrême complexité des rapports des éléments. En chimie minérale, les rapports sont simples et les composés peu nombreux. En chimie organique les rapports deviennent plus complexes : nous trouvons alors des séries fort longues de composés, et beaucoup de corps isomères dont la différence tient à la diversité du groupement d'éléments identiques par leur nature et leurs proportions. La synthèse chimique formant ces corps dans nos laboratoires, on ne peut pas expliquer leurs variétés par une force vitale particulière qui présiderait à la naissance de chacun d'eux.

Quand les substances organiques s'unissent pour engendrer des cellules organisées, la complexité des rapports devient infiniment plus grande; lorsque les cellules elles-mêmes se groupent pour constituer des êtres vivants, cette complexité augmente encore infiniment. N'est-il pas naturel que la variété des formes multiplie chaque fois dans la même proportion?

2° Pourquoi les êtres vivants sont-ils soumis à la mort, tandis qu'un cristal de quartz vit éternellement? Cela ne peut tenir qu'à la séparation de la force vitale, dit encore M. d'Omalius.

La différence n'est pas aussi grande qu'elle en a l'air tout d'abord.

Le cristal de quartz périt lorsqu'il perd les conditions physico-chimiques nécessaires à son existence; si cela est rare aujourd'hui pour le quartz, c'est fréquent pour une foule d'autres corps minéraux. Eh bien! l'animal meurt aussi, lorsqu'il perd ses conditions vitales, par un accident qui correspond à l'intervention du chimiste sur un corps minéral.

Il est vrai que ces conditions disparaissent toujours naturellement au bout d'un certain temps maximum qui représente la durée de la vie de chaque être. Mais la chimie ne connaît-elle donc point de corps qui se décomposent spontanément, c'est-à-dire qui perdent naturellement leurs conditions d'existence sous la seule influence du milieu ambiant général. N'est-ce point parmi les corps les plus complexes que se rencontrent généralement ces substances facilement décomposables ? Et les êtres vivants ne sont-ils pas les plus complexes de tous les corps ? — On arrive ainsi à s'étonner beaucoup moins de les voir perdre naturellement leurs conditions d'existence, — la mort n'est pas autre chose, — conditions qu'on appelle vitales tout simplement parce qu'on ignore leur nature.

Il faut d'ailleurs se garder de rien affirmer dans un sujet que la science actuelle ne peut pas aborder sérieusement, et que nous prenons ici par un petit coin seulement, en suivant le vénérable savant belge. Nous voulons seulement montrer qu'on peut concevoir des hypothèses vraisemblables sur les deux points indiqués par lui.

La force vitale de M. d'Omalius est loin d'être plus facile à comprendre. Elle peut se modifier, se diviser, se transformer. Cela permettrait à M. d'Omalius d'expliquer les idées de Darwin sur le transformisme des espèces. Mais qu'est-ce que cette force vitale qui se divise, et qui cependant est spirituelle, qui constitue chez l'homme l'âme immortelle créée à l'image de Dieu ? Nous craignons bien que M. d'Omalius n'ait réuni dans cette conception des caractères absolument contradictoires, et un peu perdu de vue le principe qu'il rappelle lui-même : ne jamais faire intervenir les croyances religieuses dans les discussions scientifiques, car c'est le moyen infaillible de fausser les unes et les autres.

ÉMILE ALGLAVE.

VIE ET TRAVAUX DE MARTIUS

Charles-Frédéric-Philippe von Martius, conseiller intime de S. M. le roi de Bavière, secrétaire de la classe des sciences de l'Académie royale de Munich et professeur ordinaire de botanique à l'université de la même ville, est né à Erlangen, le 17 avril 1794 (1).

Son père, Ernest-Wilhelm, pharmacien de la cour et professeur honoraire à l'université, s'était acquis une certaine notoriété par des travaux de chimie et de pharmacie ; il fut, en outre, un des trois fondateurs de la Société botanique de Ratisbonne (2). L'unique frère de Charles était l'éminent pharmacologue Théodore Martius, professeur extraordinaire à l'université d'Erlangen, connu également par un grand nombre de travaux très-estimés sur la pharmacognosie et la chimie pharmaceutique (3).

La famille fait remonter sa généalogie au célèbre médecin et astrologue Galeottus Martius, qui, né en 1427, à Narni, en Ombrie, avait occupé, en 1540, une chaire à l'université de Padoue, et fut obligé, plus tard, de fuir l'Italie, à cause de ses sympathies pour la réforme. On le retrouve à la cour du roi Mathias Corvinus de Hongrie, avec la charge de conseiller et de bibliothécaire. Ses descendants se sont fixés en Allemagne et ont fourni une série d'ecclésiastiques et de savants, parmi lesquels la science botanique a conservé le souvenir de Henri Martius, grand-oncle de Charles, qui a laissé, entre autres ouvrages, une *Flore de Moscou*.

L'enfance et l'adolescence de Charles-Frédéric-Philippe s'écoulèrent dans les conditions les plus heureuses, au sein d'une famille à mœurs patriarcales, et d'une ville qui respirait, pour ainsi dire, le savoir et les aimables traditions. Sa mère, femme courageuse et instruite, dont il semble avoir hérité le tempérament, exerçait surtout une grande influence sur son caractère et sur le développement de qualités du cœur qui, alors déjà, le rendaient sympathique à tout son entourage.

Au collége de sa ville natale, Charles Martius fit de fortes études de langues et d'humanités. Il y acquit cette facilité d'écrire le latin par laquelle il excellait à une époque où tous les botanistes se servaient encore de cet idiome, et ce goût de l'antiquité classique qui, dans tout le cours de sa vie, lui faisait aimer la lecture d'Horace, de Tacite, de Lucrèce, de Quintilien et d'Homère.

Agé seulement de seize ans, il passa à l'université pour s'y livrer à l'étude de la médecine et des sciences naturelles. A cette époque, Goldfuss enseignait la zoologie, et le vieux Schreber, disciple immédiat de Linné, la botanique. La preuve du zèle avec lequel Martius avait embrassé cette dernière branche nous est fournie par sa dissertation pour le doctorat en médecine, auquel il fut promu le 30 mars 1814. Elle a pour titre : *Plantarum horti academici Erlangensis enumeratio*, et contient 210 pages in-8.

L'Académie royale de Munich possédait, sous le roi Maximilien Ier, une organisation qui la constituait à la fois conservatrice des collections scientifiques et littéraires de l'État, et école de perfectionnement pour ceux qui voulaient se livrer à des études scientifiques approfondies. Des élèves-académiciens lui étaient attachés pour remplir les fonctions d'aide-naturaliste, de conservateur ou de préparateur, et pour avoir l'occasion de se familiariser avec les méthodes de recherche sous la direction immédiate des académiciens titulaires respectifs. Après avoir subi les épreuves réglemen-

---

(1) Plusieurs notices ont déjà paru sur la vie et les travaux de Martius. Les plus importantes sont celles du docteur Eichler, à Munich, publiée par la Société royale de botanique de Ratisbonne, et du professeur Meissner, à Bâle, présentée à l'Académie royale de Munich. Elles me serviront de guide pour les faits, et de modèle pour l'appréciation des travaux.

J'ai l'honneur d'avoir été son élève et d'avoir vécu dans son intimité. Je lui dois beaucoup plus que la lumière de la science ; car, dans ma jeunesse, il m'a guidé, aidé, protégé avec l'indulgence et le dévouement d'un père, et plus tard, lorsque les circonstances m'avaient éloigné de sa présence, et même de la science qu'il professait, son cœur admirable me suivait et continuait de m'envelopper d'un doux rayonnement. Comment trouverai-je le moyen de parler de lui avec cette froide impartialité qui est de rigueur dans une notice académique?

Le gouvernement belge vient de faire l'acquisition de l'herbier et des autres collections botaniques que Martius, dans sa longue carrière, était parvenu à réunir, collections qui constitueront désormais un riche fonds scientifique dont le pays pourra s'enorgueillir et qui, je l'espère, profitera largement aux études botaniques parmi nous. Le désir naîtra donc naturellement de connaître les principales phases de la vie du créateur de ces richesses, ainsi que les travaux sur lesquels est fondée sa réputation.

(2) Né en 1756, il est mort en 1849, à l'âge de quatre-vingt-dix ans.

(2) C'est Théodore qui a formé la riche collection de drogues et de produits qui, avec l'*Herbarium Martii*, vient d'être transportée à Bruxelles. Les doubles de cette collection se trouvent à Saint-Pétersbourg. Théodore Martius est décédé en 1863.

taires, Martius obtint une de ces places, le 13 mai 1814. Il fut attaché spécialement au vénérable Schrank, l'auteur bien connu de la flore et de la faune de Bavière, et chargé du travail scientifique au jardin botanique qui venait d'être créé. Deux ans plus tard, il fut promu au grade d'académicien-adjoint, qui correspond à peu près à notre titre de membre correspondant. Les académiciens qui, après Schrank, ont exercé le plus d'influence sur lui, étaient : von Moll, Schlichtegroll et Soemmerring.

Son devoir principal, comme élève-académicien, consistait à déterminer et à classer dans le système les plantes du jardin et de l'herbier, exercice qui, quoi qu'on en dise parfois aujourd'hui, restera toujours le premier, sinon l'unique moyen de former des botanistes véritables, l'école développant l'œil, le sens et la méthode. Les mois de l'été furent utilisés pour des excursions botaniques dans les provinces de la Bavière, dans le Salzbourg et la Carinthie, où Martius se rencontra avec Hoppe, le célèbre floriste des Alpes, directeur de la Société de botanique de Ratisbonne.

En 1817, il publia la *Flora cryptogamica Erlangensis*, qui fut remarquée comme une œuvre sérieuse et témoignant hautement de la vocation de l'auteur.

Pendant que le jeune botaniste achevait et préparait d'autres travaux d'une moindre étendue, une occasion survint qui décida de sa carrière future et le mit d'emblée en évidence.

Le roi Maximilien, qui portait un vif intérêt aux sciences naturelles et à l'accroissement des collections de l'État, nourrissait déjà depuis quelque temps le projet de faire exécuter, à ses frais, un voyage d'exploration dans l'Amérique du Sud. Il fut confirmé dans cette idée par des entretiens qu'il eut avec le voyageur au Mexique, le baron de Karwinski, et par la renommée du voyage au Brésil qu'avait entrepris le prince Maximilien de Neuwied. Le mariage de l'archiduchesse Léopoldine d'Autriche avec le prince héritier de Portugal, qui, plus tard, monta sur le trône impérial du Brésil sous le nom de Dom Pedro Ier, fournit l'occasion de réaliser le projet.

Le gouvernement autrichien avait résolu d'attacher une commission scientifique (1) à la suite qui devait accompagner l'archiduchesse à Rio de Janeiro. Le gouvernement bavarois lui adjoignit le zoologiste Spix et le botaniste Martius, avec la réserve que sur le sol du Brésil les deux commissions se sépareraient et exploreraient le pays, l'une indépendamment de l'autre.

Les naturalistes bavarois n'avaient que peu de temps pour se préparer à une entreprise qui, à cette époque, était incomparablement plus grande et plus difficile qu'elle ne le serait de nos jours. Sans parler des moyens de transport ni de l'organisation matérielle d'un voyage sous les tropiques, la plupart des provinces qu'il s'agissait de parcourir se trouvaient encore dans leur état primitif, et la méthode générale des explorations scientifiques commençait seulement à être fixée. Néanmoins, Spix et Martius entreprirent leur belle tâche, le premier avec l'énergie réfléchie de l'âge, le second avec l'enthousiasme de la jeunesse. Leur courage était stimulé par le souvenir, encore récent, des voyages des disciples de Linné, par l'espoir de grandes découvertes à faire, et par la certitude d'élargir considérablement l'édifice, encore en pleine construction, de la zoologie et de la botanique systématiques.

Le départ eut lieu, de Trieste, le 2 avril 1817, sur la frégate l'*Austria*. On aborda à Malte, à Gibraltar, à Madère, et, après une traversée heureuse de l'Océan, on débarqua, le 15 juillet suivant, à Rio de Janeiro.

Les naturalistes bavarois se transportèrent d'abord de Rio dans la province de S. Paulo, jusqu'à la ville de Jundiahy. De là ils prirent la direction nord-est à travers la province de Minas Geraës jusqu'à Minas Novas, en visitant, à l'occasion, les Botocudes et d'autres tribus indiennes. Décrivant ensuite une grande courbe par la Sierra Diamantina jusqu'à la province de Goyaz, ils revinrent au nord-est, parcourant une grande partie de la province de Bahia, et arrivèrent, après beaucoup de peines et de contrariétés, à San-Salvador, le 10 novembre 1818.

Après un repos de deux mois, interrompu par une excursion dans le district d'Ilheos, ils continuèrent leur voyage vers le nord, en traversant le désert de Bahia et les provinces de Pernambuco, Piauhy et Maranhão, jusqu'à la ville de San-Luiz, à l'embouchure de l'Itapicuru. De là, ils se rendirent par mer à Pará, à l'embouchure du fleuve des Amazones (20 juin 1819).

La troisième partie du voyage, la plus considérable, s'accomplit, en remontant, sur un bateau à rames, non ponté et desservi par des Indiens, ce fleuve immense sur lequel circulent aujourd'hui de puissants bateaux à vapeur. Qu'on songe aux dangers de cette navigation, à l'étroitesse de l'espace dans lequel il fallait installer, outre les hommes, les bagages et les collections déjà considérables, au défaut d'abri contre le soleil équatorial, contre les orages des tropiques et les pluies diluviennes, et qu'on se représente que c'est dans ces conditions qu'il a fallu examiner, classer provisoirement, préparer, étiqueter, décrire et emballer les objets récoltés !

Vers la fin de novembre, nos courageux naturalistes touchèrent à la ville d'Ega au confluent du Yupará. Ici, ils se séparèrent l'un de l'autre; Spix continuait de remonter l'Amazonas jusqu'à Tabatinga aux confins du Pérou, tandis que Martius explorait le Yupurá jusqu'aux limites de la Nouvelle-Grenade, où les cataractes (Salto Grande) de Arara-Coara l'empêchèrent de s'avancer plus loin. Le point de ralliement des voyageurs était la Barra do Rio Negro, où se trouve actuellement la Villa de Manaos. Spix, qui y était arrivé le premier, utilisa le temps qui lui restait pour remonter encore le Rio Negro jusqu'à Barcellos. Ensemble ils firent une excursion sur le fleuve Madeira jusqu'aux Indiens Mundrukú et Mauhé, avant de redescendre ensuite l'Amazonas.

Le 16 avril 1820, ils étaient revenus à Pará. Après avoir mis en ordre leur riche butin, ils s'embarquèrent, le 14 juin, sur un trois-mâts portugais, et arrivèrent à Lisbonne après une traversée de soixante-sept jours. Le 8 décembre 1820, ils rentrèrent dans Munich, sains et saufs, et sans avoir perdu aucune partie de leurs collections (1).

C'est un des voyages les plus considérables qui aient été entrepris pour le progrès en histoire naturelle, voyage de

(1) Les membres de l'expédition autrichienne étaient : Mikan, Pohl, Schott, Natterer et le peintre Ender.

(1) Rien qu'en plantes, Martius rapporta environ 6500 espèces, presque toutes représentées par plusieurs échantillons bien séchés et conditionnés, sans compter les graines ni les plantes vivantes. Le tout fut déposé dans les collections de l'État et confié aux soins de l'Académie de Munich.

conquête et de découvertes, comme dit M. Eichler, ayant notablement agrandi le domaine de nos connaissances en botanique et zoologie, en minéralogie et géologie, en géographie et ethnographie, voire même en linguistique, voyage digne de prendre rang, dans l'histoire des sciences, à côté de celui d'Alexandre von Humboldt.

Malgré les voyages de Piso et de Marcgrave, qui s'étaient étendus sur quelques districts seulement, le Brésil était encore peu connu avant Spix et Martius. On devinait plutôt qu'on ne savait les immenses richesses de cette contrée privilégiée en produits naturels, plantes, oiseaux, animaux, minéraux, et l'on se faisait une idée imparfaite de la beauté de son ciel, de la splendeur de ses paysages, de la fertilité de son sol et des avantages qu'elle pouvait offrir au commerce et à l'industrie. « Aucun des voyages au Brésil, dit M. Meissner, entrepris, soit en même temps, soit plus tard, par des gouvernements ou des particuliers, n'égale celui de Spix et de Martius, ni en étendue — ils avaient parcouru plus de 1400 milles géographiques, — ni en nombre et en importance des résultats. »

Ainsi qu'il a été dit plus haut, le voyage au Brésil décida de la marche ultérieure de la vie et des travaux de Ch. von Martius. Comblé de faveurs par le roi Maximilien, acclamé par l'opinion, reconnu par la science, il eut le bonheur de se trouver, à l'âge de vingt-six ans, en possession d'une immense expérience, d'une notoriété européenne, d'un talent éprouvé et d'un caractère aguerri; et, ce qui est encore plus rare à cet âge, le but de ses travaux, sa ligne de direction et son horizon se trouvaient fixés.

Le roi lui conféra l'ordre du Mérite civil avec le titre de noblesse personnelle qui y est attaché; l'Académie l'éleva au rang de membre effectif; le gouvernement lui confia la direction du jardin et des collections botaniques de l'État. Et pour que rien ne manquât au bonheur de sa vie, Martius unit sa destinée à une femme douée de toutes les qualités du cœur et de l'esprit, et qui demeura, jusqu'à la fin de ses jours, le fidèle soutien et l'ornement de sa maison (1).

Le premier travail considérable auquel le jeune botaniste s'appliqua à son retour du Brésil, fut l'*Histoire de son voyage* (2). La publication de ce livre fit grande sensation. On y trouvait un riche trésor d'observations et de renseignements sur la géographie, la topographie, les produits et les mœurs du pays, présentés sous une forme attrayante et dans un style qui fut remarqué et signalé par Goethe lui-même. Plusieurs morceaux de ce livre sont devenus classiques et figurent dans les chrestomathies de la littérature allemande à côté des magnifiques *Tableaux de la nature sous les tropiques*, qu'on doit à Alexandre von Humboldt. Ébloui par l'art de la composition, charmé par la couleur de la phrase, émerveillé par la richesse du sujet, le lecteur partage bientôt l'émotion de l'auteur, lorsque celui-ci l'introduit, soit dans les profondeurs des forêts vierges, ou sous la voûte élevée des massifs de palmiers; il se livre avec lui aux mystères et aux ravissements de la nuit en naviguant sur l'Amazonas, ou tremble aux horreurs de l'orage sous les tropiques; il le suit avec curiosité dans les huttes du sauvage et se mêle aux repas ou aux danses des Indiens. Vraies et vivantes, dit M. Eichler, se dessinent les formes sous la plume de l'écrivain, et, en les lisant, on se sent, comme par une puissance magique, transporté dans un monde nouveau; on regarde, on écoute, on admire avec lui. » Aujourd'hui même que la littérature des *voyages* s'est tant agrandie, l'ouvrage de Spix et Martius y occupe encore un des premiers rangs.

La description des matériaux scientifiques proprement dits ne pouvait entrer dans l'histoire générale du voyage. Elle a été réservée pour des publications spéciales formant une série de magnifiques *in-folio*, avec de très-nombreuses planches.

La partie zoologique revenait à Spix. Mais la mort de ce savant, survenue en 1826, obligea von Martius d'étendre ses soins aux deux règnes. Il y réussit en appelant à son secours quelques jeunes talents qui étaient alors groupés autour de l'Académie de Munich, et à qui il fournit ainsi l'occasion de se produire. C'étaient : Agassiz, Perty et Andréas Wagner pour la zoologie, Hugo Mohl et Zuccarini pour la botanique.

Pour ne parler que du travail botanique (1) dans lequel, naturellement, Martius s'était réservé la plus grosse part, on se tromperait fort si l'on croyait qu'il ne s'agissait là que de la description de nouvelles plantes du Brésil. Les richesses qu'on faisait connaître devaient surtout servir à élargir et à fonder, en partie, la science du règne végétal; outre la connaissance des formes, elles devaient établir les affinités naturelles et les bases de la classification, en s'appuyant sur la structure des organes et sur les lois du développement. On ne se proposait pas simplement l'application de principes généraux connus à des objets particuliers plus ou moins curieux, mais bien la création, l'élaboration de principes nouveaux au moyen de l'induction telle qu'elle convient à la science sérieuse : une synthèse patiente, savante et consciencieuse. Aussi les études, dont les résultats sont consignés dans ces volumes, s'étendent-elles considérablement au delà des formes extérieures; elles tiennent constamment compte des détails anatomiques ou de la structure intime. L'analyse des organes de la fleur et celle des fruits, notamment, est faite avec un soin extraordinaire et qui rappelle la grande manière des Jussieu, des de Candolle et des Robert Brown. En un mot, on se trouve en présence d'un travail *général* pour lequel le Brésil a fourni seulement les matériaux et l'occasion.

Pour produire ces ouvrages considérables de zoologie et de botanique, notre illustre maître a dû surmonter des difficultés extraordinaires d'exécution dont ceux-là seuls pourront se faire une idée qui, en dehors des grandes capitales, ont coopéré à la fondation de vastes entreprises scientifiques. Je ne parlerai spécialement que du concours qu'il lui fallait demander au crayon, au pinceau et au burin. Il est vrai que

(1) Madame von Martius est la fille du baron von Stengel qui a joué un grand rôle dans l'œuvre de la reconstitution du royaume de Bavière, et dont plusieurs frères et parents ont également occupé des emplois considérables.

(2) *Reise in Brasilien auf Befehl S. M. Maximilian Joseph I, Koenigs von Bayern, im Jahre 1817-20 gemacht und beschrieben von J.-B. von Spix und C.-F.-Ph. von Martius.* Munich, 3 vol. in-4 avec atlas in-fol., 1823, 1828 et 1831. Le premier volume seul a été fait en collaboration avec Spix ; les deux autres sont entièrement de la plume de von Martius.

(1) *Nova genera et species plantarum Brasiliensium.* Monachii, 1823-1830, 3 vol. petit in-fol., avec 300 planches. Le premier volume est rédigé par Zuccarini.

Icones selectæ plantarum cryptogamicarum Brasiliæ. Monachii, 1826-1831, un volume petit in-fol. avec 76 planches.

Les trois volumes de zoologie, également in-fol. avec de nombreuses planches, édités par Martius, sont : *Testacea*, digessit Andr. Wagner, Monachii, 1827 ; *Pisces*, digessit L. Agassiz, *ibidem*, 1851 ; *Delectus animalium articulatorum*, descripsit M. Perty, *ibidem*, 1831.

déjà à cette époque la ville de Munich renfermait un grand nombre d'artistes habiles et instruits; mais il y avait à obtenir leur concours et à dresser des élèves à l'observation et à ce genre particulier du dessin qu'exigent les ouvrages descriptifs; il y avait à leur donner une sorte d'éducation spéciale. J'ai assisté à ces efforts; j'ai vu des défaillances et des mécomptes, surtout lorsqu'il s'agissait de dessins à faire au microscope, et mille fois j'ai admiré l'infatigable ardeur, le pouvoir de persuasion et l'angélique patience du maître.

C'est ainsi qu'il est parvenu, à la fin, à créer dans sa ville ce qu'on pourrait appeler une école de dessinateurs et de graveurs d'histoire naturelle qui, à son tour, il est vrai, a beaucoup contribué au succès de ses ouvrages. « Les planches botaniques de Martius, dit le professeur Meissner, sont de beaucoup supérieures, au triple point de vue de l'exactitude scientifique, de l'utilité pratique et de l'exécution artistique, à presque tout ce qu'on possédait jusqu'alors, et leur mérite a été rarement surpassé dans les ouvrages plus récents. »

Parmi les formes végétales qui, sous les tropiques, avaient frappé l'esprit et l'imagination du jeune voyageur, les palmiers, les *principes regni vegetabilis*, comme Linné les appelait, venaient en premier lieu. Il les avait admirés en touriste, dessinés en paysagiste et étudiés en botaniste; — après son retour, et jusque dans sa vieillesse, il en parlait presque solennellement comme d'une chose qui l'avait subjugué, et parfois mystérieusement comme s'ils avaient été les confidents des rêves de sa jeunesse. Savons-nous, en effet, tout ce que ces géants de la végétation, hantés par les perroquets et les singes, et resplendissant sous la lune des tropiques, ont pu dire à une âme de vingt ans, dans des moments où elle se sentait seule sur les rivages lointains?

Pendant vingt-huit ans, von Martius travaillait à l'*Histoire naturelle des palmiers*. Aux matériaux considérables qu'il avait recueillis lui-même, il s'efforçait de joindre ceux des autres voyageurs dans l'Amérique du Sud (1), et peu à peu ses études s'étendaient sur les espèces des autres parties du monde, les espèces cultivées et même les palmiers fossiles. Il parvint ainsi à composer une monographie complète (2), œuvre magistrale et n'ayant guère de pareille dans la littérature botanique. Alexandre von Humboldt a dit à son occasion : « Aussi longtemps qu'on dénommera et qu'on connaîtra des palmiers, on prononcera aussi avec éloges le nom de von Martius. » L'auteur lui-même a écrit au bas de son beau portrait exécuté par Er. Correns :

In palmis semperparens juventus;
In palmis resurgo.

Cette monographie comprend : l'anatomie, la physiologie, la morphologie, la classification, le diagnostic, la description des genres et des espèces, des notices variées et étendues sur le commerce, ainsi que sur les usages techniques et médicinaux des palmiers, des dissertations approfondies sur le rôle que ces végétaux ont joué dans l'histoire des peuples et dans celle du globe, des renseignements précieux sur l'ethnographie et la géographie, même un traité général sur la géographie des plantes, le tout rédigé avec cette érudition solide et cette vue de l'ensemble qui est le propre du génie de von Martius. Toutefois, pour quelques parties qui lui étaient moins familières, il s'était adjoint des collaborateurs : Unger pour les palmiers fossiles, Alexandre Braun et O. Sendtner pour une partie de la morphologie, et Hugo von Mohl, dont le travail sur l'anatomie a fait époque.

Pendant qu'il poursuivait la publication de ces grands ouvrages, l'illustre botaniste trouvait encore le temps d'élaborer un grand nombre d'écrits de moindre étendue, mémoires, notices et dissertations, dont les titres seuls remplissent huit pages de l'Annuaire de l'Académie de Munich (1). Je ne citerai spécialement que les *Amœnitates botanicæ Monacensis* (1829-1831), le *Conspectus regni vegetabilis secundum characteres morphologicos, præsertim carpicos* (1835), le *Systema materiæ medicæ vegetabilis Brasiliensis* (1843), les mémoires sur les Eriocaulées, les Xyridées, les Amarantacées, les Erythroxylées, et les recherches sur les maladies des végétaux alimentaires, spécialement sur celle des pommes de terre. Il était, en même temps, collaborateur assidu aux *Gelehrte Anzeigen* publiés par l'Académie de Munich, au *Flora* ou *Botanische Zeitung* de Ratisbonne, au *Repertorium der Pharmacie* publié par Büchner, et fournissait régulièrement des articles scientifiques, critiques, ethnographiques, géographiques et littéraires fort remarqués à la *Gazette d'Augsbourg*, à la *Deutsche Vierteljahrsschrift* de Cotta, et à plusieurs autres revues allemandes et étrangères. Enfin, les Mémoires de l'Académie de Munich, ceux de la Société botanique de Ratisbonne, et les *Nova Acta Academiæ Cæsareæ Leopoldinæ-Carolinæ* sont souvent consultés pour les travaux importants qu'il y a fait paraître.

Malgré cette activité dirigée à la fois sur des sujets si variés et si absorbants, le Brésil, sa flore et son ethnographie continuaient d'attirer principalement l'attention du naturaliste bavarois. Dès 1826, il avait conçu le projet d'une flore générale de ce vaste pays, et il s'efforçait, dans ce but, de réunir des matériaux, d'une part, en s'adressant aux collections publiques et privées, d'autre part, en achetant, de ses deniers, celles qui lui étaient offertes par des voyageurs. Ces dernières, formées principalement par Luschnath, Ackermann, Riedel et Patricio de Silva Manso, contenaient souvent de nombreux échantillons d'une même espèce. Dans le double but de répandre davantage la connaissance des plantes du Brésil, et de rentrer dans une partie des fonds dépensés, von Martius publia un *Exsiccata* dont le catalogue (2), précédé d'une revue des voyages faits au Brésil, et d'un tableau des provinces de la Flore, contient la détermination d'un assez grand nombre d'espèces nouvelles.

---

(1) Témoin, entre autres, le *Palmetum Orbignyanum, descriptio palmarum in Paraguaria et Bolivia crescentium*, inséré dans le *Voyage d'Alex. d'Orbigny*, botanique, 3e partie, 1843.

(2) *Historia naturalis palmarum. Opus tripartitum, cujus vol. I palmas generatim tractat, vol. II Brasiliæ palmas singulatim descriptione et icone illustrat, vol. III ordinis familiarum generum characteres recenset, species selectas describit et figuris adumbrat, adjecta omnium synopsi.* Monachi, 1823-1850; 3 vol. in-fol. imperiali, avec 245 planches en partie coloriées.

(1) *Almanach der K. Bayer. Akademie der Wissenschaften für das Jahr* 1855, p. 185. Une liste presque complète des publications faites par von Martius se trouve aussi dans la brochure publiée par Haidinger, lors du cinquantième anniversaire du doctorat.

(2) *Herbarium floræ Brasiliensis. Plantæ Brasiliensis exsiccatæ.* Monachii, 1837-1840. Qu'il me soit permis de rappeler ici que, par la confiance du maître, j'avais été chargé de la confection des Centuries, et que j'avais pris une faible part à la détermination des espèces, surtout pour ce qui concernait les familles des Myrtacées, des Mélastomacées et des Malvacées.

La Flore du Brésil devait d'abord être publiée dans le format in-8°, et ne comprendre qu'un texte sans planches. Mais après l'apparition des deux premiers volumes (2), on s'aperçut que ce format était trop exigu et que l'addition de planches était indispensable.

L'auteur se mit en rapport avec son ami Endlicher à Vienne ; ils arrêtèrent ensemble le plan d'un ouvrage plus grand, examinèrent les moyens d'exécution et décidèrent, d'une part, de s'adjoindre une série de collaborateurs, d'autre part, de solliciter l'appui des gouvernements autrichien, bavarois et brésilien qu'ils ont été assez heureux pour obtenir. Le gouvernement de l'empereur Dom Pedro II est surtout devenu le puissant protecteur de cette entreprise colossale.

Je dis *entreprise colossale* ; j'ajouterai qu'elle est l'œuvre botanique la plus considérable de l'époque, tant en raison de l'étendue et de la richesse naturelle du pays qu'elle embrasse et auquel on a encore adjoint une partie des Guyanes et les États de la Plata, que par la manière large dont elle est conçue, sans parler du nombre des planches ni de l'exécution matérielle. Elle comprend une série de *Monographies* élaborées dans un esprit scientifique sévère, un exposé général des familles naturelles pour lequel les plantes du Brésil servent pour ainsi dire d'*illustration*, un répertoire abondant de renseignements géographiques, statistiques et climatologiques, une étude savante des produits végétaux utiles en économie, en industrie, en médecine, enfin, la description, souvent brillante, des merveilles agricoles et horticoles. Toute la littérature botanique, des notes manuscrites prises sur les lieux par von Martius lui-même et par d'autres voyageurs, des dessins faits également d'après la nature vivante, les herbiers et les collections de fruits de l'Académie de Munich, les collections publiques de Vienne et de Berlin, l'herbier du jardin impérial de Saint-Pétersbourg, les herbiers privés de Martius, de Candolle, Boissier, comte Franqueville, Hooker, etc., les plantes récoltées par le prince Maximilien de Neuwied, par Mikan, Pohl, Schott, Langsdorff, Riedel, Sellow, Poeppig, Hoffmannsegg, Blanchet, Glaziou, Burchell, Reynell, Lund, Gardner, Claussen et beaucoup d'autres, des matériaux immenses, ont été mis à la disposition des collaborateurs dont il serait trop long de donner la liste complète. Martius lui-même, il est vrai, n'a traité que quelques familles ; mais, dans le travail fait par d'autres, il a intercalé des mémoires sur la géographie, des notices sur les espèces utiles, des dissertations critiques et littéraires, enfin il a illustré l'ouvrage d'une série de paysages suivis d'élégantes descriptions latines.

Qu'on se figure les soins incessants, la sollicitude, le travail de la correspondance et de la surveillance, la responsabilité et — faut-il le dire — les ennuis et les déceptions que l'organisation et la direction d'une telle entreprise ont naturellement dû lui occasionner. Il a fallu le courage, la foi et la ténacité de sa nature pour persévérer jusqu'au bout. Dans les lettres qu'il m'écrivait, surtout dans celles des dernières années de sa vie, il paraissait parfois près du découragement : « Tant d'hommes, disait-il, et des plus *gentlemen*, prennent des engagements, donnent des promesses sans les tenir ; il en est même qui ne répondent pas aux lettres de rappel. Peut-être, ajoutait-il, en faisant un retour touchant sur lui-même, Dieu m'a-t-il conduit dans cette galère pour me corriger de mon impatience naturelle, et pour m'exercer au calme dont j'ai besoin pour m'acheminer vers la tombe. »

Au moment de sa mort l'ouvrage était parvenu à la 46me livraison. Il contenait alors la description de près de 10 000 espèces et plus de 1100 planches *in-folio* (1). Le soin d'assurer son achèvement le préoccupait constamment. Depuis plusieurs années il s'était attaché, dans ce but, et comme conservateur de ses collections, M. le docteur Eichler, botaniste de grand mérite, et avait conclu avec lui, avec l'intervention du gouvernement brésilien, un contrat qui pourvoira à tout (1).

J'ai déjà dit que les études de von Martius se portaient aussi, d'une manière approfondie, sur les caractères de race, les mœurs, les langues et les antiquités des Indiens du Brésil. Indépendamment des renseignements curieux déposés dans le *Voyage*, il avait successivement publié plusieurs mémoires à ce sujet, dont je ne citerai que celui qui traite des *Principes de droit et de l'état social* de ces tribus (2), et un autre qui considère le *Passé et l'avenir des populations américaines* (3). Mais un grand travail d'ensemble parut l'année avant sa mort (4) ; il excita l'admiration des hommes spéciaux presque autant que les œuvres de botanique l'avaient fait antérieurement.

Dans un premier volume, l'auteur expose ses vues sur les particularités de la race américaine, sur ses caractères physiques et intellectuels ; il nous fait connaître son état social, ses idées sur la propriété, le contrat civil, le commerce, l'état civil et le mariage, ainsi que tout ce qui concerne les contestations, les crimes et les peines ; il examine surtout les causes de la rapide extinction de ces races, et démontre qu'elles s'étaient déjà trouvées à l'état de décadence ou plutôt de dégradation, lorsque les *conquistadores* espagnols et portugais abordèrent l'Amérique. Reconnaissant que, abandonnées à elles-mêmes, ces tribus seraient fatalement destinées à s'éteindre, il se livre à un plaidoyer chaleureux en leur faveur ; il conseille au gouvernement de les mêler au reste de la population pour les conduire « à une refonte physique et morale », et leur imprimer « une forme supérieure de la vie ».

S'occupant ensuite spécialement des peuplades du Brésil et des pays circonvoisins, il étudie leur histoire, leurs traditions et légendes, leurs migrations et la formation des langues

(2) *Flora Brasiliensis sive Enumeratio plantarum in Brasilia provenentium.* Stuttgart et Tübingen, 2 vol. in-8. (*Agrostologia*, auct. Nees ab Esenbeck, 1829, et *Cryptogamia*, auct. Martio, Nees et Eschweiler, 1833.)

(1) Il porte pour titre : *Flora brasiliensis sive enumeratio plantarum in Brasilia hactenus detectarum, quas suis aliorumque botanicorum studiis descriptas et methodo naturali digestas partim icone illustratas edidit C.-F.-Ch. de Martius. Opus cura C.-R. Pal. Vindobonensis auctore Steph. Endlicher, successore Ed. Fenzl conditum sub auspiciis Ferdinandi I Austriæ imperatoris, et Ludovici I Bavariæ regis, sublevatum populi brasiliensis liberalitate, Petro II Brasiliæ imperatore constitutionali et defensore perpetuo feliciter regnante.* Lipsiæ, 1840, in-fol.

(1) En devenant l'acquéreur de l'herbier de von Martius, le gouvernement belge a donné à M. Eichler les facilités désirées pour disposer, dans l'intérêt du *Flora brasiliensis*, des plantes brésiliennes non encore décrites.

(2) *Von dem Rechtzustande unter den Ureinwohnern Brasiliens*, 1832, in-4, avec une carte ethnographique.

(3) *Die Vergangenheit und Zukunft der amerikanischen Menschheit*, in *Deutsche Vierteljahrsschrift*, 1839.

(4) *Beiträge zur Ethnographie und Sprachenkunde Amerikas zumal Brasiliens.* Leipzig, 1867, 2 vol. in-8.

qu'elles parlent, le tout avec une érudition qui étonne, avec l'autorité que donne l'observation personnelle, et dans un style qui rappelle les meilleures productions de sa jeunesse.

Le second volume contient une longue série de glossaires des langues brésiliennes, c'est-à-dire des langues et dialectes parlés par les Indiens de l'Amérique du Sud, particulièrement par les différents groupes des peuples Toupi. Au siècle dernier, Hervas, dans son *Idea dell' Universo*, avait distingué au Brésil environ 150 langues ou dialectes; Martius compta jusqu'à 250 groupes ou communautés portant des dénominations et des particularités de langage différentes.

Le soin que notre maître mettait à des publications de cette importance, et dont les détails auraient pu paraître au-dessus des forces d'un homme, ne l'empêchait pas de déployer une activité réellement dévorante dans ses fonctions de directeur de l'herbier royal et du jardin botanique, de professeur à l'université et, plus tard, de secrétaire de la classe de sciences de l'Académie. L'herbier fut classé et enrichi constamment. Le jardin botanique de Munich, quoique sous un climat et sur un sol ingrats, et ne disposant alors que des moyens pécuniers restreints, fut, sous son impulsion, élevé au rang des premiers en Europe; il s'était surtout concilié la confiance universelle par l'ordre qui y régnait et par l'exactitude des déterminations auxquelles von Martius s'appliquait constamment lui-même avec le concours de son collègue Zuccarini et de plusieurs jeunes botanistes à qui il offrait ainsi l'occasion de se perfectionner (1).

En 1826, lorsque l'université de Landshut, l'antique université Ludovico-Maximilienne d'Ingolstadt, a été transférée à Munich, von Martius y fut attaché en qualité de professeur ordinaire de botanique générale et de botanique médicale. Son enseignement rassembla autour de lui un auditoire nombreux et sympathique; il brillait surtout par la méthode et la clarté des descriptions, par la facilité d'élocution, l'abondance des démonstrations pratiques et l'élégance de la forme rehaussée par une légère teinte philosophique et poétique. Les élèves profitaient sans effort du riche fonds d'expérience et de travaux propres dont disposait le professeur; ils sentaient que la science coulait là de source, vivante et féconde.

Du reste, l'heureux naturel de von Martius, sa gaieté habituelle, son besoin d'expansion, la vivacité de son esprit, la bonté de son cœur, facilitaient singulièrement les rapports qu'il devait avoir avec la jeunesse. Il aimait à se rapprocher de ses disciples et à leur prêter aide et assistance. Constamment occupé à rechercher et à observer les talents naissants, il savait les encourager, les soutenir et les protéger, et même quand il ne rencontrait que de la médiocrité honnête, cela ne lui coûtait aucune peine de descendre jusqu'à elle et de faire valoir ce qu'elle pouvait. Aussi, malgré le respect qu'inspiraient son rang et sa réputation, jamais un élève ne s'est senti intimidé en sa présence; tous l'abordaient avec confiance et affection.

(1) Je citerai spécialement les noms d'Alexandre Braun, de Hugo von Mohl, Carl Schimper, Eschweiler, Sendtner, C.-H. Schulz dit *Bipontinus*, Schenk, Schnitzlein. Ce n'est pas sans une certaine dose d'orgueil que je demande la permission de joindre mon propre nom à une telle série. — Martius a fait connaître ses idées sur la mission scientifique et sur l'utilité des jardins botaniques dans une série de *Lettres* insérées dans le *Flora* ou *Botanische Zeitung*, *de Ratisbonne*, 1853, numéros ii et suivants.

L'occasion de ces rapprochements se présentait lors des herborisations ou excursions botaniques qu'il instituait régulièrement chaque semaine pendant le semestre d'été. Mais aucun de ses disciples, peut-être aucun de ses collègues de l'université, ni aucun ami de sa maison, n'aura oublié les fêtes d'Ebenhausen qui se célébraient chaque année, le 24 mai, jour de naissance de Linné. Sous la vaillante conduite du voyageur au Brésil, partait ce jour-là de grand matin une nombreuse et joyeuse bande d'étudiants, de professeurs, d'amis de la botanique et même de dames, pour se transporter, en herborisant, jusqu'au joli hameau dont le nom vient d'être dit, et qui est situé à trois lieues de Munich, au-dessus de l'Isar, en vue des Alpes, dans une contrée sylvestre délicieuse. De longues tables étaient dressées là en plein air pour un repas champêtre qu'égayaient des discours, des chansons et des pièces de vers composées pour la circonstance. L'après-dînée on se rendait au *chêne de Linné*, planté à l'époque où la fête fut instituée; et de nouveaux discours (1), plus sérieux cette fois, s'y débitaient en l'honneur du père de la botanique, de la science aimable (*scientia amabilis*) et de la solidarité scientifique. Le soir, une partie de la compagnie retournait en ville, tandis que le reste se divisait en groupes pour parcourir, pendant quelques jours, en herborisant, les contrées voisines jusqu'aux Alpes.

Au delà de ses fonctions professorales, von Martius aimait à entretenir des relations avec les jeunes hommes de talent, même quand ils s'appliquaient à des sciences qui lui étaient étrangères. Il mettait un soin constant, une véritable ardeur, et j'ajouterai, un rare talent, à les exciter à l'activité, à les pousser surtout vers le travail productif. Il savait encourager les timides et diriger ceux qui étaient plus hardis: on aurait dit qu'il souffrait quand la jeunesse ne marchait pas du même pas que lui. Ce besoin de stimuler les esprits se faisait aussi jour vis-à-vis de ses collègues et dans ses rapports avec les savants en général.

En 1840, von Martius fut élu secrétaire de la classe des sciences physiques et mathématiques de l'Académie royale de Munich. Il conserva jusqu'à sa fin cette charge honorable dans laquelle il rendit de nouveau des services distingués, non-seulement à la compagnie qu'il servait, mais aussi au commerce scientifique et littéraire en général. Tout le monde admirait l'activité extraordinaire qu'il avait introduite dans ce service, l'ordre et la ponctualité avec lesquels il entretenait une correspondance immense avec les institutions scientifiques du monde entier. Dans la rédaction des notices commémoratives qu'il consacrait, en cette qualité, aux membres décédés, régnicoles et étrangers, il révéla une aptitude particulière à apprécier le mérite et les travaux de chacun, même de ceux dont la *spécialité* aurait paru entièrement étrangère à son génie (1).

Je ne mentionnerai qu'en passant les services qu'il a rendus à l'antique et vénérable Académie des *Curieux de la nature*, en qualité d'adjoint du président et de *Director Ephemeridum;* à la Société royale botanique de Ratisbonne, et à la Société d'horticulture de Munich, comme président perpétuel. Je ne

(1) Von Martius a publié quelques-uns des discours prononcés par lui à l'occasion de ces fêtes, dans ses *Reden und Vortraege aus dem Gebiete der Naturforschung*. München, 1838, in-8.

(1) Ces notices, publiées d'abord par l'Académie, ont été réunies plus tard, par lui, dans un joli volume intitulé : *Akademische Denkreden*. Leipzig, 1866, in-8.

dirai rien non plus des travaux ni des missions desquels, dans une longue carrière, il s'est chargé à la demande du gouvernement et de l'administration de son pays. Mais ce que je ne puis taire entièrement, c'est l'espèce de disgrâce administrative qui a mis fin, en 1854, à ses fonctions dans l'État et dans l'Université.

Von Martius venait d'achever heureusement, après une grande dépense de temps et de travail, un nouvel arrangement du jardin botanique, ainsi que la reconstruction des serres, lorsqu'il fut décidé, en haut lieu, que le terrain du jardin devait servir à l'élévation d'un palais de cristal pour l'exposition industrielle qui eut lieu à cette époque. Ce fut un coup terrible pour l'homme de science. On allait détruire tout ce qu'il avait créé, planté, perfectionné depuis près de quarante ans, ses types, ses trésors, sa classification dont il était particulièrement fier. Lorsqu'il vit ses vives et nombreuses réclamations demeurer stériles, un profond découragement s'empara de son âme, et il se démit des fonctions de directeur du jardin et de professeur à l'Université. Toutefois, le gouvernement du roi de Bavière lui accorda une démission honorable et la jouissance de tous les émoluments de sa charge.

Dans sa retraite, le savant professeur ne restait pas inactif. Indépendamment du temps qu'il continuait de consacrer à la publication de ses derniers grands ouvrages et à ses devoirs de secrétaire de l'Académie, il s'appliquait à augmenter ses collections privées et à mettre en ordre sa bibliothèque et son herbier qui, grâce à ses nombreuses relations et aux frais qu'il y consacrait, étaient devenus des plus considérables parmi ceux qu'un particulier a jamais possédés.

Sa constitution forte, à complexion sèche et à tempérament bilioso-nerveux, préservait son corps des souffrances ordinaires de la décadence. A part quelques atteintes de la goutte et, passagèrement, des effets de la pléthore abdominale, sa santé ne laissait rien à désirer. Sa mémoire et son intelligence lui sont restées fidèles jusqu'au dernier moment. Cependant, en 1852 déjà, il m'avait écrit : « Ami, je sens l'approche de la vieillesse; l'ancienne force s'en va, les feuilles se fanent et tombent les unes après les autres. Il est cependant un point où je deviens plus fort, malgré l'âge, c'est dans l'affection et l'indulgence pour les hommes, ainsi que dans le renoncement à leur égard. Je renonce aussi à mes plus chers projets littéraires : ce que je possède de mieux, ce que j'ai pensé et que je n'aurai plus le temps ni le courage de mettre par écrit me suivra dans la tombe, à tous inconnu. »

Lorsque je l'ai revu pour la dernière fois, à Schlehdorf, en automne 1867, ses traits avaient vieilli, ses cheveux étaient devenus blancs comme la neige, son corps était courbé, son ouïe était devenue dure et ses yeux souffraient; mais tout malade qu'ils étaient, ces yeux lançaient parfois des éclairs, et au repos ils étaient doux et caressants comme autrefois; ses traits avaient conservé leur mobilité, et sa conversation était restée animée et riche comme à l'époque, déjà lointaine, hélas! où, aux mêmes endroits, sur le lac de Kochel ou au pied de la cascade du Joch, maître et disciple, nous devisions sur l'*espèce* et le *genre*, et parfois sur l'*être* et le *devenir*. Il voulait connaître mon opinion sur le Darwinisme, la Parthénogenèse, l'atomisme physiologique, sur la guerre de Bohême et la reconstitution politique de l'Allemagne. Les lettres que j'ai reçues de lui après mon retour à Liége me convainquirent que ce n'avaient pas été de simples sujets de conversation improvisée.

Depuis longtemps il avait caressé le projet de rendre visite à son fils et à ses amis à Berlin et à Dresde. Le cinquantenaire doctoral de son ancien ami Ehrenberg, qu'on célébrait en automne 1868, lui fournit l'occasion de le réaliser. Il se chargea de remettre personnellement à ce vétéran de la science le diplôme honorifique que l'Académie de Munich lui avait décerné. Ce voyage de six semaines lui réussit à merveille; il en revint heureux et comme rajeuni.

Mais, peu de temps après, le 4 décembre, après avoir travaillé dans une chambre froide à l'Académie, et par un de ces vents de montagnes qui deviennent si facilement funestes sous le climat de Munich, il fut pris, en rentrant chez lui, d'un frisson annonçant la pneumonie. Le 13 décembre, à trois heures et demie du soir, il exhala sa belle âme sans agonie. Deux jours après, on porta au lieu de repos ses restes mortels, recouverts de feuilles fraîches de palmiers.

Ainsi se termina une vie aussi heureuse qu'elle a été utile et illustre, une vie telle que Dieu n'en accorde qu'au petit nombre des mortels.

Issu d'une famille respectable où régnaient, avec les vertus du foyer et le dévouement à la chose publique, des mœurs patriarcales et le goût des choses de l'esprit, doué d'une constitution forte du corps et de l'esprit — *mens sana in corpore sano*, — élevé dans les nobles traditions de la science et des lettres, nourri de fortes études classiques, C. von Martius, je le répète, a eu le bonheur rare de rencontrer sa voie d'emblée pour ainsi dire et sans avoir eu à lutter contre des obstacles matériels. Quoique favorisé par la fortune et entraîné par le succès, il n'a cependant jamais recherché les jouissances vulgaires. Son caractère fortement trempé, son ardeur pour la gloire scientifique et une légitime ambition l'empêchaient de s'amollir ou de faiblir en face du succès et des témoignages extérieurs qu'il aimait cependant, qu'il recherchait même, mais uniquement comme des moyens d'encouragement ou d'apaisement de sa conscience. Son tempérament même lui a fait trouver une vraie jouissance dans cette activité dévorante à laquelle l'obligeaient la multiplicité de ses devoirs et la grandeur de ses entreprises. « Son chemin, dit Eichler, a été facile et heureux, mais il y a marché avec une énergie comme s'il avait dû conquérir chaque pouce de terrain. »

Parvenu déjà à la célébrité à un âge où d'autres sortent à peine de l'obscurité, il a accumulé sur sa personne tout ce que le monde pouvait donner en fait d'honneurs et de distinctions. Son nom était cité avec respect dans tous les pays. Les amitiés les plus illustres lui étaient acquises; — je ne citerai que les grands noms de Goethe, de Jean-Paul Richter, de Peter von Cornelius, et, parmi les naturalistes : Robert Brown, Jussieu, de Candolle père et fils, Endlicher, Unger, Link, Ehrenberg, Carus, Nees von Esenbeck, Alexandre Braun, Hooker père et fils (1). Un grand nombre d'ouvrages, et des plus considérables, lui furent dédiés. Beaucoup d'espèces de plantes et d'animaux portent son nom; même une montagne de la Nouvelle-Zélande — le Mount Martius — lui fut consacrée. La plupart des souverains (2) lui ont envoyé

(1) Un sentiment que le lecteur comprendra m'empêche de joindre ici les noms de plusieurs illustrations belges dont von Martius s'était concilié l'amitié.

(2) Parmi les souverains qui l'avaient comblé de leurs faveurs et

leurs décorations, et il y a peu d'Académies ou de Sociétés savantes dans les deux mondes dont il ne possédât pas le diplôme.

Cette vénération universelle trouva surtout l'occasion de se manifester lors du cinquantième anniversaire de sa promotion au doctorat, anniversaire que, selon l'usage d'Allemagne, on célèbre solennellement le 30 mars 1864. Ce jour-là, plusieurs princes et souverains lui firent parvenir d'honorables témoignages; la ville de Munich, l'Académie et l'Université lui offrirent des fêtes; d'autres Académies et Universités lui adressèrent des diplômes, des adresses et des députations; plusieurs savants ornèrent d'épîtres congratulatoires les écrits qu'ils publiaient; l'Académie de Munich fit frapper une médaille commémorative. Mais la manifestation la plus imposante consista dans une souscription organisée dans le monde entier parmi les admirateurs, les amis et les élèves de von Martius. Elle aboutit à une adresse, chef-d'œuvre de calligraphie, portant comme première signature celle de l'infortuné empereur Maximilien du Mexique, puis les noms des représentants de la science dans une centaine de villes, y compris New-York, Cambridge dans le Massachusetts, Saint-Louis dans le Missouri, et Melbourne en Australie; en second lieu à une médaille de grand module gravée par Radnitzki, à Vienne. Elle porte pour légendes :

Palmarum patri dant lustra decem tibi palmam,
et *In palmis resurges* (1).

Parlerai-je du bonheur intime qui était réservé à von Martius au sein de la famille? Je craindrais de blesser la modestie de la femme distinguée et des enfants sur lesquels son âme veillait avec autant d'orgueil que d'amour. Dirai-je quelque chose du charme des réunions d'amis qui, chaque soir, recherchaient sa maison hospitalière, avec la chance d'y rencontrer les étrangers de distinction de passage à Munich, et des notabilités scientifiques, littéraires, artistiques et politiques de la ville? Il y aurait à faire l'histoire de la plus belle époque de la société et du mouvement intellectuel de la capitale de la Bavière.

En été, la famille de Martius habitait l'ancien couvent de Schlehdorf, dans un site ravissant au bord du lac de Kochel et sur la lisière septentrionale des Alpes bavaroises. La plupart des amis étaient habituellement invités à y passer avec elle une partie des vacances; ils y jouissaient, dans une douce retraite, des splendeurs de la nature alpestre et des délices de la vie en commun avec des êtres bons, spirituels et généreux. Von Martius aimait à y attirer aussi des notabilités étrangères; je me rappelle avec bonheur de m'y être rencontré, entre autres, avec l'illustre Robert Brown.

D'un naturel gai, expansif et sympathique, généreux dans ses impressions et animé par le besoin de jouissances intellectuelles, notre maître recherchait toutes les occasions de se mettre en rapport avec les hommes élevés au-dessus du niveau ordinaire, et de se procurer des notions exactes sur les particularités de leur esprit et de leur personne. Il avait le talent « de les faire parler », de les forcer à lui dévoiler leur pensée qui l'intéressait le plus. Il y réussissait d'autant mieux qu'il offrait dans sa propre personne toutes les qualités qui facilitent les relations et les rendent agréables. Franc et ouvert, vif et chaleureux, curieux sans être indiscret, doué de l'expérience du monde et d'un tact sûr, son esprit vaste et ses connaissances variées qu'il savait utiliser à propos sans pédantisme ni ostentation, avec sa mémoire prodigieuse et les élans de son imagination, il devenait partout, dans les salons, à table, en voyage, aux eaux, parmi les étrangers, le centre des réunions et le guide de la conversation. Ses amis l'admiraient; ceux qui le voyaient pour la première fois en étaient enchantés; tous l'aimaient.

Sa correspondance embrassait toutes les parties du monde. Elle était tenue avec une exactitude exemplaire et dans plusieurs langues modernes qu'il parlait et écrivait avec une facilité presque aussi grande que sa langue maternelle. Dans les dernières années de sa vie, il avait pris l'habitude de dicter ses lettres pour ménager sa vue.

Sa lecture s'étendait également sur les principales littératures de l'Europe. Aucun ouvrage notable traitant de l'histoire, de la politique, des belles-lettres, des voyages ou de l'ethnographie n'échappait à son attention. Il avait notamment formé une riche collection de livres espagnols et portugais relatifs à l'Amérique. L'érudition qu'on admirait dans ses ouvrages était de bon aloi et fondée sur une profonde connaissance des littératures et de l'histoire.

A part ses vacances de Schlehdorf, pendant lesquelles cependant il menait chaque fois à bonne fin l'un ou l'autre travail entrepris en dehors de ses occupations plus sérieuses ou qu'il considérait comme obligatoires, il ne se donnait du loisir que dans les voyages qu'il a itérativement faits dans différentes parties de l'Allemagne, tantôt pour assister aux congrès annuel des naturalistes et médecins, tantôt pour prendre les eaux dans une station thermale, tantôt, enfin, pour conférer oralement avec les collaborateurs du *Flora brasiliensis*. Ses voyages en France, en Angleterre, en Suisse, en Hollande et en Belgique lui ont laissé des souvenirs qu'il rappelait avec reconnaissance en toute occasion.

Après avoir tracé ainsi le tableau bien imparfait, bien pâle, il est vrai, de la vie extérieure de cet homme remarquable, il me reste à dire quelques mots sur la nature propre de son talent, sur ses tendances scientifiques et, autant qu'il le sera permis, sur les aspirations intimes de son âme.

Von Martius fut naturaliste; dans le vrai sens du mot : *naturæ curiosus*. En dehors du règne végétal, il s'intéressait au progrès de la zoologie, de la minéralogie, de la géologie et, comme je l'ai déjà fait voir, à ceux de la géographie et de l'ethnographie. Dans toutes ces études il s'attachait aux phénomènes plus qu'aux causes. Ses facultés prédominantes étaient : l'acuïté des sens, la sagacité de l'esprit, l'intuition plastique, s'il est permis de s'exprimer ainsi, la conception prompte, la mémoire sûre, l'esprit d'ordre et de méthode.

En botanique, il excellait par ce que les uns appellent le coup d'œil, les autres le tact. Prompt à discerner les caractères essentiels des caractères accessoires, et à saisir l'affinité des formes, sa critique était lumineuse et son diagnostic sûr; il possédait cet heureux talent d'observation qui conduit droit au but et préserve de l'erreur. Peu de ses contemporains l'auraient emporté sur lui dans la détermination des genres et des espèces, et aucun, peut-être, n'a possédé au

honoré de leur amitié, je citerai spécialement, outre le roi Maximilien Ier de Bavière, le roi Frédéric-Auguste de Saxe et son auguste épouse, l'empereur dom Pedro II du Brésil, et la reine Joséphine de Suède.

(1) Tout ce qui est relatif à cette souscription, à laquelle la Belgique n'est pas restée étrangère, est consigné dans un rapport publié par M. Haidinger à Vienne. *Die Martius-Medaille*, Wien, 1864.

même degré la connaissance de l'ensemble du règne végétal, de son organisation, de ses divisions et de sa dispersion sur le globe.

Son génie l'attachant au phénomène, il s'efforçait de le saisir dans ses origines, de le suivre dans ses développements et de le définir dans ses caractères. Le naturel du voyageur se reflétait dans ses études : il avançait toujours d'un pas pressé en cherchant à s'ouvrir de lointains horizons; c'était la grandeur plus que la profondeur qui l'attirait. Dans le discours qu'il adressa à l'Académie de Munich lors de la célébration de son cinquantenaire, il dit modestement : « Je n'ai pas creusé dans les profondeurs comme un mineur, la lampe du génie attachée à la poitrine; j'étais plutôt un ascensionniste, escaladant les pentes de la science pour voir lever le soleil du plus haut possible, sachant bien, toutefois, que je ne parviendrai jamais au sommet. »

Quoiqu'il ne soit resté étranger à aucune partie des sciences botaniques, ni à aucune méthode, la principale partie de son œuvre est cependant consacrée à ce qu'on appelle la botanique *descriptive*. Il était de la race des Jussieu, des Wildenow, des Kunth, des Cuvier, de Candolle, Robert Brown et Hooker; comme eux, il descendait directement de Linné.

Il est de mode, aujourd'hui, de traiter un peu légèrement cette école, pour exalter, à ses dépens, la tendance que la science a adoptée vers les études anatomiques et physiologiques. A entendre certains partisans de cette nouvelle direction, la connaissance des plantes et de leurs affinités ainsi que de leur répartition en ordres, familles, genres et espèces, serait une œuvre secondaire, digne peut-être des jardiniers et des amateurs, tandis que la vraie science serait celle qui ne s'occupe du règne végétal que pour confirmer et démontrer les lois de la physique et de la chimie organiques. Il en est même que les succès du microscope et l'ascendant des idées de Darwin ont éblouis au point de ne plus reconnaître aux formes végétales qu'une valeur casuelle ou transitoire.

Cette manière de voir, il faut le dire, s'est fait jour d'une manière pénible pour les vétérans de la science, et Martius en a parfois éprouvé du chagrin. Personnellement il n'était opposé à aucun progrès; il applaudissait vivement aux espérances que les travaux de la jeune génération lui faisaient entrevoir pour l'avenir de sa science de prédilection ; mais il ressentait l'injustice avec laquelle les conquérants du jour traitaient les ouvriers de la veille.

Ils auraient dû se rappeler, en effet, que l'histoire de la science, pas plus que celle de l'humanité, ne se développe en ligne droite. Brisée de temps à autre par des accidents, soulevée par le remous des opinions qui se combattent, elle a ses périodes de crise et d'apaisement, de révolution et de restauration ; mais chaque fois que, après une secousse, elle se met à renouer les fils de son développement continu, on s'aperçoit que, malgré l'introduction de quelques éléments nouveaux dans la trame, le tissu nouveau diffère de l'ancien d'apparence plus que de fond. Ajoutons que l'ouvrage à exécuter est si vaste que jamais personne ne pourrait l'embrasser dans son ensemble. C'est pourquoi l'activité des ouvriers se porte successivement sur des parties différentes, soit que les unes leur semblent être parvenues à un certain degré d'achèvement, ou que les autres leur promettent des progrès plus rapides. Les méthodes, les moyens d'investigation et le hasard des grandes découvertes exercent, en outre, une grande influence sur ces changements, qui, en réalité, ne sont que des déplacements.

L'école de Linné et de Jussieu a tracé les grands contours ; elle a classé et enregistré les formes à l'aide d'une analyse puissante ; son point de départ a été l'*idée créatrice*. L'école moderne, au contraire, s'occupe de préférence des éléments et des matériaux ; elle incline à ne considérer la forme que comme le résultat de la combinaison des forces moléculaires ; son procédé est la synthèse : son point de départ l'*attraction*. L'une et l'autre sont légitimes, puisque chacune répond au mouvement dominant de l'époque. Ce qu'il y aurait à blâmer dans la lutte qui se poursuit encore, ce serait la tendance à l'exclusivisme. Si les vieux étaient parfois presbytes, les jeunes, à force de regarder par le microscope, s'exposent à devenir myopes.

C'est ici l'endroit de mentionner aussi les rapports que von Martius a eus avec la philosophie, et spécialement avec la doctrine dite *philosophie de la nature.*

A l'époque où il a fait ses études, cette philosophie (1) dont, sans doute, on a dit trop de mal depuis, était dans son plein épanouissement en Allemagne. Enseignée avec éclat par Oken, Steffens, Kieser et Kielmeyer, pour ne citer que les naturalistes, elle avait séduit, entre autres, le poëte Goethe dont le nom se rattache d'une manière remarquable à la doctrine de la métamorphose des plantes comme à celle de la céphalogenèse. Système de métaphysique à la fois et méthode d'investigation, elle avait excité l'enthousiasme parmi la jeunesse et fasciné pendant longtemps les meilleurs esprits. Ses imperfections et ses défauts étaient masqués par son enveloppe poétique ; elle convenait à merveille au tempérament rêveur de la nation à cette époque.

Von Martius pouvait d'autant moins manquer d'être entraîné par ce côté de la doctrine, qu'il avait pour condisciples à Erlangen les frères Chrétien-Gottfried et Théodore-Frédéric Nees van Esenbeck, dont le commerce l'animait et dont il suivait alors les traces en botanique. Aussi ses premiers écrits portent-ils l'empreinte de cette école. Cependant, la rectitude de son jugement, l'influence du vieux Schrank et, sans doute, le voyage au Brésil, en accumulant devant lui les faits, l'en ont fait revenir promptement. Il s'en est même garanti au contact de Schelling, d'Oken et de Franz von Baader, qui furent plus tard ses collègues à l'université de Munich, et avec lesquels il entretenait des relations suivies. Il n'en a conservé que l'habitude de l'*idéalisation* qui lui a très-bien servi dans l'interprétation morphologique des or-

(1) Elle repose sur le principe de l'*identité* soutenu par Schelling, c'est-à-dire sur la tentative, faite par ce penseur profond, d'effacer, en philoophie, l'opposition qui existait et qui existe encore entre l'idéalisme et le réalisme. Cette doctrine dit : la *nature* et l'*intelligence* procédant d'une cause commune, leurs *lois* doivent être les mêmes, de sorte que l'observation des phénomènes de la *matière* nous éclairera sur les propriétés de l'*idée* et, *vice versa*, les conceptions de l'esprit nous feront connaître les qualités des choses. L'abus auquel les naturalistes se sont laissés aller, et qui seul mérite le blâme, consistait à recourir plus souvent à la spéculation qu'à l'observation ; à préférer la *déduction* à l'*induction*. On a vu alors créer des végétaux et des animaux hypothétiques, à la façon dont, de nos jours, certains chimistes, très-habiles du reste, se permettent de créer des composés organiques, rien qu'en complétant, par la théorie, les séries de formules empiriques. Ce qui prouve que le principe n'était pas absolument condamnable, c'est que parfois ces créations de l'esprit venaient à être réalisées par des découvertes ultérieures.

ganes de la fleur et du fruit, ainsi que dans la recherche des *types* du règne végétal.

A vrai dire, et tout système à part, Martius n'était pas né pour la philosophie. Trop enclin à la forme et à la réalité, trop naturaliste, en un mot, il se sentait mal à l'aise dans l'abstraction. Néanmoins il en avait le culte et l'attrait ; il y aspirait comme à une condition supérieure de son activité intellectuelle. Dans ses meilleurs moments il s'adonnait à la lecture des dialogues de Platon ; il connaissait Descartes et Leibnitz, fréquentait les leçons de Schelling et de Franz von Baader, et dirigeait volontiers la conversation sur les problèmes les plus ardus de la métaphysique. C'est qu'il savait que les sciences physiques et naturelles ne sont que des résultats précaires d'une recherche dont le dernier but est la découverte de la liaison universelle des choses, de leur origine et de leur fin.

Il était d'ailleurs pénétré de la dignité morale de l'homme, et toute sa vie fut, à proprement parler, un culte rendu au principe qui rattache les choses de la nature à leur cause surnaturelle. « Le θαυμάζειν de Platon, disait-il (1), l'étonnement, n'est pas seulement le commencement de nos investigations en histoire naturelle, il en est aussi la fin. Mais en constatant que le commencement et la fin de tout ce qui apparaît se trouvent en dehors des limites de notre champ visuel, nous sommes forcément conduits à admettre une cause spirituelle dans l'ordre de la nature où la mort est la vie, où la vie est la mort, et où, par le courant perpétuel de la création, des ondes se soulèvent successivement et retombent en s'entrecoupant pour reproduire des forces à l'infini. »

D'accord avec ces idées, il me dit dans une lettre écrite l'année même de sa mort : » C'est par la pensée et par l'aspiration vers l'Éternel que l'humanité a la chance de se soustraire à l'action aveugle des forces de la nature, à peu près comme certains êtres ont traversé vivants les cataclysmes géologiques, alors que leurs congénères n'ont transmis que leurs cadavres aux périodes suivantes. *Deus autem sempiternus rerum omnium auspex et judex, sedit alta in arce et tremenda fata spargit per mundum.* Combien, ajouta-t-il, je désirerais m'entretenir avec vous, à l'ombre d'un tilleul fleuri, sur les merveilles de l'être et de la pensée ! »

La foi en l'Éternel et en un ordre supérieur de la création se traduit aisément, chez les naturalistes, ainsi qu'on le constate chez Linné et Cuvier, en une sorte de personnification des idées qui, sans nuire à la forme claire et précise du style, fait paraître leurs conceptions générales comme enveloppées de lueurs poétiques. Martius s'est même positivement essayé comme poëte. Pendant toute sa vie il a travaillé à un grand poëme épique-didactique intitulé : *Swietram's Fahrten*, les courses de Suitram, dont il aimait à lire des fragments dans le cercle intime des amis (1).

Sa prose peut être citée comme modèle. Elle est claire, facile, correcte, et assez colorée pour retenir l'attention même sur des sujets qui, autrement, paraîtraient arides. Il savait dominer la pensée par la forme et assouplir l'expression aux idées. Sa culture classique et universelle se reflète dans ses moindres productions.

(1) Discours à l'Académie, du 30 mars 1864.

(1) Plusieurs chants de ce poëme ont aussi été insérés dans un recueil littéraire publié sous le titre de *Charitas*, par Ed. von Schenk et C. Fernau, 1834, 1835, 1840 et 1841.

Grand amateur de musique, il tenait avec une sorte de *furia* la partie de violon dans des quatuors qu'il avait organisés dans son salon. Le morceau fini, il aimait à traduire en paroles la pensée de Mozart ou de Beethoven. Parmi les autres arts, aucun ne l'a laissé insensible ; il suivait en connaisseur le mouvement esthétique qui, pendant le règne du roi Louis Ier, s'était emparé de la ville de Munich.

Son âme était aussi riche que son esprit. Ceux qui l'ont connu conviendront avec moi qu'on ne pouvait rencontrer plus de fraîcheur ni d'abondance de sentiments, plus de chaleur ni de bonté. Ami fidèle, il aimait à rendre service à tout le monde, et savait découvrir, jusque dans les cœurs en apparence les plus oblitérés, ce rayon d'amour qui les rend accessibles.

« La meilleure part de nous, disait-il souvent, est celle qui vit dans le cœur des autres. » Cette part de lui est immense, et elle vivra perpétuellement en nous.

SPRING,
Professeur à l'université de Liége.

INSTITUTION ROYALE DE LA GRANDE-BRETAGNE

M. W. ODLING
De la Société royale de Londres

Résurrection de la théorie du phlogistique

Observationem quam produco, bono jure mihi vindico. — Materia hæc ignescens, in omnibus tribus regnis, una eadem existit. Unde, ut e vegetabili in animale, abundantissime transmigrat, ita ex utrolibet horum, in mineralis et ipsa metalla, promptissime omnium transfertur.

(STAHLII, *Experimenta, observationes, animadversiones*, CCC. numero.)

De 1781 à 1783, Cavendish démontra que, si l'on fait détoner un mélange, dans certaines proportions, d'*air inflammable* ou *hydrogène* et d'*air déphlogistiqué* ou *oxygène*, la presque totalité du mélange se trouve transformée en eau pure, ou, comme il l'a dit ailleurs, se change en eau.

Le 24 juin 1783, l'expérience de Cavendish, un peu modifiée, fut répétée plus en grand par Lavoisier, qui non-seulement confirma la synthèse du chimiste anglais, mais encore en tira cette conclusion, d'abord fort contestée, rapidement admise ensuite et universellement adoptée depuis, que *l'eau est le produit de la combinaison de l'air inflammable et de l'air déphlogistiqué*, autrement dit qu'elle est un composé d'hydrogène et d'oxygène.

Cette conclusion, si opposée aux idées premières de Lavoisier sur la matière, fut plus tard confirmée par lui au moyen de l'analyse de l'eau. Il trouva que le fer, chauffé au rouge et soumis à l'action de la vapeur d'eau, se transforme, en enlevant à l'eau son oxygène, en un oxyde identique avec celui que l'on obtient en chauffant directement le fer dans le gaz oxygène. L'autre élément de l'eau, l'hydrogène, se trouve mis en liberté.

Cette démonstration, par Lavoisier, de la constitution de l'eau fut le commencement du triomphe de sa théorie antiphlogistique. Déjà en 1772, avant par conséquent la découverte de l'oxygène, cette théorie avait été conçue, quoique d'une manière très-imparfaite. Les travaux de Lavoisier lui-même et d'autres savants sur la chimie pneumatique lui donnèrent bientôt toute sa perfection.

En 1785, les rapports de l'eau et de l'hydrogène se trouvant établis d'une manière concluante, Berthollet déclara qu'il se ralliait à la théorie nouvelle de la combustion imaginée par son compatriote. Fourcroy fit bientôt son adhésion, et peu de temps après, invité à venir à Paris, pour conférer avec Lavoisier sur ce sujet, Guyton de Morveau se rendit aux raisons qui lui furent exposées. Ces quatre chimistes, unissant leurs efforts, obtinrent pour la *chimie française* un triomphe universel, malgré la violente, mais courte opposition de tous les savants de l'Allemagne et de l'Angleterre.

Les principes fondamentaux de la nouvelle théorie antiphlogistique de la combustion proposée par Lavoisier sont les suivants :

Les corps combustibles donnent naissance en brûlant à des produits d'espèce différente : solides quand il s'agit du phosphore et des métaux; liquides dans le cas de l'hydrogène; ou gazeux comme cela a lieu pour le charbon ou le soufre.

Dans chaque cas, le poids du corps qui résulte de la combustion est plus grand que celui du combustible. L'accroissement de poids est dû à la fixation d'une matière fournie au combustible par l'air ambiant.

Les corps dont le poids total se compose du poids de deux ou plusieurs espèces distinctes de matière sont nécessairement composés; tandis que les corps dont le poids ne peut être décomposé en une somme de poids de deux ou plusieurs sortes distinctes de matière sont par cela même des corps simples ou élémentaires.

En conséquence, comme le poids des produits obtenus par la combustion des corps combustibles se compose du poids du combustible et de celui de l'oxygène absorbé, ces produits sont des corps composés, ce sont les oxydes des corps brûlés.

Au contraire, un poids donné de plusieurs combustibles comme l'hydrogène, le soufre, le phosphore, le carbone, les métaux, ne paraissant pas résulter de la somme des poids de deux ou plusieurs sortes de matières, ces combustibles particuliers doivent être considérés comme des *éléments ;* il en est de même de l'oxygène qui, pendant la combustion, se combine avec eux.

Enfin la combustion consiste simplement dans l'union d'une matière combustible simple ou composée avec une matière comburante, l'oxygène, cette union étant, on ne dit pas comment, accompagnée d'un dégagement de chaleur et de lumière.

Excepté dans certains cas où le combustible s'unit non plus à l'oxygène lui-même, mais à certains corps qui en sont voisins, cette définition, établie par Lavoisier en 1785, peut encore aujourd'hui être acceptée par tout le monde.

La théorie de la combustion imaginée par Lavoisier étant connue aussi sous le nom théorie antiphlogistique, une question se présente naturellement à l'esprit : Qu'était la théorie phlogistique à qui elle a succédé en la renversant si complétement ?

La théorie phlogistique avait été fondée et développée à la fin du XVIIe siècle par deux savants allemands, Beccher et Stahl.

Après avoir exercé une influence presque universelle sur l'esprit des savants, jusqu'à l'éclatante défection de 1785, elle résista encore résolûment, mais avec peine, pendant les quelques années qui suivirent cette date mémorable. En dernier lieu, elle fut encore défendue par Priestley et par Cavendish, qui moururent le premier en 1804, le second en 1810.

On peut juger de l'importance attachée à la réfutation de cette théorie par l'anecdote suivante : Après que les premières expériences de Lavoisier sur la synthèse et l'analyse de l'eau eurent été répétées avec succès devant un comité de l'Académie des sciences en 1790, on réunit à Paris en l'honneur de leur auteur un congrès devant lequel madame Lavoisier, comme une prêtresse nouvelle, brûla sur un autel les célèbres *Fundamenta chimiæ dogmaticæ et experimentalis* de Stahl, pendant qu'une musique jouait solennellement un *Requiem*. Quant à l'estime dans laquelle fut tenue depuis par les chimistes la théorie phlogistique, on peut s'en rendre un compte exact par cette appréciation de sir John Herschell disant que la théorie phlogistique « a entravé les progrès de » la science autant que peuvent l'être les progrès d'une science » expérimentale par une fausse théorie, qui remplace par des » rêveries et des hypothèses les vraies causes des phénomènes ». Et pourtant cette théorie, en apparence si trompeuse, contient peut-être encore quelques éléments de réalité et de vie. En tout cas, l'étude de cette doctrine primitive, qui domina si longtemps les sciences chimiques, ne saurait jamais être dénuée d'intérêt pour les chimistes.

Pour apprécier justement le mérite de la théorie phlogistique, il faut se reporter à l'époque où elle fut conçue. Son inventeur, Beccher, naquit en 1625 et mourut en 1682, peu d'années avant la publication des *Principia* de Newton, peu âgé, mais usé par le travail. Plus heureux que lui, son disciple Stahl, né en 1660, ne mourut qu'en 1734, dans sa soixante-quinzième année. Autant qu'il est possible d'en juger, Stahl, comme Beccher, paraît n'avoir eu aucun souci de ce principe de Newton que le poids d'un corps est proportionnel à la quantité de matière qu'il contient, et que toute perte de poids implique nécessairement une perte comme toute augmentation de poids une augmentation correspondante de matière. Que les fondateurs de la théorie phlogistique pensassent ou non que les changements dans l'espèce des substances pussent, comme les changements dans leur quantité, être accompagnés de variations dans leur poids, — et l'on sait quelles peines Newton crut nécessaire de se donner pour prouver le contraire, — il n'en est pas moins certain que ces savants n'ont attaché qu'une bien faible importance aux changements de poids qui accompagnaient la combustion des corps. Il se pouvait que le charbon en brûlant donnât un résidu d'un poids moindre que celui du combustible; il se pouvait que la combustion du plomb donnât lieu au contraire à un résidu d'un poids supérieur à celui du métal : cela était loin de constituer pour nos chimistes une différence sérieuse entre les manières d'agir analogues au fond des deux corps. Le plomb et le charbon avaient cette propriété commune de pouvoir engendrer l'énergie merveilleuse du feu. Tous deux pouvaient perdre une certaine quantité de chaleur et de lumière, c'est-à-dire de phlogistique, et cette déperdition les transformait en une quantité plus ou moins pesante de matière inerte et incombustible.

Non-seulement les premiers théoriciens de la combustion étaient étrangers à tout ce qui touche les relations de poids entre le corps brûlant et le corps brûlé, mais encore ils ignoraient la part de l'air dans les phénomènes qu'ils entreprenaient d'expliquer avec tant de hardiesse et de succès apparent. L'invention du baromètre par Torricelli, celle de la machine pneumatique par Otto de Guéricke avaient bien été faites pendant l'enfance de Beecher; mais les années s'étaient écoulées sans que l'idée de la matérialité de l'air, conséquence immédiate de ces inventions, eût pris place dans les esprits. Ce ne fut que plus d'un siècle après la découverte de la pesanteur de l'air par Torricelli, après les grands travaux de chimie de Black, Cavendish, Priestley, Scheele, que l'on commença à concevoir que l'état gazeux, comme l'état liquide, comme l'état solide, était commun à un grand nombre de substances différentes, et que le poids d'un corps solide pouvait être constitué par des poids de substances capables d'avoir une existence indépendante sous forme d'air ou de gaz. L'idée que 100 grammes de rouille de fer peuvent être formés de 73 grammes de fer et de 27 grammes d'un air particulier; que 100 grammes de marbre contiennent 56 grammes de chaux et 44 grammes d'une autre espèce d'air, était complétement étrangère à l'ancienne philosophie. L'air était considéré comme pouvant être rendu méphitique par une sorte de corruption, sulfureux par une autre, inflammable par une troisième; il pouvait même être absorbé par un corps poreux, comme l'eau par le sable, et en augmenter ainsi le poids; mais l'air demeurait toujours l'air, essentiellement le même, inaltérable dans son unité mécanique et chimique. Avant que l'on aperçût les défaillances et les erreurs de fait de la théorie phlogistique, les premiers chimistes qui s'occupèrent des gaz, Black, Cavendish, Bergmann, eurent à combattre cette conception familière de la nature de l'air et à la remplacer par cette notion tout à fait étrange à cette époque, qu'une portion des solides était formée au moyen de corps gazeux.

Toutefois, longtemps avant que les fondements de la chimie moderne eussent été posés par la découverte faite par Black, en 1756, de l'air fixe ou acide carbonique entrant dans la constitution des alcalis doux et du calcaire, malgré leur ignorance de la nature de l'air et de la vraie signification de la notion de pesanteur, les anciens chimistes allemands Beccher et Stahl avaient trouvé à dire sur la théorie de la combustion des choses qui, cent ans plus tard, eurent l'honneur d'être défendues par des hommes comme Priestley et Cavendish, et d'être considérées, deux siècles plus tard, comme l'expression d'une doctrine fondamentale de philosophie chimique et cosmique. Ils firent remarquer, par exemple, que les procédés, différents en apparence, par lesquels un corps combustible était changé en corps incombustible avaient tous un côté commun, que ces procédés fussent la combustion, la calcination, la rouille ou la destruction; que les corps combustibles possèdent une puissance ou une énergie intérieure capable d'être excitée, et dont les corps incombustibles sont dépourvus; enfin que l'énergie caractéristique des corps combustibles est la même dans tous, qu'elle est susceptible d'être transférée d'un corps combustible à un corps qui ne l'est pas, le corps combustible devenant alors inerte et incombustible, tandis que le corps incombustible devient, au contraire, capable d'énergie et combustible; si ce dernier corps perd à son tour sa combustibilité, le même transfert pourra se faire de nouveau par le contact du premier corps avec le second.

Tels sont les principes qui se dégagent de l'étude des ouvrages de chimie écrits avant la révolution produite par la doctrine antiphlogistique. Après le défi de Lavoisier, les défenseurs du phlogistique, s'efforçant de mettre l'ancienne théorie en rapport avec un ordre de faits tout nouveau et dont elle n'avait que peu ou point tenu compte, furent placés dans les plus bizarres positions. Priestley, par exemple, soutint que l'azote (gaz inerte) n'était pas autre chose que l'air phlogistiqué. Kirwan et d'autres considérèrent, au contraire, l'hydrogène, gaz inflammable, comme n'étant pas autre chose que le phlogistique isolé. Toute différente est la manière de concevoir la phlogistique exposée dans les cours du docteur Watson, par exemple, qui fut d'abord professeur de chimie à Cambridge en 1764, devint en 1771 professeur royal de théologie en 1782, et évêque de Llandaff. Bien qu'à peu près indifférent à toutes les questions nouvelles qui entraînaient invinciblement l'esprit humain dans des régions moins sereines, ce savant théologien employa les loisirs de sa vie universitaire à écrire des livres classiques sur la chimie, qu'il avait d'abord enseignée. Dans le premier volume de ses *Essais sur la chimie*, publiés en 1781, on trouve de la théorie du phlogistique l'excellent exposé qui suit :

« Malgré tout ce qui a pu être dit sur ce sujet, je suis certain que le lecteur se demandera encore : qu'est-ce que le phlogistique? Vous ne devez, certes, pas vous attendre à ce que la chimie moderne puisse vous présenter la moindre parcelle de phlogistique séparée d'un corps inflammable; vous pourriez tout aussi bien demander à voir extraire du magnétisme, de la pesanteur, de l'électricité des corps magnétiques, pesants ou électrisés. Ce sont des agents naturels qui ne tombent sous nos sens que par les effets qu'ils produisent; il en est de même du phlogistique. Toutefois les expériences suivantes peuvent contribuer à rendre ce sujet un peu plus clair.

» Si vous jetez dans le feu un morceau de soufre, il brûlera sans laisser aucun résidu d'aucune espèce. Pendant la combustion du soufre, il se dégage une vapeur abondante, affectant d'une manière très-vive les organes de la vue et de l'odorat. On a pu recueillir cette vapeur, qui est un acide très-énergique. Cet acide, ainsi obtenu par la combustion du soufre, est incapable de brûler par lui-même ou d'enflammer un autre corps, bien que cette double faculté appartienne au soufre dont il provient. Il y a donc une remarquable différence entre cet acide produit par le soufre et le soufre lui-même, et cet acide ne peut par cela même être le seul principe constituant du soufre; il est évident que *quelque autre chose* entre dans la composition de ce dernier corps et le rend capable de brûler. Ce quelque chose, qui donne aux corps cette remarquable propriété de pouvoir brûler, peut être appelé le principe du feu, le *principe inflammable*, le *phlogistique*. Ce principe inflammable, ce phlogistique n'est pas différent chez les animaux, différent chez les végétaux, différent chez les minéraux; il est absolument le même dans tous les corps..... Cette identité du phlogistique peut être prouvée par un grand nombre d'expériences décisives. J'en choisirai quelques-unes qui confirment en même temps ce qui a été dit touchant les parties constituantes du soufre.

» L'analyse ou la décomposition du soufre effectuée par sa combustion nous montre que le soufre est constitué par un *acide* qu'on peut recueillir et un *principe inflammable* qui est dispersé par la combustion. Si le lecteur a acquis une certaine habitude des vérités chimiques, il désirera voir cette analyse confirmée par une synthèse, autrement dit il désirera voir reproduire le soufre par la combinaison de son acide avec un principe inflammable. Il arrive rarement que les chimistes puissent reproduire les corps primitifs, bien qu'ils mettent en présence tous les éléments dans lesquels ils les ont décomposés; dans le cas actuel cependant cette reconstitution peut se faire complétement devant nous.

» Comme le principe inflammable ne peut être obtenu séparé sous une forme palpable de tout autre corps, la seule méthode que nous puissions employer consiste à mettre l'acide du soufre en présence d'un corps contenant du phlogistique. Parmi ces corps se trouve le charbon; or, en distillant l'acide du soufre mélangé avec du charbon en poudre, on peut reproduire du soufre jaune qu'il est impossible de distinguer du soufre ordinaire. Ce soufre est formé par l'union de l'acide avec le phlogistique du charbon, et le charbon, par ce moyen, peut être entièrement privé de son phlogistique et transformé en cendres, absolument comme s'il avait été brûlé.

» Pour rendre encore plus clair le terme *phlogistiqué*, j'ajouterai ici quelques mots au sujet de la nécessité de l'union de ce principe avec les terres métalliques pour constituer un métal. On sait que le plomb, fondu dans un foyer énergique, disparaît en brûlant comme du bois pourri. Toutes les propriétés de ce métal disparaissent; il est réduit en cendres. Si vous exposez ces cendres de plomb à une chaleur intense, elles fondent; mais la substance fondue n'est plus un métal, c'est un verre jaune ou orangé. Si vous pilez ce verre et que vous le soumettiez, lui ou les cendres de plomb, en présence d'une certaine quantité de poussière de charbon, à une chaleur capable de les fondre, vous obtenez, non plus un *verre*, mais un *métal* identique avec le plomb par sa pesanteur, sa couleur, sa consistance et toutes ses autres propriétés. Ainsi les cendres de plomb fondues *sans* charbon deviennent un *verre*; les cendres de plomb fondues *avec* du charbon donnent un *métal*. Le charbon communique donc aux cendres du plomb *quelque chose* qui les transforme de verre en métal. Le charbon est composé de cendres et de phlogistique; les cendres du charbon unies à celles du plomb ne peuvent produire un métal : il faut donc admettre que c'est l'autre élément du charbon, le phlogistique, qui est cédé aux cendres du plomb et leur restitue, en s'unissant à elles, la forme métallique. Les cendres du plomb ne peuvent être ramenées à la forme métallique sans avoir été mélangées à *quelque* matière contenant du phlogistique, et elles peuvent être ramenées à cet état en s'unissant à *toute* matière contenant du phlogistique, que ces matières appartiennent au règne animal, au règne végétal ou au règne minéral. Nous pouvons conclure de là que le phlogistique est une partie nécessaire du métal, mais qu'il possède une identité propre, de quelque substance qu'il provienne. Et cette assertion devient encore plus générale, si l'on se souvient que les cendres des métaux peuvent être à la fois ramenées à l'état métallique et par les rayons solaires et par l'étincelle électrique. »

Le passage précédent du docteur Watson est presque une traduction de ce que dit Stahl dans son *Zymotechnica fundamentalis, simulque experimentum novum sulphur verum arte producendi*, où il établit, — ce qu'on peut appeler la permanence des substances chimiques, — que le plomb métallique peut être reproduit au moyen de ses cendres, le *sulphur verum*, au moyen de l'acide du soufre. Soit qu'on tienne compte ou non des oxydations ou des désoxydations produites, on décrirait et expliquerait d'une manière bien peu différente, même aujourd'hui, les phénomènes exposés dans cet écrit. N'avons-nous pas l'habitude de dire que le charbon, le soufre, le plomb, sont des corps jouissant d'une énergie chimique potentielle, qui est le phlogistique; que, dans l'acte de la combustion, cette énergie, qui était potentielle d'abord, devient sensible ou dynamique, et se dissipe sous forme de chaleur et de lumière; que les produits de la combustion, y compris le gaz, que l'on sait aujourd'hui être produit par la combustion du charbon, sont des substances dépourvues d'énergie chimique, c'est-à-dire de phlogistique; que, lorsque la substance acide produite par la combustion du soufre est chauffée avec du charbon, une portion de l'énergie du charbon non brûlé est transmise au soufre brûlé, exactement comme l'énergie d'un corps soulevé peut être transmise à un corps tombé, de telle façon que le soufre brûlé redevient soufre non brûlé, pourvu d'énergie et capable de brûler de nouveau comme le poids tombé est soulevé, pourvu d'énergie et capable de tomber une seconde fois; que l'énergie chimique potentielle du plomb métallique n'a pas été engendrée dans le plomb, mais lui vient du charbon avec lequel le plomb a été fondu; enfin que l'énergie chimique du charbon lui-même, sa capacité de brûler, sa puissance d'agir, en un mot son phlogistique, est une portion fixée par lui de la puissance des rayons solaires ?

Si c'est là une interprétation correcte de la doctrine phlogistique, il est évident que les partisans de Stahl, sans connaître beaucoup de faits qui ont été trouvés après eux, savaient pourtant bien des choses qui ont été trop oubliées depuis. Le genre humain est redevable au génie incomparable de Lavoisier de beaucoup de découvertes depuis; mais l'idée qu'il a établie, comme celle qu'il a renversée, n'étaient, il faut le reconnaître, qu'une vérité partielle. Le grand mérite de la généralisation de Lavoisier consiste à avoir ajouté quelque chose à la non moins grande généralisation de ses prédécesseurs aujourd'hui presque oubliés; sa faute est d'avoir voulu supplanter tout à fait leur doctrine. Les rapports de la doctrine de Stahl et de celle de Lavoisier, au sujet de la combustion, sont une autre démonstration de cette vérité exprimée par l'un de nos grands écrivains modernes, que, « dans l'esprit humain, le » parti-pris est toujours la règle et l'éclectisme l'exception, » de sorte que, dans les changements de l'opinion, une par- » tie de la vérité disparaît toujours, tandis qu'une autre partie » se dégage. Chaque progrès qui s'accomplit consiste le plus » souvent à substituer à une vérité partielle et incomplète une » autre vérité elle-même imparfaite; le progrès consistant » surtout en ceci que le fragment nouveau de vérité est plus » conforme aux besoins, aux exigences du temps que celui » qu'il remplace. »

La vérité partielle émise par Lavoisier était en effet plus conforme aux besoins, aux exigences du temps que celle qu'elle remplaçait. Les chimistes lui sont redevables de la conception actuelle des *éléments* matériels, et principalement de la connaissance de la part prise par l'air dans les phénomènes de combustion, qui donnent naissance à des *composés* oxygénés. Les partisans du phlogistique reconnaissaient bien la nécessité de l'air pour la combustion, mais, ignorant la nature de ce gaz, ils ne pouvaient savoir quel rôle il jouait dans ce phénomène. Brûler et rejeter du phlogistique étant deux expressions synonymes, on considérait l'air comme facilitant au combustible — on ne sait trop comment — l'émission de son phlogistique. D'ailleurs, le contact de l'air n'était pas indispensable à la combustion. On pouvait le remplacer par d'autres substances telles que le nitre, qui pouvaient comme lui, ou même mieux que lui, faciliter au combustible le dégagement de son phlogistique. Mais tandis que les partisans du phlogistique ignoraient que le produit de la combustion différât du combustible autrement que comme la glace diffère de l'eau par une diminution ou une disparition d'énergie, Lavoisier laissait de côté la notion d'énergie et montrait que le produit de la combustion contenait — outre le combustible — une certaine quantité d'oxygène que le combustible avait absorbée en brûlant. Comme l'a fort bien observé le docteur Crum-Brown, nous savons aujourd'hui que « le composé ne contient pas tout ce qu'il y » avait dans les substances qui l'ont produit; il contient *quel- » que chose de moins;* nous savons ce qu'est ce quelque chose; » nous pouvons lui donner le nom d'énergie potentielle, mais » nous ne pouvons douter que ce ne soit là ce que les chi- » mistes du XVIIIe siècle entendaient lorsqu'ils parlaient du » phlogistique ».

Par conséquent, les théories phlogistique et antiphlogistique sont, en réalité, complémentaires l'une de l'autre et non pas antagonistes, comme leur nom semble l'indiquer. Il a été dit, par exemple, que suivant Stahl le produit de la combustion est simple, et le combustible une combinaison de ce produit avec un fluide imaginaire, le phlogistique : ce qui est faux ; au contraire, suivant Lavoisier, le combustible est simple, le produit de la combustion composé du combustible et d'oxygène : ce qui est vrai. — Mais, dans ce cas, comme dans beaucoup d'autres, le même mot a été employé à des époques diverses dans des sens différents. Lorsque Lavoisier parle du rouge de plomb comme composé de plomb métallique et d'oxygène, il entend que la matière du rouge de plomb consiste dans la matière du plomb, *plus* la matière de l'oxygène. Lorsque les partisans de Stahl disent que le plomb métallique est composé de plomb brûlé combiné avec du phlogistique, ils attachent au mot *combinaison* le même sens que ceux qui ont dit que le poids d'un corps est composé de sa matière combinée avec sa gravité, ou que la vapeur était composée d'eau et de chaleur, ou, pour me servir d'une expression plus conforme à celles de Lavoisier, que le gaz oxygène lui-même était composé d'une base d'oxygène et de calorique. On ne doit pas dire par conséquent que des théories de Stahl et de Lavoisier, l'une soit vraie, l'autre soit fausse ; toutes deux sont imparfaites parce qu'elles sont incomplètes. Les chimistes actuels sont à la fois *stahliens* et *lavoisiens*, ils tiennent compte à la fois de l'énergie et de la matière. Mais les idées de Lavoisier ont modifié très-peu notre usage du langage de Stahl. Tandis que nous reconnaissons que dans l'acte de la combustion le combustible et l'oxygène prennent une part égale, de même que dans la chute d'un corps le corps pesant et la terre prennent une part égale; dans notre langage ordinaire, nous faisons abstraction de l'atmosphère ou de la terre, qui sont pourtant nécessairement modifiées, et nous parlons seulement de l'énergie du combustible qui brûle ou du corps pesant qui tombe. Quelle que puisse être d'ailleurs la faute du langage, les chimistes n'omettent pas de superposer la doctrine de Lavoisier à celle de Stahl. Ils reconnaissent entièrement que par l'union du combustible et de l'oxygène le phlogistique se dégage sous forme de chaleur; que ce phlogistique ne peut être restitué au combustible brûlé qu'en séparant le combustible de l'oxygène qu'il a absorbé ; absolument comme l'*énergie de position* ne peut être rendue à un corps tombé qu'à la condition de replacer ce corps à distance de la surface sur laquelle il est tombé.

Que Stahl et ses successeurs aient considéré le phlogistique comme matériel, nous n'en devons pas moins reconnaître le mérite de leur doctrine, absolument comme nous reconnaissions la valeur de la doctrine de la chaleur latente, quand même Black et Lavoisier auraient considéré le calorique comme une substance matérielle. D'ailleurs, bien qu'ils définissaient le phlogistique comme la matière ou le principe du feu, il n'est pas du tout certain que les défenseurs du phlogistique en fissent un véritable corps, une substance pondérable. Ils le considéraient et en parlaient bien plutôt comme les savants de nos jours font du fluide électrique ou de l'éther lumineux.

Le caractère particulier que l'on peut attribuer au phlogistique est défini par la citation suivante extraite des « *Éléments de chymie théorique*, de Macquer, publiés en 1749. Il ne faut oublier à ce sujet combien est erronée cette opinion vulgaire que le phlogistique avait été conçu par ses défenseurs comme une substance matérielle ayant un *poids négatif;* elle est basée sur une innovation qui fut introduite pendant la décadence de la théorie phlogistique et défendue surtout par le futur collaborateur de Lavoisier, Guyton de Morveau, dans sa *Dissertation sur le phlogistique, considéré comme corps grave, et par rapport aux changements de pesanteur qu'il produit dans les corps auxquels il est uni.* 1762.

Macquer s'exprime ainsi : « La nature du soleil ou de la lumière, le phlogistique, le feu, le soufre-principe, la matière inflammable, sont tous les noms par lesquels on a coutume de désigner l'élément du feu. Mais il paraît qu'on n'a pas fait une distinction assez exacte... du nom qu'il mérite véritablement lorsqu'il entre effectivement comme principe dans la composition d'un corps, ou bien lorsqu'il est seul dans son état naturel. Si on l'envisage sous cette dernière vue, le nom de feu, de matière du soleil, de la lumière, de la chaleur, lui convient particulièrement. Pour lors, c'est une substance que l'on peut considérer comme composée de particules infiniment petites, qui sont agitées par un mouvement, rapide et continuel, par conséquent essentiellement fluide. Cette substance, dont le soleil est comme le réservoir général, s'en émane perpétuellement et est répandue universellement dans tous les corps que nous connaissons ; mais non pas comme principe ou essentielle à leur mixtion, puisqu'on peut les en priver ou en grande partie sans qu'ils souffrent pour cela de la moindre décomposition... Cependant les phénomènes que présentent les matières inflammables lorsqu'elles brûlent nous indiquent qu'elles contiennent réellement la matière de feu comme un de leurs principes.

» ... Examinons donc les propriétés de ce feu fixé et devenu principe des corps. C'est lui auquel nous donnerons particulièrement le nom de matière inflammable, de soufre-principe ou de phlogistique, pour le distinguer du feu pur. »

On trouve encore la même chose dans le *Manuel de chymie* de Beaumé, publié en 1765 :

« Nous considérons le feu sous deux états différents. Lorsqu'il est pur, isolé et qu'il ne fait partie d'aucun composé... Lorsqu'il est combiné avec d'autres substances et qu'il fait un des principes constituants des corps composés.

» ... On n'est pas certain si le feu est pesant. Il y a des expériences pour et contre...

» Pendant la combustion des substances, le feu combiné se réduit en feu élémentaire et se dissipe à mesure. Le célèbre Boerhaave n'est cependant pas de ce sentiment; il dit que si cela était, la quantité de feu élémentaire devrait augmenter à l'infini dans la nature... Mais il est facile de répondre à cette objection, en disant, comme on est en droit de le présumer, que le feu élémentaire dégagé des corps se combine à mesure avec d'autres substances, et qu'il perd toutes ses propriétés de feu libre en devenant principe constituant des corps dans la composition desquels il entre.

»... Le principe dont nous entendons parler ici est celui que Stahl a nommé *phlogistique.* »

En interprétant ces écrits et d'autres encore à la lumière de la science moderne, il n'est pas permis d'attribuer à leurs auteurs la notion précise d'énergie qui prévaut aujourd'hui. Il est seulement certain que les partisans du phlogistique ont possédé une vérité de la nature qui, perdue de vue pendant un certain temps, a enfin pris la forme définitive que nous lui connaissons. « J'ai confiance, disait Beccher, que j'ai saisi ma « cruche par la bonne anse. » Or, ce que lui et ses successeurs ont saisi et défendu si vigoureusement alors peut-être entaché de sophisme et d'ignorance, est aujourd'hui définitivement considéré, et en connaissance de cause, comme une partie de l'une des plus brillantes généralisations dont la science puisse s'honorer.

W. ODLING,
Fullerian professeur à l'Institution royale.

— Traduit de l'anglais par EDMOND PERRIER, docteur ès sciences, aide-naturaliste au Muséum d'histoire naturelle de Paris. —

INSTITUTION ROYALE DE LA GRANDE BRETAGNE

LECTURES DU VENDREDI SOIR

M. J. TYNDALL (1)

de la Société royale de Londres

Couleur de l'eau de la mer et diffusion de la lumière dans l'eau et dans l'air.

MÉTHODE SUIVIE DANS LES RECHERCHES.

Par le mot de *diffusion* employé dans le titre de ce travail, je veux indiquer la réflexion irrégulière de la lumière par des particules qui se trouvent tenues mécaniquement en suspension dans l'eau ou dans l'air. Des particules de ce genre, vous le savez, se voient sur le trajet d'un faisceau lumineux qui pénètre dans une pièce obscure. Vous voyez en ce moment un de ces faisceaux, large en certains endroits, et fortement concentré en d'autres, et la poussière en suspension dans l'air indique exactement l'espace qu'il occupe. Cette diffusion de la lumière, nous pouvons la faire cesser, soit en arrêtant la lumière, soit en détruisant la substance en suspension dans l'air. J'intercepte une partie du faisceau, et l'espace correspondant devient obscur, parce qu'il ne contient plus de lumière diffuse. Je détruis la substance en suspension, en la brûlant, et nous voyons immédiatement des espaces obscurs se montrer à l'endroit où, un moment auparavant, nous avions des milliers de petites parcelles brillantes. Ces expériences sont familières à la plupart d'entre vous. Pour en bien voir les effets, il faut que l'œil ne reçoive de lumière que de la poussière flottante, afin que l'éclat de cette dernière tranche sur l'obscurité qui l'environne. La démonstration en est facile avec les lampes qui éclairent cette salle. Lorsqu'elles sont allumées, le trajet de notre faisceau se perd dans leur éclat; mais si je les éteins, nous voyons le faisceau aussi brillant que possible.

(1) Voyez ci-dessus, page 13, 1er juillet 1871.

EXPÉDITION ENVOYÉE A ORAN POUR Y OBSERVER UNE ÉCLIPSE DE SOLEIL.

Il y a deux ou trois ans déjà que j'étudie la lumière réfléchie par la poussière, et ce que j'avais entendu dire ou lu du halo lumineux qui s'observe autour du soleil pendant les éclipses totales, m'avait fait penser que ce phénomène pourrait bien être dû à quelque poussière solaire, projetée peut-être dans l'espace par les mouvements énormes et les explosions auxquels la photosphère solaire est sujette. Ces idées, et d'autres encore, m'ont inspiré le désir de voir cette couronne, et j'ai profité de l'autorisation qui me fut gracieusement donnée d'accompagner l'expédition envoyée à Oran pour y étudier une éclipse solaire. Des travaux préliminaires avaient, je le crois, parfaitement préparé tous les membres de la commission à bien faire leur devoir, et leur échec ne peut être attribué qu'à des causes indépendantes de leur volonté.

Du sommet de la petite tour sur laquelle j'avais placé l'excellent instrument que m'avait prêté mon ami M. Warren de la Rue, j'ai pu voir un phénomène fort remarquable, qui se rattache sans doute à la diffusion de la lumière. Quand nous eûmes perdu tout espoir d'étudier l'éclipse, et que l'obscurité était déjà presque complète, je quittai le télescope et je regardai une chaîne de montagnes assez éloignée, où je savais que l'obscurité se manifesterait d'abord. En ce moment, une grande gerbe de rayons en éventail, partant du soleil alors invisible pour nous, couvrit le ciel du côté du sud. Ces rayons, vous le savez, présentent des alternatives de lumière et d'ombre, dues à de petits nuages de densités différentes, qui flottent dans une vapeur lumineuse. Les rayons sont réellement parallèles, mais, par un effet de perspective, semblent diverger en éventail. L'obscurité envahit la chaîne de montagnes dont j'ai parlé et, immédiatement après, s'étendit à l'espace occupé par les rayons, qui disparurent comme s'ils avaient été effacés avec une éponge. Puis les ténèbres couvrirent l'un après l'autre trois espaces bleus dans la partie sud-est du ciel. Je jetai de nouveau les yeux sur les hauteurs où j'avais d'abord remarqué de l'obscurité; j'y aperçus une lueur semblable à celle de l'aurore, et aussitôt après, le faisceau de rayons, qui avait disparu pendant deux minutes, brilla de tout son éclat. L'éclipse était terminée; nous avions échoué, et il ne nous restait plus qu'à oublier notre désappointement en nous livrant à d'autres travaux.

DES COULEURS QUE PRÉSENTE L'EAU DE MER.

La couleur de la mer m'intéresse depuis longtemps, et j'avais profité de mon voyage pour remplir d'eau de mer un certain nombre de bouteilles, que je me réservais d'examiner à loisir. Mais ces bouteilles avaient contenu du vin, et je n'étais pas sûr qu'elles fussent absolument propres. Aussi, une fois arrivé à Gibraltar, eus-je soin d'acheter quinze flacons de verre blanc, bouchés à l'émeri; plus tard, à mon retour, j'en achetai encore une douzaine à Cadix. Ces vingt-sept flacons furent remplis d'eau prise sur différents points entre l'Algérie et Spithead. (Au sud de l'Angleterre, entre Portsmouth et l'île de Wight.)

Je ne dois pas oublier de remercier le capitaine Henderson, du vaisseau *Urgent*, de S. M. Britannique, pour la bienveillance avec laquelle il m'a aidé dans toutes mes observations. C'est, du reste, à tous les officiers de ce vaisseau que je dois de la reconnaissance, car leur courtoisie et leur assistance ne m'ont jamais fait défaut. Le capitaine avait mis à ma disposition son maître d'équipage, beau garçon intelligent, nommé Thorogood, qui attacha adroitement chaque flacon au bout d'une corde, y suspendit un morceau de plomb, le jeta à la mer et, après l'avoir rincé à trois reprises, le remplit sous mes yeux. J'évitais ainsi le contact des brocs, des seaux et autres récipients, ainsi que la nécessité de transvaser plus tard le liquide au contact de l'air impur de Londres.

Le procédé d'examen auquel je soumis ces flacons après mon retour à Londres est, en quelque sorte, le complément de l'étude au microscope, et peut, selon moi, être fort utile dans les recherches que l'on fait avec cet instrument. Avec le microscope on étudie une petite partie du liquide, et l'on cherche à découvrir les parcelles séparées qui peuvent s'y trouver en suspension. Dans la méthode que j'ai suivie, une grande portion du liquide est éclairée, et son état général est révélé par la lumière que réfléchissent les particules en suspension. L'œil est soigneusement garanti de l'influence de toute lumière étrangère, et, ainsi protégé, cet organe acquiert une délicatesse extrême. Une eau qui ne contiendrait absolument aucune substance tenue mécaniquement en suspension, ne saurait, je le crois, disperser la lumière ; il serait impossible d'y suivre la trace d'un rayon lumineux. Au contraire, des impuretés en quantité infinitésimale, quantité qu'il serait presque impossible de représenter numériquement, dont les parcelles sont si petites qu'elles échappent complétement au microscope, ces impuretés, dis-je, si on les examine en suivant la méthode que j'ai indiquée, pourront produire sur l'œil des effets non-seulement sensibles mais même frappants.

Pour ne point abuser de votre temps, considérons ces dix-neuf flacons, que j'ai remplis sur différents points de la ligne entre Gibraltar et Spithead. Vous voyez ici le tableau des résultats donnés par l'examen de l'eau de ces flacons. Voici d'abord trois échantillons portant les indications de vert, vert clair, vert brillant; ce sont des eaux prises l'une dans le port de Gibraltar, l'autre à deux milles du port, et la troisième à la hauteur de la pointe de Cabreta. Que nous apprend l'examen de ces eaux? que la première contient beaucoup de matières en suspension, la seconde moins, et la troisième moins encore. Le vert devient plus brillant, à mesure que la quantité de matières en suspension diminue. Nous passons maintenant brusquement à une eau indigo ; quel changement nous indique ici l'examen? que la pureté de l'eau a tout à coup augmenté, car la quantité de matières en suspension a brusquement diminué. A la hauteur de Tarifa (sur la côte d'Andalousie, à 40 kilomètres S. E. de Cadix), le bleu foncé disparaît, remplacé par une couleur indécise; à ce changement correspond un accroissement sensible de la quantité de matières en suspension. Au delà de Tarifa, nous trouvons le bleu de cobalt, et en même temps nous voyons diminuer la quantité de matières en suspension. L'eau bleue est visiblement plus pure que l'eau verte. Nous approchons de Cadix, et à douze milles de la ville nous trouvons une eau d'un vert jaune; l'examen fait à Londres démontre que cette eau est très-chargée de matières en suspension. Même observation pour le port de Cadix, et aussi pour un point situé à 14 milles de Cadix, en allant vers l'Angleterre. Là, l'eau passe tout à coup du vert jaune au vert-émeraude, et nous voyons en même temps décroître la quantité des matières à l'état de suspension. Entre le cap Sainte-Marie et le cap Saint-Vincent, l'eau devient indigo foncé; au point de vue de la pureté, cette eau d'un bleu si foncé est supérieure à l'eau vert-émeraude.

Nous arrivons maintenant au groupe remarquable de rochers connu sous le nom de *Burlings;* l'eau recueillie entre le rivage et les rochers est vert foncé, et l'examen nous démontre qu'elle est chargée de parcelles de matières très-fines. Quinze ou vingt milles plus loin que les Burlings, nous nous retrouvons dans l'eau indigo, et cette eau ne contient presque plus de matières en suspension. A la hauteur du cap Finistère, presque à l'endroit où le vaisseau *Captain* a sombré, l'eau devient verte, et l'examen démontre qu'elle contient plus de matières étrangères. Nous entrons ensuite dans la baie de Biscaye : l'indigo reparaît, et l'examen démontre encore que l'eau est bien plus pure. Un second échantillon d'eau prise dans cette baie, tenait en suspension des particules fines d'une nature toute particulière ; leur grandeur était suffisante pour communiquer à l'eau une teinte irisée : on la voyait verte, bleue ou couleur de saumon, suivant la direction dans laquelle on la regardait. Vue obliquement et dans une direction opposée à celle de la lumière, l'eau était bleue. Voici enfin nos deux derniers flacons, remplis l'un en face du phare de Sainte-Catherine, dans l'île de Wight; l'autre à Spithead. Sur ces deux points la mer était verte, et j'ai reconnu, comme je devais m'y attendre, que les deux échantillons étaient chargés de matières en suspension.

Je vous ai donc soumis deux séries d'observations bien distinctes : la première se compose d'observations directes faites sur la couleur de la mer, de Gibraltar à Portsmouth ; l'autre, d'examens faits dans le laboratoire de cette Institution. Remarquons ici qu'en opérant dans le laboratoire, je n'ai jamais su à quelle eau j'avais affaire. Les étiquettes sur lesquelles était indiqué le lieu de provenance se trouvaient cachées comme vous le voyez ici, de sorte que j'ignorais complétement où l'eau avait été recueillie. Les flacons étaient simplement numérotés, et ce n'est qu'après avoir examiné toutes les eaux, que j'ai ouvert les étiquettes pour voir l'endroit et la couleur correspondant à chaque échantillon. Les études faites dans mon laboratoire ont dû, par conséquent, être à l'abri de l'influence de toute idée préconçue, et ces études démontrent évidemment le rapport qui existe entre la couleur verte de l'eau de mer et la présence de matières fines en suspension ; elles font voir aussi que la couleur bleu d'outremer, et surtout la couleur indigo foncé de l'eau, correspondent à une absence relative de matières en suspension.

CAUSE DES TEINTES DIVERSES QUE PRÉSENTE LA MER.

Commençons par quelques expériences qui feront mieux comprendre l'explication que nous allons donner de la couleur foncée des mers profondes (1). Les couleurs, vous le savez, sont toutes dans la lumière blanche ; elles se manifestent ordinairement lorsqu'un des éléments constitutifs de la lumière

(1) Dans un billet du 22 octobre, mon ami Kingsley s'exprime ainsi sur ce sujet : « Je n'ai jamais vu le lac de Genève sans songer à la teinte d'un bleu éblouissant que présente le milieu de l'Atlantique, sous les rayons du soleil, et à son bleu noir par un temps couvert ; ces deux couleurs présentent à l'œil un tel aspect de solidité, que l'on s'y élancerait volontiers comme sur une surface résistante. C'est là ce qui m'a semblé le plus surprenant dans mes traversées des Antilles. »

blanche vient à manquer. Voici un liquide qui colore en violet les rayons transmis, et cette colorations'explique aisément par l'action que cette solution exerce sur le spectre. Elle absorbe le jaune et le vert, et laisse passer le rouge et le bleu ; or, le mélange de ces deux dernières couleurs donne le violet. Le liquide laisse-t-il entièrement passer le rouge et le bleu ? Non. Il affaiblit le spectre entier, mais attaque tout particulièrement le jaune et le vert. Augmentons l'épaisseur de la couche liquide que traverse le rayon lumineux, et nous verrons disparaître le spectre tout entier : maintenant, en effet, aucune couleur ne peut passer. Dans cet autre vase, vous voyez un liquide bleu. Pourquoi est-il bleu ? La manière dont il agit sur le spectre fournit une réponse à cette question. Le liquide éteint d'abord les rayons rouges ; puis, à mesure que son épaisseur augmente, il attaque successivement l'orangé, le jaune et le vert ; enfin le bleu reste seul, mais il disparaîtrait également si la couche liquide devenait assez épaisse.

Nous voici maintenant suffisamment préparés à étudier dans son ensemble, mais d'une manière assez complète, l'action de l'eau sur la lumière, car c'est à la lumière qu'elle doit sa teinte foncée. Voyez ce spectre ; il se compose de rayons de trois espèces : rayons calorifiques, rayons lumineux et rayons chimiques. Ces différents rayons empiètent les uns sur les autres ; les rayons calorifiques sont en partie lumineux, les rayons lumineux en partie chimiques, et réciproquement. La plus grande portion du spectre calorifique est invisible et située au delà des rayons rouges. L'action de l'eau sur les rayons calorifiques est très-énergique : la surface de la mer les absorbe complétement, et ce sont les agents principaux de l'évaporation des eaux. En même temps, le spectre tout entier est affaibli ; l'eau attaque tous ses rayons, mais avec une force inégale. Dans le spectre lumineux, ce sont les rayons rouges qui sont les premiers attaqués et les premiers éteints ; les autres couleurs se trouvent affaiblies en même temps. A mesure que le rayon solaire pénètre plus profondément dans la mer, l'orangé suit le rouge, le jaune suit l'orangé, puis disparaissent le vert et le bleu, quand l'eau est assez profonde. Le rayon solaire s'éteindrait complétement si l'eau était profonde, d'une densité constante, et sans matières étrangères en suspension : l'eau paraîtrait alors aussi noire que de l'encre. Sa surface pourrait bien encore nous renvoyer quelques faibles rayons réfléchis, comme l'encre peut le faire, mais la masse du liquide ne saurait transmettre de lumière, ni par conséquent de couleur. Dans l'eau de la mer, quand elle est très-claire et très-profonde, ces conditions se trouvent remplies jusqu'à un certain point, ce qui explique la teinte très-foncée de cette eau. La couleur indigo, dont j'ai parlé plus haut, vient, selon moi, en partie des matières en suspension qui se trouvent toujours même dans l'eau naturelle la plus pure, et en partie de la légère réflexion que subit la lumière à la surface de séparation des couches d'inégale densité. Une très-petite quantité de lumière se trouve ainsi renvoyée à l'œil, avant d'arriver à la profondeur qu'exige l'extinction complète. Un effet identique s'observe sous les moraines des glaciers suisses. La glace y est plus compacte qu'ailleurs, et grâce à l'absence de la dispersion intérieure si ordinaire dans la glace qui contient des bulles d'air, la lumière pénètre dans la masse et s'y éteint, de sorte que la glace, d'une limpidité parfaite, paraît aussi noire que de la poix.

Expliquons maintenant la couleur verte de la mer, quand elle contient des matières étrangères tenues mécaniquement en suspension ; et, pour cela, plaçons-nous sur le terrain solide de l'expérience. Voici une assiette blanche ordinaire, très-épaisse et très-forte ; ainsi entourée de corde et lestée de plomb, elle était attachée à l'extrémité d'une forte ligne de chanvre, de 40 ou 50 mètres de long. Le marin Thorogood, qui m'aidait dans mes expériences, se plaça avec ce petit appareil dans un canot suspendu comme à l'ordinaire aux daviers de l'*Urgent*, tandis que j'en occupais un second plus près de l'arrière du vaisseau. Il jeta l'assiette comme il aurait jeté le plomb de sonde, et quand elle se trouva en face de moi, elle était déjà parvenue à une profondeur considérable. Dans toutes les expériences, la teinte prise par l'assiette était verte, non d'un vert bien pur, mais d'un vert mêlé de bleu ; et, quand la mer était d'un bleu indigo très-foncé, c'était alors que le vert était le plus vif et le plus prononcé. A mesure que l'assiette s'enfonçait, je voyais la teinte devenir plus foncée ; mais, même à la plus grande profondeur, dans l'eau bleue, l'assiette était encore d'un vert bleuâtre.

D'autres observations sont venues confirmer ces premières expériences. L'*Urgent* est un steamer à hélice, et, juste au-dessus des ailes de l'hélice, se trouve une ouverture par laquelle on peut, de la poupe, examiner l'hélice. Le miroitement ordinaire de la surface de l'eau, si fatigant pour la vue, se trouvait ici presque annulé : en effet, vers le milieu de la hauteur du puits au fond duquel se voyait l'hélice, on avait disposé une planche sur laquelle je me plaçais pour faire mes observations. L'obscurité relative de cette position rendait l'œil plus sensible ; et, pour mieux me garantir de toute influence perturbatrice, le lieutenant Walton avait eu la bonté de faire couvrir l'orifice du puits d'une voile et d'un prélart. Ainsi abrité, je pus observer l'hélice tout à mon aise. Dans l'eau bleu foncé, le jeu des couleurs était d'une beauté indescriptible, et le contraste entre les effets présentés par l'eau, selon que les ailes de l'hélice ou les profondeurs de l'océan lui servaient de fond, était extraordinaire. Dans le premier cas, l'eau était du vert le plus éclatant ; dans le second, bleu d'outremer brillant. La surface de l'eau au-dessus de l'aile de l'hélice était toujours agitée ; il se formait ainsi comme des lentilles de liquide, qui s'emparaient de la lumière colorée de certains points pour la concentrer sur d'autres. Dans cette circonstance, les ailes de l'hélice jouaient le rôle de l'assiette de l'expérience précédente, et il y avait encore d'autres points de rapport du même genre. La teinte que donnaient les eaux bleu foncé était toujours verte à une certaine profondeur. Le ventre blanc des marsouins présentait la même teinte, plus ou moins foncée selon que ces animaux se balançaient à une profondeur plus ou moins grande. Quand la mer était grosse, la lumière qui avait traversé le sommet d'une vague arrivait quelquefois jusqu'à mes yeux, et je voyais alors la vague surmontée d'une magnifique crête verte, tandis que l'eau tout autour du vaisseau était du bleu le plus foncé.

Mais quel rapport existe entre cette couleur et les particules matérielles en suspension ? Prenons l'assiette qui était d'un vert si brillant dans l'eau bleu foncé. Supposons qu'elle diminue jusqu'à devenir de dimensions presque microscopiques. Elle se comportera encore comme l'assiette ordinaire, renvoyant à l'œil une parcelle de lumière verte. Si l'assiette, au lieu d'être une masse d'une certaine grandeur, se trouvait réduite en poudre assez fine, que l'on répandît dans de l'eau de mer limpide, elle renverrait à l'œil de la lumière verte.

En effet, les particules matérielles en suspension dont nous avons reconnu la présence dans l'eau de mer verte, ont essentiellement la même action que l'assiette, les ailes de l'hélice, l'écume des vagues ou le ventre des marsouins. Quand ces particules sont trop grossières ou trop abondantes, elles épaississent visiblement l'eau. Au contraire, suffisamment petites, sans l'être trop, et suffisamment dispersées, elles n'altèrent pas sensiblement la limpidité des flots; alors il faut, pour révéler leur présence, l'indication plus décisive et plus délicate en même temps d'un rayon lumineux concentré.

DES PARTICULES EN SUSPENSION DANS LES EAUX POTABLES.

La méthode que nous avons employée, méthode d'une extrême simplicité, n'est pas purement théorique; on peut s'en servir pour l'examen de l'eau ordinaire, et quelquefois on obtient ainsi des résultats inattendus. Voici, par exemple, une carafe destinée à désaltérer celui qui a l'honneur de vous parler en ce moment; et peut-être ferait-il bien de ne pas l'examiner de trop près. Le rayon de lumière montre simplement que cette eau est sale. Comme vous le voyez, les impuretés abondent, non-seulement dans l'air que nous respirons, mais même dans l'eau que nous buvons. Et cependant cette eau n'est pas plus mauvaise que les autres eaux de Londres. Grâce à la complaisance du professeur Frankland, j'ai des échantillons des eaux de huit des compagnies de Londres; toutes sont chargées d'impuretés tenues mécaniquement en suspension. Mais, me direz-vous, le filtrage ne peut-il séparer de l'eau les matières qu'elle tient en suspension? Oui, sans doute, quand elles sont grossières; non, si elles sont plus finement divisées. Voici de l'eau qui a été passée quatre fois au filtre de papier; elle contient encore des particules de matières très-fines. Voici encore un flacon que M. Lipscomb a bien voulu m'envoyer; l'eau qu'elle contient a été passée une fois par son filtre de charbon. Cependant le rayon de lumière y laisse une trace plus brillante que dans l'air, parce que la quantité de matière en suspension dans l'eau est plus grande que celle qui existe dans l'air. Voici un autre échantillon que je dois à la complaisance de la *Silicated carbon Company*. Toutes les matières grossières ont disparu, mais l'eau est chargée de parcelles très-fines. Les neuf dixièmes de la lumière que disséminent ces parcelles sont parfaitement polarisés perpendiculairement au faisceau lumineux, et cette déviation de la loi de polarisation ordinaire démontre la petitesse des parcelles. Je dois dire que la presque totalité des parcelles qui produisent cette diffusion échappent complétement au microscope.

Elles sont si ténues que je ne crois pas qu'il y ait de filtre qui puisse les arrêter. Je n'ai pas l'intention de vous effrayer le moins du monde, car l'eau que nous buvons peut être parfaitement salubre, quoiqu'elle ne soit pas propre. Assurément on trouve un plaisir tout particulier à boire un verre d'eau fraîche et limpide, et je crains que nos expériences ne détruisent ce plaisir si jamais vous l'avez éprouvé. Quant à obtenir de l'eau pure par des moyens artificiels, c'est, pour ainsi dire, impossible. M. Hartley, par exemple, a dernièrement distillé de l'eau dans l'hydrogène, et cette eau contenait des matières en suspension. Voici un échantillon que nous avons obtenu par la combustion de l'eau au contact de l'air; la vapeur d'eau s'est condensée sur la surface polie d'un bassin d'argent suffisamment refroidi. Si nous agitons cette eau, nous la trouvons remplie de matières étrangères en poussière plus ou moins fine. Il est si difficile d'être propre au milieu de la saleté! Voici néanmoins de l'eau presque pure; elle vient du lac de Genève, où mon éminent ami M. Soret a pris soin de remplir ce flacon pour moi. Cette eau est restée assez longtemps sans être agitée, et il faut en attribuer la limpidité, au moins en partie, à ce que les matières étrangères ont pu se déposer. Le rayon de lumière traverse le liquide en y laissant une trace bleu de ciel clair; c'est à peine si l'on y aperçoit quelques indications de la présence de particules un peu grosses.

L'eau la plus pure que j'aie obtenue — probablement la plus pure que l'on ait vue jusqu'ici — vient de la fusion de morceaux de glace choisis avec soin. Mais, pour obtenir ce degré de pureté, il faut prendre des précautions extraordinaires. Voici l'appareil que M. Cottrell a imaginé et construit dans ce but. Le plateau d'une machine pneumatique est traversé par le tube d'un grand entonnoir, à la partie inférieure duquel on a adapté une série de petits ballons de verre. Dans l'entonnoir on met un bloc de glace d'une limpidité parfaite, et l'on couvre le tout avec une cloche de verre qui pose sur le plateau. On fait plusieurs fois le vide, en laissant chaque fois rentrer de l'air qui se filtre en traversant une certaine quantité d'ouate, de sorte que la glace se trouve entourée d'air absolument pur de toute poussière. Mais cette glace avait été en contact avec de l'air rempli de poussière; il faut donc qu'elle lave et sa propre surface, et le ballon de verre qui doit recevoir l'eau de liquéfaction. On laisse fondre la glace; on vide le ballon dès qu'il est plein, et cela à plusieurs reprises, jusqu'à ce que les dimensions du bloc de glace aient subi une diminution notable. Nous pouvons être sûrs que toute impureté a disparu de la surface de la glace. Les deux ballons que voici contiennent de l'eau obtenue par ce procédé, qui donne la plus grande pureté à laquelle on soit arrivé jusqu'ici. Cependant j'hésiterais encore à déclarer cette eau absolument pure. Quand le faisceau lumineux la traverse, sa trace n'est pas invisible; elle est du bleu le plus clair et le plus délicat. Ce bleu est plus pur que celui du ciel, de sorte que les particules qui le produisent doivent être plus fines que celles qui composent le ciel. Si on le regarde perpendiculairement à la direction du faisceau, en se servant d'un prisme de Nicol, le bleu est complétement éteint. On peut soutenir, et l'on a en effet soutenu que ce bleu est renvoyé par les molécules mêmes de l'eau, et non par des matières qui y sont en suspension. Mais si nous nous rappelons que l'on n'arrive que graduellement à ce bleu si parfait, et après avoir passé par plusieurs nuances qui le sont moins; si nous nous rappelons qu'un bleu absolument identique peut être produit par des particules matérielles en suspension dans l'eau, nous hésiterons à déclarer que nous ayons atteint ici le dernier degré de pureté. Nous devrons, au contraire, conclure de cette expérience que, s'il était possible d'obtenir une eau encore plus pure, cette dernière trace de bleu si délicate disparaîtrait elle-même.

Il y a quelques jours, le docteur Bence Jones m'a proposé de représenter par des nombres les différents degrés d'impureté dus à des matières étrangères en suspension dans l'eau. Cette eau provenant de la liquéfaction de la glace pourrait être prise pour type, et porter le numéro 1; les différents degrés d'impureté seraient alors marqués par des chiffres plus élevés. Sans aucun doute, une telle méthode rendrait le langage plus clair quand il s'agit de l'eau. Mais ce que je cherche à indiquer ici, c'est un moyen d'une extrême simplicité qui peut aider puissamment et compléter l'examen microscopique. Après cinq minutes d'inspection par cette méthode, vous en saurez plus sur le degré d'impureté d'une eau quelconque, qu'après des journées entières d'examen au microscope. Le véritable rôle du microscope doit être de déterminer la nature des différentes particules matérielles que le rayon de lumière nous fait apercevoir en masse.

EAU POTABLE DES TERRAINS CALCAIRES.

Mais est-il impossible de trouver en Angleterre une eau qui rivalise avec celle du lac de Genève? Assurément non. Nous avons en Angleterre une roche qui constitue à la fois un récipient d'une extrême propreté et un filtre naturel d'une efficacité extraordinaire, de sorte que nous pouvons en tirer une eau contenant très-peu d'impuretés en suspension. Je veux parler du terrain calcaire qui sert de réservoir à de très-grandes quantités d'eau. Nos collines de craie sont, pour la plupart, couvertes d'une couche assez mince de terre végétale, et la végétation y est fort pauvre. Rien ne vient donc s'opposer à ce que les pluies pénètrent dans la craie, où les impuretés organiques que l'eau a pu entraîner sont bientôt oxydées et rendues inoffensives. Ceux qui ont parcouru comme moi les coteaux du Hampshire et du Wiltshire, se rappelleront combien l'eau est rare dans ces deux comtés. En effet, les pluies, au lieu de laver la surface et de se réunir pour former des cours d'eau, se perdent dans les fissures du terrain crayeux, et filtrent au travers; aussi, dès que l'on fore convenablement ce terrain, obtient-on une eau vive et très-pure. Voici un ballon de verre rempli d'eau prise dans un puits près de Tring (dans le comté de Hertford, à 31 milles N. O. de Londres). Cette eau contient extrêmement peu de matières étrangères en suspension; et en effet il est évident qu'une eau dont la surface est garantie de toute impureté, et qui filtre à travers une substance aussi propre que la craie, doit nécessairement être pure. Le rayon lumineux qui traverse ce verre d'eau démontre à tous les yeux la pureté du liquide : vous voyez la trace de la lumière, mais ce n'est pas la trace épaisse et boueuse qui s'observe dans les eaux de Londres. On a beaucoup discuté la possibilité d'utiliser pour la ville de Londres l'énorme approvisionnement d'eau excellente que contient le terrain calcaire. Un grand nombre de nos ingénieurs et de nos chimistes les plus éminents ont vivement recommandé cette source d'approvisionnement, et se sont efforcés de montrer que, non-seulement la pureté de cette eau est sans égale, mais même sa quantité est pour ainsi dire inépuisable. Nous avons maintenant, je le crois, des données suffisantes à cet égard, grâce au nombre considérable des puits qui existent maintenant dans la craie, et à la connaissance exacte que nous avons de leur rendement.

Mais cette eau, si admirable au point de vue de la petite quantité de matières étrangères qu'elle tient en suspension, cette eau a l'inconvénient d'être très-dure. Sa dureté vient de la grande quantité de carbonate de chaux qui s'y trouve en dissolution. L'eau du terrain calcaire près de Watford (comté de Hertford, à 15 milles N. O. de Londres) contient en dissolution environ 17 grains de carbonate de chaux par gallon (242 milligrammes par litre); c'est là ce que l'on appelait autrefois 17 degrés de dureté. Or cette eau dure ne convient ni au thé ni au blanchissage. Elle encroûte les bouillottes, par suite de la précipitation des sels calcaires qui s'y trouvent en dissolution. Si on l'emploie à froid pour le blanchissage, il faut d'abord une certaine quantité de savon pour en neutraliser la dureté, avant que le reste se dissolve. En visitant une blanchisserie dans le Hampshire, j'ai été frappé de la perte énorme de savon causée par la dureté de l'eau. Cela seul pourrait sembler une objection capitale contre l'emploi des eaux calcaires à Londres, si l'expérience n'avait démontré qu'il est facile de les adoucir à peu de frais, en opérant en grand. Je connaissais depuis longtemps le procédé de Clark pour adoucir l'eau, mais ce n'est que tout dernièrement que j'en ai vu l'application sur une grande échelle. M. Homersham adoucit les eaux dures de Caterham (comté de Surrey), de Canterbury (comté de Kent, à 55 milles de Londres), et des hauteurs de Chiltern (collines de craie, dans le comté de Buckingham), pour les villes de Tring (comté de Hertford), d'Aylesbury (comté de Buckingham, à 44 milles de Londres), et d'autres encore.

J'ai visité ces différents endroits, et j'ai examiné les appareils. A Canterbury, il y a trois réservoirs qu'une toiture épaisse et plusieurs couches de gravier garantissent des chaleurs de l'été et des froids de l'hiver. Chacun de ces réservoirs contient 120 000 gallons (5452 hectolitres) d'eau chargée de sels calcaires. A côté de ces réservoirs, il y en a d'autres qui contiennent de la chaux pure éteinte, que l'on appelle souvent crème de chaux. On remplit d'eau ces derniers réservoirs et l'on mélange cette eau avec la chaux en introduisant de l'air par le fond de chaque réservoir, à l'aide d'une machine spéciale. L'eau ainsi mélangée à la chaux se sature bientôt de cette substance; on laisse alors déposer la chaux en excès, et l'eau de chaux, parfaitement limpide, reste au-dessus.

Il s'agit maintenant d'adoucir l'eau chargée de carbonate de chaux. Supposons qu'un des trois grands réservoirs soit vide; on y fait passer une certaine quantité d'eau de chaux limpide, et ensuite environ neuf fois autant d'eau chargée de sel calcaire. Les deux liquides, parfaitement limpides, deviennent troubles et épais dès qu'ils sont mélangés. Le carbonate de chaux se précipite, et, le réservoir se trouvant plein, on laisse déposer le précipité, ce qui se fait rapidement, vu sa densité et son caractère cristallin. Au bout de douze heures environ, le fond du réservoir est couvert d'une couche blanche de carbonate de chaux pur, au-dessus de laquelle se trouve une eau d'une pureté et d'une limpidité extrêmes. Il y a quelques jours, j'ai jeté des sous dans un réservoir de seize pieds de profondeur situé sur les hauteurs de Chiltern; c'est à peine si les seize pieds d'eau faisaient paraître les pièces un peu moins brillantes. Si j'y avais jeté une épingle, je suis persuadé que j'aurais pu l'apercevoir au fond. Par ce procédé, la dureté de l'eau peut être réduite d'environ 17 degrés à 3 (de 242 milligrammes à 42 par litre). Cette eau dissout immédiatement le savon; sa température reste constante pendant toute l'année : par les plus grandes chaleurs de l'été, elle est toujours fraîche; elle ne gèle pas en hiver, pourvu que les conduites par lesquelles elle passe soient suffisamment épaisses. Elle est à l'abri des impuretés de l'air et de la terre : les réservoirs étant couverts, pas une feuille, pas un corps étranger ne peut y tomber. Elle passe directement de la conduite principale à celle de chaque maison; il n'y a point de citernes intermédiaires, et l'eau arrive fraîche et pure aux consommateurs. Enfin, elle est très-aérée. Telle est l'eau que reçoivent les heureux habitants de Canterbury.

Je veux vous montrer un échantillon de cette eau adoucie ; et comme l'œil juge surtout par comparaison, je vais soumettre à l'épreuve de la lumière un ballon plein d'eau prise à la citerne de cette Institution, et un autre rempli d'eau puisée il y quelques jours à un des réservoirs de Chiltern. Ces deux lampes électriques sont en rapport avec deux piles placées dans une pièce de l'étage inférieur. Je fais passer la lumière à travers les deux ballons, d'abord en me servant des ballons eux-mêmes comme de lentilles, et ensuite en y faisant converger les rayons lumineux à l'aide de lentilles de verre. Il n'est pas besoin d'un mot d'explication de ma part pour vous faire apprécier la différence.

EAUX DE LONDRES.

Nous pouvons donc démontrer la pureté et l'excellence de l'eau des terrains calcaires; de plus, nous pouvons l'avoir à volonté dure ou douce, selon que nous le préférons. Elle se prête à tout avec une flexibilité parfaite ; le seul point douteux est de savoir si elle peut suffire à trois millions d'habitants. Mais tenons-nous en au point de vue pratique. Il est certain que de grandes, ou pour mieux dire d'énormes quantités de cette belle eau sont perdues. Pourquoi le permettre? Si le terrain calcaire ne peut suffire aux besoins de trois millions d'habitants, il suffit certainement à un nombre moindre. Puisqu'il peut contribuer à la santé, à la propreté et au bien-être d'un tiers de la population de Londres, pourquoi ne pas s'en servir? Pourquoi perdre un trésor précieux, uniquement parce que ce trésor n'a pas une valeur trois fois plus grande?

Quelque modérées que soient vos espérances, faites seulement un essai. Cet essai, dont le succès est infaillible, résoudra la question plus grave de savoir si le terrain calcaire peut suffire à toute la population de Londres. En morale, nous sommes tenus de chercher toujours à faire pour le mieux. Agissons de même ici. En faisant consciencieusement ce que nous pouvons de cette eau carbonatée, nous verrons quelles sont les limites de notre action. Nous pouvons certainement faire un peu de bien, et, en le faisant, nous découvrirons peut-être que nous pouvons faire à Londres un bien immense.

JOHN TYNDALL.

— Traduit de l'anglais par BATTIER. —

ACADÉMIE DES SCIENCES DE BELGIQUE

M. P. J. VAN BENEDEN
correspondant de l'Institut

Distribution géographique des baleines par zones

Il n'est pas démontré, d'après J. G. Gray, du *British Museum* (1), que la baleine franche n'ait pas eu autrefois, à l'époque de la grande pêche, une extension plus grande que celle qu'elle a aujourd'hui, et si son aire géographique n'a pas été moins limitée qu'elle ne l'est maintenant. Cela revient à cette question : Cuvier a-t-il eu raison de croire que la baleine, chassée dans la Manche jusqu'à la fin du XVIIe siècle, a reculé successivement devant les baleiniers pour se réfugier enfin au milieu des glaces?

Cuvier a été induit en erreur par Scoresby, le célèbre baleinier, qui a écrit le livre le plus important sur cette pêche. A l'époque où Scoresby a commencé la pêche de la baleine, le Nordcaper avait déjà presque disparu. Il ne pouvait faire mention que de la baleine franche, la seule qu'il eût aperçue.

De 1780 à 1839, on a tenu note à Holsteinsborg (1) de toutes les baleines capturées; les registres qui renferment ces notes ont été compulsés par le professeur Reinhardt (de Copenhague), et il en résulte que la baleine du Groënland quitte ces parages pour retourner au nord au mois d'avril. A Disco-Bay, un peu plus au nord, elle arrive à peu près en même temps, mais quitte plus tard. L'été on ne la voit qu'au 78e degré. Pendant plus d'un quart de siècle, on n'en a jamais vu dépasser le 64e degré, si ce n'est deux ou trois jeunes capturés au 62e et au 61e degré. Aujourd'hui que ces animaux sont presque détruits, les quelques rares individus qui se montrent font encore leur apparition à la même époque et dans les mêmes parages.

Ne peut-on pas rigoureusement conclure de ces faits que la baleine est confinée dans des limites déterminées, qui sont, aujourd'hui comme autrefois, au sud, le 64e degré, et que l'on a eu tort de croire que la baleine chassée par les Basques dans la Manche avait fui devant l'homme pour se réfugier au milieu des glaces?

La baleine franche est un animal polaire qui émigre périodiquement, qui a ses stations fixes et qui ne franchit pas le 64e degré. Peut-on admettre que ce même animal, qui ne quitte pas les glaces du cercle polaire, soit venu autrefois visiter régulièrement la Manche ou le golfe de Gascogne?

C'est le grand mérite de feu notre ami Eschricht d'avoir combattu cette idée, et d'avoir démontré que la baleine chassée par les Basques formait une espèce à part, hantant seulement les régions tempérées du nord de l'Atlantique.

Les baleiniers islandais du XIIe siècle distinguaient déjà deux sortes de baleines, l'une au sud et l'autre au nord. Les naturalistes Du Hamel, Camper et même Lacépède s'accordent à dire que la baleine que les Hollandais appelaient *Nordcaper*, les Norvégiens et les Islandais *Slätbak*, et les Français *Sarde*, que cette baleine faisait son apparition en hiver dans le golfe de Gascogne, qu'au printemps elle se retirait vers les bancs de Terre-Neuve et la côte d'Amérique. Il est également reconnu qu'en Amérique, surtout vers le voisinage du cap Cod, il se faisait une pêche de la baleine en été.

Cette baleine que l'on pêchait dans la Manche a été la première détruite, et si par hasard il s'en présente encore en Europe, c'est toujours au milieu de l'hiver. C'est au mois de février 1854 que la dernière a fait son apparition. Nous ne savons pas à quelle époque de l'année la baleine que le professeur Al. Agassiz a préparée pour le musée de Cambridge a été capturée, mais nous avons lieu de croire que c'est en été, puisque le courageux savant est resté sur place pendant plus de quinze jours, ayant souvent les jambes jusqu'aux genoux dans le putrilage; il n'aurait pu conduire ainsi ce travail pendant l'hiver.

Nous aurions donc pour cette seconde espèce, comme pour la première, des stations fixes en hiver et en été, et nul doute que ces stations ne correspondent avec l'époque de la parturition et l'apparition de la pâture. On a reconnu, dans les deux hémisphères, que les femelles se retirent dans les baies pour mettre bas pendant que les mâles restent au large.

Si pendant un long laps de temps, et à l'époque surtout où cette pêche était florissante, ces animaux ne sont pas sortis des limites où ils sont confinés, il est à supposer qu'ils ne les ont pas franchies dans d'autres circonstances ou à d'autres époques, et

(1) *Annals and magazine of natural history*, septembre 1870. Observations sur l'*Ostéographie des cétacés* de MM. P. J. Van Beneden et Paul Gervais.

(1) Il y avait des établissements danois à Sukkertoppen (65° 25′ et 38′), à Holsteinsborg (66° 15′), à Godhavn (69° 15′) et à Omenak (71°). (*Eschricht.*)

il nous paraît clairement établi aujourd'hui que Cuvier a eu tort de croire que la baleine chassée par les Basques était la même que celle qui est confinée aujourd'hui dans les glaces du cercle polaire. Ces animaux sont presque détruits sur les côtes du Groënland et au Spitzberg, mais ceux, en petit nombre, qui ont survécu, font encore aujourd'hui leur apparition dans les mêmes parages à la même époque. — La baleine australe paraît en été sur la côte d'Afrique, et c'est en hiver qu'on fait la pêche dans les parages des îles Tristan d'Acunha.

S'il en est ainsi pour les deux espèces les mieux connues, et que tous les faits bien constatés pour d'autres espèces s'accordent avec ceux-ci, ne peut-on pas en inférer que les baleines des deux hémisphères se comportent de la même manière?

La baleine capturée sur la côte d'Amérique et à laquelle le professeur Cope a donné le nom de *Balæna cisarctica* est, selon nous, la même qui faisait jadis régulièrement son quartier d'hiver en Europe. Le docteur Gray ne partage pas cet avis.

Pour résoudre directement par l'observation cette intéressante question, nous nous sommes adressé au professeur Cope, qui a bien voulu nous envoyer de Philadelphie un os d'oreille de sa nouvelle espèce. Nous avons prié le professeur Reinhardt (de Copenhague) de comparer cet os avec celui du squelette de Pampelune de son musée, le seul connu actuellement en Europe.

Quoique le premier os provienne d'un adulte et le second d'un jeune, ce qui rend la comparaison plus difficile, cependant, d'après M. Reinhardt, rien ne fait supposer que ces os proviennent d'espèces distinctes. Et ce qui, pour moi, est de toute évidence, c'est qu'ils indiquent tous les deux des affinités beaucoup plus grandes avec la baleine australe qu'avec la baleine du Groënland. M. Reinhardt a bien voulu nous envoyer le dessin de cet os et ses dimensions, et nous sommes persuadé que les deux squelettes proviennent de la même espèce.

C'est aussi l'avis d'Eschricht et du professeur Reinhardt, que les baleines capturées par les Anglo-Américains sur les côtes de Nantucket et de New-England sont des Sardes.

Du reste, la science sera bientôt en possession de la description du squelette de Saint-Sébastien par le professeur Reinhardt, et le professeur Al. Agassiz ainsi que le professeur Cope ne tarderont sans doute pas à faire connaître, dans tous leurs détails, les squelettes des musées de Cambridge et de Philadelphie.

Je me permettrai de citer ici l'opinion d'une savante autorité, M. von Baër, qui s'est occupé depuis près d'un demi-siècle de cette question, et celle d'un homme pratique qui a parcouru, à diverses reprises, les mers du Sud et le nord du Pacifique, le capitaine Jouan (de Cherbourg).

« Que votre dessin de la répartition des baleines, également dans ces contrées, soit en général exact, cela ne peut être révoqué en doute; mais il ne peut nuire de s'assurer si plus loin à l'ouest, et surtout le long des glaces, il n'existe pas de baleines », m'écrit von Baër. « ..... Votre distribution géographique des baleines s'accorde bien, très-bien, avec ce que disent les baleiniers les plus dignes de foi, et, de plus, elle concorde parfaitement (pour ce qui est du nord du Pacifique) avec ce qui a été reconnu de la direction des courants dans cette partie du globe, direction qui joue un grand rôle dans l'affaire des grands cétacés », m'écrit le capitaine Jouan (de Cherbourg).

Nous croyons donc pouvoir maintenir les propositions suivantes :

1° Il existe deux espèces de baleines véritables (*Rigthwhales*) au nord de l'Atlantique et sur les côtes du Groënland, l'une la *baleine franche* (*Balæna mysticetus*), nommée aussi la baleine de Groënland, l'autre la *sarde* ou le Nordcaper (*Balæna biscayensis*).

2° Ces deux espèces ont chacune leurs stations à des époques fixes et ne fréquentent point les mêmes eaux; les limites méridionales de l'une sont les limites septentrionales de l'autre.

3° C'est la *Balæna biscayensis* qui visite les côtes d'Europe en hiver et les côtes d'Amérique en été.

P. J. Van Beneden,
Professeur à l'université de Louvain.

TRAVAUX SCIENTIFIQUES ÉTRANGERS

Recherches physico-chimiques sur les articulés aquatiques, par M. Félix Plateau (1).

De nombreuses expériences ont déjà été faites sur la question de savoir si des animaux, surtout des poissons, vivant dans l'eau douce, peuvent continuer à vivre dans l'eau de mer et *vice versa*. M. Félix Plateau a traité cette question pour les articulés aquatiques et l'a poursuivie plus loin que ses devanciers ne l'avaient fait. Comme on pouvait s'y attendre, il trouve pour les articulés d'eau douce, transportés dans l'eau de mer, que ceux qui ont une respiration aérienne supportent le changement, tandis que ceux qui ont une respiration branchiale et cutanée meurent d'autant plus vite que cette respiration est plus développée.

Par quelle propriété l'eau de mer tue-t-elle? Est-ce parce qu'elle est un milieu plus dense? ou est-ce par l'une ou l'autre des substances qu'elle renferme en solution?

Dans les expériences de M. Plateau, la plupart des articulés essayés vivaient à l'aise et tous existaient plus longtemps dans une solution de sucre de la densité de l'eau de mer que dans celle-ci même.

La densité du milieu n'est donc pas la cause de la mort.

Pour essayer si ce sont les sels de la mer, et quels sels, qui produisent l'effet nuisible, M. Plateau prépare des solutions des principales substances minérales de l'eau de mer, de chlorure sodique, potassique et magnésique, et de sulfate magnésique et calcique. Chaque solution ne contient qu'une ou deux de ces substances, en quantité telle que le poids du sel soit égal à celui de toutes les matières fixes de l'eau de mer.

L'expérience montre que les solutions des chlorures sodique ou magnésique ont un effet aussi nuisible que l'eau de mer même, tandis que les sulfates restent à peu près sans effet.

M. Plateau démontre que les animaux d'eau douce vivant dans l'eau de mer, ou dans ces solutions, absorbent dans leur corps des chlorures et en rendent si on les place plus tard, après un lavage extérieur soigné, dans une petite quantité d'eau distillée. Les sulfates dans ces conditions sont à peine absorbés par l'animal, et une solution de sulfate magnésique ne tue pas, quand même elle a une densité semblable à celle de l'eau de mer.

Une seconde série d'expériences comprend les articulés marins plongés dans l'eau douce. Tous meurent au plus tard après neuf heures, et l'analyse constate qu'ils abandonnent du sel marin de leur corps à l'eau douce ambiante.

Ici aussi la densité différente du milieu n'est pas la cause de la mort, puisqu'ils ne vivent pas plus longtemps dans de l'eau sucrée de la densité de l'eau de mer que dans l'eau douce. Le sel marin est donc la condition indispensable de leur existence.

M. Félix Plateau fait ressortir que tous ces faits s'expliquent par les lois de l'endosmose, de la diffusion et de la dialyse, et que c'est le peu de diffusibilité des sulfates qui rend compte de l'innocuité de ceux-ci comparée aux chlorures.

Schwann,
Professeur à l'université de Liége.

Académie des sciences de Paris

M. Puiseux, professeur à la Sorbonne, a été élu lundi dernier dans la section de géométrie, en remplacement de M. Lamé. — La section d'anatomie et de zoologie fera lundi prochain ses présentations pour le fauteuil de M. Longet.

(1) *Mémoires couronnés et mémoires des savants étrangers*, publiés par l'Académie royale de Belgique, tome XXXVI, in-4, 1870.

Le propriétaire-gérant : Germer Baillière.

PARIS. — IMPRIMERIE DE E. MARTINET, RUE MIGNON, 2.

LA

REVUE SCIENTIFIQUE

DE LA FRANCE ET DE L'ÉTRANGER

REVUE DES COURS SCIENTIFIQUES (2ᴱ SÉRIE)

DIRECTION : MM. EUG. YUNG ET ÉM. ALGLAVE

2ᵉ SÉRIE — 1ʳᵉ ANNÉE NUMÉRO 4 22 JUILLET 1871

LA SCIENCE EN FRANCE

Pourquoi la France n'a pas trouvé d'hommes supérieurs au moment du péril

I

Dans une nation où l'unité politique et administrative est sévèrement établie, où les mœurs publiques l'acceptent et s'y abandonnent avec une telle docilité que l'initiative individuelle n'a plus qu'une action très-limitée, il est indispensable que toutes les forces vitales du pays soient en parfaite harmonie, sous peine de décadence du corps social tout entier.

Comme le mouvement d'un vaste mécanisme serait entravé par le mauvais fonctionnement d'un seul des rouages qui concourent à le produire, de même la vie de la France, où les institutions ont entre elles une si complète solidarité, peut être mise en péril par quelque grave souffrance dans une des sources de sa prospérité.

Les causes de nos malheurs sont multiples. Au premier rang, il faut placer l'existence tolérée d'une nation altière, ambitieuse et fourbe qui, depuis deux siècles, se développe *per fas et nefas*, à l'égard de tous ses voisins, sous une forme qu'on pourrait nommer pathologique, envahissante comme une tumeur malsaine, et qu'un publiciste allemand a flétrie de cette qualification : le chancre prussien.

Comme le bandit des grands chemins, elle s'est armée dans l'ombre, et, après avoir attiré dans un guet-apens sa trop confiante rivale, qui ne lui avait rendu que de bons offices, elle s'est ruée sur elle à l'improviste pour l'égorger. Celle-ci, dans un suprême effort, eût pu sortir victorieuse de l'étreinte. Elle l'a tenté, et ce sera la sauvegarde de son honneur aux yeux de la postérité ; mais elle devait succomber, parce que le poids de ses imprévoyances et de ses fautes passées est venu s'ajouter aux coups de son cruel adversaire.

Je serais impuissant à rechercher la nature et le nombre de ces fautes ; mais il en est une qui m'a toujours obsédé, si j'ose ainsi parler, que je touche du doigt à chaque moment et à laquelle je rapporte la plus large influence dans nos désastres. Puissé-je attirer sur elle l'attention des hommes publics de mon pays !

Je me propose de démontrer dans cet écrit que si, au moment du péril suprême, la France n'a pas trouvé des hommes supérieurs pour mettre en œuvre ses ressources et le courage de ses enfants, il faut l'attribuer, j'en ai la conviction, à ce que la France s'est désintéressée, depuis un demi-siècle, des grands travaux de la pensée, particulièrement dans les sciences exactes.

Dans un temps de faciles convictions et de prompts et extrêmes jugements sur les hommes et sur les choses, il n'est peut-être pas indifférent d'ajouter que les réflexions qu'on va lire n'ont de nouveau que leur application aux circonstances actuelles. Elles ont dominé ma vie depuis vingt ans. J'en pourrais citer de nombreuses preuves : une seule suffira. Dans une lettre écrite à l'impératrice Eugénie, au mois de novembre 1868, pour la remercier d'un de ces actes de bonté ingénieuse dont sa vie était remplie, on trouverait ces paroles : « La plus grande œuvre à accomplir en ce moment, est » d'assurer la supériorité scientifique de la France. »

II

Notre siècle se distingue de tous ceux qui l'ont précédé par un prodigieux développement scientifique et industriel. A aucune époque de l'histoire du monde on ne vit, dans une période aussi courte, une telle accumulation de découvertes, tant d'applications nouvelles aux arts, aux industries, au bien-être matériel des sociétés. La France a pris à ce mouvement une part immense. Elle y a été mêlée avec éclat, et plus qu'aucun autre peuple surtout, elle l'a préparé ; car ce serait une grande illusion de croire que des résultats de la nature de ceux que je rappelle pussent être le fruit de rudes travaux ou du concours de quelques circonstances heureuses. Le progrès dans l'ordre matériel ressemble à l'épanouissement de la feuille ou de la fleur, qui n'apparaissent aux regards étonnés qu'après une élaboration lente et obscure de toutes leurs parties, même les plus délicates. Les découvertes, elles aussi, ont leurs germes cachés et invisibles, productifs ou stériles dans la mesure où ils ont été préparés par le génie, le travail, les longs efforts, qui sont pour eux les sources de la vie et de la fécondité.

Envisagées sous ce point de vue, les découvertes modernes se rattachent par les liens les plus étroits au grand mouvement intellectuel de la seconde moitié du XVIIIe siècle ; elles sont nées directement des travaux considérables qui, dans toutes les directions, ont marqué les progrès de l'esprit humain pendant cette époque mémorable. L'Académie des sciences eut-elle jamais plus d'importance que pendant les années où, sur les mêmes bancs, étaient assis Clairault, Lacaille, d'Alembert, Coulomb, Lagrange, Réaumur, Buffon, Daubenton, et, bientôt après, Lavoisier, Laplace, Laurent de Jussieu, Legendre, Monge, Carnot, Delambre et tant d'autres? car je ne nomme que les plus illustres.

L'effroyable bouleversement politique et social qui termina les dernières années du XVIIIe siècle aurait pu retarder pour longtemps la culture des sciences dans notre pays. Non-seulement il n'en fut rien, mais on les vit même briller bientôt d'un nouveau lustre, grâce à la création de deux établissements qui furent longtemps sans rivaux en Europe, le Muséum d'histoire naturelle et l'École polytechnique. Car c'est ici le lieu de rappeler ces judicieuses paroles de notre grand physiologiste M. Claude Bernard : « On peut concourir à l'avancement des sciences par deux voies distinctes : 1er par l'impulsion des découvertes et des idées nouvelles ; 2° par la puissance des moyens de travail et de développement scientifique. Dans l'évolution des sciences, l'invention est sans contredit la partie essentielle. Toutefois, les idées nouvelles et les découvertes sont comme des graines : il ne suffit pas de leur donner naissance et les semer, il faut encore les nourrir et les développer par la culture scientifique. Sans cela elles meurent, ou bien elles émigrent, et alors on les voit prospérer et fructifier dans le sol fertile qu'elles ont trouvé loin du pays qui les a vues naître. »

III

C'est, en effet, au Muséum et à l'École polytechnique ou à l'ombre de ces grands établissements, de ces institutions nationales, comme on a pu les nommer sans exagération, qu'on vit se concentrer presque tous les efforts de la science française, et la gloire si pure dont elle a brillé pendant le premier quart de ce siècle. Au Muséum, Geoffroy Saint-Hilaire, Cuvier, Haüy, Brongniart, renouvelèrent la face des sciences naturelles.

L'École polytechnique était à peine sortie des langes de sa création qu'elle put être proclamée dans l'Europe savante le premier des établissements d'instruction. A la voix de ses fondateurs, les Lagrange, les Laplace, les Monge, les Berthollet, les Legendre, l'élite de ses élèves, devenus les émules de leurs maîtres, accomplirent dans les sciences mathématiques et physiques une renaissance qui ne le cédait point à celle que le Muséum inaugurait dans les sciences naturelles. Qu'il me suffise de rappeler les noms célèbres de Prony, Malus, Biot, Fourrier, Gay-Lussac, Arago, Poisson, Dulong, Fresnel. Toutes les nations étrangères acceptaient notre supériorité, quoique toutes pussent citer avec orgueil de grandes illustrations : la Suède, Berzelius ; l'Angleterre, Davy ; l'Italie, Volta ; l'Allemagne et la Suisse, des naturalistes éminents, de profonds géomètres ; mais nulle part ailleurs qu'en France ils ne furent aussi nombreux, ces hommes supérieurs dont la postérité garde le souvenir. Grâce au Muséum et à l'École polytechnique, héritiers pour les sciences exactes du mouvement d'idées qui, dans l'ordre politique, aboutit à la révolution de 1789, la seule ville de Paris comptait plus d'inventeurs qu'aucune contrée du monde.

IV

Peu de personnes comprennent la véritable origine des merveilles de l'industrie et de la richesse des nations. Je n'en veux d'autre preuve en ce moment que l'emploi de plus en plus fréquent, dans le discours, dans le langage officiel, dans des écrits de tous genres, d'une expression fort impropre, celle de *sciences appliquées*. On se plaignait naguère, en présence d'un ministre du plus grand talent, de l'abandon des carrières scientifiques par des hommes qui auraient pu les parcourir avec distinction. Cet homme d'État essaya de montrer qu'il ne fallait pas en être surpris, *qu'aujourd'hui le règne des sciences théoriques cédait la place à celui des sciences appliquées*. Rien de plus erroné que cette opinion ; rien de plus dangereux, oserai-je dire, que les conséquences pouvant résulter, dans la pratique, de ces paroles. Elles sont restées dans ma mémoire comme une preuve éclatante de la nécessité impérieuse des réformes que réclame notre enseignement supérieur. Non, mille fois non, il n'existe pas une catégorie de sciences auxquelles on puisse donner le nom de sciences appliquées. *Il y a la science et les applications de la science*, liées entre elles comme le fruit à l'arbre qui l'a porté.

Je ne sais quelle a pu être la part du hasard dans la naissance des arts industriels à l'origine des sociétés, lorsque l'homme s'est montré nu et sans défense à la surface de la terre, alors qu'il ignorait l'extraction et l'usage des métaux, la fabrication du verre et des poteries, etc. Mais ce qui est certain, c'est que, de nos jours, le hasard ne favorise l'invention que pour des esprits préparés aux découvertes par de patientes études et de persévérants efforts.

Les grandes innovations pratiques, les grands perfectionnements de l'industrie et des arts, les changements même dans les rapports des États sont tous sortis des méditations profondes de mathématiciens illustres, des laboratoires de savants physiciens, de chimistes consommés, d'observations de naturalistes de génie. « Elles ne sont, dit Cuvier, ces grandes innovations pratiques, que des applications faciles de vérités d'un ordre supérieur, de vérités qui n'ont point été cherchées à cette intention, que leurs auteurs n'ont poursuivies que pour elles-mêmes et uniquement entraînés par l'ardeur de savoir. Ceux qui les mettent en pratique n'en auraient point découvert les germes ; ceux au contraire qui ont trouvé ces germes n'auraient pu se livrer aux soins nécessaires pour en tirer parti. Absorbés dans la haute région où leur contemplation les transporte, à peine s'aperçoivent-ils de ce mouvement, de ces créations nées de quelques-unes de leurs paroles. Ces ateliers qui s'élèvent, ces colonies qui se peuplent, ces vaisseaux qui fendent les mers, cette abondance, ce luxe, ce bruit, tout cela vient d'eux et tout cela leur reste étranger. Le jour qu'une doctrine est devenue pratique, ils l'abandonnent au vulgaire ; elle ne les regarde plus. »

Les pouvoirs publics, en France, ont méconnu depuis longtemps cette loi de corrélation entre la science théorique et la vie des nations. Victime sans doute de son instabilité politique, la France n'a rien fait pour entretenir, propager, développer le progrès des sciences dans notre pays ; elle s'est contentée d'obéir à une impulsion reçue ; elle a vécu sur son passé, se croyant toujours grande par les découvertes de la science parce qu'elle leur devait sa prospérité matérielle, mais ne s'apercevant pas qu'elle en laissait imprudemment tarir les sources, alors que des nations voisines, excitées par son propre aiguillon, en détournaient le cours à leur profit et les rendaient fécondes par le travail, par des efforts et des sacrifices sagement combinés.

Tandis que l'Allemagne multipliait ses universités, qu'elle établissait entre elles la plus salutaire émulation, qu'elle entourait ses maîtres et ses docteurs d'honneur et de considération, qu'elle créait de vastes laboratoires dotés des meilleurs instruments de travail, la France énervée par les révolutions, toujours occupée de la recherche stérile de la meilleure forme de gouvernement, ne donnait qu'une attention distraite à ses établissements d'instruction supérieure.

Au point où nous sommes arrivés de ce qu'on appelle la civilisation moderne, la culture des sciences dans leur expression la plus élevée est peut-être plus nécessaire encore à l'état moral d'une nation qu'à sa prospérité matérielle.

Les grandes découvertes, les méditations de la pensée dans les arts, dans les sciences et dans les lettres, en un mot, les travaux désintéressés de l'esprit dans tous les genres, les centres d'enseignement propres à les faire connaître, introduisent dans le corps social tout entier l'esprit philosophique ou scientifique, cet esprit de discernement qui soumet tout à une raison sévère, condamne l'ignorance, dissipe les préjugés et les erreurs. Ils élèvent le niveau intellectuel, le sentiment moral; par eux, l'idée divine elle-même se répand et s'exalte.

V

J'ai dit que le Muséum et l'École polytechnique étaient, pour la partie théorique des sciences, les deux seuls foyers de lumière de la France.

Notre organisation, en effet, n'en a pas comporté d'autres jusqu'à présent. L'École normale supérieure a été trop longtemps une école presque exclusivement littéraire pour que son influence dans le passé pût être comptée. Naguère encore, l'habile physicien M. Pouillet en était le premier et le seul représentant à l'Académie des sciences, tandis que les philosophes, les historiens, les littérateurs qu'elle a formés sont en grand nombre dans les autres classes de l'Institut. La médecine étant malheureusement un art bien plus qu'une science, l'action des Facultés qui en dispensent les connaissances n'a pu être sensible.

Le Conservatoire des arts et métiers n'a servi que les progrès de l'industrie. Quant à nos Facultés, la vie leur a toujours fait défaut pour bien des motifs, mais principalement, en ce qui regarde celle des sciences, par l'insuffisance des moyens matériels. Il résulte avec évidence de cette situation, que je ne juge pas au point de vue de l'organisation qui l'a créée, mais que je prends comme un fait établi avec ses conséquences naturelles, il résulte, dis-je, que, sous peine de déchéance scientifique, l'État eût dû employer tous les moyens de faire surgir incessamment du Muséum, de l'École polytechnique et de ses annexes, et de tous nos autres établissements d'instruction, une pépinière de savants et d'inventeurs.

A ce prix seulement, la France pouvait rester à la hauteur de sa mission et conserver la prééminence qu'elle s'était si justement acquise et qu'aucune nation ne lui contestait il y a cinquante ou soixante ans. Malheureusement, rien de pareil n'a eu lieu. La triste vérité est que *le Muséum et l'Ecole polytechnique ne forment plus de savants*. Ces deux établissements n'ont pas cessé d'avoir pour maîtres des professeurs illustres; quoi qu'on fasse, un pays comme la France produira toujours de grandes individualités scientifiques ; mais de ces établissements ne sortent plus comme autrefois des hommes voués aux libres efforts de la pensée et à l'étude désintéressée de la nature. Jadis, la plupart des premiers sujets de l'École polytechnique suivaient la carrière des sciences mathématiques et physiques et du haut enseignement. Aujourd'hui, ce fait n'est plus qu'une rare exception. Ce n'est pas que les élèves de cette grande école soient moins nombreux qu'autrefois ou moins capables que leurs aînés, les Malus, les Poisson, les Fresnel, d'illustrer leur pays par de fécondes découvertes, mais le cours des choses les invite à porter le fruit de leurs veilles dans les opérations de l'industrie, telles que l'exploitation des mines, la construction des chemins de fer.....

Des circonstances d'une autre nature, mais qui se rattachent aux mêmes imprévoyances et aux mêmes erreurs, ont affaibli le Muséum et compromis la fécondité de son enseignement et de ses travaux. Pénurie des ressources matérielles, amoindrissement des situations, suppression de chaires, galeries et laboratoires délabrés, sont autant de causes qui ont éloigné des sciences naturelles les aptitudes les plus décidées (1).

On n'a pas compris que ce déplacement, légitime d'ailleurs, de l'énergie de l'École polytechnique créait dans la nation, au préjudice de la science, une immense lacune pouvant avoir les conséquences les plus funestes. Si vous doutez de la vérité de ce que j'avance, demandez aux hommes compétents quel est le nombre des naturalistes que le Muséum a formés depuis trente ans, par exemple, et quels sont pour le même intervalle les mathématiciens, les astronomes, les physiciens, les chimistes sortis de l'École polytechnique. On ose à peine songer à l'état d'abaissement où serait tombée de nos jours la science française, si des hommes privilégiés, formés seuls et sans maîtres officiels, tels que Claude Bernard, Foucault, Laurent et Gerhardt, Fizeau, Deville, Wurtz, Berthelot, n'avaient surgi du sein de la nation, comme autrefois les Chevreul, les Dumas, les Boussingault et les Balard.

VI

Des esprits superficiels ou qu'abuse la passion politique font hommage à l'idée républicaine de toutes les grandes choses accomplies par la Convention et le Comité de salut public. L'histoire condamne absolument cette opinion. Le salut de la France a été la conséquence exclusive de sa supériorité scientifique. Aussi qu'elle est douloureuse la comparaison des services que la science a rendus à la patrie pendant la Révolu-

(1) Un trait entre beaucoup d'autres du peu de libéralité témoignée à la science et aux gloires du pays.

On a résolu récemment de priver les professeurs du Muséum de leur résidence dans cet établissement, comme si on eût voulu leur rendre plus pénible l'accès de leurs collections et de leurs laboratoires, et ajouter aux difficultés de leurs travaux.

tion et pendant la guerre qui vient de finir! Combien l'impression en est encore aggravée, quand on songe qu'en 1870, les rôles ont été intervertis au profit de notre orgueilleux adversaire!

Les dangers qui menacèrent la France en 1792 parurent un instant au-dessus de tous les efforts : l'Europe entière armée contre elle, un blocus rigoureux sur terre et sur mer, la guerre civile, nos arsenaux vides, une armée insuffisante ou hostile ; en 1870, toutes les mers ouvertes et une seule nation à combattre. Mais, hélas! la prééminence due à la science s'était déplacée. Sans rien sacrifier du développement de son agriculture et de son industrie, tout en donnant aux applications des sciences le soin qu'elles réclament, cette nation rivale avait su porter la meilleure part de sa considération et de ses sacrifices sur les travaux de l'esprit dans ce qu'ils ont de plus élevé et de plus libre, sur les progrès de la science dans ce qu'ils ont de plus désintéressé, à ce point que le nom de l'Allemagne est lié, en quelque sorte, par une association d'idées naturelle, à celui d'universités.

Elle a compris, cette nation, qu'il n'existe pas de sciences appliquées, mais seulement des applications de la science et que ces dernières ne valent que par les découvertes qui les alimentent, tandis que la préoccupation constante de nos hommes d'État depuis cinquante ans, touchant l'instruction publique, a eu principalement pour objet les enseignements primaire et secondaire. Ils ont abandonné les hautes études, les sciences en particulier, et l'instruction supérieure à la seule impulsion qu'elles avaient reçue du mouvement de rénovation des sciences au XVIIIe siècle.

L'enseignement élémentaire ne peut porter d'heureux fruits que s'il est animé du souffle d'un grand enseignement national.

VII

Pourrais-je mieux appuyer l'exposé des considérations qui précèdent qu'en mettant en regard les résultats pratiques nés de la grandeur scientifique de la France au XVIIIe siècle et de sa déchéance relative au XIXe?

Nos désastres de 1870 sont présents à tous les esprits. Il n'y aurait aucune utilité à les rappeler. Il est malheureusement trop notoire que les hommes supérieurs ont manqué pour mettre en œuvre les immenses ressources de la nation. Grâce aux progrès des sciences dans les cinquante années qui précédèrent la Révolution, la France de 1792 multiplia au contraire ses forces par le génie de l'invention et vit surgir à point nommé, pour sa défense, des hommes dont on a pu dire qu'ils surent organiser la victoire.

« La Convention, dit Arago, avait décrété la levée en masse de 900 000 hommes. Il ne fallait rien moins pour tenir tête à l'ouragan qui de tous les points de l'horizon allait fondre sur la France. Bientôt un cri de détresse se fait entendre et porte le découragement dans les esprits les plus fermes. Les arsenaux sont presque vides. On n'y trouverait pas la dixième partie des armes et des munitions que la guerre exigera. Suppléer à ce manque de prévoyance, d'autres disent à cette trahison calculée de l'ancien gouvernement, semble au-dessus des forces humaines.

» La poudre?

» Depuis longtemps elle a en France pour principale base le salpêtre tiré de l'Inde, et l'on ne doit plus compter sur cette ressource.

» Les canons de campagne?

» Le cuivre entre pour les 0,91 dans l'alliage dont ils sont formés : or, les mines de France ne produisent du cuivre que dans des proportions insignifiantes, et la Suède, l'Angleterre, la Russie, l'Inde, dont nous tirions ce métal, nous sont fermées.

» L'acier?

» Il nous venait de l'étranger; l'art de le faire est ignoré dans nos forges, dans nos usines, dans nos ateliers...

» Dans la première réunion des savants d'élite qui avaient été convoqués, la question de la fabrication de la poudre, la première de toutes par son importance et par sa difficulté, assombrit les esprits. Les membres expérimentés de la régie ne la croyaient pas soluble. Où trouver le salpêtre? disaient-ils avec désespoir. « Sur notre propre sol, répondit Monge, » sans hésiter; les écuries, les caves, les lieux bas en contien- » nent beaucoup plus que vous ne croyez. » Ce fut alors qu'appréciant avec hardiesse les ressources infinies que le génie possède quand il s'allie à un ardent patriotisme, Monge s'écria : « On nous donnera de la terre salpêtrée, et trois jours » après nous en chargerons les canons! »

Nous aussi, depuis le 4 septembre, nous avons eu de ces exclamations sublimes, mais comme elles touchèrent vite au ridicule! Celle de Monge, ainsi que le remarque Arago, resta sublime :

« Des instructions méthodiques et simples furent répandues à profusion sur tous les points de la République, et chaque citoyen se trouva en mesure d'exercer un art qui jusque-là avait été réputé très-difficile.

» La France devint une manufacture de poudre.

» Le métal des cloches est un alliage de cuivre et d'étain, mais dans des proportions qui ne conviendraient pas aux armes de guerre. La chimie trouva des méthodes nouvelles pour séparer ces deux métaux.

» L'art de faire l'acier est ignoré, on le crée. Le sabre, l'épée, la baïonnette, la lance, la batterie de fusil, se fabriqueront désormais avec de l'acier français.

» La préparation des cuirs destinés à la chaussure exigeait des mois entiers de travail; d'aussi longs délais ne sauraient se concilier avec les besoins de nos soldats, et l'art du tanneur reçoit des perfectionnements inespérés; désormais des jours y remplaceront des mois.

» Les ballons n'avaient été, jusqu'en 1794, qu'un simple objet de curiosité ; à la bataille de Fleurus, un ballon portera le général Morlot dans la région des nuages ; de là les moindres manœuvres de l'ennemi seront aperçues, signalées à l'instant, et une invention toute française procurera à nos armes un éclatant triomphe.

» Les premières idées du télégraphe aérien, dues également à un Français, sont perfectionnées, étendues, appliquées, et, dès ce moment, les ordres arrivent aux armées en quelques minutes. »

Telles sont les merveilles que le génie de la science et le patriotisme ont enfantées pendant la révolution française.

Deux membres de l'Institut, Monge et Carnot, aidés par d'éminents collègues, Fourcroy, Guyton Morveau, Berthollet... furent l'âme de cet immortel ensemble de travaux.

O ma patrie! Toi qui as tenu pendant si longtemps le sceptre de la pensée, pourquoi t'être désintéressée de tes plus nobles créations? Elles sont le flambeau divin qui illumine le monde, la source vive de tous les grands sentiments, le contre-poids à l'entraînement vers les jouissances matérielles.

La barbarie native et le farouche orgueil de tes ennemis en ont fait un instrument de haine, de dévastation, de carnage. Entre tes mains elles eussent été la lumière de l'humanité, et, au moment du péril suprême, tu aurais vu apparaître, sous leur inspiration, des organisateurs comme Carnot et des capitaines plus habiles encore que les lieutenants de Bonaparte!

L. PASTEUR
(de l'Institut).

(*Salut public*, de Lyon.)

SOCIÉTÉ D'AGRICULTURE DU PAS-DE-CALAIS

CONFÉRENCE DE M. CHAUVEAU.

La science et la législation, dans leurs rapports avec la police sanitaire du typhus épizootique ou peste bovine, en France.

Messieurs,

J'aurais voulu répondre à l'empressement flatteur que vous me témoignez en vous intéressant. Malheureusement je ne suis pas sûr de réussir. J'y serais plus sûrement parvenu, si j'avais eu à vous entretenir, au point de vue scientifique pur, des virus et de la transmission des maladies contagieuses. Ce sont là des questions qui m'intéressent et me passionnent, et, sur ce terrain qui m'est devenu particulier, j'aurais été tout à fait à l'aise. Vivement sollicité par plusieurs personnes de me placer sur ce terrain, j'ai résisté. J'ai cru devoir sacrifier le plaisir de briller à la satisfaction de vous être utile, en m'attachant exclusivement à la question pratique de la police sanitaire du typhus contagieux du gros bétail.

Dans mon entretien du Cercle agricole (1), j'ai traité cette question au point de vue de l'application des mesures prises dans le Pas-de-Calais pour combattre le fléau que vous appelez habituellement typhus contagieux, et qui maintenant est plus communément désigné sous le nom de peste bovine. Aujourd'hui, j'envisagerai la question à un point de vue plus général. Je chercherai à vous démontrer que la législation française a édicté les mesures essentielles de police sanitaire appliquées si rigoureusement dans les contrées qui sont constamment exposées à l'invasion de la peste bovine, mesures dont une expérience plus que séculaire a démontré l'absolue nécessité, et qui sont, du reste, tout à fait en harmonie avec les enseignements de la science moderne.

La science, voilà, en effet, notre guide le plus sûr, dans l'étude de ces questions d'applications pratiques. Dans la séance du Cercle, un incident m'a amené à parler, un peu malgré moi, de mes travaux sur l'état physique des virus et sur les voies de la contagion naturelle. Bien loin de le regretter, je m'en félicite, puisque j'ai eu la chance d'être compris par un auditoire généralement peu préparé à cette initiation. Je le regrette d'autant moins qu'en exposant ces travaux, je justifiais la règle générale présentée à mon auditoire, au but de la conférence, comme l'expression résumée des indications auxquelles la police sanitaire du typhus doit pourvoir: grande liberté là où le mal n'existe pas; sévérité non moins grande là où il exerce ses ravages. En d'autres termes, agir sur le fléau dans les lieux où il se trouve pour l'empêcher d'en sortir, plutôt que d'agir dans les lieux où la maladie n'existe pas pour l'empêcher d'y entrer.

Je n'ai pas besoin de chercher à faire ressortir les avantages considérables de ce système, dont l'application laisse une si grande marge à la liberté des transactions dans le commerce du bétail. Mais il ne sera pas sans utilité que je revienne sur les principes scientifiques, base du système.

A propos de l'état physique du virus de la peste bovine, j'ai dit que ce virus ne peut se dégager du corps des animaux malades, ou de leurs excrétions, sous forme d'émanations volatiles. La faculté virulente est fixée sur les particules solides en suspension dans les humeurs douées de la propriété contagifère. Il en résulte que l'atmosphère, devenue contagieuse autour des animaux malades, n'a pas acquis cette propriété par la diffusion moléculaire d'éléments virulents qui s'interposeraient entre les molécules propres de l'air, à la manière des gaz et des vapeurs. Ces éléments virulents se trouvent là, comme ailleurs, à l'état de particules tenues en suspension; et ils ont été amenés au sein de l'atmosphère, soit par le mouvement de l'air expiré sorti du poumon des animaux malades, soit par la dissémination des poussières provenant de matières virulentes desséchées. Il en résulte encore que les corps morts ne peuvent pas contaminer l'air. Seuls les animaux vivants jouissent de cette funeste propriété.

L'air expiré n'est pas l'excrétion la plus riche en éléments virulents, tant s'en faut. L'observation, d'accord avec quelques données de la méthode expérimentale, démontre que cette excrétion est bien pauvre, comparée aux autres. Les larmes, le jetage du nez, l'écume de la bouche, le lait lui-même, l'urine, les matières excrémentitielles surtout en contiennent de prodigieuses quantités. Et malheureusement les propriétés pernicieuses de toutes ces substances jetées sur les litières, les fumiers, dans les cours, les chemins, les pâturages, etc., peuvent se conserver, à l'air libre, pendant plusieurs semaines. Voilà les plus dangereux véhicules du virus, ceux dont il importe le plus d'anéantir l'action contagionnante.

Sur les voies de la contagion naturelle, il importe de rappeler que non-seulement les animaux sains s'infectent en respirant l'air contaminé par les animaux malades, mais encore en léchant les murs, mangeoires, râteliers, etc., salis par les déjections de ces animaux, en mangeant les fourrages sur lesquels sont tombées quelques parcelles de matières virulentes, en buvant les eaux contenant quelques-unes de ces matières. Je ne veux pas revenir sur les détails que j'ai donnés à ce sujet, dans la séance du Cercle agricole, pour prouver que les virus ne se détruisent pas dans l'estomac, et pour démontrer que le tube digestif est, pour l'introduction des virus, une voie plus sûre et plus active encore que l'appareil respiratoire. Discutons maintenant, à l'aide de ces données très-certaines, très-nettement établies, le rôle respectif de ces deux voies dans la contagion de la peste bovine.

Pour la contagion entre animaux étroitement rapprochés dans la même étable, ou dans des étables communicantes, il est évident que l'infection par l'air joue un grand rôle, peut-être le rôle principal; dans quelques circonstances même, il

(1) Une première conférence avait été faite, sur ce sujet, au Cercle agricole, le 14 juin.

se peut que l'infection des animaux sains ait lieu exclusivement par ce moyen. Mais il est, dans tous les cas, difficile de faire, même approximativement, la part de la voie respiratoire et celle de la voie digestive. Quand les animaux sont ainsi rapprochés, quand les occasions de contact, direct ou indirect, entre les sujets sains et les sujets malades se trouvent ainsi multipliées, il devient impossible d'affirmer que l'infection par les voies digestives n'a aucune part à la contagion, ou de déterminer les cas dans lesquels ce mode d'infection est intervenu.

Pour la contagion à distance, au contraire, il est certain que l'infection par les voies digestives joue le principal rôle. La peste bovine existe dans une commune. Sans qu'on ait déplacé de cette commune aucun bétail, le mal va plus tard faire son apparition dans une autre commune située à 8 ou 10 kilomètres, et cela dans des conditions qui ne permettent pas d'admettre que la source de contagion soit autre que la commune infectée. Comment le mal est-il allé de celle-ci à celle-là? Est-ce l'air qui l'y a porté? Non. Dans presque tous les cas, sinon dans tous, la contagion a été importée dans la commune saine par d'autres intermédiaires. Les plus à craindre sont les animaux d'espèces non aptes à l'évolution de la peste bovine ou plutôt encore les hommes qui ont piétiné les litières et les fumiers dans les étables infectées. Il ne faut pas beaucoup d'une matière virulente jetée ainsi par le pied d'un visiteur sur la paille ou le fourrage destiné à l'alimentation des animaux d'une étable saine, pour faire naître le typhus par infection digestive. Et si la contagion peut ainsi s'opérer entre communes distantes de 8 à 10 kilomètres, par le transport direct des matières virulentes fixées à un intermédiaire, le même accident pourra porter la contagion à 100, 200.... 500 kilomètres.

Est-ce à dire que l'intermédiaire de l'air et l'infection respiratoire ne jouent aucun rôle dans la contagion à distance? Je me suis déjà défendu, au Cercle agricole, d'avoir émis cette opinion. Je m'en défends encore. Ce que je pense, ce que j'ai dit, et ce que je répéterai, c'est que la contagion à de grandes distances, par ce procédé, est très-rare. Autant l'air contaminé agit avec certitude quand il est confiné, autant cette action devient incertaine à l'air libre. Pour que les éléments virulents en suspension dans l'air contaminé par la respiration d'animaux malades soient portés dans le poumon d'animaux sains placés à de grandes distances, il faut un concours de circonstances telles, surtout relativement à la force, à la direction et à la continuité du vent, qu'il est impossible que ce concours se rencontre fréquemment. Quand on niait la possibilité de l'infection virulente par la voie digestive, quand on croyait à la volatilité du virus de la peste bovine, à sa diffusion indéfinie dans l'atmosphère, à sa dissémination et à sa distribution mystérieuses et capricieuses par le « *génie épidémique* », on attribuait à la transmission par l'air tous les cas de contagion à grande distance dont il était impossible de déterminer plus rigoureusement la cause. Aujourd'hui, la précision des connaissances que nous avons acquises sur ces points, et auxquelles je m'honore d'avoir contribué, ne permet pas de conserver ces illusions sur le rôle de l'air dans la contagion à distance. On est forcé d'admettre que cette contagion s'opère le plus souvent par le transport direct des matières virulentes, et leur introduction dans les voies digestives.

Au point de vue des applications de la police sanitaire, ces principes sur la physiologie des virus sont d'une telle importance, que je vous demanderai la permission d'insister encore sur ce sujet. Je vais chercher, à l'aide d'exemples bien choisis, à vous démontrer que l'air ne peut intervenir que rarement dans la contagion de la peste bovine à grandes distances, et que cette contagion s'opère bien, comme je viens de le dire, par le transport direct des matières virulentes et l'infection digestive.

Remonter aux causes précises de contagion, pendant une invasion de peste bovine, n'est pas toujours facile. Souvent les renseignements obtenus n'aboutissent qu'à un chaos d'incertitudes et de contradictions, et quand ces renseignements sont précis, on constate, dans la grande majorité des cas, que les conditions dans lesquelles l'invasion a eu lieu ne sont pas assez simples pour déterminer rigoureusement le rôle des agents de la contagion. Bien entendu, il ne faut tenir aucun compte des faits de cette sorte. On doit s'attacher exclusivement à ceux qui, se présentant avec toute la simplicité et la netteté désirables, défient toute équivoque. Ces cas sont rares. J'ai eu la chance heureuse de pouvoir en observer un des plus complets. Il m'a été fourni par l'invasion de la peste bovine dans le département de l'Ain, au mois de février dernier. C'est à lui que je vais emprunter les exemples à l'aide desquels je désire fixer dans votre esprit la démonstration du rôle rempli par l'absorption digestive dans la contagion de la peste bovine à distance. Mais auparavant quelques mots sur l'histoire de l'invasion du département de l'Ain, pour vous faire apprécier la valeur du cas.

C'est la retraite de l'armée de l'Est qui a valu au département de l'Ain d'être envahi par le typhus. Parmi les corps échappés au refoulement sur le territoire suisse, se trouvait la division de cavalerie du 15e corps, avec son troupeau d'approvisionnement. C'est ce troupeau qui introduisit d'emblée la peste bovine au beau milieu du département de l'Ain. Ce troupeau, acheté en grande partie aux environs de Clerval (Doubs), à proximité de lieux où la peste bovine avait été constatée, se composait d'une centaine d'animaux en bon état de santé, qui certainement n'apportaient pas la peste avec eux autrement qu'à l'état de germe. Le troupeau put descendre de Pontarlier, dans l'Ain, par les routes de l'arrondissement de Saint-Claude. Le 8 février, il était cantonné à Polliat, près de Bourg, et l'on en expédiait tout de suite, par terre, vers le nord du département, une section qui, plusieurs jours après, était ramenée, par une autre route, dans la commune de Polliat. Dès l'arrivée du troupeau à Polliat, jusqu'au 17 février, jour où furent tués les derniers animaux, la boucherie de la division resta installée dans cette localité. Tous les animaux y furent abattus. Toutes les viandes partirent de ce point pour être distribuées aux troupes cantonnées dans les villages et les hameaux environnants.

Il ne fut pas possible de déterminer exactement l'époque où la maladie commença à se développer dans le troupeau. Mais ce fut certainement dans le trajet de Pontarlier à Bourg, pendant la période qui s'écoula du 1er au 7 février. Cependant il ne mourut alors aucun animal. C'est le 8 que, pour la première fois, on constata la maladie, sans la reconnaître, sur une jeune vache appartenant à la section du troupeau envoyée vers le nord. Du 10 au 12, il y eut quelques cas de mort. Le 15, la mortalité était arrivée à un chiffre si considérable, que l'intendant de la division se décidait à provoquer une enquête, qui signalait immédiatement la nature du mal auquel succombaient les animaux.

Au moment où l'enquête fut terminée, c'est-à-dire le 17, sauf un cas qui resta isolé et à propos duquel aucune vérification ultérieure ne put être faite, il ne s'était encore manifesté aucun signe évident de maladie, dans les trop nombreuses localités qui avaient servi de passage ou de station à ce troupeau infecté. Non-seulement on fit surveiller ces localités avec le plus grand soin, mais la même surveillance fut exercée sur toutes celles où le cantonnement des troupes avait occasionné le transport des viandes provenant du troupeau. On put ainsi assister à l'explosion de l'épizootie, en suivre toutes les phases, et en noter les moindres mouvements. Tout ce qui devait arriver avait été prévu à l'avance. L'administration et le public furent prévenus que, si la peste bovine devait éclater sur le bétail indigène, ce serait dans les localités susdites, et non pas ailleurs. On avait même pu annoncer à l'avance, pour un certain nombre de fermes, l'ordre dans lequel elles subiraient l'invasion.

Cette précision ne laissa pas que d'étonner un peu et d'être accueillie avec une certaine incrédulité. Je me rappelle encore les doutes émis devant moi par un des hommes les plus considérables et les plus éclairés du pays, pourvu même de connaissances spéciales sur la matière, car avant d'occuper, dans le gouvernement de 1830, une des plus hautes positions, il avait fait des études médicales très-complètes : « Vous aurez beau faire, me disait-il, maintenant que la maladie a été implantée dans le pays, les conditions épidémiques vont la répandre partout ; elle vous échappera, et vous la verrez se développer où vous ne l'attendez pas. » L'événement donna tort à ces prévisions pessimistes. Non-seulement la maladie ne se développa pas dans d'autres lieux que ceux qui avaient été directement exposés à la contagion. Mais, sauf un cas, il n'y eut pas de transmission de seconde main. Toutes les étables infectées le furent directement par le fait du troupeau importé.

Comme vous le voyez, et comme je vous l'annonçais tout à l'heure, il est rare de rencontrer l'occasion d'étudier le développement de la peste bovine, dans des conditions permettant de déterminer plus exactement la nature des causes immédiates de la contagion. Plusieurs circonstances favorables concoururent à ce résultat. En premier lieu, le troupeau qui a importé la maladie dans l'Ain m'était connu avant qu'il ne fût malade. J'avais eu l'occasion de le rencontrer, pendant la retraite, sur la route d'Ornans à Pontarlier. A cette époque, je ne m'occupais pas de la santé des animaux, mais de la santé des hommes. J'étais attaché à l'une des ambulances volontaires du 20e corps d'armée. Le hasard me fit faire la rencontre de ce troupeau, et malgré les tristes circonstances dans lesquelles nous nous trouvions, pendant qu'il défilait devant moi, je l'examinai avec assez de soin pour pouvoir affirmer que la peste bovine n'était encore déclarée sur aucun des sujets dont il était composé. En second lieu, l'intendant du corps auquel appartenaient ces animaux, aussitôt que les grandes pertes qu'ils subissaient lui furent signalées, fit appeler deux vétérinaires intelligents et éclairés, qui le renseignèrent immédiatement. Enfin, le secrétaire général de la préfecture, agriculteur distingué du pays, avisé du danger, prenait immédiatement, en l'absence du préfet, les mesures de police sanitaire nécessaires, en même temps qu'il organisait la sérieuse enquête qui nous permit de déterminer à l'avance les limites dans lesquelles le fléau exercerait ses ravages.

Voilà le cas rigoureusement observé, auquel je vais emprunter les exemples à l'aide desquels j'ai l'intention de vous démontrer que la contagion à distance s'opère, sans l'intermédiaire de l'air, par l'infection digestive. Ces exemples abondent. Lesquels choisir? Je prendrai à peu près au hasard ceux qui vont me venir les premiers à la mémoire.

La Peyrouze, petit hameau de la commune de Polliat, est composé de six habitations. L'une d'elles, complétement isolée des autres, en est distante de 300 à 400 mètres. Celles-ci, très-étroitement agglomérées, sont disposées de la manière suivante : trois fermes principales forment les angles d'un triangle dans lequel se trouvent cernées deux petites fermes contenant seulement neuf animaux. Les trois grandes fermes furent mises en réquisition pour loger le troupeau de l'armée. C'est là qu'il fit sa quatrième et dernière station, après son arrivée à Polliat. Il était déjà passé chez trois autres cultivateurs. A ce moment, on commençait à s'alarmer des pertes qu'il subissait. On était en défiance. Aussi, les propriétaires des deux petites exploitations tinrent-ils leur bétail renfermé. Je n'ai pas besoin de dire que tous les bestiaux des grandes fermes furent infectés et qu'ils moururent ou furent abattus. Quant aux animaux des deux petites fermes, ils purent séjourner impunément au milieu de cet effroyable foyer de contagion qui les enveloppait de tous côtés, à quelques mètres de distance.

Mais ce n'est pas tout. Cette immunité dura plus de quatre semaines après l'enfouissement des dernières victimes. Tout à coup, pendant la cinquième semaine, la maladie apparut dans l'une des deux étables. Comment les animaux de cette étable s'étaient-ils infectés? Voici ce qui était arrivé. Soixante bêtes bovines environ avaient été enfouies dans ce lieu autour des habitations. Plusieurs d'entre elles étaient mortes dans les cours et sur les chemins. Enfin, un certain nombre d'autopsies avaient été pratiquées au bord des fosses par les vétérinaires chargés de l'enquête. De tout cela, il était résulté que la désinfection générale du foyer, quoique dirigée et exécutée avec beaucoup de soin, n'avait pu être accomplie de manière à inspirer pleine et entière confiance. Aussi avait-on enjoint aux deux petits métayers qui avaient échappé au désastre de prolonger la séquestration de leur bétail, après l'extinction du foyer. Malheureusement, l'un deux, à bout de fourrage pour son bétail, n'eut pas la patience d'attendre la levée de la séquestration. Une fois la nuit venue, il lâchait ses animaux dans le pré ; et il fut prouvé qu'ils allèrent paître autour des fosses au bord desquelles on avait fait plusieurs autopsies. Ajoutons que, chez le voisin, quoique les deux étables fussent rapprochées, avec des portes ouvrant dans une cour commune, la santé du bétail continua à être parfaite.

Ainsi, même à distance rapprochée, les animaux sains qui habitent un local fermé peuvent échapper à l'infection par l'intermédiaire de l'air, tandis que ces mêmes animaux s'infectent nécessairement, s'ils se nourrissent avec de l'herbe qui a été exposée à la contamination par son contact immédiat avec des matières virulentes.

Ce même hameau de la Peyrouze a été le théâtre d'une autre observation fort intéressante à ce point de vue. Plus de quinze jours après l'extinction du grand foyer, on fut prévenu que la peste bovine avait fait son apparition dans la ferme isolée du hameau. C'était vrai, et l'on fut au premier moment fort embarrassé pour expliquer le cas. L'enquête ne fournissait aucune donnée sur laquelle on pût établir que la contagion avait été apportée directement du foyer d'infection, par des denrées ou des objets souillés de matières virulentes. On se résignait déjà à admettre que l'air atmosphérique, sous l'influence d'une direction favorable du vent, avait apporté, dans l'étable de cette ferme, à 300 ou 400 mètres, les éléments virulents auxquels les animaux placés au centre du foyer avaient pu échapper. Malgré la longue incubation qu'une pareille interprétation supposait, celle-ci allait être admise quand la vraie cause fut révélée. Un mois auparavant, un des animaux du troupeau militaire infecté étant mort à son arrivée à la Peyrouse, le fermier chez qui arriva l'accident voulut se débarrasser promptement de cet hôte, qu'instinctivement il jugeait dangereux. Il le chargea sur une voiture, et s'en alla l'enterrer à 80 mètres de la maison isolée, dans un fossé, dont il augmenta à peine la profondeur, et qu'il combla, avec de la terre enlevée au bord du chemin côtoyé par le fossé. A cette époque ce fossé était à sec. Trois semaines plus tard, le dégel et la pluie étant survenus, le fossé se remplit d'eau, et le cadavre y baigna, sous la faible couche de terre qui le recouvrait. Comme le trop-plein s'écoulait dans le réservoir où les animaux de cette exploitation allaient s'abreuver, ils s'infectèrent en buvant cette eau.....

M. Chauveau cite encore plusieurs exemples analogues et en expose ensuite d'autres plus spécialement relatifs à la contagion dans les lieux situés à grande distance des foyers.

A Polliat, continue M. Chauveau, la contagion directe par le troupeau militaire avait déterminé l'infection de huit fermes, dont une placée au milieu du bourg, à la porte de l'église, trois appartenant à un hameau aggloméré, les autres tout à fait isolées. A proximité de ces foyers d'infection se trouvaient un grand nombre d'autres fermes très-riches en bétail, soit dans le bourg lui-même, soit dans les nombreux hameaux dispersés sur le territoire de la commune. Vit-on ces fermes s'infecter de proche en proche, par l'intermédiaire de l'air? Nullement. La peste bovine se déclara dans un seul de ces hameaux, *le seul où des soldats fussent cantonnés et où l'on eût apporté des viandes provenant du troupeau militaire infecté.* C'était, comme je l'ai dit, dans mes prévisions, et nous faisions surveiller les lieux où s'était accomplie la distribution de ces viandes, avec le même soin que ceux où le troupeau militaire avait passé ou séjourné. J'avais eu, en effet, l'occasion d'assister fort souvent à ces distributions, à la suite desquelles beaucoup de débris abandonnés étaient emportés par les chiens. Il m'était arrivé de voir des soldats se lancer de ces débris à la tête, en jeter dans les pièces d'eau, y aller laver leurs portions. Aussi n'avais-je pas douté un instant de voir la peste bovine se transmettre ainsi dans le pays.

Elle se transmit, en effet, par ce procédé, non-seulement sur le territoire de la commune de Polliat, mais encore dans les communes voisines où les viandes du troupeau militaire infecté furent portées de Polliat. Ces communes, au nombre de deux, furent envahies, tandis que les autres, plus rapprochées cependant, restèrent parfaitement indemnes.

Dans ces différents cas de transmission par les viandes, il ne fut pas toujours possible de déterminer avec rigueur les circonstances qui permirent l'introduction du virus dans les voies digestives des animaux. Mais ce fut l'exception. Le plus souvent, on constata que ces animaux s'étaient infectés, soit en mangeant des fourrages sur lesquels des chiens avaient traîné des abats, comme des débris de tête, soit en buvant l'eau des réservoirs où ces débris avaient été jetés, soit enfin en léchant des ustensiles salis par les viandes infectées.

J'ai choisi ces exemples, parce que, eu égard aux errements suivis dans ces contrées pour l'utilisation des viandes provenant des animaux malades, vous aurez à profiter des enseignements que ces exemples portent en eux. Ce ne sont pas les plus intéressants de ma collection. J'en pourrais ajouter bon nombre qui, par leur variété et leur netteté, seraient admirablement propres à prouver que la propagation de la peste bovine, à distance, s'opère surtout par le transport direct des matières virulentes en nature, et leur introduction dans les voies digestives des animaux. Mais, tels qu'ils sont, ceux que j'ai cités suffisent à cette démonstration.

Nous voilà donc arrivés au but que cette discussion visait : prouver que, dans l'application des mesures de police sanitaire employées pour étouffer la peste bovine, il ne faut pas se préoccuper outre mesure des contrées situées à une grande distance des foyers de contagion. C'est sur les localités rapprochées de ces foyers, et surtout sur ces foyers eux-mêmes, que l'attention doit se porter. L'air, en effet, ne se charge jamais, en grande quantité, des principes de contagion développés dans les foyers. Il ne les transporte pas au loin, et souvent même on constate son impuissance à les porter dans l'appareil respiratoire d'animaux placés à courte distance. Ces principes sont généralement exportés hors du foyer avec les matières fixes qui les contiennent, et ils contaminent les animaux en s'introduisant dans les voies digestives. Dans ces conditions, il est clair que les mesures de police sanitaire doivent être appliquées surtout dans les foyers d'infection. Je le répéterai, il faut agir pour empêcher le virus de la peste bovine de sortir des foyers de contagion, plutôt que pour l'empêcher de pénétrer dans les localités saines.

C'est dans cet esprit, du reste, que tous les pays dont la législation sanitaire est à peu près contemporaine ont conçu cette législation, quoiqu'elle se ressente encore de l'influence des idées généralement acceptées alors sur la volatilité du virus de la peste bovine et sur sa diffusion active et étendue dans l'air atmosphérique.

Plus ancienne, et même surannée en quelques points, la législation française ne s'éloigne cependant pas davantage de ces principes. S'ils s'y laissent moins facilement voir, ceci tient à ce que, au lieu d'être codifiés dans un seul document législatif, ils se trouvent dispersés dans un grand nombre de lois, arrêts, ordonnances et décrets, parfois contradictoires. Parmi ces documents les uns s'appliquent à toutes les maladies contagieuses des animaux domestiques et forment pour ainsi dire un Code de police sanitaire générale. Ce sont : 1° l'*Arrêt du Conseil d'État du roi* du 16 juillet 1784 ; 2° le *Décret de l'Assemblée constituante* du 6 octobre 1791, sur les biens et les usages ruraux ; 3° les articles 459, 460, 461 et 462 du Code pénal. Les autres sont spéciaux à la police sanitaire du typhus contagieux du gros bétail. Je ne citerai que les principaux : 1° l'*Arrêt du Parlement* du 24 mars 1745 ; 2° l'*Arrêt du Conseil d'État du roi* du 19 juillet 1746 ; 3° *Id.* du 31 janvier 1771 ; 4° *Id.* du 30 janvier 1775 ; 5° *Id.* du 1er novembre 1775 ; 6° l'*Arrêt du Directoire exécutif* du 27 messidor an V ; 7° l'*Ordonnance royale* du 27 janvier 1815 ; 8° enfin la *Loi* du 6 juillet 1866.

Un examen individuel de chacun de ces documents nous plongerait dans un ténébreux chaos d'où il nous serait difficile de sortir. Aussi, pour prouver que la législation française est armée des moyens nécessaires pour faire appliquer les règles de police sanitaire prescrites par les exigences de la science moderne et appliquées dans les autres pays, je passerai en revue les principales mesures dont cette législation autorise la mise en œuvre.

Avant d'aborder cette étude, quelques mots sur la valeur et la portée générale des documents qui nous fournissent les moyens légaux d'appliquer ces règles de police sanitaire.

Dans les documents législatifs spéciaux à la peste bovine, le nom de la maladie n'est pas même prononcé. On ne parle que de « la maladie épidémique ou épizootique » régnant sur les bœufs au moment de la promulgation. Mais les documents scientifiques de l'époque prouvent que la maladie que ces règlements sanitaires ont en vue est bien le typhus épizootique ou peste bovine. Ce sont donc ces règlements qui doivent inspirer plus spécialement les mesures de police sanitaire auxquelles nous avons à demander l'extinction de l'épizootie actuelle. Sous ce rapport, ils priment les règlements généraux qui s'appliquent indistinctement à toutes les maladies contagieuses (voy. art. 484 du Code pénal). Mais ceux-ci conservent tout leur effet à l'égard de la peste bovine, quant aux points sur lesquels la législation spéciale est muette ou peu explicite. Ces règlements généraux doivent encore être pris en considération pour l'application des peines. A cet égard, ce sont eux qui, à cause de leur date plus récente, priment la législation spéciale, pour tous les délits qu'ils ont prévus.

Les arrêts de la cour du Parlement et du Conseil d'État du roi, sur la police des épizooties, ont, comme le décret de l'Assemblée constituante de 1791 et le Code pénal, une autorité souveraine. L'article 484 du Code pénal a maintenu cette autorité, en décidant que, « dans toutes les matières qui n'ont pas été réglées par le présent Code, et qui sont régies par des lois et règlements particuliers, les cours et les tribunaux continueront de les observer. ». Du reste, l'article 461 a très-expressément réservé le maintien de cette autorité pour les lois et règlements relatifs aux maladies épizootiques.

On entend souvent demander quel choix il faut faire parmi ces lois et règlements pour les appliquer à l'extinction de la peste bovine. Ici, comme dans tout autre cas analogue, il faut suivre les usages généraux de la jurisprudence. Or, il est de règle que les dispositions législatives relatives à un même sujet, rendues à diverses époques, sont toutes exécutoires au même titre, quand elles ne sont pas contradictoires. Ce n'est pas telle ou telle loi qui doit être appliquée, mais l'ensemble de la législation, tel qu'il résulte de la réunion et de la comparaison des divers documents, en tenant compte des abrogations explicites ou implicites dont ils ont pu être l'objet. Voilà pourquoi il faut chercher les règles de police sanitaire applicables au typhus épizootique, non pas dans un ou plusieurs documents législatifs, mais dans toutes les lois relatives à ce sujet.

La police des épizooties étant placée dans les attributions des autorités administratives, les préfets, sous-préfets et maires ont le droit et le devoir de prendre, dans les formes arrêtées par la loi, les arrêtés nécessaires à l'exécution des mesures de police sanitaire. Mais il va sans dire que ces arrêtés ne doivent renfermer aucune disposition contraire à la loi. Ainsi, pour citer un exemple, la législation exige que tous les animaux atteints de peste bovine soient tués et enfouis immédiatement, sans qu'on en puisse rien distraire. Il n'est donc pas au pouvoir des maires, sous-préfets ou préfets de prescrire aucune mesure qui aurait pour but l'utilisation des viandes de ces animaux. De même, un arrêté de police ne pourrait autoriser la sortie des animaux sains des communes infectées, parce que la loi défend formellement cette sortie. Une ordonnance ministérielle, rendue en la forme ordinaire des règlements d'administration publique, n'aurait pas même ce pouvoir, en dehors des cas de force majeure résultant d'état de guerre ou de toute autre circonstance. Il n'y a, en effet, qu'un acte législatif, de valeur équivalente aux arrêts de la cour du Parlement ou du Conseil d'État du roi, qui puisse abroger les mesures ordonnées par ceux-ci sur l'assommement et l'enfouissement des animaux malades et sur l'interdiction de faire sortir le bétail sain des communes infectées.

Dans toute la législation sur la police sanitaire du typhus épizootique, il n'est question que des animaux de l'espèce bovine, parce qu'autrefois on ne croyait pas que cette maladie pût exercer ses ravages sur d'autres espèces animales. Mais aujourd'hui, comme il est démontré que tous les autres animaux ruminants, particulièrement le mouton et la chèvre, sont aussi d'actifs agents de transmission de la maladie, il est évident que toutes les mesures édictées par la loi, à l'égard des bœufs, vaches, veaux ou génisses, doivent aussi être appliquées aux moutons et aux chèvres.

Après ces explications générales, M. Chauveau procède à l'examen successif des mesures dont la loi a décrété l'application.

Ce sont :

1° *Dans les communes saines des régions infectées du pays :*

A. Le certificat d'origine pour la circulation des bestiaux d'une commune à l'autre.

2° *Dans les communes infectées.*

B. L'interdiction absolue de laisser sortir le bétail du territoire de ces communes, pour le vendre, l'échanger ou le faire simplement changer de résidence ;

C. Le recensement du bétail ;

D. La marque de ce bétail ;

E. La déclaration des cas de maladie aussitôt qu'ils se manifestent ou qu'ils sont soupçonnés ;

F. La séquestration préventive dans le cas de simple suspicion ;

G. L'isolement des étables infectées ;

H. L'isolement des fermes saines ;

I. L'abatage du bétail des étables infectées ;

J. L'enfouissement des animaux abattus ;

K. L'interdiction de transporter hors des foyers d'infection des objets quelconques, capables de porter la contagion par les matières virulentes fixées à ces objets ;

L. L'interdiction de traiter les animaux malades ;

M. Les mesures de désinfection.

Cette énumération contient toutes les mesures essentielles qui, adaptées dans leur forme aux conditions de saison, de culture, d'économie du bétail, de topographie, permettent de parer à toutes les situations.

M. Chauveau tient à avertir qu'il lui a manqué le temps de pouvoir consulter la plus grande partie des documents officiels auxquels il doit emprunter la preuve de la légalité de ces mesures. Il citera de mémoire, ou d'après les extraits qu'il a eu à insérer dans une instruction pour le département de l'Ain. Cependant, il croit pouvoir garantir la valeur et la signification qu'il attribuera aux pièces sur lesquelles il s'appuiera.

A. *Du certificat d'origine pour le déplacement du bétail dans les communes saines des régions infectées du pays.* — Cette mesure est une garantie toujours utile et souvent nécessaire, soit qu'on l'applique seulement pendant la période de suspension des foires et des marchés, soit qu'on la maintienne après la levée de cette suspension, quand il y a encore des localités suspectes. Scrupuleusement appliquée, elle prévient les fraudes par lesquelles on tenterait de faire sortir du bétail des communes condamnées à l'isolement, et concourt ainsi, d'une manière efficace, à empêcher la dissémination de la maladie.

L'ancienne législation attachait la plus grande importance à cette mesure. On en jugera par les extraits suivants, qui, de plus, permettront d'apprécier la sévérité des peines auxquelles les délinquants s'exposent :

« Fait pareillement défense à toutes personnes de conduire » des bœufs, vaches et veaux des bailliages et lieux où la ma- » ladie est répandue, pour les vendre dans d'autres bailliages » et lieux; à cet effet, ordonne que lesdits bœufs, vaches et » veaux ne puissent être vendus qu'après que ceux qui les » conduisent auront préalablement représenté aux juges des » lieux où la vente en sera faite, un certificat du lieu d'où » lesdits bœufs, vaches et veaux auront été amenés, portant » qu'il n'y a point de maladie dans ledit lieu sur lesdits bes- » tiaux.... ; lequel certificat sera visé par ledit juge, sans » frais; le tout à peine de trois cents livres d'amende pour » chaque contravention, même de confiscation des bestiaux, » s'il y échet. » (*Arrêt de la Cour du Parlement* du 24 mars 1745, article 3.)

« Veut et entend pareillement, Sa Majesté, que tous les par- » ticuliers et habitants des villes ou des paroisses de la cam- » pagne où la maladie n'aura point pénétré, qui voudront » conduire ou envoyer des bestiaux aux foires et marchés, » pour y être vendus, soient tenus, *sous peine de confiscation* » *de leurs bestiaux et de deux cents livres d'amende par chaque* » *tête de bêtes à cornes*, de se munir d'un certificat de l'officier » de police de ladite ville, ou du syndic de ladite paroisse...; » lequel certificat fera mention de l'état de ladite ville ou pa- » roisse sur le fait de la maladie, et contiendra le nombre et » la désignation desdits bestiaux, et sera ledit certificat repré- » senté aux officiers de police si aucun y a, ou aux syndics » des paroisses des lieux où se tiendront les foires et marchés, » avant l'exposition desdits bestiaux en vente. » (*Arrêt du Conseil* du 19 juillet 1746, article 12.)

Enfin, l'*Arrêt du Conseil* du 1er novembre 1775, article 8, édicte la même mesure, et punit les contrevenants de cinq cents livres d'amende. De plus, l'*Ordonnance du Roi*, concernant le même sujet, ajoute la peine de la confiscation.

B. *Interdiction absolue de laisser sortir le bétail du territoire des communes infectées, pour le vendre, l'échanger ou le faire simplement changer de résidence.* — On vient de voir que, dans les communes saines, situées en pays infecté, le bétail ne peut être déplacé sans certificat. Dans les communes infectées, tout déplacement est absolument interdit. Cette mesure a pour but d'isoler complétement le bétail de ces communes. D'après les principes exposés tout à l'heure, c'est un moyen des plus efficaces pour empêcher la propagation du typhus des bêtes à cornes. Il faut donc tenir la main à son exécution.

L'interdiction absolue de déplacer le bétail, même sain, des lieux infectés a toujours été considérée comme une mesure fondamentale par l'ancienne législation, notamment l'*Arrêt du 19 juillet* 1746, lequel dit, à l'article 4, que les agents municipaux « tiendront la main, non-seulement pour empêcher » que les bestiaux malades ou soupçonnés n'aient aucune » communication avec les bestiaux sains de la même ville ou » paroisse, mais encore pour empêcher que tous les bestiaux, » soit malades, soit soupçonnés, soit sains, du lieu où la ma- » ladie se sera manifestée, n'aient aucune communication » avec ceux des villes ou des paroisses voisines. »

Pour rendre cette interdiction effective, l'*Arrêt du 31 janvier* 1771 déclare, à l'article 7, qu'aussitôt après les publications et appositions de signaux destinés à faire savoir que la peste bovine règne dans une commune, « il ne sera plus per- » mis de faire *entrer* dans le territoire de ladite ville ou pa- » roisse, ni d'en laisser sortir aucune bête à corne ; veut, Sa » Majesté, que les bestiaux qui seraient pris en contravention » soient confisqués, même tués, s'il y échet, et les proprié- » taires ou conducteurs condamnés à cent livres d'a- » mende. »

Ainsi, cet arrêt de 1771 attache une si grande importance à l'isolement de la population bovine des lieux infectés, qu'il ne veut même pas que cette population puisse s'accroître par l'*entrée* de bestiaux venant de l'intérieur.

Le même arrêt porte encore, article 15 : « Fait, Sa Majesté, » très-expresses inhibitions et défenses aux habitants des villes » ou paroisses de la campagne dans lesquelles la maladie se » sera manifestée, de vendre aucun bœuf, vache ou veau ; et » à tous particuliers, des autres paroisses ou étrangers, d'en » acheter, à peine de confiscation et de cent livres d'amende, » même de plus grandes peines, s'il y échet, *tant contre le* » *vendeur que contre l'acheteur*, et ce, par chaque tête de bétail » vendu ou acheté en contravention de la présente disposi- » tion. »

La mesure enfin a été sanctionnée encore par l'*Arrêt du Directoire exécutif* du 27 messidor an V. D'après cet arrêt, les délinquants seront punis de cinq cents francs d'amende. De plus, les bestiaux objets du délit doivent être saisis, conduits devant le juge de paix, lequel les fera tuer sur-le-champ en sa présence.

C. *Recensement du bétail dans les communes infectées.* — Afin de s'assurer que les bestiaux d'une commune où la maladie s'est déclarée n'en sont pas distraits pour être transportés ailleurs, l'autorité municipale doit faire établir le recensement de ces bestiaux avec la plus grande exactitude. Cette mesure est importante. Le maire en a toute la responsabilité. Le dernier document qui en prescrive l'exécution est l'Arrêt de messidor an V.

D. *Marque du bétail des communes infectées.* — Le même arrêt de messidor an V exige que *tous* les animaux recensés dans une commune infectée soient marqués à la cuisse gauche, de la lettre M, imprimée au fer rouge. On ne peut nier que ce ne soit là une excellente précaution, pour assurer l'efficacité du recensement, et empêcher les fraudes à l'aide desquelles on chercherait à faire sortir des animaux d'une commune infectée. Mais cette précaution est-elle bien nécessaire ? On la redoute en général beaucoup. Les législations étrangères n'insistent pas sur son application. Il est certain qu'il suffit de faire contrôler, de temps en temps, les états de recensement par des agents scrupuleux, pour s'assurer qu'il n'y a eu, ni détournements, ni substitutions, dans le bétail des communes infectées.

Cependant la mesure est bien en harmonie avec les principes qui viennent d'être proposés pour servir de base à la réglementation sanitaire. La marque répond si justement à la nécessité de réserver les rigueurs de cette réglementation pour les lieux d'où les germes de la contagion peuvent s'échapper, qu'on aurait peut-être tort de laisser cette mesure tomber complétement en désuétude. Son application rigoureuse permettrait d'accorder une plus grande latitude au commerce et à la circulation du bétail entre localités saines, de restreindre au moins l'étendue des zones où le certificat d'origine est obligatoire pour cette circulation. Il y a certainement des circonstances où la marque pourrait rendre les plus grands services. Ainsi, dans l'Ain, en marquant de force les animaux de plusieurs fermes isolées et de quelques hameaux, on a pu, très-peu de temps après l'extinction des foyers de contagion constitués par ces fermes ou hameaux, rétablir les foires et les marchés dans toute l'étendue de deux arrondissements. On acquit de cette manière une sécurité parfaite contre l'introduction clandestine de ces animaux encore suspects dans les foires et les marchés. Comme il ne s'agissait que de gagner quelques semaines, on appliqua une marque transitoire, deux lignes croisées, marquées au ciseau sur la cuisse gauche.

Il est bon de faire observer, au sujet de la marque, que l'Arrêt de messidor, en ordonnant d'imprimer la lettre M au fer rouge, sur la cuisse des animaux composant la population bovine des communes infectées, n'a eu d'autre but que de faire reconnaître ces animaux. Partant, toute autre marque atteignant le même but doit avoir la même valeur. Bien plus, reconnus sans marque, en dehors des limites qu'ils n'ont pas le droit de franchir, ces animaux n'en tombent pas moins sous le coup de l'arrêt de messidor qui, avec les arrêts antérieurs, interdit au bétail la sortie des communes infectées.

E. *Déclaration.* — L'unanimité avec laquelle toutes les lois et tous les règlements sur la matière prescrivent cette mesure en démontrent l'urgente nécessité. Au plus léger soupçon de peste bovine, dans leurs étables, les propriétaires d'animaux doivent avertir tout de suite l'autorité municipale. Être bien et immédiatement renseigné, c'est en effet le seul moyen de prendre en temps utile les dispositions à l'aide desquelles on arrêtera la propagation du mal.

La sanction de cette mesure se trouve dans l'article 459 du Code pénal : « Tout détenteur ou gardien d'animaux ou de » bestiaux *soupçonnés* d'être infectés de maladies contagieu- » ses, qui n'aura pas averti sur-le-champ le maire de la com- » mune où ils se trouvent, et qui, même avant que le maire » ait répondu à l'avertissement, ne les aura pas tenus renfer- » més, sera puni d'un emprisonnement de dix jours à deux » mois, et d'une amende de seize francs à deux cents francs. »

Dans la législation spéciale à la peste bovine, l'amende encourue par ceux qui négligent de faire leur déclaration s'élève au chiffre de cinq cents francs. (*Arrêt du Directoire exécutif* du 27 messidor an V.)

Pour tomber sous le coup de l'article 459, est-il nécessaire que des arrêtés ou instructions aient prévenu de l'invasion de la peste bovine dans le pays ? C'est une question qui a été posée quelquefois, et qui, bien entendu, ne peut être résolue que par la négative. Évidemment, l'action de cet article 459 ne peut être subordonnée à aucune disposition accessoire ou contingente émanant de l'autorité administrative.

F. *Séquestration préventive dans le cas de simple suspicion.* — Liée à la déclaration, cette mesure est prescrite par l'article 459 sus-indiqué, en termes assez clairs pour n'avoir pas besoin d'explications.

G. *Isolement et séquestration du bétail des étables infectées.* — Condamné à être abattu, pour être mis, par un enfouissement immédiat, dans l'impossibilité de nuire, le bétail des étables infectées doit, en attendant, être soumis à un isolement absolu, c'est-à-dire étroitement séquestré. C'est encore un des points sur lesquels tous les documents législatifs relatifs à la peste bovine sont d'accord. L'importance de cette mesure se comprend trop bien pour qu'il soit nécessaire d'y insister. Cette importance ressort, du reste, de la sévérité avec laquelle le Code pénal traite ceux qui contreviendraient à la mesure :

« Seront également punis d'un emprisonnement de deux » mois à six mois et d'une amende de cent à deux cents francs, » ceux qui, au mépris des défenses de l'administration, au- » ront laissé leurs animaux ou bestiaux infectés communiquer » avec d'autres. » (*Code pénal*, article 460.)

« Si, de la communication mentionnée au présent article, » il est résulté une contagion parmi les autres animaux, ceux » qui auront contrevenu aux défenses de l'autorité adminis- » trative seront punis d'un emprisonnement de deux ans à » cinq ans, et d'une amende de cent à mille francs, le tout » sans préjudice de l'exécution des lois et règlements relatifs » aux maladies épizootiques et de l'application des peines y » portées. » (*Code pénal*, article 461.)

H. *Isolement et séquestration du bétail des fermes saines.* — Dans les localités infectées, il n'est pas permis, comme il a été dit plus haut, de laisser sortir le bétail du territoire de la commune. Mais doit-on et peut-on permettre au bétail des fermes saines la libre circulation sur ce territoire, en réservant les rigueurs de la séquestration pour les fermes infectées ?

Étudiée au point de vue de ses avantages, la séquestration du bétail des fermes saines se présente avec un tel caractère d'utilité, qu'on ne doit pas hésiter à l'appliquer, plus ou moins rigoureusement, suivant les cas et les conditions agricoles du pays. Il est clair, en effet, que si ce bétail continuait à circuler librement dans la commune, s'il pouvait s'approcher des fermes infectées, s'exposer ainsi à la contagion, aller peut-être au-devant des causes qui ont déterminé la première infection, la séquestration des bestiaux malades deviendrait tout à fait illusoire. Il est nécessaire que les animaux des exploitations non infectées soient tenus dans l'intérieur de ces exploitations, sinon constamment séquestrés dans leurs étables. Cette séquestration même est indispensable à proximité des foyers de contagion. Tant que ces foyers ne sont pas éteints, on ne doit laisser sortir des exploitations saines que les animaux destinés à la boucherie pour l'alimentation du pays, en observant les précautions signalées dans l'arrêt de messidor.

Au point de vue légal, cette séquestration des animaux sains est une mesure qui fournit matière à contestation. Le seul document qui la prescrive explicitement est l'*Arrêt du conseil d'État du Roi* du 31 janvier 1771, article 11 : « Dans toutes les » villes ou paroisses où la maladie se sera manifestée, les ha- » bitants seront tenus de renfermer leurs bêtes à cornes, et » ce, aussitôt que l'ordonnance qui aura été rendue à cet » effet par le sieur intendant aura été notifiée aux officiers » municipaux ou syndics, le tout à peine de confiscation des » bêtes non renfermées, et de vingt livres d'amende par tête » de bétail. » Il est vrai que, dans l'esprit de l'arrêt, cette séquestration semble devoir être levée après les opérations de recensement et de triage ordonnées par l'arrêt pour découvrir les animaux malades. Mais dans ces limites de temps même — limites très-élastiques — le bénéfice de cette disposition est très-considérable, et l'on doit chercher à le recueillir précieusement.

Il faut ajouter ici ce qui a été dit au Cercle agricole, sur l'application à ce cas des articles 459 et 460 du Code pénal. De l'avis de beaucoup de personnes, ces articles renferment implicitement le droit de faire procéder à la séquestration des animaux des fermes saines, quand cette mesure est nécessaire pour empêcher tout rapport direct ou indirect avec les foyers de contagion. Que veut le Code pénal? Qu'il n'y ait aucune communication des animaux malades avec les animaux sains. Il ordonne de renfermer les malades. Mais si les sains conservent la liberté d'approcher les premiers d'assez près pour s'exposer à la contagion, la séquestration de ceux-ci manque son but. Répétons que cette mesure vise l'intérêt général et que les particuliers sont tenus d'en accepter le profit. Dans l'esprit de la loi, les détenteurs de bétail sain ne sont pas plus libres de l'exposer à la contagion, que les détenteurs de bétail malade ne le sont de porter la contagion aux animaux sains. S'il en est ainsi, contrevenir à un arrêté préfectoral ou municipal ordonnant la séquestration du bétail sain — et cette mesure sera alors, dans tous les cas, parfaitement légale, car elle n'est en contradiction avec aucun texte de loi — ce n'est pas une contravention de simple police, mais un délit de police correctionnelle.

I. *Abatage des animaux malades et des animaux sains devenus suspects par leur cohabitation avec les malades.* — Sur l'absolue nécessité de cette mesure, la plus importante de toutes, il n'y a qu'une voix. Vivant, un animal malade, même quand il est séquestré, constitue un danger permanent. C'est une fabrique incessante de virus. Il en jette dans l'air ; il en répand sur tous les objets à sa portée ; il en disperse sur le sol ; il en infecte les cours et les chemins où le purin s'écoule. Mort, le même animal perd immédiatement la propriété de produire de nouveaux éléments virulents et de disséminer ceux dont son cadavre est imprégné. Voilà ce que les faits exposés dans l'introduction à cette étude font parfaitement comprendre. Quant aux animaux sains ayant cohabité avec les malades, l'expérience ayant enseigné que, le plus souvent, ils deviennent successivement malades à leur tour, le mieux est de leur faire partager le sort des malades. On empêche ainsi les foyers de contagion de s'éterniser, et l'on en finit d'un seul coup avec eux. Par cette mesure radicale, de grands dangers de propagation sont évités, et l'on se procure l'avantage considérable de lever beaucoup plus tôt les entraves que la persistance des foyers impose à la libre circulation du bétail.

L'abatage des animaux malades est presque unanimement prescrit par les lois et règlements relatifs à la police sanitaire de la peste bovine (voyez les *Arrêts du conseil d'État* du 18 décembre 1774 ; du 30 janvier 1775 ; du 1er novembre 1775). Pour les animaux sains devenus suspects par leur cohabitation avec les malades, la seule disposition législative sur laquelle on puisse s'appuyer pour ordonner cette mesure, c'est la loi du 6 juillet 1866, relative aux indemnités à accorder dans le cas d'abatage par les ordres de l'autorité. Il n'y est fait aucune distinction entre les animaux malades et les animaux suspects, et le remarquable exposé des motifs de cette loi s'explique de la manière la plus catégorique sur le droit que la loi a entendu laisser à l'autorité, de faire tuer indistinctement les uns et les autres animaux. Dans l'ancienne législation, on trouve sur ce sujet l'ordonnance de l'intendant de la généralité de Bordeaux du 10 janvier 1776. Mais cette ordonnance n'a pas le caractère d'une mesure législative générale, et l'on ne peut l'invoquer ici.

J. *Enfouissement des animaux abattus.* — Complément obligé de l'abatage, l'enfouissement, convenablement exécuté, met les cadavres dans l'impossibilité de nuire. C'est donc encore une mesure de premier ordre. Pour en discuter la nécessité et la légalité, il faut distinguer entre les animaux abattus comme malades et les animaux abattus comme suspects.

Tout animal abattu comme malade doit être enfoui, *en totalité*, avec sa peau tailladée. Rien n'en peut être distrait pour être utilisé. Il ne peut être permis en aucun cas d'exploiter les viandes provenant de ces animaux. Sur ce point, la loi est formelle. Les divers documents législatifs qui en traitent s'entendent pour prescrire cet enfouissement *total*. Et en cela ils s'accordent parfaitement avec les données de la science.

Quant aux animaux sains abattus comme suspects, si leur utilisation ne présente pas les mêmes dangers que celle des animaux malades, on ne saurait nier qu'elle expose, dans certains cas, à de véritables risques. Tel animal, parfaitement sain en apparence, tué parce qu'il a cohabité avec des animaux malades, pourra recéler le germe de la maladie et le propager avec les viandes ou les issues dont on aura autorisé l'exploitation. Aussi faut-il répéter que, dans la pratique, il importe de réserver cette exploitation aux cas dans lesquels les animaux sains abattus comme suspects se recommandent par leur nombre et leur valeur considérables.

L'ancienne législation sur la peste bovine n'ayant pas prévu le cas d'abatage des sujets sains des étables infectées, on n'y trouve rien sur la question de savoir ce qu'il faut faire de ces animaux après leur abatage. C'est encore à la loi de 1866 qu'il faut se reporter pour obtenir sur ce point quelques renseignements. D'après les éclaircissements donnés tout à l'heure sur la question de l'abatage, il est évident que la loi de 1866 n'a entendu faire aucune différence entre les animaux sains et les animaux malades abattus pour empêcher la propagation du typhus. Par conséquent, les uns et les autres peuvent être soumis à la même destinée ultérieure, et les sains enfouis en totalité comme les malades, ainsi qu'on le pratique dans les pays où la police sanitaire du typhus est sérieusement entendue et appliquée. Dans l'exposé des motifs de la loi, il n'est question de l'utilisation des animaux suspects que dans le cas où l'autopsie démontre qu'ils sont réellement tout à fait exempts de mal. « *Rien ne s'oppose*, » est-il dit, à ce que les propriétaires de ces animaux ne tirent un certain parti de la viande et ne se procurent ainsi un complément d'indemnité. Mais il n'y a pas d'injonction impérative. C'est la liberté laissée à l'administration d'apporter une certaine tolérance dans l'exécution de la mesure de l'enfouissement.

Il faut faire observer à ce sujet que si l'indemnité, avec ce complément, devait dépasser la valeur des animaux, il y aurait abus à laisser ce « complément » profiter seulement au propriétaire indemnisé. Il est de toute justice que l'État, qui indemnise, en profite aussi. Dans le Pas-de-Calais, les viandes de cette provenance sont expédiées à Arras, vendues à la criée sous le contrôle de l'administration, et la valeur en est déduite du prix d'estimation des animaux. Cette manière de procéder est à la fois sage, équitable et simple. On ne saurait trop la recommander.

K. *Interdiction de transporter hors des foyers d'infection des objets quelconques capables de porter la contagion par les matières virulentes fixées à ces objets.* — Inutile d'insister sur la nécessité et les avantages de cette mesure, qui est particulièrement prescrite par l'*Arrêt du* 30 *janvier* 1775. D'après cet arrêt, les délinquants doivent être punis de 100 francs d'amende.

L. *Interdiction de traiter les animaux malades.* — Pour traiter les animaux malades, il faut les garder. Or, la loi veut que ces animaux soient immédiatement abattus et enfouis. « Les animaux malades seront sur-le-champ assommés et » enterrés, conformément aux arrêts du conseil rendus et aux » instructions imprimées et publiées sur cet objet, sans que » les propriétaires puissent les conserver, sous le prétexte de » les faire traiter par des méthodes dont l'expérience a dé- » montré l'illusion. » (*Arrêt du conseil* du 1er novembre 1775, article 4.)

Les délinquants s'exposent à 500 francs d'amende. (*Arrêt du* 16 *juillet* 1784, article 4.)

Ces dispositions n'ont nullement été abrogées par l'arrêt du 27 messidor an V, quoique loin de prescrire l'abatage et l'enfouissement immédiats, il approuve une longue instruction sur le traitement des animaux malades. D'abord, les dispositions contenues dans cet arrêt n'abrogent pas celles des règlements antérieurs qu'il a passées sous silence. De plus, il en serait ainsi, que l'ordonnance de 1815, en remettant en vigueur les prescriptions des anciens arrêts sur l'abatage et l'enfouissement des animaux malades, aurait rendu du même coup toute son activité à l'article 4 de l'arrêt du 1er novembre 1775.

M. *Mesures de désinfection.* — La désinfection des foyers de contagion, après que ces foyers ont été éteints, est une précaution indispensable, généralement recommandée dans tous les règlements de police sanitaire. L'*Arrêt du* 16 *juillet* 1784, article 6, édicte 500 francs d'amende contre ceux qui négligent les mesures d'assainissement prescrites par la loi.

Il faut être d'autant plus rigoureux sur ce point que l'on ne connaît pas encore exactement les limites du temps pendant lequel le virus de la peste bovine conserve son activité dans les diverses conditions qui l'exposent à contagionner les animaux sains. La durée de cette activité peut être longue, malheureusement, s'étendre même à plusieurs semaines, comme le prouvent les exemples rapportés tout à l'heure, et et peut-être même à plusieurs mois.

Les opérations à l'aide desquelles il faut détruire les germes virulents semés par les animaux malades dans les foyers de contagion comprennent : l'assainissement des étables ou autres locaux ayant renfermé des sujets atteints de typhus; celui des cours, chemins et pâturages où ils ont passé ; le traitement des pailles et des fourrages, des ustensiles d'écurie et des harnais, des fumiers, des purins et des eaux de lavages; enfin les soins de propreté que doivent prendre les personnes qui ont été en rapport avec les animaux, les locaux ou les objets infectés.

En général, l'assainissement des locaux se fait en France avec un soin suffisant. Il n'en est pas tout à fait de même des autres mesures, surtout celles qui ont trait à la désinfection des personnes. A cet égard, on ne saurait trop recommander le soin de la chaussure. C'est particulièrement par la chaussure que les personnes approchant les animaux malades peuvent porter ailleurs la peste bovine.

Après avoir terminé cet exposé, M. Chauveau rappelle que les détenteurs de bestiaux qui ne se prêtent pas à l'exécution de ces mesures ne s'exposent pas seulement aux peines souvent très-graves dont l'indication a été faite. Ils encourent encore les effets de la responsabilité civile vis-à-vis d'autrui. Il est de droit commun que les propriétaires d'animaux, en ne se conformant pas aux prescriptions du législateur sur la police des épizooties, se mettent dans le cas d'être attaqués en dommages-intérêts, si l'incurie de ces propriétaires importe la contagion chez d'autres détenteurs de bétail. Cette responsabilité civile est, du reste, directement stipulée par la loi dans le cas d'épizootie. (*Décret du* 6 *octobre* 1791, titre II, article 23.)

Il est donc de leur intérêt d'entrer dans les vues de la loi et de se prêter à ses exigences. N'y eût-il aucune sanction pénale attachée aux mesures destinées à prévenir le développement du typhus, que tout propriétaire de bétail aurait encore avantage à les respecter. S'il est, en effet, exposé à perdre son bétail par l'application de ces mesures, il sait qu'il lui sera presque intégralement remboursé, tandis que la perte peut être sans compensation, s'il cherche, en dissimulant la maladie, à échapper aux obligations de la police sanitaire. Que chacun essaye donc de faire comprendre aux propriétaires de bétail leurs véritables intérêts, en stimulant leur bonne volonté.

Si le succès des mesures opposées à la propagation du typhus dépend en grande partie du zèle intelligemment intéressé des particuliers, il tient plus encore à l'activité des autorités municipales. La situation des maires est souvent délicate et difficile, parce que leurs administrés ne se rendent pas toujours compte de l'étendue de leur rôle et de leur responsabilité. Pour éclairer l'auditoire sur ce qui touche spécialement à la peste bovine, M. Chauveau lit quelques passages de l'instruction qu'il a rédigée pour le département de l'Ain.

Sur le rôle des maires, les extraits suivants en montrent toute l'importance :

« Les maires, en leur qualité de chefs de la police municipale, sont chargés de prendre et de faire appliquer, dans les communes, toutes les mesures nécessaires pour empêcher le développement et l'extension de la peste bovine. La police des épizooties est, du reste, placée nommément dans leurs attributions par les décrets du 16-24 août 1790 et du 6 octobre 1791.

» Ils sont assistés par les commissaires de police, les gardes champêtres, la gendarmerie, la garde nationale, les troupes de ligne au besoin. (*Ordonnance du* 27 *janvier* 1815.)

» Dans les communes saines, les maires feront exercer la plus scrupuleuse surveillance sur la circulation et le transit du bétail, ainsi que sur les foires et les marchés. Les agents auxquels ils confieront le soin de vérifier si les conducteurs sont munis de certificats en règle, et se conforment aux prescriptions contenues dans ces certificats, devront être aussi nombreux que les besoins du service l'exigeront.

» Les maires feront surveiller avec le plus grand soin l'état sanitaire du bétail de leur commune, et même provoqueront les dénonciations à ce sujet. Tous les bons citoyens comprendront, du reste, que chacun doit se prêter et concourir à cette surveillance, qui est dans l'intérêt de tous et peut prévenir les plus grands malheurs, si elle est bien exercée.

» Les maires sont tenus d'appliquer strictement et immédiatement les mesures de police sanitaire, sans avoir égard aux réclamations ou aux oppositions des parties intéressées. Ils ne sont pas libres de modérer ou de modifier en aucune manière les prescriptions édictées par la loi et rappelées par les arrêtés locaux. L'obligation de faire exécuter ces prescriptions est pour eux absolue. Les propriétaires d'animaux, de leur côté, sont obligés de se prêter à cette exécution. Si c'était nécessaire, ils y seraient contraints par la force armée. (*Ordonnance du 1er novembre* 1775.)

» En cas de besoin, les maires pourront faire exécuter les mesures urgentes, particulièrement l'abatage et l'enfouissement des malades et des suspects, sans attendre l'avis des hommes spéciaux. Dans les cas ordinaires, les vétérinaires délégués décideront seuls de l'opportunité de l'application des mesures. Ce sont eux qui constateront l'état sanitaire du bétail. Ils désigneront les animaux destinés à être abattus, et veilleront en général à ce que toutes les mesures soient exécutées suivant les règles qui sont propres à en assurer le succès.

» Pour la désignation des mesures à faire exécuter : abatage, enfouissement, désinfection, séquestration, etc., les vétérinaires devront toujours laisser, entre les mains du maire, des notes écrites aussi détaillées que possible.

» Non-seulement les maires doivent faire appliquer dans leurs communes les mesures exigées par les circonstances, mais ils sont de plus obligés de faire poursuivre d'office, devant les tribunaux compétents, tous ceux qui cherchent à se dérober à l'action de ces mesures, et qui enfreignent ainsi les prescriptions de la loi. (*Décret du* 16-24 *août* 1790, titre XI, art. 2.) »

Quant à la responsabilité des maires, l'extrait qui suit en fait connaître l'étendue :

« D'une manière générale, en négligeant de faire appliquer les mesures sanitaires que la loi prescrit, dans les cas d'épizootie, les maires engagent leur responsabilité et s'exposent à une action civile de la part des propriétaires de bétail devenus victimes de cette négligence ; ceux-ci peuvent alors réclamer aux maires des dommages-intérêts. Cette responsabilité est de droit commun depuis l'abrogation de l'art. 75 de la Constitution de l'an VIII. De plus, elle est inscrite expressément dans l'*Arrêt du Conseil d'État du roi, du* 16 *juillet* 1784 (art. 11), pour le cas où les maires négligent d'informer l'autorité supérieure des maladies contagieuses ou épizootiques qui se manifestent dans leur commune.

» Les maires s'exposent, du reste, à 50 francs d'amende, dans le même cas de négligence, si l'avertissement de l'autorité supérieure n'est pas accompli *dans le jour*. (*Arrêt du Conseil d'État du roi, du* 19 *juillet* 1746, art. 3.)

» Dans le cas où ils ne veilleraient pas à ce que leurs agents n'admettent aucun animal sur les foires et marchés sans représentation de certificat d'origine, ils seraient passibles de 100 francs d'amende. (*Même arrêt*, art. 13.)

» Si, par des certificats ou des attestations de complaisance, ils se font les complices des fraudes ayant pour but d'éluder les mesures de police sanitaire, les agents de l'autorité s'exposent à une action correctionnelle, en vertu de laquelle ils peuvent « être condamnés à 1000 francs d'amende, même » poursuivis extraordinairement. » (*Arrêt du* 16 *juillet* 1746, art. 14. — *Arrêt du Directoire exécutif du 27 messidor an V.*)

« Ils tombent même sous le coup des graves pénalités édictées par l'*article* 462 *du Code pénal*, visé ci-après, par le fait de cette complicité, ou même de simple négligence, dans le cas où celle-ci pourrait être interprétée comme complicité.

» Enfin, tous les agents de l'autorité doivent être prévenus qu'il y a pour eux aggravation de peine s'ils se rendent coupables, comme détenteurs ou gardiens d'animaux, des délits prévus par les art. 459, 460, 461 du Code pénal.

« Si les délits de police correctionnelle dont il est question » au présent chapitre ont été commis par des gardes cham- » pêtres ou forestiers ou des officiers de police *à quelque titre* » *que ce soit*, la peine d'emprisonnement sera d'un mois au » moins et d'un tiers au plus en sus de la peine la plus forte » qui serait appliquée à un autre coupable du même délit. » (*Code pénal*, art. 462.)

Après avoir fait remarquer combien cette responsabilité est considérable, M. Chauveau termine sa conférence en ces termes :

J'ai cherché, messieurs, à vous faire comprendre les principes qui doivent déterminer le choix des mesures de police sanitaire, dans le cas de peste bovine. Je vous ai prouvé, par des exemples entièrement pratiques, la solidité de ces principes. J'ai pu vous montrer enfin que la législation française sur les épizooties, toute ancienne, toute surannée, toute décousue, toute éparpillée qu'elle soit, contient la substance d'une réglementation parfaitement homogène, pour la police sanitaire de la peste bovine, réglementation tout à fait en harmonie avec les principes que les connaissances modernes ont introduits dans la science, et avec les errements suivis par les autres nations mieux placées que nous pour savoir comment il faut combattre le typhus.

Je m'arrête, maintenant, heureux si j'ai pu faire passer dans vos esprits la conviction qu'en appliquant rigoureusement ces mesures, vous vous rendrez très-promptement et très-complétement maîtres de ce redoutable fléau. Mettez-les scrupuleusement en œuvre, sans vous demander si le mal est léger ou s'il est grave, s'il est récent ou s'il est ancien, s'il est circonscrit ou s'il est étendu, sans faire aucune de ces distinctions qui, dans la pratique, aboutissent toujours à des déceptions. La loi n'a pas fait ces distinctions, et nous n'avons pas le droit de ne pas suivre son exemple. Beaucoup de ces mesures sont dures, sans doute, plusieurs mêmes peuvent passer, aux yeux d'un Français, pour vexatoires. Mais soyez convaincus qu'aucune n'est inutile. Sachez bien que vous nous trouverez mieux de leur obéir rigoureusement que d'accepter le bénéfice des tolérances dont vous pourriez profiter. Du reste, c'est la loi, et il est temps de montrer que, nous autres Français, nous savons aussi respecter la loi. Commençons à travailler pour détruire la détestable réputation que nous nous sommes acquise par notre mépris pour la légalité. Quant à moi, j'ai toujours été soumis à la loi, je ne veux pas de meilleur guide, je n'aurai jamais d'autre maître.

Avant la levée de la séance, un membre de la Société prend la parole pour provoquer des explications sur la contradiction qui existe, en plusieurs points, entre ce que vient de dire M. Chauveau et l'instruction ministérielle publiée au mois de mars dernier, à propos du typhus.

M. Chauveau répond que cette instruction n'ayant aucun caractère qui puisse la faire assimiler à un règlement de police, il n'a pas eu à en tenir compte dans une discussion où il cherchait à établir la réglementation de la police sanitaire du typhus, d'après les prescriptions édictées par la législation française. Cette instruction, œuvre de quelques personnes, considérables il est vrai par leur nom et leur savoir, n'a pas même, à ce point de vue de la réglementation de la police sanitaire, la valeur d'un simple arrêté préfectoral ou municipal. M. Chauveau, se plaçant sur le terrain du droit écrit, c'est-à-dire de la loi, n'avait pas à faire intervenir ce document administratif.

M. Chauveau reconnaît, du reste, la contradiction signalée. Il est en position d'autant meilleure pour l'avouer, qu'il a déjà fait connaître à M. le ministre de l'agriculture sa manière de voir à ce sujet. Écrite après le siége de Paris, dans un moment où l'on se demandait si l'approvisionnement de la capitale ne serait pas entravé par l'exécution rigoureuse des lois sur la police sanitaire et sous l'empire des craintes que les sinistres causés dans l'Ouest par le typhus faisaient concevoir, M. le ministre pouvait, dans de pareilles circonstances, conseiller aux autorités administratives certaines modérations dans l'application de la loi, particulièrement pour l'utilisation des viandes des animaux malades et l'exportation du bétail des communes infectées. Mais aujourd'hui, il n'y aurait plus lieu d'envoyer une semblable instruction. Le mieux, pour le pays, l'État et les particuliers, c'est d'appliquer strictement les mesures édictées par la loi, en les adaptant, *dans leur forme*, aux conditions et aux exigences spéciales des diverses localités où règne le typhus.

OWENS COLLEGE (MANCHESTER)

M. BALFOUR STEWART
de la Société royale de Londres

Récents progrès de la physique cosmique.

Messieurs, c'est sans doute une tâche honorable et difficile que de prendre la parole devant cette assemblée; mais, dans les circonstances actuelles, la difficulté est encore augmentée par l'accomplissement d'un des événements les plus importants de l'histoire de ce collége.

Cet événement peut être regardé comme l'indication locale d'un progrès dans l'éducation, qui promet de se propager bientôt dans notre pays, et d'y porter ses fruits; mais ce serait être injuste envers les habitants de cette ville et les directeurs de ce Collége, que de dire qu'ils n'ont fait que subir l'influence de ce mouvement. Leur rôle est de donner l'impulsion plutôt que de la suivre, de créer et de stimuler la pensée nationale, et, une fois éveillée, de la diriger dans la bonne voie, plutôt que de se laisser entraîner par un courant auquel ils ne peuvent résister.

Il existe, au sujet de l'éducation, deux théories opposées. Les partisans extrêmes de la première soutiennent que le but principal de l'éducation est moins d'instruire que de discipliner l'esprit : selon eux, telle ou telle étude peut ne rien ajouter par elle-même aux connaissances réelles des élèves; mais si elle tend à discipliner leur esprit, c'en est assez, à leurs yeux, pour la rendre importante.

Selon les partisans de cette théorie, nous suivons les cours des écoles afin d'en sortir avec un esprit plutôt préparé à apprendre que possédant l'instruction même. Nous sommes des soldats bien disciplinés que l'on envoie sans hésiter dans le pays ennemi, non-seulement pour y combattre, mais encore pour y trouver nos propres armes.

Ceux qui soutiennent l'autre théorie, tout au contraire, voient dans l'éducation moins une préparation et une discipline de l'esprit qu'une accumulation de connaissances. Les partisans extrêmes de cette théorie ne voudraient présenter aux élèves que les connaissances dont l'application est évidente et immédiate ; avant tout, ils voudraient enseigner les sciences au double point de vue des principes et des détails des applications qu'on en peut faire aux arts industriels.

Un esprit ainsi préparé ne serait pas bien loin de ressembler à un homme qui habiterait un magasin de meubles, plutôt qu'une maison bien meublée. Dans cet entassement de matériaux, il n'a été question ni de plan, ni de principes. Et cependant devrait-on oublier que la valeur d'un fait ne vient pas de ce qu'il existe dans quelque recoin perdu de l'intelligence, mais bien plutôt de ce que l'esprit peut le retrouver aussitôt qu'il en est besoin?

Or, il existe assurément un moyen terme entre ces deux extrêmes ; on peut éviter de se heurter contre Scylla, sans pour cela s'aller jeter dans le tourbillon de Charybde. Dans la vie ordinaire, que dirions-nous d'un homme qui voudrait absolument développer les forces du corps par des exercices gymnastiques, en lui refusant toute nourriture ; ou encore d'un autre qui prétendrait atteindre le même but au moyen d'un certain régime, à l'exclusion de tout exercice? Mais cet exclusivisme est-il plus naturel si on l'applique à l'esprit? La discipline, pour être parfaite, ne demande-t-elle pas l'instruction la plus complète? Je ne crains pas de me tromper en disant qu'un esprit qui ne s'est exercé que sur une branche de connaissances, ne possède, après tout, qu'une discipline partielle, comme son instruction. Peut-être ne s'apercevra-t-il pas facilement de ce qui lui manque au point de vue de la discipline ; mais, à coup sûr, le moment viendra où il regrettera plus d'une fois son manque d'instruction. Et n'allons pas croire qu'un esprit nourri d'une masse indigeste de détails scientifiques, se trouve dans une meilleure position. Dans toute éducation, les faits doivent être rigoureusement subordonnés aux principes. Un principe scientifique vrai peut, s'il est bien compris, expliquer une multitude de faits, de même qu'une simple règle d'arithmétique nous permet d'obtenir mille produits différents, qu'il nous faudrait, sans cela, apprendre par cœur. Et, dans les autres sciences, si le triomphe des principes est moins évident, c'est seulement parce que nous n'en connaissons pas assez les lois fondamentales. Il serait, en effet, bien difficile de dire combien d'échecs dans les différentes carrières proviennent de ce que nous n'avons pas tenu compte de quelque principe que nous ignorions ou que nous avons négligé. Tous, depuis ceux qui nous gouvernent, jusqu'aux derniers rangs de la nation, nous vivons dans une ignorance systématique des principes, et le nombre est grand de ceux qui croient pouvoir, sans manquer à la raison, professer en même temps le respect des faits et le mépris des théories. Pour eux, celles-ci ne sont plus la séve et la vie même de l'arbre de la science, mais plutôt des parasites qui en flétrissent les feuilles, ou des vers qui en rongent les racines. Ces esprits regardent les faits et les théories comme des ennemis jurés; et, quant au philosophe, ils le relèguent dans un monde à part, plutôt hostile que favorable au monde extérieur.

L'existence, en matière d'éducation, des deux théories extrêmes dont je viens de parler, semble donc indiquer la sagesse d'un moyen terme. Il faut nous placer sur une base aussi large que possible. La littérature et la science doivent se donner la main pour discipliner et instruire les esprits. Et, tout en établissant ainsi une large base d'instruction commune à tous, il faut fonder sur cette base commune des structures différentes qui permettent à chacun de se perfectionner dans l'étude vers laquelle son goût le portera. Vous savez assez que c'est là le plan adopté pour le *Owens College*, et que les études communes à tous les élèves servent de base et d'introduction à trois grandes divisions différentes. C'est de la division spécialement consacrée à l'étude des sciences expérimentales, que je veux maintenant vous parler.

S'il est vrai que les applications techniques des différentes sciences ne s'étudient utilement que dans les grands ateliers, il n'est pas moins certain qu'il faut donner aux élèves une connaissance intime, familière et complète des principes scientifiques.

Ces principes sont, pour ainsi dire, des armes ; il ne suffit pas de les mettre entre les mains des recrues de la science ; il faut encore leur montrer à les manier et à s'en servir.

Or, pour ce dernier point, la classe est insuffisante, si l'on n'y ajoute le laboratoire de chimie ou de physique, où l'élève qui veut passer maître pourra se mettre en rapport avec la nature même. Dans le laboratoire, il pourra voir de ses propres yeux, et toucher de ses mains, aussi bien qu'entendre de ses oreilles.

S'il se propose d'interroger la nature à sa propre manière, il en aura l'occasion. S'il croit avoir découvert quelque vérité nouvelle, rien ne l'empêchera de vérifier ses conjectures.

D'ailleurs, sans parler de l'aide qu'il fournit aux leçons de la classe, le laboratoire a sur l'esprit une influence qui, pour être indirecte, n'en est pas moins importante.

En premier lieu, il enseigne à l'élève à se montrer prudent dans ses déductions. En effet, le laboratoire est un endroit où certaines théories peuvent être immédiatement soumises à l'expérience.

Toute hypothèse y est, pour ainsi dire, aussitôt jetée au creuset et mise dans la fournaise, de manière à séparer immédiatement les scories de l'or pur.

D'un autre côté, tandis que l'expérimentateur apprend à ne conclure qu'avec prudence, il apprend aussi à modifier ses vues avec promptitude et avec franchise.

Nous voyons souvent celui qui s'est trop hâté de mettre en avant une théorie fausse, n'y renoncer qu'avec peine, même après qu'on l'a démontrée fausse. Il s'était trop avancé, et lorsque enfin il est forcé de se retirer, sa retraite manque de dignité, et devient souvent un désastre. Évidemment il a pensé surtout à lui-même, et fort peu à la cause qu'il soutenait ; et, s'il avait montré plus de prudence dans le choix de son poste avancé et moins d'obstination dans sa défense, la science y aurait gagné, en même temps que lui-même aurait moins souffert.

Dans le laboratoire, l'élève apprend encore à ne pas dédaigner les petits faits. Un résultat inattendu a toujours un sens : peut-être indique-t-il quelque erreur d'expérience, que l'élève apprend ainsi à éviter ; mais peut-être aussi indique-t-il quelque vérité nouvelle.

Dans la recherche de la vérité, nous avons jusqu'ici toujours marché en avant, et passé d'une lumière moindre à une lumière plus vive ; les contours indistincts que l'aube nous fait entrevoir sont peut-être ceux de quelque nuage, mais peut-être aussi ceux du paysage grandiose qui va nous apparaître dans le lointain.

Nous lisons dans les légendes de l'Orient, qu'un pêcheur ramena dans son filet un petit vase, dont le couvercle avait été scellé au nom de Dieu. Quand il l'ouvrit, il en vit sortir une fumée qui s'éleva à une grande hauteur, puis, se consolidant, prit la forme et les traits d'un puissant génie. Eh bien ! le savant qui, dans son laboratoire, découvre une vérité nouvelle, ressemble à ce pêcheur. L'histoire des sciences est pleine d'exemples qui nous montrent les plus grands résultats provenant des expériences les plus insignifiantes : ainsi, c'est un fait bien connu que l'électricité, plus puissante, assurément, que le génie de la légende, est née d'une expérience dans laquelle Galvani remarqua le tressaillement des membres d'une grenouille suspendue à deux fils de métaux différents.

Je voudrais maintenant exposer rapidement la position actuelle et l'avenir des sciences physiques ; mais, pour ne pas embrasser un champ trop vaste, je parlerai surtout de la physique cosmique.

Nous avons, depuis quelque temps, fait de grands progrès dans la connaissance des lois de la nature, et nous sommes arrivés à des généralisations fort importantes. Parmi ces dernières, la plus remarquable est, sans contredit, la grande loi de la conservation de la force (1). Comme le chêne de nos forêts, un principe de cette importance est d'une croissance lente et difficile. Vaguement entrevue par Galilée, et plus clairement par Newton et Leibnitz, cette idée fut développée par Rumford et Davy ; mais ce n'est qu'à notre époque qu'elle s'est révélée comme un grand principe.

Ce résultat, nous le devons surtout à un savant de Manchester, à l'illustre Joule, dont les efforts persévérants ont réussi à mettre ce principe au nombre des vérités démontrées. D'autres savants l'ont suivi de près dans cette carrière : Thomson et Rankine en Angleterre ; Mayer, Helmholtz et Clausius dans le reste de l'Europe, ont puissamment contribué à établir le principe.

Permettez-moi maintenant d'essayer de vous expliquer ce que nous entendons par conservation de la force.

Nous sommes retenus sur le globe par une force que nous appelons *pesanteur*, et les parties de notre corps sont retenues ensemble par une force appelée *force de cohésion*. Sans la pesanteur, la terre s'éloignerait du soleil, et nous nous éloignerions de la terre ; sans la cohésion, nous-mêmes, avec tout ce qui nous entoure, nous tomberions en poussière. L'utilité de ces deux forces n'est pas douteuse ; et cependant, quand nous gravissons une montagne, nous serions quelquefois tentés de souhaiter que la pesanteur n'existât pas ; et quand nous abattons un arbre, nous serions tentés de souhaiter qu'il n'y eût pas de cohésion.

Le montagnard qui s'efforce de gagner le sommet de la montagne, et le bûcheron qui frappe avec la hache, sentent bien tous deux que les forces de la nature leur résistent. Et, quand l'un a atteint le sommet, quand l'autre a abattu l'arbre, tous deux sentent qu'à bien des égards ils ne sont plus ce qu'ils étaient en se mettant à l'ouvrage. Ils ont perdu ou

(1) Voyez, sur ce sujet, *Matière et force*, par M. Bence Jones, dans la *Revue des cours scientifiques*, tome VII, page 1.

dépensé quelque chose, et cette chose c'est de la force, c'est-à-dire la puissance de travail ; leur force est épuisée, et tout nouvel effort leur est impossible en ce moment.

Qui de nous n'a pas, dans un instant de faiblesse, éprouvé le désir d'échapper à cette malédiction primitive du travail, si tant est que ce soit une malédiction, et de chercher un refuge dans quelque heureuse contrée de repos perpétuel, en se demandant, avec le poëte, pourquoi l'homme seul, ce roi de la création, est condamné au travail ? Eh bien ! l'imagination des Orientaux invoque, pour opérer cette délivrance, quelque génie obéissant, tandis que l'Européen, doué d'un esprit plus calme, a recours à une machine ; seulement ce dernier voudrait que, sans charbon et sans aliment d'aucune espèce, la machine travaillât sans jamais s'arrêter. Voilà le rêve de l'enthousiaste de l'Occident, le mouvement perpétuel du savant visionnaire. Mais le véritable homme de science a toujours nié la possibilité d'un tel résultat.

C'est Galilée qui le premier a clairement défini les véritables fonctions d'une machine. Son point de vue est très-simple. Avec un système de poulies, par exemple, nous pouvons, à l'aide d'un poids d'un kilogramme, en soulever peut-être cinquante ou cent; mais quand le poids d'un kilogramme a descendu d'un mètre, celui de cinquante n'a pas monté d'un mètre, mais bien d'un cinquantième de mètre. Le résultat obtenu est donc celui-ci : un poids faible, tombant d'une grande hauteur, fait parcourir un petit espace à un poids considérable. Ainsi, en multipliant chaque poids par l'espace qu'il parcourt, on obtient deux produits égaux. Nous gagnons de la puissance, mais nous perdons de l'espace ; nous donnons à la machine un genre de force, et elle nous en rend juste autant, et pas plus, mais d'un genre qui est plus commode.

Ainsi le monde des machines n'est pas une fabrique où l'on puisse produire de la force, mais plutôt un marché auquel nous apportons une force d'une espèce pour l'échanger contre une force d'une autre espèce qui nous convient mieux. Si nous y venons les mains vides, soyons sûrs que nous nous en retournerons les mains vides aussi. Nous voyons donc qu'une machine ne crée pas, elle transforme. Considérons l'univers tout entier, et nous y reconnaîtrons la même loi ; car, d'un bout de l'univers à l'autre, la quantité de force ou de puissance d'action n'est pas moins constante et moins invariable que la quantité de matière.

En outre, dans le monde physique tout comme dans le monde social, il existe deux genres de force, que nous pouvons appeler force active et force de position. Un corps en mouvement actif, comme par exemple un boulet, une chute d'eau, ou une masse d'air, peut sans doute accomplir un travail, tel que celui de démolir une forteresse, de faire tourner une roue, ou de faire marcher un navire ; ce sont là des forces physiques actives, des forces qui proviennent d'un mouvement actuel.

Mais il y a aussi une force de position. Une masse considérable placée au haut d'une maison ou d'une élévation quelconque, devient, par sa position même, capable d'accomplir un travail : si nous la laissons tomber sur un poteau, elle l'enfoncera dans le sol. Une chute d'eau, le poids d'une horloge quand il est remonté, un arc bandé peuvent aussi faire un travail. Dans ces exemples, nous avons des corps qui, sans mouvement visible, doivent à leur position la possibilité d'accomplir un travail.

En effet, c'est évidemment la position de la masse d'eau, du poids de l'horloge ou de l'arc, qui donne à chacun de ces instruments le pouvoir d'effectuer un travail. Voilà ce que nous appelons force de position.

Or, il peut très-souvent arriver que la force de position se transforme en force active, et réciproquement ; mais il ne peut jamais y avoir création de force, car ce que l'on gagne d'un côté, on le perd toujours de l'autre.

Ainsi, lorsque je lance une pierre en l'air, avec une vitesse considérable, je lui communique la force d'un mouvement actuel ; mais si, au point le plus élevé de sa course, je la saisis et la place au haut d'une maison, cette pierre n'a plus de force active. Cette force a-t-elle disparu pour toujours, et sans laisser d'équivalent ? Loin de là : la force active a été dépensée pour donner à la pierre une force de position que je pourrai ramener à l'état de force active en faisant tomber la pierre du haut de la maison. Et dans ce cas, vous le savez, la pierre atteindra la terre avec une vitesse, et, par conséquent, une force égale à celle que je lui avais imprimée en la lançant d'abord.

Ainsi, nous voyons qu'en tenant compte de la force de position aussi bien que de la force de mouvement actuel, il y a dans ce cas non pas anéantissement, mais transformation de force, et que nous retrouvons toujours, sous une forme ou une autre, ce que nous avions dépensé.

Mais si nous considérons la percussion ou le frottement, les faits ne sont plus aussi évidents. Supposons, par exemple, qu'un forgeron donne un grand coup de marteau sur une enclume. Une fois le coup reçu, qu'est devenue la force de ce coup ? Et encore, lorsque nous arrêtons un train de chemin de fer à l'aide de freins qui déterminent un frottement sur les roues, qu'est devenue la force d'impulsion du train ? Cette force a-t-elle disparu pour toujours, ou a-t-elle simplement pris quelque autre forme moins apparente ?

Pour répondre à cette question, il faut examiner en détail ce qui se passe réellement lors de la percussion ou du frottement. On sait qu'un métal s'échauffe par l'effet d'un coup violent ; on sait aussi que le frottement produit de la chaleur. Il est donc assez naturel d'établir un certain rapport entre la disparition de la force de mouvement visible et la production de chaleur. Ne se peut-il pas que la chaleur soit un mouvement particulier des molécules du corps chaud, et que la force du coup, ou celle du mouvement qui a été arrêté par le frottement, se soit transformée en chaleur au lieu de s'anéantir? Telle fut la pensée que conçurent Rumford et Davy : le premier, lorsqu'il fit bouillir de l'eau à l'aide de la chaleur produite par le forage d'une pièce de canon ; le second, lorsqu'il fit fondre deux morceaux de glace en les frottant l'un contre l'autre. Mais il était réservé à Joule de démontrer qu'il existe entre la force mécanique et la chaleur un rapport exact et bien défini, en vertu duquel la température d'une livre (454 grammes) d'eau, tombant d'une hauteur de 772 pieds (235 mètres), s'élève de 1 degré Fahr. (0°,55 centig.). Si la hauteur de la chute était double, l'accroissement de température doublerait aussi.

Dans le cas de la chute d'une livre d'eau, il y a réellement deux transformations de la force. Au moment de sa chute, l'eau possède d'abord une force de position, car elle est à 772 pieds au-dessus de la surface de la terre, et cette position élevée lui donne une certaine force. A mesure que l'eau tombe, sa force de position va en diminuant, mais se transforme en même temps, jusqu'à ce que enfin, au moment où la masse va frapper le sol, toute sa force se trouve changée en force de mouvement actuel. Dès qu'elle frappe, il se produit un autre changement : la force de mouvement actuel se transforme subitement en cette force que nous appelons chaleur, et, par suite, la température de l'eau s'élève d'un degré.

J'ai dit que la chaleur est probablement une espèce de force de mouvement actuel, c'est-à-dire que les molécules d'un corps chaud sont dans un état d'agitation violent. Mais nous pouvons aussi avoir une variété moléculaire de force de position. Rappelons-nous en effet comment se produit la force de position, et prenons pour exemple la pierre dont nous parlions tout à l'heure, et que nous supposons arrivée sur le toit d'une maison. N'y a-t-il pas eu séparation violente entre la pierre et le globe qui l'attire? En effet, nous avons séparé par la violence deux corps qui tendent l'un vers l'autre, ce qui nous donne la force de position.

Or, un atome de carbone et un atome d'oxygène s'attirent avec force; ils tendent à s'unir pour former de l'acide carbonique, et toutes les fois qu'un agent quelconque vient séparer les atomes du carbone de ceux de l'oxygène, il produit une force de position tout aussi réelle que dans le cas de la pierre que nous éloignons de la terre. Par conséquent, tant qu'il restera du charbon dans les mines et de l'oxygène dans l'atmosphère, nous aurons, séparés l'un de l'autre, deux corps qui tendent à s'unir, et nous posséderons une quantité énorme de force de position moléculaire. Cette union s'effectue toutes les fois que nous brûlons du charbon, et le résultat obtenu ne diffère pas sensiblement de celui que donne la chute d'un corps : dans les deux cas, la force de position se transforme en chaleur. La chaleur produite par la combustion du charbon est aussi bien due au mouvement du carbone et de l'oxygène l'un vers l'autre, que la chaleur produite par la chute d'une livre d'eau vers le sol, l'est à l'attraction mutuelle de ce corps et de la terre.

Après avoir ainsi rapidement défini quelques-unes des variétés de force les plus importantes, permettez-moi de vous demander d'examiner avec moi où nous pouvons trouver accumulée cette chose si importante que l'on appelle *force*. Et d'abord, regardons en nous-mêmes.

Nous avons tous, il faut l'espérer, une certaine force physique; nous sommes tous capables d'un certain travail, si nous le voulons. Eh bien ! d'où nos corps tirent-ils la force qu'ils possèdent?

Pour répondre à cette question, voyons ce qui a généralement lieu après que nous nous sommes livrés à quelque travail pénible.

Nous éprouvons de la fatigue, nous avons faim; notre corps a besoin de nourriture; il a également besoin de repos, afin de pouvoir avec cette nourriture réparer les tissus que nous avons consumés par le travail. Assurément, c'est à la nourriture que nous devons la force; et, en y réfléchissant un peu, nous nous rappellerons qu'un des éléments de notre nourriture est le carbone, qui, tout comme le charbon, nous donne une sorte de force de position moléculaire.

La nourriture est véritablement un genre de force, et si nous nous assimilons les tissus des bœufs ou des moutons, il suffit de reculer d'un pas encore dans notre raisonnement, et de nous demander d'où ces animaux tirent leur force. La réponse est facile : ils la tirent des végétaux. Il faut donc que l'herbe de la prairie et la feuille de la forêt représentent un immense magasin de force. Or, d'où toute cette force peut-elle venir? Du soleil, sans aucun doute. Une feuille est un laboratoire dans lequel les rayons du soleil travaillent à séparer le carbone de l'oxygène; ils permettent à l'oxygène de se dégager et de se mêler à l'atmosphère pour renouveler l'air que nous avons vicié par la respiration et la combustion ; ils fixent le carbone sous une forme ou une autre, pour le transformer en tissu végétal.

Nous sommes en droit de dire que la force des rayons du soleil est consacrée à séparer l'un de l'autre le carbone et l'oxygène dans les feuilles des plantes. La plante est mangée par le bœuf, et celui-ci à son tour par l'homme, qui reproduit cette force dans tous les mouvements de son corps merveilleux. Mais, comme il n'y a pas toujours eu des bœufs pour manger les feuilles, ou des hommes pour manger les bœufs, n'y a-t-il pas eu une énorme perte de force, surtout aux époques géologiques où la végétation avait une activité désordonnée? Nullement : le carbone décomposé dans les feuilles des plantes par les rayons du soleil, pendant les époques géologiques antérieures, ne s'est pas perdu ; il a formé ces magnifiques gisements de charbon que nous exploitons avec tant de fruit, et qui alimentent en quelque sorte les travaux du monde entier.

Ainsi nous voyons que non-seulement les aliments, mais nos combustibles aussi, bois ou charbon, nous viennent des végétaux, et représentent une force dont la source première se trouve dans les rayons du soleil. Ainsi le travail que nous faisons nous-mêmes au moyen de nos aliments, et celui que nos machines exécutent au moyen des combustibles, proviennent indirectement de la même source.

Envisageons maintenant ce sujet à un point de vue un peu différent.

Si nous posons un œuf sur son petit axe, il reste stationnaire, et résiste aux efforts que l'on peut faire pour le changer de position. Il n'en est pas de même si nous réussissons, ce qui n'est pas impossible, à le mettre en équilibre sur son grand axe ; dans cette position, la moindre force suffit pour le renverser. Dans le premier cas l'équilibre est stable ; dans le second, il est instable.

Si l'œuf ainsi posé sur son grand axe se trouve juste au bord d'une table, il est impossible de dire si le premier souffle d'air le rejettera vers la table, ou le fera tomber en dehors et se briser par terre. Dans un cas pareil, la cause la plus légère peut avoir un effet considérable au point de vue de la force. L'œuf conservera-t-il sa force de position en tombant sur la table, ou bien la transformera-t-il en force de mouvement, puis en chaleur en tombant à terre ? La cause qui doit déterminer l'un ou l'autre de ces effets est si imperceptible, qu'elle échappe absolument à nos calculs.

Or, nous avons deux types de machines, l'un fondé sur le principe de la stabilité, et l'autre sur celui de l'instabilité. Une horloge est un excellent exemple du premier type. Lorsque nous avons monté une bonne horloge, nous sommes parfaitement sûrs que le lendemain, à midi, ses aiguilles seront ensemble sur le chiffre 12, et que son poids aura parcouru une distance que nous pouvons calculer très-exactement, si nous en prenons la peine, puisque tous ses mouvements se calculent avec une rigueur mathématique. D'un autre côté, une mine dont on va déterminer l'explosion au moyen d'une batterie électrique, est une machine ou un moyen d'action par lequel nous mettons à profit une des combinaisons instables de la nature. La poudre qui doit faire explosion représente l'instabilité chimique, tout comme l'œuf posé sur son grand axe représente l'instabilité mécanique. Le moindre choc, la plus petite étincelle suffit pour réveiller la puissance endormie que contient la poudre, et la faire agir avec la puissance d'un volcan. Cette étincelle sera envoyée de loin par la batterie électrique ; mais pour cela il nous faut fermer le circuit. Nous rapprochons les deux électrodes jusqu'à ce qu'à peine quelques millimètres les séparent ; cependant le contact n'existe pas tout à fait. Encore un mouvement, mouvement imperceptible, le courant passe, la poudre s'enflamme, la mine éclate et la forteresse saute. Dans cette machine, les plus grands résultats, les plus grandes transformations de la force sont dus aux causes les plus insignifiantes. Au dernier moment, c'est un mouvement imperceptible des fils conducteurs qui doit décider de la destruction de la forteresse.

La nature aussi emploie ces deux genres de machines. Le système solaire nous présente un grand modèle d'horloge, horloge beaucoup plus exacte qu'aucune de celles que nous produisons. Les mouvements de chacune des planètes qui composent le système solaire, peuvent se calculer de la façon la plus rigoureuse, et lorsqu'une fois notre lunette est convenablement dirigée, nous pouvons indiquer, à une fraction de seconde près, le moment précis où une planète donnée en traversera le champ.

D'un autre côté, les êtres vivants qui peuplent le globe nous offrent des machines qui, au point de vue de la matière, appartiennent au second genre dont nous avons parlé. Ici le Créateur n'a pas cherché la régularité, mais plutôt la liberté d'action. Le mouvement d'un animal ne ressemble pas à celui d'une planète ; ce dernier est soumis au calcul, tandis que le premier y échappe complétement. C'est probablement en quelque point de l'organe mystérieux appelé cerveau que se donne l'impulsion directrice, imperceptible, qui détermine nos mouvements, de même que le moindre contact du conducteur électrique fait éclater la mine éloignée. Cet agent mystérieux que nous appelons la vie, n'est pas un être brutal qui parcourt l'univers, en renversant partout les lois de la force ; c'est plutôt un tacticien consommé, qui, du fond de son cabinet, assis devant les fils conducteurs, dirige les mouvements d'une grande armée.

Si nous sommes aussi amenés à placer l'action directrice de la vie sur les limites extrêmes de l'univers des forces, il ne faut pas supposer pour cela que nous ayons résolu le problème de la nature de la vie. Nous n'avons fait que reporter la difficulté jusqu'à des régions d'épaisses ténèbres où la lumière de la science n'a pas encore pu pénétrer. Si notre manière de voir est exacte, si un être vivant est réellement une machine dans laquelle de grands résultats sont produits par une impulsion primitive d'une extrême faiblesse, ne devons-nous pas nous attendre à rencontrer ici les formes instables de la nature ? Ne nous étonnons donc pas que la substance de notre corps soit éminemment corruptible, ni que l'intensité même de notre vie se mesure par les changements qui s'opèrent dans nos tissus, de sorte que peut-être les parties qui remplissent pendant la vie les fonctions les plus nobles et les plus délicates, sont les premières à périr dès que la vie est éteinte.

Mais cette matière instable, qui se mêle à notre corps d'une manière si merveilleuse, nous vient de notre nourriture. La nourriture joue un double rôle : d'abord, elle nous donne la force ; puis elle fournit à notre corps des tissus d'une délicatesse extrême. Mais la nourriture tire son origine du règne végétal ; et celui-ci à son tour la tire du soleil, de sorte que nous voici amenés à regarder cet astre comme la cause première matérielle non-seulement de notre force, mais aussi de la délicatesse de nos tissus.

Avant de quitter ce sujet, permettez-moi de dire quelques mots sur la perte de la force. Sir W. Thomsen a démontré que toutes les formes de force n'ont pas la même valeur au point de vue de l'avantage que nous en pouvons tirer. Une des forces dont nous pouvons le mieux tirer parti, c'est la force mécanique, tandis que la moins utile est la chaleur diffuse. Or, il est très-facile de convertir la force mécanique en chaleur ; la grande difficulté pour nous est même d'empêcher cette transformation. Toutes les fois qu'il y a frottement, percussion, résistance de l'air, la force mécanique se change en chaleur. Au contraire, il est bien plus difficile de ramener la chaleur à l'état de force mécanique. Nous y arrivons très-incomplétement avec nos machines à vapeur, dans lesquelles la chaleur que donne le combustible se convertit en travail utile ; mais il n'y a qu'une petite partie de cette force de chaleur qui subisse cette transformation ; la plus grande partie s'échappe et se perd au point de vue du résultat utile. Ceci nous montre que le procédé par lequel on convertit la force mécanique en chaleur, ne peut se renverser; car, tandis que toute la force mécanique peut facilement se transformer en chaleur, il n'y a qu'une faible partie de la chaleur qui puisse se transformer en force mécanique. Il en résulte que la force mécanique de l'univers diminue chaque jour, tandis que la chaleur diffuse de l'univers augmente sans cesse. Ainsi s'opère peu à peu une dégradation qui semble n'avoir pas de limites, et qui ne s'arrêtera que quand l'univers, ou du moins la partie que nous habitons, sera devenu tout à fait inhabitable pour les êtres organisés.

Nous avons vu que le soleil est la grande source de notre bien-être matériel, et qu'il prépare la nourriture qui donne à nos corps et la force et le tissu délicat indispensable à la vie ; mais le soleil n'est qu'un grand feu, et même, selon toute apparence, un feu qui, depuis longtemps, n'est plus alimenté. On a pensé que, dans les premiers temps de l'existence de notre univers, la matière du soleil existait à l'état de nébuleuse diffuse, soumise à la force de gravitation. Or, de même que la chute d'une pierre sur la terre produit de la chaleur, de même le mouvement de toutes ces parcelles nébuleuses, s'unissant pour former une masse compacte telle que le soleil, a dû produire une énorme quantité de chaleur. Cependant, ce mouvement de condensation approche maintenant de sa fin, et le soleil, malgré toute sa force, ressemble à un homme dont les dépenses excéderaient le revenu.

Le résultat est inévitable, à moins que nous ne voyions la fin de ces pertes incessantes. Mais, dans l'état actuel de la science, rien n'indique un pareil changement, et nous sommes ainsi amenés à prévoir la dégradation de l'univers, ou du moins de la partie que nous habitons, et enfin la disparition complète de la force utile et de la vie. Ces résultats offrent un vaste champ aux réflexions des hommes de science ; mais il ne faut pas oublier que notre horizon intellectuel est encore fort borné, et notre connaissance des lois de la nature très-incomplète.

J'ai cherché à vous exposer rapidement un des derniers progrès que nous avons faits dans la connaissance des lois de la nature. Permettez-moi maintenant de vous dire quelques mots d'un progrès presque aussi important, mais plus récent encore, qui a été fait dans la connaissance des grands corps de l'univers. Il y a dix ans, nous soupçonnions à peine qu'il existât quelque lien entre cette terre et les autres corps célestes. Quelques pâles rayons nous arrivaient des étoiles en traversant la triste immensité de l'éther, mais c'était là le seul rapport connu entre notre système et le reste de l'univers. Il y avait juste assez de lumière pour rendre les ténèbres visibles. Rien de ce que nous savions des étoiles ne prouvait qu'elles ne fussent pas faites d'éléments étranges groupés d'après des lois également étranges. Elles semblaient presque former un autre univers et appartenir à un autre Maître.

Mais on a découvert tout dernièrement qu'un rayon de lumière peut nous en apprendre bien plus que nous ne le supposions. Il ne nous dit pas seulement la position, la distance, la grandeur du corps lumineux; il nous révèle aussi sa composition, sa température, la vitesse avec laquelle il se rapproche ou s'éloigne de nous; peut-être même les changements qui s'opèrent à sa surface. Nous avons récemment perfectionné un instrument appelé spectroscope, qui nous permet d'analyser la qualité et la composition d'un rayon de lumière, avec bien plus de facilité et d'exactitude que nous ne pouvons faire une analyse chimique. Pour vous expliquer la construction de cet instrument, il me suffira de vous rappeler ce qu'est la chambre obscure photographique. La lentille de cette chambre obscure imprime sur une plaque convenablement disposée l'image des objets extérieurs. On obtient nécessairement une image réduite des objets, de sorte que l'image d'une ligne ou d'une fente lumineuse située au dehors de la chambre obscure, serait une ligne ou une fente lumineuse imprimée sur la plaque intérieure. Mais si nous plaçons un prisme de verre entre la fente lumineuse et son image, les rayons de lumière sont tous déviés, sans l'être cependant tous également.

Si la fente transmet des rayons d'espèce différente, ces rayons seront déviés à des degrés différents, et, par suite, l'image de la fente donnée par un rayon se projettera sur une partie de l'écran ou de la plaque, tandis que l'image donnée par un autre rayon se projettera sur un autre point. L'image ne représentera donc plus une seule fente, mais un grand nombre de fentes juxtaposées, de manière à former une bande ou un ruban lumineux de diverses couleurs, parce que les rayons rouges transmis par la fente seront moins déviés par le prisme que les rayons jaunes; les jaunes moins que les verts, les verts moins que les bleus, et ces derniers moins que les violets. Par conséquent, si tous ces rayons existent dans la lumière de la fente, l'image deviendra un ruban de lumière de diverses couleurs; avec du rouge à un bout et du violet à l'autre. Ce ruban s'appelle spectre, et si la lumière transmise par la fente est celle du soleil, nous aurons sur l'écran un spectre solaire.

L'apparence du spectre change beaucoup, selon la nature du corps lumineux. Si ce corps est un liquide ou un solide à une température élevée, le spectre nous offrira alors un ruban lumineux continu, présentant successivement le rouge, l'orangé, le jaune, le vert, le bleu, l'indigo et le violet. Mais si le corps lumineux est un gaz incandescent de faible densité, le spectre est tout différent. Ce n'est plus un ruban lumineux continu, mais bien une série de lignes brillantes séparées les unes des autres, sur un fond sombre. En d'autres termes, la lumière des solides et des liquides incandescents contient tous les rayons différents, tandis que celle des gaz incandescents n'en contient que quelques-uns.

Notons un autre fait important : A la température ordinaire, les corps absorbent les mêmes rayons qu'ils émettent lorsqu'on les chauffe. Ainsi, la vapeur incandescente de sodium donne une raie jaune brillante fort caractéristique, et, quand elle est suffisamment refroidie, cette même vapeur arrête ce même rayon de lumière jaune, s'il provient d'une autre source. Prenons, par exemple, un corps lumineux, solide ou liquide, qui, à une température élevée, donne tous les rayons du spectre, et faisons passer entre ce spectre et notre œil de la vapeur de sodium à une température relativement basse. Regardons avec le spectroscope, et nous verrons que la vapeur de sodium, qui donne une raie jaune pour son propre compte lorsqu'elle est incandescente, absorbe cette même raie jaune lorsqu'elle est froide, de sorte que cette couleur manque au spectre, qui tout à l'heure était complet.

C'est l'illustre physicien Kirchoff qui a découvert ces principes ; c'est encore lui qui le premier les a appliqués à la lumière du soleil et à celle des étoiles. Ainsi, dans le spectre solaire, la raie jaune manque, et nous en concluons qu'il doit se trouver de la vapeur de sodium relativement froide, quelque part entre la lumière du soleil et notre œil. Mais puisqu'il n'y a évidemment pas de vapeur de sodium incandescente dans l'atmosphère terrestre, cette vapeur doit, par conséquent, exister dans celle du soleil. Ce procédé a permis de reconnaître que l'atmosphère solaire contient des vapeurs de sodium, de fer, de nickel, de calcium, de magnésium, de barium, de cuivre et de zinc. MM. Huggins et Miller ont constaté la présence d'éléments semblables dans plusieurs étoiles.

En étudiant certaines nébuleuses à l'aide du spectroscope, M. Huggins est arrivé à un résultat fort surprenant. Leur lumière diffère essentiellement de celle du soleil : elle se résout en quelques raies brillantes sur un fond sombre, et présente ainsi les caractères de la lumière d'un gaz incandescent. L'analyse spectrale semble indiquer que ces corps sont composés d'un mélange d'hydrogène et d'azote, sans que la certitude à cet égard soit encore absolue.

Donati est le premier qui ait étudié la lumière des comètes avec le spectroscope, et ses observations semblent indiquer que ces corps étrangers sont, comme les nébuleuses, composés de gaz incandescent. Plus récemment encore, Huggins a observé une comète dont la lumière semblait indiquer que le noyau se composait de gaz incandescent, tandis que la chevelure donnait un spectre continu.

Mais revenons à notre soleil. Nous avons fait récemment des progrès remarquables dans la connaissance de sa constitution physique. Il serait difficile de dire quand et par qui l'existence des taches solaires a d'abord été remarquée. C'est Galilée qui s'en est servi le premier pour déterminer les éléments de la rotation du soleil. Outre les taches noires de la surface du soleil, les différentes éclipses totales ont fait observer autour de cet astre des phénomènes également mystérieux, que l'on désigne habituellement sous le nom de flammes ou protubérances rouges. M. Warren de la Rue a démontré le premier que ces phénomènes appartiennent au soleil lui-même, et que le rôle de la lune dans une éclipse se borne à affaiblir la lumière générale, de manière à rendre les phénomènes visibles à l'œil. Tandis que les flammes rouges attiraient ainsi l'attention des savants, Schwabe en Allemagne, et Carrington en Angleterre, travaillaient avec succès à nous faire mieux connaître les taches du soleil. Schwabe, par une série d'observations patientes n'embrassant pas moins de quarante années, prouvait l'existence d'une périodicité bien marquée dans le nombre et la fréquence des taches solaires, périodicité d'environ onze ans. Carrington, de son côté, constatait que la région des taches est comprise entre certaines limites, et s'étend à 20 ou 30 degrés environ de chaque côté de l'équateur solaire, de sorte qu'une tache ne se montre jamais aux pôles du soleil; il avait aussi reconnu que les taches ont un mouvement propre.

Schwabe et Carrington s'étaient contentés de dresser des cartes exactes des résultats observés; mais de la Rue, en appliquant la photographie aux phénomènes célestes, a pu obtenir du soleil lui-même des images que l'on peut étudier à loisir sans craindre qu'elles soient inexactes.

Un grand nombre de ces images ont été obtenues, et M. de la Rue et les savants qui se sont associés à ses recherches, les ont soumises à un examen attentif. Quelques-uns des résultats préliminaires de cet examen ont déjà été publiés, et semblent indiquer un certain rapport entre les mouvements et la fréquence des taches solaires d'une part, et les positions des principales planètes de notre système.

Nous n'avons pas fait moins de progrès dans la connaissance des flammes rouges que dans celle des taches solaires. Janssen et Lockyer ont découvert, chacun de leur côté, que ces protubérances étranges obéissent au spectroscope dans l'état ordinaire du soleil, et sans qu'il soit nécessaire d'attendre une éclipse totale. En effet, elles existent toujours autour du soleil, mais leur éclat se perd dans la lumière diffuse qui entoure le bord de l'astre. Mais si nous employons un spectroscope assez puissant, la lumière diffuse, c'est-à-dire la lumière ordinaire du soleil, donne un spectre allongé en forme de ruban, de sorte que l'éclat de la lumière se divise et se répartit sur toute la longueur; au contraire, la lumière des flammes rouges, n'étant composée que d'une ou deux espèces de rayons, se montre au spectroscope sous la forme d'une ou deux raies brillantes, dont l'éclat n'est pas affaibli par l'action dispersante de l'instrument. Ces raies ressortent, par conséquent, dans le champ visuel, tandis que la lumière ordinaire disparaît. Lockyer a reconnu ainsi que la surface brillante du soleil est entourée d'une enveloppe d'hydrogène incandescent; que des matières à une température élevée y sont fréquemment projetées, et qu'enfin il s'y déclare de violents ouragans, dont la vitesse est souvent de 100 milles (160 kilomètres) par seconde. Les travaux de Frankland et de Lockyer, joints aux observations solaires de ce dernier, nous permettent d'espérer que nous arriverons un jour à connaître exactement la pression et la température, aussi bien que la composition chimique de l'atmosphère du soleil.

Si maintenant nous redescendons des corps célestes sur le globe que nous habitons, il nous est peut-être permis de supposer qu'il existe entre la terre et le soleil, et par son intermédiaire, entre la terre et les autres astres de notre système, d'autres rapports que ceux qui ont été reconnus jusqu'ici. Le général sir E. Sabine paraît avoir prouvé que les perturbations du magnétisme terrestre se manifestent surtout dans les années où l'on observe le plus de taches solaires. Ce fait semble confirmé par l'expérience de cette année, pendant laquelle nous avons eu un grand nombre de taches solaires, ainsi que des perturbations considérables du magnétisme terrestre.

J'ai déjà parlé de la possibilité d'un rapport entre le mouvement des taches solaires et les positions des planètes; je puis ajouter encore que Schwabe et d'autres observateurs croient avoir reconnu des indices de variation périodique dans l'apparence de la planète Jupiter. Toutes ces observations sembleraient indiquer l'existence d'un rapport inconnu entre les différents membres du système solaire.

Mais la partie de la physique cosmique qui nous intéresse de plus près est assurément la météorologie de notre globe; et ici se présente aussitôt cette question : Le climat et l'atmosphère terrestres subissent-ils l'influence des changements qui s'opèrent dans l'atmosphère du soleil? Rien ne permet encore d'y répondre affirmativement; mais il est vrai que les recherches ont jusqu'ici été assez mal dirigées. Des observations toutes récentes, discutées par Baxendell, nous portent à croire qu'il peut y avoir quelque rapport entre les variations diurnes du magnétisme terrestre et les mouvements atmosphériques qui s'accomplissent dans le même temps. En rapprochant cette idée du fait que la fréquence des perturbations que l'on observe dans le magnétisme terrestre semble se rattacher au mouvement des taches solaires, nous sommes conduits à admettre au moins la possibilité d'un rapport quelconque entre la météorologie et les taches du soleil.

Si ces observations ont quelque valeur, leur tendance est d'indiquer la réunion probable des différentes branches des observations physiques en une grande science cosmique; elles montrent par conséquent l'opportunité d'une union très-grande entre ceux qui exploitent les champs de la météorologie, du magnétisme terrestre et de la physique terrestre.

En ce moment, l'avenir de la météorologie donne moins d'espérances que celui des deux autres sciences. Nous ne savons que fort peu de chose sur les mouvements des divers éléments de l'atmosphère terrestre, et cependant sans cette connaissance il est impossible de rattacher la météorologie aux autres branches de la physique du monde. Si nous recherchons les causes de cette infériorité des études météorologiques, la première et la plus évidente est la grandeur du problème à résoudre.

Nous sommes trop intimement unis à la terre et à son atmosphère, pour en reconnaître les mouvements avec facilité. Chose étrange! il est plus facile d'étudier la météorologie du soleil que celle de la terre, et nous en savons déjà autant sur la force des tempêtes solaires que sur celle des ouragans terrestres.

Mais l'état arriéré de la météorologie physique vient encore d'une autre cause: c'est qu'au fond il y a deux sciences météorologiques. La première est la météorologie physiologique, qui cherche à reconnaître l'influence des climats sur les animaux et les végétaux; la seconde est la météorologie physique, qui étudie la physique de la surface du globe, et plus particulièrement encore les mouvements de son atmosphère.

Il est grand temps pour l'observateur de séparer ces deux branches de la science. S'il préfère les recherches physiologiques, qu'il le dise clairement; et s'il se propose d'étudier la météorologie physique, qu'il ne perde pas un seul instant de vue le but de ses travaux. Il devra se demander quel est le meilleur système d'observation, quelle est la meilleure méthode de réduction pour atteindre le but principal de la météorologie physique, qui est la connaissance des mouvements de l'atmosphère terrestre et de leurs causes. Il ne doit pas adopter un système d'observation et une méthode de réduction qui lui offrent seulement des chances de réussite, mais une méthode qui lui en donnent la certitude.

Je me suis efforcé de vous exposer rapidement les derniers progrès faits par la physique cosmique. Les sciences physiques comprennent encore deux autres branches non moins importantes : je veux parler de la physique des corps organisés et de la physique moléculaire. Voici la différence qui existe entre ces deux dernières et celle dont je viens de vous entretenir : — les progrès de la physiologie ou de la physique moléculaire dépendent surtout des expériences, tandis que ceux de la physique cosmique dépendent surtout de l'observation. Vous savez tous qu'en ce moment une commission royale fait une enquête sur les rapports qui doivent exister entre la science et l'État; peut-être alors me permettrez-vous de saisir ici l'occasion d'exposer mes vues sur la meilleure manière pour la science de recevoir cette aide si nécessaire. Je crois que les sciences dont les progrès n'exigent pas des expériences trop longues, peuvent être cultivées avec avantage dans des établissements tels que ce collége. Je crois qu'il est avantageux de fournir à ceux qui enseignent les branches les plus élevées de la physique, les moyens de faire des recherches. Si le gouvernement est disposé à contribuer aux frais de ces recherches, il suffit pour cela qu'il augmente l'allocation actuelle faite au comité de la Société royale.

Les professeurs de sciences d'un collége auraient alors à exposer l'objet de leurs recherches au comité de la Société royale, chargé de la répartition de l'allocation du gouvernement, et ils recevraient les fonds nécessaires. Il n'est personne, je le crois, qui puisse douter que la faible somme de mille livres sterling que le gouvernement alloue chaque année à la Société royale, pour expériences diverses, ne soit employée d'une manière satisfaisante; et si le gouvernement voulait augmenter cette somme, et que la Société royale se chargeât toujours de sa répartition, ce serait un grand avantage pour ce genre d'expériences. Je ne parle ici que des expériences, quoiqu'il ne soit pas moins important d'encourager les expérimentateurs.

Mais il n'en est pas de même s'il s'agit d'expériences et d'observations qui demandent beaucoup de temps. Certaines expériences, soit à cause du temps qu'elles exigent, ou des dépenses considérables qu'elles entraînent, ne peuvent se faire aisément dans un collége; de plus, les observations suivies et méthodiques sur lesquelles s'appuient les différentes branches de la physique cosmique conviennent bien mieux à un établissement central qui en assure la régularité et l'efficacité. De là la nécessité d'un établissement central, consacré aux expériences et aux observations qui exigent beaucoup de temps, beaucoup de place et beaucoup d'argent.

Pour ce qui regarde plus particulièrement la physique cosmique, je suis convaincu qu'il faut étudier la météorologie en même temps que le magnétisme terrestre et les phénomènes solaires; et, si une fois on arrivait à proposer une méthode satisfaisante pour résoudre ce grand problème, je suis sûr que les institutions scientifiques et les hommes de science de toute l'Angleterre ne reculeraient devant aucun sacrifice pour hâter les progrès d'une branche aussi importante des sciences physiques.

BALFOUR STEWART
Directeur de l'observatoire de Kew.

— Traduit de l'anglais par BATTIER. —

NÉCROLOGIE

Travaux de M. Payen

La France vient de perdre un de ses chimistes les plus éminents, M. Payen, mort le 13 mai dernier d'une attaque d'apoplexie. Professeur de chimie industrielle à l'École centrale depuis 1830, et au Conservatoire des arts et métiers depuis 1839, M. Payen fut nommé membre de l'Institut en 1842; il était chevalier de la Légion d'honneur depuis 1828, officier depuis 1847, et commandeur depuis 1861.

Travailleur infatigable, habile expérimentateur, M. Payen est certainement un des hommes qui ont rendu les plus grands services à la chimie industrielle et à la chimie agricole, par les innombrables travaux qui ont illustré sa longue carrière.

Nous ne ferons que passer rapidement en revue l'ensemble de ces travaux, en les présentant dans l'ordre dans lequel ils ont été exécutés, ce qui pourra mieux donner une idée de la prodigieuse activité de leur auteur.

Vers 1824, M. Payen faisait, avec M. Favre, ses premiers essais pour montrer la valeur, comme engrais, du noir animal ayant servi à la décoloration des jus sucrés.

En 1830, M. Payen présentait à la Société d'agriculture une Notice très-complète sur les moyens d'utiliser toutes les parties des animaux morts dans les campagnes.

Ce travail fut couronné par la Société, le 18 avril 1830.

En 1832, il présentait à la même Société quelques observations sur certaines anomalies observées par M. Masclet, dans l'action des os considérés comme engrais.

En janvier 1836, M. Payen prie l'Académie de vouloir bien nommer une commission qui puisse examiner prochainement les procédés mis en usage dans un établissement situé à Javelle, et où s'opèrent les désinfections immédiates et diverses applications utiles à tous les produits de l'abatage des animaux.

Au mois d'août de la même année, M. Payen lit un mémoire sur la composition élémentaire de l'amidon de diverses plantes, de ses parties les plus agrégées, de celles qui se désagrégent aisément et des produits de sa dissolution. Dans ce mémoire, l'auteur annonce que, quelle que soit son origine, quelque variées que soient ses formes et dimensions, quelque différents que soient ses degrés d'agrégation, l'amidon possède toujours la même composition chimique $C^{12}H^{10}O^{10}$.

Au mois de novembre, il donna l'explication de la coloration en rouge des marais salants, coloration qui apparaît sous forme d'une écume rouge vers l'époque où, par la concentration des dissolutions salines, le sel va commencer à se déposer. Ce phénomène est dû à la présence dans l'eau d'une quantité considérable de petits crustacés incolores primitivement, et qui, au moment où les liqueurs atteignent 23 à 25 degrés de l'aréomètre de Baumé, ne pouvant plus vivre dans ce milieu salin, deviennent rouges, meurent et viennent à la surface sous forme d'écume.

En février 1837, M. Payen présenta un mémoire très-important sur la formation des tubercules ferrugineux dans les tuyaux de fonte destinés à l'alimentation des fontaines de Grenoble, et enfin il examina les causes des oxydations locales des différentes fontes et du fer. Ce mémoire, sur lequel a été fait un rapport par MM. Dumas et Becquerel, a eu l'honneur d'être inséré dans le *Journal des savants étrangers*.

Au mois de juillet, s'appuyant sur l'étude de combinaisons

définies de la dextrine avec l'oxyde de plomb et la baryte qu'il a pu obtenir, M. Payen établit la composition de cette substance ainsi que son poids atomique $C^{24}H^{20}O^{20}$. Il ajouta aussi à son mémoire quelques recherches sur l'amidon, et fixa définitivement sa composition et son poids atomique. Ce mémoire, examiné par une Commission composée de MM. Thenard, Dulong, Dumas, a eu l'honneur d'être inséré au *Recueil des savants étrangers.*

Vers la fin de décembre, M. Payen a lu un mémoire relatif à la distribution des matières azotées dans les organes des végétaux. Dans ce mémoire, l'auteur étudie surtout l'action de ces substances et le rôle qu'elles jouent dans la nutrition des plantes, et il montre que les liquides nourriciers qui s'élèvent des radicelles jusqu'aux dernières limites des parties aériennes, charrient en forte proportion la matière azotée, et non-seulement l'accumulent dans tous les organes naissants, mais encore la déposent sur toute l'étendue des conduits qu'ils parcourent. Il a vu que tout organe naissant renferme en abondance une matière azotée, et que cette matière va toujours en diminuant à mesure que l'organe se développe, relativement à la matière non azotée qui devient peu à peu tout à fait prédominante. Ce fait est général. Comme conséquence de ses observations, l'auteur est amené à expliquer le rôle des substances employées jusqu'ici pour conserver les bois. — Ce mémoire a été inséré au *Recueil des savants étrangers.*

Vient ensuite un mémoire sur les acétates et le protoxyde de plomb.

Le 29 janvier 1838, M. Payen est présenté par la section d'économie rurale, comme un des candidats à la place vacante, par suite du décès de M. Teissier.

Au mois de mars, M. Payen présenta un rapport sur les phénomènes résultant de la congélation des pommes de terre. On était habitué, dans ce cas, à rejeter les pommes de terre comme impropres à la nourriture des animaux. Et, en effet, elles ont acquis une saveur âcre : de plus, les fabricants de fécule les refusaient comme ne fournissant plus que 3 ou 4 pour 100 de fécule au lieu de 15 à 17. M. Payen a montré que la fécule n'avait été nullement altérée, mais que la gelée ayant eu pour résultat de détacher et d'isoler les unes des autres les différentes cellules ou utricules dans lesquelles sont contenus les grains de fécule, celles-ci ne pouvaient plus être déchirées par la râpe, et dès lors la fécule restait dans la pulpe. M. Payen proposa, dans ce cas, de faire servir les pommes de terre à l'alimentation des animaux en les faisant sécher rapidement, après qu'elles ont été gelées.

En décembre 1838, M. Payen présenta un mémoire très-important qui fut inséré au *Recueil des savants étrangers* sur la composition de la matière ligneuse. L'auteur montra qu'il ne fallait pas considérer la matière ligneuse comme formée par une seule et même substance, ainsi que les analyses de Gay-Lussac et de Thénard avaient pu le faire pressentir. Il montra qu'il existe dans le bois deux substances distinctes : le tissu primitif isomère avec l'amidon, la *cellulose*, et de plus une matière incrustante qui remplit les cellules et constitue la matière ligneuse véritable. La première de ces deux substances résiste à beaucoup d'agents tels que l'acide nitrique, par exemple, qui dissolvent la seconde et permettent ainsi de la séparer complétement.

Il présenta ensuite un mémoire sur le ligneux, sur les états différents d'agrégation du tissu des végétaux, sur la composition comparée des membranes animales et végétales, sur la présence du sucre de canne dans les fruits du cocotier et dans ceux du cactus, puis un mémoire sur la nutrition des plantes, et une note sur les engrais.

En mai 1840, M. Payen obtient le grand prix de physiologie expérimentale pour son travail sur l'amidon.

Au mois de juin, M. Payen présente un nouveau mémoire sur la composition chimique du tissu propre des végétaux et sur les différents états d'agrégation de ce tissu, mais surtout au point de vue de l'anatomie et de la physiologie végétales.

A la fin de ce mois, il est présenté par la section d'économie rurale comme un des candidats pour la place vacante par suite de la mort de M. Turpin.

En août 1840, M. Payen fait une communication sur l'étude de certains principes inorganiques déposés au milieu du tissu de plusieurs figuiers, corps découverts par M. Meyen, et qui avaient fait le sujet d'une note à l'Académie.

En 1841, M. Payen fait quelques observations sur le beau procédé de conservation des bois, récemment imaginé par M. le docteur Boucherie.

Au mois de mars, il communique l'analyse de l'eau du puits de Grenelle, exécutée dès que les eaux eurent surgi du sol.

Au mois d'août, il fait paraître un mémoire, fait en collaboration avec M. Boussingault, sur les engrais et sur leur valeur comparée.

Au mois de janvier 1842, M. Payen est présenté par la section d'économie rurale, comme un des candidats pour la place vacante, et à la séance suivante, il réunit la majorité des suffrages, et il est nommé membre de l'Académie.

Dans le courant de cette année, il publie quelques notes sur les engrais, sur l'état naturel du sucre dans les betteraves.

En 1843, il publie quelques notes sur les caractères distinctifs qui séparent les végétaux des animaux, et enfin une note sur la composition du sucre gastrique.

En 1844, quelques notes sur l'opium d'Alger, sur l'extraction du sucre de betterave, sur la qualité nutritive des tourteaux de la graine de sésame.

En 1845, quelques notes relatives à l'altération des pommes de terre et à leur maladie.

En 1846, un mémoire sur la composition et la structure de plusieurs organismes des plantes, quelques documents à l'appui des recherches sur la composition des végétaux, un mémoire sur le café et une étude de ses propriétés nutritives, une nouvelle note sur la maladie et les altérations des pommes de terre, et enfin une note sur une maladie de la betterave.

En mai 1847, M. Payen présenta un travail sur la distribution du sucre et de quelques autres principes immédiats dans les betteraves. Il en conclut que le sucre est sécrété pour la plus grande partie dans le tissu qui accompagne le tissu vasculaire, tissu spécial formé par des cellules cylindroïdes étroites, décrites et figurées par M. Decaisne.

Puis un mémoire intéressant sur l'influence des substances grasses sécrétées dans les plantes, sur l'engraissement des herbivores : ce travail ne fait qu'expliquer théoriquement les résultats pratiques obtenus par un Anglais, M. Warnes, qui avait eu l'idée heureuse d'ajouter en certaines proportions de la graine de lin grossièrement moulue aux fourrages des bœufs qu'il voulait engraisser; enfin un mémoire sur la distribution de la substance amylacée dans la racine d'igname et dans les tubercules d'orchis.

En 1849, M. Payen présente un mémoire important sur la structure et la composition de la canne à sucre, et une note sur les perfectionnements des moyens d'extraire le sucre de la canne.

En 1851, une note sur une végétation microscopique qui attaque le sucre solide.

En 1852, M. Payen publie deux mémoires très-complets sur le caoutchouc et la gutta-percha, sur la composition chimique et les caractères distinctifs de ces deux substances, sur les différents procédés de sulfuration du caoutchouc et enfin sur la composition et les propriétés du caoutchouc vulcanisé par les différents procédés qu'il a cités.

Au mois de juillet paraît un premier mémoire sur la gutta-percha, son origine, son mode d'extraction, ses propriétés, son analyse immédiate, sa composition élémentaire et ses applications ; M. Payen conclut que cette substance, telle qu'elle nous arrive, se compose de trois principes immédiats : le plus abondant doué des propriétés générales de la substance normale, qu'il appelle gutta pure, et les deux autres sont des résines indifférentes, l'une blanche cristallisée, l'autre jaune, se fluidifiant très-facilement.

En 1853, plusieurs notes sur les litières, sur les engrais, sur divers agents de conservation des urines et des matériaux du sang considérés comme engrais ; sur l'emploi du soufre pour combattre le blanc du pêcher et du rosier.

En 1855, un mémoire sur les matières grasses et sur les propriétés alimentaires de la chair de différents poissons.

En 1856, une note sur la composition immédiate de l'épiderme et de la cuticule épidermique, sur la composition immédiate du cuir.

En 1857, un mémoire très-complet sur la composition et les produits du manioc. Il en conclut que les tubercules de manioc sont au nombre des plus riches en fécule amylacée, que la variété vénéneuse renferme un poison très-violent, mais volatil, l'acide cyanhydrique, dont il est facile de se débarrasser; que l'extraction directe de la fécule permet de tirer parti de ces tubercules, très-abondants dans le pays sous forme de cassave ou de tapioka.

En 1859, M. Payen publie un mémoire sur l'amidon et la cellulose ; il fait ressortir les analogies remarquables et les différences caractéristiques qui existent entre ces deux principes immédiats.

Puis plusieurs notes sur les différents états de la cellulose dans les plantes, sur la composition de l'enveloppe des plantes et des tissus ligneux.

Un mémoire sur la gélose et les nids de Salanganes.

En 1861, un mémoire sur la dextrine et la glycose, produites par l'influence des acides sulfurique ou chlorhydrique ; sur la diastase ; sur la cellulose fibreuse extraite des bois; sur la glycose incristallisable préparée au moyen du malt.

Un mémoire sur l'amidon des fruits verts, et les relations existant entre ce principe immédiat, ses transformations et le développement ou la maturation de ces fruits.

En 1862, quelques observations à l'occasion d'une communication de M. Reynold sur l'emploi des sulfites dans la fabrication du sucre.

En 1864, quelques observations sur le pyroxyle et le pyroxam.

En 1865, deux mémoires sur l'iodure de potassium, où il montra d'abord que l'iodure fourni ordinairement par le commerce n'est pas pur et renferme toujours un peu de carbonate de potasse et un excès d'iode. Enfin, il montre le moyen de distinguer l'iodure et le bromure de potassium du chlorure par l'action que ces deux premiers corps exercent sur l'amidon, qu'ils gonflent au point de lui faire acquérir un volume de 25 à 30 fois plus considérable. Il termine par quelques mots sur l'iodure d'amidon et sur les causes de sa décoloration sous l'influence de la chaleur.

En 1866, M. Payen s'occupe de l'analyse de deux gousses de légumineuses appartenant au genre dialium, qui lui ont été rapportées de la Chine et qui, dans ce pays, tiennent lieu de savon pour lessiver le linge. Il a découvert dans le périsperme une substance gélatiniforme analogue à la gélatine et qu'il a nommée *dialose*.

En outre, M. Payen a publié un mémoire sur la porosité du caoutchouc, en réponse à une note de M. Graham qui, considérant le caoutchouc comme un véritable tamis dyaliseur, avait dit qu'une mince pellicule de caoutchouc n'a aucune porosité parce qu'elle est absolument imperméable à l'air. M. Payen s'appuie surtout, pour invoquer la porosité du caoutchouc, sur son hydratation au contact de l'air et sur son mode de sulfuration.

En 1867, M. Payen publie, sous le nom de *Structure et constitution des fibres ligneuses*, un mémoire très-intéressant sur les divers échantillons de pâte à papier fabriquées avec le bois, qu'il a remarquées à la grande Exposition internationale. Il passe en revue les principaux procédés employés pour arriver à ce but, et constate que déjà cette fabrication entre pour un dixième dans la production générale de la pâte à papier. L'examen de l'un de ces procédés se trouve être la confirmation des idées théoriques émises par MM. Payen et Brongniart sur la constitution des fibres végétales.

Puis un travail sur l'osmose dans les sucreries.

En 1869, un travail sur la répartition de la potasse et de la soude dans les plantes et dans les terres en culture.

Enfin, au mois d'avril 1871, M. Payen présentait encore à l'Académie un mémoire sur le développement des végétaux, sur la cellulose et les matières ligneuses ; enfin, sur l'influence des matières grasses et azotées sur l'alimentation.

Parmi les différents ouvrages publiés par M. Payen, nous citerons :

Un *Précis d'agriculture théorique et pratique*, fait en collaboration avec M. Richard.

Un ouvrage sur les maladies des pommes de terre, des betteraves, des blés et de la vigne.

Un ouvrage sur les substances alimentaires.

Un *Traité de la distillation de la betterave.*

Un *Précis de chimie industrielle.*

Un Rapport sur les substances végétales et animales fait à la commission française du jury international de l'exposition universelle de Londres.

L'Éloge de M. de Mirbel.

En 1868, deux brochures intitulées : 1° *Huile de pétrole, huiles lourdes des goudrons de houille ; applications au chauffage des générateurs*, etc.; 2° *Eaux naturelles*, leur composition et leurs effets au point de vue de l'alimentation et de l'hygiène.

A. D.

Le propriétaire-gérant : GERMER BAILLIÈRE.

PARIS. — IMPRIMERIE DE E. MARTINET, RUE MIGNON, 2.

LA
REVUE SCIENTIFIQUE
DE LA FRANCE ET DE L'ÉTRANGER
REVUE DES COURS SCIENTIFIQUES (2E SÉRIE)

DIRECTION : MM. EUG. YUNG ET ÉM. ALGLAVE

2e SÉRIE — 1re ANNÉE | NUMÉRO 5 | 29 JUILLET 1871

ASSOCIATION BRITANNIQUE

POUR L'AVANCEMENT DES SCIENCES

CONGRÈS DE LIVERPOOL

Au mois de septembre dernier, au moment où le malheur s'abattait sur nous de tout son poids, où des désastres inouïs entraînaient dans une épouvantable chute et l'Empire et nos plus belles armées, au moment où la nation qui se dit la plus savante du monde égorgeait sans merci la nation qui, presque à elle seule, a ouvert à la science moderne la voie qu'elle suit aujourd'hui, à ce moment de chaos et de fracas universel, l'*Association britannique pour l'avancement des sciences* conviait tous les savants de l'Europe à son congrès annuel, à Liverpool.

Cette fête du progrès, à l'instant où le progrès semblait s'engloutir au milieu des ruines de la guerre, cette réunion des intelligences les plus élevées de toute une contrée, venant proclamer les conquêtes pacifiques de la science à l'instant où la barbarie ancienne se ruait comme une avalanche sur le foyer le plus vivant de civilisation, n'était-ce pas là une glorieuse protestation — quelque accidentelle qu'elle pût être — contre tous les écroulements que le vandalisme germanique accomplissait ou préparait pour l'avenir?

A cette solennité manquaient les savants français. Encore de longs mois après, nous avons dû demeurer presque étrangers au mouvement scientifique de l'Europe. Aujourd'hui que le calme est revenu dans les esprits, que pour un temps le bruit du canon ne couvre plus la voix de ceux qui parlent aux hommes des grandes choses de la nature, aujourd'hui que nous sommes enfin redevenus nous-mêmes, il nous faut chercher ce qui a marché autour de nous, pendant que nous étions arrêtés; il nous faut établir le bilan des découvertes que d'autres ont faites, reprendre la vie où nous l'avions laissée.

Le résumé des travaux de l'Association britannique, qui est en somme le résumé des travaux faits en Angleterre pendant l'année 1870, devait prétendre ici à une place d'honneur.

Déjà la *Revue scientifique* a donné quelques-uns des discours qui ont été prononcés durant le dernier congrès de l'Association tenu à Liverpool.

On a pu lire dans la *Revue* du 1er juillet le discours d'ouverture de Huxley, président de l'Association ; celui de Tyndall a paru dans le même numéro, et, dans le numéro suivant, une lecture de Rankine relative à la construction des vaisseaux.

C'étaient là, pour ainsi dire, les événements du congrès ; nous reviendrons sur quelques-uns de ces discours à propos des controverses qu'ils ont soulevées et dont nous tâcherons de reproduire la physionomie aussi fidèlement que possible. En résumant les diverses communications faites devant le Congrès, nous nous efforcerons de les rattacher aux faits déjà connus, de manière à faire ressortir le caractère particulier de chacune d'elles.

Enfin, dans ce temps de réformes urgentes, il ne sera pas sans intérêt d'étudier le rôle de l'Association dans l'organisation scientifique de l'Angleterre et de montrer combien nos voisins sont soucieux du développement de leurs institutions, combien ils sont jaloux de conserver le rang honorable où ils se sont placés dans le monde scientifique.

I

L'ASSOCIATION BRITANNIQUE ET LA SCIENCE EN ANGLETERRE

En France, une erreur par trop répandue est que la science se fait de rien. On recule devant toute dépense qui n'est pas immédiatement productive; on ne consent à faire de sacrifices pour les recherches scientifiques qu'à une condition expresse : c'est que les résultats de ces recherches seront susceptibles d'ici à peu de temps de faire la fortune de quelque grande industrie. — C'est là un perpétuel sujet d'étonnement pour tous ceux qui observent le mouvement intellectuel de notre pays. — Les Allemands — qui nous connaissent trop bien — n'ont pas manqué de manifester bien souvent leur opinion à ce sujet. Déjà en 1826, Gœthe disait à Eckermann : « Le Français est trop positif », et c'est aussi l'opinion que remportait de nous l'un des généraux les plus connus de l'armée prussienne.

De ce caractère singulier, de cette tournure d'esprit que l'on peut s'étonner de rencontrer chez un peuple aussi impressionnable, aussi enthousiaste en apparence que le peuple Français, il résulte que les recherches de science pure ne frappent personne. On les délaisse parce que leurs matériaux péniblement accumulés ne deviennent susceptibles d'utilisation qu'après de longues années, et qu'on ne se rend bientôt plus compte des liens qui unissent l'usine de l'industriel au cabinet du mathématicien, le dispensaire du médecin au laboratoire du naturaliste.

Presque toujours le savant qui travaille pour la science pure est abandonné à ses propres ressources, ou il doit demander au gouvernement, dont le budget spécial est bien limité, les moyens de continuer ses travaux. Aussi a-t-on vu plus d'une fois une mission scientifique, entreprise d'abord aux frais du gouvernement, retomber ensuite presque entièrement à la charge de celui qui l'avait acceptée. Aussi voit-on encore certains laboratoires de nos plus grands établissements scientifiques obligés de se mouvoir dans les étroites limites d'un budget de 400 francs.

En Angleterre, il n'en est pas ainsi. De grandes sociétés fondées par l'initiative privée, disposant de capitaux considérables, patronnent les recherches scientifiques; tandis que la société de Ray, par exemple, prend à sa charge les publications volumineuses auxquelles de simples particuliers ne pourraient suffire; que des sociétés spéciales pour chaque science — les seules que nous ayons en France — offrent aux travaux de moins longue haleine les moyens de se produire dès qu'ils sont achevés, l'Association britannique établie sur de plus larges bases, englobant tout ce que l'Angleterre possède d'illustrations scientifiques, encourage les travaux de toutes sortes, propose des sujets de recherches, stimule les travailleurs par ses prix, s'inquiète de tout ce qui peut être utile à la science et signale ce qu'il faut faire au gouvernement, qui ne peut s'abstenir en présence d'une aussi grande autorité.

Nous ne pouvons mieux donner une idée de l'étendue de l'action de la société qu'en citant les résolutions prises par son conseil ou par son comité général, au dernier *Meeting*. Voici quelques-unes de ces résolutions :

Chaque année, l'Association britannique contribuait pour une somme de 600 livres sterling, — soit 15 000 francs, — aux travaux de l'observatoire de Kew; cette somme sera encore mise pendant deux ans à la disposition de l'observatoire, qui ajoute ainsi aux fonds alloués par l'État des fonds provenant de l'initiative privée.

Sur l'invitation du comité général de l'Association, le conseil avait été chargé de provoquer la nomination d'une commission royale ayant pour but d'examiner :

1° Le caractère et la valeur des institutions scientifiques actuellement existantes, les facilités qu'elles présentaient pour les recherches scientifiques et les fonds qui leur étaient alloués.

2° Quelles modifications devaient être apportées à ces institutions pour assurer les progrès de la science.

3° Comment il pourrait être pourvu à ces modifications.

De plus le conseil devait s'assurer si, dans ses relations avec les établissements d'enseignement supérieur, l'État avait conservé toute l'impartialité qu'on devait en attendre et si son action était dirigée de manière à utiliser aussi bien que possible toutes les ressources du pays au profit du développement des sciences.

C'est dire que l'Association britannique se constitue, en quelque sorte, gardienne des droits de la science; elle fait pour l'Angleterre, et peut-être d'une manière plus libérale encore, ce que M. Henri Sainte-Claire-Deville proposait dernièrement à l'Institut de faire pour la France (1); elle le fait surtout avec l'autorité que possède forcément une société riche, puissante par le nombre et la qualité de ses membres, libre de toute attache avec le gouvernement, entièrement et exclusivement dévouée aux intérêts de la science.

Voilà pour ce qu'on pourrait appeler l'organisation scientifique. En ce qui touche les questions particulières, le comité général de l'Association fait bien nettement aussi sentir son action. Il propose l'adoption du système métrique pour les relations internationales, demande la création de stations zoologiques qui pourraient être pour les naturalistes ce que nos comptoirs sont pour le commerce, signale au gouvernement la nécessité de refaire les nivellements des côtes de l'Amérique du Sud et de se rendre un compte exact des changements apportés dans les hauteurs de ces régions par les tremblements de terre, donne quelques prescriptions à observer dans le prochain recensement des trois royaumes; enfin, ne négligeant aucun détail, il recommande aux membres de chercher les moyens de réduire autant que possible les souffrances des animaux que la physiologie soumet à ses vivisections. Quant aux encouragements pécuniaires accordés par la société à divers travaux, ils s'élèvent à une somme de 1840 livres sterling, c'est-à-dire à 46 000 francs, pour l'année 1870.

Peut-on espérer qu'en France l'initiative privée arrivera jamais à un pareil résultat? Oui, mais il faut pour cela que nous ayons repris quelque goût à la culture des sciences purement spéculatives. Il faut que nous donnions aux jeunes gens les moyens de comprendre qu'on ne sait pas tout lorsqu'on sort du collége bachelier à seize ans; il faut repeupler nos facultés de province, qui périssent de misère, et pour cela il faut des réformes radicales, tant dans notre enseignement secondaire que dans notre enseignement supérieur; il faut surtout ne pas se leurrer par des semblants

(1) Voyez *Revue des cours scientifiques*, tome VII, p. 801, 19 novembre 1870.

d'organisation, comme l'*École pratique des hautes études* nous en a fourni un récent exemple. Ce n'est pas en réglementant la science qu'on la développe ; elle est le fruit du travail libre, de l'indépendance. Mais ces réformes radicales, qui aura le courage de les accomplir ? Qui trouvera les sommes nécessaires pour remplir les bourses vides de tous nos établissements d'enseignement supérieur ?

Nous ne pouvions, en parlant de l'Association britannique, nous dispenser de faire ce triste retour sur nous-mêmes ; mais il nous tarde de laisser ces comparaisons pénibles et d'arriver au côté purement scientifique du congrès.

L'Association scientifique est, comme on sait, divisée en sections désignées, chacune par une lettre de l'alphabet. Ces sections sont les suivantes :

Nous mettons en regard de leur nom celui du président à l'époque du meeting.

Section A. — Sciences mathématiques et physiques. — Président : *Maxwell.*

Section B. — Chimie. — Président : *Roscoë.*

Section C. — Géologie. — Président : *Sir Grey Egerton.*

Section D. — Biologie, comprenant l'anatomie, la physiologie, la zoologie et la botanique. — Président : *Rolleston.*

Section E. — Géographie. — Président : *Sir Roderick Murchison.*

Section F. — Économique. — Président : *Stanley Jevons.*

Section G. — Mécanique. — Président : *Percy Westmacott.*

Nous nous occuperons surtout, dans ce compte rendu, des quatre premières sections, sans nous préoccuper cependant de l'ordre dans lequel elles sont classées. Nous parlerons d'abord de la section où paraissent avoir eu lieu les plus vifs débats, de celle où a été traitée la question à l'ordre du jour pendant le congrès : la question des générations spontanées, de celle enfin à laquelle appartient par tous ses travaux le président actuel de l'Association, le professeur Huxley : la section D ou de biologie.

II

BIOLOGIE. — LES GÉNÉRATIONS SPONTANÉES ; LA SÉLECTION NATURELLE, ETC.

Le discours du président de la section, M. Rolleston, paraîtra bientôt en entier dans la *Revue.* Nous n'en parlerons donc pas aujourd'hui.

Le discours d'ouverture du congrès par le président Huxley rentre de plein droit dans cette section. Bien qu'on ait pu le lire *in extenso* dans la *Revue*, nous en reproduirons les conclusions à cause de la discussion que ce discours a soulevée.

Après avoir exposé les diverses expériences relatives à la théorie de la production des organismes vivants faites depuis Redi jusqu'à nos jours, Huxley conclut qu'il faut « reconnaître le plus grand poids aux preuves directes de la biogenèse pour toutes les formes vivantes connues ». C'est-à-dire que nul être vivant ne peut prendre naissance que d'un être ayant lui-même joui de la vie.

De plus, tout porte à croire qu'un être vivant ne peut engendrer que des êtres semblables à lui : « Le même engendre le même (1). » Néanmoins, l'illustre professeur de l'école des mines de Londres ne considère pas comme impossible que la matière vivante se forme spontanément à l'aide de la matière inerte. Les choses ont pu se passer ainsi autrefois, et l'on peut même espérer que les physiologistes arriveront un jour à trouver les moyens d'accomplir cette mystérieuse transformation.

C'est là évidemment une manière très-large d'envisager la question ; d'ailleurs, la série des expériences et des raisonnements si lucidement exposée par le professeur Huxley paraîtra à tout le monde absolument inattaquable. Et, en effet, la réplique du docteur H. Charlton Bastian ne contient pas un mot qui puisse détruire les assertions d'Huxley ; c'est simplement un long plaidoyer en faveur de la possibilité de la formation de toutes pièces, dans les infusions, de particules animées. Le docteur Bastian affirme avoir vu de telles particules prendre naissance dans les infusions les mieux préparées et des bactéries ou des spores de champignons naître à leur tour de ces particules. Des bactéries, des spores de champignons, ont été également trouvées dans des mets conservés, après ébullition en vase clos, et qui paraissaient au goût et à l'odeur n'avoir subi aucune altération. Cela est vrai ; mais, comme le fait remarquer dans sa réponse le professeur Huxley, ces faits ne peuvent apporter aucune lumière dans le débat, attendu que les particules solides observées par Bastian se trouvent dans les solutions les mieux filtrées, et que les bactéries et autres productions observées dans les mets conservés n'étaient agitées d'aucun mouvement autre que le mouvement brownien. C'étaient simplement les cadavres des infusoires qui s'étaient développés dans ces mets avant leur préparation.

Il nous faut donc nous contenter d'espérer voir un jour la matière inerte s'animer sous nos yeux ; mais si c'est là un phénomène que nous pouvons apprendre à produire, nul encore n'a pu l'observer d'une manière certaine.

L'observation des organismes inférieurs sur lesquels a roulé le débat n'a pas été pourtant sans porter quelques fruits ; on remarquera certainement avec intérêt cette idée émise par M. Huxley, dans une communication spéciale, que les bactéries, les Torula et les Penicilium ne sont pas autre chose que trois phases du développement d'un même être. Il n'y aurait là rien qui pût surprendre les personnes habituées aux transformations si bizarres que présentent les cryptogames inférieurs.

D'autres communications sur la théorie des germes, sur les générations spontanées, ont été faites par le docteur G. W. Child, par Samuelson. Une discussion, à laquelle ont pris part Huxley, Hooker, Bentham et M. Craw Calvert, s'en est suivie ; mais cette question est de celles sur lesquelles les discussions pourront longtemps encore rouler sans avantage réel pour la science.

Après la question des générations spontanées, celle de la variation des espèces devait trouver place parmi les sujets traités devant la section de biologie. M. Alfred W. Bennett a lu sur ce sujet un travail qui lui a mérité les félicitations du président et qui est intitulé : *la Théorie de la sélection naturelle au point de vue mathématique.* Après avoir fait remarquer que

(1) Il faut, bien entendu, faire la part ici du phénomène des générations alternantes que l'on retrouve à la fois chez les végétaux et les animaux. Dans ce cas, le fils ne ressemble jamais à ses parents, mais à l'un de ses aïeux. Néanmoins, les formes diverses se succèdent toujours dans le même ordre, et deux formes identiques sont toujours séparées par le même nombre de formes dissemblables. Les générations se succèdent en accomplissant toujours le même cycle.

la sélection naturelle ne pourrait rien sans une tendance primitive à la variation, tendance inhérente aux individus qui constituent une espèce, et dont les causes et les lois sont encore inconnues, l'auteur cherche à se rendre compte de l'influence réelle que peut avoir la sélection naturelle sur les variations.

Il étudie d'une manière particulière le phénomène que les auteurs anglais désignent sous le nom *mimicry* ou *mimetism*, et qui n'est autre chose que cette tendance bien connue des animaux servant ordinairement de pâture aux carnassiers à revêtir des formes plus ou moins analogues à celles d'êtres jouissant, au contraire, du privilége d'être peu recherchés par les bêtes de proie. C'est ainsi que, parmi les insectes, beaucoup prennent la couleur des écorces, ou des feuilles sur lesquelles ils vivent; d'autres semblent participer de la forme des végétaux sur lesquels ils passent leur existence : les Mantes, les Phyllies, paraissent des feuilles animées, les Phasmes se confondent avec le bois mort.

Dans son livre sur l'influence de la sélection, Wallace cite un fait de ce genre fort curieux et relatif à des papillons de l'Amérique du Sud, voisins des *Piérides*, de notre papillon du chou, et constituant le genre *Leptalis*. Les oiseaux sont en général très-friands des piérides. Au contraire, ils n'attaquent presque jamais d'autres papillons appartenant à la famille des *Heliconidæ*, et représentés, entre autres, par le genre *Ithomia* dans l'Amérique du Sud. La raison de ce dédain est que les *Heliconidæ*, lorsqu'ils se sentent en danger, laissent suinter une liqueur nauséabonde qui constitue le plus désagréable des assaisonnements. Or, il arrive précisément que certaines *Leptalis*, sans perdre aucun de leurs caractères essentiels, prennent une coloration qui les ferait confondre par un œil peu exercé avec de véritables *Ithomia*. Sous cette sorte de déguisement, elles échappent à l'avidité de leurs ennemis beaucoup plus facilement que leurs congénères de couleur blanche. M. Wallace attribue à la sélection naturelle la production de cette forme *protectrice* des *Leptalis*. C'est là une conclusion qu'attaque M. Bennett par un raisonnement qui nous paraît des plus rigoureux. Il est évident, dit ce dernier auteur, que, pour passer de leur forme ordinaire à la forme *protectrice*, les *Leptalis* ont dû subir une série de transformations graduelles, et l'on ne peut guère évaluer à moins d'un millier le nombre des formes qui ont dû se succéder entre la première déviation et la forme observée en dernier lieu. D'autre part, il est évident que les premières *Leptalis* dégénérées ne devaient pas différer suffisamment de leurs sœurs pour tromper l'appétit des oiseaux intéressés à les reconnaître sous leur déguisement, et c'est être modeste de supposer que, pendant le premier cinquantième de la période de transformation supposée continue, les oiseaux ne se sont pas laissé égarer. S'il en est ainsi, les papillons n'étant aucunement préservés par leur nouvel habit, toute raison de sélection disparaît, et l'on doit considérer comme abandonnée complétement au hasard la continuation de la métamorphose. Les chances que celle-ci a de s'accomplir peuvent dès lors être très-approximativement calculées. Prenons, en effet, un couple de *Leptalis*, et supposons que l'espèce ait une tendance à varier dans vingt directions différentes, parmi lesquelles une seule tende à les rapprocher des *Ithomia*. A la première génération, les chances qu'une variation favorable a de se produire sont représentées par la fraction $\frac{1}{20}$, et cette évaluation est encore très-favorable à l'hypothèse de M. Wallace; car, dans la nombreuse postérité d'un couple de papillons on trouverait certainement plus de vingt formes tant soit peu différentes et s'écartant toutes d'une forme à l'avance déterminée.

A la seconde génération, les formes, qui avaient déjà une tendance à s'écarter de la forme *Ithomia*, n'auront aucune raison d'y revenir, et c'est dans un seul vingtième de la postérité du premier couple que nous pouvons raisonnablement espérer trouver des formes se rapprochant plus ou moins de la forme dite *protectrice*. Mais dans ce vingtième la sélection n'agit pas encore, et c'est encore le hasard qui présidera à la production de la forme que nous avons en vue ; un vingtième seulement de la postérité nouvelle revêtira cette forme; mais celle-ci ne représentera plus que le vingtième du vingtième des petits-fils du premier couple; les chances de trouver des formes utiles dans cette seconde génération ne seront donc représentées que par la fraction $(\frac{1}{20})^2$ ou $\frac{1}{400}$. Au bout de dix générations seulement les chances se réduiront à $(\frac{1}{20})^{10}$, c'est-à-dire que, sur dix billions d'individus, un seul à peine aura conservé des traces de la déviation primitive, et nous ne sommes encore qu'à la moitié des générations qui auraient dû former le premier cinquantième de la période de transformation. Cela étant, si nous appliquons ce calcul à la population totale d'un district que nous pouvons évaluer à un million d'individus, on trouve encore que, dans ce district, un seul individu du genre *Leptalis* sur 10 000 000 pourrait présenter quelque caractère analogue à ceux des *Ithomia* à dix générations de distance de la première modification; c'est là un résultat absolument négatif et qui force à rejeter complétement l'hypothèse de la sélection, puisque avant même que celle-ci ait pu avoir une raison quelconque de se produire, la variation accidentelle primitive, favorable à la conservation d'un individu, aura complétement disparu au milieu de la masse des variations contraires. Ce raisonnement possède encore bien plus de force s'il s'agit de variations tendant à rapprocher la forme d'un animal de celle d'êtres très-éloignés de lui, ou même d'objets inanimés. Il faut donc chercher ailleurs la cause de ces phénomènes de *mimetisme*, et l'on pourrait, à ce qu'il semble à M. Bennett, la trouver dans l'instinct même de la conservation.

Il est en effet digne de remarque que ce soit dans les groupes où l'instinct est le plus développé, chez les insectes, par exemple, que se trouvent les cas de mimetisme les plus nombreux et les plus frappants.

Nous n'avons pas à nous prononcer sur la valeur d'un tel rapprochement; nous ferons seulement remarquer qu'en cela l'auteur fait tout simplement une application de la doctrine des *tendances intérieures* de Lamarck, auquel les partisans du darwinisme sont toujours forcés de revenir lorsqu'ils veulent soutenir leur doctrine jusqu'au bout. D'ailleurs, M. Bennett ne nie pas que la transformation d'une espèce sans défense en une autre plus protégée ne puisse être accélérée et que la forme nouvelle ne puisse être fixée par la sélection naturelle, et cette remarque nous dispense de reproduire la réponse adressée par M. Wallace à l'auteur du mémoire que nous venons d'analyser, cette réponse n'ayant d'autre but que d'établir ce que M. Bennett ne nie pas lui-même.

Ce dernier savant, sans être opposé à la sélection naturelle, délimite d'une manière précise l'influence qui lui revient; elle peut beaucoup pour la transformation et surtout pour la fixation des espèces; mais elle ne peut pas tout et c'est là une manière de voir que ne peuvent renier les partisans les plus éclairés du darwinisme.

On trouve d'ailleurs, dans les mémoires lus à la section de biologie, de nombreuses traces de cette préoccupation du rôle de la sélection naturelle dans la production des caractères des espèces. Le docteur Pye Smith lui attribue la tendance que nous avons à nous servir de notre main droite; il considère comme le résultat d'un phénomène d'atavisme, la préférence de certaines personnes pour leur main gauche. Quant à la modification organique concomitante, elle résiderait dans le cerveau, dont l'hémisphère gauche, plus pesant que l'hémisphère droit (Broca), aurait particulièrement sous sa dépendance les fonctions de relation. A l'appui de cette idée l'auteur cite les cas d'aphasie ou de perte de la parole résultant de la destruction de la troisième circonvolution frontale gauche. Il est à remarquer que la perte de la parole a été observée chez des personnes gauchères paralysées du côté gauche, et dont l'hémisphère droit était par conséquent atteint. Il semble donc que dans ce cas le siége de la faculté de parler ait passé de l'hémisphère gauche à l'hémisphère droit, en même temps que la direction des membres dont le sujet se servait le plus volontiers.

Après ces grandes questions de biologie générale, il nous reste à résumer rapidement quelques faits nouveaux touchant aux différentes parties du règne animal.

L'un des plus intéressants est celui qui résulte des dragages faits dans l'Océan par MM. Mac Andrew, Wyville Thomson, Mac Intosh, Jeffreys. Ces savants ont rencontré des êtres vivants à des profondeurs dépassant 1000 pieds; mais ils ont constaté qu'à ces profondeurs les formes vitales se rapprochent de celles qu'on observe dans les mers polaires. A mesure que l'on s'enfonce au-dessous du niveau de la mer, la température s'abaisse; alors se produisent symétriquement les phénomènes qu'on a si souvent signalés pour la végétation des hautes montagnes. De même qu'en s'élevant sur les Alpes on rencontre des végétaux qui se rapprochent de plus en plus de ceux des pays septentrionaux, de même, en descendant au-dessous du niveau de la mer on rencontre des animaux de plus en plus semblables à ceux qui peuplent les mers arctiques. Cela est vrai à la fois pour les annélides, pour les mollusques et pour les zoophytes, c'est-à-dire pour tous les animaux qui, menant une vie sédentaire, ne peuvent facilement se soustraire à l'influence des milieux ambiants.

De ces recherches ressort encore par conséquent une tendance assez prononcée vers le transformisme.

La même tendance s'accuse dans une communication du docteur Ray Lankester relative à la découverte d'une forme animale qui peut être considérée comme se rapprochant de la forme *souche* de tous les vers plats : Cestoïdes et Trématodes.

Il s'agit de la larve d'un Cestoïde des poissons, le *Caryophyllus*. Cette larve habite les muscles d'une annélide d'eau douce, le *Tubifex rivulorum* et elle présente presque tous les caractères des larves de Trématodes. Voici donc un ver qui, Trématode dans son jeune âge, devient Cestoïde quand il est adulte. C'est là une confirmation des travaux de Van Beneden, qui, pour la première fois, a établi d'une manière bien nette la parenté des Trématodes et des Cestoïdes, des Douves et des Ténias.

Une communication de Hancock est venue également donner un nouvel appui à une idée chère aux partisans du transformisme.

On sait que, dans leur jeune âge, les Ascidies, sortes de mollusques très-simples, présentent une forme extérieure analogue à celle des têtards de grenouille. En étudiant ces embryons, découverts par M. Milne Edwards, Kowalesky y avait trouvé une sorte de corde dorsale, analogue à celle des embryons de vertébrés.

Arguant de ce fait et de certaines ressemblances anatomiques entre les Ascidies et le plus dégradé des vertébrés, l'*Amphioxus*, divers auteurs avaient cru trouver là le passage naturel des mollusques aux poissons, de toute une série d'invertébrés aux vertébrés. La découverte par M. Lacaze-Duthiers d'une Ascidie véritable, dépourvue de têtard et ayant une larve amiboïde, était venue enlever toute probabilité à cette idée séduisante, contre laquelle militaient d'ailleurs d'autres raisons anatomiques.

En étudiant la *Molgula complanata*, Hancock a trouvé des larves en têtard différentes par conséquent de celles que M. Lacaze Duthiers avait si complétement étudiées dans la *Molgula tubulosa*. Mais la *Molgula complanata* paraît devoir former un genre à part, le genre *Eugyra*, et il n'en faut pas moins voir, avec le professeur Rolleston, dans l'existence simultanée d'une corde dorsale dans les embryons d'Ascidie et dans ceux des vertébrés, l'effet d'une adaptation organique analogue dans le but d'accomplir des fonctions analogues, et non l'indice certain d'une parenté zoologique que d'autres faits viennent formellement contredire.

Citons enfin deux mémoires intéressants, aussi relatifs aux animaux inférieurs; dans l'un le professeur Allmann indique un mode nouveau de reproduction chez les polypes hydraires. Ces animaux se reproduisent, soit par bourgeonnement, soit par voie sexuelle, et, dans ce cas, presque tous présentent des faits très-curieux de génération alternante. Dans une espèce de Campanulaire, M. Allmann a vu la portion supérieure de certains individus dépourvus de tentacules se séparer spontanément, aller se fixer sur un corps solide, et là, devenir la souche d'une nouvelle colonie en bourgeonnant des individus pourvus de tentacules, absolument comme l'aurait fait un de ces embryons ciliés ou *planules* qui constituent la première forme des colonies nées par voie de génération sexuelle.

Le second mémoire trace les premiers linéaments de l'embryogénie d'un Trématode très-curieux, le *Bilharzia hæmatobia*. Ce mémoire est dû à M. Cobbold; l'animal sur lequel il porte vit dans les veines des habitants de l'Égypte et l'on ignore absolument comment il s'y introduit. Il présente cette particularité d'être l'un des rares Trématodes à sexes séparés; toutefois le mâle et la femelle vivent constamment par couple, la femelle demeurant enfermée dans une sorte de fourreau que lui forme le corps du mâle.

Nous aurons épuisé la série des questions les plus intéressantes traitées devant la section de biologie lorsque nous aurons cité un mémoire de Richardson concernant l'action des composés méthyliques sur le système nerveux. Ce sont presque tous, comme l'hydrate de chloral, des anesthésiques dont le plus remarquable paraît être l'éther triéthylique.

Divers travaux relatifs à des espèces nouvelles ou à des questions d'anthropologie ne sont pas d'un intérêt assez général pour être exposés ici; nous aurons l'occasion de revenir ailleurs sur un mémoire de Sclater relatif à l'organisation d'un muséum national d'histoire naturelle, et c'est sur cette simple citation que nous terminerons ce que nous avions à dire de la section de Biologie.

III

GÉOLOGIE.

Comme cela doit arriver, la géologie et la biologie, — ces deux sciences essentiellement vouées à l'observation, — sont celles dont les séances ont été le plus chargées de communications.

La section de géologie était présidée par sir Philip de Marpas Egelton, qui n'a pas cru devoir faire de discours d'ouverture, à cause des nombreux travaux dont la section avait à entendre la lecture.

De ces travaux un grand nombre avaient rapport à la géologie spéciale de l'Angleterre, nous ne ferons que les citer; ils n'ont pas en effet pour les lecteurs de la *Revue* un intérêt bien pressant. Du nombre sont : le Mémoire de Wood et Harmer, sur les formations glaciaires de l'est de l'Angleterre ; — celui de Crossney, relatif aux traces de glaciers que l'on rencontre sur les plateaux du centre de l'Angleterre jusqu'aux frontières de l'Écosse ; — de Harckners et Nicholson, sur les ardoises vertes et les porphyres du district de Lacke ; — de Edward Hull, sur les formations carbonifères de l'Angleterre, lesquelles paraissent provenir de deux dépôts primitifs, séparés par une crête silurienne qui est demeurée constamment émergée, et s'étend de l'est du district houiller du Shropshire jusqu'au sud du district de Dudley. Les divers bassins locaux sont dus à la dislocation et au redressement de ces bassins primitifs ; ces perturbations eurent lieu en deux sens perpendiculaires, d'abord à la fin de la période carbonifère, puis à la fin des dépôts pénéens. Enfin, M. Lapwarth a signalé la découverte du terrain silurien supérieur à Xanburghet, à Dumfreis. Les fossiles caractéristiques de ces couches sont : le *Graptolithes colummus*, les *Priodon Flemingii* et *Nillsonis*, la *Rhinchonella nucula*, l'*Orthoceras tracheale*, un *Pterygotus*, enfin des *Caratiocaris* et *Dictyocaris*.

Les trois mémoires qui suivent ont un intérêt plus général.

M. E. W. Judd a spécialement étudié la chronologie des couches wealdiennes. Il établit d'une manière définitive que ces couches ont commencé à la fin de la période oolithique, se sont développées en même temps que les couches tithoniennes, découvertes récemment sur le continent, et ont pris fin au commencement du néocomien supérieur.

Les professeurs King et Rowney ont trouvé dans l'île de Skye une ophite en tout semblable à celle du Canada, mais qui provient de la dégradation d'une roche liasique. Cette ophite présente les cloisons, les perforations et les couches diverses qui étaient considérées comme les traces laissées dans la pierre par un prétendu protozoaire devenu célèbre sous le nom d'*Eozoon Canadense*. Il résulterait par conséquent du mémoire des professeurs King et Rowney que l'*Eozoon Canadense* n'a jamais existé, et qu'on a pris pour les traces d'un organisme fossilisé les fissures et les veines déterminées dans la roche par le métamorphisme qu'elle a subi.

Un certain intérêt s'attache aussi à la mention faite par M. Lebour de la présence de lits carbonifères secondaires ou même tertiaires dans le Chili.

Bien qu'il ait été lu devant la section de biologie, nous citerons ici le résumé fait par le professeur Martin Duncan des changements survenus dans la configuration de l'Europe depuis l'apparition de l'homme. Cette apparition a eu lieu entre la fin de la première période glaciaire et le commencement de la seconde.

Depuis :

1° L'homme a vu s'affaisser une étendue de terre qui réunissait la Sicile à la Crète et au nord de l'Afrique.

2° Des tufs volcaniques se sont formés sur les collines qui bordent les vallées du Tibre et de ses affluents ; ces vallées se sont plus profondément creusées par suite de l'érosion des eaux du fleuve et des torrents qui s'y jettent. — Les volcans du Latium ont vomi leurs dernières laves ; le territoire de Rome s'est délimité, et de vastes bandes de terre ont été rongées sur les côtes.

3° Des vallées nouvelles se sont creusées dans les détritus alpestres qui couvraient, au nord de l'Italie, de vastes étendues de territoire ; et d'anciennes vallées, remplies par ces détritus, se sont formées de nouveau. Ces détritus avaient été arrachés aux Alpes méridionales par les glaciers qui les couvraient, et étaient contemporains de la période glaciaire du nord de l'Europe. Ils avaient été déposés avant que l'homme n'habitât le sud de cette contrée.

La seconde extension des glaciers alpestres — postérieure à l'apparition de l'homme — a, au contraire, couvert de vase et de gravier les plaines, les vallées et même les flancs de certaines collines des États Sardes et de la Lombardo-Vénétie, au sud et au sud-est des Alpes ; des vallées se sont ensuite creusées dans ces débris en même temps que se sont formées des hauteurs, comme celles qui bordent les plateaux de Rivoli.

4° Des variations considérables du niveau de la mer se sont produites sur la côte occidentale du royaume de Naples.

5° Le détroit de Gibraltar a mis en communication l'Océan et la Méditerrannée.

6° L'excavation de vallées, telles que celle de Manganore au centre de l'Espagne, et la formation de graviers contenant des cailloux et des ossements de mammifères, près de Madrid et, par conséquent, bien loin de l'influence des mers.

7° L'érosion d'un grand nombre de vallées au nord des Pyrénées, au-dessous du niveau des cavernes à ossements de mammifères inférieurs, comme aux environs de Tarascon ; la dispersion des détritus provenant de la dernière extension des glaciers pyrénéens ; le remplissage par ces détritus des anciennes vallées, pendant que d'autres vallées étaient creusées de nouveau, que la vase qui en provenait ou *lœss* était répandue dans les plaines, et que des cours d'eau ou des torrents se formaient à travers ces dépôts.

8° La formation de certaines vallées du Périgord, sous l'influence des cours d'eau et aussi de la pluie, de la chaleur, de la gelée et d'autres actions météorologiques.

9° L'excavation des vallées du nord et de l'est de la France ; la dénudation et la rétrogression des lits de leurs fleuves.

Voilà autant de phénomènes dont l'homme a été témoin.

10° La dispersion des roches alpestres, celle des graviers et des roches situées au nord des Alpes, conséquences du grand phénomène glaciaire pendant lequel s'étendirent, pour la première fois, les glaciers des Alpes méridionales et des Pyrénées, ont eu lieu avant l'apparition de l'homme. Après ses premiers voyages et ses premières chasses, l'homme laissa ses restes parmi ces détritus des Alpes. A ce moment, les vallées du calcaire carbonifère de Belgique venaient de se creuser ; les pluies, les rivières, y entraînèrent pêle-mêle avec des cailloux les os de mammifères éteints et ceux de l'homme qui venait d'apparaître.

Après le retrait des glaciers de la seconde période, le limon provenant des Alpes, des Vosges, des Ardennes, s'étendit sur tous ces débris anciens, formant sur ce qui est maintenant la vallée du Rhin, la Hollande et la Belgique, une couche dont l'épaisseur varie de quelques verges à mille pieds et plus. Le lœss, ainsi formé, fut ensuite creusé de vallées, coupé par des rivières et se trouve depuis soumis à une usure continuelle.

11° Les côtes de France et d'Angleterre se sont depuis séparées entre Douvres et Calais.

12° Presque toutes les vallées du district situé à l'est d'une ligne allant de King's Lynn à Portland se sont creusées, les lits de leurs cours d'eau se sont dénudés en même temps que les sources des rivières ont rétrogradé.

13° La vallée de la forêt de Kent s'est dénudée.

14° L'île de Wight s'est isolée.

15° La plus grande partie du canal de Bristol s'est formée.

16° Beaucoup de côtes marines se sont élevées, les forêts du sud et de l'ouest de l'Angleterre se sont détruites, tandis que beaucoup de tourbe s'est accumulée.

17° Les rivages de la mer ont subi une érosion des plus considérables.

18° Les côtes de Norvége et de Danemarck se sont considérablement soulevées, et ont produit une restriction du détroit qui les sépare, suffisante pour modifier complétement la faune de la Baltique.

19° Un léger exhaussement de vastes contrées paraît avoir accompagné l'excavation des vallées situées au-dessus d'elles tandis qu'un affaissement de districts non moins considérables a suivi le retrait des seconds glaciers, après quoi il s'est sans doute produit un nouvel exhaussement.

20° Enfin, le soulèvement du désert du Sahara, en Afrique, a suivi la seconde extension des glaciers alpestres.

Les mémoires dont il nous reste à parler sont relatifs à la paléontologie.

M. Carruthers a exposé un tableau de la répartition des conifères dans les couches fossiles. Les premières que l'on voit apparaître sont les *Araucaria;* nous en connaissons aujourd'hui quinze espèces vivantes, toutes de l'hémisphère austral; huit espèces, déterminées à l'aide de leurs bois, ont été trouvées dans les couches carbonifères; les cônes de six espèces ont été trouvés dans les terrains secondaires; ces espèces se rapprochent de celles des îles du Pacifique. — Les Pins apparaissent dans le vieux grès rouge; on n'en a trouvé qu'un seul dans la houille; mais des Cèdres assez nombreux se montrent dans les terrains secondaires. — Les *Taxodiées* sont également aujourd'hui des plantes des côtes nord du Pacifique; on en connaît quinze espèces vivantes; une Taxodiée vivait déjà au moment où se sont déposées les couches secondaires de Stonesfield; on trouve aussi des *Sequoia* dans les roches crétacées et tertiaires, et deux espèces voisines de Taxodiées, vivant actuellement en Californie, ont été découvertes dans le Gault. Les Cupressinées sont d'origine tertiaire. Les Taxinées se sont d'abord montrées dans le terrain carbonifère par une espèce déterminée par le docteur Hooker et voisine des *Salisburia.*

Quant au *Prototaxites* du principal Dawson, c'est tout simplement une algue gigantesque.

M. Carruthers signale ensuite la structure des Sporanges, des Fougères, des Coal measures, et les rapproche des Hyménophyllées.

On a cru pendant quelque temps que les Coralliaires rugueux et tabulés étaient les seules formes palæozoïques de ces animaux, M. Duncan démontre que les Apores et les Perforés existent aussi dans ces roches; il insiste en même temps sur les rapports qui unissent les *Chetetinæ* aux Alcyonaires et les Millépores aux Polypes hydraires. — Les *Chetetinæ* et les Millépores faisaient tous partie de la section des Coralliaires tabulés de MM. Edwards et Haime.

Un rapport assez singulier est celui que signale M. Woodward entre les King's Crabe et les Trilobites. A son état de larve, l'animal en question ressemblerait tout à fait aux Trilobites de nos terrains primitifs, et si l'on remarque que les animaux voisins des King's Crabe qui sont précisément les premiers Crustacés qui apparaissent dans les terrains siluriens, on peut se demander s'il n'y a pas une filiation réelle entre les Trilobites anciens et nos Crustacés actuels.

Trois espèces d'Éléphants ont été découverts dans les fossiles de l'île de Malte; l'une signalée par M. Falconer, en 1862, était remarquable par sa petite taille; les autres se rapprochaient des Éléphants actuels. — M. Adam a communiqué à l'Association une collection d'ossements qui ne laissent aucun doute sur l'existence de ces trois espèces.

Il nous faut encore citer, parmi les mémoires importants, les résultats des dragages faits dans la baie de Biscaye et sur les côtes occidentales de l'Espagne et du Portugal, par le vaisseau le *Porcupine.* M. Gwyn Jeffreys a pu recueillir dans les dragages une quantité d'espèces qui n'avaient été trouvées jusqu'ici que dans les mers du Nord ou parmi les fossiles pliocènes de la Calabre et de la Sicile. M. Gwyn Jeffreys pose à ce sujet deux questions :

1° N'est-il pas probable que les espèces des mers du Nord, qu'on trouve dans les endroits les plus profonds de nos mers, y ont été entraînées par les courants sous-marins?

2° Le nombre des espèces fossiles propres à la période pliocène se restreint de plus en plus; la plupart de ces espèces ont été retrouvées vivantes; dès lors ne devrait-on pas arrêter la période tertiaire au miocène supérieur, et faire rentrer les terrains pliocènes dans la période quaternaire?

Nous terminerons cet exposé des principales découvertes géologiques présentées à l'Association en mentionnant le troisième rapport du Comité chargé de rechercher la loi de l'accroissement de la température à mesure que l'on s'enfonce au-dessous du sol. Ce rapport met bien en évidence l'influence des conditions locales; mais, s'il renferme des indications particulières précieuses, il ne fournit à la science aucune grande loi nouvelle à enregistrer.

IV

CHIMIE.

La plupart des travaux qui ont été présentés à cette section ont été résumés dans le discours d'ouverture du président Roscoë, qui n'est pas autre chose qu'un tableau des progrès de la chimie pendant l'année 1870.

Après avoir rappelé une discussion sur la théorie atomique soulevée au sein de la société chimique de Londres, par son président, le docteur Williamson, le professeur Roscoë cherche à établir les raisons qui militent pour ou contre l'existence réelle des atomes. Selon lui, il est difficile, sans eux, de se rendre bien compte de ce que peut être l'isomérisme. Comment, en effet, deux corps ayant absolument la même composition, quant à la nature et au poids relatif des substances qui entrent dans leur constitution, peuvent-ils d'ailleurs différer complétement quant à leurs propriétés chimiques?

La chimie organique nous fournit une longue liste de corps qui sont dans ces conditions; certains composés oxygénés du soufre, l'acide hypo-sulfureux et l'acide pentathionique sont dans le même cas; tous deux se composent de 16 grammes de soufre pour 8 grammes d'oxygène. Il n'y a qu'un arrangement moléculaire différent qui puisse rendre compte de la différence des propriétés; et cela suppose l'existence réelle des molécules, comme celle des atomes.

D'ailleurs, la plupart de nos théories physiques reposent aujourd'hui sur l'existence même des atomes; nier cette existence, serait renverser tout notre système scientifique actuel. Si la lumière, si la chaleur sont réellement des mouvements vibratoires, ils impliquent forcément la discontinuité de la matière; les travaux de Clausius sur la théorie des gaz reposent tout entiers sur cette hypothèse, et il faut reconnaître que la théorie qu'on en déduit explique de la manière la plus claire et la plus complète tous les phénomènes présentés par ces fluides. Aussi ne doit-on pas s'étonner de voir certains savants se préoccuper de la forme des atomes et de leur grandeur. Sir William Thomson, en se fondant sur l'étude de certains phénomènes physiques ou chimiques, est arrivé à conclure que la distance qui sépare les centres de deux molécules voisines ne peut être moindre que de un dix-millionième de millimètre, ni plus grande que un deux cent millionième de millimètre.

On peut se rendre compte de ce que sont ces quantités, en supposant qu'un pois ait été grossi de manière à atteindre le volume de la terre; alors chacune des molécules qui le composent serait plus grosse qu'une balle de fusil, mais moindre qu'une orange.

Quant à la vitesse dont les molécules des gaz sont animées, d'après les calculs des physiciens allemands, elle est, sous la pression et à la température ordinaires, d'au moins 500 mètres par seconde; le nombre des chocs subis par ces molécules en une seconde est d'environ cinq mille millions.

On ne peut parler des gaz, dit ensuite le professeur Roscoë, sans rappeler les magnifiques travaux du regretté Graham : sa découverte de l'absorption de l'hydrogène par le palladium qui solidifie réellement ce gaz dans ses pores et aussi la découverte de l'existence de l'hydrogène dans le fer météorique, circonstance qu'on est naturellement tenté de rapprocher des récentes connaissances que nous avons acquises sur la constitution de l'atmosphère solaire.

C'est surtout à Lockyer que sont dus les renseignements nouveaux que la science a acquis sur ce sujet; mais nous ne devons pas oublier, nous autres Français, comme le fait dans son discours le savant Anglais, que la découverte de l'atmosphère hydrogénée du soleil a été faite par un de nos compatriotes, M. Janssen, au moins en même temps que par Lockyer et que ce dernier physicien n'a même trouvé qu'après M. Janssen les moyens d'études à employer.

C'est en se fondant sur les travaux de ces divers savants que Zöllner a essayé de déterminer la température moyenne du soleil et la pression qui a pu produire les immenses jets d'hydrogène enflammé qui forment les protubérances solaires. Cette pression est d'au moins 4070000 atmosphères; elle exige une différence de température 74710 degrés centigrades entre l'hydrogène et les parois qui la renferment; cette pression est réalisée à 130000 géographiques au-dessous de la surface du soleil, dont la masse est supposée liquide. Une pareille distance correspond à $\frac{1}{658}$ du demi-diamètre du soleil.

Quant à la température moyenne de l'astre, elle est de 27700° centigrades; à cette température le fer ne peut être qu'un gaz permanent.

Les travaux que nous venons d'exposer, sont en quelque sorte des digressions de la chimie; nous arrivons maintenant aux travaux de chimie pure.

Parmi toutes les recherches entreprises sur le développement de chaleur qui accompagne toujours les réactions chimiques, celles de MM. Favre et Silbermann jouissent depuis longtemps d'une réputation bien méritée. Un chimiste de Copenhague, Julius Thomsen, affirme que les mesures faites par les chimistes français et relatives à la chaleur de combinaison des acides et des bases diffèrent de 12 pour 100 de la réalité; quand il s'agit de la chaleur dégagée par la solution de certains sels, l'erreur atteint même 50 pour 100. En reprenant ces mesures qu'il dit erronées, Thomsen est arrivé à des résultats qui lui ont permis d'énoncer la loi suivante :

Lorsqu'on combine un acide polybasique avec les diverses quantités de bases qui peuvent former avec lui des combinaisons définies, la quantité de chaleur dégagée dans ces réactions est proportionnelle à la quantité de base qui s'unit à l'acide.

Il n'y a d'exception à cette loi que pour l'acide silicique, et, en partie, pour les acides borique, arsénique, et l'acide phosphorique tribasique qu'on appelle aussi acide orthophosphorique.

Pour l'acide arsénique et l'acide orthophosphorique, la proportionalité existe en ce qui concerne les deux premiers équivalents de base; mais quand il s'agit du troisième, la chaleur dégagée est beaucoup moindre que ne l'indiquerait la proportion.

Une conséquence inattendue des mesures de Thomsen, c'est que l'acide sulfhydrique est monobasique; sa formule doit s'écrire H. SH.

Une pile électrique nouvelle, inventée par Bunsen, comme celle dont on s'est le plus servi jusqu'ici, est venue fournir un appoint précieux au matériel des laboratoires de chimie. Cette pile est à un seul liquide, et ce liquide est un mélange d'acide chromique et d'acide sulfurique; les plaques électromotrices de zinc et de charbon peuvent à volonté être soulevées ou plongées dans le liquide.

La force électromotrice de cette pile est à la force électromotrice de la pile de Grove, la plus puissante que nous ayons eue jusqu'ici, comme 25 est à 18.

De plus, l'appareil nouveau ne dégage, quand on s'en sert, aucune vapeur incommodante.

Parmi les progrès récents faits en chimie inorganique, M. Roscoë, cite la préparation par un de nos compatriotes, M. Schützenberger, d'un chaînon qui manquait à la série des composés oxygénés du soufre. Il s'agit de l'acide hydrosulfureux (H^2SO^2); on obtient l'hydrosulfite de soude en faisant agir le zinc sur le bisulfite. Le produit obtenu a pour formule $Na\,H\,SO^2$. Le même chimiste a étudié avec soin les vanadates métalliques; il en existe trois séries entièrement comparables à celles des phosphates; de même que nous avons trois acides phosphoriques, les acides pyro-, méta- et orthophosphorique, nous avons avons aussi trois acides vanadiques auxquels on peut assigner les mêmes préfixes. De ces composés, les orthovanadates sont les plus stables à une plus haute température; mais dans les conditions ordinaires de température et de pression la plus grande stabilité appartient aux métavanadates. — On sait que précisément le contraire a lieu pour les phosphates.

Nous rapporterons ici maintenant quelques progrès accomplis pendant ces dernières années, en Angleterre, par la chimie industrielle.

Le docteur Mond a trouvé un moyen d'extraire économiquement le soufre, qui, dans la fabrication des alcalis, passait à l'état de monosulfure de calcium et n'était pas utilisé. Le procédé du docteur Mond consiste à oxyder le monosulfure de calcium qui est insoluble, et à le transformer en hyposulfite soluble qu'on peut décomposer ensuite par l'acide chlorhydrique.

Tout le soufre se dépose sous forme d'une poudre blanche.

Deux autres découvertes sont relatives à la fabrication des chlorures décolorants.

Une économie considérable à réaliser, et qui a pendant longtemps attiré l'attention des chimistes, consistait à régénérer le bioxyde de manganèse qui avait servi déjà à la préparation du chlore. A Saint-Rollox, dans l'usine Tennant, un procédé de ce genre est employé depuis quelques années; mais il est fort coûteux.

M. Weldon paraît avoir résolu le problème d'une façon plus satisfaisante, et son procédé d'abord appliqué à l'usine Gambs à Sainte-Hélène, s'emploie maintenant dans un assez grand nombre de fermes anglaises. Il repose sur ce principe, que les oxydes inférieurs du manganèse, s'ils sont isolés, ne peuvent être ramenés à l'état de bioxyde, sous la pression ordinaire, par l'action d'un courant d'air et de vapeur d'eau; mais cela devient possible s'ils sont mélangés avec de la chaux dans les proportions de un équivalent de chaux pour un équivalent de manganèse.

Il se forme alors une poudre noire constituée par une combinaison de la chaux et du bioxyde de manganèse.

Le produit ainsi obtenu est capable de servir immédiatement à la préparation du chlore.

Ce procédé réalise une économie considérable dans la fabrication des chlorures décolorants; mais le bénéfice qui en résulte, semble encore devoir être moindre que celui qui serait réalisé, par l'usage du procédé Deacon, qui permet de ne plus se servir de bioxyde de manganèse pour préparer le chlore.

A la chaleur rouge, en présence de l'oxygène et de certains oxydes métalliques, parmi lesquels se trouve l'oxyde de cuivre, l'acide chlorhydrique se décompose, donne naissance à de l'eau et à du chlore libre. M. Deacon a donc pensé à fabriquer du chlore en faisant passer un courant d'air et d'acide chlorhydrique sur des briques chauffées au rouge et imprégnées d'un sel de cuivre. L'oxyde de cuivre agit par sa présence seule, sans être altéré, et le mélange gazeux contenant le chlore passe immédiatement dans la chambre à chaux. Ce mélange gazeux est formé par le chlore, résultant de la réaction, l'air excédant et un volume considérable d'azote provenant de l'air désoxygéné par l'hydrogène de l'acide chlorhydrique. La présence de ce volume considérable d'azote est le grand inconvénient du procédé. Mais il ne l'empêche pas d'être très-pratique et de promettre une révolution complète à l'industrie des chlorures décolorants.

D'autre part, une communication de M. Berger Spence indique un mode de préparation et d'utilisation de l'alun de soude qui permettrait de rendre à l'agriculture une assez grande partie des sels ammoniacaux actuellement absorbés par l'industrie.

La chimie organique, elle aussi, a réalisé un progrès industriel considérable dans la fabrication de l'alizarine artificielle.

L'alizarine est l'un des principes colorants de la garance; c'est dire d'un seul mot toute l'importance d'un procédé qui permet d'extraire économiquement d'une espèce de goudron — le coaltar — un produit qu'il fallait demander jusqu'ici à la culture d'un végétal déterminé. C'est au moyen d'un hydrocarbure contenu dans le coaltar, l'anthracène, que l'on peut reproduire l'alizarine.

Cette découverte est due à MM. Grœbe et Liebermann dont les procédés ont été considérablement perfectionnés par MM. Perkin et Caro; ces savants ont étudié le nouveau produit concurremment avec le docteur Schunk.

Il résulte des travaux de ces chimistes, que — l'alizarine artificielle, lorsqu'elle est pure, et l'alizarine naturelle sont, — quoi qu'on en ait dit, — absolument identiques.

M. Perkin a étudié avec soin les divers dérivés de l'anthracène; il les a trouvés presque tous remarquablement fluorescents.

A côté de ces études industrielles, d'autres études de chimie organique méritent néanmoins de fixer l'attention, quoiqu'elles soient purement théoriques.

Ainsi, en traitant la morphine par l'acide chlorhydrique, MM. Wright et Mathiessen ont obtenu un produit nouveau, l'apomorphine, qui diffère essentiellement des autres alcalis, de l'opium par son action sur l'organisme. Au lieu d'être soporifique et calmant, il provoque au contraire d'atroces vomissements.

Les relations de la morphine et de l'apomorphine peuvent s'exprimer par l'égalité suivante, dans laquelle on a employé la notation atomique:

$$\underbrace{C^{17}H^{19}AzO^3}_{\text{Morphine.}} = \underbrace{H^2O}_{\text{Eau.}} + \underbrace{C^{17}H^{17}AzO^2}_{\text{Apomorphine.}}$$

Citons encore une étude approfondie de M. Bæyer sur l'acide mellitique. L'acide mellitique, découvert par Klaproth dans la mellite, avait été considéré comme contenant 4 atomes de carbone. D'après M. Bæyer, il en contient 12 et n'est autre chose que du benzol C^6H^6, dans lequel 6 atomes d'hydrogène sont remplacés par 6 équivalents du radical carboxyl : CO^2H.

L'acide mellitique est le dernier terme d'une série dont l'acide benzoïque est le premier terme et dont chaque terme peut posséder 3 isomères. On obtient ainsi la liste suivante :

	1re SÉRIE.	2e SÉRIE.	3e SÉRIE.
$C^6(CO^2H)^6$...	Acide mellitique. Benzol hexocarbonique.	—	—
$C^6(CO^2H)^5H$..	Inconnu.	—	—
$C^6(CO^2H)^4H^2$.	Acide pyromellitique. Benzol tétracarbonique.	A. isopyromellitique.	Inconnu.
$C^6(CO^2H)^3H^3$.	Acide trimésinique. Benzol tricarbonique.	A. hémimellitique.	A. trimellitique.
$C^6(CO^2H)^2H^4$.	Acide phtalique. Benzol dicarbonique.	A. isophtalique.	A. tétraphtalique.
$C^6(CO^2H)H^5$..	Acide benzoïque.	—	—

Un certain nombre de composés silicés intéressants ont été trouvés par MM. Friedel et Ladenburg, parmi eux un acide silicio-propionique, premier terme d'une série dans laquelle le radical tétraatomique Si O^2 H remplace en partie le charbon. Cet acide a pour formule C^2 H^5 Si O^2 H.

Voici, pour terminer, un procédé dû à M. Spiller pour distinguer les divers textiles qui entrent dans la composition d'un tissu.

La soie est le seul élément d'un tissu qui puisse être dissous par l'acide chlorhydrique concentré; le coton, de son côté, n'est pas jauni par l'acide picrique. On conçoit donc que l'emploi de ces deux réactifs puisse permettre de déterminer rapidement la proportion de soie, de laine et de coton qui entrent dans la composition d'une étoffe déterminée.

V

MATHÉMATIQUES ET PHYSIQUE.

La section de physique était présidée par Maxwell. Le discours du président a porté sur un sujet éminemment intéressant, l'influence réciproque des sciences mathématique et physique l'une sur l'autre. C'était en quelque sorte chercher à déterminer la puissance d'analyse de l'esprit humain en quête d'établir la corrélation des divers phénomènes du monde matériel. Nous ne voulons pas analyser ce discours; on le trouvera prochainement tout entier dans la *Revue*.

Nous pouvons diviser les communications faites à la section en communications relatives : 1° à l'astronomie ; 2° à la physique théorique ; 3° aux appareils nouveaux ; 4° à la météorologie.

En astronomie, M. Birt a lu un résumé des travaux faits jusqu'ici sur l'état d'activité ou de repos du disque lunaire, mais sans avancer beaucoup la question. Schrœter, Lohrmann, Beer et Madler, Schmidt, se sont successivement occupés de la topographie de notre satellite; tous ont signalé des changement légers dans la forme et la disposition des accidents de toute sorte que montre le sol lunaire; mais il a toujours été fort difficile de s'entendre non-seulement sur l'étendue, mais même sur la réalité de ces changements. Aujourd'hui il reste encore à décider si les modifications observées ne doivent pas être tout simplement attribuées aux différences dans le mode d'éclairement du globe lunaire, qui résultent des positions différentes que ce globe occupe par rapport à la terre et au soleil.

Nous ne ferons que mentionner ici le catalogue des étoiles filantes dressé à l'observatoire de Radcliffe, et qui ne renferme que des faits, curieux sans doute, mais dont la liaison nous échappe encore.

Les communications de Rankine, relatives à la théorie mathématique des courants fluides, sont les seules que nous ayons relevées relatives à la physique théorique. On a déjà vu dans la *Revue* (n° du 8 juillet) les applications de ces vues théoriques à la construction des vaisseaux. L'une des plus intéressantes communications de Rankine est relative à la thermo-dynamique des courants. Il établit dans sa portée la plus générale le théorème suivant :

« Dans un courant fluide déterminé, toute diminution de chaleur en un point ou dans le voisinage d'un point où la pression est minimum, toute augmentation de chaleur en un point ou dans le voisinage d'un point où la pression est maximum tendent à augmenter la vitesse du courant; inversement, l'augmentation de chaleur en un minimum de pression, la diminution de chaleur en un maximum de pression tendent à retarder le courant.

» Dans un courant circulaire, la quantité de vitesse gagnée ou perdue dans l'étendue d'un circuit est équivalente à la quantité de chaleur gagnée ou perdue dans l'étendue de ce circuit. »

Parmi les appareils nouveaux qui ont paru devant la Société, nous citerons un préservatif pour les télégraphes en temps d'orage, inventé par M. Warley. Cet appareil consiste simplement en deux fils de platine placés en regard l'un de l'autre, dans une cuvette remplie d'un mélange de poussier de charbon et d'une matière non conductrice. Sous l'influence d'un courant énergique, les molécules de charbon deviennent incandescentes et se disposent de manière à constituer un conducteur; mais ce phénomène ne peut s'accomplir sans une diminution considérable de l'énergie du courant, qui n'est plus dès lors suffisamment intense pour rougir et fondre les fils. Il en résulte que, même en temps d'orage, les communications télégraphiques peuvent n'être pas interrompues.

M. Warley a aussi inventé un appareil télégraphique sémaphorique, fondé sur l'électro-magnétisme et employé à Liverpool et au cap de Bonne-Espérance.

On doit à Hall un anémomètre électro-magnétique, enregistreur assez simple. Un système de coupes hémisphériques de Robinson reçoit du vent un mouvement qui se transmet à un disque, de manière à lui faire faire une révolution complète pour 1/10e de mille parcouru par le courant d'air. Ce disque porte des pinces en platine qui à chaque cinquantaine de tours viennent butter contre des leviers opposés et forment avec eux un circuit complet, que traverse alors un courant électrique. Ce courant détermine l'aimantation d'un électro-aimant qui désembraye une roue à rochet mue par un mouvement d'horlogerie, et lui permet d'avancer d'une dent, en même temps qu'une aiguille avance d'une division sur un cadran disposé à cet effet. D'autre part, la roue à rochet en avançant fait basculer un levier à ancre relié à un marteau qui vient frapper sur un timbre. De telle sorte que chaque mouvement de l'aiguille ou chaque coup de la sonnerie correspond à 1/500e de mille parcouru par le vent. Si d'autre part on mesure le temps pendant lequel s'effectue ce mouvement, on aura tous les éléments nécessaires pour calculer la vitesse du vent.

C'est encore à M. Warley qu'il faut rapporter une expérience intéressante et dans laquelle un aimant semble repousser une pièce de fer doux, placée au-dessus de lui, quand on en approche une barre de fer doux d'un volume suffisant. Cela s'explique tout naturellement par la polarisation de la barre de fer doux, dont le volume, plus grand que celui de la première pièce, permet une aimantation plus énergique. Il en résulte qu'à une certaine distance les réactions combinées des deux barreaux de fer doux sont suffisantes pour vaincre l'attraction de l'aimant, qui les commande pourtant toutes deux. C'est là ce que M. Varley appelle le *paradoxe magnétique*.

Il nous reste à parler maintenant de quelques communications relatives à la météorologie.

M. Chambers communique divers résultats relatifs à l'augmentation de la quantité de pluie qui tombe dans un temps donné, à mesure qu'on se rapproche du sol. On a attribué cette augmentation à ce que, dans les lieux les plus bas, aux condensations qui se produisent dans les régions élevées il faut ajouter celles qui se produisent dans les couches inférieures. D'après M. Chambers, il faudrait également faire intervenir la différence de tension électrique qui existe d'ordinaire entre le sol et l'atmosphère. Le sol influencerait dès lors les molécules de vapeur qui sont dans l'atmosphère; celles-ci s'attireraient, comme le font les corps légers; il en résulterait une condensation d'autant plus rapide qu'on se rapprocherait davantage du sol. L'accroissement de la quantité de pluie devrait devenir lui-même d'autant plus rapide, pour une différence de hauteur déterminée, qu'on se rapprocherait davantage du sol, et cela est en effet d'accord avec l'observation. On peut trouver dans l'augmentation de la tension électrique du sol l'explication de bien des faits.

Les contrées boisées ou montueuses présentent des irrégularités de courbure sur lesquelles s'accumule une plus grande quantité d'électricité; cela explique pourquoi, dans ces contrées, il tombe plus de pluie que dans les plaines. Au moment où un nuage électrisé passe au-dessus du sol, la tension électrique de ce dernier augmente presque instantanément : aussi voit-on à ce moment des averses soudaines et très-intenses se produire.

De la pluie au vent, il n'y a qu'un pas, et nous sommes ainsi conduits à analyser la communication de M. Galton relative à la prédiction du vent au moyen des indications barométriques. M. Galton trouve que, si l'on fait la moyenne des vitesses du vent pendant les six heures qui précèdent un instant déterminé et les six heures qui suivent, qu'on porte ces moyennes sur des ordonnées dont les divers instants choisis représentent les abscisses, et qu'on porte en même temps sur ces ordonnées les hauteurs barométriques observées aux instants correspondants, les courbes qui rejoignent entre eux les points de chaque série sont sensiblement parallèles. Il en résulte une relation des plus intéressantes entre les courbes barométriques et les courbes anémométriques ou courbes des vents. Cette relation pourrait s'exprimer par la formule :

$$h^1 - h^2 = m\,[v^1\,(12) - v^2\,(12)]$$

dans laquelle h^1 et h^2 sont les hauteurs barométriques à un instant déterminé, v^1 (12) et v^2 (12) les vitesses moyennes du vent à ces instants, telles que nous les avons définies. Cette formule se complique de termes relatifs à la température et à l'humidité de l'air, et M. Galton trouve qu'on peut l'écrire :

$$h^1 - h^2 = m\,[v^1\,(12) - v^2\,(12)] + p\,[t^1\,(12) - t^2\,(12)] + q\,[d^1\,(12) - d^2\,(12)]$$

Les termes en t et en d sont des moyennes de température et de degré hygrométrique formés comme les termes en v; m, p et q sont des termes constants. Voici leurs valeurs empiriques :

$$m = -2 \qquad p = -1 \qquad q = -1$$

la formule devient donc :

$$h^1 - h^2 = 2\,[v^2\,(12) - v^1\,(12)] + [t^2\,(12) - t^1\,(12)] + [d^2\,(12) - d^1\,(12)]$$

Cela étant, supposons que h^1 et h^2 soient séparés par un intervalle de 6 heures, que nous appellerons b; que a représente les 6 heures qui précèdent h, et c les 6 heures qui suivent h^2, nous aurons :

$$v^1\,(12) = \tfrac{1}{2}\,[v\,(a) + v\,(b)]$$
$$v^2\,(12) = \tfrac{1}{2}\,[v\,(b) + v\,(c)]$$
$$v^2\,(12) - v^1\,(12) = \tfrac{1}{2}\,[v\,(c) - v\,(a)]$$

Si nous transportons ces valeurs dans la formule et que nous isolions v (c) dans le premier membre, il vient :

$$v\,(c) = h^1 - h^2 + v\,(a) + \tfrac{1}{2}\,[t\,(a) - t\,(c)] + \tfrac{1}{2}\,[d\,(c) - d\,(a)]$$

Comme t (c) et d (c) peuvent être très-approximativement prévus, on voit que cette dernière formule peut permettre de prédire 6 heures à l'avance la vitesse du vent. Les écarts sont en effet assez peu sensibles. La période de 12 heures choisie pour les moyennes est celle qui convient le mieux; elle est évidemment en rapport avec la grandeur moyenne du cercle d'action des perturbations qui se produisent en un point donné de l'atmosphérique et avec la vitesse de propagation des ondes qui résultent de ces perturbations; mais les données manquent pour analyser plus profondément les causes de cette singulière correspondance entre les variations barométriques et les variations de vitesse du vent.

Tels sont les principaux travaux qui ont marqué l'année 1870 en Angleterre. Est-il permis, d'après cela, de se faire une idée du mouvement scientifique chez nos voisins? Si l'Association britannique est l'image fidèle du monde savant du Royaume-Uni, il semble que, parmi les sciences biologiques, la botanique ait fort peu progressé, puisque à peine deux ou trois communications ont été remarquées. Tous les esprits semblent se porter vers les grandes questions soulevées par Darwin, tous les efforts tendre à éclairer, si peu que ce soit, le mystère qui enveloppe encore pour nous les origines de la vie; cette préoccupation bien naturelle se retrouve chez les géologues, aussi nombreux d'ailleurs et aussi féconds qu'ils le sont dans notre propre pays.

Comme chez nous aussi, la chimie prend une tournure de plus en plus industrielle, et quant à la physique, elle a tant donné dans la première moitié de ce siècle qu'on ne doit pas s'étonner de la voir se perfectionner surtout dans les détails. Aujourd'hui les grandes théories sont faites; les physiciens ont de vastes horizons à explorer; de longues années se passeront encore sans doute avant que ces horizons ne changent profondément.

EDMOND PERRIER,
Docteur ès sciences, agrégé de l'Université.

ACADÉMIE DES SCIENCES DE BELGIQUE

SÉANCE PUBLIQUE ANNUELLE

M. DEWALQUE

Les sciences minérales en Belgique.

Messieurs,

Il y a trente-cinq ans, à notre première séance publique, Cauchy retraçait dans cette enceinte le tableau des progrès de la géologie accomplis chez nous depuis la réorganisation de l'Académie. Appelé par l'usage à l'honneur de prendre aujourd'hui la parole devant vous, j'ai cru que l'exemple donné par cet éminent ingénieur était bon à imiter, et qu'un exposé succinct des nouveaux progrès de cette science dans notre pays ne manquerait peut-être pas d'à-propos ni d'intérêt. Sans doute je suis le premier à reconnaître tout ce qu'une revue de ce genre a de trop spécial, et je sens mieux que personne mon impuissance à en dissimuler l'aridité sous le charme de la forme; mais les patriotiques sympathies dont vous accompagnez la marche des sciences sur le sol belge, et la haute importance que vous y attachez, sont bien faites pour rassurer mes craintes et m'enhardir à affronter un péril où j'aurai du moins la consolation de pas succomber en vain. Je me permettrai donc, messieurs, après un rapide coup d'œil jeté sur les recherches récentes des auteurs belges dans le champ de la minéralogie, de vous signaler les principaux résultats des travaux plus nombreux et plus variés qu'ils ont entrepris dans le domaine de la géologie.

Renfermée dans d'étroites limites, ne possédant qu'un très-petit nombre de roches éruptives et de gîtes métallifères peu variés, la Belgique n'est guère riche en espèces minérales; et cette circonstance explique en partie pourquoi l'on s'y est moins livré qu'ailleurs aux recherches minéralogiques. Ce n'est que de loin en loin que nous y voyons paraître quelques notices consacrées à la description de la delvauxite (1), de la hatchettite (2), etc. (3); aussi, ce que nous savons de la composition de nos minéraux les plus intéressants est dû presque exclusivement, j'ai le regret de le dire, à des savants étrangers. Aucune de nos roches éruptives n'a été analysée; et nous n'aurions que des présomptions touchant leur composition, si un savant ingénieur de Paris, M. Delesse, n'avait fait connaître celle du porphyre de Quenast et de Lessines (4). Il y a pourtant tout lieu de croire qu'un travail d'ensemble sur nos eurites, nos diorites, nos porphyres et les roches schistoïdes, probablement métamorphiques, qui s'y lient, permettrait d'en établir la classification d'une manière positive, et nous fournirait des éléments indispensables à la solution des problèmes qui se rattachent à leur formation. Aussi, comprenant tout l'intérêt qu'il y a à combler cette lacune, la classe des sciences a-t-elle mis cette question au concours. Espérons que, parmi nos jeunes chimistes, si nombreux, il s'en trouvera d'assez habiles pour la mener à bonne fin. On peut dire hardiment à celui qui réussira, qu'il aura attaché son nom à une œuvre qu'on ne reprendra pas de sitôt.

Les minerais métalliques ont donné lieu, on le conçoit, à de nombreuses analyses, tant dans les usines que dans les écoles des mines, mais les premières sont bien rarement publiées, et toutes ont principalement pour but le dosage du métal qu'il s'agit d'obtenir et celui de quelques impuretés de nature à le souiller. L'école des mines de Liége fait connaître chaque année les résultats d'analyses nombreuses de nos minerais de fer, de zinc et de plomb; mais ce n'est pas la minéralogie qui est appelée à en profiter.

Les eaux minérales de notre pays ont exercé le talent de quelques-uns de nos meilleurs chimistes; néanmoins, il suffit de jeter un coup d'œil sur le tableau comparatif des analyses qui en ont été faites à diverses époques, pour reconnaître que leur composition est encore bien imparfaitement connue (1). L'étude des variations que cette composition présente suivant les conditions météorologiques est encore à faire. C'est là, il est vrai, un travail difficile et de longue haleine; mais les localités qui tirent de pareilles sources le principal élément de leur prospérité, ont tout intérêt à faire connaître quelle en est exactement la composition. Nous avons appris avec une vive satisfaction que la ville de Spa, suivant l'exemple donné par tant de villes étrangères, a confié la tâche d'analyser ses eaux minérales à une commission compétente (2).

Si l'étude détaillée de nos minéraux n'a pris jusqu'ici qu'un faible essor, il serait injuste de ne pas signaler nos progrès très-réels pour la statistique minéralogique. Déjà nous possédions, sur les espèces qu'on rencontre chez nous, les variétés qu'elles présentent, parfois même leur composition, de précieux renseignements consignés pour la plupart dans des mémoires couronnés par l'Académie avant 1835. Dumont y a beaucoup ajouté dans sa description du terrain ardennais et du terrain rhénan; puis, coordonnant les données fournies par ses devanciers et celles qu'il devait à ses longues observations, l'illustre savant que je viens de nommer nous a donné (3), avec l'énumération de toutes nos espèces minérales, l'indication de leurs principales variétés, des localités où elles ont été trouvées et des terrains auxquels elles appartiennent.

Des travaux d'un autre ordre n'ont pas été moins utiles.

Depuis quarante ans, un savant et vénéré confrère s'est acquis des droits tout particuliers à notre reconnaissance, non-seulement par des mémoires originaux, mais encore par la publication d'ouvrages généraux qui ont beaucoup contribué à répandre le goût de la science et à en faciliter l'étude. Sous le titre d'*Éléments*, de *Précis* ou d'*Abrégé de géologie*, M. d'Omalius d'Halloy a publié successivement jusqu'à huit

(1) Dumont, *Notice sur une nouvelle espèce de phosphate ferrique*, 1838 (*Bull. de l'Acad. de Brux.*, t. V, p. 296). — A la page 147 du même volume se trouve un extrait d'une lettre de Delvaux, contenant une première analyse de cette espèce.

(2) Chandelon, *Notice sur la hatchettine de Baldaz-Lalore, commune de Chokier, province de Liége* (*ibid.*, p. 296).

(3) Duprez, *Note sur l'aérolithe tombé à Saint-Denis-Westrem*, 1855 (*Bull. de l'Acad. roy. de Belg.*, t. XXII, 2ᵉ part., p. 54).

Van Beneden, *Sur un aérolithe tombé en Belgique, le 7 décembre 1863* (*ibid.*, 2ᵉ série, t. XVI, p. 621. — Dewalque, *Idem* (*ibid.*, p. 622). — Haidinger, (t. XVII, p. 137).

D'Omalius d'Halloy, *Sur des échantillons de phosphate de chaux découverts à Ramelot par M. Dor* (*ibid.*, t. XVIII, p. 5).

G. Dewalque, *Note sur le gisement de la chaux phosphatée en Belgique* (*ibid.*, p. 8).

(4) *Sur le porphyre de Lessines* (*Bull. de l'Acad. roy. de Belgique*, t. XVII, 1ʳᵉ partie, p. 528).

(1) Voyez dans mon *Prodrome d'une description géologique de la Belgique*, Liége, 1868, auquel je crois pouvoir renvoyer pour les citations, le tableau où j'ai tâché de rendre ces analyses aussi comparables que possible.

(2) MM. Chandelon, professeur de chimie inorganique, et Kupferschloeger, professeur de docimasie à l'université de Liége; MM. Donny, professeur de chimie industrielle, et Swarts, professeur de chimie générale à l'université de Gand.

(3) *Tableau des terrains de la Belgique rangés dans l'ordre de superposition. Tableau des minéraux et des roches qu'ils renferment rangés méthodiquement. Indication sommaire du gisement des minéraux et des roches et de leurs principaux usages* (*Exposé de la situation du royaume de Belgique*, 1841-1850. Brux., 1852, in-4. — Réimprimé sous le titre : *Coup d'œil sur le gisement et sur les principaux usages des minéraux et des roches en Belgique* (Brux., s. d.), gr. in-4 de 12 pages.

éditions d'un ouvrage (1) dans lequel une part plus ou moins considérable est faite à la minéralogie. En 1831, il se borne à donner une classification des roches; mais, deux ans plus tard, son *Introduction à l'étude de la géologie* est consacrée en grande partie à l'exposé méthodique de nos connaissances sur les minéraux aussi bien que sur les roches. L'auteur annonce modestement que son seul but étant d'être utile aux commençants, il a généralement suivi le *Traité* de Beudant, paru depuis peu, sauf pour la classification, dont le principe appartient surtout à Brongniart; mais le lecteur y trouve à chaque pas l'empreinte de ce jugement sûr et de cette critique fine et sagace dont l'éminent naturaliste nous a donné tant de preuves et que nous admirions encore tout récemment. Aussi, la plupart des modifications qu'il a proposées ont été favorablement accueillies.

On doit également à Dumont un grand travail d'ensemble sur la minéralogie systématique. Les *Tableaux analytiques des minéraux et des roches,* que notre savant maître a insérés dans le tome XII des *Mémoires* de l'Académie, étant peu connus, je vais en dire quelques mots.

On sait que la plupart des minéralogistes font intervenir, dans la définition de l'espèce minérale, à la fois la composition et la forme ; mais aussitôt l'accord cesse, et il existe des classifications purement cristallographiques, comme d'autres sont purement chimiques. De plus, que l'on réunisse ou non en une seule espèce deux minéraux dimorphes, il y a deux manières d'établir une classification où intervient la chimie, suivant que l'on constitue les familles d'après la nature de l'élément minéralisateur ou électro-négatif, ou bien d'après celle du métal minéralisé ou de l'élément électro-positif. Sans entrer dans plus de détails, disons tout de suite que Dumont, adoptant la définition ordinaire de l'espèce, réunit dans la même famille les espèces qui ont le même élément électro-négatif et cet élément lui-même : il distribue ensuite les familles en deux classes, les minéraux comburables et les comburés; ces classes sont divisées en ordres, dans lesquels les familles sont rangées par l'ensemble des propriétés. Somme toute, cette classification est encore une des moins imparfaites que nous possédions.

Nous ne pouvons en dire autant de la distribution des espèces dans les familles. Comme l'indique le nom de *Tableaux analytiques* donné à son travail, Dumont s'est efforcé de combiner la méthode analytique, autant que possible dichotomique, avec la méthode naturelle, afin de faciliter aux commençants la détermination de l'espèce, c'est-à-dire la recherche du nom à donner à l'échantillon qu'ils étudient. Des tentatives de ce genre seront toujours infructueuses; aussi l'auteur est-il arrivé parfois à des divisions purement artificielles, et à des rapprochements qui ne sont certainement pas dans la nature (1).

Voyons maintenant les résultats principaux des recherches géologiques.

Avec la publication de l'*Essai sur la géologie du nord de la France,* en 1808, commence une période de plus d'un quart de siècle pendant laquelle M. d'Omalius d'Halloy, dans les moments qu'il peut dérober aux affaires politiques, prend une part active aux controverses scientifiques et développe habilement la classification qu'il vient d'ébaucher, tandis que les concours ouverts par l'Académie sur la constitution de nos diverses provinces amènent d'importants progrès. C'est alors que Belpaire faisait connaître les changements survenus sur nos côtes, que Drapiez décrivait le Hainaut, Cauchy, la province de Namur; M. Steininger et Engelspach-Larivière, celle de Luxembourg; Dumont et Davreux, celle de Liége; Galéotti, celle du Brabant. Le mémoire de Galéotti, bien que publié en 1837, appartient encore à cette période, qui se termine peu de temps après le rapport par lequel Cauchy a inauguré nos séances publiques.

Une deuxième période, caractérisée par la prépondérance du rôle de Dumont, me paraît commencer en 1836, lorsque le gouvernement lui confie, sur la proposition de l'Académie, la mission de dresser la carte géologique de notre pays. A partir de ce moment, et tandis que notre savant maître se dévoue tout entier à l'étude du sol belge, ses émules semblent se retirer de la lice par respect pour sa mission officielle.

Au lieu de suivre ici l'ordre chronologique des publications, il me semble préférable d'examiner successivement les progrès réalisés dans la connaissance de chaque terrain.

La méthode stratigraphique que Dumont avait employée avec tant de succès dans ses recherches sur la province de Liége, lui restera toujours chère, et il finit par la préconiser exclusivement. En faisant rejeter, dans l'étude de la structure des pays accidentés, toute conclusion tirée de la superposition apparente des étages, il avait montré la cause de nombreuses erreurs où ses devanciers étaient tombés, et ouvert à la science la direction dans laquelle elle a fait, depuis lors, de si étonnants progrès. Aussi la médaille d'or de Wollaston, la plus haute distinction dont disposât la Société géologique de Londres, vint-elle à juste titre récompenser une découverte aussi importante. Mais il ne suffit pas qu'une méthode soit bonne pour que tous les résultats qu'on en obtient soient exacts et démontrés. Certes, dans la discussion que Dumont souleva plus tard à propos de la valeur relative des données fournies par les caractères stratigraphiques — ou

(1) Voici les titres de ces publications, sur lesquelles nous aurons à revenir :

Éléments de géologie. Paris, 1831, in-8. — Réimprimé à Bruxelles, en 1832, sans la participation de l'auteur.

Introduction à la géologie ou première partie des éléments d'histoire naturelle inorganique. Paris, 1833, in-8.

Éléments de géologie, 2e édit. Paris, 1835, in-8.

Éléments de géologie ou seconde partie des éléments d'inorganomie particulière, 3e édit. Paris, 1839, in-8.

Éléments de géologie, seconde partie des éléments d'histoire naturelle inorganique, 3e édit., Bruxelles, 1838, in-8. — Sans la participation de l'auteur.

Introduction à la géologie, première partie des éléments d'histoire naturelle inorganique, 3e édit., Bruxelles, 1838, in-8.

Des roches considérées minéralogiquement. Paris, 1841, in-8.

Précis élémentaire de géologie. Paris, 1843, in-8.

Abrégé de géologie. Bruxelles, 1853, 4 vol. in-12 (*Encycl. Jamar*).

Idem. Paris-Bruxelles, 1853, 1 vol. in-12.

Idem, 7e édit., Bruxelles, 1862, in-8.

Précis élémentaire de géologie, 8e édit., Paris-Bruxelles, 1868, in-8.

(1) Mentionnons encore, 1° de Claussen : *Essai d'une nomenclature et classification des roches d'après leurs caractères chimiques, minéralogiques et géologiques.* Bruxelles, 1845, in-8, opuscule rare, mais que je ne puis analyser ici. 2° Lambotte : *Traité de minéralogie pratique.* Bruxelles, 1842, in-12. 3° G. Dewalque : *Atlas de cristallographie.* Liége, 1859, in-8. (Cet ouvrage a été publié pour mes élèves; malheureusement les planches ont paru sans le *bon à tirer,* et il s'y est glissé plusieurs erreurs de notation, faciles d'ailleurs à corriger à l'aide de l'explication des figures.) Enfin, tout récemment la Société des sciences, des arts et des lettres du Hainaut a couronné un *Manuel de minéralogie pratique,* dû à M. C. Malaise, correspondant de l'Académie.

géométriques, comme il les appelait, — et par les caractères paléontologiques, tous les géologues se joindront à lui pour affirmer que la stratigraphie bien établie ne le cédera jamais à la paléontologie ; mais la question délicate, — on l'a parfois perdu de vue, — est précisément de savoir si la stratigraphie est bien établie. Nous en avons une preuve dans le premier rapport de Dumont sur la carte géologique (1). Appliquant sa méthode au terrain ardoisier, il chercha à déterminer l'âge relatif de ces diverses assises ; mais l'essai était prématuré. Il le reconnut plus tard et prit sa revanche. En 1849, il présenta à l'Académie, pour être transmise au gouvernement, la carte géologique manuscrite de la Belgique, et le rapport final (2) dans lequel il expose les modifications apportées à ses vues antérieures et à la classification à laquelle il s'est arrêté. Le terrain ardoisier y est remplacé par deux autres, l'*ardennais* et le *rhénan* divisés chacun en trois systèmes et séparés par le défaut de parallélisme des couches, autrement dit, par une discordance de stratification. Il s'empressa de publier les documents à l'appui dans deux mémoires détaillés (3) dont les conclusions, en ce qui concerne l'Ardenne, nous paraissent devoir être maintenues.

En 1830, Dumont, adoptant la classification de M. d'Omalius d'Halloy, séparait le terrain houiller du terrain anthraxifère. Il divisait ce dernier en quatre étages, dans l'acception géologique du mot, alternativement calcareux et quartzo-schisteux. En 1836, il reconnut que l'étage quartzo-schisteux inférieur devait être subdivisé en deux ; et cette distinction a été confirmée par ses successeurs. En 1849, la carte géologique ne présente que des modifications de détail. Le terrain houiller perdait son rang pour devenir le système supérieur du terrain anthraxifère. Les divisions antérieures de cette dernière formation sont groupées en deux systèmes : l'un est appelé *condrusien*, et formé de deux étages, le supérieur, *calcareux*, l'inférieur, *quartzo-schisteux*; l'autre est désigné sous le nom d'*éifelien*, et comprend de même un étage *calcareux* et un étage *quartzo-schisteux*. Les deux étages désignés sous ce dernier nom sont divisés, à leur tour, en deux parties. Ces divisions étaient bien établies, quelle que soit la manière suivant laquelle on les groupe; aussi se sont-elles prêtées à des perfectionnements que nous verrons tout à l'heure.

Ajoutons que Dumont divisait, dès 1830, l'étage calcareux du système condrusien — notre calcaire carbonifère — en trois assises, une inférieure, ou calcaire à crinoïdes, une moyenne, ou dolomie, et une supérieure, ou calcaire à *productus*. Cette division fut attaquée au nom de la paléontologie. Dumont réduisit ses contradicteurs au silence, moins en leur rappelant les preuves qu'il avait apportées à l'appui de sa manière de voir, qu'en les invitant à faire connaître les localités où l'on trouverait la démonstration du contraire.

En 1842, Dumont présenta à l'Académie la description des terrains secondaires qui constituent la partie méridionale de la province de Luxembourg (4) ; mais on doit reconnaître que ce mémoire renferme des vues erronées à côté de pages très-instructives, et qu'il a passé presque inaperçu dans les discussions que suscita l'étude de ces terrains. La manière défectueuse dont l'auteur expose la constitution du terrain triasique tient probablement aux bornes trop étroites qu'il crut pouvoir assigner à ses excursions. Quoi qu'il en soit, on doit reconnaître qu'il a bien vu les faits, tout en se trompant sur leur interprétation. Quant au terrain jurassique, la plupart des divisions qu'il y a établies ont été conservées par ses successeurs.

Les systèmes que Dumont avait reconnus, en 1830, dans le terrain crétacé de la province de Liége, et dans lesquels il voyait les équivalents des divers termes de la série anglaise, furent maintenus sous des noms nouveaux, sauf quelques changements de détail, sur la carte manuscrite de 1849, où ils formèrent quatre des cinq systèmes qu'il établissait pour la Belgique, le cinquième étant formé de roches propres au Hainaut. Sur la carte imprimée qui parut deux ans plus tard, il y ajouta le système *heersien*, placé plus convenablement, jusque-là, à la base du terrain tertiaire. Malheureusement, les détails qu'il publia sur ces formations, et les renseignements qu'on trouve dans ses cours, étaient fort incomplets et manquaient parfois des développements nécessaires sur les preuves qu'il avait réunies. Nous verrons que les travaux plus récents ont fini généralement par constater l'exactitude des résultats auxquels cet éminent stratigraphe est arrivé. Quant au parallélisme qu'il admettait entre ses subdivisions et celles des pays voisins, et même entre celles des deux massifs du Limbourg et du Hainaut, il y avait lieu à examen ; et de longues discussions, qui ne sont pas terminées, ont amené de grands changements dans les idées qui prévalent aujourd'hui.

Le terrain tertiaire, qui occupe presque toute la partie basse de notre pays, attira l'un des premiers les observations de Dumont, qui en donna, en 1839 (1), une première classification, notablement différente de celle que Galéotti avait proposée peu de temps auparavant. Il divisait alors ce terrain en six systèmes, subdivisés en assises caractérisées par leur composition et leurs fossiles. Il rapportait les trois premiers, désignés sous les noms de *landenien*, de *bruxellien* et de *tongrien*, au tertiaire inférieur de la France et de l'Angleterre; les deux derniers, savoir le *hesbayen* et le *campinien*, étaient considérés comme tertiaire supérieur; quant au quatrième, le *diestien*, Dumont ne le plaçait qu'avec doute dans le tertiaire supérieur, à cause des incertitudes qui régnaient encore à l'égard des fossiles qui s'y rencontrent. En 1849, il augmenta le nombre des divisions en établissant huit systèmes, tout en reportant le hesbayen et le campinien dans le terrain quaternaire, où l'on peut s'étonner qu'ils n'aient pas été placés tout d'abord. Bientôt deux nouvelles divisions portèrent à dix le nombre des systèmes figurés sur la carte imprimée, où ils sont représentés par quatorze teintes. Diverses notes postérieures sont consacrées à démontrer plusieurs points importants, notamment la place désignée à l'argile de Boom dans la série, et à établir le parallélisme de ces étages avec ceux qui ont été reconnus en France et en Angleterre (2).

(1) *Rapport sur les travaux de la carte géologique en* 1838 (*Bull. de l'Acad. de Bruxelles*, t. V, p. 634).

(2) *Rapport sur la carte géologique de la Belgique* (*Bull. de l'Acad. roy. de Belgique*, t. XVI, 2e part., p. 351).

(3) *Mémoire sur le terrain ardennais* (*Mém. de l'Académie de Bruxelles*, t. XX, 1847.) — *Mémoire sur le terrain rhénan* (*Mém. de l'Acad. roy. de Belgique*, t. XXII, 1848).

(4) *Mémoire sur les terrains triasique et jurassique de la province de Luxembourg* (*Mém. de l'Acad. de Bruxelles*, t. XV).

(1) *Rapport sur les travaux de la carte géologique pendant l'année* 1839 (*Bull. de l'Acad. de Bruxelles*, t. VI, 2e part., p. 464).

(2) *Note sur la position géologique de l'argile rupélienne et sur le*

Citons encore deux notes, l'une (1) relative aux *matières de filons*, pour lesquelles Dumont propose le nom de *terrains geysériens*, expression qui a été aussitôt reçue dans la science; l'autre (2), faisant ressortir la valeur des résultats fournis par l'observation des mouvements lents du sol, pour établir le synchronisme des subdivisions d'un même terrain dans des contrées voisines. L'importance de ces vues égale leur nouveauté.

La carte géologique de la Belgique fut suivie, à de courts intervalles, de la carte du sous-sol de notre pays, de la carte géologique de la Belgique et des provinces voisines, et enfin de celle de l'Europe. La légende de ces deux dernières résume de la façon la plus sommaire quelques vues nouvelles sur la classification des terrains. Ces cartes n'ont jamais été dépassées sous le rapport de l'exactitude, j'allais dire de la minutie des détails; et nous sommes loin de partager l'avis de quelques savants, aux yeux desquels les divisions qu'elles offrent sont trop nombreuses.

Il nous reste à mentionner la controverse que Dumont souleva en 1847 sur la valeur relative de la stratigraphie et de la paléontologie (3). Non content de montrer que l'étude patiente des caractères stratigraphiques permettait d'arriver à la solution des problèmes géognostiques les plus compliqués, il s'efforça de prouver que les conclusions fournies par l'étude des fossiles étaient nécessairement entachées d'erreur. Je n'ai pas l'intention de rentrer dans la discussion. Il faudrait d'abord bien poser la question; et beaucoup de savants reconnaîtront, je crois, que, si elle est posée dans les termes absolus où Dumont l'énonce, plusieurs de ses arguments sont restés sans réplique. Tout au moins admettra-t-on que le principe fondamental des applications de la paléontologie à la stratigraphie était sujet à caution. Mais, d'autre part, nombreux sont les cas où la stratigraphie est absolument impuissante, tandis que les données paléontologiques échappent à de justes critiques et peuvent dès lors être employées avec sécurité.

Si je ne me trompe, la science doit se féliciter des attaques que Dumont a dirigées contre la paléontologie. Les grandes facilités que la connaissance des fossiles fournit aux géologues, avaient fini par entraîner de fort bons esprits en dehors des limites du droit chemin, tandis que d'autres, moins solides, s'égaraient tout à fait. On en venait à faire de la géologie dans le cabinet, d'après l'examen de quelques échantillons, et à classer les formations comme les tiroirs d'une collection, sans se demander quelle était la valeur de ces systèmes en présence des faits observés sur le terrain. Dans une telle situation, cette controverse ne pouvait qu'amener d'heureux résultats, en obligeant les savants à scruter de plus près la valeur de leurs méthodes, et en les amenant à reconnaître les précautions à prendre dans les applications. Depuis lors, la paléontologie a été mieux comprise, et son importance s'est accrue de jour en jour.

A côté de cet avantage général, il est juste de signaler de fâcheux résultats que cette discussion amena dans notre pays. Au moment où Dumont la souleva, son collègue, M. de Koninck, venait d'ouvrir un cours facultatif de paléontologie, dont le succès — qu'on pouvait espérer des connaissances d'un paléontologiste si distingué — eût probablement décidé l'inscription de cette science au nombre des branches du haut enseignement. Malheureusement, l'ascendant des opinions de Dumont fit déserter le nouveau cours par les élèves de l'école des mines; et comme il ne se présente pas, chaque année, des aspirants au doctorat en sciences, ces leçons facultatives ne tardèrent pas à être supprimées. Aussi, si cette branche importante ne figure pas encore dans les programmes de l'enseignement officiel, c'est surtout à l'influence de Dumont qu'il faut s'en prendre.

Si la période dont nous nous occupons est riche des travaux de Dumont, elle n'a guère vu paraître d'autres recherches géologiques que des écrits spéciaux, dus à nos ingénieurs des mines, et relatifs à nos mines de fer et de houille. Leur nature, autant que le cadre restreint dans lequel je dois me renfermer, m'empêchent de les analyser ici. Je citerai notamment la description des gîtes de minerai de fer de la province de Namur par M. Rucloux, aujourd'hui ingénieur en chef à Liége (1), du Hainaut par M. V. Bouhy (2), et de la Campine par Bidaut (3); les études sur les mines de houille de la Belgique (4), par ce dernier ingénieur; celles, plus développées, qu'il publia plus tard sur le bassin de Charleroi (5), et celles de M. V. Bouhy sur les houilles du Hainaut (6); un mémoire intéressant de notre savant confrère, M. Houzeau, sur les soulèvements qui ont affecté le sol de notre pays (7); les recherches de M. Poncelet, ingénieur des mines, sur les gîtes ardoisiers de l'Ardenne (8); celles de M. Clément, aussi ingé-

synchronisme des formations tertiaires de la Belgique, de l'Angleterre et du nord de la France (*Bull. de l'Acad. roy. de Belgique*, t. XVIII, 2e part., p. 179). — *Note sur la découverte d'une couche aquifère à la station de Hasselt* (*ibid.*, t. XVIII, 2e part., p. 579). — *Coupe du puits artésien de Hasselt* (*ibid.*, t. XIX, 1re part. p. 29). — *Observations sur la constitution géologique des terrains tertiaires de l'Angleterre, comparés à ceux de la Belgique* (*ibid.*, t. XIX, 2e part., p. 344). — *Coupes des terrains tertiaires de l'Angleterre* (*ibid.*, t. XIX, 3e part., p. 344).

(1) *Note sur la division des terrains en trois classes d'après leurs modes de formation, et sur l'emploi du mot* geysérien *pour désigner la troisième de ces classes* (*Bull. de l'Acad. de Belgique*, t. XIX, 2e part., p. 18).

(2) *Note sur l'emploi des caractères géométriques résultant des mouvements lents du sol, pour établir le synchronisme des formations géologiques* (*ibid.*, t. XIX, 2e part., p. 514).

(3) *Sur la valeur du caractère paléontologique en géologie* (*ibid.*, t. XIV, 1re part., p. 292). — De Koninck, *Sur la valeur du caractère paléontologique* (*ibid.*, t. XIV, 2e part., p. 62). — *Remarques sur la notice concernant la valeur du caractère paléontologique en géologie, lue par M. de Koninck à la séance précédente* (*ibid.*, p. 113). — De Koninck, *Réplique à M. Dumont* (*ibid.*, p. 249). — *Note en réponse à la réplique de M. Koninck* (*ibid.*, p. 382).

(1) *Notice sur les dépôts métallifères de la province de Namur*, 1849 (*Ann. des travaux publics de Belgique*, t. VIII, p. 157). — *Deuxième note sur les dépôts métallifères de la province de Namur*, 1851 (*ibid.*, t. X, p. 33).

(2) *Notice sur le gisement et l'exploitation du minerai de fer dans la province de Hainaut*, 1855 (*Mém. de la Soc. des sciences, des arts et des lettres du Hainaut*, 2e série, t. IV, p. 203; et *Ann. des travaux publics de Belgique*, t. XIV, p. 223).

(3) *Études des minerais de fer de la Campine* (*Ann. des trav. publ. de Belgique*, t. V, p. 481, et t. VII, p. 321).

(4) *De la houille et de son exploitation en Belgique, spécialement dans la province de Namur, avec une carte géologique en deux feuilles*. Brux., établiss. géograph., 1837; in-4.

(5) *Études minérales. Mines de houille de l'arrondissement de Charleroi*. Bruxelles, 1845, gr. in-4, 6 pl.

(6) *De la houille et, en particulier, des diverses espèces de houille exploitées au couchant de Mons* (*Belgique*). Mons, 1855, in-8.

(7) *Sur la direction et la grandeur des soulèvements qui ont affecté le sol de la Belgique* (*Mém. de l'Acad. roy. de Belg.*, t. XXIX).

(8) *Des gîtes ardoisiers de l'Ardenne* (*Ann. des trav. publ. de Belg.*, t. VII, p. 305; et t. VIII, p. 60).

nieur des mines, sur la géologie de cette région (1) ; celles de M. N. Dewael sur les environs d'Anvers (2) ; et, enfin, celles par lesquelles M. Alp. Belpaire, ingénieur des ponts et chaussées, reprenant un sujet dont l'étude avait contribué à faire ouvrir à son père les portes de l'Académie, a développé nos connaissances sur l'instabilité de nos côtes (3). Au moment où l'on se préoccupe des envahissements de la mer et de l'ensablement de l'Escaut, qu'on nous permette de signaler ces sujets aux observateurs convenablement placés pour suivre de près des phénomènes géologiques si importants.

Toutefois, il faut faire ici une exception pour M. d'Omalius d'Halloy, dont l'activité ne s'est jamais ralentie. Outre diverses notes originales (4) et des rapports aussi intéressants que nombreux, on lui doit particulièrement son *Coup d'œil sur la géologie de la Belgique* (5), dans lequel il résuma, d'une façon aussi élégante que concise, l'état de nos connaissances, en 1842, sur la constitution géologique de notre pays; puis diverses éditions de ses *Éléments de géologie*, dont j'ai constaté plus haut l'heureuse influence. Les dernières renferment un chapitre consacré à la géologie spéciale de la Belgique, reproduction du *Coup d'œil*, soigneusement revue et mise à la hauteur des progrès les plus récents.

Mentionnons encore la Carte minière de la Belgique. Après avoir chargé Dumont de dresser la carte géologique du pays, le gouvernement ne tarda pas à décréter l'exécution d'une carte minière, qui ressortissait au département des travaux publics et qui fut confiée aux ingénieurs du corps des mines. En 1842, parut la *Carte administrative et industrielle, comprenant les mines, minières, carrières, usines, etc., de la Belgique, dressée par les ingénieurs des mines et publiée sous la direction de l'ingénieur en chef Cauchy*, œuvre plutôt statistique et administrative que géologique. Une carte minière proprement dite restait à exécuter, mais diverses causes retardèrent d'année en année la publication coordonnée des nombreux documents recueillis par l'administration. Nous verrons tout à l'heure ce qui en advint dans la période suivante.

Une troisième période commence à la mort de Dumont. Brisé par le travail, ce maître éminent fut ravi, dans toute la force de l'âge, au pays qu'il honorait et à la science qui lui devait tant, sans avoir pu développer les résultats acquis par ses laborieuses investigations. Après lui, la carrière est librement ouverte à tous, et une jeune génération, encouragée à y entrer, se signale dans ces luttes fécondes que l'Académie, renouant le fil de ses traditions, provoque de nouveau sur le terrain géologique. Pour esquisser l'histoire des progrès que nous avons vu réaliser, je suivrai encore l'ordre des formations; mais je dois signaler d'abord des travaux d'un caractère plus général.

Je mentionnerai en premier lieu les dernières éditions de l'*Abrégé* ou *Précis de géologie* de M. d'Omalius d'Halloy; elles renferment, outre le chapitre consacré à la géologie de la Belgique, des listes de fossiles de nos divers étages, communiquées par nos meilleurs paléontologistes, présentant ainsi des garanties particulières d'exactitude, et partout consultées avec intérêt. M. Houzeau nous a donné, outre une *Géographie physique de la Belgique* (1), son *Histoire du sol de l'Europe* (2), livre aussi intéressant qu'instructif, faisant ressortir l'influence de la nature et du relief du sol sur le caractère des populations et les émigrations des peuples. M. Le Hon (3) a défendu avec un talent remarquable l'hypothèse d'Adhémar sur la périodicité des déluges. M. Mourlon nous a donné une bonne thèse *Sur l'origine des volcans et des tremblements de terre* (4). Enfin, dans le *Prodrome d'une description géologique de la Belgique* (5), je me suis efforcé de condenser tout ce qu'on sait sur la géologie de notre pays; je dois beaucoup aux savants confrères qui m'ont fourni des listes de fossiles, les plus complètes qui aient encore paru.

Depuis la publication du mémoire de Dumont sur le terrain ardennais, on n'a publié que de rares observations sur cette puissante formation. J'y ai recueilli une fucoïde, puis M. C. Malaise, professeur à l'Institut agricole de Gembloux et correspondant de l'Académie, en a trouvé une seconde espèce, ainsi que des traces de trilobites (6). Le même géologue, associé à un confrère étranger, M. J. Gosselet, aujourd'hui professeur à la faculté des sciences de Lille et auteur d'importantes découvertes dans nos terrains primaires (7), a étudié le contact de ce terrain avec le rhénan, et confirmé d'une manière incontestable l'existence de la discordance de stratification signalée par Dumont. Ces observateurs semblent disposés à rapporter le terrain ardennais au silurien, dont je parlerai à l'instant; néanmoins je le considère comme le plus ancien. En outre, ils proposent pour ce terrain une nouvelle classification, que l'on peut résumer en quelques mots (8). Selon eux, il n'existe aucune preuve de superposition entre les diverses assises que l'on peut y distinguer; l'opinion de Dumont manque donc de preuves; de sorte que le plus simple est de considérer les superpositions apparentes comme exprimant la réalité des faits. On est ainsi conduit à admettre quatre divisions dans la vallée de la Meuse, où Dumont n'en reconnaissait que deux; viendrait ensuite le système salmien. Toutefois, le système de Fumay pourrait être l'équivalent du salmien, au lieu de former la division inférieure. J'ai exposé

(1) *Description géologique de la partie septentrionale de la province de Luxembourg*, 1849 (*Ann. des trav. publ. de Belg.*, t. VIII, p. 213).

(2) *Observations sur les formations tertiaires des environs d'Anvers* (*Bull. de l'Acad. roy. de Belg.*, t. XX, 1re part, p. 30).

(3) *De la plaine maritime depuis Boulogne jusqu'en Danemark* (2e partie). Anvers, 1855. (La première partie est la réimpression du mémoire couronné d'Ant. Belpaire sur ce sujet).

(4) Particulièrement : *Notice sur le gisement et l'origine des dépôts de minerais, d'argile, de sable et de phthanite du Condroz* (*Bull. de l'Acad. roy. de Brux.*, t. VIII, 1re part., p. 310). — *Note sur les dernières révolutions géologiques qui ont agité le sol de la Belgique* (*ibid.*, 2e part., p. 237). — *Sur l'origine de quelques dépôts d'argile et de sable tertiaires de la Belgique* (*ibid.*, t. IX, 1re part., p. 26). — *Note sur le grès de Luxembourg* (*ibid.*, t. XI, 2e part., p. 292). — *Note sur les barres diluviennes* (*ibid.*, t. XIII, 1re part., p. 245). — *Sur les révolutions du globe terrestre* (*ibid.*, t. XIV, 2e part., p. 298). — *Sur les dépôts blocailleux* (*ibid.*, t. XV, 1re part., p. 361).

(5) Bruxelles, in-8.

(1) *Essai d'une géographie physique de la Belgique, au point de vue de l'histoire et de la description du globe.* Bruxelles, 1854, in-8.

(2) Bruxelles, 1857, in-8.

(3) *Périodicité des grands déluges.* Bruxelles, 1858, in-8 (*Mém. de la Soc. des sciences, des arts et des lettres du Hainaut*, 2e série, t. V). — *Influence des lois cosmiques sur la climatologie et la géologie : complément rectificatif de l'ouvrage intitulé : Périodicité des grands déluges.* Bruxelles, 1858, in-8.

(4) Bruxelles, 1867, in-8.

(5) Liége, 1868, in-8.

(6) *Sur des corps organisés trouvés dans le terrain ardennais*, 1866 (*Bull. de l'Acad. roy. de Belg.*, 2e série, t. XXI, p. 666).

(7) *Mém. sur les terrains primaires de la Belgique, des environs d'Avesnes et du Boulonnais.* Paris, 1860, in-8.

(8) *Sur le terrain silurien de l'Ardenne*, 1868 (*Bull. de l'Acad. roy. de Belg.*, 2e série, t. XXVI, p. 61).

ailleurs (1) les motifs qui me font conserver la classification de Dumont.

La partie de l'ancien terrain ardoisier qui vient au jour dans les vallées du Brabant ou sur la rive droite de la Sambre et de la Meuse, avait été rapportée par Dumont aux deux premiers systèmes de son terrain rhénan. A la suite du mémoire de M. Gosselet, qui la rangeait dans le terrain silurien, d'après les fossiles qu'il y avait recueillis, une discussion s'engagea devant l'Académie et fit constater enfin l'exactitude de la découverte du jeune géologue français (2). Ce résultat est dû spécialement aux laborieuses recherches de M. Malaise. Sur l'initiative de M. d'Omalius d'Halloy, l'Académie mit au concours de nouvelles études sur ce terrain, et elle a couronné, l'année dernière, un mémoire de M. Malaise, où l'auteur constate que tous les fossiles déjà connus qu'il y a rencontrés, au nombre de 46, appartiennent à la partie moyenne du terrain silurien. Quant à la stratigraphie de cette région, les opinions de l'éminent auteur de la carte géologique n'ont subi que de légères modifications.

Le terrain anthraxifère a aussi donné lieu à d'importants travaux. Je ne puis que faire allusion à ceux qui ont eu pour objet l'étude des animaux et des plantes dont il renferme les débris, et parmi ces travaux je me reprocherais de ne pas citer ceux qui ont fait la réputation de notre savant confrère, M. de Koninck. Réunissant tous les documents, j'ai pu dresser une liste qui comprend 933 espèces animales pour le calcaire carbonifère seulement. Pour me borner à la géologie, voici les principaux résultats qui demeurent acquis.

Au voisinage de l'Ardenne, au milieu de schistes gris caractérisés par des fossiles spéciaux, se montre une bande calcaire assez puissante, qui s'amincit graduellement vers l'Est, et que Dumont avait considérée comme formée par l'étage calcareux de son système eifélien et rattachée à la grande bande du calcaire de Givet. Les travaux de divers géologues y avaient déjà signalé des fossiles particuliers, et le mémoire de M. Gosselet insista sur ce point. De nouvelles recherches ont mis hors de doute l'indépendance de ce calcaire, qui appartient à la même période que les schistes qui l'entourent, et ne se rattache pas au calcaire de Givet, comme Dumont l'avait représenté sur sa carte (3). Ce fait important, dont on doit surtout la connaissance à la paléontologie, a été pleinement confirmé sous le rapport stratigraphique.

Les mêmes géologues avaient appelé l'attention sur un ensemble de schistes et de calcaires situés, dans le bassin du Condroz, à l'intérieur de la grande bande du calcaire de Givet, et dont ils proposaient de faire un étage distinct, caractérisé surtout par ses fossiles. C'est ce que de nouvelles recherches ont confirmé; et cet étage est généralement connu aujourd'hui sous le nom de *calcaire et schistes de Frasne* (1). C'est encore à l'alliance si féconde de la paléontologie et de la stratigraphie que nous devons ce résultat.

Nous avons aussi perfectionné nos connaissances sur le calcaire carbonifère, étage calcareux du système condrusien de Dumont. Déjà M. Gosselet avait montré que le calcaire de Tournai, à crinoïdes et à *Spirifer mosquensis*, en forme la partie inférieure, et le calcaire de Visé, à gros *productus*, la partie supérieure. Dumont l'avait déjà démontré en 1830, et il est facile de vérifier sur le terrain l'exactitude de ses assertions, malgré les contradicteurs qu'elles ont rencontrés. Développant une subdivision dont le germe se trouve dans le mémoire de M. Gosselet, M. E. Dupont, aujourd'hui membre de l'Académie et directeur du musée royal d'histoire naturelle de Bruxelles, distingua dans cet étage six assises au lieu de trois; puis, pour mieux appuyer ses vues, il donna une petite carte géologique des environs de Dinant, à l'échelle de 1/20.000, dans laquelle chaque assise est figurée. C'est là certainement un travail fort remarquable, même pour ceux qui n'admettent pas toutes les idées de l'auteur sur la répartition géographique de ces diverses subdivisions (2). Nous sommes d'accord pour reconnaître que les assises V et VI correspondent à la dolomie et au calcaire à *productus* de Dumont; mais tandis que je considère les assises I à IV comme formées aux dépens du calcaire à crinoïdes de mon savant maître, M. E. Dupont prétend que cette dernière division correspond seulement à son assise I, et les assises II à IV sont restées inconnues à Dumont. L'ignorance où cet habile observateur serait resté à cet égard s'expliquerait, selon lui, par les *lacunes* que présente la série, c'est-à-dire par l'absence habituelle de certaines assises dans les régions que Dumont a particulièrement explorées.

Le bassin anthraxifère de Namur, compris entre les bandes siluriennes du Condroz et du Brabant, n'a pas donné lieu à moins de discussions que le massif du Condroz, auquel se rapportent surtout les observations qui précèdent; mais la connaissance que nous en avons est moins avancée.

Au nord de ce bassin, la carte géologique représente une bande, interrompue sur de longs espaces, qui appartient à l'étage quartzo-schisteux du système eifélien; elle est suivie, vers l'intérieur du bassin, d'une bande formée par l'étage calcareux du même système; puis viennent une seconde bande de l'étage quartzo-schisteux, une seconde de l'étage calcareux eifélien, et, enfin, les bandes successives que forment normalement les trois étages du système condrusien.

(1) *Loc. cit.*, t. XXV, p. 413.

(2) Gosselet : *Note sur des fossiles siluriens découverts dans le massif rhénan du Condroz* (*Bull. de la Soc. géol. de France*, 1861, t. XVIII, p. 538). — Malaise : *De l'âge des phyllades fossilifères de Grand-Manil près de Gembloux* (*Bull. de l'Acad. royale de Belgique*, 1861, 2e série, t. XIII, p. 168). — G. Dewalque : *Rapport* sur la note de M. Malaise (*ibid.*, p. 118). — D'Omalius d'Halloy : *Sur une nouvelle édition de l'abrégé de géologie* (*Bull. de la Soc. géol. de France*, 1862, t. XIX, p. 921). — Barrande : *Existence de la faune seconde silurienne en Belgique* (*ibid.*, p. 754). — Idem : *Réponse à M. d'Omalius au sujet des fossiles siluriens de la Belgique* (*ibid.*, p. 924). — Gosselet : *Sur les terrains primaires de la Belgique* (*Bull. de l'Acad. roy. de Belg.*, 1862, 2e série, t. XV, p. 171). — G. Dewalque : *Note sur les fossiles siluriens de Grand-Manil près de Gembloux* (*ibid.*, p. 416, et *Bull. de la Soc. géol. de France*, 1863, t. XX, p. 236). — Malaise : *Sur l'existence en Belgique de nouveaux gîtes à faune silurienne* (*Bull. de l'Acad. roy. de Belg.*, 1864, t. XVIII, p. 321).

(3) G. Dewalque : *Notice sur le système eifélien dans le bassin du Condroz* (*Bull. de l'Acad. royale de Belgique*, 1861, 2e série, t. XI, p. 67).

(1) G. Dewalque, *loc. cit.*

(2) E. Dupont : *Notice sur les gîtes de fossiles du calcaire carbonifère des bandes de Florennes et de Dinant*, 1861 (*Bull. de l'Acad. roy. de Belg.*, 2e série, t. XII, p. 293). — *Sur le calcaire carbonifère de la Belgique et du Hainaut français*, 1863 (*ibid.*, t. XV, p. 86). — *Notice sur le marbre noir de Bachant* (*Hainaut français*), 1864 (*ibid.*, t. XVII, p. 181). — *Essai d'une carte géologique des environs de Dinant*, 1865 (*ibid.*, t. XX, p. 616, et *Bull. de la Soc. géol. de France*, 1867, t. XXIV, p. 669).

Voyez aussi le *Compte rendu de la session extraordinaire de la Société géologique de France à Liége* (*Bull. de la Soc. géol. de France*, 1863, t. XX, pages 850 à 873). Les réserves que j'ai faites alors, notamment sur les *lacunes*, ont été reproduites dans mon *Prodrome*, et je les maintiens encore.

M. d'Omalius d'Halloy, malgré les opinions contraires qui se sont fait jour, semble persister à considérer cette disposition comme exacte ; et cette opinion est antérieure chez lui à la publication de la carte géologique. Néanmoins, on admet généralement aujourd'hui une disposition différente : les deux bandes eifeliennes ne présenteraient point de retour ; mais il existerait là une nouvelle série, dont les termes, malgré une analogie apparente avec les précédents, s'en distingueraient nettement, surtout par leurs fossiles, et dont les rapports avec la série du Condroz restent à déterminer. Ici commencent les obscurités. Certaines opinions ont été reconnues erronées ; mais on n'est pas encore parvenu à établir définitivement quels sont dans le Condroz les équivalents des assises dont il s'agit (1).

Les travaux concernant l'étage houiller ne sont pas aussi nombreux que l'importance industrielle de cette formation permettrait de l'espérer. M. Godin a publié un *Essai de raccordement des couches de houille des environs de Liége* (2), et M. J. Jacques, le résultat de ses recherches sur la houille du même bassin (3). M. R. Malherbe a donné une notice sur les caractères qui peuvent servir à raccorder ces couches (4). Enfin, tout récemment, M. E. de Cuyper a fait paraître un travail intéressant sur la partie de cette formation qui avoisine Fontaine-l'Évêque (5) et où l'on vient de découvrir de nouvelles richesses en charbon de terre.

Il me resterait à exposer les modifications que les études paléontologiques ont fait introduire dans le mode de groupement des divers étages du terrain rhénan et de l'anthraxifère ; mais le cadre dans lequel je dois me resserrer ne me permet que de mentionner cette conséquence importante des travaux que je viens d'indiquer.

Je rappellerai ici que l'Académie, saisissant l'occasion d'être agréable au public savant et aux industriels, qui appellent de leurs vœux une description du système houiller analogue à celle que Dumont a donnée du terrain ardennais et du rhénan, a mis cette question au concours en 1861 sur ma proposition, et l'a prorogée pour un terme de deux ans en 1863. J'ajoute avec regret que cet appel n'a pas été entendu, quoique la bienveillance du gouvernement eût ajouté une somme de 2000 francs à celle dont l'Académie pouvait disposer pour le prix.

Peu de temps après, l'administration des mines donna une organisation nouvelle au travail relatif à l'exécution de la carte minière dont elle restait chargée. Un service spécial fut créé, sous la direction de M. l'ingénieur principal J. Van Scherpenzeel-Thym, et un crédit de 15000 francs lui fut alloué annuellement. Grâce à ces ressources et au talent du directeur, l'œuvre fit des progrès, et l'on remarqua avec intérêt, à l'exposition internationale de Paris, il y a trois ans, sept feuilles représentant l'allure des couches de houille entre Liége et Seraing, le procédé ingénieux destiné à la représenter, et les nombreuses coupes verticales à l'appui, recueillies avec un soin scrupuleux. Depuis lors, cette carte a dû s'étendre, et l'on attend avec impatience la publication de la partie qui est achevée. Il n'entre dans l'esprit de personne qu'elle doive rester en portefeuille : chacun comprend que, en ajourner la publication jusqu'à ce qu'elle soit complète et définitive, ce serait décréter qu'elle ne sera jamais mise à la disposition du public qu'elle intéresse à un si haut degré.

Les terrains secondaires du Luxembourg n'ont pas moins occupé les observateurs, et je crois pouvoir dire que les longues discussions auxquelles ils ont donné lieu ont amené l'un des progrès les plus importants qu'on puisse constater dans l'état de nos connaissances géologiques depuis vingt ans. J'ai donné une description sommaire du terrain triasique (1); et j'aurai prochainement l'occasion d'exposer quelques modifications à apporter au classement de ces dépôts par rapport aux formations contemporaines de l'est de la France et du sud de l'Allemagne. Quant au terrain jurassique, dont la constitution était surtout controversée, les géologues me paraissent s'accorder aujourd'hui sur la disposition réelle de ses assises, notamment sur la solution de la question, si vivement débattue depuis cinquante ans, des rapports qui existent entre les grès dits de Luxembourg et les marnes à gryphée arquée (2). Les grès sont contemporains des marnes ; ces deux roches passent latéralement de l'une à l'autre, et dans chacune on peut distinguer diverses zones que la paléontologie permet de réunir à celles de l'autre (3). Il ne reste guère de doute que sur le classement de la limonite oolithique exploitée dans cette région sous le nom de *minette*. Quoiqu'elle soit rangée par presque tous les géologues à la partie supérieure du lias, je n'ai pas encore abandonné l'opinion qui la considère comme la base du système bathonien, autrement dit, de l'oolithe inférieure.

C'est surtout à la paléontologie que nous sommes redevables de nos progrès dans la connaissance de ce terrain. Je rappellerai, à ce propos, que les listes d'animaux fossiles trouvés dans cette formation de la province de Luxembourg, tant par mon excellent confrère et ami M. Chapuis et moi-même, que par des observateurs étrangers, comprennent aujourd'hui 236 espèces pour le lias inférieur (avec l'infrà-lias), 82 pour le lias moyen, 53 pour le lias supérieur et 120

(1) Voyez le mémoire déjà cité de M. Gosselet, ma *Notice sur le système eifélien dans le bassin de Namur* ; 1862 (*Bull. de l'acad. royale de Belgique*, 2e série, t. XIII, p. 146) ; le *Compte rendu de la session extraordinaire de la Société géologique de France à Liége* (*Bull. de la Soc. géol. de France*, 1863, t. XX, pages 832 à 845); et mon *Prodrome*.

(2) *Ann. des travaux publics de Belgique*, 1860, t. XIX, p. 243.

(3) *Etudes sur la houille du bassin de Liége* (*Revue universelle des mines, de la métallurgie..., sous la direction de M. Ch. de Cuyper*, Liége, 1867, t. XXII, p. 149). (Mém. cour. par l'Association des ingénieurs sortis de l'école de Liége.)

(4) *Des caractères géologiques propres au raccordement des couches de houille*, 1867 (*Ann. des trav. publ. de Belg.*, t. XXV, p. 191).

(5) *De l'allure générale du terrain houiller dans un bassin intermédiaire, dit du Centre-Sud, dans le Hainaut* (*Revue universelle des mines*, etc. Liége, 1870, t. XXVIII, p. 33).

(1) *Prodrome d'une description géologique de la Belgique*. Liége, 1868, in-8, p. 117.

(2) Dans ma *Description du lias de la province du Luxembourg*, Liége 1857, j'ai donné la liste des travaux publiés sur ce terrain ; elle ne comprend pas moins de quarante écrits, dont vingt-cinq avaient paru depuis 1851. Je crois pouvoir y renvoyer, en y ajoutant : Terquem et Piette : *Le lias inférieur de la Meurthe, de la Moselle, du grand-duché de Luxembourg, de la Belgique, de la Meuse et des Ardennes* (*Bull. de la Soc. géol. de France*, 1862, t. XIX, p. 322) ; d'Omalius d'Halloy : *Précis de géologie*, Bruxelles, 1868 ; et mon *Prodrome d'une description géologique de la Belgique*, Liége, 1868.

(3) Le sens des dénominations qui ont été employées a tellement varié, surtout pour celle de *grès de Luxembourg*, qu'il m'est impossible de résumer ici, à la fois avec concision et clarté, cette longue controverse et le résultat qui paraît définitivement acquis. Le lecteur désireux de trouver plus de détails à ce sujet pourra consulter mon *Prodrome* et ma *Description du lias*.

pour l'étage bajocien (y compris la limonite oolithique de Mont-Saint-Martin). Il y a trente ans, on n'en connaissait presque aucune. Ces nombres permettent d'apprécier, non-seulement les progrès de nos connaissances paléontologiques, mais encore le degré de certitude des conclusions qu'on peut tirer du rapprochement de ces listes avec celles qui ont été dressées dans les pays voisins.

J'arrive au terrain crétacé, et je mentionne en premier lieu une notice d'A. Toilliez, ingénieur au corps des mines, à Mons (1) : elle passe en revue toutes les formations, mais elle est surtout intéressante pour le terrain qui nous occupe, qui était si imparfaitement connu, et dans lequel il mentionne plusieurs espèces de fossiles, d'un gisement certain. Il s'éloigne de Dumont en mettant au même niveau le *tourtia* hervien (du Hainaut) et le *tourtia* nervien.

Une notice de M. Horion, docteur ès sciences naturelles et en médecine, à Liége, est aussi consacrée au terrain crétacé de notre pays (2). Disciple de Dumont, l'auteur admet les divisions de son maître et en donne une description plus détaillée que ses devanciers ; mais la paléontologie l'amène à rectifier certains parallélismes. Il fait connaître quelques nouveaux fossiles de la *meule*, et la rapporte au *gault* des Anglais ; néanmoins, entraîné par l'opinion commune, il réunit les deux *tourtias* de Mons et de Tournai, sur la séparation desquels Dumont avait insisté.

Nous devons encore citer le *Guide* de M. Ch. Lehardy de Beaulieu (3) ; les *Coupes géologiques des morts-terrains* de MM. Gilles et Harzé, ingénieurs au corps des mines, à Mons (4), qui ont précisé l'allure des dépôts dont nous parlons ; les communications de MM. de Binckhorst, Malaise, Gonthier, etc. (5).

MM. Briart et Cornet nous ont donné la première description de la formation crétacée du Hainaut. Attachés à de grands charbonnages, ces habiles ingénieurs avaient eu à s'occuper des *morts-terrains* qui recouvrent le bassin houiller de cette province. Un concours ouvert à Mons par la Société des sciences, des arts et des lettres les engagea à entrer dans la lice, et nous leur devons un mémoire qui figure avec honneur dans les recueils d'une société dont nous avons à louer l'intelligente initiative (6). Depuis cette époque, continuant leurs études en commun, ils ont présenté à l'Académie diverses notices et les premières parties d'un travail plus étendu (7).

(1) *Notice géologique et statistique sur les carrières du Hainaut*, Mons, 1858 (*Mém. de la Soc. des sciences, des arts et des lettres du Hainaut*, 2e série, t. V).

(2) *Notice sur le terrain crétacé de la Belgique* (*Bull. de la Soc. géol. de France*, 1859, 2e série, t. XVI, p. 635).

(3) *Guide minéralogique et paléontologique dans le Hainaut et l'Entre-Sambre-et-Meuse*, Mons, 1861 (*Mém. de la Soc. des sciences, des lettres et des arts du Hainaut*).

(4) *Coupes géologiques des morts-terrains recouvrant le comble nord du bassin houiller du couchant de Mons*. (1864.)

(5) J. Binckhorst van Binckhorst : *Notice géologique sur le terrain crétacé de Jauche et de Ciply*, 1868 (*Mém. de la Soc. des sciences de Liége*, t. XIII, p. 327).

C. Malaise : *Note sur le terrain crétacé de Lonzée* (*Bull. de l'Acad. roy. de Belg.*, 1864, 2e série, t. XVIII, p. 317).

E. Gonthier : *Note sur deux lambeaux de terrain crétacé dans la province de Namur* (*Bull. de l'Acad. roy. de Belg.*, 1867, 2e série, t. XXIII, p. 403).

(6) Cornet et Briart : *Description minéralogique, paléontologique et géologique du terrain crétacé de la province de Hainaut*, 1866 (*Mém. de la Soc. des sciences, des arts et des lettres du Hainaut*, 1867, 3e série, t. I).

(7) *Étude sur le terrain crétacé du Hainaut.* — Première partie : *Description minéralogique et stratigraphique de l'étage inférieur*, 1866 (*Mém. cour. et Mém. des savants étrangers de l'Acad. roy. de Belgique*, 1867, t. XXXIII). A ce travail est joint : *Description des végétaux fossiles rencontrés par MM. Briart et Cornet dans leurs investigations du terrain crétacé du Hainaut*, par M. E. Coemans. — *Description minéralogique, géologique et paléontologique de la meule de Bracquegnies*, 1866 (*Mém. cour. et Mém. des savants étrangers de l'Acad. roy. de Belgique*, 1868, t. XXXIV. — *Note sur l'existence, dans l'Entre-Sambre-et-Meuse, d'un dépôt contemporain du système du tufeau de Maestricht, et sur l'âge des autres couches crétacées de cette partie du pays* (*Bull. de l'Acad. roy. de Belgique*, 1866, 2e série, t. XXII, p. 329). — *Notice sur les dépôts qui recouvrent le calcaire carbonifère à Soignies; ibid.*, 1869, t. XXVII, p. 11. — *Sur la division de la craie blanche du Hainaut en quatre assises*, 1868. Réservé pour l'impression dans les *Mém. de l'Acad. roy. de Belgique*.

Parmi les résultats principaux qu'on leur doit, je citerai : 1° l'unité de composition du système aachénien, que des observations plus restreintes avaient fait subdiviser, et une hypothèse ingénieuse, mais controversée, du mode de formation de ces dépôts ; 2° la découverte, dans la *meule*, de nombreux fossiles représentant la faune du *green sand* de Blackdown, dans le Devonshire : la place à assigner à ce dernier dépôt n'étant pas encore nettement fixée, MM. Horion et Gosselet (1) rapportent la *meule* à l'époque du *gault*, tandis que nos confrères, suivant une opinion plus généralement admise, la rattachent au grès vert, qui a suivi immédiatement le gault ; 3° la confirmation, longtemps cherchée en vain, de la place que Dumont avait assignée au *tourtia* de Tournai dans la série crétacée de cette région ; 4° la division de la craie blanche en quatre assises bien distinctes par leurs fossiles, sinon par leurs caractères minéralogiques. D'après les listes de fossiles qu'ils ont dressées, on connaît aujourd'hui 10 espèces aachéniennes, 95 dans la meule, 458 dans le tourtia de Tournai et de Montignies-sur-Roc, 46 dans le système nervien, 34 dans le sénonien et 155 dans le maestrichtien de Ciply. Les fossiles du système aachénien sont des végétaux nouveaux pour la science, et nous en devons la connaissance à notre savant confrère, M. E. Coemans, dont le talent nous permet d'espérer que nous connaîtrons bientôt nos végétaux fossiles aussi bien que leurs contemporains du règne animal (2). Les espèces de la meule ont été décrites par MM. Cornet et Briart. Un grand nombre de celles qu'on cite dans les autres divisions sont dues aux recherches persévérantes de M. le baron de Ryckholt.

Voyons maintenant quelques résultats acquis à la géologie du terrain tertiaire : 1° MM. Cornet et Briart ont découvert un nouvel étage (3), qui constitue le terme inférieur de notre série, et qui rappelle singulièrement, par ses caractères ex-

(1) *Observations au sujet des travaux géologiques de MM. Cornet et Briart sur la meule de Bracquegnies* (*Bull. de l'Acad. roy. de Belgique*, 1870, 2e série, t. XXIX, p. 689).

(2) Trois semaines sont à peine écoulées depuis le jour où je me faisais l'écho de nos espérances, et notre excellent confrère est couché dans la tombe, après deux jours de maladie. C'est une perte douloureuse pour la classe des sciences où il ne comptait que des amis, une perte irréparable pour la science à laquelle il avait voué tous les moments qui n'étaient pas réclamés par sa charité.

(3) Cornet et Briart : *Note sur la découverte, dans le Hainaut, en dessous de sables rapportés par Dumont au landenien, d'un calcaire grossier avec faune tertiaire* (*Bull. de l'Acad. roy. de Belgique*, 1865, t. XX, p. 757). — G. Dewalque : *Rapport sur cette note* (*ibid.*), p. 721. — D'Omalius d'Halloy : *Rapport sur la même note* (*ibid.*), p. 727. — Cornet et Briart : *Note sur l'extension du calcaire grossier de Mons dans la vallée de la Haine* (*ibid.*), 1866, t. XXII, p. 523. — G. Dewalque : *Rapport sur cette note* (*ibid.*), p. 262; et *Prodrome*, p. 185. — Cornet et Briart : *Description des fossiles du calcaire grossier de Mons*, première partie : *Gastéropodes*, 1869 (*Mém. cour. de l'Acad. roy. de Belgique*, t. XXXVI.)

térieurs comme par ses nombreux fossiles, le calcaire grossier de Paris, notablement plus récent; 2° le système heersien, placé par Dumont dans le terrain tertiaire, puis dans le crétacé, avait été réintégré dans le premier par M. Hébert; de nouvelles recherches ont confirmé ce résultat (1), et fourni un certain nombre d'animaux et de plantes jusqu'alors inconnus; 3° M. le major Le Hon a publié des matériaux importants pour la connaissance des environs de la capitale (2), notamment sur le mouvement des eaux à l'époque bruxellienne; 4° la partie inférieure du système laekenien a été rattachée au bruxellien (3) par suite de considérations également empruntées à l'étude des dénudations qu'a subies ce dépôt; 5° la couche fossilifère du Bolderberg, par laquelle Dumont terminait son système boldérien, a été réunie au diestien (4), auquel elle appartient à tous égards. Enfin, 6°, le système scaldisien a été reconnu à l'est d'Anvers, dans une partie assez considérable de la région qui est représentée comme diestienne sur la carte géologique (5). En outre, de nombreuses observations ont été recueillies sur les fossiles des divers étages de ce terrain, spécialement par notre savant confrère M. Nyst, et elles ont vivement éclairé les rapports de ces formations avec les dépôts contemporains des pays voisins.

Nos connaissances sur les terrains quaternaires laissaient beaucoup à désirer lorsque Dumont fut enlevé à la science. Aujourd'hui, nous avons réussi à établir diverses subdivisions; et si tout n'est pas connu, tant s'en faut, des progrès ont été accomplis, surtout dans l'étude de la vaste nappe de limon que Dumont désignait sous le nom de système hesbayen. On sait aujourd'hui que ce dépôt est formé de deux assises distinctes, l'inférieure, plus jaune, et la supérieure, plus rouge. La première devient sableuse vers le bas et manifestement stratifiée, puis elle se lie à un dépôt caillouteux sur lequel nos connaissances sont encore incomplètes. Formé tantôt de cailloux roulés venus de nos terrains anciens, tantôt de galets de silex crétacé; ailleurs, constitué de silex du même âge, plus ou moins brisés, mais non roulés, qui semblent les débris restés sur place à la suite de la disparition d'une puissante assise de craie, ce dépôt paraît néanmoins, par la similitude des conditions de gisement où on l'observe, n'être que l'expression variable d'un même phénomène, un diluvium caractéristique du commencement de nos formations quaternaires. Il faut probablement y rattacher les graviers qui forment la base des sables campiniens, dans lesquels je ne serais pas éloigné de voir les contemporains des sables limoneux stratifiés que l'on trouve au-dessus des cailloux (6).

Mais d'autres dépôts caillouteux sont bien plus imparfaitement connus. Je signalerai surtout à l'attention des observateurs les cailloux roulés de quartz blanc qui sont si communs sur la rive gauche de la Sambre et de la Meuse, et dont les plus limpides ont été célèbres sous le nom de diamants de Fleurus; puis les cailloux anguleux que l'on observe parfois à la base du limon rouge.

Sur l'initiative de notre savant confrère, M. Van Beneden, l'Académie recommanda au gouvernement de nouvelles recherches dans nos cavernes, et celui-ci, avec une libéralité qui est d'un bon exemple, a bien voulu charger M. E. Dupont de reprendre l'étude des dépôts qu'elles renferment; ce jeune géologue s'est acquitté de cette mission avec un succès retentissant. Il résulte de ses laborieuses recherches que ces cavernes contiennent aussi des dépôts de deux époques : l'étage inférieur est formé de cailloux roulés venus de l'Ardenne et susceptibles de manquer souvent, de sables plus ou moins stratifiés et d'un limon jaunâtre; le supérieur, de cailloux anguleux, de tout volume, venus du voisinage ou même tombés des parois, puis d'un limon rougeâtre, qui se lie fréquemment, vers le haut, à une masse semblable, mais renfermant des débris de l'époque actuelle (1).

On doit à MM. Cornet et Briart la description détaillée d'une des plus belles coupes des limons et des cailloux (2). Ils y ont aussi reconnu les restes des anciens travaux par lesquels, longtemps avant la période historique, les habitants de ce pays exploitaient le silex de la craie pour la confection de ces haches taillées qu'on trouve si abondamment sur le plateau de Spiennes.

De son côté, M. Van Horen, docteur en sciences naturelles à Saint-Trond, a appelé l'attention sur des particularités intéressantes que l'on observe dans le terrain quaternaire des environs de Tirlemont (3). L'existence de blocs partiellement lustrés et comme striés a donné lieu à une controverse qui peut être considérée comme terminée, depuis la note de M. Moreau sur ce sujet (4).

Enfin, M. Clément, dans un bon travail sur les minerais de fer de Luxembourg (5), a très-bien décrit les gîtes dits d'alluvion de cette province.

Nos terrains plutoniens n'ont donné lieu à aucune publication. Un nouveau gisement de diorite a été découvert près de Stavelot par mon frère, M. François Dewalque, alors conser-

(1) G. Dewalque : *Prodrome*, p. 187.

(2) *Terrains tertiaires de Bruxelles : leur composition, leur classement, leur faune et leur flore* (*Bull. de la Soc. géol. de France*, 1862, 2ᵉ série, t. XIX, p. 804). — Hébert : *Observations sur les systèmes bruxellien et Laekenien, faites à l'occasion du mémoire de M. Le Hon* (*ibid.*), p. 832. — Le Hon : *Réponse aux observations de M. Hébert* (*ibid.*), 1863, t. XX, p. 193. — G. Dewalque : *Compte rendu de la session extraordinaire de la Société géologique de France à Liége* (*ibid.*), p. 761; et *Prodrome*, p. 203.

(3) G. Dewalque : *Prodrome*, p. 203.

(4) Nyst, 1861. — G. Dewalque : *Prodrome*, p. 222.

(5) Nyst, 1858. — G. Dewalque : *Prodrome*, p. 227.

(6) G. Dewalque : *Prodrome*, p. 236 à 250. — Voyez aussi : Delanoue : *De l'existence de deux loess distincts dans le nord de la France* (*Bull. de la Soc. géol. de France*, 1867, 2ᵉ série, t. XXIV, p. 160; et E. Dupont : *Étude sur le terrain quaternaire des vallées de la Meuse et de la Lesse dans la province de Namur* (*Bull. de l'Acad. roy. de Belgique*, 1866, 2ᵉ série, t. XXI, p. 366); et *Études sur les cinq cavernes explorées dans la vallée de la Lesse et le ravin de Falmignoul pendant l'été de 1866* (*ibid.*), t. XXIII, p. 244.

(1) *Notice sur les fouilles scientifiques exécutées dans les cavernes de Furfooz* (*Bull. de l'Acad. roy. de Belgique*, 1865, t. XX, p. 244. — *Étude sur les cavernes des bords de la Lesse et de la Meuse* (*ibid.*), p. 824. — *Étude sur le terrain quaternaire des vallées de la Meuse et de la Lesse dans la province de Namur* (*ibid.*), t. XXI, p. 366. — *Étude sur cinq cavernes explorées dans la vallée de la Lesse et dans le ravin de Falmignoul pendant l'été de 1866* (*ibid.*), t. XXIII, p. 244.

(2) *Sur l'âge des silex ouvrés de Spiennes* (*Bull. de l'Acad. roy. de Belgique*, 1868, 2ᵉ série, t. XXV, p. 126). — *Rapport sur les découvertes géologiques et archéologiques faites à Spiennes, en 1867*, par MM. Briart, Cornet et Houzeau de Lehaye (*Mém. de la Soc. des sciences, des arts et des lettres du Hainaut*, Mons, 1868, 3ᵉ série, t. II, p. 355).

(3) *Note sur quelques points relatifs à la géologie des environs de Tirlemont* (*Bull. de l'Acad. roy. de Belgique*, 1868, 2ᵉ série, t. XXV, p. 645.)

(4) *Note sur le grès landenien* (*ibid.*), t. XXIX, p. 490.

(5) *Aperçu de la constitution géologique et de la richesse minérale du Luxembourg; étendue, nature, composition et usages des gîtes ferrifères de la partie méridionale de cette province.* Arlon, 1864, in-8, 7 pl.

vateur des collections minérales de l'université de Liége. J'ai résumé dans mon *Prodrome* ce qu'on sait sur ces terrains, peu développés chez nous, et j'ai exposé, à cette occasion, quelques vues particulières sur les rapports mutuels des diverses roches qui s'y rencontrent. Voulant encourager les recherches dans cette voie, l'Académie, sur ma proposition, a mis cette question au concours; mais cette étude ne pourra être menée à bonne fin sans des analyses multipliées, opérées sur des échantillons recueillis avec discernement. Les observateurs auront surtout à se mettre en garde contre les altérations que ces roches subissent facilement, et à rechercher la part à faire au métamorphisme dans leur production.

Les terrains que Dumont a appelés geysériens ont une haute importance par leur valeur industrielle comme gîtes de minerais; aussi ont-ils suscité quelques travaux relatifs aux amas de limonite qui sont exploités activement sur nombre de points, et qui forment un des éléments principaux de la richesse minérale de notre pays. Toutefois, comme ces travaux ont été entrepris par des ingénieurs placés à un point de vue particulier, la géologie n'y tient point la place qu'elle pourrait revendiquer. M. Franquoy, ingénieur au corps des mines, à Liége, a décrit les gîtes de la province de ce nom (1), et les a représentés sur une carte extraite de celle de Dumont. M. J. Dejaer, ingénieur au corps des mines, actuellement à Mons, a fait connaître en détail une partie de ceux de la province de Namur où son service l'a fait résider longtemps; et, profitant de nombreux documents que lui a libéralement communiqués M. l'ingénieur en chef J. Rucloux, il a joint à son travail des cartes à grande échelle de plusieurs des gîtes les plus remarquables (2).

Tout en applaudissant au talent dont ont fait preuve deux de mes anciens élèves, et en signalant un zèle trop rare pour n'être pas encouragé, je voudrais qu'il me fût permis de leur recommander, comme à ceux qui voudraient marcher sur leurs traces, un examen plus approfondi des questions géogéniques que soulève l'étude de ces formations, et la discussion des vues qui ont été émises sur ce sujet par divers savants et que personne n'est mieux qu'eux en mesure de vérifier.

Les mines de manganèse, de zinc, de plomb, de pyrite, n'ont donné lieu, que je sache, à aucune publication. C'est là, on doit l'avouer, une lacune fâcheuse pour l'industrie comme pour la géologie. La manière d'être de ces dépôts est sujette à varier considérablement suivant les localités, et la connaissance de ces variations est d'autant plus importante pour l'industrie que, loin d'être accidentelles, elles sont liées à un ensemble de circonstances difficiles peut-être à apprécier, mais affectant une certaine constance dans tout district minier. Aussi importe-t-il à celui qui entreprend une exploitation métallique d'être renseigné sur l'allure habituelle des gîtes de la contrée. La tradition ne supplée qu'imparfaitement aux documents écrits; et cette tradition, puissante dans certains pays où l'industrie est autrement organisée, ne parvient pas à se créer chez nous. Je ne sais si la description détaillée de nos mines métalliques nuirait à des intérêts respectables, mais je suis convaincu qu'elle aurait évité bien des mécomptes. Il est à craindre que l'industrie n'en éprouve d'autres à l'avenir, quand on aura perdu le souvenir des recherches infructueuses qui ont été entreprises de nos jours, ou lorsque nos descendants, reprenant l'exploitation des mines que nous abandonnons, se trouveront en face de l'inconnu, semblables à nos contemporains qui s'efforcent de remettre à fruit les mines délaissées par ceux qu'ils sont réduits à appeler les anciens. Et, si je me permets de parler de la sorte, je suis loin, qu'on le sache, de vouloir critiquer les ingénieurs attachés à ces exploitations : je n'ai d'autre désir que de les encourager à avoir assez de foi en eux-mêmes pour publier une foule de ces faits qu'ils ont l'habitude de communiquer libéralement aux savants qui les interrogent.

Messieurs, en terminant cette revue dont les bornes, forcément restreintes, m'ont contraint, malgré moi, de passer sous silence des écrits dignes d'attention, vous me pardonnerez de vous soumettre une réflexion accompagnée d'un vœu.

Vous n'aurez certes pas été sans remarquer la part honorable que la paléontologie peut revendiquer dans les progrès que je viens d'énumérer. Unie à la stratigraphie, cette science, nous l'avons vu, nous a aidés à faire de précieuses conquêtes; il y a plus, d'importantes découvertes, celles du terrain silurien et du calcaire de Mons, par exemple, lui reviennent exclusivement. Et cependant, lacune regrettable bien que souvent signalée, l'étude de la paléontologie ne figure encore, ni au programme du doctorat en sciences naturelles, ni à celui des écoles spéciales du gouvernement. Un fait qui devrait frapper tous les yeux rend cet oubli encore plus étrange. Si nos ingénieurs peuvent revendiquer tous les mémoires relatifs à nos mines de fer et de houille, les publications qui concernent nos terrains de sédiment — en mettant à part les travaux de deux ingénieurs qui ont puisé à Mons le goût de la paléontologie — ne sont-elles pas à peu près exclusivement l'œuvre de docteurs en sciences qui, grâce à leurs connaissances zoologiques et aux conseils de leurs maîtres, ont pu aborder les traités généraux de paléontologie, puis certains ouvrages spéciaux dont l'intelligence les a mis en possession de ressources nouvelles, aujourd'hui indispensables? Ces faits ont bien leur éloquence, messieurs, et ils me font espérer que vous partagerez volontiers le vœu que j'ose émettre dans cette enceinte, de voir bientôt accorder à une science aussi utile la place qu'elle mérite à tant de titres dans le haut enseignement.

DEWALQUE,
Professeur à l'université de Liége.

INSTITUTION ROYALE DE LA GRANDE-BRETAGNE

LECTURES DU VENDREDI SOIR

M. MATTIEU WILLIAMS

Les travaux scientifiques de Rumford

Je crois qu'il serait difficile ou même impossible de nommer un savant, un homme d'État et un philanthrope aussi éminent que Benjamin Thompson, comte de Rumford; et cependant c'est à peine si son nom est connu du public. Deux considérations peuvent expliquer ce manque de popularité: comme homme d'État et comme philanthrope, c'est surtout à l'étranger qu'il a servi son pays; comme savant, ses recherches se sont portées sur des points dont bien peu pourraient

(1) *Description des gîtes, caractère minéralogique et teneur des minerais de fer de la province de Liége* (*Revue universelle des mines*....., t. XXV et XXVI; 1869.)

(2) *Notice sur quelques gîtes de minerai de fer de la province de Namur*, 1870 (*Ann. des travaux publics de Belgique*, t. XXVIII).

servir de thème à une conférence attrayante, tandis que les découvertes de la plupart de ses contemporains et de ses successeurs immédiats étaient au contraire si brillantes sous ce rapport.

La machine électrique, la pile de Volta, l'oxygène, l'hydrogène, le chlore, les métaux alcalins, grâce aux expériences d'un éclat vraiment merveilleux qu'elles permettent de faire devant le public, ont fait surgir une nouvelle classe de professeurs, les conférenciers populaires, à qui nous devons surtout la vulgarisation des connaissances scientifiques qui s'est accomplie de nos jours; aussi les savants dont les noms sont liés aux découvertes qui fournissent les plus brillants sujets de leçons, sont-ils naturellement les plus populaires.

Et cependant les recherches de Rumford méritent tout particulièrement l'attention générale, puisqu'elles portent sur des points qui, littéralement parlant, nous intéressent tous. En effet, Rumford a consacré la plus grande partie de sa vie à étudier les applications de la physique aux choses usuelles; c'est, par excellence, le savant de la vie pratique, car il a surtout appliqué la science à l'alimentation, au vêtement, au chauffage et au logement de l'homme, comme on peut s'en convaincre en consultant la liste suivante des mémoires scientifiques qu'il a laissés.

De la force de la poudre à canon. — Du perfectionnement des pièces de campagne et de l'artillerie en général. — De l'architecture navale. — Des signaux sur mer (ces deux derniers mémoires sont encore inédits). — De la transmission de la chaleur par les solides, les liquides, les gaz, et dans le vide. — De la chaleur comparative des différents tissus dont sont faits nos vêtements. — Des quantités d'humidité atmosphérique qu'absorbent les différents tissus. — De l'air extrait de l'eau. — De la photométrie. — Des ombres colorées. — De l'harmonie des couleurs. — Des propriétés chimiques attribuées à la lumière. — La chaleur est-elle pondérable ? — De la suppression de la mendicité, et des moyens économiques d'assurer aux pauvres le vêtement, la nourriture, le logement et l'éducation industrielle. — Théorie et pratique de la cuisine. — De la valeur nutritive de différents aliments. — De la culture et de l'emploi de la pomme de terre. — De la construction des poêles et des cheminées. — Des moyens d'empêcher les cheminées de fumer. — De l'organisation des écoles militaires. — De l'organisation militaire en général. — De l'éducation du soldat, et du parti qu'on en peut tirer au point de vue civil. — De l'économie du combustible. — De la construction des fourneaux de cuisine, des bouilloires, des rôtissoires, des casseroles, des lèchefrites, des grils, des fourneaux à repasser, des cheminées de campagne, des poêles à vapeur, des fours à chaux, des fours, des bouilloires à thé, des appareils pour cuire les aliments à la vapeur, des cuves de teinturier, des alambics, des séchoirs, des buanderies, des lampes, des soupapes de sûreté, etc. — De la préparation des soupes économiques, du gâteau de maïs, du macaroni, des salades de pommes de terre, des *dumplings* de pommes de terre, etc. — Des mouvements intérieurs des molécules des fluides à une température élevée. — De la cause finale de la présence du sel dans la mer. — De l'influence de l'eau sur l'égalisation des climats. — Du chauffage des maisons par la vapeur. — Méthode pour faire bouillir l'eau et différentes solutions à l'aide de la chaleur latente de la vapeur d'eau. — De la salubrité des bains chauds, et de l'avantage que présentent les bains turcs. — Du plaisir de la table, et des moyens de le rendre plus grand. — De la force avec laquelle différentes substances résistent à la tension. — De la suppression de l'usure en Bavière. — Du perfectionnement de la race des chevaux et des bêtes à cornes en Bavière. — Comparaison entre la puissance calorifique du charbon et celle des différentes essences de bois. — De la chaleur produite par le frottement.

Comme on le voit, cette liste ne contient que des sujets pratiques ; et Rumford ne s'est pas contenté d'écrire des mémoires théoriques sur ces questions, il a lui-même appliqué avec succès les perfectionnements qu'il avait indiqués.

Le grand caractère de la carrière de Rumford, c'est que tous ses travaux pratiques furent rigoureusement scientifiques, et que la plupart de ses travaux scientifiques furent éminemment et directement pratiques.

Pour en donner un exemple, lorsqu'il fut chargé de réorganiser l'armée de l'Électeur de Bavière, il se mit à étudier la théorie de la cuisine, et fit des expériences sur la valeur nutritive des différents aliments, afin de nourrir les soldats aussi bien et aussi économiquement que possible. Les perfectionnements qu'il introduisit dans la construction des fourneaux et des ustensiles de cuisine, toutes ses recherches, tous ses mémoires sur des sujets qui se rattachent à l'économie générale de la cuisine et de la préparation des aliments, ne sont que les résultats de la méthode scientifique d'après laquelle il travailla à la solution de ce problème essentiellement pratique. Les conditions de salubrité des casernes l'amenèrent à étudier à fond la question de l'économie du combustible dans le chauffage des habitations, et celle de la construction des calorifères et des appareils de ventilation, ainsi que des maisons en général.

Lorsqu'il voulut déterminer les meilleurs tissus à employer pour les vêtements des soldats, il s'occupa d'abord de la fonction du vêtement, et établit qu'en hiver c'est surtout en empêchant la chaleur animale d'aller se perdre dans l'atmosphère plus froide, qu'il maintient le corps à une température convenable : il faut donc employer un tissu qui soit mauvais conducteur de la chaleur.

Comme la conductibilité relative des différents tissus n'était pas connue de son temps, il se construisit un soldat théorique sous la forme d'un thermomètre, qu'il habillait des tissus qu'il s'agissait d'essayer. En chauffant ce thermomètre habillé, et en le laissant refroidir dans un appartement dont la température était constante, il obtint les résultats suivants :

Le thermom. entouré d'air descend de 70° à 10° R.		en	576 secondes.
De 16 grains (1 gr.) de lin fin.....	id.	en	1032
— d'ouate.......	id.	en	1046
— de laine.......	id.	en	1118
— de soie grége .	id.	en	1284
— de poil de castor.	id.	en	1296
— d'édredon.....	id.	en	1305
— de poil de lièvre.	id.	en	1315

Ayant remarqué que la soie grége n'occupait que la cinquante-cinquième partie de la capacité de la boule extérieure où elle se trouvait enfermée, Rumford calcula que, si cette substance était un non conducteur absolu, elle devait, si on la comparait avec l'air contenu dans le même espace, n'augmenter que de dix secondes la résistance à la déperdition de chaleur, tandis que l'expérience donnait un résultat plus de soixante-dix fois aussi grand. La résistance des fibres de soie ne suffit donc pas pour expliquer ce résultat. En rapprochant ce fait des recherches qu'il avait faites précédemment sur la transmission de la chaleur par les liquides, Rumford en conclut que l'air est un mauvais conducteur de la chaleur, et que les fibres agissent en retenant l'air emprisonné, et en empêchant les mouvements de convection qui lui permettent d'emporter la chaleur des corps avec lesquels il se trouve en contact. Le savant physicien fit une série d'expériences à l'appui de cette explication. Il reconnut ainsi qu'en entourant le thermomètre de la même quantité des substances citées plus haut, mais en les serrant davantage, de manière à laisser à l'air moins de place entre les fibres, il diminuait leur résistance au passage de la chaleur, proportionnellement à la réduction de volume.

Grâce à ces expériences, Rumford réussit non-seulement à résoudre la question pratique du vêtement, mais encore à faire des découvertes importantes sur la transmission de la chaleur par les gaz, découvertes qu'il appliqua ensuite à la conservation de la chaleur dans les fourneaux et dans les maisons, au moyen de murs cellulaires, ou aussi de doubles murs et de doubles fenêtres.

Le même procédé permit encore à Rumford de déterminer les tissus qui conviennent le mieux aux vêtements d'été. Il se demanda d'abord comment le corps conserve sa température quand il est exposé aux rayons directs du soleil d'été dans les climats chauds, ou, en d'autres termes, quand un thermomètre placé dans les mêmes circonstances s'élève à une température supérieure à celle du sang. Il reconnut que ce phénomène est dû à l'évaporation de la transpiration insensible. Comment donc les vêtements peuvent-ils contribuer à cette évaporation? Évidemment par la faculté d'absorber la vapeur d'eau. Les vêtements absorbent-ils cette vapeur, et, s'ils le font, ont-ils un pouvoir absorbant différent?

Pour répondre à ces questions, Rumford exposa pendant vingt-quatre heures, sur des assiettes de porcelaine, différentes substances soigneusement nettoyées à l'atmosphère d'une chambre qui avait été séchée pendant plusieurs mois avec un excellent poêle, et portée pendant les six dernières heures à une température de 85° Fahr. (29°, 44 centigr.) Après cette préparation, il pesa dans la même chambre 1000 parties de chaque substance, les exposa ensuite pendant quarante-huit heures dans une pièce que l'on n'habitait pas, et les pesa de nouveau; enfin il les laissa soixante-douze heures dans une cave très-humide. Voici les résultats qu'il obtint:

		Après 48 h. de séjour dans une chambre inhabitée, pèse :	Après 72 h. de séjour dans une cave humide, pèse :
1 kilogr.	de laine ordinaire	1084 gr.	1163 gr.
—	poil de castor	1072	1125
—	poil de lièvre de Russie	1065	1115
—	édredon	1067	1112
—	soie... grége	1057	1107
—	soie... fil de taffetas blanc	1054	1103
—	linge. lin fin	1046	1102
—	linge. fil de toile fine	1044	1082
—	ouate	1043	1089
—	fil d'argent, fil de galon d'or	1000	1000

De ces expériences et d'autres encore, il conclut que la flanelle légère donne les meilleurs vêtements d'été, et il en recommande vivement l'usage général. Cette manière de voir est assurément confirmée par l'expérience des soldats et des marins, aussi bien que par celle des joueurs de *cricket*, des canotiers, des chauffeurs et de tous ceux dont le travail provoque une transpiration abondante.

Les recherches et les inventions de Rumford à propos du sujet dont il s'est le plus occupé, c'est-à-dire de la cuisson des aliments, nous fournissent mille exemples de la facilité avec laquelle il appliquait la physique à la vie pratique; mais le sujet est trop vaste pour que je puisse citer autre chose qu'un détail bien caractéristique. Après avoir recommandé l'usage du maïs, et donné des indications générales sur la manière de s'en servir, et particulièrement sur la préparation et la cuisson du gâteau de maïs, y compris la manipulation scientifique du sac où on doit le faire cuire, le savant physicien ajoute : « Ce pudding se mange avec un couteau et une fourchette, en commençant par la circonférence de la tranche, et en avançant régulièrement vers le centre ; il faut piquer chaque bouchée avec la fourchette et la tremper dans le beurre, soit entièrement, soit *en partie*, comme on le fait le plus souvent, avant de la porter à la bouche. »

Dans un autre écrit, *Sur le plaisir de manger, et les moyens d'augmenter ce plaisir*, après avoir montré que le plaisir de manger vient du contact de la surface des aliments avec celle de la langue et du palais, il indique les moyens d'augmenter la surface de contact d'une quantité donnée d'aliments, puis ajoute, comme pour s'excuser : « Si nous pouvons amener un glouton à amuser sa gourmandise pendant deux heures avec deux onces de viande, cela vaut certainement mieux pour lui que de se donner une indigestion en en dévorant deux livres dans le même espace de temps. »

Citons, comme exemple des travaux théoriques de Rumford, ses idées sur le mouvement des molécules d'un liquide chauffé. Il suppose que l'on ait mis une pièce de monnaie ou un caillou au fond d'un vase ouvert rempli d'eau. « Comme un rayon de lumière, dit-il, ne peut manquer de produire de la chaleur dès qu'il est arrêté et absorbé, les rayons qui, entrant dans l'eau, vont, après l'avoir traversé, se heurter contre le petit corps opaque placé au fond du vase, y sont absorbés, et doivent nécessairement produire une certaine quantité de chaleur ; une partie de cette chaleur devra se communiquer aux molécules liquides plus froides qui se trouvent en contact avec sa surface. »

Rumford avait déjà démontré, par une série d'expériences très-simples et très-concluantes, que les molécules d'un liquide ainsi échauffé se mettent visiblement en mouvement, et il admet qu'une molécule d'eau en contact avec la pièce de monnaie, si cette molécule a un diamètre d'un millionnième de pouce (moins de $\frac{25}{1000000}$ de millimètre), devra se mouvoir avec une vitesse d'au moins un centième de pouce (moins de un quart de millimètre) par seconde, ce qui est la plus petite vitesse appréciable à la vue. Ainsi cette molécule parcourra dix mille fois son diamètre en une seconde. Or, si nous considérons que la plus grande vitesse d'un boulet de neuf livres, ayant quatre pouces (1 décimètre environ) de diamètre est de seize cents pieds (488 mètres environ) par seconde, nous verrons qu'il ne parcourt que quatre mille huit cents fois la longueur de son propre diamètre par seconde, et qu'ainsi la vitesse relative de la molécule d'eau est de plus de deux fois celle du boulet. Dans son mouvement, cette molécule doit se trouver en contact avec au moins six cent mille autres molécules par seconde, et elle communique à chacune d'elles une partie de sa chaleur et de son mouvement. Ainsi, toute inégalité de température détermine une violente agitation moléculaire ; et Rumford se demande si la vie animale ne dépend pas d'un mouvement de ce genre, puisque l'appareil organique se compose surtout de liquides enfermés entre des parois et dans des canaux, et qu'il s'opère sans cesse un développement de chaleur au dedans, et un refroidissement au dehors, par suite de la respiration d'une part, et de l'évaporation et du rayonnement à la surface, d'autre part. Voici comment Rumford s'exprime à ce sujet : « La respiration, la digestion et la transpiration insensible ne tendent-elles pas évidemment, du moins selon notre théorie de la propagation de la chaleur dans les liquides, à *produire* et à *perpétuer* cette inégalité de température dans les liquides des corps vivants ? Ne voyons-nous pas quel effet immédiat et puissant elles ont sur l'intensité d'action des puissances vitales ? »

Il existe une liaison intime entre ce mémoire et un autre travail, qui mérite, selon moi, plus d'attention qu'on ne lui en a accordé, surtout lorsqu'on le rapproche des progrès qui ont été faits de nos jours dans la connaissance de la transmission de la lumière et de la chaleur par les gaz et les liquides, et de la transformation des forces. Ce mémoire est intitulé : *Recherches sur les propriétés chimiques attribuées à la lumière*. Rumford avait fait sur les combinaisons de l'or et de l'argent un certain nombre d'expériences, au moyen desquelles il démontrait que les décompositions ordinairement attribuées à la lumière peuvent toutes être obtenues, exactement de la même manière et au même degré, à l'aide de la chaleur obscure : quand les sels sont dissous dans l'eau, une température de moins de 100 degrés centigrades est suffisante ; quand ils sont secs, une température plus élevée devient nécessaire. Il démontra aussi que les solutions filtrées de chlorure d'or ou de nitrate d'argent ne sont décomposées par la lumière solaire que si l'on y plonge un corps capable d'absorber la lumière, et de la transformer ainsi en chaleur. Il cherche quelle est la température développée à la surface du corps qui absorbe la lumière, à l'instant de l'absorption ou de la conversion de la lumière en chaleur. Il pense que cette température doit être bien supérieure à celle que peut indiquer même le meilleur thermomètre, parce que le thermomètre ne donne que la température *moyenne* de la masse liquide contenue dans la boule, et que sa surface extrême perd sans cesse de la chaleur par voie de conductibilité, de rayonnement, et de contact avec le milieu ambiant. Si la molécule d'eau dont nous parlions plus haut se trouve à elle seule en contact avec six cent mille autres molécules dans l'espace d'une seconde, si elle communique une partie de sa chaleur à chacune de ces molécules, il est impossible de constater sa température initiale maxima, qui est d'ailleurs inférieure à celle de la surface de la pièce de monnaie ou du caillou qui lui a communiqué la chaleur par le contact.

Les expériences de Rumford sur le développement de la chaleur par le frottement sont trop connues pour qu'il soit nécessaire d'en rappeler tous les détails. Après avoir pris toutes les précautions pour mettre son appareil à l'abri de la chaleur extérieure, après avoir constaté que la chaleur spécifique des fragments de tournure métallique était restée la même, Rumford reconnut que la chaleur développée par le frottement d'un foret émoussé contre l'intérieur d'un cylindre de métal est assez grande pour porter au point d ébullition 18,77 livres ($8^{kil.}$,514) d'eau, en deux heures et demie, et les y maintenir tant que dure le frottement. Voici comment il conclut : « Il est presque inutile de le dire, ce qu'un corps ou un système de corps isolés peut fournir sans limites, ne saurait être *une substance matérielle ;* il me semble très-difficile, pour ne pas dire absolument impossible, de se former une idée distincte de quelque chose qui soit produit et communiqué dans ces expériences, si ce n'est le MOUVEMENT. Les italiques et les capitales sont de Rumford lui-même. Comme l'a dit M. Tyndall, « Rumford anéantit dans ce mémoire la théorie matérielle de la chaleur. Rien de plus fort n'a été écrit depuis sur ce sujet, et c'est à peine si l'on a de nos jours donné des faits plus concluants pour démontrer que la chaleur est un MOUVEMENT, comme l'a si bien dit Rumford. »

Ce mémoire, et un autre qui s'y rattache immédiatement, et qui a pour titre *Du poids ou de la pondérabilité de la chaleur ;* et aussi les recherches de Rumford sur la transmission de la chaleur par les gaz et les liquides, voilà peut-être les plus importants des travaux de Rumford sur la physique proprement dite, travaux qui le rendent vraiment digne du titre de père de l'Institution royale.

C'était autrefois la mode de terminer toujours une histoire par une *morale*. Il ne sera peut-être pas inutile de nous conformer ici à ce vieil usage, et de nous rappeler que la position de Benjamin Thompson Rumford fut d'abord des plus humbles : le pauvre maître d'une pauvre école de village, aux colonies, s'éleva à un tel degré d'honneur et de distinction, que quand le souverain de la Bavière, menacé par un ennemi redoutable, se vit contraint d'abandonner Munich, il laissa le gouvernement entre les mains du comte de Rumford, qui se tira avec succès de l'épreuve difficile du pouvoir. Il trouva la solution pratique de grands problèmes sociaux, et sut appliquer d'heureuses réformes sociales, telles qu'après plus de soixante-dix ans nous voudrions, mais sans pouvoir y arriver, en introduire de semblables dans notre pays. Il fit disparaître la mendicité d'un pays dont elle avait jusqu'alors été le fléau ; il réussit à contraindre les malfaiteurs et les vagabonds de la Bavière à payer leurs frais de nourriture, d'habillement et de logement, sans compter une somme assez considérable pour contribuer à l'entretien de la police chargée de les arrêter. Il soulagea les pauvres d'un pays rongé par le paupérisme, sans avoir recours à une taxe des pauvres. Il fut grand homme d'État, le plus grand des réformateurs militaires pratiques, mécanicien et ingénieur habile, philanthrope heureux et savant distingué. Tous les succès de sa carrière, il les dut au même principe : quoi qu'il fît, qu'il mangeât une tranche de pudding ou qu'il gouvernât une nation, il le faisait en se conformant rigoureusement à la méthode d'induction qui a produit les merveilles de la science moderne.

Si donc vous voulez que votre fils réussisse comme soldat, comme avocat, comme homme d'État ; si vous voulez qu'il réussisse dans une carrière quelconque, donnez-lui une éducation scientifique pratique et solide ; qu'il apprenne à observer et à étudier les faits, à les généraliser et à en tirer des règles pratiques d'après lesquelles il puisse se guider.

La science moderne offre à notre esprit la culture la meilleure, la plus élevée et la plus utile. Ce qu'il faut faire à notre époque, c'est de donner à la science le premier rang dans l'éducation, rang qui lui appartient de droit ; et toute la carrière de Benjamin Thompson, comte de Rumford, est un exemple frappant des résultats intellectuels que nous pourrons espérer, quand tous, hommes ou femmes, recevront une éducation scientifique solide.

W. MATTIEU WILLIAMS.

— Traduit de l'anglais, par BATTIER. —

Le propriétaire-gérant : GERMER BAILLIÈRE.

PARIS. — IMPRIMERIE DE E. MARTINET, RUE MIGNON, 2.

LA

REVUE SCIENTIFIQUE

DE LA FRANCE ET DE L'ÉTRANGER

REVUE DES COURS SCIENTIFIQUES (2e SÉRIE)

DIRECTION : MM. EUG. YUNG ET ÉM. ALGLAVE

2e SÉRIE — 1re ANNÉE | NUMÉRO 6 | 5 AOUT 1871

FACULTÉ DE MÉDECINE DE PARIS

SÉANCE INTÉRIEURE GÉNÉRALE

M. GAVARRET

Rapport sur la nomination des professeurs au concours

Messieurs,

En présence des préoccupations et des incertitudes du moment, votre commission (1) a pensé que les circonstances n'étaient pas favorables pour nous occuper de l'organisation de la Faculté de médecine dans ses rapports avec les autres établissements d'enseignement supérieur. Nous avons cru devoir appeler d'abord votre attention sur une question qui nous préoccupe tous à un très-haut degré, et qui a cet avantage d'être complétement indépendante de l'organisation générale de l'enseignement par l'État, aussi bien que de l'intervention prévue, mais encore mal définie, de l'enseignement libre : nous voulons parler du mode de recrutement et de nomination des professeurs de la Faculté.

Depuis l'établissement des écoles de médecine, en 1794, le mode de nomination des professeurs a souvent varié. Tantôt le pouvoir exécutif s'est réservé le droit de choisir un candidat sur une ou plusieurs listes de présentation; tantôt il a confié la nomination des professeurs au corps enseignant lui-même, après concours public, ne se réservant que le droit d'investiture. Ajoutons tout de suite qu'en France la nomination directe par le pouvoir exécutif n'a jamais été appliquée que pour les chaires de nouvelle création.

Le décret du 14 frimaire an III (4 décembre 1794), portant établissement de trois écoles de santé, s'exprimait ainsi : « Les » professeurs seront nommés par le comité d'instruction pu- » blique, sur la présentation de la commission d'instruction » publique. »

La loi du 11 floréal an X (1er mai 1802) conserva le principe de la présentation, mais elle en modifia le mode et fit intervenir le corps enseignant. Elle voulut que le pouvoir exécutif choisît le professeur de la chaire vacante entre trois candidats présentés : le premier, par une des classes de l'Institut; le second, par les inspecteurs généraux des études; le troisième, par les professeurs de l'École.

Le décret du 17 mars 1808, qui organisa l'Université sur de si larges bases, changea complétement le mode de nomination des professeurs du haut enseignement. La présentation fut abandonnée et remplacée par le concours appliqué dans le sens le plus absolu.

« Les professeurs de Faculté, dit le décret, sont nommés » pour la première fois par le Grand-Maître. Après la première » formation, les places de professeur vacantes dans les Facul- » tés sont données au concours. »

Ajoutons tout de suite que, d'après les statuts du 31 octobre 1809 et du 31 juillet 1810, le jury nommait réellement et directement les professeurs; son jugement devait être immédiatement rendu public, et ne pouvait être attaqué que pour défauts de formes.

Quelque libérales que fussent ces dispositions, nous tenons cependant à constater que l'institution du concours, pour la nomination des professeurs des Facultés de médecine, n'était pas chose absolument nouvelle. A une époque déjà éloignée de nous, aux jours de sa plus grande splendeur, l'École de Montpellier ouvrait un concours dans son sein pour faire choix des trois candidats qu'elle devait présenter au roi, quand une chaire devenait vacante. C'est par cette voie que les Baume, les Fouquet, les Dumas, les Barthez, etc., etc., parvinrent au professorat.

Le 17 février 1815, une ordonnance royale, maintenue en ce point par une décision royale de février 1816, abolit le concours dans les Facultés de médecine, et le remplaça par deux présentations, chacune de deux candidats, faites : l'une par la Faculté, l'autre par le conseil académique.

L'ordonnance royale du 2 février 1823 maintint ce mode de nomination; seulement elle limita le choix des candidats en réservant aux agrégés de la Faculté le privilége exclusif de figurer sur les listes de présentation. Ajoutons d'ailleurs

(1) Cette commission était composée de MM. Wurtz, Denonvilliers, Tardieu, Béhier, Broca et Gavarret (rapporteur).

que le professeur nommé par le pouvoir exécutif devait nécessairement être choisi parmi les candidats présentés.

Après la révolution de juillet 1830, la présentation fut abandonnée ; les agrégés demandèrent l'abolition du privilége que leur avait réservé l'ordonnance royale de 1823, et, pour les Facultés de médecine et de droit, on revint d'une manière absolue au principe du décret constitutif de l'Université, du 17 mars 1808. Dans ces deux ordres de Facultés, les chaires devenues vacantes par démission, permutation ou décès, furent données au concours; le pouvoir exécutif renonça à toute action dans la nomination des professeurs ; les jugements des jurys de concours ne purent être attaqués que pour défauts de formes. Nous devons d'ailleurs ajouter que le concours ne fut adopté ni pour les Facultés de théologie, des sciences et des lettres, ni pour le Collége de France, ni pour le Muséum d'histoire naturelle ; dans ces établissements de haut enseignement, la nomination par présentation fut rigoureusement maintenue.

Pendant vingt-deux ans, sauf quelques modifications apportées à la composition des jurys, au nombre et à la nature des épreuves publiques, le mode de nomination des professeurs des Facultés de médecine est resté le même, le concours a été constamment maintenu. Et nous devons le dire à l'honneur de l'agrégation, des *vingt-quatre* professeurs nommés dans ce laps de temps, à la suite de concours ouverts à tous les docteurs en médecine, à *trois* exceptions près, tous appartenaient au corps des agrégés.

Après une si longue pratique, en face des résultats qu'il avait fournis, et de l'heureuse influence qu'il avait exercée sur les générations médicales, si le concours n'avait pas réuni les suffrages de tous les hommes impartiaux et éclairés, nous avions le droit de dire qu'il fallait s'en prendre à la manière dont il avait été organisé, en un mot, à ses formes et non à son essence. — Des vices d'organisation avaient été signalés; la Faculté, attentive à ces discussions, était disposée à accueillir favorablement les améliorations proposées; mais il lui était légitimement permis d'espérer que des épreuves publiques seraient maintenues au nombre des opérations dont s'accompagne forcément la nomination d'un professeur.

Vaines espérances ! Dans un moment de vertige où toutes les notions du bien et du mal semblaient s'être obscurcies dans l'esprit de la nation, il se trouva des hommes parmi les plus hauts fonctionnaires de l'Université qui ne craignirent pas de présenter l'institution des concours comme un véritable danger social ; à les entendre, conserver le concours c'était s'exposer à introduire dans les Facultés des esprit chagrins, désordonnés, capables de saper dans l'esprit de la jeunesse les bases fondamentales de toute société. Certes, à ces vaines accusations la réponse aurait été bien facile. A ces nouveaux et singuliers défenseurs de ce qu'on appelait alors le *principe d'autorité*, il aurait sans doute suffi de demander quels étaient donc ceux des *vingt-quatre* professeurs nommés par concours, dont la conduite, l'attitude ou les doctrines justifiaient de tels soupçons. Si l'on avait procédé en pleine lumière, si toutes les voies de libre discussion n'avaient pas été hermétiquement fermées, on aurait été autorisé à leur dire que plusieurs d'entre ces accusateurs s'étaient élevés par le concours, et que leur conduite actuelle démontrait jusqu'à l'évidence que la nomination par concours n'était malheureusement pas une garantie suffisante de cette solidité et de cette indépendance de caractère que nous ne cesserons jamais de placer au premier rang des qualités les plus précieuses de l'homme appelé à parler à la jeunesse du haut d'une chaire de l'enseignement supérieur.

Ces déplorables et inqualifiables doctrines triomphèrent dans l'Université comme partout. Le décret du 9 mars 1852 abolit le concours dans toutes les facultés, et le remplaça par la présentation. Aux termes de ce décret, œuvre de désorganisation et d'abaissement pour le haut enseignement, le chef du pouvoir exécutif, sur la proposition du ministre de l'instruction publique, nommait et révoquait les professeurs des diverses facultés.

Ce décret ajoutait il est vrai que, quand une chaire de professeur devenait vacante dans une Faculté, une double liste de présentation était nécessairement demandée à cette faculté et au conseil académique; mais le gouvernement de 1852 ne se contenta pas de revenir au régime créé par l'ordonnance royale du 17 février 1815. Fidèle aux inspirations de cette politique de démoralisation qu'il cherchait à faire triompher partout, dans le but mal déguisé d'intimider ou du moins de paralyser cet esprit d'indépendance dont la noble tradition s'était conservée parmi les professeurs du haut enseignement, il se réserva le droit exorbitant, injustifiable, *de choisir le professeur en dehors des deux listes de présentation.*

Messieurs, en France, l'enseignement de la médecine est organisé de telle manière qu'à chaque pas, les élèves ont un concours à soutenir, que par le concours seulement ils peuvent avancer dans leur carrière. — Les places d'externes et d'internes des hôpitaux leur sont données au concours, et c'est encore par le concours qu'ils obtiennent les médailles des hôpitaux, gages de leur zèle, de leur assiduité, de l'instruction acquise par l'observation des malades. — C'est aussi par le concours qu'ils entrent et se maintiennent dans notre École pratique, qu'ils conquièrent les prix que nous leur décernons à la fin de chaque année scolaire. — Tout le monde sait combien ces concours, si multipliés, si variés, ont de puissance pour exciter et soutenir leur émulation.

Faisons un pas en avant, ouvrons la liste des aides d'anatomie et des prosecteurs qui se sont succédé depuis l'établissement des écoles de santé jusqu'à nos jours, et nous verrons que nulle part ailleurs on ne trouverait une pépinière aussi féconde d'anatomistes distingués, de physiologistes de grand mérite et surtout de chirurgiens de premier ordre. Et si l'on nous demandait à quoi sont dus de si beaux résultats, chacun de nous répondrait avec conviction : C'est que les aides ont été choisis au concours et qu'ils n'ont pu parvenir au prosectorat qu'en subissant la rude, mais salutaire épreuve du concours. — Ajoutons que, par une heureuse modification des règlements de la Faculté, depuis huit ans, nos chefs de clinique sont nommés au concours.

Enfin, c'est par le concours que nos agrégés sont nommés. Et ne l'oublions pas, bien que, depuis *quarante* ans, ils ne jouissent plus du privilége exclusif de fournir des candidats au professorat, ils ont si bien répondu aux espérances que, dès son origine, avait fait concevoir cette belle et forte institution, que des *cinquante-trois* professeurs nommés depuis 1830, *huit* seulement ont été choisis en dehors de l'agrégation.

De semblables résultats parlent assez haut par eux-mêmes ; insister plus longuement serait s'exposer à en affaiblir la signification. Aussi personne ne conteste l'utilité du concours en pareille matière; tout le monde reconnaît que, tant qu'il s'agit de classer des élèves, de nommer parmi eux des aides d'anatomie et des prosecteurs, de choisir des chefs de clinique ou des agrégés parmi les jeunes docteurs, le concours est une institution dont rien ne saurait remplacer la puissance. — Il n'en est plus de même du moment où il s'agit du professorat; sur ce terrain l'accord cesse. — De très-bons esprits repoussent avec énergie l'idée de soumettre aux épreuves du concours les candidats aux chaires du haut enseignement. — Est-il donc vrai que les épreuves publiques, si puissantes, si fécondes en bons résultats, tant qu'on se contente de leur demander la solution des difficultés relatives au classement des élèves et à la nomination des agrégés, perdent tout à coup leur efficacité, deviennent même fatalement nuisibles, dès qu'on cherche à les consulter pour la collation des grades les plus élevés de la hiérarchie universitaire?

Messieurs, pour être réellement utile, le concours doit, selon la belle expression de Dupuytren, avoir pour but « le triomphe de la force sur la faiblesse, du mérite sur la médiocrité; autrement il serait une injustice, un piége ». Les épreuves doivent donc être choisies, combinées de manière à embrasser la vie scientifique tout entière, à mettre en relief, et dans de justes proportions, tous les genres de mérites des compétiteurs.

Ce n'est pas seulement au moment où une vacance de chaire est déclarée que les hommes de science se trouvent en présence; pour eux, le concours commence réellement dès leur entrée dans la carrière. Services rendus, pratique de la ville et des hôpitaux, communications aux sociétés savantes, travaux spéciaux, publications, telles sont les armes diverses avec lesquelles ils luttent pour acquérir la réputation, pour conquérir cette autorité qui seule fait le maître. Lors donc qu'il s'agit de faire choix d'un professeur, la Faculté ne saurait s'entourer de trop de garanties pour bien connaître et apprécier à leur juste valeur les travaux scientifiques des candidats. Ces titres antérieurs, dont l'importance ne saurait être contestée, qui doivent exercer une si grande et si légitime influence sur le classement définitif des compétiteurs par ordre de mérite, disons-le tout de suite, ce ne sont pas des épreuves publiques, et par cela même passagères, qui peuvent servir à les manifester. C'est loin de la présence du public, dans des séances intérieures, après discussion libre, franche et approfondie, que des titres et des travaux de cette nature peuvent être équitablement appréciés, jugés, classés.

Mais, pour remplir dignement la mission qui lui est confiée, pour faire servir efficacement une autorité légitimement acquise à l'instruction de la jeunesse, tout professeur doit posséder l'art de concevoir le plan et de disposer avec méthode les matières d'une leçon. Il faut, en outre, que par la clarté et la netteté de son exposition, il sache mettre les questions les plus ardues à la portée de toutes les intelligences, inspirer aux élèves le goût des études sérieuses, retenir autour de sa chaire les auditeurs attirés par son autorité scientifique. Ces qualités, si précieuses dans une Faculté qui, en même temps que des titres scientifiques, confère à ses élèves le droit d'exercice de l'art de guérir, des épreuves publiques peuvent seules les mettre en pleine lumière. Tant qu'un homme, quelles que soient d'ailleurs l'étendue de ses connaissances et l'importance de ses travaux scientifiques, quelque juste renommée qu'il ait acquise, n'aura pas été appelé à faire ses preuves du haut d'une chaire, dans une enceinte librement ouverte au public, il sera impossible de porter un jugement éclairé, motivé, sur ce que nous appellerons ses *aptitudes professorales*.

De tous les modes de nomination des professeurs, le concours est donc incontestablement celui qui présente le plus de garanties. Mais, ne l'oublions pas, le concours, pour donner de bons résultats, doit être organisé de manière à satisfaire à deux conditions essentielles. — D'une part, les titres scientifiques des candidats doivent être pris en très-grande considération, très-sérieusement examinés, étudiés, discutés dans les séances intérieures du jury; — d'autre part, les épreuves publiques, réduites au nombre rigoureusement nécessaire pour permettre d'apprécier les qualités professorales, doivent être choisies, réglées de manière à éviter toute surprise et toute vaine discussion, à placer, en un mot, les candidats dans les conditions imposées par le haut enseignement et par la nature de la chaire à laquelle ils prétendent.

Avec des épreuves publiques ainsi combinées, lorsque toute possibilité de surprise aura disparu, lorsque la science acquise sera libre d'éclater dans sa plénitude, il n'y aura plus à craindre que des hommes d'un mérite incontestable et d'une grande notoriété justement acquise se tiennent à l'écart de peur de se compromettre. Quels motifs légitimes pourraient-ils alléguer pour justifier leur abstention, quand ils seront assurés qu'au jour du jugement définitif leurs titres scientifiques pèseront de tout leur poids dans la balance, quand on ne leur demandera que d'accepter, devant un jury d'hommes compétents et dans une enceinte librement ouverte au public, la position imposée à tout professeur?

Ce n'est pas tout, messieurs, votre commission a dû se préoccuper des moyens d'assurer la complète indépendance de la Faculté dans le choix de ses professeurs. Tant que l'enseignement supérieur est resté monopolisé entre les mains du gouvernement, on comprend que des éléments étrangers aient été introduits dans les jurys de tous les concours ouverts devant les Facultés. Mais, à l'avenir, la position ne sera plus la même. En face et à côté des établissements de l'État, s'élèveront des établissements d'instruction supérieure libres, indépendants, maîtres de procéder, comme ils le voudront, au recrutement de leurs professeurs. Dans de telles conditions, les établissements de l'État doivent aussi être constitués dans une indépendance complète pour procéder à la nomination de leurs professeurs; ils doivent rester seuls juges des cas dans lesquels ils feront appel à des éléments extérieurs pour la formation des jurys de concours, et rester seuls maîtres du choix de ces éléments. En conséquence, nous avons l'honneur de vous proposer l'adoption des dispositions suivantes: — L'organisation et la direction des concours, ainsi que le choix des juges, appartiendront exclusivement à la Faculté. — Pour les chaires de physique, de chimie, d'histoire naturelle et de pharmacologie, les jurys de concours seront mixtes, composés de professeurs de la Faculté et de juges étrangers à la Faculté; ces derniers seront toujours en minorité. — Les juges des concours ouverts pour les autres chaires seront choisis *en totalité* parmi les professeurs de la Faculté.

On a souvent reproché au concours d'accorder une trop large part à la mémoire, de détourner les générations médicales des recherches originales, de les condamner à un travail ingrat et stérile, en les forçant à consacrer la majeure partie de leur temps à s'exercer à faire, sans préparation réelle possible, des leçons d'une heure sur des questions imposées par le sort. Dans certaines limites, cela est peut-être vrai du concours tel qu'il a été pratiqué de 1830 à 1852. Il faut le reconnaître, en effet, les épreuves improvisées séparaient fatalement les candidats de toute leur vie antérieure, et, sous prétexte d'établir entre eux une égalité parfaite, dépouillaient le fort en faveur du faible, en l'obligeant à descendre dans l'arène, nu, désarmé et sans l'appui de ce qui fait sa supériorité réelle, des matériaux, fruits de ses recherches, de ses méditations, de ses veilles. Les épreuves de surprise, sous peine d'échec public, assujettissaient les compétiteurs à tenir constamment leur mémoire meublée, encombrée de ces mille détails qui doivent nécessairement figurer dans une bonne leçon, mais que tout professeur, quand le moment est venu, est sûr de retrouver consignés à leur véritable place, dans ses livres ou dans ses manuscrits.

Avec le concours tel que nous le concevons aujourd'hui, débarrassé des épreuves de surprise, excellentes pour un classement d'élèves ou de jeunes docteurs à peine sortis des bancs de l'école, mais indignes d'hommes qui aspirent au professorat, de tels reproches tombent d'eux-mêmes. Les jeunes générations médicales comprendront que de tels concours ne leur imposent pas de préparation spéciale, que pour y réussir il faut travailler sans relâche à étendre le cercle de ses connaissances, conquérir la réputation par des recherches originales et des publications, en un mot consacrer sa vie à la culture de la science, ainsi que doit le faire, après comme avant sa nomination, tout professeur de haut enseignement jaloux de remplir dignement la mission difficile qui lui est confiée.

On a souvent dit et répété que, pour l'enseignement de la clinique, les épreuves publiques sont vaines et illusoires. A cela il n'y a qu'un mot à répondre : depuis quarante ans, tout médecin et tout chirurgien d'hôpital sort du bureau central, et nul ne peut entrer au bureau central qu'à la suite d'un concours dont les épreuves roulent presque exclusivement sur des questions de clinique. Eh bien ! que l'on jette les yeux sur la liste des médecins et des chirurgiens des hôpitaux, et qu'on nous dise s'il y a un seul homme éminent que le concours ait tenu à l'écart, s'il y a quelque part, en Europe ou en Amérique, un corps de praticiens qui puisse soutenir la comparaison avec le personnel médical de l'Assistance publique de Paris.

Messieurs, depuis quelques années, et sous l'empire des préoccupations matérielles qui avaient envahi toutes les classes de la société, les jeunes générations avaient une tendance marquée à déserter les âpres et rudes sentiers des études sérieuses. Les registres des Facultés des sciences et des lettres accusaient un abaissement progressivement croissant du nombre des aspirants à la licence et au doctorat; nous-mêmes, n'avons-nous pas vu successivement décroître le nombre des candidats à nos chaires ? Il faut le reconnaître et avoir le courage de le dire : le vide se faisait autour des établissements du haut enseignement. Il est de notre devoir de rechercher les moyens d'arracher les esprits à cette indifférence, à cette torpeur, de ramener la vie et le mouvement dans les régions de la science. Par l'éclat et les émotions de ses luttes publiques, par les garanties qu'il promet aux hommes d'étude contre les erreurs des juges, les surprises des réputations usurpées, les embarras des promesses imprudentes, les dangers des partis pris, les entraînements du népotisme et des camaraderies, le concours nous paraît éminemment propre à exciter l'émulation des jeunes générations médicales, à réveiller en elles ce feu sacré sans lequel le goût de tout ce qui est beau, de tout ce qui est grand, s'émousse, s'affaiblit et s'éteint.

Gavarret.

L'ÉVÊQUE BERKELEY ET LA MÉTAPHYSIQUE DE LA SENSATION (1)

Le professeur Fraser s'est assuré la reconnaissance de tous ceux qui étudient la philosophie, par le travail consciencieux qu'il a consacré à sa nouvelle édition de Berkeley. Nous y trouvons réunies pour la première fois toutes les pensées que l'on peut attribuer à l'esprit subtil et pénétrant du fameux évêque de Cloyne. D'autre part, la *Biographie* et la *Correspondance* charmeront ceux qui s'occupent moins de l'idéaliste et de l'apôtre de l'eau de goudron, que de l'homme en qui nous voyons une des plus pures et des plus nobles figures de son temps, de ce Berkeley à qui la jalousie de Pope n'enleva pas une seule de toutes « les vertus qui sont sous le ciel », à qui le cynisme de Swift rend hommage comme à « l'un des hommes les plus distingués du royaume par leur science et leur vertu ». C'est encore Berkeley que le pieux Atterbury ne pouvait comparer qu'à un ange; c'est lui dont l'influence personnelle et l'éloquence remplirent le club de Scriblerus et la Chambre des communes d'enthousiasme pour l'évangélisation des Indiens de l'Amérique du Nord; ce fut même grâce à lui que sir Robert Walpole consentit à dépenser les fonds de l'État dans une circonstance où il ne s'agissait ni d'affaire ni de corruption (2).

Il serait difficile de trouver, dans l'histoire intellectuelle de l'Angleterre, une époque plus intéressante en elle-même ou qui présente pour nous actuellement un plus grand intérêt que celle qui coïncide avec la fin du XVIIe siècle et le commencement du XVIIIe.

L'excitation politique du siècle précédent s'apaisait graduellement : la paix intérieure donnait aux hommes le temps de penser; et la tolérance, conquise par le parti dont Locke était l'interprète, permettait une liberté de parole et de plume telle qu'on l'a rarement dépassée dans des époques plus récentes.

Favorisées par ces circonstances, les puissantes facultés d'investigation physique et métaphysique dont notre race a été douée par la nature, se développèrent vigoureusement; et des résultats qu'elle produisit, il en est deux au moins qui ont exercé une influence profonde et permanente sur les progrès ultérieurs de la pensée dans le monde. L'un de ces résultats fut la *Libre pensée anglaise*; l'autre la *Théorie de la gravitation*.

Si nous remontons à l'origine des mouvements intellectuels qui aboutirent à ces résultats, nous arrivons à Herbert, à

---

(1) *Œuvres* de George Berkeley, évêque de Cloyne, comprenant un grand nombre de ses œuvres publiées pour la première fois, avec préface, notes, sa biographie, sa correspondance et un exposé de sa philosophie, par A. C. Fraser, 4 volumes. Oxford, imprimerie Clarendon, 1871.

(2) Cependant, pour rendre justice à sir Robert, il faut remarquer qu'il déclara plus tard qu'il n'avait donné son assentiment au projet de Berkeley pour l'université des Bermudes, que parce qu'il était convaincu que la Chambre des communes le rejetterait.

Hobbes, à Bacon, et à un homme qui leur est supérieur comme la figure la plus caractéristique de son temps, à Descartes. C'est le doute cartésien, c'est la maxime que nous ne devons donner notre assentiment qu'à des propositions parfaitement claires et distinctes, qui, s'incarnant pour ainsi dire dans les Anglais Anthony Collins, Toland, Tindal, Woolston, et dans le prodigieux écrivain français Pierre Bayle, atteignit son terme final dans Hume.

D'un autre côté, bien que la théorie de la gravitation ait rejeté les tourbillons de Descartes, cependant l'esprit des *Principes de philosophie* atteignit son apogée quand Newton démontra que tous les astres qui composent l'armée des cieux ne sont que les éléments d'un vaste mécanisme soumis aux mêmes lois qui gouvernent la chute d'une pierre sur le sol. Il y a un passage, dans la préface de la première édition des *Principia*, qui nous montre Newton aussi pénétré que Descartes de cette croyance que tous les phénomènes de la nature peuvent être exprimés par des termes qui désignent la matière et le mouvement. — « Il serait à souhaiter que les autres phénomènes de la nature pussent être rattachés, par une argumentation semblable, à des principes mécaniques. Car bien des raisons me font supposer que ces phénomènes peuvent tous dépendre de certaines forces par lesquelles les particules des corps, par des raisons encore inconnues, ou bien sont poussées les unes vers les autres et forment, par leur adhérence mutuelle, des figures régulières, ou bien se repoussent et s'éloignent les unes des autres. Notre ignorance au sujet de ces forces est cause que jusqu'ici les philosophes ont en vain essayé de pénétrer la nature. Mais j'espère que les principes ici posés jetteront quelque lumière, soit sur cette méthode philosophique, soit sur quelque autre plus conforme à la vérité (1). »

Mais cette doctrine, qui résout en mouvements mécaniques tous les phénomènes de la nature, est ce qu'on s'accorde à nommer « matérialisme »; et quand on voit Locke et Collins soutenir que la matière peut être capable de penser, quand Newton lui-même ose comparer l'espace infini au *sensorium* de la Divinité, on ne s'étonne pas que les philosophes anglais aient été attaqués comme ils le furent par Leibnitz dans cette fameuse lettre à la princesse de Galles, qui donna lieu à la correspondance de ce philosophe avec Clarke (2).

« 1° Il semble que la religion naturelle même s'affaiblit extrêmement. Plusieurs font les âmes corporelles; d'autres font Dieu lui-même corporel.

» 2° M. Locke et ses sectateurs doutent au moins si les âmes ne sont matérielles et naturellement périssables.

» 3° M. Newton dit que l'espace est l'organe dont Dieu se sert pour sentir les choses. Mais s'il a besoin de quelque chose pour les sentir, elles ne dépendent donc entièrement de luy et ne sont point sa production.

» 4° M. Newton et ses sectateurs ont encore une fort plaisante opinion de l'ouvrage de Dieu. Selon eux, Dieu a besoin de remonter de temps en temps sa montre : autrement elle cesseroit d'agir. Il n'a pas eu assez de veue pour en faire un mouvement perpétuel. Cette machine de Dieu est même si imparfaite, selon eux, qu'il est obligé de la décrasser de temps en temps par un concours extraordinaire, et même de la raccommoder comme un horloger son ouvrage. »

Il serait hors de propos de rechercher ici si le tableau tracé par Leibnitz est fidèle; jusqu'à quel point il est coupable d'avoir défiguré et tourné en caricature, dans ces passages, les vues de Newton; et enfin si les croyances que nous savons avoir été adoptées par Locke s'accordent avec les conclusions qu'on peut tirer logiquement de quelques parties de ses ouvrages. Mais on ne peut nier que la philosophie anglaise, au temps de Leibnitz, ait eu le caractère général qu'il lui attribue. On pensait que les phénomènes de la nature pouvaient être ramenés aux attractions et aux répulsions des particules de la matière; tout savoir était acquis par les sens; l'esprit, antérieurement à l'expérience, n'était qu'une *table rase*. En d'autres termes, le caractère de la pensée spéculative en Angleterre, au commencement du XVIIIe siècle, était essentiellement sceptique, critique et matérialiste. Pourquoi le matérialisme serait-il moins conciliable avec l'existence d'un Dieu, le libre arbitre, ou l'immortalité de l'âme, ou avec n'importe quel système, réel ou possible, de théologie, que l'idéalisme? Je déclare que je n'en vois aucunement la raison. Mais en l'an 1700, tout le monde semble s'être accordé à reconnaître que le matérialisme mène aux plus terribles conséquences. Aussi croyait-on qu'il importait à la religion et à la morale d'attaquer les matérialistes avec toutes les armes dont on disposait. Peut-être la controverse la plus intéressante à laquelle ces questions aient donné lieu est l'étonnant duel à trois entre Dodwell, Clarke et Anthony Collins, au sujet de la matérialité de l'âme et (car telle était, aux yeux des trois champions, la conséquence nécessaire de sa matérialité) de sa nature mortelle. Je ne crois pas qu'on puisse lire les lettres échangées entre Clarke et Collins, sans reconnaître que Collins, qui déploie une force et une vigueur étonnantes de raisonnement, a tout à fait le dessus dans la discussion, en ce qui concerne la matérialité possible de l'âme, et que dans ce combat le Goliath de la Libre pensée renversa le champion de ce que l'on considérait comme l'Orthodoxie.

Cependant à Dublin il y avait un petit David qui exerçait sa jeune vigueur contre les lions et les ours intellectuels de Trinity College. C'était George Berkeley, destiné à donner au côté idéaliste de la philosophie de Descartes un développement analogue à celui que les Libres penseurs avaient donné au côté sceptique, et les Newtoniens au côté mécanique.

Berkeley envisagea le problème hardiment. Il dit aux matérialistes : « Vous affirmez que tous les phénomènes de la nature se ramènent à la matière et à ses modifications. J'accepte ce que vous avancez, et maintenant je vous pose cette question : — Qu'est-ce que la matière? — En y répondant vous êtes tenus d'observer vos propres conditions; et je demande, conformément à l'axiome de Descartes, qu'à votre tour vous n'acceptiez que des conclusions parfaitement claires et évidentes. »

C'est ce grand argument qui est développé dans le *Traité sur les principes de la science humaine*, et dans ces *Dialogues entre Hylas et Philonoüs*, qui comptent parmi les modèles les plus purs du style anglais, aussi bien que parmi les écrits métaphysiques les plus subtils. La dernière conclusion en est résumée dans un passage non moins remarquable par la beauté littéraire que par l'audace tranquille avec laquelle s'affirme la pensée.

« Il est des vérités si voisines de nous, si évidentes, qu'il

(1) Newton, préface de la première édition des *Principia*. 8 mai 1686.

(2) Collection de pièces échangées entre le savant feu M. Leibnitz et le docteur Clarke. 1717.

suffit à l'homme d'ouvrir les yeux pour les voir. Dans ce nombre, je range cette importante vérité, savoir que tous les astres qui peuplent les cieux, tout ce qui existe sur la terre, en un mot, tous ces corps qui composent le magnifique édifice de l'univers, n'ont aucune substance en dehors de l'esprit; que leur essence est d'être perçus ou connus; que, par conséquent, tant qu'ils ne sont pas réellement perçus par moi, c'est-à-dire tant qu'ils n'existent pas dans mon esprit ou dans celui de quelque autre intelligence créée, ils doivent ou bien n'avoir aucune existence, ou bien subsister dans l'esprit de quelque intelligence éternelle : car il est parfaitement inintelligible et parfaitement absurde d'attribuer à aucune partie de ces corps une existence indépendante d'un esprit. » (*Traité sur les principes de la science humaine*, part. I, § 6.)

Assurément ce passage semble atteindre les dernières limites du paradoxe métaphysique, et nous savons tous que « les petits maîtres réfutèrent Berkeley d'un sourire », tandis que la foule des fidèles du sens commun le réfutait en frappant du pied la terre, ou par quelque autre argument tout aussi démonstratif. Mais la clef de toute philosophie se trouve dans la conception claire du problème de Berkeley, qui n'est ni plus ni moins qu'une des formes de la plus importante de toutes les questions : « Quelles sont les limites de nos facultés ? » Et nous ne saurions nous donner trop de peine pour comprendre la véritable nature de l'argument par lequel Berkeley arriva à ce résultat, et pour nous assurer par nous-mêmes de la grande vérité qu'il découvrit, savoir que le raisonnement qui nous conduit au matérialisme nous emporte bien au delà, si nous le suivons loyalement et rigoureusement.

Supposons que par hasard je me pique le doigt avec une épingle. Aussitôt je m'aperçois d'un certain état de ma conscience que j'appelle une sensation de douleur. Je ne doute pas un instant que cette sensation soit en moi et en moi seul; et si quelqu'un me disait que la douleur que je ressens est quelque chose d'inhérent à l'épingle, par exemple une des qualités de la substance de cette épingle, nous ririons tous d'une proposition si absurde.

En effet, il est tout à fait impossible de concevoir la douleur autrement que comme un état de mon sens intime ou conscience.

Donc, pour ce qui est de la douleur, il est assez clair que les expressions de Berkeley s'appliquent strictement au pouvoir que nous avons de concevoir cette sensation. — « Son essence est d'être perçue ou connue », et « tant qu'elle n'est pas perçue par moi, c'est-à-dire tant qu'elle n'existe pas dans mon esprit ou dans celui de quelque autre intelligence créée, elle doit ou n'avoir aucune existence, ou subsister dans l'esprit de quelque intelligence éternelle. »

Voilà pour la douleur. Maintenant considérons une sensation ordinaire. Faisons reposer doucement la pointe de l'épingle sur la peau; dans ce cas, je m'aperçois d'un certain état de ma conscience tout différent du premier : c'est ce que j'appelle la sensation du « toucher ». Toutefois cette sensation du toucher est tout aussi distinctement en moi que tout à l'heure la douleur. Je ne puis un seul moment concevoir ce quelque chose que j'appelle le toucher comme existant hors de moi, ou d'un être dont la faculté de sentir est semblable à la mienne. Un instant de réflexion suffit à nous convaincre que l'odeur, le goût, la couleur jaune, qui sont perçus quand une orange est sentie, goûtée et vue, sont aussi complétement des états de notre conscience que l'impression de douleur que nous ressentons si l'orange est trop aigre. Il n'est pas moins clair que tout son est un état de la conscience de celui qui l'entend. Si l'univers ne contenait que des êtres sourds et aveugles, il nous est impossible d'imaginer autre chose qu'une obscurité et un silence universels.

On peut donc dire avec certitude de toutes les sensations simples que leur « *esse* est *percipi* », ainsi que s'exprime Berkeley, c'est-à-dire que « leur essence est d'être perçues ou connues ». Mais ce qui perçoit ou connaît est esprit; par conséquent cette connaissance que nous donnent les sens est, après tout, une connaissance de phénomènes spirituels.

Tout ceci était explicitement ou implicitement admis, et même affirmé avec insistance par les contemporains de Berkeley, et personne ne s'exprimait là-dessus plus fortement que Locke, qui appelle les odeurs, les goûts, les couleurs, les sons et les choses analogues, « des qualités secondaires », et qui remarque, au sujet de ces « qualités secondaires », que, « quelque réalité que nous puissions leur attribuer par erreur, elles ne sont rien dans les objets eux-mêmes. »

Il dit encore : « On dit que la flamme est chaude et lumineuse; la neige, blanche et froide; la manne, blanche et douce, d'après les idées que ces substances éveillent en nous : on pense communément que ces qualités sont dans ces corps ce que leurs idées sont en nous, l'idée étant l'image parfaite de la qualité, et la réfléchissant comme dans un miroir; et la plupart des hommes trouveraient extravagant celui qui penserait autrement. Et cependant, si l'on considère que le même feu qui, à une certaine distance, produit en nous la sensation d'une douce chaleur, produit, à une distance moindre, la sensation très-différente de douleur, doit se demander quelle raison il a d'affirmer que cette idée de chaleur, qui était éveillée en lui par le feu, est réellement dans le feu, et qu'au contraire cette idée de douleur éveillée de même par le feu n'est pas dans le feu. Pourquoi la blancheur et le froid sont-ils dans la neige, et non la douleur, quand la neige produit également en nous ces idées, et ne peut produire les unes comme les autres que par la dimension, la figure, le nombre et le mouvement de ses parties solides (1) ? »

Jusqu'ici donc les matérialistes et les idéalistes sont d'accord. Locke et Berkeley, et tous les penseurs logiciens qui leur ont succédé, sont de la même opinion sur les qualités secondaires; — leur essence est d'être perçues ou connues; — leur matérialité n'est, à parler rigoureusement, que spiritualité.

Mais Locke établit une distinction fondamentale entre les qualités secondaires de la matière, et certaines autres qu'il appelle « qualités premières ». Il nomme ainsi l'étendue, la figure, la solidité, le mouvement ou le repos, et le nombre. Il est convaincu que ces qualités premières existent indépendamment de l'esprit, de même qu'il est sûr que les qualités secondaires n'ont aucune existence de ce genre.

« Le volume, le nombre, la figure, le mouvement des parties du feu et de la neige sont réellement en eux, qu'il y ait ou non des sens pour les percevoir, et par conséquent on peut donner à ces qualités le nom de qualités réelles parce qu'elles existent réellement dans ces corps; mais la lumière, la chaleur, le blanc, le froid, n'y existent pas plus que la ma-

(1) Locke, *Human understanding*, livre II, chap. VIII.

ladie ou la douleur n'existe dans la manne. Supprimez la sensation ; qu'il n'y ait plus d'yeux pour voir la lumière ou les couleurs, plus d'oreilles pour entendre les sons ; que le palais cesse de goûter, le nez de sentir, et aussitôt couleurs, goûts, sons et odeurs, qui ne sont que des idées particulières, s'évanouissent et s'anéantissent, et sont réduits à leurs causes, c'est-à-dire au volume, à la figure, au mouvement des parties.

« 18. Un morceau de manne d'un certain volume est capable d'éveiller en nous l'idée d'une figure ronde ou carrée, et, quand on le transporte d'un endroit à un autre, l'idée de mouvement. Cette idée du mouvement le représente tel qu'il est réellement dans la manne qui se meut ; un cercle et un carré sont les mêmes, soit dans l'idée, soit dans leur réalité, dans l'esprit ou dans la manne ; et ainsi le mouvement et la figure sont réellement dans la manne, que nous les remarquions ou non. C'est ce que tout le monde accordera sans difficulté. »

Ainsi, en ce qui concerne les qualités premières, Locke est réaliste aussi complétement que saint Anselme. D'autre part, nous trouvons dans Berkeley un représentant non moins fidèle des nominalistes et des conceptualistes, un descendant intellectuel de Roscelin et d'Abélard. Et, par une ironie curieuse de la destinée, c'est le nominaliste, cette fois, qui est le champion de l'orthodoxie, et le réaliste celui de l'hérésie.

Essayons encore une fois d'examiner les principes de Berkeley pour notre propre compte, et cherchons si l'on est fondé à affirmer que l'étendue, la forme, la solidité et les autres « qualités premières », ont une existence indépendante de l'esprit. Et pour cela reprenons nos expériences avec l'épingle.

On a vu que lorsque le doigt est piqué, il se produit un état de la conscience que nous appelons douleur ; et nous avons admis que cette douleur n'est pas une chose inhérente à l'épingle, mais une chose qui existe seulement dans l'esprit, et à laquelle rien ne ressemble ailleurs.

Mais la moindre attention nous montrera que cet état de la conscience est accompagné d'un autre dont nul effort ne peut nous délivrer. Non-seulement j'ai la sensation ; mais cette sensation est localisée. Je suis aussi certain que la douleur est dans mon doigt que je suis certain qu'elle existe. Aucun effort d'imagination ne peut m'amener à croire que cette douleur n'est pas dans mon doigt.

Et cependant il est absolument certain qu'elle n'est pas et ne peut pas être dans l'endroit où je la sens, ni même à deux pieds de cet endroit. En effet, la peau du doigt est rattachée, par un faisceau de fibres nerveuses déliées qui courent dans toute la longueur du bras, à la moelle épinière et au cerveau ; et nous savons que la sensation de douleur causée par la piqûre d'une épingle dépend de l'intégrité de ces fibres. Si elles sont coupées près de la moelle épinière, on ne sentira plus aucune douleur, quelle que soit la blessure faite au doigt ; et si la partie qui reste attachée à la moelle est piquée, la douleur produite semblera résider dans le doigt aussi distinctement qu'auparavant. Bien plus, si le bras entier est amputé, la douleur qu'on éveille en piquant le tronçon de nerf qui restera paraîtra avoir son siége dans les doigts, tout comme s'ils étaient encore attachés au corps.

Il est donc parfaitement clair que la localisation de la douleur à la surface du corps est un acte de l'esprit. Cette conscience, qui a son siége dans le cerveau, est transportée, par une sorte d'extradition, à un point déterminé du corps ; ce fait se produit sans que notre volonté y ait part, et peut donner naissance à des idées contraires à la réalité. Nous pouvons appeler cette extradition de la conscience une sensation réflexe, tout comme nous appelons mouvement réflexe celui qui est excité indépendamment ou même en dépit de notre volonté. Cette perception de localité n'est pas plus dans l'épingle que la douleur ; de la première comme de la seconde sensation, on peut dire avec vérité que « son essence est d'être perçue », et que son existence ne peut se concevoir en dehors d'un esprit pensant.

Le même raisonnement subsiste tout entier si, au lieu de piquer le doigt, la pointe de l'épingle s'y applique doucement de manière à produire simplement une sensation de contact. La sensation de contact est de même reportée extérieurement au point touché, et c'est là qu'elle semble exister. Mais il est certain qu'elle n'est pas et ne peut être réellement là, parce que le cerveau est le seul siége de la conscience ; et de plus, parce qu'une évidence aussi forte que celle qu'on peut invoquer pour affirmer que la sensation est dans le doigt, peut être aussi bien invoquée pour soutenir des propositions manifestement absurdes.

Par exemple, les cheveux et les ongles sont complétement dépourvus de sensibilité, comme tout le monde le sait. Cependant si les extrémités des ongles ou des cheveux sont touchées, si légèrement que ce soit, nous sentons que nous sommes touchés, et la sensation nous paraît située dans les ongles ou les cheveux. Bien plus, si nous prenons une canne d'un mètre de longueur et que nous la tenions bien par la poignée, quand on en touche l'autre extrémité, la sensation du toucher, qui est un état de notre propre conscience, est reportée sans hésitation à l'extrémité de la canne ; et pourtant personne ne dira qu'elle est là.

Supposons maintenant qu'au lieu d'une pointe d'épingle qui s'applique au bout de mon doigt, il y en ait deux. Chacune de ces pointes ne peut être connue de moi, ainsi que nous l'avons vu, que comme un état d'un esprit pensant transporté au dehors, ou localisé. Mais l'existence de ces deux états éveille en moi, de manière ou d'autre, une foule d'idées nouvelles qui ne se montraient pas quand il n'y avait qu'un seul état de présent.

J'ai de plus, par exemple, les idées de coexistence, de nombre, de distance, et de place relative ou direction. Mais toutes ces idées sont des idées de relations, et impliquent l'existence de quelque chose qui perçoit ces relations. Si une sensation tactile est un état de l'esprit, et si la localisation de cette sensation est un acte de l'esprit, comment concevrait-on qu'une relation entre deux sensations localisées pût exister en dehors de l'esprit ? Il me serait aussi facile, je l'avoue, d'imaginer que le rouge puisse exister en dehors d'un sens visuel, que de supposer que la coexistence, le nombre et la distance puissent avoir aucune existence hors de l'esprit dont ils sont des idées.

Il semble donc clair que l'existence de quelques-unes au moins des qualités premières de la matière suivant Locke, telles que le nombre et l'étendue, est tout aussi inconcevable hors de l'esprit que l'existence de la couleur et du son dans les mêmes circonstances.

Les autres qualités, comme la figure, le mouvement et le repos, la solidité, résisteront-elles à un semblable examen ? Je ne le pense pas. Car elles sont toutes, comme les précédentes, des perceptions de l'esprit qui reconnaît les relations de deux ou de plusieurs sensations avec une autre. Si la distance et le lieu ne se peuvent concevoir en l'absence de l'esprit où ils existent comme idées, l'existence indépendante de la figure qui est la limitation de la distance, et du mouvement qui est un changement de lieu, doivent être également inconcevables. La solidité exige un examen plus attentif ; car ce terme s'applique à deux choses très-différentes, dont l'une est la solidité de forme, ou solidité géométrique, tandis que l'autre est la solidité de substance, ou solidité mécanique.

Si, chez un homme, ces nerfs moteurs qui convertissent les volitions en mouvement étaient tous paralysés, et si la sensation ne subsistait que dans la paume de la main (or ce cas peut se concevoir), cet homme pourrait encore arriver à des notions claires d'étendue, de figure, de nombre et de mouvement, en faisant attention aux états de conscience qui pourraient être produits par le contact des corps avec la surface sensible de la main. Mais il ne paraît pas que cet homme pût arriver à une conception quelconque de la solidité géométrique. Car ce qui n'entre pas en contact avec la surface sensible n'existe pas pour le sens du toucher ; et un corps solide, en s'appliquant sur la paume de la main, donne naissance seulement à la notion de l'étendue de cette seule partie du corps qui est mise en contact avec la peau.

Il n'est pas possible non plus que l'idée d'extériorité (j'entends par là cette idée qu'une chose est en dehors du corps sentant) pût se former dans l'esprit de cet homme : car, ainsi que nous l'avons vu, toute sensation tactile est rapportée, soit à un point de la surface même qui est naturellement sensible, soit à un point de quelque solide qui continue cette surface. D'où il suit qu'un homme dans cette situation ne pourrait atteindre à la conception de la différence du moi et du non-moi. Ce qu'il sentirait serait son univers, ses sensations tactiles seraient ses *mœnia mundi*. Le temps existerait pour lui comme pour nous; mais l'espace aurait seulement deux dimensions.

Mais maintenant faisons cesser la paralysie de l'appareil moteur, et donnons à la paume de la main de notre personnage imaginaire une parfaite liberté de mouvement, de manière qu'elle puisse glisser dans toutes les directions sur les corps avec lesquels elle entre en contact. Alors, avec la conscience de cette mobilité, naît en même temps la notion de l'espace avec ses trois dimensions ; car cet espace n'est que la place (*room*) nécessaire pour se mouvoir avec une parfaite liberté. Mais le toucher seul ne peut nous apprendre que la surface douée du tact se meut elle-même ; il ne peut que nous apprendre le changement de place, sans nous en faire connaître la cause. Nous ne pouvons, en effet, arriver à l'idée du mouvement de la surface douée du tact, à moins que l'idée du changement de place ne soit accompagnée de quelque état de la conscience qui n'existe pas quand cette surface est immobile. Cet état de conscience est ce qu'on appelle sens musculaire ; et il est très-facile d'en démontrer l'existence.

Supposons que le dos de ma main repose sur une table, et qu'une pièce d'or, un souverain par exemple, soit placée sur la paume tournée en l'air ; j'acquiers en même temps une notion de l'étendue et de la limite de cette étendue. L'impression produite par la pièce d'or circulaire est tout à fait différente de celle qui serait produite par une pièce triangulaire ou carrée de même dimension, et ainsi j'arrive à la notion de figure. De plus, si le souverain glisse sur la paume, j'acquiers une conception distincte d'un changement de place, ou mouvement, et de la direction de ce mouvement. Car à mesure que le souverain glisse, il affecte de nouvelles extrémités nerveuses, et donne naissance à de nouveaux états de conscience. Chacun d'eux est localisé séparément et d'une manière déterminée par un acte réflexe de l'esprit qui en même temps se rend compte de la différence entre deux localisations successives et par conséquent du déplacement, c'est-à-dire du mouvement.

Si, tandis que le souverain repose sur la main, celle-ci restant tout à fait immobile, l'avant-bras est levé graduellement et lentement, les sensations du toucher, avec toutes leurs circonstances, restent exactement telles qu'elles étaient ; mais en même temps il s'introduit un élément nouveau qui est le sens de l'effort. Si j'essaye de découvrir quel pourrait être le siége de ce sens, je me trouve d'abord un peu embarrassé. Mais, si je tiens l'avant-bras assez longtemps dans la même position, je m'aperçois d'un sentiment confus de fatigue qui paraît avoir son siége, soit dans les muscles du bras, soit dans le tégument situé directement au-dessus d'eux. La relation qui existe entre la fatigue et le sens de l'effort est très-analogue à celle qui existe entre la douleur qui s'ajoute à la sensation primitive de contact, quand on appuie lentement une aiguille contre la peau, et le sens du toucher.

Un peu d'attention nous montrera que ce sentiment d'effort accompagne toute contraction musculaire qui met en mouvement les membres ou d'autres parties du corps. C'est par son intermédiaire que nous connaissons le fait de leur mouvement, tandis que la direction du mouvement nous est donnée par les sensations tactiles qui se produisent en même temps. Et, par suite de l'association incessante entre les sensations musculaires et les sensations du toucher, elles se fondent si bien ensemble que souvent on les confond sous le même nom.

Si la liberté de se mouvoir dans toutes les directions est la véritable essence de cette conception d'espace avec les trois dimensions que nous obtenons par le sens du toucher, et si cette liberté de se mouvoir n'est en réalité qu'un autre nom pour le sentiment d'un effort que rien ne contrarie, accompagné de la perception d'un déplacement, il est certainement impossible de concevoir un tel espace comme existant indépendamment de l'esprit qui a conscience de l'effort.

Mais on peut dire que nous tirons notre conception de l'espace avec les trois dimensions, non-seulement du toucher, mais aussi de la vue, que si nous ne sentons pas réellement les choses hors de nous, tout au moins nous les y voyons. Ce fut justement cette difficulté qui se présenta à Berkeley dès le début de ses spéculations. Il la combattit avec une hardiesse caractéristique en niant que nous voyions les choses hors de nous, et avec un talent non moins caractéristique en imaginant cette « nouvelle théorie de la vision », qui a trouvé plus de crédit qu'aucune de ses conceptions, bien qu'elle n'ait jamais cessé de donner lieu à des controverses.

Dans les *Principes de la science humaine*, Berkeley lui-même nous apprend comment il fut amené à ces vues qu'il publia dans son *Essai sur la nouvelle théorie de la vision*.

« On objectera que nous voyons des choses réellement situées hors de nous, ou éloignées de nous, et qui par conséquent n'existent pas dans l'esprit, car il est absurde de supposer que les choses que nous voyons à la distance de plusieurs milles soient aussi près de nous que nos propres pensées. En réponse à cette objection, je vous prie de réfléchir que dans nos rêves nous percevons souvent des choses comme existant à une grande distance de nous, et malgré tout, nous reconnaissons que ces choses n'ont d'existence que dans notre esprit.

» Mais, pour éclaircir plus complétement ce point, il est bon de considérer comment nous percevons par la vue la distance et les choses placées à distance. Car, que nous voyions vraiment l'espace extérieur et les corps qui existent réellement dans cet espace, les uns plus rapprochés, les autres plus éloignés, c'est ce qui semble contredire ce que nous avons dit en affirmant qu'ils n'existent nulle part en dehors de l'esprit. L'examen de cette difficulté a donné naissance à mon *Essai sur la nouvelle théorie de la vision,* qui a été publié il y a peu de temps, et dans lequel il est montré que la distance ou extériorité n'est ni perçue immédiatement d'elle-même par la vue, ni connue ou appréciée par des lignes ou des angles, ou quoi que ce soit qui ait une connexion nécessaire avec la vue, mais qu'elle est seulement suggérée à notre pensée par certaines idées visuelles et par des sensations qui accompagnent la vision et qui, de leur nature, n'ont aucune sorte de ressemblance ou de rapport ni avec la distance, ni avec les objets placés à distance. Mais, par une liaison que nous a enseignée l'expérience, ces sensations nous indiquent la distance et en éveillent en nous l'idée, de la même manière que les mots d'une langue quelconque éveillent les idées auxquelles ils ont été attachés. De sorte qu'un homme né aveugle et à qui plus tard on donnerait la vue, ne croirait pas, tout d'abord, que les choses qu'il verrait fussent hors de son esprit ou éloignées de lui. »

La clef de l'*Essai,* dont Berkeley fait mention dans ce passage, se trouve dans un paragraphe en italiques de la section 127.

Les étendues, les figures et les mouvements perçus par la vue sont spécifiquement distincts des idées du toucher auxquelles on donne les mêmes noms ; et il n'y a aucune idée de commune aux deux sens.

On remarquera que dans cette phrase il déclare que l'étendue, la figure, le mouvement, et par conséquent la distance, sont perçus immédiatement par la vue aussi bien que par le toucher, mais que la distance, l'étendue, la figure et le mouvement visibles sont tout à fait différents des idées du même nom obtenues par le sens du toucher. D'autres passages ne nous permettent pas de douter que telle ait été effectivement la pensée de Berkeley. Ainsi, dans la section 112 du même *Essai,* il définit soigneusement les deux genres de distance, l'une visible, l'autre tangible.

« La distance entre deux points quelconques ne signifie rien de plus que le nombre de points intermédiaires. Si les points donnés sont visibles, la distance entre eux est marquée par le nombre de points visibles interjacents ; s'ils sont tangibles, la distance qui les sépare est une ligne formée de points tangibles. »

Et ailleurs, la grandeur ou étendue est de deux sortes :

« Il a été montré qu'il y a deux sortes d'objets perçus par la vue, qui ont leur grandeur ou étendue distincte : l'une est proprement tangible, c'est-à-dire qu'elle est perçue ou mesurée par le toucher et ne tombe pas immédiatement sous le sens de la vue ; l'autre est proprement et immédiatement visible, et c'est par son intermédiaire que nous voyons la première espèce de grandeur (§ 55). »

Mais comment pourrons-nous mettre ces passages d'accord avec d'autres qui seront parfaitement familiers à tout lecteur de la *Nouvelle théorie de la vision?* Ceux-ci, par exemple : — « Il est, je pense, reconnu de tous, que la distance, par elle-même et immédiatement, ne peut être vue (§ 2). »

« Nous avons montré que l'espace ou la distance n'est pas plus l'objet de la vue que celui de l'ouïe (§ 130). »

» La distance, de sa nature, n'est pas visible, et cependant elle est perçue par la vue. Il faut donc qu'elle soit mise à la portée de la vue par le moyen de quelque autre idée qui est elle-même immédiatement perceptible dans l'acte de la vision (§ 11). »

» Distance ou espace extérieur (§ 155). »

L'explication est tout à fait simple et réside dans ce fait que Berkeley emploie le mot de *distance* dans trois sens. Quelquefois il s'en sert pour désigner la distance visible, et alors il le réduit au sens de distance avec deux dimensions, ou simple étendue. Quelquefois il veut parler de la distance tangible sous deux dimensions ; mais le plus souvent il veut indiquer la distance tangible sous la troisième dimension ; et c'est dans ce sens qu'il emploie le mot de distance comme équivalent d'espace. La distance sous deux dimensions est, pour Berkeley, non l'espace, mais l'étendue. Prenez un crayon et intercalez les mots *visible* ou *tangible* devant celui de *distance,* toutes les fois que le sens l'exige, et vous verrez que l'exposition de Berkeley se suit parfaitement. Cependant il n'a pas su toujours éviter la confusion qui résulte de ce défaut de précision dans les termes ; et cette confusion atteint son comble dans les dix dernières sections de la *Théorie de la vision,* où il entreprend de prouver qu'une pure intelligence pourvue du sens de la vue, mais non de celui du toucher, ne pourrait avoir aucune idée d'une figure plane. Ainsi, il dit dans la section 156 :

« Tout ce qui est proprement perçu par la faculté visuelle se réduit en somme aux couleurs avec leurs nuances et à des proportions variables de lumière et d'ombre ; mais l'état perpétuellement changeant et flottant de ces objets immédiats de la vue fait qu'on ne peut les traiter comme des figures géométriques, et quand on le pourrait, cela ne serait d'aucune utilité. Il est vrai que plusieurs de ces objets sont perçus en même temps, les uns plus et les autres moins ; mais en mesurer avec soin la grandeur et établir des proportions déterminées et précises entre des choses si variables et si inconstantes, quand même nous croirions possible de le faire, ce serait sans doute encore un travail bien frivole et bien dépourvu d'intérêt. »

Si, dans ce passage, Berkeley veut dire que la vue seule ne peut distinguer une ligne droite d'une courbe, un cercle d'un carré, une ligne longue d'une courte, un angle plus ouvert d'un angle qui l'est moins, sa proposition est certainement absurde en elle-même et contredit en outre ce qu'il avait admis dans les passages cités plus haut. S'il entend seulement, par là, que son pur esprit ne saurait aller très-loin dans sa géométrie, cela peut être vrai ou non ; mais cela contredit encore l'assertion précédemment avancée, qu'un semblable esprit ne pourrait jamais parvenir à connaître même les premiers éléments de la géométrie plane.

Une autre source de confusion qui provient de la précision insuffisante du langage de Berkeley, se trouve dans ce qu'il dit au sujet de la solidité en discutant le problème de Molyneux. Il s'agit de savoir si un homme né aveugle et qui aurait appris à distinguer entre un cube et une sphère, pourrait, en recevant ensuite la vue, distinguer par la vision ces corps l'un de l'autre. Berkeley pense, comme Locke, que cela lui serait impossible ; et il ajoute les réflexions suivantes :

« Cube, sphère, table, sont des mots qu'il connaît comme appliqués à des choses qui peuvent être perçues par le toucher ; mais il ne les a jamais connus comme appliqués à des choses parfaitement intangibles. Ces mots, dans leur application familière, désignaient toujours à son esprit des corps ou objets solides qui étaient perçus à l'aide de la résistance qu'ils opposaient. Mais il n'y a ni solidité, ni résistance, ni projection perçue par la vue. »

Ici *solidité* exprime la résistance à la pression qui est perçue par le sens musculaire ; mais lorsque, dans la section 154, Berkeley dit de sa pure intelligence :

« Il est certain que l'intelligence en question ne pourrait avoir aucune idée d'un solide ou quantité des trois dimensions, ce qui résulte de ce qu'elle n'a aucune idée de distance. »

Il veut parler de cette notion de solidité qui peut être acquise par le sens du toucher, et à laquelle ne se joint aucune notion de résistance dans l'objet solide ; comme lorsque le doigt, par exemple, passe légèrement sur la surface d'une bille de billard.

Une autre cause qui fait qu'il n'est pas facile de bien comprendre Berkeley vient de l'emploi qu'il fait du mot *extériorité* (*outness*). Il semble l'employer indifféremment, lorsqu'il parle du toucher, pour la localisation d'une sensation tactile dans la surface sensible, localisation que nous obtenons réellement par le toucher, et pour la notion de séparation corporelle obtenue par le concours des sensations musculaires et des sensations tactiles. D'autre part, en parlant de la vue, Berkeley emploie *extériorité* pour désigner la séparation corporelle.

Quand on a fait la juste part du vague et de l'ambiguïté que présente quelquefois la terminologie de Berkeley, et qu'on a retranché des parties essentielles de son fameux *Essai* ce qui n'est qu'accessoire, on peut, il me semble, résumer complétement et fidèlement ses vues dans les propositions suivantes :

1. Le sens du toucher donne naissance aux idées d'étendue, de figure, de grandeur et de mouvement.

2. Le sens du toucher donne naissance à l'idée d'*extériorité*, dans le sens de localisation.

3. Le sens du toucher donne naissance à l'idée de résistance, et par suite à celle de solidité, dans le sens d'impénétrabilité.

4. Le sens du toucher donne naissance à l'idée d'*extériorité*, dans le sens de distance sous la troisième dimension, et par suite à celle d'espace ou solidité géométrique.

5. Le sens de la vue donne naissance aux idées d'étendue ou de figure, de grandeur et de mouvement.

6. Le sens de la vue ne donne pas naissance à l'idée d'*extériorité*, dans le sens de distance sous la troisième dimension, ni à celle de solidité géométrique, aucune des idées visuelles ne paraissant être en dehors de l'esprit ou à distance (§§ 43, 50).

7. Le sens de la vue ne donne pas naissance à l'idée de solidité mécanique.

8. Il n'y a aucune ressemblance entre les idées tactiles appelées étendue, figure, grandeur et mouvement, et les idées visuelles auxquelles on donne les mêmes noms, et il n'y a pas d'idées qui soient communes aux deux sens.

9. Quand nous croyons voir des objets à distance, ce qui arrive en réalité, c'est que l'image visuelle nous suggère l'idée que l'objet vu possède la distance tangible : nous confondons la forte croyance à la distance tangible de l'objet avec la vue réelle de sa distance.

10. Les idées visuelles constituent donc une sorte de langage, par lequel nous sommes instruits des idées tactiles qui doivent ou peuvent s'éveiller en nous.

Si nous considérons ces propositions successivement, nous pouvons admettre que tout le monde accordera la première et la seconde, et que, pour la troisième et la quatrième, nous n'avons qu'à entendre le sens musculaire sous le nom de sens du toucher, ainsi que le faisait Berkeley, pour qu'elles soient tout à fait exactes. Je ne comprends pas non plus que personne puisse explicitement nier la vérité de la cinquième proposition, bien qu'elle ait été niée par quelques-uns des partisans de Berkeley, moins attentifs que lui.

Pourtant il faut avouer que c'est seulement avec peine et comme à contre-cœur que Berkeley admet que nous obtenions des idées d'étendue, de figure et de grandeur par la vision pure ; et plus d'une fois, il rétracte à moitié cet aveu, tandis qu'il nie absolument que la vue nous donne aucune notion d'extériorité dans l'un ou l'autre sens du mot. Il déclare même « qu'aucune idée proprement visuelle ne paraît être en dehors de l'esprit ou à une distance quelconque ». Par « idées proprement visuelles », Berkeley entend les couleurs, la lumière et l'ombre ; il affirme donc que les couleurs ne paraissent pas être hors de nous, ni distantes de nous. J'avoue que cette assertion me paraît tout à fait inexplicable. J'ai fait sur ce point des expériences sans nombre, et par aucun effort d'imagination je ne puis me persuader, lorsque je regarde une couleur, que la couleur soit dans mon esprit, et non au dehors et à distance, quoique je sache parfaitement, cela va sans dire, que la couleur, au point de vue du raisonnement, est subjective. C'est la même chose que de regarder le soleil à son coucher, et d'essayer de nous persuader que c'est la terre qui paraît se mouvoir et non le soleil, chose à laquelle je n'ai jamais pu réussir. Même quand les yeux sont fermés, l'obscurité qui se produit alors apporte avec elle l'idée d'extériorité. On regarde, pour ainsi dire, un espace obscur. Le langage usuel exprime l'expérience commune du genre humain sur ce point. Un homme dira qu'il a dans le nez une odeur, dans la bouche une saveur, un chant dans les oreilles, une démangeaison ou une chaleur dans la peau ; mais, quand il a la jaunisse, il ne dit pas qu'il a du jaune dans les yeux, mais bien que tout lui paraît jaune, et s'il est incommodé par des *muscæ volitantes*, il dit, non pas qu'il a des points noirs dans les yeux, mais qu'il voit des points noirs danser devant ses yeux. En fait, il me semble que les sensations visuelles ont spécialement cette particularité de donner invariablement naissance à l'idée de distance, de sorte que la proposition de Berkeley devrait être renversée. Je pense, en effet, que quiconque interrogera soigneusement ses perceptions trouvera que « toute idée proprement visuelle » paraît être en dehors de l'esprit et à distance.

Non-seulement tout objet visible paraît être éloigné, mais il a une certaine position dans l'espace extérieur, exactement comme l'objet tangible paraît avoir une surface et occuper une position déterminée sur la surface du corps. Tout objet visible, en effet, paraît (approximativement) situé sur une ligne tirée de cet objet jusqu'au point de la rétine sur lequel tombe son image. Il est reporté à l'extérieur dans la direction générale du faisceau de lumière par lequel il est rendu visible, exactement de la même manière que, dans l'expérience faite avec le bâton, l'objet tangible est reporté à l'extrémité du bâton.

C'est pour cette raison qu'un objet que nous voyons avec les deux yeux est vu simple et non double. Il se forme deux images distinctes; mais chacune de ces images est reportée au point d'intersection des deux axes optiques; par conséquent, les deux images se couvrent exactement l'une l'autre, et nous paraissent aussi complétement unes que peuvent le paraître deux autres images semblables quelconques ainsi superposées. Et c'est pour la même raison que, si la prunelle de l'œil est pressée en un point quelconque, on voit un point lumineux qui semble être en dehors de l'œil, et dans une direction exactement opposée à celle de la pression.

Les sensations qui nous sont transmises par l'œil sont donc plus complétement attribuées à un objet extérieur que celles qui nous sont transmises par la peau, et la notion de l'existence distincte de corps extérieurs, et par suite de l'espace, nous est directement suggérée par la vue; il me semble qu'il n'y a aucune raison d'en douter. Mais voici une autre question beaucoup plus difficile à résoudre : Pouvons-nous arriver à la notion de solidité géométrique par la vision pure, c'est-à-dire à l'aide d'un seul œil dont toutes les parties sont immobiles? Quelle que puisse être la réponse pour un œil absolument fixe, je pense qu'il ne peut y avoir aucun doute s'il s'agit d'un œil mobile et capable de s'adapter à des distances différentes. Car, avec l'œil mobile, le sens musculaire entre en jeu exactement de la même manière qu'avec la main mobile, et la notion du déplacement, plus le sentiment de l'effort, donne naissance à la conception d'espace visuel, qui est exactement parallèle à celle d'espace tangible.

Quand il y a deux yeux mobiles, la notion d'espace avec trois dimensions s'obtient de la même façon que par les deux mains, mais avec une précision bien supérieure.

Et si, pour prendre un cas semblable à celui que nous avons déjà pris, nous supposons un homme privé de tout sens à l'exception de la vue, et de tout mouvement excepté celui des yeux, il est hors de doute qu'il aurait une conception parfaite de l'espace, et certes une conception beaucoup plus parfaite que celui qui posséderait le toucher sans la vue. Mais naturellement notre homme sans toucher serait dépourvu de toute notion de résistance, et par conséquent, l'espace, pour lui, serait purement géométrique et ne contiendrait point de corps.

Et ici se présente une autre considération curieuse : Quelle ressemblance y aurait-il, si toutefois il y en avait, entre l'espace visible de l'un de ces hommes et l'espace tangible de l'autre?

Berkeley, ainsi que nous l'avons vu (8e proposition), déclare qu'il n'y a aucune ressemblance entre les idées données par la vue et celles que donne le toucher, et l'on ne peut qu'être de son avis, tant que le mot « idées » est restreint à de pures sensations. Évidemment, il n'y a pas plus de ressemblance entre le sentiment d'une surface et celui de sa couleur qu'entre sa couleur et son odeur. Entre les sensations simples dérivées de sens différents, il n'y a pas de commune mesure, et l'on ne peut comparer que les degrés de leur intensité. Ainsi, en tant qu'il s'agit des premiers éléments de la sensation, figure visible et figure tangible, grandeur visible et grandeur tangible, mouvement visible et mouvement tangible sont réellement des choses toutes dissemblables et qui n'ont aucun terme commun. Mais, quand Berkeley va plus loin et déclare qu'il n'y a point « *d'idées* » communes entre les « idées » du toucher et celles de la vue, il me semble qu'il tombe dans une grande erreur qui est la source principale de ses paradoxes en géométrie.

Berkeley, en effet, emploie dans cette circonstance le mot « idée » pour désigner deux ordres tout à fait différents de sensations ou d'états de la conscience. Car ces états peuvent être partagés en deux groupes, les sensations premières, qui existent en elles-mêmes et sans relation avec aucune autre, telles que le plaisir, la douleur et les sensations simples obtenues par les organes sensibles; puis les sensations secondaires, qui expriment les relations que perçoit l'esprit entre les sensations premières, et dont l'existence, par conséquent, implique la préexistence de deux au moins des sensations premières. Telles sont la ressemblance et la différence de qualité, de quantité, de forme; la succession et la simultanéité; la contiguïté et la distance; la cause et l'effet; le mouvement et le repos.

Sans doute il est tout à fait vrai qu'il n'y a aucune ressemblance entre les sensations premières qui se groupent sous les sens de la vue et du toucher; mais il me paraît tout à fait faux, et, qui plus est, absurde, d'affirmer qu'il n'y a aucune ressemblance entre les sensations secondaires, qui expriment les relations des premières.

Le rapport de succession perçu entre les coups visibles d'un marteau est, pour mon esprit, exactement semblable au rapport de succession entre les coups tangibles. La différence entre le rouge et le bleu est un phénomène mental du même ordre que la différence entre le raboteux et le poli. Deux points visiblement distants sont tels, parce qu'une ou plusieurs unités de longueur visible (*minima visibilia*) sont interposées entre eux; et comme deux points distants pour le toucher sont tels parce qu'une ou plusieurs unités de longueur tangible (*minima tangibilia*) sont interposées entre eux, il est clair que la notion de l'interposition d'unités de sensibilité (*minima sensibilia*) est une idée commune à ces deux perceptions. Et soit que je voie un point se mouvoir dans le champ de la vision vers un autre point ou que je sente par le toucher un mouvement semblable, l'idée de la diminution graduelle du nombre d'unités sensibles entre les deux points me paraît être commune à ces deux genres de mouvement.

De là je conclus que, bien qu'il n'y ait aucune ressemblance entre les sensations premières données par la vue et celles qui sont données par le toucher, il y a néanmoins une ressemblance complète entre les sensations secondaires éveillées par l'un et l'autre sens.

Et s'il n'en était pas ainsi, comment donc la logique, qui traite de ces formes de pensée qui sont applicables à toute sorte de sujet matériel, serait-elle possible? Comment la proportion numérique pourrait-elle être aussi vraie des objets visibles que des objets tangibles, s'il n'y avait quelques idées communes entre ces deux sortes d'objets? Et pour pénétrer au cœur du sujet, y a-t-il plus de différence entre les relations des sensations du toucher, que nous appelons lieu et direction, et les relations des sensations de la vue qui portent le même nom, qu'il n'y en a entre ces relations de sensations de la vue ou du toucher que nous appelons succession? Et s'il n'y a pas de différence, pourquoi la géométrie ne s'appliquerait-elle pas aux objets visibles tout aussi bien qu'aux objets tangibles ?

De plus, c'est un fait certain que le sens musculaire est si intimement lié à la fois au sens de la vue et à celui du toucher, que, par les lois ordinaires de l'association, les idées qu'il suggère ne peuvent manquer d'être communes à ces deux sens.

De ce qui a été dit il suit que la neuvième proposition tombe d'elle-même, et que la vue, combinée avec les sensations musculaires produites par le mouvement des yeux, nous donne de la séparation corporelle et de la distance, dans la troisième dimension de l'espace, une notion aussi complète que le toucher combiné avec les sensations musculaires produites par le mouvement de la main. La dixième proposition semble contenir une affirmation parfaitement vraie ; mais elle ne contient que la moitié de la vérité. Il est vrai sans aucun doute que nos idées visuelles sont une sorte de langage par lequel nous sommes informés des idées tactiles qui peuvent ou doivent s'éveiller en nous ; mais cela est vrai, plus ou moins, de chaque sens par rapport à tout autre. Si je mets ma main dans ma poche, les idées tactiles que je reçois m'annoncent d'avance avec exactitude ce que je vais voir (par exemple un trousseau de clefs ou une demi-couronne) quand je la retirerai, et les idées tactiles sont, dans ce cas, le langage qui m'informe des idées visuelles qui vont s'éveiller chez moi. Il en est de même des autres sens : les idées olfactives m'avertissent que je vais trouver, si je les cherche, les phénomènes tactiles et visuels qu'on appelle des violettes. Le goût me dit que l'objet que je suis en train de goûter aura, si je le regarde, la forme d'un clou de girofle, et l'ouïe m'annonce, à chaque minute de ma vie, ce que je vais ou puis voir.

Mais, si l'on ne peut accorder à la « Nouvelle théorie de la vision » une bien grande valeur relativement à l'objet immédiat que se proposait son auteur, elle exerça une influence extrêmement importante en dirigeant l'attention sur la complexité réelle d'un grand nombre de phénomènes de la sensation qui paraissent simples au premier abord. Et quand même Berkeley serait, comme je le pense, dans une erreur complète en supposant que nous ne voyons pas l'espace, l'opinion contraire sert aussi bien son idée générale que l'espace ne peut être conçu que comme une chose pensée par un esprit.

La dernière des « qualités premières » de Locke qui reste à considérer est la solidité mécanique ou impénétrabilité. Mais la conception que nous en avons est tirée du sentiment de la résistance que rencontre notre propre effort ou notre force active, associé avec divers phénomènes tactiles ou visuels ; or, sans contredit, la force active ne peut se concevoir que comme un état de conscience. Cela peut sembler paradoxal ; mais essayez de vous rendre compte de ce que vous entendez par l'attraction mutuelle de deux particules, et vous verrez, je pense, ou bien que vous les concevez simplement comme se mouvant l'une vers l'autre avec une certaine vitesse, et alors vous ne vous représentez que le mouvement en laissant la force de côté, ou bien que vous concevez chaque particule comme animée par quelque chose qui ressemble à votre propre volonté, et faisant un effort comme celui que vous feriez. Et je soupçonne que cette difficulté de concevoir la force autrement que comme une chose comparable à la volition est au fond de la doctrine de Leibnitz sur les monades, pour ne rien dire de Schopenhauer et de son ouvrage *Welt als Wille und Vorstellung ;* tandis que la difficulté contraire de concevoir la force comme quelque chose de semblable à la volition amène une autre école de penseurs à nier aucun autre rapport que celui de succession entre la cause et l'effet.

Résumons-nous. Si le matérialiste affirme que l'univers et tous ses phénomènes se réduisent à de la matière et du mouvement, Berkeley répond : cela est vrai ; mais les choses que vous appelez matière et mouvement ne nous sont connues que comme des formes de la conscience : leur essence est d'être conçues ou connues ; et l'existence d'un état de conscience, indépendamment d'un esprit pensant, est une pure contradiction dans les termes.

Je regarde ce raisonnement comme irréfutable. Et par conséquent, si j'étais obligé de choisir entre le matérialisme absolu et l'idéalisme absolu, je me verrais contraint d'accepter la seconde alternative. Et Locke lui-même, sur ce point, va dans l'idéalisme aussi loin que Berkeley quand il admet que « les idées simples que nous recevons de la sensation et de la réflexion sont les limites de nos pensées, hors desquelles l'esprit, quelques efforts qu'il puisse tenter, est incapable de faire un seul pas (livre II, ch. XXII, § 29). »

Mais Locke ajoute : « Et il ne peut faire aucune découverte, quand même il approfondirait la nature de ces idées et leurs causes cachées. »

Quant à cette proposition, les matérialistes complets la contestent autant d'une part que Berkeley de l'autre.

Le matérialiste complet affirme qu'il y a quelque chose qu'il appelle la « substance » de la matière ; que ce quelque chose est la cause de tout phénomène, soit matériel, soit mental ; qu'il existe par soi-même, qu'il est éternel, et ainsi de suite.

Berkeley, au contraire, affirme avec une égale assurance qu'il n'y a aucune substance matérielle, mais seulement une substance spirituelle, qu'il nomme esprit ; qu'il y a deux sortes de substance spirituelle : l'une éternelle et incréée, qui est la substance de la divinité ; l'autre créée, et éternelle de sa nature une fois créée ; que l'univers, en tant que connu des esprits créés, n'a pas d'existence réelle, mais qu'il est le résultat de l'action exercée par la substance de la divinité sur la substance de ces esprits.

En réponse à cette assertion hardie, Locke affirme simplement que nous ne savons rien sur aucune substance d'aucun genre (1).

« De sorte que si nous descendons en nous-mêmes, et si nous y cherchons quelle notion nous avons d'une pure substance en général, nous trouvons que nous n'en avons aucune idée, mais nous supposons seulement je ne sais quel support de ces qualités qui sont capables de produire en nous des idées simples, lesquelles qualités sont ordinairement appelées des accidents.

» Si l'on demandait à quelqu'un quel est le sujet auquel est attaché la couleur ou la pesanteur, il ne pourrait répondre qu'en disant que ce sont les parties solides et étendues ; et si

(1) Berkeley fait le même aveu d'ignorance quand il admet que nous ne pouvons avoir aucune idée ou notion d'un esprit (*Principes de la science humaine*, § 138), et le moyen par lequel il essaye d'échapper aux conséquences de cet aveu nous fournit un exemple éclatant des efforts désespérés d'un logicien embourbé.

on lui demandait à quoi sont attachées cette solidité et cette étendue, il ne serait guère moins embarrassé que l'Indien mentionné ci-dessus, qui disait que le monde était supporté par un grand éléphant, et à qui l'on demandait sur quoi s'appuyait l'éléphant; à quoi il répondit que c'était sur une grande tortue. Et comme on le pressait encore pour savoir quel était le support de cette tortue au large dos, il répondit que c'était quelque chose, mais qu'il ne savait pas quoi. Et de même ici, comme dans tous les autres cas où nous employons des mots sans avoir d'idées claires et distinctes, nous parlons comme les enfants qui, lorsqu'on leur demande ce que c'est que telle chose, donnent aussitôt cette réponse satisfaisante que c'est quelque chose. En réalité, que cette réponse soit faite par des enfants ou par des hommes, elle signifie tout simplement qu'ils ignorent ce qu'est la chose dont ils prétendent parler et qu'ils prétendent connaître, qu'ils n'en ont aucune idée distincte, et sont, par conséquent, à son égard, dans une ignorance parfaite et dans des ténèbres complètes. Ainsi l'idée que nous avons, et à laquelle nous donnons le nom général de *substance*, n'étant autre chose que le support supposé, mais inconnu, de ces qualités dont nous connaissons l'existence, et qui ne peuvent pas, selon nous, exister *sine re substante*, c'est-à-dire sans quelque chose qui les supporte, nous appelons ce support du nom de *substantia*, qui, suivant le véritable sens du mot, veut simplement dire en anglais *standing under* ou *upholding* (1). » (En français, ce qui est dessous, ce qui soutient.)

Je ne puis m'empêcher de croire que la philosophie acceptera le jugement de Locke comme sa décision définitive.

Supposons qu'un piano eût conscience du son et du son seulement. Il connaîtrait un système de nature entièrement composé de sons, et les lois de la nature seraient pour lui les lois de la mélodie et de l'harmonie. Il pourrait acquérir des idées innombrables de succession, de ressemblance et de différence; mais il ne pourrait arriver à aucune conception d'espace, de distance, ou de résistance, ou de figure, ou de mouvement.

Le piano pourrait alors raisonner ainsi : tout ce que je connais consiste dans les sons et dans la perception des relations des sons; or, l'essence des sons est d'être entendus; il est donc inconcevable que l'existence des sons que je connais puisse dépendre d'aucune autre existence que celle de l'esprit d'un être entendant.

Ce raisonnement serait aussi bon que celui de Berkeley; il serait très-légitime et très-utile en tant qu'il définirait les limites des facultés du piano. Mais, malgré tout, les pianos ont une existence tout à fait indépendante des sons, et la conscience acoustique de notre piano hypothétique dépendrait, en premier lieu, de l'existence d'une « substance », cuivre, bois et fer, et en second lieu de celle d'un musicien. Mais les phénomènes de sa conscience ne pourraient lui donner la plus légère idée ni de l'une, ni de l'autre de ces conditions de l'existence de cette conscience.

Si donc c'est le plus haut point de la science humaine de connaître les limites de nos facultés, il serait peut-être sage de nous rappeler que nous n'avons pas plus le droit de nier que d'affirmer ce qui est au delà de ces limites. L'esprit ou la matière ont-ils une « substance » ou n'en ont-ils pas? C'est un problème dont la discussion n'est pas de notre compétence, et les notions communes sur la matière pourraient tout aussi bien que d'autres se trouver justes. Berkeley lui-même termine la discussion entre ses deux interlocuteurs Philonoüs et Hylas en mettant dans la bouche du premier deux phrases qui expriment bien cette conclusion :

« Vous voyez, Hylas, l'eau de cette fontaine, comment elle est projetée en colonne cylindrique jusqu'à une certaine hauteur, à laquelle le jet se brise et laisse retomber le liquide dans le bassin d'où il s'était élevé; et l'ascension comme la descente sont dues à la même loi ou au même principe uniforme de gravitation. C'est justement ainsi que les mêmes principes qui, à première vue, conduisent au scepticisme, si on les suit jusqu'à un certain point, ramènent les hommes au sens commun. »

TH. H. HUXLEY.

(1) Locke, *De l'entendement humain*, livre II, chap. XXIII, § 2.

COLLÉGE DE FRANCE

MÉDECINE EXPÉRIMENTALE

COURS DE M. CLAUDE BERNARD (1)

de l'Institut de France et de la Société royale de Londres

Influence de la chaleur sur les animaux

I

Messieurs,

Nous vous avons dit bien souvent que la médecine expérimentale ou la médecine scientifique moderne doit être fondée sur l'étude et la connaissance du milieu intérieur propre aux éléments organiques, tandis que la médecine antique n'avait pu prendre en considération que les conditions du milieu extérieur dans lequel vit l'individu tout entier. Sans doute ces deux milieux sont entre eux dans des rapports d'échange constant, mais ils sont cependant bien distincts l'un de l'autre, et en les confondant on s'exposerait aux illusions les plus graves. Ainsi, en ne considérant que le milieu cosmique extérieur, on pourrait croire que l'homme ainsi que beaucoup d'animaux existe dans l'air en quelque sorte à sec, qu'il peut vivre indifféremment dans des températures basses ou élevées, etc. Ce serait là autant d'erreurs. En réalité, les éléments organiques qui manifestent les phénomènes de la vie sont tous plongés dans un milieu liquide et d'une température déterminée. C'est là une loi générale, et ce n'est que par des artifices de construction de la machine vivante que nous voyons des animaux exister dans l'air qui nous entoure. Sans revenir ici sur ces idées du milieu intérieur, que j'ai émises et développées dans d'autres cours, je me bornerai à vous rappeler que tous nos efforts vont se concentrer sur cette étude, parce que c'est dans ce milieu organique que toutes les manifestations vitales, normales ou pathologiques, trouvent leur cause immédiate.

Nous devrons étudier l'atmosphère vitale intérieure comme les physiciens scrutent l'atmosphère extérieure, en passant en revue toutes ses propriétés physiques et chimiques, en consta-

(1) Voyez, dans les sept années de la *Revue des cours scientifiques*, toutes les leçons professées par M. Claude Bernard depuis 1864.

tant leur rapport avec la vie des organismes élémentaires qui en sont les habitants naturels.

Je me proposais d'étudier en premier lieu la température du milieu intérieur, c'est-à-dire la chaleur animale d'une manière générale et de vous montrer par quel mécanisme l'homme et les animaux à sang chaud possèdent normalement une température très-sensiblement fixe, dont ils ne peuvent s'écarter en plus ou en moins sans compromettre gravement le fonctionnement régulier des organes de la vie. Nous aurions examiné ensuite les phénomènes que présente l'être vivant, lorsqu'on le force à sortir de son état thermique physiologique, et lorsqu'on le soumet à l'influence de températures plus élevées ou plus basses que celles au sein desquelles il se trouve plongé dans le courant normal de sa vie. Étant obligé de faire la part de la nécessité du moment et des difficultés de nous procurer des animaux assez volumineux pour exécuter la première espèce d'expériences, nous allons changer cet ordre, qu'il eût été pourtant logique de suivre. C'est pourquoi nous commencerons par la seconde partie de notre programme, les effets de l'élévation ou de l'abaissement de la température sur l'organisme vivant, et parmi ces deux questions, nous nous bornerons à la première, *l'influence sur l'animal de l'exagération de la température extérieure.*

Depuis très-longtemps déjà, on avait remarqué que si les animaux à sang chaud ne se mettent pas en équilibre de température avec le milieu qui les entoure, cela tient à ce qu'ils ont sous ce rapport une résistance qui leur est propre; ils restent chauds dans un milieu plus froid qu'eux, froids dans un milieu plus chaud. Toutefois, les premières études un peu sérieuses faites sur cette résistance au milieu, qui est un caractère distinctif de l'animalité, appartiennent à une époque relativement récente; elles ne datent guère que du XVIIIe siècle et de l'invention du thermomètre : exemple nouveau de cette solidarité remarquable entre les sciences physiques et physiologiques, qui fait que tout progrès dans les premières a presque nécessairement son contre-coup dans les secondes.

Boerhaave (1) admet déjà, comme le fit plus tard Lavoisier, que la respiration est, dans l'animal, une cause de production de chaleur. Il supposait qu'il se développe dans les poumons, sous l'influence des fermentations dont il est le siége, une quantité de chaleur très-considérable qui serait incompatible avec le maintien de la vie, si l'air extérieur, pénétrant à chaque mouvement inspiratoire, ne venait l'absorber, la rejeter au dehors et en débarrasser l'économie. L'air inspiré était donc pour Boerhaave, comme d'ailleurs pour les anciens, une cause de refroidissement et jouait le rôle d'un *rafraîchissant* du sang. Désireux de vérifier l'exactitude de cette opinion, Boerhaave inspira au physicien Fahrenheit quelques expériences dans le but de s'assurer si la respiration de l'air chaud était vraiment nuisible. Un chien, un chat et un moineau, placés dans une étuve à 146° Fahrenheit, c'est-à-dire sensiblement 63° centigrades, périrent rapidement le moineau après 7 minutes, les deux mammifères après 28 minutes environ. De ces résultats, Boerhaave conclut qu'en faisant respirer à un animal de l'air chaud, au lieu d'air frais, on empêche l'évacuation de la chaleur intérieure par le milieu atmosphérique, et qu'on suspend fatalement les fonctions de la vie. Rien de plus net, rien de plus clair en apparence, et cependant rien de plus faux. L'expérience est parfaitement exacte, et nous verrons que les résultats en ont été confirmés par tous les expérimentateurs subséquents; mais la conclusion n'en est pas moins fausse, parce qu'on a raisonné d'une manière trop absolue et conclu trop précipitamment. Ici, comme cela est arrivé bien souvent, l'expérience avait raison, mais le raisonnement avait tort; ce qui nous dévoile, pour le dire en passant, un précepte bien important, c'est qu'il ne faut jamais confondre les expériences bien faites, dont les résultats sont innombrables, avec les conclusions erronées et discutables qu'on peut en tirer.

(1) Boerhaavi *Elementa chemiæ*, t. I, p. 148.

Aussi, les objections contre la conclusion de Boerhaave ne tardèrent pas à se produire. C'était déjà, en effet, un fait d'expérience vulgaire que les animaux et l'homme lui-même pouvaient supporter une température extérieure supérieure à celle de leur propre corps. En 1748, John Lining (1) publia, dans les *Transactions philosophiques*, des observations faites à Charlestown. Il montra que l'homme vivait dans cette localité à la température de 90 à 95° Fahrenheit (32° centigrades) à l'ombre et de 124° Fahrenheit (51° centigrades) au soleil. Adanson, dans son voyage au Sénégal, raconte qu'en voyageant sur le Niger la température de sa chambre montait dans le jour à 40 ou 45° Réaumur. Il était ainsi démontré que la vie est possible dans ces régions tropicales, où la température s'élève fréquemment pendant le jour au-dessus de 40° centigrades, c'est-à-dire au-dessus de la température du corps de l'homme.

La question restait donc indécise, lorsque, au commencement de ce siècle, MM. Berger et Delaroche entreprirent de nouvelles expériences plus précises, sur lesquelles nous devons nous arrêter quelques instants, parce qu'elles eurent un grand retentissement et qu'elles ont été le point de départ des nôtres. En 1806, dans sa thèse inaugurale de médecine ayant pour titre : *Expériences sur les effets qu'une forte chaleur produit dans l'économie animale*, M. Delaroche admet que deux caractères propres aux animaux les distinguent des autres corps de la nature : 1° résister au froid, c'est-à-dire posséder une température plus élevée que le milieu ambiant; 2° résister à la chaleur, c'est-à-dire rester dans une température inférieure à celle du milieu ambiant.

M. Delaroche fait d'abord trois séries d'expériences dans le but de vérifier le degré de chaleur que peuvent supporter les animaux. Pour cela, les animaux sont placés dans une étuve sèche, c'est-à-dire une sorte de boîte ou de cage dans laquelle passe de l'air chaud. Un thermomètre dont la tige est au dehors indique la température intérieure.

Première expérience (chaleur supportée sans mourir).

Un chat, un lapin, un pigeon, un bruant et une grosse grenouille furent introduits dans l'étuve dont la température est de 34 à 36 degrés (Deluc). A 1 heure 15 minutes, tous les animaux sont introduits dans l'étuve.

Chat.....	à 2 h.		L'animal, couché au fond de sa cage, devient agité, respiration fréquente.
Id.	2	35 m.	Agitation plus grande, cris plaintifs, yeux vifs et brillants.
Id.	2	45	Retiré de l'étuve, rentre bientôt dans son état naturel.
Lapin....	à 1 h.	50 m.	Respiration s'accélérant de plus en plus.
Id.	2	15	Respiration gênée.
Id.	2	45	Retiré de l'étuve, rentre bientôt dans son état normal.

(1) John Lining, *Letter to C. Mortimer concerning the weather in South Carolina*; *Philosoph. Transact.*, etc. 1748, p. 330.

Pigeon...	à 1 h. 45 m.	Devient haletant, bec entr'ouvert.
Id.	1 55	Très-faible et présente un tremblement général.
Id.	2 25	Cet état diminue peu à peu.
Bruant...	à 1 h. 25 m.	Agité et haletant. Cet état continue encore, et l'animal n'est remis qu'une heure après la sortie de l'étuve.
Grenouille.	à 1 h. 25 m.	Respiration d'abord plus fréquente, reprend ensuite son type normal. A la sortie de l'étuve, la température de la grenouille est de 19 degrés. Mise dans de l'eau froide, elle revient bientôt à son état naturel.

Deuxième expérience (chaleur devenue mortelle).

Les animaux de l'expérience précédente sont remis le lendemain dans la même étuve qui monte cette fois de 45 à 52 degrés. A 4 heures 5 minutes, les animaux sont introduits dans l'étuve.

Chat........	6 h., mort avec convulsions et troubles respiratoires.
Lapin.......	6 h., mort avec agitation, puis coma.
Pigeon......	5 h. 25 m., mort avec agitation, tremblements, convulsions.
Bruant......	4 h. 29 m., mort avec respiration accélérée et agitation.
Grenouille....	6 h., elle est parfaitement vivante, retirée de l'étuve.

Troisième expérience (résistance des invertébrés à la chaleur).

Deux bulimes, deux sangsues, deux scarabées nasicornes mâle et femelle, deux larves du même insecte, deux courtilières, trois punaises de bois, furent introduites dans l'étuve, dont la température était de 35 à 37°.

Les *bulimes* rentrent dans leur coquille et se détachent des parois de l'étuve; puis, remises dans l'eau, elles reviennent à leur état normal. — Les *sangsues* se ramassent sur elles-mêmes et restent dans cet état pendant tout leur séjour dans l'étuve. — Les *scarabées*, d'abord très-agités, deviennent sur la fin de l'expérience plus tranquilles.

De l'ensemble de toutes ses expériences sur les animaux, dont nous n'avons rapporté ici que quelques-unes, M. Delaroche tire les conclusions suivantes :

Tous les animaux ont la faculté de résister à la chaleur pendant un certain temps ; mais cette résistance n'est pas la même chez tous, ce qui fait qu'ils ne sont pas tous également affectés par la chaleur.

Les animaux de petite masse succombent après un espace de temps assez court à une chaleur de 45 à 50°. La gravité des symptômes est d'autant plus grande et la mort d'autant plus rapide que la chaleur est plus considérable.

Le volume semble donc avoir une influence marquée sur l'action de la chaleur sur les animaux.

L'organisation ou la classe à laquelle ils appartiennent établit également des différences entre ces animaux. Les animaux à sang froid et les larves d'insectes supportent plus longtemps la chaleur que les animaux à sang chaud. C'est l'inverse pour les insectes à l'état parfait.

Dans une deuxième section de son travail, M. Delaroche examine le degré de température que peut supporter l'homme. Des nombreuses expériences entreprises à ce sujet avec M. Berger et faites sur eux-mêmes, il arrive à conclure que tous les hommes ne peuvent pas également supporter la même température. De 49 à 58°, l'étuve devint insupportable pour M. Delaroche, qui en fut malade ; M. Berger n'en fut que légèrement fatigué. D'un autre côté, M. Berger n'a pu rester que 7 minutes dans une température à 87°, tandis que M. Blagden a supporté pendant 12 minutes une température de 83° 1/3 (Deluc).

Quoique l'homme puisse résister jusqu'à un certain point à une chaleur élevée, il n'en résulte pas moins que la chaleur peut devenir nuisible à des degrés moins élevés, quand elle est supportée longtemps. Dans le mois de juin 1738, deux hommes tombèrent morts de chaleur dans les rues de Charlestown (J. Lining). Ce jour-là, la chaleur au soleil était de 40° 8/9 (Deluc). Ce jour-là moururent également plusieurs esclaves dans la campagne, au milieu de leurs travaux. On voit quelquefois dans la Pensylvanie les moissonneurs tomber au milieu des champs (Franklin, 1743), etc.

L'homme, comme les animaux à sang chaud, peut donc résister pendant un certain temps aux effets nuisibles de la chaleur, ce qui permet de lui appliquer les résultats des analyses expérimentales que nous ferons sur les animaux.

Dans un second mémoire, publié trois années plus tard (1), M. Delaroche rechercha quelle pouvait être la cause et le mécanisme de cette résistance à la chaleur qui donne à l'organisme la faculté de garder une température inférieure à celle du milieu ambiant dans lequel il est plongé. Il n'hésita pas à attribuer une importance prépondérante à un fait purement physique, l'évaporation, qui se produirait sur les surfaces cutanée et pulmonaire.

Des physiologistes tels que Fordyce et Blagden avaient admis dans le corps vivant une cause vitale capable de produire du froid, de même qu'il y a chez nous une cause vitale capable de donner lieu à la chaleur animale. M. Delaroche veut prouver que cette production de froid est due à une cause toute physique. Blagden et Fordyce avaient conclu en outre que les animaux maintiennent leur corps à une température fixe, quelle que soit la chaleur du milieu ambiant, et que, par conséquent, la faculté de produire du froid était aussi développée chez eux que celle de produire de la chaleur. M. Delaroche et son ami M. Berger s'élèvent contre cette opinion ; car ils avaient observé que des animaux exposés à une température de 35 à 40° centigrades s'échauffaient d'une manière très-sensible, sans atteindre toutefois la température du milieu ambiant. Cette élévation de chaleur avait pu aller dans leurs expériences sur les animaux jusqu'à 6 ou 7° centigrades, et lorsque la chaleur ambiante était très-forte, cette augmentation de chaleur n'avait d'autre limite que la mort. Des résultats analogues furent observés chez l'homme ; chez des personnes placées, le corps dans un bain de vapeur et la tête dehors, on constata, avec un petit thermomètre placé dans la bouche, que la température du corps augmentait.

Voici une expérience de M. Delaroche, qu'on peut objecter à l'opinion de Blagden et Fordyce. Cette expérience prouve en effet que la température du corps s'élève dans un milieu plus chaud.

Etuve sèche à..................................	45°
Un lapin y séjourne............................	1 h. 40 m.
Température prise dans le rectum (2) chez le lapin avant.....	39°,7
Température prise après........................	43°,8

Une grenouille exposée à la même chaleur, dans la même étuve, a acquis, au bout d'une heure, une température propre

(1) *Mémoire sur la cause du refroidissement qu'on observe chez les animaux exposés à une forte chaleur*, lu à l'Institut le 6 novembre 1809 (*Journal de physique*, t. LXXI, p. 289, 1810).

(2) Les températures sont toujours prises dans le rectum, considéré comme le point le plus fixe dans la température normale intérieure.

de 26°,7, qu'elle a conservée pendant le reste du séjour, qui a été d'une heure et demie. Une autre grenouille, exposée à une chaleur de 46°,2, s'est élevée à 28° et y est restée stationnaire.

Mais les partisans de l'évaporation par la peau et par les poumons, comme cause de la résistance des animaux à la chaleur, n'avaient pas démontré leur opinion. On objectait d'ailleurs que le refroidissement produit par l'évaporation n'est pas suffisant pour expliquer la différence qu'on observe entre la température des animaux exposés à une forte chaleur et celle du milieu ambiant.

Pour résoudre cette objection, M. Delaroche examina comparativement l'influence de la chaleur sur la température des animaux et sur celle des corps bruts, dont la surface entière fut humectée. Il plaça dans une étuve divers animaux, des alcarazas pleins d'eau et des éponges humides.

Dans un panier divisé en deux compartiments, on plaça, d'un côté, un lapin, et de l'autre, un alcarazas. L'étuve était à 45° : la température du lapin était de 39°,7, et elle s'éleva à 43°,8; la température de l'alcarazas était de 35°, s'est abaissée jusqu'à 31°,4 et est restée stationnaire.

Dans une autre expérience, l'étuve avait 36°,5. Une grenouille et deux éponges y furent placées. Après une heure, la grenouille avait acquis une température stationnaire de 28°, et les éponges, l'une 27°,9, l'autre 27°,6.

Toutes les expériences de M. Delaroche faites dans cette direction montrèrent que, dans tout les cas, les alcarazas ou les éponges, qu'ils eussent été introduits froids ou chauds, prenaient une température inférieure à celle qu'acquéraient les animaux à sang chaud, mais qu'ils se mettaient à peu près à la même température que les animaux à sang froid. Et c'est ainsi que M. Delaroche arrive à conclure que l'évaporation produisant un refroidissement aussi grand ou plus marqué que celui qu'on observe sur les animaux, est capable d'expliquer la résistance à la chaleur.

Mais il ne suffit pas qu'une chose puisse être pour qu'elle soit réellement. C'est pourquoi M. Delaroche poursuit encore la démonstration. Si l'évaporation, dit-il, est la seule cause qui produise le refroidissement, en la supprimant dans le poumon ou à la surface de la peau, on devra s'opposer au refroidissement, et les animaux devront acquérir une température égale et supérieure à celle du milieu ambiant.

Voici les expériences qu'il a instituées à ce sujet. Une étuve humide fut disposée de manière que les animaux étaient plongés dans de la vapeur d'eau, arrivant dans une sorte de boite ou de cage où se faisait le renouvellement de l'air. Un thermomètre centigrade dont la tige sortait au dehors indiquait la température intérieure de l'étuve.

La température des oiseaux, dit M. Delaroche, s'est élevée au-dessus de celle de l'air humide dans lequel ils sont plongés; parce que, chez eux, la faculté de produire du froid a été anéantie. Donc, cette faculté dépend de l'évaporation. Et si la température des animaux, au lieu de se mettre en équilibre avec le milieu ambiant, s'est élevée au-dessus, c'est que la cause productrice de la chaleur animale, continuant d'agir, avait pu déterminer cette élévation de température. Mais pourquoi alors cette élévation de température n'a-t-elle pas été plus considérable? C'est ce que l'on ne pourra dire, ajoute-t-il, que lorsqu'on connaîtra la cause de la chaleur animale.

Toutefois, chez les grenouilles, l'élévation de la température propre au-dessus de celle du milieu humide ambiant a été très-faible; chez ces animaux leur excès de température sur le milieu ambiant est aussi considérable lorsqu'ils sont exposés à la chaleur que lorsqu'ils sont exposés au froid. Dans l'eau chaude, ils se mettent constamment en équilibre de température avec le liquide, et cela arrive sur les grenouilles mortes ou vivantes. Tout cela semblerait indiquer, suivant M. Delaroche, que, chez ces animaux, cette cause de la chaleur propre n'est pas la même que chez les animaux à sang chaud.

Voici le tableau des résultats obtenus dans les expériences de M. Delaroche :

ANIMAUX.	DURÉE DU SÉJOUR dans l'étuve.	TEMPÉRAT. de l'étuve.	TEMPÉRAT. de l'animal après séjour.	TEMPÉRAT. de l'animal avant.
		°	°	°
1. Lapin.	59 min.	38,7	42,4	40
2. Id.	55	38,7	43	39,6
3. Id.	52	40,7	43,6	40
4. Id.	55	38,7	42,9	39,6
5. Id.	75	38,7	42,7	40
6. Id.	55	40,7	43,1	39,7
7. Cabiais.	56	37,7	42,7	39
8. Id.	55	38,7	42,9	39
9. Id.	48	40,7	43,5	39
10. Id.	55	40,7	44,2	38,4
11. Pigeon.	55	3[illegible],7	43,8	42,5
12. Id.	40	40,7	45	41,9
13. Id.	42	41,9	46,9	41,8
14. Grenouille.	73	25,6	26	—
15. Id.	50	27,2	27,8	—

Nous voyons donc que malgré ses expériences, l'auteur trouve encore des obscurités dans son sujet. Quelque part, dans son mémoire, il dit : Dans toutes les fonctions de l'homme et des animaux, il se passe des phénomènes de deux ordres, les uns physiques et mécaniques, les autres vitaux. Mais, pour M. Delaroche, les mots phénomènes vitaux sont synonymes de phénomènes de cause inconnue. Aussi, quand il conclut de l'ensemble de son travail que le développement du froid chez les animaux exposés à une forte chaleur est le résultat de l'évaporation de la matière de la transpiration, il s'empresse d'ajouter qu'on ne saurait exactement comparer d'une manière absolue, sous ce rapport, les corps vivants aux corps bruts, et que ce phénomène est à la fois le résultat de causes physiques et de causes vitales qui règlent l'action du système exhalant.

Telles sont les conclusions générales des travaux de M. Delaroche sur la question qui va faire le sujet de notre étude. Nous avons donné un certain développement à cet examen historique, pour indiquer que la question qu'a traitée M. Delaroche n'est pas absolument résolue, comme beaucoup de physiologistes paraissent le croire, et pour montrer que l'objet de nos recherches sera tout à fait différent; car il s'agira uniquement pour nous d'étudier le mécanisme de la mort sous l'influence de la chaleur.

II

Nous savons que la chaleur, qui est une condition essentielle de la vie, exerce une influence nuisible ou toxique sur les êtres vivants, lorsqu'elle dépasse certaines limites. Cette influence funeste n'est toutefois pas instantanée; c'est pourquoi on a dit que les êtres vivants lui opposaient une certaine force de résistance, et c'est cette force de résistance que M. Delaroche a voulu expliquer par le refroidissement dû à l'évaporation. Nous aurons plus tard à examiner si cette résistance à la chaleur existe réellement, comme on l'a cru. Pour le moment, nous allons nous borner à constater les effets toxiques produits par la chaleur sur l'économie vivante. Nous étudierons d'abord les phénomènes dans leur ensemble, puis nous les analyserons en examinant successivement l'action du calorique sur les divers systèmes organiques dont la réunion constitue l'organisation totale.

Le sujet dont je vais vous entretenir m'a occupé dans ma jeunesse et dès mon entrée dans la carrière physiologique. Les premières expériences que j'ai faites sur cette question datent de 1842. J'en ai souvent rappelé les résultats généraux; mais je n'ai jamais publié les expériences en détail, parce que je voulais les reprendre dans de meilleures conditions. Ne pouvant pas avoir les moyens d'installation nécessaires, j'avais expérimenté avec des appareils très-grossiers et pour ainsi dire primitifs. Néanmoins, je vais vous exposer aujourd'hui ces expériences; car, si elles n'ont pas été exécutées avec tous les perfectionnements désirables, elles ont cependant le mérite d'être comparables entre elles, et elles ont, sous ce rapport, toute leur valeur comme détermination de la direction des phénomènes dans leur appréciation qualitative, sinon quantitative.

L'appareil qui servait à mes expériences consistait en une sorte de grande caisse de bois de sapin, que j'avais construite moi-même. L'intérieur de cette caisse était divisé suivant sa hauteur en deux parties, par une cloison ou un treillage de corde, sur lequel reposait l'animal soumis à l'expérience. Par

FIG. 1.

la partie supérieure de la caisse, on introduisait lès animaux, et une porte se refermait sur eux. Par la partie inférieure, la caisse reposait sur une de ces plaques de fonte qu'on met dans le fond des cheminées et que j'avais achetée chez un marchand de bric-à-brac. Au-dessous de cette plaque de fonte était un fourneau plein de charbon de bois allumé, qui échauffait l'air de la boite, dont la température était indiquée par un thermomètre, dont le réservoir plongeait dans le haut de la caisse, tandis que la tige restait au dehors. Enfin une fenêtre, percée latéralement et garnie d'une grosse toile froncée comme une bourse servant dans certains cas de collier, permettait de placer à volonté l'animal dans la caisse, avec la tête dehors, ou, au contraire, de lui mettre la tête dans l'étuve, le corps restant à l'extérieur.

Le premier résultat que j'ai observé dans mes expériences, et qui concorde d'ailleurs avec ceux obtenus par M. Delaroche, c'est que les animaux ne peuvent pas vivre indéfiniment dans une température plus élevée que celle de leur corps. Ils finissent tous par y mourir, mais dans des temps inégaux : en thèse générale, la mort survient d'autant plus rapidement que l'animal offre une masse plus grande. D'un autre côté, la classe des animaux a de l'influence : les oiseaux sont plus sensibles à cette influence toxique de la chaleur que les mammifères. Voici des résultats d'expériences qui établissent cette proposition :

Animaux.	Étuve sèche. Températ.	Temps nécessaire pour amener la mort.
Pigeon	90°	6 min.
Id	90	6,5
Chien	90	24
Cochon d'Inde	100	5
Id.	100	6
Lapin	100	10
Chien	100	18

Nous avons dit aussi qu'à masse égale les animaux meurent d'autant plus rapidement que la température est plus élevée : c'est ce que prouvent les expériences qui suivent :

Animaux.	Température de l'étuve sèche	Temps après lequel est survenue la mort.
Lapin	120°	7 min.
Id	100	10
Id	80	18
Id.	80	17
Id.	65	25
Chien	100	18
Id.	90	24
Id.	80	30

Nous allons rapporter une série d'expériences faites sur des animaux d'une même espèce, qui d'une autre manière prouvent la même proposition. Des lapins soumis à des températures différentes ont été extraits au bout d'un même temps de l'étuve, et n'ont pas été atteints de la même manière, comme on le voit :

Animaux.	Température de l'étuve sèche.	Temps de séjour.	
Lapin..	100°	9 min.	Retiré mort.
Id....	80	9	Retiré vivant, mais mort le lendemain.
Id....	60	9	Retiré vivant et s'est remis.
Id....	58	9	Retiré vivant, s'est remis rapidement.

Ainsi, sur ces quatre animaux, un seul a succombé immédiatement et les autres ont présenté des troubles qui, pour le même temps, ont disparu à mesure que la température s'est abaissée, bien qu'elle restât toujours supérieure à celle du corps de l'animal.

Tous les résultats qui précèdent se rapportent à l'action de la température *sèche* sur l'économie ; mais si l'on fait agir, au contraire, la température *humide*, ce à quoi l'on parvient facilement en faisant arriver de la vapeur d'eau dans la caisse où se trouve l'animal, on voit que les phénomènes affectent une marche beaucoup plus rapide, et la mort survient dans un temps beaucoup plus court et à une température plus basse, pourvu qu'elle soit plus élevée que celle du corps de l'animal : il suffit pour s'en convaincre de comparer le tableau suivant aux précédents :

Animaux.	Température humide.	Temps de la mort.
Lapin	80°	2 min.
Id.	60	3
Id.	45	10

Une expérience faite dans un bain chaud a donné les mêmes résultats.

Un chien adulte de petite taille est placé dans un bain à 55 degrés, au bout de huit minutes la cornée est devenue insensible ; température dans le rectum de 39°,8 avant s'est élevée à 45 ; l'animal meurt et présente le cœur arrêté et une rigidité cadavérique très-prompte, sang noir dans toutes les cavités du cœur, etc.

Ainsi, il est donc bien établi, d'après nos expériences, comme d'après celles de nos prédécesseurs, qu'une chaleur plus élevée que celle du corps est chez les animaux à sang chaud un véritable agent toxique. Nous n'insisterons pas davantage sur ce fait qui est désormais acquis à la science.

Examinons maintenant quels sont les symptômes que l'animal éprouve sous l'influence de la chaleur. Constatons-les d'abord, ainsi que je vous l'ai dit, et nous en chercherons ensuite l'explication en pénétrant plus profondément dans l'organisme au moyen de l'autopsie *immédiate* selon notre méthode ordinaire.

Sous l'influence d'une température plus élevée que celle de son corps, l'animal *s'échauffe* peu à peu ; sa température intérieure s'élève, et il meurt lorsque la température de son sang atteint une certaine limite. Pour constater la chaleur intérieure des animaux, nous avons plongé le réservoir d'un petit thermomètre dans le rectum, la température du rectum pouvant être considérée comme représentant à peu près la température du sang dans les organes intérieurs.

Ainsi, en prenant la température du rectum d'un animal avant de le mettre dans l'étuve, et au moment où il y meurt, on constate que cette température s'est élevée d'une quantité sensiblement fixe pour chaque classe animale. C'est ainsi que les oiseaux, les pigeons, par exemple, dont la température normale est de 45 degrés environ, expirent lorsqu'ils ont atteint 48 à 50 degrés. Les mammifères, dont la température normale est de 38 à 40 degrés, meurent vers 44 ou 45 degrés.

Le temps nécessaire à cette élévation de température n'a rien d'absolu ; il est d'autant plus court que la chaleur extérieure est plus intense, et que l'animal est de moindre masse, et la mort est alors d'autant plus rapide. Il en est de même de la perte de poids qu'éprouvent les animaux sous l'influence de l'évaporation. Cette perte n'a rien de précis, elle dépend de la durée du séjour de l'animal dans l'étuve, et elle peut être nulle dans l'étuve humide.

Ce qui est fixe, c'est donc seulement le degré de l'augmentation de température intérieure de l'animal ; le thermomètre introduit dans l'anus de l'animal l'accuse constamment, de sorte qu'on peut dire que l'échauffement du sang jusqu'à un certain degré de température est la condition nécessaire de la mort.

Nos expériences, sous ce rapport, comme on le voit, sont en désaccord avec celles de Fordyce et Blagden, tandis qu'elles correspondent à celles de MM. Delaroche et Berger. Fordyce et Blagden avaient cru que les animaux à sang chaud ont une température tellement fixe qu'ils ne s'échauffent pas lorsqu'ils sont soumis à l'influence d'une température ambiante plus élevée que celle de leur corps. M. Delaroche avait bien observé que les animaux éprouvent une certaine élévation de température ; mais nous avons constaté de plus que cette élévation a des limites fixes au delà desquelles la vie ne peut plus continuer. Il y a pour le milieu intérieur une limite de température animale au-dessus de laquelle la vie des éléments organiques est devenue impossible.

Cette limite pour les animaux à sang chaud est, ainsi que nous l'avons dit, de 4 à 5 degrés plus élevée que la température normale. On peut remarquer ce fait singulier, que la température de 45 degrés environ, qui est normale pour un oiseau, représente précisément la température mortelle d'un mammifère. Chez les animaux à sang froid (grenouilles), la limite nous a paru être environ de 37 à 39 degrés.

Les résultats précédents ont été obtenus en soumettant l'animal à l'action de la chaleur, en le plongeant tout entier dans l'étuve. Si l'on fait varier le mode d'administration de la chaleur en l'appliquant exclusivement sur la surface cutanée ou pulmonaire, le temps de la mort ne sera pas le même, mais la température mortelle n'en restera pas moins fixe ; seulement elle arrivera plus ou moins promptement, comme on peut le voir par les résultats qui suivent :

Première expérience.

Animaux.	Étuve sèche.	Séjour.		Température avant.	Température après.
Lapin (en entier dans l'étuve)	100°	19 m.	(mort)	38°	45°
Lapin (corps dans l'étuve, tête dehors)	100	25	(retiré mal., m. le lend.)	38,5	44,5
Lapin (tête dans l'étuve, corps dehors)	110	25	(ni mort, ni malade)	38	40

On voit, d'après cette première expérience, que l'air chaud appliqué sur la peau produit une élévation de température plus rapide et plus promptement mortelle que lorsque l'air chaud est appliqué sur la surface pulmonaire. Ce fait est directement en opposition avec l'opinion de Boerhaave. Vous vous rappelez qu'il attribuait la mort à l'application de l'air chaud sur le poumon qui empêchait le rafraîchissement du sang.

L'expérience suivante, faite comparativement sur trois lapins sensiblement de même taille, est destinée, comme la précédente, à démontrer les effets divers de la chaleur suivant la surface d'application.

Deuxième expérience.

A. Premier lapin. — Étuve sèche à 100 degrés. L'animal est plongé en entier dans l'étuve, de telle façon que la surface cutanée et la surface pulmonaire sont en contact avec l'air chaud. On prend la température dans le rectum de cinq minutes en cinq minutes.

Température initiale normale..		40°	
Id.......	après 5 min.	41	
Id.......	— 10	44	respiration accélérée.
Id.......	— 16	44,5	mort.

B. Deuxième lapin. — Étuve sèche à 100 degrés. On introduit la tête de l'animal dans l'étuve, de manière qu'il respire l'air chaud, tandis que son corps reste dehors et est en rapport avec l'air frais. On prend alors la température dans le rectum de cinq minutes en cinq minutes.

Température initiale normale..		40°	
Id.......	après 5 min.	40	
Id.......	— 10	40	respiration s'accélère.
Id.......	— 15	41	respiration de plus en plus accélérée.
Id.......	— 20	41	
Id.......	— 25	43	
Id.......	— 30	43	
Id.......	— 38	43	mort.

C. Troisième lapin. — Étuve à 100 degrés. Tête hors de l'étuve, de façon que l'animal respire l'air frais, tandis qu'il a la peau du corps en contact avec l'air chaud. On prend la température de cinq minutes en cinq minutes.

Température initiale normale..		39°,5	
Id.......	après 5 min.	42	
Id.......	— 10	43	respiration accélérée.
Id.......	— 15	44	cris.
Id.......	— 20	45	mort.

Comme résultats de ces trois expériences, on peut constater que l'élévation de température est beaucoup plus lente, et le séjour dans l'étuve plus prolongé lorsque l'air chaud n'est appliqué que sur la surface pulmonaire. La condition la plus nuisible est évidemment lorsque l'animal a tout le corps plongé dans une atmosphère d'air chaud.

Ainsi, quel que soit le mode d'administration de la chaleur, l'animal meurt lorsqu'il arrive à une limite fixe de température de 4 à 5 degrés environ plus élevée que sa température normale. Cet échauffement de l'animal ne se fait pas de proche en proche, par simple conductibilité de ses tissus. Si l'on compare à cet égard l'échauffement d'un animal mort et d'un animal vivant, en le plaçant dans les mêmes conditions, on constate que le premier s'échauffe beaucoup plus lentement; c'est donc par la circulation qui charrie incessamment le sang de la périphérie au centre, que se produit ce phénomène d'échauffement; et en effet, l'élévation de température est d'autant plus rapide que la respiration et la circulation sont plus rapides elles-mêmes. C'est pourquoi, toutes choses égales d'ailleurs, les oiseaux périssent plus vite que des mammifères, et ceux-ci plus vite que les animaux à sang froid.

Lorsque l'animal éprouve les effets toxiques de la chaleur, il présente une série de symptômes constants et caractéristiques. Il est d'abord un peu agité; bientôt la respiration et la circulation s'accélèrent, l'animal ouvre la bouche, il est haletant, et il devient bientôt impossible de compter les mouvements respiratoires; enfin il tombe en convulsions et il meurt le plus souvent subitement en poussant un cri. Nous répétons que ces phénomènes se succèdent plus ou moins vite suivant les conditions particulières dans lesquelles on fait l'expérience, et si la température est assez élevée, la mort survient si rapidement que l'animal semble foudroyé.

En ouvrant le cadavre immédiatement après la mort, nous avons constaté généralement un arrêt des battements du cœur, une coloration noire du sang dans les artères et les veines, quelquefois des taches ecchymotiques, analogues aux taches de purpura, sur la peau. Enfin la rigidité cadavérique survient avec une très-grande rapidité, comme cela arrive dans l'emploi des poisons dits poisons musculaires ou poisons du cœur.

Tel est le résumé général de nos anciennes expériences, et tels sont les résultats généraux auxquels nous nous étions arrêtés.

Nous avons disposé dans les tableaux ci-dessous l'ensemble de ces résultats, afin qu'on puisse les comparer d'un seul coup d'œil, et en tirer toutes les conséquences qui y sont contenues et dont nous n'avons fait qu'indiquer historiquement les principales.

Dans la prochaine séance, nous partirons des résultats de mes recherches de 1842 pour en entreprendre de nouvelles, afin de pénétrer plus avant dans l'analyse de la question importante de l'influence de la chaleur sur l'organisme animal. C'est là, comme je vous l'ai annoncé, l'objet spécial de notre étude actuelle, et c'est précisément en cela que nos recherches diffèrent de celles de M. Delaroche. Cet auteur avait particulièrement en vue l'explication de la résistance des animaux à une température élevée, et il l'expliquait par le refroidissement que produit l'évaporation à la surface de la peau et du poumon. Sans méconnaître dans les êtres vivants les phénomènes d'évaporation, et sans nier leurs conséquences physiques, nous n'aurons pas à en tenir compte dans le problème qui nous occupe. En effet, ce que nous voyons, c'est que dans un milieu extérieur plus chaud que son milieu intérieur, l'animal s'échauffe et tend à se mettre en équilibre de température avec l'atmosphère qui l'entoure. Or, la vie n'oppose réellement pas une résistance à cet échauffement, puisqu'un lapin vivant s'échauffe plus vite qu'un lapin mort. La vie accélère au contraire l'élévation de température, parce que la chaleur animale s'ajoute à la chaleur acquise, et parce que le renouvellement du sang, à la périphérie qui est la condition de l'échauffement, se fait avec beaucoup plus d'activité.

Quant à la rapidité de la mort, plus grande dans l'étuve humide, elle résulterait, suivant nous, de ce que l'animal est dans des conditions physiques plus favorables à l'échauffement, mais non du fait d'évaporation par la surface du corps. J'ai constaté en effet qu'en supprimant l'évaporation cutanée, la mort, au lieu de survenir plus vite, arrive au contraire plus lentement qu'à l'état normal. Voici l'expérience :

Deux lapins ont été placés dans une étuve humide à 70 degrés, avec cette différence que l'un d'eux était à l'état normal, tandis que l'autre avait été préalablement huilé sur toute la surface du corps, de manière à empêcher l'évaporation par la peau. Les deux animaux présentèrent les phénomènes ordinaires que produit l'action de la chaleur; toutefois, chez le lapin huilé, la respiration s'est montrée beaucoup moins accélérée que chez le lapin normal. — La mort survint au bout de quarante-huit minutes chez le lapin normal avec des cris et des convulsions, tandis qu'elle n'eut lieu qu'au bout de soixante-cinq minutes chez le lapin huilé, sans convulsions ni cris. Chez le premier, la température s'était accrue jusqu'à 44 degrés, et chez le second, jusqu'à 45 degrés. Chez les deux animaux, la rigidité cadavérique se montra avec une très-grande rapidité.

Toutes ces expériences montrent donc que les phénomènes

ANIMAUX.	ÉTUVE SÈCHE	CONVULSIONS, MORT	TEMPÉRATURE		POIDS		DIFFÉRENCE	OBSERVATIONS.
			AVANT	APRÈS	AVANT	APRÈS		
	degrés	secondes	degrés	degrés	gram.	gram.		
Pigeons	90	6	44	48	—	—	—	1° Oiseaux, cochons d'Inde, lapins, chiens, tel est l'ordre des animaux suivant leur résistance à la chaleur. 2° La mort survient avec une rapidité qui est en raison directe de l'élévation de température. 3° Tous les animaux s'échauffent de 4 à 5 degrés, qui est le point fixe de la mort, quelles que soient l'élévation de la température et la durée de la résistance. 4° Tous les animaux perdent en poids, et cette perte semble en raison de la durée du séjour.
Id.	90	6 1/2	44	47,5	340	332	— 8	
Cochons d'Inde	100	5	40	44	482	478	4	
Id.	100	6	40	45	480	473	7	
Lapin	120	7	39	44	1385	1375	10	
Id.	100	10	39	44,5	1430	1420	10	
Id.	80	18	39	44	885	873	12	
Id.	80	17	38,5	44	930	916	14	
Id.	60	25	38	45	1295	1275	20	
Chiens	100	18	38	45	6020	—	—	
Id.	90	24	38	44	5863	—	—	
Id.	80	30	39	44,5	6250	6220	30	
Lapins	100	Mort à 9	39,5	44	1305	1285	20	1° La chaleur humide a une action beaucoup plus rapidement mortelle. Les animaux augmentent toujours de la même température, mais plus vite. 2° Les animaux ne perdent rien en poids.
Id.	80	Vit à 9	39	42,5	818	810	8	
Id.	60	Vit à 9	38,5	41,5	1275	1267	8	
Id.	58	Vit à 9	38,5	39,5	1275	1273	2	
	ÉTUVE HUMIDE.						augm.	
Lapin	80	2	40	44	867	868	+ 1	1° Un lapin vivant s'échauffe beaucoup plus vite qu'un lapin mort. L'injection d'eau ne prolonge pas la durée du séjour.
Id.	60	3	40	45	853	855	2	
Id.	45	10	40	45	585	590	5	
	ÉTUVE SÈCHE.							
Lapin vivant	100	9,5	39	44	1323	1303	— 20	
Id. mort, froid	100	Après 9,5	11	rect. 13 oreil. 24	1202	1200	2	
Id. Inject. 30 c. eau dans le péritoine	100	10	—	—	1157	1132	25	
Id. vivant	89	18	39	46	1085	1057	28	
Id. mort, chaud	89	Après 18	39,5	42	1085	1067	18	
Lapin entier dans l'étuve.	100	19	38	45	1650	—	—	La chaleur à la surface pulmonaire est moins rapidement mortelle.
Id. tête hors de l'étuve	100	Après 25 malade, meurt le lendemain.	33,5	44,5	1602	—	—	
Id. corps hors de l'étuve	100	Après 25 pas malade, ne meurt pas.	38	40	1820	—	—	
Id. tête dans l'étuve..	95	38 mort.	40	43	2035	2010	25	
Id. tête hors de l'étuve.	100	16 mort.	40	44,5	2120	2110	10	
Id. tête hors de l'étuve.	100	20 mort.	39,5	45	1780	1775	5	
Chien entier dans l'étuve	100	15	39,5	44	—	—	—	Poumon gorgé de sang, quelques infiltrations sanguines dans l'intestin.
Id. tondu, en entier dans l'étuve...	100	16	37,5	44	3290	3270	20	Purpura général, poumons gorgés de sang.
Id. tête seule dans l'étuve	100	Retiré après 36 vivant.	38	40	10407	10307	100	A rendu du sang par l'intestin pendant quelques jours.
Id. corps seul dans l'étuve	90	28	38	43,5				
Id. corps seul dans l'étuve	100	22	38,5	43	6900	6830	70	
Id. tête seule dans l'ét.	100	46	38	42,5	4240	4190	50	
Chien tête hors de l'étuve	100	22						Sang noir dans les artères.
Id. tête dans l'étuve	100	46						Id.
Id. entier dans l'étuve	80	30						Id.
Id. Id.	90	24						Id.
Id. Id.	100	18						Id.
	ÉTUVE HUMIDE.							
Chien tête seule dans l'étuve	125	Retiré après 2 malade, mort 4 h. après.	39,5	41	4520	4520	0	
Id. corps seul dans l'ét.	120	2 1/2 mort.	39	41	4253	—	—	

sont plus complexes qu'on ne pense. Il faut les diviser et les morceler si l'on veut mieux les embrasser; c'est pourquoi nous examinerons uniquement, dans ce qui suivra, l'influence de l'augmentation du milieu intérieur ou du sang sur les propriétés vitales des éléments organiques élémentaires. C'est là seulement que nous pouvons trouver l'explication de l'action toxique de la chaleur.

SOCIÉTÉ MÉTÉOROLOGIQUE DE FRANCE

M. CH. GRAD

Le climat de l'Alsace

Messieurs,

En vous présentant mes études sur le climat de l'Alsace et des Vosges (1), je vous prie de vouloir bien m'autoriser à vous exposer les principaux résultats de ce travail. Chacun sait que le climat d'un pays dépend surtout de sa position géographique et de son relief. Or, l'Alsace s'étend en latitude de 47° 30' à 49° 10' nord et sous la longitude moyenne de 4° 40' environ à l'est du méridien de Paris. Son point culminant se trouve au ballon de Guebwiller, à 1426 mètres au-dessus du niveau de l'Océan, tandis que les mers les plus proches, la Manche et la Méditerranée, en sont distantes de 500 à 600 kilomètres. L'élévation du sol varie entre 1400 mètres et plus dans la région des montagnes jusqu'aux altitudes respectives de 278, de 338 et de 144 mètres entre les positions extrêmes de Bâle, Épinal et Strasbourg. C'est la chaîne des Vosges qui donne au relief du pays ses traits caractéristiques. Elle se dirige du sud-ouest au nord-est, suivant une ligne parallèle au Rhin et sur une longueur de 270 kilomètres, depuis Belfort jusqu'au confluent du Rhin avec les eaux de la Nahe à Mayence. Supposons, pour faire ressortir mieux cette structure, qu'un cataclysme subit, un nouveau déluge élève de 400 mètres le niveau actuel des mers : la Lorraine et la plaine d'Alsace sont couvertes par les eaux, et de leur sein les Vosges émergent comme un archipel montagneux dont les parties hautes constituent, au sud du groupe, l'île principale, rappelant les contours de l'Angleterre par le tracé de ses côtes. Cette île s'étendrait du sud au nord sur une longueur de 120 kilomètres, depuis le ballon d'Alsace et le ballon de Servance jusqu'à la crête du Hohhoelzel, en face de Strasbourg, avec une étendue de 30 kilomètres dans le sens de sa plus grande largeur, de Jesonville à Guebwiller. Son bord dentelé se dessine vers l'est par une falaise de grès, tandis que sur le versant opposé les collines calcaires de la Moselle et les affleurements du trias se suivent tour à tour. Les cîmes des monts Faucilles forment un groupe perpendiculaire à la chaîne en face du ballon d'Alsace. Enfin, vers l'extrémité septentrionale, le Lichtenberg, le Liebfrauenberg, le Scherholl, dépassent encore, avec plusieurs autres sommets, la hauteur moyenne des basses Vosges au-dessus du niveau de 400 mètres, quoique les montagnes de cette partie de la chaîne s'élèvent réellement plus au-dessus des plaines d'alentour qu'elles le sembleraient pendant notre inondation supposée, car le Rhin, descendant de Bâle vers Mayence avec une pente de 175 mètres, fait ressortir d'autant la hauteur relative des montagnes.

Plus variable en Alsace que sur les côtes de la Méditerranée et de l'océan Atlantique, la température de l'air ne présente cependant pas chez nous des oscillations comme celles observées en Sibérie et dans le nord du continent américain. A Yakoutsk, dans l'intérieur de la Sibérie, le thermomètre varie de — 50° à + 30° centigrades, tandis qu'à Strasbourg il n'est pas descendu au-dessous de — 23° et n'a pas monté au-dessus de 36° degrés. Ce sont là les écarts extrêmes en ce siècle. Année moyenne, d'après les observations faites successivement de 1801 à 1870 par Herrenschneider, le docteur Bœckel et M. Hepp, la température de Strasbourg oscille entre + 32 et — 13° ; elle s'est abaissée à — 4° pendant les hivers les plus tièdes et a atteint + 26° pendant les étés les plus froids. Entre la moyenne de l'été, qui est de 18°,1 et la moyenne de l'hiver qui est de 1°,3, il y a une différence de 16°,8, la différence entre les degrés extrêmes étant de 60° environ pendant la période de 1801 à 1870. Strasbourg offre d'ailleurs pour cette même période une température moyenne de 10°,2, qui peut être admise à peu près pour toute la plaine d'Alsace. A Wesserling, dans la vallée de la Thur, nous trouvons, d'après M. Marozeau, un minimum de — 23°,7 en janvier 1855, contre un maximum de 37° en juin 1861, et une moyenne annuelle de 8°,1. Dans l'intérieur des Vosges, à une élévation de 620 mètres, la température la plus basse à la station du Syndicat, selon les observations de M. Thiriat, a été depuis 1858 de — 17,°5 et la plus haute de 33°, avec une moyenne de 7°,7. Plus haut encore, au col de la Schlucht, situé à 1150 mètres au-dessus du niveau de la mer, la moyenne se tient entre 4° et 5° seulement. En somme, la chaleur diminue de 1 degré pour 200 mètres d'élévation verticale, un peu plus ou moins suivant les saisons et abstraction faite de l'influence des expositions, qui modifie au milieu des montagnes l'influence de l'altitude.

L'altitude n'influe pas seulement sur la température de l'atmosphère, mais elle agit aussi sur celle des sources, dont la température diminue également de 1 degré environ pour 200 mètres d'élévation verticale, dans les Vosges comme dans la forêt Noire et dans les Alpes. Cette température des sources peut varier de 0° à 3° selon les saisons, quoique sur certains points elle demeure constante pendant toute l'année, comme la fontaine Briant entre autres, qui, jaillissant par 850 mètres d'altitude, sur les flancs du Hohnach, vers le contact du granit et du grès vosgien, oscille seulement entre 7°,2 et 7°,4. A altitude égale, la température des sources est de plus supérieure à celle de l'air, et il en est de même pour les eaux courantes. Tandis que la température moyenne de l'air atteint à Strasbourg 10°,2, celle des eaux de l'Ill s'élève à 11°,2 dans la même ville, et la moyenne du Rhin au pont de Kehl à 10°,9 pour une période de dix années. A Turckheim, j'ai trouvé, après deux ans d'observations, pour les eaux de la Fecht, affluent de l'Ill, une moyenne de 10°,7, contre 10°,6 pour la température de l'air, avec un maximum de 24° en été et un minimum de — 0°,2 en hiver. Pour ces trois cours d'eau, pour la Fecht comme pour l'Ill et le Rhin, la température de l'eau dépasse celle de l'air en hiver, et elle lui est inférieure en été, avec des variations d'autant moins considérables que le courant est plus volumineux.

Pendant que la température diminue avec l'altitude,

(1) *Essais sur le climat de l'Alsace et des Vosges*, par M. Charles Grad. Un volume in-8 de 280 pages et 90 tableaux, extrait du *Bulletin de la Société d'histoire naturelle de Colmar*, 1870. — Mulhouse, chez E. Perrin, éditeur.

l'abondance des pluies et des neiges augmente. D'un autre côté, la distribution des eaux météoriques suivant les saisons change aussi de proportion entre les montagnes et les basses terres, les eaux d'hiver surpassant dans les Vosges les pluies d'été qui prédominent en plaine. En moyenne, il tombe à Strasbourg 672 millimètres d'eau par année ; mais la hauteur recueillie en 1852 s'est élevée à 896 millimètres, et à 358 millimètres seulement en 1842. A la Rothlach, dans le massif du Champ-du-Feu et par 1000 mètres d'altitude, la quantité moyenne est de 1540 millimètres, avec un maximum annuel de 2142 millimètres en 1860 et un minimum de 923 millimètres en 1857. Il pleut donc plus dans les montagnes qu'en plaine. D'autre part, les pluies paraissent aussi plus abondantes sur le versant lorrain des Vosges que du côté de l'Alsace. Quant à l'excédant des eaux d'hiver sur les eaux d'été, il provient des neiges dont le col de la Schlucht reçoit parfois une couche de 2 mètres en vingt-quatre heures.

En tenant compte de ces neiges dans les montagnes, nous obtenons pour l'Alsace une tranche d'eau annuelle de 850 millimètres au moins, par conséquent supérieure à la moyenne du bassin de la Seine, à peu près égale à celle du bassin du Rhône. Le degré d'humidité n'est pas moins satisfaisant, puisqu'à Strasbourg et à Colmar l'air renferme environ 75 pour 100 de la vapeur qu'il pourrait contenir s'il était complétement saturé. Sur les bords de la mer, l'atmosphère se tient plus près du point de saturation ; mais dans l'intérieur des continents, dans les steppes de l'Asie centrale et de l'Australie, elle offre seulement un degré moyen de 15 à 30 pour 100. A Strasbourg, l'état hygrométrique descend rarement si bas, même pendant le mois d'avril, qui est le plus sec de l'année. D'après une expérience faite du 1er juillet 1844 au 30 juin 1846, pour fixer l'alimentation du canal de la Marne au Rhin, l'évaporation a été de 436 millimètres la première année et de 625 millimètres l'année suivante, proportion indiquée également par celle du débit de l'Ill, qui fournit à Strasbourg de 28 à 30 pour 100 de l'eau tombée dans son bassin.

Il y a d'ailleurs une relation manifeste entre le degré d'humidité et la direction des vents. Les vents dominants chez nous sont ceux du sud-ouest. La force de ces vents, leur fréquence est telle que, dans les Vosges, les arbres des crêtes tournent leurs branches vers le nord-est, en sens opposé. Comparés entre eux, les vents du sud se trouvent avec ceux du nord dans le rapport de 178 à 100 pendant les mois d'hiver, de 120 à 100 pendant les mois d'été. La direction des vents varie à l'extrême ; car il est peu de mois où la girouette ne fait pas le tour entier de l'horizon. Nous nous trouvons au milieu même du conflit permanent des courants polaires avec les courants de l'équateur près de la surface terrestre. Chacun de ces courants a des caractères distincts. Ceux du nord et du sud-est sont froids, accompagnés d'une forte pression barométrique, avec un beau temps permanent. Ceux du sud et du sud-ouest élèvent au contraire la température, font baisser le baromètre, rendent l'air humide, couvrent le ciel de nuages et amènent la pluie.

Les années se suivent et ne se ressemblent pas. Telle se fait remarquer par ses fortes chaleurs, telle autre par ses pluies et par l'infériorité de sa température moyenne, de manière à modifier profondément la marche de la végétation, l'abondance et la qualité des récoltes. Ainsi, l'été de 1816 présenta, à partir du 21 mai, 90 jours de pluie, 7 jours couverts sans pluie et seulement 18 jours sereins. Les foins pourirent sur pied, tandis que la moisson fut reculée jusqu'en septembre, après de nombreuses gelées blanches survenues en plein mois d'août et une forte neige tombée le 2 septembre. Pendant l'hiver de 1830, la gelée persista avec une intensité croissante du 3 décembre au 9 février. On entendait les arbres se fendre en détonant, nos rivières étaient toutes prises de glace, les oiseaux et le gibier périssaient en grand nombre sous les atteintes du froid, la terre était gelée à 1 mètre de profondeur, même dans les lieux couverts de neige : le thermomètre descendit à 28° au-dessous de zéro à Mulhouse, à — 23° à Strasbourg, à — 26° à Épinal.

Voici d'ailleurs la statistique des jours de gelée, de neige, de pluie, sur divers points du territoire. Jours de pluie : à Strasbourg, 120 en moyenne, 105 au moins, 170 au plus par année ; au Syndicat, en moyenne, 112, maximum 166, minimum 78. Jours de neige : à Strasbourg, 16 en moyenne, 36 au plus et 9 au moins ; au Syndicat, 25 en moyenne, 50 au plus, 14 au moins. Jours de gelée : à Ichtratzheim, dans la plaine d'Alsace, en moyenne 80 jours ; à la station du Syndicat, dans les Vosges, 113. Nous avons par année de 15 à 20 orages à Turckheim, 40 à 50 jours de brouillard, une trentaine de gelées blanches. Ajoutons que les gelées sont plus fréquentes, plus tardives dans la plaine que dans la région des collines, à une plus grande hauteur le long des Vosges, car à Ichtratzheim, selon les observations de M. l'abbé Muller, il gèle encore en mai une fois tous les deux ans. Ces gelées tardives ont pour conséquence de restreindre la culture de la vigne dans la plaine, où elle ne donne d'ailleurs que des récoltes incertaines et des produits de qualité médiocre. Par contre, nous voyons de beaux vignobles s'élever sur les pentes mieux abritées des montagnes, jusqu'à 400 et 500 mètres au-dessus de la mer. Plus bas la plaine est vouée à la culture des céréales, et plus haut les montagnes sont couronnées de forêts suivies elles-mêmes de pâturages au delà de 1200 mètres d'altitude, à cause de la rigueur du froid.

Comparé au reste de la France, le climat de l'Alsace paraît excessif et continental. Étés chauds, hivers froids ; variations brusques et fortes de température ; pluies plus abondantes que dans le nord, à peine inférieures à celles du bassin du Rhône et de la Garonne, avec prédominance des pluies d'été dans la plaine ; humidité de l'air modérée, présentant un degré hygrométrique moyen de 75 pour 100 ; vents régnants du sud-ouest et du nord-est ; oscillations barométriques mensuelles assez considérables, avec une amplitude moyenne de 22 à 25 millimètres, avec des écarts extrêmes de 32 à 35 millimètres dans le même mois ; orages au nombre de 15 à 20 pour une même station ; grêles parfois désastreuses dans la plaine, très-fréquentes au haut des montagnes, où cependant elles causent de moindres dégâts dans les forêts et les pâturages. Tels sont les caractères généraux du climat de l'Alsace, déduits des observations faites sur une vingtaine de stations éparses sur l'étendue de la contrée.

Ces observations exigent beaucoup d'abnégation, de persévérance, et le calcul en est fastidieux ; mais les phénomènes auxquels elles se rapportent présentent un puissant attrait, soit que le regard s'attache aux colonnes orageuses marchant des montagnes vers la plaine, soit qu'il plane au-dessus des brouillards qui recouvrent les basses terres comme d'une mer de nuages. Que de fois j'ai suivi, en automne, les immenses vagues blanches de cette mer de vapeurs, baignées elles-mêmes par les tièdes effluves du soleil sur son déclin ! Que de fois aussi l'orage m'a surpris sur les ballons des Vosges ou au milieu des plateaux du lac Blanc ! Spectacle grandiose, parfois terrible, car les conflits orageux éclatent avec plus de force sur les hautes cimes et sur les crêtes. Quelques coups de vent balayent la montagne, les nuages se condensent subitement et forment ici une voûte noire, sinistre, où d'éblouissantes étincelles s'échappent en nappes ou jaillissent en longs dards tortueux. Un moment, la formidable lueur emplit le ciel, puis de nouveau l'espace se recouvre de ténèbres, et l'on entend sortir de la nuit l'immense voix du tonnerre, qui se répercute en sourds échos sur les nuages et sur le ciel. Puis avec la pluie qui tombe par torrents, la voûte des nuages s'abaisse et descend des sommets dans les cirques supérieurs des vallées. Le réseau de la foudre enveloppe les pâturages des chaumes. Les petits hêtres qui se tordent sur les rochers sont frappés. L'éclair flambe en haut, en bas. Il y a des coups stridents qui partent à la fois de différents points de l'horizon. Surpris par l'orage, les troupeaux qui paissaient en repos loin des marquairies se dispersent, ils s'échappent dans toutes les directions et s'élancent avec des bonds furieux, effarés, mugissants, sourds à l'appel des pâtres accourus à leur poursuite. Les orages, d'ailleurs, en quittant l'arête médiane des Vosges, passent vers le Rhin, le long des rameaux secondaires. Ils se manifestent avec plus de force et de fréquence sur les grandes saillies du sol, tellement que les pics isolés agissent comme de véritables paratonnerres. C'est ce que nous avons vu au mont Cervin, dont la tête élancée au-dessus des Alpes italiennes et valaisannes est couronnée de rochers fondus par la foudre, tandis que les chocs répétés de ce météore ont donné au Riffelhorn, voisin du grand Cervin, ces singulières propriétés magnétiques qui font prendre à la boussole affolée les positions les plus diverses.

Autant que nous pouvons en juger par la comparaison des chroniques du moyen âge avec nos observations actuelles, le climat de l'Alsace n'a pas changé, depuis un millier d'années au moins. L'opinion suivant laquelle la température aurait été plus élevée pendant le moyen âge n'est pas fondée. Si en 1228, entre autres, la chaleur a été telle que la récolte des céréales était déjà faite le 24 juin, nous voyons six ans plus tard, en 1234, le froid de l'hiver détruire les vignes. Des écarts de température semblables se présentent en tout temps. Aujourd'hui, comme au XIIIe siècle, des hivers très-doux succèdent à des hivers froids, et il y a d'une année à l'autre des oscillations considérables, soit entre la température moyenne de l'année, soit entre les moyennes des mêmes saisons. Ainsi, l'hiver de 1275, signalé par une abondance de neige extraordinaire, donna déjà du blé mûr le 18 juin, tandis que l'hiver de 1279, si doux que les oies sauvages ne parurent pas en Alsace, fut suivi de gelées qui détruisirent, le 14 avril, les vignes et les noyers. En 1284, les vendanges se firent dans notre région avant le 14 septembre ; mais en 1822 elles commencèrent le 9 du même mois et le 18 en 1834, cette fois avec une maturité parfaite et un vin d'une qualité exceptionnelle. Tous les documents dont nous disposons, en l'absence d'observations exactes pour de longues périodes, se prononcent en faveur de la stabilité du climat de la région du Rhin et des Vosges pendant les dix derniers siècles. Des variations momentanées ont pu se produire, mais nous ne savons si elles impliquent un refroidissement ou une élévation de température progressive, ou bien encore si elles se rattachent à des changements périodiques comparables à ceux mis en évidence par M. Charles Sainte-Claire Deville, pour les *saints de glace*, qui amènent dans le cours de l'année un abaissement régulier de température vers le 18 février, le 15 mai, le 17 août et le 16 novembre, c'est-à-dire pour des jours placés sur l'écliptique à des distances angulaires égales à 90 degrés l'un de l'autre.

J'ai dit que les stations météorologiques de l'Alsace et des Vosges étaient au nombre d'une vingtaine. Parmi les stations dont les observations sont les plus complètes, il faut citer notamment celles de Strasbourg, fondée par Herrenschneider ; d'Ichtratzheim, par M. l'abbé Muller ; de Logelbach, par M. Hirn ; de Wesserling, par M. Marozeau ; de Masevaux, par M. Gasser ; de Riedisheim, par M. Dollfus-Ausset ; du Syndicat de la vallée de Cleurie, par M. Thiriat ; de Saint-Dié, par M. Bardy ; d'Épinal, par MM. Parisot et Berher, etc. La commission météorologique du Haut-Rhin, sous l'active impulsion de M. Hirn, son président, venait de fonder plusieurs stations nouvelles sur les bords du Rhin, à Brisach et au col de la Schlucht, dans les Vosges, quand éclata la guerre malheureuse qui jeta l'Alsace sous le joug des Allemands. Au début de l'année, la commission comptait donner un développement actif à ces recherches par la publication régulière des observations faites de mois en mois sous les auspices de la Société d'histoire naturelle de Colmar. Malheureusement la guerre a arrêté notre essor. Les proscriptions sont venues disperser les observateurs. Aujourd'hui, tout mouvement scientifique s'arrête sur cette terre désolée, après l'incendie de la bibliothèque de Strasbourg, brûlée de sangfroid par les ordres infâmes du général Werder ; après le pillage de nos collections publiques par certains universitaires d'Allemagne, après le supplice de nos frères d'Alsace pendus (1) par les Prussiens au bord de nos routes pour avoir voulu défendre contre ces barbares le sol sacré de la patrie.

CHARLES GRAD.

ACADÉMIE DES SCIENCES DE PARIS

Élection dans la section de zoologie

L'Académie des sciences vient de pourvoir à la place vacante dans la section de zoologie et anatomie par suite de la mort de M. Longet.

C'est dans le comité secret de la semaine dernière qu'a eu lieu la discussion des titres des candidats. La section présentait : en première ligne M. Lacaze-Duthiers, professeur à la Sorbonne ; en deuxième ligne, M. Gervais, professeur au Muséum ; en troisième ligne, MM. C. Dareste et Alphonse Milne Edwards.

Après la lecture d'un rapport très-détaillé fait par M. Blanchard sur les titres des quatre candidats, M. de Quatrefages a fait ressortir en peu de mots la valeur de cette liste. Elle aurait pu être plus longue, mais la section a voulu n'y porter que des savants déjà dignes d'être de l'Académie ou tout au moins à la veille de mériter cet honneur. Tout en votant

(1) Les soldats de la landwehr prussienne ont pendu au bord des chemins du Haut-Rhin, contrairement au droit de la guerre, dans les premiers jours de novembre 1870, plusieurs de nos amis du corps franc des Vosges faits prisonniers pendant l'invasion. « *Ils ne valaient pas la poudre* », me disait hier un officier prussien devant qui je réprouvais ces attentats ! (Janvier 1871.)

pour M. Lacaze, il a hautement rendu justice aux autres, et surtout à M. Gervais qui pendant plusieurs années a presque seul représenté en France l'étude des vertébrés fossiles et conservé ainsi la tradition de Cuvier et de Blainville.

M. de Quatrefages a déclaré voter pour M. Lacaze à cause de la tendance générale de ses travaux et de la position exceptionnelle qu'ils lui ont méritée pour tout ce qui est relatif à un embranchement tout entier.

Ancien interne des hôpitaux de Paris, ce candidat a abordé la zoologie avec cette connaissance détaillée et approfondie d'un organisme supérieur qui fournit un point d'appui et un terme de comparaison assuré. Il a compris dès les premiers temps la diversité des points de vue qu'exige aujourd'hui toute étude zoologique sérieuse. S'il s'est attaché aux invertébrés, c'est que c'est évidemment là que sont aujourd'hui les grands problèmes scientifiques. Appliquant avec persévérance le principe des connexions, il en a tiré pour la morphologie les résultats les plus importants et les plus généraux, sans jamais s'écarter d'une observation sévère et minutieuse. Dans l'étude anatomique, M. Lacaze a constamment associé l'examen des formes à celui de la composition intime. Toujours préoccupé du point de vue physiologique, c'est habituellement par monographies d'espèces qu'il a procédé, étudiant chaque fois que la chose était possible l'animal adulte et son embryon. Plusieurs de ces monographies sont autant de volumes. Quand l'expérimentation a été nécessaire pour contrôler quelques-uns des résultats fournis par l'observation seule, M. Lacaze n'a pas manqué d'y avoir recours. C'est surtout à l'embranchement des mollusques que ce candidat a fait les plus nombreuses applications de ses méthodes de recherches. Aussi est-il en ce moment le naturaliste le plus capable d'écrire une malacologie générale. Mais ses études ont également porté sur un certain nombre d'annelés, sur un très-grand nombre de rayonnés.

M. Lacaze se présentait donc à la fois comme un zoologiste complet, pour ainsi dire, et comme l'homme généralement accepté pour connaître mieux que tous ses confrères un grand embranchement du règne animal. On comprend sans peine dès lors que la section l'ait placé en première ligne sur sa liste de candidats.

Lundi dernier, l'élection a eu lieu en séance publique comme d'ordinaire. Au premier tour de scrutin, le nombre des votants étant de 51, M. Lacaze a obtenu 44 voix, M. Gervais 7.

M. Lacaze ayant réuni la majorité des suffrages a été proclamé membre de l'Institut.

NÉCROLOGIE

Notice sur M. Maniel

Le corps des ponts et chaussées a fait récemment une perte considérable dans la personne de M. J. Maniel, l'un de ses plus jeunes inspecteurs généraux. Depuis plusieurs années déjà, secrétaire du conseil général des ponts et chaussées, M. Maniel avait acquis rapidement une grande autorité parmi ses collègues, et la voix publique le désignait pour succéder un jour à l'ingénieur éminent qui dirige les travaux publics.

M. Maniel était né le 5 janvier 1813, à Perpignan, où il fit toutes ses études; entré un des premiers à l'École polytechnique en 1832, il en sortit chef de la promotion de 1834 dans les ponts et chaussées, où il se distingua encore par ses brillantes aptitudes.

Il était destiné à prendre une part exceptionnelle dans la création du réseau des voies ferrées; en effet, dès l'année 1841, il avait été attaché à la construction d'une des premières sections du chemin de fer du Nord, celle de Douai à Valenciennes et à la frontière belge, dont l'État avait commencé la construction, en attendant que les Chambres eussent décidé le mode définitif d'exécution.

La compagnie concessionnaire, instituée à la fin de l'année 1845, le choisit comme ingénieur en chef de la voie et des travaux, et à ce titre il a achevé ou construit une partie du réseau du Nord ; il a organisé le service pour tout ce qui touche à la voie et aux bâtiments d'exploitation.

M. Maniel, dans cette partie laborieuse de sa carrière, avait eu l'occasion de mettre en relief ses brillantes qualités comme ingénieur et comme administrateur ; le ministre des travaux publics l'avait chargé de créer un cours de chemins de fer à l'École des ponts et chaussées ; en 1855, une grande compagnie, la Société des chemins de fer de l'État en Autriche, lui confia la direction de cette vaste entreprise, aujourd'hui la plus prospère du continent.

M. Maniel a consacré dix années de sa vie à réorganiser l'exploitation des lignes partielles réunies entre les mains de la Société autrichienne, à construire leurs prolongements, ayant à faire exécuter des travaux d'art d'une grande importance, à administrer une affaire aussi complexe, par ses accessoires métallurgiques et industriels, que vaste par l'étendue et la variété des relations qu'elle comportait.

Après ces dix années de séjour à Vienne, il a pu rendre encore un grand service à l'entreprise qu'il avait contribué fonder, en prenant une part très-active aux négociations qui ont assuré la jonction de toutes les lignes de la Société dans une gare centrale à Vienne.

Dans l'accomplissement de sa longue mission sur la terre étrangère, M. Maniel avait su se concilier l'estime et l'amitié de ses collaborateurs et de ses subordonnés, et l'annonce de sa fin prématurée, après une courte maladie, a produit un deuil général dans les rangs de ce personnel nombreux.

Compatriote et ami de F. Arago, qui avait été son correspondant lors de son séjour à l'École polytechnique, M. Maniel alliait à la vivacité méridionale, une grande droiture, une grande indépendance de caractère, et en même temps une bienveillance, qui le rendaient sympathique à tous ceux qui l'approchaient. L'expérience des affaires qu'il avait acquise dans une carrière si bien remplie, sa facilité de conception, la justesse et la largeur de ses vues, l'eussent appelé un jour ou l'autre à prendre un rôle important dans la direction des affaires du pays. Peu d'ingénieurs auront laissé un vide aussi grand et d'aussi unanimes regrets dans le corps des ponts et chaussées, et parmi les hommes d'initiative et de progrès qui ont créé le réseau des chemins de fer et qui le développent et le perfectionnent incessamment.

Le propriétaire-gérant : GERMER BAILLIÈRE.

PARIS. — IMPRIMERIE DE E. MARTINET, RUE MIGNON, 2.

LA

REVUE SCIENTIFIQUE

DE LA FRANCE ET DE L'ÉTRANGER

REVUE DES COURS SCIENTIFIQUES (2e SÉRIE)

DIRECTION : MM. EUG. YUNG ET ÉM. ALGLAVE

2e SÉRIE — 1re ANNÉE | NUMÉRO 7 | 12 AOUT 1871

Paris, le 11 août 1870.

Le concours pour les chaires d'enseignement supérieur.

En publiant samedi dernier, le rapport de M. Gavarret, demandant qu'on rétablisse le concours pour les chaires de médecine, nous avons reporté nos observations à la semaine suivante pour laisser nos lecteurs apprécier plus librement les motifs invoqués par l'éminent professeur.

Pendant le siége de Paris, la Faculté de médecine avait élu dans son sein une commission chargée d'étudier les bases de son organisation et les réformes qu'elle comportait. Mais la médecine touche aux autres branches de l'enseignement supérieur, les circonstances ne permettaient point de songer à son remaniement complet, et d'ailleurs les membres de la Faculté auraient peut-être eu quelque peine à se mettre d'accord sur un plan d'ensemble. La commission y renonça donc pour le moment, et ne prit qu'un point spécial, le mode de nomination des professeurs, c'est-à-dire le rétablissement du concours.

Le concours avait été supprimé par le second empire au berceau. Il n'en fallait pas davantage pour lui conquérir les sympathies de tous les amis de la liberté. D'ailleurs, le concours n'était-ce pas le triomphe du plus digne, la porte ouverte au mérite inconnu, le moyen de s'élever sans patronage et sans intrigue? Que pouvait-on lui objecter, si on ne voulait pas barrer le chemin au plus digne, si l'on n'espérait pas profiter, pour soi ou ses amis, des voies souterraines du favoritisme? N'était-il pas dérisoire de faire choisir les représentants les plus élevés de la science par un ministre étranger à toute étude scientifique? et ce ministre ne serait-il pas forcément dominé par des préoccupations politiques ou des motifs inavouables? Voilà comment se répandit de plus en plus cette opinion que le concours seul était honnête, éclairé et libéral, qu'en dehors de lui il n'y avait de place que pour l'arbitraire.

Cependant, en y réfléchissant davantage, on se serait souvenu que le concours était une institution du premier empire, où il n'est pas habituel de chercher l'idéal de la liberté, tandis qu'à l'époque révolutionnaire les professeurs étaient nommés sur une simple présentation.

On aurait avoué que le choix n'émanait pas en réalité du ministre, puisque la Faculté lui présentait trois candidats; sans doute une autre liste de présentation était dressée par le Conseil académique, composé en partie de fonctionnaires révocables, les inspecteurs d'académie, et le gouvernement se réservait même le privilége d'ajouter à ces deux listes des hommes désignés par leurs travaux. Mais ce dernier droit ne fut jamais exercé, et les candidats présentés par le conseil académique seulement n'avaient aucune chance d'arriver : en fait, c'était donc la Faculté qui nommait ses membres, et l'expérience a prouvé que, même par une création de chaire nouvelle, le gouvernement ne parvenait pas à lui imposer un savant dont elle ne voulait pas.

Enfin on n'aurait point perdu de vue les résultats étranges sortis parfois du concours; pour ne citer que deux exemples, on n'aurait pas oublié que cette lutte où doit triompher le plus digne avait éliminé en anatomie notre plus grand anatomiste, le créateur de l'anatomie générale, Bichat; et, en physiologie, le créateur de la physiologie générale, M. Claude Bernard.

Ce n'était point, dira-t-on, la faute du concours lui-même, mais des vices de son organisation qui l'avaient empêché de « réunir les suffrages de tous les hommes impartiaux », M. Gavarret est obligé de le reconnaître. « Mais la Faculté, attentive à ces discussions, était disposée à accueillir favorablement les améliorations proposées. » Cette condescendance était peut-être bien tardive au moment où le concours disparaissait après vingt ans de règne. Mais il ne faut pas le regretter beaucoup : la meilleure organisation ne peut changer la nature des choses. Le concours donnait lieu partout à des critiques analogues; même en droit, où il est cependant bien plus justifiable, il éliminait Dupin, le futur procureur général de la Cour de cassation, qui possédait déjà toutes les qualités de son esprit sans avoir révélé encore les faiblesses de son caractère, M. le président Bonjean, qui vient de périr d'une façon si malheureuse à l'agonie de la Commune, etc... Les défauts du concours tiennent à son essence même, et nous résumerons sous quatre chefs les reproches que nous lui adressons :

1° Il exclut les savants et les remplace par des orateurs ou plus souvent des parleurs.

2° Il étouffe l'originalité, et par conséquent entrave tout progrès.

3° Il détourne des travaux scientifiques après comme avant les épreuves.

4° Il soustrait à toute responsabilité devant l'opinion ceux qui nomment les professeurs.

Développons rapidement ces quatre points :

Le concours, de quelque manière qu'on l'organise, consiste en épreuves écrites, et surtout en leçons orales sur des sujets donnés aux candidats. Le concurrent doit donc se préparer à traiter un sujet quelconque, avec cette aisance de développement qui révèle un homme sûr de lui-même, et cette clarté d'exposition qui ne laisse aucun point obscur ou indécis. Pour posséder ces avantages, il faut toujours rester superficiel, ignorer les difficultés et les embarras, ou du moins tacher de les oublier : car ils pourraient se glisser subrepticement dans la leçon, et leur ombre viendrait obscurcir sa transparente lucidité. A ces qualités, souvent acquises, il faut ajouter ce qu'on appelle les *dons naturels :* une voix oratoire, un physique imposant et ferme, une physionomie impassible, une certaine souplesse d'esprit qui esquive les objections et une ardeur pleine de confiance qui finit toujours par s'imposer.

« Dans un concours, disait Victor Cousin, qui en avait vu beaucoup, presque tout est livré au hasard, à la disposition présente, à l'état de santé, à mille circonstances indépendantes du vrai mérite. Il y a toujours dans les concours une leçon improvisée et plusieurs argumentations. Le sujet de la leçon improvisée est tiré d'une urne d'où peuvent sortir les questions les plus faciles et les plus ardues. La leçon et l'argumentation ont lieu devant un auditoire passionné qui prend parti avec éclat pour ou contre tel candidat. Il faut avant tout de la mémoire, une grande présence d'esprit, de l'audace...»

Le concours ne cherche donc pas des savants, mais des *parleurs,* des hommes habiles à exposer un sujet, non à l'approfondir. César signalait déjà le goût des Celtes pour la parole ; ce goût n'a pas diminué depuis : c'est lui qui fait la popularité du concours avec ses luttes un peu théâtrales, et c'est lui aussi qui en augmente le danger chez un peuple déjà trop disposé à croire que l'homme qui connaît le mieux une question est celui qui en parle avec le plus d'éloquence.

De ce premier inconvénient en découle un second : l'absence d'originalité. D'abord les idées neuves sont plus difficiles à exprimer que les idées vieilles, dont la forme est depuis longtemps arrêtée. Puis elles risquent de choquer beaucoup d'esprits,— d'autant plus qu'elles sont plus neuves, — tandis qu'on trouve rarement banales chez autrui les opinions qu'on partage soi-même : *cet homme pense bien, car il pense comme moi.* Sérieux partout, ce danger devient immense devant un jury de concours : comment voulez-vous qu'un vieux professeur déclare médiocre le candidat qui lui répète une leçon de son propre cours? Et croyez-vous qu'il ne jugera pas bien audacieux le jeune homme qui expose tout le contraire de ce qu'il enseigne lui-même depuis trente ans?

Ceci nous amène à dire quelle est la véritable place du concours. Il peut servir à constater qu'un homme possède les idées courantes de la science, et sait les exposer clairement sans longue préparation ; dès lors, il est très-légitime de l'employer pour la nomination des professeurs de l'enseignement secondaire, exclusivement chargés de transmettre aux générations nouvelles les connaissances acquises par leurs devanciers. Mais tout autre est le rôle de l'enseignement supérieur, il ne doit pas se borner à transmettre, il doit créer. C'est l'initiateur du progrès scientifique, c'est lui qui a pour mission de chercher les idées nouvelles, d'étudier les points obscurs, de sonder les difficultés. Placer à sa porte des épreuves où tout cela est un danger, n'est-ce pas vouloir rendre le progrès impossible ?

Cela ne serait rien encore si le concours n'éloignait pas du seul travail, véritablement fécond aujourd'hui pour la science, celui du laboratoire. Dès que les chaires sont données au concours, les candidats se consacrent tout entiers à sa préparation, où les expériences et les recherches originales n'ont pas de rôle sérieux à jouer ; elles deviennent donc un superflu auquel on réserve tout au plus ses moments de loisir, à moins qu'on ne juge ce superflu trop dangereux pour y toucher. En effet, les expériences nouvelles, si elles valent quelque chose, auront pour but de corriger ou de compléter les théories actuellement acceptées ; peut-être ne sont-elles pas la meilleure des recommandations à invoquer auprès des auteurs de ces théories, — la supposition n'a rien d'invraisemblable ; — or ces auteurs seront probablement les juges du concours.

On ne peut guère beaucoup avant quarante ans ambitionner une chaire publique à Paris ; une fois née cette ambition persiste et grandit même généralement jusqu'à ce qu'elle soit satisfaite. Que de vies consumées dans des luttes stériles !

Mais il reste au moins les candidats heureux que leur bonne étoile place de bonne heure dans une chaire ; ceux-là pourront peut-être s'enfermer dans leurs laboratoires? Erreur complète ! le professeur suivra les traces du concurrent. On ne change plus à cet âge sans grands efforts, car le laboratoire exige une éducation particulière commencée dès la jeunesse ; mais ces efforts rien ne l'engage à les tenter ; sa position est faite, il l'a conquise, elle lui appartient comme le champ qu'il a payé, — je l'ai entendu dire plus d'une fois à des professeurs nommés au concours, — et il n'a plus besoin de la mériter. Tout autre sera le professeur nommé sans concours ; son autorité étant fondée seulement sur ses travaux, il ne peut la maintenir qu'en continuant à travailler.

Mais il reste au moins au concours un mérite que beaucoup déclarent incontestable : c'est la justice. Plus de favoritisme possible, s'écrie-t-on ; ce sont les épreuves qui décident. Une simple remarque doit suffire à dissiper cette illusion. Dans le système de la présentation, — que je voudrais corriger pour ramener le droit au fait, — c'est la Faculté qui choisit ses membres. Dans le système du concours, c'est encore la Faculté. Quelle différence y a-t-il donc ? On répondra peut-être que dans le second cas la Faculté s'éclaire, tandis que dans le premier elle reste aveugle. La réponse est peu sérieuse : les membres de la Faculté connaîtront toujours les candidats à ses chaires. La vraie différence c'est qu'avec le concours ceux qui nomment le professeur ne sont plus responsables de leur choix : si le professeur est reconnu mauvais à l'expérience, c'est que la chance l'avait favorisé malgré la clairvoyance des juges ; si un concurrent éminent est écarté, on se rejette encore sur les épreuves dont il faut bien accepter les résultats. En réalité, les épreuves ne gênent pas beaucoup plus les juges que la présentation pure et simple; il serait facile de le montrer. Mais le concours donne un pouvoir sans responsabilité, ce qui est la plus détestable des formes d'administration, en quelques mains que réside ce pouvoir.

Il est facile de voir que la plupart de nos reproches ne s'adressent pas au rapport de M. Gavarret. Ce rapport fait lui-même la meilleure critique du concours, qu'il veut cependant faire rétablir. Lisez plutôt le passage suivant :

« Ce n'est pas seulement au moment où une vacance de chaire est déclarée que les hommes de science se trouvent en présence; pour eux, le concours commence réellement dès leur entrée dans la carrière. Services rendus, pratique de la ville et des hôpitaux, communications aux sociétés savantes, travaux spéciaux, publications, telles sont les armes diverses avec lesquelles ils luttent pour acquérir la réputation, pour conquérir cette autorité qui seule fait le maître. Lors donc qu'il s'agit de faire choix d'un professeur, la Faculté ne saurait s'entourer de trop de garanties pour bien connaître et apprécier à leur juste valeur les travaux scientifiques des candidats. Ces titres antérieurs, dont l'importance ne saurait être contestée, qui doivent exercer une si grande et si légitime influence sur le classement définitif des compétiteurs par ordre de mérite, disons-le tout de suite, ce ne sont pas des épreuves publiques, et par cela même passagères, qui peuvent servir à les manifester. C'est loin de la présence du public, dans des séances intérieures, après discussion libre, franche et approfondie, que des titres et des travaux de cette nature peuvent être équitablement appréciés, jugés, classés. »

Tout cela, c'est précisément l'inverse du concours, et l'on s'attend à le voir condamner. Mais un scrupule arrête la commission : si savant qu'on soit, encore faut-il se faire comprendre. On rétablira donc le concours pour constater les *aptitudes professorales* du candidat.

Le rapport lui-même répond encore à cet argument. Depuis 1830, huit professeurs seulement sur cinquante-trois ont été pris en dehors des agrégés, lesquels ont déjà prouvé leurs aptitudes professorales, puisqu'ils ont été nommés au concours. Il ne reste donc plus qu'un cas tout à fait exceptionnel, celui d'un candidat qui n'a point passé par l'agrégation. Je crains peu, à vrai dire, que ce savant, qui sait expliquer sa candidature, ne sache pas expliquer sa science; il est probable, d'ailleurs, qu'il a déjà parlé bien des fois en public. Cependant, on pourrait à la rigueur lui imposer, à lui seulement, une leçon publique qui lui ouvrirait l'accès de toutes les listes de présentation, mais qui n'aurait aucun caractère de concours, puisqu'elle ne comporterait aucune comparaison des candidats. Voilà tout ce que peut exiger la raison mise en avant.

Mais dès qu'on admet un véritable concours, il est impossible de lui limiter sa part d'influence; il rejette aussitôt les titres scientifiques à l'arrière-plan, il permet de nommer des hommes qui n'ont jamais fait de travaux originaux et qui n'en feront jamais. En réduisant le nombre des épreuves et surtout en supprimant la thèse, qui était la meilleure de toutes, loin d'obvier à cet inconvénient, on ne fait qu'augmenter encore les chances accidentelles et l'influence du hasard.

Émile ALGLAVE.

LES FACULTÉS MENTALES DE L'HOMME ET CELLES DES ANIMAUX INFÉRIEURS (1)

SOMMAIRE : La différence entre la puissance mentale du singe le plus élevé et du sauvage le plus inférieur est immense. — Communauté de certains instincts. — Émotions. — Curiosité. — Imitation. — Attention. — Mémoire. — Imagination. — Raison. — Amélioration progressive. — Instruments et armes employés par les animaux. — Langage. — Conscience de soi. — Sentiment de la beauté. — Croyance en Dieu, agents spirituels, superstitions.

L'homme porte dans sa conformation corporelle des traces évidentes de sa provenance d'une forme inférieure; mais on peut objecter que cette conclusion doit être erronée, l'homme différant si considérablement de tous les autres animaux par la puissance de ses facultés mentales. Il n'y a aucun doute que, sous ce rapport, la différence ne soit immense, même si nous ne comparons qu'un sauvage de l'ordre le plus inférieur, n'ayant point de mots pour exprimer un nombre dépassant quatre, n'employant aucun terme abstrait pour les objets les plus ordinaires ou les affections (2), au singe le plus hautement organisé. La différence resterait encore, sans doute, immense, même pour un des singes supérieurs, amélioré et civilisé au point où en est arrivé le chien, si on le compare à sa forme souche, le loup ou le chacal. On range les Fuégiens parmi les barbares les plus inférieurs; mais j'ai toujours été surpris de voir combien les trois naturels de cette race, à bord du vaisseau le *Beagle*, qui avaient vécu quelques années en Angleterre, et parlaient un peu la langue de ce pays, nous ressemblaient par leur disposition et la plupart de nos facultés mentales. Si aucun être organisé, l'homme excepté, n'eût possédé de facultés de cet ordre, ou que ces facultés eussent été chez ce dernier d'une nature différente de ce qu'elles sont chez les animaux, jamais nous n'aurions pu nous convaincre que nos hautes facultés aient pu résulter d'un développement graduel. Mais on peut clairement démontrer qu'il n'y a aucune différence fondamentale de ce genre. Nous devons aussi admettre qu'il y a un intervalle infiniment plus large entre l'activité mentale d'un poisson de l'ordre le plus inférieur, tel qu'une lamproie ou un amphioxus, et un des singes les plus élevés, qu'entre celui-ci et l'homme; cet intervalle est cependant rempli par d'innombrables gradations.

La différence dans la disposition morale n'est pas non plus légère entre un barbare, tel que celui dont parle l'ancien navigateur Byron, qui broya son enfant en le lançant contre les rochers pour avoir laissé tomber un panier d'oursins, et un Howard ou un Clarkson; et en intelligence, entre un sauvage qui n'emploie aucun terme abstrait et un Newton ou un Shakespeare. Les différences de ce genre existant entre les hommes les plus éminents des races les plus élevées et les sauvages les plus bas, sont reliées par les gradations les plus délicates. Il est donc possible qu'elles passent et se développent des unes aux autres.

Mon but est seulement de montrer dans ce chapitre qu'il n'y a aucune différence fondamentale entre l'homme et les mammifères les plus élevés dans leurs facultés mentales.

(1) Cet article est extrait du nouveau livre que M. Ch. Darwin vient de publier sous ce titre : *On the origine of man and Sexual selection*, dont la traduction paraîtra chez Reinwald.

(2) Voyez les preuves sur ces points dans Lubbock, *L'homme avant l'histoire*, gr. in-8. Paris, 1868.

J'aurais à traiter brièvement ici les divisions du sujet dont chacune pourrait faire l'objet d'un essai séparé. Comme aucune classification des facultés mentales n'a encore été universellement acceptée, je disposerai mes remarques dans l'ordre qui conviendra le mieux au but que je me propose, en choisissant les faits qui m'ont le plus frappé, avec l'espoir qu'ils produiront quelque effet sur mes lecteurs.

En ce qui touche aux animaux placés très-bas dans l'échelle, je signalerai, à propos de la sélection sexuelle, quelques faits additionnels qui montrent que leurs facultés mentales sont plus élevées qu'on n'aurait pu s'y attendre. Nous donnerons ici quelques exemples de la variabilité des facultés chez les individus de la même espèce, qui constitue pour nous un point important. Mais il serait superflu d'entrer dans de trop grands détails sur ce chef, car j'ai pu reconnaître, par mes recherches, que l'opinion unanime de tous ceux qui se sont longtemps occupés d'animaux de bien des espèces, y compris les oiseaux, est que les individus diffèrent beaucoup quant à leurs facultés mentales. Il serait aussi inutile de chercher comment elles se sont développées en premier chez les formes inférieures, que de chercher l'origine de la vie. Ce sont là des problèmes réservés à une époque future encore bien éloignée, si l'homme doit jamais parvenir à les résoudre.

L'homme possédant les mêmes sens que les animaux, ses intuitions fondamentales doivent être les mêmes. L'homme a avec eux quelques instincts communs, comme ceux de la conservation de soi, l'amour sexuel, l'amour de la mère pour sa progéniture récemment née, l'aptitude qu'a celle-ci de sucer, et ainsi de suite. L'homme cependant a peut-être moins d'instincts que n'en possèdent les animaux qui, dans la série, sont le plus près de lui. L'orang, dans les îles orientales, et le chimpanzé, en Afrique, construisent des plates-formes sur lesquelles ils dorment, et les deux espèces ayant la même habitude, on peut dire que c'est un fait dû à l'instinct; mais nous ne pouvons être certains qu'il ne soit pas le résultat de ce que les deux animaux ont éprouvé les mêmes besoins et possèdent les mêmes facultés de raisonnement. Ces singes, ainsi que nous pouvons l'admettre, évitent les nombreux fruits vénéneux des tropiques, savoir que l'homme n'a pas; mais comme nos animaux domestiques, transportés en pays étranger et mis au vert au printemps, mangent souvent des herbes vénéneuses qu'ils refusent ensuite, nous ne pouvons pas non plus être sûrs que les singes n'aient pas appris, par leur propre expérience ou celle de leurs parents, à connaître les fruits qu'ils devaient choisir. Il est toutefois certain, comme nous allons le voir, que les singes éprouvent une terreur instinctive à la vue des serpents, et probablement d'autres animaux dangereux.

Le petit nombre et la simplicité comparative des instincts chez les animaux supérieurs contrastent remarquablement avec ceux des animaux inférieurs. Cuvier soutenait que l'instinct et l'intelligence étaient en raison inverse; d'autres ont pensé que les facultés intellectuelles des animaux élevés se sont graduellement développées de leurs instincts. Mais Pouchet (3) a montré, dans un essai intéressant, qu'il n'existe réellement aucune raison inverse de ce genre. Les insectes qui possèdent les instincts les plus remarquables sont certainement les plus intelligents. Les membres les moins intelligents de la série des vertébrés, à savoir les poissons et les amphibiens, n'ont pas d'instincts compliqués; et parmi les mammifères, l'animal le plus remarquable par les siens, le castor, possède une grande intelligence, ainsi que l'admettront tous ceux qui ont lu l'excellent travail de M. Morgan (4) sur cet animal.

Quoique, d'après M. Herbert Spencer (5), les premières lueurs de l'intelligence se soient développées par la multiplication et la coordination d'actions réflexes, et bien qu'un grand nombre d'instincts simples passant graduellement à des actes de cette nature, ne peuvent presque plus en être distingués, comme le cas de la succion chez les jeunes animaux, les instincts plus compliqués paraissent cependant s'être formés indépendamment de l'intelligence. Je suis toutefois très-éloigné de vouloir nier que des actions instinctives puissent perdre leur caractère fixe et non appris, et être remplacées par d'autres accomplies par la libre volonté. D'autre part, certains actes d'intelligence — tels que, par exemple, celui des oiseaux des îles océaniques apprenant à éviter l'homme — peuvent, après avoir été pratiqués par plusieurs générations, se convertir en instincts qui deviennent héréditaires. On peut donc alors dire qu'ils ont un caractère d'infériorité, car ils ne sont plus accomplis par raison ou par expérience. Mais la plupart des instincts plus complexes paraissent avoir été gagnés d'une manière toute différente, par une sélection naturelle des variations d'actes instinctifs plus simples. De pareilles variations paraissent résulter des mêmes causes inconnues qui, occasionnant de légères variations ou différences individuelles dans les autres parties du corps, agissent de même sur l'organisation cérébrale, et déterminent ainsi des changements que, dans notre ignorance, nous considérons comme spontanés. Je ne crois pas que nous puissions arriver à une autre conclusion sur l'origine des instincts les plus complexes, lorsque nous songeons à ceux des fourmis ou abeilles ouvrières stériles, qui sont si remarquables, d'autant plus que les individus qui les manifestent ne laissent point de progéniture pour hériter des effets de l'expérience et des habitudes modifiées. Bien qu'un degré élevé d'intelligence soit certainement compatible avec l'existence d'instincts compliqués, comme nous le voyons dans les insectes dont nous venons de parler et le castor, il n'est pas improbable que les deux puissent jusqu'à un certain point agir sur leur développement réciproque. Nous ne savons que peu de chose des fonctions du cerveau, mais nous pouvons remarquer qu'à mesure que les facultés intellectuelles se développent, les diverses parties du cerveau doivent être en rapports de communication les plus complexes, et que, comme conséquence, chaque portion distincte doit tendre à devenir moins apte à répondre d'une manière définie et uniforme, c'est-à-dire instinctive, à des sensations particulières ou associées.

J'ai cru devoir faire cette digression, parce que nous pouvons aisément évaluer trop bas l'activité mentale des animaux supérieurs et surtout de l'homme, lorsque nous comparons leurs actes basés sur la mémoire d'événements passés, la prévoyance, la raison et l'imagination, avec d'autres actes tout à fait semblables effectués instinctivement par des animaux inférieurs; dans ce dernier cas, l'aptitude à accomplir ces actes ayant été acquise, pas à pas, par la variabilité des organes

(3) *L'instinct chez les Insectes* (*Revue des deux mondes*, février 1870, p. 690).

(4) *The Americain beaver and his Works*, 1868.

(5) *The principles of Psychology*, 2e édit., 1870, p. 418, 443.

mentaux et la sélection naturelle, sans qu'aucune conscience intelligente de l'animal dans chaque génération y ait contribué. Il n'y a pas de doute, qu'ainsi que l'indique M. Wallace (6), une grande part du travail intelligent effectué par l'homme soit dû à l'imitation et non à la raison; mais il y a entre ses actes et ceux des animaux inférieurs cette grande différence que l'homme ne peut pas, avec ses habitudes d'imitation, faire d'emblée, par exemple, une hache de pierre ou une pirogue. Il faut qu'il apprenne son ouvrage par la pratique; un castor, d'autre part, peut construire sa digue ou son canal, et un oiseau son nid, aussi bien dès son premier essai que lorsqu'il est plus âgé et expérimenté.

Pour en revenir à notre sujet immédiat : les animaux inférieurs, de même que l'homme, sentent évidemment le plaisir et la peine, le bonheur et le malheur. On ne saurait trouver une expression de bonheur plus apparente que celle que manifestent les petits chiens et chats, agneaux, etc., lorsque, comme nos enfants, ils jouent entre eux. Les insectes mêmes paraissent jouer, ainsi que l'a décrit P. Huber (7), qui a vu des fourmis se poursuivant et se mordillant entre elles, comme des petits chiens.

Le fait que les animaux peuvent être excités par les mêmes émotions que nous, me paraît assez connu pour que j'aie ici à importuner mes lecteurs par de nombreux détails. La terreur agit sur eux comme sur nous, elle cause un tremblement dans les muscles, des palpitations de cœur, le relâchement des sphincters et le redressement des poils. La défiance, produit de la peur, caractérise éminemment la plupart des animaux sauvages. Les qualités de courage ou de timidité sont extrêmement variables dans les individus de la même espèce, c'est ce qui se remarque nettement chez nos chiens. Quelques chiens et chevaux ont un mauvais caractère et deviennent aisément boudeurs; d'autres sont de bonne humeur; toutes qualités qui sont héréditaires. Chacun sait combien les animaux sont sujets à une colère furieuse et le manifestent clairement. On a publié de nombreuses anecdotes sur les vengeances habiles et souvent longtemps différées de divers animaux. Rengger et Brehm (8) attestent que les singes américains et africains qu'ils ont gardés avaient l'instinct de la vengeance. L'amitié du chien pour son maître est notoire; on l'a vu le caresser pendant l'agonie de la mort; et chacun connaît le fait de ce chien qui, étant l'objet d'une vivisection, léchait pendant l'opération la main de celui qui la faisait, lequel, à moins d'avoir un cœur de pierre, a dû toute sa vie en éprouver du remords. Comme le remarque Whewell (9) : « Lorsqu'on lit les exemples touchants d'affection maternelle qu'on raconte si souvent sur des femmes de toutes nations et des femelles de tous les animaux, qui peut douter que le principe de l'action ne soit le même dans les deux cas? »

Nous trouvons l'affection maternelle se manifestant dans les détails les plus insignifiants. Ainsi Rengger a vu un singe américain (Cebus) chassant avec soin les mouches qui tourmentaient son petit; Duvaucel, un Hylobates qui lavait les figures de ses petits dans un ruisseau. Les femelles de singes éprouvent un tel chagrin lorsqu'elles perdent leurs petits que Brehm a remarqué que, dans quelques espèces qu'il a observées en captivité, dans l'Afrique du Nord, leur mort en était la conséquence. Les singes orphelins sont toujours adoptés et soigneusement gardés par les autres singes, tant mâles que femelles. Une femelle de babouin, remarquable par la bonté de son cœur, adoptait non-seulement des jeunes singes d'autres espèces, mais encore volait des jeunes chiens et chats qu'elle emportait avec elle. Sa tendresse toutefois n'allait pas jusqu'à partager sa nourriture avec ses enfants d'adoption, fait qui étonna Brehm, car ses singes partageaient toujours très-loyalement tout avec leurs propres jeunes. Un petit chat ayant égratigné le singe, sa mère adoptive, celle-ci, très-étonnée du fait, fit preuve d'intelligence, en examinant les pattes du chat, dont elle coupa aussitôt les griffes avec ses dents. Le gardien du Zoological Gardens m'a appris un cas d'adoption d'un singe Rhésus par une vieille femelle de babouin (*Cynocephalus chacma*). Cependant, lorsqu'on introduisit dans sa cage deux jeunes singes, un Drill et un Mandrill, elle parut s'apercevoir que ces deux individus, quoique spécifiquement distincts, étaient plus voisins de son espèce; elle les adopta aussitôt, en repoussant le Rhésus. Ce dernier, très-contrarié de cette expulsion, cherchait toujours, comme un enfant mécontent, à attaquer les deux autres jeunes toutes les fois qu'il le pouvait sans danger, conduite qui excitait toute l'indignation du vieux singe. D'après Brehm, les singes défendent leur maître contre toute attaque, et même les chiens qu'ils affectionnent, contre tous les autres chiens. Nous empiétons ici sur le sujet de la sympathie, auquel j'aurai à revenir. Quelques-uns des singes de Brehm prenaient un grand plaisir à tracasser par toutes sortes de moyens fort ingénieux un vieux chien qu'ils n'aimaient pas, ainsi que d'autres animaux.

La plupart des émotions plus complexes sont communes aux animaux supérieurs et à nous. Chacun a vu combien le chien est jaloux de l'affection de son maître, lorsque ce dernier caresse toute autre créature; j'ai observé le même fait chez les singes. Ceci montre que les animaux, non-seulement aiment, mais désirent d'être aimés. Ils éprouvent très-évidemment le sentiment de l'émulation. Ils aiment l'approbation et la louange, et un chien portant le panier de son maître manifeste un haut degré d'orgueil et de contentement de luimême. Il n'y a pas, je crois, à douter que le chien n'éprouve la honte, distincte de la crainte, et quelque chose qui se rapproche fort de la modestie, lorsqu'il mendie trop souvent sa nourriture. Un gros chien n'a que du mépris pour le grognement d'un roquet; c'est ce qu'on peut appeler de la magnanimité. Plusieurs observateurs ont constaté que les singes n'aiment pas certainement qu'on se moque d'eux et inventent souvent des offenses imaginaires. J'ai vu au Zoological Gardens un babouin qui se mettait toujours dans un état de rage furieuse lorsque le gardien sortait de sa poche une lettre ou un livre, et se mettait à lire à haute voix; sa fureur était si violente que, dans une occasion dont j'ai été témoin, il se mordit la jambe jusqu'au sang.

Passons maintenant aux facultés et émotions plus intellectuelles, qui ont une grande importance comme constituant les bases du développement des aptitudes mentales plus élevées. Les animaux manifestent très-évidemment qu'ils jouissent de l'excitation et souffrent de l'ennui; cela s'observe sur les chiens et, d'après Rengger, sur les singes. Tous les

(6) *Contributions to the Theory of Natural Selection*, 1870, p. 212.

(7) *Recherches sur les mœurs des Fourmis*, 1810, p. 173.

(8) Tous les renseignements qui suivent, donnés sur l'autorisation de ces deux naturalistes, sont tirés du *Naturgeschichte der Saügethiere von Paraguay*, 1830, p. 41, 57, de Rengger; et de *Thierleben*, vol. I, p. 10, 87, par Brehm.

(9) *Bridgewater Treatise*, p. 263.

animaux éprouvent *l'étonnement*, et beaucoup font preuve de *curiosité*. Cette dernière aptitude leur est quelquefois nuisible, comme lorsque le chasseur les distrait par des feintes. Je l'ai observé pour le cerf. Il en est de même pour le méfiant chamois et quelques espèces de canards sauvages. Brehm donne un curieux récit de la terreur instinctive que ses singes éprouvaient à la vue des serpents; mais cependant leur curiosité était si grande qu'ils ne pouvaient pas s'empêcher, de temps à autre, de rassasier leur horreur d'une manière des plus humaines, en soulevant le couvercle de la boîte dans laquelle les serpents étaient renfermés. Très-étonné de ce récit, je transportai un serpent empaillé et enroulé, dans l'enclos des singes du Zoological Gardens, où il provoqua une effervescence dont le spectacle fut bien un des plus curieux dont j'aie jamais été témoin. Les plus alarmés furent trois espèces de Cercopithèques; ils s'élancèrent violemment dans leurs cages en poussant des cris aigus, signaux de danger qui furent compris des autres singes. Quelques jeunes et un vieil Anubis ne firent aucune attention au serpent. Je plaçai alors l'échantillon empaillé par terre, dans un des grands compartiments. Au bout de quelque temps, tous les singes s'étaient réunis en un grand cercle autour de l'objet, qu'ils regardaient fixement, présentant l'aspect le plus comique. Devenus extrêmement nerveux, un léger mouvement imprimé à une boule de bois à demi cachée sous la paille, et qui leur était familière comme leur servant de jouet habituel, les fit décamper aussitôt. Ces singes se comportaient tout différemment lorsqu'on introduisait dans leurs cages un poisson mort, une souris ou autres objets nouveaux; car alors, bien qu'effrayés d'abord, ils ne tardaient pas à s'en approcher pour les examiner et les manier. Je mis alors un serpent vivant dans un sac de papier mal fermé, que je déposai dans un des plus grands compartiments. Un des singes s'en approcha immédiatement, ouvrit avec précaution un peu le sac, y jeta un coup d'œil et se sauva à l'instant. Je fus alors témoin de ce que décrit Brehm, car tous les singes, les uns après les autres, la tête levée et tournée de côté, ne purent résister à la tentation de jeter un rapide regard dans le sac debout, au fond duquel le terrible objet restait tout à fait tranquille. Il semblerait que les singes ont presque quelques notions sur les affinités zoologiques, car ceux que Brehm a gardés témoignaient d'une terreur instinctive étrange, quoique non motivée, devant d'innocents lézards ou grenouilles. On a observé aussi un orang qui fut fort alarmé par la vue d'une tortue (10).

Le principe de l'*imitation* est puissant chez l'homme, surtout lorsque ce dernier est à l'état barbare. Desor (11) fait la remarque qu'aucun animal n'imite volontairement un acte effectué par l'homme, jusqu'à ce que remontant l'échelle on arrive aux singes, dont on connaît la disposition à être de comiques imitateurs. Les animaux peuvent cependant quelquefois s'imiter entre eux : ainsi deux espèces de loups qui avaient été élevés par des chiens avaient appris à aboyer, comme cela arrive au chacal (12); mais reste à savoir si l'on peut appeler cela une imitation volontaire. J'ai lu un récit d'après lequel il y aurait des raisons de croire que les petits chiens nourris par des chattes apprennent quelquefois à lécher leurs pattes et aussi à nettoyer leur visage; il est du moins certain, d'après ce que je tiens d'un ami digne de foi, qu'il y a des chiens qui agissent ainsi. Les oiseaux imitent le chant de leurs parents et quelquefois ceux d'autres oiseaux, et les perroquets sont notoirement imitateurs de tous les sons qu'ils entendent souvent.

Il n'est presque pas de faculté qui soit plus importante pour le progrès intellectuel de l'homme que celle de l'*attention*. Elle se manifeste clairement chez les animaux, comme lorsqu'un chat guette à côté d'un trou et se prépare pour s'élancer sur sa proie. Les animaux sauvages ainsi occupés peuvent avoir leur attention absorbée au point de se laisser aisément approcher. M. Bartlett m'a fourni une preuve curieuse de la variabilité de cette faculté chez les singes. Un homme qui dresse les singes pour les montrer, avait l'habitude d'acheter à la Société zoologique des espèces communes pour le prix de 125 francs la pièce; mais il en offrait le double si on lui permettait d'en garder trois ou quatre pendant quelques jours pour faire son choix. Interrogé sur le fait, comment il parvenait en si peu de temps à savoir si un singe donné pouvait devenir un bon acteur, il répondait que cela dépendait entièrement de leur puissance d'attention. Si, pendant qu'il parlait à son singe ou lui expliquait quelque chose, l'animal était facilement distrait par une mouche ou tout autre objet insignifiant, il fallait y renoncer. S'il essayait de forcer par punition un singe inattentif à travailler, il devenait boudeur. D'autre part, il pouvait toujours dresser un singe qui lui prêtait attention.

Il est presque superflu de rappeler que les animaux sont doués pour les personnes et les places d'une excellente *mémoire*. Au cap de Bonne-Espérance, sir Andrew Smith m'a appris qu'un babouin l'avait joyeusement reconnu après une absence de neuf mois. J'ai eu un chien très-sauvage et ayant de l'aversion pour toute personne étrangère, dont j'ai exprès mis la mémoire à l'épreuve après une absence de cinq ans et deux jours. Je me rendis près de l'écurie où il se trouvait, et l'appelai suivant mon ancienne manière; le chien ne témoigna aucune joie, mais me suivit immédiatement en m'obéissant comme si je ne l'avais quitté que depuis un quart d'heure. Une série d'anciennes associations, qui avaient sommeillé pendant cinq ans, s'étaient donc instantanément éveillées dans son esprit. P. Huber (13) a clairement montré que même les fourmis peuvent, après une séparation de quatre mois, reconnaître leurs camarades appartenant à la même communauté. Les animaux peuvent certainement par quelques moyens apprécier les intervalles de temps écoulés entre des événements qui se représentent.

Une des plus hautes prérogatives de l'homme est l'*imagination*, faculté à l'aide de laquelle il assemble, en dehors de la volonté, d'anciennes images et idées, et crée ainsi des résultats brillants et nouveaux, ainsi que le fait remarquer Jean-Paul Richter (14) : « Un poëte qui doit réfléchir s'il fera dire à un caractère oui ou non, — qu'il aille au diable; ce n'est qu'un stupide cadavre. » Le rêve nous donne la meilleure notion de cette faculté, et, comme le dit encore Jean-Paul, « le rêve est un art poétique involontaire ». La valeur des produits de notre imagination dépend, cela va sans dire, du

(10) W. G. L. Martin, *Nat. hist. of Mammalia*, 1841, p. 405.

(11) Cité par Vogt, *Mémoire sur les Microcéphales*, 1867, p. 168.

(12) Darwin, *Variations des animaux et des plantes sous l'influence de la domestication*, vol. I, p. 29 (traduction française).

(13) *Les mœurs des Fourmis*, 1810, p. 150.

(14) Cité dans *Physiology and Pathology of Mind*, 1868, p. 19, 220, du docteur Maudsley.

nombre, de la précision et de la lucidité de nos impressions, du jugement ou du goût avec lequel nous admettons ou rejetons les combinaisons involontaires, et jusqu'à un certain point de notre pouvoir à les combiner volontairement. Comme les chiens, chats, chevaux et probablement tous les animaux supérieurs, même les oiseaux, sont sujets au rêve, ainsi que l'ont constaté des autorités méritant confiance (15), et comme le montrent leurs mouvements et leurs cris, nous devons admettre qu'ils sont doués de quelque puissance d'imagination.

Je présume qu'on admettra que la *raison* se trouve au sommet de toutes les facultés de l'esprit humain. Peu de personnes contestent encore que les animaux possèdent quelque peu d'aptitude au raisonnement. On les voit constamment faire une pause, délibérer et résoudre. Le fait que mieux le naturaliste connaît par l'étude les habitudes d'un animal donné, plus il tend à accorder à la raison et moins aux instincts spontanés, est un fait significatif (16). Nous verrons dans les chapitres suivants que même les animaux très-bas dans l'échelle font en apparence preuve de quelque étendue de raison, bien qu'il soit sans doute souvent difficile de distinguer entre l'action de la raison et celle de l'instinct. Ainsi, dans son ouvrage sur la *Mer polaire ouverte*, le docteur Hayes fait à plusieurs reprises la remarque que ses chiens, remorquant les traîneaux, au lieu de continuer à se serrer en une masse compacte, lorsqu'ils arrivaient sur une glace mince, s'écartaient les uns des autres, pour répartir leur poids sur une surface plus grande. C'était souvent pour les voyageurs le seul avertissement et l'indication que la glace devenait plus mince et plus dangereuse. Or, les chiens agissaient-ils ainsi par suite de leur expérience individuelle ou d'après l'exemple des plus âgés et plus expérimentés, ou enfin en vertu d'une habitude héréditaire, c'est-à-dire un instinct? Cet instinct remonterait peut-être à l'époque déjà ancienne où les naturels commencèrent à employer les chiens à la remorque de leurs traîneaux; ou les loups arctiques, la souche parente du chien esquimau, peuvent avoir acquis cet instinct, les portant à ne pas attaquer en masses trop serrées, sur la glace mince. Mais il est difficile de répondre à des questions de ce genre.

On a dans divers ouvrages recueilli tant de faits qui montrent qu'il y a chez les animaux quelque degré de raison, que je ne citerai ici que deux ou trois cas, signalés par Rengger, et relatifs aux singes américains, qui sont assez bas dans leur ordre. Il raconte que les premiers œufs qu'il avait donnés à ses singes avaient été maladroitement écrasés de manière qu'une grande partie de leur contenu fut perdu; mais qu'ensuite ils étaient arrivés à frapper doucement une de leurs extrémités contre un corps dur, puis enlevaient les fragments de coquille à l'aide de leurs doigts. Après s'être une fois coupés avec un instrument tranchant, ils n'osaient plus y toucher, ou ne le maniaient qu'avec les plus grands soins. On leur donnait souvent des morceaux de sucre enveloppés dans du papier, et Rengger y ayant quelquefois substitué une guêpe vivante, ils avaient été piqués en le déployant à la hâte; mais ensuite ils eurent le soin de toujours porter le paquet à l'oreille pour savoir si quelque bruit se produisait au dedans. Si de pareils faits, et chacun peut en observer de semblables chez le chien, ne suffisent pas pour convaincre que l'animal peut raisonner, je n'en saurais ajouter d'autres plus convaincants. Néanmoins je citerai un cas relatif au chien, parce qu'il repose sur l'observation de deux observateurs distincts, et ne peut guère dépendre de la modification d'aucun instinct.

M. Colquhoun (17) ayant blessé à l'aile deux canards sauvages, ceux-ci étaient tombés sur la rive opposée d'un ruisseau, où son chien chercha à les rapporter tous deux ensemble sans pouvoir y parvenir. L'animal, qui avant n'avait jamais froissé une plume, se décida à tuer un des oiseaux, apporta celui qui était vivant et retourna pour chercher le mort. Le colonel Hutchinson raconte le cas de deux perdrix atteintes d'un même coup de feu, dont l'une fut tuée et l'autre blessée; cette dernière se sauva et fut rattrapée par le chien, qui, en revenant sur ses pas, rencontra l'oiseau mort : « il s'arrêta évidemment très-embarrassé, et après une ou deux tentatives, voyant qu'il ne pouvait pas relever le mort sans risquer de lâcher le vivant, il tua résolûment ce dernier, et les rapporta tous les deux. Ce fut le seul cas connu où ce chien eut volontairement détruit le gibier. » Nous avons ici de la raison, bien qu'imparfaite, car le chien aurait pu rapporter d'abord l'oiseau blessé, puis retourner pour chercher le mort, comme dans le cas précédent des deux canards sauvages.

Les muletiers de l'Amérique du Sud disent : « Je ne veux pas vous donner la mule dont le pas est le plus agréable, mais la *mas racional* (celle qui raisonne le mieux); » à quoi Humboldt (18) ajoute : « Cette expression populaire, dictée par une longue expérience, combat le système des machines animées, mieux peut-être que tous les arguments de la philosophie spéculative. »

Nous avons maintenant, je crois, montré que l'homme et les animaux supérieurs, les primates surtout, ont en commun quelques instincts. Tous ont les mêmes sens; intuitions et sensations, — des passions, affections et émotions, même compliquées, semblables. Ils éprouvent l'étonnement et la curiosité : ils possèdent les mêmes facultés d'imitation, d'attention, de mémoire, d'imagination et de raison, bien qu'à des degrés fort différents.

Beaucoup d'auteurs, néanmoins, insistent fortement sur l'idée que les facultés mentales de l'homme constituent entre lui et les animaux inférieurs une infranchissable barrière. J'ai recueilli autrefois une vingtaine d'aphorismes de ce genre; mais je ne crois pas qu'ils vaillent la peine d'être indiqués ici, leurs immenses différences et leur nombre suffisant pour montrer la difficulté, sinon l'impossibilité de la tentative. On a affirmé que l'homme seul est capable d'une amélioration progressive; que seul il se sert d'outils ou de feu, domestique les autres animaux, connaît la propriété ou emploie le langage; qu'aucun autre animal n'a conscience de lui-même, ne se comprend, ne jouit de la faculté de l'abstraction, ou possède des idées générales; que l'homme seul a le sentiment du beau, est sujet au caprice, éprouve la reconnaissance, est sensible au mystère, etc., croit en Dieu, ou est doué d'une conscience. Je hasarderai quelques remarques sur

(15) Docteur Jerdon, *Birds of India*, vol. I, 1862, p. XXI.

(16) L'ouvrage de M. L. H. Morgan, sur le *Castor américain*, 1868, fournit un bon exemple de cette remarque; je ne puis cependant pas m'empêcher de trouver qu'il accorde trop peu de valeur à la puissance de l'instinct.

(17) *The Moor and the Loch*, p. 45. — Col. Hutchinson sur *Dog Breaking* (dressage du chien), 1850, p. 46.

(18) *Personal Narative* (trad. anglaise), t. III, p. 106.

ceux de ces points qui sont les plus importants et intéressants.

L'archevêque Sumner (19) a autrefois soutenu que l'homme seul est capable d'amélioration progressive. En ce qui regarde l'animal, et d'abord l'individu, tous ceux qui ont de l'expérience en matière de chasse aux piéges, savent que les jeunes animaux s'y font prendre bien plus aisément que les vieux, et que l'ennemi qui les poursuit peut plus facilement s'approcher d'eux. Même en ce qui concerne les animaux âgés, il est impossible d'en prendre beaucoup dans un même lieu et dans une même sorte de trappe, ou de les détruire au moyen d'une seule espèce de poison ; il est cependant improbable que tous aient goûté à ce dernier ou été pris dans les piéges. C'est en voyant leurs semblables pris ou empoisonnés qu'ils doivent apprendre la prudence. Dans l'Amérique du Nord, où l'on chasse depuis longtemps les animaux à fourrure, tous les témoignages des observateurs s'accordent à leur reconnaître une dose incroyable de sagacité, de prudence et de ruse ; mais on y a pratiqué la trappe depuis assez longtemps pour que l'hérédité ait pu entrer en jeu.

Si nous considérons les générations successives, ou la race, il n'est pas douteux que les oiseaux et autres animaux acquièrent et perdent à la fois et graduellement la prudence vis-à-vis de l'homme ou autres ennemis (20) ; et cette prévoyance, certainement en grande partie une habitude ou instinct transmis par hérédité, est aussi un résultat partiel d'expérience individuelle. Leroy (21), un bon observateur, a constaté que là où l'on chasse beaucoup le renard, les jeunes, sortant de leur terrier, sont incontestablement beaucoup plus circonspects que les vieux habitants des régions où on les dérange peu.

Nos chiens domestiques descendent des loups et chacals (22), et bien qu'ils n'aient pas gagné en ruse, et peuvent avoir perdu quant à la circonspection et à la prudence, ils ont cependant progressé dans certaines qualités morales, telles que l'affection, la confiance, le caractère, et probablement l'intelligence générale. Le rat commun a conquis et battu plusieurs autres espèces dans quelques parties de l'Amérique du Nord, la Nouvelle-Zélande, et récemment à Formose, ainsi que sur le continent Chinois. M. Swinhoe (23), décrivant ces derniers cas, attribue la victoire du rat commun sur le grand *Mus coninga*, à sa ruse plus développée, qualité qu'on peut attribuer à l'emploi et l'exercice habituel de toutes ses facultés pour échapper à l'extirpation par l'homme, ainsi qu'au fait qu'il aura successivement détruit tous les rats moins rusés et moins intelligents que lui. Vouloir soutenir sans preuves directes que, dans le cours des âges, aucun animal n'a progressé en intelligence ou autres facultés mentales, est supposer ce qui est en question dans l'évolution de l'espèce. Nous verrons plus loin que, d'après Lartet, des mammifères existants appartenant à plusieurs ordres ont le cerveau plus grand que leurs anciens prototypes tertiaires.

On a souvent dit qu'aucun animal ne se sert d'outils ; mais, à l'état de nature, le chimpanzé brise, à l'aide d'une pierre, un fruit indigène à coque dure ressemblant à une noix (24). Rengger (25) ayant appris aisément à un singe américain à ouvrir ainsi des noix de palmes, il se servit ensuite du même procédé pour ouvrir d'autres sortes de noix, ainsi que des boîtes. Il enlevait aussi de même à un fruit sa mince enveloppe, qui était désagréable au goût. Un autre singe, auquel on avait appris à ouvrir le couvercle d'une grande caisse avec un bâton, se servit ensuite du bâton comme d'un levier pour remuer les corps pesants, et j'ai moi-même vu un jeune orang enfoncer un bâton dans une crevasse, puis, le saisissant par l'autre bout, s'en servir comme d'un levier. Les pierres et bâtons servant d'outils dans les cas précités sont également employés comme armes. Brehm (26) assure, sur l'autorité du voyageur Schimper, que lorsque, en Abyssinie, les babouins de l'espèce *C. gelada* descendent des montagnes pour piller les plaines, ils rencontrent quelquefois des bandes de *C. hamadryas*, avec lesquelles ils entrent en lutte. Les geladas font descendre de grosses pierres roulantes que les hamadryas cherchent à éviter, puis les deux espèces se précipitent avec fureur l'une sur l'autre en faisant un vacarme effroyable. Brehm, accompagnant le duc de Cobourg-Gotha, prit part à une attaque faite avec des armes à feu contre une troupe de babouins dans la passe de Mensa, en Abyssinie. Ceux-ci ripostèrent en faisant rouler sur les flancs de la montagne une telle quantité de pierres, dont quelques-unes avaient la grosseur d'une tête, que les assaillants durent vivement battre en retraite, et que la passe fut pour quelque temps impossible à franchir pour la caravane. Il faut noter que, dans cette circonstance, les singes agissaient avec ensemble. Dans trois occasions, M. Wallace (27) a vu des orangs femelles, accompagnées de leurs petits, « arracher les branches et fruits épineux de l'arbre Durian avec toute l'apparence de la fureur, et produire ainsi une grêle de projectiles de nature à nous empêcher de nous en approcher. »

Un singe du Zoological Gardens, dont les dents étaient faibles, ouvrait les noisettes avec une pierre ; et je tiens des gardiens que cet animal, après s'en être servi, avait l'habitude de la cacher dans la paille, et s'opposait à ce qu'aucun autre singe n'y touchât. Il y a là donc une idée de propriété, mais que nous trouvons commune à tout chien ayant un os, ou à la plupart des oiseaux possédant un nid.

Le duc d'Argyll (28) fait remarquer que le fait de façonner un instrument dans un but spécial est absolument particulier à l'homme, et le considère comme établissant entre lui et les animaux une différence immense. La distinction est incontestablement importante, mais il me semble qu'il y a beaucoup de vérité dans l'assertion de sir J. Lubbock (29), que lorsque l'homme primitif a employé d'abord des silex pour un usage quelconque, il peut les avoir accidentellement brisés, et alors tiré parti de leurs éclats tranchants. La distance de ce pas fait jusqu'à celui de les briser avec intention est peu considérable, et celui de les façonner grossièrement ne l'est pas davantage. Ce dernier progrès, cependant, peut avoir réclamé une longue période, si nous en jugeons par l'immense

(19) Cité par sir G. Lyell, *Antiquity of Man*, p. 497.

(20) Darwin, *Journal of Researches during the voyage of the Beagle*, 1845, p. 398. *Origine des espèces* (trad. française de la 5e édition), p. 231.

(21) *Lettres philosophiques sur l'intelligence des animaux*, nouvelle édition, 1802, p. 86.

(22) Voyez les preuves sur ce sujet dans le volume I et chapitre I de la *Variation des animaux et plantes*, etc.

(23) *Proceedings of Zoological Society*, 1864, p. 186.

(24) Savage et Wyman dans *Boston Journal of Nat. History*, 1843-44, p. 383.

(25) *Saügethiere von Paraguay*, 1830, p. 51, 56.

(26) *Thierleben*, vol. I, p. 79, 82.

(27) *The Malay Archipelago*, vol. I, 1869, p. 87.

(28) *Primeval Man*, 1869, p. 145, 147.

(29) *L'homme avant l'histoire.*

intervalle de temps qui a dû s'écouler avant que les hommes de la période néolithique en soient arrivés à user et polir leurs outils de pierre. En brisant les silex, ainsi que le remarque encore Sir J. Lubbock, des étincelles ont pu se produire, et, en les usant, de la chaleur se dégager : « D'où l'origine possible des deux méthodes usuelles pour se procurer du feu. » La nature du feu peut aussi avoir été connue dans les nombreuses régions volcaniques où la lave coule parfois dans les forêts. Les singes anthropomorphes, guidés probablement par l'instinct, se construisent des plates-formes temporaires, mais comme beaucoup d'instincts sont largement contrôlés par la raison, les plus simples, tels que celui de la construction d'une plate-forme, ont pu devenir un acte volontaire et conscient. On sait que l'orang se couvre la nuit de feuilles de Pandanus, et Brehm a vu un de ses babouins qui avait l'habitude de s'abriter de la chaleur du soleil en mettant un paillasson sur sa tête. Nous pouvons probablement voir dans les habitudes de ce genre un premier pas vers quelques-uns des arts les plus simples, notamment l'architecture grossière et les vêtements, tels qu'ils ont dû apparaître chez les premiers ancêtres de l'homme.

Langage. — On a avec raison regardé cette faculté comme une des principales distinctions existant entre l'homme et les animaux. Mais, ainsi que le remarque un juge compétent, l'archevêque Whately : « L'homme n'est pas le seul animal qui se serve du langage pour exprimer ce qui se passe dans son esprit, et puisse comprendre plus ou moins ce qu'exprime un autre (30). »

Le *Cebus Azarae* du Paraguay peut, lorsqu'il est excité, faire entendre au moins six sons distincts, qui provoquent chez les autres des émotions semblables (31). Nous comprenons les mouvements dans les traits et les gestes des singes, et selon Rengger et autres, ils comprennent en partie les nôtres. Un fait remarquable est celui que, depuis sa domestication, le chien a appris à aboyer dans quatre ou cinq tons distincts au moins (32). Bien que l'aboiement soit un art nouveau, il n'est pas douteux que les espèces sauvages, qui ont été les ancêtres du chien, n'aient exprimé leurs sentiments par des cris de natures diverses. Chez le chien domestique, nous avons l'aboiement d'impatience, comme à la chasse, celui de colère, le glapissement ou le hurlement du désespoir, comme lorsque l'animal est enfermé, celui de joie lors du départ pour la promenade ; et le cri très-distinct et suppliant par lequel le chien demande qu'on lui ouvre la porte ou la fenêtre.

Toutefois le langage articulé est spécial à l'homme, bien que, comme les autres animaux, il puisse exprimer ses intentions par des cris inarticulés, aidés de gestes et de mouvements des muscles de son visage (33). Cela est surtout vrai pour les sentiments les plus simples et les plus vifs, qui n'ont que peu de rapports avec notre intelligence plus élevée. Nos cris de douleur, de crainte, surprise, colère, joints aux actes qui leur sont appropriés, le murmure de la mère vis-à-vis de son enfant chéri, sont plus expressifs que des paroles. Ce n'est pas simplement le pouvoir d'articuler qui distingue l'homme des autres animaux, car, chacun le sait, le perroquet peut parler ; mais c'est surtout sa grande puissance à rattacher des idées définies à des sons déterminés, qui dépend évidemment du développement de ses facultés mentales.

Un des fondateurs de la noble science de la philologie, Horne Tooke, remarque que le langage est un art, comme le brassage ou la boulangerie ; mais l'écriture aurait été un terme de comparaison bien plus convenable. Ce n'est certainement pas un véritable instinct, car tout langage doit être appris. Il diffère toutefois beaucoup de tous les arts ordinaires, car l'homme a une tendance instinctive à parler, comme nous le montre le babillage des jeunes enfants ; mais aucun d'eux n'a de tendance instinctive à brasser, faire le pain ou écrire. De plus, aucun philologue ne supposera actuellement qu'un langage ait été inventé de propos délibéré ; chacun s'étant lentement et d'une manière inconsciente développé pas à pas. Les sons que font entendre les oiseaux offrent, sous plusieurs points de vue, le plus d'analogie avec le langage, car tous les membres d'une même espèce expriment leurs émotions par les mêmes cris instinctifs, et toutes les formes qui chantent exercent instinctivement cette faculté ; mais le chant effectif, et même les notes d'appel sont apprises des parents réels ou nourriciers. Ces sons, ainsi que l'a prouvé Daines Barrington (34), « ne sont pas plus innés que le langage ne l'est chez l'homme. Les premiers essais de chant peuvent être comparés aux tentatives imparfaites que traduisent les premiers bégayements de l'enfant. Les jeunes mâles continuent à s'y exercer, ou, comme disent les éleveurs, à étudier pendant dix ou onze mois. Dans leurs premiers essais, on reconnaît à peine les rudiments du chant futur, mais à mesure qu'ils avancent en âge on aperçoit où ils cherchent à arriver, et ils finissent par le savoir d'une manière complète. Les couvées qui ont appris le chant d'une espèce distincte, comme les canaris qu'on élève dans le Tyrol, enseignent et transmettent leur nouveau chant à leurs propres descendants. Les différences naturelles légères de chant, chez une même espèce habitant des régions diverses, peuvent être avec justesse comparées, selon la remarque de Barrington, « à des dialectes provinciaux » ; et les chants d'espèces voisines mais distinctes, aux langages des différentes races humaines. J'ai tenu à donner les détails qui précèdent pour montrer qu'une tendance instinctive à acquérir un art n'est point un fait particulier restreint à l'homme seul.

En ce qui regarde l'origine du langage articulé, après avoir lu, d'une part, les ouvrages fort intéressants de M. Hensleigh Wedgwood, le Rév. F. Farrar, et le professeur Schleicher (35), et, d'autre part, les célèbres lectures de Max Müller, je ne puis douter que le langage ne doive son origine à l'imitation et à la modification, aidées des signes et gestes, de divers sons naturels, des voix d'autres animaux, et des cris instinctifs de l'homme lui-même. Nous verrons, lorsque nous traiterons de la sélection sexuelle, que les hommes primitifs, ou plutôt

(30) Cité dans l'*Anthropological Review*, 1864, p. 158.

(31) Rengger, *op. cit.*, p. 45.

(32) *Variation des animaux, etc.*, vol. I, p. 29 (trad. française).

(33) Ce sujet a été l'objet d'une discussion fort intéressante dans l'ouvrage de M. E. B. Tylor, *Researches into the Early History of Mankind*, 1865, c. II à IV.

(34) Hon. Daines Barrington dans *Philosophical Transactions*, 1773, p. 262. Voyez aussi Dureau de la Malle, *Annales des sciences naturelles*, IIIe série, *Zoologie*, t. X, p. 119.

(35) *On origin of Language*, par H. Wedgewood, 1866. *Chapters of Language*, par le Rév. F. W. Farrar, 1865. Ces ouvrages sont du plus haut intérêt. *De la Physiologie et de la Parole*, par Albert Lemoine, 1865, p. 190. Le docteur Bikkers a traduit en anglais l'ouvrage qu'a publié sur ce sujet le professeur Aug. Schleicher, sous le titre de *Darwinism tested by the science of Language*, 1869.

quelque antique ancêtre de l'homme, a probablement usé largement de sa voix, comme le fait encore aujourd'hui un singe du genre Gibbon, pour émettre de véritables cadences musicales, soit chanter. Nous pouvons conclure d'analogies très-généralement répandues que cette faculté a été spécialement exercée pendant l'époque où les sexes se recherchent pour exprimer les diverses émotions de l'amour, la jalousie, le triomphe, ou défier les rivaux. L'imitation de cris musicaux par des sons articulés a pu être l'origine de mots exprimant diverses émotions complexes. Nous devons attirer l'attention ici, comme se rattachant au sujet de l'imitation, sur la forte tendance que présentent les formes les plus voisines de l'homme, les singes, les idiots microcéphales (36), et les races barbares de l'humanité, à imiter tout ce qu'ils entendent. Les singes, comprenant certainement beaucoup de ce que l'homme leur dit, et, dans l'état de nature, pouvant pousser des cris signalant un danger pour leurs camarades (37), il ne semble pas bien incroyable que quelque animal simien plus sage ait eu l'idée d'imiter le hurlement d'un animal féroce pour avertir ses semblables du genre de danger qui les menace. Il y aurait, dans un fait de cette nature, un premier pas vers la formation d'un langage.

La voix étant de plus en plus exercée, les organes vocaux se seront renforcés et perfectionnés en vertu du principe des effets héréditaires de l'usage ; ce qui aurait réagi sur la puissance de la parole. Mais il paraît hors de doute que, sous ce point de vue, les rapports entre l'usage continu du langage et le développement du cerveau, ont eu une bien plus grande importance. Les aptitudes mentales ont dû être plus développées dans l'ancêtre primitif de l'homme que dans aucun singe existant, même avant qu'aucune forme de langage, si imparfaite qu'on la suppose, ait été en usage. Mais nous pouvons avec confiance admettre que l'usage continu et l'amélioration de cette faculté, ont dû réagir sur l'esprit en lui permettant et en lui facilitant la suite d'un plus long cours d'idées. On ne peut pas plus se livrer à une succession prolongée et complexe de pensées sans l'aide des mots, parlés ou non, qu'on ne peut faire un long calcul sans avoir des signes, ou se servir de l'algèbre. Il paraît aussi que même le cours des idées ordinaires nécessite quelque forme de langage, car on a observé que Laura Bridgman, fille aveugle et sourde-muette, se servait de ses doigts dans le rêve (38). Une longue succession d'idées vives et en connexion mutuelle peut néanmoins traverser l'esprit sans le concours d'aucune espèce de langage, fait que nous pouvons inférer des rêves prolongés qui s'observent chez les chiens. Nous avons vu que les chiens de chasse peuvent raisonner dans une certaine mesure, ce qu'ils font évidemment sans l'aide d'aucun langage. Les connexions intimes entre le cerveau et la faculté du langage, telle qu'elle est développée chez l'homme, ressortent nettement de ces affections curieuses du cerveau, dans lesquelles l'articulation est spécialement atteinte, ou le pouvoir de se rappeler les substantifs disparaît, tandis que la mémoire d'autres mots subsiste intacte (39). Il n'y a pas plus d'improbabilité à ce que les effets de l'usage continu des organes de la voix et de l'esprit soient devenus héréditaires, qu'il n'y en a à ce que l'écriture qui dépend à la fois de la structure de la main et de la disposition de l'esprit soit aussi héréditaire ; fait qui est certain (40).

Il n'est pas difficile de voir pourquoi les organes qui servent actuellement au langage ont été originellement perfectionnés dans ce but, plutôt que d'autres. Les fourmis communiquent entre elles par leurs antennes, ainsi que l'a montré Huber, qui consacre un chapitre entier à leur langage. Nous aurions pu nous servir de nos doigts comme instruments efficaces, car avec de l'habitude on peut transmettre à un sourd chaque mot d'un discours prononcé en public ; mais alors la perte des mains eût été un inconvénient sérieux. Tous les mammifères supérieurs, ayant les organes vocaux construits sur le même plan général que le nôtre, et servant de moyen de communication, il est probable que, si ce dernier devait s'améliorer, les mêmes organes eussent dû se développer davantage : ce qui s'est effectué à l'aide de parties bien ajustées et adaptées, à savoir, la langue et les lèvres (41). Le fait que les singes supérieurs ne se servent pas de leurs organes vocaux pour parler, dépend sans doute de ce que leur intelligence n'est pas suffisamment avancée. Le fait qu'ils ne se servent pas pour parler d'organes qui par une pratique suivie auraient pu servir à cet usage, trouve son semblable chez les oiseaux, qui, bien que pourvus d'organes propres au chant, ne chantent jamais. Ainsi les organes vocaux du rossignol et du corbeau, bien que présentant une construction semblable, et produisant chez le premier les chants les plus variés, chez le dernier ne donnent qu'un simple croassement (42).

La formation des différentes espèces et des langues distinctes, et les preuves que toutes deux se sont développées par une marche graduelle, sont curieusement les mêmes (43). Mais nous pouvons retracer bien plus en arrière que dans le cas de l'espèce, l'origine de beaucoup de mots, car nous apercevons qu'ils proviennent d'une imitation de sons divers, comme dans la poésie allitérative. Nous rencontrons dans des langues distinctes des homologies frappantes dues à la communauté de descendance, et des analogies dues à un semblable procédé de formation. La manière dont certaines lettres ou sons changent avec d'autres rappelle la corrélation de croissance. Dans les deux cas, nous avons la réduplication de parties, les effets de l'usage longtemps continu, et ainsi de suite. La présence fréquente de rudiments tant dans les langues que les espèces, est encore plus remarquable. Dans l'orthographe des mots, il reste souvent des lettres représentant les rudiments d'anciennes prononciations. Les langues, comme

(36) Vogt, *Mémoire sur les Microcéphales*, 1867, p. 169. En ce qui concerne les sauvages, j'ai signalé quelques faits dans mon *Journal of Researches*, etc. 1845, p. 206.

(37) On trouvera de nombreuses preuves de ce fait dans les deux ouvrages si souvent cités de Brehm et de Rengger.

(38) Pour des remarques sur ce sujet, voyez docteur Maudsley, *Physiology and Pathology of Mind*, 2e édition, 1868, p. 199.

(39) On a enregistré beaucoup de cas de ce genre. Voyez, par exemple, *Inquiries concerning the intellectual Powers*, par le docteur Abercombie, 1838, p. 150.

(40) *Variation des animaux*, etc., vol. II, p. 6.

(41) Pour quelques bonnes remarques sur ce point, voyez le docteur Maudsley, *Physiology and Pathology of Mind*, 1868, p. 199.

(42) Macgillivray, *History of British Birds*, 1839, t. II, p. 29. Un excellent observateur, M. Blackwall, remarque que la pie apprend à prononcer des mots isolés et même de courtes sentences plus promptement que tout autre oiseau anglais ; cependant il ajoute qu'après avoir fait de longues et minutieuses recherches sur ses habitudes, il n'a jamais trouvé que, dans l'état de nature, il manifestât aucune capacité inusitée pour l'imitation. (*Researches in Zoology*, 1834, p. 158.)

(43) Voyez l'intéressant parallélisme entre le développement de l'espèce et des langages, établi par Sir C. Lyell dans *The Geological Evidences of the Antiquity of Man*, 1863, chap. XXIII.

les êtres organiques, peuvent se classer en groupes subordonnés, et naturellement selon leur dérivation, ou artificiellement, d'après d'autres caractères. Des langues et dialectes dominants se répandent largement et entraînent à l'extinction d'autres langages. La langue une fois éteinte, comme l'espèce, ne reparaît jamais, ainsi que le remarque Sir C. Lyell. Le même langage n'a jamais deux lieux de naissance; et des langues distinctes peuvent se croiser ou se mélanger ensemble (44). Nous voyons la variabilité dans toutes les langues, dans lesquelles de nouveaux mots s'introduisent constamment; mais, comme la mémoire est limitée, quelques-uns d'entre eux, comme les langues entières, s'éteignent peu à peu. Selon l'excellente remarque de Max Müller (45) : « Il y a une lutte incessante pour l'existence entre les mots et les formes grammaticales dans chaque langue. Les formes les meilleures, les plus courtes et les plus faciles, tendent constamment à prendre le dessus, et doivent leur succès à leur vertu inhérente propre. » On peut, je crois, ajouter à ces causes plus importantes de la survivance de certains mots, la pure nouveauté; car, en toutes choses, il y a chez l'esprit humain un amour prononcé pour de légers changements. Cette survivance et conservation de certains mots favorisés dans la lutte pour l'existence est une sélection naturelle.

La construction très-régulière et étonnamment complexe des langues d'un grand nombre de nations barbares, a été souvent opposée comme une preuve ou de leur origine divine, ou de l'élévation de l'art et de l'antique civilisation de leurs fondateurs. Ainsi F. von Schlegel écrit : « Dans ces langues qui paraissent occuper le degré le plus bas de la culture intellectuelle, nous observons fréquemment que leur structure grammatical est élaborée à un haut degré. C'est surtout le cas du Basque et du Lapon, ainsi que de beaucoup de langues américaines (46). » Mais il est certainement inexact de regarder une langue comme un art dans ce sens qu'elle aurait été méthodiquement élaborée et formée. Les philologues admettent généralement aujourd'hui que les conjugaisons, déclinaisons, etc., existaient à l'origine comme mots distincts, depuis réunis; et comme ce genre de mots exprime les rapports les plus clairs entre les objets et les personnes, il n'est pas étonnant qu'ils aient été usités dans la plupart des races des premiers âges. L'exemple suivant pourra nous montrer combien nous pouvons nous tromper en ce qui regarde la perfection : Parfois un Crinoïde ne compte pas moins de cent cinquante mille pièces (47), toutes rangées avec une parfaite symétrie en lignes rayonnantes; mais le naturaliste ne considère point un animal de ce genre comme plus parfait qu'un du type bilatéral, formé de parties moins nombreuses, et qui ne sont semblables entre elles que sur les côtés opposés du corps. Il considère avec raison que le critère de la perfection se trouve dans la différenciation et la spécialisation des organes. Il en est de même des langues, dont la plus symétrique et compliquée ne doit pas être mise au-dessus d'autres plus irrégulières, abrégées et croisées qui ont emprunté des mots expressifs et d'utiles formes de construction, de diverses races conquérantes, conquises ou immigrantes.

Je conclus de ces quelques remarques incomplètes que la construction très-complexe et régulière d'un grand nombre de langues barbares n'est point une preuve qu'elles doivent leur origine à un acte spécial de création (48). La faculté du langage articulé n'est pas non plus une objection insurmontable à la croyance que l'homme se soit développé d'une forme inférieure.

Conscience de soi, individualité, abstraction, idées générales, etc. — Il serait inutile d'entreprendre la discussion de ces facultés élevées, qui, suivant plusieurs auteurs récents, constituent la seule et la plus complète des distinctions entre l'homme et la bête, car il n'y a pas deux auteurs dont les définitions s'accordent. Des facultés d'un ordre aussi élevé ne pouvaient pas se développer pleinement dans l'homme avant que ses aptitudes mentales fussent arrivées à un niveau supérieur, ce qui implique l'usage d'une langue parfaite. Personne ne suppose qu'un animal inférieur réfléchisse d'où il vient et où il va, — sur la mort et la vie, et ainsi de suite; mais pouvons-nous être sûrs qu'un vieux chien ayant une excellente mémoire et quelque imagination, comme le montrent ses rêves, ne réfléchisse jamais sur ses anciens plaisirs de la chasse? Ce serait là une forme de conscience de soi. D'autre part, comme le fait remarquer Büchner (49), combien peu la femme, surmenée par le travail, d'un sauvage australien, dégradé, qui n'emploie presque point de mots abstraits et ne compte que jusqu'à quatre, exercera-t-elle la conscience d'elle-même, ou pourra-t-elle réfléchir sur la nature de sa propre existence.

Le fait que les animaux conservent leur individualité est au-dessus de toute contestation. Lorsque, dans l'exemple mentionné précédemment du chien, ma voix évoque toute une série d'anciennes associations dans sa pensée, il doit avoir conservé son individualité mentale, quoique chaque atome de son cerveau ait dû avoir été plus d'une fois renouvelé pendant l'intervalle de cinq ans. Ce chien aurait pu rappeler l'argument récemment avancé pour écraser tous les évolutionnistes, et dire : « Je persiste au milieu de toutes les dispositions mentales et tous les changements matériels..... L'idée que les atomes laissent leurs impressions à titre de legs aux autres atomes prenant la place qu'ils quittent, contredit l'affirmation de l'état conscient, et est fausse par conséquent; mais comme c'est là l'idée nécessaire pour l'évolution, l'hypothèse est donc fausse (50). »

Sentiment du beau. — On a déclaré que ce sentiment était spécial à l'homme; mais lorsque nous voyons des oiseaux mâles déployant laborieusement devant leurs femelles leurs plumes aux splendides couleurs, pendant que d'autres oiseaux, qui ne sont point ainsi décorés, ne se livrent à aucune démonstration semblable, il n'est pas possible de mettre en doute que les femelles n'admirent la beauté de leurs compagnons mâles. Les femmes se servant partout de ces plumes comme éléments de décoration, leur beauté comme objet d'ornementation ne saurait être contestée. Les oiseaux qui, décorant avec goût leurs passages de jeu avec des objets de couleurs gaies, comme le font les oiseaux-mouches pour leur

(44) Voyez à ce sujet des remarques contenues dans un article intéressant du Rév. F. W. Farrar, intitulé : *Philologie and Darwinism*, publié dans le numéro du 24 mars 1870, p. 528, du journal *Nature*.
(45) *Nature*, 6 janvier 1870, p. 257.
(46) Cité par G. S. Wake, *Chapters on Man*, 1868, p. 101.
(47) Buckland, *Bridgewater Treatise*, p. 411.

(48) Voyez quelques bonnes remarques sur la simplification des langages par Sir J. Lubbock, *Origin of civilisation*, 1870, p. 278.
(49) *Conferences sur la théorie darwinienne* (trad. française), 1869, p. 132.
(50) Le Rév. docteur J. M'Cann, *Anti-darwinism*, 1869, p. 13.

nid, fournissent ainsi la preuve qu'ils possèdent un sentiment du beau. De même pour le chant des oiseaux, les douces mélodies qu'exhalent les mâles pendant la saison des amours sont certainement l'objet de l'admiration des femelles, fait dont nous fournirons plus loin la preuve. Si en effet ces dernières étaient incapables d'apprécier les splendides couleurs, les ornements et les voix de leurs mâles, toute la peine et les soucis qu'ils se donnent pour déployer leurs charmes aux regards des femelles seraient inutiles, ce qui est impossible à admettre. Nous ne pouvons, je crois, pas plus expliquer pourquoi certains sons et couleurs excitent du plaisir lorsqu'ils s'harmonisent, que pourquoi certains goûts et odeurs sont agréables; mais il est certain que beaucoup d'animaux inférieurs admirent avec nous les mêmes sons et les mêmes couleurs.

Le goût du beau, en ce qui concerne du moins la beauté féminine, n'est pas de nature spéciale dans l'esprit humain, car, comme nous le verrons, il diffère beaucoup dans les différentes races, et n'est même pas identique dans les nations diverses d'une même race. A en juger par les ornements hideux et la musique non moins atroce qu'admirent la plupart des sauvages, on pourrait conclure que leurs facultés esthétiques sont à un état de développement inférieur à celui qu'elles ont atteint chez quelques animaux, comme les oiseaux. Il est évident qu'aucun animal ne serait capable d'admirer des scènes comme le ciel pendant la nuit, un beau paysage ou une musique savante; ces goûts relevés dépendant, comme ils le sont, de la culture des associations d'idées complexes, n'étant déjà nullement appréciés par les barbares ou les personnes dépourvues d'éducation.

Plusieurs des facultés qui ont contribué de la manière la plus utile à l'avancement progressif de l'homme, telles que l'imagination, l'étonnement, la curiosité, un sentiment indéfini du beau, une tendance à l'imitation, l'amour de l'excitation, de la nouveauté, ne pouvaient manquer de l'entraîner à des changements capricieux d'usage et de mode. Je fais allusion à ce point, parce qu'un écrivain (51) vient tout récemment de s'arrêter d'une manière bizarre sur le caprice, « comme étant une des différences typiques les plus remarquables entre les sauvages et les bêtes ». Mais, non-seulement nous pouvons constater combien l'homme est capricieux, mais qu'il en est de même, comme nous le verrons plus tard, des animaux inférieurs, en ce qui concerne leurs affections, aversions, et sens du beau. Il y a aussi de bonnes raisons de soupçonner qu'ils aiment la nouveauté pour elle-même.

Croyance en Dieu. — Religion. — Il n'y a pas de preuves que l'homme ait été primitivement doué de la croyance relevée de l'existence d'un Dieu omnipotent. Il y a, au contraire, des démonstrations concluantes fournies, non par des voyageurs de passage, mais par des hommes ayant longtemps vécu avec les sauvages, qu'il a existé de nombreuses races et qu'il en existe encore, qui n'ont aucune idée d'un ou de plusieurs dieux, et n'ont pas, dans leur langue, de mot pour en exprimer l'idée (52).

La question est, cela va sans dire, distincte d'une autre d'ordre plus élevé, celle de savoir s'il existe un Créateur et Directeur de l'univers, et à laquelle les plus hautes intelligences ayant vécu ont répondu affirmativement.

Si, toutefois, nous comprenons sous le terme religion la croyance à des agents invisibles ou spirituels, le cas est tout à fait différent, car cette croyance paraît être presque universelle chez les races moins civilisées. Il n'est pas difficile d'en comprendre l'origine. Aussitôt que les facultés importantes de l'imagination, l'étonnement et la curiosité, jointes à quelque puissance de raisonnement, ont été partiellement développées, l'homme aura naturellement cherché à comprendre ce qui se passait autour de lui, et à spéculer vaguement sur sa propre existence. Ainsi que le fait remarquer M. M'Lennan (53), « l'homme doit, pour lui-même, inventer quelque explication des phénomènes de la vie; et à en juger d'après son universalité, l'hypothèse la plus simple et la première à se présenter à son esprit, semble avoir été celle qu'on peut attribuer les phénomènes naturels à la présence, dans les animaux, les plantes et les choses, et dans les forces de la nature, d'esprits déterminant des actes semblables à ceux dont l'homme se conçoit le possesseur. » Il est probable, ainsi que le montre clairement M. Tylor, que la première notion des esprits a pris son origine dans le rêve, les sauvages ne distinguant pas volontiers entre les impressions subjectives et objectives. Les figures qui apparaissent au sauvage dans son rêve sont regardées par lui comme venant de loin et se tenant au-dessus de lui; « ou l'âme du rêveur part pour ses voyages, et revient avec le souvenir de ce qu'elle a vu » (54). Mais, jusqu'à ce que les facultés susnommées de l'imagination, curiosité, raison, etc., se soient passablement développées dans l'esprit humain, ses rêves ne pouvaient le conduire à croire aux esprits plus que dans le cas d'un chien.

La tendance qu'ont les sauvages à s'imaginer que les objets ou agents naturels sont animés par des essences spirituelles ou vivantes, peut se comprendre par un petit fait que j'ai eu occasion d'observer sur un chien qui m'appartenait. Cet animal adulte et très-sensible se trouvait couché sur le gazon par un temps très-chaud, à une certaine distance d'un parasol ouvert, auquel il n'aurait fait aucune attention si quelqu'un se fût trouvé à côté. Mais une légère brise en soufflant agitant de temps en temps le parasol, le chien accompagnait chaque mouvement de grognements et d'aboiements. Il doit donc, à ce que je crois, avoir, d'une manière rapide et inconsciente,

(51) *The Spectator*, 4 décembre 1869, p. 1430.

(52) Voyez sur ce sujet un excellent article du Rév. F. W. Farrar, dans *Anthropological Review*, août 1864, p. CCXVII. Pour d'autres faits, voyez Sir J. Lubbock, *L'homme avant l'histoire;* et surtout les chapitres sur la religion, dans son *Origine de la civilisation*, 1870.

(53) *The Worship of Animals and Plants*, dans *Fortnightly Review*, 1er octobre 1869, p. 422.

(54) Tylor, *Early History of Mankind*, 1865, p. 6. Voyez aussi les trois chapitres frappants sur le développement de la religion, dans *the Origin of civilisation* (1870), de Lubbock. De même, M. Herbert Spencer, dans son ingénieux essai dans le *Fortnightly Review* (1er mai 1870, p. 535), explique les premières formes de croyances religieuses dans le monde par le fait que l'homme est conduit par les rêves, les ombres et autres causes, à se considérer comme double essence, corporelle et spirituelle. Comme l'être spirituel est supposé exister après la mort, et avoir une puissance, on se le rend favorable par divers dons et cérémonies, et l'on invoque son secours. Il montre ensuite que les noms ou surnoms d'animaux ou autres objets, qu'on donne aux premiers ancêtres ou fondateurs d'une tribu, sont, au bout d'un temps fort long, supposés représenter l'ancêtre réel de la tribu, et tel animal ou objet est alors naturellement considéré comme existant à l'état d'esprit, tenu pour sacré et adoré comme un dieu. Toutefois, je ne peux m'empêcher de soupçonner qu'il y a un état encore plus ancien et plus grossier, où tout ce qui manifeste le pouvoir ou le mouvement est regardé comme doué de quelque forme de vie et pourvu de facultés mentales analogues aux nôtres.

estimé que ce mouvement sans cause apparente indiquait la présence de quelque agent vivant étranger n'ayant aucun droit d'être sur son territoire.

La croyance aux agents spirituels passe aisément à celle de l'existence d'un ou plusieurs dieux. Les sauvages attribuent naturellement aux esprits les mêmes passions, la même soif de vengeance, ou les formes les plus simples de la justice, et les mêmes affections que celles qu'ils ont eux-mêmes éprouvées. Les Fuégiens paraissent sous ce rapport être intermédiaires, car lorsque étant à bord du *Beagle* le chirurgien abattit quelques canards comme échantillons, York Minster déclara de la manière la plus solennelle : « Oh ! M. Bynoe, beaucoup de pluie, beaucoup de neige, beaucoup de vent. » Entendant évidemment par là une punition pour le gaspillage de vivres humains. Il racontait aussi que, lorsque son frère avait tué un « sauvage » les orages avaient longtemps régné et il était tombé beaucoup de pluie et de neige. Nous ne découvririons jamais que les Fuégiens croient à quoi que ce soit que nous désignons par Dieu ou pratiquent aucun rite religieux ; et Jemmy Button, avec un juste orgueil, avait résolûment soutenu qu'il n'y avait pas de diables dans son pays. Cette dernière assertion est d'autant plus remarquable que, chez les sauvages, la croyance aux mauvais esprits est beaucoup plus répandue que celle des bons.

Le sentiment de la dévotion religieuse est très-complexe, il se compose d'amour, d'une soumission complète à un supérieur mystérieux et élevé, d'un fort sentiment de dépendance (55), de crainte, de révérence, de gratitude, d'espoir pour l'avenir, et peut-être encore d'autres éléments. Aucun être ne saurait éprouver une émotion aussi complexe sans être déjà parvenu à un degré au moins modéré de facultés morales et intellectuelles. Nous remarquons néanmoins quelque rapprochement éloigné de cet état d'esprit dans l'amour profond qu'a le chien pour son maître, joint à sa soumission complète, un peu de crainte, et peut-être d'autres sentiments. La conduite du chien lorsqu'il retrouve son maître après une absence, ou celle d'un singe vis-à-vis de son gardien qu'il adore, sont fort différentes de celles qu'ils ont pour leurs camarades. Dans ce cas, les transports de joie paraissent être moins intenses, et toutes les actions manifestent plus d'égalité. Le professeur Braubach (56) va jusqu'à admettre que le chien regarde son maître comme un dieu.

Les mêmes hautes facultés mentales qui ont en premier poussé l'homme à croire à des influences spirituelles invisibles, puis au fétichisme, polythéisme, et, en définitive, au monothéisme, ont dû le mener à diverses coutumes et superstitions étranges, aussi longtemps que sa puissance de raison est restée peu développée. Il y en a eu de terribles : — les sacrifices d'êtres humains immolés à un dieu sanguinaire ; les personnes innocentes soumises aux épreuves du poison ou du feu ; la sorcellerie, etc. — Il est cependant utile quelquefois de réfléchir sur ces superstitions qui nous montrent quelle dette de reconnaissance nous devons aux progrès de notre raison, à la science et à toutes nos connaissances accumulées (57). Ainsi que l'a bien observé Sir J. Lubbock, il n'est pas trop de dire que « l'horreur terrible du mal inconnu est suspendue comme un nuage épais sur la vie sauvage et en rend tout plaisir amer ». Ces conséquences misérables et indirectes de nos plus hautes facultés peuvent être comparées aux erreurs incidentes et occasionnelles des instincts des animaux inférieurs.

Ch. Darwin.

— Traduit de l'anglais par Moulinié. —

— La suite très-prochainement. —

(55) Voyez un article remarquable sur les *Éléments psychiques de la religion*, par M. L. Owen Pike, dans *Anthropological Review*, avril 1870, p. LXIII.

(56) *Religion, Moral*, etc., *der Darwinischen*, art. *Lhere*, 1869, p. 53.

(57) *L'homme avant l'histoire*. On trouvera à la fin de cet ouvrage une excellente description de beaucoup de coutumes bizarres et capricieuses des sauvages.

INSTITUTION ROYALE DE LA GRANDE-BRETAGNE

LECTURES DU VENDREDI SOIR

M. W. F. DRUMMOND JERVOIS.

Politique défensive de l'Angleterre. — Les fortifications de Londres.

Pendant l'année 1869, le tonnage total des vaisseaux anglais et étrangers, entrés et déchargés dans les ports du Royaume-Uni n'a pas été moindre de 34 910 281 tonnes (1), d'une valeur totale de 532 475 266 livres sterling (environ 13 milliards 444 millions de francs). De cette importation, une grande partie est de la dernière importance, non-seulement pour la prospérité, mais pour la vie même du pays. L'importation du froment et du blé a été, pour la même année 1869, de 37 millions de livres sterling (environ 934 millions de francs).

Quelque chose qu'il arrive, il est absolument nécessaire que cette importation ne soit pas tout à coup suspendue, si nous ne voulons pas mourir de faim.

Nous avons un commerce d'environ 98 millions sterling (près de 2 milliards 475 millions de francs) avec les contrées septentrionales et occidentales de l'Europe ; de 72 millions et demi sterling (environ 1830 millions de francs) avec les pays longeant la Méditerranée ; de 83 millions sterling (2 milliards 95 millions de francs) avec l'Inde et l'Orient, dont une partie passe par la Méditerranée ; de 11 millions sterling (près de 278 millions de francs) avec l'Afrique et l'île Maurice ; de 25 millions sterling (631 millions de francs) avec l'Australie.

A l'Occident, nous avons un commerce de 51 millions et demi sterling (près de 1300 millions de francs) avec les Indes occidentales, l'Amérique centrale et l'Amérique du Sud, et d'environ 80 milions sterling (2 milliards 20 millions de francs) avec les États-Unis et nos colonies de l'Amérique du Nord.

Il nous faut avoir des vaisseaux rapides et puissamment armés pour se mesurer avec les vaisseaux corsaires qui pourraient être lancés contre nos bâtiments marchands, et des vaisseaux de guerre cuirassés pour repousser les attaques qui pourraient avoir lieu contre nos colonies.

Il n'est pas moins important de protéger efficacement les stations navales où nos croiseurs peuvent se réparer et faire du charbon. Malte et Gibraltar dans la Méditerranée, — Halifax et les Bermudes dans l'Atlantique, — Port-Royal et la Jamaïque, relativement à sa position par rapport aux Indes occidentales et au golfe du Mexique, — Bombay et Aden, — la baie de Simon,

(1) La tonne anglaise vaut un peu plus de 1000 kilogrammes.

au Cap de Bonne-Espérance, — Port-Louis et l'île Maurice, — un port dans l'île de Ceylan, — Singapore, — Hong-Kong, — et quelques autres ports, sont, en langage militaire, les bases stratégiques de nos escadres sur toute la surface du globe.

Les défenses de beaucoup de nos stations coloniales les plus importantes sont du ressort de ces colonies elles-mêmes; cependant, comme elles ne peuvent encore se défendre efficacement au dehors, c'est à nous de leur donner la protection dont elles ont besoin.

Une des fonctions les plus importantes qu'ait à remplir notre marine, est de maintenir les ports du Royaume-Uni ouverts à nos bâtiments marchands. Si la navigation de la Tamise, de la Mersey, de la Clyde et de nos principales rivières, n'est pas libre, ainsi que l'accès à nos ports du littoral, la protection de nos colonies ne nous sera que de peu d'utilité. Les mesures adoptées devront, sans nul doute, cadrer avec les conditions de chaque localité.

En ce qui touche les défenses à demeure pour les côtes, on pense généralement que des défenses de terre pourraient être facilement improvisées pour la protection de nos ports de commerce; mais quiconque est au fait de la nature des exigences de la construction d'une batterie moderne, capable de résister aux attaques de l'artillerie de gros calibre, sait que de pareilles défenses seraient tout à fait illusoires. Quelquefois on peut protéger efficacement un port uniquement par des batteries élevées sur le rivage, et secondées par des torpilles; dans d'autres cas, il est préférable d'y pourvoir en partie par des batteries, et en partie par des canonnières et des monitors à tourelles, appuyés par des torpilles; tantôt enfin il ne faut employer pour la défense que des batteries flottantes.

Quant aux forces qui devront garnir les remparts de nos ports commerciaux, outre la milice, nous avons, dans la plupart de nos ports, des volontaires d'artillerie. Ces volontaires, exercés à la manœuvre des canons de gros calibre par des sous-officiers d'artillerie qui devront être casernés en nombre suffisant dans chacun de ces ports et veiller à l'entretien du matériel d'armement, ces volontaires dis-je suffiront au service des batteries. Sans ces pièces de gros calibre, ces volontaires seraient aussi inutiles qu'un corps d'infanterie sans fusils; bien armés, au contraire, ils seront un puissant élément pour la défense de nos côtes.

Pendant que ces volontaires manœuvreront les pièces de grosse artillerie établies sur la côte, les canonnières pourront être montées par des matelots du pays, sous la conduite d'officiers de marine. Quelques officiers du génie seront nécessaires pour le service des torpilles, dont on devra toujours entretenir un dépôt sur la côte, et ainsi la défense de nos ports commerciaux sera complète.

Notre frontière maritime doit être mise, — ce qui existe déjà en partie, — en complet état de défense. Nous avons ce que je puis appeler des camps maritimes retranchés sur la côte sud du royaume, à Portsmouth, Plymouth, Portland, Pembroke, Douvres, Chatham et Cork. Il nous faut de plus un grand port fortifié sur la côte est. Lors des derniers débats dans le Parlement, il fut question de créer un port à Filey-Bay, pour servir de refuge à nos bâtiments marchands; mais un tel port, s'il était fortifié, pourrait devenir le Portland de notre côte orientale. Une escadre de guerre pourrait s'abriter dans ces ports, d'où elle sortirait pour la défense de la côte; notre flotte pourrait s'y réfugier, si elle était assaillie par des forces supérieures.

De tels ports fortifiés protégeraient nos bassins, nos docks, nos factoreries, nos magasins de vivres et de charbon, le mouillage de nos vaisseaux, et, s'ils contenaient une garnison suffisante, mettraient nos côtes à l'abri d'un coup de main.

D'autres ports, tels que Harwich et Newhaven pourraient aussi servir d'excellents *points d'appui* pour des canonnières et des vaisseaux de peu de tirant d'eau, servant à la défense de la côte; et c'est pour cette raison, jointe à ce qu'ils serviraient admirablement de base d'opérations à l'ennemi, qu'on est en train de les fortifier; un fort de première classe, destiné à compléter la défense du port de Newhaven, vient précisément d'être achevé.

L'embouchure de l'Humber (1), qui, outre sa valeur comme port commercial, est un point stratégique de la plus grande importance, devrait aussi être fortement défendue; et les différents mouillages, dans de certaines limites, où pourrait s'arrêter une flotte ennemie, en vue d'opérations ultérieures, devraient aussi lui être enlevés, partout où cela pourrait se faire, par de petits forts armés de canons de gros calibre.

Il y a d'autres ports plus petits, tels que Poole, Chichester, Littlehampton, Shoreham, Folkestone, Rye, Ramsgate, Blackwater, etc., qui, bien qu'on n'y puisse entrer qu'à l'heure de la marée, offrent à l'ennemi un lieu de débarquement commode pour son artillerie, sa cavalerie et ses bagages. Ils devraient être défendus par de forts ouvrages de terre, pour empêcher l'ennemi de s'en emparer; alors les opérations de l'ennemi ne pourraient plus avoir lieu que sur la plage, et par un beau temps.

En ce qui touche l'armée régulière, on est généralement d'avis que nous ne devons conserver qu'une force relativement minime, complète dans toutes ses parties, et qu'après avoir reçu une instruction parfaite dans l'armée régulière, les hommes devront passer dans la réserve, de manière à permettre de mettre sur pied, à l'occasion, une armée régulière suffisante. D'autres proposent de réorganiser la milice, et de l'incorporer plus ou moins complétement dans l'armée régulière. En ce qui touche les volontaires, toute espèce d'encouragements et d'efforts devraient être prodigués pour mettre ces forces en état de remplir le rôle qui leur est assigné dans la défense nationale.

Considérons quel pourrait être le plan d'opérations d'une armée envahissante. Son objectif serait, sans nul doute, de marcher sur Londres, et l'attaque principale aurait lieu, dans ce cas, sur nos côtes est ou sud. Si Portsmouth et Plymouth n'étaient pas fortifiés, l'ennemi pourrait y détacher un corps d'armée chargé de brûler nos vaisseaux et nos chantiers maritimes. Mais les fortifications de ces places, défendues par les troupes auxiliaires et un noyau de vieilles troupes, sont suffisantes pour les mettre à l'abri d'une attaque. L'ennemi pourrait aussi faire une feinte, peut-être une attaque sérieuse sur les côtes d'Irlande. En tous cas, nous devons y maintenir un corps de troupes considérable. Il pourrait aussi envoyer un corps d'armée dans le Yorkshire ou le Lincolnshire, pour faire diversion à l'attaque principale sur la côte est ou sud. Il diviserait ainsi notre attention, et pourrait faire, le cas

(1) Fleuve du nord de l'Angleterre, qui sépare les comtés d'York et de Lancastre.

échéant, de son attaque secondaire son attaque principale.

S'il réussissait à opérer un débarquement près de l'embouchure de l'Humber, il serait en position de marcher sur les grands centres manufacturiers, tels que Manchester, Liverpool, Sheffield et autres, et en état de lever d'énormes réquisitions sur ces riches comtés.

En vue d'une opération de ce genre, la défense de l'Humber, à laquelle j'ai fait allusion plus haut, et la création d'un *arsenal central*, près de Sheffield (de préférence à Cannock Chase, dont il a été question), sont des points de la plus haute importance.

En même temps qu'une attaque ou une feinte aurait lieu sur les comtés du nord-est, le débarquement du principal corps de l'armée envahissante pourrait être opéré sur la côte est ou sud, dans le dessein de marcher sur Londres.

Jusqu'à ce qu'on soit sûr que l'attaque sur le nord n'est qu'une feinte, il convient d'y conserver des forces suffisantes pour la repousser. Aussitôt qu'il sera évident que l'attaque principale doit avoir lieu par le sud, nous devrons y concentrer nos forces et disputer le terrain pied à pied; il va sans dire que nous appellerons dans le sud toutes les forces du nord qui seront disponibles. Tous les régiments de l'armée active, excepté ceux qui devront demeurer en Irlande, ou être laissés comme garnison dans nos arsenaux ou dans nos places fortes, devront être amenés en ligne pour s'opposer à la marche de l'ennemi sur Londres.

L'état-major s'entendra avec les administrateurs des principales lignes de chemins de fer pour le prompt transport des troupes. Les lignes télégraphiques, appartenant actuellement au gouvernement, resteront entre les mains des mêmes employés.

On construira entre Londres et la côte, sur le théâtre probable du champ de bataille, des ouvrages provisoires; ces ouvrages seront élevés par des ouvriers sous les ordres de l'état-major du génie, et sous la direction d'officiers du génie militaire, qui en auront arrêté les plans. On calculera d'avance le nombre d'hommes et d'outils, ainsi que le temps nécessaire pour la construction de ces ouvrages.

On coupera les routes, on y créera des obstacles artificiels, on détruira les voies ferrées; puis nous livrerons, sans doute, une bataille rangée sur les collines calcaires des comtés de Kent ou de Surrey, ou dans quelque autre position choisie (1).

Nous combattrons sans doute avec rage, mais enfin nous pouvons être battus. Dans ce cas, l'ennemi marche droit sur Londres. Notre armée pourrait alors se retirer dans le camp retranché de Portsmouth et s'y fortifier, ou dans l'arsenal central, si nous en avions un; mais en supposant Londres entre les mains de l'ennemi, qu'arriverait-il?

Quelques-uns sont d'avis que, même dans ce cas, nous devrions continuer la lutte. Voyez, disent-ils, Madrid dans la guerre de la Péninsule, Moscou en 1812, Vienne pendant les guerres du commencement de ce siècle.

Mais il est puéril de comparer toutes les autres capitales de l'Europe, excepté peut-être Paris, avec Londres. La chute de Londres rendrait toute résistance impossible. Avec elle tomberait, entre les mains de l'ennemi, le siége du gouvernement, le cœur même de l'empire, le centre du commerce, le foyer de toutes nos communications, notre fonderie de canons et notre arsenal de Woolwich (la seule fonderie que nous ayons dans tout le royaume), l'arsenal maritime de Chatham, qui n'est défendu que du côté de la mer. Le commerce, le gouvernement, tout l'ordre social s'affaisseraient en un effondrement dont il serait impossible de se relever.

Quelles devraient donc être les mesures de précaution?

Le duc de Wellington, dans sa mémorable lettre de janvier 1847, a dit: « Je ne connais d'autre moyen de résistance, ou de protection efficace, qu'un corps d'armée capable d'affronter l'ennemi sur le champ de bataille, que l'on devra choisir avec soin, et fortifier par tous les moyens que l'art, la science et l'expérience de la guerre pourront enseigner. »

En ce qui touche l'armée, je crois que si les forces régulières et autres que l'on se propose de maintenir sont suffisamment exercées de manière à savoir manœuvrer convenablement sur le terrain, et si, pour employer les paroles du duc de Wellington, « elles sont, en outre, protégées par tous les moyens de fortifications que l'art, la science et l'expérience de la guerre pourront enseigner », la défense du pays contre l'invasion sera complétement assurée.

Sans l'aide des fortifications, je pose en fait qu'il est impossible, à moins d'imposer le service obligatoire, d'organiser et de maintenir en Angleterre une armée capable de nous donner cette sécurité complète, en vue de laquelle nous votons, chaque année, le budget de la guerre.

On sait quelle opposition rencontre chez nous l'idée d'une armée permanente, en raison des dépenses énormes qu'elle nécessite et du nombre de bras qu'elle enlève à l'industrie.

La dépense qu'exigerait l'érection et l'entretien de fortifications est très-minime, quand on la compare avec celle qu'entraînerait une armée permanente. La dépense, en capital, que comporterait une addition de 5000 hommes à notre armée régulière, peut être établie ainsi qu'il suit :

5000 hommes, avec casernes et autres charges non effectives, à 60 liv. sterl. (1) par an : 300 000 l. st.	
Capitalisées à 3 1/2 p. 100..............	9 000 000 l. st.
Travail productif de 5000 hommes, perdu par leur incorporation dans l'armée, à 30 l. st. par homme et par année : 150 000 l. st.	
Capitalisées à 3 1/2 p. 100..............	4 500 000
Prix total de l'entretien de 5000 hommes de troupes régulières..............	13 500 000 l. st.

Maintenant, une augmentation de 5000 hommes sur notre armée régulière ne vaut pas la peine qu'on en parle, au point de vue de l'accroissement de notre pouvoir défensif, tandis qu'une pareille somme d'argent appliquée à des travaux de fortification suffirait, avec l'effectif que l'on se propose de maintenir, à mettre à jamais l'Angleterre à l'abri d'une invasion.

J'évalue à environ 8 millions de livres sterling (202 millions de francs) la dépense nécessaire pour entourer la métropole de fortifications permanentes. Ajoutez-y les frais de construction de l'arsenal central, et des fortifications nécessaires à la défense des ports de l'Angleterre et de nos colonies, et la dépense totale sera inférieure à celle qu'exigerait l'en-

(1) Voyez dans la *Revue politique et littéraire*, n° du 22 juillet 1871, *la Bataille de Dorking, ou la future invasion de l'Angleterre par les armées allemandes*.

(1) La livre sterling vaut environ 25 fr. 25 cent.

tretien de 5000 hommes de troupes. L'entretien des fortifications est insignifiant, et nos forces actuelles sont plus que suffisantes pour les garnir.

Les fortifications de Londres devront être des ouvrages permanents, pourvus de casemates à l'épreuve de la bombe, et flanqués de fossés profonds. Elles devront être imprenables d'assaut, et les remparts construits de manière à empêcher les batteries qui y seront abritées d'être réduites au silence par le feu de l'ennemi.

Quant à la question de savoir où elles devraient être construites, il y a deux systèmes en présence, le système direct et le système indirect.

Le plan indirect consiste à construire, à une distance de 20 à 30 milles de Londres, trois ou quatre camps retranchés; un à Chatham (où, dans tous les cas, seront établies les fortifications de l'arsenal naval), un à l'ouest, un autre au nord, et un autre au sud de Londres. Le plan direct consiste à construire tout autour de Londres, à une distance d'environ 12 milles du centre, une série de forts détachés, à feux croisés, distants l'un de l'autre de 2000 à 3000 mètres, suivant les cas.

Les défenseurs du système des camps retranchés soutiennent que chacun de ces camps pourrait contenir une force considérable, capable d'agir sur les flancs ou sur les derrières de l'ennemi et de menacer ses communications; que l'envahisseur serait par conséquent obligé d'en faire le siége, ou d'employer une partie de ses forces pour les bloquer, avant de pouvoir poursuivre sa marche sur Londres.

Toutefois un système de forteresses purement stratégiques, telles que celles que nous examinons maintenant, serait complétement inutile, sans des troupes parfaitement équipées, disciplinées et instruites. En admettant même que nous ayons une quantité suffisante de pareilles troupes, la sûreté de Londres dépendrait encore du résultat d'une action générale.

Le système direct de défense, au contraire, protégerait complétement Londres. Toute la population mâle, en état de porter les armes, ainsi que les immenses ressources dont dispose la ville, pourraient être promptement concentrées sur un point donné de la circonférence. Un cordon d'environ cinquante forts, à un rayon de 12 milles du centre de la ville, ferait autour de Londres une ceinture impénétrable.

Le périmètre de la ligne des forts, étant de plus de 75 milles d'étendue, ne pourrait être investi. Le périmètre des forts autour de Paris était de moins de 30 milles, et il a fallu 250 000 hommes pour l'investir. Il en faudrait 700 000 pour investir Londres dans de telles conditions. La distance des forts serait assez éloignée pour mettre même les faubourgs à l'abri du bombardement.

Paris a tenu pendant cinq mois, et ne s'est rendu que faute de vivres; le bombardement n'a pas hâté d'une heure la reddition de la ville. Si l'armée de Bazaine s'était repliée sur Paris au lieu de rester à Metz après la bataille de Wœrth; si Mac-Mahon s'était rabattu sur Paris ou sur Orléans, au lieu de marcher sur Sedan, ou si Metz avait tenu quinze jours de plus, le résultat de la dernière guerre eût été tout autre. Paris aurait pu être secouru, et les Allemands se seraient trouvés dans une position fort critique. Les fortifications de Londres, si nous étions envahis et battus en rase campagne, nous permettraient de rétablir les affaires et de sauver la patrie.

Colonel W. F. Drummond-Jervois,
Du corps royal du génie.

INSTITUTION ROYALE DE LA GRANDE-BRETAGNE

LECTURES DU VENDREDI SOIR

M. E. J. REED

Navires et canons (1).

M. Reed fait remarquer que les imperfections des navires, sur lesquelles il se propose d'attirer l'attention, se rapportent essentiellement à cette question de la stabilité, à laquelle la perte du *Captain* vient tout récemment de donner une si sérieuse actualité. Il commence donc par expliquer la nature de la stabilité statique, et les manières de la mesurer.

Ramenée à sa forme la plus simple, la stabilité d'un bâtiment peut être considérée comme le résultat de l'action mutuelle de deux forces : le poids total du bâtiment agissant de haut en bas par son centre de gravité, et la poussée, égale à ce poids, agissant de bas en haut, par un centre placé à une petite distance horizontale du premier; cette distance détermine la puissance du levier par lequel l'une quelconque de ces deux forces agit sur l'autre. Le poids du bâtiment restant le même, quelle que soit son inclinaison, cette distance, ou la longueur de ce bras de levier peut être considérée comme indiquant directement l'intensité de la *force redressante* que possède le bâtiment. M. Reed donne la longueur du bras de levier en question dans le *Captain*, pour toutes les inclinaisons, de sept en sept degrés. Voici ces longueurs :

INCLINAISON.	LONGUEUR du BRAS DE LEVIER.
Degrés	Pouces
7	4 1/4
14	8 1/4
21	10 1/4
28	10
35	7 1/4
42	5 1/4
49	2
54 1/2	0

Ainsi, la longueur du bras de levier redresseur, que M. Reed désigne sous le nom de *bras de salut* d'un bâtiment, croissait jusqu'à une inclinaison de 21 degrés, puis commençait à diminuer. L'orateur explique la cause de ce phénomène, et il démontre qu'il était dû simplement au peu d'élévation de la carène au-dessus de la ligne de flottaison. Tant que le bâtiment présentait de la surface à immerger sur le côté abaissé, la poussée allait en croissant de ce côté, et le bras de levier en question augmentait. Mais une fois cette paroi complétement immergée, si le bâtiment continuait à s'incliner encore sous la force du vent, il commençait à s'enfoncer plus profondément dans l'eau et à ré-immerger son bord opposé; par suite, le centre de poussée se transportait peu à peu vers ce dernier côté, le bras de levier se raccourcissait et la puissance de résistance au vent que possédait le navire diminuait. Le *bras de levier* n'atteignait ainsi, en aucun cas, une longueur supérieure à 10 pouces 1/4; à 42 degrés d'inclinaison il se ré-

(1) Voyez une lecture du même auteur sur les navires cuirassés, dans la *Revue des cours scientifiques*, 1re série, tome VII, p. 501, 9 juillet 1870.

duisait à 5 pouces 1/4; enfin il devenait nul à 54°,5. En regard des chiffres précédents, plaçons les longueurs de leviers correspondantes dans un autre bâtiment, *the Monarch* :

INCLINAISON.	LONGUEUR du BRAS DE LEVIER.
degrés	pouces
7	4
14	8 1/4
21	12 1/4
28	18 1/4
35	21 3/4
42	22
49	20
54 1/2	17 1/2

Ainsi, dans ce bâtiment, le *bras du salut,* qui est un peu moindre que celui de *Captain* pour de petits angles d'inclinaison, au lieu de se raccourcir, comme ce dernier, après avoir atteint 10 pouces 1/4, va en augmentant jusqu'à une longueur presque double; et il n'arrive à son maximum que vers 40 degrés, limite à laquelle celui de *Captain* se rapprochait rapidement de zéro; *Monarch* possède donc deux fois la stabilité maximum que put présenter le *Captain.* Les tableaux précédents montrent que les deux bâtiments étaient remarquablement semblables au point de vue de la stabilité, tant que le pont le plus bas n'intervenait pas, mais aussitôt qu'il commençait à jouer un rôle, cette ressemblance cessait entièrement.

L'orateur démontre ensuite l'impossibilité de corriger efficacement une stabilité imparfaite, au moyen du lest, dans un bâtiment de forme basse, impossibilité qui n'existe pas pour un bâtiment de haut bord. Comme exemple, il met en regard la stabilité de *Captain,* avec 400 tonnes de lest, en eau, placé dans sa double coque, et celle du vaisseau-école le *Vanguard,* avec son lest actuel en fer, montant environ à 360 tonnes. L'addition du lest dans le *Captain* a eu pour effet utile de faire croître son *bras de salut* d'une petite quantité, pour tout degré d'inclinaison; mais elle n'a pu cependant modifier le caractère général de sa courbe de stabilité. Dans le *Vanguard,* au contraire, le *bras de salut* va en augmentant jusqu'à des angles considérables; il surpasse même celui de *Monarch,* et il offre, dans son développement, une allure complétement différente de celle que présentait le *Captain.* Ainsi, de quelque côté qu'on le considère, au point de vue de la stabilité statique, le *Captain* était un navire unique, et il ne présentait ni analogie ni rapport quelconque avec le *Monarch,* pas plus qu'avec nos bâtiments cuirassés.

M. Reed développe ensuite les procédés par lesquels s'augmente la stabilité d'un bâtiment; il reconnait qu'on peut, par une disposition convenable des charges, abaisser le centre de gravité, et rendre à un navire du type de *Captain* un degré plus grand de sécurité; mais ce n'est possible qu'à l'aide de calculs précis, basés sur des données spéciales, afin de déterminer de combien il serait permis d'abaisser le pont pour naviguer sans danger avec une surface donnée de voiles. Il remarque incidemment que le centre de gravité de *Captain* était beaucoup plus bas que celui de plusieurs bâtiments blindés, comme le montre le tableau suivant :

	DISTANCE DU CENTRE DE GRAVITÉ au-dessous DE LA LIGNE DE FLOTTAISON.
Minotaure	1.99
Vaillant	1.89
Achille	1.51
Captain	3.25

On aurait pu cependant le placer plus bas encore si l'on avait prévu que ce fût nécessaire. D'un autre côté, dans un nouveau bâtiment du même type, il serait essentiel d'introduire des modifications qui auraient pour effet de placer de fortes charges dans la partie supérieure. En effet, à la veille de la perte de son navire, le capitaine Coly reconnut que les canons et les tourelles mobiles étaient beaucoup trop bas.

M. Reed explique ensuite la nature de la stabilité dynamique et la manière de la mesurer; il discute les effets du vent, d'un grain ou d'une rafale sur les navires à voiles. Il montre que le *Monarch,* incliné à 14 degrés, possédait une stabilité dynamique suffisante pour lui permettre de résister à une rafale assez violente pour le maintenir, si elle eût été continue, sous une inclinaison de 20 degrés et plus, et que même alors il avait encore une grande réserve de stabilité en provision. Le *Captain,* au contraire, était sans aucune réserve analogue, et il aurait nécessairement sombré sous une pareille rafale. Des calculs précis peuvent seuls indiquer quelle est la réserve de force que possède un bâtiment. Ces calculs ont été faits, pour le *Captain,* depuis sa perte, sur les dessins qui avaient servi pour sa construction. On ne sut pas prévoir qu'ils étaient nécessaires en temps utile.

L'orateur discute ensuite rapidement les effets des vagues sur les navires voiliers, et il montre l'extrême différence qui existe entre ces vaisseaux, suivant qu'ils sont avec ou sans voiles; il conclut en faisant voir que la perte de *Captain* ne doit pas nous inspirer de défiance à l'égard des monitors sans mâture de notre flotte.

Une erreur répandue, qui se rapporte aussi à la question de la stabilité, mais que l'orateur considère comme extrêmement antiscientifique et tout à fait puérile, est celle qui attribue un certain danger à l'existence, dans un bâtiment, d'un double fond divisé en loges ou compartiments imperméables à l'eau. Des individus, dont il est inutile de mentionner les noms et les professions, ont publié des mémoires dans lesquels ils soutiennent qu'une coque à compartiments est radicalement et nécessairement dangereuse. Ces écrits ont malheureusement aujourd'hui une influence que tout homme de science doit déplorer. Il est difficile de traiter sérieusement de pareilles opinions; cependant l'orateur s'efforce de démontrer en quelques mots leur absurdité. Le meilleur moyen d'y arriver consiste à admettre que le procédé logique pour remédier aux inconvénients que fait naître la présence de deux carènes est de supprimer l'une des deux. Supposons d'abord qu'on ait enlevé la carène intérieure de *Captain,* et cherchons quel effet cette opération aura produit sur le bâtiment. Cet effet est évident. La carène intérieure, étant principalement construite de fer, est d'un poids très-considérable; la disparition de ce poids de la partie inférieure du bâtiment aura pour effet certain de relever le centre de gravité, en diminuant la stabilité et exposant le bâtiment à chavirer immédiatement; il ne peut exister aucun doute à cet égard. Dira-t-on qu'en enlevant le fond on donne le moyen de placer les machines, la chaudière et autres charges plus bas dans le bâtiment qu'ils n'étaient d'abord? Cet argument serait basé sur une erreur complète : il supposerait que les charges de *Captain* et des autres bâtiments blindés sont forcément placées trop haut, à cause de l'existence de la double coque ; or, c'est le contraire qui est vrai : la distance entre les doubles fonds a été rendue grande dans de nouveaux bâtiments cuirassés, précisément pour faciliter l'élévation des machines, chaudières et autres charges, parce qu'on a reconnu que la tendance d'un bâtiment à rouler diminue par cette disposition. En général, on peut affirmer avec assurance que le centre de gravité d'un bâtiment cuirassé peut être placé à toute hauteur voulue, entre certaines limites, qu'il ait un fond ou deux. Supposons, en second lieu, qu'on ait enlevé le fond extérieur de *Captain*, cette opération aura deux effets : 1° élever considérablement le centre de gravité absolu ; 2° immerger le bâtiment au moins de deux pieds plus profondément, et réduire de cette quantité sa hauteur au-dessus de la ligne de flottaison. Il n'est pas besoin de dire que dans de pareilles conditions, le *Captain* serait devenu infiniment plus mauvais qu'il n'était d'abord. La vérité est qu'aucune objection sérieuse n'existe contre l'introduction d'une double coque dans les grands vaisseaux cuirassés; cette introduction présente, au contraire, d'immenses avantages. Ceux-là seulement qui n'ont que des notions vagues sur la question et qui sont incapables d'affronter ces problèmes scientifiques dans leur ensemble, s'attachent à de pareilles erreurs.

M. Reed considère ensuite certaines imperfections de nos canons qui, d'après lui, ont de sérieux inconvénients. Il affirme que tout argument qui conduit aujourd'hui à l'emploi du bronze dans la fabrication des canons est fallacieux ; et il discute les raisons pour croire que nos canons de service seraient défectueux comme canons rayés, à cause de l'emploi du système de boulons pour imprimer la rotation, et que, par conséquent, de longs projectiles, qui seraient très-utiles pour la marine, ne pourraient être lancés par ces pièces.

E. J. Reed,
Ancien directeur des constructions navales à l'Amirauté anglaise.

— Traduit de l'anglais par le Dr René Benoît. —

ACADÉMIE DES SCIENCES DE PARIS

JUIN ET JUILLET 1871

Sommaire. — M. Boussingault : la congélation de l'eau. — M. Dareste : l'amidon animal. — M. Champion : emploi de la dynamite. — M. Chauveau : les virus et la théorie de la contagion. — M. Decaisne : modifications que subit le lait de femme par suite d'une alimentation insuffisante. — M. Ditte : chaleur de combustion du magnésium, du zinc, de l'indium et du cadmium. — M. Clermont : l'acide trichloracétique. — M. Grüner : le dédoublement de l'oxyde de carbone sous l'action combinée du fer métallique et des oxydes de ce métal. — M. Chabrier : recherches sur l'existence et le rôle de l'acide nitreux dans le sol. — M. P. Bert : influence que les changements dans la pression barométrique exercent sur les phénomènes de la vie. — MM. Gréhant et Duquesnel : de l'aconitine cristallisée et de son action physiologique. — M. Dubrunfaut : sur la fermentation et le ferment alcoolique.

M. Boussingault. — *Sur la congélation de l'eau.*

La force avec laquelle l'eau tend à se dilater pendant la congélation est considérable, puisqu'elle doit être égale à la pression qu'il faudrait exercer sur un morceau de glace pour en diminuer le volume de 0,08. Aussi cette force d'expansion est-elle capable de briser les enveloppes les plus résistantes. Cette expérience, réalisée pour la première fois par les académiciens de Florence, est aujourd'hui devenue classique.

M. Boussingault a pensé qu'il serait intéressant de répéter cette expérience, en employant, pour faire congeler l'eau, un métal d'une ténacité supérieure à celle du fer, un canon d'acier, par exemple, à parois assez épaisses. Le but qu'il se proposait était de constater si, conformément à la prévision théorique, l'eau enfermée dans ce canon conserverait l'état liquide, malgré l'abaissement de la température et cela par suite de l'obstacle opposé à sa dilatation.

Dans ce but, un cylindre d'acier fondu et forgé de 46 centimètres a été foré jusqu'à une profondeur de 26 centimètres. Le diamètre intérieur était de 1c,3; l'épaisseur des parois de 8 millimètres. L'ouverture du canon portait un pas de vis sur lequel s'ajoutait un couvercle d'acier évidé au fond duquel on plaça une rondelle de cuir. Une balle d'acier placée à l'intérieur devait indiquer, par sa mobilité ou son immobilité, si l'eau était restée liquide ou si elle était congelée.

Le 26 décembre, le canon, refroidi à 4 degrés, fut rempli avec de l'eau distillée à 4 degrés, puis le couvercle fut vissé. En retournant le canon on entendait distinctement le bruit causé par la petite balle d'acier : l'appareil fut exposé à un froid de — 13 degrés ; le soir, cette température étant restée sensiblement constante, on put reconnaître que l'eau était restée à l'état liquide. Le 27 décembre, sous un froid de — 24 degrés, la mobilité de la balle montra que la congélation n'avait pu s'effectuer. On procéda enfin à l'ouverture du canon par un froid de — 10 degrés, mais aussitôt, avant même que le couvercle fut complétement dévissé, l'eau gela instantanément, et l'on put retirer un cylindre de glace d'une grande transparence. Cette expérience fut répétée plusieurs fois les jours suivants et donna toujours les mêmes résultats. Ainsi donc, dans un canon d'acier fondu, à parois assez épaisses pour être considérées comme inextensibles, l'eau introduite à + 4 degrés a pu supporter pendant plusieurs jours, sans se solidifier, un froid très-considérable ; mais la congélation s'opère instantanément dès que l'obstacle opposé à la dilatation se trouve supprimé.

M. Dareste. — *Recherches sur l'amidon animal.*

L'auteur commence par rappeler qu'il a constaté, il y a quelques années, dans le jaune d'œuf de la poule des granules microscopiques possédant les propriétés physiques et chimiques de l'amidon, et qu'il a par conséquent considérés comme des granules d'amidon animal. C'est une analogie de plus entre l'œuf et les graines, une relation nouvelle entre la physiologie animale et la physiologie végétale. Depuis cette époque l'exactitude de ces résultats fut mise plusieurs fois en doute par suite de la difficulté de mettre en évidence ces granules amylacés sur le porte-objet du microscope et de les séparer des matières albumineuses, des huiles colorées au milieu desquelles ils se trouvent. M. Dareste annonce cette fois qu'il vient de trouver un procédé qui décèle immédiatement l'existence de l'amidon dans le jaune de l'œuf. Il consiste à mettre sur le porte-objet quelques gouttes du contenu du sac vitellin, à cette époque de l'incubation où le sac vitellin est entièrement séparé de l'intestin. Dans ces conditions, les globules jaunes ont subi une sorte de dégestion dont l'effet est de les dissocier. L'emploi de la lumière polarisée fait voir alors dans le jaune un très-grand nombre de globules présentant les caractères optiques de l'amidon. Ces granules, très-petits, ont en moyenne un diamètre de $0^{mm},025$. Ils ne se colorent pas toujours en bleu par l'iode, comme ceux que l'on extrait des œufs non couvés, mais souvent en rouge.

Ainsi donc, il existe des granules d'amidon dans les globules jaunes du jaune de l'œuf, et ces granules se résorbent dans les derniers jours de l'incubation. Ce fait est parfaitement en rapport avec cet autre fait signalé par Lehmann, de la présence de la glycose et de son augmentation pendant l'incubation. En poursuivant plus attentivement ces recherches et en étudiant les différentes phases de l'évolution des œufs dans l'ovaire et celles de l'embryon dans l'œuf, M. Dareste a pu constater l'apparition successive de plusieurs générations toutes semblables de granules amylacés. La première a pour siége l'ovaire lui-même ; la seconde est celle que l'on constate dans les globules du jaune et dont nous venons de parler ; une troisième se produit dans les cellules du feuillet muqueux du blastoderme ; enfin, une quatrième dans le foie. Ces derniers granules sont les plus petits de tous ceux que l'auteur a observés.

M. Champion. — *La dynamite.*

Dans la séance du 19 juin, M. Champion propose l'emploi de la dynamite pour briser d'énormes blocs de fonte, tels que loups, chabotte de marteau-pilon, gros cylindre de laminoir, etc., que l'on rencontre souvent dans les usines métallurgiques et dont on ne peut souvent tirer parti en raison de leur poids considérable. Les casse-fonte ne peuvent être employés avec succès que dans certaines limites : quant aux moyens mécaniques, les frais qu'ils entraînent dépassent souvent la valeur de la matière première.

L'auteur a fait ses essais sur une chabotte de marteau-pilon pesant environ 5000 kil. Le procédé consiste à faire forer un ou plusieurs trous que l'on remplit de dynamite, la pièce étant placée dans une fosse que l'on recouvre avec des madriers pour éviter les projections.

Dans le cas présent on avait foré trois trous de 25 millimètres de diamètre sur 45 centimètres de profondeur. La mine centrale avait reçu une charge de 150 grammes de dynamite à 75 pour 100 de nitro-glycérine. On a pu ainsi arriver facilement, après une ou plusieurs explosions, à diviser le bloc en morceaux assez peu volumineux pour pouvoir être réduits ensuite par les procédés ordinaires. L'auteur pense que l'emploi de l'électricité, pour mettre le feu à ces mines, en provoquant la simultanéité des explosions, devrait assurer une économie notable dans ce genre d'opérations.

M. Chauveau. — *Les virus.*

M. A. Chauveau rappelle que dans des notes antérieures sur les virus et la théorie de la contagion virulente, il a démontré que la propriété contagifère dans les humeurs virulentes n'est pas fixée sur les substances dissoutes, mais sur les particules solides tenues en suspension dans ces humeurs.

Des diverses séries d'expériences consacrées à cette démonstration, l'auteur avait conclu que si l'on cherche à inoculer des humeurs virulentes étendues d'eau, l'inoculation réussit ou ne réussit pas, mais que jamais il n'y a d'effet intermédiaire ; que si l'on sépare par filtration les corpuscules solides de l'eau de lavage, cette dernière n'a aucune action, les corpuscules seuls jouissant de la propriété contagifère. Cette fois, l'auteur étudie spécialement l'état des virus dans l'air infesté par les sujets atteints de maladies contagieuses.

Dans la théorie de la contagion dite *miasmatique*, qu'il avait formulée, M. Chauveau avait admis que le virus se trouve aussi dans l'air à l'état de particules solides qui y seraient jetées surtout par la respiration des sujets malades. — Or, si les éléments virulents sont incapables de se répandre dans l'eau par diffusion moléculaire, ils doivent être non moins incapables de se répandre dans l'air de cette manière : tel est le fait qu'il fallait démontrer directement. Étant admises la volatilité des substances virulentes et leur diffusibilité dans l'air, il est évident que ces substances doivent se répandre au sein de l'atmosphère avec la vapeur d'eau enlevée par l'évaporation spontanée. Or, si l'on vient à condenser cette vapeur d'eau, il est évident que les substances entraînées par cette vapeur doivent se condenser avec elle et se retrouver dans cette eau. Il suffit alors, pour terminer l'expérience, d'inoculer comparativement cette eau condensée et le liquide primitif dont elle émane. M. Chauveau a fait cette expérience et en opérant sur deux virus regardés comme aptes à se propager par l'air : celui de la variole et celui de la clavelée. — Dans aucun cas, l'eau condensée n'a pu produire d'inoculation. — L'auteur vient récemment de répéter deux fois cette expérience avec le virus du typhus épizootique, et dans ce cas encore il a obtenu des résultats négatifs.

Ainsi donc les virus, improprement dits volatils, sont incapables de se répandre par diffusion dans l'atmosphère : ils ne peuvent y exister sous un autre état que dans les humeurs des sujets malades, c'est-à-dire sous forme de particules solides tenues en suspension. La contagion à grandes distances doit donc s'opérer par le transport direct des matières contagieuses fixées à des intermédiaires de diverses sortes et par l'absorption de ces matières dans les voies digestives.

M. Decaisne. — *Le lait de femme dans le cas d'alimentation insuffisante.*

M. E. Decaisne, dont nous avons déjà plusieurs fois reproduit les travaux, vient encore de soumettre au jugement de l'Académie un travail sur les *modifications que subit le lait de femme par suite d'une alimentation insuffisante.* Ses observations ont été recueillies pendant le siége de Paris. Voici en quelques mots les conclusions de ce travail :

1° Les effets de l'alimentation insuffisante sur la composition du lait de femme ont une grande analogie avec ceux que l'on observe chez les animaux ;

2° Ces effets varient suivant la constitution, l'âge, les conditions hygiéniques, etc. ;

3° L'alimentation insuffisante amène toujours, dans des proportions qui varient, une diminution dans le chiffre du beurre, de la caséine, du sucre et des sels, tandis qu'elle augmente généralement celui de l'albumine ;

4° Dans les trois quarts des cas, ou du moins d'après les expériences de l'auteur, la proportion de l'albumine est en raison inverse de celle de la caséine ;

5° Les modifications apportées dans la composition du lait par une alimentation réparatrice se manifestent toujours d'une façon remarquable au bout de quatre ou cinq jours.

M. Ditte. — *Chaleur de combustion du magnésium, du zinc, de l'indium et du cadmium.*

M. Ditte s'est proposé d'étudier les phénomènes calorifiques qui accompagnent la combinaison avec l'oxygène des quatre métaux cités plus haut, et de comparer les quantités de chaleur mesurées avec les propriétés physiques et chimiques de ces métaux.

Pour obtenir la chaleur de combustion du magnésium, l'auteur a eu recours à deux méthodes ; la première consiste dans la mesure des quantités de chaleur qui deviennent sensibles lorsque des poids équivalents de magnésium et de magnésie se dissolvent dans une même liqueur, qui dans ce cas fut l'acide sulfurique monohydraté étendu d'eau. La différence des deux nombres que l'on obtient permet de calculer le résultat cherché. La seconde méthode employée repose sur un fait observé déjà et signalé par M. Ditte, sur l'action très-vive qu'exerce l'acide iodique sur le magnésium en donnant de l'iodate de magnésie, pendant que de l'iode est mis en liberté. Cette réaction très-simple permet de déterminer avec facilité la chaleur de combustion. — La chaleur de combustion du zinc fut déterminée par la première de ces deux méthodes. Il en fut de même pour l'indium ; seulement, dans ce cas, l'action de l'acide sulfurique étendu étant très-peu sensible et ne commençant que lorsqu'on touche le métal avec une tige de platine, voici comment l'auteur opère : Le métal, réduit en lames et pesé, fut placé dans une petite nacelle de platine, puis plongé dans la dissolution acide pendant un certain temps (quarante minutes), et enfin retiré pour être pesé de nouveau.

Pour le cadmium, attendu que ce métal n'attaque pas les dissolutions étendues ou concentrées des acides sulfurique et chlorhydrique, M. Ditte dut avoir recours à l'action de l'acide iodique, après s'être assuré que dans ces conditions il ne pouvait se former d'iodure.

Si l'on résume les résultats obtenus par l'auteur, on voit que les nombres qui expriment la chaleur de combustion de ces métaux, quelle que soit d'ailleurs leur exactitude, n'ont rien d'absolu. — L'expérience lui a montré que la chaleur de combustion varie avec l'état physique de l'oxyde employé pour la déterminer. Il est donc essentiel de bien spécifier la nature de l'oxyde employé, les variations pouvant osciller entre des limites dont le tableau ci-joint pourra donner une idée. Les limites entre lesquelles la magnésie et l'oxyde de zinc ont été calcinés sont 350 degrés et le rouge blanc. Pour le cadmium, le résultat le plus faible correspond à l'oxyde amorphe, le plus fort à l'oxyde cristallisé, portés tous deux à la même température.

CHALEUR de COMBUSTION.		MAGNÉSIUM.	ZINC.	INDIUM.	CADMIUM.
Par gramme.....	Maximum.	6073,9	1391,2	1044,6	275,5
	Minimum.	5944,9	1324,3	....	271,1
Par équivalent...	Maximum.	72890	45401	37502	15506
	Minimum.	69222	43125	....	15231

La comparaison de ces nombres avec les propriétés principales des métaux considérés fournit quelques rapprochements intéressants. Ainsi :

1° Tandis que le magnésium brûle avec un très-vif éclat dans l'air, la combustion du zinc est bien moins énergique. Celle de l'indium devient plus difficile et le cadmium fond et s'oxyde en donnant une flamme très-pâle, à peine visible. Or, la flamme et son éclat peuvent se rattacher à trois causes principales : l'état physique de l'oxyde, la température à laquelle il est porté et la volatilité du métal. Or, d'une part, cette température dépend essentiellement de la quantité de chaleur développée pendant la combustion. Elle diminue donc considérablement du magnésium au cadmium, ce qui explique déjà la décroissance très-rapide de la flamme du premier de ces métaux au dernier ; d'autre part, la flamme étant d'autant plus étendue que le métal est plus volatil, et cette volatilité allant en augmentant du magnésium au cadmium, on conçoit que la flamme de ce dernier soit pâle et très-étendue, tandis que celle du magnésium est réduite à un point brillant.

2° Le magnésium décompose l'eau au-dessus de 70 degrés, et sa vapeur à une température peu élevée ; le zinc, quoique sans action sur l'eau, s'oxyde facilement dans sa vapeur, tandis qu'au rouge seulement la décomposition de cette dernière par le cadmium commence à s'effectuer. Or, plus la température de la vapeur d'eau est élevée, moins il faut lui donner de chaleur pour la dissocier. On pourra donc diminuer de plus en plus cet échauffement préalable à mesure que la chaleur d'oxydation du métal sur lequel on expérimente ira en croissant ; c'est le cas du zinc et du magnésium.

3° L'hydrogène réduit l'oxyde de cadmium vers 400 degrés, et celui d'indium au rouge sombre ; la réduction de l'oxyde de zinc ne fait que commencer à une très-haute température ; et quant à la magnésie, elle présente seulement des traces de décomposition dans la flamme du chalumeau à gaz. La réduction de l'oxyde paraît donc d'autant plus facile que la chaleur de combustion du métal est moindre. Il n'y a là cependant qu'une simple analogie entre deux propriétés différentes ; en effet, les récentes expériences de M. H. Sainte-Claire Deville nous ont appris que l'action de l'hydrogène sur un oxyde est fonction de la température de l'oxyde, ainsi que des pressions du gaz libre et de la vapeur d'eau formée. En mettant des oxydes différents en présence de l'hydrogène gazeux, le rapport qui existe entre la chaleur d'oxydation du métal et celle de l'hydrogène paraît devoir s'introduire, mais seulement comme une variable nouvelle, dans la fonction qui représente l'ensemble des phénomènes.

Le parallèle entre les propriétés physiques et chimiques principales de ces quatre métaux est donc aussi satisfaisante que possible.

Ces dernières forment un système d'analogies d'après lesquelles l'indium et le zinc se trouvent très-rapprochés l'un de l'autre, pendant que le magnésium et le cadmium s'en écartent davantage et dans deux sens différents ; les premières en constituent un second non moins remarquable, et qui conduit à ranger ces métaux exactement dans le même ordre. Ces deux systèmes d'analogies conduisent donc à des résultats identiques.

M. Clermont. — *L'acide trichloracétique.*

M. A. Clermont vient de découvrir, dans le laboratoire de M. H. Sainte-Claire Deville, à l'École normale supérieure, un nouveau procédé de préparation de l'acide trichloracétique, qui lui permet d'obtenir cet acide très-facilement et en grande quantité. Cet acide, dont la découverte se rattache à la théorie des types de M. Dumas, et avec lequel M. Melsens a constaté le premier phénomène de substitution inverse, présente donc un intérêt théorique considérable.

M. Dumas l'avait préparé par l'action du chlore sur l'acide acétique cristallisable ; M. Kolbe par l'action de l'acide azotique concentré sur le chloral; mais ces procédés n'en fournissent que de petites quantités.

M. Clermont l'a obtenu en abandonnant pendant quelque temps, dans un matras, l'hydrate de chloral avec le triple de son poids d'acide nitrique fumant. Ce mélange, abandonné à lui-même au soleil, donne naissance à un dégagement abondant d'acide hypoazotique, qui cesse au bout de trois ou quatre jours. Si alors on soumet ce liquide à la distillation fractionnée, on sépare d'abord l'acide azotique à 4 équiv. d'eau ; puis le thermomètre se fixe à 195°, et la distillation de l'acide trichloracétique s'effectue très-régulièrement.

L'auteur a pu de cette façon obtenir 300 grammes d'acide avec 480 grammes d'hydrate de chloral.

M. Gruner. — *Dédoublement de l'oxyde de carbone sous l'action combinée du fer et des oxydes de ce métal.*

On connaît depuis longtemps l'action réductive que l'oxyde de carbone exerce, à la chaleur rouge, sur les minerais de fer. On sait aussi, par les expériences du Dr Stammer en 1851 et de M. Marguerite en 1865, que le fer métallique peut, à cette température, être carburé par l'oxyde de carbone, mais les réactions sont différentes et moins connues, au-dessous du rouge sombre, vers 300 à 400 degrés centigrades.

Cette étude fut commencée en 1869 par un des principaux maîtres de forge anglais, M. Lowthian Bell. Voici le résumé des faits qu'il avait observés. En soumettant les minerais de fer à l'action du gaz des hauts-fourneaux, vers 300 à 400 degrés, on les voit, non-seulement se réduire en quelques heures, mais encore se couvrir de carbone floconneux, tomber en poussière et augmenter de volume. La proportion du carbone déposé peut aller jusqu'à 20 et 25 pour 100 du poids du minerai. Le même effet est produit avec l'oxyde de carbone à 300 ou 460°, tandis qu'au rouge il ne se dépose plus de carbone.

L'auteur de cette note a repris l'étude de ces faits, et voici à quelles conclusions il a été amené :

1° En faisant passer de l'oxyde de carbone sur un minerai de fer à 300 ou 400 degrés, l'oxyde de fer est progressivement réduit à partir de sa surface extérieure. Dès que cette action est commencée, le métal réduit se fissure dans tous les sens, foisonne et se couvre de carbone pulvérulent. Cette réaction se produit quel que soit le mode de préparation de l'oxyde de carbone.

2° A mesure que la réduction avance, le dépôt charbonneux diminue : il cesserait même, si la réduction absolue pouvait se réaliser dans ces conditions.

3° En faisant passer de l'oxyde de carbone sur du fer métallique à la même température, on voit ce fer se couvrir aussi de carbone floconneux, dès que l'action réductrice de l'oxyde de carbone se trouve *partiellement tempérée* par la présence d'une source quelconque d'oxygène.

4° Par contre, l'oxyde de carbone pur et sec abandonnera au fer d'autant moins de carbone que ce fer sera plus exempt d'oxyde.

5° Le carbone pulvérulent qui se dépose dans ces conditions est une sorte de *carbone ferreux*, véritable composé contenant de 5 à 7 pour 100 de fer métallique, et ce dépôt a plutôt les caractères du graphite amorphe que ceux du carbone chimiquement dissous dans l'acier ou la fonte, de sorte qu'on pourrait l'assimiler à certains graphites naturels qui renferment presque toujours du fer.

6° L'acide carbonique agit toujours sur le fer comme oxydant. A 300 ou 400 degrés, l'action est peu intense : il ne se produit que peu d'oxyde et jamais de dépôt de carbone.

7° La formation du carbone ferreux est le résultat d'une sorte de dédoublement de l'oxyde de carbone : mais cette réaction ne se produit jamais directement ; elle exige la présence simultanée du fer métallique et du protoxyde de fer. De même l'acide carbonique, s'il agit seul sur le fer, ne fournit pas de carbone ferreux; tandis que les deux gaz réunis, pourvu que l'oxyde de carbone soit en excès, le fournissent en abondance à 300 ou 400 degrés.

8° Le fer spathique ou le protoxyde est rapidement transformé en oxyde magnétique sans dépôt de charbon, sous l'action de l'acide carbonique, tandis que l'oxyde de carbone, dans ces circonstances, donne rapidement du carbone ferreux.

9° Dans ces expériences, le dépôt de carbone ferreux cesse immédiatement si l'on élève la température au rouge vif.

10° Au point de vue de la théorie des hauts-fourneaux, il est à remarquer que le carbone doit se déposer sur le minerai dans la partie supérieure des fourneaux, et que ce carbone pulvérulent, par son mélange intime avec l'oxyde de fer, doit faciliter, dans les régions moyennes, la réduction ultérieure du minerai et celle de l'acide carbonique. En tout cas, ce carbone déposé sera de nouveau brûlé avant d'arriver à la zone de fusion.

M. Chabrier. — *Existence et rôle de l'acide nitreux dans le sol.*

Ce travail fut exécuté sur les terres du territoire de *Saint-Chamas* (Bouches-du-Rhône), et les conclusions en ont paru à l'auteur suffisamment indépendantes des circonstances locales et du climat pour qu'il lui soit permis de les généraliser et de les étendre à d'autres terrains. M. Chabrier a particulièrement examiné les terres qui se recommandaient par leurs aptitudes constatées à certaines cultures et enfin divers échantillons pris en dehors des cultures.

Il ressort des résultats consignés dans ce travail que *toutes les terres arables renferment de l'acide nitreux.* En comparant les teneurs de ces terres en *acide nitrique*, on constate que cet acide s'accumule dans les couches superficielles du sol, surtout par les temps secs : le résultat est inverse si l'on considère l'*acide nitreux*, c'est-à-dire que, *par les temps secs, la proportion de l'acide nitreux va en diminuant à mesure qu'on se rapproche de la surface du sol.*

Il semble résulter de là, que par la sécheresse, les nitrites en dissolution dans l'humidité terrestre sont attirés à la surface du sol et qu'ils s'y convertissent, au moins partiellement en nitrates. Il est à remarquer aussi que le degré de dilution des nitrites dans l'humidité du sol est toujours très-grand, que l'acide nitreux est habituellement avec l'eau dans le rapport de 1 à 25 000 environ, et que dans les terres les mieux pourvues, ce rapport ne dépasse pas $\frac{1}{1000}$.

Parmi les terres prises en dehors de la culture, l'auteur a examiné celle d'un *coussou* en cours de défrichement. Ces coussous sont de vastes plaines en friche, qui s'étendent sur toute la surface de la craie. Leur sol contient peu d'acide nitreux, mais il renferme une réserve considérable d'acide nitrique ; dans la pratique du pays, ces coussous défrichés sont cultivés en prairies ou en blés, suivant qu'ils sont irrigables ou non. Dans ces deux cas, ils donnent, pendant les premières années, sans engrais, des récoltes dont l'abondance se retrouve à peine ensuite sous l'influence de la fumure. Cette terre inculte, mais non stérile, ne doit rien aux labours, mais elle profite depuis des siècles des apports de la vaine pâture et des pluies.

Enfin, parmi les terres les moins privilégiées, l'auteur a examiné le *safre* ou argile limoneuse, durcie et agglutinée, qu'on retrouve en amas isolés dans tous les terrains occupés à diverses époques par la Durance. Ce safre représente assez bien la limite extrême des matières utilisables pour la culture. Il ne contient pas d'acide nitreux, mais on y trouve encore des quantités assez fortes d'acide nitrique.

M. Chabrier termine ce travail par quelques observations intéressantes au point de vue de la végétation.

1° L'acide nitreux se répartit dans les différents sols, suivant la nature des eaux qui les humectent. La teneur des terres en acide nitreux s'élève lorsque les eaux qui les arrosent sont elles-mêmes riches en acide nitreux ; elle s'abaisse lorsque la pluie est leur seul apport; elle est nulle lorsque, comme le safre, elles sont depuis longtemps soustraites à la pluie et aux irrigations.

2° Si l'on classe les diverses terres d'après la nature de leurs produits, en commençant par les cultures potagères, et arrivant graduellement aux essences forestières et résineuses, on constate que ce mode de classement dispose les terres dans l'ordre de leurs richesses relatives en acide nitreux.

La terre d'un jardin potager contient $4^{mm},52$ d'acide nitreux.

Les terres à blé contiennent en moyenne $2^{mm},16$ d'acide nitreux.

Les terres cultivées en arbres à fruit contiennent en moyenne $1^{mm},61$ d'acide nitreux.

La terre des bois de pin contient en moyenne $0^{mm},75$ d'acide nitreux.

On peut ajouter à cette énumération :

Les coussous $0^{mm},07$.

Le safre $0^{mm},00$.

M. P. Bert. — *Influence que les changements dans la pression barométrique exercent sur les phénomènes de la vie.*

M. P. Bert annonce qu'il a pu, grâce au généreux concours de M. le docteur Jourdanet, installer dans le laboratoire de physiologie de la Sorbonne de vastes appareils desservis par des machines à vapeur, qui lui permettent d'étudier expérimentalement, sous tous les aspects, la question si importante, au point de vue physiologique et médical, de l'influence des changements dans la pression barométrique ; dans cette première note, il s'occupe des faits relatifs à la mort des animaux soumis à des pressions inférieures à celle de la pression atmosphérique moyenne, et surtout à la composition de l'air confiné et raréfié dans lequel ils succombent.

Lorsqu'on diminue brusquement la pression à laquelle est soumis un vertébré à sang chaud, jusqu'à l'abaisser à 15 ou 18 centimètres de mercure, on voit l'animal bondir, être pris de convulsions et succomber rapidement, avec une écume sanguinolente dans les bronches ; la mort arrive également vite, que la cloche où est renfermé l'animal soit close ou qu'elle soit traversée par un courant d'air continu; dans le premier cas, l'air ambiant est à peine altéré ; dans tous les deux, le sang est noir dans les cavités gauches du cœur. Mais si l'on abaisse graduellement la pression, on peut, avec des précautions suffisantes, et en renouvelant activement l'air dès le début de l'expérience, arriver à faire vivre des animaux pendant un temps notable à de très-faibles pressions. Ils finissent alors, si l'on ferme la cloche, par mourir d'asphyxie. Or, la composition de l'air dans lequel ils périssent varie considérablement avec la pression.

Pour chaque espèce d'animal, la capacité des cloches était en raison inverse de la pression, de manière que les animaux avaient sensiblement la même quantité d'air à leur disposition.

Il n'a pas été possible de faire vivre les oiseaux à une pression inférieure à 18 centimètres ; les mammifères, au contraire, ont pu être amenés jusqu'à 12 centimètres ; dans cette condition, leur température s'abaissait de plusieurs degrés. Les animaux à sang froid, certains mammifères nouveau-nés, vont beaucoup plus loin.

Relativement à l'épuisement de l'air pour une même pression, les animaux qui laissaient le plus d'oxygène et qui formaient le moins d'acide carbonique, ont été les cresselles, les chouettes et les chats adultes; puis les moineaux, puis les grenouilles et les chats nouveau-nés; enfin, les cochons d'Inde pour les pressions supérieures à 26 centimètres ; au-dessous, les grenouilles et les petits chats épuisaient davantage l'air.

La quantité d'oxygène qui reste dans l'air après la mort est d'autant plus grande que la pression est plus faible ; la quantité de CO^2 formé varie en sens inverse. Les modifications ne commencent guère à se produire que vers 55 centimètres de pression, ce qui correspond environ à 2000 mètres d'altitude. Elles suivent alors une marche assez régulièrement progressive jusque vers 30 centimètres pour s'accentuer davantage à partir de ce moment.

MM. Gréhant et Duquesnel. — *L'aconitine cristallisée et son action physiologique.*

M. Duquesnel est parvenu à retirer de l'aconit Napel un alcaloïde cristallisable sous la forme de tables rhombiques ou hexagonales. Cet alcaloïde est le principe actif de cette plante. Pour le préparer, l'auteur épuise la racine d'aconit par l'alcool concentré et additionné de 1/100ᵉ d'acide tartrique, puis il se débarrasse par distillation de l'excès d'alcool et traite le résidu de cette distillation par l'eau pour précipiter les matières grasses et résineuses. La solution aqueuse de tartrate d'aconitine est ensuite traitée par un bicarbonate alcalin qui met l'alcali en liberté ; cet alcali est très-peu soluble dans l'eau. On le dissout dans l'éther, qui, en s'évaporant, l'abandonne à l'état cristallisé. M. Duquesnel assigne à ce corps la formule suivante $C^{54}H^{40}AzO^2$.

L'aconitine est à peu près insoluble dans l'eau : très-soluble dans l'alcool, l'éther, la benzine, le chloroforme. Elle n'est pas volatile, et commence à se décomposer vers 130 degrés. Sa réaction est faiblement alcaline. Elle se combine avec les acides et forme des sels cristallisables : l'auteur cite l'azotate comme présentant des cristaux volumineux. Cependant il ne paraît avoir étudié ni analysé aucun de ces sels.

L'acide phosphorique, le tannin, l'iodure de potassium ioduré et l'iodure double de mercure et de potassium, réactifs ordinaires de tous les alcaloïdes organiques, sont aussi ceux de l'aconitine. Mais pour la caractériser avec certitude, il faut avoir recours à l'expérimentation physiologique. L'aconitine est un poison des plus énergiques.

MM. Gréhant et Duquesnel ont étudié l'action physiologique de l'aconitine dans le laboratoire de M. Claude Bernard, au Muséum d'histoire naturelle. Voici en quelques lignes le résumé de leurs expériences :

Première expérience. — On injecta sous la peau du dos d'une grenouille 1/20e de milligramme d'aconitine, l'animal est agité au début, la tête se fléchit sur le thorax; trente minutes après cette injection, le nerf sciatique découvert a complétement perdu sa motricité. Tandis que les muscles de la cuisse se contractent aussitôt qu'on les excite par les courants induits, le cœur continuait à battre régulièrement.

Deuxième expérience. — Sur une grenouille, on détacha les muscles gastrocnémiens, avec les nerfs sciatiques laissés adhérents aux muscles. Dans un premier verre de montre, le muscle est plongé dans une solution d'aconitine renfermant 1/5e de milligramme par centimètre cube, le nerf est suspendu en dehors.

Dans un deuxième verre de montre, on immerge le nerf sciatique dans la même solution, en laissant le muscle dehors. Au bout d'un certain temps, le nerf de la première préparation a complétement perdu son excitabilité, tandis que le nerf de la seconde fait contracter le muscle aussitôt qu'on l'excite. Ainsi, l'aconitine détruit la faculté motrice du nerf, en agissant sur ses terminaisons périphériques.

Troisième expérience. — Avant d'empoisonner l'animal, on arrête la circulation dans l'un des membres postérieurs; tous les nerfs moteurs qui reçoivent du sang empoisonné perdent leur propriété physiologique, tandis que les nerfs du membre préservé restent parfaitement excitables. On constate que l'animal conserve la sensibilité tant que les nerfs moteurs permettent la production des mouvements réflexes. Ces expériences sembleraient établir qu'à petites doses les propriétés physiologiques de l'aconitine sont analogues à celles de la curarine. C'est ainsi que l'aconitine détruit d'abord le pouvoir moteur des nerfs.

Dans une dernière expérience, on injecta à une grenouille 1 milligramme d'aconitine. Chose remarquable, l'animal conserva très-longtemps l'excitabilité de ses nerfs moteurs, et exécuta toujours des mouvements spontanés ou convulsifs. Mais en examinant le thorax, et en l'ouvrant, les auteurs reconnurent que le ventricule du cœur était complétement arrêté et que les oreillettes seules se contractaient faiblement. L'idée leur vint qu'à forte dose l'aconitine pouvait peut-être arrêter primitivement le cœur, ce qui devait avoir pour résultat d'arrêter aussi l'absorption. Cette hypothèse fut complétement vérifiée par l'expérience, et ils constatèrent que dans ce cas l'empoisonnement ne pouvait plus avoir lieu que par imbibition, comme dans la deuxième expérience.

MM. Gréhant et Duquesnel expérimentèrent aussi sur des mammifères, mais dans ce cas les phénomènes toxiques, se montrant très-rapidement, furent plus difficiles à analyser. Ils furent cependant reconnus identiques avec ceux qu'ils avaient observés sur les grenouilles.

M. Dubrunfaut. — *La fermentation et le ferment alcoolique.*

Le moût de bière, qui, dans les conditions usuelles, reproduit sept fois le poids de la levûre employée, est tellement riche en matières reproductrices du ferment qu'il est loin d'être épuisé par ce travail. En effet, une addition de sucre produit un accroissement de levûre proportionnel au supplément de sucre. Si le sucre n'a pas été employé en excès, la constitution normale du ferment en azote n'a pas changé. Si, au contraire, le sucre a été employé en excès, le titre azote devient intermédiaire entre celui de la levûre féconde et celui de la levûre stérile. Toutes les levûres issues de fermentations autres que celles des bières de malt sont dans ce cas, et elles donnent un titre azote mixte entre 0,10 et 0,05. On peut donc considérer ces levûres comme des mélanges des deux produits spécifiés, et leurs valeurs vénales comme ferments sont accusées très-exactement par l'analyse organique qui dose l'azote.

La levûre de bière, malgré la perte de poids que lui font subir les lavages, conserve sa constitution azotée normale de 0,10 ; mais sa constitution saline, qui est de 0,10 à l'état brut, devient 0,02. Les eaux de lavage sont donc relativement plus riches en sels minéraux qu'en matière albuminoïde, ce qui ne les empêche pas de constituer un milieu très-propre à la vie et à la reproduction des divers ferments. Quelque multipliés que soient les lavages, on ne peut jamais obtenir une eau de lavage tout à fait exempte de matières albuminoïdes et salines. Ce fait prouve que la levûre continue à vivre même dans l'eau pure et à y exercer ses fonctions vitales sur sa propre substance, comme le font les animaux condamnés à l'inanition.

Il est très-intéressant d'étudier les produits de l'incinération de la levûre lavée et des eaux de lavage : les cendres de celles-ci sont toujours alcalines, tandis que celles de la levûre lavée sont plus ou moins acides. Si l'on considère que cette acidité est due à de l'acide phosphorique libre ou plutôt à l'état de phosphate acide, on ne peut expliquer ces faits qu'en admettant dans la levûre de bière normale la présence du phosphate ammoniaco-magnésien, qui, vu son insolubilité, reste dans le ferment lavé.

Ce fait seul suffirait pour mettre en doute l'affirmation trop absolue de M. Pasteur sur l'absence de production d'ammoniaque dans la fermentation alcoolique, alors même que d'autres faits semblent le montrer.

En répétant les expériences de M. Pasteur sur l'emploi des sels ammoniacaux dans la fermentation, M. Dubrunfaut a pu reconnaître la disparition constante d'une certaine proportion d'ammoniaque, comme fait parallèle à la reproduction du ferment. Mais aussi le ferment produit dans ces conditions, soumis à l'incinération, a toujours donné des cendres excessivement acides. Il paraît donc utile de rechercher encore avec soin la part réelle qui revient à l'ammoniaque dans la formation de la matière azotée et de la matière saline des globules de levûre. — L'addition de sels ammoniacaux à des fermentations faites dans de mauvaises conditions a toujours eu pour résultat de faciliter la fermentation et la conservation du ferment normal à 0,10 d'azote.

Frappé de l'analogie qui existe entre la production du ferment et la végétation, M. Dubrunfaut a eu l'idée d'instituer une série d'expériences pour reconnaître le rôle que jouent les différents sels minéraux dans la fermentation du sucre et la reproduction du ferment. Ces expériences ont l'avantage d'offrir à l'agriculture un mode d'expérimentation plus utile et plus rapide que la culture normale. Pour les réaliser, l'auteur composa d'abord des moûts avec des dissolutions de sucre dans l'eau à 10 pour 100, et on les additionna de différents sels minéraux et de levûre de bière en pâte. Les poids de ces matières ont été tous de 0,05 du poids du sucre. Le ferment ainsi dosé ne représentait en matière sèche que 0,01 du poids du sucre. Voici quels sont les sels employés dans ces expériences :

1° Le nitrate de potasse; 2° le sulfate d'ammoniaque ; 3° le sulfate de potasse; 4° le phosphate de chaux; 5° le sulfate de magnésie ; 6° le sulfate de chaux ; 7° le sulfate de soude ; 8° un moût sans sels minéraux comme témoin.

Tous ces sels ont donné des résultats supérieurs à ceux du témoin, qui, conformément aux prévisions, n'a transformé que 0,50 de sucre en alcool. Avec le sulfate de soude, on a obtenu en sucre fermenté 0,52; avec CaO,SO^3, 0,62 ; avec MgO,SO^3, 0,73 ; avec $(CaO)^3,PhO^5$, 0,80; avec KO,SO^3, 0,88 ; avec AzH^4O,SO^3, 0,94 ; et enfin avec le nitrate de potasse la transformation a été complète et parfaite, sans production sensible d'acide.

Chose remarquable, dans cette dernière expérience, l'acide nitrique a complétement disparu. Le sulfate d'ammoniaque, quoique paraissant inférieur au nitrate, ne doit pas l'être en réalité, à la condition d'attendre quelques jours de plus avant d'examiner les résultats : l'acide sulfurique du sulfate se retrouve intégralement dans le vin.

La supériorité des sels ammoniacaux et des nitrates comme engrais chimiques de la culture du ferment se soutient, comme dans les grandes cultures étudiées par la science. Le rang des autres sels, considérés à ce point de vue, se maintient aussi ; l'infériorité de la soude sur la potasse y est très-manifeste.

M. Dubrunfaut termine en ajoutant que souvent il avait émis le fait suivant que l'azote de l'acide nitrique ne s'assimile qu'après une transformation préalable en ammoniaque. Il espère, cette fois, que l'étude de la fermentation permettra de vérifier avec certitude et facilité ce fait, qui a une importance réelle pour les théories agricoles.

CHRONIQUE SCIENTIFIQUE

L'Association britannique pour l'avancement des sciences a ouvert le 2 août, à Édimbourg, son congrès annuel, dont l'époque a été avancée cette année d'un grand mois.

C'est sir William Thomson qui a succédé à M. Th. H. Huxley comme président pour 1871. A la séance générale d'ouverture, il avait à sa droite l'empereur du Brésil, qui vient de déléguer ses pouvoirs à sa fille pour entreprendre un grand voyage en Europe.

Presque tous les savants anglais assistent chaque année au congrès de l'Association britannique. Parmi les étrangers nous citerons : pour la France, M. Janssen ; pour la Belgique, MM. Van Beneden (de l'Université de Louvain), et Morren (de l'Université de Liége); pour la Hollande, MM. von Baumhauer, secrétaire perpétuel de la Société des sciences naturelles de Haarlem, Buys Ballot (d'Utrecht) et Bierens de Haan (de Leyde) ; pour le Danemark, MM. Colding et Boogaard ; pour l'Allemagne, M. Delffs (de Heidelberg) ; pour l'Autriche et la Hongrie, MM. les professeurs Szabó et Margó, les barons Desiderius et Roland Eötoös (de Pesth), le professeur Zenger (de Prague), etc.; pour l'Espagne, don Asturo de Marcoastin ; enfin, pour l'Amérique, M. Youmans (de New-York).

On remarque comme toujours le peu d'empressement des savants français à sortir de leurs pays pour étudier sur place la science étrangère. Cela est d'autant plus regrettable que nous n'avons pas en France de grandes assises annuelles comme celles de l'Association britannique en Angleterre, du congrès des naturalistes et médecins allemands en Allemagne, de l'Association américaine aux États-Unis. Ce n'est donc pas la coïncidence d'une réunion nationale qui éloigne nos professeurs des réunions étrangères.

Le congrès d'Édimbourg est suivi par près de 2200 personnes. En effet, le *ticket office* avait déjà eu à délivrer, avant la première séance, 690 billets de membres, 801 d'associés et 688 de dames. Nous signalons tout particulièrement ce dernier chiffre.

L'Université d'Édimbourg a profité de cette occasion pour donner, à titre honoraire, le titre de docteur à quelques-uns des savants que le congrès appelait dans la capitale de l'Écosse : MM. Stokes, Sylvester, Huggins, Challis, Gassiot, Allen Thomson, Spottiswoode, Carpenter, Andrews, Paget, Colding, Janssen et van Beneden.

— Pendant que Lyon et Nancy se disputent la Faculté de médecine de Strasbourg, il naît un projet qui la maintiendrait en quelque sorte à Strasbourg même.

On sait que le gouvernement prussien établit à Strasbourg une Université organisée comme toutes les Universités allemandes, et M. de Bismarck, au grand scandale des journaux de Berlin, veut même y conserver l'enseignement en français parallèlement à l'enseignement en langue allemande. A côté de cette Université, plusieurs professeurs et agrégés de l'ancienne Faculté de médecine, MM Schützenberger, Wieger, Bœckel, Aubenas, Strohl, Hecht et Jæssel, voudraient établir une Faculté *autonome*. Mais il est peu probable que ce projet sourie au gouvernement prussien ; et celui-ci trouvera dans l'organisation des Universités allemandes une foule de moyens de l'entraver, s'il ne prend pas la résolution beaucoup plus simple de l'interdire.

La *Société des agriculteurs de France*, qui avait organisé pendant la guerre la souscription de dons de semences pour les cultivateurs des départements envahis, vient d'adresser à ses membres la circulaire suivante :

« Vers la fin du mois de février, une souscription a été ouverte par la Société, dans le but de venir en aide aux cultivateurs victimes de la guerre. Le conseil a décidé, dans sa réunion du 22 juillet, qu'en présence des calamités de toute nature qui frappent nos campagnes, depuis un an, il était du devoir de notre grande Société de donner à cette souscription toute la publicité possible, et d'en faire ainsi une œuvre véritablement nationale.

La Société des agriculteurs de France, représentée par le conseil élu par vous, a résolu d'inscrire en tête de la liste une somme de 25 000 fr. au nom de tous ses membres.

Il n'est plus nécessaire, messieurs et chers collègues, de vous retracer le malheureux état de nos campagnes. Tous, grands propriétaires ou petits cultivateurs, ont cruellement souffert de l'invasion allemande, qui se prolonge encore, ou des brusques variations du temps. Ces deux fléaux conjurés ont répandu la misère dans plus de trente départements. Et je ne parle pas de la peste bovine, dont les ravages dépeuplent en ce moment tant d'étables. Aussi l'heure est-elle connue d'avance où le grain nécessaire, soit à la vie du cultivateur, soit à l'ensemencement, fera défaut sur une grande partie du territoire.

Il est urgent, messieurs et chers collègues, de remédier à cet état de choses avant l'automne. En vous transmettant la décision du conseil, je viens donc solliciter vos souscriptions *individuelles*, et celles des personnes qui, autour de vous, comprennent la gravité d'une telle situation.

Les souscriptions *en argent ou en nature* seront reçues au siége de la Société des agriculteurs de France, rue du Bac, n° 43, à Paris. La commission de répartition nommée par le conseil pour agir en temps utile commencera son travail dans les premiers jours de septembre, et fera savoir aux donateurs de grains où ils devront adresser leur envoi.

La première liste de souscription paraît dans le *Bulletin;* elle s'élève au chiffre de 40 000 francs. Notre revue et tous les journaux agricoles publieront les autres listes. Permettez-moi de vous le dire, messieurs, j'ai la ferme confiance que vous saurez les rendre nombreuses et fécondes.

Veuillez agréer, etc.

Le propriétaire-gérant : GERMER BAILLIÈRE.

PARIS. — IMPRIMERIE DE E. MARTINET, RUE MIGNON, 2.

LA

REVUE SCIENTIFIQUE

DE LA FRANCE ET DE L'ÉTRANGER

REVUE DES COURS SCIENTIFIQUES (2E SÉRIE)

DIRECTION : MM. EUG. YUNG ET ÉM. ALGLAVE

2e SÉRIE — 1re ANNÉE | NUMÉRO 8 | 19 AOUT 1871

Paris, le 18 août 1871.

La mort de M. Duméril, professeur au Muséum d'histoire naturelle de Paris, a laissé vacante à l'Académie des sciences une place d'académicien libre, que l'Académie s'occupe depuis quelques semaines à remplir. Conformément au règlement, elle nomma une commission de six membres chargée de dresser, par ordre de mérite, la liste des candidats qu'elle croirait dignes des suffrages. Pendant que la commission s'occupait de cette tâche, plusieurs candidats crurent devoir se retirer, notamment M. Damour, déjà correspondant de l'Académie, dont les titres paraissaient fort sérieux. Il ne resta plus que M. Belgrand, et la commission le présenta seul, en comité secret bien entendu.

Mais, d'après le règlement, la liste de présentation doit comprendre au moins quatre noms. Un des académiciens présents le fit remarquer, et l'on fut obligé de renvoyer la commission compléter sa liste. C'est dans le comité secret de lundi prochain qu'elle doit la présenter de nouveau. Elle portera : en première ligne, M. Belgrand ; en deuxième ligne, *ex æquo*, M. Cosson, botaniste, et M. Sédillot, le professeur de chirurgie de Strasbourg ; enfin, en troisième ligne, un ingénieur, M. de la Gournerie.

L'élection aura lieu sans doute le lundi suivant.

M. Belgrand est un des principaux ingénieurs de la ville de Paris, que ses travaux ont conduit plusieurs fois vers la géologie. On a cité ses études sur les aqueducs romains et son travail sur l'homme antéhistorique dans le bassin de Paris, M. Belgrand a pris une part importante aux grands travaux qui ont doté la capitale d'un service d'eaux complet.

— Au Muséum d'histoire naturelle, M. Duméril avait la seconde chaire des vertébrés, consacrée à l'histoire des reptiles, des batraciens et des poissons. Quatre candidats se disputent cette chaire : 1° M. Baudelot, professeur à la Faculté des sciences de Strasbourg, que l'invasion prussienne met en disponibilité. Il a fait un assez grand nombre de travaux sur les poissons, qui lui ont déjà valu des récompenses de l'Académie des sciences.— 2° M. Dareste, professeur de zoologie à la Faculté des sciences de Lille, dont les travaux de tératologie sont bien connus.— 3° M. Jourdain, chargé du cours de zoologie à la Faculté des sciences de Montpellier.—4° M. Ch. Lespès, professeur à la Faculté des sciences de Marseille, qui s'est beaucoup occupé de l'histoire des insectes.

— Comme nous l'annoncions il y a quelque temps, un des membres les plus éminents de la Faculté des sciences de Strasbourg, M. Schimper, avait été chargé de la chaire de paléontologie au Muséum d'histoire naturelle de Paris, vacante par la mort de M. Ed. Lartet; mais il a préféré rester à Strasbourg, non comme professeur de la future université allemande, mais comme directeur du Musée municipal. Ce musée possède d'admirables collections botaniques, formées en grande partie par les soins de M. Schimper, et où malheureusement on a fourragé, après la prise de Strasbourg, avec une intelligence qui décèle la main d'hommes fort au courant de la science. Mais nous sommes condamnés à une grande discrétion sur ce qui s'est passé ou se passe encore en Alsace, pour ne pas compromettre davantage des honnêtes gens déjà fort exposés.

— A la Faculté de médecine de Paris, on se préoccupe de choisir le successeur de M. Longet dans la chaire de physiologie. Les chances semblent se partager entre M. Béclard, secrétaire de l'Académie de médecine, et M. Vulpian, qui enseigne actuellement l'anatomie pathologique. Cependant M. Vulpian ne prend pas l'initiative d'une demande de permutation; mais cette initiative pourrait être prise par la Faculté, ce qui écarterait les critiques souvent adressées à des permutations qui avaient pour but exclusif de satisfaire des convenances personnelles ou même professionnelles.

— Le 14 août, à deux heures de l'après-midi, on a constaté à Londres un premier cas caractérisé de choléra asiatique, dans Charlotte-Street, Portland-Place, un des plus beaux quartiers de la ville. C'est le *Times* qui nous apporte cette nouvelle.

Dans l'Allemagne du Nord, le choléra règne déjà d'une manière incontestée. A Kœnigsberg, il y a eu 40 cas et 19 décès le 12 août; le 13, il y avait 38 cas et 16 décès.

ASSOCIATION BRITANNIQUE

POUR L'AVANCEMENT DES SCIENCES

SESSION D'ÉDIMBOURG

SIR WILLIAM THOMSON
De la Société royale de Londres

SOMMAIRE : I. — Origine et but de l'Association britannique.

II. — Travaux de l'Association. — Astronomie, physique et mathématiques : John Herschel, de Morgan. — Observatoires et laboratoires de recherches expérimentales. — Rapports scientifiques : Cayley, dynamique mathématique ; Sabine et Archibald Smith, magnétisme terrestre. — De l'importance des mesures exactes : Weber et Maxwel, Intensité des courants électriques.

III. — Théorie du mouvement des gaz ; propriétés des atomes : Joule, Clausius et Maxwell, William Thomson.

IV. — Analyse spectrale et ses applications diverses. — Stokes, chimie solaire et stellaire. — Expérience de Foucault. — Kirchhoff et Angström, cartes du spectre solaire. — Frankland et Lockyer, influence de la température et de la densité des gaz sur le spectre. — Stokes, théorie dynamique. — William Allen Miller, Huggins et Maxwell. Vitesse relative avec laquelle une étoile se rapproche ou s'éloigne de la terre. — Frankland et Lockyer, l'*hélium*.

V. — Théorie de la chaleur solaire. — Les comètes et les météores. — Théorie de Tait.

VI. — Biologie : de l'origine de la vie sur la terre.

I. — ORIGINE ET BUT DE L'ASSOCIATION BRITANNIQUE

Milords, mesdames et messieurs,

Pour la troisième fois depuis quarante ans, l'Association britannique est réunie dans la capitale de l'Écosse. L'origine de l'Association est liée d'une manière intime à la ville d'Édimbourg par les noms honorés de Robison, de Brewster, de Forbes et de Johnston.

C'est ici, à la place même que j'occupe, qu'il y a vingt et un ans sir David Brewster disait : « Le retour de l'Association britannique dans la capitale de l'Écosse me rappelle naturellement la petite troupe de pèlerins qui ont porté les germes de cette Institution dans le sol plus fertile du pays auquel nous sommes unis. Sir John Robison, les professeurs Johnston et J. D. Forbes furent les premiers amis et les promoteurs de l'Association britannique. Ils allèrent à York pour aider à l'établir, et ils y trouvèrent les hommes les plus capables de la soutenir et de l'organiser. Le révérend M. Vernon Harcourt, dont nous ne pouvons prononcer ici le nom sans reconnaissance, avait rédigé les règlements auxquels elle obéit, et, de concert avec M. Phillips, le plus ancien et un des plus dignes de ceux qui nous ont dirigés, avait pris toutes les mesures qui pouvaient en assurer le succès. Sous la direction de sir Roderick Murchison, un des premiers et des plus zélés soutiens de notre Association, on vit se réunir à York environ deux cents des amis des sciences. »

Ces paroles n'indiquent pas l'origine véritable de l'Association britannique. Je puis suppléer à cette omission de mon prédécesseur, grâce à ce qu'il a lui-même écrit il y a vingt ans. C'est au professeur Phillips que je dois la communication d'une lettre que David Brewster lui écrivait d'Allerly près Melrose, le 23 février 1831, et dont je demande la permission de vous lire un passage :

« Cher monsieur, je me permets de vous écrire sur un sujet d'une grande importance. Il est question de fonder une Association scientifique britannique, semblable à celle qui existe depuis huit ans en Allemagne, et qui est maintenant protégée par les plus puissants souverains de cette partie de l'Europe. On s'occupe d'organiser la première session, qui aura lieu à York; cette ville a été choisie comme étant la ville la plus centrale pour les trois royaumes. Mon but, en vous écrivant aujourd'hui, est de vous demander de vouloir bien vous assurer si York possède une salle assez grande pour une si nombreuse réunion, qui se composera peut-être de plus de cent personnes; si la Société philosophique voudrait s'associer à nos idées, et si le maire et les hommes influents de la ville et du voisinage seraient disposés à nous soutenir. Le but principal de la Société est de mettre en relation les hommes qui cultivent les sciences, de les exciter à de nouveaux efforts, d'attirer l'attention publique sur les travaux scientifiques, et de s'occuper de tout ce qui peut servir les intérêts de la science et en accélérer les progrès. »

Des quatre pèlerins que l'Écosse envoyait alors à York, il n'en est pas un qui soit maintenant vivant. Des sept associés primitifs, un autre est allé rejoindre la majorité depuis notre dernière réunion. Nous avons perdu Vernon Harcourt, mais nous sentons toujours son influence, et c'est une influence bienfaisante, et qui, assurément, ne périra pas. Géologue et chimiste tout à la fois, ce fut un de ces hommes qui aiment la science avec une grandeur véritable, et qui travaillent sans relâche à la faire avancer. Brewster avait fondé l'Association britannique ; ce fut Vernon Harcourt qui en devint le législateur : son code est, encore aujourd'hui, la loi de l'Association.

II. — TRAVAUX DE L'ASSOCIATION. — ASTRONOMIE, PHYSIQUE ET MATHÉMATIQUES.

Le 11 mai dernier, sir John Herschel est mort, dans sa quatre-vingtième année. Le nom d'Herschel est familier à tous les habitants de la Grande-Bretagne et de l'Irlande ; que dis-je ? il est connu du monde entier. Les hommes de cette génération ont appris, dès leur enfance, à considérer les deux Herschel comme le *præsidium et dulce decus* du trésor si précieux de notre gloire scientifique. Quand la géographie, l'astronomie et l'usage des globes étaient encore enseignés, même aux plus pauvres, comme le complément utile et agréable de la lecture, de l'écriture et du calcul, qui de nous n'a appris à respecter le grand télescope de sir William Herschel comme une des cent merveilles du monde ; qui de nous n'a pas été heureux d'apprendre, directement ou indirectement, dans le livre de sir John Herschel, tout ce qui regarde le soleil et ses taches, et les tempêtes de feu qui en balayent la surface; puis, ce qu'il dit des planètes, et des bandes de Jupiter, et des anneaux de Saturne, et des étoiles fixes avec leurs mouvements propres, et des étoiles doubles, et des étoiles colorées, et des nébuleuses découvertes avec le grand télescope ? C'est de sir John Herschel que l'on peut bien dire : *Nil tetigit quod non ornavit.*

La Grande-Bretagne doit un monument à Faraday et à Herschel. La nation ne se contentera pas d'une souscription particulière, quelque magnifique qu'en soit le résultat. Un monument national — et, s'il coûte peu de chose, il n'en vaudra que mieux — voilà ce qu'il faut pour satisfaire le noble orgueil qu'inspire à une grande nation le souvenir de ses grands hommes. Mais la gloire de Faraday ou d'Herschel a-t-elle besoin d'un monument ?

Pour les travaux scientifiques de sir John Herschel, je ne puis citer maintenant que quelques-uns des points saillants de ses écrits sur la physique et les mathématiques. Et d'abord, je remarque qu'il a mis en avant, de la manière la plus instructive et la plus profitable pour ses lecteurs, la théorie générale de la périodicité dans la dynamique, et qu'il a insisté sur l'utilité pratique qu'on en peut tirer, surtout en météorologie, par l'analyse harmonique. C'est uniquement en appliquant ce principe et cette méthode pratique que le comité des marées de l'Association britannique a travaillé depuis quatre ans, et travaille encore à la solution du grand problème que Young a posé, il y a quarante-huit ans, dans les termes suivants :

« Il est presque certain que, si nous possédions une série suffisante d'observations d'une exactitude minutieuse sur les marées, observations qui devraient porter non-seulement sur le moment des plus hautes et des plus basses eaux, mais encore sur les points intermédiaires, nous pourrions peu à peu, et à l'aide de cette théorie seule (1), construire pour les mouvements de l'Océan des tables presque aussi bonnes que celles que nous avons déjà pour ceux des corps célestes, sur lesquels l'attention des astronomes pratiques se porte d'une manière plus immédiate. »

La découverte faite par John Herschel d'un défaut de symétrie, soit à droite, soit à gauche, dans la forme extérieure des cristaux qui, tels que le quartz, possèdent, grâce à leur structure moléculaire interne, la propriété de rotation héliçoïdale, par rapport au plan de polarisation de la lumière, cette découverte, dis-je, est remarquable au point de vue de l'accord qui existe entre l'histoire naturelle et la physique. Ce sont ses observations sur la dispersion épipolique qui ont servi de point de départ à Stokes pour faire sa grande découverte sur le changement de durée que subissent les ondes lumineuses après être tombées sur certaines substances qui les réfléchissent en les dispersant. Dans les mathématiques pures, John Herschel a, je crois, plus que tout autre contribué à introduire dans la Grande-Bretagne les méthodes puissantes et la précieuse notation de l'analyse moderne. Un système de symboles remarquables venait alors de paraître, je crois, dans les œuvres de Laplace, et peut-être dans celles d'autres mathématiciens ; il parut certainement dans les écrits de Fourier, mais était-ce avant ou après le livre d'Herschel, je ne saurais le décider. Pour les mathématiciens français, cependant, ces symboles étaient plutôt une manière abrégée d'écrire les formules que le puissant instrument d'analyse qu'ils devinrent entre les mains d'Herschel et de ses successeurs anglais, parmi lesquels il faut surtout citer Sylvester et Gregory, qui disputèrent à Green le prix de mathématiques de Cambridge en 1837, et aussi Boole et Cayley. La méthode reçut de grands perfectionnements de Gregory, qui fut le premier à lui donner une base solide et philosophique, ouvrant ainsi la voie à la merveilleuse extension qu'elle a reçue de Boole, de Sylvester et de Cayley, d'après laquelle les symboles d'opérations ne subissent pas seulement des combinaisons algébriques, mais aussi des différentiations et des intégrations, comme si c'étaient des symboles exprimant les valeurs de quantités variables. Un développement encore plus merveilleux de cette même idée de la séparation des symboles (d'après laquelle Gregory séparait les signes + et — des autres symboles ou quantités qu'ils affectaient, et leur appliquait les règles de la combinaison algébrique) reçut de Hamilton une généralisation surprenante, par l'invention de nouvelles règles de combinaison, ce qui l'a amené à ses fameux *quaternions*, expliqués par lui pour la première fois devant la Section de mathématiques et de physique de cette Association, réunie à Cambridge en 1845. Tait a repris avec ardeur le sujet des quaternions, et les a introduits dans les sciences physiques, bien persuadé, avec quelques-uns de nos plus savants mathématiciens, qu'ils sont destinés à donner un instrument d'une puissance inconcevable pour la recherche et l'expression des résultats de la physique. Il serait inutile de parler ici du travail gigantesques des observations astronomiques d'Herschel ; nous en trouverons sans doute les détails exacts dans le compte rendu de la prochaine réunion annuelle de la Société royale de Londres.

L'année qui vient de s'écouler a vu disparaître encore un autre représentant de la science anglaise. Pendant un demi-siècle les mathématiques n'ont pas eu de plus ferme appui que de Morgan. Son grand traité de calcul différentiel était, il y a trente ans, pour celui qui étudiait les mathématiques, un véritable trésor de connaissances. Je crois qu'il a toujours la même valeur, et, s'il est moins estimé, n'est-ce pas, peut-être, qu'il est trop bon pour nos examens, et que l'étudiant de nos jours, qui cherche à gagner des points dans la lutte de la vie, ne peut se laisser entraîner hors du sentier du devoir même par ce que ses études ont de plus attrayant?

Un des plus grands services que l'Association britannique ait rendus à la science, a été de créer un observatoire et de le soutenir pendant vingt-neuf ans. L'observatoire royal de météorologie de Kew avait, dans l'origine, été construit par un roi d'Angleterre qui aimait l'astronomie avec passion. George III ne manquait pas de s'y rendre, toutes les fois qu'il devait y avoir un phénomène céleste d'un intérêt particulier; on conserve encore un registre plein d'observations que le monarque y inscrivit de sa propre main. L'édifice resta longtemps inoccupé, jusqu'à ce que, en 1842, il fût accordé par les commissaires des bois et forêts de Sa Majesté, à la demande de sir Edward Sabine, pour y continuer des observations qui avaient déjà donné des résultats fort importants, sur les oscillations du pendule dans des gaz différents, et pour encourager les observations sur le pendule dans toutes les parties du monde. Le gouvernement n'avait donné que l'édifice, sans accorder d'argent pour contribuer aux expériences. La Société royale n'était pas en état de se charger de l'entretien d'un tel observatoire; mais, heureusement pour la science, le zèle de quelques membres de la Société royale et de l'Association britannique donna la première impulsion, fournit les fonds indispensables pour commencer, et réussit à recommander la nouvelle création à la protection de l'Association britannique. Les travaux de l'observatoire de Kew ont été, dès le commencement, sous la direction d'un comité de l'Association britannique; chaque année les fonds de l'Association ont contribué à subvenir à ses dépenses jusqu'à ce jour. A l'étude du pendule, but primitif du comité, est venue s'ajouter l'observation continue des phénomènes de la météorologie et du magnétisme terrestre, ainsi que la construction et la vérification des thermomètres, des baromètres et des magnétomètres de précision. Les immenses services que notre observatoire a rendus à la science sont trop bien connus pour qu'il soit nécessaire de les énumérer ici. Ces résultats, nous les devons surtout au zèle infatigable et à l'habileté de deux Écossais, tous deux de la ville d'Édimbourg, qui se sont succédé comme surintendants de l'observatoire de l'Association britannique ;

(1) Il s'agit ici d'une théorie publiée en 1823 par Young, dans le supplément de l'*Encyclopædia britannica*.

vous avez tous nommé M. Welsh, qui a porté ce titre pendant neuf ans, jusqu'à sa mort, arrivée en 1859; et le docteur Balfour Stewart, qui l'a remplacé depuis lors. Tous les volumes des rapports de l'Association, depuis vingt et un ans, témoignent de leur ardeur pour le travail.

L'institution entre maintenant dans une nouvelle phase de son éxistence. Grâce à la noble libéralité d'un de nos concitoyens, d'un homme qui, presque dès la création de notre Association, a travaillé pour elle avec le dévouement le plus désintéressé, elle a désormais une indépendance assurée, sous la surveillance d'un comité de la Société royale. En léguant à l'Association la somme de 10 000 livres sterling, M. Gassiot assure à Kew la continuation du fonctionnement des instruments enregistreurs destinés à l'étude des phénomènes du magnétisme et de la météorologie terrestres, sans qu'il ait désormais besoin d'être soutenu par l'Association britannique.

Le succès de l'observatoire magnétique et météorologique de Kew nous offre un exemple de ce que la science peut gagner à l'établissement d'observatoires de physique et de laboratoires de recherches expérimentales, sous la direction d'hommes capables chargés non d'enseigner, mais de faire des expériences.

Soit que nous considérions l'honneur de l'Angleterre, dont c'est le devoir d'être toujours la première à encourager les sciences physiques, soit que nous ayons en vue les immenses avantages économiques que doivent donner de tels établissements, nous serons pénétrés de l'idée que les recherches expérimentales doivent devenir pour nous un intérêt national, au lieu d'être, comme auparavant, abandonnées exclusivement à l'initiative de quelques particuliers dévoués, et à l'action nécessairement peu suivie de nos ministères ou de quelques comités. Le Conseil de la Société royale d'Édimbourg a soutenu cette thèse dans un mémoire qu'il a présenté à la Commission royale des études scientifiques. En citant l'exemple des autres nations de l'Europe, comme pouvant être suivi avec avantage dans notre pays, le Conseil s'exprime ainsi :

« Sur le continent, il y a des institutions pourvues d'instruments, d'appareils, de substances chimiques et de tout ce qu'il faut, lesquelles sont destinées à aider les hommes de science, et les aident en effet à poursuivre, sans grande dépense, des recherches utiles. »

A l'appui de cette assertion, je citerai les renseignements que j'ai reçus d'Allemagne à ce sujet : en Prusse, toutes les universités, toutes les académies polytechniques, toutes les écoles industrielles (*Realschule* et *Gewerbeschule*), la plupart des écoles de grammaire, et, en un mot, presque toutes les écoles d'un degré supérieur à celui des écoles primaires, possèdent des laboratoires de chimie, et une collection d'instruments et d'appareils de physique, dont l'usage est libéralement accordé par les directeurs des écoles, ou les professeurs de chaque science, à toute personne capable de faire des *expériences scientifiques*. Aussi, malgré l'absence de toute institution du genre de celles que demande notre mémoire, y a-t-il à peine en Prusse une ville de plus de 5000 habitants où il ne soit possible de faire des recherches scientifiques, sans autres frais que le prix des substances employées dans l'expérience.

Notre mémoire constate que le gouvernement anglais limite son action d'une manière presque exclusive à l'instruction scientifique, et néglige fatalement les progrès de la science. En Allemagne, au contraire, me dit-on, « les professeurs, les précepteurs et les maîtres des écoles secondaires sont choisis à cause de l'habileté avec laquelle ils enseignent; mais les professeurs des universités ne sont jamais nommés, s'ils n'ont déjà prouvé, par leurs travaux personnels, qu'ils pourront *faire avancer* la science. Ainsi, tout ce qui se dépense pour l'instruction dans les universités sert en même temps au progrès des sciences. »

Les laboratoires de physique créés dans les universités de Glasgow et d'Édimbourg, et au Collége Owens, à Manchester, montrent combien le besoin de colléges de recherches se fait sentir; mais ces laboratoires sont bien loin de satisfaire à ce besoin, puisque les ressources matérielles et le personnel leur manquent absolument pour faire avancer la science, excepté lorsque des contributions spontanées et lorsque les volontaires de la science viennent s'offrir pour continuer le peu de travaux qu'ils peuvent entreprendre.

Les travaux magnifiques d'Andrews au Collége de la Reine, à Belfast, ont été exécutés au milieu de difficultés et d'obstacles sans nombre, et au prix de grands sacrifices personnels; et, jusqu'ici, il ne se trouve pas un seul laboratoire de physique destiné aux recherches dans tous les colléges de la Reine en Irlande, ce qui est assurément une infériorité qu'il ne faudrait pas permettre plus longtemps. Les quatre Universités écossaises, les quatre Colléges de la Reine et le Collége Owens à Manchester, ont besoin chacun de deux professeurs de physique, le premier pour l'enseignement et le second pour l'avancement de la science par les expériences. L'université d'Oxford a déjà fondé un laboratoire de physique. L'université de Cambridge devra bientôt à la munificence de son chancelier un magnifique laboratoire, qui doit être construit sous les yeux du professeur Clerk Maxwell. Sans en dire plus maintenant sur ce sujet, je veux seulement vous lire une phrase prononcée par lord Milton dans le discours présidentiel qu'il adressa à l'Association britannique, réunie à York en 1831 : « Sans parler d'autres bienfaits directs, je dirai que ces réunions de l'Association britannique serviront, je l'espère, à bien convaincre le gouvernement que ce n'est pas la capitale seule qui a l'amour des sciences et les moyens de les cultiver. Alors, je l'espère, quand le gouvernement sera bien convaincu que dans tout l'empire on désire voir avancer la science, il verra la nécessité de l'encourager par tous les moyens possibles. »

Outre les extraits des mémoires lus devant les sections et de leurs discussions, les rapports annuels de l'Association britannique contiennent encore un grand nombre de documents d'un autre ordre. Dès son origine, l'Association a souvent eu soin de demander à ceux de ses membres qui pouvaient le mieux s'acquitter de cette tâche des rapports spéciaux sur telle ou telle branche de la science. Ces rapports ont tous rendu de grands services au moment de leur publication, et ils en rendent encore en servant de jalons dans l'histoire des sciences. Les uns ont amené des résultats pratiques fort importants; les autres, qui présentent un caractère plus abstrait, sont encore précieux de nos jours comme résumés nerveux et instructifs des théories sur lesquelles ils portent. Je ne puis mieux faire comprendre cette double utilité des travaux de l'Association qu'en citant le rapport de Cayley *sur la dynamique théorique* (1), et celui de Sabine *sur le*

(1) *Rapport sur les progrès récents de la dynamique théorique*, par A. Cayley. (*Comptes rendus de l'Association britannique*, 1857, p. 1).

magnétisme terrestre (1). Ces deux rapports sont de 1838.

Pour le premier de ces travaux, le souvenir des services qu'il m'a rendus et le sentiment de la reconnaissance suffiraient pour me pousser à en parler avec éloge. Dans quelques pages pleines d'idées précieuses, Cayley expose les équations dynamiques généralisées de Lagrange, le grand principe tiré de la *moindre action* de Maupertuis par Hamilton, et enfin les développements et les applications du principe d'Hamilton par ceux qui lui ont succédé; et cet exposé est si clair qu'il rend inutile la lecture de milliers de pages in-quarto dispersées dans les *Transactions* de toutes les sociétés savantes de l'Europe, pour ceux qui cherchent seulement l'essence de ces théories, sans plus de détails qu'il n'en faut pour les comprendre d'une manière complète et pratique.

Le rapport présenté par Sabine en 1838 se termine ainsi : « Considéré en lui-même et dans ses différents rapports, le magnétisme terrestre ne peut qu'être regardé comme une des branches les plus importantes de la physique de notre planète; nous pouvons donc être persuadés que, si nous pouvions arriver à une connaissance complète de sa distribution à la surface de la terre, ce serait là, aux yeux des contemporains et de la postérité, une entreprise digne d'un peuple maritime, digne aussi d'une nation qui a toujours ambitionné d'être au premier rang dans tous les travaux pénibles et honorables. » Ce rapport eut pour résultat immédiat de faire présenter au gouvernement une demande dans ce sens par un comité combiné de l'Association britannique et de la Société royale. Le gouvernement répondit à cette demande en envoyant le capitaine James Ross, avec les navires *Erebus* et *Terror*, pour dresser une carte magnétique des régions antarctiques, avec ordre de fonder en passant trois observatoires de magnétisme et de météorologie, le premier à Sainte-Hélène, le second au cap de Bonne-Espérance et le troisième sur la terre de Van-Diémen. L'expédition rapporta en Angleterre une masse énorme d'observations précieuses, recueillies principalement en mer. Pour en tirer les résultats que l'on cherchait, il fallait tenir compte de la perturbation produite par l'action magnétique du navire, et Sabine demanda à son ami Archibald Smith de déduire de la théorie mathématique de Poisson, le seul guide que l'on possédât alors, les formules dont il avait besoin. Smith s'acquitta avec habileté et succès de cette tâche. Ce fut là le point de départ d'une série de travaux exécutés avec le sens pratique le plus remarquable, avec un véritable talent d'analyse et avec le plus rare désintéressement, dans les intervalles laissés libres par une profession pénible, dans le but de perfectionner et de simplifier la correction de la boussole, problème auquel l'introduction des navires de fer a donné une importance vitale pour la navigation. Les éditions du *Manuel de la boussole de l'Amirauté* ont été multipliées par le savant surintendant du bureau magnétique, le capitaine Evans, avec des chapitres entiers de recherches mathématiques et de formules par Smith, travaux qui sont la base de l'analyse pratique des observations de la boussole, et des règles pour l'usage de cet instrument dans la navigation. Je suis convaincu que c'est à la méthode toute scientifique ainsi adoptée par l'Amirauté que nous devons de n'avoir perdu aucun des navires de fer de la marine britannique, par suite d'erreurs causées par la boussole. Le *Manuel de la boussole de l'Amirauté britannique* est adopté comme guide par toutes les marines du monde; il a été traduit en russe, en allemand et en portugais; en ce moment, on le traduit en français. L'Association britannique peut être fière de savoir que la possibilité de diriger sans danger les navires cuirassés est due à l'application des principes scientifiques donnés au monde par trois mathématiciens, Poisson, Airy et Archibald Smith.

Si nous revenons au magnétisme terrestre, nous trouvons dans les rapports des premières années de l'Association britannique des preuves abondantes des recherches faites sur ce sujet. Un grand nombre de savants éminents de cette époque, en Angleterre, en Écosse et en Irlande, se sont trouvés attirés vers l'Association par les facilités qu'elle offrait à la poursuite de leurs travaux sur le magnétisme. Lloyd, Phillips, Fox, Ross et Sabine ont fait des observations magnétiques dans toute la Grande-Bretagne, et les résultats qu'ils avaient obtenus, réunis par Sabine, ont donné pour la première fois une carte correcte et complète du magnétisme terrestre sur toute la surface de notre île. Je tiens du professeur Phillips qu'au commencement de l'Association, Herschel, quoiqu'il en désirât sincèrement le succès, avait des doutes sur l'utilité générale et le succès probable du plan que l'on avait adopté : mais que son zèle pour le magnétisme terrestre le fit passer de l'état d'ami sincère à celui de coopérateur actif et zélé de l'Association. « En 1838, il commença à prendre une part active à la grande question des observatoires magnétiques, et fut bientôt à la tête de ceux qui soutenaient cette œuvre, qui est réellement l'œuvre par excellence de Sabine. A différentes époques, jusque vers 1858, Herschel continua son concours actif à ce travail. » Sabine a continué son œuvre sans interruption jusqu'à ce jour; il y a trente ans, il communiquait à Gauss une partie considérable des données nécessaires pour établir l'analyse harmonique sphérique du magnétisme terrestre sur toute la surface du globe. Adams a entrepris de refaire les calculs de l'analyse harmonique pour la mettre d'accord avec les changements du magnétisme terrestre constatés de nos jours. Il m'écrit qu'il a déjà commencé le travail préliminaire, de manière à être prêt quand seront achevées les tables des valeurs des éléments magnétiques déduites des observations, tables que prépare sir Edward Sabine, afin de pouvoir en profiter sur-le-champ; il compte, dit-il, faire le calcul avec des termes d'au moins un degré de plus que ceux employés par Gauss. La forme sous laquelle les données nécessaires doivent lui être présentées est une carte magnétique de toute la surface du globe. Des matériaux fournis par les explorateurs scientifiques de toutes les nations, par les observatoires magnétiques de Sainte-Hélène, du cap de Bonne-Espérance, de la terre de Van-Diémen et de Toronto, et par les observatoires scientifiques des autres pays, ont été réunis par Sabine. En silence, jour et nuit, pendant un quart de siècle, il a travaillé, aidé par une seule personne toujours à ses côtés, à réduire ces observations et à préparer son grand travail. En ce moment même où nous sommes réunis ici, sans doute que, dans leur tranquille retraite du pays de Galles, sir Edward et lady Sabine travaillent à la carte magnétique du monde. Si deux années de vie et de santé leur sont encore accordées, la science sera mise en possession de la clef d'une des énigmes les plus difficiles de la physique

(1) *Rapport sur les variations de l'intensité magnétique, observées en différents points de la surface de la terre*, par le major Sabine, membre de la Société royale (7e *Compte rendu de l'Association britannique*).

cosmique, je veux parler de la cause du magnétisme terrestre.

Essayer d'esquisser, même en quelques traits, les travaux scientifiques de l'année qui vient de s'écouler, serait, même si j'étais à la hauteur de cette tâche, m'étendre bien au delà des limites qui me sont imposées en cette occasion. Certes, l'Angleterre est en droit de demander un compte détaillé des travaux et des progrès scientifiques de chaque année. Le *Journal of the Chemical Society* et le *Zoological Record* rendent un grand service en donnant des extraits de tous les mémoires publiés sur les sujets dont ils s'occupent. Nous avons devant nous l'exemple admirable des journaux allemands le *Fortschritte* et le *Jahresbericht;* mais personne n'a, que je sache, essayé jusqu'ici de le suivre dans notre pays. Il est vrai que plusieurs des volumes annuels du *Jahresbericht* ont été traduits en anglais; mais une traduction, qui ne peut nécessairement paraître qu'assez longtemps après l'ouvrage original, ne saurait y suppléer. Bien des raisons assez évidentes par elles-mêmes nous font désirer d'avoir une publication anglaise indépendante. Les deux journaux, celui d'Angleterre et celui d'Allemagne, pourraient, et par leurs différences et par leurs points de ressemblance, montrer les progrès de la science d'une manière plus exacte et plus utile que ne le ferait un seul ouvrage, même publié simultanément dans les deux langues. Il me semble que ce serait une œuvre digne des soins de l'Association britannique que d'encourager la création d'un annuaire scientifique anglais.

Dans cet exposé des progrès récents accomplis dans plusieurs sciences, je me suis simplement attaché à ceux qui m'ont frappé comme ayant une plus grande importance.

La question des mesures exactes et minutieuses semble à ceux qui ne sont pas au courant de la science, une étude moins élevée et moins importante que la recherche de faits nouveaux. Mais presque toutes les plus grandes découvertes scientifiques n'ont été, en quelque sorte, que la récompense de mesures exactes et de travaux patients et soutenus appliqués à l'examen minutieux de résultats numériques.

On s'imagine assez souvent, à propos de la plus grande des découvertes de Newton, que la théorie de la gravitation vint tout à coup éclairer son esprit, et qu'ainsi sa découverte se trouva faite. Mais, en réalité, il fallut une longue suite de calculs mathématiques, fondés sur les résultats accumulés par les immenses travaux des astronomes pratiques, pour que Newton montrât quelles étaient les forces qui poussaient les planètes vers le soleil, qu'il en déterminât les grandeurs, et qu'il découvrît qu'une force variant avec la distance d'après la même loi, pousse la lune vers la terre. Alors, *pour la première fois*, nous sommes en droit de supposer que s'offrit à son esprit l'idée de la gravitation universelle; mais quand il essaya de comparer la grandeur de la force qui agissait sur la lune, à la grandeur de la force de gravitation qui agit sur un corps pesant de masse égale, à la surface de la terre, il ne trouva pas le rapport qu'exigeait la loi qu'il cherchait à établir. Pendant plusieurs années, il refusa de publier sa découverte telle qu'il l'avait faite. On raconte qu'assistant à une séance de la Société royale, il entendit lire un mémoire sur une mesure géodésique exécutée par Picard, mesure qui donnait une correction importante de la valeur acceptée jusqu'alors pour la longueur du rayon terrestre. C'était là ce qu'il fallait à Newton. Il rentra chez lui avec ce résultat, et commença ses calculs; mais il était si agité qu'il dut charger un ami d'effectuer les opérations arithmétiques : ce fut donc alors — et non quand, assis dans son jardin, il vit tomber une pomme — qu'il reconnut que c'est la gravitation qui retient la lune dans son orbite.

La découverte faite par Faraday d'une puissance d'induction spécifique, découverte qui a servi de point de départ à la théorie nouvelle, laquelle tend à ne plus admettre l'action exercée de loin, a été le résultat d'une mesure exacte et minutieuse des forces électriques.

La découverte faite par Joule d'une loi thermo-dynamique, qui régit également l'électro-chimie, l'électro-magnétisme et l'élasticité des gaz, est fondée sur des observations thermométriques d'une délicatesse telle qu'elles semblaient d'abord impossibles à quelques-uns des chimistes les plus distingués de notre époque.

Andrews n'a pu constater la continuité qui existe entre l'état gazeux et l'état liquide des corps, qu'au bout de plusieurs années de mesures pénibles et minutieuses de phénomènes à peine appréciables à l'œil nu.

L'Association britannique a rendu service à la science en encourageant l'exactitude des mesures dans l'étude de divers phénomènes. Le magnétisme terrestre n'a pu être considéré comme une science exacte, que depuis que Gauss a inventé des méthodes pour trouver la mesure absolue de l'intensité magnétique. J'ai déjà parlé de ce qu'a fait l'Association britannique pour étendre à toutes les parties du monde l'application de cette invention. Weber, le collègue de Gauss dans l'Union magnétique allemande, a étendu l'application de la mesure absolue aux courants électriques, à la résistance d'un conducteur électrique, et à la force électro-motrice d'un élément de pile. Il a montré le rapport qui existe entre l'unité électro-statique et l'unité électro-magnétique, pour la mesure absolue, et a découvert ce fait important, que la résistance, dans la mesure électro-magnétique absolue, et le contraire de la résistance, ou, en d'autres termes, la conductibilité, dans la mesure électro-statique, sont toutes deux une vitesse. Il a fait une suite d'expériences compliquées et difficiles pour mesurer, avec un seul et même conducteur, la vitesse qui est égale à la conductibilité en électro-statique, et à la résistance en électro-magnétisme. Maxwell, s'engageant le premier dans la voie frayée par Faraday, a découvert qu'il existe un rapport physique entre cette vitesse et celle de la lumière, et qu'en faisant une certaine hypothèse sur le milieu élastique, elle devient exactement égale à la vitesse de la lumière. La mesure de Weber vérifie cette égalité d'une manière approximative; c'est, pour la science, un *monumentum œre perennius*, puisqu'on lui doit la première idée de cette belle théorie, en même temps que la première mesure quantitative des propriétés cachées de la matière, sur lesquelles sont fondés les rapports qui existent entre l'électricité et la lumière. Une nouvelle mesure de la vitesse critique de Weber, d'après un plan nouveau dû à Maxwell lui-même, et l'importante correction de la vitesse de la lumière, due aux expériences de Foucault et vérifiée d'après des observations astronomiques, semblent montrer un accord encore plus grand. La détermination la plus exacte possible de la vitesse critique de Weber occupe en ce moment toute l'attention du Comité de mesure électrique de l'Association; et ce serait peut-être vouloir aller trop vite que d'insister ici sur l'accord qui peut exister entre cette vitesse et celle de la lumière. Ceci m'amène à remarquer combien la science, même dans ses recherches les plus élevées, gagne elle-même aux applications qui contribuent au bien-être social et matériel de l'homme. Ceux qui ont risqué et perdu leur argent pour le premier télégraphe transatlantique étaient poussés et soutenus par le sentiment de la grandeur de leur entreprise et du bien immense que devait produire son succès; en même temps, ils n'étaient pas insensibles à la beauté du problème scientifique qui leur était directement présenté. Mais assurément ils ne pensaient guère que, grâce à eux, et d'une manière immédiate, le monde scientifique allait être éclairé sur une découverte fondamentale faite sur l'électricité par Faraday lui-même, découverte longtemps négligée et laissée de côté; ils ne pensaient guère non plus qu'en invoquant le secours de l'Association britannique, pour fournir à leurs ingénieurs des méthodes de mesure exacte, mesure qui leur était nécessaire pour assurer le bon emploi de leur argent, et pour découvrir et prévenir les défauts de leur matériel qui pouvaient amener des accidents désastreux, ils ne pensaient pas, dis-je, qu'ils fondaient les mesures électriques exactes dans les laboratoires scientifiques du monde entier, et commençaient ainsi une suite de recherches qui s'étendent maintenant jusqu'aux régions les plus élevées et jusque dans l'éther le plus subtil de la physique. Puisse l'Association britannique servir longtemps encore de lien et d'intermédiaire à cet échange de bons offices entre la science et le monde !

III. — Théorie du mouvement des gaz. — Propriétés des atomes

Le plus grand progrès qui ait encore été fait dans la théorie moléculaire des propriétés de la matière est représenté par la théorie du mouvement des gaz, à peine soupçonnée par Lucrèce, indiquée d'une manière définie par Daniel Bernouilli, développée à grands traits par Herapath, amenée par Joule dans le domaine de la réalité, et enfin portée à son point actuel par Clausius et Maxwell. Joule, avec son équivalent dynamique de la chaleur et ses expériences sur la chaleur produite par la condensation d'un gaz, avait pu calculer la vitesse moyenne des molécules ultimes ou atomes qui le composent. Son calcul lui donna pour l'hydrogène une vitesse de 6225 pieds par seconde, à une température de 60° Fahr. (15°,5 centigr.), et de 6055 pieds par seconde, à 0° centigr. Clausius tenait compte du choc des molécules les unes sur les autres, et de la force impulsive des mouvements *relatifs* de la matière dont se compose chaque atome. Il chercha le rapport qui existe entre leurs diamètres, le nombre d'atomes contenus dans un espace donné, et la longueur moyenne qu'ils parcourent d'un choc à l'autre, jetant ainsi les bases du calcul des dimensions absolues des atomes, dont j'aurai occasion de parler plus loin. Il expliqua la lenteur de la diffusion des gaz par les chocs des atomes entre eux, et posa les fondements d'une théorie complète de la diffusion des fluides, phénomène qui avait jusqu'alors présenté un problème insoluble. L'esprit pénétrant de Maxwell a étudié la viscosité et la conductibilité de la chaleur, et a ainsi complété l'explication dynamique de toutes les propriétés connues des gaz, à l'exception de leur résistance électrique et de leur fragilité en présence de la force électrique.

Jamais une théorie moléculaire aussi étendue n'avait été même imaginée avant le XIXe siècle. Toute définie et toute complète qu'elle est, ce n'est cependant qu'un fragment bien dessiné d'une grande carte, sur laquelle toute la science physique se trouvera représentée avec toutes les propriétés de la matière dans leur rapport dynamique au tout. L'espérance que nous avons maintenant de voir bientôt achever cette carte, repose sur l'hypothèse des atomes. Mais l'esprit ne peut être vraiment satisfait d'expliquer la chaleur, la lumière, l'élasticité, la diffusion, l'électricité et le magnétisme, dans les gaz, les liquides et les solides, et de décrire précisément les rapports de ces différents états de la matière entre eux, en s'appuyant sur l'existence d'un grand nombre d'atomes, quand les propriétés de l'atome lui-même sont purement hypothétiques. Lorsque la théorie dont le travail de Clausius et de Maxwell n'est que la première page sera complète, nous serons simplement en face de la question capitale, qui est de savoir quel est le mécanisme intérieur de l'atome.

La réponse à cette question nous fera comprendre non-seulement l'élasticité atomique, en vertu de laquelle l'atome est dans un état perpétuel de vibration, d'après la découverte de Stokes, mais encore l'affinité chimique et les différences de qualité des divers éléments chimiques, points qui sont pour nous autant de mystères. La théorie si délicate de Helmholtz, du tourbillonnement dans un liquide incompressible et sans frottement, semble être un indicateur, nous montrant une voie qui peut nous mener à comprendre pleinement les propriétés des atomes, et à réaliser la grande conception de Lucrèce, qui « n'admet ni éther subtil, ni variété d'éléments avec des principes ignés ou aqueux, légers ou lourds ; qui ne suppose pas que la lumière soit une chose, le feu une autre, l'électricité un fluide, le magnétisme un principe vital, mais qui traite tous les phénomènes comme de simples propriétés ou accidents d'une matière simple. » Cette manière de voir, je la trouve dans un mémoire admirable sur la théorie atomique de Lucrèce, publié dans la *North British Review* de mars 1868, et contenant un résumé intéressant et instructif des doctrines anciennes et modernes sur les atomes. Permettez-moi d'extraire de cet article encore quelques lignes qui représentent fort bien l'état actuel de la théorie atomique : « L'existence de l'atome chimique, qui est déjà par lui-même un petit monde fort complexe, semble très-probable ; et la description que Lucrèce fait de son atome s'y applique merveilleusement. Nous ne désespérons pas de connaître quelque jour le poids exact de chacun de ces atomes, non pas seulement le poids relatif des différents atomes, mais le nombre qu'en contient un volume donné d'une substance quelconque ; de pouvoir calculer la forme et le mouvement des parties de chaque atome, et les distances qui les séparent ; de représenter par des figures géométriques exactes les mouvements par lesquels ils produisent la chaleur, l'électricité et la lumière ; et enfin, d'arriver aux propriétés fondamentales du milieu intermédiaire qui sert peut-être à les former. Alors le mouvement des planètes et la musique des sphères seront oubliés, dans l'admiration du tourbillon où s'agitent les petits atomes. »

Avant même que ceci fût écrit, quelques-uns des résultats qui y sont indiqués avaient été obtenus en partie. Loschmidt à Vienne, et, bientôt après, Stoney, de son côté, en Angleterre, avaient montré comment on déduit de la théorie du mouvement des gaz de Clausius et Maxwell une limite supérieure du nombre des atomes que contient un espace donné. Je n'avais malheureusement aucune connaissance des travaux de Loschmidt et de Stoney, quand je fis un calcul du même genre, sur les mêmes bases, et que je le publiai dans *Nature*, dans un article intitulé : *Des dimensions des atomes.* Mais les questions de priorité, quelque intéressantes qu'elles soient pour les personnes intéressées, sont insignifiantes auprès de l'espérance de pénétrer plus avant dans les secrets de la nature. Ce triple accord d'un raisonnement indépendant dans le cas qui nous occupe est précieux au point de vue de la confirmation d'une conclusion qui vient heurter violemment les idées et les opinions presque universellement adoptées au sujet des dimensions des molécules matérielles. Les chimistes et les naturalistes avaient l'habitude d'éluder les questions sur la dureté ou l'indivisibilité des atomes, en admettant virtuellement qu'ils sont infiniment petits et infiniment nombreux. Nous ne devons plus désormais considérer, avec Boscovitch, l'atome comme un point mystique, doué d'inertie et de la propriété d'attirer ou de repousser d'autres centres semblables, avec des forces qui dépendent des distances qui les séparent ; et encore cette supposition n'est-elle tolérée que parce qu'il est admis, d'une manière tacite, que l'inertie et l'attraction de chaque atome sont infiniment faibles, et que le nombre des atomes est infiniment grand. Nous ne pouvons non plus être d'accord avec ceux qui ont attribué à l'atome l'extension avec une dureté et une force infinies, ce qui est incroyable pour un corps fini ; mais nous nous le figurons plutôt comme une portion de matière de dimensions appréciables, ayant une forme, un mouvement, agissant d'après des lois déterminées, et pouvant être étudié par les méthodes scientifiques.

IV. — Analyse spectrale et ses applications diverses

L'analyse de la lumière par le prisme, découverte par Newton, était considérée par lui comme « la découverte la plus étrange, sinon la plus importante qui eût été faite jusque-là sur les opérations de la nature ».

S'il n'avait pas été détourné de ce sujet, il n'aurait pas manqué d'obtenir un spectre pur ; mais cette découverte, avec sa conséquence inévitable, celle des raies obscures, était réservée au xixe siècle. C'est à Fraunhofer seul que nous devons la connaissance fondamentale des raies obscures. Wollaston les avait vues, mais sans les découvrir. Brewster travailla longtemps et avec succès à perfectionner l'analyse de la lumière solaire par le prisme ; ses observations sur les bandes noires produites par l'action absorbante des gaz et des vapeurs interposés, furent pour ainsi dire les bases du grand édifice qu'il lui fut à peine donné de voir. Piazzi Smyth, par ses observations spectroscopiques exécutées sur le pic de Ténériffe, a beaucoup ajouté à la connaissance que nous avons des raies obscures produites dans le spectre solaire par l'action absorbante de notre atmosphère. Le prisme est devenu un instrument d'analyse chimique qualitative entre les mains de Fox Talbot et de Herschel, qui montrèrent les premiers comment, avec le prisme, l'ancienne méthode du chalumeau, ou, pour parler d'une manière générale, la détermination de la nature des corps d'après la coloration qu'ils donnent aux flammes, peut être employée avec une exactitude et une délicatesse auxquelles l'œil seul ne peut arriver. Mais l'application de cette méthode à la chimie solaire et stellaire n'avait, je crois, été indiquée, soit directement, soit indirectement, par aucun autre physicien, lorsque Stokes me l'enseigna à Cambridge, un peu avant l'été de 1852. Voici les observations et les expériences sur lesquelles il s'appuyait :

1° Découverte par Fraunhofer d'une coïncidence entre sa double ligne obscure D du spectre solaire, et une double ligne brillante qu'il avait observée dans les spectres des flammes artificielles ordinaires ;

2° Confirmation expérimentale très-rigoureuse de cette coïncidence, par le professeur W. H. Miller, qui démontra qu'elle était d'une exactitude tout à fait minutieuse ;

3° Le fait que la lumière jaune, qui se produit quand on jette du sel sur de l'alcool enflammé, présente presque uniquement les deux qualités presque identiques de cette double raie brillante ;

4° Des observations de Stokes lui-même, qui ont montré que la ligne brillante D manque dans la flamme d'une chandelle qui vient d'être mouchée, de manière que la mèche ne pénètre pas dans l'enveloppe lumineuse, et dans la flamme de l'alcool brûlé dans un verre de montre ;

5° Enfin, l'admirable découverte par laquelle Foucault a démontré (*l'Institut*, 7 février 1849) que l'arc voltaïque qui paraît entre des pointes de charbon, est « un milieu qui émet les rayons D pour son propre compte, et qui en même temps les absorbe quand ils proviennent d'une source étrangère ».

Voici les conclusions théoriques et pratiques que Stokes m'a enseignées, et que j'ai toujours, depuis lors, exposées dans mes leçons publiques à l'Université de Glasgow :

1° La double raie D, brillante ou obscure, est due à la vapeur de sodium ;

2° L'atome du sodium est susceptible de vibrations élastiques régulières semblables à celles d'un diapason, ou à celles des instruments à cordes. De même qu'un instrument à deux cordes, qui sont à peu près à l'unisson, ou encore de même qu'un disque élastique à peu près circulaire, il a deux notes ou vibrations fondamentales, presque de même hauteur ; et les temps de ces vibrations sont précisément la durée des ondes des deux lumières jaunes presque semblables, qui constituent la double raie brillante D ;

3° Quand la vapeur de sodium est à une température assez élevée pour devenir elle-même une source de lumière, chaque atome exécute simultanément ces deux vibrations fondamentales ; et, par conséquent, la lumière qui en provient a les deux qualités qui distinguent la double ligne brillante D ;

4° Quand il existe de la vapeur de sodium dans un espace parcouru par de la lumière venant d'une autre source, ses atomes, en vertu d'un principe général de dynamique bien connu, se mettent à vibrer d'après l'un de ces deux modes fondamentaux ou tous deux, si une partie de la lumière incidente a l'un ou l'autre de ces temps de vibration, ou s'il y en a une partie qui ait le premier temps et une autre partie le second temps ; de sorte que l'énergie des ondes de ces qualités particulières de lumière se convertit en vibrations thermales du milieu, et se disperse dans toutes les directions ; tandis que la lumière de toutes les autres qualités, même si elle est très-près de s'accorder avec les deux qualités données, se transmet sans perte appréciable ;

5° La double raie D de Fraunhofer, dans le spectre solaire et les spectres stellaires, est due à la présence de vapeur de sodium dans les atmosphères qui entourent le soleil et les étoiles dont les spectres donnent cette raie ;

6° D'autres vapeurs que celles du sodium se retrouvent dans les atmosphères du soleil et des étoiles, si l'on cherche les substances qui produisent dans les spectres des flammes artificielles des raies brillantes coïncidant avec d'autres raies obscures, des spectres solaires et stellaires que la raie D de Fraunhofer.

La dernière de ces propositions s'est trouvée, à mon avis, confirmée, et peut-être même inspirée en partie par une expérience frappante et fort belle, et admirablement propre à servir d'exemple dans une leçon publique, expérience due à Foucault, et qui me fut montrée à Paris, en octobre 1850, par MM. Duboscque-Soleil et l'abbé Moigno. Un prisme et des lentilles étaient disposés de manière à projeter sur un écran le spectre à peu près pur donné par un arc électrique vertical, situé entre les charbons servant de pôles à une batterie électrique puissante, le charbon inférieur se trouvant creusé en forme de coupe. Quand des parcelles de cuivre et des parcelles de zinc étaient jetées séparément dans la coupe, le spectre laissait voir, dans des positions parfaitement bien définies, les magnifiques bandes de différentes couleurs, fort bien marquées, qui caractérisent les deux métaux. Quand on mettait dans la coupe des parcelles d'un alliage de cuivre et de zinc, le spectre donnait toutes les bandes, chacune exactement à la place où elle avait paru quand l'un ou l'autre métal avait été employé isolément.

Il est fort regrettable que cette grande généralisation n'ait pas été publiée il y a vingt ans. Et si je parle ainsi, ce n'est pas que je regrette qu'Angström ait eu l'honneur de publier, de son côté, en 1853, « qu'un gaz incandescent émet des rayons lumineux de même réfrangibilité que ceux qu'il peut absorber » ; ou que Balfour Stewart n'ait pu profiter de cette loi, quand, abordant cette question à un point de vue tout différent, il posa, dans son extension de la *Théorie des échanges* (*Edin. Transactions*, 1858-59) le principe encore plus général, que le pouvoir rayonnant d'un corps est toujours égal à son pouvoir absorbant pour chaque espèce de rayon ; ou que Kirchhoff aussi ait, de son côté, découvert le même principe en 1859, et fait voir comment il s'applique à la chimie solaire et stellaire. Mais j'ai parlé ainsi parce que nous pourrions maintenant posséder les richesses inconcevables de résultats astronomiques que nous réservent les dix prochaines années de recherches par l'analyse spectrale, si Stokes avait publié sa théorie aussitôt qu'il l'eut conçue.

C'est, je crois, à Kirchhoff seul que revient l'honneur d'avoir le premier cherché et découvert dans le soleil d'autres métaux que le sodium, par la méthode de l'analyse spectrale. Sa théorie, publiée en octobre 1859, fut le point de départ de la chimie solaire et stellaire, et donna à l'analyse spectrale une impulsion à laquelle elle doit, jusqu'à un certain point, ses brillants succès des dix dernières années, grâce aux travaux des plus habiles investigateurs.

C'est au travail prodigieux de Kirchhoff lui-même et d'Angström, que nous devons des reproductions sur une grande échelle du spectre solaire, bien supérieures, au point de vue de la délicatesse et de l'exactitude, à tout ce qui avait jamais été essayé en ce genre. Ces cartes servent maintenant de modèles à tous ceux qui s'occupent de cette question. Plücker et Hittorf ont contribué à faire avancer la physique de l'analyse spectrale; ils ont fait l'importante découverte des changements dans les spectres des gaz en ignition, produits par des changements dans la condition physique de ces gaz. La valeur scientifique des réunions de l'Association Britannique est bien démontrée par le fait que c'est une conversation qu'il eut avec Plücker à la réunion de Newcastle, qui donna à Lockyer l'idée d'étudier les effets du changement de la pression sur la qualité de la lumière émise par un gaz incandescent, étude que Lockyer et Frankland ont poursuivie avec un si admirable succès. Les richesses scientifiques tendent à s'accroître d'après les mêmes lois que l'intérêt composé. Toute connaissance nouvelle des propriétés de la matière, fournit au physicien de nouveaux instruments pour découvrir et expliquer les phénomènes de la nature ; et ceux-ci à leur tour deviennent la base de nouvelles généralisations, qui ajoutent de nouvelles richesses aux trésors déjà amassés. Ainsi Frankland, remarquant le peu d'éclat de la flamme d'une bougie allumée dans une tente au sommet du mont Blanc, fut amené à examiner la théorie de la flamme donnée par Davy, découvrit que la flamme d'un gaz devient plus brillante si l'on augmente la pression, sans la présence de particules solides incandescentes, et qu'un gaz dense en ignition donne un spectre analogue à celui qui provient de la lumière d'un solide ou d'un liquide incandescent. Lockyer s'associa alors aux travaux de Frankland, et ils découvrirent ensemble que toute substance incandescente donne un spectre continu, qu'un gaz incandescent soumis à une pression variable donne un spectre continu traversé par des raies brillantes, dont quelques-unes, vives, fortes et nettes quand le gaz est très-raréfié, s'étendent de chaque côté en bandes nébuleuses à mesure que la densité du gaz s'accroît, et finissent par se perdre dans le spectre continu, quand la condensation est poussée assez loin pour que le gaz se rapproche sensiblement de l'état liquide. Plus récemment encore, ils ont étudié l'influence de la température, et sont arrivés à des résultats qui semblent indiquer qu'un gaz très-raréfié, qui, à une température élevée, donne plusieurs raies brillantes, en donne de moins en moins, assez brillantes pour être visibles, à mesure que l'on abaisse la température tout en maintenant la densité constante. Je ne puis m'empêcher d'observer ici combien ces belles recherches sont d'accord avec la grande découverte, faite par Andrews, de la continuité qui existe entre l'état gazeux et l'état liquide. Ces faits sont l'essence de la science. En les contemplant, il nous semble sortir des eaux étroites des dogmes de l'école, pour nous retremper dans les eaux larges et profondes de l'océan de la vérité, où les merveilles que nous voyons nous apprennent qu'il y en a bien plus encore, et cela sans limites, qui échappent à notre vue.

La théorie dynamique de Stokes explique parfaitement la découverte de Frankland et de Lockyer. Tout atome gazeux, frappé et abandonné à lui-même, vibre et donne avec une pureté parfaite sa note ou ses notes fondamentales. Dans un gaz très-raréfié, un atome est très-rarement en collision avec d'autres atomes, et par conséquent il est presque toujours dans un état de vibration juste. Aussi le spectre d'un gaz très-raréfié se compose-t-il d'une ou plusieurs raies brillantes parfaitement nettes, avec une gradation continue de couleur prismatique à peine appréciable. Dans un gaz plus dense, chaque atome est fréquemment en collision avec d'autres ; mais cependant il est bien plus longtemps libre, dans les intervalles entre les collisions, qu'il n'est à l'état de collision ; de sorte que non-seulement l'atome lui-même détone sensiblement pendant une partie appréciable du temps total que nous considérons, mais encore le mélange confus des vibrations dans toutes leurs phases pendant la collision même acquiert une influence plus considérable. Par suite, les raies brillantes du spectre s'élargissent jusqu'à un certain point, et le spectre continu devient plus brillant. Dans un gaz encore plus dense, chaque atome peut se trouver presque aussi souvent en collision qu'en liberté, et le spectre se compose alors de larges bandes nébuleuses, sur un spectre continu d'un éclat considérable. Quand le milieu est assez dense pour que chaque atome soit toujours en collision, c'est-à-dire, toujours subissant l'influence de ses voisins, le spectre sera généralement continu, et pourra ne présenter que peu ou point de bandes, ou même de maxima d'éclat. Dans cet état, le fluide ne peut plus être considéré comme un gaz, et nous devons juger de ses rapports avec l'état de vapeur ou l'état liquide, d'après les règles découvertes par Andrews.

Tandis que se poursuivaient ces grandes études des propriétés de la matière, les hommes de science ne laissaient pas oisive la puissance nouvelle mise à leur service par le spectroscope. Les chimistes suivirent bientôt l'exemple de Bunsen en découvrant de nouveaux métaux dans la substance terrestre, à l'aide de la méthode du chalumeau et du prisme de Fox-Talbot et de Herschel. Les biologistes appliquèrent l'analyse spectrale à la chimie animale et végétale, et aux recherches médicales; mais c'est en astronomie que les études spectroscopiques ont pris le plus d'activité, et ont été récompensées par les plus beaux résultats. Le chimiste et l'astronome ont réuni leurs forces; un observatoire astronomique contient maintenant un assortiment de réactifs tel qu'on n'en rencontrait autrefois que dans les laboratoires de chimie. Un corps dévoué de volontaires de toute nation, dont la devise pourrait bien être *Ubique*, ont dirigé leurs batteries vers toutes les régions de l'univers. Le soleil, ses taches, la couronne et les proéminences rouges et jaunes que l'on remarque autour de lui pendant les éclipses totales; la lune, les planètes, les comètes, les aurores boréales, les nébuleuses, les étoiles blanches, jaunes, rouges, variables et passagères, chacun de ces corps a été soumis au prisme, et a dû montrer les couleurs qui le distinguent. On a rarement vu, dans l'histoire des sciences, une persévérance enthousiaste dirigée par un génie pénétrant, produire en dix ans une si brillante série de découvertes. Ce n'est pas seulement la *chimie* du soleil et des étoiles, comme on le croyait d'abord, qui est soumise à l'analyse spectrale : toutes les lois de l'existence de ces corps sont maintenant étudiées directement, et déjà cet instrument si délicat et si subtil nous permet d'entrevoir l'histoire de leurs évolutions. Nous n'avions que la chimie solaire et stellaire, nous avons maintenant la physiologie solaire et stellaire.

C'est une idée déjà ancienne que la couleur d'une étoile peut dépendre de son mouvement par rapport à l'observateur, de sorte qu'elle paraîtra rouge si elle s'éloigne de la terre, ou bleue si elle s'en rapproche. William Allen Miller, Huggins et Maxwell ont montré comment, à l'aide du spectroscope, cette idée peut servir de base à une méthode pour mesurer la vitesse relative avec laquelle une étoile se rapproche de la terre ou s'en éloigne. Le principe de cette méthode est d'abord d'établir, s'il est possible, l'identité d'une ou de plusieurs des raies du spectre de l'étoile, avec une raie ou des raies du spectre du sodium ou de toute autre substance; puis, en observant simultanément l'étoile et la lumière artificielle avec le même spectroscope, de trouver la différence qui peut exister entre leurs degrés de réfrangibilité. C'est d'après cette différence de réfrangibilité que l'on calcule le rapport des périodes des deux lumières, sur des données déterminées par Fraunhofer, d'après la comparaison entre les positions des raies obscures dans le spectre du prisme et dans son propre spectre d'interférence, lequel est obtenu en substituant au prisme un grillage très-fin. Une première application relativement grossière de ce procédé, faite par Miller et Huggins à un grand nombre des principales étoiles de notre ciel, telles que Aldebaran, α d'Orion, β de Pégase, Sirius, α de la Lyre, la Chèvre, Arcturus, Pollux, Castor, qu'ils avaient observées plutôt au point de vue de la chimie qu'à celui qui nous occupe en ce moment, a prouvé que pas une de ces étoiles ne se rapproche ou ne s'éloigne de la terre avec une vitesse aussi grande que 315 kilomètres par seconde, *ce qui est un résultat d'une haute importance pour la dynamique cosmique.* Plus tard, Huggins soumit ce procédé à des observations spéciales, et réussit à obtenir la mesure de la vitesse d'une étoile, Sirius, qui s'éloigne de la terre, d'après son calcul, avec une vitesse de 66 kilomètres par seconde. Si l'on tient compte de la vitesse de la terre au moment de l'observation, cela donne à Sirius, par rapport au soleil, une vitesse de 47 kilomètres par seconde. La petitesse extrême de la différence qu'il s'agit de mesurer, et de la quantité de lumière, même en opérant sur l'étoile la plus brillante, rend l'observation extrêmement difficile. Néanmoins, l'habileté que M. Huggins a apportée dans cette recherche nous fait espérer que l'on pourra mesurer les vitesses de plusieurs autres étoiles. Ce qu'il faut maintenant, ce n'est certainement pas plus d'habileté, ni peut-être même des instruments plus puissants, mais *plus d'instruments et plus d'observations.* Les applications faites par Lockyer du procédé pour la mesure des vitesses aux mouvements relatifs des différents gaz dans la photosphère solaire, dans les taches, la chromosphère et les proéminences chromosphériques, et ses observations des spectres variables que présente la même substance, selon qu'elle change de position dans l'atmosphère solaire, et son interprétation des résultats obtenus d'après ses expériences personnelles et celles de Frankland, semblent confirmer la conviction que, dans quelques années, tous les phénomènes que présente le soleil seront expliqués au point de vue dynamique, d'après les propriétés connues de la matière.

Pendant six ou huit minutes des plus précieuses, des spectroscopes ont été braqués sur l'atmosphère solaire et sur l'auréole qui entoure le disque sombre de la lune quand elle éclipse le soleil. Quelques-uns des résultats merveilleux de ces observations, faites dans l'Inde lors de l'éclipse d'août 1868, ont été exposés par le professeur Stokes dans un discours prononcé en public. Grâce à l'aide généreuse qui nous a été accordée par le gouvernement anglais et le gouvernement américain, l'éclipse totale de décembre dernier nous a fourni aussi des résultats importants, malgré l'état peu favorable de l'atmosphère. Il semble prouvé qu'au moins une partie appréciable de la lumière de l'auréole est un halo de l'atmosphère terrestre, ou une réflection avec dispersion de la lumière de l'hydrogène et de l'*hélium* incandescent qui entourent le soleil. Frankland et Lockyer trouvent que les proéminences jaunes donnent une raie brillante bien caractérisée non loin de D, raie qui n'a pu jusqu'ici être reconnue dans aucune flamme terrestre. Elle semble donc indiquer l'existence d'une substance nouvelle à laquelle ils proposent de donner le nom d'*hélium.* Je crois pouvoir dire à ce propos, puisque nous allons encore nous préparer à profiter d'une nouvelle éclipse de soleil, que l'Association britannique espère que le gouvernement montrera encore la même libéralité sage en faveur de la science.

V. — Théorie de la chaleur solaire. — Les comètes et les météores

La vieille hypothèse nébulaire suppose que le système solaire, et les autres systèmes semblables de l'univers, que nous voyons de loin sous le nom d'étoiles, doivent leur origine à la condensation de matière nébuleuse incandescente. Cette hypothèse a été inventée avant la découverte de la thermodynamique, ou l'on n'aurait pas supposé que les nébuleuses fussent incandescentes. Il ne semble pas être venu à l'esprit des inventeurs ou des partisans de cette théorie que la matière à la condensation de laquelle ils attribuaient la formation du soleil et des étoiles, pût être autre chose qu'incandescente à l'origine. Mayer fut le premier qui eut l'idée que la chaleur du soleil est peut-être due à la gravitation; mais il supposa que des météores qui y tombent entretiennent la chaleur que le soleil perd sans cesse par le rayonnement. D'un autre côté, Helmholtz, adoptant l'hypothèse nébulaire, démontrait, en 1854, qu'il n'est pas nécessaire de supposer que la matière des nébuleuses ait été d'abord incandescente, mais que l'attraction mutuelle de ses parties a pu produire la chaleur à laquelle est due la température élevée que possède maintenant le soleil. En outre, il fait une observation importante, c'est que l'énergie virtuelle de gravitation du soleil est encore loin d'être épuisée ; plus il se contracte, plus il produit de chaleur, de sorte que nous pouvons concevoir qu'il ait encore maintenant une quantité d'énergie assez grande pour produire de la chaleur et de la lumière, presque dans les mêmes conditions, pendant plusieurs millions d'années. Ajoutons cependant que la condensation ne peut provenir que du refroidissement; et, par conséquent, l'explication par la gravitation, que donne Helmholtz de la chaleur à venir du soleil, revient réellement à dire que la capacité thermale du soleil est immensément plus grande en vertu de l'attraction mutuelle qui existe entre les parties d'une si énorme masse, que la somme des capacités thermales de corps séparés plus petits, de la même substance et donnant la même masse totale. Les raisons à l'appui de cette théorie et ses conséquences, sont discutées dans un article *Sur l'âge de la chaleur du soleil*, qui a paru dans le *Macmillan's Magazine* de mars 1862.

Pendant quelques années, la théorie de la chaleur solaire de Mayer m'avait semblé probable; puis j'en étais arrivé à y renoncer, parce que j'avais été amené, par la considération de la constance presque rigoureuse du mouvement de révolution de la terre autour du soleil, depuis 2000 ans au moins, à conclure que « la principale et peut-être la seule source vraiment effective de la chaleur solaire, se trouve dans les corps qui circulent autour du soleil, en dedans de l'orbite terrestre (1) » ; et, comme les recherches de Le Verrier sur le mouvement de la planète Mercure, tout en indiquant une influence sensible attribuable à de la matière circulant sous forme de petites planètes entre l'orbite de Mercure et le soleil, font voir que la quantité de matière dont on peut admettre la présence à une distance considérable du soleil, doit être très-petite; par conséquent, si les météores qui se précipitent actuellement sur le soleil sont assez abondants pour produire une partie appréciable de la chaleur qu'il perd par le rayonnement, il faut admettre qu'ils sont fournis par la matière qui circule autour du soleil et très-près de sa surface. Il faudrait alors admettre que la densité de ce nuage météorique est si grande que des comètes auraient à peine pu s'échapper, comme certaines l'ont fait, sans montrer d'effets appréciables de résistance, après avoir passé à une distance du soleil de moins d'un huitième de son rayon. Tout bien considéré, il semble peu probable que la chaleur perdue par le soleil soit compensée à un degré quelconque par les météores qui tombent maintenant à sa surface; et comme on peut démontrer qu'aucune théorie chimique n'est satisfaisante, il faut en conclure, comme l'hypothèse la plus probable, que le soleil n'est en ce moment qu'une masse liquide incandescente en voie de refroidissement.

Ainsi, des considérations purement astronomiques m'avaient amené depuis longtemps à abandonner, comme très-improbable, l'idée que la chaleur du soleil est reproduite d'une manière dynamique par les météores qu'il reçoit chaque année. Mais maintenant l'analyse spectrale vient trancher définitivement la question contre cette hypothèse.

Chaque météore qui circule autour du soleil doit, dans sa chute vers ce globe, suivre une ligne spirale presque insensible; avant d'arriver sur le soleil, il a dû se trouver pendant fort longtemps exposé à une chaleur de rayonnement énorme, et doit, par conséquent, avoir été réduit en vapeur avant de toucher la surface solaire. Ainsi, en admettant l'hypothèse de Mayer, c'est le frottement entre les tourbillons de vapeurs météoriques et l'atmosphère du soleil qui doit être la cause immédiate de la chaleur solaire ; alors la vitesse avec laquelle ces vapeurs circulent autour de l'équateur du soleil, doit être d'au moins 435 kilomètres par seconde. Or, la vitesse *maxima* relative trouvée par Lockyer, d'après l'observation spectrale, pour différentes vapeurs dans l'atmosphère du soleil, est à peine du vingtième de ce chiffre.

A la première réunion tenue à Liverpool par l'Association britannique, en 1854, en présentant une théorie de la gravitation pour expliquer la chaleur, la lumière et tous les mouvements de l'univers, j'ai soutenu que l'état immédiatement antérieur de la matière dont sont formés le soleil et les planètes, n'étant pas incandescent, n'avait pas pu être gazeux ; que c'était probablement l'état solide, comme est l'état des pierres météoriques que nous rencontrons encore si souvent dans l'espace. La découverte faite par Huggins, que la lumière des nébuleuses, autant que nous pouvons en juger, vient d'hydrogène et d'azote incandescent, et que les noyaux des comètes aussi nous envoient une lumière qui est celle d'un gaz incandescent, cette découverte, dis-je, semble à première vue confirmer cette partie de la théorie nébulaire que j'ai combattue. Mais une solution qui me paraît fort probable a été proposée par Tait : il suppose que c'est par des exhalaisons gazeuses enflammées, dues à la collision de pierres météoriques, que les nébuleuses et les noyaux de comètes deviennent visibles, et, dans une des réunions de l'Association, il a demandé que l'on appliquât l'analyse spectrale à la lumière que l'on observe dans les expériences d'artillerie comme celles qui se font à Shoeburyness, quand le fer frappe le fer avec une grande vitesse ; seulement il faudrait varier les ex-

(1) *Des forces mécaniques du système solaire* (*Transactions de la Société royale d'Édimbourg*, 1854 ; et *Phil. Mag.* 1854).

périences en substituant au fer différentes substances solides, telles que d'autres métaux ou des pierres. Jusqu'à présent, ces expériences n'ont pas été faites; mais elles méritent assurément l'attention de l'Association britannique.

On a fait récemment de grands progrès dans l'étude des comètes; on est presque arrivé à établir d'une manière certaine que ce sont des groupes de pierres météoriques; on a expliqué d'une manière satisfaisante la lumière du noyau, et on a rendu compte d'une manière rationnelle des phénomènes que présentent les queues des comètes, et que les plus grands astronomes avaient regardés comme merveilleux. L'hypothèse météorique dont je viens de parler était restée une pure hypothèse jusqu'à ce qu'en 1866, Schiaparelli calculât, d'après des observations recueillies sur les météores d'août, l'orbite de ces corps, et trouvât qu'elle coïncidait presque exactement avec l'orbite de la grande comète de 1862, calculée par Oppolzer; ainsi il découvrit et prouva qu'une comète se compose d'un groupe de pierres météoriques. Le professeur Newton, du *Yale-College*, aux États-Unis, en examinant d'anciens recueils d'observations, a reconnu que des périodes d'environ trente-trois ans, à partir de 902, présentent une abondance exceptionnelle de météores en novembre. On avait longtemps pensé que ces voyageurs intéressants venaient d'une suite de petites planètes séparées, circulant autour du soleil, avec une orbite presque la même, de manière à former une ceinture analogue à l'anneau de Saturne. On croyait que nous observons chaque année un grand nombre de météores vers le 14 novembre, parce qu'à cette époque l'orbite terrestre coupe la ceinture supposée des météores. Le professeur Newton a conclu de ses recherches que le groupe des météores présente une partie plus dense qui occupe une assez grande partie de son orbite pour qu'il lui faille un dixième ou un quinzième du temps d'une révolution pour passer devant un point donné; il proposa pour la révolution de ce courant de météores autour du soleil cinq périodes différentes, dont chacune pouvait s'accorder avec les faits constatés. Il trouva, en outre, que la ligne des nœuds, c'est-à-dire la ligne selon laquelle le plan de la ceinture météorique coupe l'orbite terrestre, a un mouvement sidéral graduel d'environ 52″.4 par an. C'était donc là un magnifique problème d'astronomie physique, et celui qui se chargea de le résoudre n'était pas au-dessous de cette tâche. Adams, appliquant une méthode fort belle que nous devons à Gauss, trouva que des cinq périodes présentées par M. Newton, il y en avait une qui permettait d'expliquer le mouvement de la ligne des nœuds par l'influence perturbatrice de Jupiter, de Saturne et des autres planètes. La période choisie d'après ces considérations est de trente-trois ans et quart. L'examen fit ensuite reconnaître que l'orbite a la forme d'une ellipse allongée, donnant pour la plus petite distance du soleil 145 millions de kilomètres, et pour distance maxima 2895 millions de kilomètres. Adams calcula aussi la longitude du périhélie, et l'inclinaison du plan de l'orbite sur le plan de l'écliptique. L'orbite qu'il détermina ainsi se rapprochait tellement de celle de la comète I de Temple de 1866, qu'il put les déclarer identiques (1). Le même résultat avait été indiqué quelques semaines auparavant par Schiaparelli, d'après des calculs faits par lui-même, sur des données fournies par l'observation directe des météores; de son côté, Peters arrivait à la même conclusion, d'après des calculs faits par Le Verrier, sur la même base.

Il est donc complétement prouvé que la comète de Temple (I, 1866) se compose d'une série elliptique de toutes petites planètes, dont tous les ans il tombe quelques milliers ou quelques millions sur la terre, vers le 14 novembre, quand nous traversons leur chemin. Nous n'avons probablement pas encore traversé le noyau ou la partie la plus dense; mais treize fois, en octobre et en novembre, du 13 octobre 902 au 14 novembre 1866 inclusivement, — ce dernier passage a été prédit avec beaucoup d'exactitude par le professeur Newton, — nous avons traversé une partie de la bande de météores bien plus dense que la moyenne. La partie la plus dense de la série, quand elle est assez voisine de nous, semble être la tête de la comète. Ce résultat étonnant, rapproché des observations spectrocospiques de Huggins sur la lumière de la tête et de la queue des comètes, confirme de la manière la plus frappante la théorie des comètes de Tait, dont j'ai déjà parlé. D'après cette théorie, la comète, qui n'est qu'un groupe de pierres météoriques, a un noyau qui est lumineux par lui-même à cause des chocs qui ont lieu entre les corps qui le composent, tandis que sa queue est simplement composée de la partie la moins dense de la série de météores, lesquels sont éclairés par le soleil et deviennent visibles ou invisibles non-seulement selon qu'ils sont plus ou moins nombreux, plus ou moins éclairés et plus ou moins éloignés, mais aussi selon l'ordre dans lequel ils sont disposés, comme, par exemple, s'ils présentent l'aspect d'une volée d'oiseaux, ou celui d'un nuage de fumée de tabac. Quant aux difficultés prodigieuses qu'il faut expliquer, vous pourrez en juger par quelques phrases que j'extrais de l'*Astronomie* d'Herschel, et par le fait que Schiaparelli lui-même semble croire encore à la répulsion. « Sans aucun doute, le phénomène des queues des comètes tient à quelque secret, à quelque profond mystère de la nature. Peut-être n'est-ce pas trop que d'espérer que dans l'avenir l'observation, empruntant le secours de la théorie rationnelle, et s'appuyant sur les progrès des sciences physiques en général, et surtout de celles qui s'occupent des éléments éthérés ou impondérables, nous permettra de pénétrer bientôt ce mystère, et de déclarer si c'est réellement de la

(1) M. Schiaparelli, directeur de l'observatoire de Milan, avait, dans une lettre du 31 décembre 1866, constaté que les éléments de l'orbite des météores d'août, calculés d'après des observations directes, et en admettant que l'orbite était une ellipse fort allongée, présentaient une grande analogie avec ceux de l'orbite de la comète II de 1862, calculés par le docteur Oppolzer. Dans la même lettre, Schiaparelli donne les éléments de l'orbite des météores de novembre; mais ils n'étaient pas assez exacts pour qu'il pût identifier cette orbite avec celle d'une comète connue. Le 21 janvier 1867, M. Leverrier a donné des éléments plus exacts de l'orbite des météores de novembre, et dans le *Astronomische Nachrichten* du 9 janvier, M. C. F. W. Peters (d'Altona) a fait observer que ces éléments différaient à peine de ceux de la comète de Temple (I, 1866), calculés par le docteur Oppolzer; le 2 février, Schiaparelli, ayant repris le calcul des éléments de l'orbite des météores, a lui-même constaté cet accord. Adams est arrivé d'une manière tout à fait indépendante à conclure que l'orbite qui correspond à une révolution de trente-trois ans un quart est celle qu'il faut choisir parmi les cinq indiquées par le professeur Newton. Avant la publication des lettres citées plus haut, ses calculs étaient assez avancés pour montrer que les quatre autres orbites proposées par M. Newton ne pouvaient convenir. Mais les calculs à faire pour déterminer le mouvement séculaire du nœud dans une orbite aussi allongée que celle des météores, étaient nécessairement très-longs, de sorte qu'ils ne furent achevés que vers mars 1867. Ce même mois, ils furent communiqués à la Société philosophique de Cambridge, et le mois suivant, à la Société astronomique.

matière, dans le sens ordinaire de ce mot, qui jaillit des têtes des comètes avec une vitesse si extraordinaire, recevant sinon l'impulsion, du moins une direction du soleil qu'elle cherche à éviter. » « Ce qui nous fait le plus douter que la queue soit de la matière, c'est l'arc énorme qu'elle décrit autour du soleil au périhélie, à la manière d'une baguette droite et rigide, contre la loi de la gravitation, et même contrairement aux lois reconnues du mouvement. » (1) « La projection de ce rayon à une si grande distance, en un seul jour, nous donne de l'intensité des forces mises en jeu pour produire un transport de matière si rapide dans l'espace, une idée qu'aucun autre phénomène naturel ne peut éveiller. Il est clair que, *si nous avons ici affaire à la matière, telle que nous la concevons, c'est-à-dire à la matière inerte*, elle doit obéir à des forces incomparablement plus énergiques que la gravitation, et d'une nature toute différente (2). »

Rappelez-vous maintenant l'admirable simplicité avec laquelle la magnifique théorie de Tait explique tous ces phénomènes.

VI. — Biologie : de l'origine de la vie sur la terre.

L'essence de la science, comme l'astronomie et la physique cosmique le montrent si bien, consiste à rétablir le passé et à prédire les évolutions à venir, d'après les phénomènes que l'on a réellement pu observer. Pour la biologie, la réalisation de cet idéal présente des difficultés prodigieuses. Cependant les naturalistes sérieux de notre époque ne se laissent ni effrayer ni paralyser par cette perspective; ils luttent hardiment et laborieusement pour sortir de la phase de l'histoire naturelle, et élever la zoologie à la hauteur de la physique. Une théorie très-ancienne, à laquelle un grand nombre de naturalistes tiennent encore, au point que je n'ai que l'embarras du choix parmi les termes modernes qui la représentent, admet que, dans des conditions météorologiques bien différentes de celles dans lesquelles nous vivons, la matière sans vie a pu se disposer, cristalliser ou fermenter de manière à former des *germes vivants*, des *cellules organiques* ou du *protoplasme*.

Mais, comme vous l'a si bien dit le savant qui m'a précédé à cette place, la science oppose une masse considérable de preuves inductives à cette hypothèse de génération spontanée. Toutes les fois que les recherches ont été faites avec assez de soin, elles ont, jusqu'à présent, montré la vie comme précédant la vie. La matière sans vie ne peut devenir vivante sans subir d'abord l'action d'une matière vivante. Cette loi me semble aussi bien démontrée par la science que la loi de la gravitation. Je repousse complétement, comme contraire à l'uniformité philosophique, l'admission de ces *conditions météorologiques différentes*, c'est-à-dire de vicissitudes un peu différentes de température, de pression, d'humidité, de gaz atmosphérique, pour produire ou laisser produire la vie par la force ou le mouvement de la matière inerte seule, ce qui est une violation directe de ce que nous considérons comme une loi biologique. Je sais ce qu'on va me répondre : ce code biologique est l'expression de notre ignorance aussi bien que de nos connaissances. Et je dis : oui, cherchez la génération spontanée dans des débris inorganiques; que ceux qui ne sont pas satisfaits des témoignages purement négatifs que nous lui opposons, que ceux-là étudient la question. Des recherches comme celles de Pasteur, de Pouchet et de Bastian, sont au nombre des plus intéressantes et des plus importantes de l'histoire naturelle ; leurs résultats, positifs ou négatifs, peu importe, seront assez grands pour récompenser dignement les expérimentateurs les plus laborieux. J'avoue que j'ai été vivement frappé du témoignage du professeur Huxley, et je suis prêt à adopter comme un article de foi, qui toujours et partout sera vrai, que la vie procède de la vie, et de la vie seulement.

Quelle a donc été l'origine de la vie sur la terre ? Si nous remontons dans l'histoire physique de la terre, d'après les principes rigoureux de la dynamique, nous arrivons à un globe en fusion, sur lequel la vie ne pouvait exister. Donc, quand la terre est devenue propre à la vie, il n'y existait aucune créature vivante. Il y avait des roches, les unes solides, les autres désagrégées, de l'eau, de l'air tout autour; tout cela, réchauffé et éclairé par un soleil brillant, était prêt à se transformer en jardin. L'herbe et les arbres et les fleurs sont-ils venus au jour dans toute la plénitude de leur maturité, par l'effet d'un mot de la puissance créatrice ? Ou bien la végétation, sortie d'une graine qu'il a fallu semer, s'est-elle étendue et multipliée sur la terre entière ? La science est tenue, de par les lois éternelles de l'honneur, d'envisager sans crainte tous les problèmes qui lui sont présentés de bonne foi. S'il est possible de trouver une solution plausible, d'accord avec les lois ordinaires de la nature, il ne faut pas invoquer un acte anormal de la puissance créatrice. Quand un courant de lave descend le long des flancs du Vésuve ou de l'Etna, il se refroidit bientôt et se solidifie ; puis, au bout de quelques semaines, ou de quelques années, cette lave est couverte d'animaux et de plantes vivantes ; c'est que des semences et des œufs y ont été apportés, que des êtres vivants y ont émigré. Quand une île volcanique sort des flots, et se trouve revêtue de végétation au bout de quelques années, nous n'hésitons pas à admettre que des graines y ont été apportées par le vent, ou y ont flotté sur des radeaux. N'est-il pas possible, et si cela est possible, n'est-ce pas probable que le commencement de la vie végétale sur la terre doit s'expliquer ainsi ? Tous les ans, des milliers et peut-être des millions de fragments de matière solide tombent sur la terre ; d'où viennent ces fragments ? Quelle est l'histoire antérieure d'un de ces fragments ? A-t-il été créé à l'origine des temps comme masse amorphe ? Cette idée est si inadmissible, que tacitement ou explicitement tous les hommes la repoussent. On admet souvent que toutes les pierres météoriques sont des fragments détachés de masses plus considérables, et lancés dans l'espace ; cela est démontré pour quelques-unes. Il est aussi sûr que des collisions doivent avoir lieu entre de grandes masses en mouvement dans l'espace, qu'il l'est que des navires dirigés sans une intelligence qui s'applique à empêcher les collisions, ne pourraient traverser l'océan Atlantique pendant des milliers d'années, sans éprouver d'accidents de ce genre.

Quand deux masses considérables se heurtent dans l'espace, il est certain qu'une grande partie de chacune d'elles se fond ; mais il semble également certain que, dans bien des cas, une multitude de débris doivent être lancés dans toutes les directions. Sans doute beaucoup de ces fragments ne sont guère plus maltraités que des morceaux de roche qui ont subi un éboulement, ou que l'on a fait sauter avec de la poudre. Si le moment où notre terre doit se heurter contre un autre corps

(1) Herschel, *Astronomie*, § 599.
(2) Herschel, *Astronomie*, 10e édition, § 589.

arrive quand la terre sera encore couverte de végétation, bien des grands et des petits fragments, portant des graines et des plantes vivantes, ainsi que des animaux, seraient dispersés dans l'espace. Aussi, comme nous croyons fermement qu'il y a à présent, et qu'il y a eu de temps immémorial plusieurs mondes contenant des êtres vivants, outre le nôtre, nous devons regarder comme extrêmement probable qu'il y a des pierres météoriques sans nombre et chargées de semences, qui se meuvent dans l'espace. Si en ce moment il n'y avait rien de vivant sur cette terre, une de ces pierres pourrait, en y tombant, par ce que nous appelons dans notre ignorance une cause naturelle, y apporter leur végétation, qui en couvrirait bientôt toute la surface. Je sais toutes les objections scientifiques que l'on pourrait opposer à cette hypothèse, mais je crois qu'il n'en est point à laquelle on ne puisse répondre. Cependant j'ai déjà trop abusé de votre patience pour penser à les discuter aujourd'hui. L'hypothèse de l'introduction de la vie sur cette terre par des fragments des ruines d'un autre globe, peut sembler étrange et visionnaire; tout ce que je soutiens, c'est qu'elle n'a rien de contraire à la science.

De la terre portant la végétation qu'elle a pu recevoir de quelque météore, à la terre couverte de la variété infinie de plantes et d'animaux qui l'habitent maintenant, la distance est prodigieuse ; et cependant, d'après la doctrine de continuité si habilement exposée à l'Association par M. Grove, un de mes prédécesseurs, tous les êtres qui existent maintenant sur la terre ont procédé par évolution régulière d'une origine semblable. Darwin, en terminant son grand ouvrage de l'*Origine des espèces*, s'exprime ainsi : « Il est intéressant de contempler un coteau couvert de plantes nombreuses d'espèces différentes, d'oiseaux chantant sur les buissons, d'insectes variés qui s'agitent çà et là, de vers qui rampent dans le sol humide, et de penser que ces formes si compliquées, si différentes et en même temps unies les unes aux autres par des rapports si complexes, ont toutes été produites par les lois qui agissent encore autour de nous. » ..... « Il y a de la grandeur à penser que la vie, avec ses différentes puissances, a été primitivement communiquée par le Créateur à quelques formes ou même à une forme unique ; et que, tandis que cette planète accomplissait ses révolutions d'après la loi immuable de la gravitation, d'un commencement si simple sortaient et sortent encore des formes sans nombre, vraiment belles et merveilleuses. » Je partage cordialement le sentiment exprimé dans ces deux phrases. J'ai omis les deux phrases qui se trouvent entre celles-ci, et qui expriment brièvement l'hypothèse *de l'origine des espèces par sélection naturelle*, parce qu'il m'a toujours semblé que cette hypothèse ne contient pas la véritable théorie de l'évolution biologique, s'il y a eu évolution. Sir John Herschel, en exprimant un jugement favorable sur l'hypothèse de l'évolution zoologique, avec quelques réserves toutefois au sujet de l'origine de l'homme, objecte à la doctrine de la sélection naturelle qu'elle ressemble trop à la manière dont on fait les livres à Laputa, et qu'elle ne tient pas assez compte de l'intelligence suprême qui agit sans cesse. Cette critique me semble à la fois juste et instructive. Je suis profondément convaincu que, dans les théories zoologiques récemment mises au jour, on a beaucoup trop perdu de vue l'idée d'un plan suivi. Le besoin de réagir contre les frivolités de la théologie, telles qu'on n'en trouve que trop dans les notes des savants commentateurs de la *Théologie naturelle* de Paley, a, je le crois, contribué à faire oublier pour un temps la thèse solide et irréfutable que contient cet excellent ouvrage. Mais les preuves les plus fortes de l'existence d'une volonté intelligente et pleine de bonté, abondent autour de nous, et si jamais des doutes métaphysiques ou scientifiques nous les font oublier pendant quelques instants, elles viennent bientôt nous faire sentir leur force irrésistible, en nous montrant dans toute la nature l'influence d'une volonté libre, et nous enseignant que tous les êtres vivants dépendent d'un Créateur et d'un Maître toujours agissant.

WILLIAM THOMSON.

COLLÉGE DE FRANCE

MÉDECINE EXPÉRIMENTALE

COURS DE M. CLAUDE BERNARD

de l'Institut de France et de la Société royale de Londres

Influence de la chaleur sur les animaux (1)

III

Nous allons entrer aujourd'hui dans l'exposé d'expériences nouvelles sur l'influence de la chaleur sur l'organisme. Nous vérifierons, d'une part, les résultats de nos anciennes expériences, et, d'autre part, nous pousserons l'analyse des phénomènes plus loin, en essayant de déterminer l'élément organique sur lequel se porte l'action toxique de la chaleur.

L'appareil qui avait servi aux premières expériences dont nous avons rappelé les résultats dans la dernière séance, présentait une imperfection qui compliquait un peu le phénomène, et pouvait rendre, jusqu'à un certain point, fautive l'appréciation de l'action des températures sur les êtres vivants. En effet, la plaque de fonte inférieure, directement chauffée par un fourneau, rayonnait vers l'intérieur de l'étuve de la chaleur qui ajoutait son action à celle de la température propre de l'air de cette étuve, et rendait par conséquent les circonstances particulièrement défavorables à l'animal. L'appareil dont nous allons nous servir (fig. 2) ne présente pas cet inconvénient. Il se compose d'une double caisse métallique dont le double-fond contient de l'eau. Cette eau, à laquelle on peut ajouter certains sels, du sulfate de soude par exemple, pour élever son point d'ébullition, est chauffée par un bec de Bunsen placé au-dessous. Une petite planchette reçoit l'animal. L'une des parois est remplacée par une porte où l'on peut adapter, soit une vitre pour examiner l'intérieur de l'étuve, soit une fenêtre circulaire avec collier pour maintenir l'animal en expérience, de façon qu'ayant la tête, soit en dehors, soit en dedans de l'appareil, il puisse respirer tantôt l'air chaud, tantôt l'air frais. Des orifices convenablement disposés permettent à un courant d'air de s'établir dans l'intérieur de l'étuve; enfin deux thermomètres, fixés l'un en haut, l'autre en bas, indiquent la température. Tel est l'appareil qui va servir à nos nouvelles expériences.

Constatons, avant tout, les phénomènes. Dans l'étuve que nous venons de décrire, nous plaçons un moineau; la température est d'environ 65 degrés. Au bout d'un instant, nous

---

(1) Voyez ci-dessus page 133, numéro du 5 août 1871.

voyons l'animal ouvrir le bec, manifester une anxiété qui devient de plus en plus vive, respirer tumultueusement ; enfin, après un instant d'agitation, il tombe et meurt. Son séjour dans l'étuve a duré quatre minutes. Sa température dans le rectum, à ce moment, est de 49 degrés. Si nous

Fig. 2.

l'ouvrons, nous voyons le cœur, qui, d'habitude, continue à battre après la mort, complétement arrêté, et si nous essayons de galvaniser les muscles d'un membre, soit directement, soit par l'intermédiaire des nerfs, nous les voyons rester immobiles et n'offrir aucune trace de contractilité ; enfin la rigidité cadavérique s'établit presque instantanément.

Nous faisons la même expérience sur un lapin : la même série de phénomènes se déroule, avec plus de lenteur il est vrai, car il ne meurt qu'au bout de vingt minutes environ. La température qui, normalement, est de 40 degrés environ, est maintenant de 46 degrés, c'est-à-dire toujours de quelques degrés au-dessus de la température normale. Enfin, si nous pratiquons l'autopsie, nous trouvons les ventricules du cœur complétement immobiles ; c'est à peine si un léger frémissement apparaît encore dans les oreillettes ; encore n'est-ce pas là un phénomène constant. De plus, le lapin, comme le moineau, reste complétement insensible à des excitations galvaniques, même très-intenses, et la ridigité cadavérique, qui exige en général plusieurs heures pour s'établir, se produit chez lui avec une prodigieuse rapidité. On peut s'en rendre bien compte en comparant la rigidité survenant chez un autre lapin tué par hémorrhagie.

Nous avons donc constaté avec notre nouvelle étuve les mêmes phénomènes que nous avions vus autrefois. Un oiseau plongé dans cette étuve sèche à une température moyenne d'environ 65 degrés est mort en quatre minutes, et un lapin de taille moyenne placé dans la même étuve et sous l'influence de la même température est mort en vingt minutes. Les symptômes ont été les mêmes que ceux que nous avions déjà observés ; les animaux ont présenté d'abord une accélération de la respiration, de la circulation, puis ils sont morts rapidement avec de l'agitation ou dans les convulsions. A l'autopsie les phénomènes se sont également présentés avec le même aspect : augmentation de la température dans le rectum de 5 à 6 degrés au-dessus de la température normale, puis arrêt du cœur, rigidité cadavérique très-rapide, et sang noir dans les artères comme dans les veines.

Cherchons maintenant à expliquer cette action du calorique sur l'organisme vivant ; et, pour cela, divisons notre étude, suivons notre méthode ordinaire et considérons successivement l'influence de l'agent qui a causé la mort sur les divers systèmes et éléments organiques, sur les muscles, sur le sang, sur le système nerveux, etc.

Un premier fait nous frappe d'abord : je veux parler de cette action immédiate, instantanée sur le système musculaire, qui se trouve en quelque sorte foudroyé. C'est le phénomène le plus apparent de tous ; c'est pourquoi nous allons commencer par lui.

On sait que Bichat avait divisé chacun des grands systèmes de l'organisation en deux parties, l'une appartenant à la vie organique, l'autre à la vie animale. Cette distinction, que les progrès de l'histologie tendent à faire abandonner aujourd'hui, ou tout au moins à atténuer considérablement, doit cependant être maintenue lorsque l'on considère l'action de la chaleur sur le système musculaire. La chaleur est très-évidemment un excitant pour le système musculaire de la vie organique. Prenons pour exemple les battements du cœur. Lorsque la température d'un animal s'abaisse, ils diminuent d'énergie et de nombre. Ce phénomène est frappant chez les animaux hibernants, pendant les froids de l'hiver ; le cœur bat à peine de loin en loin. Quand le printemps renaît, quand la chaleur revient, le cœur se réveille avant l'animal lui-même ; ses pulsations deviennent plus rapides et finissent peu à peu par atteindre leur rhythme normal, et la vie animale réapparaît dans toute son énergie. On peut se rendre compte expérimentalement du phénomène sur une grenouille : engourdissez-la par le froid, les battements du cœur deviendront de plus en plus rares ; ils se réduiront jusqu'à cinq ou six par minutes. Rendez-lui de la chaleur, vous verrez bientôt le cœur battre plus vite à mesure que vous élevez la température. Toutefois il y a une limite qui ne peut être dépassée, et l'excès de chaleur finit par arrêter le cœur comme les autres muscles. Ce que nous venons de dire pour le cœur de la grenouille se produit également pour le cœur des mammifères et des oiseaux. C'est ainsi que, chez les animaux que nous avons soumis à l'influence de la chaleur, nous avons vu, à mesure que leur température s'élevait, la circulation s'accélérer de plus en plus jusqu'au moment où elle a cessé brusquement, et que les animaux sont morts dans les convulsions. Mais ce n'est pas le cœur seul, parmi les muscles de la vie organique, qui est ainsi sensible à l'action de la chaleur ; les fibres musculaires de l'intestin, de l'estomac, des cornes de l'utérus, des uretères, etc., sont dans le même cas. Si, dans un vase, on place à côté d'un thermomètre les intestins d'un lapin récemment mort, mais dont les mouvements péristaltiques ont cessé à la température ambiante, dès qu'on fait arriver de l'air chaud dans le vase on voit qu'à une température déterminée les mouvements péristaltiques réapparaissent avant que le thermomètre ait indiqué la variation de température ; ce qui revient à dire que les muscles de l'intestin sont plus sensibles à l'action de la chaleur que le thermomètre lui-même.

La chaleur agit donc comme un excitant sur les fibres musculaires de la vie organique; et, de plus, cette action est directe, c'est-à-dire qu'elle ne s'exerce pas par l'intermédiaire du système nerveux, mais qu'elle peut se produire immédiatement par le sang. Pour le démontrer, engourdissons par le froid une grenouille sur laquelle le sternum enlevé permet d'apercevoir le cœur à nu. Les battements sont très-ralentis; alors plongeons un des membres postérieurs de l'animal dans de l'eau tiède, presque instantanément une accélération se manifeste dans les battements du cœur. On pourrait admettre dans cette expérience que c'est par l'intermédiaire des nerfs de la patte réchauffée que le cœur reçoit une excitation; mais si nous opérons la section du nerf de la patte en question, cela ne change rien au phénomène. Il faut donc en conclure que la chaleur s'est transmise au cœur directement, par le système circulatoire, et que le sang, réchauffé par sa circulation dans la patte plongée dans l'eau tiède, est venu réchauffer la face interne du cœur, et exciter les fibres musculaires qui constituent cet organe.

Nous conclurons donc que la chaleur peut être considérée comme un *excitant direct* du système musculaire de la vie organique. Mais il n'en est point de même pour le système musculaire de la vie animale. Jamais on n'a observé que la chaleur eût la propriété de mettre en contraction les muscles des membres, par exemple. Il y a une dizaine d'années, un médecin grec, M. Calliburcès, a fait ici même, dans notre laboratoire, des recherches sur ces questions, et il a en effet divisé les muscles, à ce point de vue, en deux classes : les muscles qu'il appelle *thermosystatiques*, et les muscles non *thermosystatiques*. Il a reconnu que les mêmes organes musculaires pouvaient être thermosystatiques ou non suivant les périodes de leur développement auxquelles on les considère. C'est ainsi que le gésier du poulet, qui est directement sensible à l'action de la chaleur au moment de l'éclosion, cesse de manifester cette propriété quelques jours après la sortie de l'œuf, quand cet organe est entré dans son état fonctionnel définitif.

Nous l'avons déjà dit, cette action excitante de la chaleur sur l'élément musculaire a nécessairement une limite, et, ici comme toujours, nous verrons que ce qui est un agent physiologique, vital, devient agent toxique lorsqu'on pousse son action à l'extrême. C'est ainsi que si la température s'élève trop, les battements du cœur, après être devenus de plus en plus rapide, finissent par cesser subitement. De même, les mouvements péristaltiques de l'instestin cessent complétement si l'on dépasse certaines limites de température. Dans ces cas-là, c'est la mort, mort complète, absolue, inévitable, qui saisit le tissu musculaire; et, en effet, nous avons vu que, chez les animaux tués par la chaleur, le cœur est complétement insensible à toute excitation, enfin que la ridigité cadavérique s'établit avec une prodigieuse rapidité. Quelle est la cause de ces phénomènes? Voilà ce qu'il faut se demander, et l'on est tout d'abord porté à chercher si elle ne serait pas d'une nature purement chimique. L'élément contractile, fibre ou cellule, quelle que soit sa forme, renferme dans l'intérieur d'une gaîne fine et amorphe une substance, toujours la même, à laquelle on a donné le nom de *myéline* ou de *santonine*. Ne se produirait-il pas, sous l'influence de la chaleur, une modification dans cette myéline, une coagulation? M. Kühne a fait autrefois, ici même, dans notre laboratoire, des expériences qui l'ont amené à admettre cette conclusion. Il est certain qu'examinées au microscope les fibres musculaires des animaux sacrifiés à ces expériences paraissent en effet rigides, coagulées; c'est ce que M. Ranvier a constaté sur les animaux morts, dans la dernière séance.

Il paraît donc très-possible, au moins probable, qu'il y ait là en effet une coagulation véritable de la myéline, et que ce soit la cause de la mort de l'élément musculaire et du cœur en particulier. La manière dont la chaleur amène la mort serait ainsi parfaitement expliquée. Cependant, comme des animaux ont pu être extraits de l'étuve, peu d'instants avant le moment fatal, et ne mourir que plusieurs heures, plusieurs jours même après l'expérience, il faut bien admettre qu'il y a d'autres altérations graves produites par la chaleur; il y a là encore un champ de recherches à exploiter.

Il est, dans les êtres vivants, des mouvements qui présentent, au point de vue de l'action et de la chaleur, un certain rapport avec les mouvement musculaires de la vie organique; nous voulons parler des mouvements des cils vibratiles, qui se trouvent répandus en abondance sur certaines membranes muqueuses, telles que celles qui tapissent les organes génitaux, les organes respiratoires. Ces mouvements vibratiles durent en général très-longtemps après la mort. La chaleur a sur ces mouvements un effet excitant analogue à celui qu'elle exerce sur le système contractile du cœur et des intestins. Ces mouvements se ralentissent par le froid et s'accélèrent par la chaleur jusqu'à une certaine limite qui ne saurait non plus être dépassée sans les abolir d'une manière définitive.

Or voici ce que nous avons constaté sur les animaux que nous avons fait périr par un excès de température : chez eux, la rigidité cadavérique survenait rapidement dans le système de la vie animale, les battements du cœur étaient arrêtés de même que les mouvements péristaltiques le plus ordinairement; mais les mouvements vibratiles continuent encore avec une grande activité. De sorte que si la chaleur, comme nous n'en doutons pas, altère les mouvements vibratiles sur le vivant, comme sur l'animal récemment mort, nous sommes obligés de reconnaître qu'ils sont influencés plus tardivement que les mouvements musculaires. D'ailleurs, la cessation de ces mouvements vibratiles seuls ne nous expliquerait pas la mort; car leur utilité dans les phénomènes de la vie n'est pas aussi immédiate que celle des mouvements du cœur, par exemple. Chez les mammifères et les oiseaux, la mort instantanée est la conséquence de l'arrêt du cœur, et nous n'aurions pas besoin d'invoquer une autre cause. Mais de ce que l'altération du muscle par la chaleur explique la mort, cela ne prouve pas que ce soit là le seul élément atteint. Il faudra donc que nous recherchions, en poussant notre analyse plus avant, si d'autres éléments organiques n'ont pas perdu leurs propriétés vitales.

IV

Après avoir étudié l'action que le calorique exerce sur le système musculaire, nous allons aujourd'hui examiner celle qu'il exerce sur les éléments du sang. Nous savons déjà que, chez les animaux tués par excès de température, le sang présente une coloration noirâtre particulière, comme si l'animal avait été asphyxié. Cependant, à travers la vitre de l'étuve, on observe pendant que l'animal est soumis à l'expérience que la membrane muqueuse de ses narines conserve sa coloration rosée, et n'a pas cette teinte brune, cyanosée, qu'on rencontre chez les animaux asphyxiés. Il n'y a donc pas lieu de s'arrêter ici, pour expliquer la mort, à un mécanisme analogue à celui de l'asphyxie ordinaire ; mais alors, à quoi tient la couleur foncée du sang qu'on observe souvent à l'autopsie ? Je dis souvent, parce que parfois nous avons rencontré ce phénomène peu marqué et même, dans certains cas, nous avons trouvé le sang noir dans le cœur droit et rouge dans le cœur gauche, comme cela se voit chez les animaux qui meurent par un arrêt subit du cœur. — Essayons d'expliquer ces cas divers et de nous rendre compte de ces contradictions apparentes.

Voici un lapin qui vient de mourir dans l'étuve, après avoir acquis l'élévation de température de 5 degrés. — Nous allons faire d'abord l'analyse des gaz du sang de cet animal. Pour cela, nous prenons, à l'aide d'une seringue, 25 centim. cubes de sang directement dans la veine cave inférieure, à défaut de quantité suffisante dans le système artériel, en ayant soin de nous mettre à l'abri du contact de l'air. Ce sang est, comme vous le voyez, brun, noirâtre. Nous le faisons passer, par une tubulure, dans un petit ballon qui communique avec une pompe à mercure et dans lequel le vide a été fait d'avance. Immédiatement les gaz contenus dans le sang s'échappent, et, après avoir fait manœuvrer la pompe un nombre de fois suffisant, nous les épuisons, et nous les faisons passer dans un tube gradué. Ces gaz, nous le savons d'avance, consistent en acide carbonique, oxygène et azote. En faisant passer un peu de potasse dans ce tube, nous absorbons l'acide carbonique. Nous absorbons de même l'oxygène au moyen d'acide pyrogallique, et ce qui reste représente l'azote. Rapportée à 100 centim. cub. de sang, cette analyse nous donne les résultats suivants :

$$100^{cc} \text{ sang.} \left\{ \begin{array}{l} CO^2 — 37^{cc},2 \\ O — 1^{cc},0 \\ Az — 3^{cc},4 \end{array} \right.$$

Une autre analyse, précédemment faite dans des conditions semblables, mais moins exactes parce que le sang avait subi partiellement le contact de l'air, avait donné :

$$100^{cc} \text{ sang.} \left\{ \begin{array}{l} CO^2 — 27^{cc},9 \\ O — 3^{cc},8 \\ Az — 9^{cc},4 \end{array} \right.$$

Ces résultats concordent en ce sens qu'ils nous montrent, dans chaque cas, la quantité extrêmement petite d'oxygène que contenait le sang ; cette quantité, qui est normalement de 12 à 15 dans le sang veineux, se trouve ici réduite à 1 et 3 p. 100. D'où vient une pareille différence ?

Pour nous en rendre compte, revenons toujours au fait principal et essentiel, l'élévation de température du sang, et demandons-nous si cette élévation ne suffit pas, à elle seule, pour expliquer la disparition de l'oxygène.

L'influence de la température sur la dépense que fait le sang en oxygène, et par suite, sur sa couleur, est très-remarquable. Le froid ralentit la propriété physiologique du globule sanguin. J'ai vu que les animaux hibernants dépensent très-peu d'oxygène, et par conséquent produisent peu d'acide carbonique. Cette influence est si marquée que, sur une grenouille engourdie par le froid, par exemple, il devient impossible de distinguer par leur couleur les veines des artères. Le sang est rouge, dans les unes comme dans les autres. Quand vient l'été, quand l'animal prend de la chaleur et que sa température s'élève, cet état de choses change ; le sang consomme une plus grande quantité d'oxygène, donne naissance à plus d'acide carbonique, et le sang veineux prend alors sa coloration foncée caractéristique.

Si maintenant, comme je vous l'ai montré dans un de nos cours précédents, on met une grenouille dans de l'eau chaude à 37 degrés environ, son sang devient noir dans les artères et dans les veines, et l'animal est alors anesthésié. L'anesthésie arrive-t-elle par une asphyxie ou par la chaleur qui agirait d'une manière spéciale sur les nerfs de sensibilité comme les autres agents anesthésiques ? Je penche pour cette dernière opinion, et je vous en donnerai les motifs dans la prochaine leçon. Pour le moment, il me suffit d'ajouter qu'en remettant la grenouille dans de l'eau fraîche, on voit bientôt son sang refroidi reprendre ses proportions d'oxygène vivifiantes normales.

Ainsi, chez les animaux à sang froid et chez les animaux à sang chaud, lorsque la température du sang s'élève, il jouit de la propriété de transformer l'oxygène en acide carbonique avec une très-grande rapidité et devient rapidement veineux. C'est ainsi que nous expliquons la disparition de l'oxygène dans le sang de notre lapin, et la coloration noire du sang dans les artères et dans les veines que nous trouvons après la mort. Toutefois, nous ne pensons pas pour cela qu'il y ait chez l'animal une asphyxie produite pendant la vie ; mais nous croyons que ce sont là, en quelque sorte, des phénomènes *post mortem*, se produisant avec une très-grande rapidité sous l'influence de la température élevée qu'a acquise le sang. En effet, au moment où l'animal meurt et que son cœur s'arrête, le sang est encore rouge dans les artères, et si l'on fait rapidement l'ouverture du corps, on peut le constater, surtout dans les cas où les animaux sont morts à la suite de la seule inspiration de l'air chaud, leur corps restant en dehors de l'étuve. C'est alors qu'on peut trouver le cœur arrêté, et le sang noir dans les cavités droites et rouge dans les cavités gauches. Mais si l'on attend quelques instants de plus, le sang artériel, plus chaud qu'à l'état normal, peut avoir transformé tout son oxygène et s'être changé dans les artères elles-mêmes en sang noir ou veineux.

Le grand sympathique paraît avoir une influence sur la vénosité du sang que je crois aussi pouvoir rattacher à l'influence de la température. Quand on a coupé ce nerf, on observe une suractivité de la circulation dans toutes les parties correspondantes à la portion de nerf sectionnée. Les vaisseaux se gonflent, la circulation s'accélère, et le sang passe si rapidement au travers des capillaires qu'il n'a pas le temps de s'y transformer et qu'il passe dans les veines avec la coloration rouge du sang artériel. En même temps, la température s'élève notablement. Or, si l'on extrait ce sang veineux, *rouge, et dont la température s'est élevée*, dans les capillaires, on le voit se foncer très-vite, absorber son oxygène et prendre la coloration caractéristique du sang veineux. Cette consommation d'oxygène se fait en dehors du contact des tissus, lorsque le sang est dans un vase inerte ; car il est bien connu que le sang, en dehors des vaisseaux, jouit encore, par lui-même, de la propriété de transformer l'oxygène en acide carbonique. Ici, je veux seulement insister sur ce fait, que la chaleur augmente cette propriété vitale du globule sanguin, de même qu'elle augmente les propriétés vitales de tous les autres éléments organiques.

Telle est l'explication qui nous paraît rendre compte des caractères que présente le sang chez les animaux tués par la chaleur. Mais est-ce là une véritable altération du sang? La chaleur a-t-elle eu sur ce liquide, comme sur les muscles, une action toxique, délétère, qui lui a fait perdre pour toujours ses propriétés physiologiques? En aucune façon, ce n'est là qu'une suractivité de ses propriétés normales, physiologiques, vitales. Et la preuve, c'est que nous allons vous démontrer que ce sang est encore parfaitement vivant. Nous prenons quelques centimètres cubes du sang noir refroidi de notre lapin qui a succombé à l'action de la chaleur, nous le versons dans un tube et nous l'agitons au contact de l'air; nous voyons ce sang réabsorber aussitôt de l'oxygène et reprendre sa couleur rutilante. Si nous examinons ce sang au spectroscope, nous constatons qu'avant l'agitation à l'air ce sang était privé d'oxygène, tandis qu'après l'agitation à l'air nous voyons apparaître les raies d'absorption caractéristiques de l'hémoglobine oxygénée. Ce sang n'a donc rien perdu de ses propriétés. Il est dans son état parfaitement naturel, il possède toutes ses qualités vitales essentielles. La seule modification que nous reconnaissions en lui est due à une sorte d'exagération de ses propriétés physiologiques, qui se trouve liée à l'élévation de sa température, et amène une consommation trop rapide de l'oxygène par les globules.

Toutefois, il y a une limite de température où le sang perd pour toujours ses propriétés physiologiques. Voici une expérience que j'ai faite autrefois à ce sujet. Je retirai 21 centimètres cubes de sang de l'artère d'un chien, à l'aide d'une seringue de verre munie d'un robinet qui fut aussitôt fermé; puis, le sang étant ainsi à l'abri du contact de l'air, je le plaçai dans de l'eau chaude dont j'augmentai graduellement la température. Je vis, entre 60 et 70°, le sang devenir noir subitement, ce qu'on observait très-bien à travers les parois de la seringue. Le sang se coagula, puis l'ayant agité avec 24 centim. cub. d'air, il ne reprit pas sa teinte vermeille. L'analyse du gaz faite le lendemain démontra qu'une très-faible partie d'oxygène avait cependant disparu, mais on ne trouva pas sensiblement d'acide carbonique. La chaleur avait été par trop loin, et le sang avait été altéré, puisqu'il ne pouvait pas reprendre ses propriétés physiologiques.

Il y aurait de nouvelles expériences à instituer pour étudier l'absorption de l'oxygène dans ses rapports avec la chaleur du sang, et pour déterminer exactement la température à laquelle le sang perd ainsi définitivement ses propriétés physiologiques. — Mais, pour le moment, il vous suffit de savoir que, à 45° chez les mammifères, les globules sanguins ne perdent pas leurs qualités vitales, tandis que les muscles, au contraire, les perdent d'une manière définitive; ce qui nous autorise à conclure que l'animal ne meurt pas par une altération du sang, ou au moins par une altération des globules sanguins.

Mais n'y aurait-il pas des altérations qui pourraient survenir dans les autres éléments du sang, tels que la fibrine, l'albumine, etc.? Dans mes expériences de 1842, j'ai observé, comme je vous l'ai rappelé, des hémorrhagies intestinales, des taches semblables au purpura. Dans certaines, j'avais trouvé le caillot sanguin plus mou; le sérum se séparait incomplétement et restait rouge. La fibrine paraissait avoir subi dans sa constitution une modification qui lui donnait les caractères de ce que Magendie avait appelé la *pseudo-fibrine*. Magendie avait observé que si l'on saigne un animal un certain nombre de fois, coup sur coup, il reforme du sang avec une très-grande rapidité; mais la fibrine que l'on extrait de ce sang par le battage change peu à peu de nature; elle perd son élasticité, elle ne forme plus ces filaments élastiques caractéristiques; elle devient molle et analogue à du papier mâché; enfin elle se dissout dans l'eau tiède en donnant naissance à un liquide albumineux, c'est-à-dire coagulable par la chaleur et les acides. Telle est l'altération que j'avais parfois observée dans le sang des animaux tués par la chaleur, et qui demanderait de nouvelles recherches pour être confirmée. Nous ne l'avons pas observée chez les animaux morts dans notre nouvelle étuve; mais une altération de ce genre, vînt-elle à être établie, ne modifierait en rien nos conclusions, parce que ces altérations, qui se rattacheraient à des effets consécutifs, ne pourraient pas nous rendre compte de la mort immédiate et instantanée, que nous cherchons maintenant à expliquer.

V

En poursuivant l'étude de l'action de la chaleur sur les différents systèmes de l'économie, nous avons constaté d'abord que l'agent calorifique, quel que soit d'ailleurs son mode d'application, *tue* le système musculaire d'une manière complète, définitive, et produit ainsi la mort de l'organisme par l'arrêt de la circulation et de la respiration. Nous avons reconnu en second lieu que l'élévation de la température ne produit, dans le sang, chez un animal tué par la chaleur, aucune altération du même genre, mais seulement une suractivité de ses fonctions vitales, qui a pour effet de lui faire consommer avec une très-grande rapidité l'oxygène qu'il contient et de lui donner la coloration noire caractéristique du sang veineux. Nous avons confirmé cette interprétation des phénomènes observés en nous assurant, chez des lapins dont le corps seul est placé dans l'étuve et dont on a préalablement mis la carotide à découvert, que le sang reste rutilant dans ces vaisseaux jusqu'à la mort de l'animal, de sorte que ce n'est réellement qu'après sa mort que cette transformation du sang artériel en sang noir veineux vient à s'opérer. D'ailleurs, en supposant que la chaleur à 45° produise une altération du sang, on doit reconnaître que ce n'est qu'une altération passagère, puisque le sang reprend ses propriétés vitales, tandis que la rigidité cadavérique qui survient dans le système musculaire est une altération définitive et par conséquent mortelle. Pour achever cette analyse, il nous reste à étudier l'action de la chaleur, considérée comme agent toxique, sur le système nerveux.

Mais ici s'offre une difficulté toute spéciale. Un nerf ne présente directement, ne manifeste *par lui-même* aucun phénomène qui permette de dire s'il jouit ou non de ses propriétés vitales. Si nous irritons, chez un animal, un nerf sensitif, nous produisons en lui une sensation, une douleur qu'il trahit soit par ses cris, soit en faisant des efforts pour échapper à notre atteinte. Si c'est un nerf moteur que nous excitons, ce nerf agit sur le muscle dans lequel il se distribue et produit la contraction de ce muscle. De toutes façons donc, le nerf ne nous révèle son activité que par des mouvements, par l'intermédiaire par conséquent du système musculaire. Or, supposons que le système musculaire soit lui-même détruit, incapable par conséquent de répondre aux excitations que lui transmettent les nerfs, ceux-ci auront beau rester parfaitement sains, rien, absolument rien ne pourra nous l'indiquer. Tel est le cas dans lequel nous nous trouvons placés lorsqu'il s'agit de l'intoxication par la chaleur. Il nous faudra donc ici faire un détour, avoir recours à un artifice d'expérience, et cet artifice sera exactement le même dont nous nous servons lorsque nous voulons constater l'influence de certains poisons sur le système nerveux, et je vais vous en faire exactement saisir un aperçu à l'aide d'une expérience que j'ai faite bien souvent.

Voici une grenouille, sous la peau de laquelle nous injectons une petite quantité de curare. Au bout d'un instant, nous la voyons s'affaisser, devenir immobile et insensible à toute excitation; si nous la pinçons, elle ne fait aucun effort pour fuir, elle ne retire pas sa patte. Devons-nous en conclure qu'elle ne sent pas, que chez elle les propriétés du système nerveux sont complétement abolies? Une pareille conclusion serait absolument erronée. Cette grenouille, qui a l'air d'être morte, est réellement vivante; elle sent aussi bien que si elle n'était pas empoisonnée. Seulement, elle est incapable de nous manifester ses sensations, parce que, chez elle, le système nerveux moteur est tué. Le nerf sensitif transmet parfaitement l'impression, mais le nerf moteur, paralysé, ne peut réagir et transmettre cette excitation au muscle, qui cependant a conservé les propriétés vitales et serait parfaitement susceptible de répondre et de se contracter. Ainsi, sur les trois éléments, nerf sensitif, nerf moteur, muscle, dont le fonctionnement se lie d'une manière nécessaire et dans un ordre constant, c'est l'élément intermédiaire qui fait défaut, c'est l'anneau moyen de la chaine qui est brisé, et cela suffit pour anéantir la fonction. Et comment le démontrons-nous? Nous le démontrons en réservant une portion de l'animal, dans laquelle le poison ne pourra pas agir; nous n'empoisonnons que la partie antérieure du corps de la grenouille. Pour cela, nous enlevons le sacrum, et après avoir mis à nu les nerfs lombaires, nous les isolons, et passant un fil au-dessous d'eux, nous lions tout l'animal, ces nerfs exceptés. La grenouille est ainsi partagée en deux parties, qui ne communiquent plus entre elles que par les nerfs lombaires. Bien que, par ce procédé, nous interrompions absolument la circulation dans les membres postérieurs, ils n'en continuent pas moins à vivre, à se mouvoir, et conservent toutes leurs propriétés pendant longtemps, grâce à l'extrême lenteur avec laquelle s'accomplissent les phénomènes physiologiques chez les animaux à sang froid (une pareille expérience serait impossible chez un mammifère). Ainsi, bien que sa circulation soit coupée en deux, en quelque sorte, la grenouille marche, nage, et répond aux excitations aussi bien par ses membres postérieurs que par sa partie antérieure. Empoisonnons maintenant cet animal en glissant une petite quantité de curare sous la peau du dos. Au bout d'un instant, toute la partie antérieure de l'animal où la circulation est conservée présentera les phénomènes que nous indiquions tout à l'heure, c'est-à-dire qu'elle paraîtra complétement insensible et morte. Mais la partie postérieure, où nous avons préservé le nerf moteur de l'empoisonnement, est parfaitement vivante. Si nous pinçons une patte antérieure, qui paraît morte et insensible, l'animal retire vivement les pattes postérieures : il jouit donc de toute sa sensibilité; seulement il ne peut la manifester dans toute sa partie empoisonnée, parce que le nerf moteur, trait d'union nécessaire entre la sensation et le mouvement, est paralysé, détruit.

Faisons maintenant la même chose pour la chaleur : chauffons une partie, dans laquelle les muscles qui doivent nous servir de réactifs pour le système nerveux conserveront leur intégrité. Nous arriverons à cette conclusion que les nerfs moteurs ne sont pas altérés au moment où la destruction du système musculaire est effectuée et amène la mort de l'animal.

Les expériences suivantes donnent cette démonstration :

1° Une grenouille est plongée, excepté le membre postérieur gauche, dans un bain d'eau à + 36° centigrades. Au bout de quelque temps, la grenouille paraît morte, immobile et insensible aux excitations. On constate que la rigidité arrive très-vite dans le corps et les membres plongés dans le bain, tandis qu'elle ne survient pas dans le membre postérieur gauche maintenu hors de l'eau chaude. Alors on découvre les nerfs lombaires en soulevant le sacrum, et l'on constate que l'excitation de ces nerfs amène des convulsions énergiques dans la patte gauche, tandis qu'il n'en survient pas dans la jambe droite.

2° On prend un membre postérieur de grenouille; on détache le muscle soléaire, que l'on maintient soulevé à l'aide d'une pince, qui saisit le tendon d'Achille. On plonge tout le membre dans un bain d'huile à + 45° centigrades, excepté le muscle soléaire, qui reste hors de l'influence de la chaleur. Au bout de quelques minutes, on retire le membre du bain et l'on constate que le nerf sciatique, qui était submergé dans l'huile chaude, fait contracter le muscle soléaire maintenu hors du bain, mais qu'il n'agit nullement sur les muscles qui ont été plongés dans l'huile chaude. Ces mêmes muscles sont d'ailleurs rigides et insensibles aux excitations directes; de sorte qu'il est clair, dans cette expérience, que la même chaleur qui a tué le muscle n'a pas tué le nerf moteur. La même expérience, répétée avec un bain d'eau à + 37°, au lieu du bain d'huile, a donné les mêmes résultats.

Il résulte de ce qui précède que le nerf moteur résiste plus à la chaleur que le muscle; mais en est-il de même du nerf sensitif, et dans le cas d'anesthésie par la chaleur, pouvons-nous admettre que le nerf sensitif est atteint indépendamment du nerf moteur, comme cela a lieu pour les autres agents anesthésiques? Je vous ai promis une expérience décisive à ce sujet. Voici en quoi elle consiste : Sur une grenouille, j'ai coupé la moelle épinière entre les deux bras, afin d'empêcher les mouvements volontaires. Alors j'ai plongé une jambe de l'animal dans de l'eau chaude à + 36° centigrades. L'immersion dure environ cinq minutes. La patte étant retirée de l'eau, on la pince, et elle ne donne aucun signe de sensibilité. Pour avoir un réactif plus certain, je prépare de l'eau acidulée, dans laquelle je plonge alternativement les deux pattes, et je constate très-nettement que cette eau acidulée fait retirer la patte normale, tandis qu'elle n'agit pas sur celle qui a été chauffée. Toutefois, dans cette dernière, l'action de la chaleur n'a pas été portée jusqu'à abolir les propriétés des muscles et des nerfs moteurs; car il se manifeste dans ce membre des mouvements réflexes, par l'excitation de l'eau acidulée portée sur l'autre patte.

Cette expérience prouve donc que, par la chaleur comme à l'aide de beaucoup d'autres agents toxiques, on peut distinguer l'autonomie des propriétés physiologiques des muscles, des nerfs sensitifs et des nerfs moteurs.

Maintenant, quelle est la conclusion générale que nous aurons pour le moment à tirer de toutes les expériences que nous avons précédemment exposées relativement à l'action de la chaleur sur les phénomènes de la vie? Cette conclusion, la voici : La chaleur est un agent indispensable à l'activité de la vie; mais il arrive un moment où l'excès de chaleur agit sur l'organisme comme un agent toxique. Comme tous les agents toxiques, nous avons vu que la chaleur attaque un seul des éléments essentiels de cet organisme, l'élément musculaire. C'est donc la perte des propriétés vitales de cet élément qui, en produisant la rigidité, l'arrêt de la circulation et de la respiration, amène fatalement la mort. Cette destruction de l'élément contractile se fait vers 37-39° chez les animaux à sang froid, vers 43-44° chez les mammifères, vers 48-50° chez les oiseaux, c'est-à-dire en général à une température de quelques degrés plus élevée que la température normale de l'animal.

Je terminerai ce sujet par quelques réflexions générales qui me semblent intéressantes au point de vue de l'idée que nous devons nous faire des agents toxiques.

Il est à remarquer que les poisons qui agissent sur l'économie de la même manière que la chaleur, c'est-à-dire en attaquant la propriété de l'élément musculaire, ne sont pas rares. Parmi les minéraux, on peut citer la potasse, les sels de potasse, le sulfocyanure de potassium. Les poisons végétaux de même ordre sont très-nombreux : l'antiar, suc laiteux de l'*Upas antiar* et d'où s'extrait une substance cristalisée toxique très-vénéneuse, l'antiarine, puis des poisons américains appelés vao et corwal, dont l'origine est peu connue, mais qui probablement appartiennent au règne végétal. Enfin, parmi les poisons animaux qui agissent de la même manière, c'est-à-dire sur les muscles, nous pouvons citer le venin de crapaud, qui tue rapidement les petits animaux, oiseaux, grenouilles, etc. Or, nous disons qu'un animal empoisonné par l'une quelconque de ces substances paraît présenter toujours le même élément histologique atteint, le même cortége de symptômes et les mêmes altérations cadavériques, et ces symptômes et ces altérations sont précisément ceux que nous avons vus produits par la chaleur. Comment comprendre que des causes si diverses, entre lesquelles il est impossible de trouver en apparence la moindre analogie de nature physique, puissent donner lieu à des effets aussi semblables? C'est qu'en effet, à notre point de vue, nos connaissances sur la constitution des corps sont encore si imparfaites qu'il n'y a pas lieu de rattacher l'action physiologique des agents toxiques à leur composition chimique.

Nous n'admettons pas cependant que ces corps aient des propriétés mystérieuses, cachées, insaisissables; leur action dérive évidemment de leurs propriétés et des phénomènes chimiques qu'elles déterminent dans l'être vivant. Le sang est leur véhicule; il les prend, il les transporte dans la profondeur des tissus, et c'est là qu'ils agissent. Tel serait donc le secret final de toutes les actions toxiques : un phénomène chimique. Mais nous ne pouvons point encore expliquer comment des substances très-diverses par leur constitution chimique peuvent produire, dans l'économie vivante, les mêmes effets toxiques, et par conséquent les mêmes altérations chimiques dans la matière organique. Toutefois, les exemples de faits du même ordre ne manquent pas dans le domaine des actions physiologiques. Je vous en citerai un exemple. C'est ainsi, par exemple, que le dédoublement des matières grasses en glycérine et acides gras, dédoublement qui se produit sous l'influence du suc pancréatique, peut être effectué par des substances toutes différentes et très-nombreuses, par l'acide sulfurique concentré, par la potasse caustique, par la vapeur d'eau surchauffée, etc. Ainsi, nous devons finalement reconnaître, suivant moi, dans une intoxication, comme dans tous les phénomènes de la vie, une condition chimique qui en est la condition indispensable, et qui peut être réalisée par des corps divers par leur nature apparente. Le but que doit poursuivre le physiologiste est de ramener sans cesse les phénomènes de la matière vivante aux grandes lois physiques et chimiques, ce qui est, non pas expliquer l'essence même de la vie, qui nous sera toujours inconnue, mais déterminer les conditions qui président à ses diverses manifestations. Alors seulement, ainsi que je vous l'ai répété bien souvent, notre but sera atteint; car agir sur les phénomènes de la nature, tel est le but que doit se proposer et que peut atteindre le savant, quoiqu'il soit destiné à ignorer perpétuellement l'essence de ces phénomènes.

Les idées que je viens d'émettre devant vous ne sont point de simples vues irréalisables de l'esprit; je vous ai démontré dans mon dernier cours qu'on pouvait ramener l'action asphyxiante de la vapeur de charbon à une simple combinaison chimique de l'hémoglobine avec l'oxyde de carbone. Quand la science physiologique expérimentale aura éclairé complétement les effets de toutes les substances toxiques, alors nous renoncerons à ces désignations métaphysiques par lesquelles nous les caractérisons. Il n'existe pas, en réalité, d'action strychnique, morphéique ni curarique; il n'y a que des phénomènes physiologiques troublés par les effets physico-chimiques de ces substances, et ce sont ces actions physiologiques seules qu'il faut saisir. Quand, par exemple, on inscrit sur le papier, à l'aide du kymographion, les convulsions strychniques, il ne faut pas croire que c'est la strychnine qui vient, en quelque sorte, écrire elle-même sa présence et son action. Ce sont là simplement des tracés graphiques de convulsions musculaires qu'on pourrait reproduire physiologiquement ou par des agents tout autres que la strychnine, pourvu qu'on produise dans l'organisme la modification physico-chimique déterminée par le poison.

FIN DU COURS

ACADÉMIE DES SCIENCES DE PARIS

SOMMAIRE. — M. Ditte : De l'influence qu'exerce la calcination de quelques oxydes métalliques sur la chaleur dégagée pendant leur combinaison. — De l'influence qu'exerce la cristallisation de l'oxyde de cadmium sur la chaleur dégagée pendant sa combinaison. — M. Brongniart : Rapport sur un mémoire de M. A. Gris, intitulé : *Recherches sur la moelle des végétaux ligneux.* — M. Cornu : Sur le renversement des raies spectrales des vapeurs métalliques.

M. DITTE. — *Influence qu'exerce la calcination de quelques oxydes métalliques sur la chaleur dégagée pendant leur combinaison.*

Dans notre dernier article sur l'Académie des sciences, en rendant compte d'un travail de M. Ditte sur la chaleur de combustion de quelques métaux (zinc, magnésium, etc.), nous avons eu l'occasion déjà de signaler la relation qui existe entre les propriétés des corps et la chaleur qu'on en dégage dans les réactions chimiques; nous avons vu l'influence qu'exerce la calcination de l'oxyde de zinc sur l'intensité des phénomènes calorifiques qui accompagnent la dissolution. L'auteur s'est proposé de déterminer les nombres qui fixent la mesure de ces phénomènes, et il a choisi pour exemple la magnésie, qui présente ces variations de propriétés d'une manière vraiment remarquable. Tel est le sujet des deux notes que nous allons examiner.

La magnésie a été considérée suivant les diverses températures auxquelles elle avait été calcinée :

1° *Magnésie calcinée à 350 degrés.* — Obtenue par la calcination du nitrate de magnésie, elle se présente sous la forme d'une poudre fine, blanche, onctueuse et très-volumineuse, dont la densité est très-difficile à obtenir, à cause de l'air adhérent. Humectée avec de l'eau, de façon à obtenir une pâte assez épaisse dont on fait de petites boules, elle s'y combine lentement et fait prise au bout de cinq heures.

Huit mois de séjour de cette magnésie dans l'eau n'ont pas amené de changement sensible dans sa dureté; la matière s'est brisée avec facilité. L'intérieur est homogène et granuleux. La masse est restée molle et humide.

2° *Magnésie calcinée à 440 degrés.* — C'est une poudre fine, différant peu par son aspect de la précédente. Elle possède une densité plus élevée. Humectée comme la précédente, elle fait prise au bout d'environ trois heures. Abandonnée dans l'eau, elle durcit peu à peu, et présente au bout de deux mois l'aspect du marbre blanc poli à la surface, et translucide sous une faible épaisseur. Après trois mois, la matière est dure, quoique facile à briser. Son intérieur est homogène, grenu et fragile.

3° *Magnésie calcinée au rouge sombre.* — En calcinant au rouge sombre, pendant une heure, du nitrate de magnésie, on obtient une matière dure qui, réduite en poudre, est blanche, lourde, et n'a plus ni la finesse ni l'onctuosité des précédentes.

Sa densité est plus considérable.

Humectée avec de l'eau, elle fait prise en deux heures. Après un séjour de deux mois sous l'eau, elle est devenue extrêmement dure et très-différente des précédentes. Elle se brise difficilement et ne peut être pulvérisée qu'avec peine.

Son intérieur est blanc, homogène, et présente l'aspect d'un biscuit de porcelaine à grains très-fins.

4° *Magnésie calcinée au rouge blanc.* — Calciné pendant douze heures au rouge blanc, le nitrate de magnésie donne une matière très-difficile à pulvériser finement. Cette poudre est très-dure. Humectée avec de l'eau, elle ne fait plus prise avec elle, et même, après un séjour de plusieurs jours, on la retrouve anhydre, si on la sèche préalablement à 100 degrés.

En résumant les résultats qui se trouvent contenus dans ces notes, nous remarquerons que, sous les quatre formes considérées, la magnésie présente l'aspect d'une poudre amorphe; aucune des différences que l'on y constate après l'avoir portée à diverses températures ne provient donc de la cristallisation. Aussi, cette matière permet-elle de bien voir l'influence considérable que l'élévation de température seule, en l'absence de toute autre cause physique, exerce sur les propriétés d'un corps.

Ces propriétés, représentées dans les expériences de M. Ditte par la densité, la dilatation et les phénomènes calorifiques qui accompagnent la dissolution de la magnésie, varient dans un sens déterminé quand la température suit elle-même une loi connue de variation; la dilatation de la matière diminue à mesure qu'on la calcine; sa densité augmente, au contraire, et la quantité de chaleur qu'elle dégage, en se combinant à l'acide sulfurique, s'accroît en même temps. M. Ditte insiste tout particulièrement sur ce dernier résultat, qu'il a constaté déjà pour l'oxyde de zinc, et qui est contraire à ce que l'on admet généralement, que la chaleur d'un corps diminue lorsque sa densité augmente. Le tableau qui suit résume d'ailleurs les principaux résultats relatifs à la magnésie anhydre :

T (1).	D_0.	α_0^{100}.	Q.
350 degrés.......	3,1932	0,0003104	16655cal.
440 »	3,2014	0,0002402	18417
Rouge sombre.....	3,2482	0,0001764	19234
Rouge blanc......	3,5699	0,0001634	20094

Cette magnésie est, du reste, d'autant plus difficile à dissoudre dans les acides étendus qu'elle a été chauffée davantage; et ses propriétés hydrauliques se manifestent aussi d'autant mieux que sa calcination a été plus forte, au moins jusqu'à la température du rouge blanc, à laquelle elle semble perdre la faculté de se combiner rapidement avec l'eau.

Cette variation des propriétés physiques paraît même se poursuivre dans les combinaisons de la magnésie avec l'eau. La magnésie hydratée est, en effet, d'autant plus dure, d'autant plus dense que la matière anhydre qui a servi à sa préparation était elle-même plus dure et plus dense; elle dégage, en se combinant, d'autant plus de chaleur que la première en dégageait davantage. Les nombres suivants résument quelques résultats concernant cet hydrate :

T (2).	D_0.	Q.
350 degrés..........	2,3261	14244cal.
440 »	2,3631	14431
Rouge sombre........	2,6040	18340

Il résulte de ces expériences que, lorsqu'on soumet les corps à l'influence d'une cause physique, qui, comme l'élévation progressive de leur température, change d'une certaine manière la propriété qu'ils possèdent de dégager en se combinant certaines quantités de chaleur, leurs autres propriétés thermiques varient en même temps. De plus, quand on modifie l'une d'elles d'une manière déterminée, non-seulement on observe pour les autres des variations correspondantes, mais encore, pour chacune d'elles, le sens du phénomène se trouve à l'avance indiqué.

M. Ditte. — *De l'influence qu'exerce la cristallisation de l'oxyde de cadmium sur la chaleur dégagée pendant sa combinaison.*

L'oxyde de cadmium peut se présenter sous deux formes bien différentes : noir et cristallisé en petites aiguilles brillantes, lorsqu'on l'obtient en calcinant fortement le nitrate; il est orangé et amorphe quand on le prépare en chauffant le carbonate ou l'oxyde hydraté, ainsi que par la combustion du métal dans l'air. Cette matière, après avoir été portée d'ailleurs, dans tous les cas, à une même température, peut, sous ces deux états physiques, dégager en se combinant des quantités de chaleur différentes; l'auteur a pu le mettre en

(1) T, température à laquelle on a calciné la magnésie ; D_0, densité à zéro ; α_0^{100}, coefficient de dilatation entre zéro et 100 degrés ; Q, quantité de chaleur dégagée par la dissolution d'un équivalent de magnésie dans l'acide sulfurique étendu.

(2) T, température à laquelle on a calciné la magnésie anhydre qui a servi à préparer l'hydrate ; D_0, densité à zéro ; Q, chaleur qui accompagne la dissolution de 1 équivalent de l'hydrate dans l'acide chlorhydrique employé.

évidence au moyen du calorimètre, en dissolvant un poids déterminé de chaque oxyde dans une même quantité d'un acide étendu.

Les nombres qui suivent représentent les échauffements correspondants du calorimètre.

1° *Oxyde noir cristallisé* provenant de la calcination du nitrate et réduit en poudre fine; il dégage en se dissolvant :

	I.	II.	III.	Moyenne.
	cal.	cal.		cal.
Par gramme.....	228,8	230,5	»	229,6
Par équivalent...	14185	14292	»	14238

2° *Oxyde orangé amorphe* provenant, dans les expériences I et II, de la décomposition du carbonate, dans III de la combustion du cadmium. On a :

Par gramme.....	231,3	235,9	234,9	234,1
Par équivalent...	14342	14631	14567	14513

L'échauffement du calorimètre qui accompagne la dissolution de l'oxyde amorphe est donc plus intense que celui qu'on observe avec l'oxyde cristallisé. La différence en faveur du premier est :

Par gramme........................	4,5
Par équivalent........	273

c'est à ces deux variétés de l'oxyde que correspondent les deux valeurs données pour la chaleur de combustion du cadmium.

Ainsi, quand un corps cristallise, il semble perdre une petite quantité de chaleur; cela paraît du moins résulter d'un certain nombre d'expériences, entre autres celles de M. Favre sur les phénomènes calorifiques qui accompagnent l'oxydation du carbone et du soufre, et celles de MM. Troost et P. Hautefeuille relatives au silicium; les déterminations qui précèdent constatent, pour l'oxyde de cadmium, un résultat tout à fait analogue, et donnent la mesure d'un phénomène du même ordre et du même sens.

M. Brongniart. — *Rapport sur un mémoire de M. A. Gris intitulé* : Recherches sur la moelle des végétaux ligneux.

Pendant longtemps, on n'a considéré les parties ligneuses des végétaux et le tronc même de nos arbres que comme le support des parties herbacées ou annuelles qui terminent leurs rameaux et comme servant uniquement à leur transmettre les fluides nourriciers absorbés par les racines.

Une observation ancienne de Knight pouvait cependant faire prévoir que la tige des arbres concourait d'une manière plus efficace à leur nutrition. En effet, il avait constaté que la séve ascendante recueillie dans les tiges supérieures était plus dense que la séve descendante. Cependant jusqu'en ces derniers temps on avait fait peu d'attention aux tissus autres que les fibres ligneuses et les vaisseaux qui entrent dans la composition d'une tige.

Payen seul en France avait appelé l'attention sur l'abondance de l'amidon dans le bois de certains arbres et sur le rôle nutritif qu'il doit jouer. Cependant, en 1839 et 1840, un savant forestier saxon, dont les travaux sur l'anatomie et la physiologie végétales sont restés longtemps inconnus même en Allemagne, M. Hartig, signalait le fait de la production et de la résorption de la fécule dans le tissu des tiges de plusieurs arbres.

En 1865, M. Arthur Gris dirigea ses recherches sur l'amidon contenu dans le tissu des tiges et confirma les observations d'Hartig en les étendant à d'autres végétaux, et surtout en montrant combien cette faculté de production et de résorption de la fécule s'étend profondément, jusque dans les couches ligneuses âgées d'un grand nombre d'années.

La résorption de l'amidon préalablement déposé dans les couches ligneuses pendant les premières périodes de la végétation annuelle des arbres est, sans aucun doute, destinée à fournir à l'alimentation des bourgeons, qui se développent rapidement en rameaux chargés de feuilles. Le corps ligneux, rempli des matières nutritives déposées pendant le cours de la végétation de l'année précédente, joue ici le rôle des cotylédons ou du périsperme dans les premières périodes du développement de l'embryon. Ces matières, rapidement épuisées par l'activité de la végétation printanière, se reforment promptement; dès le mois de juin, on voit les divers tissus qui les contenaient pendant l'hiver se remplir de nouveau de grains de fécule. Le développement des fruits ne paraît amener aucune diminution dans le dépôt de la matière nutritive : l'activité de la végétation suffit alors à la nutrition du fruit, sans qu'elle ait besoin de recourir aux provisions réservées pour le développement des rameaux au printemps suivant. Cela est du reste très-différent de ce qui se passe dans les végétaux annuels, qui, comme on l'a constaté depuis longtemps, épuisent, pour fournir à la formation des graines, une grande partie des matériaux nutritifs élaborés dans les tiges et les racines, et amènent ainsi leur épuisement et leur mort.

Il était nécessaire de rappeler ces premières recherches de M. A. Gris, parce qu'elles l'ont évidemment conduit à l'étude spéciale de la moelle des végétaux ligneux.

Lorsque l'on considérait une tige ligneuse comme une partie inerte et presque morte ne servant qu'à la transmission des fluides et n'ayant de vitalité que dans la région extérieure, on ne devait attribuer à la moelle qu'une action très-temporaire et de peu d'importance. Aussi les auteurs qui lui ont attribué un rôle physiologique l'ont borné aux rameaux annuels dans lesquels ils l'ont considérée comme jouant relativement aux bourgeons le rôle des cotylédons ou des périspermes. C'est l'opinion de du Petit-Thouars et de de Candolle, adoptée par la plupart des botanistes : pour eux, dès la seconde année, la moelle n'est plus qu'un tissu inerte, desséché et mort. Cependant, dès 1839, Hartig avait relevé les erreurs généralement répandues sur le rôle de la moelle des arbres et indiqué la part qu'elle prend à la nutrition du végétal; mais les travaux de cet excellent observateur restèrent longtemps inconnus en France, et M. Gris fut un des premiers à nous les signaler.

Dans son travail, M. Gris considère d'abord la structure générale de la moelle et la nature des tissus qui la composent; puis, examinant cette partie de la tige dans un grand nombre de végétaux ligneux, il montre les rapports qui existent entre la structure et la classification de ces végétaux; enfin il insiste sur le rôle physiologique qu'elle joue souvent pendant de longues années. D'après M. Gris, la moelle est composée de cellules de trois sortes :

1° Des cellules à parois plus ou moins épaissies et creusées de canalicules, contenant des granules amylacés et souvent du tannin, ainsi que M. Trécul l'a indiqué dans quelques cas : il nomme ces cellules des *cellules actives*.

2° Des utricules à parois minces, mais cependant ponctuées, ne renfermant pas de matières de réserve granuleuses, mais un liquide aqueux ou des gaz : ce sont des *cellules inertes*.

3° Enfin des cellules à parois très-délicates, sans ponctuations, contenant des formations cristallines isolées ou groupées en une seule masse : ce sont des *cellules cristalligènes*.

La moelle, étudiée dans l'étendue d'un entre-nœud ou mérithalle, peut offrir des dispositions très-variées de ces divers éléments : M. Gris la nomme *homogène*, lorsqu'elle n'offre que des cellules actives entremêlées d'un nombre plus ou moins considérable de cellules cristalligènes, sans éléments inertes ; lorsque, au contraire, une partie de la moelle est constituée par des cellules inertes jointes à des éléments actifs, il la nomme *hétérogène*.

En étudiant les modifications du système médullaire dans un assez grand nombre de familles naturelles, M. Gris a constaté que la structure essentielle de la moelle restait le plus souvent constante dans une même famille ; que, dans d'autres cas, certains genres présentaient une organisation spéciale qui pouvait confirmer les caractères tirés des organes de la fructification, dans le cas où l'on hésiterait sur la distinction générique de ces groupes. C'est un des premiers exemples de l'étude des caractères anatomiques des organes végétatifs considérés au point de vue de la classification naturelle et de l'importance que cette étude peut avoir pour corroborer les caractères de famille ou de genre, tirés exclusivement jusqu'à ce jour des organes reproducteurs.

M. Gris a étendu ces recherches à dix-huit familles naturelles, dont quelques-unes sont nombreuses en genres et en espèces, telles sont les éricinées, les lomicérées, les oléinées, les rosées, les pomacées, etc. ; elles donnent aux résultats qu'il a obtenus un véritable intérêt, et montrent ce qu'on pourrait obtenir d'études dirigées dans ce sens, sur l'organisation de la tige en général.

La structure de la moelle telle que nous venons de l'indiquer est celle qu'on observe dans l'étude d'un mérithalle, c'est-à-dire entre deux points d'insertion des feuilles ou nœuds. M. Gris la nomme *moelle internodale*. Elle occupe ainsi la plus grande partie des rameaux. Mais la moelle subit des modifications notables, soit dans les points qui correspondent à l'insertion des feuilles, soit à la base des rameaux et à l'origine des bourgeons. Ces changements, souvent signalés par des changements de coloration, avaient déjà été remarqués ; mais ce changement de couleur avait été attribué à l'altération et même à la mort du tissu médullaire. M. Gris désigne ces trois régions sous les noms de *moelle nodale*, *moelle subgemmaire* et *moelle interraméale*.

Le changement qu'on observe aux nœuds ou insertions de feuilles consiste toujours en un plus grand développement du type amylifère, qui, dans les plantes à moelle hétérogène, rétrécit la partie centrale occupée par le tissu inerte ou forme même des diaphragmes complets d'un tissu plus dense à cellules petites et remplies de fécule.

Il en est à peu près de même à la base des bourgeons ou dans l'intervalle des pousses de deux années successives. Ainsi, ces parties de la moelle, bien loin d'être privées de vie, sont formées d'utricules remplies de matières élaborées dans leur sein, et la vitalité de ces cellules est encore confirmée par l'existence, dans leur cavité, d'un nucléus qu'on retrouve souvent entouré de granules amylacés. Dans un dernier chapitre, M. Gris s'est occupé de la durée de cette vitalité de la moelle, caractérisée par la présence de la fécule dans les cellules actives. Plusieurs exemples montrent que dans certains arbres, cette vitalité se prolonge jusqu'à un âge très-avancé. Sur vingt-quatre espèces d'arbres ou d'arbustes, on a constaté cette vitalité sur des tiges ou rameaux de cinq à dix ans, et même sur des arbres de quinze à vingt ans, tels que chêne, bouleau, frêne, platane.

Il résulte de ce grand travail :

1° Que la moelle des végétaux dicotylédonés, considérée dans les espèces ligneuses, n'est pas une partie aussi simple et aussi uniforme dans son organisation qu'on le croyait, et qu'elle peut fournir des caractères importants pour la classification.

2° Qu'elle conserve sa vitalité plusieurs années, et même quelquefois jusqu'à un âge très-avancé ; qu'elle contient, dans une partie de ses cellules, un dépôt de matière nutritive (fécule et tannin), qui est résorbée au moment du développement des nouvelles pousses annuelles au printemps.

3° Qu'elle participe ainsi, avec quelques-uns des tissus du bois lui-même, à la nutrition du végétal, et remplit un rôle physiologique important.

M. CORNU. — *Sur le renversement des raies spectrales des vapeurs métalliques.*

En étudiant le spectre de l'étincelle du magnésium, qui lui sert de lumière monochromatique pour la photographie des anneaux colorés, M. A. Cornu a été conduit à une série d'observations que nous allons rapporter, et qui paraissent avoir de l'intérêt au point de vue de l'étude spectrale du soleil. L'auteur désirait photographier, dans le spectre de l'étincelle du magnésium, la raie qui produit à elle seule la majeure partie de l'énergie photographique : cette raie est triple, et située dans la partie ultra-violette entre H et L. L'expérience a réussi plusieurs fois, mais, désirant répéter une série de mesures de réfrangibilité et de longueur d'onde avec une pile plus forte et un appareil d'induction très-puissant, M. Cornu n'obtint, à sa grande surprise, qu'une impression photographique presque nulle, et il dut, pour réussir, porter à deux minutes le temps de pose au lieu de deux à trois secondes.

L'examen du cliché montra un phénomène inattendu. Au lieu des trois raies accoutumées, il y en avait cinq ; les deux raies les moins réfrangibles étaient dédoublées. Toutefois les raies étaient fort larges et leurs contours mal délimités. Après s'être assuré que ce phénomène n'était pas dû à une erreur d'expérience, M. Cornu conclut que le dédoublement des raies était un véritable *renversement*, l'analogue dans la région invisible de l'expérience du renversement de la raie D, obtenu par M. Fizeau, en plaçant un fragment de sodium entre les deux charbons de la lampe électrique.

Il n'y aurait eu aucune hésitation possible, si les trois raies avaient été dédoublées simultanément, mais il parut étrange à l'auteur que l'une d'elles échappât à cette modification : il put en effet obtenir vingt-deux clichés successivement, et dans aucun la raie la plus réfrangible ne parut dédoublée. C'est alors qu'il se rappela une observation du P. Secchi, sur l'analyse spectrale d'une tache solaire (mai 1869), où l'habile astronome raconte avoir été témoin du renversement de l'une seulement, la moins réfrangible des trois raies du magnésium.

Ce rapprochement l'engagea à poursuivre, et il fut assez heureux pour produire à volonté, sur le même cliché photographique, les raies renversées ou les raies normales. On peut même comparer la position de ces raies comme on compare le spectre d'une lumière artificielle à celui du soleil; il suffit de faire jaillir entre les électrodes de magnésium l'étincelle d'un appareil d'induction puissant, en couvrant une moitié de la fente du spectroscope, puis l'étincelle d'un appareil très-faible, prolongée pendant un temps suffisant, en couvrant l'autre moitié de la fente. On constate aisément la coïncidence exacte des raies normales et renversées.

Le renversement étant mis hors de doute dans la partie ultra-violette, il était nécessaire de l'obtenir aussi dans la région visible du spectre; l'auteur ne put y parvenir avec l'étincelle de la grande bobine d'induction, mais il réussit avec l'arc voltaïque d'une pile de 50 couples.

Après cette première expérience, M. Cornu essaya les divers métaux qu'il avait sous la main : le même phénomène se reproduisit pour divers groupes de raies, et, en général, le renversement commence par la raie la moins réfrangible du groupe et ne continue que si la température s'élève progressivement. L'expérience a très-bien réussi avec le sodium, le thallium, le plomb, l'argent, l'aluminium, le magnésium, le cadmium, le zinc et le cuivre. Les sels alcalins, et surtout les chlorures, produisent plus aisément le renversement. Le fer, le cobalt, le bismuth, l'antimoine et l'or n'ont donné aucune apparence de renversement.

Ces expériences confirment la théorie du renversement des raies par l'absorption, car la condition de réussite est le rapprochement aussi complet que possible des charbons, par suite la formation d'une grande quantité de vapeurs dans un très-petit espace; au centre, la température est très-élevée, les radiations sont très-intenses, les raies correspondantes sont à la fois brillantes et élargies; autour du foyer central, les couches sont plus froides, elles émettent des radiations moins intenses, mais plus nettes comme longueur d'onde. Aussi la ligne de renversement est-elle très-fine, lorsque l'épaisseur est suffisante pour produire l'absorption; elle deviendrait de plus en plus large, comme cela arrive dans le cas de la soude, si l'on élevait davantage la température.

Lorsque M. Kirchoff donna l'explication du renversement des raies, on admit avec lui que les raies sombres du spectre solaire étaient dues à une atmosphère continue enveloppant le soleil et absorbant certaines radiations de la photosphère.

Au point de vue chimique, la constitution de cette atmosphère est difficile à admettre; d'un autre côté, son existence est contredite par les observations comparatives des bords et du centre du soleil. Les astronomes en ont donc conclu que l'émission de radiations lumineuses et l'absorption de certaines d'entre elles ont lieu sur la photosphère même. Ces expériences vérifient cette hypothèse, car elles montrent :

1° Qu'une épaisseur très-faible de vapeurs peut produire le renversement des raies, épaisseur imperceptible à la distance où nous nous trouvons du soleil;

2° Qu'il n'est nullement nécessaire de supposer une atmosphère continue autour du soleil, l'absorption étant toute locale et se produisant spontanément par le refroidissement extérieur autour de chaque point incandescent.

D'ailleurs, l'expérience décrite plus haut est une véritable reproduction de la constitution hypothétique du soleil, et une synthèse du phénomène spectral qu'il présente, le charbon incandescent sur lequel est le métal jouant le rôle de la photosphère, au-dessus une couche de vapeurs à une température très-élevée et émettant des radiations lumineuses, absorbées partiellement par la couche extérieure.

NÉCROLOGIE

Matthiessen

Matthiessen était un travailleur infatigable. Il suffit, pour s'en convaincre, de considérer la longue liste des travaux qu'il exécuta dans le cours de sa trop courte carrière. Ces travaux, qui se rapportent à un grand nombre de questions, soit physiques, soit chimiques, ont été publiés dans les divers recueils scientifiques allemands ou anglais. Son premier mémoire, qui parut en mars 1855, dans les *Annalen der Chemie und Pharmacie*, est consacré à la *préparation des métaux alcalins et des terres alcalines* par l'électrolyse. Il s'occupe surtout du calcium et du strontium, qu'on isolait alors pour la première fois. Matthiessen reconnaît que le calcium possède une couleur et un éclat analogues à ceux de l'alliage des cloches, qu'il est remarquablement ductile et malléable, enfin qu'il est électro-positif par rapport au magnésium, et électro-négatif par rapport au sodium et au potassium; ce dernier fait expliquait immédiatement pourquoi on ne pouvait tirer ce métal de son chlorure par l'action du sodium ou du potassium à de hautes températures. En 1857, les *Annales de Poggendorf* publient un second mémoire communiqué par Kirchoff, dans le laboratoire duquel ces travaux avaient été exécutés, sur la *conductibilité électrique du potassium, du sodium, du lithium, du magnésium, du calcium et du strontium*. L'année suivante, les *Annales de Poggendorf* publient encore deux communications sur la *conductibilité électrique des métaux* et sur les *piles thermo-électriques*. Après son retour en Angleterre, Matthiessen fait bientôt paraître un mémoire sur l'*action de l'acide nitrique sur l'aniline*. D'après Hunt, cette réaction donnait naissance à du phénol, à de l'eau et à de l'azote; Matthiessen reconnaît qu'il se produit, en réalité, une réaction intermédiaire méconnue qui forme de l'ammoniaque; en étendant ses expériences à l'éthyle et à la diéthylaniline, il obtient l'éthylamine et la diéthylamine. C'est cette réaction qui devait le conduire à ses études sur la narcotine, qui donnèrent de si remarquables résultats.

C'est de l'époque où Matthiessen fut nommé professeur que datent quelques-uns de ses travaux les plus importants, et, en collaboration avec Vogt, Von Bosc, Holymann, etc., publiés dans les *Transactions philosophiques*. Citons-en quelques-uns :

Influence de la température sur la conductibilité électrique des métaux et des alliages. Le pouvoir conducteur diminue à mesure que la température s'élève, suivant une loi qui paraît sensiblement la même pour tous les métaux, entre 0 et 100 degrés, le fer et le thallium exceptés.

Poids spécifiques des métaux et des alliages.

Nature chimique des alliages. Matthiessen montre que presque tous les alliages binaires peuvent être considérés comme des dissolutions solidifiées de l'un des métaux dans l'autre.

Dilatation de l'eau et du mercure. Les coefficients de Kopp sont légèrement trop faibles.

Unites de resistance électrique. Matthiessen fut un membre très-actif de la commission nommée par l'Association britannique.

Constitution chimique de la narcotine et étude d'un grand nombre de dérivés intéressants de cette substance.

En 1869, Matthiessen reçut la médaille d'or de la Société royale pour ses travaux sur les métaux et sur les alcaloïdes de l'opium; il avait découvert la relation remarquable qui existe entre la morphine et la codéine. Au moment de sa mort, il faisait des expériences sur la nature chimique de la fonte, et il cherchait aussi si la chaleur spécifique du platine demeure constante à de hautes températures, afin d'employer ce métal à la construction d'un pyromètre étalon; enfin il poursuivait ses études sur les bases de l'opium, et il était déjà arrivé à d'intéressants résultats, qui seront sans doute prochainement publiés.

Le propriétaire-gérant : GERMER BAILLIÈRE.

PARIS. — IMPRIMERIE DE E. MARTINET, RUE MIGNON, 2.

LA

REVUE SCIENTIFIQUE

DE LA FRANCE ET DE L'ÉTRANGER

REVUE DES COURS SCIENTIFIQUES (2e SÉRIE)

DIRECTION : MM. EUG. YUNG ET ÉM. ALGLAVE

2e SÉRIE — 1re ANNÉE NUMÉRO 9 26 AOUT 1871

Paris, le 25 août 1871.

Français et Allemands

L'article de M. R. Virchow, qu'on lira plus loin, est un appel à la réconciliation entre l'Allemagne et la France; mais il se laisse bien vite entraîner dans la voie des récriminations qui finissent par se grouper en un véritable réquisitoire.

Des faits particuliers, nous dirons peu de choses.

Personnellement M. Virchow se plaint d'avoir été injustement accusé de plagiat scientifique par un professeur français; c'est une querelle privée où nous n'avons pas à intervenir autrement qu'en exposant les faits.

Dans la discussion provoquée à l'Académie de médecine, M. Virchow a pris trop à la lettre la forme ironique ou paradoxale que les Français donnent souvent à leur pensée; mais il a fréquenté trop de savants français pour croire qu'aucun d'eux ait jamais fait consister le patriotisme à méconnaître ou s'approprier les découvertes scientifiques des étrangers. D'ailleurs, il ne s'agissait pas de porter atteinte à la propriété scientifique d'Addison, mais de savoir si les médecins *français* désigneraient par son nom la maladie qu'il avait découverte, au lieu de l'appeler simplement ictère noir. M. Virchow pourrait-il citer un grand nombre de maladies qui portent, *en Allemagne*, le nom de médecins français?

Quant aux faits cités par M. Giraldès, M. Virchow se rejette sur les malheurs inévitables de la guerre qu'il reconnaît avoir pris un caractère sauvage. Il n'était plus possible, dit-il, de continuer à considérer la guerre comme un duel entre deux armées sans que les peuples y prissent part. Comme les hostilités avaient lieu exclusivement en France, cela signifie qu'il n'était plus possible d'épargner la population française. On ne l'a que trop vu dans tous les villages brûlés pour s'être laissés prendre par les troupes françaises! Tout cela était nécessaire parce qu'il y avait des francs-tireurs... Mais la loi organique de la landsturm allemande impose le rôle de francs-tireurs à tous les habitants d'une contrée envahie. Ce qui est honorable en Allemagne, devient-il criminel en France?

De même pour les violations de la convention de guerre. Des deux parts on s'est adressé des reproches qui pouvaient n'être fondés que sur des erreurs ou des fautes individuelles. Il paraît que du côté des Allemands la violation avait été autorisée par les chefs à titre de représailles. L'aveu est précieux à recueillir.

Reste un point ou nous voudrions croire, que M. Virchow cite ce qu'il ne connaît pas, si une pareille légèreté pouvait être imputable à un professeur allemand. Il approuve le pamphlet du docteur Carl Stark, dont la *Revue politique* a publié la traduction la semaine dernière. Il faut vraiment l'attestation d'un homme aussi considérable que M. Virchow, pour voir dans ce pamphlet autre chose qu'une œuvre humoristique, d'ailleurs assez mal réussie. Nous y apprenons que tous nos soldats ont la syphilis et qu'on ne soigne pas cette maladie, que tous nos officiers avaient emmené leurs maîtresses en campagne, et que beaucoup ne savaient même pas signer leur nom, que le divorce, — supprimé en France depuis longtemps, — est de règle chez nous parmi les personnes comme il faut, qu'un père français en envoyant son fils à Paris lui entretient souvent une maîtresse pour éviter de plus grands écarts, que dès la déclaration de guerre nous avions consacré l'annexion de la Bavière Rhénane, en nommant les préfets et employés du département du Mont-Tonnerre, etc. On pourrait continuer longtemps cette curieuse énumération qui a pour but de démontrer que la nation française tout entière est atteinte d'idiotie paralytique ou folie raisonnante avec prédominance de la manie des grandeurs. Simple théorie d'aliéniste.

M. Virchow déclare d'ailleurs, qu'en rappelant cette théorie, il ne veut lancer aucune insulte, mais simplement constater l'opinion régnante en Allemagne. C'est là pourtant un procédé de conciliation tout à fait nouveau. Mais, enfin, si, telle est bien l'opinion régnante au delà du Rhin, ce qui nous étonne c'est qu'on y attache la moindre importance à se réconcilier avec ces fous français. Est-ce que jamais personne sensée a eu l'idée de chercher des relations dans un établissement d'aliénés?

Mais arrivons à des idés plus sérieuses.

Le principal reproche que M. Virchow adresse au caractère français, c'est le chauvinisme. Il est vrai que la France se passionne un peu trop pour la gloire militaire, et se croit trop vite appelée à cueillir des lauriers. — Il ne faut pas imiter les Allemands; on doit avouer franchement les défauts de son pays. — Mais ce travers ne nuit qu'à elle-même en lui inspirant une sotte confiance qui lui fait dédaigner les précautions de la prudence et de la science. La Prusse, au contraire, s'attribue une mission providentielle qui doit tout courber sous sa loi, et ses gouvernants sont animés d'idées piétistes qui constituent le plus dangereux des fanatismes. Aussi l'Allemand a un orgueil raisonné. Le Français n'a que de la vanité ; et encore cette vanité se montre-t-elle seulement par l'appréciation d'ensemble ; dans le détail il aime à se dénigrer lui-même au profit des étrangers ; il se proclame volontiers le premier peuple du monde, mais en conspuant une à une toutes ses institutions.

On prétend que nous avons un incessant besoin de conquête et de sang. C'est Paris qui aurait voulu la guerre de 1870. Mais les Allemands savent bien que le gouvernement impérial était seul à la vouloir ; le roi Guillaume le proclamait lui-même en entrant en France ; ils n'ignorent pas que les manifestants des boulevards en juillet 1870 étaient des malheureux payés par la police, et M. Carl Stark tire même de ce fait une nouvelle preuve de notre aliénation mentale.

M. Virchow nous rappelle les tentatives du parti progressiste en Allemagne, pour obtenir un désarmement que la France avait commencé à réaliser de son côté. Comment ne fait-il pas la même distinction pour le parti libéral français, dont le premier acte, après la chute de l'empire, fut de demander la paix ? Il est vrai qu'il offrait seulement les frais de la guerre ; M. de Bismark voulait l'Alsace et la Lorraine. Cela paraît tout naturel à l'Allemagne ; malheureusement les Alsaciens et les Lorrains ne pensent pas de même ; ils voulaient, ils veulent encore rester Français. Mais qu'importe leur volonté puisqu'ils sont atteints d'aliénation mentale en leur qualité même de Français ? On les fait Allemands, pour les guérir, comme on enferme les fous, sans les consulter.

C'est, d'ailleurs, la seule doctrine que la Prusse applique, et la seule base qu'elle ait donnée à l'unité germanique : l'annexion par les armes sans l'avis des annexés et presque toujours malgré leurs protestations. Cependant les Hanovriens, les Bavarois, n'étaient sans doute pas frappés d'aliénation mentale comme les Français ; les Danois du Schleswig, les Polonais de Posen, ne comprennent pas l'allemand et appartiennent à des races étrangères : quel prétexte a-t-on de les soumettre malgré eux ? Il est impossible de saluer le droit dans cette œuvre de la force qui n'a pas moins compromis la liberté des Allemands que la sécurité de leurs voisins.

Est-ce à dire que la France veuille chercher à détruire l'agglomération allemande formée par les armes prussiennes ? Est-ce à dire surtout que les libéraux français refusent à l'Allemagne le droit à l'autonomie, comme M. Virchow les en accuse sur la foi d'une phrase de M. de Jouvencel ? Assurément non. Mais vis-à-vis de l'agglomération allemande, la France veut rester indépendante, elle veut reconquérir les enfants qu'on lui enlève aujourd'hui. Le jour de la revanche est peut-être encore lointain, mais il viendra. Dût la France succomber de nouveau dans cette lutte suprême, son devoir serait encore de la tenter. Si les espérances des Allemands devaient se réaliser, la France n'aurait lus devant elle que la lente agonie de Byzance. Dans l'intérêt même de l'humanité, ne vaudrait-il pas mieux périr tout de suite avec éclat, pour faire place à une nouvelle forme de civilisation ?

Heureusement la France n'en est point là. L'empire l'a sans doute beaucoup abaissée ; mais il n'a pu atteindre les germes de l'avenir, et il ne faut pas trop s'abandonner aux impressions douloureuses qu'inspirent certains spectacles. Qu'on se reporte à cent ans en arrière, après Rosbach. La France était bien plus affaissée qu'aujourd'hui ; elle semblait avoir perdu tout sens moral et se moquait elle-même de ses désastres. Cependant, vingt ans après, la grande Révolution nous replaçait à la tête des peuples et nous donnait la domination du monde.

Pourquoi ne pourrions-nous pas espérer encore une pareille rénovation ? Quel doit être dans ce mouvement national le rôle des hommes de science ? M. Virchow leur reproche dès aujourd'hui de mêler la politique à la science. Mais qui donc leur en a donné l'exemple ? Dès le début de la guerre, M. du Bois-Reymond, parlant officiellement au nom de l'Université de Berlin, n'a-t-il pas sonné la curée contre la France, en assurant qu'il exprimait les sentiments du monde universitaire tout entier ? M. Virchow, infiniment plus modéré, appelle encore la France l'ennemi héréditaire, et M. Stark ne paraît pas scandaliser beaucoup ses collègues en mettant sa science d'aliéniste au service de sa haine d'Allemand. Le savant ne peut pas, comme le prêtre catholique, se créer une patrie à part.

Cela ne veut pas dire qu'il faille interrompre les communications scientifiques avec l'Allemagne ou exclure de nos sociétés les savants d'outre-Rhin. De pareilles propositions ont un caractère enfantin en même temps qu'injuste pour des hommes qui sont presque tous fort honnêtes. Mais la patrie n'en conserve pas moins ses droits. Après Tilsitt, qui consacrait l'assujettissement de l'Allemagne, c'est dans les universités que se prépara le mouvement national de 1813. Aujourd'hui, c'est nous qui sommes vaincus et envahis ; c'est aussi dans les universités que nous devons retremper l'esprit national et préparer les chefs de l'avenir.

Un dernier mot. La France, d'après M. Virchow, est une nation turbulente, qui fait des révolutions ; l'Allemagne, une nation sage, qui accomplit des réformes. Cela n'est pas tout à fait ce que nous dit l'histoire. De Charlemagne à la fin du XVIIIe siècle, l'Allemagne a été plus agitée que la France. Depuis 1789, il est vrai, c'est la France qui est le centre des révolutions. Pourquoi ? Parce que la France est en avance sur l'Allemagne dans le cycle de l'évolution sociale.

Le christianisme a donné au monde l'égalité morale, dont il s'est contenté pendant quinze cents ans. La Révolution de 1789, préparée par les écrivains français, nous a conquis l'égalité civile, qui s'est doucement infiltrée en Allemagne à la suite de nos armées, sans y avoir encore complétement triomphé aujourd'hui du régime féodal. En ce moment, la France est à la recherche d'une troisième forme d'égalité que l'Allemagne ne soupçonne pas encore, l'égalité sociale. De là les convulsions qui nous agitent et dont l'Allemagne profitera probablement un jour, — comme elle profite maintenant des conquêtes morales de 1789, sans avoir eu à en supporter les crises, — si nous parvenons enfin à éclaircir cette terrible question sociale en écartant les exagérations et les violences qui accompagnent malheureusement toutes les révolutions.

ÉMILE ALGLAVE.

APRÈS LA GUERRE

Au mois de septembre de l'année dernière, alors que la guerre sévissait dans toute sa fureur, nous exprimions le vœu de voir la science exercer toute son influence pour amener, par une paix prochaine, la conciliation et la communauté des esprits dans l'intérêt de tous (voyez les *Archives*, tom. XLI, p. 5). Nous exprimons ce vœu de nouveau de la manière la plus urgente, aujourd'hui que la paix semble assurée et que les combattants vont rentrer dans leurs foyers pour reprendre leurs travaux intellectuels interrompus.

Mais nous n'ignorons pas qu'il est plus facile de soulever les passions d'une nation que de les apaiser, et que le torrent de l'opinion publique entraîne dans son cours le travailleur aussi bien que le savant. Chacun des intéressés perd la faculté d'un jugement calme et sain dans des catastrophes aussi terribles que celles qui viennent d'ébranler la France. Chacun est trop excité ou trop abattu par le triste sort de l'État, par les souffrances individuelles ou par ses propres pertes, pour se retrouver de suite dans une situation nouvelle, pour accepter ce qui est inévitable et pour calmer ses sentiments d'indignation. Rien n'est plus injuste que de demander déjà aux Français, comme on le fait assez généralement chez nous, de se résigner à leur défaite et à la paix qu'on leur a imposée, et de reprendre avec nous leurs relations régulières, en voisins et en amis. Il faut pour cela plus de temps que les quelques mois qui se sont écoulés depuis la ratification des préliminaires de la paix, et quoique les terribles secousses de la guerre civile aient contribué plus que toute autre chose à élargir le cercle de l'entendement de la situation en France, nous croyons qu'il se passera encore des années avant que le jugement même le plus impartial puisse empêcher des révoltes toujours renouvelées du sentiment national blessé. Mais ce qui nous attriste profondément, c'est que, même dans les rangs de la science, la raison ait si souvent succombé sous l'influence de la passion, et que de nombreux savants allemands aient répondu avec une véhémence démesurée à des attaques venues de France; non pas que celles-ci soient justifiables, mais la situation actuelle de nos voisins permet peut-être de les excuser. Il sied à nous de ne pas oublier que, comme vainqueurs, nous devons entamer et tenir ouvertes les voies de la conciliation, quand bien même les vaincus refuseraient encore longtemps d'y entrer. Il faut que le peuple allemand commence par montrer qu'il sait éviter le danger de s'évaluer trop haut, car c'est ce danger qui a précipité la France dans sa chute profonde. Espérons que le travail de notre édification intérieure nous donnera assez d'occupation pour nous empêcher de succomber à cette présomption vaine qui a amené nos malheureux voisins à se croire meilleurs que les autres et à s'arroger le droit de s'immiscer dans les affaires des nations étrangères, comme conséquence naturelle de leur supériorité.

Il serait certainement insensé de notre part d'accepter sans les blâmer les insultes et les accusations nombreuses dirigées contre nous. Nous aussi nous voulons les repousser. Mais nous voudrions qu'on le fît sans colère, sans insulte nouvelle, qu'on ouvrît la voie des explications, peut-être même de la conciliation, et non celle de la prolongation de la lutte dans tous les domaines de l'activité humaine, comme le prêchent nos récents adversaires. Nous ne pouvons que répéter aujourd'hui ce que nous disions il y a huit mois : le développement national doit se perfectionner par une communion universelle des idées, qui seule serait capable d'élever les hommes jusqu'aux buts suprêmes de l'humanité, bien au delà des bornes étroites des considérations de nationalité.

Même pendant la guerre, nous faisions observer qu'il y avait un terrain neutre de l'humanité qui aurait permis de se souvenir de ces buts élevés. C'était le terrain de la convention de Genève. Malheureusement cette neutralité s'est perdue trop tôt. A qui la faute? M. Giraldès, un chirurgien que nous estimons hautement, a écrit deux lettres à ce sujet au *Medical Times and Gazette* de Londres, où il nous attribue cette faute tout entière. Ces lettres ont été conçues sous l'influence du bombardement de Paris, qui malheureusement n'a pas épargné les hôpitaux, et elles amoncelaient les outrages les plus violents, non-seulement sur nos troupes et sur nos officiers, mais encore sur la nation entière. M. Giraldès écrivait à la date du 5 février : « Ces dignes enfants de la Germanie, aujourd'hui en plein armistice, volent et pillent les maisons des environs de Paris, complétant ainsi leurs caractéristiques : sauvages et voleurs. » (*Medical Times and Gazette*, 1871-février, n° 1077, p. 205.) Dans le numéro suivant, après avoir énuméré les violations délibérées et réfléchies de la convention de Genève attribuées aux troupes allemandes, M. Giraldès termine son récit par les paroles suivantes : « Cet acte d'infâme brutalité, digne de la sauvagerie des peaux-rouges, doit être signalé. » (Même journal, n° 1078, p. 232.) La rédaction de la revue anglaise a répondu à ces accusations avec plus d'acerbité qu'on n'aurait pu s'y attendre. Tout en renvoyant aux occurrences fortuites de la guerre, elle demande : « Pourquoi les classes éclairées, auxquelles appartient notre honorable confrère, les médecins, les avocats, les prêtres, les propriétaires, n'ont-ils pas élevé la voix, il y a sept mois, contre l'idée de faire la guerre? C'est Paris qui a fait la guerre. »

La nation allemande n'a pas voulu la guerre. Elle n'a pas même voulu se mêler des affaires de la France, quelque désagréable que lui fût devenue l'immixtion de cette puissance dans les affaires allemandes. On nous a forcés à faire la guerre, et après l'avoir commencée, on s'est plaint de ses conséquences. N'existe-t-il pas dans chaque armée des individus abjects et réprouvés? L'armée française n'a-t-elle pas eu des officiers en Algérie, en Chine, au Mexique, qui ont *sciemment et délibérément* assassiné, pillé, volé? Et que dirait-on en France si l'on appelait toute la nation française une nation de barbares, de brigands et de voleurs, pour les actes de ces quelques individus? Nous sommes heureux de pouvoir dire qu'on ne peut faire ce reproche avec raison à aucun de nos officiers supérieurs. Il était impossible à nos troupes d'épargner les châteaux, les maisons de campagne et les villages des environs de Paris, au milieu des souffrances d'un long siége d'hiver, loin de leur patrie, et MM. Giraldès et Verneuil, qui les ont jugées si sévèrement, ont probablement eu depuis l'occasion d'apprendre ce que des assiégeants français sont capables de faire. La guerre civile leur a montré que la propriété privée n'est pas toujours sacrée même aux soldats de leur propre armée, et les boulets de Versailles ont sans doute effacé le souvenir de bien des dommages causés par les obus prussiens.

Nous regrettons profondément que la guerre ait pris dans son cours un caractère de sauvagerie, rappelant le procédé militaire par lequel les troupes françaises ont eu l'habitude de s'exercer pendant de longues années en Algérie. Mais il nous manque des preuves et des faits pour pouvoir nier les détails racontés par M. Giraldès. Nous serions très-heureux qu'il fût possible de trouver un juge impartial pour discuter les accusations portées contre nous par lui et par tant d'autres. Mais nous pouvons dire avec parfaite connaissance de cause que nos troupes avaient reçu les instructions les plus précises et les plus sévères pour l'exécution rigoureuse de la convention de Genève, et que tout était ordonné de telle façon que l'abus des insignes ne pouvait se produire que difficilement. Nous pouvons affirmer avec non moins de certitude que le gouvernement français n'avait pas donné de telles instructions à ses troupes. Du reste, ce n'est pas surprenant pour ceux qui ont vu les choses de près. Lorsqu'une conférence internationale des associations pour les soins à donner aux soldats blessés et malades eut lieu à Berlin au printemps de l'année 1869, conférence à laquelle j'assistai moi-même comme délégué de la « fondation nationale Victoria » pour les invalides, le gouvernement français fut le seul, parmi tous ceux de l'Europe, qui ne s'y fît représenter par aucun délégué ; son adhésion manqua de même aux décisions les plus importantes de la conférence antérieure. Aussi a-t-on pu voir dès le commencement de la dernière campagne que les médecins et les officiers français n'étaient que très-imparfaitement instruits de la signification de la croix rouge, et que les soldats l'ignoraient absolument. Après des violations flagrantes et réitérées de la convention de Genève, il ne nous resta d'autre moyen que d'user, jusqu'à un certain degré, de représailles. Nous savons que, jusque dans les combats autour d'Orléans, plusieurs de nos médecins et de nos blessés, qui étaient restés en arrière, se fiant au droit international, furent maltraités et emmenés comme prisonniers de guerre.

Tandis qu'on prêchait en France la guerre au couteau et que les francs-tireurs exerçaient tous les actes d'hostilité possibles, croyait-on alors que nous pourrions continuer à considérer la guerre comme un simple duel entre deux armées, sans que les peuples y prissent part? La guerre est en elle-même une institution barbare. C'est pour cela que nous nous sommes efforcés de l'éloigner, et nous pouvons bien rappeler à nos lecteurs que le parti libéral de l'Allemagne, au risque de perdre sa réputation politique, pétitionna aux Chambres en faveur du désarmement de l'Europe. Mais tout cela est oublié depuis longtemps. Pour avoir pris au sérieux une guerre qu'on nous avait imposée, nous sommes traités de barbares.

Que signifie le mot *barbare?* Les anciens, qui cultivaient au plus haut degré le sentiment exclusif de chaque race, appelaient *barbare* l'étranger sans droits. Ce n'est qu'après de longues luttes que le misérable étranger eut droit à l'hospitalité. Ce fut la première grande victoire de la civilisation. Mais que de temps ne se passa-t-il pas avant qu'elle fût complète! Combien de temps encore dura la défiance! Qu'on se rappelle que Caton, le grand républicain, croyait fermement à la conjuration des médecins grecs établis à Rome pour faire périr tous les Romains (des barbares pour les Grecs). Des républicains de cette trempe se rencontrent encore aujourd'hui en France. Tandis que, dans presque toutes les grandes villes de l'Allemagne, pendant toute la durée de la guerre, les Français établis ne furent jamais importunés, on commença en France, dès les premières hostilités, à persécuter les Allemands établis dans ce pays. On se servit des prétextes les plus vils pour éveiller la suspicion et la jalousie nationales contre nos malheureux compatriotes. Parler la langue allemande suffisait pour motiver une persécution à outrance. On appelait actes de patriotisme l'expulsion des Allemands, la spoliation de leur propriété privée et l'anéantissement brutal de leurs affaires. Ces gens n'étaient que des barbares! C'étaient des barbares déjà avant le commencement de la guerre. Qui a pris la défense de ces malheureux? Chaque Allemand était traité d'espion qu'on avait le droit de persécuter à mort. Où étaient alors les avocats de l'humanité, les apôtres de la civilisation, les défenseurs des droits de l'homme?

Nous voudrions faire comprendre à nos collègues de Paris que l'abandon absolu et définitif des droits de l'hospitalité est une barbarie grossière, dépassant en violence tout ce que l'Europe a vu depuis le moyen âge. Les Français se plaignent de ce qu'après un long siége nous ayons bombardé leur forteresse la plus grande et la plus importante, Paris, la ville sainte, et que nos bombes, dont à une si grande distance on ne pouvait certainement pas calculer le but, aient atteint quelques hôpitaux, quand leur nation entière, de sa propre initiative et volontairement, avait refusé l'hospitalité à nos compatriotes. La presse française avait depuis longtemps nourri la crainte de voir Paris devenir une ville germanique et l'émigration allemande s'emparer de toutes les affaires; l'Académie elle-même avait discuté cette question. Mais nous étions assez naïfs pour croire que ce n'était l'expression que de quelques esprits faussés; aussi grandes furent notre surprise et notre indignation, quand nous vîmes la France entière s'unir dans ce sentiment puéril de crainte et de haine.

Il y a longtemps, lorsque je passai en revue les épidémies de l'année 1848, j'appelai l'attention sur ce fait que les Européens étaient arrivés à un état psychopathique, j'ai remarqué que la maladie qui se produit chez l'individu sous la forme d'un arrêt dans l'activité du cerveau se rencontre quelquefois aussi dans une plus grande étendue comme épidémie psychique. (Voyez tome III des *Archives*, p. 8.) Un aliéniste distingué de l'Allemagne du Sud, M. Carl Stark, est arrivé à des considérations analogues par l'étude des événements récents. (*De la dégénérescence psychique de la nation française, son caractère pathologique, ses symptômes et ses causes*, Stuttg., 1871.) Il a essayé de montrer, par une analyse exacte des phénomènes isolés, que l'état mental de la nation française se rapproche en grand de l'idiotie paralytique ou de la folie raisonnante. Nous citons ceci, non pas pour lancer une insulte, mais parce que, dans une grande partie de notre nation, l'opinion prévaut que les Français sont atteints de la *manie des grandeurs* (*Grœssenwahn*). Il est probable que la manière nationale de sentir et de comprendre est tellement différente chez les Français et chez les Allemands, que bien des choses nous semblent maladives qui appartiennent à la physiologie de la vie française. Mais, quand nous lisons les épanchements exagérés de Victor Hugo, les télégrammes menteurs de Gambetta, les manifestes insensés de la Commune de Paris; quand nous voyons même maintenant, dans presque toute la France, l'idée de la défaite étouffée sous le cri de trahison, les généraux, les politiques révoqués les uns après les autres avec l'épithète de traîtres, et tout retour vers une situation régulière rendu à peu près impossible par l'égoïsme incroyable des individus, il est difficile en effet de concevoir qu'une telle disposition d'esprit puisse être dirigée vers des choses meilleures. Car ce qu'il y aurait de meilleur aujourd'hui, ce serait malheureusement la résignation, et où pourrait-on trouver assez de bon sens pour amener un peuple nourri, depuis des dizaines, même des centaines d'années, d'orgueil et de vanité, à se faire à l'idée du sacrifice?

Ces doctrines arrogantes sont propagées systématiquement. Aucun homme d'État, aucun savant ne peut faire autrement que de les admettre s'il veut conserver son influence. Mais chez la plupart il n'est point besoin pour cela de dissimulation : c'est la sincère expression de leur opinion. Pour s'en convaincre, on n'a qu'à lire la brochure de M. Paul de Jouvencel intitulée : *l'Allemagne et le droit des Gaules* (Paris, 1867), écrite peu de temps après l'affaire de Luxembourg. Elle prêche sans façon la guerre contre l'Allemagne, et cela au point de vue libéral. Les Gaulois auraient reçu en héritage la souveraineté romaine, et tout ce qui était autrefois romain leur appartiendrait; Cologne et Bonn, Mayence et Trèves, étant des villes romaines, reviendraient donc de droit aux Français. L'auteur n'ignore pas que la France a reçu son nom des Francs, qui étaient un peuple allemand. Les Gaules leur doivent l'unité politique, tout en héritant de la civilisation romaine; mais l'Allemagne resta barbare. Voilà le refrain éternel. Nous avons beau faire, nous sommes et nous resterons des barbares.

Cette accusation doit-elle nous indigner sans cesse, et devons-nous répondre à nos voisins sur le même ton ? Un peu de réflexion nous apprend que ce serait peine inutile. Qu'on nous appelle barbares, nous n'en essayerons pas moins de lutter courageusement dans l'arène immense des connaissances humaines. La conviction de notre valeur gagnera petit à petit du terrain en France, comme nous avons déjà pu le constater avec plaisir avant la guerre. Affermissons cette conviction, et ne nous laissons pas décourager par maintes observations sur la supériorité de la race gauloise, exprimées par les hommes les plus intelligents et les plus aimables, qui, du reste, avouent hautement notre mérite.

Ces observations causent une grande irritation chez un grand nombre de nos savants, comme étant quelque chose d'inouï et d'insupportable. Aussi arrivent-ils trop facilement à prendre en mauvaise part des expressions qui, au fond, n'ont rien de blessant. Je citerai comme exemple les paroles de M. Ad. Wurtz : « La chimie est une science française, » par lesquelles ce savant distingué commence son *Histoire des doctrines chimiques,* depuis Lavoisier jusqu'à nos jours (Paris, 1868). Elles ont donné lieu à une dissertation aussi acerbe qu'indignée de la part de M. Kolbe, sur l'état de la chimie en France. Il est évident que l'honorable doyen de la Faculté de médecine de Paris n'avait aucunement l'intention de blesser les chimistes allemands. Outre que, dans ce travail même, il en cite un grand nombre avec la plus vive reconnaissance, il a donné hautement son opinion sur leur compte dans son grand rapport fait à l'instigation du ministre de l'instruction publique, M. Duruy (*Les hautes études pratiques dans les universités allemandes*. Paris, 1870, p. 12) : « Dans ces dernières années, dit-il, la science a été moins cultivée chez nous que chez nos voisins. » Selon lui, ce ne sont ni les hommes ni le génie qui font défaut à la France, mais seulement les institutions. Il déclare ouvertement au ministre que toutes les tentatives faites précédemment étaient insuffisantes, et continue ainsi : « Un nouvel effort doit donc être tenté pour sauvegarder l'avenir scientifique de la France. Et il ne faut pas s'y tromper : il s'agit ici d'un intérêt de premier ordre, car la vie intellectuelle d'un peuple alimente les sources de sa puissance matérielle, et son rang est marqué aussi bien par l'ascendant qu'il sait prendre dans les choses de l'esprit que par le nombre et la valeur de ses défenseurs. »

Il est probable que M. Wurtz qui, peu de temps après la levée du siége de Paris, fut démis de ses fonctions par la Commune, a compris depuis que son opinion sur les défenseurs de la France était tout aussi erronée que celle de ses compatriotes sur la prépondérance scientifique actuelle des savants français. Mais, en tous cas, son appréciation de la science peut être parfaitement admise même de ce côté du Rhin, et quiconque lira son rapport sur les établissements scientifiques de l'Allemagne sera convaincu de la haute estime dans laquelle il tient les directeurs de ces institutions. En décrivant le laboratoire chimique de Leipzig, il cite entre autres M. Kolbe, « l'éminent fondateur de cet établissement scientifique, » en lui donnant les plus grands éloges. Si notre compatriote avait connu le caractère éminemment respectable du savant français, il se serait gardé de mal interpréter sa fameuse phrase, qui prêtait facilement, il est vrai, à un malentendu.

Les hommes qui pensent de la même façon que M. Wurtz ne manquent pas parmi la jeune génération de savants français, et je ne suis pas d'accord avec M. Ecker, un autre naturaliste allemand, quand il avance que l'arrêt momentané ou la marche rétrograde des Français s'étend à toutes les branches des sciences anthropologiques (Voyez : *La lutte pour l'existence dans la nature et dans la vie des peuples*. Constance, 1871, p. 28). Sans doute, dans beaucoup de branches, il n'existe pas en ce moment de personnalité scientifique marquante ; mais on trouve cependant une jeune génération pleine d'ardeur et de courage, ayant devant elle un avenir scientifique. Ce qui la distingue particulièrement, c'est la juste appréciation des *barbares*. Laissons parler M. Lorain, l'un des mieux doués.

Il commence son exposé de l'état de la science dans l'empire français, par l'avant-propos suivant : « Quiconque voyagera en Allemagne sera frappé des progrès que fait dans ce pays l'étude des sciences naturelles. A ce sentiment d'admiration succédera bientôt, pour un Français, un sentiment d'émulation. Dans la voie scientifique, l'Allemagne a devancé la France; c'est là une vérité incontestable. Les Allemands ne laissent point à d'autres le soin de la proclamer, et en cela ils n'imitent pas notre exemple, en ce sens que nous sommes portés à admirer les autres, et à nous dénigrer nous-mêmes. Cette disposition de notre caractère national ne serait fâcheuse qu'autant qu'elle engendrerait le découragement et la crainte de la lutte. Il n'en est pas ainsi, je l'espère. Pour moi, plus j'admire l'Allemagne, plus je désire que la France se pique d'honneur, et regagne le terrain qu'elle semble avoir perdu depuis quelques années. » (*De la réforme des études médicales par les laboratoires*. Paris, 1868.)

En suivant l'exposé de M. Lorain, chacun en Allemagne devra se déclarer pleinement satisfait du degré d'estime qu'il reconnait à nos établissements scientifiques; et même ceux qui n'auraient pas appris comme moi à aimer et à estimer personnellement les jeunes savants français, avoueront qu'il ne doit pas être difficile de s'entendre avec des hommes de la franchise et du jugement de M. Lorain. Il ne faut, en effet, pour cela qu'une explication réciproque sur le caractère national. Car M. Lorain, malgré son admiration pour la science allemande, ne comprend pas, sous ce rapport, la cause de notre susceptibilité. J'ai cité textuellement son avant-propos, afin de pouvoir prendre ses propres paroles comme point de départ de ma discussion.

M. Lorain pense que le caractère national des Français les porte à admirer les étrangers, et à se dénigrer eux-mêmes. Jusqu'à présent, nous avions cru précisément le contraire en Allemagne. On a si souvent proclamé officiellement et officieusement que : « la France marche à la tête de la civilisation, » on a si souvent, en outre, prêché, dans les débats parlementaires aussi bien que dans la presse, qu'il fallait maintenir le prestige français, la prépondérance française ; le gouvernement a fait de tels efforts, les partis ont, sans hésitation, accepté de si grands sacrifices d'hommes et d'argent pour faire ressortir cette prépondérance d'une manière incontestable, qu'il semble en effet surprenant de nous entendre traiter de fanfarons, et de nous voir attribuer la particularité de dénigrer les étrangers, d'autant plus que la personne qui parle ainsi est bienveillante pour nous. En face de l'assentiment donné par la nation entière, à quelques exceptions près, à la *promenade à Berlin*, projetée au commencement de la guerre récente, nous pouvons bien admettre que nous ne nous sommes pas trompés lorsque nous disions, il y a huit mois : « On nous a déclaré une guerre d'ignorance » (Voyez les *Archives*, tome 51, page 3), et plus loin : « Ce que nous combattons n'est en réalité autre chose que l'ignorance et ses conséquences, le manque de véracité, l'immoralité et l'ostentation. »

Dans la brochure mentionnée plus haut, M. de Jouvencel, que nous ne citons que parce qu'il nous paraît être le véritable représentant du caractère national français, a exposé avec le plus grand sang-froid qu'il était impossible d'admettre l'autonomie de l'Allemagne : « Nous établirons que l'autonomie germanique ne peut être admise de ce côté du Rhin. » Il sent que cette expression a quelque chose de blessant pour nous, car il ajoute : « Nous savons bien que notre langage et la netteté de ce sommaire paraîtront exorbitants aux personnes chargées de traiter les questions internationales dans les chancelleries ; mais nous n'écrivons pas pour les diplomates, nous écrivons pour nos simples concitoyens. » On peut véritablement dire, maintenant, que ces paroles ont été écrites avec du sang.

Cependant M. de Jouvencel lui-même reconnaît de temps en temps notre mérite. Mais si nous nous permettons de faire valoir nos droits, si nous voulons être les maîtres chez nous, nous offensons le prestige français, et sans plus de façon, on nous déclare la guerre. Que M. Lorain et ses amis ne se trompent donc pas sur la disposition du sentiment national. Ce n'est certes pas l'admiration des Français pour nous qui a préparé la guerre. Nous ne voulons pas discuter sur ce point, de décider à qui l'on doit attribuer le crime de l'avoir fait éclater. Ce qui l'avait préparée, c'était la mauvaise humeur croissante du sentiment national de voir, sur les frontières de la France, un grand peuple désuni depuis longtemps et faible par sa désunion, se préparer à conquérir son unité. Et si l'on a pu faire la déclaration de guerre, si elle a même excité un enthousiasme fanatique, ce n'était certes point parce que les Français nous admiraient et se dénigraient eux-mêmes, mais parce qu'ils nous prenaient tous pour des barbares et nous traitaient comme tels ; parce qu'ils se croyaient le peuple élu, et nous demandaient naïvement de vouloir bien leur servir de matière brute qu'ils manipuleraient à leur aise. Nous nous en sommes rendu compte depuis longtemps, et certainement les souvenirs n'ont pas peu contribué depuis bien des années à tenir éveillée chez nous la conscience de cette présomption de leur part.

Mais ce que nous ignorions dans le mouvement actuel, c'était jusqu'à quel point la détérioration du caractère national français avait progressé dans la vie intime du peuple. Dans ce sens, M. Lorain a évidemment raison (quoique ce ne soit pas tout à fait ce qu'il a voulu dire), quand il pose comme particularité de sa nation l'acte de se dénigrer elle-même. Car il est affreux de voir la manière dédaigneuse et méprisante avec laquelle chacun traite ceux qui encourent la critique publique en France. On répète toutes les bassesses sur leur compte, et ceux qui tout à l'heure jouissaient de la plus haute considération se trouvent méprisés en un tour de main, et menacés de perdre leurs biens, leur liberté et leur vie. Nous avions eu l'occasion d'apprendre que l'empire avait engendré un bouleversement moral au moins aussi profond que celui de la royauté d'autrefois ; et, cependant, nous avons été surpris de voir cette désorganisation devenir tout à coup le caractère de l'État entier, quand, jusqu'alors, elle ne s'était montrée que dans la vie privée et le bas journalisme. Il n'est certes pas encourageant pour nos futurs rapports avec nos voisins de nous voir appliquer le même genre de jugement que celui qui était à l'ordre du jour entre Paris et Versailles. Après s'être habitué pendant la guerre à traiter nos soldats de voleurs et de brigands, à étendre ensuite ces dénominations à la nation entière, on ne se fait aucun scrupule aujourd'hui d'employer les mêmes termes en parlant des savants allemands.

Un récent exemple de cette méthode m'a frappé personnellement d'une manière très-sensible. Un journal de Lyon, le *Salut public*, à la date du 16 avril 1871, contient l'article suivant :

« M. le professeur Chauvin a ouvert hier son cours de physiologie à l'École de médecine, en présence d'une assistance nombreuse d'élèves et de médecins.

» Le savant et sympathique professeur a commencé la série de ses leçons par une allocution non moins patriotique que scientifique, qui a vivement ému l'auditoire.

» Après avoir donné lecture de l'article que M. le professeur agrégé Bernheim, de la Faculté de médecine de Strasbourg, a consacré, dans le *Salut public*, à la mémoire de M. le docteur Küss, maire de Strasbourg et professeur à la Faculté de médecine de cette ville, M. A. Chauvin a révélé un fait trop généralement ignoré.

» Il nous a appris que le fameux professeur berlinois, l'orgueil de l'Allemagne savante, Rudolph Virchow, a été élève du professeur Küss. Or, le professeur Küss, dès 1847, publiait un petit opuscule sur l'*Inflammation des os*, où se trouve toute la doctrine de la pathologie cellulaire, cette grande révélation ou révolution biologique, dont M. Rudolph Virchow passe pour être le père légitime.

» Jamais, il est vrai, M. le Prussien Rudolph Virchow n'a cité son maître, M. Küss, savant modeste autant que profond. Il l'a volé, il l'a pillé, — à la prussienne, — et il n'a pas eu le cœur de lui faire la part de ses travaux. Il est vrai que lui faire cette part, c'était beaucoup lui laisser, et cela n'est pas dans les usages prussiens, ni en science, ni en guerre. »

A ceci, je pourrais répondre simplement que toutes ces prétendues révélations sont inventées d'un bout à l'autre. Car quiconque se donnera la peine de remonter jusqu'aux sources, se convaincra aisément qu'on n'y trouve pas une parcelle de vérité. Mais ce serait trop demander à un professeur français ordinaire, que de remonter à des sources non françaises. Est-ce qu'un Français a besoin de connaître la littérature étrangère? J'admettrais donc volontiers que M. Chauvin a fait ces révélations de bonne foi et par ignorance, non *sciemment et délibérément;* cette supposition une fois admise, je rétablirai les faits tels qu'ils sont, pour montrer jusqu'où va cette naïve effronterie.

1° Je n'ai pas été élève de Küss. Je n'ai fait aucune partie de mes études à Strasbourg, où je suis venu pour la première fois en 1861, et où je n'ai passé que quelques jours. Il est vrai que j'eus à ce moment des rapports intimes avec cet homme aussi distingué qu'aimable, que j'avais appris depuis longtemps à vénérer et à apprécier. Or, c'est en 1858, que le cours sur la pathologie cellulaire fut livré à la publicité. Il ne pouvait donc être question d'une transmission verbale de la part de M. Küss.

2° J'ai été l'un des rares auteurs allemands, pour ne pas dire le seul, qui ait reconnu au moment opportun le mérite scientifique de M. Küss. J'ignore si un fait semblable s'est jamais produit en France. Mais quand ce serait le cas, et quand même M. Chauvin aurait raison d'alléguer que la pathologie cellulaire remonte en réalité à M. Küss, il eût été inutile, ce me semble, de combattre l'avis que j'en suis le père légitime. M. Chauvin affirme que je n'ai jamais cité Küss, comme s'il savait qui ou quoi j'ai cité. S'il avait le désir de s'en convaincre, je peux lui nommer une suite d'endroits où j'ai mentionné le pathologiste strasbourgeois et en partie assez longuement. Qu'il prenne la peine de rechercher dans les *Archives* le volume 1 de l'année 1847, pages 121, 147 et 223; le volume 4 de l'année 1852, page 311, et le *Manuel de pathologie et de thérapie spéciales*, tome I de l'année 1846, pages 46 et 56.

3° Küss n'a jamais rien publié à ma connaissance qui ressemble seulement à de la pathologie cellulaire, et j'attends de M. Chauvin les preuves de mes méfaits de vol et de pillage. Je serais bien heureux de savoir où ils se trouvent. Il parle, d'après le *Salut public*, d'un petit opuscule sur l'inflammation des os que Küss aurait publié dès 1847. Je ne sais si cet opuscule a jamais paru. Le petit écrit de Küss que j'ai cité honorablement à plusieurs reprises a pour titre : *De la vascularité et de l'inflammation* (Strasbourg, 1846). Il traite, en cinquante-six pages, exclusivement la question de l'inflammation, et il résume ses doctrines, page 46, en sept propositions, dont presque pas une n'est d'accord avec celles émises par moi dans ma *Pathologie cellulaire.* La plus importante de ces propositions est la seconde, ainsi conçue : « Au point de vue anatomique (organique), l'inflammation consiste en un double phénomène : disparition du tissu normal, organisation du plasma en tissu inflammatoire. » Or, quiconque a étudié la pathologie cellulaire même superficiellement, sait que la pensée fondamentale de cet ouvrage est justement la doctrine cellulaire, que, par conséquent, je nie absolument toute organisation du plasma comme telle (c'est-à-dire du blastème extra-cellulaire), et que je ramène, au contraire, tous les phénomènes maladifs aux cellules elles-mêmes et non pas à un liquide plastique.

Néanmoins, le mérite du travail de Küss demeure incontestable. C'est lui qui le premier a attiré l'attention sur les inflammations des parties dépourvues de vaisseaux, et quoiqu'il ait augmenté ces dernières d'une manière inexacte, en regardant le tissu osseux et le tissu cellulaire comme dépourvus de vaisseaux, il a pourtant des points de vue d'une grande importance. C'est lui surtout qui a prouvé l'indépendance de la diffusion des liquides dans l'épaisseur des tissus de la circulation du sang et de la résorption de certains éléments des tissus au commencement de l'inflammation. Ceci s'applique surtout à l'inflammation des os. Mais tout cela a si peu à faire avec la pathologie cellulaire, que Küss ne parle pas même des éléments cellulaires des os et du tissu connectif. Du reste, il ne pouvait en parler de bon droit, puisque je n'ai constaté l'existence de cellules dans les os et dans le tissu connectif qu'en 1851, c'est-à-dire cinq ans plus tard.

Personne n'avait donc moins sujet de se plaindre de moi que Küss, et il l'a si peu fait qu'il m'a constamment envoyé ses meilleurs élèves, entre autres M. Bernheim, pour compléter leurs études sous ma direction. Il m'avait même conservé une telle affection jusqu'à sa mort si regrettable, que son ami et successeur, M. le maire provisoire actuel de Strasbourg, M. Klein, m'en a encore récemment donné de nouvelles preuves.

Il me paraît donc évident que l'attaque outrageuse de M. Chauvin n'a pas d'autre motif que l'emportement de la passion. Il ose dire en parlant de moi : *il l'a volé, il l'a pillé*, probablement afin d'avoir un prétexte à cette insulte générale : *à la prussienne.* Après que le chauvinisme a conduit la France à une déroute sans pareille dans l'histoire des nations, M. Chauvin se sert des motifs les plus vils pour insinuer la calomnie et la suspicion. Il n'est pas étonnant que M. Chauvin ait du chauvinisme dans le sang, il s'agit probablement chez lui d'une maladie héréditaire; mais qu'on puisse oser en France commettre publiquement une action si réellement immorale contre des étrangers, et qu'on appelle cela faire preuve de patriotisme, voilà ce que l'on ne comprendrait jamais si on ne songeait que, pendant de longues années, le mépris des étrangers et l'admiration de soi-même régnaient souverainement en France.

Si je ne me trompe, cela provient en grande partie de la prépondérance de la langue française. D'un côté, il résultait de cette prépondérance que les Français pouvaient se dispenser de l'étude des langues et des littératures étrangères, étant certains de trouver partout des gens instruits qui comprendraient leur idiome. D'un autre côté, ils pouvaient être sûrs de ne pas rencontrer dans la littérature française la plus grande partie de ce qui était dit ou écrit contre la France à l'étranger. Ils continuaient donc à vivre dans leur ignorance avec une certaine satisfaction, et ils semblaient assurés contre les attaques du dehors tout en attaquant impunément les étrangers. Les Anglais seuls étaient traités avec un peu plus de respect, mais sans être cependant non plus à l'abri de la jalousie nationale.

Nous aurions beaucoup à dire là-dessus; mais je ne veux rappeler qu'un exemple récent. Dans la séance du 26 août 1855, M. Trousseau, l'un des rares médecins français qui savaient honorer le mérite étranger, fit à l'Académie de médecine un premier discours sur la maladie d'Addison, découverte peu de temps auparavant. Il fit part à l'Académie d'un cas observé par lui-même, et donna un aperçu des cas mentionnés par Addison. Il s'ensuivit un débat dont le rapport ne parut officiellement que beaucoup plus tard, et extrêmement coupé par la censure. (*Bulletin de l'Académie impériale de médecine*, t. XXI, n° 23, p. 1055.) Voici ce qu'on y lit : « M. Gibert n'a pas appris sans surprise qu'un médecin ait pu recueillir un aussi grand nombre d'exemples d'une semblable altération dans la coloration de la peau, lorsqu'on sait combien les altérations de ce genre sont rares. Cependant sa surprise diminue en considérant que ces faits ont été recueillis à l'étranger. » Plus loin on lit : « M. Trousseau regrette que M. Gibert ait cru devoir jeter *une sorte de défiance ou de suspicion sur les recherches qui viennent de l'étranger.* » La chose doit avoir été plus grave, car l'*Union médicale* (n° 104, p. 416, 1855), dans son rapport publié immédiatement après la séance, fait parler M. Trousseau ainsi : « M. Gibert accueille défavorablement les découvertes qui nous viennent de l'étranger. Cette méfiance a sa source dans un sentiment de patriotisme fort louable assurément. Mais ce sentiment ne doit pas nous empêcher de rendre justice à nos collègues d'outre-Manche, et il ne doit pas nous faire oublier quel prodigieux service nous a rendu la découverte de Bright, par exemple. Ceux qui appellent notre attention sur les maladies que nous ne connaissons pas, ces maladies fussent-elles incurables, comme la maladie de Bright elle-même l'est presque toujours, ceux-là ont droit à la reconnaissance de tous les médecins. Or, il s'agit d'Addison, collègue et collaborateur de Bright; c'est en explorant fréquemment les reins pour y découvrir les lésions de l'albuminurie chronique qu'il a été amené à étudier les lésions des capsules surrénales. » La défense de Trousseau est certainement très-honorable; mais qu'une attaque aussi éhontée ait été possible en pleine séance d'Académie, sous le seul prétexte d'être dirigée contre un étranger, c'est-à-dire un barbare, voilà ce qui dessine nettement la situation. Bientôt après un autre Français, M. Imbert Gourbeyre, professeur suppléant à l'école de médecine de Clermont-Ferrand, alla plus loin encore. Il chercha à prouver que la maladie d'Addison avait été connue depuis longtemps sous le nom de *mélas-ictère*, et qu'Addison avait seulement le mérite de l'avoir distinguée de l'ictère. « A ce titre, dit-il dans le *Moniteur des hôpitaux* (septembre 1856, p. 884), il n'y a nul inconvénient à décorer l'ictère noir du nom du médecin anglais. Ce que nous avons fait pour M. Bright, nous le ferons aussi pour M. Addison, son collègue à l'hôpital de Guy. Mais c'est accroître singulièrement la dette de l'Angleterre à notre égard, tant sur les champs de bataille que sur les champs de la pathologie. Nous en sera-t-elle reconnaissante? *That is the question?* »

Est-il possible de mettre une question en doute d'une manière plus insolente? En rendant justice aux étrangers, on demande s'ils en seront reconnaissants. Ceci est tellement français qu'il n'existe pas d'exemple d'un cas analogue dans aucune autre littérature. On peut dire beaucoup de l'injustice grossière des Anglais envers les *foreigners*, et je pourrais tirer de ma propre expérience des exemples fabuleux. Mais même en Angleterre on ne s'est certainement jamais attendu à une sorte de reconnaissance nationale de la part d'un autre peuple pour avoir été juste envers lui. Les Allemands ont enfin compris, ce que les Anglais et les Français avaient admis depuis longtemps, que la science elle-même a une valeur nationale, mais pas dans ce sens que chaque nation doit l'exploiter d'une manière exclusive. Au contraire, chaque nation doit faire avancer la science d'après ses aptitudes propres, et livrer ensuite les résultats qu'elle obtient au trésor commun de l'humanité. Pour nous, la science est purement humaine dans son essence et nationale seulement dans sa forme; nous savons faire la différence entre la politique exclusivement nationale et la science universellement humaine. En France au contraire l'appréciation de cette différence ne semble pas être encore entrée dans quelques-unes des meilleures têtes.

Des faits nombreux et frappants ont montré dans les derniers temps jusqu'où va la confusion sous ce rapport. Je ne parlerai pas de la lettre tant discutée de M. Pasteur qui accompagnait le renvoi d'un diplôme honorifique de l'université de Bonn, parce que je déplore la manière dont on a répondu de Bonn à ce savant d'un si grand mérite, réponse qui n'a servi qu'à l'irriter davantage. Mais ce que je ne puis passer sous silence, c'est la proposition étonnante de M. Béhier à l'Académie de médecine, demandant qu'on rayât des listes de l'Académie les noms de tous les membres de l'Allemagne du nord qui en faisaient partie. Je ne connais les détails de ce débat que par le *Medical Times and Gazette* (n° 1083, avril 1871, p. 369); je n'en parlerai donc pas davantage, d'autant plus que la majorité de l'Académie, quoique fort irritée, mit finalement l'incident de côté par un ordre du jour motivé; du reste, je pense que ces messieurs ont appris depuis, par le second bombardement de Paris, à mieux juger des conséquences inévitables de toutes les guerres. Mais je ne peux pas m'empêcher d'attirer l'attention sur la manière de penser de la nation, qui résulte évidemment de la proposition elle-même et des explications de plusieurs membres de l'Académie.

Il est probable qu'aucun des savants de l'Allemagne du Nord, membres correspondants ou étrangers de l'Académie, n'a brigué l'honneur d'en faire partie. Pour ma part, je dois dire qu'on me l'a offert spontanément, sans que j'aie jamais fait pour cela les moindres démarches. Je l'ai accepté avec reconnaissance, comme c'était juste, quoique l'Académie portât alors le titre d'impériale, et qu'il me fût désagréable d'être en rapport avec quelque chose de ce nom; considérant cette distinction comme purement scientifique, je fis taire mes scrupules politiques. Si, par une raison politique, l'on m'avait privé aujourd'hui d'un titre scientifique, je m'y serais philosophiquement résigné; car la vraie distinction consiste à avoir mérité le titre et non à le porter. J'aurais néanmoins sincèrement regretté une mesure qui aurait amené la rupture du seul lien qui unisse encore la France et l'Allemagne, le lien des intérêts intellectuels communs. Ce n'est pas à tort que M. Béclard, le rapporteur de l'Académie, a rappelé que les membres que l'on menaçait de proscription étaient presque tous adversaires de la guerre et amis sincères de la paix. Mais quand même, au point de vue politique, nous aurions été amis de la guerre, serait-ce là un motif suffisant pour révoquer nos titres scientifiques? Quel rapport peut-il exister entre la position politique d'un homme et son mérite scientifique? Une mesure comme celle que M. Béhier a proposée contre les étrangers ne serait-elle pas un précédent dangereux pour des gouvernements peu scrupuleux, auxquels elle permettrait d'écarter des savants éminents des emplois de l'État, sous prétexte de danger politique? Manque de patriotisme chez un homme de science, quelle accusation facile à trouver! L'histoire de la science française n'est pas tellement pauvre en exemples de conflits semblables pour qu'il soit nécessaire d'en mentionner spécialement aucun.

J'avoue qu'il est quelquefois bien difficile de maintenir les rapports scientifiques avec la même intimité quand éclatent de forts contrastes politiques. Je vais rappeler un cas récent où les savants français ont mis sévèrement à l'épreuve la patience des Allemands. Ce fut en 1869, à l'occasion du congrès d'archéologie préhistorique de Copenhague. M. de Quatrefages en a publié le rapport dans les numéros de la *Revue des deux mondes* du 15 avril et du 1er mai 1870. Quoique ce naturaliste célèbre ne s'occupe pas activement de politique, il a consacré une grande partie de son rapport à la situation du Danemark vis-à-vis de l'Allemagne. Justement orgueilleux de ce que la langue française fût reconnue comme la langue officielle du congrès, il dépeint les sentiments sympathiques des membres français du congrès pour le Danemark, l'oppression injuste de ce petit État, l'ambition démesurée de l'Allemagne et la jalousie croissante de la France. Mais ce qu'il passe sous silence, c'est que malgré le caractère international du congrès, les savants français ne manquèrent aucune occasion pour exprimer ouvertement leurs sympathies pour le Danemark en présence des Allemands, et que même un jour, devant tous les membres assemblés, un Français ayant proposé un *toast* à l'alliance de la France et du Danemark, un Allemand put à peine mettre un terme à l'embarras visible de l'assemblée en proposant un *toast* à l'alliance universelle de toutes les nations. Il était certainement bien pénible pour nous autres Allemands de voir qu'aucun argument ne pouvait amener, même des républicains français tels que M. Henri Martin, à comprendre le danger d'attiser la guerre entre l'Allemagne et la France. S'ils avaient pu soupçonner l'imminence de cette guerre, les terribles désastres qui en résulteraient pour leur pays, le rôle qu'y jouerait le Danemark, ils auraient assurément compris combien il est utile de tenir écartées l'une de l'autre la science et la politique. *La politique sépare les nations, la science les unit,* et malheur à ceux qui rompent ce lien !

Je serais heureux de penser que les considérations précédentes puissent aplanir la voie de la réconciliation. Elles sont franches et sincères, et pour cela même blesseront peut-être maints esprits. Mais sans explication nette on n'arrive à aucune réconciliation vraie, et il faut oser être franc au risque de blesser l'un ou l'autre. Ce n'est pas la première fois que j'entre dans cette voie, et je suis encouragé par la pensée d'avoir réussi autrefois. En effet, je m'étais fait de nombreux amis en France, et j'ose espérer que mes efforts contribueront quelque peu à vaincre les préjugés qui existent contre nous en France. Ces préjugés se maintiennent parce qu'on ne saisissait pas le développement nouveau de l'Allemagne, et parce qu'on nous regardait toujours encore comme des rêveurs et des spéculateurs. On était habitué depuis trop longtemps à considérer la science allemande comme obscure et incompréhensible. Les uns nous regardaient comme des mystiques, d'autres comme des matérialistes ; personne ne nous jugeait capables d'un travail pratique et positif. Mais tout cela avait commencé à s'améliorer. On se disposait à nous étudier, à apprendre notre langue ; on voyageait même en Allemagne et on nous y voyait animés d'une activité pratique et positive. Il se forma à Paris ce qu'on appela l'École allemande, et si ce titre, dans la bouche de certains savants français, était considéré comme un reproche, d'autres, au contraire, avaient le courage de s'en faire un honneur. Il était bien insensé, en effet, de voir matière à reproche là où il s'agissait d'un progrès réel. Car l'école moderne allemande n'est pas l'école de l'autorité et du dogme, mais celle de la critique et des recherches méthodiques. Elle ne forme aucun contraste avec la vieille bonne école française, elle en est même sortie en grande partie avec un développement régulier et fertile et ayant sa vie propre. Pendant de longues années nous avons transplanté chez nous la science française, et nous sommes encore aujourd'hui remplis de reconnaissance pour le bien que nous avons reçu. Est-ce que cela nous a déshonorés ? Et aurait-ce donc été une honte pour les Français de recevoir à leur tour ce que nous avions à leur offrir ? A notre avis, il n'y a jamais de honte à apprendre ; il n'y a que l'ignorance voulue et malgré cela orgueilleuse qui soit une honte et en même temps un malheur.

Les jeunes gens que nous éclairons par nos conseils ne sont pas simplement des *élèves ;* ce sont des travailleurs indépendants que nous amenons vite à observer ; alors ils deviennent nos maîtres à leur tour. Voilà le secret de notre force. Nous ne demandons à aucun de nos disciples de devenir nos apôtres, et je puis me vanter, avec raison, je crois, que parmi les jeunes Français qui ont appris à travailler avec moi, aucun n'est revenu en France comme simple propagateur de formules magistrales. Tout ce qu'ils ont donné à la science française après leur retour a été le résultat de leurs propres recherches ; et si l'on y trouve une certaine analogie avec les doctrines allemandes, cela ne provient pas d'une foi aveugle en notre autorité, mais de ce que nos enseignements dérivent de la nature elle-même. Toutes les particularités nationales disparaissent devant les vérités universellement reconnues de la nature.

Il est certain que chacune des deux nations a sa manière propre de cultiver la science. Cependant la différence n'est pas si grande qu'on n'y puisse trouver des résultats analogues. M. Chauffard m'a fait, il y a quelques années, dans un essai critique, l'honneur de comparer ma méthode d'étudier à celle de M. Claude Bernard, le représentant si distingué de la physiologie française. Dans un travail portant ce titre : *De l'idée de la vie dans la physiologie contemporaine*, il essaye de faire ressortir le génie différent des deux nationalités par nos travaux respectifs. (Voyez le *Correspondant*, nouvelle série, tome IV, page 205, 1868.) Son opinion sur mon œuvre est évidemment influencée par ses idées générales sur notre nation, et il en parle de la manière suivante : « L'une, systématique, profonde, obscure pour tous ceux qui se bornent à parcourir du regard l'enveloppe uniquement extérieure des choses, hardie dans la vérité comme dans l'erreur, découvrant la vie et ses lois cachées dans des régions où l'œil humain n'avait pas encore pénétré, la dénaturant par contre dans les caractères fondamentaux attestés par l'universelle observation ; au demeurant, œuvre vaste et forte, où les saines affirmations effaceront bientôt les négations téméraires et funestes. » Ensuite il parle de M. Cl. Bernard en ces termes : « L'œuvre française n'a rien d'abord de ces visées générales et systématiques, rien non plus de ces obscurités qui fatiguent à pénétrer et trompent ceux qui aiment les voies faciles. Elle s'est longtemps attachée à poursuivre un but particulier, la découverte et la démonstration d'un fait nouveau. Elle a révélé au monde savant étonné des fonctions organiques nécessaires au maintien de la vie, et qui, jusqu'ici, n'avaient pas même été soupçonnées. » M. Claude Bernard ne se serait adonné que bien plus tard à la considération des dernières et des plus importantes marques caractéristiques de la vie : « Car pour atteindre à la connaissance vraie, il faut remonter à la cause qui domine et régit le déterminisme phénoménal. »

M. Chauffard est trop intelligent pour se figurer que l'essence des deux nationalités consiste, l'une dans le système et la synthèse, l'autre dans l'observation individuelle et l'analyse. Il ne peut pas croire, de bonne foi, que j'aie commencé par l'exposition synthétique. Lorsque je fis mes cours de pathologie cellulaire, j'avais derrière moi dix années de travail assidu, consacrées certainement autant à l'examen approfondi d'une suite de phénomènes uniques que les premiers travaux de mon ami vénéré de Paris. Dans mes premières études de jeune savant, je rencontrai la phrase suivante dans l'admirable traité de M. Cruveilhier : « La phlébite domine toute la pathologie. » Et en effet, mes propres recherches me convainquirent bientôt qu'il existait dans la phlébite tout un nid inextricable de difficultés scientifiques. Je me décidai donc à les attaquer ; mais, tout en poursuivant ce but invariable, je fus bientôt forcé d'étendre mes études préparatoires à des questions devenant de plus en plus compliquées. Il fallut résoudre une armée de problèmes isolés, la fibrine, les corps constituants du sang, la thombrose, la leucémie, l'embolie, l'infection purulente, l'endocardite, le procès athéromateux, l'inflammation, la pigmentation, avant de pouvoir trancher le nœud de cette question. Lorsque j'eus atteint mon but, je me consacrai à mon nouveau travail, l'étude du tissu connectif, de ses équivalents et de ses variations. Il se passa de nouveau de nombreuses années avant que j'eusse trouvé un résultat concluant, et ce n'est qu'alors que je remplaçai pour peu de temps par la synthèse mes travaux jusque-là presque exclusivement analytiques. Ma réputation scientifique était fondée depuis longtemps, lorsque je publiai mes travaux sur la pathologie cellulaire. Mes recherches dans la question épineuse de la phlébite m'avaient valu ma nomination à la chaire de Wurzbourg, et mes travaux sur le tissu connectif et son importance pathologique m'avaient fait appeler à Berlin. C'est seulement le troisième semestre après mon retour que je fis mon cours de patgologie cellulaire. Il ne faut donc pas apprécier la différence entre le développement des investigations françaises et allemandes à la façon de M. Chauffard.

Je ne fus même amené à faire mes travaux de synthèse que par une circonstance en dehors de ma volonté. Les médecins pratiquants de Berlin m'avaient demandé de leur donner un aperçu de mes expériences dans une suite de conférences et de démonstrations. Lorsque j'y consentis, l'œuvre à laquelle le critique français s'est si vivement intéressé se fit d'elle-même. La base de cette œuvre reposait sur mes travaux précédents. Mais leur nombre était trop considérable et la matière trop difficile pour être comprise sans démonstration. J'avais voulu précédemment exposer mes principaux points de vue dans mon grand *Manuel de pathologie et de thérapie spéciales*, publié en 1856 ; mais cette tentative n'avait pas suffi pour atteindre au but proposé, quoiqu'elle eût été faite au point de vue de la médecine pratique et qu'elle eût eu beaucoup de succès.

Il faut encore que j'insiste sur ce point que mon livre de pathologie cellulaire n'était pas non plus conçu comme œuvre systématique. Il s'agissait, au contraire, d'un principe biologique général, devant former le centre de toutes les explications et le point de départ de toutes les recherches futures dans le domaine des sciences naturelles organiques. Si la pathologie cellulaire avait été un système, elle aurait été renversée depuis longtemps, aussi bien par moi que par mes disciples. Les progrès constants et toujours nouveaux accomplis dans la connaissance de la nature ont amené de nombreuses découvertes, qui m'ont forcé à renoncer à des considérations plus anciennes et à admettre ou à établir un nouvel ordre d'idées. Mes adversaires et le public irréfléchi ont cru au moins dix fois que la chute de la pathologie cellulaire était imminente. Dans leur vue bornée, ils n'ont pas reconnu que cette doctrine reste intacte dans son principe, quoique la membrane ne soit plus considérée comme élément essentiel et nécessaire de la cellule, ou qu'une partie plus ou moins grande des globules du pus ne dérive pas des éléments du tissu connectif. Je peux admettre chaque progrès réel, saluer joyeusement chaque vérité nouvelle, sans avoir à craindre qu'ils portent préjudice à la méthode de recherches et d'observations de la nature organique que je représente.

C'est de cette manière qu'on peut expliquer comment les appréciations de M. Claude Bernard sont d'accord avec les miennes, — quoique nous ayons parcouru des voies différentes pour y arriver, — et comment chacune de ses découvertes a jeté une vive clarté sur le domaine des matières que j'ai classées en grand. Son développement, remontant depuis le moindre fait isolé jusqu'aux généralités, a en effet beaucoup d'analogie avec le mien, et si ces développements respectifs doivent servir à faire ressortir les particularités de l'esprit national chez les deux peuples, il me semble qu'il n'est pas difficile de trouver le point où commence la différence. Le savant allemand, en recherchant la vérité conformément à l'esprit de sa nation, a non-seulement en vue le cas qui l'occupe dans le moment, mais la science en général. La connaissance du cas particulier doit servir en même temps à faire une nouvelle conquête dans le domaine de la science universelle ou à mettre à l'épreuve la justesse de l'observation universelle. C'est pour cela que chaque exposition participe chez les Allemands d'un certain caractère d'idéalisme, même quand il s'agit d'un sujet pratique ou matérialiste. Notre méthode a une base plus universelle que la méthode française.

En France, il en est autrement. Là, l'intérêt du cas particulier domine tout. On ne s'occupe de rien autre au monde, quand il s'agit de poursuivre un but déterminé. Pour y atteindre, on met en jeu tous les moyens, tous les efforts de l'esprit, on s'y dévoue corps et âme. Par cette méthode, on est arrivé à des résultats étonnants, et je suis fermement convaincu que la puissance créatrice de l'esprit français n'est nullement affaiblie ; c'est un esprit pratique et réaliste, même quand il s'occupe des choses universelles ou très-peu pratiques. L'histoire des derniers temps nous en donne un exemple frappant. Il serait impossible en Allemagne qu'une guerre civile sanglante sévît pendant de longs mois, sous la protection des canons de l'ennemi, occupant un tiers du territoire, pour obtenir des choses qu'on atteindrait sûrement par un développement régulier intérieur. On appelle cela en France du patriotisme ; une foule d'hommes distingués prennent part à ce mouvement, peut-être à contre-cœur, mais assurément animés par les plus nobles motifs. Tout cela est aussi incompréhensible pour nous que l'était leur indignation générale à propos de Sadowa, indignation qui a amené cette guerre terrible, dont nous avons si ardemment désiré la fin en Allemagne.

Le premier Napoléon savait apprécier ces différences de caractère national. Il connaissait l'*idéologie* allemande et la haïssait si bien qu'il en faisait tout simplement fusiller les représentants. Notre nation, de son côté, ressent une aversion traditionnelle pour les Français, l'*ennemi héréditaire*, et cela parce que, depuis des siècles, nous avons dû subir sur notre sol les mêmes expériences de cruauté et d'esprit de destruction dont ils ont donné récemment de si tristes échantillons chez eux. *L'Allemagne aime les réformes, la France les révolutions.* Cette antithèse est aussi vraie en politique qu'en science. Mais il y a moyen de s'entendre. La civilisation calme les passions; elle crée les formes par lesquelles l'esprit national se transforme, lentement, il est vrai, et par des détours, mais sûrement et avec ménagement. Nous souhaitons donc ardemment que les Français arrivent au but que poursuivit la Commune, au *self-government*; car cette forme fondamentale de la vie publique germanique assurera non-seulement la liberté intérieure, mais encore la paix entre les nations. De même que, dans le monde des anciens, l'esprit romain et l'esprit grec se sont tellement assimilés que de leur union naquit la civilisation universelle, de même nous trouverons, dans l'action commune de l'idéalisme germanique et du réalisme français, la solution de ces problèmes sociaux si ardus qui forment la sombre base de la guerre civile actuelle.

R. Virchow,
professeur à l'Université de Berlin.

ASSOCIATION BRITANNIQUE

POUR L'AVANCEMENT DES SCIENCES

Le Congrès d'Édimbourg

La *Revue scientifique* a déjà annoncé l'ouverture, à Édimbourg, du congrès annuel de l'Association britannique pour l'avancement des sciences.

A l'heure qu'il est, les nombreux travaux présentés aux diverses sections de l'Association ne nous sont pas encore tous parvenus ; nous réservons en conséquence pour un prochain article le résumé et l'appréciation de tout ce qui touche au côté réellement scientifique; pour aujourd'hui nous voulons seulement faire connaître aux lecteurs de la *Revue* ce que sont ces grandes assises de la science, faire ressortir, dans la mesure de nos forces, quelle est leur utilité pour les savants, quelle est leur influence sur le progrès des connaissances humaines.

L'Association britannique, fondée depuis quarante ans environ, a vu passer dans ses rangs, depuis 1831, tout ce que l'Angleterre compte d'illustrations scientifiques. Elle n'est pas la première en date des institutions de ce genre; comme on a pu le voir dans le discours de William Thomson, président du congrès actuel (1), l'Allemagne avait déjà son association scientifique depuis huit ans, lorsque David Brewster et quelques-uns de ses amis songèrent à doter l'Angleterre d'une société qui est devenue l'une des gloires de son pays.

Comme toutes les choses dont le but est net et dégagé de toute arrière-pensée, l'Association britannique fut, dès son origine, constituée à très-peu de chose près comme elle l'est encore aujourd'hui. Un président et un bureau renouvelables par élection tous les ans; un comité général, électif, chargé d'expédier pendant l'année courante les affaires de l'Association, et de veiller à ce que les vœux émis par elle dans les congrès généraux ne soient pas lettre morte ; quelques comités spéciaux, nommés pour diriger les travaux scientifiques entrepris aux frais de l'Association, ou examiner les mémoires répondant aux questions proposées par elle : voilà le mécanisme, aussi simple que rationnel, qui suffit à faire prospérer l'une des plus grandes institutions scientifiques de l'Europe.

L'Association britannique, étant absolument indépendante, tous les savants qui en font partie sont absolument égaux entre eux ; chacun ne tient l'autorité temporaire qu'il peut être appelé à exercer que du libre suffrage de ses collègues ; suffrage qui est aussi le seul juge en matière de récompenses ou d'encouragements. C'est là un point sur lequel il faut insister, parce qu'il est une garantie précieuse qui permet à toutes les opinions de se produire et d'établir entre elles cette « lutte pour l'existence », dont le résultat final, dans le monde des idées comme dans celui des êtres vivants, est de laisser toujours au *mieux* la victoire définitive. C'est là un point sur lequel il faut encore insister, parce qu'il établit une différence radicale entre les congrès de l'Association britannique et ceux que tinrent, pendant quelques années, à Paris, les savants de nos provinces.

Ce n'est pas d'ailleurs la seule différence qu'il soit possible de signaler entre ces deux sortes d'institutions. Lorsque nos savants français se sont réunis, c'est toujours à Paris que le congrès a eu lieu ; il semblait que la métropole fût le seul foyer possible de lumière scientifique, et que la science provinciale dût venir, chaque année, raviver à ce foyer une flamme qu'elle était impuissante à conserver dans tout son éclat. Avec cet instinct merveilleux de l'indépendance et de la dignité qui les caractérise, les Anglais se sont bien gardés de donner à Londres ou à tout autre centre scientifique le privilége de posséder la réunion annuelle de leur Association.

Chaque année, au contraire, le congrès se tient dans une ville différente. L'an dernier, c'était à Liverpool, auparavant à Exeter; cette année, pour la troisième fois depuis trente ans, l'honneur de donner l'hospitalité aux représentants de la science anglaise échoit à Édimbourg. Puis ce sera Brighton, puis Bradford, et dans trois ans Belfast.

Le lieu du congrès se trouvant ainsi désigné trois ans à l'avance, toute surprise peut être évitée : les villes ont le temps de tout disposer pour recevoir d'une manière digne d'eux leurs visiteurs, presque tous illustres, et l'Association elle-même, dès la fin d'un congrès, peut s'occuper d'organiser le suivant.

Outre l'indépendance personnelle qu'il assure aux membres de l'Association, ce système de migrations a un autre avantage : le siége du congrès est tantôt une ville commerciale, tantôt une ville industrielle, ou bien encore un foyer antique de recherches scientifiques, ou même simplement une ville dont les environs peuvent offrir aux membres de l'Association quelque curieux sujet d'étude. Il résulte de là que tous les genres d'industrie ou de commerce sont successivement mis à même de profiter de l'immense concours de lumières que présente toujours un pareil congrès. Toutes les parties de la nation se trouvent chacune à leur tour en con-

(1) Voyez notre précédent numéro, page 170.

tact avec les savants du pays, apprennent à les connaître, à apprécier la valeur et l'utilité de leurs recherches; et c'est là certainement l'une des causes de l'écho sympathique que trouvent en général dans le public anglais les entreprises scientifiques privées. Le goût de la science se répand, les vocations scientifiques se décident, la centralisation devient impossible, la province travaille et découvre aussi bien que la capitale. Ainsi se trouvent fécondées et mises en œuvre toutes les ressources scientifiques du pays.

La séance générale d'ouverture, où le président fait un discours qui est presque toujours une œuvre scientifique considérable, les séances des sections et sous-sections, dans lesquelles sont lus et discutés les mémoires scientifiques composés dans l'année, voilà les principales occupations des membres du congrès. Ce ne sont pas les seules. Se trouve-t-on dans un centre industriel ou commercial, on va visiter en corps les principaux établissements du voisinage, ou bien on va voir, sous la conduite des savants spéciaux, les monuments historiques, les curiosités scientifiques ou artistiques; enfin des excursions géologiques ou botaniques, des dragages en mer, si cela est possible, sont ordinairement organisés, afin de mettre les savants étrangers tout à fait en pays de connaissance. Chacune de ces excursions est un prétexte offert aux notables du pays d'exercer cette fastueuse hospitalité dont l'Angleterre a le privilége ; les travaux scientifiques se trouvent ainsi agréablement coupés par des *lunchs* monstrueux et des banquets où règne cette gaieté britannique dont nous autres Français avons souvent quelque peine à bien comprendre le caractère. La poésie se met quelquefois de la fête, la poésie burlesque même. Ainsi, nous avons en ce moment sous les yeux une sorte d'ode dans laquelle sont résumés les travaux de Tyndall ; elle n'est pas sans quelque analogie avec ces chansons fameuses parmi les candidats à l'École polytechnique, et dans lesquelles la chimie est mise en vers on ne peut moins alexandrins.

Disons tout de suite que cette ode et une chanson d'un autre genre, l'*Ane britannique*, ont été distribuées au banquet des « Linos rouges », à Édimbourg, le 7 août dernier.

Sans vouloir exagérer l'importance de la chose, il est bon néanmoins de signaler ici que ces banquets ne sont pas sans influence sur les relations des savants. S'il est vrai, comme le disait le plus spirituel des gastronomes, que deux hommes ne sont amis que lorsqu'ils ont mangé ensemble, il ne peut manquer de s'établir à la longue, entre les savants anglais, une cordialité qui facilite l'échange des idées, féconde et relie les découvertes par suite du commerce réciproque de leurs auteurs (1).

Édimbourg est l'une des villes où l'Association devait se trouver le plus à l'aise, soit parce que ce fut là que naquit la première idée d'une association britannique pour l'avancement des sciences, soit parce que l'ancienne capitale de l'Écosse offrait au congrès toutes les commodités d'installation possibles, en même temps que les curiosités sans nombre qui s'entassent toujours dans une cité qui a joué dans le passé le rôle de la ville des Stuarts.

(1) Le professeur Thomson rappelle à ce sujet dans son discours, que c'est une conversation qu'il eut avec Plücker, au congrès de Newcastle qui donna à Lockyer l'idée d'étudier l'influence de la compression sur la qualité de la lumière émise par les gaz. On sait quels merveilleux résultats a donnés cette étude, entreprise en commun avec le docteur Frankland.

C'est dans Music Hall que les 2500 personnes assistant au congrès se sont réunies pour entendre le savant et remarquable discours de sir William Thomson (1). L'assistance était digne d'ailleurs d'un orateur que le président sortant, Huxley, n'a pas hésité à qualifier de géant intellectuel (2).

Outre l'empereur du Brésil, qui a voulu s'honorer en assistant aux séances du congrès, jamais peut-être auditoire n'avait réuni un aussi brillant concours de célébrités scientifiques. Les mathématiciens et les physiciens surtout avaient tenu à honneur de faire un glorieux cortége à l'illustre président qu'ils venaient de fournir à l'Association. Joule, Cayley, Colding, Sylvester, Tait, Huggins, J. Tyndall et nombre d'autres savants non moins distingués, se trouvaient là.

Dans le numéro du 12 août (page 168), la *Revue* a publié les noms des nombreux étrangers qui ont pris part aux travaux du congrès. Deux Français seulement avaient cru devoir entreprendre le voyage. Peut-être les douloureuses crises que nous venons de traverser sont-elles pour quelque chose dans cette abstention, quoique les congrès précédents, ouverts dans des circonstances plus calmes, en aient déjà donné l'exemple : espérons qu'au congrès de Brighton, la France tiendra à honneur de prendre le rang qui lui appartient encore, malgré ses revers, et que, pendant si longtemps, on ne lui a pas disputé. Ce rang nous l'avons, il est vrai, un peu compromis, mais nous ne pouvons manquer de le reconquérir si nous savons profiter des trop terribles leçons qui viennent de nous être infligées. Il nous faut, pour cela, renoncer à notre humeur casanière, et, s'il est impossible d'engager nos savants illustres à entreprendre des voyages, eh bien, que le gouvernement, gardien de l'honneur du pays, se décide à envoyer quelques jeunes travailleurs bien choisis, qui apprendront ainsi à apprécier ce qui se fait à l'étranger et nous feront profiter à leur retour des enseignements qu'ils auront recueillis dans leur mission.

Avant la séance d'ouverture du congrès, une intéressante solennité avait déjà réuni la plupart des membres de l'Association; c'était celle de la collation solennelle des grades de l'Université d'Édimbourg. Plusieurs savants, parmi lesquels un Français, M. Janssen, ont reçu le titre honoraire de docteur (LL. D.); quatre-vingt-seize jeunes gens ont également obtenu le grade suprême, consécration de leurs études.

Un discours prononcé à cette occasion par le professeur Ben-

(1) Les séances des sections ont eu lieu dans les salles de l'Université. Les sections se sont ainsi trouvées groupées, au lieu d'être, comme à Liverpool, disséminées dans divers locaux.

(2) William Thomson, président du congrès d'Édimbourg, est né en 1824 à Belfast, où son père était professeur. Il a par conséquent quarante-sept ans. Après de brillantes études à Glasgow, où son père avait remplacé en 1832 le célèbre mathématicien Robert Simson, et à Cambridge, William Thomson fut élu professeur au collége de Saint-Pierre ; de là il fut appelé, à l'âge de vingt-deux ans, à remplacer à l'Université de Glasgow le docteur Mikleham, comme professeur de philosophie naturelle. C'est cette position qu'il occupe depuis vingt-cinq ans. Peu de temps après sa nomination à Glasgow, Thomson fut nommé membre des Sociétés royales de Londres et d'Édimbourg. La deuxième de ces Sociétés lui a conféré une médaille d'or, et la première le prix Keith en 1864. Le rapport de David Brewster sur ce dernier prix donne Thomson comme n'ayant jamais été surpassé en physique mathématique.

Le professeur Thomson s'est surtout occupé de la théorie mathématique de l'électricité ; il a pris la plus grande part aux travaux scientifiques que nécessitait la pose du cable transatlantique. Outre de nombreux mémoires, on doit à Thomson l'invention de divers appareils de physique. Il prépare en ce moment, avec son ami le professeur Tait, un grand ouvrage de philosophie naturelle dont le premier volume a déjà paru.

nett n'a pas manqué de faire une vive sensation sur l'esprit de ceux des membres du congrès qui étaient venus en Écosse avec cette préoccupation, que nous retrouverons souvent dans notre compte rendu, de l'opposition du clergé anglais au développement des sciences. A Édimbourg, cet ancien boulevard du catholicisme, la hardiesse avec laquelle le professeur Bennett s'est exprimée était une profession d'indépendance qui devait être très-remarquée, et que nous croyons devoir citer, parce que nous y sommes en quelque sorte associés. Voici les paroles du savant naturaliste :

« Au congrès de naturalistes et de médecins tenu à Inspruck en 1869, Helmholtz réclamait pour l'Allemagne la plus grande part dans les progrès de la science moderne (1). Il attribuait cette supériorité à la hardiesse avec laquelle les savants allemands proclamaient ce qu'ils croyaient être la vérité, hardiesse que ne pouvaient avoir les savants français et anglais sans compromettre leur situation sociale. J'estime, toutefois, que, même en Écosse, le temps est passé où les vérités scientifiques avaient quelque chose à craindre des superstitions des bigots ou de l'intolérance du clergé. A la vérité, nous entendons dire constamment autour de nous que les doctrines scientifiques tendent à se mettre en opposition avec les croyances religieuses. Cela tient, selon moi, non pas à ce que les hommes de science sont irréligieux, mais à ce que les hommes religieux sont trop rarement des savants. Il est impossible aujourd'hui de proscrire les découvertes scientifiques et de persécuter ceux qui les font, parce qu'il y a 1800 ou 3000 ans les auteurs de l'Ancien ou du Nouveau Testament connaissaient peu l'astronomie, la physique et la chimie. Telle a été pourtant, pendant bien des siècles, la ligne de conduite de l'Église. Je n'ai pas besoin de vous rappeler que Galilée mourut dans les prisons de l'Inquisition et que, par ordre de Calvin, Michel Servet fut brûlé sur la place publique de Genève. La cause véritable de l'abîme qui sépare les hommes de lettres et de religion des hommes de science est incontestablement que les premiers sont ignorants de la physiologie, c'est-à-dire de tout ce qui touche à la structure, aux fonctions et aux exigences du corps humain, et malheureusement l'éducation qu'ils ont reçue a faussé leur jugement et ne leur permet même plus de comprendre les vérités scientifiques. »

C'est là une critique aussi vive que juste des inconvénients de ce genre d'éducation trop exclusivement littéraire, qui prédomine et tend de plus en plus à prédominer dans notre pays. Dans nos lycées, il faut bien le dire, la part faite à l'imagination est incomparablement trop grande relativement à celle qui est faite à la raison. De là peut-être cette légèreté qui est le trait caractéristique du Français, cette facilité d'engouement qui rend tout possible dans notre pays, même les singulières attaques contre la science dont retentit naguère le sénat de l'Empire.

On doit savoir gré au professeur Bennett d'avoir ainsi affirmé les droits de la science ; il est d'ailleurs curieux de trouver la pensée du professeur de physiologie d'Édimbourg complétée dans une partie du discours d'ouverture du professeur Tait, président de la section des sciences mathématiques et physiques :

« Je veux, dit l'illustre physicien, ajouter encore un mot ou deux relativement à cette accusation constamment renouvelée contre l'Association, qu'elle tend à répandre les « hérésies scientifiques ».

» Sans doute, c'est surtout contre d'autres sections que cette accusation a été portée ; mais la section A n'a pas été tenue exempte de tout blâme.

» Il serait facile, ce me semble, de répondre victorieusement à toutes ces charges en montrant que nos spéculations, déduites de l'observation et de l'expérience, nous conduisent toujours à des conclusions exclusivement relatives aux combinaisons diverses de l'énergie et de la matière, choses qui peuvent se mesurer. . . . .

» L'expérience est notre seul guide possible. Si nous interprétons sagement et honnêtement ses enseignements, nous ne pouvons nous égarer. L'homme a été abandonné aux ressources de son intelligence non pas seulement pour la découverte des lois physiques, mais aussi pour l'appréciation de la limite jusqu'où il peut les comprendre. Notre réponse à ceux qui dénoncent comme hérétiques nos études légitimes est simplement celle-ci : Une révélation de quelque chose que nous pouvons découvrir par nous-mêmes en étudiant la marche ordinaire de la nature serait une absurdité. »

Ainsi la science se trouve placée vis-à-vis des doctrines religieuses dans une position parfaitement nette. C'est à elle de préciser de quelle manière il faut entendre les écrivains des livres sacrés, lorsqu'ils parlent des choses du monde physique, et toute tentative ayant pour but d'arrêter la science au moyen de ces textes anciens serait une atteinte portée à la raison humaine, à la manifestation la plus élevée que nous connaissions de la puissance divine.

Il semble que la religieuse Écosse ait invinciblement tourné vers les questions religieuses la pensée de ses hôtes illustres. Que de souvenirs dans ce vieux pays des légendes !

Les membres de l'Association qui y résident paraissent avoir tenu à honneur de le faire connaître sous toutes ses faces à leurs confrères. Le professeur Geikie, président de la section de géologie, a consacré son discours d'ouverture à la description géologique des environs d'Édimbourg ; il a ensuite dirigé lui-même une excursion sur les côtes du Berwickshire à la pointe de Siccar et à Fast Castle, tandis qu'un de ses collègues en dirigeait un autre dans l'East Lothian. Le professeur Balfour a pris part à une excursion botanique dans les fertiles terrains de Ben Ledi ; des dragages ont eu lieu à l'embouchure du Forth ; enfin les antiquaires et les amateurs de peinture ont pu visiter Melrose, Dryburgh, Abbotsford et Rosslyn.

Le succès du *meeting* a été immense : 2463 tickets ont été distribués, dont 754 pour les dames ; 21 savants étrangers étaient présents. Ces tickets représentent une somme de 2575 livres (environ 65 000 francs) entrées dans les caisses de l'Association.

Toutes les excursions projetées ont parfaitement réussi.

En géologie, il s'agissait de montrer : 1° Comment à la pointe de Siccar des couches siluriennes presque verticales sont recouvertes par les couches fort peu inclinées du vieux grès rouge. C'est là un exemple classique et des plus curieux de stratification discordante. 2° A Fast Castle, le professeur Geikie a montré un cas intéressant de plissement des terrains siluriens inférieurs, illustré par les recherches de sir James Hall.

Soixante naturalistes ont fait partie de l'expédition de dragage ; parmi eux on remarquait : le professeur Wyville Thomson, l'amiral sir Edward Belcher, sir Walter Elliot, le profes-

(1) Voyez *Revue des cours scientifiques*, tome VII.

seur Crum Brown, le professeur Margo (de Pesth), le professeur Purser (de Belfast), le docteur Colding (de Copenhague); les docteurs Lütken, Copeland, Lindemann et MM. Rey Lankester, Shapter, Barclay, Shepterd et Davis.

Cent personnes ont pris part à l'excursion botanique. Quarante dames et gentlemen sont allés visiter Rosslyn et Penicuik, plus de trois cents Melrose, Dryburgh et Abbotsford, tandis que quatre-vingts environ se sont portés vers Hopton-House et Dalmeny-Castle. Des conférences ont eu lieu le mardi soir au Musée des sciences et des arts; quatorze cents personnes y assistaient; l'héliostat local de Spencer, les expériences de Gladstone sur la cristallisation des métaux sous le microscope au moyen de l'électricité, les outils de silex de Fowler, tels sont les succès de la soirée.

L'Association a décidé qu'une exposition scientifique temporaire aurait lieu désormais pendant toute la durée des séances du congrès. C'est une innovation des plus heureuses et qui accroîtra certainement encore l'intérêt des futurs meetings.

Le président du prochain congrès sera le docteur Carpenter, que ses recherches de zoologie et de paléontologie ont classé depuis longtemps parmi les illustrations de l'Angleterre; le président pourra certainement fournir à l'exposition les plus intéressants échantillons d'animaux vivants ou fossiles. On remarquera que le docteur Carpenter, naturaliste, succède au professeur Thomson, physicien, lequel avait lui-même remplacé un naturaliste, le professeur Huxley. C'est une sorte de loi tacite que s'est imposée l'Association de choisir alternativement ses présidents parmi les savants qui s'occupent des sciences physiques ou des sciences biologiques.

Les encouragements distribués à divers travaux par l'Association s'élèvent cette année à 1620 livres sterling, soit, environ à 40 905 francs.

Nous bornerons ici cet article uniquement destiné à présenter une idée générale de la physionomie du congrès; nous donnerons dans l'un des plus prochains numéros de la *Revue* le résumé des travaux scientifiques, très-nombreux, cette année, contre toute attente, dont l'Association a eu à s'occuper.

EDMOND PERRIER,
Aide-naturaliste au Muséum d'histoire naturelle de Paris.

ÉCOLE PRATIQUE DE LA FACULTÉ DE MÉDECINE DE PARIS

PHYSIOLOGIE EXPÉRIMENTALE

COURS DE M. GRÉHANT

Renouvellement de l'air dans les poumons

Messieurs,

En ouvrant aujourd'hui devant vous un cours de physiologie expérimentale, je n'ai pas l'intention de vous faire connaître l'état actuel de cette science; je me bornerai à vous exposer, le plus clairement qu'il me sera possible, les questions que j'ai personnellement travaillées; je vous décrirai avec soin les instruments qui m'ont servi, et je tâcherai de vous démontrer que chacun de vous pourrait, par l'emploi des mêmes appareils, poursuivre l'idée et l'exécution d'un travail physiologique.

Il règne dans les sciences expérimentales certains préjugés qu'il faut absolument combattre, préjugés qui éloignent les étudiants de l'essai même des recherches physiologiques; on s'imagine qu'il faut employer dans nos travaux des instruments très-coûteux et d'une manœuvre difficile, et qu'il est nécessaire de posséder des connaissances de physique et de chimie très-étendues. Cependant, quand on envisage l'ensemble de la science, on reconnaît que les découvertes les plus fondamentales, celles qui ont ouvert les horizons les plus vastes, ont souvent été obtenues par des moyens fort simples; tandis que certains travaux, les électro-physiologiques par exemple, qui ont exigé l'emploi d'appareils fort compliqués, n'ont pas la solidité des premiers et sont encore l'objet de discussions et de controverses interminables.

Permettez-moi de vous en citer plusieurs exemples empruntés aux travaux de nos plus célèbres physiologistes.

Vous connaissez tous les expériences bien simples qui permirent à notre immortel Lavoisier de fixer la composition de l'air et celle de l'acide carbonique. S'appuyant sur ces recherches chimiques, Lavoisier plaça un oiseau sous une cloche pleine d'air et reconnut que l'animal absorbe de l'oxygène et qu'il exhale de l'acide carbonique; cette expérience servit à fonder d'une manière inébranlable la théorie de la respiration. Par la vivisection seule, Magendie a établi ce fait important que les racines antérieures des nerfs spinaux commandent le mouvement et que les racines postérieures président au sentiment. Poiseuille, par l'emploi d'un simple manomètre à mercure, a mesuré exactement la pression du sang dans les artères et a montré le premier l'application heureuse de nos instruments de physique à la mesure des nombreux phénomènes manifestés par les êtres vivants. Longet, après la section du nerf sciatique chez les mammifères, examina chaque jour le bout périphérique du nerf et reconnut que le quatrième jour après la section le nerf a perdu la motricité dans toutes ses branches périphériques, tandis que la fibre musculaire reste presque indéfiniment contractile, et M. Claude Bernard a démontré encore et d'une manière brillante, à l'aide du curare, cette distinction fondamentale des propriétés du nerf moteur et du muscle.

Ce même physiologiste, mon illustre maître, n'a-t-il pas fondé sur l'examen des phénomènes qui suivent la section du nerf sympathique, au cou chez le lapin, cette découverte capitale que certains nerfs président à la contractilité des vaisseaux? Je vous citerai encore cette autre fameuse découverte de la formation de matière glycogène et de sucre dans le foie, qui est appuyée sur des expériences aussi simples, aussi nettes que les expériences de physique et de chimie les plus connues.

Je pourrais beaucoup multiplier ces exemples, et j'éprouverai une véritable satisfaction en vous parlant des travaux qui font la gloire de la physiologie française et qui maintiennent la France, malgré tout, dans une situation scientifique si élevée. Les autres nations possèdent des laboratoires vastes et richement dotés, mais les universités étrangères n'ont certes pas à leur tête d'hommes plus éminents que les physiologistes dont je vous citais tout à l'heure quelques travaux; ce qui fait leur supériorité, c'est le grand nombre des travailleurs qui les fréquentent pour se livrer à l'expérimentation. Nous devons essayer d'obtenir le même résultat; il faut que chacun de nous soit capable de faire une recherche physiologique : c'est le but que je me propose d'atteindre dans ce cours, et vous verrez que les instruments dont nous nous servons tous les jours dans les laboratoires de physiologie permettent d'entreprendre et de poursuivre une foule de recherches nouvelles.

I

Mesure du volume d'air contenu dans les poumons. — On a cherché autrefois à mesurer directement le volume d'air que renferment les poumons de l'homme, en opérant sur le cadavre. Un tube de verre recourbé fut fixé dans la trachée artère, puis engagé sous une cloche pleine d'eau. Dès qu'on ouvrit le thorax, les poumons, obéissant à leur élasticité, chassèrent de l'air dans la cloche, puis les poumons furent comprimés avec la main, et l'on put encore expulser de l'air. Il est évident que tous les gaz contenus dans l'arbre aérien ne peuvent être ainsi déplacés, puisque la trachée et les bronches resteront toujours en partie béantes. Puis, l'expérience étant faite après la mort, la dernière expiration qui eut lieu a diminué encore le volume d'air que les poumons renfermaient à l'état de vie.

Voilà tout ce que je sais des efforts tentés pour résoudre la question.

Un tout autre procédé m'a permis de mesurer exactement le volume d'air contenu dans les poumons chez l'homme vivant : il consiste à mélanger exactement les gaz qui sont contenus dans l'arbre aérien avec un volume connu d'hydrogène pur, puis à faire l'analyse du mélange avec l'eudiomètre. Prenons un exemple : Agitons dans une cloche, d'abord remplie d'eau, 2000 centim. cub. d'air avec 500 centim. cub. d'hydrogène, ce qui fait en tout 2500 centim. cub. de mélange ; puis prenons 100 centim. cub. du mélange, combien doivent-ils contenir d'hydrogène? L'inconnue x sera donnée par la proportion : $\frac{2500}{500} = \frac{100}{x}$; on trouve $x = \frac{500 \times 100}{2500} =$ 20 centim. cub.

Faisons l'analyse avec l'eudiomètre, et nous trouvons exactement ce nombre. Réciproquement, si dans la proportion précédente nous prenons pour inconnue le volume total du mélange, appelons-le y (ce mélange renfermant 500 centim. cub. d'hydrogène), et si nous trouvons avec l'eudiomètre que 100 centim. cub. du mélange renferment 20 centim. cub. d'hydrogène, nous écrirons : $\frac{y}{500} = \frac{100}{20}$, d'où $y = 2500$ cent. cub. ; c'est par ce second moyen que nous allons déterminer notre inconnue, qui est la capacité pulmonaire.

Faisons l'expérience : je prends une cloche de verre tubulée munie d'un robinet à trois voies et d'un tube de verre terminé par un embout (fig. 3). Dans la cloche pleine d'eau, je fais passer 500 centim. cub. d'hydrogène pur, puis je ferme les fosses nasales en appuyant sur les narines avec les doigts ; j'introduis l'embout de verre dans la bouche, et je fais d'abord des mouvements égaux d'inspiration et d'expiration dans l'air. A la fin d'une expiration, je tourne le robinet d'un quart de tour pour établir la communication entre l'intérieur de la cloche et les poumons, dont il faut mesurer le volume ; plusieurs mouvements respiratoires se succèdent dans la cloche, et après le cinquième mouvement d'expiration, le robinet est fermé. Ainsi, on obtient un mélange homogène des gaz hydrogène, oxygène, azote et acide carbonique, mélange que l'on analyse dans l'eudiomètre. Un long tube gradué en centimètres cubes et dixièmes de centimètre

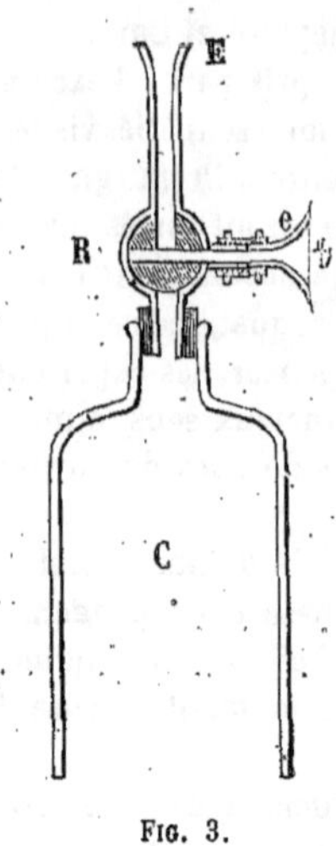

Fig. 3.

cube qui porte à sa partie supérieure deux fils de platine soudés dans le verre nous sert d'eudiomètre (eudiomètre de Mitscherlich) (fig. 4). L'étincelle électrique destinée à enflammer

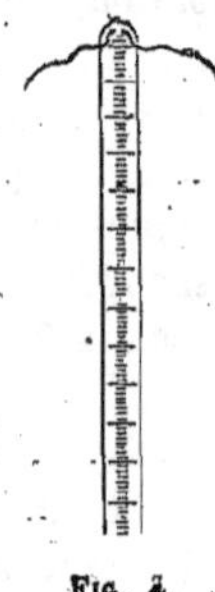

Fig. 4.

le mélange gazeux est fournie par une petite bobine d'induction de Ruhmkorff (fig. 5). Je trouve que 100 cent. cub. du mélange contiennent 17,6 centim. cub. d'hydrogène ; quel est le volume inconnu du mélange qui contient les 500 centim. cub.

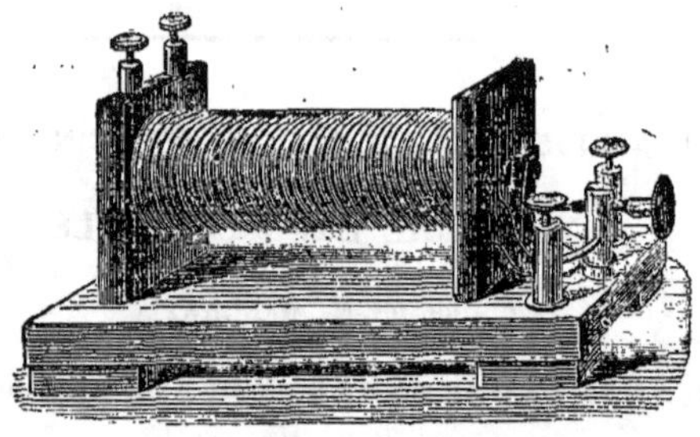

Fig. 5.

d'hydrogène inspirés? On a : $\frac{x}{500} = \frac{100}{17,6}$; $x = 2,84$ lit. Ainsi, le gaz qui remplissait les poumons après une inspiration d'un demi-litre, occupait un volume de 2,84 lit. ; après une expiration d'un demi-litre, le volume de l'air contenu dans les poumons ou la *capacité pulmonaire* est donc 2,34 lit. Chaque fois que j'ai mesuré ce volume chez la même personne, à l'état de santé, j'ai toujours trouvé le même nombre.

Je vais mesurer chez le lapin la capacité pulmonaire, afin de vous montrer que le procédé est général; du reste, nous pouvons avoir besoin de faire cette mesure chez les animaux en vue de recherches physiologiques.

Ici, j'ouvre la trachée, et j'y fixe solidement un tube de verre légèrement étranglé vers l'extrémité; puis je fais passer dans la cloche un mélange de 50 centim. cub. d'hydrogène et de 50 centim. cub. d'oxygène, ce dernier gaz étant destiné à entretenir la respiration de l'animal. Chez le lapin, les mouvements respiratoires sont tellement fréquents que je ne puis être sûr de faire commencer l'inspiration du gaz après une expiration; j'essaye cependant, et vous voyez que l'animal respire dans la cloche. Après un certain temps, je ferme le robinet, et je fais devant vous l'analyse des gaz: dans le tube eudiométrique, j'absorbe d'abord l'acide carbonique, puis je fais détoner le mélange gazeux; nous trouvons que la capacité pulmonaire du lapin est égale à 50 centim. cub. environ.

Homogénéité du mélange. — L'exactitude de mon procédé de mesure repose sur ce fait qu'après cinq inspirations et expirations exécutées dans la cloche, l'hydrogène est mélangé d'une manière homogène avec les gaz contenus dans les poumons. Il a suffi, pour reconnaître s'il en est ainsi, de répéter à plusieurs reprises la mesure chez la même personne, de faire inspirer chaque fois un demi-litre d'hydrogène et de recueillir dans une première expérience le gaz de la deuxième expiration, dans une deuxième expérience le gaz de la troisième expiration, et ainsi de suite. Ces mesures ont été faites en des temps convenablement espacés pour que tout l'hydrogène qui a servi à la mesure précédente ait été expulsé des poumons; or, voici les résultats obtenus :

Gaz de la	2e expiration,		18,1	hydrogène p. 100.
—	3e	—	17,7	—
—	4e	—	17,6	—
—	5e	—	17,8	—

Ces expériences démontrent, en même temps que l'homogénéité du mélange, la non-absorption de l'hydrogène par le sang; cependant le sang doit absorber un peu d'hydrogène, et c'est là une cause d'erreur; mais vous allez voir combien elle est légère.

Faible absorption de l'hydrogène par le sang. — J'ai asphyxié un chien dans une atmosphère d'hydrogène pur, puis j'ai extrait les gaz du sang recueilli dans les vaisseaux; un litre de sang contenait 7 centim. cub. d'hydrogène. Admettons que le sang qui traverse les poumons de l'homme pendant la durée très-courte de la mesure, alors que la proportion du gaz hydrogène contenu dans les bronches n'est que la cinquième partie du volume gazeux total, admettons que le sang ait absorbé le double ou 14 centim. cub. d'hydrogène; nous devons modifier la proportion qui nous permet de calculer la capacité pulmonaire; en réalité, ce ne sont plus 500 centim. cub. d'hydrogène pur qui étaient mélangés dans les poumons, c'étaient seulement 500—14 ou 486 centim. cub. On aura donc $\frac{x}{486} = \frac{100}{17,6}$, d'où $x = 2,76$ lit., au lieu de 2,84 lit., trouvé plus haut. L'erreur relative n'est que $\frac{8}{284}$ ou $\frac{1}{28}$; cette erreur est négligeable.

Réserve pulmonaire. — Quand on fait suivre l'inspiration de l'air d'un mouvement d'expiration aussi prolongé que possible, on laisse toujours dans les poumons un certain volume de gaz, qui a reçu le nom de *réserve pulmonaire* et qu'on n'avait pas pu déterminer jusqu'ici. Pour le mesurer, j'introduis dans la cloche à robinet un demi-litre d'air; puis, après une expiration faite dans l'air, j'inspire ce gaz, et je fais ensuite dans la cloche une expiration prolongée autant qu'il est possible; puis je mesure le volume des gaz expirés, je le trouve égal à 1,8 lit. La capacité pulmonaire, qui est égale à 2,34 lit., a augmenté par l'inspiration d'un demi-litre, puis diminué de 1,8 lit., ce qui est resté dans les poumons est 2,34 lit. + 0,5 — 1,8 lit. = 1,04 lit. Ainsi la réserve pulmonaire, qui comprend bien entendu le volume de la cavité buccale, est égale à un litre environ.

J'ai fait, chez un certain nombre de personnes, la mesure de la capacité pulmonaire, et j'ai trouvé que, chez quatorze hommes dont l'âge était compris entre dix-sept ans et trente-cinq ans, la capacité pulmonaire corrigée (je définirai bientôt ce mot) a varié depuis 2,19 lit. jusqu'à 3,22 lit.

Quant à l'influence de l'âge, du sexe, de l'état de santé ou de maladie, je n'ai encore aucune donnée expérimentale.

Dangers dans l'emploi de l'hydrogène. — Il me reste, pour compléter cette première étude, à insister sur quelques précautions qu'il ne faut point négliger lors de la mesure de la capacité pulmonaire. Il faut d'abord que l'hydrogène soit pur. Vous savez que le zinc et l'acide sulfurique du commerce contiennent souvent de l'arsenic, et qu'il se produit alors dans la préparation de l'hydrogène une certaine quantité d'hydrogène arsénié, gaz tellement toxique que le chimiste Gehlen est mort après en avoir respiré quelques bulles.

Il faut donc prendre du zinc et de l'acide sulfurique purs et recueillir d'abord le gaz dans une cloche, le faire brûler et voir si la flamme écrasée par une soucoupe laisse un dépôt noir, ce qui serait la preuve de la présence de l'arsenic ou de l'antimoine; si la flamme est pâle et ne donne aucun dépôt, on peut être rassuré.

Après avoir fait une mesure, il faut bien se garder d'approcher la bouche d'un corps allumé ou d'une étincelle électrique; car les poumons sont remplis d'un mélange détonant. J'ai pour principe d'éloigner d'abord les allumettes et les appareils électriques du lieu où se font ces expériences. Je tiens à vous montrer, chez ce lapin, l'expérience qui consiste à enflammer le mélange explosible qui remplit ses poumons après la mesure de leur capacité. Je vais même placer l'animal dans les conditions les plus défavorables, en lui faisant respirer du gaz de la pile que je prépare devant vous par la décomposition de l'eau; les poumons étant pleins de ce gaz, j'éloigne la cloche et j'approche une allumette de la trachée; vous entendez une explosion très-faible, l'animal ne paraît pas souffrir. Recevons maintenant dans une éprouvette 40 centim. cub. du gaz contenu dans la cloche qui vient de nous servir; ce gaz enflammé produit une détonation très-forte. D'où vient la différence? Probablement la différence tient à ce que le gaz détonant est distribué chez le lapin dans les bronches, qui se divisent en ramifications toujours de plus en plus petites, dont la somme de calibres représente bientôt les mailles d'une toile métallique, et vous savez qu'à travers une toile métallique les flammes de gaz ne se propagent pas. Il est probable que la détonation n'a eu lieu chez le lapin que dans les grosses bronches, et il serait intéressant et facile de voir si l'épithélium vibratile est détruit, ou si le mouvement des cils est arrêté, et jusqu'où a pénétré l'altération. J'insiste à dessein sur cette expérience, qui nous montre qu'il ne faut pas avoir en physiologie d'idée préconçue. Je croyais d'abord, je l'avoue franchement, que j'allais déterminer l'explosion de la poitrine et tuer l'animal infailliblement.

II

Vous savez que les contractions du cœur droit chassent dans l'artère pulmonaire le sang veineux qui vient de tous les points de l'organisme; sous une pression de cinq centimètres de mercure environ que maintiennent les systoles du ventricule, le sang tout entier est obligé de traverser les poumons, où il absorbe de l'oxygène, où il exhale de l'acide carbonique d'une manière continue. Si j'oblitère la trachée chez ce lapin, vous voyez que l'animal meurt très-rapidement. Ouvrons le thorax, et nous voyons qu'au lieu d'être rouge et artériel, le sang est noir dans les cavités gauches du cœur comme dans les cavités droites : c'est là un des caractères de l'asphyxie. L'analyse des gaz contenus dans les poumons montre dans ce cas que l'oxygène a disparu presque complétement, que l'acide carbonique a été exhalé en assez grande quantité.

Ainsi le sang veineux qui a traversé les poumons a bientôt consommé l'oxygène qu'ils renfermaient; il est resté noir, et les veines pulmonaires ont amené au cœur gauche du sang noir ou veineux incapable d'entretenir la vie dans les éléments anatomiques. Cette expérience montre la nécessité du renouvellement de l'air dans les poumons.

Nous allons répéter chez la grenouille une expérience analogue; au lieu de lier la trachée, je fais de chaque côté du thorax une plaie par laquelle vous voyez sortir le poumon faisant hernie; je tire avec une pince cet organe et j'applique un lien à la racine du poumon, puis je l'excise. Voici un animal privé de ses poumons, et qui cependant se meut, saute, et qui pourrait, l'hiver surtout, vivre pendant plusieurs jours. Faut-il en conclure, messieurs, que la grenouille n'a pas besoin de respirer? Non; ce serait une erreur. Si l'on place la grenouille ainsi privée de ses poumons sous une petite cloche pleine d'air, sur le mercure, on reconnaît qu'elle absorbe de l'oxygène, qu'elle exhale de l'acide carbonique; elle respire par la peau. L'ablation des poumons chez la grenouille n'arrête nullement la circulation; l'aorte, qui naît du ventricule unique du cœur, se bifurque et forme deux crosses, l'une à droite, l'autre à gauche, et c'est de la concavité de la crosse que naît de chaque côté une petite artère pulmonaire qui fournit du sang aux poumons; de sorte que le courant du sang qui respire dans ces organes n'est qu'un courant dérivé, dont la suppression n'a pas pour l'animal d'effets immédiatement fâcheux, le reste du sang respirant par la peau. Si chez un mammifère on liait l'artère pulmonaire, ou si l'on arrêtait la circulation dans les poumons par un mécanisme très-simple que je vous indiquerai plus tard, tout le sang étant forcé de traverser les poumons, la circulation serait immédiatement arrêtée et la mort surviendrait très-rapidement.

Vous connaissez les muscles et les nerfs chargés d'exécuter ces mouvements intermittents qui ont pour but de renouveler l'air dans les poumons; ce que je vais étudier avec vous, c'est le résultat même de ces mouvements, c'est la partie la plus physiologique du mécanisme de la respiration. L'inspiration introduit dans les poumons un certain volume d'air pur, et l'expiration rejette au dehors de l'air vicié. Si l'on admettait un instant l'hypothèse que l'air expiré renferme tout l'air pur qui vient d'être introduit par l'inspiration précédente, les mouvements respiratoires n'auraient aucun effet utile, puisque l'air pur inspiré ne pénétrerait point dans les poumons, au contact des vésicules et des petites bronches qui sont le lieu principal des échanges gazeux entre le sang et l'atmosphère. Cette hypothèse a été depuis longtemps renversée par l'analyse comparée de l'air inspiré et de l'air expiré. On trouve en effet que l'air chassé du poumon par l'expiration renferme environ de 16 à 17 p. 100 d'oxygène et de 4 à 5 p. 100 d'acide carbonique. Mais ce résultat ne permet pas de dire quelle est la portion de l'air pur qui par l'inspiration a pénétré dans les poumons, quelle est l'autre portion de cet air pur que l'expiration rejette mélangé avec de l'air vicié; une expérience bien simple m'a permis de déterminer ces proportions.

Proportions d'air pur et d'air vicié que renferme l'air expiré. — Je fais passer dans la cloche qui m'a servi à mesurer la capacité pulmonaire 500 centim. cub. (un demi-litre) d'hydrogène. Un homme dont la capacité pulmonaire est 2 lit. 93, inspire le gaz hydrogène et rejette dans la cloche un volume expiré égal aussi à un demi-litre.

L'analyse eudiométrique montre que 100 centim. cub. du gaz expiré renferment 34 centim. cub. d'hydrogène, le volume égal à un demi-litre des gaz expirés renferme 170 c. cub. d'hydrogène qui ont été rejetés, avec 330 centim. cub. d'air vicié venu des poumons, et 330 centim. cub. de gaz inflammable ont pénétré dans l'arbre aérien.

Remplaçons maintenant l'hydrogène par l'air pur dont il tient la place, et nous dirons : Lorsqu'on fait une inspiration d'un demi-litre d'air pur, 170 centim. cub. sont rejetés au-dehors par une expiration égale, mélangés à 330 centim. cub. d'air vicié, tandis que 330 centim. cub. d'air pur ont pénétré dans les poumons. Ces nombres 170 et 330 sont à peu près dans le rapport de 1 à 2; nous pouvons donc dire : Quand on exécute une inspiration et une expiration égales chacune à un demi-litre, un tiers environ de l'air inspiré est rendu à l'atmosphère, mélangé avec deux tiers d'air vicié, et deux tiers d'air pur entrent et renouvellent par leur mélange les gaz altérés par le contact médiat du sang.

Distribution de l'air inspiré dans les poumons. — Cette première expérience étant faite, je me suis demandé si l'on pourrait chasser complétement des poumons, par un mouvement d'expiration aussi intense et aussi prolongé que possible, le demi-litre d'hydrogène que l'inspiration a introduit. Je fais suivre l'inspiration de 500 centim. cub. d'hydrogène d'une expiration de 1 lit. 975, et je trouve que ce gaz expiré ne contient que 334 centim. cub. d'hydrogène, et 166 c. cub. de ce dernier gaz restent encore dans les poumons.

Comparons les résultats des deux expériences que je viens de vous citer. Le même volume d'hydrogène (500 cent. cub.) a été inspiré chaque fois, mais les volumes expirés ont été très-différents : 500 et 1975 centim. cub.

La capacité pulmonaire de l'homme soumis à l'expérience étant 2 lit. 93, ce volume contient, après l'expiration de 500 centim. cub., 330 centim. cub. d'hydrogène; supposons que ce volume de gaz combustible ait été distribué uniformément dans le volume 2 lit. 93 qui remplit les poumons, l'unité de volume du mélange aura reçu $\frac{330^{cc}}{2930} = 0^{cc},113$ d'hydrogène. Dans la seconde expérience, l'expiration a rejeté dans l'air 1975 centim. cub. de gaz, contenant 334 cent. cub. d'hydrogène; 500 — 334, ou 166 centim. cub. d'hydrogène, sont restés dans les poumons, et nous pouvons parfaitement dire quel est le volume de gaz qui les a reçus; en effet, la capacité pulmonaire, qui est de 2 lit. 93, s'est accrue du volume de l'inspiration (500 centim. cub.), puis s'est diminuée du volume de l'expiration (1975 centim. cub.). Ainsi la réserve pulmonaire ($2,930 + 500^{cc} - 1975 = 1455^{cc}$) a reçu 166 centim. cub. d'hydrogène, et l'unité de volume du mélange contenait $\frac{166}{1455} = 0^{cc},114$ d'hydrogène. Ainsi, après une inspiration qui a été la même, après deux expirations aussi différentes, l'une d'un demi-litre, l'autre près de quatre fois plus grande, la même quantité d'hydrogène a été distribuée dans l'unité de volume des gaz laissés dans les poumons. Remplaçons l'hydrogène par l'air pur dont il tient la place, et nous tirons des résultats précédents cette conséquence importante : Après deux mouvements, l'un d'inspiration, l'autre d'expiration, égaux à un demi-litre, l'air introduit dans les poumons y est distribué d'une manière uniforme; dans les petites bronches, dans les vésicules pulmonaires, partout, la même quantité d'oxygène est arrivée, et un centimètre cube du mélange gazeux a reçu $0^{cc},113$ ou un peu plus d'un dixième d'air nouveau, d'air pur.

Coefficient de ventilation. — Les conséquences d'une distribution aussi parfaite sont nombreuses, et pour les bien saisir, il faut donner un nom à ce nombre $0^{cc},113$, pour ne pas employer toujours une longue périphrase; j'ai comparé le mode de renouvellement de l'air dans les poumons à la ventilation que l'on produit dans les édifices, et j'ai appelé ce nombre *coefficient de ventilation;* il représente le résultat essentiel de nos mesures, en exprimant combien l'unité de volume du mélange gazeux qui reste dans les poumons après l'inspiration et l'expiration a reçu d'air pur.

Le coefficient de ventilation varie : 1° avec le volume des poumons; 2° avec le volume de l'inspiration.

1° Chez un homme, la capacité pulmonaire fut trouvée égale à 2 lit. 34; après une inspiration d'un demi-litre d'hydrogène, une expiration, égale seulement à 475 centim. cub., rejeta 180 centim. cub. de ce gaz, 320 centim. cub. d'hydrogène furent distribués dans un volume égal à $2^{l},34 + 0^{l},5 - 0^{l},475 = 2^{l},365$; le coefficient de ventilation est $\frac{320}{2365} = 0,135$, il est plus grand que chez la personne dont la capacité pulmonaire est 2 lit. 93.

2° Plus le volume de l'inspiration est grand, plus le coefficient de ventilation augmente, et ce résultat paraît évident tout d'abord; j'ai fait néanmoins des expériences qui ont consisté à faire respirer à un homme dont la capacité pulmonaire est 2 lit. 34 des volumes variables d'hydrogène, et à déterminer le coefficient de ventilation dans chacun des cas; bien entendu, on laissait des intervalles convenables entre chaque expérience, afin de laisser chaque fois au poumon le temps d'exhaler tout l'hydrogène introduit. Voici le tableau des résultats :

VOLUME de l'inspiration de gaz hydrogène.	VOLUME de gaz expiré.	VOLUME d'hydrogène expiré.	VOLUME d'hydrogène conservé.	COEFFICIENTS de ventilation.
cc	cc	cc	cc	
300	345	161,5	138,5	0,060
500	475	180	320	0,135
600	625	231,2	368,8	0,159
1000	1300	464,1	535,9	0,263

Comparons les coefficients de ventilation entre eux; nous voyons que pour des inspirations d'un demi-litre et un litre, ces coefficients sont exactement dans le rapport de 1 à 2; donc 10 inspirations d'un litre renouvelleront l'air dans les poumons, exactement comme 20 inspirations d'un demi-litre.

Mais remarquons qu'une inspiration d'un demi-litre renouvelle mieux l'air dans les poumons que deux inspirations de 300 centim. cub., qui feraient 600 centim. cub.; en effet, le coefficient 0,135 est plus grand que le double de 0,06, qui fait 0,12.

Il résulte de là que dans certaines affections thoraciques, lorsque les malades font des mouvements respiratoires nombreux, mais présentant peu d'amplitude, l'air peut être moins bien renouvelé que dans les conditions de la respiration normale; ainsi 40 inspirations de 300^{cc} chacune ne produisent pas un renouvellement aussi parfait que 20 inspirations de 500 centim. cub.

Composition de l'air qui dans les petites bronches est en contact médiat avec le sang. — On n'a point déterminé chez l'homme jusqu'ici la composition de l'air qui sert à l'hématose, dans les petites bronches et dans les vésicules pulmonaires, c'est-à-dire la composition du milieu dans lequel se passent les échanges gazeux, l'absorption de l'oxygène et l'exhalation de l'acide carbonique. L'expérience suivante que je répète devant vous permet de faire cette détermination : on inspire 500 centim. cub. d'hydrogène et l'on fait immédiatement l'expiration en deux temps; on expire dans la cloche 700 centim. cub. de gaz, puis on achève l'expiration dans un petit ballon de caoutchouc muni d'un robinet, dont l'air a été complétement chassé par la compression et par un petit volume d'huile préalablement introduit dans le ballon. Le volume de gaz recueilli dans ce ballon adapté au robinet de la cloche, fut trouvé égal à 647 centim. cub., analysé sur le mercure à l'aide de la potasse qui absorba l'acide carbonique, puis avec l'eudiomètre qui fit connaître successivement, par deux analyses, l'hydrogène et l'oxygène; ce mélange gazeux contenait sur 100 volumes :

Hydrogène	13,1
Acide carbonique	7,5
Oxygène	11,20
Azote	68,20
	100

Remarquons que l'hydrogène tient ici la place de l'air pur qu'une inspiration de 500 centim. cub. d'air aurait introduit. Or, $13^{cc},1$ d'air auraient renfermé $2^{cc},72$ d'oxygène et $10^{cc},4$ d'azote; remplaçons l'hydrogène par ces quantités, et nous aurons pour la composition des gaz qui existent dans les poumons, immédiatement après l'inspiration et l'expiration :

Acide carbonique	7,5
Oxygène	13,9
Azote	78,6

Il est bien entendu que l'absorption de l'oxygène par le sang et l'exhalation de l'acide carbonique, ayant lieu d'une manière continue, si l'on arrête quelques instants les mouvements respiratoires, puis si l'on exagère beaucoup le nombre et l'amplitude de ces mouvements, la composition de ces gaz pourra varier dans des limites très-étendues.

III

TEMPÉRATURE ET ÉTAT HYGROMÉTRIQUE DE L'AIR EXPIRÉ

L'étude du renouvellement de l'air dans les poumons de l'homme a montré que, si l'on inspire un demi-litre d'air atmosphérique, on rejette par l'expiration qui suit $\frac{1}{3}$ de ce volume d'air pur mélangé à $\frac{2}{3}$ d'air vicié. Les changements physiques que l'air expiré présente dans sa température et dans son degré d'humidité résultent immédiatement du fait de ce mélange. L'air vicié qui a séjourné un certain temps au contact des bronches, qui sont constamment maintenues humides et chaudes par le cours du sang, possède la température des poumons et se trouve saturé d'humidité ; mais ce tiers d'air pur qui est rejeté aussitôt n'a pas eu le temps de prendre exactement la température des parois des fosses nasales et des bronches qu'il n'a touchées qu'un instant ; il est donc difficile d'admettre à priori que ce mélange gazeux d'air pur et d'air vicié possède exactement la température des poumons ; remarquons, du reste, que les premières portions expirées ont été inspirées en dernier lieu, et ont eu à peine le temps de s'échauffer.

Température de l'air expiré. — L'appareil qu'on emploie depuis longtemps pour mesurer la température de l'air expiré est très-simple, c'est un tube de verre dans l'axe duquel un thermomètre est maintenu par des bouchons percés de trous. Le tube est introduit dans la bouche assez profondément pour que le réservoir du thermomètre soit entièrement caché dans la cavité buccale ; pendant l'inspiration qui se fait par le nez, on ferme l'entrée du tube avec la langue pour que l'air extérieur ne soit point appelé par le tube, et ne vienne pas refroidir le thermomètre ; l'expiration a lieu à travers le tube. Le thermomètre marquant à l'extérieur 22 degrés, la température de l'air expiré fut trouvée égale à 35°,3 pendant qu'on faisait dix-sept expirations par minute. M. Valentin a reconnu que la température de l'air expiré s'abaisse avec la température de l'air ambiant ; celle-ci étant — 6°,3, le thermomètre placé dans l'air expiré marqua 29°,8.

État hygrométrique de l'air expiré. — Pour déterminer l'état hygrométrique de l'air expiré, on peut s'appuyer sur le principe de l'hygromètre à condensation de Daniell. Dans un cube de Leslie (fig. 6), dont une face est argentée, on verse de l'eau chaude dont la température, marquée par un thermomètre T, est 38 degrés ; si l'on vient à souffler obliquement avec un tube sur la paroi brillante, il se forme aussitôt un nuage, un dépôt de rosée ; faut-il en conclure que l'air expiré est saturé de vapeur d'eau à la température de 38 degrés ? Cette conclusion serait erronée, car l'air expiré dont la température est 35°,3 ne peut être saturé à 38 degrés. Voici ce qui arrive : l'air expiré dont la température est plus basse que la paroi du cube refroidit cette paroi, et, sur cette surface refroidie, il se forme un dépôt de rosée qui est très-fugace, et qui disparaît aussitôt que le métal se réchauffe. Il faut arriver, pour obtenir des résultats exacts, à

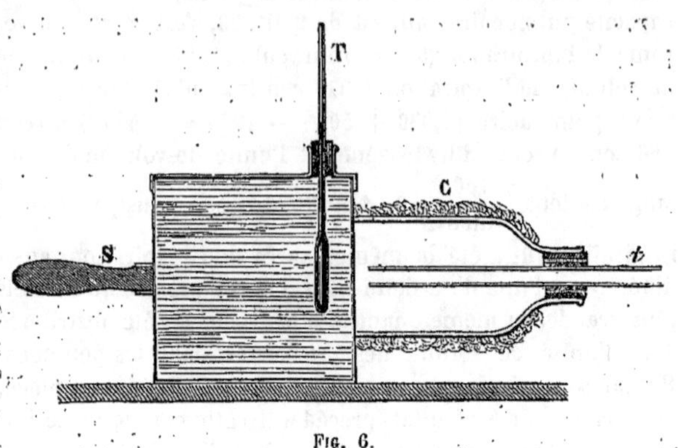

Fig. 6.

produire un nuage permanent, ce qui se trouve réalisé par la modification suivante : l'expiration se fait à l'aide d'un tube *t* fixé à la tubulure d'une petite cloche *c* par un bouchon percé de trous ; la cloche est recouverte d'ouate et d'un papier noirci. En appliquant ce petit appareil sur la face du cube on envoie le courant d'air expiré sur un miroir métallique, et il se forme dans la cloche une atmosphère d'air expiré. Si la température de l'eau du cube est légèrement inférieure à celle qui correspond au degré de saturation de l'air expiré par la vapeur d'eau, il se forme un nuage persistant ; pour voir ce dépôt de rosée, il suffit de fixer l'image de l'œil dans le miroir métallique, situé au fond de la petite chambre noire formée par la cloche. Si l'image est brillante, il n'y a point de dépôt, si l'image est terne ou n'apparaît pas, un dépôt de rosée plus ou moins abondant s'est formé. L'expérience montre qu'à 35°,1 un nuage faible apparaît qui devient abondant à 35 degrés, tandis que la température de l'air expiré déterminée plus haut est 35°,3 ; on peut donc affirmer que l'air expiré est sensiblement saturé de vapeur d'eau à la température qu'il possède.

Si l'on voulait pousser plus loin l'analyse des conditions physiques de l'air expiré, il faudrait diviser l'expiration en plusieurs temps ; après l'inspiration d'un demi-litre d'hydrogène ou d'air pur, si l'on recueille le gaz expiré dans plusieurs cloches successives, on trouve que la première cloche contient beaucoup plus d'hydrogène ou d'air pur que les suivantes ; l'expérience, en concordance avec ce fait montre que les premières portions d'air expiré sont moins chaudes et moins humides que les suivantes.

Capacité pulmonaire corrigée. — Dans la mesure de la capacité des poumons, les mélanges gazeux ont été analysés avec l'eudiomètre sur la cuve à eau, et nous avons supposé, ce qui est en général inexact, que les poumons étaient remplis de gaz saturés d'humidité à la température de l'eau de la cuve. Pour obtenir la capacité pulmonaire véritable, il est nécessaire de ramener le volume gazeux trouvé aux mêmes conditions physiques de température et d'humidité qu'il possédait dans les poumons. Si l'on appelle V la capacité pulmonaire trouvée à la température t, f étant la tension maximum de la vapeur d'eau à cette température, et H la pression de l'atmosphère; le volume x ou la capacité pulmonaire corrigée à la température T des poumons, F étant la tension maximum correspondante de la vapeur d'eau, α étant le coefficient de dilatation des gaz, ce volume x sera :

$$x = V\frac{(H-f)(1+\alpha T)}{(H-F)(1+\alpha t)}$$

Dans une mesure qui a été faite on a trouvé : $V=2^l,34$; $H=760^{mm}$; $t=15°$; $f=12^{mm},7$; $T=35°,5$; $F=43^{mm}$ et α est égal à 0,00367; en faisant les calculs on trouve :

$$x=2^l,34\times 1,116=2^l,61.$$

Applications. — Des applications nombreuses résultent des recherches précédentes faites sur le renouvellement de l'air dans les poumons; signalons seulement une conséquence directe qui ne manque pas d'importance. Nous avons vu que dès la première inspiration l'air est distribué uniformément dans toute l'étendue du poumon, et pénètre partout dans l'arbre aérien. De là résulte que si un homme ou un animal s'introduit dans un milieu gazeux délétère, dès la première inspiration le gaz ou la vapeur toxique arrivent dans les poumons en contact avec le sang, et se trouve absorbé. Dès la première inspiration de vapeur de chloroforme, par exemple, cet agent anesthésique est absorbé par le sang. Ainsi s'expliquent les accidents si subits qui se produisent quelquefois quand certains ouvriers pénètrent dans des puits ou dans des fosses qui renferment des gaz délétères. L'occasion se présentera encore pour nous de revenir sur cette question; mais je désire en passant appeler votre attention sur ce fait que les résultats de cette absorption pulmonaire si rapide ne sont pas en général comparables à ceux de l'absorption par l'estomac ou par l'intestin. Que l'on fasse respirer à un malade de l'éther, la vapeur absorbée passe dans le sang artériel et l'éther porté par le sang va se mettre en contact avec les éléments anatomiques, avec les éléments nerveux sur lesquels il agit. Au contraire, faisons ingérer dans l'estomac du sirop d'éther, par exemple, le médicament pourra agir localement; mais, son action générale sera très-limitée, car l'éther absorbé par les veines ou par les chylifères arrivera finalement au poumon où il sera exhalé en grande partie, et la quantité qui restera dans le sang artériel sera fort petite.

Les mêmes faits s'appliquent à l'alcool; les individus adonnés aux boissons alcooliques distillent de l'alcool par leurs poumons, et l'ivresse n'a lieu que s'il reste dans le sang artériel, malgré cette active exhalation, une certaine quantité d'alcool.

M. Claude Bernard a établi par des expériences très-nettes cette distinction importante entre l'absorption par le poumon et l'absorption par l'estomac; le gaz hydrogène sulfuré est très-toxique, et tue les animaux à faible dose lorsqu'on le fait respirer; il pénètre alors dans le sang artériel. Mais, si comme l'a fait M. Claude Bernard, on injecte dans l'estomac d'un animal une solution de ce gaz, il y a une innocuité parfaite, les veines portent cette solution aux poumons où le gaz toxique est exhalé, il se traduit dans les produits de l'expiration par son odeur et par la coloration noire qu'il donne sur un papier trempé d'abord dans un sel de plomb.

RESPIRATION ARTIFICIELLE.

Les contractions du diaphragme et des autres muscles qui entretiennent les mouvements respiratoires sont, comme vous le savez, commandées par le système nerveux, et dépendent d'un centre, premier moteur de ces mouvements, qui se trouve dans le bulbe rachidien, et qui a reçu de Flourens le nom de *nœud vital*. Vient-on à faire la section de ce point, les mouvements respiratoires s'arrêtent à l'instant, le cœur continue à battre quelque temps, mais le sang a bientôt consommé tout l'oxygène que renferment les poumons, et dans le cœur gauche comme dans le cœur droit ce liquide reste noir ou veineux; le sang privé d'oxygène n'est plus propre à entretenir les propriétés des éléments anatomiques; au bout de quelques instants le cœur s'arrête. Mais si avant l'arrêt du cœur on entretient artificiellement la respiration à l'aide d'un soufflet, les mouvements de l'organe central de la circulation persistent, et l'on peut conserver l'animal vivant pendant des heures entières et le soumettre à des expériences physiologiques.

Il arrive souvent chez l'homme à la suite de la submersion dans l'eau, par exemple, ou chez l'enfant nouveau-né, que les mouvements respiratoires cessent ou ne s'établissent pas; il se présente alors pour le médecin l'indication immédiate de pratiquer la respiration artificielle si l'on ne parvient pas par des excitations périphériques des nerfs sensitifs à réveiller par *action réflexe* les mouvements respiratoires.

En physiologie on parle chaque jour d'action réflexe, il est donc nécessaire de bien comprendre ce qu'on entend par ce mot, car nous aurons souvent l'occasion d'observer des mouvements réflexes. Voici une grenouille dont on coupe la tête afin d'enlever le cerveau, et par suite de faire disparaître toute influence de la volonté sur les mouvements qui vont se produire. L'animal est fixé verticalement à l'aide d'un support, on immerge l'extrémité d'une patte dans de l'eau acidulée par l'acide sulfurique, aussitôt la grenouille retire la patte. Enlevons l'acide par un lavage à grande eau, puis avec un agitateur terminé par du papier à filtre imbibé d'acide, touchons les parties voisines de l'anus, immédiatement la grenouille met les deux pattes en mouvement, et même elle paraît vouloir se débarrasser du contact du liquide irritant, quoiqu'elle n'ait plus que la moelle épinière.

Que se passe-t-il dans ces phénomènes? Les nerfs de sentiment irrités par le contact du liquide acide transportent la sensation à la moelle épinière qui renvoie par les nerfs moteurs à certains muscles l'agent nerveux qui détermine la contraction; il y a dans la moelle une réflexion de deux mouvements, l'un centripète, l'autre centrifuge. Détruisons une portion de ce circuit : nerf sensitif, moelle, nerf moteur; aussitôt l'action réflexe disparait. Maintenant je détruis la moelle avec un stylet, puis j'ai beau irriter la patte, je n'ai plus de mouvement. Nous obtiendrions le même résultat négatif si à l'aide de certains poisons nous faisions disparaître les propriétés du nerf moteur ou du nerf sensitif tout en conservant la moelle.

Revenons à notre sujet : lorsqu'un enfant ou un homme ne respire pas, il faut tâcher de rétablir les mouvements respiratoires par action réflexe. Il arrive souvent après l'accouchement que l'enfant nouveau-né ne respire pas; que font alors les accoucheurs? Ils fouettent vivement l'enfant; les nerfs de sentiment impressionnés transmettent des sensations au bulbe rachidien ; le bulbe réagit, et envoie par les nerfs moteurs au diaphragme et aux muscles inspirateurs, ce qui les fait se contracter, et la respiration s'établit.

Permettez-moi de vous citer une observation que j'ai faite, il y a peu de temps, et qui offre des résultats tout à fait analogues. Je fus appelé en grande hâte dans une ferme éloignée de plusieurs kilomètres de la ville que j'habitais. On me dit qu'un jeune homme venait d'être pris d'un vomissement de sang, et qu'il ne respirait plus; j'y cours et je trouve que le pouls du malade est bon, que la respiration se fait bien régulièrement. Voici ce qui s'était passé: cet homme avait été pris au milieu des champs d'une hématémèse subite; on le trouva après un certain temps étendu sur le sol ayant perdu complétement le sentiment et le mouvement, ne respirant pas ou d'une manière insensible; on le rapporta à la ferme; un paysan, qui fut vraiment bien avisé, prit une forte poignée d'orties et se mit à frapper vigoureusement sur les jambes nues; bientôt les mouvements respiratoires reprirent et continuèrent régulièrement. Ici cette violente excitation de la peau avait produit une action réflexe qui sauva le malade. Si ces excitations qu'il faut toujours employer dans des cas pareils, ne réussissent pas, il faut immédiatement pratiquer la respiration artificielle, soit avec un simple soufflet, dont on engage la tuyère dans une narine, soit avec l'appareil que j'ai fait construire par M. Vérick, et qui est si commode pour maintenir longtemps la respiration artificielle, que son emploi commence à se généraliser dans les laboratoires de physiologie.

N. Gréhant.

BULLETIN DES SOCIÉTÉS SAVANTES

Académie des sciences de Paris

M. A. Girard. — *Sur un nouveau principe sucré et volatil trouvé dans le caoutchouc de Bornéo.*

Sous le nom de *dambonite*, M. Girard a déjà fait connaître, au mois d'octobre 1868, une matière sucrée, volatile qu'il avait découverte dans le suc extrait du caoutchouc du Gabon. Cette matière répond à la formule $C^8H^8O^6$, et elle est remarquable surtout par son mode de décomposition en présence de l'acide iodhydrique. En effet, chauffée en vase clos, à 100 degrés avec cet acide, elle se dédouble en éther méthyl-iodhydrique et en une substance sucrée, cristallisée, très-stable, ayant la composition de la glycose desséchée, et que M. Girard a nommée *dambose*. Depuis cette époque, l'auteur a continué ses recherches sur des caoutchoucs d'origines différentes ; tels sont ceux de Bornéo, de Madagascar : aucun ne lui a donné de dambonite, mais plusieurs ont fourni des matières sucrées nouvelles. Dans la note présente, M. Girard s'occupe de la matière sucrée extraite du caoutchouc de Bornéo qu'il a nommée *bornésite*. Elle se présente sous forme de cristaux transparents : ce sont des prismes quadrangulaires, dérivés du prisme rhomboïdal droit et terminés tantôt par un biseau, tantôt par un pointement octaédrique.

Ces cristaux sont très-solubles dans l'eau, peu solubles dans l'alcool concentré. La bornésite fond à 175 degrés sans subir la moindre altération. A 205 degrés elle se sublime comme la dambose. Elle ne fermente pas, et ne réduit pas le tartrate cupro-potassique; mais elle acquiert cette propriété par l'ébullition avec de l'eau acidulée. L'acide sulfurique la dissout à froid ; un mélange d'acides sulfurique et azotique la transforme en un produit nitré, insoluble dans l'eau, soluble dans l'alcool, cristallisable, fusible de 30 à 35 degrés, détonant sous le choc. La bornésite a pour formule $C^{14}H^{14}O^{12}$.

Soumise comme la dambonite à l'action de l'acide iodhydrique à 120 degrés, la bornésite se dédouble en éther méthyl-iodhydrique et en dambose ; ce dambose est identique avec celui fourni par la dambonite. Si l'on examine l'action de ces divers principes sucrés sur la lumière polarisée, on remarque que la dambonite et le dambose n'ont aucun pouvoir rotatoire ; la bornésite, au contraire, en a un assez considérable, qui est dextrogyre : il est à peu près égal à la moitié du pouvoir rotatoire du sucre de canne. Mais le dombose fourni par le dédoublement de la bornésite est identique avec celui de la dambonite, et n'a aucun pouvoir rotatoire.

M. Girard se sert de l'observation de ces faits pour fixer la constitution de ces diverses matières sucrées qui, l'une comme l'autre, doivent être considérées comme des dambosates de méthyle. Mais tandis que la dambonite et le dambose, dénués de pouvoir rotatoire, correspondent aux formules $C^8H^8O^6$ et $C^6H^6O^6$, la combinaison de deux molécules de dambose $2(C^6H^6O^6)$ paraît créer dans la bornésite un pouvoir rotatoire, qui disparaît ensuite lorsque ce principe sucré se dédouble au contact des hydracides et par conséquent la formule de ce corps paraît devoir s'écrire $C^{14}H^{14}O^{12}$.

L'équation du dédoublement deviendrait alors :

$$C^{14}H^{14}O^{12} + HI = C^2H^3I + 2(C^6H^6O^6).$$

MM. Troost et Hautefeuille. — *Sur la volatilisation apparente du silicium et du bore.*

Les recherches que ces deux chimistes ont déjà publiées sur le bore et le silicium les ont conduits à étudier l'oxydation du silicium aux dépens de l'oxyde de carbone. La silice en houppes fibreuses, qui est un des produits de cette oxydation, recouvre quelquefois le silicium fondu d'un feutre très-léger, qui se prolonge souvent à plusieurs centimètres au delà du silicium. Les auteurs ont cherché à déterminer les réactions chimiques en vertu desquelles le silicium, corps complétement fixe, donne naissance à un composé également fixe et séparé du corps générateur par des distances relativement considérables. Des traces de fluorure ou de chlorure ayant été reconnues indispensables pour obtenir un dépôt de silice à une distance sensible du silicium, les auteurs ont expérimenté sur le fluorure et le chlorure de silicium.

L'expérience sur le fluorure fut disposée de manière à pouvoir suivre toutes les phases de l'opération. Le silicium fut placé dans un tube de porcelaine, muni d'un regard en verre à faces parallèles du côté de la sortie des gaz, on peut ainsi observer le moment où le silicium entre en fusion et suivre tous les détails des phénomènes de transport. Quand le silicium fut fondu dans le tube (traversé par un courant d'hydrogène), on fit arriver une bulle de fluorure de silicium, qui, entraînée par l'hydrogène, arriva bientôt dans la partie la plus chaude au contact du silicium fondu et le dépassa ensuite ; aussitôt il se produisit une fumée épaisse qui se déposa en une fine poussière rougeâtre. Le courant d'hydrogène dissipa très-vite le nuage. Une plus grande quantité de fluorure silicique donna naissance à un nuage très-intense et au dépôt abondant d'une substance semblable à du noir de fumée. L'hydrogène dissipa ensuite ce nuage qu'il fut possible de reproduire toutes les fois qu'on introduisit le fluorure. Un courant lent de fluorure de silicium qui donne un très-léger nuage, insuffisant pour masquer complétement l'éclat du tube porté au rouge vif, permit à MM. Troost et Hautefeuille de voir et de suivre la formation rapide d'un anneau adhérent dans la partie refroidie du tube. Cet anneau se resserre et devient considérable si l'opération est prolongée pendant un temps suffisant. La fumée brune qui se produit dans un courant rapide de fluorure est du silicium amorphe. L'anneau formé dans un conrant lent de ce gaz est constitué par un lacis de cristaux de silicium, parmi lesquels il s'en trouva de mesurables et d'un grand éclat. Cette expérience établit que le silicium se comporte dans le fluorure silicique comme s'il était volatil, donnant naissance à une matière amorphe ou cristallisée, suivant les circonstances qui président à son passage de l'état gazeux à l'état solide. On peut donc obtenir du silicium cristallisé sans avoir recours aux dissolvants métalliques.

Le chlorure de silicium peut aussi être employé pour obtenir à volonté le silicium amorphe ou cristallisé. Le transport est même beaucoup plus rapide qu'avec le fluorure. Il n'est pas nécessaire cependant d'avoir un courant rapide de vapeur de chlorure de silicium, la cristallisation marche très-vite dès que le tube contient du chlorure; une très-petite quantité de chlorure suffit pour lui donner naissance. On en conclut qu'une quantité limitée de chlorure peut transporter une quantité illimitée de silicium. Le chlorure et le fluorure de silicium peuvent donc être considérés comme les agents minéralisateurs du silicium. Les auteurs de ce travail croient pouvoir conclure que les limites de température entre lesquelles le silicium se dépose en cristaux sont comprises entre 500 et 800 degrés.

Voici en terminant comment MM. Troost et Hautefeuille cherchent à préciser le mécanisme du transport du silicium. Dans les parties du tube très-fortement chauffées, les gaz contiennent un excès de silicium qu'un abaissement graduel de la température restitue en totalité sous sa forme primitive, cela tient à ce que le silicium s'y est engagé dans une combinaison avec le fluorure ou avec le chlorure ordinaires, combinaison inconnue jusqu'ici. Les composés ainsi produits ont la propriété singulière et inattendue de prendre naissance à une température supérieure à celle de leur décomposition. Très-stables au rouge blanc, très-stables à la température ordinaire, ils n'ont de tension de dissociation qu'au rouge vif pour le fluorure et vers 700 degrés pour le chlorure. La décomposition du sous-fluorure est complète lorsque la température s'abaisse lentement. Un refroidissement brusque comme celui qui résulte de l'emploi de l'étincelle d'induction est nécessaire pour l'isoler; en remplissant ces conditions par l'emploi du tube chaud et froid de M. H. Sainte-Claire Deville. Quant au sous-chlorure de silicium on l'obtient beaucoup plus facilement. Il suffit de faire passer sur le silicium en fusion le chlorure de silicium avec assez de rapidité pour que la portion du sous-chlorure qui se décompose donne du silicium amorphe. Dans ce cas, une grande partie du sous-chlorure échappe à la décomposition et on peut le recueillir. Les auteurs s'occupent en ce moment d'examiner la composition et les propriétés de ces corps nouveaux.

M. G. Bouchardat. — *Sur la présence du sucre de lait dans un suc végétal.*

La présence du sucre de lait dans une substance d'origine végétale n'avait pas été établie jusqu'ici d'une façon positive. On l'avait bien signalée dans quelques plantes oléagineuses : mais ce sucre semblait particulier à la sécrétion lactée des mammifères. M. Bouchardat en a constaté l'existence dans une matière sucrée cristalline qu'il a trouvée dans une collection sous le nom de *sucre obtenu du suc de sapotillier.*

Cette matière, purifiée par plusieurs cristallisations, est dure, sucrée, elle fond à 204 degrés; le point de fusion du sucre de lait est 203 degrés. La solubilité est d'environ 14 pour 100 à la température ordinaire. Elle est dextrogyre. Examinée au saccharimètre de Soleil, elle s'est comportée exactement comme une solution de sucre de lait pur. Elle réduit le tartrate cupropotassique, précipite le sous-acétate de plomb ammoniacal : elle ne subit pas la fermentation alcoolique. Enfin, traitée par cinq fois son volume d'acide nitrique étendu, elle a donné de l'acide mucique. Tous ces caractères réunis démontrent l'identité de cette matière avec le sucre de lait. M. Bouchardat ayant obtenu de M. Baillon un fruit mûr de sapotillier (*Achras sapota*), récolté au Caire, a pu chercher à y caractériser le sucre de lait, et il a réussi à démontrer complétement la présence de ce sucre dans le suc de ce fruit.

M. P. Bert. — *Sur les phénomènes et les causes de la mort des animaux d'eau douce que l'on plonge dans l'eau de mer.*

Cette question a déjà fait le sujet de plusieurs notes : dans celle-ci, l'auteur s'occupe uniquement du mécanisme de la mort. Si l'on considère d'abord le cas d'un animal à peau nue, sans défense et non muni de branchies, comme une grenouille, on voit qu'une dessiccation qui va jusqu'à enlever en moins d'une heure le tiers du poids de l'animal suffit parfaitement à expliquer la mort. Cette dessiccation paraît porter uniquement sur les tissus; au moins le sang n'a pas paru visqueux, comme cela arrive chez les grenouilles desséchées par les procédés directs; les muscles, au contraire, ont perdu une grande partie de l'eau qu'ils contiennent, et il est probable que les centres nerveux sont desséchés de même : d'où provient la mort. L'eau de mer diluée d'un poids d'eau distillée égal au sien produit les mêmes résultats. Mais lorsque cette eau n'est plus que dans la proportion d'un tiers, la grenouille qu'on y plonge y périt asphyxiée dans le même temps que dans l'eau douce, sans changer de poids ; si l'animal ne baigne dans ce liquide que par sa partie inférieure, il survit indéfiniment. Ainsi l'action mortelle de l'eau de mer cesse en même temps que son pouvoir exosmotique. Or, ce pouvoir n'a pas seulement pour conséquences l'appel de l'eau en dehors du corps de l'animal, mais bien aussi l'absorption d'une certaine quantité de sels. Ceux-ci agissent-ils comme poison? M. Bert enveloppe une grenouille avec un morceau de papier à filtre mouillé avec 4 grammes d'eau de mer : l'animal meurt en quelques heures, après avoir perdu de son poids la proportion habituelle. Or l'introduction dans le tube digestif de 4 grammes d'eau de mer ne tue pas une grenouille. La mort des grenouilles plongées dans l'eau de mer est donc *exclusivement* due à la dessiccation de l'animal par suite d'une action exosmotique.

Considérons maintenant le cas des poissons ordinaires. Chez ces animaux cuirassés, les branchies sont le seul point vulnérable : en effet, une tanche suspendue dans l'eau de mer, la tête restant en dehors, vit très-longtemps si l'on a soin d'arroser d'eau douce ses branchies ; elle se couvre alors d'un épais mucus protecteur. Les lésions branchiales qui surviennent rapidement chez les cyprins plongés dans l'eau de mer sont évidemment la cause déterminante de la mort et peuvent être interprétées ainsi : le sel marin enlève de l'eau à l'épithélium et au tissu propre de la branchie et les plus fines ramifications vasculaires sont alors oblitérées, soit par action directe sur les tissus environnants et leurs propres fibres contractiles, soit par la voie réflexe des nerfs vaso-moteurs. Cependant le sang, lancé par le cœur, s'entasse dans les plus fortes artérioles afférentes, et les globules s'y déforment de telle sorte, que, lorsque survient la dilatation paralytique des vaisseaux plus fins, la circulation demeure arrêtée par les espèces de bouchons qui se sont formés. De là, congestions, extravasations sanguines, les globules arrivant même jusqu'à l'eau ambiante. Il est certain que le sel marin pénètre dans les branchies et vient se mêler au sang, ce qu'on reconnaît à sa couleur rouge-brique. Bien plus, il y arrive à un état de concentration plus fort que dans l'eau de mer; car celle-ci, mélangée à du sang, n'en altère que lentement les globules : l'arrêt de la circulation branchiale est très-brusque et complet. Il n'y a donc ici aucune action toxique ; la mort est due *exclusivement* à l'arrêt de la circulation branchiale.

En résumé, les grenouilles (peau nue, pas de branchies) meurent par dessiccation; les cyprins (corps écailleux, des branchies), quand ils meurent rapidement, meurent par arrêt brusque de la circulation branchiale, et, quand ils meurent lentement (dans une eau de mer diluée), par trouble progressif des conditions de l'hématose. Chez les autres animaux, comme les anguilles,

les têtards, les crustacés, ces deux causes de mort interviennent avec des degrés divers d'intensité. Tout ceci est dû à des phénomènes d'exosmose, qui enlèvent de l'eau, soit immédiatement aux branchies, soit médiatement au système nerveux central. Les inégalités que l'on peut observer dans la survie de tel ou tel animal, sont dues à des différences dans la composition chimique des épithéliums branchiaux et dans les propriétés exosmotiques de ces épithéliums. Le microscope révèle du reste certaines différences dans la constitution de ces épithéliums.

M. MAGNAN. — *Alcoolisme aigu. — Épilepsie absinthique.*

Depuis le mois d'avril 1869, deux cent cinquante cas environ d'alcoolisme aigu chez l'homme, observés au bureau central d'admission des aliénés de la Seine (Sainte-Anne), ont permis à l'auteur de vérifier et de confirmer les conclusions cliniques énoncées par lui dans sa note du 15 avril 1869 sur le même sujet. De ces nouveaux faits, il résulte :

1° Que les alcooliques aigus, avec attaques épileptiques, s'adonnent presque toujours à la liqueur d'absinthe ;

2° Que les alcooliques aigus, sans épilepsie, mais avec tremblement, quel que soit d'ailleurs son degré d'intensité, boivent habituellement du vin et de l'eau-de-vie.

On peut donc dire d'une manière générale, pour les faits relatifs à l'alcoolisme aigu : l'alcool produit le délire et le tremblement ; la liqueur d'absinthe produit le délire, le tremblement et l'épilepsie.

Académie de médecine de Paris

SÉANCE DU 22 AOUT 1871

Un fait d'une certaine gravité pour l'hygiène publique, surtout au point de vue de l'alimentation, s'est révélé ces jours derniers à Paris. Du pain de munition, fabriqué à la manutention militaire, et fourni aux soldats, a été reconnu altéré par une coloration rouge jaunâtre orangé, et rejeté comme impropre à l'alimentation. Dès le 14 août, M. Dumas présentait un échantillon de ce pain infecté à l'Académie des sciences, en annonçant que c'était l'*Oidium aurantiacum*, végétation cryptogamique observée et étudiée en 1843, dans des circonstances analogues, et qui ne s'était pas représentée depuis.

L'administration militaire, saisie du fait, l'a déféré à qui de droit pour l'examen scientifique, lequel vient d'aboutir à un rapport public de M. Poggiale à l'Académie de médecine.

D'accord avec M. Dumas et la commission de 1843, dont Payen fut le savant rapporteur, M. Poggiale a constaté, au microscope, qu'il s'agit bien de l'*Oidium aurantiacum*, nom donné par Léveillé à cette espèce de champignon ou moisissure dangereuse. Il a reconnu aussi, comme Payen, que les grandes chaleurs et l'humidité étaient les principales causes de son développement, mais non les seules. Avec d'autres micrographes, il admet que le champignon existe dans l'écorce du grain, et se retrouve dans le son. De là la nécessité de n'employer que des grains de bonne qualité, des farines blutées, un peu moins d'eau dans la panification et un degré de cuisson convenable. Avec ces précautions, en plaçant le pain cuit dans un endroit sec, aéré, et en le faisant consommer rapidement, on se met sûrement à l'abri de l'infection de l'*Oidium aurantiacum*, comme les épreuves faites d'après ces données l'ont aussitôt prouvé.

Reste la question pathologique : à savoir si l'ingestion de ce pain moisi donne lieu à des accidents ? Pour qui l'a vu comme nous hier, en grande quantité, à l'Académie, circulant de main en main, avec sa coloration rouge orangé et son odeur *sui generis*, le fait n'est pas douteux ; jusqu'ici aucun cas d'intoxication n'a été observé chez l'homme, les soldats ayant refusé de manger ce pain altéré. Mais en le voyant, M. le docteur E. Decaisne s'est rappelé le fait suivant, qu'il s'est empressé hier de communiquer à l'Académie des sciences, et aujourd'hui même à l'Académie de médecine.

Voyageant de Florence à Rome en 1862, on lui présenta à l'auberge de Radicofani du pain atteint de l'*Oidium aurantiacum* qu'il refusa. C'était la seconde fois, depuis dix ans, dit l'hôtelier, que du pain semblable lui était fourni. La première fois, les gens de la maison en avaient mangé pendant deux à trois jours sans être incommodés ; mais cette fois, l'un des domestiques était tombé malade après en avoir mangé. Il avait des vertiges avec envies de vomir, face vultueuse, cou gonflé, regard inquiet, pouls faible, accéléré, soif vive. L'administration d'un émétique, suivi de vomissements, suffit à faire cesser les accidents.

Le fait n'est pas concluant sans doute, mais on ne peut se défendre d'admettre que ce pain est toxique en le voyant. Des expériences ne tarderont pas à l'apprendre, et l'on sera fixé sur ses véritables dangers.

— De toutes parts les faits se multiplient pour déposer contre les effets pernicieux de l'alcoolisme depuis que cette question est à l'ordre du jour. M. le docteur Lunier a montré son influence sur la production de la folie dans les divers départements, et les chiffres cités sont vraiment effrayants. Ils appellent une répression énergique.

— D'après M. le docteur Delpech, le choléra continue à diminuer en Russie, mais en s'avançant vers nous sans relâche, ajoute M. A. Latour. Et à l'appui il signale son apparition à..... Un confrère digne de foi nous disait en avoir observé un cas à Paris même, il y a deux jours, chez un homme de quarante-cinq ans, arrivant de Londres, et qui a guéri. On peut s'attendre à en observer d'autres si c'est bien là le choléra épidémique.

— La question de la pathogénie de l'infection purulente a continué par une réponse de M. Chauffard, soutenant sa production spontanée par une altération des liquides, à M. Gosselin, admettant l'influence de l'ostéo-myélite, c'est-à-dire l'inflammation des os et de la moelle à leur point de section. Ce dernier fait est admis et bien reconnu dans certains cas, ajoute M. Verneuil, mais ne saurait les expliquer tous. Et reprenant contre MM. Chauffard et Alph. Guérin tous ses arguments en faveur de l'unité de la septicémie, il invoque l'emploi thérapeutique des irrigations continues et de l'occlusion pour prévenir et juguler la fièvre traumatique qui en est le premier degré. Si c'est là une fièvre nécessaire et favorable à la réparation, comme l'admettait Dupuytren, et indépendante de l'infection purulente, dit-il, pourquoi donc cherchez-vous à l'atténuer, sinon à l'empêcher ? Cet argument topique est resté sans réponse. La discussion touche à sa fin, chacun des orateurs a hâte d'en finir, et l'on pouvait la croire épuisée, lorsque M. Guérin a réclamé la parole pour mettre un trait d'union entre les traditions anciennes et les doctrines nouvelles sur cette fatale maladie. Nous verrons s'il réussira mardi prochain.

NÉCROLOGIE

M. Boucherie

M. le docteur Boucherie vient de mourir à Bordeaux. Un de ses anciens amis, M. le docteur Cazenave, membre de l'Académie de médecine, a lu sur sa tombe un discours qui fut reproduit dans le *Courrier de la Gironde*, et auquel nous allons faire quelques emprunts.

Jean-Auguste BOUCHERIE naquit à Bordeaux en 1801, fit ses études au lycée de cette ville, y fut laborieux, appliqué, puis entra dans une maison de commerce, qu'il quitta bientôt pour se vouer exclusivement à l'étude de la médecine.

M. Boucherie était pauvre alors, et cependant il partit pour Paris en 1801, n'ayant que des ressources bien précaires, y vécut de privations, mais ne se découragea pas.

Après avoir subi ses examens avec distinction, il obtint le grade de docteur en médecine en 1830, et soutint une thèse sur le croup qui lui valut les éloges de Dupuytren.

Après sa rentrée à Bordeaux, M. Boucherie y enseignait la chimie, lorsqu'il fut appelé à Naples pour y monter la première sucrerie de betteraves. Quelques ennuis le décidèrent à rentrer en France dans le courant de l'année 1833.

Quelque temps après ce retour, la lecture d'un journal anglais dans lequel on exaltait les mérites d'un procédé de conservation des bois que le plus simple bon sens condamnait d'avance, le déterminait à entreprendre des recherches sur ce problème, dont il a fort habilement et très-heureusement obtenu la solution, mais non sans avoir éprouvé toutes les misères de l'inventeur.

C'est en 1840 que M. Boucherie publia son mémoire sur la conservation du bois. Le procédé qu'il a expérimenté, et qui lui a parfaitement réussi, consiste à *métalliser* en quelque sorte le bois par l'injection dans ses vaisseaux de dissolutions métalliques, et en particulier de sulfate de cuivre. Ce mémoire suffirait à lui seul pour faire passer son nom à la postérité. Il eut un grand retentissement dans le monde savant. « Lorsque M. Dumas fit son rapport si élogieux à l'Institut sur ce mémoire, j'étais à Paris, dit M. Cazenave, et j'accompagnai mon ami à la séance, séance au sortir de laquelle, et en ma présence, deux grands industriels vinrent lui proposer de leur céder tous ses droits moyennant 500 000 fr. payés comptant. Ce pauvre Boucherie, qui était très-pauvre alors, mais qui était la probité même, la probité incarnée, répondit qu'il n'était pas encore assez sûr de ses procédés pour les vendre. Je n'ajoute rien à ce trait, qui est digne d'un autre âge! »

Quoi qu'il en soit, la publication de ces procédés n'inspira d'abord que de l'incrédulité au monde industriel, incrédulité dont le temps seul pouvait triompher. M. Boucherie ne se découragea point et continua ses travaux avec une nouvelle persévérance. Enfin, malgré des déboires de tout genre, malgré un procès qui dura trois ans et qu'il gagna sur des gens qui cherchaient à le dépouiller de son invention, le docteur Boucherie put enfin montrer à ses détracteurs, comme objet de comparaison, des bois naturels pourris et des bois injectés parfaitement conservés. Ce jour-là fut un jour de triomphe, et M. Boucherie fut sauvé, grâce à la générosité avec laquelle il avait abandonné pour 10 000 fr. l'exploitation de ses procédés aux lignes télégraphiques, lesquelles en 1855 reconnaissaient déjà avoir économisé par leur emploi la somme de 2 millions 500 mille francs. Ce chiffre a été décuplé depuis cette époque.

M. le docteur Boucherie ne s'est pas seulement attaché à préserver les bois de la pourriture, il est aussi parvenu à les colorer de diverses nuances et à les rendre incombustibles, d'une dessiccation plus facile et d'une résistance plus considérable qu'à leur état normal. Nous pouvons affirmer, dès à présent, que ses expériences sur l'incombustibilité des bois sont concluantes. C'est là un fait d'une immense portée, dont il est fâcheux qu'on n'ait pas encore tiré parti.

M. Boucherie aborda d'autres problèmes non moins dignes de fixer et de captiver sa puissante imagination. C'est ainsi qu'il s'est proposé, dans un but purement philanthropique, de garantir de la pourriture les matières animales, de les utiliser pour l'agriculture et de les transformer en un engrais d'un très-petit volume et d'un pouvoir fertilisant supérieur à celui du guano. Il a fort heureusement atteint ce triple but par l'action de l'acide chlorhydrique. L'importance d'une pareille invention n'a pas besoin d'être démontrée.

M. Boucherie a fait aussi une série d'expériences très-intéressantes sur les moyens d'extraire la fécule des pommes de terre par un procédé plus économique que le procédé ordinaire. Récemment une de ses constantes préoccupations était la conservation des viandes et des légumes. Là encore, M. Boucherie a donné la mesure de son esprit d'observation, et plusieurs de ses essais ont été couronnés de succès.

Malgré tous les déboires qu'il eut durant sa longue et pénible carrière, les récompenses ne lui ont pas manqué. En effet, de 1840 à 1855, il reçut des médailles d'or aux expositions internationales; en 1855 même, deux jurys différents lui décernaient la grande médaille d'honneur; en outre, il avait été nommé chevalier de la Légion d'honneur en 1840, et fut promu officier en 1856.

M. le docteur Boucherie n'était pas seulement un chimiste distingué : c'était avant tout un homme de bien, pieux, spiritualiste convaincu. Dans le département de la Loire, au château de Cuzieu, qu'il habitait ordinairement, il était entouré de l'estime générale. Il y exerçait la médecine gratuitement. Maire de ce village, il ajouta bien des fois de ses propres deniers aux revenus un peu maigres de la commune. Dans ces dernières années, il y fit bâtir à ses frais une école de filles, à laquelle il voulait annexer un petit hôpital. Enfin, en mourant, il a encore exprimé le désir qu'une somme de 20 000 fr. fût remise à l'orphelinat de l'abbé Moreau, à Gradignan (Gironde). A. D.

CHRONIQUE SCIENTIFIQUE

Congrès international d'anthropologie et d'archéologie préhistoriques. — 5e session à Bologne (Italie)

Ainsi que nous l'avions annoncé, le congrès international d'anthropologie et d'archéologie préhistoriques devait tenir la cinquième session à Bologne au mois d'octobre dernier. La guerre qui venait d'éclater ne permit pas à cette réunion d'avoir lieu à cette époque. Devant les épouvantables catastrophes qui ont depuis lors fondu à deux reprises sur la France, les organisateurs du congrès hésitaient encore à le convoquer. Ils ont pourtant pensé que l'intérêt de l'institution dont le sort leur était confié leur faisait un devoir de profiter du calme qui paraît renaître pour convoquer les savants de tous les pays à ces luttes pacifiques, qui sont les fêtes de la confraternité scientifique.

Le congrès d'anthropologie et d'archéologie préhistoriques s'ouvrira donc à *Bologne* le 1er octobre prochain. Nous ne saurions trop vivement engager les savants français à se rendre à cette réunion.

Programme du congrès.

Dimanche (1er octobre 1871). — Ouverture du congrès international et inauguration de l'exposition italienne d'anthropologie et d'archéologie préhistoriques.

Lundi. — Séance.

Mardi. — Excursion à Modène pour étudier le terramares des environs.

Mercredi. — Séance.

Jeudi. — Excursion à Marzabotto pour voir une nécropole.

Vendredi. — Séance.

Samedi. — Excursion à Ravenne.

Dimanche (8 octobre). — Clôture du congrès.

Questions proposées à l'étude du congrès.

1° L'âge de la pierre en Italie.

2° Les cavernes des bords de la Méditerranée, en particulier de la Toscane, comparées aux grottes du midi de la France.

3° Les habitations lacustres et les tourbières du nord de l'Italie.

4° Analogies entre les terramares et les kjœkkenmœddings.

5° Chronologie de la première substitution du bronze par le fer.

6° Questions crâniologiques relatives aux différentes races qui ont peuplé les diverses parties de l'Italie.

Les personnes qui désirent assister au congrès n'ont qu'à envoyer leur adhésion à M. le professeur *J. Capellini*, secrétaire du comité d'organisation, à Bologne, en y joignant un mandat sur la poste de 12 francs, chiffre fixé pour la cotisation. Les adhérents recevront en retour la carte de membres du congrès et auront droit à toutes les publications. Le comité espère obtenir des réductions sur les chemins de fer; dans ce cas, on distribuera aux membres une carte à part pour le retour gratis.

Le propriétaire-gérant : GERMER BAILLIÈRE.

PARIS. — IMPRIMERIE DE E. MARTINET, RUE MIGNON, 2.

LA

REVUE SCIENTIFIQUE

DE LA FRANCE ET DE L'ÉTRANGER

REVUE DES COURS SCIENTIFIQUES (2e SÉRIE)

DIRECTION : MM. EUG. YUNG ET ÉM. ALGLAVE

2e SÉRIE — 1re ANNÉE | NUMÉRO 10 | 2 SEPTEMBRE 1871

Paris, 1er septembre 1871.

L'élection de M. Belgrand à l'Académie des sciences s'est faite lundi dernier, non sans soulever quelques orages, comme on le verra plus loin au bulletin des Sociétés savantes. On craignait beaucoup que le nombre des membres présents à cette époque de l'année ne fût pas assez considérable pour la validation de l'élection, et l'on n'est parvenu, en effet, à réunir le nombre de votants nécessaire qu'en laissant le scrutin ouvert jusqu'à ce que ce nombre soit atteint, procédé qui n'est pas conforme aux usages de l'Académie.

Dans la liste de présentation que nous avons donnée, il y a quinze jours, une erreur typographique a interverti les rangs des candidats. M. de la Gournerie, professeur à l'École polytechnique et ingénieur en chef des ponts et chaussées, était placé en deuxième ligne *ex æquo* avec M. Cosson; c'est M. Sédillot, le professeur de Strasbourg, qui était en troisième ligne. A ces candidats, proposés par la commission, l'Académie avait décidé l'adjonction de M. Sauvage, l'éminent directeur du chemin de fer de l'Est.

La publication de la suite de l'article de M. Darwin se trouve retardée par une indisposition de l'illustre naturaliste, qui ne lui permet pas en ce moment de corriger les épreuves de la *Revue*. Nous espérons que cette indisposition sera passagère.

Depuis longtemps déjà, Londres possédait deux sociétés d'anthropologie, l'*Anthropological Society* et l'*Ethnological Society*, qui, sous la direction de M. Th.-H. Huxley, était sortie des anciens errements pour devenir la plus progressive. Mais cette division des renseignements et des communications relatives à la science de l'homme était pleine d'inconvénients. Il y a deux ans, lorsque l'*Anthropological Society* perdit son président, nous exprimions l'espoir de voir les deux sociétés se réunir sous la présidence de M. Huxley. Cette union, désirée par tous les amis sincères des sciences, s'est réalisée enfin pendant la dernière guerre. M. Huxley a pris la plus grande part aux négociations qui l'ont amenée.

Pour ménager tous les amours-propres, la société fusionnée a pris un nom nouveau; elle s'appelle *Anthropological institute of Great Britain and Ireland*. On a eu raison de préférer le titre d'*Anthropologie* à celui d'*Ethnologie*, qui est plus spécial et qui n'a pas l'air de comprendre les parties de la science de l'homme devenues aujourd'hui les plus importantes. On a choisi également un nouveau président pour la première année: c'est sir John Lubbock; sur les six vice-présidents, trois ont été pris dans l'*Ethnological Society*, MM. Th-H. Huxley, le professeur Busk et John Evans; trois représentent l'*Anthropological Society*, MM. Charnock, J. Barnard Davis et G. Harris.

Les recueils publiés par les deux anciennes sociétés disparaissent naturellement avec elles. Ils sont remplacés par un recueil nouveau, qui paraîtra par trimestre sous ce titre: *the Journal of the Anthropological institute of Great Britain and Ireland*, et contiendra tous les travaux communiqués à la société nouvelle. La première livraison vient de nous parvenir.

L'Association américaine pour l'avancement des sciences a ouvert, le 16 août courant, à Indianopolis, son congrès de 1871. Le président sortant, M. T. Sterry Hunt, professeur à l'université de Montréal, a prononcé un discours d'inauguration fort intéressant sur la formation de la chaîne des Appalaches et l'origine des roches cristallisées.

La cent quatorzième petite planète a été découverte, le 23 juillet 1871, par le docteur C.-H.-F. Peters à l'observatoire d'Hamilton-College (États-Unis). La planète, de douzième grandeur, était à cette époque dans la constellation de la Balance.

A une date plus récente encore, M. Watson, à l'observatoire d'Ann-Arbor (Michigan), a découvert la cent quinzième petite planète. Cette dernière brille comme une étoile de dixième grandeur et se trouve aujourd'hui dans le Verseau.

Nous avons le regret d'annoncer la mort d'un de nos géologues les plus distingués des départements, M. Lecoq, ancien professeur à la faculté des sciences de Clermont, correspondant de l'Académie des sciences de Paris. E. A.

ACADÉMIE DES SCIENCES MORALES ET POLITIQUES

M. H. SAINTE-CLAIRE DEVILLE

de l'Institut

L'internat dans l'éducation (1)

La question que je désire traiter dans ce mémoire présente deux faces distinctes : le côté physiologique, que j'aurais voulu développer devant l'Académie des sciences ; mais il comporte des détails qu'il vaut mieux réserver pour un recueil de sciences médicales, destiné à un petit nombre de lecteurs compétents et spéciaux, je ne ferai que l'effleurer ici ; le côté moral et philosophique qui, j'espère, sera bien accueilli par mes confrères de l'Académie des sciences morales et politiques pour des raisons faciles à faire accueillir en ce lieu.

Chargé, depuis plus de vingt ans, à l'École normale, de donner l'enseignement classique à des professeurs avec qui je reste en relations pendant leur carrière universitaire, chef d'une famille nombreuse de jeunes hommes tous élevés près de moi jusqu'à l'époque de leur mariage ou de leur établissement, je pense avoir acquis quelque expérience dans l'éducation et l'enseignement de la jeunesse. En outre, si je demande à l'Académie de m'écouter pour lui rappeler de grandes vérités trop oubliées, c'est qu'elles ont été proclamées depuis longtemps par M. Cousin, par M. Guizot, dont l'autorité ne peut être contestée dans son sein.

Le moment d'ailleurs ne peut être mieux choisi pour remettre à l'étude les questions relatives à l'enseignement et à l'éducation ; car tout le monde en est préoccupé, et chacun à ce sujet prononce le mot vague de réforme. Certainement cette réforme est désirable; mais elle a été préparée de longue main par bien des maîtres en cette matière, et en particulier par ceux dont je viens de citer les noms glorieux. Je n'ai qu'une crainte, c'est que leurs opinions paraissent trop radicales dans les circonstances actuelles, où le découragement qui envahit bien des cœurs vient en aide à la routine toujours si attrayante et si forte.

M. Guizot écrivait en 1860 : « Naguère, au plus fort des » orgies politiques et intellectuelles de 1848, le général Ca- » vaignac, alors chef du gouvernement républicain, demanda » à cette Académie (celle devant laquelle j'ai l'honneur de » parler) de raffermir dans les esprits, par de petits ouvrages » répandus avec profusion, les principes fondamentaux de » l'ordre social, le mariage, la famille, la propriété, le res- » pect, le devoir. C'était se faire, dans un bon dessein, une » grande illusion sur la nature des travaux d'une telle com- » pagnie et sur la portée de son action. Il n'est pas donné à » la science de réprimer l'anarchie dans les âmes, ni de ra- » mener au bon sens et à la vertu les masses égarées ; il faut » à de telles œuvres des puissances plus universelles et plus » profondes : il y faut Dieu et le malheur (2). »

Si le malheur suffisait pour notre régénération, si ces grandes pensées exprimées en si beau style pouvaient être prophétiques, il n'y aurait qu'à attendre l'œuvre de Dieu ; car notre malheur est aujourd'hui aussi profond qu'il peut l'être ; mais si la science ne peut *ramener au bon sens et à la vertu les masses égarées*, elle peut leur montrer quelques-unes des causes de cette *anarchie* qui règne aujourd'hui dans les âmes. Ces causes se découvrent souvent par la comparaison de nos institutions avec celles des peuples qui nous entourent, comparaison qui doit être faite avec simplicité et sans idée préconçue de nous dénigrer ou de nous exalter nous-mêmes en exaltant ou dénigrant les étrangers, comme on le fait trop souvent aujourd'hui.

Mon intention est de montrer l'influence pernicieuse qu'exerce en France sur la famille, son développement e son autorité, le régime de l'internat introduit chez nous dans le système général de l'instruction secondaire. Mais, tout en montrant combien est supérieur au nôtre le système de l'externat exclusivement adopté chez les peuples du nord de l'Europe et de l'Amérique, je ne pense pas que, dans notre pays, le niveau de la moralité soit tombé à ce point de nous valoir les critiques injustes que des moralistes allemands et même quelques écrivains français ne nous ont pas épargnées. J'admets comme représentant d'une manière exacte notre état actuel les lignes que publiait, en 1860, M. Guizot, dans les *Mémoires pour servir à l'histoire de mon temps* (tome III, p. 2) : « Les sentiments et les devoirs de famille ont aujour- » d'hui un grand empire. Je dis les sentiments et les devoirs » et non l'esprit de famille, tel qu'il existait dans notre an- » cienne société. Les liens politiques et légaux de la famille » sont affaiblis ; les liens naturels et moraux sont devenus » très-forts. Jamais les parents n'ont vécu si affectueusement » et si intimement avec leurs enfants ; jamais ils n'ont été si » préoccupés de leur éducation et de leur avenir. Bien que » très-mêlée d'erreur et de mal, la forte secousse que Rous- » seau et son école ont imprimée en ce sens aux âmes et aux » mœurs n'a pas été vaine, et il en reste de salutaires traces. » L'égoïsme, la corruption et la frivolité mondaine ne sont, » certes, pas rares ; les bases mêmes de la famille ont été » naguère et sont encore en butte à de folles et perverses » attaques ; pourtant, à considérer notre société en général et » dans ces millions d'existences qui ne font point de bruit et » qui sont la France, les affections et les vertus domestiques » y dominent et font plus que jamais de l'éducation des en- » fants l'objet de la vive et constante sollicitude des parents. »

Le tableau tracé par M. Guizot me paraît très-fidèle, surtout pour *ces millions d'existences qui ne font point de bruit et qui sont la France*. Mais le nombre des familles dont les enfants doivent recevoir l'éducation secondaire est bien loin de fournir des millions d'existences. Ce sont ces familles peu nombreuses par rapport à la masse totale, assez favorisées pour pouvoir donner à leurs enfants l'instruction secondaire très-coûteuse, ce sont elles qui se séparent de leurs enfants au moment où ceux-ci atteignent l'âge de sept à huit ans, et qui désormais ne les reçoivent plus qu'à des intervalles éloignés et pendant peu de temps jusqu'à l'âge de vingt-deux ou vingt-cinq ans. On les a envoyés au collége. De là ils passent aux écoles de droit, de médecine, aux facultés, aux écoles polytechnique et militaire. La fille est reléguée dans un couvent (1) ou dans une pension jusqu'à une époque très-voisine de son mariage.

(1) *De l'internat et de son influence sur l'éducation et l'instruction de la jeunesse*, mémoire lu à l'Académie des sciences morales et politiques dans sa séance du 29 juillet 1871, par M. Henri Sainte-Claire Deville, membre de l'Académie des sciences.

(2) *Histoire de mon temps*, tome III, page 148.

(1) Voyez sur ce sujet le beau livre de M. Le Play *Sur la réform sociale, etc.*, *passim*, surtout dans le chapitre concernant l'éducation

Le père et la mère, en dehors du temps des vacances, ne voient donc plus leurs enfants à l'époque de la vie où ceux-ci peuvent avoir sur leurs parents la plus salutaire influence. Quel respect inspire, en effet, à ceux qui entrent dans une maison la vue de jeunes gens, de jeunes filles, groupés autour de leurs parents, et quel préservatif pour ceux-ci contre l'étranger tenté de porter le trouble dans le ménage! quel obstacle aussi rencontrent les parents eux-mêmes quand ils sont disposés à enfreindre les lois de la vie conjugale! Ce point n'a pas besoin d'être développé.

Mais la vie de famille est surtout nécessaire aux enfants. Ici je suis obligé d'entrer dans des considérations que ma qualité de naturaliste me force de développer suivant les habitudes imposées par l'observation et l'expérience à votre confrère de l'Académie des sciences. Et à ce propos, je ferai une remarque générale et, selon moi, capitale. A une époque où les révolutionnaires qui s'appellent matérialistes semblent s'appuyer sur les données de la science expérimentale pour exciter chez les hommes, avec le mépris de la règle et du devoir, la satisfaction prochaine et brutale des mauvais instincts, il est juste que les savants revendiquent ou plutôt reprennent pour eux-mêmes et pour eux seuls le droit de faire parler la science expérimentale, et montrent dans quelles limites il convient de l'appliquer à ce qu'on appelle aujourd'hui en langage barbare la sociologie. Cela dit, j'entre en matière.

C'est surtout pour les fonctions qui se rapportent à la reproduction de l'espèce que l'homme se rapproche des animaux, et c'est en comparant ses mœurs avec les mœurs des animaux vivant en troupeaux que le savant et le moraliste s'éclaireront le plus facilement sur les tendances naturelles, que les lois et les habitudes de la civilisation peuvent modifier ou dépraver. On trouvera peut-être étrange d'affirmer que la morale humaine, de même que toutes les sciences ressortissant à l'Académie à laquelle j'appartiens, peut être traitée comme une science expérimentale. Mais, si les physiologistes vont étudier les secrets de notre organisation dans les organes des animaux, pourquoi nous serait-il interdit de constater les tendances, les instincts de sociabilité et de famille qui existent chez eux, d'y observer les germes de leurs passions, de faire varier méthodiquement les circonstances au milieu desquelles ils vivent pour apprendre comment naissent et se développent les vices qui sont les grands dissolvants de leur société comme de la nôtre? La morale expérimentale, qu'on me passe le mot, ne peut pas plus se pratiquer sur l'homme que la physiologie; mais, quand on opère sur des animaux, quand, tenant un compte suffisant de l'intelligence humaine, on cherche à découvrir les causes physiques des défauts et des vices dans les enfants qui, à certains moments de leur développement, sont si près des animaux, je suis persuadé qu'on peut arriver à des conséquences pratiques d'un haut intérêt.

Au moyen des meutes de chiens on observe et l'on développe chez les individus en outre des vices propres aux carnassiers et malheureusement aux enfants, la coquetterie, fort utile au maintien de la race, l'avarice, représentée par la manie de l'enfouissage, l'instinct du vol, etc. (1). Au moyen des troupeaux de ruminants, des habitants des haras, des volières, des oiseaux et des insectes domestiques, on fait également un grand nombre d'observations curieuses de morale animale et quelques expériences dont les résultats peuvent être très-instructifs pour nous-mêmes. Le général Girod (de l'Ain), mon beau-père, possède dans les montagnes du Jura le beau troupeau de mérinos de Naz; l'éducation de ces animaux, très-petits, mais très-vigoureux, très-délicats de forme, mais très-vifs dans leurs allures, exige des précautions particulières, ce qui fait que l'étude de leurs mœurs est nécessairement faite avec beaucoup d'attention par les bergers soigneux. Voici, entre autres détails curieux, un fait bien constaté que je veux développer ici pour l'étude de mon sujet, l'éducation des enfants.

Les béliers, étant séparés des brebis dans les champs, mais surtout dans les bergeries, contractent les habitudes les plus dangereuses pour les facultés de reproduction, j'allais dire les vices les plus honteux. En général, toutes les fois qu'on rassemble et qu'on fait vivre en domesticité restreinte des animaux d'un même sexe et surtout des animaux du sexe masculin, on remarque d'abord une grande excitation des instincts de reproduction et ensuite une perversion redoutable de ces mêmes instincts. Mettez-vous, au contraire, soit en troupeaux, soit surtout en liberté complète, ces animaux destinés à vivre en société, vous voyez tout de suite dominer les caractères normaux de l'animal. Bientôt les organes de reproduction ne paraissent plus excitables qu'à des intervalles fixes et réguliers; aux sentiments les plus pervers qui rapprocheraient les mâles, succède très-rapidement la jalousie qui suscite entre eux des combats où les plus faibles succombent au profit de l'amélioration de la race par la seule intervention des individus les plus vigoureux. Ceux-ci fondent la famille ou la horde.

Au bout d'un certain temps, et cela est remarquable, les femelles repoussent obstinément les mâles trop ardents, leur imposent la continence. Ainsi, la présence seule des femelles suffit pour guérir radicalement les mâles de tous les vices de la vie séquestrée.

L'Académie comprend que, même en parlant des animaux, il y a certaines délicatesses qu'il faut ménager : ce que je vais dire cependant doit être connu de tous les pères, sinon de toutes les mères de famille; et ceux qui voudront conclure des animaux aux enfants trouveront dans les lignes que je viens d'écrire bien des allusions très-voilées à la stricte et douloureuse vérité; or, cette vérité ne doit pas échapper à ceux qui s'intéressent à l'éducation de l'enfance dans notre pays.

Eh bien! ce qui se passe dans un troupeau se passe également dans une réunion d'enfants mâles quelle qu'elle soit, élevée par qui que ce soit, défendue par les règles de la sur-

(1) Jamais je n'ai observé ni pu développer chez les chiens la faculté pour les plus forts de se faire servir ou aider par les plus faibles. Je ne connais dans les mœurs des mammifères aucun trait pouvant faire penser que la servilité soit possible parmi eux, et par conséquent rien de semblable à l'esclavage que l'homme a introduit dans sa société. On trouvera peut-être étrange que je considère cette institution si abhorrée comme une des causes du développement de la race humaine. Cependant il est bien clair que de tout temps les hommes qui ont occupé une position élevée par la science, l'administration et le commandement, ont dû se débarrasser des occupations ou travaux serviles, réservés à une classe disgraciée de la fortune ou à des vaincus, pour se consacrer aux travaux de l'esprit et de la direction des peuples. De là on conclut qu'il y a des rapports nécessaires entre l'esclavage ou la domesticité et les progrès de la civilisation.

veillance la plus étroite, fût-elle de jour et de nuit. L'inconvénient le plus grave de ces vices pour la société, c'est le développement exagéré, entre vingt et trente ans, des facultés génésiques, d'où naissent la débauche et la lubricité. Veut-on connaître la différence qui se manifeste entre les hommes livrés aux passions brutales de la guerre quand les uns ont été élevés dans leurs familles et quand les autres ont vécu de la vie des pensionnats et de la caserne? Ceux-ci se rendent odieux par des attentats à la pudeur; les premiers pillent et expédient au loin les produits de leurs rapines pour augmenter le bien-être des leurs et orner les personnes et l'habitation de la famille. C'est dans ces sentiments qu'il faut trouver l'explication des vols de meubles, d'effets d'habillement de femmes et d'enfants, de jouets, d'objets de ménage qui ont, à nos dépens, caractérisé la dernière invasion, comme toutes les invasions des peuples du Nord.

Au lieu d'accumuler, comme nous le faisons aujourd'hui, un grand nombre d'enfants du même sexe dans un même pensionnat, consentons à les élever tous ensemble dans la famille. Le jeune garçon vivra avec ses sœurs, ses cousines, ses amies, dans la simplicité de l'enfance et l'ignorance absolue de tout ce qui s'entend et se voit de dangereux dès le premier âge dans tous les pensionnats. Par suite d'un sentiment instinctif, jamais, à moins d'être exceptionnellement mauvais, le jeune garçon, quand il n'est plus ignorant, ne se permettra devant ses sœurs, ses parents et ses amies, les conversations corruptrices que la plus stricte surveillance n'empêche jamais complétement dans les pensionnats les mieux tenus. Dans un âge plus avancé, l'adolescent, dont la timidité devant la femme est proverbiale et se trahit à chaque instant sur ses traits, apprendra sans efforts à respecter la jeune fille chez qui la pudeur est un sentiment inconscient, un véritable instinct, mais d'une très-grande énergie. Ici on ne peut méconnaître les rapports qu'il y a entre l'homme jeune, inexpérimenté, ignorant de sa nature et vaguement troublé par les tendances de son sexe, subissant enfin sans les connaître les lois de la reproduction, et l'animal dont les instincts ne sont pas viciés par la domestication. Ainsi, la femelle, presque toujours plus faible que le mâle, exerce sur lui un puissant ascendant qui permet toujours de lui résister, souvent même de le dompter, jusqu'à ce que, la famille étant formée, elle accepte elle-même d'être défendue et protégée par lui.

Ces sentiments, conservateurs de l'espèce, sont exaltés par le raisonnement et l'intelligence chez le jeune homme élevé au sein de la famille. Ayant grandi dans le voisinage et le respect de la jeune fille, qui l'a préservé des vices de l'enfance, l'amour honnête et pur qu'elle lui inspirera plus tard le préservera également de la débauche et des passions libidineuses.

C'est dans la vie de famille et au contact des jeunes gens que la jeune fille des nations septentrionales acquiert cette noble et douce fierté qui lui assure le respect (1) et lui permet de jouir en toute sécurité de la plus grande indépendance et de la liberté la plus absolue. Puis, quand elle s'est fiancée elle-même (1), elle a en même temps fixé son sort et assuré la moralité du jeune homme qu'elle a choisi. Sous de telles influences la population s'accroît et les races germaniques envahissent pacifiquement l'Europe et le nord de l'Amérique.

Un jeune homme élevé dans un pensionnat loin de ses sœurs, des jeunes filles, n'a rien reçu de cette éducation instinctive. Les conversations licencieuses de ses camarades l'ont déjà perverti; et, lorsqu'il arrive dans nos universités, il ne connaît la femme que par les tableaux que lui en ont fait les mauvais livres ou ses condisciples gâtés et par les échantillons honteux qu'il en trouve dans les mains de ses nouveaux amis. De là à la débauche, à la dépravation, aux maladies qu'elles entraînent, il n'y a qu'un degré presque toujours franchi. Dans ce cas, le meilleur conseil que ma longue expérience me permettra de donner à ses parents, c'est de le conduire immédiatement dans les sociétés où il puisse rencontrer des jeunes filles pures et gaies comme il n'en manque heureusement pas dans notre pays, et de lui laisser dans cette compagnie la plus grande liberté. Si son bonheur veut qu'il éprouve alors une affection sérieuse, l'amour honnête, je puis affirmer qu'il est sauvé.

(1) Je n'ai pas besoin, à ce propos, de décrire les mœurs libérales des races du Nord. J'ai vu pratiquer cette indépendance accordée aux jeunes filles en Allemagne, en Angleterre, et même à Genève, dans cette société aristocratique et savante si appréciée de l'Europe entière. Je ne puis résister au désir d'en raconter quelques traits qui m'ont frappé dans mes voyages.

Il y a bien longtemps, me trouvant à Hanovre dans la *restauration* de la gare, je vis à une même table une jeune fille et un jeune homme à l'air chaste et honnête se tenant par les mains et absorbés par une conversation qui manifestement les séparait du monde entier. Cette intimité, que personne ne se permettrait publiquement en France, était respectée des nombreux voyageurs qui en étaient les impassibles témoins. En arrivant à Göttingen, mon hôtesse, la femme d'un des plus grands savants de l'Allemagne, mère d'une nombreuse famille, m'apprit que le spectacle dont je viens de parler m'avait été donné par un *promis et une promise* voyageant ensemble avant leur mariage. Et, remarquant sur mes lèvres un sourire un peu trop français : « Oh! monsieur, me dit-elle, il n'y a pas d'exemple qu'ils se soient jamais *trompés*. »

J'appris quelques jours après que deux jeunes et charmantes filles appartenant à un professeur ordinaire de Göttingen partaient toutes seules avec leurs fiancés, étudiants et élèves de leur père, pour aller se marier à New-York. Ce père, très-haut placé par sa science et sa fortune, et tout le monde autour de lui, trouvait tout simple que ces enfants allassent se marier dans la ville qu'elles devaient habiter et devant ceux qui allaient être désormais leurs parents et leurs amis de tous les jours. Quelle différence entre de pareilles mœurs et les nôtres!

(1) A Londres, en 1862, j'ai eu le bonheur d'être admis dans une famille de la haute bourgeoisie anglaise, à mœurs pures et même rigides, où toutes les convenances d'une *haute existence* sont parfaitement respectées. Elle possédait alors une jeune fille de dix-huit ans, la plus gracieuse et la plus belle qu'on pût voir, et qui ne se gênait nullement pour aller toute seule à Oxford, où son frère était étudiant, et rester plusieurs jours en sa compagnie. En effet, une jeune fille de sa condition est toujours assurée du respect de tous, soit dans un wagon, soit dans une ville universitaire peuplée de jeunes gens. Un jour je lus devant elle une lettre de ma famille où l'on m'apprenait un projet de mariage français. Il y était question d'un jeune homme destiné à l'une de mes nièces, et dont on s'occupait fort sans que celle-ci en fût encore avertie. On avait pris sur le jeune homme des renseignements nombreux qui se trouvaient détaillés dans cette lettre avec la délicatesse et la convenance la plus parfaites. La jeune miss rougissait pendant cette lecture : je l'avais manifestement choquée. Avec la liberté très-grande que le bon ton permet toujours en Angleterre, je lui demandai en quoi je lui avais déplu. « Comment, me dit-elle, vous vous permettez de vous occuper ainsi de marier votre nièce. En Angleterre, nous serions humiliées de pareils soins : nous nous fiançons nous-mêmes et nous désirons faire notre choix toutes seules. » Le père, qui avait longtemps vécu en France, lui en raconta les usages, et lui fit observer qu'elle-même ne se marierait pas sans l'assentiment paternel. « Mais, mon père, reprit la jeune fille, je sais bien que vous n'introduirez jamais dans votre maison un jeune homme indigne de m'épouser. » On comprend ainsi la difficulté avec laquelle, en Angleterre, on entre dans la *maison* où règne une telle liberté, et l'on s'explique que ce soit pour un Anglais, et surtout pour un étranger, une très-grande marque d'estime d'y être admis.

Dans les pays méridionaux et musulmans, où la femme est esclave, où son influence est nulle sur les mœurs, celles-ci sont tellement dépravées que ce qui est chez nous honteux et criminel n'y a pas besoin même d'être caché. On sait bien ce que je veux dire, et je ne l'écrirai pas. Aussi quelle dépopulation rapide dans un pays où la profession d'avortement se pratique ouvertement et, qu'on me passe le mot, honnêtement.

Placés géographiquement entre les peuples septentrionaux qui envahissent et les peuples méridionaux qui seront envahis fatalement, notre sort dépendra de la manière dont nous constituerons la famille et dont, par elle, nous rendrons constamment et rapidement croissante la population dans notre pays.

Je crois avoir prouvé que l'éducation avec le voisinage des deux sexes est dans l'ordre de la nature. Elle donne à la femme la juste et grande influence qu'elle mérite, et cette influence devant commencer dès le plus jeune âge, le régime des internats la rend impossible en France, où le rôle de la jeune fille est complétement annulé. Heureusement il n'en est pas ainsi du rôle de la femme, de la mère. Si quelqu'un pouvait croire qu'il n'est pas considérable parmi nous, je le renverrais aux ménages d'ouvriers, aux ménages pauvres. Partout où la femme est respectée, partout où elle est la trésorière de la famille, l'ordre existe avec l'économie et la moralité. Quand, à la fin de chaque semaine, l'ouvrier apporte dans sa famille le prix de son travail et le remet à la mère de ses enfants, il ne peut être débauché, il ne peut être ivrogne; la femme, en effet, étant la plus intéressée à l'ordre intérieur et à l'économie, protége son mari contre la démoralisation et la ruine qu'occasionnent nécessairement le cabaret et les mauvais lieux.

Malheureusement, dans les pays catholiques, le mariage et la vie de famille ne sont pas assez encouragés. Quoiqu'on y respecte et sanctifie le mariage, le célibat est trop souvent considéré et exalté comme accompagnant nécessairement la plus haute perfection religieuse. C'est ainsi que Saint-Simon disait de Pelletier, conseiller d'État : « C'était un homme de » beaucoup d'esprit et de savoir qui tourna de fort bonne » heure à la retraite et à une grande dévotion qui l'éloigna du » mariage. » Le prêtre qui obtient et mérite en France le respect et l'estime des honnêtes gens, est, dans la discipline actuelle de l'Église, voué au célibat par des règles qui semblent à tous aussi immuables et aussi sacrées que les dogmes mêmes de la religion. De plus, la facilité dangereuse avec laquelle les congrégations admettent dans leur sein des jeunes filles élevées d'après notre système, loin des jeunes hommes, à un âge où elles ignorent les joies de la famille et redoutent les devoirs de la femme, est encore une cause de diminution des mariages. Enfin, nos jeunes soldats, jusqu'à l'âge de vingt-sept ans, sont nécessairement célibataires et les officiers ont besoin, pour se marier, d'une autorisation qu'ils n'obtiennent pas avant d'avoir satisfait à certaines conditions de fortune ou subi des formalités longues et pénibles. Notre code civil, pour empêcher par des mesures préventives les unions mal assorties ou imprudentes, pour laisser à l'autorité paternelle une action plus étendue, accumule les autorisations, les formalités, les délais, qui ne sont pas sans influence sur la diminution du nombre des mariages au moins parmi les très-jeunes gens. Il est permis de voir dans toutes ces causes la raison pour laquelle la population cesse de croître en France, surtout en observant que les mariages les plus féconds sont presque toujours contractés à un âge peu avancé. La plupart de ces inconvénients, qui s'attachent aujourd'hui à des institutions respectables, s'annuleraient si nous fermions les internats, si nous supprimions les casernes, sans compter que l'internat et le casernement engendrent chez nous non-seulement les vices que j'ai signalés, mais encore l'indiscipline et la révolte contre la loi, dont nous connaissons trop les terribles effets.

La révolte est permanente dans l'esprit des enfants soumis au régime de l'internat. C'est le plus souvent dans les lycées, colléges ou pensions qu'on la voit se manifester sous des formes violentes et agressives contre l'administration et les maîtres chargés du maintien de la discipline. Le fait est que nulle part on ne peut gouverner un certain nombre d'enfants parqués comme un troupeau dans un pensionnat, sans déployer l'appareil des punitions et sans user contre les instincts naturels de ces enfants d'un dangereux système de compression : ces mesures déterminant toujours de sourdes résistances et souvent des explosions violentes, permettent d'expliquer le caractère incoercible qu'apportent les jeunes gens au moment où ils entrent dans la vie politique de notre pays.

Il arrive souvent, il est vrai, que dans les maisons ecclésiastiques, où la discipline est plus douce, l'air paraît plus calme ; mais je ne me fie pas beaucoup à ce calme, que la mansuétude et le dévouement du prêtre, la crainte d'une surveillance très-active et quelquefois de la délation, produisent plus facilement dans les établissements religieux que la règle inflexible appliquée par les laïques dans les colléges de l'Université. La plupart du temps, cette douceur est dangereuse pour les mœurs, et la rigueur aujourd'hui oubliée des anciens systèmes de correction avait son bon côté, le système de l'internat étant admis. Quand cette rigueur n'inspirait à la jeunesse que le désir légitime de recouvrer la liberté et l'indépendance loin du maître et de sa férule, il n'y avait pas lieu de se plaindre. Malheureusement, dans nos temps constamment agités, c'est bien plutôt l'esprit de révolte qui naît dans le pensionnat et qui se développe plus tard dans la société française.

C'est qu'en effet le collégien n'a plus de mère qui puisse constamment solliciter de lui la sagesse, sans crainte d'être faible, si le père sait être fort ; il n'a pas, pour lui servir d'exemple, la soumission douce et instinctive de ses sœurs. Quand même l'autorité du père serait despotique et brutale, elle ne saurait jamais se dépouiller entièrement de l'affection que la nature lui inspire pour son enfant et que celui-ci reconnaît toujours à quelque signe ineffaçable. Enfin, l'enfant peut sortir de la famille libre, mais docile et soumis à la loi.

Quant à la force des études dans les pensionnats, je ne puis en mieux parler que M. Cousin, et je ne puis mieux finir qu'en le citant (*De l'instruction publique en Allemagne*, 3e édition, tome I, page 138. 1840.)

Après avoir décrit le collége à pensionnat de Schulpforta, presque unique en Allemagne, où les gymnases sont toujours des établissements d'externes, il ajoute dans ses conclusions :

« Songez à toutes les difficultés religieuses sans cesse renaissantes que le pensionnat provoque.

» Et tout cela pourquoi ? Pour avoir souvent un résultat » inférieur à celui que donnent les colléges d'externes. Et en » effet, dans le concours des colléges de Paris, voit-on le col- » lége d'externes de Charlemagne le céder à ces grands collé-

» ges à pensionnats, où l'administration est si dispendieuse et » la discipline si incertaine ? Ici, comme en beaucoup d'au- » tres points, on se donne beaucoup de peine pour très-peu » faire ou pour faire mal. C'est par les résultats qu'il faut » juger toutes les choses. Que l'on prouve d'une manière so- » lide et incontestable que les colléges à pensionnats produi- » sent des élèves supérieurs à ceux des autres colléges d'ex- » ternes ; sinon il faut avouer que les colléges d'externes sont » préférables. Mais l'éducation, dira-t-on, c'est là le vrai ré- » sultat des colléges à pensionnaires. Je réponds que, si cette » éducation est si bonne, on devrait en voir les fruits; qu'il » est impossible que ces jeunes gens mieux élevés, c'est-à-dire » apparemment moins dissipés, plus sages et plus laborieux, » ne l'emportent pas dans leurs études sur leurs camarades » qui n'ont pas la même éducation. Or, ici le résultat défini- » tif est presque toujours contre les colléges à pensionnat. »

Voilà bien des considérations et des autorités à faire valoir en faveur de la suppression de l'internat et au profit de l'éducation en famille et de l'instruction en externats de la jeunesse. Cette suppression intéresse l'enseignement au même degré ; et j'espère montrer dans une prochaine communication que l'avenir et l'honneur du professorat et de la science dans notre pays en dépendent essentiellement.

Henri Sainte-Claire-Deville,
Professeur à la Sorbonne et à l'École normale supérieure.

MUSÉUM D'HISTOIRE NATURELLE DE PARIS

ZOOLOGIE

(Mammifères et oiseaux)

COURS DE M. ALPHONSE MILNE EDWARDS

L'ordre des Lémuriens

Les classifications zoologiques peuvent être considérées comme la représentation des idées que nous avons sur l'organisation des animaux; aussi suivent-elles ces mêmes idées dans leurs modifications, et tel système de classement adopté aujourd'hui par tous les naturalistes, pourra demain être renversé par de nouvelles recherches mettant en évidence des caractères différentiels ou des affinités qui, jusqu'alors, n'avaient pas été soupçonnés. C'est ce qui est arrivé pour la grande division des Lémuriens dont nous allons tracer l'histoire.

Ces animaux ont jusqu'à présent été réunis aux Singes dans l'ordre des Quadrumanes; Illiger, dès 1811, avait considéré ce groupe comme formant une famille à laquelle il avait donné le nom de *Prosimii*, nom qu'Étienne Geoffroy Saint-Hilaire changea en celui de *Strepsirrhini* dans la seconde partie de son tableau des Quadrumanes, publié en 1812 dans les *Annales du Muséum*. Mais quelle que soit la dénomination adoptée, tous les naturalistes se sont accordés à reconnaître cette famille et à la faire rentrer parmi les Quadrumanes. Cette manière de voir est cependant inadmissible, et depuis que l'on a pu étudier le développement de l'embryon de ces animaux, il est devenu évident qu'ils appartiennent à un type spécial bien différent de celui des Singes, et qu'ils doivent former, non pas une famille de l'ordre des Quadrumanes, mais un ordre particulier. L'importance des caractères embryologiques est aujourd'hui parfaitement démontrée, et plusieurs essais de classement ont été basés sur les modifications que présentent soit le fœtus lui-même, soit ses enveloppes et principalement le placenta.

Chez les Singes, cet organe ressemble beaucoup à celui de l'espèce humaine; il est constitué par un ou deux disques vasculaires qui adhèrent intimement à la tunique interne de l'utérus et qui ne peuvent en être détachés sans déchirures.

Nous remarquons chez les Lémuriens une disposition très-différente; le chorion, ou membrane externe de l'œuf, est presque entièrement couvert de villosités épaisses et serrées constituant une sorte de coussin vasculaire et formant le placenta qui encapuchonne à peu près complétement l'amnios. Les villosités, très-touffues vers les portions supérieure et moyenne de l'œuf, diminuent graduellement en se rapprochant du pôle céphalique où elles disparaissent presque entièrement. Il y a donc là un *placenta en cloche* bien différent du *placenta discoïde* de l'homme, des Singes, des Chiroptères, des Insectivores et des Rongeurs, ainsi que du *placenta zonaire* des Carnivores et du placenta *diffus* des Herbivores.

L'allantoïde des Lémuriens est aussi disposé sur un plan tout spécial et essentiellement distinct de ce qui existe, non-seulement chez les Singes, mais aussi chez les Carnivores; cette vésicule prend un développement énorme et constitue un sac membraneux qui s'étend, dans le sens du grand axe de l'œuf, entre le chorion et la tunique amniotique; il se prolonge en forme de cornes ou de culs-de-sac et se continue avec l'ouraque par un pédoncule grêle.

Ces faits embryologiques sont si importants qu'ils autoriseraient, à eux seuls, la séparation radicale des Singes et des Lémuriens; ils s'accordent aussi avec d'autres caractères d'une valeur moindre dont on doit cependant tenir grand compte, et qui sont fournis par le cerveau, le crâne, le système dentaire et les mains.

Le cerveau des Lémuriens les plus élevés en organisation ne présente que de rares circonvolutions, il ne se développe que peu en arrière, et au lieu de recouvrir entièrement le cervelet comme cela a lieu chez tous les Singes, il laisse à nu une portion considérable de cet organe. Aussi, Gratiolet, qui était bon juge en cette matière, avait-il déjà reconnu que les caractères de l'encéphale des Lémuriens ne permettent pas de faire rentrer ces animaux dans la division des Primates.

La tête osseuse, par son apparence générale, rappelle beaucoup celle des Carnivores, et vous savez, messieurs, que les véritables Lémurs sont souvent désignés sous le nom de *Singes à museau de Renard;* l'orbite communique largement avec la fosse temporale, tandis que chez tous les Singes elle est cloisonnée en dehors par une paroi osseuse qui l'isole complétement.

Les dents sont de trois sortes : des incisives, des canines et des molaires; mais les canines inférieures manquent souvent ou bien sont remplacées par des dents semblables aux incisives, et comme elles, étroites, serrées les unes contre les autres en forme de peigne, et couchées presque horizontalement : dents bien différentes par conséquent de celles de tous les Singes, même des Sakis ou des Brachyures.

Le caractère le plus apparent des Lémuriens et celui dont avaient principalement argué les zoologistes pour réunir ces animaux aux Singes, consiste dans l'existence, à tous les membres, de mains véritables. Mais ce mode de conformation peut se rencontrer chez des espèces dérivées de types très-divers ; ainsi on en connait depuis longtemps des exemples parmi les

Marsupiaux, et l'on sait que, dans l'ordre des Singes, à côté d'espèces franchement Pentadactyles, il en existe d'autres, les Colobes en Afrique, les Atèles et les Ériodes en Amérique, dont les membres antérieurs sont privés de pouce. D'ailleurs les mains des Lémuriens ne ressemblent pas à celles des Singes, leur pouce est toujours bien développé et presque constamment opposable aux autres doigts; elles sont admirablement organisées pour grimper, mais peu propres à la préhension des aliments; c'est avec la bouche que ces animaux saisissent leur nourriture, à moins qu'ils n'emploient à cet effet leurs deux mains réunies ainsi qu'ont l'habitude de le faire les Écureuils et beaucoup d'autres Rongeurs. Les doigts, au lieu de s'amincir graduellement vers le bout, comme ceux des Singes, s'élargissent d'ordinaire dans leur portion terminale en formant des pelotes discoïdales que l'ongle ne recouvre qu'incomplétement. Enfin, l'index de la main postérieure se termine par une véritable griffe.

Cette réunion de caractères, dont quelques-uns ont une valeur essentielle et *dominatrice*, nous conduit à établir entre les Singes et les Lémuriens une distinction profonde. Et si l'on veut que les groupes naturels désignés sous le nom d'*ordres* aient, dans la classification des mammifères, une même valeur zoologique, il est impossible de réunir dans une division ayant ce degré d'importance les Singes et les Lémuriens, car ils diffèrent plus entre eux que les Carnivores ne diffèrent des Insectivores ou les Ruminants des Pachydermes. Il faut donc considérer ces groupes, non comme des familles, mais comme formant l'un et l'autre un *ordre* particulier.

La répartition géographique des divers genres de Lémuriens offre aussi quelques aperçus intéressants, car la plupart sont propres à Madagascar, et donnent à la faune de cette grande île un caractère spécial; ces types sont cependant représentés par d'autres genres en Afrique et dans l'Asie méridionale, et les recherches qui ont été poursuivies avec tant de succès à Madagascar, depuis plusieurs années, par M. Alfred Grandidier, tendent à prouver que la population zoologique de cette île a plus de relations avec celle des terres voisines qu'on ne le supposait avant lui; ainsi l'Hippopotame subfossile que ce voyageur a découvert dans des alluvions récentes reproduit en plus petit le type africain. Le gros rat qu'il a désigné sous le nom d'*Hypogeomys* et le *Chœropotamus Edwardsii* (Grandidier) nous montrent aussi que l'ordre des Rongeurs et celui des Pachydermes bisulques comptent aussi des représentants à Madagascar. Commerson avait été trop loin en disant : « que la nature semblait s'être retirée dans cette île, comme dans un sanctuaire, pour y travailler sur d'autres modèles que ceux auxquels elle s'est asservie ailleurs ». Nous verrons du reste que certains Lémuriens d'Afrique se rapprochent beaucoup de ceux de Madagascar, tandis que l'Amérique et l'Australie ne comptent aucun représentant de cet ordre.

Les Lémuriens comprennent environ cinquante à soixante espèces réparties en une douzaine de genres; mais parmi ces animaux on reconnaît plusieurs formes fondamentales, les unes isolées, les autres autour desquelles se groupent de nombreuses espèces; aussi la plupart des zoologistes s'accordent-ils à admettre trois familles :

1° Celle des *Lemuridæ*, ayant pour principaux représentants les Makis.

2° Celle des *Chiromydæ*, qui ne compte qu'une seule espèce.

3° Celle des *Tarsidæ*, formée du seul genre Tarsier.

Le Galéopithèque, nommé par Linné *Lemur volans*, ne paraît pas pouvoir prendre place dans l'ordre qui nous occupe en ce moment; il est devenu le type du genre *Galeopithecus*, et se rapproche beaucoup plus des insectivores que de tous les autres mammifères.

FAMILLE DES LEMURIDÆ. — La famille de Lémurides comprend donc à elle seule tous les Lémuriens, à l'exception du Chiromys ou Aye-Aye et du Tarsier, et elle se divise d'une manière assez naturelle en deux sections : celle des Brachytarses, chez lesquels les os du cou-de-pied sont de longueur normale, et celle des Macrotarses, dont le calcanéum et le scaphoïde sont très-développés. Chacune de ces sections se subdivise de nouveau en un certain nombre de sous-familles indiquées dans le tableau que je mets sous vos yeux :

Famille	Section	Sous-famille	Genres :
Famille des LÉMURIDÉS.	Section des BRACHYTARSES.	Sous-famille des *Indrisinés.*	Avahi. Propithèque. Indri.
		Lémurinés.	Lémur. Hapalémur. Lepilémur.
		Nycticébinés.	Nycticèbe. Lori. Pérodictique. Arctocèbe.
	MACROTARSES.	*Galaginés.*	Galago. Chirogale et Microcèbe.

Les INDRISINÆ sont de tous les Lémuriens les plus élevés en organisation; ce sont eux qui se rapprochent le plus des Singes; ils sont tous spéciaux à Madagascar, et se distinguent immédiatement des autres représentants du même ordre par la disposition de leurs dents. Il n'existe, en effet, que quatre dents incisiformes à la mâchoire inférieure; les canines y manquent complétement ou du moins elles ne se montrent que dans le très-jeune âge, et ne tardent pas à tomber pour ne pas être remplacées. Les molaires de l'adulte sont au nombre de cinq de chaque côté et à chaque mâchoire; mais la première dentition comprend une prémolaire inférieure de plus, qui, de même que la canine, disparait de très-bonne heure, de façon que, si l'on représente par une formule le système dentaire de l'adulte, on arrive au résultat suivant :

$$\text{I.}\ \frac{2-2}{2-2}\ \text{c.}\ \frac{1-1}{0-0}\ \text{p. m.}\ \frac{2-2}{2-2}\ \text{m.}\ \frac{3-3}{3-3} = \frac{16}{14}$$

Si, au contraire, on cherche à représenter la dentition complète en y faisant rentrer toutes les dents caduques, on obtient la formule suivante :

$$\text{I.}\ \frac{2-2}{2-2}\ \text{c.}\ \frac{1-1}{1-1}\ \text{p. m.}\ \frac{2-2}{3-3}\ \text{m.}\ \frac{3-3}{3-3} = \frac{16}{18}$$

Les mains des Indrisinés sont très-puissantes, surtout celles des membres postérieurs dont le pouce est énorme, tandis que les autres doigts sont peu mobiles et unis ensemble, à leur base, par un repli des téguments qui s'étend jusqu'à l'extrémité de la première phalange. Dans leur position normale, ces mains reposeraient sur le sol, par leur bord externe, ce qui rend la démarche de ces animaux, à terre, lente et embarrassée; au contraire, ils grimpent aux arbres avec une facilité extrême, et s'accrochent aux branches avec une telle force que souvent ils y restent suspendus après leur mort. Toutes les espèces qui composent cette petite division ne se nourrissent que de fruits ou de substances végétales, mais elles ne poursuivent ni les insectes ni les oiseaux comme le font les autres Lémuriens, aussi leur appareil digestif présente-t-il une disposition en rapport avec ce régime. L'estomac est simple, mais le cæcum est énorme, et, à cet égard, ressemble beaucoup à celui de certains Rongeurs, les lapins, par exemple; le gros intestin est d'une très-grande longueur et contourné sur lui-même, de façon à former deux spirales superposées et régulières, rappelant ce qui existe chez certains herbivores, les Moutons entre autres. L'utérus est légèrement bilobé vers son extrémité, et, d'ordinaire, il n'y a qu'un petit à chaque portée. Les mamelles sont au nombre de deux et situées sur la poitrine près du creux axillaire; enfin le cerveau n'est marqué que de rares circonvolutions : preuve d'une intelligence peu développée.

La sous-famille des Indrisinés se compose de trois genres connus sous les noms d'Avahis, de Propithèque et d'Indris.

Les Avahis sont de petite taille, et remarquables par la forme globuleuse de leur tête, dont la portion faciale est très-réduite par rapport à la portion crânienne. L'encéphale est comparativement plus grand que chez les autres représentants du même ordre. C'est ce caractère qui détermine la place que les Avahis doivent occuper en tête des Lémuriens, comme les Chimpanzés et les Orang-Outans occupent le premier rang parmi les Singes. Ce genre ne comprend qu'une seule espèce bien établie, c'est le *Maquis à bourre*, décrit par Sonnerat, et dont M. Jourdan a formé, en 1834, le genre Avahis. Ces animaux désignés par les Malgaches sous le nom d'*Amponghi*, se rencontrent sur la côte nord-est de Madagascar ; ils sont rares dans nos collections zoologiques, ce qui s'explique à raison de leurs habitudes nocturnes ; ils passent la journée cachés et dormant au milieu des branches des arbres, ou retirés dans quelque trou, de façon que les chasseurs ne s'en emparent que difficilement.

Le genre Propithèque n'a pendant longtemps été représenté que par une seule espèce, le *Propithecus diadema*, décrit, en 1832, par Bennett. Cet animal atteint près de 80 centimètres de hauteur, son pelage est assez agréablement teinté de noir, de gris plus ou moins clair et de jaune orangé ; il habite dans les forêts du centre de Madagascar, où il est désigné sous le nom de *Simepoune*. Dans ces dernières années, M. A. Grandidier nous a fait connaître trois nouvelles espèces de Propithèques, dont un, le *Propithecus Verreauxii*, est presque entièrement blanc, sauf le dessus de la tête qui est noir ou brun foncé. Il habite les côtes arides du sud et du sud-ouest de Madagascar, où on le rencontre dans les rares petits bouquets de bois qui croissent de distance en distance ; il y vit par bandes de dix à douze individus et ne descend à terre que rarement, et poussé par la faim ; il se tient alors debout sur ses pattes postérieures, sa queue pendant derrière lui, et il s'avance par petits bonds saccadés, comme un enfant qui sauterait à pieds joints. Les Malgaches le connaissent sous le nom de *Sifac*. Ce sont des animaux doux, très-timides et qui résistent mal à la captivité.

Le *Propithecus Coquerelii* se distingue du précédent par l'absence d'une calotte noire sur le dessus de la tête et par l'existence d'une tache brune située en avant des membres antérieurs et des membres postérieurs.

Le *Propithecus Edwardsii* est, au contraire, presque entièrement noir, sauf sur la région lombaire où les poils deviennent blanchâtres. A ces espèces parfaitement caractérisées, il faut en ajouter deux autres encore mal connues : l'une est entièrement blanche, c'est le *Propithecus Dekenii* (Peters) ; l'autre est de même couleur, mais sa poitrine est lavée de brun, et le dessus de sa tête est noir, c'est le Propithèque couronné (*P. coronatus*, Pollen).

Les Indris se distinguent immédiatement des Propithèques, des Avahis et de tous les Lémuriens de Madagascar, par l'absence presque totale de la queue. Leur museau est aussi beaucoup plus allongé que dans les deux genres que nous venons de passer en revue. On n'en connaît encore qu'une seule espèce qui a été découverte par Sonnerat et inscrite par Gmélin dans le *systema naturæ*, sous le nom de *Lemur Indri*, nom qui plus tard a été changé en celui de *Indris brevicaudatus*. Cet animal atteint une taille supérieure à celle des Propithèques et mesure environ 1 mètre de hauteur. Son pelage est noir, marqué de quelques taches blanches, principalement sur la région lombaire et sur les avant-bras; mais on observe à cet égard des variations assez considérables, et parfois la teinte blanche s'étend beaucoup et occupe le dessus de la tête et les membres. L'*Indris albus*, décrit par M. Vinson, donne un excellent exemple des modifications de coloration qui peuvent se rencontrer dans cette espèce. Les mœurs de l'Indris sont à peu près celles des Propithèques ; ils ne dorment pas le jour comme les Avahis, et montrent, au contraire, à ce moment une grande activité.

Les Lemurinæ ont tous les doigts des mains postérieures libres jusqu'à leur base, le cæcum moins développé que celui des Indrisinés et la tête bien plus allongée. Cependant il existe deux genres, les Hapalémurs et les Lepilémurs, qui établissent un véritable passage entre ces groupes : en effet, leur tête est plus globuleuse que d'ordinaire dans les Makis, bien que, comme chez ces derniers, leur mâchoire inférieure soit armée de six dents incisiformes et que leurs molaires soient, même chez l'adulte, au nombre de six de chaque côté et à chaque mâchoire.

Les *Hapalemur* ne renferment qu'une seule espèce : l'*H. griseus*, rapporté de Madagascar par Sonnerat et considéré par I. Geoffroy Saint-Hilaire comme le type de ce genre. L'*Hapalemur olivaceus*, du même auteur, et l'*H. simus* de M. E. Gray ne paraissent être que de simples variétés du même type spécifique. Ces animaux sont nocturnes, un peu plus petits que les Makis et reconnaissables, non-seulement à la forme de leur tête, mais aussi à leurs oreilles courtes et velues, à leurs incisives supérieures, dont l'interne est implantée immédiatement en avant de l'externe, et non pas à côté, comme cela s'observe généralement, et enfin à leurs quatre mamelles.

Les *Lepilemurs* ont les mêmes mœurs que les précédents; mais ils s'en distinguent facilement à l'aide des caractères de leur mâchoire supérieure, qui est privée d'incisives. Ces dents existent cependant chez les très-jeunes individus ; mais elles sont extrêmement petites, ne tardent pas à tomber et ne sont pas remplacées. Le *Lepilemur mustelinus*, dont la taille est intermédiaire à celle des *Hapalemur* et des Makis, a servi à I. Geoffroy pour établir ce genre ; il est resté pendant longtemps la seule espèce connue, mais récemment M. A. Grandidier en a décrit une seconde sous le nom de *Lepilemur ruficaudatus* (c'est le Bouenghé des Sakalaves), d'un tiers plus petite que la précédente et de couleur plus claire.

Les Makis doivent être considérés comme les Lemurinés typiques, auxquels se rattachent les deux formes zoologiques que nous venons d'étudier. Ces animaux ne se rencontrent qu'à Madagascar et dans les îles adjacentes; ils n'ont pas les habitudes nocturnes des Avahis, des Hapalémurs et des Lepilémurs, et montrent, au contraire, pendant le jour, une très-grande agilité. Leur nourriture consiste principalement en fruits, mais ils recherchent aussi les œufs et les petits oiseaux. Leurs membres postérieurs sont loin d'être aussi développés que ceux des Indrisinés, de façon qu'ils ont souvent une attitude quadrupède et peuvent courir ainsi le long des branches des arbres, d'où ils descendent rarement. Leur queue est longue et bien fournie; leurs mamelles sont au nombre de deux et situées près des aisselles. Généralement ils n'ont qu'un ou deux petits à chaque portée; la gestation dure environ cent dix jours, et le jeune naît presque nu; ses poils sont courts et très-clair-semés, excepté sur la tête, où ils forment comme une sorte de bandeau au-dessus des yeux. Il se tient cramponné aux poils du ventre de la mère, et généralement est placé en travers de la région abdominale où il se trouve caché et parfaitement à couvert lorsque la mère fléchit ses cuisses sur son ventre, de sorte que la tête du jeune, qui seule est bien pourvue de poils, est à découvert et sort dans la région inguinale. Un peu plus tard, il quitte cette position et monte sur le dos de sa mère, accroché aux poils avec une telle force qu'il n'est même pas ébranlé par les bonds que fait celle-ci.

Récemment M. E. Gray a voulu subdiviser l'ancien genre Maki (*Lemur*) en trois genres, sous les noms de *Lemur*, *Prosimia* et *Varecia*. Mais les particularités sur lesquelles ce zoologiste s'est basé sont loin d'avoir assez d'importance pour motiver une semblable destination. Le nombre des espèces de Makis décrites dans les traités de zoologie est assez considérable, mais il est probable qu'il est exagéré et que l'on sera forcé d'en retrancher quelques-unes; ce sont, en effet, des animaux qui semblent varier beaucoup suivant les individus ou suivant les sexes. Ainsi, on a reconnu dernièrement que le *Lemur varius*, à pelage noir et blanc, et le *Lemur ruber*, à robe rouge, mélangée de noir et de blanc, ne sont que les formes extrêmes d'une seule et même espèce, et l'on connaît aujourd'hui toute la série de modifications qui les relient l'une à l'autre. Le *Lemur niger*, remarquable par sa couleur noire uniforme, est le mâle d'un autre Maki, considéré par Bartlett comme une espèce distincte et nommée par lui *Lemur leucomystax*, et caractérisée par son pelage brun fauve, et par les côtés blancs de la face.

Le *Lemur coronatus* est tellement voisin du *Lemur chrysampyx* qu'il est à présumer que l'on fondra ces deux espèces en une seule; enfin l'on trouve des variétés intermédiaires qui semblent rattacher le *Lemur melanocephala* au *L. collaris*, celui-ci au *L. rufus*, cette espèce au *L. nigrifrons*, et enfin ce dernier au *L. rufifrons*. Ce sont des modifications d'un même type, et lorsque l'on aura pu réunir un nombre assez considérable d'individus, on arrivera peut-être à reconnaître qu'ils ne constituent qu'une seule espèce.

L'île d'Anjouan et l'île de Mayotte possèdent chacune un Maki qui paraît différent de ceux de Madagascar.

Le petit groupe des *Nycticebinæ* n'est pas représenté dans cette grande île; tous ses membres sont originaires de l'Afrique ou de l'Asie. Ils se reconnaissent à leur tête arrondie, à leurs yeux très-gros et indiquant des mœurs nocturnes, à la lenteur de leurs mouvements, qui a fait donner à quelques-uns de ces animaux le nom de singes paresseux. On a établi parmi eux les quatre genres suivants : *Nycticebus*, *Lori*, *Perodicticus* et *Arctocebus*.

Les Nycticèbes, qui ont pour type le *Lemur tardigradus* de Linné, sont originaires de l'Indo-Chine et des îles de Java, de Sumatra et de Bornéo. Ces animaux, presque entièrement dépourvus de queue, ont les mouvements d'une lenteur extrême; ils ne sortent que la nuit et vont alors à la recherche de leur nourriture, qui consiste en insectes, en œufs, en petits oiseaux et quelquefois en fruits. M. Vrolick a observé une disposition anatomique singulière dans les artères des membres de ces Lémuriens : la crurale et la brachiale se subdivisent en un pinceau de vaisseaux très-grêles, qui marchent d'abord parallèlement, puis se séparent pour se rendre dans les muscles. Ce caractère, très-rare dans les Mammifères, se rencontre aussi chez un animal appartenant à une division zoologique très-éloignée de celle des Lémuriens, chez le Paresseux ou Unau de l'Amérique du Sud, dont les mouvements sont aussi très-lents et dont la démarche rappelle celle des Nycticèbes.

Les Loris sont placés par beaucoup de naturalistes dans le même genre que les Nycticèbes; mais ils s'en distinguent nettement par leurs membres longs et grêles, d'où leur vient le nom de Loris grêles. Ils ont d'ailleurs les mêmes habitudes que les précédents et se rencontrent dans l'Inde continentale, ainsi qu'à l'île de Ceylan. Ils sont de très-petite taille et ne mesurent guère plus de 20 à 30 centimètres de longueur. Leur queue est rudimentaire et leur caractère le plus remarquable est fourni par l'allongement considérable des os du nez, qui dépassent en avant le bord alvéolaire de la mâchoire.

Les Ptérodictiques et les Arctocèbes représentent en Afrique les Nycticèbes et les Loris; les premiers de ces Lémuriens avaient été décrits dès 1705, sous le nom de *Potto*, par Bosman, qui avait observé ces animaux lors de son voyage en Guinée; mais ce n'est que vers 1825 qu'ils furent retrouvés à Sierra-Léone et devinrent le type du genre *Pterodicticus* de Bennett. Bientôt après, Van der Hœven étudia cette espèce d'une manière plus approfondie et fit connaître les particularités saillantes de son organisation. Le Potto a les formes plus lourdes et plus massives que le Nycticèbe, les oreilles petites et une queue touffue, qui égale le tiers de la longueur du corps; l'index des mains antérieures est atrophié et ressemble à un tubercule garni d'un ongle. M. Aubry-Lecomte, qui a observé au Gabon ce curieux Lémurien, d'où il en a envoyé plusieurs individus au Muséum de Paris, nous apprend qu'il est essentiellement nocturne et qu'il ne sort que lorsque l'obscurité est complète; il montre alors une certaine agilité, grimpant sur les tiges les plus lisses, et, en captivité, marchant le long des corniches et s'accrochant dans les maisons aux moindres saillies des murs.

Les Arctocèbes habitent les mêmes régions que les Ptérodictiques, auxquels ils ressemblent beaucoup; ils s'en distinguent cependant par leur queue rudimentaire et par l'absence d'ongle au tubercule représentant l'index à la main antérieure. L'espèce unique de ce genre est connue sous le nom d'*Arctocebus calabarensis* (Gray), et a été récemment l'objet d'un travail de M. Huxley.

Les os du tarse de tous les Lémuriens dont nous venons de tracer l'histoire présentent des dimensions ordinaires; au contraire, chez les GALAGINÉS, comprenant les Galagos et les Chirogales, le calcanéum et le scaphoïde sont très-allongés, ce qui donne au pied une forme particulière. Les Galagos sont spéciaux à l'Afrique, les Chirogales ne se rencontrent, au contraire, qu'à Madagascar. Ce sont tous des animaux nocturnes; leur système dentaire indique un régime moins herbivore que chez les autres genres du même ordre. En effet, ils se nourrissent principalement d'insectes, de petits reptiles et d'oiseaux. Leurs mamelles sont au nombre de quatre, dont deux inguinales et deux pectorales, et ils ont d'ordinaire deux ou trois petits à chaque portée.

Le genre Chirogale a été établi en 1812, par E. Geoffroy Saint-Hilaire, d'après trois dessins de Lémuriens faits par Commerson pendant son séjour à Madagascar, et se rapportant à des espèces qui jusqu'ici n'ont pas encore été retrouvées; mais depuis cette époque on a découvert d'autres espèces appartenant à ce groupe. La plus anciennement connue est le Chirogale de Milius, décrit d'après un individu vivant qui avait été donné à la ménagerie du jardin des Plantes par M. Milius, gouverneur de l'île de la Réunion. C'est un animal de petite taille et à pelage grisâtre; sa queue est touffue et il la tient généralement enroulée autour de son corps. Le Chirogale furcifère se distingue de l'espèce précédente par une bande dorsale noire qui tranche sur la teinte fauve de la robe et se bifurque sur l'occiput pour s'étendre au-dessus des yeux.

L'animal appelé par Buffon le *rat de Madagascar* et pris par Geoffroy comme type de son genre *Microcebus* ressemble trop aux Chirogales pour pouvoir en être séparé; c'est de tous les Lémuriens le plus petit, et sa coloration d'un fauve rougeâtre lui a fait donner le nom spécifique de *rufus*. M. A. Grandidier a découvert dans ces dernières années plusieurs Chirogales nouveaux pour la science et dont quelques-uns présentent des particularités physiologiques très-remarquables. Ainsi, chez le *Chirogalus Samati*, et chez le *Ch. gliroides*, la queue est d'une grosseur énorme et doit ses dimensions à l'existence d'une épaisse couche de graisse; il existe aussi des amas considérables de tissu adipeux sur différents points du corps; cette singulière disposition est en rapport avec les habitudes de ces animaux, qui, pendant la saison sèche, se pelotonnent dans des trous et s'y engourdissent, comme le font, pendant l'hiver, dans nos climats, les Loirs, les Marmottes et tous les animaux hibernants. Ils vivent alors aux dépens de la réserve de graisse qu'ils ont accumulée pendant la saison humide; aussi, lorsqu'ils sortent de leur torpeur, leur queue présente des dimensions normales.

Les Galagos sont généralement de petite taille, à l'exception du Galago à queue touffue (*G. crassicaudatus*, Geoffroy), qui, sous ce rapport, ressemble à un Maki ordinaire; cette espèce se trouve surtout sur la côte occidentale de l'Afrique, où ses mœurs nocturnes la dérobent facilement aux recherches des chasseurs. Elle est remarquable par son pelage très-doux, très-fourni et d'un gris clair brillant, par sa queue longue et touffue, et enfin par ses oreilles très-développées, que l'animal peut fermer à volonté pour se soustraire aux bruits extérieurs. Le *Galago senegalensis* a servi à Fr. Cuvier et à Geoffroy Saint-Hilaire comme de type pour ce genre; il se rencontre dans toute l'Afrique, depuis le cap de Bonne-Espérance jusqu'en Nubie et en Sénégambie. Le Galago de Demidoff est à peu près de la taille du *Rat de Madagascar* ou Chirogale roux; il se trouve au Gabon. Enfin, l'espèce de Zanzibar, décrite par Coquerel sous le nom d'*Otolemur agisymbanus*, appartient évidemment au genre Galago. Malheureusement ces animaux sont tous rares dans nos collections, et on ne connaît encore que fort imparfaitement la limite que peuvent atteindre, chez eux, les variations individuelles; il en résulte qu'il règne encore des incertitudes sur la détermination de plusieurs espèces.

Famille des Tarsidés. — Le genre Tarsier constitue à lui seul une section bien tranchée de l'ordre des Lémuriens. E. Geoffroy l'avait rangé à la fin de ce groupe, et I. Geoffroy en a formé une famille : exemple qui fut généralement suivi par les naturalistes, car les Tarsiers diffèrent beaucoup des genres que nous avons passés en revue. Le système dentaire de ces animaux est remarquable par la longueur des incisives internes de la mâchoire supérieure, et par l'existence, à la mâchoire opposée, d'une seule paire de ces dents. Le squelette présente aussi des modifications d'une grande valeur; ainsi le péroné est très-réduit et soudé au tibia au lieu d'être libre comme chez les Lémuriens ordinaires. Les os du tarse sont remarquablement allongés; de plus, le deuxième et le troisième orteils sont plus courts que les autres doigts et terminés par un ongle en griffe.

Ce genre a pour type le Tarsier de Buffon, désigné actuellement par les zoologistes sous le nom de *Tarsier spectre*, et ne comprend probablement que cette seule espèce propre à l'archipel indien. Effectivement, le *Tarsius bancanus* de Horsfield paraît être seulement une espèce nominale établie sur un jeune individu. Le Tarsier des îles Célèbes ne se distingue de celui de Bornéo que par la teinte noire du bout de la queue, et il est à remarquer que ces différences n'ont été constatées que chez un petit nombre d'individus. Le Tarsier spectre est de petite taille, et même inférieur sous ce rapport à notre écureuil; ses oreilles sont grandes, ses yeux très-développés et son museau aminci; son pelage est fauve brunâtre et sa queue, très-longue et très-grêle, se termine par un pinceau bien fourni de poils. Cet animal est très-rare, il ne sort généralement que pendant la nuit, et se nourrit d'insectes qu'il attrape avec beaucoup d'adresse, malgré son peu de vivacité.

Famille des Chiromydés. — L'Aye-Aye doit être considéré comme une forme anormale du type Lémurien, mais il ne peut en être séparé malgré les singularités que présente son organisation. Ses fortes incisives, sa queue très-poilue, lui donnent une certaine ressemblance avec les écureuils, tandis que ses mains postérieures et ses proportions générales sont celles des makis. C'est encore à Sonnerat que l'on doit la découverte de cet animal singulier, il en posséda deux individus vivants, un mâle et une femelle, qui vécurent environ deux mois; il les avait obtenus sur la côte ouest de Madagascar, et envoya la dépouille de l'un d'eux au Muséum d'histoire naturelle, où pendant longtemps il fut le seul représentant connu en Europe de ce genre remarquable. Sonnerat, dans la description qu'il en donna, le rapproche des écureuils, tout en indiquant ses rapports avec les makis. Buffon, entre les mains duquel cet Aye-Aye fut remis, pensait aussi qu'il devait former un genre très-voisin des écureuils, bien qu'offrant certaines ressemblances avec le Tarsier; plus tard Gmélin l'inscrivit dans la 13e édition du *Systema naturæ* de Linné, sous le nom de *Sciurus madagascariensis*, mais Geoffroy Saint-Hilaire reconnut que cet animal devait constituer un genre distinct qu'il appela d'abord *Daubentonia*, nom auquel Cuvier, d'accord en cela avec le célèbre zoologiste dont je viens de parler, substitua celui de Chiromys.

De Blainville, dans un mémoire qui fut très-remarqué à cette époque, établit la véritable place de l'Aye-Aye ; il le fit rentrer avec les Lémuriens, et aujourd'hui tous les zoologistes s'accordent avec lui sur ce point aux makis.

L'Aye-Aye est un animal de la taille des makis, à pelage long, épais, assez rude et brun ; la queue est très-fournie, mais non relevée sur le dos ; la tête est arrondie, à narines terminales, à grandes oreilles et à yeux bien développés. Les pattes antérieures sont pourvues de cinq doigts terminés par de véritables griffes, le pouce n'est pas opposable et le médius se fait remarquer par sa forme grêle et allongée, il dépasse de beaucoup l'index et atteint presque l'annulaire. Il existe une véritable main aux pattes postérieures, bien que le pouce soit un peu moins long que celui de la plupart des autres Lémuriens. Les os du tarse sont aussi développés que ceux des Galagos ; il est même probable que ce sont ceux du Galago à grosse queue que de Blainville a fait figurer dans son ostéographie comme provenant du Chiromys ; enfin, il a deux mamelles inguinales.

Le système dentaire est bien différent de celui des autres Lémuriens ; il existe en avant, à chaque mâchoire, deux fortes incisives pointues, tranchantes et profondément enfoncées dans les alvéoles ; en arrière on remarque une barre très-longue et occupant la place où seraient implantées les canines si elles existaient ; puis en arrière on trouve, de chaque côté, quatre molaires à la mâchoire supérieure et trois à la mâchoire inférieure. Une semblable formule dentaire rappelle beaucoup celle des Rongeurs, et l'on conçoit l'incertitude dans laquelle durent se trouver les zoologistes qui la rencontraient chez un animal semblable.

Mais depuis que l'on a pu étudier l'évolution complète des dents chez l'Aye-Aye, on a vu ces singularités s'amoindrir, car on a trouvé dans le jeune âge la dentition normale des Lémuriens ; en effet, il y a à cette époque de la vie à la mâchoire supérieure et de chaque côté, deux incisives, une canine, deux prémolaires et les germes de trois molaires véritables ; à la mâchoire inférieure, on trouve aussi deux incisives, deux prémolaires et trois germes de molaires persistantes, c'est-à-dire la formule suivante :

$$i\,\frac{2-2}{2-2}\;c\,\frac{1-1}{0-0}\;p.\,m.\,\frac{2-2}{2-2}\;m\,\frac{3-3}{3-3}$$

Les anomalies que nous avions signalées chez l'adulte n'existent donc pas à cette époque, et l'Aye-Aye rentre alors régulièrement dans le groupe des Lémuriens.

Je vous ferai remarquer ici que, parmi ces animaux, la plupart des particularités que présente le système dentaire quant au nombre des dents tendent à s'effacer chez les jeunes individus et proviennent de ce que certaines dents tombent pour n'être jamais remplacées. Les Indrisinés et les Lépilémurs nous en ont déjà fourni des exemples ; ces faits montrent bien la nécessité qu'il y a en zoologie de pouvoir étudier un animal à tous ses points de vue et à toutes les phases de son existence ; si pendant aussi longtemps on a réuni les Lémuriens aux Singes, c'est parce qu'on ne les connaissait qu'incomplétement, et qu'on n'avait pu tirer de l'étude embryologique les indications essentielles qui nécessitent la séparation radicale de ces deux groupes.

ALPHONSE MILNE EDWARDS.

THÉORIE DE L'ATMOSPHÈRE NERVEUSE.

Depuis l'illustre Willis, l'étude des fonctions du système nerveux animal a été l'objet des recherches physiologiques les plus attrayantes et en même temps les plus trompeuses. Willis, si je l'ai bien compris, dès ses premiers et merveilleux travaux, s'approche plus de la vérité et tient plus compte des difficultés expérimentales qu'aucun des autres observateurs qui l'ont suivi ; et bien que, dans les deux siècles qui se sont écoulés depuis cette époque, des milliers d'expériences aient été faites, je pourrais aussi dire des milliers d'hypothèses aient été conçues et émises, une tâche nous reste à remplir encore aujourd'hui, travail qu'on ne peut s'attendre à voir accomplir par notre génération, si ce n'est à l'aide de quelque vaste généralisation fondée sur les faits observés.

Cette importante vérité est mise dans tout son jour toutes les fois que nous touchons au sujet de l'action nerveuse : chaque heure nous apporte non-seulement quelque nouveauté à apprendre, mais encore quelque fait ancien à discuter ou à revoir, alors que nous l'avions cependant tout à fait accepté ou rejeté. Prenons pour exemple cette question intéressante qui a trait au caractère moteur du mécanisme nerveux. — Qu'est-ce que le courant ou l'action motrice qui passe ou est supposé circuler le long des fibres nerveuses, des centres vers la périphérie et de la périphérie vers les centres ? Est-ce un agent impondérable ou bien un fluide subtil dont les nerfs sont chargés ; ce fluide est-il susceptible de mouvement sous l'influence de tous les agents physiques, par la chaleur, par une simple impulsion mécanique, par l'excitation électrique, par la lumière ; ou bien enfin est-il le résultat d'une force que les nerfs conduisent purement et simplement comme un fil métallique conduit l'électricité. Il me semble qu'à propos de ces diverses questions nous en sommes à peu près au même point que les anciens physiologistes, alors qu'Haller s'efforçait de raisonner sur la vitesse avec laquelle une impression voyage du cerveau aux muscles, et y satisfaisait par cette phrase : *Ita invenio, summam tamen celeritatem esse muscularis liquidi, ut non minus quam* 9000 *pedes in minuto primo percurrat* (Haller, *Elementa physiologiæ corporis humani*, t. X). Je prétends donc qu'il nous reste à connaître comment le mouvement est transmis et quel rôle jouent les nerfs, soit qu'ils mettent la force en réserve, soit qu'ils la produisent, la transportent, soit enfin qu'ils remplissent toutes ces fonctions à la fois.

MONRO. — SUR UN FLUIDE NERVEUX.

L'idée primitive qu'on s'est faite de l'action nerveuse est très-bien exposée par l'anatomiste Alexandre Monro. A l'époque où il écrivait (1783), la plupart des auteurs, dit Monro, supposaient que les nerfs formaient des tubes ou des conduits charriant un fluide sécrété par le cerveau, le cervelet et la moelle. Mais, ajoute-t-il, dans ces dernières années, plusieurs physiologistes ingénieux ont prétendu qu'un fluide sécrété par les centres serait insuffisant pour servir aux fonctions multiples remplies par les nerfs, aussi ont-ils supposé que les éléments nerveux sont les conducteurs d'un fluide identique ou au moins semblable au fluide électrique. Ces physiologistes s'appuient sur deux arguments qui plaident en faveur de leur hypothèse : l'un est la rapidité de la transmission de l'influx nerveux à travers les nerfs, l'autre tient à ce fait que quelques animaux, comme la Torpille et le Gymnote électrique, peuvent produire une décharge électrique, et qu'en les disséquant on trouve un appareil qui leur est spécial, dans lequel viennent se terminer des nerfs nombreux et volumineux. Monro entreprend alors la réfutation de ces divers arguments. A propos du premier, qui a trait à la rapidité de la transmission du fluide nerveux, il avance que si les nerfs sont constamment remplis ou chargés de fluide (ce qu'on est en droit de supposer, pense-t-il, vu notre perception constante de toute lésion traumatique, même des parties les plus éloignées), une impulsion donnée à ce fluide vers le cerveau peut être aussitôt communiquée à l'organe le plus éloigné, bien que la vitesse même du fluide soit très-petite. De plus, nous constatons qu'après la section du nerf d'un muscle, l'irritation de ce nerf peut provoquer des mouvements répétés du muscle qu'il anime ; et cependant, d'après la théorie de Haller, en admettant la grande rapidité de l'influx nerveux d'un bout du nerf à l'autre, comme le nerf sectionné ne reçoit plus rien du réservoir central, le fluide devrait être épuisé à la suite d'une seule contraction musculaire. Monro soutient donc qu'un tel argument ne prouve pas plus que le fluide nerveux voyage avec une grande rapidité, que si, laissant sortir pendant une minute et d'une façon successive une centaine de gouttes d'eau de l'extrémité d'un tuyau distant d'un mille du réservoir qui le remplit, on voulait prouver que l'eau se meut dans le tuyau avec une vitesse d'un mille par minute.

Quant à l'argument formulé à propos de la Torpille et du Gymnote électrique, il affirme que tout ce qu'on peut conclure des faits observés, c'est que le nerf permet à l'animal de remplir son rôle de collecteur du fluide électrique, sans lui rien fournir directement de ce fluide. — Les choses se passent tout à fait comme dans le cas où nous venons à développer de l'électricité en frottant un tube de verre ; il n'y a là aucune raison pour croire que le fluide électrique dérive spécialement des nerfs de notre main, puisque d'ailleurs l'électricité pourrait être aussi facilement développée par la main d'un cadavre que par celle d'un homme vivant, frottant le tube de verre avec la même force.

Monro, dès cette époque, s'efforce donc de réfuter l'hypothèse du courant électrique des nerfs et de son action comme excitant de la contraction musculaire ; et à ce qu'il a déjà dit il ajoute et met en avant d'autres arguments très-importants. Vient-il à couper un nerf en travers et met-il les extrémités sectionnées en rapport de contiguïté, il maintient qu'il est impossible de rétablir immédiatement le rôle du nerf sectionné.

De plus, quand, chez une grenouille, il sectionne un nerf, et que les parties divisées et abandonnées viennent à repousser, l'influence du nerf n'est généralement pas rétablie. D'un autre côté, l'effet bien connu qui résulte de la compression des nerfs sur un animal sain, et l'expérience dans laquelle on détermine des contractions répétées d'un muscle en comprimant un nerf préalablement coupé en travers, indiquent que la propriété nerveuse dépend d'une substance *capable d'être excitée par une simple pression.*

Cette hypothèse est simple, mais non prouvée, de l'aveu même de l'anatomiste. Cependant, soutenir que les fonctions des nerfs ne sont pas remplies par un fluide sécrété, uniquement parce que nous ne pouvons concevoir comment une partie du sang, ou de quelque autre humeur qui en dérive, puisse nous rendre impressionnable à une lésion ou provoquer l'action d'un muscle, est s'avancer beaucoup trop ; car dans l'acte de la génération des animaux, des effets encore plus incompréhensibles et plus étonnants semblent résulter de la sécrétion et du mélange des fluides élaborés par les testicules et les ovaires, — le cerveau, les nerfs, la force nerveuse et d'autres organes d'une texture compliquée prenant alors naissance (*Observ. sur la structure et les fonctions du système nerveux*, par Alexandre Monro, M. D. Edimbourg, 1783).

De même qu'on se délasse souvent en écoutant les expressions simples et naturelles des enfants à propos des choses sur lesquelles ils cherchent à s'éclairer, de même il est fréquemment intéressant, en physiologie, de lire les auteurs qui les premiers étudièrent la nature et la suivirent dans la voie qu'elle ouvre d'elle-même pour pénétrer ses secrets. J'avoue que la lecture de Monro, que je me suis hasardé à faire revivre, remplit mon âme d'un nouveau charme et me sert de leçon profitable. Si je passe à un autre chapitre de son livre, dans lequel il examine « le rôle des nerfs dans la nutrition de nos organes, » j'y retrouve encore une discussion tout à la fois attrayante et instructive. Mais le fait sur lequel je voudrais insister ici, c'est que même à présent nous ne savons si la théorie primitive, admettant l'existence d'un fluide subtil dans la matière nerveuse, fluide capable d'être mis en mouvement par simple impulsion, n'est pas en somme la vraie ; et nous ignorons si l'étude des phénomènes résultant de manifestations électriques, étude due principalement à Galvani et poursuivie depuis lui avec une minutieuse et infatigable persévérance, ne résulte pas d'une série de faits indépendants, souvent produits par les expérimentateurs eux-mêmes, ou bien coïncidant avec les véritables phénomènes offerts par la nature aux observateurs.

Il me semble que la proposition la plus acceptable est que le sang, par suite des décompositions qu'il subit dans les parties périphériques de l'organisme, — dans ces parties situées, je puis le dire, sur les confins du torrent circulatoire — doit acquérir une véritable qualité physique, comme diraient nos premiers maîtres ; cette qualité assimilable par le système nerveux pénétrerait la substance nerveuse et formerait de l'appareil un tout continu, bien qu'elle puisse permettre cependant l'indépendance locale des parties ; elle serait impressionnable, non pas par une seule espèce d'excitation ou *vis*, mais bien par tous les agents auxquels elle peut être soumise : le calorique, les excitants mécaniques, l'électricité, les agents chimiques. En résumé, dans toutes les théories où l'on admet un mouvement vibratoire, il est essentiel de présupposer l'existence d'un véritable éther, dans lequel sont plongés les particules solides, les atomes, ou les molécules matérielles, et à l'aide duquel, grâce à sa vibration, les parties sont mises en mouvement. Appliquons cette même théorie à l'organisme animal : admettons un mécanisme tel que le système nerveux mobile où c'est nécessaire, protégé et fixe où il le faut, système central, intermédiaire et périphérique, en rapport de tous côtés avec des vaisseaux et le courant sanguin soit apte, partout où existent les vaisseaux et le sang, à soutirer un produit de la décomposition de ce fluide, produit résultant d'une modification chimique. Le mécanisme supposé établi d'une façon persistante dans le corps vivant, nous ne faisons rien autre que doter ce corps, d'un éther subtil, qui vibre à chaque impulsion et qui pendant la vie dépend de l'organisme par son mode de développement. C'est cet éther, produit dans l'économie, à l'aide duquel on perçoit, on sent, on connaît tout le monde extérieur et l'on se met en rapport avec lui. A mon point de vue, cette théorie est raisonnable. Pour moi, les nerfs sans la qualité physique et essentielle dont ils sont chargés pendant la vie, sont comparables aux artères privées de sang, — ce sont des canaux inactifs et vides de ce qui jadis était une chose vivante. Pour moi, les nerfs comme les vaisseaux peuvent être saignés d'une façon pratique, pendant la vie, — cette saignée ne donne pas de sang, mais un dérivé du fluide sanguin. D'après moi enfin, ce qu'on appelle vulgairement l'épuisement nerveux, ne doit pas être considéré comme le résultat d'une métaphore de langage, mais bien comme une réalité physique, aussi nettement définie que l'hémorrhagie des vaisseaux sanguins, et de laquelle en effet cet épuisement se rapproche considérablement au point de vue symptomatologique.

ORIGINES DES HYPOTHÈSES ÉLECTRIQUES.

En 1746, M. Cuneus de Leyde, tenant dans une main une bouteille de verre remplie d'eau, mise en communication avec le conducteur d'une machine électrique, la chargea d'électricité sans s'en douter; puis voulant enlever le fil conducteur avec la main qui lui restait libre, il reçut, pour la première fois dans l'histoire de la science, une forte décharge électrique. Naturellement il ne fut pas seul à en être étonné. Le professeur Muschenhoeck, de l'Université de Leyde, ayant fait la même expérience, écrivit aussitôt à Réaumur que la commotion qu'il avait éprouvée dans les bras, les épaules et la poitrine, à l'aide de ce nouveau procédé, lui avait arrêté la respiration, si bien qu'il fut deux jours avant d'être remis de cette secousse ; aussi déclarait-il sérieusement qu'il ne recommencerait pas pour tout le royaume de France. Toutefois, d'autres personnes plus aventureuses répétèrent l'expérience après Muschenhoeck, et elle devint, dès lors, un grand sujet d'étonnement pour le monde civilisé.

Cet étonnement ne fit qu'augmenter lorsque, plus tard (vers 1755), Benjamin Franklin fit la singulière expérience de « renverser » six hommes à l'aide de la décharge de deux grandes jarres électriques. Il mit l'extrémité de son excitateur sur la tête du premier homme, la main de cet homme sur la tête du deuxième, la main du deuxième sur la tête du troisième, et ainsi de suite jusqu'au dernier, celui-ci tenant la chaîne qui communiquait avec l'intérieur des jarres électriques. En fermant le circuit, tous les hommes soumis à l'expérimentation se laissèrent tomber par terre, déclarant cependant qu'ils n'avaient ressenti aucun coup, qu'ils n'avaient entendu aucun bruit, enfin qu'ils n'avaient vu aucune lumière, et en somme, ne pouvant s'expliquer comment ils avaient pu tomber.

Plus tard encore (en 1790), Galvani, manœuvrant sa machine électrique près de quelques grenouilles apprêtées pour faire du bouillon à madame Galvani alors malade (suivant le conseil de son médecin), vit les muscles de ces animaux entrer en contraction sous l'influence du courant induit développé par l'électricité du conducteur, courant agissant sur les muscles des grenouilles. Une série de recherches fut dès lors entreprise sur ce sujet, et les résultats obtenus pénétrèrent tellement dans le public, que l'expression « d'électricité animale » passa dans le langage usuel, et que l'identité de la force électrique et de la force vitale fut un moment acceptée comme un article de foi.

L'étonnement général ne fit encore qu'augmenter, lorsqu'en 1803, le savant Aldini, continuateur enthousiaste et neveu de Galvani, fit renaître des phénomènes analogues à ceux qui caractérisent la vie, chez un malfaiteur mort depuis une heure, par un temps froid.

Enfin, on fut de plus en plus émerveillé quand, à une époque plus rapprochée de la nôtre, l'emploi de la machine électro-magnétique apprit que si les deux mains saisissent les pôles de l'appareil lorsqu'il est en mouvement, les muscles entrent en contraction très-violente, malgré l'action de la volonté. La nature électrique ou électro-magnétique de la force qui meut l'organisme vivant devint une croyance tellement indiscutable, que tous les raisonnements des anciens physiologistes furent complétement laissés dans l'ombre. Avaient-ils même jamais existé? Dans tous les cas ils n'en furent que plus complétement oubliés — plus que s'ils n'avaient pas été émis. Ce n'est pas que, par fantaisie ou par plaisir, j'estime au-dessous de sa valeur le travail original et considérable qui unit par une sorte de chaîne intermédiaire l'ancien monde intellectuel au nouveau. J'admets tout ce qu'il y a d'extraordinaire dans ce fait : — que, par le contact des pôles d'une batterie électrique, je puis mettre en mouvement les muscles d'un animal récemment tué, et simuler ainsi les actes moteurs de la vie. Je sais que, saisissant les pôles d'une machine électro-magnétique avec mes mains, je sens comme si ma volonté était maîtrisée par une force en quelque sorte propre, mais tellement énergique qu'elle est soumise à un pouvoir étranger. C'est assez clair, — assez simple, — mais est-ce tout? Si c'est tout, la théorie électrique du mouvement animal serait en vérité complète. Nous pouvons ne pas réussir, alors comme maintenant, à déterminer l'origine de cette force dans l'économie ; nous pouvons errer dans l'explication des détails du mécanisme de l'électricité animale, ou bien pour établir une comparaison entre l'appareil électrique vivant et l'appareil électrique construit par la main de l'homme pour son usage personnel. Cependant, on peut assurer avec vérité et conviction, que la force d'impulsion vivante est de nature électrique, et rien autre ; par conséquent, son mode de production dans l'économie animale doit être admis, et, quoique encore inconnu, il doit être considéré comme un fait qui sera ultérieurement découvert, étudié et même copié d'après nature. Ici, cependant, la théorie électrique est en défaut. Les phénomènes de la contraction musculaire, de la perception des sensations et de la douleur, ne sont pas développés seulement par des méthodes artificielles, développant de l'électricité. Je veux parler des seules forces connues des *pré-électriciens*, des agents autres que l'électricité, qu'ils ignoraient tout à fait ; et cependant nous observons la production des mêmes phénomènes sous l'influence de ces causes. Si j'irrite mécaniquement les muscles d'un animal vivant ou récemment tué, ces muscles se contractent aussitôt. Ils entrent encore en action sous l'influence de la chaleur, et si j'expérimente sur les nerfs de la même manière, je constate aussi l'apparition des contractions musculaires. Prenant un animal mort depuis peu, j'injecte dans ses artères de l'eau à la température de 110 degrés Fahrenheit, or les muscles réagissent avec une telle intensité, que pendant quelques instants l'animal semble revivre.

Je fais plus encore : je prends une substance chimique d'origine organique, la nicotine, et je l'injecte en très-petite quantité dans le corps d'un animal vivant; aussitôt je produis des convulsions se terminant par la mort. Ou bien encore, je fais respirer à un animal inférieur ou à un homme une petite dose d'un composé chimique, tel que le nitrite d'amyle, et bientôt les vaisseaux sanguins se dilatent, le cœur bat deux et trois fois plus vite que d'habitude; bien plus, je n'agis par aucun agent physique, par l'intermédiaire des sens je détermine une émotion, et immédiatement j'obtiens une réaction caractérisée par un trouble — parfois effrayant — de l'action musculaire. Si, enfin, je soustrais à un animal une quantité de sang suffisante, je détermine fatalement de violentes convulsions; ou bien, si j'exerce sur son cerveau une compression légère, mais anormale, il se produit une contraction tonique et généralisée de la fibre musculaire.

Je n'ajouterai rien, touchant l'action négative du froid sur les propriétés des muscles, les faits cités plus haut sont suffisants pour démontrer que l'électricité, pas plus qu'une autre force, ne peut être spécialement mise en jeu dans la production de la contraction musculaire. Il est évident que beaucoup de causes qui provoquent le mouvement ont une origine entièrement extérieure, et agissent par contact; quelques-unes sont si légères, — par exemple les causes que nous appelons *émotionnelles*, — que nous avons plus de difficultés à comprendre leur mode d'action qu'à nous rendre compte de l'influence de l'électricité induite. D'autres paraissent produites dans l'économie et dérivées d'une source constante de mouvement, sur laquelle nous n'avons pas d'action déterminée, et qui pendant toute notre existence provoque les manifestations vitales des organes involontaires.

Ainsi donc, de toutes les hypothèses que nous pouvons admettre à propos des phénomènes du mouvement musculaire, — et en somme, à propos de tous les mouvements de l'économie — la moindre que nous puissions accepter avec quelque faveur, vu son évidence, est celle qui consiste à croire à l'existence d'une force née dans l'organisme et à regarder les nerfs et les centres nerveux comme les producteurs et les conducteurs de cette force. Nous sommes en même temps très-portés à étendre nos rapports, en tant qu'êtres vivants, à l'univers considéré dans son entier, et à admettre que toutes les influences motrices se rapportent à notre organisme et l'impressionnent. Mais pour concevoir nettement l'adaptation de l'organisme à l'univers, il est nécessaire d'admettre l'existence hypothétique d'un fluide nerveux, de quelque chose de physique répandu dans tout le système nerveux, comme le croyaient les premiers névro-physiologistes. Ce fluide seul établit un lien entre la force et la matière, et c'est grâce à lui que la force peut mouvoir la matière. Pourquoi une force, — électrique si vous voulez, — ne peut-elle faire contracter un muscle que la mort a rendu inerte? N'est-ce pas parce que ce muscle, — ou plutôt la matière nerveuse qu'il renferme — a perdu quelque chose de physique, et que, ce quelque chose disparu, le muscle ne peut plus réagir sous l'excitation de la force primitive? Pourquoi l'œil mort ne voit-il plus, sinon parce qu'il ne possède plus ce quelque chose dont il était habituellement pourvu, et grâce auquel les ondes lumineuses pouvaient se transporter? Pourquoi, lorsque je fais congeler une partie de la surface du corps, cette partie devient-elle insensible au toucher? N'est-ce pas parce qu'en produisant cette réfrigération, j'ai condensé ou j'ai chassé de la substance nerveuse placée dans cette partie l'agent physique qui la mettait en relation avec le même agent situé dans les autres portions du système nerveux? Pourquoi, enfin, l'exhalation de vapeurs narcotiques me permet-elle de produire chez un animal une insensibilité générale? Cela ne tient-il pas à ce que je répands dans tout le système nerveux une substance étrangère, qui porte atteinte aux conditions normales de la force motrice de la matière nerveuse?

THÉORIE D'UNE ATMOSPHÈRE GAZEUSE OU VAPOREUSE DE LA MATIÈRE NERVEUSE.

L'hypothèse soutenue par les premiers névro-physiologistes, admettant que la matière nerveuse était le réceptacle d'un fluide nerveux spécial, fut abandonnée, comme nous l'avons vu, et remplacée par l'hypothèse qu'une force électrique chargeait l'appareil nerveux, et que cette force pouvait être aussi mise en liberté par ce système. Toutefois, la première de ces théories était et est encore de beaucoup l'une des plus importantes pour les recherches ultérieures; malheureusement, elle contient une erreur manifeste en ce sens qu'elle admet l'existence d'un fluide nerveux liquide, « sécrété », comme on le disait, par le cerveau et les nerfs, absolument comme les autres fluides sont sécrétés par les glandes. Les anciens furent conduits à admettre l'existence d'ailleurs naturelle de ce fluide, parce qu'ils ne possédaient aucune de nos connaissances modernes sur les vapeurs et les composés gazeux organiques, ayant un point d'ébullition, un poids et une tension spécifique, variant avec la température et la pression, et possédant un pouvoir de conductibilité propre selon les différentes espèces de forces. Aujourd'hui nous sommes plus heureusement doués, étant familiarisés avec les faits mentionnés ci-dessus, à propos d'un nombre infini de vapeurs, et nous savons comment les phénomènes vitaux sont modifiés par l'introduction de quelques-unes de ces vapeurs dans l'économie. Bien plus, un certain nombre de faits se rapportant à l'hypothèse d'une atmosphère de vapeur ou de gaz, répandue dans la substance nerveuse, peuvent être actuellement formulés, avec toute probabilité de se rapprocher beaucoup de la vérité. Nous pouvons croire, par exemple, qu'une telle atmosphère est constituée par une substance dérivée du sang, et contenant comme lui du carbone, de l'hydrogène et peut-être de l'azote; que cette atmosphère est susceptible d'être condensée par le froid; qu'elle peut être déplacée par simple pression; qu'elle est insoluble dans le liquide sanguin.

Cette atmosphère pourrait être mise en liberté par certaines parties du système nerveux, et même par tout l'appareil, sous l'influence d'une perturbation suffisante; aussi demande-t-elle à être constamment reproduite. Nous pouvons admettre que cette vapeur nerveuse possède une tension normale et fixe, en rapport avec la température naturelle du corps; qu'elle est très-facilement diffusible par la chaleur; qu'après la mort elle persiste plus longtemps chez les animaux à sang froid que chez les animaux à sang chaud; qu'elle disparaît moins vite chez les animaux à température fixe qui sont morts sous l'influence d'un froid brusque, que chez ceux qui ont été tués par la chaleur. Cette atmosphère ne posséderait qu'une faible cohésion, à moins qu'elle ne soit condensée dans une substance pouvant la retenir pendant un certain temps; condensée dans la matière organisée, elle aurait la propriété de conduire les vibrations électriques, lumineuses, celles de la chaleur, le mouvement. On peut admettre qu'elle charge tout le système nerveux, sans offrir un excès de tension lorsque la santé générale est parfaite ; qu'elle se laisse diffuser par d'autres vapeurs ; qu'elle diminue par l'exercice, alors que la dépense qu'il nécessite est plus grande que la provision ; qu'elle s'accumule dans les centres nerveux pendant le sommeil, et y acquiert la tension propre pour le mouvement jusqu'au moment du réveil. Existant toujours pendant la vie, ne donnant pas seulement la propriété motrice, mais encore la plénitude des formes et la tension propre aux tissus, cette atmosphère ou vapeur disparaîtrait au moment de la mort, qu'elle soit alors condensée ou qu'elle se perde par diffusion.

Cet agent n'est autre qu'un esprit, direz-vous certainement. Oui vraiment, c'est un esprit, célébré ou entrevu en songe par les anciens, mais que nous regardons aujourd'hui comme quelque chose qui, un jour ou l'autre, pourra passer de la cornue dans le condenseur, et recevra une nouvelle dénomination ou bien gardera un ancien nom chimique.

Avant de terminer cette partie de mon discours, j'indiquerai en quelques mots, et sous forme de conclusion, combien la théorie que j'ai proposée s'accorde avec les divers phénomènes les mieux connus de la vie et de la maladie, combien elle est en corrélation avec eux, si je puis ainsi dire. L'hypothèse qui admet l'existence d'une substance véritablement fluide, d'un liquide dans le système nerveux, entraîne avec elle l'idée d'une matière grossière, incompatible avec la subtilité des phénomènes particuliers à l'organisation animale ; d'un autre côté, l'hypothèse d'un agent impondérable ou d'une force, quoique moins matérielle, est vouloir soulever un poids sans levier. Mais si l'on substitue à ces deux hypothèses la théorie de l'existence d'une vapeur ou d'un gaz organique possédant un poids spécifique voisin du poids de l'atmosphère extérieure, se produisant dans la substance nerveuse partout où le sang est en contact avec elle à l'aide des vaisseaux, se condensant par le froid, enfin se transformant par une facile réaction chimique en une nouvelle forme de substance organisée, l'explication de son mode d'action est simplifiée au delà de tout ce qu'on peut imaginer. Voyez, par exemple, l'application des principes de cette théorie aux phénomènes des sensations. Lorsque l'air est mis en mouvement pour produire un son, ce mouvement communiqué de l'air à la membrane du tympan est reproduit dans l'atmosphère nerveuse du nerf auditif et transmis ainsi au cerveau. Les vibrations de l'éther contenu dans l'espace, constituant les ondes lumineuses, frappent sur la rétine qui les condense ; le mouvement communiqué est transmis au nerf optique et de là au centre nerveux. Les particules de matière solide qui heurtent les terminaisons périphériques du nerf olfactif y excitent une vibration de l'atmosphère nerveuse et font percevoir les odeurs. Enfin, lorsqu'une action mécanique ou d'un autre ordre est exercée à la périphérie ou sur le trajet d'un nerf n'appartenant pas aux sens, la transmission directe du mouvement à l'aide de l'atmosphère nerveuse se traduit par de la douleur ou du plaisir, selon l'intensité primitive de l'impression ; la douleur n'étant autre chose qu'une exagération du mouvement ou des vibrations de l'atmosphère nerveuse.

Cette atmosphère nécessitant de la matière et de la force pour prendre naissance, elle devient pour nous une source réelle de mouvement. De même que l'eau qui se dégage de la terre à l'état de vapeur, et y retourne plus tard en rosée, en pluie, en neige ou en grêle, accomplit par ces modifications d'état un cycle de phénomènes ; de même l'atmosphère de vapeur nerveuse, accomplissant un circuit constant, est probablement, chez le fœtus, la cause primitive et déterminante des phénomènes respiratoires ultérieurs et même de tous les actes qui sont involontaires.

Cette atmosphère, répandue partout où pénètrent les fibres nerveuses, donne la mobilité aux parties destinées au mouvement, ménage les frottements des molécules, économise l'accumulation des forces dues au frottement et les égalise.

Pendant la veille, l'atmosphère nerveuse des cavités closes du crâne et du rachis offre toujours une certaine tension qui, pendant le sommeil, est compensée par une moindre activité du fluide cérébro-spinal. Dans les portions découvertes du corps, dans les muscles, les organes sécréteurs, cette atmosphère imprègne les parties, fournit leur tension normale et les prépare à réagir au moindre trouble dans leur équilibre.

Cette atmosphère sera influencée, dans une certaine mesure, par les variations de pression et probablement aussi par les changements atmosphériques extérieurs. Notre existence de chaque jour nous apprend ce fait d'une façon expérimentale, absolument comme si nous observions la démonstration d'un phénomène à l'aide d'un baromètre. Nous percevons les variations de tension aussi facilement que nous pouvons les observer avec les yeux, et cette influence se fait sentir dans les membres, dans les articulations, dans la tête, partout où existent les fibres nerveuses.

J'ai avancé que, dans quelques cas pathologiques, la vapeur nerveuse pouvait être épuisée localement ou même d'une façon générale. Or, dans d'autres circonstances, je pense qu'elle doit être augmentée. Cette augmentation peut être admise dans les cas où des ganglions nerveux succèdent à une opération ; on doit encore la supposer dans quelques états cérébraux, et son accumulation déterminerait l'apoplexie, comme par une pression exagérée. Cette vapeur peut s'accumuler dans des centres spéciaux du système nerveux, et ne reprendre son équilibre que grâce à une explosion ou à un orage, si l'on peut ainsi dire ; j'entends par là un accès convulsif.

Comme l'atmosphère extérieure, l'atmosphère nerveuse peut être empoisonnée expérimentalement, c'est-à-dire que d'autres gaz ou d'autres vapeurs peuvent la pénétrer suivant les lois de la diffusion simple et interrompre ses fonctions physiologiques.

Elle peut être ainsi altérée par son exposition aux gaz ou aux vapeurs d'origine extérieure, ces dernières agissant par l'intermédiaire du sang ou directement sur les nerfs ; elle serait même modifiée par son contact avec les gaz de décomposition produits par la maladie dans l'économie elle-même. L'état électrique de l'atmosphère extérieur pourrait encore influer sur cette vapeur nerveuse, et une action violente comme celle de la foudre la décomposerait.

Toutes ces considérations, et bien d'autres encore, se présentent à l'esprit quand on a admis comme un fait réel l'existence de cette atmosphère nerveuse interne. La théorie s'accorde alors avec l'observation de nos sens et avec la pratique. N'explique-t-on pas d'une façon plus claire le collapsus nerveux ? Ne résulte-t-il pas de pressions exercées sur la matière nerveuse ? N'est-ce pas moins difficile à comprendre ? La rapide destruction de l'économie par des poisons subtils d'origine organique ne s'explique-t-elle pas plus facilement que par les anciennes hypothèses? L'étude de l'action des médicaments ne peut-elle pas être plus approfondie? Supposons que je fasse pénétrer par diffusion, dans le sang, une vapeur qui y détermine des modifications chimiques et arrête exclusivement la production de l'atmosphère nerveuse, qu'en résultera-t-il? Supposons que j'introduise un gaz ou une vapeur dans l'économie, ou bien que je mette en liberté un des composés gazeux du corps, de telle façon que ces produits pénètrent l'atmosphère nerveuse sans suspendre toutefois la force chimique, — par exemple de la vapeur de chloroforme ou d'alcool, — que peut-il en résulter? Un arrêt du mouvement, l'insensibilité, l'anesthésie. Le corps gazeux qui a pénétré l'organisme l'engourdit, en d'autres termes, il met obstacle à la transmission physique des impressions à travers cette atmosphère sans nuages, placée entre la vie extérieure et la vie intérieure.

Un autre jour je reviendrai sur ce sujet, en me plaçant au point de vue expérimental.

BENJ. W. RICHARDSON.

— Traduit de l'anglais par M. FÉLIX TERRIER, prosecteur à la Faculté de médecine. —

ASSOCIATION BRITANNIQUE

POUR L'AVANCEMENT DES SCIENCES

CONGRÈS DE LIVERPOOL

M. J. CLERK MAXWELL
de la Société royale de Londres

Rapports des sciences physiques avec les sciences mathématiques. — Théorie atomique

A chacune des dernières réunions de l'Association britannique, les travaux importants et variés de la section des sciences mathématiques et physiques ont été inaugurés par un discours du président de la section. En me conformant à cet usage, je n'aurai pas l'embarras de choisir mon sujet; il m'est tout indiqué par mes prédécesseurs.

Le professeur Sylvester, notre président au dernier meeting d'Exeter, nous a présenté un bel exposé de mathématiques pures, dans lequel il a saisi sur le vif et montré à nu, tel qu'il est, le travail de l'esprit mathématique. Il a fait passer devant nos yeux, non point ce cortége de signes et de crochets qui forment l'armure du mathématicien, non point ces arides résultats qui sont les monuments de ses conquêtes, mais le mathématicien lui-même. Il nous l'a montré avec toutes ses facultés humaines, dirigées par sa sagacité professionnelle vers la conception et la démonstration de cette harmonie idéale qu'il sent devoir être le fondement de toute connaissance, la source de tout plaisir et la condition de toute action.

Le président de notre première réunion, M. Spottiswoode, avait pris pour sujet l'histoire des progrès des sciences mathématiques et physiques, M. Tyndall, l'année suivante, nous a exposé des considérations de physique philosophique. M. Sylvester nous a fait une dissertation sur l'abstraction mathématique. « Ce qui manque, a-t-il ajouté, pour couronner » l'édifice, c'est un discours sur les rapports des deux bran» ches mathématique et physique, et sur leur influence ré» ciproque. Il faut espérer qu'un de nos présidents futurs sera, » quelque jour, tenté par la beauté du sujet. Comme la sphère » qui repose sur trois sphères en contact, son discours com» plétera la pyramide idéale que nous construisons. Ainsi » sera terminée la série, et clos un cycle tétralogique » qu'on pourrait symboliser par l'ensemble des expressions : » $A + A'$, A, A', AA'. »

Le thème ainsi tracé est vraiment magnifique, mais bien trop magnifique pour que mes efforts puissent le réaliser. Qui me guidera dans ces régions sereines où la pensée et le fait se confondent dans une intime union, où la molécule physique avec ses propriétés, et les opérations mentales qui les découvrent, apparaissent dans leur véritable connexion? Le chemin où je vais m'engager ne traverse-t-il pas cet antre du métaphysicien, jonché des débris des premiers explorateurs qui s'y sont égarés, et détesté de tous les hommes de science? Ce serait de ma part une entreprise plus que hasardée, d'occuper le temps précieux de la section à des spéculations qui, vous le savez, exigent des milliers d'années pour s'harmoniser entre elles, et se rendre à peu près intelligibles.

I

Nous ne sommes pas des métaphysiciens; nous nous sommes rencontrés ici en qualité d'hommes de science adonnés aux mathématiques ou à la physique. Quand nos travaux journaliers nous entraînent vers des questions qui touchent à la métaphysique, nous ne les fuyons pas. Toutefois, si nous les abordons, ce n'est pas avec les simples ressources d'un esprit plus ou moins pénétrant, mais avec un appui plus solide, à savoir, l'accord continuel de nos conceptions avec les faits d'expérience.

En tant que mathématiciens, nous accomplissons certaines opérations intellectuelles sur des symboles qui représentent des quantités numériques. En procédant graduellement, du simple au composé, nous arrivons à représenter une même idée, par plusieurs expressions mathématiques. Celles-ci sont équivalentes, en somme. Seulement cette équivalence n'est pas toujours évidente, quoiqu'elle résulte d'axiomes évidents par eux-mêmes. Mais le mathématicien, familiarisé dès longtemps avec ces formes mathématiques et avec les règles de leurs transformations, passe d'une forme difficile à interpréter à une autre dont la signification est facile à saisir.

En tant que physiciens, nous observons les phénomènes dans des circonstances variées, et nous essayons de déduire de nos observations les lois qui les régissent. Or, chaque phénomène est le résultat d'un ensemble de conditions fort complexes. Nous nous appliquons à démêler ces conditions; nous envisageons le phénomène à un point de vue partiel et incomplet; nous amplifions chacun de ses traits successivement, en commençant par ceux qui nous frappent d'abord, et nous arrivons ainsi à ce résultat d'embrasser le phénomène complet d'un regard net et tout à fait clair. Le trait qui se présente le plus vivement à l'observateur inexpérimenté, n'est évidemment pas celui qu'un savant exercé devra considérer comme fondamental. Or, le succès de beaucoup de recherches physiques dépend du choix judicieux des éléments qu'il faut observer, et de ceux qu'il faut négliger : car certains d'entre eux, quelque attrayants qu'ils paraissent, ne peuvent être étudiés avec profit, dans l'état actuel de la science.

Nos procédés intellectuels n'ont pas cessé de se perfectionner depuis la création du langage, et ils se perfectionnent encore chaque jour. Le trait qui nous frappa d'abord et le plus fortement dans un phénomène, ce fut le plaisir ou la douleur, les résultats agréables ou fâcheux dont il était suivi. Telle fut notre première façon d'envisager la nature; et il en est resté des traces dans beaucoup d'expressions ou de tournures de phrase, dont aujourd'hui encore l'esprit le plus réfléchi a peine à s'affranchir.

Un grand pas fut accompli dans la science le jour où les hommes s'aperçurent que, pour comprendre la nature des choses, il ne s'agissait pas de savoir si elles étaient bonnes ou mauvaises, bienfaisantes ou pernicieuses, mais plutôt de se demander quelle en est l'espèce? Y en a-t-il beaucoup? Qualité et quantité, voilà les premiers caractères à connaître.

Plus tard, à mesure que la science se développait, le domaine de la quantité empiéta sur celui de la qualité, si bien que la méthode scientifique a paru se réduire simplement à enregistrer des quantités et à les mesurer, puis à faire subir certaines opérations mathématiques aux nombres ainsi obtenus. Si les recherches physiques sont, jusqu'à un certain point, placées dans la sujétion des études mathématiques, cela tient à cette méthode qui consiste à rechercher dans les éléments d'un phénomène ceux qui sont susceptibles de mesure. Les travaux de la section nous fournissent d'heureux exemples des applications de cette méthode aux plus récentes conquêtes de la science.

Pour le moment, je désire appeler votre attention sur les modifications que les progrès de la science ont fait subir à certaines conceptions élémentaires réputées quelquefois à l'abri de tout changement, et je désire vous montrer aussi comment ces conceptions modifiées ont réagi sur le développement de la science.

Si l'habileté du mathématicien a permis à l'expérimentaliste de saisir les rapports nécessaires et cachés entre les quantités que ce dernier mesurait, en retour, les découvertes physiques ont révélé au mathématicien de nouvelles formes de quantités qu'il n'aurait pas tirées de son imagination. Une classification systématique de ces quantités serait, à mon avis, le plus fructueux des moyens que le mathématicien pourrait mettre à la disposition de ceux qui étudient la nature. Les quantités que l'on étudie en physique et en mathématique à la fois, se présentent sous un double aspect, naturel et abstrait. Pour acquérir quelque science particulière, l'étudiant doit d'abord se familiariser avec les différentes espèces de quantités qui appartiennent à cette science. Quand il les a étudiées physiquement, quand il a compris les relations qui qui les unissent, il les regarde comme formant un système unique dont il connaît les liaisons, et le système de ces quantités réunies constitue pour lui une science particulière. Cette façon d'envisager l'étude de la nature au point de vue physique et concret, est tout à fait naturelle, et, historiquement, elle a dû précéder celle qu'il nous reste à exposer.

Quand l'étudiant est devenu plus familier avec quelques autres sciences, il constate que les procédés mathématiques et l'enchaînement des raisonnements dans une science ressemblent à ceux d'une autre, de telle sorte que la connaissance de la première lui est du plus grand secours pour connaître la seconde. S'il cherche les raisons de ce fait, en allant au fond des choses, il s'aperçoit que, dans les deux cas, il a affaire à des systèmes de quantités dont la nature physique est différente, il est vrai, mais dont les relations s'expriment néanmoins par des formes mathématiques identiques. Dès lors, il se trouve conduit à une nouvelle manière d'envisager les choses, dans laquelle la nature physique de la grandeur sera subordonnée à sa forme mathématique. Or, c'est là précisément le point de vue qui caractérise le mathématicien. Dans l'ordre du temps, cette conception est postérieure à la simple considération des qualités physiques, car, pour prendre notion des quantités, l'esprit humain a besoin de se les représenter en nature.

En parlant de forme mathématique, je n'entends point dire seulement que la quantité est soumise, par sa nature même, aux règles de l'arithmétique et de l'algèbre et à tous ces arides calculs qui, pour quelques esprits, constituent toutes les mathématiques. L'esprit humain éprouve une faible satisfaction, et il n'exerce certainement pas ses plus hautes facultés quand il fait le travail d'une machine à calculs. Qu'il se livre à des recherches physiques ou mathématiques, le savant se propose toujours d'acquérir une notion claire et nette des objets dont il s'occupe. Pour atteindre ce résultat, il consentira à entreprendre de laborieuses manipulations et à se transformer pour un temps en calculateur mécanique. Mais s'il ne voit là qu'un moyen d'arriver au but, et non un procédé plus intuitif et plus parfait de conception; si, parvenu au résultat, il a oublié ses jalons et n'embrasse plus d'un coup d'œil le chemin parcouru, alors il vaut mieux pour lui qu'il change de méthode, et qu'au lieu d'aborder directement l'abstrait, il procède par comparaison. La méthode comparative lui rendra intelligibles un système ou un rapport, par analogie avec un système ou un rapport pareils dans une autre branche de science. Et si la comparaison est vraiment scientifique, elle lui permettra de saisir, derrière des différences physiques qui éloignent certains phénomènes, l'idée essentielle qui les rapproche, et en somme, la forme mathématique qui leur est commune.

Il y a des hommes qui peuvent concevoir directement, sous leur forme abstraite, les relations ou les lois les plus complexes. De tels hommes, avec une telle faculté d'abstraction, s'inquiètent peu de savoir si les quantités dont ils ont compris les relations existent réellement ou non dans l'univers. L'image de la réalité concrète semble troubler leur contemplation plutôt que l'aider. Mais la grande majorité de l'espèce humaine n'est pas ainsi et ne peut, sans les plus grands efforts, se fixer dans l'esprit les symboles immatériels des mathématiques pures : il lui faut une représentation saisissable et matérialisée. Si donc la science doit jamais devenir populaire, tout en restant la science, ce ne pourra être que par une étude profonde et une large application de la méthode comparative, et l'emploi de cette méthode suppose la classification préalablement faite des quantités en formes mathématiques analogues ou différentes.

Il y a, nous avons dit, quelques esprits qui peuvent s'élever à la contemplation des quantités pures, qui sont représentées à l'œil par des signes et à l'intelligence par des formes que seul le mathématicien peut concevoir. D'autres personnes ont l'esprit plus satisfait par une représentation géométrique figurée sur le papier ou construite dans l'espace. D'autres enfin ont besoin de trouver dans les scènes qu'ils évoquent quelques points de rapprochement avec leur énergie corporelle; ils apprennent avec quelle vitesse les planètes s'élancent dans l'espace, et ils éprouvent un sentiment de réjouissance;

calculent-ils les forces avec lesquelles les corps célestes s'attirent? ils sentent leurs propres muscles secoués par cet effort. Pour de tels hommes, choc, énergie, masse, ne sont pas des termes abstraits résultant de recherches scientifiques; ce sont des mots dont la puissance remue leur âme, comme des souvenirs d'enfance. Pour ces différents types, les conceptions scientifiques revêtent des formes différentes; mais elles ont une valeur scientifique égale, soit qu'elles empruntent l'apparence robuste ou l'ardent coloris d'une conception physique, ou qu'elles se présentent avec la gracilité et la pâleur d'une forme symbolique.

Le temps me manquerait si je cherchais à éclairer par des exemples l'importance scientifique de la classification des quantités. Je me contenterai de mentionner le nom de cette classe importante de quantités, ayant à la fois grandeur et direction, que Hamilton a appelées *vecteurs* et qui sont l'objet du calcul des quaternions (1). C'est là une branche de mathématiques, qui, lorsqu'elle aura été complétement comprise par les partisans de la méthode comparative et revêtue par eux de formes physiques, deviendra sous quelque nouveau nom un moyen puissant de communiquer les connaissances véritablement scientifiques aux personnes évidemment dépourvues de l'esprit de calcul.

Dans le même ordre d'idées, il est intéressant de jeter un coup d'œil, au risque d'empiéter un peu sur les occupations si précieuses de la section, sur la théorie atomique, branche de la science que l'on rattachait récemment encore à la métaphysique.

II

Aujourd'hui, la théorie atomique, sous le nom de théorie moléculaire de la constitution des corps, est entrée dans le domaine des sciences physiques. Si l'on nous avait demandé, il y a quelques années seulement, dans quelles régions de la physique le progrès scientifique était le moins apparent, nous aurions signalé deux points : la question des étoiles fixes d'une part, à une distance immense, et tout près de nous, l'impénétrable constitution des corps matériels. Car, si nous regardons Comte comme représentant l'opinion scientifique de son temps, nous devons reconnaître que ses recherches sur la place de notre système solaire dans l'ensemble des mondes sont absolument stériles, sinon tout à fait illusoires.

L'opinion que les corps que nous voyons et que nous touchons, que nous pouvons mettre en mouvement ou laisser au repos, que nous pouvons détruire et briser en pièces, l'opinion que ces corps sont composés de particules plus petites que nous ne pourrions ni voir, ni toucher, ni arrêter dans le mouvement perpétuel dont elles sont animées, ni mettre en pièces, ni priver de la moindre de leurs propriétés, — était connue sous le nom de théorie atomique. Cette théorie était associée aux noms de Démocrite et de Lucrèce, qui fondaient la constitution de l'univers sur l'existence du vide et des atomes à l'exclusion de tout autre élément. D'autre part, dans bien des explications physiques et des calculs mathématiques, nous sommes habitués à raisonner comme si les substances, telles que les métaux, les liquides, qui se présentent à nos yeux comme homogènes et continus, étaient réellement et rigoureusement uniformes et continues.

En voyant qu'on peut diviser un litre d'eau en plusieurs millions de parties présentant les caractères et les propriétés de l'eau comme le tout, il nous semble naturel de conclure qu'on pourrait continuer cette division indéfiniment et sans limite. De même, en voyant comment Faraday a pu diviser un milligramme d'or en une quantité innombrable de particules, et comment le docteur Tyndall a tiré d'une parcelle imperceptible de nitrate de butyle un énorme nuage, dont chaque partie doit contenir un fragment de ce corps. Ces exemples et la confusion qui s'établit dans certains esprits entre la possibilité abstraite de concevoir la moitié, le quart d'un volume quelconque, si petit qu'il soit, et la possibilité physique de réaliser cette division, pourraient faire croire à la divisibilité illimitée de la matière.

Il n'en est rien. Des considérations de bien des genres nous obligent aujourd'hui à admettre que la segmentation d'un corps quelconque a une limite : la limite est atteinte lorsque le corps considéré n'est plus composé que d'une molécule unique, une, indivisible, inaltérable par quelque agent naturel que ce soit. Quelquefois même, les effets de l'action individuelle de ces molécules nous deviennent expérimentalement sensibles : c'est ainsi qu'en opérant sur des corps très-divisés nous trouvons qu'ils commencent à perdre les propriétés qu'ils présentaient lorsqu'ils étaient en grande masse. L'étude de ces phénomènes dans lesquels se révèle la propriété individuelle de la molécule appartient à la théorie moléculaire. L'attraction capillaire des liquides est un de ces phénomènes. D'autres sont dus au mouvement et à l'agitation perpétuelle des molécules liquides ou gazeuses qui sont continuellement en travail pour se déplacer et se mouvoir, comme des gens qui se bousculent dans une foule. Parmi ceux-là, nous signalerons la diffusion des gaz et des liquides les uns dans les autres, phénomènes que feu le professeur Graham regardait comme la clef de la science moléculaire et auquel il a consacré tant de travaux ardus.

C'est une cause de même nature qui, suivant la théorie de Wiedemann régit la conductibilité électrique et le passage de la chaleur dans les fluides. Pour ce qui est des gaz, Clausius et d'autres auteurs ont développé une théorie moléculaire susceptible d'être traitée mathématiquement, tout en restant soumise aux vérifications expérimentales. Cette théorie permet d'expliquer par les principes de la dynamique la plupart des propriétés mécaniques des gaz : en sorte que les caractères propres de la molécule individuelle sont devenus ou sont en train de devenir un objet de recherche scientifique. De plus, sir William Thomson a établi, sans beaucoup de développements probants, il est vrai, que, dans les solides ordinaires et les liquides, la distance moyenne entre deux molécules voisines est comprise entre un et deux dix-millionèmes de millimètre : cela, par des considérations tirées de phénomènes aussi différents en eux-mêmes que l'électrisation des métaux par le contact, la tension des bulles de savon, le frottement de l'air. Une appréciation pareille présente naturellement de grandes difficultés, car elle dépend d'un genre de mesures dont l'exécution est bien délicate. S'il est possible aujourd'hui, quoique difficile, de tenter des recherches de cette espèce, nous devons espérer que des moyens d'investigation plus puissants et plus nombreux nous permettront une conception plus précise de la molécule. Sir William Thomson

(1) Voyez l'ouvrage de Hamilton ou la thèse de M. Allegret. Paris, 1869.

a tenté aussi, en se fondant sur les beaux théorèmes hydrodynamiques d'Helmholtz, de déduire les propriétés des molécules de celles d'un tourbillon annulaire d'un fluide homogène, incompressible, sans frottement. Ce sont de pareils tourbillons que l'on aperçoit lorsqu'un habile fumeur envoie adroitement dans l'air des bouffées de fumée : seulement il est difficile d'imaginer quelque chose de plus fugitif et de plus éphémère. Cette disparition rapide tient à ce que l'air n'est pas parfaitement fluide, tandis que, dans un fluide parfait, un tourbillon pareil, une fois engendré, serait éternellement permanent, constitué par le mouvement des mêmes molécules qui étaient en mouvement au début, sans pouvoir être jamais interrompu par aucune cause naturelle. C'est Helmholtz qui a établi ces résultats. Ces tourbillons ne peuvent évidemment pas s'engendrer d'eux-mêmes ou par le simple jeu des forces naturelles ; mais, une fois produits, ils ont tous les caractères de l'individualité, de la permanence en grandeur, de l'indestructibilité la plus entière. C'est donc une espèce de réservoir de mouvement et d'énergie, c'est-à-dire des seuls attributs de la matière que nous devions regarder comme essentiels. Ces tourbillons sont susceptibles de telles combinaisons variées, de telles intrications des uns avec les autres, que les propriétés résultantes seront aussi variées que celles des divers systèmes de molécules peuvent l'être.

Si une théorie de cette espèce pouvait, en surmontant d'énormes difficultés mathématiques, arriver à rendre compte des propriétés connues des molécules, elle aurait une tout autre valeur scientifique que toutes les théories moléculaires essayées jusqu'à ce jour et qui toutes investissent la molécule d'un attirail de forces centrales inventées expressément pour expliquer les phénomènes observés. Dans la théorie des tourbillons, il n'intervient quoi que soit d'arbitraire ou d'occulte, ni forces centrales, ni propriétés d'autre espèce. Il n'y a rien que matière et mouvement, et le tourbillon, une fois créé, a des propriétés déterminées par l'impulsion qui lui a donné naissance et qui ne subiront plus aucune modification. Et même aujourd'hui, dans l'état rudimentaire où elle est encore, la théorie peut exercer une influence remarquable : la considération de l'individualité et de l'indestructibilité des tourbillons dans les fluides parfaits ne peut manquer d'ébranler ce préjugé communément accepté que, pour présenter un caractère suffisant de permanence, la molécule doit être conçue comme un corps tout à fait solide. En fait, une des premières conditions qu'elle doit remplir est incompatible avec son état de simple corps solide. Les recherches spectroscopiques qui ont jeté tant de lumière sur différentes branches de la science, nous ont appris qu'une molécule peut être mise dans un état de vibration interne tel qu'elle émettra dans le milieu ambiant une lumière d'une réfrangibilité définie, c'est-à-dire d'une longueur d'onde et d'une période de vibration déterminée. C'est un fait bien remarquable que les molécules de ce gaz hydrogène que nous employons si souvent dans nos expériences, lorsqu'il est chauffé ou traversé par l'étincelle électrique, vibrent précisément dans la même période de temps, ou, pour parler plus exactement, que leurs vibrations soient composées de vibrations simples, chacune d'une période déterminée.

Je dois laisser à d'autres le soin de décrire cette splendide série de découvertes spectroscopiques, qui ont ramené la chimie des corps célestes au rang des connaissances humaines. Mais je désire appeler encore votre attention sur un des phénomènes que ces découvertes nous ont révélés. Non-seulement toutes les molécules de l'hydrogène terrestre ont des vibrations simples de même période, mais, dans les régions dont nous pouvons à peine imaginer l'énorme éloignement, il y a des molécules qui vibrent synchroniquement avec celles de l'hydrogène terrestre, et dans un unisson aussi parfait que deux diapasons accordés au même ton ou deux chronomètres réglés sur le temps solaire. Certes, cette identité absolue, qui se retrouve de toutes parts dans l'univers, est digne de considération. Cette fixité peut suggérer de nombreuses applications, entre autres choses fournir les meilleurs termes de comparaison pour la mesure des grandeurs. Certains corps de la nature, comme les planètes, les pierres, les arbres, se présentent à nous avec des dimensions qui n'ont rien de fixe et d'absolu, souvent variables dans des limites étendues; d'autres fois variables dans des limites restreintes, comme par exemple les graines, les œufs, etc. Les cristaux eux-mêmes, si rigoureusement définis dans leur forme géométrique, sont le plus souvent très-variables dans leurs dimensions absolues. Parmi les œuvres de l'homme, quelques-unes ont une grandeur constante et fixe. Il y a uniformité entre les différents boulets sortis d'un même moule, entre les différents exemplaires d'un livre imprimé avec les mêmes caractères. Les coins, les poids et mesures en usage dans un pays civilisé présentent une uniformité qui résulte de leur concordance avec un étalon type, fourni par l'État : le degré d'identité de ces étalons nationaux mesure le souci de justice existant dans la nation, qui établit des règlements pour les uniformiser et qui nomme des officiers pour les contrôler. Ce sujet est un de ceux auxquels nous autres, corps savants, nous prenons un vif intérêt, et vous connaissez tous la vaste somme de travail scientifique qui a été dépensée, et profitablement dépensée, pour obtenir ce résultat : régulariser les poids et mesures pour les besoins scientifiques et commerciaux. C'est notre globe que l'on a pris pour base de comparaison : c'est sa mesure qui a fourni un type uniforme et permanent de longueur. L'étalon matériel une fois créé d'après ces considérations, on a étudié chaque propriété des métaux pour les préserver des altérations qui le menacent. En somme, pour peser ou mesurer quoi que ce soit avec la précision moderne, il a fallu recourir à une foule d'expériences et de calculs, et mettre à contribution toutes les branches des mathématiques ou de la physique.

Et pourtant, les dimensions de notre globe et la durée de sa rotation, bases de toutes nos mesures, quoique suffisamment fixes pour répondre à nos besoins et à nos moyens de comparaison actuels, n'ont pas, en réalité une fixité absolue. La terre pourra être contractée en se refroidissant ou amplifiée dans son volume par une couche de météorites venant à tomber sur elle ; sa rotation pourra se ralentir petit à petit, sans qu'elle cesse d'exister comme planète.

Dans le monde des molécules, il n'en est plus ainsi. Une molécule d'hydrogène qui éprouverait une modification dans l'un ou l'autre de ses attributs : masse, durée de vibration, cesserait d'être une molécule d'hydrogène. Si donc, nous voulions, pour mesurer la longueur, le temps, la masse, des étalons d'une permanence absolue, il ne faudrait pas les chercher dans notre planète, dans ses dimensions, dans la durée de sa révolution, dans sa masse. Il faudrait les demander à la longueur d'onde, à la durée de période vibratoire, à la masse absolue de ces molécules impérissables, inaltérables, idéalement semblables. Quand nous voyons qu'ici-bas et dans les cieux étoilés il existe une multitude innombrable de petits corps dont la masse et la durée de vibration présentent une valeur absolument identique que tous atteignent et qu'aucun ne dépasse; et quand ensuite, nous réfléchissons qu'aucune puissance dans la nature ne pourrait amoindrir cette masse et cette période, nous sommes conduits alors à une conception nouvelle de l'univers. Alors, nous sommes arrivés, dans les voies de la philosophie naturelle, à ce point de la route où une nouvelle foi s'impose à notre esprit, et où nous comprenons qu'en réalité « ce qui se voit est fait de choses qui ne se voient pas ».

Un autre résultat des plus remarquables, que nous devons encore à la science moléculaire, c'est d'avoir mis en lumière l'évolution irrévocable, le processus irréversible des phénomènes de la nature. Toutes les transformations qui s'y opèrent rapprochent fatalement l'univers d'un état limite vers lequel il tend, aucune ne l'en éloigne et ne le fait rétrograder vers un état antérieur. Si deux gaz sont placés dans le même vase, le mélange se fait et tend à devenir de plus en plus uniforme; si deux portions d'un même gaz, inégalement chauffées, sont mises en présence, elles tendront à se confondre dans une même température; si deux corps solides, à des températures différentes, sont mis en contact, ils tendront indéfiniment vers une température commune, intermédiaire à celles qu'ils avaient à l'origine. Dans le premier de ces exemples, les procédés chimiques permettront la séparation des deux gaz, et par conséquent le retour à l'état primitif; mais pour les deux autres exemples aucun moyen naturel ne saurait restaurer la situation première.

Dans les phénomènes de communication de la chaleur par conductibilité ou émission, il y a encore quelque chose de plus. Non-seulement la transformation est irréversible, mais elle entraîne une perte irréparable qui atteint cette portion de l'énergie calorifique totale, qui dans les corps est seule capable d'être convertie en travail mécanique, et qu'on appelle quelquefois *chaleur interne*. Le développement de cette considération constitue la théorie de Thomson sur la déperdition irréversible de l'énergie, ou la doctrine de Clausius sur l'entropie (1).

Le caractère irréversible de cette transformation se dégage comme une conséquence remarquable de la théorie de Fourier sur la conductibilité calorifique. Les formules elles-mêmes donnent des solutions positives, quand on cherche la valeur du temps qui correspond à des états de diffusion déterminés, et encore pour le cas limite où la diffusion est complète et l'équilibre atteint. Inversement, si l'on essaye de remonter le cours du temps en donnant à l'expression algébrique qui le représente des valeurs décroissantes, il arrive un moment où la formule passe par une valeur critique. Si, alors, on veut examiner ce qui se passe, un instant auparavant, on trouve que la formule est absurde, sans interprétation possible. On est ainsi amené à une conception nouvelle : la conception d'un état de choses qui ne serait pas le résultat physique d'un état antérieur. Et l'on trouve que cet état critique s'est présenté, a existé, à une époque qui n'est pas ensevelie dans les profondeurs de l'éternité, mais qui est séparée du temps présent par une durée finie. De là l'idée d'un *commencement*.

(1) Voyez *Revue des cours scientifiques*, t. V, p. 153, 8 février 1868.

Cette idée d'un commencement a été suscitée, chez les hommes de science de notre temps, par beaucoup de recherches physiques; et il y aurait, dans ce résultat, de quoi étonner certainement les savants qui nous ont précédés. Leurs prévisions n'auraient pu s'étendre jusqu'à une idée si nouvelle pour des sciences de la nature des sciences physiques; car l'esprit de l'homme n'est pas comme le corps chauffé de Fourier qui tend vers un état ultime de repos et d'immobilité, dont on peut prédire tous les caractères. Sa marche n'a pas un tel caractère de fatalité. L'esprit de l'homme est plutôt comme un arbre qui élève ses branches vers les cieux, et s'harmonise à leur nouvel aspect, tandis qu'il contourne ses racines dans la couche de terre étrangère où il est fixé. Pour nous qui ne respirons pas autre chose que l'esprit de notre siècle, et qui connaissons seulement les caractères de la pensée contemporaine, il nous est aussi impossible de prédire la marche de la science dans l'avenir que d'anticiper sur les découvertes particulières qui lui sont réservées.

Les recherches physiques nous révèlent sans cesse de nouveaux modes dans les procédés de la nature, et nous obligent à créer de nouvelles formes de la pensée, appropriées à ces modalités nouvelles. L'étude de ces corrélations entre l'idée physique et la pensée abstraite ou mathématique qui lui correspond serait d'une bien grande importance. Elle déterminerait les conditions dans lesquelles les idées empruntées à une branche de la physique peuvent en faire naître d'autres qui trouveraient leur application dans une autre branche. Quand nous transportons ainsi le langage et les idées d'une science, dans une autre branche qui nous est moins familière, nous employons ce qu'on peut appeler une métaphore scientifique. Ainsi les mots vitesse, moment, force, ont un sens plus vaste et plus général, quoique également précis et parfaitement analogue, dans la mécanique des éléments et dans la mécanique des systèmes. Ces généralisations d'idées simples peuvent être appelées métaphores scientifiques, dans le sens où l'on peut dire qu'un terme abstrait est métaphorique. Pour qu'un système de métaphores mérite le nom de système scientifique, il faut que chaque terme, dans sa nouvelle acception, conserve avec les autres termes du système ses rapports originels. Et alors ce système n'est pas seulement un ensemble de déductions légitimement déduites, mais un véritable instrument de recherches.

Certains phénomènes électriques ont entre eux des relations de même forme que des phénomènes dynamiques connus. Ce serait employer une métaphore hardie que de leur appliquer le langage de la dynamique, convenablement approprié toutefois, et avec quelques restrictions provisoires. Cependant cette métaphore sera légitime, si elle présente à un mécanicien exercé une idée exacte des rapports électriques.

Ce point étant admis, les idées empruntées à une science élémentaire ayant été transportées à une nouvelle classe de phénomènes auxquels on les applique par métaphore, une importante question de philosophie surgit alors. Il s'agit de déterminer jusqu'à quel point la possibilité d'appliquer les idées anciennes au sujet nouveau, peut constituer une preuve que les nouveaux phénomènes sont physiquement semblables aux anciens. Les cas où l'on rencontre deux théories différentes pour l'explication d'un même groupe de phénomènes fournissent des matériaux précieux pour la solution de cette question; et parmi les cas de ce genre, le plus célèbre se présente dans l'optique, où deux théories, la théorie de l'émission et la théorie des ondulations, se disputent l'explication des phénomènes. Jusqu'à un certain moment toutes les deux sont également suffisantes : à partir de ce moment l'une des deux échoue, est impuissante. Il serait fort intéressant de saisir ce lien commun et supérieur de ces deux systèmes dans la partie du champ où ils conviennent l'un et l'autre. Pour cela, il importe de les considérer sous le point de vue que nous ouvrent la méthode d'Hamilton, par laquelle le professeur Tait a montré en effet comment à chaque problème brachystochrone, c'est-à-dire emprunté au système de l'ondulation, correspond un problème de mouvement libre avec vitesse et durée variables, pouvant être émissive, par conséquent, et conduisant à la même solution géométrique.

De même en électricité nous rencontrons deux théories. L'une, très en faveur en Allemagne, suppose que les molécules électriques agissent directement à distance les unes sur les autres. Selon Weber la force dépend de la vitesse relative des molécules : selon une idée de Gauss, développée par Riémann, Lorenz et Neumann elle se manifeste non pas instantanément, mais après un laps de temps qui dépend de la distance. Il faut connaître cette théorie pour apprécier la puissance qu'elle a eue dans les mains de ces hommes éminents, et son efficacité pour l'explication des phénomènes électriques.

La seconde théorie de l'électricité, que, pour ma part, je préfère à l'autre, rejette l'action à distance et attribue les phénomènes électriques aux changements de tensions et de pressions qui se produisent dans un milieu pénétrant tous les corps, analogue à l'éther lumineux. La raison d'être de ces deux théories n'est pas seulement d'expliquer les phénomènes sur lesquels on les a construites originairement, mais encore un grand nombre d'autres qu'on n'avait pas en vue ou qu'on ignorait encore à ce moment. Toutes deux sont arrivées par des voies indépendantes à ce même résultat, de donner la vitesse absolue de la lumière en fonction de certaines quantités électriques. Ces théories si différentes en apparence avaient donc un champ très-vaste de vérités communes. La valeur philosophique d'un tel fait ne peut être comprise actuellement et exige pour l'être que nous soyons parvenus à une hauteur scientifique d'où nous puissions découvrir les véritables rapports entre deux hypothèses si différentes.

Je ne ferai plus qu'une remarque sur les rapports des mathématiques et de la physique. En soi, l'une est une opération de l'intelligence, l'autre un mouvement, une danse de molécules. Les molécules obéissent à des lois qui leur sont propres, et parmi lesquelles nous choisissons celles qui sont les plus intelligibles et les plus faciles à soumettre au calcul. Nous construisons notre théorie sur ces données partielles, et quand les phénomènes sont en désaccord avec elle, nous l'attribuons à des causes perturbatrices. Mais ces causes perturbatrices sont en réalité parfaitement normales ; ce sont des circonstances que nous ne connaissons pas ou que nous avons négligées, et dont nous nous efforcerons de tenir compte dans l'avenir. Les soi-disant perturbations sont de simples fictions de l'esprit, et non un fait de la nature : dans la réalité, il n'y a pas de perturbations.

Il y a encore d'autres circonstances où l'accord est troublé entre les faits physiques et les opérations de l'esprit. C'est le cas où le mathématicien commet quelque erreur, par fatigue, oubli, faute de raisonnement. Quelquefois même cette erreur peut être logique, c'est-à-dire être le résultat d'une opération régulière de l'esprit. En réfléchissant aux lois si précises qui président à la formation des idées justes, et à celles non point précises quoique difficiles à déterminer qui président à l'erreur, un des plus profonds mathématiciens et penseurs de notre temps, feu George Boole, fut conduit à l'un de ces points de vue où la science semble s'élever au-dessus de son propre domaine. « Nous devons admettre, dit-il, qu'il existe » des lois de la pensée qui, malgré leur rigueur mathéma» tique, sont quelquefois enfreintes. Leur valeur, leur auto» rité, sont d'une essence sans analogie avec celles du monde » physique, dont l'enchaînement est inviolable. »

J. Clerk Maxwell.

INSTITUTION ROYALE DE LA GRANDE-BRETAGNE

LECTURES DU VENDREDI SOIR

M. W. SPOTTISWOODE
de la Société royale de Londres

La polarisation rotatoire. — Expériences de sir Ch. Wheatstone (1).

Biot a désigné par *polarisation rotatoire* le phénomène qui se produit lorsqu'un rayon de lumière polarisée traverse une lame de cristal de roche coupée perpendiculairement à l'axe. Le plan de polarisation, en émergeant, change de direction et fait avec sa position primitive un angle qui varie pour chaque rayon homogène.

L'explication de ce phénomène et l'introduction d'un procédé expérimental pour l'obtenir, c'est-à-dire pour convertir la polarisation plane de l'appareil ordinaire en polarisation successive ou plus communément appelée *rotatoire*, tel va être l'objet de cette courte étude.

La lumière polarisée diffère de la lumière ordinaire par la présence de certaines particularités qu'on ne trouve pas chez cette dernière. Ces particularités ne peuvent pas être discernées à l'œil nu, et exigent, pour être aperçues, une disposition particulière de la lumière. Un moyen très-simple pour mettre la lumière dans ces conditions favorables à la polarisation consiste à lui faire traverser une plaque du cristal appelé *tourmaline*. Si alors on examine la lumière en lui faisant traverser une seconde plaque de tourmaline semblable et parallèle à la première, et qu'on fait tourner dans son plan comme une roue, on voit que son intensité diminue et augmente alternativement, qu'elle est nulle pour deux positions de la plaque mobile situées à 180 degrés l'une de l'autre, et maximum pour deux autres positions dont chacune est à 90 degrés des deux premières. Cette combinaison de plaques de tourmaline constitue un polaroscope qui généralement se compose de deux parties, l'une pour mettre la lumière dans des conditions propres à la polarisation, l'autre pour examiner ou analyser cette lumière.

Voici l'explication du phénomène :

Les vibrations dont dépend la sensation de la lumière peuvent, dans la lumière ordinaire, s'effectuer suivant toutes les directions dans un plan perpendiculaire au rayon ; la po-

(1) Ces expériences ont été faites il y a déjà quelques années; mais diverses autres occupations ont forcé M. Wheatstone à en différer la publication.

larisation, au contraire, a pour effet de leur donner une direction unique située aussi dans un plan perpendiculaire au rayon. Il en résulte que tout le long d'un rayon elles se trouvent dans un même plan. On dit pour cette raison que cette polarisation est plane. Il y a aussi une polarisation circulaire, elliptique, etc., suivant les courbes que décrivent les particules vibrantes.

La polarisation plane peut encore être obtenue par d'autres moyens que celui que nous venons de décrire : tels sont la réflexion, sous un angle particulier, des surfaces des milieux transparents; le passage à travers des plaques de verre parallèles, etc. Mais comme ils agissent tous sur la lumière d'une manière identique, il n'est pas nécessaire de nous en occuper ici.

Lorsqu'un rayon de lumière polarisée tombe sur une lame de cristal à double réfraction, il se divise en deux autres rayons dont les vibrations s'effectuent dans deux plans perpendiculaires l'un à l'autre. Ces rayons traversent le cristal avec des vitesses différentes, et émergent par conséquent avec une différence de phase. En interposant l'analyseur, les deux rayons sont ramenés dans un même plan. Si le plan de vibration de l'analyseur est parallèle à l'un de ceux du cristal, l'un des rayons sera intercepté, et l'autre sera transmis sans changement. Dans toute autre position de ce plan, les portions transmises des deux rayons se mêleront de manière à produire une lumière colorée. Si alors on fait tourner l'analyseur d'un angle de 90 degrés, ce sera la portion de la lumière immergente interceptée dans la première position qui sera transmise, et *vice versa*.

Cette théorie a pour conséquence les expériences suivantes :

Si l'on place entre le polariseur et l'analyseur une plaque de cristal à double réfraction, de sélénite par exemple, et qu'on lui imprime un mouvement de rotation dans son plan, on voit que pour certaines de ses positions, qui sont à angle droit les unes par rapport aux autres, aucun effet n'est produit. Ces positions, nous les appellerons *neutres*. Dans toutes les autres positions de la plaque tournante, le champ est coloré, et la couleur est la plus brillante lorsque le cristal se trouve à 45 degrés d'une position neutre. Si, laissant le cristal en repos, on fait tourner l'analyseur, on voit la couleur pâlir et disparaître complétement quand l'angle de rotation a atteint 45 degrés. A partir de cette position commence à apparaître la couleur supplémentaire, qui va en augmentant d'intensité jusqu'à l'angle de 90 degrés, où elle atteint son maximum. La couleur dépend de l'épaisseur du cristal; par une préparation convenable, on peut produire toutes les couleurs qu'on voudra. Voilà pour la polarisation plane.

La polarisation rotatoire ou successive, qui nous occupe ici principalement, repose sur les principes suivants :

Lorsque deux mouvements de vibrations circulaires, s'effectuant dans deux plans perpendiculaires, se rencontrent et se combinent, il en résulte un mouvement vibratoire unique qui est curviligne, et dont la forme et la direction dépendent de la différence de phase des deux vibrations composantes. Que l'un de ces mouvements soit en avance ou en retard sur l'autre de la longueur d'une onde, la vibration résultante sera circulaire; seulement elle sera directe (dans le sens des aiguilles d'une montre) dans un cas, et inverse dans l'autre.

Si les deux mouvements sont de direction opposée, les vibrations résultantes sont rectilignes et dirigées dans un plan dont la direction dépend de la différence de phase des vibrations composantes. Si l'un de ces mouvements est en avance par rapport à l'autre, le plan des vibrations résultantes tournera dans le sens direct; dans le cas contraire, il prendra un mouvement de rotation dans le sens inverse.

Si l'on fait l'expérience avec de la lumière blanche, les vibrations des différentes couleurs qui composent le prisme subiront, en raison de la différence de longueur de leurs ondes, des retards différents les unes par rapport aux autres, et par conséquent les vibrations résultantes seront, d'après la loi énoncée, dirigées dans des plans différents et rangées dans le même ordre que dans le prisme, c'est-à-dire du rouge au violet ou inversement.

Lorsqu'un rayon de lumière, polarisée rectilignement, tombe sur un réflecteur métallique, il se divise en deux autres, dont les vibrations sont respectivement parallèles et perpendiculaires au réflecteur; le premier de ces deux rayons est en retard sur le second d'une différence de phase qui dépend de l'angle d'incidence. Si le plan de vibration du rayon incident fait avec le plan d'incidence un angle de 45 degrés, les deux rayons en lesquels le rayon incident se divise auront à peu près la même intensité. Sous un angle voisin de 45 degrés, qui varie avec le métal employé, mais qui est parfaitement déterminé pour chaque métal, l'intensité des deux rayons devient rigoureusement égale.

Pour une valeur particulière de l'angle d'incidence qui dépend de la nature du métal (il est de 72 degrés pour l'argent), le retard peut atteindre le quart d'une longueur d'onde. En quittant le réflecteur, les deux rayons se recombinent, conformément à la loi que nous avons établie, et forment, dans les circonstances indiquées en dernier lieu, un rayon de polarisation circulaire. Enfin la direction du mouvement dans ce rayon circulaire dépendra du côté où le plan de vibration primitif sera incliné sur le plan d'incidence : si, ce plan étant incliné d'un côté, le rayon circulaire se trouve à droite, il se trouvera à gauche quand le plan sera incliné du côté opposé.

Revenons maintenant aux phénomènes de double réfraction produits par une lame de cristal coupée parallèlement à l'axe sur un rayon de polarisation plane. Supposons que le cristal soit placé dans une telle position que les plans de vibration des deux rayons résultants soient inclinés de 45 degrés des deux côtés du plan d'incidence, et que, entre le cristal et l'analyseur, on place une plaque d'argent, de manière qu'elle fasse un angle de 72 degrés avec la direction des rayons émergents. En vertu des principes énoncés plus haut, chacun de ces rayons se convertira par réflexion en un rayon polarisé circulairement; mais l'un se trouvera à droite (*dextrogyre*) et l'autre à gauche (*levogyre*); et la différence de phase produite par la plaque à double réfraction ne sera pas changée par la réflexion. Cette différence de phase dépend, comme on sait, de la longueur d'onde ou, en d'autres termes, de la couleur de la lumière. De sorte que les deux rayons polarisés circulairement se combineront pour former un rayon de polarisation plane dont le plan de vibration dépendra de la différence de phase, c'est-à-dire de la couleur. En examinant, finalement, la lumière par un analyseur, à la manière ordinaire, on aura tous les phénomènes de polarisation rotatoire ou successive.

Il résulte de ce que nous venons de voir que la direction du mouvement dans les deux rayons polarisés circulairement, et, par suite, l'ordre des couleurs produites, dépendent de la position, par rapport au plan d'incidence, du rayon qui a été le plus retardé dans le passage à travers la lame de cristal. Si, pour une certaine position de cette lame, les couleurs apparaissent dans l'ordre ascendant, en la faisant tourner de 90 degrés, dans son plan ou autour d'un axe situé dans le plan d'incidence, les deux rayons changeront de position et l'ordre des couleurs sera renversé.

Le renversement de l'ordre des couleurs peut encore s'obtenir d'une autre manière : les cristaux à un seul axe se divisent en deux classes, l'une appelée positive, dans laquelle le rayon extraordinaire se meut plus lentement que le rayon ordinaire, exemple : le quartz; l'autre appelée négative, dans laquelle le rayon ordinaire est le plus lent, exemple : le spath d'Islande. Si donc, une plaque de quartz, faisant avec son axe un angle de 45 degrés d'un côté du plan d'incidence, donne les couleurs dans un certain ordre, une plaque semblable et semblablement disposée de spath d'Islande les donnera dans l'ordre inverse.

Les mêmes principes s'appliquent au cas des cristaux à deux axes taillés parallèlement au plan contenant les deux axes optiques. Un rayon de polarisation plane, transmis par une telle plaque, se divise en deux autres dont les vibrations s'effectuent respectivement suivant les bissectrices des deux angles des axes du cristal. La bissectrice du plus petit angle s'appelle *section intermédiaire*, et celle du plus grand *section supplémentaire*. Quant à l'ordre des couleurs, il dépend de la vitesse relative des deux rayons. Dans la sélénite, le rayon dont les vibrations se font suivant la section supplémentaire, est le plus lent; dans le mica, c'est le plus rapide. Ces deux cristaux donneront, toutes les autres circonstances étant égales, des ordres de couleurs opposées, et peuvent être regardés comme positif et négatif l'un par rapport à l'autre, comme le quartz et le spath d'Islande.

Les expériences auxquelles conduisent ces principes sont nombreuses et variées, mais elles valent mieux vues que décrites.

William Spottiswoode.

— Traduit de l'anglais par Ch. Baumfeld. —

BULLETIN DES SOCIÉTÉS SAVANTES

Académie des sciences de Paris

SÉANCE DU 28 AOUT 1871

Deux pièces de la correspondance, analysées par M. Dumas, ont formé l'intérêt principal de la séance. La première est la suite des recherches de MM. Troost et Hautefeuille sur le silicium. On s'occupe beaucoup de ce corps, tout à fait à l'ordre du jour. Une communication de M. C. Friedel, dans la dernière séance, rappelait déjà qu'il avait obtenu un iodure de silicium Si^2I^6 formant le premier terme connu de la *série éthylique du silicium*, et un oxychlorure de silicium Si^2OCl^6. MM. Troost et Hautefeuille viennent d'étendre considérablement cette série de combinaisons du silicium avec l'oxygène. Ils sont parvenus à remplacer tous les équivalents de chlore par des équivalents d'oxygène, et à former une série de sept composés différents avec ce gaz. Ce sont là des faits nouveaux d'une grande importance qu'il ne sera permis de bien apprécier dans leur ensemble qu'après l'accomplissement des recherches ultérieures annoncées par les auteurs.

La seconde est le résultat des expériences faites par MM. Montefiore, Lévy et Findell dans les fonderies de Liége, pour la ductibilité du bronze servant aux machines à feu. L'alliage de différents oxydes dans la fonte de ce métal le rendait cassant, et en formait ainsi la faiblesse et les défauts. Il s'agissait donc de les faire absorber préalablement par un corps très-avide d'oxygène. Guidés par une expérience de Wollaston, ces savants industriels ont employé le phosphore qui détruit tous les oxydes formés, et donne un métal plus homogène, d'une élasticité plus que doublée et d'une solidité à toute épreuve. Il résiste même à la lime, et des expériences avec des laminoirs de ce métal en ont montré toute la force de résistance. Des échantillons d'instruments de ce métal, révolvers, canons, sont soumis à l'Académie comme preuves à l'appui, et serviront de pièces de conviction à la commission chargée de faire un rapport sur ce sujet important. On savait déjà, dit M. Dumas, que le phosphore, allié au cuivre, lui communique une dureté très-grande ; il y a peut-être, dans la généralisation de ce fait, le germe de grandes améliorations métallurgiques.

— Une exhibition de silex taillés et divers autres instruments de guerre a surtout excité la curiosité de l'Académie, comme provenant du tombeau de Josué à Gahas, dont l'authenticité a été établie, il y a quelques années, par M. Guérin et M. de Saulcy. « Fais-toi des couteaux tranchants, lui dit l'Éternel, et circoncis de nouveau pour une seconde fois les enfants d'Israël », ce qu'il fit à Guilgal, selon la Bible (*Josué*, V, 2 et 3). Or, ces couteaux ne pouvaient être que de pierre, *cultros lapideos*, des silex taillés. M. l'abbé Richard, qui vient de faire un grand voyage d'exploration et de découvertes dans ces parages, en a retrouvé en Égypte, près du Caire, et en Palestine, aux environs de l'ancienne Thèbes, au pied du Sinaï biblique. Pressentant que, dans ces pays dépourvus d'eau, c'était surtout dans le voisinage des sources qu'il devait chercher les ateliers de ces silex taillés, il a trouvé en effet, dans la vallée des tombeaux, sur les bords de la mer rouge, des silex taillés en flèches, presque triangulaires, et dans le tombeau même de Josué, près du Jourdain. Une hache a été rencontrée dans un terrain tertiaire, près du Caire. On ne saurait méconnaître combien ces objets sont intéressants au point de vue de l'histoire du peuple hébreu.

— Un autre voyageur, M. Grandidier, rapporte enfin de ses voyages successifs à Madagascar en 1865, 1866, 1868 et 1870, la topographie de cette île célèbre avec tous les détails géologiques, hydrographiques, orographiques, botaniques et d'histoire naturelle. Jusqu'en 1866, les Ovas s'opposaient à l'exploration de l'intérieur de leur pays; aucun étranger n'y pouvait pénétrer, et l'on n'en connaissait ainsi que très-imparfaitement la topographie. Au lieu de la végétation luxuriante que certains voyageurs fantastiques se plaisaient à y voir partout, il y a, au contraire, dit M. Grandidier, après l'avoir parcouru de fait dans toute son étendue, de vastes plaines stériles, de hautes montagnes nues et arides, et tout cet intérieur est presque inhabité. Répandue principalement sur le littoral, la population formait une chaîne impénétrable qui, une fois brisée sur un point, n'a plus présenté d'obstacle aux explorations de l'intérieur. De grands fleuves navigables le sillonnent et permettraient la culture et le commerce de ces vastes plaines inhabitées. La publication de ces documents sera donc d'un haut intérêt.

— L'élection de M. Belgrand, présenté en première ligne pour remplacer M. A. Duméril, comme académicien libre, a eu lieu par 31 voix sur 51 votants, dont deux bulletins blancs. Mais ce n'a pas été sans difficultés, sans orage. Il a fallu d'abord laisser le scrutin ouvert en permanence pendant toute la séance pour réunir les 50 voix exigées. Il y en a même eu 51 par l'arrivée tardive de M. Nélaton. Tout était donc pour le mieux. Mais voici que, 2 billets blancs se trouvant dans l'urne, il ne restait que 49 votes exprimés, les bulletins blancs ne comptant pas, suivant la jurisprudence particulière de l'Académie, dont l'application est réclamée très-vivement par M. Chasles. Grande anxiété de M. le président qui craint ainsi que son opération, menée si laborieusement, ne soit pas validée. Enfin la grande majorité obtenue par M. Belgrand sur ses concurrents est déclarée valable, et M. le président proclame le résultat suivant :

MM. Belgrand, 31 voix; Cosson, 8; de la Gournerie, 1; Sédillot, 6; Sauvage, 2; Damour, 1; billets blancs, 2.

La formule sacramentelle est dès lors prononcée. Mais M. Le Verrier demande vivement la parole; M. le président la lui refuse plus vivement encore. De là bruit, réclamations, insistance de part et d'autre, chacun se croyant dans son droit. Bientôt le tumulte est à son comble, et M. le président, en vertu de son autorité privée qu'il défend et pratique — trop énergiquement peut-être, — lève la séance au milieu des protestations et des cris, sans que rien ait pu le faire revenir de cette décision.

Académie de médecine de Paris

Deux questions ont fait tous les frais de cette séance chaude et agitée : l'*Oidium aurantiacum* et le choléra. Voici pour la première :

Suivant M. Mouchet, qui a vu le pain oïdié distribué à la troupe de Cherbourg en 1858, il provenait de farines avariées, et celles-ci *seules* donneraient lieu à l'*Oidium aurantiacum*. Mais les recherches de M. Poggiale établissent péremptoirement le contraire. A Cherbourg même, les farines mélangées comme les plus pures l'ont produit également. Les causes en seraient donc dans le mode de fabrication?

L'action toxique de ce pain oïdié paraît aussi contradictoire. A Poitiers, où il en a été consommé d'assez grandes quantités, aucun accident n'a été observé; son usage est passé inaperçu comme celui du pain moisi dans nos campagnes, surtout à cette époque. Même observation faite à Cherbourg, pendant huit jours, où 300 grammes de ce pain furent distribués et consommés chaque jour sans qu'il en résultât ni inconvénient ni malaise. Une seule famille de cinq personnes en éprouva des accidents analogues à celui de l'empoisonnement par les champignons.

On ne peut rien conclure d'après cela; mais les expériences en cours d'exécution sur les animaux lèveront bientôt tous les doutes.

M. Poggiale a démontré, texte en main, le peu de fondement de la découverte de ce champignon du pain réclamée par M. Gauthier de Claubry, tandis qu'il a mis délicatement en lumière les droits plus réels de M. Guérard qui n'a rien réclamé à ce sujet. C'est une justice exemplaire.

Celle de M. Fauvel ne paraît pas aussi distributive. Il accuse les journaux médicaux d'effrayer à tort le public par la constatation des nombreux cas de dérangements intestinaux, et les quelques cas de choléra qui se manifestent ici et là comme les signes de l'invasion du redoutable fléau. Pour lui, ce ne sont là que des influences saisonnières qui se manifestent chaque année, et il en trouve la preuve dans ce qui a eu lieu à cet égard à Paris, dans la comparaison de l'année dernière avec celle-ci. Voici cette statistique hebdomadaire comparée :

Du 14 juillet au 30 juillet 1870, 102 diarrhées, 18 choléras. — Du 31 juillet au 6 août, 85 diarrhées, 5 choléras. — Du 7 au 13 août, 102 diarrhées, 8 choléras. — Du 14 au 20 août, 91 diarrhées, 7 choléras. — Du 21 au 27 août, 84 diarrhées, 10 choléras. Totaux : 464 diarrhées, 48 choléras.

Du 22 au 28 juillet 1871, 80 diarrhées, 0 choléra. — Du 29 juillet au 4 août, 99 diarrhées, 1 choléra. — Du 5 au 11 août, 86 diarrhées, 0 choléra. — Du 12 au 18 août, 117 diarrhées, 1 choléra. — Du 19 au 25 août, 128 diarrhées, 6 choléras. Totaux : 510 diarrhées, 8 choléras.

La différence, on le voit, est très-peu sensible et à l'avantage de 1871 pour le choléra. M. Fauvel voit la justification de ses prévisions rassurantes, en ce que, l'année dernière, il n'y a eu que 97 cas de diarrhée et 13 de choléra dans la semaine du 28 août au 3 septembre, et seulement 33 diarrhées dans la semaine suivante.

C'est très-rassurant, en effet, si l'on maintient, comme M. Fauvel, que l'invasion d'une épidémie de choléra asiatique se manifeste soudainement par des cas foudroyants plus ou moins nombreux. Opinion appuyée par M. Delpech, et confirmée par la soudaineté de l'invasion à Astrakan en 1832, par M. Briquet.

Mais M. J. Guérin est d'un avis diamétralement opposé. Il n'y a pas de choléra sans prodromes, et toutes ces épidémies ont eu des avant-coureurs analogues à ce qui se passe en ce moment. A Lyon, il n'y a eu que des cholérines, et dans l'Inde même, l'épidémie se borne à des cholérines certaines années. C'est donc une épidémie de choléra *ébauché* qui règne en ce moment à Paris comme à Londres. Il disait la même chose l'an passé à pareille époque et annonçait une invasion prochaine qui ne s'est heureusement pas réalisée. L'Académie s'habitue donc à ne plus tenir compte de ses prédictions sinistres; l'accueil qu'elle leur a fait hier l'a bien prouvé.

En voyant l'*Union médicale* clairement désignée aux foudres de l'Académie, comme ayant jeté l'épouvante par ses indiscrétions, M. Latour n'a pu se défendre de protester, au nom de la presse, contre la guerre qui lui est faite lorsqu'elle enregistre des faits vrais, incontestables. Sous le régime déchu, on le lui défendait autoritairement; à défaut de pouvoir le faire sous le régime actuel, on la blâme d'interpréter les faits à son gré, et on lui en conteste presque le droit sans s'inspirer des grands prêtres officiels...

Piqué au vif, M. Fauvel interrompt brusquement l'orateur, et lui répond avec vivacité que c'est au nom de la science et par des preuves scientifiques que ses reproches se justifient. C'est un droit qu'on ne saurait lui nier à la tribune de l'Académie. De là bruit, applaudissements, dénégations et interpellations. M. Latour refusant de se placer sur ce terrain, l'incident se termine par la relation de plusieurs cas de choléra qui ont eu lieu à l'Hôtel-Dieu, à Necker et dans d'autres hôpitaux.

De cette communication, il résulte que l'épidémie russe, en décroisssance continue, ne s'est étendue jusqu'ici qu'à Kœnigsberg sans s'être encore manifestée à Berlin, le 24 août, comme on l'avait prétendu. Notre frontière, ouverte de ce côté, peut sans doute livrer passage à chaque instant au fléau, mais son arrivée est bien plus à craindre par les nombreuses communications de la Baltique; heureusement toutes les mesures préventives sont prises de ce côté, ce qui rassure beaucoup M. Fauvel. Puisse-t-il ne pas se tromper dans son optimisme!.

CHRONIQUE SCIENTIFIQUE

De tout temps les laboratoires de l'École pratique à la Faculté de médecine de Paris ont eu des chiens en expérience pour les besoins des recherches physiologiques faites par les professeurs ou leurs élèves. Hier, 31 août, un commissaire de police est venu signifier que ces chiens devaient disparaître le jour même, et qu'on n'aurait plus le droit d'en amener de nouveaux pendant toute la durée des vacances. C'est une singulière façon d'encourager les travaux scientifiques. Est-il donc interdit aux professeurs et aux jeunes savants qu'ils admettent auprès d'eux de continuer à travailler pendant les vacances? Que vont devenir les animaux mis en expérience pour fournir des résultats au bout d'un temps quelquefois long?

Il y a quelques années, l'administration avait déjà refusé de payer les 25 centimes exigés par l'équarisseur pour l'enlèvement des cadavres de chiens immolés, et ces débris organiques empesteront l'École pendant quinze jours, jusqu'à ce que les expérimentateurs avertis se fussent chargés des frais d'enlèvement.

— C'est le 17 septembre prochain que doit avoir lieu l'ouverture officielle du chemin de fer du Mont-Cenis. On annonce de grandes fêtes pour la circonstance. Un train d'essai a déjà traversé le tunnel il y a quelques jours.

Le propriétaire-gérant : GERMER BAILLIÈRE.

PARIS. — IMPRIMERIE DE E. MARTINET, RUE MIGNON, 2.

LA

REVUE SCIENTIFIQUE

DE LA FRANCE ET DE L'ÉTRANGER

REVUE DES COURS SCIENTIFIQUES (2e SÉRIE)

DIRECTION : MM. EUG. YUNG ET ÉM. ALGLAVE

2e SÉRIE — 1re ANNÉE NUMÉRO 11 9 SEPTEMBRE 1871

Paris, le 8 septembre 1871.

Nous avons reçu plusieurs lettres de savants français à l'occasion de l'article de M. Virchow, publié dans notre avant-dernier numéro, et des attaques des savants allemands contre la France ; ils sont tous infiniment plus modérés que nos voisins d'outre-Rhin ; ils songent davantage au caractère cosmopolite de la science, que l'Allemagne rappelle souvent dans ses discours, mais respecte très-peu dans ses actes. Jamais, en effet, aucune nation n'avait transformé aussi ouvertement la science en arme de guerre ; jamais l'enseignement ne s'était inspiré au même degré des haines nationales, voire même des préjugés populaires. — Voici, parmi ces lettres, celle d'un membre de la Facultéde médecine de Paris, M. P. Lorain :

Interlaken, 1er septembre 1871.

Mon cher Alglave,

Je vous écris d'un pays neutre, un peu plus allemand que français ; on n'y songe guère à la revanche, et l'on tâche plutôt d'oublier. Je ne sais si les querelles que nous font les Allemands sur le terrain scientifique ont le don d'émouvoir quelques-uns de nos compatriotes à l'humeur vive. Quant à moi, je n'ai pas attendu d'être ici en face de ces prodigieuses masses rocheuses aux pieds desquelles l'homme paraît si petit, pour trouver ces querelles mesquines. Je renverrai nos savants et cruels confrères à la Bible, qu'ils nous reprochent de ne pas assez lire; ils y verront l'épisode de Job, qui panse ses plaies tandis que ses riches voisins et amis d'autrefois lui donnent de prétentieux conseils. Je leur rappellerai ce que la Bible dit de Job, qui eut, malgré les prévisions des savants de ce temps-là, un retour de fortune dépassant les limites de sa première condition.

Je ne voudrais pas que l'on confondît M. Virchow avec ces conseillers de Job, et lui-même ne s'associerait pas volontiers à quelques personnages mus par un zèle patriotique excessif ou même d'autres sentiments, qui ont pris vis-à-vis de vous une attitude arrogante. M. Virchow a droit à tous nos respects; il a rendu à la science des services que nos malheurs politiques ne peuvent nous faire oublier; je veux louer en lui surtout un mérite : il est patriote. Imitons-le.

Quant à la microcéphalie française et à la supériorité ethnographique des Allemands, c'est une puérilité qui doit faire rire les Allemands eux-mêmes, quel que soit le degré de leur infatuation. Sans doute, le sceptre change de mains, et chaque race peut avoir son tour ; mais la question est complexe, et il ne faut point pour cela parler de supériorité ethnographique : aussi bien pourrait-on dire que tous les employés d'une grande maison de commerce de Dordrecht sont des Apollons parce que leurs affaires prospèrent. Si vous m'en croyez, mon cher ami, nous travaillerons sans répondre à nos voisins.

A vous de cœur, P. LORAIN.

— Dans notre numéro du 15 juillet dernier (page 49), nous avons exposé les communications sur la force vitale, provoquées à l'Académie des sciences de Bruxelles par M. d'Omalius d'Halloy, et critiqué les idées du vénérable savant. Il en est résulté entre lui et nous une correspondance dont il a présenté les résultats à l'Académie de Bruxelles. Peut-être ne sera-t-il pas inutile d'en mettre quelques fragments sous les yeux de nos lecteurs, puisqu'elle est, en quelque sorte, le complément du travail de M. d'Omalius d'Halloy.

Halloy, le 20 juillet 1871.

Monsieur,

Je vous remercie de l'honneur que vous avez fait à ma note sur les forces naturelles en l'insérant dans votre savante *Revue*, mais je vous demande la permission de joindre à mes remercîments quelques réflexions sur les observations dont vous avez bien voulu accompagner ma note.

Je ne puis me rallier à l'espèce de rapprochement que vous établissez entre la mort des êtres vivants et les altérations ou décompositions qu'éprouvent les corps inorganiques.

En effet, la mort est un phénomène qui tient à la constitution des êtres vivants et auquel ils sont tous soumis, à une époque plus ou moins rapprochée.

Les corps inorganiques ont au contraire une existence qui dure tant qu'ils ne sont pas attaqués par des forces étrangères. Le cristal le plus déliquescent aurait une existence aussi indéfinie qu'un cristal de quartz, s'il était à l'abri des attaques de l'humidité. Quant aux composés qui se décomposent sans actions étrangères, ce ne sont que des alliances forcées que l'on obtient dans les laboratoires au moyen de circonstances artificielles.

Vous attribuez la multitude de formes que prennent les êtres vivants à la complexité des éléments qui les composent, mais cette complexité ne se produit que par l'action, déterminée dans des conditions particulières, d'un être vivant analogue, d'où je dis que cette action, qui est ce que j'appelle force vitale, n'appartient pas plus à la matière qui compose l'être vivant, que la force qui fait mouvoir une bille n'appartenait à celle-ci avant qu'elle lui ait été imprimée par la chiquenaude.

Vous donnez à entendre que la synthèse chimique est parvenue à produire la complexité que vous invoquez, mais, tant que cette synthèse n'aura pas produit un être vivant, je nierai l'analogie. On peut produire dans les laboratoires des composés qui ressemblent matériellement à des produits de la vie, mais ces composés manquent des qualités principales qui caractérisent les corps vivants, c'est-à-dire de la faculté de se développer, de se reproduire, etc.

Je crois qu'il est un point sur lequel nous sommes d'accord, c'est qu'il existe des forces, c'est-à-dire des causes qui produisent des phénomènes, et je crois que vous ne savez pas plus que moi quelle est la nature de ces causes. Or, je demande comment vous pouvez trouver des difficultés à admettre qu'une chose que vous ne connaissez pas ne peut se modifier, se diviser ou se transformer? Cela ne ressemble-t-il pas à un homme qui, ne connaissant de la nature vivante que les mammifères, nierait l'existence d'animaux que l'on peut diviser en un grand nombre de morceaux qui tous continuent à vivre, se développent et deviennent un animal parfait?

Vous trouvez que mon hypothèse sur les forces vitales est une chose très-compliquée, je la trouve au contraire fort simple. Il me semble, en effet, que l'on ne peut nier que la vie soit le résultat de forces qui donnent à la matière les propriétés qui caractérisent les êtres vivants. Or, y a-t-il quelque chose de plus simple que de supposer que ces forces sont propres à chaque forme d'êtres vivants, qu'elles déterminent toutes les fonctions qui caractérisent ces êtres et qu'elles présentent la série de dégradations ou de perfections que l'on remarque dans la série des êtres vivants. D'un autre côté, je ne vois pas pourquoi l'on ne veut pas que l'intelligence, à ses divers degrés, soit une des fonctions de ces forces, lorsque nous voyons les êtres les plus dégradés avoir la faculté de choisir les aliments qui leur conviennent et de les disposer de façon à former leurs organes.

Veuillez, etc. D'OMALIUS.

Paris, le 25 juillet 1871.

Monsieur,

. . . .

En indiquant quelques réflexions que me suggérait votre notice, je n'avais pas la prétention de résoudre, ni encore moins de traiter au pied levé une question tellement grave que je la déclarais inabordable à la science actuelle ; je voulais seulement montrer qu'on peut concevoir des hypothèses raisonnables sans avoir d'ailleurs le moyen de les vérifier. Or, on n'est pas plus avancé en admettant une force vitale séparable, car on ne sait pas ce que devient cette force vitale après sa séparation. En réalité, on n'a fait qu'ajouter une formule verbale exprimant ce fait que tout être vivant finit par cesser de vivre.

Nous admettons tous des forces et nous ignorons tous leur nature, ce qui doit nous rendre circonspects dans nos affirmations. C'est ce que font les organiciens en n'ajoutant rien aux faits, tandis que les vitalistes les gouvernent par une force *une* et *séparable*, qu'ils affirment. Je ne trouve aucune difficulté à admettre avec vous que ces forces, dont j'ignore la nature, se *modifient*, se *divisent* et se *transforment*; c'est ce qui est accepté par tout le monde aujourd'hui pour les êtres inanimés, et, précisément, l'essence de l'organicisme, c'est d'appliquer les mêmes idées aux êtres vivants. Mais voici où portait ma critique. Vous dites que la force vitale de l'homme c'est l'âme, — qui est certainement spirituelle, c'est-à-dire indivisible — et vous reconnaissez en même temps que cette force vitale peut se diviser. Voilà où je crois trouver la contradiction. Voudriez-vous soutenir que l'âme est divisible? Nous abordons alors un terrain exclusivement philosophique, où cette thèse me semblerait bien difficile à défendre, — même en se dégageant de toute influence de tradition, de religion, etc. — vis-à-vis du fait de la conscience et de la mémoire, qui suppose *un* esprit.

En définitive, les organiciens comme les vitalistes admettent des forces comme causes des phénomènes de la vie. La différence fondamentale qui les sépare, c'est que, pour les vitalistes, chaque corps vivant a *une* seule force, tandis que, pour les organiciens, les forces se répartissent entre tous les organes, l'unité d'effets n'étant qu'une résultante des actions réciproques. La question de séparabilité n'est qu'une conséquence, la force *une* des vitalistes ne pouvant être attachée nulle part sans devenir aussitôt une force localisée et divisible telle que l'entendent les organiciens.

Or, vous admettez une force divisible ; quand elle s'est divisée, cela fait certainement plusieurs forces comme le prétendent les organiciens. Cependant vous déclarez que c'est une force vitale *séparable*, et vous étendez ce système à l'homme. Je ne sais si j'interprète bien votre pensée, et je vous serais fort reconnaissant de me le dire; mais il me semble que vous partez d'un principe organicien, la divisibilité, c'est-à-dire la multiplicité, pour admettre une conséquence vitaliste, la séparabilité; vous auriez ainsi plusieurs forces vitales séparables pour le même individu.

Excusez, etc. ÉM. ALGLAVE.

Halloy, le 27 juillet 1871.

Monsieur,

Vous me demandez ce que devient cette force après la mort! Je sais que les physiciens modernes, fiers de leurs découvertes sur ce qu'ils appellent la transformation des forces physico-chimiques, disent qu'une force ne peut se perdre, mais qu'elle se transforme, passe à l'état latent, etc. Ce sont là des hypothèses dont je n'ai pas à m'occuper, ma thèse se bornant à dire qu'il y a une différence tranchée entre les forces physico-chimiques et les forces vitales. . . . .

Vous trouvez que je me contredis lorsque je dis que les forces vitales sont susceptibles de se diviser, et que l'âme de l'homme est une force vitale. Je conviens que ma phrase aurait été plus exacte si j'avais dit *qu'il y a des forces, etc.*, car j'ai seulement voulu indiquer que la force vitale qui anime certains êtres, notamment les polypes, pouvait se diviser, puisque, quand on découpe ces êtres, chaque morceau continue à vivre, à se développer, etc.; mais je suis loin de prétendre qu'il en est ainsi de toutes les forces vitales ; je suis plutôt porté à croire qu'il n'en est pas de même des forces qui animent les animaux supérieurs : mais ce sont là des hypothèses en dehors des faits et dont je n'ai pas à m'occuper. J'ai dit aussi que les forces vitales sont susceptibles de se modifier et de se perdre, parce que cette hypothèse me paraît le moyen le plus simple d'expliquer la série paléontologique : la disparition des espèces perdues, la formation des nouvelles races, etc. . . . .

D'OMALIUS.

Halloy, le 9 août 1871.

Monsieur,

« ...Depuis lors, j'ai communiqué à notre Académie les observations que vous avez insérées dans le numéro 3 de la *Revue*, avec la réponse que je vous ai faite le 20 juillet, mais sans faire allusion à votre lettre du 25 et à ma réponse du 27. Ce petit travail m'a fait examiner plus attentivement vos observations, et il en résulte que, si mes opinions restent les mêmes, j'ai modifié mon langage.

» J'ai reconnu qu'en appliquant les mots *se diviser* et *divisibilité* aux forces vitales, je touchais à des questions hypothétiques auxquelles je veux rester étranger, et que la faculté qu'ont certains êtres, d'être partagés en morceaux qui continuent à vivre et qui deviennent des êtres parfaits, pouvait être considérée comme un mode de reproduction.

» J'ai pensé, d'un autre côté, que la reproduction par génération pouvait être considérée comme résultant d'une divisibilité de la force vitale, puisque dans ce phénomène il se dégage quelque chose de la force productrice qui donne naissance à une nouvelle force semblable.

» Partant de ces deux considérations, j'ai cru pouvoir éviter la difficulté en remplaçant les mots *se diviser* et *divisibilité*, par ceux *se reproduire* et *reproduction*, qui sont admis par tout le monde, et je rends complétement mon idée en disant que les forces vitales ont la faculté de se reproduire, c'est-à-dire de donner naissance à d'autres forces, lesquelles sont semblables aux forces mères, à moins que celles-ci n'aient été modifiées, soit par le milieu dans lequel elles ont vécu, soit par les habitudes des êtres qui en étaient animés. » D'OMALIUS.

LES NERFS TROPHIQUES

Il est incontestable que les muscles ou les nerfs qui sont privés de l'influence du système nerveux central finissent par s'altérer et par s'atrophier. Il y a donc des troubles de nutrition qui surviennent chaque fois qu'un de ces éléments est soustrait à l'action du système nerveux. Mais la marche et le caractère de ces atrophies, ayant pour cause l'*absence d'action* du système nerveux, sont bien différents de ceux qu'on observe dans certains cas de *compression* et d'*irritation* des nerfs. La division suivante, faite par M. Brown-Séquard, est donc très-importante, et paraît fondamentale : « J'ai vu, dit cet illustre physiologiste, plusieurs centaines d'animaux survivre des mois entiers à la section de la moelle épinière, et ne présenter aucune lésion dans ces parties paralysées, si ce n'est une atrophie assez lente à se montrer. Dans deux cas, au contraire, où des exostoses se sont formées à l'endroit de la section de la moelle, il y a eu une atrophie considérable en cinq ou six jours, et une ulcération gangréneuse du sacrum et de quelques points à la cuisse. *Il faut distinguer les effets de l'irritation de la moelle épinière et des nerfs, et ceux de la paralysie ou simple cessation d'action; en d'autres termes, il faut distinguer les effets de l'action morbide de ceux de l'absence d'action.* »

Tout le monde est d'accord sur ce point, que dans la simple absence d'action du système nerveux les troubles de nutrition proviennent du défaut d'activité des éléments. Dans tous les organes doués de propriétés de la vie animale, « il y a solidarité entre la nutrition et l'exercice de la propriété spéciale à l'élément anatomique, de telle sorte que, lorsqu'on le met dans l'impossibilité de manifester celle-ci, la nutrition se modifie graduellement et entraîne peu à peu l'atrophie avec modification de structure. » (Robin.)

La divergence d'opinions entre les auteurs n'a lieu que dans l'explication des altérations actives à la suite de compression ou d'irritation des nerfs ou de la moelle, les uns admettant que les troubles de nutrition ne sont jamais que le résultat de changements vasculaires, les autres, au contraire, voulant que ces troubles de nutrition soient produits par l'irritation de nerfs spéciaux appelés *nutritifs* par Auguste Comte (1) et *trophiques* par Samuel. Ces nerfs auraient une influence directe sur la nutrition e se rendraient sur les cellules même ou sur les épithéliums, de la même manière que les tubes nerveux vont s'appliquer sur les faisceaux musculaires.

(1) C'est en 1854 qu'Auguste Comte a parlé, pour la première fois, de *nerfs nutritifs* (*Politique positive*, t. IV, p. 237). « ... Outre cette influence générale, le centre cérébral se rattache particulièrement au corps par les *nerfs spéciaux de la nutrition*. Ils remplissent envers elle, avec moins d'énergie, un office de perfectionnement analogue à celui des nerfs moteurs pour les fonctions musculaires. » Dans une lettre au docteur Audiffrent, écrite en 1857 et publiée en 1862 dans l'*Appel aux médecins*, Auguste Comte dit : « Il n'existe réellement que trois classes de nerfs, nutritifs, sensitifs et moteurs, qui constituent, si l'on veut, autant de systèmes respectivement subordonnés aux trois régions du cerveau. » Cette théorie a été également développée par le docteur Audiffrent, dans son *Traité du cerveau et de l'innervation*. Dans d'autres chapitres, au contraire, et antérieurs à ceux que nous venons de citer, Auguste Comte est loin d'être partisan des nerfs trophiques.

La question revient donc à celle-ci : Le système nerveux a-t-il une influence directe sur la nutrition?

Samuel et les partisans des nerfs trophiques admettent que les animaux inférieurs ainsi que toutes les cellules se nourrissent d'après les lois générales, mais que, dans les organisations élevées, la nutrition reçoit une excitation spéciale à l'activité, par l'influence incessante des nerfs trophiques (1). La suppression de cette influence trophique des nerfs n'arrête pas la nutrition ni les phénomènes qui reposent sur elle, mais elle l'affaiblit beaucoup, tandis que son augmentation exagère le mouvement nutritif. Il y a donc un premier point qui est hors de toute discussion, c'est que chaque élément anatomique a son autonomie, et qu'il peut se nourrir en dehors de l'influence directe du système nerveux.

Ce fait une fois admis, il s'agit de savoir si, dans certains cas, et ils sont très-nombreux et incontestables, le système nerveux exerce sur les phénomènes de nutrition une action directe ou si cette action n'est toujours qu'indirecte.

La majorité des auteurs, Cl. Bernard, Robin, Virchow, n'admettent qu'une action indirecte du système nerveux sur la nutrition, qui a lieu par l'intermédiaire des nerfs vasomoteurs. Ceux-ci font resserrer ou dilater les vaisseaux, diminuent ou augmentent l'abord du sang, et, par conséquent, peuvent modifier la nutrition des tissus.

A cette théorie des nerfs vaso-moteurs, les partisans des nerfs trophiques (2) répondent, avec raison, que ni le resserrement ni la dilatation des vaisseaux ne produisent des troubles de nutrition, qu'il y a des exemples de paralysie des nerfs vaso-moteurs pendant des mois et des années, sans aucune modification trophique, et qu'au contraire la nutrition dans quelques-uns de ces cas semble augmenter.

Cette objection a cependant un côté spécieux, car, s'il est vrai que la paralysie ou l'excitation des nerfs vasculaires est hors d'état de produire une inflammation, il faut cependant tenir compte de ce fait, mis hors de doute par les observations pathologiques et expérimentales, que, lorsque les nerfs vaso-moteurs sont paralysés, la moindre cause produit de l'inflammation. L'inflammation, en effet, ne consiste pas seulement dans des troubles de nutrition, mais elle débute par un arrêt de la circulation capillaire. Comme nous l'avons développé dans le chapitre sur la circulation, le plus léger obstacle à la circulation périphérique peut amener des stases sanguines considérables, lorsque les nerfs vaso-moteurs sont paralysés; les artérioles, ayant perdu leur contractilité autonome, ne peuvent plus combattre localement ces troubles circulatoires. Les vaisseaux se laissent distendre et restent inertes, et, par conséquent, dès qu'en un point il y a un léger obstacle et quelques globules accumulés, aussitôt la circulation est arrêtée en ce point, la masse sanguine qui vient incessamment se trouve interceptée, les capillaires s'obstruent peu à peu, et l'inflammation est déclarée. L'arrêt du sang dans les capillaires, la privation du sang nouveau oxygéné, doivent nécessairement amener consécutivement et très-

(1) Voyez la thèse de Mongeot : *Recherches sur quelques troubles de nutrition consécutifs aux affections des nerfs*, Paris, 1867 ; et la critique qu'en a faite M. Robin dans le *Journal d'anatomie et de physiologie*, mai 1867.

(2) Nous profitons, dans l'étude de cette question, des intéressantes leçons faites, à l'hôpital de la Salpêtrière, par M. Charcot. — Voyez *Mouvement médical*, juin 1870. (Leçons de M. Charcot recueillies par M. Bourneville.)

rapidement des troubles de nutrition. Nous ne voulons pas insister plus longuement sur ce sujet, et nous en tirons aussitôt la conclusion suivante : *Il y a des lésions trophiques qui sont le résultat d'un changement dans la circulation capillaire à la suite d'altérations des nerfs vaso-moteurs.* Mais nous ajoutons tout de suite qu'il existe d'autres lésions trophiques où les troubles de la circulation sont peu marqués. Ce sont ces cas qu'il nous reste à étudier.

La plupart des auteurs qui nient l'existence des nerfs trophiques n'admettent que les nerfs moteurs, les nerfs sensitifs et les nerfs vaso-moteurs. Ils rejettent, par conséquent, les nerfs sécréteurs, et ils considèrent les organes sécréteurs comme agissant « en vertu d'une propriété inhérente à leur tissu, et qu'ils ne doivent nullement aux nerfs qu'ils reçoivent. Ceux-ci se bornent, comme dans l'acte de la nutrition, à régulariser la marche du phénomène sécrétoire. » (Chauveau.)

Cependant des expériences de Ludwig démontrent que la sécrétion salivaire peut avoir lieu en l'absence de toute circulation et par une action directe des nerfs. L'excitation de la corde du tympan amène une sécrétion de salive, même en liant l'artère ou en enlevant complétement la glande sous-maxillaire. Ludwig en conclut très-légitimement que l'on doit admettre, outre les fibres vaso-motrices, d'autres fibres spécifiques qui agissent directement sur la sécrétion, et Pflüger même prétend en avoir constaté l'existence et avoir observé des tubes nerveux se terminant directement dans les cellules glandulaires.

Comme les auteurs qui rejettent l'existence des nerfs trophiques n'admettent pas celle des nerfs sécréteurs, il est arrivé nécessairement, comme cela arrive toujours dans l'histoire des sciences, que la découverte des nerfs sécréteurs est devenue un argument en faveur de l'existence des nerfs trophiques. C'est, en effet, sur cette seule expérience de Ludwig, que s'appuient les partisans des nerfs trophiques. Ils prétendent, avec raison, que cette influence des nerfs sur la sécrétion indique que le système nerveux a une action sur les phénomènes chimiques qui se passent dans les éléments anatomiques.

Quant à nous, jusqu'à présent, nous sommes en accord complet avec les partisans des nerfs trophiques, et, pour simplifier la discussion, nous avons admis sans conteste les nerfs sécréteurs ou les nerfs glandulaires. D'un autre côté, cependant, nous ne saurions admettre des nerfs spéciaux agissant sur la nutrition, et nous croyons qu'à partir de ce point, les défenseurs des nerfs trophiques ont fait une grande confusion entre la nutrition et la fonction d'un élément, entre les phénomènes chimiques qui accompagnent la nutrition et ceux qui s'accomplissent pendant le fonctionnement.

La nutrition consiste dans une rénovation moléculaire continue, dans un échange de matières, les unes pénétrant l'élément anatomique par assimilation, les autres en sortant par désassimilation. Pour quelques éléments anatomiques ou pour certains animaux inférieurs, il n'existe que cette seule propriété, et la fonction est purement passive ou du moins elle est continue et se confond avec la nutrition. Chez les animaux supérieurs, et pour les éléments qui constituent les organisations élevées, la fonction est au contraire intermittente et consiste physiologiquement dans l'activité, c'est-à-dire dans la manifestation des propriétés inhérentes à telle ou telle substance, et chimiquement dans la combinaison des molécules en présence, combinaison qui est presque toujours une oxydation. Toute fonction use, dépense les activités moléculaires accumulées lentement par la nutrition. La nutrition est, il est vrai, également une oxydation, mais elle est lente, tandis que le processus chimique qui accompagne la fonction est une oxydation rapide.

La nutrition a lieu constamment (excepté peut-être pendant le fonctionnement), et elle constitue le caractère essentiel et fondamental de la vie; la fonction, au contraire, ne peut durer qu'un certain temps, elle a bientôt épuisé toutes les énergies possibles de l'élément, et il faut des instants de repos pour que la nutrition puisse de nouveau y accumuler les matériaux nécessaires à l'oxydation rapide qui détermine la fonction.

Or, quel est le rôle du système nerveux dans toute l'économie? Il consiste uniquement à provoquer la fonction des éléments anatomiques avec lesquels il correspond. Quel que soit le nom que l'on donne à des filets nerveux ou à un ensemble d'éléments nerveux, on est toujours obligé en dernier lieu de leur reconnaître ce caractère essentiel, d'agir comme force de dégagement. Ce n'est que par un abus de langage qu'on dit qu'il y a des nerfs moteurs ou des nerfs sensitifs, car il n'y a à vrai dire que des filets nerveux qui se rendent à des éléments spéciaux dont ils déterminent le fonctionnement. Les nerfs dits sensitifs se rendent à des cellules nerveuses dont la sensibilité est la propriété immanente, de même que la contractilité est la propriété immanente de la fibre musculaire, et l'excitation des filets qui se rendent aux cellules sensitives les met en activité, provoque leur fonction de sensibilité, de même que l'excitation des nerfs qui se rendent aux muscles provoque la contraction. Le rôle des filets nerveux est donc partout et toujours le même; il met en activité les propriétés des éléments avec lesquels ils communiquent, il fait fonctionner les éléments, c'est-à-dire qu'il fait oxyder les principes immédiats qui y sont renfermés.

De quelque manière qu'on veuille envisager le système nerveux, quels que soient les nerfs qu'on suppose, on ne peut jamais concevoir un rôle autre que celui de provoquer le fonctionnement des éléments spéciaux. Le nerf moteur met la fibre musculaire en activité, le nerf sensitif met la cellule sensitive en activité, le nerf sécréteur met les cellules glandulaires en activité; tous ainsi agissent forcément sur les modifications chimiques qui se font dans chaque élément spécial, mais en augmentant la dépense et l'usure.

L'influence directe du système nerveux, loin d'être *trophique*, c'est-à-dire d'agir sur les actes moléculaires ou chimiques de la nutrition, est donc au contraire toujours *antitrophique*, car elle détermine l'oxydation des principes accumulés par la nutrition, et détruit pour ainsi dire l'œuvre des actes nutritifs qui ont lieu pendant le repos fonctionnel. Le rôle du système nerveux est destructeur des principes assimilés, et non réparateur. Il emploie et use les matériaux fournis par le mouvement normal d'endosmose; aussi à l'état normal son action n'est jamais continue, et même pour les organes de la vie végétative il y a nécessairement des intervalles de repos (1).

Cette étude a des conséquences des plus importantes, et nous allons voir combien elle nous permet de mieux com-

(1) Voyez *Revue des cours scientifiques*, 12 février 1870, *Des forces en tension et des forces vives dans l'organisme animal.*

prendre les troubles trophiques qui succèdent à l'*irritation* des nerfs, et en même temps de mieux définir ce mot d'*irritation* qui a été si souvent employé d'une manière vague et métaphysique.

Dans la théorie des nerfs trophiques, les auteurs arrivent à une conclusion qui, à elle seule, suffit à démontrer combien leur théorie part d'un principe faux.

Pour eux, les troubles nutritifs qui surviennent à la suite d'une irritation sont dus à l'exagération de l'action des nerfs trophiques. « L'accroissement subit de l'influence des nerfs trophiques au delà de sa mesure physiologique produit un développement très-rapide de tout le processus nutritif dans toute l'étendue de leur domaine. L'irritation aiguë de ces nerfs donne naissance à une série de produits anormaux, précisément parce qu'*elle accélère au plus haut degré le processus nutritif*. Les tissus s'enflent subitement, les cellules croissent rapidement; elles se divisent; d'où formations nouvelles ne ressemblant plus au type mère. Nous sommes habitués à appeler tout cet ensemble de phénomènes du nom d'*inflammation aiguë*. » (Samuel, *Die trophischen Nerven*.)

Ainsi, voilà l'inflammation qui n'est qu'une nutrition exagérée! L'action de ces nerfs qui président à la nutrition, si elle vient à être augmentée, produit non des phénomènes nutritifs normaux plus considérables, mais des troubles considérables de la nutrition et la destruction rapide des éléments! Exagérer la nutrition d'un organe, c'est donc en amener la destruction complète en deux ou trois jours! Cette théorie ressemble fort à l'ancien préjugé qui admettait des maladies par excès de santé. Il est vrai qu'une école histologique dit également que l'inflammation n'est qu'une exagération de la nutrition normale.

Mais c'est vraiment se faire une idée peu nette des conditions de milieux qu'exige la nutrition normale. Dans un tissu enflammé, le sang oxygéné fait défaut, les produits de désassimilation restent stagnants, et l'assimilation ne trouve plus les matériaux nécessaires à la vie des éléments; la composition des principes immédiats ne peut rester la même, et l'élément s'altère et se détruit parce que sa composition est changée et que les milieux qui lui sont nécessaires sont modifiés. Si quelques éléments prolifèrent, c'est qu'ils ont trouvé leurs conditions d'existence; mais les autres éléments, tels que la fibre musculaire ou le tube nerveux, non-seulement n'ont pas une nutrition exagérée, mais ils ne se nourrissent plus du tout, et s'altèrent rapidement.

D'un autre côté, chez l'enfant, chez l'embryon, où le processus nutritif se fait plus rapidement que chez l'adulte, on ne voit aucun des phénomènes de l'inflammation, que les défenseurs des nerfs trophiques prétendent être le fait caractéristique de l'augmentation de la nutrition.

Dans certaines conditions, on voit également un tissu ou toute une région du corps avoir une nutrition exagérée, et cependant dans tous ces cas il n'y a qu'une hypertrophie normale. Aucun fait ne permet donc d'admettre cette assimilation entre l'inflammation et une nutrition exagérée.

D'ailleurs, la théorie des partisans des nerfs trophiques se réduit à cette proposition : « Il existe des nerfs qui agissent sur la nutrition; à l'état normal, leur action est presque nulle et leur suppression n'arrête pas la nutrition, mais leur moindre excitation produit très-rapidement des troubles de nutrition et la destruction complète des tissus. »

Voilà des nerfs dont l'utilité est vraiment très-contestable; quand ils agissent, ce n'est que pour amener consécutivement la destruction des tissus! Cependant on les a déclarés nécessaires; un peu plus, on les aurait appelés providentiels, et M. Duchenne ne doute pas que « si les nerfs trophiques n'existaient pas, il faudrait les inventer! »

Si, par contre, nous nous reportons aux principes exposés plus haut, nous savons que l'action des filets nerveux est toujours la mise en activité des éléments avec lesquels ils sont en communication, et que cette influence entraîne une oxydation plus rapide des principes immédiats contenus dans chaque élément. Nous avons dit, de plus, qu'en raison de cette énergie de combinaison des matériaux, l'action du système nerveux n'était jamais continue, et qu'il y avait, à l'état normal, des instants de repos pour permettre à la nutrition de réparer les usures moléculaires faites pendant la mise en activité.

Pour que la constitution immédiate d'un élément ne soit pas changée, pour que la nutrition normale puisse s'effectuer, il est donc nécessaire que l'influence du système nerveux ne s'exerce pas d'une manière constante; il faut, en un mot, qu'en un point quelconque du trajet des nerfs, il n'y ait pas une cause d'irritation permanente. — Cette irritation, c'est-à-dire une suite non interrompue d'excitations plus ou moins faibles, amène une succession rapide d'oxydations dans les éléments, modifie par conséquent leur composition chimique et empêche la nutrition normale. — Cela est vrai pour toute espèce de nerfs, aussi bien pour les nerfs sensitifs que pour les nerfs moteurs, et les cellules sensitives peuvent subir des altérations trophiques à la suite d'irritations des fibres sensitives aussi facilement que les muscles lorsque les cellules motrices ou les filets musculaires sont irrités. — Dans tous les cas, il n'est nullement besoin de supposer une nouvelle espèce de nerfs dont l'action ne s'exercerait pour ainsi dire que dans ces cas pathologiques.

On comprend facilement d'après ces faits physiologiques comment l'absence du système nerveux ne détermine aucun trouble de nutrition, tandis que toute cause qui produit une excitation non interrompue, comme la compression, l'inflammation aiguë, etc., amène rapidement des altérations trophiques. Toute excitation prolongée, toute irritation partielle dépassant la durée normale du fonctionnement, affaiblit les éléments, y accumule les produits d'oxydation et produit consécutivement des troubles de nutrition.

En effet, dans tous les faits cliniques anatomo-pathologiques qui ont été cités en faveur de l'existence des nerfs trophiques, on trouve toujours soit une inflammation aiguë en un point quelconque du système nerveux, soit une compression (myélite, luxations et fractures de la colonne vertébrale, cas de MM. Baerensprug et Charcot où l'adhérence des ganglions spinaux à la paroi du canal intervertébral donna lieu à un zona, etc.) (1).

En général, si la compression ou l'inflammation des nerfs périphériques reste limitée, les troubles trophiques ne se produisent que lentement. Il n'en est plus de même lorsque

(1) La fièvre et les phénomènes généraux qui succèdent à une inflammation locale sont dus, selon nous, à la même cause. L'irritation des nerfs périphériques produite par la compression ou la tension de l'engorgement détermine une excitation continue des centres nerveux, leur fonctionnement constant, et, par conséquent, un plus grand nombre d'oxydations dans tous les tissus.

les causes d'irritation ont lieu du côté des centres, et surtout du côté des régions qui renferment les cellules nerveuses.

Mais pour les filets nerveux, comme pour les cellules, il y a deux sortes d'altérations ; et c'est pour établir cette division importante au point de vue clinique que nous nous sommes laissé entraîner dans cette discussion sur les nerfs trophiques. Dans un premier groupe d'affections, la destruction des cellules nerveuses se fait lentement et progressivement, par une sorte d'atrophie simple ; dans le second groupe, la destruction est rapide, l'irritation est continue, et amène aussitôt pour les cellules nerveuses et les éléments qui en dépendent des troubles trophiques très-graves.

Les affections de la moelle du premier groupe n'entraînent que peu à peu la destruction des muscles ou des autres éléments nerveux avec lesquels correspondent les régions lésées. C'est par une atrophie lentement progressive, et au bout de mois et d'années que les lésions trophiques apparaissent ; dans ce cas, les altérations anatomiques sont presque toujours celles qu'amènent le repos absolu et la perte du fonctionnement. Dans le second groupe, les lésions trophiques sont presque immédiates et présentent des altérations anatomiques différentes selon les régions, mais qui ont néanmoins beaucoup d'analogie, quelle que soit la cause qui produise l'irritation rapide et continue de la moelle. En effet, les lésions traumatiques, les compressions ou l'inflammation aiguë de la moelle amènent souvent les mêmes lésions trophiques.

On comprend également, et c'est un point sur lequel M. Charcot a beaucoup insisté, que la lésion des mêmes éléments nerveux puisse donner lieu à des symptômes différents. C'est ainsi que, dans la paralysie spinale infantile et dans l'atrophie musculaire progressive, l'examen histologique indique la même lésion, consistant dans l'altération et la destruction des cellules nerveuses des cornes antérieures. Seulement, dans la paralysie spinale, l'affection a une marche rapide, et consiste dans une inflammation aiguë; la conséquence est une altération trophique considérable et immédiate dans les muscles. Dans l'atrophie musculaire progressive, au contraire, les cellules nerveuses n'ont été détruites que lentement et sans irritation proprement dite; le contre-coup de cette lésion n'a donc pu être immédiat sur les organes périphériques, et les lésions trophiques ne se produisent que peu à peu et indirectement.

Nous ajouterons qu'il est facile de comprendre, par les mêmes raisons, pourquoi dans la même affection on peut quelquefois trouver deux formes de lésions anatomiques ; car, même dans les affections à marche lente et progressive, il peut survenir à certaines périodes des poussées inflammatoires, et une irritation circonscrite en quelques points. Réciproquement, une affection d'origine aiguë peut, à la longue, donner lieu à des altérations chroniques qui prennent alors une forme et un caractère différents de ceux qui existaient au début de la maladie.

On peut donc expliquer d'une manière logique les différentes lésions trophiques qui apparaissent à la suite des affections du système nerveux, sans pour cela avoir recours à l'hypothèse de nerfs particuliers, présidant uniquement aux phénomènes intimes de la nutrition, et sans admettre qu'il existe dans les centres nerveux des régions où ces nerfs prennent leur origine. Il faut distinguer, comme l'a si bien fait observer M. Brown-Séquard, les effets de l'irritation de la moelle épinière et des nerfs et ceux de la paralysie ou simple cessation d'action. Mais cette différence est vraie pour tous les nerfs et elle n'est nullement la propriété exclusive de quelques nerfs spéciaux.

Physiologiquement, il est impossible d'admettre l'existence des nerfs trophiques. D'un autre côté les faits pathologiques sur lesquels on s'est appuyé peuvent très-bien s'expliquer sans cette hypothèse, d'après les lois que nous avons exposées et qui peuvent se résumer en ces mots :

L'action du système nerveux, en provoquant le fonctionnement des organes, amène l'usure des principes immédiats qu'ils renferment ; il dénourrit pour ainsi dire. C'est justement par l'exagération de ce rôle, dans certains cas pathologiques, qu'il détermine des lésions trophiques dans les éléments qui reçoivent son influence.

Onimus.

ASSOCIATION BRITANNIQUE

POUR L'AVANCEMENT DES SCIENCES

CONGRÈS D'ÉDIMBOURG

Sommaire : Allocation de l'Association britannique à divers travaux.

I. — L'éducation et la science en Angleterre; développement de l'enseignement scientifique en Angleterre; opposition du clergé. — Les langues mortes et les langues vivantes. — Le recrutement des professeurs. — L'agrégation des lycées en France.

II. — Sciences mathématiques et physiques. — Discours du président Tait; les *Quaternions*. — La dissipation de l'énergie : le monde a eu un commencement. — Age de la vie sur la terre. — Distribution de la température au-dessous du sol. — Étude des marées; son importance. — Les courants de l'Océan. — Les courants atmosphériques. — La prochaine éclipse de soleil. — Un moyen de mesurer la distance des étoiles à la terre. — Mémoires divers de physique. — Appareils nouveaux. — Mémoires de mathématiques.

Lorsqu'une contrée a été aussi profondément remuée que l'a été l'Europe pendant l'année qui vient de s'écouler, il est impossible que les événements accomplis ne fassent pas sentir leur contre-coup, même chez les nations qui semblent être demeurées simples spectatrices.

Malgré la neutralité si rigoureuse qu'elle a gardée pendant la lutte, dont le premier acte vient de se dénouer contre nous, l'Angleterre se sent plus profondément atteinte par notre défaite qu'elle n'aurait pu le croire. De là un malaise qui se traduit par toutes sortes de signes peu équivoques. Tandis que des écrivains — qui sont peut-être des prophètes — racontent, en termes émus, les phases diverses de l'invasion probable des Iles Britanniques par les armées prussiennes, les hommes d'étude cherchent à savoir quelles sont les causes de nos désastres, se demandent si des causes analogues n'existent pas dans leur propre pays, et s'efforcent de tirer quelque profit de la leçon qui vient, à nos dépens, d'être donnée au monde.

C'est pourquoi, au congrès de l'Association Britannique à Édimbourg, les questions relatives à l'organisation de l'enseignement se trouvent prendre, dans quelques sections, une large place à côté des discussions purement scientifiques.

On admet très-généralement aujourd'hui, plus à l'étranger peut-être que chez nous-mêmes, que la plus grande part dans nos défaites revient à notre système d'éducation. Nous n'avons jamais donné une assez large place aux études qui seules peuvent asseoir définitivement le jugement sur des bases solides, donner à l'esprit cette faculté de critique qui lui permet de discerner rapidement et sûrement le vrai du faux, de rattacher les événements à leurs causes, et inversement de savoir reconnaître à l'avance les causes qui peuvent produire un événement déterminé. On sait malheureusement à quel point, dans nos dernières campagnes, nos généraux se sont montrés dénués de cette dernière faculté.

L'Angleterre songe donc à établir, sur une large base, l'enseignement scientifique dans ses écoles. Plus encore que chez nous, son système d'éducation secondaire s'est traîné dans les ornières de la routine; les réformes rencontrent la même opposition, sous les mêmes formes, et de la part des mêmes catégories de personnes que chez nous; mais le peuple anglais a heureusement pour lui un sens pratique qui nous manque un peu, et il n'y aurait pas lieu de s'étonner beaucoup si toutes les écoles de l'Angleterre étaient complétement remaniées, avant qu'un programme ait été seulement rédigé en France.

L'étude de ces graves questions d'organisation n'a pas empêché le congrès d'écouter un nombre de communications scientifiques vraiment remarquable, surtout si l'on songe aux diversions puissantes que les événements du continent ont dû faire aux études des savants. A vrai dire, un petit nombre seulement de ces communications sont des travaux de longue haleine; la plupart sont de simples notes, les premières productions d'un pays qui se remet au travail. Il sera néanmoins intéressant de les mentionner toutes, tant pour présenter un tableau exact des directions dans lesquelles s'agite l'activité de nos voisins que pour offrir à ceux des lecteurs de la Revue qui voudraient faire d'un sujet donné une étude approfondie des indications qui peuvent être utiles.

Parmi les événements les plus remarquables du congrès, nous devons appeler tout spécialement l'attention sur deux discours, celui du président Thomson, qu'on a déjà pu lire dans la *Revue*, et qui est un exposé des travaux scientifiques les plus remarquables de ces dernières années. Il ne nous appartient pas d'apprécier une œuvre aussi magistrale, et la résumer serait inutile, puisqu'elle a été publiée *in extenso;* néanmoins, nous aurons souvent à y revenir dans le cours de notre compte rendu, pour rapprocher des idées de Thomson celles d'autres savants, ou étudier à leur lumière divers travaux publiés récemment, tant en France qu'à l'étranger.

Le discours du savant professeur Tait, ami et collaborateur de Thomson, n'est pas moins remarquable. Nous ne ferons que l'analyser, parce qu'il contient un certain nombre d'idées abstraites, avec lesquelles notre public français n'est pas entièrement familiarisé, et que nous nous efforcerons de rendre aussi claires qu'il nous sera possible.

Ceci dit, nous entrons immédiatement en matière, faisant remarquer, toutefois, que dans notre compte rendu, nous nous sommes surtout préoccupé de classer les sujets suivant leurs rapports naturels, sans trop tenir compte de l'ordre dans lequel ils ont été présentés devant les sections, ni des sections devant lesquelles ils ont été traités (1).

Nous donnons tout d'abord ici la liste des allocations de la Société aux auteurs de divers travaux, afin de montrer dans quelle direction elle cherche à maintenir la science anglaise.

Voici en francs ces dernières allocations (1) :

	Fr.
Observation de Kew.	
Frais d'entretien	7500
Mathématiques et physique.	
Le professeur Cayley : Tables mathématiques	1250
M. Crossley : Discussion des observations relatives à la constitution du disque lunaire	500
Professeur Tait : Conductibilité des métaux pour la chaleur	625
Le professeur Sir W. Thomson : Observations sur les marées	5000
M. Brooke : Sur les pluies en Angleterre	2500
Sir W. Thomson : Distribution de la température au-dessous du sol	2500
M. Glaisher : Recherches sur les météores lumineux	500
Docteur Huggins : Tables des inverses des longueurs d'ondes	500
Chimie.	
Le professeur Williamson : Rapport sur les progrès de la chimie	2500
— Étude du nouveau pyromètre de Simens	750
Docteur Gladstone : Propriétés optiques et constitution chimique des huiles essentielles	1000
Docteur Crum Brown : Équivalents thermiques des oxydes du chlore	375
Géologie.	
Docteur Duncan : Crustacés fossiles	625
Sir Charles Lyell, Baronnet : Exploration des cavernes de Kent	2500
Le professeur Harkness : Recherches sur les coralliaires fossiles	625
M. Busk : Éléphants fossiles de Malte (2e allocation)	625
Le professeur Harkness : Collection des fossiles du nord-ouest de l'Écosse	250
Le professeur Ramsay : Carte des positions des blocs erratiques	250
Biologie.	
M. Stainton : Rapport sur les progrès de la zoologie	2500
Le professeur Balfour : Influence du déboisement sur la quantité de pluie qui tombe dans le nord de l'Angleterre (2e allocation)	500
Docteur Sharpey : Action physiologique des composés organiques	625
Le professeur Foster : Recherches térato-embryologiques	500
— Chaleur dégagée pendant l'artérialisation du sang	372
Le professeur Christison : Antagonisme des poisons	500
Géographie.	
Sir Roderich Murchison, Barnt : Exploration du pays de Moab	2500
Économique et statistique.	
Sir J. Bowring : Comité du système métrique	1875
Mécanique.	
Professeur Rankine : Expériences pour mesurer la vitesse d'un vaisseau ou celle d'un courant, au moyen de la différence de hauteur entre deux colonnes de liquide	750

Il faut particulièrement remarquer dans cette liste les allocations relatives à la confection de rapports sur les progrès de certaines branches des sciences. Ces rapports ont une importance considérable. A une époque où tant de travaux sont publiés dans les pays les plus divers, il est indispensable de jeter de temps à autre un coup d'œil en arrière, de rassembler, en les coordonnant, tant de documents épars, de bien préciser ce qui est fait afin de mieux montrer ce qui reste à faire. Les

(1) Les présidents des sections étaient :
Section A. — Mathématiques et physique : Le professeur P. G. Tait.
Section B. — Chimie : Le professeur T. Andrews.
Section C. — Géologie : Le professeur A. Geickie.
Section D. — Biologie : Le professeur Allen Thomson.
Section E. — Géographie : Le colonel H. Yule.
Section F. — Économique et statistique : Lord Neaves.
Section G. — Mécanique : Le professeur Jenkin.

(1) Nous comptons la livre sterling comme valant 25 francs en chiffres ronds, au lieu de 25 fr. 25 c., valeur au change ordinaire.

instants des travailleurs se trouvent ainsi économisés; chacun peut, en quelques heures, se rendre compte de l'état de la science relativement à un point donné, et consacrer à des travaux originaux un temps qu'il n'a plus à dépenser en recherches bibliographiques fastidieuses.

C'est à ce point de vue, surtout, qu'ont été et que seront longtemps encore éminemment utiles les divers rapports publiés à l'occasion de l'exposition de 1867 sous les auspices de M. Duruy, alors ministre de l'instruction publique.

On remarquera aussi que la dotation de l'observatoire de Kew a été diminuée de moitié; elle sera totalement supprimée l'année prochaine, et les fonds devenus disponibles seront probablement attribués à la section de biologie pour la création de stations zoologiques sur les bords de la mer; nous reviendrons sur ces intéressantes institutions en parlant de la section dont elles relèvent.

I

L'ÉDUCATION ET LA SCIENCE EN ANGLETERRE.

Rien n'est difficile comme de remplacer des coutumes anciennes et surannées par des coutumes nouvelles. C'est là une vérité bien vulgaire; mais c'est un fait contre lequel viennent se heurter un peu partout tous les efforts des hommes de progrès. Il y a à peine quelques années que l'on a commencé à s'apercevoir, en France comme en Angleterre, que notre système d'éducation en était encore à peu près aux anciennes traditions de la Scolastique du moyen âge. Il serait injuste de ne pas reconnaître pourtant, qu'en ce point, nos voisins d'outre-Manche ont encore fait moins de progrès que nous. Grâce à l'influence des savants illustres qui présidèrent à la création de l'Université, les sciences ne furent pas absolument oubliées dans les programmes de nos lycées; néanmoins la part qui leur fut faite à cette époque a beaucoup changé depuis, sans qu'il soit possible de saisir aucun lien entre les besoins réels du moment et les modifications apportées à diverses reprises dans nos programmes d'enseignement scientifique.

En Angleterre, où l'État ne se mêle presque en rien de l'éducation, l'enseignement des sciences est demeuré absolument livré au caprice des chefs d'institution et des *Clergymen* qui font de l'éducation de la jeunesse l'une de leurs principales sources de revenu. Or, les *Clergymen* anglais ne sont pas plus que nos curés de campagne très-amoureux des orgueilleux progrès de la science à qui ils trouvent trop de prétention. Dans la plupart de leurs établissements ils ont repoussé cet enseignement comme menant tout droit à l'hérésie; bien mieux, il n'y a pas de persécution mesquine à laquelle n'aient été exposés les hommes courageux qui essayaient de sortir de l'ornière. Aussi, en dehors des universités, à peine existe-t-il en Angleterre une vingtaine d'écoles où les sciences soient régulièrement enseignées. Quant aux universités, leur personnel enseignant est lui-même fort incomplet sous ce rapport (1). Une pareille situation devait préoccuper l'Association britannique, surtout au lendemain des victoires que la Prusse doit à l'habitude qu'ont ses officiers et jusqu'à un certain point ses soldats de la précision et de la méthode scientifiques. La discussion a été ouverte devant la section des sciences mathématiques et physiques, par une motion du Rév. W. Tuchwell, et nous citerons parmi les orateurs qui y ont pris part, le Rév. T.-G. Bonney, de St-John's College à Cambridge, le Dr Wallis, de l'école supérieure de Bradfort, C. Huggins, Wilson, de Rugby School, Huxley, Tait, Winwood, etc.

La question s'est posée comme toujours entre les langues mortes et les langues vivantes, entre le développement à donner aux études littéraires et aux études scientifiques. Au contraire de ce que l'on voit en France, les défenseurs des classiques anciens se sont trouvés fort rares, et de fait, on ne peut guère opposer que des raisons de sentiment aux arguments de ceux qui demandent des réformes radicales dans notre système actuel d'éducation.

Nous sommes tellement imprégnés des grandes idées qui ont eu cours dans l'antiquité, que les auteurs grecs ou latins ne nous apprennent pas beaucoup de choses nouvelles sur ce sujet — du moins si l'on se borne à ce qu'on en lit au collége. Je sais bien que rien ne contribue à polir la forme littéraire comme le commerce des anciens; c'est là sans doute un résultat intéressant, mais qui perd beaucoup de sa valeur en face des canons Krupp, dont une phrase bien tournée n'a jamais arrêté les boulets.

D'ailleurs, pourquoi vouloir toujours, dès le collége, remonter aux sources les plus lointaines de notre littérature? Sans parler de nos classiques du XVIIe et du XVIIIe siècle, qui ont bien, eux aussi, quelque valeur comme écrivains et comme penseurs, pense-t-on que l'étude de Gœthe et de Schiller, de Shakespeare et de Macaulay serait sans influence sur la forme littéraire de nos Cicérons de troisième?

Et, d'ailleurs, avec qui doit vivre notre jeunesse? Est-ce avec les Grecs et les Latins ou avec les Anglais qui, un jour, seront forcément nos alliés et ces peuples d'outre-Rhin, autrefois Allemands, aujourd'hui Prussiens, qui nous débordent de toutes parts? Lorsque l'enfant débute au collége, sa mémoire toute neuve retient pour toujours ce qu'on y met; employez donc ces premières années à le mettre en état de comprendre et de parler ces langages dont il aura plus tard constamment à se servir; que les années suivantes soient employées à rectifier son jugement par des études scientifiques bien combinées; revenez enfin, pour couronner ce système d'éducation, sur les études de littérature ancienne qu'il ne faut pas non plus laisser tomber dans un oubli absolu.

Pour quelques-uns ces dernières études ne porteront pas, j'en conviens, beaucoup de fruits; bien peu pourront apprendre à parler grec ou latin; mais où sera le dommage si ceux-là même sont des hommes à l'esprit droit et sûr, des hommes capables de profiter, en quelque lieu qu'ils se trouvent, de tout ce qui se fait ou se dit autour d'eux? Ceux pour qui l'étude des langues mortes aura un attrait quelconque, ceux à qui la connaissance de ces langues pourra être utile, tous ceux-là seront libres d'aller continuer leurs études sur les bancs de Facultés que vous aurez, par cela même, sérieusement repeuplées. Ainsi, par exemple, ne sera plus lettre morte cette clause qui exige des élèves de la Faculté de droit une certaine assiduité aux cours des Facultés de lettres. Peut-être il faudrait dans notre système augmenter la durée des études de droit, mais qui se plaindra de ne plus voir nos barreaux peuplés de stagiaires de 18 ans?

Ce sont là les idées qui nous paraissent avoir prévalu devant l'Association britannique; ce sont celles que nous ne saurions nous lasser de développer, convaincus que nous sommes, que le caractère d'un peuple tient beaucoup moins

(1) Voyez dans le numéro du 19 août de la *Revue scientifique*, page 172, col. 2, ce que dit le professeur W. Thomson.

à ses dispositions innées qu'au mode d'éducation des classes qui sont le plus mêlées aux affaires du pays.

Il est probable d'ailleurs que si l'État ne prend pas lui-même en main ces réformes, l'initiative privée s'en emparera. Il serait curieux, dès lors, de nous voir conduits à désirer que l'État cesse de s'occuper de l'enseignement, au moment où en Angleterre des invitations nombreuses lui arrivent de toutes parts pour le prier d'intervenir plus activement dans l'organisation des études scientifiques.

Le colonel Strange demande, par exemple, qu'un ministère des sciences soit constitué. Près ce ministère siégerait un conseil composé de notabilités scientifiques et qui devrait : 1° donner son avis sur toutes les questions d'administration portées devant le gouvernement et touchant de quelque manière aux sciences; 2° à viser le gouvernement des institutions nouvelles à créer, des institutions anciennes à abolir ou à modifier; sanctionner les expéditions scientifiques et les allocations données pour les recherches nouvelles; 3° discuter les inventions qui peuvent être utiles à l'État et diriger les expériences relatives à ces inventions (1).

Évidemment, un conseil de cette nature, largement rétribué, comme le demande l'auteur du projet, serait d'une incontestable utilité. Il réunirait à la fois les fonctions de notre conseil supérieur de l'instruction publique et celles de l'Institut, moins toutefois ce qui touche à la science pure. En revanche, il aurait plus d'initiative et en tout cas plus d'influence réelle, en tant que corps constitué.

L'un des obstacles les plus sérieux que rencontrent les Anglais dans la réorganisation qu'ils désirent est le mode de recrutement des professeurs du nouvel enseignement; ils voudraient ne les nommer définitivement qu'après un an d'épreuve, de manière à ne confier un enseignement d'une importance aussi grande qu'à des hommes capables de le maintenir à un niveau très-élevé. C'est là une difficulté que l'on rencontre au début de toutes les créations nouvelles et qui s'aplanira d'elle-même dans la suite; mais elle nous fournit l'occasion de jeter un coup d'œil sur la manière dont se fait chez nous ce recrutement. Si l'on s'en tient au principe, rien n'est mieux organisé. Les professeurs titulaires des lycées sont nommés au concours; ceux à qui le concours a été favorable deviennent, dès lors, agrégés de l'Université dont ils font partie intégrante. On ne peut se présenter au concours qu'après l'âge de vingt-cinq ans et un stage de cinq ans dans un établissement d'enseignement secondaire. Voilà des garanties qu'il est impossible de rendre plus sérieuses. Malheureusement, l'administration est entrée dans une voie qui menace d'amener des résultats déplorables. A part les lycées de 1re classe, ceux de nos lycées où il y a des professeurs agrégés sont l'exception : partout des chargés de cours en tiennent lieu; la règle est pourtant que dans chaque lycée il y ait un professeur titulaire — agrégé par conséquent — pour chaque branche de l'enseignement. S'il en était ainsi, le nombre des places disponibles chaque année serait réglé de lui-même par les besoins du service; il serait toujours en rapport avec le nombre des candidats, et le concours ne s'en maintiendrait pas moins à une certaine hauteur. Il n'en est pas ainsi; le nombre des places est réglé arbitrairement, d'après des considérations absolument étrangères à l'intérêt même de l'enseignement; il est toujours au-dessous des besoins réels du service. Il en résulte que les candidats s'accumulent, se découragent, cessent de travailler et même de se présenter aux épreuves, et le concours, au lieu d'être utile, devient nuisible parce qu'il est mal appliqué. Que penser, en effet, d'un concours dans lequel 70 candidats se disputent 7 places, lorsque ces candidats sont tous deux fois licenciés et qu'ils sont nivelés à la fois par les matières de composition et par leur habitude de l'enseignement? Évidemment — quelle que soit la perspicacité des juges — un concours établi dans ces conditions ne peut être qu'une véritable loterie. Aussi voilà que des plaintes s'élèvent déjà de tous côtés, surtout parmi les candidats à l'agrégation des sciences mathématiques dont le nombre s'accroît chaque année et se trouve hors de toute proportion avec le nombre des places offertes aux concurrents. Nous reviendrons un jour sur ce point d'une importance capitale pour notre corps enseignant. Là, comme en bien d'autres choses, il faut se décider à améliorer une situation des plus fâcheuses.

Au moment où tant de réformes s'accomplissent dans tous les pays de l'Europe, où toutes les idées sont au progrès, décidons-nous donc, nous aussi, à jeter bas tout ce qui n'est pas pour le mieux. Soyons une bonne fois vainqueurs de la routine; remanions nos institutions en leur appliquant tous les perfectionnements dont elles sont susceptibles. C'est seulement en laissant sincèrement de côté les vieux errements que l'expérience condamne que nous pourrons vraiment nous régénérer.

En nous occupant des diverses branches d'étude de l'Association, nous retrouverons les vœux émis en faveur du progrès de certaines sciences par quelques-unes de ces sections correspondantes; nous aurons occasion de signaler par comparaison les *desiderata* de la science française; et nous ne laisserons passer aucune de ces occasions, convaincu que chacun, si modeste qu'il puisse être, a actuellement pour devoir de pousser dans la somme de ses forces à tout ce qui peut contribuer à la rénovation du pays.

Les sciences mathématiques et physiques nous occuperont d'abord.

II

MATHÉMATIQUES ET PHYSIQUE

Les séances de la section A, s'occupant de sciences mathématiques et physiques, se sont trouvées tellement chargées qu'il a fallu former deux sous-sections, afin que toutes les lectures puissent être entendues. La session a été ouverte par le remarquable discours du professeur Tait sur les *Quaternions* et sur la Dissipation de l'Énergie, deux sujets qui ont été traités comme ils peuvent l'être par un homme qui a fait faire à nos connaissances sur ces matières d'aussi grands progrès.

Plusieurs fois, depuis peu de temps, il a été parlé dans la *Revue* des *quaternions*. Thomson, dans son discours d'ouverture du Congrès (1), en parle comme d'une des plus brillantes découvertes faites récemment en mathématiques; Maxwell, dans son discours de Liverpool, y revient à plusieurs reprises (2). Peu de temps après leur invention, faite en 1845 par Hamilton, sir John Herschell disait, dans un congrès de l'Association britannique :

(1) Un conseil de ce genre avec des attributions plus restreintes fonctionne déjà à Londres.

(1) Voyez la *Revue scientifique* du 19 août, page 171, col. 3.
(2) Voyez le dernier numéro de la *Revue scientifique*, page 232.

« Les *quaternions* sont une corne d'abondance d'où l'on peut » toujours tirer quelque chose, de quelque côté qu'on la re- » tourne. » En effet, peu de temps après, Tait, les appliquant à la recherche et à l'expression des phénomènes du monde physique, obtint des résultats merveilleux de simplicité et d'élégance. L'étude des *quaternions* a été beaucoup moins cultivée en France qu'en Angleterre; néanmoins les principes de ce nouveau mode de calcul ont été exposés avec beaucoup de clarté dans une thèse de doctorat soutenue devant la Faculté des sciences de Paris par M. Allégret, actuellement professeur à la Faculté des sciences de Clermont. Nous ne croyons pas sans intérêt de dire ici en quelques mots ce que sont les *quaternions*.

L'algèbre ordinaire raisonne en général sur des quantités sous lesquelles se retrouve presque toujours l'idée de nombre ou de grandeur. La solution de certaines équations conduisant à des expressions dans lesquelles entraient des symboles tels que $\sqrt{-1}$, qui n'ont par eux-mêmes aucune signification, et auxquels on donnait le nom d'expressions ou de quantités imaginaires, les mathématiciens ont songé à conserver ce symbole $\sqrt{-1}$ dans les calculs et à lui appliquer, sous le bénéfice de certaines conventions préalablement établies, toutes les règles ordinaires du calcul. Cette idée a engendré entre les mains de Cauchy la célèbre Théorie des Imaginaires. On lui doit la plupart des merveilleux résultats qui ont fondé la gloire de son auteur.

Le calcul des *quaternions* n'est pas autre chose qu'une généralisation en tout analogue à celle des quantités imaginaires. Toute la théorie des Imaginaires repose sur les deux conventions suivantes :

1° Si l'on représente par i le symbole $\sqrt{-1}$, le carré de i sera égal à -1, autrement dit :

$$i^2 = -1;$$

2° Deux expressions dans lesquelles entre la quantité imaginaire $i = \sqrt{-1}$ ne sont égales que si les portions indépendantes de i sont égales entre elles, en même temps que les coefficients de l'imaginaire.

Dans la théorie des *quaternions*, au lieu d'employer un seul symbole i, pour lequel on a fait la convention $i^2 = -1$, on emploie trois symboles analogues, sur lesquels on peut faire telles conventions qu'on voudra, à la seule condition de définir l'égalité comme on le fait quand il s'agit des imaginaires.

Supposons que les symboles en question soient représentés par les lettres i, j, k; que a, b, c, d soient des quantités algébriques, l'expression :

$$a + bi + cj + dk$$

est ce qu'on appelle un *quaternion*. On peut désigner ce *quaternion* par une lettre particulière, p par exemple, de façon que :

$$p = a + bi + cf + dk.$$

Le *quaternion* se compose donc d'une partie purement algébrique, qui est a, et d'une partie dans laquelle entrent à la fois des quantités algébriques et des symboles n'ayant d'autre signification que celle qui leur est attachée au moyen de conventions absolument arbitraires. Les conventions introduites par Hamilton sont les suivantes :

$$i^2 = j^2 = k^2 = -1$$

$$jk = -kj = i, \quad ki = -ik = j, \quad ij = -ji = k.$$

On remarquera que ces conventions permettent de ramener toujours un produit quelconque de *quaternions* à ne renfermer jamais i, j et k qu'au premier degré. On remarquera aussi que, dans ce nouveau mode de calcul, il n'est pas permis, du moins quant aux symboles, d'altérer l'ordre des facteurs, puisque le signe du produit change avec le sens dans lequel se fait la multiplication.

Avec ces réserves on peut faire sur les *quaternions* toutes les opérations de l'algèbre, profiter dans le calcul de toutes les découvertes qui ont donné une si grande puissance à l'analyse moderne, puissance qui se trouve accrue d'une manière inconcevable par l'usage du nouveau calcul.

Nous n'insisterons pas sur les transformations trigonométriques qu'on peut faire subir aux *quaternions* et qui sont analogues à celles des imaginaires; nous devons dire pourtant que c'est dans cette dernière sorte de transformations que réside la plus grande partie de leur puissance. Elles introduisent dans le calcul un élément nouveau, désigné par Hamilton sous le nom de *vecteur*, qui possède à la fois une grandeur et une direction déterminées, et permet ainsi de substituer aux expressions analytiques abstraites des réalités géométriques plus facilement intelligibles. C'est à l'emploi de ces *vecteurs* que l'on doit la plupart des interprétations physiques si ingénieuses que Tait est parvenu à donner de théorèmes de mathématiques dont le sens était demeuré jusque-là assez obscur.

En mathématiques, l'un des principaux avantages des *quaternions* est de dispenser de l'emploi des coordonnées cartésiennes dont le choix est souvent d'une si grande importance pour la solution des questions; en physique, outre cet avantage, les conventions faites sur les symboles peuvent être modifiées, si l'on veut, et conduire à des conséquences tout à fait inattendues; nous ne doutons pas que si jamais l'analyse mathématique a prise sur les phénomènes biologiques, ce ne soit au moyen d'un mode de calcul analogue à celui des *quaternions* et dans lequel les symboles non algébriques auront à représenter les différents modes d'action des éléments histologiques les uns sur les autres. Il ne faut pas s'attendre à ce que l'introduction des *quaternions* dans toutes les branches des mathématiques produisent partout des simplifications exceptionelles. Il y a certaines catégories de recherches auxquelles ils s'adaptent plus facilement; mais Cayley et Clifford font remarquer, avec raison, que les notations nouvelles de Clebsch et d'Arnhold introduisent dans la géométrie descriptive, par exemple, des simplifications au moins égales à celles des *quaternions*.

Nous n'insisterons pas plus longtemps sur ce sujet dont le développement serait par trop hérissé de formules mathématiques. Nous voulions d'ailleurs seulement contribuer, par ce qui précède, à appeler davantage l'attention sur une branche des mathématiques qui demande quelques études approfondies, mais a donné et promet encore, à ceux qui voudront s'en occuper, les plus brillants résultats.

Il faut s'attendre, en effet, à voir les mathématiques envahir de plus en plus et féconder le domaine des sciences physiques, en décuplant la valeur des résultats de l'observation et de l'expérience. Les efforts les plus énergiques, et, il faut bien le dire, souvent les plus heureux sont faits chaque jour par les savants pour pénétrer dans le mécanisme intime des transformations et des modifications diverses que subissent la force ou plutôt le mouvement et la matière. Nous avons appris depuis l'invention de la théorie mécanique de la chaleur que les mouvements, sans se détruire jamais, ne faisaient que se transformer, et dès lors les liens les plus inattendus se sont révélés entre la chaleur, l'électricité, la lumière, et les autres agents physiques.

Nous avons dû modifier également l'idée générale que nous nous faisions de la force, et tout mouvement nous est apparu comme la conséquence immédiate d'un mouvement antérieur modifié de quelque manière dans sa forme, tout en demeurant le même en intensité.

Ainsi se sont établis peu à peu les grands principes aujourd'hui universellement acceptés de la conservation et de la transformation de la force.

Mais à côté de ces principes il faut en placer un autre qui est pour nous d'une utilité plus immédiate peut-être, et qui conduit aux conceptions les plus vastes qu'il soit possible à la raison humaine d'atteindre. Si, dans l'univers entier, la quantité de force ou de mouvement demeure la même, il n'en est pas ainsi quand on considère une région limitée du monde. La chaleur qui rayonne d'un corps à l'autre en s'affaiblissant toujours, la lumière qui s'éteint par la réflexion, l'électricité qui tend sans cesse à abandonner la surface des corps, nous montrent à chaque instant autour de nous une dissipation constante de l'énergie qui, après avoir subi sur notre globe mille transformations diverses, l'abandonne peu à peu à travers les espaces et disparaît à jamais de notre sphère d'observation.

C'est pourquoi les astres vieillissent et tombent en ruines comme les êtres vivants eux-mêmes. C'est pourquoi, soleils radieux au début de leur existence, ils perdent peu à peu toute énegie propre à leur surface d'abord, puis dans leur masse entière et continuent dans l'espace une course qui se ralentit chaque jour, jusqu'à leur ruine définitive, jusqu'à leur chute vers un astre plus vivant.

Telles sont les idées que le professeur Tait a développées dans la seconde partie de son discours, avec cette autorité qui appartient au collaborateur de sir William Thomson dans la rédaction de son Traité de philosophie naturelle. Ainsi, non-seulement le principe de la dissipation de l'énergie contient en lui-même la théorie entière de la thermo-électricité, celle des combinaisons chimiques, de l'allotropie, de la fluorescence, mais encore les plus intéressantes questions de l'astronomie, celle même de l'origine et du développement de la vie rentrent certainement dans son domaine.

Non-seulement il nous instruit sur les destinées probables de ce monde, en supposant que les lois qui le régissent demeurent éternellement les mêmes; mais encore il nous avertit que ces lois n'ont pas toujours été ce qu'elles sont aujourd'hui. Il nous montre l'état présent des choses comme ne pouvant dériver par une série de transformations continues d'un état de choses existant antérieurement (1). Ainsi s'introduit dans les sciences physiques l'idée d'une création; ainsi le savant se trouve conduit par la seule force de ses calculs et de ses expériences à la conception d'une cause première de tout ce qui existe actuellement; ainsi s'élève au-dessus des tracasseries mesquines de fanatiques ignorants, le génie de la science, resplendissant de grandeur et de lumière.

A l'heure qu'il est, nos connaissances sont d'ailleurs assez avancées pour qu'il soit possible de calculer l'époque à laquelle la vie a dû commencer à apparaître sur la terre. Sir William Thomson (1) a pu fixer approximativement cette époque en se fondant sur deux sortes de données, à savoir :

1° La distribution de la température à l'intérieur du globe terrestre. 2° Le ralentissement produit sur le mouvement de rotation de la terre par le frottement de l'eau de la mer pendant le phénomène des marées.

Si l'on suppose le globe terrestre à l'état de fusion, et si l'on calcule quelle sera la distribution de la température à l'intérieur de ce globe au bout de cent millions d'années de refroidissement, on trouve que cette température devra augmenter d'environ un degré centigrade par quatre-vingt-dix pieds anglais. Or c'est là précisément le chiffre moyen que donnent actuellement pour notre terre les recherches entreprises depuis longtemps, sous le patronage de l'Association britannique, par un Comité spécial.

D'autre part, la lune fait constamment rouler autour de la terre, et en sens inverse du mouvement diurne de notre globe, une masse d'eau considérable. Cette masse constitue la marée, laquelle arrive sur les rivages de l'Océan. Par son frottement elle tend à diminuer constamment la vitesse de rotation de la terre autour de son axe, et il est possible de calculer le ralentissement qui résulte de cette action. Or si l'on suppose que la terre se soit solidifiée à une époque bien plus reculée que cent millions d'années, on trouve que sa vitesse à cette époque devait être telle, que l'équateur aurait été beaucoup plus renflé et les pôles beaucoup plus aplatis. La vitesse de rotation diminuant ensuite, la force centrifuge aurait diminué en même temps; les eaux se seraient dès lors portées en plus grande quantité vers les pôles et auraient laissé à nu tout autour de l'équateur une ceinture montagneuse haute de vingt à quarante milles et qui aurait complétement séparé l'un de l'autre les Océans des deux hémisphères. Il est évident, d'une part, que de semblables montagnes n'auraient pu disparaître entièrement sous la seule influence de l'érosion produite par la pluie et les cours d'eau, et, d'autre part, la persistance même du phénomène des marées montre que la terre n'est pas suffisamment plastique pour avoir suivi dans sa forme, une fois qu'elle a été solidifiée, les variations qu'aurait commandées la diminution de la force centrifuge en un globe liquide. Nous devrions donc à l'heure qu'il est trouver encore de hautes montagnes à l'équateur et tout au moins quelques indications de cette ancienne séparation des Océans austral et boréal. L'absence de toute disposition de ce genre vient donc confirmer les conclusions fournies par l'étude de la température des couches souterraines. Il est possible néanmoins que la vie ait apparu sur la terre un peu avant le refroidissement complet de sa surface, avant même la condensation complète des eaux. En effet, comme le fait remarquer le professeur Clifford, les expériences du docteur Crace Calvert prouvent que des organismes vivants peuvent résister à une température de cent soixante degrés centigrades, et cette température peut avoir été maintenue pendant longtemps à la surface du sol par la chaleur solaire ; mais cela augmente seulement de huit pour cent la période des cent millions d'années de Thomson qu'on peut toujours regarder comme représentant approximativement l'âge maximum de la vie sur la terre.

Ces raisonnements reposent essentiellement sur la connaissance exacte de données relatives au globe terrestre, et qui

(1) Voyez dans le dernier numéro de la *Revue scientifique*, dans le Discours de Maxwell, la partie relative à la discussion des formules de Fornier sur la conductibilité de la chaleur.

(1) Voyez *Revue des cours scientifiques*, tome VI, p. 50, lecture de sir W. Thomson sur les *temps géologiques*.

sont la température intérieure et la hauteur des marées. C'est, en partie, grâce au patronage de l'Association britannique que la science a pu s'enrichir de renseignements exacts sur ces données. Des observations nouvelles sont encore en voie d'exécution ; le professeur Everett a rendu compte à l'Association de celles qui sont relatives à la température.

On trouve que dans le tunnel du mont Cenis, sous le sommet de la montagne, à une distance de 1 mille, la température est au plus de 85°,1 F. ou d'environ 47 degrés centigr., ce qui correspond, toutes corrections faites, à un accroissement de température de 1 degré F. par 81 pieds. Au contraire, les observations de Symons à Kentish-Town donnent un accroissement de 1 degré par 54 pieds, à Paris de 1 degré par 56 pieds en moyenne, et en Sibérie 1 degré par 52 pieds. Les documents continuant à s'amasser, la loi de ces variations dans l'accroissement de la température ne peut manquer de ressortir bientôt.

C'est le professeur William Thomson lui-même qui s'est chargé de lire le rapport du comité chargé de l'étude des marées. Le phénomène des marées a été soigneusement étudié à Liverpool, mais il existe encore quelques différences entre les hauteurs calculées et les hauteurs réelles. D'excellentes observations ont été faites par la marine des États-Unis dans le golfe du Mexique.

L'étude attentive des actions respectives de la lune et du soleil dans le phénomène des marées a une importance particulière, en ce sens qu'elle est destinée à nous faire connaître de la manière la plus précise la valeur de la rigidité de la terre, en même temps que la disposition de la matière à l'intérieur du globe. Les géologues ont admis pendant longtemps, assez volontiers, que la terre était formée d'une mince couche solide, contenant à son intérieur une masse à l'état de fusion. Cette hypothèse a été depuis très-vivement discutée ; elle est en désaccord absolu avec les résultats fournis par l'observation des marées ; car, s'il en était ainsi, la terre devrait suivre elle-même les oscillations de l'Océan. Sur un globe ayant la rigidité du verre, les marées seraient même moins marquées que sur la terre. Il faut donc admettre que les matières qui forment la masse intérieure du globe terrestre ont une rigidité beaucoup plus grande qu'on ne le suppose habituellement, et que nous pourrons calculer lorsque les phénomènes offerts par les marées auront été suffisamment mesurés. Ces idées sur la rigidité de la terre sont encore confirmées par le fait que les phénomènes de précession et de nutation ont pu être très-rigoureusement calculés en supposant le globe terrestre parfaitement résistant.

A côté de ces études sur la physiologie de notre planète, viennent naturellement se placer les travaux de Carpenter sur la circulation de l'eau dans l'Océan et sur la température des mers à diverses profondeurs. Ces recherches ont été faites, pour la plupart, avec la collaboration du professeur Wyville Thomson.

Au-dessous de 2000 pieds de profondeur, l'Océan présente une température sensiblement uniforme et peu supérieure à 0 degré centigr. Au fond du canal, entre les îles Shetland et Feroë, cette température est de 29°,5 F. ou environ — 1°,4 centigrades. La Méditerranée atteint une profondeur de 2000 pieds dans son bassin oriental, mais ne dépasse pas 1600 pieds dans sa partie occidentale ; la profondeur de la couche échauffée par la radiation solaire est d'environ 50 pieds ; au-dessous, la température demeure sensiblement de 12°,2 centigrades. Cette condition exceptionnelle s'explique facilement, si l'on remarque que par sa configuration même la Méditerranée se trouve placée à peu près en dehors de la circulation océanique ; dans l'Atlantique, au contraire, à 800 pieds, la température n'est déjà plus que de 9 degrés et demi ; à 1000 pieds, elle descend à 2°,2. Une aussi basse température ne peut évidemment être maintenue que par l'existence d'un courant sous-marin, amenant constamment l'eau froide du pôle. Quant à la cause déterminante de ce courant, où faut-il la chercher ? Est-ce dans la chaleur équatoriale ou dans le froid polaire ? M. Carpenter se décide à attribuer une influence prépondérante au froid polaire.

Lorsque l'eau de la mer est refroidie en un point, elle s'enfonce aussitôt et gagne les portions les plus profondes du bassin, tandis que les particules superficielles environnantes viennent prendre sa place. Il s'établit donc à la fois un courant superficiel vers les parties froides et un courant sous-marin dirigé vers les parties profondes du bassin. Il est à remarquer que l'eau de ces dernières parties n'a pas la température du maximum de densité de l'eau, ce qui tient à ce que l'eau de mer se contracte régulièrement jusqu'à son point de congélation, qui est inférieur à celui de l'eau douce.

Cette théorie de la formation des courants marins est complétée par cette remarque, faite par M. R. Russel, que des courants sont nécessairement produits par les vents qui soufflent sur une étendue considérable. De même il faut admettre, avec le professeur G. C. Foster, que la différence dans le degré de salure de deux mers voisines amène forcément la production de deux courants inverses allant de l'une à l'autre. C'est précisément ce qui a lieu (Carpenter) dans le détroit de Gibraltar et dans le Sund de la Baltique. L'évaporation rapide de la Méditerranée y produit un degré de salure plus grand que dans l'Océan, et détermine un courant superficiel allant de l'Océan dans la Méditerranée. Dans la Baltique, au contraire, l'afflux d'une quantité d'eau douce considérable diminue la salure, et, par suite, la densité de l'eau de mer ; un courant profond s'établit, amenant l'eau de l'Océan. Quant au vent, il ne peut guère produire que des courants superficiels, à moins qu'il ne souffle à la surface d'un détroit ou d'une baie profonde. Ailleurs, la vitesse du courant diminue rapidement au-dessous de la surface, et quant au courant inverse, dans les mers profondes et de grande étendue, il s'établit au moyen d'une quantité d'eau tellement considérable relativement à l'eau déplacée par le vent, qu'il devient complétement insensible ; c'est là l'opinion de sir William Thomson.

D'après le professeur Codling, de Copenhague, l'influence de la rotation de la terre ne doit pas être non plus négligée ; mais, pour faire la part de chacun de ces éléments, il faudrait posséder une carte complète des courants marins, de la direction moyenne des vents en chaque point, des températures moyennes, etc. La Société météorologique d'Écosse s'occupe de recueillir de semblables données pour l'Atlantique ; quant aux cartes générales des courants, M. R. H. Scott annonce qu'il en a construit de très-complètes, actuellement entre les mains des graveurs. Les documents dont il s'est servi sont la carte de Rennell, les observations du capitaine Maury, des États-Unis, et celles de l'amiral Fitz-Roy. En dehors de la lumière qu'elle peut répandre sur la théorie des courants marins, l'étude de la température des couches profondes de la mer a d'ailleurs un autre intérêt ; il est essentiel, comme le fait remarquer sir William Thomson, de la connaître, si l'on veut se rendre un compte exact des phénomènes qui se produisent dans les câbles électriques sous-marins.

Des recherches analogues à celles de Carpenter sur les courants marins ont été faites par le professeur Everett sur la circulation générale et la distribution de l'atmosphère, en laissant de côté l'influence que doit avoir l'inégale répartition des mers et des terres. La théorie soutenue par le professeur Everett est due en partie au professeur James Thomson, de Belfast, et à M. W. Ferrel, de Boston. Si l'on considère un corps se mouvant le long d'un grand cercle ou d'un parallèle dans l'hémisphère nord, ce corps tendra à s'incliner vers la droite, et il faudra pour l'en empêcher lui appliquer une force :

$$f = 2\ \omega\ sin\ \lambda$$

v étant la vitesse relative du mobile par rapport à la terre, ω la vitesse angulaire du globe, λ la latitude. Dans l'hémisphère austral, cette force doit être appliquée à la gauche du mobile.

Ce fait est le point de départ des explications données par Everett de la dépression barométrique que l'on constate des tropiques à l'équateur et aux pôles, et de la prédominance des vents du sud-ouest dans la région tempérée de l'hémisphère nord.

Une communication du docteur Codling, relative à la vitesse des diverses parties d'un gaz circulant dans un espace annulaire, se rattache naturellement à la précédente.

Enfin il ne faut pas oublier que la lune détermine dans l'atmosphère des mouvements en tout analogues aux marées de l'Océan. Comme notre compatriote Mathieu (de la Drôme), M. Pengelly admet même que cette influence s'étend aux phénomènes météorologiques. Il croit avoir remarqué que la période de révolution mensuelle de la lune peut se diviser en deux parties caractérisées l'une par une très-grande siccité de l'atmosphère, l'autre au contraire par un temps pluvieux. La série des beaux jours commencerait un jour avant la pleine lune et s'étendrait jusqu'à la veille du premier quartier. Le reste du mois lunaire appartiendrait à la pluie.

Grâce aux progrès de la physique, notre terre n'est plus le seul astre sur la constitution duquel puissent porter nos recherches. Sans parler des observations directes faites sur le disque lunaire, où M. Birt voit des modifications réelles se produire dans la plaine *Plato,* qui a 60 milles de diamètre; sans revenir sur les travaux de Tait relatifs à la nature des comètes et à celle des aérolithes et des étoiles filantes, nous signalerons ici les efforts constants qui se font dans diverses branches de la physique pour élucider encore cette grande question de la constitution du soleil. On connaît les recherches de Lockyer sur le spectre des gaz à différentes pressions, sur celui de l'étincelle électrique dans l'hydrogène plus ou moins comprimé. Le professeur O. Reynold a cherché dans des phénomènes électriques de ce genre l'explication de la couronne qui apparaît autour du soleil pendant les éclipses totales et qui présente de si rapides changements; il a aussi voulu expliquer ainsi les diverses apparences présentées par la queue des comètes : malheureusement ses explications sont insuffisantes, surtout si on les rapproche des magnifiques travaux de Tait sur ces mêmes sujets.

Une nouvelle éclipse totale qui aura lieu dans les Indes le 12 décembre 1871 permettra sans doute de compléter les données qui ont été déjà acquises sur l'atmosphère solaire dans les précédentes observations.

Mangalore, Mahé sur le continent indien, la pointe nord de l'île de Ceylan se trouvent sur le trajet de l'ombre lunaire. M. Lockyer, pour l'Angleterre, M. Janssen, pour la France, sont déjà désignés pour aller étudier les phases diverses de l'éclipse. M. Lockyer ira à Ceylan, M. Janssen probablement à Java.

Une communication de M. Tait, au sujet de recherches de M. Fox Talbot, présente un autre aspect de la spectroscopie sidérale. Il s'agit d'une méthode pour mesurer approximativement la distance des étoiles à la terre. Considérons une étoile double; les deux astres tournant l'un autour de l'autre dans un plan passant par la terre. Au moment où les deux étoiles sont confondues, elles s'approchent ou s'éloignent de la terre avec la même vitesse; mais, lorsqu'elles apparaissent distinctes, ces vitesses sont différentes. Or, on peut déterminer leur vitesse en mesurant la vitesse de déplacement des lignes de leur spectre; la différence de ces déplacements donne la vitesse relative de ces étoiles l'une par rapport à l'autre; cette vitesse, combinée avec la durée de la période de révolution, permet de calculer la grandeur de l'orbite, et par conséquent la distance des deux étoiles à la terre. C'est là évidemment une excellente méthode, mais qui paraît à M. Tait avoir été déjà indiquée.

L'observation de certaines nébuleuses peut aussi permettre de constater chez elle des mouvements analogues à la circulation planétaire. Ainsi la nébuleuse située dans le Dragon et portant le numéro 37 dans le quatrième catalogue d'Herschell, a présenté un déplacement de 1″ environ en un mois. Elle a été observée à Aberdeen par M. Gill.

Enfin les astronomes sont redevables à M. Proctor d'une carte du ciel de notre hémisphère, comprenant en tout 324 000 étoiles. Cette carte note jusqu'aux étoiles de neuvième et dixième grandeur.

Parmi les travaux de physique pure, nous citerons un Mémoire du professeur Balfour Stewart, relatif à la théorie mécanique de la chaleur.

Si l'on place dans une enceinte limitée et vide d'air un corps tournant autour d'un axe, de manière que ce corps rayonne vers un côté de l'enceinte plus de chaleur qu'il n'en reçoit de l'autre, ce corps, d'après M. Stewart, perd constamment de son énergie dynamique, tandis que des différences de température s'établissent dans l'enceinte. La même chose a lieu lorsque deux corps en rotation s'approchent où s'éloignent l'un de l'autre; de là une intéressante application aux corps célestes et aux taches du soleil qui jouent, par rapport à ce corps, le rôle d'écrans.

L'électricité se trouve représentée dans les travaux du congrès par :

1° Un Mémoire de Tait, relatif à l'égalité des nombres qui représentent la conductibilité des métaux pour l'électricité et pour la chaleur. Ces travaux ont été faits sur des échantillons de cuivre très-différents.

2° M. Tait donne aussi le résultat d'expériences destinées à étudier l'accroissement d'intensité d'un courant produit, lorsque l'une des soudures d'un couple thermo-électrique étant maintenue à une température constante, la température de l'autre soudure croît graduellement. Sir W. Thomson explique ce fait par l'existence de deux courants simultanés et inverses, produits l'un par la différence de température des soudures, l'autre par la différence de température entre les diverses parties des métaux constituants. Les expériences ont été faites au moyen de deux circuits thermo-électriques indépendants, mais placés dans les mêmes conditions de températures. M. Tait a d'abord établi que la variation de force électro-motrice pouvait se représenter par une formule parabolique, telle que :

$$f = a + bt + ct^2 + \dots$$

où f est la force électro-motrice, a, b, c,... des coefficients constants pour un même circuit, t la différence de température des soudures. Puis il a vérifié cette formule en exprimant les indications de l'un des circuits en fonction des indications de l'autre; enfin, il a pu faire la part de la différence des températures des soudures en faisant varier la résistance de l'un des circuits, de manière à rendre les deux paraboles égales.

Une ingénieuse explication de la transparence des corps a été présentée par M. G. J. Stoney. En étudiant le spectre de l'acide chloro-chromique, M. Stoney y a déterminé à 1/500e de leur distance près, la position de quarante et une lignes correspondant à des vibrations toutes harmoniques d'une vibration fondamentale de trop longue période pour que le rayon correspondant fût visible. Cette vibration correspond, suivant M. Stoney, à ce son confus que l'on entend dans le voisinage d'une cloche, quand elle vient d'être frappée, mais qui ne se propage pas à distance. Pour M. Stoney, les vibrations lumineuses des corps transparents, correspondent à ces vivrations sonores, confuses de la cloche; tandis que les vibrations lumineuses des corps rayonnants correspondent aux harmoniques se propageant à distance du son fondamental de la cloche.

M. Stoney fait ensuite remarquer qu'il y aurait avantage à rapporter les diverses raies du spectre, non pas aux longueurs d'onde, mais à leurs inverses qui représentent des nombres de vibrations. Les harmoniques d'une même vibration seraient, de cette façon, représentées par des nombres en progression arithmétique, comme leurs positions dans le spectre. Listing a déjà constaté depuis longtemps que la série des inverses des longueurs d'onde se trouvait divisée en huit parties égales par les vibrations correspondantes aux limites des rayons de différentes couleurs.

Nous ne ferons que signaler ici une discussion soulevée par le professeur Swann, au sujet de la découverte de la coïncidence de la ligne jaune du sodium et de la raie obscure D du spectre solaire, et nous passerons à l'exposé de quelques expériences relatives à la constitution intime de la matière et au changement d'état des corps.

Parmi ces expériences, les plus remarquables sont celles relatives au mouvement des fluides à l'intérieur de milieux dont la densité diffère peu de la leur. M. Ball a reproduit devant la section ses expériences relatives au mouvement des tourbillons de fumée dans l'atmosphère, tandis que M. Deacon a montré par de fort belles expériences quelles formes singulières peut prendre une goutte de liquide colorée déposée doucement au sein d'un liquide incolore de densité un peu inférieure. Cette goutte, ayant d'abord une forme annulaire, se partage bientôt en arcs verticaux à concavité inférieure; les extrémités libres de ces arcs sont réunies deux à deux par un petit anneau liquide. Dans certains cas, la goutte prend la forme d'une coupe renversée du fond de laquelle descend un cylindre qui se partage bientôt en branches terminées chacune par un bouton liquide. On dirait alors un véritable animal, une sorte de Méduse flottant au sein du liquide. Ces nappes liquides présentent une sensibilité analogue à celle des flammes; elles sont aussi vivement impressionnées que ces dernières par les vibrations sonores.

Les recherches d'Andrews sur la continuité de l'état liquide et de l'état gazeux d'un même corps, reprises par le professeur James Thomson, de Belfast, amènent ce savant à admettre l'existence de certaines conditions de température et de pression dans lesquelles les trois états solide, liquide et gazeux sont confondus pour un même corps. C'est là ce qu'il appelle le *point triple;* on peut considérer ce point triple comme le point de contact de trois surfaces ayant pour coordonnées respectives le volume du corps sous ses trois états la température et la pression correspondantes.

M. James Thomson communique également des observations d'après lesquelles il est conduit à supposer que la dégradation des pierres sous l'influence de la gelée n'est pas due seulement à l'accroissement de volume qui accompagne la congélation de l'eau. Il montre en effet que les cristaux disséminés à l'intérieur d'un corps poreux s'accroissent par capillarité, absolument comme dans une dissolution, et brisent tout ce qui s'oppose à leur développement. C'est ce qui est souvent bien manifeste en hiver, où l'on voit l'eau se congeler en remontant le long des bords des bassins qui la renferment, ou en pénétrant dans la terre qui l'environne, et qu'elle fendille ou déchire de mille façons.

Une note de M. Everett est relative à la formule employée habituellement pour l'hygromètre à évaporation de Daniell. Si l'on substitue au chiffre de 0,267 de Delaroche et Bérard le chiffre 0,237 donné par M. Regnault pour la chaleur spécifique de l'air, on trouve que la formule d'August et d'Apjohn est inexacte; mais il n'est guère possible de déterminer actuellement d'une manière précise quelle est celle des hypothèses faites par ces physiciens qui doit être rejetée.

Parmi les appareils nouveaux présentés à la section, nous citerons :

1° Une nouvelle boussole d'inclinaison construite par Joule, et dans laquelle l'axe de l'aiguille est supporté par une anse de soie, au lieu de frotter sur une surface métallique.

2° Un manomètre à air comprimé construit par Zenger, et formé de tubes de plus en plus étroits disposés parallèlement les uns aux autres et reliés par des tubes capillaires. La sensibilité de l'appareil demeure ainsi à peu près constante, et par le mode de liaison des tubes qui le constituent il est soustrait, autant que possible, à l'influence pernicieuse des chocs.

3° Zenger propose également d'ajouter au télégraphe de Morse un timbre sonnant à chaque seconde, et permettant de régler les mouvements de l'employé de façon à avoir des lignes et des points de longueur et de distance mutuelle déterminées.

4° Un nouveau système de réflecteur dû à Stevenson, et permettant de concentrer en un faisceau cylindrique de section déterminée toute la lumière envoyée par une source.

5° Une nouvelle batterie électrique de L. Clarke.

Enfin, nous terminerons cet exposé par la liste suivante des mémoires de mathématiques développés devant la section :

W. H. L. RUSSELL : Rapport sur les fonctions hyperelliptiques.

SYLVESTER : Note sur une question de partition.

CAYLEY : Sur le nombre d'invariants d'un quantic binaire.

W. H. L. RUSSELL : Sur les équations différentielles linéaires et sur les propriétés focales des surfaces de second ordre.

C. W. MERRIFIELD : Sur certaines familles de surfaces.

Professeur BALL : Description d'un modèle de surfaces réglées de troisième ordre ; Mémoire sur les tourbillons annulaires.

CHALLIS : Théorie mathématique des marées atmosphériques.

PURSER : Remarques sur la méthode des logarithmes de Napier.

J. W. L. GLAISHER : Calcul de ϵ au moyen des fractions continues.— Sur certaines intégrales définies. — Sur la preuve donnée par Lambert, de l'irrationnalité de π et de quelques autres quantités.

NEWMANN : Sur les diamètres doubles des courbes de quatrième ordre.

CLIFFORD : Sur une forme canonique des harmoniques sphériques de n^e ordre.

EDMOND PERRIER,
Agrégé de l'université, docteur ès sciences.

— La suite à un prochain numéro. —

INSTITUTION ROYALE DE LA GRANDE BRETAGNE

LECTURES DU VENDREDI SOIR

J. NORMAN LOCKYER (1)

La couronne dans la dernière éclipse de soleil.

Le devoir qui m'incombe aujourd'hui, fort agréable pour moi, bien que troublé par un léger sentiment de désappointement, consiste à vous rendre compte des observations qui ont été faites, en Espagne et en Sicile, sur la dernière éclipse de soleil, et, mettant ces observations en regard de nos connaissances antérieures, à vous montrer sur quels points nous avons acquis des certitudes nouvelles. Les études dont je vais vous entretenir ne se rapportent point, comme vous le savez déjà, au soleil lui-même, tel qu'il frappe ordinairement nos sens dans les circonstances normales, mais au plus délicat des phénomènes qui deviennent visibles au moment d'une éclipse totale. Je veux parler de la *couronne*.

Permettez-moi, pour commencer, de vous indiquer ce que l'on désigne par cette expression, et de définir nettement la nature des problèmes que nous avons à résoudre. Je vais vous montrer d'abord, projetés sur cet écran à l'aide d'une lampe électrique, quelques beaux dessins représentant l'éclipse totale qui, en 1851, fut visible en Suède, où plusieurs astronomes anglais allèrent l'observer. Vous voudrez bien vous rappeler que ces dessins ont été faits dans une même région, en des stations distantes de quelques milles à peine les unes des autres (2). Ce premier dessin, dû à un observateur dont le nom seul est une garantie suffisante de son exactitude, — je veux parler de M. Carrington, — a été exécuté *sous un ciel parfaitement exempt de nuages*. Si vous le comparez à celui-ci, vous voyez que la couronne a une apparence complétement différente : la région brillante qui entoure le soleil n'est plus ici limitée à cette étroite bande lumineuse qu'a vue M. Carrington ; elle est considérablement élargie. Le troisième dessin que voici lui attribue une étendue plus grande encore ; il a été fait cependant à moins d'un quart de mille du lieu où M. Carrington observait. Voici enfin un autre dessin de la même éclipse, *vue à travers une couche de cirrostratus*, dû à M. Airy, notre astronome royal, et vous voyez qu'il n'a aucune ressemblance avec celui de M. Carrington. Ainsi, d'un côté, une mince bande lumineuse entourant le disque de la lune, et qui donnerait à la couronne une hauteur de quelques milliers de milles ; d'un autre côté, une sorte de *gloire*, que M. Airy compare aux branches étoilées d'une rose des vents, et qui ferait attribuer à cette même couronne une hauteur égale à une fois et demie environ le diamètre du soleil.

Je vais faire passer encore sous vos yeux quelques dessins exécutés pendant l'éclipse de 1858, qui a été étudiée, non plus en Europe, mais dans l'Amérique du Sud, par deux observateurs de premier ordre : d'une part, M. Liais, astronome français qui s'était établi à Olmos, dans le Brésil ; et d'autre part, le lieutenant Gilliss, représentant du gouvernement américain, qui observait à quelques milliers de milles de là, dans le Pérou.

Vous n'aurez pas de peine à reconnaître, sur les figures que je vais projeter sur le tableau, les mêmes divergences entre les résultats obtenus, eu égard aux dimensions de la couronne ; mais vous allez de plus, dans un cas, voir quelque chose de nouveau, et prendre du phénomène une idée plus complète. J'appelle particulièrement votre attention, dans le dessin d'Olmos, sur ces remarquables aigrettes rayonnantes, de formes variées, et qui sont, comme vous le voyez, beaucoup plus brillantes que les autres portions de la couronne. Des apparences du même genre ont été remarquées dans d'autres éclipses ; elles sont cependant assez rares. Le dessin du lieutenant Gilliss présente avec celui de M. Liais le même rapport que le dessin de M. Carrington avec celui de l'astronome royal. Ainsi, non-seulement nous rencontrons de grandes différences dans les dimensions de la couronne, vue de différentes stations, mais de plus nous lui voyons affecter, dans certains cas, une particularité spéciale de structure, qui est d'ailleurs elle-même extrêmement inconstante et variable.

Tel est le phénomène dont nous avons à nous occuper. Ce qui précède suffit à vous donner une idée générale des observations faites à l'œil nu.

Je vais maintenant essayer de vous montrer comment les observations faites lors de la dernière éclipse viennent compléter ou modifier les résultats qui avaient été antérieurement acquis, à l'aide des divers moyens d'investigation que possède l'astronome : l'œil, le télescope, le polariscope et le spectroscope.

(1) Voyez *Revue des cours scientifiques*, t. VI, p. 617, autre lecture de M. J. Norman Lockyer.

(2) M. Carrington fit ses observations à Lilla Edet, sur la Gota. M. Airy, astronome royal, était établi à Göttenburg. Le second dessin dont il est question fut fait par Petterson, à Göttenburg ; le troisième, par un ami du Rév. T. Chevallier, au même endroit ; j'aurais pu en ajouter un autre, exécuté par Fearnlay, à Rixhöft, dans lequel la couronne est plus étendue que dans aucun des autres. Cette série est remarquablement intéressante et instructive. — Voyez *Mém. R. A. S.*, vol. XXI.

I. Observations faites a l'œil nu et avec le télescope.

Comme premier résultat des études faites sur l'éclipse de l'année dernière, je vais vous montrer une copie photographique d'un très-beau dessin dû à M. Brett, qui, bien que n'ayant malheureusement pu apercevoir le soleil que pendant un temps très-court, a été assez habile pour tirer un très-utile parti de sa trop rapide observation. Vous verrez sur ce dessin que, alors qu'une fraction considérable du disque solaire était encore apparente, M. Brett a pu distinguer un anneau lumineux pâle autour de cette portion visible. Le même fait avait été observé en 1722, plus récemment en 1842, par M. Airy, et en 1860, par M. Rumker, une minute et demie avant la totalité, et d'autres fois encore; et jamais on n'a hésité, je crois que je puis l'affirmer, à considérer cet anneau lumineux comme appartenant au soleil lui-même. Voilà donc une observation nouvelle venant confirmer les anciennes, et nous démontrant une fois de plus qu'il existe certainement dans la couronne une région d'une faible largeur, qui appartient en propre au soleil; une simple diminution de la lumière solaire suffit à nous faire apercevoir cette région. Nous pouvons considérer ce résultat comme parfaitement acquis. Poursuivons maintenant.

Les dessins de toutes les éclipses qui ont été observées avec soin nous montrent, en dehors de cette *région étroite incontestablement solaire*, observée soit avant la totalité, comme je viens de le dire, soit pendant la totalité, en 1851 et 1858, par M. Carrington et par le lieutenant Gilliss, des apparences remarquables d'un ordre tout différent. En effet, en outre de cet anneau solaire de 2 à 6 minutes de hauteur, nous y voyons représentées des aigrettes lumineuses de formes et de grandeurs variées, s'étendant au loin, quelquefois jusqu'à une distance de 4 degrés, et toujours plus brillantes que la partie extérieure de la couronne sur laquelle elles se projettent. Ces aigrettes se présentent différemment dans les différentes éclipses, et elles apparaissent diversement à divers observateurs d'une même éclipse, même dans des stations rapprochées. Je vous montre ici une reproduction d'un dessin de l'éclipse de 1860, fait par M. Rumker : ces deux belles aigrettes que vous y voyez representées appartenaient évidemment à un ordre de choses tout différent de celui qui se manifestait dans le reste de la couronne. Depuis le commencement jusqu'au milieu de l'éclipse, les rayons orientaux restèrent ainsi les plus intenses; mais dans la seconde moitié, tout changea; et sur ce second dessin, dû au même observateur, vous remarquez que, du côté occidental de la couronne, qui est le plus développé, émerge toute une nouvelle série d'aigrettes lumineuses. Il paraît, au premier abord, difficile de croire que ce sont là deux représentations d'une même éclipse, dues l'une et l'autre au crayon d'un même observateur. Voici encore un dessin de la même éclipse, exécuté par M. Marquez, dont les observations portent le cachet d'une minutieuse exactitude bien rarement égalée. Les aigrettes qu'il apercevait présentaient, comme vous le voyez, une disposition complétement différente des précédentes. Ainsi, les faisceaux lumineux, quoique extrêmement nets et brillants, — aussi brillants ou plus brillants que les autres parties de la couronne qui se distinguent avant la totalité, alors qu'eux-mêmes sont invisibles, — apparaissent différents à différents observateurs d'une même éclipse, et à un même observateur pendant les différentes phases de cette éclipse.

M. Rumker a remarqué, comme je vous l'ai déjà dit, que, du commencement au milieu de la totalité, les aigrettes étaient plus longues et plus éclatantes sur le côté *oriental* du soleil, et inversement que, du milieu à la fin, elles apparaissaient plus belles du côté sur lequel la totalité allait finir. Revenons sur ce point et complétons cette observation par l'examen des trois dessins de cette même éclipse de 1860, exécutés par M. Plantamour. Le premier dessin représente le commencement de l'éclipse totale vu à travers un télescope : à l'œil nu, on verrait naturellement le soleil disparaître à l'est ou sur le côté gauche, la lune s'avançant de l'ouest à l'est; grâce au télescope, les choses sont ici renversées, et le commencement de la totalité se projette à droite. Or, nous trouvons dans ces dessins une confirmation des observations de M. Rumker. Au moment où les bords orientaux des disques arrivent au contact, des faisceaux de rayons, — au nombre de trois, d'après M. Plantamour, — apparaissent du côté de ce contact. Dans le second dessin, correspondant au milieu de la totalité, nous distinguons *deux* faisceaux seulement, d'un moindre éclat et dans une position différente, de ce même côté; et sur l'autre bord du soleil, nous voyons se développer peu à peu trois faisceaux nouveaux. Enfin, à la fin de la totalité, — troisième dessin, — les faisceaux que nous apercevions d'abord ont disparu, et, à leur place, nous avons devant nous une série nouvelle d'aigrettes, toutes situées sur le côté de la lune d'où le soleil est sur le point d'émerger.

Ces observations, j'ai à peine besoin de le dire, offrent une importance considérable, si on les rapproche de ce fait que, depuis l'année 1722, presque tous les observateurs des éclipses totales ont reconnu que la couronne augmente considérablement d'éclat et de grandeur, sur le côté où le soleil vient de disparaître, ou est sur le point d'émerger.

Arrivons maintenant aux derniers travaux, et examinons quelles sont les lumières nouvelles qu'il nous ont apportées sur ce point de la question. Je vais vous montrer trois dessins, qui, quoique exécutés grossièrement, présentent, comme vous allez le voir, un grand intérêt, si on les compare respectivement à ceux de M. Plantamour. Ces dessins ont été envoyés au Comité d'organisation par M. Gilman, un Espagnol qui a étudié l'éclipse avec la plus sérieuse attention; c'est l'expédition scientifique anglaise qui les a rapportés avec elle en rentrant en Angleterre; vous allez juger de leur importance.

Le commencement de la totalité, — et je rappelle que ce commencement est déterminé par la disparition du soleil au bord oriental de la lune, qui est placé normalement dans les dessins de M. Gilman, puisque ses observations ont été faites à l'œil nu, — le commencement, dit M. Gilman, fut caractérisé par une couronne très-brillante, et présentant une forme analogue à celle de la lettre majuscule D. Voici la représentation de cette première phase, et, si vous faites le tour du dessin, cette moitié de la figure vous rappellera immédiatement les faisceaux de rayons tracés par M. Plantamour; tandis que l'autre moitié, où existe seulement un mince anneau lumineux sensiblement régulier, pourra se comparer à la couronne observée par M. Carrington dans un ciel sans nuage. Au milieu de l'éclipse, de nouveaux rayons font leur apparition sur le côté opposé, s'ajoutant à l'anneau régulier qu'on y voyait en premier lieu; en face des deux angles saillants observés au début de la totalité, et représentés par les extrémités du trait rectiligne de la majuscule D, il s'en trouve alors deux autres, de sorte que *la couronne paraît en ce moment quadrangulaire;* enfin, immédiatement avant la fin de l'éclipse totale, les deux angles primitivement observés disparaissent complétement, ne laissant qu'un anneau régulier à leur place; et sur le côté qui n'avait offert d'abord que cette dernière apparence, deux prolongements semblables se projettent au loin, de sorte que la couronne offre finalement la forme d'un D renversé (ɑ).

M. Warrington Smyth, qui a dessiné aussi une couronne quadrangulaire, a vu des transformations se produire dans cette couronne pendant la durée de la totalité, et il croit que les quatre angles du carré n'étaient pas tous visibles au même moment.

Voilà donc des observations d'un caractère exactement semblable à celles de M. Plantamour que j'ai rappelées en premier lieu. Sur les dessins des deux observateurs, nous distinguons, dans la couronne, une partie intérieure, déjà signalée en 1851, à laquelle s'ajoutent les apparences extraordinaires remarquées pour la première fois en 1858. Ces apparences varient étrangement dans un même lieu, dans un même moment, pour un même œil et pour des yeux différents. Elles doivent évidemment, non pas appartenir en propre au soleil, mais se produire sous l'influence d'un phénomène atmosphérique, d'une disposition spéciale à chaque observateur, ou de tout autre effet qu'il vous plaira de supposer. A la partie fixe, nous ajoutons une partie variable; reste à chercher quelle est l'origine de cette seconde partie du phénomène.

Je vais faire passer sous vos yeux d'autres dessins de la même éclipse, qui ont été exécutés en Sicile. Pour une raison quelconque, que je n'ai pas la prétention de comprendre, la couronne, qui en Espagne paraissait plus ou moins quadrangulaire, en forme de D d'abord, puis de ɑ, a paru, à tous ceux qui l'ont vue en Sicile et qui m'en ont parlé, assez régulièrement arrondie, telle que vous la voyez sur ce dessin de M. Griffiths. Nous avons reçu, du reste, toutes sortes de dessins de cette éclipse, parmi lesquels un grand nombre représentent une figure étoilée. En voici un, fait par un membre de la Société Royale, à bord d'un des bâtiments de Sa Majesté (le *Lord-Warden*), venu au secours de l'infortuné *Psyché*, à Catane. Vous y apercevez des rayons parfaitement réguliers, émergeant de toutes les régions du soleil, les uns longs, les autres courts; seulement vous remarquez que presque invariablement les rayons opposés sont semblables; à part ces rayons, et dans le milieu, la couronne est exactement telle qu'elle a été observée par M. Griffiths à Syracuse. Voici encore un dessin fait par un amateur américain, sur mer, entre Catane et Syracuse; il présente une aigrette prodigieusement longue, analogue à celles qu'a observées Otto Struve en 1860. D'autres dessins ont été exécutés, même à bord du même bâtiment, si différents les uns des autres et si bizarres qu'il n'est besoin que de les considérer pour être assuré qu'il doit y avoir là quelque phénomène spécial et personnel à chaque observateur. Resteraient encore à expliquer les divergences frappantes qui existent entre les résultats obtenus en Espagne, d'une part, et en Sicile, d'autre part. Je regrette, en vérité, de n'avoir pas un troisième ordre de difficultés à signaler, comme cela n'eût certes pas manqué d'avoir lieu, si l'expédition de M. Huggins avait pu mener à bien ses observations dans l'Afrique septentrionale.

Ces transformations des aigrettes, ce passage d'un côté à l'autre sont accompagnés et produits peut-être dans une certaine mesure par le rayonnement de la lumière éclatante qui existe dans leur voisinage, lorsque les disques des deux astres sont près du contact. Cette remarque fut faite pour la première fois par Miraldi, lors de l'éclipse de 1724, et elle a été fréquemment rappelée depuis cette époque. M. Warrington Smith, que j'ai déjà cité, a fait cette observation dans la dernière éclipse, et les photographies paraissent la justifier. Toutefois, comme il y a encore passablement d'incertitude sur ce point, je me contente de le signaler.

Jusqu'à présent, je n'ai parlé que des faisceaux de rayons que l'on aperçoit pendant la totalité; mais, en 1860 et en 1868, M. Galton et M. Hennessy ont observé de longues aigrettes pendant qu'un croissant du disque solaire était visible. M. Brett a saisi le même phénomène l'année dernière; mais, comme le ciel était nuageux, les commencements des aigrettes pouvaient seuls se distinguer, et ils apparaissaient semblables à des pinceaux délicats sur le prolongement des extrémités du croissant. Ces observations ont une grande valeur, *car personne ne supposerait un seul instant que ces faisceaux puissent être solaires*, et cependant ils sont parfaitement semblables à ceux que l'on voit pendant la totalité.

Mais les rayons dont je viens de parler ne sont pas les seuls que les éclipses totales de soleil offrent à notre examen. On observe, dans certains cas, des ouvertures, des interruptions, pour ainsi dire, dans la couronne. Ces interruptions présentent la même apparence que les aigrettes, c'est-à-dire qu'elles s'élargissent en s'écartant du disque obscur de la lune et se prolongeant à des distances plus ou moins grandes; comme les aigrettes, elles sont quelquefois très-multipliées et quelquefois en petit nombre. Prenons, par exemple, l'éclipse qui a été observée dans l'Inde en 1868. Certaines représentations de cette éclipse nous montrent une couronne quadrangulaire comme celle dessinée en Espagne l'année dernière; sur d'autres, la couronne est circulaire, telle qu'on l'a vue en Sicile. Mais d'autres observations, faites à Mantawalok-Kelee par le capitaine Bullock, et à Whae-Whan (sur la côte orientale de la presqu'île de Malacca) par sir Harry Saint-George Ord, gouverneur des colonies du détroit, nous signalent des résultats nouveaux. Dans la première de ces deux stations, la couronne a présenté des interruptions ou fissures s'élargissant rapidement en s'écartant du soleil : l'une formant un angle de 90°, une autre ayant ses côtés parallèles; ces fissures divisaient en plusieurs sections la couronne, qui s'étendait en certains points jusqu'à une distance égale à deux fois et demie le diamètre du disque lunaire. A Whae-Whan, on remarqua, à un certain moment de l'éclipse, « que, de divers points de la circonférence lunaire semblaient émerger des rayons obscurs, se prolongeant jusqu'à une distance considérable et apparaissant comme des ombres projetées dans l'espace par quelque objet à limites indécises », ces rayons obscurs « diminuèrent bientôt ».

Passons à l'éclipse de 1869. Sur deux dessins, dus au docteur Gould, dans lesquels les transformations des aigrettes lumineuses se manifestent de la manière la plus évidente, nous trouvons des fissures de même genre, se modifiant avec autant de rapidité que les aigrettes elles-mêmes. Sur un autre dessin, fait par M. Gilman, la couronne entière est sillonnée de toutes parts de fissures étroites, alternant avec des faisceaux de rayons violets, mauves, blancs et blancs jaunâtres.

Arrivons enfin aux observations de la dernière éclipse. En Sicile, on n'a distingué aucune fissure; en Espagne, les dessinateurs en ont signalé une seule : cependant les photographies nous en dévoilent plusieurs dans l'une et l'autre de ces deux stations. Mais, quand nous mettons ainsi en comparaison des observations faites par l'œil d'une part, et d'autre part à l'aide de la photographie, nous devons nous rappeler d'abord que l'œil ne conserve trop souvent qu'une impression générale du phénomène dans son ensemble, tandis que le cliché nous donne une exacte représentation de tous ses détails à un moment donné; et en second lieu, que les rayons actinométriques qui impressionnent la photographie sont distincts des rayons lumineux qui impressionnent notre œil : en réalité, c'est à deux espèces de lumières différentes que nous avons affaire dans l'un et l'autre cas.

Malgré l'état défavorable du ciel au moment de l'éclipse, je suis assez heureux pour pouvoir vous montrer deux photographies de la couronne, prises, l'une à Syracuse, l'autre en Espagne. Voici d'abord la photographie faite en Espagne par l'expédition américaine. Vous voyez ici, probablement par suite de l'interruption d'un nuage, une certaine quantité de lumière projetée sur le disque obscur de la lune; vous apercevez en même temps les indications des fissures. Cette photographie a été faite avec un instrument qui ne possédait que fort peu de champ, de sorte que les parties les plus importantes de la couronne ont été rendues invisibles par l'instrument lui-même.

Lord Lindsay, qui a aussi photographié l'éclipse en Espagne, ne signale pas de fissures.

Dans cette autre photographie, faite à Syracuse, le résultat est meilleur. Voici d'abord la fissure correspondante à celle que vous avez aperçue sur l'épreuve que je vous ai montrée en premier lieu. Malheureusement, l'appareil était extrêmement incertain, et la netteté n'est pas aussi satisfaisante qu'elle eût pu l'être si M. Brothers avait eu les moyens de mettre à profit toute son habileté. Vous voyez cependant çà et là des traces plus faibles d'autres fissures. Ces fissures coïncident-elles avec celles de la photographie prise en Espagne? C'est là une question dont la solution aurait une grande importance, et il faut espérer qu'elle sera tranchée avant peu. Jusqu'à présent, il y a incertitude, et tandis que certains observateurs penchent pour l'affirmative, d'autres n'hésitent pas à affirmer le contraire.

Je vous ai fait voir cette photographie projetée sur l'écran; mais l'épreuve elle-même présente des détails délicats, qui ne peuvent s'apercevoir ainsi. Les parties sombres que vous avez vues indiquées dans la couronne ne sont que les origines d'autant de coins obscurs, se prolongeant au loin dans l'espace comme leurs prototypes de l'éclipse indienne. C'est, je crois, l'opinion de M. Brothers, que tout ce que vous voyez sur l'écran autour du disque lunaire, cette masse considérable de lumière de structure à peu près uniforme et ces larges faisceaux de rayons séparés par les fissures, sont réellement et absolument des parties de la couronne solaire. J'avoue que je ne me lance pas dans de pareilles opinions. Les faits nous manquent encore. A ceux qui affirment, le devoir de prouver : or, j'en suis encore à attendre leurs démonstrations.

Poursuivons notre étude, et arrivons à un autre point. Depuis fort longtemps, pendant les deux derniers siècles, on a observé que la couronne ondoyait, vacillait ou tournait, qu'elle exécutait des mouvements dans toutes les directions et de toutes les manières possibles. En 1652, on l'a décrite comme « présentant une apparence remarquable de rotation ». Pendant l'éclipse de 1788, don Antonio Ulloa remarqua que « la couronne semblait animée d'un mouvement de rotation rapide, qui la faisait ressembler à une pièce d'artifice tournant autour de son centre. » La couronne de l'éclipse de 1860 a reçu les épithètes de « tournoyant et ondulant ». L'existence de ces mouvements a été de tous points confirmée par les observations les plus récentes. On ne peut les révoquer en doute, et c'est un fait auquel nous devons accorder une grande importance. Je demandai à un officier d'un des bâtiments qui étaient à Catane s'il avait pris un dessin de la couronne, et sur sa réponse négative, je lui demandai s'il avait distingué quelque aigrette. « Oui, me répondit-il; mais comment dessiner une chose qui tournait circulairement comme une pièce d'artifice? » Cette observation n'est pas isolée, et il serait aisé d'en citer d'autres du même genre. Elles doivent tendre, j'ai à peine besoin de le dire, à corroborer notre croyance en une nature instable, et par conséquent non cosmique, des aigrettes de la couronne.

Ces variations lumineuses sont-elles dues à l'éclat de la couronne et aux transformations rapides des aigrettes, qui constituent l'un de nos résultats les plus clairement acquis? En 1842, l'éclat de la couronne fut reconnu insoutenable à l'œil nu. Une observation semblable m'a été transmise par plusieurs des officiers qui ont vu la dernière éclipse en Sicile.

II. — Observations polariscopiques.

Pour ce qui regarde les expériences de polarisation, je vais pouvoir, grâce à l'obligeance de M. Spottiswoode, vous montrer d'une manière très-claire le principe des observations polariscopiques faites pendant cette dernière éclipse et les éclipses précédentes; mais le champ de ces études est extrêmement étendu, et ce n'est pas mon intention de le parcourir en entier ce soir.

J'ai fait disposer cette lampe, ce réflecteur et ces prismes, de manière à vous montrer comment le polariscope peut déterminer la proportion de lumière réfléchie sous différents angles et la direction de la réflexion. Supposons que cette lampe représente le soleil, et admettons que ce réflecteur placé près de la lampe représente une particule d'espèce quelconque, voisine du soleil, et réfléchissant sa lumière vers nous; nous aurons naturellement la lumière réfléchie sous un angle beaucoup plus grand que si le réflecteur était placé près de cet écran qui représente une particule de notre propre atmosphère. Or, nous savons que, dans ces conditions, plus l'angle de réflexion est considérable, plus la polarisation est complète. Par conséquent, pour obtenir de ce miroir un effet polarisateur maximum, nous devrons le placer de manière qu'il réfléchisse sous un angle considérable le faisceau lumineux rayonnant de cette lampe, c'est-à-dire évidemment tout près de ce soleil fictif. Si nous le plaçons de telle sorte qu'il puisse représenter une particule de notre propre atmosphère, l'angle deviendra si petit que la polarisation de la lumière sera à peine appréciable.

Faisons l'expérience; voici notre faisceau lumineux; nous le polarisons sous un angle aussi grand que possible, en plaçant le réflecteur tout près de la lampe ; puis nous le faisons passer au travers de ce beau prisme, que M. Spottiswoode a eu l'obligeance de mettre à notre disposition ; enfin, sur son trajet, nous plaçons un polariscope qui va nous permettre de constater l'existence de la lumière polarisée. Vous voyez que ces couleurs ont un éclat considérable ; or, cet éclat dépend du degré de polarisation.

Maintenant, au lieu de placer notre réflecteur près de notre soleil fictif pour représenter une particule de l'atmosphère solaire, plaçons-le près de cet écran pour représenter une particule de notre propre atmosphère ; dans ce cas, l'angle de réflexion devient extrêmement petit. Aussi voyez-vous l'éclat des couleurs s'effacer complétement ; vous pouvez les distinguer encore, et apprécier leurs teintes ; mais tout leur brillant a disparu.

Voilà le point de départ des observations polariscopiques qui ont été faites, à l'occasion de la dernière éclipse, avec un soin tout nouveau. La lumière de la couronne est-elle fortement polarisée ? Ce fait devrait être considéré comme un argument puissant en faveur de l'opinion qui fait de la couronne une dépendance réelle du soleil, surtout si cette polarisation est rectiligne. Malheureusement nous n'avons pas encore reçu un grand nombre des observations qui ont été faites, et celles que nous avons reçues sont aussi discordantes entre elles que tous les résultats obtenus dans les éclipses antérieures. Je n'ai pu discuter toutes ces observations ; et, par conséquent, mon rapport restera incomplet sur ce point. Du reste, fussé-je parfaitement au courant, j'hésiterais encore à formuler une opinion. Lorsque, en 1851 et 1858, M. Carrington et M. Gilliss virent cette couronne étroite dont je vous ai parlé, ils ne purent y constater, ni l'un ni l'autre, la moindre trace de polarisation quelconque; en revanche, la lumière de la vaste couronne que M. Liais observa en 1868 était fortement polarisée ; aussi M. Liais fut-il amené à admettre que la couronne est solaire, en totalité, aigrettes et tout ce qu'elle comprend, et qu'elle est pour nous l'indication d'une atmosphère solaire d'une hauteur double ou triple du diamètre du soleil, c'est-à-dire de trois millions de milles. Cette observation ne s'accorde pas avec les conclusions générales à tirer des dessins que je vous ai montrés ; et permettez-moi d'ajouter qu'attribuer la couronne à de la lumière réfléchie par le soleil n'est pas, tant s'en faut, une manière simple de résoudre la question : alors même que nous aurions observé les effets de polarisation les plus intenses, nous ne pourrions nous considérer comme sérieusement fixés sur ce point.

III. Conclusions de MM. Airy et Madler.

Avant de passer aux observations spectroscopiques, je rappellerai les conclusions auxquelles sont arrivés M. Airy et M. Madler, après avoir compulsé et discuté toutes les observations de 1860.

M. Airy, dans une leçon professée devant l'Association Britannique à Manchester en 1861, reconnaissait qu'en admettant l'existence d'une atmosphère s'étendant jusqu'à la lune, on rendait compte des observations de M. Plantamour, qui ne pouvaient, pensait-il, s'expliquer d'aucune autre manière : les expériences de polarisation semblaient aussi, d'après lui, conduire à la même conclusion. Il se contentait de faire remarquer que la réflexion, que tant d'astronomes considèrent comme devant appartenir au soleil, se produit quelquefois entre la terre et la lune.

Les conclusions de M. Madler sont dans le même sens ; et, quoiqu'il n'exprime peut-être pas une opinion aussi décidée, il soutient que l'atmosphère joue un rôle prédominant dans le phénomène ; et il propose des expériences destinées à le démontrer : « Les portions solaire et atmosphérique, dit-il, » se superposent l'une à l'autre et se combinent en une apparence unique, de sorte que la couronne est un phénomène complexe. »

Je vous montrerai brièvement que le spectroscope nous a appris que telle est la vérité, sinon toute la vérité ; car nous n'en sommes pas encore là. — « Nous ne pouvons pas, dit M. Madler en concluant, partager les doutes de ceux qui craignent » d'entourer le soleil d'enveloppes trop nombreuses ; qu'y a-t-» il de bizarre à supposer que le soleil possède autant d'atmosphères que Saturne a d'anneaux ? Seulement nous devons » reconnaître que nous ne pouvons encore rien affirmer à cet » égard. Le champ des hypothèses est vaste, et la solution de » pareils problèmes est peut-être encore bien loin de nous. »

Aujourd'hui nous pouvons parler avec un peu plus d'assurance.

IV. Observations spectroscopiques.

Nous allons passer maintenant à un nouvel ordre d'observations, pour lesquelles nous trouvons un puissant auxiliaire dans un instrument nouveau, le spectroscope, employé pour la première fois en 1868 à l'étude d'une éclipse de soleil. C'est alors, vous le savez tous, que la question de la nature des *flammes roses* a été définitivement résolue par M. Janssen, par le major Tennant, par le capitaine Herschell, et d'autres, qui firent sur cette éclipse de magnifiques observations ; mais nous n'avons pas à nous occuper maintenant des flammes roses, mais de la couronne lumineuse qui les entoure.

Beaucoup d'entre vous pensent sans doute,—et c'était encore ma propre opinion tout récemment, — que l'éclipse de 1868 ne nous a appris sur la couronne qu'une seule chose ; savoir que son spectre était un spectre continu ; et je n'ai besoin de dire à personne dans cet auditoire combien ce fait était embarrassant, puisqu'il impliquait l'existence, en dehors des flammes roses, d'une matière non gazeuse, chose tout à fait improbable aux yeux de quiconque connaît le premier mot de la question qui nous occupe. Mais quelques-uns d'entre vous se rappelleront sans doute qu'un observateur français, M. Rayet, avait donné la figure du spectre de l'une des protubérances ; d'un autre côté, M. Pogson, observateur bien connu, qui est actuellement aux Indes, avait donné, de son côté, sous le nom de spectre d'une protubérance, un spectre qui présentait quelques différences remarquables avec la figure de M. Rayet.

Voici une copie de la figure de M. Rayet. Au bas, se trouve ce que cet observateur considérait comme le spectre de la portion inférieure de la protubérance, tandis que la partie la plus élevée du dessin, où nous voyons moins de lignes, représentait, d'après lui, le spectre de sa portion supérieure. Le premier de ces spectres comprend les raies B, D, E et F, et quelques autres, en tout neuf, tandis que le spectre supérieur renferme seulement trois raies. Ces observations étaient difficiles à interpréter. D'abord on ne comprenait pas comment la raie B pouvait être indiquée ; car j'ai reconnu que cette raie n'existe point dans le spectre de la chromosphère ; c'était évidemment de la raie C qu'il s'agissait. Cette erreur faisait naître un doute au sujet des autres raies ; il semblait que M. Rayet avait dû se tromper sur ses lignes allongées D, E et F, et qu'il avait probablement en vue C, une raie voisine de D et F. Ainsi ces lignes allongées n'avaient aucune signification particulière ; seulement le spectre de la protubérance était moins simple tout près du soleil qu'à une certaine distance ; c'est ce qui arrive pour toutes les protubérances, comme nous pouvons le vérifier tous les jours, à quelque moment qu'il nous plaise de regarder le soleil avec un spectroscope.

Écoutons maintenant M. Pogson. Il donne une figure indiquant cinq raies dans le spectre de ce qu'il pensait être une protubérance, et il écrit : — « Je n'apercevais dans mon » instrument, qu'un spectre pâle, à peine coloré, et certai- » nement exempt de toutes raies, soit brillantes, soit obscures. » Tandis que je m'étonnais, en me sentant considérablement » désappointé, de ce résultat, je vis apparaître peu à peu » quelques raies brillantes, qui atteignirent un bel éclat, » passèrent par un maximum, puis commencèrent à s'effa- » cer. J'en distinguai jusqu'à cinq ; mais deux d'entre elles » étaient notablement plus brillantes que les autres. Je m'as- » surai de la position de ces deux raies principales. Je trouvai » singulier qu'elles se trouvassent dans une partie du spectre » ne correspondant à aucune raie obscure bien caractérisée » dans le spectre solaire..... Ces raies étaient un peu moins » réfrangibles que E. La troisième, par ordre d'éclat, devait » soit coïncider avec la ligne du sodium D, soit en être très- » voisine ; elle était moins marquée que les précédentes ; » enfin les quatrième et cinquième raies étaient très-pâles. »

Ces raies étaient *doubles*, et voisines de F. J'ai vu la raie F se dédoubler dans mes expériences sur l'hydrogène ; mais je ne puis dire qu'il y ait là une explication des observations de M. Pogson.

Il n'est pas douteux que nous n'ayons là les premières observations du spectre de la couronne solaire. Comment M. Rayet et M. Pogson croyaient-ils observer des protubérances, tandis qu'en réalité ils regardaient au-dessus d'elles? C'est ce qu'explique une remarque du capitaine Tupmann, de l'artillerie de la marine royale, qui, aidant le professeur Harkness, choisissait, avec le chercheur, les points les plus lumineux de la couronne pour les soumettre à son observation. Le professeur Harkness, reconnaissant les lignes brillantes des protubérances, dit au capitaine : « Mais vous avez » dirigé le télescope sur une protubérance ; c'est la couronne » que je demande. » — « Non, répondit M. Tupmann. Je vous » donne la couronne aussi bien que je le puis. » C'était, certainement aussi, la couronne qu'avaient vue les premiers obervateurs. C'est ainsi que le spectroscope disait, sans qu'on le lui demandât, son premier mot sur la nature de la couronne ; et j'insiste d'autant plus sur ces observations, qu'elles sont restées stériles pendant deux ans ; ceci nous montre l'importance des recherches qui ont pour effet non-seulement de nous fournir des connaissances nouvelles, mais encore de nous permettre d'expliquer certaines observations antérieures ; c'est une raison de plus pour ne jamais rejeter une observation, quelle qu'elle soit. Nous allons voir que ce qui était obscur et incertain en 1868, est devenu parfaitement clair en 1869, grâce à l'habileté des observateurs américains de l'éclipse de cette année.

Mais avant de vous faire connaître les belles observations faites en Amérique sur cette éclipse, je dois vous rappeler certains travaux qui, commencés en 1868, ont été poursuivis indépendamment de toute éclipse et dans les circonstances ordinaires. Dans une leçon professée ici, il y a environ deux ans, je vous décrivais quelques-unes des observations faites sur cette région, dont le spectroscope nous a révélé l'existence tout autour du soleil, qui donne des spectres formés de raies brillantes, et que j'ai désignée sous le nom de *chromosphère*, à cause des phénomènes variés de coloration qu'elle présente pendant les éclipses totales. Il est évident que la méthode nouvelle, consistant à éteindre partiellement la lumière atmosphérique, nous dévoilait une partie seulement du phénomène ; en effet, la lumière atmosphérique ne pouvait s'éteindre ainsi que par une exagération de la dispersion, qui devait affaiblir aussi et raccourcir les raies chromosphériques. Ainsi, si nous pouvions affirmer qu'une enveloppe d'environ 5000 ou 6000 milles de hauteur existe autour du soleil, nous ne pouvions pas fixer cette distance comme une limite maximum. En outre, lorsque nous examinions le spectre de cette enveloppe, nous y rencontrions des raies longues et des raies courtes ; j'ai montré comment les raies courtes indiquaient une couche basse et comment les raies longues révélaient une couche plus élevée. Pour expliquer ces apparences, je vais vous rappeler une observation faite longtemps avant qu'on pensât à cette nouvelle méthode, et qui prouvait déjà manifestement l'existence de couches de ce genre, sans permettre toutefois de préciser leur nature ; nous pouvions affirmer qu'il existe à la surface du soleil des séries d'éléments divers, de plus en plus raréfiés, situés à différents niveaux, dans des conditions différentes. Dans cette manière de voir, à l'extrême bord de la chromosphère, le dernier de ces éléments se raréfierait infiniment, disparaîtrait, et là serait la limite de tout ce qui appartient au soleil.

Voici un dessin exécuté par le professeur Schmidt, lors de l'éclipse de 1851. Je n'appellerai point votre attention sur la forme étrange de cette vaste protubérance ; mais je veux vous faire remarquer qu'au moment où la lune passait sur cette région, nous avions une mince bande rose, d'abord accolée au bord du disque lunaire ; puis, quand la lune l'eut dépassée, nous pouvions apercevoir cette couche rose comme suspendue dans la chromosphère, avec une couche blanche au-dessous d'elle. Voilà l'explication des raies, tantôt longues, tantôt courtes, que l'on voit dans le spectre de la chromosphère ; la couche rose est constituée par de l'hydrogène à peu près pur, donnant ses raies caractéristiques ; mais au-dessous le spectre est envahi par un certain nombre de lignes brillantes disséminées dans toutes ses parties et correspondant à la couche blanche inférieure.

Lord Lindsay possède une photographie, faite en Espagne, sur laquelle on voit, dans une portion particulière de la chromosphère, trois couches de ce genre superposées. Dans ces cas-là, on trouve toujours la lumière blanche près du soleil, puis du rouge seul ou du rouge mêlé avec du jaune, puis du violet et enfin du vert. M. Madler fait judicieusement remarquer à ce propos que « la bande violette con- » stitue le chaînon qui unit les protubérances et la cou- » ronne ».

Avant d'aller plus loin, je veux vous montrer les variétés d'apparences que présentent l'hydrogène *chaud* et l'hydrogène *froid*, c'est-à-dire l'hydrogène que nous amenons à différents degrés d'incandescence au moyen de l'étincelle électrique. Le docteur Frankland et moi, après avoir reconnu que la pression, dans ces régions du soleil, est peu considérable, sommes arrivés à conclure qu'il doit exister, en dehors de l'hydrogène chaud, de l'hydrogène plus froid, pour mettre d'accord nos observations d'observatoire et de laboratoire.

Voici un tube qui contient de l'hydrogène sous une certaine pression; ici se trouve une bobine qui nous permet de le faire traverser par l'étincelle électrique. Vous voyez que nous obtenons un certain degré d'incandescence, et en regardant latéralement ou en haut, vous apercevez une sorte de lumière bleu verdâtre. Telle est la condition dans laquelle se trouvait l'hydrogène dans cette région du soleil où le docteur Schmidt nous a montré cet anneau rosé très-mince; en effet, la combinaison du bleu et du rouge vous donnerait quelque chose de très-analogue à du violet.

Mais voici de l'hydrogène dans des conditions différentes. Dans notre tube, il n'était pas très-raréfié; dans ce ballon, nous sommes aussi près du vide qu'il est possible pour permettre à une étincelle de passer. Remarquez le phénomène. Voilà un ballon qui renferme le même élément chimique que ce tube, préparé de la même manière, en même temps, et cependant vous voyez que les phénomènes de coloration sont complétement différents. Le professeur Tyndall va avoir l'obligeance d'observer le spectre de cet hydrogène; il apercevra un spectre continu, avec une seule raie brillante. Ainsi l'hydrogène froid nous donne seulement la raie F, plus un spectre continu. Beaucoup d'entre vous comprennent l'extrême importance de cette observation, qui explique la ligne F observée sans la ligne C, en 1868 et l'année dernière, et aussi le spectre continu observé dans l'éclipse indienne.

En arrivant à l'étude de l'éclipse américaine avec les notions sur lesquelles je viens d'appeler votre attention, c'est-à-dire celles de l'existence de différentes couches dues à divers éléments et à des états divers d'un même élément, nous reconnaîtrons l'extrême importance des observations américaines; en effet, elles établissent ce fait que, en dehors de la couche de l'hydrogène, il existe une couche donnant une seule raie dans le vert, la raie que Rayet et Pogson ont observée associée avec les spectres de l'hydrogène et de la substance jaune. C'est là évidemment, à mon avis, tout simplement l'indication de l'existence d'une autre substance très-raréfiée, en dépit de cette supposition extraordinaire, qui a été mise en avant, qui ne ferait de la couronne rien autre chose qu'une *aurore solaire permanente*.

J'ai à peine besoin de vous dire que cette idée d'une couronne solaire permanente a paru partout saisissante; je prétends que, pendant les observations de l'année dernière, nous avons transformé cette idée en une magnifique réalité, en prouvant que cette couche extérieure de la chromosphère n'est, suivant toute probabilité, ni plus ni moins que l'indication de la présence d'un élément plus léger que de l'hydrogène; toutefois, ceci n'est pas encore complétement établi ; car la raie coïncide avec l'une des raies du spectre du fer.

Le docteur Frankland et moi-même, nous avons été depuis très-longtemps induits à considérer la nature solaire des larges couronnes dont je vous parlais tout à l'heure comme extrêmement problématique, même avec l'hypothèse de la présence de l'hydrogène froid, parce que nous n'avons pas vu comment, avec sa température et sa pression, il pouvait s'étendre très-loin; une expérience que je vais faire ici rendra probablement la chose plus claire.

Dans ces récipients de verre se trouve de l'hydrogène, un peu plus brillant, lorsque l'étincelle le traverse, que celui que vous avez vu dans le ballon, parce qu'il est mélangé à une certaine quantité de vapeur. En bas, nous avons de ce côté de la vapeur de sodium, produite par du sodium métallique, et dans l'autre tube, de la vapeur de mercure. Vous allez voir qu'un bon nombre des phénomènes de coloration observés dans la chromosphère pendant les éclipses peuvent aisément se reproduire par des expériences analogues à celles-ci, et non-seulement les phénomènes de coloration, mais aussi l'accroissement d'éclat qu'accompagnent ces changements de couleurs. Vous distinguez tous maintenant une teinte jaune dans la partie inférieure du premier tube et une teinte verte au fond de l'autre; si je prolongeais l'expérience de manière à faire croître la densité des vapeurs mélangées à l'hydrogène, je pourrais donner à la partie inférieure de chaque tube, où les vapeurs présentent leur maximum de densité, un éclat tout à fait comparable à celui du soleil, tandis que l'hydrogène froid placé en haut ne deviendrait pas plus brillant qu'il ne l'est en ce moment. Chacun de ces récipients nous représente exactement une section de la chromosphère.

V. — Conclusions.

Permettez-moi de résumer en terminant quelques-uns des résultats obtenus pendant la dernière éclipse.

Je crois que, en dépit de l'interruption forcée de nos observations, nous pouvons considérer encore ces résultats comme très-satisfaisants. En réunissant les observations faites en diverses stations, je constate que nos connaissances sur le soleil se sont considérablement accrues depuis quelques mois. Par exemple, nous pouvons comprendre les observations longtemps négligées de M. Rayet et de M. Pogson, et nous savons que, au delà de l'hydrogène, il existe, suivant toute probabilité, un nouvel élément dans un état de ténuité presque infinie. Nous sommes assurés de la présence de l'hydrogène froid au-dessus de l'hydrogène chaud, fait qui semblait contredit par l'éclipse de 1869.

Nous ne serions arrivés qu'à ce seul résultat que nos travaux n'auraient pas encore été complétement stériles, puisqu'il nous démontre une décroissance rapide de la température; mais il y a plus. Je vous ai dit que M. Madler, en réunissant les observations faites jusqu'à 1860, est arrivé à cette conclusion qu'une portion de la couronne est certainement solaire, mais qu'il est encore incertain si ses portions extérieures appartiennent ou non au soleil. Je ne dis pas que nous avons complétement résolu cette question; mais nous pouvons cependant considérer aujourd'hui comme hors de doute qu'une partie de la lumière de la couronne est due à une réflexion se produisant entre la terre et la lune. On a observé que la couronne extérieure possède une teinte rosée au-dessus des protubérances, et que le spectre de ces protubérances s'aperçoit à quelques minutes au-dessus de leur situation réelle aussi bien que sur le bord immédiat du disque lunaire. On ne peut attribuer cette coloration au soleil, car sa couleur intrinsèque est verte, et la lumière rouge de l'hydrogène fournie au soleil est complétement détruite, est absorbée, et peut seulement atteindre la couronne solaire en tant que lumière obscure, si je puis m'exprimer ainsi.

Un fait important, dont nous sommes certains autant que l'observation puisse nous rendre certains d'une chose, c'est qu'il existe autour de l'hydrogène un rayonnement considérable qui nous donne le spectre de l'hydrogène chaud, sur la couronne, dans des points où nous savons qu'il n'y a point d'hydrogène chaud. On peut accorder à l'hydrogène chaud, qui émet de la lumière rouge, deux minutes de hauteur environ; or, le spectroscope a signalé ses raies à huit minutes de distance du soleil. La région de l'hydrogène froid s'amplifie de la même manière; nous en trouvons des indices dans des points où il n'existe certainement pas d'hydrogène froid. Enfin, pour ce qui regarde l'élément qui donne la raie verte, nous en reconnaissons les traces jusqu'à vingt ou vingt-cinq minutes en dehors du soleil : personne cependant ne peut considérer comme démontré que cet élément existe à une pareille distance.

Ainsi, — et je crois que c'est un fait complétement établi, — de même que le soleil, le soleil non éclipsé, émet un rayonnement intense autour de lui, de même chacune des couches de la chromosphère rayonne vivement autour d'elle. C'est parfaitement ce qu'on devait attendre, et la preuve que c'est la vérité, nous la trouvons dans cette observation, — observation très-importante faite en Espagne, — que l'air, les nuages placés entre nous et le disque lunaire nous donnent le même spectre que nous obtenons des protubérances elles-mêmes.

Mais donnez aux couches, aux éléments de la chromosphère, une étendue aussi grande que vous voudrez, amplifiez si vous voulez leurs dimensions apparentes par une réflexion étrangère au soleil, resteront encore à expliquer les aigrettes, les fissures et les divers phénomènes du même ordre. Si quelqu'un pouvait expliquer ces traînées sombres et ces aigrettes brillantes, diversement colorées, s'écartant du disque lunaire, pour aller mourir au loin dans l'espace, telles que vous les avez vues sur les dessins de l'éclipse de 1869, par MM. Brothers et Gilman, que je vous ai montrés, il rendrait, certes, un grand service à la science. En attendant, il faut s'en tenir à l'opinion exprimée par M. Madler, en 1860, en y ajoutant toutefois, comme je l'ai déjà dit, qu'une partie de cette lumière d'origine incertaine est certainement *non-solaire*. C'est là un fait acquis.

Tout près du soleil existe une couche blanche, composée de vapeurs de diverses substances et contenant toutes celles qui sont en dehors d'elle. Au delà se trouve une région de couleur jaune; vient ensuite une couche d'hydrogène, incandescent et rouge à sa base, plus froid et par conséquent bleu dans ses parties supérieures, le rouge et le bleu se mélangeant d'ailleurs et donnant le violet; enfin vient un dernier élément très-raréfié et offrant une coloration verte. Rapprochez cette série de teintes de celles que nous voyons se projeter sur nos paysages ou sur la mer au moment d'une éclipse; les objets qui nous environnent s'illuminent tour à tour de teintes changeantes, plus ou moins monochromatiques, et ces teintes reproduisent précisément celles des diverses couches de l'atmosphère solaire, avec leurs intensités relatives. N'est-il pas permis de supposer que, si l'on pouvait prendre en considération toutes les conditions du problème présenté par la lune, vaste écran qui permet à chacune de ces couches de projeter à son tour sa lumière sur la terre, en tenant compte des irrégularités du bord lunaire, qui laisse passer ou intercepte en des points divers les rayons de couches inégalement riches en radiations, on arriverait à expliquer les aigrettes, leurs couleurs, leurs variations, leurs transformations apparentes et leur passage d'un côté à l'autre? Je me borne à poser cette question, à laquelle il serait extrêmement difficile de répondre pour le moment. Mais je crois cependant vous avoir montré que nous sommes sur la trace de la vérité, et que les observations faites par l'expédition des gouvernements anglais et américain, dans l'éclipse de 1870, ont, en dépit d'un temps très-défavorable, produit d'utiles résultats et largement augmenté la somme de nos connaissances.

Les progrès d'une science amènent généralement une transformation nécessaire dans la nomenclature ou terminologie qui lui appartient. Les études sur lesquelles je viens d'attirer votre attention ne font pas exception à cette règle. Il y a quelques années, notre science avait assez des mots *protubérances*, *chaînes*, *couronne*, pour représenter les phénomènes que j'ai exposés devant vous. La nature de ces phénomènes était complétement inconnue, comme l'indique l'adoption du mot *chaîne* (*sierra*), très-légitime alors qu'on imaginait que les protubérances pouvaient être des montagnes solaires. Vous connaissez maintenant un grand nombre des matériaux qui constituent ces vastes amas, et vous savez qu'ils appartiennent à la partie supérieure de l'atmosphère du soleil. Nous connaissons déjà assez bien la météorologie solaire pour nous rendre compte du mécanisme de ces protubérances. Mais nous savons aussi qu'une partie de la couronne n'appartient pas du tout au soleil. De là les mots de *leucosphère* et *halo* qui ont été proposés pour désigner, le premier, les régions où la radiation générale, grâce à la diminution de la pression et de la température, n'est plus subordonnée à la radiation sélective, et le second, cette partie de la couronne qui n'appartient pas au soleil. Ni l'un ni l'autre de ces termes n'est bon, ni nécessaire. Il est parfaitement suffisant de conserver le mot couronne pour indiquer la région extérieure, comprenant les aigrettes, les fissures et les autres apparences du même ordre, sur lesquelles des incertitudes existent encore, et d'appliquer à la portion qui est certainement solaire le terme de *chromosphère*, ou région des lignes brillantes, ainsi que je l'ai défini dans cet amphithéâtre même, il y a deux ans. Ce terme exprime exactement le trait caractéristique de cette portion de la couronne, et la différencie de la photosphère et de la portion voisine de l'atmosphère solaire.

Je terminerais ici, si je ne devais témoigner publiquement ma reconnaissance à notre gouvernement, qui nous donne les moyens d'aller au loin observer les éclipses de soleil. Je tiens aussi, en finissant, à exprimer le plaisir que nous avons tous trouvé dans nos relations scientifiques avec les astronomes américains distingués qui ont été associés à nos travaux depuis le commencement jusqu'à la fin, et notre vive gratitude à tous les nouveaux amis que nous avons trouvés partout où nous sommes allés et qui nous ont reçus avec la même cordialité que de vieux amis de jeunesse.

J. NORMAN LOCKYER.

— Traduit de l'anglais par le Dr RENÉ BENOIT. —

BULLETIN DES SOCIÉTÉS SAVANTES

Académie des sciences de Paris

SÉANCE DU 4 SEPTEMBRE 1871

Un orage épouvantable ouvre la séance et fait échec à M. Élie de Beaumont pour la lecture de la correspondance dont on n'entend rien. Une obscurité complète l'empêche de lire et, les bougies réclamées et apportées, c'est le bruit de la tempête, de la pluie, du vent et de la grêle qui couvre sa voix... faible. Mais bientôt l'éclair scintille, un coup de tonnerre éclate strident comme le canon il y a trois mois, l'atmosphère s'éclaircit, le soleil brille et tout rendre dans l'ordre.

M. Byasson adresse un travail sur le pétrole dont la distillation est officiellement à l'ordre du jour.

— Une note de M. E. Saint-Edme répond aux prétentions de M. Houzeau sur la production de l'ozone. S'il n'en a obtenu que 21 milligrammes au lieu de 100 comme lui, c'est qu'il s'est placé dans des conditions différentes, et que son but n'était pas d'atteindre ce maximum. Il n'y a donc ni contradiction ni infériorité de procédé.

— A la veille de nouvelles découvertes que les astronomes espèrent réaliser dans la constitution du soleil, par suite des investigations dont M. Janssen est l'initiateur, un long mémoire du P. Secchi sur les protubérances solaires est une véritable bonne fortune. En raison de son importance et de l'actualité de la question, il sera inséré en entier dans les Comptes rendus avec les dessins à l'appui.

— Des lois nouvelles en chimie générale continuent à être découvertes par MM. Troost et Hautefeuille, dans le laboratoire de l'École normale. En obtenant, à l'exemple de MM. Friedel et Ladenburg un oxychlorure de silicium $Si^4O^2Cl^6$, et en constatant qu'il peut s'en former une série graduée de six autres par le déplacement d'équivalents d'oxygène, ils ont obtenu un autre résultat que nous avons omis de signaler : c'est la production d'autres oxychlorures avec le bore, le titane, le zirconium, c'est-à-dire avec les éléments de la même famille naturelle. Or ils viennent de confirmer une fois de plus la réalité de ces familles naturelles de M. Dumas, par l'analogie et les rapports des propriétés spectrales des corps d'une même famille. Le spectre des corps les plus légers est le plus rapproché du rouge, tandis qu'il augmente d'intensité et va jusqu'au violet dans les corps les plus lourds. Mais on ne saurait saisir exactement à une simple audition ces lois synthétiques si admirablement formulées par M. Dumas; mieux vaut attendre la publication du *Compte rendu* pour les promulguer.

— A propos de spectres, il est bon de rappeler que M. Salet, tout en adoptant l'interprétation de M. Angström sur les causes de leur multiplicité dans un corps unique, a démontré dans la dernière séance que le soufre en produit réellement deux. C'est une exception inexplicable à ces grandes lois naturelles dont M. Dumas est si friand.

— Une communication de M. Isidore Pierre sur l'ébullition dans une cornue d'un mélange d'eau et d'alcool amylique, est encore l'objet, de la part de l'éminent chimiste, de remarques synthétiques sur les rapports du point d'ébullition de ces deux liquides séparés, avec celui de leur mélange à ses divers degrés d'évaporation.

— M. Bertrand lit une dissertation philologico-historique sur les prétentions contradictoires d'Abulbefas, sur les variations de la lune. Il met à néant les prétentions de l'astronome arabe au profit de Ptolémée. Mais M. Leverrier se fait l'avocat d'Abulbefas, ainsi que M. Chasles, qui s'est réservé la parole pour la prochaine séance. Quoique assez chaude hier, la discussion sur ce sujet pourra bien l'être encore davantage lundi prochain, et fournir l'occasion de revenir sur ce sujet.

— M. Cahours présente, au nom de M. Girard, une note sur la transformation de la fuschine en ce magnifique bleu d'aniline que l'on admire tant.

Diverses autres présentations de MM. Leverrier, Quételet et Cl. Bernard terminent cette séance, beaucoup mieux qu'elle n'avait commencé.

Académie de médecine de Paris

SÉANCE DU 5 SEPTEMBRE 1871

- Voyez l'heureux retour des votes académiques! Il y a cinq mois, sous la Commune d'exécrable mémoire, l'Académie, troublée, disséminée et décapitée, procédait à l'élection d'un membre correspondant, et M. le professeur H. Gintrac, de Bordeaux, porté en première ligne, n'obtenait que 14 voix sur 35 votants. Aujourd'hui que ce corps savant, revenu à son état normal, procédait à une nouvelle élection se présentant dans les mêmes conditions, il en a été tout autrement. Sur 47 votants, M. H. Gintrac, porté en tête de la liste, a obtenu 41 suffrages, M. Raimbert 5 et M. Guéneau de Musssy 1. Le nouveau correspondant peut donc se consoler de l'échec que lui a fait subir la Commune; son triomphe n'en a été que plus brillant et mieux assuré.

— En s'éternisant, la discussion sur l'infection purulente se restreint entre les chefs de doctrine sur cette maladie, car il en est jusqu'à trois que l'on pourrait citer. M. J. Guérin, représentant celle qu'il qualifie d'*inductive et expérimentale*, se place entre M. Verneuil, défenseur de la doctrine allemande, et M. Chauffard, vitaliste autorisé et convaincu. Imitant le sage éclectisme de M. Gosselin, il répudie et combat les points extrêmes, absolus, systématiques de ces deux doctrines opposées, et qui s'excluent réciproquement. Celle-ci est surtout l'objet de ses foudres. Reprenant contre elle la plupart des arguments invoqués par M. Gosselin, il contredit vivement les assertions et les définitions de son avocat. L'infection purulente n'a pas pour caractère distinctif d'être fatalement mortelle, car elle a une période prémonitoire, dans laquelle on peut la combattre et la vaincre. Aucune maladie n'a l'unité que prête M. Chauffard à cette maladie, toutes ont une période ébauchée qui n'est pas encore la maladie elle-même, puisqu'on réussit parfois à la faire avorter.

Contrairement au dogme vitaliste, M. J. Guérin considère la fièvre traumatique comme une maladie, et se rapproche ainsi de la doctrine allemande. Cette fièvre, dit-il, n'est ni forte ni faible comme l'a divisée M. Gosselin, pour en expliquer les effets variables, différents. Elle est un simple effet de la réaction du traumatisme de la plaie quand elle cesse rapidement, sans suites fâcheuses. Dans le cas contraire, elle est un effet de l'empoisonnement; c'est de la septicémie. Les causes n'en sont pas simples, comme l'a dit M. Chauffard. Le conctact de l'air en est la principale cause; sa non-manifestation dans les opérations sous-cutanées, de même que dans des fractures comminutives, le prouve surabondamment.

Malgré tout le temps qu'il a occupé la tribune, l'orateur n'a pu terminer sa réfutation. Il se perd dans les détails, les citations, les définitions et les répétitions. A ce point de la discussion où la cause est entendue, comme on dit au palais, il suffisait de poser des arguments topiques dont chaque auditeur eût facilement fait son profit. Au lieu de cela, M. J. Guérin les noie dans les détails, les superfluités. Son abondance de parole lui nuit autant que son système, des maladies ébauchées, des symptômes prémonitoires, de l'action nocive de l'air sur les plaies, et les opérations sous-cutanées, l'occlusion pneumatique, qui en sont la conséquence. Son esprit généralisateur en est si fortement pénétré, imprégné, qu'il s'en trouve même embarrassé. Il y revient sans cesse et voudrait y ramener et soumettre la pathologie entière. Après en avoir fait l'occupation de toute sa vie, il éprouve le besoin d'en couronner sa carrière, mais...

Il paraît que M. Fauvel éprouvait aussi le besoin de revenir sur la question du choléra, pour expliquer l'influence saisonnière sur la mortalité croissante des cholérines, et bien autre chose sans doute, afin de rassurer les esprits contre les bruits alarmants répandus par les journaux ; mais le conseil a jugé aussi dans son autorité et sa liberté que le sujet était trop brûlant et à refusé de l'inscrire. L'homme puissant trouve toujours une puissance qui l'arrête.

Société de Biologie

SÉANCE DU 26 AOUT 1871

M. Laborde décrit un nouveau procédé expérimental destiné à faire absorber par les voies naturelles physiologiques, chez les batraciens, les substances toxiques en solution : ce procédé consiste à placer l'animal dans un vase muni d'un bouchon de liége, percé à son centre, de façon à ne laisser plonger dans le liquide que l'extrémité des pattes, c'est-à-dire la membrane interdigitale.

Par ce procédé, on évite les inconvénients et les erreurs qui résultent des *injections* locales et du contact *immédiat et direct* avec les tissus de la substance à l'étude ; on réalise, en un mot, les conditions normales de l'absorption physiologique.

L'étude particulière des *poisons dits musculaires*, à l'aide de ce procédé, mène à des conclusions qui modifient complétement les idées reçues et en cours sur ce sujet, et permet d'expliquer certaines divergences qui se sont produites récemment, au sein même de la Société, relativement à l'action de l'*aconitine*. M. Laborde se borne aujourd'hui à ces quelques remarques, se proposant de donner prochainement le détail et les résultats définitifs de ses expériences.

M. Ranvier communique à la Société le commencement de ses recherches sur la *structure du tissu réticulé*, principalement étudié dans les ganglions lymphatiques.

Grâce aux procédés d'investigations micrographiques qu'il a employés, et qui consistent particulièrement dans le traitement de la préparation par le *pinceau*, M. Ranvier a pu s'assurer que, contrairement à l'opinion généralement émise, les *noyaux* ne sont point placés à la jonction, mais bien à la surface même des *fibrilles* et sur les nœuds du tissu réticulé. Cette disposition est surtout constatable sur le tissu de l'épiploon.

Par l'expulsion complète des cellules et des noyaux, on voit, en outre, que les *cellules* sont elles-mêmes à la surface du tissu réticulé, par le *moule* qu'elles y laissent. C'est surtout dans les ganglions enflammés (adénite lymphoïde) que M. Ranvier a pu bien étudier et mettre en évidence ces particularités structurales nouvelles.

Il résulte, enfin, de ses recherches, que le tissu réticulé des cavités séreuses et des ganglions lymphatiques ne diffère pas sensiblement, au point de vue de la structure, des *sacs lymphatiques* des batraciens.

M. Brown-Séquard montre à la Société deux cochons d'Inde en expérience.

Le premier a subi une section des *corps restiformes* au voisinage du bulbe, et, comme cela arrive habituellement à la suite de ces lésions, l'animal a présenté des hémorrhagies de l'oreille correspondante avec gangrène consécutive ; mais, en outre, on a observé, dans ce cas, cette particularité remarquable et jusqu'à présent exceptionnelle, que l'énorme perte de substance dont l'oreille est le siége s'est produite en moins de vingt-quatre heures. Le deuxième cochon d'Inde est un épileptique à la suite de la section du nerf sciatique.

Sur cent vingt animaux semblables rendus jusqu'ici épileptiques par ce procédé expérimental, M. Brown-Séquard a constamment posé l'existence de la zone épileptogène du côté opposé à la lésion du *sciatique*. Or, sur le présent animal, le cent vingt et unième opéré, *la zone épileptogène existe des deux côtés à la fois* ; elle est seulement un peu moins étendue du côté *opposé* à la lésion que du côté correspondant. C'est donc un cas d'*epilepsie double* avec une *lésion unique*.

M. Brown-Séquard déclare ensuite être prêt à abandonner, parce qu'il la reconnaît erronée, *sa théorie de la transmission des impressions sensitives et des ordres de la volonté aux muscles*. Il remet à un autre jour la démonstration de la théorie destinée, selon lui, à remplacer la précédente ; mais il se croit autorisé, dès aujourd'hui, à affirmer que ce n'est point *dans le cerveau* que s'opère ce travail physiologique, mais que les *centres percepteurs* sont partout où il y a une *cellule* au point d'arrivée et de départ des fibres sensitives.

SÉANCE DU 2 SEPTEMBRE 1871

M. Brown-Séquard, qui poursuit avec une admirable constance ses belles recherches expérimentales sur l'épilepsie, revient aujourd'hui sur ce qu'on pourrait appeler *épilepsie internationale ou climatérique du cochon d'Inde*.

Plusieurs de ces animaux, chez lesquels la section du sciatique a été pratiquée en Amérique ne sont point devenus *épileptiques*, à la suite de cette opération, comme ils le deviennent constamment en France dans les mêmes conditions ; du moins ils ne le sont point devenus avec la même facilité et à la même période, car voici ce qu'il est permis d'observer en ce moment sur l'un de ces opérés, qui a pu être ramené en France.

C'est une femelle de cochon d'Inde qui a eu les deux nerfs sciatiques sectionnés, il y a environ quatre mois : or, elle donne aujourd'hui, ainsi qu'il est facile de s'en convaincre, les signes manifestes d'une épilepsie complète ; mais il est à remarquer que la zone épileptogène est placée beaucoup plus inférieurement que d'habitude, en arrière de l'époque. Est-ce à cause de cette circonstance exceptionnelle que l'épilepsie n'aurait pu être constatée plus tôt chez ce sujet, les provocations n'étant point faites au lieu efficace? — cela est possible ; — toujours est-il qu'un second animal, opéré à la même époque que le précédent en Amérique, n'avait pas non plus donné de manifestations épileptiformes, trois mois après l'opération, époque à laquelle il est mort.

Quoi qu'il en soit, il y a des recherches étiologiques intéressantes à poursuivre dans ce sens.

M. Brown-Séquard se livre, à ce propos, et en réponse à quelques interpellations, à de très-brèves considérations sur la statistique comparée, d'après sa pratique personnelle, du nombre des épileptiques en Angleterre, en France et en Amérique ; il a remarqué que le nombre était proportionnellement beaucoup plus considérable en Amérique que dans les autres pays, bien que l'usage de l'*absinthe* y soit à peu près inconnu ; c'est certainement par erreur que l'auteur d'une thèse récente sur les effets de l'absinthisme émet l'assertion contraire.

M. Laborde fait remarquer à ce sujet qu'on peut facilement se faire illusion relativement à la prétendue liqueur d'absinthe : il s'est assuré que celle qui se consomme à Paris en si grande abondance ne contient pas un atome d'absinthe, ou n'en contient que des traces imperceptibles ; on s'expose donc à une grosse erreur, en concluant, de cette consommation en nature, aux effets et aux accidents produits sur les animaux par de véritables préparations d'absinthe ; il y a là deux questions distinctes : la question pratique et la question théorique et purement expérimentale.

M. Laborde espère être bientôt en mesure d'apporter des résultats nouveaux sur ce sujet.

Le propriétaire-gérant : GERMER BAILLIÈRE.

PARIS. — IMPRIMERIE DE E. MARTINET, RUE MIGNON, 2.

LA

REVUE SCIENTIFIQUE

DE LA FRANCE ET DE L'ÉTRANGER

REVUE DES COURS SCIENTIFIQUES (2E SÉRIE)

DIRECTION : MM. EUG. YUNG ET ÉM. ALGLAVE

2e SÉRIE — 1re ANNÉE | NUMÉRO 12 | 16 SEPTEMBRE 1871

Paris, 15 septembre 1871.

La question du transfert de la Faculté de médecine de Strasbourg avait été portée devant l'Assemblée nationale par deux de ses membres qui, sous des titres divers, proposaient en définitive l'établissement d'une Faculté de médecine à Nancy pour y constituer un centre universitaire chargé de remplacer celui de Strasbourg. La commission chargée de l'examen de ces deux projets de loi les a repoussés. Le rapporteur, M. Bouisson, doyen de la Faculté de médecine de Montpellier, a très-bien résumé les objections multiples qui s'opposent au choix de Nancy. Voici un extrait de ce rapport :

Ces raisons pourraient peser dans la balance si leur exactitude était, à tous égards, à l'abri de contestation. Mais on doit faire remarquer que la position géographique de Nancy, loin d'être avantageuse pour la concentration d'un nombre considérable d'étudiants, bornerait son rayon d'attraction en amoindrissant ses éléments de prospérité, et que le fait de la perte de l'Alsace et d'une partie de la Lorraine priverait la nouvelle capitale scientifique d'un contingent convenable d'élèves. Nancy serait-il mieux partagé que Strasbourg, qui, malgré l'ancienneté de son Université et le talent supérieur de ses professeurs, n'attirait dans ses murs qu'un nombre d'élèves civils assez restreint?

Les avantages que Nancy fait valoir ne lui sont pas d'ailleurs exclusifs. Dijon, Besançon et même Reims aspirent aussi au privilége de posséder une Faculté de médecine et invoquent les mêmes raisons. Lyon surtout, qui poursuit depuis longtemps le désir de posséder un établissement de cet ordre, fait valoir les ressources que sa grande population et ses vastes hôpitaux apporteraient à la création d'une Faculté de médecine, et sa voix aurait eu chance de se faire écouter, si d'autres considérations ne neutralisaient complétement des avantages de cette nature, si notamment la prédominance de sa population ouvrière, qui désigne cette ville aux agitations politiques, ne constituait une source de distractions dangereuses pour la jeunesse médicale, et si, d'ailleurs, le voisinage de Lyon et de Montpellier ne risquait, par le partage du contingent d'élèves naturellement attribués à ces deux centres d'enseignement, de leur nuire réciproquement.

On peut se demander si la région de l'ouest de la France, où il n'existe point de Faculté de médecine, et où se trouvent aussi de grandes cités pouvant fournir à l'enseignement de cette science tous les éléments indispensables aux études anatomiques et cliniques, ne serait pas un point mieux choisi que le nord-est de la France? Cette dernière partie du territoire est trop rapprochée de Paris pour ne pas en subir l'influence, et il n'est pas certain qu'on puisse y attirer assez d'élèves pour généraliser dans cette région les services qu'on attend de la création d'une Faculté de médecine. La région de l'Ouest serait plus à l'abri de ces inconvénients. On sait que les villes de Bordeaux, Nantes, Rennes et Brest ont exprimé des prétentions analogues à celles de Nancy et de Lyon, et que le moment où le personnel de la Faculté de médecine de Strasbourg attend une hospitalité scientifique leur a paru favorable pour reconstituer, avec ces glorieux débris, un nouveau foyer d'enseignement médical dont le succès serait favorisé par des ressources locales.

On peut aussi émettre et soutenir la pensée que, dans l'état général où se trouve notre pays, et avec l'obligation de porter le difficile enseignement de la médecine au degré de force et d'élévation commandé par les progrès de la science et l'esprit du temps, il vaudrait mieux retarder la création d'une nouvelle Faculté de médecine et reporter sur les deux Facultés existantes les ressources rendues libres par la douloureuse suppression de Strasbourg....

A ce point de vue, on réaliserait une grande économie en se bornant à l'amélioration des Facultés existantes. Il suffirait d'y créer quelques chaires qui seraient occupées par les professeurs, en petit nombre, qui ont renoncé au séjour de Strasbourg, et l'on pourrait doter largement les deux foyers médicaux de laboratoires et d'institutions pratiques. On arriverait ainsi à constituer auprès d'eux un ensemble puissant de moyens d'études, qui ne saurait être organisé qu'à grands frais, et d'une manière probablement insuffisante, si l'on multipliait en ce moment les Facultés de médecine. Ce résultat doit être pris en sérieuse considération, car ce n'est que par cette élévation de niveau que nos Facultés pourront soutenir la concurrence scientifique avec les Universités étrangères ; nous parlons de celles où des dotations généreuses ont multiplié les moyens de travail, élargi par suite le champ des idées, et, en somme, réalisé des progrès que la France ne peut méconnaître. Nous ne devons pas oublier que, sous divers rapports, l'Allemagne nous a devancés ; notre pays doit reconquérir la place que confirment l'histoire de son passé et la nature initiatrice de son génie.

La 116e petite planète a été découverte, cette semaine, par M. Borelly, à l'observatoire de Longchamp, à Marseille, dans la nuit du 12 au 13 septembre. Cet astre de douzième grandeur se trouve aujourd'hui dans les Poissons.

Nous avons reçu de M. Schimper, à propos des dégâts du musée de Strasbourg, une lettre dont nous extrayons le passage suivant :

La vérité est que les collections minéralogiques et paléontologiques ont été atteintes par plusieurs obus, qui ont détruit un certain nombre de vitrines, et que quelques minéraux assez précieux ont disparu pendant le déménagement partiel des collections sans qu'il ait été possible d'en retrouver les traces; mais cela s'est passé avant la prise de la ville, car après, les portes de ces collections sont restées fermées au public jusqu'au moment où tout y était rétabli dans son ancien ordre,

LES FACULTÉS MORALES DE L'HOMME ET CELLES DES ANIMAUX INFÉRIEURS (a)

SOMMAIRE : Le sens moral. — Proposition fondamentale. — Les qualités des animaux sociaux. — Origine de la sociabilité. — Lutte entre instincts contraires. — L'homme un animal social. — Les instincts sociaux plus durables en conquérant d'autres moins persistants. — Les sauvages ne considèrent que les vertus sociales. — Les vertus personnelles s'acquérant à une phase postérieure du développement. — L'importance du jugement des membres d'une même communauté sur la conduite. — Transmission des tendances morales. — Conclusion.

Je partage entièrement l'opinion des auteurs(1) qui admettent que, de toutes les différences qui existent entre l'homme et les animaux plus inférieurs, c'est le sens moral ou la conscience, qui est de beaucoup la plus importante. Ce sens, ainsi que le fait remarquer Mackintosh(2), « a une juste suprématie sur tout autre principe d'action humaine »; il se résume dans ce mot court mais impérieux de *devoir*, dont la signification est si élevée. C'est le plus noble attribut de l'homme qui le pousse à risquer sans hésitation sa vie pour celle d'un de ses semblables, ou, après délibération, de la sacrifier à quelque grande cause sous la seule impulsion d'un profond sentiment de droit ou de devoir. . Kant s'écrie : « Devoir! pensée merveilleuse qui n'agit ni par insinuation, ni flatterie, ni menace, mais simplement en soutenant dans l'âme ta loi nue, arrachant ainsi le respect pour toi, sinon toujours l'obéissance, devant laquelle tous les appétits sont muets, si rebelles qu'ils soient en secret, d'où tires-tu ton origine (3) ? »

Bien des auteurs de grand mérite ont discuté cette grave question (4), et ma seule excuse pour me borner à l'effleurer ici, c'est l'impossibilité où je suis de la développer, personne, que je sache, ne l'ayant abordée exclusivement au point de vue de l'histoire naturelle. La recherche offre aussi quelque intérêt, comme tentative de nature à montrer jusqu'où l'étude des animaux inférieurs peut jeter quelque lumière sur une des plus hautes facultés psychiques de l'homme.

La proposition suivante me paraît avoir un haut degré de probabilité, — à savoir, qu'un animal quelconque, doué d'instincts sociaux prononcés (5), acquerrait inévitablement un sens moral ou une conscience aussitôt que ses facultés intellectuelles se seraient développées aussi ou presque aussi bien que chez l'homme. En effet, *premièrement*, les instincts sociaux poussent l'animal à trouver du plaisir dans la société de ses camarades, à éprouver une certaine sympathie pour eux et à leur rendre divers services. Ceux-ci peuvent être d'une nature définie et évidemment instinctive, ou n'être qu'une disposition ou désir d'aider leurs camarades d'une manière générale, comme cela a lieu chez les animaux sociables supérieurs. Ces sentiments et services ne s'étendent nullement à tous les individus de la même espèce, mais seulement à ceux de la même association. *Secondement*, une fois les facultés intellectuelles hautement développées, le cerveau de chaque individu est constamment parcouru par les images de toutes les actions et causes passées, et ce sentiment de dissatisfaction qui résulte invariablement d'un instinct auquel il n'a pas été satisfait, ainsi que nous le verrons plus loin, s'élèverait aussi souvent que l'instinct social actuel et persistant aurait cédé à quelque autre instinct, plus puissant sur le moment, mais ni permanent par sa nature, ni susceptible de laisser une impression bien vive. Il est évident qu'un grand nombre de désirs instinctifs, tels que celui de la faim, sont par leur nature de courte durée, et, après avoir été satisfaits, ne peuvent être ravivés ni à volonté ni avec force. *Troisièmement*, la faculté du langage une fois acquise, et les désirs des membres d'une même association pouvant être distinctement exprimés, c'est l'opinion commune sur le mode suivant lequel chaque membre doit concourir au bien public, qui devient naturellement le principal guide d'action. Mais les instincts sociaux donneraient encore l'impulsion d'actes servant au bien de la communauté, laquelle serait encore fortifiée, dirigée et souvent déviée par l'opinion publique, dont la puissance repose, comme nous allons le voir, sur la sympathie instinctive. *Enfin*, l'habitude chez l'individu prendrait définitivement une part importante à la direction de la conduite de chaque membre, car les impulsions et instincts sociaux, comme tous les autres instincts, se fortifieraient beaucoup par l'habitude, ainsi que l'obéissance aux désirs et aux jugements de la communauté. Nous allons maintenant discuter ces diverses propositions subordonnées, en en traitant quelques-unes avec détails.

Je dois d'abord signaler que je n'entends pas affirmer que tout animal rigoureusement sociable, atteignant à des facultés intellectuelles aussi actives et aussi hautement développées que chez l'homme, dût acquérir exactement le même sens moral que le nôtre. De même que divers animaux ont quelque sentiment du beau, quoique admirant des objets forts différents, de même ils peuvent avoir le sentiment du bien et du mal, et y être amenés par des lignes de conduite aussi fort différentes. Si, par exemple, pour prendre un cas extrême, les hommes se produisaient dans les conditions identiques à celles des abeilles, il n'est pas douteux que les femelles non mariées considéreraient comme un devoir sacré de tuer leurs frères, et les mères chercheraient à détruire leurs filles fécondes, sans que personne songeât à intervenir. Néanmoins, il me semble que, dans le cas que nous supposons, l'abeille, ou autre animal sociable, acquerrait quelque sentiment de droit ou de tort, soit une conscience. Chaque individu, ayant le sens intime qu'il possède certains instincts plus forts ou plus persistants, et d'autres qui le sont moins, il en résulterait souvent une lutte dont l'impulsion devrait être suivie, entraî-

(a) Suite. — Voyez ci-dessus, page 147, numéro du 12 août 1871. — Extrait de *On the origine of man*, etc.

(1) Voyez par exemple sur ce sujet, de Quatrefages, *Unité de l'espèce humaine*, 1861, p. 21, etc.

(2) *Dissertation on Ethical Philosophy*, 1837, p. 231.

(3) Traduction de la *Métaphysique de l'Éthique*, de Kant, en anglais, par G. W. Semple. Édimbourg, 1836, p. 136.

(4) Dans son ouvrage : *Mental and moral science*, 1868, p. 543, 725, M. Bain donne une liste de vingt-six auteurs anglais ayant écrit sur ce sujet, et aux noms bien connus desquels j'ajouterai celui de M. Bain lui-même et ceux de MM. Lecky, Shadworth Hodgson et Sir J. Lubbock.

(5) Sir B. Brodie ayant (*Psychological Enquiries*, 1854, p. 192) observé que l'homme est un animal social, pose la grosse question : « Ceci ne devrait-il pas trancher la discussion sur l'existence du sens moral? » Des idées semblables ont dû surgir à beaucoup de personnes, comme cela est arrivé à Marc-Aurèle, il y a longtemps. M. J. S. Mill, dans son ouvrage *Utilitarianism* (1864, p. 46), parle du sentiment social comme « d'un puissant sentiment naturel », et comme « la base naturelle du sentiment de la morale utilitarienne »; mais, à la page précédente, il dit : « Si, comme je le crois, les sentiments moraux ne sont pas innés, mais acquis, ils n'en sont pas pour cela moins naturels. » Ce n'est qu'avec hésitation que j'ose différer d'un penseur si profond, mais on ne peut guère contester que les sentiments sociaux sont instinctifs ou innés chez les animaux inférieurs; et pourquoi ne le seraient-ils pas dans l'homme? M. Bain (*The Emotions and the Will*, 1865, p. 481) et d'autres croient que le sens moral s'acquiert par chaque individu sa vie durant. Ceci est au moins fort improbable dans la théorie générale de l'évolution.

nant une satisfaction ou le sentiment contraire à mesure que les impressions seraient comparées pendant leur passage incessant dans l'esprit. Dans ce cas un conseiller intérieur indiquerait à l'animal qu'il aurait mieux fait de suivre une des impulsions plutôt que l'autre. L'une des directions aurait dû être prise : l'une aurait été bonne et l'autre mauvaise ; mais j'aurai à revenir sur ce point.

Sociabilité. — Plusieurs espèces d'animaux sont sociales ; nous trouvons même des espèces distinctes vivant ensemble, comme quelques singes américains, et les bandes réunies de corneilles, de freux et d'étourneaux. L'homme manifeste le même sentiment dans son affection pour le chien que ce dernier lui rend avec usure. Chacun a remarqué combien les chevaux, les chiens, moutons, etc., sont malheureux lorsqu'on les sépare de leurs compagnons, et combien les deux premiers surtout se témoignent de l'affection lorsqu'on les réunit. Il est curieux de réfléchir sur les sentiments d'un chien qui restera paisiblement pendant des heures dans une chambre avec son maître ou un membre de la famille, sans attirer l'attention, tandis que, laissé seul peu de temps, il se met à aboyer ou à hurler tristement. Nous nous bornerons aux animaux sociaux plus élevés en excluant les insectes, bien que ces derniers s'entr'aident mutuellement de manières diverses et importantes. Le service que les animaux supérieurs se rendent le plus ordinairement entre eux est l'avertissement réciproque du danger à l'aide de l'union des sens de tous. Tout chasseur sait, ainsi que le remarque le docteur Jaeger (6), combien il est difficile d'approcher des animaux réunis en troupeaux. Je ne crois pas que les chevaux et le bétail sauvage fassent aucun signal de danger ; mais l'attitude que prend le premier qui aperçoit l'ennemi, avertit les autres. Les lapins frappent fortement le sol de leurs pattes postérieures comme signal ; les moutons et chamois font de même, mais des pieds de devant, en lançant un coup de sifflet. Beaucoup d'oiseaux et quelques mammifères placent des sentinelles, qu'on dit être généralement des femelles chez les phoques (7). Le chef d'une troupe de singes en est la sentinelle, et pousse des cris indiquant un danger ou la sécurité (8). Les animaux sociables se rendent une foule de petits services réciproques, les chevaux se mordillent et les vaches se lèchent mutuellement, sur les points où ils éprouvent quelque démangeaison ; les singes se cherchent les uns sur les autres les parasites extérieurs ; et Brehm assure que lorsqu'une bande de *Cercopithecus griseo-viridis* a traversé une fougère épineuse, chaque singe s'étend sur une branche, est aussitôt visité par un de ses camarades, qui examine consciencieusement sa fourrure et en extrait toutes les épines.

Les animaux se rendent encore des services plus importants : ainsi les loups et quelques autres bêtes de proie chassent en bandes et s'aident mutuellement pour attaquer leurs victimes. Les pélicans pêchent de concert. Les hamadryas renversent les pierres pour y chercher les insectes, etc., et quand ils en rencontrent une grande, ils se mettent autour tant qu'il en peut aller pour la soulever, la retournent et se partagent le butin. Les animaux sociables se défendent réciproquement. Les mâles de quelques ruminants, lorsqu'il y a danger, se présentent devant le front du troupeau et le défendent au moyen de leurs cornes. Je citerai dans un chapitre futur des cas de deux jeunes taureaux attaquant d'accord un plus âgé, et de deux étalons cherchant ensemble à en chasser un troisième d'un troupeau de juments. Brehm rencontra en Abyssinie un grand troupeau de babouins traversant une vallée, et dont une partie avait déjà remonté la montagne opposée, les autres étant encore dans la partie basse. Ces derniers furent attaqués par les chiens ; mais les vieux mâles se précipitèrent aussitôt en bas des rochers, avec la bouche ouverte et un air si féroce que les chiens battirent en retraite. On les encouragea à une nouvelle attaque ; mais dans l'intervalle tous les babouins avaient remonté les hauteurs, à l'exception d'un jeune de six mois environ, qui, ayant grimpé sur un bloc de rocher où il fut entouré, appelait à grands cris à son secours. Un des plus grands mâles, véritable héros, redescendit de la montagne, se rendit lentement vers le jeune, le rassura et l'emmena triomphalement, — les chiens étant trop étonnés pour faire une attaque. Je ne puis m'empêcher de citer une autre scène qu'a vue le même naturaliste. Un jeune Cercopithèque, saisi par un aigle, s'étant accroché à une branche, ne fut pas enlevé d'emblée et se mit à crier au secours ; les autres membres de la bande se précipitèrent avec beaucoup de tapage, entourèrent l'aigle et se mirent à lui arracher tant de plumes qu'il oublia sa proie et ne songea plus qu'à s'échapper. Comme Brehm l'a fait remarquer, il est certain que cet aigle n'attaquerait plus jamais un singe en troupe.

Il est évident que les animaux associés ont un sentiment d'affection réciproque qui n'existe pas chez les animaux adultes non sociables. Il est plus douteux qu'ils sympathisent avec les peines ou les plaisirs les uns des autres, surtout dans ce dernier cas. M. Buxton a toutefois, grâce à d'excellents moyens d'observation (9), pu constater que des perroquets vivant librement dans le Norfolk, prenant un intérêt considérable à une paire ayant un nid, entouraient la femelle en troupe, « poussant d'effroyables cris pour l'acclamer toutes les fois qu'elle quittait son nid ». Il est souvent difficile de juger si les animaux éprouvent quelque sentiment des souffrances de leurs semblables. Qui peut dire ce que ressentent les vaches lorsqu'elles entourent et fixent du regard une de leurs camarades morte ou mourante ? L'absence de toute sympathie chez les animaux est quelquefois parfaitement certaine, car on les voit expulser du troupeau un animal blessé ou le poursuivre et le persécuter jusqu'à la mort. C'est le trait le plus noir de l'histoire naturelle, à moins que l'explication qu'on a avancée soit la vraie, que leur instinct et leur raison les conduise à expulser un membre blessé, de peur que les bêtes de proie et l'homme ne soient tentés de suivre la troupe. Dans ce cas, leur conduite ne serait pas beaucoup plus coupable que celle des Indiens de l'Amérique du Nord qui laissent périr sur la plaine leurs camarades faibles, ou des Fuegiens qui enterrent vivants leurs parents âgés ou malades (10).

Beaucoup d'animaux, toutefois, font preuve de sympathies

(6) *Die Darwin'sche Theorie*, p. 101.

(7) M. R. Brown, dans *Proceedings Zoolog. Soc.*, 1868, p. 409.

(8) Brehm, *Thierleben*, vol. I, 1864, p. 52, 79. Pour le cas des singes s'arrachant mutuellement les épines, p. 54. Le fait des Mandrills renversant les pierres est donné (p. 79) sur l'autorité d'Alvarez, aux observations duquel Brehm croit qu'on peut avoir confiance. Voyez p. 79 pour les cas de vieux babouins attaquant les chiens, et pour l'aigle, p. 56.

(9) *Annals and Mag. of Nat. History*, novembre 1868, p. 382.

(10) Sir J. Lubbock, *Prehistoric Times*, 2e édit., p. 446.

réciproques dans des circonstances de danger ou d'embarras. C'est le cas même chez les oiseaux : le capitaine Stansbury (11) a rencontré dans un lac salé de l'Utah un pélican vieux et complétement aveugle qui était fort gras, et a dû être bien et longtemps nourri par ses compagnons. M. Blyth m'informe qu'il a vu des corbeaux indiens nourrissant deux ou trois de leurs compagnons aveugles, et j'ai eu connaissance d'un fait analogue observé sur un coq domestique. Nous pouvons, si nous préférons, regarder ces actes comme instinctifs ; mais les cas en sont trop rares pour qu'on puisse admettre un développement d'aucun instinct spécial (12). J'ai moi-même vu un chien qui ne passait jamais à côté d'un de ses grands amis, un chat malade dans un panier, sans le lécher en passant, le signe le plus certain d'un bon sentiment chez le chien.

On doit appeler sympathique le sentiment qui porte le chien courageux à s'élancer sur qui frappe son maître, ce qu'il fera certainement. J'ai vu une personne simuler de frapper une dame ayant sur ses genoux un chien fort petit et timide ; l'essai n'avait pas encore été fait auparavant. La petite bête s'élança aussitôt, et, après les coups simulés, persistait d'une manière touchante à lécher la figure de sa maîtresse pour la consoler. Brehm (13) constate que, lorsqu'on poursuit un babouin en captivité pour le punir, les autres cherchent à le protéger. On peut attribuer à la sympathie les cas que nous avons déjà cités relatifs aux babouins et cercopithèques défendant leurs jeunes camarades des chiens et de l'aigle. Voici encore un autre exemple d'une conduite sympathique et héroïque de la part d'un petit singe américain. Il y a quelques années, un gardien du Zoological Gardens me montra quelques blessures profondes et à peine cicatrisées que lui avait faites un babouin féroce pendant qu'il était sur le plancher à côté de lui. Le petit singe, qui était un chaud ami du gardien, vivait dans le même compartiment et avait une peur horrible du babouin. Néanmoins, voyant le gardien en péril, il s'élance à son secours, et tourmenta tellement le babouin par ses morsures et ses cris que l'homme, après avoir couru grands risques pour sa vie, put s'échapper.

Outre l'amitié et la sympathie, les animaux présentent d'autres qualités que nous appellerions chez nous morales ; et je suis d'accord avec Agassiz (14) pour reconnaître que le chien possède quelque chose qui ressemble beaucoup à une conscience. Il a certainement quelque puissance de commandement sur lui-même, qui ne paraît pas être entièrement le résultat de la crainte. Comme Braubach (15) le remarque, le chien s'abstient de voler de la nourriture en l'absence de son maître. On a longtemps regardé les chiens comme le vrai type de la fidélité et de l'obéissance. Tous les animaux vivant en corps qui se défendent entre eux ou attaquent ensemble leurs ennemis, doivent être en quelque mesure fidèles les uns aux autres, et ceux qui suivent un chef doivent être aussi obéissants à un certain degré. Lorsque les babouins vont piller un jardin en Abyssinie (16), ils suivent leur chef en silence. Si un jeune animal imprudent fait du bruit, il reçoit une claque des autres pour lui apprendre le silence et l'obéissance; mais aussitôt qu'ils se sont assurés de l'absence de tout danger, ils manifestent bruyamment leur joie.

Relativement à l'impulsion qui conduit certains animaux à s'associer entre eux et à s'entr'aider de diverses manières, nous pouvons inférer que, dans la plupart des cas, ils sont poussés par les mêmes sentiments de satisfaction ou de plaisir qu'ils éprouvent lorsqu'ils accomplissent d'autres actions instinctives, ou éprouvent la même répulsion lors de l'empêchement d'autres actions de même nature. Nous remarquons ce fait dans d'innombrables cas, et nous en trouvons un exemple frappant dans les instincts acquis de nos animaux domestiques : ainsi un jeune chien de berger est heureux de conduire et de tourner autour du troupeau de moutons sans les harceler ; un jeune chien, chasseur du renard, aime à poursuivre cet animal, tandis que d'autres races de chiens, ainsi que j'en ai été témoin, n'y daignent pas faire attention. Quelle ne doit pas être l'énergie de satisfaction intérieure nécessaire pour maintenir l'oiseau, si plein d'activité, pendant des jours sur ses œufs ! Les oiseaux migrateurs sont malheureux si on les empêche d'émigrer, et peut-être éprouvent-ils de la joie à entreprendre leur long voyage. Quelques instincts sont causés seulement par des sentiments pénibles, comme la crainte qui conduit à la conservation de soi-même, ou est surtout dirigée contre certains ennemis. Je crois que personne ne peut analyser les sensations de plaisir ou de peine. Il est toutefois, dans beaucoup de cas, probable que les instincts se perpétuent par la seule force d'hérédité, sans le stimulant du plaisir ou de la peine. Un jeune chien d'arrêt, flairant un gibier pour la première fois, paraît ne pas pouvoir s'empêcher d'arrêter. L'écureuil, dans sa cage, qui cherche à enterrer les noisettes qu'il ne peut pas manger, peut à peine être considéré comme poussé à cet acte par peine ou plaisir. Aussi l'opinion commune que l'homme doit être incité à toute action par l'influence d'un plaisir ou d'une peine peut être erronée. Bien qu'une habitude puisse être suivie d'une manière aveugle et involontaire, en dehors de toute impression de plaisir ou de douleur éprouvée sur le moment, sa suppression brusque et forcée entraîne cependant en général un vague sentiment de mécontentement, ce qui est surtout vrai pour les personnes de faible intelligence.

On a souvent affirmé que les animaux avaient d'abord été rendus sociaux, et qu'en conséquence ils se sentent gênés lorsqu'il sont séparés les uns des autres, et à leur aise lorsqu'ils sont réunis; mais il est bien plus probable que ces sensations se sont d'abord développées pour déterminer à vivre ensemble les animaux qui pouvaient tirer un parti avantageux de la vie en société; de la même manière que, sans doute, le sentiment de la faim et la jouissance de manger ont été acquis d'abord pour engager les animaux à se nourrir. L'impression de plaisir de la société est probablement une extension des affections de parenté ou filiales, qu'on peut principalement attribuer à la sélection naturelle et peut-être en partie à l'habitude. Chez les animaux pour lesquels la vie sociale était avantageuse, les individus qui trouvaient le plus de plaisir à être réunis ensemble pouvaient

(11) Cité par M. L. H. Morgan, *The American Beaver*, 1868, p. 272. Le capitaine Stansbury donne un récit intéressant de la manière dont un très jeune pélican, emporté par un fort courant, fut guidé et encouragé dans ses efforts pour atteindre la rive par une demi-douzaine de vieux oiseaux.

(12) Comme le dit M. Bain, « un secours effectif à un souffrant émane d'une sympathie propre ». (*Mental and Moral science*, 1868, p. 245.)

(13) *Thierleben*, I, p. 85.

(14) *De l'Espèce et de la Classif.* 1869, p. 97.

(15) *Der Darwin'schen Art-Lehre*, 1869, p. 54.

(16) Brehm, *Thierleben*, I, p. 76.

mieux échapper à divers dangers, tandis que ceux qui s'inquiétaient moins de leurs camarades et vivaient solitaires devaient périr en plus grande quantité. Il est inutile de spéculer sur l'origine des affections parentales et filiales qui sont en apparence à la base des affections sociales; mais nous pouvons admettre qu'elles ont été, dans une mesure importante, acquises par sélection naturelle. C'est presque certainement ce qui est arrivé pour ce sentiment inusité et réciproque de haine entre parents les plus rapprochés, comme les abeilles-ouvrières qui tuent leurs frères mâles, les reines-abeilles qui détruisent leurs propres filles; ce besoin, au lieu de les aimer, de détruire leurs parents rapprochés, ayant ici été avantageux pour la communauté.

L'émotion très-importante de la sympathie est distincte de celle de l'amour. Une mère peut aimer avec passion son enfant endormi et passif; mais on peut à peine dire qu'elle éprouve alors de la sympathie pour lui. L'amitié d'un homme pour son chien est distincte de la sympathie, et de même celle du chien pour le maître. Adam Smith a autrefois admis, ce qu'a fait récemment M. Bain, que la base de la sympathie repose sur notre ténacité à conserver le souvenir d'anciens états de douleur ou de plaisir. De là, « la vue d'une autre personne endurant la faim, le froid, la fatigue, nous rappelle quelque souvenir de ces états, qui sont douloureux même en idée ». Nous sommes ainsi poussés à soulager les souffrances d'autrui, pour en même temps adoucir nos propres sentiments pénibles. C'est de même que nous sommes conduits à participer aux plaisirs des autres (17). Mais je ne vois pas comment cette idée explique le fait que la sympathie est excitée à un degré bien plus considérable par une personne chère que par une qui est indifférente. La seule vue de la souffrance, hors toute amitié, suffirait pour évoquer dans notre esprit des souvenirs vivaces et des associations. La sympathie peut avoir surgi, dans l'origine, de la manière indiquée ci-dessus; mais elle paraît être maintenant devenue un instinct, s'appliquant spécialement aux objets aimés, de même que chez les animaux la crainte est tout particulièrement dirigée contre certains ennemis. Avec cette direction donnée à la sympathie, l'amour mutuel des membres de la même communauté tend à se développer. Il n'est pas douteux qu'un tigre ou un lion ne ressentent de la sympathie pour les souffrances de leurs jeunes, mais pas pour celles d'autres animaux. Chez les animaux sociaux, le sentiment s'étendra plus ou moins à tous les membres associés, comme nous le savons. Dans l'humanité, l'égoïsme, l'expérience et l'imitation ajoutent probablement, ainsi que le montre M. Bain, au pouvoir de la sympathie; car l'espoir de recevoir de bons procédés en retour nous incite à accomplir pour d'autres des actes de bienveillance sympathique, et l'on ne saurait mettre en doute que les sentiments de sympathie ne se fortifient beaucoup par l'habitude. Quel que soit le mode complexe suivant lequel ce sentiment a pris naissance, il offre une haute importance pour tous les animaux qui s'aident et se défendent entre eux; il se sera augmenté par sélection naturelle, car les communautés contenant le plus grand nombre de ces membres plus sympathiques, ont dû réussir le mieux et engendrer la plus grande quantité de descendants.

Il est dans beaucoup de cas impossible de décider si certains instincts sociaux ont été acquis par sélection naturelle ou sont le résultat indirect d'autres instincts et facultés, tels que la sympathie, la raison, l'expérience et une tendance à l'imitation, ou encore s'ils sont simplement le résultat de l'habitude longuement continuée. L'instinct remarquable de poster des sentinelles pour avertir la communauté du danger peut à peine être le résultat indirect d'aucune autre faculté; il faut donc qu'il ait été directement acquis. D'autre part, l'habitude qu'ont les mâles de quelques animaux sociaux de défendre la communauté, et d'attaquer de concert leurs ennemis et leur proie, peut être née de quelque sympathie mutuelle; mais le courage et, dans la plupart des cas, la force, ont dû être préalablement acquis, probablement par sélection naturelle.

Parmi les divers instincts et habitudes, il en est qui sont beaucoup plus forts que d'autres, c'est-à-dire qui donnent plus de plaisir à l'exécution et plus de douleur lors de leur empêchement que d'autres, ou, ce qui est probablement tout aussi important, sont suivis d'une manière plus persistante par l'hérédité, sans exciter aucun sentiment spécial de plaisir ou de peine. Nous avons nous-mêmes la conscience que certaines habitudes sont beaucoup plus que d'autres difficiles à guérir ou à changer. Aussi peut-on souvent observer chez les animaux des luttes entre différents instincts, ou entre un instinct et quelque tendance habituelle; ainsi, lorsqu'un chien s'élance après un lièvre, est rappelé, s'arrête, hésite, repoursuit ou revient honteux vers son maître; ou encore la lutte entre l'amour maternel d'une chienne pour ses petits et l'affection pour son maître, lorsqu'on la voit se dérober pour aller vers les premiers en ayant l'air honteuse de ne pas accompagner le second. Un des cas les plus curieux que je connaisse d'un instinct en dominant un autre, est celui de l'instinct migrateur l'emportant sur l'instinct maternel. Le premier est étonnamment fort; un oiseau captif, lors de la saison, se jettera contre les barreaux de sa cage jusqu'à se dépouiller la poitrine de ses plumes et se mettre en sang. Il fait bondir les jeunes saumons au dehors de l'eau douce, où ils pourraient continuer à vivre cependant, et commettre ainsi un suicide inintentionnel. Chacun connaît la force de l'instinct maternel entraînant même des oiseaux timides à braver de grands dangers, bien qu'avec hésitation et contrairement aux inspirations de l'instinct de la conservation. Néanmoins l'instinct migrateur est si puissant qu'on voit tard dans l'automne les hirondelles et martinets abandonner fréquemment leurs jeunes, qui périssent misérablement dans leurs nids (18).

(17) Voyez le premier et frappant chapitre de la *Théorie des sentiments moraux*, d'Adam Smith; aussi dans *Mental and Moral Science*, de M. Bain, les pages 244, 275 et 282. M. Bain constate que « la sympathie est indirectement une source de plaisir pour celui qui sympathise »; et il explique cette réciprocité. Il remarque « que la personne qui a eu le bénéfice, ou d'autres à sa place, peuvent rendre le sacrifice par sympathie et retour de bons offices. Mais si, comme cela paraît être le cas, la sympathie n'est qu'un instinct strict, son exercice serait une occasion d'un plaisir direct, de la même manière que nous l'avons déjà vu, l'exercice de tout autre instinct. »

(18) Le Rév. L. Jenyns (*White's Nat. Hist. of Selbourne*, 1853, p. 204) assure que ce fait a été enregistré pour la première fois par l'illustre Jenner (*Philos. Transactions*, 1824), et a depuis été confirmé par plusieurs observateurs, surtout par M. Blackwall. Cet observateur a examiné, tard en automne et pendant deux ans, trente-six nids; il en trouva douze contenant de jeunes oiseaux morts; cinq, des œufs sur le point d'éclore, et trois, des œufs qui en étaient encore bien loin. Les oiseaux encore trop jeunes pour pouvoir entreprendre un vol prolongé

Nous pouvons apercevoir qu'une impulsion instinctive plus avantageuse en quelque manière à une espèce qu'un instinct autre ou opposé, deviendrait la plus puissante des deux par sélection naturelle, les individus la possédant au degré le plus développé devant survivre en plus grand nombre. On peut douter que cela soit le cas de l'instinct migrateur comparé à l'instinct maternel. La persistance et l'action soutenue du premier pendant tout le jour, dans certaines saisons de l'année, peuvent lui donner pour un temps une puissance prépondérante.

L'homme animal sociable. — On admet généralement que l'homme est un être sociable. Cela se voit dans son aversion pour la solitude, et son goût pour la société en dehors de celle de sa propre famille. La réclusion solitaire est une des punitions les plus sévères qu'on puisse lui infliger. Quelques auteurs supposent que l'homme a vécu autrefois en familles isolées; mais actuellement, bien que des familles dans cette condition, ou réunies par deux ou trois, parcourent les solitudes de quelques pays sauvages, autant que je puis le savoir, elles vivent toujours en rapports d'amitié avec d'autres familles habitant la même région. Ces familles se rassemblent occasionnellement en conseil, et s'unissent pour la défense commune. On ne peut pas invoquer contre le fait que le sauvage soit un animal sociable, l'argument que les tribus habitant des districts voisins soient presque toujours en guerre entre elles, car les instincts sociaux ne s'étendent jamais à tous les individus de la même espèce. A en juger par l'analogie de la grande majorité des quadrumanes, il est probable que les ancêtres primitifs d'apparence simienne de l'homme étaient également sociables; mais ceci n'a pas pour nous une grande importance. Bien que l'homme, tel qu'il existe actuellement, n'ait que peu d'instincts spéciaux, ayant perdu ceux que ses premiers ancêtres ont pu posséder, il n'y a pas de raison pour qu'il n'ait pas conservé, d'une époque extrêmement reculée, quelque degré d'amitié instinctive et de sympathie pour ses semblables. Nous avons même tous conscience que nous possédons effectivement des sentiments sympathiques de cette nature (19), mais nous ne sentons pas s'ils sont instinctifs, leur origine remontant à une époque très-reculée comme pour les animaux inférieurs, ou si nous les avons acquis chacun en particulier, dans le cours de nos jeunes années. L'homme étant un animal sociable, il est probable aussi qu'il a dû hériter d'une tendance à être fidèle à ses camarades, qualité qui est commune à la plupart des animaux sociables. Il pouvait de même posséder quelque aptitude au commandement de soi-même et peut-être d'obéissance au chef de la communauté. Il pouvait ensuite, d'une tendance héréditaire, être disposé à défendre, avec le concours des autres, ses semblables, et à les aider dans une direction qui ne fut pas trop contraire à son propre bien-être ou à ses désirs.

Les animaux sociaux occupant le bas de l'échelle sont exclusivement, et ceux plus élevés le sont, en grande partie, guidés par des instincts spéciaux, dans l'aide qu'ils apportent aux membres de leur communauté; ils sont cependant aussi poussés en partie par une amitié et une sympathie réciproques, apparemment appuyées sur quelque étendue de raison. Quoique l'homme n'ait pas d'instincts spéciaux qui lui disent comment il doit aider ses semblables, il en a cependant la tendance, et avec ses facultés intellectuelles améliorées, peut naturellement être guidé sous ce rapport par la raison et l'expérience. La sympathie instinctive lui fera apprécier hautement l'approbation de ses pareils; car, ainsi que l'a montré M. Bain (20), l'amour des louanges, le sentiment puissant de la gloire, et la crainte encore plus forte du mépris et de l'infamie, « sont un résultat de l'influence de la sympathie ». L'homme par conséquent sera fortement influencé par les désirs, l'approbation et le blâme de ses semblables, exprimés par leurs gestes et langage. Ainsi les instincts sociaux qui ont dû être acquis par l'homme à un état très-grossier, probablement même déjà par ses ancêtres primitifs simiens, donnent encore l'impulsion à beaucoup de ses meilleures actions; mais celles-ci sont largement déterminées par les désirs exprimés et les jugements de ses semblables, et malheureusement plus souvent encore par ses propres et égoïstes désirs. Mais, comme les sentiments d'amitié et de sympathie, ainsi que la faculté d'exercer de l'empire sur soi-même, se fortifient par l'habitude, la puissance du raisonnement devenant plus lucide, et permettant à l'homme d'apprécier la justice des jugements de ses pareils, il se trouvera forcé, indépendamment du plaisir ou de la peine qu'il en éprouvera dans le moment, à suivre certaines lignes de conduite. Il peut alors dire : je suis le juge suprême de ma propre conduite, et, d'après les paroles de Kant, je ne veux point violer dans ma personne la dignité de l'humanité.

Les instincts sociaux plus durables l'emportent sur ceux qui sont moins persistants. — Nous n'avons toutefois jusqu'à présent pas encore abordé le point fondamental sur lequel pivote toute la question du sens moral. Pourquoi l'homme sentirait-il qu'il doit obéir à tel désir instinctif plutôt qu'à tel autre? Pourquoi regrette-t-il amèrement d'avoir cédé à l'instinct énergique de sa conservation, et de n'avoir pas risqué sa vie pour sauver celle d'un semblable; ou pourquoi regrette-t-il d'avoir volé de la nourriture, pressé qu'il était par la faim?

Il est évident d'abord que, dans l'humanité, les impulsions instinctives ont divers degrés de puissance. Une mère jeune et timide, sollicitée par l'instinct maternel, se jettera sans la moindre hésitation dans le plus grand danger pour sauver son enfant, mais pas pour le premier venu. Bien des hommes ou enfants, qui n'avaient jamais risqué leur vie pour d'autres, mais ayant le courage et la sympathie développés, méprisant l'instinct de leur conservation, ont instantanément plongé dans un torrent pour sauver un semblable se noyant. L'homme est dans ce cas poussé par ce même instinct que nous avons signalé plus haut à l'occasion du petit singe américain héroïque, qui attaque le grand babouin redouté pour sauver son gardien. De telles actions paraissent être le simple résultat de la plus grande prépondérance des instincts sociaux ou maternels sur les autres; car elles sont accomplies trop instantanément pour qu'il y ait réflexion, ou qu'elles soient

sont laissés en arrière. (Blackwall, *Researches in Zoology*, 1834, p. 108, 118. Voyez aussi Leroy, *Lettres philosophiques*, 1802, p. 217.)

(19) Hume remarque (*Enquiry concerning the principles of Morals*, 1751, p. 132) : « Il faut confesser que le bonheur et la misère d'autrui ne sont pas des spectacles qui nous soient indifférents, mais que la vue du premier... nous communique une joie secrète; l'apparence du dernier... jette une tristesse mélancolique sur l'imagination. »

(20) *Mental and Moral Science*, 1868, p. 254.

dictées par un sentiment de plaisir ou de peine, bien que leur empêchement eût motivé la dernière.

Quelques personnes affirment que des actes accomplis sous l'influence de causes impulsives comme les précédents, échappent au domaine du sens moral et ne peuvent pas être appelés moraux. Elles restreignent ce terme à des actions faites de propos délibéré, en suite d'une victoire remportée sur des désirs contraires, ou déterminées par des motifs élevés. Mais il est impossible de tracer une ligne claire d'aucune distinction de ce genre, bien que la distinction puisse être réelle. En tant qu'il s'agit de motifs d'exaltation, on a de nombreux exemples de Barbares, privés de tous sentiments de bienveillance générale envers l'humanité, n'étant guidés par aucun motif religieux, qui ont bravement sacrifié leur vie comme prisonniers (21), plutôt que de trahir leurs camarades; et cette conduite doit certainement être considérée comme morale. En ce qui concerne la délibération et la victoire remportée sur les motifs contraires, on peut voir des animaux hésiter entre des instincts opposés, comme lorsqu'ils viennent au secours de leur progéniture ou de leurs semblables en danger; et cependant leurs actions, bien que faites au profit d'autres individus, ne sont pas qualifiées de morales. Bien plus, un acte souvent répété par nous finit par se faire sans hésitation ou délibération, et ne se distingue alors plus d'un instinct; personne ne prétendra cependant alors qu'il cesse d'être moral. Nous sentons tous au contraire qu'un acte ne peut pas être considéré comme parfait, ou accompli de la manière la plus noble, s'il n'est pas exécuté d'une manière impulsive, sans réflexion ou effort, de la même manière que par l'homme chez lequel les qualités requises sont innées. Celui qui est obligé de surmonter sa peur ou son défaut de sympathie pour agir, mérite cependant dans un sens plus d'éloges que l'homme dont la tendance innée est de bien agir sans effort. Ne pouvant distinguer les motifs, nous groupons toutes les actions d'une certaine classe comme morales, lorsqu'elles sont accomplies par un être moral, ce dernier étant capable de comparer ses actes ou motifs passés et futurs, et de les approuver ou de les désapprouver. Nous n'avons aucune raison pour supposer que les animaux inférieurs aient cette faculté; par conséquent, lorsqu'un singe brave le danger pour sauver son camarade, ou prend à sa charge un singe orphelin, nous n'appelons pas sa conduite morale. Mais dans le cas de l'homme qui seul peut être considéré avec certitude comme un être moral, les actions d'une certaine classe sont appelées morales, qu'elles soient exécutées après délibération et une lutte contre des motifs contraires, ou en suite des effets d'habitudes acquises peu à peu, ou enfin d'une manière impulsive par l'instinct.

Pour en revenir à notre sujet immédiat, bien que quelques instincts soient plus puissants que d'autres, provoquant ainsi des actes correspondants, on ne peut cependant pas affirmer que les instincts sociaux soient ordinairement chez l'homme plus puissants, ou le soient devenus par habitude longtemps continuée, que les instincts, par exemple, de conservation, de faim, désirs, vengeance, etc. Pourquoi l'homme regrette-t-il, même quoiqu'il puisse tenter de bannir ce genre de regrets, d'avoir cédé à une impulsion naturelle plutôt qu'à l'autre, et pourquoi sent-il en plus qu'il devrait regretter sa conduite? Sous ce rapport, l'homme diffère profondément des animaux inférieurs; mais nous pouvons cependant, je le crois, voir assez clairement la raison de cette différence.

L'homme ne saurait échapper à la réflexion en raison de l'activité de ses facultés mentales; les impressions et images passées retraversent sans cesse distinctement sa pensée. Chez les animaux vivant d'une manière permanente en corps, les instincts sociaux sont toujours présents et persistants. Ils sont toujours prêts à pousser le signal du danger pour défendre la communauté, à aider leurs camarades d'après leurs habitudes; ils éprouvent pour eux, à toute période, sans y être stimulés par aucune passion ou désir spécial, quelque degré d'amitié et de sympathie; ils sont malheureux s'ils en sont longtemps séparés, et toujours contents de se trouver dans leur compagnie. Il en est de même pour nous, et l'homme qui ne présenterait pas de traces de pareils sentiments, serait une monstruosité. D'autre part, le désir de satisfaire la faim, ou une passion comme la vengeance, est passager de sa nature, et peut être rassasié pour un temps. Il n'est même pas facile, peut-être à peine possible d'évoquer dans toute sa force la sensation de la faim, par exemple, ni, comme on l'a souvent remarqué, celle d'une souffrance. On ne sent l'instinct de la conservation qu'en présence du danger, et plus d'un poltron s'est cru brave jusqu'à ce qu'il se soit trouvé en face de son ennemi. L'envie de la propriété d'autrui est peut-être un désir aussi persistant que les plus vifs; mais, même dans ce cas, la satisfaction de la possession réelle est généralement une sensation plus faible que ne l'est celle du désir. Bien des voleurs, ne l'étant pas de métier, se sont, après le succès de leur vol, étonnés de l'avoir commis.

L'homme, ne pouvant ainsi empêcher d'anciennes impressions de repasser sans cesse dans son esprit, est contraint à comparer entre eux les souvenirs plus faibles de la faim passée, ou de la vengeance satisfaite, ou du danger évité aux dépens d'autres hommes, avec ses instincts de sympathie ou de bienveillance pour ses semblables, qui sont également toujours présents et, à quelque degré, agissant dans sa pensée. Il sentira dans son imagination qu'un instinct plus fort a cédé à un autre semblant actuellement comparativement faible, et alors il éprouvera inévitablement ce sentiment de mécontentement dont l'homme est, comme tout autre animal, doué, pour qu'il puisse obéir à ses instincts. Le cas que nous avons signalé plus haut de l'hirondelle fournit un exemple d'ordre inverse, d'un instinct temporaire mais très-énergiquement persistant dans le moment, qui l'emporte sur un autre instinct qui est habituellement le prépondérant sur tous les autres. Lorsque la saison est arrivée, ces oiseaux paraissent tout le jour préoccupés du désir d'émigrer; leurs habitudes changent; ils deviennent agités, bruyants et se rassemblent en troupeaux. Pendant que l'oiseau femelle nourrit ou couve ses petits, l'instinct maternel est probablement plus fort que celui de la migration, mais c'est le plus tenace qui l'emporte, et enfin, dans un moment où ses petits ne sont pas en vue, elle prend son vol et les abandonne. Arrivé à la fin de son long voyage, l'instinct migrateur cessant d'agir, quel remords ne ressentirait pas l'oiseau, si, doué d'une grande activité mentale, il ne pouvait s'empêcher de voir repasser constamment dans son esprit l'image des petits oiseaux qu'il a laissés dans le Nord périr de faim et de froid!

Dans l'instant de l'action, l'homme est sans doute capable

(21) J'ai indiqué, dans mon *Journal of Researches*, 1845, p. 103, un cas analogue, celui de trois Patagoniens qui préférèrent se laisser tuer l'un après l'autre plutôt que de trahir leurs compagnons.

de suivre l'impulsion la plus puissante, et bien que ce fait puisse le pousser aux actes les plus nobles, il le portera plus ordinairement à satisfaire ses propres désirs aux dépens de ses semblables. Mais, après cette jouissance, lorsqu'il comparera les impressions passées et affaiblies avec les instincts sociaux plus durables, il trouvera sa récompense. L'homme se sent alors mécontent de lui-même, et prend la résolution, avec plus ou moins de vigueur, d'en agir autrement à l'avenir. C'est là la conscience, qui regarde en arrière et juge les actions passées, déterminant cette espèce de mécontentement intérieur que, faible, nous appelons regret, et, quand il est sévère, remords.

Ces sensations sont sans doute différentes de celles que provoque le défaut de satisfaction d'autres instincts ou désirs; mais tout instinct non satisfait a sa propre sensation déterminante, ce que nous reconnaissons dans la faim, la soif, etc. L'homme ainsi sollicité, en suite d'une longue habitude, pourra acquérir sur lui-même assez d'empire pour que ses passions et désirs finissent par céder aussitôt à ses sympathies sociales, et faire cesser toute lutte entre les deux. L'homme ayant encore faim ne songera pas à voler de la nourriture, ni celui qui est encore vindicatif à assouvir sa vengeance. Il est possible, et nous verrons plus loin qu'il est même probable, que l'habitude de se commander à soi-même peut s'hériter comme les autres. L'homme en arrive ainsi à sentir, par habitude acquise ou héréditaire, qu'il lui convient mieux d'obéir à ses instincts les plus persistants. Le mot impérieux *devoir* ne semble impliquer que la conscience de l'existence d'un instinct persistant, inné ou en partie acquis, servant de guide, bien que pouvant être méconnu et désobéi. Nous nous servons du terme *devoir* à peine dans un sens métaphorique, lorsque nous disons que les chiens courants doivent chasser à courre, que les chiens d'arrêt doivent arrêter, et les chiens rapporteurs doivent rapporter le gibier. S'ils ne font pas ainsi, ils ont tort et manquent à leur devoir.

Si un désir ou instinct entraînant un acte opposé au bien-être d'autrui, paraît encore à l'homme, lorsqu'il le rappelle à son esprit, aussi fort ou plus fort que son instinct social, il n'éprouvera aucun regret à l'avoir suivi; mais il aura la conscience que, si sa conduite était connue de ses semblables, elle serait désapprouvée par eux, et il est peu d'hommes qui fussent assez dénués de sympathie pour n'être pas désagréablement affectés de ce résultat. S'il n'éprouve pas de pareils sentiments, que ses désirs qui le poussent à de mauvaises actions, dans l'instant énergiques, ne soient pas ultérieurement maîtrisés par les instincts sociaux persistants, c'est alors essentiellement un homme méchant (22); et le seul motif de contrainte qui reste est la crainte de la punition, et la conviction qu'à la longue il vaut mieux, même dans son propre et égoïste intérêt, se guider plutôt sur le bien des autres que sur le sien.

Il est évident qu'avec une conscience souple, chacun peut satisfaire ses propres désirs, s'ils ne heurtent pas ses instincts sociaux, c'est-à-dire le bien-être des autres; mais pour être à l'abri de ses propres reproches ou au moins de toute anxiété, il est nécessaire d'éviter la désapprobation de ses semblables, raisonnable ou non. Il ne faut pas qu'on rompe avec les habitudes établies de sa vie, surtout si elles sont basées sur la raison, car alors on en éprouverait certainement du mécontentement. Il faut également qu'on évite la réprobation du Dieu ou des dieux auxquels, suivant ses connaissances ou superstitions, on peut croire; mais, dans ce cas, la crainte d'une punition divine peut souvent intervenir.

Les vertus strictement sociales considérées seules. — Cet aperçu de la première origine et de la nature du sens moral qui nous avertit de ce que nous devrions faire, et de la conscience qui nous réprouve si nous y désobéissons, s'accorde bien avec ce que nous voyons de l'état ancien et peu développé de cette faculté dans l'humanité. Les vertus dont la pratique est au moins généralement indispensable pour que des hommes grossiers puissent s'associer en corps, sont celles qu'on reconnaît encore pour les plus importantes. Mais elles sont presque toujours pratiquées exclusivement entre hommes de la même tribu, et leurs contraires ne sont pas considérées comme crimes relativement aux hommes d'autres tribus. Aucune tribu ne pourrait subsister si l'assassinat, la trahison, le vol, etc., y étaient habituels; par conséquent, ces crimes sont « flétris d'une infamie éternelle (23) dans les limites d'une tribu », mais au dehors de laquelle ils n'excitent plus ces mêmes sentiments. Un Indien de l'Amérique du Nord est content de lui-même et considéré par les autres lorsqu'il a scalpé un Indien d'une autre tribu; et un Dyak coupe la tête d'une personne innocente et la sèche pour en faire un trophée. L'infanticide a prévalu sur la plus vaste échelle dans le monde entier (24), et n'a pas soulevé de reproches; mais l'infanticide, surtout des femelles, a été regardé comme bon, ou au moins comme non nuisible à la tribu. Autrefois le suicide n'était pas généralement considéré comme un crime (25), mais plutôt comme un acte honorable, en raison du courage dont il était la manifestation; et il est encore largement pratiqué et sans honte chez quelques nations à demi civilisées, car une nation ne ressent pas la perte d'un individu unique. Quelle qu'en puisse être l'explication, le suicide, ainsi que me l'apprend Sir J. Lubbock, est rare chez les sauvages inférieurs. On raconte qu'un Thug indien avait exprimé un véritable regret de n'avoir pas pu étrangler et voler autant de voyageurs que son père l'avait fait avant lui. Dans un état de civilisation grossier, le vol des étrangers est même généralement considéré comme honorable.

Le grand péché de l'esclavage a été presque universel, et on en a souvent agi avec les esclaves de la manière la plus infâme. Les barbares ne tenant aucun compte de l'opinion de leurs femmes, ils les traitent habituellement comme des esclaves. La plupart des sauvages sont totalement indifférents aux souffrances des étrangers, et même se plaisent à y assister. On sait que chez les Indiens du nord de l'Amérique, les femmes et les enfants aidaient à torturer leurs ennemis. Quelques sauvages prennent plaisir à exécuter d'atroces cruautés sur les animaux (26), et l'humanité est pour eux une vertu inconnue.

(22) Le docteur Prosper Despine donne, dans sa *Psychologie naturelle*, 1868 (t. I, p. 243; t. II, p. 169), beaucoup de cas curieux de pires criminels qui paraissent avoir été entièrement dénués de conscience.

(23) Voyez un bon article dans *North British Review*, 1867, p. 395; et ceux de M. W. Bagehot sur l'*Importance de l'obéissance et cohérence à l'homme primitif*, dans *Fortnightly Review*, 1867, p. 529, et 1868, p. 457, etc.

(24) Le récit le plus complet que j'aie rencontré est celui du docteur Gerland : *Ueber das Aussterben der Naturvölker*, 1868.

(25) Voyez la discussion fort intéressante sur le suicide, dans Lecky, *History of European morals*, vol. I, 1869, p. 223.

(26) Voyez le récit de M. Hamilton sur les Cafres, *Anthropological Review*, 1870, p. xv.

Néanmoins les sentiments de sympathie et de bienveillance sont communs, surtout pendant la maladie, entre membres de la même tribu, et peuvent même s'étendre au delà. On connaît bien le touchant récit de la bonté qu'eurent pour Mungo Park les femmes nègres de l'intérieur. On pourrait citer bien des exemples de la noble fidélité des sauvages entre eux, mais pas pour les étrangers ; et l'expérience commune justifie la maxime de l'Espagnol, « qu'on ne se fie jamais à un Indien ». Il n'y a pas de fidélité sans vérité ; et cette vertu fondamentale n'est pas rare parmi les membres d'une même tribu ; ainsi Mungo Park a entendu les femmes nègres enseignant à leurs enfants à aimer la vérité. C'est encore une des vertus qui deviennent si profondément enracinées dans l'esprit, qu'elle est quelquefois pratiquée par les sauvages à l'égard des étrangers, même au prix d'un sacrifice ; mais on considère rarement comme un crime de mentir à son ennemi, ainsi que le montre trop clairement l'histoire de la diplomatie moderne. Dès qu'une tribu a un chef reconnu, la désobéissance devient un crime et la soumission aveugle est regardée comme une vertu sacrée.

Dans les moments d'épreuve, aucun homme ne pouvant être utile ou fidèle à sa tribu sans courage, cette qualité a été universellement placée au rang le plus élevé ; et bien que, dans les pays civilisés, un homme bon, mais timide, puisse être beaucoup plus utile à la communauté qu'un brave, on ne peut s'empêcher d'honorer instinctivement le dernier plus qu'un poltron, si bienveillant qu'il soit. La prudence, d'autre part, lorsqu'elle n'a pas en vue le bien des autres, bien qu'une vertu fort utile, n'a jamais été très-hautement estimée. Comme aucun homme ne peut pratiquer les vertus nécessaires au bien-être de sa tribu, sans sacrifices de sa part, de l'empire sur lui-même et de la patience, toutes ces qualités ont été de tout temps très-hautement et justement appréciées. Le sauvage américain se soumet volontairement sans pousser un cri aux tortures les plus horribles, pour prouver et augmenter sa force d'âme et son courage, et nous ne pouvons nous empêcher de l'admirer ; de même que le fakir indien, qui, dans un but religieux insensé, se balance suspendu par un crochet planté dans ses chairs.

Les autres vertus individuelles qui n'affectent pas d'une manière apparente, bien que cela puisse réellement avoir lieu, le bien-être de la tribu, n'ont jamais été appréciées par les sauvages, bien qu'elles le soient actuellement très-hautement chez les nations civilisées. Chez les sauvages, la plus grande intempérance n'est pas une honte. Leur licence absolue, pour ne pas mentionner les crimes contre nature, est quelque chose d'effrayant (27). Aussitôt cependant que le mariage, polygame ou monogame se répand, la jalousie détermine le développement de la vertu féminine, qui, étant honorée, tend à s'étendre aux femmes non mariées. Nous voyons de nos jours combien jusqu'à présent elle s'est peu étendue au sexe mâle. La chasteté exige beaucoup d'empire sur soi, aussi a-t-elle été honorée dès une époque fort ancienne dans l'histoire morale de l'homme civilisé. Comme conséquence de ce fait, la pratique insensée du célibat a été considérée comme une vertu dès une haute antiquité (28). L'horreur de l'indécence, qui nous paraît si naturelle que nous la croyons innée, et constitue un aide essentiel à la chasteté, est une vertu moderne, appartenant exclusivement, ainsi que le fait observer Sir G. Staunton (29), à la vie civilisée. C'est ce que montrent les anciens rites religieux de diverses nations, les dessins des murs de Pompéi et les pratiques de beaucoup de sauvages.

Nous venons donc de voir que les sauvages, et il en a probablement été de même pour les premiers hommes, ne regardent les actions comme bonnes ou mauvaises qu'autant qu'elles affectent d'une manière apparente le bien-être de la tribu — non celui de l'espèce, ni celui de l'homme considéré comme membre individuel de la tribu. Cette conclusion s'accorde bien avec la croyance que le sens dit moral est primitivement dérivé des instincts sociaux, car tous deux se rattachent d'abord exclusivement à la communauté. Les causes principales du peu de moralité des sauvages, appréciée à notre point de vue, sont, premièrement, la restriction de la sympathie à la même tribu ; secondement, une puissance insuffisante de raisonnement, qui ne permet pas de reconnaître la portée que peuvent avoir beaucoup de vertus, pour le bien général de la tribu, surtout parmi les individuelles. Les sauvages, par exemple, ne peuvent se figurer les maux multiples que font naître le défaut de tempérance, de chasteté, etc. Troisièmement, un faible pouvoir sur soi-même, cette aptitude n'ayant pas été fortifiée par l'action longtemps continuée, peut-être héréditaire, de l'habitude, l'instruction et la religion.

Je suis entré dans les détails précédents sur l'immoralité des sauvages (30), parce que quelques auteurs ont récemment considéré à un haut point de vue leur nature morale, ou attribué la plupart de leurs crimes à une bienveillance égarée (31). Ces auteurs appuient leurs conclusions sur ce que les sauvages possèdent, ce qui est sans doute vrai, et à un haut degré, ces vertus qui sont utiles ou même nécessaires à l'existence d'une communauté en tribu.

Remarques finales. — Les philosophes de l'école dérivative (32) de morale ont autrefois admis que le fondement de la moralité reposait sur une forme d'égoïsme ; mais plus récemment, c'est sur le « principe du plus grand bonheur ». D'après ce que nous avons vu plus haut, le sens moral est fondamentalement identique avec les instincts sociaux ; et, dans le cas des animaux inférieurs, il serait absurde de parler de ces instincts comme s'étant développés de l'égoïsme, ou pour le bonheur de la communauté. Ils ont toutefois certainement été développés pour le bien général de cette dernière. Le terme « bien général » peut être défini comme le moyen par lequel le plus grand nombre possible d'individus peuvent être produits en pleine santé et vigueur avec toutes leurs facultés parfaites, dans les conditions auxquelles ils sont soumis. Les instincts sociaux, tant de l'homme que des animaux inférieurs, s'étant sans doute développés suivant la même marche, il serait convenable, si cela est possible, d'employer dans les deux cas la même définition, et de pren-

(27) M. M. Lennan a donné une bonne collection de faits de ce genre dans *Primitive Mariage*, 1865, p. 176.

(28) Lecky, *History of European Morals*, I, 1869, p. 109.

(29) *Embassy to China*, II, p. 348.

(30) Voyez sur ce point les preuves nombreuses contenues dans le chapitre VII de *Origin of civilisation*, 1870, de Sir J. Lubbock.

(31) Lecky, par exemple, *Hist. Europ. Morals*, I, p. 124.

(32) Terme employé dans un bon article, dans *Westminster Review*, octobre 1869, p. 498. Pour le principe du plus grand bonheur, voyez J. S. Mill, *Utilitarianism*, p. 17.

dre comme caractère de la moralité le bien général ou la prospérité de la communauté, plutôt que le bonheur général; mais cette définition réclamerait peut-être quelque limitation à la morale politique.

Lorsqu'un homme risque sa vie pour sauver un de ses semblables, il semble plus juste de dire qu'il agit pour le bien général, plutôt que pour le bonheur de l'espèce humaine. Le bien-être et le bonheur de l'individu coïncident sans doute habituellement; et une tribu heureuse et contente prospérera mieux qu'une qui ne sera ni l'un ni l'autre. Nous avons vu que, dans les premières périodes de l'histoire de l'homme, les désirs exprimés de la communauté auront naturellement influencé à un haut degré la conduite de chacun de ses membres, et tous recherchant le bonheur; le principe « du plus grand bonheur » sera devenu un guide et un but secondaires importants, les instincts sociaux comprenant la sympathie servant toujours d'impulsion et de direction premières. Ainsi se trouve écarté le reproche de placer dans le vil principe de l'égoïsme les fondements de ce que notre nature a de plus noble; à moins cependant qu'on n'appelle égoïsme la satisfaction que tout animal éprouve lorsqu'il obéit à ses propres instincts, et le mécontentement qu'il ressent lorsqu'il en est empêché.

L'expression des désirs et du jugement des membres de la même communauté, d'abord par le langage oral et ensuite l'écriture, sert, comme nous venons de le faire remarquer, comme d'un guide de conduite secondaire important, venant en aide aux instincts sociaux, bien que quelquefois il soit en opposition avec eux. Ce dont fournit un bon exemple, *la loi d'honneur*, c'est-à-dire la loi de l'opinion de nos égaux et non de tous nos compatriotes. Toute infraction à cette loi, fût-elle reconnue comme rigoureusement conforme à la vraie moralité, a causé à plus d'un homme plus d'angoisse qu'un crime réel. Nous reconnaissons la même influence dans cette sensation cuisante de honte que nous pouvons éprouver, même après un long intervalle d'années, en nous rappelant quelque infraction accidentelle faite à une règle insignifiante mais établie, de l'étiquette. Le jugement de la communauté sera généralement guidé par quelque grossière expérience de ce qui à la longue vaut le mieux pour tous les membres; mais ce jugement sera fréquemment égaré par ignorance et par faiblesse de raisonnement. C'est ainsi que des coutumes et des superstitions des plus étranges, en opposition complète avec la vraie prospérité et le bonheur de l'humanité, sont devenues toutes-puissantes dans le monde entier. Nous voyons cela dans l'horreur que ressent l'Hindou qui rompt avec sa caste, dans la honte de la femme mahométane qui laisse voir son visage, et dans une foule d'autres cas. Il serait difficile de distinguer entre le remords éprouvé par l'Hindou qui a mangé de la nourriture impure, et celui que lui cause un vol qu'il a commis; mais il est probable que c'est le premier qui est le plus poignant.

Nous ne savons pas comment tant d'absurdes règles de conduite, tant de ridicules croyances religieuses, ont pu prendre naissance, ni comment elles ont pu, dans toutes les parties du globe, s'imprimer si profondément dans l'esprit de l'homme; mais il est digne de remarque qu'une croyance constamment inculquée pendant les premières années de la vie, alors que le cerveau est impressionnable, paraît acquérir presque la nature d'un instinct. Or la véritable essence de l'instinct est d'être suivi indépendamment de la raison. Nous ne pouvons pas non plus dire pourquoi certaines vertus admirables, comme l'amour de la vérité, sont beaucoup plus hautement prisées dans quelques tribus sauvages que dans d'autres (33); ni encore pourquoi nous voyons prévaloir, même parmi les nations civilisées, des différences semblables. Sachant combien d'étranges coutumes et superstitions se sont solidement implantées, nous ne devons pas nous étonner que les vertus personnelles nous paraissent maintenant si naturelles, appuyées qu'elles le sont par la raison, que nous les regardions comme innées, bien que, dans ses premières conditions, l'homme n'en fît aucun cas.

Malgré de nombreuses causes de doute, l'homme peut, généralement et sans hésiter, distinguer entre les règles morales supérieures et inférieures. Les premières sont basées sur les instincts sociaux et se rapportent à la prospérité des autres; elles sont appuyées par l'approbation de nos semblables et par la raison. Les inférieures, bien que méritant à peine cette qualification, lorsqu'elles entraînent à un sacrifice personnel, se rattachent principalement à l'individu en lui-même, et doivent leur origine à l'opinion publique cultivée, et mûrie par l'expérience, car elles ne sont pas pratiquées chez les tribus grossières.

L'homme avançant en civilisation, et les petites tribus se réunissant en communautés plus grandes, la simple raison indique à chaque individu qu'il doit étendre ses instincts sociaux et sa sympathie à tous les membres de la même nation, bien qu'ils lui soient personnellement inconnus. Ce point atteint, il n'y a qu'une barrière artificielle qui puisse empêcher que ses sympathies ne s'étendent à tous les hommes de toutes nations et de toutes races. Lorsqu'en fait, ces hommes présentent avec lui de grandes différences d'aspect et d'habitudes, l'expérience nous fait malheureusement voir combien il faut de temps avant que nous les considérions comme nos semblables. La sympathie étendue en dehors des limites de l'homme, c'est-à-dire la compassion envers les animaux, paraît être une des dernières acquisitions morales. Elle est inconnue chez les sauvages sauf pour leurs animaux favoris. Les abominables spectacles de gladiateurs montrent combien peu les anciens Romains en avaient le sentiment. Autant que j'ai pu l'observer, l'idée d'humanité est inconnue à la plupart des Gauchos des Pampas. Cette vertu, une des plus nobles dont l'homme soit doué, semble être le résultat accidentel de ce que nos sympathies devenant plus sensibles à mesure qu'elles s'étendent davantage, finissent par s'appliquer à tous les êtres sentants. Une fois honorée et cultivée par quelques hommes, cette vertu se répand par l'instruction et l'exemple chez les jeunes gens, et se propage ensuite dans l'opinion publique.

Le plus haut degré de culture morale auquel nous puissions atteindre, est celui où nous reconnaissons que nous devrions contrôler nos pensées et « ne pas même dans notre for intime songer de nouveau aux péchés qui nous ont rendu le passé agréable » (34). Tout ce qui familiarise l'esprit avec une mauvaise action, en rend l'accomplissement d'autant plus facile. Ainsi que l'a dit il y a fort longtemps Marc-Aurèle, « telles

(33) M. Wallace en donne de bons exemples dans *Scientific opinion*, 15 septembre 1869, ainsi que dans ses *Contributions to the theory of natural Selection*, 1870, p. 353.

(34) Tennyson, *Idylls of the King*, p. 244.

sont tes pensées habituelles, tel sera aussi le caractère de ton esprit ; car l'âme est teinte par ses pensées » (35).

Notre grand philosophe, Herbert Spencer, a récemment émis son opinion sur le sens moral. Il dit (36) : « Je crois que les expériences d'utilité organisées et consolidées au travers de toutes les générations passées de la race humaine, ont produit des modifications correspondantes qui, par transmission et accumulation continues, sont devenues chez nous certaines facultés d'intuition morale, — certaines émotions répondant à une conduite juste ou fausse, qui n'ont aucune base apparente dans les expériences d'utilité individuelle. » A ce qu'il me semble, il n'y a pas la moindre improbabilité inhérente à ce que des tendances vertueuses soient plus ou moins fortement héréditaires ; car, sans mentionner les dispositions et habitudes variées transmises dans un grand nombre d'animaux domestiques, j'ai entendu parler de cas dans lesquels le goût du vol et une tendance au mensonge paraissaient exister dans des familles occupant une position aisée ; et comme le vol est un crime fort rare dans les classes riches, il est difficile d'expliquer par une coïncidence accidentelle la même tendance se manifestant dans deux ou trois membres de la même famille. Si les mauvaises tendances sont transmissibles, il est probable qu'il en est de même des bonnes. Ce n'est que par le principe de la transmission des tendances morales, que nous pouvons comprendre les différences qu'on croit exister sous ce rapport entre les diverses races de l'humanité. Nous n'avons toutefois sur ce point jusqu'à présent que des documents insuffisants.

La transmission même partielle des tendances vertueuses serait déjà d'un puissant secours pour la première impulsion directement dérivée des instincts sociaux, et indirectement de l'approbation de nos semblables. Admettant pour le moment que les tendances vertueuses soient héréditaires, il semble probable, qu'au moins dans les cas de chasteté, de tempérance, de compassion pour les animaux, etc., elles s'impriment d'abord dans l'organisation mentale par l'habitude, l'instruction et l'exemple, soutenus pendant plusieurs générations dans la même famille, puis d'une manière accessoire ou même pas du tout, par le fait que les individus doués de ces vertus ont le mieux réussi dans la lutte pour l'existence. Si j'éprouve quelque doute relativement à ce genre d'hérédité, c'est parce que je dois admettre que des coutumes insensées, des superstitions et des goûts tels que l'horreur que professe l'Hindou pour une nourriture impure, ont dû se transmettre en vertu du même principe. Bien que ce fait ne soit peut-être pas moins probable en soi que celui que les animaux aient pu, par hérédité, acquérir le goût de certains aliments, ou la crainte de certains ennemis, je n'ai pas rencontré de preuves venant appuyer la transmission de coutumes superstitieuses ou d'habitudes insensées.

Finalement, les instincts sociaux, qui ont sans doute été acquis par l'homme comme par les animaux inférieurs, pour le bien de la communauté, lui auront dès l'abord donné quelque désir d'aider ses semblables, et développé quelque sentiment de sympathie. Des impulsions de ce genre lui auront de très-bonne heure servi comme de règle grossière du droit et du faux. Mais à mesure qu'il aura progressé en puissance intellectuelle, et sera devenu capable de suivre les conséquences plus éloignées de ses actions, qu'il aura acquis assez de connaissances pour repousser des coutumes funestes et des superstitions, qu'il aura de plus en plus en vue le bien-être et le bonheur de ses semblables, que l'habitude résultant de l'expérience, de l'instruction et de l'exemple aura développé et étendu ses sympathies aux hommes de toutes races, aux infirmes, aux imbéciles et aux autres membres inutiles de la société, enfin aux animaux mêmes, — le niveau de sa moralité s'élèvera de plus en plus. Il est admis par les moralistes de l'école dérivative et par quelques intuitionistes, que le niveau de la moralité s'est élevé depuis une période ancienne de l'histoire de l'humanité (37).

De même qu'il y a quelquefois lutte entre les divers instincts des animaux inférieurs, il n'y a rien d'étonnant à ce qu'il puisse exister chez l'homme une lutte entre ses instincts sociaux et les vertus qui en dérivent, et ses impulsions ou désirs d'ordre inférieur, bien que ceux-ci sur le moment soient les plus forts. Ce fait, selon la remarque de M. Galton (38), est d'autant moins étonnant que l'homme est sorti, depuis un temps relativement récent, d'une période de barbarie. Après avoir cédé à quelque tentation, nous éprouvons un sentiment de mécontentement, analogue à celui qui accompagne la non-satisfaction des autres instincts, et que, dans ce cas, on appelle conscience ; car nous ne pouvons pas empêcher des impressions et images passées de se représenter continuellement à notre esprit, et nous-mêmes de les comparer, dans leur état affaibli avec les instincts sociaux, toujours présents, ou avec des habitudes contractées dès une tendre jeunesse, et fortifiées pendant toute la vie, héréditaires peut-être, et ainsi rendues presque aussi énergiques que des instincts. En regardant aux générations futures, il n'y a pas de raison de craindre que les instincts sociaux s'affaiblissent, et nous pouvons admettre que les habitudes vertueuses acquerront de la force en se fixant par l'hérédité. Dans ce cas, la lutte entre nos impulsions plus élevées et plus basses devenant moins forte, la vertu triomphera.

Résumé des deux derniers chapitres. — Il ne peut y avoir de doute qu'il n'existe une immense différence entre l'esprit de l'homme le plus inférieur, et celui de l'animal le plus élevé. Si un singe anthropomorphe était apte à considérer son propre cas d'une manière impartiale, il pourrait admettre que, bien que capable de combiner un plan ingénieux pour piller un jardin, — ou de se servir de pierres pour combattre, ou pour casser des noix, — la pensée de façonner une pierre pour en faire un outil serait tout à fait en dehors de sa portée. Encore moins pourrait-il suivre un raisonnement métaphysique, résoudre un problème mathématique, réfléchir sur Dieu, ou admirer une imposante scène de la nature. Quelques singes toutefois déclareraient probablement qu'ils peuvent admirer, et qu'ils le font, la beauté de coloration de la peau et de la fourrure de leurs compagnes. Ils accorde-

(35) *The Thoughts of the emperor M. Aurelius Antoninus*, trad. anglaise, 2e édit., 1869, p. 112. M. Aurelius était né 121 ans après J. C.

(36) Lettre à M. Mill, dans *Mental and Moral Science*, de Bain, 1863, p. 722.

(37) Un auteur, fort capable de juger sainement de la question, s'exprime énergiquement dans ce sens dans un article, dans *North British Review*, juillet 1869, p. 531. M. Lecky (*Hist. of Morals*, I, p. 143) paraît, jusqu'à un certain point, être d'accord.

(38) Voyez son ouvrage remarquable, *Hereditary Genius*, 1869, p. 349. Le duc d'Argyll (*Primeval Man*, 1869, p. 188) fait quelques bonnes remarques sur la lutte entre le bien et le mal dans la nature de l'homme.

aient que, bien qu'ils soient à même de faire comprendre à d'autres singes par des cris quelques-unes de leurs perceptions ou de leurs besoins les plus simples, jamais la notion d'exprimer des idées définies par des sons déterminés n'a traversé leur esprit. Ils pourraient affirmer qu'ils sont prêts à aider leurs camarades de la même troupe de diverses manières, à risquer leur vie pour eux, et à se charger de leurs orphelins; mais ils seraient forcés de reconnaître, comme dépassant complétement leur compréhension, cet amour désintéressé pour toutes les créatures vivantes qui constitue le plus noble attribut de l'homme.

Néanmoins, si considérable qu'elle soit, la différence entre l'esprit de l'homme et celui des animaux les plus élevés n'est certainement qu'une différence de degré, et non d'espèce. Nous avons vu que des sentiments et intuitions, diverses émotions et facultés, telles que l'amitié, la mémoire, l'attention, la curiosité, l'imitation, la raison, etc., dont l'homme s'enorgueillit, peuvent s'observer à un état naissant, ou même quelquefois assez développé, dans les animaux inférieurs. Ils sont aussi capables de quelques améliorations héréditaires, ainsi que nous le montre la comparaison du chien domestique avec le loup ou le chacal. Si l'on veut soutenir que certaines facultés, telles que la conscience de soi-même, l'abstraction, etc., sont spéciales à l'homme, il se peut bien qu'elles soient les résultats accessoires d'autres facultés intellectuelles fort avancées, qui elles-mêmes sont principalement le produit de l'usage continu d'un langage ayant atteint un haut degré de développement. A quel âge l'enfant nouveau-né acquiert-il la faculté d'abstraction, ou commence-t-il à avoir conscience de lui-même et à réfléchir sur sa propre existence? Nous ne pouvons répondre à cette question, ni en ce qui concerne l'échelle organique ascendante. Le langage, produit moitié de l'art, moitié de l'instinct, porte encore l'empreinte de son évolution graduelle. La croyance relevée à un Dieu n'est pas universelle chez l'homme; et celle à des agents spirituels actifs résulte naturellement de ses autres puissances mentales. C'est le sens moral qui fournit peut-être la distinction la meilleure et la plus haute entre l'homme et les autres animaux; mais je n'ai besoin de rien ajouter sur ce chef, puisque je viens d'essayer de montrer que les instincts sociaux, — principe fondamental de la constitution morale de l'homme (39), — aidés par les puissances intellectuelles actives et les effets de l'habitude, conduisent naturellement à la règle : « Fais aux hommes ce que tu voudrais qu'ils te fissent », principe qui constitue les fondements de la moralité.

Je ferai dans un article suivant quelques remarques sur la marche et les moyens probables par lesquels les diverses facultés morales et mentales de l'homme se sont peu à peu dégagées et développées. On ne peut du moins point contester que cela ne soit possible, puisque chaque jour nous en contemplons l'évolution dans chaque enfant, et que nous pouvons retracer une gradation parfaite entre l'esprit d'un idiot absolu, qui est au-dessous de l'animal le plus inférieur, et celui d'un Newton.

CH. DARWIN.

— Traduit de l'anglais par MOULINIÉ. —

(39) *Pensées de Marc-Aurèle, etc.*, p. 139.

ÉCOLE PRATIQUE DE LA FACULTÉ DE MÉDECINE DE PARIS

PHYSIOLOGIE EXPÉRIMENTALE

COURS DE M. GRÉHANT (1)

Renouvellement de l'air dans les poumons

IV

LA RESPIRATION ARTIFICIELLE

Appareil pour la respiration artificielle. — Pour pratiquer la respiration artificielle chez l'homme ou chez un animal, le moyen le plus simple consiste à introduire dans les fosses nasales ou dans la trachée la tuyère d'un soufflet ordinaire; mais rien n'est plus fatigant que de maintenir les mouvements de rapprochement et d'écartement des deux branches d'un soufflet pendant un certain temps, plusieurs heures, comme on le fait souvent dans certaines expériences physiologiques.

J'ai fait construire par M. Vérick un appareil (fig. 7) dans lequel le mouvement du soufflet est produit par un mouvement de rotation qu'il est bien plus facile de faire maintenir par un homme ou par un moteur quelconque. Ce mouvement de rotation est imprimé d'abord à un axe horizontal mobile *ax* sur des coussinets, qui, d'un côté, se termine par une manivelle M, et, de l'autre côté, porte une coulisse *oo* assez longue imitée de la coulisse de Stephenson, employée dans les locomotives. Une bielle *bg*, longue de 60 centimètres environ, vient s'attacher, d'une part, à une pièce mobile dans la coulisse, mais qui peut être fixée en un point quelconque, près ou loin de l'axe de rotation; cette bielle s'articule, d'autre part, par une articulation *g* en forme de genou, avec l'une des branches d'un fort soufflet S, dont la seconde branche est fixée d'une manière invariable à un madrier qui sert de support à tout l'appareil. J'ajouterai que l'axe horizontal qui, mû par la manivelle, détermine les mouvements du soufflet, porte plusieurs poulies *p* qui peuvent recevoir le mouvement d'un moteur quelconque, soit d'une petite roue hydraulique, soit de ce petit moteur de Coque qui est construit exactement comme une machine à vapeur, mais qui marche par la pression d'une colonne d'eau,

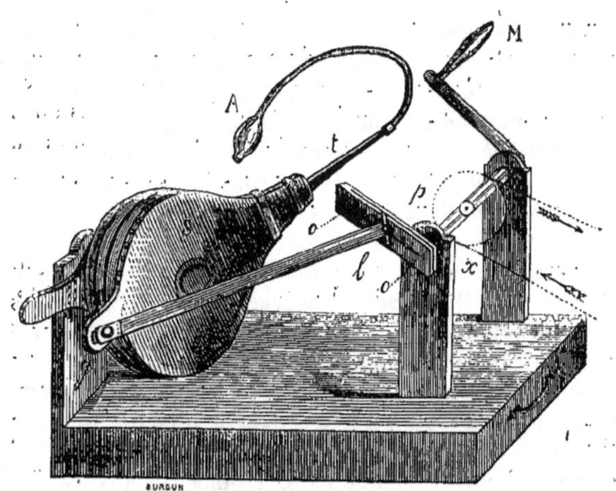

FIG. 7. — Appareil pour la respiration artificielle.

(1) Voyez ci-dessus page 206, 26 août 1871.

moteur très-commode qui est installé dans le laboratoire de physiologie générale au Muséum. Avec cet appareil et son moteur, M. Bert a pu conserver pendant huit heures un chien curarisé qui ne pouvait plus faire aucun mouvement volontaire de respiration.

Lorsqu'il s'agit de faire la respiration artificielle chez l'homme asphyxié, ou chez l'enfant nouveau-né, un médecin expérimenté peut introduire dans le larynx une sonde spéciale qui ne ferme pas complétement le conduit, puis réunir par un tube de caoutchouc la sonde à la tuyère *t* du soufflet; mais cette introduction de la sonde n'est pas toujours facile, et il me paraît préférable d'employer, comme intermédiaire, un tube de caoutchouc terminé par une ampoule A de la même substance, qui s'introduit facilement dans la cavité buccale, et se prête à sa forme; il suffit de placer ensuite un lien sous le menton et de le fixer sur l'occiput, pour qu'au moment de l'insufflation qui correspond à l'inspiration, l'air pénètre dans les poumons et les dilate; l'expiration se fait toujours par l'élasticité des poumons, soit par les fosses nasales, soit entre les parois de la bouche et celles de l'ampoule. Si l'œsophage a perdu sa tonicité, l'air insufflé pénètre à la fois dans les poumons et dans l'estomac qu'il distend; on peut facilement le chasser de l'estomac par des pressions exercées sur l'abdomen; ces pressions sont utiles dans tous les cas pour favoriser la circulation du sang que l'on chasse ainsi de l'abdomen vers le thorax, et il suffit d'exercer une légère compression sur la trachée vers la partie inférieure du cou, pour maintenir complétement oblitéré le canal œsophagien et pour empêcher l'air insufflé de pénétrer dans l'estomac.

L'appareil à respiration artificielle est applicable chez l'homme, chez l'enfant, chez les animaux de différente taille, quoiqu'il soit nécessaire d'employer un soufflet solidement construit qui peut seul résister à un travail mécanique prolongé. Si l'on fixe tout près de l'axe de rotation la pièce qui glisse dans la coulisse, le volume d'air envoyé par le soufflet à chaque tour de l'axe est très-petit et suffit pour maintenir la respiration d'un cochon d'Inde, par exemple. Si, au contraire, cette pièce est fixée loin de l'axe, les mouvements d'écartement et de rapprochement du soufflet prennent une grande amplitude, et le volume d'air déplacé à chaque tour est assez grand pour qu'on puisse maintenir la respiration artificielle chez le cheval; entre ces positions extrêmes, se trouvent tous les intermédiaires; mais une fois que l'extrémité de la bielle est fixée à une distance de l'axe qui reste constante, chaque tour de la manivelle ou de la poulie envoie le même volume d'air, et l'on peut maintenir rigoureusement un rhythme uniforme des mouvements respiratoires.

Respiration artificielle dans l'empoisonnement par le curare. — Action physiologique de ce poison. — Je vais, comme exemple, pratiquer la respiration artificielle chez un lapin empoisonné par le curare, et comme ce poison, si bien étudié par M. Cl. Bernard, présente une action physiologique très-remarquable, il est utile que je vous la démontre auparavant par quelques expériences bien simples. Voici une grenouille que nous allons préparer à la manière de Galvani (fig. 8); on coupe l'animal avec des ciseaux immédiatement derrière les membres antérieurs, la peau est arrachée et se retourne comme un doigt de gant, les muscles des membres inférieurs sont mis à nu; on passe les ciseaux derrière les nerfs lombaires et on enlève par deux sections toutes les parties molles situées entre le tronçon de la moelle et les membres inférieurs. A l'aide d'une pince électrique (fig. 9), c'est-à-dire de deux fils métalliques

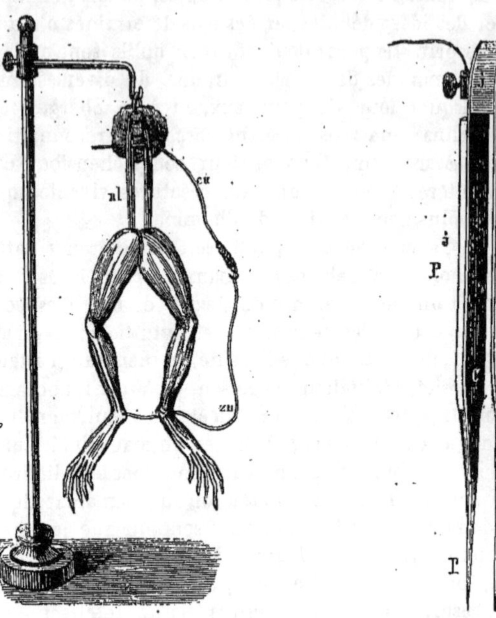

FIG. 8. — Grenouille préparée à la manière de Galvani.

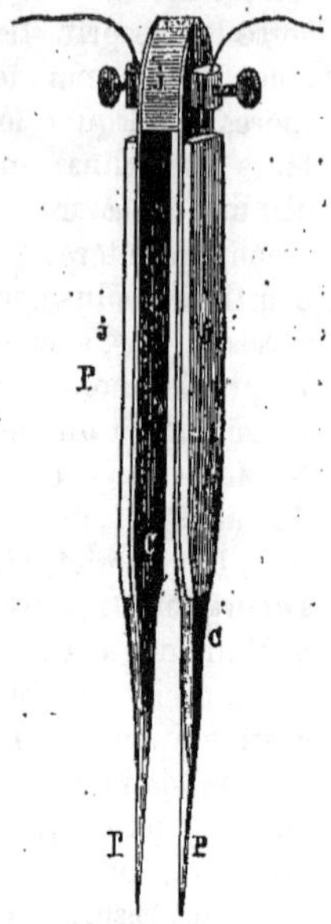

FIG. 9. — Pince électrique à bouts de platine.

isolés unis aux extrémités de la bobine mobile de cet appareil d'induction à chariot (fig. 10), si nous faisons passer à travers

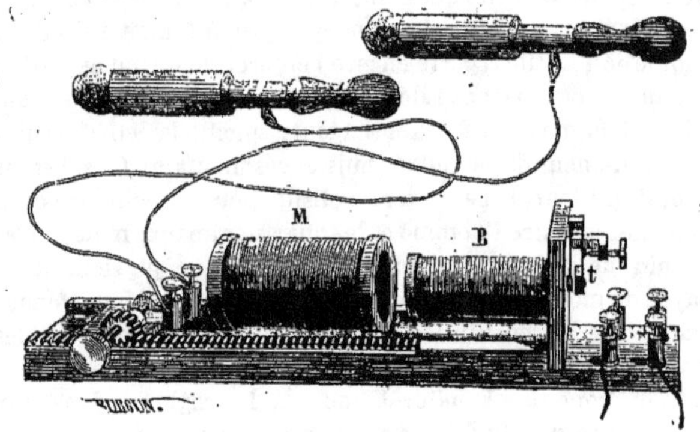

FIG. 10. — Appareil d'induction à chariot.

les nerfs des courants induits extrêmement faibles, puisque la bobine induite se trouve à 60 centimètres de la bobine inductrice, nous voyons les muscles des pattes se contracter aussitôt. Un excitant électrique un peu plus fort, porté directement sur les muscles, détermine aussi leur contraction. Sur une autre grenouille, on injecte sous la peau du dos une solution de curare; au bout de quelques minutes, l'animal est pris: d'abord il traîne les membres inférieurs, puis les mouvements respiratoires s'arrêtent, et, tout mouvement volontaire cessant, la grenouille paraît morte. Cependant le cœur bat, on le reconnaît à l'examen de la région précordiale, mais on le voit beaucoup mieux en examinant, sous le microscope, le phénomène admirable de la circulation du sang dans la membrane interdigitale. Vous voyez dans le champ de l'instrument, une artériole qui donne naissance aux capillaires auxquels font suite les veines qui ramènent le sang au cœur ; appliquons un fil sur la patte de la grenouille, en le serrant légèrement, nous arrêtons aussitôt la circulation dans la membrane interdigitale, vous voyez tous les globules du sang rester immobiles. Préparons cette grenouille à la manière de Galvani, comme la première, puis excitons les nerfs lombaires, rien ne se produit, nous portons l'excitation jusqu'au courant induit maximum qui donne des étincelles longues de plusieurs millimètres, aucune contraction n'a lieu dans les muscles, les nerfs ont complétement perdu leur motricité. Au contraire, un excitant beaucoup moins énergique porté sur les muscles détermine leur contraction. Ainsi la propriété qu'a le muscle de se contracter est inhérente à la fibre musculaire, elle est indépendante de l'union du muscle avec le nerf. M. Claude Bernard a poussé encore plus loin l'analyse physiologique ; chez une grenouille, on lie les vaisseaux qui portent le sang à l'un des membres inférieurs, ou aux deux membres. La figure 11, représente une

FIG. 11. — Grenouille chez laquelle on a lié les parties molles de l'abdomen à l'exception des nerfs lombaires.

grenouille dont on a lié toutes les parties molles de l'abdomen, excepté les nerfs lombaires ; ou bien, ce qui est plus facile et aussi sûr, on applique un lien à la racine d'un membre, et la circulation est arrêtée dans le membre comme on le reconnaît dans la membrane interdigitale qui n'offre plus que des globules du sang immobiles. On injecte ensuite du curare sous la peau du dos, à l'aide d'une seringue de Pravaz (fig. 12) ; au bout de quelque minutes si l'on découvre le nerf sciatique de chaque côté on reconnaît que du côté empoisonné ce nerf a complétement perdu le pouvoir moteur, tandis que du côté lié, il possède encore toute sa motricité. Ainsi le curare, pour tuer le nerf moteur doit être porté par le sang sur ses extrémités périphériques. Mais voici un fait bien remarquable, pinçons les membres du côté empoisonné :

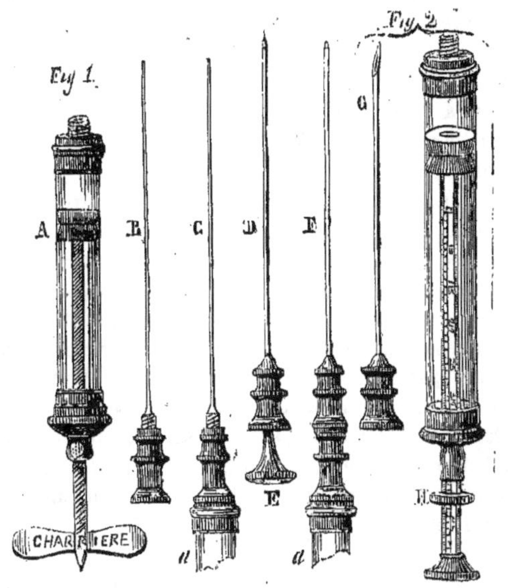

FIG. 12. — Seringue de Pravaz avec diverses canules.

nous voyons que l'animal ne les retire pas, mais il retire la patte du côté non empoisonné ; cette expérience démontre que, même dans les parties empoisonnées, la sensibilité est intacte et le mouvement réflexe ne se produit pas dans ces parties, car si les nerfs sensitifs et la moelle ont conservé leurs propriétés, le troisième élément de la chaîne, le nerf moteur est tué, et il ne se manifeste de mouvements réflexes que dans la patte préservée qui, seule, a conservé ses nerfs moteurs.

Chez les mammifères, les phénomènes produits par le curare paraissent différents au premier abord ; si l'on injecte sous la peau d'un lapin une certaine dose de curare, 3 ou 4 milligrammes par exemple, l'animal meurt bientôt ; vient-on à découvrir le nerf sciatique, on voit qu'il possède encore la motricité ; faut-il en conclure que le curare n'agit pas de la même manière chez les grenouilles et chez les mammifères ? Ce serait commettre une grave erreur physiologique. Si l'on injecte sous la peau du lapin une très-forte dose de curare, M. Claude Bernard a vu que la motricité des nerfs a disparu au moment de la mort, et si la dose du poison est plus faible, M. Vulpian a démontré que par l'emploi de la respiration artificielle qui conserve longtemps les mouvements du cœur, et qui permet au sang de porter et de renouveler l'agent toxique aux extrémités périphériques des nerfs moteurs, il est facile de reconnaître, au bout d'une demi-heure ou d'une heure, la perte complète de la motricité dans le nerf sciatique. Ainsi, chez les mammifères, lorsque survient par l'action du curare l'arrêt des mouvements respiratoires qui cause presque immédiatement la mort, le poison n'a pas eu le temps de paralyser les nerfs moteurs.

Un autre poison, la strychnine, agit sur le système nerveux d'une manière tout à fait différente ; néanmoins la mort a lieu aussi chez les mammifères par l'arrêt du renouvellement de l'air dans les poumons. Vous savez que ce poison agit sur les nerfs de sentiment et à leur extrémité médullaire : il produit, à l'origine de ces nerfs dans la moelle, des excitations qui sont la cause de contractions musculaires très-violentes et très-répétées, d'un véritable tétanos. Or, dans ces accès tétaniques généraux, le diaphragme et les autres muscles qui assurent le renouvellement de l'air dans les poumons peuvent aussi être tétanisés chez les mammifères, alors l'asphyxie survient et le sang artériel devient noir, l'animal meurt. Mais vient-on, comme l'a indiqué M. Rosenthal, à pratiquer la respiration artificielle avec un soufflet, on peut éloigner de beaucoup l'époque de la mort, en s'opposant à cette asphyxie de cause mécanique ; le sang reste rouge dans les artères, malgré les contractions tétaniques des muscles inspirateurs. De ces faits il résulte que, dans l'empoisonnement par le curare ou par la strychnine, ce qu'il y a de plus rationnel, c'est de pratiquer la respiration artificielle jusqu'à ce que le poison ait été éliminé. Il ne faut pas oublier non plus, que si un poison ou un virus a pénétré par une plaie, la première précaution à prendre, c'est d'appliquer une ligature fortement serrée au-dessus de la plaie, afin d'arrêter complétement la circulation et par suite l'absorption ; ensuite, on pourra employer la succion, la cautérisation de la plaie et les autres moyens conseillés en pareil cas.

Insufflation des poumons, arrêt de la circulation. — J'arrive à une expérience qui démontre le principal danger des manœuvres de respiration artificielle lorsqu'elles sont exagérées. Sur ce lapin soumis à l'empoisonnement par le curare, et que nous pouvons conserver longtemps par la respiration artificielle, je découvre l'artère carotide et je fixe dans le vaisseau une canule mise en rapport, par un tube, avec un manomètre à mercure ou hémodynamomètre de M. Poiseuille. Nous délions un fil qui oblitérait le bout central de l'artère, aussitôt le mercure monte dans le manomètre à une hauteur de 12 centimètres environ, le métal oscille dans le tube et ces oscillations correspondent aux battements du cœur et aux mouvements respiratoires. Tout à coup, on exagère les mouvements du soufflet qui est uni à la trachée de l'animal, on envoie beaucoup d'air dans les poumons par ces mouvements amples et rapides. Aussitôt, le mercure descend dans le manomètre, et n'indique plus dans la carotide qu'une pression de 3 à 4 centimètres de mercure, en même temps la colonne mercurielle reste immobile. Ouvrons alors l'artère carotide, nous avons une faible hémorrhagie qui cesse bientôt ; le cours du sang est donc arrêté. Au lieu d'employer le soufflet, si l'on met la trachée en rapport avec un gazomètre renfermant de l'air comprimé soumis à une pression qui dépasse de 3 à 4 centimètres de mercure la pression atmosphérique, on obtient exactement les mêmes résultats.

Ainsi, il faut bien se garder, comme on est toujours porté à le faire, d'exagérer les mouvements de la respiration artificielle chez l'homme ou chez l'enfant nouveau-né, car ces manœuvres, loin d'être utiles, seraient très-funestes en apportant un obstacle insurmontable au cours du sang ; nous aurons à étudier quelle est la nature de cet obstacle, mais cette recherche exige la connaissance de plusieurs appareils destinés à mesurer la pression du sang dans les vaisseaux, ces appareils sont d'un emploi très-fréquent dans les laboratoires de physiologie, et j'ai l'intention de vous les décrire complétement.

V

MESURE DE LA PRESSION DU SANG.

Gazomètre à pression constante. — Cet appareil, représenté par la figure 13, est formé d'un flacon à deux tubulures :

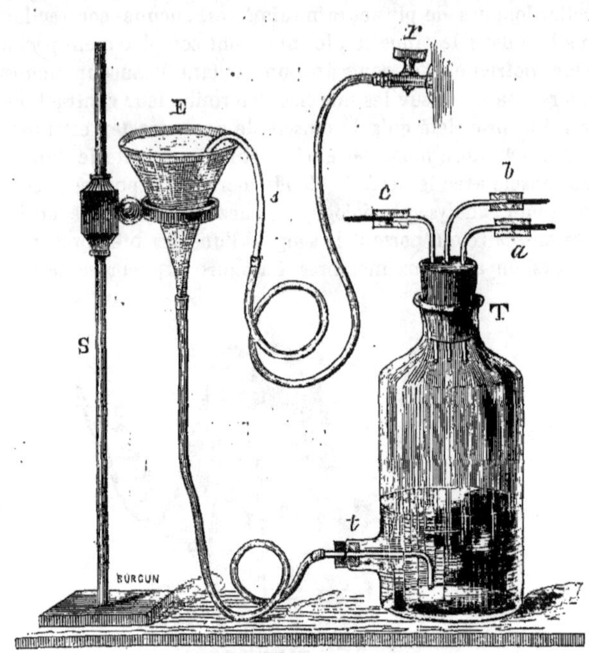

FIG. 13. — Petit gazomètre à pression constante.

l'une supérieure T est fermée par un bouchon de caoutchouc percé de trois trous que traversent les tubes *a*, *b* et *c* ; chacun de ces tubes courbés à angle droit peut être fermé, soit par un robinet, soit plus simplement par un tube de caoutchouc dans lequel on enfonce un fragment de baguette de verre plein. La tubulure inférieure *t* est fermée par un bouchon de caoutchouc que traverse un tube de verre, qui se recourbe à l'intérieur pour que son extrémité devienne voisine du fond du flacon, et qui, à l'extérieur, se continue avec un long tube de caoutchouc fixé à un entonnoir E, tenu par un support annulaire S que l'on peut élever ou abaisser à volonté. Pour remplir d'eau l'entonnoir, on emploie un robinet d'eau *r*, et comme intermédiaire un long tube de caoutchouc se terminant par un siphon *s*, qui accompagne toujours l'entonnoir dans ses mouvements.

On s'arrange dans toutes les expériences pour qu'il y ait toujours un trop-plein d'eau dans l'entonnoir, et alors la pression que supporte l'air dans le gazomètre est égale à la pression atmosphérique augmentée de la colonne d'eau qui sépare les deux niveaux du liquide dans le flacon et dans l'entonnoir ; cette pression de l'air reste constante si le niveau ne change pas dans le flacon, mais si le niveau s'élève de 1 ou 2 centimètres, pour maintenir la même pression, il faut soulever l'entonnoir de 1 ou 2 centimètres.

Hémodynamomètre de Poiseuille. — Cet instrument (fig. 14), appliqué à la première mesure exacte de la pression du sang par Poiseuille, se compose d'un tube de verre en U à deux branches parallèles, dont l'une, plus courte, est recourbée à angle droit, tandis que l'autre, plus longue, reste verticale. Ce tube est fixé sur une planche, et le long de chaque branche on a tracé une division en centimètres et millimètres à partir d'une ligne horizontale, qui est le zéro de chaque échelle. A la branche recourbée est fixé un tube de caoutchouc à parois épaisses et rigides, ou un tube de plomb qui se termine par un ajutage assez fin qui sera introduit dans un vaisseau; sur ce tube se trouve un robinet de métal ou de verre. On commence par verser du mercure bien pur dans ce manomètre à air libre, puis on remplit la petite branche et le tube d'une solution aqueuse de bicarbonate de soude d'une densité égale à 1,083.

Pour introduire cette solution, un des moyens les plus simples consiste à réunir par un tube de caoutchouc l'extrémité de l'ajutage à la canule d'une seringue à demi remplie de la solution saline, puis on fait varier alternativement la pression en faisant mouvoir le piston; l'air est aspiré du manomètre dans la seringue, puis la solution saline est injectée dans l'instrument. Le sel de soude offre l'avantage de retarder la coagulation du sang, mais il faut remarquer que cette colonne de liquide qui pèse sur le mercure dans la petite branche soulève une colonne de mercure d'une certaine hauteur dans la grande, et il faut toujours retrancher de la différence des niveaux du mercure dans les deux branches, la colonne mercurielle qui fait équilibre à cette colonne de solution saline, pour avoir la pression réelle qui existe dans un vaisseau.

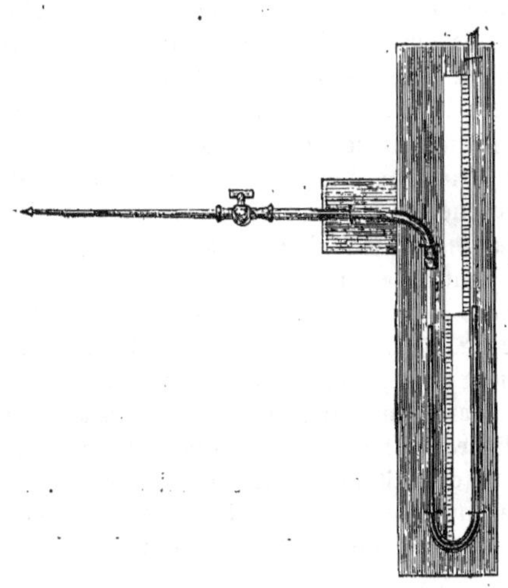

Fig. 14. — Hémodynamomètre de Poiseuille.

Veut-on appliquer l'hémodynamomètre de Poiseuille à la mesure de la pression du sang dans une artère, on introduit, puis on fixe la canule dans le vaisseau, et aussitôt qu'un fil de ligature d'attente placé sur le bout central de l'artère est délié, on voit le sang pénétrer en certaine quantité dans le manomètre, se mélanger avec le sel de soude, et soulever le mercure dans la grande branche à une hauteur voisine de 15 centimètres, déduction faite de la hauteur du mercure qui fait équilibre au mélange de sang et de solution saline.

M. Fick, de Zurich, a indiqué un artifice qui, empêchant le sang d'entrer dans l'hémodynamomètre, offre l'avantage de retarder le phénomène de la coagulation du sang; quand un caillot se forme, il ferme comme un bouchon le tube de communication et arrête immédiatement les oscillations de la colonne mercurielle. Le procédé consiste à établir d'abord, dans l'hémodynamomètre, à l'aide d'une seringue remplie de bicarbonate de soude et fixée par un tube de caoutchouc à l'ajutage terminal, une pression voisine de celle que l'on veut mesurer, pression qui, dans les artères, est de 15 centimètres environ, puis on ferme le robinet. Dans ces conditions, lorsqu'on ouvre successivement le vaisseau et le robinet, le sang ne peut pas pénétrer dans le tube, et même, si la pression de la colonne de mercure est un peu plus grande que la tension artérielle, une petite quantité de sel de soude pénètre dans l'artère et se mélange avec le sang, ce qui n'offre pas d'inconvénient.

Manomètre différentiel de M. Claude Bernard. — Pour mesurer les différences de pression qui existent entre divers vaisseaux, par exemple entre les artères et les veines, M. Claude Bernard a fait construire un manomètre différentiel, qui est représenté figure 15. Un tube de verre en U à branches parallèles, fixé sur une planchette qui est maintenue verticalement, est mastiqué à ses extrémités A et B dans deux tubes de plomb courbés l'un et l'autre à angle droit, et munis chacun d'un robinet *r*. Aux extrémités *e* et *f*, sont fixés des tubes flexibles de plomb ou de caoutchouc rendu inextensible, ces tubes se terminent par des ajutages droits ou par des canules de verre en T qui peuvent être fixées dans les vaisseaux; ces dernières canules C et C′ permettent librement le cours du sang. L'ensemble des tubes est rempli d'une solution de bicarbonate de soude. Vient-on à placer la canule C dans l'artère carotide et la canule C′ dans le bout central de la veine jugulaire, on voit le mercure du manomètre monter du côté de la veine de 14 à 16 centimètres, et à certains moments la différence de pression est plus grande que la pression mesurée directement dans l'artère avec l'hémodynamomètre ordinaire, ce qui démontre que la pression dans la veine est alors inférieure à la pression atmosphérique, ou qu'elle est négative, fait qu'il est du reste très-facile de démontrer directement en plaçant un manomètre en rapport avec le bout central de la jugulaire; cette pression négative explique l'aspi-

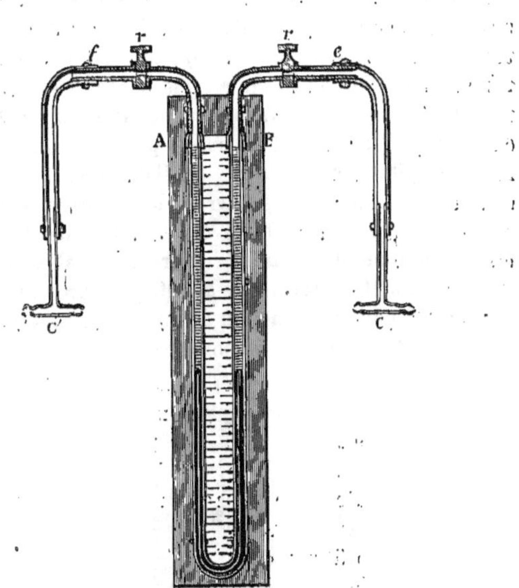

Fig. 15. — Manomètre différentiel de M. Claude Bernard.

ration de l'air dans les veines voisines du thorax lorsqu'elles sont blessées, ces veines étant maintenues béantes. Or, l'air mêlé de sang qui pénètre dans le cœur droit est lancé par l'artère pulmonaire dans les petits vaisseaux du poumon, il se forme de petites colonnes de liquide séparées par des bulles d'air qui opposent au cours du sang à travers les poumons un obstacle insurmontable, et l'arrêt de la circulation cause la mort. On démontre en physique que si dans un long tube capillaire on introduit de petites colonnes d'eau séparées par des bulles d'air, il faut exercer une forte pression à l'extrémité du tube pour déplacer cette colonne d'index de liquide séparés par des bulles d'air, tandis qu'une pression très-faible suffit pour mettre en mouvement toute la colonne liquide lorsqu'elle ne présente pas d'interruptions.

Kymographion de M. Ludwig. — Lorsque l'hémodynamomètre est fixé dans une artère, par exemple dans l'artère carotide du lapin, on reconnaît que le mercure présente des oscillations régulières qui correspondent, les unes plus petites aux systoles du cœur, et les autres plus grandes aux mouvements respiratoires, mais ces oscillations sont tellement rapides qu'on ne peut ni les suivre ni les mesurer. M. Ludwig a, le premier, fixé par un tracé ces mouvements si fugaces, et ce tracé indique d'une manière durable la valeur de la pression du sang et les variations qu'elle peut présenter. L'appareil de M. Ludwig, qui a reçu le nom de kymographion, est représenté figure 16. Le manomètre est fixé verticalement à côté d'un cylindre A très-léger, mobile autour d'un axe vertical, cylindre qui reçoit un mouvement uniforme communiqué par un appareil d'horlogerie B à pendule conique D, le pendule conique produit un mouvement continu et uniforme, tandis que le pendule ordinaire, qui ne donne que des mouvements intermittents d'égale durée, ne conviendrait pas dans ce cas. Sur le niveau de la grande branche du manomètre est placé un flotteur, c'est une longue tige *ff*, qui se termine inférieurement par une partie renflée, et qui traverse à la partie supérieure une ouverture circulaire pratiquée dans un support fixe ; ainsi le flotteur est guidé, et se meut toujours verticalement. Ce flotteur porte un style *e* qui peut tracer des lignes sur le cylindre tournant, et l'extrémité de ce style est constamment maintenue contre le cylindre par un petit fil-à-plomb, qui n'est point représenté sur la figure, dont le fil légèrement écarté de la verticale par le style maintient celui-ci constamment appliqué sur la surface du cylindre. Nous employons ici, pour mesurer la pression du sang dans l'artère carotide du lapin, un appareil tout semblable, mais de dimensions plus petites. Le flotteur est un fil de verre suffisamment rigide, que l'on a fait fondre à l'une de ses extrémités en une boule arrondie qui suivra toujours le mercure. L'extrémité supérieure du flotteur traverse une ouverture que porte en son centre un petit chapeau de métal qui coiffe l'extrémité ouverte de la grande branche du manomètre. A l'extrémité libre du flotteur, on a fixé à l'aide de cire à cacheter une petite paille horizontale, très-légère, et pour maintenir l'extrémité pointue de cette paille contre la surface du cylindre, on se sert d'un petit pendule tout semblable à un pendule électrique, formé d'un fil de soie portant à son extrémité inférieure une petite boule de cire à cacheter ; ce fil exerce sur le fétu de paille ou style une légère pression latérale qui est suffisante pour empêcher le style de quitter la surface du cylindre.

Le cylindre que nous employons est celui que M. Marey a fait construire (fig. 17), qui reçoit d'un appareil d'horlogerie, muni du régulateur de Foucault, un mouvement parfaitement uniforme ; l'appareil moteur présente plusieurs axes dont la vitesse est différente, nous employons pour mesurer la pression du sang l'axe qui fait un tour en une minute. Le cylindre est d'abord recouvert d'une feuille de papier que l'on noircit à l'aide de la flamme d'une petite bougie promenée le long du papier, pendant que le cylindre placé horizontalement est mis en mouvement de rotation rapide. Les tubes du manomètre sont remplis d'une solution de bicarbonate de soude, on fait tracer par le style sur le cylindre tournant disposé verticalement une ligne circulaire qui représente la pression 0, puis le kymographion est mis en communication avec l'artère carotide du lapin ; vous voyez le style monter, et sur le cylindre vertical qui fait un tour en une

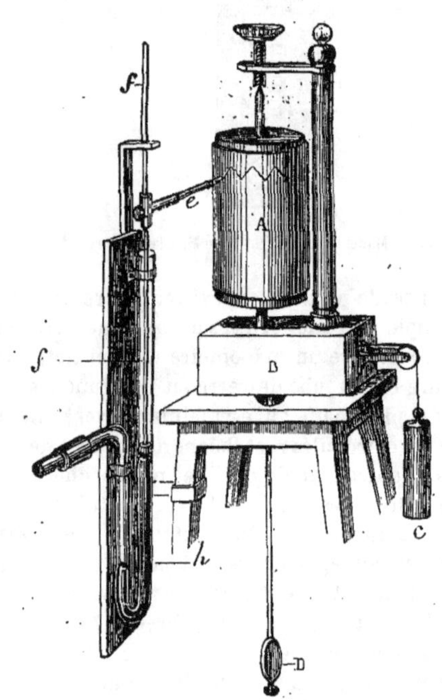

FIG. 16. — Kymographion ou manomètre enregistreur de M. Ludwig.

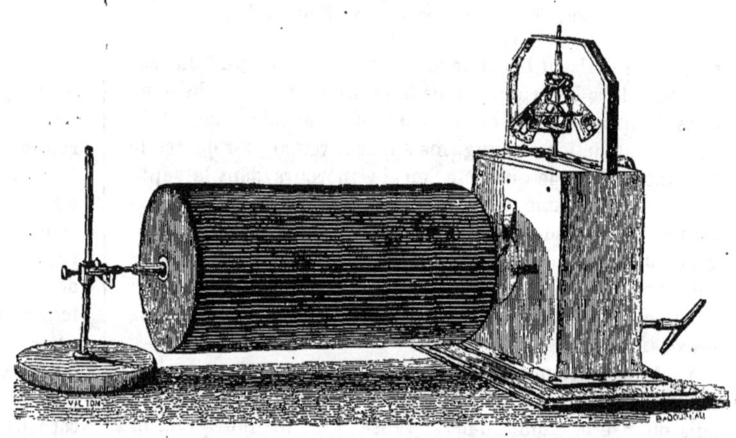
FIG. 17. — Cylindre de M. Marey et mouvement d'horlogerie muni du régulateur de Foucault.

minute, nous obtenons un tracé qui offre de petites dentelures correspondant aux contractions du cœur, et des dentelures plus grandes de l'ensemble du tracé qui correspondent aux mouvements respiratoires; excitons le bout périphérique du nerf pneumogastrique, aussitôt le style tombe, la pression devient fort petite dans l'artère, le tracé n'offre plus l'indication des systoles du cœur; en effet le cœur s'est arrêté en diastole, comme on peut le reconnaître par une ouverture faite au thorax. Cessons l'excitation du nerf, aussitôt le style remonte et trace l'indication des battements du cœur. Il faut remarquer que le mercure monte dans une branche autant qu'il descend dans l'autre et que la valeur de la pression s'obtient par suite en doublant les hauteurs de la courbe au-dessus de la ligne zéro. Détachons le papier de la surface du cylindre, et, pour conserver le tracé, nous l'immergeons dans un vernis, le vernis photographique par exemple, et nous laissons le vernis se dessécher à l'air. Le noir de fumée est alors fixé d'une manière définitive. Voilà donc un tracé permanent de ce phénomène découvert par MM. Ed. Weber et Budge, c'est-à-dire de l'arrêt du cœur produit par l'excitation du bout périphérique du nerf pneumogastrique. Nous obtiendrons bientôt un tracé semblable, mais qui sera produit par un mécanisme tout différent.

Kymographion à ressort de Fick. — M. Fick a employé, pour mesurer la pression du sang dans les vaisseaux, le manomètre métallique de M. Bourdon, qui est si employé dans nos machines à vapeur. Un ressort creux BC de laiton (fig. 18) a reçu la

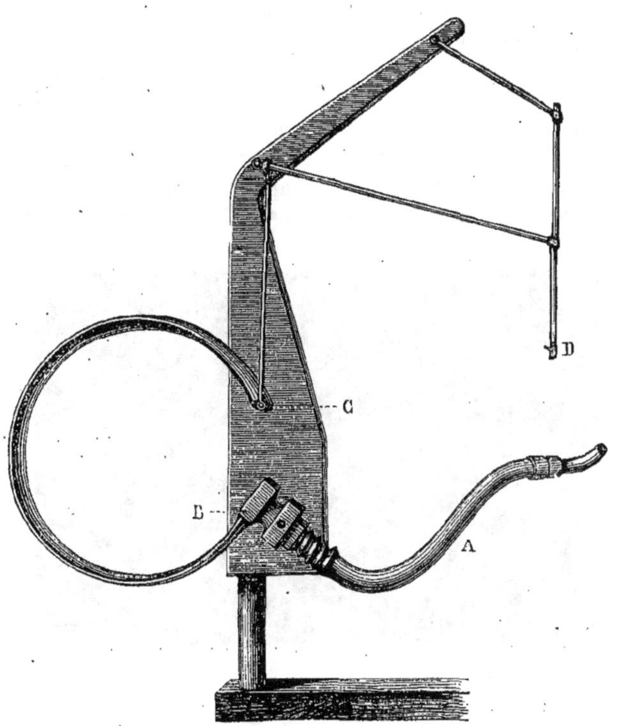

FIG. 18. — Kymographion à ressort de M. Fick.

forme d'un cercle; l'extrémité B, qui est fixée invariablement par un support, est soudée à un tube de plomb A qui doit porter un robinet. Si l'on fait varier la pression dans la cavité du ressort, il tend à se redresser et l'extrémité mobile C s'éloigne de l'extrémité fixe B. On remplit à l'aide d'une seringue la cavité du ressort avec de l'alcool, puis le tube avec une solution de bicarbonate de soude; l'alcool plus léger ne se mélange pas avec la solution saline, et dans aucun cas le sang ne pourra pénétrer dans le ressort, qu'il serait très-difficile de nettoyer si cela arrivait. Lorsqu'on met le tube A en rapport avec l'intérieur d'un vaisseau sanguin, d'une artère par exemple, les mouvements de l'extrémité libre C du ressort sont beaucoup trop petits pour qu'on puisse les enregistrer directement sur un cylindre tournant, il faut les amplifier à l'aide d'un système de leviers articulés formés de parties très-légères, et tellement disposés que l'extrémité D, munie d'une pointe d'aiguille horizontale ou style, ne peut se mouvoir que suivant une ligne verticale. Cette pointe fournira immédiatement un tracé d'une grande netteté sur le noir de fumée qui recouvre le cylindre tournant.

Graduation du manomètre de Fick. — Avant d'employer ce manomètre à la mesure de la pression du sang, il est nécessaire de le graduer, comme on gradue toujours le manomètre de Bourdon, c'est-à-dire par comparaison avec un manomètre à mercure à air libre. A cet effet on emploie le flacon servant de gazomètre décrit (fig. 13, page 270), et après avoir rempli la cavité du ressort de laiton avec de l'alcool, puis le reste du tube et le robinet avec une solution de bicarbonate de soude, on met le tube A du manomètre en communication avec l'un des tubes *a* du gazomètre d'abord vide, puis on réunit le tube *b* du même gazomètre avec un manomètre à mercure enregistreur. Les deux appareils manométriques sont disposés auprès du cylindre tournant de M. Marey, et l'on s'arrange de manière que les styles soient placés l'un au-dessus de l'autre. On fait tourner le cylindre et chaque style trace une ligne zéro correspondant à une pression nulle. Versons alors de l'eau dans l'entonnoir E, de manière à le remplir complétement, aussitôt les deux styles s'élèvent, on fait tourner un instant le cylindre, on obtient deux traits horizontaux et les distances de ces lignes à la ligne zéro donnent les hauteurs qui correspondent à un même accroissement de pression, accroissement connu en colonne mercurielle. On augmente la pression dans le gazomètre, nouvelle élévation des styles. L'expérience montre que pour ces pressions maintenues constantes, à l'état statique, les hauteurs auxquelles s'élève le style du manomètre de Fick sont proportionnelles aux valeurs des pressions mesurées exactement par les hauteurs du mercure, et l'on trouve, par exemple, que pour un accroissement de pression égal à 4 centimètres de mercure, le style du manomètre de Fick monte toujours de 1 centimètre.

L'expérience de graduation va être modifiée et nous montrer quelle est la supériorité du manomètre de Fick sur le manomètre à mercure. Au lieu de faire varier ainsi la pression à l'état statique dans le gazomètre, produisons des variations rapides; pour cela, fermons la tubulure inférieure *t* du gazomètre, et adaptons au troisième tube *c* une seringue ou une petite pompe à air; en faisant mouvoir rapidement le piston un grand nombre de fois par minute et en faisant tourner le cylindre, nous obtenons deux tracés très-différents (fig. 19); le supérieur, donné par le manomètre de Fick montre que, quelle que soit la rapidité des changements de pression, le style ne monte pas plus haut et ne descend pas plus bas que ne l'exige la variation exacte de pression mesurée par la distance des deux lignes droites parallèles tracées au commencement et à la fin d'une manœuvre très-lente du piston; en outre, la courbe présente des parties horizontales ou plateaux qui représentent la durée de l'augmentation ou de la diminution de pression. Pour le manomètre à mercure, au contraire, le style a tracé une courbe offrant des sommets aigus, dépassant de beaucoup, en haut et en bas, les deux lignes parallèles entre lesquelles se serait maintenu le tracé si la variation de pression avait été lente à se produire; ainsi, la colonne de mercure, dans ce cas, monte trop haut et descend

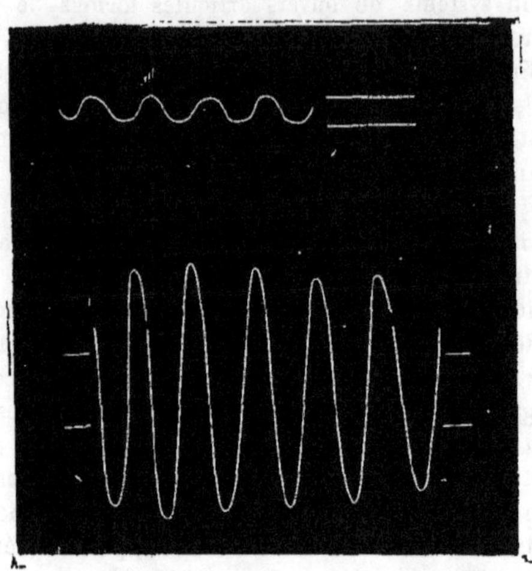

FIG. 19. — Tracé supérieur formé par le manomètre de Fick. Tracé inférieur formé par un manomètre à mercure.

trop bas. Nous devons remarquer toutefois que nous nous sommes placés ici dans les conditions les plus défavorables en unissant le manomètre à mercure avec un gazomètre plein d'air, milieu très-élastique, qui n'offre pas de résistance aux oscillations du mercure.

Dans les conditions d'emploi du manomètre à mercure en physiologie, le mercure est en rapport avec l'arbre circulatoire dont les vaisseaux remplis de sang offrent des parois élastiques comme des ressorts, parois assez résistantes pour limiter les oscillations que prend le mercure par vitesse acquise. Le manomètre à mercure reste donc un instrument très-utile pour mesurer la pression moyenne du sang et les variations de cette pression.

Le ressort du manomètre de Fick reçoit très-facilement des mouvements qui le mettent en vibration, exactement comme un diapason; pour éviter ces vibrations, qui seraient tracées par le style, on prolonge l'extrémité D du levier vertical, et l'on termine le bout inférieur libre par un petit disque horizontal de carton, qui est immergé dans un petit cylindre plein d'huile; la résistance apportée par le liquide fait disparaître ces petits mouvements, qui seraient transmis, soit par l'air directement, soit par les supports du manomètre. Avec les appareils que je viens de décrire, nous pouvons reprendre et achever l'étude expérimentale des phénomènes produits par l'insufflation des poumons.

VI

INSUFFLATION DES POUMONS

L'insufflation des poumons diminue la pression dans les artères. — On découvre chez un chien la trachée-artère, dans laquelle on fixe solidement un tube de verre présentant un léger étranglement; l'artère carotide est mise en rapport avec un manomètre de Fick, dans lequel on a établi d'abord une pression voisine de celle du sang artériel. La canule placée dans la trachée est réunie au tube *a* de notre gazomètre par un tube de caoutchouc dans lequel on intercale le robinet de laiton à trois voies qui a servi à la mesure du volume des poumons. Ce robinet est tourné de telle manière que l'animal respire dans l'air et que la communication avec le gazomètre à air comprimé soit interrompue. Le cylindre est mis en mouvement, le style trace la pression normale du sang, on tourne le robinet à trois voies, l'air du gazomètre soumis à une pression constante insuffle les poumons, aussitôt le style s'abaisse considérablement. On rétablit la communication entre l'atmosphère et les poumons, qui aussitôt chassent, par leur élasticité, l'air qui les distend, aussitôt la pression du sang augmente et remonte même plus haut qu'auparavant.

Sous une pression de colonne d'eau égale à 79 centimètres d'eau ou à 6 centimètres de mercure, la pression dans l'artère carotide tomba de 12 centimètres de mercure à (4c,4); ainsi elle devint le tiers environ de ce qu'elle était d'abord; les battements du cœur dans la partie déprimée de la courbe sont encore indiqués mais présentent fort peu d'amplitude. Si l'on insuffle les poumons avec de l'air moins comprimé, soumis à la pression de 4, 3 et 2 centimètres de mercure, on observe chaque fois un abaissement de la pression du sang, mais cette dépression diminue avec la pression de l'air du gazomètre, et, dans tous les cas, le tracé montre la persistance des battements du cœur.

L'expérience réussit aussi très-bien chez le lapin, et même, pour observer le phénomène de dépression, il suffit d'employer de l'air moins comprimé que chez le chien. Chez ce lapin, on a introduit un tube dans la trachée et l'on a fixé dans la carotide une canule communiquant à un manomètre à mercure enregistreur. Voici une figure (fig. 20) qui représente

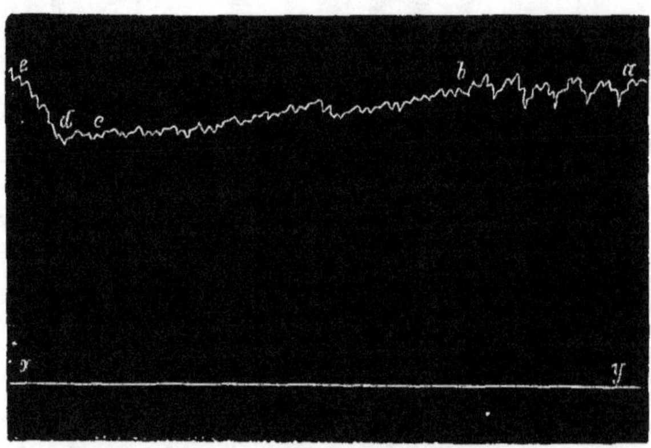

FIG. 20. — Tracés montrant la diminution de pression du sang dans les artères du lapin.

deux tracés obtenus chez cet animal: le tracé supérieur a été donné lors de l'insufflation des poumons par de l'air soumis à la pression de 1c, 2 de mercure ou 16 centimètres d'eau, il montre une diminution très-manifeste de la pression du sang artériel avec la conservation des battements du cœur. Le tracé inférieur (fig. 21) a été obtenu lors de l'insufflation par de l'air soumis à la pression de 4 cent. de mercure, ici la dépression est beaucoup plus grande et la trace des battements du cœur ou des ondées envoyées par l'artère carotide ne se voit plus.

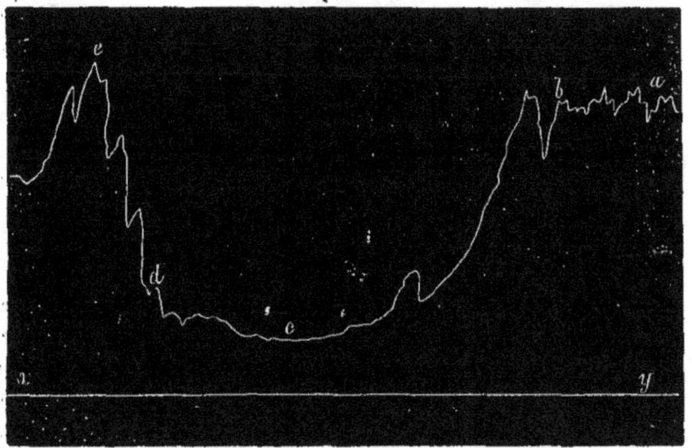

FIG. 21. — Tracés montrant la diminution de pression du sang dans les artères du lapin, causée par l'insufflation des poumons.

Lors de l'insufflation des poumons, la pression devient égale dans les artères et dans les veines. — On pourrait croire d'abord que l'insufflation des poumons diminue ou arrête le cours du sang par simple compression des gros vaisseaux et du cœur, dans le thorax ; mais cette compression n'a pas lieu : en effet, les poumons en se dilatant conservent des volumes géométriquement semblables entre eux, et ne transmettent pas les pressions comme le ferait une masse liquide ; les espaces ménagés entre les bords postérieurs des poumons pour les veines caves, et entre le poumon droit et le gauche pour le cœur, loin de diminuer, subissent un accroissement très-notable, lors de l'insufflation. Ce fait se démontre par la mesure directe de la pression du sang dans les veines intra-thoraciques appartenant à la grande circulation. Si l'on introduit par la veine jugulaire externe une sonde de plomb remplie d'une solution de bicarbonate de soude jusque dans la veine cave supérieure, et si cette sonde est unie à un manomètre à mercure, on voit que la pression qui, dans la veine, est égale ou inférieure à la pression atmosphérique, monte à 5 ou 6 centimètres de mercure dès que l'insufflation des poumons a lieu ; le sang peut alors jaillir des veines, ce qui n'arriverait pas si ces vaisseaux étaient comprimés entre les poumons et les parois du thorax. Dans l'effort, lorsque l'air est fortement comprimé dans la poitrine, on voit se gonfler les veines du cou.

L'emploi du manomètre différentiel de M. Claude Bernard est très-commode pour comparer les pressions du sang dans les artères et dans les veines, lors de l'insufflation des poumons.

Réunissons la sonde de plomb engagée par la veine jugulaire dans la veine cave supérieure à la branche *e* du manomètre différentiel (voy. fig. 15) et fixons dans l'artère carotide (bout central) une canule droite communiquant avec la branche *f* de cet instrument, le mercure monte du côté de la veine à 14 ou 15 centimètres, tel est à peu près l'excès de la pression du sang artériel sur celle du sang veineux; pratiquons l'insufflation des poumons, aussitôt le mercure descend du côté de la veine, monte du côté de l'artère, et bientôt les deux niveaux sont dans un même plan horizontal, la pression devient exactement la même dans le système veineux et dans le système artériel. Donnons issue à l'air, le mercure monte aussitôt du côté de la veine et même plus haut que tout à l'heure ; j'ai observé alors, dans un cas, une pression de l'artère qui dépassait de 19 centimètres la pression du sang dans la veine.

Quand on maintient l'insufflation, la circulation reste arrêtée, et l'animal meurt rapidement. Mais si l'on donne issue à l'air qui dilate les poumons, le sang veineux, fortement accumulé dans les veines caves et dans leurs dépendances, arrive dans le cœur droit avec une pression de 6 à 7 centimètres, il est chassé vivement à travers les poumons, qui deviennent aussitôt perméables ; le sang respire, puis circule dans le système artériel. Il faut remarquer que, dans les conditions de l'expérience, l'arrêt du cours du sang fait cesser l'absorption d'oxygène et l'exhalation d'acide carbonique dans le poumon, de sorte que les gaz qui remplissent l'arbre aérien conservent à peu près la même composition, tant que dure l'insufflation.

L'obstacle au cours du sang, lors de l'insufflation, se trouve dans les poumons. — On peut démontrer directement que l'obstacle au cours du sang se trouve dans les poumons insufflés. Chez un animal sacrifié par hémorrhagie, on détache les poumons; on prend, par exemple, les poumons d'un mouton avec le cœur, puis, par une incision des parois du ventricule droit, on introduit dans l'artère pulmonaire une canule de verre rétrécie vers son extrémité, que l'on fixe dans ce vaisseau ; par une plaie faite au ventricule gauche on introduit une autre canule dans l'oreillette gauche, dont les parois sont liées sur l'extrémité étranglée de ce tube de verre, puis on fait circuler à travers les poumons du sang défibriné du même animal ; pour cela, l'appareil le plus simple consiste en un flacon de verre à large goulot (fig. 23), fermé par un bouchon de

FIG. 22. — Flacon servant à l'injection du sang ou d'autres liquides. *bc* tube qui est uni à un gazomètre plein d'air comprimé.

caoutchouc offrant deux trous, dans lesquels on engage deux tubes de verre *a* et *b*, courbés à angle droit, l'un de ces tubes pénètre d'un côté jusqu'au fond du flacon et se termine au dehors par un robinet *r*, tandis que l'autre tube *b* s'arrête à la partie supérieure du flacon; ce tube *b* est réuni par un tube de caoutchouc avec l'un des tubes *a* ou *b* du gazomètre à air comprimé, l'autre tube est uni à la canule engagée dans l'artère pulmonaire. On commence par remplir le flacon de sang défibriné, filtré à travers un linge, on maintient dans le gazomètre, et par suite dans le flacon, une pression égale à 5 centimètres de mercure, pression normale du sang dans l'artère pulmonaire, on ouvre légèrement le robinet *r* pour remplir d'abord de sang le tube et la canule placée dans l'artère pulmonaire en chassant l'air, puis on réunit la canule et le tube à injection et le sang traverse les poumons, revient par les veines pulmonaires et s'écoule d'une manière continue par la canule de l'oreillette gauche. Dès que j'insuffle les poumons avec de l'air soumis à la pression de 4 à 5 centimètres de mercure, immédiatement le sang cesse de couler, ce qui démontre qu'il y a arrêt de la circulation dans le poumon; je cesse l'insufflation, aussitôt le sang revient en abondance. On pourrait, en recueillant le sang défibriné dans une éprouvette graduée, étudier les différents degrés de perméabilité des poumons pour le sang, qui correspondent à différents états de distension de cet organe.

Explication de Poiseuille. — Poiseuille, dans un mémoire présenté à l'Académie des sciences en l'année 1855, a déjà attiré l'attention des physiologistes sur les effets produits par l'insufflation des poumons, effets dont il donne une explication : « Lorsque, dans l'inspiration, dit Poiseuille, l'air est » appelé dans la poitrine, le poumon augmente de volume, il » se dilate; cette dilatation porte particulièrement sur les » vésicules pulmonaires, leur capacité s'accroît et par con- » séquent leur surface augmente d'étendue. Le contraire a » lieu dans l'expiration, puisque le volume du poumon dimi- » nue. Or, les parois de chaque vésicule contiennent dans » leur épaisseur un réseau de capillaires sanguins très-abon- » dants, qui obéissent à l'ampliation ou au retrait de la cavité » de la vésicule, de telle sorte que, dans l'inspiration, la sur- » face de la vésicule augmentant, les vaisseaux capillaires de » ses parois s'allongent et leur diamètre diminue; dans l'ex- » piration, le contraire a lieu. Mais, si l'on se rappelle l'in- » fluence considérable qu'ont et le diamètre et la longueur » des tubes de petits diamètres sur les quantités de liquide » qui les traversent, on concevra que, dans l'inspiration, il » passera beaucoup moins de sang à travers les capillaires » du poumon que dans l'expiration. On peut donc dire que » l'inspiration entrave la circulation des capillaires pulmo- » naires, lorsque l'expiration les favorise. De là vient la gêne » qu'on ressent lorsque l'expiration ne succède pas immédia- » tement à l'inspiration. »

Poiseuille a constaté directement que le poumon étant insufflé il passe moins de liquide par ses capillaires que lorsqu'il n'a pas été insufflé.

Enfin, en examinant au microscope la circulation dans les poumons de la grenouille, il a vu que la vitesse des globules du sang est d'autant moindre dans les artères, dans les capillaires et dans les veines, que l'organe est plus dilaté.

De son travail, Poiseuille tire ce corollaire : « Le méde- » cin est appelé, dans certaines circonstances, à pratiquer la » *respiration artificielle*, par exemple dans l'asphyxie par sub- » mersion chez les noyés et dans le cas de mort apparente » des nouveau-nés : si l'opérateur, tout entier à l'idée d'in- » troduire de l'air dans la poitrine à l'aide du tube laryngien, » fait des *insufflations prolongées*, au lieu d'être *instantanées*, » il agira évidemment au profit de l'asphyxie qu'il se propose » de combattre. »

Avant de terminer, par l'exposé de plusieurs applications, l'étude détaillée des phénomènes produits par l'insufflation des poumons, je vous ferai remarquer qu'il faut bien distinguer les expériences que nous avons faites dans lesquelles le poumon seul a été soumis à des variations de pression, des expériences dans lesquelles l'organisme entier est soumis à des pressions plus ou moins grandes. Dans ce cas, les phénomènes intéressants dont M. Bert poursuit l'étude en ce moment sont tout à fait différents.

Applications. Apnée.—Lorsqu'on fait respirer à un animal de l'oxygène pur, il arrive un moment où les mouvements respiratoires s'arrêtent, et l'on dit qu'il y a *apnée*. M. Rosenthal interprète ce phénomène en admettant que le sang saturé d'oxygène cesse d'exciter les mouvements respiratoires dans la moelle allongée, tandis que le manque d'oxygène dans le sang, tenant, soit à la respiration d'un air pauvre en oxygène ou à la respiration d'un gaz étranger, comme l'hydrogène ou l'azote, excitant violemment le centre nerveux moteur, détermine de grands et fréquents mouvements respiratoires, c'est-à-dire la *dyspnée*.

Si l'on pratique chez un animal la respiration artificielle et si l'on vient à exagérer les mouvements du soufflet, on produit aussi l'apnée, et M. Rosenthal interprète le phénomène de la même manière, c'est-à-dire qu'il suppose que ces manœuvres accrues de l'appareil à respiration artificielle envoient beaucoup d'oxygène au sang, qui se sature de ce gaz et cesse d'exciter l'origine centrale des nerfs inspirateurs. Après les recherches que nous avons exposées, cette interprétation ne peut plus être soutenue, car nous avons vu qu'en exagérant les mouvements d'insufflation, on arrête dans le poumon la circulation du sang, qui ne peut plus prendre d'oxygène; l'arrêt des mouvements respiratoires produit ainsi tient donc à une tout autre cause que celle qui suit la respiration de l'oxygène pur.

Arrêt de la circulation chez l'homme, produit par de grands mouvements respiratoires. — Certaines personnes peuvent à volonté arrêter les battements du cœur; on sait que le colonel américain Townshend est mort en répétant cette expérience dangereuse. M. Chauveau peut aussi à volonté déterminer chez lui l'arrêt du cœur, et voici un tracé (fig. 23) que

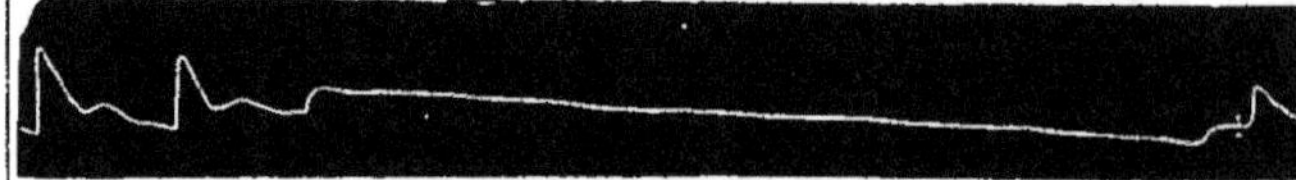

FIG. 23. — Tracé fourni par le sphygmographe, montrant l'arrêt du cœur.

j'emprunte au remarquable ouvrage de M. Marey sur la circulation du sang : le sphygmographe de M. Marey était appliqué sur l'artère radiale de M. Chauveau, et l'arrêt du cœur est indiqué par la ligne horizontale abaissée et sans dentelures que présente la courbe.

Quelle est l'explication de ce phénomène? On a pensé tout d'abord qu'en faisant une grande inspiration on excite les extrémités périphériques des fibres sensitives du nerf pneumogastrique, et cette sensation transmise au centre nerveux produirait, par l'excitation des filets moteurs du même nerf, l'arrêt complet du cœur; ce serait une simple action réflexe. Il est possible que, dans certains cas, ce mécanisme ait lieu; mais, si l'on remarque que l'insufflation des poumons produit chez les animaux l'arrêt de la circulation après comme avant la section des deux nerfs pneumogastriques, et si l'on se rappelle les tracés qui montrent que, depuis l'insufflation modérée des poumons jusqu'à une forte insufflation, les systoles du cœur, d'abord affaiblies, finissent par disparaître, on est porté à croire que c'est une grande inspiration qui arrête le sang dans les poumons; en admettant ce mécanisme, je fais, bien entendu, des réserves sur la possibilité de l'intervention du nerf pneumogastrique dans certains cas.

Animaux plongeurs. — Certains animaux possèdent la curieuse propriété de rester submergés beaucoup plus longtemps que d'autres, sans que l'asphyxie se produise. J'emprunte à des recherches faites par M. Bert sur cette question, qui ont été publiées dans ses Leçons sur la respiration faites au Muséum, quelques chiffres qui montrent les grandes différences présentées par divers animaux quant à la résistance à l'asphyxie par submersion. Le chien meurt 4^m25^s après le début de la submersion dans l'eau. Chez le phoque, le dernier battement du cœur eut lieu 28 minutes après le début de la submersion. Une poule mourut au bout de 3^m30^s et un canard au bout de 11^m17^s. Gratiolet a vu un hippopotame rester un quart d'heure sous l'eau sans venir respirer à la surface. La baleine, d'après Scoresby, peut rester une demi-heure sous l'eau.

Gratiolet, étudiant le système vasculaire de l'hippopotame, y a trouvé des dilatations veineuses abdominales et un sphincter à la veine cave inférieure. Chez le phoque, il existe au-dessous du diaphragme un développement énorme de la veine cave inférieure, une véritable poche qui peut contenir près d'un litre de sang, et j'ai parfaitement vu cette disposition dans le laboratoire zoologique de M. Milne Edwards au Muséum, chez un phoque dont on avait injecté le système veineux. Il semble donc que, chez les animaux, il peut y avoir une grande accumulation de sang dans les veines; or, voici une hypothèse qui pourrait expliquer la résistance de ces animaux plongeurs à l'asphyxie par submersion; je dis que c'est une hypothèse, et l'expérience seule pourra montrer si elle est exacte. Supposons qu'avant de plonger, l'hippopotame ou le phoque fasse une très-profonde inspiration, le poumon devient moins perméable, le sang s'accumule dans les veines, la quantité de sang qui traverse les poumons et qui respire est très-diminuée, l'oxygène est absorbé avec parcimonie, et les artères transportent du sang artériel en quantité seulement suffisante pour exciter les éléments anatomiques; il y aurait donc alors épargne de l'oxygène contenu dans les poumons et retard de l'asphyxie; ajoutons, comme le fait remarquer M. Bert, que les animaux plongeurs possèdent beaucoup de sang et peuvent tenir en réserve beaucoup d'oxygène combiné à l'hémoglobine du sang. Quoi qu'il en soit de cette hypothèse, l'étude que nous avons faite nous conduit à établir les conditions qui seront les plus favorables pour l'homme habitué à plonger et qui lui permettront de rester sous l'eau le plus longtemps possible. L'homme, avant de pénétrer dans l'eau, doit exécuter de grands et rapides mouvements de respiration pour renouveler le mieux possible l'air dans les poumons. Ce qui vaudrait mieux encore, ce serait de respirer de l'oxygène pur contenu dans un ballon de caoutchouc. Puis, avant de se jeter à l'eau, le plongeur doit faire une grande inspiration, qui accroîtra le volume de gaz respirable et qui diminuera le volume de sang qui doit traverser les poumons. Puis, si cette période de mouvements inconscients que M. Bert a signalée et qui fait pénétrer de l'eau dans les poumons chez les animaux submergés tendait à se produire chez l'homme, le grand volume d'air contenu dans les poumons pourrait s'opposer à la pénétration du liquide.

N. Gréhant.

ACADÉMIE DES SCIENCES DE PARIS

M. BERTHELOT

Formation des composés organiques qui dérivent de l'acide azotique.

La force explosible des composés nitrocarbonés résulte d'une sorte de combustion interne, analogue à celle de la poudre-coton, dont elle se distingue cependant parce que les éléments de l'acide azotique et ceux du principe combustible sont intimement unis, au lieu d'être simplement mélangés comme dans la poudre ordinaire. Cette force est d'autant plus grande que ladite combustion développe plus de gaz et plus de chaleur. Or, la chaleur dégagée par la combustion sera d'autant plus considérable, toutes choses égales d'ailleurs, que l'union préalable de l'acide azotique avec le principe organique aura dégagé elle-même moins de chaleur, c'est-à-dire que l'énergie du système formé par l'acide comburant et le principe combustible aura été moins diminuée dans l'acte de la combinaison.

J'ai mesuré la chaleur dégagée dans la formation des dérivés azotiques les plus importants, tels que : éther azotique, nitroglycérine, nitromannite, poudre-coton, amidon azotique, benzines nitrée, binitrée, chloronitrée, acide nitrobenzoïque, etc.

I. *Éther azotique.* — La formation de ce composé, d'après l'équation suivante :

$$C^4H^6O^2 + AzO^6H = C^4H^4(AzO^6H) + H^2O^2,$$

étant rapportée aux corps mêmes inscrits dans cette équation et à la température ordinaire, dégage 5800 calories pour 91 grammes d'éther.

J'ai effectué la réaction directement dans un calorimètre, au moyen de l'alcool absolu et de l'acide pesant 1,50 ; le rendement est à peu près théorique. L'expérience, je le répète, peut être exécutée directement ; mais elle est fort délicate. Je décris dans mon Mémoire les précautions à l'aide desquelles on peut la faire réussir, en évitant toute oxydation violente et perturbatrice. Je dirai seulement que l'acide était placé dans un petit cylindre de platine, flottant au centre d'un calorimètre de platine qui renfermait 500 grammes d'eau. Ce dernier était protégé par plusieurs enceintes superposées, dont la plus extérieure remplie d'eau à une température constante.

Dans le calcul des expériences, on a dû tenir compte de l'hydratation préalable de l'acide employé ($AzO^6H, \frac{2}{7}HO$); de la dissolution dans la liqueur acide de l'eau formée par la réaction ; enfin de la dissolution de l'éther azotique. Chacune de ces quantités a été mesurée directement, et j'ai tracé par degrés très-resserrés la courbe des chaleurs d'hydratation de l'acide azotique mis en œuvre; cette courbe concorde en général avec les résultats de MM. Hess et Thomsen.

J'ai aussi tracé par expérience les courbes analogues pour les mélanges de l'acide azotique avec l'acide sulfurique; ainsi que pour l'hydratation de l'acide nitrosulfurique de mes expériences : courbes nécessaires pour calculer les effets complexes qui résultent de la soustraction d'une partie de l'acide azotique, absorbé par la formation des corps nitrés, et de la production simultanée de l'eau. Enfin, tous les résultats ont dû être rapportés à l'acide monohydraté et pur, AzO^6H.

Ainsi la formation de l'éther azotique, au moyen de l'alcool et de l'acide azotique, dégage 5800 calories, ou 6000 en nombre rond. On déduit de là que la formation du même éther, par ses éléments,

$$C^4 + H^5 + Az + O^6 = C^4H^4(AzO^6H),$$

dégage 65 500; sa combustion par un excès d'oxygène : 295 000.

II. *Nitroglycérine.* — J'ai préparé la nitroglycérine dans mon calorimètre, au moyen de l'acide nitrosulfurique et dans des conditions analogues à celles décrites récemment par M. Champion, conditions dans lesquelles le rendement s'élève aux $\frac{4}{5}$ de la valeur théorique, les oxydations secondaires étant évitées. Tous calculs faits, j'ai trouvé que la réaction normale

$$C^6H^8O^6 + 3AzO^6H = C^6H^2(AzO^6H)^3 + 3H^2O^2$$

dégage 13 000, soit 4300 par équivalent d'acide entré en combinaison. Ce chiffre, plus faible que celui de l'éther azotique, montre que l'acide et la glycérine ont conservé presque toute leur énergie réciproque dans la combinaison; ce qui explique la décomposition si facile de la nitroglycérine et les effets redoutables de cette décomposition.

III. *Nitromannite.* — J'ai préparé ce corps avec l'acide nitrosulfurique. La réaction est lente et se prolonge pendant assez longtemps. En admettant une réaction totale, les nombres que j'ai observés conduisent à 21 200 calories pour la réaction

$$C^{12}H^{14}O^{12} + 6AzO^6H = C^{12}H^2(AzO^6H)^6 + 6H^2O^2,$$

soit 3500 calories par équivalent d'acide azotique fixé.

IV. *Poudre-coton.* — J'ai préparé ce corps avec l'acide nitrosulfurique. La réaction se prolongeant, j'ai arrêté chaque fois l'expérience au bout de vingt minutes et pesé la poudre-coton, ce qui faisait connaître l'acide fixé. Il s'est élevé chaque fois à 4 $\frac{1}{2}$ équivalents. La chaleur dégagée est de 11 000 calories par équivalent d'acide fixé, soit pour la réaction normale :

$$C^{24}H^{20}O^{20} + 5AzO^6H = C^{24}H^{10}O^{10}(AzO^6H)^5 + 5H^2O^2,$$

55 000 calories. Ces chiffres l'emportent sur ceux de la nitroglycérine, ce qui explique la stabilité relative plus grande de la poudre-coton. La chaleur dégagée dans la décomposition explosible de la nitroglycérine serait double environ de celle de la poudre-coton, à poids égal et calculée d'après les hypothèses les plus probables.

V. *Amidon azotique* (*xyloïdine*). — J'ai préparé ce corps avec l'acide azotique pesant 1,50. La réaction

$$C^{12}H^{10}O^{10} + AzO^6H = C^{12}H^8O^8(AzO^6H) + H^2O^2$$

dégage 12 000 calories, l'amidon azotique étant isolé sous forme solide. C'est à peu près la même valeur que pour la poudre-coton, pour un même poids d'acide fixé.

VI. *Nitrobenzine.* — J'ai préparé ce corps avec l'acide azotique pesant 1,50. La nitrobenzine formée avait pour densité 1,194; ce qui indique une pureté presque complète, car M. Kopp a donné 1,187. La réaction normale

$$C^{12}H^6 + AzO^6H \quad C^{12}H^5AzO^4 + H^2O^2$$

dégage 36 200 calories.

VII. *Binitrobenzine.* — Préparée avec la nitrobenzine et l'acide nitrosulfurique. La réaction normale

$$C^{12}H^5AzO^4 + AzO^6H = C^{12}H^4(AzO^4)^2 + H^2O^2$$

dégage 36 060, la binitrobenzine étant solide. On voit que la chaleur dégagée est proportionnelle au nombre d'équivalents d'acide fixés. En outre, cette quantité est beaucoup plus grande pour les benzines et autres corps nitrés, que pour l'éther azotique, la nitroglycérine, la poudre-coton, etc.

On comprend dès lors pourquoi l'énergie explosible des derniers composés est plus grande et leur stabilité moindre; enfin, pourquoi ils se comportent comme des éthers décomposables par la potasse avec reproduction d'alcool et d'acide. La potasse, dont l'union avec l'acide azotique ne dégage que 14 000 calories environ, ne peut fournir, par une réaction simple, l'énergie nécessaire pour reconstituer l'acide et la benzine, dont l'union sous forme de nitrobenzine en a dégagé 36 000 calories; mais cette énergie existe au contraire pour l'éther azotique et la nitroglycérine, qui réclament seulement 4000 à 6000 calories pour la régénération de chaque équivalent d'acide.

Le chiffre 36 000, relatif à la nitrobenzine, mérite encore d'être remarqué sous un autre point de vue. En effet, c'est à peu près la quantité de chaleur dégagée dans la réaction de l'hydrogène sur l'acide azotique, l'eau et l'acide azoteux étant liquides :

$$H^2 + AzO^6H = H^2O^2 + AzO^4H.$$

Cette remarque montre que la formation de la nitrobenzine et des corps analogues doit être assimilée à une oxydation; tandis que la formation de l'éther azotique et de la nitroglycérine représente une simple substitution des éléments de l'acide aux éléments de l'eau.

VIII. *Benzine chloronitrée,*

$$C^{12}H^5Cl + AzO^6H = C^{12}H^4Cl(AzO^4) + H^2O^2.$$

— Cette réaction dégage 36,00. On sait qu'elle donne lieu à deux corps isomères : j'en ai déterminé la chaleur de dissolution sur le mélange même formé dans la réaction.

IX. *Acide nitrobenzoïque,*

$$C^{14}H^6O^4 + AzO^6H = C^{14}H^5(AzO^4)O^4 + H^2O^2.$$

— Cette réaction dégage encore 36,000 calories environ. Ce chiffre se retrouve donc à peu près constant dans la nitrification de la benzine et de ses dérivés immédiats. — Le toluène, le xylène, le phénol, le phénol mononitré, ont fourni des chiffres plus élevés, mais que je ne crois pas devoir donner ici, craignant de n'avoir pu éviter une oxydation partielle du composé organique.

BERTHELOT.

BULLETIN DES SOCIÉTÉS SAVANTES

Académie des sciences de Paris

SÉANCE DU 11 SEPTEMBRE 1871

M. Cailletet envoie une note assez intéressante sur l'absorption de l'eau par les végétaux. Ses remarques se résument en ceci : les feuilles, déjà gonflées d'eau, placées dans certaines circonstances, en absorbent encore; ont-elles, au contraire, dépassé un certain point de dessiccation, elles ont perdu toute faculté d'absorber la plus petite partie des liquides ambiants.

M. Friedel dépose à l'Académie, afin d'être placée dans la bibliothèque, une liasse de documents scientifiques et de notes, lettres, etc., des savants du siècle dernier. Il doit y avoir là des choses aussi intéressantes que peu connues si l'on en juge par un extrait qu'en fait le secrétaire perpétuel. En effet, M. Dumas lit un passage écrit par Guyton de Morveau, au mois d'août 1774, dans lequel celui-ci déclare qu'on doit arriver, au moyen de l'électricité, à défaire certains composés, à en refaire d'autres, à ramener les oxydes métalliques à leurs éléments simples. De combien de temps Davy était distancé! Il ajoute aussi, c'est du moins le sens de ce qu'a lu M. Dumas : les corps composés ne sont peut-être que des assemblages d'autres corps réunis ensemble par le phlogistique. Si le phlogistique et l'électricité ne font qu'un, qu'est-ce qu'il y a d'étonnant à ce qu'on arrive à détruire ces assemblages, en leur soustrayant ou en leur ajoutant de l'électricité ? Si, comme le dit excellemment M. Dumas, on remplace le mot phlogistique, de Stahl, par celui de chaleur, tel qu'on l'entend aujourd'hui, les prévisions de Guyton de Morveau font à leur auteur le plus grand honneur ?

M. Lecoq de Boisbaudran avait trouvé que certains corps semblaient donner au spectroscope des systèmes de raies s'avançant de plus en plus vers une des extrémités du spectre, suivant que croissait le poids atomique de chacun d'eux. MM. Troost, Hautefeuille et Ditte, dans un travail communiqué récemment, étaient arrivés à un résultat diamétralement opposé. Où est la vérité? Sans doute ces savants n'ont pas opéré sur les mêmes corps. Ont-ils au moins opéré par des méthodes comparables? C'est ce que demande M. Dumas qui est d'avis de renvoyer l'examen de ces travaux à une commission, à laquelle on adjoint M. Henri Sainte-Claire Deville.

Enfin, la séance publique continue, hélas! par une longue discussion entre MM. Chasles, Bertrand et Leverrier, sur la véritable valeur scientifique de l'astronome Abulbéfas. M. Chasles se fâche contre M. Bertrand qui lui a prêté, par la bouche d'un interlocuteur supposé, des intentions qui n'étaient pas les siennes; M. Bertrand se fâche contre M. Chasles qu'il accuse de se contenter à trop peu de frais, de faire trop facilement de l'astronome au signalement arabe, un véritable savant; M. Leverrier se fâche contre M. Bertrand parce que ce dernier ne traite pas assez révérencieusement un astronome de la valeur de celle du client de M. Chasles.

Nous avons reçu la lettre suivante :

Bruxelles, le 21 août 1871.

A MONSIEUR LE DIRECTEUR DE LA REVUE SCIENTIFIQUE.

Monsieur le directeur,

Dans le numéro du 12 août de votre intéressante publication se trouve, dans le compte rendu des séances de l'Académie des sciences, une notice sur la proposition de M. Champion d'employer la dynamite pour briser les grands blocs de fonte, etc. Vous ne trouverez peut-être pas sans intérêt les renseignements suivants, qui montrent que ce procédé a déjà été employé, avec de très-bons résultats, dans la pratique, sauf que la dynamite était remplacée par la nitro-glycérine. En 1865 ou vers le commencement de l'année 1866 (je ne retrouve pas de note à ce sujet et ne puis préciser la date), j'ai fait briser par ce procédé environ 80 000 kilogrammes (quatre-vingt mille kilogrammes) de gros blocs de fonte, et de fonte ferrugineuse, qui s'étaient accumulés pendant plusieurs années dans un atelier de construction de matériel de chemins de fer que je dirigeais. Ces blocs, dont quelques-uns pesaient jusqu'à 6000 kilogrammes, consistaient principalement en chabottes de marteaux-pilons et matrices pour roues en fer battu. Mais parmi eux se trouvaient des loups, produits exceptionnels d'une mauvaise marche de four à manche. Ces loups étaient composés de fonte renfermant du fer plus ou moins réduit, et opposaient, par conséquent, une très-grande résistance à la rupture. Tous cependant ont été réduits en fragments d'un poids de 100 kilogrammes maximum par l'emploi de la nitro-glycérine que l'on introduisait dans un trou foré dans le bloc à une profondeur généralement de 25 à 30 centimètres, avec un diamètre de 12 à 15 millimètres. L'explosion était déterminée par le choc d'un mouton convenablement disposé. Les pièces se fissuraient, en général, sans aucune projection, et, d'après la disposition des fissures, on recommençait l'opération en forant successivement de nouveaux trous. Je puis ajouter que, pendant toute la durée de la réduction de ces quatre-vingts tonnes en fragments, il ne s'est produit aucun accident, ni incident, et tout le métal a pu être refondu. L'emploi de la dynamite donnera, sans aucun doute, le même résultat, sans présenter les mêmes dangers éventuels.

Agréez, etc. GEORGE MONTEFIORE LEVI.

Société de Biologie

SÉANCE DU 9 SEPTEMBRE 1871

M. Charcot appelle de nouveau l'attention sur l'abaissement subit et relativement considérable de la température centrale ou rectale qui se produit dans l'hémorrhagie cérébrale, au moment même de l'attaque apoplectique, et qui persiste encore quelques jours après.

Cet abaissement peut aller jusqu'au chiffre de 36 et 35 degrés centigrades ; et, en ce cas, l'observation montre, par la constance des résultats, que l'on a bien affaire à une véritable *hémorrhagie cérébrale actuelle ;* tandis que si, avec des phénomènes apoplectiques, la température ne descend pas au-dessous de 38 degrés centigrades, on peut être certain qu'il s'agit d'une *attaque apoplectiforme* symptomatique d'une lésion cérébrale antérieure.

Quoi qu'il en soit, comment comprendre et s'expliquer cette dépression brusque, immédiate de la température, dans les conditions qui, d'après des observations récentes, semblent être d'ailleurs analogues, à cet égard, à celles des grands traumatismes? En Allemagne on a fait intervenir la théorie *de la transmutation des forces ;* mais a-t-on donné des preuves suffisantes? Et n'y a-t-il pas à invoquer, au point de vue physiologique, d'autres influences et d'autres causes?

M. Claude Bernard. — Ce sujet, fort intéressant, touche à la question de l'influence des lésions nerveuses sur la température animale. L'élévation de celle-ci, dans des conditions parfaitement connues et déterminées, n'est pas douteuse. A part l'influence des lésions du grand sympathique, il y a d'autres circonstances dans lesquelles une élévation subite de la température peut être obtenue. Si, chez un animal hibernant, chez le loir par exemple, dont la température n'est guère au-dessus de 3 ou 4 degrés centigrades, on pince vivement l'une des pattes, la température s'élève presque immédiatement à 20 et même à 25 degrés centigrades ; ce sont des faits établis depuis longtemps par les expériences de Sessi, et dont j'ai pu vérifier l'exactitude.

D'un autre côté, il est incontestable qu'il existe aussi des conditions de réfrigération : on peut faire, par exemple, des *lapins à sang froid*, en pratiquant des sections de la moelle épinière à certains endroits ; mais je ne saurais dire, quant à présent, par quel mécanisme se produisent les remarquables modifications de la température observées par M. Charcot dans l'hémorrhagie cérébrale.

M. Brown-Séquard fait remarquer que les sections de la moelle peuvent avoir deux effets différents : tantôt un abaissement de la température, tantôt, au contraire, une élévation considérable. Chez un malade de Brodie, mort à la suite d'une fracture du rachis à la région cervicale, la température s'éleva jusqu'à 43°1/4 centigrades. C'est effectivement dans la section de la moelle, à la région cervicale, que réside une des causes de l'élévation de la température ; il est facile de s'en convaincre chez les oiseaux, que l'on asphyxie à l'aide d'une ligature autour du cou.

M. *Brown-Sequard* fait ensuite deux communications intéressantes à la Société : la première relative à l'influence de l'exercice sur l'accroissement du volume des muscles, et particulièrement sur la rapidité des modifications que cette influence détermine ; la seconde sur les lésions des poumons consécutives aux lésions expérimentales de diverses parties du système nerveux.

Le propriétaire-gérant : GERMER BAILLIÈRE.

PARIS. — IMPRIMERIE DE E. MARTINET, RUE MIGNON, 2.

LA
REVUE SCIENTIFIQUE
DE LA FRANCE ET DE L'ÉTRANGER
REVUE DES COURS SCIENTIFIQUES (2E SÉRIE)

DIRECTION : MM. EUG. YUNG ET ÉM. ALGLAVE

2e SÉRIE — 1re ANNÉE NUMÉRO 13 23 SEPTEMBRE 1871

FACULTÉ DES SCIENCES DE MONTPELLIER

GÉOLOGIE

CONFÉRENCE DE M. BLEICHER

Des divers modes d'observation en géologie stratigraphique.

Je vais essayer de vous exposer les méthodes d'investigation employées en géologie pratique, les comparer entre elles, et vous faire voir les résultats auxquels on peut arriver; mais, avant de vous parler de coupes, de cartes, de failles, vous me permettrez de répondre en quelques mots à deux questions qui m'ont été souvent adressées, et qui trouvent ici leur place naturelle.

La première est celle-ci : Quelles sont les notions paléontologiques indispensables pour faire de la géologie pratique ?

Pour y répondre, il suffira de vous rappeler que, dans les listes des fossiles caractéristiques de chaque étage, vous voyez surtout figurer des Mollusques, assez souvent des Échinodermes et des Polypiers. Les Articulés n'y prennent de l'importance que pendant la période de transition, et les Vertébrés y sont relativement rares.

La conchyliologie est donc la science sur laquelle le géologue doit insister, et il est nécessaire de l'apprendre pratiquement au moyen de collections.

La seconde question est celle-ci : Où et comment trouve-t-on les fossiles ?

Ici je dois entrer dans quelques détails, car cette recherche est importante, et se fait dans des conditions variées. Si la roche est dure (calcaire, dolomie), c'est sur les surfaces rocheuses exposées à la pluie et au vent que le fossile disséqué par la main du temps apparaîtra avec ses détails caractéristiques. Souvent il est impossible de le détacher; je vous conseille dans ce cas d'en emporter un souvenir fidèle au moyen d'un dessin, car vous n'ignorez pas que c'est la donnée paléontologique qui l'emporte sur toutes les autres en géologie.

La formation à étudier est-elle marneuse ou schisteuse, la recherche devient plus facile et souvent plus fructueuse; elle se fait, soit sur la tranche des couches, soit dans les débris accumulés sur les talus. Les calcaires, marnes et schistes sont en général plus riches en fossiles que les formations détritiques proprement dites, c'est donc là surtout qu'il faut chercher.

La plus grande patience et l'attention la plus soutenue sont les seules qualités nécessaires dans cette *chasse* au fossile, et il faut se rappeler que le résultat ne se traduit pas toujours par ces beaux échantillons que vous admirez dans les musées, mais trop souvent par des débris que l'on déclare bons, dès qu'ils sont reconnaissables.

Les lieux d'observation les plus propices à ces recherches sont les coupes naturelles ou artificielles des terrains.

Les coupes naturelles sont : les ravins, les talus, les montagnes peu ou point boisées qui montrent leur ossature à nu, les chemins creux.

Les coupes artificielles sont : les tranchées des routes et des chemins de fer, les tunnels, les carrières, les galeries de mines. Partout, dans ces conditions, les couches sédimentaires sont abordables sur une plus ou moins grande épaisseur, et c'est là que le géologue doit s'arrêter lorsqu'il fait de la géologie pratique.

Vous savez que les travaux des géologues sont ordinairement accompagnés de coupes, de vues ou de croquis et de cartes géologiques, indiquant par des teintes conventionnelles l'étendue en surface des divers terrains. Les procédés par lesquels on arrive à ces diverses représentations des terrains étudiés sont analogues à ceux qui sont employés en architecture; en effet, comme le dit M. le professeur Vézian (1) : « Les vues, » les coupes et les cartes géologiques correspondent respec- » tivement à ce que les architectes appellent des élévations, » des profils et des plans. »

Les coupes géologiques dont nous nous occuperons en premier lieu sont donc de vrais *profils en travers*, au moyen desquels (2) « nous pouvons représenter la structure des mon-

(1) *Prodrome de géologie*, 1863, p. 279.

(2) *Les montagnes* (*Revue des cours scientifiques*, 18 avril 1688, p. 314, Lory).

» tagnes, absolument comme on représente l'architecture » d'un édifice ».

« Elles mettent à découvert, dit encore d'Archiac (1), jus- » qu'à une certaine profondeur, la composition ou l'anatomie » du sol, et surtout la disposition relative ou l'arrangement » des roches qui le constituent. Ces représentations graphi- » ques des détails donnés par une section verticale et projetée » sur un plan sont la base *essentielle* et *fondamentale* de toute » géologie descriptive. Elles peuvent, à beaucoup d'égards, » suppléer au reste, mais rien ne peut les remplacer, et c'est » de leur exactitude que dépend la bonne exécution des » cartes géologiques. »

On distingue les coupes de détail des coupes d'ensemble. Les premières se bornent à la représentation du profil d'une carrière, d'une colline appartenant à une seule formation. Grâce au petit nombre de couches à signaler en pareil cas, elles sont ordinairement très-simples, et je n'en parle ici que pour mémoire, car la plupart d'entre vous ont eu l'occasion d'en exécuter sur le terrain.

Les coupes d'ensemble ont presque toujours une longueur considérable, parce qu'elles doivent figurer les rapports des terrains entre eux, faire voir leurs inflexions, leurs développements et leurs brisures. Si l'on étudie ces coupes en elles-mêmes, il faut les considérer au point de vue de la direction suivant laquelle elles sont exécutées, des proportions choisies pour représenter les distances et les longueurs, de la manière dont a été faite l'observation sur le terrain. Quand elles ont pour but l'étude d'un massif montagneux, elles peuvent être *perpendiculaires* ou non *perpendiculaires* à la direction générale de celui-ci, et, de plus, être droites ou brisées.

Les coupes perpendiculaires traversent directement les bandes de terrains qui se trouvent souvent échelonnées par gradins le long des chaînes, tandis que les autres les prennent en diagonale ou de flanc.

Quant aux proportions adoptées pour les coupes en travers, il est fâcheux qu'elles n'aient rien de fixe. Les coupes sont souvent *idéales*, c'est-à-dire que les hauteurs et les longueurs n'ont aucun rapport entre elles, ni avec les hauteurs et les longueurs sur le terrain. On arrive dès lors à une représentation toute de convention des reliefs du sol qui est quelque fois, qu'on me permette de le dire, une sorte de caricature de la région que l'on veut figurer.

A l'exemple de M. Lory, je dirai qu'il faut toujours faire les coupes à l'échelle, c'est-à-dire au moyen des données de longueur, de hauteurs et d'inflexions du sol que vous donnent les cartes topographiques bien faites.

De plus, autant que possible, on doit employer la même échelle pour les distances horizontales et verticales, et ne doubler ou tripler les hauteurs que dans des coupes de détail ou dans un pays presque plat.

« En procédant autrement (2), on altère profondément les » formes du terrain ; les pentes du sol superficiel et les incli- » naisons des couches sont exagérées, et les épaisseurs res- » pectives des couches se trouvent modifiées de même, sui- » vant qu'elles sont fortement inclinées ou à peu près hori- » zontales. »

L'étude pratique qui précède tout profil géologique se fait au moyen de notes, de coupes et de vues ou de croquis géologiques ayant trait aux particularités lithologiques, stratigraphiques et paléontologiques que l'on observe chemin faisant. On les complète souvent par des observations prises à la fin des journées d'excursion.

Les notes et coupes prises sur le terrain sont l'expression la plus exacte de l'impression du moment, et vous en comprenez tout l'avantage; elles sont détaillées ou non, et accompagnées de vues d'ensemble que suggèrent les observations présentes et celles que l'on a faites dans des conditions semblables.

Les cartes géologiques qui, pour la plupart des gens du monde, sont l'unique représentation des travaux des géologues, se font le plus souvent par la détermination des limites des formations que l'on suit pas à pas pour en tracer le contour exact.

Cette manière de procéder ne donne aucun renseignement sur la valeur de ces limites. Elle n'indique pas si elles sont formées par des failles, comme on le voit souvent dans les Pyrénées, et, plus près de nous, dans le département de l'Hérault; par des rivages; enfin par la succession régulière d'un étage à un autre.

Cartes géologiques tracées au moyen des limites, coupes nombreuses, quelquefois perpendiculaires à la direction des massifs, tels sont les documents que l'on possède le plus ordinairement sur la géologie d'un pays.

A l'exemple de certains géologues dont je commenterai bientôt les travaux, je crois qu'il est possible d'aller plus loin, surtout dans la connaissance de la géologie *profonde*, en accordant aux coupes d'ensemble toute l'attention qu'elles méritent. C'est entre les mains de M. le professeur Lory, dont je vous ai déjà parlé plusieurs fois, qu'elles ont donné les plus beaux et les premiers résultats, et la science lui est redevable d'une manière d'observer qui a pour base les coupes d'ensemble *transversales, presque parallèles, espacées de quelques kilomètres et coordonnées suivant un seul et même axe*.

C'est ainsi qu'il est parvenu à débrouiller d'une manière remarquable la stratigraphie du massif de la grande Chartreuse; il put y reconnaître des failles puissantes et nombreuses, se profilant sur de grandes distances, des plissements et des renversements très-remarquables. Plus tard, ses beaux travaux dans les Alpes du Dauphiné et de la Savoie, qui s'étayèrent également sur de nombreuses coupes transversales et parallèles, démontrèrent partout l'existence de brisures linéaires et d'accidents stratigraphiques dont la grandeur étonne et surprend l'imagination.

Ces résultats sont développés avec une grande supériorité de vue dans des notes insérées dans le *Bulletin de la Société géologique de France* (1) et dans la *Description géologique du Dauphiné* (2).

Depuis lors, M. Lory fit en 1868, à la Sorbonne, cette conférence sur les montagnes dont je vous ai déjà cité plusieurs passages. Vous y trouverez une généralisation brillante des faits observés dans les Alpes, et c'est là que vous pourrez choisir des modèles de coupes géologiques.

La voie était ouverte, mon excellent ami M. Henri Magnan, qui s'occupait depuis quelque temps de la géologie du midi

(1) *Histoire des progrès de la géologie*, t. VIII, p. 3.
(2) Lory, *Les montagnes*, p. 314.

(1) 2e série, t. IX, p. 226, 1852. — 2e série, t. XXIII, p. 480, 1866.
(2) Paris, 1860-64.

de la France, reconnut l'excellence de cette méthode d'investigation, et conçut l'idée d'étudier au moyen de coupes parallèles et perpendiculaires coordonnées à un seul et même axe un chaînon réunissant les Pyrénées aux Corbières. Les découvertes qui en découlèrent furent importantes (1).

Encouragé par les résultats obtenus, il appliqua aux Pyrénées cette même méthode, et fit de nombreuses coupes orientées N. S., c'est-à-dire perpendiculaires au massif. Quelques-unes de ces coupes ont été publiées dans les *Comptes rendus de l'Institut*, dans le *Bulletin de la Société géologique de France* et dans le *Bulletin de la Société d'histoire naturelle de Toulouse* (2).

Elles démontrèrent notamment : que les Pyrénées rentraient dans la loi commune, que les terrains y étaient constitués comme partout ; qu'à trois époques différentes, ces montagnes avaient été disloquées et dénudées sur une vaste échelle, et que ces mêmes montagnes devaient leurs reliefs à des failles immenses, linéaires, et non à des soulèvements. Elles firent voir aussi l'énorme puissance (1500 mètres) du terrain albien et le grand développement du *conglomérat de Camarade*, appartenant au Cénomanien, et sur lequel je reviendrai plus tard.

M. Magnan étudia aussi, d'après ce système de coupes parallèles, perpendiculaires aux chaînes, les terrains secondaires des bords sud-ouest du plateau central de la France.

150 kilomètres de coupes l'amenèrent à des conclusions très-intéressantes, surtout au sujet de l'importance des failles, de l'analogie des terrains du midi avec ceux du nord de la France et de l'Europe, et de la grandeur des phénomènes d'érosion (3).

J'ajouterai que M. Magnan n'a publié, jusqu'ici, qu'une très-faible partie de ses coupes pyrénéennes : j'ai vu dans ses cartons au moins 1500 kilomètres de coupes au $\frac{1}{10000}$, coordonnées, les unes suivant la direction moyenne des Pyrénées, les autres suivant l'orientation des Corbières. Toutes ces études doivent constituer avant peu la base d'un travail d'ensemble sur ces montagnes, travail qui sera en même temps la preuve la plus évidente de l'excellence de cette manière d'observer.

A l'exemple des savants dont je viens de vous parler, j'ai essayé d'étudier les Vosges au moyen de nombreuses coupes transversales et plus ou moins parallèles ; les résultats auxquels je suis arrivé, quoique forcément incomplets par suite de la malheureuse guerre qui vient d'arracher à la France l'Alsace, ma patrie, me permettent de penser qu'il est possible pour cette chaîne d'arriver à des résultats nouveaux et intéressants.

C'est ainsi qu'après vous avoir entretenus des promoteurs de cette méthode d'observation et vous avoir fait entrevoir ce qu'elle a donné entre leurs mains, je vais essayer de vous la décrire en prenant pour exemple les Pyrénées et pour guide les travaux de M. Magnan.

Avant de commencer ces études pratiques, le géologue, comme le général d'armée, dresse son plan d'attaque ; il cherche à reconnaître par la direction des massifs de montagnes ou de collines l'orientation exacte qu'il doit donner à toutes ses coupes. Ainsi, par exemple, dans les Pyrénées, qui sont orientées E. O., il fait des coupes du nord au sud ; dans les Cévennes et les Corbières, dont la direction principale appartient au système du mont Seny N. 35° E., il les exécutera de l'est-sud-est à l'ouest-nord-ouest.

Ce résultat obtenu, il les commence en les rapprochant plus ou moins, suivant les accidents géologiques que ses premières coupes lui ont signalés. Dans une région très-faillée, il faut les faire très-rapprochées, tandis qu'on peut les éloigner les unes des autres dans une contrée qui l'est peu. Pour être complets, ces profils en travers doivent aller des terrains les plus anciens aux plus récents, et par conséquent permettre de saisir d'un coup d'œil tous les éléments dont se compose une chaîne.

Quant à l'observation sur le terrain, elle se fait, comme tout à l'heure, au moyen de notes, de croquis géologiques et de coupes idéales ; mais ces documents sont toujours pris sur le terrain, pas à pas, avec détail, sans interruption et sans rien laisser à l'imagination. Le carnet du géologue doit en effet être, avec ses échantillons pétrographiques et paléontologiques, la base de son travail. Chaque coupe géologique générale qu'il exécute peut être composée de tronçons qu'il suffit d'ajouter ensuite bout à bout pour avoir une idée complète de tout ce que l'on a observé.

Ces études exigent une attention de tous les instants, mais à la fin d'une journée on est en possession immédiate des observations accumulées ; elles se suivent, se complètent, et de cette analyse il est possible de passer à une synthèse pleine d'enseignements. Les coupes à l'échelle sont très-faciles à faire à l'aide des cartes du dépôt de la guerre, où les altitudes sont indiquées, et des renseignements précis et nombreux pris sur place.

Jusqu'ici, sauf dans la direction et le soin spécial apporté à l'observation sur le terrain, rien n'est changé au mode habituel d'investigation dont je vous parlais tout à l'heure. C'est surtout par la comparaison des coupes entre elles, quand elles sont plus ou moins parallèles et transversales, je ne saurais trop le répéter, que le mode d'observer des savants explorateurs des Alpes et des Pyrénées diffère de celui que je viens de vous exposer très-sommairement.

Pour vous en donner une idée, il me suffira de vous mettre sous les yeux (fig. 24) trois coupes géologiques au $\frac{1}{100000}$, hauteurs doublées, perpendiculaires aux petites Pyrénées de l'Ariége et de la Haute-Garonne : le n° 1 allant de Mauran à Betchat, le n° 2 du château de Saint-Michel à Félade, le n° 3 de Daumazan à Balança (1).

Leur comparaison terme à terme vous fera comprendre tout l'avantage que l'on peut retirer de ce rapprochement raisonné.

Du nord au sud, les trois coupes, après le terrain miocène M horizontal, traversent un bombement allongé parallèle à la chaîne pyrénéenne : c'est le bombement d'Ausseing, découvert par notre savant maître le professeur Leymerie, de Toulouse. Cette voûte, longue de plusieurs kilomètres, éventrée au sommet, se compose des étages suivants : craie moyenne c^2, craie supérieure c^3, garumnien G, éocène E, ce dernier, le plus récent, étant le plus extérieur.

(1) *Bull. de la Soc. géol.*, 2e série, t. XXIV, p. 271.
(2) *Comptes rendus de l'Institut*, t. LXVI, p. 423 et t. LXVII, p. 414. — *Bull. de la Soc. géol. de France*, 2e série, t. XXV, p. 709. — *Bull. de la Soc. d'hist. nat. de Toulouse*, t. IV, p. 34.
(3) *Bull. de la Soc. d'hist. nat. de Toulouse*, t. III, p. 5, 1869.

(1) De ces trois coupes, le n° 1 seul m'appartient ; les deux autres sont de M. Magnan, qui les a publiées dans les diverses notes citées plus haut.

Les pentes méridionales de ce *bombement* viennent se terminer sur les trois coupes par une faille F^1 que l'on peut appeler *faille du Lens,* car elle correspond à un vallon orienté E. O., dans lequel coule le ruisseau de ce nom.

Sur la lèvre méridionale de cette brisure se dresse une vraie muraille formée par l'association de la craie supérieure, du garumnien et de l'éocène, redressés en couches verticales dans le n° 3, renversés dans les n°s 1 et 2.

Ici, en effet, les rapports normaux de ces trois terrains sont bouleversés, et l'éocène E semble sortir de dessous la craie supérieure et le garumnien, qui sont plus anciens.

Ce renversement de couches géologiques d'une épaisseur de plus de 400 mètres au delà de la position verticale n'est pas un fait local : il se traduit dans la région des petites Pyrénées par une arête plus ou moins aiguë, orientée E. O., et qui se profile nettement sur de grandes distances. C'est ce que M. Magnan appelle la *bande nummulitique renversée.*

sur les époques auxquelles se sont produites les grandes dislocations, l'importance des brisures, l'âge des montagnes, leur mode de production. En effet, vous n'ignorez pas que les grands reliefs du sol ne se sont pas formés du premier coup, et que chacun d'eux a été à plusieurs reprises soumis à des dislocations; mais celles-ci ont été moins nombreuses qu'on ne le pense généralement d'après les recherches des géologues qui ont appliqué la méthode d'observation dont je vous parle en ce moment.

Reportons-nous aux trois coupes dont je vous ai fait voir la corrélation. Chacune d'elles est composée de deux tronçons (bombement, bande renversée) séparés par les failles F^1, F^2. Chacun de ces tronçons est composé d'un certain nombre d'étages géologiques *concordants* qui ne dépasse pas quatre : craie moyenne C^2, craie supérieure C^1, garumnien G, éocène E.

Ce fait a son importance, car il est *général,* et jamais, sur

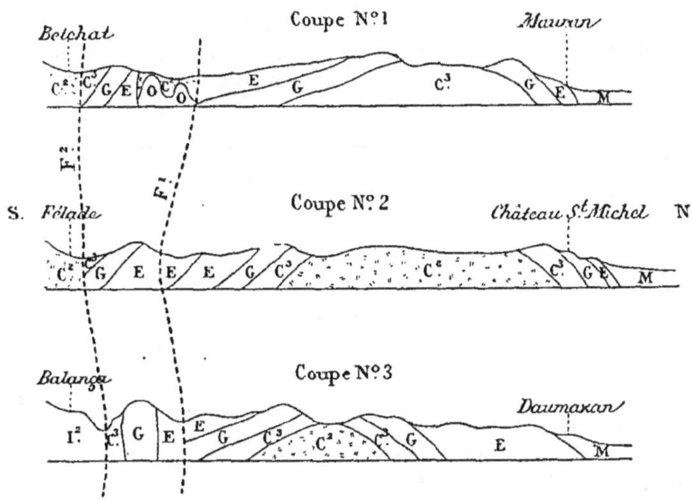

FIG. 24. — N°s 1, 2, 3, coupes des petites Pyrénées de l'Ariége et de la Haute-Garonne au $\frac{1}{160000}$, hauteurs doublées, coordonnées suivant un même axe. O, ophite, marnes et gypse; J^2, oolithe moyenne; C^2, craie moyenne; C^3, craie supérieure; G, garumnien (leymerie); E, éocène; M, miocène; F^1, F^2, failles (1).

Vous remarquerez que dans la coupe n° 1 la *brisure du Lens* s'élargit et laisse passer l'ophite ou diorite o surmontée d'un chapeau de craie moyenne C^2. La roche ophitique est ici accompagnée de marnes, de gypse, et semble appartenir au trias, étage dans lequel on la trouve intercalée en maint endroit sans aucune preuve d'intrusion. Ici, elle a été mise à découvert par les mouvements du sol, comme l'aurait été une roche quelconque.

La *bande nummulitique renversée* vient au sud se buter elle-même par faille linéaire F^2 contre la craie moyenne dans les coupes 1 et 2, et dans la coupe 3 contre l'oolite inférieure I^2. Ces trois profils en travers associés nous montrent donc deux accidents de faille, un renversement et un plissement à grand rayon sur une largeur de 10 kilomètres environ.

Ces notions, quoique très-importantes, avaient besoin d'être confirmées par d'autres coupes faites à l'est et à l'ouest de celles que j'ai prises pour exemple. Ces coupes ont été exécutées avec le plus grand soin par M. Magnan et celles que vous venez de voir prolongées jusqu'au granit pyrénéen.

Les résultats ont été tels que, grâce à cet ensemble de recherches, on a pu arriver à des idées claires et précises

tout le revers français des Pyrénées, il n'a été possible de voir un autre étage géologique concorder avec cet ensemble, avec cette *série,* pour employer le terme dont se sert M. Magnan. L'association de ces terrains entre eux n'est rompue que par les failles, qui souvent font disparaître dans la profondeur un ou plusieurs des éléments de cette série que j'appellerai la première.

La deuxième série, composée du trias, du jurassique, du crétacé inférieur, a été établie de la même manière que la précédente. Partout où ces terrains se montrent, on les voit reposer les uns sur les autres en *concordance*, tandis qu'ils sont surmontés en *discordance* par un des étages inférieurs de la première série.

Il est donc possible d'affirmer aujourd'hui, pour les Pyrénées, un fait déjà soupçonné par d'Archiac dans les Corbières, que, durant l'intervalle de temps compris entre le dépôt de la craie inférieure et de la craie moyenne, il y a eu dans ce massif de grandes dislocations qui ont nettement tracé la limite de ces deux séries. Il existe enfin une troisième série plus ancienne, à laquelle appartiennent tous les terrains connus sous le nom de *terrains de transition et primordiaux* (granite, laurentien ou cambrien, silurien, devonien); celle-ci est toujours *discordante* par rapport aux deux autres.

Il est évident que les couches qui constituent ces séries sont d'autant plus plissées et fracturées qu'elles sont plus anciennes, car elles ont alors participé à tous les mouvements de dislocation qui ont accidenté ces montagnes.

La *discordance* qui existe entre chacune de ces séries nous conduit donc à admettre avec M. Magnan que par trois fois les Pyrénées ont été disloquées : 1° immédiatement après les dépôts de la période de transition; 2° après la formation de la craie inférieure albienne; 3° après le dépôt de l'éocène.

C'est le docteur Noulet, de Toulouse, qui a démontré le premier que le terrain éocène supérieur formait un des éléments constitutifs des Pyrénées, et que ces montagnes avaient été formées après le dépôt de ce terrain (1). Dufrénoy et Élie de Beaumont, les savants auteurs de la carte de France, pensaient que tout le terrain éocène relevé appartenait au nummulitique, qu'ils rangeaient dans la craie supérieure. Quant à la délimitation des deux autres dislocations et à la classification des terrains pyrénéens en trois séries discordantes, elles appartiennent à l'auteur dont je vous commente les travaux.

(1) *Bulletin de la Société géologique de France*, 2e série, t. XV, p. 277, 1858.

On voit alors la plupart des massifs se décomposer en bandes assez régulières, à peu près parallèles, bordées par des failles dirigées dans le même sens.

Cette constance dans la direction des brisures, opposée à la grande variabilité de l'axe des chaînes et chaînons, nous indique la nécessité de les prendre en considération dans l'étude de la formation des montagnes.

On peut même, par la recherche de ces accidents, combinée avec celle des plissements, des renversements, des dénudations, se former une idée simple et claire de la production de tous les reliefs qui accidentent la surface du globe, et dire avec M. Magnan : « Depuis longtemps M. Élie de Beaumont a » appelé l'attention sur l'importance des ruptures de l'écorce » terrestre. Dans ces derniers temps, M. Lory a prouvé que » les Alpes du Dauphiné et de la Savoie sont dues à d'im» menses brisures linéaires, que des renversements s'obser» vent à chaque pas, et que les dénudations y ont enlevé des » mille mètres de couches. M. Ébray est arrivé aux mêmes » conclusions en étudiant la Savoie, le Morvan et l'Ardèche. » M. Guillebot de Nerville a aussi démontré que les failles » ont accidenté sur une vaste étendue le massif de la Côte» d'Or. Les géologues qui se sont occupés du Jura ont fait

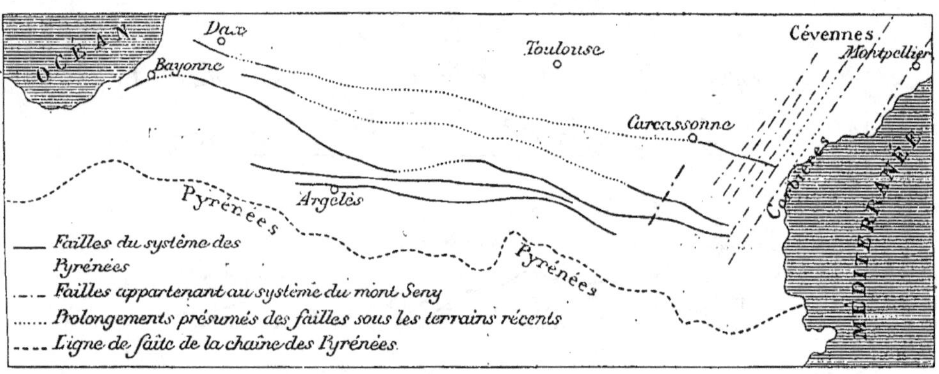

FIG. 25. — Carte des Pyrénées et des Corbières avec indication des failles principales de ces massifs, d'après M. Magnan, *Bulletin de la Soc. géol.*, 2e série, t. XXV, p. 709.

Le tracé des grandes failles et l'appréciation de leur importance dans la formation des reliefs montagneux est un deuxième résultat auquel on arrive par les coupes transversales comparées et coordonnées.

Dès que le géologue, sur le trajet d'une coupe, observe un accident de ce genre, il doit l'indiquer sur la coupe idéale qu'il trace chemin faisant, et sur la carte topographique qu'il consulte à chaque instant pour ne pas dévier de son orientation et pour se rendre compte des lieux qu'il traverse. Je n'ai pas à vous indiquer ici la manière dont on constate une faille, mais je dois vous rappeler qu'il faut dans ces recherches s'aider de la direction du cours des rivières, des vallées, des vallons, des ravins et des crêtes. Il est en effet à remarquer que ces accidents de terrain suivent souvent le trajet des brisures linéaires et en décèlent le voisinage.

C'est avec ces données réunies et contrôlées de l'observation sur le terrain qu'il est possible, après avoir exécuté de nombreuses coupes, de tracer le trajet des failles en rejoignant les points où on les a constatées par une ligne continue.

» connaître les nombreuses failles et les plissements qui im» priment à ce pays un facies tout particulier.

» On le voit, partout failles, presque partout renversements » de couches, partout dénudations, et le long de ces failles » qui mettent en communication directe l'intérieur avec » l'extérieur, sourdent les eaux thermales des Alpes, des Py» rénées et des Cévennes (1). » Les brisures linéaires sont donc les *génératrices* des reliefs montagneux, et les coupes qui servent à les tracer nous permettent de comprendre les actions dynamiques qui, à différentes époques, ont découpé les formations géologiques en tranches soumises à des pressions latérales d'une violence inouïe.

Pour vous donner une idée de l'ensemble de ces lignes de fracture, il suffira de jeter un coup d'œil sur la carte réduite des Pyrénées et des Corbières, où elles ont été tracées d'après les travaux de M. Magnan. Le revers nord de la première chaîne est sillonné de cinq lignes de fracture dont la plus extérieure, incomplète et cachée sous les formations récentes, commence sous le parallèle de Dax et de Carcassonne, tandis que la plus rapprochée de l'axe de la chaîne passe sous le

(1) *Bull. de la Soc. géol.*, 1868, p. 721.

parallèle d'Argelès, c'est-à-dire au fond d'une des grandes vallées pyrénéennes (fig. 25).

La région centrale de la chaîne présente un maximum de rapprochement de ces failles, qui vont ensuite diverger, d'un côté vers l'Océan, de l'autre vers la Méditerranée. C'est à ce maximum de rapprochement des brisures vers le niveau des Hautes-Pyrénées et de la Haute-Garonne que correspond la région où M. le professeur Hébert a reconnu des brisures tellement rapprochées qu'il les a comparées à une *lamination* à grandes parties (1).

L'orientation de ces failles est, jusqu'à un certain point, indépendante de l'axe de la chaîne, et indique exactement la direction de ce que l'on a appelé le système des Pyrénées. Vous avez, par cette simple figure, une idée grandiose des phénomènes de fracture qui, après l'époque éocène, ont amené la formation du relief pyrénéen.

Quant aux fractures nombreuses, orientées N. 35° E. (système du mont Seny de M. Vezian), indiquées sur la carte dans la région des Corbières et jusque vers Montpellier, elles sont aussi importantes que les précédentes, car elles ont donné naissance à ces montagnes plus humbles qui s'étendent de la région est des Pyrénées jusque vers le plateau central.

Elles appartiennent à la même époque que les failles pyrénéennes, car sur leur trajet nous voyons tous les terrains, l'Éocène compris, brisés, redressés, plissés et flanqués du Miocène qui s'y appuie, en discordance, par des couches horizontales.

Voici donc deux séries de brisures linéaires, l'une orientée E.O, l'autre N. 35°E, qui *se sont produites à la même époque*, et auxquelles correspondent deux massifs orientés chacun à peu près dans le sens général d'une de ces directions. Il devient dès lors difficile d'admettre que l'âge des montagnes est donné par leur direction, qui coïncide avec celle d'un des nombreux systèmes de soulèvement, et l'on peut comprendre qu'à la même époque il peut y avoir eu production de failles génératrices des reliefs du sol, suivant des orientations différentes. Cette opinion est d'ailleurs celle de M. le professeur Lory (2) : « Sans méconnaître la haute portée des savantes analyses de » M. Élie de Beaumont, résumées dans la notice sur le sys- » tème des montagnes, nous ne croyons pouvoir attacher à » cette expression, *système de soulèvement*, qu'un sens pure- » ment orographique pour désigner l'ensemble des accidents » de redressements de couches, des dislocations de tout genre, » coordonnant à une même direction moyenne peu variable ; » mais nous ne saurions considérer cette direction comme » caractérisant une époque unique et particulière de disloca- » tions. »

Au point où nous en sommes arrivés, vous êtes en droit de me demander, en admettant que les failles soient les génératrices des montagnes, ce que deviennent les roches éruptives qui, par leur poussée, sont censées, aux yeux de quelques géologues, avoir produit ces fractures.

Je vous répondrai par les faits d'observation qui démontrent que rarement on les rencontre au fond des failles, et que celles-ci se sont le plus souvent refermées sans aucun autre phénomène que la sortie des sources ferrugineuses ou thermales.

(1) *Bull. de la Soc. géol.*, t. XXIII, 1866, p. 419.
(2) *Description géologique du Dauphiné*, p. 493.

Les roches éruptives, basaltiques et trachytiques, ne jouent qu'un très-faible rôle dans la production des reliefs : le plus souvent elles se sont frayé un passage dans des fractures déjà entr'ouvertes. Si même je continue à prendre mes exemples dans les Pyrénées, j'y verrai le plus souvent la diorite (ophite), réputée éruptive, intercalée dans des couches fossilifères, et passive au milieu des bouleversements dont je viens de parler.

Partout, d'ailleurs, l'observation géologique a constaté une disproportion énorme entre les roches éruptives et les roches sédimentaires qu'elles auraient dû soulever, et dans maint endroit, dans le Jura, par exemple, il existe de nombreuses failles sans trace de roches de ce genre.

La cause première de ces grandes brisures n'est donc pas là, et à défaut de mieux il faut, pour les expliquer, invoquer le refroidissement progressif du globe, ayant eu pour conséquence sa fissuration à certaines époques.

Si maintenant, de la géologie profonde, stratigraphique, nous passons à la géologie superficielle, nous verrons qu'elle n'est qu'un *corollaire* de celle-ci, et qu'au moyen des coupes coordonnées on arrive rapidement au tracé des cartes.

Il suffit pour cela d'indiquer les points exacts où s'arrêtent les formations sur les lignes passant par tous les lieux d'observation qui représentent sur la carte topographique le trajet de la coupe. Si les profils en travers sont assez nombreux, le tracé que l'on obtient en rejoignant ces points de repère suffira pour délimiter exactement chaque étage géologique.

Pour résumer les avantages inhérents à cette manière d'interpréter les observations, on peut dire qu'elle permet de résoudre tous les problèmes pratiques de la géologie : nature et disposition des éléments qui composent les massifs, âge des montagnes, époque des grandes dislocations, tracé des failles et des cartes géologiques.

Jusqu'ici, pour la plus grande clarté de cet exposé, j'ai supposé qu'une seule cause dynamique, celle qui a produit failles, plissements, renversements, avait agi sur les couches du terrain à étudier. Je vous ai fait voir les reliefs du sol dans l'état où ces puissantes fractures et ces écrasements latéraux les ont laissés, c'est-à-dire intacts et n'ayant subi aucune cause de destruction.

Ce n'est pas ainsi que les montagnes se présentent à nos yeux, elles ont été profondément modifiées par des forces que j'appellerai forces de *nivellement*, pour les opposer à celles qui ont produit les failles, forces de *dénivellement*.

En effet, suivant quelques auteurs, MM. Favre, Lory, Ebray, Magnan, qui ont étudié les dénudations, les uns dans les Alpes, les autres dans les Pyrénées et dans le plateau central, ce n'est pas par centaines de mètres mais par mille mètres qu'il faut calculer l'épaisseur des couches enlevées par ces causes inconnues de nivellement graduel et progressif des massifs montagneux. Les roches détritiques entrent pour un tiers au moins dans la composition de la zone sédimentaire, et cette zone ne pouvant être évaluée à moins de 25 000 mètres, il s'ensuit que des mille mètres de couche ont disparu à la suite de ces dénudations.

On arrive à la démonstration de ces grands phénomènes par différentes voies :

Directement, par l'accumulation souvent énorme de débris provenant de divers terrains, formant des grès, poudingues, conglomérats.

L'étage cénomanien des Pyrénées C^2 (conglomérat de Camarade), dont je vous ai déjà parlé, n'est pas autre chose qu'un entassement de roches arrachées aux différents étages géologiques de cette chaîne. De la Méditerranée à l'Océan, sur une épaisseur de 800 à 1000 mètres, le terrain cénomanien n'est formé que de couches détritiques, poudingues, grès et argiles emballant des blocs rocheux dont le volume est souvent énorme.

La signification de ce fait est évidente : à une époque qui nous est donnée par la superposition de ce conglomérat à la craie inférieure et aussi par sa position au-dessous du turonien fossilifère, c'est-à-dire à l'époque cénomanienne, une dénudation s'est produite et a formé un terrain nouveau aux dépens des terrains plus anciens. Pour qui a vu de près ces couches détritiques dont l'épaisseur étonne l'imagination, c'est un vrai champ de bataille où les causes de destruction ont mélangé et confondu les débris arrachés à toutes les formations pyrénéennes antérieures à l'époque albienne.

Les dénudations peuvent encore être démontrées *indirectement*. Vous savez qu'il existe souvent des îlots de terrain sédimentaire isolés, perdus au milieu des terrains anciens, et séparés par de grandes distances de leurs analogues. Ce sont de vrais témoins de l'extension primitive de certains étages dingue tongrien de la vallée du Rhin, des preuves palpables de cette extension primitive des terrains secondaires (1).

L'évaluation de l'épaisseur des matériaux enlevés ainsi amène à des chiffres considérables. En effet, M. Lory a fait voir que le terrain jurassique s'étendait autrefois sur le massif primordial des Alpes, et qu'à la suite de dénudations immenses, il ne reste plus que des vestiges de ce terrain, perdus à plus de 3000 mètres au-dessus du niveau de la mer. Il évalue à plusieurs centaines de mètres les couches enlevées dans ces montagnes.

Suivant M. Ebray, dans le Morvan et dans la Nièvre, 500 à 600 mètres de couches ont été enlevés, et il est impossible de retrouver dans ces régions de traces du rivage jurassique.

Enfin M. Magnan admet que dans la région des collines qu'il a étudiées, sur le revers sud-ouest du plateau central, 1630 mètres de couches ont été enlevés en une seule période. Il n'y reste plus de traces des étages suivants : permien, trias, jurassique, alors que dans le voisinage ces formations se retrouvent complètes. L'imagination reste confondue devant la puissance de ces causes de destruction qui, à diverses époques, sont venues troubler le calme de la sédimentation marine et lacustre.

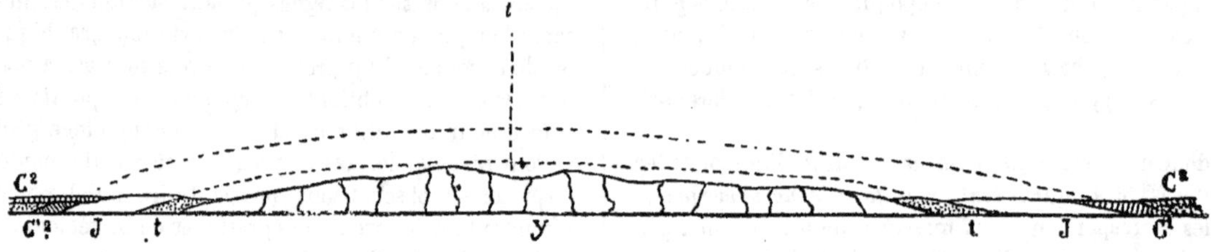

FIG. 26. — Coupe à travers le plateau central de la France ; échelle des hauteurs cinq fois plus grande que celle des longueurs. — Y, Terrains cristallisés ou primordiaux ; *t*, trias ; J, jurassique ; C¹, crétacé inférieur ; C², craie moyenne et supérieure. — Les lignes pointillées indiquent les terrains enlevés par les agents d'érosion. (Magnan, *Étude des terrains secondaires*. Toulouse, 1869, p. 81.)

géologiques, et des preuves de causes puissantes qui ont rompu la continuité primitive des couches.

C'est ainsi que M. le professeur Favre, de Genève, a pu reconstituer l'immense bombement jurassique qui existait autrefois entre le Buet et Chamounix, grâce à la clef de voûte qui est restée en place aux Aiguilles-Rouges (1).

Une coupe très-simple à travers le plateau central du bassin de la Garonne au bassin de la Loire (2), vous donnera une idée grandiose de cette immense destruction, qui a enlevé toute la calotte des terrains secondaires à la Marche, au Limousin, au Berry, en n'y laissant que de rares îlots *t*, isolés sur la vaste étendue du granite ou des schistes. On est encore en droit d'invoquer la dénudation lorsqu'aucune cause n'explique la disparition complète de certains étages, alors *que dans le voisinage, à droite et à gauche du point observé, les étages se retrouvent complets* (fig. 26).

Ce dernier cas nous semble être celui des Vosges, où la dénudation aurait fait disparaître le manteau tria-jurassique qui couvrait primitivement l'étroite bande de terrains anciens (granite, micaschiste) qui sépare le versant alsacien du versant lorrain, en laissant au pied de la chaîne, dans le pou-

(1) *Bull. de la Soc. géol.*, 2ᵉ série, t. V, p. 260, 1868.

(2) Magnan, *Études des formations secondaires des bords sud-ouest du plateau central*. Toulouse, p. 81, 1869 (*Bull. de la Soc. d'hist. nat.*).

C'est ainsi qu'on peut s'expliquer les formations détritiques des époques houillère, permienne, triasique; les conglomérats et les grès de la craie moyenne; le comblement par des grès et des argiles miocènes de la profonde dépression qui sépare les Pyrénées de la montagne Noire; les irrégularités de contour de certaines formations géologiques.

Tels sont les résultats stratigraphiques de cette manière d'interpréter les coupes transversales, coordonnées suivant un seul et même axe. On peut les comparer à un réseau à mailles étroites qui ne laisse rien passer. En effet, le pays à étudier est-il vierge de toute observation géologique, vous arriverez ainsi à connaître rapidement la disposition de ses éléments géologiques.

A-t-il été étudié incomplétement, il peut y avoir des doutes au sujet de la position exacte d'un étage, des lacunes dans la série des terrains, pénurie de fossiles et surtout de fossiles caractéristiques. Le géologue, grâce à des observations faites avec méthode, peut trouver la solution de tous ces problèmes.

Il lève, par ses coupes géologiques, parallèles et coordonnées, les doutes qui trop souvent embarrassent la science et la rendent suspecte aux yeux des savants comme à ceux des gens du monde.

(1) Thèse de doctorat ès sciences, *Essai de géologie comparée des Pyrénées, du plateau central et des Vosges*. Montpellier, 1870.

Nul mieux que lui, enfin, ne peut contribuer à l'histoire paléontologique d'une région, car il varie ses points d'observation, traverse plusieurs fois les mêmes séries, et rencontre forcément les gîtes fossilifères.

Résultats complets et nouveaux au point de vue stratigraphique, résultats excellents au point de vue paléontologique, tel est le bilan de cette méthode d'observer que je viens de vous exposer avec détail.

Je n'ai plus maintenant qu'à vous en tracer un tableau résumé, dégagé des faits particuliers que je vous ai cités dans le courant de cette conférence :

Les reliefs du sol sont produits par des failles linéaires et non par des soulèvements tels qu'on les entend généralement.

Ces brisures se sont produites à froid; leur tracé est obtenu au moyen de coupes nombreuses, parallèles entre elles et perpendiculaires à la direction générale des massifs.

Les failles génératrices des reliefs du sol doivent servir à la détermination de l'âge de ceux-ci; elles sont nécessairement postérieures en date au dépôt du terrain le plus récent qu'elles ont dérangé de sa position horizontale primitive.

Les fractures du même âge n'ont pas nécessairement la même direction; deux reliefs du sol de direction différente ont donc pu se produire simultanément, et il est permis de dire que la direction des chaînes et chaînons ne suffit pas pour donner leur âge.

Rien ne prouve que les roches d'intrusion aient joué un grand rôle dans la production de ces grandes brisures.

Au moyen des coupes coordonnées, il est possible de décomposer tout massif en séries de terrains concordants et discordants.

Ces séries, peu nombreuses, démontrent que le mouvement orogénique de dislocations ne s'est pas reproduit souvent.

Partout l'observation géologique accuse des failles, des plissements, des redressements, c'est-à-dire des effets dynamiques puissants; il est donc difficile d'admettre que les causes qui sont entrées en jeu pour produire les montagnes sont les mêmes que celles que nous constatons aujourd'hui.

Toute observation géologique, pour être complète, doit tenir compte de la dénudation; celle-ci nous démontre l'extension primitive des divers terrains, et son étude nous amène à dire que les rivages des mers anciennes doivent être souvent reculés au loin.

Ces conclusions semblent applicables à tous les reliefs du sol. Il surgit donc de ces recherches une idée concrète d'analogie dans les procédés employés par la nature pour la construction de l'écorce sédimentaire du globe. A cette idée d'unité se joint celle d'une grande simplicité, bien faite pour satisfaire l'esprit et présager à la géologie une place encore plus grande parmi les sciences d'observation !

Dr BLEICHER.

ASSOCIATION BRITANNIQUE

POUR L'AVANCEMENT DES SCIENCES

CONGRÈS D'ÉDIMBOURG (1)

SOMMAIRE : III. — CHIMIE. — Discours du président Andrews; la résurrection du phlogistique. — Gladstone et Tribe : Influence de la concentration des dissolutions salines sur les décompositions électro-chimiques. — Tomlinson : Cristallisation des liqueurs sursaturées. — Andrews : Dichroïsme de la vapeur d'iode; action de la chaleur sur le brome. — Dr Grace Calvert : Estimation du soufre contenu dans les houilles. — Les dépêches pendant le siége de Paris. — — Ainsworth : Les gisements d'hématite. — Professeur Maskelyne : Sur un minéral nouveau, l'*andrewsite*. — Dr Richter : Action de l'aldéhyde sur les urées. — Dr Wright : Constitution de l'huile essentielle d'écorces d'orange. — Wanklyn : Constitution des sels. — Mémoires divers de chimie.

IV. — GÉOLOGIE. — M. Geikie : la carte d'Écosse. — M. Milne Home : La conservation des blocs erratiques et des roches striées de l'époque glaciaire. — Dawkins : Les faunes glaciaires. — Dr Moffat : Influence hygiénique de la constitution géologique du sol. — M. Woodward : Les crustacés fossiles et leur généalogie. — Dr Murie : Le *Sivatherium*. — Woodward : Le globe n'a pas subi de grandes modifications depuis l'apparition de la vie.

V. — BIOLOGIE. — Constitution de la section; influence du darwinisme sur la biologie. — Les stations zoologiques; les dragages. — La prochaine expédition pour l'observation du passage de Vénus sur le disque du soleil. — W. Thomson : Sur les crinoïdes. — R. Trimen : Mimétisme chez un orthoptère. — Dyer : Mimétisme chez les plantes. — Playfair : Les poissons des lacs souterrains de l'Algérie. — — La dépopulation de la faune anglaise. — Mémoires divers d'anatomie. — Grace Calvert : Les générations spontanées et la résistance vitale. — Mémoires de physiologie. — Anthropologie. — Le tombeau de Josué et l'antiquité de l'homme. — Botanique : Mémoires divers; classification des fruits du professeur Dickson.

VI. — GÉOGRAPHIE. — Voyages dans l'Indo-Chine et en Palestine.

VII. — MÉCANIQUE.

III. — CHIMIE.

Les communications présentées à la section de chimie de l'Association britannique n'ont pas été extrêmement nombreuses. Aussi, tandis que la section des sciences mathématiques et physiques était obligée de se dédoubler pour arriver à entendre toutes les lectures, la section de chimie a pu consacrer l'une de ses journées à visiter les établissements industriels les plus remarquables des environs d'Édimbourg. Parmi ces établissements se trouve la fabrique de bougies de paraffine de M. Young. Le docteur Playfair a fait à la section les honneurs des usines de la Compagnie des huiles minérales à Addiewel. On se fera une idée de l'importance de ces usines, quand on saura que leur production atteint une valeur quotidienne de plus de 25 000 francs.

Le discours d'ouverture du président Andrews est un intéressant résumé des travaux de chimie publiés pendant ces dernières années. C'est un discours qu'il faut lire *in extenso*, et que nous ne chercherons pas à analyser. Toutefois, nous ne pouvons nous dispenser de faire quelques réserves au sujet de certains passages qu'il renferme.

Les chimistes anglais paraissent avoir été vivement blessés par une phrase qui se trouve dans le rapport sur les progrès de la chimie, de M. Würtz, et qui présente la chimie comme *une science toute française*. Ils font depuis cette époque beau-

(1) Voyez ci-dessus le compte rendu des diverses parties de ce congrès, pages 170, 203 et 246, numéros des 19 et 26 août et 9 septembre. — Pour le compte rendu du congrès précédent à Liverpool, voyez pages 2, 13, 34, 97 et 232, numéros des 1er, 8 et 29 juillet et 2 septembre. — Pour les congrès antérieurs, voyez les années correspondantes de la *Revue des cours scientifiques*.

coup d'efforts pour exalter le rôle de leurs compatriotes dans la rénovation de cette science et délimiter d'une manière peut-être un peu partiale celui de Lavoisier. Des hommes d'une haute valeur ont même, à ce propos, ressuscité la théorie du phlogistique, qu'ils placent à côté de la théorie de la combustion de Lavoisier (1). Le docteur Andrews se range à cette idée au début de son discours.

Nous avouons humblement ne pas comprendre l'importance qui peut s'attacher à une semblable résurrection. Certainement, il y avait, dans la théorie de Stahl, quelque chose de bien observé, et l'on admettra qu'il eût été bien singulier qu'il n'en fût pas ainsi. Ce quelque chose, c'est qu'un corps qui a déjà brûlé perd généralement la faculté de brûler de nouveau, — absolument comme un vase rempli d'eau perd la faculté de recevoir des quantités nouvelles de liquide tant qu'il n'a pas été vidé; mais c'est là tout ce qu'il y avait de juste dans la théorie phlogistique, et l'on doit convenir que ce qui constitue l'œuvre de Stahl, c'est bien moins cette idée très-simple que les ornements dont elle a été enjolivée. D'ailleurs cette manière d'envisager le phénomène de la combustion n'était-elle pas elle-même trop restreinte? Pour ceux qui ressuscitent les idées de Stahl, le phlogistique est tout simplement, au fond, ce que l'on a plus tard appelé l'*affinité*, c'est-à-dire la faculté que possède un corps de se combiner avec un autre et de développer, par le fait de cette combinaison, une certaine quantité de chaleur ou d'*énergie*. Or, cette faculté est-elle réellement perdue par les corps à la suite d'une combustion, même complète? La potasse n'est-elle pas du potassium brûlé? L'acide sulfurique, du soufre brûlé? Ces deux corps ne se combinent-ils pas entre eux en développant aussi de la chaleur? Et dès lors, que devient cette disparition d'*énergie potentielle* dont les chimistes anglais font leur nouveau phlogistique? A la vérité, le potassium devenu potasse, le soufre devenu acide sulfurique, ne peuvent pas recommencer indéfiniment le phénomène qui a amené leur transformation en potasse, en acide sulfurique; mais personne n'a jamais songé, ce nous semble, à s'extasier sur ce qu'un vase déjà rempli ne puisse être rempli une seconde fois avant d'avoir été vidé. Il faut convenir qu'il vaudrait beaucoup mieux laisser à Stahl la gloire d'avoir inventé une théorie fausse, mais complète, et qui a régné pendant longtemps sur la chimie à cause de son ingéniosité, que de dépouiller ainsi sa doctrine de tout ce qu'elle présentait d'original pour n'en sauver, en définitive, que ce qu'elle a de moins brillant. Ce sont là des discussions oiseuses, qui sont sans intérêt pour les progrès futurs de la science, et qu'il est parfaitement inutile de soulever à propos d'hommes dont la gloire est aussi bien établie que celle de Stahl et de Lavoisier.

Le savant président de la section de chimie a été bien mieux inspiré lorsqu'il a associé à Lavoisier, dans une reconnaissance commune, Black, Priestley, Scheele, Cavendish, créateurs de la chimie des gaz, émules indiscutés et indiscutables de notre illustre compatriote.

C'est d'ailleurs dans la recherche des lois numériques qui régissent les phénomènes de la chimie, bien plus que dans la création de ces entités mystiques, telles que le phlogistique et autres de ce genre, que résident les progrès réels de la science. Sous ce rapport, les membres de l'Association ne sont pas demeurés en arrière.

MM. Gladstone et Tribe, par exemple, présentent un mémoire intéressant sur la dynamique chimique, dans lequel ils étudient l'action réciproque de deux métaux sur la décomposition de leurs sels. Ils démontrent que l'action chimique qui prend naissance n'est pas proportionnelle à la quantité des sels mis en présence; si l'on double la quantité de sels dans la dissolution, l'effet produit est triplé. Cela paraît tenir à un accroissement dans la conductibilité des deux solutions. On peut analyser le phénomène en opérant comme il suit : Une lame d'argent est placée dans une dissolution d'azotate d'argent, une lame de cuivre dans une dissolution d'azotate de cuivre. Les deux lames sont réunies par un fil métallique, tandis que les dissolutions salines communiquent à travers un vase poreux qui contient l'une d'elles et se trouve baigné par l'autre. On voit alors des cristaux d'argent se déposer peu à peu sur la plaque d'argent, tandis que le cuivre se dissout. En même temps la densité de la dissolution d'azotate de cuivre s'accroît en quelques heures de 1,015 à 1,047. Si l'on augmente la quantité d'azotate de cuivre, la quantité d'argent qui se dépose dans un temps donné double si la dissolution du sel de cuivre est sept fois plus forte; mais cette proportion diminue à mesure qu'on augmente la quantité d'azotate de cuivre. Si, au lieu d'ajouter à la dissolution cuivreuse de l'azotate de cuivre, on ajoute d'autres nitrates, la quantité d'argent qui se dépose augmente également; et de plus la nature du métal qui entre dans la constitution du nitrate ajouté influe sur l'accroissement de l'action chimique. Tous ces faits s'accordent bien avec l'explication qui attribue cet accroissement à l'accroissement de la conductibilité des dissolutions.

La communication du docteur Gladstone a été suivie d'une discussion assez animée, dans laquelle ont été mis en évidence divers faits relatifs à l'action du sucre sur le fer. On sait que le fer s'altère rapidement sous l'action des matières sucrées; néanmoins M. Calvert a pu indiquer un procédé fort simple, qui permettra dorénavant le transport du sucre dans des vases de fer.

Nous signalerons encore, parmi les communications de chimie générale, une note de M. Tomlinson, touchant la manière dont se comportent au contact de l'air les dissolutions sursaturées. Les faits relatés dans cette note sont certainement curieux; en voici le résumé :

1° Une dissolution de sulfate de soude très-fortement sursaturée peut être exposée à l'air sans qu'il se forme de sulfate à 10 équivalents d'eau;

2° Vers 2 degrés centigrades, des cristaux de sulfate à 7 équivalents d'eau se déposent au fond du vase;

3° Toutes les fois que le sel de la dissolution sursaturée cristallise soudainement, on peut prouver que les cristaux sont groupés autour d'un noyau central formé par un corps étranger; c'est la chute de ce corps dans la liqueur qui a déterminé la cristallisation;

4° La pluie détermine la cristallisation du sulfate quand elle commence à tomber; mais, au bout d'un certain temps, elle n'a plus aucun effet;

5° Les jeunes bourgeons des plantes ne peuvent déterminer la cristallisation;

6° Une solution sursaturée exposée à l'air, qu'on rapporte dans un appartement, cristallise aussitôt.

On se rappelle que, par une heureuse généralisation des

(1) Voyez dans la *Revue* du 15 juillet, page 61, une lecture d'Odling sur ce sujet.

travaux de M. Pasteur sur la production des organismes inférieurs dans les liqueurs fermentescibles, M. Gernez a démontré que la cause de la cristallisation subite des dissolutions sursaturées résidait dans la chute, au sein de la liqueur, d'un cristal du sel dissous ou d'un sel isomorphe. Les expériences de M. Tomlinson, interprétées à ce point de vue, s'expliquent évidemment d'elles-mêmes; il est regrettable que le physicien anglais persiste à soutenir une opinion différente, et que tout porte à croire erronée.

Les travaux originaux sur les métalloïdes sont peu nombreux. M. Dewar annonce qu'il a entrepris une série de recherches ayant pour but de déterminer les équivalents thermiques des composés oxygénés du chlore; mais ses recherches ne sont pas encore terminées.

Le docteur Andrews donne une note intéressante sur le dichroïsme de la vapeur d'iode. Lorsque cette vapeur n'est pas très-dense, elle laisse passer les rayons rouges et les rayons bleus, et paraît violette; mais si l'on augmente sa tension, les rayons bleus la traversent seuls. La vapeur de brome présente un phénomène analogue. Si, dans un tube scellé à la lampe, on chauffe de la vapeur de brome avec un peu de brome liquide, jusqu'à la température de vaporisation totale, le contenu du tube devient rouge et opaque comme de la résine, la quantité de lumière qui passe est donc considérablement diminuée.

Enfin le docteur Moffat étudie les causes diverses qui peuvent influencer les indications des papiers ozonométriques; le voisinage des étangs, des corps en putréfaction, amène une décoloration rapide des papiers indicateurs.

Parmi les travaux de chimie appliquée, nous citerons en premier lieu le rapport du comité sur l'utilisation des eaux d'égout. Ce rapport a été présenté par M. Grantham; il contient les expériences faites par MM. Hope, Corfield et Gilbert dans différentes fermes d'Angleterre.

M. J. Smith propose de perfectionner les procédés chlorométriques en décomposant préalablement la solution de chlorure de chaux par le carbonate de soude, et opérant ensuite comme d'ordinaire sur la liqueur qui passe au filtre après la réaction.

Le docteur Crace Calvert donne un moyen d'estimer la quantité de soufre que contiennent les houilles destinées à l'industrie métallurgique. Ce soufre se présente, soit à l'état de sulfate de chaux, soit à l'état de sulfure de fer. Le sulfure est seul un élément nuisible, et il importe de savoir l'apprécier. Pour cela, on réduit le charbon en poudre et on le fait bouillir avec du carbonate de soude. Le sulfate de chaux est décomposé; il se forme du sulfate de soude et du carbonate de chaux. On enlève le sulfate de soude, qui est soluble, au moyen de lavages répétés, de telle sorte que le résidu ne contient plus que le soufre du sulfure de fer. On peut dès lors évaluer ce soufre par les procédés ordinaires.

Dans une intéressante lecture, M. Deacon a résumé les progrès récents réalisés dans la fabrication des chlorures décolorants; nous avons déjà mentionné les progrès de cette industrie dans notre compte rendu du congrès de Liverpool.

M. l'abbé Moigno a communiqué à l'Association quelques détails sur les procédés photographiques employés pendant le premier siége de Paris pour la transmission des dépêches. Il serait intéressant de savoir à ce sujet à quoi s'en tenir sur un procédé de télégraphie électrique imaginé pendant le siége par M. Bourbouze, l'habile préparateur de la Faculté des sciences de Paris. Pourquoi a-t-on renoncé à se servir d'un mode de communication qui, du pont Napoléon aux avant-postes de Saint-Denis, avait donné d'excellents résultats, et qui sûrement pouvait en donner de meilleurs? C'est là ce qu'il nous a toujours été impossible de savoir.

L'hématite est, comme on sait, le minerai de fer utilisé pour la fabrication de l'acier Bessemer, qui a pris depuis quelque temps une si grande place dans l'industrie. Il est par conséquent très-utile de connaître les circonstances particulières qui peuvent servir à faire reconnaître en un lieu déterminé la possibilité d'un gisement d'hématite. C'est ce que s'est proposé M. Ainsworth. Dans une communication qui, du reste, a soulevé de nombreuses contestations, il a voulu établir :

1° Que les gisements d'hématite ne sont pas nécessairement en contact, comme on l'a cru jusqu'ici, avec du calcaire;

2° Que ces gisements paraissent, au contraire, être liés aux gisements carbonifères; on trouve toujours, en effet, les puits de mine d'hématite disposés à l'extérieur de ceux de charbon, c'est-à-dire plus loin qu'eux de la mer, mais plus près des montagnes de l'intérieur;

3° Les dépôts d'hématite sont disposés du nord-ouest au sud-est, comme s'ils avaient obéi dans leur disposition à la direction du courant magnétique terrestre;

4° L'acide carbonique manque toujours dans les mines d'hématite, tandis qu'il est abondant dans les mines de fer du terrain houiller;

5° Tout dépôt d'hématite un peu abondant borde un dépôt de charbon.

Le dioptase, qui n'avait été trouvée jusqu'ici que dans les mines de cuivre de la Tartarie, est signalée par le professeur N. Story Maskelyne comme existant au Chili associée à divers autres minéraux. M. Maskelyne signale également un minéral nouveau, l'andrewsite, provenant de la Cornouaille, où il se trouve associé à un minéral voisin de la dufrénite. L'andrewsite se présente sous forme de masses radiées globulaires ou discoïdes, d'un bleu grisâtre. Sa formule chimique est :

$$3(Fe^2O^3.PhO^5 + Fe^2O^3.3HO) + 3CuO.PhO^5.$$

Le docteur T. L. Phipson donne quelques indications relatives à la constitution des terrains des mines d'or de la Nouvelle-Écosse, qu'il rapporte au terrain silurien inférieur.

Passons maintenant à la chimie organique.

Après une longue communication du docteur Richter sur la constitution du glycol, nous avons à signaler une étude du docteur Reynold relative à l'action de l'aldéhyde sur les urées oxygénée et sulfurée. L'urée ordinaire a pour formule : $C^2H^4Az^2O^2$; l'urée sulfurée : $C^2H^4Az^2S^2$, formules qu'on peut écrire :

$$C^2O^2\left\{\begin{matrix}AzH^2\\AzH^2\end{matrix}\right. \qquad C^2S^2\left\{\begin{matrix}AzH^2\\AzH^2\end{matrix}\right.$$

Si l'on dissout l'un quelconque de ces corps dans l'aldéhyde, dont la formule en équivalents est : $C^4H^4O^2$, et si l'on chauffe pendant quelques heures ces dissolutions à 100 degrés dans des tubes scellés, il se dépose par le refroidissement et l'évaporation des masses solides, dont les formules respectives sont :

$$C^2O^2 \left\{ \begin{array}{l} Az(C^4H^4) \\ AzH^2. \end{array} \right. \qquad C^2S^2 \left\{ \begin{array}{l} Az(C^4H^4) \\ AzH^2. \end{array} \right.$$

Ainsi, dans les deux urées, deux atomes d'hydrogène ont été remplacés par le radical C^4H^4. On peut donner à ces composés nouveaux le nom d'*urées éthyliques*.

Le professeur Delffs (d'Heidelberg) a retrouvé, de son côté, et expliqué la réaction qui donne naissance à la sorbine, sorte de matière sucrée extraite, il y a vingt ans, par Pelouze, des baies du sorbier. Cette substance n'avait pu être tirée depuis de ces baies parce qu'on essayait de préparer en même temps l'acide malique, dont elle est un produit secondaire. La sorbine se forme par l'action de l'acide malique sur l'alcool; on obtient d'abord un malate diéthylique qui, en s'assimilant deux équivalents d'eau, donne de la sorbine.

Une étude approfondie de la constitution de l'huile essentielle des écorces d'orange est due à Wright. Cette huile se compose d'un hydrocarbure dont la formule est $C^{10}H^{16}$ et d'une résine $C^{20}H^{30}O^3$. L'acide azotique agissant sur l'hydrocarbure ou *hespéridène* donne des vapeurs rutilantes, de l'acide carbonique, et une résine azotée contenant moins d'hydrogène relativement au carbone que l'hydrocarbure; si l'action se prolonge, cette résine s'oxyde davantage, et il se forme en même temps de l'acide oxalique. Enfin l'hespéridène distillée avec un mélange d'acide sulfurique et de bichromate de potasse donne de l'acide carbonique et de l'acide acétique; on peut conclure de ces faits que la formule de l'hespéridène est :

$$CH^3.CH.C^8H^{12}.$$

Nous devons enfin mentionner un travail curieux de M. Wanklyn sur la constitution des sels. On sait que les chimistes qui emploient les notations atomiques écrivent les formules des acides sur le même type que la formule de l'eau, de telle sorte qu'on a, par exemple :

$$\underbrace{\left. \begin{array}{l} H \\ H \end{array} \right\} O}_{\text{Eau.}} \qquad \underbrace{\left. \begin{array}{l} SO^3 \\ H \end{array} \right\} O}_{\text{Acide sulfurique.}} \qquad \underbrace{\left. \begin{array}{l} C^2H^3O \\ H \end{array} \right\} O}_{\text{Acide acétique.}}$$

Les sels ne diffèrent des acides que par la substitution à l'hydrogène d'un atome métallique, ainsi le sulfate et l'acétate de soude ont pour formule :

$$\left. \begin{array}{l} SO^4 \\ Na \end{array} \right\} O \qquad \left. \begin{array}{l} C^2H^3O \\ Na \end{array} \right\} O$$

C'est contre cette notation que s'élève M. Wanklyn. Si l'on fait agir l'éther acétique sur l'éthylate de soude, on obtient un composé isomère de butyrate de soude, et dont la formule brute est : $C^4H^7NaO^2$. Cependant ce corps, traité par l'acide sulfurique, donne, non pas de l'acide butyrique, mais un mélange d'acide acétique et d'alcool, ce qui montre que, dans sa constitution, les quatre atomes de charbon sont distincts et non pas unis comme dans les composés butyriques. Il semble donc que l'on doive écrire la formule $C^4H^7NaO^2$ de l'une des deux façons suivantes :

$$\left. \begin{array}{l} C^2H^3O \\ C^2H^4Na \end{array} \right\} O \quad \text{ou} \quad \left. \begin{array}{l} C^2H^2NaO \\ C^2H^5 \end{array} \right\} O$$

Mais l'action de l'iodure d'éthyle montre qu'aucune de ces deux formules n'est la vraie, car on obtient alors de l'iodure de sodium, de l'alcool et de l'isocaproate d'éthyle modifié par l'acétylène. Dans la réaction l'éthyle n'a donc pu se substituer au sodium, bien qu'il l'ait déplacé; le rôle de ces deux corps est par suite tout différent, et il faut considérer le sodium comme le lien qui unit les autres radicaux, bien plutôt que comme une simple molécule constitutive. Il joue un rôle analogue à celui de l'azote dans l'ammoniaque et ses dérivés; en conséquence, M. Wanklyn écrit la formule du composé $C^4H^7NaO^2$ de la façon suivante :

$$Na''' \left\{ \begin{array}{l} OC^2H^4 \\ C^2H^3O \end{array} \right.$$

Dès lors la formule de la soude caustique est :

$$Na''' \left\{ \begin{array}{l} O'' \\ H \end{array} \right.$$

et celle de l'acétate de soude :

$$Na''' \left\{ \begin{array}{l} O'' \\ C^2H^3O \end{array} \right.$$

Voici maintenant le titre de divers mémoires qui complètent la série des communications faites devant la section de chimie :

C. Gilbert Woeler. — Progrès récents de la chimie aux États-Unis.

T. L. Phipson. — Sur l'acide régianique.

E. C. C. Stanford. — Sur l'absorption de l'azote organique par le charbon.

Em. Reynolds. — Analyse d'un dépôt singulier de l'eau de puits.

Dr Bischof. — Examen de l'eau, au point de vue de l'hygiène.

M. Weldon. — Moyen de reconstituer les sulfures employés dans la fabrication de la soude.

Dr Thorpe. — Contribution à l'histoire des chlorures du phosphore.

M. Muir Pattison. — Mines d'antimoine de la Nouvelle-Zélande.

M. John Dalzell. — Sur le bichlorure de soufre.

Dr Wright. — Dérivés nouveaux de la codéine.

Dr Delffs. — Méthode nouvelle pour essayer la morphine.

M. Tichborne. — Dissociation des molécules par la chaleur.

M. J. Y. Buchanan. — Sur l'action de la soude caustique sur une dissolution aqueuse d'acide chloracétique.

Prof. Apjhon. — Analyse des sucres.

Dr Gladstone. — Sur les cristaux d'argent.

M. Braham. — Cristallisation des métaux sous l'influence des courants électriques.

M. J. S. Holden. — Sur les minerais de fer alumineux du comté d'Antrim.

Dr Goodman. — Note sur la fibrine.

Rév. H. Highton. — Conservation des aliments au moyen de l'acide chlorhydrique.

M. Harkness. — Nouvelle méthode d'essai des huiles de naphte.

IV. — Géologie.

Les séances de la section de géologie ont été ouvertes par un discours de son président Geikie, ayant pour but de dépeindre géologiquement les environs d'Édimbourg. C'était une innovation, — heureuse d'ailleurs, puisqu'elle a mis immédiatement tous les géologues au courant de tous les faits intéressants qu'ils pouvaient observer autour d'eux; — plus tard, le professeur Geikie a lu à la section un intéressant résumé des travaux de nivellement qui doivent amener à la construction d'une carte d'Écosse aussi complète que notre carte de l'état-major d'une part, que notre carte géologique de l'autre. Les opérations ont déjà porté sur une superficie de 6000 kilomètres carrés. Les cartes relatives à 3116 kilomètres sont déjà publiées, et forment 57 feuilles de 6 pouces; 632 kilomètres carrés sont actuellement à la gravure.

Ces deux lectures sont suivies d'un nombre considérable de

communications d'intérêt presque entièrement local, et relatives, en général, à la géologie de l'Écosse.

Une proposition de M. Milne Home mérite entre toutes une attention particulière. On sait quel jour ont jeté sur les phénomènes antéhistoriques et sur la date de l'apparition de l'homme les études entreprises sur les glaciers d'autrefois. Les seules traces laissées par ces glaciers sont des stries plus ou moins profondes tracées sur les roches qui encaissaient les amas de glace, ou bien des blocs de pierre entraînés par la glace en mouvement et abandonnés après la fonte au milieu de terrains de nature très-différente et où ils font en quelque sorte disparate. Ces blocs sont bien connus sous le nom de *blocs erratiques*. Leur intérêt historique est des plus grands, et M. Milne Home propose que des mesures soient prises pour que ces blocs et les roches striées soient conservés dans leur état actuel. Déjà la Société d'histoire naturelle de la Suisse et du Dauphiné a pris des mesures semblables; l'Association elle-même a voté une somme pour mettre cette idée à exécution; il est de la plus haute importance pour la géologie que rien ne soit négligé pour atteindre ce but.

Il est impossible de séparer l'étude des glaciers de celle des êtres qui se sont succédé à la surface du sol, et l'on sait quelles singularités présente la période glaciaire sous le rapport des faunes qui ont animé la terre à ce moment. M. Dawkins ne cite pas moins de cinq catégories d'animaux aujourd'hui très-diversement cantonnées, et qui vivaient ensemble à l'époque quaternaire. La première catégorie comprend ceux qui habitent encore nos parages, comme l'ours brun, le lynx, le bison et le sanglier; la seconde est composée d'animaux aujourd'hui confinés dans les pays froids : le glouton, le renne, la marmotte; puis viennent les hôtes actuels des pays chauds, l'hippopotame, par exemple; puis les animaux disparus, comme l'ours des cavernes, le mammouth, le cerf à grandes cornes, le rhinocéros velu, et enfin ceux qui appartiennent à la fois à l'époque pliocène et aux formations quaternaires, parmi lesquels on peut citer le tigre à dents en sabre, l'élan d'Irlande, les *Rhinoceros megarhinus* et *hemitœchus*, etc. La présence simultanée d'animaux habitant aujourd'hui des climats si différents ne peut guère s'expliquer que par des migrations qui sont devenues de plus en plus rares à mesure que les obstacles se sont multipliés, à mesure surtout que la race humaine est devenue plus nombreuse et plus industrieuse.

L'influence de la nature géologique d'un district sur la santé et la constitution générale des populations qui l'habitent a été, comme l'an dernier, l'objet d'une intéressante communication du docteur Moffat. Les terrains carbonifères sont, en général, le siége d'industries minières très-développées; les habitants y sont souvent anémiques et goîtreux, ce qui est plus rare dans les districts dont le sol appartient au nouveau grès rouge; là, en revanche, le cancer est plus fréquent. La scrofule paraît devenir plus rare à mesure qu'on s'élève davantage au-dessus du niveau de la mer, ce qui semble être en rapport avec l'augmentation de la quantité d'ozone dans l'atmosphère.

Le développement de l'anémie dans les districts carbonifères paraît facile à expliquer : là, en effet, le sol, moins riche en phosphates et en oxyde de fer, donne du blé dans lequel ces matières sont relativement peu abondantes; c'est là un fait d'expérience que M. Moffat a mis en évidence. Or, on sait aujourd'hui que l'anémie est réellement due à une diminution de la quantité d'oxyde de fer que doivent contenir normalement les globules rouges du sang.

Parmi les communications relatives à la paléontologie nous citerons :

1° Un mémoire du docteur Duncan sur les coralliaires fossiles de la Grande-Bretagne, ainsi qu'une série de coupes préparées par Thomson, et destinées à mettre en évidence la structure des coralliaires du carbonifère. Des photographies de ces coupes et des gravures héliographiques ont été mises sous les yeux de la section.

2° Un mémoire de Woodward sur les crustacés fossiles, dont vingt-trois espèces nouvelles ont été découvertes en 1870. Parmi elles se trouvent six décapodes, un amphipode, deux isopodes, un euryptéride et treize phyllopodes. Un des isopodes, le *Palæga Carteri*, se trouve à la fois dans la Silésie supérieure, à Turin, et dans trois localités distinctes d'Angleterre : Dovers, Beds et Cambridge. Un autre isopode a été découvert dans le vieux grès rouge de Herford, par conséquent l'ancienneté de ce groupe de crustacés, auquel appartiennent nos cloportes, se trouve reportée jusqu'aux temps paléozoïques. Ce fait prend une certaine importance si on le rapproche des découvertes récentes de Billing et de Woodward, qui tendent à prouver que les trilobites possédaient réellement des pattes articulées, et se trouvaient, par conséquent, beaucoup plus voisines des isopodes qu'on ne l'a pensé jusqu'ici. Cette parenté ne serait en rien infirmée d'ailleurs par la ressemblance étroite qui lie les larves de nos limules avec les trilobites. Dans un même ordre naturel, les larves n'ont pas, en effet, suivant M. Woodward, des caractères zoologiques assez tranchés pour qu'on puisse s'en servir trop exclusivement dans une classification ; aussi M. Woodward n'admet-il pas, comme M. Packard, que les limules (le *King's crabe* des Anglais) soient plus voisines des trilobites que du *Pterygotus*, qui est, dans les temps anciens, comme la première indication de nos crabes actuels. Remarquons néanmoins que l'étude des larves présente un très-grand intérêt, surtout si l'on se place sur le terrain de l'évolution successive des espèces. Il semble, dans beaucoup de cas, qu'elles indiquent l'une des étapes par lesquelles ont passé les types supérieurs d'un groupe pour se perfectionner, et dès lors il n'y a rien d'étonnant que dans un même groupe elles se ressemblent beaucoup; mais une conséquence immédiate de cette idée c'est que, si elles peuvent fournir des caractères primordiaux, elles sont insuffisantes, comme le fait justement remarquer M. Woodward, lorsqu'on veut établir des rapprochements quelconques entre les types élevés d'un groupe dont elles représentent seulement les premières ébauches. C'est ainsi que l'étude des larves de limule, permettant d'établir, d'une part, la possibilité d'une véritable parenté généalogique entre les trilobites, les limules, les pterygotus et les crabes (1), ne peut donner, d'autre part, aucune indication utile lorsqu'il s'agit de déterminer la place que doivent occuper ces mêmes limules relativement aux types de crus-

(1) Voyez notre compte rendu du congrès de Liverpool, *Revue scientifique* du 29 juillet 1871, page 103.

tacés perfectionnés qui vivent actuellement autour de nous.

Si des crustacés nous passons aux mammifères, nous trouvons là aussi dans le *Sivatherium giganteum* un de ces curieux types de transition, si fréquents dans les faunes anciennes, entre des types zoologiques aujourd'hui bien nettement tranchés. Dans un mémoire accompagné de nombreux diagrammes et d'une restauration habilement faite, le docteur Murie établit que le *Sivatherium* était une sorte de ruminant dont la taille atteignait celle de l'éléphant. Ce ruminant portait des cornes creuses assez semblables à celles des antilopes, mais caduques comme les cornes pleines des cerfs; de plus, son muffle se prolongeait en une sorte de trompe analogue à celle de l'éléphant ou du tapir, particularité qui rapprochait notre ruminant des pachydermes actuels. Voilà donc un ensemble de caractères qui unissent à la fois le *Sivatherium* aux pachydermes, aux ruminants à cornes creuses et aux ruminants à cornes pleines. Le docteur Murie s'autorise de ces ressemblances pour considérer le *Sivatherium* comme un des progéniteurs de nos différents groupes d'herbivores. Il crée pour lui la famille des *Antilocapridæ*.

Si l'on admet l'hypothèse d'un développement continu de l'organisation sur le globe, quels ont été les ancêtres du Sivatherium? Il descendait sans doute lui-même d'une longue suite d'aïeux, mammifères comme lui; car, d'après M. Woodward, la vie a dû se développer parallèlement sur la terre et dans les eaux. Les rapports actuels des mers et des continents ont pu être changés; des circonstances particulièrement favorables au développement de certains types ont pu se produire et permettre à ces types de dominer dans les faunes qui leur étaient contemporaines; mais rien n'autorise à penser que ces circonstances biologiques doivent être cherchées, soit dans des modifications considérables de la constitution de l'atmosphère, ou de celle des eaux, soit dans des changements survenus dans les rapports mutuels d'étendue des terres et des mers.

L'étendue considérable des continents quaternaires et tertiaires est trop évidente pour qu'il soit utile d'y insister. Les restes des ptérodactyles, des tortues et d'autres reptiles côtiers, les couches wealdiennes, le calcaire de Purbeck, les végétaux oolithiques, attestent d'une manière bien certaine l'existence de terres mésozoïques. Le calcaire marin de Solenhofen fourmille lui-même de restes d'insectes, de lézards volants; on y trouve même des oiseaux à côté de végétaux évidemment terrestres. Dans le trias, un mammifère se rencontre déjà, et les traces laissées sur le sable par les pieds des oiseaux et par ceux du labyrinthodon accusent l'existence de plages dès cette époque. En remontant à l'époque carbonifère, M. Woodward trouve, dans les végétaux, les reptiles, les mollusques, les insectes, les arachnides, dont il fait connaître un type nouveau du carbonifère de Ludley, et qui tous existaient déjà, la preuve bien certaine que l'atmosphère de cette époque n'était pas beaucoup plus chargée d'acide carbonique que la nôtre; ce n'est donc pas là qu'il faut chercher avec M. Sterry-Hunt la cause du grand développement pris à cette époque par le règne végétal.

La structure de l'un de ces végétaux carbonifère les plus intéressants, le *Diploxylon*, a été précisément détaillée par le professeur Williams dans cette même séance. Un peu avant, le professeur Traquair avait signalé, dans le calcaire carbonifère de Burdiehouse, près Édimbourg, la présence d'un nouveau *Phaneropleuron* (*P. elegans*) et celle d'un Labyrinthodon appartenant probablement au genre *Pholidogaster* de Huxley. C'est le plus ancien labyrinthodon connu.

A la suite de ces travaux, on pourrait mentionner une assez longue liste de mémoires de stratigraphie locale; nous n'en surchargerons pas ce compte rendu qui, par sa nature même, ne peut contenir que des choses présentant un caractère d'une certaine généralité.

V. — Biologie.

La section de biologie a, cette année, modifié sa constitution; elle se composait auparavant de deux sous-sections: anatomie et physiologie d'une part, zoologie et botanique de l'autre. Une sous-section d'anthropologie a été ajoutée aux deux anciennes. Elle aura à s'occuper de tout ce qui se rattache à l'origine et au développement des races humaines; elle enlèvera par conséquent un certain nombre de travaux aux sections de géologie et de géographie, dont l'une surtout, la première, était souvent beaucoup trop chargée. Le premier président de la sous-section d'anthropologie était le professeur W. Turner. On sait quel développement ont pris dans ces derniers temps les recherches relatives à l'ancienneté de l'homme et à ses origines. Nous ne voudrions pas préjuger une question que les recherches même les plus longues et les plus assidues ne sont pas assurées de résoudre; mais il nous est permis du moins de signaler ici l'influence immense qu'a eue sur les progrès de la zoologie cette série de conceptions, plus ou moins neuves d'ailleurs, que l'on résume dans ce mot : le darwinisme.

C'est ainsi que, dans les sciences, toute idée qui groupe autour d'elle un certain nombre de faits entraîne presque forcément à la découverte de faits nouveaux ou à une appréciation meilleure de faits déjà connus. La valeur d'une hypothèse ne réside pas dans une réalité toujours plus ou moins contestable; elle réside dans la quantité d'idées qu'elle fait naître, dans le nombre des phénomènes qu'elle groupe autour d'elle, entre lesquels elle établit des liaisons, dans le nombre des travaux qu'elle suggère, des faits qu'elle permet de prévoir ou de constater. Il n'est pas nécessaire, pour qu'une hypothèse constitue un progrès dans les sciences, que cette hypothèse soit l'expression exacte de la vérité, il suffit qu'elle soit féconde, qu'elle soit, comme le disent les Anglais, *suggestive*. Le darwinisme est une hypothèse suggestive par excellence, et cela seul doit assurer à son auteur une part dans la reconnaissance des savants. Hâtons-nous d'ajouter qu'il est bien petit le nombre des hommes capables de concevoir de ces hypothèses ouvrant aux travailleurs tout un champ nouveau d'exploration; il faut être un homme de génie pour avoir pu donner une vie nouvelle à des idées, que des hommes comme Lamarck, comme Geoffroy Saint-Hilaire, n'avaient pu sauver de l'oubli.

C'est d'ailleurs, nous ne saurions trop le répéter, à l'avenir seul qu'est réservé de décider la question de savoir si le darwinisme ou plutôt la doctrine de l'évolution des espèces doit décidément prendre pied dans la science ou si elle doit être abandonnée sans retour. Ce n'est pas trop, pour arriver à un semblable résultat, que d'attaquer, dans toutes les régions du globe et par tous les moyens d'investigation de la science européenne, le mystérieux problème du développement et des transformations de cette immense variété de phénomènes que nous groupons instinctivement sous cette grande unité : *la vie*. C'est ce que les Anglais paraissent en ce moment comprendre bien mieux que nous, bien mieux aussi que ceux qui furent autrefois la sage et savante Allemagne, et qui se sont résignés à ne plus être qu'une nation puissante, mais profondément ridicule (1), « la Prusse, puisqu'il faut l'appeler par son nom ».

Tandis que le gouvernement anglais se dispose à opérer dans diverses régions de l'Atlantique et du Pacifique des dragages analogues à ceux qui ont donné de si brillants résultats à MM. Carpenter, Gwyn Jeffreys et Whyville Thomson, l'Association britannique applique désormais, au moins en partie, à la création de stations zoologiques à l'étranger, la dotation de 600 livres sterling, qu'elle n'a plus à payer à l'observatoire de Kew.

Déjà une station de ce genre est en voie de création à Naples, sous la direction de M. Dohrn. L'Académie royale de Belgique s'est associée à cette entreprise; l'ambassadeur de la cour de Berlin à Florence et le consul prussien de Naples ont reçu de leur gouvernement l'ordre de faire tout ce qui serait en leur pouvoir pour assurer le développement des nouveaux laboratoires; ceux-ci seront dotés de superbes aquariums, qui se construisent sous la direction de l'architecte de l'aquarium de Berlin.

De semblables stations seront établies sur différents points convenablement choisis des côtes d'Angleterre; c'étaient là des créations indispensables. La zoologie devient aujourd'hui et doit être une science d'expérimentation. Elle ne se contente plus de décrire les formes extérieures des êtres vivants, et d'énumérer les divers organes qui se cachent sous ces formes. Elle doit pénétrer dans la constitution intime de toutes ces parties si variées qui constituent l'animal; elle doit étudier l'agencement, la nature chimique, les fonctions simples ou complexes de ces sortes d'individualités qu'on appelle les *éléments histologiques*, tâcher de découvrir les lois qui régissent leur développement, de voir comment ils arrivent à former ces autres individualités plus complexes qu'on appelle des *organes* et qui sont comme les ateliers dans lesquels des myriades d'ouvriers inconscients ouvragent la vie.

L'animal, que l'anatomie et l'histologie, le scalpel et le microscope nous ont permis d'analyser, doit être ensuite reconstitué pièce à pièce par l'embryogénie, et ce n'est qu'après ce travail si complexe, si délicat, que le zoologiste peut se flatter d'avoir conquis pour la science la connaissance réelle d'un type nouveau, d'avoir apporté une pierre solide à l'immense édifice dont nos devanciers et nous-mêmes avons à peine réussi à poser les premières assises.

Or, pour travailler ainsi, il ne suffit plus de courir le monde et d'amasser des matériaux comme le glaneur amasse des épis dans le champ. Il faut s'installer à portée de cet immense laboratoire, la mer, où la nature hésitante semble avoir essayé les premières ébauches de la vie, où elle semble avoir entassé la masse énorme de ses secrets. Il faut passer là de longs jours de patience et de travail, fouiller ainsi un à un tous les coins du globe, et, lorsque les siècles auront accumulé tous ces labeurs, alors, peut-être, nos descendants verront-ils se dégager quelques-unes de ces inconnues que le monde physique nous laisse à peine entrevoir aujourd'hui.

(1) Voyez dans la *Revue scientifique* du 26 août 1871, p. 193 et suiv., les singulières idées que les derniers succès de la Prusse ont fait naître dans les cerveaux en apparence les mieux équilibrés de l'Allemagne. Voyez surtout ce qu'osent écrire des hommes comme MM. Virchow et Carl Stark.

Une occasion va se présenter bientôt d'envoyer une véritable ambassade scientifique dans des régions que les naturalistes n'ont fait encore que traverser. Le docteur Sclater, qui a déjà présenté à la section de biologie le rapport de son comité pour l'établissement de stations zoologiques, fait aussi remarquer à la section qu'une expédition astronomique sera formée en 1874 pour aller étudier le passage de la planète Vénus sur le disque du soleil. Les cinq stations choisies pour les observations sont : 1° Oohu, dans les îles Sandwich, 2° l'île de Kerguelen, 3° l'île Rodriguez, 4° Auckland, dans la Nouvelle-Zélande, et 5° Alexandrie. Dans les trois premières stations, il faudra envoyer, au moins un an avant l'époque du phénomène astronomique, un corps de savants chargés de relever les coordonnées géographiques, aujourd'hui encore mal connues, de ces lieux d'observation. Pourquoi ne leur adjoindrait-on pas un certain nombre de naturalistes, pourvus de tout ce qui est nécessaire pour faire là quelque travail de longue haleine? Il est certain que, dans ces îles lointaines, la moisson serait assurée; les naturalistes n'auraient que l'embarras du choix; nous ne possédons, en effet, que les renseignements les plus incomplets sur les types d'animaux inférieurs même les plus vulgaires de ces pays, et l'on sait combien est féconde l'étude de ces types inférieurs. Les animaux qui frappent par la singularité de leur forme ou la beauté de leurs couleurs sont généralement les seuls que rapportent les voyageurs; les plus communs nous sont presque toujours à peine connus. Nous n'avons, par exemple, que les renseignements les plus vagues sur les Lombriciens exotiques; voici un fait qui le prouve et que nous demanderons la permission de signaler bien qu'il nous soit personnel. Il a suffi que l'intelligent directeur des serres du muséum, M. Houllet, voulût bien examiner la terre des envois de plantes qu'il reçoit de l'étranger pour y trouver, dans la même semaine, deux Lombriciens nouveaux. L'un, appartenant au genre *Perichæta*, nous a permis de ramener presque complétement au type du Lombric l'organisation des *Perichæta*, sur lesquels on n'avait encore que des travaux incomplets quoique récents. L'autre doit constituer un genre nouveau qui se distingue : 1° par la disposition de ses soies; 2° par la présence de deux appareils copulateurs, rétractiles, en forme de crochets charnus, situés en arrière de la ceinture; 3° par la réduction des poches copulatrices à une seule paire située derrière les testicules, au lieu d'être en avant comme dans nos Lombrics et dans les *Perichæta*. C'est le premier Lombricien, à notre connaissance, chez qui de véritables appareils copulateurs aient été signalés.

Une autre fois, dans la même semaine aussi, la ménagerie des Reptiles du muséum, dirigée par M. Vallée, nous a envoyé trois Helminthes nouveaux et dont l'organisation nous a offert également quelques faits très-remarquables.

Ces simples citations suffisent pour montrer combien est vaste le champ de recherches que nous offrent les animaux inférieurs, combien il reste à apprendre sur ce sujet et combien seraient fructueux les efforts ayant pour but de pénétrer plus profondément dans la connaissance de ces types aussi intéressants au point de vue philosophique que variés.

Nous n'avons pourtant pas à relever un nombre bien considérable de mémoires relatifs à ces animaux parmi les communications faites à la section D. Après avoir signalé l'intérêt qui s'attache aux faunes arctiques et la protection si libérale accordée aux naturalistes qui s'en occupent par les gouvernements danois et suédois, le docteur Lutken de Copenhague décrit une nouvelle espèce d'Antipathe trouvée dans l'estomac d'un requin du Groenland ; une espèce de ce genre avait déjà été recueillie par M. Whyville Thomson dans ses dragages de la partie septentrionale de l'Océan Atlantique. Ce sont là des faits intéressants de géographie zoologique ; les Antipathes ne s'étaient jusqu'ici rencontrés que dans les régions chaudes des mers. Ce sont des animaux vivant en colonie comme le corail, comme les gorgones, mais qui s'éloignent de ces zoophytes par le nombre de leurs tentacules. Au lieu d'avoir, comme les coralliaires proprement dits, huit tentacules autour de la bouche, ils en possèdent généralement vingt-quatre ou même plus.

Les Échinodermes ont fourni de leur côté au professeur Whyville Thomson le sujet d'une intéressante communication. Après avoir montré divers échantillons remarquables d'Oursins des mers actuelles appartenant aux genres *Calveria, Porocidaris*, etc., ce savant a lu un mémoire sur l'organisation d'autres Échinodermes dont il ne reste plus aujourd'hui qu'un petit nombre de types, les Crinoïdes. En collaboration avec le docteur Carpenter, le professeur Whyville Thomson a étudié autrefois d'une manière remarquable le développement de l'une des espèces de ce groupe la Comatule rose ou *Antedon rosaceus*.

Cette espèce se trouve abondamment sur certains points de nos côtes, notamment à Roscoff, où nous avons pu l'observer. On sait que fixée comme une Encrine dans son jeune âge, elle se sépare plus tard de sa tige pour mener une existence vagabonde. C'est alors une sorte de disque rose d'où rayonnent dix longs bras de même couleur, pourvus de rameaux latéraux alternes qu'on nomme des pinnules. Sur leur face dorsale, les bras et les pinnules formés de pièces calcaires articulées sont parcourus par un canal sinueux au-dessus duquel la peau est couverte de cils vibratiles. Au sommet de chaque sinuosité, le canal donne naissance à une branche d'abord unique, mais qui se partage bientôt en trois prolongements saillants, en forme de doigts de gant, dont l'interne est plus long et plus saillant que les autres. Chacun de ces tentacules porte plusieurs rangées de papilles assez allongées, paraissant comme cannelées, légèrement renflées au sommet, qui portent trois petites soies roides et divergentes constituant un appareil tactile de la plus grande sensibilité. Quant au canal lui-même, il se termine en doigt de gant, tant dans l'extrémité libre des pinnules que dans celle des bras. Si l'on vient à couper l'un de ces bras, on voit bientôt se former sur la plaie, tout autour du canal dorsal, un tissu incolore qui ne tarde pas à former une légère saillie, s'allonge de plus en plus et présente l'aspect d'un petit doigt dont le centre est occupé par le canal ; sur ce dernier naissent de petites bosselures alternes qui s'allongent à leur tour et forment autant de ramifications. On a alors sous les yeux la miniature d'un bras nouveau en voie de reproduction. Bientôt, sur les pinnules et sur le canal central se forment des bosselures de second ordre, que l'on voit se bifurquer peu de temps après leur naissance ; l'une des bifurcations, en se développant, devient le plus grand des trois tentacules de chaque groupe ; l'autre se bifurque de nouveau, et ainsi se trouvent constitués les groupes de trois tentacules dont nous avons parlé plus haut. Pendant ce temps, le tissu qui entourait le canal s'épaissit de plus en plus, et dans son intérieur se déposent les particules calcaires qui formeront le squelette du nouveau bras.

Les observations que nous venons de résumer sont encore inédites ; nous espérons pouvoir avant peu les publier en détail.

Une communication de M. Roland Trimen ramène la discussion sur ces phénomènes si curieux de *mimétisme* dont nous avons déjà eu l'occasion de parler à propos du congrès de Liverpool. Il s'agit ici d'une sorte de sauterelle de l'Afrique méridionale, vivant au milieu des pierres et qu'on appelle *Trachypetra bufo*. Non-seulement l'aspect de cet animal est tout à fait celui d'un caillou granuleux, mais encore sa couleur s'harmonise complétement avec celle du sol pierreux au milieu duquel il vit ; elle change avec la couleur du sol. Il semble ici évident que l'insecte a dû subir dans sa forme primitive et dans sa couleur une série de modifications graduelles qui l'ont amené à cette ressemblance étrange et si frappante qu'elle étonne, même longtemps encore après la mort de l'animal.

Des faits de *mimétisme* d'un autre genre sont signalés par le professeur Dyer, chez les végétaux. Généralement les plantes appartenant à une même famille naturelle ont un *facies* commun, un air de parenté qui les fait immédiatement reconnaître. Or, il arrive parfois que certaines plantes appartenant à une famille déterminée, tout en conservant d'une manière bien évidente les caractères botaniques de cette famille, abandonnent tout à fait ce qu'on pourrait en appeler la *livrée* pour prendre, au contraire, la *livrée* d'une famille plus ou moins éloignée. C'est ainsi que la *Mutisia speciosa*, une composée de l'Amérique du Sud, présente tout à fait l'aspect d'une légumineuse des côtes d'Europe, le *Lathyrus maritimus*. De même, M. Dyer cite trois fougères, appartenant à des genres différents, et qu'il serait pourtant impossible de distinguer d'après leur apparence extérieure. Cette communication a été suivie d'une discussion à laquelle se sont mêlés MM. Balfour, Dickson, Lawson, Perceval, Wright et Carruthers.

Ces savants s'accordent à considérer les faits signalés par M. Dyer, et tous les faits analogues qui pourraient se présenter dans le règne végétal, comme étant d'une nature toute différente de la plupart de ceux que nous offre le règne animal. Si, dans ce dernier cas, il y a modification de forme et de couleur, tendant vers un but bien déterminé, la conservation de l'animal, aucune tendance de ce genre ne saurait être invoquée en ce qui concerne les végétaux. Le véritable *mimétisme* ne se rencontre donc que dans le règne animal ; ce qui ressemble au mimétisme, chez les végétaux, ne doit être considéré que comme une simple *pseudomorphose*.

Parmi diverses communications d'ichthyologie, nous relevons un intéressant travail du colonel Playfair, consul général en Algérie. Ce travail est relatif au système hydrographique et aux poissons d'eau douce de notre colonie. Parmi ces poissons, deux espèces vivant dans des lacs du Sahara inférieur ont été souvent rejetées par les puits artésiens ; ce sont peut-être les habitants ordinaires d'une mer souterraine, située au-dessous des sables du grand désert ; toutefois ces poissons sont pourvus d'yeux, ce qui semble indiquer que leur présence dans les eaux souterraines n'est que passagère ; c'est un épisode de leurs voyages d'un puits artésien à un autre.

Un phénomène qui tend de plus en plus à se manifester en Angleterre, c'est la disparition beaucoup plus rapide qu'ailleurs de certaines espèces animales. Les loups n'y existent plus, les moineaux ont dû y être réimportés, les oiseaux de proie, selon M. le professeur Duns, deviennent de plus en plus rares en Écosse; il en est de même pour bon nombre d'autres animaux de l'île. A ce point qu'un comité de l'Association, dont le Rév. Canon Tristram était rapporteur, a dû demander une modification restrictive et une application sévère des lois sur la chasse. Ce qui se passe en Angleterre n'est qu'une exagération de ce qui est arrivé partout où l'homme, prenant possession du territoire, a fait la guerre à tout ce qui pouvait lui disputer ses conquêtes ou par la force ou par la ruse. C'est ainsi que se sont éteintes bien des espèces, le Dronte, l'Épyornis, par exemple, qui n'ont pu soutenir contre nous la guerre que nous leur avons déclarée.

C'est ainsi que tendent à diminuer les Cétacés, dont bon nombre de types ont été l'objet de travaux présentés à l'Association. Le professeur Struthers a retrouvé, chez le *Balænoptera musculus*, la plupart de nos muscles de la main; il considère ce fait comme une conséquence de l'hérédité, un indice de la parenté généalogique qui unit les Cétacés aux autres Mammifères. Dans le même ordre d'idées, le professeur Maralister cherche à établir notre parenté avec les Mammifères plus ou moins inférieurs, en étudiant et en rapprochant les anomalies que peuvent présenter notre système musculaire de celui des animaux. Les vertèbres cervicales de divers Cétacés ont été étudiées par M. Turner d'une part, M. Struthers de l'autre. Le premier de ces auteurs s'est également occupé de la placentation de ces animaux, qui est diffuse comme celle des Ruminants.

Nous aurons épuisé à peu près la liste des travaux d'anatomie quand nous aurons cité un cas intéressant de reproduction des os et des muscles de la queue chez un poisson, le *Protopterus annectens* (professeur Traquair), une étude des muscles de la queue et de l'abdomen du Cryptobranche (professeur Humphry), un travail sur les viscères de l'Éléphant du docteur Watson; enfin, la découverte d'une couche vibratile à la surface interne du blastoderme des œufs des oiseaux (B. T. Lowne).

En tête des questions de physiologie vient naturellement se placer cette éternelle question des générations spontanées. Les sous-sections de zoologie et de botanique, d'anatomie et de physiologie se sont réunies pour la discuter, sous la présidence du professeur Allen Thomson. Les communications les plus importantes sur ce sujet sont celles du docteur Crace Calvert.

Le docteur Calvert s'est occupé de traiter deux sujets d'une importance capitale :

1° Des germes sont-ils nécessaires à la production des organismes inférieurs ?

2° Quelle est l'influence de la chaleur sèche ou humide sur les germes de ces organismes ?

Les expériences destinées à résoudre la première question ne sont guère que des variantes de celles de M. Pasteur. Il est bon néanmoins de les faire connaître, afin de bien montrer que, quels que soient les procédés employés, des expériences bien conduites ramènent toujours aux mêmes résultats. M. Calvert commence par préparer de l'eau absolument pure de tout germe. Pour cela, il déplace l'air tenu en dissolution dans le liquide au moyen d'un courant d'hydrogène; l'eau ainsi privée d'oxygène est ensuite distillée trois ou quatre fois sur un mélange de potasse et de permanganate de potasse. Elle peut alors être conservée indéfiniment en vase clos, sans que la moindre trace d'organismes y apparaisse; mais, si l'on en remplit une douzaine de petits tubes qu'on laisse ouverts dans l'atmosphère pendant quinze heures, puis que l'on ferme, et qu'on examine tous les huit jours, au bout de trois semaines environ quelques vibrions apparaissent dans le champ du microscope. Si des tubes analogues sont laissés ouverts pendant deux heures seulement dans le voisinage d'objets en putréfaction, une quantité d'animalcules y apparaissent dès le sixième jour; — si l'on ajoute à l'eau un peu d'albumine, au bout du cinquième jour de nombreux organismes apparaissent, — toutes choses égales d'ailleurs le nombre des organismes qui se montrent est d'autant plus grand que la température de l'atmosphère est plus élevée et le temps plus calme. Il est donc bien évident que, dans ces cas, comme dans ceux observés par M. Pasteur, l'ensemencement des germes est absolument nécessaire à la production de la vie.

Les expériences relatives à l'influence de la température ont été faites avec des tubes scellés à la lampe, entourés de fil pour empêcher qu'ils ne se brisent, et contenant, soit une dissolution de sucre, soit une macération filtrée de foin, soit de l'albumine. Ces tubes remplis de leur dissolution avaient été, avant d'être bouchés, exposés à l'air un temps suffisant pour que des germes pussent s'y introduire. On les a ensuite chauffés les uns dans un bain d'huile, les autres dans une étuve sèche. Jusqu'à 100 degrés la vie a pu se développer à leur intérieur; mais en diminuant rapidement d'intensité vers 100 degrés. On en trouvait encore des traces vers 150 degrés; à 200 degrés, les dissolutions n'ont présenté aucun organisme vivant. Toutefois, même à 200 degrés, on n'a pu détruire complétement les germes contenus dans de l'eau ayant séjourné dans le voisinage de corps en décomposition, et qui avait été ensuite mélangée d'albumine.

D'un autre côté, un froid de 17 degrés au-dessous du point de congélation de l'eau a engourdi les animalcules; mais, quelques heures après, ces derniers avaient repris toute leur vitalité. De tous les êtres ceux qui résistent le mieux aux variations de température sont de petits vibrions.

Les expériences de M. Calvert ne sont guère favorables aux partisans de la doctrine de la génération spontanée. Mais voici une observation du docteur Murie qui paraît, au contraire, leur donner gain de cause. Il s'agit de champignons qui se seraient développés à l'intérieur du thorax d'oiseaux vivants, et par conséquent dans une cavité absolument close et n'ayant jamais été en contact avec l'air atmosphérique. Il est évident que, pour se rendre un compte exact de la présence de ces végétaux, il faudrait pouvoir faire une enquête sur les accidents qui ont pu survenir aux animaux chez qui on les a observés. M. Bastian pense néanmoins qu'ils ont pu se développer aux dépens du tissu, comme certains animalcules qu'il a rencontrés dans le cerveau d'un homme et qui ne s'y étaient certainement développés qu'après sa mort.

Nous regrettons de ne pouvoir à ce sujet que citer le titre d'un mémoire du docteur Ferrier sur la répartition et l'origine des bactéries dans les tissus des animaux.

Voici maintenant d'autres résultats physiologiques d'une portée moins générale.

Le docteur Gamgee démontre que le sang mélangé à l'oxygène dégage toujours une certaine quantité de chaleur qu'on ne peut constater quand on l'agite en présence d'un autre gaz.

Le docteur J. Chiene annonce qu'il a réussi à inoculer le cancer à des animaux relativement inférieurs.

Le professeur Rutherford et le docteur Turke appellent énergiquement l'attention sur l'intérêt qu'il y aurait à observer comparativement le genre de folie des aliénés et les altérations de toutes natures que l'on retrouve d'une manière constante dans leur cerveau. C'est certainement la manière la plus logique d'étudier le rôle que jouent dans l'intelligence les différentes parties d'un organe que l'expérimentation ne saurait atteindre.

Le docteur Richardson continue à exposer ses expériences sur l'action physiologique des composés organiques. Le professeur Rolleston, au nom du comité formé à ce sujet, conclut qu'il est moral dans les vivisections de prendre les précautions suivantes :

1° Aucune expérience pouvant se faire avec le secours d'un anesthésique ne doit être faite sans lui.

2° Aucune vivisection douloureuse ne doit être entreprise dans le but unique d'enseigner une vérité physiologique scientifiquement démontrée.

3° Lorsqu'une vivisection est nécessaire, on doit prendre toutes les précautions qui peuvent assurer le succès de l'expérience, de manière qu'il ne soit pas utile de recommencer l'expérience.

Ce sont là des coutumes qui sont depuis longtemps dans les mœurs des physiologistes français.

Le docteur A. Buchanan étudie l'influence de la pression atmosphérique sur la circulation du sang ; enfin le docteur Ray Lankester démontre, par des expériences spectroscopiques, que l'hæmoglobine, qu'on ne trouve pas dans le sang des mollusques et d'autres animaux inférieurs, se trouve néanmoins dans leurs tissus.

Pour épuiser la liste des mémoires relatifs à la première moitié des êtres vivants, il nous reste à parler des travaux de la sous-section d'anthropologie.

On peut ranger les questions traitées sous trois chefs principaux :

1° L'origine de l'homme;

2° Les mœurs de l'homme antique et leur comparaison avec les mœurs de nos peuplades sauvages;

3° La comparaison des races actuelles avec les races anciennes.

La question de l'origine de l'homme a été soulevée par M. Walke, qui trouve dans certains singes, outre une organisation toute semblable à la nôtre, les germes de toutes nos qualités intellectuelles et morales. Ce ne serait certainement pas là une preuve de notre descendance directe, car on peut en dire à peu près autant de tous nos mammifères. Néanmoins, M. Struthers fait remarquer que certains organes rudimentaires inutiles à l'homme, mais qui existent dans son économie, ne peuvent guère s'expliquer que par un phénomène d'hérédité. Ces organes se trouvent en effet chez des êtres moins élevés et jouent un rôle plus ou moins important dans leur organisation.

L'hérédité des différents caractères anatomiques est, en effet, incontestable; elle paraît même établie, comme le fait remarquer M. Harris pour les caractères moraux et intellectuels.

Quant à l'époque de l'apparition de l'homme sur la terre, il est difficile de contester, avec notre célèbre hydrologue, M. l'abbé Richard, qu'elle n'ait eu lieu entre les deux périodes glaciaires et bien avant les 4000 ans bibliques. A la vérité, M. l'abbé Richard apporte à l'appui de ses idées un fait intéressant : il a découvert dans le tombeau de Josué, à Galgal, en Palestine, des couteaux de pierre ressemblant absolument aux couteaux antéhistoriques. Mais de là à conclure que l'homme quaternaire était contemporain de Josué, il y a loin, infiniment loin. On a découvert aussi chez des peuplades sauvages de notre époque des couteaux et des instruments analogues à ceux de nos grottes antéhistoriques. Il faudrait donc également faire de nos sauvages du XIXe siècle des contemporains de Josué. C'est là une manière de raisonner absolument inadmissible. D'autant plus que l'usage des couteaux de pierre dans le peuple hébreu s'est perpétué jusqu'à nos jours pour les opérations religieuses, et rien ne dit que si, pour la première circoncision, Josué s'est servi de cette sorte d'instruments, ce ne fut pas sous l'empire d'idées superstitieuses, qu'il pouvait tenir, soit d'une sorte de tradition, soit même des prêtres égyptiens par qui Moïse, son prédécesseur, avait été élevé. Avant de conclure, comme le fait M. l'abbé Richard dans sa lecture à l'Association britannique, il faudrait d'abord avoir rigoureusement démontré que les instruments trouvés dans des terrains non encore remués et dont l'âge ne saurait être douteux y ont été introduits postérieurement au dépôt de ces terrains; il faudrait aussi admettre que tous les savants qui se sont occupés de ces questions se sont fourvoyés, et dans de pareilles conditions, on nous pardonnera sans doute d'interpréter autrement que notre savant compatriote les faits qu'il trouve *inexorables* pour ses devanciers.

Du reste, aux époques les plus différentes, on retrouve chez les peuples les plus éloignés des coutumes et des instruments communs. Les anciens habitants des Orckneys, comme le montre M. G. Petrie, enterraient leurs morts assis, absolument comme les Péruviens et les Indiens, comme les autochthones de Tunis d'Hérodote.

L'étude des coutumes, de l'écriture, de la religion de nos ancêtres a fourni l'objet de divers mémoires de MM. Phené, Charnock, C. Blake, Forbes Leslie, Conwell, Beddoé, Jackson, etc. La plupart de ces mémoires sont relatifs aux peuples qui habitaient jadis le sol de l'Angleterre.

Un fait remarquable, c'est que ces peuples anciens, qui paraissaient former un tout homogène, avaient une dentition d'une solidité merveilleuse. Les dents cariées doivent être considérées comme un signe, malheureusement bien répandu aujourd'hui, de civilisation. Le docteur Beddoé insiste sur ce point dans un mémoire sur la dégénérescence de la race en Angleterre; il l'attribue surtout au mode de nourriture et à l'élevage tout artificiel des jeunes enfants.

La botanique s'est montrée plus féconde au congrès d'Édimbourg qu'à celui de Liverpool. Un mémoire du docteur R. Brandz, relative à la flore du nord-ouest de l'Amérique et à celle du Groënland, montre que ces flores sont plus riches, surtout en cryptogames inférieurs, qu'on n'aurait pu le supposer.

M. John Sadler lit une monographie des mousses du genre *Grimmia*, qui se trouvent en Angleterre, où il a aussi découvert sur les montagnes Breadalbane une fougère des plus rares, le *Cystopteris montana*.

Une anatomie du *Pandanus utilis* est donnée par le professeur Dyer.

M. N. Stewart lit un mémoire sur la structure des canaux spiraux des végétaux; M. Nevins s'occupe des changements qui surviennent dans les plantes pendant le développement des graines ; il communique également un mémoire sur la nature du *peplum* du fruit des crucifères.

Enfin le professeur Dickson donne une classification nouvelle des fruits qui est très-rationnelle et que nous reproduisons sans commentaires :

I. — Capsules. — Fruit sec souvrant pour laisser tomber les graines.

A. Simple.

1. S'ouvrant par une seule suture, ordinairement ventrale.......... 1. *Follicule.*
Ex. : *Aquilegia, Caltha, Magnolia*, etc.

2. S'ouvrant par les deux sutures..... 2. *Légume.*
Ex. : *Cytise, Vesce.*

B. Composé.

1. Graines s'échappant par une rupture longitudinale (valves, dents, pores, etc.) des parois de la capsule.................... 3. *N*...

2. Graines s'échappant par une fente transversale des parois de la capsule......................... 4. *Pyxide.*
Ex. : *Anagallis, Plantain, Jusquiame.*

3. Graines s'échappant le long de l'angle interne des lobes dans lesquels le fruit se divise............. 5. *Regma.*
Ex. : *Geranium, Euphorbe.*

II. — Schizocarpes. — Fruit sec se partageant en fragments indéhiscents.

A. Se partageant longitudinalement en coques indéhiscentes.

1. Lobes non suspendus à un carpophore..................... 6. *Carcerules.*
Ex. : *Bourrache, Capucine.*

2. Lobes se séparant par le bas et demeurant quelque temps suspendus à une tige commune ou carpophore..................... 7. *Cremocarpes.*
Ex. : *Érable* (ovaire supère), *Ombellifères* (ovaire infère).

B. Se partageant transversalement en loges uniloculaires................. 8. *Lomentum.*
Ex. : *Ornithopus.*

C. Se partageant d'abord longitudinalement puis transversalement........... 9. *N*...
Ex. : *Platystemon.*

III. — Akènes. — Fruit sec, indéhiscent, ne se fragmentant pas.

A. Ovaire supère.

1. Péricarpe non adhérent à la graine. 10. *Akène* (prop. dit).
Ex. : *Renoncule, Oseille, Orme, Frêne.*

2. Péricarpe adhérent à la graine.... 11. *Caryopse.*

B. Ovaire infère.

1. Péricarpe non induré........... 12. *Cypsèle.*
Ex. : *Campanule, Valériane.*

2. Péricarpe dur.................. 13. *Gland.*
Ex. : *Chêne, Châtaigner, Hêtre, Noisetier.*

IV. — Baies. — Graines enfermées dans une pulpe indéhiscente.

A. Portion extérieure du péricarpe molle.

1. Ovaire supère................. 14. *Uve.*
Ex. : *Vigne, Pomme de terre.*

2. Ovaire infère.................. 15. *Baie* (prop. dit).
Ex. : *Groseillier, Vaccinium.*

B. Portion extérieure du péricarpe ferme.

1. Ovaire supère................. 16. *Amphisarque.*
Ex. : *Adansonia, Passiflore.*

2. Ovaire infère.................. 17. *Pepo.*
Ex. : *Citrouille, Concombre.*

V. — Drupes. — Endocarpe distinct, plus ou moins dur. Péricarpe de consistance variable, charnu, coriace ou fibreux, Indéhiscents.

A. Un seul noyau.

1. Ovaire supère................. 18. *Drupe.*
Ex. : *Prunier, Cocotier.*

2. Ovaire infère.................. 19. *Noix.*
Ex. : *Noyer, Viorne.*

B. Deux ou plusieurs graines.

1. Ovaire supère................. 20.
Ex. : *Ilex, Empetrum.*

2. Ovaire infère.................. 21. *Pomme.*
Ex. : *Poirier, Sureau, Néflier.*

C. Avec un pepin pluriloculaire......... 22.
Ex. : *Cornouiller.*

La Botanique fossile a été également représentée dans la section D par un mémoire de M. C. Williamson sur une classification des cryptogames vasculaires suggérée par l'étude des plantes fossiles et du carbonifère ; un mémoire de Th. Brown sur les mêmes plantes clôt la série des travaux que nous avions à signaler en Botanique.

VI. — Géographie.

La section de géographie a été présidée par le colonel Yule, en remplacement du docteur Reith Johnston mort dans l'année. Le discours du colonel a surtout porté sur l'Indo-Chine qu'il a longtemps habitée ; après lui le capitaine Mils a raconté son voyage à la côte de Somali et le capitaine Elton a résumé une expédition sur les rives du Limpopo dans le but de s'assurer qu'on pourrait établir une communication facile entre un village bâti sur cette rivière et la mer. Le docteur Hooker a exploré les montagnes de l'Atlas, notamment celle de Morocco, et a constaté l'extrême pauvreté de cette région en végétaux.

Le commandant Taylor, soutenu par M. Robertson, ingénieur, l'amiral Belcher et le capitaine Jenkins appelle l'attention sur la possibilité de construire un canal pratiquable pour les navires de fort tonnage entre Ceylan et le continent Indien.

D'intéressantes communications sur la Palestine ont été faites par M. Ett. Palmer qui, au moyen de l'idiome actuel des Arabes a pu retrouver la signification d'un certain nombre de noms employés dans la Bible. M. Palmer a surtout exploré la terre des Moabites. M. Saint-Clair a présenté quelques considérations sur la topographie de l'ancienne Jérusalem ; mais ses idées ont été vivement discutées par MM. Canon Tristram et Bonney.

Le capitaine H. S. Palmer signale un fait intéressant dont il a été témoin près du mont Sinaï. Un talus de sable quartzeux, très-fin et très-sec, connu sous le nom de Jebel Nagus, émet souvent des sons très-intenses, analogues à ceux d'une harpe éolienne. Ce talus est l'objet de la superstition des Arabes ; quant aux sons, ils sont produits par le roulement perpétuel du sable poussé par le vent sur le talus dont la pente est précisément la pente maximum de 30 degrés et dont toutes les parties sont par conséquent très-mobiles. Des faits de ce genre ont été observés dans diverses autres parties du monde.

Un remarquable travail sur la distribution géographique et les usages du pétrole et des substances analogues est dû au colonel Maclogan. Nous signalerons enfin : un travail de M. Mossmann sur les inondations périodiques du Yang-tsze-Kiang, fleuve qui descend des montagnes du Thibet vers la Chine ; divers voyages du docteur Copeland et du docteur Brown au Groenland dont l'intérieur semble formé par une immense mer de glace ; et, pour terminer, les recherches de M. Clément Markham sur les Incas et les Az-tecs.

VII. — Mécanique.

On ne peut guère relever dans cette section que trois discussions : la première relative à l'emploi des locomobiles sur les routes ordinaires, la seconde à une nouvelle sorte de moulins à moudre le blé de l'invention de M. T. Carr, la troisième à l'utilisation et au traitement des eaux d'égout.

Nous signalerons aussi le rhyzimètre de M. Flechter destiné à mesurer, soit la vitesse d'un navire, soit celle d'un courant liquide.

Ici se terminera ce compte-rendu bien long déjà des travaux de l'association à Édimbourg.

On remarquera le nombre et la variété des travaux que l'Angleterre a fourni cette année ; on remarquera surtout la tendance philosophique des travaux des physiciens et des biologistes. Que de questions dont on s'occupe à peine chez nous et qui soulèvent chez nos voisins les plus intéressantes discussions !

Le savant Français vit trop isolé de ses confrères ; de là cette sorte d'affaissement de la science que l'on signale — en l'exagérant peut-être — dans nos provinces.

Reconnaissons-le, notre enseignement supérieur a besoin de recevoir une impulsion nouvelle. Il faut faire beaucoup pour lui, sans cela nous sommes menacés de déchéance. — *Caveant consules !*

Edmond Perrier,
Agrégé de l'université, docteur ès sciences.

NÉCROLOGIE

Édouard Lartet.

Après la guerre, la triste nouvelle de la mort de notre savant paléontologiste Édouard Lartet se répandit rapidement. Pourtant longtemps encore on crut ou plutôt on espéra que la nouvelle ne se confirmerait pas. Vain espoir ! Malheureusement, le 28 janvier dernier, Édouard Lartet a été frappé d'une attaque d'apoplexie foudroyante, à Seissan, dans le Gers.

Sa famille habite le pays depuis plus de cinq cents ans. Lui-même y est né, le 15 avril 1801, dans la propriété d'Em Poucouron, à Castelnau-Barbarens.

Après de bonnes études au collége d'Auch, il fut prendre ses titres universitaires et commencer son droit à Toulouse. En 1829, il recevait son diplôme de licencié en droit, délivré par Cuvier. Il vint faire son stage à Paris et rentra dans le Gers pour assister à la découverte des ossements fossiles de Sansan, vers la fin de l'année 1834. Cette découverte, en surexcitant sa curiosité, lui révéla sa vocation. Dès lors le droit fut abandonné, et la paléontologie prit son lieu et place avec un brillant succès.

La première note de Lartet sur les fouilles de Sansan fut publiée en 1835 dans le *Bulletin de la Société géologique*. Cette note attira tellement l'attention des savants que l'auteur fut chargé par le ministère de l'instruction publique et par l'Académie des sciences de faire des recherches destinées à enrichir les galeries du Muséum d'histoire naturelle. Le résumé de toutes ces recherches a été consigné dans la *Notice sur la colline de Sansan*, brochure publiée en 1851.

La colline de Sansan a fourni une faune abondante appartenant au tertiaire moyen ou miocène. Mais ce qui rend cette faune surtout intéressante, c'est qu'elle contient le premier singe qui a été rencontré à l'état fossile (*Protopithecus antiquus*). Cuvier, dans son fameux *Discours sur les révolutions du globe*, si justement célèbre, non-seulement avait conclu à la non-existence de l'homme fossile, mais encore avait nié le singe fossile. Il appartenait à Lartet, au disciple et à l'admirateur de Cuvier, de venir par deux fois, pièces en mains, contredire l'illustre maître. Tant il est vrai qu'en science les esprits les plus distingués s'égarent, quand, au lieu de se tenir uniquement dans le domaine des faits, ils veulent patronner et défendre des conceptions théoriques.

La découverte du singe de Sansan ne devait pas rester isolée. En 1856, Lartet soumettait à l'Académie des sciences une *Note sur un grand singe fossile qui se rattache au groupe des singes supérieurs*. Ce singe a été trouvé par M. Frontan à Saint-Gaudens (Haute-Garonne), à peu près au même niveau géologique que Sansan. Lartet a joint à sa note une planche représentant la série dentaire d'une négresse du Gabon, d'un chimpanzé, d'un orang, d'un gibbon, d'un gorille, comparée à celle du nouveau singe, le *Dryopithecus Fontani*.

Cette même année 1856, Édouard Lartet a soumis à l'Académie, conjointement avec M. Albert Gaudry, le *Résultat des recherches paléontologiques entreprises dans l'Attique sous les auspices de l'Académie*. Là encore les singes fossiles se sont montrés et ont été parfaitement décrits et figurés par M. Gaudry, qui seul a continué la publication des fouilles de l'Attique.

Ce qu'il venait de faire pour les singes, Lartet devait aussi le faire pour l'homme. Pendant que nos géologues du midi de la France, les Tournal, les de Christol, les Émilien Dumas, voyaient leur découverte de l'homme fossile des cavernes discréditée et oubliée, pendant que l'homme du volcan de Denise était traité de mystification, pendant que Boucher de Perthes, avec toute sa ténacité, ne pouvait triompher des mauvais vouloirs, Édouard Lartet étudiait patiemment la question, et cherchait des bases solides pour bien l'asseoir et triompher de toutes les oppositions. Pour préparer le terrain, il fait, en 1858, une communication à l'Académie des sciences *Sur les migrations anciennes des mammifères de l'époque actuelle*, dans laquelle il établit que « le mot *cataclysme* devra probablement être rayé du vocabulaire de la géologie positive ». Si l'homme n'est pas séparé par un cataclysme des époques géologiques, qu'y a-t-il d'étonnant qu'il remonte jusqu'à ces époques? En effet, une nouvelle communication, faite en 1860 à l'Académie, *Sur l'ancienneté géologique de l'espèce humaine dans l'Europe occidentale*, vint constater la contemporanéité de l'homme et des animaux des derniers temps géologiques. Cette communication effraya l'Académie ; elle ne fut pas publiée, les *Comptes rendus* ne contiennent qu'une simple citation du titre. Mais la Société royale de Londres s'empressa de demander à l'auteur communication de son mémoire et le publia *in extenso*. La cause était gagnée devant le monde savant. Le mémoire dont il est question contient surtout la description de la fameuse grotte d'Aurignac, description qui a été reproduite en 1861, dans les *Annales des sciences naturelles*, sous le titre : *Nouvelles Recherches sur la coexistence de l'homme et des grands mammifères fossiles caractéristiques de la dernière période géologique.*

Là ne se sont pas arrêtées les innovations scientifiques d'Édouard Lartet. Avec un caractère d'une extrême timidité, il avait une très-grande hardiesse de pensée. Ce défaut joint à cette qualité ont fait son succès. Quand il lui venait une grande conception, par suite de sa timidité il ne la livrait au public qu'après l'avoir établie sur les bases les plus solides. Un an et demi avant sa mort, vers le milieu de 1868, Édouard Lartet soumit à l'Académie des sciences une note modestement intitulée : *De quelques cas de progression organique vérifiables dans la succession des temps géologiques sur des mammifères de même famille et de même genre.* Cette note est le point de départ d'une branche toute nouvelle des sciences, la paléontologie de l'existence et de l'intelligence.

Lartet, par exemple, constate que, « dans la période tertiaire, chez les cervidés, la partie de la dent émaillée au-dessus du collet est beaucoup moins haute et moins saillante que chez nos ruminants quaternaires ou actuels de la même famille ». D'où il conclut avec raison que la durée de la vie des cervidés à l'époque tertiaire devait être plus courte qu'à notre époque. En effet, les animaux meurent dès qu'ils ne peuvent plus manger. Or, ce moment fatal, par suite de l'usure plus prompte des dents, arrivait plus tôt pour les cerfs tertiaires que pour les cerfs actuels.

Ayant aussi recueilli un certain nombre d'empreintes de cerveaux d'animaux fossiles, Lartet en les étudiant est amené aux conclusions suivantes : « Plus les mammifères remontent dans l'ancienneté des temps géologiques, plus le volume de leur cerveau se réduit par rapport au volume de leur tête et aux dimensions totales de leur corps. De même les circonvolutions sont plus nombreuses et le cervelet est plus complétement recouvert par le cerveau à mesure que l'on se rapproche des temps modernes. » Il y a donc progrès dans l'intelligence animale.

L'activité intellectuelle de Lartet ne s'est pas arrêtée à ces travaux remarquables. Il a encore publié des notes et des mémoires sur le tibia fossile d'un grand oiseau provenant de la molasse du Gers; sur des siréniens fossiles de la Gironde ; sur un crâne et sur une phalange de l'*Ovibos moschatus*, établissant que le bœuf musqué, cet habitant des régions polaires, vivait en France à l'époque quaternaire.

Les *Bulletins de la Société géologique* contiennent, en 1858, une excellente monographie des éléphants fossiles. Plus tard, Lartet a établi d'une manière irréfutable la contemporanéité de l'homme et de l'un de ces éléphants, le mammouth, en montrant une plaque d'ivoire fossile sur laquelle était gravé un mammouth parfaitement reconnaissable à sa trompe, ses grandes défenses et sa grande crinière.

Nombreuses sont encore les publications d'Édouard Lartet concernant la paléontologie et l'homme fossile. La mort l'a surpris travaillant à la plus importante, les *Reliquiæ aquitanicæ*, malheureusement pour nous publiées en anglais.

Très-généreux, Lartet a enrichi la plupart des musées et un très-grand nombre de collections particulières d'échantillons du plus grand intérêt. Uni d'une étroite amitié avec un riche collectionneur anglais, Henry Christy, il a secondé ses recherches en France, surveillé ses fouilles, à condition que la moitié des produits reviendrait à nos collections publiques. C'est grâce à ce contrat que nous possédons au musée de nos antiquités nationales, à Saint-Germain, une si belle série d'objets des cavernes.

Tout aussi obligeant et serviable que généreux, Édouard Lartet, on peut le dire, est venu en aide à tous les travailleurs. Il leur prodiguait ses conseils, son temps, son savoir, comme ses échantillons. Jamais on ne s'est adressé à lui en vain. Chaque mercredi, on voyait accourir de tous les points de la France, des diverses contrées de l'Europe et du monde entier, dans son petit laboratoire rue Guy-de-Labrosse, des savants, des collègues, de jeunes débutants, tous reçus avec la plus grande cordialité et de la manière la plus affable. Aussi ne comptait-il que des amis.

Les fouilles de Sansan firent nommer Lartet chevalier de la Légion d'honneur en 1838. Il fut élevé au grade d'officier en 1867, au moment de l'inauguration du musée de Saint-Germain. Cette même année, il présida à Paris le congrès international d'archéologie et d'anthropologie préhistoriques. L'année suivante, il fut nommé professeur de paléontologie au Muséum. La mort malheureusement vint le ravir à ses nombreux amis avant qu'il ait pu commencer son cours. La place si bien méritée lui avait été donnée trop tard.

GABRIEL DE MORTILLET,
Sous-directeur du musée de Saint-Germain.

SCIENCES APPLIQUÉES

Association du commerce et de l'industrie de Roubaix

Cette association a tenu sa première assemblée générale le 6 juillet 1870, séance dont nous avons en ce moment le procès-verbal entre les mains. Après l'ouverture de la séance, M. Motte-Bossu, président, a exposé en quelques mots le but de cette association, qui consiste surtout à porter, si c'est possible, un remède aux souffrances générales qui, depuis dix ans, ont affecté l'industrie locale de la ville de Roubaix ; il montre dans cet exposé les difficultés que ses compatriotes éprouvent à lutter avec avantage contre une puissance de production septuple de la leur, l'Angleterre ; contre un bon marché relatif des frais de premier établissement, de beaucoup plus avantageux ; enfin, contre une main-d'œuvre intelligente et expérimentée, qui, loin de devenir progressivement de plus en plus chère, comme en France, s'est au contraire singulièrement abaissée dans la période de ces dix dernières années. M. Motte-Bossut fait voir aussi que le salaire s'affaiblit en Angleterre, tandis qu'il s'élève en France et que cependant, malgré cette diminution de la main-d'œuvre, l'ouvrier anglais mène une vie plus facile que l'ouvrier français, et cela parce que moins de charges indirectes pèsent sur lui, parce que la politique anglaise s'attache essentiellement à l'amélioration du sort des travailleurs, à l'obtention réelle de la vie à bon marché.

L'auteur fait voir ensuite les raisons pour lesquelles les Suisses et les Allemands soutiennent facilement la concurrence anglaise, et enfin il termine en émettant le vœu et l'espoir que le gouvernement prendra en considération les dommages causés à l'industrie et y apportera un remède efficace.

Après ce discours, M. Albert Thomas, secrétaire-adjoint de l'association, expose le résumé des travaux de la chambre syndicale. Parmi les différentes questions traitées, nous citerons comme des plus importantes celle des modifications à introduire dans le conditionnement des laines peignées, question soulevée à la chambre par une communication de M. Féron, membre de l'association.

Les impuretés de la laine.

Dans cette note, M. Féron, persuadé qu'il est du devoir de chacun des membres de l'association de signaler à la chambre toutes les difficultés et imperfections qu'il rencontre dans la pratique, et convaincu que la pureté des matières premières mises en œuvre est la base fondamentale du succès de toute fabrication, soumet à la chambre les considérations suivantes que l'observation lui a suggérées. Il commence par faire voir que s'il suffisait aux nécessités des diverses industries que les laines peignées du commerce fussent de belle apparence, et leurs brins lisses, nets et parallèles, ils devraient tous s'estimer des plus favorisés, car les résultats auxquels est arrivée l'industrie du peignage des laines à Roubaix sont aussi parfaits que possible. Mais il n'en est pas de même quand on vient à considérer ces mêmes laines au point de vue de leur valeur industrielle, c'est-à-dire de leur aptitude pour les combinaisons de la teinture, le travail de la filature et celui des apprêts. La grande majorité des laines de Roubaix est imparfaitement dépouillée des substances terreuses et grasses qu'elles contiennent naturellement et de celles qui y ont été ajoutées au cours du travail du peignage, soit pour le faciliter, soit accidentellement. Or, cet état d'impureté est une cause essentielle de rendements défectueux dans chacune des opérations ultérieures, et dès lors, ni *conditionnement*, ni *teinture*, ni *filature*, ni *apprêts*, ne sont réalisables. M. Féron établit ces principes par un exposé de faits relatifs à chacune de ces opérations.

Conditionnement. — Le procédé adopté par la condition a pour base la dessiccation absolue. Un ou plusieurs échantillons sont prélevés sur la masse de laine dégraissée et peignée dont on veut connaître le degré d'humidité. Pour le déterminer et arriver à l'évaluation de la quantité réelle de laine de l'échantillon soumis à l'essai, on expose cet échantillon pesé d'avance à une température de 105 à 108 degrés. L'eau s'évapore : une nouvelle pesée donne le poids absolu. Cette méthode, si les laines étaient pures, serait très-rapide et commode pour déterminer les quantités réelles de laine que contiennent les laines peignées : mais en réalité cette méthode est inexacte à cause des impuretés que conservent les laines.

M. Féron s'appuie sur le fait suivant, que toute substance dissoute dans un liquide, lorsqu'elle n'est pas volatile ou peu volatile, entrave l'évaporation et retarde l'ébullition : cette influence est d'autant plus grande que le liquide a plus d'affinité pour la substance dissoute et que celle-ci est en quantité plus considérable. Or, parmi les substances étrangères que l'on retrouve dans les laines nous pouvons citer :

Les *sels de chaux*, dont n'est exempte aucune eau de rivière ou de puits. Ces sels produisent, avec le suint ou avec le savon employé, un composé calcaire insoluble qui encrasse la laine et la rend poudreuse et grasse.

Le *savon* et les substances qui servent à le falsifier, *amidon*, kaolin, matières résineuses, silicate de potasse, etc.

Le *suint*, les *corps gras d'ensimage* et enfin la *glycérine*.

De l'examen de cette question, M. Féron conclut de la manière suivante :

1° L'effet produit sur toute laine peignée à la condition, par la température réglementaire de 105 degrés est proportionnel seulement à son degré de pureté, mais nullement à son degré d'humidité ;

16 2° Par conséquent, prendre la proportion de vapeur ainsi obtenue pour l'unique mesure de son degré d'humidité et de son poids vrai, c'est compter pour laine des quantités variables d'eau combinée avec des *sels de chaux*, du *savon*, du *suint*, de la *glycérine*, etc., et incapables de se volatiliser à la température de 105 degrés. Dans cet état de choses, le conditionnement ne sera jamais qu'un vain mot, une illusion.

Teinture, filature, apprêts. — L'auteur de ce travail, en s'appuyant sur quelques citations empruntées au *Traité de la teinture des laines* de M. de Gonfreville et au *Dictionnaire de chimie industrielle* de MM. Girard et Bareswill, démontre qu'une bonne teinture n'est possible qu'à la condition d'avoir préalablement dessuinté, dégraissé la laine; en un mot, de l'avoir débarrassée de toutes les substances étrangères qui la salissent. Le *blanchiment*, c'est-à-dire le *désuintage* et le *dégraissage* de la laine, fait donc partie intégrante de la teinture, comme il est une partie constitutive du conditionnement normal, et il est de toute importance d'y veiller sans cesse. Mais il ne suffit pas, pour que les couleurs s'attachent intimement aux fibres textiles, que celles-ci soient très-propres, il est une autre base fondamentale de la teinture, c'est le *mordançage*. En effet, la plupart des matières colorantes ont besoin, pour fournir une teinture solide et durable, d'être unies à des substances métalliques appelées mordants. Or, si les composés que forment ces mordants avec les matières colorantes sont insolubles, non moins insolubles sont les composés que ces mordants forment avec les impuretés, le savon, par exemple, qui se trouve dans les laines mal lavées. Si le mordant est, par exemple, du sulfate de fer, il se forme un savon de fer insoluble qui enduit la laine d'une sorte de mastic et la rend impropre à une bonne teinture. Enfin, ne pouvant dans ces conditions faire de la teinture de bon teint, les teinturiers ont esquivé l'obstacle, et du *dégraissage ménagé* est né le *mordançage ménagé*. Or, la teinture sans dégraissage et sans mordançage, ce n'est plus de la teinture, ce n'est plus qu'une coloration superficielle et sans valeur.

Les diverses matières colorantes employées en teinture peuvent se ranger en trois catégories :

1° Couleurs qui s'unissent à la fibre sans le secours d'aucun intermédiaire : *curcuma*, *acide picrique*, *orseille*, *couleurs de l'aniline*;

2° Couleurs qui se fixent avec le concours des mordants : *bois jaune*, *campêche*, *cochenille garance*, *gaude*, etc. ;

3° Couleurs métalliques : *sels de fer*, *de chrome*, etc.

Les couleurs du premier groupe sont éminemment de faux teint; l'air humide, la lumière, les altèrent et les détruisent très-vite. Celles du second groupe résistent infiniment mieux et sont bon teint. Or, on le comprend facilement, ne pouvant plus mordancer facilement, les teinturiers ont abandonné les couleurs de bon teint et n'ont plus recouru qu'aux couleurs du premier groupe, *curcuma*, *acide picrique*, *orseille*, les plus remarquables entre tous les agents de faux teints.

De la teinture ainsi *ménagée* devaient naître et sont nés les *apprêts ménagés*.

D'après ces considérations, on peut comprendre par quelle intime solidarité se lient les unes aux autres les diverses branches de l'industrie de Roubaix et mesurer toute l'importance de cette question, qui intéresse à un si haut degré notre industrie nationale.

M. Féron termine sa note par quelques considérations sur les différents procédés proposés pour débarrasser rapidement et économiquement les eaux naturelles des sels calcaires qu'elles renferment, et dont la présence est essentiellement nuisible à cette branche d'industrie.

A. Descamps.

BULLETIN DES SOCIÉTÉS SAVANTES

Académie des sciences de Paris

SÉANCE DU 18 SEPTEMBRE 1871

L'événement de cette séance, à laquelle assiste sir Robert Kane, recteur de l'Académie de Dublin, a été une lecture de M. Élie de Beaumont sur les différentes roches rencontrées dans le percement vertical du mont Thabor, inexactement dit du mont Cenis, de Modane (Savoie) jusqu'à Bardonnèche (Italie), dans une épaisseur de 12 232 mètres. Il les divise en six zones reliées entre elles par des limites incertaines. Ce sont, en partant de Modane, la zone anthraciteuse, la zone des quartz, la zone calcairéo-gypseuse et les trois zones de calcaires schisteux ne différant entre elles que par la plus ou moins grande quantité de schiste qui s'y rencontre. La longueur, l'épaisseur et les caractères différentiels de ces zones sont établis avec précision et démontrés par une très-belle collection d'échantillons de ces roches. Après le carbone, l'élément talkeux y est le plus répandu, et l'un et l'autre colorent le schiste. Le carbonate de chaux ne fait défaut que dans un petit nombre d'échantillons.

Une petite source d'eau ferrugineuse, agréable à boire pour les ouvriers, a été découverte à l'entrée du tunnel du côté de Modane. Elle donne un demi-litre par seconde.

Il est remarquable que dans ce percement du tunnel des Alpes occidentales toutes les prévisions des géologues ont été confirmées. Celles de M. Sismonda, ingénieur italien, consignées dans un mémoire publié dès 1866, n'ont pas subi le moindre démenti et se trouvent complétement vérifiées. C'est un grand triomphe pour la science.

Ce mémoire intéressant a été écouté avec une attention d'autant plus soutenue que la voix de l'illustre secrétaire perpétuel, si faible encore un moment auparavant pour la lecture de la correspondance, a repris son timbre sonore pour la lecture de ce travail.

— C'est de même dans la dernière séance, que M. Élie de Beaumont a annoncé le travail en cours d'exécution d'un canal de dérivation prenant son origine dans le Rhône, près de Bellegarde, et aboutissant dans le lit de la Valserine, après un trajet sous tunnel de 520 mètres. La chute est de 13m,05, et le débit s'élèvera à 60 mètres cubes d'eau par seconde, c'est-à-dire le tiers du débit total du Rhône. La force réalisée s'élèvera à dix mille chevaux.

Dans ces conditions, et par la pureté de ses eaux, cette dérivation est éminemment convenable à l'établissement des papeteries, des industries cotonnières, et, généralement, des fabriques de tissus. Au moment où les chefs des ateliers de l'Alsace peuvent être tentés de chercher en France des localités favorables pour y transporter leur industrie, le plateau de Bellegarde, au niveau du chemin de fer, mérite d'être signalé à leur attention.

— Une nouvelle planète de troisième grandeur a été découverte par M. Borelli dans la nuit du 12 au 13 septembre, et signalée aussitôt à l'Observatoire de Paris qui l'a observée, depuis, tous les soirs, ainsi que le constate M. Delaunay en faisant cette communication. C'est la 116e de cette espèce et la quatrième découverte par le jeune astronome italien. Il propose de l'appeler *Lomia*, sans en dire la raison.

— Les observations sur l'éclipse de soleil qui doit avoir lieu au mois de décembre prochain, et confiées par l'Académie à M. Janssen, auront décidément lieu. Une lettre du ministre compétent annonce qu'il vient d'ordonnancer le complément de la somme de 18 000 francs qui lui est allouée pour aller faire ces observations en Asie où cette éclipse sera visible. Son départ n'a plus d'obstacles.

— Quatre lettres, venant de lieux différents de la Bourgogne, de l'Yonne et de Saône-et-Loire, confirment le tremblement de terre observé à Mâcon le 12 septembre, à sept heures du matin, par la relation des divers effets constatés ici et là par des observateurs compétents. Ici, c'est une pile de sous renversés, là, le déplacement d'un meuble, ailleurs un bruit analogue à un roulement de voiture, à un orage lointain. A La Chartre, il y a eu deux secousses et un bruit analogue à celui d'une chute. Le temps était brumeux et pluvieux durant ce remarquable phénomène. Il n'y a donc pas à mettre son existence en doute; mieux vaut en rechercher les causes.

— Les communications sur le choléra vont leur train, mais sans que l'on puisse en entendre le contenu, M. le secrétaire perpétuel, au lieu d'en donner lecture, en faisant la confidence à l'oreille du président. Trois autres, d'ordre médical, sont aussi renvoyées à la commission de médecine et de chirurgie sans que l'on puisse en entendre ni le titre ni l'objet.

Heureusement M. Dumas fait celle de M. Demarquay sur le traitement du tétanos pendant le siége. Il en résulte qu'en soumettant ses malades à une température élevée et à des injections intra-musculaires morphinées, à très-faible dose, et souvent répétées, faites à l'émergence des nerfs, le savant chirurgien a obtenu deux guérisons qui se sont multipliées entre les mains de ses élèves.

— Signalons, parmi les travaux chimiques, un nouveau mémoire de M. Berthelot sur les sels ammoniacaux, et deux notes de M. A. Ditte sur la préparation et les propriétés d'un sulfure de sélénium SeS, appartenant à la classe des corps explosifs. Il dégage en effet par équivalent environ 10 500 calories de plus qu'un mélange de soufre insoluble et de sélénium métallique, et 5500 de plus qu'un mélange de soufre prismatique et de sélénium vitreux.

— Les communications sur les raies spectrales continuent aussi, mais elles sont contradictoires, et il faut en attendre la fin pour bien s'y reconnaître. Attendons donc pour en parler.

Académie de médecine de Paris

SÉANCE DU 12 SEPTEMBRE 1871

L'ordre du jour, fixé d'avance, était la suite de la dissertation de M. J. Guérin sur l'infection purulente. Ç'a été un véritable réquisitoire contre le vitalisme de M. Chauffard. Après l'avoir attaqué avec une préférence marquée, il y a huit jours, il l'a étreint cette fois corps à corps au grand bénéfice du positivisme moderne, resté à peu près indemne de ses coups. L'organicisme, qu'il a autrefois combattu à outrance, devient ainsi, dans ses conséquences immédiates et exagérées, l'objet des ménagements du célèbre doctrinaire. On verra pourquoi.

La spontanéité morbide, c'est-à-dire l'action des causes internes ou occultes, admise très-explicitement et trop exclusivement par M. Chauffard, a surtout été le point de mire de son antagoniste. Sans refuser à celles-ci une certaine part dans la production des phénomènes pathologiques, les causes externes lui paraissent bien plus évidentes et incontestables. On a vu la présence de corps étrangers dans les tissus donner lieu à des phénomènes *prémonitoires* de l'infection purulente pour cesser aussitôt après leur extraction. *L'air* intervient en première ligne sur les plaies ouvertes. Il altère et décompose le pus qui, absorbé, agit comme poison. Là est, pour l'orateur, l'explication très-simple et très-naturelle de la gravité plus grande, signalée par M. Gosselin, des plaies intéressant le tissu spongieux des os. Dans ce cas, la plaie est toujours irrégulière, plus ou moins profonde, anfractueuse; l'air qui y pénètre s'y confine, s'altère par défaut de renouvellement; quoi qu'on fasse dans les pansements, les lavages restent incomplets, le ferment putride y demeure caché et agit à l'insu du chirurgien. C'est donc toujours le principe *des plaies exposées ou non exposées* sans que la spontanéité ait rien à voir dans ces phénomènes.

A ce compte, avait dit M. Chauffard, la pathologie ne serait plus qu'une toxicologie. « Oui, répond M. Guérin, elle est destinée à le devenir quand les progrès de la science auront fait connaître les divers poisons autres que ceux étudiés jusqu'à présent par la chimie, et leur rôle dans la genèse des maladies. L'économie est un creuset organisé vivant. Le poison qui y est introduit n'y détermine pas seulement des phénomènes matériels. De son action et de la réaction organique résultent des produits agissant à leur tour, et de ces éléments combinés ensemble, éléments toxiques, ferments, pus altéré, etc., éléments nerveux, circulatoires, résulte un fonctionnement anormal, ajoutant de nouveaux produits aux précédents. Ce mélange d'éléments détournés de leurs conditions normales donne naissance à une infection progressive, à une intoxication croissante, à une véritable cacochymie. »

Telle est la *série étiologique* de la nouvelle doctrine dite *inductive et expérimentale*. On voit si elle ajoute beaucoup aux connaissances acquises. Pour le traitement, elle a cette conséquence directe et bien connue, de transformer les plaies exposées en plaies fermées au moyen de l'occlusion qui prévient la suppuration et l'altération du pus et en empêche l'absorption. Elle n'est autre chose que le système bien connu de l'auteur, appliqué à l'infection purulente, comme il l'a fait il y a quelques années pour la fièvre puerpérale, et auquel il voudrait soumettre la pathologie tout entière. Et voilà pourquoi il s'est attaqué principalement au vitalisme, qui lui fait le plus grand obstacle pour l'admission de ce système. Mais M. Chauffard répondra.

— L'*Oidium aurantiacum* a-t-il des effets toxiques? De ses expériences sur lui et les animaux, M. le docteur E. Decaisne conclut qu'il n'en a pas d'autres que ceux des différentes moisissures qui attaquent les substances alimentaires, sauf les dispositions individuelles, les idiosyncrasies, qui rendent ces accidents nuls chez certaines personnes, légers chez la plupart et graves chez quelques-unes. En expérimentant sur un chien et deux lapins, M. Poggiale n'a obtenu également que vomissements, diarrhée, prostration, sans accident toxique spécial. Son danger n'est donc pas sérieux au point de vue de l'alimentation publique, surtout avec la connaissance que l'on possède actuellement de cette altération du pain et des moyens que l'on a de la prévenir.

C'est ce que M. Gauthier de Claubry s'est efforcé de préciser dans une lecture où il montre ses droits de priorité, non à la découverte, mais à l'étude de ce champignon microscopique. Son existence dans le grain lui semble incontestable, et sa présence exclusive dans la mie du pain est une preuve de son défaut de cuisson.

— M. le docteur A. Moreau confirme, par la relation de nouvelles expériences, l'action sécrétoire des purgatifs salins que des auteurs allemands avaient jugés n'agir qu'en excitant les contractions péristaltiques du tube intestinal.

— Une exhibition a terminé la séance. Des échantillons de petits calculs ou graviers, soumis par M. le docteur Reliquet, montrent que des injections d'eau, faites dans la sonde alors que ces graviers sont engagés dans ses yeux à la suite de la lithotritie et deviennent ainsi un obstacle et un danger à son extraction, suffisent à les en dégager et permettent ainsi de retirer cet instrument. C'est simple, facile et d'une parfaite innocuité.

SÉANCE DU 19 SEPTEMBRE 1871

M. Blache vient de mourir! dit M. le président avec émotion, et cette nouvelle funèbre, annoncée dès le début de la séance, frappe douloureusement chacun des membres présents et répand la tristesse et le deuil dans la savante compagnie, où M. Blache ne comptait que des amis. Son caractère aimable, sa bienveillance et sa longue et célèbre carrière dans la médecine infantile, en avaient fait presque l'ami de tous ses confrères, dont il fut longtemps une puissante ressource près des petits enfants. Les familles, qui ne comptent jamais quand il s'agit de la santé et surtout de la vie de ces tendres chérubins le demandaient à l'envi comme consultant. Il en fut ainsi, pendant de longues années, comme la Providence, et son nom était synonyme d'espérance. Médecin particulier de l'héritier du trône, de l'espoir de la famille d'Orléans, de cet enfant qui aujourd'hui est un homme et se montrera, espérons-le, un grand citoyen, Blache eut ainsi le sceptre de la médecine infantile en France, qu'il partagea et hérita de son illustre beau-père Guersant, dont le fils pratiquait en même temps la chirurgie. De ces noms, si célèbres il y a vingt ans, il ne reste que le souvenir et un jeune descendant, M. le docteur A. Blache, qui en est l'unique représentant et l'espoir.

—Après deux rapports de M. Chevallier sur des demandes d'exploitation d'eaux minérales, M. le docteur Delioux présente un échantillon d'*anchylostome duodénal*, qui lui a été envoyé par un médecin du Brésil, où il se rencontre souvent. C'est un nouvel entozoaire, de l'ordre des nématoïdes, c'est-à-dire filiforme, nouvellement découvert par Griesinger dans le duodénum, où il paraît produire cette maladie particulière aux pays chauds, désignée sous le nom de chlorose, d'anémie en Égypte, et de cançaço ou *oppilacao*, c'est-à-dire faiblesse au Brésil, où elle est le plus fréquente. On l'appelle aujourd'hui *hypohémie intertropicale*, pour mieux en désigner la nature et le siége. Une mauvaise nourriture et l'usage presque exclusif des féculents paraissent y donner lieu. On ne l'a constatée que très-exceptionnellement en Italie et en Islande, tandis qu'elle est très-fréquente au Brésil, notamment à Bahia et en Égypte, où elle a été remarquée surtout pour les hémorrhagies intestinales qu'elle provoque. Cette pièce anatomique pourra servir à vulgariser en France la connaissance de cette singulière maladie des pays chauds, dont l'histoire et des observations se trouvent dans le *Dictionnaire annuel des progrès des sciences et des institutions médicales* pour l'année 1866.

— Enfin, la discussion sur l'infection purulente est terminée! Dieu merci. Commencée il y a plus de deux ans, à propos d'un fait de guérison, elle ne suscita d'abord que de légères escarmouches entre les chirurgiens, qui se bornèrent à citer et interpréter quelques faits analogues. Ils semblaient n'aborder et ne toucher qu'avec hésitation et regret au fond même de la question soulevée par M. Alphonse Guérin, c'est-à-dire la nature même de la maladie. Discuter et combattre la théorie qu'il soutenait, de l'influence purement miasmatique, c'est-à-dire l'absorption par les blessés des miasmes pyogéniques d'une salle d'hôpital, ce fut tout. Les plus hardis osèrent à peine en émettre timidement une autre. Mais les choses ont bien changé depuis.

Reprise il y a un an par M. Verneuil, avec cette activité, ce *brio* qu'il sait donner à tout ce qu'il touche, cette question entra dans une phase toute nouvelle. La guerre, la terrible guerre la rendait plus opportune que jamais. Il saisit cette opportunité pour produire des observations et des faits, mais, par-dessus tout, pour en faire ressortir une doctrine nouvelle, issue de l'Allemagne même et d'après laquelle la fièvre traumatique ou des blessés et la fièvre purulente ou pyohémie qui lui succède, voire même l'infection putride, ne seraient que les périodes diverses d'une seule et même maladie. C'était renverser la tradition presque séculaire de la science; mais dans leur fureur de tout bouleverser, renverser et détruire, les Allemands n'y regardent pas pour si peu. Comme la France, contre ces rapaces Teutons, tous les représentants autorisés de la chirurgie se levèrent contre cette invasion des doctrines germaniques, qui avaient, hélas! jeté d'avance d'aussi profondes racines dans la jeunesse de nos écoles que l'espionnage allemand dans nos institutions. M. A. Guérin, Richet, Chassaignac, Gosselin, combattirent, mais non comme un seul homme; au contraire, ce fut séparément, chacun en son nom, avec son autorité privée, en soutenant une doctrine particulière, et nous savons aujourd'hui tristement, et à nos dépens, le résultat de ces guerres isolées, sans entente ni unité. M. Gosselin alla jusqu'à faire défection et à se ranger sous le drapeau de l'unitéisme des fièvres des blessés, alors que ses collègues en maintenaient avec soin la division. Il est vrai que, le premier, il indiquait l'ostéo-myélite ou l'inflammation de la moelle des os comme une cause de cette infection purulente et putride, si mortelle chez les blessés.

L'intervention des médecins dans ce débat est surtout la scène remarquable de ce deuxième acte. En s'attaquant avec une grande vivacité et au nom du vitalisme à la doctrine introduite par M. Verneuil, et en défendant avec talent l'ancienne division des fièvres des blessés, M. Chauffard excita non-seulement une réplique d'arguments très-serrés de la part de M. Gosselin, mais la verve critique bien plus acérée de M. Jules Guérin. En reprenant plusieurs des mêmes arguments, il les accentua avec une nouvelle force. Telle est la différence des fractures comminutives avec lésions des parties molles sans ouverture de la peau, et la moindre plaie béante au point de vue de l'infection purulente. On comprend tout le parti que l'auteur de la méthode sous-cutanée avait à tirer de cet argument et il n'y manqua pas. Là est pour lui toute la différence et la supérioritéde *sa* doctrine inductive et expérimentale qui tient compte des causes extérieures, et le vitalisme de M. Chauffard, qui ne voit que la spontanéité de l'organisme vivant réagissant contre ces influences nocives.

En répondant hier à ces vives attaques, M. Chauffard s'est plaint surtout que son adversaire lui ait attribué des opinions qu'il n'a pas, et lui ait même imputé le contraire de ce qu'il pense sur la spontanéité des maladies. Il le prouve victorieusement sur plusieurs points par des citations irréfutables. S'il a dit que la fièvre traumatique était un simple résultat de la réaction de la plaie, il n'a jamais prétendu qu'elle fût salutaire. Et ainsi de tant d'autres prétentions qu'on lui a attribuées à tort.

Mais en relevant ainsi un à un tous les arguments et les reproches de son adversaire, l'orateur, — car il n'a pas lu cette fois, — est tombé dans les détails, les redites et même les personnalités. Il n'a pas parlé et n'enseignera jamais, comme professeur, le système des maladies *ébauchées* de M. Guérin parce qu'il n'y croit pas. Il ne voit là que les maladies *frustes* de Trousseau, des maladies légères ou intenses, des intoxications faibles ou fortes, mais jamais des maladies ébauchées. Il y a ainsi, la pyohémie commune, non mortelle, et la pyohémie grave, maligne et toujours mortelle ; mais c'est toujours la pyohémie. C'est dans une salle de clinique, au lit du malade, qu'il convie son auteur à venir en faire la démonstration.

Toute modérée qu'elle fût dans la forme, cette réplique en a soulevé une bien plus vive de M. Guérin, et finalement M. Chauffard a déclaré qu'il ne se sentait nullement ébranlé dans ses convictions. Ainsi finissent ordinairement ces discussions doctrinales. De ce flux de paroles, de cette prolixité de phrases, il ne reste rien, chacun conservant son opinion personnelle. Il est plus difficile qu'on ne pense de faire passer une conviction toute théorique dans l'esprit de son voisin. Les faits seuls opèrent ce changement.

C'est ce qu'a parfaitement compris M. Demarquay en disputant victorieusement la tribune à M. Guérin, pour se placer au dernier moment entre les deux interlocuteurs ; à l'appui de la remarque de M. Gosselin, il a montré, par dix observations accompagnées de dessins, et recueillies dans son service des ambulances, que l'ostéomyélite se rencontre ordinairement à l'autopsie des morts d'infection purulente. Et ce n'est pas seulement après l'amputation, dans les os sciés ou fracturés ; mais, que la balle les contusionne, les frappe, les contourne même, et l'on y rencontre l'ostéomyélite à l'autopsie aussi bien dans le calcanéum et l'astragale que dans les os longs des membres.

Serait-ce donc là la cause de l'infection purulente si redoutable aux blessés? M. Demarquay a tenté pour le savoir des expériences sur des lapins. Il a injecté de la strychnine dans le canal médullaire des os longs, et ces animaux sont morts empoisonnés. Il a ensuite injecté du pus putride, et les animaux sont morts également en présentant des signes de la résorption purulente. Preuves que l'absorption a lieu par cette voie, et que l'ostéomyélite présente un grand danger à cet égard. C'est un nouveau champ d'études bien plus fécond que le déluge de paroles contradictoires de MM. les doctrinaires de l'Académie.

Société de Biologie de Paris (1)

SÉANCE DU 16 SEPTEMBRE 1871

La question des modifications de la température animale dans certains cas pathologiques appelle deux nouvelles communications de MM. Brown-Séquard et Laborde.

M. Brown-Séquard fait remarquer que, quel que soit d'ailleurs le siége de la lésion nerveuse, la température éprouve des modifications tout à fait contraires, suivant que les deux conditions suivantes sont réalisées : s'il y a syncope et partant dépression et ralentissement dans les phénomènes circulatoires, c'est-à-dire s'il existe des conditions d'*arrêt*, l'*abaissement* de la température est constant ; il y a *élévation*, au contraire, si, comme dans la plupart des *asphyxies*, les phénomènes circulatoires périphériques sont subitement accélérés et augmentés. Cette distinction est capitale, et si elle a échappé à divers auteurs, notamment à Naumyn et Quincke, c'est que ces auteurs se sont placés dans des conditions défectueuses en expérimentant au sein d'une température ambiante très-élevée, et aussi en faisant intervenir l'action du chloroforme, lequel annihile les *phénomènes d'arrêt* dépendant du système nerveux.

M. Laborde communique, de son côté, les résultats d'expériences qui montrent également la part qu'il convient de faire à l'intervention et à l'influence des phénomènes circulatoires, dans les modifications *brusques, instantanées*, de la température : lorsque chez un animal mis en état de *mort apparente* ou de *syncope*, soit par submersion, soit par la compression cardiaque, ou par lésion de la région bulbaire de la moelle, les mouvements du cœur, éteints ou prêts à s'éteindre, sont réveillés à l'aide d'excitations artificielles directes, l'implantation d'une aiguille à acupuncture par exemple, on voit immédiatement se produire des oscillations ascendantes de la température, si bien que celle-ci, après être tombée, sous l'influence de l'état syncopal, de 7, 8 et même 9 degrés centigrades au-dessous du chiffre normal initial, se relève de 1 à 2 degrés à la suite des excitations cardiaques, et, dans les cas où la syncope n'est pas mortelle, reprend sa période ascensionnelle progressive jusqu'au chiffre plus ou moins voisin de celui qui marque la reprise et la continuation des phénomènes de la vie.

M. Laborde rappelle, en outre, ses expériences relatives aux modifications instantanées comparatives de la température dans l'hémorrhagie *veineuse* et *artérielle* : il résulte de ces expériences que, tandis que la température éprouve un abaissement immédiat très-notable dans l'hémorrhagie artérielle provoquée, elle est à peine modifiée dans l'hémorrhagie veineuse ; la proportion moyenne est environ comme 3 est à 1.

M. Charcot décrit une altération nouvelle des éléments nerveux dans le processus irritatif de la moelle épinière, ou myélite aiguë : cette altération consiste en une *hypertrophie* considérable des *cylindres d'axe* des tubes nerveux, et en une *hypertrophie* simultanée des *cellules motrices* des cornes antérieures : l'évaluation comparative de cette modification, dans le volume des éléments nerveux sains et malades, a donné, dans un cas, les chiffres suivants : 33 millièmes de millimètre du côté sain ; 82 millièmes du côté affecté.

M. *Brown-Séquard* montre un animal (cochon d'Inde) auquel il a pratiqué, il y a trois jours, une section de la moitié latérale droite de la moelle épinière à la région dorsale ; aujourd'hui on peut constater sur ce sujet des *phénomènes d'incurvation arciforme* très-prononcés de tout le corps du côté opposé à la section.

Le savant professeur entre ensuite dans quelques considérations relatives à l'examen de la sensibilité dans des parties bilatérales et homonymes du corps de l'homme, à l'aide du *compas explorateur* : il résulte d'expériences très-multipliées qu'il y a, en général, *unification* dans les phénomènes de sensation par l'application des deux pointes. Ce fait semble donner créance à l'opinion anatomique qui admet un entrecroisement des fibres nerveuses sensitives d'un côté à l'autre de la ligne corporelle médiane.

(1) Dans le numéro du 9 septembre, à la page 264, 2e colonne, 1re ligne, *au lieu de* opposé, *lisez* correspondant. — Ligne 4, *au lieu de* moins étendue, *lisez* moins excitable. — Ligne 33, *au lieu de* l'époque, *lisez* l'épaule.

Le propriétaire-gérant : GERMER BAILLIÈRE.

PARIS. — IMPRIMERIE DE E. MARTINET, RUE MIGNON, 2.

LA

REVUE SCIENTIFIQUE

DE LA FRANCE ET DE L'ÉTRANGER

REVUE DES COURS SCIENTIFIQUES (2e SÉRIE)

DIRECTION : MM. EUG. YUNG ET ÉM. ALGLAVE

2e SÉRIE — 1re ANNÉE NUMÉRO 14 30 SEPTEMBRE 1871

Paris, 29 septembre 1871.

Il vient de se produire au Muséum d'histoire naturelle de Paris un fait des plus regrettables, sur lequel il paraît indispensable que la lumière se fasse d'une manière complète.

M. Daubrée, professeur de géologie, vient d'interdire à l'aide-naturaliste de sa chaire, M. Stanislas Meunier, d'employer dorénavant, pour la continuation de ses recherches sur les météorites, des collections confiées à sa garde. M. Stanislas Meunier avait présenté déjà un assez grand nombre de notes sur cette question, au concours de l'Académie des sciences pour le prix Lalande. Voici une partie de la lettre qu'il a écrite aux membres de la commission chargée de décerner ce prix :

Paris, le 25 août 1871.

Messieurs les commissaires,

Depuis le 30 mai 1870, et principalement pendant les deux siéges de Paris, j'ai adressé à l'Académie, qui les a accueillis avec la plus grande bienveillance, une suite de mémoires dont le commun caractère consiste dans l'application des méthodes géologiques à l'interprétation des météorites, considérées comme débris fossiles de corps célestes dont ils nous permettent de tenter la reconstruction. Ces mémoires ont été renvoyés à votre examen. La prorogation du concours m'ouvrait, comme à tous les candidats, la possibilité d'acquérir, par des efforts nouveaux, quelques titres de plus à vos suffrages, et j'eusse voulu en profiter jusqu'au dernier moment. Inopinément contraint de suspendre mes communications, je ne puis me dispenser de vous faire connaître les motifs du silence qui m'est imposé...

Il a pour cause la défense que le professeur éminent à la chaire duquel je suis attaché m'a signifiée hier, 24 de ce mois (24 août), de ne faire à l'avenir aucune nouvelle découverte, du moins au moyen de la collection du Muséum. Vous n'ignorez pas, Messieurs, que c'est comme aide-naturaliste de géologie que j'ai trouvé au Muséum les matériaux des recherches que je poursuis depuis plus de trois années. Or, M. Daubrée m'interdit l'usage de cette collection dont il déclare se réserver désormais l'étude exclusive.

M. Daubrée ne m'accuse pas de m'être écarté de la juste réserve que j'ai observée en toute occasion. Ce qu'il me reproche, ce n'est pas de le suivre avec importunité ; c'est simplement de trop travailler. Les besoins de la justification que je crois devoir vous présenter peuvent seuls me contraindre à reproduire les termes dont il s'est servi. Il m'accuse (je demande pardon de le redire) « d'avoir fait, en quelque sorte, des météorites mon domaine, à tel point qu'il ne saurait plus aborder quelque sujet que ce soit sans entrer en compétition avec moi ». Ce sont ses propres expressions, aussitôt consignée dans mon journal, d'où je les transcris.....

M. Daubrée pense « qu'il serait évidemment arrivé » pour son propre compte à ce qu'il a bien voulu appeler mes « découvertes », découvertes qui du reste « étaient, dit-il, bien simples à faire ». Je l'empêche donc de trouver plus tard le peu que j'ai trouvé ; c'est là mon tort et son grief. Et c'est pour me mettre dans l'impossibilité de lui causer de nouveaux préjudices du même genre qu'il me retire l'usage des instruments de travail...

Je ne me permets pas de mettre en doute le droit de M. Daubrée, qui, à l'appui de sa décision, invoque les règlements du Muséum. Tout d'abord, il avait entendu que l'interdiction qui m'était faite de rien trouver désormais entraînait la défense de rien publier des travaux plus ou moins avancés et encore inédits que je lui ai annoncé tenir en portefeuille ; mais il a déclaré ensuite que cette dernière question « était réservée ». Peut-être les règlements n'ont-ils pas prévu le cas ; je l'ignore.

L'affaire en est là, et vous savez maintenant, Messieurs, pourquoi les travaux que j'ai eu l'honneur de vous soumettre n'auront poin de suite.

On remarquera la date de cette lettre. Voici plus d'un mois qu'elle a été portée à la connaissance d'un grand nombre de personnes. Nous avons attendu longtemps avant d'en parler, croyant que nous pourrions mettre à la fois sous les yeux de nos lecteurs la plainte de l'aide-naturaliste et la réponse du professeur. Mais nous n'apprenons pas que M. Daubrée ait encore répondu. Il est cependant essentiel qu'il le fasse, car son silence emporterait l'aveu des faits énoncés par M. Stanislas Meunier.

Les collections du Muséum appartiennent à l'État, c'est-à-dire à tout le monde. L'État les entretient pour faciliter les recherches de tous, et non pour les réserver exclusivement à l'étude, — quelquefois tardive, — des professeurs. Ceux-ci, d'ailleurs, ne peuvent avoir la prétention d'utiliser eux-mêmes pour la science les innombrables documents accumulés dans les magasins ou les galeries. C'est là une vérité trop évidente pour être jamais contestée. Refuser l'usage des collections, non-seulement aux aides-naturalistes, mais aux savants sérieux, ce serait donc se rendre coupable d'une véritable confiscation.

Mais nous ne pouvons croire que M. Daubrée n'explique pas les faits autrement, et nous attendons ses raisons pour les mettre sous les yeux du public.

ASSOCIATION AMÉRICAINE

POUR L'AVANCEMENT DES SCIENCES

M. T. STERRY HUNT
Président sortant

La géognosie des monts Appalaches et l'origine des roches cristallines.

SOMMAIRE : I. — Introduction : le professeur William Chauvenet. — Rôle de la géologie parmi les sciences.

II. — Division des roches cristallines du nord-est de l'Amérique : Monts Adirondack. — Montagnes Vertes. — Montagnes Blanches.

III. — Géologie des États du sud-est : Virginie. — Maryland. — Caroline du Nord. — Caroline du Sud. — Tennessee.

IV. — Système Taconique d'Emmons. — Fossiles de cette région. — Épaisseur et âge relatif des différentes couches.

V. — Rapports entre la géologie de l'Amérique et celle de l'Europe. — Système Huronien et système de Terre-Neuve.

I

I. — *Introduction*. — Mon premier devoir, en me présentant aujourd'hui devant vous, est de vous annoncer la mort du professeur William Chauvenet. Ce triste événement n'était pas inattendu pour nous; car, lorsque notre collègue fut élu président de l'Association, à la fin de notre session de Salem, au mois d'août 1869, nous craignions déjà que sa santé chancelante ne l'empêchât d'assister au congrès indiqué à Troy pour 1870. Ces prévisions se réalisèrent, vous le savez, et je fus appelé à le remplacer comme président de l'Association. Dans l'automne de 1869, la maladie le força à se démettre de ses fonctions de chancelier de l'université Washington de Saint-Louis, et, au mois de décembre dernier, Chauvenet est mort à l'âge de cinquante ans, laissant après lui des travaux dont la science et son pays peuvent à juste titre être fiers.

Attaché pendant quatorze ans à l'École navale d'Annapolis, il fut un des principaux auteurs de la prospérité de cet établissement, qu'il quitta en 1859 pour accepter la chaire d'astronomie et de mathématiques à Saint-Louis. Là, ses qualités remarquables le firent élever, en 1862, aux fonctions de chancelier de l'Université, qu'il remplit avec honneur et à l'avantage de tous, jusqu'à ce qu'il fût forcé de donner sa démission (1). Ce n'est pas à moi de faire l'éloge du professeur Chauvenet, de parler de ses profondes connaissances en astronomie et en mathématiques, ou de ses travaux qui sont déjà regardés comme des ouvrages classiques. D'autres, à qui ces études sont plus familières, pourront entreprendre cette tâche quand le moment en sera venu. Mais tous ceux qui l'ont connu se joindront à moi pour rendre témoignage à ses qualités comme homme, comme professeur et comme ami. Dans son dévouement constant aux études scientifiques, il ne négligeait pas les arts; il était bon musicien, et avait un esprit cultivé et un goût éclairé. Dans ses relations sociales et morales, il se distingua toujours par une élévation et une pureté de caractère bien rares, et laisse au monde un modèle d'excellence à tous les points de vue, que bien peu peuvent avoir l'espérance d'égaler.

D'après la coutume établie, je dois, en quittant les honorables fonctions de président que j'ai remplies pendant l'année qui vient de s'écouler, traiter devant vous un sujet en rapport avec les travaux de l'Association. Votre président, vous le savez, est ordinairement choisi de manière à représenter alternativement l'une des deux grandes sections de cette Association, c'est-à-dire ceux qui s'occupent des sciences naturelles d'une part, et de l'autre ceux qui étudient les sciences physico-mathématiques et chimiques. L'arrangement en vertu duquel, dans notre organisation, la géologie est rangée parmi les sciences naturelles, est fondé sur ce que l'on pourrait regarder comme une idée un peu étroite de sa portée et de son but. Puisque la géologie théorique étudie les lois astronomiques, physiques, chimiques et biologiques qui ont présidé au développement de ce globe, et que la géologie pratique ou géognosie étudie son histoire naturelle telle qu'elle se montre dans sa structure physique, sa minéralogie et sa paléontologie, on voit que cette science si vaste n'est étrangère à aucune des études qu'embrasse le plan de notre Association, mais plutôt qu'elle règne en souveraine, et demande à toutes leurs services.

Comme géologue, je sais à peine avec quelle section de l'Association je dois aujourd'hui m'identifier. Permettez-moi plutôt de chercher à servir de lien entre les deux, et de vous montrer un peu le double aspect sous lequel se présente la science géologique, considérée tour à tour au point de vue de l'histoire naturelle et à celui de la chimie. Je ne saurais mieux y réussir qu'en discutant une question qui a fourni à la dernière génération des géologues quelques-uns des problèmes les plus séduisants tout à la fois et les plus difficiles à résoudre; je veux parler de l'histoire de la grande chaîne des monts Appalaches. Nulle part au monde un ensemble de montagnes aussi étendu et aussi complexe au point de vue de la géologie n'a été étudié avec tant de zèle et de savoir; et, on peut le dire avec confiance, aucun autre n'a fourni à la science géologique de si vastes et importants résultats. Les lois de la structure des montagnes, telles qu'elles se sont révélées dans les monts Appalaches, grâce aux travaux des frères Henri D. et William B. Rogers, et à ceux de Lesley et de Hall, ont donné au monde la base d'un système correct de géologie orographique (1), et bien des problèmes géologiques obscurs en Europe deviennent clairs quand on les considère à la lumière de l'expérience acquise en Amérique. Discuter, même d'une manière sommaire, toutes les questions que nous fournit ce sujet, serait une tâche trop longue pour cette occasion; je veux donc, ce soir, d'abord vous exposer certains faits qui touchent à la structure physique, à la minéralogie et à la paléontologie des Appalaches; et, en second lieu, discuter quelques-unes des conditions physiques, chimiques et biologiques qui ont présidé à la formation des anciennes roches cristallines si abondantes dans tout le système de nos montagnes de l'est.

II

Géognosie du système des Appalaches

II. — DIVISION DES ROCHES CRISTALLINES DU NORD DE L'AMÉRIQUE. — L'âge et les rapports géologiques des roches cristallines stratifiées du nord-est de l'Amérique ont longtemps attiré l'attention des géologues. Une coupe faite dans la partie

(1) *Amer. Journ. Sc.*, III, I, 233.

(1) *Amer. Journ. Sc.*, II, XXX, 406.

nord de l'État de New-York, d'Ogdensburg sur le Saint-Laurent, à Portland dans l'État du Maine, montre l'existence de trois régions distinctes de schistes cristallins différents. Ce sont les monts Adirondack, à l'ouest du lac Champlain, les montagnes Vertes du Vermont et les montagnes Blanches du New-Hampshire. Les différences lithologiques et minéralogiques, qui existent entre les roches de ces trois régions avaient frappé quelques-uns des premiers observateurs. Eaton, un des fondateurs de la géologie américaine, dès 1832 et peut-être même avant, dans son *Traité de géologie* (2ᵉ édition), fait une distinction entre le gneiss des monts Adirondack et celui des montagnes Vertes. Adoptant les divisions, alors en usage, de roches primitives, roches de transition, roches secondaires et roches tertiaires, il partageait chacune de ces séries en trois classes qu'il appelait carbonifère, quartzeuse et calcaire; il appliquait le premier de ces noms à des couches schisteuses ou argileuses qui pouvaient, selon lui, contenir des matières carbonacées. Ces trois divisions correspondaient en réalité à l'argile, au grès et aux roches calcaires ; Eaton supposait qu'elles se rencontraient, dans le même ordre, dans chaque série. Telle a probablement été la première reconnaissance de cette loi des cycles dans la formation des dépôts de sédiment, sur laquelle j'ai moi-même ensuite insisté en 1863 (1). Sans avoir, que je sache, défini les rapports des monts Adirondack, Eaton rattachait à la division inférieure ou carbonifère de la série primitive les schistes cristallins des montagnes Vertes, tandis que les quartzites et les marbres de leur base occidentale devenaient la division quartzeuse et la division calcaire de cette série primitive. Les argillites et les grès situés encore plus à l'ouest, mais toujours à l'est du fleuve Hudson, furent considérés comme la première et la seconde division de la série de transition, et suivis de sa division calcaire, qui semble avoir compris les calcaires du groupe de Trenton; toutes ces roches étaient supposées s'incliner à l'ouest, et en s'éloignant de l'axe central des montagnes Vertes. Eaton ne semble pas avoir étudié les montagnes Blanches, ou considéré leurs rapports géologiques. Ces montagnes furent cependant clairement distinguées des précédentes par C. T. Jackson, en 1844, lorsque, dans un rapport sur la géologie du New-Hampshire, il décrivit les montagnes Blanches comme un axe de granite, de gneiss et de micaschiste primitifs, recouvert successivement, à l'est et à l'ouest, par ce qu'il appelait des roches cambriennes et siluriennes, ces noms ayant été introduits par les géologues anglais depuis la publication de l'ouvrage d'Eaton. Tandis que ces roches superposées n'avaient subi aucune altération dans le Maine, Jackson admettait que les couches correspondantes dans le Vermont, sur le côté ouest de l'axe granitique, avaient été altérées par l'action de serpentines et de quartzites introduites accidentellement, qui avaient transformé la roche cambrienne en gneiss des montagnes Vertes, et changé une partie des calcaires siluriens fossilifères de la vallée du Champlain en marbres blancs (2). Jackson n'établit aucune comparaison entre les roches des montagnes Blanches et celles des monts Adirondack ; mais, en 1844 aussi, les MM. Rogers publièrent sur l'âge géologique des montagnes Blanches un mémoire dans lequel, tout en s'efforçant de démontrer qu'elles appartiennent à l'époque du terrain silurien supérieur, ils disent que jusqu'alors elles ont été considérées comme composées exclusivement de diverses modifications des roches granitiques et gneissoïdes, et appartenant aux époques dites primitives des temps géologiques (1). Ils considéraient cependant que ces roches ont plutôt l'aspect de couches paléozoïques altérées, et disaient qu'elles appartenaient peut-être, en partie du moins, à l'époque de la portion du système de l'État de New-York située autour de Clinton. Cette manière de voir était confirmée par la présence de ce que MM. Rogers regardèrent alors comme des débris organiques. Plus tard, en 1847 (2), ils annoncèrent qu'ils ne considéraient plus ces débris comme des restes organiques, sans pour cela rétracter l'opinion qu'ils avaient exprimée sur l'âge paléozoïque des couches. Je renvoie à une autre partie de ce discours la discussion de l'âge géologique des roches des montagnes Blanches, pour indiquer brièvement les caractères distinctifs des trois groupes de couches cristallines dont je viens de parler, et dont l'importance géologique s'étend au delà des limites des Appalaches, comme je le montrerai plus loin.

(1) *Amer. Journ. Sc.*, II, xxxv, 166.
(2) *Géologie du New Hampshire*, 160-162.

Les roches de cette série, qui a reçu le nom de système Laurentien, sont surtout des gneiss granitiques fermes, d'un grain souvent très-grossier, et généralement de couleur rougeâtre ou grisâtre. Elles sont fréquemment mêlées de *hornblende*, avec peu de mica, excepté dans quelques cas très-rares; et les micaschistes, souvent accompagnés de staurolite, de grenat, d'andalusite et de cyanite, manquent parmi les roches laurentiennes. Les argillites, qui se trouvent dans les deux autres séries, manquent aussi. Les quartzites et les roches de pyroxène et de hornblende, associées à de grandes masses de calcaire cristallin, à du graphite, et à d'immenses couches d'oxyde de fer magnétique, donnent un caractère particulier à certaines parties du système laurentien.

Les roches quartzo-feldspathiques de la série des montagnes Vertes sont surtout représentées par un pétro-silex ou eurite à grain fin, quoiqu'elles prennent souvent la forme d'un gneiss véritable, qui est ordinairement plus micacé que le gneiss laurentien type. Les variétés porphyritiques, rougeâtre et à grain grossier, si communes dans ce dernier, manquent dans les montagnes Vertes, où le gneiss a généralement des teintes vert pâle et grisâtres. Des masses de diorites stratifiés, des roches épidotiques et chlorotiques, souvent plus ou moins schisteuses, avec de la stéatite, des serpentines foncées et des dolomites et des magnésites mêlées de fer, caractérisent aussi les gneiss de cette série, et sont intimement unis à des couches de minerai de fer, qui sont ordinairement composées d'hématite ardoisée, et quelquefois de magnétite. Le chrome, le titanium, le nickel, le cuivre, l'antimoine et l'or se rencontrent fréquemment dans cette série. Les gneiss se transforment souvent en quartzites micacées schisteuses, et, les argillites, fort abondantes, prennent un caractère doux et onctueux qui leur a fait donner le nom d'ardoises nacrées ou de talc, quoique l'analyse démontre qu'elles ne sont pas magnésiques, mais essentiellement composées d'un minéral micacé hydraté. Ils sont quelquefois noirs et graphitiques.

La série des montagnes Blanches est caractérisée par la

(1) *Amer. Journ. Sc.*, II, I, 411.
(2) *Amer. Journ. Sc.*, II, v, 116.

prédominance de micaschistes bien définis, mêlés de couches de gneiss micacé. Ces derniers ont ordinairement une couleur claire, par suite de la présence de feldspath blanc; quoique d'une texture généralement fine, ils sont quelquefois porphyritiques et d'un grain grossier. Leur force et leur cohésion sont moindres que celles des gneiss laurentiens, et la prédominance du mica les fait passer à l'état de micaschistes, eux-mêmes plus ou moins tendres et friables, et offrant toutes les variétés, depuis les masses grossièrement agrégées et semblables au gneiss, jusqu'au schiste à grain fin, se transformant en argillite. Les schistes micacés de cette série sont généralement bien plus riches en mica que ceux des précédentes, et contiennent souvent une proportion considérable de plaques cristallines bien définies de l'espèce de la muscovite. Le clivage de ces schistes micacés est généralement dans le sens même des couches; mais les lames de mica, dans les variétés à grain grossier, font souvent des angles divers avec le plan du clivage et de la couche, ce qui indique qu'elles se sont produites après la formation du dépôt de sédiment, par cristallisation dans la masse, circonstance qui les distingue des roches qui proviennent de la décomposition de celles-ci, et que l'on rencontre dans les séries moins anciennes. Les roches des montagnes Blanches contiennent aussi des couches de quartzite micacée. Les silicates basiliques de cette série sont représentés principalement par des gneiss et des schistes de couleur foncée, dans lesquels l'hornblende remplace le mica. Ceux-ci se changent de temps en temps en couches d'hornblende foncée, contenant quelquefois des grenats. Des couches de calcaire cristallin se rencontrent quelquefois au milieu des schistes de la série des montagnes Blanches, et sont quelquefois accompagnées de pyroxène, de grenat, d'idocrase, de sphène et de graphite, de même que dans les roches correspondantes du système laurentien, auquel cette série ressemble beaucoup dans celles de ses parties qui sont les plus riches en gneiss, malgré leurs différences géognostiques apparentes. Les calcaires sont associés d'une manière intime avec les schistes riches en mica, qui contiennent de la staurolite, de l'andalusite, de la cyanite et du grenat. Ces schistes sont q[illegible]quefois très-riches en plombagine, comme on le voit pour le mica-schiste graphitique à grenats de Nelson, dans le New-Hampshire, et dans celui mêlé de cyanite du Cornwall, dans le Connecticut. A cette troisième série de schistes cristallins appartiennent les veines de concrétions granitiques riches en béryl, en tourmaline et en lépidolite, avec quelquefois un peu de minerai d'étain et de colombite. Les veines granitiques des gneiss laurentiens contiennent souvent de la tourmaline, mais n'ont pas jusqu'ici donné les autres espèces minérales que nous venons de citer (1).

Si nous nous rappelons les caractères de ces trois séries, il sera facile de les suivre vers le sud, à l'aide des descriptions concises et exactes que le professeur H. D. Rogers nous a données des roches de la Pensylvanie. Dans son rapport sur la géologie de cet État, il a distingué trois régions de schistes cristallins différents, auxquels il donne le nom général de roches gneissiques ou hypozoïques. De ces régions, la plus septentrionale, appelée zone montagneuse du Sud, au nord-ouest du bassin mésozoïque, est présentée comme le prolongement des hauteurs du New-York et du New-Jersey, qui, traversant la Delaware près de Easton, s'étend au sud par la Pensylvanie et le Maryland jusqu'en Virginie, où il se montre dans la chaîne appelée *Blue Ridge* (montagnes Bleues). Le gneiss de cette région, en Pensylvanie, est représenté comme différant beaucoup de celui de la région la plus méridionale : il est massif et granitoïde, souvent mêlé d'hornblende, avec beaucoup de fer magnétique; mais il n'a point de ces couches considérables d'ardoise micacée, mêlée de talc ou de chlorite, qui distinguent les roches de la région méridionale. Ces caractères suffisent pour montrer que le gneiss de cette région septentrionale est, au point de vue de la lithologie comme à celui de la géognosie, identique avec celui des hauteurs déjà citées, et appartient également au système des roches cristallines des monts Adirondack, ou système laurentien. Le gneiss de la région intermédiaire de la Pensylvanie, au sud de la vallée mésozoïque, mais au nord de la vallée de Chester, est décrit par Rogers comme ressemblant à celui de la Montagne du Sud, ou de la région septentrionale, et composé principalement de gneiss blanc mêlé de feldspath, ou foncé mêlé de hornblende, avec très-peu de mica, et des calcaires cristallins.

Le gneiss de la troisième région, région méridionale située au sud des vallées de Montgomery et de Chester, commence au-dessous du mésozoïque du New-Jersey, à environ six milles au nord-est de Trenton, et s'étendant vers le sud-ouest, occupe la frontière sud de la Pensylvanie et pénètre dans le Delaware et le Maryland. Rogers subdivise cette région en trois zones; la première ou plus méridionale, passant par Philadelphie, se compose de gneiss tantôt rendu foncé par l'hornblende, tantôt très-chargé de mica, avec une grande quantité d'ardoise micacée, quelquefois à grain grossier, quelquefois aussi à grain assez fin pour former une sorte de pierre à aiguiser. Vers le nord-ouest, les couches deviennent encore plus micacées, avec des grenats et des couches d'ardoise d'hornblende, qui nous amènent à la seconde subdivision; c'est une grande zone de schistes contenant beaucoup de talc et de mica, avec de la stéatite et de la serpentine, à laquelle à son tour succède une troisième zone assez étroite qui rappelle les parties les moins riches en mica de la première division, celle du sud. Les schistes micacés de cette région abondent en staurolite, grenats, cyanite et corindon; ils sont sillonnés de nombreuses veines granitiques irrégulières, contenant du béryl et de la tourmaline. Tous ces caractères nous amènent à rapporter le gneiss de cette région méridionale à la troisième série, celle des montagnes Blanches, à l'exception de la zone du milieu, qui présente l'aspect de la seconde série, celle des montagnes Vertes.

Au-dessus des gneiss hypozoïques, Rogers a placé sa série azoïque ou semi-métamorphique, que l'on peut suivre depuis les environs de Trenton jusqu'au Schuylkill, le long de la limite nord de la région méridionale du gneiss hypozoïque. Rogers admet que cette série n'est qu'une forme altérée des ardoises et des grès primitifs; il la représente comme composée de quartzite ou eurite à base de feldspath, contenant dans quelques cas des couches porphyritiques, avec des cristaux de feldspath et d'hornblende, ainsi que divers schistes cristallins. Cette série comprend toute la grande zone de serpentine des comtés de Montgomery, de Chester et de Lancastre, avec ses stéatites et ses schistes mêlés d'hornblende, de diorite, de chlorite et de mica, souvent aussi de grenats; il s'y

(1) Hunt, *Notes sur les roches granitiques; Amer., Journ. Sc.*, III, I, 182.

trouve encore une bande d'argillite qui donne des ardoises de toiture. Dans cette grande série on trouve du fer chromique et titanique, et des minerais de nickel et de cuivre. Des veines d'albite et de corindon la traversent aussi dans le voisinage d'Unionville. Rogers nous assure à plusieurs reprises que ces roches ressemblent tellement au gneiss hypozoïque situé au-dessous, qu'elles se confondent volontiers avec lui; et, quand on les compare avec ce dernier, tel qu'il se montre dans la région méridionale, il est difficile de voir dans cette série appelée azoïque ou métamorphique des vallées de Mongomery et de Chester, autre chose qu'une répétition des mêmes schistes cristallins déjà décrits le long de leur limite sud, et représentant la série des montagnes Vertes et celle des montagnes Blanches. Nous échappons ainsi à la difficulté d'admettre l'existence dans cette région de deux séries de roches serpentiniques, et de deux de micaschistes, ayant la même composition, mais d'époques fort différentes, ce qui est une supposition fort peu probable. Il faut dire que Rogers, suivant en cela les idées alors généralement reçues, considérait la serpentine comme une roche éruptive, qui avait altéré les couches adjacentes, en transformant les micaschistes en roches stéatiques et chloritiques.

Cette série, appelée azoïque, d'après Rogers, se trouve placée sous le calcaire auroral de la Pensylvanie, semblant ainsi occuper l'étage de la division paléozoïque primitive, ou série de Potsdam. Cependant nous ne trouvons, dans le rapport de Rogers sur la géologie de l'État, aucune preuve satisfaisante de l'identité des deux séries. Au contraire, une conclusion fort différente semblerait résulter de certains faits qui y sont rapportés. Les couches primitives azoïques, aussi appelées métamorphiques, sont présentées comme ayant une inclinaison uniforme presque verticale, ou avec des angles très-ouverts vers le sud, tandis que les couches micacées et les couches de gneiss de la subdivision septentrionale de la région sud des roches appelées hypozoïques, couches qui limitent ces dernières au sud, offrent, soit de très-petites déviations locales, ou de larges et douces ondulations, avec des inclinaisons relativement faibles, presque toujours dans la direction du nord (1). De là nous pouvons, selon moi, conclure que les couches presque verticales doivent être, en réalité, des roches sous-jacentes plus anciennes, appartenant, non au système paléozoïque, mais à notre seconde série de schistes cristallins. Nous en concluons donc que, tandis que les gneiss au nord-ouest, et probablement aussi ceux qui longent le bord sud-est du bassin mésozoïque de la Pensylvanie, sont laurentiens, la grande vallée au sud de la Delaware est occupée par les roches de la série des montagnes Vertes, et de celle des montagnes Blanches. Ces deux types de roches s'étendant vers le nord-est, se développent autour de la ville de New-York, dans les micaschistes de l'île de Manhattan et dans les serpentines de Staten-Island et de Hoboken; tandis que, dans la chaîne des Highlands, la zone de gneiss de la montagne du Sud traverse le fleuve Hudson.

Les trois séries de roches gneissiques, que nous avons distinguées dans la coupe faite vers le nord, ont été dans la partie sud-est de l'État de New-York, de même que dans la Pensylvanie, groupées ensemble dans le système primitif, et peuvent être suivies de là dans l'ouest de la Nouvelle-Angleterre. Dans le rapport géologique et la carte du Connecticut publié en 1840 par le Dr Percival, on verra qu'il rapporte au gneiss des Highlands deux couches de gneiss qui se trouvent dans le comté de Litchfield : l'une occupe certaines parties des comtés de Cornwall et d'Ellsworth; l'autre va de Torrington, vers le nord, en passant par Winchester, Norfolk et Colebrooke, jusqu'au comté de Berks, dans le Massachusetts. Des recherches nouvelles pourront confirmer l'exactitude du rapprochement de Percival, et démontrer que ces gneiss de la Nouvelle-Angleterre appartiennent à l'époque laurentienne, théorie qui semble confirmée par les caractères minéralogiques de quelques-unes des roches de cette région. Nous voyons dans Emmons que des calcaires primitifs avec graphite se rencontrent dans la chaîne Hoosique du Massachusetts, à l'est des calcaires taconiques de Stockbridge.

Les roches de la seconde série partent du sud-ouest du Connecticut, pour remonter au nord, vers les montagnes Vertes du Vermont, et les schistes et les gneiss micacés de la troisième série, ou série des montagnes Blanches, se trouvent à la fois à l'est et à l'ouest de la vallée mésozoïque du Connecticut et du Massachusetts. Elles occupent aussi une étendue considérable dans le Vermont oriental, où elles sont séparées de la chaîne des montagnes Blanches par un soulèvement de roches de la seconde série. Au sud-est des montagnes Blanches, le long de notre ligne de section, les mêmes micaschistes et les mêmes gneiss, souvent avec de très-légères inclinaisons, s'étendent jusqu'à Portland dans le Maine, où ils sont interrompus par le soulèvement de schistes chloritiques verdâtres et de schistes chromifères, formant des couches presque verticales et paraissant appartenir à la seconde série.

Je trouve que les couches de la seconde série surgissent de dessous les couches carbonifères à Newport, dans le Rhode-Island, dans une direction presque verticale; il en est de même dans le voisinage de Boston et de Brighton, de Saugus et de Lynnfield. Leurs rapports dans cette région avec les gneiss à calcaire cristallin de Chelmsford, etc., que j'ai rapportés à la série laurentienne (1), ne sont pas encore déterminés.

III. — Géologie des États du sud-est. — Nous avons déjà dit que les roches cristallines de la Pensylvanie pénètrent dans le Maryland et la Virginie, où, d'après H. D. Rogers, elles se montrent dans les montagnes appelées *Blue Ridge*. Il reste à examiner si les trois types que nous avons indiqués en Pensylvanie se reconnaissent dans cette région. Une grande zone de schistes cristallins part de la Virginie, traverse la Caroline du Nord et la Caroline du Sud, et va jusque dans le Tennessee oriental, où, selon Safford, ces roches se trouvent sous le système de Potsdam. Il est facile, d'après les rapports de Lieber sur la géologie de la Caroline du Sud, de reconnaître dans cet État les types de la série des montagnes Vertes et de celle des montagnes Blanches. Le premier, tel qu'il le décrit, se compose de schistes mêlés de talc, de chlorite et d'épidote, avec des diorites, des stéatites, de l'actinolithe et des serpentines. Il faut remarquer que Lieber admet toujours a théorie de l'origine éruptive des trois dernières roches, théorie que les observations faites par Em-

(1) Rogers, *Géologie de la Pensylvanie*, I, pp. 69-74, et 154-158.

(1) *Amer. Journ. Sc.*, II, XLIX, 75.

mons, Logan et moi-même dans les montagnes Vertes, ont démontrée être insoutenable. Ces roches, dans la Caroline du Sud, ont généralement un angle d'inclinaison très-ouvert. Les grandes couches de gneiss des environs d'Anderson et d'Abbeville sont représentées par Lieber comme composées de gneiss à grains fins, avec schistes micacés et hornblendiques; elles sont coupées de nombreuses veines de pegmatite, contenant du grenat, de la tourmaline et du béryl. Ces roches, qui présentent les caractères de la série des montagnes Blanches, semblent, d'après quelques observations qui se trouvent dans les rapports de Lieber, appartenir à un groupe plus élevé que la série chloritique et serpentinique, et présenter une inclinaison relativement faible.

Le professeur Emmons, qui s'est occupé de bonne heure de la géologie de l'ouest de la Nouvelle-Angleterre, n'a établi aucune distinction entre les trois types que nous avons définis, mais, comme Rogers l'avait fait pour la Pensylvanie, a rapporté au système primitif toutes les roches cristallines de cette région. C'est à lui cependant que nous devons les premières notions exactes sur la nature et les rapports géologiques des montagnes Vertes. Sous ce nom, comme le dit fort bien M. Emmons, on comprend souvent deux chaînes de collines qui appartiennent à des séries géologiques différentes. La chaîne orientale, à laquelle se rattachent le mont Hoosic, dans le Massachusetts, et le mont Mansfield, dans le Vermont, il la rapporte à la série primitive, et la représente comme contenant du gneiss, du micaschiste, du talc ardoisier et de l'hornblende, avec des couches et des veines de granite, de calcaire, de serpentine et de trap. Il déclare, en outre, qu'il n'existe pas de ligne de démarcation bien tranchée entre les différentes roches schisteuses primitives, et cite comme exemple la facilité avec laquelle la serpentine, la stéatite et le schiste mêlé de talc se substituent l'un à l'autre. Sa description des roches cristallines de cette chaîne est assurément complète et exacte.

IV. — Système taconique d'Emmons. — C'est à l'ouest de ces collines de schiste primitif qu'Emmons place son système taconique, ainsi nommé des collines Taconiques, qui vont du nord au sud, le long de la ligne qui sépare le New-York du Massachusetts, et courent parallèlement aux montagnes Vertes. Les parties inférieures du système taconique sont, d'après Emmons, des roches schisteuses formées des débris des schistes primitifs qui se trouvent à l'est. Ainsi il présente les schistes mêlés de talc du Berkshire comme des roches régénérées appartenant au système plus récent, mais conservant la couleur et la texture des schistes plus anciens qui ont servi à les former. Jusqu'à quel point cette hypothèse est-elle vraie pour ces couches particulières? C'est là ce qu'on peut se demander, car il y a des raisons de croire qu'Emmons a compris parmi ses roches taconiques quelques couches appartenant aux séries cristallines plus anciennes des montagnes Vertes. Il n'en est pas moins vrai que la possibilité d'une dérivation de ce genre pour certaines roches est une idée dont les géologues n'ont pas assez tenu compte. Emmons fait observer autre part que, tandis que les ardoises mêlées de talc du système primitif s'associent volontiers à la stéatite et à l'hornblende, ces deux minéraux ne se trouvent jamais dans les roches taconiques; et aussi, que l'épidote, l'actinolithe, le titanium (rutile), etc., qui caractérisent le système primitif, manquent entièrement dans le système taconique.

Les affirmations d'Emmons sur ce point sont assez explicites : il comprend dans le système primitif tous les schistes cristallins des montagnes Vertes, excepté certaines couches mêlées de talc et de mica, qu'il suppose provenir des débris de couches semblables du système primitif, et qui forment, avec une masse considérable d'autres roches, le système taconique; ce système, à son tour, s'est trouvé recouvert, avec stratification discordante, par le grès de Potsdam et le grès calcifère du système de New-York. Cependant les idées de ce géologue ont été mal comprises par plusieurs de ses critiques. Ainsi M. Marcou, qui défend le système taconique, y fait entrer les trois groupes dont nous venons de parler, c'est-à-dire, 1° le gneiss des montagnes Vertes; 2° les couches taconiques telles qu'Emmons les définit, et 3° le grès de Potsdam (1), réunissant ainsi dans le même système les schistes cristallins et les sédiments fossilifères amorphes placés au-dessus, et cela contrairement à l'enseignement explicite d'Emmons, tel qu'il est exposé dans son Rapport sur la géologie de la région nord de l'État de New-York, et plus tard, en 1846 (2), dans son ouvrage sur le système taconique.

Dans l'étude géologique de l'État de New-York, les roches de la région du lac Champlain, comprenant les couches qui vont de la base du grès de Potsdam jusqu'au sommet des schistes de Loraine ou de l'Hudson, avaient été considérées par les collègues d'Emmons comme les plus basses du système paléozoïque. Mais Emmons fut amené à considérer les couches très-dissemblables des hauteurs taconiques comme constituant une série distincte et plus ancienne. Une opinion semblable avait été émise par Eaton, qui mettait, comme nous l'avons déjà vu, au-dessus des schistes cristallins des montagnes Vertes, ses formations primitives quartzeuse et calcaire, suivies à l'ouest d'argillites et de grès de transition, ces derniers semblant correspondre au grès de Potsdam de l'État de New-York. Emmons cependant donna plus de forme et de consistance à cette opinion, et s'efforça de la soutenir à l'aide des preuves que l'on peut tirer des fossiles, aussi bien que par des considérations de structure. Le système taconique, tel qu'il le définit, peut être décrit rapidement comme composé d'une série de couches de sédiments fossilifères, reposant, à stratification discordante, sur les schistes cristallins des montagnes Vertes, et composées en partie de leurs débris; en même temps, à cette série sont superposées, à stratification discordante aussi, le terrain de Potsdam et le terrain calcifère de la région du lac Champlain, de sorte qu'elle forme la base véritable de la colonne paléozoïque, et occupe la même position que le système cambrien dans la Grande-Bretagne.

Bien qu'Emmons dit avoir suivi ce système taconique sur toute l'étendue de la chaîne des Appalaches, depuis le Maine jusqu'à la Caroline du Nord, c'est le long des frontières du Massachusetts et de l'État de New-York qu'il put en étudier le développement dans tous ses détails. Il le partagea en division inférieure et division supérieure, et en évalua l'épaisseur totale à 30 000 pieds au moins, contenant, par ordre de stratification, les couches suivantes : 1° quartz granulaire; 2° calcaire de Stockbridge; 3° ardoise magnétique; 4° spath calcaire; 5° ardoise à toiture, graptolithique; 6° conglomérat

(1) *Proc. Bost. nat. hist. Soc.*, nov. 6, 1861; et *Amer. Journ. Sc.*, II, XXXIII, 282.

(2) *Loc. cit.*, p. 139, et *Agricult. New-York*, I, 53.

siliceux; 7° ardoise taconique; 8° ardoise noire. L'ordre de superposition apparent diffère de celui que nous venons d'indiquer, et Emmons supposait que, pendant l'accumulation de ces roches taconiques, le gneiss des montagnes Vertes, qui formait le bord oriental du bassin, avait monté peu à peu, de manière à élever successivement les couches plus anciennes au-dessus de l'Océan, qui laissait déposer les couches sédimenteuses. Il en était résulté que les couches supérieures du système, telles que les ardoises noires, avaient été limitées à une zone très-étroite et n'avaient pu s'étendre loin à l'est; mais Emmons admet que la dénudation peut avoir fait disparaître une grande partie de ces couches supérieures. Dans la suite, il suppose qu'une série d'affaissements parallèles, avec des soulèvements du côté de l'est, est venue rompre les couches, leur donner une inclinaison à l'est, et faire successivement passer les couches plus récentes sous les plus anciennes, produisant ainsi une *succession renversée en apparence* et rendant tout à fait trompeur l'ordre dans lequel elles semblent superposées. En parlant de cet arrangement tenant supposé des éléments de son système taconique, Emmons les appelle des *couches interverties*, tandis que M. Marcou les représente comme « renversées de chaque côté des roches cristallines et éruptives qui occupent le centre de la chaîne, ce qui produit une structure en éventail », etc. (1). J'ai déjà montré, dans un autre mémoire, que cette idée, à laquelle ont pu donner lieu, jusqu'à un certain point, les termes vagues et inexacts dont Emmons s'est servi, n'a jamais été dans sa pensée, et que sa manière de voir, telle qu'elle est exprimée dans son *Système taconique* (p. 17), est celle que je viens d'exposer (2).

L'idée, émise par Emmons, de l'existence, à la base occidentale des montagnes Vertes, de séries fossilifères plus anciennes sous-jacentes à celles de Potsdam, fut combattue par tous les géologues américains. En mai 1844, H. D. Rogers, dans son discours présidentiel, prononcé devant l'Association américaine des géologues, alors réunie à Washington, critique cette théorie en détail, et cite une coupe, depuis Stockbridge dans le Massachusetts jusqu'au fleuve Hudson, faite par W. B. Bodgers et lui-même, et soumise par eux à la Société philosophique américaine en janvier 1841. Ils soutinrent alors que la roche quartzeuse du Hoosic appartenait au système de Potsdam, que le marbre du Berkshire était identique avec le calcaire bleu de la vallée de l'Hudson, et que les schistes mêlés de mica et de talc étaient des couches altérées de l'époque des ardoises de la base du système des Appalaches, c'est-à-dire primitives dans la nomenclature de l'étude géologique de la Pensylvanie.

En 1843, Mather avait affirmé que les mêmes roches cristallines appartenaient à l'époque du système du Champlain, et avancé que toute la série y était représentée, y compris le Potsdam, le groupe du fleuve Hudson et les calcaires intermédiaires (1). La conclusion de Mather fut citée avec éloge par Rogers, qui sembla l'adopter, et affirma que Hitchcock partageait ces idées. On verra que ces géologues réunissaient ainsi en un groupe les schistes de l'Hoosic qu'Emmons regarde comme primitifs, avec ceux de la chaîne du Tacon, et les rapportaient tous à l'époque de la série du Champlain, qui se trouvait tout entière comprise dans le groupe.

Dans ce même discours, le professeur Rogers soulève une question très-importante. Après avoir parlé du grès de Potsdam, qui, sur le lac Champlain, forme la base du système paléozoïque, il ajoute : « Cette formation est-elle donc la limite inférieure de nos masses Appalachiennes en général, ou le système se continue-t-il plus bas en d'autres endroits par l'introduction au-dessous d'autres roches de sédiment qui y appartiennent? » Il expose ensuite qu'à partir du fleuve Susquehanna, en allant vers le sud-ouest, se montre, à la base du calcaire inférieur, une série plus complexe qu'au nord du Schuylkill, et, dans quelques parties de la chaîne appelée Blue Ridge, il comprend dans la division primaire, au-dessous du grès calcifère, « au moins quatre stratifications indépendantes et souvent fort épaisses, constituant un groupe général, parmi lesquelles le grès de Potsdam ou grès blanc, avec scolithe, est le second en descendant. » A ce grès est superposée une couche de plusieurs centaines de pieds d'ardoise fucoïdale arénacée et ferrifère; et lui-même est superposé à une couche de schistes grossiers et de dalles schisteuses, mêlés de sable; au-dessous, dans la Virginie et le Tennessee oriental se trouve une série de conglomérats hétérogènes, qui reposent sur une grande masse de couches cristallines. L'exactitude de ces indications est confirmée par Stafford, qui, dans son rapport récent sur la géologie du Tennessee (1869), donne pour base à la colonne une grande série de schistes cristallins qui semblent correspondre à ceux du sud-est de la Pennsylvanie. Sur ces schistes repose ce que Stafford appelle le groupe de Potsdam, qui comprend, en remontant, les ardoises et les conglomérats d'Ococee, évalués à 10 000 pieds d'épaisseur, et les schistes grossiers et les grès de Chilhowee, d'une épaisseur de 2000 pieds ou plus, avec fucoïdes, trous de vers et scolithe. A ce groupe se superpose, à stratification concordante, la série de Knoxville, composée de grès avec fucoïdes, de schistes grossiers et de calcaires, les deux dernières couches contenant des fossiles de l'époque du grès calcifère. Il faut noter que ces roches sont bouleversées par des affaissements, et que, dans le mont Chilhowee, les conglomérats inférieurs sont amenés à l'est tout contre le calcaire carbonifère, par un déplacement vertical d'au moins 12 000 pieds. L'inclinaison générale de toutes ces couches, y compris les schistes cristallins de la base, est vers le sud-est.

A cette époque, Rogers, comme maintenant Stafford, considérait les roches paléozoïques primaires du Blue Ridge comme appartenant toutes à la même époque que celles de Potsdam, en y comprenant le grès à scolithe comme élément accessoire, de sorte que les couches situées au-dessous étaient encore regardées comme appartenant au système de New-York. Aussi, quand Rogers demande si le système Taconique ne peut pas, « le long de la limite occidentale du Vermont et du Massachusetts comprendre aussi quelques-unes des couches de sable et d'ardoise qui y sont indiquées comme situées au-dessous du

(1) *Comptes rendus de l'Académie*, LIII, 804.

(2) Voyez ma discussion de ce point, *Amer. Journ. Sc.*, II, XXXII, 427, XXXIII, 135, 281. C'est involontairement que j'ai, dans ce dernier volume, page 136, représenté Barrande comme partageant l'erreur de Marcou, quoique son langage pût tromper, si l'on n'y faisait attention. Le fait est que dans le *Bull. Soc. géol. de France* (II, XVIII, 261), dans une étude approfondie du système taconique, Barrande donne pour titre à un paragraphe : *Renversement conçu pour tout un système*; puis il montre que le *renversement* n'est qu'apparent, en expliquant, comme le fait Emmons, la théorie développée plus haut.

(1) *Géologie du district méridional de l'État de New-York*, p. 438.

grès de Potsdam (1), » il voudrait encore comprendre ces couches inférieures dans la division du lac Champlain.

Ainsi, nous voyons que, de très-bonne heure, les roches du système Taconique furent rattachées par Rogers et Mather à la division Champlain du système du New-York, conclusion qui a été confirmée par des observations subséquentes. Avant de discuter ces observations et leur histoire un peu compliquée, nous pouvons indiquer deux questions qui se présentent au sujet de cette solution du problème. En premier lieu, le système Taconique, tel qu'il a été défini par Emmons, comprend-il toute la division du Champlain ou une partie seulement; et, en second lieu, comprend-il des couches plus anciennes ou plus modernes que celles qui composent cette partie du système du New-York ? Sur la première question on peut dire qu'en essayant de comparer les roches Taconiques avec celles de la division du Champlain que l'on trouve plus à l'ouest, les observateurs ont été amenés, par des ressemblances lithologiques, à reconnaître l'identité des couches supérieures de ces dernières avec certaines parties du système Taconique. En effet, les calcaires de Trenton, avec les ardoises d'Utica et les schistes grossiers de Loraine ou du fleuve Hudson, composant ensemble la moitié supérieure de la série du Champlain, dans laquelle Emmons comprenait en outre les conglomérats et les grès supérieurs d'Oneida et de Médina, présentent dans le New-York une épaisseur totale de non moins de trois ou quatre mille pieds, et ont bien des rapports lithologiques avec la grande masse de sédiments située à la base occidentale des montagnes Vertes, à laquelle on a donné le nom de système Taconique. Il est curieux de constater qu'en 1842 Emmons rapportait au système de Médina le grès rouge de la rive orientale du lac Champlain, que l'on a depuis prouvé appartenir à celui de Potsdam ; et qu'en outre il mettait le grès de Sillery, dans le voisinage de Québec, au sommet de la série du Champlain, comme représentant le conglomérat d'Oneida, tandis qu'en même temps il remarquait la grande ressemblance qui existe entre ce grès, avec les calcaires adjacents, et les roches semblables situées sur les limites du Massachusetts, et qu'il avait déjà rapportées au système Taconique (2).

Cette opinion d'Emmons sur les roches de Québec fut adoptée par sir William Logan, lorsque, quelques années plus tard, il se mit à étudier la géologie de cette région. Le grès de Sillery fut présenté par lui comme correspondant au conglomérat d'Oneida ou de Shawangunk, tandis que les calcaires et les schistes grossiers du voisinage, que l'on supposait sous-jacents, étaient regardés comme les représentants des formations de Trenton, d'Utica et du fleuve Hudson (3). En suivant ces roches le long de la base occidentale des monts Appalaches, dans le Vermont et le Massachusetts, sir William reconnut qu'elles n'étaient que le prolongement du système Taconique, et fut ainsi conduit à les rapporter à la moitié supérieure de la série du Champlain, comme l'avait déjà fait le professeur Adams en 1847 (4). Pour les couches cristallines des Appalaches dans cette région, il rejeta cependant l'idée d'Emmons, pour soutenir celle que MM. Rogers avaient émise en 1841, et fut d'avis que celles-ci, au lieu d'être des roches plus anciennes, ne sont que les mêmes formations supérieures de la région du Champlain, mais altérées ; et cette opinion fut soutenue pendant plusieurs années dans toutes les publications des géologues qui étudiaient le Canada.

Cette conclusion sur l'âge des roches fossilifères restées sans altérations, de Québec jusqu'au Massachusetts, semblait confirmée par le fait que des restes organiques y avaient été trouvés dans le Vermont. M. Emmons avait décrit, comme caractérisant la partie supérieure du système Taconique, deux crustacés auxquels il avait donné les noms d'*Atops trilineatus*, et d'*Elliptocephalus asaphoides;* les autres fossiles remarqués par lui étaient des graptolithes, des fucoïdes, et des traces probables d'annélides. En 1847, le professeur James Hall, dans le premier volume de sa paléontologie, déclara l'Atops d'Emmons identique avec le *Triarthrus* (*Calymène*) *Beckii*, fossile qui caractérise l'ardoise d'Utica; en même temps il rapportait l'*Elliptocephalus* au genre *Olenus*, que l'on sait maintenant avoir appartenu à la faune primitive de la Suède, où on le trouve dans les ardoises sous-jacentes au calcaire orthocératite, et près de la base de la série paléozoïque. Quoique, comme on le sait maintenant, l'horizon géologique des ardoises de l'Olénus fût bien connu de Hisinger, cet auteur, dans son ouvrage classique intitulé *Lethæa Suecica*, publié en 1837, représente, par une erreur qui n'a pas été expliquée, ces ardoises comme superposées au calcaire orthocératite, qui est l'équivalent du calcaire de Trenton dans la région du Champlain. Ainsi, comme l'a fait observer M. Barrande, Hall était justifié par le témoignage de l'ouvrage de Hisinger, lorsqu'il a placé les ardoises de l'Olenus du Vermont au-dessus de ce calcaire, en les mettant, comme il l'a fait, sur l'horizon des schistes grossiers du fleuve Hudson ou de Loraine. La double preuve fournie par la présence de ces deux fossiles dans les roches du Vermont, fut pour sir William Logan un nouveau motif de mettre dans la partie supérieure de la région du Champlain les roches qu'il regardait comme leurs équivalents stratigraphiques près de Québec, et qui, nous l'avons vu, avaient été placées sur le même horizon quelques années auparavant par Emmons lui-même. Les graptolithes composés remarquables qui se rencontrent dans les schistes grossiers de Pointe Lévis, en face de Québec, furent décrits par le professeur James Hall dans son rapport sur l'Étude géologique du Canada pour 1857, et rapportés au groupe du fleuve Hudson ; et ce ne fut qu'au mois d'août 1860 que M. Billings décrivit comme trouvés dans les calcaires de cette même série, à Pointe Lévis, plusieurs trilobites, parmi lesquels étaient plusieurs espèces d'*Agnostus*, de *Dikelocephalus*, de *Bathyurus*, etc., constituant une faune dont il plaça l'horizon géologique dans la partie inférieure de la région du Champlain.

Presque en même temps, dans le rapport des régents de l'Université de New-York pour 1859, le professeur Hall venait de décrire et de représenter, sous le nom d'*Olenus*, deux espèces de trilobites, trouvées dans les ardoises de la Géorgie et du Vermont, qu'Emmons avait à tort rapportées au genre Paradoxides. Elles furent aussitôt reconnues par Barrande, qui appela l'attention sur leur caractère primitif, et fit ainsi connaître leur véritable horizon stratigraphique, ainsi que l'erreur singulière que nous avons déjà signalée dans le livre d'Hisinger, erreur qui avait trompé les géologues améri-

(1) *Amer. Journ. Sc.*, I, XLVII, 152, 153.
(2) *Geol. Northern district of New York*, pp. 124, 125.
(3) *Geol. Survey of Canada*, 1847-48, pages 27, 57 ; et *Amer. Journ. Sc.*, II, IX, 12.
(4) *Amer. Journ. Sc.*, II, V, 108.

cains (1). Ces espèces ont depuis été séparées du genre *Olenus*, et rattachées par le professeur Hall à un genre nouveau très-voisin du précédent, qu'il a appelé *Olenellus*, et qui est maintenant regardé comme appartenant à l'étage du grès de Potsdam, dont nous allons bientôt parler.

Une étude plus suivie des roches fossilifères près de Québec a montré l'existence d'une masse de sédiments, évaluée à environ 1200 pieds, contenant une faune nombreuse, et correspondant à un grand développement de couches ayant à peu près l'âge de la formation calcifère et de celle de Chazy, ou plus exactement à une formation intermédiaire, et constituant en quelque sorte des couches de transition de l'une à l'autre. Dans cette nouvelle formation étaient contenus les graptolithes déjà décrits par Hall, et les nombreux crustacés et brachiopodes décrits par Billings, qui tous appartiennent aux ardoises et aux calcaires de Lévis. A ces roches et à celles qui y sont associées, Sir W. Logan donne alors le nom de groupe de Québec, y comprenant, outre le terrain fossilifère de Lévis, une masse considérable d'ardoises, de grès et de calcaires magnésiens, jusqu'ici dépourvus de fossiles, que l'on a appelés roches de Lauzon, et les grès et les schistes de Sillery, qu'il regarde comme le sommet du groupe, et qui n'avaient donné qu'une Obolelle et deux espèces de Lingula (2). Le volume du groupe entier est d'environ 7000 pieds.

Les preuves paléontologiques ainsi obtenues par Billings et Hall, dans le voisinage de Québec et dans le Vermont, firent conclure que les couches de ces régions, si semblables aux couches supérieures de la région du Champlain, sont en réalité un grand développement, sous une forme modifiée, de quelques-unes de ses parties inférieures. Leurs rapports stratigraphiques apparents furent expliqués par Logan au moyen de la supposition « d'un pli renversé à inclinaison contraire, avec une rupture et une grande dislocation le long du sommet, ce qui amène le groupe de Québec au-dessus de celui de l'Hudson. Quelquefois il peut se trouver superposé au terrain d'Utica renversé; et, dans le Vermont, des points du système de Trenton renversé semblent surgir de temps en temps de dessous les couches qui le recouvrent. » Logan déclarait en même temps que « la structure physique seule ne pouvait faire soupçonner à personne la rupture qui doit exister dans le voisinage de Québec, et que, sans les fossiles, tout le monde serait en droit de la nier (3). »

Les roches du Vermont occidental, qui ont fourni à Hall ses *Olenellus*, ont longtemps été connues sous le nom de grès rouge, et, comme nous l'avons vu, furent, en 1842, rapportées par Emmons à l'époque du grès de Médina, opinion qu'Adams soutint jusqu'en 1847 (4). Cependant, Emmons avait, en 1855, déclaré que cette roche représente la couche calcifère et celle de Potsdam, rapportant à cette dernière les grès bruns de Burlington et de Charlotte dans le Vermont (5). Cette manière de voir fut confirmée par Billings, qui, en 1861, après avoir visité cette région et examiné les débris organiques du grès rouge, lui assigna une position près de l'horizon du groupe de Potsdam (1). Certains trilobites trouvés dans ce grès rouge par Adams en 1847, furent reconnus par Hall comme appartenant au genre européen *Conocéphale* (= *Conocéphalite* et *Conocoryphe*), dont l'horizon géologique était alors indéterminé (2). Le terrain en question se compose en grande partie de dolomite granulaire, rouge ou tachetée, associée à des couches de grès avec fucoïdes, de conglomérats et d'ardoise. Ces roches ont été soigneusement examinées par Logan, à Swanton, dans le Vermont, où, d'après lui, elles ont une épaisseur de 2200 pieds, et contiennent, près de leur base, une masse de schistes grossiers, de couleur foncée, avec Olénellus, Conocéphalite, Obolelle, etc.; le *Conocéphalite Teucer*. de Billings est commun aux schistes et aux couches de grès rouge (3). Un grand nombre de ces fossiles se trouvent aussi à Troy et dans le mont *Bald*, État de New-York, ainsi que l'Atops d'Emmons, maintenant reconnu par Billings pour une espèce de Conocéphalite.

Ces conditions se retrouvent, dans la direction du nord-est, le long de la région des Appalaches. Au sud du Saint-Laurent, au-dessous de Québec, une grande épaisseur de calcaires, de grès et d'ardoises, autrefois attribuée au groupe de Québec, est maintenant regardée par Billings comme appartenant, du moins en partie, à la formation de Potsdam ; tandis que, sur la côte du Labrador et dans le nord de Terre-Neuve, la même formation, caractérisée par les mêmes fossiles que dans le Vermont, est très-développée, et, selon Murray, atteint en certains endroits une épaisseur de 3000 pieds ou plus. Le long de la côte nord de l'île, ces couches sont presque horizontales, et semblent porter une stratification concordante d'environ 4000 pieds de couches fossilifères, représentant le grès calcifère et le terrain de Lévis.

M. Billings a décrit une coupe faite en partant du terrain laurentien de Crown-Point, dans le New-York, pour aboutir au Cornwall, dans le Vermont, et d'après laquelle il paraît qu'à l'est d'une dislocation qui ramène le terrain de Potsdam au-dessus des couches plus élevées de la région du Champlain, le Potsdam lui-même est recouvert, sous un angle assez faible, par une grande masse de calcaires représentant la couche calcifère, et ayant à leur sommet quelques-uns des fossiles qui caractérisent le terrain de Lévis. Ensuite viennent, en remontant, au moins 2000 pieds de calcaires, avec fossiles de Trenton (comprenant probablement la région de Chazy), tandis qu'à l'est reparaît le Lévis, avec les calcaires blancs de Stockbridge (4). Nous avons ici la preuve que l'augmentation de volume observée dans les couches inférieures de la région du Champlain, près des Appalaches, s'étend jusqu'à la région de Trenton : celle-ci, à l'ouest du lac Champlain, n'est pas représentée par plus de 500 pieds de calcaires, y compris le Chazy. Le Potsdam, dans cette dernière région, présente de 500 à 700 pieds de grès, avec Conocéphalites et Lingulelles, surmontés de 300 pieds de calcaire magnésien, que l'on appelle grès calcifère. Dans la vallée du Mississippi, ces deux formations dans l'Iowa, le Missouri et le Texas, sont représentées par de 800 à 1300 pieds de grès et de calcaire magnésien, tandis que dans les *Black-Hills* (collines noires) du Nebraska, d'après Hayden,

(1) Pour la correspondance échangée à ce sujet entre Barrande, Logan et Hall, voyez *Amer. Journ. Sc.*, II, XXXI, 210-226.

(2) Voyez Billings, *Paleozic fossils of Canada*, p. 69.

(3) Lettre de Logan à Barrande, *Amer. Journ. Sc.*, II, XXXI, 218. La date véritable de cette lettre est le 31 décembre 1860, mais une faute d'impression en a fait 1831.

(4) Adams, *Amer. Journ. Sc.*, II, V, 108.

(5) Emmons, *American Geology*, II, 128.

(1) *Amer. Journ. Sc.*, II, XXXII, 232.

(2) *Amer. Journ. Sc.*, II, XXXIII, 374.

(3) *Geology of Canada*, 1863, p. 281. *Amer. Journ. Sc.*, II, XLVI, 224.

(4) *Amer. Journ. Sc.*, 227.

le seul représentant de ces couches inférieures est environ 100 pieds de grès contenant des fossiles du Potsdam (1).

Comme pour faire contraste à ce fait, on a reconnu que, le long de la chaîne des Appalaches, de Terre-Neuve jusqu'au Tennessee, ces couches inférieures sont représentées par de 8000 à 15 000 pieds de sédiments fossilifères. Logan a pensé que peut-être ces conditions si différentes représentent d'un côté les amas déposés par une mer profonde, et, de l'autre, les dépôts d'une mer peu profonde qui aurait couvert un plateau de continent submergé ; les sédiments des deux surfaces sont caractérisés par une faune semblable, quoique leurs caractères lithologiques et leur épaisseur soient bien différents. A cela nous pouvons ajouter que, le continent ayant probablement été tour à tour submergé et relevé, a reçu des couches qui ne représentent que d'une manière partielle et imparfaite la grande série de couches qui s'accumulait dans l'océan adjacent (2).

Dans un mémoire que j'espère présenter à la Section de géologie pendant cette session, je montrerai, par une étude des roches du bassin de l'Ottawa, que la région-type du Champlain non-seulement présente des interruptions paléontologiques importantes, mais encore des preuves de discordance stratigraphique à plus d'un étage de sa partie continentale ; et, comme cette discordance est le résultat de mouvements considérables, on pourrait s'attendre à la trouver représentée dans la région des Appalaches. Dans celle-ci, Logan a déjà fait observer que l'absence de toutes les couches du terrain de Lévis, excepté les plus élevées, le long de la limite orientale du Potsdam, près de Swanton, dans le Vermont, tandis qu'elles reparaissent avec toute leur épaisseur un peu plus à l'ouest, cette absence, dit-il, fait croire qu'il y a manque de conformité entre les deux ; et, ici, j'ai insisté sur l'absence complète de la couche calcifère, qui se rencontre un peu plus au sud dans la section que je viens de citer, comme donnant une autre preuve de ce manque de conformité (3). Il y a aussi, selon moi, des raisons de soupçonner une autre interruption stratigraphique au sommet du groupe de Québec, et, dans ce cas, plusieurs des problèmes de la structure géologique de cette région en seront notablement simplifiés.

Il ne faut pas oublier que les conditions de dépôt dans certains bassins ont été telles que les couches accumulées, correspondant à de longues périodes géologiques, et marquées autre part par des interruptions stratigraphiques, sont disposées avec stratification concordante ; et, en outre, que des mouvements d'élévation et de dépression ont même causé de grandes interruptions paléontologiques, sans être, sur des étendues considérables, marquées par aucune discordance apparente. Ainsi, l'interruption remarquable de faune qui existe entre les couches calcifères et celles de Chazy, n'est accompagnée d'aucune discordance appréciable dans le bassin de l'Ottawa ; et, dans le Nébraska, d'après Hayden, le terrain de Potsdam, le terrain carbonifère, le terrain jurassique et le terrain crétacé sont tous représentés par environ 1200 pieds de couches concordantes (4). En Suède, toute la série, depuis la base du terrain cambrien jusqu'au sommet du terrain silurien supérieur, n'offre que des stratifications concordantes,

(1) *Amer. Journ. Sc.*, II, XXV, 439, XXXI, 234.
(2) *Amer. Journ. Sc.*, II, XLVI, 225.
(3) *Amer. Journ. Sc.*, II, XLVI, 225.
(4) *Amer. Journ. Sc.*, II, XXV, 440.

tandis qu'au nord du pays de Galles, quoiqu'il n'y ait pas de discordance apparente depuis la base du terrain cambrien jusqu'au sommet des schistes à *lingule*, il doit y avoir, d'après Ramsey, des interruptions stratigraphiques et à la base et au sommet des ardoises de Trémadoc (1), que l'on considère comme l'équivalent du terrain de Lévis.

Nous avons vu que, d'après Logan, une dislocation un peu au nord du lac Champlain fait passer le groupe de Québec au-dessus des couches les plus élevées de la région du Champlain. Le même soulèvement, selon lui, fait remonter plus au sud le grès rouge du Vermont, qui, à l'ouest de la dislocation, repose sur les couches soulevées et interverties de différents terrains, depuis le grès calcifère jusqu'aux schistes d'Utica et du fleuve Hudson. Ces derniers, selon lui, parcourent des espaces considérables en passant sous des couches presque horizontales de grès rouge, l'ardoise d'Utica conservant dans un cas son fossile caractéristique le *Triarthrus Beckii*. Ce rapport, qui se voit bien dans une coupe faite à Saint-Albans, et représentée par Hitchcock (2), était considéré par Emmons et Adams comme la preuve que le grès rouge représente le grès de Médine du système du New-York. Cependant, quand le premier eut reconnu que le grès, avec son *Olenellus*, qu'il prenait pour un paradoxide, est du même âge géologique que le terrain de Potsdam, il considéra cet état de choses comme prouvant l'existence, au-dessous du terrain de Potsdam, d'une série fossilifère plus ancienne et à stratification discordante, dont nous avons déjà parlé.

Nous avons vu que Rogers regardait les roches Taconiques comme ayant le même âge que celles du Champlain ; à cette opinion Emmons opposait trois objections : d'abord les grandes différences, sous le rapport des caractères lithologiques, de l'ordre et de l'épaisseur, qui existent entre les roches Taconiques et celles de la région du Champlain, telles qu'elles étaient auparavant connues dans le New-York ; en second lieu, la supposition de l'existence d'une série fossilifère à stratification discordante au-dessous des roches de Potsdam ; enfin la faune distincte que l'on attribuait aux roches Taconiques. La première de ces objections est réfutée par ce fait maintenant établi, que, dans la région des Appalaches, la division du Champlain est représentée par des roches qui ont, en même temps que les mêmes débris organiques, des caractères lithologiques bien différents, et une épaisseur dix fois plus grande que dans la région-type du Champlain, au nord de l'État de New-York. On a déjà répondu à la seconde objection, en montrant que les roches qui passent sous la série de Potsdam sont en réalité des formations plus récentes, appartenant à la partie supérieure de la série, et qu'elles contiennent un fossile qui caractérise l'ardoise d'Utica. Quant au troisième point, on y a aussi répondu, pour ce qui regarde l'Atops et l'Elliptocéphale, en démontrant que ces deux genres appartiennent au terrain de Potsdam. Si nous examinons plus en détail la faune Taconique, nous trouvons que le calcaire de Stockbridge (calcaire éolien de Hitchcock), qu'Emmons plaçait presque à la base du terrain Taconique inférieur, tandis que les ardoises à Olénelle sont près du sommet du terrain Taconique supérieur, que le calcaire de Stockbridge, disons-nous, est aussi fossilifère, et qu'il contient, d'après le professeur Hall, des espèces appartenant au genre

(1) *Quart. Geol. Journal*, XIX, 36.
(2) *Geology of Vermont*, p. 374.

Euomphale, Zaphrentis, Stromatopore, Chaétète et Stictopore (1). Une telle faune ferait conclure que ces calcaires, au lieu d'être plus anciens, sont en réalité plus récents que les couches à Olénelle, et que l'ordre apparent de succession, contrairement à l'opinion d'Emmons, est le véritable. Cette conclusion a encore été confirmée par les résultats obtenus en 1868 par M. Billings : ce géologue a trouvé dans cette région un grand nombre des espèces qui caractérisent le terrain de Lévis, beaucoup étant dans des couches immédiatement au-dessus et au-dessous des marbres blancs (2). Ces derniers, d'après les observations récentes faites par le Rév. Augustus Wing, aux environs de Rutland, dans le Vermont, sembleraient appartenir aux couches supérieures du terrain de Potsdam. Ainsi, tandis que quelques-uns des fossiles Taconiques appartiennent aux terrains de Potsdam et d'Utica, le plus grand nombre, venant des couches que l'on suppose être à la partie inférieure du système, est reconnu encore du même âge que le terrain de Lévis. Il n'est donc pas prouvé, jusqu'à présent, qu'il existe, parmi les roches sédimentaires non altérées de la base occidentale des Appalaches, dans le Canada ou la Nouvelle Angleterre, des couches plus anciennes que celles de la région du Champlain, auxquelles leurs débris organiques rattachent les roches Taconiques fossilifères.

M. Billings a, il est vrai, distingué provisoirement ce qu'il appelle la division supérieure et la division inférieure du terrain de Potsdam. C'est à la seconde qu'il rapporte le grès rouge et les ardoises à Olénelle du Vermont, ainsi que les couches qui contiennent des fossiles semblables à Troy, dans le New-York et le long du détroit de Belle-Isle, dans le Labrador et l'île de Terre-Neuve. La division supérieure du terrain de Potsdam est représentée par les grès de la base du bassin de l'Ottawa et de la vallée du Mississippi (3). Dans l'état actuel de nos connaissances sur les variations locales des sédiments et de leur faune, selon la profondeur, la température et les courants de l'Océan, Billings croit cependant qu'il ne serait pas prudent d'affirmer que ces deux types du terrain de Potsdam ne représentent pas des dépôts contemporains.

V. — Rapports entre la géologie de l'Amérique et celle de l'Europe. — La base de la région du lac Champlain, telle qu'elle est connue par le terrain de Potsdam, dans l'État de New-York, la vallée du Mississippi et la zone appalachienne, ne représente cependant pas la base de la série paléozoïque en Europe. Les ardoises alumineuses de la Suède se divisent en deux parties : une zone supérieure, ou zone à *Olenus*, et une zone inférieure, ou zone à Conocoryphe. Telle est la distinction établie par Angelin. Cette dernière zone est caractérisée par le genre paradoxide, qui occupe aussi un étage inférieur des roches paléozoïques primitives de la Bohême (étage C de Barrande), dont la plupart sont considérées comme correspondant à la zone à *Olenus* en Suède et au terrain de Potsdam, dans l'Amérique du Nord. Les dalles à *Lingula* du pays de Galles appartiennent au même horizon, et c'est à leur base, dans les couches autrefois rapportées aux dalles inférieures à *Lingula*, que se trouve le paradoxide. Ces couches, pour lesquelles Hicks et Salter ont, en 1865, proposé le nom de *groupe ménévien*, sont considérées comme correspondant à l'étage inférieur des ardoises alumineuses, et, comme cet étage, contiennent une faune qui n'a pas encore été reconnue dans les roches de la base du système du New-York. Nous approchons ici du terrain contesté entre le système cambrien et le système silurien des géologues anglais. Le cambrien, tel que Sedgwick l'a d'abord défini, comprenait à son étage supérieur les dalles moyennes et supérieures à *Lingula*, avec les ardoises de Trémadoc au-dessus, jusqu'à la base des roches de Llandeilo; on peut le regarder comme correspondant au terrain de Potsdam, au terrain calcifère et à celui de Lévis. Le système cambrien inférieur comprenait les dalles inférieures à *Lingula*, et les roches supérieures et inférieures de Longmynd, qui correspondent respectivement aux grès durs de Harlech et aux ardoises de Llanberis. Cependant une partie du système cambrien a été réclamée pour le silurien par Murchison, qui trace la ligne de partage au haut des roches de Longmynd, laissant les trois étages de dalles à *Lingula* dans le système silurien. Lyell, au contraire, fait observer que Hicks et Salter ont prouvé que les couches ménéviennes, que par des considérations lithologiques Sedgwick rangeait parmi les couches inférieures des dalles à *Lingula*, en sont très-distinctes au point de vue lithologique; et, rattachant le groupe ménévien au terrain cambrien inférieur, il attribue toutes les dalles à *Lingula* au système cambrien supérieur.

Lyell admet donc tout le système cambrien tel que Sedgwick l'avait primitivement défini, et cette classification est maintenant adoptée par Linarsson, en Suède, où, dans la Westrogothie, les roches cambriennes, qui reposent à stratification discordante sur des schistes cristallins dont nous parlerons plus loin, soutiennent à leur tour, mais à stratification concordante, les calcaires à Orthocératite, qu'il considère comme formant la base du système silurien et comme correspondant aux roches de Llandeilo, dans le pays de Galles. L'épaisseur totale de ces roches inférieures, en Suède, y compris les couches qui correspondent aux dalles à *Lingula*, les couches ménéviennes et un grès inférieur à fucoïdes (*Eophyton*), n'est que de 300 pieds, tandis que les deux premiers étages, dans le pays de Galles, ont une épaisseur de 5 à 6000 pieds, et que les grès de Harlech et les ardoises de Llanberis, avec les ardoises à toiture du pays de Galles, qui se trouvent au-dessous, donnent une épaisseur de 8000 pieds de plus. Des recherches récentes ont montré que ces roches inférieures, dans le pays de Galles, contiennent une faune abondante, qui descend à environ 2800 pieds, depuis le système ménévien jusqu'à la base même de couches qui sont regardées comme correspondant aux grès de Harlech. Les brachiopodes des couches de Harlech semblent identiques avec ceux du terrain ménévien; mais on y rencontre de nouvelles espèces de *conocéphalites*, de *microdisques* et de *paradoxides*, outre un nouveau genre, le *Plutonia*, qui se rapproche du dernier nommé. M. Hicks, à qui nous devons ces découvertes, fait observer que le groupe ménévien nous donne jusqu'ici un horizon paléontologique bien marqué pour le sommet du système cambrien, qui correspond au cambrien inférieur, tel qu'il est défini par Sedgwick (1).

Le système cambrien supérieur, dans l'Amérique du Nord, comprendrait ainsi la moitié inférieure du terrain du lac

(1) *Geology of Vermont*, 419, et *Amer. Journ. Sc.*, II, XXXIII, 419.
(2) *Amer. Journ. Sc.*, II, XLVI, 227.
(3) *Report. Geol. of Canada*, 1863-66, p. 236.

(1) *Géol. Mag.*, V. 806; et *Rép. Brit. Assoc.*, 1868, p. 69; voyez aussi Harkness et Hicks dans *Nature*, *Proc. Géol. Soc.* Mai 10, 1871.

Champlain, depuis la base du terrain de Potsdam jusqu'au sommet de celui de Lévis, en y comprenant peut-être le Chazy, tandis que le système cambrien inférieur, le cambrien de Murchison et de Hicks, est représenté par les couches qui contiennent des paradoxides dans l'île de Terre-Neuve, le New-Brunswick et le Massachusetts oriental. Bien qu'aucune couche contenant de ces fossiles n'ait encore été trouvée dans les Appalaches, il n'est pas improbable qu'on en puisse encore trouver. En mai 1861, j'ai signalé le fait que des couches de conglomérat quartzeux, à la base du terrain de Potsdam, à Hemmingford, près du débouché occidental du lac Champlain, contiennent des fragments d'ardoises vertes et noires, « qui prouvent que des ardoises argileuses y ont précédé le dépôt du grès de Potsdam » (1). Les couches plus anciennes qui ont fourni ces débris d'ardoises au conglomérat de Potsdam, ont peut-être été détruites ou sont cachées, mais on peut encore découvrir ou ces couches mêmes ou leurs équivalents, dans quelque partie de la grande région des Appalaches. On ne doit pas cependant leur donner le nom de *taconiques*, mais bien le nom de *cambriennes*, à moins toutefois qu'on ne reconnaisse que ces débris d'ardoises proviennent des couches plus riches en argile des schistes huroniens, qui sont plus anciens encore. Emmons regardait son système taconique comme l'équivalent du cambrien inférieur de Sedgwick; mais, lorsqu'en 1842 Murchison annonça que le nom de cambrien n'avait plus de signification zoologique, puisqu'il était identique avec le silurien inférieur (2), Emmons, pensant, comme il nous le dit, que toutes les roches cambriennes n'étaient pas siluriennes, au lieu de conserver le nom adopté par Sedgwick, qui, avec les progrès des études paléontologiques, prend une grande importance zoologique, imagina le nom de *taconique* comme synonyme de *cambrien inférieur* (3), quoique, nous l'avons vu, aucune preuve paléontologique ne soit encore venue démontrer l'identité d'une partie quelconque des couches taconiques avec les roches cambriennes inférieures bien définies de nos côtes orientales.

Les couches cristallines infra-siluriennes auxquelles les géologues qui ont étudié le Canada ont donné le nom d'*huroniennes*, ont quelquefois été appelées *cambriennes*, à cause de leur ressemblance avec certaines roches d'Anglesea, que l'on a considérées comme des roches cambriennes modifiées. Les roches cambriennes types du pays de Galles, jusqu'à leur base, sont cependant des sédiments non cristallins, et, comme le docteur Bigsby l'a fait voir en 1864 (4), il ne faut pas les confondre avec les roches huroniennes; lui-même regardait celles-ci comme équivalentes à la seconde division des roches dites *azoïques* de la Norwége, les *Urschiefer* ou schistes primitifs, qui, dans cette contrée, reposent à stratification discordante sur le gneiss primitif (*Urgneiss*), et supportent à leur tour, avec stratification discordante aussi, les couches cambriennes fossilifères. Cette seconde série, ou série intermédiaire en Norwége, est caractérisée par la présence d'eurites, de schistes micacés, chloritiques et hornblendiques, avec des diorites, de la stéatite et des serpentines de couleur

(1) *Amer. Journ. Sc.*, II, XXXI, 404.
(2) *Proc. Geol. Soc. London*, III, 642.
(3) Emmons, *Geol. N. District of New York*, 162; et *Agric. of New-York*, I, 49.
(4) *Quart. Journ. Geol. Soc.*, XIX, 36.

foncée, généralement associés à du chrome; elle contient en abondance des minerais de cuivre, de nickel et de fer. Pour ses caractères minéralogiques et lithologiques, l'Urschiefer correspond à ce que nous avons appelé la seconde série des schistes cristallins. En Norwége, il se divise en étage inférieur ou quartzeux, où dominent les quartzites, les conglomérats et des roches plus massives, et en étage supérieur, qui est plus schisteux. Macfarlane, qui connaissait bien les roches de la Norwége, après avoir examiné les couches huroniennes du lac Supérieur et les couches cristallines des montagnes Vertes, avait, dès 1862, déclaré que selon lui les deux groupes représentaient l'Urschiefer de la Norwége (1), devançant ainsi par ses études comparatives les conclusions de Bigsby.

Les roches cristallines d'Anglesea et de la partie adjacente du comté de Caernarvon, qui ont été décrites et marquées sur la carte de la commission anglaise de géologie comme roches cambriennes inférieures altérées, sont immédiatement au-dessous de couches des roches de Llandello et de Bala, qui correspondent aux terrains de Trenton et du fleuve Hudson. Si nous consultons le rapport de Ramsay sur cette région, nous verrons qu'il les indique comme « probablement cambriennes », donnant pour raison de cette opinion qu'elles se relient par certaines couches présentant des caractères lithologiques intermédiaires à d'autres couches qui sont indubitablement de l'époque cambrienne (2). Cependant, il le reconnaît, ces couches présentent de grandes variations locales, et, après mûr examen de toutes les preuves produites, je suis disposé à ne voir là que l'existence, dans cette région, de couches cambriennes composées de débris de la grande masse de schistes précambriens, qui sont les roches cristallines d'Anglesea. Ce phénomène se trouve répété, dans bien des cas, parmi nos roches de l'Amérique du Nord, et c'est là l'explication véritable de bien des exemples prétendus de passage de schistes cristallins à des sédiments non cristallins. Les roches d'Anglesea offrent une série très-inclinée et violemment tourmentée de schistes quartzeux, micacés, chloritiques et épidotiques, avec des diorites et des serpentines chromifères de couleur foncée; et, après les avoir soigneusement examinés dans les collections de la commission géologique de la Grande-Bretagne, je les trouve tous identiques avec les roches des montagnes Vertes ou de la série huronienne. Phillips et Sedgwick ont la même opinion sur leur âge géologique, opinion qui est en contradiction avec celle de la commission géologique. Le premier affirme que les schistes cristallins d'Anglesea sont « inférieurs à toutes les roches cambriennes » (3); et Sedgwick est d'avis qu'elles sont « d'une autre époque que les autres roches du district, et évidemment plus anciennes » (4).

Associée aux roches dévoniennes fossilifères du Rhin, se trouve une série de schistes cristallins semblables à ceux dont nous venons de parler, et que l'on voit dans le Taunus, le Hundsrück et les Ardennes. Dumont les regardait comme appartenant à un système plus ancien; mais Römer, qui ne partage pas sa manière de voir, déclare qu'ils proviennent

(1) *Canadian Naturalist*, VII, 125.
(2) *Geol. of North Wales*, pp. 145, 175.
(3) *Manual of Geology* (1855), 89.
(4) *Geol. Journal for* 1845, 449.

d'une altération subséquente d'une partie des sédiments du Devonshire (1).

Si nous passons maintenant aux *Highlands* de l'Écosse, nous trouvons une série semblable de schistes cristallins offrant tous les caractères minéralogiques de ceux de la Norwége et d'Anglesea, qui, d'après Murchison et Giekie, ne sont ni de l'époque cambrienne, ni de de l'époque pré-cambrienne, mais sont plus récents que les calcaires fossilifères de la côte occidentale, à peu près à l'étage du terrain de Lévis, lesquels semblent passer au-dessous d'eux. Le professeur Nicol, au contraire, soutient que cette superposition apparente est due à des soulèvements, et que ces schistes cristallins sont, en réalité, plus anciens que les cambriens ou les siluriens, qui se voient tous deux à l'ouest des premiers, sous forme de sédiments non cristallins reposant sur le terrain laurentien. Néanmoins, il ne confond pas ces schistes cristallins des Highlands de l'Écosse avec les schistes laurentiens, dont ils diffèrent minéralogiquement; mais il les regarde comme une série distincte (2). En présence des différences d'opinion qui se sont manifestées dans cette controverse, on nous permettra de demander si, dans un cas semblable, on ne doit s'appuyer que sur les preuves stratigraphiques. Des exemples fort nombreux ont montré que les plus habiles stratigraphes peuvent se tromper en étudiant la structure d'une région tourmentée où il n'y a pas de débris organiques pour les guider, ou bien encore dans laquelle des affaissements et des déplacements inattendus peuvent tromper même les plus sagaces. Je suis convaincu que, dans l'étude des schistes cristallins, la persistance de certains caractères minéralogiques doit servir de guide, et qu'on doit appliquer aux couches cristallines ces paroles prononcées par Delesse en 1847 : « Les roches de la même époque ont presque toujours la même composition chimique et minéralogique; et, réciproquement, les roches qui ont la même composition chimique, et qui contiennent les mêmes minéraux associés de la même manière, sont de la même époque (3). »

Sur ce point le témoignage du professeur James Hall vient fort à propos. Voici ce qu'il dit au sujet des schistes cristallins de la série des montagnes Blanches :

« Tout observateur attentif qui a une ou deux années d'expérience dans l'étude des minéraux des États de la Nouvelle-Angleterre, sait bien qu'il peut suivre un micaschiste d'un caractère particulier mais cependant variable, du Connecticut dans le Massachusetts central, et de là dans le Vermont et le New-Hampshire, grâce à la présence de la staurolite et de quelques autres minéraux qui accompagnent ce micaschiste, et qui indiquent les rapports géologiques de la roche avec autant de certitude que la présence du *Pentamerus oblongus*, du *P. Galeatus*, du *Spirifer Niagarensis* ou du *S. macropleura* et des fossiles qui les accompagnent, marque les rapports des différentes roches où se rencontrent ces fossiles (4). »

Je suis convaincu que l'on reconnaîtra que ces schistes cristallins d'Allemagne, d'Angleterre et des *Highlands* de l'Écosse appartiennent, comme ceux de la Norwége, à une époque antérieure au dépôt des sédiments cambriens, et qu'ils correspondent aux séries gneissiques plus récentes de notre région des Appalaches. Il existe, dans les *Highlands* de l'Écosse, une quantité énorme de micasschistes à grains fins, disposés en couches minces, avec de l'andalusite, de la staurolite et de la cyanite ; on les trouve dans les comtés d'Argyle, d'Aberdeen, de Banff et dans les îles Shetland. Des roches que Harkness regarde comme identiques à celles des *Highlands* d'Écosse se rencontrent aussi en Irlande, dans les comtés de Donegal et de Mayo. Grâce à l'obligeance du Rev. Prof. Haughton de *Trinity College*, et à celle de M. Robert H. Scott, alors à Dublin, j'ai reçu, il y a quelques années, une grande collection des roches cristallines de Donegal, que je puis ainsi comparer avec celles de l'Amérique du Nord ; je puis donc affirmer qu'en Irlande se retrouvent notre seconde et notre troisième série de schistes cristallins. Les roches des montagnes Vertes y sont représentées d'une manière exacte par les serpentines chromifères de couleur foncée d'Aghadoey, et par la stéatite, le talc cristallin et l'actinolithe de *Crohy Head ;* d'autre part, le micaschiste de Loch Derg, avec du quartz blanc, de la cyanite bleue, de la staurolithe et du grenat, tous réunis dans le même fragment, ne peuvent se distinguer d'échantillons trouvés à Cavendish, dans le Vermont, et à Windham dans le Maine. Les schistes andalusites à grains fins de *Clooney Lough* sont exactement semblables à ceux du mont Washington ; et les ardoises micacées granitoïdes de plusieurs autres endroits du comté de Donegal se rattachent d'une manière aussi évidente au type de la série des montagnes Blanches. On rencontre sur le mont Skiddaw, dans le Cumberland (Angleterre), des schistes micacés semblables, avec de l'andalusite (chiastolithe), dont les rapports ont été clairement définis par Sedgwick, qui répartit les roches du Skiddaw en quatre groupes. Le groupe le moins élevé, après le granite, est une série de roches cristallines, dont la composition n'est pas indiquée, à veines minérales ; « elles ressemblent un peu aux roches de la Cornouaille, et contiennent, vers le sommet, « des schistes de chiastolithe. » Après ces roches, en montant, viennent deux grandes séries d'ardoises et de grès durs, auxquelles succède une quatrième série de schistes, quelquefois carbonacés, contenant çà et là des fucoïdes et des graptolithes, qui semblent supporter une couche, à stratification discordante, de conglomérats de trap et d'ardoises chloritiques (1). Les graptolithes des ardoises du Skiddaw sont identiques avec ceux du terrain de Lévis (2), et il faut remarquer que, quoique Sedgwick place les micaschistes avec andalusite (chiastolithe) si loin au-dessous des couches à graptolithe, il dit autre part, en comparant les roches du nord du pays de Galles et celles du Cumberland, que les roches chloritiques et micacées d'Anglesea et du Caernarvon ne sont pas représentées dans le Cumberland, parce qu'elles sont distinctes des autres roches du nord du pays de Galles, et beaucoup plus anciennes (3).

A Victoria, en Australie, la position des schistes avec chiastolithe est, d'après Selwyn, au-dessous des ardoises graptolithiques. Il est vrai que Boblaye a affirmé en 1838 que les schistes avec chiastolithe de Les Salles, près de Pontivy, en Breta-

(1) Naumann, *Géognosie*, 2e édition, II, 383.
(2) *Quart. Journ. Geol. Soc.;* Murchison, XV, 353; Giekie, XVII, 171; Nicol, XVII, 58; XVIII, 443.
(3) *Bull. Soc. géol. de France* (2), IV, 786.
(4) *Paleontology of New-York*, vol. III, Introduction, p. 93.

(1) *Synopsis of British Paleozoic Rocks*, p. LXXXIV, introduction au *British Pal. fossils* de Mc Coy (1855).
(2) Harkness et Salter, *Quart. Journ. Geol. Soc.*, XIX, 135.
(3) *Geol. Journ.* (1845), IV, 583.

gne, contiennent des *Orthis* et des *Calymènes* (1); mais, si nous nous rappelons que même des observateurs expérimentés, étudiant les montagnes Blanches, ont pendant quelque temps pris pour des débris de crustacés et de brachiopodes certaines formes confuses, qui furent plus tard reconnues comme inorganiques, et que Dana signale à ce propos la ressemblance trompeuse qu'ont avec les fossiles certains cristaux de chiastolithe imparfaitement développés, que l'on trouve dans la même région (2), il nous sera bien permis d'attendre la confirmation de l'observation de Boblaye, surtout lorsque nous voyons que, plus récemment encore, d'Archiac et Dalimier sont d'accord avec de Beaumont et Dufrénoy pour placer les schistes avec chiastolithe de la Bretagne à la base même des sédiments de transition qui marquent le sommet des schistes cristallins (3).

Quant aux schistes cristallins des lacs Huron et Supérieur, auxquels on a donné le nom de système huronien, les observations de tous ceux qui ont étudié cette région s'accordent à les placer, à stratification discordante, au-dessous des sédiments que l'on présente comme formant la base du système de New-York, tandis que, d'un autre côté, ils reposent, à stratification discordante, sur le gneiss laurentien, dont il se trouve des fragments dans les conglomérats huroniens. Cependant, comme nous l'avons vu, la série gneissique des montagnes Vertes était, depuis 1841, regardée par les frères Rogers, par Mather, Hall, Hitchcock, Adams, Logan, moi-même et d'autres, comme appartenant à l'époque silurienne. Eaton et Emmons seuls avaient invoqué en sa faveur une époque précambrienne, jusqu'à ce qu'en 1862, Macfarlane se hasardât à l'unir au système huronien, et à les identifier tous deux avec les schistes cristallins de même âge en Norwége. Des observations plus récentes faites dans le Michigan sont venues justifier ce rapprochement, car non-seulement les couches plus schisteuses de la série des montagnes Vertes, mais encore les micaschistes de la troisième série, ou série des montagnes Blanches, avec staurolithe et grenat, sont représentées, dans le Michigan, comme le prouvent les collections récentes du major Brooks, de la commission d'exploration géologique du Michigan, collections qu'il a bien voulu me permettre d'examiner. Je tiens de lui que ces derniers schistes sont les plus élevés dans les couches cristallines de la Péninsule septentrionale.

Au nord du lac Supérieur, comme je l'ai déjà dit dans un autre travail, les schistes de cette troisième série, que dès 1861 je comparais à ceux des Appalaches, s'étendent sur une vaste surface, et, dans le comté de Hastings, à 40 milles au nord du lac Ontario, on trouve des roches ayant les caractères minéralogiques et lithologiques de la seconde et de la troisième série, et reposant sur la première série ou terrain laurentien, toutes trois à stratification discordante, et chacune à son tour recouverte d'une couche horizontale de calcaire de Trenton (4).

Nous avons fait voir qu'en Pensylvanie, tandis que quelques-uns de ces schistes de la seconde et de la troisième série étaient regardés par H. D. Rogers comme des roches primitives altérées, d'autres, lithologiquement semblables, étaient rapportées par lui à la série plus ancienne appelée azoïque, ce que nous croyons être leur position véritable. Le professeur W. B. Rogers m'a dit, il y a quelque temps, qu'en Virginie la série de gneiss qui présente les caractères des roches des montagnes Vertes est évidemment recouverte d'une stratification discordante, composée des couches les plus basses du terrain paléozoïque primitif de cette région. Quand on s'avance vers le Nord, on trouve que les argilites non cristallines et les grès à paradoxides de Braintree, dans le Massachusetts (1), et de Saint-John, dans le Nouveau-Brunswick, recouvrent à stratification discordante des schistes cristallins de la seconde série, et, pour la dernière région, dans une certaine localité, des roches que Bailey et Matthew regardent comme appartenant à l'époque laurentienne. De même, à Terre-Neuve, une grande série de schistes cristallins, dans laquelle M. Murray reconnaît le système huronien tel qu'il l'a d'abord étudié et décrit dans l'Ouest, est recouverte à stratification discordante par un groupe de grès, de calcaires et d'ardoises contenant des paradoxides. Les gneiss et les micaschistes particuliers à la série des montagnes Blanches, semblent avoir pris un développement considérable à Terre-Neuve (2), ce qui m'a conduit à proposer pour eux le nom de système de Terre-Neuve.

Le rôle que jouent les débris de ces roches dans la production des sédiments postérieurs, ne permet pas toujours de définir facilement les limites qui séparent les micaschistes anciens des couches cambriennes, dans ces régions du nord-est de l'Amérique. Il n'est pas impossible que les deux systèmes se fondent peu à peu l'un dans l'autre, comme on l'a supposé, à Terre-Neuve et dans la Nouvelle-Écosse; mais jusqu'à ce que le sujet soit mieux connu, je suis disposé à considérer le rapport qui existe entre les deux systèmes comme un rapport de dérivation plutôt que de passage l'un dans l'autre.

Nous avons déjà parlé de l'histoire des roches des montagnes Blanches, autrefois considérées comme primitives, et décrites par Jackson comme un ancien axe granitique et gneissique, soulevant les roches plus récentes des montagnes Vertes. Les différences évidentes qui existaient entre elles et le gneiss plus ancien des monts Adirondack, et leur superposition apparente à la série des montagnes Vertes, alors regardées par les frères Rogers comme appartenant à la division du lac Champlain, engagèrent ceux-ci, en 1846, à considérer les montagnes Blanches comme des couches altérées appartenant à la division orientale de leur classification, et correspondant aux couches d'Oneida, de Medina et de Clinton du système du New-York. En 1848, sir William Logan arrivait à peu près à la même conclusion. Acceptant, comme nous l'avons vu, l'idée émise par Emmons, que les couches des environs de Québec comprennent une portion de la série orientale, et regardant les gneiss des montagnes Vertes comme l'équivalent des premières, sir William fut amené à placer les roches des montagnes Blanches encore plus haut dans la série géologique que MM. Rogers ne l'avaient fait, et à dire que ce pouvaient être les représentants altérés du système du New-York, depuis la base du Helderberg inférieur jusqu'au sommet du Chemung; en d'autres termes, il dit que ces roches n'appartenaient point au terrain silurien moyen, mais

(1) *Bull. Soc. géol. de Fr.*, X, 227.
(2) *Amer. Journ., Sc.*, II, I, 415, V, 116.
(3) *Bull. Soc. géol. de Fr.*, II, XVIII, 664.
(4) *Amer. Journ. Sc.*, II, XXXI, 395, et L, 85.

(1) Hunt, *Proc. Bost. Nat. Hist. Soc.*, oct. 19, 1870
(2) *Amer. Journ. Sc.*, II, L, 87.

au silurien supérieur et au terrain dévonien. Cette manière de voir, que j'adoptai et que je soutins (1), fut soutenue aussi par Lesley en 1860, et a été généralement acceptée jusqu'à ce jour. En 1870 cependant, je me hasardai à la mettre en question, et, dans une lettre adressée au professeur Dana, et qui a été publiée, je conclus, d'après un grand nombre de faits, qu'il existe un système de schistes cristallins distinct du système laurentien et du système huronien, et plus récent que tous deux ; je donnai provisoirement le nom de système de Terre-Neuve à cette série, qui est la troisième, ou série des montagnes Blanches : elle se montre non-seulement le long des Appalaches, mais plus à l'ouest, au nord du lac Ontario, autour du lac Supérieur et au delà (2). Quoique j'aie soutenu, avec la plupart des géologues américains, que les roches cristallines de la série des montagnes Vertes et de celle des montagnes Blanches sont des sédiments paléozoïques altérés, je ne trouve, après mûr examen des faits, aucune preuve satisfaisante de cet âge et de cette origine. Je vois au contraire une masse de faits qui me semblent incompatibles avec la théorie admise jusqu'ici, et qui me font conclure que tous nos schistes cristallins de la partie est de l'Amérique du Nord appartiennent non-seulement à l'époque pré-silurienne, mais même à l'époque pré-cambrienne.

Dans ce qui précède, j'ai cherché à discuter brièvement et avec impartialité quelques points de l'histoire des roches les plus anciennes, ainsi que les idées qui ont eu cours depuis trente ans, en Amérique et en Europe, sur leur âge et leurs rapports géologiques. Parmi les idées que j'ai émises, il en est qui éveilleront la critique, et qui, je l'espère, feront mieux étudier ces roches, dont la connaissance exacte est le fondement de la science géologique.

Je ne puis cependant conclure cette partie de mon sujet, sans parler des vues émises, en 1869, par le professeur Hermann Credner, de Leipzig, dans un mémoire sur les terrains éozoïques ou pré-siluriens de l'Amérique du Nord (3). Avec Macfarlane, il rapporte à la série huronienne les gneiss des montagnes Vertes ; mais il y ajoute, comme faisant partie du système huronien, les roches du Vermont appelées taconiques inférieures, « avec des restes d'annélides et de crinoïdes ». Credner tombe ainsi dans l'erreur même contre laquelle Emmons avait mis en garde les géologues américains, celle de confondre dans un même système les schistes cristallins anciens avec les sédiments fossilifères plus récents. Au-dessus de ces roches, et à stratification discordante, il place d'abord le système taconique supérieur, qui correspond, selon lui, à une partie du groupe de Québec ; et, ensuite, le grès de Potsdam. En cela, il a surtout copié Marcou ; cependant celui-ci groupe dans le système taconique toutes ces divisions différentes, tandis que Credner, rejetant ce nom, réunit au système huronien une partie du système taconique d'Emmons, et rattache l'autre partie, avec celui de Potsdam, au système silurien. Les mêmes idées sont exposées dans un mémoire plus récent du même auteur sur le système des monts Alléghany, travail accompagné de coupes, et d'une carte géologique coloriée (4). Dans ce mémoire, non content de comprendre dans le système huronien les couches fossilifères du terrain de Lévis, et les schistes cristallins des montagnes Vertes, il rapporte au même système les gneiss et les micaschistes des montagnes Blanches ; en même temps, il regarde comme laurentienne la large étendue de roches semblables qui va de leur base jusqu'à la mer, à Portland. La carte de Credner attribue aussi au système laurentien, en exceptant les montagnes Blanches elles-mêmes, toutes les roches de la troisième série, ou série des montagnes Blanches, qui couvrent une partie si considérable de la Nouvelle-Angleterre. Ceux qui ont suivi l'esquisse historique que je viens de tracer, peuvent voir à quel point ces idées de Credner diffèrent de celles d'Emmons et de tous les autres géologues américains, et combien elles sont en désaccord avec l'état actuel de nos connaissances. Il est regrettable qu'un géologue si éminent soit venu, par suite d'un examen trop superficiel de la question, tomber dans ces erreurs qui ne peuvent que retarder les progrès de la géognosie comparative pour laquelle Credner a tant fait. En Angleterre aussi, il confond le système cambrien avec le système huronien, rapportant à celui-ci toutes les roches de Longmynd, avec leur faune cambrienne bien caractérisée ; cette manière de voir ne s'appuie que sur l'âge cambrien présumé des schistes cristallins d'Anglesea, qui sont probablement pré-cambriens, et véritablement huroniens, comme les *Urschiefer* de la Scandinavie. Quant à ces derniers, Credner les rapporte avec raison au système huronien, comme l'avaient fait avant lui Macfarlane et Bigsby.

En outre, il reconnaît dans les schistes cristallins semblables de l'Écosse, des monts Ourals, et de différentes parties de l'Allemagne, y compris ceux de la Bavière et de la Bohême, un système plus récent, placé au-dessus du gneiss primitif ou laurentien, et correspondant à la série huronienne ou série des montagnes Vertes de l'Amérique du Nord ; il indique aussi une correspondance avec des roches semblables au Japon, au Bengale et au Brésil. Dans une collection de roches rapportées de ce dernier pays par le professeur C. F. Hartt, j'ai trouvé, comme je l'ai dit dans un autre travail (1), des échantillons qui semblent être les représentants des trois types de schistes cristallins que nous avons distingués dans le nord-est de l'Amérique.

On remarquera que je n'ai pas parlé dans ce travail du système du Labrador (système laurentien supérieur), qui est caractérisé par une grande prédominance de norites et d'hyperites. Quoiqu'il occupe une étendue considérable de la région des monts Adirondack, ce système n'a pas été reconnu d'une manière certaine dans la chaîne des Appalaches, et c'est pour cela que je n'en ai pas parlé dans la discussion. Aux faits que j'ai cités en 1869 (2), j'ajouterai que les observations de M. Richardson, faites pendant cette même saison, sur la rive nord du golfe Saint-Laurent, confirment les conclusions ci-dessus, et montrent que les roches du système labradorien, ou plutôt norien, y ont une stratification transversale, avec un angle d'inclinaison souvent relativement faible, et reposent sur les gneiss laurentiens, qui, en cet endroit, sont presque verticaux (3). Dans l'état actuel de nos connaissances, nous pouvons, je le crois, regarder ces norites ou

(1) *Geological Survey of Canada*, *Rep.* 1847-48, p. 58 ; voyez aussi *Amer. Journ. Sc.*, II, IX, 19.
(2) *Amer. Journ. Sc.*, II, L, 83.
(3) *Die Gliederung der Eozoischen Formationsgruppe, u. s. w.*, pp. 53. Halle, 1869.
(4) *Petermann's geographische Mittheilungen*. 2 Heft, 1871.

(1) *The Nation*. Déc. 1, 1870 ; et *Hartt's Geology of Brazil*, p. 550.
(2) *On Norites*, etc., *Amer. Journ. Sc.*, II, XLVIII, 180.
(3) *Geol. Survey of Canada*, *Report*, 1866-69, p. 306.

roches noriennes comme faisant partie d'un système préhuronien.

STERRY HUNT.

— Traduit de l'anglais par BATTIER. —

— La suite très-prochainement. —

ÉCOLE PRATIQUE DE LA FACULTÉ DE MÉDECINE DE PARIS

PHYSIOLOGIE EXPÉRIMENTALE

COURS DE M. GRÉHANT (1)

Renouvellement de l'air dans les poumons

VII

ABSORPTION DES GAZ PAR LES LIQUIDES ORGANIQUES

Nous allons étudier maintenant des questions tout à fait différentes, mais qui ont une grande importance physiologique; il s'agit de la recherche et de l'extraction des gaz dissous par les liquides de l'organisme. Il me paraît nécessaire de vous rappeler tout d'abord les principaux faits relatifs à l'absorption des gaz par les liquides. Lorsqu'on agite un gaz avec un liquide, par exemple de l'acide carbonique avec de l'eau, un certain volume d'acide carbonique est absorbé, et l'on a beau continuer l'agitation, bientôt le liquide cesse d'absorber le gaz.

Coefficient d'absorption. — On appelle coefficient d'absorption le nombre qui représente le volume de gaz ramené à 0 degré et à la pression de 76 centimètres de mercure que dissout l'unité de volume du liquide employé. Par exemple, le coefficient d'absorption de l'oxygène dans l'eau est 0,041 à 0 degré, celui de l'acide carbonique est 1,797 à 0 degré (d'après M. Bunsen); cela veut dire qu'un litre d'eau à 0 degré, privé d'abord de gaz, agité avec de l'oxygène à 0 degré et à la pression de 76 centimètres, absorbe 41 centim. cubes d'oxygène dans ces conditions de température et de pression, tandis que le même litre d'eau absorbe $1^l,797$ ou 1797 centim. cubes d'acide carbonique dans les mêmes conditions. Ainsi nous disons que l'acide carbonique est $\frac{1797}{41}$ ou 44 fois environ plus soluble dans l'eau que l'oxygène.

Le coefficient d'absorption des gaz diminue très-rapidement avec l'élévation de la température; ainsi, à 20 degrés, ce nombre est pour l'oxygène 0,028, pour l'acide carbonique 0,901, c'est-à-dire que le coefficient d'absorption est pour ce gaz environ la moitié de ce qu'il est à 0 degré. A la température d'ébullition des liquides, à 100 degrés pour l'eau, quand la pression est 76 centim., le coefficient d'absorption est nul, c'est-à-dire que l'ébullition chasse complétement de l'eau les gaz qu'elle dissout.

Loi de Dalton. — Le poids de gaz dissous par un liquide est proportionnel à la pression qu'exerce le gaz à la surface du liquide. L'expérience montre que le volume de gaz dissous par un liquide est toujours le même, quelle que soit la pression qu'exerce ce gaz à la surface du liquide. Ainsi, par exemple, un litre d'eau dissout $1^l,797$ d'acide carbonique à 0 degré et à 76 centimètres de pression; si la pression du gaz en présence du liquide est maintenue égale à 4 atmosphères (fabrication de l'eau de Seltz), l'expérience montre que le volume d'acide carbonique dissous est toujours égal à $1^l,797$ sous cette pression, ou à $1,797 \times 4 = 7^l,188$ de gaz ramené à la pression de 76 centimètres. Si, au contraire, l'acide carbonique seul ou mélangé à d'autres gaz, en présence de l'eau, ne possède qu'une pression égale à $\frac{5}{100}$ d'atmosphère ou $\frac{5}{100} \times 76^c = 3^c,8$ de mercure, le litre d'eau dissoudra $1^l,797$ d'acide carbonique à cette pression, ou en appliquant la loi de Mariotte, et, en appelant x le volume de gaz dissous ramené à 0 degré et à la pression de 76 centimètres, on aura : $1^l,797 \times 3^c,8 = x \times 76$, $x = 89^{cc},8$; ces trois volumes de gaz ramenés à la même pression, et qui sont tous à la même température, 1797 centim. cubes, 7188 centim. cubes, $89^{cc},8$, sont entre eux comme les pressions, 1 atmosphère, 4 atmosphères et $\frac{5}{100}$ d'atmosphère, et les poids de ces volumes différents sont proportionnels aux volumes; donc les poids de gaz absorbés par un liquide sont proportionnels à la pression qu'exerce le gaz à la surface du liquide.

Loi de la dissolution d'un mélange de gaz dans un liquide. — Chacun des gaz se dissout comme s'il était seul avec la pression qu'il possède dans le mélange. Appliquons cette loi, que l'expérience démontre, à la recherche de la composition de l'air dissous dans l'eau à 0 degré. L'air est formé, sur 100 volumes, de 20,8 d'oxygène et de 79,2 d'azote, ces volumes de gaz étant mesurés à la pression de 76 centimètres. Mais ces gaz sont intimement mélangés, et dans un litre d'air nous devons considérer que ces 20,8 volumes d'oxygène, qui sont à la pression de 76 centimètres, occupent le volume entier 100, et possèdent une pression x telle, que l'on a, en appliquant la loi de Mariotte : $20,8 \times 76 = 100 \times x$, d'où $x = 15^c,8$ de mercure. Pour l'azote, 79,2 d'azote, à la pression de 76, occupent le volume entier 100, et la pression de ce gaz est alors y : $79,2 \times 76 = 100 \times y$, d'où $y = 60^c,19$. Mais le coefficient d'absorption de l'oxygène à 0 degré est 0,041, c'est-à-dire qu'un litre d'eau à 0 degré, en présence de l'oxygène soumis à la pression de 76 centimètres, dissout $0^l,041$ de gaz; la pression de l'oxygène devient-elle $15^c,8$, le volume de gaz dissous est encore $0^l,041$, mais ce gaz possède seulement une pression égale à $15^c,8$; sous la pression d'un seul centimètre de mercure, ce volume deviendrait $0^l,041 \times 15,8$, et, sous la pression de 76 centimètres, il serait 76 fois plus petit, ou $\frac{0,041 \times 15,8}{76} = 0^l,0085$; tel est le volume d'oxygène que dissout un litre d'eau agité avec l'air atmosphérique; pour l'azote, le coefficient d'absorption à 0 degré est 0,020; un litre d'eau en présence de l'air, où l'azote possède une pression égale à $60^c,19$, dissout $\frac{0,020 \times 60,19}{76} = 0^l,0158$ de gaz ramené à la pression de 76 centimètres.

Un litre d'eau en présence de l'air dissout donc, à 0 degré, $0^l,0085 + 0^l,0158 = 0^l,0243$ d'un mélange d'oxygène et d'azote, ce qui fait environ $\frac{1}{41}$ de son volume; cherchons la composition de ce gaz en centièmes : 243 volumes du mélange contiennent 85 volumes d'oxygène et 158 d'azote; deux simples proportions $\frac{243}{85} = \frac{100}{x}, \frac{243}{158} = \frac{100}{y}$, montrent que 100 volumes

(1) Voyez ci-dessus page 206, 26 août et page 276, 16 septembre 1871.

du gaz dissous contiennent 35 volumes d'oxygène et 65 volumes d'azote. Ce sont justement les nombres que M. Bunsen a trouvés en agitant de l'air avec de l'eau à 0 degré, puis en chassant par l'ébullition les gaz dissous et en analysant ce mélange; cette expérience, qui montre, en outre, que l'air est un simple mélange d'azote et d'oxygène, confirme la loi énoncée, et nous prouve que cet air dissous dans l'eau, qui est indispensable à la respiration des poissons, est beaucoup plus riche en oxygène que l'air atmosphérique.

Mesure des coefficients d'absorption. — Pour mesurer les coefficients d'absorption, M. Bunsen a fait usage de l'appareil représenté par la figure 27. Dans une cloche graduée *ab*,

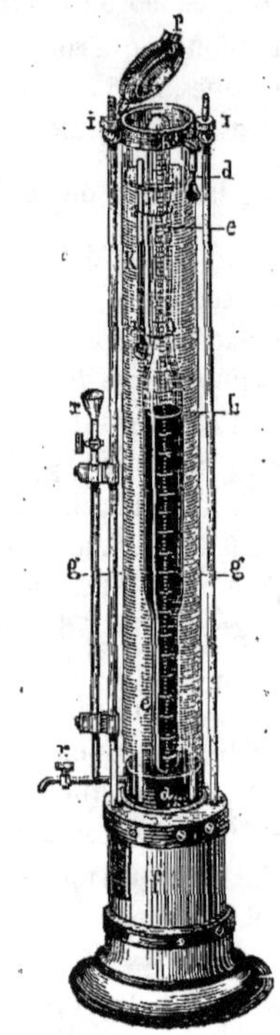

FIG. 27. — Appareil de M. Bunsen pour absorber les gaz par les liquides.

remplie de mercure, on fait passer successivement un volume de gaz pur que l'on mesure et dont on détermine la pression et la température, puis on introduit un certain volume de liquide, d'eau, par exemple, bien privée de gaz par une longue ébullition, volume qui de *e* en *b* occupe dans la cloche un certain nombre de divisions que l'on inscrit.

On place la cloche dans un vase cylindrique plein d'eau, dont la température reste constante; puis, en fermant le couvercle P, on fixe la cloche graduée par les deux extrémités, et l'extrémité inférieure est fermée. Alors on doit agiter vivement l'appareil; de temps en temps on soulève le couvercle P et la cloche, et quand le mercure cesse de monter dans cette cloche après des agitations répétées, on est sûr que le liquide a pris tout le gaz qu'il peut absorber; il suffit alors de mesurer le nouveau volume de gaz, la nouvelle pression de ce gaz, et, en calculant ce que devient ce volume quand on l'a ramené à la même pression (la température ne varie pas) que le gaz d'abord introduit avant le liquide, on obtient, par une simple différence, le volume de gaz que le liquide vient d'absorber; ce volume étant ramené à 0 degré et à la pression de 76 centimètres, il suffit de le diviser par le volume du liquide employé pour obtenir le coefficient d'absorption.

Par ce procédé, M. Bunsen a trouvé que le volume de gaz absorbé à une certaine température par le même volume de liquide est constant, quelle que soit la pression, ce qui vérifie la loi de Dalton. M. Bunsen a mesuré, en outre, le coefficient d'absorption à diverses températures, mesurées par le thermomètre *k* placé dans l'appareil d'absorption.

Distinction entre l'absorption simple et la combinaison chimique. — Les gaz sont absorbés simplement par les liquides, et la loi de Dalton régit cette absorption; mais ils peuvent être retenus aussi d'une autre manière, par affinité chimique, c'est-à-dire que les gaz peuvent former de véritables combinaisons avec les substances dissoutes ou mises en suspension dans le liquide. Ainsi, par exemple, si l'on ajoute un certain poids de carbonate de soude, NaO,CO^2, à de l'eau distillée privée de gaz, et si l'on agite cette solution avec un excès d'acide carbonique, le carbonate de soude absorbe une partie du gaz pour former une véritable combinaison, le bicarbonate de soude, $NaO,2CO^2$, et le poids d'acide carbonique ainsi combiné est proportionnel au poids du carbonate de soude simple employé et se détermine par un calcul très-simple d'équivalents; puis lorsque l'affinité chimique est complétement satisfaite, une autre portion de l'acide carbonique libre est dissoute par le liquide et celle-ci obéit à la loi de Dalton. Nous devons donc distinguer dans le liquide cette partie du gaz simplement dissous de cette autre partie qui est combinée chimiquement et qui est retenue à l'état de bicarbonate de soude.

Recherches de M. Fernet. M. Fernet a étudié l'absorption des trois gaz contenus dans le sang, l'oxygène, l'azote et l'acide carbonique, par des dissolutions dans l'eau des sels que renferme le sang, puis par le sérum, et enfin par le sang défibriné, et les résultats obtenus par cet expérimentateur ont une grande importance physiologique. L'appareil que M. Fernet a employé se compose d'un tube de verre gradué V (fig. 28), fermé à sa partie inférieure, qui porte à sa partie supérieure deux tubes de verre *d* et *e*, soudés à angle droit, communiquant l'un *e* avec une machine pneumatique ou avec un appareil à gaz, l'autre *d* avec un manomètre à air libre plein de mercure, tout semblable à celui que M. Regnault a employé dans un grand nombre de recherches. La branche *a* du manomètre est divisée en parties d'égal volume. Pour absorber un gaz par un liquide, voici les opérations successives qu'il faut exécuter :

Le tube de verre V est d'abord séparé du manomètre, et les robinets *r* et *d* sont fermés ; on ouvre le robinet *f* et l'on fait le vide à l'aide de la machine pneumatique; puis le robinet *f* est fermé, et l'on adapte au tube de caoutchouc G un appareil qui dégage le gaz pur et sec que l'on veut absorber ; quand l'appareil est plein de gaz, on fait le vide de nouveau, et ainsi on se débarrasse, par plusieurs lavages faits avec le gaz, de l'air que la machine pneumatique n'a pu extraire ; quand le tube jaugé V est plein de gaz pur et sec, d'acide carbonique, par exemple, on remplit complétement de mercure la branche *a* du manomètre, jusqu'à ce que le métal s'écoule par le robinet *r'*; on ferme *r'*, puis, en tournant convenablement le robinet R, on s'arrange pour que le niveau du mercure soit plus bas dans la branche ouverte du manomètre que dans la branche fermée *ar'*. Les communications sont alors établies entre les deux parties de l'appareil à l'aide du collier *c* représenté à part, et les robinets *r* et *r'* sont ouverts, les robinets *d* et *f* étant fermés. Alors un certain volume de gaz passe dans le manomètre; on mesure le volume total du gaz en faisant la somme des volumes du tube V et du volume occupé par le gaz dans la branche *a* du manomètre. La pression du gaz s'obtient en retranchant de la hauteur du baromètre la distance mesurée au cathétomètre des niveaux du mercure dans les deux branches du manomètre. Il faut ensuite introduire dans l'appareil un liquide privé d'abord de gaz. Si c'est de l'eau, on prend de l'eau récemment bouillie et refroidie, et l'on plonge dans l'eau le tube G; dès qu'on ouvre le robinet *d*, le liquide, poussé par la pression atmosphérique, pénètre dans le tube V, dont le gaz possède une pression inférieure à la pression de l'atmosphère. Le volume du liquide est mesuré dans le tube gradué. Les robinets *r* et *r'* sont fermés, le cylindre de verre V est détaché et l'on agite

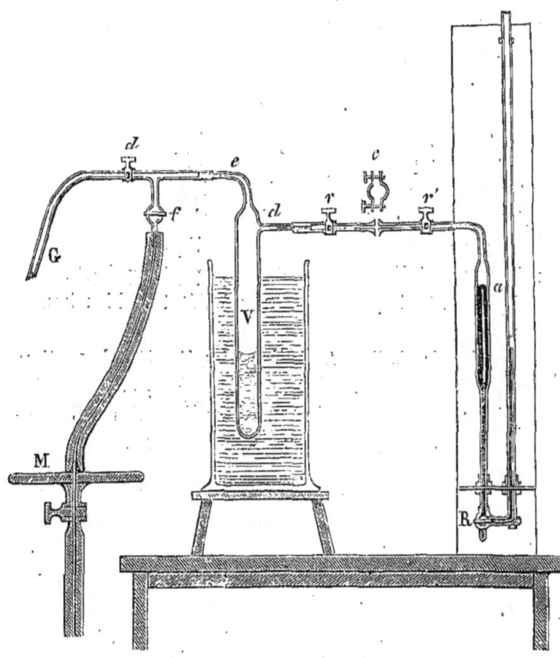

Fig. 28. — Appareil de M. Fernet pour étudier l'absorption des gaz par les dissolutions salines.

vivement le gaz avec le liquide, puis on rétablit la communication avec le manomètre, et les mêmes manœuvres sont répétées jusqu'à ce que le niveau du mercure ne change plus, ce qui prouve que le liquide a pris alors tout le gaz qu'il peut absorber; il ne reste plus alors qu'à mesurer le volume du gaz qui n'a pas été absorbé et sa pression finale. Il est facile ensuite de calculer le volume de gaz, à 0 degré et sous la pression de 76 centimètres, qui a été absorbé par l'unité de volume du liquide employé.

Il faut, bien entendu, que dans les différentes phases de l'expérience la température reste constante; pour cela, on immerge le tube V dans un bocal plein d'eau, dont la température est donnée par un thermomètre.

Résultats obtenus par M. Fernet. — Avec cet appareil, M. Fernet a obtenu les résultats suivants :

Acide carbonique. — Les volumes d'acide carbonique ramenés aux mêmes conditions de température et de pression, ou les poids de ce gaz absorbés par une solution de carbonate de soude dans l'eau, n'obéissent pas à la loi de Dalton, ils ne sont pas proportionnels aux pressions; une partie du gaz se combine tout d'abord avec la soude et forme du bicarbonate de soude, et cette partie se détermine par un calcul d'équivalents; puis, lorsque l'affinité chimique est satisfaite, le gaz se dissout dans la solution saline avec un coefficient d'absorption un peu moindre que celui de l'acide carbonique dans l'eau pure; mais la somme des volumes de gaz, l'un combiné, l'autre dissous, est plus grande que le volume d'acide carbonique dissous par l'eau pure. Une solution de phosphate de soude, sel qui existe dans le sang, se comporte exactement comme une solution de carbonate de soude, et M. Fernet a découvert une véritable combinaison formée par la soude avec l'acide phosphorique et l'acide carbonique; quand cette combinaison est faite, la solution saline dissout un peu moins d'acide carbonique que l'eau pure.

L'acide carbonique absorbé par une solution de sel marin obéit à la loi de Dalton; le coefficient d'absorption est moindre que celui de l'eau pure.

Dans un volume de sérum du sang, M. Fernet a trouvé que la portion d'acide carbonique absorbée indépendamment de la pression et retenue par affinité chimique est 0,47; le coefficient d'absorption est 0,99 à 15 degrés.

Ainsi le sérum se comporte comme une solution de carbonate et de phosphate de soude, sels qu'il renferme, et absorbe plus de gaz que l'eau pure à la même température.

Oxygène. — Une solution de carbonate de soude ou de phosphate de soude retient par affinité chimique une petite quantité de gaz oxygène, et une autre partie de ce gaz est dissoute simplement.

Une solution de sel marin dissout simplement l'oxygène, avec un coefficient d'absorption moindre que celui de l'eau pure.

Le sérum du sang s'écarte beaucoup moins de la loi de Dalton pour l'absorption de l'oxygène que pour celle de l'acide carbonique; il dissout un peu plus d'oxygène que le même volume d'eau pure.

Azote. — Ce gaz est dissous par les solutions salines et par le sérum du sang, à peu près exactement comme par l'eau pure.

Solubilité de l'acide carbonique et de l'oxygène dans le sang. — En opérant dans son appareil avec le sang défibriné et tous ses globules, le liquide ayant été d'abord privé de gaz, M. Fernet a reconnu que le volume total d'acide carbonique absorbé est à peu près égal à celui que le sérum avait absorbé; le sang se comporte donc pour ce gaz comme une solution des sels minéraux que renferme le sérum.

Mais le coefficient d'absorption de l'oxygène dans le sang est 0,0287, et ne diffère pas beaucoup de celui du gaz dans l'eau pure, qui est 0,0295 à 15 degrés (Bunsen), et de celui du même gaz dans le sérum, tandis que le volume d'oxygène combiné est 0,0954, nombre trois fois plus grand. Ainsi, c'est aux globules du sang qu'appartient le rôle principal dans l'absorption de l'oxygène, et le rapport du volume combiné au volume simplement dissous est d'autant plus grand que l'oxygène dans l'air possède seulement une pression égale à $\frac{1}{5}$ d'atmosphère. Un litre de sang ne peut dissoudre que $\frac{0^{l},0287}{5} = 0^{l},00574$, ou 6 centim. cubes environ d'oxygène, à la pression de 76 centimètres et à 15 degrés, tandis qu'il peut retenir par affinité chimique $0^l,0954$, ou 95 centim. cubes de gaz, nombre 16,6 fois plus grand.

VIII

EXTRACTION DES GAZ DISSOUS DANS LES LIQUIDES ORGANIQUES

Pour extraire les gaz dissous dans un liquide, plusieurs moyens peuvent être employés, les principaux sont : 1° la diminution de la pression ou le vide au-dessus du liquide ; 2° le passage d'un gaz étranger ; 3° l'élévation de la température ; 4° l'ébullition.

1° *Diminution de la pression* ou *vide*. Lorsqu'on diminue la pression au-dessus d'un liquide, le gaz dissous s'échappe en partie, et, si la pression de ce gaz dans l'atmosphère qui reste en présence du liquide est réduite au dixième de ce qu'elle était d'abord, le poids de gaz qui reste dissous est la dixième partie du poids de gaz qui avait été primitivement absorbé (loi de Dalton). Si nous ouvrons une bouteille d'eau de Seltz, c'est-à-dire d'eau chargée d'acide carbonique soumis d'abord à la pression de quatre atmosphères, par exemple, pression maintenue par le bouchon au-dessus de la surface du liquide, aussitôt une foule de bulles d'acide carbonique se dégagent, et au-dessus du liquide il ne reste plus que de l'acide carbonique à la pression de l'atmosphère. Enlève-t-on ce gaz, l'acide carbonique continue à s'échapper du liquide, mais avec une certaine lenteur. Si l'on diminue de beaucoup la pression, en faisant le vide au-dessus de la solution placée sous une cloche sur la platine de la machine pneumatique, on voit de nouvelles bulles de gaz se dégager, et, finalement, le volume d'acide carbonique retenu par le liquide est le même que primitivement, mais ce gaz ne possède plus qu'une pression égale à un centimètre de mercure si telle est la pression du gaz qui reste dans la cloche après la manœuvre de la machine pneumatique ; le poids de l'acide carbonique maintenu en solution est alors soixante-seize fois plus petit que celui qui serait absorbé par l'eau agitée avec du gaz acide carbonique soumis à la pression de l'atmosphère.

2° *Passage d'un gaz étranger*. Lorsqu'une solution gazeuse est mise en présence d'une atmosphère qui ne contient pas le gaz dissous, celui-ci s'échappe peu à peu dans l'atmosphère comme il le ferait dans le vide ; c'est ce qui arrive quand on abandonne à l'air de l'eau de Seltz ou une solution d'ammoniaque. Le passage d'un gaz étranger qui place toutes les molécules du liquide successivement en contact avec un milieu gazeux qui ne renferme pas trace du gaz dissous rend le dégagement de celui-ci beaucoup plus rapide ; ainsi, fait-on passer à travers du sang un courant d'hydrogène, l'oxygène, l'azote, et l'acide carbonique qui sont dissous dans le sang sont complétement chassés au bout d'un certain temps, et, fait remarquable, le gaz oxygène est si faiblement combiné avec les globules, qu'il est déplacé comme l'oxygène simplement dissous dans le sérum ; on peut donc par ce procédé priver le sang des gaz qu'il contient, on pourrait recueillir les gaz ainsi déplacés, mais s'il fallait les analyser, on éprouverait des difficultés, parce qu'ils sont mélangés à un très-grand volume d'hydrogène.

3° *Élévation de la température*. Nous avons vu que l'élévation de la température diminue le coefficient d'absorption des gaz et fait dégager par suite une partie des gaz dissous dans le liquide s'il a été primitivement saturé.

4° *Ébullition*. L'ébullition est un moyen très-efficace pour chasser d'un liquide les gaz qu'il contient en solution ; l'ébullition exige une certaine élévation de température, 100 degrés pour l'eau sous la pression de l'atmosphère ; à cette température, le coefficient d'absorption des gaz dans l'eau est à peu près nul ; on sait en outre que le noyau de formation des bulles de vapeur est une petite bulle de gaz, et enfin la production rapide et le passage des bulles de vapeur au sein du liquide agissent exactement comme le passage d'un gaz étranger et placent le liquide en présence d'une atmosphère qui ne renferme point les gaz dissous et qui les entraîne continuellement à mesure qu'ils se dégagent. Depuis longtemps on emploie l'ébullition pour extraire les gaz de l'eau.

Extraction de l'air de l'eau. Je ne ferai que rappeler l'appareil (fig. 29) qui est employé dans les laboratoires pour extraire

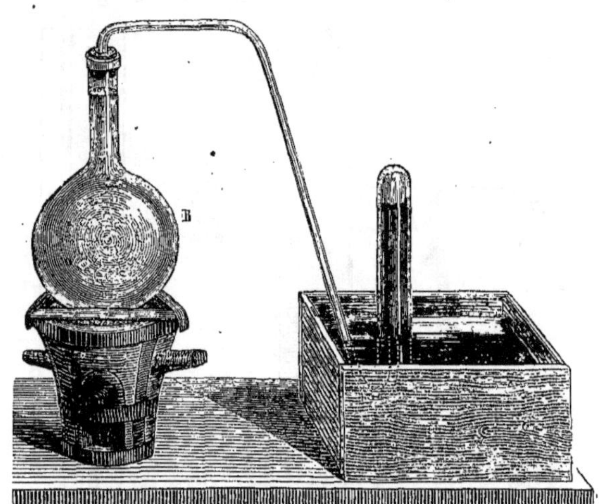

FIG. 29. — Appareil pour l'entretien de l'air de l'eau par l'ébullition.

les gaz de l'eau et qui a servi à MM. de Humboldt et Provençal dans leurs recherches sur la respiration des poissons. Un grand ballon de verre B, d'une capacité de 2 litres environ, est complétement rempli d'eau ; un bouchon de caoutchouc qui ferme très-bien est traversé par un long tube à dégagement deux fois recourbé que l'on a rempli d'eau ; le bouchon est enfoncé dans le col du ballon sous l'eau, de sorte que l'appareil est complétement rempli de liquide. Le ballon est placé sur un fourneau à gaz qu'on allume, et l'extrémité du tube à dégagement est introduite sous une cloche pleine de mercure sur la cuve. Le liquide chauffé se dilate et se rend en partie dans la cloche ; bientôt des bulles de gaz se produisent et vont se rendre dans le col du ballon, ces bulles augmentent lors de l'ébullition qu'il faut maintenir pendant quelques minutes ; on peut remplacer la cloche qui reçoit d'abord de l'eau provenant de la dilatation produite par la chaleur et du déplacement par le gaz du liquide qui a servi à remplir le tube par une autre cloche qui reçoit les gaz et le liquide entraîné. L'inconvénient principal de cet appareil, c'est que l'acide carbonique dissous par l'eau ne peut être dégagé complétement que par une ébullition qui dure plusieurs minutes et qui entraîne dans la cloche de la vapeur d'eau et de l'eau ; l'eau se refroidit dans cette cloche au contact du mercure et redissout une partie de l'acide carbonique dégagé.

Il faut remarquer aussi que pour extraire les gaz de certains liquides, du sang, par exemple, il est impossible d'employer l'ébullition sous la pression extérieure, car, bien avant la température de 100 degrés, les matières albuminoïdes du sang se coagulent, et les gaz emprisonnés dans les caillots presque entièrement solides ne peuvent plus se dégager complétement. Aussi pour extraire les gaz du sang, opération très-importante au point de vue physiologique, il faut faire bouillir le sang dans le vide à une température voisine de 40 degrés et maintenir l'ébullition pendant un certain temps. Nous devons nous occuper longuement de cette question, et j'aurai alors l'occasion de vous faire l'historique de l'extraction des gaz du sang, mais je dois vous entretenir d'abord d'un appareil fondé sur les mêmes principes que les appareils plus ou moins compliqués qui sont employés par les physiologistes allemands, et qui offre l'avantage d'une grande simplicité et d'une manœuvre facile et sûre ; cet appareil peut servir à extraire les gaz de n'importe quel liquide, comme je vous le montrerai ; il permet aussi de faire certains dosages utiles dans les recherches physiologiques ; il est d'un emploi très-général.

Pompe à mercure. Cet instrument, construit en Allemagne

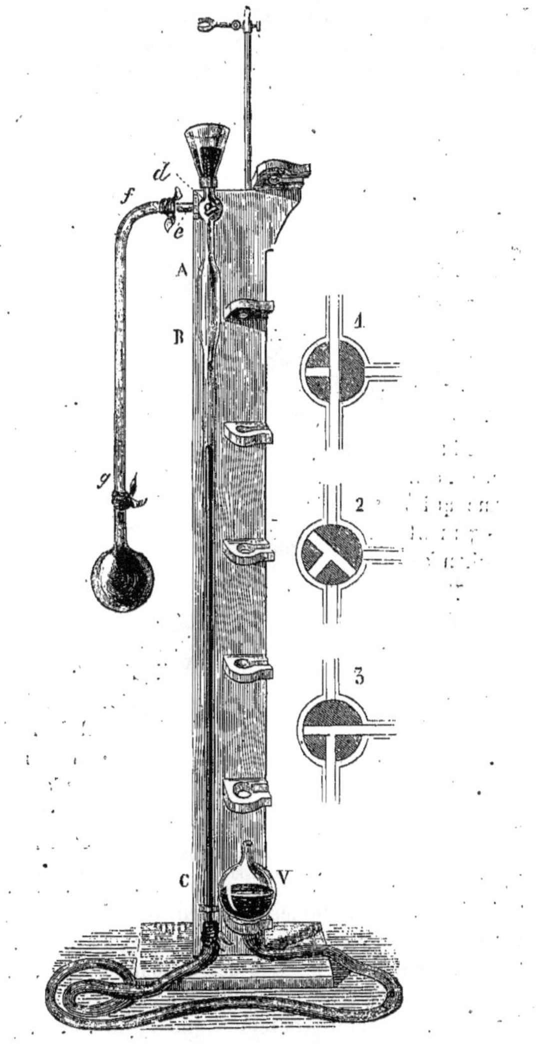

FIG 30. — Machine pneumatique à mercure.

par M. Geissler et en France par M. Alvergniat a réalisé un progrès très-important dans la question de l'extraction des gaz dissous par les liquides, c'est une machine pneumatique qui offre sur la machine pneumatique ordinaire deux avantages très-grands : 1° elle fait le vide absolu ; 2° elle permet de recueillir facilement les gaz que l'on extrait.

La pompe à mercure représentée dans sa forme la plus simple par la (fig. 30) n'est absolument qu'un baromètre modifié ; un tube barométrique ABC long de un mètre environ fixé contre une planche verticale présente une chambre barométrique AB, cylindrique ou sphérique, d'une capacité de 200 à 500 centimètres cubes. A la partie supérieure A, le constructeur a soudé un robinet de verre à trois voies qui est la pièce principale de la pompe et qui permet d'établir ou d'interrompre les communications entre la chambre barométrique et un tube *d* vertical qui se rend au centre d'une petite cuve pleine de mercure et un autre tube *e* horizontal faisant corps avec l'enveloppe du robinet comme le tube *d*. A la partie inférieure C on a fixé un long tube de caoutchouc à parois épaisses (pouvant résister aux pressions du mercure) qui s'attache d'autre part à la partie inférieure d'une cuvette V pleine de mercure ; ce long tube de caoutchouc rend cette cuvette mobile et permet de l'élever jusqu'au niveau de la petite cuve au-dessus du point *d*; des supports annulaires fixés de distance en distance à la planche verticale servent à recevoir la cuvette V que l'on soulève et que l'on abaisse en la portant avec la main.

Manœuvre de la pompe. Pour comprendre la manœuvre de la pompe, prenons un ballon récipient fixé au tube horizontal *e* à l'aide d'un tube de caoutchouc *fg* à parois épaisses qui ne s'aplatit pas lorsqu'on fait le vide ; le robinet à trois voies étant placé dans la position 1 (sur cette partie de la figure le tube horizontal *e* est représenté à droite, tandis que dans la pompe il est figuré à gauche), la cuvette V est portée à la hauteur de l'entonnoir. On verse du mercure dans cette cuvette, le métal s'élève dans le tube CA qu'il remplit et monte par le tube vertical *d* en chassant l'air, jusque dans l'entonnoir ou petite cuve ; là il s'écoule et les tubes communiquants sont alors remplis de mercure. Tournons le robinet de 1/8 de tour dans le sens direct, sens du mouvement des aiguilles d'une montre, dans la position 2, la partie pleine du corps du robinet ferme alors les trois tubes de l'enveloppe ; abaissons la cuvette V jusqu'à la partie inférieure, l'expérience de Torricelli est répétée : la chambre barométrique AB est alors complétement vide d'air ; tournons encore le robinet de 1/8 de tour ce qui fera 1/4, nous le plaçons dans la position 3, aussitôt l'air du récipient se rend en partie dans la pompe, et le niveau du mercure baisse dans le tube barométrique ; si le volume du récipient est égal à celui de la chambre barométrique, la pression de l'air dans le récipient devient la moitié de ce qu'elle était d'abord.

Ramenons le robinet dans la position 2, puis soulevons la cuvette V jusqu'à la partie supérieure, l'air qui se trouve dans la pompe est comprimé, et le robinet placé dans la position 1 permet le dégagement complet des gaz à travers le mercure de l'entonnoir. On recommence la manœuvre jusqu'à ce qu'on n'obtienne plus de gaz, et en appliquant la loi de Mariotte on voit que si l'on fait *n* mouvements de pompe (abaissement et élévation de la cuvette) la pression de l'air dans le récipient supposé égal en volume à la chambre barométrique devient $760^{mm}\left(\frac{1}{2}\right)^n$; si $n = 10$, on a :

$\left(\frac{1}{2}\right)^{10} = \frac{1}{1024}$ et la pression de l'air dans le récipient est $\frac{760^{mm}}{1024} = 0^{mm},74$; si $n = 20$, on a : $\left(\frac{1}{2}\right)^{20} = \frac{1}{1048576}$ et la pression dans le récipient est $\frac{760}{1048576} = 0^{mm},00072$, pression tout à fait négligeable et sous laquelle 500 centim. cubes d'air n'occuperaient si on les ramenait à la pression de 760 millimètres qu'un volume inférieur à 5 dix-millièmes de centim. cube, c'est-à-dire la centième partie d'un vingtième de centim. cube ; or, jamais dans la mesure des gaz nous n'apprécions plus d'un dixième ou d'un vingtième de centimètre cube; ainsi, par vingt manœuvres doubles de la pompe, nous obtenons le vide absolu. Nous verrons bientôt par quel procédé on peut éviter ces manœuvres assez longues et assez fatigantes.

Perfectionnements de la pompe. Au lieu de mouvoir à la main la cuvette mobile à mercure, il est beaucoup plus facile d'employer la disposition qui a été adoptée par M. Alvergniat; le réservoir mobile est fixé sur un petit chariot qui glisse dans

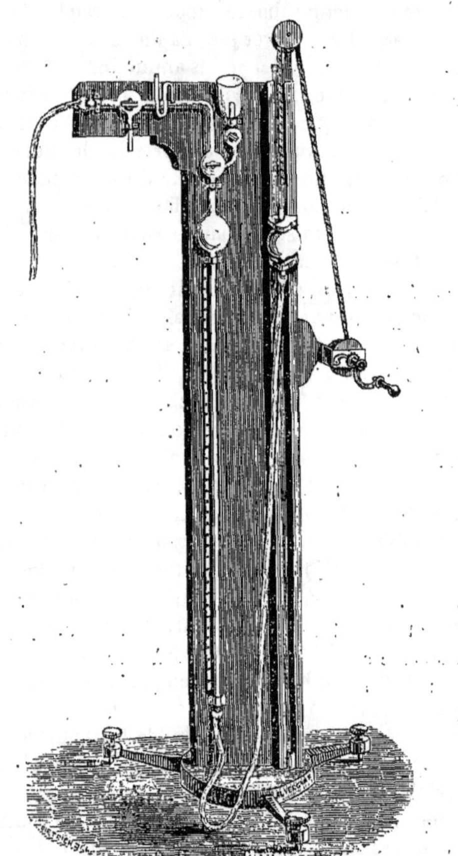

FIG. 31. — Pompe à mercure dont le réservoir est mis en mouvement par un système de poulies.

une coulisse verticale (fig. 31) ; ce chariot est soutenu par un ruban de fil qui s'enroule d'abord sur une poulie supérieure et vient s'attacher ensuite à une autre poulie mise à la portée de la main ; l'axe de cette seconde poulie porte une manivelle et une roue dentée pourvue d'un cliquet, qui permet de faire mouvoir la manivelle dans un sens et de soulever la cuvette du baromètre mais qui l'empêche de retomber. En restant assis devant la pompe, on fait monter le réservoir à mercure à l'aide de la manivelle, puis on le fait descendre par son poids en soulevant le cliquet; une rondelle de caoutchouc disposée au bas de la coulisse amortit le choc.

Lorsqu'on emploie la pompe à mercure à faire le vide dans des appareils où certains liquides sont chauffés, la vapeur chaude qui se produit fait fondre la graisse du robinet qui bientôt ne garde plus le vide et l'air rentre dans l'appareil ; c'est là un inconvénient très-grave, et, pour y obvier et pour conserver dans tous les cas une sécurité entière, il faut faire adapter autour du robinet de la pompe un manchon de caoutchouc mince qui l'enveloppe entièrement et qui est constamment maintenu plein d'eau ; la manœuvre du robinet se fait facilement à travers les parois très-souples de ce manchon. Cette *fermeture hydraulique* est essentielle pour que le robinet garde toujours ; car l'eau ne pénètre point par des fissures très-fines qui laisseraient passer l'air. C'est là une précaution dont l'expérience m'a démontré la nécessité ; lorsque l'on dispose des appareils dans lesquels il faut conserver le vide absolu, pour s'opposer complétement à la pénétration de l'air extérieur il faut envelopper d'eau tous les assemblages par lesquels l'air pourrait rentrer et alors les appareils gardent le vide indéfiniment.

Appareil d'extraction des gaz. L'appareil d'extraction des gaz que j'ai adopté après de longs tâtonnements, car on commence souvent par construire des appareils très-compliqués

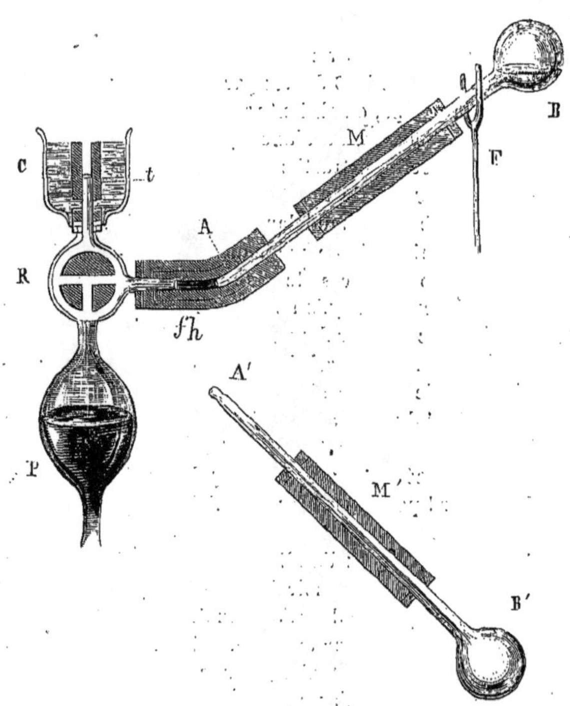

FIG. 32. — Appareil à extraction des gaz contenus dans les liquides uni à la pompe à mercure. — AB, première position. — A'B', deuxième position.

que l'on arrive à simplifier plus tard, permet d'obtenir très-rapidement et de conserver le vide absolu et d'extraire ensuite les gaz dissous dans les liquides introduits dans l'appareil vide. La figure 32 montre la partie supérieure d'une pompe à mercure, la chambre barométrique P, le robinet à trois voies R, la petite cuve à mercure C avec le tube central *t* portant un bout de tube de caoutchouc solidement fixé. On choisit un ballon AB à col long de 60 centimètres environ, ou bien on compose avec un petit ballon de verre et un tube cylindrique assemblés par un tube de caoutchouc un ballon semblable. L'extrémité A légèrement étranglée de ce ballon que l'on remplit d'abord complétement d'eau distillée est réunie par un tube de caoutchouc à parois épaisses au tube horizontal de la pompe à mercure, et cet assemblage est enveloppé d'un large tube de caoutchouc fixé sur deux bouchons, manchon que l'on remplit d'eau et qui constitue une fermeture hydraulique *fh*; en outre, un manchon de verre M fermé par des bouchons de caoutchouc que traverse le long col du ballon est rempli d'eau froide et sert de réfrigérant pour les vapeurs; ce manchon, dans lequel on peut faire passer un courant d'eau froide à l'aide de tubes qui ne sont pas représentés sur la figure, doit contenir l'assemblage de caoutchouc du ballon et du tube de verre, dans le cas où l'on ne possède pas de ballon à très-long col. Le ballon AB plein d'eau distillée est maintenu incliné au-dessus de l'horizon à l'aide d'un support à fourche F; on fait manœuvrer la pompe, et après deux ou trois mouvements l'eau du ballon a passé dans la chambre barométrique d'où on la fait s'échapper par le tube *t* en adaptant au caoutchouc que porte ce tube un siphon de verre qui n'est pas représenté sur la figure; l'extraction de l'eau a lieu beaucoup plus vite que celle du gaz qu'il faudrait faire si le ballon avait été laissé plein d'air; quand l'eau est entièrement extraite par deux ou trois mouvements de la pompe, on abaisse l'appareil pour le placer dans la position symétrique A′B′ inclinée au-dessous de l'horizon à 45 degrés environ; on immerge le ballon B′ dans un bain d'eau chaude à 40 degrés par exemple, et, en faisant manœuvrer la pompe, on obtient rapidement le vide absolu; si l'on veut se débarrasser d'une petite quantité d'eau qui reste dans l'appareil à extraction, il suffit de maintenir le robinet R ouvert comme le montre la figure; une distillation rapide a lieu du ballon chaud dans la chambre barométrique froide, et l'eau qui se dépose sur le mercure est expulsée par le tube *t*; dans tous les cas, le vide absolu, sauf la vapeur d'eau, étant obtenu, lorsqu'on soulève la cuvette à mercure on entend le choc de la colonne mercurielle contre le robinet, choc sec qui rappelle celui qui se produit lorsqu'on éloigne de la verticale le tube d'un véritable baromètre, c'est là un des caractères du vide absolu; il en est encore un autre: lorsqu'on tourne le robinet pour mettre en communication la chambre barométrique avec le tube *t*, la cuvette à mercure ayant été d'abord portée en haut, on n'obtient plus la moindre bulle de gaz.

Veut-on extraire les gaz d'un liquide, de l'eau de Seine, par exemple, on réunit un entonnoir de verre au tube *t* à l'aide du caoutchouc, puis on verse dans l'entonnoir un certain volume de liquide, un demi-litre, par exemple, puis en tournant le robinet convenablement de manière qu'une communication soit établie entre le tube *t* et l'appareil à extraction placé en A′B′, on voit pénétrer le liquide dans l'appareil à dégagement vide; on se garde bien de laisser rentrer l'air. Puis on enlève l'entonnoir et le tube de caoutchouc, et une cloche graduée pleine de mercure est placée et tenue verticalement par un support au-dessus du tube *t* qui est complétement immergé dans le mercure. Il suffit alors de faire mouvoir la pompe, et, à chaque manœuvre d'abaissement puis d'élévation de la cuvette à mercure, on fait passer du gaz dans la cloche graduée; on continue l'extraction jusqu'au vide absolu, jusqu'à ce qu'on cesse d'obtenir du gaz, quoique l'ébullition du liquide dans le ballon soit toujours très-vive. Cet appareil est très-commode et il permet d'obtenir, comme l'expérience va le prouver, la totalité des gaz dissous par un liquide.

Extraction de l'acide carbonique d'une solution aqueuse qui renferme un volume connu de ce gaz. Un ballon de verre presque rempli d'eau distillée est fermé par un bouchon de caoutchouc que traverse un tube de verre droit ouvert aux deux bouts; l'eau est maintenue en ébullition pendant une heure; au bout de ce temps, la vapeur se dégageant constamment, on ferme l'ouverture du tube avec le doigt recouvert de caoutchouc, et le ballon est retourné sur une cuve à mercure; le métal monte dans le ballon, et l'eau qui reste au-dessus ne présente aucune bulle de gaz; on abandonne le liquide au refroidissement, on prépare ensuite de l'acide carbonique par l'action de l'acide chlorhydrique sur le marbre; le gaz est lavé dans l'eau, puis il est recueilli sur le mercure et soumis à l'analyse; sur $40^{cc},5$ de gaz recueilli sur le mercure la potasse absorbe $40^{cc},1$ et il reste $0^{cc},4$ d'air.

Dans la même cloche graduée bien lavée pour qu'il ne reste pas de potasse, on recueille sur le mercure exactement le même volume de gaz, $40^{cc},5$ dont la composition est connue, et l'on fait passer ce gaz dans l'eau distillée purgée d'air que renferme le ballon; l'eau refroidie absorbe complétement l'acide carbonique et le petit volume d'air qu'il contient. L'appareil d'extraction A′B′ étant absolument vide, on attache au tube central *t* un long tube de caoutchouc à parois suffisamment épaisses que l'on remplit d'abord complétement de mercure en élevant la cuvette mobile et en tournant convenablement le robinet de la pompe; ce long tube est introduit dans le ballon à travers le mercure jusqu'à la partie supérieure de la solution d'acide carbonique. On tourne convenablement le robinet R de manière à faire passer dans l'appareil à dégagement la totalité du liquide dont le volume était égal à 315 centimètres cubes; on fait même passer du mercure qui chasse l'eau contenue dans les tubes, mercure que l'on retrouvera à la fin de l'opération; le ballon B′, est, bien entendu, immergé dans un bain d'eau chaude.

Deux manœuvres de la pompe donnent: $40^{cc},00$ de gaz; la potasse absorbe: $39^{cc},60$ d'acide carbonique, reste donc $0^{cc},40$ d'air.

Trois nouvelles manœuvres de la pompe donnent: $0^{cc},55$ de gaz; la potasse absorbe $0^{cc},50$ d'acide carbonique, reste donc $0^{cc},05$ d'air.

Ainsi, en faisant de nouveau le vide absolu, on a obtenu $40^{cc},1$ d'acide carbonique pur, c'est-à-dire exactement le volume que l'eau avait absorbé et $0^{cc},45$ d'air, au lieu de $0^{cc},4$ que l'eau avait absorbé; on ne pouvait espérer un résultat plus parfait. Cette expérience démontre que l'appareil d'extraction uni à la pompe à mercure permet d'obtenir complétement l'acide carbonique simplement dissous dans un liquide; elle fait voir aussi que dans l'appareil on avait d'abord obtenu le vide absolu, puisqu'on ne retrouve pas plus d'air que celui qui a été dissous par l'eau avec l'acide carbonique dont il altérait un peu la pureté. Nous allons maintenant utiliser cet appareil pour résoudre une série de questions qui intéressent le physiologiste.

N. Gréhant.

NÉCROLOGIE

W. A. Miller et A. Matthiessen.

Au nombre des pertes récentes que la science a à déplorer, il faut enregistrer celles de deux hommes qui, par leurs travaux et leurs découvertes, s'étaient acquis, à des titres divers, une position élevée et un rang distingué parmi nos physiciens modernes. Nous voulons parler de Miller et de Matthiessen.

Né en 1817, à Ipswich, William Allen Miller avait fait ses premières études dans une école de commerce ; mais c'est à Ackworth, dans le Yorkshire, dans une école appartenant à la *Société des Amis*, qu'il apprit les éléments des sciences qui devaient bientôt absorber toute son attention et faire l'occupation de sa vie entière. A l'âge de quinze ans, nous le retrouvons élève de son oncle, qui était chirurgien à l'hôpital général de Birmingham. Enfin nous le voyons entrer, cinq années plus tard, à *King's College*, où sa vocation et sa carrière devaient se décider définitivement. Le professeur Daniell remarqua bientôt les connaissances exceptionnelles du jeune étudiant, qui manifestait un goût beaucoup plus marqué pour les recherches scientifiques que pour la pratique médicale, et, pendant une maladie de son préparateur, il eut recours à ses services et lui ouvrit les portes de son laboratoire. En 1840, Miller alla se perfectionner en Allemagne, et il travailla quelque temps auprès de Liebig, à l'université de Giessen. A son retour, il fut nommé démonstrateur au laboratoire de *King's College*, et l'année suivante il devint suppléant du professeur Daniell ; en même temps il terminait ses études médicales, et prenait le grade de docteur en médecine à la Faculté de Londres. Il travailla longtemps en collaboration avec Daniell, l'aida dans diverses recherches scientifiques, et en particulier dans des expériences sur l'électrolyse des composés salins, dont ils publièrent en commun les résultats dans le *Transactions philosophiques* de 1844. Enfin, à la mort du professeur Daniell, il devint titulaire de sa chaire. En 1845, la Société Royale avait reçu Miller parmi ses membres, et il fit deux fois partie de son bureau, de 1848 à 1850 comme trésorier, et de 1855 à 1857 comme vice-président; dans ces deux circonstances, ses habitudes régulières et ponctuelles, son intelligence des choses pratiques, enfin son érudition profonde, le firent hautement apprécier de ses collègues. Parmi ses titres, citons encore celui d'Essayeur de la Monnaie et de la Banque d'Angleterre.

Miller s'était beaucoup occupé d'analyse spectrale. Tout le monde connaît les belles études qu'il avait faites, en collaboration avec M. Huggins, sur les spectres des étoiles et des nébuleuses, études qui avaient mérité à ces savants une médaille d'or décernée par la Société Astronomique. Malheureusement l'enseignement, auquel il avait voué sa vie, et qui absorba toujours la plus grande partie de son temps, l'empêcha de porter l'activité de son esprit dans le domaine de la recherche et de l'invention, où il aurait sans doute pu rendre de grands services.

Joignant à un rare savoir les qualités de l'orateur, et sachant allier à la valeur du fond le charme de la forme, beaucoup trop négligée aujourd'hui, Miller était avant tout un *professeur*. Sa chaire, autour de laquelle il avait l'art d'attirer un nombreux concours d'élèves et d'auditeurs, était une tribune où les grandes découvertes de la science trouvaient une brillante publicité. Ses leçons ou conférences ont été reproduites en grand nombre par la presse scientifique anglaise. Nous rappellerons seulement à nos lecteurs le cours d'*Analyse spectrale avec ses applications à l'astronomie*, qu'il fit à l'*Institution royale* en 1867, qui fut publié par le *Chemical news*, et dont nous avons donné la traduction dans cette *Revue*.

Au moment de sa mort, Miller était membre de la commission qui s'occupe actuellement de la question générale de l'instruction scientifique et de l'avancement de la science. Il laisse un *Traité élémentaire de chimie*, en trois volumes, depuis longtemps connu et apprécié, et qui a eu l'honneur de plusieurs réimpressions successives.

Augustus Matthiessen était né en janvier 1831, à Londres. Dès son enfance, il manifesta le goût le plus vif pour les sciences d'observation et d'expérimentation. Il fit ses études en Allemagne, d'abord à l'université de Giessen, où il subit plus tard les épreuves du doctorat; puis à Heildelberg, où il travailla, pendant près de quatre ans, sous la direction de MM. Bunsen et Kirchoff. De retour à Londres, il travailla d'abord au Collége royal de chimie, sous Hoffmann, puis dans un laboratoire particulier qu'il s'était monté lui-même, à *Torrington-Square*. En 1862, il fut nommé professeur de chimie à l'hôpital de Sainte-Marie, et plus tard, en 1869, il passa avec le même titre à l'hôpital de Saint-Barthélémy.

Matthiessen a laissé un grand nombre de mémoires sur diverses questions de physique et de chimie. Nous avons déjà donné, dans un de nos derniers numéros, une liste des principaux travaux de cet infatigable chercheur (1). R. B.

BULLETIN DES SOCIÉTÉS SAVANTES

Académie des sciences de Paris

SÉANCE DU 25 SEPTEMBRE 1871

Le dépouillement de la correspondance revenant à M. Dumas, une ample moisson nous est réservée. Deux communications lui donnent surtout un grand intérêt par leurs conséquences sur la richesse publique du pays : l'une est sur la maladie de la vigne, l'autre sur celle des vers à soie. On sait, dit M. Dumas, que le *Phyloxera* qui atteint nos cépages se présente sous deux formes : celle du puceron ailé qui s'attaque aux feuilles, aux fruits et à la tige même pour les détruire, et celle du ver qui mange et détruit les racines. Or, comme celles-ci s'étendent dans un mètre de superficie, ou en est venu à proposer un remède extrême, pour la destruction radicale du mal : d'arracher un cépage entier sans ménagement, dès que la maladie apparaît dans son milieu. Absolument comme pour la peste bovine qui, en se manifestant dans une écurie ou dans un troupeau, quelque nombreux qu'il soit, exige le sacrifice, l'abatage immédiat du troupeau tout entier, selon la doctrine de nos modernes vétérinaires, en usage actuellement dans nos campagnes de l'Est, au grand mécontentement de nos éleveurs.

Ce moyen extrême, s'il a l'avantage de prévenir l'extension du mal, est aussi ruineux que le mal lui-même pour les lieux envahis par le *Phyloxera*. Il détruit dans la source une des branches d'industrie les plus productives de la France. De là le prix de 20 000 francs, proposé par l'Académie, pour encourager à la recherche d'un remède curatif qui guérisse la vigne sans la détruire.

Deux moyens bien différents sont proposés dans ce but. Le premier est de M. Faucon. Il consiste à détruire le *Phyloxera* par l'immersion du cépage pendant quinze jours à un mois. On pouvait craindre qu'en cherchant à détruire le mal par cette inondation prolongée, la vigne elle-même ne fut détruite du même coup. Des expériences faites et relatées ont prouvé le contraire. La vigne malade, noyée pendant quinze jours, s'est montrée guérie et a repris une nouvelle vigueur. C'est donc un bon remède, mais il n'est pas applicable partout, tant s'en faut, car on sait que la vigne croît avec prédilection sur les coteaux élevés. Il n'a ainsi que des applications restreintes.

Le second, proposé et expérimenté par M. le professeur Planchon de Montpellier, est au contraire d'une application générale. Il consiste dans l'emploi d'une solution d'acide phénique qui agit comme toxique sur le *Phyloxera* et le tue sur place en l'empoisonnant. Cette solution au millième suffit pour les terrains secs, mais elle doit être élevée à 3, 4 et 5 millièmes pour les terrains humides. C'est donc là un moyen très-pratique. La seule condition à sa vulgarisation, c'est que le prix de l'acide phénique impur n'excède pas deux francs le litre. Nul doute que devant la grandeur du but à atteindre et l'immense consommation de cet acide, l'industrie ne fasse ses efforts pour le produire et le livrer à ce prix réduit. A la commission nommée, de vérifier promptement l'efficacité de ce nouvel insecticide.

— La question est beaucoup plus avancée, paraît-il, pour la maladie des vers à soie. Des renseignements sur les bons effets obtenus, en France, en Italie et en Autriche, de la sélection de

(1) Voyez ci-dessus numéro 8, page 192 (19 août).

la graine, selon le procédé de M. Pasteur, sont assez satisfaisants pour autoriser complétement la généralisation de ce procédé, et les résultats obtenus en France cette année permettent d'espérer le rétablissement complet et prospère de cette grande industrie. C'est ainsi que 100 000 onces de graines ainsi préparées ont été employées et ont donné 30 kilogrammes de cocons à l'once en général et jusqu'à 40, 50 et même 60 en certains lieux propices. Aussi n'arrache-t-on plus les mûriers dans le midi devant ces espérances fondées du rétablissement de l'industrie locale. Un million d'onces de cette graine suffira pour l'ensemencement total du pays. En présence du produit de la récolte de 1871, qui a été de 3 millions environ de kilogrammes de cocons, représentant 18 à 20 millions de francs pour la soie produite, on peut espérer voir, dans un avenir très-prochain, cette source de richesse de la France reprendre un brillant essor, grâce au procédé de M. Pasteur, dont le triomphe est ainsi assuré. Un seul éducateur, qui a fait cette année 32 000 onces de graine, lui a promis d'en faire 100 000, à lui seul, l'année prochaine, dans trois magnaneries séparées. Cette quantité lui a été retenue et achetée d'avance, et assure ainsi une richesse de près de 5 millions de francs.

— Une note de M. le professeur Fonssagrives, de Montpellier, tend à montrer que l'*Oidium aurantiacum* se trouve constamment dans le fromage de Roquefort, qui est sur nos tables, en raison de la mie de pain employée dans sa fabrication. Il passe ainsi de l'une dans l'autre et existe constamment dans celui-ci. Si ce n'est pas une raison pour proscrire l'usage de cet aliment, c'en est une assurément pour le modérer, et provoquer une meilleure préparation.

— M. G. Lemoine adresse ses recherches sur les transformations allotropiques du phosphore rouge se convertissant en phosphore blanc et réciproquement. Plus de 130 expériences constatent les conditions diverses de ce phénomène. 72 calories sont ainsi développées par gramme de phosphore rouge se transformant en phosphore blanc. Il se condense en passant du blanc au rouge. Ces deux phosphores se sont montrés identiques dans toutes les occasions, ce qui prouve qu'il ne s'opère qu'une simple dissociation.

— En continuant ses *Recherches thermiques sur les mélanges*, dont il a donné les résultats dans les dernières séances, M. Favre a noté un phénomène singulier dans la décomposition des sulfates alcalins par l'électrolyse : c'est un synchronisme de l'électricité égal à celui que la lumière et la chaleur exercent sur certains composés chimiques. Le sulfate de potasse décomposé par la pile peut ainsi être assimilé au sulfate de cuivre. C'est une manière nouvelle d'interpréter les phénomènes chimiques qui se passent sous l'action de la pile électrique, et qui offre un nouveau champ d'études aux expérimentateurs.

— Les contradictions signalées dans la cause des rapprochements constatés par divers observateurs dans la couleur, le nombre, la position et l'intensité des raies spectrales produites par les métalloïdes d'une même famille, nous avaient empêché d'en parler jusqu'ici. MM. Troost et Hautefeuille, en constatant avec une grande précision que la marche des raies, en commençant dans le rouge, va vers l'ultra-violet avec une intensité graduée du carbone au zirconium, comprenant entre eux le bore, le silicium et le titane, c'est-à-dire à mesure que ces métalloïdes se rapprochent des métaux par leurs propriétés, n'y voyaient qu'une preuve de plus pour leur assigner leur place naturelle. M. Ditte, en opérant sur le soufre, le sélénium et le tellure, confirma cette loi en obtenant les mêmes résultats, ainsi que M. Salet pour les spectres de ces deux derniers corps. C'était ne pas tenir compte des recherches antérieures de M. Lecocq de Boisbaudran qui, en constatant des rapports analogues entre les spectres des métaux alcalins et ceux des métaux des terres alcalines, attribuait l'intensité du violet à l'accroissement du poids atomique de ces corps. M. Papillon, dans une note explicative, vient de réparer cette injustice en montrant que les spectres des corps simples vont du rouge à l'ultra-violet, à mesure que leur poids atomique augmente. Le mono- ou dia-atomisme des corps serait donc bien la cause de ces modifications. Preuve de plus, en tout cas, à l'appui de la justesse des familles naturelles des corps simples établies par M. Dumas dès 1827.

— Des recherches faites par M. Lemonnier sur la constitution des bières consommées à Paris, lui ont démontré que l'alcool est à peu près en égale quantité dans les bières sucrées que dans les bières amères, mais beaucoup moindre que dans les bières du nord. La glucose varie de 5 à 6 millièmes dans les bières amères et de 14 à 16 dans les sucrées. La dextrine de 20 à 40 dans celles-ci et s'élève de 40 à 60 dans celles-là. La différence est donc du simple au double pour ces deux principes.

— L'emploi du silicate de soude ne restera plus limité aux appareils chirurgicaux. Mélangé à l'oxide de zinc, dit M. Arthur, il constitue une peinture des plus stables, et qui, étendue sur le zinc, résiste bien mieux que toutes les autres. Elle lui communique une couleur d'un blanc grisâtre, imitant celle de la pierre dure, comme un échantillon le prouve. Appliquée ainsi sur les toitures en zinc, elle diminue l'absorption des rayons solaires, et la température des logements supérieurs. On a constaté qu'elle était de 7 à 10 degrés moindre que sous les toitures en zinc simple. Ce sera un grand bienfait pour les habitants de nos mansardes. Cette peinture offre aussi le moyen le plus économique pour rendre le papier et le bois incombustibles.

— Diverses autres communications sans importance sont faites contre le choléra et la variole.

Académie de médecine de Paris

SÉANCE DU 26 SEPTEMBRE 1871.

Décidément, la discussion sur l'infection purulente ne finira pas. Voici d'abord deux observations rectificatives faites à ce sujet à l'occasion de la lecture du procès-verbal. Sans discuter les faits cliniques, M. Blot atténue singulièrement la valeur du fait expérimental qui en était le couronnement. M. Demarquay avait dit qu'à la suite d'injections de pus putride dans le canal médullaire des os longs d'un lapin, cet animal était mort après quelques jours, présentant des abcès métastatiques dans les poumons et le foie. Or, dit M. Blot, j'ai voulu voir ces pièces curieuses, et je n'ai absolument rien constaté dans les poumons ; le foie seul présentait une simple petite saillie blanchâtre comme un grain de millet. L'examen microscopique n'en ayant pas été fait, il est permis d'élever des doutes sur la nature de cette lésion. Ce fait, qui serait décisif s'il était tel qu'il a été exprimé, se réduit donc à peu de chose par cette atténuation.

On comprend que M. Demarquay, s'il eût été présent, n'eût pas manqué de répondre à ce..... comment dirai-je ? démenti est trop gros, disons donc cette simple appréciation contradictoire. Il y eût été d'autant plus forcé que M. J. Guérin ne voit dans ces dix cas d'ostéo-myélite qu'un fait ordinaire d'infiltration purulente interstitielle du tissu osseux. C'en était assez pour recommencer la discussion.

M. Piorry l'a continuée par la relation *in extensissimo* de deux faits de pyohémie par l'introduction traumatique du pus dans le système veineux. Il a répété à plusieurs reprises que cela était très-évident, mais sans pouvoir le vérifier ; cela est au moins aussi contestable, d'après la narration même, que les pièces anatomiques de M. Demarquay.

M. H. Roger a été appelé à lire une notice nécrologique sur M. Blache, son maître et son ami. Il l'a fait en termes parfaitement sentis, en faisant parler son cœur plutôt que son esprit.

L'Académie a applaudi à l'unanimité.

M. Bergeron, appelé à la tribune pour faire voter son rapport sur l'alcoolisme, n'a pu remplir cette mission à cause du petit nombre de membres présents. Cette affaire importante a été remise d'un commun accord au début de la séance prochaine.

Le propriétaire-gérant : GERMER BAILLIÈRE.

PARIS. — IMPRIMERIE DE E. MARTINET, RUE MIGNON, 2.

LA

REVUE SCIENTIFIQUE

DE LA FRANCE ET DE L'ÉTRANGER

REVUE DES COURS SCIENTIFIQUES (2e SÉRIE)

DIRECTION : MM. EUG. YUNG ET ÉM. ALGLAVE

2e SÉRIE — 1re ANNÉE | NUMÉRO 15 | 7 OCTOBRE 1871

Paris, le 6 octobre 1871.

Dans la séance du 14 février 1871 de l'Institut Anthropologique de Grande-Bretagne et d'Irlande, Sir John Lubbock a lu un mémoire sur le *Développement des parentés*, que nous trouvons en tête du journal de cet Institut. Ce mémoire a été écrit à propos du récent ouvrage de M. Morgan : *Systems of Consanguinity and Affinity of the Human Family*, dont M. Lubbock, bon juge s'il en fut, dit que « c'est à coup sûr un des ouvrages les plus importants pour la science ethnographique qui ait paru depuis des années. » Le livre de M. Morgan contient des tableaux qui donnent les systèmes de parenté de cent trente-neuf races ou tribus, et offre par là nombre de témoignages, à la lumière desquels s'éclairent les idées régnant au sujet de la parenté chez différentes races d'hommes. Car, si nos idées de la parenté reposent sur notre système social, comme les idées et les usages d'autres races diffèrent des nôtres, il est naturel que là les systèmes de parenté diffèrent du nôtre. En fait, l'idée du mariage chez les races inférieures de l'humanité diffère essentiellement de celle qui règne chez nous ; elle repose sur la force, non sur l'amour ou sur la loi.

M. Lubbock expose avec grands détails les différents systèmes de parenté notés avec une science scrupuleuse par M. Morgan ; mais il combat (avec raison, selon nous), la théorie par laquelle ce savant voudrait voir la preuve de parenté ethnographique dans la ressemblance ou l'analogie des systèmes de parenté en usage chez différentes tribus ou différentes races, et il montre qu'il n'y faut voir que des ressemblances fortuites très-naturelles dans le développement des races humaines. Les matériaux fournis par M. Morgan le mènent à des conclusions qu'il avait déjà indiquées dans son ouvrage de l'*Origine de la civilisation*. Les voici :

1. Les expressions du langage, pour ce que nous appelons aujourd'hui la parenté, sont, chez les races inférieures de l'humanité, des termes qui expriment simplement les résultats de l'union des sexes, et ne comprennent pas l'idée de parenté telle que nous l'entendons. En fait, les relations des individus, leurs devoirs l'un envers l'autre, leurs droits, l'héritage de leurs biens, sont réglés plus par les liens qui unissent l'individu à la tribu que par ceux qui l'unissent à la famille, et quand il y a conflit entre la tribu et la famille, c'est la famille qui doit céder.

2. La nomenclature de la parenté, dans tous les cas où l'on a pu la noter, s'explique d'une façon claire et simple dans l'hypothèse du progrès.

3. Deux races dans le même état social, mais dont l'une se serait élevée du degré le plus bas, et dont l'autre serait tombée du plus haut, auraient nécessairement un système différent de nomenclature pour les parentés.

4. Quelques-unes des races qui approchent le plus de notre système européen, en diffèrent par des points qui ne peuvent s'expliquer que dans l'hypothèse qu'elles étaient autrefois dans un état social beaucoup plus bas qu'aujourd'hui.

Ces conclusions sont importantes par la lumière qu'elles jettent sur l'histoire de l'organisation de l'espèce humaine. On ne peut y méconnaître la loi du progrès. L'homme passe de la promiscuité sans bornes des premiers âges à la promiscuité relative de la tribu. Peu à peu, la famille se constitue, mais elle ne repose encore que sur un seul terme, la mère ; à une époque plus avancée, elle repose sur deux termes, la mère et le père ; plus tard, elle se forme dans l'état où nous la comprenons aujourd'hui, et le rapport change alors entre les deux termes ; c'est : le père et la mère. Promiscuité, tribu, polyandrie, monogamie (absolue en théorie quoique relative dans la pratique), tel est l'ordre suivi dans le développement de l'humanité. Nous avons lieu de le croire achevé, bien que les réformateurs de l'*Internationale* regardent l'amour libre comme devant remplacer le mariage. La promiscuité serait ainsi aux deux extrémités de l'histoire de l'espèce humaine, accidentelle et violente au commencement, élective et consentie à la fin. Il est permis de croire que ce sont là des vues chimériques, et que le mariage monogamique restera la loi de l'humanité, tout en admettant quelques tempéraments. Il n'y a pas d'étude plus intéressante que l'histoire de la famille, et nous voyons avec plaisir qu'elle a été, dans ces dernières années, l'objet de publications remarquables : avec des travaux comme ceux de MM. Bachofen, Mac Lennan, Cordier, Morgan et Lubbock, on commence à l'entrevoir dans tous ses développements, et bien des faits qui semblaient monstrueux deviennent simples et naturels, une fois replacés dans leur temps et dans leur lieu.

ACADÉMIE DES SCIENCES DE BERLIN

M. H. HELMHOLTZ
de la Société royale de Londres

Vitesse de propagation des actions électrodynamiques (1)

La question de savoir comment les actions électrodynamiques se manifestent à distance, est une de celles qui, dans ces derniers temps, ont exercé au plus haut degré la sagacité des physiciens. Les molécules électriques sont-elles sollicitées, comme le veut M. Weber, par des forces agissant à distance, dépendant, pour leur grandeur, des vitesses et des accélérations dont ces molécules sont animées et dirigées suivant la ligne qui les joint? Ces forces, au lieu d'agir instantanément, se propageraient-elles dans l'espace avec une vitesse finie, manifestant leur action en divers points après un laps de temps déterminé, selon l'hypothèse de C. Neumann? Ou bien, faut-il croire avec Faraday et Maxwell que ces actions électriques correspondent à des modifications d'un milieu spécial remplissant l'univers? C'est là un problème de première importance, dans les sciences de la nature.

Dans les deux manières de voir que nous venons de rappeler en dernier lieu, les actions que les courants électriques exercent à distance ne seraient pas instantanées, mais, au contraire, leur influence se propagerait à travers l'espace avec une vitesse finie. Cette vitesse, dans les théories de Neumann et de Maxwell, serait considérée comme bien voisine de la vitesse de la lumière, d'après les déterminations numériques exécutées en électrodynamique. Cependant j'ai établi, dans une courte discussion des théories électrodynamiques que j'ai récemment publiée (*Journal des mathématiques pures et appliquées*, Berlin, livr. 72), que cette identité n'était point nécessaire, et que d'autres valeurs de cette vitesse de propagation pouvaient parfaitement se concilier avec l'ensemble des faits et avec les hypothèses déjà émises sur la polarisation diélectrique et diamagnétique de l'air.

En attendant, P. Blaserna a fait paraître dans le *Journal des sciences naturelles et économiques de Palerme*, pour l'année 1870, une longue série de recherches d'où il conclut, que pour les phénomènes d'induction, au moins, l'action électrique se propage dans l'air avec une vitesse très-modérée. Les expériences qu'il a faites avec les décharges d'ouverture des courants d'induction, expériences qu'il considère comme tout à fait probantes, lui ont donné pour cette vitesse dans l'air le nombre très-faible de 550 mètres par seconde, et pour la vitesse dans la gomme laque 330 mètres par seconde, c'est-à-dire la vitesse du son dans l'atmosphère. Les recherches exécutées avec les courants induits de fermeture ont fourni des vitesses encore plus petites; toutefois, l'auteur a lui-même reconnu que, dans ce dernier cas, la réaction de l'hélice induite sur l'hélice inductrice pouvait rendre incertaine son interprétation des expériences.

Il est à remarquer maintenant que, dans ces recherches, la bobine inductrice et la bobine induite ont toujours été disposées à des distances très-petites l'une de l'autre, variables, par exemple, de 1 à 3 centimètres : l'une et l'autre étaient du reste enroulées à plat. Dans les recherches avec l'induction d'ouverture, le temps nécessaire à la propagation dans une étendue de 2 centimètres du milieu ambiant fut trouvé de 1/22 000 de seconde, seulement. Mais M. Blaserna a fermé et interrompu les courants dans son appareil au moyen de ressorts métalliques glissant sur un cylindre à demi-métallique, à demi-isolant; et l'on n'est jamais sûr qu'un tel contact entre des pièces métalliques glissant l'une sur l'autre est réellement continu et exempt de petites interruptions, irrégularité qui emprunte un grand caractère d'importance de cette circonstance qu'on mesure des durées excessivement petites; indépendamment de ce premier motif de réserve, on peut encore se demander si ces intervalles de temps si petits que l'on mesure ne correspondraient pas à la durée variable de l'étincelle au point où l'on interrompt le courant inducteur.

L'importance de cette objection ressort des travaux que j'expose ici.

Je me suis convaincu, en effet, par des expériences que je relaterai plus bas, que la durée de cette étincelle de rupture pourrait atteindre 1/46 000 de seconde, même dans des circonstances beaucoup plus défavorables que celles où Blaserna s'est placé. MM. Lucas et Cazin ont trouvé 1/30 000 de seconde avec de grosses batteries électriques, lorsque la distance de décharge était de 2 $^{m}/_{m}$,292, et 1/15 000 de seconde lorsque cette distance de décharge devenait de 5 $^{m}/_{m}$. Bernstein, avec une bobine serrée à fil métallique fin, a trouvé 1/20 000 de seconde pour la durée de cette étincelle de rupture.

Tandis que M. Blaserna employait pour la production de son courant un grand nombre d'éléments de Bunsen, j'employais, de mon côté, un unique élément de Daniell; tandis que ses bobines étaient étroites et recouvertes d'un fil serré, la mienne avait un grand diamètre et peu de tours, et était ainsi beaucoup moins propre à engendrer un extra-courant fort. Pourtant la durée de l'étincelle atteignit la haute valeur que j'ai indiquée plus haut. Si l'on observe que l'intensité de l'étincelle se trouve notablement diminuée par l'approche d'une seconde bobine dans laquelle circule un courant d'induction; fait connu qui tient à ce que le courant induit agit sur le courant inducteur pour lui faire obstacle; et si l'on remarque justement que les bobines de Blaserna étaient relativement très-près l'une de l'autre; alors on arrive à douter, et l'on se demande si ce retard apparent dans la production de l'effet électrique, si ce prétendu intervalle de transmission, ne tiendrait pas, tout simplement, à l'augmentation de durée de l'étincelle correspondant à l'augmentation de distance des bobines.

Comme je m'occupais depuis très-longtemps de recherches sur la durée de courants électriques très-courts, et que j'avais fait préparer un appareil à cette intention, il me parut nécessaire, avant toute autre chose, de vérifier si la vitesse de propagation des actions électrodynamiques était véritablement aussi faible que l'affirmait M. Blaserna. Les expériences que j'ai exécutées jusqu'à présent sont relatives à la transmission de l'action dans l'air seulement : la question des isolants électriques qui ont manifesté dans les expériences du savant italien un genre d'action si remarquable exige encore un complément d'études. Il se produit peut-être aussi dans les corp isolants des mouvements électriques de très-courte durée, capables, dans certaines circonstances, d'agir par induction sur le voisinage; l'analogie avec les mouvements magnétiques dans le fer, et ce que l'on connaît du genre d'action des milieux diélectriques, est favorable à cette supposition.

(1) Voyez *Revue des cours scientifiques*, tome VII, page 445.

Provisoirement, je n'ai pas poursuivi ce côté de la question.

L'appareil d'interruption dont j'ai fait usage dans mes recherches consistait en un fort et lourd pendule de fer dont le support était encastré dans la muraille, et qu'on faisait toujours descendre de la même hauteur. A son extrémité inférieure, il portait deux saillies recouvertes d'un plan d'agathe. Celles-ci, au moment où le pendule passe par sa position d'équilibre, viennent heurter contre les extrémités aciérées de deux leviers très-minces, et le déplacement des leviers interrompt deux courants. L'un de ces leviers est fixe; l'autre peut être déplacé; il est porté sur un chariot que peut mouvoir une vis micrométrique, en sorte que l'on peut, à volonté, faire heurter ce levier déplaçable un moment plus tôt ou plus tard que l'autre. Cet intervalle entre les chocs, et par conséquent les ruptures de courant, est apprécié d'après l'intervalle micrométriquement mesuré des points de choc et d'après la vitesse du pendule en tombant, et cette dernière se calcule d'après la durée et l'amplitude de l'oscillation. Le déplacement correspondant à une division sur la tête de la vis micrométrique entraîne un intervalle de 1/281 170 de seconde dans la succession des chocs. Rechercher une plus grande précision serait inutile dans l'état actuel des choses, à cause de la durée de l'étincelle qui est hors de proportion avec d'aussi petites corrections.

Pour employer des bobines aussi distantes que possible, je leur donnai la forme d'anneaux d'environ 80 centimètres de diamètre. La bobine inductrice avait seulement 12 tours 1/2 de fil de cuivre de 1 millimètre d'épaisseur, recouvert d'une couche de gutta-percha de 1/2 millimètre d'épaisseur. La bobine induite comprenait 560 tours d'un fil de cuivre de 1/2 millimètre enveloppé de soie. Cette bobine pouvait être éloignée de la première jusqu'à une distance de 170 centimètres, sans cesser de manifester les effets d'induction.

En revanche, on ne fit jamais descendre au-dessous de 34 centimètres la distance des deux bobines, afin de pouvoir négliger absolument la réaction de la bobine induite sur la bobine inductrice, et de fait, l'expérience a prouvé qu'on avait atteint ce but.

Voici comment les expériences étaient disposées. Le circuit inducteur était composé d'un élément de Daniell, de la plus petite bobine et du levier interrupteur, le premier choqué par le pendule. Ce choc rompait le courant, et l'interruption déterminait un courant d'induction dans le second circuit, subsistant seul dès ce moment.

Celui-ci n'était pas entièrement fermé : les extrémités du fil aboutissaient à un condensateur de Kohlrausch ayant ses deux lames de métal doré éloignées l'une de l'autre de 3/8 millimètre. Ce circuit était constitué par la plus longue bobine; une des extrémités du fil se rendait au plateau fixe du condensateur en communication avec la terre : la seconde extrémité communiquait par l'intermédiaire du second levier interrupteur avec le plateau mobile et isolé du condensateur. L'électricité mise en mouvement par l'induction se précipitait donc dans le condensateur jusqu'au moment où le circuit était rompu par le choc du pendule contre le second levier interrupteur. A partir de ce moment, le plateau mobile du condensateur se trouvait isolé, et il conservait la charge reçue. La grandeur et la nature de cette charge étaient appréciées au moyen d'un électromètre construit sur le principe de Thomson, d'après l'écartement des deux plateaux condensateurs.

Ce qu'on observait dans ces expériences, c'était donc la série des mouvements électriques qui se produisent après l'interruption du courant primaire, dans la bobine induite et communiquant avec le condensateur. Comme ces oscillations se propagent d'un plateau condensateur à l'autre, à travers un circuit non interrompu, sans donner d'étincelle, elles se produisent plus régulièrement et sont plus nombreuses que celles qu'on obtient avec les batteries de Leyde, dans l'arc qui unit les armatures. J'ai pu observer ainsi, les deux hélices étant placées à 34 centimètres de distance, une série de phases alternativement positives et négatives au nombre de trente-cinq. La durée d'une oscillation complète (phase positive et négative réunies) s'élevait à 1/2811 de seconde; la durée des 35 oscillations observées était de 1/80 de seconde.

Les expériences dans lesquelles j'ai changé la distance des plateaux condensateurs et par conséquent leur capacité électrique ont établi le peu d'influence que cette capacité pouvait avoir sur la durée des oscillations. J'ai déjà, dans une récente communication faite à la Société des sciences naturelles et médicales de Heidelberg, le 30 avril 1869, prouvé qu'une bobine à fil serré agit elle-même comme un condensateur. Les spires d'une extrémité se chargent positivement, celles de l'autre extrémité se chargent négativement, et elles ne sont séparées des couches voisines moins fortement chargées que par la faible épaisseur de la soie isolante : une couche électrique s'accumule par conséquent des deux côtés de la soie isolante. Mais, puisque la diminution de capacité du condensateur a si peu d'influence sur la durée de l'oscillation, il en résulte que la capacité condensatrice de la bobine doit surpasser de beaucoup celle de l'appareil à plateaux.

Pour découvrir le retard de l'action à distance, la durée de transmission électrodynamique, il était nécessaire de faire choix d'un point bien défini dans chaque oscillation, et qu'on pouvait déterminer avec la plus grande rigueur. Le point de début de l'oscillation ne conviendrait pas : la naissance de l'oscillation n'est pas momentané, la vitesse du courant, nulle au commencement, croît successivement, et dans ces premiers temps c'est tout au plus si elle augmente proportionnellement au carré du temps.

La raison de ce fait, c'est que le courant primaire lui-même ne décroît que progressivement pendant la durée de l'étincelle, et que, par suite, la force électro-motrice induite dans le circuit secondaire, au lieu de se développer d'emblée, croît elle-même d'une façon continue. Or, ce temps d'accroissement dans l'oscillation électrique, qui est le temps même de durée de l'étincelle, n'est aucunement négligeable, puisque dans notre expérience la durée de l'étincelle était environ le dixième de la période oscillatoire. La valeur moyenne s'obtient par la comparaison de deux espaces de temps : le premier, c'est celui qui s'écoule entre le moment où le choc du pendule rompt le courant primaire et le moment qui correspond au point zéro de la première oscillation; le second, c'est le temps qui sépare les points zéro suivants. Le premier a une valeur supérieure au second, parce que, outre la demi-période d'une oscillation, il embrasse encore la durée de l'étincelle; leur comparaison peut conduire à une détermination approximative de la valeur de celle-ci.

Au contraire, les points zéro suivants du courant induit peuvent être déterminés avec assez de précision, même dans le cas d'éloignement notable du circuit secondaire. Une petite difficulté arrive de ce que la durée de l'étincelle n'est jamais entièrement constante, même pour les forces électro-motrices faibles et les bobines à si peu de tours que j'employais; il faut en attribuer la raison à la projection irrégulière des particules de platine à travers l'étincelle. Par cette raison, dans le cas où la division micrométrique devrait correspondre à un point nul, on obtient réellement une déviation tantôt positive, tantôt négative, malgré les meilleures dispositions données à l'appareil : mais cette inconstance ne se trouve plus aux points de l'échelle, précédant ou suivant immédiatement un point zéro; ces derniers, au contraire, donnent toujours des charges de l'électromètre ou exclusivement ou du moins d'une façon prépondérante dans le même sens.

La marche expérimentale que je viens de décrire, et à laquelle je n'étais arrivé qu'après de longs tâtonnements, m'a permis d'établir ce résultat :

Si l'on a trouvé un point de zéro pour la distance plus petite des deux bobines, il ne faut pas faire varier d'une division la tête de la vis micrométrique, si l'on augmente la distance de 136 centimètres pour avoir de nouveau un point zéro. La valeur d'une division a été indiquée plus haut; elle est de 1/231 170 de seconde.

Donc,

Si les actions électrodynamiques se propagent véritablement avec une vitesse déterminable, il faut que cette vitesse soit supérieure à 314 400 (1.36 + 231 170) *mètres par seconde, c'est-à-dire à environ* 42.4 *milles géographiques.*

J'ai pris des dispositions pour perfectionner encore ces mesures. Ces perfectionnements consisteront à réduire autant que possible la durée de l'étincelle de rupture, en donnant au courant primaire une résistance très-faible et une force électro-motrice très-petite, et à éloigner, autant que faire se pourra, les spires métalliques qui le constituent l'une de l'autre.

H. Helmholtz,
Professeur à l'Université de Berlin.

ACADÉMIE DES SCIENCES DE PARIS

M. BERTHELOT

Recherches thermochimiques sur la série du cyanogène

J'ai entrepris d'étudier la chaleur dégagée dans la formation des principaux composés du cyanogène, tels que l'acide cyanhydrique, les cyanures métalliques, les chlorure, bromure, iodure de cyanogène, le cyanate de potasse, etc., et de la comparer avec la chaleur dégagée dans les combinaisons des éléments proprement dits.

Mes expériences ont été faites, comme toujours, dans des calorimètres de platine renfermant de 500 à 1000 grammes d'eau. Elles ont offert de grandes difficultés et même des dangers sérieux, car j'ai dû opérer sur l'acide cyanhydrique pur et sur le chlorure de cyanogène liquéfié, c'est-à-dire sur les corps les plus vénéneux qui soient connus. — Les réactions exécutées par voie humide réclament parfois un temps considérable pour s'accomplir, ce qui complique les mesures. En outre, il faut que les réactions soient exactement définies et intégrales pour que les nombres trouvés fournissent des données suffisamment autorisées. J'ai fait tous mes efforts pour remplir ces conditions, et les nombres ci-dessous me paraissent représenter, avec une exactitude suffisante, les réactions auxquelles je les attribue; cependant le sujet est si délicat que je crois devoir réclamer quelque indulgence pour ce pénible travail.

I. — Acide cyanhydrique.

1. J'ai décomposé, dans le calorimètre, un poids connu d'acide cyanhydrique par l'acide chlorhydrique très-concentré; la transformation accomplie (et elle était totale, ou sensiblement), j'ai étendu le mélange avec une grande quantité d'eau, et mesuré la nouvelle quantité de chaleur dégagée. Une expérience préalable m'avait fait connaître la chaleur dégagée par les mêmes quantités d'acide chlorhydrique et d'eau mélangées. Je déduis de là la chaleur qui serait dégagée par la réaction suivante :

$$C^2HAz \text{ (pur et liquide)} + HCl \text{ (étendu)} + 2H^2O^2 = C^2H^2O^4 \text{ (dissous)} + AzH^4Cl \text{ (dissous)},$$

soit 10 900 calories.

On tire de là la chaleur de formation de l'acide cyanhydrique par les éléments

$$C^2 + H + Az = C^2HAz \text{ (liquide et pur)} \ldots\ldots \quad -37\,700^{cal}.$$

2. Le même acide, en se dissolvant dans l'eau, peut absorber ou dégager de la chaleur, suivant les proportions relatives. En présence d'une grande quantité d'eau, C^2AzH dégage environ + 400; la formation de l'acide dissous absorbe donc — 37 300.

3. J'ai aussi déterminé la chaleur de vaporisation de l'acide cyanhydrique, soit 5700 pour C^2AzH. La formation de l'acide gazeux, à partir des éléments, absorbe donc — 43 400 calories.

4. On déduit de là :

Chaleur de combustion de l'acide cyanhydrique	liquide.	+ 166000
» »	gazeux.	+ 172000

5. En résumé, l'acide cyanhydrique est formé, à partir des éléments, avec absorption de chaleur, précisément comme le cyanogène, l'acétylène, le sulfure de carbone, etc., anomalie très-générale pour les combinaisons du carbone, et qui, jointe à divers autres faits, permet de supposer l'existence d'un état spécial du carbone, gazeux et isomérique (1).

6. Les corps formés avec absorption de chaleur depuis leurs éléments sont particulièrement aptes à éprouver des condensations et des transformations polymériques, comme le prouve l'histoire de l'acétylène. Celle de l'acide cyanhydrique fournit de nombreuses confirmations de cette vérité générale. J'ai insisté ailleurs sur ce point (2) et sur l'interprétation mécanique qu'il est permis d'en donner.

7. Examinons maintenant les diverses générations de l'acide cyanhydrique et les dégagements de chaleur correspondants. Soit d'abord l'union du cyanogène avec l'hydrogène,

$$C^4Az^2 + H^2 = 2C^2AzH.$$

Cette union, rapportée aux gaz, absorberait 4800 calories pour $2C^2AzH$ ou 2400 pour 1 seul équivalent. Aussi n'a-t-elle pas lieu directement. Gay-Lussac l'a déjà signalé, et j'ai vérifié de nouveau le fait en chauffant les deux gaz dans une cloche

---

(1) *Revue des cours scientifiques*, 1869.
(2) *Annales de chimie*, 4e série, t. VI, p. 433 et 451.

courbe pendant une heure, c'est-à-dire en faisant intervenir ces conditions de temps dont l'importance n'était guère appréciée autrefois.

Le tableau suivant permet de comparer la formation des divers hydracides à celle de l'acide cyanhydrique, tout étant rapporté aux éléments gazeux et aux composés gazeux :

$$Cl + H = HCl \ldots\ldots\ldots\ldots + 23900,$$
$$Br + H = HBr \ldots\ldots\ldots\ldots + 12300,$$
$$I + H = HI \ldots\ldots\ldots\ldots + 800,$$
$$Cy + H = \ldots\ldots\ldots\ldots - 2400.$$

On sait que les trois premiers hydracides se forment directement, mais avec une difficulté croissante, en raison inverse de la chaleur dégagée; l'acide iodhydrique ne se produit qu'avec peine et dans des conditions de dissociation; l'acide cyanhydrique enfin ne se forme pas du tout.

8. L'acide cyanhydrique se forme, au contraire, directement, comme je l'ai démontré, par l'union de l'azote libre avec l'acétylène,

$$C^4H^2 + Az^2 = 2C^2HAz.$$

Cette union absorbe cependant une grande quantité de chaleur, 42 000 calories environ; mais elle s'effectue sous l'influence de l'étincelle et des travaux particuliers accomplis par le courant électrique.

9. La formation de l'acide cyanhydrique (nitrile formique) au moyen du formiate d'ammoniaque jette quelque lumière sur la théorie des amides. Soit la réaction suivante :

$$C^2H^2O^4, AzH^3 = C^2HAz + 2H^2O^2.$$

Cette réaction, si elle pouvait avoir lieu à la température ordinaire, avec le sel solide, et en produisant de l'eau et de l'acide cyanhydrique liquide, absorberait 13 400 calories. Le sel fondu, en produisant l'eau et l'acide cyanhydrique sous forme gazeuse, absorbera près de 36 000 calories, résultat conforme à ce qui se passe dans la plupart des décompositions.

10. On peut aller plus loin : en effet, la déshydratation du formiate d'ammoniaque s'effectue en deux temps; elle engendre d'abord du formamide et de l'eau,

$$C^2H^2O^4, AzH^3 = C^2H^3AzO^2 + H^2O^2.$$

J'ai décomposé en sens inverse le formamide par l'acide chlorhydrique concentré; la réaction théorique a dégagé 1400 calories, chiffre probablement trop faible, et que je donne sous toutes réserves, l'état liquide du formamide offrant peu de garanties de pureté. Il s'applique à peu près au changement du formamide dissous en formiate d'ammoniaque dissous.

On en conclut encore que la transformation du formiate d'ammoniaque fondu en formamide et eau gazeux doit absorber un nombre voisin de 18 000 calories. Les deux phases de la déshydratation du formiate d'ammoniaque changé en amide, puis en nitrile, répondraient donc à des phénomènes thermiques sensiblement égaux. Mais cette égalité n'est vérifiée que pour les produits sous la forme gazeuse.

11. Réciproquement, la fixation des éléments de l'eau, soit sur l'amide, soit sur le nitrile formique en dissolution, avec reproduction du sel ammoniacal dissous, dégage de la chaleur, à savoir : 1400 calories pour l'amide et 10 800 pour le nitrile. C'est une nouvelle preuve des dégagements de chaleur qui peuvent résulter d'une simple hydratation opérée par voie humide, lesquels jouent un rôle important dans l'étude des métamorphoses des principes organiques azotés et dans celle de la chaleur animale (1).

Je vais maintenant exposer la formation des cyanures et celle des combinaisons que le cyanogène forme avec les éléments halogènes.

II. — Cyanure de potassium.

1. J'ai trouvé, par expérience, que :

CyH en se dissolvant dans 40 fois son poids d'eau dégage.	+ 400^{cal}
CyH (étendu) + KO (étendue) dégage	+ 2960
CyK (pur), en se dissolvant dans une grande quantité d'eau (1 partie de sel et 100 à 140 parties d'eau), absorbe..	2960

On déduit de là la chaleur dégagée dans la formation du cyanure de potassium depuis les éléments :

$$C^2 + Az + K = C^2AzK \text{ dégage } + 12200$$

2. La formation directe du cyanure de potassium par l'union de ses éléments ne s'effectue pas à la température ordinaire; mais elle semble avoir lieu, en effet, à une haute température, lorsqu'on fait agir l'azote sur le charbon imprégné de carbonate de potasse, c'est-à-dire dans les conditions où le potassium prend naissance. A cette température, le cyanure de potassium est fondu; mais, par contre, le potassium est gazeux, ce qui doit compenser et au delà la chaleur absorbée par la fusion du cyanure. On est donc conduit à admettre que la formation directe de ce dernier dégage de la chaleur dans les conditions mêmes où elle s'effectue.

3. L'union du cyanogène avec le potassium a lieu, comme on sait, directement. Cette union

$$Cy + K = KCy \text{ dégage } + 58000^{cal}.$$

Ce chiffre est moindre que la chaleur dégagée par l'union du même métal avec les éléments halogènes :

$$Cl + K = KCl \text{ dégage} \ldots\ldots\ldots\ldots + 102700^{cal} \text{ (2)}$$
$$Br + K = KBr \quad » \quad \ldots\ldots\ldots\ldots + 89200$$
$$I + K = KI \quad » \quad \ldots\ldots\ldots\ldots + 76300$$

4. Notons en passant les rapprochements numériques suivants, bien qu'étrangers à l'étude du cyanogène :

La substitution du chlore au brome vis-à-vis du potassium dégage	13500^{cal}
Celle du brome à l'iode	12900

C'est à peu près le même chiffre. Les valeurs thermiques de ces deux substitutions, comparées l'une à l'autre, sont aussi les mêmes vis-à-vis de l'hydrogène (11 500); et vis-à-vis du cyanogène (17 à 18 000). Vis-à-vis des métaux proprement dits (zinc, plomb, argent), l'égalité ne subsiste plus, mais les deux nombres ne diffèrent pas beaucoup, étant compris entre 9000 et 13 000. Même dans la série des chlorure, bromure, iodure acétique, les deux substitutions dégagent 8000 et 12000. Tous ces rapprochements indiquent que le travail effectué par la substitution du chlore au brome dans un composé quelconque ne diffère guère du travail effectué par la substitution du brome à l'iode dans le composé correspondant.

Au contraire, la substitution du chlore au cyanogène donne lieu à des résultats divergents : soit vis-à-vis du potassium,

(1) *Revue des cours scientifiques*, 1865.

(2) Moyenne des chiffres donnés par Andrews et par Favre et Silbermann.

50 000 calories; et vis-à-vis de l'hydrogène, 26 000 seulement. Cette divergence est corrélative de la grande différence qui existe entre les chaleurs de dissolution des deux hydracides (+ 400 et + 17 400), comme entre leurs chaleurs de combinaison avec la potasse (3000 et 13 600).

5. On remarquera la petitesse de la quantité de chaleur dégagée dans l'union de l'acide cyanhydrique dissous et de la potasse dissoute : 2960 calories au lieu de 13 000 à 15 000 calories, valeurs, valeurs relatives à la plupart des acides minéraux et organiques. Aussi l'acide cyanhydrique est-il déplacé dans le cyanure de potassium dissous par presque tous les acides, même par l'acide carbonique.

6. Le cyanure de potassium dissous se change en formiate de potasse et ammoniaque avec dégagement de chaleur :

$$C^2AzK \text{ (dissous)} + 2H^2O^2 = C^2HKO^4 \text{ (dissous)} + AzH^3 \text{ (dissoute)}$$

dégage + 8500 calories. On sait que la réaction est lente.

Le sel fondu est décomposé très-aisément, comme chacun sait, par la vapeur d'eau. Cette décomposition est facile; car elle développe 19 000 calories, en produisant du formiate de potasse fondu et du gaz ammoniac. Le formiate peut, d'ailleurs, se détruire ultérieurement sous l'influence de la chaleur ou d'un excès d'alcali.

En présence de l'oxygène de l'air, on sait que le cyanure de potassium devient du cyanate; puis, s'il y a de la vapeur d'eau en présence, du carbonate de potasse : je discuterai tout à l'heure ces deux réactions.

J'ai également étudié la formation de divers cyanures simples et doubles. Elle offre beaucoup d'intérêt. Mais je ne parlerai aujourd'hui que du cyanhydrate d'ammoniaque et du cyanure de mercure.

III. — Cyanhydrate d'ammoniaque.

1. J'ai trouvé que l'union de l'acide cyanhydrique dissous avec l'ammoniaque dissoute dégage environ 1300 calories (1).

La dissolution du cyanhydrate d'ammoniaque récemment préparé (1 partie de sel dans 180 parties d'eau), absorbe 4400 calories pour C^2HAz, AzH^3.

Il résulte de ces chiffres que l'union du gaz cyanhydrique et du gaz ammoniac, avec formation de cyanhydrate solide, dégage 20 500 calories. C'est la moitié seulement de la chaleur dégagée dans les formations semblables des chlorhydrate, bromhydrate, iodhydrate d'ammoniaque.

3. Depuis les éléments, on aurait :

$$C^2 + Az^2 + 2\,H^2 = C^2AzH, AzH^3 \text{ (solide)} \ldots \quad + 5500^{cal}.$$

La formation semblable du chlorhydrate d'ammoniaque dégage 88 000 calories.

Enfin, entre la formation du chlorhydrate d'ammoniaque depuis les éléments et celle du chlorure de potassium, la différence est 14 700 calories; tandis que la formation du cyanure de potassium depuis les éléments dégage seulement 6700 calories de plus que celle du cyanhydrate d'ammoniaque.

IV. — Cyanure de mercure.

1. La formation du cyanure de mercure, depuis les éléments pris dans leur état actuel :

$$C^2 + Az + Hg = C^2AzHg,$$

(1) Andrews donne le même chiffre.

absorberait environ — 41 000 calories. D'où il suit que l'union du cyanogène et du mercure, à la température ordinaire,

$$Cy + Hg = HgCy,$$

doit répondre à un phénomène à peu près nul. Aussi ne se produit-elle point directement.

2. La substitution simple du chlore au cyanogène, avec formation de chlorure de mercure, dégagerait 25 000 calories, à peu près le même chiffre que dégage la même substitution opérée dans l'acide cyanhydrique.

Les réactions véritables forment, en outre, du chlorure de cyanogène,

$$CyHg + Cl^2 = HgCl + CyCl; \quad CyH + Cl^2 = HgCl + CyCl;$$

c'est-à-dire qu'elles dégagent 43 000 calories environ, soit avec l'acide cyanhydrique, soit avec le cyanure de mercure, le chlorure de cyanogène étant supposé gazeux. Les deux réactions sont, comme on sait, également employées pour la préparation du chlorure de cyanogène, ce qui est justifié par les chiffres ci-dessus.

V. — Cyanate de potasse.

1. J'ai décomposé le cyanate de potasse par l'acide chlorhydrique. En opérant en présence d'une quantité d'eau suffisante pour que l'acide carbonique demeure dissous; la décomposition est complète au bout de peu de minutes :

$$C^2AzKO^2 \text{ (dissous)} + HCl \text{ (dissous)} + H^2O^2$$
$$= C^2O^4 \text{ (dissous)} + KCl \text{ (dissous)} + AzH^3HCl.$$

Elle dégage 28 800 calories.

La dissolution de C^2AzKO^2 (1 partie de sel dans 300 parties d'eau) absorbe — 5200 calories.

2. On déduit de là que la formation du cyanate de potasse depuis les éléments :

$$C^2 + Az + K + O^2,$$

dégage 108 400 calories.

3. L'union du cyanure de potassium avec l'oxygène pour former du cyanate,

$$C^2AzK + O^2 = C^2AzKO^2,$$

dégage dès lors :

$$108400 - 12200 = 96200^{cal},$$

chiffre énorme, et à peu près égal à la chaleur dégagée par la combustion du carbone contenu dans le cyanure. Ce chiffre se rapporte aux corps pris dans leur état actuel; mais il peut être appliqué aux mêmes corps, dans les conditions connues de leur réaction, à une haute température; car la fusion du cyanure et celle du cyanate doivent absorber à peu près la même quantité de chaleur.

On s'explique par ces nombres pourquoi le cyanure de potassium offre une si grande tendance à s'oxyder, soit sous l'influence des agents oxydants, soit même sous l'influence de l'air.

4. On sait que le cyanate de potasse dissous se change peu à peu en carbonate de potasse et carbonate d'ammoniaque dissous,

$$C^2AzKO^2 + 2H^2O^2 = CO^2KO + CO^2, AzH^3, HO.$$

Ce changement dégage à peu près 6500 calories de moins que le changement opéré par l'acide chlorhydrique, soit 23300 calories : c'est un chiffre assez élevé pour expliquer la réaction.

On trouverait également un dégagement de chaleur considérable, 13000 calories environ, pour la transformation du cyanate de potasse fondu et de la vapeur d'eau en carbonate de potasse, acide carbonique gazeux et ammoniaque,

$$C^2AzKO^2 + 3HO = CO^2, KO + CO^2 + AzH^3.$$

On sait avec quelle facilité s'effectue cette transformation.

4. Les chiffres précédents montrent avec quel soin on doit éviter l'intervention de l'oxygène et celle de la vapeur d'eau dans la préparation du cyanure de potassium. Ils expliquent pourquoi ce sel, préparé par voie sèche, renferme presque toujours de grandes quantités de carbonate de potasse. En effet, la réaction suivante :

$$C^2AzK + O^2 + 3HO = CO^2, KO + CO^2 + AzH^3.$$

dégage, à la température des expériences, près de 110000 calories.

VI. — Chlorure de cyanogène.

1. J'ai décomposé ce corps par la potasse étendue, et transformé ensuite par l'acide chlorhydrique en acide carbonique, chlorhydrate d'ammoniaque, le mélange de cyanate et de carbonate produit dans la première réaction. J'obtiens ainsi la réaction totale

$$C^2AzCl \text{ (pur, liquide)} + 4HO = C^2O^4 \text{ (diss.)} + AzH^4Cl \text{ (diss.)} + KCl \text{ (diss.)},$$

laquelle dégage 61700 calories.

D'autre part, j'ai trouvé la chaleur de vaporisation du chlorure de cyanogène égale, pour CyCl, à 8800 calories.

2. On conclut de là, par un calcul que je supprime, pour la formation du composé depuis les éléments,

$$C^2 + Az + Cl = C^2AzCl \text{ (liquide)} - 14500,$$
$$= C^2AzCl \text{ (gazeux)} - 23300.$$

3. L'union du cyanogène au chlore

$$Cy + Cl = CyCl \text{ (liquide) dégage} \ldots\ldots + 26500$$
$$Cy + Cl = CyCl \text{ (gazeux)} \quad » \ldots\ldots + 17700$$

VII. — Iodure de cyanogène.

1. J'ai préparé ce corps par synthèse, au moyen du cyanure de potassium pur, en solution aqueuse, et de l'iode solide,

$$CyK \text{ (diss.)} + I^2 = CyI \text{ (diss.)} + KI \text{ (diss.)}.$$

La réaction dégage 6400 calories.

La dissolution de l'iodure de cyanogène dans une grande quantité d'eau (1 partie d'iodure pour 75 parties d'eau) absorbe, pour CyI, — 2800 calories.

2. On tire de là, pour la formation depuis les éléments,

$$C^2 + Az + I = C^2AzI \text{ (solide)} \ldots - 53100^{cal}$$

3. $Cy + I = CyI$ (solide)........ — 12100

Tous les corps étant gazeux..... — 16400 environ.

VIII. — Bromure de cyanogène.

1. J'ai préparé ce corps par synthèse, au moyen du cyanure de potassium dissous et du brome pur,

$$CyK \text{ (diss.)} + Br^2 = CyBr + KBr.$$

Cette réaction dégage 35400 calories.

Toutefois je ne réponds pas absolument de ce chiffre, parce que la dissolution du brome dans la liqueur est suivie d'une autre réaction, beaucoup plus lente à la vérité.

2. On tire de là, pour la formation depuis les éléments

$$C^2 + Az + Br = C^2AzBr \text{ (diss.)}. \quad - 40000$$

3. C^2AzBr (solide) produirait environ. — 37000

$Cy + Br = CyBr$ (solide)....... + 4000

Tous les corps étant gazeux..... — 1000 environ.

En résumé, l'union du cyanogène avec le chlore dégage beaucoup de chaleur ; avec le brome, le dégagement est faible ou nul, suivant l'état du bromure ; avec l'iode, il y a toujours absorption de chaleur.

Aussi s'explique-t-on aisément pourquoi la formation de l'iodure et même celle du bromure n'ont lieu qu'à la condition d'employer le cyanure de potassium, c'est-à-dire de faire intervenir une énergie supplémentaire, celle qui est due à la formation du bromure ou de l'iodure de potassium.

La différence entre les décompositions du chlorure de cyanogène et celles de l'iodure de cyanogène par les alcalis et par divers autres réactifs s'explique de même par des considérations thermochimiques ; mais je n'insiste pas. Je renverrai à cet égard au mémoire que j'ai publié, avec M. Louguinine, sur les doubles décompositions et sur les chlorure, bromure, iodure acétique en particulier.

Je reproduirai seulement les chiffres suivants :

	C^2HAz.	$C^4H^4O^2$.
Substitution simple : H par Cl.............	+ 23000	+ 6000
» H par Br.............	0	— 2000
» H par I.............	15000	— 14000
Réaction de Cl^2 avec formation de HCl + RCl.	+ 47000	+ 30000
» Br^2 » HBr + RBr.	+ 8000	+ 6000
» I^2 » HI + Ri..	— 11000	— 18000

On voit que les chiffres relatifs aux composés cyaniques conduisent aux mêmes conclusions générales auxquelles nous étions arrivés par nos expériences sur les composés acétiques, relativement aux substitutions chlorées, bromées, iodées ; elles confirment spécialement l'opposition qui existe entre les composés iodés et les composés chlorurés, quant à leurs modes de formation et à leurs métamorphoses.

M. Berthelot,
Professeur au Collège de France.

ASSOCIATION AMÉRICAINE

POUR L'AVANCEMENT DES SCIENCES

SESSION D'INDIANOPOLIS

M. T. STERRY HUNT
Président sortant

La géognosie des monts Appalaches et l'origine des roches cristallines (1).

II

Origine des roches cristallines

I. — Silicates cristallins. — Théories diverses sur leur origine.
II. — Pseudomorphisme par altération. — Enveloppement minéral. — Travaux de Scheerer, de Delesse et de Naumann.
III. — Métamorphisme. — Recherches de Hunt, de Delesse et de Daubrée. —

---

(1) Suite et fin. — Voyez le numéro précédent, page 314.

Action des silicates et des carbonates alcalins. — Formation directe des schistes cristallins. — L'Eozoon canadense.
IV. — Diagenèse et Epigenèse. — Le gypse et la dolomite. — Climat primitif du nord-est de l'Amérique. — L'animal et le végétal dans leurs rapports avec la chimie.

I. — Silicates cristallins

Nous arrivons maintenant à la seconde partie de notre sujet, c'est-à-dire à la question de l'origine des schistes cristallins dont nous venons d'examiner l'histoire.

L'origine des silicates minéraux, dont se compose une grande partie des roches cristallines que l'on trouve à la surface de la terre, est une question géologique d'un grand intérêt, et qui a été trop négligée jusqu'ici. Les gneiss, les mica-schistes et les argilites des différentes époques géologiques, ne diffèrent pas beaucoup par leur composition chimique des sédiments mécaniques modernes, et, de nos jours, on les considère généralement comme le résultat d'un nouvel arrangement moléculaire de sédiments semblables, formés autrefois de roches de composition peu différente, qui se sont désagrégées; les terrains les plus anciens que nous connaissions sont même encore composés de stratifications cristallines, que l'on suppose provenir de sédiments. Avant ces dépôts, l'imagination conçoit l'existence de roches encore plus anciennes, jusqu'à ce que nous arrivions à la surface de substance non stratifiée, que le globe a dû présenter avant que les eaux eussent commencé leur travail. Mais il n'entre pas dans le plan de ce discours de considérer cette origine éloignée des roches de sédiment, que j'ai étudiée dans un autre travail (1).

Outre l'argile et les grès, dont nous venons de parler, et qui se composent essentiellement de quartz et de silicates d'alumine, surtout sous la forme de feldspath et de mica, ou des résultats de leur décomposition et de leur désagrégation partielle, il existe une autre classe de roches siliceuses cristallines, qui, quoique bien moins abondante que la précédente, présente un intérêt grand et varié au lithologue, au minéralogiste, au géologue et au chimiste. Les roches de cette seconde classe peuvent se définir comme composées surtout de silicates de chaux, de magnésie et de protoxyde de fer, soit seuls, soit combinés avec des silicates d'alumine et des silicates alcalins. Voici les principales espèces minérales qu'elles contiennent : pyroxène, hornblende, olivine, serpentine, talc, chlorite, épidote, grenat et feldspaths tricliniques, tels que la labradorite. Les grands types de cette seconde classe ne sont pas moins bien définis que ceux de la première; ils se composent de roches de pyroxène et de hornblende, qui donnent des diorites, des diabases, des ophiolites, et des roches de talc, de chlorite et d'épidote. Des variétés intermédiaires, résultant de l'association des minéraux de cette classe avec ceux de la première, et aussi avec les roches non siliceuses, telles que les calcaires et les dolomites, montrent quelquefois la réunion des conditions dans lesquelles ces divers types de roches se sont formés.

La distinction que je viens d'établir entre les deux grandes divisions de roches siliceuses, ne se borne pas aux dépôts stratifiés; elle est également bien marquée dans les masses éruptives et non stratifiées; dans celles-ci, le premier type est représenté par les trachytes et les granites, et le second, par les dolérites et les diorites. Cette différence fondamentale entre les roches acides et les roches basiques, comme on les appelle, se trouve exprimée par les théories de Phillips, de Durocher et de Bunsen, qui font venir toutes les roches siliciques de deux couches superposées de matière fondue, à l'intérieur de la croûte terrestre, et qui se composent, l'une de mélanges acides et l'autre de mélanges basiques; ce sont les magmas trachytiques et pyroxéniques de Bunsen. De celles-ci, par une cristallisation et une éliquation partielles, ou par des mélanges en proportions différentes, proviennent, selon les théoriciens de cette école, les roches éruptives qui s'écartent plus ou moins des types normaux (1). La théorie qui veut que ces roches éruptives ne proviennent pas directement d'un noyau non encore solidifié, mais ne soient que des sédiments amollis et cristallisés, qui veut, en un mot, que toutes les roches que nous connaissons aient été déposées par les eaux, à une certaine époque, cette théorie a cependant trouvé des défenseurs. A l'appui de ces idées, je me suis efforcé de faire voir que le résultat naturel des forces qui agissent sans cesse tend à résoudre les différentes roches ignées en deux classes de sédiments, dans lesquelles les deux types se trouvent conservés jusqu'à un certain point. Les actions mécaniques et chimiques qui transforment en sédiments les roches cristallines séparent ceux-ci, d'une manière plus ou moins complète, en couches grossières, sablonneuses, perméables, d'un côté, et en boues argileuses fines et imperméables, de l'autre. L'infiltration des eaux de pluie à travers les couches plus siliceuses entraîne la chaux, la magnésie, l'oxyde de fer et la soude, en laissant la silice, l'alumine et la potasse, qui sont les éléments des roches granitiques, gneissiques et trachytiques. Les sédiments plus fins et plus riches en alumine, y compris les débris des silicates mous et faciles à désagréger du groupe pyroxénique, se laissant difficilement pénétrer par l'eau, conserveront au contraire leurs alcalis, leur chaux, leur magnésie et leur fer, et présenteront ainsi la composition des roches basiques (2).

Cependant il suffit de réfléchir un peu pour voir que ces actions, bien qu'elles soient, sans aucun doute, une des causes de la différence de composition des roches de sédiment, n'en sont pas la seule cause; elles sont, d'ailleurs, insuffisantes pour expliquer la production de bien des variétés de roches siliciques stratifiées. Telles sont la serpentine, la stéatite, l'hornblende, la diallage, la chlorite, la pinite et la labradorite, espèces minérales qui forment toutes, par elles-mêmes, des masses rocheuses, souvent sans presque aucun mélange. Il n'est pas un homme ayant étudié la géologie, qui doute maintenant de la présence de toutes ces roches dans les terrains stratifiés. De plus, la manière dont les serpentines se trouvent en stratifications alternantes avec la stéatite, la chlorite, l'argilite, la diorite, l'hornblende et le feldspath, et ces roches, à leur tour, avec les quartzites et l'orthoclase, ne permet pas de supposer que ces diverses substances aient été déposées, avec la composition qu'elles présentent maintenant, par voie mécanique et comme sédiments provenant des débris de roches préexistantes; c'est là une hypothèse aussi insoutenable que celle qui les admettait autrefois comme résultats directs de l'action plutonique.

(1) *Amer. Journ. Science*, II, L, 25.

(1) Hunt, *Sur certaines questions de géologie chimique* (*Quart. Journ. Geol. Soc.*, XV, 489).

(2) *Quart. Journ. Geol. Soc.*, XV, 489; aussi, *Amer. Journ. Science*, II, XXX, 133.

II. — Pseudo-morphisme par altération

Deux autres hypothèses, cependant, ont été proposées pour expliquer l'origine de ces différentes roches siliciques, et spécialement celle de la série moins abondante, et en quelque sorte exceptionnelle, dont nous venons de parler. Dans la première hypothèse, les minéraux dont se composent ces roches proviennent d'une altération de minéraux préexistants, ayant souvent une composition fort différente de celle des minéraux actuels, altération qui s'est produite par la disparition de certains éléments et l'addition de certains autres. Telle est la théorie du métamorphisme par changements pseudomorphiques, comme on les appelle; c'est celle qu'enseigne l'école actuelle des géologues chimiques, école dont le savant et laborieux Bischof, que la science vient de perdre, peut être regardé comme le chef. Dans la seconde hypothèse, les éléments de ces différentes roches auraient primitivement été déposés, pour la plupart, sous forme de sédiments chimiques ou de précipités; les changements subséquents auraient été simplement moléculaires, ou, tout au plus, se seraient bornés, dans certains cas, à des réactions entre les éléments mélangés de ces sédiments, avec élimination d'eau et d'acide carbonique. Nous nous proposons d'examiner rapidement ces deux théories opposées, qui cherchent à expliquer l'origine des roches en question, l'une par des changements pseudomorphiques de roches cristallines préexistantes, et l'autre par la cristallisation de sédiments aqueux, et généralement de précipités chimiques.

Le pseudomorphisme minéral, c'est-à-dire l'adoption par une substance minérale de la forme cristalline d'une autre, peut se produire de plusieurs façons. La première est le remplissage du moule laissé par la dissolution ou la décomposition d'un cristal enchâssé dans d'autres substances; ce fait se produit quelquefois dans les veines minérales, où la dissolution et le dépôt peuvent s'effectuer facilement. Une autre manière, qui se rapproche de la précédente, c'est la minéralisation de débris organiques, lorsque du carbonate de chaux ou de silice, par exemple, remplit les pores d'un morceau de bois. Quand la décomposition vient ensuite faire disparaître le tissu ligneux, les vides peuvent, à leur tour, se remplir de la même substance, ou d'une substance différente (1). En second lieu, nous pouvons considérer des corps pseudomorphes par altération, qui résultent d'un changement graduel dans la composition d'une espèce minérale. Nous prendrons pour exemple de ce fait la conversion du feldspath en kaolin par la perte de son alcali et d'une partie de sa silice, et la fixation d'une certaine quantité d'eau; ou encore la transformation de la chalybite en limonite, par la perte de son acide carbonique et l'absorption d'eau et d'oxygène.

La théorie du pseudomorphisme par altération, telle que l'ont enseigné Gustaf Rose, Haidinger, Blum, Yolger, Rammelsberg, Dana, Bischof et bien d'autres, les conduit cependant à admettre des changements encore plus grands et plus remarquables que ceux-ci, et à affirmer presque la possibilité de convertir un silicate quelconque en un autre silicate donné. Ainsi, en consultant l'ouvrage de Bischof intitulé *Lehrbuch der Geognosie*, on peut voir qu'il dit que la serpentine se produit par pseudomorphisme après l'augite, l'hornblende, l'olivine, la chondrodite, le grenat, le mica, et probablement aussi après la labradorite et même l'orthoclase. Il suppose que la serpentine ou l'ophiolite a pu résulter, dans différents cas, de l'altération de l'hornblende, de la diorite, de la granulite et même du granite. Cette transformation est considérée comme possible non-seulement pour les silicates de protoxydes et les silicates d'alumine, mais encore probablement pour le quartz lui-même; du moins Blum affirme que le meerschaum, silicate de magnésie très-voisin, qui accompagne quelquefois la serpentine, provient de l'altération du silex; et, d'après Rose, la serpentine peut même provenir de la dolomite, qui, nous dit-on, provient elle-même d'une altération de la pierre calcaire. Mais ce n'est pas tout: le feldspath peut remplacer le carbonate de chaux, qui lui-même remplace le feldspath, de sorte que, suivant Volger, quelques calcaires gneissoïdes viennent probablement du gneiss, par la substitution de la calcite à l'orthoclase. De cette manière, nous passons du gneiss ou du granite au carbonate de chaux, du carbonate de chaux à la dolomite, et de celle-ci à la serpentine ou plus directement du granite, de la granulite ou de la diorite à la serpentine sur-le-champ, sans passer par l'intermédiaire du carbonate de chaux et de la dolomite, jusqu'à ce que nous puissions nous écrier avec Gœthe :

« Mich ängstigt das Verfängliche
» Im widrigen Geschwätz,
» Wo Nichts verharret, Alles flieht,
» Wo schon verschwunden was man sieht (1) » ;

ce qui peut se traduire ainsi : « Je suis fatigué du sophisme de leur jargon contradictoire, où rien ne dure, où tout est fugitif, et où ce que nous voyons n'est déjà plus. »

Le plus grand nombre des cas sur lesquels se fonde cette théorie générale du pseudomorphisme par altération lente des minéraux sont, comme j'essayerai de le faire voir, des exemples du phénomène de l'enveloppement minéral, si bien étudié par Delesse dans son *Essai sur le pseudomorphisme* (2). On peut considérer ce phénomène à deux points de vue, dont le premier est celui de l'enveloppement symétrique, lorsqu'une espèce minérale est enveloppée par l'autre, de telle sorte que les deux ne semblent former qu'un seul individu cristallin. Citons-en comme exemple les prismes de cyanite enveloppé de staurolite, ou les cristaux de staurolite complétement enveloppés de cyanite, les axes des deux prismes coïncidant. Le même fait se produit lorsqu'un prisme de tourmaline rouge se trouve enfermé dans une enveloppe de tourmaline verte, ou de l'allanite dans de l'épidote, ainsi que différents minéraux du groupe pyroxénique l'un dans l'autre. C'est un fait ordinaire de trouver la moscovite dans la lépidolite et la margarodite dans la lépidomélane, et *vice versa*; et, selon Scheerer, la cristallisation de la serpentine autour d'un noyau d'olivine est encore un fait du même genre. Ce phénomène d'enveloppement symétrique, comme le remarque Delesse, se montre pour des espèces qui sont généralement isomorphes ou homéomorphes, et dont la composition chimique présente certaines analogies. De ce phénomène se rapproche celui de l'alternance répétée de lames cristallines d'espèces voisines, comme on le voit dans la perthite, dont les masses

(1) Hunt, *Silicification des fossiles* (*Canadian Naturalist*, nouvelle série, I, 46).

(1) *Chinesisch-Deutsche Jahres und Tages Zeiten*, XI.
(2) *Annales des mines*, V, XVI, 317-392.

cristallines clivables se composent de couches minces alternantes d'orthoclase et d'albite.

Bien différents des précédents sont les cas d'enveloppement dans lesquels on ne peut saisir de traces ni de symétrie cristalline ni d'analogie de constitution chimique. On voit des exemples de ce genre dans les cristaux à grenats, dont les parois sont des coquilles quelquefois aussi minces qu'une feuille de papier, contenant tantôt du carbonate de chaux cristallin, tantôt de l'épidote, de la chlorite ou du quartz. De même des enveloppes cristallines de leucite contiennent quelquefois du feldspath; des prismes creux de tourmaline sont remplis de cristaux de mica ou de peroxyde de fer hydraté, et des cristaux de béryl, d'un mélange granuleux d'orthoclase et de quartz, contenant de petits cristaux de grenat et de tourmaline, composition identique avec celle de l'enveloppe granitique qui les renferme (1). Des enveloppes semblables de granite et de zircone, présentant les formes extérieures de ces espèces, se rencontrent aussi pleines de calcites. Dans un grand nombre de cas, il semble qu'il se soit d'abord formé un moule creux ou squelette de cristal, phénomène que l'on observe quelquefois dans les sels qui se séparent de leurs solutions, et que le creux se soit ensuite rempli d'autres matières. On comprend ce fait pour les cristaux libres que l'on rencontre dans les filons, comme, par exemple, pour la galénite, le zircone, la tourmaline, le béryl et quelquefois le grenat; mais il n'est pas aussi facile à concevoir pour les grenats entourés de micaschiste étudiés par Delesse, qui contenaient dans leur enveloppe cristalline des masses irrégulières de quartz blanc, avec une très-faible quantité de grenat. Delesse suppose que ces faits et d'autres semblables résultent d'une action analogue à celle que l'on observe dans la cristallisation de la calcite, dans le grès de Fontainebleau, où les grains de quartz, enfermés mécaniquement dans des cristaux rhomboédriques bien définis, forment d'après lui 65 pour 100 de la masse totale. Un fait du même genre est présenté par les cristalloïdes à forme d'orthoclase, qui se composent souvent en grande partie d'un mélange granuleux de quartz, de mica et d'orthoclase, avec un peu de cassitérite, et qui, dans d'autres cas, contiennent les deux tiers de leur poids de cette dernière substance, avec un mélange d'orthoclase et de quartz. Les cristaux à forme de scopalite, mais qui sont en grande partie composés de mica, semblent être des exemples d'enveloppement du même genre, dans lesquels une faible proportion d'une substance cristallisante englobe dans sa forme cristalline une forte proportion de quelque substance étrangère, laquelle peut même masquer l'élément cristallisant au point de faire négliger celui-ci comme tout à fait secondaire. La substance qui, sous le nom de houghite, a été décrite comme étant une spinelle modifiée, est reconnue par l'analyse comme n'étant qu'un mélange de völlknérite avec une quantité variable de spinelle, laquelle, dans certains échantillons, ne dépasse pas 8 pour 100, mais à laquelle néanmoins ces cristalloïdes semblent devoir leur forme d'octaèdre plus ou moins complet (2).

Les exemples caractéristiques que nous venons de donner ci-dessus d'enveloppement symétrique et non symétrique, sont pris parmi beaucoup d'autres que nous aurions pu citer également. Un très-grand nombre de ces exemples sont considérés par les pseudomorphistes comme des résultats d'altération partielle. Ainsi, pour des cristaux d'andalusite et de cyanite associées, Bischof n'hésite pas à soutenir que l'andalusite dérive de la cyanite par élimination de quartz; bien plus, comme l'andalusite en question se rencontre dans une roche granitoïde, il admet que cette dernière vient de l'altération de l'orthoclase. De même le mica, qui revêt quelquefois la tourmaline et quelquefois aussi remplit des prismes creux de cette substance, le mica est supposé provenir d'une altération subséquente de la tourmaline cristallisée. De même, pour les enveloppes de leucite remplies de feldspath ou pour celles de grenat contenant de l'épidote, de la chlorite ou du quartz, on admet qu'une transformation mystérieuse a pu s'effectuer à l'intérieur, tandis que l'extérieur du cristal est resté intact. De même enfin les agrégats de tinstone, de quartz et d'orthoclase qui affectent la forme de cette dernière, sont considérés par Bischof et son école comme résultant d'une altération partielle de cristaux d'orthoclase déjà formés. Il n'y avait plus qu'à étendre cette manière de voir aux cristaux de calcite qui renferment des grains de sable, et à regarder ceux-ci comme le résultat d'une altération partielle du carbonate de chaux. Il n'existe absolument aucune preuve que ces substances cristallines dures puissent subir les changements supposés, ou qu'elles puissent être absorbées et modifiées comme les tissus d'un organisme vivant. De plus, on peut affirmer avec confiance que les faits évidents d'enveloppement suffisent pour expliquer tous les cas d'association sur lesquels l'hypothèse du pseudomorphisme par altération a été fondée. Pourquoi le changement s'étend-il à certaines parties d'un cristal et non à d'autres? Pourquoi, dans certains cas, l'extérieur du cristal est-il altéré, tandis que, dans d'autres, le centre seul se trouve enlevé et remplacé par une substance différente? Ce sont là des questions auxquelles les partisans de cette hypothèse toute d'imagination n'ont pas répondu. Et cependant, grâce aux leçons de Blum et de Bischof, ces idées sur l'altération des espèces minérales ont été généralement adoptées; elles ont même servi de fondement à la théorie généralement reçue du métamorphisme des roches.

Disons-le cependant, les protestations contre la manière de voir de cette école ont été nombreuses. En 1846, Scheerer, dans ses recherches sur l'isomorphisme polymérique (1), a essayé de démontrer que l'iolite et l'aspasiolite, espèce hydratée que l'on avait considérée comme résultant de l'altération de la première, sont des espèces isomorphes cristallisant ensemble; et, de la même manière, que la réunion de l'olivine et de la serpentine dans le même cristal, comme à Snarum en Norwége, n'est qu'un cas d'enveloppement de deux espèces isomorphes. Dans ces deux cas, Scheerer dit qu'il existe des rapports d'isomorphisme entre les silicates dans lesquels 3HO remplacent MgO. Aussi, rejette-t-il la manière de voir de Gustaf Rose, d'après lequel ces cristaux de serpentine proviendraient de l'altération de l'olivine; il appuie sa propre théorie sur des raisons tirées des conditions dans lesquelles les cristaux se présentent. En 1853, j'ai repris cette question, et j'ai essayé de démontrer que les cas d'isomorphisme décrits par Scheerer rentrent dans une loi d'isomorphisme plus générale, que j'ai signalée comme existant entre les composés homologues dont les formules diffèrent par

(1) *Report Geol. Survey of Canada*, 1866, p. 189.

(2) *Report Geol. Survey of Canada*, 1866, p. 189, 213. — *Amer. Journ. Science*, III, I, 188.

(1) Pogg., *Annales*, LXVIII, 319.

nM^2O^2 (M étant l'hydrogène ou un métal). J'ai, de plus, insisté sur les rapports de cette loi avec les idées reçues au sujet de l'altération des minéraux, en faisant observer « que les idées de pseudomorphisme généralement admises semblent nées d'un plutonisme trop exclusif, et exigent tant d'hypothèses différentes pour expliquer tous les cas qui se présentent, que nous sommes forcés de chercher quelque explication plus simple : nous la trouvons, la plupart du temps, dans l'association et la cristallisation simultanées d'espèces homologues et isomorphes (1). » Plus tard, en 1860, combattant cette idée de Bischof, adoptée par Dana, que le métamorphisme régional n'est que le pseudomorphisme sur une grande échelle, je me suis exprimé ainsi :

« Les théories ingénieuses de Bischof et d'autres, sur l'altération possible des espèces minérales par l'action de différentes solutions salines et alcalines, peuvent passer pour ce qu'elles valent, quoique nous soyons convaincu que le plus grand nombre des prétendus cas de pseudomorphisme dans les silicates sont purement imaginaires, et que, lorsqu'ils sont réels, ce ne sont que des phénomènes locaux et accidentels. La théorie de Bischof sur le pseudomorphisme des silicates tels que les feldspaths et les pyroxènes, présuppose l'existence de roches cristallines dont ce neptuniste n'essaye pas d'expliquer la formation, pour s'appuyer ainsi sur une base plutonique. »

J'affirmais alors que le problème à résoudre dans le métamorphisme régional est celui de la transformation en agglomérations de silicates cristallins des couches de sédiment « dérivées, par des actions chimiques et mécaniques, des eaux de l'Océan et des roches cristallines préexistantes. Ces roches métamorphiques, une fois formées, ne peuvent plus être altérées que par des actions locales et superficielles, et ne sont pas, comme les tissus d'un organisme vivant, soumises à des transformations incessantes, selon le pseudomorphisme de Bischof (2). »

Je n'avais pas, à cette époque, vu le travail de Delesse cité plus haut sur le pseudomorphisme, et qui n'a été publié qu'en 1859. Dans ce travail, il soutenait des idées semblables à celles que j'ai exprimées en 1853 et en 1860, et déclarait qu'une grande partie des faits regardés comme appartenant au pseudomorphisme ne sont fondés que sur des observations d'association de minéraux, et que souvent « le prétendu métamorphisme s'explique naturellement par l'enveloppement ». Ces vues étaient défendues d'une manière habile et ingénieuse par une discussion approfondie de tous les faits qui s'y rattachent.

Lorsque j'avais, en 1853, exprimé mon opinion sur cette question, j'avais eu à subir des critiques particulières ; on avait même dit que je ne comprenais pas la question. Je fus donc heureux de voir mes idées si bien défendues par Delesse ; je le fus encore de lire les paroles suivantes écrites à Delesse, en 1861, par Carl Friedrich Naumann :

« Vous avez rendu un véritable service à la science en ramenant les corps pseudomorphes à leurs véritables limites, et en séparant ceux qu'on y avait mal à propos ajoutés. Comme vous l'avez fait observer, l'enveloppement n'a, en général, rien de commun avec le pseudomorphisme, et il est inconcevable que tant de minéralogistes et de géologues les aient confondus. Il me semble, en outre, qu'ils commettent une erreur du même genre quand ils considèrent les gneiss, les amphibolites, etc., comme provenant tous d'une épigenèse métamorphique, au lieu d'être des roches primitives. C'est justement parce que le pseudomorphisme a si souvent été confondu avec le métamorphisme que cette erreur s'est propagée. Je n'admets de pseudomorphisme que là où il se trouve un cristal dont la forme a été conservée. Il y a un grand nombre de substances métamorphiques qui ne sont pseudomorphes dans aucun des sens de ce mot. Si l'on avait adopté le nom de cristalloïde au lieu de celui de pseudomorphe, cette confusion ne se serait certainement jamais introduite dans la science. Je pense comme vous que l'enveloppement de deux minéraux s'explique le plus souvent par une cristallisation *contemporaine* et *primitive*. Il existe cependant des cas d'enveloppement secondaire, et ceux-ci peuvent être appelés pseudomorphes ou cristalloïdes, s'ils reproduisent exactement la forme du cristal enveloppé, soit que ce dernier subsiste, soit qu'il ait entièrement disparu (1). »

Il est inutile de faire observer que cette opinion de Delesse et de Naumann, — que les prétendus cas de pseudomorphisme sur lesquels on a fondé la théorie du métamorphisme par altération, sont, pour la plupart, des cas d'association et d'enveloppement, et résultent d'une cristallisation contemporaine et primitive, — que cette opinion, dis-je, est identique avec celle que Scheerer avait émise, et que j'avais moi-même généralisée longtemps auparavant, lorsqu'en 1853 je cherchais à expliquer les phénomènes en question par « l'association et la cristallisation simultanée d'espèces homologues et isomorphes ».

Plus tard, en 1862, j'écrivais ce qui suit :

« Le pseudomorphisme, qui est le changement d'une espèce minérale en une autre, par l'introduction ou l'élimination de quelques éléments, présuppose le métamorphisme, c'est-à-dire des roches métamorphiques et cristallines, puisque des espèces minérales définies peuvent seules subir cette transformation. Confondre le métamorphisme avec le pseudomorphisme, comme l'ont fait Bischof et d'autres après lui, est donc une erreur. On peut dire, de plus, que, quoique certains changements pseudomorphiques puissent s'opérer dans certaines espèces minérales, dans les filons et près de la surface, l'altération de grandes masses de roches siliciques par une telle action est jusqu'ici une hypothèse gratuite (2). »

Ainsi, cette théorie sans preuves du pseudomorphisme, telle que Bischof l'enseigne, ne peut, même en lui donnant la plus grande généralité, nous faire avancer d'un pas vers la solution du problème de l'origine des différents silicates qui, seuls ou mêlés ensemble, forment des couches au milieu des schistes cristallins. En admettant pour un instant que la serpentine provienne de l'altération de l'olivine ou de la labradorite, et, la stéatite ou la chlorite de l'hornblende, l'origine de ces silicates anhydres, sur lesquels s'opère le changement supposé, n'en reste pas moins inexpliquée. Il n'est pas nécessaire d'aller bien loin pour trouver l'explication de ce manque de clairvoyance : comme nous

(1) *Amer. Journ. Science*, II, XVI, 218.
(2) *Amer. Journ. Science*, II, XXX, 135.

(1) *Bull. Soc. géol. de France*, II, XVIII, 678.
(2) *Descriptive Catalogue. Crystalline Rocks of Canada*, p. 80, London Exhibition, 1862 ; aussi, *Dublin Quart. Journal*, July 1863 ; et *Amer. Journ. Science*, II, XXXVI, 218.

l'avons déjà dit, Bischof, malgré son neptunisme déclaré, part d'une base plutonique. Lorsqu'on enseigna pour la première fois l'origine épigénique de la serpentine et de ses analogues, on les regardait comme des roches éruptives et non stratifiées, et il était facile d'imaginer que des masses étrangères de roches dioritiques et feldspathiques avaient pu y subir des altérations. Mais à mesure que des études attentives faites sur place sont venues démontrer le caractère stratifié de ces serpentines, des roches diallagiques, des stéatites, etc., et leur intercalation au milieu de calcaires, d'argilites, de quartzites, de gneiss et de micaschiste, et même au milieu de couches de feldspath et de hornblende, nous sommes forcé de rejeter, avec Naumann, l'idée de leur dérivation épigénique, et de les regarder comme des roches primitives.

III. — Métamorphisme.

Cette manière de voir nous remet en présence du problème du métamorphisme tel que je l'ai défini en 1860 (1). Il faut ou admettre que ces schistes cristallins ont été créés tels que nous les trouvons, ou supposer que c'étaient autrefois des grès, des argiles, des marnes, etc., en un mot, des sédiments provenant d'actions mécaniques et chimiques, qu'une action postérieure est venue consolider et cristalliser. Et alors, d'où viennent ces silicates de magnésie, de chaux et de fer qui nous donnent la serpentine, l'hornblende, la stéatite, la chlorite, etc. ? Telle est la question que je posais cette même année, lorsqu'après avoir discuté les résultats de mes études des roches tertiaires du voisinage de Paris, roches qui contenaient des couches d'un silicate de magnésie hydraté, d'une composition assez semblable à celle du talc, au milieu de calcaires et d'argiles qui n'avaient subi aucune altération, je disais qu'il est évident « que de tels silicates peuvent se former dans des bassins à la surface de la terre par des réactions entre des solutions magnésiques et de la silice en dissolution » ; puis, continuant la discussion, j'ajoutais ensuite « que des recherches ultérieures faites dans ce sens pourront montrer jusqu'à quel point il est possible que certaines roches composées de silicates calcaires et magnésiques se forment directement par la voie humide » (2). Plus tard, dans un mémoire sur l'*Origine de certaines roches magnésiques et alumineuses*, publié dans le *Canadian Naturalist* de juin 1860 (3), j'ai répété ces considérations, en rappelant le fait bien connu, que des silicates de chaux, de magnésie et de fer se déposent lorsqu'on fait évaporer des eaux naturelles, parmi lesquelles il faut compter celles des sources alcalines et de la rivière Ottawa. Après avoir décrit la manière dont se présentent, dans le bassin de Paris, le silicate de magnésie nommé sépiolite, et la quincite qui s'en rapproche, mêlés d'un peu d'oxyde de fer, et disséminés dans le carbonate de chaux, je disais que, tandis que la stéatite dérive d'un composé semblable à la sépiolite, il fallait chercher l'origine de la serpentine dans un autre silicate plus riche en magnésie ; et j'ajoutais que la chlorite, à moins qu'elle ne provienne d'une réaction subséquente entre l'argile et le carbonate de magnésie, a été formée directement par une action analogue à celle qui, d'après Scheerer, a produit, à une époque assez récente, les dépôts de néolite, silicate hydraté d'alumine et de magnésie, dont la composition se rapproche de celle de la chlorite (1) ; « et c'est là le type d'une réaction qui a produit autrefois les couches de chlorite, de la même manière que celles de sépiolite ou de talc. » Plus tard, en 1861, dans son mémoire sur le métamorphisme des roches, Delesse présentait les sépiolites, aussi appelées marnes magnésiques, comme étant probablement la source de la stéatite ; il ajoutait que la serpentine, la chlorite et les autres minéraux analogues donnés par les schistes cristallins, devaient provenir de dépôts se rapprochant de ces marnes par leur composition (2). Il rappelait aussi que l'oxyde de chrome, qui accompagne souvent ces minéraux magnésiques, se rencontre dans les minerais de fer hydratés du même étage géologique que les marnes magnésiques de France. Cependant Delesse n'essaya pas d'expliquer l'origine de ces dépôts de marnes magnésiques, et c'est en essayant de le faire moi-même que j'eus plus tard occasion de vérifier les observations de Bischof sur le peu de solubilité du silicate de magnésie, et de montrer que le silicate de soude, ou même le silicate de chaux hydraté artificiel, lorsqu'on l'ajoute à des eaux qui contiennent du chlorure ou du sulfate de magnésie, donne, par double décomposition, un silicate de magnésie fort peu soluble (3).

Pour expliquer la production de silicates, tels que la labradorite, la scapolite, le grenat et la saussurite, j'émis l'idée qu'il avait pu se former des silicates doubles d'alumine alliés aux zéolites, lesquels seraient ensuite devenus anhydres. Je citais comme exemple la production de minéraux zéolitiques observée par Daubrée à Plombières et à Luxeuil, par l'action d'une eau alcaline silicatée sur la maçonnerie des anciens bains romains. Daubrée avait démontré que, dans ce cas, les éléments des zéolites avaient été fournis en partie par le mortier et même l'argile des briques, qui avait été attaquée et qui s'était combinée avec les substances en dissolution dans l'eau, pour former de la chabazite. Cependant, j'indiquais en même temps une autre source des minéraux silicatés, que j'avais signalée dès 1857 ; je veux parler de la réaction entre les substances siliceuses ou argileuses et les carbonates terreux, en présence de solutions alcalines. De nombreuses expériences ont démontré que, lorsqu'on chauffe la solution d'un carbonate alcalin avec un mélange de silice et de carbonate de magnésie, le silicate alcalin qui se forme réagit sur ce dernier de manière à donner un silicate de magnésie et à régénérer le carbonate alcalin ; ce dernier, sans entrer en combinaison d'une manière permanente, a servi d'intermédiaire à l'union de la silice et de la magnésie. C'est ainsi que j'ai essayé d'expliquer l'altération, produite dans le voisinage d'une grande masse étrangère de dolérite, d'un calcaire silurien gris, qui contenait, outre un peu de carbonate de magnésie et de fer, une certaine quantité de matière très-siliceuse, laquelle semblait composée de débris d'orthoclase et de quartz. Au lieu de cette substance, il s'était développé dans le calcaire, au contact de la dolérite, un silicate basique amorphe, de couleur verdâtre, qui semblait résulter de l'union de la silice et de l'alumine avec l'oxyde de fer, la magnésie et une partie de la chaux. Je pense que la cristallisation des substances ainsi formées peut développer des miné-

(1) *Amer. Journ. Science*, II, XXX, 135.
(2) *Amer. Journ. Science*, II, XXIX, 284 ; aussi II, XI, 49.
(3) *Amer. Journ. Science*, II, XXXII, 286.

(1) Pogg., *Annal.*, LXXI, 288.
(2) *Études sur le métamorphisme*, in-4, p. 91. Paris, 1861.
(3) *Amer. Journ. Science*, II, XI, 49.

raux tels que l'hornblende, le grenat et l'épidote, ce qui explique bien des cas d'altération locale. Dès que la réaction que je viens de décrire exige l'intervention de solutions alcalines, les roches auxquelles ces solutions font défaut doivent échapper à toute altération, bien que les autres conditions de la réaction puissent se trouver remplies. En outre, le groupement naturel des minéraux m'a fait penser que les solutions alcalines pouvaient favoriser la cristallisation des silicates d'alumine, et ainsi transformer des sédiments précipités par voie mécanique en gneiss et en micaschistes. Les expériences ingénieuses de Daubrée sur le rôle que les solutions des silicates alcalins peuvent jouer, à des températures élevées, dans la formation des minéraux cristallisés, tels que le feldspath et le pyroxène, ne sont venues qu'après mes premières publications sur ce sujet, et ont pleinement justifié l'importance que, dès le commencement de 1857, j'attribuais à l'intervention des silicates alcalins dans la formation des minéraux silicatés cristallins (1).

Toutefois, quoiqu'il y ait de bonnes raisons de croire que les solutions de silicates ou de carbonates alcalins ont joué un rôle important dans la cristallisation et le nouvel arrangement moléculaire des sédiments anciens, ainsi que dans l'altération locale des couches de sédiment que l'on observe souvent dans le voisinage des roches étrangères, il est clair pour moi que l'action de ces solutions est moins universelle que Daubrée et moi nous ne l'avions pensé d'abord, et qu'elle n'explique pas la formation des différentes roches silicatées que l'on rencontre au milieu des schistes cristallins, comme, par exemple, la serpentine, l'hornblende, la stéatite et la chlorite. Quand j'ai commencé l'étude de ces couches cristallines, j'ai été amené, d'accord en cela avec l'opinion presque universellement admise par les géologues, à les regarder comme résultant d'une altération subséquente de sédiments paléozoïques, qui remontaient, selon différentes autorités, à l'époque cambrienne, silurienne ou dévonienne. Ainsi, dans la région des Appalaches, comme nous l'avons déjà vu, elles ont été, d'après de prétendues preuves stratigraphiques, placées successivement à la base, au sommet, et au milieu de la série silurienne inférieure, ou série du Champlain dans le système du New-York. Un examen chimique approfondi des sédiments paléozoïques non altérés, qui étaient regardés comme formant, au Canada, les équivalents stratigraphiques des bandes de silicates magnésiques de ces schistes cristallins, m'a démontré, cependant, que les seules roches magnésiques qui s'y trouvent sont certaines dolomites siliceuses et ferrugineuses. La considération de certaines réactions que j'avais vues se produire dans de tels mélanges en présence de solutions alcalines chaudes, et la composition des silicates basiques que j'avais rencontrés au milieu des calcaires siliceux dans le voisinage et au contact de roches éruptives, m'avaient fait supposer que des actions du même genre, sur une grande échelle, pouvaient transformer en silicates magnésiques cristallins ces dolomites siliceuses des couches non altérées.

Mais des recherches ultérieures m'ont convaincu que cette théorie ne pouvait s'appliquer aux schistes cristallins des Appalaches, puisque, à part les considérations géognostiques que j'ai exposées dans la première partie de ce travail, j'ai trouvé dans ces mêmes couches cristallines des couches de dolomite quartzeuse et de carbonate magnésique, associées d'une manière si intime avec des couches de serpentine, de diallage et de stéatite, qu'il était impossible d'admettre que ces silicates eussent pu être produits par quelque transformation ou quelque réorganisation chimique de mélanges tels que les couches de carbonates magnésiques quartzeux. C'est pour cela que, dès 1860, comme je l'ai montré plus haut, j'annonçais que, selon moi, la serpentine, la chlorite et la stéatite provenaient de silicates comme les sépiolites, formés par voie directe dans les eaux à la surface de la terre, et que les schistes cristallins résultaient de la consolidation de sédiments préexistants et dont l'origine était en partie chimique et en partie mécanique. Ces derniers étant surtout silico-alumineux, prenaient, en partie, la forme de gneiss et de micaschistes, tandis qu'avec les couches plus argileuses, mais moins riches en alcalis, une grande partie du silicate d'alumine cristallisait sous forme d'andalusite, de staurolite, de cyanite et de grenat. En 1863 (1) et en 1864, je répétais les mêmes idées en parlant dans les termes suivants des sédiments d'origine chimique : « la stéatite, la serpentine, le pyroxène, l'hornblende, et, dans bien des cas, le grenat, l'épidote et les autres minéraux à base de silice se forment par la cristallisation et le nouvel arrangement moléculaire de silicates qui se sont produits par des actions chimiques dans les eaux de la surface de la terre (2). » Je comparais leur altération et leur cristallisation à celles des sédiments feldspathiques, siliceux et argileux, formés par voie mécanique, dont je viens de parler.

La formation directe des schistes cristallins dans un magma aqueux est une idée qui n'est pas nouvelle dans les théories géologiques. En 1834 (3), Delabèche supposait qu'ils s'étaient déposés à l'état de précipités chimiques donnés par les eaux de l'Océan, portées à une température élevée par leur réaction sur la croûte terrestre à peine refroidie, et avant l'apparition des êtres organisés. Daubrée reprit la même idée en 1860. Après avoir cherché à expliquer, par l'action des eaux à une haute température, l'altération des couches paléozoïques d'origine mécanique, il en vient à discuter l'origine des schistes cristallins encore plus anciens. Les premières eaux qui se sont condensées, selon lui, agissant sur les silicates anhydres de la croûte terrestre, à une température très-élevée, et sous une pression énorme, qu'il évalue à deux cent cinquante atmosphères, ont formé un magma, lequel, en se refroidissant, a successivement laissé se déposer les différentes couches de schistes cristallins (4). Ce n'est pas assez pour cette hypothèse de violer, comme elle le fait, toutes les lois d'une saine théorie chimique sur le refroidissement d'un globe ; elle prête, de plus, à des objections géognostiques fort graves. Les roches cristallines pré-siluriennes appartiennent à deux systèmes distincts d'âges différents, ou même à un plus grand nombre, qui se succèdent avec stratification discordante. Toute l'histoire de ces roches montre, en outre, que leurs différentes couches alternantes ont été déposées non comme les pré-

(1) *Proc. Royal Soc.*, May 7, 1857. — *Amer. Journ. Science*, II, XXIII, 438, et XXV, 289 et 435.

(1) *Geol. of Canada*, p. 577-581.
(2) *Amer. Journ. Science*, II, XXXVII, 266, et XXXVIII, 183.
(3) *Researches in theoretical-Geology*, p. 297-300.
(4) *Études et expériences synthétiques sur le métamorphisme*, p. 119-121.

cipités què donne une solution en ébullition, mais dans des conditions de sédimentation fort semblables à celles des époques plus modernes. Dans les couches les plus anciennes que nous connaissions, celles du système laurentien, de grandes masses de carbonate de chaux sont sillonnées de couches de gneiss, de quartzite, et même de conglomérats. De plus, toutes les lois de l'analogie nous font conclure que, même à cette époque reculée, la vie existait déjà à la surface de notre planète. De grandes accumulations d'oxyde de fer, des couches de sulfures métalliques et de graphite, existent dans ces stratifications si anciennes, et les matières organiques peuvent seules, à notre avis, donner ces produits.

Bischof était déjà arrivé à cette conclusion, qui semble inévitable dans l'état actuel de nos connaissances, que « tout le carbone trouvé jusqu'ici à l'état libre ne peut être regardé que comme provenant de la décomposition d'acide carbonique, et d'origine végétale.» Il ajoute : « Les plantes vivantes décomposent l'acide carbonique; les matières organiques mortes décomposent les sulfates, et ainsi le soufre, comme le carbone, semble devoir aux corps organisés son existence à l'état libre (1). » Comme une décomposition ou désoxydation des sulfates est nécessaire pour la production des sulfures métalliques, la présence de ces derniers, aussi bien que celle du soufre et du carbone à l'état libre, dépend des substances organiques ; en outre, on sait le rôle que jouent ces substances pour réduire et rendre soluble le peroxyde de fer, et aussi pour produire les minerais de fer. Ce fut donc après une étude attentive de ces roches anciennes que je déclarai, en mai 1858, « qu'un grand nombre de faits se réunissent pour prouver l'existence de la vie organique, même pendant l'époque laurentienne ou soi-disant azoïque (2). »

Cette prédiction se trouva bientôt vérifiée par la découverte de l'*Eozoon Canadense* de Dawson, dont le caractère organique est maintenant reconnu par tous les zoologistes et les géologues de quelque valeur. Mais, en même temps que cette découverte, parut un fait nouveau, qui vint confirmer d'une manière remarquable ma théorie sur l'origine et le mode de dépôt de la serpentine et du pyroxène. Des recherches microcospiques et chimiques faites par Dawson et moi-même, firent voir que le squelette calcaire de cet organisme foraminifère est rempli de l'un ou de l'autre de ces silicates, de manière à montrer d'une manière évidente qu'ils ont remplacé le sarcode de l'animal, tout comme la glauconite et les silicates semblables ont, depuis l'époque silurienne jusqu'à nos jours, rempli et pénétré des squelettes foraminifères plus récents. Je rappellerai, à propos de cette découverte, les observations d'Ehrenberg, de Martell et de Bailey, et celles plus récentes encore de Pourtalès, qui ont montré que la glauconite ou une substance analogue remplit quelquefois les squelettes d'Echinus, les creux des coraux et des millépores, les canaux des coquilles de Balanus, et souvent même se moule dans les trous du Clionia et des vers. Pour mieux faire ressortir la signification de ces faits, je montrais que les minéraux appelés glauconites sont loin d'avoir tous la même composition, certains d'entre eux contenant plus ou moins d'alumine ou de magnésie, et un échantillon, trouvé dans les calcaires tertiaires du voisinage de Paris, étant, selon Berthier, une véritable serpentine (1).

Ces faits de l'histoire de l'Eozoon furent publiés par moi, d'abord en mai 1864, dans le *American journal of Science*, et ensuite, avec plus de détails, en février 1865, dans une communication adressée à la Société géologique de Londres (2). Ils furent bientôt confirmés par le docteur Gümbel, qui étudiait alors les schistes cristallins anciens de la Bavière, et qui reconnut bientôt, dans les calcaires du vieux gneiss hercinien, l'existence de l'*Eozoon canadense* caractéristique, injecté de silicates, comme Dawson et moi nous l'avions déjà trouvé (3). Plus tard, en 1869, Robert Hoffmann décrivit les résultats d'un examen chimique minutieux de l'*Eozoon* de Raspenau en Bohême, résultats qui confirmèrent les observations déjà recueillies au Canada et en Bavière. Il montra que l'enveloppe calcaire de l'*Eozoon* examiné par lui avait été injectée d'un silicate particulier que l'on peut décrire comme se rapprochant à la fois de la glauconite et de la chlorite par sa composition. Il trouva des masses d'*Eozoon* entourées et enveloppées de couches minces alternantes d'un silicate magnésique vert se rapprochant de la picrosmine, et d'un minéral brun sans magnésie, qui se trouva être un silicate hydraté d'alumine, d'oxyde de fer et d'alcalis, se rapprochant par sa composition de la fahlunite, ou, mieux encore, de la jollyte (4).

Plus récemment encore, cette année même, le docteur Dawson a découvert un minéral insoluble dans les acides, et remplissant les pores de tiges et de plaques crinoïdales, dans un calcaire paléozoïque du Nouveau-Brunswick, composé de débris organiques. L'analyse m'a fait voir que ce silicate, qui, une fois débarrassé de son enveloppe de chaux, montre admirablement la structure intime de ces crinoïdes anciens, est un silicate hydraté d'alumine et d'oxyde de fer, contenant de la magnésie et des alcalis, et se rapprochant beaucoup de la fahlunite et de la jollyte (5). Les études microscopiques du docteur Dawson ont démontré que ce silicate remplissait les pores des restes des crinoïdes, et quelques-uns des interstices des fragments de coquilles qui s'y trouvaient réunis, avant l'introduction de la calcite, qui est venue cimenter toute la masse. Depuis, j'ai rencontré un silicate presque identique avec celui-ci; il se trouvait, dans des conditions semblables, dans un calcaire du terrain silurien supérieur, que l'on m'a présenté comme provenant de Llangedoc, dans le pays de Galles.

IV. — Diagenèse et épigenèse

Cependant Gümbel, dans le mémoire sur les roches laurentiennes de la Bavière, publié en 1866, et dont j'ai déjà parlé, avait pleinement reconnu l'exactitude des idées que j'avais exposées, et sur la minéralogie de l'éozoon et sur l'origine des schistes cristallins. Ses conclusions sont encore plus détaillées dans son *Geognost. Beschreibung des ostbayerisches Grenzegebirges*, 1868, page 833. Credner aussi, comme il nous

(1) Bischof, *Lehrbuch*, 1re éd., II, 95; éd. anglaise, I, 252, 344.
(2) *Amer. Journ. Science*, II, XXV, 436.

(1) *Amer. Journ. Science*, II, XI, 360; *Report Geol. Survey Canada*, 1836, p. 231; et *Quart. Geol. Journ.*, XXI, 71.
(2) *Amer. Journ. Science*, II, XXXVII, 431; *Quart. Geol. Journ.*, XXI, 67.
(3) *Proc. Royal Bavar. Acad.*, 1866; et *Can. Naturalist*, nouvelle série, III, 81.
(4) *Journ. für prakt. Chem.*, mai 1869; et *Amer. Journ. Science*, III, I, 378.
(5) *Americ. Journ. Science*, III, I, 379.

le dit (1), avait déjà été amené, par ses études minéralogiques et lithologiques, à admettre mes idées sur la formation primitive de la serpentine, du pyroxène et des silicates semblables (il cite même, à ce sujet, mon mémoire de 1865) (2), lorsqu'il découvrit que Gümbel était arrivé aux mêmes conclusions. Voici, en substance, les idées de ce dernier, telles que les cite Credner, d'après l'ouvrage dont nous venons de parler : — Les schistes cristallins, avec leurs stratifications, ont tous les caractères de dépôts sédimentaires altérés, et, d'après la manière dont ils se présentent, ne peuvent être ni d'origine ignée, ni le résultat d'une action épigénique. Nous supposons que les sédiments primitifs étaient amorphes, et qu'ils se sont arrangés sous l'influence d'une température et d'une pression modérées, et ont cristallisé, produisant différentes espèces minérales par un changement pour lequel Gümbel a trouvé l'expression heureuse de *diagenèse*, pour le distinguer du métamorphisme par *épigenèse*.

Il est inutile de faire observer que ces idées, qui résultent des études récentes de Gümbel en Allemagne et de celles de Credner dans l'Amérique du Nord, sont identiques avec celles que j'avais émises en 1860. Aux époques reculées où se sont accumulés les matériaux des anciens schistes cristallins, il est certain que les actions chimiques qui produisaient les silicates étaient bien plus énergiques que dans des temps plus voisins de nous. La température de la croûte terrestre était probablement alors bien plus élevée qu'à présent, et cela à des profondeurs relativement faibles; sans doute les eaux thermales abondaient. Une atmosphère plus dense, chargée d'acide carbonique, devait aussi contribuer à entretenir à la surface de la terre une chaleur plus grande, mais qui n'était pas cependant incompatible avec l'existence de la vie organique (3). Ces conditions ont dû favoriser bien des actions chimiques, qui, plus tard, ont cessé presque entièrement. Aussi voyons-nous qu'à partir de l'époque éozoïque les roches siliciques, d'origine évidemment chimique, sont relativement rares. Dans les sédiments mécaniques d'époques plus rapprochées, certains minéraux cristallins peuvent se développer par voie de réarrangement moléculaire, ou de *diagenèse*. Ce sont, dans les sédiments feldspathiques et alumineux, l'orthoclase, la moscovite, le grenat, la staurolite, la cyanite et la chiastolite ; et, dans les sédiments plus basiques, les minéraux d'hornblende. Il se peut que ces derniers et les silicates analogues soient quelquefois produits par des réactions entre la silice d'un côté, et des carbonates et des oxydes de l'autre, comme nous l'avons déjà indiqué pour quelques cas d'altération locale. Ceci peut s'appliquer, par exemple, aux gneiss qui contiennent plus ou moins d'hornblende ; mais aucun sédiment, s'il n'est d'origine chimique directe, n'est assez pur pour avoir produit les grandes couches de serpentine, de pyroxène, de stéatite, de labradorite, etc., qui abondent dans les schistes cristallins anciens. Ainsi, tandis que les matériaux de la production par diagenèse, des silicates d'alumine déjà cités, se rencontrent dans la boue et dans les roches argileuses de toutes les époques, les silicates formés par voie chimique et capables de cristalliser sous forme de pyroxène, de talc, de serpentine, etc., ne se sont produits que dans des conditions toutes spéciales.

Le même raisonnement qui m'avait amené à soutenir la théorie de la formation primitive des silicates minéraux des schistes cristallins, m'a fait révoquer en doute l'idée généralement admise de l'origine épigénique des gypses et des calcaires magnésiens ou dolomites. La stratification alternée des dolomites et du carbonate de chaux pur, et le fait que l'on trouve de petites masses de ce dernier dans des enveloppes de dolomite cristallisée, suffisent seuls pour démontrer que, dans ces cas du moins, les dolomites ne se sont pas formées par l'altération du carbonate de chaux pur. J'ai publié, en 1859, les premiers résultats d'une très-longue série d'expériences et de recherches sur l'histoire du gypse ; et, en 1866, j'ai donné ceux de nouvelles recherches qui sont venues répéter et confirmer mes conclusions précédentes (1). Ces deux mémoires établissent, je le crois, les faits suivants de l'histoire de la dolomite : d'abord son origine, dans la nature, par voie de sédimentation directe, et non par l'altération de calcaires non magnésiques; en second lieu, sa production artificielle par l'union directe du carbonate de chaux et du carbonate de magnésie hydraté, à une température moyenne, en présence de l'eau. Quant à l'origine du carbonate magnésique hydraté, j'ai cherché à démontrer qu'il se forme du chlorure ou du sulfate de magnésie contenu dans la mer ou dans d'autres eaux salées, de deux manières : — d'abord, par l'action du bicarbonate de soude que contiennent bien des eaux naturelles; ce corps, après avoir transformé en carbonate insoluble tous les sels de chaux solubles, forme un bicarbonate de magnésie relativement soluble, duquel se sépare lentement un carbonate hydraté ; — en second lieu, par l'action du bicarbonate de chaux en dissolution, lequel, avec le sulfate de magnésie, donne du gypse; celui-ci se sépare d'abord en cristallisant, et laisse après lui un bicarbonate de magnésie plus soluble, lequel donne à son tour un dépôt de carbonate hydraté. C'est ainsi que, pour la première fois, en 1859, l'origine des gypses, et leur relation intime avec les calcaires magnésiques, a été expliquée.

Ces études ont montré, en outre, que, pour que la réaction soit parfaite, il faut un excès d'acide carbonique dans la solution, pendant l'évaporation, afin d'empêcher le monocarbonate hydraté de magnésie de décomposer le gypse déjà formé. Ayant constaté qu'une exposition prolongée à l'air, en permettant le dégagement de l'acide carbonique, empêchait en partie la réaction, je répétai l'expérience dans une atmosphère limitée, chargée d'acide carbonique, mais en absorbant la vapeur à l'aide d'une couche de chlorure de calcium desséché. Comme je l'avais prévu, dans ces conditions, l'action marcha sans interruption ; du gypse pur se sépara d'abord par cristallisation, et ensuite le carbonate de magnésie hydraté (2). Cette expérience est instructive, parce qu'elle montre les résultats que cette réaction a dû donner autrefois, quand l'atmosphère contenait beaucoup plus d'acide carbonique qu'elle n'en contient maintenant.

Quant aux hypothèses par lesquelles on a cherché à expliquer la dolomitisation supposée par épigenèse des calcaires déjà formés, je dois dire que j'ai répété bien des fois, dans

(1) *Hermann Credner; die Gleiderung der Eozoischen Formationsgruppe Nord Amerikas*, Halle, 1869.
(2) *Quart. Ceol. Journ.*, XXI, 67.
(3) *Amer. Journ. Science*, II, XXXVI, 396.

(1) *Amer. Journ. Science*, II, XXXVIII, 170, 365 ; XIII, 49.
(2) *Proceedings Royal Institution*, 30 mai 1867 ; et *Canadian naturalist*, nouvelle série, III, 231.

des conditions différentes, l'expérience souvent citée de Von Morlot, qui dit avoir produit de la dolomite par la réaction du sulfate de magnésie sur le carbonate de chaux, en présence de l'eau, à une température assez élevée et sous une certaine pression. J'ai montré que ce qu'il regardait comme de la dolomite n'en était pas, mais bien un mélange de carbonate de chaux et de carbonate de magnésie anhydre et peu soluble; les conditions dans lesquelles le carbonate de magnésie est mis en liberté dans cette réaction n'étant pas favorables à son union avec le carbonate de chaux pour former le sel double qui s'appelle dolomite. L'expérience de Marignac, qui avait cru former de la dolomite en substituant au sulfate une solution de chlorure de magnésium, m'a donné des résultats semblables, la plus grande partie du carbonate de magnésie produit passant immédiatement à l'état insoluble, sans se combiner avec l'excès de carbonate de chaux en présence. Quant au procédé pour la production du double carbonate, que décrit Ch. Deville, par l'action de vapeurs de chlorure de magnésie anhydre sur du carbonate de chaux à une haute température, procédé qui s'accorde avec l'étrange théorie de von Buch sur la dolomitisation, je n'ai pas cru nécessaire de le soumettre à l'épreuve de l'expérience, puisque les conditions qu'il exige ne semblent guère possibles dans la nature. Des observations géognostiques multipliées font voir que la théorie de la production épigénique de la dolomite par le carbonate de chaux ne peut se soutenir, quoiqu'il ne soit pas rare d'en rencontrer des dépôts dans des veines, des cavités ou des pores d'autres roches.

Les dolomites ou calcaires magnésiens peuvent se diviser en deux classes : la première comprend celles que l'on rencontre avec les gypses à différents étages géologiques; la seconde, les roches de même espèce, plus abondantes et plus répandues, qui ne sont pas associées à des dépôts de gypse. Les dolomites de la première classe proviennent de la décomposition du sulfate de magnésie par des solutions de bicarbonate de chaux, tandis que celles de la seconde classe doivent leur origine à la décomposition du chlorure ou du sulfate de magnésie par des solutions de bicarbonates alcalins. Dans les deux cas, cependant, le bicarbonate de magnésie, que contiennent ordinairement les eaux chargées de carbonate, joue un rôle plus ou moins important dans la production des sédiments magnésiques. Les eaux chargées de carbonates alcalins des sources venant de grandes profondeurs contiennent souvent, nous le savons, outre les bicarbonates de soude, de chaux et de magnésie, des composés de fer, de manganèse et de quelques métaux rares en dissolution, et c'est ce qui explique le caractère métallifère d'un grand nombre des dolomites de la seconde classe. La présence simultanée de silicates alcalins dans ces eaux minérales déterminerait, comme nous l'avons déjà indiqué, la production de silicates de magnésie insolubles, ce qui explique la réunion fréquente de ces silicates avec des dolomites et des carbonates de magnésie dans les schistes cristallins. En effet, ces corps résultent d'une même action continue. La formation de ces eaux minérales dépend de la décomposition des roches feldspathiques par des actions souterraines ou sous-aériennes, qui étaient sans doute plus vives dans les époques reculées qu'elles ne le sont de notre temps. L'action que ces solutions bicarbonatées, alcalines ou non, peuvent ensuite exercer sur les eaux magnésiques, dépend des conditions climatériques, puisque, dans les régions à pluies abondantes, ces eaux doivent se rendre par les fleuves jusqu'à la mer, où l'excès de sulfate de chaux qui s'y trouve dissous doit empêcher le carbonate de magnésie de se déposer.

C'est dans les régions sèches et désertes qui ont des lacs d'une étendue limitée, qu'il faut voir la production des carbonates de magnésie; et j'ai conclu de ces considérations qu'une grande partie du nord-est de l'Amérique, comprenant les bassins actuels du haut Mississippi et du Saint-Laurent, a dû, pendant un long intervalle, dans la période paléozoïque, avoir un climat d'une sécheresse extrême, et une surface parsemée de bassins fermés, peu profonds, comme l'indiquent les calcaires magnésiens abondants, ainsi que le gypse et le sel gemme qui s'y rencontrent à différents étages géologiques (1). La présence de serpentine et de diallage à Syracuse, dans l'État de New-York, est un curieux exemple du développement local des silicates magnésiques cristallins dans les couches de dolomite du terrain silurien supérieur, dans des conditions qui sont imparfaitement connues, et qui ne peuvent être étudiées dans l'état actuel de cette localité (2).

Puisque le monocarbonate de magnésie hydraté est immédiatement décomposé par le sulfate de chaux ou le chlorure de calcium, il s'ensuit que tous les sels de chaux qui se trouvent dans le bassin d'une mer doivent être transformés en carbonates avant que les sédiments de carbonate magnésique puissent se produire. Le carbonate de chaux, formé par l'action des carbonates de magnésie et de soude, reste d'abord en dissolution à l'état de bicarbonate, et ne se solidifie que lorsqu'il est en excès, ou quand les besoins des plantes ou des animaux vivants l'exigent; ces êtres tirent en effet les substances calcaires qui leur sont nécessaires du bicarbonate de chaux provenant, soit de la réaction que je viens de décrire, soit de l'action de l'acide carbonique sur les combinaisons insolubles de la chaux qui se rencontrent dans la croûte solide du globe. Tant de pierres calcaires sont composées de débris organiques, qu'un grand nombre de géologues admettent que tous les calcaires sont, de façon ou d'autre, d'origine organique. Cette théorie est fondée sur l'idée d'une analogie entre les rapports chimiques de la vie des végétaux et ceux de la vie des animaux. De même que les plantes donnent des couches de charbon, les animaux produisent des calcaires. Mais, au fond, l'action synthétique par laquelle le végétal qui grandit peut, avec les éléments de l'eau, de l'acide carbonique et de l'ammoniaque, produire des substances hydrocarbonacées et azotées, cette action, dis-je, ne ressemble en rien au procédé d'assimilation par lequel l'animal qui grandit s'approprie à la fois ces substances organiques et le carbonate et le phosphate de chaux. Sans la plante, la synthèse des matières hydrocarbonées ne s'opérerait pas, tandis que, s'il n'y avait ni coraux ni mollusques, le carbonate de chaux se produirait néanmoins par des réactions chimiques, et s'accumulerait dans les eaux, jusqu'à ce que, celles-ci étant saturées, le carbonate en excès se déposât comme le gypse ou le sel gemme. C'est ainsi que, dans les eaux d'où la vie se trouve exclue par une cause quelconque, il peut se produire des accumulations de carbonate de chaux pur. En 1861, j'ai signalé comme probablement dus à cette action les marbres blancs du Vermont,

(1) *Geology of southwestern Ontario* (*Amer. Journ. Science*, II, XLVI, 355.)

(2) *Geology of the third district of New-York*, 108-110; et Hunt, *Sur l'Ophiolite* (*Amer. Journ. Science*, II, XXVI, 236).

qui se trouvent intercalés entre des couches impures et fossilifères (1).

C'est par une erreur semblable à celle qui a cours au sujet de l'origine organique des calcaires, que Daubeny et Murchison ont pu invoquer l'absence des phosphates dans certaines couches anciennes, comme une preuve de l'absence de la vie organique à l'époque où ces couches se sont formées (2). Les phosphates, tout comme la silice et l'oxyde de fer, ont certainement dû faire partie de la croûte primitive du globe, et la production des cristaux d'apatite dans les filons granitiques ou dans les schistes cristallins est une action aussi indépendante de la vie que la formation des cristaux de quartz ou celle de l'hématite. Il est vrai que les plantes, dans leur croissance, puisent dans le sol ou dans l'eau des phosphates en dissolution, qui passent dans le squelette des animaux : il est vrai que cette action remonte à une époque fort reculée. J'ai démontré, en 1854, que les coquilles de Lingules et d'Orbicules, qui proviennent, soit de la base des roches paléozoïques, soit de couches modernes, offrent, ainsi que les Conulaires et les Serpulites, la même composition chimique que les squelettes des animaux vertébrés (3). Les rapports du carbonate et du phosphate de chaux avec les êtres organisés sont semblables à ceux de la silice ; comme ces deux corps, la silice se trouve en dissolution dans l'eau, et, par des actions indépendantes de la vie, elle se dépose, soit à l'état amorphe, soit à l'état de cristaux ; mais, dans certains cas, elle est absorbée par les diatomes et les éponges, et entre dans des organismes vivants. En un mot, l'assimilation de la silice, comme celle du phosphate et du carbonate de chaux, est un fait purement secondaire et accidentel ; et, quand la vie manque, toutes ces substances se déposent sous des formes minérales et inorganiques.

Je me suis ainsi efforcé d'esquisser, d'une manière concise et rapide, l'histoire des roches primitives du nord-est de l'Amérique, et celle des progrès de nos connaissances sur ce sujet ; et, en même temps, j'ai traité quelques-unes des questions de chimie et de géognosie qui ont rapport à cette étude. En regardant les travaux des trente années qui viennent de s'écouler, les géologues américains peuvent se féliciter de ce que leurs recherches ont été si fertiles en grands résultats. Mais ils peuvent voir, en même temps, combien il reste encore à faire pour l'étude des Appalaches et de notre côte nord-est, avant que l'histoire de ces roches anciennes puisse être écrite d'une manière satisfaisante. En attendant, des esprits aventureux dirigent leurs études vers les vastes régions de l'ouest de l'Amérique, et déjà les résultats obtenus offrent le plus grand intérêt. Les progrès de ces recherches nous amèneront, sans doute, à modifier bien des idées maintenant admises dans la science, et reculeront assurément les limites des connaissances géologiques.

T. STERRY HUNT,
Professeur à l'Université de Montréal.

— (Traduit de l'anglais par BATTIER).

(1) *Amer. Journ. Science*, II, XXXI, 402.
(2) *Siluria*, 4ᵉ éd., p. 28 et 537.
(3) *Amer. Journ. Science*, II, XVII, 236.

SOCIÉTÉ ROYALE D'ÉDIMBOURG

M. TH. LAYCOCK

La physiologie en psychologie : L'identité personnelle ; les bases de la croyance

Quelques mots sont nécessaires en guise d'éclaircissement. Dans mon cours de cet été, à l'Université, sur la psychologie médicale et les affections mentales, j'ai à considérer l'esprit humain dans ses rapports avec le physique, et particulièrement à enseigner comment l'un influe sur l'autre, de telle façon que le médecin ou toute personne intelligente puisse modifier avantageusement les relations du corps et de l'esprit. Le point de départ, dans ces recherches, est ce fait fondamental dû à l'expérience : aucun changement d'aucune espèce ne peut se produire, ni se continuer dans l'esprit ou dans la conscience, sans qu'une série correspondante de changements se produise en quelque point du tissu cérébral. Ce fait étant reconnu aussi certain que celui de la gravitation, les solutions du problème à résoudre dépendent des relations qu'ont entre elles les deux séries de phénomènes ; et, pour arriver à cette connaissance, il est nécessaire d'analyser et de classer les états divers de la conscience d'une part, et d'une autre les modifications corrélatives du tissu cérébral. Quant à ceux-ci, il est certain qu'ils font partie de la vie ; ils rentrent, dès lors, dans les sciences de la vie, dont l'ensemble reçoit le nom de *biologie*.

Mais tous les changements moléculaires des tissus vivants, de quelque espèce qu'ils soient (et par conséquent ceux du cerveau), peuvent rentrer dans le domaine des sciences naturelles moléculaires, car ils peuvent tous se ramener au mouvement de quelque chose, d'un atome, d'une molécule, d'un tourbillon, d'un cycle ou d'un centre de force. Ces changements sont donc dus à une force, et, puisqu'ils sont distincts de l'esprit, à une force motrice. Le Révérend professeur Haughton, docteur en médecine de l'Université de Dublin, a été conduit par des recherches expérimentales à cette conclusion qu'il se dépense autant de force motrice dans un travail cérébral de cinq heures que dans un travail musculaire de dix heures, tel que celui du paveur de rues (1). Tous les changements qui se produisent dans les tissus vivants peuvent en fin de compte se résoudre en transformations chimiques. Ce fait a été parfaitement mis en lumière par le docteur W. B. Richardson et par les précieuses recherches de M. le professeur Crum Brown, ainsi que du docteur Thomas Fraser, sur le rapport qui existe entre l'action physiologique et la composition chimique, recherches communiquées dernièrement à la Société. Néanmoins ces changements diffèrent de ceux qui surviennent dans la matière inorganique par suite de l'affinité chimique, et de là résulte la nécessité de désigner la force productrice des changements dans les tissus vivants sous le nom de force « vitale ». Or, le caractère distinctif de cette force, qu'elle se manifeste dans les végétaux ou dans les animaux, est d'adapter tout mouvement à ses fins. Développée dans le cerveau, cette force vitale se

(1) Voyez, pour renseignements dans cet ordre d'idées, un article de M. Byasson dans la *Revue des cours scientifiques*, tome V, page 609, 22 août 1868, sur la relation entre l'activité cérébrale et la composition des urines.

manifeste comme esprit, et la vie se trouve ainsi spiritualisée. J'oserais même dire que la matière est ainsi immatérialisée, car, du moment que tous les états de la conscience sont corrélatifs d'un mouvement quelconque, ce n'est pas la relation de l'esprit avec une matière purement pondérable ou brute que nous avons à discuter, mais bien celle de l'esprit avec les mouvements qui s'y adaptent dans une variété infinie. Toutes les impressions extérieures reçues par l'intermédiaire des sens et qui excitent en nous des états divers de conscience peuvent se résoudre en mouvements susceptibles d'être exactement mesurés par rapport aux impressions produites sur l'œil et sur l'oreille; toutes les impressions internes passant d'une partie du cerveau ou du corps à une autre peuvent. également se résoudre en une force corrélative au mouvement, dénommée *vis nervosa*. De telle sorte que la *psychologie*, au point de vue de cette méthode, fait partie, jusqu'à un certain point, des sciences naturelles; dans une acception plus large, elle est une science ou une philosophie de la nature, et diffère, par conséquent, essentiellement de la physiologie moderne, qui n'est qu'un département restreint de la physiologie dans le véritable et ancien sens du mot.

De fait, la méthode que j'adopte est une application de l'ancienne méthode d'Aristote à la philosophie moderne, et en l'adoptant avec moi, l'Université ne ferait que retourner à une ancienne méthode. Voici, en effet, ce qu'observe à ce sujet sir William Hamilton : « Le traité d'Aristote *sur l'âme* (ainsi que ses traités moins considérables *sur la mémoire et la réminiscence, sur la sensibilité et ce qui s'y rattache*), ces traités, dis-je, font partie des *Parva Naturalia*, et leur auteur a déclaré que l'examen de l'âme était une partie de la philosophie de la nature; la science de l'esprit était donc toujours traitée en même temps que les sciences naturelles. » (*Leçons sur la métaphysique*).

La cause de ce changement dans la manière d'envisager la psychologie à la Faculté tient en réalité à la naissance de diverses méthodes de recherche philosophique nommées les méthodes intuitives et excluant toute observation et toute recherche expérimentale, quelles qu'elles soient. Sir William Hamilton déclare explicitement que la seule condition extérieure nécessaire pour l'étude de la philosophie est un langage « capable d'embrasser les abstractions de la philosophie sans ambiguïtés d'images », condition qui n'a pas encore été remplie cependant et qui ne le sera probablement jamais. « Avec cette seule condition, déclare sir William, tout est déterminé; le philosophe n'a besoin pour ses découvertes ni de préparations, ni d'un appareil d'instruments et de matériaux..... Il suffit que l'observateur pénètre dans son for intérieur (et ici il y a véritablement une ambiguïté résultant du langage figuré) pour trouver tout ce dont il a besoin. » Lire et écrire des ouvrages, discuter des opinions diverses, tels sont donc les véritables objets de la recherche intuitive. C'est à cet extrême amour de la littérature philosophique qu'il faut attribuer cette déplorable paralysie dont fut atteint Sir William Hamilton, dans les organes que nous employons à la représentation de la pensée, la main droite et les muscles phonateurs (*aphasie*). Tous ces organes avaient été surmenés pour arriver à cette érudition immense qui le distinguait. Dans les cas de ce genre, le siége des désordres cérébraux est dans les lobes antérieurs et plus particulièrement dans le tiers postérieur de la circonvolution inférieure.

Quoique les principes de la méthode intuitive exposés ici par leur plus grand maître moderne excluent l'observation et la recherche expérimentale, sir William Hamilton ne négligeait pas les études physiologiques. Mes propres recherches sur les fonctions réflexes et inconscientes du cerveau, faites il y a vingt-cinq ans, furent récompensées par sa très-précieuse approbation et son amitié, parce qu'il voyait vérifié en elles le côté physiologique de sa doctrine de la conscience « latente »; mais le genre d'investigations qu'il poursuivit était physiologique dans le sens restreint d'une physiologie du cerveau humain, et non dans le sens plus large d'une science de la nature. Je ne viens pas défendre cette méthode restreinte comme la meilleure ou même comme une véritable méthode philosophique, et je ne désire pas davantage défendre les erreurs auxquelles elle conduit. Je n'en parle que pour bien expliquer ma propre méthode.

Cela posé j'étais intéressé à lire l'exposition de principes et de méthode que mon vénérable et respecté collègue, le professeur de philosophie morale, émit en prenant possession de sa chaire, au mois de novembre 1868, et qu'il publia sous le titre de *Philosophie morale considérée comme science et comme règle*. Dans cet essai, il critique spécialement la méthode physiologique, et de telle façon que le professeur de physiologie crut à propos de controverser publiquement les aperçus de son collègue. Les faits que j'ai à soumettre à la Société ayant rapport à cette critique, je la cite. M. le professeur Calderwood disait :

« Une grande activité est déployée par les partisans de la philosophie sensualiste, doctrine différant seulement dans ses modifications de celle qui fut autrefois rejetée par l'Écosse, alors qu'elle avait pour chefs Reid et Stewart. En même temps que cette renaissance du sensualisme, on peut constater une grande ardeur à combiner la physiologie et la science de l'esprit et à mettre en question la suffisance de nos investigations relatives aux faits de la conscience. On prétend faire de l'étude des nerfs et des muscles le seul moyen sûr d'arriver à une science de l'esprit, et l'on proclame la nécessité de faire de la physiologie la base de la psychologie. La conséquence de ceci, c'est que la philosophie mentale va être encombrée de recherches qui lui seront étrangères et ne concerneront que des opérations physiques, telles que la mastication et la respiration, et d'observations physiques telles que celles du mal de dents et de la gastralgie; c'est ainsi que nous serons exposés à tous les hasards résultant de l'usage d'une fausse méthode. »

Il résulte pour moi de ce passage, que mon révérend collègue, quelque opposé qu'il soit à la méthode physiologique, ou mal informé sur elle, prétend non-seulement défendre et maintenir résolument la suffisance de la méthode intuitive exposée par son grand maître, mais encore affirmer sa supériorité sur la méthode aristotélique par les recherches d'observation. Voici maintenant le terrain même où doit se fixer la discussion :

Je vais, pour plus de clarté, choisir deux problèmes pris sur le terrain de mon respectable collègue : la nature de la croyance et de l'identité personnelle. Je suis guidé dans ce choix par sa propre déclaration que voici : « La supposition que la physiologie peut nous mener à la philosophie de l'âme est rejetée par tous ceux pour lesquels il est clair que notre personnalité n'est pas essentiellement liée à notre corps, qui n'est qu'une demeure temporaire, etc. » Cette condamnation de la physiologie contient l'assertion de la proposition psychologique suivante : *l'âme*, considérée comme une force ou un principe, peut se séparer de la vie, et elle n'occupe le corps humain que comme un locataire.

Les partisans de cette opinion (ont en commun avec le physiologiste une croyance à la vie future et suivent deux méthodes de démonstration relatives à la vérité de la religion, savoir : la *confirmatio veri* et l'*inquisitio veri*. Les spiritualistes (c'est ainsi qu'on les nomme) ont adopté la dernière méthode dite méthode scientifique; les philosophes orthodoxes ont adopté la première. A cette fin, ils considèrent certaines propositions comme incontestables. D'abord chaque homme croit d'une façon absolue qu'il est une unité mentale, un *ego;* deuxièmement, « notre *ego* pensant... est essentiellement lui-même à chaque période de son existence » (je cite sir William Hamilton, vol. Ier, p. 374); et troisièmement, le témoignage sur lequel reposent ces croyances est suffisant, puisque c'est celui de la conscience. En d'autres termes, je me sens certain que je suis la même personne que j'ai toujours été, et par conséquent je suis *un et le même*. Ce témoignage est-il suffisant? Pouvons-nous nous fier d'une façon absolue et sans avoir besoin de vérification à la véracité de la conscience se manifestant comme croyance? Pour répondre clairement à cette question, il est nécessaire de se faire une idée de l'origine des croyances et des modifications qu'elles subissent. En partant de ce fait fondamental que chaque état de la conscience coïncide avec des changements moléculaires correspondants dans le tissu cérébral, nous concluons que toutes les croyances étant des états de la conscience doivent coïncider avec les changements de cette nature. Cette conclusion est-elle vraie en fait? Examinons-la d'abord quant à l'*ego*. L'homme, comme les autres mammifères, est *un* de corps (il constitue une unité corporelle), conformément à la loi biologique fondamentale de son organisation *ad hoc*. La croyance qu'il est *un* ou *ego* au point de vue du corps se fonde sur la connaissance de ce fait. La croyance qu'il est une unité mentale ou un *ego* pensant correspond, comme je le montrerai bientôt, à l'unité de fonction cérébrale qui se manifeste dans les états divers de conscience à un moment donné, quel qu'il soit. Mais la croyance que cet *ego*, soit corporel, soit mental, est essentiellement la même chose à chaque période successive de l'existence de l'homme, cette croyance, dis-je, suppose des phénomènes entièrement différents lorsqu'elle se rapporte au passé, et implique par conséquent une réminiscence de ce qui a été à un moment quelconque du passé ou, d'une façon plus générale, dans le passé. Or, on peut prouver que la réminiscence dépend d'une sorte de procédé vital *enregistreur* qui nous permet, au moyen de ce qu'on est convenu d'appeler l'association des idées, de savoir dans le présent ce que nous avons été, ce que nous avons pensé et dit dans le passé. S'il ne reste aucune impression du passé, s'il n'y a pas de mémoire ou s'il y a impression sans association d'idées de façon à produire la réminiscence, alors il n'y a pas de connaissance possible des états mentaux du passé. Par conséquent, la condition essentielle de la croyance à l'identité personnelle continue (considérée comme un état mental) est cette continuité consécutive du *processus* vital, qui est nécessaire à la réminiscence, et non pas une conscience continue, ainsi que le prétend l'école intuitive. Dans cette opinion, la mémoire peut et doit s'étendre fort au delà de la conscience; de telle façon que des modifications dues à des impressions inconscientes puissent laisser leur trace dans la conscience. Ces modifications, qui ne semblent pas appartenir à la vie mentale du passé, sont pour cette raison considérées comme intuitives. A ce point de vue, la mémoire dans l'individu, considérée comme un *processus* vital, a son pendant dans ce qu'on peut appeler la mémoire des plantes et des animaux. C'est en vertu de cette sorte de mémoire qu'une continuité de *processus* vitaux se maintient dans le grain ou dans le germe, et que les qualités des ancêtres se reproduisent dans leur descendance.

La croyance étant ainsi considérée comme le résultat du travail cérébral, il n'est pas difficile de comprendre pourquoi la philosophie morale, en tant qu'elle se fonde simplement sur l'identité de la croyance ou sur l'orthodoxie, et non sur la science, est un véritable chaos; il est également facile de comprendre pourquoi doivent échouer tous les efforts tentés pour assurer l'identité de la croyance pure indépendamment de la connaissance de la nature, soit par l'éducation, soit autrement.

Je vais maintenant éclairer ces vues par l'étude des phénomènes morbides de la pensée dans l'aliénation. La philosophie intuitive, on le sait, rejette toute investigation dans les états mentaux qui constituent l'aliénation. C'est avec autant d'à-propos qu'un astronome refuserait d'observer les planètes. Au contraire, dans la méthode d'induction, ces états mentaux ont la plus grande valeur : ce sont des phénomènes que nous fournit la nature. En examinant tous les genres de changements moléculaires qui se produisent dans les autres et en les comparant à ceux qui se produisent en nous, nous arrivons vraiment à pouvoir étudier ces changements comme s'ils se manifestaient directement à notre conscience. En conséquence, tous les renseignements qu'on peut puiser, soit dans les écrits, soit dans la profession, soit dans la conduite normale ou non des individus, ont leur utilité dans la recherche inductive. Pour éclaircir la méthode à ce point de vue, je soumets à la Société le portrait d'un charpentier peint par lui-même avec une légende descriptive qui nous le montre sous l'aspect de trois personnes diverses :

1° George Elliot, sa véritable personnalité.

2° George V, fils de George IV.

3° L'empereur du monde, le véritable et légitime Dieu.

La philosophie intuitive croirait tout expliquer en disant que cet homme est un lunatique. Elle devrait néanmoins se rappeler qu'elle doit cette explication à la méthode physiologique. Autrefois l'explication conforme à la méthode intuitive (et beaucoup adoptent encore aujourd'hui cette explication) consistait à dire que le lunatique était inspiré ou possédé par un esprit. La philosophie inductive partant de ce fait fondamental que, tous les états de conscience, de quelque façon qu'ils se manifestent, ne peuvent pas se produire indépendamment d'un *processus* vital, établit la loi suivante : Dans l'homme vivant la Vie et l'Esprit sont inséparables, et, par conséquent l'*Ego pensant* est l'homme lui-même. Bien que certaines parties de l'organisme soient doubles, comme par exemple, les membres ou les hémisphères cérébraux, l'unité corporelle n'est pas plus affectée que l'unité de conscience, tant que l'organisme est sain, l'une de ces unités étant le reflet de l'autre. Les deux hémisphères agissent ensemble pour arriver à l'unité de conscience, absolument comme les deux yeux pour arriver à l'unité de vision. La vision peut être double quand les deux yeux agissent séparément, et de même la conscience peut être double quand les deux hémisphères agissent aussi séparément : croire ou douter qu'on voit deux objets, ou qu'on est deux personnes, dépend de ces conditions moléculaires sur lesquelles reposent la croyance et le doute du moment. Ou encore, de même qu'un objet peut, par suite d'un désordre du tissu cérébral correspondant, paraître à l'œil quelque chose d'entièrement différent (comme, par exemple, lorsqu'un individu prend son ami pour le diable, ce qui constitue une hallucination), de même la personnalité d'un individu, par suite d'un désordre dans le tissu cérébral correspondant, peut lui paraître entièrement différente de ce qu'elle est réellement, et l'individu peut avoir une hallucination qui lui fera croire qu'il est lui-même le diable. Un homme peut avoir sur son état de corps et d'esprit des illusions nombreuses ; mais il dépassera rarement trois genres d'illusions distinctes et déterminées relativement à sa personnalité, savoir : une qui résultera du désordre de chaque hémisphère agissant séparément, une autre qui résultera de l'action collective des deux hémisphères. Sous les restrictions établies, le résultat des nombreuses observations que j'ai faites coïncide avec cette opinion. En voilà assez sur la suppression de l'unité de conscience par suite du désordre cérébral. Il est évident au premier coup d'œil que ces diversités de croyances relatives à l'identité personnelle sont associées à des modifications cérébrales qui affectent la mémoire et la réminiscence. Sans cela, quand Elliot arriva à se croire une naissance et une parenté royales, il se serait également rappelé (ce qui eût détruit sa croyance) qu'il est et a toujours été George Elliot le charpentier ; ou du moins une réminiscence, si vague qu'elle fût, aurait introduit le doute dans son esprit. Mais ce dernier résultat ne se produisit pas, et sa croyance est fixe et inébranlable.

Les considérations que je viens d'émettre ne s'appliquent qu'à la croyance ; mais pour faire mieux comprendre les questions en litige, je vais rechercher comment un homme arrive au doute et à la certitude la plus exacte qu'il puisse atteindre sous l'influence des circonstances. A cet effet, je choisirai l'état de conscience qui constitue le rêve. Il n'y a pas aujourd'hui une investigateur sérieux qui prétende que dans cet état l'homme soit inspiré, ou que l'âme ou l'esprit agisse indépendamment du corps ; il est admis que tous les changements dans la conscience, tel que celui qui constitue le rêve, dépendent directement de changements moléculaires dans le tissu cérébral. Conformément à la loi physiologique déjà exposée, le dormeur croit à la réalité de ses rêves, si absurdes qu'ils puissent être, et si différent de l'état normal que soit l'état moléculaire qui les produit. Ce n'est qu'au réveil, lorsque les conditions normales sont rétablies, qu'il doute ou reconnaît son erreur. Une analyse de ces phénomènes purement physiologiques montre que ces états de la conscience qui, dans l'état de veille, se rapportent au passé ou à l'avenir ne sont liés dans le rêve à aucune période déterminée dans le temps ; ils sont entièrement dans le présent, et n'ont aucun rapport avec le temps ni avec l'espace.

En conséquence, la mémoire, considérée comme la réminiscence consciente des états du passé, et le jugement, considéré comme la perception du futur, disparaissent. La mémoire du passé disparaît d'une part, parce que l'association d'idées dont dépend cette faculté, et qui a commencé à quelque moment du passé, est elle-même supprimée ; d'autre part, il n'y a pas de connaissance possible de relations personnelles existant à l'égard du temps et de l'espace, parce que les sens étant pour ainsi dire fermés, il n'y a pas de perception possible de ces relations. Voilà pourquoi les plus vains fantômes de l'imagination, dus évidemment à des modifications moléculaires survenant dans les conditions que nous avons décrites, nous font l'effet de vérités. Reid raconte comment, ayant dormi avec un vésicatoire sur la tête, il s'imagina avoir été scalpé par les Indiens. C'est seulement au réveil, lorsque réapparaissent la mémoire, la perception externe et l'association normale des idées, qu'on peut se faire une juste idée du caractère erroné des croyances. Il est donc clair que les conditions que nous venons d'énumérer sont nécessaires à une croyance vraie à l'identité personnelle continue. Ces conclusions sont strictement applicables à toutes les hallucinations et aux croyances d'origine morbide. Plusieurs personnes ont, pendant leur état de veille, des illusions aussi transitoires que des rêves. Des croyances trompeuses, ou plus proprement des croyances insensées, peuvent également paraître et disparaître dans les premiers degrés de l'aliénation : J'ai vu un malade chez lequel ces symptômes ne se manifestaient que lorsqu'il était dans une chambre chauffée, et qui revenait à la raison dès qu'on lui appliquait une douche froide sur la tête. Dans les cas tel que celui de George Elliot, l'état morbide se définit parfaitement un rêve permanent. Lorsque ces changements moléculaires qui coïncident avec les impressions mnémoniques de sa vie quotidienne, des choses qu'il fait ordinairement, se succèdent l'un à l'autre, il croit véritablement qu'il est George Elliot le charpentier : mais lorsque les impressions mnémoniques de sa vie de rêve, impressions entièrement distinctes des précédentes, se présentent à sa conscience, alors la personnalité associée à ces impressions se présente aussi à la conscience, et pour le présent il croit avec la même fermeté qu'il est autre que George Elliot. Ces états d'illusion peuvent avoir une durée quelconque. Dans certaines espèces de somnambulisme lucide, l'individu vit d'une vie actuelle (comme deux personnalités entièrement distinctes) pendant des heures ou des jours alternativement, et dans ces cas les impressions mnémoniques des deux personnalités sont presque aussi distinctes que le sont la vie du rêve et la vie réelle. Ces impressions peuvent aussi ne pas persister plus de quelques instants, comme cela arrive dans le somnambulisme artificiel produit par les procédés mesmériens. Ces procédés agissent sur le cerveau de telle façon que le patient arrive alors à avoir les croyances les plus absurdes, à croire, en un mot, que tout ce qu'on lui dit est vrai. C'est ainsi que sir Young Simpson changea l'identité personnelle de deux femmes par rapport au mari de l'une d'elles, c'est-à-dire que la femme non mariée crut qu'elle l'était, et réciproquement. D'après ces faits, et on peut les multiplier tant qu'on veut, il est clair que la notion ou la croyance à l'identité personnelle n'est pas due à l'esprit, envisagé d'une manière abstraite comme une substance immatérielle agissant dans une complète indépendance de la vie et de l'organisme, mais bien à l'esprit envisagé d'une manière concrète comme associé inséparablement, non à la matière inerte et brute, mais aux mouvements et aux forces dont dépend la vie. Cela, j'ai à peine besoin de le dire, n'est pas une doctrine nouvelle de philosophie, soit profane, soit biblique. Les livres les plus anciens de l'Écriture sainte affirment que l'homme ne devint un être animé qu'après que le souffle de la vie lui eût été insufflé dans les narines, et saint Paul, l'apôtre philosophe, en se plaçant à ce point de vue pour expliquer la résurrection, se sert de la comparaison biologique de la permanence de l'espèce chez les végétaux à travers le germe, pour prouver comment la vie individuelle ou personnelle de l'homme peut se continuer indépendamment de la conscience, et comment elle peut se manifester à l'état de conscience à un moment donné. Par là, l'apôtre adopte entièrement la méthode aristotélique de l'âme.

Bien des efforts ont été tentés pour prouver l'existence propre de l'âme, soit comme un dogme, soit comme une doctrine philosophique, et nécessairement tous ces efforts ont échoué. J'ai soumis à la Société quelque chose qui met bien en lumière les efforts de ceux qui s'intitulent spiritualistes pour prouver l'existence d'une identité personnelle indépendante. C'est un dessin dans lequel un membre d'une éminente famille littéraire a voulu représenter l'emblème spirituel d'un agrégé de la Société, homme distingué et très-estimé. Vous voyez ici des représentations d'emblèmes analogues tirés de la *Lumière dans la Vallée* de madame Newton Crossland. Cette illuminée qui contemple des apparitions mystiques les décrit, nous dit-on, comme lui apparaissant sous forme de lumière fluide avec clarté très-grande, plus riche et plus brillante que les joyaux terrestres. Ces emblèmes sont d'ordinaire placés derrière les personnes auxquelles ils appartiennent ; le centre de l'emblème s'élève juste au-dessus de la tête ; la circonférence est de plusieurs pieds. Les emblèmes sont les marques auxquelles on reconnaît les personnes dans le monde de l'esprit, alors même qu'elles restent sur terre. Une croyance à l'existence séparée des « esprits » est essentielle à la production de ces phénomènes, — le doute comme le réveil après un rêve empêche ou dissipe ces fantômes. Physiologiquement, ces illusions ne diffèrent pas de celles de George Elliot ou de celles des dormeurs. La vérification de toute croyance implique la recherche de l'ordre naturel, de façon à pouvoir déterminer si les conclusions qui se présentent à la conscience comme le résultat d'un travail cérébral coïncident avec l'ordre naturel des événements. Pour ceux qui se persuadent qu'ils peuvent se fier d'une façon absolue au témoignage de leurs yeux, le soleil se meut évidemment tandis que l'observateur est immobile, — mais la vérification de cette conclusion montre que le mouvement s'applique à l'observateur et que le soleil est immobile.

Lorsqu'un spiritualiste essaye de vérifier sa croyance aux êtres spirituels, il ignore ce fait : c'est que sa croyance est due à des changements moléculaires qui n'ont aucune relation directe avec une influence spirituelle quelconque, excepté celle qui constitue sa propre nature spirituelle. Ramenées à leurs derniers éléments, toutes les preuves de la prétendue vie de l'esprit ne sont, lorsqu'on les examine de bonne foi, que des représentations du travail cérébral qui se manifestent à la conscience. Ces représentations sont aussi trompeuses que celles du lunatique ou du dormeur. » On a dit généralement que les partisans de ce système sont pour la plupart des personnes faibles d'esprit, crédules ou ignorantes. Mais il n'en est pas ainsi. Voici des descriptions de la force surnaturelle examinée par le baron de Reichembach, savant fort distingué. Il ne vit jamais ce qu'on représente ici comme des manifestations de la force surnaturelle, il montre seulement ce qui lui fut décrit dans ce genre par des femmes hystériques et névropathiques ; et, si fidèles que soient ces descriptions, elles ne sont que des représentations à la conscience du travail cérébral d'un visionnaire. Quelques-unes de ces opérations soi-disant spirituelles sont instructives en ce qu'elles nous éclairent sur l'action automatique, esthétique d'un cerveau cultivé. L'emblème d'un agrégé de la Société, dessiné par une personne de grande éducation, contraste parfaitement avec la grossièreté de ces emblèmes mystiques dessinés par une lunatique sans éducation. Feu mon ami David Ramsay Hay (et personne n'était plus compétent que lui en pareille matière) m'assura que le premier emblème est parfaitement exact sous le rapport de la forme et de la couleur.

Dans les illusions de George Elliot, nous avons un éclaircissement relatif à un autre résultat intéressant du travail cérébral : je veux parler du développement idéaliste de l'intuition de l'infini, sujet tant et si sérieusement discuté par les philosophes de l'école intuitive, et tout aussi susceptible que le précédent d'une explication biologique.

THOMAS LAYCOCK,
Professeur à l'Université d'Édimbourg.

BULLETIN DES SOCIÉTÉS SAVANTES

Académie des sciences de Paris

SÉANCE DU 2 OCTOBRE 1871

M. Wheatstone, l'éminent physicien anglais, est présent.

— Il est convenu que toutes les fois que M. Élie de Beaumont dépouille la correspondance, c'est autant de perdu pour l'auditoire, le bureau excepté. Deux communications lues en entier par lui semblent pourtant des plus intéressantes, à en juger par les explications qu'elles provoquent. La première est un projet d'ascension, fait par M. Fonvielle, pour observer les étoiles filantes du mois de novembre prochain, comme il l'a déjà exécuté en 1867 dans l'aérostat l'*Hirondelle*, appartenant à M. Giffard et gonflé d'hydrogène pur. L'expérience proposée consiste dans l'emploi d'une trompe verticale pour la transmission des sons et d'un cornet acoustique pour entendre le bruit des globes. Le ballon serait recouvert de glycérine pour recueillir les poussières ambiantes de l'air.

M. *Leverrier* loue l'habile aéronaute, toujours préoccupé des intérêts de la science, de mettre ses ascensions à son service. La détermination des températures dans ces régions élevées serait des plus utiles ; mais des instruments spéciaux sont indispensables à cet effet. L'appareil enregistreur de M. Regnault pourrait seul la faire avec une précision rigoureuse, et il demande l'adjonction de son collègue à la commission pour lui donner ses instructions à cet égard. Des baromètres seraient aussi indispensables pour déterminer la hauteur et les autres conditions météorologiques. Plusieurs ascensions et des stations différentes devaient enfin être faites ; autant de difficultés à la réalisation de ce but des plus importants. L'observation des étoiles filantes n'a pas la même urgence.

En se récusant pour cause d'absence, M. Regnault explique que l'usage de son appareil enregistreur est aussi simple que facile. Il est fondé sur la force élastique de l'air. La température se prend en fermant simultanément deux robinets, et l'appareil rapporté à terre donne le résultat exact et sans variation possible L'attention de l'observateur est ainsi libre pour enregistrer la hauteur. Un papier léger suspendu suffit à indiquer la moindre oscillation du ballon. Tant qu'il s'élève, le papier reste droit comme un fil de plomb ; il se rebrousse de bas en haut dès que le ballon descend par l'obstacle qu'il rencontre dans les couches d'air. Ces conditions sont donc des plus faciles à réaliser. Il n'a pas d'autres renseignements à donner.

M. *Leverrier*. Un seul enregistrement de la température peut dès lors avoir lieu à chaque ascension ?

M. *Regnault*. Au contraire, il suffit d'emporter plusieurs de ces appareils peu volumineux pour avoir autant d'enregistrements de température dans des régions différentes. Toute difficulté se trouve ainsi levée.

M. *Élie de Beaumont*. On pourrait aussi employer des instruments à réflexion.

La lecture *in extenso* d'un long mémoire du P. Secchi *sur les protubérances solaires*, observées par la méthode de M. Janssen, provoque heureusement aussi quelques remarques faites à haute et intelligible voix pour en faire comprendre l'intérêt au public attentif. Il s'agit, dit M. le président Faye, d'une proposition faite par le secrétaire perpétuel : c'est de faire graver des figures types de ces protubérances énormes, d'après la description qu'il vient d'en lire, pour les intercaler dans le texte de ce mémoire important dont il demande l'impression intégrale dans les *comptes rendus*.

M. Leverrier appuie cette proposition. L'exécution lui en paraît urgente, indispensable. L'Académie doit faire fléchir jusqu'au règlement en sa faveur afin d'obtenir une classification de ces nombreuses et diverses taches solaires, fondée sur leurs caractères, comme les botanistes le font pour les plantes. Ce serait un moyen de convier tous les observateurs de ces taches à en communiquer les dessins, et M. Faye, *qui a tant de ces taches*, est le premier intéressé à la réalisation de ce projet.

D'autant plus, ajoute M. le président, qu'il ne s'agit pas seulement ici de simples taches, comme les miennes, mais de protubérances s'élevant perpendiculairement au soleil jusqu'à la distance de quatre minutes avec des formes diversifiées, entre autres des palmiers de 50 000 lieues de hauteur sur la surface même du soleil avec des rayons très-diversement lumineux. La nouveauté et l'étrangeté de ces phénomènes justifient cette proposition qui est adoptée.

— Il y aurait à parler de plusieurs autres communications dont on sait à peine le titre. L'une est de M. Tripier sur une *machine à induction ;* l'autre sur une *nouvelle méthode de réduction des hernies ;* une troisième de M. Decaisne sur le *delirium tremens*, et finalement, celles qui ont trait au *choléra*. M. le secrétaire perpétuel nous réduit à les enregistrer tout simplement.

Des diverses communications qu'il aurait à faire si l'heure n'était aussi avancée, M. Dumas se borne au complément du mémoire de M. G. Lemoine *Sur la transformation réciproque des deux états allotropiques du phosphore*. A 440 degrés, les deux phosphores donnent lieu à des vapeurs de 3gr,710 par litre, phénomène semblable à celui de la vaporisation des liquides, tandis que, pour M. Hittorf, cette vaporisation varierait de 4 grammes par litre pour l'un, et de 7 grammes pour l'autre. Il résulte évidemment de ces expériences, dit M. Dumas, que l'observateur allemand s'est trompé.

— M. Faye présente, au nom du docteur Hirback, sa notice nécrologique du savant et patriote professeur Kuss, mort dans les circonstances lamentables dont chacun se souvient. L'heure avancée le fait proroger d'autres communications plus étendues.

— Suivent deux lectures. L'une par M. Villarceau : *Sur une nouvelle méthode de mesurer la surface de la terre;* l'autre par M. Delaunay : *Sur les deux petites planètes récemment découvertes*. Il en résulte que la dernière, vue à Bilck, par M. Luther, dans la nuit du 14 au 15 septembre, aurait été observée dès le 8 du même mois à Queenstown (États-Unis), par M. Peters. Celui-ci serait donc le véritable auteur de la découverte de cette 117° petite planète, si tant est qu'elle n'ait pas été vue ailleurs auparavant, car il y a tant aujourd'hui de ces astéroïdes que l'on s'y perd.

— La description avec dessin d'un nouvel instrument équatorial est faite par le même astronome au nom de M. Lœvy. Il a pour but de simplifier encore l'observation et de la faciliter même sur le *chercheur* de M. Villarceau. En toute autre séance, des réflexions n'auraient pas manqué de s'élever sur ce sujet, M. Leverrier était en verve ; mais le silence du président le fait renoncer à la parole. Il présente seulement une lettre rectificative de M. Luther.

— M. Wurtz communique une note de M. Salet sur les raies spectrales de l'hydrogène.

— Enfin, M. Chasles termine la séance par un mot de réponse à M. Bertrand sur les droits d'Aboul-Wefâ, et non *Abulbefas*, comme nous l'avons écrit dans notre ignorance de l'hébreu, à la découverte de la troisième variation de la lune. Il explique qu'il n'a pas fait la moindre concession. Des textes, on en vient à l'interprétation des mots. On pourrait discuter ainsi une année entière sans que la question fût plus avancée.

Société de biologie de Paris

SÉANCE DU 23 SEPTEMBRE 1871

M. Brown-Séquard communique les résultats de nouvelles recherches sur la question fort intéressante et non encore résolue *du rôle fonctionnel des bandelettes optiques dans les perceptions visuelles*, et des influences que les lésions de ces parties organiques exercent sur la vision.

Les faits expérimentaux relatifs à cette question se réduisent jusqu'à présent à ceux de Magendie ; et l'un des points les plus intéressants observé et signalé par lui, c'est l'*atrophie* complète, au bout de quinze jours, du nerf optique correspondant à un œil entièrement perdu, et l'atrophie simultanée de la bandelette optique en arrière du chiasma, du côté opposé.

Ce fait est en rapport avec un certain nombre de faits pathologiques observés chez l'homme, particulièrement en Italie, par Balverda et d'autres auteurs, sur des criminels qui subissaient la peine capitale, après avoir eu les yeux crevés à la suite d'une première condamnation : l'examen cadavérique paraît avoir montré, dans ces cas, une lésion de même nature et du même siége que celle signalée par Magendie.

Mais il existe, dans la science, un grand nombre de faits absolument contradictoires, et qui prouvent que l'atrophie de la bandelette optique peut se montrer du côté correspondant à celui de l'œil affecté ou perdu. Un deuxième résultat obtenu par Magendie est le suivant : faisant la section de la bandelette optique d'un côté chez des lapins, il voit ces animaux perdre la vue du *côté opposé*.

M. Brown-Séquard qui avait déjà répété ces expériences en 1848, 1849 et 1850, vient de les renouveler sur deux lapins, qu'il montre aujourd'hui à la Société. Malgré la grande difficulté de constater indubitablement sur les animaux la perte complète de la vision d'un seul œil, grâce à la précaution prise par l'éminent expérimentateur de priver des deux yeux l'un de ses lapins, il est permis de s'assurer sur l'autre, comparativement, que l'un des deux yeux est resté sain : c'est l'œil correspondant à la bandelette optique sectionnée, tandis que l'*œil opposé* semble perdu.

Il semble donc que ce fait expérimental soit décisif ; or, est-il en rapport avec les enseignements de l'anatomie et du plus grand nombre des faits pathologiques ?

L'entrecroisement partiel des fibres nerveuses dans le chiasma est *très-variable*, même chez les mammifères : considérable chez les uns, il est très-réduit chez d'autres. Ces différences sont bien plus tranchées encore dans d'autres classes d'animaux, celle des poissons, par exemple, où l'entrecroisement est total chez les uns (poissons osseux), partiel chez les autres (poissons cartilagineux), nul enfin. Il est total chez les oiseaux, tandis qu'il est partiel chez les reptiles.

La constance du résultat expérimental ci-dessus ne peut s'accorder évidemment avec cette variabilité des données anatomiques, pas plus qu'avec la variabilité des faits pathologiques. Ces derniers, en effet, ne confirment, en aucune manière, la théorie de la *décussation partielle* et *dimédiée* de Wollaston. Je ne connais pas, dit M. Brown-Séquard, un seul cas bien avéré de l'*hémiopie* telle qu'il puisse exactement satisfaire à cette théorie; les faits qui la repoussent, au contraire, abondent, et l'on peut, à cet égard, rencontrer les résultats les plus variés et toutes les combinaisons possibles. En somme, les expériences de Magendie et les miennes ne démontrent pas autre chose qu'une influence *irritative à distance* de certaines parties du centre nerveux cérébral retentissant sur l'un des yeux, celui du côté opposé au siége de la lésion irritative expérimentale. Le mécanisme est absolument le même dans les faits pathologiques qui se rapportent aux altérations de la vision : qu'il s'agisse de lésions des bandelettes optiques, des tubercules quadrijumeaux, des corps genouillés, ou d'une région quelconque des lobes cérébraux, ou même d'une lésion du cervelet, les choses se passent comme dans les cas où des vers intestinaux, par exemple, provoquent des altérations de la vue : c'est toujours, je le répète, le résultat d'une influence irritative à distance.

M. Brown-Séquard, à la suite de cette première communication, donne les résultats sommaires de l'autopsie d'un cochon d'Inde atteint d'épilepsie double, et mort à la suite de lésions périphériques très-graves, qui avaient nécessité l'amputation de l'un des membres postérieurs. Cet animal était devenu presque exsangue. Son foie est énorme et complétement gras. Dans l'une des veines hépatiques, celle qui se jette dans la veine capsulaire, on rencontre un bouchon exclusivement fibrineux. Les bouts du nerf sciatique droit ne présentent pas de réunion, ni par conséquent de régénération autogénique; mais il paraît s'être développé de toute pièce un nerf nouveau constitué par un petit ruban grisâtre qui se réunit incomplétement du reste au bout supérieur du nerf sectionné. Enfin, certains muscles du membre du même côté offrent une atrophie des plus complètes. Un examen plus complet et détaillé sera fait de ce cas intéressant.

M. Charcot présente au nom de *M. Pierret*, l'un de ses élèves les plus distingués, les résultats d'observations histologiques du plus haut intérêt, relativement aux *altérations myélitiques dans l'ataxie locomotrice;* ces résultats peuvent être résumés ainsi qu'il suit :

La lésion réputée jusqu'à présent productrice et pathognomonique de l'ataxie locomotrice n'est pas localisée exclusivement et confinée, comme on le croit, dans les cordons postérieurs de la moelle épinière.

Dans un de ces cas d'ataxie locomotrice, que l'on peut appeler *mixtes*, dans lesquels le syndrome constitutif de la maladie, douleurs fulgurantes, incoordination des mouvements, inconscience musculaire impliquent simultanément les membres supérieurs et inférieurs, l'altération myélitique, d'ailleurs de nature scléreuse comme d'habitude, siégeait, non point dans le cordon de Goll, — mais de chaque côté du sillon postérieur, — exactement dans cette portion de l'épanouissement des racines postérieures qui constitue ce qu'on nomme les *faisceaux radiculaires internes;* cette altération s'étendait, sous forme de traînée en ruban, dans toute la hauteur de la moelle, atteignant ainsi, à la fois, les régions dorso-lombaire et cervicale ; ce qui explique parfaitement, dans ces conditions, l'atteinte simultanée des extrémités inférieures et supérieures du corps.

Lorsque cette atteinte est, au contraire, localisée, soit aux membres supérieurs seulement, soit aux membres inférieurs, la même lésion, avec son même siége et les mêmes dispositions, se rencontre à la région cervicale dans le premier cas, à la région dorso-lombaire dans le second.

L'existence et la constatation de cette altération permettent également de se rendre compte de faits pathologiques restés inexpliqués, dans lesquels, comme dans le mal de Pott, on voit des phénomènes paralytiques et ataxiques siéger aux membres supérieurs avec une lésion dorso-lombaire du rachis et de la moelle; ce sont ces cas que Marshall-Hall attribuait à des *phénomènes récurrents;* or il ne s'agit là d'autre chose que de myélites scléreuses ascendantes se comportant, quant au siége et à la disposition de l'altération, comme les cas d'ataxie locomotrice proprement dite que nous venons d'analyser.

Enfin, un autre résultat de cette étude sera de permettre, peut-être, un jour, de déterminer la véritable constitution anatomique de ces *bandes radiculaires*, qui semblent être le véritable organe de l'ataxie locomotrice.

M. Liouville présente les pièces anatomo-pathologiques d'un nouvel exemple de *méningite cérébro-spinale tuberculeuse.*

Il rappelle à la Société que dans les précédentes communications qu'il lui a faites sur cette affection, il s'agissait aussi bien d'adultes et même de vieillards que de jeunes sujets.

Le cas actuel concerne une enfant de *dix mois.* Elle fut amenée à l'Hôtel-Dieu avec les signes d'une méningite cérébrale tuberculeuse déjà avancée, et l'on pensa à la possibilité d'une lésion analogue des enveloppes de la moelle par l'existence entre autres symptômes d'un renversement de la tête en arrière, de phénomènes convulsifs et tétaniformes généralisés, de secousses et tremblements se manifestant parfois dans les quatre membres avec contractures et roideurs non constantes des extrémités.

La généralisation des granulations tuberculeuses visibles à l'œil nu était en effet très-caractéristique sur les parois internes de l'arachnoïde et sur la pie-mère spinales. Il y avait une *arachnoïdite spinale* manifeste, avec un petit épanchement et des néomembranes encore assez friables.

Sur les enveloppes cérébrales, mêmes lésions, se présentant aussi sous forme granulée et disséminée dans toutes les régions.

Des granulations analogues furent trouvées sur les deux *choroïdes* (les nerfs de l'œil étant, de leur côté, fortement intéressés par la méningite de la base).

Enfin, mêmes manifestations granulées tout à fait semblables sur les *plèvres* (costale, pulmonaire et diaphragmatique), sur le *péritoine* (diaphragmatique, viscéral, et tout autour des organes génitaux).

On les retrouvait dans l'épaisseur du *cerveau*, où se constatait, en deux points, deux véritables *foyers d'hémorrhagie* récente, entourés d'une zone pointillée d'apoplexie capillaire; dans l'épaisseur des *poumons*, où de plus existaient des foyers d'hémorrhagie de la grosseur d'une noix, et dans d'autres points des îlots rappelant la pneumonie caséeuse; dans l'épaisseur de la *rate*, du *foie*, des *reins;* enfin dans la coupe des *ganglions*, soit thoraciques, soit abdominaux.

Ces *granulations* étaient grises, semi-transparentes, de la grosseur, en moyenne, d'un grain de mil ou d'une tête de petite épingle.

Elles étaient résistantes et placées, le plus souvent, très-visiblement sur le trajet d'un vaisseau.

L'examen micrographique permettait d'y reconnaître les caractères des productions *tuberculeuses.*

La tête, le cerveau de l'enfant, avaient des dimensions extraordinaires. Il y avait bien une notable quantité de liquide dans les ventricules, mais ce n'était pas un hydrocéphale. L'intelligence avait, au contraire, été très-précoce et très-vive. Les parents ne semblaient pas atteints de tuberculisation manifeste, mais l'enfant était venue au monde dans les dures conditions que le siége de Paris par les Prussiens imposait à tous les habitants de la courageuse cité.

SÉANCE DU 30 SEPTEMBRE 1871.

M. *Jobert*, poursuivant ses études d'anatomie comparée des *organes du toucher* dans la série animale, donne aujourd'hui les résultats de ses recherches appliquées aux poissons.

Chez certains de ces animaux, l'*Ophidium barbatus* par exemple, ces organes dits par les Allemands (c'est là une mauvaise appellation), *scialiformes*, et dont M. Jobert a déjà étudié, de concert avec M. Grandry, la structure intime, présentent un développement considérable. Ils résultent du perfectionnement et de l'adaptation des organes de la motilité à la *sensibilité tactile ;* ce sont les *nageoires* qui subissent ce perfectionnement et servent à cette adaptation, à l'aide d'un déplacement progressif ; ainsi, la nageoire ventrale devient thoracique, et, à un degré supérieur pour la fonction dont il s'agit, celle-ci vient se placer sous la gorge et devient jugulaire ; ainsi sont constitués les organes dits les barbillons. Ces données se déduisent pleinement de la texture anatomique. En effet, ce sont les rayons internes des nageoires qui, par le fait de cette adaptation, deviennent tentaculiformes ; or, c'est là aussi que se trouve l'épanouissement nerveux à structure papillaire approprié à la sensibilité tactile. Cet appareil du tact se rencontre, d'ailleurs, particulièrement dans son plus grand développement chez les poissons de fond ou de vase, c'est-à-dire chez ceux dont la destination est surtout de chercher et de choisir leur proie au fond des eaux; tel est l'embranchement des *Gades*

En appliquant ces données et ces considérations à l'étude de l'*Ophidius barbatus*, qui n'a pu encore trouver sa place légitime dans la classification, M. Jobert est amené à le placer précisément parmi les Gadoïdes. En effet, les barbiches sous-mentales que porte ce poisson ne sont pas autres que les nageoires d'une *Gade* réduites aux deux tentacules externes ; c'est, en un mot, un appareil tentaculaire.

Günter avait déjà, comme par intuition, opéré ce classement, que l'anatomie philosophique consacre.

M. *Magnan* communique à la Société les résultats pleins d'intérêt de nouvelles expériences sur l'*Action prolongée de l'alcool chez les chiens.*

Après avoir rappelé une précédente communication sur ce sujet, faite à la Société, dans sa séance du 14 novembre 1868 (voyez *Gazette médicale* du 30 janvier 1869), M. Magnan donne les détails suivants :

Changeant le mode premier d'expérimentation par la fistule gastrique ou la sonde œsophagienne, je soumets mes animaux à l'alimentation alcoolisée, à la dose quotidienne et progressive, pour chaque animal, de 20 à 60 grammes d'alcool à 86 degrés, mêlé aux aliments ; j'ai utilisé, pour cela, la *voracité* naturelle des tout jeunes chiens. Cinq de ces animaux, dont trois âgés de deux mois et demi, de la même portée, et deux âgés de trois mois, sont enfermés dans la même chambre, et mangent, pour ainsi dire, à la même table, leur *pitance* commune alcoolisée, sur laquelle ils s'élancent à l'envi avec leur gloutonnerie relative. Bientôt après, ils *titubent* tous, et les plus gloutons, saturés d'alcool, tombent dans un sommeil comateux. Le régime alcoolique, ainsi réglé, produit chaque jour une ivresse dont la durée et l'intensité croissent progressivement pendant environ deux mois ; à partir du troisième, les animaux se dégoûtent, et n'absorbent plus, quoi qu'on fasse, une quantité d'aliments alcoolisés suffisante pour provoquer l'ivresse avec résolution complète du corps. Mais, à ce moment déjà, il s'est développé, à part les phénomènes journaliers, un ensemble symptomatique qui rappelle absolument ce qui se passe chez l'homme, dans les mêmes conditions.

Les animaux deviennent d'une susceptibilité nerveuse remarquable ; ils sont inquiets, prêtent l'oreille, le moindre bruit les fait tressaillir. Dès que la porte s'ouvre, ils courent, laissant sur leur passage une traînée d'urine et de matières fécales, se blottir dans le coin le plus obscur ; insensibles ou indifférents aux caresses, ils mordent même quand on les approche ; si on menace de les frapper, ils poussent des cris déchirants. Deux d'entre eux sont devenus complétement *hallucinés :* on les voit fuir comme s'ils étaient poursuivis par un ennemi, détourner la tête en arrière, aboyer avec force, courir effarés et mordre dans le vide ; la nuit, ils poussent des hurlements plaintifs, que l'intervention seule d'une lumière fait cesser. Ces accès de délire sont d'ailleurs passagers, et se produisent habituellement vers la fin de l'ivresse. Les manifestations hallucinatoires, fréquentes pendant le deuxième mois, sont devenues ensuite plus rares, probablement à cause de la moindre ingestion d'alcool. Pendant l'ivresse, il y a anesthésie presque complète dans le train postérieur, incomplète dans le train antérieur. Enfin, du côté de la motilité, phénomènes passagers de parésie, et surtout le tremblement caractéristique dans les membres, de la trémulation dans les muscles du dos, et des oscillations rhythmiques de la tête, surtout quand l'animal est assis sur le train postérieur.

Dernier trait de ressemblance avec ce qui a lieu chez l'homme, ces animaux sont tous morts soit accidentellement, soit spontanément, à la façon de certains ivrognes : l'un est mort de *réfrigération*, exposé à une température de — 10 degrés environ, étant déjà très-refroidi par les effets de l'ivresse alcoolique ; un autre a succombé à une véritable broncho-pneumonie avec la gravité et la forme qu'impriment à cette affection les accidents alcooliques. Un troisième, l'un des deux hallucinés, s'étant échappé un jour par la porte entr'ouverte, s'est élancé en aboyant du palier, du deuxième étage, sur les dalles du rez-de-chaussée ; un quatrième est mort asphyxié par l'arrêt au fond du gosier de matières alimentaires régurgitées pendant l'ivresse avec une force d'expulsion insuffisante. Enfin, le dernier est mort dans le marasme à la suite de la diète alcoolique.

Les altérations anatomiques présentées par les animaux étaient, à des degrés divers, celles déjà signalées et décrites par M. Magnan : injection, épaississement, ou ulcérations de la muqueuse gastrique ; dégénérescence graisseuse plus ou moins confirmée du foie et des reins ; teinte opaline, laiteuse du feuillet viscéral du péricarde, etc. Mais, dans aucun de ces cas, l'on n'a rencontré la pachyméningite que Paul Ruge et d'autres auteurs disent avoir observée dans des cas semblables. M. Magnan est porté à attribuer ces différences de résultats au développement secondaire des néomembranes arachnoïdiennes à la suite de petites productions hémorrhagiques, comme dans les faits expérimentaux de M. Laborde pour la démonstration pathologique des kystes sanguins de l'arachnoïde.

M. *Brown-Séquard*, revenant sur l'une de ses communications de la dernière séance, annonce que le lapin sur lequel il avait expérimenté, et qui paraissait être aveugle de l'œil gauche, c'est-à-dire de l'œil opposé à la lésion encéphalique supposée, a recouvré, au moins en partie, la vue deux ou trois jours après ; l'autopsie a montré que la bandelette optique était à peine touchée, et que la lésion portait presque exclusivement sur le lobe cérébral ; c'est donc à l'influence de cette lésion que répondait la cécité, d'ailleurs transitoire.

Aujourd'hui, M. Brown-Séquard présente un cochon d'Inde sur lequel il a réalisé la même expérience ; cet animal, beaucoup plus sensible que le lapin, se prête plus facilement à ces délicates recherches. Sur cet animal, la section a été faite à droite, et la vision paraît bien évidemment perdue du côté gauche. L'expérience sera suivie.

M. Brown-Séquard a eu l'idée de pratiquer la section complète sur la ligne encéphalique médiane de haut en bas ; dans ce cas, dit-il, la vision n'est pas troublée ; ce qui semble bien prouver que, s'il y a, en réalité, entrecroisement des fibres nerveuses, il est sans influence sur la fonction visuelle.

M. *Rouget* fait observer que cette expérience n'est pas entièrement probante, attendu que la section d'une seule bandelette optique pouvait agir simultanément sur les deux yeux, savoir par une action directe sur l'œil correspondant, par une action en retour sur l'œil opposé. Cette dernière action est empêchée par la section médiane complète ; il faudrait donc ajouter à cette section, celle simultanée d'une bandelette optique.

C'est ce que M. Brown-Séquard se propose de faire.

Le propriétaire-gérant : Germer Baillière.

PARIS. — IMPRIMERIE DE E. MARTINET, RUE MIGNON, 2.

LA

REVUE SCIENTIFIQUE

DE LA FRANCE ET DE L'ÉTRANGER

REVUE DES COURS SCIENTIFIQUES (2ᴱ SÉRIE)

Direction : MM. Eug. Yung et Ém. Alglave

2ᵉ SÉRIE — 1ʳᵉ ANNÉE | NUMÉRO 16 | 14 OCTOBRE 1871

Paris, le 13 octobre 1871.

Le Jardin d'acclimatation du bois de Boulogne, fondé, comme on le sait, par une société privée dans un but exclusif de propagande scientifique, est aujourd'hui menacé de mort par suite des deux siéges de Paris, qui l'ont entièrement bouleversé. Les hommes qui se sont dévoués à cette œuvre désintéressée ne peuvent en ce moment suffire aux sacrifices nécessaires, et ils demandent à la ville de Paris, propriétaire, et on peut le dire, principale bénéficiaire du jardin, une subvention annuelle de 60 000 francs. Jamais demande ne fut plus légitime, et on a tout lieu d'espérer qu'elle sera favorablement accueillie. Nous empruntons à la lettre adressée au préfet de la Seine les principales raisons qui militent en faveur de cette requête :

Le Jardin d'acclimatation, dont l'existence compte maintenant onze années, n'a pu sans doute remplir jusqu'ici son programme que d'une façon restreinte ; mais ses efforts ont donné des fruits pourtant. Arrivé pour ainsi dire à la *maturité*, il a conquis ce qu'on ne peut acquérir qu'avec le temps : la notoriété, l'expérience, les relations, et, nous pouvons l'affirmer, les sympathies les plus sérieuses en France et à l'étranger. Aujourd'hui les moindres villes cherchent à créer des Jardins ressemblant au nôtre. A l'étranger, les établissements analogues sont riches et prospères, et ils se multiplient sans cesse. Paris seul ne pourrait-il pas entretenir un établissement semblable?

En outre, le Jardin d'acclimatation ne contribue-t-il pas dans une certaine mesure aux recettes municipales? Sans parler des droits d'octroi, de l'abonnement des eaux, des impôts de toute nature qu'il paye à la Ville, le mouvement dont il est l'occasion représente des sommes importantes. Un exemple seulement. Les sommes dépensées par le public pour se faire transporter au Jardin d'acclimatation représentent plus de 250 000 francs.

Par quel moyen serait-il possible d'arriver à la reconstitution du Jardin d'acclimatation? Un appel de fonds fait aux actionnaires de la Société, une nouvelle émission d'actions, ne présenteraient en ce moment aucune chance de succès. Les actionnaires n'ont pas fondé la Société dans un but de lucre. Presque tous, membres de la Société zoologique d'acclimatation, ils ont voulu, avant tout, aider, dans la mesure de leurs forces, à la réalisation du but pour lequel cette Société a été fondée. Le capital souscrit n'a jamais produit d'intérêts, car les bénéfices réalisés par l'exploitation ont toujours été, pour la plus grande partie, employés en développements et en améliorations de l'établissement.

Lorsqu'elle concédait, en 1859, un terrain fertile dans le bois de Boulogne, à la charge d'y faire d'importantes constructions, et de laisser ces constructions à la Ville après quarante ans de jouissance, l'administration voulait-elle seulement faire une promenade dans une promenade, un jardin d'agrément dans le bois de Boulogne? Elle voulait essentiellement créer un établissement utile, en même temps qu'agréable ; elle voulait, comme rémunération de sa concession, doter Paris d'un établissement qui lui manquait.

La ville de Paris peut-elle, dans le cas où l'assemblée générale des actionnaires du Jardin déciderait la dissolution de la Société et où, par conséquent, la concession du terrain avec toutes les constructions, tous les travaux exécutés à grands frais (1 500 000 francs environ) lui ferait retour, peut-elle laisser périr cet établissement fondé dans un but d'intérêt général? La Ville devrait au public, se devrait à elle-même de continuer cette fondation aujourd'hui populaire à Paris, en France et à l'étranger. L'administration municipale pourrait-elle exploiter pour elle-même l'établissement? Ce serait une charge bien lourde, car son administration serait, sans aucun doute, plus onéreuse qu'une administration privée. D'ailleurs, le droit d'entrée qui se perçoit actuellement, la Ville pourrait-elle le maintenir?

Suivant nous, la municipalité, en venant au secours du Jardin d'acclimatation par une subvention annuelle, peut assurer à peu de frais l'existence de l'établissement. Les réparations nécessaires, les dépenses relatives à la reconstitution de la collection d'animaux, aujourd'hui presque détruite, pourront être payées en partie par l'actif actuel de la Société, en partie par l'indemnité que la ville de Paris, aux termes de la loi de vendémiaire, accordera à la Société. Pour que l'exploitation puisse reprendre, et le Jardin d'acclimatation retrouver sa vie passée, après avoir été frappé par les circonstances fatales que nous avons subies, il lui faut la certitude que son existence soit assurée pour quelques années au moins. Pour atteindre ce but, nous demandons à la ville de Paris d'allouer au Jardin d'acclimatation une subvention annuelle de 60 000 francs......

Le 22 septembre, à l'Observatoire de Twickenham, M. Hind a retrouvé la comète d'Encke, si célèbre par sa courte période. Elle se trouvait alors dans la constellation du triangle.

La comète d'Encke a été observée pour la première fois par Méchain, en janvier 1786, puis, plus tard, en décembre 1795, par miss Caroline Herschel, et, en octobre et novembre 1805, par Bouvard, Huth et Pons.

C'est à la suite de ces dernières observations que Encke entreprit le remarquable travail à l'aide duquel il démontra que toutes ces observations se rapportaient au même astre.

D'après Encke, les durées des révolutions ont été successivement : de 1786 à 1795, 1208 jours 11 heures ; de 1795 à 1805, 1207 jours 88 heures ; de 1805 à 1819, 1207 jours 42 heures.

Comme on le voit, les durées vont en diminuant graduellement : c'est là un fait très-curieux et dont l'explication est encore discutée.

SOCIÉTÉ DES SCIENCES MÉDICALES DE LYON

MÉDECINE EXPÉRIMENTALE

CONFÉRENCES ET LECTURES DE M. A. CHAUVEAU

Physiologie générale des virus et des maladies virulentes

I

La cause intime de la virulence

Messieurs, je m'étais proposé de commencer, cette année, une série de conférences sur les maladies virulentes qui ont fait l'objet spécial de mes études de pathologie comparée et de médecine expérimentale. Le plan que je m'étais tracé consistait à vous initier, en faisant la monographie d'un petit nombre de maladies données, aux conquêtes que l'intervention de la méthode expérimentale a permis à la science de faire sur ce sujet. Je n'entrevoyais qu'au loin la possibilité de réunir dans une synthèse complète les éléments épars de cette étude analytique, pour la transformer en une théorie générale des virus et de la virulence. Cependant je me présente aujourd'hui devant vous pour vous parler des maladies virulentes considérées d'une manière générale.

Pourquoi ne suis-je pas resté fidèle à mes intentions premières? Ai-je donc modifié ma manière de voir sur l'opportunité d'une tentative de systématisation de la physiologie des virus? Certainement non. Aujourd'hui encore, je regarde cette tentative comme prématurée. Pour me déterminer à entrer dans cette voie, même avec la prudence et la réserve excessives dont vous me verrez donner le spectacle à chaque pas que nous ferons, il a fallu que des considérations puissantes exerçassent la plus énergique pression sur mes résolutions. Quelles sont ces considérations? Il y en a de deux ordres. Les unes n'ont que la valeur qui s'attache aux intérêts particuliers; les autres, beaucoup plus importantes, sont puisées dans l'intérêt général de la science. Je vous demanderai la permission de vous dire quelques mots et de celles-ci et de celles-là.

Il y déjà de longues années que j'ai commencé les recherches entreprises dans le but d'éclairer la nature et le mode d'action des virus. Quoiqu'un petit nombre seulement aient été publiées, le public a toujours été tenu au courant de ces recherches. Mes deux laboratoires, en effet, celui qui est installé à mon foyer domestique, comme celui de l'École vétérinaire, ont été constamment ouverts à tous ceux qui ont désiré suivre mes travaux. C'est dire que tous ceux qui l'ont voulu ont pu s'initier, non-seulement aux résultats obtenus, mais encore aux résultats cherchés, aux procédés employés dans les recherches, aux idées instigatrices des expériences, en un mot, à la direction générale imprimée à mon étude des virus, sous le rapport de la logique et de la technique. J'ai l'habitude, en effet, de travailler au grand jour, au milieu de tous ceux qui m'entourent. Rien ne se fait chez moi mystérieusement. J'aime assez la science, pour n'avoir souci que de ses progrès et pour travailler à son perfectionnement sans me préoccuper de sauvegarder la part que je puis y prendre. Aussi, bon nombre d'idées nées dans mon laboratoire ont-elles eu un commencement de vulgarisation, en dehors de toute publicité proprement dite. Le petit cercle d'amis et de collaborateurs qui m'entourent et m'assistent a pensé que je ne devais pas, dans les circonstances actuelles, m'exposer à laisser le public donner à ces idées une autre origine que leur véritable source. Ces idées appartiennent à Lyon. Elles font partie de son patrimoine scientifique. Dans leur mesure, si petite qu'elle soit, elles ajoutent aux titres qui appellent sur notre cité l'attention de ceux auxquels incombe la tâche de réorganiser l'enseignement scientifique en France. Revendiquer cette part, c'est donc un devoir civique, en quelque sorte, devoir auquel il m'était difficile de me soustraire.

Cependant ces considérations, si chers que nous soient les intérêts qui les provoquent, n'auraient pu me déterminer à entreprendre l'essai de systématisation que je vais tenter devant vous, si elles n'eussent été appuyées par les considérations d'intérêt scientifique dont je vais vous parler maintenant.

S'il est certain que l'étude physiologique des maladies virulentes est encore trop peu avancée, pour l'édification d'une théorie des virus assise sur une démonstration expérimentale complète en tous points, il est non moins certain que la science possède déjà beaucoup de faits qui ont amené cette démonstration à un haut degré d'avancement. De nombreux résultats sont encore conquis tous les jours dans ce champ de recherches. Ils sont assez importants et assez significatifs pour permettre, dès à présent, de porter un jugement sur les diverses tendances de l'opinion, au sujet de la théorie des virus. Or, je crois qu'il est indispensable, en ce moment, de faire connaître ce jugement. Ce sera une indication pour les travailleurs qui se vouent à ces études, et dont les efforts risquent de se stériliser, en continuant de s'exercer dans une direction vicieuse. Il n'y a pas à se le dissimuler, en effet, le public scientifique tend à s'égarer dans cette poursuite où il est entraîné à la recherche de la nature des virus et de la virulence. Il a accueilli avec le même enthousiasme des faits de valeur et de signification bien différentes. Son esprit critique ne s'est pas exercé avec assez de rigueur et de sévérité sur les démonstrations qu'on lui a présentées. Beaucoup de confusion en est résulté. Si ma tentative d'aujourd'hui fait disparaître cette confusion, elle n'aura pas été inutile. Qu'elle parvienne à redresser complétement la direction des esprits chercheurs engagés dans l'étude des maladies virulentes, et elle aura, je crois, rendu un vrai service à la science.

Ce rôle m'a tenté. L'expérience, chèrement et laborieusement acquise, que je puis mettre à son service m'autorise à penser que mon intervention ne sera pas sans quelque utilité. A l'œuvre donc, l'instant est propice. Tout le monde comprend maintenant l'importance des recherches de pathologie comparée et de médecine expérimentale. Il n'y a pas, dans le vaste domaine de la biologie, de terrain mieux préparé à recevoir la culture de la méthode expérimentale. Le plus fécond de tous sera incontestablement celui des maladies virulentes. C'est une mine inépuisable. Que de recherches à entreprendre! que de problèmes à résoudre! que d'applications pratiques à faire! que de précieux résultats à obtenir pour le bien de l'humanité! On se pousse déjà, on se presse à l'envi, dans cette voie qui mène aux plus utiles conquêtes de la science moderne. Quand nos institutions d'enseignement seront réformées et mises en harmonie avec les besoins de l'époque, quand la médecine expérimentale et la pathologie comparée jouiront des moyens d'étude dignes des services qu'elles ont déjà rendus et qu'elles sont appelées à rendre, la foule se précipitera avec plus d'ardeur encore du côté de l'étude des virus. Préparer le terrain pour cette étude, montrer ce qui reste à faire, en exposant ce qui est acquis, c'est donc une œuvre de haute utilité scientifique. Voilà pourquoi j'ai surmonté mes répugnances pour une entreprise qui ne peut, en aucun cas, prétendre à un succès complet, et dont la conclusion restera, par certains côtés, noyée plus ou moins profondément dans les nimbes de l'incertitude.

Il n'est pas mauvais, du reste, qu'en voyant la méthode expérimentale aux prises avec la théorie des virus, vous constatiez que les problèmes à résoudre ne sont pas encore dégagés de toutes leurs difficultés et de toutes leurs inconnues, malgré les nombreux et laborieux efforts qui se sont acharnés à la solution de ces problèmes. Vous n'en aurez que plus d'estime et de respect pour les résultats acquis, et vous contracterez certainement le désir de contribuer à les augmenter. Pour ne pas tendre à une conclusion nette, précise, absolue (autant que ce mot puisse être appliqué ici), notre discussion n'en sera pas moins intéressante. Un attrait particulier s'attache à ces sujets qui ne se laissent pas voir également bien sous toutes leurs faces, et qui sont livrés encore aux efforts tentés par la science pour les découvrir complétement. Vous serez plus intéressés en assistant au spectacle même de ces efforts que si vous n'aviez plus qu'à en enregistrer le résultat. Quand rien ne cache plus la vérité, les questions sont *faites*, comme on le dit si improprement. Or, une question faite, ce n'est qu'une bataille gagnée dont on entend de loin proclamer le succès. Une question qui se fait, c'est un combat auquel on assiste et dont on suit de près toutes les péripéties; c'est une lutte à laquelle l'esprit du spectateur, — j'entends celui qui écoute, — peut prendre la même part que l'esprit de l'acteur, — je veux dire celui qui parle. — Et l'intérêt que cette lutte inspire, la passion qui l'anime sont autrement grands et nobles que les sauvages et sanglantes émotions du champ de bataille! N'est-ce pas, en effet, la lutte pour le bonheur, pour la vie même de l'humanité?

Et puis, enfin, nous ne nous interdisons pas, en essayant aujourd'hui l'esquisse nécessairement incomplète que nous allons entreprendre, de revenir plus tard à notre première idée. Une fois cette esquisse générale terminée, nous nous replacerons sur le terrain plus solide et mieux connu des faits particuliers. Nous parlerons de la tuberculose et de la morve, de la variole et de la vaccine, etc. Et, si le temps et la force nous permettent plus tard d'utiliser les résultats obtenus dans cette étude de chaque maladie virulente considérée en particulier, pour reprendre à nouveau la théorie de la virulence, notre tentative d'aujourd'hui ne nous aura pas été inutile. Elle aura été pour nous une précieuse préparation. Lançons-nous donc, avec cette espérance, dans notre épineuse entreprise.

LE DOMAINE DES MALADIES VIRULENTES

Du premier coup, nous allons nous heurter à l'un des mille obstacles que nous sommes appelé à rencontrer devant nous, dans cette recherche prématurée de la théorie de la virulence. Qu'est-ce qu'une maladie virulente? Quelles sont les maladies qui méritent ce nom? Voilà deux points sur lesquels il importe de s'entendre avant de commencer notre étude. Il faut que le sujet de cette étude soit bien déterminé. Si, par une définition inexacte et une énumération beaucoup trop étendue, nous faisons entrer dans le cadre de la virulence des maladies qui n'en possèdent pas les véritables attributs, nous nous exposons à fausser la théorie générale que nous voulons établir. Éviter ce grave inconvénient doit être notre première préoccupation. Pour y arriver, nous irons jusqu'à risquer de tomber dans l'inconvénient inverse, c'est-à-dire que nous rayerons peut-être de notre cadre des maladies réellement virulentes. Cela est tout à fait indifférent pour la valeur de notre systématisation. Si celle-ci est établie d'après des documents analytiques exclusivement fournis par de vraies maladies virulentes, si une logique rigoureuse a présidé à l'enchaînement et à la généralisation des faits qu'il s'agit de coordonner et de réunir dans une théorie d'ensemble, celle-ci restera intacte, quand on aura plus tard à y faire entrer les faits nouveaux appartenant aux maladies provisoirement exclues du domaine de la virulence.

Que devons-nous donc entendre par maladie virulente? S'il suffisait pour répondre de donner des exemples, nous citerions la variole, la vaccine, la morve, la syphilis, la rage, etc. Personne n'y contredirait, et nous serions compris de tout le monde. Oui, les maladies que nous venons d'énumérer sont bien virulentes. Mais, il faut dire pourquoi; il est nécessaire d'en donner, dans une définition courte et substantielle, une caractéristique qui ne prête ni à confusion ni à équivoque. Or, vous allez voir que cette définition ne peut être formulée sans qu'on y fasse entrer un élément qui va vous paraître une grosse pétition de principes.

En basant la définition des maladies virulentes sur leur caractère fondamental, c'est-à-dire leur transmissibilité, on ne peut les définir autrement que les maladies contagieuses considérées d'une manière générale. Mais toutes les maladies contagieuses ne sont pas virulentes. Les maladies contagieuses forment une famille, et les maladies virulentes un genre dans cette famille. Il est donc nécessaire d'ajouter à la définition de ces dernières un caractère spécial, qui, joint au caractère général de la transmissibilité, permette de les distinguer des autres maladies contagieuses. Mais le seul caractère distinctif que je puisse vous donner est vivement contesté aujourd'hui, et la preuve de sa réalité constitue justement l'un des objets principaux de l'étude que nous entreprenons.

Quelques développements vont vous faire mieux comprendre la difficulté en face de laquelle nous nous trouvons.

Il n'y a pas bien longtemps encore, la question que nous examinons ici paraissait très-claire à tout le monde. On désignait, sous le nom général de *maladies contagieuses*, toutes les maladies capables de se transmettre des sujets malades aux sujets sains; et, suivant que la transmission avait pour agent un *parasite* ou un *virus*, on appelait les unes *maladies parasitaires*, et les autres *maladies virulentes*. Mais voici qu'aujourd'hui on tend à assimiler à des êtres parasites les *virus* eux-mêmes, ces agents jusqu'alors si mystérieux qu'on ignorait même sous quel état physique ils existent dans la nature. Entre l'acare, cause de la gale, et l'élément auquel est dû le développement de la blennorrhagie, entre le petit ver nématode qui engendre la trichinose et le principe dont l'action sur l'organisme sain fait naître la fièvre typhoïde, il n'y aurait pas de différences fondamentales. De cette sorte, on ne devrait plus faire de distinction dans les maladies contagieuses. Toutes seraient parasitaires. Les agents actifs, causes de maladies virulentes, rentreraient dans la catégorie des proto-organismes, que Pasteur a démontré être la cause essentielle des principales fermentations. Ces maladies, dans leurs diverses manifestations anatomiques ou physiologiques, ne seraient que l'expression du développement de ces petits êtres.

Je vous donnerai tout à l'heure la preuve qu'avec le caractère général qu'elle affecte, cette tendance de l'opinion est tout à fait erronée, et j'aurai, dans le cours de ces conférences, l'occasion de revenir plusieurs fois sur cette preuve. Pour le moment, il faut vous contenter de mon affirmation. Je reconnais que des phénomènes tout à fait analogues ou même identiques à la fermentation putride peuvent se manifester dans l'organisme vivant, sous l'influence du développement de certains vibrioniens. Le caractère contagieux des affections qui résultent de ce développement ne fait pour moi aucun doute. Mais je leur refuse très-catégoriquement la faculté virulente. Elles ne font point partie de notre domaine. La théorie générale des virus que nous cherchons à édifier ne s'appliquera point à ces affections. Nous éliminerons donc tous les éléments d'étude qu'elles pourraient nous fournir, des considérations à l'aide desquelles nous établirons les bases où nous voulons asseoir cette théorie. Voilà pourquoi nous ne parlerons pas des maladies charbonneuses elles-mêmes. Il faut attendre que des études plus complètes nous aient renseignés plus exactement que nous ne le sommes sur les distinctions à faire dans ces maladies entre les charbons à bactéries et les charbons sans bactéries.

Les vraies maladies virulentes, dans l'état où je montrerai que la science est actuellement arrivée, doivent être considérées comme entièrement distinctes des affections parasitaires. Leur cause intime et essentielle ne réside nullement dans le développement des proto-organismes qui provoquent les maladies septiques ou septicoïdes auxquelles je viens de faire allusion, ou de tout autre des nombreux êtres parasites qui, de l'acare à la psorospermie, peuvent vivre et se multiplier aux dépens de l'homme et des animaux, en causant des ravages pathologiques plus ou moins accusés. Que certaines maladies virulentes prédisposent au parasitisme, c'est une autre question que nous examinerons, parce que sa discussion fait partie de notre programme. Qu'entre l'action pathologique des proto-organismes parasites et celle des agents auxquels nous attribuerons la cause de la virulence, il y ait certaines analogies, nous aurons à le faire ressortir dans les comparaisons auxquelles nous nous livrerons souvent. Qu'il soit téméraire d'affirmer, dès maintenant, que les progrès de la science n'amèneront point un jour à reconnaître, dans ces analogies, les caractères de l'identité, voilà ce que je suis le premier à proclamer. Mais qu'aujourd'hui cette identification soit acceptée comme un fait prouvé ou même comme un simple fait probable, c'est ce que vous repousserez sans hésiter quand vous m'aurez suivi dans les démonstrations expérimentales que j'ai à vous présenter.

Les maladies contagieuses qui n'ont pas le parasitisme pour cause et pour moyen de transmission, tel est donc le domaine des maladies virulentes proprement dites. C'est dans ce domaine que nous devons prendre exclusivement les exemples et les faits dont nous avons besoin pour notre étude. Et, pour ne point nous exposer à nous tromper, nous aurons soin de laisser de côté toutes les maladies situées à la frontière de ce domaine, et sur la place exacte desquelles il peut y avoir doute ou incertitude. Sur ce point, la plus grande réserve est impérieusement commandée. N'oublions pas que le domaine général des maladies contagieuses lui-même ne saurait être nettement délimité aujourd'hui. Rappelons-nous que, pour certaines maladies, connues cependant depuis la plus haute antiquité, la contagiosité n'a été nettement acceptée que de nos jours. Enfin ne perdons pas de vue que beaucoup d'affections ont été alternativement introduites dans le cadre des maladies contagieuses et rejetées de ce cadre; qu'aujourd'hui encore, la question de savoir si telle maladie est ou non contagieuse donne lieu aux discussions les plus vives. Évidemment toutes ces incertitudes disparaîtront. L'extension que l'application de la méthode expérimentale à l'étude de ces questions est appelée à recevoir, fera faire, sur ce point, à la science des progrès rapides. Chemin faisant, nous aurons l'occasion de vous en signaler quelques-uns. Mais il nous faut prendre l'état des choses comme il est. Cet état est tel, actuellement, qu'il nous force à faire un choix restreint d'exemples dans le cadre des maladies dont nous avons à établir la théorie. Nous ne prendrons donc que des exemples sûrs, les uns empruntés à la pathologie humaine, les autres à la pathologie vétérinaire, ces derniers plus nombreux, parce qu'ils se prêtent mieux aux démonstrations expérimentales. Les types divers seront choisis de manière à représenter toutes les formes de maladies virulentes, depuis les maladies à manifestations locales ou quasi locales, comme la blennorrhagie et le chancre simple, jusqu'aux maladies de toute la substance, comme la morve et la syphilis, dont les manifestations anatomiques affectent la plupart des organes.

DÉTERMINATION DES AGENTS PROPRES AUXQUELS APPARTIENT LA FACULTÉ VIRULENTE

Étant donnée une maladie virulente quelconque, qu'est-ce qui la rend capable de se communiquer aux individus sains? Tout le monde sait que cette faculté de transmission tient à ce que l'organisme malade fabrique des quantités plus ou moins considérables de *virus*, qu'il cède ensuite, immédiatement ou médiatement, aux organismes sains. Tout le monde sait aussi que, généralement, le *virus*, dont l'action sur ces derniers fait naître une maladie identique avec celle qui l'a engendré lui-même, se multiplie dans certaines humeurs, qui en constituent le véhicule. Bien des substances diverses entrent dans la composition de ce véhicule. Trouver dans ce milieu si complexe les éléments qui jouent le rôle de *virus*, c'est-à-dire d'agents essentiels de la contagion, de principes virulents ou infectants, voilà le sujet fondamental qui doit faire l'objet de nos premières études. Si nous parvenons à déterminer très-exactement ces éléments virulifères, nous aurons fait faire un pas considérable à la théorie des virus. Cette détermination nous mettra à même de soumettre les agents de la virulence à tous les procédés de recherches précises qui ont été introduits dans les sciences naturelles. Nous pourrons faire ainsi la physiologie des virus, comme celle de tout autre élément de l'organisme. Que nos moyens d'étude soient suffisants, et nous amènerons cette physiologie au degré de perfection voulue pour que la théorie des maladies virulentes s'établisse sur les bases les plus larges et les plus solides.

1° DE LA MÉTHODE A SUIVRE POUR LA DÉTERMINATION DES ÉLÉMENTS VIRULIFÈRES

Tous ceux qui ont cherché la cause à laquelle les humeurs virulentes doivent leur activité spécifique ont commencé par essayer de se rendre compte de la composition de ces humeurs, au moyen de l'analyse chimique et de l'analyse microscopique. C'est là, en effet, une première initiation absolument nécessaire. Mais, en général, on s'abuse sur la nature et l'importance des résultats qu'il est possible de tirer de cette étude. Partant de cette idée que l'activité spécifique des humeurs virulentes *doit* tenir à la présence d'éléments chimiques ou organiques également spécifiques, on cherche, dans l'humeur examinée, des éléments qui n'existent nulle part ailleurs, avec l'intention de leur attribuer, sans autre supplément d'instruction, l'activité virulente dont cette humeur est douée. Hâtons-nous de dire que cette manière de faire, si habilement pratiquée soit-elle, ne peut produire aucun bon résultat.

Voici ce que je ferai observer en premier lieu : pour peu qu'on se soit occupé de l'analyse des produits pathologiques, on est obligé de reconnaître que les humeurs les plus dissemblables par leurs propriétés se présentent souvent avec les mêmes caractères de composition. Cette identité, bien entendu, peut n'être qu'apparente et tenir à l'état d'imperfection relative des procédés d'analyse chimique ou microscopique dont nous pouvons disposer maintenant. Elle ne s'en impose pas moins avec les mêmes conséquences que si elle était démontrée d'une manière absolue. Si une humeur complétement dépourvue d'activité spécifique se montre composée de même qu'une humeur virulente, il faut bien se résigner à renoncer à tirer de l'observation comparée de ces deux humeurs le moindre indice sur les causes de l'activité de la dernière.

Prenons maintenant le cas où l'humeur virulente, soumise à l'examen microscopique, semble se distinguer par des éléments particuliers. Sera-t-on beaucoup plus avancé parce qu'on aura constaté l'existence de ces éléments ? Il faut prouver d'abord qu'ils n'ont pas été introduits accidentellement dans l'humeur. Tous les naturalistes qui ont étudié la question des germes atmosphériques et de leur développement dans les infusions animales ou végétales, savent combien il est difficile de se mettre à l'abri des causes d'erreur que ce développement introduit dans l'étude des organismes propres aux humeurs physiologiques ou pathologiques. De bons observateurs s'y sont trompés. De singulières bévues ont été commises. Si nous n'avions pas nos moments à ménager, et si je ne considérais l'entreprise comme inutile et superflue, je prendrais le travail qui a eu le plus de vogue parmi ceux qui ont eu la prétention d'arriver à la détermination des éléments virulents par les résultats de l'analyse microscopique ; nous ferions ensemble l'examen critique de ce travail, et je vous montrerais de beaux échantillons de ces sortes d'erreurs. Vous verriez à quelles aberrations on peut être amené, avec les plus sérieuses connaissances en histoire naturelle, quand on étudie les questions de médecine expérimentale sans avoir la notion exacte des exigences que comportent les démonstrations scientifiques qui se rattachent à ces questions.

Admettons enfin que les éléments particuliers trouvés dans une humeur virulente lui appartiennent bien réellement en propre. Par cette seule raison que des humeurs similaires, empruntées à d'autres maladies, ne présenteront pas les mêmes éléments, sera-t-on autorisé à attribuer à ces derniers l'activité spécifique de l'humeur au sein de laquelle ils se trouvent ? Assurément, non. Je ne concéderai même pas que cette attribution puisse être faite au titre de simple probabilité, car, rigoureusement parlant, la même probabilité existe, *à priori*, pour tous les autres éléments constitutifs de l'humeur, tant qu'on n'a pas démontré *directement* qu'ils sont étrangers à l'activité de cette humeur.

L'observation, en pareil cas, si perfectionnée qu'elle soit, ne peut pas donner plus que dans les cas analogues. Elle fait naître dans notre esprit certaines hypothèses sur les causes ou plutôt sur les conditions des phénomènes. Mais c'est à l'expérimentation de transformer en certitude les caractères de probabilité de ces hypothèses. A ces hypothèses il faut une *démonstration directe* aussi complète que possible, par l'application rigoureuse des procédés logiques et techniques de la méthode expérimentale. Plus le sujet est difficile et délicat, plus on doit être exigeant dans l'admission des preuves qui doivent constituer cette démonstration directe.

En est-il de plus difficile et de plus délicat que la détermination des agents intimes de la virulence ? Non. Aussi y a-t-il nécessité, dans l'étude expérimentale de ce sujet, de n'accueillir qu'avec la plus grande sévérité les éléments de démonstration que cette étude nous fournira. Nous avons tout à gagner à cette sévérité, tout à perdre à l'indulgence.

Pour s'être montré trop facile à l'égard des preuves positives propres à transformer en propositions démontrées certaines données hypothétiques, on a parfois fait beaucoup de tort à la valeur de très-intéressants travaux. Prenons pour exemple, parmi ceux de ces travaux qui se rapprochent le plus de notre sujet, les importantes recherches de Davaine sur les bactéries immobiles du charbon. Ces bactéries sont-elles, comme le soutient Davaine, la cause essentielle et les agents de transmission de la maladie qu'il a communiquée à ses animaux d'expériences ? Je n'ai pas raison d'en douter. Vous m'entendrez même, dans le cours de ces conférences, accepter pleinement l'interprétation de Davaine. Cependant, il n'y a pas non plus de raisons pour affirmer, dans le sens scientifique du mot, cette interprétation. Elle ne s'appuie, en effet, que sur un seul ordre de faits, ceux qui montrent le développement parallèle des bactéries immobiles et des symptômes du charbon sur les animaux inoculés. Si la matière d'inoculation ne contenait pas autre chose que ces organismes élémentaires, ce serait là, en effet, une démonstration directe, tout à fait péremptoire du rôle qui leur a été attribué. Mais il n'en est pas ainsi. Quand on introduit du sang charbonneux sous la peau d'un animal, on inocule à cet animal, non-seulement des bactéries, mais encore beaucoup d'autres substances. Qui nous dit que ce n'est pas à une de ces autres substances qu'est due la production du charbon ? Qui nous prouve que la multiplication des bactéries n'est pas un simple épiphénomène ? Nous allons avoir justement à vous parler tout à l'heure d'une vraie maladie virulente, avec développement éventuel de bactéries dans les liquides inoculables, dans le sang lui-même, bactéries qui sont absolument étrangères à l'activité spécifique de ces humeurs.

Puisque nous tenons cet exemple, ne le quittons pas sans avoir épuisé tous les enseignements qu'il peut nous fournir sur le sujet que nous examinons : la nécessité d'appliquer avec la plus grande rigueur les principes de la méthode qui doit présider aux recherches de cette nature.

L'auteur du travail sur les bactéries du charbon est un trop bon esprit pour n'avoir pas compris que ce travail avait tout à gagner à une démonstration péremptoire du rôle important attribué à ces proto-organismes. La meilleure eût été sans doute d'isoler ces bactéries et de les faire agir dans cet état d'isolement sur les animaux d'expériences, comparativement avec les autres éléments du sang charbonneux. Mais les difficultés de cet isolement sont énormes, peut-être insurmontables, quand on cherche à l'exécuter directement. Davaine a cru avoir tourné ces difficultés, en chargeant le placenta d'une femelle pleine d'opérer cet isolement. Son expérience est bien connue et souvent citée. Une femelle de cobaye, en état de gestation, est inoculée du charbon. A la mort de l'animal, on trouve le sang de la mère rempli de bactéries et inoculable, le sang des fœtus sans bactéries et non inoculable. Ne marchandons point à cette expérience la valeur qu'elle peut avoir au point de vue du fait brut. C'est un sujet que nous aurons à discuter quand nous nous occuperons de l'hérédité des maladies virulentes. Examinons seulement l'interprétation qui a été tirée des résultats de l'expérience.

On s'est dit : puisque, des deux sangs inoculés dans cette expérience, celui qui contient des bactéries est seul inoculable, c'est que les bactéries représentent les agents qui donnent au sang la qualité charbonneuse ; le placenta, en arrêtant les bactéries de la mère, empêche les fœtus de contracter le charbon : deux affirmations auxquelles manque la sanction d'une démonstration directe ; c'est ce qu'il nous sera facile de faire ressortir.

Pour que les résultats de l'expérience en question signifiassent que les bactéries sont les agents infectants du charbon, il faudrait qu'il fût prouvé que le sang de la mère et le sang des fœtus ne diffèrent que par la présence ou l'absence de ces proto-organismes. Et cela n'est pas. C'est une démonstration qui reste tout entière à faire, tout comme s'il s'agissait de deux sangs pris sur deux animaux tout à fait indépendants : l'un charbonneux, l'autre sain ; l'un infecté de bactéries, l'autre exempt de ces parasites. A ce point de vue, l'expérience que nous discutons ne peut rien ajouter à nos connaissances sur les éléments actifs du sang charbonneux.

Est-il plus exact d'admettre que si le sang des fœtus n'est pas devenu charbonneux, dans cette expérience, c'est parce que le passage des bactéries de la mère à ses petits a été empêché par le placenta ? Mais il n'y a pas que les bactéries du sang de la mère qui ne puissent traverser les parois des vaisseaux placentaires. Les autres éléments figurés du sang, globules rouges, globules blancs, globulins, etc., présentent au moins la même inhabileté à franchir cette barrière. Le placenta exerçant son action sur tous indistinctement, rien n'autorise à désigner ceux-là plutôt que ceux-ci comme les agents contagifères, dont la consignation à l'entrée du système vasculaire du fœtus empêche celui-ci de devenir charbonneux. L'expérience a donc été complétement impuissante à déterminer rigoureusement quels sont, parmi les éléments du sang, ceux qui possèdent l'aptitude contagifère.

Voilà, en définitive, à quoi se réduit cette tentative de séparation des éléments actifs du charbon, par filtration du sang à travers le placenta des femelles pleines.

J'aurais les mêmes réserves à faire au sujet d'une autre tentative de Davaine pour arriver à isoler les bactéries charbonneuses. Il s'agit de l'expérience dans laquelle du sang charbonneux est étendu dans une grande quantité d'eau, et laissé en repos, pendant un temps plus ou moins long, dans une éprouvette. Les bactéries tombent au fond. On recueille isolément, avec une pipette, d'une part, le liquide qui surnage, d'autre part, le dépôt formé au fond du vase. L'inoculation de ce dépôt communique le charbon. Celle du liquide surnageant reste sans résultat. Vous remarquerez tout de suite que cette expérience ne peut pas avoir une autre portée et une autre signification que la précédente. Si le dépôt inoculé contient les bactéries charbonneuses, il renferme aussi les autres éléments solides du sang, sauf les hématies, que l'eau dans laquelle on les a noyées a rapidement détruites. Mais vous ne pouvez manquer de faire cette autre remarque, qu'il ne restait peut-être que peu de chose à faire pour arriver, dans cette fort remarquable expérience, à la destruction totale de tous les éléments normaux du sang, les bactéries restant intactes. La démonstration directe du rôle de ces proto-organismes aurait pu alors être mise à l'abri de toute contestation. Nous verrons ce que l'avenir nous réserve à cet égard.

Par ces exemples, vous pouvez voir comme il est facile de se laisser entraîner à accepter trop légèrement la preuve scientifique des déterminations qui appartiennent à l'ordre de faits dont nous avons à nous occuper. C'est à dessein que j'ai emprunté ces exemples à un travail digne de toute notre estime, au meilleur de tous ceux qui traitent des sujets analogues aux nôtres. J'aurai ainsi mieux réussi à vous prémunir contre le danger auquel nous exposerait notre manque de sévérité dans le choix et la critique des preuves que nous avons à faire pour arriver à la détermination des agents virulents.

Tous les moyens de démonstration seront mis en usage. Nous nous aiderons de l'observation ; mais c'est à la méthode expérimentale surtout que nous aurons à nous adresser. Aucune détermination ne sera admise que si nous parvenons à l'asseoir sur une démonstration directe tout à fait rigoureuse.

Notre premier soin sera de déterminer sous quel état physique se trouvent, dans les humeurs virulentes, les éléments actifs de ces humeurs. Ce n'est qu'après avoir obtenu la certitude sur ce premier point, le plus important de tous, que nous chercherons s'il est possible d'arriver à une détermination plus spéciale de l'agent virulent.

2° DÉTERMINATION DE L'ÉTAT PHYSIQUE DES AGENTS VIRULENTS.

Les humeurs virulentes se présentent, au point de vue de la constitution physique de leurs éléments composants, avec des caractères qui les rapprochent toutes, plus ou moins, des autres liquides pathologiques, ou même des humeurs physiologiques équivalentes. Toutes les humeurs virulentes, depuis le pus épais des abcès pulmonaires morveux, jusqu'à la lymphe claire et transparente du bouton vaccinal ou de la pustule variolique, se composent d'une *partie liquide* et d'une *partie solide*, comme le sang, l'humeur prototype et la source de toutes les autres.

La *partie liquide* est parfois un plasma analogue, ou même presque identique, à ceux du sang et de la lymphe. Comme ces derniers, le plasma des humeurs virulentes a pour base ou éléments fondamentaux, d'une part l'albumine, d'autre part les matières fibrinogènes qui se coagulent spontanément hors de l'organisme et qui forment alors la fibrine. Cette coagulabilité se retrouve souvent, plus ou moins accentuée, dans les humeurs qui sont engendrées par les lésions développées au sein même des tissus. Les humeurs ou mucus virulents épanchés à la surface des organes sont, au contraire, généralement privés de ce caractère. Tout au moins ne s'y laisse-t-il pas voir facilement. Le plus souvent, quand nous soumettrons à nos recherches la partie liquide des humeurs virulentes, l'action coagulante aura enlevé à ce fluide les caractères du plasma. Aussi, n'est-ce qu'exceptionnellement que ce nom y sera appliqué. En général, l'élément liquide des humeurs virulentes sera désigné sous les noms de *partie fluide, partie séreuse, sérum.*

La *partie solide* comprend les éléments *en suspension* dans la partie liquide. Ce sont des cellules plus ou moins volumineuses, des globules blancs, des granulations moléculaires, des proto-organismes. On les désignera en commun sous les noms d'*éléments solides*, *substances corpusculaires*, *corpuscules*, *particules figurées*, pour les distinguer des matières *en solution*, qui forment la base du plasma ou du sérum.

Est-ce sur les substances *en suspension*, ou sur les substances *en solution* que se trouve fixée la propriété virulente ? La réponse à cette question contient la détermination de l'état physique des virus. Nous allons voir que cette réponse doit être faite en faveur des substances en suspension. Trois ordres de faits vont nous permettre d'établir que l'activité spécifique appartient aux éléments figurés des humeurs virulentes, et que le sérum de ces humeurs ne participe en rien à cette activité.

1° En essayant des humeurs virulentes graduellement et progressivement diluées dans un véhicule inerte, l'activité de ces humeurs se manifestera, non pas comme si elle était uniformément répandue dans le sein de la masse et attachée à toutes les molécules, mais comme si elle était l'attribut exclusif de quelques-unes de ces molécules, dispersées çà et là, et d'autant plus éloignées les unes des autres que la dilution est plus étendue.

2° Les substances dissoutes dans le sérum, retirées *isolément* des humeurs, se montreront complétement dénuées de toute activité virulente.

3° Le même isolement étant pratiqué sur les particules figurées suspendues dans le sérum, l'inoculation de ces particules, isolées d'une manière absolue, produira les mêmes effets que celle de l'humeur complète.

a. Influence de la dilution des humeurs virulentes sur les manifestations de leur activité.

Tout le monde connaît les célèbres expériences par lesquelles l'illustre physiologiste Spallanzani a démontré que la propriété fécondante du sperme ne réside pas dans les éléments de sa partie fluide, et que les spermatozoïdes qui nagent en si prodigieuse quantité dans cette partie fluide représentent les agents auxquels le sperme doit son activité spécifique. Parmi ces expériences, il en est une dont je me suis inspiré pour acquérir d'emblée les éléments d'une solution *probable*, relativement à l'état physique des agents actifs des humeurs virulentes. C'est par cette première tentative que je vais inaugurer mes démonstrations.

On sait que Spallanzani, ayant eu l'idée de pratiquer la fécondation artificielle d'œufs de poisson avec du sperme étendu d'eau, constata : 1° que les dilutions relativement faibles se comportent comme le sperme pur, c'est-à-dire que tous les œufs arrosés avec le liquide subissent l'imprégnation et se développent; 2° qu'avec les dilutions poussées à un haut degré, il n'y a qu'un certain nombre d'œufs qui sont fécondés, quoique tous soient baignés de la même manière par le liquide fécondant. Un pareil résultat ne peut être expliqué qu'en admettant que la faculté fécondante est l'apanage de particules dispersées çà et là dans le liquide. Les œufs qui en rencontrent sont fécondés; ceux qui n'en rencontrent point ne le sont pas. Si l'activité du sperme résidait dans les substances à l'état liquide, c'est-à-dire dans les matières dissoutes dans l'eau, toutes les molécules liquides jouiraient nécessairement *au même degré* de cette activité. Celle-ci devrait alors, dans tous les cas, avec les solutions étendues aussi bien qu'avec les dilutions faibles, ou même le sperme pur, se manifester d'*une manière égale*. C'est parce qu'il en est autrement que l'on conclut, au contraire, à l'attribution de la faculté fécondante aux éléments corpusculaires de l'humeur spermatique. Évidemment ce n'est pas là une démonstration directe et péremptoire; mais, parmi les preuves indirectes du rôle des spermatozoïdes, il n'en existe pas de plus élégante ni de plus significative.

Je me suis demandé si le bénéfice d'une expérience analogue ne pouvait pas être acquis à la démonstration de l'état physique des éléments actifs des humeurs virulentes. Ces humeurs montrent des particules figurées flottant dans un plasma ou un sérum, comme les spermatozoïdes nagent dans la partie liquide du sperme. Des dilutions plus ou moins étendues doivent donc agir sur ces humeurs de la même manière que sur l'humeur spermatique, c'est-à-dire écarter plus ou moins les uns des autres les corpuscules figurés suspendus dans le sérum, en respectant l'homogénéité de ce dernier. Que l'on puise, dans une humeur virulente ainsi étendue, une série de très-fines gouttelettes, elles contiendront, au même degré de dilution, les substances dissoutes dans le sérum. Mais la même identité n'existera plus dans la composition des gouttelettes, sous le rapport des éléments corpusculaires. Si la quantité d'eau ajoutée à l'humeur est assez considérable, si ces éléments corpusculaires se trouvent ainsi relativement très-éloignés les uns des autres, les gouttelettes n'en contiendront pas toutes, et le nombre de celles qui en seront privées aura d'autant plus de chances d'être grand que la dilution aura été portée à un degré plus élevé. Que l'on inocule comparativement une notable quantité de ces gouttelettes, en réalisant, pour toutes les inoculations, des conditions identiques, et l'on pourra s'assurer si les gouttelettes possèdent identiquement la même activité. Si oui, le résultat sera favorable à l'attribution de la faculté virulente à la partie liquide de l'humeur; si non, il sera conforme à ceux qu'on obtient avec les dilutions spermatiques, et voudra dire que cette faculté virulente appartient à la partie solide.

Voilà de quelle manière j'ai compris qu'on pouvait appliquer, à la détermination de l'état physique des virus, l'expérience de Spallanzani sur la dilution du sperme.

Une humeur virulente se prête d'une manière extrêmement favorable à cette application : c'est la lymphe vaccinale. Le principal avantage qu'elle présente à ce point de vue, c'est qu'on peut faire, au même individu, un nombre considérable d'inoculations sous-épidermiques, dont chacune produit son bouton, si l'humeur employée est d'excellente qualité et a été recueillie dans de bonnes conditions. De plus, ce bouton, toujours semblable à lui-même chez le même sujet, malgré les nuances qu'il peut affecter, se présente, au milieu de ses voisins, si nombreux qu'ils soient, avec une telle netteté de caractères, qu'il n'y a point de cas dans lesquels il ne soit possible d'en reconnaître et d'en affirmer tout à la fois l'identité et l'individualité. Grâce à ces précieux avantages de la lymphe vaccinale, en opérant avec elle on peut s'assurer aisément si les humeurs virulentes soumises à la dilution se comportent ou non comme le sperme. Il suffit d'inoculer, en faisant le plus de piqûres possible, des dilutions vaccinales rendues progressivement de plus en plus faibles. Les inoculations vaccinales fécondes se distingueront aussi bien que les œufs fécondés dans une expérience d'imprégnation spermatique artificielle. Non-seulement on pourra dénombrer très-exactement ces inoculations fécondes, mais il sera même possible d'apprécier les caractères de cette fécondité et de discerner les moindres atteintes qu'elle pourrait subir (1).

Voici comment je résumais en 1868, dans une communication à l'Académie des sciences, la manière dont j'ai procédé à ces essais, et les résultats que j'en ai obtenus :

« Sur un même sujet (enfant, cheval ou vache), on inoculait simultanément à la peau, par les procédés ordinaires, d'une part du vaccin pur de bonne qualité, d'autre part plusieurs dilutions vaccinales formées avec le même virus étendu d'une quantité d'eau graduellement croissante. On avait soin de faire, pour chaque série d'inoculations, le même nombre de piqûres, et de charger la lancette toujours avec la même quantité de liquide. Ces expériences ont été très-multipliées, de manière à essayer l'activité des humeurs vaccinales diluées au plus grand nombre de degrés possible. C'est ainsi que je suis arrivé, dans mes dernières séries, à inoculer le fluide vaccin étendu dans 150 fois son poids d'eau.

» En général, les premières dilutions se sont montrées aussi actives que le vaccin pur. Les vaccinations faites avec le vaccin étendu de 2 à 15 fois son poids d'eau comptent, en effet, presque autant de succès que de piqûres. A partir de la dilution au 50e, au contraire, les inoculations échouèrent le plus souvent. J'ai cependant, dans un cas, obtenu une pustule sur dix piqûres faites avec du vaccin étendu dans 150 fois son poids d'eau. Quant aux inoculations pratiquées avec les dilutions vaccinales comprises entre la 15e et la 50e, les unes avortèrent, les autres réussirent, mais le nombre des piqûres avortées fut toujours plus grand avec les dilutions étendues. A ces résultats, ajoutons une observation importante : dans tous les cas où l'inoculation réussit, l'éruption se comporta absolument de la même manière. La pustulation suivit une marche et présenta des caractères identiques avec ceux de la pustulation produite par l'inoculation du vaccin pur. Échec ou succès, tout a donc été net dans ces expériences. Jamais il ne s'est rien manifesté de mixte, d'intermédiaire ou d'atténué dans les effets de mes inoculations.

» Ainsi, le résultat de ces expériences a été sur tous les points contraire à la présence du principe virulent dans le sérum de la lymphe vaccinale, et en conformité parfaite avec l'activité virulente des éléments solides flottant dans la sérosité. » (*Comptes rendus*, 17 février 1868.)

Aujourd'hui, après avoir fait ou fait faire sur ce point un grand nombre d'autres expériences, je n'ai rien à retrancher ni à ajouter à ces conclusions de mon travail de 1868. J'aimerais seulement à entrer dans quelques détails complémentaires sur les procédés techniques de l'expérimentation, pour faciliter la tâche de ceux qui voudraient répéter mes expériences ou en faire d'analogues. Malheureusement, la nécessité d'être court me force à restreindre cette partie de mon sujet. Je me bornerai à exposer les principales recommandations qui concernent le choix de la matière mise en expérience, les procédés à employer pour opérer les dilutions, les sujets qui reçoivent les inoculations et la manière de pratiquer ces inoculations.

(1) Cette constatation eût été importante dans le cas où les humeurs virulentes ne se fussent pas comportées comme l'humeur spermatique, et où la réussite générale de toutes les inoculations aurait prouvé que l'activité appartient à la partie liquide des humeurs virulentes. Au moment de mes premières communications à l'Académie des sciences, j'ai soumis ce point à une discussion dont il n'est pas inutile de reproduire les termes ici, au risque de faire certaines répétitions :

« Si le plasma est la partie active de l'humeur vaccinale, si le principe virulent de cette humeur réside dans les substances qu'elle tient en dissolution, et non pas dans celles qui y sont en suspension, ce principe est également réparti entre les molécules de la masse liquide tout entière. Toutes renferment la même quantité du principe virulent ; toutes présentent la même activité. Qu'on étende d'eau l'humeur vaccinale, son plasma conservera la même homogénéité de composition, et l'activité virulente restera encore également distribuée entre toutes ses particules. Les choses étant ainsi, si la dilution est poussée à un degré suffisant, cette activité pourra être complétement annihilée, comme l'est, par exemple, celle d'une solution trop étendue de diastase ou de pepsine. Mais avant d'arriver à cette annihilation, la dilution graduellement augmentée doit affaiblir aussi graduellement l'activité virulente, atténuation qui se traduira dans la manifestation des effets produits par les inoculations. De plus, dans tous les cas, ces inoculations, pratiquées exactement de la même manière, avec la même dilution vaccinale, devront être suivies des mêmes résultats. C'est la conséquence nécessaire de l'homogénéité du plasma ; c'est le critère auquel on reconnaîtra que la substance virulente est en dissolution dans l'humeur vaccinale.

» Raisonnons maintenant dans l'autre hypothèse. Si le plasma est inactif, si la virulence de l'humeur vaccinale appartient aux corpuscules que ce liquide tient en suspension, cette virulence n'est pas répandue dans le vaccin d'une manière réellement homogène, puisque l'homogénéité dépend alors de la perfection plus ou moins grande d'un mélange. Néanmoins, quand les corpuscules virulents sont extrêmement nombreux dans l'humeur vaccinale, la plus minime gouttelette, puisée au hasard au sein de la masse, contiendra presque nécessairement un ou plusieurs de ces corpuscules, et la gouttelette sera ainsi douée de l'activité virulente. Mais il n'en est plus de même si les corpuscules virulents sont, au contraire, très-peu abondants relativement à la quantité de plasma, comme il arrive lorsqu'on a dilué suffisamment l'humeur vaccinale. La gouttelette puisée alors dans la masse liquide pourra fort bien ne contenir aucun de ces corpuscules, et cette chance sera d'autant plus grande que la dilution sera plus étendue. Or, suivant qu'elle renfermera ou ne renfermera pas le principe virulent, cette gouttelette sera ou ne sera pas active, son inoculation produira ou ne produira pas la vaccine. Nous serons loin de cette identité d'effet qu'entraînerait nécessairement la localisatiion de l'activité virulente dans le plasma.

» Ce n'est pas tout, cette localisation implique encore, comme je l'ai démontré, l'atténuation graduelle de l'activité du principe virulent dans les cas de dilution graduellement croissante. Observerait-on cette atténuation si la virulence résidait dans les éléments solides du vaccin ? Certainement non. Il n'importe nullement, pour l'activité de ces éléments, qu'ils flottent dans une quantité plus ou moins grande de véhicule, pourvu que ce véhicule ne soit pas de nature à les altérer. La dilution les éloigne les uns des autres, mais ne peut amoindrir en rien l'activité propre de chacun d'eux. Aussi, si le hasard veut que la pointe d'une lancette, plongée dans une dilution vaccinale très-étendue, ramène un ou plusieurs corpuscules virulents, l'inoculation produira une éruption dont les caractères ne seront point atténués, et se montreront identiques avec ceux des pustules engendrées par l'inoculation du vaccin pur. » (*Comptes rendus*, 17 février 1868.)

La lymphe vaccinale qui convient le mieux est incontestablement celle de l'enfant. Grâce à sa faible plasticité, elle ne se coagule que rarement après son extraction de la pustule, et elle peut être immédiatement livrée aux manipulations qui doivent opérer les dilutions. De plus, parmi les bons liquides vaccinifères, c'est celui qu'on se procure le plus facilement.

Il est si simple d'étendre l'humeur vaccinale dans une quantité d'eau déterminée, que le manuel de cette opération n'a pas besoin d'être décrit. Mais encore faut-il être prévenu que la dispersion des éléments figurés de l'humeur, pour être égale, c'est-à-dire parfaite, doit être obtenue par des brassages réitérés.

On peut se passer de la balance ou de tout autre moyen de précision pour se procurer des dilutions très-exactement graduées. Il suffit d'une simple pipette formée par l'étirement de l'extrémité d'un tube de verre, de 2 à 3 millimètres de diamètre, en un tube à vaccin fortement renflé. On fait agir l'action capillaire pour remplir le renflement avec l'humeur qu'il s'agit de diluer. En soufflant avec la bouche, ou en s'aidant d'une des petites pompes foulantes employées pour cet usage dans les laboratoires, on chasse ensuite cette humeur dans le petit réceptacle où la dilution doit être accomplie. Le réservoir de la pipette est alors rempli d'eau et vidé dans le réceptacle autant de fois qu'il est nécessaire pour arriver à la dilution désirée : 1 fois, pour une dilution à 1/2; 2 fois, pour la dilution à 1/3;..... 5 fois, pour la dilution à 1/6. Cette première dilution sert ensuite à en faire une série d'autres, graduellement atténuées, suivant une progression géométrique. Il suffit de traiter, comme le vaccin pur, et la dilution initiale et chaque nouvelle dilution obtenue ainsi. Prenons pour exemple la dilution à 1/2. A l'aide de la pipette, j'introduis dans un second réceptacle la moitié de cette dilution et une quantité égale d'eau. Je fais ainsi une seconde dilution où le vaccin ne représente plus qu'un quart. La même opération exécutée sur cette dilution à 1/4 l'amène à 1/8..... Répétée huit fois, l'opération produit une dilution où il n'y a plus que 1/256 d'humeur vaccinale. Que l'on emploie la division par 5 au lieu de la division par 2, et l'on arriverait, dans cette huitième opération, à n'avoir plus que 1/390625 de vaccin dans le liquide! En combinant ensemble les nombres diviseurs et les progressions arithmétiques avec les progressions géométriques, il est donc possible d'obtenir en quelques instants les dilutions les plus variées que l'on puisse imaginer. Aussi ne saurais-je trop recommander l'emploi de ce procédé, dont l'idée est empruntée aux pratiques de la pharmacie homœopathique, et dans lequel l'instrumentation et les manipulations sont réduites à leur plus simple expression.

On peut se servir, pour l'essai de ces dilutions, de tous les sujets propres à la culture du vaccin, à quelque espèce qu'ils appartiennent. Les chevaux et les sujets de l'espèce bovine ont l'avantage de permettre, sur le même individu, un grand nombre de piqûres d'inoculation, ce qui est important quand on veut comparer l'activité d'une certaine quantité de dilutions différentes. Mais il est peut-être plus facile de réaliser sur l'enfant l'égalité des conditions dans l'exécution des inoculations.

Cette égalité des conditions est un point de la plus grande importance. Si elle n'est pas réalisée, les résultats de l'expérience peuvent en être faussés. Supposons, en effet, que les plaies sous-épidermiques, par lesquelles l'insertion du liquide virulent est opéré, ne soient pas toutes de la même dimension; les plus larges seront nécessairement favorisées, parce qu'elles présenteront plus de surface au contact de la matière inoculée. Il en serait de même dans le cas où la quantité de liquide employé ne serait pas la même pour toutes les inoculations; évidemment il y aurait plus de chances de réussite pour celles qui seraient faites avec une plus grande quantité de matière. Ce sont là les deux points à l'égard desquels il faut surtout chercher à réaliser l'égalité des conditions pour l'essai des dilutions vaccinales. C'est peut-être quand on vaccine par le procédé des aiguilles géminées qu'il est le plus facile d'arriver au but. Avec le procédé de vaccination à la lancette ordinaire, le plus généralement employé et celui dont je me sers presque exclusivement, parce que j'en ai l'habitude, il est nécessaire d'employer certaines précautions pour que la pointe de l'instrument s'enfonce toujours de la même quantité et dans la même direction. Il en faut aussi pour charger l'instrument du liquide à inoculer. Dans mon laboratoire, l'opération se fait toujours à l'aide de petites pipettes semblables à celle dont il a été question tout à l'heure. On y introduit par aspiration capillaire le liquide vaccinal, et on l'en fait sortir gouttelettes par gouttelettes, que l'on recueille sur la pointe de l'instrument. Avec un peu d'exercice, il est extrêmement facile d'obtenir des gouttelettes égales, même en se servant de la bouche pour comprimer l'air de la pipette. On peut, en tout cas, se procurer facilement la certitude à cet égard en adaptant la pipette à un appareil graduateur. J'en ai imaginé plusieurs. Une seringue Pravaz bien construite peut parfaitement remplir ce rôle, quand elle est fixée à un support et reliée à la pipette par un tube élastique, à l'extrémité duquel celle-ci se trouve suspendue.

Pour finir l'exposition des recherches que j'ai entreprises dans le but de déterminer l'influence de la dilution sur les humeurs virulentes, il me reste à dire que j'ai fait des expériences tout à fait semblables aux précédentes avec l'humeur de la variole et de la clavelée. Les résultats ont été pleinement confirmatifs de ceux qu'on obtient avec la lymphe vaccinale. J'ai même répété ces expériences, en en tirant bon profit, avec le virus morveux, malgré les difficultés qu'entraînent le maniement de ce virus et l'appréciation des résultats *locaux* des inoculations. Nous aurons l'occasion plus tard de parler de quelques-unes de ces expériences et de vous mettre au courant des enseignements particuliers qu'elles fournissent. Pour le moment, contentez-vous de cette indication sommaire de leur signification, au point de vue du sujet actuel de la discussion.

b. Isolement des substances en solution formant la base du sérum ou du plasma des humeurs virulentes.

Si l'étude précédente sur la dilution prouve que les humeurs virulentes, étendues d'une certaine quantité d'eau, se comportent *comme si* les agents actifs de ces humeurs sont des éléments solides suspendus dans le liquide, ce n'est pas encore la démonstration directe du rôle que cette étude nous permet d'attribuer, à titre probable, aux éléments figurés des humeurs virulentes. Pour arriver à cette démonstration directe, il est nécessaire de prouver qu'après leur séparation complète et absolue, les deux groupes de substances dont se composent les humeurs virulentes, — *matières en dissolution*, *matières en suspension*, — se montrent les unes complétement dénuées d'activité, les autres aussi actives que l'humeur essayée sous sa forme naturelle, c'est-à-dire avec la totalité de ses éléments. Commençons par démontrer l'inactivité des éléments du sérum proprement dit.

Le procédé à l'aide duquel cette démonstration a été faite pour le sperme aurait pu encore être appliqué aux humeurs virulentes. Ce procédé, c'est la filtration opérée avec les précautions convenables. Soumis à une filtration soignée, le sperme laisse passer un liquide dans lequel il n'y a plus de spermatozoïdes et qui est dépourvu de la propriété fécondante. On devait donc penser que les humeurs virulentes traitées de la même manière fourniraient un sérum également privé d'éléments corpusculaires et de toute activité spécifique. Plusieurs tentatives ont été faites pour apprécier la justesse de cette vue. Je citerai particulièrement celles de Rollet, qui a opéré sur le pus du chancre simple. Ces expériences ont donné des résultats qui doivent être interprétés dans le sens de l'inactivité du sérum. Mais je dois dire qu'après avoir fait de mon côté un grand nombre d'essais analogues, avec la lymphe vaccinale, le liquide claveleux et surtout le pus et les humeurs de la morve aiguë, je suis arrivé à cette conclusion qu'il est fort difficile, sinon impossible, en filtrant *telles qu'elles sont recueillies* les humeurs virulentes, d'obtenir le sérum absolument dépourvu d'éléments solides. Il y a de fines granulations qui passent à travers tous les filtres. De minutieux et patients examens microscopiques permettent de le constater. Les inoculations du sérum ainsi recueilli démontrent du reste que son inactivité ne se manifeste pas d'une manière absolue. Si certaines inoculations manquent, d'autres réussissent. Il est vrai que, même avec ces résultats incomplets, l'inoculation de la partie fluide extraite par filtration des humeurs virulentes constitue un précieux enseignement, qui s'ajoute à celui des expériences sur la dilution des virus. Mais, au point de vue de l'isolement rigoureux auquel nous sommes tenus maintenant de soumettre les substances en solution contenues dans les humeurs virulentes, ces expériences doivent être laissées de côté.

Nous abandonnerons donc la filtration, pour le moment du moins, et nous y reviendrons plus tard, car c'est un procédé qui, appliqué dans certaines conditions, constitue une précieuse ressource, dont il est possible de tirer un excellent parti.

La méthode à laquelle nous allons demander les moyens d'opérer l'isolement absolu des substances dissoutes, base du sérum des humeurs virulentes, repose sur une application des lois de la diffusion dans les milieux liquides, dans l'eau particulièrement, qui est le seul milieu que nous ayons ici à prendre en considération.

Vous connaissez cette propriété en vertu de laquelle les substances solubles dans un menstrue tendent à s'y répandre uniformément, d'une manière spontanée, quand elles sont mises en contact avec ce menstrue. Jetez un morceau de sucre candi au fond d'un verre, versez de l'eau par dessus et laissez le vase dans un repos complet : le sucre va se dissoudre dans les couches inférieures du liquide, et pendant un certain temps les couches supérieures en resteront complétement privées. Mais il arrivera un moment où ces couches en contiendront. Il y aura été amené, de proche en proche, par la diffusion, et celle-ci continuera à s'exercer jusqu'au moment où les diverses couches liquides se trouveront en état d'équilibre parfait, au point de vue de leur composition, c'est-à-dire jusqu'au moment où elles seront également saturées. Si, au lieu d'un morceau de sucre, vous mettez au fond du verre une solution sucrée, il est évident que les choses se passeront de la même manière, et il en sera ainsi pour toute solution analogue. Toutes les substances solubles dans l'eau sont, en effet, aptes à la diffusion, au milieu de ce liquide, les unes plus, les autres moins. Les substances organiques non cristallisables, distinguées sous le nom de *matières colloïdes*, se trouvent dans cette dernière catégorie, l'albumine en tête. Mais, pour être plus lente que la diffusion des autres substances, celle des matières colloïdes ne s'en effectue pas moins d'une manière sûre, quand on réunit les conditions favorables à la complète manifestation du phénomène.

Nous n'avons pas à discuter ici la théorie de ce phénomène. Je me bornerai à vous faire remarquer que les physiciens sont d'accord pour admettre que le déplacement imprimé par la diffusion aux substances dissoutes dans l'eau s'exerce exclusivement sur ces substances elles-mêmes. L'eau qui enveloppe leurs molécules ne participe nullement au transport. Les molécules aqueuses cèdent de proche en proche à leurs voisines les molécules de la matière soumise à la diffusion. Celles-ci se meuvent seules, celles-là restent à leur place. Il n'y a donc point de *courant proprement dit* dans l'acte de la diffusion. C'est une action moléculaire incapable d'entraîner par elle-même autre chose que les éléments sur lesquels elle agit. Le seul déplacement qui s'exerce alors d'une manière concomitante, c'est celui des molécules aqueuses du milieu diffusant. Ces molécules sont appelées dans le liquide soumis à la diffusion et prennent la place des molécules de la substance diffusible cédées par celui-ci à celui-là. Ce déplacement concourt à l'égalité de saturation à laquelle tendent les deux liquides en présence. Nul ou à peine marqué quand le liquide qui doit subir la diffusion est très-peu chargé de substances diffusible, il est, au contraire, très-accentué si ce liquide est fortement saturé, et qu'il présente une grande différence de densité avec le milieu où la substance diffusible est entraînée.

Considérons maintenant le cas où une solution soumise à la diffusion contient en suspension des particules solides incapables de se déplacer elles-mêmes, et cherchons à nous rendre compte de l'influence que le phénomène doit exercer sur ces particules.

D'après ce qui vient d'être exposé, il n'y a point de *courant* capable de faire passer ces particules d'un liquide dans l'autre. Théoriquement, elles devraient donc rester confinées où elles se trouvent. En réalité, il n'en est pas ainsi. Il y en a toujours un certain nombre qui pénètrent au sein du liquide diffusant et qui s'y répandent d'autant plus loin que le phénomène de la diffusion dure plus longtemps. Si l'on veut prendre une idée nette du fait, on n'a qu'à verser avec précaution une couche d'eau distillée de 8 à 10 millimètres d'épaisseur sur de l'encre ordinaire, d'excellente qualité, laquelle encre a été déposée au fond d'une petite éprouvette de verre. Quarante-huit heures après, on constate dans l'eau, au voisinage de l'encre, une très-légère teinte noire, qui va en se dégradant régulièrement et insensiblement, et dont la limite extrême peut s'élever à 3 millimètres environ au-dessus de la surface de l'encre. Or, ce nuage n'est pas dû à la diffusion moléculaire d'une substance colorée dissoute dans l'encre, mais à la dispersion de particules de tannate de fer. Plusieurs causes concourent sans doute à opérer le déplacement de ces particules. Il se peut qu'elles montent dans l'eau, entraînées plus ou moins loin par le mouvement diffusif qui s'exerce sur les molécules immédiatement adhérentes à la surface de ces petits corps. Peut-être aussi l'explication de ce déplacement réside-t-elle surtout dans les changements de densité des deux liquides en contact. En modifiant incessamment la position respective des couches hétérogènes superposées, ainsi que les conditions d'équilibre des corpuscules flottant dans le liquide inférieur, ces changements de densité ne peuvent, en effet, faire autrement que d'amener, dans une certaine mesure, avec le mélange mécanique des liquides, le déplacement des corpuscules qui s'y trouvent en suspension. Enfin, ajouterai-je, le mouvement brownien, inhérent à la plupart des fines particules qui flottent librement dans les liquides, peut bien également n'être pas étranger à cette translation.

Quoi qu'il en soit, jamais cette translation ne s'opère avec la même rapidité que celle des substances sur lesquelles s'exerce l'action directe de la diffusion. C'est là le point important. Pour nous convaincre de la chose, nous n'avons qu'à reprendre l'exemple de l'encre soumise à la diffusion pendant quarante-huit heures. Au bout de ce temps, il y a des particules de tannate de fer répandues dans les 3 ou 4 millimètres inférieurs de la couche d'eau. On n'en trouve pas une seule au-dessus, tandis que la tranche superficielle de cette couche contient déjà depuis un certain temps les éléments solubles de l'encre. Vous pouvez en juger par l'expérience toute préparée que je vais achever sous vos yeux. Voici de l'encre soumise à la diffusion, et à laquelle on a ajouté au préalable une notable quantité de glycose. Examinez soigneusement l'éprouvette contre un feuillet de papier blanc, et comparez-la à une autre éprouvette semblable, dans laquelle la diffusion vient d'être faite et n'a eu le temps de produire aucun changement. Vous pouvez constater que le nuage formé dans l'eau de la première, par l'entraînement des particules de tannate de fer, ne s'étend pas au delà de 3 millimètres au-dessus de la surface de l'encre. Maintenant, j'aspire la couche superficielle de l'eau avec ce tube capillaire d'un assez fort calibre, et j'introduis ensuite, dans le tube, de la même manière, de la liqueur de Barreswill. J'approche le tube de la flamme d'une lampe, et vous voyez se produire, au contact des deux colonnes liquides, la réaction caractéristique par laquelle le liquide cupro-potassique révèle la présence de la glycose.

Il est donc bien certain, d'après les expériences et les considérations qui précèdent, que la diffusion, employée d'une manière convenable, peut constituer un excellent moyen d'isolement des parties *dissoutes* dans un véhicule liquide. C'est là que nous avions à en venir. Eu égard au parti que nous devons tirer, sous ce rapport, de l'utilisation du phénomène, il est même indifférent que ce phénomène s'accomplisse avec ou sans passage, dans le liquide diffusant, des éléments solides que le véhicule tient en suspension. Ne sommes-nous pas sûrs de pouvoir, *en tout cas*, obtenir des résultats aussi probants que si la rétention de ces éléments dans leur milieu propre était complète et absolue? Nous aurons même à montrer tout à l'heure incidemment qu'il y a un certain avantage à ce qu'il n'en soit pas ainsi.

Voyons maintenant ce que nous avons obtenu de la méthode que cette connaissance des conditions, ou des lois, de la *diffusion des liquides* nous a permis d'appliquer à l'isolement des substances dissoutes qui forment la base du sérum des humeurs virulentes.

J'ai appliqué cette méthode d'analyse aux humeurs vaccinale, variolique, claveleuse, morveuse. Mes expériences ont été extrêmement multipliées, et ont donné toutes des résultats identiques. C'est seulement de celles que j'ai faites sur le virus-vaccin que je vous parlerai avec détail.

Pour vous donner une idée de la manière de pratiquer une diffusion d'humeur vaccinale, je vais procéder devant vous à la préparation d'une expérience. Voici dix tubes de vaccin qui vient d'être recueilli sur un enfant. C'est leur contenu qui doit former la matière qu'il s'agira de soumettre à la diffusion. Je commence par chasser ce contenu hors des tubes pour le recueillir et le rassembler dans une de ces petites pipettes capillaires que j'ai déjà signalées à votre attention tout à l'heure. Il s'agira ensuite de faire passer le liquide au fond d'une des petites éprouvettes dont je vous présente ici le modèle. Elles sont formées d'un bout de tube fermé à la lampe, et fixé debout, avec de la cire à cacheter, sur une petite plaque de verre ou tout autre support plat et horizontal. Ces petites éprouvettes ont toutes 2 centimètres de longueur; leur diamètre varie entre 2 et 5 millimètres, suivant la quantité de matière dont il est possible de disposer dans l'opération. La précaution importante, quand on dépose au fond de l'éprouvette le liquide vaccinal contenu dans la pipette, c'est d'éviter que ce liquide mouille les parois de l'éprouvette au-dessus du niveau qu'il atteint ou doit atteindre dans le récipient. On y arrive facilement en descendant verticalement l'extrémité capillaire de la pipette jusqu'auprès du fond de ce récipient, et en chassant le liquide de la pipette de manière à éviter toute éclaboussure. Pour cela, il est absolument nécessaire de proscrire l'emploi de la bouche. L'humeur vaccinale doit être expulsée de la pipette, soit au moyen d'un bouchon que l'extrémité supérieure de l'instrument se taille et se moule elle-même, dans un cylindre de cire à modeler ramollie, dont un aide coiffe l'extrémité supérieure de la pipette, pendant que celle-ci est exactement maintenue dans l'axe de l'éprouvette, soit (ce qui est plus commode) en se servant d'un des compresseurs mécaniques déjà cités, fixé à la pipette par l'intermédiaire d'un tube de caoutchouc. Vous me voyez utiliser devant vous un de ces appareils, celui qui a pour base la seringue Pravaz. Deux tours de vis ont vidé la pipette. Il ne reste plus qu'à retirer celle-ci, en continuant à la tenir exactement dans l'axe de l'éprouvette, pour que l'extrémité mouillée d'humeur vaccinale ne touche pas les parois du vase. Voilà cette partie de l'opération terminée. Il ne reste plus qu'à verser sur l'humeur vaccinale ainsi déposée au fond de l'éprouvette la couche d'eau distillée, dans laquelle la diffusion doit amener les principes solubles du vaccin.

Je n'ai pas besoin de dire que, pour cette deuxième partie de l'opération, toutes les précautions doivent être prises de manière à éviter le mélange mécanique des deux liquides qu'il faut superposer. On y arrive sûrement en utilisant encore la pipette capillaire. Après l'avoir remplie d'eau distillée, on la vide lentement dans l'éprouvette, par l'un des procédés qui viennent d'être décrits, et en appliquant l'extrémité de l'instrument contre un des points de la paroi du récipient. Une pipette, à tube terminal assez large pour laisser échapper de lui-même le contenu, quand elle est tenue verticalement, peut aussi être employée dans cette circonstance. Tenue obliquement, la pipette reste remplie. Si on l'approche des parois du récipient, et qu'on la redresse peu à peu, l'eau s'écoule assez lentement pour s'étaler à la surface de l'humeur vaccinale sans produire aucune agitation. Il est bon de dire ici que le succès de l'opération dépend non-seulement de l'adresse avec laquelle elle est pratiquée, mais encore de la netteté et de la propreté de la paroi de verre contre laquelle on dirige le jet capillaire d'eau distillée. Si l'on ne veut pas que le liquide adhère à cette paroi et forme des gouttes plus ou moins volumineuses, dont la chute sur la surface du vaccin pourrait déterminer le mélange mécanique des deux fluides, il faut avoir eu soin de laver au préalable l'éprouvette avec de l'eau alcoolisée, et de l'avoir parfaitement essuyée avec un linge fin.

Voilà donc l'expérience complétement préparée. Nous avons dans cette éprouvette une colonne de 6 millimètres environ d'humeur vaccinale, couverte d'une couche d'eau distillée épaisse de 4 à 5 millimètres. Celle-ci, en raison de sa moindre densité, surnage parfaitement. Vous voyez que les deux liquides ne se sont pas du tout mélangés. A leur point de contact, ils se distinguent nettement. Nous allons maintenant couvrir l'éprouvette, pour protéger son contenu contre l'évaporation. On placera ensuite l'appareil dans un lieu isolé, à l'abri des chocs ou de toute autre cause d'ébranlement mécanique, et demain l'opération se trouvera terminée. La diffusion aura amené dans l'eau distillée les principes solubles de l'humeur vaccinale, en quantité suffisante pour l'essai de leur activité physiologique. Je vais vous en donner la preuve immédiatement. Voici une diffusion vaccinale préparée depuis hier exactement dans les mêmes conditions que celle qui vient d'être préparée sous vos yeux. A l'aide de ce fin tube capillaire, je pompe *à la surface* de l'eau une très-petite quantité de ce liquide. J'approche ensuite l'extrémité du tube d'une goutte d'acide nitrique, que je viens de laisser tomber sur une plaque de verre. La capillarité fait entrer une partie de l'acide à la suite du liquide aspiré dans l'éprouvette. Examinez maintenant le tube contre un fond noir. Vous voyez au contact des deux colonnes liquides un précipité blanc formé par un coagulum albumineux. Notez que, de toutes les substances qui sont dissoutes ou qui peuvent être supposées dissoutes dans l'humeur vaccinale, c'est l'albumine qui est certainement la moins diffusible.

Tel est l'ensemble des procédés auxquels j'ai eu recours pour soumettre à la diffusion l'humeur vaccinale, dans le but d'en retirer les substances dissoutes isolées des matières en suspension. Au début de mes recherches, je me croyais obligé de laisser les diffusions virulentes se prolonger au moins pendant quarante-huit heures, pour donner à toutes les substances diffusibles le temps d'arriver dans la couche superficielle de l'eau. L'expérience m'a enseigné que c'est inutile. Par une température moyenne, vingt-quatre heures suffisent amplement pour amener, en quantité suffisante, les matières solubles de l'humeur vaccinale à la surface d'une couche d'eau de 4 à 5 millimètres d'épaisseur. Dépasser cette limite de temps, c'est s'exposer gratuitement aux chances de pénétration ou d'entraînement accidentel des éléments corpusculaires de l'humeur dans le liquide diffusant.

J'ai maintenant à vous faire connaître les précautions qui doivent présider à l'emploi de ce liquide, dans les expériences qui ont pour but de s'assurer, par l'inoculation, de ses qualités physiologiques.

Le but essentiel à atteindre, c'est d'inoculer seulement la partie du liquide dans laquelle on soit sûr que la diffusion n'ait pas amené autre chose que les matières *dissoutes* de l'humeur vaccinale. Pour cela, il est absolument nécessaire d'extraire de l'éprouvette le liquide à inoculer, de manière à éviter tout mélange entre les parties privées d'éléments corpusculaires et les régions qui en contiennent. L'aspiration de la couche superficielle de l'eau avec un tube capillaire est seule capable de faire obtenir ce résultat. Vous venez tout à l'heure de voir fonctionner le procédé, quand je vous ai décrit la manière de reconnaître si la diffusion s'est réellement accomplie. Je compléterai vos connaissances sur ce point en vous indiquant quelques précautions pour la mise en œuvre de procédé.

La quantité de liquide que l'aspiration capillaire enlève à la surface de l'eau doit être aussi minime que possible. Le tube capillaire aura donc un diamètre très-fin ; pour qu'il soit très-aisément maniable, on le conserve à l'extrémité du tube non capillaire qui a servi à l'étirer. C'est, avec le renflement en moins, la petite pipette que vous connaissez déjà. Pour faire fonctionner ce petit instrument aspirateur, j'en approche avec précaution la pointe du biseau du ménisque formé par la surface du liquide. A peine celle-ci est-elle touchée que le liquide monte dans le tube capillaire. La même opération est répétée, avec un autre tube, sur le point opposé du ménisque. J'ai ainsi deux tubes remplis d'un liquide dans lequel la diffusion a amené, à l'état d'isolement, les éléments solubles de l'humeur vaccinale. L'un me sert de témoin, pour prouver, par la petite réaction que je vous ai montrée tout à l'heure, la présence de l'albumine, partant celle de toutes les substances diffusibles. L'autre fournira le liquide à inoculer comparativement avec celui qui est au fond de l éprouvette.

On peut aussi, après avoir enlevé ainsi la superficie du liquide diffusant, continuer à extraire de la même manière les autres couches liquides, jusqu'à ce qu'on ait pénétré dans l'épaisseur de la colonne d'humeur vaccinale. Les tubes sont numérotés, et leur contenu employé pour les inoculations, comme le liquide de la première aspiration. Mais, comme vous le prévoyez bien, d'après les détails que je vous ai donnés sur les conditions dans lesquelles a lieu la diffusion, les résultats ne sauraient être les mêmes pour toutes les inoculations.

Avec le premier liquide extrait, ces résultats sont toujours négatifs, tandis qu'ils sont toujours positifs quand on inocule le fluide pris au fond de l'éprouvette. C'est là ce qu'il importait surtout de constater. Ce point fondamental a été éclairci par un si grand nombre d'expériences, que je le regarde comme étant mis au-dessus de toute discussion. En effet, sur l'enfant comme sur les animaux des espèces bovine et chevaline, l'inoculation, pratiquée comparativement, *sur le même individu*, avec l'humeur vaccinale soumise à la diffusion et avec l'eau dans laquelle la diffusion s'est opérée, donne constamment les résultats sus-énoncés.

Quant aux autres couches liquides, leur activité essayée de la même manière par inoculations comparatives fournit des résultats fort différents. Les supérieures se montrent en général aussi inactives que la plus superficielle. Les autres donnent un nombre de boutons proportionné à la quantité d'éléments corpusculaires actifs qui ont été entraînés ou attirés dans le liquide diffusant : *entraînés* par l'action indirecte de la diffusion, comme il a été expliqué ci-devant, *attirés* par l'effet de l'aspiration capillaire au moment de l'extraction. Cet effet, très-réel, doit toujours être pris en considération dans une opération de cette nature. Il faut être prévenu qu'il est capable de faire passer les éléments d'une couche liquide inférieure dans une couche supérieure. L'attraction capillaire s'exerce, en effet, sur toutes les molécules qui se trouvent dans sa sphère d'action. Elle détermine dans le liquide une série de courants qui, partant de tous les points de la masse, convergent vers l'extrémité du tube mis en contact avec la surface du liquide. Sans doute, ce sont les molécules les plus mobiles, c'est-à-dire celles de la surface, qui sont attirées avec le plus de vitesse. Mais les molécules des couches profondes participent nécessairement à ce mouvement dans une certaine mesure.

Quoi qu'il en soit du mécanisme qui fait passer une certaine quantité d'éléments corpusculaires dans les couches inférieures du liquide diffusant, ce mélange, loin de nuire à la signification des résultats de l'expérimentation, devient, comme je vous l'ai dit, un véritable avantage. Il s'effectue, en effet, pour les diverses couches, dans des conditions d'inégalité parfaitement prévues et calculées, et le résultat des inoculations est tout à fait conforme à cette inégalité de répartition. Il n'est certainement pas indifférent de le constater. C'est un renfort aux éléments de démonstration indirecte fournis par la méthode des dilutions graduelles à la solution de la grave question que nous avons à discuter.

J'ai dit que la méthode de la diffusion avait été appliquée, dans mes expériences, à l'isolement des principes solubles contenus dans plusieurs autres humeurs virulentes, celles de la clavelée, de la variole, de la morve, avec des résultats identiques avec ceux qui viennent d'être décrits pour l'humeur vaccinale. Il est inutile de donner des détails sur ce sujet. On en trouvera quelques-uns dans les communications que j'ai faites en 1868 à l'Académie des sciences.

Je n'ajouterai qu'un mot pour vous prémunir contre les erreurs que vous pourriez commettre dans l'appréciation des résultats de vos inoculations, si vous vouliez répéter ces expériences sur la variole, la clavelée et la morve. Ces erreurs d'appréciation sont pour ainsi dire impossibles avec le bouton vaccinal, dont les caractères objectifs se distinguent avec la plus grande facilité. On y est, au contraire, très-exposé avec la variole, la clavelée et la morve. Les inoculations, pour essayer les qualités des diffusions d'humeur variolique, ne peuvent en effet être pratiquées que sur le bœuf ou le cheval. Or, l'éruption de la variole, toujours locale, ne se distingue guère, chez ces animaux, des simples processus inflammatoires, que par l'impossibilité d'inoculer plus tard la vaccine aux mêmes sujets. Avec la clavelée, difficulté de même nature. La peau du mouton est extrêmement sensible à l'influence de tous les agents irritatifs. L'inoculation de liquides purement inflammatoires peut déterminer sur cet animal de très-gros boutons, qui ne sont certainement pas comparables aux larges pustules plates de la clavelée. Encore faut-il avoir une certaine habitude de la maladie pour ne pas faire de confusion. Quant à la morve, si l'on voulait juger exclusivement des résultats d'une inoculation cutanée par l'effet local, on se tromperait souvent, car une simple excoriation *enflammée* peut déterminer la production de cordes lymphatiques, avec engorgements ganglionaires, tout comme une inoculation morveuse.

J'aurai à vous parler longuement plus tard de ces effets des *agents inflammatoires* comparés à ceux des *agents virulents spécifiques*. Ce sera le moment de vous exposer les conditions capables de faire acquérir les qualités phlogogènes aux liqueurs qui contiennent les principes extraits par diffusion des humeurs virulentes, et qui, dépourvues de ces qualités, doivent se montrer tout à fait inertes.

Nous devrions nous arrêter là dans cette étude sur l'action des éléments solubles contenus dans les liquides virulents, car nous avons discuté tous les points utiles. Je me crois tenu cependant de vous dire quelques mots de plus, qui préviendront peut-être votre désir d'être éclairés sur un autre point encore.

En m'entendant vous exposer les difficultés qu'on éprouve, dans les diffusions pratiquées sans intermédiaire entre l'humeur virulente et le liquide diffusant, à empêcher le mélange mécanique des deux liquides à leur point de contact, vous vous êtes sans doute demandé pourquoi je n'avais pas procédé à la diffusion en séparant les deux liquides par un diaphragme poreux. C'eût été, en effet, un excellent moyen d'empêcher les éléments corpusculaires de monter dans le liquide diffusant. Mais une considération capitale vient neutraliser cette condition favorable : l'*interposition des diaphragmes peut modifier profondément le phénomène de la diffusion, par l'intervention d'une nouvelle influence, l'action dialytique, que la substance du diaphragme est capable d'exercer sur les substances soumises à la diffusion.* Vous connaissez le travail de Graham sur cet important sujet ; vous savez comment cet illustre chimiste, dans ses recherches sur la force osmotique, est arrivé à démontrer que la diffusion ne s'opère pas ou n'agit que très-imparfaitement à travers les diaphragmes, pour les substances qui entrent dans la composition de ces diaphragmes, ou pour celles qui s'en rapprochent d'une certaine manière. Cette propriété, vous ne l'ignorez pas, a même été utilisée pour la création du procédé spécial d'analyse auquel on a donné le nom de *dialyse*. Vous pouvez donc prévoir toutes les objections auxquelles aurait donné lieu la diffusion des substances dissoutes dans les matières virulentes, si elle eût été accomplie dans ces conditions. Comment aurait-on pu donner la preuve que le diaphragme intermédiaire n'a retenu aucune des substances solubles des humeurs soumises à la diffusion ? Imaginez, en effet, un diaphragme à composition aussi *neutre* que possible, par rapport aux substances animales solubles *connues* comme appartenant aux humeurs virulentes ; quelle garantie de *non-rétention* présenterait ce diaphragme à l'égard des éléments virulents, c'est-à-dire de matières tellement *inconnues* que c'est justement pour essayer d'en déterminer l'état physique que la diffusion est mise en œuvre ? Ajoutons ceci : en supposant qu'on fût assuré d'employer un diaphragme absolument incapable d'arrêter aucun élément soluble des humeurs virulentes, on n'aurait aucun avantage à se servir de ce diaphragme. En effet, l'interposition des diaphragmes ralentit toujours la diffusion d'une manière considérable. Il en résulte que, si l'on voulait y avoir recours, il faudrait prolonger beaucoup l'opération. Ce serait un grave inconvénient. Par certaines températures et avec certaines humeurs virulentes, la diffusion à travers les diaphragmes ne pourrait être prolongée au point d'être effective, sans que les humeurs perdissent leurs qualités spécifiques. Je l'ai constaté plusieurs fois, et j'ai même observé que les liquides acquièrent alors, dans quelques circonstances, des qualités phlogogènes qui naissent aussi bien dans le liquide diffusant que dans l'humeur soumise à la diffusion.

Pour toutes ces raisons, la diffusion à travers les membranes doit donc être proscrite des expériences qui ont pour but d'obtenir et d'essayer physiologiquement, à l'état d'isolement, les substances solubles contenues dans les humeurs virulentes. Il serait, du reste, tout à fait superflu de chercher un meilleur procédé que la diffusion pure et simple. Pesez scrupuleusement et sévèrement la valeur de tous les éléments de démonstration que j'ai recueillis sur ce sujet, et vous resterez convaincus qu'il n'y a pas de supplément de preuves à donner, pour établir que les matières dissoutes des humeurs virulentes se montrent constamment et complétement inactives, quand ces matières ont été extraites de leur véhicule à l'état de complet isolement.

c. Isolement des corpuscules solides ou éléments figurés tenus en suspension dans les humeurs virulentes.

Nous voici arrivés à la partie fondamentale de notre démonstration. Quand nous aurons prouvé que les corpuscules figurés des humeurs virulentes, après avoir été complétement isolés du sérum dans lequel ils se trouvent suspendus, possèdent toutes les propriétés spécifiques de l'humeur complète, nous serons définitivement fixés sur l'état physique des éléments virulents. Il ne restera plus rien à faire pour prouver que ces éléments existent dans les humeurs à l'état solide.

D'après ce qui a été dit au commencement du dernier paragraphe, il peut paraître, à première vue, que l'isolement des éléments figurés des humeurs virulentes soit une chose très-facile à réaliser au moyen de la filtration. Mais il ne faut pas s'y tromper, la filtration pure et simple laisse sur le filtre les éléments corpusculaires des humeurs encore humectés par le sérum dans lequel ils baignent. L'isolement n'est pas complet. Les spermatozoïdes n'ont point été, il est vrai, obtenus autrement, et personne ne suspecte la légitimité des conclusions qui ont été tirées des expériences sur la filtration du sperme. Mais personne n'oserait soutenir que la démonstration du rôle des spermazoïdes n'aurait rien gagné à la réalisation de l'isolement complet de ces éléments figurés de l'humeur fécondante.

En tout cas, cette réalisation est indispensable pour les humeurs virulentes. Des hommes du plus haut mérite inclinent à penser, encore aujourd'hui, que les éléments figurés de ces humeurs agissent par la couche de sérum qui adhère à leur surface. Quoique cette idée soit en contradiction formelle avec les expériences précédentes, qui ont démontré l'inactivité absolue du sérum, il faut chercher à en prouver directement la fausseté. D'autant plus que, à prendre le sens exact des choses, les expériences dans lesquelles on verrait le résidu d'une humeur virulente filtrée produire les mêmes effets que l'humeur complète ne prouveraient que ceci : à savoir, que les corpuscules solides de l'humeur, *encore enveloppés d'une légère couche de sérum*, sont les agents spécifiques qui donnent la virulence à l'humeur. Rien ne démontre que les corpuscules *seuls* agiraient de la même manière. Il resterait à prouver que l'activité virulente ne résulte pas de la combinaison des deux sortes d'éléments.

Il y a donc nécessité à obtenir les éléments solides des humeurs virulentes à l'état d'isolement complet. Pour cela, il faut non-seulement les filtrer, mais encore les *laver*, de manière à les débarrasser complétement des éléments qui composent la sérosité. Toutes les humeurs virulentes ne se prêtent pas, on le comprend, à cette opération. On doit non-seulement pouvoir se les procurer en grande abondance, mais il faut encore que ces humeurs soient d'une très-grande richesse en éléments corpusculaires.

« De tous les liquides virulents remplissant cette condition, le plus remarquable est le pus des abcès pulmonaires du cheval atteint de morve aiguë : pus blanc, muqueux, cohérent, doué d'une prodigieuse activité ; c'est une des humeurs les plus virulentes que l'on connaisse ; je n'ai pas vu diminuer sensiblement l'efficacité des inoculations, par piqûres sous-épidermiques, faites avec ce liquide dilué dans 500 fois son poids d'eau. Les éléments virulents y sont donc très-nombreux. Ils communiquent à l'eau une teinte opalescente, qui permet de se rendre parfaitement compte de la marche des manipulations ayant pour but de les faire passer dans un véhicule composé d'eau pure. Aussi peuvent-ils être lavés aussi aisément et aussi sûrement qu'un précipité chimique.

» Voici comment j'ai procédé : 10 centimètres cubes de pus sont retirés du poumon d'un cheval morveux qui vient d'être tué. Je les délaye immédiatement dans 200 grammes d'eau pure, et j'agite à diverses reprises. Puis j'abandonne le mélange à lui-même pendant 2 heures, pour laisser déposer les grumeaux capables de retenir du sérum dans leur épaisseur et de le soustraire à l'action du lavage. Je décante ensuite le liquide qui surnage. Celui-ci ne contient que des granulations ou des éléments cellulaires tout à fait libres, que cette condition met à même d'être parfaitement lavés. Le liquide ainsi obtenu est jeté sur un filtre de papier bien choisi. La filtration s'effectue rapidement; on obtient sur le filtre un résidu composé de presque tous les corpuscules cellulaires et d'un grand nombre de granulations libres en suspension dans le liquide. Par cette opération préliminaire, qui est destinée à préparer ces éléments au lavage, la masse de ceux-ci se trouve réduite des huit ou neuf dixièmes.

» Cette masse subit un premier lavage dans 500 grammes d'eau distillée. On filtre, et l'on procède ensuite à un deuxième lavage du résidu dans la même quantité d'eau. Mais cette fois, au lieu de filtrer, on laisse la séparation se faire par précipitation, en abandonnant le liquide dans une éprouvette pendant toute une nuit. Le lendemain, on trouve une couche blanche au fond de l'éprouvette. Décantation à l'aide d'un siphon et troisième lavage du résidu avec 500 grammes d'eau. Le soir, filtration et quatrième lavage dans la même quantité d'eau. Pendant la nuit, le mélange est abandonné à lui-même. Après un repos de 14 heures, nouvelle décantation et cinquième lavage du résidu dans 1000 grammes d'eau distillée. Dernière filtration pratiquée immédiatement. Le résidu est recueilli dans une petite quantitée d'eau pour l'inoculation.

» Ces diverses opérations ont duré 39 heures environ. Il est certain qu'après ce séjour prolongé dans une aussi grande quantité d'eau, renouvelée jusqu'à six fois, le pus soumis à ce traitement n'a pu garder aucune trace appréciable de ses substances solubles. Par conséquent, les éléments corpusculaires de ce liquide, ainsi plongés dans leur nouveau véhicule, doivent être considérés comme isolés de tous les autres éléments de l'humeur morveuse. Ces corpuscules présentent, du reste, à peu près les mêmes caractères qu'avant le lavage. L'examen microscopique permet de constater la présence d'une quantité notable de granulations libres absolument intactes. Les nombreux leucocytes, globules muqueux, glandes, cellules proliférantes, cylindres d'épithélium, au milieu desquels sont dispersées ces granulations, se montrent plus transparents et plus ou moins gonflés par l'eau.

» Le liquide qui contient ces éléments sert à inoculer deux animaux, un âne et un cheval. On fait les inoculations à l'aide de la lancette, à la joue, par piqûres sous-épidermiques, au nombre de six. Toutes deviennent presque immédiatement le siége du travail initial de l'infection morveuse. Quatre jours après, les deux animaux sont en pleine morve, et l'âne, qui succombe le sixième jour, présente à l'autopsie les plus épouvantables lésions morveuses.

» Ainsi les éléments corpusculaires de l'humeur morveuse, isolés du sérum et suspendus dans l'eau distillée, se sont montrés aussi virulents que s'ils étaient restés dans leur véhicule naturel.

» J'ajouterai deux renseignements intéressants corroborant les importantes conclusions qui découlent des résultats de cette expérience. Ces renseignements concernent la recherche de la propriété virulente dans les eaux de lavage. Les dernières ne contenant plus ou presque plus de granulations, j'ai pensé qu'on pourrait les essayer par l'inoculation, sans s'exposer beaucoup à inoculer en même temps quelques corpuscules erratiques. Une expérience a donc été faite avec l'eau provenant de la dernière filtration. L'inoculation, pratiquée exactement comme celles de l'eau chargée de corpuscules, par six piqûres sous-épidermiques, n'a rien produit du tout. Ce n'est pas tout : une autre expérience a été exécutée avec l'eau du quatrième lavage, eau qui était restée 14 heures en contact avec les éléments corpusculaires virulents. On a aspiré la couche superficielle à l'aide d'une petite pipette, et l'eau recueillie a été inoculée, également par six piqûres sous-épidermiques. Les effets de cette inoculation ont été aussi complétement négatifs.

» Ainsi, non-seulement les éléments figurés, agents de la virulence du pus, peuvent être lavés sans perdre leurs propriétés spécifiques, mais leur séjour prolongé dans l'eau ne réussit pas à communiquer la virulence à ce liquide. » (*Comptes rendus*, 1869.)

Tels sont les termes dans lesquels je faisais connaître ma première expérience à l'Académie des sciences, il y a deux ans et demi. C'est un type que j'ai tenu à vous présenter dans tous ses détails. Vous prendrez ainsi plus sûrement une idée nette de la précision et de la valeur des résultats qu'il est permis d'attendre d'expériences de ce genre. Celles que je pourrais vous citer maintenant n'ajouteraient rien aux enseignements de la première. Presque toutes, du reste, ont été faites avec le virus morveux. Une seule a porté sur le virus de la clavelée. Elle a donné des résultats identiques avec les autres. Mais, quoique je n'aie aucun doute à élever contre la rigoureuse exactitude de ces résultats, je n'attache pas à cette expérience la même importance qu'à celles qui ont eu pour objet le virus de la morve. Les conditions favorables qui résultent de l'abondance et de la richesse de ce dernier, pour les opérations du lavage, ne se retrouvent plus au même degré, tant s'en faut, quand on agit avec l'humeur de la clavelée. Ce dernier liquide, beaucoup plus difficile à manier, à cause du petit volume du dépôt de particules solides qu'il est possible d'en extraire, ne peut pas être soumis à un aussi grand nombre d'opérations successives. Avec le pus morveux, au contraire, on multiplie les lavages autant qu'on veut, sans embarras, sans qu'on ait besoin de s'astreindre à aucune précaution délicate. Une fois débarrassé, par les premiers lavages, des granulations les plus fines, que les meilleurs papiers à filtre sont incapables de retenir, le dépôt d'éléments corpusculaires se sépare des eaux de lavage avec une facilité vraiment exceptionnelle, soit par la décantation, soit par la filtration. Je ne connais pas d'expérience à la fois plus importante, plus simple et plus facile à exécuter.

Je ne quitterai pas ce sujet sans avoir signalé une difficulté très-éventuelle sans doute, mais qu'il faut prévoir, afin de ne laisser planer aucune incertitude sur la démonstration si importante que nous venons de faire. N'existerait-il pas, dans les humeurs virulentes, des substances non dissoutes, qui, au lieu d'être suspendues à l'état particulaire, seraient *étendues en masse* au sein du liquide, à la manière de l'amidon cuit ? Dans ce cas, qu'arriverait-il de ces substances quand on chercherait, par l'opération du lavage, à débarrasser les humeurs des matières solubles qu'elles contiennent ?

Répondons d'abord que rien, — absolument rien, — dans l'état actuel de la science, n'autorise à supposer que de pareilles substances entrent dans la composition des humeurs virulentes ; et, pour bien préciser, je répéterai qu'il s'agit ici de *substances qui s'étendraient d'une manière indiscontinue, par une sorte de pseudo-dissolution, dans toute la masse de l'humeur.* C'est une remarque que je fais pous éviter toute objection, et le hors-d'œuvre d'une discussion à propos de telle ou telle matière que l'on pourrait me citer.

J'ajouterai que si une pareille substance existait dans une humeur virulente, ce serait nécessairement en très-petite quantité, partant sous un volume relativement énorme, ce qui comporterait un état de grande mobilité moléculaire. Dans ces conditions, le lavage l'entraînerait, comme les substances véritablement dissoutes; et l'inoculation du résidu lavé donnerait sur le rôle de cette substance les mêmes renseignements indirects que sur celui de ces dernières. Si l'inoculation était positive, il serait prouvé que la substance en question n'exerce aucune action sur les facultés virulentes de l'humeur. Si, au contraire, l'inoculation donnait des résultats négatifs, il serait démontré que ces facultés dépendent de la présence de la substance éliminée, et l'on aurait à rechercher les moyens de prouver directement le rôle qu'elle remplit dans la fonction de la virulence. De toute manière, il n'y aurait là, comme on le voit, aucune cause d'embarras pour l'appréciation des effets que l'inoculation des particules solides des liquides virulents sont capables de produire, après avoir été complétement isolés.

Messieurs, voilà la première et la plus importante partie de notre programme remplie. Nous avons déterminé l'état physique des agents virulents. Nous savons, à n'en pas douter, que les substances solubles des humeurs ne participent *en rien* à la faculté virulente, et que cette faculté est *exclusivement* fixée sur les particules figurées ou éléments solides tenus en suspension dans ces humeurs. Il nous reste à chercher s'il n'est pas possible d'obtenir des renseignements plus précis sur la nature de ces agents de la virulence.

A. Chauveau,
Professeur de physiologie à l'École vétérinaire de Lyon.

— La suite très-prochainement. —

INSTITUTION ROYALE DE LA GRANDE-BRETAGNE

LECTURES DU VENDREDI SOIR

M. J. TYNDALL

de la Société royale de Londres

La poussière et la fumée

Après quelques expériences préliminaires destinées à élucider la polarisation de la lumière, le professeur Tyndall s'est occupé de la polarisation de la lumière par de fines poussières, par l'atmosphère et par les particules plus grossières contenues dans la fumée. Pour les premières, la direction du maximum de polarisation est, comme pour l'atmosphère, perpendiculaire au rayon lumineux. Pour les dernières, conformément aux observations de Govi, le plan de polarisation est oblique au rayon.

L'observation de Govi sur l'existence d'un point neutre de part et d'autre duquel la polarisation était négative d'un côté, positive de l'autre, fut aussi rappelée. On signale même ce fait additionnel ; que la position du point neutre varie avec la densité de la fumée. En commençant, par exemple, avec une atmosphère obscurcie par d'épaisses fumées d'encens, de résine et de poudre à canon, on vit, en recherchant la position du point neutre, qu'il s'inclinait sur le rayon vers la source de lumière.

Les fenêtres furent ensuite ouvertes de manière à permettre à la fumée de s'échapper graduellement. On vit alors le point neutre descendre le long du rayon, passer à l'extrémité d'une normale tirée de l'œil à la direction du rayon de lumière et parcourir graduellement un espace de plusieurs pieds en s'éloignant de la source. L'orateur ne s'arrêta pas à ces observations ; elles n'étaient que l'introduction, le point de départ de recherches d'une nature différente ; et, après les avoir présentées, M. Tyndall continua en ces termes :

Mais, me direz-vous, quelle est l'utilité pratique de ces curiosités ? Et si vous me faites cette question, ma cause est en quelque sorte gagnée, car j'avais l'intention de la provoquer. Je confesse que si nous excluons l'intérêt qui s'attache à l'observation de faits nouveaux, et cette donnée scientifique qui veut que, de nouveaux faits, naisse au bout de quelque temps une nouvelle loi, ces curiosités sont en elles-mêmes inutiles. Elles ne nous permettront de rien ajouter à la somme de nos connaissances sur la nourriture, les boissons, les vêtements ou les pierres précieuses. Mais quoique dépourvues en elles-mêmes de toute utilité, elles peuvent ouvrir à notre esprit des aperçus nouveaux, qui sans elles seraient restés inconnus, et devenir ainsi l'origine de résultats pratiques. Regardons, par exemple, cette poussière éclairée et demandons-nous ce qu'elle est.

Comment agit-elle, non plus sur un rayon de lumière, mais sur nos poumons et notre estomac ? Ici, la question revêt un caractère pratique. L'examen nous apprend que cette poussière est une matière organique, en partie vivante, en partie frappée de mort. Elle renferme des débris de paille, de chiffons déchirés, de la fumée, du pollen de fleurs, des spores de champignons et des germes d'autre nature. Mais quel rapport ces éléments ont-ils avec l'économie animale ? Permettez-moi de vous signaler un fait sur lequel mon attention a été récemment appelée par M. George Henri Lewes qui m'écrit en ces termes :

Je désire appeler votre attention sur les expériences de von Recklinghausen, si vous ne les connaissez pas. Elles sont une éclatante confirmation de vos idées sur la poussière et les maladies. Au printemps dernier, me trouvant dans son laboratoire de Würzbourg, j'examinai avec lui du sang, qui, extrait du corps depuis trois semaines, un mois, et cinq semaines, avait été conservé sous une lame de verre dans de petites coupes de porcelaine. Ce sang était vivant et en voie d'accroissement. Non-seulement les mouvements amiboïdes des corpuscules blancs persistaient, mais il y avait des témoignages nombreux de la croissance et du développement de ces corpuscules. J'y vis aussi un cœur de grenouille qui continuait encore à battre après avoir été séparé du corps, depuis un nombre de jours dont j'ai perdu le souvenir exact, mais qui était certainement de plus d'une semaine. Il y avait encore d'autres exemples de la même persistance de vitalité ou absence de putréfaction. Von Recklinghausen n'attribuait pas ces phénomènes à l'absence de germes. Le mot germe n'était pas employé par lui. Mais quand je lui demandai son opinion sur ce sujet, il me dit que tout le secret de son opération consistait à préserver le sang *de toute impureté.* Les instruments employés étaient portés à la chaleur rouge au moment de s'en servir, le fil était d'argent et traité de la même manière. Quant aux coupes de porcelaine, elles n'étaient pas, il est vrai, exemptes d'air, mais l'air ne pouvait y circuler. Il me dit qu'il avait eu souvent des insuccès et qu'il les attribuait à ce que des parcelles de poussière avaient échappé à ces précautions.

Le professeur Lister, qui a fondé sur l'éloignement ou la destruction de ces *impuretés* de grands et nombreux perfectionnements en chirurgie, nous instruit de l'effet de leur introduction dans le sang des blessures. Il nous fait savoir ce qu'il adviendrait du sang extrait du corps si les impuretés de l'air y tombaient. Le sang se putréfierait et deviendrait fétide ; et en examinant de plus près le phénomène de la putréfaction, vous trouverez que la substance putréfiée *fourmille* de vie organique dont elle a puisé les germes dans l'air.

Une autre note, que j'ai reçue il y a un ou deux jours, traite à un point de vue plein d'actualité de cette question de la poussière et des impuretés et de l'utilité de s'en garantir. Cette note est de M. Ellis, de Sloane street, envers qui j'ai contracté une dette de reconnaissance pour les avis qu'il m'a donnés quand je fus grièvement blessé dans les Alpes. « Je ne sais pas, m'écrit M. Ellis, s'il vous est arrivé de voir ces lettres, dont je vous envoie ci-joint une réimpression, lorsqu'elles ont paru dans le *Times;* mais je tiens à vous faire connaître la méthode de vaccination que j'y ai décrite parce que, dans mon opinion, elle touche à la question de la pénétration des particules organiques extérieures dans l'intérieur du corps. Le mode ordinaire de vaccination consiste à gratter l'épiderme et à introduire dans les piqûres faites par la lancette le virus-vaccin. Dans la méthode que j'emploie et dont je fais usage depuis plus de vingt ans, l'épiderme est soulevé par un épanchement de sérosité, résultant de l'action irritante de la cantharidine appliquée sur la peau. La petite bulle ainsi formée est ponctionnée ; une goutte de fluide en sort ; on introduit alors par l'ouverture une fine aiguille à vaccin, et on la retire après l'y avoir laissée pendant une minute. L'épiderme se réapplique alors sur la peau et ainsi se trouve évité non-seulement le contact de l'air, mais de ce que l'air renferme.

» Maintenant notez le résultat : sur des centaines de revaccinations que j'ai faites, jamais je n'ai eu un seul cas d'intoxication du sang ou d'abcès.

Par la méthode ordinaire les abcès secondaires ne sont pas rares, et la pyohémie peut également s'observer. Pour moi, la sécurité relative de mon procédé dépend premièrement de l'exclusion de l'air et de ce qu'il renferme, et en second lieu, de la dimension plus grande des ouvertures faites par la lancette, disposition qui permet au mal de pénétrer plus facilement. »

Je signale ces faits pour qu'ils soient soumis à un examen minutieux, et récusés s'ils sont inexacts. Si leur exactitude est reconnue, il est inutile d'insister sur leur importance. Il n'est pas nécessaire d'ajouter que si M. Ellis s'était borné à prendre pour guide la théorie des germes, il n'aurait pu se conformer d'une manière plus complète aux données de cette théorie. C'est ce que l'air renferme, qui rend la vaccination dangereuse. Les résultats de M. Ellis s'accordent parfaitement avec la théorie générale de la putréfaction, proposée par Schwann, et développée dans ce pays avec un si brillant succès par le professeur Lister. S'ils sont vrais, ils indiquent une cause autre que la mauvaise qualité de la lymphe pour expliquer les insuccès et les accidents que peut causer la vaccine; si ce procédé est adopté, elle peut fournir les moyens de faire tomber l'opposition irrationnelle faite à la vaccine, en écartant les cas isolés d'accidents, sur lesquels s'appuient les adversaires de cette pratique.

Ici, nous sommes assurément sur un terrain très-pratique. Avec votre permission je vais revenir sur un sujet qui, récemment, a beaucoup préoccupé l'attention publique. Vous savez qu'au point de vue des formes inférieures de la vie, le monde est et a été depuis longtemps divisé en deux partis.

Les uns affirment qu'il suffit de soumettre la matière morte à certaines conditions physiques pour lui faire produire des organismes vivants, les autres, sans vouloir imposer de bornes au pouvoir de la matière, prétendent que de nos jours on n'a jamais vu la vie naître indépendamment d'une vie préexistante.

Beaucoup d'entre vous savent que j'appartiens à ce parti qui soutient que la vie ne peut procéder que de la vie. La question a deux facteurs : les faits et l'esprit qui les juge. Aussi ne devez-vous pas oublier que c'est peut-être en vertu d'une disposition spéciale, d'une tendance intellectuelle particulière, que dans toute cette discussion, depuis le commencement jusqu'à la fin, je ne vois d'un côté que faits douteux et logique défectueuse; de l'autre, une raison ferme, et la connaissance des conditions qu'exige une expérimentation rigoureuse. Mais au point de vue pratique, quelle importance a pour nous cette question de la génération spontanée? Voyons un peu. Il y a de nombreuses maladies de l'homme et des animaux, qui ne sont que des produits de la vie parasitaire (cela peut se démontrer), et ces maladies peuvent prendre les formes épidémiques les plus graves. Telle est la maladie qui, de nos jours, en France, a frappé les vers à soie. Maintenant il est de la plus haute importance de savoir si les parasites en question se développent spontanément, ou s'ils sont puisés dans le milieu ambiant par les individus qui en sont porteurs. Les moyens de s'en préserver, sinon de s'en guérir, seront très-différents dans les deux cas.

Mais cela n'est pas tout. En dehors de ces cas généralement admis, il existe en voie de formation une théorie nouvelle qui gagne de jour en jour en force et en clarté. Chaque jour, en effet, elle trouve une nouvelle confirmation dans les travaux des savants les plus heureux et des plus profonds penseurs de la profession médicale elle-même. Cette théorie est celle qui attribue aux maladies contagieuses en général une nature parasitaire. S'il m'était arrivé d'apprendre ou de lire quelque chose qui me fit regretter de vous avoir présenté cette théorie il y a déjà plus d'un an, je vous en exprimerais franchement mes regrets. J'y renoncerais devant vous, malgré la prédilection que mes paroles auraient pu trahir. Permettez-moi de formuler en deux sentences les bases sur lesquelles s'appuient les partisans de cette théorie : à l'aide de leurs virus respectifs, vous pouvez inoculer la fièvre typhoïde, la scarlatine ou la petite vérole. Quelle est la moisson que fournira cette culture? Aussi sûrement que le chardon naît du chardon, le figuier du figuier, le raisin du raisin, l'épine de l'épine, aussi sûrement le virus typhoïde produira par croissance et multiplication la fièvre typhoïde, le virus scarlatineux, la scarlatine, et le virus varioleux la petite vérole. Quelle est la conclusion qui se présente ici d'elle-même? C'est la suivante : Ce que nous appelons du nom vague de virus est à tous les points de vue, sous tous les rapports, une semence. Otez la notion de vitalité, vous ne trouvez dans toute la chimie aucun phénomène qui présente avec la vie un parallélisme aussi parfait. Je veux parler de cette faculté bien démontrée d'auto-multiplication et de reproduction. Seule la théorie des germes rend compte de ce phénomène.

Ici vous voyez toute l'importance que présente la doctrine de la génération spontanée dans cette question. Car si cette doctrine continue à être discréditée comme elle l'a été jusqu'à présent, il en résulte que les épidémies qui, de temps en temps, sévissent parmi nous, ne sont pas nées spontanément, mais dérivent par filiation d'une souche antérieure, dont l'habitat est le corps humain lui-même. Ce n'est pas sur la viciation de l'air, sur la malpropreté d'un égouttoir, que se fixera tout d'abord l'attention du médecin, c'est sur ces germes de maladie, que ni l'air vicié, ni un égouttoir malpropre, ne peuvent engendrer, mais qui peuvent emprunter à un air impur une virulente énergie de reproduction. Vous pouvez croire que je marche ici sur un terrain dangereux, que j'émets des vues qui peuvent contrarier des pratiques salutaires. Il n'y a là rien de réel. Si vous voulez être édifiés sur l'importance de la science médicale et de la pratique dans ses rapports avec les maladies contagieuses, vous n'avez qu'à vous reporter au récent discours Harveian (*Harveian oration*) du docteur Gull. De telles maladies défient le médecin, elles doivent se consumer elles-mêmes. Rien que ce fait, sur lequel d'ailleurs je n'insiste pas, plaiderait en faveur de leur origine vitale. Car si les semences de maladies contagieuses sont elles-mêmes des êtres vivants, il sera difficile de les détruire elles ou leur progéniture, sans comprendre dans la même destruction l'organisme où elles résident.

N'acceptez, je vous prie, qu'avec réserve, l'assertion si souvent émise et qui sera certainement répétée, que je sors de mon métier quand je vous entretiens de ces phénomènes. Ce ne sont pas là des questions professionnelles. Je ne fais pas d'ordonnances, je ne saurais tirer aucune indication de l'état de votre pouls ou de votre langue. Je m'occupe d'une question que peuvent seuls décider avec compétence les esprits habitués à peser la valeur des résultats expérimentaux; et sur laquelle, dans son état présent, ils sont tout aussi capables de se former une opinion que sur les phénomènes du magnétisme et de la chaleur rayonnante. Je ne saurais faire mieux, pour conclure cette partie de mon discours, que de vous lire un fragment d'une lettre que m'adressait, il y a quelque temps, le docteur William Budd, de Clifton, à l'habileté et à l'énergie duquel la ville de Bristol est redevable de tant de perfectionnements sanitaires.

« Pour ce qui est de la théorie des germes elle-même, écrit le docteur Budd, c'est un point sur lequel je me suis depuis longtemps fait une opinion. Depuis le jour où j'ai commencé à m'occuper de ces questions, je n'ai jamais douté que la cause spécifique des fièvres contagieuses ne fût un organisme vivant.

» Il est impossible, en effet, d'émettre aucune assertion sur l'essence ou les caractères distinctifs de ces fièvres sans se servir des termes *les plus caractéristiques de la vie*. Parcourez les écrits des plus violents adversaires de la théorie des germes, et dix fois contre une vous les trouvez remplis de termes tels que ceux-ci : Propagation, auto-propagation, reproduction, auto-multiplication, etc. Voyez s'ils peuvent, toutes les fois qu'ils ont à dire quelque chose de caractéristique sur ces maladies, éviter l'emploi de ces termes ou de ceux qui leur équivalent exactement. Parfaitement applicables aux choses de la vie, ces mots expriment des qualités qui non-seulement ne sont pas applicables à de simples agents chimiques, mais me paraissent, dans l'état actuel de la science, incompatibles avec eux. »

Une fois établie dans l'organisme, cette forme malfaisante de la vie (permettez-moi cette expression) doit suivre son cours. Jusqu'à ce jour, la médecine est impuissante à arrêter ses progrès, et le grand point auquel il faut s'attacher est de lui interdire l'accès du corps. C'est dans cette pensée que j'eus l'idée, il y a quelques années, de recommander l'emploi des respirateurs d'ouate dans les endroits infectés. Je vous répète ici que je crois à leur efficacité, s'ils sont convenablement faits. Mais je ne voudrais pas faire tort à l'emploi de ces respirateurs dans l'esprit des adversaires de la théorie des germes, en les représentant comme liés indissolublement à cette théorie. Il y a en Angleterre beaucoup de professions dans lesquelles la vie est abrégée et rendue misérable par l'introduction dans les poumons de matières que l'on en pourrait écarter. Le docteur Greenhow a montré que la poussière de la pierre se déposait dans les poumons des tailleurs de pierre. Les poumons noirs des charbonniers sont un autre exemple d'un même fait. Bref, on pourrait citer cent cas de cet ordre, et même beaucoup d'autres, où l'indication ne paraît pas tout d'abord aussi évidente. Ainsi, par exemple, nous n'aurions pas pensé que l'industrie de l'impression pût réclamer l'emploi des respirateurs d'ouate; et pourtant on m'a dit que la poussière produite par le triage des caractères avait une influence pernicieuse sur la santé.

Je suis allé il y a quelque temps dans une manufacture d'une de nos grandes villes, où l'on émaille des vases de fer en les revêtant d'une poudre minérale et en les soumettant à une chaleur suffisante pour fondre cette poudre. L'organisation de cet établissement était excellente; il n'y manquait qu'un point pour la rendre parfaite. Dans une vaste chambre, un certain nombre de femmes étaient occupées à mettre la couverte sur les vases. L'air était chargé de fine poussière, et leurs figures étaient aussi blanches, aussi décolorées que la poudre dont elles se servaient. Par l'emploi des respirateurs d'ouate, ces femmes auraient pu respirer un air mieux débarrassé de matières en suspension que celui de la rue.

Il y a plus d'un an, un grainetier du Lancashire m'écrivit pour me dire que chaque année, pendant la saison des semailles, ses hommes souffraient horriblement d'irritation et de fièvre, à tel point que beaucoup quittaient son service. Il me pria de lui venir en aide, et je lui donnai mon avis. A la fin de la saison, cette année, il m'écrivit qu'il avait simplement fait usage d'un petit sac de mousseline rempli d'ouate, qu'il l'avait attaché au-devant de la bouche, et que par ce moyen il avait passé la saison facilement, sans recevoir de plainte d'aucun de ses hommes.

La coton a aussi été employé à d'autres usages. Un malade me dit que chaque soir il se met devant la bouche un peu de coton qu'il humecte légèrement pour le faire adhérer. Par ce moyen, il a prolongé son sommeil, diminué l'irritation de sa gorge et très-avantageusement modifié une toux opiniâtre dont il souffrait depuis longtemps. En fait, il n'est pas douteux que cette substance puisse recevoir nombre d'applications utiles. On a fait à son application une objection, celle de devenir humide et de s'échauffer par la respiration. Pendant que je cherchais à porter remède à cet inconvénient, un de mes amis m'envoya de Newcastle un modèle de respirateur inventé par M. Carrick, hôtelier de Glasgow, qui y remédie d'une manière efficace et qui pourrait devenir parfait à l'aide d'une légère modification. Le respirateur, dont la partie postérieure a été enlevée, se voit dans la figure 33. La cavité est

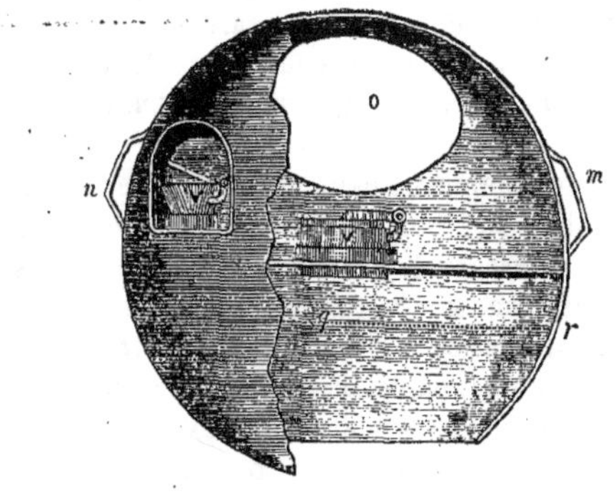

FIG. 33.

subdivisée par une cloison de gaze métallique, *gr*. L'espace situé au-dessous d'elle, destiné par M. Carrick à contenir des substances médicamenteuses, peut être rempli d'ouate. La bouche est placée contre l'ouverture *o*, qui s'adapte parfaitement au pourtour des lèvres, et l'air entre dans la cavité buccale à travers la ouate, par une légère soupape *V*, qui est soulevée par l'inspiration. Pendant l'expiration, cette soupape se ferme, et l'air s'échappe dans l'atmosphère par une seconde soupape *V'*. Le coton se maintient ainsi sec et frais; l'air en le traversant se débarrasse de toutes les impuretés qu'il tient en suspension.

M. Ladd, de Beak street, vend ces respirateurs.

Ainsi, nous avons été conduit par nos premières expériences purement théoriques à une foule de considérations pratiques.

En cela, j'ai été mû par une question de personnes. Le seul

genre de combat auquel je m'intéresse est le conflit de l'homme avec la nature. J'aime à voir l'homme conquérir un pic ou éteindre un incendie. Je me rappelle fort bien l'intérêt que je pris, il y a vingt ans, à voir les pompiers de Berlin lutter pour se rendre maîtres d'un incendie qui avait éclaté près de la porte de Brandebourg, et j'ai souvent éprouvé le même intérêt dans les rues de Londres. L'admiration que j'éprouve pour l'énergie et la bravoure de nos pompiers, et la connaissance de ce fait que la fumée est pour eux un ennemi plus dangereux que la flamme elle-même, firent naître en moi le désir d'inventer un respirateur pour les incendies. Mais, avant de vous dire ce qui a été fait dans cette direction, permettez-moi d'attirer votre attention sur les moyens employés jusqu'ici pour permettre à l'homme de vivre au milieu d'une épaisse fumée. Grâce à la courtoisie du capitaine Shaw, je puis vous mettre sous les yeux le *smoke-jacket*, connu à l'étranger sous la dénomination d'appareil Paulin, du nom de son inventeur supposé. Ce vêtement est fait de cuir de vache souple. Il a des bras, un capuchon et des yeux de verre. Des courroies et des boucles le fixent autour des poignets et de la ceinture; une courroie qui passe entre les jambes l'empêche de pouvoir s'enlever. Au côté gauche du vêtement est placé un écrou, auquel vient se fixer le tuyau ordinaire des pompes à incendie; et dans son intérieur on injecte de l'air que la pression fait pénétrer dans l'espace qui sépare le corps de l'appareil. Le vêtement se gonfle partiellement; mais il n'en peut résulter aucune gêne, parce que l'air, quoique un peu retardé, s'échappe avec une facilité suffisante par les poignets et la ceinture. Dans cet équipement, le pompier, armé d'un tuyau suffisamment long, peut marcher en toute sécurité au milieu de la plus épaisse fumée et de l'air le plus impur. Mais, comme vous voyez, l'usage du *smoke-jacket* nécessite la présence de plusieurs personnes et l'emploi d'une machine. Un seul homme ne peut en faire usage, et quel que soit leur nombre, des hommes ne peuvent rien sans une pompe à air. Les usages de ce vêtement sont ainsi résumés dans une communication que m'adresse le capitaine Shaw :

« Le vêtement à incendie (*smoke jacket*) est très-utile pour éteindre le feu dans des caves, dans la cale des navires; pour pénétrer dans les puits, les carrières, les mines, les fosses d'aisances, etc., partout, en un mot, où l'air est devenu impropre à la respiration.

» Les avantages spéciaux de ce vêtement sont sa grande simplicité, la facilité de son usage, la rapidité avec laquelle on peut l'emporter et le mettre. Son défaut est d'exiger l'emploi d'une pompe à air, et par conséquent de ne pouvoir servir à un homme seul; aussi les vêtements à incendie, très-utiles pour nous permettre d'aller aux endroits convenables éteindre le feu, se sont rarement montrés de quelque utilité pour *sauver la vie.* »

C'est là précisément la lacune que j'ai voulu combler par l'emploi d'un respirateur convenable. Nos appareils de sauvetage sont manœuvrés par un seul homme, et je voudrais qu'il fût possible à chacun de ces hommes de pénétrer au milieu de la plus épaisse fumée, jusque dans les parties les plus reculées des maisons, pour venir au secours de ceux qui, sans leur aide, périraient suffoqués ou brûlés. J'ai pensé que la ouate, qui arrête si complétement la poussière, aurait sur la fumée la même influence. L'essai fut tenté; mais quoique ce moyen procurât quelque soulagement dans une fumée peu intense, il se montra complétement inefficace contre les fumées âcres produites par la combustion de la résine, dont nous nous servions dans nos expériences. Du reste, et je suis heureux de l'avoir appris du capitaine Shaw, cette substance produit la plus abominable fumée qu'il ait jamais vue. Je me mis à chercher un perfectionnement, et, dans une conversation que j'eus avec lui sur ce sujet, mon ami le docteur Debus me donna l'idée d'employer la glycérine pour humecter la ouate et la rendre plus adhésive. Cette substance a été employée par le champion le plus distingué de la génération spontanée, M. Pouchet, pour arrêter les germes atmosphériques. Il étendit une mince couche de glycérine sur une lame de verre, fit passer à sa surface un courant d'air et examina la poussière qui s'y tait attachée. L'humectation de la ouate par la glycérine constitue un progrès réel; néanmoins, un respirateur dans ces conditions ne nous permit pas de rester dans une fumée épaisse plus de trois ou quatre minutes : au bout de ce temps, l'irritation devenait intolérable.

En y réfléchissant, il me vint à l'idée qu'une combustion assez imparfaite, pour produire une épaisse fumée, doit donner naissance à de nombreux produits hydrocarbonés qui, étant à l'état de vapeur, ne sont que très-incomplétement arrêtés par la ouate. C'est là, selon toute probabilité, la cause de l'irritation définitive, et si l'on pouvait la supprimer, il deviendrait possible d'obtenir un respirateur pratiquement parfait.

Je vous donne ces idées telles qu'elles se sont offertes à mon esprit. Bien des personnes ici comprennent d'avance leur résultat. Tous les corps possèdent, à un degré plus ou moins élevé, le pouvoir de condenser à leur surface les gaz et les vapeurs. Quand le corps est très-poreux ou a un grand état de division, la force de condensation peut produire des effets très-remarquables. Ainsi, une feuille de platine bien décapée, plongée dans un mélange d'oxygène et d'hydrogène, détermine une condensation des gaz assez intense pour amener leur combinaison. Si même l'expérience est faite avec soin, la chaleur dégagée par la combinaison peut élever le platine à la température du rouge vif, et causer ainsi l'explosion du reste du mélange. La rapidité de cette action est beaucoup plus grande encore quand le platine est dans un grand état de division. Une petite boule d'éponge de platine, par exemple, plongée dans un mélange d'oxygène et d'hydrogène, détermine une explosion immédiate. En vertu de son extrême porosité, le charbon de bois possède un pouvoir analogue. Il n'est pas assez fort pour causer, comme l'éponge de platine, la combinaison de l'oxygène et de l'hydrogène; mais il agit sur les vapeurs condensables et sur l'oxygène de l'air avec un tel pouvoir de condensation que les molécules de ces corps, se trouvant à une distance moindre que celle qui est nécessaire pour déterminer leur combinaison, l'oxygène de l'air peut attaquer et détruire les vapeurs dans les pores du charbon. De cette manière, les effluves de toute espèce sont en quelque sorte brûlées : tel est le principe de l'excellent respirateur au charbon de bois imaginé par le docteur Stenhouse. Armé d'un de ces appareils, vous pouvez aller dans les endroits les plus infects sans que votre odorat en soit péniblement affecté! Quelques-uns d'entre vous se rappellent la leçon faite ici même par le docteur Stenhouse, et dans laquelle un vase d'apparence suspecte était placé devant la table. Ce vase contenait un chat en décomposition. Il était couvert d'une couche de charbon de bois, et personne ne se douta, avant d'en être averti, de ce que le vase renfermait.

Permettez-moi, en passant, de vous donner mon avis sur

l'efficacité des respirateurs de charbon de bois pour communiquer de la chaleur à l'air introduit dans les poumons. Non-seulement la chaleur sensible de l'air expiré est en partie absorbée par le charbon, mais la quantité considérable de chaleur latente contenue dans la vapeur aqueuse venant des poumons est mise en liberté par la condensation de cette vapeur dans les pores du charbon. Chaque parcelle de charbon devient ainsi une source de chaleur et réchauffe l'air qui la traverse au moment de l'inspiration. Cela est en accord parfait avec les observations thermométriques du docteur March.

Mais tandis que le respirateur au charbon arrête puissamment les vapeurs, il est sans effet sur la fumée : les parcelles traversent librement le respirateur. Dans une série d'expériences faites en bas, la limite de la tolérance fut d'une demi-minute à une minute. Ce temps pourrait être un peu dépassé par la méthode de Faraday, qui consiste à vider complétement les poumons, puis à les remplir d'air avant de pénétrer dans l'atmosphère enfumée. En réalité, chaque corpuscule solide de la fumée est lui-même un morceau de charbon, et porte à sa surface et dans son intérieur sa petite charge de vapeur irritante. C'est elle, bien plus que les parcelles de charbon, qui produit l'irritation. Ainsi deux causes de souffrance sont à supprimer :

Les corpuscules de charbon chargés par adhésion et condensation de matière irritante, et les vapeurs libres qui accompagnent ces particules.

Je savais parfaitement que le coton humecté arrêterait les premières ; j'espérais que des fragments de charbon retiendraient les secondes. Dans le premier respirateur pour les pompiers, la disposition adoptée par M. Carrick, celle de deux soupapes, l'une pour l'inspiration, l'autre pour l'expiration, est conservée. Mais on a donné à la portion de l'appareil qui reçoit les substances filtrantes et absorbantes une profondeur de quatre à cinq pouces (voyez fig. 34 et 35). Sur la cloison de gaze métallique *qr* au fond de l'espace qui fait face à la bouche est une couche d'ouate G humectée de glycérine, puis une mince couche d'ouate sèche G'. Vient ensuite une couche de charbon de bois en fragments, puis, de nouveau, une mince couche d'ouate sèche, et enfin, une couche de chaux caustique en petits fragments. La succession des couches peut être intervertie sans préjudice pour l'appareil. Un couvercle de toile métallique, que l'on voit de face en bas de la figure 34, empêche les substances de tomber du respirateur. Dans la fumée la plus épaisse dont nous nous soyons servis jusqu'ici, la couche de chaux n'a jamais été nécessaire, aussi ne la voit-on pas dans la figure.

En effet, dans une maison en flammes, grâce au mélange de l'air avec la fumée, jamais la proportion d'acide carbonique n'est assez grande pour entraver la respiration. Mais dans le cas ou la quantité d'acide carbonique serait excessive, les fragments de chaux neutraliseraient son influence.

C'est en bas, dans une chambre semblable à une cave, avec un plancher et des murs de pierre que furent faites nos premières expériences. On y plaça des fourneaux chargés de pin résineux, le feu fut allumé et couvert d'une sorte d'étouffoir pour empêcher une circulation d'air trop active : il se produisit une fumée très-épaisse. Les yeux protégés par des lunettes appropriées, nous restâmes, mon assistant et moi, dans cette chambre pendant plus d'une demi-heure, et cependant la fumée était si âcre et si intense, qu'une seule inspiration faite sans le respirateur était absolument intolérable. Nous aurions pu néanmoins prolonger notre séjour pendant des heures. Ayant ainsi perfectionné l'instrument, j'écrivis au capitaine Shaw, le commandant en chef des pompiers de la capitale, pour lui demander si un pareil respirateur pourrait lui rendre des services.

Il me répondit aussitôt qu'un tel instrument serait très-utile. Il connaissait du reste tous les appareils de ce genre imaginés dans notre pays et à l'étranger, aucun d'eux ne lui avait paru répondre aux besoins de la pratique. Il m'offrit de

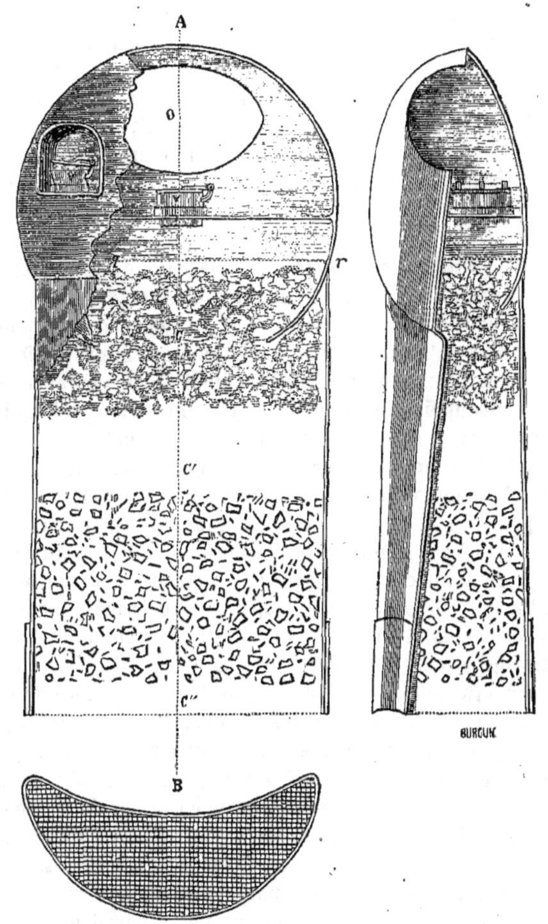

Fig. 34 et 35.

venir lui-même en faire ici l'essai ou de mettre à ma disposition une chambre dans la cité. Sur ma demande, il vint ici accompagné de trois de ses hommes. Une petite chambre fut remplie de fumée à leur entière satisfaction. Les trois hommes y entrèrent successivement et y restèrent aussi longtemps que le désira le capitaine Shaw. En sortant, ils nous dirent qu'ils n'avaient pas éprouvé la plus légère incommodité, et qu'ils auraient pu rester toute la journée dans la fumée. Le capitaine Shaw fit alors lui-même l'essai de l'instrument avec le même résultat. Depuis ce moment, le capitaine Shaw a mis tous ses soins à perfectionner l'instrument. Il a adapté au respirateur un capuchon approprié. La solution pratique du problème est donc trouvée, et je dois me borner à dire que si l'on employait à perfectionner le respirateur d'ouate le dixième de l'intelligence, du zèle et de l'habileté pratique que le capitaine Shaw a déployés pour le respirateur des pompiers, plus d'une vie précieuse serait épargnée et la durée de l'existence augmenterait.

M. Ladd a aussi préparé une pièce pour la bouche qui promet bien, et M. Cottrel l'a fixée à un masque d'escrime ordinaire. Telle sera probablement la forme définitive de l'appareil.

Le discours se termina en ces termes : Ainsi nous avons été conduit de la décomposition actinique des vapeurs à travers les queues des comètes et l'azur du ciel, jusqu'à la poussière de Londres, de la théorie sporique des maladies au respirateur des pompiers. Au lieu de cet exemple vulgaire, je pourrais, si le temps le permettait, montrer par des exemples d'un genre plus relevé la tendance de la science pure à conduire aux applications pratiques. Ainsi, ces véritables vagabondages de l'esprit scientifique, qui semblent à première vue purement théoriques, deviennent à la fin des sources d'applications pratiques. Et néanmoins, il existe une philosophie, défendue, je crois, par quelques-uns de nos plus ardents penseurs, qui voudrait abolir ces courses errantes de l'esprit et le fixer dès le début exclusivement sur le terrain de la pratique. Je crains bien que sur beaucoup de points ils ne commettent, malgré leurs bonnes intentions, la fatale erreur de substituer aux faits les chimériques espérances de leur imagination. Je ne pense pas qu'une telle philosophie puisse jamais servir au monde, et qu'un naturaliste ami de la liberté veuille supporter le poids de ses chaînes.

Quelque temps avant cette leçon, j'eus occasion d'examiner l'appareil de M. Sinclair, qui a été essayé et hautement loué par le chef des pompiers de Manchester. L'idée originale est due à de Humboldt, qui proposa l'instrument pour les mines du Hartz. Galibert donna à l'appareil une forme perfectionnée, et depuis, il a reçu de nouvelles améliorations de M. Sinclair qui a acheté le brevet de Galibert. Il consiste en un sac imperméable à l'air, duquel partent deux tubes qui se réunissent en un seul au niveau d'une pièce respiratrice que l'on applique sur la bouche. Le sac est rempli d'air ; le porteur inspire par une valve et respire par l'autre. L'air expiré est conduit au fond du sac et y reste en raison de la densité plus grande que lui communique le refroidissement qu'il éprouve au sortir de la bouche. Un sac de grandeur assez ordinaire est dit-on, suffisant pour entretenir la respiration d'un homme pendant vingt minutes. L'appareil de M. Sinclair fut montré pendant la séance. J. Tyndall.

— Traduit de l'anglais par Danlos, interne des hôpitaux. —

BULLETIN DES SOCIÉTÉS SAVANTES

Académie des sciences de Paris

SÉANCE DU 9 OCTOBRE 1871

Plusieurs travaux relatifs à l'électricité font partie de la correspondance, dit M. Dumas. L'un, de M. Leblanc, traite *de l'énergie des piles à deux liquides*. Il a constaté par de nombreuses expériences que la proportion ou plutôt la quantité du cuivre déposé varie suivant l'acide employé. De 7 grammes avec l'acide chlorhydrique, cette quantité s'élève au maximum à 16 grammes et demi avec l'acide azotique ou l'eau régale qui donnent les résultats les plus réguliers.

— Un autre, de M. Favre, — continuation de ses *Recherches thermiques sur l'électrolyse des bases alcalines et des sulfates alcalins*, — confirme ces résultats. Après avoir expérimenté successivement avec l'acide azotique pur ou dilué, l'acide permanganique et l'acide hyperchloreux, il a constaté que le premier, s'il est pur, développe une quantité de calories plus considérable que s'il est hydraté. Le second n'a pas des effets constants, l'hyperchloreux donne les plus grands en raison de la détonation qu'il provoque. D'accord avec M. Leblanc, M. Favre admet que c'est simplement par la dissociation des éléments de ces corps que l'électricité, et par conséquent la température, sont développées.

Ce fait est déjà vérifié et démontré dans son précédent mémoire du 25 septembre. Des nombres différents de calories obtenus des oxydes de potassium, de sodium, de baryum, de strontium et le sulfate d'hydrogène en dissolutions suffisamment étendues, il lui a suffi de retrancher uniformément pour chacune de ces bases le nombre 34,462 qui est l'expression thermique de la synthèse de l'eau, dont les éléments constituants sont mis en liberté pendant l'expérience, pour avoir le nombre exact de calories de ces oxydes. De même pour les sulfates de potassium, de sodium et d'ammonium. Et les nombres de calories obtenues ne varient pas seulement pour chacun de ces oxydes, mais encore suivant l'acide employé comme réactif. L'acide sulfurique en donne le maximum, puis l'acide chlorhydrique, puis l'acide azotique et finalement l'acide acétique en produit le minimum et cela uniformément sur les trois oxydes.

M. Favre s'est ainsi attaché à démontrer, avec une rigueur chimique toute mathématique, la provenance de la chaleur obtenue, jusque dans la différence de l'appareil employé pour l'électrolyse comme pouvant en prendre, en conserver ou en ajouter. La décomposition électrolytique différente de l'oxyde d'ammonium lui en fournit la preuve par la réaction préalable de l'oxygène sur l'hydrogène de cet oxyde non encore décomposé.

— Par un autre travail, M. Dumoncel démontre que l'on obtient à volonté une plus ou moins grande quantité d'électricité en diminuant ou en augmentant les lames de platine constituant les électrodes du voltamètre.

— M. Rumkorf envoie aussi une note sur ce sujet.

— M. le docteur Marey a fait des expériences intéressantes sur l'action du nerf électrique de la torpille et celle d'une pile électrique sur la grenouille. Sans pouvoir entrer dans les détails, la conclusion est que la perte de temps qui s'écoule entre l'une et l'autre équivaut à un 80e de minute.

— M. le docteur Tripier étudie de son côté la différence des réactions électriques sur les muscles et sur les nerfs, et démontre ainsi la nécessité d'en faire varier les applications, suivant qu'elles s'exécutent sur l'un ou l'autre de ces organes.

— Un mémoire de M. Duclos, de Clermont, *sur l'éclosion de la graine de ver à soie*, indique le moyen très-simple de l'avancer ou de la retarder à volonté. Il suffit de l'exposer à une température froide de 0 degré pendant deux mois pour la voir éclore vingt jours après. On la conserve au contraire pendant une ou deux années en la maintenant à une température de 15 à 20 degrés centigrades. La condition essentielle de son éclosion est un refroidissement préalable. C'est ce que les Chinois et les Japonais avaient déjà remarqué et pratiqué sans se rendre compte du phénomène en exposant leurs graines à la température d'une nuit très-claire et brillante pour leur éclosion.

Des recherches se poursuivent sur les graines végétales pour savoir si elles sont passibles de ce phénomène de reculer pour mieux sauter.

— Contre le *Phylloxera vastatrix*, M. Villevot obtient des effets excellents d'un fumier dans lequel entre de la chaux, des rognures de cuivre et surtout du goudron de gaz avec lequel on peint les échalas. Depuis vingt ans qu'il emploie ce fumier dans ses vignes, il n'y a vu ni oïdium, ni ver blanc, ni escargot, ni aucun autre insecte, y compris le *Phylloxera*. Ce moyen est donc très-pratique.

MM. Peyrat et Deleuze réclament en faveur de l'acide phénique qu'ils emploient depuis plusieurs années dans le midi.

— Suivant M. Gaube, cet acide phénique mêlé même au 100e à la levûre de bière suffirait à en endormir, à en suspendre la fermentation sans la détruire, et de même de l'action virulente du cow-pox et du vaccin humain. Inoculés dans cet état de mélange, ils sont restés sans effet.

— M. le professeur Roux, à l'école navale de Rochefort, écrit que le forage d'un puits artésien dans cette ville, pour avoir de l'eau potable, n'a malheureusement pas eu ce résultat. Parvenu à une profondeur de 856 mètres, il en est jailli une source d'eau chaude, à 42 degrés et très-fortement minéralisée. Elle contient des sulfates de soude et de magnésie en quantité suffisante pour permettre l'exploitation de ces sels. Elle contient en outre des iodures, de l'arsenic et des arséniates. Si donc le but n'a pas été atteint, ce n'est pas sans compensation.

— Signalons une lecture de M. le président Faye sur la *Théorie des comètes* en réponse à une objection de sir John Herschell. Il suffira à nos lecteurs de se reporter au numéro 25 de cette *Revue*, du 21 mai 1870, pour avoir *in extenso* toute la substance de ce mémoire par la leçon avec figures de l'éminent physicien.

— Une lettre de M. Zundel, vétérinaire suisse, lue par M. Bouley, semble donner la solution d'un fait observé depuis longtemps. C'est l'avortement successif de toutes les vaches d'une même étable dès que l'une d'entre elles avorte, comme s'il existait un agent épidémique ou contagieux. Des expériences de M. Franck il résulte que la moindre parcelle de la masse placentaire ou délivre de la vache avortée injectée à une autre vache pleine la fait avortée aussitôt. Les bactéries existant dans le sang du placenta seraient la cause de cette action abortive, et une injection légèrement phéniquée suffirait pour en annihiler et en prévenir l'effet. Le mystère de cet avortemement ainsi dévoilé permet donc de l'empêcher facilement.

— Restent les présentations de la première feuille de l'*Atlas physique de la France*, publié par l'Observatoire, *du Ciel géologique* ou prodromes de géologie comparée par M. Stanislas Meunier, du rapport annuel sur l'état sanitaire de la marine anglaise dans ses différentes stations, par M. Larrey, et de deux ouvrages de M. le docteur Maillot.

— Une réponse de M. Bertrand à M. Chasles relativement à Aboul-Wefà provoque la seule proposition qui puisse mettre fin à cet échange de notes hebdomadaires : c'est que le gouvernement fasse faire des recherches dans les bibliothèques orientales, et notamment à Constantinople, pour savoir s'il n'existe pas des ouvrages du célèbre astronome arabe ou d'autres, pouvant donner un complément d'instruction ou des éclaircissements sur le sujet en discussion.

Il nous faut revenir sur plusieurs mémoires de la dernière séance. C'est d'abord sur la classification par le P. Secchi, *Des divers aspects des protubérances et autres parties remarquables observées à la surface du soleil*. Il divise ainsi en quatre les aspects bien tranchés que présente la chromosphère par les adjectifs *plate*, *velue*, *diffuse* et *flamboyante*. Il distingue également trois formes principales des protubérances : ce sont les *amas* subdivisés d'après leur aspect en *brillants* et *cumuliformes;* les *jets* ou flammes, vives et brillantes, dont l'intensité lumineuse est toujours très-grande et souvent supérieure à celle du contour solaire. Quelques-uns sont triangulaires, comme des pointes d'épée, courtes et roides, d'autres sont des *cônes* très-courts, d'autres des flammes. Il en est qui ont la forme des plus beaux bouquets de feux d'artifice; certains représentent la tête de magnifiques palmiers dont la tige, ordinairement très-vive et très-brillante, paraît se diviser en rameaux. Enfin il y a les *panaches*, qui diffèrent principalement des *jets* par leur moindre intensité lumineuse, une plus longue durée, leur diffusion et leur hauteur plus grande, leur forme et leur situation. On les distingue en simples et composés. Enfin il y a les *nuages* qui nagent en masses isolées au-dessus de la chromosphère, et formant aussi des jets et des panaches, en forme de queue de cheval, de gerbes, etc. La persistance des panaches est surtout très-remarquable.

On ne saurait donner une idée exacte de ces divers phénomènes astronomiques que par la reproduction des figures intercalées dans ce beau mémoire dont l'importance justifie bien sa publication entière dans les *Comptes rendus*.

— En étudiant depuis 1869 les phénomènes atmosphériques et terrestres sous la dépendance de la rotation diurne de la terre ou de sa translation annuelle, M. Poëy a trouvé que la similitude de leurs causes et leurs effets pouvait constituer une vraie loi qu'il désigne sous le nom d'*évolution similaire des phénomènes météorologiques*. Ceux qui se manifestent dans la journée se reproduiraient dans l'année et même dans une période séculaire en obéissant aux mêmes causes physiques. La pression atmosphérique détermine ainsi les mêmes oscillations barométriques diurne et annuelle, avec cette différence que les maxima et les minima sont renversés de même que pour les vents. Quant à la température, elle atteint sous toutes les latitudes son minimum avant, et quelquefois après le lever du soleil, et son maximum deux heures environ après le passage du soleil au méridien ou au zénith. La rotation annuelle de la terre donne des minima et des maxima correspondants avec ceux du jour. Il en serait de même de l'humidité atmosphérique, l'humidité relative ayant une marche inverse de la tension de la vapeur d'eau de l'atmosphère, et l'inversion diurne de ces deux éléments se reproduisant dans la distribution annuelle, sous l'influence de la terre. C'est à justifier ces énonciations sommaires que la note de M. Poëy est consacrée.

Académie de médecine de Paris

SÉANCE DU 3 OCTOBRE 1871

La discussion est à l'alcoolisme. L'Académie a pris l'initiative de cette question et tient à la mener à bonne fin. Il s'agit aujourd'hui de l'examen de l'*Instruction populaire* à répandre parmi les populations, pour mettre un frein à la tendance croissante de l'ivrognerie en leur en montrant tous les dangers et les effrayants résultats. Le but est assurément des plus louables, mais l'exécution?...

M. Bergeron, rapporteur, a soutenu fermement son travail envers et contre tous. Prenant résolûment le bœuf par les cornes, il a prévenu ces objections articulées tout haut en demandant un vote préalable sur l'opportunité même de l'*instruction*.

En commençant le débat, M. Marotte fait un seul reproche à ce travail, et ce reproche est un éloge : c'est de contenir *tout* ce qui est requis en pareil cas. Il est trop académique, et a le défaut de ses qualités. Chaque chose doit être placée dans son milieu à l'exemple de Molière. Beaucoup de points seraient à retrancher, à condenser, d'autres à vulgariser, sans tomber dans la trivialité. Les ivrognes porteront peu d'intérêt au point de vue historique et scientifique, cela leur importe peu. C'est au point de vue populaire surtout que l'action de l'alcool sur les organes doit être décrite. L'énumération des effets de l'ivrognerie étant plus condensée avec moins de mise en scène, les frapperait davantage. Il faut surtout développer et atteindre chez eux le sentiment de la crainte, de la peur, en montrant les conséquences funestes de ce vice. Exposer par exemple les effets immédiats de l'alcoolisme sur la descendance en disant à cet ivrogne : cet enfant sur lequel tu espères pour faire la joie, le soutien, l'honneur de ta vieillesse, ne sera fatalement et par ta faute qu'un paresseux, un débauché, un voleur, un idiot, peut-être un parricide, et dans tous les cas mauvais soldat et mauvais citoyen, comme la dernière guerre l'a prouvé. L'ivrogne est mauvais mari, mauvais père, mauvais enfant et mauvais citoyen. Il faut le lui montrer pour le guérir; c'est la sanction à côté de la loi. L'hygiène ne se conseille pas, elle s'impose, a dit avec raison M. Amédée Latour.

Devant un si juste et éloquent programme, le rapporteur eût sagement fait, selon nous, de demander le renvoi à la commission avec adjonction de M. Marotte, en le mettant en demeure de réaliser ce qu'il concevait si bien. La comparaison eût été facile, mais point. Il le combat à son point de vue en répondant qu'il lui a répugné de faire seulement appel à la peur dans la description des effets pathologiques; il a préféré en appeler à des sentiments plus élevés. — Les ivrognes en sont-ils capables? — Quant au reproche d'être trop scientifique, il ne l'est qu'en ce qu'il s'appuie sur des faits démontrés, mais il n'est pas technique; pour se faire mieux comprendre, on ne peut donner cette instruction dans tous les patois de la France.

M. Gubler approuve cette manière de voir et la rédaction générale de l'*instruction* qui doit s'adresser plutôt à des hommes instruits, autorisés, qu'aux ivrognes eux-mêmes.

Ce serait impraticable, dit M. Briquet. L'Académie n'a point le droit de la faire afficher ni placarder chez les cabaretiers, qui, assurément, ne le souffriraient pas. C'est à l'administration, au gouvernement, de l'adresser à ses agents chargés d'agir sur leurs administrés.

Oui, dit M. Hardy, sa destination est au ministre ressortissant qui l'adressera aux autorités locales.

Non, reprend M. le président, ce sera aux conseils d'hygiène, intermédiaires naturels entre lui et les populations.

Et M. Larrey d'ajouter : Son envoi aux conseils généraux eût été du meilleur effet si leur session n'était si proche.

Pourquoi pas à tous les conseils municipaux? murmure le public; l'effet en serait, à coup sûr, bien plus considérable.

L'Académie à elle seule peut en répandre et en disséminer au moins 500 000 exemplaires dans un temps très-court, dit M. Verneuil; je me fais fort de lui en démontrer la possibilité. Le gouvernement pourra en faire autant, mais ce serait une illusion de compter sur lui seul. Ce n'est pas sur son invitation, mais *motu proprio* que l'Académie s'est occupée de cette question; elle n'a qu'à continuer son œuvre. M. Verneuil est invité à se joindre au conseil pour traiter cette question d'exécution.

Suivant M. Gosselin, cette *instruction* est surtout un moyen préservatif propre à agir sur les générations futures par la voie des instituteurs primaires et des chefs de tout établissement d'instruction.

Cette voie est indiquée dans le rapport, répond M. Bergeron.

Oui, ajoute M. Blot, le traitement préventif est seul de mise en pareil cas, et ce travail est très-propre à cet effet.

M. J. Guérin voudrait que l'on déterminât bien, avant la discussion des articles, l'usage et le mode d'emploi que l'on veut faire de ce travail, pour que la rédaction y soit bien appropriée. Mais il est passé outre, et M. Bergeron relit les trente-deux propositions ou aphorismes de cette *instruction*.

Après cette discussion, qui a tenu toute la séance, l'ensemble du travail est adopté, sauf quelques corrections et suppressions proposées par M. Barth avec un résumé final.

Société d'anthropologie de Paris.

SÉANCES DE JUILLET A SEPTEMBRE

La Société d'anthropologie vient de reprendre ses séances. Après une interruption qui n'a pas duré moins d'une année, à la suite d'aussi douloureux événements, se compter a été la pensée commune, et ce n'est pas sans une émotion réelle que le président lui a annoncé et qu'elle a appris que son nécrologe s'était augmenté de noms dévoués à ses études. La compagnie a perdu : MM. Lartet, Liégeois, Barrière, Lakanal, Lagrelette et Léon Guillard; celui-là tué en combattant comme capitaine de francs-tireurs, celui-ci frappé d'une balle à Buzanval. Presque tous les noms qui précèdent ont eu leur juste panégyrique; qu'il nous soit permis de nous arrêter quelques instants sur le dernier, qui fut l'un des collaborateurs de cette revue et l'un des membres les plus actifs de la Société.

Fort d'excellentes études, docteur en droit, notre excellent ami Léon Guillard promettait d'illustrer son nom. Membre zélé de la Société de législation comparée, membre non moins dévoué et des plus laborieux de la Société d'anthropologie, dont il fut à la fois l'agent, le trésorier et l'archiviste, secrétaire de M. Broca, Léon Guillard s'était fait connaître et apprécier des sommités scientifiques avec lesquelles ses travaux le mettaient journellement en rapport. Il trouvait dans l'accomplissement de ses fonctions diverses l'occasion d'augmenter ses études et d'ébaucher divers travaux de législation comparée, des recherches historiques sur le droit ancien, qui témoignent d'une saine érudition et d'un savoir réel : travaux inachevés que sa timidité et sa modestie dérobaient à ses meilleurs amis. Nul ne fut plus obligeant, personne n'a eu plus que lui le sentiment du devoir. Tout à fait impropre, par ses aptitudes et son tempérament, à la vie militaire, ayant la guerre en horreur, Guillard pouvait se dispenser d'entrer dans les bataillons de marche; il ne crut pas pouvoir réclamer cette dispense, estimant qu'il faut d'abord obéir aux lois de son pays. Aux observations que lui faisaient ses amis sur cette nouvelle carrière, il répondait doucement... « C'est le devoir; je serai inhabile, mais je ferai nombre; » et quelques jours avant Buzanval, il nous disait : « ... Le plus triste, c'est de penser qu'on peut être tué de par le hasard, et sans que notre mort serve à autre chose qu'à attrister pour toujours ceux qui nous chérissent. » Foudroyé par un projectile, notre excellent ami est mort sur le coup, et son visage doux et calme n'exprimait aucune trace de souffrance. Si quelque chose peut atténuer le chagrin profond de ses proches, c'est de penser que le souvenir de Léon Guillard demeurera toujours dans la mémoire de ceux qui l'ont connu. M. Dally s'est chargé de rappeler à la Société les services extraordinaires de notre regretté collègue.

L'honorable président actuel de la Société, M. Gaussin, a justement rappelé qu'il fallait chercher dans le travail l'oubli de tous les maux et de toutes les peines, et c'est le dépôt archéologique très-riche de la Varenne-Saint-Hilaire qui, par l'organe de M. Leguay, a ouvert la première séance. Il s'agissait d'un grès sculpté de l'époque de la pierre polie, sur lequel se trouve un dessin dont l'authenticité, au dire de notre collègue, est plus réelle que la perfection.

M. Rochet, tout en étant alarmé de la présence des divers contingents de la Confédération germanique sur notre sol parisien, a voulu néanmoins étudier leur type, et parmi ces contingents, il a essayé de comparer le type prussien avec ce qu'il appelle, ainsi que beaucoup de personnes, l'Allemand pur. Il serait peut-être utile et peut-être essayerons-nous de le faire quelque jour, d'insister, au moins à la Société d'Anthropologie, pour que l'on revienne à la bonne habitude, dans la science, d'appeler les hommes et les choses par leurs noms. Les vrais Allemands (*Alemani*), sont surtout les Badois et les Bavarois. Les Prussiens ne sont pas, il s'en faut de beaucoup, des Alemani. M. Rochet a remarqué chez les Prussiens, qu'il a soin de distinguer, une valable largeur des pommettes, une mâchoire inférieure aux grandes proportions, toutes les parties inférieures du visage très-développées. On trouvera dans le *Bulletin* de la Société le résultat complet de son examen. Il n'a pu faire de mensurations, ni même de croquis, et sa communication a plutôt pour but d'appeler de nouveau l'attention sur la nécessité d'étudier la physionomie des types humains, et non pas seulement la crâniologie. M. Rochet est un excellent artiste plutôt qu'un anatomiste !

M. Ploix a lu un mémoire important sur les conditions de la civilisation. Pour lui, la civilisation n'est pas une conséquence forcée de l'organisation. Les variétés ethnologiques ne peuvent nous rendre raison des différents degrés de civilisation auxquels sont parvenus les peuples divers étudiés jusqu'alors. Examiner quels sont les climats qui ont été les plus favorables au développement de la civilisation; expliquer comment leurs caractères spéciaux ont dû déterminer l'essor du progrès humain; montrer cependant que ce n'est pas le climat seul qui est le seul facteur de la cause du progrès et se persuader que la civilisation n'est autre chose que le développement normal de l'humanité qui va se perfectionnant sans cesse, tels sont sans doute les prémisses et les conclusions de l'étude de M. Ploix.

Des discussions sur ce qu'il faut entendre par civilisation ont eu lieu plusieurs fois dans le sein de la Société et se reproduiront encore, en raison de l'importance des questions soulevées par les auteurs. La triste guerre qui vient d'avoir lieu, trop récemment, entre deux grandes nations des plus civilisées du globe, sera sans doute un commentaire de plus à ajouter aux autres.

Un passage du mémoire de M. Ploix, dans lequel l'auteur semblait considérer les Étrusques comme aryens, a amené des observations de MM. de Quatrefages et Chavée, qui, le premier de par le crâne, le second de par la linguistique, lesconsidèrent comme d'origine sémitique. Plusieurs membres ont répondu que le Congrès d'archéologie et d'anthropologie pré-historiques, dont les assises vont se tenir à Bologne, permettrait sans doute de résoudre la question, en raison des documents importants, crânes, objets divers, faits historiques et de linguistique qui doivent lui être soumis. La Société a donc renvoyé à un ordre du jour prochain l'examen de cette question en litige, à laquelle crâniologistes et linguistes paraissent vivement s'intéresser.

Incidemment, l'épopée du « divin Homère », comme on disait autrefois, a été soumise au critérium de l'assemblée. Il s'agissait de la valeur historique de l'*Iliade* et de l'*Odyssée*. L'un est un poëme mythique, l'autre un document presque scientifique a-t-on dit fort justement. J'ajoute, pour faire plaisir aux bibliographes, qu'il paraît encore, de temps à autre, une plaquette où l'on discute l'existence du poëte.

Le laborieux secrétaire général de la Société a fait ensuite deux communications importantes. Dans la première, il s'agissait des caractères de la queue des primates comparée à l'appendice osseux coccygien de l'homme. Ceux de nos lecteurs qui ont suivi l'an dernier la discussion intéressante à laquelle a donné lieu le transformisme devront lire, dans notre publication trimestrielle, à la suite du mémoire important de M. Broca sur l'anatomie comparée des singes anthropomorphes et de l'homme, cet annexe à son travail. La seconde communication a eu pour point de départ la présentation d'un crâne déformé d'une Toulousaine morte à la Salpétrière, et du moule intérieur de son cerveau. En mettant sous les yeux de la Société un très-beau spécimen de la déformation de Toulouse, M. Broca a fait constater que les rapports du crâne et du cerveau avaient été sensiblement modifiés par suite de la déformation. Le sillon de Rolando qui limite le lobe frontal est situé dans l'état normal de 40 à 43 millimètres en arrière de la suture coronale (mesures prises sur la ligne médiane); sur le crâne présenté, il se trouve à 57 millimètres en arrière de cette suture. Donc le lobe frontal, qui est le plus intellectuel, n'a pas été réduit dans la même proportion que la loge frontale déformée; il s'est développé ou plutôt réfugié en arrière, et il a regagné ainsi au moins une partie de ce que lui faisait perdre la déformation. Le lobe frontal de cette Toulousaine ne paraît pas d'ailleurs notablement plus petit, proportion gardée, que dans les cerveaux ordinaires.

C'est la première fois qu'on étudie anatomiquement l'état du cerveau des crânes déformés artificiellement. On sait que certaines déformations américaines détruisent tellement le front qu'il semble que le lobe frantal doive être réduit à des proportions incompatibles avec l'intelligence. On s'est donc demandé comment il pouvait se faire que ces sauvages ne fussent pas idiots. Or, le fait communiqué par M. Broca explique de quelle manière le cerveau échappe, en partie du moins, à l'atrophie dans le point comprimé: c'est qu'il se développe dans les autres directions.

Cette intéressante communication a été le point de départ d'une discussion sur diverses questions à résoudre. On a demandé si l'usage si répandu de cette déformation à Toulouse n'avait pas porté atteinte à l'intelligence des Toulousains. M. Broca a répondu qu'à coup sûr la population toulousaine était très-intelligente, mais qu'elle avait montré plus d'aptitude pour les lettres et les arts que pour la philosophie et les sciences. La faculté des lettres recruterait aisément ses professeurs parmi des Toulousains, la faculté des sciences serait obligée, au contraire, de faire appel au dehors. Il a été dit aussi que l'usage de ces procédés de déformation tend à diminuer notablement à Toulouse. Il faut espérer qu'un peu de statistique viendra éclairer ces questions. Nous avons dans cette ville, il faut l'espérer, au moins autant de correspondants bienveillants et sagaces, que de juges à Berlin.

Enfin, l'hérédité possible des déformations artificielles a été agitée. Il a été question de la queue coupée à des chiens qui, au dire de plusieurs observateurs, produisent des descendants sans queue. En faisant des réserves quant aux mutilations dues à un traumatisme, M. Jules Guérin croit que non-seulement certaines modifications organiques ont un effet retentissant sur les descendants, mais encore que c'est une loi de la génération. Les déformations mécaniques accidentelles ne sont pas transmissibles, mais seulement celles qui sont fonctionnelles. Ce serait une influence de l'influx nerveux présidant à la modification organique et intervenant dans la transmission.

M. Sanson est plus affirmatif... dans un sens opposé. Il ne croit pas qu'il y ait dans la science un seul fait authentique qui prouve l'hérédité des déformations ou mutilations artificielles. Il cite l'exemple des mérinos et des south-downs auxquels on coupe la queue, parce que celle-ci est longue et pendante, se salit et salit le reste de la toison. Or ces moutons, ainsi amputés, au nombre de plusieurs millions chaque année, naîtraient tous avec une queue, bien que les agneaux soient nés d'ancêtres privés de cet appendice, depuis plusieurs générations. M. Sanson pense donc que ceux de ses collègues qui ont rencontré des chiens nés sans queue, ne les ont pas vus naître, ce qui serait assurément un moyen très-simple de se convaincre.

M. Posada-Arango a lu un mémoire sur les aborigènes de l'État d'Antoquia en Colombie. Il nous a donné des détails historiques peu connus sur un restant de population qui va errant aujourd'hui dans des forêts lointaines. Ces Indiens ne se seraient jamais mélangés avec les conquérants espagnols qu'ils croient fuir encore, et ils présenteraient une pureté de race de plus en plus difficile à rencontrer de nos jours. Malheureusement l'auteur n'a pu faire de mensurations, ni étudier les caractères physiques de ces aborigènes.

M. Garrigou a donné une note assez importante, puisqu'il s'agit d'une rectification. Il s'agit des prétendus tumulus de Garen (Haute-Garonne) signalés antérieurement à la Société, par un de ses membres, M. Ollier de Marichard. Ces tumulus ne seraient que des mamelons dont la formation est due à la présence d'un glacier descendant des montagnes d'Oo. Ces monticules ont pu servir de lieux de sépultures, mais enfin ils ne sont pas de la main de l'homme. Avis à notre collègue, M. Ollier, qui ne se trouve pas à Paris en ce moment.

M. Barabeau a remis une note sur des objets et ossements d'animaux fossiles trouvés dans une grotte de la Dordogne, à Laugerie-Basse. M. Piette en a déposé une sur une caverne de l'époque du renne dans la Haute-Garonne, et M. Roujou une autre sur des objets de silex trouvés près de Melun. M. de Mortillet a communiqué l'essai d'une carte générale des grottes en Europe, et nous pouvons annoncer un travail semblable exécuté au point de vue bibliographique, son auteur ne se reconnaissant pas la compétence géologique de M. de Mortillet.

Pour terminer, je me suis chargé d'informer les lecteurs de cette revue que le prix Godard qui n'a pu être délivré cette année par la Société, en raison des événements, le sera en août 1872. Ce prix de 500 francs est décerné au meilleur travail sur l'anthropologie ou sur un sujet s'y rattachant directement. Les mémoires imprimés ou manuscrits doivent être adressés au siége de la Société, 3, rue de l'Abbaye, avant le premier jeudi de janvier 1872.

A. DUREAU.

Le propriétaire-gérant : GERMER BAILLIÈRE.

PARIS. — IMPRIMERIE DE E. MARTINET, RUE MIGNON, 2.

LA

REVUE SCIENTIFIQUE

DE LA FRANCE ET DE L'ÉTRANGER

REVUE DES COURS SCIENTIFIQUES (2E SÉRIE)

DIRECTION : MM. EUG. YUNG ET ÉM. ALGLAVE

2e SÉRIE — 1re ANNÉE | NUMÉRO 17 | 21 OCTOBRE 1871

MUSÉUM D'HISTOIRE NATURELLE DE PARIS

PHYSIOLOGIE GÉNÉRALE

COURS DE M. CLAUDE BERNARD

de l'Institut de France et de la Société royale de Londres

La méthode et les principes de la physiologie (1)

I

Messieurs,

En prenant la parole j'ai tout d'abord à me féliciter d'appartenir à ce Muséum qu'illustrèrent tant de savants, gloires de notre pays, et qui, aujourd'hui, compte encore dans son sein des hommes si éminents ; je dois aussi vous faire part de la bonne fortune scientifique et des circonstances particulières qui m'amènent au milieu de vous, car elles seront essentiellement liées à l'avancement de la physiologie française.

Je dirai immédiatement que je n'ai point à inaugurer ici un enseignement nouveau, à poursuivre ou à développer une série de connaissances scientifiques qu'un prédécesseur m'aurait léguées ; ma situation est tout à fait autre.

En 1867, M. Duruy, ministre de l'instruction publique, me demanda d'exposer, dans un rapport, les progrès de la physiologie en France et les desiderata de cette science. Quoique souffrant à cette époque, j'acceptai cette tâche ; je fis de mon mieux en montrant le développement de notre science dans ses rapports avec le développement de cette même science à l'étranger, et, j'arrivai à cette conclusion, que la physiologie française était indigente, mais non pas insuffisante ; c'est, qu'en effet, les moyens de travail seuls lui manquaient, le génie physiologique ne lui avait jamais fait défaut. — Une conclusion de même nature pouvait, du reste, se généraliser pour la plupart de nos sciences physiques et naturelles, et les nombreux et excellents rapports publiés par mes collègues avaient mis ce fait en pleine évidence (1).

Justement ému et désireux de remédier à cet état de choses, M. Duruy institua l'École pratique des hautes études. La culture pratique des sciences est, en effet, la seule voie féconde, il faut attaquer directement la nature pour lui arracher ses secrets, secrets si difficiles à pénétrer quand il s'agit de la science de la vie. C'est alors que le ministre me proposa la direction d'un laboratoire public de physiologie ; l'état de ma santé et quelques considérations me firent tout d'abord décliner cet honneur, mais au nom de la science le ministre insista, et je crus qu'il y avait devoir pour moi de céder à des instances aussi honorables. — La question du local fut agitée en premier lieu ; seul, le Jardin des plantes présentait un emplacement convenable, c'est pourquoi l'installation du laboratoire y fut décidée. Toutefois, je ne pouvais me résoudre à solliciter une chaire nouvelle et à changer la nature de mon enseignement ; en 1854, une chaire de physiologie générale avait été créée pour moi à la Faculté des sciences, mes travaux particuliers avaient été dirigés dans cette voie scientifique, et il m'était impossible de délaisser la série de mes études et d'abandonner un enseignement dont j'avais été le premier titulaire. Le ministre comprit mes scrupules et me répondit qu'on ferait purement et simplement le transfert de ma chaire de la Sorbonne au Muséum d'histoire naturelle, et que d'autre part, l'enseignement physiologique qui, ici même, appartenait autrefois à M. Flourens, serait transporté à la Faculté des sciences ; c'est ainsi, messieurs, que vous vous expliquerez tout naturellement ce que je vous disais, il y a un instant, à savoir que je n'ai point à suivre ici les traditions anciennes d'un prédécesseur, mais uniquement à continuer mon cours de physiologie générale de la Sorbonne. La physiologie française doit des remercîments publics à M. Duruy, et je suis heureux d'ajouter que les ministres qui lui ont succédé ont donné tout leur appui à ces idées de progrès ; je ferai, quant

(1) Ce cours a été fait au mois de juin 1870. L'analyse que nous publions aujourd'hui, restée dans notre portefeuille depuis cette époque, a été faite par le docteur Lemattre, qui est mort à la fleur de l'âge, victime de son dévouement dans les ambulances pendant la guerre. Le docteur Lemattre, ancien interne des hôpitaux de Paris et lauréat de l'Académie des sciences, s'était déjà fait connaître par plusieurs travaux scientifiques importants.

(1) Voyez la collection des rapports.

à moi, tout ce que je pourrai pour remplir la tâche qui m'a été confiée, ce qui, du reste, me sera rendu facile en raison des collaborateurs qui m'ont été associés, et dont quelques-uns, par leurs travaux particuliers, sont déjà devenus des maîtres.

L'époque tardive de l'année ne me permet point d'entreprendre des questions de longue haleine. Je me bornerai, en quelque sorte, à un préambule ou à une entrée en matière. J'ai annoncé dans le programme de mon cours que je traiterai dans les leçons qui vont suivre des *Principes de la physiologie générale*. D'après ce titre, il ne faudrait point vous attendre à me voir entrer dans le développement de généralités plus ou moins philosophiques de ce qu'on appelle quelquefois les principes des sciences. Pour moi, les principes de la physiologie générale consisteront dans l'art de saisir les phénomènes de la vie sur le fait. Par conséquent, les méthodes et les procédés d'expérimentation doivent occuper le premier rang dans la recherche des vérités que nous poursuivrons.

Une question importante que nous aurons à examiner plus tard, est celle qui est relative à la place que la physiologie doit occuper parmi les sciences biologiques. Pour aujourd'hui, je me bornerai à vous dire que la physiologie est devenue une science indépendante; séparée de l'anatomie et de la zoologie, elle évolue d'une manière autonome, et cela parce qu'elle a son laboratoire distinct, ses instruments à part et ses méthodes séparés des méthodes anatomiques et zoologiques. Rien de plus complexe que cet ensemble de moyens d'investigation physiologique, et il fallait qu'il en fût ainsi, en raison de la complexité des phénomènes auxquels ils s'adressent. Le laboratoire du physiologiste est, en réalité, plus compliqué que les laboratoires du physicien, du chimiste et de l'anatomiste, car il les réunit en quelque sorte, et prend dans chacun d'eux ce qui lui est nécessaire.

Considérée dans son ensemble la physiologie se décompose en deux branches, dont l'une est la physiologie descriptive, l'autre la physiologie générale; la première constate les fonctions des parties, Galien l'inaugura dans son immortel ouvrage *De usu partium*. Son procédé consiste à détruire certains organes, et à juger par la suppression de telle ou telle fonction du rôle dévolu à chaque partie; on a cru longtemps que là résidait tout le problème : trouver le siége des fonctions. On animait isolément chaque fragment de l'être humain, et la physiologie, pour emprunter l'expression de Haller, ne devait être qu'une anatomie animée (*anatomia animata*). Ce travail de localisation ne constitue que la première moitié du problème : c'est la physiologie analytique. A l'analyse il faut joindre la synthèse, et à mesure que les matériaux s'accumulent réunir toutes ces données dans un vaste complexus. Tel est le rôle réservé à la physiologie générale : elle explique les phénomènes de la vie, non plus par une force, un principe vital imaginaire, mais par les propriétés physiologiques élémentaires de la matière vivante; le physiologiste doit étudier ces propriétés par les mêmes procédés, par les mêmes méthodes que celles qui servent au physicien pour étudier les propriétés de la matière brute.

L'homme a conquis la nature inorganique en étudiant les propriétés physico-chimiques des corps bruts; la vapeur et l'électricité ont été des conquêtes humanitaires utiles au plus haut degré; l'étude physico-chimique de l'être organisé fournira des résultats tout aussi importants; ils serviront de base à la physiologie qui, à son tour, conquerra la nature vivante.

II

Pour le moment nous ne devons pas perdre de vue l'objet qui m'a amené ici. La création d'un laboratoire au Muséum a été, comme je vous l'ai exposé, le motif de la translation de ma chaire de physiologie générale; j'ai donc à vous montrer l'importance des laboratoires dans lesquels on pratique ces méthodes d'investigation qui servent de base aux découvertes scientifiques de l'ordre le plus élevé.

L'utilité des laboratoires spéciaux de physiologie ne se prouve plus par des raisonnements, elle s'établit par des faits, et il me suffira de faire ici l'énumération des établissements de cette nature installés à l'étranger. Il y a vingt ans encore, les chaires d'anatomie et de physiologie étaient confondues, partout aujourd'hui elles sont séparées. Joh. Mueller professait autrefois l'anatomie et la physiologie à Berlin : là le régime de la dualité s'est introduit et l'anatomie est aujourd'hui confiée à Reichert, la physiologie à du Bois-Reymond. — A Würzburg, Kölliker enseignait au début l'anatomie microscopique et la physiologie, il a conservé l'anatomie et la physiologie a été donnée à Ad. Fick. — A Heidelberg, l'enseignement de l'anatomiste Arnold a été également scindé : Arnold n'est resté qu'anatomiste, et on lui a adjoint comme physiologiste l'illustre Helmholtz. — Dans la petite Université de Halle, l'enseignement de Volkmann est encore resté indivis, c'est là une exception qui ne tardera pas à disparaître. — A Copenhague, la physiologie est représentée par Panum, bien connu par ses travaux sur le sang, par ses études d'embryogénie tératologique du poulet et par beaucoup d'autres ouvrages. L'Écosse a suivi l'exemple du Danemark : à Édimbourg, Bennett ne conservera au semestre prochain que sa chaire d'anatomie, la physiologie formera un enseignement séparé. — De tous côtés on se rend à l'évidence, et cette transformation est devenue un élément considérable de progrès. Dans mon rapport de 1867, j'avais insisté sur l'utilité de cette séparation; j'avais fait voir, en outre, que de la France était parti le mouvement scientifique, et qu'aujourd'hui nous ne devrions pas rester en arrière. D'autre part, M. Wurtz, doyen de la Faculté de médecine, fut envoyé en Allemagne pour y visiter les laboratoires. En en sa qualité de grand chimiste, il donna beaucoup à la chimie; son attention toutefois se porta sérieusement sur les instituts physiologiques. Il visita tour à tour l'institut d'Heidelberg que dirige Helmholtz, celui de Berlin confié à du Bois-Reymond, celui de Gœttingue où travailla autrefois Rudolph Wagner, et qui a aujourd'hui à sa tête le physiologiste Meissner. Il ne pouvait oublier les établissements du même genre situés à Leipzig et à Vienne, l'un placé sous la haute direction de Ludwig, l'autre sous celle de Brücke. — L'institut physiologique de Munich, où se trouvent Pettenkofer et Voit, attira son attention d'une manière spéciale; on peut voir dans cet établissement un magnifique appareil destiné à étudier les produits de la respiration, c'est une vaste et belle chambre où l'on peut, heure par heure, jour par jour, mesurer la combustion et faire une statique exacte des phénomènes chimiques de la vie.

L'Allemagne n'a pas seule marché dans cette voie; Saint-Pétersbourg possède de beaux instituts physiologiques. — En

Hollande, les villes d'Utrecht et d'Amsterdam ont dignement confié à Donders et à Kühne l'enseignement de la physiologie. — A Florence, à Turin, le même honneur a été réservé à Moritz Schiff, à Moleschott, etc.

Je mets sous vos yeux le plan d'un de ces laboratoires, c'est celui de Leipzig dirigé par Ludwig qui est ici tracé dans le beau rapport de M. Wurtz : Je veux que vous voyiez par vous-même la richesse de ces installations scientifiques dont nous n'avons pas même l'idée en France. Au sous-sol se trouvent des caves, des salles pour recherches à température constante, des appareils à distillation, une machine à vapeur qui entretient partout le mouvement, l'atelier d'un mécanicien attaché au laboratoire, un magasin pour les produits chimiques, un hôpital pour les chiens. — Au premier étage sont situés les laboratoires de vivisection, ceux de physique et de chimie biologique, les chambres où l'on emploie le mercure, les salles pour les microscopes, pour les études histologiques, pour le spectroscope, etc. — La bibliothèque, la salle des cours, le logement du professeur, font partie du même bâtiment; joignons à cela une écurie, une volière, de nombreux aquariums, et nous aurons énuméré les parties essentielles de ce magnifique établissement élevé à la science.

Le professeur Ludwig a prononcé un discours à l'époque où il ouvrit son laboratoire, et il insista sur l'utilité des travaux pratiques d'expérimentation pour lesquels il est richement doté; du Bois-Reymond, Kühne, Czermark, se sont tous exprimés dans le même sens, et moi-même je ne suis ici que l'écho du mouvement physiologique qui partout se produit.

III

Il faudra maintenant dire quelques mots des méthodes suivies en physiologie et des instruments qu'elle emploie. La méthode qui doit diriger la physiologie n'appartient pas exclusivement à cette science; c'est la méthode qui appartient à toutes les sciences expérimentales, elle est encore aujourd'hui ce qu'elle était au siècle de Galilée. Pendant de longues années, on a cru que la science de la vie ne relevait point de la méthode expérimentale; il fallait tout d'abord, disait-on, connaître l'essence vitale. La suite des temps a montré que non-seulement cette connaissance n'est point nécessaire, mais qu'elle ne doit point être cherchée. La méthode des sciences physiologiques est la même que celle des sciences physiques. Le progrès s'est fait, et aujourd'hui qu'il s'est accompli, on n'a pas à le nier, mais à le constater. Les sciences physiologiques ont subi sous ce rapport en Allemagne un développement qu'on chercherait vainement au même degré dans d'autres pays. Nulle part vous ne trouverez plus de travaux sérieux, plus de publications spéciales. Il faut même le reconnaître, le mouvement a été déplacé : autrefois les étrangers venaient en France, aujourd'hui ils se rendent en Allemagne; les universités de ce pays sont devenues des foyers d'instruction, et, comme conséquence, les livres allemands sont plus recherchés que les livres français. Pour obtenir ce résultat, les instituts physiologiques de l'étranger ont su s'imposer des sacrifices; ils ont compris que finalement la plupart des questions de science se réduisent à des moyens d'outillage capables de les résoudre. En effet, celui qui trouve un nouveau procédé, un nouvel instrument, fait plus pour la physiologie que le plus profond philosophe avec ses aperçus métaphysiques. Les physiologistes sont des conquérants de la nature vivante, leurs armes de combat sont les instruments du laboratoire et non les arguties de la scolastique.

Je vous ai dit que le laboratoire du physiologiste était complexe, en raison de la complexité des phénomènes qui y sont étudiés. J'ajouterai qu'il se divise naturellement en trois ordres de travaux différents : 1° les travaux de *vivisection*; 2° les travaux *physico-chimiques;* 3° les travaux *histologiques*. S'agit-il, par exemple, d'étudier la digestion de l'estomac, il faudra d'abord faire une vivisection pour établir une fistule stomacale, puis procéder à une analyse chimique du suc gastrique, et enfin se rendre compte, à l'aide du microscope, de la structure intime des glandes qui sécrètent ce liquide. Il faut, comme vous le voyez, descendre dans les profondeurs de l'organisme par une analyse de plus en plus profonde, pour arriver à l'élément ou au radical organique dont la connaissance est l'objet spécial de la physiologie générale.

IV

La physiologie n'est au fond que la physique des êtres vivants. Des phénomènes physico-chimiques accompagnent partout les manifestations vitales et la mise en jeu des propriétés des éléments organiques; mais ces éléments appartiennent à la matière organisée, et comme tels, ils présentent dans leur forme évolutive une forme spéciale qui diffère de celle des phénomènes physico-chimiques de la matière inorganique.

Considérés dans leur ensemble, les processus chimiques de l'organisme révèlent deux formes opposées : une période de destruction et une période de régénération. Pour qu'un organisme vive, pour qu'un œuf se développe, il faut d'abord qu'il se détruise, qu'il absorbe de l'oxygène et produise de l'acide carbonique; l'évolution vitale a donc comme acte primordial un phénomène chimique de destruction, et l'arrêter c'est arrêter les phénomènes de la vie. La brèche que subit l'organisme doit être sans cesse réparée; le corps, en vivant, se consume et disparaît comme une bougie qui brûle et se restaure, sans cesse renouvelée par sa base. Tant que subsiste le mouvement nutritif, chaque élément ne meurt pas en réalité dans le temps, car bientôt il se reconstitue ou est remplacé; ainsi vit l'être humain, ainsi vit l'humanité, car la génération des êtres n'est qu'un acte de nutrition continuée. Nous bornant ici à un simple énoncé des questions qui constituent la base de la physiologie générale, nous dirons : les phénomènes physico-chimiques sont les régulateurs des lois de la vie; et si nous arrivons à modifier d'une manière quelconque les manifestations vitales d'un être animal ou végétal, ce sera seulement par l'intermédiaire de conditions physico-chimiques déterminées. Physiologiquement parlant, il n'y a pas une force vitale spéciale qu'on puisse saisir et diriger. Je le répète, on ne saisit et l'on ne dirige toujours et partout que des conditions physico-chimiques. C'est vers leur connaissance expérimentale que le physiologiste doit porter tous ses efforts, parce que cette connaissance deviendra la source de sa puissance sur les phénomènes de la vie, but supérieur auquel aspire la physiologie générale. Quelques considérations sur les phénomènes de la vie latente mettront dans toute leur évidence cette subordination des manifestations de la vie aux conditions physico-chimiques ambiantes.

V

Les états de vie et de mort qui se succèdent dans la matière organisée sont des problèmes familiers à chacun de nous ; chaque jour nous voyons des êtres apparaître et disparaître à la surface du globe, et chez eux les manifestations vitales paraissent se succéder d'une manière continue durant toute leur existence. Il semble qu'il en soit autrement chez certains animaux dits réviviscents ; ces êtres singuliers jouissent d'une vie latente, ils meurent pour revivre quand ils retrouvent dans le milieu cosmique les conditions physico-chimiques qui les ont animés tout d'abord ; mais en cela, cependant, ils ne présentent point un phénomène particulier, la manifestation vitale n'a été que momentanément suspendue. C'est encore ainsi que, dans nos organismes supérieurs, certains phénomènes se suspendent d'une manière partielle pendant un temps relativement bien moins long. Le phénomène de la vie latente présente un tel caractère de généralité qu'il appartient aux végétaux et aux animaux, à la vie embryonnaire et à la vie adulte. Les œufs fécondés d'une poule, par exemple, sont vivants, mais exposés à l'air ambiant ils éprouvent un arrêt dans leur évolution. Tant que la composition chimique des œufs n'est pas altérée, ils restent aptes à un développement ultérieur ; soumis ensuite aux conditions physico-chimiques de l'incubation, ils évoluent régulièrement. Les choses se passent de même dans une foule d'œufs d'helminthes qui ne se développent que lorsqu'ils rencontrent les conditions physico-chimiques qui leur sont nécessaires. La résistance qu'ils opposent, en raison de leur structure, aux causes les plus variées de destruction explique bien comment ils se disséminent et comment ils se développent après de longues années. C'est en raison d'un même principe de résistance que certains infusoires de l'atmosphère sont doués d'une vie latente de longue durée, qui leur permet de germer tardivement sur des terrains organiques présentant les conditions physico-chimiques voulues.

Les graines végétales, que nous assimilerons aux embryons et non aux œufs des animaux, sont soumises aux mêmes lois ; desséchées, elles sont susceptibles de revivre. On dit avoir constaté, par exemple, que des graines de blé trouvées dans des sarcophages égyptiens possédaient encore au bout de 3000 ans leurs propriétés germinatives. Si, dans certaines circonstances, des graines d'une provenance analogue n'ont point fourni les mêmes résultats, c'est qu'elles avaient subi une altération chimique dans leur substance. Cette propriété d'une conservation plusieurs fois séculaire n'appartient pas seulement aux graminées, elle est le fait d'un certain nombre de familles végétales. Gérardin prit dans l'herbier de Tournefort des graines de haricots qui donnèrent des tiges et des feuilles. Toutes les graines ne jouissent pas, d'après de Candolle, d'une durée aussi longue de vie latente : les graines des laurinées et des myrtacées doivent être plantées jeunes pour prospérer. Dans la même famille végétale, il y aurait aussi des variétés de résistance, l'une ne se conservant que peu de temps, l'autre presque indéfiniment. Faut-il considérer tous ces faits comme des exceptions dans la vitalité relative des graines? Nous pensons qu'ils ont leur raison d'être dans des conditions particulières d'altération chimique de la substance de la graine ; la science doit chercher à déterminer cette altération, afin de pouvoir l'empêcher et de régler à son gré la durée de la vie latente.

Les états successifs de vie latente et de réviviscence peuvent être observés dans le courant d'une même germination. Saussure faisait germer de l'orge dans des conditions régulières de chaleur, d'aération, d'humidité ; à un moment donné, il desséchait la graine, et la germination se suspendait ; il l'humectait ensuite, la germination reprenait son cours. Les mêmes phénomènes peuvent être constatés sur des plantes inférieures, telles que champignons et mousses, et même sur ces infusoires microscopiques qui sont les agents directs des fermentations. Je vous présente ici de la levûre de vin recueillie il y a quelques années ; à l'époque où elle était fraîche elle était vivante : le tout a été desséché et par suite inanimé. Aujourd'hui, en prenant une parcelle de cette levûre, en la mettant en contact dans ce flacon avec de l'eau et du sucre, j'ai facilement développé une fermentation. La levûre a donc été restituée à la vie par l'eau ; je n'ai aucune raison de croire que cette propriété de réviviscence n'ait pas une durée indéfinie. On peut dire d'une manière générale que l'énergie de résistance que ces êtres opposent à la mort définitive se trouve en raison directe de la durée de leur vie latente : si l'on prend de la levûre de bière fraîche et qu'on l'expose à une température de 100 degrés ou à l'action de l'alcool, elle meurt définitivement ; si, au contraire, cette levûre est desséchée et en état de vie latente, elle pourra subir sans inconvénient l'épreuve de la chaleur ou de l'alcool.

En résumé, nous n'avons pas à rechercher les raisons de la vie latente dans une atteinte portée à une force vitale quelconque ; elles dépendent de trois causes principales toutes physiques, qui sont : l'humidité, la chaleur et l'aération. Priver un être de l'une de ces conditions, c'est rendre la vie impossible, car l'être ne peut exister sans eau, sans chaleur et sans oxygène.

La dessiccation des graines et des plantes est une cause fréquente de l'arrêt de leurs manifestations vitales ; la présence de l'eau leur rend la vie. Aux jours de grande sécheresse tout paraît mort dans certaines prairies ; mais que vienne une pluie, et la végétation renaît en quelques jours.

La chaleur n'est pas moins nécessaire que l'humidité. Dans la saison des froids, certains animaux inférieurs tombent engourdis et jouissent d'une véritable vie latente ; l'abaissement de la température en est la cause unique, car leurs tissus sont imprégnés d'humidité et l'oxygène de l'air ne leur fait pas défaut. Aussi cet état cesse-t-il avec les chaudes journées du printemps et de l'été. Il en est de même dans le règne végétal, et l'on peut, après de Candolle, citer le fait de ces pommiers envoyés de Moscou dans un climat tempéré ; ils avaient été conservés dans la glace pendant le voyage ; arrivés au lieu de leur destination, ils furent dégelés graduellement, et bientôt ils se développèrent sur un sol nouveau. Quelques-uns de ces arbres furent oubliés dans la glacière, leur vie végétative avait été suspendue pendant dix-huit mois ; néanmoins, soumis graduellement comme les autres à l'influence de la chaleur, ils reprirent et prospérèrent de même.

Quelques expériences de laboratoire montrent que l'aération est aussi nécessaire à la vie que l'humidité et la chaleur. Si l'on dépose des graines de haricots ou d'autres plantes sur une éponge mouillée et qu'on place le tout dans une cloche sur une cuve à mercure et à une température convenable, on voit la germination se faire tant que le végétal peut absorber de l'oxygène ; mais quand le contenu de la cloche ne renferme plus que de l'acide carbonique et de l'azote, elle s'arrête tout à fait. La végétation reprend si l'on renouvelle l'air indéfiniment. Ce qu'on produit ainsi d'une manière artificielle a lieu quelquefois par suite d'un concours de circonstances fortuites; des graines profondément enfouies dans la terre et soustraites au contact de l'air et à une température égale ont pu, lors de grands mouvements de terrains, être rapprochées de la surface du sol et germer après avoir subi le contact de l'air; on peut ainsi s'expliquer comment les talus de nos voies ferrées ont été, dans certaines circonstances, couverts d'une végétation inattendue.

Les phénomènes de vie latente ne se montrent en général que chez les êtres inférieurs ; la résistance à la mort définitive, la persistance de la vie latente, sont plus grandes chez les végétaux que chez les animaux, et l'on peut dire avec de Candolle que dans le monde des êtres vivants elles sont inverses de la supériorité et de la complexité de l'organisation.

VI

L'influence du milieu est partout essentielle dans la vie. L'eau, l'air et la chaleur sont trois conditions encore plus nécessaires dans les organismes élevés. L'eau est un élément indispensable à tous les êtres vivants, aux invertébrés comme aux vertébrés ; les oiseaux et les mammifères paraissent vivre dans l'air, en réalité ils vivent dans l'eau, leurs parties constituantes sont des organismes élémentaires aquatiques, le plasma du sang est pour eux un milieu intérieur où ils baignent sans cesse. Tous les tissus, tous les éléments anatomiques, ont besoin d'eau : nerfs, muscles, tissu cellulaire, doivent être humectés. Lorsque le tardigrade revient à la vie, ses ganglions, ses filets nerveux, les parties variées de son corps, s'imbibent isolément de liquide, et l'animation survient quand l'eau a partout pénétré. Cette influence de l'eau est surtout apparente dans la vie de l'anguillule du blé niellé. Dans les animaux vertébrés la délicatesse des éléments histologiques ne leur permet pas de se dessécher et de tomber en vie latente. Toutefois il est chez eux des agents organiques de phénomènes vitaux qui peuvent présenter ce caractère.

L'histoire des fermentations qui se passent au dehors de l'organisme nous a montré le rôle de la vie latente chez les infusoires, qui sont les agents de leur production ; ces phénomènes ont même un caractère de généralisation tel que l'on pourrait les poursuivre jusque dans l'étude des ferments digestifs.

Les ferments salivaires, gastriques, pancréatiques, ont pour rôle de dissoudre et de modifier les aliments ; l'expérience apprend qu'ils sont susceptibles d'une sorte de vie latente. L'alcool précipite la diastase salivaire, et ce ferment de la salive, lorsqu'on le redissout dans l'eau, peut encore transformer l'amidon en dextrine et en glycose ; il en est de même des ferments des sucs gastrique et pancréatique. Soustraits au contact de l'air, les ferments digestifs se conservent indéfiniment. Abaissés à la température de zéro, le suc gastrique demeure sans action, et chez l'animal hibernant l'arrêt de la digestion ne dépend que du froid ; de même chez l'animal mort, la digestion continue par l'action *post mortem* des ferments digestifs si la température est assez élevée. — Vous voyez donc encore là que, pour chaque phénomène vital, vous remontez à la condition physico-chimique qui enchaîne ou permet la manifestation des propriétés de la matière organique.

VII

L'histoire des phénomènes de l'hibernation se rattache intimement au sujet qui nous occupe, à l'étude de la vie latente, et ils nous montrent encore que partout les phénomènes de la vie sont manifestés par des propriétés des éléments se développant sous l'influence de certaines conditions physiques et chimiques. Dans la vie latente proprement dite tous les phénomènes de la vie ont disparus et sont totalement suspendus ; l'organisme ne s'use plus d'une manière sensible, et si l'être est placé dans un milieu constant où les variations de température, d'hygrométricité, ne puissent venir provoquer des altérations chimiques dans la substance de son corps, il restera en quelque sorte en vie latente d'une manière indéfinie sans perdre la propriété de réviviscence. On sait que Spallanzani a fait revivre des anguillules conservées à l'état de vie latente depuis trente ans. Chez les animaux hibernants les manifestations vitales diminuent, mais ne disparaissent point, et cela parce que les phénomènes physico-chimiques qui leur correspondent subsistent en partie. Les influences thermiques sont particulièrement mises en jeu dans les différentes phases de leur engourdissement. Les animaux à sang chaud sont ceux qui gardent une température fixe, malgré les variations de température du milieu ambiant ; les animaux à sang froid sont ceux qui ont une température mobile avec les variations de température du milieu ambiant. Les animaux hibernants ont tour à tour une température élevée et fixe, puis une température basse et variable ; la marmotte, le loir, etc., sont des animaux à sang chaud pendant la veille, à sang froid durant l'hibernation ; l'influence du froid les plonge graduellement dans cet état de léthargie.

Lorsque l'hibernation commence, les manifestations vitales diminuent bientôt, les mouvements de l'animal sont moins vifs ; si on le pique, il ne réagit point immédiatement. Le cœur bat plus lentement, la respiration s'abaisse. La circulation capillaire est ralentie, le sang veineux perd sa teinte ardoisée et noirâtre, il devient rutilant comme le sang artériel. Ces modifications du liquide sanguin doivent surtout attirer notre attention : à l'état normal, le globule du sang absorbe l'oxygène de l'air ; cette propriété, il la doit à l'hémoglobine et au fer qu'il renferme. La combinaison de l'oxygène avec ces corps s'exerce sous l'influence de la chaleur, c'est la chaleur qui met en jeu cette affinité chimique ; quand la température diminue, cette affinité devient de moins en moins active et le globule sanguin finit par devenir engourdi et inerte. Les autres éléments de l'organisme sont de même influencés par le froid ; les nerfs sensitifs et moteurs, les centres nerveux, perdent leur excitabilité, la fibre musculaire cesse d'être irritable, et dans chaque particule de l'être le mouvement nutritif se ralentit ; tant que l'action du froid n'a pas été assez intense pour congeler la matière organique, pour l'altérer à jamais, le retour à la vie sera possible, et la vie, nous la reconnaîtrons à la destruction moléculaire de nos tissus ; aussi longtemps que les poumons exhaleront de l'acide carbonique, aussi longtemps que les reins excréteront de l'urée, quelque minime qu'en soit la quantité, la vie se manifestera, car elle n'est autre chose que la destruction de la matière organisée.

Le sang joue un rôle essentiel dans ces phénomènes de vie semi-latente. L'engourdissement paraît avoir lieu sous l'influence nerveuse; car j'ai pu, en coupant sur un lapin certains nerfs respiratoires, le rendre artificiellement à sang froid. Mais lorsque l'animal hibernant revient à la vie, ce n'est point seulement parce que ses nerfs sensibles réchauffés et redevenus excitables ont provoqué par action réflexe la mise en jeu de l'appareil cardiaque; cela paraît être bien plutôt, parce que le globule sanguin lui-même, reprenant ses propriétés, porte partout la chaleur et la vie. L'expérience suivante le prouverait : Sur une grenouille engourdie par le froid, coupez tous les nerfs qui, de la moelle épinière, se rendent dans l'une des pattes inférieures; plongez cette patte dans l'eau tiède; le sang s'échauffe peu à peu, et ses globules, redevenus actifs, vont absorber l'oxygène dans les organes respiratoires, ranimer la fibre du cœur, la circulation est directement rétablie : c'est le globule sanguin qui a ouvert la série des manifestations vitales.

Quand les conditions physico-chimiques de la vie deviennent plus intenses, les phénomènes vitaux réapparaissent, plus actifs, car si les animaux ont des mécanismes vitaux différents, ils ne diffèrent point dans leur nature; l'hibernation n'a lieu que par suite d'un abaissement de température du milieu cosmique, et la vie, comme je vous l'ai dit, n'est que ralentie.

La marmotte qui s'endort vit de sa propre substance; lorsqu'elle se réveille, elle n'a plus cet embonpoint qu'elle offrait au début de l'hiver; durant les trois mois qu'elle ne mange pas, elle détruit ses tissus, lentement, il est vrai, mais d'une manière certaine; chez tous les animaux la nutrition est indirecte; pour la marmotte c'est très-évident, chez elle les matières organiques emmagasinées pendant la veille de la saison chaude, ont été utilisées durant le sommeil. Dans l'hibernation, comme, du reste, dans l'état de vie active, on voit clairement que le combustible n'est pas directement brûlé, l'acide carbonique que nous expirons ne provient nullement de l'oxygène de l'inspiration précédente. Le sang, en se brûlant, donne lieu à des dédoublements, à des formations organiques intermédiaires, et bien des actes chimiques se passent dans l'organisme avant que les aliments soient transformés en acide carbonique et en urée. La nutrition est continue et non intermittente, comme le voulait Cuvier. Le renouvellement des matières organiques par l'appareil digestif a lieu, il est vrai, à des intervalles éloignés, mais les tissus s'alimentent continuellement aux dépens des provisions accumulées; l'usure incessamment faite est incessamment réparée, et la vie ne s'arrête que quand la nutrition se suspend. — On constate également dans le règne végétal le fait de l'accumulation des matériaux organiques longtemps avant l'époque où ils seront utilisés; dans les plantes bisannuelles, dans la betterave, la première année, il y a emmagasinement de substances nutritives; la deuxième année, le mouvement de croissance est terminé et l'œuvre de la destruction s'opère au sein des tissus; dans les végétaux, comme dans les animaux, la nutrition est donc indirecte. En résumé, dans l'engourdissement, les manifestations vitales, comme les phénomènes physico-chimiques qui les accompagnent, ne sont que ralenties, mais non suspendues, l'animal vit aux dépens de lui-même, et, sous peine de mort, il faut qu'il se réveille pour réparer ses pertes. Dans la vie latente, où tout phénomène chimique et vital sont arrêtés, les êtres qui la subissent ne s'usent point, et ainsi on s'explique comment des infusoires ont revécu après trente années, comment des graines ont pu germer après des siècles.

VIII

Quelles que soient les formes sous lesquelles la vie se présente, on peut toujours constater que les phénomènes vitaux et les phénomènes physico-chimiques marchent et se développent d'une manière parallèle. Au lieu d'admettre, comme les anciens vitalistes, une sorte d'opposition entre ces deux ordres de phénomènes, nous reconnaîtrons, au contraire, qu'ils sont dans une harmonie parfaite et dans une étroite dépendance.

Quand la vie est en fonction, les éléments du corps manifestent individuellement leurs propriétés, et ces manifestations se confondent, s'unissent pour former l'expression totale de la vie individuelle. Une matière vivante ne peut remplir ses fonctions que si elle se trouve dans des conditions physico-chimiques déterminées. Il en est de même du minéral; un métal s'oxyde dans des circonstances particulières de température, d'humidité; si vous enlevez une de ces conditions, l'oxydation n'a pas lieu, bien que le métal ait conservé latente sa propriété de s'oxyder. Les matières organiques sont plus instables que les matières minérales, mais leurs propriétés peuvent être également suspendues et rester à l'état d'activité latente. M. Chevreul a bien mis ce fait en lumière pour l'un des produits les plus importants de l'organisme, pour l'albumine. Desséchée d'une manière graduelle à une température inférieure à 75 degrés, l'albumine perd ses propriétés physiologiques, mais elle les reprend avec l'eau et devient de nouveau soluble; si la température élevée amène la coagulation, l'albumine s'altère dans sa structure intime, et, après avoir été desséchée, l'imbibition aqueuse ne saurait lui rendre son état primitif. Il en est de même des autres matières albuminoïdes de l'organisme. Cette expérience fondamentale de M. Chevreul nous explique parfaitement comment l'infusoire desséché et à l'état de vie latente peut revivre quand on restitue l'eau aux tissus albuminoïdes de son corps. — Les conditions de milieux sont partout à considérer : en changeant l'état de la matière, elles changent ses propriétés; l'eau ne peut remplir certaines fonctions que sous un état déterminé : à l'état liquide, elle est, suivant les circonstances, force motrice, agent de dissolution, etc.; il n'en est plus ainsi lorsqu'elle passe à l'état de vapeur ou de glace. On peut dire la même chose pour les tissus de l'organisme : l'influence des conditions physiques est facile à saisir dans les changements que peuvent subir les membranes de l'œil par exemple; sous un certain état d'humidité, pendant la vie, la cornée est transparente et la sclérotique opaque; desséchées, ces membranes offrent des propriétés physiques différentes : la cornée devient opaque et la sclérotique transparente. — Bien que dans l'organisme les conditions soient complexes à l'infini, le corps, à l'état de santé, possède une constitution physico-chimique déterminée; c'est ce mélange que Stahl avait désigné sous le nom de *mixture*. Hippocrate n'exprimait point une autre idée lorsqu'il pensait que la médecine avait pour objet de rendre fixe la composition du corps, et guérir un malade était pour lui suppléer à ce qui manquait, c'est-à-dire maintenir le mélange de l'organisme à un état toujours le même.

Les fonctions de la vie ne peuvent s'accomplir régulièrement qu'autant que chaque tissu, que chaque liquide conserve des propriétés physico-chimiques fixes, et les moindres modifications dans ces propriétés peuvent apporter les perturbations les plus grandes dans les fonctions vitales. Si le liquide sanguin circule dans les vaisseaux, c'est en raison de certaines propriétés physiques. Poiseuille avait pensé que l'on pourrait artificiellement faire circuler de l'eau dans un rein; mais l'injection aqueuse était à peine commencée qu'elle s'arrêtait, le liquide s'infiltrait dans le parenchyme rénal et en désorganisait le tissu. Lorsqu'au contraire Poiseuille substituait à l'eau simple de l'eau albumineuse ou du sang défibriné, la circulation devenait régulière et pouvait se prolonger longtemps, et dans ces conditions elle était rendue plus active, si l'on ajoutait une quantité infinitésimale de nitrate de potasse : un simple changement dans les propriétés physico-chimiques avait donc modifié la vitesse de l'écoulement. On a présenté récemment à l'Académie des sciences un travail qui, bien que purement chimique, n'est pas sans intérêt au point de vue de nos considérations physiologiques. Les expériences qui en forment la base sont faciles à répéter : Prenez de l'eau distillée et de l'argile broyée; l'argile reste en suspension au sein du liquide trouble. Si vous ajoutez un atome de chlorure de calcium, l'argile est précipitée et la liqueur devient transparente. Supposons que l'eau circule dans un tube d'argile : le contenu prendra un aspect trouble. Si à l'eau on ajoute du sel, le mélange n'aura point d'action dissolvante sur le contenant. On peut rapprocher de ce fait cet autre fait, exemple intéressant : On sait que les grenouilles ne se conservent pas indéfiniment dans la même eau; leurs chairs y deviennent flasques et se ramollissent; leur peau se laisse envahir par des parasites. Si l'on ajoute à l'eau une faible quantité de sel marin, les grenouilles se conservent beaucoup plus longtemps, parce que sans doute la proportion différente de sel marin dans l'eau a modifié la propriété osmotique et dissolvante de ce liquide sur la peau et les tissus de la grenouille.

Nous pourrions multiplier à l'infini les citations de faits qui prouvent que toutes les manifestations vitales, sans exception, sont l'expression directe des propriétés physico-chimiques de la matière organisée. Mais nous nous arrêterons aux considérations précédentes qui nous paraissent suffisantes. Sans doute l'organisme se renouvelle sans cesse, et ce renouvellement constitue la vie, qui n'est autre chose qu'une création organique. Il y a à considérer en même temps, ainsi que je vous l'ai déjà dit, des phénomènes de synthèse vitale, et des phénomènes de dédoublement, de combustion organique. Les uns et les autres font un tout harmonisé dans les manifestations de la vie. Mais ces phénomènes de régénération, aussi bien que ceux de destruction de l'organisme, sont liés d'une manière intime à des états physiques et chimiques qui constituent leurs conditions d'existence. La vie est une harmonie, un concert exécuté par des instruments qui sont représentés par les éléments, les tissus et les organes du corps. S'il survient des momodifications ou des dérangements dans cette harmonie générale, il faut les chercher dans les dérangements et les modifications de propriétés physico-chimiques de la matière organisée que nous pouvons saisir, et non dans une force vitale idéale que nous ne saurions atteindre.

Vous pouvez voir maintenant le point de vue auquel nous sommes placé. L'étude physiologique et physico-chimique de l'organisme jusque dans ces particules élémentaires, jusque dans ses replis les plus cachés, tel est le problème que nous avons pour but de résoudre. Vous comprenez les difficultés expérimentales qui se dressent devant nous et l'importance des procédés, de l'outillage, du laboratoire en un mot, dans cet ordre de recherches. Il n'y a pas d'autre voie pour découvrir la vérité dans la science physiologique; si nous ne pouvons avancer que lentement, nous ne devons pas nous décourager malgré les obstacles et les difficultés, et nous rappeler toujours ces paroles de Bacon : Un boiteux marche plus vite dans la bonne voie qu'un habile coureur dans la mauvaise.

INSTITUTION ROYALE DE LA GRANDE-BRETAGNE

LECTURES DU VENDREDI SOIR

M. W. B. CARPENTER

de la Société royale de Londres

L'expédition du Porcupine en 1870

Le but de l'expédition du *Porcupine* de 1870 était : 1° de continuer au sud l'exploration physique et biologique de la mer profonde de l'extrémité nord de la baie de Biscaye, où elle s'était arrêtée en 1869, jusqu'au détroit de Gibraltar; 2° de poursuivre des recherches semblables dans le bassin occidental de la Méditerranée, entre le détroit de Gibraltar et Malte; et 3°, de déterminer s'il existe ou non un courant inférieur dirigé au dehors, remportant par le détroit l'eau de la Méditerranée dans l'Atlantique.

En somme, ces divers buts ont été atteints d'une manière assez satisfaisante; le seul point qui ait laissé à désirer étant l'exploration de la baie de Biscaye, qui fut empêchée par l'état défavorable du temps. Les draguages, ainsi que les sondages relatifs à la température, ont fourni des résultats d'un grand intérêt sur la côte atlantique de l'Espagne et du Portugal; pendant que le contraste remarquable de ceux obtenus quant aux phénomènes de la température de la Méditerranée, et la stérilité comparative de ses profondeurs, en font des éléments d'une valeur inattendue pour l'élucidation de questions d'une haute importance pour la géographie physique et la géologie. L'existence d'un courant sous-marin dirigé vers l'extérieur dans le détroit de Gibraltar est actuellement hors de doute, et la détermination de la cause physique qui maintient à la fois le courant superficiel allant à l'intérieur, et le sous-marin sortant à l'extérieur, a une portée directe sur une question bien plus considérable, — celle de la circulation océanique générale, — qu'a exposée l'orateur dans ses discours précédents (9 avril 1869 et 11 février 1870).

I

LA MER MÉDITERRANÉE

La Méditerranée se compose de deux bassins distincts, qu'une élévation du fond de 300 brasses (1) environ suffirait

(1) La brasse anglaise ou *fathom* mesure $1^m,828$.

pour séparer complétement; car elle établirait la continuité des terres entre l'Italie, la Sicile et la côte septentrionale de l'Afrique, et par conséquent séparerait le bassin *oriental*, s'étendant de Malte au Levant, du bassin *occidental*, occupant l'espace entre Malte et Gibraltar. Un exhaussement même moindre que le précédent isolerait entièrement ce bassin occidental de l'Atlantique; car, bien que la partie la moins large du détroit de Gibraltar ait vers son extrémité Est une profondeur dépassant 500 brasses, son fond s'élève graduellement vers son extrémité Ouest qui s'élargit en même temps. Il en résulte que, à son débouché entre les caps de Trafalgar et Spartel, il n'a dans sa majeure partie qu'un fond de 100 brasses, qui n'en excède pas 200 dans ses passes les plus excavées. Le fond s'inclinant depuis cette crête élevée du côté de l'Ouest, soit vers l'Atlantique, constitue ainsi une espèce de « chute » marine entre cet océan et la Méditerranée. Le bassin occidental a environ 1500 brasses sur une grande partie de sa circonscription, profondeur qui est parfois dépassée; tandis que celle du bassin oriental, sur un grand nombre de points, atteint 2000 brasses et même 2150. Donc une élévation de la surface totale qui transformerait la Méditerranée en deux lacs complets et indépendants, tout en réduisant quelque peu leur superficie, ne diminuerait pas relativement de beaucoup leur profondeur.

L'effet de la saillie vers l'extrémité occidentale du détroit de Gibraltar est de couper toute communication directe entre les eaux *profondes* de la Méditerranée et celles de l'Atlantique, pendant qu'elle permet une communication entre leurs eaux *superficielles;* mais, comme nous allons le voir, cette limitation apportée à l'échange des eaux des deux mers affecte la constitution de celles de la Méditerranée à une profondeur beaucoup plus considérable que ne l'est celle de leur canal de communication.

Densité. — Un premier point de différence entre l'eau de la Méditerranée et celle de l'Atlantique concerne les proportions de *sel* qu'elles renferment.

On a, dans le cours de cette expédition, recueilli, sur divers points de la surface, et à diverses profondeurs (jusqu'à 1743 brasses), de nombreux échantillons de l'eau méditerranéenne, dont la plupart ont été levés dans le bassin occidental; mais c'est dans l'oriental, à soixante milles de Malte qu'on a recueilli l'échantillon à la plus grande profondeur. Le poids spécifique de chacun fut apprécié sur place à l'aide d'hydromètres spécialement construits pour cet usage, et les plus remarquables furent rapportés pour subir la vérification de la balance. La proportion de chlore de chaque échantillon déterminée par une analyse volumétrique, facile à exécuter à bord, a permis d'en déduire avec une grande précision la proportion de sel. Les résultats des deux méthodes physique et chimique employées pour la fixation de la densité se sont généralement accordés de très-près. Pendant le voyage du *Porcupine* de Falmouth à Lisbonne, on avait procédé aux mêmes essais sur des échantillons d'eau pris tant à la surface qu'à diverses profondeurs, jusqu'à 1095 brasses, dans l'Atlantique.

La comparaison de ces résultats ne permet pas de mettre en doute que l'eau de la Méditerranée ne soit plus salée que celle de l'Atlantique, mais que l'excès du sel reste compris dans des limites très-restreintes.

La densité de l'eau de l'Atlantique a donné un *maximum* de 1,0269, et un *minimum* de 1,0261; la *moyenne* de toutes les observations étant de 1,0265.

Le maximum s'observe dans l'eau de la *surface*, le minimum dans celle du *fond*.

On a mesuré la proportion de chlore par l'analyse volumétrique de 34 essais, dont 12 provenaient de la *surface*, 12 du *fond* à diverses profondeurs jusqu'à 1095 brasses, et 10 d'eaux *intermédiaires*. Les résultats sont exprimés en grammes sur 1000 centimètres cubes d'eau (un litre) :

	Surface.	Intermédiaire.	Fond.
Moyenne.....	19,94	19,85	19,75
Maximum....	20,19	19,94	19,98
Minimum.....	19,81	19,70	19,46

Ces résultats paraissent indiquer un léger excès de salure dans l'eau de la *surface* de l'Atlantique, comme l'avait déjà observé Forchhammer, excès cependant assez faible pour ne pas neutraliser l'augmentation de densité que les eaux profondes doivent à leur température plus basse, et la pression de la colonne d'eau qui leur est superposée. Cinq essais du chlore contenu dans des échantillons pris sur le même point à la surface, et à 10, 25, 50 et 100 brasses, ont donné pour résultats :

Surface..........................	20,013
10 brasses.......................	19,909
25 brasses.......................	19,909
50 brasses.......................	19,909
100 brasses.......................	19,805

La comparaison de ces chiffres semble indiquer que l'excès de salure, étant limité à une simple pellicule superficielle, est entièrement dû à l'évaporation; et que la raison pour laquelle cette pellicule concentrée ne s'enfonce pas, comme elle le fait dans la Méditerranée, paraît tenir à ce que l'augmentation de salure est si faible que, même à une profondeur de 10 brasses, ses effets sur la densité sont neutralisés par celle qui résulte de l'abaissement de la température.

Les limites de la densité de l'eau méditerranéenne proprement dite (à l'exclusion de tous les échantillons où l'influence du flux de l'Atlantique pouvait être soupçonnée), étaient comprises entre un *maximum* de 1,0292 et un *minimum* de 1,0268. Mais il y avait quant au degré de salure une différence si marquée entre l'eau de la *surface* et celle des *profondeurs*, également affirmée tant par la densité que par la quantité de chlore, que les résultats des deux séries d'observations doivent être présentés séparément :

	EAU DE LA SURFACE.		EAU DU FOND.	
	Densité.	Chlore.	Densité.	Chlore.
Moyenne....	1,0278	20,87	1,0285	21,38
Maximum...	1,0284	21,32	1,0292	21,88
Minimum ...	1,0265	20,70	1,0281	21,08

La densité *maximum* s'étant manifestée d'abord dans le bassin occidental à des profondeurs modérées, on s'attendait qu'en sondant à de plus grandes, l'eau serait encore plus dense. Ce n'est toutefois pas ce qu'on trouva ; car c'est à la plus *grande* profondeur que l'excès de densité de l'eau fut *moindre*. Ainsi, dans le sondage opéré à 1743 brasses, l'eau n'avait que 1,0283 de densité, celle de la surface étant à 1,0281. En groupant toutes les observations sur la densité des eaux profondes, basées tant sur leur poids spécifique que sur leur contenu en chlore, en trois séries, d'après leur position de hauteur, on arrive à ce résultat curieux :

Brasses.		Chlore.	Densité.
200 à 400,	moyenne de 7 observations.	21,53	1,0287
400 à 800,	» 7 —	21,38	1,0285
1300 à 1700,	» 6 —	21,21	1,0283

Il semble donc que l'excès de salure est le plus fort dans les eaux peu *profondes*, et qu'il diminue en descendant plus bas. C'est ce que montre de la manière la plus frappante l'essai pris à la *moindre* profondeur (207 brasses), comparé à celui pris à la *plus grande* (1703 brasses) ; car c'est le premier qui offrait le *maximum* de 21,88, et le second le *minimum* de 21,08. Ce fait n'est pas difficile à expliquer, si nous considérons comment la concentration de la pellicule superficielle devra affecter l'eau qui lui est sous-jacente. En effet, on peut expérimentalement montrer qu'en versant sur une solution saline faiblement colorée, une autre solution plus chargée de sel et de couleur, celle-ci s'enfoncera d'abord en « masse », mais ne distribuera que peu à peu son excédant de sel au liquide au travers duquel elle tombe, la descente de la couche colorée devenant toujours plus lente, et sa couleur se distribuant de plus en plus dans la masse générale du liquide. La proportion de sel s'uniformisera avec le temps par « diffusion » dans toute la colonne. Or, il est évident que, si chaque colonne reste (pour ainsi dire) sur sa propre base, le degré d'augmentation de salure de la masse entière qui résultera de l'addition d'une solution plus concentrée dépendra, toutes choses égales d'ailleurs, de sa hauteur. Ainsi, là où la profondeur du bassin méditerranéen n'est que de 200 à 400 brasses, nous pourrions nous attendre à trouver la densité de son eau plus élevée par la concentration successive de ses pellicules superficielles, que dans les profondeurs de 1300 à 1700 brasses ; — or, c'est effectivement ce qui est le cas.

Température. — Il n'y a rien de plus marqué que le contraste que présentent les phénomènes de *température* de la Méditerranée et ceux de l'Atlantique. Les sondages faits pour la déterminer, sur les côtes de l'Espagne et du Portugal, confirment d'une manière remarquable les conclusions déjà indiquées dans nos exposés précédents, de l'existence d'un courant inférieur, dirigé vers le sud, d'eau arctique cheminant sur le fond du bassin atlantique, comme le montrent les deux tableaux suivants.

En faisant la part de la différence dans la latitude, et en excluant l'influence qu'exerce la radiation solaire directe en *surchauffant* la couche *superficielle*, la correspondance entre ces températures est, jusqu'à 350 brasses de profondeur, remarquablement étroite. Mais, tandis que le même taux de réduction continue dans le n° II jusqu'à 800 brasses, — la température étant de 49°,3 à 802 brasses,— elle est beaucoup plus rapide dans le n° I, où, à 600 brasses, étant de 45°,5, elle tombe à 42 degrés à 800. Toutefois, dans le n° II, au-dessous de 800 brasses, la température éprouve un abaissement si prompt, qu'il est, dans les 200 brasses suivantes, de *neuf degrés*, l'eau à 994 brasses n'étant que de 2 degrés plus chaude que celle du n° I à 1000. Une légère réduction ultérieure dans la température se remarque dans les deux sondages les plus profonds faits dans la croisière de 1870 de l'Atlantique, celle trouvée à environ 1100 brasses (n° II) étant de 2 degrés plus haute que celle observée dans le n° I à 1250.

Température de la mer à différentes profondeurs, près des bords du bassin atlantique septentrional.

I MANCHE 1869. LATITUDE MOYENNE, 49°.			II COTES D'ESPAGNE ET PORTUGAL 1870. LATITUDE MOYENNE, 39°.		
PROFONDEUR en brasses.	SURFACE. Temp. Fahr.	FOND. Temp. Fahr.	PROFONDEUR en brasses.	SURFACE. Temp. Fahr.	FOND. Temp. Fahr.
75	66°,0	49°,7	81	60°,5	53°,5
96	63,4	51,3	128	61,5	52,5
250	62,6	50,2	248	64,7	51,7
300	62,6	49,6	332	60,5	51,5
350	62,6	49,1	340	67,0	50,5
450	62,6	47,6	469	69,7	51,5
557	63,0	47,0			
600	62,6	45,5	620	67,3	50,5
725	63,9	43,9	718	66,5	50,5
:			722	67,5	49,7
750	62,6	42,5	740	66,7	49,0
800	62,6	42,0	802	66,5	49,3
862	62,6	39,7	994	69,5	40,3
1000	64,0	38,3	1065	65,0	39,7
1250	64,0	37,7	1095	68,0	39,7

Si nous apprécions ces faits d'après les données qu'a jetées sur les phénomènes de température du bassin de l'Atlantique l'exploration de 1869, faite dans l'aire glaciale, il paraît évident que nous avons sous la latitude de Lisbonne la même séparation distincte en une couche *supérieure chaude* et une *inférieure froide*, que celle qu'on a constatée dans le détroit situé entre les îles Shetland et Färoë, mais où la couche intermédiaire, au lieu d'être comprise entre les limites de 150 à 300 brasses, se trouve entre celles de 800 à 1000. Il semble clair que la couche *profonde* a dû avoir une origine polaire ; mais il n'y a pas de preuve que celle de la surface *supérieure* provienne d'une source plus voisine de l'Équateur. Sa température est, il est vrai, *au-dessous* de 4 ou 5 degrés de celle de la Méditerranée aux profondeurs correspondantes sous le même parallèle de latitude ; et, si la température de cette dernière peut être considérée comme la *normale* de la latitude, — cette grande mer intérieure étant virtuellement exclue d'une participation à la circulation océanique générale,— il semble que celle-ci doive avoir pour effet d'abaisser plutôt que de relever la température de la couche supérieure de cette partie de l'Atlantique. Sa température à la surface est pendant l'été décidément *plus basse* sous le même parallèle que celle de la Méditerranée ; et la limitation du *surchauffement* à sa couche la plus superficielle concorde entièrement avec les observations sur ce point faites dans la Méditerranée. D'après les données que nous possédons actuellement, la température superficielle d'*hiver* de cette partie de l'Atlantique est à peine, si même elle l'est, plus élevée que dans la Méditerranée sous les mêmes parallèles. Ceci peut justifier la conclusion que ni la couche superficielle, ni aucune partie du stratum supérieur des eaux de l'Atlantique qui baignent les côtes de l'Espagne et du Portugal, ne reçoivent aucune addition de chaleur de l'extension du Gulf-stream dans leur domaine.

Les moyennes journalières de la température superficielle

de la Méditerranée, entre le 16 août et le 28 septembre, ont été comprises entre 73 et 79 degrés. Cette élévation est toutefois circonscrite à une couche comparativement peu considérable, comme le montre le tableau suivant de sondages faits à trois stations différentes :

	I. Fahr.	Différ.	II. Fahr.	Différ.	III. Fahr.	Différ.
	°		°		°	
Surface..	74,5				77,0	
5 brasses.		5,2	69,5	10,5	76,0	6,0
10 —	69,3		59,0		71,0	
		4,3		1,5		9,5
20 —	65,0		57,5		61,5	
		2,0		1,0		1,5
30 —	63,0		56,5		60,0	
		1,3		0,8		2,7
40 —	61,7		55,7		57,3	
		2,0		0,4		0,6
50 —	59,7		55,3		56,7	
		4,6		0,6		1,2
100 —	55,1		54,7		55,5	

La *première* de ces stations, quoique la plus rapprochée du détroit de Gibraltar, paraît avoir échappé à l'influence directe du courant froid qui y pénètre, laquelle se fait sentir fortement dans la *seconde* par la température de la couche qui est réduite dans les 10 premières brasses de 10°,5. La *troisième* peut être considérée comme représentant de la manière la plus caractéristique la condition thermale de la couche supérieure de l'eau de la Méditerranée pendant la saison de la plus grande chaleur; et nous y observons que le thermomètre ne baissant que de 1 degré dans les *premières cinq* brasses, tombait de 5 degrés dans les *cinq suivantes*, et de 9°,5 entre 10 et 20; la réduction devenant très-lente plus bas. A 100 brasses de profondeur, il n'y avait pas une différence de 0°,8 entre les températures des trois stations.

L'uniformité régnant dans la température du fond à *toutes profondeurs* au-dessous de 100 brasses était très-remarquable (2). La température la *plus basse* trouvée a été celle de 54 degrés, à une profondeur de 790 brasses ; la *plus élevée*, de 56°,5, s'est rencontrée à des profondeurs de 266, 390 et 445 brasses. Mais deux considérations prouvent évidemment que cette légère augmentation ne dépendait aucunement du peu de profondeur de ces sondages : 1° le plus fort sondage, fait à 1743 brasses, ayant donné 56 degrés, et 55 degrés à 1456 et 1508 brasses, et 2° les variations légères observées dans les sondages de *fond* existant aussi dans les températures prises à 100 brasses. En fait, *quelle que fût la température à* 100 *brasses, c'était celle de toute la masse d'eau sous-jacente jusqu'à la plus grande profondeur explorée.* Dans la partie du bassin occidental de la Méditerranée, située entre Gibraltar et l'île de Sardaigne, la température du fond variait de 54 à 56°,5, la *moyenne* étant 55°,8. A l'est, dans le voisinage de la Sicile, elle variait de 55 à 56°,5, *moyenne* 55°,8. La possibilité que le léger excès de la température du fond de cette région pût être dû à un échauffement volcanique inférieur, nous fit prendre pour direction de retour celle de l'Etna et du Stromboli, pour vérifier si le voisinage d'un volcan toujours actif pouvait avoir quelque influence à cet égard. Il n'y en eut pas toutefois d'appréciable, car les températures mesurées, étant 55°,7 à 392 brasses, et 55°,3 à 730, — se trouvaient être ainsi plutôt un peu *au-dessous* qu'au-dessus de la moyenne.

Ce contraste remarquable qui se présente ainsi entre la réduction lente mais continue de température observée dans les couches successives de l'eau dans le grand bassin atlantique, et la baisse subite du thermomètre descendu dans les couches les plus profondes, réclame la recherche de la cause de cette différence. Il est établi maintenant qu'aucune quantité de chaleur *superficielle* n'est capable d'affecter *directement* la température de la mer à une profondeur plus grande que 100 brasses, l'élévation qu'elle produit au-dessous de 30 étant déjà fort légère; il semble aussi que la température uniforme de 54 degrés à 56°,5, observée au-dessous de la couche des 100 brasses, représente la *température permanente* de la grande masse d'eau du bassin méditerranéen. Or, cette masse est complétement soustraite à l'influence de la circulation océanique générale ; le flux superficiel du détroit de Gibraltar n'ayant pas d'autre effet que d'abaisser la température générale de l'extrémité occidentale du bassin. La température permanente et uniforme de cette eau méditerranéenne peut être ainsi considérée comme représentant la température moyenne de la terre dans cette région, un peu accrue peut-être par une *convection vers le bas* de la chaleur superficielle dont nous allons décrire la marche. Ceci accordé, elle correspond étroitement avec les déterminations de la température moyenne de la croûte terrestre en Europe, faites en enfonçant dans le sol des thermomètres à une profondeur qui les soustrait à l'influence directe de la chaleur de l'été et du froid de l'hiver, sans les exposer à celle de la chaleur intérieure de la terre. La température de cavernes profondes donne une autre série de données semblables qui concordent de près avec les précédentes. Ainsi M. Pengelly constate que dans la partie de la caverne de Kent à Torquay, la plus éloignée de son entrée, la température ne varie dans le courant de l'année que de peu de 52 degrés. Dans l'île de Pantellaria, située entre la Sicile et la côte africaine, il y a une caverne réputée comme d'un froid glacial; mais le lieutenant Millard, du vaisseau *Newport*, qui a récemment fait une inspection attentive de l'île, nous informe que bien qu'ayant éprouvé un froid intense en y pénétrant par un soleil ardent, sa température réelle, mesurée au thermomètre, était de 54 degrés. Nous affirmons aussi de bonne source que cette température est celle du fond des réservoirs les plus profonds destinés à l'approvisionnement de l'eau à Malte, lorsqu'ils sont (ce qui est ordinairement le cas) creusés sous les maisons, ou autrement soustraits aux rayons directs du soleil.

La surface de l'eau de la Méditerranée étant refroidie pendant l'hiver à la température uniforme de sa partie profonde, nous devons chercher comment elle est affectée par l'échauffement du soleil d'été. Son action ne peut évidemment s'exercer que *directement* sur sa surface; le pouvoir *conducteur* de l'eau est si faible qu'il ne peut effectuer que fort peu de transmission de chaleur. De plus, le réchauffement de la surface rendant la couche superficielle moins dense, il ne peut se faire de *haut en bas* aucune *convection* analogue à celle de *bas en haut,* qui a lieu lorsque la chaleur est appliquée au fond. Mais dans le cas de l'eau de mer, une autre action intervient. L'évaporation rapide provoquée par un rayonnement solaire puissant, et surtout favorisée par les vents secs et chauds de l'Afrique, détermine une telle con-

(2) M. Aimé et le cap. Spratt avaient déjà entièrement constaté cette uniformité ; mais leurs observations n'ayant pas été faites avec des thermomètres abrités, on ne pouvait pas avoir toute confiance en leur exactitude.

centration de la pellicule superficielle que, malgré l'élévation de sa température, l'accroissement de sa densité la fait descendre, — pour être remplacée par une nouvelle couche plus froide. Elle emporte ainsi un excédant de chaleur, qui, se diffusant dans la couche sous-jacente, a pour effet par conséquent d'y produire une plus haute température. La répétition continuelle de ce procédé pendant toute la saison chaude tendra à porter cette élévation de température à une profondeur croissante; mais aussitôt que celle de l'air sera descendue de beaucoup *au-dessous* de celle de la mer, la couche superficielle de cette dernière, refroidie, deviendra plus pesante, et, en s'enfonçant, apportera dans l'inférieure du *froid*, au lieu de chaleur, de manière à en abaisser la température.

Matières solides en suspension. — L'eau de la Méditerranée se distingue de celle de l'Atlantique non-seulement par la plus forte proportion de sels qu'elle tient en *dissolution*, mais encore par des particules de substances solides, à un état de division d'une extrême finesse disséminées dans toute sa masse à l'état de *suspension*. L'eau recueillie à de grandes profondeurs est presque toujours trouble, état produit par des particules si excessivement ténues qu'on éprouve de la difficulté à les retirer par filtration. Or, les physiciens et chimistes savent bien que la durée du temps nécessaire au dépôt d'un précipité augmente avec la ténuité de la division des particules qui la composent, bien que la matière de celles-ci puisse avoir une densité considérable. C'est ainsi que Faraday a montré que des précipités d'or peuvent ne pas se tasser dans un mois; et M. Babbage a calculé que, pour le cas de substances plus légères, une période de plusieurs centaines d'années serait nécessaire pour la précipitation de particules très-fines au travers d'une masse considérable de liquide. Or, le degré de cet état turbide se trouvant d'une manière générale en rapport avec la profondeur, — puisqu'il est le plus prononcé là où la colonne superposée est la plus élevée, — on peut justement conclure que l'état trouble visible dans les eaux de fond est dû à une diffusion imperceptible de la même substance si ténue dans toute la masse de l'eau. Deux méthodes différentes d'essai prouvent qu'il en est bien ainsi. L'ingénieur du paquebot de la Compagnie péninsulaire et orientale qui nous conduisit à Gibraltar pour rejoindre le *Porcupine*, nous a informé que les incrustations des dépôts que l'on enlève aux chaudières après un service dans la Méditerranée diffèrent de celles que laisse l'eau de l'Atlantique, non-seulement par une plus forte proportion de *sel*, mais encore par un mélange avec une *boue* excessivement fine, qui, cela va sans dire, ne provient que de l'évaporation d'eau prise à la *surface*. Les résultats de cette expérience faite sur une grande échelle concordent exactement avec l'examen fait par le professeur Tyndall, à l'aide de la lumière électrique, d'un échantillon de l'eau de la Méditerranée prise à la surface. Il l'a trouvée chargée de particules très-ténues en suspension; il en est de même de l'eau du lac de Genève. Il a montré de plus que, dans les deux cas, c'est à la présence de ces molécules que nous devons attribuer l'intensité toute particulière de la couleur bleue qui caractérise ces deux eaux (3).

Si nous recherchons la source de ces particules en suspension, dont la précipitation successive produit ce dépôt de boue fine qui recouvre tous les fonds de la Méditerranée, nous trouvons (au moins en ce qui concerne le bassin occidental) que, selon toute probabilité, elles y ont été apportées par le Rhône. On sait que la partie supérieure de ce fleuve transporte constamment un volume énorme de sédiments dans le lac de Genève, dont les parcelles les plus grosses, se déposant à son entrée dans l'extrémité antérieure de ce dernier, y déterminent une formation progressive de terres d'alluvions; pendant que l'eau qui sort de son extrémité inférieure, bien que limpide en apparence, soit encore chargée de matières à un état de division extrême. Le bassin occidental de la Méditerranée se trouve ainsi avoir, avec la partie inférieure du Rhône et ses tributaires, les mêmes rapports que le lac de Genève avec sa partie supérieure. Une diffusion analogue et universelle de particules ténues sédimentaires dans le bassin oriental est probablement aussi le résultat des transports effectués par le Nil.

C'est donc au tassement, lent mais constant, de ces particules ténues qu'est due la plus grande partie de cette boue fine et tenace qui, mêlée à une proportion plus ou moins forte de sable calcaire et siliceux, constitue le dépôt qui actuellement se forme dans les profondeurs du lit méditerranéen. L'origine du sable calcaire, qui est aussi à un état de subdivision extrême, doit probablement se trouver dans l'érosion des calcaires tertiaires qui forment les bords riverains autour d'une grande partie du bassin occidental. Cette érosion est surtout visible à Malte, où en vue de la sécurité des fortifications, il a fallu l'empêcher par des moyens artificiels. La singulière stérilité de ce dépôt, au point de vue de la vie animale, s'est imposée à notre attention pendant toutes nos opérations de draguage dans la Méditerranée (4), et bien que comme zoologistes, nous ayons été désappointés en ne rencontrant pas les nouveautés que nous espérions, le résultat négatif de nos persévérantes recherches paraît avoir une portée géologique importante.

Nos recherches précédentes ont complétement démontré le fait qu'une profondeur de 600 à 1200 brasses n'est pas en *elle-même* incompatible avec l'existence d'une faune variée et abondante, et que la réduction qui se manifeste de 1200 à 2435 brasses semble dépendre autant de la diminution de la température que de l'augmentation de profondeur. On pouvait donc s'attendre à ce qu'une faune variée et abondante, contenant un certain nombre de types tertiaires éteints depuis longtemps, se serait trouvée entre 500 et 1500 brasses, sur un fond dont la température ne paraît jamais descendre au-dessous de 54°. La question de la cause de cette absence de vie animale sur ce fond est en rapports avec la vieille difficulté géologique, à laquelle les investigations du professeur E. Forbes ont longtemps paru donner une solution satisfaisante, à savoir l'existence de puissantes épaisseurs de couches sédimentaires presque ou totalement privées de restes organiques. L'explication admise pendant bien des années, — que ces dépôts se sont formés dans des mers trop profondes pour permettre l'existence d'animaux sur leur fond, — ayant été prouvée insoutenable, la vieille difficulté reparaît; et il est évident que, si l'on

(3) Voyez *Nature*, 18 octobre 1870.

(4) On a demandé pourquoi le fond plus élevé, plus près de la côte, ne présente pas la même stérilité. On peut répondre simplement que la boue sédimentaire n'y est aucunement déposée en pareille quantité. La masse de sédiment déposée dans un temps donné dépendra de la quantité que la colonne liquide en tiendra en suspension, qui, toutes choses égales d'ailleurs, sera proportionnelle à sa hauteur.

pouvait montrer qu'il y ait actuellement au fond de la Méditerranée quelque condition préjudiciable à la vie animale, qui ait prévalu aussi lors de la formation d'autres dépôts azoïques, il y aura un grand pas de fait. La *turbidité de l'eau de fond* réalise cette condition. Tous les animaux marins dépendent, pour l'aération de leurs liquides, du contact de l'eau ou avec leur surface extérieure ou des appendices spéciaux (branchiaux) de cette dernière. Or, si cette eau tient en suspension des parcelles d'une extrême finesse, leur dépôt sur la surface respiratoire troublera celle-ci et tendra à produire l'asphyxie. Ceci n'est pas une pure hypothèse. On sait fort bien que les bancs d'huîtres ne peuvent pas s'établir dans des situations où une boue fine est apportée par quelque courant fluvial ou de marée. M. Jeffreys, opérant, il y a quelques années, des draguages dans le voisinage de Spezzia, étant dans une circonstance un peu sorti de la baie dont le fond sablonneux était fort riche en vie animale, entama un fond vaseux (provenant sans doute des dépôts du Rhône) et fut frappé de la pauvreté de ce dernier sans augmentation sensible de profondeur.

Les géologues auront à dire jusqu'où cette explication peut être applicable aux cas des dépôts sédimentaires azoïques des époques anciennes. Le docteur Duncan en a observé un cas remarquable ; c'est celui du Fleisch, gisement n'ayant pas moins de 6000 pieds d'épaisseur, allant du mont Blanc aux Alpes Styriennes, et qui doit avoir été déposé à un état de vase arénacée très-fine, et dans laquelle il y a presque absence totale de fossiles. Le grès calcaire très-fin de Malte, bien que réputé comme riche en fossiles, ceux-ci ne semblent se trouver que dans les couches plus grossières, déposées probablement dans des eaux moins profondes, comme celles que nous trouvons très-riches en animaux le long des rives de la Méditerranée. La pierre excessivement fine employée pour la sculpture, — si complétement privée de grain, que les pièces qui en sont faites semblent être moulées en plâtre de Paris, — ne contient que peu de fossiles autres que des dents de requin, qui naturellement y sont tombées depuis le haut.

Il y a toutefois une autre condition qui peut n'être pas la moins puissante pour restreindre dans d'étroites limites la vie animale des parties les plus profondes du bassin méditerranéen : c'est *la stagnation qui résulte de l'absence presque totale de circulation verticale.* Dans les vastes bassins océaniques, si la théorie émise dans les discours précédents est exacte, chaque goutte d'eau est à son tour amenée à la surface, et soumise à l'influence purifiante d'une exposition prolongée à l'air. On peut dire que l'eau de la Méditerranée est virtuellement privée de ce mouvement, et que la portion profonde du bassin n'a aucune circulation qui lui soit propre, horizontale ou verticale, ayant pour effet d'amener son eau à la surface. Il est en fait difficile de concevoir *aucune* action qui puisse troubler la tranquillité des profondeurs d'un bassin qui est complétement enfermé par un mur qui s'élève à plus de 10 000 pieds de son fond. Des études futures auront à s'occuper de rechercher à quel point les conditions où se trouvent ces profondeurs les affectent au point de vue de la diffusion de la matière organique et de l'oxygène nécessaire à l'entretien de la vie animale.

W. B. CARPENTER.

— La suite très-prochainement. —

SOCIÉTÉ DES SCIENCES MÉDICALES DE LYON

MÉDECINE EXPÉRIMENTALE

CONFÉRENCES ET LECTURES DE M. A. CHAUVEAU

Physiologie générale des virus et des maladies virulentes

I

La cause intime de la virulence (1)

DÉTERMINATION DES ÉLÉMENTS FIGURÉS QUI POSSÈDENT L'APTITUDE VIRULENTE.

Sans doute il est de la plus haute importance de savoir que les agents de la virulence se trouvent à *l'état solide* dans les humeurs. Mais cela ne suffit pas. Il est nécessaire de procéder à une recherche plus minutieuse des conditions qui donnent cette qualité d'agents spécifiques, soit à toutes les particules solides que les liquides virulents tiennent en suspension, soit à quelques-unes seulement de ces substances figurées. De même que nous avons déterminé l'état solide de ces agents, il faut en déterminer les autres manières d'être, si c'est possible. Alors seulement nous connaîtrons les agents virulents, et nous serons fixés, autant qu'on peut l'être, sur leur véritable nature.

C'est une étude qui paraît, à première vue, appartenir exclusivement au domaine de l'observation pure et simple. Il semble que l'analyse microscopique ait seule à intervenir pour fournir les données positives sur la question de savoir quels sont les corpuscules figurés qui sont tenus en suspension dans les humeurs virulentes. Un excellent microscope *servi par* un bon observateur, que faut-il de plus, en effet, pour arriver à la détermination de ces éléments ? Hâtons-nous de déclarer que l'excellent microscope et le bon observateur sont de rigueur sans doute ; mais il faut de plus, pour que l'étude des humeurs virulentes, faite par celui-ci à l'aide de celui-là, donne des résultats acceptables, qu'elle soit exécutée dans des conditions particulières, permettant de faire concourir l'application de la méthode expérimentale au but que l'observation est appelée à atteindre dans cette circonstance. Disons tout de suite que *la détermination des éléments figurés qui entrent dans la composition des humeurs virulentes doit être poursuivie concurremment avec l'étude de la genèse et du développement des lésions dans lesquelles se forment ces humeurs.* Tenez-vous pour assurés qu'on court les plus grandes chances d'erreur, quand on se borne à prendre une humeur virulente *toute formée* pour en étudier la composition microscopique. Non-seulement on s'expose à ces chances d'erreur lorsqu'on cherche, parmi les éléments figurés de l'humeur, ceux qui *pourraient* bien posséder l'aptitude virulente ; mais on y est même exposé quand il s'agit de déterminer, au point de vue d'une classification très-générale, la caractéristique de ces divers éléments. Tel élément vous embarrassera parce que vous ne serez pas en mesure de discerner s'il est ou non accidentel ; tel autre parce que vous ne saurez trop quelle en est la nature. Or, toutes ces incertitudes s'évanouissent quand on

(1) Suite et fin. — Voyez notre précédent numéro, page 362.

suit, dans toutes ses phases, l'évolution de ces substances corpusculaires.

Les choses étant ainsi, nous devrions attendre, pour l'étude que nous avons à achever ici, le moment où nous aurons à faire l'histoire de la formation des lésions et des agents virulents. Mais il faut bien obéir aux nécessités du mode d'exposition que nous avons avons adopté. Il nous est impossible de faire maintenant cette histoire, et nous ne pouvons pas davantage nous dispenser de chercher immédiatement sous quelles conditions de forme et d'origine les éléments figurés des humeurs jouent le rôle d'agents virulents. Vous comprenez que cette difficulté nous expose de nouveau aux pétitions de principes. Pour restreindre, autant que possible, cet inconvénient, nous aurons soin de ne toucher qu'aux points indispensables. Et vous allez voir qu'en empiétant un peu sur l'étude de la multiplication des virus dans l'organisme, nous réussirons à vous présenter ce nouveau sujet de discussion, de manière à vous renseigner, autant que vous puissiez l'être, dans l'état actuel de nos connaissances, sur la nature des éléments corpusculaires qui constituent les agents de la virulence. Cette démonstration pècherait-elle, du reste, par certains côtés, que vous ne courriez aucun risque à l'accepter avec pleine confiance. Elle se complétera d'elle-même dans le cours de ces études. Vous trouverez fréquemment l'occasion d'y ajouter de nouveaux éléments, particulièrement quand nous étudierons l'action des agents virulents sur l'économie animale.

Une première proposition à établir, c'est qu'*il n'y a de compte à tenir que des éléments constants des humeurs virulifères, dans la détermination des agents corpusculaires qui donnent à ces humeurs leurs qualités spécifiques*. Il est évident qu'on doit considérer comme absolument nul, au point de vue de son rôle dans la virulence, tout élément dont la présence n'est constatée que par occasion, et ne constitue ainsi qu'un fait éventuel ou contingent. L'élément virulent, en effet, est nécessairement présent dans toute humeur qui prouve clairement ses qualités spécifiques. Il est présent, avec tous ses attributs, aussitôt qu'apparaissent les signes de l'activité de l'humeur, et dans l'universalité des cas où cette activité se manifeste. Si un élément auquel vous seriez tenté d'attribuer la cause de la virulence manque dans une humeur, en telle circonstance ou à tel moment donné, vous n'avez plus le droit de vous arrêter à votre hypothèse, même quand la présence de l'élément serait la règle, et l'absence l'exception.

Cette proposition va nous permettre d'éliminer d'emblée de notre champ de recherches tous les *proto-organismes vrais*, bactéries ou vibrions, sans que nous ayons même besoin d'insister longuement sur les motifs de cette élimination. Non pas que je veuille traiter lestement l'opinion qui tend à attribuer la virulence à la présence de ces proto-organismes. Qui n'a été entraîné, au moins un moment, dans le courant qui a porté les idées vers cette opinion? Il suffit, pour se rendre compte de cet entraînement, de songer au prodigieux essor de la *pathologie animée*, dans la période contemporaine, et aux immenses services que l'histoire naturelle a pu rendre à la médecine, en l'éclairant sur la genèse de maladies dont on ne soupçonnait même pas auparavant le véritable caractère. En voyant se multiplier ainsi le nombre des maladies dites parasitaires, en constatant la précision des connaissances introduites par les naturalistes et les physiologistes dans l'étude d'un si grand nombre de ces maladies, comme la gale, la teigne faveuse, le tournis des ruminants, la trichinose, la pébrine et tant d'autres, tout aussi importantes, on devait nécessairement se demander si le bénéfice de ces connaissances ne pouvait pas être appliqué aux maladies virulentes.

Depuis longtemps, du reste, l'idée de la nature animée des virus s'est fait jour. Cette idée, il est vrai, n'était qu'une vue de l'esprit et ne s'appuyait sur aucune preuve directe ou indirecte. Mais au moment où Davaine, développant les recherches rudimentaires et empiriques de ses précurseurs (au nombre desquels Fuchs, Brauel et Delafond méritent d'être cités particulièrement) sur les *baguettes* ou *bâtonnets* du sang charbonneux, fit son intéressante étude des bactéries immobiles du charbon considérées comme cause essentielle de la maladie, cette idée de la nature animée des virus reçut un vigoureux appui. Elle s'est renforcée récemment des conclusions du travail de Coze et Felz sur la *contagion* de l'infection putride, par la propagation et la multiplication, dans l'organisme vivant, des vibrioniens de la putréfaction ; travail excellent, dont l'importance ne le cède pas à celui de Davaine sur le charbon, et que je placerais même au-dessus, si, en fait de découvertes scientifiques, le mérite principal et essentiel n'appartenait légitimement aux initiateurs.

Mais si je ne marchande pas mon estime à ces deux études, je suis loin, vous le savez déjà, de leur accorder la signification qui leur a été donnée, soit par leurs auteurs, soit par d'autres, au point de vue d'une théorie générale sur la détermination des agents actifs de la virulence. Je vous ai dit, en effet, au début de cette étude, qu'il n'était pas permis, dans l'état actuel de la science, de confondre les vraies maladies virulentes avec les affections septiques ou septicoïdes déterminées par la multiplication dans l'organisme de proto-organismes-ferments. Me voici arrivé au moment de vous dire pourquoi. C'est que, *s'il existe des proto-organismes-ferments dans les humeurs spécifiques des vraies maladies virulentes, ce n'est que d'une manière tout à fait accidentelle. On ne saurait donc considérer ces proto-organismes comme les éléments virulifères.*

L'humeur qui se prête le mieux à cette constatation, c'est la lymphe vaccinale. Il est si facile de se la procurer que tout le monde est à même de se livrer aux examens nécessaires pour déterminer les éléments corpusculaires microscopiques qui entrent dans la composition de cette humeur. C'est une excellente condition au point de vue des garanties d'exactitude. Pour ce qui me concerne, je dirai que, des nombreux examens qui ont été faits dans mon laboratoire, par les yeux les mieux exercés, avec les meilleurs instruments de Nachet, de Hartnack, de Vérick, et des grossissements variant entre 1000 et 1550 diamètres, il résulte qu'il n'est pas possible de constater l'existence d'un seul échantillon de proto-organisme-ferment dans l'humeur vaccinale recueillie et examinée avec les précautions que je vais vous dire.

Il est certain que des proto-organismes peuvent se montrer en abondance, soit à l'état de leptothrix immobiles, soit en segments séparés et mobiles, au milieu de l'humeur vaccinale qui a été conservée un certain temps dans des tubes. On trouve aussi ces éléments dans des préparations faites avec la lymphe fraîchement recueillie, même quand elles sont parfaitement lutées, si on ne les examine qu'au bout de quelques jours, ou même, parfois, de quelques heures. Je reconnais enfin que ces éléments ont pu être trouvés dans de la lymphe vaccinale examinée tout de suite après avoir été recueillie, mais extraite de boutons trop anciens, arrivés au début de leur période décroissante ou de dessiccation. Mais, dans tous ces cas, il est facile de le comprendre, la présence des proto-organismes peut tenir et tient certainement au développement de germes venus du dehors. On les rencontre là, comme on les trouve dans toute humeur animale, virulente ou non, soumise aux mêmes conditions. Pour se renseigner sur la question de savoir si la lymphe vaccinale contient des proto-organismes qui fassent parties intégrantes, normales et constantes de sa constitution, il faut procéder à l'examen de cette humeur de manière à éviter les erreurs qui pourraient dépendre du développement accidentel de germes extérieurs. Il suffit de prendre et d'examiner immédiatement la lymphe d'un bouton qui est encore dans sa période d'augment, au cinquième jour par exemple. Quelles que soient l'espèce animale source de la lymphe et l'origine de l'éruption, le liquide examiné se montre absolument dépourvu de toute forme organique pouvant être rapportée à des animalcules ou à des protophytes. Le fait se constate même dans le cas où l'éruption résulte de l'insertion d'un virus chargé de leptothrix. J'en ai fait plusieurs fois l'expérience. Ce qu'il y a dans ce liquide, nous allons le voir tout à l'heure, et nous achèverons de prouver alors qu'il n'y a rien d'animé, dans le sens strict du mot, au sein de l'humeur vaccinale.

Passons à la variole. Lorsque la maladie est tout à fait bénigne, l'humeur variolique retirée d'un bouton à son début, alors qu'elle est cependant en pleine possession de son activité virulente, est, le plus souvent, aussi complétement privée de proto-organismes que la lymphe vaccinale. C'est un fait hors de toute contestation. Il y a, il est vrai, des cas de variole maligne où l'humeur, recueillie dans les mêmes conditions, contient des bactéries qui se retrouvent aussi dans le sang. Mais en quoi ce fait pourrait-il être regardé comme une preuve que ces bactéries sont la cause et les agents essentiels de la virulence de la variole? Coze et Feltz, à qui revient le mérite d'avoir signalé ces bactéries, paraissent ne pas hésiter à leur attribuer ce rôle. Pourquoi? Je serais fort embarrassé de vous le dire, car la question n'est pas discutée, *ni même posée*, dans le travail des auteurs. On y trouve une étude très-bien faite sur la transmission des proto-organismes-ferments de la variole, d'un animal à un autre animal; étude parallèle et de *signification analogue* à celle des mêmes auteurs sur les proto-organismes du sang des animaux soumis à l'infection putride. Mais il n'y a absolument rien qui puisse éclairer sur les rapports des proto-organismes de la variole avec la virulence de la maladie. Ce n'est pas le moment d'étudier ces faits si intéressants, relatifs aux maladies causées par le développement de proto-organismes-ferments dans l'organisme. Cette étude, nous la réservons, je vous l'ai déjà dit, pour la traiter plus tard avec tous les développements qu'elle comporte, parce que maintenant son introduction dans l'étude des virus proprement dits ne pourrait que nous exposer à bien des causes de confusion. Mais je ne puis cependant me dispenser de vous donner quelques mots d'explication nécessaires sur la distinction qu'il est indispensable de faire au sujet des expériences de nos auteurs.

Évidemment, en transmettant d'un varioleux au lapin, puis de lapin à lapin, les bactéries du sang de la variole maligne, en provoquant ainsi sur ces animaux une infection mortelle, Coze et Feltz ont pensé avoir communiqué à ces animaux le principe virulent de la variole. S'il en est ainsi, c'est un nouvel exemple de la facilité que nous sommes entraînés à montrer à l'égard des déterminations scientifiques, dans les sujets si difficiles et si complexes qui sont du domaine de la biologie. Rien ne serait plus inexact qu'une pareille idée. Ces expérimentateurs n'ont pu communiquer la variole à leurs animaux, en leur transmettant les bactéries du sang varioleux, pour les trois raisons suivantes: 1° parce que, ces bactéries n'étant qu'un élément *inconstant* de la variole, ne peuvent jouer le rôle d'agents virulifères de la maladie; 2° parce que la maladie que Coze et Feltz ont donnée à leurs animaux se trouve être tout autre chose que la variole; 3° parce que les lapins, sujets de leurs expériences, ne sont pas même aptes à l'évolution de cette affection.

Sur le premier point, je n'aurais rien à ajouter à ce que je viens de dire tout à l'heure, d'une manière très-générale, à moins d'entrer dans des explications très-détaillées sur mes observations, ce que je regarde comme parfaitement inutile. J'entamerai donc immédiatement l'exposition des expériences tout à fait décisives auxquelles j'ai eu recours pour fixer mon jugement à l'égard du second point.

Pour vous faire comprendre la portée de ces expériences, j'ai besoin de vous rappeler le résultat de mes recherches sur la variole inoculée aux animaux. D'après ces recherches, l'organisme humain constitue seul un terrain favorable à l'évolution *complète* de la variole. Les espèces animales vaccinogènes, qu'elles appartiennent à l'ordre des solipèdes ou à celui des ruminants, peuvent aussi subir l'influence du virus varioleux et se prêter à sa multiplication; mais, en aucun cas, on n'observe, à la suite des inoculations, les éruptions généralisées qui rendent la variole si redoutable dans l'espèce humaine. L'éruption de la variole des animaux reste toujours locale. Le principe virulent ne subit pas, pour cela, la moindre atténuation dans son activité, car, si, après l'avoir fait passer sur le cheval d'abord, puis sur la vache, on le rapporte sur l'homme, il y produit les mêmes ravages que s'il était transmis directement de l'homme à l'homme.

Ceci posé, admettons que la maladie que l'on communique aux lapins, par l'inoculation du sang varioleux chargé de bactéries, soit réellement, malgré toutes les apparences contraires, une forme de variole. Le principe infectieux contenu dans le sang des animaux inoculés devrait reproduire la variole, en étant reporté sur un animal appartenant à l'une des espèces bien authentiquement variologènes. Or, l'expérience m'a démontré que ce sang, inoculé au cheval ou au bœuf, par piqûres sous-épidermiques, est inoffensif. Non-seulement il ne reproduit pas la variole locale, telle que ces animaux sont susceptibles de la prendre, avec son caractère essentiel de reversibilité sur l'espèce humaine, mais l'inoculation est même absolument incapable de provoquer sur ces animaux la naissance d'une maladie infectieuse semblable à celle des lapins. Je n'insiste pas sur ce dernier point, qui est très-important et que nous aurons à utiliser, en temps et lieu, pour la théorie des phénomènes infectieux produits dans l'économie animale par les proto-organismes-ferments. Nous n'avons à retenir, pour le moment, que les enseignements relatifs à l'impuissance du principe infectieux, pris dans le sang des lapins prétenduement variolés, à reproduire la variole chez les sujets qui peuvent subir l'influence de cette maladie. Répétons-le avec insistance, cette impuissance est absolue. Mes expériences sont nombreuses. Dans toutes, les animaux ont subi la contre-épreuve des réinoculations avec le virus varioleux vrai ou avec la lymphe vaccinale, et toutes ces réinoculations ont constamment réussi. C'est une précaution que j'ai cru devoir prendre pour bien établir le caractère négatif des résultats des premières inoculations, même dans les cas où celles-ci n'avaient pas déterminé les accidents inflammatoires passagers que l'insertion sous-épidermique de toute substance septique est capable de provoquer, sur les animaux des espèces bovine et chevaline.

Ainsi, la maladie communiquée par Coze et Feltz à leurs lapins n'est pas la variole. Voilà qui est prouvé d'une manière décisive, comme je vous annonçais devoir le faire. Mais il y a plus; cette maladie ne pouvait pas être la variole, par cette raison, bien autrement décisive encore, que le lapin n'est pas apte à l'évolution de la variole. Au lieu d'injecter, dans le tissu conjonctif sous-cutané du lapin, du sang provenant d'un sujet atteint de variole maligne, prenez la lymphe d'une pustule à son début, sur un malade en puissance de variole bénigne; inoculez à la lancette, par piqûres sous-épidermiques, avec toutes les précautions que l'on prend ordinairement pour faire une bonne vaccination. Vous ne réussirez point à faire naître la variole, pas même l'éruption locale qui se produit d'une manière infaillible sur les animaux des espèces bovine et chevaline. Ce n'est pas une recherche que j'ai faite à l'occasion des expériences dont je discute maintenant la signification. Elle est bien antérieure à ces expériences, et remonte à une époque où, dans le but d'établir une statistique sur l'aptitude variologène et vaccinogène des espèces animales, je tentais d'inoculer la vaccine et la variole indistinctement à tous les animaux qui se trouvaient sous ma main. Je ne serais plus en mesure de vous décrire avec précision tous les détails de ces expériences; mais vous pouvez accepter avec confiance la conclusion que j'en ai tirée, c'est qu'il est impossible, en inoculant la variole au lapin, de faire naître sur cet animal un produit morbide, — et c'est là le critère nécessaire pour rendre l'expérience significative, — capable d'être transmis à un sujet connu comme variologène, en lui imprimant l'immunité. Inutile d'insister plus longuement sur ce point, qui a, du reste, sa place marquée ailleurs.

Je pourrais ajouter, au sujet de la question qui s'agite ici, que ce n'est pas dans le sang qu'il faut chercher surtout les principes virulents, *contrairement à ce qui a lieu pour les agents causes des infections septiques ou septicoïdes.* Mais ce serait encore empiéter, et cette fois sans grande utilité, sur nos sujets de démonstrations ultérieures. Finissons donc cette digression à propos du rôle des bactéries varioliques.

Beaucoup d'autres humeurs virulentes ont été, dans mon laboratoire, l'objet de recherches sur les vibrioniens qu'elles peuvent renfermer. Toutes ont donné des résultats identiques avec ceux qui ont été fournis par la vaccine ou la variole. Aucune des maladies virulentes que j'ai été à même d'étudier ne présente de proto-organismes comme éléments *constants* des humeurs douées de l'activité spécifique. Citons tout particulièrement la clavelée, la morve, la peste bovine, qui, après la vaccine et la variole, ont fait plus particulièrement l'objet de mes études. Je me borne à signaler en bloc ces résultats, concluant d'une manière unanime dans le même sens que l'étude qui vient d'être faite sur la variole. Il n'y a donc pas à douter de l'exactitude de cette proposition, à savoir que la présence des proto-organismes-ferments dans les humeurs virulentes ne peut, en aucun cas, être prise en considération pour la détermination du principe actif de ces humeurs.

Passons à une autre tentative de détermination.

Les seules particules figurées qui existent d'une manière constante dans les humeurs virulentes sont les éléments cellulaires et granuliformes, *tels qu'on les trouve dans toutes les humeurs pathologiques ou même dans certaines humeurs normales.* C'est donc nécessairement parmi ces éléments que doivent être cherchés les éléments actifs de la virulence.

Le premier point que nous allons établir au sujet de cette recherche, c'est que, *pour qu'une humeur virulente soit en pleine possession de son activité spécifique, il n'est pas nécessaire qu'elle contienne d'autres éléments figurés que les fines granulations moléculaires.* On peut, en effet, enlever à une humeur tous ses autres éléments corpusculaires, sans troubler ni atténuer en rien ses propriétés virulentes. C'est une expérience que j'ai faite fréquemment, avec la lymphe vaccinale d'abord, puis avec d'autres humeurs, parmi lesquelles je citerai le pus morveux, qui m'a plus particulièrement occupé. On délaye ce pus dans une assez grande quantité d'eau, et on le soumet à la décantation. Les couches superficielles ne tardent pas à se dépouiller complétement des éléments cellulaires qu'elles peuvent contenir, tout en restant très-riches en éléments granuliformes. On s'en assure en puisant, avec une pipette capillaire, une goutte du liquide de ces couches superficielles, et en le faisant passer sur le porte-objet du microscope, pour l'examiner soigneusement. Si la gouttelette ainsi examinée se montre absolument dépourvue de cellules, on l'utilise pour pratiquer des inoculations sous-épidermiques, à l'aide de la lancette. Alors on constate que le liquide inoculé se comporte tout à fait comme le pus virulent pur. Il communique la morve aussi sûrement que ce dernier.

De cette expérience, et de toutes les autres analogues que j'ai exécutées avec les mêmes résultats, on est bien forcé de conclure que, *dans les humeurs virulentes, l'activité spécifique est fixée sur les plus fins éléments corpusculaires.* Mais l'expérience ne prouve pas que la virulence appartienne exclusivement à ces éléments. Les autres, c'est-à-dire les cellules diverses qui sont disséminées dans le liquide, peuvent aussi posséder cette activité spécifique.

J'avoue ne pas être en état de vous présenter, sur ce dernier point, une démonstration directe, du même ordre que celle qui vient d'être donnée à propos du rôle des éléments granuliformes. Il est plus difficile d'obtenir, à l'*état d'isolement*, les corpuscules cellulaires que l'espèce de poussière moléculaire constituée par les granulations. J'estime cependant, d'après quelques essais que j'ai tentés, que l'entreprise n'est pas impossible, au moins avec le pus morveux. Des lavages réitérés, bien conduits et rapidement exécutés, pourraient, je crois, débarrasser les éléments cellulaires des éléments granuliformes libres qui s'y trouvent mêlés. Mais le moyen de s'en assurer? S'il est facile de reconnaître, dans une préparation microscopique, le moindre leucocyte errant, il n'en est plus de même des fines granulations, que leur volume excessivement réduit place à l'extrême limite de la vue distincte.

Je n'ai pas cru, du reste, nécessaire de m'attacher à cette expérience, et de chercher à surmonter toutes les difficultés qu'elle peut présenter. C'est une lacune qui ne peut nous empêcher de nous prononcer catégoriquement sur la question que nous venons de poser. En effet, les *éléments cellulaires sont tous plus ou moins infiltrés de granulations.* Libres ou englobées dans le protoplasma des cellules, toutes ces granulations, comme nous le verrons dans un instant, ont la même origine, le même mode de formation, et doivent partager les mêmes propriétés. Les cellules qui en contiennent sont donc nécessairement douées de l'aptitude virulifère. Elles possèdent cette aptitude, non pas comme éléments indépendants, à cause des qualités attachées à leur forme propre, mais parce qu'elles renferment la substance virulente proprement dite. Ce n'est pas là, croyez-le bien, une simple vue de l'esprit. Vous allez constater que cette proposition reçoit une consécration péremptoire des recherches qui ont pour but de déterminer les conditions dans lesquelles a lieu le développement des agents virulents.

L'étude expérimentale que j'ai à vous exposer maintenant est une des plus importantes parmi celles qui se rattachent à la détermination des causes intimes de la virulence. Elle donne la clef des solutions qui attendent toutes les questions relatives à la *nature des granulations virulentes*. Cette étude se recommande donc vivement à votre attention.

C'est à la clavelée que nous allons emprunter l'exemple dont nous avons besoin, pour vous présenter avec la plus grande simplicité possible les éléments de cette nouvelle discussion.

Quand on étudie, sur une coupe perpendiculaire à la surface, la pustule cutanée de l'éruption claveleuse, on constate que le tissu conjonctif sous-cutané participe à la formation de cette pustule dans des proportions considérables. Ce tissu est alors transformé en une épaisse couche gélatiniforme, d'où il est possible d'extraire une grande quantité de liquide extrêmement virulent. C'est donc un des foyers les plus actifs de la prolifération des agents spécifiques de la maladie ; et c'est là qu'il est le plus facile d'étudier leur genèse et leur multiplication. Cette transformation du tissu conjonctif sous-cutané n'est pas une lésion tout à fait initiale. Au début, l'irritation est nettement bornée à la peau elle-même, et plus particulièrement à la surface du derme et au corps muqueux, aussi bien dans le cas où la pustule est née spontanément que quand elle a poussé sur le lieu d'une piqûre d'inoculation. C'est par extension que le processus envahit le tissu conjonctif sous-cutané. Il est facile de saisir le moment où cet envahissement s'opère, et où naissent les premières modifications causées par la propagation de l'irritation spécifique. Ce moment est celui qu'il faut choisir pour étudier les origines des éléments virulifères.

Et d'abord, une première et très-importante constatation. Excisez un de ces boutons claveleux, à leur période initiale, quand ils ne sont indiqués sur la peau que par une plaque rouge à peine en saillie. Enlevez avec des ciseaux les traces de substance gélatiniforme qui commencent à apparaître sur la face profonde de la peau. Écrasez ensuite cette matière sur une lame de verre en délayant dans un peu d'eau. Puis inoculez à un mouton sain. *L'inoculation réussira tout aussi bien que si vous aviez inoculé du liquide claveleux complétement formé, extrait d'une pustule à sa période d'état.* Ainsi, la virulence existe déjà au moment où apparaissent les premiers linéaments du processus irritatif. Cette qualité est alors présente. L'élément sur lequel elle est fixée est donc aussi présent nécessairement. Cherchons-le et voyons ce que nous trouverons.

Pour examiner la composition microscopique de la substance gélatiniforme naissante qui se développe dans le tissu conjonctif sous-cutané, au niveau des papules claveleuses, il faut, après avoir excisé une de ces papules avec beaucoup de précaution, fixer sur une planchette de liége, en le retournant, le lambeau de peau qui supporte la papule. Avec un filet d'eau distillée, on lave soigneusement la face interne de la peau, et on l'essuie non moins soigneusement, au moyen de papier buvard, en évitant d'exercer la moindre pression sur la matière gélatiniforme. On peut alors, avec de fins ciseaux, coupant très-bien, exciser de très-petites parcelles de cette substance, qu'on examine dans un liquide indifférent. Je me sers plus spécialement de liquide céphalo-rachidien frais, et j'en recommande l'emploi. Je recommanderai aussi de préparer la fine parcelle qui doit être examinée en évitant toute dilacération et tout écrasement capables de déterminer la rupture des éléments qui entrent dans la composition de la matière à examiner. Ce qu'on y voit dans cette matière, ce sont : 1° des faisceaux de tissu conjonctif ; 2° les cellules interfasciculaires en voie de prolifération ; 3° autour des vaisseaux, des gaînes de globules blancs formant des masses allongées plus ou moins considérables. *Il n'y a pas autre chose.*

Quelques mots sur chacun de ces éléments.

1° Les faisceaux de tissu conjonctif sont très-bien isolés, comme disséqués, si l'on peut s'exprimer ainsi. La netteté de leur contour et de leur striation fibrillaire est parfaite. Ils ne paraissent pas avoir subi, à cette période, la moindre altération. Cette apparence d'intégrité est tout à fait remarquable.

2° Par contre, tous les éléments cellulaires interfasciculaires se montrent considérablement multipliés ou hypertrophiés. On trouve d'énormes cellules-mères ovoïdes ou sphéroïdes contenant jusqu'à douze à quinze cellules-filles incluses (rares). Il y a aussi des cellules ramifiées et même anastomosées, ne différant des cellules normales du tissu conjonctif que par le gonflement qu'elles ont subi. Les éléments les plus nombreux sont des cellules simples, sans prolongements. Ces cellules sont plus ou moins volumineuses ; les plus petites se présentent avec les dimensions et l'aspect des leucocytes. Elles sont arrondies ou un peu allongées. En général, on les trouve très-nettement nucléées. Pour le moment, bornons-nous à ces indications sommaires.

3° Enfin, les leucocytes ou globules blancs accumulés le long des parois des vaisseaux forment des amas souvent considérables, dans lesquels ces petites cellules se montrent extrêmement pressées les unes contre les autres.

Insistons maintenant sur un caractère commun à tous les éléments cellulaires qui viennent d'être signalés. La masse de protoplasma qui en constitue la base est toujours granulée. Le caractère granuleux des cellules est, à cette période, assez uniforme et laisse subsister encore dans presque tous ces éléments une assez grande transparence. *Aucune granulation n'existe à l'état libre, en dehors des cellules ou de leurs dépendances* (mot sur la signification duquel je m'expliquerai plus tard). Ou plutôt, pour être plus exact, les granulations libres, que l'on peut rencontrer dans le liquide qui baigne la préparation, sont tellement rares qu'on ne peut les considérer autrement que comme des éléments erratiques échappés de cellules qui ont été intéressées par l'instrument tranchant, au moment de l'excision de la parcelle de tissu soumise à l'examen. Jamais, en tout cas, le nombre de ces granulations libres ne se montre en rapport avec l'activité virulente que l'inoculation de la substance met en évidence. Quelquefois même, cette activité peut être constatée dans toute son intensité, sans qu'on ait pu trouver — je ne dis pas sans qu'il y ait — une seule granulation libre dans la préparation.

Il est facile, après cette exposition, de nous prononcer sur la question qu'elle avait pour but d'éclairer. Évidemment, les granulations virulentes ne sont pas des éléments indépendants, se multipliant par eux-mêmes. *Ils font partie du protoplasma cellulaire, dans lequel ils naissent et se développent.* S'il est prouvé, par démonstration directe, que ces granulations, à l'état libre, sont douées de l'activité spécifique qui caractérise l'humeur à laquelle elles appartiennent, il est également prouvé, par une démonstration non moins significative, qu'elles possèdent la même activité quand elles sont encore englobées dans la gangue de protoplasma où elles ont pris naissance.

Un rapprochement avant de quitter ce sujet si important. Si vous analysez la description histologique sommaire qui vient d'être faite de la substance gélatiniforme placée à la base des papules claveleuses, vous n'y trouvez rien de plus, rien de moins, que ce qui existe dans du tissu inflammatoire pur. Vous pouvez, du reste, vous convaincre de cette étroite analogie, en demandant à l'expérimentation le moyen de comparer les deux processus dans des conditions identiques. Appliquez une pastille de potasse sur la peau de l'aisselle d'un mouton ; le tissu conjonctif sous-cutané prendra, au niveau du point irrité, un aspect gélatiniforme, comme dans le cas de l'inflammation spécifique causée par la clavelée. Or, si vous étudiez ce tissu gélatiniforme, *au début de sa formation*, vous y trouverez la même intégrité apparente des faisceaux de tissu conjonctif, la même prolification des éléments cellulaires de ce tissu, la même agglomération de leucocytes autour des vaisseaux sanguins, le même état granuleux du protoplasma des cellules, *les mêmes granulations libres* si le processus est un peu plus avancé. Anatomiquement, il n'y a donc rien de spécifique, en apparence du moins, dans les éléments virulents de la clavelée. Nous utiliserons ce rapprochement surtout dans notre conclusion définitive. Mais nous aurons auparavant à en tirer d'instructives indications pour les conclusions *partielles* que nous avons encore à rencontrer sur notre route.

Concluons d'abord sur les résultats immédiats de l'étude à laquelle nous venons de nous livrer. Tout en nous montrant la faculté virulente fixée sur les divers éléments corpusculaires *constants* des humeurs, la discussion précédente nous amène à la notion de l'unité de la substance virulifère. *Agglomérée en masse granuleuse ou dispersée en fines granulations indépendantes, cette substance est identique, par ses propriétés, sous toutes ses formes.* C'est maintenant de cette donnée simple, mais encore tout empirique, que nous avons à partir pour établir les nouvelles déterminations qu'il nous reste à tenter.

Qu'est-ce que cette substance formée de *granulations libres ou agglomérées*, douées de l'aptitude virulifère ? Est-il possible de se renseigner d'une manière plus explicite sur la nature de ces granulations ? Voilà les questions à la solution desquelles nous avons à travailler.

Commençons par la discussion d'un premier point très-obscur encore pour moi malheureusement, et que, par conséquent, je ne puis m'engager à éclaircir complétement. Toutes les granulations des liquides virulents, libres ou incrustées dans les cellules, sont loin d'avoir le même volume, le même aspect ou les mêmes propriétés optiques, les mêmes caractères chimiques, etc. Cette diversité se constate au moins très-souvent dans les liquides qui proviennent de lésions virulentes déjà un peu avancées dans leur évolution. Faut-il, malgré cette diversité, considérer indistinctement toutes ces granulations comme éléments virulents ? Ou bien l'attribution de l'aptitude virulifère ne doit-elle être faite qu'à telles ou telles de ces granulations ? Ce sont là des questions bien difficiles à résoudre dans l'état actuel de la science. Je ne connais pas de moyen d'arriver à une solution, directement ou indirectement. On ne peut former que des conjectures. Celles qui m'ont été inspirées par l'ensemble des considérations afférentes à ces questions me font incliner du côté de la seconde interprétation. J'aurais un grand nombre de ces considérations à mettre en avant, presque toutes tirées de l'étude de l'évolution. Je me bornerai à vous présenter les suivantes.

Les lésions inflammatoires engendrées par l'action directe ou indirecte des agents virulents sont loin d'être toutes des foyers actifs de multiplication pour ces derniers éléments. Quand nous en étudierons la genèse et le développement, je vous citerai tel de ces foyers qui, avec un volume énorme, ne contiendra que fort peu d'éléments virulifères ou même n'en renfermera point du tout, car il sera difficile ou impossible d'inoculer la lymphe qu'on en extraira. Tel autre fournira, dans sa partie centrale, une humeur très-virulente, tandis que les liquides extraits du tissu inflammatoire de la périphérie seront tout à fait inactifs. Enfin, vous verrez tel autre cas, dans lequel les inflammations secondaires, produites par l'extension d'un processus virulent primitif, engendreront des humeurs virulentes sur un point, et sur un autre point voisin, des liquides dépourvus de toute propriété spécifique. Il est bien évident, d'après cela, que les liquides enlevés aux lésions causées par des maladies virulentes doivent contenir, au moins dans certains cas, les agents inflammatoires purs mêlés aux agents spécifiques. Rien ne s'oppose même à ce que l'on admette, dans un foyer très-actif et très-limité de prolifération virulente, l'irritation inflammatoire simple agissant, concurremment avec l'irritation spécifique, comme cause directe de la lésion qui constitue le foyer. Il y a les plus grandes probabilités à ce qu'il en soit ainsi, et s'il en est ainsi réellement, les substances corpusculaires des humeurs virulentes ne peuvent être, dans ce cas lui-même, qu'un mélange d'éléments spécifiques et d'éléments purement inflammatoires. Si un jour on arrive à distinguer ceux-là de ceux-ci, la certitude pourra alors être acquise sur ce point. En attendant, il faut nous borner à émettre ces conjectures sous la forme sommaire que je viens de leur donner, et passer tout de suite à un autre point. L'incertitude dans laquelle nous resterons sur le point actuel ne peut nuire en aucune façon à nos déterminations ultérieures, et nous retrouverons, du reste, exposées à leur place et avec tous les détails qu'elles méritent, les considérations qui nous ont fourni la matière de nos conjectures.

Il est beaucoup plus essentiel de savoir si les granulations moléculaires, agents actifs de la virulence, sont ou ne sont pas des *formes transitoires de proto-organismes polymorphes*. Ceci est une question nouvelle, bien distincte de celle que nous avons traitée, quand nous avons cherché à nous renseigner sur le rôle des ferments figurés, à forme définitive, qui peuvent exister accidentellement dans les humeurs virulentes. Les deux questions ont néanmoins des rapports étroits entre elles. C'est la discussion sur la *nature animée* des virus, qui se représente sous une nouvelle forme. *Micrococcus* ou *Microzyma*, telles sont les deux déterminations dont nous avons maintenant à examiner l'application aux éléments granuliformes qui constituent les agents virulents.

La théorie de Hallier a fait assez de bruit pour que je n'aie pas besoin de vous mettre au courant de ses prétentions. Vous savez que cette théorie, utilisant l'application des lois de la génération alternante et de la digenèse à la reproduction de certains végétaux cryptogamiques, prétend établir que les agents virulents ne sont pas autre chose qu'un état allotropique de mucédinées diverses, qui arriveraient à la forme de végétal complet en dehors de l'organisme, et qui, dans l'économie animale, se multiplieraient sous forme de grains excessivement ténus, c'est-à-dire de *Micrococcus*. Que vaut cette théorie? Je ne consacrerai pas beaucoup de temps à vous le dire.

Certes, nous n'avons que d'excellentes conquêtes à attendre, pour la pathologie animée ou parasitaire, des progrès que la science imprime tous les jours à la physiologie de la génération des êtres inférieurs, surtout des microphytes. Mais pouvons-nous ranger au nombre de ces conquêtes excellentes les *vues hypothétiques* sur lesquelles a été entièrement bâtie la théorie du micrococcus-virus? Vues hypothétiques! s'exclamera-t-on. Mais pour quoi prenez-vous les cultures expérimentales qui ont prouvé qu'avec tel micrococcus-virus, on peut faire, *sous une cloche,* telle mucédinée, et réciproquement? Je les prends pour ce qu'elles sont, c'est-à-dire pour des expériences qui n'ont absolument rien à faire dans l'étude de cette question, et dont les résultats, entachés, du reste, d'un nombre considérable de causes d'erreur, ne peuvent exercer la moindre influence ou jeter la plus faible lumière sur la détermination des agents virulents.

Ce n'est pas sous des cloches qu'il faut pratiquer la culture des prétendus micrococcus-virus et de leurs moisissures, *pour en déterminer le rôle dans la production des maladies virulentes.* Cette culture doit être faite dans le *milieu* où se développent ces maladies, c'est-à-dire au sein de l'organisme même des animaux aptes à ce développement. Réaliser cette condition de milieu dans des expériences de cette nature, c'est absolument indispensable. On manque à la règle la plus impérieuse de la méthode expérimentale quand, pour étudier le mode de production ou les causes d'un phénomène, on cherche à reproduire celui-ci dans des conditions de milieu qui ne répondent plus à celles de l'évolution naturelle ou spontanée du phénomène. Or, la culture des spores de mucédinées dans l'organisme et leur transformation en micrococcus-virus est un leurre. Il est tout aussi impossible, quelle que soit la voie d'introduction, de produire la clavelée avec le *Pleospora herbarum,* que la vaccine avec la *Torula rufescens*, ou la péripneumonie épizootique avec le *Mucor mucedo.* Sans compter que l'étude qui vient d'être faite tout à l'heure sur la genèse des granulations virulentes démontre assez qu'il n'y a pas d'analogie entre le mode de production de ces granulations et la multiplication des mucorinées, sous quelque forme qu'on envisage ces dernières. Ajoutez enfin l'identité évidente, au point de vue de leurs caractères et de leur mode de génération, entre les granulations virulentes et les granulations qui se trouvent dans les processus inflammatoires purs. Est-il croyable qu'on ait négligé de tenir compte de faits aussi considérables, pour ne s'attacher qu'aux résultats équivoques, — et, en tous cas, *absolument étrangers à la question de la détermination des éléments virulents,* — obtenus dans des expériences de culture artificielle, expériences que le botaniste a déjà sujet de suspecter et que le pathologiste est forcé de rejeter complétement? Passons donc, et laissons en repos la théorie des micrococcus-virus, jusqu'au moment où, mieux armée contre les objections auxquelles elle prête le flanc, cette théorie pourra rentrer en scène.

Au tour des *microzymas* maintenant.

Qu'entend-on par *microzyma?* C'est le nom donné aux infiniment petits qui jouent le rôle de ferments figurés. D'après cette définition étymologique, tous les proto-organismes considérés comme cause directe des diverses fermentations devraient être compris dans les *microzymas.* Bornons-nous à l'application que Béchamp et Estor ont fait de ce mot en physiologie et en pathologie. Vous savez que ces auteurs comprennent dans les microzymas toutes les granulations élémentaires de l'organisme sain ou malade, à cause du rôle de ferments organiques qu'ils *supposent* à ces éléments corpusculaires. Discuter cette appellation de microzymas, appliquée aux granulations dans lesquelles j'ai démontré que réside la faculté virulente, ce n'est donc plus faire la physiologie spéciale des virus. C'est une question physiologique générale qui n'est pas précisément à sa place dans ce travail. Aussi restreindrons-nous les considérations qui vont suivre, aux détails strictement indispensables pour justifier le jugement que nous avons à porter sur les microzymas-virus.

Cette nouvelle détermination a un incontestable avantage sur la précédente, avantage qu'elle doit à ce qu'elle s'applique indistinctement à tous les éléments granuliformes de l'organisme, soit à l'état normal, soit à l'état pathologique. Elle prévient ainsi toutes les objections que soulève contre la théorie des micrococcus ce fait considérable que, suivies dans les différentes phases de leur évolution, les granulations virulentes se montrent avec des caractères identiques avec ceux qui appartiennent, soit aux granulations des éléments inflammatoires purs, soit même à celles des tissus ou des humeurs physiologiques. Sous ce rapport, considérer comme microzymas les granulations virulentes, ce n'est pas s'éloigner des principes que j'exposais dans la conclusion de ma première étude sur la localisation de la virulence dans les éléments granuliformes, à savoir que cette localisation « constitue un » fait d'une importance majeure, non-seulement au point de » vue spécial de la théorie de la virulence, mais encore *au » point de vue général de la physiologie des éléments.* » (*Comptes rendus,* 10 février 1868.) J'avoue même que je n'aurais pas été éloigné d'accepter le mot *microzyma,* — mais le mot seul, — pour désigner les granulations virulentes, si, par la signification expresse qu'il porte en lui, ce mot ne préjugeait, d'une manière trop marquée, la nature des maladies virulentes, et si, par les développements que Béchamp a donnés au sujet, cette signification ne s'accentuait encore davantage, jusqu'au point de se mettre en contradiction flagrante avec les faits.

Précisons nos critiques sur ces deux points.

Microzyma et ferment figuré étant deux termes synonymes, si vous donnez le premier de ces noms aux éléments virulents, vous tendez à confondre les maladies contagieuses par virus avec les maladies contagieuses par ferment. Je n'ai pas à revenir sur les considérations que j'ai invoquées pour les différencier les unes des autres. Reportez-vous de vous-mêmes à ce que j'ai dit précédemment sur ce sujet, particulièrement à notre discussion de tout à l'heure, relativement à la distinction des éléments virulents et des éléments septicoïdes de la variole. Je ne veux cependant pas faire de cette distinction un principe absolu, et vous le verrez bien quand, après avoir déterminé les éléments virulents, nous chercherons plus tard à déterminer de même la nature des maladies virulentes. Ainsi, rien ne s'opposerait à ce qu'on admît, à côté des affections septiques ou septicoïdes engendrées par la multiplication de vrais microzoonites ou microphytes, d'autres affections analogues causées par des ferments figurés *d'une autre nature*, les microzymas, dont la multiplication produirait les maladies virulentes. Mais, ne vous y laissez pas tromper, ce n'est là qu'une hypothèse, à laquelle aucune recherche directe ou indirecte n'est venue donner la moindre sanction. On ne peut pas même arguer, en faveur de cette hypothèse, qui élèverait les granulations virulentes au rôle de ferments, de l'expérience d'Estor et Béchamp sur les granulations normales du foie. De ce que ces granulations, *en dehors de l'organisme*, peuvent donner naissance à certains phénomènes de fermentation, on n'est certainement pas autorisé à attribuer à ces granulations un rôle analogue *dans leur milieu normal*. C'est une présomption en faveur de cette attribution; mais ce n'est même pas une preuve indirecte.

Que si maintenant nous considérons le sens propre qu'Estor et Béchamp inclinent à donner au mot microzyma, notre répulsion deviendra encore bien plus vive. Dans l'idée de nos auteurs, non-seulement les microzymas sont des ferments figurés, mais ce sont des ferments *animés*, du même ordre que les vibrioniens ou les pseudo-vibrioniens décrits comme agents de fermentation. Ceux-là même seraient capables de se transformer en ceux-ci. C'est par là que le microzyma se rapproche du micrococcus. Comme ce dernier, le premier ne serait qu'une forme transitoire d'un proto-organisme polymorphe. Par une sorte de culture artificielle, on pourrait, avec les microzymas, produire des organismes plus élevés. Ainsi, Béchamp aurait vu les granulations des cellules hépatiques normales se transformer *spontanément* en bactéries, dans des conditions qui écartaient toute idée d'intervention des germes atmosphériques. La preuve principale qu'il en donne, c'est que des morceaux de foie ou même des foies entiers, placés sous l'eau, ont montré des bactéries dans leur épaisseur, avant qu'aucune apparut dans le liquide ambiant. Or, ce fait va justement à l'encontre des conclusions qui en ont été tirées. Un foie, mis sous une couche d'eau, ne peut y être introduit sans air. Les vaisseaux en contiennent toujours. Il est facile de comprendre que c'est dans l'épaisseur du foie, et non à sa surface, que cet air peut déposer des germes de bactéries.

Cette dernière critique épuise les sujets que nous avions à discuter et nous permet de conclure. Ni micrococcus, ni microzymas, dans le sens que les inventeurs attachent à ces désignations, telle est la conclusion de cette discussion sur les tentatives faites pour établir la nature animée des granulations virulentes.

Nous restons donc maintenant en présence des résultats de l'étude par laquelle nous avons pris, par anticipation, une idée sommaire du mode de développement des granules virulents. D'après cette étude, ces granules ne sauraient être considérés, à aucun titre, comme des êtres animés. *Ce sont de simples éléments anatomiques, à peine même des éléments anatomiques.* Il n'y a pas de raison pour les considérer d'une autre manière que les éléments analogues qui appartiennent aux lésions inflammatoires pures. S'ils diffèrent de ces derniers, ce n'est pas par *leur forme* ou leurs autres caractères extérieurs, mais par *leurs qualités intimes* ou *leurs propriétés actives* exclusivement. Tous ces éléments granuliformes ont la même origine. Tous procèdent de la même source. Tous appartiennent à la matière génératrice qui a été décrite par les histologistes comme le siége de la prolifération des éléments anatomiques, dans les néoformations pathologiques aussi bien que dans les tissus ou les liquides normaux de l'organisme. *Rien d'étranger à cette substance fondamentale mère des éléments n'existe dans les processus virulents.* Voilà, au moins, ce qui résulte du contingent des faits actuels, observés à l'aide des moyens d'investigation que nous avons maintenant à notre disposition. C'est ce qu'il importe surtout de retenir. Le reste est indifférent, pour le moment. Appelez cette substance fondamentale « *protoplasma* ou « *germinal matter* », voire même « *blastème* » ; considérez-la comme ayant toujours une forme cellulaire limitée, ou admettez qu'elle puisse se fragmenter ou s'agglomérer en masses dont les contours et les limites restent indéterminées. Ce sont là des points sur lesquels il n'est pas nécessaire que nous nous entendions dès maintenant, pour vous faire accepter la détermination du rôle que l'enchaînement des faits nous amène à attribuer à cette matière formatrice, dans la théorie de la virulence. L'accord entre nous n'est pas plus nécessaire, quant à présent, sur la question de savoir précisément à quels corpuscules se trouve attachée la faculté virulente, parmi ceux qui se développent au sein de cette matière génératrice. C'est dans les granulations du protoplasma que se rencontrent les agents virulents. Contentons-nous provisoirement de cette détermination générale. Plus tard, cette base très-solide nous permettra peut-être de nous élever à une détermination plus rigoureuse des agents virulents, à une distinction très-nette des corpuscules qui jouent ce rôle important. Mais sachons nous résigner à admettre que, pour le moment, les faits positifs nous manquent pour aller au delà de notre conclusion présente.

Cette manière de considérer les virus heurte trop le courant d'idées dans lequel on s'est habitué depuis quelque temps à se laisser entraîner, pour qu'elle ne provoque pas certaines répugnances. Renoncer à considérer les virus comme des parasites, abandonner cette notion, si claire et si nette, si séduisante surtout, sur la nature des maladies virulentes, cela paraîtra dur à la phalange, — toujours nombreuse en tous pays,— des esprits pressés de jouir, désireux d'en finir au plus vite, au risque de s'immobiliser dans l'erreur, avec l'incertitude des questions scientifiques. Que ces esprits se rassurent et se consolent : ils auront à peine besoin de changer d'idole. Passer de la dignité d'*être animé* au rang d'*élément anatomique*, ce n'est pas beaucoup déchoir, dans le cas particulier que nous examinons ici. Que dis-je ? La supériorité n'est-elle pas, dans beaucoup de cas, du côté de l'élément anatomique. Considérez telle de ces petites masses sphériques de protoplasma, auxquelles on donne le plus communément le nom de leucocytes. Qu'elle soit placée dans certaines conditions, ne la verrez-vous pas subir les changements de forme les plus variés, absolument comme si c'était un de ces véritables microzoonites que l'on désigne sous le nom d'*amibes?* Non-seulement les diverses parties qui la composent se déplaceront les unes par rapport aux autres, en produisant ces changements de forme; mais l'organule se déplacera de lui-même en totalité et se transportera d'un lieu dans un autre, comme un véritable animalcule. Vous pourrez le voir pénétrer dans l'épaisseur d'une membrane qui sera mise à sa portée (Recklinghausen); et, si la membrane forme les parois d'une poche dans laquelle existe un liquide, il traversera même cette membrane pour se plonger dans le liquide, surtout si ce dernier est favorable à la conservation et à la vie du leucocyte (L. Lortet). Suivez-le maintenant, ce leucocyte, dans des conditions favorables à sa multiplication, et vous le verrez devenir le foyer d'une prolifération active, qui produira un nombre considérable de leucocytes semblables à lui-même, par un procédé très-analogue à ceux qui président à la multiplication de certains animalcules inférieurs. Combien, parmi les organismes-ferments indépendants, ne manifestent pas avec la même énergie les caractères de la vitalité!

En somme, les éléments anatomiques, — ceux au moins qui nous intéressent ici, c'est-à-dire les éléments qui ont pour base fondamentale la matière protoplasmique douée de la faculté génératrice, — se comportent *dans leur milieu naturel*, l'organisme vivant, de façon à rappeler la manière d'être de certains microzoonites. C'est un point de contact dont la physiologie générale tirera peut-être un jour un parti capable de faire revivre les prétentions des partisans des parasites-virus. En ce moment, pour être logiques, nous sommes bien forcés de rejeter ces prétentions aussi loin que possible.

Sur un autre point, la réforme des idées contre lesquelles je réagis maintenant sera peut-être tout aussi pénible. Les caractères si nettement tranchés que les éléments virulents présentent, au point de vue de la *qualité*, reviennent obstinément à l'esprit, et suscitent, non moins obstinément, la pensée que ces caractères doivent nécessairement répondre à des différences également tranchées dans la manière d'être de la *matière*. Non-seulement on n'est pas porté naturellement à admettre que la matière virulente ressemble à la matière inflammatoire ou à une matière normale; mais on se roidit même contre la nécessité d'admettre l'identité des caractères objectifs dans les diverses substances virulentes. Il faut cependant en prendre son parti, l'élément virulent, c'est du protoplasma granuleux, fragmenté ou réuni en masse, partout identique avec lui-même. Un jour, on arrivera peut-être à trouver, dans les différents protoplasmas virulents, des caractères spécifiques, qui les différencieront aussi bien les uns des autres que de la matière non virulente; mais aujourd'hui, on doit renoncer à y trouver d'autre caractéristique que celle qui leur est donnée par leurs qualités spécifiques.

Du reste, l'identité des caractères objectifs ou matériels, dans des substances ou des organules absolument différents par leurs propriétés, est un fait bien commun dans l'organisme. Que d'exemples j'aurais à vous citer! Le plus remarquable est celui de l'ovule, la cellule fondamentale. Si vous aviez à choisir, dans une collection d'ovules de mammifères, celui auquel est dévolu la noble destinée de devenir le roi du règne animal, vous vous trouveriez singulièrement embarrassés. Oui, l'œuf humain, le germe de l'homme, est absolument semblable à la plupart de ceux qui donnent naissance à ses subordonnés. Étonnez-vous si le germe de la variole ne se distingue pas de celui de la morve ou de la syphilis! Un autre exemple non moins remarquable nous est fourni par les cellules qui forment les premiers linéaments du corps de l'embryon. En quoi diffèrent-elles entre elles? Et cependant vous les verrez se transformer en éléments anatomiques bien différents les uns des autres. Telles formeront, dans l'encéphale et la moelle, les cellules et les tubes nerveux, telles les muscles, etc.

Nous avons terminé, messieurs, cette étude sur la détermination des causes intimes de la virulence. Résumons ce qu'elle a eu la prétention d'établir, en commençant par faire les distinctions nécessaires pour circonscrire et préciser le sujet de nos recherches.

Parmi les maladies contagieuses, il y a la nombreuse catégorie des maladies parasitaires proprement dites, dues à la présence d'animaux ou de végétaux qui se multiplient par génération directe ou à forme alternante; maladies dans lesquelles l'animal ou le végétal n'agit, en principe, que par les irritations et les destructions locales qu'il détermine. Dans ces maladies, si les parasites sont très-petits ou d'une nature peu agressive, ou s'ils ne s'attaquent pas à des organes d'une importance majeure, leur présence peut être compatible avec un état de santé à peu près parfait, dans le cas où le nombre des individus est relativement restreint, et quoique l'affection qu'ils causent, quand ils sont en quantité considérable, puisse être mortelle. Exemples : la trichine musculaire, la psorospermie du ver à soie, la douve hépatique, etc., etc. Il ne peut être question, bien entendu, de faire entrer ces maladies parasitaires dans le cadre des maladies virulentes.

Une autre catégorie de maladies contagieuses, de nature parasitaire, compose la classe des affections septiques ou septicoïdes, qui, dans l'état actuel de la science, doivent être considérées comme étant produites par la multiplication rapide, dans le sang, de proto-organismes-ferments, dont l'action décomposante sur les fluides nourriciers détermine une sorte d'empoisonnement, plus ou moins grave, suivant les espèces et suivant les conditions individuelles des sujets atteints. Ces affections peuvent compliquer les maladies virulentes proprement dites, mais ne sauraient être confondues avec ces dernières au point de vue de leur nature, quoiqu'il y ait, entre les deux sortes d'affections, les rapports les plus étroits. C'est dans le champ de recherches constitué par cet ordre de maladies contagieuses que doivent trouver leur application les beaux travaux de Pasteur sur la fermentation putride.

Enfin, une dernière catégorie de maladies contagieuses comprend les vraies maladies virulentes, notre sujet d'étude. Ces maladies se distinguent des précédentes en ce que leur cause intime ou leur agent de transmission ne se présente pas avec les caractères d'un parasite-ferment.

Quand on cherche à déterminer cette cause intime, par l'étude de l'évolution physiologique des éléments virulents, on reconnaît que l'activité virulente se développe et se confine étroitement dans la matière génératrice ou protoplasma granuleux des néoformations que provoque l'irritation spécifique due à la présence du principe virulent.

Dans les humeurs auxquelles cette irritation donne naissance, l'activité virulente se constate, avec la plus grande netteté, sur les particules granuliformes libres provenant de la susdite matière génératrice et tenues en suspension dans le liquide. Cette activité se déduit, par extension, pour les autres éléments anatomiques de l'humeur, de la présence des granulations dont leur protoplasma est infiltré.

L'activité virulente est absolument absente de la partie liquide des humeurs. Les plasmas ou les sérums dans lesquels flottent les éléments granuliformes les plus virulents se montrent toujours tout à fait inactifs, quand ils sont privés de ces éléments. Ce sont donc ces derniers qui constituent exclusivement les agents de la virulence.

Eu égard à l'origine et au mode de développement de ces agents, on peut dire que la cause intime de la virulence réside dans les propriétés spécifiques qu'acquiert le protoplasma des éléments qui naissent et se développent au contact d'un germe virulent déjà doué de ces mêmes propriétés spécifiques, en produisant des germes semblables.

Voilà notre conclusion sur cette première étude. Je vous en ai averti à diverses reprises, et je tiens à vous le répéter avant de terminer, cette conclusion sera fortifiée à chaque instant par les développements que recevront nos études ultérieures.

A. Chauveau,
Professeur de physiologie à l'École vétérinaire de Lyon.

TRAVAUX SCIENTIFIQUES ÉTRANGERS

LE R. P. SECCHI

Étude des protubérances solaires (1)

Le R. P. Secchi auquel nous devons d'importantes observations de physique solaire, continuant avec une ardeur que rien ne peut lasser l'étude fatigante des protubérances solaires, vient d'arriver à des conclusions intéressantes sur la distribution de ces corps à la surface du soleil, et sur leurs rapports avec les divers accidents de la photosphère de l'astre central de notre système planétaire.

Les astronomes savent depuis longtemps que les protubérances peuvent se montrer sur tout le pourtour du disque solaire et ceux qui, comme moi, ont fait une étude suivie de la nature chimique de ces appendices, ont appris par expérience que la région du soleil, où on a le plus de probabilité d'en rencontrer, est la région équatoriale, et qu'il y en a toujours de fort nombreuses et de très-brillantes dans le voisinage des taches. Le R. P. Secchi, désireux de donner à ces remarques le caractère de précision qui leur manquait, s'est attaché à étudier d'une manière méthodique la distribution des protubérances et à la comparer à celle des taches et des facules. Des observations continuées pendant un intervalle de temps égal à cinq fois la durée de rotation du soleil, soit pendant 125 jours, lui ont permis de formuler les conclusions suivantes.

1° L'hémisphère austral du soleil est aujourd'hui plus riche en protubérances que l'hémisphère boréal.

2° D'une manière générale, les protubérances sont nombreuses dans les régions où sont nombreuses les facules.

3° Les protubérances sont plus hautes dans les régions où elles sont le plus nombreuses.

La figure 36, construite à l'aide de la totalité des nombres inscrits dans les mémoires du R. P. Secchi et recueillis pendant 125 jours d'observations, montre d'une manière saisissante la relation intime du nombre des protubérances et du nombre des facules. Cette figure a été construite en prenant sur une ligne horizontale des longueurs proportionnelles aux latitudes et en portant sur les lignes verticales correspondantes des longueurs proportionnelles au nombre de facules ou de protubérances observées à cette même latitude. La ligne pleine est celle de la distribution des protubérances, la ligne ponctuée celle de la distribution des facules.

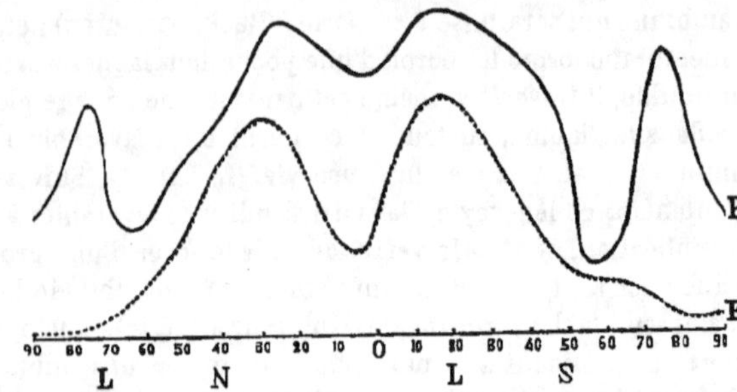

Fig. 36. — Courbe représentant la distribution des facules et des protubérances sur le soleil. — F, courbe des facules. — P, courbe des protubérances.

Les protubérances et les facules offrent un minimum vers 5 degrés de latitude nord, puis deux maxima, l'un vers 30° de latitude nord, l'autre vers 15 degrés de latitude sud; après cela le nombre des facules décroît d'une manière régulière jusque vers les pôles, tandis que les protubérances présentent deux minima relatifs à une latitude d'environ 60 degrés nord ou sud, puis deux maxima relatifs par environ 75 degrés de latitude nord ou sud. A ce propos le savant directeur de l'Observatoire du collége romain fait remarquer que, lorsque une protubérance se produit vers les pôles, elle est visible pendant un grand nombre de jours de suite, en sorte qu'elle figure plusieurs fois dans le relevé des observations, ce qui doit augmenter le nombre apparent des protubérances des latitudes élevées, et explique peut-être les maxima secondaires des régions polaires Je dois ajouter que la position des maxima polaires est très-variable suivant que l'on considère une, deux ou trois rotations solaires, en sorte que leur existence a besoin d'être vérifiée par de plus longues observations.

Quoi qu'il en soit, l'allure des deux courbes des protubérances et des facules me paraît assez concordante pour justifier cette conclusion du R. P. Secchi que les maxima et les minima des protubérances coïncident avec les maxima et les minima des facules, et aussi avec ceux des taches dont la relation avec les facules est démontrée depuis de longues années.

Les protubérances sont loin d'avoir toutes la même forme, ou la même structure; suivant le R. P. Secchi, elles peuvent être classées en trois catégories :

1° Celles qui sont composées de jets de flammes courts, nets, droits, assez semblables à un trophée de lames d'épées, très-brillants et en général divergents. Les protubérances de cette espèce se rencontrent au voisinage immédiat des taches, elles renferment souvent des vapeurs incandescentes de magnésium, de sodium, de fer.

2° Les protubérances formées d'un assemblage de filets lumineux très-fins et très-délicats, parfois normaux au bord du soleil, et s'épanouissant à partir d'une certaine hauteur en ramifications analogues à celles d'un arbre. Les protubérances de cet ordre atteignent en général une assez grande hauteur, elles sont peu lumineuses et très-fréquentes.

3° Le troisième et dernier type est composé des protubérances à aspect nuageux qui semblent ne pas toucher au soleil; elles ne renferment que de l'hydrogène.

Les protubérances de la deuxième catégorie, s'élevant parfois très-haut dans l'atmosphère solaire, donnent des indications précieuses sur les mouvements de cette atmosphère; c'est ainsi que, en parlant d'une tache entourée de protubérances, le R. P. Sec-

---

(1) Les recherches du R. P. Secchi sur ce sujet ont été publiées *in extenso* dans les *Atti dell' Academia pontificia de nuovi Lincei*, anno XXIV; elles forment trois communications qui ont pour titre : *Ricerche solari*, 16 avril 1871. *Sulle Protuberanze solari e le Facole*, 7 mai 1871. *Sulla distribuzione delle Protuberanze intorno al disco solare*, 11 juin et 9 juillet 1871.

Un abrégé de ces mémoires se trouve dans les *Comptes rendus* de l'Académie des sciences de Paris, à la date des 26 juin, 24 juillet et 4 septembre 1871.

chi dit avoir vérifié que les panaches des protubérances étaient recourbés vers le centre de la tache, ce qui confirmerait l'hypothèse de Stoney d'après laquelle les taches auraient pour origine des courants gazeux descendant de la région supérieure de l'atmosphère solaire vers l'intérieur.

Mais, il y a plus, la direction que prennent, lorsqu'elles se recourbent, les protubérances, qui ne sont pas perturbées par le voisinage d'une tache, n'est pas arbitraire. Vers les pôles les protubérances ont presque toujours une direction verticale; vers l'équateur la courbure est irrégulièrement dirigée soit vers le nord, soit vers le sud; aux latitudes moyennes la courbure est généralement (dans le rapport de 3 à 1) dirigée, vers les pôles, en sorte que le sommet des protubérances semble atteindre un courant qui, dans la région inférieure de l'atmosphère obscure du soleil, irait de l'équateur aux pôles.

G. RAYET,
Astronome adjoint à l'Observatoire.

BULLETIN DES SOCIÉTÉS SAVANTES

Académie des sciences de Paris

SÉANCE DU 16 OCTOBRE 1871

La plupart des travaux présentés aujourd'hui sont la continuation de ceux de la dernière séance. Quelques-uns même ne sont pas encore terminés, comme les *Recherches thermiques* de M. Favre, *sur l'énergie voltaïque*, ce qui nous oblige d'en suspendre le compte rendu.

— M. le président Faye continue sa démonstration de la *théorie des comètes*. Après avoir montré que tout le merveilleux, le mystère attaché au phénomène de leurs queues, tient à l'hypothèse toute gratuite, admise par Newton, d'une atmosphère solaire, pour sauvegarder l'unité des forces, il combat cette doctrine, persistante en Angleterre, par l'impossibilité même d'admettre que l'incandescence du soleil comporte une atmosphère assez semblable à celle qui existe autour de la terre et que nous respirons. On sait en effet, à n'en plus douter, qu'un corps en ignition raréfie l'air qui l'environne et le rend moins dense. Les conditions physiques environnant la terre et le soleil sont donc toutes différentes. En y substituant au contraire la force de répulsion admise par Képler et rendue indubitable aujourd'hui par les expériences simples qu'il a faites, lui, M. Faye, et qu'il se propose de répéter prochainement pour prévenir toutes les objections, on explique très-simplement la courbure des queues des comètes. La force de répulsion solaire n'étant pas gênée, comme la force d'attraction, par les couches denses de l'atmosphère lui faisant résistance et s'exerçant au contraire directement sur les corps en raison même de la faible densité des espaces environnants, on comprend aussi que ces courbures ne soient que partielles et n'existent que dans l'aire même de cette force répulsive, spéciale au soleil, c'est-à-dire son périhélie.

Il a discuté aujourd'hui un mémoire de M. Zœllner, physicien allemand, qui attribue, à l'exemple d'Olbers, la force répulsive propre au soleil à l'électricité de cet astre. Il en a exposé toutes les raisons théoriques, mais, pour mieux en démontrer l'invraisemblance, l'inanité, en vertu même de cette loi qu'il n'y a pas de manifestation électrique dans le vide. Or, étant forcé d'admettre que ce vide relatif existe autour du soleil pour concevoir sa force répulsive, le système du physicien de Leipzig se trouve logiquement ruiné d'avance et ne peut se soutenir qu'en vertu d'hypothèses toutes fantaisistes, dont M. Faye laisse au public le soin de faire justice.

— La comète de Tuke, découverte en 1858, a été constatée de nouveau dans la nuit du 13 au 14 octobre, à l'observatoire de Marseille, par M. Borelly, dit M. Delaunay, et observée depuis à Paris.

— M. Berthelot revient aussi sur la mesure et la quantité de chaleur dégagée par la formation et la dissociation des sels ammoniacaux. Dans son dernier mémoire du 2 octobre, il a démontré que la chaleur de neutralisation de l'acide borique par la soude est inférieure à celle des acides forts de même que celle de l'acide borique par l'ammoniaque. Cette différence, respectivement voisine de 1,30, est à peu près constante pour les divers acides et indépendante pour ainsi dire de la quantité d'eau, tandis que, pour l'acide borique, elle varie de 2,25 à 3,64, ce qui indique une décomposition progressivement croissante du borate d'ammoniaque par l'eau, plus profonde et plus rapide à la fois que celle du borate de soude. Un plus grand écart existe encore avec les borates bibasiques.

De même aussi, l'action de l'ammoniaque sur l'acide carbonique s'exerce d'une manière progressive en présence de l'eau, comme sur les acides borique et phénique. Il existe donc un certain équilibre entre l'acide carbonique, l'ammoniaque et l'eau, déterminé par leurs proportions relatives. Toutefois la proportion de l'eau exerce une influence bien moins marquée avec les acides carbonique et phénique déjà dissous, qu'avec l'acide borique. Les expériences de dilution le prouvent. L'action décomposante de l'eau semble donc produire ses plus grands effets dès le début, avec les deux premiers acides; elle décroît ensuite graduellement, tandis que la progression est plus régulière avec l'acide borique.

C'est à déterminer cette action sur les sels acides que M. Berthelot s'est appliqué dans son nouveau mémoire.

— M. le docteur Marey communique également la continuation de ses études expérimentales sur *la durée de la décharge électrique de la torpille*. Afin de vérifier l'exactitude des rapprochements faits par les physiologistes entre la fonction électrique de ce poisson et celle d'une pile sur les muscles, ainsi que les nombreuses et frappantes analogies constatées entre ces deux phénomènes, il a mesuré et compté, par l'enregistrement myographique, l'espace de *temps perdu* entre l'excitation du nerf électrique de la torpille agissant sur une grenouille et sa manifestation; puis il l'a comparé par une autre expérience avec le temps qui s'écoule, en agissant directement sur la même grenouille avec un appareil électrique. C'est le détail de ces expériences ingénieuses qu'il a exposé dans la dernière séance, et il en est résulté que ce *temps perdu* entre l'excitation du système nerveux et la manifestation musculaire sont sensiblement égaux dans les deux cas. Mesurés au diapason, ils correspondent à un 80e de seconde — et non pas de minute — pour la grenouille, et à un 60e pour la torpille. L'assimilation serait donc complète, sauf quelques inégalités de détail. Telle est la durée de la décharge de la torpille.

M. Marey s'est assuré que ce phénomène est instantané et durable. Il y a d'autres décharges mesurables après sa première manifestation. Elle a donc une double propriété et des rapports manifestes avec les appareils de tension dans la durée de son action. Les applications électriques de la pile expliquent ainsi la nature électrique de l'appareil des poissons.

— M. le docteur Tripier adresse la suite de ses expériences sur les réactions électriques musculaires et nerveuses dans les paralysies spinales.

La discussion entre M. Chasles et M. Bertrand, relativement à Aboul-Wesâ, continue aussi sans aboutir. Heureusement M. Francis Michel annonce qu'un nouveau manuscrit du célèbre astronome se trouve dans une bibliothèque de Constantinople, et que M. Allah Verdi, fils du ministre de l'instruction publique, va en faire photographier les planches et traduire les passages principaux pour les adresser prochainement à l'Académie. Espérons que des éclaircissements sur le point en litige mettront fin à ces trop longs débats.

— C'est ce que M. Lecocq de Boisbaudran tend à faire quant aux dissidences sur l'analyse spectrale. En examinant les spectres de la vapeur d'un corps à diverses températures, du sodium et de l'étain en particulier, il a observé que l'intensité des raies réfrangibles s'accroît. Les moins réfrangibles augmentent et s'aperçoivent mieux; on en découvre même qui ne s'apercevaient pas à une température inférieure. D'où il suit que pour avoir une idée juste et exacte des raies spectrales d'un corps, il faut les étudier à diverses températures pour en avoir les *harmoniques*, dont l'ensemble constitue le poids total des spectres.

— Un document imprimé, historique et géologique, sur les eaux thermales et les sables chauds de l'île d'Ischia, par M. Ranieri, annonce un fait d'une grande importance pour l'avenir de cette île inhospitalière par sa stérilité, et fréquentée seulement par les malades qui vont chercher, dans la haute thermalité de son littoral, un remède à leurs maux. Cette chaleur est si élevée que des usines pourraient la mettre à profit pour l'évaporation de l'eau de mer et former ainsi des salines importantes. Un rapport des premiers savants italiens constate en effet que sur une superficie de 42 000 mètres carrés de ce littoral, où règne une température de 60 à 100 degrés centigr., cette exploitation pourrait avoir lieu. Deux sources thermales, situées à 33 mètres au-dessus du niveau de la mer, la faciliteraient. L'une sort à une température de 100 degrés centigr., l'autre à 60 degrés. Toutes les conditions d'établissement d'une industrie prospère existent donc dans ces lieux abandonnés.

— C'est ainsi qu'un Français, M. Lardreille?.. dit M. Dumas, a utilisé la chaleur du sol dans ce pays pour obtenir l'acide borique à peu de frais, et donner, à son profit, un grand développement à certaines industries. Puisse cet exemple être imité !

— Suivant une communication de M. H. Sainte-Claire Deville, il y aurait aussi directement pour nous, dans l'emploi de la dynamite, un moyen d'exploiter avec profit les mines argentifères de la France, dont l'emploi de la poudre ne permettait guère de tirer parti. On abat beaucoup plus de minerai avec la dynamite, et les frais d'exploitation diminuent par là en même temps que la production augmente.

Des expériences ont-elles été faites, comme à Sainte-Marie-aux-Mines, par exemple ? demande M. le général Morin.

Oui, là et ailleurs, répond M. Dumas, comme en Suisse, à Pongibaut et en d'autres lieux.

— M. G. Pouchet lit un travail sur la pisciculture. De ses expériences faites à Concarneau, il résulte que les poissons ont la faculté, par certains mouvements, de se colorer de diverses manières par la réfraction de la lumière, pour mieux se dissimuler au fond de l'eau. Il suffit de les aveugler pour que, ne voyant plus le danger d'être pris, ce phénomène de coloration ne se manifeste pas. C'est là un fait physiologique curieux.

— L'*oidium aurantiacum* aurait été observé dans le tabac, à Nancy, écrit M. Guillon. N'est-ce pas le cas de dire qu'on en verra partout?

— M. Romanowski adresse le résumé d'une nouvelle théorie de la respiration.

— M. Pigeon nie la contagion de la peste bovine; M. Bouley, qui l'affirme et la démontre, nous dira ce qu'il en pense.

Reste la présentation de deux paquets cachetés, dont l'un de M. A. Chevallier, sur une modification d'un microscope composé, et plusieurs ouvrages imprimés, notamment celui de M. le docteur Bonnafont, *sur l'acclimatation des Européens en Algérie*, et l'existence d'une population civile romaine démontrée par l'histoire. Les récents événements donnent à cette brochure un intérêt d'actualité qui en rend la lecture très-attrayante.

Académie de médecine de Paris

SÉANCE DU 10 OCTOBRE 1871

Un discours de M. Bouillaud était annoncé d'avance. C'était sur la question de l'infection purulente ou de la septicémie, pour revendiquer les droits de la grande génération médicale française dont il est un des célèbres et rares survivants; droits méconnus ou oubliés par M. Gosselin dans son dernier discours en niant absolument que la tradition fournisse aucune donnée ni éclaircissement à cet égard. M. Bouillaud lui a montré qu'il avait parlé trop légèrement, soit comme un écolier qui n'a pas encore tout appris, soit en maître qui a déjà oublié ce qu'il devrait encore savoir. Pendant vingt-cinq ans, dit-il, c'est-à-dire de 1822, où parut le premier livre de la clinique médicale de M. Andral, jusqu'en 1847, plus de cinquante volumes ont été publiés sur ce modèle où l'observation clinique pendant la vie le dispute à l'observation anatomo-pathologique après la mort. Et il indique, par les textes mêmes de quelques-uns de ces ouvrages, que dans la grande question des fièvres, dont l'école française peut, à bon droit, revendiquer la solution, la fièvre putride, septique ou adynamique, l'infection purulente est clairement élucidée. Les Allemands auraient pu lui emprunter ces données, mais ils n'empruntent guère; ils préfèrent prendre et s'annexer.

Comment donc M. Gosselin a-t-il pu méconnaître ce fait aussi évident que le soleil? pourquoi n'a-t-il pas même mentionné la phlébite suppurative de Dance, Cruveilhier et Blandin, qui en a été le point de départ, lui, l'élève distingué de cette école dont il suit si fidèlement la tradition, au mépris des doctrines allemandes? L'ostéo-myélite qu'il apporte à l'avoir de la septicémie en est la preuve. M. Bouillaud le remercie et le félicite de ce nouvel appoint pathogénique, tout en s'efforçant de prouver qu'il a eu tort, et grand tort, de ne pas tenir compte des travaux de ses devanciers sur la pyrétologie en général et l'étiologie de l'infection purulente en particulier.

En entendant rappeler et affirmer, avec tant d'assurance, de conviction et d'éloquence, tous ces grands travaux et leurs auteurs de cette belle école française d'il y a quarante ans, qui a révolutionné la médecine en la plaçant sur ses véritables bases de la clinique et de l'anatomie pathologique, on se reportait avec orgueil à cet heureux temps, où elle brillait d'un si vif éclat. Sans doute, son étoile a pâli depuis l'importation des doctrines allemandes, aveugle qui ne le voit pas. En se livrant trop exclusivement à l'étude de la cellule, du globule et de tous les infiniment petits rudiments de l'organisation animale, en ne jurant plus que sur l'emploi des moyens physico-chimiques et les expériences *in anima vili* pour étayer des théories nouvelles, elle s'est abaissée plutôt qu'élevée. C'est ce que M. Bouillaud aurait dû reconnaître et constater, car voilà ce qui le sépare de cette brillante époque où il se reporte toujours, et où il s'est immobilisé parce qu'elle fait sa gloire. A ce point de vue seulement, M. Gosselin pourra lui répondre, mais pas avec avantage. Heureusement que, avec les hommes de son temps et de son mérite, l'école française n'est pas morte. Elle n'a pas abdiqué, s'est écrié l'orateur en terminant, et elle ne le fera pas, surtout entre les mains des Prussiens. Qu'elle suive l'exemple de ses devanciers qu'elle n'aurait jamais dû oublier, et elle ressaisira le sceptre qu'elle a tenu si glorieusement.

Une très-bonne impression est résultée de ce discours sur l'esprit de l'auditoire, et, condensé, il agira favorablement sur l'esprit médical français. Il montre bien toute la nullité des prétentions des novateurs actuels et mérite de clore cette longue discussion.

M. Chassaignac avait lu auparavant les conclusions de son précédent discours. Une courte lecture de M. le docteur Tillaux, sur les avantages de la torsion des artères, a clos la séance. Appuyé sur des expériences sur les animaux et quelques faits cliniques, il trouve qu'elle n'a pas le danger, comme la ligature, de comprendre un filet nerveux et de déterminer ainsi la douleur et même le tétanos non plus que la suppuration. C'est donc une revendication formelle de l'opération d'Amussat qu'un chirurgien anglais a tenté récemment aussi de remettre à la mode, au mépris même de l'acupressure. L'opération si facile et simple d'Ambroise Paré nous semble de force à résister parfaitement à ces atteintes.

SÉANCE DU 17 OCTOBRE 1871

L'unanimité des organes de la presse médicale à applaudir

aux justes revendications de M. Bouillaud l'a incité à revenir sur sa démonstration. Quoique cela parût superflu, son succès n'en a pas diminué.

Il a même augmenté en rappelant le dialogue d'un célèbre professeur italien avec le rédacteur en chef de l'*Union médicale*. Quoi! disait le premier, vous abandonnez en France des travaux et des doctrines qui ont fait votre gloire, alors que nous les conservons religieusement dans notre enseignement! Ce n'est pas que nous ignorions ce qui se fait en Allemagne, mais, comme les théories nées du laboratoire et du microscope s'y succèdent tous les six mois, nous ne les accueillons qu'avec une méfiante réserve, tandis que nous trouvons toujours vrais les travaux de vos grands observateurs et de vos illustres anatomo-pathologistes : Andral, Cruveilhier, Dance, Bouillaud, Maréchal, Velpeau, et les autres. Vous recueillez ici avec un singulier empressement des doctrines qui sont déjà oubliées en Allemagne, et, par exemple, on doit rire de vous à Berlin, à Bonn ou à Heidelberg, de vous voir ramasser précieusement la doctrine du sulfate de sepsine, qui ne compte plus un seul partisan sérieux dans les Universités allemandes.

Revenant sur la pyrétologie, et insistant sur l'anatomie pathologique, les causes, les symptômes et le traitement de la fièvre angioténique, il démontre à nouveau que la génération médicale de 1822 à 1847, en partant de ce fait primordial, a complétement élucidé la fièvre traumatique, simple et purulente, septique et putride, qu'en tout cela elle a laissé une tradition à la génération médicale actuelle, bien mieux formulée que celle qu'elle avait reçue elle-même de ses devanciers. Le microscope et le thermomètre étaient employés dès cette époque, et c'est par erreur qu'on en a fait venir le premier usage de l'étranger. Il s'y est généralisé, voilà tout, comme la plupart de tout ce qui s'est fait dans cette voie des recherches cliniques positives, dans laquelle Bichat et ses continuateurs ont planté les premiers jalons.

Pour clore cette longue discussion qu'il a provoquée, M. Verneuil proteste de son respect reconnaissant pour les traditions de ses devanciers ; il en a déjà témoigné, par ses citations, dans ses précédents discours. Mais il a aussi reconnu un autre élément généralement méconnu, et dont M. Bouillaud lui-même n'a pas parlé dans ses revendications : ce sont les recherches fécondes commencées par Gaspard et continuées jusqu'à M. Sédillot ; c'est en les étudiant et en les répétant qu'il a donné une nouvelle théorie de la septicémie ; théorie conforme à celle des Allemands, si l'on veut, mais qu'il n'a pas eu besoin d'aller leur emprunter. Quand, par des injections de liquides divers, il a pu faire naître, expérimentalement et à volonté, chez les animaux, tous les phénomènes de la fièvre traumatique, simple, purulente, septique et putride, force lui a bien été d'établir une filiation directe entre eux. C'est là le motif de ses dissidences, et il est convaincu d'être dans la vérité ; l'avenir le montrera.

Vous commettez une confusion énorme et regrettable, dit M. Bouillaud, en faisant dériver de la même source la fièvre et la septicémie. Celle-ci peut exister sans fièvre, laquelle n'est engendrée que par l'action irritante des produits toxiques sur les vaisseaux. Telle est la distinction que l'École française a toujours faite ; telle est notre tradition.

Deux rapports remarquables par M. Poggiale ont précédé cette reprise finale de la discussion ; nous les analyserons dans le prochain compte rendu.

Société de biologie de Paris

SÉANCE DU 7 OCTOBRE 1874 (1)

La communication la plus intéressante faite dans cette séance est, sans contredit, celle de M. *Damaschino* sur les altérations de la moelle épinière, observées dans trois cas de *paralysie infantile*, cas dans lesquels la mort a été produite par des affections intercurrentes.

Ces altérations, que des préparations micrographiques très-belles et très-nettes mettent en parfaite évidence, sont constituées essentiellement par un processus phlegmasique ayant amené : 1° de petits foyers de ramollissement atrophique au sein des éléments cellulaires des cornes antérieures; 2° l'accumulation et la multiplication des éléments du tissu conjonctif et des corps granuleux dans la substance blanche des cordons antéro-latéraux, autrement dit la sclérose de ces cordons, avec atrophie plus ou moins complète des tubes nerveux et de leurs cylindres d'axe, cette atrophie s'étendant aux racines antérieures elles-mêmes ; 3° l'altération granuleuse des parois des capillaires intra-médullaires, avec distension congestive de ces vaisseaux.

Ces lésions, bien que localisées et plus accentuées en certains points, existaient néanmoins, avec les caractères énoncés, dans toute la hauteur du cordon myélitique, et correspondaient, comme d'habitude dans cette affection, aux phénomènes symptomatiques présentés par les petits malades.

M. *Charcot* remarque combien il est curieux, et à la fois important, de voir ces altérations qui semblent bien être, en effet, celles de la myélite, s'attacher systématiquement, en quelque sorte, à certains éléments organiques : les cellules des cornes antérieures. M. Charcot se demande comment, après les résultats des recherches faites en France sur cette affection et son anatomie pathologique, comment pourront faire les Allemands pour s'attribuer la découverte des altérations qui la constituent anatomiquement?

M. *Laborde*, après avoir fait observer que les Allemands n'ont pas attendu jusqu'à ce jour pour s'attribuer cette découverte, ainsi qu'il est permis de s'en convaincre dans des livres écrits en France et par des auteurs français, ajoute que les altérations décrites par M. Damaschino dans les cornes antérieures, loin d'être isolées et prépondérantes, coïncident avec l'altération très-étendue des éléments des cordons antéro-latéraux et des racines antérieures, et que la question de savoir quelle est la prééminence et la primauté de ces deux altérations n'est point résolue et ne peut l'être par les faits actuellement connus. Ce qui paraît certain et désormais indéniable, c'est que la paralysie infantile est anatomiquement due à une lésion primitive de la moelle épinière, que cette lésion est plus particulièrement localisée dans les *parties antérieures* de cet organe, et qu'elle appartient à un processus de nature hypérémique et phlegmasique.

M. *Brown-Séquard* présente à la Société des portions du cadavre d'un lapin qui a succombé à de véritables accidents tétaniques avec opistothonos, à la suite de la fracture de l'une des pattes.

M. Brown-Séquard, se livrant ensuite à d'intéressantes considérations sur les causes de la *perte de connaissance* dans l'épilepsie, dit que la contractilité des vaisseaux capillaires des lobes cérébraux, qu'il a depuis longtemps proposée pour expliquer cet accident, ne saurait seule satisfaire à cette explication ; il faut y ajouter, selon lui, l'intervention des phénomènes d'arrêt analogues à ceux que déterminent la piqûre de certaines parties de l'encéphale ou la galvanisation de certains nerfs.

M. le docteur *Dufour* présente le modèle en plâtre des mains d'une femme atteinte, à un degré très-avancé, de cette singulière maladie appelée sclérodermie. Le fait de M. Dufour mériterait d'être mentionné dans tous ses détails, et ne peut, par conséquent, trouver place dans un simple compte rendu.

(1) Dans le dernier compte rendu, au début de la communication de M. Charcot, au lieu de dire : « Les altérations productrices de l'ataxie locomotrice ne sont pas exclusivement....., » il faut dire : « ne sont pas *indifféremment* localisées dans toutes les parties des cordons postérieurs. »

Le propriétaire-gérant : GERMER BAILLIÈRE.

PARIS. — IMPRIMERIE DE E. MARTINET, RUE MIGNON, 2.

LA

REVUE SCIENTIFIQUE

DE LA FRANCE ET DE L'ÉTRANGER

REVUE DES COURS SCIENTIFIQUES (2e SÉRIE)

DIRECTION : MM. EUG. YUNG ET ÉM. ALGLAVE

2e SÉRIE — 1re ANNÉE | NUMÉRO 18 | 28 OCTOBRE 1871

Paris, le 27 octobre 1871.

La France n'a pas été victorieuse; c'est une vérité qu'il est difficile de contredire, mais dont on ne se douterait pas en voyant tomber sans cesse dans l'*Officiel* des avalanches de décorations. La semaine dernière, une immense fournée a été consacrée encore au monde médical, qui avait déjà pris une part fréquente aux distributions antérieures. Cette nouvelle liste offre le rapprochement le plus inattendu entre des médecins aussi honorables qu'éminents et les *spécialistes* qui étalent trop souvent leur nom à la quatrième page des journaux quotidiens et sur les murs de la capitale. Aussi a-t-on déjà pu lire dans les annonces à 1 franc la ligne : « On remarque parmi les médecins qui viennent d'être nommés chevaliers de la Légion d'honneur M. X..., *célèbre* oculiste, demeurant rue....., n°..... Un pareil voisinage n'est-il pas très-flatteur pour des hommes qui avaient toutes sortes de titres à être décorés, sans compter M. le professeur Broca, auquel la générosité des *décorateurs* actuels veut bien concéder une distinction qu'il possède depuis longtemps.

En laissant de côté les questions d'honorabilité, on trouve encore dans ces listes une grande majorité de jeunes médecins sans valeur, qui étaient loin d'être assez habiles pour rendre des services exceptionnels, c'est-à-dire sauver beaucoup de blessés. On dira peut-être qu'ils ont suppléé à la science par le zèle. Admettons que cette substitution soit possible, et que le zèle d'un coupeur de jambes puisse remplacer la science d'un chirurgien; il faudra encore reconnaître que ce zèle s'est exercé dans une sphère bien limitée. A Paris, par exemple, il y a au moins une décoration par 10 blessés, en comptant toutes les pertes des six mois de siége; et comme les malades n'ont pas été également répartis entre les ambulances, on a dû décorer des médecins qui n'avaient soigné personne.

Mais au moins tous ces décorés ont ramassé les blessés sous les balles ennemies, exposé volontairement leur vie, accompli des prodiges de dévouement? Cela est vrai pour quelques-uns ; mais pour la plupart, c'est exactement le contraire de la réalité. Un grand nombre de jeunes médecins et d'étudiants en médecine, soumis aux levées militaires, avaient cherché dans les ambulances un refuge fort envié ; on n'a pas oublié l'impatience avec laquelle ils réclamaient dans les journaux contre les lenteurs du ministère de la guerre à leur adresser l'acceptation de leurs services ; impatience bien vite calmée par un avis qui les dispensait provisoirement de répondre à l'appel. Au lieu d'aller faire le coup de feu et de passer les nuits dans les tranchées par 14 degrés au-dessous de zéro, ils sont restés dans les hôpitaux intérieurs, à l'abri de tout danger, et profitant d'une nourriture exceptionnelle. Eh bien ! ces jeunes gens sont aujourd'hui décorés en grand nombre ! Ils forment peut-être la moitié de la dernière liste !

Si les convenances d'une discussion publique permettaient de citer des noms propres, il serait facile de mettre le doigt sur des scandales de népotisme. La religion du gouvernement a été surprise par des influences subalternes, et il est nécessaire que l'opinion publique se prononce énergiquement pour le lui faire comprendre. Dans le monde médical, la chasse à la décoration n'est pas seulement, comme autre part, un manque de dignité, c'est aussi une spéculation pécuniaire, les malades ayant la naïveté de rechercher davantage et de payer plus cher les médecins décorés. C'est une raison de plus pour examiner soigneusement les décorations médicales, surtout à propos de guerre, où elles s'obtiennent plus aisément. Mais le service sanitaire de l'armée française est le plus mal organisé de tous les services de l'intendance, ce qui n'est pas peu dire, et aux débuts de la guerre le vertige qui faisait tourner les hautes têtes engendrait là comme partout le désordre. On a organisé nombre d'ambulances dont les chirurgiens n'offraient aucune garantie de savoir, tandis que d'excellents médecins étaient inutilisés dans des emplois inférieurs : c'est ainsi qu'un interne des hôpitaux de Paris s'est trouvé le sous-aide d'un des élèves stagiaires de son propre service d'hôpital.

ÉMILE ALGLAVE.

HAIDINGER (1)

Les événements qui, depuis un siècle, se sont accomplis en Europe, et particulièrement ceux dont la France vient d'être la victime, ont mis en évidence cette grande vérité, qu'il existe une intime corrélation entre la vie scientifique des peuples et leur développement politique. L'œuvre merveilleuse de Lavoisier semble avoir été un prélude de notre grande révolution de 1789, et, pour des esprits réfléchis, les cris de détresse que la science, délaissée par la faveur publique, a poussés chez nous dans les derniers temps de l'empire, ont été les signes avant-coureurs certains des désastres qui nous attendaient dans notre lutte contre l'Allemagne. Avant la France, l'Autriche a subi les conséquences fatales de cette loi qui lie entre eux les progrès de la science et ceux de la grandeur nationale ; et pourtant, au moment de Sadowa, la vie intellectuelle avait déjà commencé à y renaître ; quelques savants, restés jusqu'alors plongés dans le silence du cabinet ou du laboratoire, s'étaient mis résolûment à la tête du mouvement de rénovation ; c'est peut-être à leur généreuse initiative que leur patrie doit d'avoir conservé son intégrité territoriale et de survivre aujourd'hui aux complications sans nombre résultant de la diversité des races et des nationalités qui l'habitent. L'illustre minéralogiste et géologue Haidinger, qui vient de terminer à Vienne, le 19 mars dernier, sa longue et glorieuse carrière scientifique, est incontestablement, de tous les savants autrichiens, celui qui a le plus contribué à ce résultat. Habitué de bonne heure aux recherches minéralogiques les plus minutieuses, Haidinger semblait, par la nature même de ses travaux, condamné à mener une existence solitaire et à demeurer sans action sur le monde contemporain, en dehors du cercle étroit de ceux qui pouvaient apprécier ses délicates études. Un concours de conditions heureuses en ont fait un homme d'action, et lui ont donné l'énergie, l'entrain et l'esprit de création qui expliquent l'énorme influence exercée par lui, et la part qu'il a prise à la fondation des remarquables établissements scientifiques dont l'Autriche s'honore aujourd'hui, ainsi que le cachet particulier qu'il a su leur imprimer. L'histoire de sa vie, dont nous allons esquisser les principaux traits, est intéressante à un double point de vue. Le moraliste, qui trouve du charme au spectacle du développement graduel de l'âme humaine, y pourra suivre la marche ascendante d'une belle intelligence, et constater les modifications progressives qu'elle a dues aux milieux dans lesquels elle s'est trouvée placée. Celui que touche davantage la contemplation des changements qui se produisent dans les institutions, verra de son côté, au souffle d'un homme de génie, naître le mouvement scientifique d'une nation, et, au néant le plus absolu, succéder une animation et une vitalité que pourraient envier des peuples naguère bien plus favorisés.

Haidinger est né à Vienne le 5 février 1795. Il perdit, en 1797, son père, Karl Haidinger, minéralogiste et géologue distingué, attaché à la *K. K. Hofkammer für Munz-und Bergwesen*, établissement dont nous traduirons librement le titre par celui d'Hôtel des monnaies et des mines. Sa mère sut diriger habilement son éducation. En 1811, il suivait avec succès les cours du gymnase académique de Vienne, lorsqu'une circonstance particulière détermina l'interruption de ses études. Son oncle maternel, Van der Nüll, riche banquier de Vienne, possesseur d'une précieuse collection de minéraux, avait fait venir de Freyberg en 1802 le savant minéralogiste Mohs, pour opérer le classement de sa collection. Pendant son séjour dans cette maison, Mohs put apprécier le caractère aimable et l'humeur travailleuse du jeune Haidinger; aussi, en 1811, lorsqu'il fut appelé à diriger l'importante collection de l'Institut minéralogique fondé à Gratz, sous le patronage d'un des princes autrichiens, il eut aussitôt l'idée de l'attacher à ses travaux. La proposition fut faite à madame Haidinger et acceptée avec reconnaissance. Peu de temps après, Haidinger partit en conséquence pour Gratz, et, à l'âge de dix-sept ans, y commença sa carrière scientifique. Pendant onze ans, Mohs trouva en lui un disciple docile, un collaborateur infatigable. Ils demeurèrent ensemble cinq ans à Gratz, et, lorsque Mohs fut appelé à Freyberg en 1817, pour y occuper la chaire de l'illustre Werner, son aide dévoué le suivit, et demeura avec lui dans cette dernière ville jusqu'en 1823.

Durant cette période de temps, la minéralogie subissait une complète transformation, à laquelle Mohs prenait une part active, et dont il peut être regardé même comme ayant été un des principaux promoteurs. Substituer à la considération superficielle des caractères des minéraux l'étude approfondie de leurs propriétés physiques les plus délicates, introduire une précision rigoureuse dans un genre d'examen qui ne semblait auparavant susceptible que d'une approximation limitée, remplacer l'instinct du mineur par le coup d'œil scrutateur du savant, tel est le plan que Mohs avait conçu et qu'il travailla toute sa vie à exécuter. Pour le réaliser, après avoir nettement établi la distinction des divers systèmes cristallins, il voulait arriver à faire connaître le système particulier de chaque minéral, fixer exactement le degré de dureté de chaque espèce en la comparant avec les termes d'une échelle graduée des minéraux choisis dans ce but, et en déterminer rigoureusement le poids spécifique au moyen de l'aréomètre de Nicholson perfectionné. Cette série de recherches exigeait un travail long et patient ; Haidinger se faisant

(1) Voici la liste des documents qui m'ont servi à rédiger ma notice sur Haidinger :

1° *Wilhem Ritter von Haidinger* par Ed. Döll, extrait dès numéros 6 et 7 du journal *Die Realschule*;

2° *Zur Erinnerung an Wilhem Ritter von Haidinger*, par Franz Ritter von Hauer. Vienne, 1871 ;

3° *Der montanistische Museum und die Freunde der Naturwissenschaften in der Jahren*, 1840 *bis* 1850, par Wilhem Ritter von Haidinger. Vienne, 1869, Wilhem Braumüller ;

4° *Der* 8 *November* 1845. *Jubelerinnerungstage Rückblick auf die Jahre*, 1845 *bis* 1870. Écrit de Haidinger à Döll. Extrait de la *Realschule*, t. I, cahier de décembre ;

5° *Biographisches Lexicon des Kaiserthums Osterreich*, par von Wurzbach ;

6° *Die geologische Ueberrichtkarte des österreichisch-ungarischen Monarchie*, par Franz Ritter von Hauer ;

7° Notice rédigée par von Hauer et adressée vraisemblablement à M. Hébert.

8° Lettre adressée par von Hauer à M. de Verneuil sur le même sujet.

Enfin, j'ai pu recueillir un certain nombre de renseignements oraux près de différentes personnes ayant visité l'Autriche ou ayant été autrement en relation avec Haidinger.

Je ne parle pas dans la liste précédente des nombreux mémoires d'Haidinger, l'énumération en serait trop longue. On la trouvera facilement en entier dans le *Catalogue of Scientific Papers*. F. F.

l'instrument du maître y apporta une ardeur soutenue en même temps qu'une rare abnégation. Mohs, plein de bienveillance, mais doué d'une personnalité excessive, avait le défaut de croire sa méthode parfaite, sa classification définitive, et de regarder tout ce qui se faisait dans son laboratoire comme son œuvre propre. Dans ses grandes publications remplies de données expérimentales dont une bonne partie sont certainement l'ouvrage d'Haidinger, le nom de celui-ci est à peine cité, et ce qui lui appartient en propre n'est pas distingué. Malgré cela, Haidinger acceptait de bon cœur la position qui lui était faite, et remplissait ses fonctions d'aide-naturaliste sans élever aucune parole de revendication. Il faisait des dessins pour les cours, taillait des modèles de bois, déterminait des poids spécifiques, et effectuait d'innombrables mesures d'angles de cristaux à l'aide du goniomètre de Wollaston. Cette étude journalière de toutes les espèces minérales alors connues lui avait donné un coup d'œil et une perspicacité qui ont excité l'admiration des autres minéralogistes; plus tard, quand il visitait par hasard une collection étrangère, l'examen le plus rapide lui faisait apercevoir dans les vitrines les échantillons remarquables dont les particularités avaient le plus souvent échappé à celui même qui les avait rangés et classés. Mais, l'acquisition de cette précieuse faculté ne fut pas l'unique résultat de son travail. Tout en remplissant avec zèle les devoirs de sa fonction, il découvrait une espèce minérale nouvelle, la breunerite ; il reconnaissait la forme triclinique de l'azurite de Chessy et déterminait les propriétés cristallographiques de la pyrite cuivreuse. Toutefois, il ne publiait alors de mémoire que sur ce dernier sujet, et encore, en se servant de la langue anglaise, comme s'il eût voulu ménager la susceptibilité ombrageuse de son maître vénéré.

Il quitta en 1822 le laboratoire de Freyberg pour accompagner le comte Breuner dans un voyage en France, en Angleterre et en Allemagne ; puis, sur l'invitation du banquier Thomas Allan, qui lui offrit l'hospitalité à Édimbourg, il se décida à se fixer pendant quelques années dans cette ville, dans le but d'y travailler à une traduction anglaise du traité de minéralogie de Mohs. Édimbourg était déjà, à cette époque, le siége d'un remarquable mouvement scientifique. Deux sociétés prospères, la Royal Society et la Wernerian Society s'y réunissaient et y faisaient paraître leurs mémoires. Là se publiait aussi le *Journal of science de Brewster* et le *Philosophical Journal* de Jameson. Haidinger fut bientôt l'émule et l'ami de tous les hommes qui illustraient alors la science en Écosse. Au bout de trois ans, sa traduction accompagnée de notes nombreuses se trouva terminée ; mais là ne se bornait pas son travail journalier, et l'on ne peut s'empêcher d'éprouver un certain étonnement, même quand on parcourt seulement la liste des matières qu'il a traitées pendant cet intervalle de temps. Les notices et mémoires qu'il a publiés durant son séjour à Édimbourg sont au nombre de plus de trente et relatifs aux sujets les plus divers de la minéralogie. Quel contraste entre cette exubérance de vie scientifique et le labeur silencieux des années précédentes dans le laboratoire de Mohs.

En 1827, Haidinger revint en Autriche, après avoir fait un voyage de près d'une année au travers de toute l'Europe, en compagnie d'un fils de Thomas Allan. Ce voyage lui permit de visiter les principaux gisements de minéraux de la Suède, de la Norwége et de l'Allemagne, et le mit en relation avec la plupart des savants de l'Europe, dont quelques-uns s'unirent à lui par les liens d'une étroite amitié. Dès lors, son éducation scientifique pouvait être regardée comme complète ; l'activité qu'il venait de manifester en Écosse paraissait devoir exclure toute idée d'un temps d'arrêt dans sa carrière. Cependant, c'est alors qu'il rentre dans ses foyers, et, pendant treize ans, paraît à peine se souvenir de son brillant début, semblable à ces hommes des pays barbares, qui, momentanément amenés dans les grands centres de civilisation, y participent à tous les actes les plus élevés de la vie intellectuelle, mais qui, de retour dans leur contrée natale, reprennent promptement leurs allures premières, et ne se distinguent bientôt plus de leurs grossiers concitoyens. L'indifférence profonde qui régnait alors en Autriche pour tout ce qui est du domaine des sciences, et sans doute aussi la crainte de déplaire à Mohs, dont il rejetait certains points de vue avec d'autant plus de force que le vénérable professeur les accentuait davantage, sont peut-être, il faut l'avouer, les causes principales de cette sorte de demi-retraite en dehors du monde scientifique. C'est à Elbogen que s'est écoulée cette période de la vie d'Haidinger. Ses deux frères avaient fondé en 1815 une fabrique de porcelaine dans cette ville ; il se joignit à eux, et dirigea, durant treize ans, la marche industrielle de leur établissement. Quelques mémoires relativement peu nombreux qu'il publia durant ce temps sur des sujets purement minéralogiques sont cependant là pour attester qu'il ne perdait pas complétement de vue la matière de ses premières études. Les uns parurent en anglais dans les journaux scientifiques d'Édimbourg ; les autres furent publiés dans les *Annales* de Poggendorf ou dans le *Zeitschrift für Physik* de Baumgartner et Ettinghausen.

En 1840, Haidinger quitte l'industrie, revient tout entier à la science, et reprend, suivant l'expression fort juste de F. von Hauer, sa véritable place, la seule dans laquelle il pût développer la plénitude de sa puissante activité. Mohs était mort en 1839, et Haidinger était appelé pour le remplacer dans la direction de la collection minéralogique fondée par le prince von Lobkowitz à l'Hôtel des monnaies et des mines (*K. K. Hofkammer für Munz- und Bergwesen*). En dehors de la collection générale de l'établissement, Mohs avait commencé une collection spéciale destinée particulièrement à l'instruction des jeunes ingénieurs. Haidinger reprit de fond en comble l'œuvre commencée, l'acheva en trois ans, et lui donna un cachet pratique, qui surprit tout d'abord ceux qui n'avaient vu en lui qu'un savant de laboratoire. Les minéraux et les roches disposés et classés suivant un ordre topographique purent donner une idée des richesses minières et de la constitution géologique des provinces de l'empire autrichien. Ce rangement rompait avec les traditions reçues jusqu'alors en Autriche dans tous les établissements d'instruction, et montrait l'importance que la géologie allait bientôt acquérir dans un pays où l'étude de cette science avait été complétement négligée jusqu'alors. En même temps, Haidinger se livrait avec une ardeur nouvelle à ses travaux de prédilection et donnait une suite de mémoires sur quelques-uns des points les plus importants de la minéralogie. En outre de la description de plusieurs espèces inconnues auparavant ou mal définies, il a publié à cette époque des recherches savantes sur le mode de formation de certains minéraux et des considérations théoriques du plus haut intérêt sur la nature et l'origine des pseudomorphoses. L'examen de l'andalousite de Minas Geraës et du diaspore de Schemnitz l'amenèrent à la découverte du polychroïsme. C'est aussi de ce temps que datent les perfectionnements apportés par lui dans la construction des instruments destinés à l'étude de la lumière polarisée, instruments dont il sut tirer un si utile parti dans l'étude optique des minéraux et dans celle des cristaux obtenus artificiellement dans les laboratoires.

En 1843, le catalogue détaillé des collections se trouva achevé et fut livré à l'impression. La même année, Haidinger commença son cours qu'il continua jusqu'en 1850. Les jeunes ingénieurs et employés de l'Hôtel des monnaies et des mines constituèrent le fond de son auditoire ordinaire, mais il s'y joignit, chaque année, un certain nombre de personnes attirées par l'amour de la science et par le savoir du professeur. Deux autres cours, l'un de paléontologie fait par l'éminent géologue von Hauer, l'autre de chimie analytique fait par A. Löwe, complétèrent ce remarquable enseignement, et formèrent avec lui, un ensemble, une sorte d'institution ayant ses moyens d'actions propres, à laquelle Haidinger donna le nom de *Montanistisches Museum*. Le but de cette réunion, de cette concentration d'études, était essentiellement pratique. Haidinger avait pour principe que les leçons les plus éloquentes, que les cours les plus remplis d'érudition sont inutiles, s'ils ne sont accompagnés de manipulations et d'épreuves capables de développer l'esprit scientifique; aussi, c'est dans cette partie de la tâche qu'il s'était imposée, que se déployaient tous ses efforts. Sans chercher à se créer d'élève continuateur rigoureux de la direction particulière qu'il avait suivie, il savait exciter tous ses jeunes auditeurs et leur inspirer le goût du travail. Habile à saisir l'aptitude de chacun pour telle ou telle branche de l'histoire naturelle, il encourageait les vocations et discernait avec une sagacité merveilleuse la voie la plus favorable au développement des diverses intelligences. Les fonctions qu'il avait exercées dans l'usine d'Elbogen durant treize ans n'ont, sans doute, pas peu contribué à lui donner cette grande habileté dans la direction des hommes et ce remarquable discernement de leurs aptitudes particulières. C'est peut-être aussi à son passage dans l'industrie qu'Haidinger doit les autres qualités de même ordre dont nous allons le voir faire preuve pendant le restant de sa carrière.

Dès le jour d'ouverture de son premier cours, Haidinger avait rassemblé ses auditeurs, et organisé avec eux des réunions hebdomadaires, rudiments d'une association scientifique libre, dont il rêvait depuis longtemps la formation. Le 8 novembre 1845, de concert avec von Hauer, Moriz Hornes et Adolphe Patera, il posa les bases d'une société régulière ayant pour but le développement des sciences naturelles; c'est la première société de ce genre qui ait été fondée en Autriche. Il lui donna le nom de Société des Amis des sciences naturelles (*Die Freunde der Naturwissenschaften*). L'idée première de l'organisation du *Montanistisches Museum*, et celle de cette association des *Freunde der Naturwissenschaften*, dues toutes les deux à la haute initiative d'Haidinger, ont été le point de départ et pour ainsi dire le levain des autres institutions scientifiques qui, depuis, ont été fondées dans la capitale de l'Autriche. Deux ans après, le gouvernement autrichien, sollicité par les instances des savants et par les appels répétés de l'opinion publique, décréta la fondation d'une Académie des sciences à Vienne, sur le modèle des académies des autres États de l'Europe. Haidinger fut appelé à en faire partie, et en devint aussitôt l'un des membres les plus assidus et les plus actifs.

Cependant, à ses yeux, la création nouvelle, quoique constituant un progrès capital, n'en rendait que plus indispensable le maintien et le développement de la société libre des *Freunde der Naturwissenschaften*. Une académie est nécessairement une réunion composée d'un nombre limité de membres, jouissant de privilèges, d'immunités particulières. Haidinger voyait dans la société des *Freunde der Naturwissenschaften* une association ouverte sans limites et sans distinctions d'aucune espèce à tous ceux qu'animait l'amour des sciences naturelles. Une autre raison lui faisait même donner une sorte de préférence à cette dernière société : c'était le cadre restreint, quoique vaste encore, des matières dont elle s'occupait, le champ borné qu'elle avait adopté dans l'immense étendue des connaissances humaines. Dans tous les cas, il eût voulu que la nouvelle Académie des sciences fût constituée sur un plan un peu différent de celui qui avait été choisi. Ces opinions, qu'il exprimait hautement et quelquefois avec une certaine vivacité, lui ont souvent attiré des discussions animées avec quelques-uns de ses collègues et ont fait de lui, dans le sein de l'Académie des sciences de Vienne, le chef d'une sorte d'opposition parlementaire dont le rôle a été très-utile dans un pays, où les meilleurs esprits offraient une tendance rétrograde involontaire.

Les réunions du *Freunde der Naturwissenschaften* se poursuivirent jusqu'en 1850 et ne cessèrent que pour faire place à une institution de même nature, mais d'un ordre plus élevé. Durant cet intervalle de temps, cette société a, sous la direction d'Haidinger, publié sept volumes de comptes rendus et quatre volumes de mémoires. C'était alors les seules publications périodiques intéressant l'histoire naturelle qui parussent à Vienne. Des hommes dont les écrits ont acquis depuis lors une juste célébrité y ont apporté le tribut de leurs premiers travaux; c'est là que l'on voit apparaître pour la première fois les noms de Czjzek, de Fötterle, de von Hingenau, de Kudernatsch, de Lipold, de von Morlot, de Zepharowitch, de Suess, etc., en un mot de toute une pléiade de savants qui illustrent actuellement la science en Autriche; c'est là aussi qu'ont été insérés les premiers mémoires de notre compatriote Barrande, dont les remarquables études sur le terrain silurien de la Bohême sont devenus classiques.

Le nombre des notices et mémoires fournis personnellement par Haidinger, de 1843 à 1850, et publiés dans différents recueils, s'élève à plus de cent : la plupart ont pour objet des sujets de minéralogie ou de géologie pétrographique; les propriétés optiques et la genèse des minéraux, les métamorphoses des roches, y sont particulièrement étudiées. A la même époque, Haidinger, jaloux de faciliter à ses élèves la détermination rapide des espèces minérales, a composé un dictionnaire pratique de minéralogie (*Handbuch der bestimmenden Mineralogie*), ouvrage qui s'écarte en beaucoup de points des doctrines de Mohs, et dans lequel se reflète le mouvement scientifique inauguré par l'auteur. Mais son œuvre principale durant cette période a été sans contredit son essai d'une carte géologique de l'Autriche (*Geologische Uebersichts-Karte*). Le tracé de cette carte avait été, dans son esprit, le but primitif de la constitution du *Montanistisches Museum*, le terme constant vers lequel il avait dirigé sans cesse son travail, celui de ses élèves et celui des géologues avec lesquels il se trouvait en rapport. En 1847, sentant la nécessité d'études plus approfondies pour arriver au degré d'exactitude exigé par une telle entreprise, il fit des démarches auprès du gouvernement autrichien pour obtenir l'organisation d'un ensemble de recherches géologiques dans toute l'étendue de l'empire; mais le prince Lobkowitz, dans lequel la science avait trouvé un protecteur éclairé, était mort, et von Kübeck, son successeur, n'était pas favorable à la proposition. Il fallut attendre. Enfin, en 1849, sous le ministère de von Thinnfeld, le projet en question fut adopté, et la vie scientifique d'Haidinger se trouva couronnée par la création d'une institution dont nous n'avons nullement l'équivalent en France; nous voulons parler de la *K. K. geologische Reichsanstalt* (institut géologique impérial et royal). Le *Montanistische Museum* cessa d'avoir une existence propre et se fondit dans la création nouvelle. La société des *Freunde der Naturwissenschaften* dut se scinder : l'une de ses sections, celle des géologues et des minéralogistes, devint partie intégrante de la *Reichsanstalt;* l'autre, celle des zoologistes et des botanistes, prit en se transformant le titre de *K. K. Zoologisch-botanische Gesellschaft* (société zoologico-botanique impériale et royale). Nous donnerons une idée approchée de la constitution de la *Geologische Reichsanstalt* d'Autriche en disant qu'elle représente à la fois notre Société géologique et certains services de notre École des mines. Pour réaliser le but qu'on s'est proposé en l'établissant, les savants qui y sont attachés officiellement ou volontairement ont une double mission à remplir. La première partie de leur travail se passe sur le terrain; ils doivent, chaque année, consacrer plusieurs mois à des explorations géologiques dans les diverses provinces de l'empire, réunir les données servant de base, soit à la construction de la carte d'ensemble, soit à celle de cartes détaillées, et recueillir des échantillons des minéraux et des roches, capables de donner une idée de la nature des terrains visités. La seconde moitié de leur besogne se fait à leur retour à Vienne. La *Reichsanstalt*, établie d'abord provisoirement dans les salles de la *Hofkammer für Münz und Bergwesen*, est, depuis 1850, confortablement installée dans le palais du prince de Lichtenstein. Elle y possède de vastes salles de collections; un laboratoire, des cabinets de travail et des salles de réunion. Le rangement et l'accroissement incessant des collections, la confection des cartes géologiques, l'étude chimique des roches, des minéraux, des minerais et des produits des usines, la publication de mémoires contenant le résultat de ces recherches, la réunion durant l'hiver de séances hebdomadaires dans lesquelles sont discutées toutes les questions importantes de la géologie, la publication du compte rendu de ces séances, telles sont les opérations multiples des membres de la *Reichsanstalt* pendant les mois de leur séjour à Vienne. Ce qui caractérise surtout cette admirable institution, c'est l'égalité presque absolue qui y règne entre les savants préposés par le gouvernement et ceux qui viennent librement y apporter le concours de leur coopération ; c'est aussi la subordination de l'élément administratif à l'élément scientifique. En un mot, la *Geologische Reichsanstalt* est un établissement modèle dont les fonctions embrassent l'étude de toutes les sciences géologiques; elle accepte le concours de tous ceux qu'attire le programme de ses travaux ; chaque année, elle reçoit un certain nombre de jeunes ingénieurs que le gouvernement lui confie, et les dirige dans la voie des études géologiques ; mais elle n'est la succursale ni l'annexe d'aucune école, ni d'aucune corporation officielle.

Pour conquérir définitivement cette précieuse indépendance, et pour ne pas disparaître au milieu des troubles politiques et des désastres qui ont affligé l'Autriche depuis l'époque de sa création, la *Geogologische Reichsanstalt* a dû soutenir des luttes fréquentes, dans lesquelles elle a plus d'une fois failli succomber. En 1860, par exemple, après la guerre d'Italie, au moment où l'Autriche, en proie à des déchirements intérieurs, cherchait avec courage à se relever de ses désastres et à rétablir sa situation financière gravement compromise, on ne manqua pas d'attaquer l'œuvre d'Haidinger et de pousser des clameurs contre un établissement qui coûtait à l'État une somme annuelle de 80 000 francs, et dont l'utilité était contestée non-seulement par certains personnages politiques influents, mais encore par quelques hommes de science arriérés. Un moment la partie sembla perdue : la *Reichsanstalt* fut condamnée à devenir une simple section de l'Académie des sciences, et ses magnifiques collections, enfermées dans des caisses, durent être reléguées au fond d'une cave. En vain l'opinion publique avait protesté contre cette décision, en vain des réclamations s'étaient élevées non-seulement dans toutes les provinces de l'empire autrichien, mais encore au sein des corps savants étrangers ; il ne fallut rien moins que l'intervention directe de l'empereur François-Joseph pour empêcher la ruine de la glorieuse fondation.

Haidinger, nommé directeur de la *Geologische Reichsanstalt* au moment de la création de cette institution, a exercé ces fonctions jusqu'en 1866, époque à laquelle une grave maladie l'a forcé à la retraite. Un relevé fait en 1868, peu de mois après la fin de son administration, donne un aperçu des résultats considérables auxquels il était arrivé. Le musée, occupant au rez-de-chaussée du palais de Lichtenstein dix salles d'une surface totale de 1182 mètres carrés, renfermait environ 30 000 échantillons de roches arrangés d'après les systèmes de montagnes, 13 000 minéraux groupés d'après le même principe, 40 000 fossiles d'origine animale, 12 000 de provenance végétale, des collections de charbons fossiles et de matériaux de construction des différentes provinces de l'empire d'Autriche, un assemblage précieux de 230 cristaux artificiels préparés dans le laboratoire de la Reichanstalt par F. von Hauer, directeur des travaux chimiques. Ces collections ont une valeur d'autant plus grande qu'un très-grand nombre des échantillons qu'elles renferment ont été l'objet d'études particulières ; ainsi, beaucoup des fossiles qui en font partie ont été dessinés et minutieusement comparés et décrits, et, parmi les roches et les minéraux qui y sont classés, beaucoup ont été soumis à des recherches minéralogiques ou chimiques. Haidinger croyait qu'un échantillon centuplait de valeur par les études auxquelles il avait donné lieu ; aussi, livrait-il sans scrupule, au marteau du minéralogiste ou au creuset du chimiste, des échantillons qui, partout ailleurs, eussent été religieusement ménagés. Cette règle inaugurée par lui et maintenue par son digne successeur F. von Hauer, assure aux collections de la *Geolochische Reichsanstalt* une valeur égale, sinon supérieure à celle des collections minéralogiques et géologiques les plus fameuses de l'Europe.

Au premier étage du palais de Lichtenstein se trouvent les collections destinées plus spécialement à l'instruction et aux comparaisons journalières.

Le nombre des analyses quantitatives effectuées dans le laboratoire de chimie, au commencement de l'année 1867, s'élevait à 864, et celui des essais à 1747. L'étude détaillée des produits des salines des Alpes, des expériences sur le pouvoir calorifique des nombreux charbons fossiles de la monarchie autrichienne, des recherches sur les roches éruptives de la Hongrie et de la Transylvanie, intéressantes surtout au point de vue théorique, sont les principaux travaux chimiques qui avaient été effectués.

La bibliothèque, enrichie par l'échange avec les publications de la Reichsanstalt et par des dons, renfermait déjà plus de 16000 volumes et près de 4000 cartes.

Deux feuilles de la carte géologique générale de l'empire d'Autriche, treize cartes générales des provinces, cinq cartes de détail, avaient été tracées. En même temps, la *Geologische Reichsanstalt* avait publié seize volumes d'un annuaire (*Jahrbuch*) contenant les œuvres courantes de ses membres et celles d'autres géologues, et trois volumes d'un recueil de mémoires (*Abhandlungen*) comprenant des travaux géologiques et paléontologiques d'une plus grande étendue. Cette dernière publication renferme de nombreuses planches. Sous l'habile direction de F. von Hauer, une nouvelle publication est encore venue s'ajouter aux deux précédentes ; c'est celle des comptes rendus (*Verhandlungen*) des séances dont nous avons déjà parlé.

Diriger le magnifique enchaînement de travaux dont nous venons de donner un rapide aperçu fut la tâche pénible, mais pleine d'honneur, à laquelle Haidinger s'était voué pendant dix-sept ans. La plus puissante intelligence semble à peine suffisante pour soutenir le poids d'un tel fardeau ; et, pourtant, durant ce même temps, Haidinger continuait encore la série de ses travaux particuliers, et publiait près de cent quarante notices et mémoires sur les questions les plus difficiles de la minéralogie et les plus controversées de la géologie. Nous rappellerons seulement ici son travail sur la réfraction conique du diopside, sa notice sur une méthode graphique simplifiée pour mesurer les angles des petits cristaux, ses études sur la glace du Danube, ses nombreuses recherches sur les météorites.

Au milieu des efforts incessants qu'il avait dû soutenir pour assurer la fondation, puis le maintien de la *Geologische Reichsanstalt*, il avait encore trouvé moyen de contribuer puissamment au développement de plusieurs autres établissements scientifiques libres en Autriche. On doit à son intervention directe la fondation de la Société géographique de Vienne (*K. K. geographische Gesellschaft*), celle de la Société géologique wernérienne de Moravie et de Silésie (*Werner Verein zur geologischen Durchforschung Mahrens und Schlesiens*), celle de la Société géologique de Pesth (*Geologisches Verein für Ungarn*), celle de la Société géologique de Milan (*Societa geologica*, devenue plus tard *Societa italiana di science naturali*).

Les plus importantes des Sociétés savantes de l'étranger avaient recherché l'honneur de se l'attacher ; il était, notamment, membre correspondant de notre Académie des sciences.

Honoré de la confiance de son souverain, il a été l'ami de plusieurs membres de la famille régnante d'Autriche, et particulièrement du malheureux empereur du Mexique. Profondément attaché à son pays, il déplorait amèrement la conduite de ceux qui, sous des prétextes plus ou moins subtils, désirent le démembrement de leur nation et font des vœux pour les succès de l'étranger, circonstance qui, malheureusement, n'est que trop fréquente en Autriche, même parmi les savants. Les désastres de Solferino et de Sadowa l'avaient profondément affecté ; mais, au lieu de lui inspirer du découragement, ils n'ont fait qu'accroître son patriotisme, et, jusqu'à sa mort, il a conservé l'espoir inébranlable d'un avenir dans lequel l'Autriche recouvrerait sa puissance et sa grandeur passées.

FOUQUÉ.

L'INSTITUT GÉOLOGIQUE D'AUTRICHE

L'Institut géologique (*K. K. geologische-Reichanstalt*) a été créé en 1849, par ordre de l'empereur François-Joseph Ier, sur la proposition du ministre de l'agriculture et des affaires métallurgiques, F. baron de Thinnfeld.

Le principal mérite d'avoir propagé l'idée de la nécessité d'une exploration géologique du pays parmi les personnes influentes, est dû à M. W. Haidinger, alors directeur du Musée métallurgique. C'est lui aussi qui fut nommé premier directeur du nouvel Institut ; on lui adjoignit en même temps MM. Fr. de Hauer et J. Cjzek comme géologues, M. Fr. Foetterle comme assistant, le comte Aug. Marschall comme archiviste, et un certain nombre de jeunes ingénieurs de mines.

Dès ce moment, l'Institut poursuivit son action dans les différentes voies qui lui étaient ouvertes. Il eut à s'occuper du lever des cartes géologiques, de l'établissement des collections de roches, de minéraux, de fossiles, etc., il dut faire des analyses chimiques des minerais, des roches, etc., qui ont une importance scientifique ou technique, enfin publier les résultats obtenus.

Au commencement, l'Institut fut installé dans l'hôtel des Monnaies, mais en 1850 on le plaça dans un vaste palais du prince Lichtenstein, qui fut loué à ce propos, et dans lequel il se trouve maintenant encore.

Au milieu des troubles politiques des dernières années, l'indépendance et même l'existence de l'Institut furent menacées sérieusement à différentes reprises, mais toujours il demeura victorieux des attaques de ses adversaires, et resta en Autriche le centre d'un mouvement scientifique, qui, par le combat même, s'est développé de jour en jour. Un grand nombre de Sociétés ont été créées dans la capitale et dans les villes principales de l'empire, grâce à l'assistance et sous le patronage plus ou moins direct de l'Institut ; on peut citer entre autres : le « Werner-Verein » pour l'exploration géologique de la Moravie et de la Silésie, la Société géologique de Hongrie à Pesth, la Société géologique à Milan, la Société géographique à Vienne, etc.

En 1866, M. Haidinger, gratifié par l'empereur du titre de chevalier héréditaire, et honoré d'un grand nombre de décorations nationales ou étrangères, se retira de la direction de l'Institut, laquelle fut confiée à M. Fr. de Hauer. Le personnel de l'Institut changeait souvent, parce qu'on choisissait volontiers ses jeunes employés pour les fonctions de professeurs de l'État, quelquefois aussi pour des emplois dans les mines. Ainsi, par exemple, MM. Victor de Zepharovich, maintenant professeur à l'Université de Prague, Ch. Peters, professeur à l'Université de Gratz, F. de Hochstetter, professeur à l'école polytechnique à Vienne, Const. d'Ettingshausen, professeur à l'école militaire de médecine, Fr. Simony, professeur à l'Université de Vienne, MM. V. Lipold, directeur des mines d'Idria, etc., ont été membres de l'Institut géologique ; il en a été de même de M. F. Stoliczka, maintenant géologue à Calcutta, et du célèbre voyageur, Ferd. baron de Richthofen.

En 1869, par suite de la séparation politique et administrative de la Hongrie, un Institut géologique spécial pour l'exploration géologique de la Hongrie a été établi. La plupart des employés de ce nouvel Institut avaient participé les années précédentes aux travaux de l'Institut autrichien. L'entente cordiale qui règne entre les deux institutions permet d'espérer que le travail scientifique ne souffrira pas par suite de cette séparation.

Les lignes suivantes donneront un aperçu général de l'organisation actuelle de l'Institut de Vienne, et des résultats de son action jusqu'à ce jour. Nous parlerons séparément : 1° des cartes, 2° des publications, 3° des collections, et 4° du personnel et des ressources matérielles de l'Institut.

CARTES GÉOLOGIQUES

Les cartes relevées par l'Institut se rangent en deux catégories, dont l'une contient des cartes destinées à donner un aperçu général et sommaire, tandis que l'autre contient les résultats des relevés détaillés.

Les relevés généraux, faits sur diverses échelles selon l'hétérogénéité des cartes, qui pouvaient alors servir de base topographique, sont terminés pour toute la monarchie, et la carte générale (*Uebersichtskarte der osterreichisch-ungarischen Monarchie*), qui leur doit donner la publicité, et dont le directeur F. de Hauer a entrepris la rédaction spéciale, est en voie de publication, de sorte que sur les douze feuilles chromolithographiques à l'échelle de 1/576000 qu'elle contiendra, cinq ont déjà paru.

Les cartes détaillées sont jusqu'à ce jour terminées pour toute la Bohême, l'archiduché d'Autriche, le Salzbourg et l'Illyrie, de même que pour une grande partie de la Hongrie et de la frontière militaire.

Les relevés détaillés se font sur la base des cartes d'état-major, à l'échelle de 1/28800, dont le bureau topographique militaire fournit des copies photographiques à l'Institut géologique; ces relevés faits en campagne sont réduits par les dessinateurs de l'Institut et inscrits sur des cartes d'état-major à l'échelle de 1/144000; des copies de ces dernières, coloriées à la main, sont en vente à l'Institut.

L'étendue du terrain à relever par un géologue est en moyenne annuellement de 280 milles carrés pour les cartes générales, de 30 milles pour les cartes détaillées, chiffre qui toutefois se modifie essentiellement d'après la nature du terrain. La responsabilité de l'exactitude des cartes doit être portée par les géologues eux-mêmes, l'Institut ne pouvant guère garantir toutes les opinions et tous les résultats qui y sont déposés.

En outre de ces relevés cartographiques, divers membres de l'Institut ont cherché la solution d'un grand nombre de questions spéciales, qui leur avaient été adressées par l'État, ou par l'Institut lui-même, ou par des particuliers. M. Lipold, par exemple, a entrepris l'exploration détaillée des gisements métallifères de Schemnitz, en Hongrie, et des districts houillers de la zone calcaire du nord-est des Alpes; M. Schloenbach a fait une révision du bassin crétacé de la Bohême; M. de Mojsisovics une exploration des dépôts de sel du Salzkammergut, etc. Le nombre des particuliers qui demandent le secours des géologues pour la solution de diverses questions en rapport avec l'industrie chimique et l'exploitation des mines augmente de jour en jour, et donne la preuve que le public attache le plus haut prix aux recherches de l'Institut.

SÉANCES ET PUBLICATIONS

L'Institut géologique communique au public les résultats de ses travaux par ses séances et par les publications qu'il fait paraître.

Les séances ont lieu pendant l'hiver tous les quinze jours (mardi, à 6 heures) dans le local de l'Institut, au palais du prince Lichtenstein (Vienne, III, Razumoosky-gasse, 3); le programme de ces séances publiques consiste en communications relatives à la géologie et aux sciences voisines, faites par les membres de l'Institut et par d'autres géologues. Presque tous les événements d'une importance quelconque pour le développement et pour les progrès des sciences géologiques sont mentionnés et discutés dans ces séances qui forment ainsi un centre pour tous les intérêts des sciences géologiques, tel qu'il serait à souhaiter qu'il y en eût à Vienne pour les autres sciences.

Les publications de l'Institut sont les « *Verhandlungen* » (Comptes rendus), le « *Jahrbuch* » (Annales) et les « *Abhandlungen* (Mémoires) *der K. K. geologischen Reichsanstalt* ».

Les « Verhandlungen » paraissent tous les quinze jours (une semaine après les séances) dans l'hiver, et une fois par mois dans l'été. Ils renferment des extraits abrégés des discours tenus dans les séances, des petites communications envoyées par des correspondants et par des géologues étrangers, et des rapports critiques sur toutes celles des œuvres scientifiques, envoyées à la bibliothèque de l'Institut, qui regardent la géologie, la paléontologie, la minéralogie, la chimie, les mines, etc. L'édition de cette publication, quoiqu'elle n'existe que depuis trois ans, atteint déjà le chiffre de 800 exemplaires, et, par cela même, se range parmi les publications géologiques les plus largement répandues. Le prix d'abonnement pour le volume de 400-500 pages grand in-8°, formé de dix-huit numéros, envoyés francs de port aussitôt après leur apparition, est de 7 fr. 50 centimes (3 florins en valeur autrichienne).

Le « Jahrbuch », qui se publie par trimestre, forme un volume d'environ 600 à 700 pages grand in-8°, avec un assez grand nombre de tableaux et de planches lithographiées et autographiées; il contient surtout, les rapports officiels des géologues sur leurs relevés pour l'exécution de la carte géologique de la monarchie, et en outre, des travaux différents sur la géologie, la paléontologie, la minéralogie, la chimie minérale, l'hypsométrie, la métallurgie, etc. de l'empire austro-hongrois.

Les « Abhandlungen » doivent comprendre les travaux plus étendus, surtout les monographies paléontologiques qui exigent un grand nombre de planches lithographiées. Les « Mollusques tertiaires du bassin de Vienne » par Hoernes, ouvrage bien connu de tous les géologues et paléontologistes, qui vient d'être terminé par le professeur Reuss, fait partie de ces Mémoires.

COLLECTIONS

Les collections consistent en deux groupes, un groupe purement scientifique et un groupe technique.

Parmi les collections scientifiques, celles qui sont destinées à compléter les recherches et les publications géologico-cartographiques, occupent le premier rang pour leur importance et pour leur étendue. Elles se trouvent dans dix salles du rez-de-chaussée du palais et consistent en plusieurs collections séparées.

1° La collection topographique de roches (environ 30 000 échantillons dont 8680 sous verre), classées dans l'ordre topographique, comprend des échantillons de toutes les provinces de l'empire. Cette collection, qui avait déjà fait partie de l'ancien Musée montanistique, fondé en 1840 par Haidinger, a été complétée depuis ce temps-là.

2° La collection de paléontologie stratigraphique contient les trésors scientifiques les plus importants et les plus précieux du musée de l'Institut. Elle est composée des matériaux paléontologiques, recueillis par les géologues pendant leurs relevés géologiques, et par des collectionneurs ou ramasseurs sous leur direction, ou procurés par l'achat de collections tout entières, par dotations, etc. Elle ne comprend que des fossiles trouvés dans l'empire même, et est classée en général dans l'ordre géographique des grands systèmes de montagnes : pays au nord des Alpes et des Carpathes (Bohême, Moravie, Silésie, Galicie); bandes calcaires septentrionales et méridionales de la chaîne des Alpes; Carpathes et contrées adjacentes; Transylvanie et Banat. La classification spéciale adoptée pour ces différentes parties est l'ordre stratigraphique.

Parmi les séries de fossiles les plus riches faisant partie de cette collection, il faut citer surtout la série des fossiles siluriens du bassin de la Bohême, acquis tout récemment de M. Barrande à Prague; puis les belles séries de végétaux fossiles, trouvés dans les ardoises de la Moravie et de la Silésie, dans les bassins carbonifères de la Bohême, dans les couches triasiques de Raibe, dans les grès triasiques de Lunz; les séries nombreuses de céphalopodes des couches de Hallstatt, les fossiles de M. Cassian; les séries de pétrifications du jurassique supérieur des Récifs « Klippen » au nord des Carpathes ; les séries de fossiles crétacés des Alpes ; les séries éocènes des Alpes vénitiennes ; les fossiles tertiaires du bassin miocène de Vienne, etc.

Le nombre total des échantillons de cette partie du musée surpasse 70 000 ; 12 000 environ sont exposés sous verre.

3° La collection de minéraux arrangée dans l'ordre topographique comprend environ 17 000 échantillons, dont plus de 2000 exposés sous verre.

4° La collection de grands échantillons de minéraux exposés dans de grandes armoires vitrées comprend 1000 numéros ; la collection de grands échantillons paléontologiques, 600 numéros.

Outre ces collections d'objets trouvés en Autriche, l'Institut possède une riche collection systématique générale, arrangée dans l'ordre minéralogique, zoologique et botanique, qui sert à l'étude comparative des minéraux et des fossiles.

Parmi les collections techniques, il faut mentionner d'abord une série presque complète d'échantillons de tous les combustibles fossiles qui se trouvent dans la monarchie, formant 302 numéros ; puis une collection de pierres de taille et de construction qui s'agrandit tous les ans. Une magnifique collection de cristaux artificiels, produits dans le laboratoire chimique de l'Institut, mérite aussi d'être mentionnée.

La bibliothèque de l'Institut contient actuellement 4800 ouvrages scientifiques différents, et 12 000 volumes de journaux périodiques ; elle s'augmente par an d'environ 1200 volumes et cahiers.

BUDGET ET PERSONNEL

Le budget ordinaire accordé à l'Institut par le gouvernement est de 80 000 francs environ (40 000 florins, valeur autrichienne en papier).

Le personnel de l'Institut (excepté les garçons de bureau et domestiques) se compose de membres installés définitivement et de membres temporaires. Parmi les premiers sont le directeur (M. Franc. de Hauer), trois géologues en chef (MM. F. Foetterle, Din. Stur, docteur P. Stache), un chef de laboratoire chimique (M. Ch. de Hauer) ; parmi les autres, six géologues de section (MM. H. Wolf, K. M. Paul, docteur U. Schloenbach, docteur E. de Mojsisovics, F. de Vivenot, et docteur M. Neumayr), puis un dessinateur et un écrivain de chancellerie.

En outre, on trouve toujours à l'Institut plusieurs ingénieurs de mines de l'État, délégués par les ministères des finances et des mines pour s'instruire, ainsi qu'un certain nombre de jeunes savants, indigènes et étrangers, qui participent aux travaux comme volontaires.

ÉCOLE PRATIQUE DE LA FACULTÉ DE MÉDECINE DE PARIS

PHYSIOLOGIE EXPÉRIMENTALE

COURS DE M. GRÉHANT (1)

IX

Respiration des poissons

Recherches de MM. de Humboldt et Provençal. — Les recherches les plus importantes et les plus connues qui aient été faites sur la respiration des poissons sont dues à de Humboldt et à Provençal, elles ont été publiées dans les Mémoires de la Société d'Arcueil. Les poissons étaient placés dans une cloche pleine d'eau ; au bout d'un certain temps, le liquide qui avait servi à la respiration était versé dans un grand ballon que l'on remplissait complétement et auquel était fixé par un bouchon un long tube abducteur plein d'eau se rendant sous une cloche pleine de mercure ; c'est l'appareil dont nous avons rappelé plus haut la description (fig. 37). D'autre

FIG 37.

part, un égal volume de la même eau, dans laquelle les poissons n'avaient pas respiré, était soumis à l'extraction des gaz, et la comparaison des résultats fournis par les deux opérations montra que les poissons avaient absorbé de l'oxygène et de l'azote et produit de l'acide carbonique.

Une tanche placée dans 2400 centimètres cubes d'eau prit en dix-sept heures tout l'oxygène dissous, moins 2/100 du volume des gaz extraits.

De Humboldt et Provençal ont placé sept tanches dans 2582cc d'eau de Seine pendant l'hiver ; les gaz retirés après huit heures de séjour des poissons furent analysés ; pour rendre tous les résultats comparables, j'ai calculé les volumes gazeux qui ont été trouvés dans un litre d'eau de Seine.

1 litre d'eau, avant la respiration, contenait :

	cc
Oxygène	6,03
Azote	13,43
Acide carbonique	0,81

1 litre d'eau, après la respiration, contenait :

	cc
Oxygène	0,40
Azote	11,20
Acide carbonique	5,92

Ainsi, presque tout l'oxygène de l'eau avait été absorbé, l'azote a été absorbé en une proportion considérable, puisqu'elle s'élève à 1/6e environ du volume d'azote primitivement contenu dans l'eau. Le volume d'acide carbonique produit est moindre que celui de l'oxygène absorbé, il est environ les 4/5es de celui-ci.

Le corps des tanches agit sur l'eau comme les branchies ; pour le reconnaître, les expérimentateurs ont enfermé le corps d'un poisson dans un bocal plein d'eau, en maintenant la tête au dehors dans un courant d'eau.

(1) Voyez ci-dessus page 206, 26 août, page 276, 16 septembre et page 328, 30 septembre 1871.

Des tanches auxquelles on avait enlevé la vessie natatoire depuis trois jours, furent placées dans l'eau, et l'on reconnut que l'absorption d'oxygène et d'azote fut considérable, mais la production d'acide carbonique fut trouvée nulle. Ces résultats accusent de si grandes différences avec les faits observés chez les mammifères, qui n'absorbent point d'azote et qui continuent à exhaler de l'acide carbonique tant que la vie dure, que j'ai cru nécessaire de les vérifier; et si certains résultats que j'ai obtenus sont différents de ceux que MM. de Humboldt et Provençal ont publiés, cela tient uniquement à ce que nos procédés d'extraction des gaz, que je vous ai fait connaître, sont beaucoup plus parfaits et plus exacts que le procédé employé par ces expérimentateurs ; il suffit, pour en être convaincu, de comparer les résultats de l'extraction des gaz de l'eau de Seine; un litre d'eau de Seine a fourni à MM. de Humboldt et Provençal :

	cc
Oxygène	6,03
Azote	13,43
Acide carbonique	0,81

tandis que dans notre appareil d'extraction le même volume d'eau a fourni :

	cc
Oxygène	6,06
Azote	13,50
Acide carbonique	34,9

Ainsi, les nombres sont presque identiques pour l'oxygène et pour l'azote, tandis que pour l'acide carbonique je l'obtiens en volume quarante fois plus considérable.

Cloche employée dans l'étude de la respiration des poissons. — Pour étudier la respiration des poissons, on prend une cloche tubulée C (fig. 38), d'une capacité de 2 litres environ, et deux

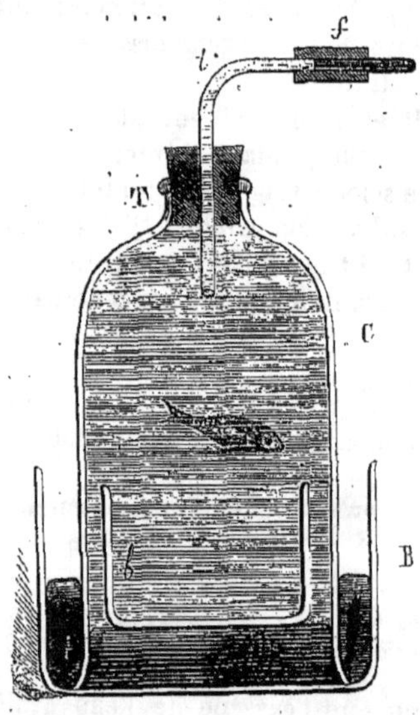

FIG. 38. — Cloche employée dans l'étude de la respiration chez les poissons.

bocaux cylindriques, l'un B, plus large que la cloche, l'autre *b*, un peu plus étroit ; dans le bocal B on verse du mercure, puis on place dans le petit bocal *b* qui flotte sur le métal, les poissons que l'on a pesés après les avoir essuyés avec du papier à filtre ; on recouvre avec la cloche que l'on remplit par la tubulure T avec des vases gradués ; le mercure déprimé dans la cloche s'élève au dehors à une hauteur qui fasse équilibre à la colonne d'eau qui remplit la cloche; la tubulure est ensuite fermée par un bouchon de caoutchouc, traversé par un tube *t* de verre plein d'eau, qui est fermé en *f* par un tube de caoutchouc et une baguette de verre plein. Par cette disposition, les poissons ne peuvent jamais venir au contact du mercure, et la fermeture de la cloche est parfaite.

Quand les poissons ont respiré pendant un certain temps, pour faire passer l'eau dans l'appareil à extraction complétement vide d'air, on adapte au tube *t* de la pompe à mercure, comme nous l'avons déjà fait, un tube de caoutchouc épais rempli de mercure, qui se termine par un tube de verre court que l'on substitue en *f* dans le tube de caoutchouc à la baguette de verre, puis on tourne le robinet de la pompe et l'on fait pénétrer par aspiration une partie du liquide, puisé à peu près au milieu de la cloche. On immerge le ballon de l'appareil à extraction dans un bain d'eau bouillante, et l'on extrait les gaz en faisant manœuvrer la pompe ; après l'opération, qu'il faut continuer jusqu'à ce que le vide absolu soit obtenu, il est nécessaire de mesurer dans une éprouvette graduée le volume d'eau qui a fourni les gaz.

L'eau dans laquelle les poissons ont respiré ne subit donc pas le contact de l'air, qui pourrait se dissoudre en partie, d'où résulterait un changement dans la composition des gaz dissous; il y a là une cause d'erreur que MM. de Humboldt et Provençal ne pouvaient pas éviter : ils étaient obligés de verser, à travers l'air, dans le ballon, l'eau qui avait servi à la respiration des poissons.

Si l'on n'a pas à sa disposition de cloche tubulée, on peut placer les poissons dans un flacon à large col plein d'eau, bouché à l'émeri, et retourné sur l'eau ou sur le mercure, puis faire pénétrer l'eau, après la respiration, dans l'appareil à extraction à l'aide du tube de caoutchouc. On peut aussi employer un bocal cylindrique, dont l'ouverture est fermée par une feuille de caoutchouc, fixée par un ruban de la même substance.

EXPÉRIENCES SUR LA RESPIRATION DES POISSONS

Expérience I. — Cinq cyprins dorés (*Cyprinus auratus*), pesant 78 grammes, furent introduits dans un flacon contenant 1102 grammes d'eau, la température était 17°,5. Au bout de deux heures un quart, on fit passer l'eau dans l'appareil à dégagement vide, l'eau ordinaire fut ensuite soumise à l'extraction des gaz, et l'on obtint les résultats suivants :

1 litre d'eau ordinaire, avant la respiration, contenait :

	cc
Oxygène	7,0
Azote	15,4
Acide carbonique	34,6

1 litre d'eau ordinaire, après la respiration, contenait :

	cc
Oxygène	0,0
Azote	15,6
Acide carbonique	48,7

L'oxygène a été absorbé complétement, et c'est un moyen de priver l'eau d'oxygène que d'y laisser séjourner un poisson, jusqu'à ce que l'animal soit asphyxié. 14cc,1 d'acide carbonique ont été exhalés, et ce volume est le double du volume d'oxygène absorbé. Ce résultat peut tenir à plusieurs raisons : 1° Les poissons sont placés dans un volume d'eau limité, dont ils enlèvent l'oxygène en totalité. Ils se trouvent donc, à une certaine période de l'expérience, dans les mêmes conditions qu'un animal aérien placé dans de l'azote ou de l'hydrogène ; une grenouille placée dans l'hydrogène par William Edwards, a donné, au bout de huit heures et demie, à ce savant physiologiste un volume d'acide carbonique supérieur au volume de son corps; 2° l'acide carbonique peut encore provenir des combustions produites par l'oxygène de la vessie natatoire. M. A. Moreau a démontré, en effet, qu'un poisson placé dans une eau mal aérée, dont on ne renouvelle pas l'oxygène, consomme une partie de l'oxygène contenu dans sa vessie natatoire dont les gaz forment ainsi une véritable *réserve respiratoire.*

Quant à l'azote, il a été exhalé en très-petite quantité, et ce gaz pourrait provenir aussi de la vessie natatoire, qui est munie d'un canal aérien.

Expérience II. — Comme MM. de Humboldt et Provençal ont fait leurs expériences avec la tanche (*Cyprinus tinca*), j'ai dû employer aussi ce poisson.

Trois tanches, dont le poids était 1042 grammes, furent placées dans 5 kilogrammes d'eau. Après une heure quinze minutes de séjour dans la cloche, les poissons paraissent souffrir; aussitôt on extrait le gaz de l'eau qui a servi à la respiration.

1 litre d'eau ordinaire, avant la respiration, contenait :

	cc
Oxygène	7,5
Azote	16,0
Acide carbonique	37,1

1 litre d'eau ordinaire, après la respiration, contenait :

	cc
Oxygène	0,4
Azote	15,6
Acide carbonique	53,6

Ainsi, par litre d'eau, 53,6 — 37,1 = 16cc,5 d'acide carbonique ont été exhalés, ce qui fait plus que le double de l'oxygène absorbé, qui est 7cc,1 ; l'azote a été absorbé en petite quantité, dans la proportion de 0cc,4 sur 16 centim. cubes que l'eau contenait avant la respiration, c'est-à-dire dans la proportion de 1/40e.

Expérience III. — Deux tanches pesant 0kil,37, furent placées dans une grande cloche tubulée de verre, contenant 10kil,74 d'eau de Seine ; la température était égale à 25 degrés; la cloche était placée dans un seau de verre contenant du mercure. Une heure dix minutes après, on prend de l'eau dans la cloche, et on laisse encore les poissons une demi-heure dans l'eau ; on les retire ensuite, ils sont presque asphyxiés; replacés dans l'aquarium, ils se tiennent sur le côté.

1 litre d'eau de Seine, avant la respiration, contenait :

	cc
Oxygène	6,06
Azote	13,50
Acide carbonique	34,9

1 litre d'eau de Seine, après la respiration, contenai

	cc
Oxygène	1,0
Azote	14,5
Acide carbonique	40,2

Les poissons ont exhalé, pour chaque litre d'eau, 5cc,3 d'acide carbonique, et absorbé 5cc,06 d'oxygène; quant à l'azote au lieu d'être absorbé, il a été exhalé dans la proportion de 1/14e.

Je dois faire remarquer ici que l'oxygène a diminué dans l'eau en trop forte proportion pour qu'on puisse dire que la respiration des poissons a été normale; il faudra, dans des travaux ultérieurs, renouveler l'air de l'eau servant à la respiration, si l'on veut établir quelles sont les quantités d'oxygène absorbé, et d'acide carbonique exhalé par les poissons dans les conditions normales de leur respiration.

Expérience IV. — *Respiration d'une tanche privée de la vessie natatoire dans l'eau de Seine.* — Chez une tanche convenablement fixée, mon collègue et ami, M. le docteur Moreau, pratiqua l'ablation de la vessie natatoire et la ligature du canal aérien ; quatre jours après l'opération, le poisson était très-vigoureux et je pus étudier la respiration.

La tanche fut placée dans une cloche contenant 3 litres et demi d'eau de Seine, prise auprès du pont d'Austerlitz ; après trois heures de séjour dans l'eau, on fit pénétrer dans l'appareil à extraction des gaz une partie de l'eau respirée ; le poisson était languissant, mais il se mit cependant à nager aussitôt qu'il fut replacé dans l'aquarium. L'eau de Seine ordinaire fut aussi soumise à l'extraction des gaz. Dans les deux cas, après l'extraction la plus complète possible de l'acide carbonique libre, on fit passer dans l'appareil de l'acide chlorhydrique pur pour rendre libre tout l'acide carbonique combiné avec la chaux, pour donner ainsi à l'expérience comparative toute la certitude désirable et afin de déterminer à coup sûr la quantité d'acide carbonique fournie par le poisson.

1 litre d'eau de Seine a donné :

	cc	
Oxygène	7,44	
Azote	16,14	
Acide carbonique libre	17,28	} 87,42
Acide carbonique combiné	70,14	

1 litre d'eau de Seine, après la respiration, a donné :

	cc	
Oxygène	0,0	
Azote	16,23	
Acide carbonique libre	22,40	} 97,44
Acide carbonique combiné	75,04	

Ainsi, la tanche, privée de la vessie natatoire, absorba tout l'oxygène, 7cc,43 d'oxygène par litre d'eau respirée, exhala de l'acide carbonique, 10 centim. cubes de ce gaz, et n'absorba point d'azote.

Ainsi, un poisson privé de sa vessie natatoire exhale de l'acide carbonique comme il le faisait avant l'ablation de cet organe.

Respiration dans l'eau distillée. — La même tanche, qui pesait 95 grammes, fut introduite, huit jours après l'ablation de la vessie natatoire, dans 3 litres 600 centim. cubes d'eau distillée.

J'ai pris de l'eau distillée pour éviter la grande quantité d'acide carbonique libre ou combiné que contient l'eau de Seine; j'ai pris la précaution de bien aérer cette eau, en la faisant traverser par le courant d'air d'une trompe établie dans le laboratoire ; les bulles d'air traversent l'eau pendant une demi-heure.

Après deux heures et cinquante minutes de séjour dans l'eau distillée aérée, on obtint les résultats suivants :

1 litre d'eau distillée, avant la respiration, a donné :

	cc	
Oxygène	8,14	
Azote	15,00	
Acide carbonique libre	2,70	3,84
Acide carbonique combiné	1,14	

1 litre d'eau distillée, après la respiration, a donné :

	cc	
Oxygène	3,17	
Azote	14,97	
Acide carbonique libre	9,27	12,18
Acide carbonique combiné	2,91	

Ainsi, le poisson n'absorba point d'azote; le volume d'oxygène absorbé fut 4cc,97 par litre d'eau, le volume d'acide carbonique produit fut 8cc,34.

Remarque. — Ces études sur la respiration des poissons ont de l'intérêt par elles-mêmes, elles en offrent surtout au point de vue de la physiologie générale. Il y a en effet une grande analogie entre la respiration branchiale et la respiration du fœtus dans le sein maternel, et même la respiration de chacun de nos éléments anatomiques. Chez le poisson, le sang qui circule dans les vaisseaux des branchies et qui est séparé par les parois vasculaires et par une couche de cellules épithéliales de l'eau qui est constamment renouvelée par les mouvements des ouïes, emprunte de l'oxygène à ce milieu et lui abandonne de l'acide carbonique. Chez le fœtus, le milieu sanguin maternel, qui est aussi constamment renouvelé par les contractions du cœur de la mère, fournit au sang du fœtus dont il est séparé par deux épaisseurs de parois vasculaires, un milieu beaucoup plus riche en oxygène que l'eau, puisque le sang artériel contient environ de 150 à 180 centim. cubes d'oxygène par litre, tandis que l'eau de Seine renferme de 6 à 7 centim. cubes d'oxygène par litre ou environ 25 fois moins d'oxygène.

De même, chaque élément anatomique de l'organisme animal possède une respiration aquatique; à travers les parois des vaisseaux, il absorbe de l'oxygène emprunté au sang et exhale de l'acide carbonique; je n'ai pas besoin d'insister ici sur les différences qui existent dans l'activité plus ou moins grande de la respiration intime des éléments anatomiques.

X

Extraction des gaz du sang

Historique. — Magnus fit, pour la première fois, en l'année 1837, l'extraction des gaz du sang; dans une cloche pleine de mercure, il introduisait un certain volume de sang, puis, cette cloche retournée dans une petite cuve à mercure était placée sous une cloche plus grande sur la platine de la machine pneumatique. En faisant le vide, on diminuait la pression à laquelle le sang était soumis, et sous l'influence de cette diminution de pression, de ce vide partiel, les gaz du sang se dégageaient en partie au-dessus du liquide; l'appareil était laissé dans le vide pendant plusieurs heures, et l'on trouvait au-dessus du sang un certain volume de gaz qui était soumis à l'analyse. En opérant successivement sur du sang artériel et sur du sang veineux, Magnus obtint les résultats suivants :

100 centim. cubes de sang artériel de cheval ont donné 12cc,54 de gaz qui contenaient :

	cc
Oxygène	3,14
Azote	1,15
Acide carbonique	8,23

100 centim. cubes de sang veineux de cheval ont donné 11cc,12 de gaz qui contenaient :

	cc
Oxygène	1,47
Azote	2,35
Acide carbonique	7,30

La comparaison des résultats montre que le sang veineux contient moins d'oxygène que le sang artériel, ce qui est exact, et qu'il renferme moins d'acide carbonique que le sang artériel; or, ce dernier résultat est erroné et tient au mode imparfait d'extraction des gaz, car avec les appareils perfectionnés que les physiologistes emploient actuellement, 100 centim. cubes de sang peuvent fournir jusqu'à 42 centim. cubes de gaz ou un volume gazeux trois fois plus grand que celui qui était obtenu par Magnus; ajoutons de plus que les gaz dégagés du sang par le vide imparfait restent en contact pendant des heures entières avec le sang qui peut absorber de nouveau et consommer de l'oxygène.

En l'année 1857, c'est-à-dire vingt ans après les recherches de Magnus, Lothar Meyer a employé pour extraire les gaz du sang un procédé imaginé par Baumert, qui consiste à faire arriver le sang dans un ballon contenant de l'eau bouillie privée de gaz et refroidie à 40 degrés environ; ce ballon est parfaitement fermé, mais il présente un espace vide d'air; le sang introduit dans l'appareil se mélange avec un grand volume d'eau complétement privée de gaz, et l'on obtient dans l'espace vide un dégagement des gaz du sang, c'est-à-dire de l'oxygène, de l'azote et de l'acide carbonique libre que l'on recueille dans une première cloche; puis on ajoute au mélange des liquides un peu d'acide tartrique en solution, et l'on obtient en outre un certain volume d'acide carbonique combiné.

Ce procédé a fourni pour 100 centim. cubes de sang artériel :

	cc
Oxygène	14,29
Azote	5,04
Acide carbonique libre	6,17
Acide carbonique combiné	28,58

Emploi de la pompe à mercure. — La question de l'extraction des gaz du sang n'a fait de grands progrès et n'a fourni des résultats exacts et comparables que du jour où M. Ludwig et ses élèves ont employé la pompe à mercure pour faire le vide et pour le renouveler; car cet appareil offre sur tout autre les avantages de faire d'abord le vide absolu, de renouveler le vide et de maintenir l'ébullition du sang ce qui revient à faire passer dans ce liquide un courant de bulles de vapeur ou de gaz étranger qui soustrait les gaz au contact du sang au fur et à mesure qu'ils sont dégagés. M. Ludwig et ses élèves, MM. Setschenow et Schöffer, ont tiré un grand parti de la pompe à mercure pour l'extraction des gaz du sang. M. Helmholtz a aussi utilisé cet instrument pour le même but. Enfin, dans ces derniers temps, M. Pflüger, pour obtenir complétement l'acide carbonique contenu dans le sang, a disposé un appareil qui permet de dessécher le sang complétement dans le vide en recueillant la vapeur d'eau dans des tubes desséchants à acide sulfurique, ce qui exige plusieurs heures pour chaque opération. Je ne vous ferai pas la description complète de ces appareils construits par Gessler pour l'extraction des gaz du sang, ils sont formés essentiellement : 1° d'un ballon de volume connu dans lequel on a fait d'abord le vide absolu, qui est fermé par un robinet et qui sert à recevoir le sang directement aspiré dans un vaisseau muni d'une canule ; 2° d'une série de ballons disposés verticalement, réunis par des tubes, disposition destinée à retenir la mousse que le sang dégage dans le vide ; 3° d'un grand tube desséchant, tube en U contenant des sphères de verre creuses recouvertes d'une couche d'acide sulfurique qu'un appareil à écoulement continu permet de renouveler ; enfin 4° d'une pompe à mercure dont la chambre barométrique peut contenir de un à deux litres de mercure. Toutes les pièces de verre sont rodées l'une sur l'autre, et d'une manière si parfaite, que dans cet appareil, quelque compliqué qu'il soit, le vide se maintient parfaitement. Si l'on ne pouvait extraire les gaz du sang qu'avec cet instrument, les difficultés de sa construction, son prix coûteux, sa fragilité, le temps considérable qu'exigent les manipulations, surtout lorsqu'on veut dessécher le sang complétement, toutes ces raisons rendraient l'opération difficile et peu accessible à la plupart des physiologistes ; mais il est facile avec l'appareil beaucoup plus simple que je vous ai déjà décrit, d'extraire les gaz du sang et d'obtenir cependant des résultats très-satisfaisants.

Résultats de MM. Setschenow et Schöffer. — Je ne puis exposer ici que quelques-uns des résultats obtenus par MM. Setschenow et Schöffer, qui ont travaillé sous la direction de M. Ludwig. Je dois vous faire remarquer tout d'abord que les chiffres inscrits dans les tableaux publiés dans les travaux du laboratoire physiologique de Leipzig sont relatifs à des volumes de gaz ramenés à 0 degré, mais à la pression d'un mètre de mercure ; il faut donc, pour que les résultats soient comparables avec ceux que nous obtenons, ramener tous les volumes gazeux à la pression de 760 millimètres de mercure, car c'est l'habitude en France de ramener toujours après les analyses les volumes de gaz à la pression de l'atmosphère que l'on prend égale à 760 millimètres, il suffit pour cela d'appliquer la loi de Mariotte et de multiplier tous les nombres publiés par M. Ludwig par le facteur $\frac{1000}{760} = 1,306$; c'est ce que nous avons fait.

Composition des gaz chez le chien par 100 centimètres cubes.

	Oxygène.	Azote.	Acide carbonique libre.	Acide carbonique combiné.	
Sang artériel.	20,05	1,61	34,8	traces.	Schöffer.
	22,2	2,3	35,3	0,88	
Sang veineux.	12,1	1,32	43,5	4	
	11,6	1,64	42,8	4	
Sang de l'asphyxie.	traces.	1,84	36,9	4,4	Setschenow.
	traces.	1,45	50,2	5,3	

Nous voyons que le sang artériel du chien pris dans l'artère carotide peut contenir de 20 à 22 pour 100 d'oxygène et environ 35 pour 100 d'acide carbonique, tandis que le sang veineux renferme environ 12 pour 100 d'oxygène et 43 centim. cubes d'acide carbonique libre, et 4 centim. cubes d'acide carbonique combiné déplacé par l'acide tartrique ; ce sont là des faits bien établis : si l'on prend du sang de la veine fémorale, puis du sang de l'artère fémorale, on trouve toujours que le sang veineux contient moins d'oxygène et plus d'acide carbonique que le sang artériel, ce qui démontre directement que la consommation de l'oxygène et la production d'acide carbonique ont lieu dans les tissus. Il est bon de remarquer aussi qu'à mesure que l'on emploie, pour extraire les gaz du sang, des appareils plus parfaits, la quantité d'acide carbonique combiné diminue.

M. Setschenow a extrait les gaz du sang chez les animaux asphyxiés, chez lesquels, comme c'est la règle, le cœur continuait à battre quelques instants après l'arrêt des mouvements respiratoires : il n'a plus trouvé d'oxygène dans le sang, alors la consommation de l'oxygène par les tissus avait été complète ; l'acide carbonique s'est montré dans la seconde expérience en quantité très-grande, puisqu'elle s'est élevée à 55,5 volumes pour 100 volumes de sang.

Chez l'homme asphyxié par submersion, lorsque le cœur a continué à battre, le sang ne contient plus que des traces d'oxygène ; de là résulte l'indication de pratiquer aussitôt la respiration artificielle ; si, chez l'homme asphyxié, il est survenu primitivement une syncope ou un arrêt du cœur, l'oxygène du sang arrêté dans son cours n'a pu être consommé complétement, et les conditions sont moins défavorables si le cœur recommence à battre ; néanmoins, il est toujours utile de pratiquer la respiration artificielle jusqu'à ce que les mouvements respiratoires reprennent spontanément.

Procédé d'extraction des gaz du sang. — Pour extraire les gaz du sang, nous allons employer exactement le même appareil qui nous a servi à extraire les gaz de l'eau (fig. 39);

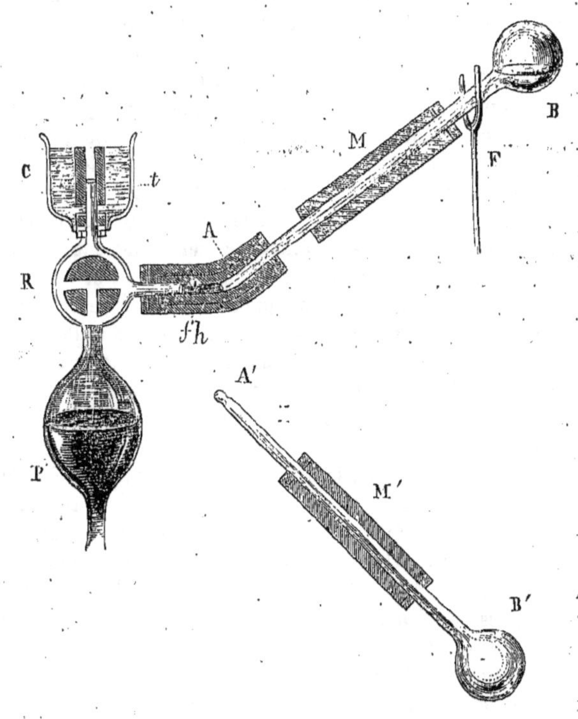

FIG. 39. — Appareil servant à l'extraction des gaz du sang.

nous faisons d'abord le vide absolu dans l'appareil rempli d'eau distillée et placé dans la position AB, puis le ballon B', dans la seconde position, est immergé dans un bain d'eau chauffée à 40 degrés. Le robinet R de la pompe est enveloppé d'un manchon de caoutchouc qui n'est pas représenté sur la figure, et qui est constamment rempli d'eau. Pour extraire les gaz du sang artériel chez le lapin, par une incision faite au cou à 1 centimètre de la ligne médiane, on découvre l'artère carotide, le bout périphérique du vaisseau est lié, une ligature d'attente est placée sur le bout central de l'artère. La paroi du vaisseau est incisée avec des ciseaux; on engage dans l'artère l'extrémité légèrement étranglée d'une petite canule de verre mince, puis avec un fil ciré on lie le vaisseau sur la canule dont l'extrémité libre porte un tube de caoutchouc solidement fixé et fermé par un bout de baguette de verre. On prend alors une seringue de verre dont le piston garde bien; on ajoute cependant au-dessus du piston une petite colonne d'eau, et dans la seringue tenue verticalement l'eau forme une fermeture hydraulique qui empêche l'air de rentrer au-dessous du piston, dans tous les cas. La seringue se termine par une canule de verre qui peut s'engager à frottement dur dans le tube de caoutchouc fixé au tube t de la pompe à mercure, tube de caoutchouc que l'on a d'abord rempli de mercure. On délie le fil placé sur le bout central de l'artère carotide, on fait écouler un peu de sang, et aussitôt la canule de la seringue absolument vide d'air, mais contenant un peu d'eau, est engagée dans le tube de caoutchouc; dès qu'on soulève le piston, le sang rouge monte dans la seringue, et même la pression du sang toute seule fait monter le piston s'il est suffisamment mobile. Quand la seringue est remplie, on ferme avec la baguette de verre le caoutchouc qui communique avec l'artère carotide. La canule de la seringue est immédiatement engagée dans le caoutchouc fixé au tube t, et le robinet de la pompe étant tourné convenablement, on voit immédiatement passer le sang dans l'appareil à extraction, car le piston est poussé par la pression atmosphérique, qui agit sur sa face supérieure. Dès qu'il pénètre dans le vide, le sang donne immédiatement de la mousse qui remplit tout l'appareil; on enlève le caoutchouc fixé au tube t, et, en tournant le robinet, on fait passer d'abord un peu de mercure de la petite cuve dans l'appareil à extraction; ce métal chasse le sang qui reste dans le robinet et dans le tube horizontal, et va se rendre dans le ballon. On attend quelques minutes, et la mousse crève, le liquide qui en provient tombe dans le ballon B′; si la mousse persiste trop longtemps dans la partie A′ du tube, une lampe à alcool allumée approchée avec précaution de ce tube la fait disparaître à l'instant. Une cloche graduée pleine de mercure est disposée au-dessus du tube t, les manœuvres de la pompe font passer les gaz extraits du sang dans cette cloche; le sang entre en ébullition rapide, et la mousse qui se forme vient crever au contact des parois du tube qui sont constamment refroidies par le manchon M traversé par un courant d'eau froide. Le volume de la seringue, que nous mesurons en la remplissant complétement d'eau, puis en injectant cette eau dans un tube gradué, est égal à $28^{cc},8$, et nous obtenons, en faisant manœuvrer la pompe jusqu'à ce que se produise le vide absolu, $13^{cc},5$ de gaz. Puis nous introduisons dans l'appareil, par un entonnoir que nous fixons au tube t, une solution d'acide tartrique, et nous obtenons dans une deuxième cloche $1^{cc},7$ de gaz.

Analyse des gaz obtenus. — L'analyse des gaz se fait dans une cuve à mercure profonde; c'est une éprouvette à pied de verre, haute de 40 centimètres environ, qui est élargie à la partie supérieure pour la facilité des manipulations; cette éprouvette contient à peu près un demi-litre de mercure. Le tube gradué est d'abord maintenu complétement immergé dans le mercure, pour que les gaz prennent exactement la température du métal; le tube étant tenu par une pince de bois, on mesure le volume occupé par le gaz, le niveau du mercure étant le même en dedans et en dehors. Nous trouvons $13^{cc},5$ de gaz. On introduit, à l'aide d'une pince de fer, dans le tube gradué, un petit morceau de potasse qui se dissout dans une petite quantité d'eau qui se trouve au-dessus du mercure dans ce tube; on agite les gaz avec cette solution alcaline, en soulevant et en abaissant le tube dans la cuve, jusqu'à ce que le volume des gaz ne change plus, puis on maintient le tube enfoncé dans le mercure avant de faire une nouvelle lecture. Il reste $3^{cc},4$ de gaz.

Pour absorber l'oxygène, on introduit, à l'aide d'une pipette recourbée, un centimètre cube environ d'une solution concentrée d'acide pyrogallique dans l'eau. En présence de la potasse, l'acide pyrogallique absorbe l'oxygène; on agite vivement, et quand on voit qu'après des agitations répétées le volume du gaz cesse de diminuer, on porte le tube dans un bocal plein d'eau en le fermant avec le pouce; on laisse tomber le mercure dans l'eau. La lecture de l'azote qui reste se fait sur l'eau. On ne trouve plus que $0^{cc},4$ de gaz, qui est de l'azote. Par de simples différences, on obtient ainsi l'acide carbonique et l'oxygène :

	cc	cc
	13,5 gaz.	
Potasse..........	3,4	13,5 — 3,4 = 10,1 acide carbonique.
Acide pyrogallique..	0,4	3,4 — 0,4 = 3,0 oxygène.
		0,4 azote.

Le gaz recueilli dans la deuxième cloche, qui a été dégagé par l'action de l'acide tartrique sur le sang, gaz dont le volume est $1^{cc},7$, est complétement absorbé par la potasse, c'est donc de l'acide carbonique.

Corrections relatives à la température, à la pression et à l'humidité des gaz. — Afin d'avoir des résultats comparables, il est nécessaire de ramener à 0 degré et à la pression de 760 millimètres les volumes de gaz obtenus, et comme ces gaz sont, en outre, saturés d'humidité, il faut calculer aussi ce que deviennent leurs volumes, si on les suppose complétement secs. Or, cette correction se fait facilement par l'application de la formule : $Vo = Vt \times \frac{H - f}{(1+\alpha t)760}$, dans laquelle Vt est le volume de gaz mesuré à la température t, f étant la tension maximum de la vapeur d'eau à cette température, H la pression atmosphérique et α le coefficient de dilatation cubique des gaz égal à 0,00367; Vo est le volume du gaz corrigé, c'est-à-dire le volume du gaz sec à 0 degré et sous la pression de 760 millimètres. Appliquons cette formule à la correction des nombres fournis par l'analyse des gaz extraits du sang artériel chez le lapin. La pression atmosphérique au moment de l'analyse était H = 750 millimètres, et la température t était égale à 20 degrés; à cette température la tension maximum de la vapeur d'eau est $17^{mm},4$; tous les termes de la formule nous sont connus, et si nous remplaçons les lettres par leurs valeurs, nous avons : $\frac{750 - 17,4}{(1 + 20 \times 0,00367)760} = 0,898$; c'est là un coefficient par lequel il faut multiplier les différents volumes de gaz trouvés dans les conditions de l'analyse, pour les ramener secs à la température de 0 degré et à la pression de 760 millimètres. Il y a un avantage à prendre ce nombre 0,898 comme multiplicande, car si les mêmes chiffres se reproduisent dans les différents multiplicateurs, on n'aura qu'à transcrire les produits partiels une fois trouvés.

Si l'on a fait dans la même journée un grand nombre d'analyses, et si la température et la pression n'ont pas changé dans le laboratoire, il est utile de dresser un tableau qui donne les produits du coefficient 0,898 pour les neuf premiers chiffres, et les multiplications sont alors remplacées par de simples additions. Il peut se faire aussi que les mêmes conditions de température et de pression se reproduisent à certains jours, et ces tableaux de produits partiels doivent être conservés pour qu'on puisse les utiliser de nouveau.

En faisant les corrections, nous obtenons :

		cc	cc
Oxygène	0,898 ×	3	= 2,69
Azote	0,898 ×	0,4	= 0,36
Acide carbonique libre	0,898 ×	10,7	= 9,07
Acide carbonique combiné	0,898 ×	1,7	= 1,52

Tels sont les volumes de gaz secs et ramenés à 0 degré et à la pression de 760 millimètres ; on voit que la correction est importante. Mais 28cc,8 de sang de l'artère carotide du lapin ont fourni 9cc,7 d'acide carbonique; calculons ce que 100 centimètres cubes de sang auraient donné. On a : $\frac{28,8}{9,07} = \frac{100}{x}$; $x = \frac{100}{28,8} \times 9,07 = 3,47 \times 9,07 = 31^{cc},5$. En multipliant les volumes de gaz corrigés par ce nombre 3,47, nous obtenons pour les gaz, à 0 degré, sous la pression de 760 millimètres et secs, dégagés par 100 centim. cubes de sang artériel du lapin :

	cc
Oxygène	9,33
Azote	1,25
Acide carbonique libre	31, 5
Acide carbonique combiné	5, 3

Extraction des gaz du sang veineux. — L'extraction des gaz du sang veineux se fait exactement de la même manière que celle des gaz du sang artériel, mais il peut se présenter quelques difficultés pour la prise du sang. Chez le lapin, par exemple, si l'on découvre la veine jugulaire et si l'on fixe une canule dans le bout périphérique de ce vaisseau, la quantité du sang qui s'écoule par ce tube est trop petite pour qu'on puisse remplir une seringue adaptée à la canule, et le sang se coagule avant que la seringue soit remplie. Il y a cependant un moyen d'obtenir chez le lapin du sang veineux pour le soumettre à l'analyse; on peut introduire une sonde assez longue de gomme élastique dans le bout central de la veine jugulaire, de manière que l'extrémité de la sonde pénètre jusque dans le thorax; puis on pratique l'insufflation des poumons. Alors le sang s'accumule dans les veines et y acquiert une pression de 6 centimètres de mercure environ, la seringue adaptée à la sonde peut être alors facilement remplie, et l'on obtient un mélange de sang veineux de diverses provenances.

Il faut remarquer que la composition du sang artériel, quant aux gaz du sang, reste à peu près la même dans toute l'étendue du système artériel, que le sang soit fourni par l'aorte ou par une artériole, tandis que la composition des gaz du sang veineux varie beaucoup selon sa provenance; ainsi, M. Claude Bernard a démontré que le sang veineux qui revient d'un muscle, dont le nerf moteur fortement excité produit des contractions tétaniques, est beaucoup plus foncé et beaucoup moins riche en oxygène que le sang qui revient d'un muscle au repos ou d'un muscle paralysé par la section du nerf; au contraire, dans une glande au repos, dans la glande salivaire sous-maxillaire, chez le chien, M. Claude Bernard a trouvé le sang veineux noir et contenant peu d'oxygène, tandis que lors de l'excitation de la corde du tympan, nerf moteur de la glande, lorsque la salive coule en abondance par le conduit salivaire, le sang veineux devient rouge, à peu près aussi rouge que le sang artériel, et ce sang veineux renferme alors beaucoup plus d'oxygène que s'il avait été recueilli lorsque la glande est au repos. Il est donc utile de déterminer comparativement la composition des gaz du sang veineux pris dans divers organes en activité ou en repos, et il suffit de 15 à 20 centimètres cubes de sang pour faire une analyse exacte des gaz que ce liquide contient.

Extraction des gaz du sang de l'homme. — Je ne crois pas que l'on ait pratiqué jusqu'ici l'extraction des gaz du sang de l'homme, parce que des difficultés presque insurmontables se présentent lorsqu'il s'agit de faire la prise du sang; on ne peut songer, chez l'homme, à ouvrir une artère, à y introduire une canule et à recevoir dans une seringue du sang artériel. Lorsqu'on pratique une saignée, le sang veineux qui s'écoule prend de l'oxygène à l'air qu'il traverse et dans le vase où il est recueilli, et l'on ne peut pas introduire la canule d'une seringue dans le bout de la veine; il paraît donc aussi impossible d'extraire les gaz du sang veineux que ceux du sang artériel.

Mais nous pouvons cependant soumettre le sang extrait de la veine à une recherche plus limitée, mais qui fournira, j'en suis sûr, des résultats dont la comparaison sera très-instructive, je veux parler de la détermination du plus grand volume d'oxygène que le sang puisse absorber; voici comment on mesure cette quantité. Le sang veineux, au sortir de la veine, est défibriné, soit par l'agitation dans un flacon où il est recueilli, soit par le battage avec une spatule dans une capsule de porcelaine. Le sang ainsi agité au contact de l'air prend déjà de l'oxygène; on le filtre à travers un linge, puis on l'introduit dans un flacon semblable à celui qui nous a servi à pratiquer une injection sous pression constante (figure 40),

Fig. 40.

flacon que l'on a rempli d'abord d'oxygène; on introduit dans ce flacon le sang à l'aide d'une seringue par le tube *a*, et le gaz oxygène est déplacé en partie par le tube *b*. Les deux tubes sont fermés avec les baguettes de verre, et le sang est vivement agité avec l'oxygène. Le sang se remplit de petites bulles de gaz. On attend qu'elles se soient rassemblées à la partie supérieure, ou bien on verse le sang dans un tube fermé auquel une corde est attachée, et l'on fait tourner rapidement ce tube comme on fait tourner un thermomètre à alcool que l'on construit. Dans l'appareil à extraction vide, on introduit avec la seringue 50 centim. cubes de sang ainsi oxygéné, on extrait les gaz à la manière ordinaire, et dans les gaz obtenus il suffit de mesurer l'oxygène; quant à l'acide carbonique, l'agitation avec l'oxygène l'a chassé en partie, et la mesure de ce qui est resté n'offre plus d'intérêt.

J'ai indiqué à M. Brouardel ce procédé de recherche qui lui permit de faire des mesures comparatives sur le plus grand volume d'oxygène que le sang puisse absorber chez les malades atteints de variole. Mais il faut, bien entendu, pour que ces recherches aient de la valeur, qu'elles soient répétées, autant que possible, chez le même individu successivement malade et revenu à la santé; on doit aussi se demander, et l'expérience seule peut répondre à cette question, si l'état de jeûne auquel sont soumis les malades dans la plupart des maladies fébriles ne suffit pas pour diminuer le nombre des globules rouges du sang, et par suite pour expliquer la diminution dans le volume d'oxygène que le sang peut absorber : un grand nombre d'expériences doivent être faites sur ce sujet.

Mesure du plus grand volume d'oxygène que le sang veineux du chien puisse absorber. — On découvre chez un chien la veine jugulaire externe; une canule placée dans le bout périphérique du vaisseau donne écoulement à 60 centim. cubes de sang qui est aussitôt défibriné. Le sang, séparé de la fibrine par la filtration à travers un linge, est agité dans un flacon avec de l'oxygène pur. Une goutte de sang, examinée au microscope, est remplie de bulles de gaz. On verse alors le sang dans un tube bouché que l'on fait tourner rapidement à l'aide d'une ficelle; le sang, examiné au microscope, ne présente plus de gaz. Dans l'appareil à extraction vide, on introduit, par un entonnoir adapté au tube *t* de la pompe à mercure, 50 centim. cubes de sang, et l'on extrait les gaz jusqu'au vide absolu. L'acide carbonique est absorbé, on mesure l'oxygène; le volume de ce gaz, desséché et ramené à 0 degré et sous la pression de 760 millimètres, est trouvé égal à 27^{cc},3 pour 100 centim. cubes de sang; or, jamais on n'a trouvé un volume d'oxygène aussi grand dans 100 centim. cubes de sang artériel de chien; on peut donc affirmer que jamais, dans les conditions normales de la respiration, le sang artériel ne renferme autant d'oxygène qu'il en pourrait absorber, et la quantité d'oxygène contenue dans le sang peut varier entre ce maximum, 27,3 p. 100, et le minimum, qui est 0 dans le sang d'un animal asphyxié. Il est bien probable que chez l'homme il y a de grandes différences individuelles sous ce rapport, et la mesure du plus grand volume d'oxygène que le sang de l'homme puisse absorber, dans l'état physiologique et dans l'état pathologique, présentera un grand intérêt.

XI

De l'Hémoglobine

Le sang est composé de deux parties bien distinctes, le plasma incolore, qui renferme de la fibrine dissoute, de l'albumine, du chlorure de sodium et d'autres sels, et les globules, petits disques arrondis chez l'homme et chez la plupart des mammifères, ovoïdes chez les oiseaux et chez les reptiles, globules colorés qui donnent au sang sa couleur.

La matière colorante des globules, ou *hémoglobine*, jouit de propriétés remarquables, qui ont été étudiées avec beaucoup de soin dans ces dernières années; elle forme la plus grande partie de la substance des globules desséchés, comme l'indiquent les analyses suivantes, qui sont dues à M. Hoppe Seyler :

	Sang d'homme.	Sang de chien.
Hémoglobine.........	86,79	86,50
Matière albuminoïde...	12,24	12,55
Lécithine...........	0,72	0,59
Cholestérine.........	0,25	0,36
	100,00	100,00

Telle est la composition des globules rouges entièrement desséchés; l'hémoglobine entre dans la proportion de 86 p. 100 de leur poids. Lorsque des globules rouges sont traités par l'eau, ils se gonflent et deviennent sphériques; puis la matière colorante passe dans l'eau, ainsi que les autres parties solubles du globule, et il reste une petite masse décolorée, pâle, insoluble dans l'eau, constituée par la matière albuminoïde, et qu'on appelle le *stroma*. La lécithine est une substance phosphorée, d'une composition très-complexe, et la cholestérine ($C^{52}H^{44}O^{2}$), qui constitue en presque totalité certains calculs biliaires, est un corps qui cristallise en grosses tables rhombiques. Les globules contiennent, en outre, des sels de potasse et surtout du phosphate de potasse, tandis que le sérum ou le plasma renferme surtout des sels de soude.

Préparation de l'hémoglobine. — L'hémoglobine se trouve dans les globules rouges des mammifères, des oiseaux, des reptiles et des poissons, elle existe à l'état de dissolution dans le sang de certains invertébrés, par exemple dans celui du ver de terre. Pour l'obtenir, il faut détruire les globules du sang; un premier procédé consiste à mélanger un volume de sang de chien défibriné avec un volume égal d'eau; puis on ajoute de l'alcool dans la proportion d'un quart du volume total du mélange; on place le flacon qui contient le liquide dans la glace à 0 degré ou au-dessous de 0 degré pendant vingt-quatre heures, le mélange se remplit de cristaux que l'on sépare par la filtration. Les cristaux sont redissous dans un petit volume d'eau, on ajoute à cette solution un quart de son volume d'alcool; l'alcool étendu dissout beaucoup moins d'hémoglobine que l'eau, ce qui favorise la cristallisation; on abandonne le mélange à 0 degré ou au-dessous de 0 degré. En répétant plusieurs fois ainsi la cristallisation, on obtient de l'hémoglobine pure (Hoppe Seyler).

Un second procédé plus simple et que nous allons employer consiste dans l'addition d'éther au sang défibriné contenu dans un flacon; on ajoute l'éther goutte à goutte et l'on agite chaque fois le flacon; après quelques instants il est facile de reconnaître que la couleur du sang qui était d'abord d'un rouge vif devient d'un rouge foncé; ce changement correspond au fait du passage de l'hémoglobine de la substance des globules dans l'eau où elle reste dissoute. Examinons au microscope ce liquide, nous voyons qu'il ne renferme plus de globules du sang, mais qu'il est formé d'une solution colorée homogène; ce liquide laissé à une température basse, ou mieux à 0 degré, se remplit de cristaux. C'est par ce procédé que nous avons préparé l'hémoglobine du chien et celle du cochon d'Inde; vous voyez au microscope que la première est formée de longs prismes rectangulaires, c'est sous cette forme que se présentent aussi les cristaux du sang de l'homme; l'hémoglobine du sang de cochon d'Inde cristallisée en tétraèdres, l'hémoglobine de l'écureuil en tables hexagonales. L'analyse élémentaire de cette substance complétement desséchée a été faite par Hoppe Seyler :

	Cristaux du chien.		Cristaux du cochon d'Inde.
Carbone....	53,85	Carbone..........	54,12
Hydrogène..	7,32	Hydrogène........	7,36
Azote......	16,17	Azote............	16,78
Oxygène....	21,84	Oxygène..........	20,68
Soufre.....	0,39	Soufre...........	0,58
Fer........	0,43	Fer..............	0,48
	100,00		100.00
Eau de cristallisation.	3 à 4 p. 100.	Eau de cristallisation.	6 p. 100.

Dosage de l'hémoglobine. — On a proposé de doser l'hémoglobine contenue dans un certain volume de sang d'un animal, en incinérant le sang, puis en déterminant dans les cendres le poids de fer qui s'y trouve. 100 grammes d'hémoglobine contiennent 0gr,42 de fer; on peut, par une simple proportion, obtenir le poids de l'hémoglobine quand on connaît le poids du fer; mais il faut remarquer qu'il faut pour cela multiplier le poids du fer par un nombre fort grand, supérieur à 200, et l'on multiplie considérablement l'erreur inévitable faite dans la détermination du fer; de là résulte l'inexactitude de ce procédé.

Un procédé qui me paraît bien préférable repose sur la propriété la plus caractéristique et la plus importante au point de vue physiologique que possède l'hémoglobine, c'est-à dire sur la propriété qu'a cette substance de se combiner avec l'oxygène, et la comparaison des plus grands volumes d'oxygène que différents échantillons de sang peuvent absorber conduit au dosage de l'hémoglobine, et par suite au dosage des globules dont elle constitue l'élément le plus essentiel; mais avant de publier ce procédé de dosage, il fallait rechercher si une solution d'hémoglobine absorbe autant d'oxygène que le volume de sang qui a servi à la préparer, les expériences suivantes ont répondu à cette question :

On recueille du sang de bœuf que l'on fait défibriner aussitôt par le battage, puis le sang est filtré à travers un linge. Deux heures après on agite 200 centim. cubes de sang dans un flacon rempli d'oxygène, il faut attendre que les petites et nombreuses bulles de gaz qui remplissent le sang et qui contribuent à lui donner une couleur très-vive, se soient réunies au-dessus du sang, et quand le liquide, examiné au microscope, ne présente plus de bulles gazeuses, 100 centim. cubes de sang défibriné et suroxygéné sont introduits dans l'appareil à extraction des gaz absolument vide d'air. L'analyse des gaz obtenus montre que 100 centim. cubes de sang de bœuf contenaient 17cc,4 d'oxygène sec à 0 degré et à la pression de 760 millimètres. On prend un autre échantillon du même sang défibriné égal à 200 centim. cubes environ. On l'agite avec de l'éther pour détruire les globules, et l'on prépare ainsi une solution d'hémoglobine.

Le lendemain on chasse l'éther de cette solution en la faisant traverser par le courant d'air d'une trompe, le flacon étant maintenu dans un bain d'eau à 40 degrés; puis l'hémoglobine est agitée dans un flacon avec du gaz oxygène; l'extraction des gaz contenus dans 100 centim. cubes de la solution a fourni 17cc,6 d'oxygène sec à 0 degré et à la pression de 760 millimètres; ce nombre est presque identique avec le précédent qui est 17cc,4. Nous devons donc conclure de cette expérience comparative : 1° que les globules du sang peuvent absorber exactement autant d'oxygène que la solution d'hémoglobine qu'ils fournissent; 2° que cette propriété est indépendante par suite de la forme et de la structure des globules; 3° qu'elle ne se perd pas même quand le sang a séjourné depuis plus de vingt-quatre heures hors des vaisseaux. Ainsi la propriété que possèdent les globules et l'hémoglobine de se combiner avec l'oxygène n'est pas fugace comme la motricité des nerfs et la contractilité des muscles après la mort chez les mammifères. Il résulte aussi de là que l'on peut instituer des recherches comparatives qui conduisent au dosage de l'hémoglobine et des globules sur le sang recueilli même vingt-quatre heures après la mort, ainsi chez l'homme quand il est permis de faire l'autopsie.

Caractères de l'hémoglobine au spectroscope. Le spectroscope, appareil représenté par la figure 41, est formé essentiellement d'un prisme P de flint-glass qui reçoit les rayons lumineux envoyés par une source de lumière; ces rayons traversent d'abord une fente étroite disposée au foyer principal d'une lentille convergente C, les rayons qui viennent frapper l'une des faces du prisme sont alors parallèles entre eux, et donnent un spectre que l'on examine à l'aide d'une lunette; si la lumière qui traverse la fente vient du soleil, on aperçoit dans le spectre agrandi un certain nombre de raies obscures qui ont été désignées par Frauenhofer par les premières lettres de l'alphabet : ces raies sont des lignes de repère servant à désigner les nombreux rayons réfractés, car la position de chaque rayon peut être déterminée par la distance qui le sépare dans le spectre des deux raies entre lesquelles il est situé; pour mesurer facilement ces distances, un tube *t* de métal que l'on peut faire mouvoir horizontalement porte une échelle *e* qui a été obtenue en photographiant sur du verre revêtu de collodion une échelle métrique ordinaire; l'échelle éclairée par une bougie envoie à la base du prisme des rayons

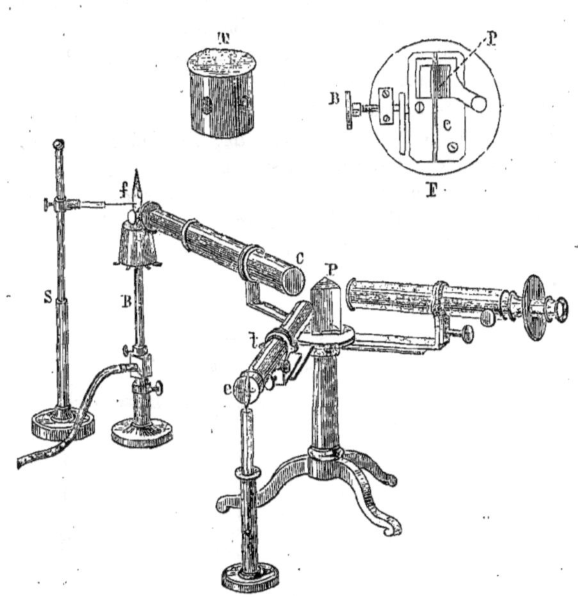

FIG 41. — Spectroscope disposé pour l'observation de la raie D du sodium, obtenue en plaçant devant la fente *d'* dans la flamme d'un brûleur de Bunsen, un fil de platine *f* trempé dans une solution de sel marin. — T, tambour servant à recouvrir le prisme. — F, détails de la fente.

lumineux qui s'y reflètent totalement, et qui pénètrent dans la lunette en même temps que les rayons qui ont été deux fois réfractés par le prisme. On dispose la lunette et le tube t, de manière que dans toutes les observations la raie D obscure du spectre solaire qui est identique avec la raie brillante formée par le sodium en vapeur, occupe toujours le même chiffre de l'échelle, et il est facile alors de noter la position des autres raies sur l'échelle. Lorsque l'on place devant la fente, sur le passage des rayons envoyés par la lumière solaire directe ou réfléchie par un mur blanc, ou sur le passage des rayons d'une lampe un verre coloré, un verre rouge par exemple, il peut se faire que l'œil placé à l'oculaire de la lunette du spectroscope n'aperçoive plus qu'une bande rouge, tous les autres rayons du spectre ont été absorbés par le verre, et remplacés par une large bande obscure qui s'étend à droite de la bande rouge. Si le verre était absolument monochromatique, c'est-à-dire s'il ne laissait passer que les rayons rouges doués d'une certaine réfrangibilité, on n'apercevrait qu'une seule ligne rouge très-étroite ; mais cela n'arrive jamais, et nous voyons qu'un grand nombre de rayons rouges, inégalement réfrangibles, ont pu traverser le verre, et l'on a une bande rouge et non une ligne rouge. Les différentes substances colorantes solides ou dissoutes se conduisent d'une manière analogue et laissent passer certains rayons, en absorbent d'autres, et M. Hoppe Seyler, en examinant l'effet produit par une solution d'hémoglobine disposée dans une petite

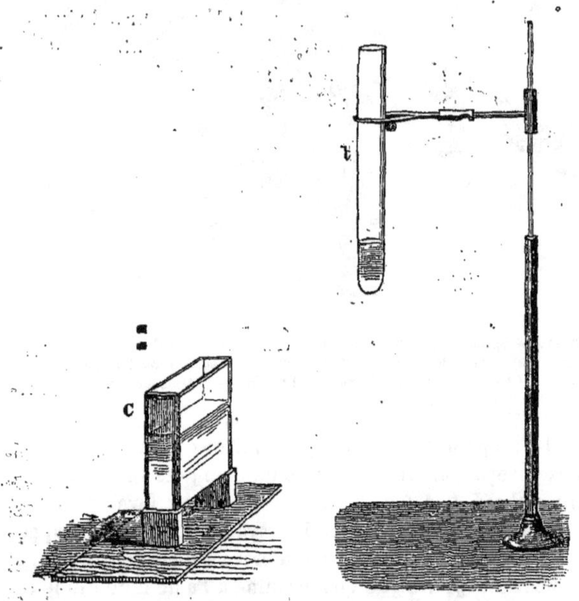

Fig. 42. — Petite cuve formée de glaces parallèles, qui sert dans l'examen au spectroscope des liquides colorés.

Fig. 43. — Tube bouché, tenu par un support pour l'examen au spectroscope des liquides colorés.

cuve (fig. 42) ou dans un tube bouché (fig. 43) devant la fente du spectroscope, a découvert des bandes d'absorption spéciales caractéristiques de l'hémoglobine, bandes qu'il est très-facile de reconnaître. Les solutions d'hémoglobine possèdent une belle couleur rouge ; lorsqu'elles sont assez concentrées elles ne laissent passer absolument que des rayons rouges, et toute la partie du spectre qui s'étend à droite est absorbée exactement comme par un verre rouge. Si l'on étend d'eau cette solution on voit apparaître des rayons verts de b en F (fig. 44), rayons qui divisent la partie obscure en deux parties inégales, l'une plus étroite, allant à peu près de D en E, l'autre plus large, allant de F à l'extrémité du violet : ce sont deux bandes obscures. Ajoutons encore de l'eau à la solution d'hémoglobine :

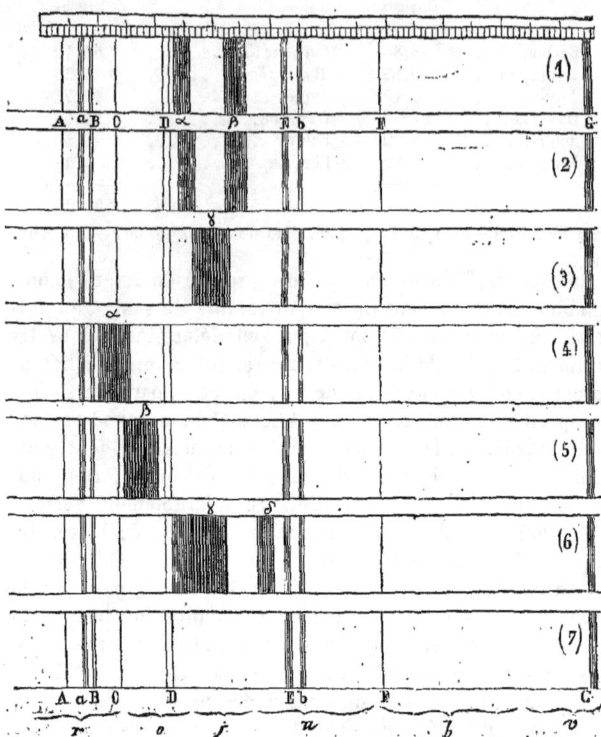

Fig. 44. — Figure représentant les bandes d'absorption formées par l'hémoglobine et par l'hématine, et leurs positions relatives dans les spectres, dont les raies obscures sont représentées par les lettres A, a, B, etc., dans le spectre n° 7 ; les couleurs correspondent aux lettres v, b, u, j, o, r, violet et indigo, bleu, vert, jaune, orangé, rouge.

la première large bande située de D en E se dédouble, des rayons jaunes la traversent, et l'on voit deux bandes obscures bien distinctes qui occupent cette position, l'une α (1) voisine de la raie D plus étroite et plus foncée, l'autre β (1) moins foncée et plus large que la première. Ces deux bandes d'absorption sont caractéristiques de l'hémoglobine oxygénée. Hoppe Seyler qui les a découvertes a reconnu que ces bandes sont encore parfaitement nettes lorsqu'on fait passer des rayons solaires à travers une solution qui renferme 1 gramme d'hémoglobine dissous dans 10 000 centim. cubes d'eau quand la solution est placée dans un tube qui a un centimètre d'épaisseur devant la fente du spectroscope. Mais une solution aussi étendue laisse passer tous les rayons du spectre à l'exception de ceux qui correspondent aux positions occupées par les bandes d'absorption. On reconnaît immédiatement l'utilité d'un caractère aussi sensible dans la recherche des taches de sang faites au point de vue médico-légal.

Hémoglobine réduite. — Si l'on extrait les gaz de la solution d'hémoglobine oxygénée, qui vient de fournir deux bandes d'absorption, ou bien si l'on fait arriver dans un tube contenant de l'eau récemment bouillie et refroidie sous une couche d'huile quelques gouttes de sang d'un animal asphyxié, ou si plus simplement on agite l'hémoglobine oxygénée avec quelques gouttes d'une solution de sulfhydrate d'ammoniaque, l'hémoglobine perd son oxygène, et les caractères de cette substance examinés au spectroscope sont tout à fait différents : au lieu des deux bandes obscures, on n'en voit plus qu'une seule γ (3) découverte par Stokes, qui est plus large que chacune des bandes précédentes et dont les bords sont moins bien limités ; cette nouvelle bande qui caractérise l'hémoglobine désoxygénée ou réduite, occupe à peu près le milieu de l'espace qui sépare les raies D et E; si l'on agite ensuite avec de l'air cette solution d'hémoglobine réduite, elle reprend de l'oxygène, et aussitôt les deux bandes d'absorption de l'hémoglobine oxygénée reparaissent.

Ces caractères appartiennent exclusivement à l'hémoglobine. Il y a bien une substance colorante, le carmin, qui, dissous dans l'ammoniaque, fournit deux bandes d'absorption qui n'ont pas la même position dans le spectre que les bandes de l'hémoglobine, et qui offrent cependant une certaine ressemblance avec celles-ci, mais les agents réducteurs ajoutés au carmin ne montrent point le remplacement de ses deux bandes par une seule bande intermédiaire.

Ce que nous avons dit des caractères de l'hémoglobine au spectroscope s'applique immédiatement au sang; il n'est donc pas nécessaire d'isoler la matière colorante des globules pour observer les bandes d'absorption, il suffit d'ajouter à l'eau du sang défibriné. C'est ce que nous ferons ici, en versant dans un tube bouché quelques gouttes de sang, puis en disposant ce tube tenu verticalement par un support, entre la flamme d'une lampe et la fente du spectroscope.

Réduction de l'hémoglobine par la respiration des poissons.

Les poissons, comme nous l'avons constaté, sont capables d'enlever à l'eau la totalité de l'oxygène qu'elle tient en solution, ils possèdent en outre la curieuse propriété d'extraire l'oxygène combiné avec les globules sanguins ou avec l'hémoglobine; une expérience comparative m'a permis d'établir ce fait : on choisit deux cyprins dorés, de poids égal, qui sont placés, l'un *a* dans 400cc d'eau distillée aérée, l'autre, *b*, dans un mélange de 1/10e de sang de chien défibriné et oxygéné et de 9/10es d'eau distillée aérée, mélange qui occupe aussi un volume égal à 400cc; les deux bocaux sont fermés par des membranes de caoutchouc. Le poisson *a* meurt au bout de 13 heures, et l'extraction des gaz de l'eau montre que tout l'oxygène a été absorbé par la respiration branchiale. Le poisson *b* meurt seulement au bout de 21 heures, et l'extraction des gaz du mélange sanguin montre que l'oxygène a été absorbé presque complétement; en effet, ce liquide renfermait avant l'expérience 8cc,4 d'oxygène et après la mort du poisson il n'en contenait plus que 0cc,4; ainsi 8cc d'oxygène ont été absorbés par les branchies.

Le mélange de sang et d'eau, qui était d'une couleur rouge vif et bien transparent au début de l'expérience est devenu peu à peu de couleur foncée et moins transparent, de sorte qu'on ne pouvait plus apercevoir le poisson *b* que de temps en temps, quand il se rapprochait de la paroi du bocal de verre; c'est déjà un caractère de la réduction de l'hémoglobine, que l'examen au spectroscope a permis de confirmer.

Ainsi, les globules rouges du sang de poisson peuvent enlever l'oxygène aux globules rouges ou à l'hémoglobine du sang de chien que les mouvements respiratoires du poisson font circuler autour des branchies.

Décomposition de l'hémoglobine. — L'hémoglobine en solution dans l'eau chauffée à la température de 70 à 80 degrés se décompose complétement en une autre matière colorante, l'*hématine*, et en une matière albuminoïde qui se coagule. Ce dédoublement a lieu peu à peu à la température ordinaire, sous l'influence des alcalis ou des acides. La décomposition est beaucoup plus rapide si l'acide ou l'alcali est employé en solution concentrée, si la solution d'hémoglobine est elle-même concentrée et si l'on élève la température.

L'hématine ne forme que les 4 centièmes environ du poids de l'hémoglobine qui lui a donné naissance; cette matière colorante, examinée au spectroscope, fournit des bandes d'absorption particulières. Ajoutons à du sang défibriné, ou à une solution d'hémoglobine quelques gouttes d'acide acétique cristallisable, la liqueur devient brune; examinée au spectroscope, elle fournit une bande d'absorption α (4) qui comprend la raie C du spectre solaire. L'acide acétique est-il neutralisé par un alcali, la potasse par exemple, et ajoute-t-on un excès d'alcali, une bande obscure nouvelle β (5) plus voisine de la raie D apparaît.

Enfin, lorsqu'on traite une solution alcaline d'hématine par un agent réducteur qui enlève l'oxygène, le spectre d'absorption se modifie; deux bandes d'absorption γ et δ (6), l'une γ plus large et plus obscure, l'autre δ plus étroite et moins nette, apparaissent entre les raies D et E. Mais l'hématine réduite ne revient pas à son état primitif quand on l'agite avec de l'oxygène.

Cristaux d'hémine. — On ajoute à de l'hémoglobine ou à du sang une trace de chlorure de sodium et de l'acide acétique concentré; puis le mélange est chauffé sur le bain d'eau et abandonné ensuite à un refroidissement lent, il se précipite alors du chlorhydrate d'hématine ou hémine (cristaux découverts par Teichmann), (fig. 45) en cristaux ayant la

Fig. 45. — Cristaux d'hémine.

forme de losanges colorés en brun, qui peuvent servir à caractériser le sang dans les recherches de médecine légale.

N. Gréhant.

BULLETIN DES SOCIÉTÉS SAVANTES

Académie des sciences de Paris

SÉANCE DU 23 OCTOBRE 1871

En l'absence de M. Faye, président, la séance est présidée par M. Delaunay.

Parmi les mémoires résumés par M. le secrétaire perpétuel, nous citerons d'abord celui de M. *Berthelot*, relatif à l'action de l'eau sur les sels. L'étude des phénomènes thermiques qui se produisent quand on fait agir l'eau sur les différents sels conduit à diviser ceux-ci en deux classes bien distinctes. Sur les uns l'eau n'a qu'une action dissolvante pure et simple ; sur les autres elle a une action chimique bien réelle, et cette action est mise en évidence par des phénomènes thermiques parfaitement caractérisés. Parmi les sels de la première catégorie se rangent les sels des acides azotique, sulfurique, phosphorique, etc., en un mot tous les sels dans la composition desquels entre un de ces acides énergiques que les chimistes appellent *acides forts*. Les sels des *acides faibles* appartiennent tous au contraire à la seconde catégorie. De là un *critérium* qui permet de préciser le sens un peu vague jusqu'ici des deux qualifications données aux acides.

M. Berthelot appelle *acide fort* tous les acides dont les sels ne sont pas décomposés par l'eau.

Les *acides faibles* sont ceux dont les sels éprouvent de la part de l'eau une action décomposante se traduisant par des phénomènes thermiques autres que ceux qui accompagnent les simples dissolutions.

Ainsi qu'on a pu le voir dans les précédents comptes rendus, c'est principalement sur les sels ammoniacaux qu'ont porté les expériences de M. Berthelot.

M. le professeur *Sacc*, de Neuchatel, adresse à l'Académie divers renseignements sur les mines de chlorure de potassium, récemment découvertes à Kalusz et qui fournissent actuellement jusqu'à 80 000 kilogrammes de ce sel par jour. Le chlorure de potassium n'avait jamais été trouvé en aussi grande abondance. Ce sel existe dans la nature sous trois formes différentes : 1° à l'état de chlorure de potassium pur ; 2° uni au chlorure de sodium ; 3° combiné avec le sulfate de magnésie. C'est cette dernière combinaison qui constitue le minéral de Kalusz. Naturellement, il existe dans le voisinage de la mine de chlorure de potassium des mines exploitées depuis longtemps de sel gemme ; mais le mémoire de M. Sacc, ayant trait surtout à l'exploitation industrielle du chlorure de potassium, on ignore encore dans quelles relations stratigraphiques ce sel se trouve avec le chlorure de sodium. Ce dernier point sera sans doute éclairci par la commission à laquelle est renvoyé le mémoire, et qui se compose de MM. Henri Deville, Combes et Daubrée. Il n'est pas sans intérêt de rappeler à ce sujet que le chlorure de potassium est susceptible de se transformer en salpêtre par l'action de l'azotate de soude, et que c'est cette réaction qui a fourni une bonne partie du salpêtre employé à la fabrication des poudres pendant cette dernière guerre. Il serait donc utile de savoir si le chlorure de potassium ne se trouverait pas sur notre propre territoire, dans la région des mines de sel gemme, qui ne sont pas très-rares, et qui reposent sur des terrains dont l'exploitation est loin d'être complète.

On peut rapprocher de la communication précédente quelques renseignements envoyés par un observateur, qui désire garder l'anonyme, sur une nouvelle localité riche en phosphate de chaux, et qui se trouve dans le Lot, près de Montalban, à Cajars. Ce phosphate peut être recueilli à la surface du sol ; il est l'objet d'une exploitation considérable de la part d'industriels anglais, qui viennent ainsi chercher jusque chez nous les éléments de fertilisation du sol de leur pays. Cajars est la troisième localité où le phosphate de chaux ait été rencontré dans la région du département du Lot qui avoisine le Tarn-et-Garonne. M. Combes rappelle à ce sujet que la première de ces localités, Caylus, a été découverte par M. Poumarède ; la seconde est située entre Caylus et Cajars. Évidemment, l'exploitation de ce minéral, indispensable à l'agriculture dans diverses régions, peut devenir pour nous une source importante de revenus.

Dans un volumineux mémoire encore inachevé et intitulé : *Recherches de statique chimique à propos de la solubilité de certains sels dans l'eau*, M. *Stas* étudie les causes d'un phénomène bien connu des essayeurs de matière d'argent, et dont l'influence perturbatrice n'était pas encore bien connue. Lorsqu'on cherche à précipiter par le sel marin une dissolution d'argent dans l'acide azotique, il arrive un moment où la liqueur se trouble, soit qu'on ajoute du sel marin, soit qu'on ajoute de l'azotate d'argent. Cela semble indiquer qu'elle contient à la fois de l'argent et du sel marin, que tout l'argent n'est pas précipité par le sel marin, qu'une partie du métal échappe par conséquent au dosage. M. Stas démontre que cela tient à ce que le chlorure d'argent n'est pas absolument insoluble comme on l'admet d'ordinaire. En s'entourant de toutes les précautions destinées à éviter la décomposition du chlorure d'argent par la lumière et les causes d'erreur que cette décomposition pourrait entraîner, M. Stas est arrivé à doser un dix-millionième de gramme d'argent dans une liqueur ; il a constamment employé de l'eau distillée sur du permanganate de potasse et du sulfate d'alumine, de manière à la débarrasser entièrement des matières organiques et ammoniacales que contient presque toujours l'eau distillée ordinaire. Un fait intéressant qui ressort de ces recherches, c'est l'existence de chlorure d'argent à trois états isomériques différents.

Le chlorure d'argent gélatineux est soluble dans l'eau, mais à la manière des substances colloïdales ; il pourrait être séparé par dialyse.

Le chlorure d'argent caillebotté, si connu des chimistes, peut se dissoudre à raison de 1 milligramme par litre d'eau ; mais vers 65 degrés l'état du chlorure dissous se modifie dans l'eau, à la manière des substances albuminoïdes et une partie se précipite.

Le chlorure d'argent grenu, cristallisé ou fondu, est entièrement insoluble.

Les phénomènes de solubilité présentés par le chlorure d'argent sont beaucoup moins marqués pour le bromure ; ils sont absolument nuls pour l'iodure. Ces deux derniers sels devraient donc être préférés pour les analyses.

Le fait de la solubilité dans l'*eau pure* du chlorure d'argent est absolument nouveau. M. Dumas, répondant à une observation de M. Bertrand, fait remarquer que cette découverte n'a rien de commun avec celle du chlorure d'argent dans l'eau de mer, faite autrefois par M. Durocher, professeur à la Faculté des sciences de Rennes, en collaboration avec M. Malaguti. L'eau de mer contient, en effet, du chlorure de sodium, et l'on sait qu'en général l'existence d'un sel dissous dans un liquide rend possible la dissolution, dans ce dernier, des sels analogues insolubles dans le liquide pur. L'eau de mer doit donc contenir, non-seulement du chlorure d'argent, mais encore la plupart des chlorures métalliques, et M. Chevreul fait remarquer que M. Pelouse y a nettement constaté en particulier la présence du chlorure de mercure. Les recherches de M. Stas confirment une fois de plus les idées que depuis longtemps déjà M. H. Sainte-Claire Deville professe à l'École normale, à savoir que l'insolubilité des sels n'est jamais absolue dans un réactif déterminé, et que c'est surtout une affaire de conditions physiques.

M. *Lemoine* adresse à l'Académie les conclusions de son Mémoire sur les états allotropiques du phosphore. Ces conclusions ont un degré de généralité bien plus grand que ne semblait le comporter le sujet du Mémoire. On peut les résumer ainsi :

Lorsqu'un corps se décompose par suite d'une action qui porte à la fois sur toute sa masse, la quantité de ce corps qui se décompose, à un moment donné, est proportionnelle à sa masse. C'est le cas des décompositions qui s'effectuent sous l'influence de la chaleur.

Dans les autres cas, la quantité d'un corps qui se décompose, à un moment donné, est proportionnelle au produit des masses qui, à ce moment, sont capables de réagir.

Les deux cas extrêmes sont ceux ou il s'agit de deux gaz mélangés ou d'un gaz et d'un solide. Les réactions sont, dans ces dernières circonstances, proportionnelles à la tension du gaz et à sa densité.

Pour détruire le *Phylloxera* qui infeste la vigne, dans le midi, M. Barthélemy conseille de planter entre les ceps certaines plantes aromatiques, telles que la camomille, qui pourraient, à elles seules, éloigner ce puceron.

M. *Billot* envoie une note sur les usages et l'action de la dynamite, où aucun fait absolument nouveau ne peut être relevé.

Un Mémoire sur la classification des connaissances scientifiques est renvoyé à l'examen de M. Chevreul.

Parmi diverses communications sur le choléra, M. le secrétaire perpétuel cite celles de madame Anna Clarke, docteur en médecine. La correspondance contient encore une note de

M. Bazot, annonçant qu'on peut prévenir les maux de dents en portant sur soi une ceinture contenant quelques grammes d'oxyde magnétique de fer. Après quoi, il n'y a plus à citer qu'un Mémoire sur la quadrature du cercle.

La parole est ensuite donnée à M. Bertrand, pour le dépôt d'un Mémoire d'électro-dynamique, dont il est l'auteur, et qu'il résume rapidement. La formule d'Ampère, relative à l'action mutuelle de deux éléments de courants, n'est pas aussi bien établie qu'on l'a cru pendant longtemps. Quoi qu'on fasse, on ne peut jamais observer que l'action mutuelle de deux courants fermés, et non pas celle de deux éléments isolés, comme ceux qui interviennent dans les calculs, et qu'Ampère a considérés. Or, les expériences faites au moyen de ces courants fermés, montrent qu'on peut substituer à la loi d'Ampère, un grand nombre d'autres lois qui, tout aussi bien qu'elle, s'accordent avec les faits observés. Dans un Mémoire récemment inséré dans le *Journal de mathématiques de Berlin*, M. Helmholtz a essayé de démontrer qu'il était possible de choisir parmi ces lois, et il l'a fait en introduisant dans les théories électro-dynamiques les fonctions potentielles employées, depuis longtemps, dans l'étude de l'attraction, et que Neumann avait considérées, le premier, dans l'étude de l'électricité. L'emploi de ces fonctions repose sur ce théorème fondamental, qu'on peut substituer l'étude de leurs variations à celle des travaux des forces, ce qui introduit de grandes simplifications dans les calculs. M. Bertrand se propose de prouver que l'introduction faite par Helmholtz, des fonctions potentielles en électro-dynamiques, est tout à fait illégitime. En ce qui concerne les éléments de courants obliques, en particulier, on peut obtenir une évaluation du travail, de la façon suivante : Chaque élément de courant est décomposé en trois autres parallèles à des axes de coordonnées fixes, ce qui permet de calculer, en grandeur et en direction, la force qui résulte de leur action réciproque; le travail pourra être évalué au moyen de rotations appliquées à chaque élément. Or, M. Bertrand démontre que le travail ainsi évalué ne peut être représenté par aucune fonction potentielle, de sorte que le Mémoire de Helmholtz et les conclusions qu'il renferme tombent d'eux-mêmes devant cette impossibilité.

M. *Chasles* ajoute quelques détails à un Mémoire de géométrie supérieure qu'il a communiqué dans la dernière séance.

M. *Leverrier* parle avec éloge de l'observatoire permanent, établi sur le Puy-de-Dôme, par M. Alluard, professeur à la Faculté des sciences de Clermont. Il annonce que le directeur de l'observatoire de Turin va entreprendre une série d'expériences sur les variations du magnétisme et de la pesanteur à la surface des Alpes, et à l'intérieur du tunnel qui les traverse.

M. *Morin*, de la part de M. Lauth, préparateur au Conservatoire, dépose un Mémoire sur la nature des gaz qui se produisent dans l'explosion de la nitro-glycérine.

M. *Wurtz* annonce que M. Friedel est parvenu à préparer l'hexachlorure et l'hexabromure de silicium, complétant ainsi la série des composés étudiés par MM. Troost et Hautefeuille. Les deux sels en question sont obtenus en faisant agir le chlorure de mercure ou le brome sur l'hexaiodure correspondant. Ils sont liquides et bouillent, le premier, vers 144 degrés, le second, vers 240 degrés.

M. Wurtz ajoute que l'action de l'hydrogène naissant sur la glycose, le sucre de canne et le sucre interverti a permis à M. Gustave Bouchardat d'obtenir la mannite et divers alcools, parmi lesquels l'alcool isopropylique. C'est la première fois que cette dernière classe de composés a pu être tirée des sucres, sans faire intervenir l'action des ferments.

Après ces communications de divers membres de l'Académie, M. le président donne la parole à M. *Béchamp* pour la lecture d'un travail sur l'origine des ferments. M. Béchamp a consacré un Mémoire précédent à démontrer que les corpuscules mobiles, qu'il appelle *microzymas*, étaient susceptibles de se transformer en bactéries et en globules d'apparence cellulaire. Dans son nouveau travail, M. Béchamp, cherche à établir que, dans certaines conditions, la levûre de bière est susceptible de se transformer en microzymas après avoir passé par les états intermédiaires de *vibrion* ou de *bactérie*. M. Béchamp voit dans les microzymas les éléments primordiaux des êtres organisés. C'est une théorie ; mais nous doutons beaucoup qu'elle prenne jamais pied dans la science.

Après une lecture de M. Émile Mathieu sur l'intégration de certaines équations aux différences partielles, l'Académie se forme en comité secret.

Académie de médecine de Paris

SÉANCE DU 24 OCTOBRE 1871

La rentrée se fait, les travaux se multiplient, les affirmations succèdent aux dénégations. C'est ainsi que l'action curative du camphre en poudre, répandu à haute dose sur les plaies frappées de gangrène ou pourriture d'hôpital, annoncée par M. Netter, est l'objet de contradictions. Tandis que M. Laugier affirme en avoir obtenu deux succès à l'Hôtel-Dieu, que M. Briquet rappelle qu'en 1814 et 1815 M. le docteur Rousseau (d'Épernay) en obtint sur des centaines de malades des succès supérieurs à tous les autres topiques, voici M. le docteur Alph. Guérin niant en avoir obtenu aucun effet favorable sur les blessés de la dernière campagne, au contraire. Comment concilier ces faits?

— M. Briquet fait une lecture sur les résultats obtenus sur 504 varioleux pendant le siége de Paris. Il examine, entre autres choses, l'influence de la vaccine, qui s'est montrée dans toute sa puissance, ainsi que l'action abortive des topiques mercuriels sur les pustules. Tout est donc pour le mieux dans le meilleur des mondes, selon M. Briquet, malgré une mortalité assez élevée.

— M. le docteur Demarquay avait annoncé la continuation de ses recherches étiologiques sur l'ostéo-myélite si souvent observée coïncidemment avec l'infection purulente, sur ses blessés et ses amputés des ambulances de la Presse. Il s'agissait de savoir si le pus pur, pris sur l'homme malade et le pus putréfié, étendu d'eau, injectés immédiatement dans le canal médullaire, sont absorbés et portés dans le torrent circulatoire. Il a taraudé à cet effet, avec une petite vrille, le tibia et le fémur de lapins jusqu'à la moelle, puis injecté dans ce canal, avec une petite seringue d'Anel, sans pression ni effort, 60 à 120 gouttes de pus. Tous les animaux sont morts dans un intervalle de 2 à 6 ou 7 jours, après avoir présenté des phénomènes morbides, notamment une élévation de température de 40 à 42 degrés. L'autopsie a montré des lésions anatomo-pathologiques analogues à celles de l'infection purulente et jusqu'à des abcès métastatiques. L'examen au microscope fait par M. Hénocque a confirmé la nature de ces lésions.

Restait à savoir comment cette absorption avait lieu. Pour s'en assurer, M. Demarquay a injecté, dans le canal médullaire, de l'eau tenant de la fuchsine en suspension, et ce liquide violet, en pénétrant aussitôt, a coloré immédiatement en violet les veines et tous les tissus environnant l'os, comme s'il existait une communication directe entre ce canal et le système veineux. Bien plus, en suspendant dans l'eau des éléments figurés comme le vermillon, la gomme-gutte, l'oxyde de cuivre, il a retrouvé des particules de ces matières dans tous les tissus, jusque dans le foie, les poumons et le cœur. Le même fait s'est reproduit sur des os humains entourés de leurs parties molles.

Sans trancher la question de savoir comment a lieu cette communication, M. Demarquay l'a constatée d'une manière indubitable; elle explique, dans tous les cas, comment dans l'ostéomyélite les matières septiques se répandent dans l'organisme, et produisent l'infection purulente et la mort.

Une levée de boucliers s'est faite contre cette interprétation. M. Vulpian proteste contre cette communication directe, contraire à l'anatomie; elle ne peut se faire que par effraction. Autrement, ajoute M. Chauffard, une simple ligature sur le membre inonderait de sang le canal médullaire. Cette communication est aussi simple que l'introduction du mercure dans le système lymphatique par une injection sous-cutanée, dit M. Richet. Ne se fait-elle pas d'ailleurs par cette voie? demande M. Giraldès. La trépanation de l'os l'explique suffisamment pour M. Colin.

M. Demarquay répond à tout. Il n'a pas dit que cette communication était normale; il n'a pas même cherché à l'expliquer; il l'a constatée irréfragablement et voilà tout. Au lieu de théories, c'est un fait qu'il apporte, et il sera facile à chacun d'en vérifier la réalité. Les os n'ayant point de lymphatiques, selon M. Sappey, il n'avait pas à s'inquiéter de cette voie d'introduction. Ce n'est pas dans le tissu spongieux qu'il a pratiqué ses injections, mais dans le canal médullaire. Comment donc le liquide paraîtrait-il immédiatement à l'extrémité opposée de l'os s'il n'y avait pas communication directe? C'est là un fait à élucider.

Quelle que soit son interprétation, l'influence de l'ostéo-myélite sur l'infection purulente paraît incontestable.

M. Vulpian a reconnu que, dans ses expériences avec Flourens, il suffisait de broyer l'os d'un chien pour déterminer cette maladie, alors que M. Bouley a reconnu que cet animal était des moins exposés à la contracter spontanément. Ce fait vient à l'appui de la nouvelle étiologie de l'infection purulente. C'est là le point le plus important de cette discussion que les expériences intéressantes de M. Demarquay mettent en lumière.

— Deux rapports faits par M. Poggiale dans la dernière séance méritent d'être signalés. Le premier sur une *monographie chimique et pharmaceutique du bromure de potassium*, par M. Falières, pharmacien à Libourne, relate les falsifications de ce nouveau sel. Sur dix échantillons pris dans différentes pharmacies et examinés par M. Adrian, un seul s'est trouvé pur. De là les moyens de les reconnaître et de les constater par le nouveau procédé de la bromométrie de M. Baudrimont perfectionné par l'auteur. Il décrit aussi un mode d'élimination du chlore contenu dans le brome, et il substitue le bicarbonate de potasse purifié à la potasse caustique dans la préparation du bromure de potassium. C'est donc là un travail important. Aussi bien est-il renvoyé au comité de publication.

Le second a trait à la préparation des bromhydrates basiques et neutres de quinine et de cinchonine, par M. Latour, pharmacien militaire à Lyon. Il les obtient en faisant réagir le bromure de potassium sur une solution légèrement acidulée de sulfate de quinine ou de cinchonine. Ces préparations peuvent être d'une utile application thérapeutique si l'observation clinique vient justifier les prévisions de l'auteur. C'est à vérifier.

Société d'anthropologie de Paris.

SÉANCES DES 21 SEPTEMBRE ET 5 OCTOBRE

Travaux anthropologiques de la Société des naturalistes de Moscou. — Préparation des plexus nerveux mésentériques supérieurs du grand sympathique. — Procédé de classement des races humaines, d'après un nouveau graphique de la face. — Valeur insuffisante des mesures de rayons partant du trou auriculaire en raison de leur inégalité. — De l'art architectural, considéré au point de vue du développement social. — Origines ethniques des populations du Nord-Est de l'Allemagne.

La Société des naturalistes de Moscou a eu la bonne pensée de créer dans son sein une section d'anthropologie et d'ethnographie, qui a déjà publié des travaux importants. Nous citerons entre autres : les *Matériaux historiques et archéologiques de la période des tumulus (Kourgany) dans le gouvernement de Moscou*, par M. le professeur Bogdanoff. M. Lavroff a présenté à la Société de Paris un rapport sur les procès-verbaux publiés récemment par la Société d'anthropologie de Moscou. Il résulte de ce rapport qu'une entreprise scientifique importante (il s'agit d'une expédition dans le Turkestan chargée d'étudier ce pays au point de vue anthropologique et ethnographique), est heureusement terminée. Cette expédition a eu pour résultats d'enrichir les collections de la Société de nombreux et intéressants spécimens, et M. Bogdanoff a été chargé du rapport sur les crânes et squelettes, rapportés par cette expédition.

M. Fedtchenko, en présentant un aperçu général de cette entreprise scientifique, a appelé l'attention de ses collègues sur des faits intéressants de géographie médicale et notamment sur deux affections fréquentes; l'une qui serait une forme accentuée du *Mal afghan;* l'autre, nommée *Piss*, présenterait une sorte d'albinisme partiel bien caractérisé par ces taches blanches signalées par les auteurs, taches s'étendant rapidement sur le corps des sujets, et conservant leur aspect d'un blanc assez pur (blanc de craie), alors que la peau qui les environne brunit de plus en plus sous le hâle. Tous les sujets atteints de l'une ou l'autre de ces affections sont confinés, comme l'on sait, dans un village désigné, où ils doivent résider; ils ne peuvent se marier qu'entre eux, ce qui assure, paraît-il, la perpétuité de la maladie. Les dermatologistes, qui seraient familiers avec la langue russe, trouveront, nous a dit M. Lavroff, des détails intéressants sur ces deux affections, dans la livraison analysée.

M. Henri Jacquart a présenté à la société une préparation dont il est l'auteur et qui n'avait pas encore été faite; elle concerne une partie des plexus mésentériques supérieurs du grand sympathique dans l'intestin grêle, sur un sujet de race caucasique. Une des difficultés de cette préparation qui intéresse surtout la Société d'anatomie, c'est la disposition, une fois la pièce sèche, des plexus nerveux beaucoup plus riches qu'on ne le croit généralement. Avec sa patience et sa persévérance bien connues, M. Jacquart a eu l'idée de peindre les filets nerveux avec du blanc d'argent au fur et à mesure que la préparation, étant retirée de l'eau alcoolisée, les filets commençaient à sécher.

M. Rochet, à l'occasion du type prussien, fait connaître, au tableau, les procédés d'une méthode à l'aide de laquelle on peut classer les races humaines, et cela par les traits de la face seulement. Cette méthode consiste à diviser la figure humaine tout entière, crâne compris, en dix lignes principales et le profil en un certain nombre de rayons partant du trou auditif. Avec ces mesures, qui ne sont que l'application, à la face, du système de mensuration employé déjà dans l'étude des crânes, M. Rochet croit pouvoir définir scientifiquement et sans le secours du dessin, tous les types de races. L'auteur attache une grande importance au graphique des rayons qu'il fait partir du trou auriculaire, et le demi-cercle qu'il fait décrire à son compas sur une tête placée de profil doit renfermer rigoureusement toutes les porties saillantes de la face, s'il s'agit d'une race supérieure, et les irrégularités dans la longueur de ces lignes fictives indiquent les degrés d'infériorité, et par suite facilitent les études ethnologiques. Il s'agit donc de chercher quelle est la norme de chaque type ou de chaque race, et c'est là ce que M. Rochet se propose de faire.

Ce n'est pas la première fois que des méthodes analogues ont été proposées par les artistes, pour mieux établir l'harmonie des proportions de leurs modèles. Mais les conséquences tirées par M. Rochet de l'usage de sa méthode sont nouvelles. Il faut attendre, pour bien l'apprécier, qu'il ait publié son travril avec ses dessins.

En réponse à M. Rochet, M. Broca a rappelé une de ses communications antérieures, de laquelle il résulte que les rayons tirés du trou auriculaire vers les divers points qui servent à déterminer les caractères du profil du crâne sont constamment inégaux entre eux, aussi bien chez les races d'Europe que chez les autres races et même chez les individus de même race. Je rectifierai à cette occasion le passage de mon dernier compte rendu, où il est question du type prussien. Un signe de ponctuation a été mal placé. Il faut lire : les Badois sont des Alemani, les Bavarois *et* les Prussiens n'en sont pas, et non, les Badois *et* les Bavarois sont, etc.

M. César Daly nous a fait une communication inattendue, écoutée avec un grand intérêt. Tout développement social, chez tous les peuples et dans tous les temps est exprimé par l'état de leur art architectural. Telle est, je crois, la proposition développée par M. Daly. Malheureusement, notre collègue a improvisé son discours et ne l'a point encore déposé par écrit au secrétariat. Je craindrais de mal servir sa pensée par l'analyse imparfaite d'une seule audition.

Le travail le plus intéressant de la séance est sans contredit celui de M. Lagneau sur l'ethnogénie des populations du nord-est de l'Allemagne. Les Prussiens, paraît-il, se déclarent les promoteurs de l'unité allemande, et, à cet égard, ils invoquent surtout l'ethnologie. Cependant ils sont d'un sang fort mêlé, à en juger par les recherches de notre collègue.

Dans l'Allemagne centrale et septentrionale, l'élément ethnique à la grande taille, aux yeux bleus et aux cheveux blonds, qui est celui des Germains décrits par Tacite, ne se retrouverait plus représenté, au moins pour les femmes, que dans la proportion de 56 pour 100, soit 1941 filles blondes contre 1470 brunes, d'après une statistique de M. Mayer, de Berlin, communiquée au Congrès médical international de Paris, en 1867.

Dans la population prussienne actuelle, on observe un élément brun, à stature peu élevée, qui, d'après M. de Quatrefages, se rapporterait à la race finnoise. Les Gaëls, au dire de Diodore de Sicile, ont occupé aussi la Prusse. Les Gothini, qui se distinguaient des autres peuples de la Germanie par leur langue gaëlique, également. Les Sclavènes ont habité sur les bords du Danube; Les Venèdes ont été signalés par Tacite au nord-est de la Germanie à côté des Finnois, et les Venèdes sont plutôt des Sarmates que des Germains. Ce peuple, très-voyageur, s'est avancé vers l'ouest de la contrée, donnant successivement son nom au sinus Venediccis, golfe de Dantzig ou Wendland, au cercle Wendique, à son chef-lieu, Wanden, dans le Mecklembourg, et le grand-duc porte encore le titre de prince des Wendes, comme héritier de Frédobald, qui régnait au commencement du ve siècle après Jésus-Christ.

Les Wendes actuels du Brandebourg se désigneraient encore eux-mêmes par le nom de Serbes, ainsi que le disait M. Virchow, au Congrès d'anthropologie et d'archéologie préhistoriques de Paris, en 1867, de même que les Slaves de la Servie située au nord-ouest de la Turquie. A cette race se rattachent les Obotrites, auxquels Charlemagne, vainqueur des Saxons transalbiens, laissa, en 804, les régions situées au nord-est de l'Elbe, les Wiltzes, les Sorabes ou Serbes, les Rugiens, les Licicavices et autres peuplades, qui seraient tous slaves de race et de langue. Enfin les Borrusces ou Pruszes, qui ont donné leur nom aux Prussiens actuels, paraissent eux-mêmes avoir appartenu à la race slave. Ils dépendraient en partie des Lekhs ou Venèdes de la Pologne ou de la Prusse orientale.

Tel est le résumé, trop abrégé sans doute, de l'intéressante communication de M. Lagneau. Notre savant collègue, qui connaît à fond l'histoire des peuples anciens, ne met pas la politique de parti au nombre de ses arguments. Il se borne à traduire les auteurs, qu'il cite toujours avec une grande précision.

Quoi qu'il en soit, les Prussiens ne sont pas tous des Germains; il faut ajouter qu'ils ne pourront plus le redevenir, car, en attendant que la science soit devenue chez les peuples une denrée de première nécessité, ce qui, malheureusement, ne paraît pas être encore décrété, les intérêts industriels et commerciaux continueront à faciliter les croisements, et arrêteront, dans un temps qu'il faut souhaiter prochain, ces luttes terribles, entreprises de part et d'autre au nom d'une prétendue civilisation. Des journalistes peuvent bien encourager ces luttes et crier : *A Paris!* ou, *à Berlin!* sans d'ailleurs bouger de leur fauteuil, les anthropologistes ne sauraient penser ainsi.

A. DUREAU.

Société de biologie de Paris

SÉANCE DU 14 OCTOBRE 1871

M. Milliot communique à la Société les résultats des expériences qu'il poursuit depuis longtemps, sur la *Reproduction du cristallin*. Après avoir rappelé les travaux antérieurs au sien, particulièrement ceux de Gruby, Textor, Valentin, et une expérience positive de M. Philippeaux, M. Milliot entre dans des détails qui peuvent se résumer dans les principales conclusions suivantes :

1° La reproduction du cristallin, chez certains animaux mammifères, est un fait incontestable ; les tubes du cristallin reproduit suivent dans leur réapparition les mêmes phases que pendant leur génération et leur évolution embryonnaires.

2° Cette reproduction ne se fait que dans la cavité de la capsule cristallienne ; elle est en raison directe de l'épaisseur des couches corticales du cristallin, laissées pendant l'extraction, surtout dans la région équatoriale, et en raison inverse de l'âge des animaux et des lésions des cristalloïdes de la capsule cristallienne.

3° La cristalloïde postérieure ne semble point prendre part à la reproduction du cristallin, si ce n'est, cependant, dans sa partie équatoriale.

4° Cette reproduction se réalise même lorsque le cristallin a été extrait *en totalité*; elle commence, en général, vers la fin de la deuxième semaine après l'opération, et n'est complète qu'entre le cinquième et le douzième mois.

5° La reproduction du cristallin peut se répéter, c'est-à-dire se faire après l'extraction d'un cristallin déjà reproduit une première fois; mais elle est alors limitée.

Ces résultats portent sur plus de quarante expériences.

M. *Laborde* expose la suite de ses recherches, commencées en commun avec M. le docteur Leven, sur les altérations des tissus à la suite des *sections nerveuses*. Dans la note qu'il a communiquée sur ce sujet à la Société, dans sa séance du 16 octobre 1869, et publiée dans la *Gazette médicale* du 16 avril 1870, M. Laborde avait réservé l'étude des lésions du *tissu musculaire* : c'est sur ces lésions qu'il concentre aujourd'hui son attention.

Le tissu des muscles tributaires d'un nerf mixte (le *nerf sciatique*, par exemple) ayant subi la section complète ou la résection, présente dans ses modifications ou altérations trois états successifs et progressifs qui correspondent aux trois périodes suivantes de l'expérience : 1° Période de début ou immédiatement consécutive à la section nerveuse; 2° période intermédiaire à la précédente et à celle de la régénération autogénique ; 3° période qui suit cette régénération plus ou moins complète.

Le premier état est marqué par les modifications suivantes dans le tissu musculaire : immédiatement après la section, accroissement momentané de la température locale ; dilatation des vaisseaux capillaires ; puis, bientôt après, c'est-à-dire à dater du quatrième ou cinquième jour, décoloration, pâleur et anémie du tissu musculaire; élongation des faisceaux et des fibres par défaut de tonus ; réduction commençante et progressive du volume de ces faisceaux et de ces fibres ; apparition de grosses vésicules adipeuses ; commencement du travail de multiplication des noyaux dans les gaînes sarcolemmateuses.

A une période plus avancée, ces modifications s'accentuent de plus en plus, et il s'y en ajoute une autre des plus importantes et dont M. Laborde s'est particulièrement appliqué à mettre hors de doute la réalité : c'est l'espacement d'abord, et ensuite la fragmentation et la disparition des zones transversales de striation, de telle façon que les linéaments longitudinaux persistent seuls. C'est entre le premier et le troisième mois après la section du nerf que se révèle surtout cette altération, quelquefois même après le troisième mois, suivant les difficultés et les longueurs du travail régénérateur. C'est également à cette même période que se rapporte et que se montre, dans toute son évidence, la dégénérescence granulo-protéique qui envahit le tissu propre du muscle en même temps que les parois vasculaires et les filets nerveux.

Enfin, à un dernier degré, la matière musculaire proprement dite disparaît complétement et partiellement, laissant à vide les tubes de myolemme ; en cet état, l'atrophie des muscles impliqués est extrême ; il n'en reste, dans certains cas, que des vestiges, et ces cas sont particulièrement ceux dans lesquels les muscles ont été complétement séparés des distributions nerveuses qu'ils reçoivent : ainsi, par exemple, lorsque, chez le cochon d'Inde, on a sectionné à la fois les deux sciatiques, le grand et le petit. A cette période dernière, on observe quelquefois un effort régénérateur de la fibre musculaire elle-même, se traduisant par l'apparition nouvelle dans un protoplasma de fibres-cellules embryonnaires ; ce travail se produit surtout dans les cas où la régénération nerveuse s'est, elle-même, très-bien effectuée.

Ces données, d'ailleurs sommaires, concordent pour la plupart avec les résultats des importantes recherches de M. le professeur Vulpian, sur le même sujet; elles en diffèrent sensiblement sur un point, celui qui a trait aux modifications des zones striées. Peut-être cette divergence a-t-elle une de ses raisons dans les conditions d'études différentes, M. Vulpian ayant presque exclusivement porté son attention sur les muscles de la langue, muscles dont la structure n'est pas absolument analogue à celle des autres muscles volontaires.

M. *Pouchet* communique les résultats d'observations et d'expériences sur le rôle du système nerveux et, en particulier, des nerfs périphériques dans le *changement de coloration* que présentent les poissons, changements aussi rapides parfois et aussi accentués que ceux du caméléon, quoiqu'ils n'aient pas la même variété. Tout semble indiquer, d'après ces expériences, que cette faculté est gouvernée par l'activité cérébrale, ou, si l'on veut, par la volonté de l'animal, et qu'elle s'exerce à la suite d'impressions rétiniennes transmises par le nerf optique.

M. *Gréhant* donne les premiers résultats d'expériences qu'on trouve exposées plus haut, page 426, et d'où il résulte que la respiration des poissons est capable d'enlever l'oxygène à l'hémoglobine du sang.

RAPPORT LU A LA SOCIÉTÉ DE BIOLOGIE SUR LA PROPOSITION DE M. BERT RELATIVE AUX RAPPORTS DE LA SOCIÉTÉ AVEC LES SAVANTS ALLEMANDS. M. BOUCHARD, rapporteur.

Messieurs,

Dans la séance du 18 mars, M. P. Bert a saisi la Société de biologie d'une proposition dont je vous demande la permission de reproduire les conclusions :

« 1° Les savants originaires ou habitants des pays allemands qui viennent d'être en guerre avec la France, qui sont, à un titre quelconque, membres de la Société de biologie, cessent de faire partie de ladite Société;

» 2° Aucun savant ayant lesdites origine ou résidence ne pourra être dorénavant nommé membre de la Société;

» 3° La Société ne recevra en communication et n'admettra au concours, pour les prix qu'elle décerne, aucun mémoire émanant d'un savant appartenant auxdites catégories;

» 4° L'entrée de la salle des séances leur sera interdite. »

La Société a renvoyé cette proposition à l'examen d'une commission composée de MM. Ch. Robin, Giraldès, Ollivier, Ranvier et Bouchard.

Je viens, au nom de cette commission, vous soumettre les raisons qui l'ont déterminée à ne pas s'associer aux conclusions de M. Bert.

M. Bert s'est proposé et s'est uniquement proposé de marquer d'une flétrissure collective les savants allemands qui ont, pour une part, préparé la dernière guerre ou qui n'ont pas dégagé leur responsabilité des actes barbares accomplis pendant cette guerre par des hommes qui, à certains égards, peuvent être considérés comme des hommes de science.

Or, des quatre résolutions de M. Bert, il en est trois qui ne sont nullement visées par ces considérants et en faveur desquelles nous n'avons pu découvrir aucune raison convaincante.

Le paragraphe 2 est ainsi conçu : « Aucun savant ayant lesdites origine ou résidence ne pourra être dorénavant nommé membre de la Société. » Une telle résolution engagerait témérairement l'avenir, elle enchaînerait la liberté de nos successeurs et frapperait précisément des hommes qui ne sont nullement coupables des méfaits reprochés par M. Bert. Ceux qui s'instruisent actuellement, ceux qui naissent aujourd'hui, et qui plus tard seront des savants, ne sont pas nécessairement solidaires de leurs devanciers. Les savants ne forment pas une caste à part. Vouloir mettre en interdit ceux qui pourront surgir dans les pays qui nous ont fait la guerre, ce serait frapper leur nationalité et non punir le crime de quelques-uns de leurs prédécesseurs. M. Bert n'a pas dit que ce fût là ce qu'il désirait, et, sans doute, un tel sentiment était loin de sa pensée.

Le paragraphe 3 dispose « que la Société ne recevra en communication et n'admettra au concours, pour les prix qu'elle décerne, aucun mémoire émanant d'un savant appartenant auxdites catégories ». Cette proposition est plus inacceptable encore. Quelle raison pourrait-on opposer à cette vérité banale que la science n'a pas de patrie, que la vérité n'est d'aucun pays? Dira-t-on qu'il est déplaisant d'être obligé d'entendre un homme peu sympathique? Mais les sociétés savantes ne sont pas faites pour l'agrément de leurs membres; leur rôle est de solliciter, d'accueillir et de propager la vérité. Nous manquerions à notre mission si nous refusions l'hospitalité à une découverte. D'ailleurs, pourquoi nous priver du plaisir et de l'avantage d'apprendre les premiers un fait nouveau, d'assister à une expérience intéressante? Si parfois l'amour-propre national s'en émeut, nous chercherons à faire mieux; ce sera une plus noble revanche.

Quant aux prix dont la valeur morale est rehaussée par des avantages matériels, ils ne sont qu'un des moyens d'action par lesquels les sociétés savantes sollicitent la production des œuvres intellectuelles. Quiconque travaille doit pouvoir y prétendre. Ici encore il ne saurait être question de nationalité. D'ailleurs, aurions-nous le droit de prendre une telle détermination? Il ne faut pas nous faire d'illusion : ces récompenses que nous décernons ne nous appartiennent pas, et l'exclusion qu'on vous propose outre-passerait les intentions des donateurs. Nous ne devons nous dire ni nous croire les protecteurs de la science ni les bienfaiteurs des savants; nous ne sommes que les dépositaires d'hommes qui nous ont cru dignes d'être les ministres de leur bienfaisante sollicitude pour les progrès de la science.

Si les savants de toute nationalité peuvent participer à nos travaux, à plus forte raison devons-nous leur permettre d'assister à nos discussions. Nous ne pouvons donc pas nous rallier à la quatrième proposition de M. Bert qui leur interdit l'entrée de la salle des séances. Pourquoi élever autour de nos travaux cette muraille de la Chine? Si nos séances sont instructives, il est bon que cela soit connu, même de nos ennemis; si elles sont dépourvues d'intérêt, il ne sera pas besoin de règlements pour expulser les auditeurs : le vide se fera spontanément autour de nous.

Les trois dernières propositions de M. Bert ne nous paraissent donc nullement motivées; elles ont de plus un vice commun : elles n'atteignent pas ceux dont les actes méritent la réprobation universelle; elles s'attaquent à la nation tout entière dans le présent et dans l'avenir et cherchent à frapper surtout les hommes éminents qu'elle pourra produire. C'est là une tendance que nous repoussons de toute notre énergie. Après les défaites militaires, cette impuissante rancune serait pour nous un échec moral : car ce serait l'abandon volontaire de ces libérales traditions qui sont le fonds et l'honneur de ce que le monde appelle encore l'esprit français. Si l'on peut comprendre, approuver même, ce sentiment personnel qui fait que chacun de nous évite le contact de l'étranger, une assemblée française, une compagnie savante surtout ne peut pas s'enchaîner dans les mêmes scrupules et mettre toute une nation en interdit. Laissons à d'autres ces procédés d'un autre âge; rappelons-nous que déclarer un peuple indigne à perpétuité, c'est outrager la science : car c'est nier la perfectibilité morale de l'humanité. Qui nous dit que le peuple allemand n'atteindra pas aux degrés supérieurs de la civilisation dont il a rapidement franchi les premiers échelons? Depuis un demi-siècle il est entré résolûment dans cette voie par la porte de la science, largement, peut-être prématurément ouverte. Si les Allemands ont aujourd'hui plus d'instruction que d'éducation, c'est sans doute que le temps leur a manqué. La douceur des mœurs, la délicatesse des sentiments, sont des qualités que les peuples acquièrent lentement; l'hérédité y joue un grand rôle; chaque homme ajoute peu au patrimoine commun : elles sont comme l'empreinte que laisse la civilisation lorsqu'elle a pu façonner les caractères à travers de nombreuses générations. Rappelons-nous que nous aussi nous avons dans notre histoire une période de barbarie. Ce souvenir nous rendra plus modestes si nous voulons juger un peuple qui est certainement moins éloigné que nous de cette phase initiale.

Nous ne pouvons donc pas approuver une attitude dont la tendance, sinon l'effet, serait de créer un obstacle, si minime soit-il, au rayonnement des idées. Les sociétés savantes surtout doivent éviter d'apporter une entrave aux relations des peuples.

Je sais bien que, par la force des choses, ces relations sont compromises. Mais si nous recherchons moins qu'autrefois l'hospitalité de ceux auxquels nous ne la refusons pas; si l'Allemagne cesse d'être pour nous la terre des studieux pèlerinages, nous aurons tort. C'est par la science surtout que nous avons été vaincus, et il ne serait peut-être pas habile de fuir ceux qui, après avoir beaucoup reçu de nous, pourraient à leur tour nous livrer le secret de leur force.

Abordons maintenant la discussion de la première résolution qui seule est en concordance avec les prémisses développées par l'auteur de la proposition.

M. Bert demande la radiation collective de tous les membres associés ou correspondants de la Société de biologie qui sont originaires ou habitants des pays allemands qui viennent d'être en guerre avec la France.

Avant même de discuter la légitimité de l'opportunité de cette mesure, je puis dire qu'elle est excessive. Il est tel de nos collègues qui est Allemand d'origine et qui honore l'enseignement scientifique en Italie; cette mesure l'atteindrait injustement. Il y a quelques jours, vous rendiez un juste tribut de regrets à un autre de nos collègues d'origine anglaise, et qui a, pendant quelque temps, travaillé en Allemagne. Si A. Waller ne s'était pas aperçu à temps que la propriété scientifique n'y était pas en sûreté; si son désenchantement avait été plus tardif, la proposition de M. Bert nous faisait perdre, à notre détriment, toute relation avec lui. Supposez que les accidents de la politique ou des relations de famille obligent l'un de nous à habiter l'Allemagne, cela nous paraîtrait choquant; mais nous ne voudrions pas de force pénétrer dans sa conscience et nous faire juges de la moralité de ses intentions.

Ainsi, avant de discuter cette première proposition, quant au fond, on peut dire qu'elle est injuste parce qu'elle est générale, parce que la mesure est collective.

Elle ne serait guère plus légitime même si on la réduisait à des proportions plus restreintes. Examinons d'ailleurs les arguments qui ont été produits en sa faveur.

Le premier grief de M. Bert est celui-ci : les savants et les professeurs de l'Allemagne ont depuis longtemps excité contre nous la haine et la jalousie de leurs concitoyens et de leurs élèves. Ils ont ainsi préparé la dernière guerre et contribué à lui donner ce caractère d'acharnement féroce et rapace. Les savants allemands ont dès longtemps préparé la dernière guerre. C'est vrai. Ils ont entretenu le souvenir de l'outrage que nous avons fait subir à leur nation et dont nos désastres de 1813 ne paraissaient pas une suffisante compensation. Ils ont cherché à exalter le sentiment patriotique en vue d'une revanche plus complète; nous le reconnaissons. Il ne nous appartient pas de les louer; mais s'ils n'avaient parfois faussé la vérité historique, pourrions-nous les condamner? L'histoire a souvent enregistré de semblables exemples et n'a pas flétri les hommes qui, en faisant vibrer la fibre nationale, ont exercé une puissante influence sur les destinées de leur peuple. C'est un grand enseignement qui veut être médité silencieusement.

Mais cette guerre qui a été déplorable dans ses résultats a été odieuse dans ses moyens d'action, et l'on veut y voir l'effet éloigné des prédications haineuses des savants de l'Allemagne. Les Allemands ont déjà plaidé les circonstances atténuantes. Ils ont dit que ces horreurs sont inséparables de la guerre, et n'ont pas manqué de rappeler qu'ils avaient appris par expérience à juger la mansuétude du soldat français; ils ont fait le tableau coloré de sa fureur de meurtre et de destruction; au contraire, ils représenteraient volontiers la violence réfléchie et la cupidité des armées allemandes comme un reflet d'une qualité propre aux peuples germaniques : l'esprit d'ordre et d'économie.

N'insistons pas; ne discutons pas sur les mérites comparés de ces abominations qu'il faut déplorer et mépriser de quelque côté qu'on les rencontre. Sans doute tous ceux qui concourent à rendre une guerre nécessaire ont leur part de responsabilité dans les atrocités qui en sont le cortége; mais n'accusons pas plus spécialement les savants. C'est à eux, c'est à la diffusion de l'instruction que nous devrons peut-être un jour de voir la guerre revêtir un caractère moins odieux.

Le second grief de M. Bert, c'est que, pendant cette guerre, des chirurgiens qui, à ce titre, peuvent passer pour des hommes de science, ont commis sciemment et volontairement des actes de cruauté; c'est que des savants se sont livrés au pillage systématique de nos richesses scientifiques, ont dévalisé des collections privées que leur nature devait couvrir du pavillon de la neutralité, même pour des hommes qui pratiquaient en grand le vol à main armée de la propriété privée.

Ce grief est sérieux, décisif; mais à qui peut-il être appliqué? S'il est parmi nos collègues un homme qui se soit rendu coupable de pareils actes, il doit être flétri, expulsé.

Or, aucun n'a pu être cité parmi les vingt et un membres associés ou correspondants que la première proposition de M. Bert voudrait atteindre. Pour motiver une radiation collective, on nous dit qu'ils ont connu ces faits, qu'ils n'ont pas protesté et qu'ils ont ainsi engagé leur responsabilité.

Nous devons *à priori* considérer comme d'honnêtes gens les collègues que nous avons choisis, or un honnête homme n'a jamais besoin de protester contre les crimes commis par autrui.

Messieurs, notre tâche est remplie. Si les considérations que j'ai développées devant vous sont conformes à votre sentiment, la Société de biologie aura évité un faux pas qu'elle aurait lieu de regretter plus tard. Elle se maintiendra, sans bienveillance, mais sans injustice, sur ce terrain neutre de la science où toutes les activités peuvent se rencontrer sans se heurter, et où chaque conquête profite à l'humanité tout entière. Elle restera ainsi fidèle à ses traditions.

C'est donc avec confiance que nous soumettons à votre appréciation la proposition que je vais avoir l'honneur de vous lire :

La Société de biologie;

Considérant que si des actes de cruauté et de déprédation ont été accomplis pendant la dernière guerre par certains sujets allemands auxquels il paraît impossible de refuser la qualité d'hommes de science, de tels actes engageraient seulement la responsabilité personnelle de leurs auteurs et nullement la responsabilité collective des savants originaires des pays qui ont été récemment en guerre avec la France;

Considérant qu'aucun de ces actes n'a pu être reproché à aucun membre associé ou correspondant de la Société;

Partageant d'ailleurs les sentiments d'indignation que ces actes ont inspirés à M. Bert,

Passe à l'ordre du jour.

BIBLIOGRAPHIE SCIENTIFIQUE

L'électricité appliquée aux arts mécaniques, à la marine et au théâtre, par M. SAINT-EDME.

Si l'électricité n'existait pas, pour les théâtres il faudrait l'inventer, pourrait-on dire en s'inspirant d'un vers de Voltaire. En effet, les phénomènes électriques présentent naturellement des apparences si étranges, si merveilleuses même, qu'ils font invinciblement penser au monde des fées si cher aux enfants. On ne pouvait donc manquer de songer de très-bonne heure à appliquer l'électricité au théâtre pour augmenter les ressources de la scène, élargir le champ des illusions.

Sans parler des applications circonscrites que firent ceux qui eurent le bonheur les premiers de manier et de dompter un agent si merveilleux, nous allons rappeler rapidement les ressources nombreuses et variées que l'on a tirées, pour les scènes théâtrales, de l'électricité.

Il est inutile de parler des moyens de correspondance électrique établis entre tous les services si divers d'un grand théâtre. On en voit des exemples à chaque instant dans les maisons modernes, les administrations publiques, les hôtels monumentaux, comme ceux de Paris, Londres, New-York, etc. Ce qui est plus nouveau, c'est la mise en marche, pour les chœurs invisibles, d'un métronome électrique à la disposition du chef d'orchestre, qui commande ainsi à la fois sur deux petits mondes différents. Comme toujours, on a fait divers essais infructueux, et il n'y a pas longtemps que ce problème a reçu une solution satisfaisante. Elle est due à M. Dubosc, dont le nom est si connu des physiciens qui s'occupent spécialement d'optique.

C'est aussi à l'électricité que l'on a demandé de produire des éclairs. L'électricité ne s'est pas prêtée de bonne grâce, jusqu'à présent du moins, à réaliser les effets de l'éclat lumineux en zigzag que présente la foudre lorsqu'elle chemine dans les airs ou se précipite sur le sol.

On a obtenu une solution plus acceptable pour produire les illusions du soleil levant, dans le *Prophète* par exemple, ou même de l'arc-en-ciel, comme dans *Moïse*. On arrive à ces résultats par des dispositions très-simples. Les jets d'eau lumineux, les cascades liquides de toutes couleurs, s'obtiennent aussi avec une grande facilité par des combinaisons de l'arc voltaïque avec des miroirs, des lentilles, etc.

Mais ce qui attira et retint assez longtemps l'attention publique, ce fut la production de spectres, de morts vivants! dont la naissance au théâtre ne remonte qu'à 1863, quoiqu'en 1802 déjà on ait proposé des moyens appliqués encore aujourd'hui. Seulement on manquait d'une lumière assez intense pour illuminer les personnes qui figuraient ces spectres. L'électricité vint encore combler ce désidératum.

Toutefois, ces divers emprunts, si ingénieux qu'ils soient, ne sont que le prélude de ce qu'on pourra obtenir de l'application suivie, raisonnée, de la science au théâtre.

On en trouvera plusieurs d'indiqués dans un petit résumé excellent, de M. Saint-Edme, *L'électricité appliquée aux arts mécaniques, à la marine, au théâtre*.

Le propriétaire-gérant : GERMER BAILLIÈRE.

PARIS. — IMPRIMERIE DE E. MARTINET, RUE MIGNON, 2.

LA

REVUE SCIENTIFIQUE

DE LA FRANCE ET DE L'ÉTRANGER

REVUE DES COURS SCIENTIFIQUES (2E SÉRIE)

DIRECTION : MM. EUG. YUNG ET ÉM. ALGLAVE

2e SÉRIE — 1re ANNÉE | NUMÉRO 19 | 4 NOVEMBRE 1871

Paris, le 3 novembre 1871.

Nous avons reçu à l'occasion des décorations médicales plusieurs lettres de médecins, les uns décorés, les autres qui ne le sont pas. Nous croyons devoir mettre sous les yeux de nos lecteurs la lettre suivante de M. le docteur Després, chirurgien en chef de la 7e ambulance internationale pendant la guerre :

Mon cher monsieur Alglave,

En arrivant à Paris, au retour de la campagne, j'ai trouvé beaucoup de nos confrères les plus pressés décorés ou promus, et j'en ai rencontré plus encore qui aspiraient à l'être. La plupart disaient qu'ils avaient autant de droits que ceux qui avaient été récompensés. Peu à peu, l'envie aidant, on a su comment et par quelles influences cette masse de décorations était tombée sur la population parisienne. L'un disait : j'ai été à Champigny, comme Z, le neveu de M. ZZ ; j'étais aide-major d'un bataillon, comme Y. J'ai été au rempart comme W. J'ai eu tant de varioleux à soigner, chacun des médecins de Bicêtre n'en a pas eu plus ; j'ai été dans un endroit où il est tombé des bombes, et le nombre des malades, comme le lieu où était placée l'ambulance, était discuté parmi les titres à la décoration. Je riais en moi-même, monsieur le rédacteur, de tous les actes de dévouement et de tous les grands travaux que chacun disait avoir accompli ; il aurait fallu vingt batailles rangées sous Paris et 600 000 blessés ou malades pour parfaire le chiffre des malades et blessés que chacun se vantait d'avoir soignés. Personne ne parlait du traitement ou des avantages qu'il avait reçus et du prix de revient de la journée de ses blessés. Ni les ambulances de la presse, ni les ambulances des ministères, du Sénat et des théâtres, n'ont, que je sache, songé à faire leurs comptes; les récompenses sont venues avant la justification publique du travail.

Me trouvant dans ce que vous appelez l'*immense fournée* des décorations médicales, je puis vous parler à cœur ouvert et en toute liberté. Loin de moi la pensée, toutefois, de faire remonter jusqu'à l'illustre patriote qui est à la tête de l'État, et jusqu'au ministre de la guerre, les justes critiques dont je veux assumer avec vous la responsabilité. Ce sont, comme vous l'avez bien dit, des influences subalternes que l'on doit accuser.

Dans notre profession en particulier, le mal vient de grosses camaraderies, admirablement organisées pour obtenir des places et des faveurs, quel que soit le gouvernement, et dont les chefs, entourés de faiseurs, ont été les hôtes de toutes les cours et les commensaux de tous les régimes. Ces jours-ci, n'a-t-on pas vu en effet les mêmes hommes, chargés déjà prématurément d'honneurs sous l'empire, recevoir encore des promotions d'une rare précocité ? Le surcroît de ces décorations, aussi recherchées qu'inattendues, revient pour une grande part à un homme dont la surprenante influence reste pour moi inexplicable.

. . . .

Cet exemple a été suivi par beaucoup d'anciens personnages qui étaient bien en cour, et à l'envi chacun a voulu faire l'essai ou tenter la confirmation de son influence en faisant décorer même ceux qui n'étaient point désignés pour obtenir cette faveur.

Ils devraient pourtant savoir, ces hauts protecteurs, qu'en poussant ainsi leurs amis, ils font donner à leurs créatures un bien que d'autres ont mérité avant eux.

Je citerai un exemple entre beaucoup. Au dernier 15 août, deux agrégés en exercice ont été présentés et décorés avant quatre anciens agrégés, leurs aînés. Deux de ceux-là, MM. Trélat et Sée, viennent d'être décorés par la Société de secours aux blessés ; le troisième, Liégeois, avait été décoré à Metz ; le quatrième, qui a fait avec autorité un cours à la Faculté, homme de mérite d'ailleurs, M. Tarnier, puisqu'il faut le nommer, est encore à recevoir sa croix de la Légion d'honneur, et si ceux des chirurgiens des dix-huit ambulances de campagne, qui ont été présentés par le chef d'ambulance à la Société de secours aux blessés, n'ont aucune récompense, il faudra qu'ils sachent que c'est à des protecteurs sans retenue, de camarades d'élèves ou d'amis, qu'ils devront de voir leur place occupée par des favoris.

Quand on voit, monsieur le rédacteur, de braves gens qui ont été abattus à la tête de leurs régiments, de leurs bataillons, de leur escouade, couverts de trois et quatre blessures, porter la croix sur leur poitrine blessée, quoiqu'il soit doux au républicain de recevoir la croix de la République et de la tenir du plus grand citoyen de son pays, on se sent inférieur à ces soldats, car ils ont payé leur récompense ; tandis que nous médecins, même ceux dont les efforts ont été les plus grands, nous n'avons fait que notre devoir en soignant ceux à la place ou à côté de qui nous eussions dû tomber, si nous n'étions pas médecins. M. Potain, agrégé de la faculté, médecin de l'hôpital Necker, qui a pris le fusil de garde national au lieu de se charger de quelques blessés que tant d'autres médecins demandaient à entourer, a fait une action dont il eût pu se dispenser, mais qui est plus honorable pour notre profession ; un interne provisoire, M. Michel, qui, loin de s'engager dans les ambulances, est parti soldat et est revenu avec la médaille militaire et le brevet de sous-lieutenant, pour reprendre l'étude de la médecine, est aussi un exemple à donner à la jeunesse, et cela palliera, j'espère, le mauvais effet de plusieurs décorations et promotions qui n'ont guère coûté que des démarches à qui en jouissent.

Plus je réfléchis, et plus je me sens pénétré de la vérité du jugement rendu sur la Légion d'honneur par M. Lanfrey, dans son *Histoire de Napoléon*. « L'idée de fonder cette institution, dit-il, est une pensée qui ne pouvait germer que dans l'âme d'un despote, et qui ne devait plaire qu'à des cœurs sans fierté. Jamais une nation vraiment orgueilleuse ne lui eût reconnu une telle compétence, plus offensante même que le privilége de la naissance, car le hasard n'a pas du moins la prétention de juger. Mais la vanité étant infiniment plus commune que l'orgueil, le calcul qui avait inspiré Bonaparte était juste et profond. Une institution qui spécule sur de telles faiblesses est toujours assurée de réussir, mais le genre d'émulation qu'elle provoque n'est pas de nature à élever le niveau moral d'une nation. »

Je vous rappelle cette phrase en terminant, non que je veuille en rien diminuer la juste valeur d'un bon nombre de médecins qui ont bien mérité leurs récompenses, mais parce qu'il faut rappeler au sentiment de notre situation ceux qui ont osé se faire donner une récompense qu'ils n'eussent peut-être jamais obtenue sans la guerre, ceux enfin dont on peut dire qu'ils ont été presque les seuls à bénéficier du plus grand des désastres qu'ait éprouvés la France.

Croyez à mes sentiments dévoués,

Armand Després,
Chirurgien des hôpitaux,
Professeur agrégé à la Faculté de médecine.

P.-S. Je ne serais pas étonné, mon cher monsieur Alglave, de voir beaucoup de personnes dire que l'on n'a pas assez décoré de médecins et d'organisateurs d'ambulance, espérant ainsi que les nominations à la faveur passeront à l'ombre des décorations oubliées.

INSTITUT DE FRANCE

SÉANCE SOLENNELLE DES CINQ ACADÉMIES

M. LE GÉNÉRAL MORIN
de l'Académie des sciences

Le général Piobert

Messieurs,

C'est ordinairement aux secrétaires perpétuels de l'Académie des sciences que revient l'honneur et qu'incombe le devoir de rappeler aux souvenirs du public les services rendus au pays et à la science par ceux de nos confrères que la mort a enlevés à notre affection.

Mais, par une condescendance dont je les remercie et que je vous prie d'approuver, ils ont bien voulu renoncer à ce droit en faveur de celui qui fut pendant près de soixante ans l'ami et le frère d'armes de Piobert.

Admis ensemble en 1813 à l'École polytechnique, nous avons eu, Piobert et moi, l'heureuse fortune, si rare dans la vie, d'être successivement camarades de promotion, frères d'armes, compagnons de travaux, émules et non rivaux dans la carrière militaire et dans celle de la science, sans que jamais notre confiance et notre amitié réciproques aient reçu la moindre atteinte de cette concurrence, qui trop souvent divise les hommes. La raison en est simple, messieurs, je puis la dire en toute sincérité et sans fausse modestie : c'est que, placé mieux que personne pour apprécier toute la valeur de Piobert, il me fut facile de reconnaître que c'était avec justice qu'il me précédait toujours de quelques pas dans l'une et l'autre carrière. Pourquoi faut-il qu'il en ait été de même dans la tombe?

Tels sont, messieurs, les titres que j'ai cru avoir pour vous parler de la vie et des travaux de notre illustre confrère. Puissiez-vous trouver que l'hommage que je cherche à rendre à sa mémoire n'est indigne ni de lui ni de vous!

Piobert (Guillaume), membre de l'Académie des sciences, général de division dans l'arme de l'artillerie, grand officier de la Légion d'honneur, était né à Lyon le 23 novembre 1793, au moment de la tourmente révolutionnaire. Son père, Piobert (Jean), était maître de poste et jouissait d'une certaine aisance; mais, obligé de se soustraire par la fuite à la fureur des Jacobins, dépossédé de son brevet, il avait été à peu près ruiné. Il ne restait à la famille qu'une modeste maison, située dans le quartier de la Guillotière; notre confrère y était né, et il en a pieusement conservé la propriété.

L'activité du père et la sollicitude maternelle parvinrent à surmonter les difficultés de la situation, mais ne leur permirent de faire donner aux deux fils qu'ils avaient que les premiers éléments de l'éducation, et les forcèrent à les destiner de bonne heure à l'industrie lyonnaise.

A l'âge de seize ans, Guillaume Piobert apprenait la théorie et la pratique du tissage des étoffes de soie, et y devenait promptement le plus habile ouvrier de la fabrique de M. Depouilly, l'un des manufacturiers les plus distingués de son temps. Il avait imaginé, dès cette époque, une ingénieuse modification dans l'un des métiers.

Mais la vocation que se sentait le jeune ouvrier pour l'étude des sciences ne lui permettait pas de se borner au travail de l'atelier : doué d'une volonté ferme, et sachant, ce qu'ignore trop souvent la jeunesse de nos jours, s'imposer les plus rudes privations pour s'instruire et pour assurer son avenir, Piobert prélevait sur son modique salaire les sommes nécessaires pour payer les leçons de mathématiques d'un professeur habile qui, reconnaissant bientôt les rares facultés de son élève, le prépara aux examens de l'École polytechnique, où il entra le 2 novembre 1813, à l'âge de vingt ans.

Il faisait partie de ces promotions d'élèves qui, en 1814, prirent, comme simples canonniers, une part active à la défense de Paris, et dont le monument du maréchal Moncey rappelle le dévouement.

Parmi les rares survivants de ces promotions, quatre ont eu l'honneur de devenir vos confrères. Le nom de Piobert restera le plus illustre de tous dans l'histoire de l'artillerie.

Admis, à la fin de 1815, à l'École d'application de l'artillerie et du génie, comme sous-lieutenant élève, le premier de sa promotion, il en sortit pour entrer dans une compagnie d'ouvriers d'artillerie à Toulouse.

Expériences sur les roues hydrauliques. — En 1821, il s'occupait avec M. Tardy, aussi lieutenant d'artillerie, à étudier l'effet utile de ces moteurs hydrauliques à axe vertical, appelés aujourd'hui *turbines*, dont l'invention se perd dans la nuit des temps, et que l'on retrouve dans les Alpes, dans les Pyrénées, dans la Bretagne, et jusque dans les montagnes de la Kabylie. Il imagina, dans ce but, un appareil presque identique avec le frein de Prony, que le savant ingénieur avait employé vers 1820, mais dont il n'avait pas encore donné la description.

Le travail de ces deux officiers a fourni, pour la science de l'hydraulique, des renseignements utiles qui lui manquaient.

Études sur l'artillerie de montagne. — Le souvenir récent des campagnes d'Espagne appelait alors l'attention sur l'utilité d'une artillerie de montagne, et l'on avait formé, à Toulouse, pour étudier cette question, une commission dont Piobert fit partie. Il s'en occupa activement, prépara seul un projet de bouche à feu, d'affût et de projectile; et la sûreté de son jugement était déjà si bien appréciée de ses chefs, qu'il obtint, faveur rare alors, tous les moyens nécessaires pour réaliser ses idées et les soumettre à la sanction de l'expérience, qui les confirma pour la plupart.

A la suite de ces expériences, exécutées en 1821, Piobert

fut chargé d'établir un nouveau matériel d'artillerie de montagne : soixante bouches à feu et affûts de ce système furent construits, et une partie a été employée avec succès dans la campagne d'Espagne en 1823. Quelques modifications de détail y ont été introduites plus tard, mais l'ensemble du système était resté le même, et, pendant bien des années, il a rendu de grands services en Algérie, jusqu'à l'introduction des canons rayés.

Vers la même époque (1821), un officier supérieur très-distingué, M. le colonel de Forceville, avait adressé au comité de l'artillerie un mémoire sur les principes de la construction des voitures et des affûts de l'artillerie. Ce travail, sur lequel la réputation méritée de son auteur avait attiré l'attention de l'arme, fut l'objet d'une conférence tenue à Toulouse devant l'inspecteur général. Le lieutenant Piobert n'avait pas hésité à en critiquer les bases. Quelques camarades redoutaient pour lui les suites d'une telle indépendance d'opinion; mais le colonel de Forceville, véritable ami de la science, l'en remercia au contraire, et devint un de ses appuis.

Dès lors, l'attention des chefs de l'arme était appelée sur Piobert. Il fut mandé à Paris, et attaché à une commission qui s'occupait à cette époque (1822) d'introduire dans la construction du matériel d'artillerie des modifications analogues à celles qu'avait adoptées l'Angleterre.

Le général Valée, alors inspecteur général du service central de l'artillerie, qui appréciait la rectitude de son jugement, le prit pour son second aide de camp.

Dans cette position de confiance, quelque respect que lui inspirassent l'âge, les longs services et l'expérience de son général, Piobert ne renonçait jamais à l'indépendance de ses opinions, et plus d'une fois il présenta aux projets de son chef des objections sérieuses. Le vieil artilleur n'ignorait pas toute la responsabilité morale que pouvaient entraîner pour lui les modifications qu'il voulait introduire dans le matériel et dans le personnel de l'arme, et parfois, frappé des raisonnements sévères de son jeune aide de camp, il disait : « Ce diable de » Piobert a des raisons qui font peur ».

A dater de cette époque, la participation de Piobert à la création du nouveau matériel d'artillerie, qui porta, jusqu'à ces derniers temps, le nom de *système Valée*, et qui est encore en usage pour tout ce qui concerne les affûts et les voitures, était devenue de plus en plus active. De nouveaux obusiers de campagne, et principalement la détermination des obusiers de siége en bronze, et de côte en fonte, du calibre de 22 centimètres, furent le résultat de ses recherches.

Ces travaux importants furent récompensés une première fois, en mai 1825, par son élévation au grade bien conquis de capitaine.

En 1826, il recevait la mission d'aller en Angleterre visiter les établissements de l'artillerie et en étudier le matériel. Il en rapporta des documents précieux qu'il consigna dans des rapports remarquables.

Plus tard, lorsque les expériences si multipliées qui avaient été exécutées dans toutes les écoles d'artillerie eurent déterminé le gouvernement à l'adoption complète et générale de tout le nouveau système de matériel, la large part que Piobert avait prise à ce travail immense fut reconnue par le ministre de la guerre dans les termes suivants, trop honorables pour notre confrère pour que je ne les rapporte pas textuellement :

« D'après le compte que j'ai soumis au roi des services » signalés rendus par M. le capitaine Piobert, qui a contribué » de la manière la plus utile aux conceptions du nouveau » matériel d'artillerie, dont plusieurs parties sont même en» tièrement dues à ses heureuses idées et à ses méditations, » Sa Majesté, par ordonnance du 16 juillet 1828, a nommé » cet officier chevalier de l'ordre royal de la Légion d'hon» neur. »

Heureux celui dont les services étaient récompensés d'une manière si flatteuse et si noble, et honneur au gouvernement qui savait ainsi apprécier la science et le travail !

En 1829, lorsqu'à l'adoption du matériel vint se joindre celle de l'organisation si rationnelle du personnel de l'artillerie, à laquelle, après d'imprudentes transformations, il a fallu récemment revenir, le duc d'Angoulême, qui s'était vivement intéressé à cette importante question, offrit, de lui-même, au général Valée le grade de chef d'escadron pour le capitaine Piobert. Mais, aussi réservé pour ceux qui l'entouraient qu'il l'était pour lui-même, le général n'accepta pas, par la seule raison que, cet officier étant son aide de camp, cette nomination paraîtrait un acte de faveur, ajoutant qu'il se réservait de le proposer dans quelques années pour l'avancement.

La tradition d'une semblable discrétion nous semble un peu perdue de nos jours.

Avant de vous parler des grands travaux scientifiques de notre confrère, je vous demande, messieurs, la permission de vous faire connaître un épisode de sa vie, qui montre toute la bonté de son cœur.

Le souvenir des dures épreuves supportées par sa famille et celui des privations qu'il avait dû s'imposer pour acquérir l'instruction, objet de l'ambition de sa jeunesse, joint à la volonté ferme d'assurer l'indépendance de sa vie, avaient de bonne heure fait contracter à Piobert l'habitude de la plus sévère économie. Mais son noble cœur savait, au besoin, lui dicter les plus grands sacrifices, lorsqu'il s'agissait de l'honneur des siens et du bonheur de ceux qu'il aimait. Je n'en citerai qu'un exemple :

Son frère, qui avait continué à suivre la carrière commerciale, vit un jour, après de premiers succès, sa position gravement compromise par l'une de ces crises que l'industrie lyonnaise éprouve trop souvent. Piobert, qui n'était alors que capitaine, n'hésita pas à venir à son secours et mit à sa disposition la modeste part qu'il avait recueillie de la fortune paternelle et le fruit relativement considérable de ses économies. En sauvant ainsi l'honneur commercial d'un frère auquel il était tendrement attaché, et qui, après avoir traversé des moments difficiles, sut loyalement s'acquitter, Piobert consolida les liens d'une affection qui ne s'est jamais altérée.

Les comités de l'artillerie et du génie avaient, depuis plusieurs années, reconnu les avantages que présenterait, pour les élèves de l'École d'application et pour les progrès de la science militaire, un enseignement donné par des officiers choisis dans les deux armes, d'après la spécialité des cours qui devaient être professés.

En 1831, un cours d'artillerie, destiné à embrasser à la fois les détails élémentaires et pratiques, ainsi que la théorie scientifique de ce service, fut créé à cette école et confié à Piobert, qui en rédigea le programme, de manière à former un corps de doctrine pour la science de l'artillerie, et qu'il a professé depuis 1831 jusqu'à 1836.

Cet enseignement a été pour lui l'occasion de réunir, de

coordonner et de compléter par de nombreuses expériences les recherches qu'il avait entreprises antérieurement, et c'est sur l'ensemble de tous ces travaux si nombreux que je me propose d'appeler un moment votre attention, en les passant successivement en revue.

Premières études de Piobert sur les effets des poudres. — En 1831, au siége d'Anvers, l'artillerie française avait constaté avec inquiétude que les canons de bronze de gros calibre, tirant aux charges du tiers ou de la moitié du poids du projectile, avaient été rapidement mis hors de service, et qu'un assez grand nombre, après un tir de moins de trois cents coups, avaient éprouvé des dégradations suffisantes pour les faire réformer.

Telle fut l'origine des premières recherches de notre confrère sur les effets des poudres, de divers procédés de fabrication, adressées au ministre de la guerre en octobre 1833, et de celles qu'il soumit plus tard à l'Académie des sciences, en 1835, sous le titre de : *Théorie des effets de la poudre.* (*Mémorial de l'artillerie*, n° IV.)

Ce dernier travail a obtenu, comme vous le savez, sur le rapport d'une commission composée de MM. Arago, Dulong et Poncelet, rapporteur, les honneurs de l'insertion dans le *Recueil des mémoires des savants étrangers.*

Dans le mémoire qu'il avait adressé en 1833 au ministre de la guerre, Piobert avait manifesté sa profonde connaissance des ressources de l'analyse mathématique, et il avait su rendre visibles, par des constructions graphiques, les conséquences de la théorie qu'il avait établie, et dont les principales *étaient :*

1° Que, dans le mode de chargement alors en usage, la tension maximum des gaz produits par la combustion de la poudre atteint une valeur énorme et dangereuse dès les premiers instants de l'inflammation (1);

2° Qu'en employant des gargousses d'un moindre diamètre et d'une plus grande longueur que celles en usage, on pouvait restreindre considérablement cette tension, sans diminuer notablement la vitesse imprimée au projectile;

3° Que plus la rapidité de combustion des poudres est grande, plus elles peuvent devenir dangereuses pour la conservation des bouches à feu.

Telles étaient, en les réduisant à leur plus simple expression, les conclusions théoriques de Piobert sur une question dont les géomètres les plus illustres, Euler, Lagrange et Poisson, n'avaient pas dédaigné de s'occuper sans être parvenus à la résoudre.

Elles étaient, il faut le dire, en opposition avec les idées admises jusqu'alors sur les effets de la poudre dans les bouches à feu et sur les moyens à employer pour les utiliser le mieux possible. Elles conduisaient, en particulier, à faire rejeter *à priori* la proposition faite alors par un officier général, membre du comité de l'artillerie, qui, vers la même époque, insistait, au contraire, pour en faire adopter une autre, basée sur des idées tout à fait opposées (2).

Des essais exécutés à la Fère n'avaient pas tardé cependant à montrer le danger de ce dernier mode de chargement, et fait voir que, sous son action, les canons éprouvaient promptement, à l'emplacement de la charge, un gonflement en forme de fuseau, ce qui montre bien quelle prudence on doit apporter à limiter les charges de poudre quand on a recours, comme on l'essaye aujourd'hui, à des modes de chargement dans lesquels le projectile est forcé.

Mais l'auteur était inspecteur général d'artillerie, tenace dans ses idées; et lorsque, plus tard, nous fûmes appelé avec Piobert et Didion à faire des expériences sur les effets des divers modes de chargement, pour contrôler par l'observation les conclusions de notre collègue, nous apprîmes, un peu à nos dépens, qu'il n'est pas sans danger pour de simples capitaines d'avoir à lutter contre les opinions d'un inspecteur général, père d'une idée fausse. Cependant, hâtons-nous de le dire, à l'honneur de M. le général Tugnot de Lanoye, alors directeur du service de l'artillerie, La Fontaine reçut un démenti : le pot de terre eut raison du pot de fer, quoique celui-ci fût connu pour sa dureté. L'inspecteur général reçut de M. le maréchal Soult l'ordre de ne pas intervenir davantage dans les travaux de la commission : on montrait ainsi que le gouvernement savait respecter l'indépendance scientifique.

Les conclusions déduites par Piobert de sa théorie des effets de la poudre et les conséquences qu'il en tirait pour les proportions à donner aux gargousses, afin d'assurer la conservation des bouches à feu, furent définitivement adoptées par le comité de l'artillerie, et elles sont devenues réglementaires; on en vit plus tard, dans deux siéges fameux, la grande utilité.

La belle théorie de Piobert, dont nous venons de faire connaître une des premières applications, en reçut quelque temps après une autre, fort importante pour les études de bouches à feu nouvelles, et dont le résultat était assez piquant pour l'auteur lui-même.

Lorsqu'il avait été chargé d'établir le projet d'un nouvel obusier de 22 centimètres, il avait suivi la marche indiquée par l'illustre Poisson dans son mémoire sur les *Effets du tir sur les affûts*, et avait, comme lui, employé le principe de d'Alembert sur les quantités de mouvement. Or, ce principe n'est pas applicable dans les cas où la résistance des matériaux est l'un des éléments qu'il s'agit d'étudier (1).

Aussi, plus tard, en appliquant à cette bouche à feu la théorie que Piobert venait de donner des effets de la poudre, reconnut-on que les efforts qu'elle exerçait sur la vis de pointage et sur la flèche de l'affût de 24, sur lequel on avait cru pouvoir la monter, dépassaient de beaucoup ceux du canon de 24, et que cette flèche était trop faible pour leur résister; ce qui était d'ailleurs d'accord avec les résultats du tir observés dans les écoles, et conduisit à renforcer l'affût.

Formation de la commission des principes du tir. — Si bien fondés que fussent les principes développés par Piobert, ils n'avaient pas encore pour eux la sanction de l'expérience, et tout le

(1) Cette tension est d'environ 1850 atmosphères avec la poudre ordinaire des pilons, et de 2800 avec les poudres vives à charbon roux.

(2) Le mode de changement proposé par le général C... consistait à remplacer le bouchon de foin que l'on place sur la poudre par un sabot de bois, légèrement conique à l'extérieur, de forme ovoïde, allongée dans la portion qui recevait le projectile, et destiné à éclisser celui-ci par l'action des gaz de la poudre, de manière à supprimer presque entièrement ce qu'on nomme *le vent :* en s'opposant ainsi à la fuite des gaz, l'emploi du sabot-éclisse devait, dans la pensée de l'auteur, augmenter la pression exercée sur le projectile, et, par suite, la vitesse qui lui serait imprimée. Mais il ne s'était pas préoccupé des effets destructeurs qui pouvaient en résulter sur les bouches à feu.

(1) Note A sur l'application du principe de d'Alembert aux effets du tir sur les affûts.

monde, dans l'artillerie, n'était pas préparé à en bien comprendre la démonstration, que, dans sa taciturnité habituelle, notre confrère n'aimait pas à répéter.

Il y avait d'ailleurs encore à étudier, pour le service de l'artillerie, bien d'autres questions peu éclaircies et des plus importantes, qui exigeaient des recherches, principalement expérimentales, entreprises sur une large échelle, et poursuivies avec persévérance, autant que possible, sous la direction des mêmes officiers, résolus à y dévouer tous leurs efforts.

En 1833, M. le général Valée, devenu directeur général du service des poudres, proposa au maréchal Soult, ministre de la guerre, sur l'avis conforme de M. le général Tugnot de Lanoye, directeur du service de l'artillerie, et sur celui du comité de l'arme, la création à Metz d'une commission permanente dite *Commission des principes du tir*, chargée de l'examen de toutes les questions qui pouvaient se rattacher à ce titre général (1).

Le général Valée, dont l'esprit élevé appréciait toute l'importance et l'étendue des recherches auxquelles cette commission serait conduite, fit mettre à sa disposition, par le maréchal Soult, des ressources d'une libéralité sans exemple encore et depuis dans l'artillerie. La direction de Metz eut ordre d'acquitter les dépenses, de fournir les ouvriers, les poudres et le matériel; les régiments donnèrent les hommes et les chevaux sur la simple demande des capitaines rapporteurs de la commission.

Une telle confiance imposait de grandes obligations à ceux qui en étaient honorés; Piobert a largement contribué à prouver qu'elle était bien placée. Il était depuis 1831, comme on l'a vu, professeur du cours d'artillerie à l'École d'application de Metz, et il y avait dès lors créé une science nouvelle. Il était donc fixé pour quelques années dans cette ville, et devint l'âme de la commission pour toutes les questions qui se rattachaient principalement aux propriétés et aux effets des poudres. Nous essayerons de donner une analyse aussi succincte que possible des nombreux travaux auxquels il prit une part active de 1833 à 1837, époque à laquelle il quitta l'École d'application pour être attaché au comité d'artillerie.

Expériences sur le tir en brèche. — La première et l'une des plus importantes séries d'expériences que la commission des principes du tir exécuta eut pour objet la recherche de la meilleure marche à suivre pour le tir en brèche. Elle demanda au ministre de la guerre et elle obtint l'autorisation d'ouvrir, dans les longues branches de l'ouvrage à cornes de la citadelle qui devait être démoli, deux brèches : l'une avec le canon de 16, l'autre avec le canon de 24.

Après quelques essais préparatoires de tir, Piobert proposa pour cette opération une marche nouvelle, différente de celle qui avait été indiquée par Vauban et pratiquée depuis cet illustre ingénieur (*Mémorial de l'artillerie*, n° IV). Son programme, présenté à la commission le 29 novembre 1833, fut adopté et suivi exactement dans l'exécution.

Les résultats confirmèrent complétement les prévisions de leur auteur, et tandis que l'on avait admis et accepté jusqu'alors que, pour ouvrir dans de bonnes maçonneries une brèche praticable, il fallait environ quatre à cinq jours (1), nous parvînmes en six heures neuf minutes, avec quatre bouches à feu et 296 boulets du calibre de 16, et en quatre heures cinquante-quatre minutes, avec du 24 et 233 boulets, à ouvrir des brèches de 22 mètres dans les maçonneries construites du temps de Vauban avec les excellentes chaux hydrauliques et le calcaire dur à gryphites de Metz.

Sans être artilleur de profession, chacun comprendra l'importance de l'accélération apportée à la dangereuse opération de l'ouverture des brèches, quand on saura que les batteries destinées à l'exécuter sont et doivent encore être, le plus souvent, malgré les modifications introduites dans le matériel de guerre, construites à une distance peu différente de 50 mètres des remparts à battre.

Mais l'on sera encore bien plus frappé de cette importance par le fait de guerre suivant, relatif au siége de Constantine en 1837.

Le général Valée, malgré sa grande ancienneté de grade, avait consenti, par dévouement, à exercer, sous les ordres du général de Damrémont, le commandement de l'artillerie de l'armée expéditionnaire, sous la seule condition que l'on mettrait à sa disposition du canon de 24. Afin de profiter de l'expérience récemment acquise, il fit rappeler de Metz, pour l'accompagner, son ancien aide de camp Piobert, qui venait de diriger les études sur le tir en brèche. Or, à cette période critique du siége, le feu pour l'ouverture de la brèche étant commencé depuis quelque temps, un capitaine d'artillerie, chargé de l'approvisionnement de la batterie, s'approchant du général Valée, qui, dans la tranchée, suivait avec M. le duc de Nemours les progrès du tir, le prévint à voix basse qu'il n'y avait plus que dix coups à tirer par pièce : « C'est bien, continuez ! » répondit le général, avec ce calme apparent qui ne l'abandonnait jamais. Au huitième coup, l'escarpe s'écroula, l'assaut fut donné, et la place emportée. Mais que serait-il arrivé si le tir, moins bien dirigé contre ces maçonneries formées de gros blocs de roches dures, avait exigé un plus grand nombre de coups? Et ne peut-on pas justement attribuer à Piobert et à l'esprit d'observation scientifique qui le dirigeait une grande part du succès du siége de Constantine? Le grade de chef d'escadrons qui lui fut alors promis n'eût été que la juste récompense du service rendu ; mais cette promesse ne fut réalisée qu'un an après.

Qu'il me soit encore permis d'ajouter un mot sur cet épisode de la vie de notre confrère, parce qu'il vous fera connaître en quelle haute estime l'illustre général tenait son aide de camp. Il l'avait chargé de l'opération, souvent aussi ingrate que difficile et laborieuse, de conduire aux batteries les lourdes pièces de siége à travers les montagnes abruptes et sans routes. Piobert s'en était acquitté heureusement, mais non sans une excessive fatigue, sous le ciel brûlant de l'Afrique. A bout de forces, sa rude tâche accomplie, il s'était jeté sur un rocher et y dormait profondément à l'ardeur du soleil, lorsque le général Valée, venant à passer près de lui, l'aperçut dans cette situation, exposé aux effets si dangereux de l'insolation. Il en frémit d'anxiété, et, plusieurs années après, ce vieux soldat, qui ne passait pas pour avoir l'âme bien

(1) Cette commission a subi dans sa composition plusieurs modifications ; mais, de 1833 à 1836, les capitaines Piobert et Morin, ainsi que le capitaine Didion, qui en fit partie depuis 1834, en furent les rapporteurs.

(1) Dans l'*Aide-mémoire d'artillerie* du général Gassendi, page 1121, 2e volume, on lit : « Quatre pièces de 24, du logement du chemin couvert, font brèche en quatre ou cinq jours, et la brèche est praticable trois jours après. »

tendre, me disait en racontant cet incident : « Quand j'ai vu » ce malheureux Piobert étendu au grand soleil, sur un » rocher brûlant, j'ai été saisi d'un remords poignant, et me » suis amèrement reproché d'avoir amené en Afrique, pour y » mourir peut-être misérablement, un homme d'une si » grande valeur. » Hommage aussi honorable pour celui qui le rendit que précieux pour celui qui en fut l'objet.

Les expériences sur le tir en brèche furent aussi l'occasion de nombreuses observations sur la pénétration des projectiles dans les divers milieux résistants. Je ne vous en dirai que quelques mots, pour vous permettre d'apprécier cet esprit d'invention, que je pourrais qualifier de divination, dont Piobert était doué.

En comparant des résultats déjà connus avec les premiers qui furent obtenus par la commission des principes du tir, il était parvenu directement, sans établir aucune théorie, sans faire aucune hypothèse sur la nature de la résistance, à une formule qui, pour chaque nature de milieu, donnait la profondeur de pénétration des projectiles sphériques en fonction de la vitesse.

Or, plus tard, la suite de nos recherches nous ayant conduit à exécuter des expériences en grand sur la pénétration des projectiles dans des corps plus ou moins mous, tels que l'argile, et à étudier toutes les circonstances des phénomènes, nous parvînmes à établir la loi de la résistance, et à en déduire, rationnellement, une formule qui est précisément celle que Piobert avait découverte par simple intuition (1).

Je ne vous parlerai pas de la part que prit Piobert à des expériences de tir contre la fonte, le fer et même le plomb (*Mémorial de l'artillerie*, n° 5), dans la vue d'étudier l'utilité de semblables armatures pour la protection des murs de revêtements, comme l'avait proposé le général Paixhans, et pour celle des navires, ainsi qu'on l'a fait depuis, en utilisant les progrès considérables de la métallurgie du fer. Je me borne à constater que les premiers essais de ce genre datent de 1835, et qu'il est au moins singulier que, quand on a voulu les continuer, on se soit privé du concours de Piobert, qui était alors membre du *Comité de l'artillerie*.

Le siége de Sébastopol venait cependant de fournir un éclatant exemple de l'utilité des principes de la science, et une complète confirmation de l'exactitude des vues que Piobert avait émises dans son beau mémoire de 1835.

Ce siége, d'une durée sans exemple, en se prolongeant au delà de toutes les prévisions, avait exigé un matériel immense, continuellement augmenté et même renouvelé, pour lequel on avait expédié la plus grande partie de nos bouches à feu de siége de bronze, la presque totalité de nos mortiers de gros calibre, sans compter une quantité considérable de canons de fonte de la marine. Les consommations de projectiles et de poudre étaient telles, que nos approvisionnements, cependant énormes, en poudre à canon étaient à peu près épuisées, et que nos onze poudrières, travaillant nuit et jour, suffisaient à peine aux besoins.

Or, après le siége, où l'on avait lancé environ un million de projectiles, l'examen de l'état du matériel et le relevé des consommations conduisirent à ce résultat remarquable que, tandis que les canons de fonte étaient moyennement hors de service après un tir de 700 à 800 coups, les bouches à feu de bronze, tirées avec les gargousses allongées, avaient pu en fournir un de 2000, ainsi que cela résultait des études de Piobert et des expériences de la commission de Metz.

Que serait-il advenu si, dans ce siége interminable, les canons de bronze avaient été, comme à celui d'Anvers, mis hors de service après un tir de 300 coups, alors que nous n'aurions pas pu les remplacer ? Et qui oserait contester que les profondes recherches de Piobert sur les effets de la poudre n'aient contribué, de loin, mais efficacement, à la prise de Sébastopol, comme les expériences sur le tir en brèche l'avaient conduit précédemment à assurer sur les lieux le succès du siége de Constantine ?

Détermination des vitesses initiales des projectiles. — L'un des éléments indispensables pour toutes les études de balistique, la connaissance de la vitesse que chacune des charges employées dans les diverses bouches à feu communique au projectile qu'elle lance, n'avait pas encore été complétée, et l'on ne possédait à ce sujet qu'un certain nombre de résultats partiels.

Les pendules balistiques employés jusqu'alors présentaient des défauts graves, et nous nous résolûmes à en faire construire de nouveaux, assujettis à la condition théorique d'éviter le choc sur les axes, et à celle de concilier l'économie de la dépense avec la facilité du service et la précision des indications.

La longue série des expériences qu'il y avait à faire sur tous les calibres et avec toutes les charges en usage fut entreprise à l'origine et continuée principalement jusqu'en 1836 par Piobert, puis poursuivie après son départ par le capitaine Didion.

Ce travail, le plus complet qui ait été fait jusqu'alors, a fourni des bases à l'aide desquelles on peut déterminer la vitesse imprimée à un projectile de poids connu par une charge donnée de poudre, pourvu que les proportions générales de la bouche à feu ne s'éloignent pas trop de celles employées dans les expériences, qui d'ailleurs étaient de tous les calibres en usage alors dans l'artillerie de terre.

Pour entreprendre et achever en deux ou trois ans à peine

(1) A l'occasion de cette première série d'expériences de la commission des principes du tir, nous croyons devoir rappeler quelques parties des conclusions du rapport fait à l'Académie des sciences par Poncelet, sur le mémoire qui lui fut soumis à ce sujet :

« Tout en accordant aux auteurs le tribut d'éloges qu'ils méritent, » vos commissaires croient devoir rappeler derechef que le succès des » expériences qu'ils ont dirigées est principalement dû à la libéralité » avec laquelle M. le ministre de la guerre a mis à leur disposition » toutes les ressources nécessaires tant en personnel qu'en matériel. » (M. le maréchal Soult était ministre de la guerre, et M. le général Tugnot de Lanoye, directeur du service de l'artillerie.)

« L'Académie n'a pas oublié non plus les généreux encouragements » accordés par le même ministre à des expériences d'un autre genre, » dont les résultats ont mérité son approbation. » (Expériences d'hydraulique par Poncelet et Lesbros.)

« La publicité accordée à la partie scientifique de ces travaux, l'autorisation de les soumettre à votre tribunal impartial et éclairé, sont » aussi des faits qu'il faut signaler à la reconnaissance de tous les amis » de la lumière et des progrès. Il sera, nous n'en doutons pas, un » puissant motif d'émulation pour les officiers qui seront désormais » appelés à diriger des expériences relatives aux différentes branches » des services militaires, et auxquels l'exemple des auteurs servira à » prouver que les théories de la science et l'esprit d'observation sont » non-seulement utiles, mais indispensables au perfectionnement des » méthodes et de la pratique. »

Espérons que l'hommage rendu par l'illustre Poncelet à la libéralité du gouvernement de cette époque ne sera pas moins mérité par celui qui a aujourd'hui tant de recherches à faire exécuter sur le matériel de l'artillerie.

de semblables travaux, il fallait avoir toute la persévérance et la ténacité que donne le feu sacré de l'amour de la science. Ces qualités faisaient le fond du caractère de Piobert.

De l'artillerie rayée. — On sait avec quels soins et quelle suite les expériences sur les armes portatives rayées furent poursuivies depuis 1834 jusqu'à 1848 (*Mémorial de l'artillerie*, n° 8). Les succès obtenus par ces armes avaient aussi appelé l'attention des officiers d'artillerie sur l'adoption de dispositions analogues pour les canons. Dès 1845 et 1846, M. Cavalli, officier piémontais, aujourd'hui général de l'artillerie italienne, avait rappelé l'attention sur cette question, et, à dater de cette époque, des études avaient été entreprises en France, d'abord sous la direction du comité de l'artillerie, auquel elles cessèrent plus tard d'être soumises.

Nous n'aurons pas à vous en entretenir ici, si ce n'est pour exprimer le regret que, pour les recherches dont les résultats devaient avoir une si grande importance, on ait cru pouvoir se passer du concours de Piobert, qui, mieux qu'aucun autre, aurait pu contribuer à leur faire imprimer la direction rationnelle et méthodique qui leur a souvent manqué. Notre confrère était profondément affecté de ce dédain, par trop marqué, que l'on montrait pour sa longue expérience et ses savants travaux, mais jamais il ne s'en plaignit. C'est à peine si son vieil ami et le collaborateur d'une partie de ses recherches a pu deviner de son vivant ses impressions à cet égard ; elles ne lui ont réellement été connues qu'après sa mort.

Recherche des lois de la résistance des fluides au mouvement des projectiles. — La résistance que l'air oppose au mouvement des projectiles de l'artillerie était une des questions délicates que la science n'avait pas encore résolues. L'Académie, en la mettant au concours pour le grand prix des sciences physiques, sous le titre général de *Résistance des fluides*, avait montré qu'elle attachait à la solution de ce problème difficile autant d'importance que l'artillerie en mettait à la partie de la question qui se rapporte plus spécialement à la résistance de l'air.

Jusqu'alors, en effet, on enseignait partout, à l'École d'application comme à l'École polytechnique même, que la résistance de l'air au mouvement des projectiles sphériques devait être, on n'osait pas dire était, proportionnelle à l'aire du grand cercle du projectile et au carré de sa vitesse. La raison de la préférence accordée à cette forme simple, il est vrai, mais que des considérations physiques ne justifient nullement, est facile à indiquer. Elle avait le mérite de rendre moins laborieuse, quoique incomplète encore, la résolution des équations analytiques, où elle était introduite : mais la nature, qui tient peu à donner aux géomètres de semblables satisfactions, n'accepte pas les hypothèses de ce genre, et les faits étaient en désaccord avec la théorie de la balistique qu'on en déduisait.

Il était donc indispensable de recourir à des expériences directes sur la résistance que les fluides et l'air en particulier opposent au mouvement des projectiles de l'artillerie.

Je passerai sous silence des expériences préparatoires sur la résistance de l'eau au mouvement des corps de diverses formes, et des projectiles en particulier (*Mémorial de l'artillerie*, n° 7), parce que Piobert n'y prit pas une part spéciale. Je dirai seulement qu'elles servirent à confirmer, pour ce liquide à peu près incompressible, la loi de la résistance proportionnelle au carré de la vitesse trouvée par Newton, et qu'elles servirent à la vérifier depuis les plus faibles vitesses jusqu'à celle de 500 mètres en 1 seconde, en même temps qu'elles manifestèrent l'énorme intensité qu'acquiert cette résistance de l'eau, sous l'action de laquelle les obus de fonte étaient souvent brisés en nombreux fragments.

En ce qui concerne la résistance de l'air, la commission s'occupa d'abord d'en étudier les lois pour les cas des petites vitesses. Cette partie des expériences a été exécutée en 1835-1836 par le capitaine Didion, en observant le mouvement de descente de corps, de formes et de densités divers dans l'air, sous l'action de la gravité. Cet observateur est parvenu à exprimer la loi de la résistance, en tenant compte de la variation de densité de la proue fluide qui se forme en avant du corps et qui l'accompagne dans sa marche.

Mais, pour les projectiles lancés à de grandes vitesses, qui vont sans cesse en décroissant suivant une loi complexe qui influe dans le même sens sur la densité de la proue fluide, il était difficile, sinon impossible, avec les ressources actuelles de la science, de chercher à établir une loi mathématique de la résistance que l'air oppose à leur mouvement.

Il n'y avait d'autre voie à suivre que de rechercher, par la discussion des résultats connus de l'expérience, une loi empirique applicable aux études de la balistique.

En comparant les résultats directs des expériences du géomètre anglais Hutton, qui, le premier, en avait fait sur des projectiles animés de grandes vitesses, Piobert fut conduit à proposer une formule d'après laquelle la résistance de l'air était proportionnelle à l'aire du grand cercle du projectile et à un facteur composé de deux termes proportionnels, l'un un carré, l'autre un cube de la vitesse. Il avait le projet de discuter et de comparer les résultats fournis par cette formule avec ceux des expériences qu'il devait exécuter, en tirant à des distances diverses sur un pendule balistique de grandes dimensions construit à cet effet. Son départ de Metz ne lui permit pas d'accomplir ce projet; mais les expériences faites plus tard (1), en opérant sur les principaux calibres en usage dans l'artillerie, ont conduit à constater que la formule proposée par Piobert représentait avec une exactitude suffisante l'ensemble des résultats, et ont permis d'établir des formules de balistique au moyen desquelles on peut calculer, avec la précision désirable, les trajectoires des projectiles lancés avec des vitesses et sous des inclinaisons différentes.

Dans la plupart de ces recherches, où les phénomènes présentaient une complication qui ne permettait pas d'aborder directement les questions par les ressources de l'analyse, notre confrère avait recours, d'abord, à la représentation graphique des résultats qu'il groupait avec art; puis, par des méthodes intuitives qui lui étaient propres et dont il ne donnait pas volontiers la clef, difficile d'ailleurs à expliquer, il parvenait souvent, comme dans le cas actuel, à des règles dont les résultats s'accordaient avec l'expérience dans l'étendue des limites de la pratique.

Sans doute cette marche n'a pas le caractère rigoureux que des esprits sévères aiment à reconnaître dans les études scientifiques ; mais, quand les ressources de l'analyse et de la géométrie, ainsi que les données physiques, font défaut pour la solution de questions importantes, l'orgueil scientifique est

(1) Ce travail a été l'œuvre de M. le capitaine Didion.

bien forcé de s'humilier et de se borner à lire dans l'ensemble des faits ce qu'il est possible à ses faibles yeux d'y apercevoir.

Il ne faut pas d'ailleurs méconnaître que la plupart des grands phénomènes de mécanique ont été, d'abord, constatés par l'observation, et que la doctrine scientifique n'est souvent venue que longtemps après pour les coordonner et les lier par la théorie.

Piobert, qui était à la fois inventeur et théoricien, a eu souvent le bonheur de réussir en suivant ces deux directions scientifiques.

Épreuves comparatives des poudres de divers procédés de fabrication. — Plusieurs années avant que le général Valée fût directeur du service des poudres, et alors qu'il était président du comité d'artillerie, la question des modifications dont la fabrication de ces matières pouvait être susceptible avec avantage avait été maintes fois soulevée. (*Mémorial de l'Artillerie*, n° IV.)

Cette question, si grave à tous les points de vue, n'avait pas encore reçu de solution en 1835, lorsque le directeur des poudres résolut de mettre un terme à des incertitudes qui pouvaient devenir fâcheuses. Aussi l'une des premières questions qu'il chargea la commission des principes du tir de traiter, fut celle de la comparaison des poudres provenant de divers procédés de fabrication. Cette étude rentrait trop évidemment dans celles que Piobert avait déjà entreprises, pour qu'il ne fût pas spécialement chargé de diriger toutes les expériences si nombreuses qui s'y rattachaient.

Nous donnerons une idée du soin et de la persévérance qu'il apportait et qui devraient toujours présider à ces recherches difficiles, en nous bornant à dire qu'il s'agissait de comparer huit espèces de poudres différentes sous les rapports : 1° des propriétés physiques ; 2° des effets balistiques ; 3° des effets destructeurs exercés sur les bouches à feu.

Les expériences nécessaires furent faites à Metz par Piobert en 1836 et 1837. La lecture attentive du rapport qu'il rédigea met en évidence l'importance de chacune des questions si nombreuses qu'il avait étudiées.

Les conditions du service des bouches à feu ont sans doute été bien modifiées depuis que Piobert exécutait ses belles séries de recherches. La nature du métal à employer, le mode de chargement, la portée des canons, la forme des projectiles, l'espèce de poudre et la confection des charges, le mode d'attaque et de défense des places, etc., tout est aujourd'hui remis en question. Mais les conséquences des expériences de Piobert n'en seront pas moins utiles à nos successeurs, et la marche méthodique et prudente qu'il a suivie devra toujours leur servir de modèle.

Pour la solution de tant de problèmes difficiles, l'artillerie a plus que jamais besoin de trouver dans ses rangs des officiers instruits et dévoués, à la fois aptes aux études du cabinet et aux luttes des champs de bataille, tels que les prépare l'instruction scientifique générale de l'École polytechnique.

Détermination des charges d'éclatement des bombes et des obus. — Les recherches théoriques et expérimentales que Piobert avait entreprises, et celles qu'il venait récemment d'exécuter, pour déterminer la vitesse de combustion des poudres, devaient le conduire à pouvoir déterminer à priori, avec une certaine approximation, les charges de poudre susceptibles de faire éclater des projectiles creux de forme sphérique et d'épaisseurs connues, à peu près uniformes, en partant des données un peu variables admises pour la résistance des fontes de diverses qualités.

Il y avait là une étude expérimentale qui lui incombait encore spécialement ; aussi se dévoua-t-il avec ardeur, pendant un hiver rigoureux, à ces expériences qui, malgré les précautions prescrites par la prudence, sont souvent dangereuses, ainsi qu'un membre de la commission en fut un jour averti par un éclat d'obus reçu dans le flanc et qui mit sa vie en danger. Mais ni ces chances, ni la rigueur de la saison, ne pouvaient arrêter Piobert quand il s'agissait d'une recherche utile à l'artillerie.

Les résultats de ce travail pénible, exécuté sous la direction spéciale de notre confrère, ont complétement confirmé les conséquences qu'il avait déduites de sa théorie des effets de la poudre et de ses expériences précédentes sur la rapidité de combustion de cette matière. (*Mémorial de l'Artillerie*, n^os V et VII.)

Il en a été de même des expériences complémentaires exécutées après son départ de Metz, sur les charges nécessaires pour imprimer aux éclats des vitesses capables de produire des effets meurtriers : les valeurs qu'il avait calculées d'avance pour ces charges ont été trouvées insuffisantes.

Étude des effets du pyroxile à base de coton. — L'un des exemples les plus frappants de la circonspection qu'il convient d'apporter dans les changements que l'on peut se proposer d'introduire dans un service aussi complexe que celui de l'artillerie nous fut offert en 1846, lorsqu'on y eut connaissance du procédé fort simple par lequel M. Schœnbein, savant professeur de chimie à Bâle, était parvenu à transformer le coton en une matière explosive d'une énergie extraordinaire.

L'annonce de cette découverte remit en mémoire un effet analogue obtenu en octobre 1838 par M. Pelouze, de l'Académie des sciences, au moyen de l'immersion du papier de coton dans l'acide azotique concentré.

Plusieurs chimistes se mirent à l'œuvre pour reproduire la matière obtenue par M. Schœnbein ; les essais se multiplièrent, avec peu de méthode d'abord, et l'énergie de ce produit frappant de plus en plus les esprits, l'exagération s'en mêla et gagna même l'Académie des sciences, où l'on entendit, à ce sujet, les assertions les plus hasardées sortir de la bouche d'hommes graves, que l'âge aurait du rendre plus réservés.

En présence de cet engouement pour une matière nouvelle, si remarquable d'ailleurs par la rapidité de sa combustion et par son énergie balistique, les membres de l'Académie auxquels de nombreuses expériences avaient appris, de longue date, et tout récemment confirmé que les poudres les plus vives sont les plus destructives des armes, crurent devoir prémunir l'opinion contre de semblables exagérations.

Leurs premières observations furent, il faut le dire, assez mal accueillies du public, et même de l'Académie : on les accusa de vouloir persévérer dans les voies de la routine, et ce reproche pouvait avoir quelque apparence de raison, puisqu'ils venaient de proclamer que les poudres fabriquées en 1689, du temps de Louis XIV, étaient encore, en 1834, à peu près aussi bonnes que celles que l'on faisait de nos jours. Mais bientôt des expériences nombreuses, exécutées par diverses commissions et variées sous toutes les formes, vinrent confirmer leurs craintes, et aboutir à cette conclusion générale que ce produit, dangereux à fabriquer et à conserver, ne pouvait être employé dans les armes de guerre, ni dans un service régulier.

Cependant, si, au point de vue pratique de la guerre, les résultats de ces recherches ont été négatifs, il n'en a pas été de même au point de vue scientifique, et ils ont fourni, d'une part, à l'artillerie une vérification de plusieurs lois importantes relatives à l'effet des substances explosives, et, de l'autre, à Piobert une nouvelle et remarquable vérification de sa théorie des effets de la poudre.

En effet, par des expériences exécutées sur sa proposition, avec des canons de fusil de longueurs diverses, depuis quatre fois jusqu'à soixante-quatre fois le calibre, on détermina la vitesse communiquée à la balle par des charges équivalentes de poudre et de pyroxile ; puis, par des calculs faciles, on en déduisit les valeurs moyennes des tensions des gaz développés et capables d'imprimer les mêmes vitesses. On put ainsi construire des courbes analogues à celles par lesquelles Piobert avait représenté graphiquement les résultats de sa théorie.

Or, les tracés ainsi obtenus ont fait voir que, soit pour le pyroxile à combustion si vive, soit pour la poudre ordinaire de guerre, les tensions des gaz suivent des lois exactement analogues à celles qu'avait indiquées Piobert, dont les principes théoriques ont ainsi reçu une nouvelle et incontestable confirmation (1).

Ajoutons qu'outre la vérification de la théorie de Piobert, ces expériences ont fourni celle de la loi de Hutton, sur la relation qui lie les vitesses et les charges de poudre, et ont permis d'établir des formules simples à l'aide desquelles on peut, pour chaque espèce de poudre, calculer la vitesse imprimée dans un fusil au projectile, quand on connaît la charge.

On voit, par ces résultats, comment des expériences conduites avec méthode et d'après des programmes basés sur des considérations scientifiques, peuvent mener à la découverte des lois qui régissent les phénomènes en apparence les plus compliqués.

Toutes les expériences dont nous venons de résumer les résultats ont montré avec quelle précision la théorie de Piobert sur les effets de la poudre était vérifiée par les faits, et elles fournissent un exemple de la profondeur des recherches scientifiques auxquelles l'étude de l'artillerie peut donner lieu.

Les savants les plus illustres du dernier siècle et de celui-ci n'avaient pas dédaigné d'aborder ces questions si délicates et si complexes. Aucun d'eux, il est vrai, n'avait eu le bonheur de les résoudre, et, si cet honneur était réservé à un artilleur de profession, aucun d'eux non plus n'aurait contesté, comme on l'a fait dans ces derniers temps, qu'il existe des sciences militaires pour le progrès desquelles il ne suffit pas seulement d'être un savant, mais il est nécessaire aussi d'être un homme du métier, qui soit, par la pratique de la profession, amené à tenir compte de la variété si grande des conditions de service auxquelles il faut satisfaire, et dont les plus simples, en apparence, exercent parfois une influence prépondérante que l'homme de cabinet ne saurait prévoir.

On comprendra d'ailleurs toute la portée et la variété des recherches scientifiques qu'exige l'étude des questions d'artillerie, en parcourant le Mémorial de cette arme, recueil si utile pour ses progrès, et dont la publication, commencée en 1829 et continuée jusqu'en 1852, a malheureusement été interrompue pendant quinze ans. (Note B. Sur le *Mémorial de l'artillerie.*)

Si, dans l'analyse que je viens de vous présenter des travaux de notre confrère, je me suis laissé entraîner à entrer dans de trop longs détails, vous m'excuserez, je l'espère, messieurs, en vous rappelant combien sa modestie le portait à n'en jamais parler et à se tenir dans une réserve trop discrète. Piobert lisait tout, étudiait tout et se tenait au courant de tout : quelques-unes des sciences les plus éloignées en apparence de ses études favorites ne lui étaient pas plus étrangères que les moindres détails du service de l'artillerie. Mais il aimait peu à parler, encore moins à écrire, et, dans plus d'une circonstance, à l'époque même de sa candidature à l'Académie, il fallut l'insistance de ses amis et jusqu'à celle de l'un de ses concurrents pour le forcer à prendre la plume et à faire connaître ses travaux : bien différent en cela de ces auteurs par trop féconds qui, au lieu d'œuvres sérieuses, fruit de longues recherches, remplissent les comptes rendus de nos séances d'une série sans cesse croissante de petites notes, croyant sans doute que le nombre peut suppléer à la valeur.

Malgré cette répugnance qu'il poussait si loin, la création du cours d'artillerie de l'École d'application et les recherches auxquelles il avait pris une si grande part obligèrent Piobert à publier, sous le titre de : *Traité d'artillerie théorique et pratique,* l'ensemble de ses travaux. Il a ainsi constitué une science nouvelle de l'artillerie, qui est devenue la base de l'enseignement dans la plupart des écoles militaires du monde ; aussi sa réputation d'artilleur consommé était-elle devenue universelle.

Piobert n'avait pas, il est vrai, ce qu'en terme du métier on appelle les allures militaires, mais il possédait toutes les qualités solides du soldat et de l'officier d'artillerie : simple dans sa vie, sobre, dur à la fatigue, persévérant, aussi impassible au danger que tenace à la recherche de la vérité, d'un esprit fécond en ressources, aussi prompt dans l'exécution que réservé dans la discussion, il était éminemment propre, comme général d'artillerie, à assurer tous les besoins d'une armée, ainsi qu'à diriger l'attaque ou la défense d'une place. Il avait, de plus, ce coup d'œil sûr qui, dans les inspections générales, lui permettait d'apprécier le mérite des officiers, même sous des rapports en apparence étrangers à ses travaux.

Vous tous, messieurs, qui avez connu le confrère illustre dont vous regrettez la perte, vous n'avez pas perdu le souvenir de l'aménité de ses rapports, de l'égalité de son humeur, et surtout du soin scrupuleux qu'il apportait dans les élections à conserver au choix de l'Académie le caractère de justice et d'indépendance scientifique, si nécessaire au maintien

(1) Il n'est pas inutile de dire que la tension moyenne maximum produites par les gaz développés par le pyroxile, à la charge de $2^{gr},8$, sur la balle, lorsqu'elle a parcouru seulement $0^{m},071$ dans le fusil, a été trouvée de $1297^{kil},9$ par centimètre carré ou 1256 atmosphères, tandis que celle des gaz de la poudre, à la charge équivalente de 8 gr., n'a été que de $539^{kil},9$ par centimètre carré, ou 523 atmosphères : ce qui justifie complétement les craintes que nous avions exprimées, dès l'origine, sur les effets destructeurs qu'une matière si rapidement explosible devait exercer sur les bouches à feu.

de la dignité de cette grande institution. Lui, le fondateur d'une science essentiellement militaire qui, comme plusieurs autres, ne peut faire de progrès qu'à l'aide du personnel et des ressources dont l'armée dispose, vous l'avez vu faire taire ses préférences, quand il a pu craindre avec vous une invasion de candidats plutôt militaires qu'hommes de science.

C'est ainsi qu'il comprenait ses devoirs envers l'Académie et qu'il croyait se rendre digne de lui appartenir.

En terminant, messieurs, permettez-moi d'appeler votre attention sur le remarquable exemple que la vie et la carrière de Piobert nous offrent des succès que peut obtenir, par son seul mérite, dans notre société moderne, contre laquelle tant d'incapacités murmurent, un homme énergique, persévérant et heureusement doué, quels que soient d'ailleurs le principe et la forme du gouvernement.

Né en 1793, sous la première République, au plus fort de la Terreur, de parents obscurs, obligé à seize ans de débuter dans la vie comme simple ouvrier, il entre à l'École polytechnique sous le premier Empire, se fait promptement distinguer comme officier d'artillerie sous la Restauration, devient colonel et membre de l'Institut sous le gouvernement de Juillet, général de brigade sous la seconde République, et général de division sous le second Empire.

Dans cette carrière si bien remplie, toujours simple et sans orgueil, mais fier, fidèle à ses devoirs, mais toujours indépendant de caractère et d'opinions, si Piobert a obtenu la juste récompense de ses travaux et de ses services, il n'a jamais rien dû ni demandé à la faveur : il peut être offert comme un modèle aux jeunes générations d'artilleurs.

Puissent-elles, comme lui, s'inspirer toujours de l'amour du pays, du sentiment du devoir et de la devise inscrite de notre temps sur le drapeau de l'École polytechnique : Pour la patrie, les sciences et la gloire !

MORIN,

Directeur du Conservatoire des arts et métiers de Paris.

Appendice

NOTE A. — *Sur l'application du principe de d'Alembert aux effets du tir sur les affûts.*

L'obusier de 22 centimètres lance un projectile du poids de 23 kil. avec une charge maximum de 2 kil., dont il reçoit une vitesse d'environ 276 mètres, ce qui correspond à une quantité de mouvement exprimée par le nombre 647.

Piobert, en 1822, suivant la méthode adoptée par Poisson, avait pensé que cet obusier pouvait être monté et tiré sur le même affût que le canon de 24, dont le projectile du poids de 12 kil. est tiré avec la charge de 4 kil. qui lui imprime une vitesse d'environ 530 mètres, et une quantité de mouvement représentée aussi par le nombre 648.

Mais le principe de d'Alembert n'est relatif qu'aux effets finaux produits par la transmission brusque ou rapide du mouvement d'un corps à un autre, et il ne permet d'apprécier ni la durée ni l'intensité des efforts, très-variables, qui sont développés dans de semblables actions. Il peut, sans crainte d'erreur, être employé quand il ne s'agit que de déterminer les vitesses et les forces vives finales, transmises ou perdues par les corps en mouvement ; mais il n'en est plus de même, en particulier, pour les questions où la résistance des matériaux est l'un des éléments qu'il s'agit d'étudier.

Tel est le cas du problème important d'artillerie, où l'on se propose de déterminer ou de comparer les efforts développés dans le tir des bouches à feu sur les affûts, sur leurs essieux et sur le terrain.

Aussi, lorsque plusieurs années après l'adoption du nouvel obusier de 22 centimètres, le capitaine Didion, qui avait succédé à Piobert, comme professeur du cours d'artillerie, à l'École de Metz, appliqua à cette bouche à feu la théorie des effets de la poudre de son prédécesseur et calcula, d'après les méthodes de celui-ci, les tensions variables des gaz aux différents instants du mouvement de l'obus de 22 centimètres dans l'âme, il reconnut que les efforts, qui en résultaient sur la vis de pointage et sur la flèche de l'affût de 24, étaient beaucoup plus grands, quand on employait l'obusier que quand on tirait le canon de 24 ; quoique, dans les deux cas, les quantités de mouvement imprimées aux projectiles fussent égales.

Cette conséquence, déduite de la théorie de Piobert lui-même, était d'ailleurs d'accord avec les résultats d'observations, qui avaient montré que l'obusier de 22 centimètres tiré sur l'affût de 24 le fatiguait beaucoup plus que le canon de ce calibre.

L'application à cette question grave, faite par M. Didion des principes établis par notre confrère, était trop importante pour ne pas devenir dès lors, dans l'enseignement de l'École d'application, la base des calculs relatifs à l'établissement des bouches à feu et des affûts. Aujourd'hui qu'on s'occupe d'introduire de graves modifications dans les calibres, et dans les formes des bouches à feu et des affûts de l'artillerie, nous croyons qu'il importe d'appeler l'attention des officiers de l'arme sur la nécessité de ne plus se fier simplement à l'emploi facile, mais peu sûr, dans ce cas, du principe de d'Alembert et de traiter la question dans toute sa rigueur, d'après la théorie de Piobert, dont l'exemple doit leur servir d'avertissement.

NOTE B. — *Sur le Mémorial de l'artillerie.*

Les résultats de toutes les recherches dont il est question dans cette notice et dont une grande partie ont été, soit l'œuvre propre de Piobert, soit entreprises avec son concours, ont été publiés, les uns par extraits, les autres *in extenso*, dans le *Mémorial de l'Artillerie*, recueil important qui avait pour le service de l'arme le double mérite de tenir les officiers au courant de ses progrès et d'encourager parmi eux le goût de l'étude et du travail. Quelques mots sur ce Mémorial, dont la création remonte à 1824, ne seront peut-être pas inutiles.

Création du Mémorial de l'Artillerie. Par un arrêté, en date du 10 juillet 1824, le ministre de la guerre mettait à exécution une décision déjà prise dès 1819, chargeait le comité de l'artillerie, alors présidé par le général Valée, de faire rédiger et imprimer un recueil intitulé *Mémorial d'Artillerie*, qui, outre les règlements nouveaux, les instructions officielles, les expériences, etc., qu'il serait utile de répandre dans le corps, contiendrait le texte ou les extraits des meilleurs mémoires, anciens ou nouveaux, sur l'artillerie.

Une somme de 3500 francs était consacrée annuellement, sur le budget de l'artillerie et devait servir à décerner des prix d'encouragement aux officiers de l'arme, qui, au jugement du comité, auraient présenté des vues ou des découvertes utiles sur l'une des branches du service, ou résolu, avec succès, les questions proposées par le Comité.

Les époques de publication étaient indéterminées, mais les numéros de ce Mémorial se succédèrent en 1826, 1827, 1830, 1837, 1842, 1844, 1851 et 1852. Ils contenaient de nombreux travaux, parmi lesquels ceux de la commission des principes du tir de Metz, et de Piobert, occupent, comme je l'ai rappelé, une place importante.

Beaucoup d'officiers laborieux envoyèrent des mémoires sur les diverses questions si variées du service, et, parmi eux, plusieurs durent à cette fondation une occasion honorable de se faire connaître et d'appeler sur eux l'attention des chefs de leur arme.

L'auteur de cette notice sur les travaux de Piobert fut de ce nombre, et c'est à la création seule du *Mémorial de l'Artillerie* et à un concours ouvert par le général Valée, qu'il a dû l'honneur d'être appelé à succéder dans la chaire de mécanique de l'École de Metz, à son illustre maître et ami Poncelet, et plus tard, celui de devenir votre confrère.

Bien d'autres officiers et même des sous-officiers ont aussi acquis, par leurs travaux sur diverses branches du service, des titres à un avancement mérité, et les chefs de l'arme trouvaient dans ces concours le moyen d'apprécier à leur valeur des travailleurs sérieux et modestes étrangers à la faveur et à l'intrigue.

Combien n'est-il pas à regretter qu'une publication, si utile pour entretenir dans l'artillerie l'amour de l'étude et maintenir en honneur le goût du travail, ait été complétement interrompue de 1852 à 1867 ! Heureusement ce mépris de la science, quelque pénible et décourageant qu'il ait pu être pour les officiers, qui désiraient consacrer à l'étude les loisirs de la garnison, n'a pas éteint dans l'artillerie ce feu sacré, dont la source vivifiante est à l'École polytechnique, et l'Académie des sciences en a journellement des preuves dans les importants travaux qui lui sont soumis par les officiers de l'arme.

Lorsque je m'exprime ainsi, il est loin de ma pensée d'attribuer au prince qui régnait alors un mépris général pour la science. Il a souvent montré, au contraire, par diverses fondations de prix, qu'il la tenait en estime. Le reproche d'avoir écarté et découragé les officiers instruits et laborieux s'adresse à d'autres. Mais il n'est que juste de dire que M. le maréchal Lebœuf, pendant sa présidence du comité de l'artillerie, a fait reprendre la publication interrompue si longtemps de ce Mémorial, dont le 8e volume, riche de documents nombreux, a paru en 1867, après une interruption de 15 années.

Cependant le concours à des questions importantes, les encouragements donnés aux auteurs de travaux remarquables, n'ont pas été rétablis.

Aujourd'hui que de toutes parts on proclame que c'est par la science, par l'étude, par le travail que la France doit reprendre son éclat momentanément éclipsé, nous avons appris récemment avec une vive satisfaction, qu'il entre dans les vues du ministère de la guerre, non-seulement de reprendre la direction éclairée et libérale suivie par le général Valée, mais encore d'étendre le cadre de la publication d'un Mémorial de l'artillerie destiné à tenir les officiers de l'arme au courant de toutes les questions qui intéressent leur service et celui de l'armée en général.

INSTITUTION ROYALE DE LA GRANDE-BRETAGNE

LECTURES DU VENDREDI SOIR

M. W. B. CARPENTER

de la Société royale de Londres

L'expédition du Porcupine en 1870 (*)

II

LE COURANT DE GIBRALTAR.

On donne ordinairement le nom de « détroit de Gibraltar » à l'espace limité à l'ouest par les caps Trafalgar et Spartel, et à l'est par les deux « colonnes d'Hercule » : l'une, Jebel Tarik, ou roc de Gibraltar, du côté européen ; l'autre, Jebel Musa, ou colline des Singes, sur la côte de Barbarie. Et bien que l'amiral Smyth l'ait remarqué avec raison, nous serions justifiés à étendre cette désignation à la totalité de cette entrée en forme d'entonnoir de l'Atlantique, bornée à l'ouest par les caps Saint-Vincent et Cantin, c'est dans le sens le plus restreint que je l'emploie ici, les phénomènes que je vais décrire ayant tous été observés dans les limites précitées. Le détroit a environ 35 milles de longueur ; sa largeur, qui est de 22 milles à son entrée occidentale, diminue peu à peu à environ 9 milles entre Tarifa et la pointe d'Alcazar, s'accroît et atteint 12 milles entre Gibraltar et Ceuta, à l'est desquels le détroit se termine brusquement dans le vaste bassin de la Méditerranée. La partie la plus profonde du détroit est à son extrémité orientale, sa profondeur entre Gibraltar et Ceuta atteignant 510 brasses et ayant une moyenne de 400. De là, le fond s'élève peu à peu, mais irrégulièrement, jusqu'à l'extrémité occidentale du détroit, où se trouvent les profondeurs les plus faibles. Celle de la moitié septentrionale du canal, entre les caps Trafalgar et Spartel, n'excède presque nulle part 50 brasses, et ne paraît pas non plus en atteindre 200 dans la moitié méridionale, dont la moyenne peut être évaluée à 150 brasses. Sur le côté atlantique de cette saillie, le fond se remet à descendre graduellement, et atteint à 25 milles à l'ouest une profondeur égale à peu près à celle qu'il possède entre Gibraltar et Ceuta. Cette élévation du fond constitue donc une sorte de barrage sous-marin qui sépare le bassin intérieur de la Méditerranée du grand bassin océanique de l'Atlantique.

La portion centrale de ce détroit est le siége presque invariable d'un courant dirigé à l'*est*, ou de l'Atlantique dans la Méditerranée. Le courant *interne* a la marche la plus rapide dans la portion la plus étroite du canal, où il a une vitesse habituelle de *deux* à *trois* milles à l'heure, qui peut monter à *quatre* ou même occasionnellement à *cinq*, selon les renseignements fournis à l'amiral Smyth par les pilotes de la localité. La vitesse du courant peut aussi être réduite au point d'être à peine sensible, pouvant même, quoique fort rarement, présenter un mouvement en sens inverse, soit un courant *sortant* de la Méditerranée vers l'Atlantique. Ces variations sont dues à l'action des vents et marées.

Le courant constant n'occupe nullement la largeur totale du canal, même dans sa partie la plus étroite, qui, d'après l'amiral Smyth, n'aurait pas même là plus de 4 milles de large. De chaque côté, il y a un courant qui, lorsqu'il se meut vers l'intérieur, est beaucoup moins rapide, lorsque sa direction est périodiquement renversée sous l'influence de la marée lunaire : de sorte qu'à des moments donnés il y a deux courants latéraux dont l'étendue et la force réunies n'atteignent cependant jamais celles du central.

La vitesse de ce courant central diminue aussitôt qu'il se décharge dans le bassin méditerranéen, à la surface duquel l'eau atlantique s'étale en raison de sa moindre densité ; mais l'influence du courant de Gibraltar se fait sensiblement sentir le long de la côte d'Espagne jusqu'au cap de Gat, et sur la côte africaine jusqu'à la baie de Tunis, sa force et sa direction pouvant être largement influencées par les vents régnants.

L'explication du courant de Gibraltar qui a été le plus généralement admise fut celle primitivement donnée par le docteur Halley, qui l'attribua à l'excès d'eau enlevée à la surface de la Méditerranée par l'évaporation, sur l'ensemble de celle qui y faisait retour, soit par les pluies, soit par les rivières qui s'y jettent ; ce qui aurait graduellement abaissé son niveau, s'il n'avait été maintenu par le courant venant de l'Atlantique. Cette explication soulève l'objection évidente, que l'eau partant par évaporation laissant son sel en place, pendant que l'eau de l'Atlantique apporte le sien, il en résulterait une augmentation progressive du degré de salure de l'eau Méditerranéenne, qui ne paraît pas avoir lieu. Une autre hypothèse a été opposée à cette objection ; à savoir, que bien que l'eau *superficielle* de la Méditerranée ne présente qu'un léger excès de salure, il devait y avoir une grande augmentation dans la proportion de sel dissous dans ses eaux profondes, et l'on a même soupçonné qu'il pouvait se former sur son fond un dépôt de ce corps. Les observations que nous avons déjà résumées peuvent être considérées comme réfutant complétement cette hypothèse. On peut en déduire avec raison que, pendant que, comme l'a soutenu le docteur Halley, l'évaporation de la surface de la Méditerranée excède la quantité d'eau pure qui y revient

(*) Suite et fin. — Voyez ci-dessus, page 391, numéro du 21 octobre 1871. — Voyez d'autres lectures de M. W. B. Carpenter exposant les résultats de ses expéditions précédentes, dans la *Revue des cours scientifiques*, tome VI, p. 498, 10 juillet 1869, et tome VII, p. 578, 13 août 1870.

l'accroissement de densité qui résulterait du courant continu d'eau salée nécessaire pour maintenir le niveau, est en quelque manière tenu en échec, probablement par la sortie d'un courant inférieur de l'eau plus dense, comme l'a primitivement émis, en 1673, le docteur Smith, un des premiers qui se soient occupés du sujet. Bien qu'on ait cru voir dans la présence de la saillie entre les caps de Trafalgar et Spartel une réfutation de l'existence d'un tel courant sous-marin, la force de l'objection disparaît lorsqu'on réfléchit que la hauteur moyenne de l'eau sur cette saillie est égale à celle de la Manche, et qu'elle présente des passages où la profondeur est double.

Les recherches faites expressément dans l'expédition du Porcupine de l'été dernier pour déterminer cette question avaient un double caractère. Nous avons d'*abord* cherché à déceler, si possible, par des procédés *mécaniques*, tout mouvement existant dans les eaux profondes, opposé au courant de la surface; et *secondement* à déterminer par la température, la densité, et la composition de l'eau prise sur divers points et à différentes profondeurs, si elle appartenait au bassin Méditerranéen ou Atlantique.

La méthode *mécanique* a été entièrement créée et appliquée par le capitaine d'état-major Calver, avec l'habileté pratique qui le distingue. Les observations *physiques et chimiques* dirigées par l'orateur lui-même, donnèrent des résultats concordant entièrement avec ceux fournis par la méthode mécanique, lorsque les deux ont pu être employées ensemble; et ont suppléé à la lacune qui autrement serait restée dans la démonstration du passage de l'eau sortant de la Méditerranée par-dessus la crête qui en limite le bassin, et à laquelle sa surface inégale empêchait l'application du procédé mécanique.

Dans le courant médian entre Gibraltar et Ceuta, presque la partie la plus étroite du détroit, où il a plus de 500 brasses de fond, l'appareil « du draguage des courants» du capitaine Calver prouva de la manière la plus concluante :

a. Qu'à 100 brasses le courant marche vers l'*intérieur* à un taux de vitesse moindre de moitié de celui de la surface.

b. Qu'à 250 brasses, la direction du mouvement est complétement renversée, l'existence d'un courant *extérieur* étant démontrée par l'entraînement du bateau du côté directement opposé à celui du courant superficiel très-prononcé.

c. Qu'à 400 brasses, il y a encore un courant *extérieur* ayant une vitesse diminuée.

D'autre part, l'examen d'échantillons d'eau pris à la surface, 100, 250 et 400 brasses, montra que tandis que les deux premiers offraient la température et la densité caractéristiques de l'eau de l'Atlantique, les deux derniers avaient celles de l'eau Méditerranéenne. Ils présentèrent ce caractère remarquable que tant par leur densité et la proportion d'éléments salins qu'ils contenaient, qui indiquaient évidemment leur origine Méditerranéenne, dans deux occasions les échantillons pris à 250 brasses furent beaucoup plus denses que ceux provenant de 400. Il semble évident que cette couche plus lourde ne pouvait être ainsi maintenue si près de la surface, au-dessus d'une couche d'une densité inférieure, autrement que par *courant* ayant une force assez considérable.

Des observations analogues furent ensuite faites à l'extrémité occidentale du détroit, où il est beaucoup plus large, mais proportionnellement moins profond. Les sondages faits sur une ligne transversale allant du cap Trafalgar au Spartel, montrent une grande inégalité du fond, des chenaux ayant de 154 à 190 brasses de profondeur se trouvant dans le voisinage immédiat de hauts-fonds à moins de 50 brasses de la surface. Comme on pouvait s'y attendre, vu la plus grande largeur de cette partie du détroit, le courant *intérieur* est beaucoup moins rapide qu'à l'extrémité orientale, sa vitesse étant réduite de trois milles à un peu plus d'un mille et quart par heure. L'usage de la drague des courants n'indiquait pas de réduction dans cette vitesse à 100 brasses dans une portion du canal en ayant 147 de profondeur; mais l'appareil accusait un retard prononcé lorsqu'il était descendu à 150 brasses là où le canal en avait 200. Comme on jugea inopportun de le descendre à une plus grande profondeur, où il aurait été avarié par le sol rocailleux du fond, on ne put vérifier par l'appareil mécanique que la couche d'eau passant *immédiatement* sur la crête saillante eût le mouvement vers l'extérieur qu'on devait lui attribuer. Mais on put s'assurer, au moyen du flacon à eau et des thermomètres, que l'eau des canaux plus profonds traversant la crête, était aussi distinctement *Méditerranéenne* que celle du courant inférieur de Gibraltar. Or, comme il est évident que cette composition n'aurait pu se conserver contre un courant d'eau Atlantique, sans avoir un mouvement propre, l'existence d'un courant inférieur franchissant les échancrures profondes de la saillie ne peut être raisonnablement mise en doute.

Il est donc clair que l'eau Méditerranéenne concentrée par l'évaporation rentre constamment par ce courant inférieur occidental dans l'Atlantique, qui lui fait remonter un *plan graduellement incliné* de l'est à l'ouest du détroit; de sorte que l'excès de densité dans l'eau Méditerranéenne est ainsi maintenu dans des limites restreintes.

Après avoir ainsi déterminé les phénomènes essentiels du courant de Gibraltar, nous avons à en chercher l'explication; en d'autres termes, à nous informer de l'origine de la puissance déterminant le mouvement de la vaste masse d'eau qui, continuellement *s'introduit* depuis l'Atlantique, et non-seulement, communiquant celui du courant sous-marin qui *sort* de la Méditerranée, fait encore remonter l'eau plus dense des parties profondes de son bassin au niveau comparativement très-élevé de la saillie qui le limite.

Le capitaine Maury (5), selon l'avis de l'orateur, a bien répondu à la question sur la supposition, — actuellement démontrée vraie, — de l'existence d'un courant sous-marin; la puissance immédiate étant dans chaque cas la *pesanteur*, et la cause lointaine qui la fait agir la *chaleur solaire*. Le niveau superficiel étant abaissé par l'excès d'évaporation, il ne peut être maintenu que par une rentrée d'eau. Mais, d'autre part, la conservation du niveau pendant que l'eau de la Méditerranée a une densité plus forte, trouble l'équilibre existant entre les colonnes d'eau aux deux extrémités du détroit, une partie de l'eau Méditerrannéenne, plus pesante, l'emportant sur celle plus légère de l'Atlantique, est refoulée au *dehors* par un courant sous-marin, qui a pour résultat une diminution de niveau, rétablie par le courant superficiel venant de l'Atlantique. Maintenant, cette eau qui pénètre dans la Méditerranée, étant à son tour soumise à une perte par évaporation, et à un accroissement de densité qui en est la conséquence, l'excès reste toujours du côté méditerranéen; tandis que, d'autre part, l'immensité du volume d'eau du

(5) *Physical Geography of the Sea* (1860), 186-197.

bassin Atlantique, et les dilutions qui lui viennent d'ailleurs, rendent inappréciable toute augmentation de *densité* résultant de ce qu'il reçoit l'eau plus pesante de la Méditerranée. L'abaissement du niveau et le dérangement de l'équilibre étant ainsi constamment reproduits, la force de la pesanteur continuera à maintenir avec la même constance le courant *intérieur* superficiel et le courant *extérieur* profond (fig. 46).

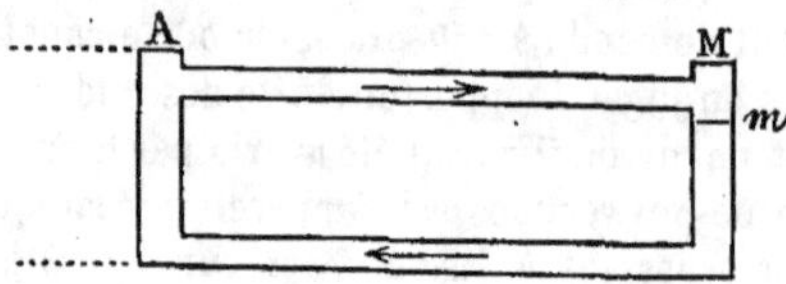

Fig. 46. — Démonstration des courants de Gibraltar.

Représentons par M et A deux colonnes d'eau, Méditerranée et Atlantique ; la première limitée en étendue, de sorte que son niveau et sa densité soient sensiblement affectés par un excès d'évaporation ; la seconde, illimitée de fait, ne l'étant pas d'une manière appréciable par l'échange de son eau avec celle de la Méditerranée. Les deux colonnes ayant primitivement même hauteur et densité, par conséquent en équilibre, que le *niveau* de la colonne M baisse par évaporation jusqu'en *m*, un courant superficiel interne d'eau salée se rendra de A en M pour le rétablir. Le sel de la colonne Méditerranéenne primitive y restant tout entier, et l'eau pure évaporée étant remplacée par de l'eau salée, la quantité de sel ira en augmentant en M, dont une colonne correspondant à celle de A excédera celle-ci par son poids. Cette différence dans la pression des deux colonnes dirigée de haut en bas causera une sortie de la portion inférieure de M en A, jusqu'à rétablissement de l'équilibre ; mais cette expulsion renouvellera la réduction de niveau de M, encore augmentée par la concentration de l'eau venue de A ; il s'établira ainsi un nouveau courant rentrant et un courant subséquent sortant pour restaurer les perturbations constamment apportées au niveau et à l'équilibre de l'eau.

Pour mieux comprendre cette action, arrêtons-nous pour considérer quel serait le résultat d'un changement apporté à quelques-unes des conditions de son maintien.

a. — Si toute l'eau enlevée par évaporation à la surface de la Méditerranée était remplacée par l'eau *douce* des pluies et des rivières, il n'y aurait ni abaissement de surface, ni augmentation de densité ; par conséquent *ni afflux ni reflux* par le détroit de Gibraltar.

b. — Si, avec l'excès actuel d'évaporation, l'Atlantique apportait de l'*eau douce* au lieu de sel, il y aurait une *rentrée* par le détroit de la quantité nécessaire pour maintenir le niveau, mais il n'y aurait pas de *sortie*, l'équilibre entre les deux colonnes ne subissant aucune perturbation.

c. — Si, d'autre part, la pluie et les rivières versaient dans le bassin Méditerranéen une quantité d'eau douce *dépassant* celle qu'il évapore, son niveau *s'élèverait*, sa densité tendant à *diminuer*. Dans ce cas, il y aurait un *courant superficiel* de sortie de l'eau plus légère de la Méditerranée dans l'Atlantique ; pendant que l'équilibre étant toujours troublé dans la direction opposée (la colonne Atlantique étant alors la plus pesante), il s'établirait un *courant sous-marin rentrant* de l'eau atlantique plus dense.

Cette dernière hypothèse se trouve précisément réalisée dans les conditions où se trouve la mer Baltique vis-à-vis de la mer du Nord. La Baltique reçoit le drainage d'un cinquième de l'Europe, et son évaporation est relativement faible, de sorte que son niveau s'élèverait progressivement, si trois débouchés dans l'Océan allemand, — le Sund, le grand et le petit Belt, ne laissaient une voie d'issue à l'excédant. Or, de même que le degré de salure des eaux de la Méditerranée *augmenterait* graduellement si sa densité n'était pas conservée par l'échange avec l'Atlantique ; de même celui des eaux de la Baltique *diminuerait* progressivement par le lavage continuel de son bassin peu profond, par l'eau douce des rivières, s'il n'y avait pas un courant de retour inférieur ramenant de l'eau plus dense de l'Océan germanique. Mais observant comme fait que sa densité est assez uniformément la même, un sixième de celle de l'Océan, il il est évident qu'il doit y avoir un courant sous-marin ramenant autant de sel que celui qu'emporte le supérieur. Une vérification expérimentale ne saurait augmenter la force d'une pareille déduction ; elle a cependant été faite comme le raconte le docteur Smith (6) qui, le premier, a émis l'hypothèse de l'existence d'un courant sous-marin à Gibraltar.

Il affirme, sur l'autorité d'un marin intelligent qui avait pris part à l'expérience, qu'un bateau, amené dans le courant médian du Sund, fut entraîné violemment par le courant dirigé vers l'extérieur ; un seau chargé d'un pesant boulet de canon, ayant été descendu à une certaine profondeur, le bateau fut arrêté dans son mouvement, et le seau ayant été enfoncé davantage, le bateau fut entraîné en sens inverse et remonta le courant superficiel. Ce dernier paraissait n'avoir que quatre ou cinq brasses de hauteur, et l'on constata que plus on descendait le seau, plus le courant inférieur avait de force. Ces assertions ont été récemment confirmées par le docteur Forchhammer (7), qui a recueilli l'eau relativement plus dense du Kattegat prise au fond, comme nous l'avons fait dans les couches profondes du détroit de Gibraltar. Il mentionne, en outre, qu'un plongeur qui s'était chargé de sauver les bagages d'un navire à vapeur, coulé par une rencontre près d'Elsinore, trouva ce dernier dans un fort courant dirigé vers la Baltique ; on a aussi souvent observé que les navires à fort tirage passent à travers le Sund contre le courant superficiel ce que les navires plus petits ne peuvent faire (8).

Le maintien de ce courant sous-marin dans la Sonde de la Baltique sera la conséquence nécessaire de l'inégalité constante entre les poids des colonnes d'eau de hauteurs égales, dans la mer Baltique et la mer du Nord ; non comme dans le cas de l'Atlantique et de la Méditerranée par l'augmentation de la densité de l'eau d'une des colonnes par une concentration soutenue, mais par la diminution de la densité de l'autre par sa dilution continuelle (fig. 47).

Soit B et G deux colonnes d'eau, l'une la Baltique, l'autre la mer du Nord ; la première, limitée dans ses dimensions de manière que l'excès d'eau douce qu'elle reçoit affecte son niveau et sa densité ; la seconde, assez vaste pour ne pas éprouver de changements semblables par suite du reflux

(6) *Philosophical Transact.*, vol. XIV, p. 364.

(7) Mém. sur la composition de l'eau de mer. *Phil. Trans.*, 1865, page 231.

(8) Un fait analogue à ce dernier s'observe dans le mouvement vers le sud de banquises de glace, opposé à la direction superficielle du courant du Gulfstream.

d'eau que lui envoie la Baltique. Les deux colonnes étant d'abord de même hauteur et densité, et par conséquent en équilibre, si le *niveau* de B s'élève jusqu'en *b* par une addition d'eau douce, son rétablissement provoquera un courant superficiel de B vers G. Mais la colonne de la Baltique ayant sa *densité* diminuée par sa dilution avec de l'eau douce, une partie de son sel étant emportée par le courant supérieur, la restauration du niveau rendra la colonne Baltique plus *légère;* et la différence de pression entre les deux déterminera un courant de la partie inférieure de G vers B,

FIG. 47. — Courants de la Baltique.

jusqu'à rétablissement de l'équilibre. Ce dernier à son tour, relevant le niveau en B, qui d'ailleurs tend déjà à le faire par l'arrivée constante d'eau douce, un courant nouveau *superficiel* aura lieu pour rétablir le niveau, et un courant *profond*, l'équilibre. Il en est sans doute de même pour l'Euxin, qui continuellement déchargeant par le Bosphore et les Dardanelles l'eau en excès que lui apportent le Don, le Dnieper et le Danube, conserve une densité moyenne des deux cinquièmes de celle de l'eau de l'Océan. La même explication peut être donnée pour le cas encore plus fort de la mer d'Azof, dans laquelle on trouve toujours du sel quoique en faible proportion, bien qu'elle décharge continuellement au détroit de Yénikale la vaste quantité d'eau que lui apporte le Don. S'il n'y avait donc aucun reflux d'eau salée au-dessous des courants de la surface allant vers le dehors, chacun de ces bassins finirait à la longue par ne contenir que de l'eau douce.

Puisque donc, la théorie du capitaine Maury est applicable, *mutatis mutandis*, à des cas présentant précisément les conditions inverses de celui sur lequel elle était basée en premier, elle a des droits à être incontestablement admise, et nous allons maintenant montrer que le même principe fondamental peut recevoir une application encore beaucoup plus étendue.

III

CIRCULATION OCÉANIQUE GÉNÉRALE

Un peu de réflexion fait voir qu'une circulation verticale de ce genre devra s'établir dans *tout* cas où une différence de niveau et d'équilibre entre deux colonnes d'eau serait constamment maintenue, quelle qu'en fût d'ailleurs la cause agissante. Ainsi, une différence constante dans la température aurait exactement les mêmes effets qu'une modification apportée à la masse et à la densité par évaporation ou dilution.

Supposons deux bassins d'eau océanique, réunis par un détroit profond, placés dans des conditions assez différentes de climat pour que la surface de l'un fût exposée à l'action calorifique d'un soleil tropical, l'autre à l'extrême froid d'un hiver polaire sans soleil. L'effet de la chaleur *superficielle* sur l'eau du bassin tropical étant circonscrit en grande partie à sa couche *supérieure*, peut être pratiquement négligé. Mais à la surface du bassin polaire, le *froid* aura pour effet de réduire la température de *toute sa masse* au-dessous du point de congélation de l'eau douce, la couche superficielle s'enfonçant en se refroidissant par suite de sa contraction et de l'accroissement de sa densité, pour être remplacée par de l'eau moins refroidie. Le *niveau* de la colonne d'eau polaire sera donc ainsi sensiblement abaissé, sans que son *poids* en subisse aucune réduction ; et, pendant qu'un *afflux* d'eau superficielle du bassin tropical vient remplacer celle qui est descendue, l'augmentation de poids qui en résultera pour la colonne polaire occasionnera pour rétablir la balance une *sortie* de son eau profonde et froide. Aussi longtemps donc que l'eau chaude du bassin tropical sera, dans son passage dans le bassin polaire, soumise à l'influence réfrigérante de son atmosphère, et à son tour descendra au fond par l'accroissement de sa densité, il se produira un courant venant du bassin tropical, lequel, tant qu'il durera, correspondra à un courant sous-marin allant du fond du bassin polaire à celui de l'équatorial. L'eau superficielle de ce dernier étant constamment transportée dans le premier, celle qui y pénètre par le fond est graduellement soulevée par celle qui la suit, finit par arriver à la surface où elle est à son tour réchauffée par le soleil tropical, de là renvoyée au bassin polaire, pour renouveler la même circulation.

L'existence d'une libre communication entre les deux bassins par une grande quantité d'eau intermédiaire ne change pas essentiellement les conditions du cas ; la différence du résultat portant surtout sur ce que les mouvements dans chaque direction seront d'autant plus lents qu'ils affecteront une masse plus grande. L'action du froid sur l'eau superficielle de chaque aire polaire sera la suivante :

a. De diminuer la hauteur de la colonne polaire comparée à l'équatoriale, d'où *abaissement* de son niveau, qui ne peut être compensé que par un courant superficiel lui venant de cette dernière.

b. De déterminer un excès de *pression* de la colonne, lorsque le niveau a été rétabli par le courant, par l'accroissement de densité résultant de sa réduction de volume ; d'où le déplacement latéral d'une portion de l'eau du fond qui est plus pesante, suivi d'une réduction ultérieure de niveau qui appelle un supplément de l'eau chaude et plus légère qui coule vers sa surface.

c. En imprimant à chaque nouvelle couche superficielle dont la température s'abaisse un mouvement vers le *fond*, on peut dire que la colonne est dans un état constant de descente, comme celle qui aurait lieu dans un vase percé au fond d'une ouverture par laquelle l'eau s'écoulant, serait remplacée par une quantité équivalente versée dans sa partie supérieure.

L'eau glacée, ainsi refoulée par pression des aires polaires suivra le plancher des bassins océaniques profonds qui seront en continuité avec elles, sous-jacente à celle plus chaude qui s'y trouve, et il y aura sur le plan de contact un certain mélange ; de sorte que, à chaque nouvelle arrivée, se plaçant sous la précédente, il y aura un mouvement *ascendant* graduel dans l'eau polaire approchant de l'équateur, jusqu'à ce que, arrivée à la surface où elle subit l'action calorifique directe du soleil tropical, elle reprend le chemin des pôles, suivant le mode déjà décrit.

La démonstration de cette théorie peut être donnée par l'expérience suivante (fig. 48) :

A, B, C, D est un baquet étroit à faces de verre, rempli d'eau jusqu'au bord, comme l'indique la ligne pointée AD. Une barre de métal *ab* est fixée en A, de manière qu'elle repose sur la surface de l'eau sur sa plus grande partie, le reste dépassant le bord du baquet pour être chauffé par une lampe à alcool. En D on introduit entre les deux côtés du baquet un morceau de glace *c*. L'eau contenue dans l'appareil subit donc l'action d'une *chaleur superficielle* à une extrémité, comme l'eau de l'océan à l'Équateur; et d'un *froid superficiel* à l'autre, comme l'eau de la mer polaire. En ajoutant à la surface en D un liquide *bleu* colorant, et en *b* un liquide *rouge*, il s'établit une circulation continue dans la direction indiquée par les flèches. Le liquide *bleu*, refroidi par la glace, descend directement vers C, puis marche lentement le long du fond de C vers B, monte peu à peu vers la barre chauffée, et de là rampe à la surface pour retourner à D. Le liquide *rouge*, au contraire, suit d'abord la surface de A en D (pour remplacer celui qui est descendu) puis, refroidi par la glace, descend lui-même en C, revient vers B en suivant le fond, et enfin remonte en A.

Nous avons donc là une *vera causa* pour une *circulation océanique générale*, qui, simplement maintenue par une distribution inégale de chaleur solaire, demeurerait entièrement indépendante de toute distribution particulière de terre ou d'eau, qui, par leur surface ou leur profondeur, n'empêcheraient pas la libre communication entre les aires polaires et équatoriales. On doit attribuer l'ignorance des géographes sur cette action à la prépondérance de l'idée erronée que la température des eaux profondes était uniforme et de 39 degrés, et dont la fausseté a été entièrement démontrée par les observations de l'expédition de 1868 sur le vaisseau *Lightning*, confirmées et étendues par celles faites en 1869 sur le *Porcupine*. L'énorme puissance motrice du froid polaire ne pouvait être comprise qu'après avoir clairement établi que l'accroissement de la densité de l'eau de mer avec l'abaissement de sa température a pour conséquence de la faire descendre vers le fond tant qu'elle n'a pas gelé. Mais, ceci reconnu, nous voyons que l'*application du froid à la surface* est exactement l'équivalent, comme force motrice, de celle de la *chaleur appliquée au fond*, qui maintient la circulation de l'eau dans tous les appareils de chauffage qui sont basés sur son emploi.

Cherchons maintenant jusqu'à quel point cette théorie est appuyée par les faits. Il y a d'abord actuellement d'amples preuves du passage de l'eau polaire à des profondeurs considérables sous une couche superficielle et plus chaude, tant dans la zone tempérée que dans la tropicale. Les indications déjà précédemment obtenues sur ce fait ont été confirmées et étendues par les sondages de température de l'expédition du *Porcupine*, 1869; et aussi, par ceux plus récents, présentés par le commandant Chimmo et le lieutenant Johnson, dans l'Atlantique central. Les températures récemment relevées par le commandant Chimmo à l'aide de thermomètres abrités, par lat. 3° 18′ 1/2 sud, et long. 95° 39′ est, ont été 35°,2 comme température de fond à 1806 brasses, et 33°,6 à 2306 brasses. Bien que les sondages faits en 1870, par le *Porcupine*, dans l'Atlantique, n'ont pas été faits aux grandes profondeurs explorées l'année précédente, ils ont fait ressortir ce fait remarquable, que sur la côte du Portugal il y a une chute de *neuf degrés* (de 49 degrés à 40) entre 800 et 1000 brasses; ceci étant évidemment la « couche de mélange » entre la profonde, refroidie par l'eau polaire, et la supérieure, chauffée par le soleil tropical.

D'autre part, le mouvement superficiel des eaux de l'équateur vers le pôle Nord est universellement admis, et quiconque a pris connaissance des preuves que le docteur Petermann a récemment recueillies sur ce point (*Mittheilungen*, 1870, p. 202) ne pourra conserver le moindre doute que ce transport d'eau chaude ne joue un rôle d'une immense importance en modérant le froid des régions septentrionales qui, sans cela, serait insupportable. Je ne conteste en aucune façon l'exactitude des conclusions que le docteur Petermann a déduites des abondantes preuves qu'il a recueillies et collationnées dans ses cartes de température. Mais je conteste l'exactitude de la théorie que ce reflux vers le nord-est soit une *extension* ou *prolongement du Gulfstream*, encore poussé *vis a tergo* par les vents alizés. Tandis qu'il attribue la presque totalité de ce reflux au Gulfstream proprement dit, je considère qu'une grande partie, sinon toute, de celui qui parcourt nos côtes occidentales, et se rend au Spitzberg, en passant au nord et au nord-est entre l'Islande et la Norwége, comme entièrement indépendant de ce courant; de sorte qu'il se continuerait si les deux Amériques étaient assez complétement désunies pour que le courant équatorial fût conduit directement par les vents alizés dans l'océan Pacifique, au lieu de faire le tour du golfe du Mexique, et être chassé au nord-est par les détroits au large du cap Floride.

Il peut paraître au géographe *purement* physicien, peu important de savoir laquelle des deux opinions est exacte. Le transport d'une énorme quantité de chaleur de l'équateur vers les pôles par un mouvement continuel d'eau étant admis des deux côtés, la question si ce qu'on *appelle* le Gulfstream, qui réchauffe l'Islande, le Spitzberg et la région polaire est, généralement ou non, une extension du *vrai* Gulfstream provenant des détroits, peut paraître ne pas valoir la

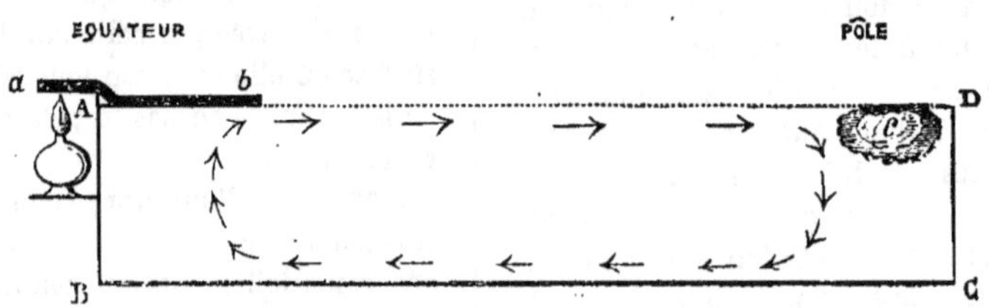

FIG. 48. — Appareil démontrant la circulation océanique générale.

discussion. Mais celui qui part du point de vue *scientifique* voit dans la question un grand intérêt à cause de ses rapports avec la théorie générale des courants océaniques, passés et présents. Car si la théorie d'une circulation générale océanique ne dépendant que de différences de température est correcte, elle devient un élément essentiel de l'étude de tous les grands courants actuels, surtout ceux des océans du Sud, qui sont beaucoup moins attribuables que ceux du Nord à l'influence des vents alizés, et indiquant la tendance générale d'une surface d'eau chaude vers le pôle antarctique signalée par le capitaine Maury (*Physical Geography of the Sea, pars* 748-750), qui est particulièrement à noter dans un large espace, l'hémisphère méridional, où elle occupe une position correspondante par sa longitude avec ce qu'on appelle le Gulfstream entre l'Islande et la Norwége, et porte une température presque équatoriale jusqu'au 40° degré lat. sud. La question offre encore une importance plus considérable par ses rapports géologiques, toute circulation tirant son origine d'une simple différence de température doit avoir été maintenue pendant toutes les périodes géologiques ; et la formation de dépôts glaciaires contenant des types marins des eaux polaires peut avoir eu lieu partout et dans toute partie de l'Océan équatorial sans diminution de la température des terres. Tandis que si ces courants glaciaires dépendent primitivement du mouvement du vrai Gulfstream, ils cesseraient de parcourir le lit profond de l'Atlantique, si le courant était détourné par le passage libre du courant équatorial dans le Pacifique.

Pour qu'on puisse comprendre clairement les divers points de contraste existant entre les deux théories, je les détaillerai chacune séparément. Leur divergence peut être regardée comme commençant sur cette partie de l'Atlantique du Nord, où selon les autorités les plus compétentes, le vrai Gulfstream cesse de constituer un courant défini se dirigeant au nord-est; une portion considérable déviant vers le midi pour retourner au courant équatorial; pendant que le reste, s'entrelaçant avec le courant arctique opposé, sa vitesse et sa température, — déjà très-réduites, — subissent une réduction plus forte encore, de sorte que, selon l'expression de Sir J. Herschel (9), le courant du Gulfstream est, *comme tel*, dispersé et détruit. Cette dispersion peut être regardée comme étant complète à 45 degrés lat. nord, et 35 degrés long. ouest; au nord et à l'est desquels, d'après la dernière carte de l'amirauté, on n'aperçoit pas de *mouvement* autre qu'une dérive superficielle (10). Entre cette partie de l'Atlantique et la côte occidentale de l'Europe du midi, il y a une région où, comme je le ferai voir, il n'y a aucune preuve d'autre élévation de température que celle qu'on peut proprement attribuer à l'effet du vrai Gulfstream, plus près de son origine, où il échauffe les vents qui soufflent au sud-ouest vers toute la côte atlantique de l'Europe, — effet sur lequel M. Croll a, avec raison, beaucoup insisté comme étant un élément important de la discussion de l'action totale qu'exerce ce courant. Passant de cette région *neutre* dans laquelle les lignes isothermes tendent à une direction plutôt *méridionale* que septentrionale, nous trouvons en allant vers le nord la preuve de plus en plus distincte, vu la direction *septentrionale* des isothermes, d'un transfert de chaleur, par un mouvement lent de l'eau vers le nord-est ; ceci est si marqué dans l'espace compris entre l'Islande et la Norwége que les lignes isothermes d'été — comme le montre la carte du docteur Petermann pour juillet — sont presque tout à fait tournées vers le nord, et s'étendent dans cette direction avec une inclinaison plus ou moins indiquée vers l'est, même au delà de 75 degrés de latitude. Il faut regarder, comme se rattachant à ce phénomène, un reflux sous-marin d'eau polaire, accepté des deux côtés, qui rapporte pour ainsi dire l'excédant de froid de la surface polaire aux bas-fonds de la zone équatoriale.

a. Maintenant on affirme d'un côté que le courant d'eau chaude superficiel dirigé au nord-est est un prolongement du véritable Gulfstream, encore poussé par *vis a tergo* qui détermine ce courant, à savoir la propulsion vers l'ouest de l'eau intertropicale par les vents alizés formant le courant équatorial, l'entrée de cette eau dans la zone polaire tendant toujours à y produire une *élévation* de niveau. — Dans l'opinion que je défends, ce flux vers le nord-est est dû à la *force antérieure* résultant de l'action du froid sur l'eau de la région polaire, tendant à produire une *dépression* constante de niveau.

b. D'un côté donc, le retour sous-marin de l'eau polaire dépendrait du Gulfstream, et son extension au nord-est, dont l'eau *élèverait* le niveau du bassin polaire, si une échappée ne se faisait par le bas ; celle-ci, à son tour, est attirée dans la région équatoriale pour rétablir le niveau qu'*abaisserait* sans cela le courant partant du Gulfstream. — Dans la théorie ici admise, l'écoulement profond de l'eau polaire est considéré comme le *primum mobile* d'une circulation générale océanique *verticale*, dont le reflux superficiel vers le nord-est est le complément; tandis que le Gulfstream constitue une portion d'une circulation locale *horizontale*, complétée par le retour direct de sa majeure partie dans le courant équatorial, pendant que celle qui se rend plus au nord retourne ultérieurement dans les courants polaires de la surface, dont le principal poursuit son chemin au Sud entre les côtes des États-Unis et le Gulfstream, jusqu'à son véritable point de départ.

En discutant cette question, je chercherai d'abord à prouver que la portion de l'Atlantique qui se trouve entre les Açores et les côtes du midi de l'Europe est *thermométriquement une région neutre*, dont la température superficielle est celle qui est normale et lui appartient par suite de sa position géographique. Elle ne subit aucune modification sensible de l'influence du Gulfstream, si ce n'est celle qui peut résulter de l'action très-éloignée des vents du sud-est, et fournit donc aucune preuve d'aucun prolongement du Gulfstream dans son aire. La corrélation attentive des températures de la surface, prises toutes les deux heures, jour et nuit, dans l'expédition du *Porcupine*, prouvent incontestablement que pendant les mois d'août et septembre, la température de la surface de la Méditerranée a en moyenne 5 *degrés d'élévation* (11),

(9) *Physic. Geog.* (1861), p. 51. L'assertion de Sir J. Herschel sur la *réduction* du Gulf-stream dans cette région a été complétement confirmée par des observations plus récentes.

(10) L'arrivage d'arbres, de fruits, de coquilles flottantes (*Spirula*) provenant des tropiques sur les côtes des Hébrides et des îles Shetland, Orkney et Faroe sont la preuve incontestable de la prévalence d'un courant superficiel, mais qui s'explique d'une manière suffisante aussi par la prédominance des vents du sud-ouest sur cette partie de l'Océan.

(11) Le mémoire de M. Aimé sur la température de la Méditerranée (*Ann. de chim. et phys.*, 1845), et une série de températures observées dans l'Atlantique, contenues dans un ouvrage hollandais (*Onderzoekingen met den Zeethermometer*, 1861), ont fourni les matériaux pour

sur celle du bord oriental de l'Atlantique, compris entre les mêmes parallèles.

On peut tirer la même conclusion d'une comparaison entre les températures de trois stations Atlantiques et celles de trois stations de la Méditerranée, sous à peu près les mêmes parallèles de latitudes, telles que les donnent les tableaux de pilotes de l'Amirauté pour l'océan Atlantique :

TEMPÉRATURE COMPARATIVE : ATLANTIQUE

	LATITUDE	MOYENNE de L'ANNÉE.	NOVEMBRE.	DÉCEMBRE.	JANVIER.	FÉVRIER.	MOYENNE des mois d'hiver
Bordeaux....	44° 51'	57°,4	48°	43°	41°	45°	44°,2
Lisbonne...	38 43	61,2	55	51	52	54	53,0
Cadix......	36 31	62,1	59	54	51	54	54,5
			MÉDITERRANÉE				
Gênes	44° 25'	61,1	54	47	47	49	49,2
Palerme....	38 7	63	59	55	51	51	54
Alger......	36 52	64,2	62	55	53	55	56,2

Cette comparaison montre un excédant décisif dans la moyenne des quatre mois d'hiver, ainsi que dans la moyenne annuelle en faveur des stations Méditerranéennes. Les données paraissent aussi établir que la température des bords Atlantiques du midi de l'Europe entre les parallèles du 36° et du 45° degré, n'est pas *sensiblement élevée* par aucun afflux d'eau océanique provenant d'une source plus chaude. Ce n'est pas répondre à cet argument d'opposer que les températures d'hiver des stations des rives occidentales de l'Europe sont beaucoup plus élevées que celles des stations placées sous les mêmes parallèles sur les rives orientales de l'Amérique, parce qu'il est hors de doute que les températures d'hiver de Saint-Jean, Halifax, Boston, New-York et Washington, sont toutes anormalement *abaissées* par le courant Polaire qui passe entre ces stations et le Gulfstream.

A mesure que nous avançons vers le Nord, toutefois, les preuves d'un adoucissement du froid de l'hiver par un transfert de chaleur apportée d'une source méridionale par l'eau de l'Océan, deviennent de plus en plus apparentes. La réduction de la température de la surface de la mer est beaucoup plus graduelle que nous ne pourrions nous y attendre d'après la différence de latitude, et le climat des terres voisines est, surtout en hiver, amélioré dans le même sens. Bien qu'une partie de cette amélioration, comme l'a indiqué M. Croll, doive sans doute être attribuée aux vents chauds du sud-ouest, qui apportent au nord-est la chaleur qu'ils ont puisée dans le *vrai* Gulfstream, sous les latitudes au-dessous de 30 degrés, il y a cependant des preuves claires qu'ils ne suffisent pas pour expliquer tout le phénomène.

Il y a en effet, comme nous le verrons dans un des paragraphes suivants, que l'excédant de chaleur des eaux marines qui baignent les rives du nord-ouest des îles Britanniques n'est nullement limité à la surface, mais s'étend à des profondeurs qu'aucun réchauffement superficiel ne pourrait atteindre. L'influence de ce courant septentrional d'eau, apportant de la chaleur provenant d'une source méridionale, est particulièrement bien visible par la comparaison de la température de Stromness, d'une part, et de Greenwich, qui est d'environ 7 degrés 1/2 plus au sud; et d'autre part, avec celle de Christiania et Stockholm, qui sont presque sous le même parallèle de latitude. Toutes ces stations sont situées dans le champ de ces vents chauds du sud-ouest, et toutes exposées à l'influence modératrice d'une mer voisine. Mais tandis que Stromness occupe le cours direct du courant du nord-est (qu'on regarde ordinairement comme une continuation du Gulfstream), Greenwich, Christiania et Stockholm échappent à son influence directe.

	LATITUDE.	MOYENNE ANNUELLE.	TEMPÉRATURE D'HIVER. NOV.	DÉC.	JANV.	FÉV.	MOYENNE DES quatre mois d'hiver.
Stromness..	58° 58'	46°,2	43°	41°	38°	38°	40°
Greenwich..	51 30	49	43	41	35	37	39
Christiania..	59 53	41,5	32	27	21	22	25,5
Stockholm..	59 22	42,2	35	27	24	27	28,2

Nous voyons là qu'avec une différence de latitude de 7 degrés 1/2 environ, la température *annuelle moyenne* de Stromness n'étant que de 2°,8 plus basse que celle de Greenwich, est décidément plus douce pendant les mois de janvier et février. D'autre part, Stromness a sur Christiania et Stockholm un énorme avantage quant à sa température hibernale,

la comparaison suivante entre les températures d'hiver de la Méditerranée à Toulon et Alger et celles des parties voisines de l'Atlantique sises sous les mêmes parallèles.

	LAT. N.	LONG. O.	TEMPÉRATURE EN DEGRÉS FAHR. DÉC.	JANV.	FÉVR.	MOYENNE.
Toulon.....	43° 6'	5° 55'	57°	53°,8	53°,4	54°,7
Atlantique..	43 à 44	10 à 15	55,2	55	53,8	54,6

	LAT. N.	LONG.	TEMPÉRATURE. DÉC.	JANV.	FÉVR.	MOYENNE.
Alger....	36° 52'	3° 2' E.	60°	57°,6	56°	57°,8
Atlantique..	36 à 37	10 à 15 O.	61	58,8	58,8	59,5

La température moyenne d'hiver de la surface de la Méditerranée à Toulon est par conséquent exactement la même que celle de l'Atlantique sous le même parallèle; tandis qu'à Alger elle n'est que de 1°,7 inférieure, différence très-insuffisante pour établir une élévation de température dans cette partie de l'Océan résultant du Gulfstream.

bien que la chaleur beaucoup plus forte de l'été chez ces dernières empêche l'avantage d'être aussi accusé dans le chiffre de leur moyenne annuelle.

L'évidence de la mitigation du froid arctique par le transport de chaleur du sud dans le courant nord-est des eaux océaniques, devient de plus en plus forte à mesure qu'on en retrace plus au nord les effets. Je chercherai maintenant à montrer que cette mitigation est due à la *circulation océanique générale*, dont j'ai eu pour but de démontrer l'existence sur la base de la nécessité physique, et dont je signalerai l'applicabilité spéciale au cas en question.

Les sondages de température opérés dans l'expédition du *Lightning* en 1868, et celles du *Porcupine* en 1869 et 1870, établissant clairement 1° que le courant nord-est de l'eau de l'Océan n'est pas un simple mouvement superficiel, mais s'étend à une profondeur de plusieurs centaines de brasses; et 2° que le transport de chaleur dont il est le siége est même plus marqué dans ses couches inférieures que dans les supérieures, — la température superficielle tombant avec celle de l'air, tandis que celle des couches profondes n'éprouve qu'une réduction bien moindre dans leur trajet septentrional. Ces faits seront évidents pour quiconque étudiera avec soin les observations contenues et analysées dans le rapport préliminaire de l'expédition du *Porcupine* en 1869, et dont je ne donnerai qu'un exemple, de nature à montrer leur portée sur la question qui nous occupe (1). Des *séries* de sondages ayant été opérées à des stations particulières pour vérifier le taux de diminution de la température avec l'accroissement progressif de la profondeur, je choisis pour comparaison les deux séries entre lesquelles la différence de latitude a été la plus grande; à savoir le n° 87, à 140 milles au nord-est de l'Écosse, et le n° 42, à environ 200 milles au sud-est de l'Irlande, points différant d'un peu plus de 10 degrés en latitude.

NUMÉROS.	LATITUDE NORD.	TEMPÉRATURE de l'air.	SURFACE.	100 BRASSES.	200 BRASSES.	300 BRASSES.	400 BRASSES.	500 BRASSES.
87	59° 35'	54°	52°,6	47°,3	46°,8	46°,6	46°,1	45°,1
42	49 12	66	62,6	51,1	50,5	49,6	48,5	47,4
Différence...		12	10	3,8	3,7	3,0	2,4	2,3

Nous voyons donc que, avec une réduction de 12 degrés dans la température de l'air de la station la plus au nord, il y en avait une de 10 degrés dans celle de l'eau superficielle, la différence n'étant plus que de 3°,3 à 100 brasses, et allant en décroissant en descendant plus bas, jusqu'à 500 brasses, où elle n'était plus que de 2°,3. Maintenant, que nous attribuyons l'élévation de la température superficielle, dans l'un ou l'autre, ou les deux cas, au Gulfstream ou non (12), il me semble évident, vu la très-légère différence qui règne entre les températures de l'eau à 400 brasses, sous les deux latitudes de 49 et 59 degrés, et le grand excédant pouvant, dans la comparaison précédente, être considéré comme dépassant l'isotherme normale, que la totalité de cette quantité d'eau doit dériver d'une source méridionale s'avançant lentement vers le nord. De plus, une comparaison de la série des sondages de la station 42, avec ceux effectués en 1870 dans l'expédition du *Porcupine* dans les bas-fonds sur la côte du Portugal, à environ 10 degrés plus au sud, fournit des preuves analogues par la correspondance des taux de réduction de la surface vers le bas, que ce courant septentrional d'une couche de 500 brasses de profondeur peut se retracer au midi dans ce que j'ai appelé la région neutre.

NORD. LAT.	TEMPÉR. de l'air.	TEMPÉRATURE DE LA MER.					
		SURFACE.	100 br.	200 br.	300 br.	300 br.	400 br.
49° 12	66°	62°,6	51°,1	50°,5	49°,6	48°,5	47°,4
39	70	68	53	52	51,5	51	50,5

La comparaison de ces données montre la prédominance marquée du pouvoir réchauffant supérieur d'une masse profonde d'eau chaude sur celle de la simple couche de la surface. Nous voyons que pendant que la température de cette dernière se refroidit rapidement dans son passage vers le nord, celle des 400 brasses qui se trouvent au-dessous ne subissent comparativement qu'une faible réduction. Les sondages faits par le commandant Chimmo dans le voisinage des bancs de Terre-Neuve, montrent clairement que l'épaisseur du Gulf-Stream n'excède pas sur ce point plus de 50 brasses, et peut-être moins. Ainsi, sous la latitude 44° 3' N. et longitude 48° 7' O., la température de l'eau superficielle, étant de 61 degrés, se réduisit à 43 degrés à 50 brasses, et à 1000 brasses à 35°,5 (13).

Le bord aminci du Gulfstream tropical perdrait sa chaleur longtemps avant d'atteindre le cercle polaire; mais le courant profond qui porte au nord la chaleur d'une région plus chaude ne la cède que d'une manière beaucoup plus graduelle.

Maintenant le mouvement lent vers le nord de toute la masse d'eau océanique au-dessus de cette couche mélangée, placée entre le flux supérieur de l'équateur au pôle et le reflux profond polaire à l'équateur, est précisément ce qu'on aurait pu attendre de l'hypothèse d'une circulation verticale, maintenue par l'opposition de la température entre les aires océaniques polaires et équatoriales. Sa rapidité, estimée par l'amiral Irminger de 1 1/2 à 2 1/2 milles par jour (*Proc. of Roy. Geog. Soc.*, XIII, p. 227, 1869) correspond à ce qu'on devait attendre, et je crois pouvoir affirmer que l'existence admise de cette masse immense d'eau chaude dans le Nord, se rattachant au courant de retour d'eau polaire dont nous avons parlé, fournit des preuves très-fortes en faveur d'une

(12) Je ne puis moi-même pas douter que la température superficielle du n° 42, élevée comme elle paraît l'être pour la latitude, était due à l'action directe du soleil d'été, et non à une provenance méridionale. Le temps avait été très-beau auparavant et l'action solaire très-énergique, le taux de décroissement au travers des premières cent brasses à partir de la surface correspondant étroitement avec ce qui fut observé pendant l'expédition Méditerranéenne du *Porcupine*, en 1870.

(13) *Proc. of Roy. Geog. Soc.*, 8 février 1869. La température signalée par le commandant Chimmo à 1000 brasses était de 39°,5, qu'il faut réduire de 4 degrés environ pour les effets de pression sur cette profondeur sur des thermomètres non abrités.

circulation océanique générale et *verticale* tout à fait indépendante de la circulation horizontale que produit l'action des vents à la surface (14).

RÉSUMÉ

Les *principes physiques* sur lesquels reposent les arguments précédents peuvent être indiqués comme suit :

I. Partout où il y a une *différence de niveau* entre deux corps d'eau en communication réciproque, il y a une tendance à l'égalisation de leurs niveaux par un reflux de la *couche supérieure* du plus haut au plus bas.

II. Tant que la différence de niveau se maintient, le courant se conservera, et par conséquent toute action qui abaissant constamment le niveau d'un des corps d'eau au-dessous de celui de l'autre (à moins qu'il n'équilibre directement la pression de l'eau la plus haute) (15), entretiendra un courant constant du plus haut au plus bas. Cette constante *tendance à l'égalisation de niveau* conservera la différence réelle dans des limites très-restreintes, et le mouvement, lorsque la communication sera libre, sera proportionnellement lent.

III. Partout où il y aura *défaut d'équilibre* provenant de *différence de densité* entre deux masses d'eau en communication réciproque, il y a tendance à sa restauration par un courant de la *couche inférieure* de la colonne plus dense vers la plus légère, en vertu de l'excès de pression à laquelle la première est soumise.

IV. Tant qu'une différence de densité persistera, ce courant continuera; de sorte que toute influence qui renouvellera constamment les perturbations de l'équilibre, en augmentant la densité d'une colonne ou diminuant celle de l'autre, entretiendra un courant continu de la plus dense à celle qui l'est moins. Cette *tendance constante à une restauration d'équilibre* maintiendra la différence réelle de densité dans des limites définies.

V. S'il y a en même temps *différence de niveau* et *excès de densité dans la colonne la plus courte*, il y aura tendance simultanée vers une égalisation du *niveau* par un *flux supérieur de la plus élevée à la plus bassse*, et une restauration de l'*équilibre* par un *retour inférieur de la plus lourde vers la plus légère*.

VI. Tant que les *différences de niveau et de densité* persisteront, les courants continueront dans chaque direction; d'où une action constante altérant à la fois le niveau et la densité entretiendra ainsi une *circulation verticale*, pourvu que l'excès de densité reste toujours du côté de la colonne la plus basse.

VII. La vitesse du courant, là où elle ne sera pas circonscrite dans d'étroites limites, dépendra simplement du degré de perturbation causé, dans un cas par le *niveau*, dans l'autre par la *densité;* et lorsque la perturbation sera assez faible pour être balancée presque aussitôt que produite, le mouvement pourra être assez lent pour être presque insaisissable, quoique parfaitement réel. Mais, si la communication entre les deux masses d'eau a lieu par un canal long et étroit, le taux du mouvement augmentera, de manière à produire dans chaque direction un courant prononcé ; la force motrice, diffusée dans le premier cas sur une vaste quantité d'eau, est ici limitée sur une petite étendue et agissant comme force *constamment accélératrice*, augmentera la vitesse jusqu'à ce qu'elle soit contrebalancée par des forces opposées.

Voici l'*application* des principes précédents aux cas particuliers dont il a été ici question :

VIII. Il y a dans le détroit de Gibraltar une circulation verticale, qui y est maintenue par l'*excédant d'évaporation* de la Méditerranée sur la quantité d'eau douce revenant dans son bassin, qui en même temps *baisse son niveau et augmente sa densité;* de sorte que le *courant superficiel* d'eau *salée* qui rétablit son niveau (excédant du poids du sel qu'il renferme le poids de l'eau qu'il a perdu par évaporation), mais altère l'équilibre et provoque un *courant de sortie profond*, qui à son tour en baisse le niveau. On peut admettre le même cas dans le détroit de Bab-el-Mandeb.

IX. Une circulation verticale est soutenue dans la Sonde de la Baltique par un *excès d'eau douce* qui, versée dans cette mer, élève à la fois *son niveau* et *diminue sa densité*, produisant ainsi un *courant superficiel de sortie* qui, laissant la colonne baltique la plus légère des deux, nécessite pour l'équilibre le retour d'un *courant profond.* Le même fait peut être admis dans le Bosphore et les Dardanelles.

X. Une circulation verticale doit sur les mêmes principes être admise entre les eaux Polaires et Équatoriales, par la différence entre leurs températures; le niveau des eaux polaires étant réduit et leur densité augmentée par le *froid superficiel* auquel elles sont soumises, imprime un mouvement vers le bas aux couches successives qui y ont été exposées; et le niveau de l'eau équatoriale s'élevant et sa densité diminuant par la chaleur de *surface* dont elle subit l'action. (La première de ces influences est de beaucoup la plus efficace, en ce qu'elle s'étend à la *profondeur totale* de l'eau, tandis que la seconde n'affecte à un degré un peu important que la *couche superficielle.*) La couche supérieure de l'Océan recevra ainsi depuis l'équateur un mouvement d'impulsion vers les pôles, dont les couches inférieures seront refoulées vers l'équateur.

XI. Nous avons dans l'ensemble général de la masse aquatique de l'Océan la preuve évidente d'une pareille *circulation verticale*, d'une part, dans le mouvement *vers le nord* de la couche superficielle qui, ayant une *épaisseur de plusieurs centaines de brasses*, transporte dans le cercle arctique la température d'une région plus chaude; tandis que, d'autre part, on a réuni un corps de preuves démontrant l'*existence générale*, aux grandes profondeurs, *d'une température qui n'est pas supérieur d'un grand nombre de degrés au point de congélation de l'eau douce.* Ceci ne peut s'expliquer que par le retour d'un

(14) Ce principe a été pleinement accepté par Sir J. Herschel, qui écrivit peu de jours avant sa mort ce qui suit au docteur Carpenter : « Après avoir bien considéré tout ce que vous dites, le sens commun ainsi que l'expérience de nos tuyaux à circulation d'eau chaude dans les serres, etc., il n'y a pas à nier qu'il doive résulter de simples faits de chaleur, de froid, d'évaporation, agissant comme « *vraies causes* », quelque circulation océanique, et vous avez soutenu avec une fermeté particulière l'action plus puissante du froid polaire, ou plutôt son action la plus *intense*, puisque son effet maximum est limité à un espace bien plus petit que celui qu'occupe le maximum de chaleur équatoriale. L'action des vents alizés et contre-alizés ne peut pas non plus être négligée ; et, par la suite, la question des courants océaniques aura à être considérée sous un double point de vue. »

(15) Ainsi l'archidiacre Pratt (*Phil. Trans.*, 1859) a montré qu'en raison de l'attraction locale produite par les hautes terres de l'Inde n'ayant que l'Océan au sud, le niveau marin à la bouche de l'Indus est de 515 pieds plus élevé qu'au cap Comorin. De même encore, si une pression barométrique est *plus basse d'une manière permanente* sur une surface océanique qu'ailleurs, il y aura une *élévation permanente* du niveau sur cette surface, mais *pas de courant*, l'équilibre étant conservé lorsque l'*excès* de pression de l'eau égale le *défaut* de pression atmosphérique.

courant sous-marin d'eau polaire vers l'équateur. En outre, dans des circonstances spéciales, un degré encore plus grand de froid est apporté dans la zone tempérée par des courants glacés, indiquant ainsi un mouvement général d'eaux profondes des pôles vers l'équateur.

XII. Enfin, si la théorie précédente est correcte, il s'ensuit que la circulation océanique générale et *verticale* est le grand agent modérateur du froid excessif du bassin arctique; l'eau qui s'y rend n'étant pas autant celle apportée par le Gulfstream, que celle qui est ramenée d'une région dont la température ordinaire est peu au-dessus de la normale, si même elle l'est. D'autre part, le Gulfstream fait partie d'une circulation *horizontale* et *superficielle* de l'Atlantique du Nord, dont les vents alizés constituent le *premier mobile;* une grande partie de son courant retournant directement en arrière dans l'Équatorial, complétant ainsi la circulation la *plus courte*, pendant que la partie passant au Nord retourne ultérieurement dans les *courants polaires superficiels*, avec lesquels elle s'entrelace, — un de ces courants étant assez puissant pour conserver un trajet distinct jusqu'à la sortie du Gulfstream, où sa portion profonde rentre probablement dans le golfe du Mexique par les détroits comme un courant inférieur de retour.

En conclusion, on peut ajouter que la théorie d'une circulation océanique générale *verticale* s'accorde d'une manière remarquable avec le fait qu'un grand nombre d'observations viennent concourir à mettre hors de doute que, tandis que la densité de l'eau de l'Océan, qui est la plus faible dans la région polaire et augmente progressivement en approchant des tropiques, se réduit encore dans la zone intertropicale. On a cru trouver l'explication du fait dans la quantité d'eaux pluviales et de l'eau douce versée par les grandes rivières dans la région intertropicale; mais, comme aussi l'évaporation à la surface est excessive, l'explication paraît insuffisante. La théorie que nous soutenons ici en fournit une meilleure : l'eau polaire plus diluée qui chemine dans le fond des bassins océaniques vers l'équateur, y est (pour ainsi dire) pompée et ramenée à la surface. Les idées émises dans la présente conférence ont reçu une confirmation intéressante dans le fait que, dans une discussion laborieuse et récente sur la comparaison de la densité de l'eau de l'Océan dans les différentes parties de la surface du globe, la doctrine d'une circulation *verticale* générale a été avancée comme leur seule raison possible (16).

L'orateur désire constater qu'il ne réclame nullement la priorité au sujet de la doctrine d'une circulation océanique générale maintenue par une différence de température. Elle a été émise par plusieurs auteurs, entre autres Humboldt, Pouillet, le professeur Buff, et le capitaine Maury, mais autant qu'il le sache n'a été développée par aucun. S'il a lui-même fait quelque chose pour appuyer la théorie, c'est en montrant que le froid polaire est plus le *primum mobile* de cette circulation que la chaleur équatoriale; et en outre, en ramenant un grand nombre de phénomènes sans rapports réciproques apparents, dans la sphère de la même théorie physique.

Addendum. — Le temps limité mis à la disposition de l'orateur l'ayant empêché de donner plus qu'un aperçu des résultats zoologiques de l'expédition, il croit devoir ajouter ici un appendice contenant quelques extraits du rapport présenté à la Société royale, relatif surtout à la première croisière faite sur la côte de Portugal sous la direction de M. J. Gwyn Jeffreys.

Mercredi, 20 juillet. — Dragué avec assez de succès toute la journée, à des profondeurs de 380 à 994 brasses (lat. 40° N.; long. 9° 50′ O.). Les draguages à 380 et 469 brasses ont fourni parmi les mollusques: *Leda lucida* (fossile norwégien et sicilien), *Axinus eumyarius* (aussi norwégien), *Neæra obesa* (Spitzberg, à l'ouest de l'Irlande), *Odostomia* (n. sp.), *O. minuta* (Méditerranée), et un *Cerithium* (n. sp.). Parmi les échinodermes, les *Brisinga endecacnemos* et *Asteronyx Loveni* (norwégiens). Les résultats des draguages à 994 brasses furent assez extraordinaires pour motiver notre plus grand étonnement. L'heure avancée nous empêcha de trier et d'examiner le contenu de la drague avant le lendemain matin, au jour. Nous y trouvâmes un merveilleux assemblage de mollusques, morts pour la plupart et consistant en Ptéropodes, mais comprenant certaines espèces que nous avions toujours considérées comme étant exclusivement septentrionales, et d'autres que M. Jeffreys reconnut comme des fossiles tertiaires de Sicile. Environ quarante pour cent du nombre des espèces n'étaient pas décrites, quelques-unes représentant des genres nouveaux. Voici le résumé des mollusques (complets ou fragmentaires) pris dans ce coup de filet unique :

ORDRES.	NOMBRE TOTAL des espèces.	RÉCENTES.	FOSSILES.	NOUVELLES ou non décrites.
Brachiopoda	1	1		
Conchifera	50	32	1	17
Solenoconchia	7	3		4
Gastropoda	113	42	23	48
Heteropoda	1	1		
Pteropoda	14	12		2
Totaux	186	91	24	71

Les espèces du Nord auxquelles nous avons fait allusion sont au nombre de trente-quatre et comprennent : *Mytilus (Dacrydium) vitreus*, *Nucula pumila*, *Leda lucida*, *L. frigida*, *Pecchiolia abyssicola*, *Neæra jugosa* ou *lamellosa*, *N. obesa*, *Tectura fulva*, *Fissurisepta papillosa*, *Cyclostrema* (n. sp.), *Torellia vestita*, *Pleurotoma turricula*, *Admete veridula*, *Cylichna alba*, *C. ovata*, Jeffr. Ms. — *Bulla conulus*, S. Wood, pas Deshayes (corallien) et *Scaphander librarius*. — Les *Leda lucida*, *Neæra jugosa*, *Tectura fulva*, *Fissurisepta papillosa*, *Torellia vestita* et les espèces non décrites de *Cylichna*, ainsi que quelques autres espèces connues trouvées dans ce draguage, sont fossiles en Sicile. Presque toutes ces coquilles, ainsi que quelques petits Échinodermes, Coraux et autres organismes, avaient évidemment été transportés sur le point où on les a trouvés par quelque courant, et ont dû y former un dépôt épais semblable à ceux dont se composent de nombreuses couches fossilifères tertiaires. Aucune coquille n'était miocène, ni d'une époque antérieure. Cette remarquable collection dont les conchyologistes, malgré leurs laborieuses recherches, ne connaissent guère que la moitié, nous apprend ce qui reste à faire avant de pouvoir présumer que les archives de la zoologie

(16) *Densité, salure et courants de l'océan Atlantique*, par M. le lieutenant B. Savy, *Annales hydrographiques*. 1868, p. 620.

marine soient un peu complètes. Le professeur Duncan nous nforme qu'outre les mollusques, il y a dans ce draguage de 994 brasses deux nouveaux genres de Coraux, et le *Flabellum distinctum*, qu'il considère comme identique avec un provenant du Japon du Nord. Cela coïncide avec les découvertes sur les côtes Lusitaniennes de deux espèces japonaises d'un genre de mollusques curieux (*Pecchiola* ou *Verticordia*), tous deux fossiles en Sicile et l'un dans le Crag corallien de Suffolk. Le professeur Wyville Thompson signale dans le même draguage des éponges non décrites.

Jeudi, 21 juillet. — Dragué de 600 à 1095 brasses (lat. 39° 40′ N.; long. 9° 40′ O.) avec succès. Outre beaucoup d'espèces nouvelles et particulières de Mollusques de la dernière station, dont plusieurs étaient vivantes, se trouvaient : *Nucula delphinodonta*, *Leda* (*Yoldia*) n. sp., *L. abyssicola*, *Axinus eumyarius*, *Siphonodentalium vitreum* (le premier étant de l'Amérique septentrionale et de Norwége, les trois derniers arctiques et norwégiens), *S. coarctatum* (fossile subapennin bien connu), *Dischides* (n. sp.), *Chiton albus* (du Nord), *Molleria costulata* (arctique), *Trochus reticulatus* (fossile de Calabre), *Omphalius monocingulatus*, Seg. MS. (fossile sicilien), *Hela* (n. sp.), *Eulima* (n. sp.), *Scalaria frondosa* (fossile de Livourne et du Crag), *Trachysma delicatum* (fossile sicilien). Il y avait en Crustacés : *Apseudes spinosa* (Norwége et Angleterre), *A. grossimanus* (n. sp.) et *Paranthura elongata* (n. sp.). En Polyzoaires : *Cellepora abyssicola* (n. sp. MS. Busk). En Coraux : *Cœnocyathus* (n. sp.) et une espèce non décrite d'un genre inconnu voisin du *Bathycyathus*. L'*Holtenia Carpenteri*, quelques autres Éponges rares, avec *Brisinga endecacnemos* et divers Échinodermes également intéressants, font partie de nos trésors ; mais la prise la plus importante fut celle d'un beau *Pentacrinus* long d'un pied, dont plusieurs étaient attachés à l'appareil. Cette découverte d'un vrai *Pentacrinus* dans les mers d'Europe couronna la journée de travail. M. Jeffreys l'a nommé le *P. Wyville-Thompsoni*. Il a été pris dans une boue limoneuse, et sa base étai entièrement libre. Des portions de bras se sont rencontrées dans d'autres draguages opérés sur les côtes lusitaniennes, et des articulations d'une espèce qui paraît être la même ont été trouvées dans la formation Zancléenne ou pliocène ancien près de Messine par le professeur Seguenza.

Juillet 27. — Dragué à 292 et 374 brasses à quelques milles au nord du cap Saint-Vincent. La dernière levée contenait deux énormes Éponges siliceuses ou vitreuses, dont l'une, ayant près de 3 pieds de diamètre dans sa partie supérieure, appartenait à l'espèce dite coupe de Neptune (*Askonema Setabulense*, Kent), outre la ravissante éponge *Aphrocallistes Bocagei*. Les Mollusques étaient en majorité septentrionaux, quelques-uns fossiles en Sicile. Deux espèces de Crustacés non décrites que M. Norman propose de nommer *Amathia Jeffreysi* et *Ethusa mirabilis*, ont été trouvées ici.

Juillet 29. — Nous avons été vers le midi et dragué entre le cap Saint-Vincent et Cadix entre 322 et 364 brasses. Les Mollusques comprenaient quelques-unes des nouvelles et remarquables espèces obtenues dans les draguages de 994 brasses, et d'autres, ainsi que *Terebratula vitrea*, *T. cranium*, *Pholadomya* (n. sp.), *Trochus amabilis*, *Pyramidella plicosa* (calcaire corallien de Belgique), *Tylodina Dubeni* (Norvége), *Cancellaria mitraeformis*, *C. subangulosa* (toutes deux coralliennes), *Pleurotoma galerita* et *Actaeon pusillus*. La nouveauté la plus remarquable ici obtenue a été une collection de disques sablonneux minces, ayant de 0,3 à 0,4 de pouce de diamètre et une légère proéminence centrale, qu'un examen ultérieur montra contenir un type tout nouveau d'*Actinoozon* très-aplati de forme, et entièrement privé de tentacules. Le docteur Carpenter, qui se chargea de décrire cet organisme curieux, lui a assigné le nom d'*Ammodiscus Lindahli*.

Août 3. — Dragué à 477, 651 et 554 brasses, au travers l'entrée du détroit de Gibraltar et vers la côte du Maroc ; la faune était septentrionale, mais chétive, le fond étant d'argile ferme et presque improductif. Quelques espèces non décrites de *Cioniscus* et *Bulla* étaient parmi les Mollusques; une Éponge remarquable ayant 18 pouces de long que le professeur Wyville Thompson regarde comme le type d'un genre nouveau voisin de *Esperia* (*Chondrocladia virgata*), une autre Éponge nouvelle et élégante du groupe *Holtenia* et à laquelle il a donné provisoirement les noms de *Pheronema? velutum* et *Aphrocallistes Bocagei*; deux espèces d'un corail pierreux (*Coenocyathus*), et quelques Crustacés et Annélides.

Le mardi 6 septembre, nous explorâmes les hauts fonds entre les bassins oriental et occidental de la Méditerranée qui s'étendent entre la côte africaine et la Sicile, et se nomment le banc d'Aventure. Les profondeurs sont ici de 30 à 250 brasses. Entre 25 et 85 brasses, nous avons trouvé les espèces suivantes de Mollusques : *Trochus saturalis*, *Ph.* (fossile sicil.), *Xenophora crispa*, Kœnig. (foss. sicil.), *Cylichna striatula*, Forb. (sicil. foss.), *C. ovulata*, Brocchi (foss. sicil.). A sept milles du point dit la *Chaise de Rinaldo*, entre 60 et 160 brasses, nous recueillîmes la *Tellina compressa*, Brocchi (foss. sicil.), espèce qui a pour synonymes les suivantes : *Tellina striatula*, Calcara, *T. strigillata*, Ph.; *Psammobia Weinkauffi*, Crosse ; et *Angulus Macandrei*, Sowerby ; aussi une Annélide intéressante, *Praxilla prœtermissa*, Malmgren (du nord). Nous avons encore ramené sur ce point une grande quantité de Polyzoaires, dont beaucoup étaient fort intéressants. Il en est en particulier un construit sur un plan très-élégant et à grandes réticulations qui est le type d'un genre nouveau, que M. Busk a rapproché d'une autre espèce venant des Canaries, et qu'il décrira sous le nom de *Climacopora*. Un grand nombre des espèces trouvées n'étaient déjà connues qu'à l'état fossile tertiaire. Les Mollusques étaient nombreux ; parmi eux se trouvaient une grande quantité de *Megerlia truncata*, présentant toute la série des divers états de développement, dont le plus jeune présentait un caractère très-remarquable, — une rangée de *soies* faisant saillie du bord de la coquille, et dépassant par leur longueur le diamètre déjà considérable de cette dernière. Parmi d'autres espèces intéressantes, il y avait : *Kellia* (sp. n. foss. sicil.); *Gadinia excentrica*, Tiberi; *Rissoa* (n. sp.) ; *Scalaria frondosa*, J. Sow. (foss. sicil. et coralliens) ; *Odostomia unifuciata*, Forbes ; *Pyramidella plicosa*, Bronn (sicil. et foss. craie corall.); *P. læviuscula*, Wood ; et *Actæon pusillus*, Forb. (sicil. foss.). Une forme intéressante dans les Annélides était la *Hyalinaecia tubicola*, Müller, qui est du nord. Les Échinodermes étaient très-abondants, mais appartenaient en grande partie aux types méditerranéens connus. Le *Cidaris hystrix* était surtout fréquent, et la comparaison de la série d'échantillons recueillis dans la croisière actuelle et la précédente, avec ceux pris dans la région du nord l'année passée, a permis au professeur Wyville Thompson de se convaincre que les *C. hystrix*, *C. papillata* et *C. affinis* sont spécifiquement identiques. Les coraux trouvés sur le banc d'Aventure constituent des objets ayant un intérêt tout particulier, en ce qu'ils appartiennent à la division des *Rugueux* qu'on supposait auparavant être complétement éteints.

W. B. Carpenter.

— Traduit de l'anglais, par Moulinié. —

BULLETIN DES SOCIÉTÉS SAVANTES

Académie des sciences de Paris

SÉANCE DU 30 OCTOBRE 1871

Après la lecture du procès-verbal, M. Dumas dépouille la correspondance, et mentionne, en premier lieu, un Mémoire de M. *Rives*, relatif à une question qui intéresse au plus haut point les navigateurs. Il s'agit d'un moyen d'éliminer rapidement les voies d'eau d'un navire pendant sa marche, moyen qui est renvoyé à l'appréciation de M. l'amiral Paris, membre de l'Académie.

M. *John Godmann* adresse un mémoire écrit moitié en français, moitié en anglais, et dans lequel il se propose d'étudier comment l'économie animale arrive à transformer l'albumine en fibrine. Suivant M. Godmann, cette transformation s'effectuerait sous l'influence de l'eau. Ce Mémoire est envoyé à l'examen de MM. Würtz et Robin.

M. *Damour*, correspondant de l'Académie, a étudié la composition chimique de deux espèces de grenats. L'un d'eux est connu depuis longtemps par les minéralogistes, sous le nom de *grenat d'Arendal*. L'étude de la dilatation de ce minéral, faite suivant les procédés de M. Fizeau, avait déjà mis en relief des différences notables entre lui et les autres grenats. Or, M. Damour trouve que le grenat d'Arendal contient bien de la silice, de l'alumine et de la chaux, à la manière des grenats grossulaires, mais dans des proportions toutes différentes, et qui en font une véritable idocrase. Le second grenat étudié par M. Damour provient du Brésil (?) ; c'est un véritable grenat grossulaire.

Un travail de M. *Scheurer-Kestner* sur les quantités de chaleur dégagées par la combustion de certaines houilles d'Angleterre, contient de fort curieux résultats. M. Scheurer-Kestner a comparé ces quantités de chaleur à celles que dégagent dans les mêmes circonstances la cellulose et les lignites.

A priori, la cellulose, composée de charbon uni à une certaine quantité d'eau, semblait devoir dégager en brûlant exactement la même quantité de chaleur que le charbon qu'elle contient. C'est là une prévision que l'expérience confirme pleinement.

Outre le charbon et les éléments de l'eau, les houilles et les lignites contiennent encore de l'hydrogène, et l'on peut évaluer la quantité de chaleur que ces divers éléments dégageraient, en brûlant, s'ils étaient séparés.

Ce calcul étant fait, M. Damour démontre que la houille dégage en brûlant plus de chaleur que n'en dégageraient isolément les éléments qui la constituent ; le contraire arrive pour les lignites. On pourrait en conclure que le travail chimique qui a accompagné la formation de ces divers combustibles a été accompagné, pour la houille, d'une absorption de chaleur ; pour les lignites, au contraire, d'un dégagement de chaleur. C'est là une donnée dont les géologues auront à tenir compte dans leurs théories relatives à la formation de ces produits.

De même, voici un fait, signalé par M. *Raoul*, professeur à la Faculté des sciences de Grenoble, et qui doit être pris en considération par les botanistes qui s'occupent de physiologie végétale.

M. Raoul remplit d'une même dissolution de sucre pur deux tubes de verre fermés par un bout, effilés par l'autre. Ces dissolutions sont portées dans ces tubes à la température de l'ébullition, et lorsque l'air a été chassé par la vapeur d'eau, les tubes sont fermés à la lampe. Chacun d'eux contient alors une dissolution de sucre pur, en contact seulement avec la vapeur d'eau et débarrassée par l'ébullition de toute trace d'organismes vivants. De ces tubes, l un est conservé pendant cinq mois à l'abri de la lumière ; l'autre, pendant tout ce temps, est soumis à l'action du soleil. Au bout du cinquième mois, l'analyse chimique montre que le contenu du premier tube n'a subi aucune modification, tandis qu'il s'est formé dans le second une quantité considérable de glycose. Près de la moitié du sucre a éprouvé cette transformation. Ce résultat peut servir à éclairer la question de savoir si, dans les végétaux, c'est le glycose ou le sucre de canne qui préexiste, ou si ces deux corps sont l'un et l'autre des productions directes. On peut remarquer dès à présent, cependant, que le sucre de canne se trouve dans les racines de betterave ou dans la tige de certains végétaux où il est complétement à l'abri des rayons du soleil ; on comprend, d'après ce qui précède, qu'il ne s'en trouve ni dans les feuilles, ni dans les fruits où les rayons solaires le transformeraient promptement en glycose. C'est, en effet, ce dernier sucre que l'on extrait des fruits ; mais on ignore s'il provient d'un sucre analogue au sucre de canne existant antérieurement à lui, ou s'il s'est formé directement.

Une nouvelle communication de M. *Berthelot* vient s'ajouter à celles que l'éminent professeur du Collége de France a envoyées à l'Académie, touchant les actions mutuelles des sels en dissolution. Grâce à l'introduction, dans l'étude des phénomènes chimiques, de mesures thermométriques très-précises, M. Berthelot est parvenu à prouver expérimentalement l'existence réelle d'un bon nombre de phénomènes qui n'avaient encore été que pressentis. Ainsi, on admettait généralement, sans le prouver, que lorsque deux sels contenant chacun une base forte, ou un acide fort existaient simultanément dans une dissolution, il y avait décomposition réciproque, partielle des deux sels, et, par conséquent, formation de quatre sels distincts. Les phénomènes thermiques qui s'observent dans ce cas montrent que ces décompositions se produisent réellement. Si l'un des acides ou l'une des bases est faible, la décomposition est complète ; l'acide fort et la base forte s'unissent pour former un sel nouveau ; il en est de même de l'acide et de la base faibles. Dans tous les cas, il semble que l'action soit dirigée de manière à subordonner la formation de tous les autres composés à celle du composé le plus stable, qui est ainsi le véritable directeur des phénomènes.

Ces résultats donnent la solution d'une question pendant longtemps fort embarrassante pour les chimistes qui se sont occupés des eaux minérales. Il s'agissait de savoir si l'hydrogène sulfuré préexistait dans ces eaux, ou s'il n'était que le résultat de réactions entre divers éléments dissous dans l'eau. Or, M. Berthelot démontre que les sulfures alcalins sont décomposés par l'eau en potasse et en hydrogène sulfuré, qui demeure libre ou s'unit aux sulfures de manière à former des hydrosulfates ; ces derniers sels n'éprouvent, au contraire, de la part de l'eau, aucune action chimique. Il est donc certain que les eaux minérales sont d'abord uniquement chargées de sulfures qu'elles dissolvent pendant leur course à l'intérieur de la terre ; ces sulfures, plus tard décomposés par leur dissolvant, fournissent l'hydrogène sulfuré et les sulfhydrates.

On peut rapprocher des travaux de M. Berthelot ceux que poursuit depuis longtemps déjà, avec autant de constance que d'habileté, M. *Favre*, professeur à la Faculté des sciences de Marseille. Ces travaux portent sur les décompositions produites par la pile. On sait — et cela est vulgaire — que si l'on soumet du sulfate de cuivre à l'action de la pile, le cuivre se dépose sur un électrode, l'acide sulfurique et l'oxygène se rendent à l'autre. Si, au sulfate de cuivre on substitue du sulfate de potasse, ce n'est pas du potassium que l'on recueille sur l'électrode vers lequel se rendait le cuivre tout à l'heure, mais bien de la potasse. On peut interpréter ce fait de deux manières : ou bien l'accepter tel quel, ou bien admettre que le potassium est réellement séparé, mais qu'aussitôt mis en liberté, il décompose l'eau pour former de la potasse, en même temps que de l'hydrogène se dégage. Cette dernière hypothèse était adoptée sans preuves par les chimistes ; l'étude des phénomènes calorifiques qui se produisent dans ces circonstances a permis à M. Favre de démontrer que c'était bien ainsi que les choses se passaient.

M. *Barbe*, capitaine d'artillerie, directeur de la manufacture de dynamite de Port-l'Isle, près de Port-Vendres (Pyrénées-Orientales), adresse à l'Académie quelques notes relatives à l'usage de la dynamite. Cette substance, composée, comme on le sait, d'un mélange de nitroglycérine et de sable siliceux, a été souvent employée avec avantage à la place de la poudre ; elle est devenue célèbre depuis notre dernière guerre.

M. Barbe en préconise l'emploi toutes les fois qu'on a à désagréger des roches dures, fissurées ou noyées ; au contraire, la poudre est préférable dans les roches tendres et homogènes, comme le calcaire par exemple.

Voici quelques résultats qui ont été observés dans le percement du tunnel de Saint-Ziste, sur le chemin de fer de Montpellier à Rhodez. On employa d'abord la poudre pour percer ce tunnel, puis la dynamite ; celle-ci venant à manquer on revint à la poudre. Or, dans le foncement des puits la poudre permettait d'avancer de 8 centimètres par jour, la dynamite de 30 centimètres; dans le creusement de la galerie, on avançait avec la poudre de 30 centimètres par jour, avec la dynamite de $1^m,30$. Ainsi, dans les deux cas, la dynamite avait donné des résultats quatre fois plus considérables que la poudre. Son emploi avait été par conséquent très-économique ; il y a lieu de se demander si l'économie réalisée par l'usage de la dynamite ne permettrait pas d'exploiter avantageusement des mines trop pauvres ou trop épuisées pour être exploitées avec bénéfice par les anciens procédés. Ce pourrait être là pour le pays un accroissement notable de richesses. — Le mémoire de M. Barbe et les questions qui s'y rattachent sont renvoyés à l'étude de MM. Dumas, Combes et Morin.

M. *Jobert* prétend que si l'on tire d'une personne isolée des étincelles électriques, ces étincelles sont spécifiques et caractérisent absolument cette personne. Si M. Becquerel, à qui est renvoyé ce mémoire, est de l'avis de l'auteur, ce sera là une manière aussi nouvelle que singulière de donner un signalement; nous doutons pourtant que cela soit jamais très-utile aux gendarmes.

M. Stanislas Meunier envoie à l'Académie plusieurs paquets cachetés. L'Académie accepte le dépôt de ce jeune savant Elle accepte de même un pli cacheté de M. Francisque Michel.

Le général *Didion* fait hommage à l'Académie d'un travail relatif au tracé des roues hydrauliques de Poncelet.

Les Mémoires de l'Académie des sciences de Stockholm étant assez peu répandus, M. le secrétaire perpétuel signale un travail de M. Edlung sur la force électromotrice des métaux. Relativement à leur puissance électromotrice, les métaux sont rangés exactement dans le même ordre que relativement à leur puissance thermoélectrique; seulement, les nombres qui expriment ces deux sortes de puissances ne sont pas proportionnels.

Enfin, M. Dumas fait hommage à l'Académie, de la part des auteurs, des deux ouvrages suivants :

Le Monde et l'homme primitif, par Mgr Meignan, évêque de Châlons.

Le Déluge mosaïque, par M. l'abbé Lambert, docteur en théologie.

Après le dépouillement de la correspondance, M. le président *Faye* prend la parole pour remercier l'Académie de la bienveillante attention qu'elle a prêtée aux diverses communications faites par lui dans ces derniers temps, et qui sont comme le résumé de sa vie scientifique.

M. Faye ne peut sans une légitime émotion se rappeler le concours empressé qu'il a constamment trouvé auprès de ses collègues et de bien d'autres savants dans le cours de ses travaux. Plus que jamais il apprécie en ce moment les éléments de fécondité que recèle en lui ce Paris dont on a tant médit et qui, malgré quelques moments d'aberration bien vite oubliés, n'en sera pas moins toujours la ville incomparable, l'honneur et la gloire de notre pays.

L'Académie s'associe de cœur à ces paroles chaleureuses et patriotiques. Au sujet de quelques mots de l'allocution de M. Faye relatifs aux applications de la photographie à l'étude des phénomènes astronomiques, M. Dumas relève une erreur qui s'est glissée dans le brillant discours de M. Ernest Legouvé à la séance annuelle des cinq académies de l'Institut. M. Legouvé a paru attribuer trop exclusivement à Daguerre l'invention des procédés de la photographie; il appartient à l'Académie, gardienne de l'équité, de faire ressortir la part immense qu'eut dans cette découverte le trop modeste Nicéphore Niepce. M. Chevreul fait à ce propos un historique intéressant des vicissitudes qu'eut à traverser M. Niepce à l'époque de son invention. M. le général Morin et M. Dumas s'associent pleinement aux éloges que M. Chevreul fait de Nicéphore Niepce.

Après M. Chevreul, M. *Daubrée* a la parole pour lire un mémoire sur les gisements de phosphate de chaux qui ont été récemment découverts dans le Tarn-et-Garonne et dans le Lot. Ces gisements reposent sur des plateaux jurassiques; cependant tout porte à croire qu'ils sont crétacés ou même tertiaires. On n'y trouve pas de coquilles comme dans d'autres régions, mais quelques ossements de vertébrés (chauves-souris, oiseaux, tortues). L'origine de ces dépôts n'est certainement pas organique ; ils ont été amenés de l'intérieur du sol par des sources minérales. M. Daubrée cite à ce sujet divers dépôts analogues de ce minéral qu'on appelle phosphatite, ou de minéraux différents qui ont été formés à des époques diverses et dans les mêmes conditions. Dans le Lot et le Tarn-et-Garonne le phosphate de chaux se trouve distribué en masses peu étendues et peu profondes sur une surface de 300 kilomètres carrés.

M. le docteur *Bouillaud* fait hommage à l'Académie d'un livre sur *la Raison et la Folie*, de M. *Fournet*. M. Fournet a cherché à n'être, dans son livre, ni spiritualiste, ni matérialiste; il a essayé de réconcilier entre elles les deux écoles ; heureux, ajoute l'illustre académicien, s'il ne s'est pas fait des ennemis de toutes les deux !

De la part de M. *Jourdain*, professeur à la Faculté des sciences de Montpellier, M. Blanchard dépose une note sur la génération des *Helix*. L'appareil génital de ces animaux est composé d'un nombre considérable de parties dont l'usage a jusqu'ici fort embarrassé les zoologistes. M. Baudelot a éclairci autrefois plusieurs points de la question. M. Jourdain donne des renseignements nouveaux sur les usages du *flagellum*, du dard, et sur le point précis où s'effectue la fécondation des ovules. Il s'élève contre cette idée que les spermatozoïdes continuent leur développement dans la poche copulatrice ; ils arrivent là tout développés, enfermés seulement dans leur spermatophore qui serait une production du flagellum. Quant au dard calcaire, ce serait un organe excitateur que, pendant l'accouplement, les deux animaux enfonceraient réciproquement dans leur chair et y abandonneraient.

M. Combes dépose un mémoire sur les nodules du phosphate de chaux.

M. Delaunay annonce que les éléments de la 103e petite planète, découverte il y a quatre ans, viennent d'être définitivement calculés, par M. *Leveau*, sur les observations faites dans ce laps de temps.

M. Wurtz dépose une note d'un chimiste dont le nom ne parvient pas jusqu'à nous, et qui a étudié le spectre de la flamme refroidie du phosphore. Cette flamme prend une teinte verdâtre, et sa lumière est la même que celle que l'on obtient en faisant passer sur des bâtons de phosphore un jet d'hydrogène que l'on fait ensuite se dégager par une même ouverture, et qui devient phosphorescent dans l'obscurité.

Après une communication de M. Leverrier sur les travaux de M. *Diamilla Müller* relatifs au magnétisme terrestre, l'Académie se forme en comité secret.

Certains documents que nous avons vu circuler pendant la séance nous font supposer qu'il s'agit de la fondation d'une association pour l'avancement des sciences, analogue à celles qui existent depuis longtemps en Allemagne, en Angleterre et en Amérique. Nous rappellerons, à ce sujet, que la *Revue* a insisté, dans un de ses numéros du mois d'août dernier, sur les services que rendrait à la France une semblable association. Si l'idée se réalise, la *Revue scientifique* peut se considérer, à bon droit, comme en ayant été l'une des premières promotrices.

Académie de médecine de Paris

SÉANCE DU 31 OCTOBRE 1871

M. le président *Wurtz* annonce la mort de M. le docteur Simonin père, de Nancy, membre correspondant.

Une nouvelle modification du forceps consistant en une troisième branche mobile, pour lui donner plus de solidité, est présentée par M. *Devilliers*, au nom de M. le docteur *Boens*, de Charleroi.

Des autres présentations, deux se distinguent par les éloges qui leur sont accordés : c'est un mémoire manuscrit de M. le docteur Bancel, sur un service de blessés, et le *Traité des maladies des yeux*, de M. le docteur Galezowski. Cet ouvrage en deux volumes se distingue de tous les autres traités contemporains d'ophthalmologie, dit M. le professeur *Richet*, en ce qu'il représente vraiment l'école française, et rappelle tous ses travaux. Contrairement à de Græfe qui, après avoir été chef de clinique de M. le professeur Desmarres, n'a pas daigné signaler ses travaux ni son nom dans ses ouvrages, M. Galezowski les rapporte à son maître et à tous les auteurs français, notamment sur la blépharoplastie.

— M. *Chevallier* lit, au nom de M. *Mialhe*, un rapport fait sur la demande du gouverneur général de l'Algérie par la commission permanente des eaux minérales, sur l'aménagement de la source de *Hammam-Malouan*. Après des modifications apportées, par M. Dujardin, au projet primitif, en diminuant notablement les dépenses, et en faisant encore sortir ces eaux thermales, après un assez long parcours, à une température de 35 degrés, l'Académie donne son approbation.

— M. *Briquet* continue la lecture de son mémoire sur les varioleux observés pendant le siége de Paris.

M. *Vulpian* conteste d'abord l'exactitude de la description anatomo-pathologique de la pustule variolique. L'emploi du microscope en a changé le siége. Au lieu de se trouver entre le derme et l'épiderme, où M. Briquet la place, elle se trouve bien réellement au centre même du corps de Malpighi. Les descriptions données par MM. Cornil, Ranvier et d'autres le montrent sans réplique. Il en relate les lésions pendant le développement de la vésico-pustule.

Il nie ensuite l'existence d'un disque pseudo-membraneux entourant la pustule affirmée énergiquement par M. Briquet ; cinquante à soixante fois, il l'a soulevé, disséqué avec la pointe du scalpel, et exposé en entier sur la table, simple ou multiple, suivant la confluence des pustules. C'est un corps indéniable dont l'existence importe d'autant plus qu'elle sert à distinguer la pustule de la variole de celle de la varioloïde qui n'a pas ce disque. Mais, ajoute M. Vulpian, ce n'est là ni un corps pseudo-membraneux, ni fibro-plastique, mais tout simplement les débris de la peau macérée et les détritus de la pustule condensés et desséchés.

Mais en signalant de nouveau la présence de leucocytes en abondance sous la pustule et dans les vacuoles du corps de Malpighi, comme une preuve même de leur extravasation des vaisseaux, et de la théorie de la suppuration par l'émigration de ces globules, M. Vulpian soulève à son tour plusieurs objections. M. *Chauffard* s'étonne surtout qu'il n'ait pas tenu compte des recherches et des expériences de M. Chauveau, de Lyon, que les lecteurs de la REVUE SCIENTIFIQUE ont eues sous les yeux dans les précédents numéros, pour préciser le corps du délit, et particulariser l'objet même de la virulence.

Je n'avais pas à m'occuper de cet objet, répond M. Vulpian, et M. Colin vient à son secours en niant carrément la réalité des assertions de M. Chauveau. On sait, en effet, qu'en répétant ses expériences, il n'a pu réussir à isoler les corpuscules virulents. Et la preuve que ces corpuscules ne sont pas les seuls agents virulents, dit-il, c'est que des liquides virulents comme ceux du charbon, de la morve et du farcin n'ont pas de ces éléments figurés, et sont aussi virulents que la lymphe vaccinale. C'est l'objection la plus sérieuse ; car il est rare que deux expérimentateurs, en ces matières délicates, obtiennent absolument les mêmes résultats ; sinon ils diffèrent dans leur interprétation.

C'est ainsi que tout en étant d'accord avec M. Vulpian sur la présence des leucocytes, M. Colin l'attribue à leur formation sur place, sinon à leur transport par les lymphatiques au milieu même des tissus.

Je les ai vus sortir des vaisseaux, s'écrie M. Vulpian, vus de mes yeux, je ne saurais douter de leur origine. Mais M. Verneuil objecte qu'en cherchant ces leucocytes en dedans et en dehors des vaisseaux chez des blessés forts et robustes, morts subitement après l'accident, il n'en avait pas rencontré. Comment auraient-ils donc pu sortir en abondance des vaisseaux, et en former comme un manchon quelques jours après, si le blessé avait vécu ? De plus, chez d'autres blessés qui ont survécu assez pour que la suppuration s'établît, il a trouvé des leucocytes en abondance dans l'intérieur et au dehors de la veine émergeant de la blessure en suppuration, tandis qu'il n'y en avait pas dans la veine correspondante. Il y a donc là encore bien des inconnues, et cette discussion montre que la théorie du passage des globules blancs de l'intérieur à l'extérieur des veines, née en Allemagne, est loin d'être admise en France, malgré les efforts de M. Vulpian pour la faire accepter. Nous avons tout lieu d'être défiants sur ces articles de provenance germanique, et nous ne les accepterons, désormais, que sous bénéfice d'inventaire, c'est-à-dire après vérification et contrôle.

BULLETIN DES COURS PUBLICS

Faculté des sciences de Paris

GÉOMÉTRIE SUPÉRIEURE (les mercredis et vendredis, à midi et demi). M. CHASLES (de l'Institut), professeur. M. OSSIAN BONNET (de l'Institut), suppléant, ouvrira ce cours le mercredi 8 novembre. Il traitera des applications de la méthode infinitésimale à la théorie des lignes et des surfaces courbes.

ALGÈBRE SUPÉRIEURE (les mercredis et vendredis, à huit heures et demie). — M. HERMITE (de l'Institut) ouvrira ce cours le vendredi 3 novembre. Il fera la première partie du cours d'Analyse.

CALCUL DIFFÉRENTIEL ET INTÉGRAL (les lundis et jeudis, à huit heures et demie). — M. J. A. SERRET (de l'Institut) ouvrira ce cours le lundi 6 novembre. Il fera la seconde partie du cours d'Analyse.

ASTRONOMIE MATHÉMATIQUE ET MÉCANIQUE CÉLESTE (les lundis et jeudis, à dix heures et demie). — M. PUISEUX, professeur, ouvrira ce cours le lundi 6 novembre. Après avoir traité des Perturbations du mouvement des planètes, il exposera les Méthodes par lesquelles on calcule les positions de ces astres, et il en fera l'application aux passages de Vénus sur le disque du soleil.

CALCUL DES PROBABILITÉS ET PHYSIQUE MATHÉMATIQUE (les mardis et samedis, à dix heures et demie). — M. BRIOT, professeur, ouvrira ce cours le mardi 29 novembre. Il traitera des Fonctions elliptiques et des Fonctions abéliennes.

PHYSIQUE (les mardis et samedis, à une heure et demie). — M. P. DESAINS, professeur, ouvrira ce cours le samedi 4 novembre. Il traitera de la Chaleur, du Magnétisme, de l'Électricité, de l'Électro-magnétisme et de leurs principales applications.

CHIMIE (les lundis et jeudis, à une heure). — M. H. SAINTE-CLAIRE DEVILLE (de l'Institut) ouvrira ce cours le jeudi 9 novembre. Il exposera les Principes généraux de la chimie ; il fera l'Histoire des métaux.

ZOOLOGIE, ANATOMIE, PHYSIOLOGIE COMPARÉE (les mardis et samedis, à trois heures et demie). — M. MILNE EDWARDS (de l'Institut) ouvrira ce cours le samedi 11 novembre. Il traitera de l'Anatomie comparée et de la Physiologie des animaux.

MINÉRALOGIE (les mercredis et vendredis, à deux heures). — M. DELAFOSSE (de l'Institut) ouvrira ce cours le mercredi 8 novembre. Après avoir exposé les propriétés générales des Minéraux, il fera l'histoire des principales espèces, et plus particulièrement de celles de la classe des Pierres.

Le propriétaire-gérant : GERMER BAILLIÈRE.

PARIS. — IMPRIMERIE DE E. MARTINET, RUE MIGNON, 2.

LA

REVUE SCIENTIFIQUE

DE LA FRANCE ET DE L'ÉTRANGER

REVUE DES COURS SCIENTIFIQUES (2e SÉRIE)

DIRECTION : MM. EUG. YUNG ET ÉM. ALGLAVE

2e SÉRIE — 1re ANNÉE | NUMÉRO 20 | 11 NOVEMBRE 1871

Paris, le 10 novembre 1871.

L'influence scientifique française vient de s'affirmer de la manière la plus complète à la cinquième session du Congrès international d'archéologie et d'anthropologie préhistoriques qui vient d'avoir lieu à Bologne. D'après le règlement, il y avait six vice-présidents, deux nationaux et quatre étrangers à élire. Voici quel a été le résultat du scrutin :

Professeur de Quatrefages (France)..........	78 voix.
Sénateur Scarabelli (Italie)......................	75
Professeur Carl Vogt (Suisse)...................	74
Professeur Stéenstrup (Danemark)...........	70
Professeur comte Conestabile (Italie)........	67
Édouard Dupont (Belgique)......................	64
Professeur Virchow (Prusse).....................	37

Ainsi le premier vice-président élu a été un Français. Le savant le plus renommé de la Prusse n'a pas été nommé. Quatre Français ont été adjoints au secrétariat : MM. Cazalis de Fondouce, docteur Garrigou, E. Cartailhac et Ernest Chantre. M. Paul Geronis a été nommé du conseil. Enfin M. Gabriel de Mortillet, président honoraire, comme fondateur du Congrès, a occupé le fauteuil de la présidence à l'une des séances publiques.

La seconde affirmation est plus importante encore. A la précédente session du Congrès qui a eu lieu à Copenhague, le président, M. le professeur Worsaae, et neuf autres membres étrangers à la France, ont émis le vœu qu'à l'avenir la langue française soit adoptée comme langue unique du Congrès. Ce vœu, grâce à M. le comte Gozzadini, président, et à M. le professeur Capellini, secrétaire-général, a été réalisé à la réunion de Bologne, et voté d'une manière définitive par l'assemblée, dans une séance présidée par M. le comte Conestabile, assisté d'un bureau composé entièrement de membres non Français.

En annonçant la mort de sir Roderick Murchison, le *Times* fait le rapprochement suivant entre l'illustre auteur de *Siluria* et un savant mathématicien anglais, mort presque en même temps, M. Babbage :

Nous avons, dit le *Times*, rendu les derniers devoirs à deux hommes illustres nés dans le même temps sur le sol de l'Angleterre, et disparus ensemble en laissant tous deux une trace lumineuse dans le monde savant. Sir Roderick Murchison et Babbage ont marché côte à côte dans le champ de la science; mais l'un par une voie pleine de fleurs, l'autre par un sentier semé de ronces et d'épines. Sir Roderick a été heureux et populaire; il a joui de ses triomphes, et la fortune lui a constamment souri. Le vénérable Babbage a payé même ses succès scientifiques de tous les mécomptes, de toutes les douleurs, et il est mort dans la pauvreté. La branche d'études à laquelle chacun d'eux s'était voué a eu dans ce résultat une influence inévitable. La géologie, nous le savons tous, est un texte charmant pour des conférences publiques, pour des enseignements agréables, pour des conversations tour à tour profondes ou légères; elle est facile à populariser, à vulgariser surtout. M. Babbage, lui, était de la douloureuse famille des mathématiciens et des inventeurs. Ce sont des solitaires qui demeurent étrangers à la multitude; les logarithmes ne sont pas son affaire, et ce grand savant serait encore inconnu du vulgaire sans la machine dite *Babbage*, qui a popularisé son nom. Mais quand le public apprit qu'on avait inventé une machine à faire des calculs, et prêté, comme il dit, une pensée au métal, il fut frappé de la merveille. La découverte de M. Babbage que certaines propriétés des nombres pouvaient être traitées par des procédés mécaniques le charma plus que les travaux qui avaient conquis au vieux chercheur les suffrages de tout le monde savant.

Agés tous deux de plus de quatre-vingts ans, ces deux hommes de bien et de mérite, l'honneur de la science en Angleterre, se sont succédés, à quatre jours d'intervalle, dans l'éternité. Leurs destinées diverses les ont suivis jusqu'au bord de la tombe, et tandis que sir Roderick recevait les derniers hommages de ses nombreux admirateurs, un seul ami et un seul carrosse, celui de la duchesse douairière de Somerset, accompagnait à sa dernière demeure le premier mathématicien de l'Angleterre.

Nous extrayons d'une lettre de M. Vinnecke, les renseignements suivants :

« Il vous sera peut-être de quelque intérêt d'avoir ma première observation de la comète découverte par Tempel à Milan, le 3 novembre. La voici :

Nov. 5... 7h. 10′ 43″ (temps moyen de Carlsruhe).
Ascension droite de la comète.. 18h. 33′ 36″,03
Déclinaison sud............ 11h. 14′ 28″

La comète est peu brillante, d'un diamètre de deux minutes et demie, ronde et sans condensation sensible au centre. L'ascension droite augmente de 1′ 42″ par jour, et son mouvement de déclinaison, dirigé vers le sud, est de 1 degré 2 minutes par jour. »

Voici d'autres observations faites à Paris :

Nov.	T. moy. de Milan.	Asc. droite.	Décl. sud.
3	7h. 30.	18h. 37′ 52″	9° 14′
4	6h. 34.	38′ 12″	10° 13′
5	6h. 24.	38′ 36″	11° 12′

LA LIBERTÉ DE L'ENSEIGNEMENT SUPÉRIEUR

La liberté de l'enseignement supérieur est un principe ; ce sera prochainement un fait accompli. La nation s'en trouvera-t-elle mieux ou plus mal ? Faut-il se réjouir de ce fait ou le déplorer ? En tout cas, ne faut-il pas en prévoir les conséquences, parmi lesquelles la première sera la désorganisation et la réforme de certains établissements de l'État ? Telles sont les questions qui seront traitées ici.

Commençons par les objections.

Une des plus importantes est la lutte du clergé contre la société laïque : on redoute l'extension des congrégations se constituant à l'état de personnes civiles sous le couvert de la liberté d'enseignement.

Il ne peut pas se fonder d'établissements sérieux pour l'instruction libre si ces établissements sont privés du droit de posséder, de recevoir des dons et legs, et de devenir des personnes civiles. Une université sans revenus fixes, sans capital inaliénable, n'est pas une institution durable. Il faut donc donner ce droit aux universités ou facultés libres. Mais, dit-on, c'est le rétablissement des biens de main-morte. A cela, les partisans du système des associations ou congrégations répondent que cette sorte de personnes civiles peut être assimilée aux sociétés commerciales anonymes à durée illimitée avec droit d'extension. L'assimilation n'est pas juste. En effet, les sociétés commerciales fondées sur la spéculation ne capitalisent pas indéfiniment ; elles ont presque toutes leurs valeurs en circulation, elles donnent des dividendes, rendent des comptes au public qui voit leurs livres ; elles changent de main, et ne sont jamais un État dans l'État.

Il n'en est pas de même des biens de main-morte entre les mains des congréganistes. Leur but est de dominer la société et de tenir tête à l'État, dans un ordre tout spirituel, soit ; mais qui distinguera l'ordre spirituel de l'ordre politique ? Tel est l'argument que la société civile oppose, dans notre pays, aux entreprises du clergé et du parti catholique exclusif. Cet argument n'est pas nouveau ; on le retrouve à toutes les époques de notre histoire dans la bouche des orateurs des parlements et dans les édits des rois ; mais il n'a jamais été plus opportun qu'à notre époque.

Voilà la vérité tout entière et sans réticences. Pourquoi invoquer les principes, quand il s'agit d'une question de fait ? Du reste, ce n'est pas seulement sous le couvert de l'état de professeur que cette influence cléricale peut s'exercer ; les hôpitaux ou les maisons de secours peuvent devenir des personnes civiles administrées par des religieux. Ces établissements, aptes à recevoir des dons et des legs, jouissant de revenus éventuels ou fixes, peuvent prendre une importance très-grande.

La puissance du clergé est donc l'objectif que redoutent uniquement les adversaires décidés de la liberté d'association et d'enseignement. Toute autre catégorie de personnes est impuissante à inspirer les mêmes craintes.

Cependant les congrégations ayant droit de posséder à titre de personnes civiles existent déjà pour l'enseignement primaire et pour l'enseignement secondaire. Le fait n'est donc pas nouveau. Il s'agit d'étendre cette liberté aux établissements d'enseignement supérieur, et il n'est pas prouvé que là l'influence du clergé doive être plus grande, plus envahissante, qu'elle ne l'est dans l'enseignement primaire ou secondaire. Le champ ici est bien moins vaste et cette influence s'exerce non plus sur de jeunes intelligences non formées, mais sur des esprits déjà cultivés et maîtres d'eux-mêmes.

Quoi qu'il en soit, la liberté est un principe sacré ; toutefois, il est à remarquer que l'on invoque toujours ce principe sur le point précisément où l'on se sent fort et qu'on le renie là où l'on se sent faible.

Le mot de liberté est invoqué de tous côtés, et sert d'enseigne à tous les mécontents ; à peine sont-ils, non pas au pouvoir, mais à la veille d'y monter, que dans leur impatience ils se démasquent, s'emparent de la liberté sur le point qu'ils convoitent, et privent leurs adversaires de leur liberté. Par exemple, on a vu une populace avinée fermer les églises et y briser les objets du culte, au nom de la liberté ; tout le monde sait que la principale passion de quelques libres-penseurs, qui ne sont que des fanatiques, est de déreligioser l'éducation et de faire disparaître par des lois, ou de vive force, les cultes religieux et leurs ministres. La liberté elle-même peut donc devenir une forme de l'hypocrisie, n'être qu'un mot qu'on invoque pour soi et contre ses adversaires. Le prétexte est qu'on ne doit pas tolérer la liberté du mal, or, le mal c'est l'adversaire, et le bien, c'est ce qu'on fait soit-même. Ce naïf raisonnement est à la portée des intelligences les plus étroites, il est instinctif ; on s'en corrige par l'éducation quelquefois, et l'on devient alors tolérant, ce qui ne veut pas dire indifférent, car en souffrant des opinions contraires aux nôtres, nous ne renonçons pas à combattre loyalement et à prêcher pour nos idées.

Pour prendre un autre exemple de cette application que chacun se fait à lui-même de la liberté en la refusant à ses adversaires, ne sait-on pas qu'il y a en France deux partis opposés qui réclament la liberté, l'un pour les cultes, l'autre pour l'instruction ? Pourquoi ne pas accorder à la fois l'une et l'autre ? Sur quoi les fervents amants de la liberté se fondent-ils pour êtres libres ici et non libres là ? Voici l'explication de ce phénomène : les prêtres catholiques ne veulent point de la séparation des cultes et de l'État, parce qu'ils pensent que cela leur nuirait ; il veulent, au contraire, la liberté de l'instruction, parce qu'ils croient pouvoir s'agrandir par là. D'autre part, les libres-penseurs s'accommodent fort bien de la séparation des cultes et de l'État ; mais quelques-uns d'entre eux redoutant que les prêtres ne s'emparent de l'enseignement, aiment mieux en maintenir le privilége à l'État ; question d'intérêt de part et d'autre.

Tout le monde, sans doute, veut la liberté, et il est inutile de proclamer un fait si banal ; pourtant ceux qui en parlent si fort ont presque toujours une arrière-pensée qu'ils ne disent pas, mais qu'on découvre avec le temps.

Peu importe ; la liberté a, dit-on, son correctif en elle-même, et ne l'eût-elle point, que quelques esprits généreux et hardis l'accorderaient quand même, parce que c'est un principe... Il ne faut donc pas douter que la liberté d'enseignement avec toutes ses conséquences, et entre autres les associations ayant droit de posséder et d'accepter des legs, ne soit prochainement proclamée. L'État mis en cause, accusé d'être juge et partie, ne peut résister longtemps. D'ailleurs, ce n'est pas seulement les considérations philosophiques ou politiques qu'on invoque ; l'État est accusé de donner mal l'instruction et de démoraliser la jeunesse. On lui demande le droit pour les parents de faire élever leurs enfants comme et par qui ils l'entendent. L'État doit céder. Aussi ne faut-il pas lutter ; il faut seulement expliquer la vérité de la situation et n'être pas trop crédule.

En ce qui concerne la liberté d'enseignement, il n'est pas nécessaire de prouver longuement que nulle personne privée, ni aucune association laïque, ne peuvent inspirer des craintes égales à celles qu'à tort ou à raison l'on conçoit à l'endroit du clergé. Et d'abord, notre pays ne connaît pas plus de deux ordres de convictions pouvant engendrer des sociétés de propagande : l'un est la foi catholique, l'autre est l'intolérance antireligieuse ou l'athéisme agressif. Il n'y a pas à tenir compte du protestantisme qui ne fait pas et ne cherche pas à faire de prosélytes en France. Ce qui manque à notre pays pour ces luttes religieuses, ce n'est pas la foi dans telle ou telle doctrine, c'est l'appétit religieux lui-même. Le sens religieux a été mis chez nous à de si rudes épreuves, qu'il s'est presque détourné de toute formule.

Notre société dans son ensemble est inquiète à l'endroit de ses croyances, et elle ne veut pas accroître la puissance du clergé. Cette disposition explique comment, au milieu de toutes les revendications des partis révolutionnaires, la liberté de l'enseignement a occupé une si petite place, la masse de la nation voyant sans déplaisir l'État former une digue à l'accroissement des corporations enseignantes.

Cette société sceptique veut-elle du moins mettre son activité et son argent au service de la révolution, et ceux qui croient représenter plus particulièrement l'esprit du progrès sont-ils assez convaincus, assez disciplinés, assez riches, assez intelligents pour fonder des établissements ou associations ayant forme de personne civile, et ayant pour but la propagande pour l'enseignement ? Non. L'accord n'est pas fait, et il n'y a ni corps de doctrines, ni apôtres dignes de ce nom ni fidèles. Il n'y aura donc pas d'associations pour la charité ou pour l'enseignement venant de ce chaos. Seuls, les prêtres subsistent avec leur doctrine immuable, avec leurs dix-huit cents ans de date, leur discipline, et derrière eux les fidèles, les femmes, l'argent. Voilà la force, je ne dis pas voilà le danger.

Je suis de ceux qui désirent la controverse, la lutte des idées, l'émulation entre les doctrines et les institutions. Mais que devient l'État enseignant en présence de cette concurrence ? L'État doit se diviser en deux parties : Le pouvoir central administratif ou exécutif, et les provinces ou municipalités. — Les municipalités peuvent et doivent devenir des puissances dans l'État, cela est de toute justice, et cela arrivera fatalement. C'est ce fait qu'on nomme aujourd'hui la décentralisation. Nous avons donc en présence l'État enseignant et le clergé enseignant, deux forces : la société civile d'une part, la religion de l'autre. Quelles seront les conditions de la lutte, et comment le pouvoir central d'une part, de l'autre les municipalités, soutiendront-ils la concurrence de leur antagoniste le clergé ? Y aurait-il séparation complète, la fusion est-elle possible ?

La fusion n'est pas désirable et elle n'est pas possible. Partout on veut s'affranchir de l'État; ce qu'on demande pour le moins, c'est que l'État soit indifférent ou neutre, qu'il laisse la nation agir et tenter des expériences à ses risques et périls, c'est là le commentaire du mot liberté dans ce cas; nous disons, dans ce cas, car le mot liberté peut affecter d'autres significations.

Par exemple, il est possible que pour certains esprits, la liberté n'existe qu'à la condition de déposséder l'État, non seulement de son monopole, mais encore du droit d'enseigner suivant la loi commune. Et certainement, on trouvera un parti qui se refusera à reconnaître la sanction de l'État pour la délivrance des brevets et des grades.

Prenons toutefois le mot liberté dans son sens le plus modéré, et supposons que l'État, d'une part, conserve le droit d'enseigner comme un simple particulier, et de l'autre, qu'on lui reconnaisse le pouvoir et même le devoir de conférer les grades à l'aide de jurys spéciaux, mixtes ou autres.

Dans tous les cas, la séparation existera et notre société est faite de telle façon que l'élément civil et l'élément religieux entreront en concurrence. Or, l'État est civil, d'autres disent athée, mais cela n'est pas exact : l'État est impartial ou doit le paraître dans une question qui n'est pas de sa compétence. Aussi, l'État est-il impropre en réalité à donner l'éducation ; il ne peut donner que l'instruction littéraire ou scientifique ; il ne doit point prétendre à l'instruction morale ou religieuse. Il y a cependant un genre d'instruction que lui seul peut donner, c'est celle qui a trait au patriotisme, au civisme, aux devoirs publics. C'est son droit, et il ne doit pas l'abandonner.

L'État seul est compétent pour reconnaître et affirmer la capacité des citoyens qui veulent exercer une profession telle que la médecine où le brevet équivaut à un privilége social. La mesure doit être égale pour tous, l'intérêt est général ; l'État seul peut être impartial et sévère.

Il ne faut donc point dessaisir l'État d'un droit qu'il exerce pour le bien de tous et sans aucun privilége pour les gouvernants. Autant vaudrait déléguer le pouvoir judiciaire à des sociétés ou communautés. Si l'unité doit persister quelque part, c'est dans l'ordre d'idées que nous venons d'indiquer.

Mais si l'on reconnaît à l'État le droit de conférer les grades et celui d'enseigner pour son propre compte, sans privilége toutefois, on peut cependant se demander quel intérêt a la société, en général, et le gouvernement lui-même, à cette persistance d'un enseignement dirigé par l'État. Cet intérêt peut être de différents ordres. D'abord, et ce sont là les raisons qui ont été invoquées à l'origine de l'Université de France, le législateur a pensé qu'une grande impulsion pouvait, partant du centre, se répandre dans toutes les parties du pays, et y propager rapidement l'instruction. Le chef du pouvoir ou son ministre, armés de la puissance coercitive, contraignaient ainsi le pays à sortir de l'ignorance et le dirigaient vers un but à la fois social et politique dont en somme devait surgir l'amélioration de la race et ses succès sur les peuples rivaux. C'était la civilisation et l'ordre succédant au chaos révolutionnaire où s'étaient détruites toutes les anciennes institutions du pays.

On peut admettre qu'au début cette concentration de toute l'instruction aux mains du souverain a été utile, qu'elle a eu le caractère d'une révolution nécessaire, qu'elle ne cachait aucune arrière-pensée. Cependant, depuis lors, les gouvernements ont pu s'apercevoir que la charge était lourde pour leur responsabilité, et qu'il était à la fois injuste et dangereux de détenir ce privilége excessif. Les plaintes se sont plus d'une fois fait entendre, mais principalement depuis une quarantaine d'années, à mesure que le pays reprenait peu à peu possession de lui-même, et que la puissance politique du clergé s'accroissait. Le dernier règne (Nap. III) a été constamment marqué par les revendications du parti catholique.

Les autres partis n'ont point réclamé, et se tenaient pour satisfaits, à tort.

Tous auraient pu s'apercevoir de l'abaissement des études dans notre pays, et de l'insuffisance des ressources concédées par l'État à nos établissements d'instruction publique. Tous auraient pu suivre avec inquiétude les progrès de cette décadence intellectuelle et morale qui préparait de cruels revers sur les champs de bataille. L'indifférence du public qui se trouvait bien de laisser mettre ses enfants en régie, l'engourdissement moral de la nation qui se sentait riche et protégée, seront l'excuse des gouvernements passés.

Seul le parti catholique a protesté : il a protesté au nom de la morale qu'il prétend outragée dans les écoles, et au nom de la religion qui y serait passée sous silence ou même désapprise. C'est le parti catholique qui a demandé la liberté d'enseignement; il l'a obtenue par la loi de 1850 pour l'enseignement secondaire, il l'obtiendra pour l'enseignement supérieur.

L'État a, en 1808, non pas pris et détourné à son profit les établissements d'instruction publique; il n'y en avait plus. Il a réellement mis quelque chose à la place de rien; il ne s'est pas substitué, il a créé ou restauré. Aujourd'hui il peut et doit abandonner son privilége; mais n'a-t-il pas un intérêt politique à sauvegarder, et, surtout, n'est-il pas le conservateur né de l'esthétique, du beau, dans les arts et les sciences? ne doit-il pas maintenir haut l'étalon intellectuel de la nation?

Politiquement, l'intérêt de l'État dans l'instruction a cessé d'avoir l'importance qu'il a eue précédemment. Sous le règne bienfaisant de Louis-Philippe, après une révolution qui s'était faite contre les nobles et le clergé, le gouvernement devait, pour rester d'accord avec la majorité de la nation, garder un privilége qui lui était donné comme un dépôt confié à sa sauvegarde, celui de l'enseignement laïque. Il n'est point d'outrages que les grands dignitaires de l'Église d'alors n'aient prodigués à l'Université. Elle fut appelée par un évêque « une école de pestilence ». Le gouvernement s'occupa surtout de fortifier et de multiplier l'instruction primaire. Les colléges de l'État étaient florissants. On ne s'inquiétait pas encore de l'instruction supérieure. Les écoles congréganistes obtinrent le droit de donner l'instruction primaire et se répandirent par toute la France. En même temps quelques pensions ecclésiastiques où se donnait l'instruction secondaire obtinrent le droit de plein exercice, et firent ainsi concurrence à l'État. Après 1848, de funeste mémoire, les instituteurs laïques furent accusés d'avoir poussé le pays dans les voies de la révolution et des mauvaises doctrines. L'Université, elle-même, fut tenue en suspicion, et la loi de 1850 vint ajouter à la liberté de l'instruction primaire, qui avait profité déjà tant aux congréganistes, celle de l'instruction secondaire. On vit alors les jésuites transporter en France leur collége de Brugelettes, et établir sur plusieurs points de notre territoire des colléges préparant aux écoles et aux grades universitaires. L'École polytechnique et les écoles militaires de Saint-Cyr et de la marine se recrutèrent pour un tiers ou un quart dans ces établissements. L'Université de l'État fut diminuée d'autant. La direction imprimée à l'éducation des jeunes gens élevés dans ces écoles religieuses ne paraît pas avoir été telle que le niveau des études ou le sentiment des devoirs sociaux y aient été élevés. On s'y préoccupa plus du succès de l'examen que du côté purement scientifique ou littéraire. Ce ne sont point de fortes études, ce sont des études utilisées en vue d'un but prochain et très-matériel, qui semblent avoir été données chez les jésuites. On comptait les bacheliers et les élèves reçus aux écoles en concurrence avec ceux que fournissaient, soit les colléges de l'État, soit certaines institutions spéciales laïques comme la pension de Sainte-Barbe.

Aujourd'hui il s'agit de l'instruction supérieure, c'est-à-dire des écoles de droit et surtout des écoles de médecine. Le reste n'existe pas; il n'y a pas d'école de littérature ni de science pure, ces sections ont des professeurs, mais n'ont pas d'élèves.

On voit que peu à peu l'État a été dépossédé, qu'il ne peut plus tenir contre l'envahissement de son antagoniste et qu'il doit céder encore sur le terrain de l'instruction supérieure. Politiquement il n'a plus rien à sauvegarder. Le public ne le soutient plus; on accorde toutes les libertés, sans s'inquiéter des voix intéressées qui font cette demande; d'ailleurs la décentralisation est admise et sollicitée par tous les réformateurs qui se souviennent des vices de la centralisation. C'en est donc fait de l'Université privilégiée de l'État; depuis l'instruction des villages jusqu'aux Facultés, tout lui échappe, ou du moins il admet qu'on lui fasse concurrence sur tous les points.

Du devoir de l'État par rapport au niveau intellectuel de la nation. — Si tout devient commerce, l'art périt et le noble sentiment de l'idéal court de grands risques. Il ne faut point que la liberté de l'enseignement ouvre la porte à une autre liberté, celle de l'ignorance. L'instruction étant le premier besoin des peuples vivant en démocratie, l'État a le devoir d'y pourvoir si les efforts particuliers ou collectifs de la nation n'y suffisent pas, et l'instruction élémentaire du moins doit être considérée comme appartenant à l'ordre public. L'État est responsable de la salubrité intellectuelle comme de la salubrité matérielle de la nation. Aussi doit-il avoir un budget de l'instruction publique avant tout autre. Là est la force et là est le salut du pays. C'est une vérité que la France humiliée par la faute de son ignorance doit reconnaître aujourd'hui.

Le rôle de l'État dans l'enseignement restera encore assez beau même avec la liberté absolue. C'est ce que nous montrerons plus loin. Nous poursuivrons l'examen des diverses objections faites par des hommes intéressés, par des fonctionnaires attardés ou par des esprits timorés, à la liberté de l'enseignement. Le danger est-il tel qu'on le dit et n'y a-t-il pas des moyens de le conjurer?

C'est un argument fréquemment produit que celui-ci : l'unité française, ce merveilleux produit de la politique de nos rois et de la grande Révolution française, sera compromise par la décentralisation universitaire. Pourquoi ressusciter ces vieilles distinctions de provinces? Du centre doit partir le mouvement régulateur de toute la nation : là est sa force et son originalité dans le monde.

La valeur de cet argument est médiocre si l'on considère à quelle ruine et à quelle décadence intellectuelle ce pays si fécond et si varié a été amené par le pouvoir central. Il est temps de dire enfin la vérité sur cette unité qui est fictive et artificielle, et qui n'est que l'expression du plus détestable système politique... Nous soutiendrons la thèse contraire.

L'originalité est tuée par l'unité. La vie provinciale est méconnue. Tout vient à Paris et s'y fond dans le médiocre. Avec des universités provinciales, les aptitudes spéciales des provinces se montreront au grand jour, et la diversité des besoins entraînera la variété des institutions. Ici les écoles industrielles, là les écoles d'agriculture pratique et de sciences naturelles prévaudront, ailleurs les beaux-arts et les lettres. Pourquoi tout unifier, pourquoi détruire l'originalité des races, pourquoi traiter la Bretagne comme la Provence, avec des programmes arbitraires et une prétendue direction centrale qui ne dirige rien et entrave tout? Que l'État donne l'exemple dans de rares conservatoires et établissements de pure et haute science, c'est son devoir, mais prétendre à diriger et à unifier les différentes formes du génie national, c'est décourager le pays.

Paris fait le vide sur toute la France et y attire toute la jeunesse ardente et curieuse. Et que fait Paris de cette jeunesse? Où est la police universitaire? Est-ce pour livrer les jeunes gens aux hasards d'une existence sans direction qu'on les amène dans le prétendu centre des lumières, qui est surtout celui de la débauche, des plaisirs malsains, des maladies et de la déclamation creuse? De lieu de réunion, de milieu moral, de société point. Il n'y a pour les jeunes gens ni cercles scientifiques ou artistiques, ni réunions périodiques ayant un caractère universitaire, ni fêtes, ni moyens de se grouper. En dehors des cours ils se mêlent, dans les lieux publics, à la tourbe des aventuriers et des déclassés des deux sexes qui pullulent à Paris. Ils ne peuvent manquer, dans cette société, d'abaisser encore leur niveau moral et intellectuel.

Il est indispensable de rétablir ou de fonder en France l'enseignement supérieur, qui n'y existe pas. Cette proposition peut sembler hasardée, cependant rien n'est plus vrai, et nous espérons le démontrer en peu de mots.

On appelle à tort instruction supérieure l'enseignement du droit, de la médecine et des sciences mathématiques, physiques, naturelles, de la théologie, etc.

C'est confondre pêle-mêle des objets très-dissemblables et qui ne sont par aucun côté assimilables.

Qu'y a-t-il de supérieur dans l'étude de la médecine? Est-ce l'anatomie qui exige une sorte de travail manuel très-grossier et nous rapproche des artisans? Est-ce l'étude des maladies qui nous oblige à palper, à ausculter, à appliquer nos sens et à saisir l'altération de la matière vivante? Est-ce l'étude des fractures et des luxations, celle des accouchements? Non, il n'y a rien là qui orne et élève l'esprit. C'est un métier, le plus difficile de tous, celui qui exige à la fois de la science, de l'art et de l'habileté manuelle. Cela ne ressemble du reste en rien à la philosophie ni aux beaux-arts, ni aux études mathématiques. Si les médecins deviennent des savants ou des philosophes, c'est en sortant de leur métier pour s'élever à des abstractions qui ne sont point exigibles aux examens.

Il ne faut donc pas nous donner des Facultés, mais des écoles professionnelles, il ne faut pas nous donner la fiction du grand enseignement académique, qui est une des erreurs de nos écoles; il faut nous donner des laboratoires et fortifier nos études pratiques d'anatomie, d'histoire naturelle, de physiologie et de médecine expérimentale.

Quant à la science pure, c'est autre chose; il nous faut des établissements supérieurs d'un ordre spécial.

Les professeurs des écoles de droit diront s'il leur convient d'être appelés des maîtres de l'enseignement supérieur.

Quoi! former des avocats, des avoués, des notaires, des greffiers et des huissiers et quelques docteurs isolés, cela s'appellera faire de l'enseignement supérieur! Sans doute il y a un côté philosophique, élevé dans l'étude des bases du droit et de son histoire. La morale y est comprise, et la politique y a une grande place, mais le but prochain des écoles est de former en deux ou trois ans des licenciés en droit dont l'esprit n'est guère plus orné au sortir de ces écoles qu'en y entrant. Faites deux parts, une pour l'enseignement professionnel pratique du droit, l'autre pour l'enseignement théorique et philosophique.

Faites des écoles de droit et créez des chaires de droit philosophique, politique, rural, dans les universités, afin que tous les étudiants de tout ordre et même les gens du monde en puissent profiter.

Quant aux Facultés des sciences et des lettres, où sont les élèves? Elles n'en ont pas. Elles ne conduisent à aucune profession spéciale, et elles n'ont pas d'objet bien déterminé. Je ne parle pas de la théologie, qui est une science professionnelle tout à fait spéciale, et qui pourrait être enseignée ailleurs qu'à la Sorbonne. Les seuls auditeurs sérieux des Facultés sont les élèves destinés à l'enseignement, et encore n'est-ce qu'à Paris et à l'École normale qu'on les trouve. Or, ils sont très-peu nombreux, et il n'y a pas vingt élèves de ce genre qui assistent aux cours de la Sorbonne.

L'étudiant dans le sens ancien du mot n'existe plus. Il n'y a plus que des techniciens.

Les médecins ignorent les principes du droit, les avocats parlent de tout superficiellement, les élèves de l'École normale savent du grec et du latin, mais fort peu d'histoire naturelle. Un grand nombre d'entre eux se jettent dans le journalisme, de peur de végéter dans les bas emplois provinciaux de l'université. La meilleure école est l'École polytechnique avec ses dépendances l'École des mines et celle des ponts et chaussées, où l'instruction est assez encyclopédique, mais ce sont des écoles fermées, et dont profitent un infiniment petit nombre de sujets. Il nous faut des universités, c'est-à-dire la fusion de tous les étudiants en un milieu commun qui élève leur esprit et généralise leurs connaissances.

Ces universités prépareront à tout et ne donneront droit à rien; elles permettront de supprimer la fiction malsaine du baccalauréat, et elles seront placées entre les collèges, où l'on ne laissera plus végéter les élèves de huit à vingt ans, et les écoles spéciales. On y apprendra tout ce qui fait le complément de l'éducation, c'est-à-dire la philosophie, l'histoire, l'esthétique, les langues vivantes, la littérature et les sciences mathématiques, physiques et naturelles, l'économie politique, la musique, les beaux-arts en général. Et quiconque sortira de là après deux ou trois ans sera apte à aborder les sujets spéciaux qu'on enseigne dans les écoles professionnelles. Voilà les vrais universités.

Les centres d'instruction publique ou les cercles intellectuels ne doivent pas avoir pour objet de former de jeunes étudiants pour des carrières déterminées. Ils doivent avoir pour effet d'entretenir l'esprit public de tout ce qui peut l'élever. Aussi faut-il y donner un grand développement à ce genre d'instruction qui n'exige pas une éducation technique ni une assiduité très-grande aux cours publics, et qui pénètre dans l'esprit par les yeux; nous voulons parler des musées.

Une Académie ou une université doit être une encyclopédie des sciences et des arts démontrés par des modèles. Les cartes de géographie physique, de cosmographie, d'astronomie, de météorologie, de géologie, doivent couvrir les murs. Il faut de grands musées d'histoire naturelle avec des parties consacrées à l'anatomie et à la physiologie, des planches coloriées, des cabinets d'étude et des livres libéralement prêtés au public. Il faut aussi des musées ethnographiques et anthropologiques, et des galeries de beaux-arts et d'arts industriels. C'est toute une création à faire en France.

Cette sorte de musées est très-multipliée en Allemagne. On y donne toute la série des modèles, et il n'est pas nécessaire d'avoir un grand nombre d'originaux, les copies suffisent pour l'éducation.

Le British Museum à Londres est, sous ce rapport, l'institution type. On ne saurait l'égaler, mais on peut l'imiter. Nous avons décrit le Muséum récemment élevé à l'université d'Oxford, et qui est aussi un modèle dans le genre des musées scientifiques (car les beaux-arts n'y figurent pas). Nous espérons que ces Académies de science et d'art se multiplieront dans notre pays. Notre Muséum unique (Jardin des plantes) est indigne d'un pays comme celui-ci, et ne ferait même pas bonne figure dans une petite ville de province.

Quant à nos musées, ils ne sont faits que pour les artistes, et semblent plutôt un ornement qu'un moyen d'éducation publique.

La liberté d'enseignement nous donnera-t-elle tout cela et haussera-t-elle le niveau des études?

Les craintes quant à l'élévation des études sont singulières. Donner la liberté, c'est, dit-on, abaisser le niveau, et mettre les grades à l'encan. Alors pourquoi l'État soigne-t-il si mal son université? Pourquoi peut-on entendre dire, comme dans la commission de 1870 : « Aujourd'hui l'unité » de grade n'existe pas. M. X. disait que beaucoup d'étudiants » en médecine de Paris vont passer leurs examens à Montpellier, parce que la Faculté qui y siége est plus indulgente que » celle de Paris. L'inégalité est encore plus choquante entre » les Facultés de droit. Telle de ces Facultés refuse un élève » sur cinq, telle autre un sur quarante-cinq. »

Un autre membre de la commission de 1870 s'exprimait ainsi : « La situation des Facultés des lettres est critique. Avant tout » elles manquent d'élèves. En Angleterre, les jeunes gens qui » se destinent aux carrières sacerdotales suivent les cours des » universités et y prennent des grades. Rien de pareil en » France. D'autre part, notre École normale enlève tous ceux » qui se destinent à l'enseignement dans les lycées. Les Facultés n'ont même pas toujours la ressource des étudiants » en droit ou en médecine, quelques-unes étant établies dans » des villes où il n'y a ni école de droit ni école de médecine. » Il suit de là que les professeurs, pour se faire un auditoire, » ont été obligés de s'adresser aux gens du monde; ils n'ont » pas d'élèves, ils n'ont que des auditeurs de passage. Ils ont » dû de la sorte se résigner à des concessions fâcheuses pour » l'intérêt de la science, pénibles pour la dignité de l'enseignement. Ce n'est plus de l'enseignement supérieur, c'est » un enseignement inférieur à celui qui est donné dans les » lycées. On n'ose pas même citer un texte grec ou latin.....

» Pour faire de bons professeurs, il faut avoir étudié de bonne » heure et s'être pénétré de bonnes méthodes. Aussi sommes-» nous, en France, dans un état d'infériorité déplorable vis-à-vis » de l'Allemagne. Il faut, pour la philologie par exemple, » plusieurs années, en France, pour apprendre ce qu'en Alle» magne on apprend en quelques mois. »

P. LORAIN,
Professeur agrégé à la Faculté de médecine de Paris.

ÉCOLE PRATIQUE DE LA FACULTÉ DE MÉDECINE DE PARIS

PHYSIOLOGIE EXPÉRIMENTALE

COURS DE M. GRÉHANT (1)

XII

Empoisonnement par l'oxyde de carbone

Nous allons étudier maintenant les phénomènes produits sur l'organisme par l'oxyde de carbone. M. Félix Leblanc a le premier démontré que dans l'empoisonnement par la vapeur de charbon, c'est le gaz oxyde de carbone qui est toxique ; M. Leblanc introduisit un chien dans une chambre fermée avec un réchaud allumé rempli de braise de boulanger ; au bout de vingt minutes l'animal mourut et une partie des gaz existant dans l'atmosphère au moment de la mort fut recueillie et analysée ; on trouva :

Oxygène	19,19
Azote	75,62
Acide carbonique	4,61
Hydrogène carboné	0,04
Oxyde de carbone	0,54
	100,00

La mort ne peut être attribuée qu'à l'action de l'oxyde de carbone, qui n'existe dans le mélange que dans la proportion de 1/200. S'il n'y avait dans l'air que de l'acide carbonique et de l'hydrogène carboné et point d'oxyde de carbone, l'expérience faite avec des mélanges de ces deux gaz composés artificiellement montre que l'animal aurait pu vivre presque indéfiniment.

L'oxyde de carbone est peu soluble dans l'eau qui en dissout environ 1/16 de son volume. Ce gaz brûle avec une flamme bleue et donne de l'acide carbonique. Un volume d'oxyde de carbone se combine avec un demi-volume d'oxygène pour produire un volume d'acide carbonique ; on peut analyser un mélange qui renferme de l'oxyde de carbone en le faisant brûler dans l'eudiomètre, avec un excès d'oxygène, mais on peut employer aussi, pour doser l'oxyde de carbone, un réactif qui l'absorbe avec facilité, le protochlorure de cuivre dissous dans l'acide chlorhydrique. La préparation de ce réactif absorbant ne présente aucune difficulté ; on introduit dans un flacon du bichlorure de cuivre (sel de couleur verte) avec de la tournure de cuivre et de l'acide chlorhydrique en excès ; on ferme le flacon avec un bouchon de liége, et le bichlorure se transforme peu à peu en protochlorure qui se dissout dans l'acide chlorhydrique en donnant une coloration brune.

Voici une cloche remplie d'oxyde de carbone recueilli sur l'eau : j'introduis dans la cloche un petit tube rempli de protochlorure de cuivre ; dès qu'on agite, le gaz est absorbé, car,

---

(1) Voir ci-dessus pages 206, 276, 328 et 416, 26 août, 16 et 30 septembre et 28 octobre 1871.

si l'on retire sous l'eau le doigt qui ferme l'entrée de la cloche, l'eau monte dans la cloche. Il faut agiter à plusieurs reprises jusqu'à ce que le volume du gaz qui reste ne change plus; ici, il ne reste qu'une petite bulle d'air.

Pour préparer le gaz oxyde de carbone, il suffit de chauffer, dans une grande cornue munie d'un tube abducteur qui se rend sous la cuve à eau, du prussiate de potasse ou cyanoferrure jaune de potassium avec un grand excès d'acide sulfurique concentré; il ne se produit que de l'oxyde de carbone que l'on recueille dans des flacons pleins d'eau, et l'on introduit dans ces flacons, à peu près remplis de gaz, un morceau de potasse qui absorbera l'acide qui a pu être entraîné. Il est nécessaire d'employer de l'acide sulfurique concentré, et non point de l'acide sulfurique étendu, qui donnerait lieu à un dégagement d'acide cyanhydrique, corps très-volatil et très-toxique.

Explication du mécanisme de l'empoisonnement par l'oxyde de carbone. L'explication du mécanisme de l'empoisonnement par l'oxyde de carbone a été donnée complétement par mon illustre maître, M. Claude Bernard; l'oxyde de carbone est un poison des globules rouges du sang.

Lorsqu'on empoisonne un chien en lui faisant respirer, à l'aide d'une muselière de caoutchouc, un mélange d'air et d'oxyde de carbone contenu dans une vessie, mélange qui renferme par exemple 1/20 de gaz toxique, le bout périphérique de la veine jugulaire, préalablement découvert et muni d'une canule qui fournissait d'abord du sang noir, laisse écouler bientôt du sang rouge comme le sang artériel; bientôt l'animal meurt, et l'autopsie montre que le sang est rouge dans toutes les veines et dans les cavités droites du cœur comme dans les cavités gauches; les nerfs et les muscles conservent leurs propriétés pendant quelque temps.

Quand on agite dans un tube de verre de l'oxyde de carbone avec du sang artériel, le volume du gaz ne change pas, mais l'analyse du gaz, telle que la fit M. Claude Bernard, montre qu'un certain volume d'oxyde de carbone a été absorbé par le sang, qu'un volume à peu près égal d'oxygène a été déplacé du sang; ainsi, l'oxyde de carbone se combine avec les globules du sang et déplace l'oxygène avec lequel ils étaient primitivement combinés; si l'on agite dans une cloche avec de l'oxygène du sang veineux d'un animal tué par l'oxyde de carbone, on reconnaît que le sang n'absorbe point ou absorbe très-peu d'oxygène. De sorte que le mécanisme de l'empoisonnement est celui-ci : les globules du sang empoisonné par l'oxyde de carbone ne peuvent plus prendre d'oxygène à l'air, ils ne peuvent plus respirer, ils ne peuvent donc plus porter aux éléments anatomiques l'oxygène qui est nécessaire à la manifestation de leurs propriétés. M. Claude Bernard a complété ses démonstrations par une expérience comparative qui est très-instructive. On sacrifie un chien par hémorrhagie, en pratiquant la section des vaisseaux du cou; le sang est défibriné, la moitié du sang est agitée dans un flacon plein d'oxygène, l'autre moitié dans un flacon plein d'oxyde de carbone.

On a préparé à l'avance deux appareils à injection sous pression constante, semblables à celui qui a été décrit et employé plus haut; dans chacun des membres antérieurs détachés complétement du tronc, on découvre l'artère principale dans laquelle est introduite une canule; on isole aussi les nerfs moteurs; en excitant ces nerfs peu de temps après la mort, on détermine des contractions dans les muscles des membres; au bout d'un certain temps l'excitabilité des nerfs est perdue des deux côtés. Dans l'un des membres *a* on injecte le sang oxygéné, dans l'autre *b* le sang empoisonné; on voit renaître l'excitabilité des nerfs dans le membre *a*, tandis qu'on a beau exciter les nerfs du membre *b*, on ne détermine point de contractions musculaires. Si l'on change les appareils à injection, si l'on injecte le sang intoxiqué dans le membre *a*, ses nerfs perdent leur excitabilité, tandis que l'excitabilité revient dans les nerfs du membre *b* qui cette fois reçoit du sang oxygéné.

Combinaison de l'oxyde de carbone avec l'hémoglobine. Caractère de cette combinaison au spectroscope. L'oxyde de carbone donne avec l'hémoglobine du sang une véritable combinaison, que Hoppe-Seyler a isolée en faisant cristalliser, par l'un ou par l'autre des procédés employés pour préparer l'hémoglobine oxygénée, du sang agité d'abord avec de l'oxyde de carbone; la forme des cristaux de cette combinaison reste la même que celle des cristaux d'hémoglobine — O (c'est ainsi que l'on désigne l'hémoglobine oxygénée, tandis que l'hémoglobine oxycarbonée s'écrit par abréviation : hémoglobine — CO).

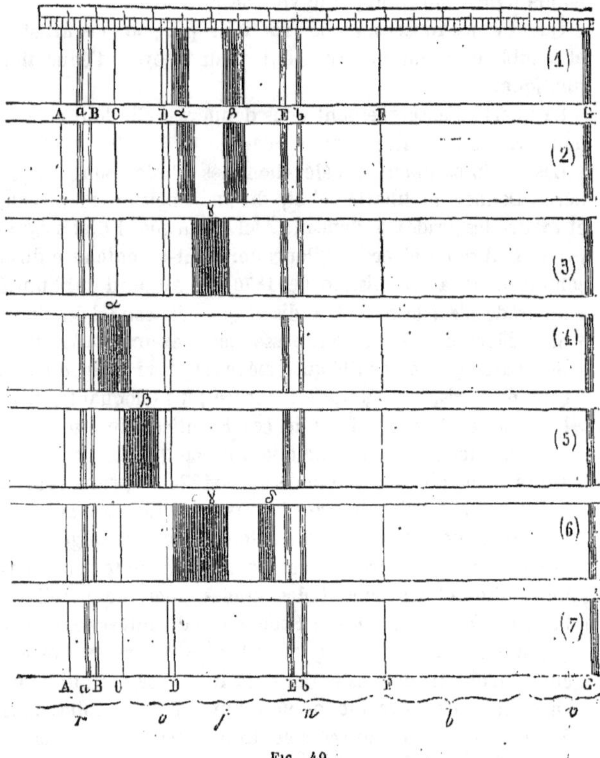

FIG. 49.
(1) Bandes d'absorption de l'hémoglobine oxygénée.
(2) — de l'hémoglobine oxycarbonée.
(3) — de l'hémoglobine réduite.
(4) — de l'hématine acide.
(5) — de l'hématine alcaline.
(6) — de l'hématine réduite.
(7) Indication des raies principales du spectre solaire.

La solution étendue d'eau d'hémoglobine — CO ou de sang empoisonné par l'oxyde de carbone, examinée au spectroscope, présente deux bandes d'absorption α et β (2) (fig. 49) dont les positions dans le spectre diffèrent à peine des positions occupées par les bandes de l'hémoglobine — O; mais on a beau faire le vide à 40 degrés au-dessus de cette solution ou ajouter des agents réducteurs, tels que le sulfhydrate d'ammoniaque, on ne chasse pas l'oxyde de carbone, les deux bandes persistent toujours, et ne sont pas remplacées par cette bande unique moins bien limitée occupant l'intervalle des deux bandes primitives que fournit l'hémoglobine — O après sa réduction. Ce caractère, cette absence de réduction, permet de distinguer qualitativement dans le sang la présence de l'oxyde de carbone et de reconnaître, par exemple, si un homme ou un animal a succombé à l'intoxication par l'oxyde de carbone. Remarquons toutefois que si, au moment de la mort, la moitié seulement de l'hémoglobine du sang était combinée avec l'oxyde de carbone, et si l'autre moitié pouvait encore être combinée avec l'oxygène, le spectroscope montrerait une réduction de cette seconde partie et non point de la première, et l'on observerait alors une large bande résultant de la présence simultanée des deux bandes persistantes de l'hémoglobine — CO et de la bande intermédiaire de réduction de l'hémoglobine — O.

Lorsqu'on fait passer dans une solution d'hémoglobine — CO un courant de bioxyde d'azote, ce gaz chasse l'oxyde de carbone et le remplace, et, fait curieux, ce sont des volumes égaux d'oxygène, d'oxyde de carbone, et de bioxyde d'azote, qui peuvent ainsi se substituer les uns aux autres, tandis que, dans la plupart des substitutions chimiques, ce sont des équivalents des corps, c'est-à-dire certains poids inégaux mais déterminés qui peuvent ainsi se remplacer successivement.

Dégagement de l'oxyde de carbone combiné avec l'hémoglobine. Lorsqu'on chauffe dans le vide à 40 degrés du sang d'un animal empoisonné par l'oxyde de carbone, ce gaz reste en combinaison avec l'hémoglobine et ne se dégage pas comme l'oxygène, l'azote et l'acide carbonique, quand même l'ébullition du sang dans le vide est maintenue un certain temps ; mais, si l'on élève la température du bain d'eau dans lequel est plongé le ballon de l'appareil à extraction jusqu'à 100 degrés, on obtient un peu d'oxyde de carbone ; si l'on veut obtenir la totalité du gaz oxyde de carbone combiné avec l'hémoglobine, on y réussit, je l'ai reconnu par l'expérience, en faisant arriver dans l'appareil à extraction un volume d'acide sulfurique concentré double du volume de sang intoxiqué et en maintenant l'ébullition du bain d'eau, et, par suite, la température du mélange de sang et d'acide, pendant une demi-heure à 100 degrés environ. Ce mode de dégagement suppose naturellement ce que j'ai vérifié un grand nombre de fois, que le sang normal du bœuf, du chien, du lapin, ne fournit pas trace d'oxyde de carbone lorsqu'on le soumet exactement à ces conditions. J'insiste à dessein sur ce sujet, car il faut se garder de changer les conditions d'action de l'acide sulfurique ; si, au lieu d'introduire le sang dans l'appareil à extraction des gaz, maintenu à 100 degrés, on verse le mélange de sang et d'acide sulfurique dans une cornue tubulée munie d'un tube abducteur, si l'on fait passer par la tubulure un courant d'acide carbonique pour chasser l'air, et puis si l'on chauffe à feu nu, la température s'élève peu à peu jusqu'au-dessus de 200 degrés, et le sang, quelle que soit sa provenance, fournit un volume considérable d'oxyde de carbone; de même l'hémoglobine, chauffée avec l'acide sulfurique dans une cornue sous la pression de l'atmosphère, fournit beaucoup d'oxyde de carbone, et c'est là un caractère qui appartient à une foule de matières organiques. Je fais passer dans l'appareil à extraction des gaz vide, 50 centimètres cubes de sang de bœuf défibriné, agité d'abord avec de l'oxygène; en chauffant à 40 degrés, j'obtiens de l'acide carbonique, de l'oxygène et de l'azote ; je fais arriver, par un entonnoir fixé au tube *t* de l'appareil à extraction, 100 centimètres cubes d'acide sulfurique monohydraté, et le bain d'eau est chauffé à 100 degrés pendant une heure ; on obtient, dans une cloche d'abord remplie de mercure, de l'acide sulfureux et de l'acide carbonique, tous deux absorbés par la potasse, un petit volume d'oxygène qui est absorbé par l'acide pyrogallique uni à la potasse ; la cloche est ensuite portée sur l'eau, et on y introduit un tube contenant une solution de protochlorure de cuivre dans l'acide chlorhydrique; malgré une vive agitation, le volume de gaz qui reste dans la cloche ne change pas, c'est de l'azote qui ne contient pas trace d'oxyde de carbone. On démonte l'appareil à extraction, et le mélange de sang et d'acide sulfurique, chauffé dans une cornue remplie d'acide carbonique pour chasser l'air, fournit 265 centimètres cubes d'oxyde de carbone, après que l'acide carbonique recueilli dans la cloche en même temps que le gaz combustible, a été absorbé par la potasse, et tout l'oxyde de carbone que l'action de l'acide sur le sang aurait pu dégager n'a pas été recueilli.

Le sang soumis à la même série d'opérations contient-il de l'oxyde de carbone combiné avec l'hémoglobine ? Lorsqu'on le chauffe à 40 degrés dans l'appareil à extraction vide, on n'obtient que de l'acide carbonique, de l'oxygène et de l'azote et point trace d'oxyde de carbone. Puis, si l'on fait arriver de l'acide sulfurique en volume double de celui du sang, et si la température est élevée jusqu'à 100 degrés, on obtient par les manœuvres de la pompe tout l'oxyde de carbone qui était combiné avec l'hémoglobine ; dans les gaz recueillis sur le mercure après une longue ébullition du mélange de sang et d'acide, on absorbe l'acide sulfureux et l'acide carbonique par la potasse, l'oxygène par l'acide pyrogallique, et l'oxyde de carbone, dans la cloche transportée du mercure sur l'eau, est absorbé complétement par le protochlorure de cuivre, son réactif absorbant. Pour juger de l'exactitude de ce mode de dégagement, l'expérience suivante a été faite : 50 centimètres cubes de sang furent agités avec 25 centimètres cubes d'oxyde de carbone, dans une cloche; l'analyse du gaz qui restait dans la cloche fut faite et montra qu'un certain volume d'oxyde de carbone avait été absorbé ; le sang fut ensuite introduit dans l'appareil à extraction des gaz vide, et les gaz extraits dans le vide, par l'action de l'acide sulfurique et à 100 degrés, contenaient précisément autant d'oxyde de carbone que le sang en avait absorbé.

Extraction de l'oxyde de carbone du sang d'un homme empoisonné par la vapeur de charbon. Je reçus un jour, de M. le docteur G. Bergeron, du sang d'un jeune homme que l'on avait trouvé mort dans son lit le matin, et qui avait pu être asphyxié accidentellement par la vapeur de charbon dégagée pendant la nuit d'un poêle de fonte. Le sang était tout à fait noir et offrait une partie liquide et des caillots ; on fit passer, dans l'appareil à extraction des gaz vide, 100 centimètres cubes de sang mêlé de caillots, et l'extraction des gaz, faite à 45 degrés, donna :

	cc
Oxygène	0,4
Azote	3,7
Acide carbonique	70,5

Le volume d'acide carbonique était considérable ; on n'obtint pas, dans cette première opération, trace d'oxyde de carbone. Le bain d'eau fut chauffé de 45 degrés à 100 degrés, et l'on obtint 3cc,9 d'oxyde de carbone, en maintenant l'ébullition du sang à cette dernière température, puis on fit arriver dans l'appareil 200 centimètres cubes d'acide sulfurique qui dégagea encore 4cc,2 d'oxyde de carbone ; ainsi, 100 centimètres cubes de sang ont fourni en totalité 8cc,1 de gaz toxique. Cette proportion d'oxyde de carbone dans le sang suffit pour expliquer la mort. Si l'occasion se présente de renouveler cette recherche médico-légale, il vaudra mieux faire deux opérations successives : 1° agiter le sang avec du gaz oxygène ou de l'air et déterminer le plus grand volume d'oxygène absorbé par le sang, puis, 2° déterminer le dégagement de l'oxyde de carbone par l'acide sulfurique agissant dans le vide à 100 degrés. Les résultats fournis par ces deux opérations se contrôlent, car la somme des volumes d'oxygène et d'oxyde de carbone obtenus est égale au plus grand volume d'oxygène que le sang normal pourrait absorber.

Empoisonnement d'un animal par l'oxyde de carbone. — Nous allons empoisonner un lapin par l'oxyde de carbone. Dans une cloche tubulée, fermée à la partie supérieure par un bouchon et un robinet, cloche d'abord remplie d'eau sur la cuve, nous introduisons 900 centimètres cubes d'air et 100 centimètres cubes d'oxyde de carbone, mesurés dans une éprouvette graduée ; 1000 centimètres cubes du mélange contiennent alors 1/10e de ce dernier gaz. Nous ajoutons une seconde fois 900 centimètres cubes d'air et 100 centimètres cubes d'oxyde de carbone, ce qui fait un volume total égal à 2 litres. Nous coiffons un lapin avec une muselière de caoutchouc, qui s'applique exactement sur la tête et qui est fixée derrière les oreilles ; cette muselière se prolonge en un tube de caoutchouc qui est attaché au robinet de la cloche. Dès qu'on ouvre le robinet, l'animal respire le gaz toxique ; bientôt vous constatez des mouvements convulsifs généraux, et l'animal meurt au bout de trois ou quatre minutes. Nous faisons l'autopsie ; l'abdomen est ouvert, et deux fils sont placés sous la veine cave inférieure. On voit que ce vaisseau est rempli de sang aussi rouge que le sang artériel. Entre deux ligatures d'attente appliquées sur la veine, nous introduisons, par une incision faite sur le vaisseau, une canule de verre, qui est fixée d'abord sur le bout supérieur de la veine. Cette canule, qui porte un tube de caoutchouc, laisse écouler le sang veineux dans une capsule de porcelaine, où il est immédiatement battu ; des pressions exercées sur le thorax et sur le foie font écouler une plus grande quantité de sang. La canule est ensuite retirée et fixée dans le bout inférieur de la veine, qui fournit encore du sang, mais en moindre quantité.

Le sang est défibriné, filtré sur un linge et agité ensuite avec de l'air dans un flacon ; et nous introduisons dans l'appareil à extraction des gaz vide 33 centimètres cubes de sang, qui, à la température de 40 degrés, ne donnent pas d'oxyde de carbone, mais de l'oxygène, de l'azote et de l'acide carbonique. En rapportant à 100 centimètres cubes de sang les volumes de gaz secs, à 0 degré et à la pression de 76 centimètres fournis par l'analyse, on trouve :

	cc
Oxygène	1,66
Azote	1,66
Acide carbonique	9,4

Ainsi le sang intoxiqué ne renferme pas plus d'oxygène que d'azote ; il avait donc perdu presque complétement sa propriété d'absorber de l'oxygène par l'agitation avec ce gaz. Quant à l'acide carbonique, le nombre qui le représente est sans valeur, car l'agitation du sang au contact de l'air a chassé une grande partie de ce gaz, comme l'aurait fait le passage d'un gaz étranger. Dans le même sang et dans le même appareil, on fait arriver un volume d'acide sulfurique double de celui du sang, et la température est élevée jusqu'à 100 degrés. On obtient un volume d'oxyde de carbone égal à 12cc,4, gaz qui, combiné avec l'hémoglobine, tenait la place de l'oxygène que le sang ne pouvait plus absorber. La somme $12,4 + 1,66 = 14^{cc},06$, représente le plus grand volume d'oxygène sec à 0 et à 76 centimètres de pression, que 100 centimètres cubes du sang du lapin auraient pu absorber avant l'intoxication.

Détermination de l'oxygène combiné avec le sang à l'aide de l'oxyde de carbone. — A la suite de ses recherches fondamentales sur l'intoxication par l'oxyde de carbone, M. Claude Bernard a utilisé ce gaz pour l'extraction des gaz du sang. En agitant, dans une cloche contenant de l'oxyde de carbone, du sang artériel ou veineux, tout l'oxygène du sang est déplacé, et l'oxyde de carbone se substitue à l'oxygène pour se combiner avec les globules rouges ; dès lors, toute consommation ultérieure d'oxygène par le sang est arrêtée. C'est là un procédé très-commode, que M. Claude Bernard a employé pour faire une foule de recherches comparatives et qui fournit des résultats exacts pour l'oxygène contenu dans le sang ; quant à l'acide carbonique, il n'est déplacé qu'en petite quantité par l'agitation avec l'oxyde de carbone, et il reste en grande partie dissous dans le sang. Les résultats suivants, publiés par M. Claude Bernard, montrent combien est différent le volume d'oxygène contenu dans le sang de diverses provenances :

	cc	
100cc de sang artériel de chien	18, 9	d'oxygène.
Id. de sang veineux du cœur	9,93	»
Id. de sang de la veine sus-hépatique	2,80	»

Nawrocki a employé l'oxyde de carbone suivant la méthode d'analyse des gaz du sang instituée par M. Claude Bernard ; il a fait suivre l'action de ce gaz de l'action du vide, puis il a comparé les résultats obtenus avec ceux que donne le vide seul appliqué au même sang. Voici les résultats obtenus par Nawrocki avec 100 centimètres cubes de sang de la carotide du chien :

	Déplacé par CO.	Déplacé ensuite par le vide.	Total.	Déplacé par le vide seul.
O	14, 2	0,35	14,55	15,82
CO^2 libre	3,11	26,15	29,27	25,66
CO^2 combiné	—	4,82	4,82	3,70
Azote	2,83	1,96	4,79	1,53

On voit par là que l'oxyde de carbone, sous la pression de l'atmosphère, a déplacé à peu près tout l'oxygène du sang aussi bien que le vide seul, tandis que le vide a permis de recueillir un volume d'acide carbonique beaucoup plus grand que celui qui avait été déplacé par l'agitation avec l'oxyde de carbone.

Ce procédé de dégagement de l'oxygène du sang offre, comme l'a indiqué M. Claude Bernard, un grand avantage : le sang, combiné avec le gaz toxique, n'est plus capable ni d'absorber ni de consommer de l'oxygène, tandis que le sang oxygéné abandonné à lui-même perd peu à peu son oxygène. Quand on a recueilli plusieurs échantillons de sang, si l'on veut connaître la composition des gaz qu'ils renfermaient au moment où ils ont été pris, il suffit donc de faire passer chaque échantillon de sang dans une cloche contenant de l'oxyde de carbone, en injectant le sang dans la cloche avec la seringue qui a servi à le prendre dans le vaisseau; on agite aussitôt le sang avec le gaz toxique, et l'on peut laisser le liquide et les gaz en contact pendant 12 ou 24 heures sans que désormais la composition de ces gaz soit altérée. Si l'on veut obtenir un dégagement complet des gaz du sang, de l'oxygène et de l'acide carbonique, il faut employer la pompe à mercure.

Extraction des gaz du sang par l'oxyde de carbone et par le vide. — L'oxyde de carbone employé à l'extraction des gaz du sang doit être pur, ou, s'il contient de l'air, il faut qu'une

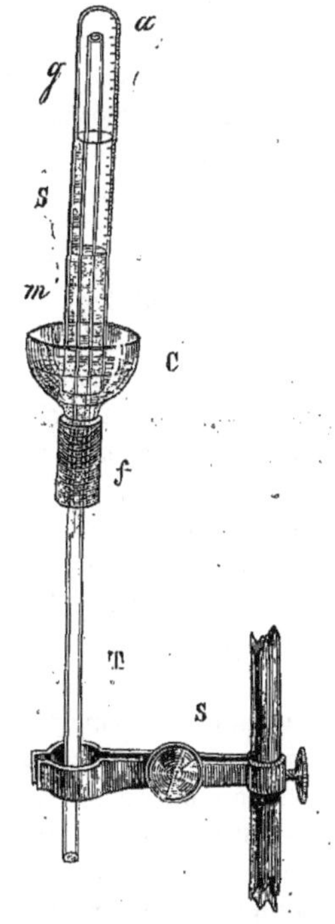

Fig. 50. — Appareil servant à faire pénétrer dans le vide les gaz et les liquides contenus dans une cloche.

analyse fasse connaître d'abord quelle est la proportion de l'air dans le mélange, afin qu'on puisse retrancher des gaz extraits du sang l'azote et l'oxygène introduits avec l'oxyde de carbone. Pour obtenir de l'oxyde de carbone aussi pur que possible, complétement absorbable par le protochlorure de cuivre, on prépare ce gaz dans une cornue tubulée, que l'on a fait traverser d'abord par un courant d'acide carbonique longtemps maintenu, afin de chasser tout l'air; puis on chauffe la cornue, et l'on recueille le gaz dans des flacons pleins d'eau contenant un peu de potasse en dissolution, qui absorbe l'acide carbonique. L'oxyde de carbone est introduit dans plusieurs cloches graduées, d'abord remplies de mercure, et le sang, pris dans un vaisseau avec une seringue de verre, munie d'une canule droite, est injecté à travers le mercure par un tube de verre recourbé que l'on fixe à la canule au moyen d'un tube de caoutchouc. Le volume du sang est mesuré dans la cloche graduée. On agite aussitôt le sang avec le gaz et avec le mercure; puis on abandonne la cloche pour extraire plus tard, le lendemain si l'on veut, tous les gaz du sang. Il est bon d'introduire dans la cloche assez d'oxyde de carbone et de sang pour qu'il ne reste pas beaucoup de mercure; car ce métal, agité avec le sang, se réduit en petits globules qui, dans leurs interstices, retiennent une certaine quantité de sang. Pour introduire dans l'appareil à extraction des gaz vide d'air les gaz et le sang contenus dans la cloche, voici un moyen qui m'a bien réussi (fig. 50) : On choisit un tube de verre *T* solide, à parois épaisses et à demi capillaire. Ce tube est enfoncé dans le tube de caoutchouc, fixé au tube *t* de l'appareil à extraction des gaz; le long du tube *T*, maintenu vertical par un support *S*, peut glisser une petite cuve à mercure *C*, que l'on a obtenue en coupant par le milieu un ballon de verre. Cette cuve est fermée à la partie inférieure par un tube de caoutchouc *f*, qui peut glisser à frottement dur le long du tube. On place d'abord la cuve *C* à la partie supérieure du tube *T*, de manière que son extrémité libre *a* soit plongée dans le mercure; on remplit de ce métal l'intérieur du tube. La cloche graduée contenant les gaz et le sang est portée dans le mercure de la cuve, au-dessus du tube; aussitôt on appuie sur la cloche et sur la cuve *C*, qui descend, et le tube de verre pénètre à travers le mercure dans le sang et au milieu des gaz jusqu'au sommet de la cloche. Aussitôt que l'on tourne convenablement le robinet *R* de la pompe, les gaz, le sang et même le mercure passent de la cloche dans l'appareil vide; il suffit ensuite de détacher ce petit appareil surajouté à la pompe à mercure et de pratiquer comme d'habitude l'extraction des gaz du sang pour obtenir complétement l'oxygène, l'azote, l'acide carbonique dégagés du sang, et l'oxyde de carbone en excès, qui ne s'est point combiné avec l'hémoglobine. On absorbe l'acide carbonique par la potasse, l'oxygène par le pyrogallate de potasse sur le mercure, et l'oxyde de carbone sur l'eau par le protochlorure de cuivre; l'azote reste.

Rapidité de l'empoisonnement par l'oxyde de carbone. — L'étude que nous avons faite du renouvellement de l'air dans les poumons a montré que chez un homme dont la capacité pulmonaire est égale à 2l,93, après une inspiration et une expiration égales à un demi-litre, 100cc du mélange gazeux considérés en un point quelconque de l'arbre aérien ont reçu 11cc d'air pur. De cette mesure nous avons conclu que, si l'homme est placé dans une atmosphère qui contient un gaz toxique, dès la première inspiration ce gaz est distribué dans tout l'arbre aérien pour être livré à l'absorption. Pour établir plus complétement cette conséquence, et pour démontrer le grand pouvoir absorbant des poumons, j'ai étudié expérimentalement les phases successives de l'intoxication par la voie des poumons, et j'ai choisi de préférence l'oxyde de carbone, qui ne se trouve pas normalement dans le sang, qui se fixe sur les globules rouges, et qui se dégage ensuite complétement du sang empoisonné soumis à l'action de l'acide sulfurique dans le vide à 100 degrés. Il faut commencer par disposer un appareil à extraction des gaz du sang, dans lequel on fait le vide absolu; on compose ensuite, dans une grande cloche tubulée de verre, un mélange de 9 litres d'air et de 1 litre d'oxyde de carbone pur; la tubulure de la cloche est fermée par le robinet à trois voies qui a été employé lors de la mesure du volume des poumons. On découvre chez un chien l'artère carotide, et l'on fixe dans ce vaisseau une canule de verre dont le bout est légèrement étranglé; cette canule porte un tube de caoutchouc dans lequel on engage l'extrémité d'une seringue d'une capacité de 50cc; on enlève la ligature placée d'abord sur le bout central de l'artère. Une muselière bien fixée sur la tête de l'animal est réunie par un tube de caoutchouc au robinet de la cloche. L'animal respire d'abord dans l'air. Au commencement d'une minute marquée sur une montre à secondes, on ouvre le robinet de la cloche. Aussitôt le gaz toxique pénètre dans les poumons; entre la cinquante-cinquième et la quatre-vingtième seconde après le début, on aspire dans la seringue, qui communique librement avec l'artère carotide, 50cc de sang artériel, qui est aussitôt injecté dans l'appareil à extraction des gaz. Les gaz du sang sont extraits à 40 degrés; puis, par l'acide sulfurique à 100 degrés, on dégage l'oxyde de carbone qui était combiné avec l'hémoglobine. Les résultats suivants ont été fournis par le sang intoxiqué et par un échantillon de sang normal de la carotide, soumis tous deux aux mêmes procédés :

Gaz secs à 0° et à la pression de 760mm.

	CO^2.	Az.	O.	CO.
100 centim. cubes de sang artériel normal........	cc 37,6	1,7	16,6	0
100 centim. cubes de sang artériel intoxiqué......	42,4	1,7	6,4	15,0

Cette première expérience démontre que le sang artériel recueilli entre la cinquante-cinquième et la quatre-vingtième seconde qui ont suivi le début de l'empoisonnement renfermait déjà 15 pour 100 d'oxyde de carbone, et seulement 6,4 pour 100 d'oxygène, au lieu de 16,6 pour 100 d'oxygène que renfermait le sang normal. La somme de l'oxyde de carbone combiné et de l'oxygène dans le sang intoxiqué, qui est 21,4, est supérieure à la quantité d'oxygène 16,6 pour 100 que renfermait le sang normal. Or, dans celui-ci, les 15cc d'oxyde de carbone tiennent la place de 15cc d'oxygène. Ce fait, sur lequel nous avons déjà insisté, que le sang artériel, au sortir des poumons, ne contient pas tout l'oxygène qu'il pourrait absorber, est donc vérifié de nouveau.

Sur un autre chien la même expérience fut répétée; mais on avait disposé d'abord deux appareils à extraction des gaz du sang absolument vides d'air. L'animal fut mis en rapport de la même manière avec la cloche renfermant le mélange rendu toxique par un dixième d'oxyde de carbone. On recueillit deux fois du sang artériel. La première prise fut faite de la dixième à la vingt-cinquième seconde, la deuxième de la soixante-quinzième à la quatre-vingt-dixième seconde; puis on rendit l'air à l'animal, qui se rétablit. On fit ensuite l'extraction des gaz :

	CO^2.	Az.	O.	CO.
100 cent. cubes de sang artériel de la première prise........	cc 40,5	1,57	14,65	4,28
100 cent. cubes de sang artériel de la deuxième prise.......	44,3	2,78	4,01	18,41

Nous voyons donc que, chez un animal qui respire de l'air contenant 1/10e d'oxyde de carbone, mélange fortement toxique, le sang artériel recueilli entre la dixième et la vingt-cinquième seconde renferme déjà 4,3 pour 100 d'oxyde de carbone et moins d'oxygène que le sang artériel normal ou 14,6 pour 100; et entre une minute quinze secondes et une minute trente secondes, l'oxyde de carbone se trouve dans le sang en très-forte proportion, 18,4 pour 100, tandis que l'oxygène est en quantité très-diminuée, 4 pour 100; alors l'animal courait un grand danger, et si l'expérience avait duré une minute de plus, il serait mort. D'autres expériences faites dans les mêmes conditions fournirent des résultats analogues; il est évident que si l'on fait respirer à l'animal des mélanges qui ne renferment que 1/100e ou 1/200e d'oxyde de carbone, les nombres fournis par l'extraction des gaz du sang seront tout à fait différents.

Les résultats précédents sont immédiatement applicables à l'homme, et l'on peut affirmer que si l'homme pénètre dans un milieu délétère, dès les premières secondes, le poison est dissous dans le sang artériel et porté au contact des éléments anatomiques qu'il tue. Nous avons tous les jours de trop nombreux exemples de mort subite survenant chez des ouvriers que leur profession oblige à s'exposer aux gaz ou aux vapeurs délétères, soit en descendant dans des puits, soit en pénétrant dans des galeries de mine dont l'atmosphère est rendue toxique par la présence des gaz étrangers, ou bien dont l'atmosphère est plus ou moins dépourvue d'oxygène. Mais il y a un moyen bien simple de mettre la vie de l'homme à l'abri de tout accident. Avant de pénétrer dans un puits, dans une fosse ou dans une galerie de mine dont l'air n'a pas été renouvelé depuis longtemps, l'ouvrier doit se faire précéder d'une cage contenant un oiseau ou un petit mammifère, comme un rat ou un cochon d'Inde; cette cage est fixée au bout d'une corde ou d'une longue perche; si l'animal laissé dans l'atmosphère confinée pendant dix à quinze minutes résiste à l'épreuve, l'homme peut pénétrer sans crainte; si l'animal succombe, on pratiquera une ventilation énergique jusqu'à ce qu'un second animal résiste à une nouvelle épreuve. On ne saurait trop recommander l'emploi de cet animal de *sûreté*.

Modes de traitement qui ont été employés dans le cas d'empoisonnement par l'oxyde de carbone. Respiration de gaz oxygène. — Dans un cas d'empoisonnement par l'oxyde de carbone chez l'homme, on a fait respirer au malade du gaz oxygène; c'était là un excellent moyen de fournir au sang le plus grand volume d'oxygène qu'il puisse absorber, et ce moyen a réussi. Le sang artériel, chez l'homme et chez les animaux, ne renferme jamais tout l'oxygène qu'il pourrait contenir, et dans le cas d'intoxication par l'oxyde de carbone, le cœur envoyant à travers les poumons une grande quantité de globules qui sont inaptes à prendre de l'oxygène à l'air, il est utile de donner aux globules qui sont restés intacts, et qui seuls permettent la conservation de la vie, le plus de facilité possible pour absorber l'oxygène en faisant pénétrer dans les poumons un gaz qui contient beaucoup plus d'oxygène que l'air atmosphérique. Pour faire respirer de l'oxygène, on emploie un grand ballon de caoutchouc rempli de ce gaz préparé par le chlorate de potasse et purifié par le passage à travers un tube à boules contenant une solution de potasse; on adapte à ce ballon un tube de caoutchouc (fig. 51) qui est engagé dans l'une des narines ou dans la bouche du malade; l'inspiration se fait en partie dans le ballon, et l'oxygène est appelé dans les poumons. Si l'on veut faire respirer de l'oxygène pur et faire échapper au dehors les produits de l'expiration, il est nécessaire d'intercaler entre la bouche et le ballon un tube bifurqué muni de deux soupapes, dont l'une permet l'inspiration et communique par un ajutage avec le ballon, tandis que l'autre permet l'expiration dans l'air. Ces soupapes doivent être très-mobiles, et sont construites avec deux petites plaques de caoutchouc. On peut aussi employer comme intermédiaire entre la bouche et le ballon, un flacon contenant de l'eau

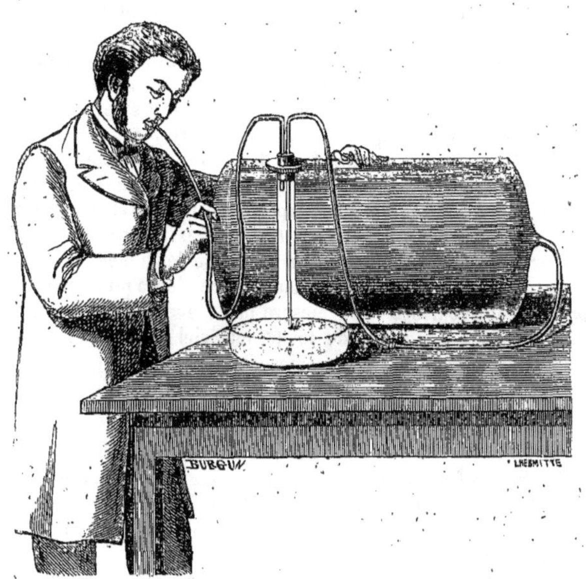

Fig. 51. — Respiration du gaz oxygène contenu dans un ballon de caoutchouc.

que représente la figure, et qui est muni de tubes dont l'un, fixé au ballon, pénètre dans l'eau, tandis que l'autre, mis en rapport avec la bouche, s'ouvre dans la partie supérieure de ce flacon. C'est là un mode de fermeture qui permet l'inspiration du gaz oxygène qui s'oppose à la pénétration des gaz expirés dans le ballon plein d'oxygène.

Transfusion du sang. — Dans un cas d'empoisonnement par l'oxyde de carbone, quand le malade court des dangers sérieux, on a conseillé de pratiquer la transfusion du sang; cette opération, qui est très-rationnelle, a été employée, paraît-il, deux fois avec succès. Le sang du malade ne pouvant presque plus absorber d'oxygène, on pratique une saignée qui enlève une partie de ce sang, dont les globules sont privés presque tous de leur propriété physiologique principale, le pouvoir d'absorber de l'oxygène, puis on injecte, dans la veine dénudée et par une canule dirigée vers le bout central du vaisseau, du sang emprunté à un homme bien portant, dont tous les globules possèdent la propriété d'absorber de l'oxygène; on comprend que, dans certains cas presque désespérés, cette opération puisse sauver le patient. Pour pratiquer la transfusion du sang, il faut renoncer absolument à l'injection du sang veineux pris en nature; car, si malheureusement le sang que l'on injecte commence à se coaguler et continue à se coaguler dans les vaisseaux du patient, on déterminera la formation d'embolies immédiatemant mortelles. Il faut donc toujours défibriner par le battage le sang fourni par une saignée faite à un homme bien portant, puis, après plusieurs minutes de battage, il faut filtrer le sang à travers un linge fin, l'aspirer dans une seringue, et pratiquer lentement l'injection dans le bout central de la veine découverte chez le malade; il faut avoir soin de ne pas injecter d'air dans la veine; cependant il faut savoir que l'injection de quelques petites bulles d'air n'offre pas d'inconvénient, car ce gaz est facilement absorbé par le sang.

Nous pourrions continuer l'étude déjà longue de l'empoisonnement par l'oxyde de carbone, mais je me contenterai d'ajouter que M. Claude Bernard a reconnu dans le sang des animaux empoisonnés partiellement, et qui continuaient à vivre, la disparition assez rapide du gaz toxique, malgré sa grande affinité pour les globules rouges; l'oxyde de carbone est-il converti en acide carbonique ou est-il éliminé en nature par la voie des poumons, ce sont des questions qui ne sont pas encore complétement résolues.

N. Gréhant.

VARIÉTÉS

Le siége de Paris, au point de vue de l'hygiène et de la chirurgie (1)

M. le docteur Gordon, envoyé en mission spéciale par le gouvernement anglais auprès de l'armée française pendant la guerre contre la Prusse, vient de publier dans le *British medical Journal* le résumé des observations qu'il a recueillies sur l'hygiène et la chirurgie pendant le siége de Paris. Nous croyons être agréable à nos lecteurs en leur faisant connaître l'opinion du savant médecin anglais sur quelques-unes des questions soulevées par la dernière guerre et qui intéressent les praticiens.

Le docteur Gordon passe successivement en revue : 1° l'état physique des troupes; 2° l'habillement; 3° l'alimentation; 4° le logement; 5° les secours aux malades et aux blessés; 6° les infirmiers; 7° les sociétés de la convention de Genève; 8° les questions relatives à la chirurgie.

État physique des troupes.

On appela sous les drapeaux, dit M. Gordon, tous les hommes capables du service militaire; les hommes de cinquante ans furent enrôlés, en même temps que ceux de dix-huit, un grand nombre d'infirmes même ne furent pas exemptés du devoir commun. Un corps d'armée entra dans Paris peu après la proclamation du gouvernement provisoire, et de nouveaux bataillons élevèrent bientôt la force nominale des troupes à plus de 50 000 hommes. On peut évaluer, en outre, le nombre des gardes nationaux chargés plus spécialement de la défense de Paris à plus de 475 000. Les contingents se composaient d'hommes robustes pour la plupart, appelés de tous les points de la France. Malgré leur belle apparence, un grand nombre ne purent résister aux exigences d'un service d'hiver. Les jeunes soldats des bataillons de réserve de la ligne étaient en général assez mal constitués. Quant aux gardes nationaux, le plus grand nombre étaient incapables de supporter les fatigues d'une campagne. Tous ces détachements, réunis à la hâte, étaient imparfaitement exercés; ils se défiaient d'eux-mêmes et n'avaient pas cette confiance les uns dans les autres et dans les officiers qui distingue le vieux soldat des simples recrues. Quant aux officiers, on les vit, après l'investissement de Paris, s'occuper bien plus

(1) Notes de M. l'inspecteur général Gordon, chargé d'une mission par le gouvernement anglais.

de leurs plaisirs que de l'instruction de leurs soldats. Ces officiers étaient d'ailleurs nommés par les hommes qu'ils commandaient. Il faut attribuer à toutes ces causes réunies la plupart des désastres qu'eut à subir l'armée parisienne de la part d'un ennemi déjà victorieux, plein de confiance en lui-même, plus instruit et plus puissant.

Habillement des troupes.

La précipitation qui présida à la formation de l'armée de défense ne permit pas de pourvoir tous les contingents d'habillements convenables, et l'on comprend ce qui en résulta lorsqu'arrivèrent les rigueurs de l'hiver de 1870.

De grands efforts, il faut l'avouer, furent faits pour suppléer à l'insuffisance des vêtements, par le gouvernement en même temps que par l'initiative privée. Malgré tout, on peut attribuer à cette cause une grande partie des décès et des maladies parmi les soldats pendant l'hiver.

Alimentation.

Parmi les épreuves les plus meurtrières qu'eut à subir la population parisienne pendant ce long siége, il faut placer en première ligne la diminution graduelle des vivres. On avait estimé que la ville possédait des vivres pour soixante jours seulement, et l'on sait que le siége dura cinq mois; aussi on ne put bientôt plus se procurer d'aliments sous forme de pain et de viande qu'avec des cartes distribuées par les mairies.

Pendant la seconde moitié du siége, la santé publique se ressentit incontestablement de cette alimentation insuffisante et mal appropriée. L'insuffisance de la nourriture animale ajoutée au manque de chauffage diminua bientôt la résistance au froid, malgré tous les vêtements dont on pouvait se couvrir; cependant, si l'on excepte ceux qui, comme les soldats, étaient obligés de bivouaquer et exposés aux rigueurs de la campagne, les affections de la poitrine et les attaques de rhumatisme ne furent pas aussi fréquentes qu'on aurait pu le supposer. Les cas de congélation surtout, parmi les militaires, furent nombreux et très-graves, et ils étaient aggravés par l'alimentation insuffisante et l'insuffisance des vêtements.

Le scorbut se déclara alors sous diverses formes et prit bientôt une extension considérable dans toutes les classes de la société. Certains régiments furent particulièrement atteints de cette maladie, qui prit chez eux une forme accentuée. Parmi eux on peut surtout citer ceux qui occupaient les forts de Vanves et d'Issy, qui eurent à souffrir, non-seulement de l'alimentation insuffisante, mais encore de la fatigue, des dangers et de l'influence particulière exercée sur leurs esprits par le bombardement terrible et continu qu'eurent à subir ces forts pendant de longues semaines.

Chez les habitants de la ville, on vit bientôt apparaître cette diathèse, qui se traduisait par l'état des gencives et du purpura. Quelques-uns avaient des hémorrhagies, tous souffraient plus ou moins d'une sorte d'apathie et de la difficulté qu'ils éprouvaient à supporter des exercices un peu violents. Cet état était évidemment dû, en partie, au défaut de nourriture, en partie au mauvais régime.

Logement des troupes.

La question du logement a une grande importance au point de vue de l'hygiène. Elle en avait surtout une très-grande pendant le siége; aussi mérite-t-elle que nous nous y arrêtions un peu.

Le système de casernement des soldats en France, bien que parfait en théorie, est extrêmement défectueux par rapport aux règles de l'hygiène. Dans une baraque, les troupes sont disposées par escouades et par sections. Chaque grand compartiment du bâtiment est réservé à trente-deux hommes et chaque étage du bâtiment contient six de ces sections, ou, en d'autres termes, trois compagnies. Chacun de ces compartiments est partagé en deux dans le sens transversal par une cloison de planches de six pieds et demi environ de haut. Les lits sont disposés quatre par quatre à partir du mur de chaque extrémité et de la cloison, en sorte que si l'on se place dans l'allée centrale du compartiment, on a de chaque côté huit hommes, soit sept soldats et un caporal, qui sont pour ainsi dire isolés et forment en quelque sorte entre eux un corps spécial. L'inconvénient de cette disposition est que les lits étant placés dans le sens transversal et non dans le sens longitudinal, l'aération ne peut jamais être aussi complète que dans les baraquements anglais; on observe par suite toutes les conséquences d'une ventilation insuffisante.

Les baraques étaient en général construites fort légèrement, et les hommes qui les habitaient n'avaient pour toute literie qu'une certaine quantité de paille jetée sur les lits de camp. Ils n'avaient, outre cela, que leurs propres couvertures et leurs capotes. L'emplacement pour faire la cuisine avait été réservé, mais tous les autres accessoires et les communs faisaient défaut.

Les tentes-abris furent peu employées, et quand elles le furent, elles ne rendirent que fort peu de services contre le mauvais temps. En fait, on n'en est même plus à se demander si pendant la guerre franco-prussienne l'avantage que l'on a pu en tirer n'a pas été contrebalancé outre mesure par les embarras résultant de leur poids, sans parler du temps matériel nécessaire pour les dresser et les replier.

Secours aux malades et aux blessés.

Les efforts faits pour la défense de Paris, si grands qu'ils aient été, n'égalent certainement pas ceux de l'intendance et des diverses associations philanthropiques qui se formèrent pour donner des soins aux malades et aux blessés.

Il est malheureusement difficile d'obtenir des renseignements précis sur l'étendue exacte des moyens de secours dont on put disposer dans les hôpitaux, les édifices, les maisons particulières, les baraquements et les tentes. Au bout d'un certain temps, une grande quantité d'établissements qui avaient été choisis dans ce but furent abandonnés pour diverses raisons : un système régulier de surveillance fut également organisé, les différents hôpitaux temporaires ou ambulances furent annexés aux grands hôpitaux militaires et civils, et l'on partagea le tout en dix grandes divisions; le nombre des lits alors soumis à l'inspection fut de 25 754, ce qui représente un chiffre équivalent à environ 5 p. 100 de l'effectif des troupes, si nous admettons qu'il y ait eu dans Paris 475 000 hommes sous les armes.

Il faut observer cependant que beaucoup de blessés furent, pendant le siége, traités dans leurs propres maisons. Le temps, malheureusement, ne permit pas de consacrer tout le soin nécessaire au choix des édifices destinés aux malades et aux blessés. Les besoins de l'armée, comme cela arrive souvent, l'emportèrent sur les règles dictées par l'hygiène. Aussi les résultats qui en furent si fréquemment la conséquence doivent être considérés dans une grande proportion comme inséparables des conditions d'un siége. Il va sans dire que de grandes différences existaient dans le degré de convenance des différents bâtiments; il en est un grand nombre qui étaient totalement impropres à cet usage. En général, plus un édifice était grand et prétentieux en apparence (en faisant une exception pour les hôpitaux existant déjà), moins il était propre à cet usage; au contraire, plus la disposition intérieure des appartements était simple, plus sa transformation en hôpital était facile et satisfaisante. De tous les édifices, les églises étaient les plus difficiles à organiser en ambulances, et les moins convenables pour cet objet. Les bâtiments dans lesquels les appartements communiquaient directement ou indirectement les uns avec les autres ne convenaient pas non plus. Ceci s'applique surtout à ceux dans lesquels une allée centrale séparait deux rangées de chambres. En somme, l'impression générale de beaucoup de gens d'expérience, ainsi que la mienne, est que dans aucun bâtiment permanent, qu'il fût ou non consacré habituellement au service hospitalier, les chances de guérison pour les blessés n'étaient, à beaucoup près, aussi grandes que dans les baraques, tentes ou autres établissements temporaires. Ce fait est incontestablement de la plus haute importance en lui-même et s'accorde complétement avec ce qui a été dit et redit sur le même sujet.

Infirmiers.

Tout en rendant justice aux dames laïques et religieuses qui ont prodigué leurs soins aux blessés et aux malades pendant le siége de Paris, M. Gordon ne peut s'empêcher de faire remarquer qu'il existe mainte circonstance qui exige que dans un hôpital militaire l'organisation du service soit complet, et que le personnel ne se compose que de gens capables de résister aux fatigues inséparables de la guerre.

Après avoir montré que l'efficacité du traitement chirurgical et médical diffère, selon que les malades sont soignés par des infirmiers plus ou moins habiles, plus ou moins bien élevés, M. Gordon est d'avis que le corps des infirmiers de l'armée française est défectueux à plus d'un point de vue, et qu'une réforme radicale est urgente. Il pense comme un membre de l'intendance française qui disait : « Le corps des infirmiers, tel qu'il est constitué, est une erreur : ces hommes n'ont aucun intérêt à leur position, ils n'ont pas de discipline, ils ne sont pas suffisamment instruits ; leur organisation doit être modifiée. »

Sociétés de la convention de Genève.

Après avoir énuméré les diverses sociétés placées sous l'emblème de la Croix rouge, le médecin anglais fait le plus grand éloge de la Société internationale de secours aux blessés.

Questions relatives à la chirurgie.

C'est là la principale partie du travail de M. Gordon.

Etablissant une comparaison entre la nature des blessures observées dans les précédentes guerres et celles du siége de Paris, M. Gordon signale les particularités suivantes :

1° Une proportion considérable de lésions graves par rapport aux blessures légères ;

2° La fréquence de blessures multiples chez un même individu ;

3° Le nombre considérable de blessures du membre supérieur et du membre inférieur, par rapport aux blessures du tronc ;

4° L'absence de blessures par le sabre et la baïonnette.

M. Gordon fait remarquer que les commotions cérébrales à la suite de lésions graves ne lui ont pas paru avoir la même gravité, et être aussi nombreuses que parmi les soldats anglais dans d'autres guerres, dans l'insurrection des Indes, par exemple. Cette particularité, dit-il, peut être attribuée à une étiologie de race, et l'étude de cette question aurait un grand intérêt scientifique. Il fait un grand éloge du courage des médecins français, pansant souvent les blessés sous le feu le plus vif.

Parmi les méthodes de traitement mises en usage pendant le siége, l'auteur cite en particulier l'*occlusion pneumatique* de M. Jules Guérin.

L'auteur de cette méthode, dit M. Gordon, ayant observé la rapidité avec laquelle la réunion se faisait dans la chirurgie orthopédique, fut conduit à traiter les plaies communiquant avec l'intérieur par l'exclusion de l'air ; il imagina donc un appareil pneumatique pour arriver à ce résultat, et, par suite, empêcher la suppuration de se produire. Cet appareil se compose de manchons de caoutchouc, de pompes et de réservoirs trop compliqués pour être décrits ici. Mais, comme une description détaillée de cet appareil, faite par M. Guérin lui-même, a été envoyée à Netley, tous les détails qui s'y rapportent seront, sans aucun doute, mis en lumière par quelques-uns des éminents professeurs de cet établissement. Des lésions de tout genre et de toute espèce de gravité intéressant les membres, même les plaies pénétrantes graves des grandes articulations ont été traitées par cette méthode, et avec une proportion considérable de succès. Mais le fait le plus important qui doive être consigné ici, c'est que les blessés traités de cette manière par l'exclusion de l'air échappaient à la pyohémie, bien que ce genre de complication régnât dans une large mesure parmi les blessés soignés par les méthodes ordinaires dans le même établissement. Il faut néanmoins mentionner que de grandes divergences d'opinion existaient à Paris au sujet de l'efficacité de cette pratique comparée aux autres méthodes ; de plus, le volume de ce genre d'appareils et l'encombrement qui résultait de leur emploi les rendaient tout à fait impropres au service d'une armée en campagne ; mais ils méritent un examen approfondi dans les hôpitaux permanents, et c'est dans ce but que j'appelle sur eux l'attention.

Parmi les causes de l'infection purulente et de la pourriture d'hôpital qui désolaient nos ambulances, M. Gordon signale les suivantes :

Quelques-uns des édifices occupés par les blessés étaient, dit-il, tout à fait impropres à cet usage ; d'autres étaient encombrés ; d'autres insuffisamment aérés ; dans quelques-uns, la ventilation ne se faisait que par les salles entre elles, comme, par exemple, au Grand-Hôtel ; dans d'autres une allée centrale recevait les émanations des salles placées de chaque côté, mais ne pouvait pas se débarrasser elle-même de l'air vicié qu'elle contenait. Il est malheureusement à craindre aussi que, dans quelques hôpitaux, les linges et les draps contaminés n'aient pas été enlevés des salles de blessés aussi vite qu'on aurait pu le désirer. Peut-être était-il au-dessus du pouvoir des chirurgiens de remédier à ce défaut de soins hygiéniques. En outre, beaucoup de soldats avaient souffert de l'alimentation insuffisante pendant longtemps avant de recevoir leurs blessures, et, en même temps, dans les hôpitaux où on les amenait, on ne pouvait, par suite des circonstances, leur procurer la somme de nourriture et de vin que leur situation réclamait. En fait, c'est une question de savoir, si, en France, on est aussi large que chez nous sous le rapport du régime et du confortable. Nous donnons, *largâ manu*, le bœuf et le porter ; en France, on donne du bordeaux et un peu de confitures.

En mettant en ligne de compte les différents modes de traitement suivis dans les blessures par armes à feu, les différentes conditions dans lesquelles les blessés furent placés à Paris, et les résultats différents qui suivirent des lésions de même gravité, il était très-important de conclure à certaines règles sur le choix du traitement à employer dans ces diverses circonstances. Ce point important a attiré l'attention d'un grand nombre des hommes éminents qui ont consacré leurs soins aux blessés ; mais on n'est arrivé qu'à un résultat approximatif. Ces conclusions semblent, néanmoins, être les suivantes :

En ce qui touche l'amputation, cette opération était préférable à la désarticulation ou à la résection quand on était obligé de faire le transport des opérés à la suite de l'armée. La résection et la désarticulation semblaient réussir beaucoup mieux au membre supérieur qu'au membre inférieur ; la désarticulation du genou dans le but de remplacer l'amputation en cas de blessures articulaires par coups de feu réussissait très-mal, bien qu'on eût à se louer de ce mode d'opération dans la pratique civile.

La pratique qui a été faite de la chirurgie conservatrice a également prouvé qu'elle réclamait l'application de règles bien définies, même dans les hôpitaux fixes, pourvus abondamment de tous les grands appareils, d'infirmiers intelligents et bien instruits, etc. Les succès que l'on a pu obtenir dans ces conditions ne fournissent aucune base de jugement sur les avantages qu'on pourrait en tirer dans des ambulances volantes, à la suite des armées. Elle exige beaucoup d'attention et de fatigue physique de la part des chirurgiens, qui ne peuvent matériellement remplir complétement leur tâche que quand il n'y a réellement que peu de cas graves dans un service. De plus, le blessé est très-exposé par cette méthode à toutes les complications possibles, et, dans un grand nombre de cas, les membres conservés ne sont que d'une utilité médiocre au patient. Il y a, évidemment, des exceptions à ceci ; mais ce que je viens de dire est la règle. Dans les tentes et baraques les blessés traités de cette manière ont beaucoup plus de chances de guérir que dans les maisons ordinaires ; mais, même dans ce cas, le danger de l'infection n'est pas écarté.

Je n'ai fait que donner ici une analyse bien incomplète du travail de M. Gordon, dont l'article du *British medical Journal* n'est lui-même que le résumé. L'histoire complète du siége de Paris, au point de vue médical et chirurgical, a été faite par le savant médecin dans son rapport officiel au gouvernement anglais, rapport qui sera sans doute publié un jour.

Dr E. Decaisne.

TRAVAUX SCIENTIFIQUES FRANÇAIS

M. BERTHELOT

L'union des alcools avec les bases

1. On sait que les bases ne s'unissent pas seulement aux acides, mais aussi aux alcools, aux phénols, aux aldéhydes et à divers autres principes oxygénés : j'ai entrepris l'étude comparée des phénomènes thermiques qui se manifestent dans ces diverses combinaisons. Le présent travail est consacré spécialement aux réactions effectuées en présence d'une grande quantité d'eau.

2. J'ai choisi cette circonstance, parce que c'est celle qui fournit les caractères les plus généraux et les plus précis dans la réaction des acides sur les bases. En effet, les recherches de Hesse, celles de M. Andrews principalement, et depuis celles de Graham et de MM. Favre et Silbermann ont établi que :

La formation des sels neutres dissous, par l'union de divers acides étendus d'eau avec une même base, pareillement étendue d'eau, dégage à peu près la même quantité de chaleur (sous des poids équivalents) ; ladite quantité ne varie guère avec la dilution, dès que celle-ci est un peu notable. Enfin elle est à peu près la même pour les diverses bases solubles, unies avec un même acide.

Ces lois ont été confirmées et précisées dans les dernières années par les travaux méthodiques de M. Thomsen, dont j'ai eu l'occasion de reconnaître la grande exactitude.

3. Les mêmes lois s'appliquent-elles aux combinaisons que les bases forment avec les alcools, les phénols, les aldéhydes ? Quelle est la caractéristique véritable de ces combinaisons, au point de vue thermique ? Enfin, comment se comportent les acides à fonction mixte, les acides alcools en particulier, tels que l'acide lactique et l'acide salicylique ? C'est ce que je vais examiner.

Mais auparavant je demande la permission de donner quelques nouveaux détails sur les conditions de mes expériences, d'autant que ces conditions se retrouveront dans la suite des recherches que je me propose de publier.

4. J'ai opéré dans des calorimètres de platine, renfermant 600 centimètres cubes, 1 litre et jusqu'à 2^{lit},25 de liquide : l'emploi de semblables volumes élimine une multitude d'erreurs et de corrections. Le calorimètre est placé dans un système d'enceintes concentriques, les unes revêtues de plaqué d'argent, les autres de fer-blanc : la plus extérieure, très-vaste, remplie d'eau plusieurs jours à l'avance, et revêtue de feutre, assure l'invariabilité de température du système extérieur pendant la durée de chaque expérience.

5. Les thermomètres étaient, les uns à échelle arbitraire et construits par Fastré, les autres à graduation centigrade et construits par Baudin ; ils permettent de mesurer 1 demi-centième de degré. J'ai vérifié à plusieurs reprises, et tout récemment encore, les zéros et surtout la valeur absolue du degré, laquelle est l'élément le plus délicat peut-être de ces déterminations.

6. Les liquides sur lesquels je me propose d'opérer renferment le plus souvent $\frac{1}{2}$ équivalent par litre, parfois $\frac{1}{4}$ d'équivalents (en grammes). Je désignerai les solutions à $\frac{1}{2}$ équivalent sous le nom de *solutions normales*. Ces liquides sont préparés en grandes masses et placés plusieurs jours à l'avance dans la pièce où se font les expériences, les uns auprès des autres, de façon à être amenés à des températures identiques, à 2 ou 3 centièmes de degré près. Cette précaution, déjà signalée par M. Marignac, augmente beaucoup la précision des expériences et facilite le calcul de la température moyenne des deux liquides que l'on va mélanger.

7. J'adopterai comme unité thermique la quantité de chaleur nécessaire pour élever de zéro à 1 degré 1 kilogramme d'eau.

La précision des expériences est proportionnelle à la grandeur des variations thermométriques, c'est-à-dire qu'elle est plutôt absolue que relative. La plupart de mes résultats, calculés pour 1 équivalent et pour des solutions normales, peuvent être, je crois, regardés comme exacts au moins à 0^{cal},050 près : j'en excepte les expériences faites sur des liqueurs plus diluées, dans lesquelles le nombre expérimental, étant multiplié par un coefficient plus fort, donne un résultat final moins exact.

Première partie. — Alcools proprement dits.

J'ai étudié l'alcool ordinaire, la glycérine et la mannite ; j'y ajouterai quelques expériences sur la gomme.

I. — *Alcool ordinaire*, $C^4H^6O^2$.

1. Que l'alcool s'unisse aux bases, c'est ce qui est connu de tous les chimistes qui ont fait agir du sodium sur ce corps, ou qui y ont dissous de la potasse : j'ai isolé moi-même un alcoolate de baryte, $C^4H^5BaO^2$, parfaitement défini (1). Mais la moindre trace d'eau détruit cet alcoolate, en précipitant de l'hydrate de baryte. L'eau décompose également les alcoolates de potasse et de soude, non pas d'une manière intégrale et complète, mais progressive, comme le montrent la préparation de la potasse à l'alcool, et surtout la séparation d'un mélange liquide de potasse et d'alcool, fait dans des proportions convenables, en deux couches, l'une aqueuse, l'autre alcoolique, entre lesquelles la potasse se trouve partagée.

2. En présence d'un excès d'eau, la combinaison subsiste-t-elle ? Pour m'en assurer j'ai préparé une liqueur aqueuse renfermant 32 grammes d'alcool par litre et une liqueur aqueuse renfermant 47 grammes de potasse (KO) par litre. Le rapport était à peu près le suivant : $2\,C^4H^6O^2 : KO$. Ces deux liqueurs, amenées séparément à la même température, puis mélangées à volumes égaux, ont donné lieu seulement à une variation de $+\,0^\circ,005$, c'est-à-dire négligeable, car elle représente la limite d'erreur de mes expériences.

Ainsi, la présence d'une quantité d'eau suffisante (160 H^2O^2 environ pour $C^4H^6O^2$, après mélange) empêche à peu près complétement l'union de l'alcool ordinaire avec la potasse, celle-ci demeurant entièrement combinée avec l'eau, sans aucun partage sensible. Cependant, à ce même degré de dilution, les alcools polyatomiques manifestent encore leur affinité pour les alcalis, comme on va le montrer.

II. — *Glycérine*, $C^6H^8O^6$.

1. J'ai préparé une dissolution aqueuse normale, renfermant 46 grammes de glycérine ($\frac{1}{2}$ équivalent) par litre ; et je l'ai mé-

(1) *Annales de Chimie et de Physique*, 3e série, t. XLVI, p. 180, et surtout *Bulletin de la Société chimique*, 2e série, t. VIII, p. 389.

langée à volumes égaux avec une dissolution normale renfermant, par litre : $\frac{1}{2}$ équivalent ($15^{gr},5$) de soude, NaO :

$$(C^6H^8O^6 + Aq) + (NaO + Aq) \text{ dégage } + 0^{cal},372.$$

Il y a donc combinaison, au moins partielle, en présence de 215 ou plus simplement de 200 H^2O^2 environ.

2. J'ai étendu cette dissolution avec 5 fois son volume d'eau. Il y a eu absorption de chaleur, soit. . . . . . . — $0^{cal},363$.

Cette absorption étant sensiblement égale au dégagement précédent, on peut en conclure que la dilution, dans le rapport de 200 à 1200 H^2O^2, a détruit complétement, ou à peu près, la combinaison de la glycérine avec la soude.

3. Ainsi la chaleur dégagée varie avec la proportion d'eau. Cette variation est encore mise en évidence par les chiffres suivants. Une solution renfermant 100 grammes de glycérine par litre, c'est-à-dire 2 fois aussi concentrée que la précédente, a été mêlée avec la solution normale de soude, dans le rapport des équivalents

$$(C^6H^8O^6 + Aq') + (NaO + Aq) \text{ a dégagé } + 0^{cal},529,$$

près de moitié plus que ci-dessus.

4. Un deuxième équivalent de glycérine (même solution), ajouté à la liqueur précédente, a dégagé (1). . . + $0^{cal},135$; une nouvelle proportion de glycérine a dégagé encore de la chaleur, en quantité moindre à la vérité.

On voit, par ces nombres, que la chaleur dégagée s'accroît avec la quantité de glycérine, mise en présence d'un seul équivalent de soude, mais sans être proportionnelle au poids de la glycérine.

5. La présence d'un excès de soude paraît également donner lieu à un accroissement de chaleur. Car la solution de glycérine ci-dessus (au dixième), mêlée avec un volume double de la même solution de soude,

$$(C^6H^8O^6 + Aq') + 2\,(NaO + Aq), \text{ a dégagé } + 0^{cal},593$$

au lieu de + $0^{cal},529$.

En résumé :

1° La réaction de la glycérine sur les alcalis donne lieu à un dégagement de chaleur ; avec des solutions normales ($\frac{1}{2}$ équivalent par litre), ce dégagement ne surpasse pas le quarantième de la chaleur dégagée par l'union d'un acide avec une base.

2° Il croît, soit avec le nombre d'équivalents de glycérine pour 1 équivalent de soude, soit avec le nombre d'équivalents de soude pour 1 équivalent de glycérine, mais sans être proportionnel ni à la soude, ni à la glycérine.

3° Il diminue à mesure que la dilution s'accroît et il finit par s'annuler en présence de 1200 H^2O^2. En effet, la combinaison opérée dans une liqueur plus concentrée se détruit par une addition d'eau convenable, avec absorption de chaleur.

Ces divers phénomènes, ce partage continu de la base entre l'alcool et l'eau, mis en opposition, peuvent être regardés comme caractérisant en général, et aux valeurs numériques près, la combinaison des bases avec les alcools ; ils contrastent avec les caractères de la combinaison des bases et des acides proprement dits ; car les sels neutres véritables qui résultent de cette dernière union sont constitués dans des proportions fixes et ils subsistent, quelle que soit la quantité mise en présence.

III. — *Mannite*, $C^{12}H^{14}O^{12}$.

1. Il m'a paru intéressant de soumettre à une étude pareille la mannite, en raison de son caractère d'alcool hexatomique et de son analogie avec les sucres proprement dits. J'ai préparé une solution normale de mannite (91^{gr} par 1^{lit}). Quoique fort concentrée, cette solution, étendue avec 5 fois son volume d'eau, ne donne lieu à aucun phénomène thermique appréciable, ce qui exclut l'influence de sa dilution dans les expériences suivantes.

En mêlant à volumes égaux les solutions normales de mannite et de soude, on trouve que la réaction

$$(C^{12}H^{14}O^{12} + Aq) + (NaO + Aq) \text{ dégage } + 1^{cal},107.$$

Ce nombre est triple du chiffre relatif à la glycérine, pour le même état de dilution ; mais il n'est que la douzième partie des chiffres relatifs aux acides véritables.

2. Une différence non moins marquée s'observe en ajoutant l'alcali par fractions successives :

$(C^{12}H^{14}O^{12} + Aq) + \frac{1}{2}$	$(NaO + Aq)$ dégage....		+ 0,696
	$\frac{1}{2}(NaO + Aq)$	»	+ 0,372
Soit pour.........	$(NaO + Aq)$	»	+ 1,058

valeur concordante avec la précédente.

L'addition de.....	$\frac{1}{2}(NaO + Aq)$ dégage....	+ 0,151
	En tout.............	+ 1,209

Ces nombres montrent que la chaleur dégagée ne croît pas proportionnellement au poids de la soude, même pour les fractions successives du premier équivalent : résultat opposé à celui que l'on observe avec un acide véritable, mais dans lequel l'accroissement graduel de la masse de l'eau par rapport à la mannite doit jouer un certain rôle.

3. En effet, la combinaison de la mannite avec la soude est détruite par l'addition d'une grande quantité d'eau. La liqueur précédente, laquelle renferme 1 équivalent de mannite pour $1\frac{1}{2}$ NaO, ayant été additionnée de 5 fois son volume d'eau, a donné lieu à une absorption de — 1,430; ce chiffre peut être regardé comme identique avec + 1,209 dans les limites d'erreur des expériences (1).

4. La potasse et la soude, en s'unissant avec 1 équivalent d'un même acide, donnent lieu à peu près au même dégagement de chaleur. En est-il de même avec les alcools? Voici la réponse expérimentale.

La solution renfermant $\frac{1}{2}$ équivalent de mannite par litre a été mêlée, à volume égal, avec une solution semblable de potasse :

$$(C^{12}H^{14}O^{12} + Aq) + (KO + Aq).$$

Cette réaction a dégagé + $1^{cal},145$. C'est le même chiffre sensiblement que la soude, au même degré de concentration.

La liqueur ci-dessus, étendue de 5 volumes d'eau, a donné lieu à une absorption de — 0,950, c'est-à-dire que la combinaison de mannite et de potasse a été décomposée presque complétement.

J'ai également étudié l'union de la mannite avec la chaux. La solution normale de mannite (91 grammes par litre) a été étendue avec son volume d'eau pour la ramener aux mêmes rapports entre la mannite et l'eau que dans la réaction de la soude ; puis je l'ai agitée avec un excès d'hydrate de chaux. Il s'est dissous un peu plus d'un tiers d'équivalent de chaux par équivalent de

(1) Ces dégagements ne sont pas dus, du moins en totalité, à la réaction de l'eau sur la solution de glycérine. Car la même solution, additionnée de son volume d'eau, a dégagé seulement + 0,040.

(1) Les variations thermométriques observées dans une expérience de dilution, telle que celle-ci, sont multipliées par un coefficient 6 fois aussi grand que les variations obtenues dans l'expérience faite avec une solution normale ; ce qui porte l'erreur probable de 0,050 à 0,300.

En outre, la dilution des solutions de soude employées par 5 fois leur volume d'eau donne lieu à une absorption de chaleur très-sensible : — 0,200 par équivalent ; valeur un peu incertaine comme nombre absolu.

La dilution semblable d'une solution de potasse équivalente n'a fourni aucun résultat thermique appréciable.

mannite (10gr,8 pour 182); et la chaleur dégagée a été, pour 1 équivalent de mannite. . . . . + 1cal,239

Mais il faut en déduire la chaleur dégagée par la dissolution de la chaux. Or j'ai trouvé que 1 équivalent de chaux (28 grammes), sous forme d'hydrate préalablement préparé, dégage, en se dissolvant dans l'eau, pour former une solution saturée + 1cal,500. Cette solution, étendue avec son volume d'eau, dégage encore de la chaleur. . . . . + 0cal,600 environ. L'hydrate de chaux se comporte donc avec l'eau comme les hydrates de potasse et de soude.

En admettant un chiffre proportionnel à 1,500 pour les 10gr,8 de chaux entrés en dissolution, on trouve que 1 équivalent de chaux, supposée dissoute à l'avance, dégagerait, par son union avec la mannite. . . . . 1cal,467, valeur qui ne diffère pas beaucoup des nombres 1,107 et 1,145 trouvés respectivement pour la soude et la potasse, en présence de la même quantité d'eau.

Or les mannitates de soude et de potasse, dissous dans la même quantité d'eau, doivent posséder, suivant toute vraisemblance, une constitution pareille à celle du mannitate de chaux; s'il en est ainsi, un tiers environ de chacun de ces alcalis demeure combiné avec la mannite dans la liqueur, les deux autres tiers en étant séparés par l'action décomposante de l'eau. La seule différence entre les trois alcalis serait donc que la potasse et la soude en excès, étant solubles, demeurent dissous et en présence du mannitate; tandis que l'hydrate de chaux en excès demeure insoluble et séparé du mannitate correspondant. La presque identité des trois dégagements de chaleur vient à l'appui de ces interprétations.

De même que les mannitates alcalins, le mannitate de chaux absorbe de la chaleur, c'est-à-dire se décompose graduellement, lorsqu'on l'étend d'eau. Aussi la réaction de l'eau de chaux sur la mannite dégage-t-elle bien moins de chaleur que celle de l'hydrate de chaux, l'eau de chaux apportant avec elle un volume d'eau beaucoup plus considérable.

Ce sont là des conséquences des relations générales que j'expose dans ce mémoire : je les ai vérifiées par expérience.

En résumé, le résultat essentiel de mes observations sur la mannite, c'est l'équivalence thermique des diverses bases solubles à l'égard d'un même alcool, comme à l'égard d'un même acide. La complication qui naît de la décomposition exercée par l'eau sur les alcoolates est écartée par l'emploi de proportions d'eau équivalentes. En d'autres termes, un même travail, traduit par une même quantité de chaleur, paraît être accompli, et un même équilibre tend à s'établir entre un nombre déterminé de molécules d'eau d'un alcool donné et d'une base soluble quelconque.

Ces lois et celles que j'ai déjà énoncées plus haut en parlant de la glycérine sont analogues de tout point avec les lois observées dans la combinaison de divers acides et d'un même alcool. Que les alcools s'unissent aux acides pour former des éthers, ou bien qu'ils s'associent aux bases pour former des alcoolates, dans un cas comme dans l'autre, la proportion qui règle la combinaison dépend de la masse chimique de l'eau mise en présence, laquelle tend à contracter combinaison pour son propre compte avec l'alcool et avec l'alcali, séparément. Au contraire, la combinaison réciproque des acides et des bases alcalines pour former des sels neutres n'est guère influencée par la quantité d'eau mise en présence. Ce sont là des résultats d'une haute importance et qui ne pourraient guère être étudiés dans l'état de dissolution, sans le secours des méthodes thermiques.

A la vérité, l'équilibre des réactions éthérées n'atteint sa limite définitive qu'au bout d'un temps plus ou moins considérable; tandis que la formation et la décomposition des alcoolates en présence de l'eau s'opèrent instantanément. Malgré cette différence, la combinaison des alcools, soit avec les acides, soit avec les bases, en présence de l'eau, obéit aux lois d'une statique chimique pareille, moins simple, mais plus générale que celle qui préside à la formation des sels neutres.

IV. — *Gomme.*

1. J'ai fait quelques expériences sur les dissolutions de gomme, dans le but d'éclairer le rôle chimique véritable de cette substance. Ces expériences tendent à l'assimiler aux alcools polyatomiques [polyglycosides (1)].

300 centimètres cubes d'une dissolution aqueuse renfermant un dixième de gomme ont été mélangés avec 134 centimètres cubes d'une solution de soude (15,5 par litre).

La chaleur dégagée s'est élevée à.	+ 0cal,132
L'addition de 137 centimètres cubes de soude a dégagé. . .	+ 0,029
Enfin l'addition de 69 centimètres cubes de soude a donné.	+ 0,006
	+ 0,167

Ces nombres ne diffèrent pas beaucoup de ceux que l'on obtiendrait en remplaçant la gomme par la mannite.

La liqueur obtenue en dernier lieu a été étendue avec 5 volumes d'eau, ce qui a donné lieu à une absorption de — 0,174, c'est-à-dire une décomposition sensiblement totale.

La combinaison de la gomme avec la soude en présence de l'eau offre donc les mêmes caractères généraux que celle de la mannite.

Deuxième partie. — Phénols.

J'ai étudié spécialement le phénol ordinaire et son dérivé trinitré, autrement dit *acide picrique*.

I. — *Phénol ordinaire*, $C^{12}H^6O^2$.

1. 100 parties d'eau dissolvent 1 partie de phénol cristallisé et même davantage. La dissolution opérée sur du phénol en gros cristaux lamelleux, a absorbé :

Pour $C^{12}H^6O^2$ (94gr).	— 2,130
Dans une autre expérience. .	— 2,040
Moyenne.	— 2,075

C'est cette solution au centième environ que j'ai fait agir sur les bases.

2. *Phénate de soude.* — La dissolution de soude équivalente occupait un volume dix fois moindre. J'opérais sur un demi-litre de liqueur et quelquefois sur 1 litre.

La réaction à équivalents égaux :

$$(C^{12}H^6O^2 + Aq) + (NaO, Aq) \text{ dégage } + 7,34;$$

Avec 2 équivalents de phénol pour 1 de soude :

$$2(C^{12}H^6O^2 + Aq) + (NaO, Aq), \text{ dégage } + 7,42;$$

Avec 1 équivalent de phénol pour 1 $\frac{1}{2}$ de soude :

$$(C^{12}H^6O^2 + Aq) + 1\tfrac{1}{2}(NaO, Aq), \text{ dégage } + 7,46;$$

Enfin, la dissolution de phénol 4 fois aussi étendue environ :

$$(C^{12}H^6O^2 + \tfrac{4}{1}Aq) + (NaO, Aq), \text{ dégage } + 7,39.$$

Ces nombres peuvent être regardés comme identiques, dans les limites d'erreurs des expériences.

Ils montrent que le phénate de soude prend naissance, à équivalents égaux, dans les dissolutions, sans qu'il y ait formation de composé acide ou basique. La chaleur dégagée dépend peu ou point de la quantité d'eau.

Le phénol se comporte donc comme un acide véritable, et non comme un alcool ordinaire, à l'égard des alcalis dissous. Les

(1) Voyez mes *Leçons sur les alcools polyatomiques* professées devant la Société chimique de Paris en 1862.

propriétés thermiques des phénates alcalins viennent donc établir un nouveau caractère spécifique du phénol, en harmonie avec les propriétés déjà connues de cette substance.

La principale différence entre le phénol et les acides chlorhydriques et analogues consiste dans la quantité de chaleur dégagée, laquelle n'est guère que la moitié de la chaleur de neutralisation des acides proprement dits.

3. *Phénate de potasse.* — Les autres bases alcalines fournissent la même quantité de chaleur que la soude, ou des chiffres très-voisins, en saturant le phénol. Le phénol lamelleux dissous dans la potasse étendue,

$$C^{12}H^6O^2 + (KO + Aq), \text{ dégage } + 5,44.$$

En tenant compte de la chaleur absorbée dans la dissolution du phénol (— 2,07), on trouve, pour la réaction du phénol dissous,

$$(C^{12}H^6O^2 + Aq) + (KO + Aq), \ldots + 7,51.$$

La saturation effectuée par des fractions successives de potasse inférieures à 1 équivalent a dégagé des quantités de chaleur proportionnelles au poids de la potasse, conformément à ce qui a été signalé pour la soude.

Réciproquement le phénate de potasse décomposé par l'acide chlorhydrique a donné lieu à un dégagement de chaleur égal à + 6,10. En retranchant ce nombre de la chaleur de neutralisation de l'acide chlorhydrique par la potasse (13,59 dans mes récentes expériences), on trouve que l'union du phénol avec la potasse a dû dégager + 7,49 : résultat concordant avec le précédent.

J'ai encore étudié la formation du phénate de potasse solide dans une série spéciale d'expériences. Cette formation, rapportée au phénol lamelleux et à la potasse étendue,

$$C^{12}H^6O^2 + (KO + Aq) = (C^{12}H^5KO^2 \text{ solide}) + Aq,$$

dégage environ + 3,85.

4. *Phénol ammoniacal.* — La formation de ce composé donne lieu à des phénomènes tout spéciaux. En effet, la réaction entre le phénol (solution voisine du centième) et l'ammoniaque dissoute (11gr,75 par litre),

$$(C^{12}H^6O^2 + Aq) + (AzH^3 + Aq),$$

a dégagé + 2,0; c'est à-dire moins du tiers de la chaleur de saturation, qui correspond aux alcalis fixes.

J'ai retrouvé le même chiffre, ou à peu près, en décomposant par l'acide chlorhydrique le phénate d'ammoniaque récemment préparé.

La dissolution précédente de phénate d'ammoniaque absorbe de la chaleur, c'est-à-dire se décompose, lorsqu'on l'étend d'eau. En la mêlant avec 5 volumes d'eau, j'ai trouvé une absorption de — 50; mais je n'insiste pas sur la valeur absolue de ce chiffre, en raison de la très-petite différence thermométrique qui a servi à le calculer. Elle prouve en tout cas que la décomposition totale exigerait une masse d'eau extrêmement considérable.

Ce n'est pas tout : le dégagement de chaleur produit par la réaction du phénol sur l'ammoniaque n'a pas lieu proportionnellement au poids de l'ammoniaque, les premières portions dégageant plus que les dernières, et le dégagement se poursuivant bien au delà de 1 équivalent, comme le montre la série suivante :

$(C^{12}H^6O^2 + Aq)$	+ 0,4	$(AzH^3 + Aq)$ dégage	+ 1,27
»	+ 0,4	»	+ 0,53
»	+ 0,4	»	+ 0,38
»	+ 0,4	»	+ 0,34
»	+ 0,4	»	+ 0,18
	+ 0,2		+ 2,70

Ces phénomènes résultent-ils de quelque combinaison spéciale entre le phénol et l'ammoniaque, combinaison qui se compléterait sous l'influence du temps à la façon des amides? Pour m'en assurer, j'ai pris la dissolution du phénate d'ammoniaque avec excès d'ammoniaque qui vient d'être signalée, je l'ai conservée dans un flacon fermé pendant six semaines, puis je l'ai traitée par l'acide chlorhydrique. La quantité de chaleur dégagée, étant retranchée de la chaleur de formation du chlorhydrate d'ammoniaque formé, a donné le nombre + 2,66, identique, ou sensiblement, avec 2,70. L'état de combinaison du phénol et de l'ammoniaque en présence de l'eau ne s'était donc pas modifié sensiblement avec le temps, quoique la liqueur se fût colorée en bleu.

L'anomalie thermique du phénate d'ammoniaque me paraît due à ce que ce sel est décomposé partiellement en présence de l'eau; elle se retrouve d'ailleurs dans l'histoire du carbonate d'ammoniaque et de divers autres sels ammoniacaux, comme je le montrerai très-prochainement.

5. *Phénate de chaux.* — La saturation réciproque du phénol dissous et de l'eau de chaux,

$$(C^{12}H^6O^2 + Aq) + (CaO + Aq), \text{ a dégagé } + 7,30 \text{ et } + 7,52;$$

ce dégagement n'augmente pas en présence d'un excès d'alcali.

6. *Phénate de baryte.*

$$(C^{12}H^6O^2 + Aq) + (BaO + Aq) \text{ dégage } + 7,48.$$

La saturation faite en ajoutant le baryte par tiers d'équivalent a fourni :

1er tiers	2,50
2e tiers	2,53
3e tiers	2,45

c'est-à-dire des valeurs proportionnelles au poids de la baryte.

J'ai cru utile de vérifier si les phénates alcalins dégagent dès le premier moment de leur formation la totalité de leur chaleur de combinaison. A cet effet, j'ai conservé pendant six semaines la solution précédente de phénate de baryte, puis je l'ai décomposée par l'acide chlorhydrique. La chaleur dégagée a été trouvée égale à + 6,35; en ajoutant ce nombre à 7,48, on trouve 13,83, qui doit représenter la neutralisation de la baryte dissoute par l'acide chlorhydrique : or M. Thomsen a donné 13,91. La réaction du phénol sur les alcalis est donc complète tout d'abord.

En résumé, la potasse, la soude, la chaux, la baryte, dissoutes, dégagent sensiblement les mêmes quantités de chaleur en s'unissant au phénol, et ces quantités ne varient guère avec la proportion d'eau mise en présence. Ce sont là de nouveaux traits de rapprochement entre le phénol et les acides véritables. Mais le phénol s'en écarte, parce que la chaleur dégagée n'est guère que la moitié de celle qui répond aux acides.

II. — *Phénol trinitré (acide picrique)*, $C^{12}H^3(AzO^4)^3O^2$.

1. Le phénol, en se changeant en phénol trinitré, prend d'une manière plus complète et sans réserve tous les caractères d'un acide véritable. Cette conclusion, déduite des faits purement chimiques, est confirmée par les expériences thermiques. En effet, l'acide picrique dissous (7gr,5 à 9gr,5 par litre) a dégagé les quantités de chaleur suivantes, à équivalents égaux :

Soude	13,8

L'addition d'un deuxième équivalent de soude n'a produit aucun effet thermique appréciable.

Potasse	13,7
Ammoniaque	12,7

Ces dernières expériences ont été faites avec des liqueurs quatre fois plus étendues, de façon à maintenir les picrates de potasse et d'ammoniaque en dissolution.

L'ammoniaque, ajoutée par tiers d'équivalent, a dégagé

1er tiers	4,24
2e tiers	4,20
3e tiers	4,27
4e tiers	0,00
	12,71

c'est-à-dire des quantités de chaleur proportionnelles aux quantités d'ammoniaque employées, jusqu'à 1 équivalent inclusivement : ce qui exclut la formation d'un sel acide, celle d'un sel basique, ainsi que la décomposition partielle du picrate d'ammoniaque par l'eau.

Observons enfin que toutes ces quantités sont à peu près les mêmes pour l'acide picrique que pour les acides chlorhydrique et azotique.

2. Un tel rapprochement est confirmé par les réactions suivantes :

Le picrate de soude, dissous dans 100 parties d'eau (1) et mélangé avec une solution étendue d'acide chlorhydrique en proportion équivalente,

$$(C^{12}H^2NaX^3O^2 + Aq) + (HCl + Aq)$$

a dégagé + 0,22.

La réaction inverse, en présence de la même quantité d'eau,

$$(C^{12}H^3X^3O^2 + Aq) + (NaCl + Aq),$$

a absorbé — 0,07.

La somme algébrique de ces deux quantités :

$$0{,}22 + 0{,}07 = 0{,}29,$$

représente, d'après un théorème général dû à M. Thomsen, la différence entre les chaleurs de neutralisation des acides chlorhydrique et picrique. Or j'ai trouvé 13,69 pour la neutralisation de la soude par l'acide chlorhydrique : l'acide picrique donnerait donc 13,40.

Ce nombre se confond avec la valeur 13,8, trouvée plus haut, du moins dans les limites d'erreur des expériences et surtout à cause de la grande dilution des solutions picriques. L'observation prouve donc que l'acide picrique ne s'écarte pas des acides proprement dits au point de vue thermique.

3. Les nombres précédents représentent la chaleur de neutralisation de l'acide picrique dissous. Avec l'acide solide, on a des nombres plus faibles nécessairement, parce que l'acide solide absorbe de la chaleur en se dissolvant. Les expériences faites avec la soude et avec l'ammoniaque ont donné — 7,00 environ pour la chaleur de dissolution de l'acide picrique.

4. Enfin, j'ai déterminé la chaleur dégagée lorsqu'on mélange les dissolutions d'azotate de potasse (50 grammes par 1 litre) et de picrate de soude (52 grammes par 1 litre), à volumes équivalents, ce qui donne lieu à la précipitation du picrate de potasse :

$$(C^{12}H^2NaX^3O^2 + Aq) + (AzO^6K + Aq)$$

dégage + 10,0, en supposant tout le picrate précipité (2). J'ai montré ailleurs (3) comment les nombres ci-dessus expliquent les décompositions inverses de l'azotate de potasse par l'acide picrique, et du picrate de potasse par l'acide azotique, suivant la concentration.

5. La précipitation du picrate d'ammoniaque, par la réaction semblable du picrate de soude sur l'azotate d'ammoniaque, dégage + 8,70 pour 1 équivalent de picrate d'ammoniaque réellement précipité.

En résumé, le phénol trinitré se comporte comme un acide véritable au point de vue thermique : l'introduction du résidu nitrique dans la molécule du phénol n'est donc pas une simple substitution, incapable de modifier la fonction chimique du corps générateur.

Troisième partie. — Aldéhydes.

J'ai étudié seulement l'*aldéhyde ordinaire*. J'ai dissous un poids connu d'aldéhyde très-pur, 7gr,3, dans 300 centimètres cubes d'eau; puis j'ai mêlé la liqueur avec 300 centimètres cubes d'une solution de soude équivalente, laquelle contenait ½ équivalent par litre. Plusieurs réactions se succèdent ici :

1° L'aldéhyde, en se dissolvant dans l'eau, dégage une grande quantité de chaleur,

$$C^4H^4O^2 + Aq :$$

1re expérience	+ 3,53
2e expérience	+ 3,71
Moyenne	+ 3,62

Ce dégagement lui-même semble avoir lieu en deux temps : une première réaction, presque instantanée, dégage les ¾ de la chaleur; le dernier quart continue à se dégager pendant quelques minutes. Sans nous arrêter à ces détails, la chaleur dégagée par la réaction de l'aldéhyde sur l'eau surpasse de beaucoup celle qui répond au simple mélange de deux liquides sans action chimique notable l'un sur l'autre, tels que l'eau et l'alcool ou l'acide acétique. Il est évident qu'il y a là formation d'un composé particulier, sans doute un hydrate d'aldéhyde, $C^4H^4O^2 + H^2O^2$, comparable à l'hydrate de chloral.

2° La solution de soude mêlée avec la solution d'aldéhyde, à équivalents égaux, donne lieu à un nouveau dégagement de chaleur,

$$(C^4H^4O^2 + Aq) + (NaO + Aq) :$$

1re expérience	+ 4,262
2e expérience	+ 4,390
Moyenne	+ 4,326

Ce dégagement de chaleur s'effectue encore en deux temps bien marqués : une première action, presque instantanée, dégage un peu plus de moitié (2,67 sur 4,26 et 2,46 sur 4,39 dans les expériences ci-dessus) de la chaleur totale; puis le dégagement se complète pendant les quatre ou cinq minutes suivantes, et la température devient à peu près stationnaire. A ce moment, il convient d'arrêter l'expérience; car elle est suivie par un troisième dégagement de chaleur, excessivement lent, et qui me semble dû, au moins en partie, à l'absorption de l'oxygène atmosphérique par la liqueur : celle-ci se colore en même temps, et jaunit de plus en plus.

En écartant ces derniers phénomènes, qui appartiennent à un ordre tout différent, on voit que l'action de l'aldéhyde sur la soude donne lieu à un dégagement de chaleur très-notable, le tiers environ de celui qui répond à l'action des acides. Il l'emporte de beaucoup sur la chaleur dégagée par les alcools proprement dits. Cependant le composé présente le même caractère d'être défait, au moins en partie, par la dilution. En effet, la dissolution précédente, étendue avec 5 fois son volume d'eau, absorbé. . . . . — 1,51 pour $C^4H^4O^2$.

On voit que l'aldéhyde, dans sa réaction sur les alcalis, participe à la fois des alcools et des acides, mais en donnant lieu à des phénomènes tout à fait spéciaux au point de vue de sa combinaison avec l'eau et de la succession des dégagements de chaleur.

Quatrième partie. — Acides a fonction mixte.

J'ai étudié les acides salicylique, lactique et tartrique

(1) Cette dissolution absorbe — 6,44 pour 1 équivalent de picrate de soude sec.

(2) Le chiffre brut est 9,0 ; mais un neuvième environ du picrate de potasse demeurait dissous dans mon expérience.

(3) *Annales de Chimie et de Physique*, 4e série, t. XXII, p. 124.

I. *Acide salicylique.*

1. Cet acide peut être regardé comme un type : c'est à la fois un acide monobasique et un acide alcool.

A ce double titre, il donne naissance à deux séries de composés, et notamment à deux séries de sels, les uns monobasiques, les autres bibasiques. Étudions la formation de ces sels au point de vue thermique.

J'ai d'abord opéré sur l'acide dissous. Malheureusement il est si peu soluble que j'ai dû employer des liqueurs renfermant seulement 1 gramme d'acide par litre.

La réaction de la soude à équivalents égaux,

$$(C^{14}H^6O^6 + Aq) + (NaO + Aq),$$

a dégagé. . . . . 14,6, valeur qui comporte une erreur possible d'un dixième, à cause de la petitesse des différences thermométriques dont elle est déduite. Dans ces limites, elle s'accorde avec la chaleur de neutralisation des acides proprement dits.

L'addition d'un second équivalent de soude à la liqueur n'a donné lieu à aucun effet thermique appréciable.

2. Mais il n'en est ainsi qu'à cause de l'extrême dilution des liqueurs. En effet, j'ai pris un certain volume d'une solution de soude renfermant $\frac{1}{2}$ équivalent par litre; et j'y ai dissous une proportion équivalente (20gr,7) d'acide salicylique cristallisé. La réaction,

$$C^4H^6O^6 \text{ (cristallisé)} + (NaO + Aq),$$

a dégagé. . . . . + 5,27 (1).

J'ai ajouté un deuxième équivalent de soude (même dissolution), ce qui a dégagé. . . . . + 2,00.

Ce chiffre répond à la combinaison de la soude et du salicylate neutre de soude, avec formation du salicylate bibasique, en présence de 220 H^2O^2 environ,

$$(C^{14}H^5NaO^6 + Aq) + (NaO + Aq) = (C^{14}H^4Na^2O^6 + Aq).$$

Mais il varie avec la quantité d'eau. En effet, le salicylate bibasique est détruit par la dilution. La liqueur précédente, étendue avec 5 fois son volume d'eau, absorbe. . . . . — 2,05. C'est à peu près la chaleur dégagée dans la combinaison du second équivalent de soude.

L'union des 2 équivalents de soude avec l'acide salicylique a donc lieu à titre différent : l'un des équivalents étant combiné avec le titre acide, c'est-à-dire d'une manière indépendante de la quantité d'eau mise en présence; tandis que l'autre équivalent est combiné avec le titre alcoolique, c'est-à-dire que la combinaison est décomposée par la présence d'un excès d'eau.

Les caractères prévus d'un acide-alcool se retrouvent donc dans l'étude thermique de l'acide salicylique. Toutefois il est digne d'intérêt que cet acide s'écarte à ce point de vue du phénol, auquel les analogies tendraient à l'assimiler davantage.

II. — *Acide lactique*, $C^6H^6O^6$.

Un équivalent d'acide lactique (90 grammes) a été dissous dans 2 litres d'eau. Une partie de la liqueur, mêlée avec une solution qui contenait de même un $\frac{1}{2}$ équivalent de soude par litre, a fourni les résultats suivants :

$(C^6H^6O^6 + Aq) + \frac{1}{2}(NaO + Aq)$	+ 6,81
$+ \frac{1}{2}(NaO + Aq)$	+ 6,52
Soit, pour équivalents égaux, le total......	+ 13,33

Une autre expérience a donné. . . . . . + 13,44.

(1) La chaleur de dissolution de l'acide salicylique est donc voisine de — 8,0 à — 9,0.

C'est le même nombre à peu près que pour les acides chlorhydrique, azotique, etc.

L'addition de 1 (NaO + Aq) au lactate neutre précédemment formé a dégagé. . . . . + 0,21.

Cette dernière liqueur, étendue de 5 volumes d'eau, donne lieu à une absorption de chaleur : environ. . . . — 0,7.

Il résulte de ces chiffres que le caractère alcoolique de l'acide lactique est encore manifesté dans son union avec les bases, même en présence de 300 H^2O^2; mais il ne répond qu'à une combinaison à peine ébauchée. L'acide lactique se comporte à cet égard comme l'alcool ordinaire.

III. — *Acide tartrique*, $C^8H^6O^{12}$.

Mêmes remarques que pour l'acide tartrique, auquel on s'accorde à attribuer le caractère d'un alcool diatomique.

Cependant le tartrate neutre de soude dissous dans l'eau (87 grammes ou $\frac{1}{2}$ $C^8H^4Na^2O^{12}$ par litre), et mélangé avec 1 équivalent de soude (15,5 par litre),

$$(C^8H^4Na^2O^{12} + Aq) + (NaO + Aq),$$

a absorbé. . . . . — 0,05 dans mes expériences.

Comme la même solution de tartrate absorbe. . — 0,35 lorsqu'on l'étend avec son volume d'eau, on voit que l'union du tartrate neutre et de la soude doit dégager un peu de chaleur, + 0,3 environ, quantité si faible qu'il est permis d'en discuter la véritable signification.

En résumé, les acides à fonction mixte peuvent manifester leur double fonction par les caractères thermiques de leur réaction sur les bases : le caractère acide se montre dans tous les cas par un dégagement de chaleur proportionnel au nombre d'équivalents de base qui forment le véritable sel neutre, et indépendant de la quantité d'eau mise en présence. Au contraire, le caractère alcoolique se manifeste surtout par la réaction des bases dans les liqueurs très-concentrées, réaction dont les effets thermiques décroissent rapidement, à mesure que l'on étend d'eau ces liqueurs, et cessent de se manifester dès que la dilution est un peu considérable.

Ces mêmes phénomènes, cette même diversité, se retrouvent jusqu'à un certain point dans l'étude des acides minéraux. Par exemple, l'acide sulfhydrique se comporte, en présence de l'eau et des bases comme un acide monobasique, H^2S^2, dont les sels neutres, HMS^2, seraient représentés dans les dissolutions par les sulfhydrates de sulfures. Cette relation intéressante a été établie par M. Thomsen, dans les derniers temps, par la discussion des phénomènes thermiques développés dans la réaction des bases par l'acide sulfhydrique : la soude, par exemple, ne dégage pour ainsi dire pas de chaleur en agissant sur le sulfhydrate de sulfure de sodium étendu. Elle n'en dégage pas plus qu'en agissant sur le salicylate de soude étendu dans mes expériences; et cependant on peut obtenir un sulfure bibasique, Na^2S^2, dans des liqueurs suffisamment concentrées, précisément comme on obtient un salicylate bibasique, $C^{14}H^4Na^2O^6$. On ne saurait contester, à mon avis, qu'il y ait parallélisme entre ces deux ordres de réactions, c'est-à-dire que l'acide sulfhydrique se comporte comme un acide à fonction mixte, au même titre que l'acide salicylique. On pourrait citer d'autres exemples de ces analogies entre les acides organiques à fonction complexe et les acides minéraux.

M. BERTHELOT,
Professeur au Collège de France.

BULLETIN DES SOCIÉTÉS SAVANTES

Académie des sciences de Paris

SÉANCE DU 6 NOVEMBRE

La correspondance contient tout d'abord un certain nombre de pièces qui ne sont que des développements ou des suites des communications de la séance précédente.

M. *Malinowski*, professeur de langues vivantes au lycée de Cahors, donne quelques renseignements nouveaux sur les gisements de phosphate de chaux du Lot.

Au sujet du travail de M. Stas, sur la solubilité dans l'eau du chlorure d'argent, M. *Isidore Pierre* rappelle que le chlorure d'argent est soluble dans l'acide chlorhydrique concentré, et que l'acide azotique en grand excès décompose partiellement ce même chlorure.

M. *Serres*, employé des postes, propose d'utiliser, pour le transport de courtes dépêches dans une ville, l'écoulement de l'eau par un siphon convenablement disposé. Les dépêches seraient enfermées dans une boîte ayant à peu près la densité de l'eau et qui serait entraînée par ce liquide.

M. *Berthelot* communique un nouveau chapitre de son grand travail de statique chimique; il insiste sur les moyens de distinguer les causes des différents phénomènes calorifiques qui se produisent lorsqu'un sel soluble est mis en contact avec l'eau.

M. *Favre* continue à faire part à l'Académie de ses recherches sur l'électrolyse. Il s'agit aujourd'hui de l'acide acétique, de l'acide formique, de l'acétate de zinc, de l'acide oxalique. Les phénomènes observés sur ces derniers corps permettent à M. Favre de donner quelques détails intéressants sur l'état calorifique particulier des corps explosibles.

M. *Guido Suzanne* témoigne une fois de plus de l'excellence du procédé de grainage cellulaire, appliqué aux vers à soie par M. Pasteur. Il propose d'appliquer ce procédé à la confection de toutes les graines industrielles, et indique comment il procède dans sa magnanerie où les produits de chaque couple sont examinés trois fois par trois méthodes différentes avant d'être livrés au commerce.

Enfin, M. Dumas fait hommage à l'Académie, au nom de leurs auteurs, de deux livres, l'un de M. *Arthur Mangin*, intitulé l'*Homme et la bête*, l'autre, de M. *S. H. Berthoud*. Ce volume clôt la série des *Petites chroniques de la science* de cet écrivain.

L'Académie devant se former en comité secret à la fin de la séance, les communications diverses des membres sont très-écourtées; il n'est guère possible de faire autre chose que d'en indiquer l'objet.

M. *Philips* donne quelques détails sur un observatoire d'horlogerie qui fonctionne en Suisse depuis longtemps déjà, et a contribué puissamment aux progrès de l'horlogerie dans ce pays. Dans un concours récent, organisé par cet observatoire, plusieurs chronomètres presque parfaits ont été présentés. On sait de quelle importance est pour l'astronomie la mesure rigoureuse du temps; il serait à désirer que de semblables observatoires fussent institués chez nous.

M. Philips présente en même temps un mémoire de M. *Maurice Lévy*, relatif à l'intégration de certaines équations aux différences partielles.

M. *Péligot* lit un mémoire sur la distribution de la potasse et de la soude dans les végétaux. Il indique le moyen de constater d'une manière certaine la présence de la soude, et insiste sur l'influence du sel marin dans la végétation.

M. *Houzeau* soumet à l'Académie un appareil nouveau pour le dosage de l'azote dans les engrais.

M. *Leverrier* donne d'intéressants développements sur les observations qui vont être faites de l'essaim d'étoiles filantes de novembre.

La question des étoiles filantes a pris récemment une grande importance. On sait que Tait, Thomson et divers astronomes anglais et américains les considèrent comme les éléments constitutifs de comètes, à travers lesquelles nous passons périodiquement; mais, si cela est possible pour certains groupes d'aérolites, il y a encore bien des détails qui ne rentrent pas dans cette vue générale, elle-même discutée. Tout a été combiné pour que, de divers points de la France et de la haute Italie, le phénomène du passage de novembre soit observé avec le plus grand soin. C'est probablement dans les nuits du 13 et du 14 novembre, peut-être du 12, que les météores se montreront le plus nombreux. Tout fait espérer que la science des aérolites va être prochainement assise sur les bases les plus solides.

Après le dépôt de divers mémoires par MM. Milne Edwards, de Quatrefages et Péligot, mémoires dont les titres seuls sont indiqués, l'Académie se forme en comité secret.

Nous reviendrons, s'il y a lieu, dans notre prochain compte rendu, sur les faits intéressants que la précipitation des communications faites dans la séance d'aujourd'hui ne nous aurait pas permis de mettre suffisamment en relief.

Académie de médecine de Paris

SÉANCE DU 7 NOVEMBRE 1871.

M. le président Würtz, au nom du traducteur M. le docteur Monnoyer, de Strasbourg, présente un gros volume allemand. C'est le *Traité élémentaire de physique médicale* du professeur Wundt, de Heidelberg. Des notes et des additions nombreuses en font presque un ouvrage français.

— Il a beaucoup été question dans ces derniers temps de la marmite norwégienne, pour la cuisson économique des aliments. Suivant l'auteur, il suffirait de porter le pot-au-feu à l'ébullition, et, après l'avoir écumé, de retirer cette marmite du feu, de luter son couvercle et de la déposer dans une caisse *ad hoc*, garnie intérieurement de feutre ou de laine et hermétiquement fermée, pour que la cuisson se continue ainsi, et que, après cinq heures, le bouillon soit fait et se trouve encore à une température de 65 à 70 degrés. En ne dégageant pas de vapeur, le parfum des légumes se conserverait bien mieux et le bouillon acquerrait plus de saveur, outre l'économie résultant de ce mode de cuisson sans feu.

Telle est, en abrégé, la substance d'un mémoire déposé par M. le docteur Jeannel, et dont il se borne à lire les conclusions. Malheureusement, les expériences faites par la commission des subsistances militaires ne justifient pas ces prétendus avantages Elles ont montré que ni la viande ni les légumes ne cuisent ainsi, que le bouillon ne se fait pas. La commission a constaté que c'est là tout simplement un moyen économique de tenir les aliments chauds, et dont elle avait recommandé l'usage dans les postes. Sous ce rapport seul, il mérite d'être vulgarisé pour l'économie et l'hygiène domestique.

— On s'occupe activement à la Société d'hydrologie de la recherche des eaux minérales pouvant remplacer les différentes eaux de l'Allemagne, dont nous nous rendions trop facilement tributaires avant la guerre. Il paraîtra sous peu de jours une étude comparative à cet égard, montrant que nous pouvons, sans préjudice, nous exonérer de cet impôt envers nos vainqueurs ennemis. C'est dans ce but que M. Ossian Henry a lu un mémoire sur l'eau sulfureuse calcique de Guillon, près Baume-les-Dames et voisine de Besançon, dont il présente l'analyse. C'est la seule de ce genre qui se trouve dans cette région avoisinante de nos départements arrachés par la force. Il en attribue la formation comme de celles d'Enghien, Euzet, Pierrefonds, Montbrun et toutes les eaux sulfuro-calciques froides à la réduction des sulfates calcaires et magnésiens existant dans les bancs de sel gemme qui se trouvent dans les roches calcaires oolithiques du bassin de la vallée du Doubs, et appartenant aux terrains secondaires ou de transition. Il insiste surtout sur la présence de l'acide sulfhydrique dans ces eaux, dont il a, le premier, signalé l'origine.

— M. Briquet se défend de nouveau des erreurs que lui a prêtées M. Vulpian, sur le siége précis de la pustule variolique, son ombilication par le disque et la nature même de ce disque. En s'expliquant bien, il se trouve d'accord avec son contradicteur. Le réseau de Malpighi se trouve plus étendu qu'autrefois, par les progrès de l'anatomie, et il n'a pu attribuer l'ombilication de la pustule au disque, puisque celui-ci n'apparaît que le huitième jour, alors que l'ombilication est à son summum. Quant à sa nature, il l'abandonne aux histologistes. Devant ces concessions, M. Vulpian ne nie pas la présence de ce disque; il a voulu montrer seulement qu'il ne contribuait pas à l'ombilication comme on le croyait autrefois et qu'il n'était pas de nature fibro-plastique. Si toutes les discussions finissaient aussi bien, il n'y aurait qu'à s'en applaudir.

— Après trente-deux ans de pratique dans la Meurthe et les Vosges, M. le docteur Liégey a trouvé que la constitution médicale de ces contrées avait un caractère de périodicité, de perniciosité croissant qui tend à s'uniformiser partout. Il l'a surtout vérifié pendant la guerre dans le Cher et l'Indre où il a constaté de nombreuses affections intermittentes. Revenu à Choisy-le-Roi, il a trouvé cette constitution bien plus prononcée encore. Sous le climat séquanien comme sous le climat girondin ou du centre, la guerre fatale de 1870-1871 semble donc avoir amené une constitution médicale très-analogue à celle du climat vosgien. Les bouleversements des terres, le séjour et l'encombrement des armées peuvent en effet avoir amené ces changements climatériques, car le même fait avait déjà été signalé à Paris lors des grands bouleversements de terrain opérés par M. Haussmann. Heureusement le quinquina et ses succédanés sont là pour en prévenir les fâcheuses conséquences.

— Tout le monde s'était trouvé d'accord pour adopter la ponction intestinale contre la pneumatose, telle que l'a proposée récemment M. le professeur Fonssagrives. M. Piorry, seul, est d'un avis contraire. Et pour cela il se base sur un seul fait de météorisme péritonéal, suite d'une perforation de l'intestin dans une fièvre typhoïde où cette opération fut mortelle. Rien n'est donc moins concluant, et nous croyons que le savant organopathologiste n'a entrepris cette campagne que pour parler en faveur de la nomenclature. De là l'évacuation rapide de la salle.

Société de biologie de Paris

SÉANCE DU 20 OCTOBRE 1871

M. Charcot donne les résultats de l'examen histologique des muscles et de la majeure partie du système nerveux chez un enfant atteint de la maladie appelée par M. Duchenne (de Boulogne) paralysie pseudo-hypertrophique, et mort d'une affection intercurrente, dans le service de M. Bergeron, à l'hôpital Sainte-Eugénie.

Le point capital de cette étude, c'est le résultat absolument négatif des recherches relatives au système nerveux, c'est-à-dire l'absence de toute lésion appréciable dans les centres nerveux, particulièrement dans la moelle épinière et dans les nerfs périphériques.

Du côté du tissu musculaire, les altérations présentent trois degrés successifs, expressions de trois phases assez distinctes dans le processus morbide : à un premier degré, les faisceaux musculaires sont séparés par un tissu fibroïde de néo-formation, très-dense, sans adjonction d'éléments adipeux; il y a, en même temps, une multiplication de noyaux dans les gaînes sarcolemmateuses : il s'agit, en un mot, d'une véritable cirrhose musculaire caractérisant ce premier degré.

Dans une phase ultérieure, le tissu conjonctif interfasciculaire se creuse de lacunes et de trabécules qui sont remplies par des cellules et des vésicules adipeuses : l'adipose est venue s'ajouter à la sclérose.

Enfin à un troisième et dernier degré, l'adipose est complète et dominante : on observe un véritable tissu graisseux ayant pris la place des éléments musculaires, dont la survie ne se traduit que par l'existence de quelques faisceaux ou squelettes de faisceaux épars au milieu de la gangue adipeuse : c'est exactement le mode d'altération décrit et représunté par Griesinger dans le cas qu'il a observé. Ces résultats positifs concilient, on le voit, les divergences qui régnaient encore sur cette question.

M. *Vulpian* fait remarquer que si les nerfs périphériques n'ont pas présenté, en ce cas, d'altération appréciable dans leur structure intime, il est, du moins, probable que ces nerfs avaient subi une atrophie de volume relative dans les parties où le tissu musculaire avait été si profondément atteint.

Des renseignements exacts ne peuvent être fournis sur ce point.

M. Laborde regrette que M. Charcot ne soit pas entré dans quelques détails historiques; ils eussent été fort intéressants, relativement à ce que l'on peut appeler les *variations* de M. Duchenne sur la nature et le classement nosologique de la maladie dont il s'agit, laquelle a été tour à tour : l'*atrophie musculaire graisseuse de l'enfance*; puis la *paralysie hypertrophique*; puis la *paralysie pseudo-hypertrophique ou myo-sclérosique*, dernière appellation qu'il faudra encore modifier, car elle n'exprime point l'intervention et le rôle capital de l'adipose dans le processus pathologique. Autrefois cette affection était, pour M. Duchenne, de provenance *cérébrale*, puis le cerveau fut dépossédé en faveur des *vaso-moteurs*, lesquels resteront sans doute momentanément favoris, puisque la moelle épinière est restée muette. Il était facile de prévoir ce résultat en remontant aux faits de M. Edward Méryon, qui, quoi qu'on fasse et quoi qu'ait fait M. Duchenne, resteront, dans l'histoire impartiale de la science, les *premiers* de l'espèce nosologique dont il s'agit. M. Méryon, il n'est pas indifférent de le rappeler, avait parfaitement noté l'absence de toute altération primitive du système nerveux dans un cas dont il a pu faire l'examen cadavérique avec l'aide du microscope.

M. Brown-Séquard, revenant sur la question de la cause prochaine de l'*attaque* dans l'épilepsie, relate des expériences qui démontrent que cette cause n'est point dans l'*irritation* du cerveau, ainsi que le croit M. Westphall : sur près de 100 animaux qui ont eu un écrasement complet de la tête, l'attaque épileptique ne s'est pas produite. Par contre, l'encéphale entier et le bulbe ayant été enlevés chez un animal, une simple secousse sur le crâne a suffi pour déterminer l'attaque; il est évident que le cerveau n'y était pour rien. M. Brown-Séquard n'entend pas, par cela, nier absolument l'intervention des parties basilaires de l'encéphale dans la production de l'attaque d'épilepsie; il a prouvé lui-même l'intervention dans ce sens des tubercules quadrijumeaux, mais c'est par un autre mode pathogénique que celui qu'a cherché à faire prévaloir l'auteur précité.

SÉANCE DU 28 OCTOBRE 1871

M. *Vulpian*, à propos de la communication de M. Damaschino sur les altérations du centre nerveux myélitique dans la paralysie infantile, fait remarquer l'importance et la signification de la lésion des *racines antérieures* des nerfs spinaux. On sait, en effet, que la section expérimentale de ces racines exerce une influence directe sur la contractilité musculaire, influence qui se traduit par l'abolition de cette contractilité; or, les choses se passant de même dans la paralysie infantile, il y avait lieu de prévoir que les racines antérieures devaient être atteintes; les observations de M. Damaschino ne laissent aucun doute à cet égard. Déjà M. Vulpian avait vérifié et signalé le même fait dans un cas qu'il a publié, il y a quelques années, avec M. le docteur Prévost, et il avait insisté particulièrement sur la signification pathogénique de l'altération des racines antérieures. Enfin, dans ses leçons récentes à l'École de médecine sur les atrophies musculaires, M. Vulpian a fait de nouveau ressortir cette particularité qui permet d'établir une distinction satisfaisante entre les atrophies musculaires dans lesquelles la contractilité des muscles est plus ou moins abolie, du moins en apparence, comme dans la paralysie infantile, et celles où cette même contractilité demeure à peu près intacte, comme dans l'atrophie musculaire progressive.

M. *Brown-Séquard* relate l'expérience suivante : après avoir sectionné les carotides chez un mouton, et donné lieu aux convulsions qui se produisent habituellement à la suite de cette opération, — prenant en main la portion onguéale du sabot et la relevant au moment où les membres postérieurs sont roidis, — il voit cette roideur cesser immédiatement. L'expérience répétée donne les mêmes résultats ; il y a donc, en ce cas, le même phénomène d'arrêt qui se manifeste dans l'épilepsie spinale.

M. Brown-Séquard communique ensuite, au nom de M. Dupuy, son élève, un fait très-intéressant de production rapide d'épilepsie expérimentale : M. Dupuy ayant pratiqué une section de la moelle épinière, à la partie postérieure, entre la deuxième et la troisième vertèbre cervicale, chez un cochon d'Inde, a vu les convulsions épileptiformes se manifester *deux heures* après l'opération, mais, de plus, avec existence de la zone épileptogène des deux côtés. On sait qu'en général la zone épileptogène est unique, et qu'elle ne se manifeste qu'à une époque beaucoup plus éloignée du moment de l'opération. Le résultat obtenu par M. Dupuy est donc entièrement nouveau par son exception.

M. *Charcot* donne les détails les plus circonstanciés d'une observation fort curieuse d'ischurie hystérique, chez une femme de quarante-trois ans, atteinte depuis deux ans de paralysie hémiplégique avec contractures. Les urines en étaient venues à se supprimer presque complétement, et elles étaient remplacées par des vomissements constants : c'est ainsi que la quantité totale d'urine recueillie avec le plus grand soin, avec la sonde, du 8 au 14 juillet, n'a été que de 46 grammes ; du 16 au 22 juillet, 33 grammes; du 24 au 30 du même mois, 21 grammes.

La matière des vomissements, analysée par M. Gréhant, a fourni des quantités d'urée à peu près proportionnelles à celle de l'urine supprimée et déviée, en quelque sorte, de ses voies naturelles ; d'où il semble résulter qu'une fonction supplémentaire de la fonction rénale s'est établie dans l'estomac.

BULLETIN SCIENTIFIQUE

Note sur quelques conséquences de la thermodynamique.

M. Claude Bernard a étudié dans son cours de cette année l'influence de la chaleur sur les animaux, et il a démontré par l'expérience que, si la température ambiante surpasse seulement de 5 degrés la température propre de l'animal, la mort peut survenir dans un temps très-court : dix minutes environ.

Je crois qu'il est intéressant de signaler l'accord de ce résultat de l'expérience avec la théorie mathématique de la chaleur.

Cette théorie est fondée sur deux principes : le principe de l'équivalence et celui du rendement.

Premier principe. — La chaleur peut se transformer en travail, et réciproquement, dans le rapport de 425 dynaxmes pour une unité de chaleur.

Second principe. — Pour rendre ce principe intelligible, je dois dire que dans toute machine thermique se trouvent nécessairement trois parties : un réservoir de chaleur A, un corps ou un système de corps B, propre à opérer la transformation de la chaleur en travail ; un deuxième réservoir C a une température inférieure à celle du réservoir A.

Pendant que la machine thermique fonctionne, de la chaleur passe de A dans B, une partie de cette chaleur se convertit en travail, et le reste se rend dans le réservoir C.

Cela posé, on appelle *rendement* le rapport de la chaleur convertie et la chaleur qui se rend dans le réservoir C. C'est, en d'autres termes, le rapport entre la chaleur utilisée et la chaleur non utilisée.

Si R désigne le rendement Q_2, la chaleur cédée par le réservoir A, Q_1 la chaleur reçue par C, on a :

$$(1) \qquad R = \frac{Q_2 - Q_1}{Q_1}$$

Le rendement peut être présenté sous une autre forme qui en rend les applications plus faciles. Pour cela, on prend, pour comparer les températures, le zéro absolu, qui a -273, et fait voir que si T_2 et T_1 sont les températures respectives de A et C, on a :

$$(2) \qquad R = \frac{T_2 - T_1}{T_1}$$

Un animal est une machine thermique. Le sang est le réservoir de chaleur ; les muscles moteurs sont les organes dans lesquels la chaleur se convertit en travail, et le deuxième réservoir de chaleur se trouve remplacé par l'espace ambiant.

Chez l'homme, la température propre est de 37 degrés, en prenant pour zéro la température de la glace fondante ; et si la température extérieure est de 10 degrés, on aura pour le rendement :

$$R = \frac{37 - 10}{273 + 10} = \frac{27}{283}$$

La formule (2) nous montre que le rendement diminue avec la différence $T_2 - T_1$, et que, si cette différence devient nulle, l'animal ne transforme plus de chaleur en travail et meurt, ce qui s'accorde parfaitement avec les expériences de M. Claude Bernard.

Cet habile expérimentateur a encore montré que, quand la mort survient par un excès de chaleur, elle atteint en premier lieu les organes moteurs, et que la rigidité cadavérique se propage très-rapidement. Ce résultat est encore en accord avec la théorie mathématique de la chaleur. Les muscles étant les organes qui convertissent la chaleur en travail, dès que cette conversion cesse, deviennent une matière inerte : de là une mort si prompte de ces organes et la rigidité cadavérique qui suit presque immédiatement.

Puisque j'ai été amené à la théorie mathématique de la chaleur, je me permettrai d'indiquer encore quelques conséquences du principe du rendement.

Dans les climats chauds, quand il s'agit du règne animal, le rendement peut devenir très-faible d'après la formule (2); il le devient à certaines heures de la journée. Le contraire a lieu pour les climats froids. On s'explique ainsi l'infériorité des peuples des pays chauds par rapport à ceux des pays froids, infériorité aussi ancienne que l'existence de l'homme sur la terre.

Il en est tout autrement pour le règne végétal. Ici le réservoir de chaleur est l'atmosphère ; la chaleur se transforme en travail dans le tissu du végétal, et le sol tient lieu du réservoir froid. Dans les climats chauds, la température ambiante peut s'élever beaucoup ; celle de la terre varie peu, surtout si le sol est humide et si les racines y pénètrent profondément. Donc, le rendement sera considérable et la végétation active. On comprend que le contraire aurait lieu dans les climats froids.

Il n'est pas nécessaire de faire remarquer combien cette conclusion s'accorde avec les faits.

De ce qui précède, les hommes politiques peuvent tirer des renseignements utiles pour les colonies à fonder, les relations de commerce à établir et les lignes de communications à créer.

VIAL,
chef d'institution.

BULLETIN DES COURS PUBLICS

Conservatoire des Arts et Métiers de Paris

GÉOMÉTRIE APPLIQUÉE AUX ARTS (les mardis et vendredis, à sept heures et demie du soir). — M. le baron CH. DUPIN, professeur. — M. LAUSSEDAT, suppléant, a réouvert ce cours le mardi 7 novembre.

Objet des leçons : Grandeur et figure de la terre. — Cartes géographiques. — Étude des formes générales du terrain. — Instruments de levé et de nivellement. — Cadastre. — Travaux de terrassement. —

Calcul des surfaces, des déblais et des remblais. — Tracé des routes, des canaux et des chemins de fer. — Tables et instruments propres à abréger les calculs.

GÉOMÉTRIE DESCRIPTIVE (les mercredis et samedis, à huit heures et demie du soir). — M. DE LA GOURNERIE, professeur, a ouvert son cours le mercredi 8 novembre.

Objet des leçons : Explication détaillée des règles de la perspective linéaire et des tracés géométriques qu'elle exige. — Étude des effets de perspective. — Instruments de perspective. — Tableaux courbes. — Perspective des bas-reliefs. — Décorations théâtrales. — Perspectives rapides.

MÉCANIQUE APPLIQUÉE AUX ARTS (les lundis et les jeudis, à sept heures et demie du soir). — M. TRESCA, professeur, a repris son cours le lundi 6 novembre.

Objet des leçons : Principes fondamentaux de la mécanique; démonstration rationnelle et expérimentale de ces principes. — Résistance des matériaux. — Règles à suivre dans l'étude des questions de mécanique pratique. — Effet utile des machines. — Transport horizontal et vertical des fardeaux. — Machines industrielles.

CONSTRUCTIONS CIVILES (les mercredis et les samedis, à sept heures et demie du soir). — M. E. TRÉLAT, professeur, a ouvert son cours le mercredi 8 novembre.

Objet des leçons : Étude des éléments matériels qui entrent dans la construction des édifices. — Règles relatives à leur emploi. — Exemples et applications.

PHYSIQUE APPLIQUÉE AUX ARTS (les mercredis et les samedis, à huit heures trois quarts du soir). — M. E. BECQUEREL, professeur, a ouvert son cours le mercredi 8 novembre.

Objet des leçons : Principes fondamentaux de la physique. — Applications diverses de la chaleur ; formation des vapeurs ; emploi de leur force élastique ; sources de chaleur et de froid ; chauffage ; ventilation. — Production et propagation des sons. — Sources de lumière ; éclairage ; analyse spectrale. — Construction des instruments d'optique.

CHIMIE GÉNÉRALE DANS SES RAPPORTS AVEC L'INDUSTRIE (les lundis et jeudis, à huit heures trois quarts du soir). — M. E. PELIGOT, professeur, a ouvert son cours le jeudi 9 novembre.

Objet des leçons : Phénomènes généraux de combinaison et de décomposition. — Nomenclature et notation chimique. — Histoire détaillée des corps simples non métalliques et de leurs principales combinaisons. — Air atmosphérique. — Eau. — Acides minéraux. — Ammoniaque. — Métaux usuels.

CHIMIE INDUSTRIELLE (les mardis et les vendredis, à huit heures trois quarts du soir). — M. A. GIRARD, professeur, a ouvert son cours le vendredi 10 novembre.

Objet des leçons : Soufre et sulfure de carbone. — Acide sulfurique. — Acide chlorhydrique. — Soude et sels de soude. — Chlorures décolorants et chlorates. — Acide borique et borax. — Potasse et sels de potasse. — Nitrates et acide nitrique. — Chaux, ciments, plâtres. — Alumine, aluns, aluminium. — Combustibles artificiels. — Gaz d'éclairage. — Phosphore et allumettes.

CHIMIE APPLIQUÉE AUX INDUSTRIES DE LA TEINTURE, DE LA CÉRAMIQUE ET DE LA VERRERIE (les lundis et les jeudis, à sept heures et demie du soir). — M. DE LUYNES, professeur, a repris son cours le lundi 6 novembre.

Objet des leçons : Matières premières employées dans la composition des verres et dans la fabrication des poteries. — Verres blancs et colorés. — Préparation et travail des différentes sortes de pâtes céramiques. — Couleurs vitrifiables. — Émaux. — Décoration des verres et des poteries.

CHIMIE AGRICOLE ET ANALYSE CHIMIQUE (les samedis et dimanches, à midi). — M. BOUSSINGAULT, professeur, ouvrira son cours le samedi 25 novembre.

Objet des leçons : Constitution des substances alimentaires. — Alimentation de l'homme. — Alimentation et développement du bétail. — De l'atmosphère. — Démonstration des procédés d'analyse. — Eudiométrie.

AGRICULTURE (les mardis et vendredis, à sept heures et demie du soir). — M. MOLL, professeur, a ouvert son cours le mardi 7 novembre.

Objet des leçons : Les systèmes de culture : classement, analyse et choix. — Changement de système. — Les assolements : lois, conditions et classification. — Étude des principaux assolements.

TRAVAUX AGRICOLES ET GÉNIE RURAL (les mercredis et samedis, à sept heures et demie du soir). — M. H. MANGON, professeur, a repris son cours le mercredi 8 novembre.

Objet des leçons : Assainissement du sol : drainage, tuyaux de drainage, curage des cours d'eau. — Dessèchements ; polders; colmatage. — Exécution des travaux de culture. — Moteurs. — Travaux du sol; labourages ; charrues à vapeur ; hersage ; roulage. — Semailles. — Récoltes ; faucheuse; moissonneuses.

FILATURE ET TISSAGE (les lundis et jeudis, à huit heures trois quarts du soir). — M. ALCAN, professeur, a repris son cours le lundi 6 novembre.

Objet des leçons : Substances propres aux feutres, aux fils et aux étoffes en général. — Filature, retordage et moulinage du coton et des duvets végétaux, du chanvre, du lin, du jute, du china-grass et autres débris des tiges, feuilles, écorces et fruits. — Laines, poils, duvets animaux. — Soies. — Transformations spéciales de la paille, du caoutchouc. — Emploi des fils métalliques.

Faculté de médecine.

Les cours d'hiver de la Faculté auront lieu dans l'ordre suivant :

PHYSIQUE MÉDICALE (mercredis, vendredis, à midi). — M. GAVARRET : Physique générale. Électricité, lumière. — Physique biologique. Phénomènes physiques de la vision et de l'audition, les lundis, à cinq heures, dans le petit amphithéâtre.

PATHOLOGIE CHIRURGICALE (lundis, mercredis, vendredis, à trois heures). — M. VERNEUIL : Les lésions traumatiques.

ANATOMIE (lundis, mercredis, vendredis, à quatre heures). — M. SAPPEY : Les appareils de la digestion, de la respiration et de la génération.

PATHOLOGIE ET THÉRAPEUTIQUE GÉNÉRALES (lundis, mercredis, vendredis, à cinq heures). — M. CHAUFFARD : De la maladie en général. Classification des maladies. De l'étiologie morbide.

PATHOLOGIE COMPARÉE ET EXPÉRIMENTALE (lundis, à midi; mercredis, vendredis, à cinq heures, dans le petit amphithéâtre). — M. BROWN-SÉQUARD, chargé du cours : Pathologie comparée et expérimentale des principaux systèmes organiques.

CHIMIE MÉDICALE (jeudis, samedis, à midi). — M. WURTZ : Chimie générale. — Chimie biologique. Phénomènes chimiques de la digestion. Étude chimique du sang, les mardis, à quatre heures, dans le petit amphithéâtre.

PATHOLOGIE MÉDICALE (mardis, jeudis, samedis, à trois heures). — M. AXENFELD : Maladies du système nerveux (états morbides, convulsifs et paralytiques).

OPÉRATIONS ET APPAREILS (mardis, jeudis, samedis, à quatre heures). M. DENONVILLIERS : Traitement des plaies par armes de guerre. Ligatures et amputations.

HISTOLOGIE (mardis, jeudis, samedis, à cinq heures). — M. ROBIN : Histologie proprement dite (deuxième partie du programme).

HISTOIRE DE LA MÉDECINE ET DE LA CHIRURGIE (mardis, à cinq heures, dans le petit amphithéâtre). — M. DAREMBERG : Histoire de la médecine. — Histoire des maladies, principalement au point de vue du diagnostic, les jeudis et samedis, à quatre heures, dans le petit amphithéâtre.

CLINIQUE MÉDICALE (tous les jours, le matin, de huit à dix heures). — MM. BOUILLAUD, suppléé par M. ISAMBERT, agrégé, à la Charité ; G. SÉE, à la Charité ; BÉHIER, à l'Hôtel-Dieu ; LASÈGUE, à la Pitié.

CLINIQUE CHIRURGICALE (tous les jours, le matin, de huit à dix heures). — MM. LAUGIER, à l'Hôtel-Dieu ; GOSSELIN, à la Charité ; BROCA, à la Pitié ; RICHET, à l'hôpital des Cliniques de la Faculté.

CLINIQUE D'ACCOUCHEMENT (tous les jours, le matin, de huit à dix heures). — M. DEPAUL.

M. Broca fera ses leçons à l'amphithéâtre les lundis, mercredis et vendredis.

COURS CLINIQUES COMPLÉMENTAIRES.

MALADIES DES ENFANTS (samedis, à huit heures et demie). — M. H. ROGER, à l'hôpital des Enfants.

Le propriétaire-gérant : GERMER BAILLIÈRE.

PARIS. — IMPRIMERIE DE E. MARTINET, RUE MIGNON, 2.

LA

REVUE SCIENTIFIQUE

DE LA FRANCE ET DE L'ÉTRANGER

REVUE DES COURS SCIENTIFIQUES (2e SÉRIE)

DIRECTION : MM. EUG. YUNG ET ÉM. ALGLAVE

2e SÉRIE — 1re ANNÉE | NUMÉRO 21 | 18 NOVEMBRE 1871

Paris, le 17 novembre 1871.

La réouverture des cours à la Faculté de médecine se fait, cette année, au milieu d'une affluence et d'un empressement qui, à défaut d'autres preuves, témoigneraient suffisamment de la vitalité qui reste encore au cœur de notre France. On se sent renaître, à la vue et au contact de cette jeunesse nombreuse et vivace, qui personnifie nos espoirs et notre vie de l'avenir. On est bien près d'oublier ses maux et de pressentir une résurrection prochaine en constatant l'ardeur qu'elle met à venir puiser aux sources de la science, et aussi la manière sympathique et enthousiaste avec laquelle sont accueillies par elle les allusions patriotiques des maîtres.

Trois de ces maîtres ont su particulièrement faire vibrer ces âmes juvéniles : MM. les professeurs Robin, Brown-Séquard et Verneuil.

Lorsque, faisant allusion, en quelques paroles énergiques et indignées, aux injurieuses et grossières attaques des savants allemands, le professeur Robin a dit : « La preuve que, malgré nos malheurs, ce n'est pas chez nous que se manifeste la véritable décadence intellectuelle, c'est que là-bas, au delà du Rhin (car nous ne devons pas cesser de compter comme nôtres l'Alsace et la Lorraine), là-bas ils se sont donné un *empereur*, tandis que celui que nous ne nous étions pas donné est tombé sous la réprobation et le mépris universels... », alors, dis-je, le grand amphithéâtre a failli crouler sous les applaudissements et les trépignements frénétiques.

Le même accueil chaleureux a été fait aux déclarations à peu près semblables du professeur Brown-Séquard, dont l'allocution profondément émue, dans laquelle on sentait toute l'âme et tout l'amour du vrai citoyen pour la patrie d'adoption, arrachait presque des larmes. Mais les manifestations de l'assentiment le plus complet et le plus enthousiaste ont surtout éclaté lorsque le professeur a déclaré : « Que l'espoir de la renaissance et de la suprématie reconquise était, avant tout, dans l'établissement définitif de la *République*... » Et lorsque les applaudissements unanimes et prolongés qui ont salué ce mot se sont apaisés, l'éminent physiologiste reprenait modestement : « Je n'ai aucun mérite, messieurs, à me montrer aujourd'hui républicain, je le fus toujours... »; et d'un geste expressif plein d'enseignements pour nos *décorateurs* et nos *décorés* après... la lettre, il montrait sa boutonnière vierge de toute rougeur.

Enfin le professeur Verneuil a, lui aussi, touché à la question patriotique avec son éloquence habituelle, cette fois plus entraînante encore et plus émue; il s'est attaché surtout à montrer qu'il y avait, dans notre passé de honte et de malheurs, de fécondes leçons pour l'avenir; les marques d'assentiment qui ont accueilli ses paroles prouvent que le maître était compris. La *Revue* publiera prochainement cette leçon.

— Nous avons reçu la lettre suivante :

Monsieur le rédacteur,

La lettre de mon collègue, M. Després, publiée dans le numéro du 4 novembre de la *Revue scientifique*, renferme une inexactitude certainement involontaire que je vous prie de rectifier.

M. Després dit : « MM. Trélat et Sée viennent d'être décorés par la Société de secours aux blessés ». Pour ce qui me concerne, il y a erreur, ma nomination remontant à décembre 1870. Jusqu'ici, malgré mes efforts, la Société n'a fait décerner aucune récompense au personnel de la cinquième ambulance que j'ai dirigée pendant toute la durée de la guerre.

Vous connaissez comme moi ce personnel (1), ou du moins ses principaux membres; vous savez leur mérite scientifique et leur valeur morale. Je puis vous affirmer leur dévouement et leur activité, et je saisis l'occasion qui m'est offerte de leur rendre publiquement hommage de la valeur de leurs services et de l'estime que je conserve de leur collaboration.

Veuillez agréer, monsieur le rédacteur, etc. U. TRÉLAT.

(1) Le personnel médical de la cinquième ambulance était ainsi composé : *Chirurgien en chef :* M. Trélat. — *Chirurgiens :* MM. Delens, F. Terrier, J. Lucas, Championnière. — *Aides :* MM. Bassereau, Challand, Culot, Hervey, A. Hybord, Lemblin, Malassez, Menière, Peltier, Thaon. — *Sous-aides :* MM. Delaney, Duboux, Lemaistre, Mathieu, Mazelet, Muzelier, Nadaud, Perfiquet, Stéphanesco, Passaquay, Burck et Lepileur.

L'INSTRUCTION SECONDAIRE EN FRANCE

NÉCESSITÉ DE CHANGER LA FORME DE NOTRE ENSEIGNEMENT SECONDAIRE

Il ne nous est pas possible de traiter de la réforme de l'enseignement supérieur (1) sans aborder la question de l'enseignement secondaire. Tout se tient dans notre enseignement, et nous ne pouvons espérer améliorer nos études universitaires supérieures si nous laissons notre instruction secondaire dans le pitoyable état où elle se trouve depuis un si grand nombre d'années. Est-ce une si grande hardiesse de toucher à l'enseignement des colléges, et faut-il s'excuser de porter la main sur cette arche sainte? Nous ne le pensons pas; le moment est critique, il s'agit pour la France d'être ou de n'être pas; or, une des causes principales de notre chute, c'est incontestablement le mauvais état de l'enseignement en France.

Les réformes concédées par l'État, de mauvaise grâce et à titre de satisfaction donnée à des plaintes gênantes, ne peuvent aboutir à aucun résultat efficace.

Lorsqu'un gouvernement se désintéresse de la vérité et ne considère la justice qu'il rend que comme un don de pure courtoisie ou comme une nécessité politique, il renonce à diriger l'esprit public et même à marcher d'accord avec lui. C'est ce qui est arrivé en France. On a affecté de ne considérer certaines réclamations relatives à l'instruction que comme une œuvre de parti ou comme une mode. Dès lors, il s'agissait de désarmer ses adversaires au lieu de se les adjoindre, et de répondre aux objections par des décrets qui avaient plus d'éclat que d'effet. On vivait ainsi au jour le jour, cherchant non des réformes mais des expédients. Aujourd'hui, les raisons qui entretenaient ce triste état de choses, n'existent plus, et l'on peut hardiment oser le reformer.

La plupart des projets de réforme émanent des gouvernements ou de personnes appartenant à des partis politiques. Ces réformes sont entachées de partialité et cachent des desseins qui peuvent se traduire, en définitive, par le mot *domination*. Il est temps de dire la vérité, sans parti pris, et au risque de mécontenter un grand nombre de personnes qui ont déjà sur ce sujet « leur siége fait ».

Il ne faut pas non plus tâcher d'accommoder les réformes aux besoins de tel ou tel ordre social, ni de ménager, soit l'État, soit des institutions dont les fonctionnaires ont des droits acquis. Il n'y a, aujourd'hui, rien en France qui soit debout, et l'on attend tout, soit d'un retour vers un passé déjà lointain, soit d'une violente et radicale réforme.

Nous ne demandons pas, quant à nous, qu'on améliore nos institutions, mais qu'on les change. Elles n'ont pas eu d'autre raison d'être, au début, que le caprice et l'improvisation de Napoléon Ier. Elles ne se sont maintenues que par la force d'inertie; elles sont demeurées stationnaires au milieu de nos révolutions politiques, qui ont tourné l'activité intellectuelle du pays vers d'autres objets moins dignes de son attention.

Aujourd'hui, ces institutions sont en pleine décadence et l'on peut trouver à cela deux causes : la première, c'est qu'elles n'ont point été entretenues; la seconde, c'est que, en principe, elles étaient mauvaises.

Nous demandons qu'on détruise l'Université de France et qu'on nous laisse faire des universités multiples. Voilà notre formule.

L'éducation universitaire ne se prête pas à des remaniements partiels. On ne peut pas greffer de nouvelles institutions sur ce vieux tronc, ni demander, par un artifice, des fruits différents à cet arbre déjà tant de fois tourmenté. Il faut faire du nouveau, et produire un plan d'ensemble sur des données qui n'empruntent rien à l'état actuel. S'il s'agissait d'améliorer le passé, on pourrait espérer; mais le passé, le vrai passé est avant 93, avant 1808, date de la création de l'Université impériale. Les vieilles universités pouvaient comporter un progrès, elles étaient assez larges, assez élastiques pour cela; l'université autoritaire et mécanique de Napoléon ne peut être améliorée, elle ne supporte pas le progrès, il faut la refondre totalement, ce qui ne veut pas dire qu'il faille supprimer l'État enseignant.

C'est un fait universellement reconnu aujourd'hui, que l'éducation universitaire, telle qu'on la donne en France, est insuffisante, que la durée des études y est excessive, et que le résultat en est médiocre. On ne peut nier que les bacheliers soient la plupart du temps ignorants et pourvus d'un titre qui n'a pas de valeur, d'un titre qui trompe le public; ce certificat peut être défini un *satisfecit* de complaisance que l'État se donne à lui-même; cet examen ne prouve rien, si ce n'est la faculté de mémoire de l'élève.

Nous le savons bien, nous, qui voyons aboutir tous les ans aux écoles de médecine tant de jeunes gens ignorants et mal élevés, qui sont bacheliers. Quelqu'un prétendra-t-il que les bacheliers savent bien le français, qu'ils savent le grec, le latin, l'histoire naturelle, la chimie, la physique, les mathématiques, les langues vivantes, la géographie, la géologie, la mécanique?

Cependant, un bachelier est censé un homme instruit; il a fini ses études générales, terminé son éducation. Là, il s'arrête; si c'est un homme du monde, il ferme ses livres classiques et ne les rouvre plus. Le droit et la médecine ne complètent guère cette éducation. L'instruction professionnelle ne touche pas au développement esthétique de l'individu, elle lui apprend les notions pratiques; son éducation devient technique, elle n'agrandit pas ses facultés morales.

Et encore, ces étudiants en médecine et en droit sont forcés à l'étude, ils retrouvent l'occasion d'appliquer les principes de leur éducation collégiale; mais les autres, les gens du monde, non.

Sans prendre la question de si haut, on peut regretter que l'instruction élémentaire, en ce qui concerne les notions prochainement applicables, soit si mal donnée dans les colléges. On n'y apprend convenablement aux élèves ni l'histoire naturelle ni la physique; on ne leur donne point de suffisantes notions de physiologie ni de chimie. Ils sont tous, sauf ceux que l'on prépare aux écoles spéciales du gouvernement, élevés littérairement.

Il faut que nous, médecins, nous professions pour nos étudiants la botanique, la physique, la chimie, l'histoire naturelle. Est-ce que nos élèves ne devraient pas être instruits de ces choses avant de frapper à la porte de l'École de médecine? Savent-ils du moins le français? Certains d'entre eux nous remettent des copies remplies de fautes d'orthographe, de fautes de français, de fautes contre le goût. A qui imputerons-

(1) Voyez notre numéro précédent, p. 458.

nous ces tristes résultats, si ce n'est à l'Université qui les a si mal préparés?

Et les langues vivantes? Il n'y a pas aujourd'hui sur trois mille étudiants en médecine cinquante jeunes gens qui sachent la langue allemande, ni même la langue anglaise, sans la connaissance desquelles il n'est pas possible de suivre les progrès de la médecine. Est-ce à nous à leur apprendre ces langues?

On nous livre donc un trop grand nombre de sujets dont l'éducation première est manquée, et nous n'en pouvons faire que des étudiants médiocres, ou, s'ils se réforment parmi nous, ce sera au moyen de sacrifices énormes, de temps perdu, et d'une dépense d'énergie qui serait mieux employée à d'autres travaux.

Que fait donc l'Université? Elle prend les enfants à sept ou huit ans, elle les garde dix ans au collége, elle est censée leur tout apprendre, et l'on sait de combien il s'en faut. Si du moins elle en faisait des gens exercés de corps, vigoureux! si elle leur donnait le goût des exercices gymnastiques, si elle leur apprenait quelque peu de beaux-arts, le dessin, la musique, et le goût pour l'étude. Mais on sait que ce n'est pas par là qu'elle brille, et que, pour beaucoup d'enfants, le collége est une prison détestée, où l'on est mené militairement, mécaniquement, uniformément, où beaucoup perdent le goût du travail qu'ils considèrent comme une punition. Les parents, débarrassés de leurs enfants, les placent là à huit ans, les reprennent à dix-neuf ou vingt, sans s'être donné la peine de contribuer à leur instruction ni à leur éducation, système égoïste et dangereux.

Eh bien, en dix ans on ne parvient pas à faire une moyenne très-faible d'instruction. C'est trop de temps perdu, il faut scinder les études, mieux employer le temps; cela est possible. Au lieu de classes de soixante élèves, où le professeur fait expliquer, réciter, lire, écrire sous sa dictée, sans pouvoir se rendre compte de l'état intellectuel de cette masse, il faut plus de professeurs et moins d'élèves. Faites comme en Allemagne, supprimez ces tristes internats, établissez des gymnases plus nombreux en province, et que les professeurs soient payés suivant leur mérite par les parents. Établissez le contact entre le professeur et les élèves; que ceux-ci vivent dans une famille, dans la sienne au besoin, près de ses enfants; qu'ils soient pénétrés, compris par lui, qu'il les connaisse et les dirige suivant leurs aptitudes. Il leur apprendra familièrement ce qu'il sait et se passionnera pour les bons élèves, les suivant d'une classe à l'autre, et leur faisant parcourir une grande partie du chemin. Pourquoi couper en deux un épisode de Virgile, et renvoyer l'élève à l'année suivante? Pourquoi le faire changer de professeur tous les ans? Pourquoi un programme uniforme? Pourquoi expliquer Tite-Live en cinquième, Homère en quatrième, Tacite en troisième, pourquoi et de quel droit? Qui a dit cela, qui a fait ces programmes et formulé ainsi les règles de progression de l'esprit des élèves? Il n'y a personne qui se déclare responsable de cela, si ce n'est l'être anonyme qui s'appelle l'État enseignant, gouverné par des ministres qui souvent ne sont pas des savants, aidés d'inspecteurs et autres fonctionnaires de l'ordre administratif, qui ne représentent parfois ni l'instruction ni le goût.

On fait parcourir à tous les enfants, à tous les jeunes gens, invariablement tous les échelons de l'instruction universitaire; il faut qu'ils aient fait la huitième, la septième, la sixième, la cinquième, la quatrième, la seconde, la rhétorique. Quelles vieilleries et quelle singulière classification! Pourquoi cela et non autre chose? Si l'enfant est intelligent et précoce, s'il est lourd, sot, c'est donc tout un, et il faudra qu'il passe par cette monotone série! Il y a pourtant des jeunes gens qui pourraient faire ces études-là en cinq ans facilement. D'autres y sont impropres, et pourquoi les y maintenir?

Il y a bien d'autres erreurs dans l'instruction universitaire. Soit, on n'y apprend ni les langues vivantes, ni la grammaire comparée, ni l'histoire naturelle, ni les éléments des beaux-arts. On y apprendra le grec, le latin et l'histoire, et, en effet, il y a des élèves sortant des colléges qui sont lettrés.

Mais quelle est l'éducation morale qu'on y donne? Tout y est fondé sur la discipline militaire et la hiérarchie du mérite.

La morale civique y est représentée par les exemples des grands hommes de l'antiquité, les héros, les Régulus, les Épaminondas, les Brutus, beaux exemples, mais qui ne peuvent pas remplacer les exemples et les exhortations des parents, les enseignements de la vie de famille, les souffrances et les joies partagées avec les frères et sœurs, le malheur, le sentiment de la responsabilité et celui de la solidarité.

Le collége ne peut donner que ce qu'il a, et la faute est aux parents qui abandonnent leurs enfants ainsi.

La hiérarchie du mérite est représentée au collége par les places de composition; et de bonne heure, dit-on, l'enfant est habitué à reconnaître les supériorités, tant de nature que résultant du travail, c'est l'image de la vie en petit. Soit. Mais est-elle bien sincère et bien choisie cette distribution des mérites à l'enfance?

Les beaux modèles que les forts en thème! Et comme il y lieu de s'extasier devant une belle ponctuation du thème grec! Un élève qui a de la mémoire sera premier à tout coup en récitation, en histoire. Tel autre saura faire un thème latin. Pourquoi pour si peu de chose tant de couronnes, tant de musique, et ces perpétuelles compositions, où les élèves sont classés en forts, en médiocres et en faibles? Savez-vous ce qu'ils seront plus tard? Savez-vous quelle est l'intelligence, quelles sont les aptitudes de ces enfants? Qui cause avec eux, qui cherche leur spécialité, qui se donne la peine de les étudier et de développer leur intelligence par le côté où elle pointe? — On ne le peut, les élèves sont trop nombreux, le professeur n'est pas payé pour cela. Voilà des enfants qui sont faibles en huitième, et pendant dix ans de collége ils vont se traîner de banc en banc, sans goût, sans ardeur. Ils sont cotés faibles... ils sont les derniers. Je voudrais bien savoir ce que sont devenus tous les beaux sujets qui étaient forts dans mon temps de collége. J'en ai perdu de vue un grand nombre. Il y en a de sots que je n'ai pas perdus de vue, d'autres, qui ont toujours de la facilité, mais qui n'ont ni profondeur, ni jugement, ni ardeur pour le bien et le beau, ni spontanéité. Ces couronnes, ces distributions, ces concours, sont un moyen d'émulation théâtral et faux; la déclamation tient trop de place dans l'Université.

Mais en France on croit tout parfait de ce qu'on fait, on ne comprend pas une nation sans colléges, sans concours, sans internes! Eh bien, passez la frontière et regardez. Ceux qui nous gouvernent ne voyagent pas assez.

Aujourd'hui, il n'y a point en Europe de personnes, s'occupant d'éducation, pour lesquelles ce ne soit point une vérité incontestable que les internats sont une détestable institution.

Comment se fait-il qu'en France on n'ait pas l'air de se douter de ce fait universellement reconnu?

Ces critiques ne s'adressent point aux professeurs de l'Université. Ils sont eux-mêmes victimes d'un système faux et cruel. Administrés autocratiquement, fonctionnaires sans liberté, placés, déplacés, censurés ou avancés par une autorité discrétionnaire, ils sont tenus dans un état de servage dont aucune autre administration n'offre d'exemple. Il n'y a point pour eux de droits, pas de rêves d'avenir, ils ne peuvent jamais espérer de faire une petite fortune, et ils sont moins bien traités que les employés de commerce. Ceux d'entre eux qui ont du mérite pourraient, s'ils étaient libres, se créer une situation très-enviable; l'État confond tout, les médiocres et les distingués, ne distribue pas les dividendes suivant le mérite, et tous en sont réduits à attendre comme un bienfait la faible retraite qui est promise à leurs soixante ans d'âge.

L'Université renferme un nombre proportionnellement très-supérieur d'hommes instruits et de bons citoyens; ce corps est un de ceux dont notre pays peut encore s'honorer. La science, l'amour du bien, la bonne volonté, y dominent, et ce n'est point la faute des professeurs si l'institution ne donne pas de meilleurs résultats. La vérité est qu'ils ne sont pas consultés. Cette machine universitaire, pour nous servir de l'expression appliquée à un objet plus restreint par M. Duruy, est comme la vieille machine de Marly, elle donne 95 pour 100 de perte; il faudrait la mettre en état de donner le plus de rendement possible, et pour cela il faut l'enlever au gouvernement.

Nous admettons comme un fait certain que la jeunesse française est mal élevée, et que l'État, qui s'est fait entrepreneur de l'instruction publique, est responsable de cet état de choses. S'il n'y avait pour les jeunes gens que perte de temps, le mal ne serait pas bien grand; mais il y a mauvaise direction intellectuelle. Les étudiants, au sortir du collége, ne prolongent pas leur instruction classique, ils l'oublient, et la plupart se ruent violemment vers des plaisirs grossiers où ils altèrent leur santé et faussent leurs facultés morales. On ne les voit point, en général, s'éprendre de la littérature, ni des beaux-arts, ni des sciences philosophiques, ni entretenir leur énergie intellectuelle par des travaux, des discussions se rapportant aux anciens objets de leurs études classiques. Ils passent du collége aux hôpitaux ou à l'étude de l'avoué sans s'arrêter dans une université.

Nous ne voyons d'autre remède à ce mal que dans une réforme dont nous allons indiquer les moyens, qui sont de deux sortes :

1° Un meilleur emploi du temps ou une meilleure direction des études dans les colléges;

2° La création d'universités qui recevraient les élèves sortant des colléges plus tôt qu'ils ne font actuellement, et destinées à leur donner l'instruction générale qui leur manque.

Tout le monde sait ou doit savoir qu'il existe des hommes fort instruits et des jeunes gens très-bien élevés dans des pays où il n'y a point de colléges d'internes; cela prouve déjà que le système français n'est pas nécessaire.

On sait aussi que la durée des études élémentaires, ou de ce qu'on appelle ici l'instruction secondaire, peut être très-raccourcie sans inconvénients. Quelques jeunes gens qui ont eu la bonne fortune d'échapper à ce long emprisonnement du collége ont fait en cinq ou six ans des études classiques complètes.

Quelques hommes que des circonstances particulières avaient tenus éloignés des sources de l'instruction ont pu, arrivés presque à l'âge adulte, se refaire en peu d'années une éducation classique. Enfin, un certain nombre d'enfants privilégiés, confiés à des éducateurs particuliers, ont, sans passer par le collége, et en perdant moins de temps, pu acquérir l'instruction secondaire complète.

Ainsi, sans sortir de chez nous et sans proposer l'exemple des peuples étrangers, dont le tempérament peut être différent du nôtre, nous voyons clairement qu'on peut résoudre le problème de l'éducation dite classique en moins de temps que ne le fait l'État.

Reste à examiner la question économique, qui se décompose ainsi : économie de temps, économie d'argent, supériorité de produit.

Si réellement on peut obtenir l'éducation meilleure, plus rapidement et à meilleur marché, il n'y a point à hésiter sur la réforme. Or, c'est ce qu'on peut démontrer facilement. Quant à l'économie de temps, les exemples indiqués plus haut suffisent à la démonstration. J'en appelle, du reste, à tous ceux qui ont, suivant une expression consacrée, sauté des classes, et je ne serai point démenti par les professeurs eux-mêmes. Un de nos amis, aujourd'hui ingénieur de l'État et savant de premier ordre, nous racontait comment s'est faite son éducation classique: il fut d'abord placé dans une école primaire spécialement destinée à préparer des industriels; il y apprit la grammaire française, la géographie, un peu de mathématiques, et les éléments du latin. A douze ans il fut placé au collége en sixième et y eut tous les prix, il sauta la cinquième et fut mis en quatrième, où il ne passa qu'une demi-année, pour arriver en troisième; il ne fit point de seconde, fit une année de rhétorique, puis suivit le cours de mathématiques élémentaires en même temps que celui de philosophie. L'année suivante il suivait le cours de mathématiques spéciales et entrait à l'École polytechnique. Que serait-il arrivé de lui s'il avait été dirigé par des parents ou des maîtres convaincus de la nécessité de suivre la série régulière des études de collége?

Cette ténacité des maîtres et des parents qui maintiennent les enfants dans la filière va bien plus loin que nous n'avons dit encore. Non-seulement on les contraint à monter lentement ce long escalier aboutissant au baccalauréat, qui est un but stérile, mais on leur fait souvent redoubler et tripler une classe, sans pitié. Cela se comprend à la rigueur pour un enfant rebelle, mais intelligent, auquel on veut à tout prix apprendre les éléments de l'instruction secondaire, ou pour un futur professeur, auquel la perfection de certaines études classiques est nécessaire, mais ce sont là de très-rares exceptions, et il ne sert de rien de faire redoubler des classes à des enfants inintelligents et paresseux. Ce n'est qu'un moyen de les hébéter davantage.

Tous les hommes qui se sont occupés de l'éducation en France savent à quel degré de scandale est parvenu parmi les pensionnats libres menant des élèves aux colléges, et parmi quelques colléges dirigés par des proviseurs peu scrupuleux, l'exploitation des élèves à concours.

La plupart du temps c'étaient des boursiers, des enfants pauvres dont on surexcitait les facultés spéciales, au risque de stériliser leur intelligence dans l'avenir. On en exprimait tout ce qu'elle pouvait rendre à la pression sous forme de prix de thème, version, histoire, vers ou discours, et l'heureux propriétaire de ces enfants-prodiges chantait victoire; c'était un moyen de réclame pour l'institution, un moyen d'avancement pour les maîtres, une gloriole. Ces enfants, amenés quelquefois de province, achetés, on peut le dire, étaient maintenus un an, deux ans, trois ans, s'il le fallait, en une même classe, tant qu'ils ne dépassaient pas l'âge réglementaire. C'était une barbarie.

Le concours général avec ses oripeaux, sa musique militaire, ses discours solennels aux fausses élégances, formait une ridicule exhibition, où l'on voyait de petits enfants chargés de lauriers de papier doré et gonflés d'orgueil, parader déjà comme si la société était à eux. Beaucoup sont devenus ces folliculaires cyniques et féroces qui insultent à tout ce qui est honnête et éternel, et préparent les révolutions populaires.

Grisés par cette éducation théâtrale, ignorants de toute science vraie et frottés seulement de littérature, ces enfants pauvres et mal élevés se croient appelés à étonner le monde; abandonnés par ceux qui les ont exploités, au moment où ils entrent dans le monde réel, ils sont la proie des agents de publicité qui leur donnent un peu d'argent et de la notoriété en échange de leur rhétorique.

Quant à moi, je déclare que mes enfants seront élevés dans le respect du devoir et l'amour du beau, mais non dans l'idée d'une sotte émulation. Il ne faut pas viser au mieux, mais au bien. Il en est des élèves comme de la chasse, où le gibier règle son pas sur celui de la meute. Le premier limier ne va pas toujours vite. Le premier de la classe peut n'être qu'un très-faible personnage et qui ne mérite pas de servir de type.

Le comble du ridicule dans les récompenses chez les enfants est de faire faire leur buste en plâtre ou en bronze, d'inscrire leur nom sur des monument intérieurs, et, au besoin, de décorer pour huit jours des enfants de cinq ou six ans, comme cela se fait dans les petites écoles. Tels sont les enfants, tels seront les hommes!

Sans doute, il faut des récompenses; mais il les faut rares et sérieuses.

En temps ordinaire un enfant est mis au collége à huit ans et en sort à dix-huit ou dix-neuf ans, soit dix années de collége. Je dis que huit suffiraient. En huit années bien employées que de choses on peut apprendre à un enfant! Les premières et les plus importantes notions sont celles qui concernent le devoir, la moralité, le respect des parents, une tenue décente, toutes choses qu'on n'apprend pas au collége, et à cause de cela je maintiendrais les enfants au voisinage de la famille jusqu'à onze ou douze ans, leur faisant donner, en même temps que l'*éducation*, qui semble tout à fait oubliée en France, l'instruction primaire sérieuse qui comprendrait non pas seulement la grammaire et l'étude des langues vivantes, mais les éléments des sciences qui entrent par les yeux, comme le dessin, la géographie, l'histoire naturelle, une partie de la géométrie.

Il ne faut pas que les parents égoïstes et frivoles continuent à se débarrasser de leurs enfants dès l'âge de huit ans.

La vie de famille est bonne pour les enfants et pour les parents; elle maintient tout le monde dans le devoir. Les femmes méritent le blâme dans notre pays pour la facilité avec laquelle elles se séparent de leurs enfants, pour suivre plus librement les usages et les plaisirs du monde. Elles ont leur part grande de responsabilité dans nos malheurs publics. Il n'est pas nécessaire que l'enfant soit élevé dans sa propre famille; il y a des cas nombreux où cela n'est pas possible; il faut, en tous cas, qu'il soit élevé dans une famille, ainsi que cela se pratique en Allemagne pour presque tous les enfants qui suivent les gymnases, et en Angleterre pour les enfants qui font des études complètes, et, à la vérité, assez dispendieuses.

L'économie de temps est possible, l'économie d'argent en est-elle le corollaire? C'est une question pratique qu'il faudrait mettre à l'étude.

Si un enfant était mis au collége et y passait dix ans à raison d'une pension de 1 500 francs par an, son éducation au collége aurait coûté 15 000 francs. Pourrait-on, pour le même prix, lui donner la même quantité d'instruction, tout en le faisant bénéficier de l'éducation de famille? Je le crois. Cela sera possible surtout si l'on cherche la décentralisation, si l'on éloigne de Paris les enfants et les jeunes gens de la province, si l'on forme de grandes et sérieuses universités provinciales, comme cela devrait être. Le jour où l'on rendra la vie honorable et fructueuse aux professeurs, où il leur sera permis de vivre dans de grands centres d'instruction, en province, ils ne désireront plus une chaire à Paris comme un avancement. Il faut aussi que les enfants soient élevés au grand air, à la campagne, dans des jardins, qu'ils se livrent aux exercices du corps, qu'ils prennent goût au développement physique en même temps qu'au développement intellectuel. Il faut aux professeurs un milieu tranquille, une vie simple, une rémunération honorable.

Mais, me répondra-t-on, vous ne ferez pas de bacheliers à seize ans. A cela je réponds que je ne vois pas la nécessité de faire des bacheliers. Il n'y a de bacheliers qu'en France, et je ne pense pas que la France en soit mieux élevée ni plus florissante. Je ne pense pas que les classes moyennes lettrées y aient agrandi et même conservé leur influence. Cette race-ci est bien douée et mal dirigée, on peut lui faire produire plus et mieux, et pour cela il faut réformer nos moyens d'éducation publique. Quant à la garantie des études, certificat final ou examens successifs, c'est une question technique dont il faut abandonner la solution à des hommes spéciaux. On trouvera facilement mieux que le baccalauréat.

Je suppose l'écolier sortant du collége à seize ou dix-sept ans. C'est trop tôt, dira-t-on, le livrer à la liberté. Sans doute, s'il a été mal élevé, il fera un mauvais usage de sa liberté. S'il a été renfermé, comprimé, séparé des réalités du monde dans le cloître universitaire ou clérical, il en pourra être ainsi; mais non, s'il a été de bonne heure habitué à la vie réelle, à la responsabilité de ses actes, s'il a vécu dans un milieu respectable, s'il a appris à respecter ses parents, ses sœurs, ou la famille de son maître.

D'ailleurs, il ne peut être question de continuer ce système dangereux qui consiste à tirer un jeune homme du collége pour le jeter dans une grande ville et le livrer à toutes les séductions, à tous les dangers. Ce système est faux et donne de détestables résultats. Ce jeune homme ne doit point être inscrit aussitôt à une école de droit ou de médecine; son éducation n'est pas terminée, il la faut compléter par la vie d'université. L'université se placera entre le collége et les écoles d'enseignement professionnel. C'est là le vrai complément de l'éducation. On y enseignera la haute littérature, l'histoire naturelle, les sciences physiques, chimiques et mathématiques, les principes du droit, l'histoire, c'est-à-dire les matières disséminées aujourd'hui dans ces institutions sans élèves qui sont le Muséum d'histoire naturelle, le Collége de France et les Facultés des lettres et des sciences. Ainsi on fera vivre et fructifier un enseignement supérieur qui n'existe que de nom dans notre pays. Les jeunes gens y trouveront l'application de leurs études secondaires qui ne sont qu'une préparation pour une science plus élevée; ils y trouveront le perfectionnement d'éducation qui fait défaut à la jeunesse française, et tous, médecins futurs, futurs avocats ou juges, futurs fonctionnaires de l'État, théologiens, artistes, professeurs, y puiseront en commun des connaissances également indispensables à tous. C'est là, après deux, trois ou quatre années d'études, que les écoles professionnelles de médecine et de droit prendront leurs élèves pour les appliquer à des études pratiques tout à fait spéciales.

Ce que nous demandons n'est pas nouveau, c'est tout simplement le retour à l'ancien système, à la tradition des vieilles universités.

Il ne faut pas croire que le séjour à l'université entraîne une perte de temps et recule le moment où l'étudiant entrera en possession d'une profession. Les plus vieux étudiants ne sont point ceux dont les études préparatoires ont été les plus complètes et qui se sont attardés à la culture des lettres ou des sciences; ce sont ceux qui, sortis des colléges comme d'une prison, s'émancipent brusquement et font profession de ne plus travailler. Il en est qui, bacheliers à dix-huit ou dix-neuf ans, ne sont pas encore docteurs en médecine à trente ans; ils prolongent cette vie d'étudiant sans direction, sans discipline, où le rôle de l'Université est de s'effacer et d'ouvrir des cours et de percevoir des frais d'études sans se soucier de savoir si les cours sont suivis ou non. Un étudiant français est un homme libre, un citoyen, un électeur, il a la liberté du bien et du mal, il paye l'instruction comme toute denrée et en use ou n'en use pas, à son gré. Où donc est l'*alma mater*, l'université?

Si cet état de choses est irrémédiable, du moins devons-nous demander qu'on ne livre les étudiants à ces hasards de la vie libre et sans direction, qu'après les avoir élevés, bien préparés dans les universités, où ils pourront avoir toujours accès comme dans leur famille, et venir se retremper. Ce doivent être là, pour les gens élevés, les cercles de l'avenir.

Dans la commission de 1870, on indique les vices du système actuel des Facultés, et l'on n'y voit point de remèdes. Les Facultés manquent d'auditeurs, les professeurs sont mal payés, ces établissements sont placés dans de petites villes. M. X... ajoute que « la vie intellectuelle s'est retirée de la province pour se concentrer à Paris, qu'on ne peut pas fonder artificiellement des foyers de lumière et d'intelligence, que les professeurs distingués s'empressent de quitter la province dès qu'ils peuvent. »

Tous ces arguments tombent si l'on adopte le système des universités intermédiaires aux colléges et aux écoles professionnelles, en prenant aux premiers et aux seconds un peu de leur enseignement.

Demander de la botanique, de la physique et de la chimie pures à un élève en médecine, âgé de vingt-six ou vingt-sept ans, c'est une absurdité; il devrait ne commencer l'étude de la médecine qu'après avoir appris ces notions indispensables, au sortir du collége, dans les universités.

P. Lorain,
Professeur agrégé à la Faculté de médecine de Paris.

UNIVERSITÉ DE TURIN

SÉANCE D'OUVERTURE

M. J. MOLESCHOTT

Les régulateurs de la vie humaine

Messieurs,

Supposons que, parmi les jeunes gens d'élite qui accourent ici pour se livrer de nouveau avec nous à de sévères études, il s'en trouve un qui, dans cette salle, après une longue séparation, ait la surprise de revoir sa mère dont le souvenir tantôt faisait doucement battre son cœur, tantôt lui causait tous les tourments du regret.

Pourrions-nous nous attendre à ce qu'un tel fils, brûlant d'une tendresse égale à celle qu'il inspirerait, pût dompter en un instant le tumulte de ses émotions et les transports joyeux de l'amour le plus pur, pour écouter avec calme un discours scientifique, scientifique, dis-je, autant que peut l'être un discours qui s'adresse à des personnes pourvues de connaissances si étendues, mais si diverses?

Et si nous ne pouvons exiger un semblable effort de ce jeune homme tout brûlant d'amour filial, pourquoi l'attendrait-on de notre part, aujourd'hui que l'on voit, non pas un seul fils qui retrouve une mère chérie, mais un pays entier transporté d'allégresse en touchant au terme de ses plus chères aspirations, de ses vœux les plus sacrés? Ou bien, entre nous tous, qui, au commencement d'un repos salutaire, nous quittions l'âme pleine d'angoisses en nous demandant quel sort se préparait pour le monde et pour notre patrie, en est-il un seul, un seul, dis-je, qui ne soit saisi d'un joyeux étonnement, en se retrouvant dans ce sanctuaire de la science avec la certitude que l'Italie a recouvré Rome, cette mère antique d'une civilisation glorieuse, cette jeune mère d'une nation unie qui se lève fièrement pour se montrer digne de ses aïeux?

Qu'un autre soit plus grand ou plus calme que moi, je ne lui envie ni son calme, ni sa grandeur, s'il leur doit la force de contenir au fond de son cœur la joie, le bonheur dont on se sent inondé lorsqu'on pense que l'Italie a secoué un joug qui pesait sur le monde entier, un joug qu'elle était rigoureusement tenue de secouer elle-même; car elle-même l'avait façonné de ses propres mains, l'avait consolidé, l'avait imposé à d'autres peuples qui étaient alors moins cultivés qu'elle, mais qui plus tard contribuèrent tant à relâcher ce joug et à montrer combien il était insupportable. Aujourd'hui l'Italie, et c'est de la nation même que je parle, comme un noble coursier impatient du frein, a su briser ses entraves et réduire ses liens pesants en une poussière qu'elle saura dissiper aussi pour dresser au grand soleil son front ressuscité. L'Italie a su raffermir la foi à la philosophie de l'histoire, cette foi qui s'évanouit facilement chez les hommes lorsqu'ils ne considèrent qu'une courte période des événements qui se déroulent à leurs yeux. Fortifiée par un exemple éclatant et nouveau, cette foi déclare que la loi de l'histoire est le progrès, que les aspirations profondes et bien réfléchies d'un peuple sont invincibles, quand ce peuple reconnaît comme régulateur suprême de sa vie l'ordre qui résulte de l'obéissance à la loi morale mère de la loi civile, quand il déchire les lois écrites, chaque fois que les parchemins ne sont plus en harmonie avec les sentiments, avec les pensées d'une nation avancée, maîtresse de ses propres destinées.

Le peuple italien fera voir combien ceux-là se trompaient qui traitaient de simple prétexte l'inquiétude qui si souvent le détournait de l'application monotone mais féconde de ses forces au travail. Ceux qui ne voyaient dans le désir ardent de reconquérir la cité-mère que l'expression d'un sentimentalisme national ou historique, pouvaient rapetisser la question romaine et même en nier l'existence. Mais ce n'est pas ainsi que la comprenaient les Italiens, ni ce grand homme, le représentant le plus complet de la sagesse politique, auquel il n'a manqué, hélas ! que de vivre dix ans de plus pour être témoin d'un triomphe qui aujourd'hui demande à notre reconnaissance une larme pour sa tombe. Lorsque Camille Cavour réclamait l'Église libre dans l'État libre, il affirmait qu'en face de la civilisation moderne, gardienne jalouse de la liberté de conscience, aucune forme de théocratie ne peut désormais subsister. La théocratie, en effet, qu'elle soit directe ou indirecte, est la négation de la libre conscience. Elle admet qu'un gouvernement, ce qui est pire qu'un individu, puisse être juge dans sa propre cause, et ainsi elle est nécessairement amenée à revendiquer une infaillibilité de jugement qui n'appartient pas à la nature humaine.

En voulant que le gouvernement théocratique fût aboli à jamais, la nation italienne a donné un exemple de science pratique; en montrant qu'elle avait conscience de sa propre destinée, elle a exercé la suprême justice et la première des libertés.

En présence d'un événement qui laissera une trace lumineuse, je profanerais l'histoire glorieuse de cet athénée, si, dans le jour solennel où l'Italie, pour la première fois libre et entière, inaugure la réouverture des études, je ne saluais pas en votre nom l'ère nouvelle qui vient de commencer pour la gloire de la patrie, pour la puissance de la nation, pour la liberté de la science. Je croirais manquer à la mission qui m'est confiée si je ne venais pas, sûr de votre assentiment, proclamer que les transports de joie avec lesquels nous embrassons le palladium romain ont une signification intellectuelle et libérale qui s'exprime par ce mot : Libre pensée.

Mais la libre pensée elle-même demeurerait inutile si elle ne résultait pas du libre examen qui, nous le savons tous par expérience, exige un travail infatigable. Si donc nous voulons mériter le sort heureux qui, après de longues et ardentes aspirations, mais pourtant dans un espace de temps dont la brièveté a dépassé toute espérance, a renoué les liens qui nous unissent à la plus illustre cité, au foyer artistique du monde, nous devons combattre les distractions puissantes de la joie. Un noble devoir nous est imposé, c'est de féconder toutes nos meilleures facultés pour faire renaître toutes les gloires du passé.

Point de retard ! Le pays aura bientôt trouvé l'ordre, si chacun fait de son mieux dans l'humble sphère de ses propres devoirs. Tous tant que nous sommes nous perdons trop souvent un temps précieux dans de longues préparations, à chercher de splendides ornements, tandis que celui qui irait droit au but aurait déjà recueilli une riche moisson d'utiles vérités.

Animé par de telles réflexions je vous invite, messieurs, à me suivre avec bienveillance dans une carrière limitée, mais que pourtant je ne puis dire étroite ni modeste; car je me prépare à parler des régulateurs de la vie humaine. J'éviterai ces hésitations qui seraient inévitables si je consultais trop scrupuleusement mes forces; mais je n'oublierai pas les exigences d'un lieu consacré à la science et d'une époque avide de progrès. Je suis convaincu, et c'est ce qui m'encourage, que mon sujet ne peut être étranger à vos patientes méditations.

I

Si cet écrivain hardi du XVIIIe siècle, qui osait définir l'homme une machine, pouvait ressusciter parmi nous, assurément il serait surpris et goûterait une vive satisfaction en voyant quel chemin a fait sa pensée et sur quelle évidence elle s'appuie aujourd'hui.

Ainsi que la machine à vapeur, la machine humaine ne travaille que si l'on y introduit des combustibles qui, en brûlant, produisent du calorique dont une partie se convertit en travail.

Mais ce travail ne s'exécute pas sans que les résistances qu'il faut surmonter en absorbent une partie très-considérable, qui pourtant ne s'anéantit pas, mais prend cette forme du mouvement que les physiciens nomment calorique. Plus le rapport entre le travail réellement effectué et le calorique qui résulte de la transformation du travail par les frottements est élevé, et plus nous louons la construction de la machine qui sort de nos ateliers. A cet égard, la machine humaine surpasse jusqu'à présent tous les mécanismes produits par l'industrie. En effet, le travail de cette machine peut s'élever au cinquième de l'équivalent mécanique du calorique produit par la combustion du carbone et de l'hydrogène qu'elle consume, tandis que les autres machines obtiennent à peine la moitié de ce résultat.

Cet avantage s'accroît encore démesurément, si l'on réfléchit que la quantité de calorique qui, dans la machine humaine, ne se manifeste pas directement sous forme de travail, ne peut être considérée comme perdue pour les forces vives du corps; car ces forces ne peuvent se déployer à moins que toute la machine ne conserve une température constante.

Le corps humain, ainsi que toute machine qui travaille, s'use continuellement. Mais cette cornue, qu'on nomme l'estomac, dissout et prépare pour l'assimilation les combustibles qui, pendant quelque temps, seront des parties intégrantes des différents organes dont la machine se compose. Cette cornue les verse dans un tube très-long qui achève de les transformer et les jette dans le torrent du sang. Celui-ci, par le moyen d'une pompe aspirante et foulante, en arrose toutes les soupapes, les ressorts, les pistons, les roues de la machine, qui diffère en cela de la machine à vapeur, que non-seulement elle brûle les combustibles dans son foyer, mais elle se brûle elle-même continuellement dans toutes ses parties.

Pour arriver à ce résultat, les combustibles, dans l'entonnoir qui les introduit dans la cornue, devaient être taillés par des ciseaux et écrasés par des meules, puis comprimés et mélangés dans la cornue, comme à l'aide d'un pilon dans un mortier ou avec une baguette dans un verre. Et à ces procédés mécaniques de division vient s'ajouter l'action de huit ou dix réactifs chimiques différents, les uns alcalins, les autres neutres ou acides, tous de nature très-complexe, de sorte qu'avec les substances dissoutes ou réduites en parcelles très-fines, le sang peut fabriquer et fabriquer sans cesse des milliards de corpuscules, qui sont les véritables condensateurs de l'oxygène sans lequel les combustibles, quoique doués des propriétés du sang, resteraient comme une masse inerte, un métal enseveli.

La cheminée ne manque pas à la machine humaine ; mais elle est divisée en deux parties, l'une qui élimine les produits d'une combustion parfaite, et l'autre qui rejette les substances, encore riches de carbone, qui reçoivent vulgairement le nom de suie. La première partie n'est pas simple, car les poumons et la trachée ont pour auxiliaire la peau, tant pour l'élimination des principes oxydés que pour l'absorption de l'oxygène. Partout se produit un dégagement de gaz et une évaporation d'eau, suivant des lois que les physiciens nous mettent sous les yeux par leurs expériences. Mais dans la caisse du thorax, l'échange entre les matières à brûler et celles qui ont été brûlées est activé par un appareil de ventilation où les poumons jouent le rôle d'un soufflet qui change périodiquement la pression de l'air qu'il contient.

En s'accroissant convenablement, cette pression fait vibrer les cordes vocales et transforme l'air,

Quell' aria senza tempo tinta :

en arguments lumineux ou en douces mélodies. C'est que le même entonnoir qui reçoit les combustibles est d'une forme qui peut varier à l'infini, grâce surtout à cette lame mobile et flexible que Jean-Paul, dans sa rude satire, appelait chez la femme seule un instrument de ventilation. De là vient que la parole peut accompagner le chant et que les peuples se distinguent les uns des autres par leurs accents de prédilection.

L'ouverture de la glotte, par laquelle le soufflet communique avec l'atmosphère, peut se fermer, et alors, pourvu que le soufflet se soit au préalable rempli d'air, cet air agit comme un piston qui, poussant à travers le diaphragme, peut opérer l'évacuation du ventre, tantôt en en chassant les scories qui se produisent partout où s'exécute un travail, tantôt en en faisant sortir la joyeuse, mais bruyante espérance de l'avenir.

Sur la locomotive à vapeur nous trouvons le machiniste qui en observe et en surveille la marche : dans la locomotive humaine, ce guide attentif est emboîté dans la machine même et identifié avec elle. Le monde extérieur se peint dans deux chambres obscures, en y traçant des photographies colorées, fugitives pour le fond qui reçoit l'image, mais d'un effet durable pour le centre nerveux qui en perçoit l'impression. Deux claviers, enfoncés dans la partie la plus reculée du crâne, peuvent subir, à l'aide de trois mille touches environ, un nombre égal d'oscillations différentes, qui se traduisent au sensorium sous la forme de sons. Les qualités physiques de l'univers, en changeant sans cesse la composition, la température et les propriétés électriques des nerfs, éveillent les sensations. Tantôt, sous forme d'ondes lumineuses, elles agissent sur le nerf optique, lorsque le focus d'une foule de rayons frappe la rétine; tantôt elles font vibrer les touches qui frappent à coups précipités les filaments du nerf auditif. Quoique l'action mécanique ne soit pas rhythmique, elle suffit pour que les nerfs de la peau répondent au contact des solides, tandis que l'état liquide de la matière possède particulièrement la propriété d'impressionner la langue, et l'état aériforme celle de chatouiller l'odorat. En somme, les nerfs sensibles sont comme autant d'observateurs qui examinent le monde extérieur avec ses formes, ses couleurs variées et l'harmonie des sphères, et qui distinguent en outre mille et mille qualités de la matière, quel que soit l'état d'agrégation sous lequel elle se présente.

Si ces observateurs scrupuleux qui ressemblent à des instruments de précision deviennent inertes, malheur à nous ! Car alors s'affaiblit et bientôt disparaît l'impulsion qui produisait ces mouvements sans lesquels aucune fonction ne peut s'accomplir avec cette facilité qui caractérise l'état de santé. L'action musculaire vient-elle à faire défaut, les sens eux-mêmes s'affaiblissent. Alors cessent de se produire et de s'éliminer ces résidus qui, s'ils restent dans le corps, empoisonnent le sang. Quant à la circulation du sang, elle n'est qu'un problème hydraulique dans lequel la force de propulsion est distribuée par un muscle qui se contracte. Cette contraction ne peut s'opérer d'une façon durable, si d'autres muscles n'entretiennent une opération pneumatique qui doit fournir l'oxygène à ces milliards de corpuscules sanguins, qui à leur tour excitent les mouvements du cœur : celui-ci se paralyse en même temps que le cerveau si ces globules infatigables restent privés du gaz qui détermine toutes les combustions internes d'où tirent leur origine les forces musculaires, la faculté de sentir et la puissance intellectuelle.

Aucun organe ne vit sans le sang, et le sang ne peut se passer de ces organes dont les uns le produisent, les autres le purifient, tandis qu'un troisième le meut ou du moins en active le mouvement. Aucun organe ne peut vivre sans les nerfs qui, dans la machine humaine, servent de rênes et d'éperons, et tantôt, comme l'étincelle dans la poudre, allument la flamme, tantôt, comme l'eau, éteignent l'incendie. Aucune partie ne peut vivre sans l'oxygène, qui, semblable à un architecte, construit des tissus par une oxydation modérée des aliments, puis les détruit en produisant du travail et en réchauffant la machine dans l'un et dans l'autre cas. A cette chaleur sont dus les mouvements de ces molécules si fines dans lesquelles le microscope reconnaît les individus protoplasmatiques ou cellules élémentaires qui changent de formes, serpentent à travers des parties du corps que l'on croirait solides et imperméables, et se comportent comme des animalcules semblables aux infusoires ou plutôt aux amibées.

Même quand vous vous abandonnez au repos le plus complet, au plus doux *far niente*, représentez-vous toutes les parties de votre machine comme parcourues par des flots de sang qui se poussent les uns les autres et s'arrêtent à peine sous la fine écorce de corne qui revêt votre peau. Vous exécutez un travail qui peut s'exprimer par l'image d'un poids qu'on soulève, qui même correspond exactement à cet effort, lorsqu'en respirant vous soulevez la poitrine et que vous envoyez le sang teindre vos joues et vos lèvres. Dans tout l'édifice de votre corps se succèdent sans relâche des mouvements moléculaires qui se révèlent au galvanoscope, au thermomètre et par la faim à votre bourse, soit que vous contempliez les merveilles de la nature ou que vous admiriez les prodiges de l'art, soit que vous méditiez sur l'essence des choses, soit enfin que vous rêviez le paradis terrestre.

II

Quand on considère pour la première fois ce tableau de l'unité de la vie, dont je n'ai pu donner qu'une esquisse rapide, on est frappé de l'ensemble avec lequel fonctionnent toutes les parties, même les plus petites, sans qu'aucune d'elles soit vraiment autonome, car elles sont toutes liées les unes aux autres par des rapports réciproques. Et quand on est bien persuadé que chaque impression du monde extérieur engendre des effets qui, suivant des lois infaillibles, se propagent dans toute la machine, à la façon de ces ondes qui se produisent et s'étendent dans l'eau où l'on a jeté une pierre, on est amené presque inévitablement à se demander comment, dans cet organisme si compliqué, le désordre ne s'introduit pas plus souvent, comment la machine humaine, qui résiste à tant de fatigues, d'accidents, de douleurs violentes, n'est pas plus fragile encore. En vertu de quelle immunité voyons-nous se dissiper si souvent les menaces et les conséquences de cette rupture d'équilibre dans les phénomènes vitaux qui porte le nom de maladie? C'est à cette question que je voudrais essayer de répondre, quoiqu'il me semble vous entendre murmurer qu'il y a là le sujet d'un livre entier, et que vous craignez que je n'abuse de votre attention bienveillante. Et peut-être votre crainte serait juste si j'étais plus que je ne suis, si vous étiez moins que vous n'êtes. Mais quand je parcours des yeux cette assemblée imposante d'hommes cultivés par l'étude, je me sens encouragé par une réflexion. Je pense que j'aurai peu de chose à exposer, moins encore à développer, rien à épuiser; car de légères indications suffiront pour éveiller et enchaîner ces idées, qui devront la vie et le mouvement à votre imagination active et à votre fertile intelligence bien plutôt qu'à mes expressions. En effet, la hardiesse de mon dessein ne trouve qu'un instrument insuffisant dans cette parole dont la générosité italienne m'a fait présent et que je ne puis, en sa qualité de présent, soumettre à un examen rigoureux.

Dans la chaîne zoologique les êtres occupent des degrés d'autant plus élevés que les agents par lesquels ils se défendent contre les insultes du monde extérieur sont plus nombreux. Cette loi se manifeste avec éclat quand on considère la température constante de l'homme et des animaux qui appartiennent aux deux classes supérieures des vertébrés. Le privilége que nous possédons de pouvoir nous adapter aux climats les plus divers et de nous trouver bien dans toutes les saisons, nous le devons pour la plus grande partie aux quantités et aux qualités différentes des combustibles que nous choisissons pour nous alimenter. Il dépend en partie de ce régulateur puissant dont nous disposons pour modérer ou activer la combustion interne, en exécutant des mouvements respiratoires plus ou moins profonds, plus ou moins rares ou fréquents, suivant le besoin plus ou moins grand que nous avons de produire du calorique, afin de conserver constamment cette température sans laquelle la machine s'engourdit et se glace, ou se consume dans une ardeur fébrile. Les poumons méritent ici encore d'être comparés à un soufflet d'une structure très-compliquée; car, en activant la ventilation qui dépend d'eux, ils attisent le feu où la vie puise la force et la chaleur. A cette augmentation de chaleur qui se produit en différentes circonstances s'oppose en sens inverse une perte de chaleur, puisque plus l'atmosphère est chaude et plus s'accroît la quantité de calorique, que nous émettons surtout par le moyen de l'eau qui se dégage sous forme de vapeur des poumons et de la peau. Ainsi l'estomac, les poumons et la peau sont les appareils les plus remarquables grâce auxquels la température du sang peut se maintenir parfaitement uniforme, sous des influences atmosphériques extrêmement différentes.

Celui qui travaille moins perd moins de calorique, et par cette raison se contente d'une moindre quantité d'aliments et d'aliments moins substantiels, comme l'indique ce proverbe toscan : « Vermicelli et maccaroni, nourriture de paresseux (1). »

Tout aliment qui mérite le nom d'aliment complet contient des substances albumineuses, amylacées, grasses et minérales. Or, il n'est aucune de ces substances dont la digestion soit confiée à un suc digestif unique. L'albumine a la prééminence sur les autres principes alimentaires, en ce que le plus spacieux des compartiments du canal digestif, c'est-à-dire l'estomac, est employé presque tout entier à la digérer. Et cependant cette digestion ne s'accomplit pas à l'aide seulement du suc gastrique; car il trouve un auxiliaire dans le suc pancréatique, qui, dans certaines limites, peut même le remplacer. Le mélange des liquides, qu'une foule de glandes salivaires ou mucipares versent dans la bouche, transforme l'amidon cuit en sucre, mais ne suffit pas à compléter la transformation, et nous trouvons encore dans le suc pancréatique un auxiliaire très-puissant de la salive. L'émulsion des matières grasses est due en grande partie à la bile, dont l'action est pourtant complétée par les sécrétions du pancréas et des petites glandes intestinales. On voit que, pour les substances alimentaires appelées organiques, le liquide pancréatique est un véritable digestif universel. De plus, toutes les sécrétions du tube alimentaire concourent en quelque façon à la digestion des substances minérales, soit salines, soit calcaires, sans lesquelles ne peut se former régulièrement aucune des innombrables cellules qui composent nos tissus.

Ces exemples nous montrent combien le principe des suppléances trouve une large application dans l'économie de la machine humaine.

C'est ce qui ressort plus nettement encore de l'existence de ces nombreux organes qui sont régulièrement doubles. L'un des reins devient-il inerte, l'élimination de l'urée, de l'acide urique, des chlorures et des sulfates n'en continue pas moins, grâce au travail de l'autre qui souvent accroît son volume proportionnellement à l'accroissement de son importance. Le même fait se produit pour les poumons; mais dans ceux-ci il arrive souvent aussi que, si une partie se condense et par suite ne peut plus accomplir ses fonctions, les vésicules qui, dans le même poumon, étaient restées saines, se dilatent davantage et donnent lieu de cette façon à une respiration complémentaire.

Les cas où l'organisme s'habitue peu à peu, ainsi qu'on a coutume de le dire, à de graves lésions intérieures s'expliquent bien souvent par de semblables compensations, et la vitalité de l'organisme altéré dépend alors du temps plus ou moins considérable qui est nécessaire pour que ces compensations puissent s'opérer. Un gros vaisseau sanguin est-il obstrué; pourvu qu'il n'en résulte pas une mort instantanée, des vaisseaux collatéraux se dilatent et le remplacent en se chargeant de la transmission du sang. Une des valvules du cœur cesse-t-elle de pouvoir se fermer parfaitement, de manière que le courant du sang se détourne en partie, et en partie continue à suivre la route normale avec une pression

(1) Lasagne e maccaroni, cibo da poltroni.

moindre ; alors, pourvu que l'individu ne soit pas épuisé par des saignées répétées et qu'il soit bien nourri, le muscle du cœur peu à peu se fortifie ; sa force impulsive augmente, et les inconvénients qui résultaient d'abord de la stagnation du sang peuvent dans la suite être réduits considérablement et pour longtemps.

Le dualisme d'un grand nombre des parties du cerveau n'a pas une signification aussi simple que celui des reins et des poumons.

Cependant, pourvu qu'il lui reste un des hémisphères cérébraux, l'homme est capable de penser ; mais l'organe ainsi réduit de moitié se fatigue en peu d'heures du travail intellectuel.

Quand le cerveau est complet nous n'avons pas, sans doute, la faculté de penser plutôt avec l'un qu'avec l'autre de ses hémisphères ; mais, dans beaucoup d'autres cas, il nous est possible de choisir entre deux parties qui peuvent se succéder dans leurs fonctions. Tout le monde sait, que lorsque nous aspirons l'air, nous pouvons le faire passer, soit par la bouche, soit par le nez, et même par tous deux à la fois. Or, les personnes qui craignent le contact d'un air froid avec les voies respiratoires n'ont qu'à fermer la bouche et à respirer seulement par le nez afin de réchauffer au préalable l'air inspiré : et peut-être cette simple précaution est-elle aussi efficace que ces respirateurs artificiels que nous autres médecins nous attachions il y a quelque temps à la bouche des malades quand nous voulions préserver leurs bronches ou leur larynx du froid atmosphérique. C'est qu'en effet les circonvolutions des os de la cavité nasale ont leur surface tapissée d'une muqueuse si riche en vaisseaux et par suite en sang que l'air, en traversant ces détours tortueux, est attiédi par la chaleur du sang même et n'irrite pas les seules parties que nos vêtements ne puissent défendre contre les rigueurs de la température. On a donc raison de recommander l'habitude de dormir et de se promener bouche fermée à tout le monde, et particulièrement à ceux chez qui la muqueuse des organes respiratoires est plus vulnérable que d'ordinaire.

Pour tirer ainsi parti de cette chaufferette que nous portons tous dans le nez, il a fallu, nous l'avons vu, une réflexion qui ne peut naître que de l'expérience. Dans l'usage de ce régulateur, le système nerveux intervient donc par une de ses fonctions les plus élevées. Mais l'influence modératrice des nerfs devient beaucoup plus directe quand elle fait concorder ensemble les fonctions des viscères les plus indispensables à la conservation de la vie.

Ordinairement, les moteurs du sang et de l'air respiré marchent d'accord ; c'est-à-dire, que quand les battements du cœur sont plus fréquents et plus énergiques, le nombre et la vigueur des mouvements respiratoires s'accroissent en même temps. Cette harmonie se trouble cependant dans des circonstances extraordinaires. Si par suite d'une frayeur ou de quelque autre forte émotion le cœur vient à s'affaiblir, alors le sang va moins promptement à la rencontre de l'air dans les poumons. Dans de semblables accidents on soupire, c'est-à-dire qu'on fait des inspirations plus profondes et plus fréquentes, et, par suite de cette respiration plus énergique, le sang acquiert des propriétés qui suffisent le plus souvent à rendre aux mouvements du cœur leur rapidité et leur vigueur ordinaires. Si ce résultat ne se produit pas, alors survient l'évanouissement, parce que les battements du cœur s'affaiblissent de plus en plus, si même ils ne s'arrêtent pas. Mais alors le sang se charge d'une grande quantité d'acide carbonique dont le premier effet est d'exciter les contractions du cœur; et avant que cette excitation devienne trop considérable et amène la paralysie de ce muscle hydraulique, la respiration trouve ordinairement le temps de reprendre son cours, et après quelques moments d'épouvante de la part des assistants, la vie est sauvée. Tantôt c'est l'air qui va à la recherche du sang, comme cela se produit régulièrement chez les insectes ; tantôt le sang se montre encore plus avide d'air qu'il n'a coutume de l'être chez les mammifères et chez l'homme.

Ici la comparaison avec une soupape de sûreté est parfaitement exacte, puisque le mal même apporte un remède au mal. Et de tels exemples sont si nombreux qu'on n'a que l'embarras du choix. Que de fois une hémorrhagie s'arrête à propos, justement parce que le sang moins abondant ne suffit plus à exciter dans le cœur de fortes contractions ! Et ainsi diminue dans les vaisseaux cette pression hydraulique qui d'abord donnait à l'écoulement trop de force pour laisser le temps à la fibrine de se coaguler à l'ouverture des vaisseaux et de les obstruer. La fatigue produite dans les muscles par l'accumulation de l'acide lactique et de la créatine que le travail y faisait naître, le sommeil déterminé par la présence d'une grande quantité d'acide carbonique dans le cerveau, ne sont-ils pas des effets du travail de la machine qui s'arrête lui-même et donne ainsi du temps aux organes pour réparer les pertes causées par l'usure de la matière musculaire ou nerveuse ? En effet la nuit, pendant le sommeil, tandis que l'homme exhale moins d'acide carbonique que pendant le jour, il absorbe en revanche une plus grande quantité d'oxygène, et la machine s'approvisionne ainsi de l'élément indispensable pour la combustion qui le lendemain devra développer une force nouvelle.

Mais si ces soupapes de sûreté et d'autres semblables entretiennent chez nous la vigueur et la vie, les actions modératrices ne sont ni moins belles ni moins utiles quand il s'agit de conserver la dignité de notre maintien en contenant l'expression d'un trouble intérieur que nous ne voulons pas trahir à des yeux indiscrets. Celui qui sent son cœur s'attendrir et qui veut cacher ses larmes cligne fréquemment de l'œil, parce que le moyen le plus efficace pour faire descendre les larmes dans la cavité nasale avant qu'elles s'échappent des paupières est de fermer et d'ouvrir celles-ci rapidement à plusieurs reprises.

En effet, chaque fois qu'on ferme les paupières, le sac lacrymal s'ouvre et se transforme en un aspirateur pour les larmes contenues dans ce petit ruisseau dont les rives sont les bords mêmes des paupières. Chaque fois, au contraire, qu'on ouvre les paupières, on comprime le sac lacrymal qui alors, par le moyen du conduit lacrymo-nasal, se décharge de son contenu dans la cavité du nez. Voilà, pourquoi d'un homme qui ne pleure pas facilement on dit que non-seulement il ne verse pas de larmes, mais qu'il ne cligne même pas des yeux.

Les règles de la bienséance tirent aussi parti des connaissances physiologiques pour nous enseigner à éviter des mouvements désordonnés qui pourraient inspirer du dégoût ou de l'inquiétude à nos commensaux. Quand elles nous prescrivent, par exemple, de ne pas parler la bouche pleine, c'est pour empêcher que les aliments qui la remplissent ne s'égarent dans le larynx. Mais pour arriver à ce but il faut précisément que la bouche reste fermée : car autrement le larynx, l'os hyoïde et la langue ne peuvent prendre des positions relatives telles que le bol alimentaire glisse avec sécurité de la base de la langue sur l'épiglotte et dans le pharynx. Il suffit parfois de penser trop vivement à porter un toast, pendant qu'on savoure les aliments, pour éprouver cet accident « qui blesse les sens et offense l'esprit » de nos compagnons. Ainsi la convenance même ne peut se passer de la science.

III

Au commencement de mon discours j'ai comparé le corps de l'homme à une machine, parce que cette image me paraissait commode pour tracer en quelques coups de pinceau l'esquisse de mon sujet. Mais j'aurais pu aussi bien comparer le corps à la société humaine et même le lui proposer comme modèle: tant il est vrai que dans notre machine il n'est aucun service rendu qui ne trouve sa juste rétribution. Nulle part cette proposition ne se vérifie mieux que dans les rapports entre les muscles et les nerfs.

Ceux-ci, directement ou indirectement, déterminent la contraction des muscles. Si l'excitation qui va directement, en partant du cerveau, parcourir les nerfs moteurs, vient à manquer entièrement dans les muscles des membres, du tronc ou du globe de l'œil, alors ce repos forcé et prolongé produit une décomposition chimique telle que la fibre musculaire se transforme en graisse, et les muscles, devenus incapables de se contracter, ne méritent plus leur nom. Dans des muscles pareils la vie animale est suspendue. La détermination indirecte que les nerfs donnent au mouvement est donc le ressort le plus actif pour entretenir les opérations nutritives nécessaires à la vie.

Eu égard à leurs fonctions, vous pourriez considérer les centres nerveux, c'est-à-dire le cerveau, la moelle épinière, et peut-être les ganglions, comme une maison de commerce qui reçoit par lettres des ordres pour expédier des marchandises, mais ne les expédie pas de son propre mouvement. Ainsi le nerf sensible une fois stimulé porte l'impression reçue jusqu'aux centres nerveux, où il la transmet aux nerfs moteurs qui provoquent les contractions musculaires. Et ces contractions ainsi provoquées constituent ce que les physiologistes appellent mouvements réflexes, si elles ne sont pas accompagnées d'un acte de la volonté dont on ait clairement conscience. Un moucheron s'égare-t-il dans notre narine, il irrite la muqueuse nasale et produit dans les nerfs sensibles de cette muqueuse un changement matériel qui se propage jusqu'à la moelle allongée et à la moelle épinière : là ce changement, en se communiquant à un grand nombre de nerfs moteurs, provoque d'abord une inspiration rapide et profonde, puis une expiration vigoureuse qui, par la force du courant de l'air expulsé, entraîne au dehors l'insecte incommode. Ici la succession des sensations et des mouvements involontaires, et involontaires à tel point que nous ne pourrions les empêcher quand même nous le voudrions, est manifeste à tous les yeux. Mais elle se montre tout aussi réelle et efficace lorsque le bol alimentaire qui passe sur la base de la langue détermine d'une manière irrésistible les mouvements de la déglutition. L'aliment, une fois descendu dans l'estomac, en irrite la muqueuse et cause des contractions de la membrane musculaire qui d'abord le mélangent avec le suc gastrique, puis le poussent dans l'intestin où des mouvements réflexes de même nature donnent une aide indispensable à la digestion et au transport de ses produits.

Ce n'est pas tout : des mouvements analogues rendent des services immenses aux sens mêmes. Ce sont en effet des muscles, et souvent des muscles très-déliés, qui sont chargés du rôle important de graduer les instruments de perception en les accommodant aux impressions qui produisent les fonctions intellectuelles. Si la lumière qui frappe la rétine devient plus vive, aussitôt les pupilles se resserrent, grâce à la contraction des muscles orbiculaires dont est pourvu l'iris, cette membrane à laquelle les yeux doivent leurs différentes couleurs. Dans l'obscurité au contraire la pupille se dilate et donne ainsi passage à la plus grande quantité de lumière que l'œil puisse recevoir dans les circonstances données. L'iris est donc un diaphragme toujours mobile qui, comme cela a lieu dans les instruments d'optique, corrige ou perfectionne l'image née de la réfraction des rayons lumineux ; mais de plus il atténue ou accroît l'effet des ondes lumineuses qui traversent la cornée. Les petits muscles qui, dans notre oreille, appartiennent à la caisse du tympan, ont pour effet de tendre ou de relâcher notre tympan, comme la clef des timbales ; et il s'ensuit que nous pouvons rendre la membrane tympanique plus sensible tantôt pour les sons aigus, tantôt pour les sons graves. En élevant ou en abaissant les ailes du nez, nous donnons des directions différentes au courant de l'air inspiré, qui, pour frapper l'odorat, doit s'élever dans les parties supérieures de la cavité nasale. Tout changement dans l'énergie de la respiration sert donc à lui seul à modérer l'effet des odeurs sur le nez.

La langue paraît être le moins favorisé de tous les appareils qui peuvent régler nos sensations. Et pourtant les substances sapides produisent une impression d'autant plus forte qu'elles se meuvent davantage sur la langue ; or, cet organe, le plus mobile du corps, peut graduer ce mouvement à son gré. En outre les différentes saveurs n'affectant pas au même degré les diverses régions de la langue, celle-ci possède jusqu'à un certain point la propriété d'éviter les unes, de rechercher et de prolonger les autres. Celui qui craint les saveurs amères doit éviter le plus possible de mettre les substances redoutées en contact avec la moitié postérieure de la langue; celui qui aime les saveurs douces doit au contraire employer précisément cette région qui le cède à la partie antérieure, quand il s'agit de goûter les acides et les sels.

Par la respiration nous ne réglons pas seulement les impressions de l'odorat, mais aussi, et d'une manière presque aussi efficace, les sensations qui dépendent du sens du toucher. Tout le monde sait que nous retenons notre haleine quand nous éprouvons de la douleur. Mais ce qu'on ne sait pas aussi bien, c'est qu'en retenant notre respiration nous obtenons ce résultat d'amortir la douleur. L'explication du fait est simple. Quand on ne respire pas, le cerveau reçoit pendant quelque temps un sang moins artériel : or, la qualité artérielle du sang est si nécessaire à la sensation qu'une forte compression des deux artères carotides suffit à nous enlever le sentiment. Une expiration énergique et prolongée, comme celles qu'on exécute dans le gémissement ou dans le cri, produit le même effet ; elle arrête l'échange qui s'opère entre l'acide carbonique des poumons et l'oxygène de l'atmosphère, et de plus, elle retient mécaniquement le sang veineux dans la cervelle. Un cri de douleur est donc moins un soulagement de l'âme qui souffre qu'une sourdine appliquée à nos instruments nerveux. Des inspirations énergiques et profondes agissent au contraire, dans les instants suprêmes de la volupté, comme la pédale qui lève la sourdine des cordes du piano.

Entretenir l'équilibre entre la vie des nerfs et de l'intelligence et l'activité musculaire, est un des préceptes les plus importants de l'hygiène. Quoique le savant ne puisse se livrer à de grands efforts musculaires, à moins qu'il ne veuille troubler ses méditations et affaiblir ses facultés intellectuelles, cependant, s'il néglige trop une gymnastique modérée, ses fonctions végétatives sont troublées aussi certainement que l'ouvrier s'abrutit quand on ne lui accorde pas quelques heures chaque jour pour donner à son esprit un exercice suffisant.

Lorsque des impressions pénibles ont pris possession de notre être et menacent de triompher de notre résistance, alors la loi des contrastes révèle son empire salutaire. Je ne propose pas d'opposer la douleur à la douleur ; je parle des victoires bienfaisantes que la pensée remporte si souvent sur la sensation. Ce triomphe suppose toutefois un degré d'élasticité nerveuse, de calme patient, que nous ne sommes pas toujours capables d'atteindre. Alors, après des sévères études, l'art se lève avec l'image sereine de la beauté ; il appelle à lui l'imagination qui vient à tire d'ailes adoucir les contours trop rudes du monde réel et revêtir de fleurs et d'émail l'austère nudité de la pensée. Dans la solitude de la chambrette la plus modeste un poète nous fait contempler l'idéal, et notre humble retraite devient un sanctuaire divin où l'âme s'épanouit dans les plus sublimes jouissances.

Parfois, fatigués du travail, irrités de quelque offense, accablés par de misérables dégoûts, nous sommes incapables de trouver en nous-mêmes un remède à notre abattement. Combien est précieuse alors la parole douce et sage d'un ami qui sait consoler et encourager ! Elle nous retrempe, nous ranime, et en peu d'instants nous nous élevons au-dessus des misères de la vie.

Heureux celui qui, au milieu de la souffrance, sait trouver un refuge dans les plus tendres affections, qui sait prodiguer et goûter lui-même les pieuses consolations que l'on trouve lorsqu'on oublie sa propre affliction pour assoupir la douleur d'autrui ! Heureux celui qui sur le fleuve impétueux de la vie conduit sa barque chargée de devoirs ! Sans doute, il sent le poids des sacrifices qu'exige de nous la patrie, des charges, des devoirs qu'impose la société humaine ; mais ce fardeau même sert de contre-poids aux douleurs qui sont d'autant plus profondes que l'on aspire plus haut. Aussi je souhaite pour vous tous, messieurs, et en particulier pour cette jeunesse qui sourit à l'avenir, je souhaite que de nobles devoirs vous fournissent des consolations, ou plutôt mettent un frein à des joies douces et intenses, à des espérances ardentes et fougueuses, à cet enthousiasme bouillant qui, comme le feu, n'est bienfaisant et sacré que quand il est réglé, réglé par la sagesse et la piété, je dirai même par la religion, si l'on veut m'accorder que cette faculté, la plus sainte des facultés humaines, est absolument indépendante de l'opinion que l'homme se fait sur les causes de l'univers et sur sa propre origine, indépendante de toute croyance. Car Socrate et Spinosa n'étaient pas moins religieux que Jésus et Augustin ; Galilée était plus religieux que ses persécuteurs ; Voltaire l'était bien plus que tous les inquisiteurs du monde.

J. MOLESCHOTT.

ÉCOLE PRATIQUE DE LA FACULTÉ DE MÉDECINE DE PARIS

PHYSIOLOGIE EXPÉRIMENTALE

COURS DE M. GRÉHANT (1)

XIII

Excrétion de l'urée par les reins

NOTIONS SUR LA STRUCTURE ET SUR LA FONCTION DES REINS

Le rein est un organe glandulaire qui se compose de deux substances : l'une *corticale* de couleur brune et rougeâtre, l'autre *médullaire* pâle, offrant un aspect fibreux. La première est constituée par de longs tubes contournés dans tous les sens ; en certains points, ces canalicules urinifères présentent des renflements sphériques ou capsules de Bowman, qui envelop-

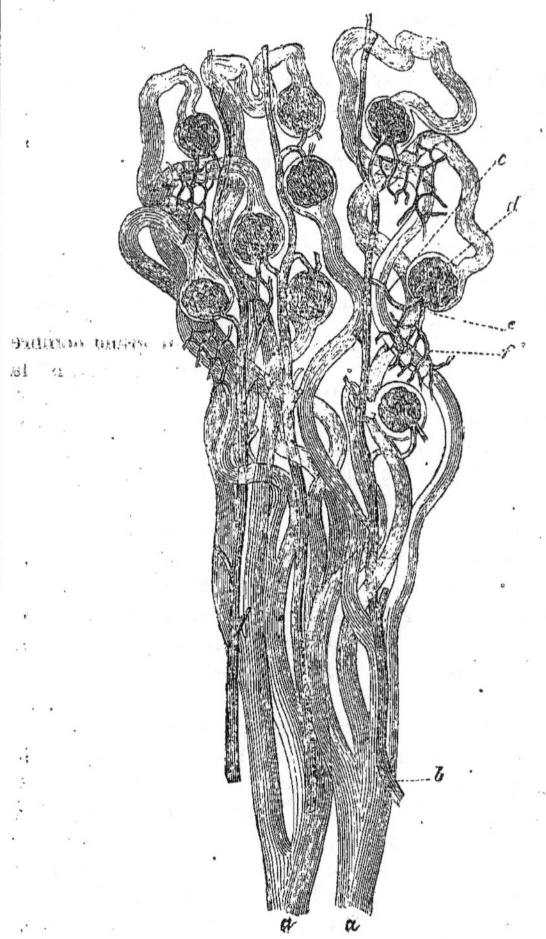

FIG. 52. — Figure représentant les glomérules de Malpighi, les capsules de Bowman qui les enveloppent et la continuation de celles-ci avec les canalicules urinifères. On voit aussi la distribution des artérioles provenant de l'artère rénale, et même les réseaux formés par les vaisseaux efférents des glomérules.

pent des glomérules vasculaires ou glomérules de Malpighi (fig. 52); chaque glomérule reçoit une artériole qui fournit un

(1) Voyez ci-dessus pages 206, 276, 328, 416 et 462, 26 août, 16 et 30 septembre, 28 octobre et 11 novembre 1871.

grand nombre de rameaux auxquels font suite des vaisseaux qui se réunissent finalement en un seul vaisseau efférent pour chaque glomérule. La substance médullaire est formée de canalicules urinifères droits qui divergent à angle aigu, elle présente en outre des conduits plus minces contournés en forme d'anse, dont la convexité est tournée vers le hile du rein, ce sont les tubes découverts par Henle ; ils présentent deux branches, l'une qui descend de la substance corticale dans la substance médullaire pour former l'anse, l'autre qui remonte de la substance médullaire dans la substance corticale.

Il est très-facile d'injecter le rein par l'artère rénale, et vous voyez sur cette préparation les glomérules tous injectés ; chaque glomérule reçoit une artériole assez volumineuse, et si la matière à injection est assez pénétrante elle passe à travers tout le réseau vasculaire du glomérule jusque dans le vaisseau efférent, et puis dans un deuxième réseau capillaire qui est fourni par ce vaisseau efférent, réseau qui couvre les canalicules urinifères droits ou contournés, et qui fournit ensuite les origines des veines rénales.

Toute l'étendue des canalicules urinifères et même la capsule de Bowman est tapissée à l'intérieur par une couche épithéliale dont les cellules offrent certaines particularités de structure dans les différents canalicules. Quel est le rôle de ces cellules épithéliales si nombreuses ? quel est le rôle des glomérules ? L'analyse physiologique n'a pas encore pu le déterminer complétement ; ce qui doit nous occuper tout d'abord, c'est la résultante tout entière du travail qui se passe dans le rein. Cet organe fonctionne toujours d'une manière continue, il élimine dans un réservoir, la vessie, un liquide particulier, l'urine, qui renferme un grand nombre de substances qui doivent être expulsées de l'organisme, la plus importante de toutes est l'urée, $C^2H^4Az^2O^2$, qui cristallise très-facilement. L'urée, qui est très-soluble dans l'eau, est précipitée d'une solution assez concentrée par l'addition d'acide azotique ; l'azotate d'urée est, en effet, peu soluble, surtout dans l'eau froide ; nous chauffons ce précipité dans un tube fermé, il se redissout complétement ; puis nous plaçons le tube dans un vase plein d'eau bouillante, qui est abandonné ensuite au refroidissement, le refroidissement de la solution d'azotate d'urée est très-lent, et ce sel fournit alors de gros cristaux sous forme de tables rhomboïdales ou hexagonales.

Le rein fonctionne d'une manière continue, il diffère complétement sous ce rapport d'autres organes glandulaires, tels que les glandes salivaires et le pancréas qui ne sécrètent que pendant la période digestive. Toutefois, la production de l'urine, qui a toujours lieu à l'état de jeûne, est considérablement accrue pendant la digestion, et chacun a remarqué que dans les heures qui suivent le repas, la quantité d'urine est beaucoup plus grande qu'auparavant ; l'expérience a démontré que la quantité d'urée éliminée par cette urine est aussi beaucoup plus grande ; la circulation du sang à travers le rein est toujours très-active, mais surtout pendant la digestion, et M. Claude Bernard a découvert que le sang dans la veine rénale est rouge comme le sang artériel, exactement comme dans les veines qui rapportent le sang des glandes salivaires en fonction.

Je n'ai pas l'intention de vous faire connaître les faits si nombreux qui sont relatifs à l'histoire du rein, je limiterai l'objet de notre étude à la solution de cette question : le rein forme-t-il exclusivement l'urée aux dépens de certains éléments qui lui sont apportés par le sang, ou bien sépare-t-il purement et simplement du sang l'urée qu'il renferme, en un mot, l'urée se forme-t-elle dans le rein ou en dehors de ces organes. Cette question a été l'objet de bien des controverses, comme vous le démontrera l'exposé résumé des nombreux travaux qui ont été faits sur ce sujet.

EXPOSÉ DES PRINCIPAUX TRAVAUX RELATIFS A LA FONCTION DES REINS.

Richerand pratiqua sur un animal la ligature des deux uretères et vit continuer la production de l'urine qui distendit les reins et les uretères, mais l'animal fut pris de fièvre et mourut au bout de quelques jours. Le même expérimentateur enleva un seul rein à plusieurs animaux qui guérirent à la suite de cette opération ; mais l'ablation des deux reins entraîna rapidement la mort ; à l'autopsie, Richerand trouva la vésicule biliaire très-distendue, et il crut que la sécrétion de la bile suppléait à celle de l'urine ; mais il admettait comme tous les physiologistes de son temps, que les reins forment l'urée.

Recherches de MM. Prévost et Dumas. — Cette opinion fut renversée par les travaux si célèbres que MM. Prévost et Dumas firent en 1823 sur cette question ; ces physiologistes pratiquèrent sur un chien la néphrotomie ou l'ablation des reins, et reconnurent d'une manière indubitable l'accumulation de l'urée dans le sang plusieurs jours après l'opération. L'extipation d'un seul rein ne parut avoir aucun inconvénient, mais si quinze jours après cette opération on enlève le second rein, le chien ne paraît pas souffrant les deux premiers jours, mais le troisième jour l'animal vomit, la température du corps s'élève à 43 degrés, le pouls devient petit, dur, très-fréquent, la respiration est oppressée et l'animal meurt du cinquième au neuvième jour. Si l'on enlève les deux reins en même temps, une forte inflammation des plaies lombaires a lieu et l'animal meurt plus tôt. MM. Prévost et Dumas soumirent le sang recueilli après la néphrotomie à la recherche de l'urée ; le sérum et le caillot desséché furent traités par l'eau bouillante à plusieurs reprises ; l'eau évaporée laissa un résidu qui fut repris par l'alcool ; le poids du résidu de l'évaporation de cet extrait alcoolique, était le double du poids du résidu alcoolique fourni par le sang normal du chien. En redissolvant dans une très-petite quantité d'eau les substances que l'alcool avait dissoutes, et en ajoutant de l'acide nitrique, on obtint une masse blanche et cristalline de nitrate d'urée ; ce sel fut purifié par plusieurs cristallisations. 160 grammes de sang d'un chien qui vécut sans reins pendant deux jours, fournirent plus d'un gramme d'urée.

MM. Prévost et Dumas firent l'analyse élémentaire de l'urée qu'ils retirèrent du sang d'un chien néphrotomisé, et obtinrent en la décomposant par l'oxyde de cuivre mêlé de cuivre métallique dans un tube chauffé au rouge, un mélange gazeux qui fut recueilli sur le mercure et analysé ; 100 volumes de ce mélange renfermaient 48 volumes d'azote et 51 volumes d'azote et d'acide carbonique ; j'insiste à dessein sur ce fait, que l'urée pure fournit dans l'analyse organique des volumes égaux de ces deux gaz.

MM. Prévost et Dumas ont conclu de leurs expériences que

les reins sont des organes éliminateurs de l'urée, analogues à la peau qui excrète la sueur.

Recherches de MM. Claude Bernard et Barreswill. — M. Claude Bernard a répété avec M. Barreswill les expériences de MM. Prévost et Dumas ; le procédé de recherche de l'urée fut ainsi modifié : le sang était coagulé par l'alcool, puis exprimé fortement dans un linge de toile ; le liquide obtenu était évaporé à siccité, et le résidu était repris par l'alcool concentré qui dissout l'urée. Le résidu de l'évaporation du second extrait alcoolique était dissous dans une très-petite quantité d'eau, traité par l'acide nitrique et soumis à une température inférieure à 0 degré dans un mélange réfrigérant de sulfate de soude et d'acide chlorhydrique pour favoriser la cristallisation du nitrate d'urée. Pour juger de la sensibilité de ce procédé, MM. Bernard et Barreswill ont injecté un gramme d'urée dans le sang d'un chien, et de 100 grammes de sang recueilli peu de temps après ils purent retirer du nitrate d'urée. La néphrotomie double ayant été pratiquée sur des chiens, on ne put constater la présence de l'urée dans le sang, ni vingt-quatre heures, ni quarante-huit heures après l'opération, mais la présence de cette substance fut reconnue avec certitude dans le sang recueilli trois jours ou quatre jours après l'ablation des reins.

M. Claude Bernard a reconnu de plus un fait très-intéressant : chez les chiens néphrotomisés vigoureux, il vit s'accumuler dans l'estomac une grande quantité de liquides qui renfermaient non point de l'urée, mais des sels ammoniacaux ; je ne puis mieux faire que de citer ici les conclusions du travail de M. Claude Bernard :

1° Après l'ablation des reins, les sécrétions intestinales, et particulièrement la sécrétion gastrique, augmentent considérablement en quantité et changent de type, c'est-à-dire qu'au lieu de rester intermittentes et de ne se former que dans le moment du travail digestif, ces sécrétions se produisent, comme le faisait l'urine, d'une manière continue, aussi bien pendant le jeûne que pendant la digestion.

2° Indépendamment de cette augmentation dans la quantité des sécrétions gastriques, il intervient encore après l'ablation des reins, dans ces mêmes sécrétions, un élément chimique de plus, qui est l'ammoniaque sous forme de combinaison saline.

3° Cette production de sels ammoniacaux dans le suc gastrique devient évidente au bout de quelques heures après la néphrotomie, et, malgré cette modification, le suc gastrique resté acide n'a pas paru perdre sensiblement ses propriétés digestives.

4° Enfin cette élimination en quantité considérable de liquides ammoniacaux par l'intestin persiste tant que l'animal reste vivace. C'est seulement au moment où les chiens faiblissent et deviennent languissants que les sécrétions intestinales diminuent et se tarissent progressivement, et c'est aussi à cette période de l'expérience que l'urée commence à s'accumuler dans le fluide sanguin.

Recherches de M. Picard. — M. Picard, dans une thèse présentée à la Faculté de médecine de Strasbourg en 1856, a fait de nombreuses recherches de l'urée dans le sang à l'aide du procédé de dosage de M. Liebig, qui consiste à précipiter l'urée en solution aqueuse par le nitrate de bioxyde de mercure; ce sel donne avec l'urée une combinaison presque insoluble dans l'eau. On peut, dans l'emploi de ce procédé, se servir de liqueurs titrées composées de telle manière, par exemple, qu'un centimètre cube de la solution mercurielle précipite un milligramme d'urée. Mais auparavant, pour doser l'urée dans le sang, il est nécessaire de faire un extrait alcoolique du sang par le procédé de MM. Bernard et Barreswill. M. Picard redissout dans l'eau le résidu du second extrait alcoolique, puis précipite l'urée par le sel de mercure; on juge que toute l'urée est précipitée quand un liquide alcalin, une solution de potasse ou de carbonate de potasse produit dans la liqueur un précipité jaune d'oxyde de mercure; cet essai doit se faire en laissant tomber une goutte de liquide prise avec un agitateur sur une soucoupe, puis en ajoutant une goutte de solution alcaline. M. Hoppe Seyler reproche au procédé de dosage de l'urée de M. Liebig l'indication d'une trop forte quantité d'urée, parce qu'une partie de l'azotate de mercure en présence du chlorure de sodium que contient toujours l'extrait du sang se convertit en bichlorure de mercure, qui échappe à la combinaison avec l'urée ; en outre, les phosphates précipitent de l'oxyde de mercure. Je ne crois pas, néanmoins, que ces causes d'erreur sur le chiffre absolu de l'urée contenue dans le sang enlèvent leur valeur aux recherches de M. Picard, qui ont toujours été faites d'une manière comparative. M. Picard chercha à démontrer par de nouvelles preuves que le rein n'est qu'un organe éliminateur de l'urée ; il était nécessaire :

1° De démontrer la préexistence de l'urée dans le sang normal et d'en doser les quantités ;

2° De prouver que le sang de la veine rénale renferme moins d'urée que celui de l'artère ;

3° De faire voir que l'urée s'accumule dans le sang quand le rein est malade ;

4° De rechercher l'urée dans les différents liquides sécrétés, qui doivent renfermer des traces de cette substance si elle existe dans le sang normal.

Les nombreuses expérience de M. Picard ont répondu affirmativement à toutes ces questions, et voici les résultats qui ont été obtenus par l'analyse de plusieurs liquides sécrétés :

100 grammes de salive renfermaient........	0gr,035	d'urée.
100 grammes de bile renfermaient..........	0gr,030	—
100 grammes de sueur renfermaient.........	0gr,088	—
100 grammes d'humeur vitrée renfermaient...	0gr,503	—

M. Picard, sur des chiens anesthésiés par le chloroforme, fit une incision dans la région lombaire droite, et mit à nu les vaisseaux rénaux du côté gauche ; il prit d'abord du sang dans la veine rénale, puis dans l'artère, et obtint les résultats suivants :

Première expérience.

100 grammes de sang artériel rénal contenaient..	0gr,036	d'urée.
100 grammes de sang veineux rénal contenaient..	0gr,018	—

Deuxième expérience.

100 grammes de sang artériel rénal contenaient..	0gr,04	d'urée.
100 grammes de sang veineux rénal contenaient..	0gr,02	—

L'ensemble des expériences de M. Picard confirme donc les résultats obtenus par MM. Prévost et Dumas, et conduit à conclure qu'il y a élimination pure et simple par les reins de l'urée contenue dans le sang.

Tel était l'état de la question quand plusieurs expérimentateurs se placèrent à un point de vue tout à fait différent, qui les conduisit à contredire formellement les conclusions des travaux de MM. Prévost et Dumas, Claude Bernard et Picard.

Recherches de M. Oppler et de M. Perls. — M. Oppler rechercha dans l'extrait aqueux des muscles la créatine, $C^8H^9Az^3O^4+2HO$, substance découverte par M. Chevreul, et qui cristallise en prismes rhomboïdaux ; un kilogramme de muscles sains contenait environ un tiers de gramme de créatine, mais quarante heures après la néphrotomie le même poids de muscles fournit 2gr,2 de créatine ou six fois plus de cette substance. Oppler trouva, en outre, que l'urée et la créatine augmentent dans le sang après la néphrotomie, mais moins cependant qu'après la ligature des uretères, et comme cette dernière opération ne paraît pas arrêter la fonction des reins, que le sang continue à traverser, il conclut de ses recherches que l'urée n'arrive pas aux reins complétement préformée, mais qu'elle se produit aussi en partie dans ces organes.

M. Perls, qui expérimenta sur des lapins, ne put constater d'accumulation d'urée chez les animaux soumis à la néphrotomie, mais il trouva une grande accumulation de cette substance chez des lapins dont les uretères avaient été liés; les analyses ne furent point faites sur le sang à cause de la petitesse des animaux, mais sur les muscles.

Recherches de M. Zalesky. — M. Zalesky entreprit un travail important sur la fonction des reins qui fut publié en 1865 ; les recherches furent faites dans le laboratoire et sous la direction de M. Hoppe Seyler, et conduisirent aux conclusions suivantes :

« 1° La quantité de l'urée était à peu près la même dans le sang des chiens sains ou néphrotomisés : ainsi l'ablation des reins n'exerce aucune influence essentielle sur l'augmentation de l'urée.

» 2° Après la ligature des uretères, l'analyse chimique montra toujours une augmentation importante de l'urée dans le sang, dans les muscles, dans la lymphe, dans le contenu de l'estomac et de l'intestin, en général dans les différents liquides et solides de l'économie.

» 3° Dans la bile, qui existait toujours en grande quantité, on ne trouva jamais de traces d'urée, ni après la néphrotomie, ni après la ligature des uretères.

» 4° L'accumulation d'une grande quantité d'urée dans le sang n'augmente pas l'ammoniaque dans le sang.

» 5° L'ammoniaque est chez tous les animaux une partie constituante du sang, et se laisse toujours démontrer dans le sang des animaux sains ou urémiques. Ni la néphrotomie, ni la ligature des uretères n'ont une influence particulière sur le contenu en ammoniaque du sang; dans aucun cas on ne peut admettre que l'ammoniaque existant dans le sang produit les symptômes de l'urémie.

» 6° Chez les animaux néphrotomisés, le contenu en créatine se trouva toujours fortement accru dans les muscles.

» 7° Le degré dans lequel se montrent les phénomènes de l'urémie et le caractère de ces phénomènes ne dépendent ni de la quantité d'urée, ni de l'ammoniaque existante dans le sang.

» 3° *Les causes pour lesquelles Prévost et Dumas et plusieurs autres auteurs ont trouvé beaucoup d'urée dans le sang des animaux néphrotomisés, ne me paraissent pas bien explicables.* — M. Zalesky ne se contenta point de faire des expériences sur les mammifères, il voulut confirmer ses résultats par des expériences faites sur les oiseaux et sur les serpents. A l'exemple de Galvani qui le premier pratiqua cette opération, il fit la ligature des uretères chez plusieurs oiseaux, et reconnut de nombreux dépôts d'acide urique dans les tissus et à la surface des organes. Mais l'ablation des reins est impossible chez les oiseaux, à cause de la situation profonde de ces organes et des nombreux vaisseaux qui les entourent ; par suite, M. Zalesky ne put pas faire la comparaison de la ligature des uretères et de la néphrotomie ; mais chez les couleuvres les deux opération furent faites; chez plusieurs de ces animaux la ligature fut pratiquée, et l'on trouva de l'acide urique dans les muscles et dans tous les tissus ; chez d'autres qui furent néphrotomisées, on ne trouva que des traces d'acide urique. Ainsi, la conclusion générale des recherches de M. Zalesky est celle-ci : Les reins sont des organes sécréteurs actifs qui produisent dans leur tissu de l'urée et de l'acide urique.

Recherches de M. Meissner. — Des recherches comparatives sur la ligature des uretères et sur la néphrotomie furent reprises par M. Meissner, qui reconnut que chez les lapins et chez les chiens, l'urée est fortement accrue dans le sang après ces deux opérations. L'augmentation du contenu de l'urée après la néphrotomie et après la ligature des uretères est si importante, dit M. Meissner, qu'on l'apprécie à la vue, et qu'il n'est pas nécessaire de faire des pesées.

Chez les chiens, l'augmentation de l'urée dans le sang après la néphrotomie ne parut pas aussi forte que chez les lapins, ce qui peut ramener à cette idée que les vomissements qui ont lieu presque toujours chez le chien après la néphrotomie, contiennent de l'urée ou des produits de transformation de cette substance, d'après les recherches de MM. Bernard et Barreswill et celles de M. Hammond. Ainsi, on pourrait s'expliquer les résultats des expériences de M. Zalesky, qui ne montrent après la néphrotomie aucune augmentation du contenu en urée dans le sang ; car, dans ses recherches, M. Zalesky n'a point recherché l'urée dans les matières vomies. M. Meissner défend donc l'ancienne opinion de l'excrétion de l'urée par les reins.

Tel était l'état de la question, et les avis des physiologistes étaient encore partagés, quand j'ai entrepris une série d'expériences, afin de tâcher d'établir définitivement si l'urée se forme dans les reins ou si elle est simplement excrétée par ces organes ; tout d'abord, je me suis attaché à employer un procédé de dosage de l'urée aussi exact que possible, car le procédé qu'a suivi M. Zalesky et qui consiste à doser l'urée dans le sang par le poids des cristaux de nitrate d'urée, est excellent comme procédé d'analyse qualitative, mais laisse beaucoup à désirer comme procédé d'analyse quantitative, le nitrate d'urée étant notablement soluble, même dans l'eau froide.

XIV

DOSAGE DE L'URÉE

Réactif de Millon. — Millon s'est servi, pour doser l'urée, d'un réactif particulier contenant de l'acide azoteux qui, ajouté à une solution d'urée, décompose aussitôt cette substance en volumes égaux d'acide carbonique et azote. Ce réactif se prépare n versant dans un verre à expérience un globule de mercure et un excès d'acide azotique concentré ; le métal se dissout aussitôt, des gaz se produisent qui restent dissous dans le liquide acide en excès, et l'on obtient une liqueur verte que nous versons dans une solution aqueuse d'urée, aussitôt une foule de bulles gazeuses se dégagent.

Millon en faisant agir ce réactif sur une solution d'urée dans un vase clos, obtenait un dégagement d'acide carbonique qu'il faisait passer à travers une solution de potasse capable de l'absorber; l'augmentation de poids du tube à potasse faisait connaître le poids d'acide carbonique produit et par suite le poids de l'urée.

Perfectionnement du procédé de Millon. — J'ai rendu le procédé de dosage plus rigoureux et plus exact, en recueillant tout l'acide carbonique et tout l'azote provenant de l'action de l'acide azoteux sur la solution d'urée, et dans chaque analyse, l'égalité des volumes trouvés d'acide carbonique et d'azote m'a donné la certitude que l'urée seule avait été décomposée; en effet, l'action de l'acide azoteux sur l'urée est assez spéciale, et quand ce réactif décompose une autre substance azotée, les volumes d'azote et d'acide carbonique que l'on obtient ne sont jamais égaux. Bien entendu, il faut s'assurer tout d'abord, avant d'agir sur une solution, quelle ne contient pas d'acide carbonique libre ou combiné; celui-ci devrait être déplacé par une petite quantité d'acide azotique pur et faible. Il est nécessaire aussi d'extraire l'azote que contiennent en général les solutions sur lesquelles on doit agir, cela exige l'emploi de la pompe à mercure qui sert d'abord à extraire les gaz simplement dissous dans le liquide donné, puis à permettre de recueillir complétement l'azote et l'acide carbonique provenant de l'action sur l'urée de l'acide azoteux.

Ce procédé de dosage revient à faire chaque fois une analyse organique de l'urée, car si l'on chauffe de l'urée avec de l'oxyde noir de cuivre, on obtient comme l'ont reconnu MM. Prévost et Dumas, des volumes égaux d'azote et d'acide carbonique. Seulement, dans ce cas particulier, le procédé que j'ai employé offre sur l'analyse organique de grands avantages : 1° Il n'est pas nécessaire que l'urée soit pure, elle peut être mélangée à quelques matières albuminoïdes, à des matières grasses et à des sels; 2° On n'emploie point la balance, car les gaz sont mesurés dans des cloches graduées où on les reçoit en totalité; 3° Le procédé est en outre très-sensible, car 1 centigramme d'urée donne 3cc,7 d'azote et autant d'acide carbonique, et nous pouvons mesurer facilement un dixième de centimètre cube de gaz.

APPAREIL EMPLOYÉ POUR DOSER L'URÉE

L'appareil que j'emploie pour le dosage de l'urée est identique avec celui qui nous a déjà servi pour extraire les gaz de l'eau ou du sang, seulement on remplace le ballon à long col qui est représenté (fig. 39) (n° 18 de la *Revue*) par un simple tube fermé à un bout large de 2 centimètres environ, et long de 80 centimètres à un 1 mètre. L'extrémité ouverte, légèrement effilée de ce tube d'abord rempli d'eau distillée, est fixée à la pompe à mercure. On a toujours soin d'envelopper d'un manchon plein d'eau, *fermeture hydraulique*, le caoutchouc épais qui sert à l'assemblage; le robinet de la pompe est aussi entouré d'un manchon plein d'eau; on extrait l'eau du tube maintenu incliné au-dessus de l'horizon (première position); dès qu'on a fait à peu près le vide, on fixe dans le caoutchouc qui surmonte le robinet de la pompe, au milieu de la petite cuve à mercure, un entonnoir de verre dans lequel on verse la solution d'urée qu'il s'agit d'analyser. Par le robinet de la pompe convenablement tourné, on fait pénétrer cette solution dans l'appareil, où elle est poussée par la pression atmosphérique :

Le tube est alors abaissé à 45 degrés environ au-dessous du plan horizontal passant par le robinet de la pompe (deuxième position); il est plongé dans un bain d'eau chaude, deux ou trois mouvements de pompe servent à extraire le gaz simplement dissous dans la solution d'urée et à produire le vide absolu.

L'appareil à réaction est replacé dans la première position, et le réactif de Millon, versé par l'entonnoir, est introduit peu à peu à travers le liquide qui renferme l'urée, par une manœuvre convenable du robinet de la pompe. Aussitôt des gaz se produisent, et quand on a introduit une quantité suffisante de réactif, l'appareil est ramené dans la seconde position, après quelques mouvements d'agitation du liquide et des gaz, et il est plongé de nouveau dans l'eau chaude.

Les manœuvres de la pompe font passer les gaz, provenant de la décomposition de l'urée, directement dans une cloche graduée, placée dans la petite cuve à mercure, ou si le volume des gaz obtenus est assez considérable, on adapte au tube central de cette petite cuve un tube abducteur de verre, dont le calibre, à demi capillaire, a d'abord été rempli de mercure; ce tube sert à conduire les gaz sous une grande cloche graduée en centimètres cubes, retournée sur une cuve à mercure.

L'analyse des gaz ne présente aucune difficulté :

L'acide carbonique est absorbé par la potasse; on absorbe le bioxyde d'azote, qui se produit toujours dans la réaction, par une dissolution de sulfate de protoxyde de fer, et l'azote reste. Ce qu'il y a de plus commode pour se débarrasser du bioxyde d'azote, c'est de porter la cloche, contenant du mercure, dans une grande terrine remplie d'une solution saturée de sulfate de protoxyde de fer, on soulève la cloche, le mercure tombe, est remplacé par une solution saline, un bon bouchon de caoutchouc sert à fermer l'ouverture de la cloche et l'on agite vivement le mélange gazeux avec la solution du sel de fer, jusqu'à ce que le volume du gaz restant devienne invariable. Quand on a ainsi décomposé de l'urée, les volumes d'azote et d'acide carbonique, obtenus à l'aide de cet appareil, sont rigoureusement égaux.

Dosage de l'urée en solution aqueuse. — Pour montrer quelle est l'exactitude de mon procédé de dosage je choisis un exemple : Dans l'appareil à réaction, vide d'air, je fais arriver 50 centimètres cubes d'une solution à 1/1000 qui contient 50 milligrammes d'urée, nous faisons le vide absolu, puis, le réactif de Millon est introduit, et nous obtenons des gaz qui sont recueillis dans trois cloches placées successivement :

	Acide carbonique.	Azote.
	cc	cc
1re cloche..........		13,5
2e cloche..........	5,0	5,0
3e cloche..........	2,3	2,5
	20,5	21,0

Nous obtenons donc des volumes à très-peu près égaux d'acide carbonique et d'azote; à quel poids d'urée correspondent $20^{cc},5$ d'acide carbonique?

En appliquant une formule bien connue, nous cherchons ce que devient, à 0 degré, à la pression de 760 millimètres, et à l'état de sécheresse, ce volume de gaz mesuré à la température de $11°,5$, à la pression de $743^{mm},7$ et saturé de vapeur d'eau; $V_0 = 20^{cc},5 \times \frac{743,7 - 10,1}{(1 + 11,5\,\alpha)\,760}$; $10^{mm},1$ est la tension maximum de la vapeur d'eau à la température de $11°,5$; $\alpha = 0,00367$ est le coefficient de dilatation cubique des gaz; on a : $V_0 = 20^{cc},5 \times 0,925 = 19$ centimètres cubes.

En prenant la formule de l'urée, $C^2H^4Az^2O^2$, on trouve que 60 milligrammes d'urée donnent $22^{cc},36$ d'acide carbonique ou d'azote pur et sec à 0 degré et à la pression de 760 millimètres, ou bien que 1 centimètre cube de l'un ou de l'autre gaz représente $2^{mmgr},683$ d'urée pure; par suite 19 centimètres cubes de gaz représentent $2,683 \times 19 = 51$ milligrammes d'urée; nous trouvons donc que le liquide donné renfermait ce poids d'urée au lieu de 50 milligrammes que nous avions mis; on ne peut espérer un résultat d'analyse plus parfait.

Il est utile, dans la pratique, de construire la table des produits partiels du nombre 2,683 par les neuf chiffres, afin de n'avoir plus à faire que des additions de produits partiels connus, et non pas des multiplications pour convertir les volumes gazeux corrigés en poids d'urée.

Dosage de l'urée dans l'urine. — L'application de ce procédé de dosage à la détermination du poids d'urée, contenu dans un certain volume d'urine, est tout à fait rigoureuse, seulement, comme l'urine des carnassiers contient beaucoup d'urée, il est bon de l'étendre d'eau, puis de soumettre à l'analyse un volume de 20 à 30 centimètres de liquide étendu, afin d'éviter un volume gazeux trop considérable.

Lorsque l'urine est alcaline, comme celle du lapin nourri de légumes, il est nécessaire de chasser d'abord l'acide carbonique combiné à l'aide d'une petite quantité d'acide azotique étendu, et cela se fait dans l'appareil, ce qui permet de doser, si cela est nécessaire, la quantité de cet acide carbonique combiné; on fait ensuite pénétrer le réactif de Millon qui donne des volumes égaux d'acide carbonique et d'azote.

Dosage de l'urée contenue dans le sang. — Un grand nombre de questions sur l'élimination et sur la formation de l'urée ne peuvent être résolues que par le dosage de l'urée dans le sang, et je me suis efforcé de rendre ce dosage aussi parfait que possible; la série des opérations suivantes conduit à une réussite certaine. Le sang, pris dans une artère ou dans une veine, à l'aide d'une seringue, est injecté dans un flacon à l'émeri, à large col, pesé à l'avance, et agité dans le flacon assez longtemps pour que la fibrine se sépare, puis on ajoute au sang le double de son volume d'alcool à 90 degrés; après l'agitation, on abandonne le mélange jusqu'au lendemain pour que l'alcool coagule complétement l'albumine contenue dans le sérum, et celle que contiennent les globules. On peut modifier légèrement ce procédé en versant d'abord de l'alcool dans le flacon avant de le peser, puis le sang est introduit dans le liquide et il n'est plus nécessaire de le défibriner.

La bouillie de sang est soumise à la presse (fig. 53), et pour soumettre simultanément à l'expression un certain nombre d'échantillons de sang, coagulé par l'alcool, j'ai fait construire plusieurs formes mobiles de bois doublé de métal, sur un modèle que M. Claude Bernard a fait construire autrefois; dans une pièce de bois on a creusé une cavité de forme rectangulaire, dont le fond est plein et dans laquelle est enchâssé un vase métallique de cuivre étamé, présentant un bec pour l'écoulement des liquides; un seconde pièce de bois, recouverte de métal, présente, en relief, exactement le moule de la première. On étend sur chaque forme creuse un linge de calicot, mouillé d'abord avec de l'alcool; les bouillies de sang sont versées sur les linges, et le liquide s'écoule, en partie, dans des capsules de porcelaine. Lorsque l'égouttage est terminé, le linge est replié de manière que les bords se recouvrent et donnent un liquide transparent, légèrement coloré en jaune, tandis que le tourteau coloré retient toute

Fig. 53. — Petite presse employée en physiologie.

l'hémoglobine, l'albumine et la fibrine coagulées. Si le poids du sang de chien employé est égal à 28 grammes, le tourteau pèse environ 12 grammes; le tourteau se détache très-bien du linge, on le pulvérise facilement dans un mortier. La poudre obtenue est broyée avec un volume d'alcool égal au volume primitif du sang, un second égouttage et une seconde expression, dans le même linge, fournissent une nouvelle quantité de liquide incolore.

Les extraits alcooliques sont ensuite évaporés, soit sur le bain d'eau bouillante, soit, ce qui est plus commode, dans une étuve, qui est chauffée au gaz, jour et nuit, dans le laboratoire, et qu'il n'est pas nécessaire de surveiller. Cette étuve (fig. 54) ressemble à celle de Gay-Lussac, mais elle en diffère en quelques points, elle est portée sur des pieds creux formés de tubes cylindriques, percés chacun d'une ouverture à la partie inférieure, et s'ouvrant aux quatre coins de la chambre à air chaud; la partie supérieure de l'étuve est fermée par un couvercle soudé qui présente plusieurs tubulures permettant de verser de l'eau entre les doubles parois et de recevoir un thermomètre et un niveau d'eau. Un dôme, surmonté d'un tuyau cylindrique, assez long, sert à rendre le tirage plus actif.

Dans la chambre à air, un support de fil de fer, à grosses mailles, offre plusieurs étages sur lesquels on peut disposer 12 capsules contenant des liquides qu'il faut faire évaporer.

L'extrait alcoolique desséché de 25 grammes de sang qui suffisent pour une analyse exacte de l'urée, est très-peu abondant; il est de couleur jaunâtre et renferme de l'urée, des sels et quelques matières extractives. On dissout dans l'eau le résidu sec, la solution aspirée par l'appareil à réaction vide, traitée par le réactif, donne des volumes égaux d'acide carbonique et d'azote; ainsi, 25 grammes de sang de l'artère carotide du chien ont donné 5cc,9 d'acide carbonique et 5cc,9 d'azote, ce qui correspond à 15mmgr,8 d'urée ou à 63 milligrammes d'urée pour 100 grammes de sang.

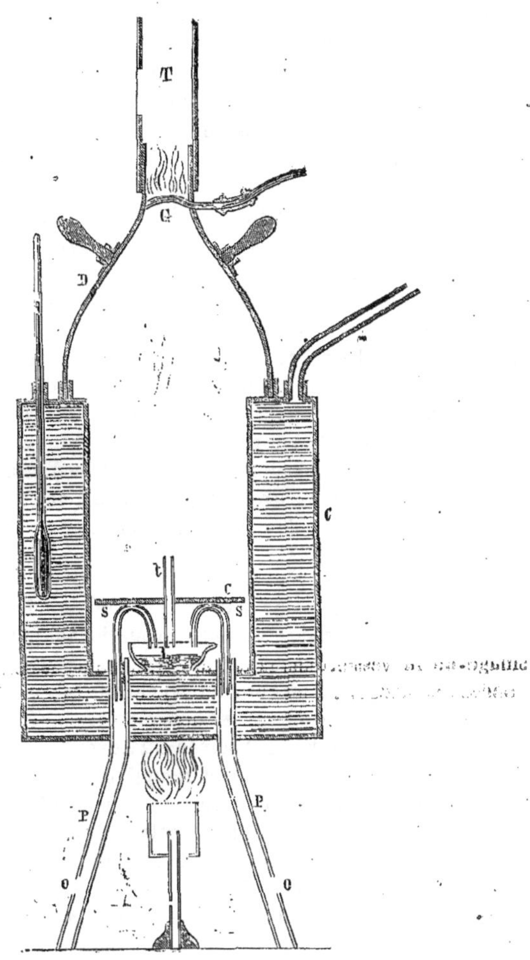

Fig. 54. — Coupe d'une étuve de Gay-Lussac, modifiée afin de rendre l'évaporation plus rapide. On peut activer le tirage en allumant un bec de gaz G dans le dôme.

Nous pouvons aborder maintenant la question de la comparaison des deux opérations, la néphrotomie et la ligature des uretères, qui nous conduira à démontrer le rôle principal des reins.

XV

NÉPHROTOMIE.

L'accumulation de l'urée dans le sang, le deuxième et le troisième jour après l'ablation des reins, a été démontrée d'une manière irréfutable par les expériences de MM. Prévost et Dumas, et par celles de MM. Claude Bernard et Barreswill, et je n'ai pas cru nécessaire de répéter ces expériences, je me suis attaché uniquement à rechercher l'urée dans le sang dès les premières heures qui suivent la néphrotomie.

Voici les résultats obtenus : Un chien du poids de 20 kilogrammes, à jeun depuis deux jours, est soumis à l'anesthésie par le chloroforme. On ouvre une artériole provenant de l'artère fémorale pour recueillir 28 grammes de sang artériel, sans arrêter la circulation dans le membre. L'animal étant complétement insensible, on enlève successivement, par des plaies faites dans les lombes, le rein gauche et le rein droit ; l'opération a lieu sans hémorrhagie. Trois heures après la néphrotomie, on prend un deuxième échantillon de sang; le lendemain, vingt-sept heures après l'opération, un troisième échantillon. En ramenant les poids d'urée trouvés dans ces différents sangs à ce que 100 grammes de sang artériel auraient contenu, on a trouvé :

Avant la néphrotomie	0gr,026 d'urée.
Trois heures après	0gr,045 —
Vingt-sept heures après	0gr,206 —

Ainsi, trois heures après l'opération, le poids d'urée contenu dans le sang avait presque doublé, et vingt-sept heures après le sang contenait près de dix fois autant d'urée que le sang normal.

Autre expérience. — Un chien à jeun, du poids de 13k,2, anesthésié, fut soumis aux mêmes opérations ; quatre échantillons de sang furent recueillis et analysés.

100 grammes de sang artériel contenaient :

Avant la néphrotomie	0gr,088 d'urée.
Trois heures quarante minutes après	0gr,093 —
Vingt et une heures vingt minutes après	0gr,252 —
Vingt-sept heures après	0gr,276 —

Ainsi, l'urée s'accumule dans le sang aussitôt après la néphrotomie, et, dans mes expériences, les animaux n'ont pas conservé cette vigueur qui est nécessaire, comme M. Claude Bernard l'a démontré, pour qu'une excrétion supplémentaire ait lieu par les voies digestives et empêche dans le sang l'augmentation du chiffre de l'urée. Tout porte à croire que c'est l'existence de cette excrétion par l'estomac, de cette fonction vicaire remplie par les follicules gastriques, qui a donné à M. Zalesky des résultats contradictoires avec ceux de MM. Prévost et Dumas, et un fait récent que nous avons observé, M. Charcot et moi, chez une malade de la Salpêtrière, et dont nous publierons bientôt l'observation, tend à confirmer cette manière de voir. En effet, si l'on admet que les chiens opérés par M. Zalesky éliminaient par l'estomac et par des vomissements l'urée à mesure qu'elle était formée, on comprend parfaitement que ce physiologiste n'ait pas pu constater l'accumulation de cette substance dans le sang.

Il résulte aussi des expériences précédentes, que l'accumulation de l'urée dans le sang après la néphrotomie se fait d'une manière continue et proportionnellement au temps; par conséquent, cette substance se forme dans l'organisme, sans aucune interruption, quel que soit l'état de faiblesse des animaux.

Le poids d'urée qui s'accumule dans le sang après la néphrotomie est égal à celui que les reins auraient excrété. — D'après M. Valentin, le poids de sang que possède un chien est égal à un cinquième du poids du corps; admettons ce nombre : le chien du poids de 20 kilogrammes qui a servi à notre première expérience de néphrotomie possédait 4 kilogrammes de sang; or, 100 grammes de sang, avant l'opération, contenaient 0gr,026 d'urée, 4 kilogrammes renfermaient quarante fois plus, ou 1gr,04 d'urée.

Vingt-sept heures après l'ablation des reins, 100 grammes de sang contenaient 0gr,206 d'urée, et le poids total du sang devait contenir 0gr,206×40=8gr,24 d'urée ; le poids de cette substance qui s'est accumulée dans le sang était donc : 8gr,24 — 1gr,04 ou 7gr,20 ; or, d'après les nombres publiés par MM. Bischoff et Voit, un chien à jeun, du poids de 20 kilogrammes, excrète dans le même temps 7gr,40 ; nous voyons donc que le poids d'urée qui s'accumule dans le sang après la néphrotomie est égal à celui que les reins auraient excrété dans le même temps ; mais le poids d'urée excrétée par un animal, en un certain temps, est égal au poids d'urée qui se forme dans l'organisme pendant le même temps ; nous trouvons que toute l'urée formée par l'animal sain et qui aurait été excrétée par lui se trouve accumulée dans le sang de l'animal privé de reins, donc, ces organes ne prennent aucune part à la formation de l'urée et l'excrètent simplement. La néphrotomie seule permet ainsi de juger la question de la fonction des reins.

LIGATURE DES URETÈRES.

La ligature des uretères, suivant l'opinion de M. Zalesky, permettrait aux reins de remplir encore une fonction active ; en effet, il semble au premier abord que cette opération ne puisse pas empêcher la circulation du sang dans les reins, et l'accumulation de l'urée dans le sang résulterait alors de la formation incessante de cette substance dans le tissu du rein ; l'impossibilité de l'élimination de l'urine forcerait l'urée à rester ou à passer dans le sang ; il résulterait de cette théorie que, consécutivement à la ligature des uretères, le sang veineux rénal devrait contenir plus d'urée que le sang artériel. Les expérimentateurs ont toujours trouvé l'urée accumulée dans le sang après la ligature des uretères, et j'ai dû m'attacher à rechercher si cette opération diffère, en réalité, de la néphrotomie.

Chez un chien à jeun anesthésié, du poids de 20 kilogrammes, on prend du sang provenant de l'artère fémorale, puis, par une incision faite à la partie inférieure de la ligne blanche, on atteint la vessie ; les uretères sont liés un peu au-dessus de leur abouchement dans la vessie ; le lendemain, dix-neuf heures après l'opération, on prend un second échantillon de sang :

100 grammes de sang contenaient :

Avant la ligature des uretères.........	0gr,063 d'urée.
Dix-neuf heures après l'opération.......	0gr,171 —

Une autre opération, faite dans les mêmes conditions, a fourni des résultats semblables.

Suites de la ligature des uretères. — Sur une chienne du poids de 9k,7, anesthésiée, la ligature de l'uretère gauche fut pratiquée par une plaie lombaire sans lésion du péritoine ; trois ligatures furent placées sur le canal. Dans ces conditions, le rein droit fonctionnait comme à l'état normal et suffisait pour éliminer l'urée. Le surlendemain, quarante-huit heures après l'opération, l'animal fut anesthésié de nouveau par le chloroforme, l'abdomen fut ouvert sur la ligne blanche ; dans la veine rénale gauche, qui était noire, on ne put obtenir de sang, tandis qu'une hémorrhagie abondante de sang rouge eut lieu aussitôt que la veine rénale droite fut piquée. L'uretère gauche était dilaté et rempli d'urine ; en le comprimant de haut en bas, on ne put faire échapper ce liquide, ce qui montra que les ligatures appliquées sur l'uretère tenaient encore ; deux nouvelles ligatures furent appliquées sur le canal ; entre elles, on fit une petite incision pour introduire et pour fixer une canule de verre communiquant avec un petit manomètre à mercure ; dès que la ligature placée du côté du rein fut enlevée, le mercure se maintint soulevé dans le manomètre à 14 millimètres ; déjà M. Lobell et M. Max Hermann avaient mesuré cette pression dans l'uretère lié et l'avaient trouvée égale, chez le chien, à 7 ou à 10 millimètres de mercure. Le rein gauche du côté lié était congestionné et pesait 49 grammes, tandis que le rein droit qui fonctionnait normalement pesait seulement 35 grammes.

Cette expérience démontre que consécutivement à la ligature de l'uretère, la circulation s'arrête dans le rein ; cela se comprend facilement, cet arrêt a lieu exactement par le même mécanisme que l'arrêt de la circulation pulmonaire dont nous avons déjà parlé et qui suit une forte insufflation des poumons ; après la ligature de l'uretère, l'urée est encore excrétée pendant quelque temps, elle distend l'uretère, le bassinet et les canalicules urinifères ; ceux-ci compriment les capillaires et les rameaux d'origine de la veine rénale, et apportent ainsi un obstacle insurmontable au cours du sang.

Autre expérience. — Une petite chienne terrière fut soumise à la ligature de l'uretère gauche ; l'opération fut faite au voisinage de la vessie, dans la cavité péritonéale ; les suites de l'opération furent simples et l'animal guérit ; cependant, il devint maigre et ses urines étaient purulentes. Un mois après, l'animal fut anesthésié, l'abdomen fut ouvert, et l'on trouva l'uretère gauche non dilaté et rempli de pus, que l'on fit passer dans la vessie en comprimant le canal de haut en bas ; à travers un tissu cicatriciel qui enveloppait les deux bouts de l'uretère qui avait été lié, une communication s'était rétablie, et le pus provenant du rein gauche s'écoulait dans la vessie où il se mélangeait à l'urine normale provenant du rein droit.

En examinant le rein gauche, on trouva le bassinet rempli de pus qui s'écoula dans l'uretère ; la substance tubuleuse du rein était détruite en grande partie ; il y avait atrophie progressive de l'organe ; il serait intéressant de reprendre cette expérience, afin de voir si l'on peut obtenir ainsi la destruction complète du rein ; mais ce qui résulte pour nous de ce fait, c'est que la ligature des uretères ne permet plus aux reins de remplir leur fonction.

Recherche de l'urée dans le sang rénal après la ligature des uretères. — Chez un chien chloroformisé, à jeun, on lie les uretères par des plaies lombaires à 5 centimètres au dessous des reins ; le lendemain, vingt-trois heures après cette opération, l'animal est anesthésié de nouveau ; l'abdomen est incisé sur la ligne médiane, et, dans la veine rénale mise à nu, on aspire à l'aide d'une seringue 27 grammes de sang ; il faut pour cela trois minutes. On remarque déjà que le sang vient par la veine beaucoup moins facilement que dans l'état normal, puis on prend dans l'artère fémorale du sang artériel en une minute.

L'analyse chimique a donné pour 100 grammes de sang exactement les mêmes volumes gazeux :

100 grammes de sang artériel renfermaient...... 0gr,157 d'urée.
100 grammes de sang veineux rénal renfermaient. 0gr,157 —

Ainsi, consécutivement à la ligature des uretères, le sang qui sort du rein contient exactement la même quantité d'urée que celui qui entre dans l'organe ; le rein est donc devenu un appareil inerte, et nous concluons de là que la ligature des uretères et l'ablation des reins sont deux opérations identiques quant aux résultats, qui toutes deux suppriment la fonction éliminatoire des reins ; et nous avons le droit de conclure, en outre, que l'urée ne se forme point dans ces organes, mais dans d'autres parties de l'organisme.

XVI

Propriétés physiologiques de l'aconitine

Les racines de l'aconit renferment une substance toxique très-active, qui a été extraite et obtenue récemment à l'état de pureté sous forme de cristaux très-nets par M. Duquesnel, qui a étudié avec moi les propriétés physiologiques de cette substance au laboratoire de physiologie du Muséum ; je vais résumer les expériences que nous avons faites :

Nous avons préparé d'abord deux solutions dans l'eau distillée : l'une forte, renfermant par centimètre cube de liquide 1 milligramme d'aconitine ; l'autre faible, dix fois plus étendue, renfermant seulement par centimètre cube un dixième de milligramme de poison.

L'aconitine à faible dose agit comme le curare. — A l'aide d'une seringue de Pravaz on injecte sous la peau du dos d'une grenouille un demi-centimètre cube de la solution faible, ou 5/100es de milligramme d'aconitine : le cœur continue à battre, et la circulation continue aussi dans la membrane interdigitale placée sous le microscope ; l'animal exécute des mouvements spontanés, mais, trente-cinq minutes après l'injection, les mouvements respiratoires et tous les mouvements volontaires sont arrêtés ; les nerfs sciatiques excités par les courants induits de l'appareil à chariot ne déterminent aucune contraction musculaire, tandis que les muscles excités directement se contractent.

On applique un lien serré à la racine de l'un des membres postérieurs d'une autre grenouille, puis on injecte sous la peau 7/100es de milligramme d'aconitine ; dix-huit minutes après, l'animal est devenu complétement immobile ; on pince la peau, il y a encore un mouvement brusque dans les membres, la sensibilité est intacte ; plus tard on pince un membre du côté empoisonné, c'est le membre préservé de l'action du poison par la ligature qui est retiré ; vingt-cinq minutes après l'injection on ouvre le thorax, le cœur bat parfaitement ; la grenouille est préparée à la manière de Galvani ; l'excitabilité des nerfs sciatiques du côté où la circulation a été arrêtée est restée entière, tandis que du côté non lié l'excitabilité des nerfs a disparu. Les muscles sont restés contractiles dans les deux membres.

Enfin nous avons répété cette autre expérience que M. Claude Bernard a faite avec le curare ; un muscle gastrocnémien de grenouille est plongé dans un verre de montre contenant une solution d'aconitine, et le nerf est suspendu au dehors ; on dispose une autre préparation semblable, de manière que le nerf plonge dans la solution du poison et que le muscle reste suspendu au dehors. Or, dans le premier cas, le nerf perd complétement son excitabilité, le poison ayant agi par imbibition sur les extrémités périphériques de ce nerf dans le muscle, tandis que, dans le second cas, le nerf immergé dans la solution conserve toujours la propriété de faire contracter le muscle.

Ainsi le mode d'action de l'aconitine paraît être identique avec celui du curare ; ce poison paralyse le système nerveux moteur en agissant sur ses extrémités périphériques ; mais voici qu'une différence importante se manifeste dans l'action des deux poisons.

L'aconitine à haute dose arrête le cœur. — Nous entendons par haute dose, pour cette substance si active, un milligramme ou un demi-milligramme. Nous injectons sous la peau d'une grenouille un centimètre cube de la solution forte ou un milligramme d'aconitine ; l'animal est fixé, pour qu'on puisse observer la circulation dans la membrane interdigitale dans l'un des membres postérieurs, l'autre membre est lié à sa racine. Deux minutes après l'injection, la circulation est déjà très-ralentie dans la membrane, trois minutes après elle est complétement arrêtée ; l'animal est agité de convulsions générales, et l'on constate des contractions fibrillaires dans presque tous les muscles non préservés par la ligature du contact du sang empoisonné ; dix minutes après l'animal s'agite encore ; on ouvre le thorax, les oreillettes se contractent. Mais le ventricule est arrêté ; les nerfs lombaires mis à nu sont aussi excitables du côté empoisonné que du côté préservé, les nerfs du plexus brachial sont de même excitables. De cette expérience nous pourrions conclure que l'aconitine n'agit pas sur les nerfs moteurs, mais qu'elle arrête primitivement le cœur, et nous pourrions dire, comme certains auteurs, que cette substance est un poison musculaire, mais cette affirmation serait en contradiction complète avec nos premières expériences, et voici l'interprétation la plus rationnelle que l'on puisse donner de cette expérience : à la dose d'un milligramme, l'aconitine passe dans le sang et va porter son action sur le cœur, elle paralyse les éléments nerveux moteurs du cœur, qui s'arrête rapidement avant que le poison ait pu être porté par le sang en suffisante quantité aux extrémités périphériques des nerfs moteurs pour les paralyser ; le poison a été envoyé cependant avant l'arrêt complet du cœur, autour de ces terminaisons nerveuses en petite quantité qui les excite, et telle est la cause de ces contractions fibrillaires si nombreuses que nous observons dans les muscles ; on sait, en effet, que d'habitude une période d'excitation précède la période de paralysie. L'aconitine à haute dose arrêtant bientôt le cœur, les choses se passent comme si, après avoir injecté du curare à une grenouille, on pratiquait aussitôt l'excision de l'organe central de la circulation, l'empoisonnement des nerfs par leurs extrémités périphériques ne pourrait plus avoir lieu que par imbibition, comme dans l'expérience du verre de montre.

Différence entre l'action physiologique du curare et celle de l'aconitine. — Cet arrêt du cœur nous montre une différence bien marquée et encore difficile à expliquer entre les propriétés de l'aconitine et celles du curare ; si l'on injecte à une grenouille des doses répétées de ce dernier poison, par exemple un centigramme toutes les heures, les nerfs moteurs sont paralysés par la première injection, mais le cœur continue toujours à battre malgré les injections répétées; vient-on alors à faire une injection d'aconitine, la circulation ne continue plus, car le cœur est bientôt arrêté; mais, dans ce cas, on n'observe plus ces contractions fibrillaires que nous avons signalées dans les muscles, les plaques motrices terminales des nerfs ayant été déjà paralysées par le curare, l'aconitine ne peut plus les exciter; cela prouve que ces contractions fibrillaires ne sont pas dues à une action directe sur les muscles, mais à une action sur les éléments nerveux.

Il résulte de cette action de l'aconitine sur le cœur que dans l'empoisonnement produit par cette substance chez les mammifères, on ne peut conserver les animaux par la respiration artificielle. Après avoir injecté un milligramme d'aconitine sous la peau d'un lapin, nous avons vu l'animal mourir au bout de trois quarts d'heure; à l'ouverture du thorax, les ventricules du cœur étaient arrêtés, les oreillettes excitées mécaniquement se contractaient encore, les manœuvres de respiration artificielle qui avaient été établies dix minutes après l'injection du poison avaient été inutiles; l'oreillette gauche était remplie de sang rouge, et l'oreillette droite était noire, ce qui prouve que l'oxygène n'avait pas manqué dans les poumons, mais il était survenu un arrêt du cœur; un animal empoisonné par le curare aurait pu être conservé pendant des heures entières par la respiration artificielle.

Recherches de M. Aschscharumow. — Nous devons à l'obligeance et à l'érudition de M. Balbiani la connaissance et l'analyse d'un travail qui a été fait sur les propriétés de l'aconitine par M. Aschscharumow, physiologiste russe, et qui a été publié dans les *Archives d'anatomie et de physiologie* de Reichert, en 1866. L'auteur de ces recherches s'est servi d'une solution aqueuse de chlorhydrate d'aconitine à 1 pour 100, dont 1 centimètre cube contenait, par conséquent, 1 centigramme. Cette solution était placée sous la peau ou introduite dans l'estomac. Les expériences furent faites sur des animaux à sang froid et sur des animaux à sang chaud.

En injectant 0,01 sous la peau du dos des grenouilles, les effets observés étaient les suivants : ralentissement, puis arrêt des mouvements du cœur (en diastole) et de la respiration; paralysie des nerfs moteurs des muscles volontaires, mais la substance musculaire reste excitable; conservation des mouvements réflexes et de la sensibilité constatée par la ligature des vaisseaux dans des membres postérieurs. L'auteur explique le brusque arrêt du cœur par une action directe du poison sur cet organe, et plus particulièrement sur ses centres ganglionnaires moteurs : le cœur extirpé et placé dans une solution de sel marin (1/2 pour 100) et d'aconitine (0,01) s'est arrêté au bout de deux minutes; sorti de la solution, il a commencé à battre, mais faiblement; après l'arrêt définitif, il cessait d'être excitable par l'électricité. Le cœur d'une grenouille saine, placé comme terme de comparaison dans une solution simplement salée, n'a cessé de donner 36 pulsations à la minute. Le muscle gastrocnémien d'une grenouille munie de son nerf est placé dans une solution salée d'aconitine; au bout d'une heure cinq minutes, le nerf avait perdu son excitabilité, tandis que le muscle avait conservé la sienne.

La circulation capillaire examinée dans la patte éprouve d'abord un ralentissement sans dilatation apparente des vaisseaux, puis un arrêt complet après trente minutes.

Chez les grenouilles, les doses suivantes administrées sous la peau ou par l'estomac ont déterminé la mort dans les délais suivants : $0^{gr},01$ sous la peau, mort en deux heures; $0^{gr},005$ sous la peau, mort en deux heures cinquante minutes; $0^{gr},001$ sous la peau, mort au bout de cinq jours; $0^{gr},01$ dans l'estomac, mort au bout de cinq jours : ainsi le poison agit dix fois moins vite par l'estomac que donné sous la peau.

L'auteur a fait aussi un grand nombre d'expériences sur les animaux à sang chaud, chiens, lapins et pigeons, qui confirment les faits précédents; la respiration artificielle faite chez les lapins empoisonnés par l'injection de 1 à 2 centigrammes sous la peau n'a pas empêché la mort de survenir très-rapidement par suite de la paralysie du cœur.

Ainsi nous avons fait M. Duquesnel et moi à peu près les mêmes expériences que M. Aschscharumow, dont nous ne connaissions pas le travail, et nous avons obtenu exactement les mêmes résultats essentiels; la seule différence, c'est que nous avons agi avec l'aconitine pure, et à de bien moindres doses nous avons produit les mêmes effets ou même des effets plus énergiques.

M. Duquesnel a reconnu que les divers extraits d'aconit possèdent un contenu très-différent en aconitine, de sorte que pour une même dose les uns seraient inoffensifs tandis que les autres seraient très-dangereux; la préparation de l'aconitine pure permet un dosage exact de cette substance si elle doit encore être employée comme médicament; car quelles précautions ne faut-il pas prendre en maniant un pareil poison, qui est plus dangereux que le curare puisqu'il paralyse le système nerveux moteur des muscles involontaires aussi bien que celui des muscles volontaires.

N. GRÉHANT.

FIN DU COURS.

TRAVAUX SCIENTIFIQUES ÉTRANGERS

M. F. ZÖLLNER

La Température interne du Soleil (1)

Dans le mémoire étendu dont nous venons de transcrire le titre, Zöllner se propose de déduire la température interne du soleil de l'étude du développement des protubérances, phénomène en relation évidente avec l'état physique et en particulier avec la température de cet astre.

Voici la série des raisonnements de Zöllner.

Parmi les protubérances, il y en a un assez grand nombre que leur apparence, leur forme, la rapidité de leur développement, doivent faire regarder comme des jets de gaz incandescents comparables aux jets de flammes lancés par les volcans dans leurs jours d'éruptions.

Ces éruptions protubérantielles ne peuvent avoir lieu que s'il y a une différence de pression entre les gaz de l'intérieur du soleil et ceux de l'atmosphère extérieure, où nagent les protu-

(1) *Sur la Température interne et la constitution physique du Soleil*, par M. F. Zöllner. (*Annalen der Physik und Chimie*, publiées par Poggendorf. Tome 141, page 353. Décembre 1870.)

bérances; cette différence de pression ne peut elle-même se concevoir que si l'atmosphère extérieure du soleil est séparée des masses gazeuses centrales par une couche d'une constitution physique différente de celle de la masse solaire générale, par exemple par une couche liquide. Suivant Zöllner, cette couche liquide existe réellement, et se trouve au niveau du noyau des taches, c'est-à-dire à 8″ au-dessous de la surface supérieure de la photosphère lumineuse.

D'après le physicien allemand, les protubérances sont donc formées par les gaz comprimés de l'intérieur du soleil qui s'écoulent au dehors par des ouvertures fortuitement produites dans la couche liquide de séparation.

Le faible pouvoir émissif ou absorbant des gaz, leur faible conductibilité, permettent de supposer que cet écoulement n'est accompagné d'aucune variation dans la quantité totale de chaleur de la masse de gaz qui y prend part, en sorte que les lois de cet écoulement sont enfermées dans les formules ordinaires de la théorie mécanique de la chaleur. Ces formules donnent alors pour chaque gaz (il s'agit ici d'hydrogène) une relation entre la différence de température des deux masses de gaz séparées par la couche liquide, et la vitesse d'écoulement au travers des ouvertures de cette dernière; elles permettent donc d'obtenir cette différence de température si l'on connaît la vitesse d'écoulement.

Or, si avec Zöllner, on assimile l'hydrogène des protubérances à un corps qui, lancé de bas en haut, doit par sa vitesse initiale s'élever, dans un milieu qui ne lui offre pas de résistance, à une hauteur égale à celle des protubérances, on peut facilement calculer la vitesse d'écoulement nécessaire pour que le gaz atteigne une hauteur déterminée. Pour former une protubérance de 1′ 30″ de hauteur (altitude moyenne des protubérances), il faut une vitesse d'écoulement de 187 900 mètres par seconde; pour former une protubérance de 3′ de hauteur (il en existe quelques-unes qui atteignent cette altitude), il faut une vitesse de 265 700 mètres par seconde. Lockyer prétend avoir observé sur le soleil des mouvements gazeux produits avec des vitesses de même ordre de grandeur.

Comme nous l'avons fait remarquer, la connaissance de cette vitesse d'écoulement donne immédiatement la différence entre la température de la masse interne du soleil et la température des couches inférieures de l'atmosphère de cet astre; cette différence est de 40 690 degrés si l'on prend 1′ 30″ comme hauteur des protubérances, et de 74 910 degrés si l'on prend 3′ comme hauteur des protubérances.

Ce premier résultat est fort intéressant, car il montre que la température s'élève rapidement à mesure qu'on pénètre dans l'intérieur du soleil; mais on peut obtenir des résultats plus importants encore, et arriver à une limite inférieure de la température de la photosphère solaire et des gaz intérieurs.

La photosphère solaire est presque entièrement composée d'hydrogène incandescent donnant au spectroscope un spectre continu, en sorte que, d'après les expériences de Wüllner, la pression doit, dans les couches les plus élevées, être comprise entre 50 et 500 millimètres de mercure. D'un autre côté, cette photosphère a une profondeur de 8″ environ, et la densité de ses couches inférieures, comprimées par toutes les couches atmosphériques situées au-dessus, ne peut dépasser 1,46 qui est la densité moyenne du soleil. Pour satisfaire à ces diverses conditions il faut que la température de la couche photosphérique inférieure, en contact avec la couche liquide, soit au moins de 27 700 degrés.

Par conséquent la température interne du soleil est au moins

de $40\,690^\circ + 27\,700^\circ = 68\,390^\circ$

ou de $74\,910^\circ + 27\,700^\circ = 102\,610^\circ$

Quant à la pression des gaz, dans l'atmosphère extérieure et dans l'intérieur du soleil, elle peut également être déduite de la vitesse d'écoulement des gaz protubérantiels. On trouve ainsi pour la pression à la base de la photosphère 184 000 atmosphères, et pour la pression à l'intérieur du soleil 4 070 000 atmosphères.

Avec des pressions aussi considérables, et malgré des températures aussi élevées, il paraît bien probable, dit Zöllner en terminant, que tous les corps, même ceux que nous ne connaissons qu'à l'état de gaz permanents, doivent être dans l'intérieur du soleil à l'état de liquide incandescent.

Tels sont les principaux résultats de la discussion savante et ingénieuse de Zöllner. Nous avons voulu les exposer fidèlement, mais nous ne saurions terminer sans faire remarquer que quelques-uns d'entre eux paraissent difficiles à admettre.

En premier lieu, un très-grand nombre de protubérances ont des formes qui ne rappellent en rien un jet de gaz violent, animé d'une vitesse d'au moins 187 kilomètres par seconde. Les calculs du physicien allemand n'ayant par conséquent pour base qu'un phénomène en quelque sorte exceptionnel, l'importance des résultats numériques se trouve en quelque sorte diminuée.

En second lieu, et d'après les hypothèses de Zöllner, la photosphère lumineuse repose sur une couche liquide à la surface de laquelle se forment, par refroidissement sans doute, les noyaux des taches. Or ce mode de formation des taches au-dessus d'une couche liquide a été proposé par Kirchhoff en 1860, et l'on sait qu'il ne peut rendre compte ni de la physionomie des taches, ni de leur mode de déformation, lorsqu'elles arrivent sur les bords du soleil.

Malgré ces deux observations, le mémoire de Zöllner est des plus intéressants à étudier dans ses détails, et digne de la sérieuse attention des physiciens et des astronomes.

G. RAYET,
Astronome adjoint à l'Observatoire de Paris.

BULLETIN DES SOCIÉTÉS SAVANTES

Académie des sciences de Paris

SÉANCE DU 13 NOVEMBRE 1871.

M. le secrétaire perpétuel fait officiellement part à l'Académie de la mort de l'un de ses associés étrangers, sir Roderick Murchison, à qui la géologie doit de si grands services. Murchison avait remplacé Faraday au sein de l'Académie.

M. *Charles Deville* annonce que l'aurore boréale, observée à Paris dans la soirée du 9 novembre, a été vue également à Angers.

M. *Berthelot* continue ses communications sur la décomposition des sels.

MM. Favre et N..... ont étudié divers phénomènes calorifiques relatifs aux sels anhydres. Ils ont trouvé que lorsqu'un sel anhydre est susceptible de se combiner avec plusieurs équivalents d'eau, la quantité de chaleur dégagée pendant l'absorption du premier équivalent est plus considérable que pendant l'absorption des autres.

En général, un sel cristallisant à l'état anhydre produit du froid quand on le dissout. A cette catégorie appartiennent, en effet, la plupart des sels employés à la production des mélanges réfrigérants; au contraire, un sel qui cristallise hydraté, dégage en se dissolvant de la chaleur; cela tient à ce que sa dissolution est accompagnée de sa combinaison avec une certaine quantité d'eau.

M. *Du Moncel* communique un travail sur le mode le plus économique de disposition des piles voltaïques.

M. *Resal* envoie un mémoire sur le mouvement d'un système matériel rapporté à trois axes rectangulaires mobiles autour de l'origine.

Suivant une remarque de M. *Gaudin*, on pourrait utiliser avec avantage dans la thérapeutique les benzoates des métaux, qu'on a souvent tant de peine à introduire dans l'économie. Ces benzoates sont facilement solubles dans les corps gras qui leur serviraient de véhicules.

L'Académie renvoie à l'examen de MM. Péligot et Belgrand un Mémoire de M. *Paul Bérard* relatif à la formation du salant, sorte de croûte composée de chlorure de sodium, qu'on observe à la surface de certains terrains voisins de la Méditerrannée. Ces terrains sont tout à fait stériles, à moins que de grandes pluies n'aient entraîné dans leur profondeur le sel qui imprègne leur surface. Mais alors même, leur culture ne peut être de longue durée, car, dès que les pluies se ralentissent le sel cristallise, et, par un effet bien connu de capillarité, *grimpe* peu à peu jusqu'à la surface du sol où il s'étale de nouveau en croûte.

M. *Leverrier* rend compte des dépêches relatives au passage d'aérolithes qui pouvait commencer dans la nuit du 12 au 13 novembre. Le maximum de météores observés est 101, à Brest; on n'en a vu que 15 à Poitiers; évidemment le passage n'a pas commencé cette nuit-là.

M. *Faye* critique les théories du soleil qui ont été exposées par Zöllner et le père Secchi : le premier de ces savants nous montre le soleil comme prêt à s'éteindre et possédant seulement une température moyenne de 27 000 degrés; le second en fait, au contraire, une masse gazeuse dont la température est de 18000000 de degrés. Il y a exagération des deux côtés, mais en sens inverse. Quant à l'idée de considérer le soleil comme une masse gazeuze, M. Faye, sans en revendiquer d'une manière absolue la priorité, qui n'appartient à personne, montre qu'il est arrivé à cette conclusion en suivant une marche tout autre que ses devanciers, et qu'il a ainsi créé une théorie entièrement neuve et qui ne doit rien à personne. Considérant : 1° que le soleil tourne autour d'un axe fixe ; 2° qu'il n'existe à sa surface aucun courant superficiel comparable à nos alizés; 3° que la vitesse de rotation du soleil va en augmentant de l'équateur au pôle jusqu'à un certain point où elle subit une inflexion ; 4° que cette vitesse peut être représentée par une formule empirique, telle que :

$$\omega = M - N \sin^2 \varphi$$

tous faits mis hors de doute par l'observation, M. Faye pense que le soleil est une masse, en grande partie gazeuse, constamment parcourue par des courants ascendants verticaux, entraînant à la surface les vapeurs du centre. Ces vapeurs, à un certain moment, se condensent et retombent sous forme d'une pluie de particules incandescentes, constituant la photosphère et formant les courants descendants corrélatifs des courants ascendants gazeux. La formation continue de cette photosphère, combinée avec la masse énorme du soleil, suffit, suivant M. Faye, à expliquer pourquoi cet astre brille d'un éclat qui ne paraît pas avoir diminué depuis les temps géologiques.

De la part de M. *Tresca*, M. le général Morin communique la suite d'un travail sur la torsion des rails sous l'influence de pressions suffisantes pour dépasser la limite d'élasticité. La conclusion du travail est qu'entre le fer et l'acier, il n'y a de différence que dans la durée plus grande de ce dernier.

M. *Claude Bernard* fait hommage à l'Académie d'un ouvrage de M. le docteur Vaslin, *Sur les plaies des armes à feu.*

Il expose ensuite un travail important de M. Ranvier, sur le mode de nutrition des nerfs périphériques. On sait que la fibre nerveuse est essentiellement composée d'une gaîne inactive tout à fait imperméable aux liquides, et d'une sorte de moelle centrale (cylindre d'axe), qui est le véritable agent conducteur. Sur la gaîne extérieure s'observent d'espace en espace des anneaux signalés depuis longtemps, mais peu remarqués cependant. Or, en soumettant les fibres nerveuses à l'action du nitrate d'argent, M. Ranvier a vu les anneaux noircir et la coloration noire se propager successivement à partir de ces anneaux dans le cylindre d'axe. M. Ranvier en conclut que c'est par les anneaux en question que les fluides nutritifs pénètrent dans la fibre nerveuse pour entretenir sa vie.

M. *Milne-Edwards* dépose un Mémoire de M. Léon Vaillant, sur l'anatomie d'un mollusque qui n'avait été observé jusqu'ici que dans l'alcool.

M. *de Quatrefages* présente à l'Académie un travail de M. Edmond Perrier, aide-naturaliste au Muséum, sur l'organisation d'un Lombricien des Antilles, constituant un genre nouveau auquel l'auteur donne le nom de *Eudrilus*. M. de Quatrefages met en même temps sous les yeux de l'Académie les dessins relatifs à l'anatomie de ce ver et à celle des *Perichæta* qui ont fait l'objet d'une précédente communication de M. Perrier.

Pendant la séance, l'Académie a procédé à la nomination de deux commissions.

La première doit poser la question mise au concours pour le grand prix des sciences physiques de 1873 ; elle est composée de MM. Milne-Edwards, Brongniart, Dumas, Claude Bernard et Chevreul.

La commission chargée de proposer la question mise au concours pour le prix Bordin de 1873 est composée de MM. Milne-Edwards, Dumas, Boussingault, Brongniart et Decaisne.

Académie de médecine de Paris

SÉANCE DU 14 NOVEMBRE 1871

Une lecture de M. le docteur *Bertillon* sur l'*Influence comparée du mariage et du célibat* a été le morceau capital de cette séance. On prévoit tout l'intérêt que ce titre recèle, surtout en sachant que la question est résolue statistiquement sur des documents officiels de la France, Paris en particulier, de la Belgique et de la Hollande au point de vue de la mortalité et de la vitalité des deux sexes. Pour la France, cette statistique comprend la période de 1857 à 1866, et, d'après un tableau divisant les âges de cinq en cinq ans, à partir de quinze ans jusqu'à quatre-vingts, avec des lignes comparatives pour les époux, les célibataires et les veufs, sexes séparés, on voit à tous les âges l'heureuse influence du mariage sur la vitalité, et la mortalité croissante, au contraire, sur les célibataires et surtout les veufs. Ainsi de vingt-cinq à trente ans, la mortalité, calculée sur 1000 individus, de 6,2 chez les hommes mariés en France, s'élève à 10,2 chez les célibataires, et à 21,8 chez les veufs. Les femmes mariées donnent ici une mortalité de 9, les filles également, et les veuves celle beaucoup plus considérable de 16,9. A Paris, de 7 chez les mariés, elle s'élève à 10,5 chez les célibataires, et à 17,3 chez les veufs. Elle est de 10,1 chez les femmes mariées, de 15 chez les filles, et de 19,6 chez les veuves.

De même, en Belgique, la mortalité de 7,5 chez les mariés, s'élève à 8,5 chez les célibataires et à 24,6 chez les veufs. De 11,9 chez les mariées, elle descend à 8,3 chez les filles et s'élève à 23,5 chez les veuves. La proportion est analogue en Hollande. De 8,2 chez les mariés, elle s'élève à 11,1 chez les célibataires et à 16,9 parmi les veufs. Chez les femmes, de 12,8 parmi les mariées, elle descend à 8,5 chez les filles et s'élève à 13, 8 chez les veuves.

Ces exemples suffisent pour montrer l'influente différente du mariage sur les deux sexes.

Résumés, tous ces calculs donnent une mortalité sur 1000 individus de vingt-cinq à trente ans, de 4 sur les hommes mariés, de 10,4 pour les célibataires et de 22 pour les veufs. Chez les femmes, l'influence de l'association conjugale n'est pas aussi sensible à cet âge. La mortalité est de même de 9 pour 1000 chez les mariées et les célibataires, mais s'élève à 17 chez les veuves. De trente à trente-cinq ans, cette influence du mariage se modifie. La mortalité de 7 chez les hommes mariés, s'élève à 11,5 chez les célibataires, et à 19 chez les veufs. De 9,5 chez les femmes mariées, elle monte à 10 chez les filles et à 15 chez les veuves. Cette heureuse influence du mariage se continue et se vérifie ainsi à tous les âges, toujours plus accentuée chez les hommes que chez les femmes. Le secret s'en comprend facilement. La maternité emporte pour les femmes des douleurs, des maladies, des risques, qui ne figurent que trop largement à son obituaire, tandis que l'homme ne recueille que profit, au point de vue de sa vitalité, de sa santé du moins, de l'union conjugale.

L'accord de ces résultats de la France en général mis en comparaison avec ceux de Paris, de la Belgique et de la Hollande sont frappants. Pour être certain qu'ils sont bien une influence du mariage, un facteur manque à cette statistique : c'est la mortalité générale aux différents âges, car bien des objections s'élèvent contre la rigueur de cette statistique. Tant de gens mariés vivent en célibataires et réciproquement! Toutefois, il faut reconnaître que l'heureuse influence du mariage, constatée aussi statistiquement par M. Bertillon, sur la criminalité, le suicide et l'aliénation mentale, est une preuve qu'elle s'exerce réellement de même que sur la mortalité. Le physiologiste et le médecin le comprennent du reste, si tout se passait physiologiquement dans l'état de mariage; mais les abus, les fraudes, n'y sont-elles pas de même que dans le célibat? Il y a donc lieu de poursuivre l'examen de cette question importante.

M. *Piorry* a continué sa lecture sur les dangers de la ponction intestinale contre la pneumatose, mais sans intérêt nouveau. Longtemps professeur, il en a conservé les habitudes en décrivant minutieusement devant ses collègues, comme devant des élèves, toutes les précautions à prendre pour cette opération. Il décrit de même une canule à cet effet, laquelle se trouvait dans le domaine public, comme il l'a reconnu plus tard. Le vide se fait ainsi rapidement sur les bancs et les banquettes.

Une lecture de M. le docteur *Malteil*, sur *les fausses crampes de la grossesse et de l'accouchement*, a terminé la séance. Il conteste, nie la légitimité du mot crampe, parce qu'il n'y a pas de muscle, et que la crampe étant une contraction du muscle, elle ne saurait exister. Cette sensation résulte de la compression, suivant lui, et doit être appelée *fausse crampe*. Si la précision des mots traduit celle des choses, on ne voit guère l'avantage du changement de celui-ci.

Parmi de nombreuses présentations, nous citerons :

Une Étude sur la prostitution dans la ville de Château-Gontier, suivie de considérations sur la prostitution en général, par M. le docteur Homo.

Cinq nouvelles observations de *syphilis vaccinale*, par le docteur Notta.

Une brochure sur *les Hommes et les actes de l'insurrection de Paris*.

Société de biologie de Paris

SÉANCE DU 4 NOVEMBRE 1871

M. *Legros* a fait une étude nouvelle du champignon parasitaire qui a été décrit sous le nom d'*Oidium aurantiacum*, qui envahit et altère le pain dans certaines circonstances, et dont il a été beaucoup question dans ces derniers temps. Grâce à l'intervention très-compétente en ces matières de M. Crassniski et d'un de ses amis, l'espèce de ce champignon a pu être exactement déterminée : ce n'est pas un oïdium, comme on le croit généralement; il se rapproche plutôt du *Mucor mucedo*, et ses caractères botaniques bien déterminés permettent de le rapporter au genre Thumnidium : c'est le *Thumnidium aurantiacum*. M. Legros a fait diverses expériences avec ce champignon, dont il a obtenu une riche et rapide multiplication. Son développement s'opère plus facilement et plus rapidement dans l'eau salée, dans la proportion de 4 grammes de sel marin pour 100 grammes d'eau. Semé sur diverses espèces de pain, tantôt il se reproduit avec les caractères du *Mucor mucedo*, tantôt avec ceux du *thumnidium*. Des rats conservés depuis longtemps (c'est là une condition importante de l'expérimentation) auxquels on donnait à manger tous les jours une pâtée de viande mélangée de 8 à 12 grammes de *thumnidium*, n'en ont point paru incommodés; il semble, au contraire, que cette nourriture leur a été plus favorable que leur alimentation habituelle.

M. *Vulpian* communique à la Société, au nom de M. Philippeaux, le résultat de recherches longtemps suivies sur la transplantation du périoste. Ces résultats, bien que confirmatifs de ceux de M. Ollier, présentent, dans ce qui leur est propre, des particularités intéressantes. Une lamelle de périoste du tibia ayant été transplantée sous la peau du ventre, sur des lapins, voici ce qui a été observé à des périodes progressivement éloignées de l'expérience, ainsi que le montrent les pièces très-nettes recueillies et préparées par M. Philippeaux :

1° Au bout de trente jours, production d'un os long, offrant les détails de structure et la solidité du tissu osseux presque parfait;

2° Après cinquante jours, l'ossification est définitive et complète;

3° Après cent vingt jours, toute trace de la greffe a disparu, l'os néoformé s'étant entièrement résorbé.

Une conclusion importante à tirer de ces faits, c'est que, si, en réalité, l'ossification se produit facilement à la suite de ces transplantations périostées, les tissus nouveaux qui en résultent ne sont point permanents. Il en est tout autrement lorsque l'on pratique l'expérience ou l'opération par *retournement* du périoste, celui-ci restant adhérent à l'os auquel il appartient par une de ses extrémités : alors, en effet, l'ossification a également lieu, mais l'os nouveau persiste.

M. *Ranvier* a fait depuis longtemps des essais expérimentaux de cette nature, et il a pu constater que la résorption de l'os de formation nouvelle s'opère par un processus vital semblable à celui qui préside aux résorptions moléculaires, consécutives à l'ostéite.

M. *Brown-Séquard*, revenant sur la question de l'influence des lésions expérimentales ou pathologiques de certaines parties du bulbe rachidien, des corps restiformes, par exemple, ou d'autres points voisins de cet organe, sur la production d'altérations transitoires ou persistantes de la vision, s'attache à montrer que cette influence n'est point attribuable au défaut d'action, soit de certains nerfs, soit de certains centres, mais bien à une action irritative réflexe, qui est, en somme, du domaine des phénomènes d'arrêt. M. Brown-Séquard montre, comme exemple de ce fait, un animal (cochon d'Inde), atteint d'exophthalmos à la suite d'une lésion du bulbe.

M. Brown-Séquard produit, en outre, quelques nouveaux cas de gangrène de l'oreille précédée d'hémorrhagie, à la suite de section du grand sympathique au cou.

Le propriétaire-gérant : GERMER BAILLIÈRE.

PARIS. — IMPRIMERIE DE E. MARTINET, RUE MIGNON, 2.

LA

REVUE SCIENTIFIQUE

DE LA FRANCE ET DE L'ÉTRANGER

REVUE DES COURS SCIENTIFIQUES (2E SÉRIE)

DIRECTION : MM. EUG. YUNG ET ÉM. ALGLAVE

2e SÉRIE — 1re ANNÉE NUMÉRO 22 25 NOVEMBRE 1871

Paris, le 24 novembre 1871.

Nous avons parlé, il y a quelque temps, d'un incident regrettable arrivé au Muséum d'histoire naturelle de Paris. Le professeur de géologie, M. Daubrée, avait interdit à l'aide-naturaliste de sa chaire, M. Stanislas Meunier, de publier désormais aucune recherche faite à l'aide des collections du Muséum. Cet incident vient de se dénouer par une solution conforme à la justice et aux intérêts de la science. M. Daubrée a rendu à son aide la permission de continuer ses travaux ; mais il faut malheureusement ajouter que cette résolution n'a pas été spontanée. Deux fois, paraît-il, le ministère de l'instruction publique a demandé des explications à M. Daubrée, bien qu'il n'ait pas voulu lui-même trancher le différend. L'assemblée des professeurs du Muséum aurait préféré aussi ne pas s'en occuper, et l'on alléguait pour justifier son abstention qu'elle ignorait officiellement cette affaire, puisque l'aide-naturaliste ne lui avait pas adressé de plainte ; mais elle a dû enfin s'en saisir, et à la suite d'une séance un peu orageuse, M. Daubrée a dû abandonner ses prétentions.

L'assemblée des professeurs du Muséum mérite assurément d'être félicitée pour avoir su résister à la bienveillance naturelle qu'on a toujours vis-à-vis d'un collègue. Mais il faut se demander en même temps si les intérêts des jeunes savants, intimement liés à ceux de la science, ne sont pas quelquefois fort exposés. Pour un plaignant qui obtient justice, — peut-être parce qu'il est le fils d'un journaliste qui a pu attirer l'attention publique, — que de victimes ignorées et résignées ! Je sais bien qu'au Muséum comme dans nos autres écoles scientifiques, la plupart des professeurs ouvrent libéralement les portes de leurs collections et de leurs cabinets, mais enfin M. Daubrée n'est peut-être pas le seul qui ait empêché l'essor des jeunes savants au lieu de le favoriser, et ce n'est peut-être pas la première fois qu'il le fait.

Le salaire d'un aide-naturaliste, ce ne sont pas les 1900 fr. que l'État lui alloue chaque année, mais la disposition permanente des instruments de travail intellectuel. Les collections publiques sont établies et entretenues dans l'intérêt de la science ; le professeur chargé de leur garde est comme un bibliothécaire, il n'a pas le droit de les soustraire à l'étude. Voilà un principe sur lequel il faut bien insister puisqu'il se rencontre encore des personnes capables de le méconnaître en pratique sinon de le contester ouvertement.

En ce moment même, l'Observatoire de Paris voit se produire des faits analogues. La satisfaction n'y est pas plus générale que du temps de M. Leverrier. Les grands instruments servent à peine quelques heures par jour pour les observations régulières du service ; le reste du temps, ils sont libres, et rien n'empêcherait de les employer à des travaux personnels. Eh bien ! cette permission a été refusée à un astronome même de l'Observatoire ! Il n'y a guère en France de savants assez riches pour acheter à leur compte les coûteux instruments qu'exige l'étude du ciel. L'État lui-même n'entretient qu'un seul observatoire véritable. Si l'on ne peut pas se servir de ses appareils pour des recherches originales, même quand on est fonctionnaire de l'établissement, que deviendra l'astronomie française ?

Les hôpitaux de Paris viennent de perdre un interne, M. Proust, qui a succombé aux suites de ses blessures. Au lieu de solliciter un refuge dans une ambulance, il était resté à son bataillon de mobiles.

Échantillon de l'amabilité des journaux allemands.

Le *Gazette de Cologne*, dans un compte rendu un peu léger du Congrès d'anthropologie préhistorique à Bologne, est amenée à parler du livre de M. de Quatrefages sur la *Race prussienne*, où il démontre que cette race contient bien peu d'éléments germaniques. Ce fait scientifique ne lui plaît pas, et, ne se croyant pas sans doute en mesure de le contester, elle l'écarte par la déclaration suivante :

> Heureusement, Quatrefages n'est pas seulement considéré comme un naturaliste incapable (*unfatug*), mais encore comme un savant menteur (*lugenhafter*). La haute position qu'il occupe à Paris montre à quel point est tombée la science dans le pays de Cuvier.

La *Gazette de Cologne* se dispense d'ajouter, bien entendu, que ce savant incapable et menteur avait été nommé vice-président de ce Congrès *international* qui n'admettait aucun membre allemand dans son bureau.

ÉMILE ALGLAVE.

SOCIÉTÉ DE PHYSIQUE ET D'HISTOIRE NATURELLE DE GENÈVE

M. H. DE SAUSSURE

Édouard Claparède

Les sciences ont fait à Genève cette année une perte considérable dans la personne du professeur Édouard Claparède, décédé en Italie pendant le voyage qui devait le ramener auprès de nous.

Quoique prévu depuis longtemps, cet événement n'en a pas été moins douloureux pour toute la population lettrée de notre ville, et je dirai même pour le monde savant tout entier. En ce qui nous concerne personnellement, lié d'amitié avec Édouard Claparède, c'est avec le sentiment d'une profonde affliction que nous venons aujourd'hui payer un tribut à sa mémoire dans les lignes qui suivent. Mais c'est en même temps un devoir que nous aimons à remplir, tout en sentant notre insuffisance à retracer, comme elle le mérite, la vie d'un homme doué d'un génie si supérieur et d'un si noble caractère.

Il est des hommes dont la réputation s'est formée graduellement en suivant une marche lente et régulière, et qui finissent, par l'effet du temps et d'une constante application, à prendre rang parmi les illustrations académiques. Il en est d'autres qui semblent comme prédestinés à marquer d'emblée dans le pays qui les vit naître, et qu'un génie naturel appelle presque dès l'entrée de leur carrière à exercer une véritable influence sur la vie intellectuelle de leur entourage. Mais il n'est pas rare de voir ces hommes d'élite succomber avant l'âge normal, comme si tout chez eux devait être précoce, le terme même de leur existence, comme la séve de l'esprit, la maturité du caractère et l'expérience des choses. Plus d'un exemple de ce genre nous a déjà frappé ; on dirait que chez ces hommes la nature se complaît à faire, au détriment de l'être physique, une compensation de l'exubérance des dons qu'elle accorde à l'esprit, et qu'une sorte de loi d'équilibre veut que chez eux la vie se consume à proportion de tout ce que dégage la pensée.

Tel a été, en particulier, le trait frappant de la vie de Claparède. Prenant rang, presque dès le début, parmi les savants de premier mérite, doué d'une intelligence féconde en résultats surprenants, mais sans cesse tourmenté par une santé chancelante, il a succombé à la fleur de l'âge au moment le plus brillant de sa carrière.

Édouard Claparède (1) était issu d'une ancienne famille genevoise, qui, du reste, n'avait jamais marqué dans les sciences, ce n'est donc pas son éducation première qui lui inspira le goût des études scientifiques. Ce goût se trouva inné chez lui et doit être considéré comme une conséquence nécessaire de l'esprit d'analyse et des facultés logiques qui étaient au fond de son organisation.

Il commença ses études à l'Académie de Genève, où ses aptitudes aussi rares que variées le firent bientôt distinguer par ses professeurs. Il fut avant tout l'élève de M. Pictet de la Rive, auprès duquel il trouva un secours et une bienveillance qu'il s'est toujours plu à reconnaître dans le cours de sa carrière scientifique. En 1853, il se rendit à Berlin pour compléter ses études à l'Université de cette capitale et devint l'élève de J. Müller, qui tenait alors le sceptre de la physiologie et de l'anatomie comparée. Il y arriva précisément à l'époque où Müller était absorbé par ses immenses recherches sur l'anatomie et les métamorphoses des Échinodermes. Claparède se ressentit profondément de ces circonstances, et l'ardeur avec laquelle il participa aux travaux de laboratoire de son maître le porta bientôt à se consacrer presque exclusivement à l'anatomie et à l'embryogénie des animaux inférieurs ; de là un goût prononcé pour la micrographie, qui fut bientôt développé par ses relations avec Ehrenberg, et qui décida de sa carrière scientifique.

A Berlin, Claparède donna à ses études une extension prodigieuse, qui aurait certainement été beaucoup trop vaste pour un autre que lui. Tout en menant de front l'étude des sciences naturelles, celle de la médecine et celle des langues du Nord, qu'il ne tarda pas à posséder d'une manière complète, il travaillait avec ardeur à des travaux originaux. Il apprit tout seul le dessin et arriva aussi dans cet art à un haut degré de perfection. En 1855, il accompagna Müller dans un voyage en Norwége, et il séjourna ensuite pendant deux mois sur un récif des bords de l'Océan avec un de ses camarades de l'Université dans le but de poursuivre l'étude des animaux marins. De 1854 à 1857 il se livra, à Berlin, en commun avec son ami Lachman, à de vastes investigations sur les Infusoires et les Rhizopodes, et rédigea sur l'organisation de ces animaux un ouvrage considérable, qui remporta plus tard, à l'Académie des sciences de Paris, le grand prix des sciences physiques.

En 1857, Claparède fut reçu docteur en médecine. De retour à Genève, il y devint bientôt membre de la Société de physique, de la Société médicale et de l'Institut national genevois. Il ne tarda pas à être agrégé au professorat de l'Académie, et la distinction dont il fit preuve dans son enseignement jusqu'à la fin de sa vie, n'a pas peu contribué à soutenir à l'étranger la renommée de cette institution. Il devint aussi l'un des rédacteurs les plus laborieux des Archives de la Bibliothèque universelle, dont le bulletin scientifique, aussi bien que la partie consacrée aux mémoires, a été remplie pendant quinze années de ses savantes analyses, d'autant plus précieuses, qu'elles font, pour la plupart, connaître des ouvrages écrits dans des langues étrangères.

Déjà comme étudiant, Claparède avait publié un certain nombre de mémoires très-estimés, insérés pour la plupart dans les *Archives* de Müller, et qui lui avaient valu une place fort honorable parmi les zoologistes. Tel est son mémoire sur l'*Actinophrys Eichhornii*, chez lequel il signale une grande vésicule contractile qu'il considère comme un organe cordiforme. Il décrit le mode de digestion de ces animaux, capables d'envelopper et de digérer des matières végétales et animales par n'importe quelle partie de leur corps, tout orifice servant chez eux indifféremment de bouche ou d'anus, ce qui doit les faire classer dans les Rhizopodes. Tel est aussi son travail sur le *Cyclostoma elegans*, qui lui servit de thèse pour le doctorat, et dans lequel il décrit un organe calcaire composé de couches concentriques, logé entre les replis de l'intestin, organe dont on ne connaissait aucun exemple chez les Gastéropodes. A cette série de ses travaux appartient encore son anatomie de la *Néritine fluviatile*, qu'il montre ne

(1) Né à Genève le 24 avril 1832, mort à Sienne le 31 mai 1871.

pas être hermaphrodite, et dont l'opercule testacé offre une structure différente de celle de la coquille ; ce qui doit faire exclure l'opinion de Gray, que l'opercule est une seconde valve atrophiée, etc.

Son grand ouvrage sur les Infusoires, rédigé en collaboration avec Lachman, qui mourut avant la publication de ce travail, le fit aussitôt classer parmi les maîtres de la zoologie. Quoique aujourd'hui un peu dépassé par les travaux de Stein, Zenker, Cohn et autres, dont l'œil a pu s'armer d'instruments plus parfaits, on peut dire que cet ouvrage est réellement celui qui a fondé la science moderne des infusoires, dont l'organisation et les affinités étaient encore si peu comprises, malgré les travaux d'Ehrenberg, de Dujardin et de plusieurs autres naturalistes. Claparède et Lachman montrent que ces êtres ne sont ni aussi compliqués que l'avait cru Ehrenberg, ni aussi simples que le prétendait Mayen, dont la théorie a longtemps dominé, et suivant lequel le corps de ces animalcules se compose d'une simple cellule formant une sorte de poche. Ils renversent cette théorie à l'aide d'un arsenal d'observations et de faits sous le poids duquel les champions de l'unicellularisme ont dû rapidement succomber. Ils établissent les affinités des infusoires, d'une part avec les Vers et les Cœlentérés, d'autre part avec les Rhizopodes, et en donnent pour la première fois une classification satisfaisante. Ils y distinguent dix familles et décrivent un grand nombre d'espèces; pas autant, il est vrai, qu'Ehrenberg en avait signalé ; mais en revanche ils font faire un grand pas à la connaissance de l'organisation de ces êtres.

La partie de l'ouvrage qui concerne les Rhizopodes tend surtout à révéler une organisation définie chez ces animaux, qu'on avait voulu considérer comme n'en possédant pour ainsi dire aucune. La troisième partie de l'ouvrage, qui traite de la reproduction des Infusoires et des Rhizopodes, avait été envoyée déjà en 1855 à l'Académie des sciences de Paris ; elle fut couronnée en 1858 et ne put paraître qu'en 1860.

Nous voyons ensuite le nombre des publications de Claparède s'accroître avec une rapidité surprenante, comme on peut en juger par le catalogue de ses œuvres que nous plaçons à la suite de cette esquisse biographique.

Quoique ses études se reportassent toujours avec prédilection sur les animaux inférieurs, il s'occupait des sujets les plus variés et rédigeait souvent des notices étendues, destinées à donner le résumé des travaux récents sur tel ou tel point de la science. On trouvera dans les « Archives » de la Bibliothèque Universelle un grand nombre de mémoires de ce genre, où il traite de matières intéressant la physiologie, la zoologie, la géologie, et même l'archéologie, tandis que dans d'autres articles il aborde les plus hautes questions de philosophie naturelle.

En 1858, il s'occupa de la théorie de la vision binoculaire et publia divers mémoires sur l'horoptre. Il y confirme par de nombreuses expériences les démonstrations de A. Prévost et de Burckhardt, desquelles il résulte que les points vus simples par les deux yeux ne peuvent être situés que sur une circonférence de cercle passant par le point de mire et par les centres optiques, et sur une ligne droite passant par le point de mire perpendiculairement au plan de vision.

Ce furent probablement ces études sur la vision au moyen des yeux simples qui le conduisirent, l'année suivante, à l'étude du développement des yeux composés des Arthropodes, dont il suivit l'évolution chez diverses nymphes, avec une merveilleuse sagacité. Cette étude l'amena à conclure que la théorie de la vision chez les insectes, telle que l'avait formulée Müller, n'était pas soutenable, parce que l'animal serait si myope, qu'il verrait à peine à quelques pieds de distance. Il montre que chaque élément correspondant à une facette constitue un œil distinct, et que le principe des points séparés ne peut plus subsister pour ces yeux-là. Il faut donc supposer chez l'animal le pouvoir d'objectiver les impressions dans la direction des rayons qui viennent frapper chaque facette.

Quoique déjà fort célèbre dans le monde scientifique, Claparède n'était point encore connu du grand public ; ce fut un cours populaire, fait à Genève (1) en 1860, qui fonda sa renommée sous ce rapport. Une affluence énorme ne cessa d'assiéger la porte de la salle de ses leçons, attirée par la vaste érudition et la clarté d'exposition du professeur, qui excellait à se mettre à la portée du vulgaire, aussi bien qu'à traiter au sein des sociétés savantes les sujets les plus abstraits. Mais, en même temps qu'il entraînait ses auditeurs par tant de qualités réunies, la largeur de ses vues et l'indépendance de ses idées lui attiraient de la part de certains esprits étroits des attaques aussi ridicules qu'immodérées, de nature à aigrir tout autre caractère que le sien. Il les supporta avec patience, et l'on ne saurait mettre en doute qu'il n'ait été chez nous l'un des hommes qui ont le plus contribué à faire tomber des préjugés contraires à l'esprit de la science moderne.

En dehors de son enseignement, auquel Claparède s'est toujours livré avec une véritable passion, et de la publication de ses nombreux ouvrages, il n'a mené à Genève qu'une existence modeste, concentrée dans le sanctuaire de son cabinet, et sa vie n'est marquée par aucun événement qui intéresse le public. L'état constant de maladie dans lequel il a vécu l'obligeait à des ménagements particuliers. Il entreprit néanmoins des voyages assez fréquents sur les bords de la mer, dans le but de poursuivre ses études sur les animaux marins.

En 1859, il fit un voyage en Angleterre et se lia d'amitié avec le docteur Carpenter, qui l'accompagna dans les Hébrides. Le séjour qu'il fit sur les côtes de cette île l'amena à composer divers mémoires d'un haut intérêt sur de nouveaux vers marins alliés aux vers de terre, et sur les Turbellariés ; mémoires insérés dans le bulletin de la Société de physique d'Édimbourg, dans les Archives de Reichert et dans les Mémoires de la Société de physique de Genève. C'est de ce séjour aussi que date un travail sur le *Tomopteris onisciformis*, qu'il rédigea en commun avec le docteur Carpenter (*Linnean Transactions*).

L'embranchement des Vers semble avoir eu pour lui un attrait particulier, et il a fixé son attention jusqu'à la fin de sa vie. A Genève, il continua ses recherches sur ces animaux, s'appliquant à l'étude des espèces parasitiques, limnicoles et terrestres qu'il trouvait à sa portée. Outre son travail sur la fécondation chez les Vers nématoïdes, où il discute la signification des parties de l'œuf, nous trouvons encore dans les Mémoires de la Société de physique et d'Histoire naturelle de Genève ses Recherches sur les Oligochètes ou vers de terre, dans lesquelles il rend très-bien compte des différences anatomiques et physiologiques de ces animaux, jusque-là fort né-

(1) Cours du soir de l'Hôtel de Ville.

gligés, dont les affinités avaient été mal comprises. Il y démontre l'homologie de l'organe segmentaire avec les tubes reproducteurs ; il forme, comme Grube, des Oligochètes un ordre séparé, qu'il divise en terricoles et limnicoles, en se basant sur des différences importantes dans le système vasculaire et dans l'appareil reproducteur.

Ces recherches sur les Annélides, bien qu'interrompues par d'autres travaux, reparaissant presque d'année en année sous la forme de notices plus ou moins étendues, ont fini par devenir l'objet d'un ouvrage capital, malheureusement le dernier qu'il mit au jour.

Dans diverses publications où il a réuni des mélanges d'observations (Glanures zoologiques, etc.), il décrit beaucoup de formes singulières, propres aux Annélides errants, des formes larvaires aberrantes, des modes particuliers de reproduction, ainsi qu'un grand nombre de faits anatomiques et physiologiques.

En 1867, il communiqua à la Société helvétique des sciences, réunie à Einsideln, un grand travail sur l'histologie du Lombric terrestre, qui parut plus tard à Leipzig. Dans cette étude il se surpasse par la finesse des préparations, et le soin mis dans ses recherches. On y trouve décrite, pour la première fois d'une manière satisfaisante, la structure du système nerveux et des trois grosses fibres tubulaires que l'auteur avait précédemment découvertes chez divers Oligochètes. Ces fibres géantes ne sont pas noyées dans la substance médullaire axiale, mais au contraire placées en dehors du cordon nerveux et reposent sur le névrilème interne ; elles ne se ramifient pas en avant comme l'avait cru Leydig, mais chez le lombric elles s'arrêtent au contraire un peu avant l'extrémité du cordon ventral, et chez les *Arenicola* elles se noient simplement dans la commissure. La question du développement des vers avait aussi occupé Claparède pendant bien des années, sans cependant qu'il eût livré son travail à la publicité, parce qu'il y trouvait encore des lacunes. Mais il a constaté ce fait, que parmi les œufs renfermés en grand nombre dans la capsule sécrétée par le clitellum, un seul se transforme en embryon ; celui-ci augmente rapidement de volume, parce dès que sa bouche est formée il dévore les œufs qui l'entoure et qui lui servent de magasin de nourriture. C'est là un phénomène tout analogue à celui qui avait été décrit chez certains mollusques gastéropodes tels que les *Purpurea*, etc.

Dès 1860, les études de Claparède se portent sur l'évolution des Arthropodes. En 1862, la Société des Sciences d'Utrecht lui décerne une grande médaille d'or, pour ses belles recherches sur le développement des araignées, qui furent publiées dans les mémoires de cette société. Ce travail est un chef-d'œuvre d'exécution, un type d'observation sûre et complète dans l'établissement des faits, un modèle de clarté dans leur exposition.

L'embryologie des araignées n'était encore connue que d'une manière rudimentaire par les travaux fort anciens de Herold et de Rathke. Claparède la met en pleine lumière dans tous ses détails, et fait ressortir toutes les analogies et les différences qui règnent entre le développement des Aranéides et celui des autres Arthropodes. Il découvre en particulier ce fait qui paraît tout spécial aux Aranéides, c'est que l'embryon, qui, durant la première période génétique, se trouve enroulé sur le dos, au lieu de se renverser pour s'enrouler sur le ventre comme chez les autres Arthropodes, opère sa réversion par un artifice particulier, en se partageant par le milieu et en laissant passer, par l'ouverture ainsi formée, le vitellus qui vient alors occuper la face ventrale de l'embryon, d'où résulte que les deux moitiés de ce dernier, au lieu de former plus tard la face ventrale de l'animal, en formeront les faces latérales (1). C'est, sans doute, afin de s'assurer si cette anomalie est bien une phase constante chez les Arachnides, que Claparède se consacra peu de temps après à l'étude du développement des Acariens. Il ne constata pas chez ces derniers le même fait, mais ses recherches le conduisirent à d'autres résultats non moins piquants. Cette étude, abondante en faits curieux, renferme en particulier la découverte d'un double et même d'un triple emboîtement de l'œuf, phénomène que l'auteur a désigné par les noms de *deutovum* et de *tritovum*. Cette singulière phase du développement ne se rencontre du reste pas chez toutes les espèces ; elle manque chez les *Tetranychus* qui vivent sur les végétaux ; le *deutovum* s'observe chez les *Atax*, qui vivent sur les branchies des bivalves de nos ruisseaux, et le *tritovum* apparaît chez les *Nyobia*, en particulier chez la *N. muris*, qui vit en parasite sur les souris.

Le travail sur l'évolution des araignées fut suivi de près par une étude sur la circulation du sang chez ces animaux. L'auteur réussit à observer, par transparence, d'une manière très-complète, de jeunes Lycoses prises au sortir de l'œuf. Le sang, en s'échappant du cœur, circule, non pas d'arrière en avant comme on pourrait le supposer, mais au contraire, d'avant en arrière, comme Leydig l'avait déjà indiqué. Le cœur n'offre pas de cloisonnement, mais il est muni d'orifices latéraux, s'ouvrant dans le mouvement de diastole et permettant ainsi l'entrée du sang dans l'organe central. L'extrémité de cet organe est tubulaire et forme une aorte caudale, d'où le liquide se répand dans le pygidium.

Les recherches sur le développement des Arthropodes se continuent ensuite dans un grand ouvrage in-folio, publié à Leipzig, en 1863, sur l'anatomie de divers animaux sans vertèbres, étudiés sur la côte de Normandie, ouvrage dans lequel se trouve décrite l'embryologie de plusieurs types de crustacés.

Bien que la liste des ouvrages de Claparède allât grossissant très-rapidement d'année en année, chacune de ses productions forme pour ainsi dire un jalon de repère dans l'histoire des êtres qu'il étudie et fait faire à la science sur tous les sujets qu'il aborde un pas incontestable. Il ne reculait devant aucune peine lorsqu'il s'agissait d'élucider une question. Rencontrait-il dans ses lectures des points obscurs ou des assertions qui ne lui paraissaient pas admissibles, il se con-

(1) Voici comment ce mémoire fut couronné par la Société d'Utrecht. Certes, Claparède n'a jamais recherché les honneurs et les prérogatives qui s'attachent à la célébrité, et c'est toujours avec une extrême modestie qu'il a offert ses travaux à qui voulait se charger de leur publication, sans songer à aucune récompense. Son mémoire sur le développement des Aranéides n'avait point été établi dans le but de prendre part à un concours ou de remporter un prix proposé. L'auteur l'avait d'abord envoyé à Leipzig, où il ne trouva pas d'éditeur, vu le coût des planches. La Société d'Utrecht venait de se constituer ; Claparède essaya de proposer le mémoire en question à cette Société, sans se flatter d'un grand succès. Les savants d'Utrecht, frappés de la valeur scientifique de l'ouvrage et de la magnificence des dessins qui l'accompagnaient, résolurent non-seulement de le publier, mais répondirent qu'ils seraient heureux d'en recevoir d'autres du même genre. En même temps, l'auteur ne fut pas peu surpris d'apprendre que son mémoire avait été couronné d'une médaille d'or.

damnait souvent à reprendre *ab ovo* le travail d'un autre dans l'espoir de se rendre compte de la vérité. Ces recherches, entreprises dans le seul but de satisfaire son esprit, ont souvent donné lieu de sa part à d'intéressantes communications au sein des sociétés savantes et ont quelquefois été publiées sous forme de notes. C'est ainsi, par exemple, qu'il a tranché le débat qu'avaient fait naître les travaux contradictoires de Mecznikow et de Balbiani sur la reproduction des pucerons. Après avoir refait lui-même toute l'étude de cette reproduction, il a montré que, contrairement à l'opinion de Balbiani, ces insectes ne sont pas hermaphrodites.

Lorsque parut l'ouvrage de Darwin sur l'origine des espèces, Claparède s'empara des vues de l'auteur avec une sûreté de coup d'œil que la marche de la science a, depuis lors, pleinement justifiée, et qui lui permit de s'élever à des conclusions importantes. Il publia, à cette époque, dans la *Revue germanique*, sur le livre de Darwin, des articles remarquables, dans lesquels il s'élève à une grande hauteur de vues, et en 1869 encore il donne une critique des plus judicieuses de l'ouvrage de Wallace, auteur qui revendique avec raison la simultanéité de l'idée servant de base à la théorie de la sélection naturelle. Dans tous ses travaux, on le trouve du reste inspiré des tendances darwinistes, et il fait jaillir de ses observations des rapprochements ingénieux, appuyant tous la doctrine de l'évolution qui joue aujourd'hui un si grand rôle dans les sciences biologiques. Ainsi, et pour n'en citer qu'un seul exemple, il consacre, à la fin de son beau mémoire sur le développement des Acariens, un chapitre à l'appui de la théorie de Darwin, en montrant que l'appareil qui sert de crampon chez les acariens parasites échappe à la loi d'homologie. En effet, ce n'est point un organe fixe qui remplit ces fonctions, mais bien au contraire tel ou tel organe qui se trouve modifié, suivant les espèces, en vue de l'adaptation aux mêmes fonctions. Chez les uns, ce sont les pattes antérieures ; chez d'autres, les pattes postérieures ; chez les *Listophorus*, c'est même la lèvre inférieure qui se transforme en organe fixateur. Or, si les Acariens parasitiques formaient une famille déterminée, dépendant d'un type primitif, l'organe fixateur serait toujours le même, tandis que, si, au contraire, les parasites sont les descendants d'espèces non parasitiques, dont les mœurs ont occasionnellement changé, et avec les mœurs aussi la forme des organes, comme le veut le système de Darwin, chaque espèce a pu adapter un organe quelconque aux fonctions de la fixation, en sorte qu'il ne saurait sous ce rapport régner entre elles d'unité homologique. Et c'est précisément là ce qu'on observe.

A lire le résultat de tant de vastes recherches exécutées avec un si grand soin, on ne se douterait pas qu'elles eussent été sans cesse interrompues par la maladie.

La santé de Claparède était, en effet, pour lui et pour ses amis, un sujet de préoccupations continuelles, et il n'est pas hors de propos, avant de parler des derniers ouvrages de notre ami, de dire un mot des souffrances physiques qui ont empoisonné sa vie, qui ont sans cesse interrompu ses travaux scientifiques et qui lui ont suscité des difficultés de tous genres. On ne peut comprendre qu'un homme, dont l'existence n'a été pour ainsi dire qu'un long martyre, ait pu produire de si nombreux et importants ouvrages. D'une constitution faible, il avait été atteint déjà en 1854 d'un rhumatisme articulaire, qui, en se portant au cœur, avait laissé à cet organe une lésion, cause principale de toutes les complications ultérieures. Encore simple étudiant, il était déjà sujet à des accès de palpitations extrêmement graves, et parfois accompagnés d'hémoptysies très-inquiétantes. En 1857, une crise de ce genre faillit l'emporter. Tout donnait lieu de craindre que d'un jour à l'autre il succomberait à une nouvelle atteinte. Depuis le retour de Claparède à Genève, le mal était toujours allé en augmentant et réagissait d'une manière désastreuse sur tout l'organisme, principalement sur les fonctions de l'estomac et des organes respiratoires. Le régime très-sévère que le malade suivait, en apportant un certain allégement à ses maux, ne pouvait qu'augmenter sa faiblesse, et il se manifestait chaque jour chez lui quelque phénomène nouveau qui déroutait toutes les prévisions des médecins. De fréquentes névralgies lui occasionnaient des souffrances atroces, et pour les faire cesser il eut recours à des moyens extrêmes. Les crises de palpitations, les hémorrhagies, revenaient sans cesse à des époques indéterminées, souvent accompagnées d'accidents imprévus. Durant des mois entiers, il devenait incapable d'aucun travail, et son existence même semblait être un continuel miracle. L'énergie qu'il déployait dans sa lutte contre ces horribles souffrances dépasse tout ce qu'on peut imaginer et faisait l'admiration de son entourage (1). Cette même énergie, il l'employait à se remettre à l'œuvre aussitôt qu'arrivait le moment du soulagement. Nous l'avons vu reprendre ses fonctions de professeur dans un état tel qu'il avait de la peine à se traîner jusqu'à l'Académie, crachant le sang pendant la leçon, et néanmoins, l'heure terminée, oubliant ses maux au point de continuer à converser avec ses étudiants et à répondre à leurs questions.

En 1860, il s'était marié. Une affection réciproque l'avait conduit à épouser une de ses parentes, qui devint la compagne obligée de tous les actes de sa vie. Cet événement l'avait placé dans une position indépendante, en lui créant un intérieur, et sa maison était devenue un centre de conversations scientifiques, qui seront longtemps regrettées sans être remplacées. A toute heure et quelles que fussent ses occupations, on trouvait toujours auprès de lui le bon accueil d'un homme qu'on ne semblait jamais déranger. Qui ne conservera le plus gracieux souvenir de ses réceptions hebdomadaires à sa campagne de Cologny, réceptions empreintes d'une simplicité cordiale, où une conversation toujours intéressante et substantielle réunissait autour de sa table un petit nombre d'amis, pour la plupart adeptes des sciences, des arts et de la littérature, mais auxquels venaient se mêler aussi quelques hommes placés en dehors de ces spécialités?

Les travaux de Claparède avaient été presque entièrement interrompus pendant les années 1865-1866 par suite de l'état de sa santé ; il avait été atteint du typhus et avait eu la douleur de voir sa femme et ses enfants visités par de graves maladies. Aussi le besoin d'un climat plus doux le décida, en 1866, à passer l'hiver à Naples. Ce séjour lui fut propice au delà de toutes ses prévisions. Sa santé fut relativement très-bonne durant cet hiver, et c'est alors qu'il se livra à ses immenses études sur les Annélides du golfe de Naples, qui ont

(1) Ainsi, pour faire cesser les névralgies horribles auquel il était sujet, il n'hésita pas à se faire arracher toutes les dents. Il serait impossible de faire comprendre à qui ne l'a pas connu tout ce que cet homme a souffert. Il nous a souvent dit que l'amour du travail et de sa famille pouvait seul le décider à soutenir une existence qu'il a incontestablement réussi à prolonger à force d'énergie et de précautions.

rempli en grande partie les tomes XIX et XX des *Mémoires de la Société de physique de Genève*, et qui, dans l'opinion des savants, placèrent Claparède parmi les maîtres de cette branche de zoologie.

Dans cet ouvrage, qui se compose de deux volumes in-4° accompagnés de cinquante planches très-chargées, il fait connaître un grand nombre de formes nouvelles, et établit une bonne critique de la synonymie, si épineuse dans les groupes où les formes changent avec l'âge des animaux. Mais l'ouvrage renferme surtout une richesse extraordinaire de faits anatomiques et physiologiques. Dans le nombre des découvertes qu'il expose, l'une des plus frappantes est celle qui touche la reproduction de la *Nereis Dumerili*. Cette Annélide pond des œufs fécondés d'où s'échappe un ver qui avait été précédemment classé dans le genre *Heteronereis*; ce ver pond à son tour des œufs féconds, qui, suivant les saisons, tantôt donnent naissance à une seconde espèce de *Heteronereis*, tantôt reproduisent la première forme de *Nereis*. Il s'agit donc ici d'une véritable génération alternante sexuelle, telle qu'on n'en avait jamais observé encore. L'ouvrage sur les Annélides de Naples a dû exiger, suivant les appréciations d'un auteur anglais, un travail d'une si étonnante application qu'on aurait peine à concevoir qu'un homme, même en parfaite santé, fût en état de produire quelque chose de pareil dans un espace de temps aussi court.

Les deux années que Claparède passa à Genève après son retour furent marquées pour lui par les alternatives habituelles qui se produisaient dans sa santé. Ce fut pendant cette période qu'il termina son travail sur le développement et l'anatomie des Acariens, travail qui ne put malheureusement trouver place dans les *Mémoires de la Société de physique de Genève*, et qui parut en Allemagne (1).

Le résultat favorable de son premier séjour à Naples, au point de vue de sa santé et de ses recherches, décida Claparède, en 1868, à y passer un second hiver; mais ce nouveau séjour ne ressembla guère au premier. Une grave maladie de sa femme lui rendit le travail presque impossible; les soins assidus qu'il prodigua à la compagne de sa vie l'éprouvèrent beaucoup, et il revint lui-même extrêmement souffrant. Le mal qui le minait avait fait des progrès incontestables, et plusieurs fois nous avons cru le perdre à son retour. Bien que son activité fût singulièrement diminuée et que même la tâche de l'enseignement fût devenue pour lui très-difficile, il continua toujours à travailler et publia diverses notices de moindre étendue, toutes empreintes du même génie d'observation.

En 1870, il voulut essayer une fois encore du climat du Midi et repartit en automne pour Naples; mais, loin d'éprouver le moindre soulagement, il y tomba plus malade que jamais, et les souffrances qu'il endura pendant ce séjour ne lui permirent de suivre aucune occupation. Il ne se faisait nullement illusion sur son état; ses lettres étaient des lettres d'adieux et indiquaient clairement qu'il ne s'attendait point à revoir Genève ; car une hydropisie qui remontait lentement vers les organes vitaux ne lui laissait aucun espoir.

Dans cette situation, il prit un parti qui servira à peindre l'énergie extraordinaire qu'il déployait dans sa lutte contre les souffrances. Se voyant abandonné des hommes de l'art, il se décida à essayer d'un traitement qu'il qualifiait lui-même de barbare et que les médecins déclaraient impraticable pendant plus de vingt-quatre heures; il se priva pendant vingt-deux jours de toute boisson, tout en s'administrant beaucoup de sel marin. Il réussit, en effet, par ce moyen héroïque, à faire momentanément cesser l'hydropisie; il reprit même assez de forces pour effectuer quelques promenades à pied. Ses lettres firent un instant renaître une lueur d'espoir chez ses amis; on l'avait vu tant de fois se relever de si bas que cet espoir finit par revêtir le caractère de la certitude; mais le patient ne devait pas résister aux fatigues du voyage. L'hydropisie reparut après son départ de Naples et augmenta avec une rapidité effrayante. Claparède y succomba le 31 mai à Sienne, au milieu des circonstances les plus tristes et les plus émouvantes, entouré seulement des soins de sa femme. Le professeur Schiff, accouru de Florence pour lui venir en aide, n'arriva que le lendemain de sa mort.

Claparède n'était âgé que de trente-neuf ans et laissait deux enfants en bas âge.

Quelque prématurée qu'ait été sa mort, il a assez enrichi la science pour s'y être fait un nom considérable. Les ouvrages qu'on lui doit survivront à leur auteur, car tous renferment des recherches exactes et des faits bien étudiés. Mais que de regrets ne doit-on pas avoir en pensant à tout ce que cet homme aurait produit si son existence s'était prolongée encore quelques années! On en peut juger par son dernier ouvrage sur les Annélides du golfe de Naples, qui fut l'œuvre d'une seule saison de séjour dans ces parages. Il est bien plus difficile de se figurer ce qu'on aurait vu sortir de sa plume, si, au lieu d'être sans cesse aux prises avec les souffrances, il avait joui d'une bonne santé. Son existence précaire ne lui a jamais permis d'entreprendre des ouvrages de longue haleine, et on a lieu de s'étonner qu'il ait même pu en produire d'aussi étendus durant les trop courtes périodes qu'il pouvait consacrer à un travail suivi.

Il laisse un ouvrage inédit sur l'histologie des Annélides, fruit des derniers efforts de sa vie. Espérons que cette œuvre, que nous savons être aussi remarquable que les précédentes, ne tardera pas à être livrée à la publicité, malgré les difficultés matérielles qui en ont jusqu'à ce jour entravé la publication.

Par acte testamentaire, Claparède a légué à la ville de Genève sa magnifique bibliothèque scientifique. En prenant place dans notre bibliothèque publique, cette riche collection y comblera une lacune qui depuis longtemps ne se faisait que trop sentir. Le donateur, en terminant sa carrière scientifique, a voulu que les éléments de travail depuis longtemps accumulés par lui continuassent à profiter à d'autres et à contribuer au développement scientifique de sa ville natale, auquel il s'était toujours si vivement intéressé. Cet acte de munificence lui assure la reconnaissance des générations futures.

Après avoir cherché, dans les pages qui précèdent, à tracer l'esquisse de la vie de Claparède, il nous reste à rendre compte des principaux traits de son caractère.

Tous ceux qui ont entretenu avec lui des rapports suivis connaissaient sa modestie et cette droiture parfaite qui dénotait chez lui une conscience à l'abri de tout reproche.

Il possédait l'instinct de la générosité et distribuait avec largesse toutes ses publications, quelle que fût d'ailleurs leur

(1) *Zeitschrift für wissensch. Zool. XVIII*, Leipzig, 1868.

importance. Il était serviable au delà de toute expression. Pour les étudiants comme pour ses nombreux visiteurs, Claparède était toujours rempli de prévenances. C'était toujours avec une parfaite bienveillance qu'il venait en aide à ceux qui aimaient à le consulter pour leurs propres travaux, ou qui, arrêtés par quelque difficulté, réclamaient le secours de ses lumières. Jamais il ne laissait sentir sa supériorité; il n'avait rien de dédaigneux pour les travaux d'autrui; il accordait aux moindres productions une attention aussi sérieuse que si c'eussent été des œuvres importantes.

Il avait un cœur sensible qui s'ouvrait à toutes les infortunes. Nous l'avons vu toujours prêt à venir en aide aux hommes de science nécessiteux, et à prendre l'initiative des souscriptions au profit de leurs veuves et de leurs orphelins. Le dévouement se manifestait chez lui même au profit des inconnus, comme le prouve le fait suivant : Une faiblesse extrême, résultat de ses maladies, et le danger toujours menaçant des hémoptysies, interdisaient à Claparède tout effort physique et l'obligeaient, sous peine d'un vrai danger de mort, à fuir les foules où il aurait pu être bousculé. Malgré cela, à l'époque de nos plus grandes agitations politiques, on l'a vu s'interposer dans la rue au milieu d'une batterie, afin d'arracher un homme à une sorte de guet-apens où il venait de tomber. Il l'aide à se réfugier dans un magasin, en garde la porte pendant plus d'une heure, parlemente avec les forcenés qui réclament leur victime et finit par les décider à la retraite. Dans sa vie scientifique, il n'a jamais montré aucune de ces petites passions jalouses, si fréquentes chez les hommes qui suivent la même carrière. Toujours il s'est appliqué, dans ses écrits, à rendre justice aux travaux des autres.

Le seul reproche qu'on pourrait lui adresser (et bienheureux qui n'en mérite pas d'autres !), c'est de s'être souvent montré un peu trop entier dans la forme qu'il imprimait à la discussion. Il manquait un peu de ce moelleux, un peu de cette urbanité qu'on rencontre ordinairement chez ceux qui s'expriment dans la langue française, et de cette finesse de tact qui veut que l'opinion personnelle sache s'effacer au moment où elle menacerait de devenir blessante. Lorsqu'il distinguait clairement l'erreur, il la combattait parfois avec trop de crudité. Dans ses articles de critique, il a souvent traité sévèrement la superficialité de certains auteurs, et sa probité scientifique lui faisait rudoyer le manque de bonne foi, sans se laisser arrêter par aucune considération. Du reste, cette disposition, que je voudrais presque nommer un excès de droiture, était en partie éclipsée chez lui par sa bonté naturelle, et il ne conservait de ressentiment contre personne.

Quelque dangereux qu'il soit de chercher à juger des opinions d'autrui, nous croyons ne pas nous tromper en disant que Claparède était un disciple décidé de Kant, par conséquent un subjectiviste convaincu ; mais en même temps il semblait graviter vers un panthéisme dynamique dans lequel l'idée de la *force* l'emportait sur celle de la *matière*. Ces tendances, assez fréquentes chez les naturalistes, et qui chez lui semblaient ressortir de ses cours aussi bien que de ses écrits, lui avaient valu, au début de sa carrière, d'innombrables désagréments de la part des personnes vouées aux idées dogmatiques. Mais, après quelques années, lorsqu'il fut mieux connu, il finit par être apprécié par ceux mêmes qui s'étaient faits ses détracteurs, et il mettait une certaine coquetterie, qui n'était pas sans un grain de malice, à les traiter en amis ou même à les inviter à sa table, « comme il convenait à un homme sans préjugés ». On l'entendait volontiers répéter « que la divergence des opinions ne doit point éloigner les hommes les uns des autres », ainsi que cela se voit malheureusement trop souvent dans ce monde, et il se divertissait aux dépens de ceux qui, parce qu'ils ne pensent pas de même sur certains points, croient ne plus pouvoir se saluer.

Sa conversation était toujours savante, sur quelque sujet qu'elle se portât, car on aurait difficilement trouvé une spécialité scientifique ou littéraire, même parmi les plus étrangères à ses études ordinaires, sur laquelle il fût pris au dépourvu, et, malgré le positivisme de ses travaux, il ne dédaignait point les œuvres d'imagination. Dans l'abandon de l'intimité, il devenait un causeur charmant, avec lequel on oubliait les heures, et, dans le monde, que ses maux l'empêchaient de fréquenter beaucoup, les charmes de son entretien le faisaient rechercher des femmes aussi bien que des hommes de toutes les catégories.

La mort de Claparède a enlevé à Genève un des plus beaux fleurons de sa couronne scientifique, et à notre Académie, l'un de ses meilleurs professeurs. Pour tous ceux qui, de près ou de loin, s'intéressent aux progrès des sciences, elle est un profond sujet de deuil. Claparède était un de ces hommes qui marquent dans la vie intellectuelle d'un pays et qui semblent prédestinés à faire école. On rencontrait en lui un ensemble de facultés qui rarement se trouvent réunies chez le même individu : ainsi une facilité extraordinaire à s'assimiler les travaux des autres, une mémoire prodigieuse, une promptitude de conception et une sûreté d'observation qui ne s'est jamais démentie. A ces facultés essentielles il joignait toutes les qualités accessoires qui facilitent le travail dans le domaine des sciences naturelles ; il excellait dans l'art d'établir de fines préparations; il maniait le pinceau avec autant de talent que le scalpel et dessinait lui-même les planches de ses ouvrages. Il connaissait toutes les langues de l'Europe, en dehors des langues slaves ; ses lectures étaient immenses, et, bien qu'il ne prît guère de notes, son érudition avait (qu'on me passe l'expression) quelque chose d'effrayant ; c'est ce que disait de lui un de ses juges à l'époque où, à peine sorti des études, il subissait à Genève ses derniers examens. Enfin, chez lui, une logique puissante conduisait d'un pas assuré jusqu'aux déductions les plus abstraites, sans jamais s'égarer en route dans le domaine de l'imagination. Aussi la largeur de ses vues frappait tous ceux qui l'abordaient, et son enseignement avait une ampleur qui entraînait dès les premières phrases, bien qu'il ne sacrifiât jamais à l'éloquence.

Mais, pour ceux qui vivaient dans son intimité, ce n'est pas seulement un savant qu'ils perdent en lui, c'est aussi un ami sûr et dévoué, un homme qui, à côté du génie de la science, possédait toutes les qualités du cœur.

HENRI DE SAUSSURE.

LISTE DES OUVRAGES D'ÉDOUARD CLAPARÈDE

1. Résumé des travaux les plus récents sur la génération alternante et sur les métamorphoses des animaux inférieurs. (*Archives des sciences de la Bibliothèque universelle de Genève*, 1854, t. XXV.)

2. Ueber *Actinophrys Eichhornii*. (*Archiv für Anatomie, Physiolo-*

gie, etc., von Dr J. Müller, Berlin, 1854; et *Annals of Natural History*, 1855, t. XV.)

3. Sur la théorie de la formation de l'œuf. (*Archives des sciences*, 1855, t. XXIV; et *Annals of Natural History*, 1856, t. XIII.)

4. Anatomie und Entwickelungsgeschichte der *Neritina fluviatilis*. (*Müller's Archiv*, 1857; et *Annals of Natural History*, 1857, XX.)

5. De *Cyclostomatis elegantis anatome*. Dissertatio inauguralis. Berolini, 1857. (Thèse in-fol.)

6. Supplément à un mémoire de G. R. Wagener : Ueber *Dicyema*, etc. (*Müller's Archiv*, 1857.)

7. Beitrag zur Anatomie des *Cyclostoma elegans*. (*Müller's Archiv*, 1858.)

8. Note sur la reproduction des Infusoires, par Ed. Claparède et J. Lachman. (*Annales des sciences naturelles*, Paris, 1857, t. VIII.)

9. E. Claparède et J. Lachman. Études sur les Infusoires et les Rhizopodes, 2 vol. grand in-4, Genève, 1857-1861. (Extrait des *Mémoires de l'Institut national genevois*, t. V, VI et VII.) Grand prix de l'Académie des sciences de Paris.

10. Sur les prétendus organes auditifs des antennes chez les Coléoptères lamellicornes et autres insectes. (*Annales des sciences naturelles*, 1858, t. X.)

11. De la formation et de la fécondation des œufs chez les vers Nématoïdes. Genève, 1859, in-4. (Extrait des *Mémoires de la Société de physique de Genève*, 1860, t. XV.) — Voyez aussi *Annals of Natural History*, 1858, t. I, et *Zeitschr. für wissenschaftl. Zool.*, 1858, t. IX.

12. Analyse des travaux les plus récents relatifs à l'accommodement de l'œil aux distances. (*Archives des sciences*, 1858, t. I.)

13. Quelques mots sur la vision binoculaire et stéréoscopique et sur la question de l'Horoptre. (*Archives des sciences*, 1858, t. III.)

14. Nouvelles Recherches sur l'Horoptre. (Ibid.)

15. Encore un mot sur l'Horoptre. (Ibid.) — Voyez aussi *Zeitschrift für wiss. Zool.*, 1858, t. IX, et *Comptes rendus de l'Académie des sciences*, 1858, p. 566.

16. Beitrag zur Kenntniss des Horopters. (*Reichert's Archiv* (1), 1859.)

17. Sur l'action physiologique du Curare. (*Archives des sciences*, 1858, t. III.)

18. Remarque sur la note (précédente) de M. Prévost, relative à la vision binoculaire. (*Archives des sciences*, 1859, t. IV.)

19. Ueber die Kalkkörperchen der Trematoden und die Gattung *Tetracotyle*. (*Zeitchschr. fur wiss. Zool.*, 1858, t. IX, et *Quarterly Journ. microscopic. scienc.*, 1859, t. VII.)

20. On the reproduction of a Medusa belonging to the Genus *Lizzia*. (*Edimburgh Proceedings Phys. Soc.*, 1856-1862, t. II.)

21. Recherches sur les lois d'évolution du monde organique pendant la formation de la croûte terrestre, par H. G. Bronn. — Traduction extraite par Claparède. (*Archives des sciences*, 1859, t. IV.)

22. Existe-t-il chez les êtres vivants des forces vitales propres? (*Archives des sciences*, 1859, t. V.)

23. Sur certaines cavités des antennes, etc. (*Comptes rendus de l'Académie des sciences de Paris*, 1859, t. XLVIII.)

24. Zur Morphologie der zusammengesetzten Augen bei den Arthropoden. *Zeitschrift für wissensch. Zool.*, 1860, t. X.) Voyez aussi *Annals of Natural History*, 1860, VI, et *Annales des sciences naturelles*, 1859, t. XII.

25. Beiträge zur Fauna der Schottischen Küste. (*Zeitschr. für wiss. Zoolog.*, 1860, t. X.)

26. Physiologie de l'état électrotonique des nerfs, par M. Ed. Pfluger. Extrait par Claparède. (*Archives des sciences*, 1860, t. VII.)

27. Coup d'œil sur l'état actuel de l'ethnologie au point de vue de la forme du crâne osseux, par Anders Retzius. Traduit du suédois par Claparède. (*Archives des sciences*, 1860, t. VII.)

28. La couronne de plis des deux premières sphères de segmentation chez l'œuf de la grenouille. (*Archives des sciences*, 1861, t. XI.)

29. Beitrag zur Kenntniss der *Gephyrea*. (*Reichert's Archiv*, 1861.)

30. Ueber *Polydora cornuta*. (*Reichert's Archiv*, 1861.)

31. Contribution à l'histoire naturelle des États-Unis d'Amérique, par le professeur Agassiz. Article analytique par Claparède. (*Archives des sciences*, 1861, t. XII.)

32. L'époque glaciaire en Scandinavie. (*Archives des sciences*, 1861, t. XIII.)

33. M. Darwin et sa théorie de la formation des espèces. (*Revue germanique*, 1861, t. XVI et XVII.)

34. Études anatomiques sur les Annélides Turbellariées, Opalines et Grégarines, observées dans les Hébrides. Genève, in-4, 1862. (Extrait des *Mémoires de la Société de physique de Genève*, 1862, t. XVI.)

35. Recherches anatomiques sur les Oligochètes. Genève, 1862, in-4. (Ibid.)

36. Observations anatomiques sur le *Bipalium Phebe*. Genève, 1862, in-4. (Ibid.)

37. Recherches sur l'évolution des Araignées. Mémoire auquel la la Société des arts et sciences d'Utrecht a décerné une médaille d'or. Utrecht, 1862, in-4. (Inséré dans le tome Ier des *Natuurkundiger Verhandlingen* de cette Société.)

38. Claparède and W. B. Carpenter, further researches on *Tomopteris onisciformis*. (*Trans. Linn. Soc.*, 1862, t. XXIII.)

39. Études sur la circulation du sang chez les Aranées du genre Lycose. Genève, 1862, in-4. (Extrait des *Mémoires de la Société de physique de Genève*, 1863, t. XVII.) — Voyez aussi : *Annales des sciences naturelles*, 1864, II.

40. Glanures zootomiques parmi les Annélides de Port-Vendres, Genève, 1863, in-4. (Extrait des *Mémoires de la Société de physique de Genève*, 1863, t. XVII.)

41. Beobachtungen über Anatomie und Entwickelungsgeschichte wirbelloser Thiere an der Küste von Normandie angelstet. Leipzig, 1863, 1 vol. in-folio.

42. L'âge de bronze en Scandinavie. (*Bibliothèque universelle de Genève*, partie littéraire, 1863, t. XVI et XVII.)

43. Les principes de la classification animale de M. Dana. (*Archives des sciences*, Genève, 1864, t. XXI.)

44. Note sur la reproduction des pucerons. (*Annales des sciences naturelles*, 1867, t. VII.)

45. Miscellanées zoologiques. (*Ann. sc. nat.*, 1867, t. VIII.)

46. Sur un crustacé parasite de la *Lobulara digitata*. (*Ann. sc. nat.*, 1867, t. VIII.)

47. Nota sopra un Alciopide parasitici della *Cydippe densa*. (*Soc. Ital. del sc. nat.*, 1867.)

48. De la structure des Annélides, etc. (*Arch. des sc.*, 1867, t. XXX).

49. Des progrès récents dans l'étude des infusoires, principalement d'après F. Stein. (*Archives des sciences*, 1868, t. XXXI.)

50. De la myopie au point de vue de la physiologie actuelle. (*Archives des sciences*, 1868, t. XXXII.)

51. Studien an Akariden. (*Zeitsch. für wissensch. Zoolog.*, 1868, t. XVIII.)

52. Beiträge zur Erkenntniss der Entwicklungsgeschichte der Chœtopoden, von Ed. Claparede und Elias Mecznikow. (*Zeitschrift für wissensch. Zool.*, 1868, t. XIX.)

53. Histologische Untersuchungen über den Regenwurm (*Lumbricus terrestris*) (*Zeitschr. für wissensch. Zool.*, 1868, t. XIX.)

54. Recherches sur les Annélides présentant deux formes sexuées distinctes. (*Archives des sciences*, 1869, t. XXXVI.)

55. Les Annélides Chétopodes du golfe de Naples. Genève, 1868, 1 vol. in-4. (Extrait des *Mémoires de la Société de physique de Genève*, 1868 et 1869, t. XIX et XX.)

56. Supplément aux Annélides Chétopodes, Genève, 1870, in-4. (*Ibid.*, 1870, t. XX.)

57. Remarques à propos de l'ouvrage de M. Alfred Russel Wallace sur la théorie de la sélection naturelle. (*Archives des sciences*, 1870, t. XXXVIII.)

58. *Ouvrage inédit.* — Recherches sur la structure des Annélides sédentaires, 15 planches.

On trouvera, en outre, dans le *Bulletin des Archives de la bibliothèque universelle*, de nombreuses analyses d'ouvrages scientifiques, dont plusieurs offrent presque le caractère de notices originales. (Voyez les années 1859-1871.)

(1) Continuation des *Archiv für Anat. Physiolog. und wissenschaftl. Medicin*, de J. Müller. Berlin.

INSTITUT MIDLAND A BIRMINGHAM

E. J. REED

Défense des ports commerciaux de l'Angleterre

Messieurs,

Lorsque, il y a quelques mois, j'acceptai l'invitation qui m'était faite par les Officiers de l'Institut Midland, de venir traiter devant les membres de cette Assemblée la question des navires de guerre, mon intention était de décrire brièvement la construction de nos bâtiments cuirassés de diverses classes, et de montrer sous quels rapports et dans quels buts ces bâtiments diffèrent les uns des autres. Toutefois, en considérant les circonstances que nous traversons et la situation dans laquelle se trouve actuellement notre marine, j'ai cru devoir modifier le programme que je m'étais d'abord tracé : j'ai pensé qu'il serait préférable d'attirer aujourd'hui votre attention, avec la sanction de vos Officiers, sur la question de la défense navale de notre littoral, et sur un ensemble de propositions qui auraient, je crois, pour résultat, si elles étaient adoptées, une mise en état de défense rapide, économique, et parfaitement efficace de nos côtes et de nos grands ports de commerce, et en même temps, accessoirement, un accroissement considérable de notre puissance offensive dans la direction où elle réclame le plus de développements. J'ai choisi ce sujet d'autant plus volontiers qu'en ce moment les discussions de nos assemblées et de notre presse sur les questions militaires nous exposent singulièrement à laisser notre attention s'absorber tout entière d'un seul côté, et à trop perdre de vue les éléments maritimes de notre défense nationale.

Je n'hésite pas à le déclarer dès le début, les défenses navales de nos côtes, et, en particulier, de nos grands ports de commerce, sont aujourd'hui, à mon avis, dans un état très-insuffisant et complétement indigne de la première puissance maritime du monde. Je prétends que, si une guerre venait à éclater, ces ports de commerce se trouveraient dénués, à un point déplorable, de moyens de défense, et qu'ils possèdent cependant en eux-mêmes de prodigieuses ressources défensives, qui restent entièrement négligées et inutilisées Je vais m'efforcer de démontrer l'exactitude de ces deux propositions.

Considérons d'abord quelles sont actuellement les défenses navales de nos rivages et de nos ports. Laissons de côté toutes les défenses fixes, comme celles que l'on exécute à Spithead et ailleurs, telles que les lignes de fortifications terrestres, et les forts jetés en pleine eau, près de la côte ; car l'efficacité de tous les travaux de ce genre a nécessairement pour limite la portée de leurs canons, et par conséquent, quelque utiles que soient certains d'entre eux pour des objets locaux, ils ne peuvent évidemment, d'une manière générale, protéger l'ensemble du littoral contre l'invasion et le pillage. Les seules défenses navales dont nous ayons à nous occuper ici sont nos forces maritimes de divers ordres. Ces forces peuvent se grouper en trois catégories : 1° les vaisseaux cuirassés ; 2° les frégates non cuirassées, les corvettes, les sloops, et les canonnières ; 3° les petites canonnières qui portent chacune une seule pièce de fort calibre ; la première de ces canonnières a été construite à l'instigation et par les soins de M. Rendel ; et, depuis lors, il en a été fabriqué un certain nombre sur des plans préparés sous ma propre direction à l'Amirauté, lesquelles ne diffèrent de la précédente que par des détails de peu d'importance.

Pour pouvoir discuter sérieusement la question de notre défense nationale, nous devons forcément nous placer en face de certaines suppositions, plus ou moins probables, tirées des circonstances dans lesquelles cette défense deviendrait nécessaire. Je sais de quelle prudence je dois user en abordant cette partie de mon sujet, et j'en comprends la nécessité, ici plus vivement peut-être que partout ailleurs, parce que je m'y sens dominé, si je puis m'exprimer ainsi, par l'ombre de votre illustre représentant au Parlement, M. Bright, qui vous a habitués à repousser, sur ce point, toute crainte importune, et à demander aux travaux de la paix l'agrandissemet de notre puissance guerrière. On reconnaîtra, je l'espère, que mes propositions se concilient fort bien avec cette sage politique ; mais il faut avouer cependant qu'il serait complétement oiseux d'étudier la question de notre défense, si l'on refusait d'admettre la possibilité d'une guerre à venir.

Nous n'avons besoin de considérer qu'un seul cas : celui d'une guerre contre plusieurs puissances réunies ; car notre marine est aujourd'hui assez forte, si on la compare à une marine étrangère quelconque, pour garantir la sécurité absolue de nos côtes, dans l'hypothèse d'une lutte contre une puissance isolée. Imaginons donc une guerre contre deux puissances européennes réunies, et supposons que l'Amérique nous fût hostile, ou tout au moins, nous témoignât des dispositions menaçantes. Il faudrait évidemment mettre immédiatement en activité la totalité des forces de notre marine actuelle. En effet, nous ne pourrions nous dispenser de renforcer beaucoup nos escadres dans nos stations éloignées ; nous serions aussi obligés d'accroître, dans la Méditerranée, les forces qui protégent les établissements que nous y possédons et la route directe de l'Inde ; — même si nous avions affaire aux deux grandes puissances septentrionales, à cause des résultats de la dernière Conférence et du rétablissement de la puissance navale de la Russie dans la mer Noire ; enfin, on ne peut douter que la formation d'une escadre dans la Manche et d'une escadre de réserve ne dût absorber tout ce qui resterait de notre flotte cuirassée. Il est aujourd'hui de règle, — et c'est, d'ailleurs, un excellent système, — de placer à demeure, en chacune de nos principales stations commerciales garde-côtes, un navire cuirassé, qui sert de bâtiment de manœuvre pour nos forces navales de réserve ; mais il n'entre en aucune façon dans notre système de défense, en cas de guerre, de laisser là ces navires, qui, destinés à tenir la haute mer et déplaçant un volume d'eau considérable, seraient d'ailleurs très-impropres à la défense du littoral. Nous offrons donc cette anomalie singulière, de posséder, en temps de paix, des batiments de haut bord censés garde-côtes, qu'il faudrait immédiatement distraire de leurs stations actuelles si une guerre venait à éclater. Cette circonstance, à elle seule, nous force à nous demander comment nous défendrions nos havres, nos ports, nos côtes, s'il devenait nécessaire de les défendre.

Avant d'aller plus loin, je veux que vous soyez bien convaincus que je n'entends nullement déplorer le grand développement qui a été donné à notre flotte cuirassée de haute mer, jusqu'à un certain point cependant, il faut bien le dire, aux dépens d'une flotte appropriée à la défense du littoral. Sir Spencer Robinson, notre dernier inspecteur de la marine, habile et intelligent officier, a essayé plus d'une fois de donner un peu plus d'extension à nos forces défensives, et je dois avouer que mes propres désirs eussent entièrement concordé avec cette manière de voir. Mais les idées des officiers exécutifs de l'Amirauté sont nécessairement subordonnées à la politique de nos gouvernements successifs, et, d'une manière générale, on a jusqu'à présent jugé meilleur de donner la préférence, presque en toute occasion, aux navires de haute mer. Tout en augmentant le nombre de ces navires, nous nous sommes attachés à perfectionner de plus en plus leur puissance offensive et défensive ; aussi, nous possédons aujourd'hui une force navale, capable de prendre et de tenir la mer, qui, au double point de vue de sa puissance de destruction et de sa puissance de résistance, défie toute comparaison dans le passé aussi bien que dans le présent. Il est, sans doute, facile à la critique de s'exercer aux dépens des navires qui composent cette flotte ; il faudrait être plus que novice dans la connaissance des affaires publiques, pour ignorer avec quelle aisance les œuvres humaines les meilleures et les plus parfaites sont condamnées par ceux qui seraient complétement incapables de les produire. Je n'ai d'ailleurs pas la prétention d'affirmer que cette immense tâche de l'édification rapide d'une flotte cuirassée telle que la nôtre s'est accomplie sans aucune erreur ni imperfection. Portons, cependant, sur notre œuvre, une appréciation équitable ; jugeons-la, par exemple, par l'estime dans laquelle les nations étrangères tiennent notre marine, ou bien encore en la comparant avec la marine des autres puissances, et j'ose affimer que le résultat de cette épreuve nous sera complétement favorable. Je sais bien, pour mon compte, que les rapports que m'a valus la marine avec les esprits les plus éminents du continent ont toujours été de la nature la plus flatteuse. L'étranger professe, pour notre flotte cuirassée, la plus haute considération, et il a regardé unanimement la perte désastreuse du *Captain* (1) navire à tourelle, qui était destiné à rivaliser avec les vaisseaux de l'Amirauté, comme une douloureuse justification de l'excellence des principes qui nous ont guidés dans la construction de ces vaisseaux. Ainsi, notre flotte de haute mer, telle qu'elle est, nous donne une ligne extérieure de défense très-forte, et elle satisfait au premier besoin du pays, qui est de posséder les moyens de manifester et d'exercer sa puissance sur mer. Il est très-aisé, pour servir des inimitiés personnelles, de venir aujourd'hui blâmer la politique du passé, et déclarer qu'il eût bien mieux valu diriger nos efforts et notre dépense sur une flotte légère destinée à l'attaque et à la défense des côtes; mais c'est là, à mon avis, une opinion peu justifiable; et, sans aucun doute, ceux-là même qui déplorent maintenant notre insuffisance en bâtiments côtiers, auraient été les premiers à signaler le danger qu'aurait fait courir au pays, à ses possessions et à son commerce, une politique inverse : nous fortifier énormément chez nous, en restant très-faibles sur l'Océan.

Cependant, quelque puissantes que soient nos escadres de haute mer, elles ne constituent que notre première ligne de défense, dans laquelle nous ne pouvons ni ne devons, en ces temps de perfectionnement scientifique des engins guerriers, placer une absolue confiance. Nous devons prévoir la possibilité d'un grand désastre sur mer, et assurer la sécurité de notre littoral dans le cas où notre marine éprouverait des revers. Nous n'avons certainement aucune raison pour mettre en doute la valeur de nos navires, de nos officiers, ni de nos marins. Je puis me porter garant des efforts consciencieux qui ont été faits, non-seulement par le dernier Inspecteur et par moi-même, mais encore par des états-majors savants et expérimentés, à Witehall et dans nos divers arsenaux maritimes, dans le but de donner à nos bâtiments toutes les qualités possibles; nos officiers de marine forment un grand corps d'élite, remarquable autant par la portée de son intelligence que par sa puissance de ressources en toute circonstance, et toute relation avec eux est un honneur ; et, quant à nos marins, s'ils grimpent aujourd'hui moins près du ciel qu'autrefois, s'ils ont affaire presque autant aux machines à vapeur qu'aux vergues et aux cordages, ils n'en possèdent pas moins une aptitude merveilleuse pour les services qu'ils seraient appelés à rendre en temps de guerre. Mais il faut reconnaître que certaines de nos antiques spécialités, en tant que peuple maritime, ont singulièrement diminué de valeur et d'importance, et nous devons tenir pour certain que les Russes et les Prussiens sauraient pointer un canon de vingt mille kilogrammes, manœuvrer un gouvernail à vapeur, diriger une tourelle mobile, avec au moins autant de rapidité et de précision que nous-mêmes; et l'on sait que c'est à l'habileté avec laquelle ils sont mis en œuvre que ces engins doivent surtout leur efficacité et leur succès. Soit que nous formions une simple conjecture, soit que nous tirions à cet égard une conclusion des terribles incidents qui signalèrent le court engagement de Lissa, où les escadres cuirassées de l'Autriche et de l'Italie en vinrent aux mains sans préparation, nous ne pouvons guère douter qu'une lutte corps à corps entre une escadre cuirassée anglaise et un ennemi de force égale ne dût être un formidable drame, riche en terribles épisodes. Nous verrions probablement des bâtiments mis instantanément hors de combat les uns après les autres (1), tandis que d'autres, incendiés dès le commencement de l'action par la chute des projectiles, s'abîmeraient tout en envoyant des bordées meurtrières aux flancs de leurs ennemis, et les faisant couler à fond d'un seul coup, comme le *Re d'Italia*, à Lissa. Il est à prévoir que des agents de destruction nouveaux ne manqueraient pas ; en effet, la torpille marine a déjà montré la formidable puissance qu'elle possède, et les puissances navales les plus entreprenantes et les plus scientifiques de l'Europe l'adoptent en ce moment.

En présence de ces faits, ce serait un crime de fonder une entière confiance sur notre marine de haute mer, et de laisser plus longtemps nos grands marchés commerciaux sans défenses locales. Actuellement, en effet, ils en sont absolument dénués, et il n'existe même pas dans nos ports maritimes les plus importants de navires propres à les protéger. A la rigueur, je ne devrais pas dire qu'*il n'existe pas de navires ;* car nous possédons déjà une dizaine ou une douzaine de petites canonnières de tôle, et je sais que trois ou quatre bâtiments cuirassés à faible tirant d'eau sont actuellement en cours de

(1) Voyez ci-dessus *Revue scientifique*, n° 7, page 160 (12 août 1871).

(1) C'est ce qui arriverait pour les bâtiments blindés construits en bois, et non divisés en compartiments par des cloisons imperméables à l'eau.

construction. Je ne mets pas en ligne de compte les trois monitors à tourelle mobile, sans mâture, que nous possédons, — le *Royal-Sovereign*, le *Prince-Albert* et le *Glatton*, — parce que leur tirant d'eau considérable les rend, jusqu'à un certain point, impropres au genre de services que nous considérons en ce moment. Ainsi, il est bien avéré, je crois, que cette tâche énorme, d'organiser et de réaliser un plan général de défense navale digne de notre pays, est tout entière à accomplir. Or, il est un plan auquel j'ai mûrement réfléchi par anticipation, alors que j'occupais la place de directeur des constructions navales, et puisque je rencontre aujourd'hui une occasion officielle d'indiquer les conclusions auxquelles je suis arrivé, je réclame votre bienveillante attention pour les écouter.

Je dois tout d'abord le dire : le problème que nous allons chercher à résoudre, quelque gigantesque et formidable qu'il paraisse sans doute au premier abord, est, en réalité, très-simple et d'une solution facile. Il paraît formidable, car il n'exige rien moins que l'établissement de fortes flottilles défensives sur dix ou douze points de notre littoral : voilà ce qui est absolument indispensable pour mettre plusieurs de nos grandes cités, Londres, Newcastle, Liverpool, Glasgow, Belfast, etc., à l'abri d'une attaque, dans le cas où la protection de nos escadres de haute mer viendrait à leur faire momentanément défaut. Il faut que chacune des villes importantes, assises sur les rives de nos grands fleuves ou sur le bord de la mer, puissent répondre vigoureusement à une agression, en lançant contre l'assaillant une véritable escadre. Supposer que tout autre plan de défense, plus restreint ou plus centralisé, nous donnerait une pleine certitude de tenir un ennemi à distance de nos rivages, dans toutes les circonstances possibles, ce serait se faire de funestes illusions, ou ne pas comprendre le but à atteindre. Après une pareille déclaration, vous supposez, je le crains bien, que je vais développer devant vous un programme horriblement coûteux ; mais, si vous voulez me continuer votre patiente attention, vous verrez bientôt qu'il n'en est rien, grâce à cette circonstance importante et pour ainsi dire providentielle, que les ressources du Royaume-Uni se prêtent, de la manière la plus facile, la plus commode et la plus abondante à des mesures défensives. Jetez un regard sur le littoral de notre pays, et vous pourrez constater ce fait très-frappant que, sur toutes les parties (ou à peu près) de la côte, qui sont les plus exposées à une attaque, et qui ont, par conséquent, le plus besoin d'être protégées, existent toutes prêtes d'immenses ressources maritimes, de vastes chantiers de construction, soit de navires, soit de machines marines, pourvus de matériaux en abondance, et en même temps une population éminemment propre à former des équipages à nos bâtiments de guerre modernes : je veux parler, non-seulement des marins, des pêcheurs, des pilotes, qui se trouvent dans les localités auxquelles je fais allusion, mais encore à ce nombreux personnel des usines, accoutumé au maniement des machines à vapeur et de diverses formes de mécanismes, dont l'emploi aurait aujourd'hui, comme nous le savons, la plus grande influence sur les résultats d'une lutte navale. Je n'attirerai point votre attention spécialement sur le sud et le sud-ouest de l'Angleterre, parce que la présence de nos grands arsenaux maritimes oblige le gouvernement à y accumuler des moyens de défense tout particuliers ; on verra cependant, plus tard, que les villes situées sur les bords de l'Exe et de son embouchure fournissent un argument de plus en faveur de la thèse que je soutiens. Mais considérez d'abord la Tamise et voyez si les conditions que je viens d'énumérer ne s'y trouvent pas rassemblées : ressources considérables en matériel pour des constructions navales, et personnel nombreux parfaitement apte à la manœuvre de nos monitors à vapeur et de nos canonnières. Eh bien, il en est de même, à des degrés divers, pour les embouchures de l'Humber, de la Tees, de la Tyne, pour le golfe de Forth, pour la Dee (Aberdeen), la Clyde, la baie Morecombe, la Mersey, pour Milford, Bristol et son canal, Belfast et bien d'autres localités que je pourrais citer. Il était évidemment difficile que, dans des îles comme les nôtres, la pratique des constructions navales et tout ce qui touche aux intérêts maritimes ne prît pas une extension considérable ; mais il aurait pu nous arriver d'être pauvres en mines de fer et de houille, ce qui nous eût forcés à concentrer nos usines et nos chantiers sur un ou deux points seulement de notre territoire. Dans ce cas, la mise en état de défense des grandes villes de notre littoral, — défense vraiment efficace et telle que je la comprends, c'est-à-dire par des flottilles côtières,— aurait été une opération excessivement coûteuse. Tel n'est point heureusement l'état de notre pays. Nous trouvons au contraire réunies autour de nous les circonstances les plus favorables à la réalisation du but que nous poursuivons, je veux dire de puissants dépôts de fer disséminés dans tout le pays, et des populations convenablement échelonnées le long de la côte, exercées, non-seulement à transformer les matériaux que le sol fournit en abondance en navires, en machines et quelquefois même en canons, mais encore aux diverses branches de l'art et de l'industrie qui peuvent les rendre tout particulièrement propres au maniement et à la mise en œuvre de ces engins.

J'insisterai particulièrement sur l'une des localités dont je veux parler : c'est Liverpool. Peut-être eût-il été plus à propos de citer la Tamise, qui nous offre depuis plus d'un an ce triste spectacle, de voir réduites à la misère ou même pis de vastes agglomérations d'ouvriers, les plus honnêtes et les plus habiles qu'il y ait au monde, et dont le travail pourrait être très-fructueusement utilisé pour la défense nationale. Mais je préfère en ce moment parler de Liverpool, parce que j'ai visité récemment Barrow-in-Furness, où d'immenses intérêts maritimes sont en voie de développement, et où les facilités offertes pour protéger les approches de Liverpool sont énormes. Les ressources propres au port de Liverpool lui-même sont trop bien connues pour qu'il soit nécessaire d'y insister ; et, je dois le dire, lorsque je considère l'importance des intérêts qui sont en jeu, et l'état dans lequel on laisse la place, alors qu'on pourrait si simplement et à si peu de frais tirer parti de ses grandes ressources défensives, je suis plus qu'étonné qu'aucun de nos ministres n'ait pris à tâche de réaliser l'organisation nécessaire pour atteindre ce résultat ; car je me propose de démontrer que cette question de défense maritime est une affaire d'organisation bien plus que de dépense. En face de Liverpool, de l'autre côté de l'embouchure de la Ribble et de la baie Morecombe, se trouve la ville de Barrow-in-Furness, où sont établies de grandes affineries d'acier, appartenant aux ducs de Devonshire et Buccleuch, et à divers autres propriétaires, et où l'on voit sortir de terre avec une prodigieuse rapidité des usines et des manufactures, des rues et des établissements publics. La population de Barrow, qui, en 1847, possédait 325 habitants, compte aujourd'hui près de

20 000 âmes, en y comprenant quelques milliers de jeunes gens éminemment propres à former des équipages à nos navires de défense en temps de guerre; les localités voisines fournissent de plus, en grand nombre, des pêcheurs et des pilotes qui connaissent admirablement toute cette partie de la côte. De grands intérêts maritimes prennent aussi naissance, et de vastes chantiers de constructions navales, d'importantes fabriques de machines se créent tous les jours. Ainsi, non-seulement le port de Liverpool lui-même nous offre d'immenses ressources pour la défense; mais, en outre, il se forme à quelques milles de là, et protégeant ses approches, un nouvel élément de puissance protectrice, qui n'attend que le souffle de la politique pour prendre vie et activité.

Tout cela, vous l'admettez, je n'en doute pas, et vous admettrez aisément aussi, je pense, que, s'il n'y avait pas à regarder aux frais de l'opération, il serait extrêmement facile de mettre à profit ces immenses ressources et de munir chacune des villes importantes de nos côtes ou de nos grands fleuves d'une flottille défensive nombreuse et puissante. Toutefois, je me permettrai une observation. Supposez qu'une guerre éclate demain: pensez-vous qu'il suffira que le Parlement vote des millions pour faire naître instantanément toute une flotte, avec des équipages convenablement exercés, et bien au courant des services qu'ils auraient à rendre? Nous n'avons aujourd'hui ni projet de défense préparé, ni organisation prévue, ni plans ni modèles pour les navires qui ses raient nécessaires; et d'ailleurs, même en supposant que nous eussions tout cela, il nous serait matériellement impossible de construire ces navires avec la rapidité indispensable. Si les grandes villes du littoral de l'Angleterre n'appartenaient à personne, ou si elles appartenaient à quelque propriétaire absent et indifférent, leur situation, au point de vue de leur défense maritime, ne saurait être plus complétement négligée qu'elle ne l'est actuellement; et ce serait une illusion funeste, et de votre part et de la part du Parlement lui-même, que de se figurer qu'un simple vote de fonds pourrait procurer instantanément à ces grandes villes les moyens de défense qui leur seraient absolument indispensables pour leur permettre de repousser avec succès les attaques d'une puissance scientifique, organisatrice et déterminée, comme la Prusse, soutenue par les escadres russes. Mais je prétends, et c'est là l'idée fondamentale des propositions que je vais vous soumettre, que ce dont nulle somme dépensée ne saurait venir à bout à l'heure de la nécessité, peut se réaliser parfaitement, à très-peu de frais, pendant la paix, si l'on veut bien s'en occuper assez tôt, et procéder avec méthode, discernement et prévoyance; j'ose ajouter, avec une entière conviction, que le plan de défense que je vais développer devant vous, une fois en opération, nous donnerait, dans un délai assez court, après l'approche et la déclaration de la guerre, pour chacun des points importants de notre côte, une forte flottille de navires de défense avec des équipages parfaitement bien dressés, en même temps qu'il mettrait à notre disposition des forces nouvelles pour porter l'attaque sur les rivages d'un ennemi.

Ce système comprend plusieurs points qu'il convient de considérer dans l'ordre suivant :

En premier lieu, nous devons placer à demeure, dans chacun des grands ports à défendre, quelques navires cuirassés, en petit nombre, de dimensions restreintes, à faible tirant d'eau, peu coûteux d'ailleurs, mais construits de manière à satisfaire aussi parfaitement que possible au but spécial qu'ils seront destinés à remplir; l'un de ces navires, au moins pour les ports de notre côte orientale, devra posséder des dimensions et une navigabilité suffisantes pour lui permettre de traverser avec sécurité la Manche ou la mer du Nord. Ces bâtiments auront une double utilité : d'abord ils serviront de modèles pour tous les autres navires de la flottille de guerre à construire ultérieurement; ils formeront ainsi, dans chaque port, le noyau de l'escadre de défense; deuxièmement, ils constitueront des vaisseaux-écoles, sur lesquels devront passer tous les volontaires de la marine, pour s'y exercer au service qui serait exigé d'eux en temps de guerre. Cette proposition, je m'empresse de le déclarer, n'implique nullement une aggravation du budget de la marine. En effet, notre marine de haute mer est assez forte pour que nous puissions nous permettre de distraire, pour l'objet dont il s'agit, une partie de la dépense normalement affectée chaque année aux constructions navales. Nous pouvons même faire davantage et poursuivre aussi la construction de quelques-uns de ces navires cuirassés, à faible tirant d'eau, que l'on trouvera compris dans mon estimation de nos besoins (1).

Le deuxième des éléments qui doivent concourir au plan général de défense dont je voudrais hâter la réalisation, est une organisation qui nous mettrait à même, le moment venu, d'accroître considérablement, en un temps très-court, le nombre de ces navires légers, spécialement appropriés à la défense, et aussi à l'attaque, des côtes et des ports. Ici je vais mettre en avant une proposition que vous trouverez entièrement nouvelle, mais que je considère depuis longtemps comme méritant toute notre attention, puisque, tout en ne nous imposant qu'une minime dépense jusqu'au moment d'une guerre imminente, elle rendrait nos rivages inexpugnables et assurerait enfin notre défense d'une manière digne de notre puissance et des ressources qui sont en nos mains. Mon but, comme vous allez le voir, est d'accroître énormément notre défense navale *potentielle*, en faisant disparaître les obstacles pratiques qui s'opposeraient à son développement rapide. Ces obstacles, quels sont-ils? Qu'est-ce qui nous empêcherait de multiplier beaucoup, en peu de semaines, le nombre de nos navires défensifs? Jetons un coup d'œil sur la puissance manufacturière de nos usines à fer et à acier; considérons l'énorme production dont elles sont capables, et nous reconnaîtrons bien vite que, de ce côté-là, nous n'avons point d'obstacles à redouter. Pas d'embarras non plus en ce qui concerne l'étendue ou la difficulté du travail nécessaire pour transformer ces matières premières en navires et en machines. Nos grands fleuves, la Tyne, la Clyde, la Mersey, la Tamise, etc., nous offrent, tant en personnel qu'en matériel, des ressources suffisantes pour faire face à toutes les exigences, et créer, dans un temps extrêmement court, un nombre énorme de petits navires côtiers, pourvu toutefois que les deux conditions suivantes soient rigoureusement satisfaites: 1° il faut préparer jusqu'aux plus

(1) Ces observations ne tendent en aucune manière à faire interrompre la fabrication des puissants navires cuirassés destinés à la haute mer qui sont déjà en cours de construction, encore moins à détourner d'en faire de nouveaux; il faudrait ne pas connaître le moins du monde la situation actuelle des différentes marines de l'Europe pour approuver de pareils expédients. La réalisation du projet que je propose est parfaitement compatible avec l'achèvement des constructions commencées et l'entreprise de nouveaux travaux.

minutieux détails tous les plans à suivre, toutes les dispositions à prendre pour la création de ces navires; et 2° il faut construire d'avance tous les organes tels que proues, étambots, puits de machine, etc., dont la fabrication exige forcément un temps considérable, que ne peut suppléer nulle somme de travail, nulle dépense d'argent. Une fois nos plans et nos modèles bien établis, une fois les pièces spéciales dont je parle construites et prêtes à être utilisées au premier besoin, la création d'une forte flotte défensive pour nos ports importants et tout le littoral intermédiaire ne serait plus que l'ouvrage de quelques jours. Maintenant j'estime que la dépense nécessaire pour réaliser ce projet atteindrait seulement pour chaque navire le dixième de son prix total, c'est-à dire qu'en consacrant une somme, égale au prix d'un seul navire, à la confection des parties essentielles dont la fabrication exige forcément un temps considérable, nous nous mettrions en état de créer presque immédiatement *dix* navires, au moment où nous en aurions besoin. Par conséquent, s'il m'était permis de régler cette importante question, je soumettrais à l'attention sérieuse du Parlement et du gouvernement, comme deuxième élément de défense nationale, le projet suivant d'organisation : — Préparer des plans et dessins complets et détaillés pour la construction des navires destinés à ce système de défense littorale ; estimer avec soin le nombre de ces navires qui serait nécessaire, pour chaque port, en temps de guerre, en ne craignant pas de forcer plutôt l'évaluation ; apprécier la capacité de production de nos chantiers et de nos usines, et répartir entre les plus considérables de ces établissements les navires à construire, en commandant non pas les navires eux-mêmes, mais seulement les principales pièces, ci-dessus désignées, qui doivent en faire partie, et stipulant que ces pièces deviendront immédiatement la propriété du gouvernement, et seront placées sous sa garde. Que toutes ces dispositions soient prises rigoureusement, avec discernement, avec toutes les précautions et garanties nécessaires pour assurer une bonne exécution du projet; — et, vienne alors une guerre, vienne la nécessité de défendre nos rivages, nous aurons en nos mains des éléments de flottilles côtières comme le monde n'en a jamais vues, et nous recueillerons, au moment du péril, le fruit de la prévoyance et de la sage économie qui nous auront permis de développer ainsi nos ressources.

J'ai considéré sérieusement les objections que l'on peut opposer au plan que je propose aujourd'hui, et en particulier celles qui peuvent se déduire des transformations futures de la guerre navale, et des navires de guerre, et je suis prêt à démontrer positivement qu'il n'en est pas une qui ait assez de valeur pour nous détourner de sa réalisation. Je puis même dire que c'est précisément une des qualités de ce plan de posséder une certaine élasticité très-désirable. Un navire peut subir des modifications considérables, et dans sa destination et dans sa forme, tout en admettant l'emploi des mêmes proues, étambots, puits de machine, etc., et ce serait tout avantage pour nous, si, au lieu d'encombrer nos ports de bâtiments construits sur certains types actuels, fixes et invariables, nous nous laissions libres, par des mesures bien entendues, de perfectionner nos constructions, tout en ayant en nos mains le moyen de donner à nos forces, au moment voulu, un soudain développement. Il s'agira maintenant d'examiner avec le plus grand soin quelles sont les pièces de nos navires qu'il faudra fabriquer immédiatement et tenir prêtes, aussi bien que le maximum de dépense qu'il sera avantageux d'y consacrer. Ce seront là des questions de détail à examiner avec la plus sérieuse attention ; mais que nous devions nous préparer comme je l'indique ici, c'est ce qui ne peut faire l'objet d'un doute si nous tenons réellement à maintenir et à assurer notre indépendance, si la défense de la patrie est pour ses enfants un sujet légitime de préoccupations et d'efforts. Cette proposition, je l'espère, attirera l'attention qu'elle me paraît mériter. Elle est essentiellement économique et parfaitement conforme, je crois, aux vues actuelles du pays et du Parlement, qui ne veulent, si je comprends bien l'esprit public, ni négliger la défense nationale et ses moyens légitimes, ni se jeter à la légère dans la voie des grosses dépenses. L'exécution de ces mesures, d'un caractère purement défensif, serait parfaitement possible, non-seulement avec le budget de la marine actuel, mais même avec un budget moindre, et, par une dépense minime mais rationnelle pendant la paix, elle nous éviterait des frais énormes dans l'occurrence d'une guerre. Pour ma part, j'attache une telle importance à ce principe d'une division systématique du travail et de la dépense pendant la paix, dans le but de faciliter le développement rapide de notre puissance guerrière au premier besoin, que je voudrais le voir appliquer dans notre marine en général ; je voudrais, au lieu de construire sans cesse des flottes colossales et ruineuses, réduire la dépense, en la faisant porter seulement sur les parties que l'argent — sans le temps — ne pourrait nous procurer, et ménager ainsi nos ressources, tout en nous mettant en état de donner à nos forces un prodigieux développement aussitôt que cela deviendrait nécessaire. Toutefois mon intention n'est pas d'insister sur ce point en ce moment ; je me borne à le signaler comme une branche malheureusement négligée de notre économie politique, dans laquelle nous trouverions pourtant d'importants avantages, tant au point de vue de notre puissance nationale qu'à celui de nos intérêts pécuniaires.

Les deux propositions que je viens de vous soumettre nous donneraient, en premier lieu et immédiatement, le noyau d'une flotte défensive dans chacun de nos ports ; et, deuxièmement, les moyens d'augmenter énormément cette flotte dans un temps très-court. Ma troisième proposition va nous fournir les moyens d'imprimer à nos forces navales défensives, en temps de guerre, un développement rapide encore plus considérable. Je veux parler de l'appropriation au service de la guerre d'un certain nombre de navires marchands déjà existants, appartenant à nos grands ports de commerce. Ce n'est point là une idée nouvelle, bien qu'on n'en ait jamais sérieusement tiré parti pour l'avantage du pays. Cependant, il est trois circonstances qui rendent aujourd'hui l'emploi des navires de commerce pour les besoins de la guerre, et plus spécialement pour la défense des ports, beaucoup plus praticable qu'autrefois, et qui m'autorisent, par conséquent, non-seulement à signaler ce point de vue, mais encore à le recommander spécialement à l'attention du gouvernement. Ces circonstances sont : 1° l'usage général, chez nous, du fer et de l'acier pour la construction des navires de commerce; 2° l'accroissement considérable de puissance obtenu dans ces dernières années pour une artillerie de marine relativement légère ; et 3° enfin l'invention des torpilles. Lorsque les navires se construisaient en bois, il eût été extrêmement difficile de les rendre assez forts, et, sous bien des rapports, de les approprier au service de la guerre ; mais, aujourd'hui, le fer et l'acier, universellement employés dans les constructions, permettraient d'en utiliser un très-grand nombre facilement et à peu de frais. D'autre part, l'introduction de l'acier dans la fabrication de l'artillerie a prodigieusement augmenté sa puissance : j'ai vu par exemple, récemment, un canon d'acier pesant seulement 609k,4, de l'invention de sir Joseph Whitworth, lançant un obus de 27 livres (12k,242), de 3 pouces (76 millimètres) de diamètre, traverser de part en part une plaque de blindage de 4 pouces 1/2 (117 millimètres) d'épaisseur ! Un pareil canon possède déjà une portée énorme et une extrême justesse, et nous avons à Liverpool des navires en grand nombre qui pourraient porter des canons d'un poids et d'une puissance plus considérables sans modifications bien coûteuses. Enfin, pour ce qui est de la torpille marine, il n'est pas possible, je crois, d'apprécier trop haut l'importance de cette invention du capitaine Harvey. Je ne vous citerai qu'un fait à cet égard : Il y a quelques mois, un remorqueur à vapeur ordinaire, appartenant au hâvre de Portsmouth, dessiné et construit par M. Polmer, de Jarrow, comme type du genre, fut muni d'une torpille de Harvey et de ses accessoires, et envoyé à Spithead, avec l'ordre d'attaquer le *Royal-Sovereign*, monitor à tourelle, qui, de son côté, devait l'éviter s'il lui était possible. Or, sur douze tentatives, le remorqueur réussit dix fois à placer sa torpille aux flancs du *Royal-Sovereign ;* la torpille employée était, bien entendu, non chargée. Si j'ajoute qu'une seule explosion de la torpille, si elle eût été chargée, aurait probablement coulé à fond le *Royal-Sovereign*, vous jugerez par vous-mêmes de l'importance de ce résultat. Vous voyez, d'ailleurs, qu'il vient à l'appui de ce que je disais tout à l'heure, puisqu'il montre que cet engin destructif peut être mis en œuvre pour la défense d'un port contre un bâtiment ennemi par les remorqueurs à vapeur ordinaires du port. Aussi, si les projets que je suis venu développer ce soir devant vous étaient mis à exécution, il serait bon, à l'approche d'une flotte ennemie, de munir la Tamise, la Tyne, la Clyde, la Mersey de véritables essaims de ces bâtiments, armés, soit de canons d'acier, soit de torpilles, soit des uns et des autres, comme aides et accessoires aux flottilles de guerre déjà fournies par le procédé que j'ai indiqué d'abord. Remarquez bien, je vous prie, que je ne vous présente pas ces résultats, quelque contraste qu'ils nous offrent avec l'état déplorablement négligé dans lequel se trouve actuellement la défense de nos villes maritimes, comme conséquences d'une grande dépense pécuniaire à ajouter au budget actuel de la marine. S'il en était autrement, je ne me ferais pas l'avocat de ce plan, car je suis de ceux qui pensent qu'il ne faut pas augmenter la dépense annuelle que nous nous imposons actuellement pour notre marine et notre armée en temps de paix. Mes propositions ont au moins ce mérite de ne pas impliquer de grandes dépenses, si ce n'est en temps de guerre, et de limiter les frais indispensables de manière qu'ils puissent être à peu près entièrement couverts sans charger nos budgets courants. Ce n'est pas là une affirmation gratuite, mais une opinion réfléchie et appuyée sur les raisons les plus sérieuses.

Ces vues, c'est ici le moment de le faire remarquer, ont si bien reçu la sanction du gouvernement qu'on a déjà commencé à consacrer une partie des frais de la marine aux nouveaux bâtiments côtiers cuirassés ; et, en demandant au Parlement d'approuver le budget de la marine pour l'armée actuelle, le gouvernement proposera virtuellement l'initiative d'une dépense spécialement appliquée à la défense du littoral. Il y a cependant deux observations à faire sur ce point : d'abord, en créant quatre monitors sans mâture, portant une petite provision de houille, — navires impropres par ces conditions combinées à tenir la pleine mer, — on s'est engagé au hasard dans la première voie venue, bien plutôt qu'on n'a commencé à exécuter un plan raisonné de défense générale de notre littoral; deuxièmement, je ne suis pas convaincu que les navires qui sont en cours de construction soient, à tous égards, aussi parfaits que possible pour les objets qu'on se propose. Ce n'est pas le désir de me mettre en opposition avec le gouvernement qui m'inspire ces remarques. C'est moi-même qui ai dirigé la construction des navires en question ; mais je dois dire, dans l'intérêt du pays, que la construction isolée de trois ou quatre monitors cuirassés, dont on change la destination après les avoir préparés pour un autre objet, ne peut être considérée par des hommes sérieux comme devant remplacer convenablement un système bien organisé de défense navale de nos côtes ; et je ne puis pas ne pas croire que le gouvernement désirera, tout en demandant de l'argent pour payer ces bâtiments, entreprendre la préparation d'un plan de défense digne de la nation et de ses besoins évidents.

J'ai remarqué avec une vive satisfaction que, dans un récent discours au Parlement, lord Henry Lennox, secrétaire du dernier Conseil de l'Amirauté, a fortement appelé l'attention sur ce fait, — très-peu satisfaisant sous beaucoup de rapports, — que, en ce moment, le Ministère de la guerre et l'Amirauté font tous les deux, et tout à fait indépendamment l'un de l'autre, des dépenses pour la défense de nos côtes. C'est là, à coup sûr, un déplorable système. Il n'a pas eu, jusqu'à présent, de bien grandes conséquences; mais précisément en ce moment il tend à prendre silencieusement un développement rapide ; et, cette semaine, peut-être à cette heure même (1), le Parlement va être mis en demeure de voter des sommes considérables sur le compte du budget de la marine, pour des navires destinés principalement ou uniquement à la défense du littoral, tandis que, de son côté, le ministre de la guerre a entrepris d'énormes dépenses aussi pour la défense des côtes; et ces dépenses en partie double vont se faire sans considération quelconque d'un plan général de défense, sans aucune entente ni convention entre les deux départements du gouvernement qui en sont chargés. C'est là un inconvénient auquel notre système administratif nous expose; mais il serait facile d'y remédier, et ce serait un immense avantage pour la nation entière, que le nouveau ministre de la marine voulût prendre la question dans son ensemble en considération. Il me semble, du moins, que mettre en jeu les ressources défensives de nos ports de mer et de nos havres, organiser par elles un vaste système de défense navale, et arriver à ce résultat sans ajouter notablement aux charges financières du pays, serait une œuvre à tous points de vue digne d'un homme d'État. M. Goschen pourrait l'entreprendre parfaitement bien, car elle n'exige point une connaissance rigoureuse et approfondie de choses techniques. Mais que ce soit par M. Goschen ou par un autre, il faut qu'elle s'accomplisse, car en ce mo-

(1) Ce discours fut prononcé, comme je l'ai vérifié plus tard, au moment même où M. Goschen portait la question du budget de la marine, pour cette année, devant la Chambre des Communes.

ment nos grands ports sont absolument sans défenses, bien qu'ils présentent d'immenses éléments à utiliser, ce qui est un véritable déshonneur pour notre pays.

Il me reste à vous présenter quelques observations sur certains points. Il est des personnes qui supposent, non sans quelque apparence de raison, que l'invention des torpilles électriques a rendu la défense des ports si facile, sans avoir besoin de recourir à des navires protecteurs, que l'organisation de flottilles défensives devient complétement inutile. Pour réfuter cette manière de voir, il n'est pas nécessaire pour nous de rabaisser l'importance de ces nouveaux engins de destruction. A coup sûr, ce moyen de défense a une très-grande valeur, et il en aura de plus en plus à mesure que progresseront nos connaissances sur ces torpilles et leurs effets. Je suis heureux de savoir que, à cet égard, l'Amirauté et le Ministère de la guerre travaillent en collaboration et font d'importantes expériences. Le capitaine Hood, directeur de l'artillerie navale, a depuis longtemps fait de très-grands et très-heureux efforts pour développer et perfectionner ce système. Il n'est pas douteux que les Prussiens n'aient annihilé la flotte française, pendant la dernière guerre, au moyen de torpilles. Toutefois, il est très-peu de places importantes, sur nos côtes, où la mer est profonde, qui puissent être efficacement et sûrement défendues par le seul emploi des torpilles. Liverpool ne le serait certainement pas, bien que singulièrement protégé par les bancs de sable allongés qui empêchent ses approches. Des défenses flottantes sont absolument nécessaires, et, du reste, l'usage lui-même de torpilles mobiles portées par des navires destinés à attaquer, augmente encore plutôt qu'il ne diminue la nécessité de ces défenses.

Voici un autre point qui mérite observation. Tout en donnant à chacun de nos grands forts, comme je l'ai déjà dit, la protection de un ou deux navires cuirassés à faible tirant d'eau, je voudrais que nos principales défenses navales côtières consistassent en navires non cuirassés. Défendre toutes les parties importantes de la côte par des navires cuirassés locaux serait, à mes yeux, un projet complétement oiseux. Et cela, pour deux raisons : d'abord la dépense qu'une pareille entreprise entraînerait serait une charge si lourde que le pays refuserait avec raison de la supporter. Pour défendre heureusement chaque point du littoral contre les attaques de navires cuirassés, au moyen de navires cuirassés, qui ne peuvent se construire rapidement, il faudrait forcément poster à demeure, dans une douzaine de stations autour de notre littoral, des escadres cuirassées au moins égales à toute escadre que nous pourrions nous attendre à voir attaquer nos ports. Ce serait évidemment là une chose absolument impraticable. En second lieu, un pareil système de défense n'est nullement nécessaire. Si un ennemi amène ses navires cuirassés devant nos ports, il nous donne par cela même certains avantages dont nous serions insensés de ne pas profiter. L'un de ces avantages est que nous pouvons envoyer contre lui des bâtiments qui, ne devant pas tenir la mer avec tous ses dangers, n'ont nul besoin d'être chargés des mille et une choses que les navires de haute mer doivent ordinairement emporter. Et l'une de ces choses est, à mon avis, le blindage. Ayons, comme je l'ai dit, un ou deux navires cuirassés, d'un faible tirant d'eau, sur les points principaux de notre littoral, pour arrêter et maintenir une escadre ennemie quand il sera nécessaire ; mais faisons consister l'ensemble de nos forces d'attaque en une multitude de petits navires légers, portant les uns une seule pièce de gros calibre, d'autres des canons plus légers avec des obus à tête plate pour pénétrer au-dessous de l'eau ; d'autres enfin, des torpilles ; et j'ose affirmer que nous viendrons ainsi à bout d'un ennemi plus efficacement que de toute autre manière. Plus je réfléchis sur ce sujet, plus nette et arrêtée devient ma conviction que la défense complète et efficace de nos ports est beaucoup plus une question d'intelligence et de prévoyance, appliquées à nos immenses ressources, qu'une question de grandes constructions et de prodigues dépenses.

Un autre point sur lequel je voudrais insister est la nécessité de réviser les plans qui nous servent actuellement pour la construction de nos navires côtiers. Pendant l'année dernière, le gouvernement a beaucoup construit d'après deux plans : l'un est une modification du plan de M. Rendell pour une classe de très-petits bâtiments pouvant porter un canon de 18 tonnes (18188 kilogrammes), et l'autre pour une classe de monitors cuirassés à faible tirant d'eau, comme ceux construits spécialement pour la défense de Melbourne et de Bombay. J'approuve, en général, cette marche ; cependant il est, je crois, extrêmement désirable que quelques-unes de nos canonnières légères, non blindées, soient assez agrandies pour pouvoir traverser la mer du Nord et la Manche, en particulier celles qui sont destinées à nos ports orientaux ; d'après moi, tous les monitors futurs devraient être entièrement appropriés aussi au service de la Manche et de la mer du Nord. Nous augmenterons ainsi, accessoirement mais très-réellement, notre puissance offensive aussi bien que notre puissance défensive.

Je résume, en terminant, les propositions que je viens de développer devant vous, et dont l'ensemble constitue un plan raisonné et complet de défense :

1° Construire dans chacun de nos ports principaux, sur le budget de la marine de cette année ou de l'année prochaine, un petit nombre de navires cuirassés, à faible tirant d'eau, comprenant, dans les ports les plus considérables, un ou deux monitors blindés ; ces navires seront les noyaux de nos flottilles défensives futures, et serviront d'écoles pour nos volontaires et nos autres forces navales.

2° Préparer des plans et des dessins détaillés pour un nombre additionnel considérable de petits navires cuirassés, à faible tirant d'eau, et fabriquer d'avance les principales pièces forgées et fondues de ces navires ; ces pièces, dont le prix ne dépassera pas un dixième ou un douzième du prix total de chaque navire, seront construites par les principales usines, pour le compte du gouvernement, afin que la création des navires eux-mêmes puisse s'effectuer avec une grande rapidité par les ressources ordinaires des ports respectifs en personnel et matériel, lors de l'imminence d'une guerre. Les officiers et les hommes exercés dans les navires déjà existants seront destinés à équiper toute la flottille aussitôt qu'elle sera construite.

3° Appliquer à un certain nombre de remorqueurs et de steamers de commerce actuellement existants, dans nos grands ports, un armement, soit en pièces d'artillerie, soit en torpilles, ce qui n'exigera aucune dépense, et ne nuira d'ailleurs en aucune façon à ces bâtiments pour leurs services ordinaires.

4° Préparer soigneusement des plans détaillés pour une appropriation rapide d'autres steamers de commerce au service de la défense dans la prévision de l'imminence d'une guerre.

Je crois que ces propositions, si elles sont prises en considération par le gouvernement, seraient parfaitement acceptables et acceptées par nos armateurs et nos industriels, et qu'il serait facile de tourner ou de vaincre toutes les difficultés qui pourraient s'opposer à leur application. Il est même probable que, si le gouvernement adoptait ce plan, les grands districts de la Tamise, de la Tyne, de la Mersey et des autres grands fleuves profiteraient, à l'approche d'une guerre, de l'organisation existante pour lui venir en aide en souscrivant pour quelques-uns des navires à construire. Toutefois, le plan que je propose n'a pas besoin de recommandation accessoire de ce genre.

Me voilà, messieurs, au bout de ma tâche ; j'ai essayé de faire entrer la conviction dans vos esprits en vous proposant ce qui est au moins un remède sérieusement étudié à l'abandon déplorable de nos grands ports. Je ne pense pas qu'il y ait rien d'utopiste dans mon plan ; ma vie s'est écoulée en contact trop continuel avec des affaires pratiques pour que je puisse m'égarer dans des rêves ou des visions. Mon plan est, au contraire, conçu expressément pour répondre à toutes les exigences pratiques de l'époque présente, et il doit convenir, je crois, à la sagesse du Parlement. J'ai été très-heureux de venir le développer dans cette grande métropole de l'Angleterre, et j'espère ardemment qu'il aura conquis votre approbation. Il ne s'agit point, en effet, de dépenser des sommes énormes en constructions gigantesques ou de préparer une guerre offensive ; il s'agit seulement de faire respecter notre pays en appliquant notre intelligence au développement de ses ressources pacifiques, de manière à les rendre rapidement propres à sa défense en cas de besoin, sans épuiser le peuple d'impôts ou encombrer nos ports de navires d'une utilité nulle en temps de paix. Notre situation actuelle est déshonorante, et elle serait plus que dangereuse si une guerre venait à éclater contre nous. Nos grandes villes maritimes, quoique pleines d'hommes et de matériaux utilisables pour leur défense, restent ouvertes à l'insulte et au pillage. Tant qu'il en sera ainsi, nous serons exposés à toutes sortes de paniques, de folies et de dépenses extravagantes. Mais si l'on veut accepter et réaliser promptement les mesures simples et modérées que je propose, dans une année ou deux d'ici, ou même plus tôt, nous pourrons jouir de la satisfaction de savoir que, sans budgets gonflés ni dépenses extravagantes, ces grandes places auront été rendues parfaitement capables de se défendre par leurs forces volontaires, et de lancer rapidement de leurs paisibles ports des ouragans de guerre tels qu'aucun ennemi ne pourrait les affronter. En accomplissant cette œuvre, nous montrerons combien la puissance de l'intelligence et de la prévoyance est supérieure à celle de l'argent et de la force brute, et nous rendrons à notre pays un service considérable bien plutôt qu'en lui conseillant une augmentation continuelle de sa marine et de son armée permanente.

E. J. Reed,

Ancien directeur des constructions navales à l'Amirauté anglaise.

— Traduit de l'anglais par le Dr René Benoît. —

VARIÉTÉS

Le pansement ouaté de M. A. Guérin.

L'emploi de la ouate dans le pansement des plaies n'est pas chose nouvelle, et depuis longtemps déjà M. Anderson a conseillé de recouvrir les brûlures avec des lames de coton. En agissant ainsi, on se propose de soustraire la surface dénudée au contact irritant de l'air extérieur ; par conséquent, on diminue les phénomènes inflammatoires, et les douleurs si vives et si caractéristiques des brûlures étendues, quoique superficielles. Ce résultat incontestable, noté par tous les observateurs, mérite déjà d'être signalé, et nous verrons plus loin comment on peut l'expliquer scientifiquement. Il faut encore remarquer que le pansement à la ouate est un pansement rare ; lorsque les matières liquides sécrétées par la plaie tendent à traverser les couches d'ouate, il faut en ajouter de nouvelles, si bien qu'on ne refait totalement le pansement qu'à la dernière extrémité.

En résumé, le pansement à la ouate, préconisé dans ces circonstances toutes spéciales, est à la fois un pansement antiphlogistique et un pansement rare. A ce dernier point de vue, il possède tous les avantages que les chirurgiens se sont plu à attribuer aux diverses variétés de pansements rares ; mais, le fait sur lequel on insiste le plus, c'est qu'il diminue très-notablement les souffrances cruelles des malheureux brûlés.

On en était resté là, à propos du pansement à la ouate, et, même quelques chirurgiens avaient accusé, bien à tort, cette substance végétale d'irriter les plaies ; aussi, malgré les tentatives de Mayor (de Lausanne), on était loin de chercher à en généraliser l'emploi dans le traitement des grandes plaies, en particulier dans le pansement des amputations. Et, cependant, les résultats inespérés obtenus par la méthode d'Anderson auraient dû faire réfléchir les praticiens.

Guidé par des opinions arrêtées sur le mode de développement de l'infection purulente, et croyant à l'influence étiologique des miasmes développés dans les salles d'hôpital, ou, plus généralement, partout où des blessés sont réunis en assez grand nombre, M. A. Guérin eut l'heureuse idée de chercher à préserver les plaies du contact nuisible des produits divers qui peuvent être engendrés par la fermentation des matières animales. C'est dans ce but qu'il utilisa la ouate, et qu'il en a obtenu des résultats on peut dire merveilleux. Il est certain que les différentes méthodes d'occlusion des plaies préconisées par MM. Larrey, S. Laugier, Trastour (de Nantes) et Chassaignac, ainsi que les divers appareils inventés par MM. Maisonneuve et Jules Guérin, ont tous pour but de mettre les plaies à l'abri du contact nuisible de l'air, par conséquent, de les soustraire à l'influence des miasmes, ou plutôt des corpuscules que cet air renferme en si grand nombre. Mais ce résultat est loin d'être généralement obtenu, et si les appareils spéciaux de MM. Maisonneuve et Jules Guérin semblent mieux remplir les conditions de l'occlusion parfaite, tous les chirurgiens savent qu'ils sont difficiles à appliquer, et qu'ils ne peuvent être utilisés que dans des conditions spéciales, fait d'une importance capitale, lorsqu'il s'agit de la chirurgie d'armée.

Il est bon d'ajouter que les auteurs de ces diverses méthodes, inventées dans le but excellent de préserver les plaies du contact de l'air, ne se sont pas toujours rendu un compte exact des agents nuisibles que cet air renferme. D'après le plus grand nombre d'entre eux, c'était surtout de l'action irritante des gaz constituant le milieu extérieur qu'il fallait à tout prix préserver les surfaces dénudées. Or, comme le fait remarquer avec juste raison M. Lister (d'Édimbourg), la difficulté, pour ne pas dire l'*impossibilité absolue* d'empêcher les gaz ambiants d'arriver jusqu'à la surface traumatique, devait certainement stériliser les efforts des chirurgiens et amener leur découragement. Ce qu'il fallait déterminer d'abord, c'était l'agent nuisible contenu dans l'air, et cet agent ou mieux ces agents connus, on devait s'efforcer, soit de les détruire, soit de les empêcher d'arriver jusqu'à la plaie. Dans le premier cas, il fallait employer des substances chimiques ; dans le second cas, il suffisait d'un procédé physique; telle est la différence qui existe entre le mode de pansement préconisé depuis longtemps déjà par M. Lister, et celui que M. A. Guérin emploie journellement à l'hôpital Saint-Louis.

Depuis les magnifiques recherches de M. Pasteur sur la génération spontanée, on sait très-bien que les innombrables particules organisées ou non, contenues dans l'air, sont parfaitement arrêtées par les filaments d'un tampon de coton. C'était, en effet, de cette manière que l'illustre savant français filtrait l'air dans ses nombreuses expériences. D'un autre côté, les recherches de Schrœder et de Dusch (1854, 1859) avaient parfaitement démontré « qu'un morceau de coton est physiquement parlant une pile fort épaisse de gazes très-serrées, dont la finesse des mailles dépend du tassement produit par la compression du coton. » (Huxley, in *Revue scientifique*, 1871, n° 1, p. 6.)

Cela est si vrai, qu'une infusion de matières végétales mise ensuite en contact avec de l'air filtré à travers du coton ne se putréfie pas, ne fermente pas, en un mot, ne produit aucune forme organique vivante, par ce seul fait essentiellement physique que tous les germes animaux ou végétaux sont fatalement arrêtés dans les mailles de la ouate.

Plus récemment enfin, M. Tyndall démontra, à l'aide d'expériences fort intéressantes et indiscutables, que le filtrage de l'air à travers du coton rend cet air *optiquement* pur, c'est-à-dire qu'un rayon lumineux projeté dans un tube rempli d'air filtré n'illumine aucune espèce de particule solide, ce qui aurait lieu dans le cas où le gaz aurait été incomplétement purifié. (*Revue des cours scientifiques*, t. VI, p. 242 et 284; 1869.)

Une couche d'ouate suffisamment épaisse, appliquée sur une surface dénudée, aura donc une efficacité incontestable pour préserver cette surface du contact non pas de l'air, qui diffuse toujours à travers le coton, mais bien de l'air vicié par la présence de particules organiques et vivantes ou non. De là absence de décomposition des matières organiques déposées sur la surface traumatique, d'où encore l'impossibilité de leur absorption et des accidents terribles qui, d'après la plupart des chirurgiens, peuvent en résulter.

Il est certain que le mode d'action de ces matières nuisibles pourrait être discuté ici, mais cette question nécessiterait des développements trop considérables, surtout après la récente discussion de l'Académie de médecine. Nous nous contenterons donc d'affirmer qu'il paraît démontré pour un grand nombre de chirurgiens qu'il est une condition presque *sine qua non*, pour qu'une plaie ne soit pas suivie des accidents fébriles, décrits sous les noms de fièvre traumatique, d'infection purulente ou putride, c'est que cette solution de continuité des tissus soit soustraite à l'action nuisible des matériaux organiques ou organisés contenus dans l'air ordinaire, quel que soit d'ailleurs le mécanisme de leur influence locale ou générale.

Dans le pansement ouaté, l'air peut arriver jusqu'à la plaie; mais il est exempt de tous ses matériaux nuisibles ; on a objecté toutefois à cette manière de voir que, sous la vague dénomination de *miasmes*. on n'avait pas seulement voulu signaler les matières, soit organiques, soit organisées et vivantes, en un mot les germes végétaux ou animaux, et que cette appellation peut aussi être donnée à des éléments gazeux, qui, vu leur diffusibilité arrivent facilement au contact de la surface dénudée. Récemment même on a été plus loin, puisqu'on a voulu prouver que M. A. Guérin n'avait jamais considéré les miasmes que comme des éléments gazeux. C'est là une assertion toute gratuite; longtemps le mot de *miasme* n'a *rien* signifié de bien net, il a caché et l'on peut ajouter qu'il cache encore notre ignorance à propos des nombreux éléments qui peuvent vicier le milieu dans lequel nous vivons. Si l'on se rappelle ce fait déjà connu depuis longtemps, qu'un ballon rempli d'un mélange réfrigérant, placé dans une salle d'hôpital, se recouvre d'une couche de vapeur d'eau renfermant une quantité de matières organiques telle, que ce liquide ne tarde pas à se putréfier ; si l'on tient aussi grand compte des expériences récentes qui démontrent surabondamment que les virus n'agissent que grâce aux particules solides qu'ils contiennent, que les fermentations résultent pour la plupart des matériaux solides apportés par l'air; on sera jusqu'à un certain point autorisé à admettre que les *miasmes* ne sont autres que des corpuscules solides, et, par conséquent, arrêtés par le filtrage de l'air à travers le coton. Du reste, cette question tend de plus en plus à se généraliser, et bien des pathologistes sont tentés de croire que la plupart des affections, contagieuses ou non, endémiques ou épidémiques, résultent pour la plupart de l'action de particules organiques, animales ou végétales, vivantes ou non, sur l'économie en général. Le fait a été longuement discuté dans cette *Revue* par le docteur Salisbury de l'Ohio (*Revue des cours scientifiques*, 1869, p. 769), à propos du développement des fièvres paludéennes.

On comprend que l'application du pansement ouaté doive nécessiter certaines précautions, en somme, indispensables pour qu'il ait une action efficace.

Il faut que les parties qu'on se propose d'abriter soient recouvertes d'une couche d'ouate aussi épaisse et aussi étendue que possible, pour éviter que l'air impur puisse pénétrer entre les surfaces tégumentaires et le coton ; de plus, il est encore nécessaire d'exercer une compression énergique, qui a aussi l'avantage de bien maintenir l'appareil. Cette compression, nuisible dans les conditions ordinaires, par suite des troubles qu'elle fait naître dans la circulation des parties, est parfaitement supportée par suite de la présence d'une épaisse couche d'ouate, qui jouit d'une élasticité remarquable. Cette propriété de la ouate, d'ailleurs bien connue des chirurgiens, a été utilisée depuis longtemps dans la confection des bandages inamovibles ou amovo-inamovibles, surtout depuis la vulgarisation des appareils proposés par Burggræve dans le traitement des fractures.

Le pansement ouaté bien fait, outre qu'il préserve très-efficacement la plaie, produit donc une compression régulière et élastique, à laquelle M. A. Guérin attribue à juste titre une grande valeur.

Ce chirurgien, n'est pas arrivé d'emblée à formuler nettement les règles qu'on doit suivre pour appliquer avec méthode un pansement à la ouate ; comme tout chercheur convaincu, il a dû expérimenter, observer, comparer, et ce n'est qu'au bout d'un certain temps qu'il a pu déterminer le *modus faciendi* de sa méthode.

C'était là un point capital, car, pour être bonne, une méthode ne doit pas seulement donner des succès à celui qui l'a imaginée, mais elle doit aussi en produire entre les mains de ceux qui l'expérimentent (Larrey). Or, c'est ce qui arrive pour le mode de pansement dont nous nous occupons, et il a déjà fourni d'excellents résultats à un certain nombre de chirurgiens des hôpitaux de la capitale.

Quelques précautions indispensables, doivent être prises lorsqu'on veut suivre la méthode de M. A. Guérin, précautions d'ailleurs fort simples et résultant fatalement de la théorie qui a conduit l'auteur à préconiser l'emploi de la ouate. Tout d'abord, le blessé doit être pansé dans un endroit aéré et isolé de l'air contenu dans les salles de l'hôpital ; en second lieu, la ouate que l'on utilise pour le pansement doit être *vierge*, c'est-à-dire qu'elle n'a pas dû séjourner dans les salles où les malades sont réunis. Ce sont évidemment là des précautions élémentaires, et cependant elles ne sont pas toujours suivies par les chirurgiens qui expérimente la méthode, d'où des insuccès possibles.

Voyons maintenant, le *modus faciendi* du pansement, et pour cela prenons un type, par exemple une amputation de jambe au *lieu d'élection*, c'est-à-dire à la réunion du tiers supérieur avec les deux tiers inférieurs de la jambe ; nous supposerons encore cette amputation faite par le procédé circulaire.

L'opération terminée, et l'hémostase étant complète, les fils à ligature sont coupés ras, sauf celui qui étreint l'artère principale, et les parties sont lotionnées avec un liquide alcoolique, par exemple l'eau-de-vie camphrée. La manchette du moignon est tendue suivant un de ses diamètres par un aide, et des couches successives d'ouate sont placées directement sur les tissus sectionnés auxquels elles ne tardent pas à adhérer. Cette manchette, bourrée en quelque sorte de coton, est rapidement comblée et l'on arrive au pansement extérieur.

Des lames d'ouate sont disposées de façon à recouvrir l'extrémité du moignon, en se rabattant par leurs extrémités sur les parties latérales ; bientôt on emploie de véritables bandes de ouate larges de 15 à 20 centimètres et qu'on enroule autour du moignon et du membre en remontant jusque vers sa racine.

La masse d'ouate ainsi accumulée doit être égale au triple du volume normal du membre, c'est alors qu'on la fixe et qu'on la comprime à l'aide des bandes de toile. Comme dans toute compression élastique, celle-ci doit être d'abord peu intense, puis augmenter progressivement, et devenir très-énergique à la fin du pansement. On peut dire qu'on ne serre jamais trop, à moins qu'on ne soit doué d'une force musculaire exceptionnelle ; aussi, cette constriction est-elle toujours très-fatigante pour le chirurgien. La compression doit être également répartie, il ne faut pas craindre d'user un assez grand nombre de bandes pour obtenir un résultat satisfaisant.

Dans l'amputation que nous avons choisie pour type, la couche ouatée doit remonter jusqu'à la racine du membre inférieur ; c'est dire que si l'on avait affaire à une amputation de cuisse ou de bras, il faudrait entourer le moignon et la partie correspondante du tronc d'une épaisse couche d'ouate.

Il est facile de comprendre les raisons qui font étendre aussi loin que possible le pansement protecteur, c'est que, si l'air impur ne peut arriver jusqu'au niveau de la plaie, en traversant les couches d'ouate, il se glisse plus facilement entre les téguments du moignon et le pansement. Aussi a-t-on conseillé de faire adhérer le coton à la peau à l'aide d'une couche de gomme ou de collodion (F. Guyon).

Lorsque le pansement est terminé, les douleurs se calment avec une excessive rapidité, si bien qu'au bout de quelques jours les blessés eux-mêmes expriment leur étonnement de ne rien sentir dans leur plaie. D'un autre côté, l'appareil protége si efficacement la plaie, que des chocs extérieurs sont à peine perçus, et cela dès que le pansement est terminé. On voit par là les services immenses que cette manière de panser aurait pu rendre dans notre dernière guerre, alors qu'il fallait évacuer au loin de malheureux blessés, et que les moyens de transport étaient plus que défectueux.

Cette absence de douleurs spontanées ou provoquées est *caractéristique*, et assure au chirurgien que l'appareil a été bien appliqué. Les malades se plaignent-ils, ne peuvent-ils pas dormir, y a-t-il de la fièvre, c'est que le pansement est défectueux, que l'air non filtré pénètre jusqu'à la plaie. D'ailleurs, le chirurgien ne tarde pas à en être prévenu par l'écoulement facile du pus au dehors, écoulement qui a souvent lieu entre la peau et l'appareil.

Toutefois, il est un fait sur lequel il faut insister, c'est que, malgré l'énorme couche d'ouate placée autour du membre amputé, celle-ci est traversée quelquefois dès le lendemain par cette sérosité sanguinolente qui s'écoule toujours des plaies nouvellement faites. Est-ce là une raison pour enlever l'appareil et le renouveler, comme on doit le faire lorsque le blessé souffre et présente de la fièvre ? Certainement non, il faut ajouter des couches d'ouate et resserrer le pansement, car, chose singulière, c'est que malgré la constriction énergique exercée lors de l'application de la bande, celle-ci se desserre toujours et toujours il faut appliquer de nouvelles bandes, quelquefois dès le lendemain de l'opération.

Lorsque l'appareil est bien établi, la sérosité qui s'écoule de la plaie forme avec la ouate une sorte de magma qui adhère aux téguments, et empêche absolument toute communication directe entre la plaie et l'air extérieur vicié. Est-ce à dire, comme quelques-uns l'ont cru, qu'il n'existe pas d'air en contact avec la plaie ? cette question ne nous paraît pas discutable, même pour un public non médical qui n'ignore pas la loi de la diffusion des gaz.

L'état général des amputés pansés d'après cette méthode se maintient très-bien ; ils mangent, boivent et dorment comme s'il ne leur était rien arrivé ; toutefois, M. A. Guérin a souvent noté le développement de la fièvre qui suit les grandes opérations, la *fièvre traumatique*. Elle apparaît après vingt-quatre ou trente-six heures, et tombe au bout de deux à trois jours ; quelquefois elle est à peine marquée. C'est là un fait qui mérite d'attirer à tous égards l'attention des chirurgiens, surtout de ceux qui défendent les anciennes doctrines de l'école française, et qui regardent la fièvre traumatique comme une fièvre inflammatoire et non comme une fièvre septicémique. D'ailleurs, ces deux opinions ne peuvent-elles pas se concilier, et n'est-il pas possible que l'action réflexe produite par le traumatisme se combine avec une résorption de matières *phlogogènes*, comme le disent les Allemands, qui, sous ce nom pompeux, cachent d'ailleurs leur ignorance absolue du prétendu principe septique, soi-disant isolé par quelques chimistes d'outre-Rhin.

L'appareil ouaté est laissé en place pendant vingt, vingt-cinq, quelquefois même trente jours; comme les malades ne souffrent pas, ils supportent assez facilement cette longue période; toutefois il est toujours indispensable de veiller à la solidité du bandage en le resserrant surtout pendant les dix premiers jours. D'un autre côté, précisément en vertu de la loi de diffusion des gaz, le pus et le sérum qui sont situés dans les profondeurs de l'appareil et qui subissent une décomposition chimique, et non putride, c'est-à-dire qui s'oxydent et ne fermentent pas, le pus et le sérum, dis-je, donnent naissance à des gaz odorants qui passent à travers la ouate et peuvent gêner les malades. Il est donc indiqué de désinfecter le pansement, ou plutôt d'en masquer l'odeur par des aspersions d'eau phéniquée ou d'eau-de-vie camphrée; le camphre en poudre est encore utilisable avec succès.

Pour renouveler le pansement, il faut prendre les précautions que nous avons déjà signalées, c'est-à-dire transporter le blessé hors des salles et dans un endroit aéré, et n'employer que de la ouate vierge de tout contact avec un air vicié.

Après avoir enlevé les bandes et les couches superficielles d'ouate, on arrive aux parties adhérentes à la peau, et souvent celle-ci est légèrement excoriée par suite du contact prolongé du pus. Quant à ce liquide, il est toujours en petite quantité, offre une couleur jaunâtre, une consistance crémeuse et exhale une odeur fade analogue à celle que développent les macérations de pièces anatomiques. A cet égard, on peut affirmer que, dans les suppurations abondantes, le pansement simple renouvelé quotidiennement donne naissance à une odeur toujours plus repoussante que celle qui résulte de l'emploi du pansement ouaté, si bien que des malades, incommodés par cette exhalation, ont réclamé les bénéfices du pansement ouaté pour cette seule cause. Toutes les fois que l'appareil ouaté est défectueux et que l'air chargé de particules solides peut arriver jusqu'au foyer de la suppuration, le pus prend une odeur des plus infectes et offre une coloration noirâtre.

Quelques recherches micrographiques ont été faites à propos des éléments contenus dans la suppuration ainsi renfermée sous la ouate, et dans la plupart des cas les globules purulents sont tout à fait altérés, si bien qu'on ne les retrouve que difficilement au milieu des granulations protéiques et graisseuses qui existent en grande quantité dans le liquide soumis à l'examen microscopique.

Les moignons des amputés, loin d'offrir cette turgescence inflammatoire qu'on observe si communément, ont au contraire un aspect amaigri, et ne présentent ni œdème, ni inflammation. D'après M. A. Guérin, ce résultat heureux serait dû spécialement à la compression élastique qui, s'exerçant uniformément sur les parties, agit comme antiphlogistique : on sait, en effet, qu'une compression bien faite peut arrêter un phlegmon d'un membre, et d'ailleurs tous les anciens chirurgiens préconisaient la compression des moignons. La plaie offre un excellent aspect, les bourgeons charnus sont nombreux, vivaces, d'un rouge peut-être un peu foncé. S'il existe encore des fragments de coton adhérents à la solution de continuité on les laisse en place ; de même on n'a pas à se préoccuper de la chute des ligatures.

Le deuxième pansement est fait en suivant les mêmes règles que celles qui ont été observées pour l'application du premier, nous n'avons donc pas y revenir ; toutefois il est bon de savoir que de légères douleurs suivent d'ordinaire la levée du premier appareil, mais que d'ailleurs elles disparaissent au bout de deux à trois jours au maximum. C'est seulement alors qu'on permet aux blessés de se lever, mais, il faut bien le dire, la plupart n'attendent pas cette permission, surtout lorsqu'il s'agit de lésions du membre supérieur, voire même de lésions de la jambe.

A moins de contre-indication, ce second pansement est laissé en place aussi longtemps que possible ; et lorsqu'on l'enlève, la plaie étant presque cicatrisée, on continue l'occlusion à l'aide des bandelettes de diachylon. Il est évident que les contre-indications auxquelles nous faisons allusion, résulteraient pour la plupart d'une mauvaise réapplication du pansement, entraînant presque toujours des douleurs, de la fièvre, de l'insomnie, etc.

Comme pour le premier appareil, il faut resserrer les bandes, ajouter de la ouate dans les points où la suppuration tend à se faire jour, en un mot, maintenir l'occlusion et la compression aussi exactement que possible. C'est lorsque l'amputé se lève qu'il est encore facile d'apprécier les avantages du pansement ouaté. Que de fois, en effet, les blessés affaiblis, ne pouvant se mouvoir qu'avec une certaine difficulté, heurtent leurs moignons, et même font des chutes qui peuvent avoir de graves conséquences ! Or, grâce à l'appareil ouaté, il existe une sorte d'immunité contre les chocs extérieurs, d'où certainement un exercice plus facile, toujours très-profitable à l'opéré, qui, d'ailleurs, ayant conservé l'appétit et n'ayant presque pas souffert, jouit d'une force musculaire relativement assez énergique.

Parmi les avantages du pansement ouaté, il faut encore tenir grand compte de ce fait, c'est que la plaie est maintenue à une température constante. Or, depuis longtemps déjà, et en particulier depuis les remarques de Larrey à propos de l'innocuité relative des plaies dans les pays chauds, les chirurgiens se sont efforcés de maintenir les surfaces traumatiques à une température constante. Parmi les essais faits dans ce but on doit citer en première ligne la *boîte à incubation* de J. Guyot, boîte qui contenait le moignon et dans laquelle l'air d'ailleurs incessamment renouvelé était maintenu à une température constante. N'est-ce pas ce qui arrive pour le pansement ouaté, et cela sans appareils spéciaux, simplement en vertu de la conductibilité presque nulle de la ouate pour la chaleur.

A côté de ces avantages, sur lesquels nous aurions encore beaucoup à dire, le pansement préconisé par M. A. Guérin présente-t-il des inconvénients sérieux ? Jusqu'ici, M. A. Guérin n'a fait son pansement que pour des plaies dont il ne cherchait pas à obtenir la réunion par première intention ; aussitôt on en a conclu qu'il n'était possible que dans ces cas, et que ce mode de traiter les plaies empêchait la réunion primitive. Or la conclusion est certainement prématurée, et M. A. Guérin se propose de tenter la réunion par première intention sous le pansement ouaté.

Quelques chirurgiens ont pensé que, le pansement appliqué, il pouvait survenir des hémorrhagies, sans qu'on pût s'en apercevoir, au moins assez tôt pour y apporter un remède efficace. Nous ne savons si le fait a été observé, toujours est-il que M. A. Guérin n'a jamais eu d'accidents de ce genre et il est probable qu'un épanchement sanguin un peu abondant ne tarderait pas à se faire jour entre les téguments et l'appareil. Toutefois c'est à l'expérience à prononcer ; remarquons encore que la compression élastique résultant de l'application de l'appareil doit, dans une certaine mesure, empêcher les hémorrhagies en nappe qu'on observe parfois chez des blessés anémiés, et par cela même prédisposés aux pertes de sang.

Le moignon, ou la partie malade, étant recouvert d'une épaisse couche d'ouate, on a craint la production de décollements, de suppuration périphérique, en un mot d'accidents inflammatoires ne pouvant être appréciés par le chirurgien. Mais ces accidents sont précisément exceptionnels, et d'ailleurs ils ne se manifesteraient qu'en provoquant des douleurs, de la fièvre, *indication absolue* pour enlever l'appareil et visiter la plaie.

On a dit enfin que la cicatrisation était plus lente que par l'emploi des méthodes ordinaires, que la peau irritée par le pus pouvait s'enflammer, et donner lieu à des accidents d'angioleucite, d'érysipèle, etc. Ici, encore, c'est à l'expérience à prononcer ; peut-être, en effet, la cicatrisation de la plaie est-elle plus lente sous la ouate, mais c'est là un bien mince inconvénient à côté des dangers qui sont évités par l'emploi du pansement. D'ailleurs, dès que la plaie est peu étendue et ne suppure presque plus, M. A. Guérin préconise l'emploi du pansement de M. Chassaignac, avec des bandelettes de diachylon. C'est une occlusion insuffisante, il est vrai, pour une grande plaie, mais très-réelle pour une solution de continuité assez restreinte.

En résumé, les avantages du pansement ouaté sont incontestables, et pour le chirurgien et pour le malade. Une fois appliqué, ce qui est certainement fatigant, il dispense de ces pansements journaliers, si difficiles à très-bien faire quand on est encombré de blessés comme en temps de guerre. De plus il permet une dissémination rapide des grands blessés, ce qui est encore une cause de succès des opérations. Une fois le malade pansé, il ne souffre plus, recouvre le sommeil, l'appétit, par conséquent se trouve dans les meilleures conditions pour mener à bien la cicatrisation de sa plaie.

Le pansement ouaté, tel que le préconise M. A. Guérin, est certainement une des découvertes chirurgicales les plus importantes de ces dernières années, découverte qui a l'immense avantage de s'appuyer sur des recherches de physique pure, recherches dues à des savants d'une valeur incontestable : Pasteur et Tyndall.

C'était là une belle occasion pour s'efforcer de prouver que le chirurgien de l'hôpital Saint-Louis n'était pas l'auteur de ce mode de pansement et surtout pour insinuer que cette méthode n'était pas née en France. En effet, dans une thèse récemment soutenue à la Faculté, on affirme, sans preuves à l'appui d'ailleurs, que le pansement ouaté de M. A. Guérin n'est autre que le pansement de M. Lister. C'est là une assertion absolument fausse, et, avant de l'émettre, l'auteur de cette monographie aurait dû se renseigner plus exactement et aurait pu lire ou se faire traduire l'article tout récemment écrit par M. Lister dans le traité de Holmes (*A System of Surgery*. T. V, 1871).

Comme je l'ai déjà dit ailleurs, l'action du pansement de Lister se résume facilement en une seule phrase : tuer les germes qui peuvent venir développer la putréfaction dans une plaie, et les tuer par une action chimique, celle de l'*acide phénique*.

M. A. Guérin, au contraire, ne fait que retenir les matières solides en suspension dans l'air par une action toute physique : la filtration de cet air par la ouate. Il est certain que dans quelques expériences M. Lister a constaté la non-altération du pus placé sous une couche de ouate, et qu'il aurait pu conclure en faveur de l'usage exclusif de la ouate pour panser les plaies, mais il ne l'a pas fait, et cet honneur appartient, quoi qu'on puisse dire, à M. A. Guérin.

Dr F. Terrier,
Prosecteur à la Faculté de Médecine de Paris.

TRAVAUX SCIENTIFIQUES FRANÇAIS

M. BERTHELOT

Nouvelles contributions à l'histoire du carbone

Depuis la publication de mes recherches sur les états du carbone et les relations qu'ils présentent avec ses combinaisons (1), j'ai eu occasion d'examiner quelques échantillons nouveaux dont l'étude offre de l'intérêt.

I. *Carbone de la météorite de Cranbourne.* — On a trouvé à Cranbourne, près Melbourne (Australie), une masse de fer météorique qui offre, dans sa composition et dans sa structure, des particularités singulières, signalées par M. Reichenbach et par divers autres observateurs. Elle contient, entre autres, des fragments de pyrite et une certaine proportion de carbone amorphe, que les observateurs ont assimilé au graphite. M. Maskelyne, professeur au British Museum, qui a publié des recherches fort originales sur les météorites, et notamment sur celles de Cranbourne, appela mon attention sur la matière charbonneuse qu'elle renferme, et voulut bien en mettre à ma disposition une quantité suffisante pour l'étude. Je dois le remercier ici très-vivement de la libéralité, rare chez les possesseurs d'objets exceptionnels, avec laquelle il m'a remis des échantillons déjà triés et séparés en vue de ses propres recherches sur cette précieuse météorite.

Le carbone de la météorite de Cranbourne est-il réellement du graphite, identique par sa constitution :

Avec le graphite cristallisé qui se sépare de la fonte?

Ou bien avec le graphite naturel, lequel se distingue du graphite de la fonte par certains caractères et réactions, d'après mes observations?

Est-il, au contraire, analogue :

Soit au carbone amorphe, qui se sépare du fer ou du manganèse carburés, quand on les dissout dans les acides, lequel carbone ne renferme que des traces de graphite proprement dit?

Soit au prétendu graphite artificiel des cornues à gaz, lequel n'est point un graphite véritable, comme je l'ai démontré?

Soit encore à la matière charbonneuse de la météorite d'Orgueil, laquelle ne renferme point de graphite, mais se rapproche des produits charbonneux fournis par la décomposition des matières organiques?

Ce sont là des questions qui m'ont paru mériter examen, car leur solution peut jeter quelque jour sur les conditions dans lesquelles le fer météorique de Cranbourne a été formé, sur la température à laquelle il a été soumis, sur les réactions ultérieures qu'il a éprouvées, ainsi que sur l'origine même du graphite naturel en général.

J'ai traité le carbone amorphe de la météorite de Cranbourne, d'abord par l'acide nitrique seul, pour en séparer la pyrite mélangée, puis par un mélange d'acide nitrique fumant et de chlorate de potasse. Au bout de deux traitements, j'ai obtenu un oxyde graphitique verdâtre, identique de tout point, par ses propriétés et ses réactions distinctives, avec l'oxyde du graphite cristallisé de la fonte, mais distinct de l'oxyde de la plombagine.

Il résulte de cette expérience que le carbone amorphe de la météorite de Cranbourne doit être envisagé, suivant toute vraisemblance, comme du carbone dissous par le fer en fusion et séparé de la masse solidifiée par un refroidissement très-rapide. On pourrait encore attribuer sa formation et son association avec la pyrite à la réaction du sulfure de carbone sur le fer incandescent, attendu que le sulfure de carbone fournit précisément du graphite amorphe par sa décomposition.

En tout cas, le carbone de la masse de Cranbourne a dû prendre naissance sous l'influence d'une température très-élevée. Il ne dérive ni de l'oxyde de carbone décomposé par le fer (voyez plus bas), ni du carbone combiné avec le fer et isolé à froid par la dissolution du métal dans quelque réactif; car ce carbone ne fournit, en général, que des traces de graphite véritable. Il s'éloigne encore davantage du carbone de la météorite d'Orgueil, ce dernier étant probablement d'origine organique, et en tout cas exempt de graphite.

II. *Carbone de l'oxyde de carbone décomposé par le fer.* — M. Gruner, professeur à l'École des mines de Paris, a publié récemment des recherches très-remarquables sur la décomposition de l'oxyde de carbone par le fer et l'oxyde de fer, à une température relativement peu élevée. Cette réaction donne lieu à la séparation d'une grande quantité de carbone amorphe. M. Gruner, avec une obligeance parfaite, m'a remis un échantillon du carbone qu'il avait obtenu, pour en rechercher la véritable constitution.

J'ai soumis ce carbone à l'action de l'acide nitrique et du chlorate de potasse. Il s'est dissous à peu près complétement, à la suite de traitements réitérés, et à la façon du carbone combiné dans le fer et le manganèse; il a laissé de même une trace d'oxyde graphitique.

Les faits que je viens de décrire ou de rappeler fournissent des données et des limites nouvelles au problème si obscur de l'origine du graphite naturel ou plombagine. En effet, le graphite naturel ne provient pas, en général, de la transformation de masses de fer, météoriques ou non; car il diffère à la fois du graphite cristallisé de la fonte par ses réactions chimiques, et du carbone amorphe combiné dans le fer, lequel n'est point du graphite, au moins dans sa masse principale.

Le graphite naturel ne dérive pas davantage de l'anthracite ou des matières organiques transformées dans des conditions connues, soit à la température ordinaire, soit à une température plus élevée; car, ni l'anthracite, ni les matières charbonneuses organiques, avant ou après calcination, ne fournissent d'oxyde graphitique. Pour les changer en graphite, il faut recourir à la température excessive qui se développe dans l'arc électrique, ou bien dans la combustion vive, quoique incomplète, d'une masse charbonneuse : encore cette dernière action ne fournit-elle que des traces de graphite. On obtient encore du graphite, et en abondance, par la décomposition ignée du sulfure et du chlorure de carbone, mais non par celle des hydrogènes carbonés.

Telles sont les données nouvelles que l'expérience apporte au problème de l'origine du graphite naturel.

M. BERTHELOT,

Professeur au Collége de France.

(1) Voyez *Revue des cours scientifiques*, tome VI, pages 181 et 762, 20 février, 30 octobre 1869.

TRAVAUX SCIENTIFIQUES ÉTRANGERS

Propriétés électriques des nerfs et des muscles pendant la décomposition putride et pendant la vie embryonnaire

M. G. VALENTIN

Professeur à l'université de Berne.

I

Ces études sont consacrées à l'examen des propriétés électriques des nerfs et des muscles aux deux périodes critiques de leur évolution : avant la naissance, tandis qu'ils sont encore des tissus embryonnaires; après la mort, lorsqu'ils subissent la décomposition putride.

Les propriétés électriques des tissus ont donné lieu depuis quelques années à un grand nombre de travaux que la physique pourrait revendiquer à aussi bon droit que la physiologie. Un grand nombre d'entre eux, ceux d'Helmholtz, Bernstein, Pflüger, du Bois-Reymond, Matteucci, ont passé indifféremment dans les journaux de biologie ou dans les revues de physique, ce qui est un exemple de bon ménage tout à fait rare chez nous. La même activité s'est manifestée également dans le domaine de la chaleur animale, de la mécanique, de la chimie animale, c'est-à-dire dans toutes les branches de ce que l'on a appelé d'un mot : la physique biologique. Il s'agit en effet, dans tous ces cas, d'étudier les propriétés inorganiques des tissus animaux. Quelques auteurs n'en admettent pas d'autres : ils pensent réduire, dans un temps prochain, tous les faits biologiques aux lois physiques et rejeter jusqu'à ces débris de la force vitale que le déterminisme de Cl. Bernard laissait encore subsister. Cette tendance s'accentue de plus en plus depuis la découverte du grand principe de la transformation des forces qui domine aujourd'hui toutes les recherches naturelles. Sans examiner le bien ou le mal fondé de ces espérances que l'avenir jugera, nous avons à constater deux choses : d'une part, l'emploi des procédés, des appareils, des conceptions physiques dans l'étude des corps organisés et l'importance chaque jour croissante de ces sciences que nous appelons accessoires, et qui tendent à devenir principales ; et, d'autre part, la direction des recherches physiologiques vers les phénomènes qui, dès aujourd'hui, et pour tout le monde, sont des phénomènes physiques.

La plupart des travaux d'électricité animale ont eu pour auteurs des Allemands : soit que leur éducation première les prépare mieux à des études qui exigent des connaissances assez étendues en physique, chimie, mécanique ; soit pour quelque autre cause. Malgré tous ces efforts, il ne faut pas se dissimuler que la question ne soit encore environnée d'obscurités, et chargée de contradictions et de controverses. Au surplus, M. Valentin n'aborde que quelques points du problème ; et il nous faut, après avoir signalé l'esprit général de son travail, en revenir au détail de ses expériences.

Il importe cependant de rappeler brièvement les résultats acquis. Les propriétés électro-motrices du muscle sont au nombre de deux principales :

1° Le courant musculaire, dans l'organe au repos ;

2° La variation négative, dans l'organe en activité.

Le courant musculaire se manifeste lorsque, dans un faisceau musculaire, on réunit par un conducteur un point de la section à un point de la surface. Toutes les conditions et les circonstances de sa production sont exposées dans les ouvrages de physiologie.

Au moment où le muscle entre en activité, le courant électrique se trouve diminué : la diminution peut aller jusqu'au renversement, et l'aiguille du galvanomètre dépassant le zéro peut venir se fixer dans le cadran négatif ; c'est la *variation négative*.

Ainsi l'activité musculaire correspond à une modification de l'état électrique de l'organe. Pour le nerf, nous allons rencontrer une complication plus grande. Le courant nerveux sera modifié non-seulement par l'activité, mais par un certain état, une certaine manière d'être que nous aurons à préciser, et que du Bois-Reymond a appelé électrotonus.

Nous avons donc :

1° Le courant nerveux ;

2° La variation négative, diminution passagère du courant nerveux qui peut aller jusqu'à son renversement et dont la durée s'est trouvée être, dans les expériences de Bernstein, de 5 à 6 dix-millièmes de seconde.

On a attaché à ce phénomène d'autant plus d'importance que pendant longtemps on l'a considéré comme le seul signe physique qui pût trahir l'activité du nerf. Helmholtz n'avait constaté aucun phénomène calorifique, et quant aux modifications chimiques, elles sont inconnues. On sait seulement, d'après Funke, que le nerf présente une réaction acide après avoir agi. L'activité nerveuse n'était donc reliée au monde inorganique et à ses forces que par le faible lien de l'électricité. Mais, plus récemment, MM. Valentin, Ohel et Schift (1869) ont constaté les modifications calorifiques qu'Helmholtz n'avait pu observer.

On a utilisé ce phénomène de la variation négative pour mesurer la vitesse de propagation de l'influx nerveux (Bernstein).

3° L'état électrotonique, l'électrotonus.

Ce n'est pas un état naturel, c'est-à-dire se manifestant sous des influences normales et physiologiques. C'est une modalité artificielle se produisant dans le nerf quand on vient à en faire traverser une partie par un courant électrique.

Deux éléments constituent cet état électrotonique : une modification électrique, une modification de l'excitabilité. Par la première, l'état électrique du nerf se trouve changé et le courant nerveux normal altéré par augmentation ou diminution. L'excitabilité, c'est-à-dire la propriété de réagir aux agents excitants n'est plus la même que dans l'état naturel. Elle diminue au voisinage du point par lequel le courant entre, *anode*, et l'on dit que cette portion du nerf est dans l'état anélectrotonique ; elle augmente au voisinage du pôle négatif ou cathode par lequel le courant sort du nerf, et cette portion est dite en état cathélectrotonique. Enfin, dans l'espace intra-polaire on trouve un point indifférent.

Tels sont les faits essentiels. Mais lorsqu'on veut étudier les circonstances de l'excitation du nerf, qui ont conduit à ces conclusions, on se heurte à des complications considérables. Au lieu d'un courant constant, on emploiera un courant variable, celui par exemple qui est produit par l'ouverture et la fermeture du courant constant. Et alors il faudra distinguer ces deux cas. Il faudra tenir compte de la nature du nerf, sensitif ou moteur, de la direction du courant excitateur, centripète ou centrifuge, de la portion de nerf examinée anélectrotonique ou cathélectrotonique, enfin de l'intensité du courant, suivant qu'il sera faible, moyen, ou fort. La loi de Pflüger, qui résume toutes ces circonstances, est difficile à exprimer intelligiblement en langage ordinaire ; il faut représenter les résultats dans un tableau, ou se contenter de cet énoncé incomplet : Une partie d'un nerf est excitée quand il y a production ou augmentation du cathélectrotonus, cessation ou diminution de l'anélectrotonus.

Si cette conception de l'électrotonus n'avait contre elle que sa complexité, il faudrait, malgré son peu de valeur intuitive, se résigner à l'accepter. Mais on lui a fait des reproches bien plus graves. Matteucci, qui s'en est beaucoup préoccupé, a passé les dernières années de sa vie à guerroyer contre du Bois-Reymond à ce sujet. Il a contesté que ce fût une propriété spéciale aux nerfs, et il a prouvé son dire en reproduisant les mêmes phénomènes, avec des mèches de chanvre et de coton. Les actions électrolytiques et les dérivations de courant y auraient donc la plus grande part. A Paris, dans ces dernières années, les expériences ont été reprises, et elles ont conduit à admettre l'électrotonus pour des parenchymes végétaux, la pomme de terre, la carotte, etc. ; c'est-à-dire, en somme, à le rejeter. Si pourtant on continue à l'admettre, ce ne peut être qu'avec des restrictions convenables, et en le considérant comme un moyen plus ou moins commode de formuler des résultats complexes.

Tel était le bilan des propriétés électriques.

M. Valentin vient, par son travail, de nous en révéler une nouvelle. Il a constaté, dans le nerf et le muscle qui subissent la décomposition putride, une série d'oscillations électriques dont la succession lui a paru observer toute la régularité d'une loi biologique. Si donc nous convenons d'envisager le nerf et le muscle pendant toute leur durée, nous devrons porter à trois le nombre des propriétés électromotrices du muscle, et à quatre le nombre des propriétés électromotrices du nerf.

En quoi consistent ces oscillations électriques ?

L'appareil est compliqué : sauf quelques modifications insignifiantes, c'est l'appareil classique de du Bois-Reymond, le même que l'auteur a déjà employé dans ses recherches sur l'antiarine, sur le poison des flèches. Essentiellement, il revient à ceci :

La portion du nerf dont on étudie la décomposition complète un circuit comprenant un galvanomètre : l'aiguille traduit par sa déviation les modifications électromotrices du nerf. Le courant excitateur agit sur une autre portion. C'est un courant induit, provoqué par l'ouverture ou la fermeture d'un circuit constant placé dans le voisinage. Un appareil électro-magnétique permet d'éloigner ou de rapprocher à volonté ces alternatives d'ouverture et de fermeture, de sorte qu'en agissant sur un muscle on peut facilement le tétaniser.

Une des extrémités du fragment en observation correspond au pôle positif du courant d'ouverture et au pôle négatif du courant de fermeture, puisque ces deux courants sont de direction opposée. Mais un commutateur peut changer ces relations. En sorte que l'on a deux dispositions possibles. En observant avec chacune d'elles, on obtiendra une déviation correspondante de l'aiguille du galvanomètre. Avec l'une des dispositions on obtient une déviation positive, c'est-à-dire de même sens que le *courant nerveux* du nerf au repos ; avec l'autre on obtient une déviation négative, c'est-à-dire de direction contraire au courant nerveux.

En alternant ces dispositions, on observe cette série d'oscillations alternativement positives et négatives, que M. Valentin considère comme caractéristique de la décomposition putride.

En effet, elles ne se produisent pas dans le tissu vivant ou récemment détaché de l'animal. Elles commencent à apparaître quelques heures après la mort, quelquefois le lendemain ou le surlendemain, et même jusqu'au cinquième jour. La période de temps pendant laquelle on peut les constater varie de vingt-quatre à quarante-huit heures. Peut-être même les variations qu'elles éprouvent dans leur grandeur pourront-elles servir à caractériser les différentes phases de la décomposition.

Ces oscillations électriques constituent, d'ailleurs, un phénomène spécial. On ne peut les rattacher au courant nerveux, car leur amplitude est incomparablement plus grande : elles atteignent jusqu'à cinq ou dix fois la valeur de celui-ci.

On ne peut davantage les confondre avec l'électrotonus. Elles apparaissent ou disparaissent, s'exagèrent ou s'affaiblissent indépendamment des effets électrotoniques. En aucun cas, elles ne varient dans le même rapport.

C'est donc bien, comme nous l'avons dit, une manifestation électrique d'espèce nouvelle. Sans doute, comme toutes les autres, elle reconnaît pour cause des actions électro-chimiques s'accomplissant dans l'intimité des tissus ; mais ces actions moléculaires se différencient nettement de celles qui s'accomplissent dans le tissu vivant.

Il nous faut, en terminant, formuler quelques réserves. Les expériences n'ont pas la netteté que notre exposé leur attribue : les exceptions, les irrégularités, sont fort nombreuses. Le genre de mort de l'animal, par empoisonnement ou par strangulation ; la nature du poison, nicotine, cinchonine, acide cyanhydrique, entraînent des différences considérables. Aussi y a-t-il lieu de supposer que, si le travail que nous analysons est destiné à ouvrir une voie et à provoquer des recherches, il n'est aucunement destiné à *rester*.

II

Le travail relatif aux propriétés électromotrices des nerfs et des muscles de l'embryon confirme des faits intéressants, mais parfaitement supposables et attendus. L'auteur s'est proposé de répondre à ces deux questions :

A quel moment de l'évolution apparaissent les propriétés électromotrices des nerfs et des muscles ?

Depuis leur apparition, ces propriétés restent-elles toujours identiques avec elles-mêmes ?

Il reste établi que le courant musculaire normal, avec sa variation négative pendant l'activité, n'a pas besoin pour se manifester que le muscle soit arrivé à son état de développement complet. Il apparaît au moment où se montre la contractilité, à une époque où la fibre musculaire présente encore sa cavité centrale, avec noyaux très-nombreux, sans stries transversales, ou du moins avec une striation de fraîche date.

Le courant nerveux ordinaire et la variation négative se manifestent de même dans des nerfs qui, examinés dans la lumière polarisée, présentent à peine les premières couches de myéline.

En un mot, les propriétés électromotrices, nerveuses et musculaires, n'exigent pas, pour leur apparition, le développement achevé du tissu et l'existence de tous les éléments figurés qui le constitueront à l'état parfait. L'embryon, depuis le moment où il permet des épreuves positives, se comporte comme l'adulte.

BULLETIN DES SOCIÉTÉS SAVANTES

Société d'anthropologie de Paris.

SÉANCES DU 19 OCTOBRE ET DU 2 NOVEMBRE.

Entente nécessaire de l'archéologie, de l'anthropologie et de la géologie dans les recherches préhistoriques. — Coutumes funéraires des îles Loyalty. — Le Congrès d'archéologie de Bologne et les Étrusques. — Grotte de Dourdan (Haute-Garonne).

L'archéologie et l'histoire ont fait les frais de ces séances. Tout en constatant le contingent d'efforts apporté par l'archéologie, à l'histoire des peuples, grâces aux fouilles et aux recherches effectuées depuis une vingtaines d'années, il est une vérité banale, qu'il ne faut pas se lasser de répéter. C'est que bien des découvertes sont perdues pour la science historique, parce que dans un grand nombre de circonstances, l'archéologie, l'anthropologie et la géologie ont manqué d'entente cordiale. Ce défaut d'entente nous a toujours surpris, alors que ces trois branches de l'érudition sont aujourd'hui fort bien représentées en France, par des Sociétés auxquelles il suffirait d'écrire pour demander un spécialiste qui, certainement, n'hésiterait pas à faire le voyage, pour assister à une fouille intéressante. Mais il est loin d'en être ainsi : un grand nombre d'archéologues paraissent fort peu se soucier des ossements humains, ou se contentent, d'ailleurs, d'étudier dans leur cabinet des objets qui n'ont pas même été recueillis sous leurs yeux. Un de nos ministres de l'instruction publique a autrefois lancé une circulaire adressée à tous les correspondants de son ministère pour les inviter à recueillir avec soin les ossements humains qu'ils rencontreraient ; mais en France, ministres et circulaires ne vivent guère plus longtemps que les roses... et je n'ai pas entendu dire que le Muséum de Paris, se fût fort enrichi de crânes recueillis dans les tumulus ou dans les grottes préhistoriques.

M. Bonnafond a reçu des îles Loyalty (Nouvelle-Calédonie), une curieuse couronne (?) trouvée sous la tête du cadavre momifié d'un chef de tribu. Cette couronne, transmise de chef à chef depuis plusieurs siècles, est fort ancienne ; M. de Mortillet la croit formée de têt de tridacne géant ou coquille à bénitier, et la grandeur de l'ouverture lui fait supposer qu'il s'agit plutôt d'un collier. La note du correspondant de M. Bonnafont contient des détails peu connus sur les usages funéraires des habitants de l'île, avant l'occupation des Français. Les naturels du littoral procédaient à l'inhumation de la manière suivante. Ils cherchaient dans les falaises les plus voisines de leurs habitations des excavations ou grottes naturelles dans lesquelles ils plaçaient leurs morts, après les avoir enveloppés de nattes. Les corps se sont bien momifiés et se conservent fort longtemps. Une autre coutume consiste à faire une entaille à la couronne des chefs, après la mort du dernier membre de la famille royale, ce qui rappelle les armes brisées placées dans la tombe des guerriers francs ; mais on sait que l'industrie comme les mœurs sont analogues chez tous les peuples, et en rapport avec les phases diverses de leur civilisation. Il a dû en être ainsi pour les diverses manifestations de l'intelligence. Les peuples primitifs, sans rapports entre eux, ont fabriqué leurs outils de pierre de la même manière, puis leurs poteries ; ils ont construit leurs habitations avec la même simplicité, etc.

M. de Mortillet a rendu compte de la session du Congrès archéo-anthropologique qui vient d'avoir lieu à Bologne et dont la *Revue* publiera les travaux très-prochainement. Il résulte de son rapport que s'il n'a pas été fait au Congrès de communications d'une grande importance, des détails intéressants ont été agités. L'ensemble des collections de tous genres, réunies à Bologne, témoignent des richesses que renferment la contrée, tant au point de vue préhistorique qu'au point de vue archéologique pour les époques suivantes. La question si intéressante des Étrusques a fourni plus d'un document; cette question est inscrite à l'ordre du jour de la Société d'anthropologie. Dans tous les cas, il est avéré que la diversité des types crâniens recueillis dans les sépultures du pays ne paraît pas de nature à simplifier l'étude des origines de ce peuple.

Arrêtons-nous quelques instants sur un intéressant mémoire de M. Piette (de Craonne). Notre collègue nous signale l'existence de plusieurs stations humaines de l'époque de l'âge du renne, dans la Haute-Garonne; aucune découverte de cette nature n'avait encore été faite dans ce département, tout au moins les ouvrages spéciaux les plus récents n'en indiquent pas.

Reportons-nous par la pensée plusieurs milliers de siècles en arrière. Il est bon, par le temps de tourmentes dans lequel nous vivons, de pouvoir se livrer à cette revue rétrospective, il est aussi quelque peu consolant pour l'esprit, après avoir assisté aux cataclysmes de la politique moderne, de se rappeler les durs combats de nos ancêtres pour l'existence, ce que Darwin appelle si justement le *Struggle for life*.

..... Les glaces ont succédé aux glaces; accumulées, elles atteignent une hauteur considérable couvrant tout le pays de la Garonne. Peu à peu, elles entraînent des blocs de pierre tombés des hauts sommets, elles les usent ou les transportent dans des vallées, jusqu'alors vierges de traces humaines; ce torrent gigantesque est tel, que des blocs de granit sont parfois poussés de bas en haut jusqu'aux cimes des montagnes voisines. Aucune végétation, rien qu'un immense désert. M. Piette, je n'ai nulle envie de le contredire, l'estime à vingt-cinq lieues de largeur, pour les Pyrénées aux environs de Luchon..... Une température plus douce succède,..... les glaciers reculent encore, et les crêtes des points élevés sont rendues à la végétation. Des animaux, chassés sans doute d'autres lieux, soit par une température trop basse pour leur organisation, soit par des combats avec leurs semblables, ce ne sont pas seulement les hommes qui se tuent entre eux, arrivent et pullulent bientôt; des êtres humains ne tardent pas à les suivre et à les combattre à leur tour. Mais ce Midi n'est pas encore notre Midi, et là, comme ailleurs, le ciel est trop inclément, le climat trop rigoureux, pour permettre à l'homme de vivre à la belle étoile. Les grottes lui servent donc de refuge. Celle de Gourdan, située à l'extrémité septentrionale d'un rameau des Pyrénées vient d'être heureusement explorée par M. Piette. Largement ouverte au couchant, visitée par le soleil pendant une partie de la journée, l'habitation est saine; l'eau suinte à peine d'un côté, la voûte est sèche de l'autre, puisque aucune couche de stalagmite ne s'y est formée. La grotte mesure 15^{m},75 dans sa plus grande largeur, 21 mètres dans sa plus grande longueur; sa hauteur vers le centre n'a pas moins de 6^{m},80. Sa forme est un losange irrégulier. Un énorme bloc de calcaire tombé de la voûte, mesurant 2 mètres de haut, la partage en deux et derrière lui une stalactite unit la voûte au sol et forme un pilier central. Ce sont deux chambres tour à tour habitées et à des intervalles divers, car des couches de stalagmite séparent les amas de débris divers recueillis par l'explorateur. Ces débris appartiendraient à deux époques différentes, aux deux âges archéologiques désignés sous le nom d'âge de la pierre, âge du fer, ils ne sont pas confondus et chacun a sa place dans cette habitation primitive. Les objets d'industrie humaine en bois et en os sont nombreux. Ce sont des flèches, des poinçons, des aiguilles, des manches d'outils; le bois est sculpté, orné de dessins, ou plutôt de lignes tracées au hasard, à l'aide de silex sans doute. Ces silex taillés sont aussi très-nombreux dans la grotte, ce sont également des couteaux, des pointes de flèches, des grattoirs. La présence de ces silex indique bien l'immigration d'une peuplade, car le silex n'existe pas dans le pays, et il faut aller très-loin pour en trouver un gisement. Des blocs de calcaire portent des traces de feu. Des ossements humains sont dispersés au milieu de ceux de divers animaux, malheureusement le tout est pêle-mêle, fracturé, brisé, au milieu de marne ou d'argile, de cendres, de charbons, de morceaux d'outils brisés. Mais M. Piette se propose de continuer ces fouilles, de les poursuivre minutieusement. Nous ne saurions trop lui recommander de veiller lui-même à l'enlèvement des ossements, de les étiqueter et de les faire examiner par un anthropologiste. Les populations primitives de l'Europe paraissent présenter deux types, l'un de grande taille, l'autre de taille petite ou moyenne; il serait bien utile de réunir soigneusement tous les débris humains de ces temps reculés. A. DUREAU.

Académie des sciences de Paris

SÉANCE DU 20 NOVEMBRE

M. Élie de Beaumont, enterreur perpétuel de la correspondance, ayant repris sa place au bureau, il nous est impossible de savoir ce que peuvent contenir les papiers accumulés devant lui.

Il nous semble pourtant avoir entendu les noms de MM. Bousinescq, Lenoir, Piogey, sans en être cependant absolument sûr. Nous sommes donc forcé de remettre à huitaine cette partie de notre compte rendu.

Nous reviendrons en arrière, au contraire, pour parler de quelques travaux qui n'avaient pas trouvé place dans notre dernier article.

Le mémoire de M. *Berthelot*, que nous avions seulement indiqué, a pour but de mettre en relief ce fait que tous les hydrates salins qui existent dans les dissolutions se transforment, par double décomposition, en des hydrates précipités d'un type différent et parfois même en corps anhydre; mais la destruction progressive du système peut être poussée jusqu'à une séparation totale ou partielle entre l'acide et la base du sel précipité. Cette séparation est accompagnée, comme la déshydratation, d'une absorption de chaleur.

M. *Decaisne* montre combien est peu naturel le grand genre *Poirier* créé par Linné, et que le vulgaire divise instinctivement en groupes, auxquels il donne les noms de Poirier, Pommier, Cognassier, Néflier, Sorbier, Aubépine, etc. Ces noms, adoptés dans le langage ordinaire, correspondent réellement à des caractères botaniques bien définis, tirés de la disposition et de la forme des embryons, du mode de vernation ou d'estivation des feuilles, de l'inflorescence, de la structure des bois, etc. Ces différents genres seront limités nettement dans un grand travail qu'annonce M. Decaisne. Une révision analogue à celle qu'il vient d'indiquer dans les Pomacées devra être faite aussi dans les Amygdalées.

Nous arrivons maintenant à la séance d'aujourd'hui.

M. *Favre* annonce que si plusieurs sels métalliques sont en dissolution dans l'eau, on peut arriver, par une application convenable de l'électrolyse, à séparer complétement les uns des autres les métaux constitutifs de ces sels. C'est là un moyen d'analyse aussi nouveau qu'intéressant.

Un médecin de Strasbourg, M. *Cose*, d'accord avec un médecin allemand, M. *Klause*, a observé que les balles des fusils rayés, rencontrant sur leur chemin des corps durs, tels que des pièces de monnaie, peuvent se fragmenter, éprouver même des phénomènes de fusion partielle et simuler ainsi les balles explosibles. Les accusations portées contre les Prussiens à ce sujet seraient, d'après ces messieurs, fondées sur de simples apparences; ce serait un trait de barbarie de moins à leur actif. Nous regrettons de ne pouvoir nous ranger à l'avis de M. Cose; l'emploi de balles explosibles par les Prussiens a été irrécusablement constaté aux environs de Paris; nous avons pu examiner nous-même une balle présentant une cavité volumineuse remplie d'un mélange de graisse et de phosphore. Cette préparation n'avait certainement pas pour but de diminuer le mal fait par le projectile.

Les observations des étoiles filantes de l'essaim de novembre ont fourni quelques résultats intéressants que développe M. *Leverrier*.

Ces étoiles n'ont pas été très-nombreuses; elles ne se sont montrées que dans certaines localités. D'où il suit que les météores n'occupaient pas dans le ciel un espace très-étendu. Le point radiant n'était pas dans le Lion; M. Lespiault en a pu déterminer trois : l'un à 23 degrés de l'Équateur sur le cercle de Régulus; un autre dans le Cocher; un troisième auprès d'Aldébaran. L'essaim s'est donc fragmenté et M. Leverrier pense que le passage de cette année est l'un des derniers que l'on puisse espérer observer. L'essaim ira en se disloquant de plus en plus.

Cinquante-deux observations communes à Bordeaux et à Clermont permettront de déterminer cinquante-deux orbites réelles de ces météores, et d'avoir par conséquent des données très-précises sur leur course.

M. *Charles Sainte-Claire Deville* fait remarquer que le passage des essaims d'étoiles filantes est accompagné de perturbations profondes dans les couches supérieures de l'atmosphère, perturbations qui se traduisent par des aurores boréales, des oscillations brusques de l'aiguille aimantée ou même des orages accompagnés de grêle et de tonnerre.

M. *Gripon* envoie à l'Académie un travail sur les vibrations des fils très-fins. M. Gripon produit ces vibrations en fixant le fil à un diapason et cherchant quelle tension il faut lui donner pour obtenir un son. Le fil vibre alors en produisant des ventres et des nœuds dont l'observation permet de calculer la vitesse du son dans la substance dont le fil est formé. Ce procédé a l'avantage d'être applicable à des substances qui ne se prêtent pas à des expériences d'un autre genre, le caoutchouc, le papier, par exemple.

Viennent ensuite des tubes construits par M. *Alvergniat*, et qui présentent un phénomène fort curieux. En cherchant à construire des tubes lumineux de Geissler contenant du chlorure ou du bromure de silicium, M. Alvergniat a constaté que, pour certaines tensions, la décharge électrique ne produisait pas dans le tube les phénomènes lumineux ordinaires; mais qu'une illumination soudaine du tube se produisait si on frottait sa surface, même légèrement, soit avec la main, soit avec une étoffe. Pour les pressions inférieures et supérieures, le phénomène ne se produit pas. La coloration de la lumière varie avec le corps employé; elle est rouge pour le bromure de silicium, jaune pour le chlorure. M. Jamin rapproche ces faits des phénomènes lumineux qui s'observent dans les chambres barométriques bien purgées d'air lorsqu'on y agite du mercure, et aussi du dégagement de lumière qui accompagne parfois la distillation de ce métal.

Enfin, M. *Wurtz* annonce que M. *Ritter* confirme de tous points la méthode donnée par M. Béchamp pour la fabrication artificielle de l'urée au moyen de l'albumine ou du gluten.

Académie de médecine de Paris

SÉANCE DU 21 NOVEMBRE 1871

De la correspondance se distinguent deux lettres de MM. Marey et Philippeaux se portant candidats à la place vacante dans la section d'anatomie et physiologie; un mémoire de M. Tholozan, médecin du schah de Perse, sur la peste qui a sévi dans le Kurdistan en 1871. Localisée heureusement dans quelques villages, elle s'y est montrée si meurtrière, que 90 malades sur 100 ont péri. Sur les 102 habitants de deux de ces villages, 94 sont morts. Parmi les survivants se trouve le laveur des morts; ce qui semble infirmer la contagion.

— M. *Piorry* continue à s'élever contre la ponction intestinale dans la pneumatose sans que personne y fasse grande attention. La lésion du péritoine lui paraît des plus dangereuses, et il voudrait au moins que l'on choisît pour faire cette opération, quand elle est indispensable, un point où le péritoine peut être évité, afin de ponctionner directement l'intestin. Évidemment l'orateur ne tient pas compte des faits infirmant ces prétendus dangers, et pourtant ils pullulent en ce moment dans la presse médicale anglaise, faisant écho à ceux des journaux français. Et l'ovariotomie ?

M. Piorry croit d'ailleurs cette ponction inutile dans la plupart des cas, en raison de la cause organique ou de l'obstacle matériel et persistant qui produit les gaz ou s'oppose à leur expulsion. Comme moyen curatif, c'est possible; mais le devoir du médecin n'est-il pas de calmer la douleur et prolonger la vie lorsqu'il ne peut la conserver? Que dirait donc M. Piorry des chirurgiens anglais qui cherchent en ce moment à vulgariser la colotomie contre les affections organiques du rectum, et même les fistules recto-vésicales ou vaginales? Après avoir fait le progrès, il s'y heurte évidemment en s'opposant à la pratique de la ponction contre la tympanite intestinale.

— M. *Panas*, chirurgien de l'hôpital Saint-Louis, fait une lecture sur *la cause réelle de la paralysie réputée rhumatismale du nerf radial.* Presque tous les individus atteints, dit-il, le sont à la suite d'un sommeil prolongé, profond, léthargique succédant à la fatigue et surtout à l'ivresse. La classe ouvrière y est ainsi la plus exposée, les hommes beaucoup plus que les femmes comme plusieurs observations en font foi. L'action du froid n'est qu'accessoire, et c'est surtout à la contester que ce mémoire est consacré.

Il en conclut que le plus habituellement, pour ne pas dire toujours, la paralysie radiale reconnaît pour cause une *compression temporaire* du nerf qui se produit pendant le sommeil et intéresse invariablement la même portion du tronc nerveux. Deux à trois exemples prouvent que le froid n'est qu'une très-rare exception pour la produire.

— D'une *Statistique des alcoolisés entrés à Sainte-Anne pendant la Commune*, par MM. Magnan et Bouchereau, il appert que le nombre en a été bien supérieur à celui de l'année précédente. Déjà Marcé avait montré leur progression constante d'année en année. De 34 en 1855, ils s'élevaient ainsi graduellement à 200 en 1861, et de la proportion de 12,78 pour 100 à celle de 25,24, c'est-à-dire le double en six ans.

De même sous le règne néfaste et honteux de la Commune. Tandis que la proportion reste à peu près la même pendant les mois de mars et avril avec les mois correspondants de 1870, cette proportion, qui était de 26,92 en mai cette année-ci, s'élève subitement à 48 pour 100 en mai 1871, et à 55,69 en comptant les cas de paralysie générale. C'est bien là le caractère distinctif de ces affreux communards qui ne trouvaient plus de raison d'être à la fin que dans l'eau-de-vie et le pétrole. C'est à distinguer les effets de cette intoxication alcoolique que les auteurs ont consacré la suite de leur travail.

— *Répartition de l'atropine dans la feuille et la racine de la belladone*, tel est le titre d'une lecture faite par M. Jules Lefort. Des expériences auxquelles il s'est livré, il résulte que la feuille est un peu moins riche en alcaloïde avant qu'après la floraison de la plante; la récolte en est ainsi indiquée entre la floraison et la fructification sans préférence de la plante sauvage ou cultivée, dont les feuilles récoltées au même moment et sur des plans de même âge, ont donné les mêmes quantités d'atropine.

Quant à la richesse de la racine en atropine, il n'y a pas de comparaison à établir avec celle de la feuille. Elle varie très-fortement dans la racine suivant l'âge de la plante et l'épaisseur de son écorce. Les jeunes racines contiennent beaucoup plus d'atropine que les racines ayant plus de deux à trois ans, les premières contenant plus d'écorce sous le même poids que les secondes. — Renvoyé à la section de pharmacie pour la prochaine élection.

CHRONIQUE SCIENTIFIQUE

Observation sur la comète de Encke

La comète de Encke, retrouvée pour la première fois par M. Hind, le 22 septembre (*Revue scientifique* du 14 octobre), puis observée à Marseille le 8 octobre, par M. Borelly, a, depuis cette époque, été revue trois fois par M. Hind, à l'observatoire de M. Bishop, à Twickenham.

L'observation du 12 octobre a été la suivante, pour neuf heures seize minutes dix-huit secondes, temps local :

$$Ⓡ\ 1^h.7^m.37^s \quad \text{D.N.}\ 36°,47'35''.$$

Les positions calculées par M. Glasenopp, de l'observatoire impérial de Pulkowa, nécessitent la correction suivante :

$$Ⓡ = 36^s \quad \text{D.N.} : -10'.$$

A Burton-sur-Tyne, la comète était dans le champ du télescope en même temps que l'étoile 45 d'Andromède. L'observation a été faite par M. Knobell. Il a suffi d'une heure pour que son mouvement propre fût manifeste avec un réflecteur de huit pouces et demi de Browning.

M. Knobell n'a pas trouvé de traces de noyau visible, quoique la nébulosité parût plus lumineuse vers le centre que vers la circonférence.

M. Hind, qui a eu l'occasion de dessiner la comète lors de sa précédente apparition, trouve qu'elle n'a plus du tout le même aspect.

D'après les éphémérides calculées pour Greenwich, le mouvement doit être, du 15 au 25 octobre, de dix-sept minutes en ascension droite et de quatre-vingt-deux minutes en déclinaison.

Le temps favorable pour les observations de cette comète est de neuf à dix heures du soir, mais elle se confond encore avec des nébuleuses. C'est en cherchant des nébuleuses que M. Stephan l'a retrouvée. Des observations ultérieures indiqueront jusqu'à quel point l'orbite observé concorde avec l'orbite réelle.

L'absence de la lune et la prépondérance des courants polaires ont été favorables dans ces derniers jours aux études astronomiques.

(*Extrait du Times.*)

Le propriétaire-gérant : GERMER BAILLIÈRE.

PARIS. — IMPRIMERIE DE E. MARTINET, RUE MIGNON, 2.

LA
REVUE SCIENTIFIQUE
DE LA FRANCE ET DE L'ÉTRANGER
REVUE DES COURS SCIENTIFIQUES (2E SÉRIE)

DIRECTION : MM. EUG. YUNG ET ÉM. ALGLAVE

2e SÉRIE — 1re ANNÉE | NUMÉRO 23 | 2 DÉCEMBRE 1871

Paris, 1er décembre 1871.

On sait à quel point la géographie est ordinairement négligée dans les écoles françaises, et la dernière guerre nous a fait durement sentir les tristes résultats de notre ignorance caractéristique à cet égard. Mais l'expérience semble cette fois devoir porter quelques fruits; les amis de la géographie se multiplient chaque jour parmi nous ; ils travaillent avec une énergie sans cesse croissante à étendre son enseignement, surtout à le réformer, pour lui enlever son aridité systématique, le rendre plus pratique, le mettre mieux en rapport avec la vie moderne.

Une toute petite ville de province vient de donner un exemple des plus honorables, que les grandes cités devraient tenir à honneur de suivre. C'est la ville de Saint-Affrique, chef-lieu d'arrondissement de l'Aveyron, qui compte au plus de six à sept mille âmes. Sur la proposition d'un membre de la Société géographique de Paris, M. de Costeplane, son conseil municipal a établi un concours géographique entre tous les élèves des écoles primaires de l'arrondissement. Ce concours comprendra : 1° le tracé de cartes géographiques du canton, de l'arrondissement, du département et de la France entière, gradation qui fera comprendre à l'élève le sens exact d'une carte géographique en lui donnant pour point de départ la représentation de son propre village; 2° le tracé de cartes topographiques, excellente préparation à l'art militaire, que le service obligatoire doit imposer bientôt à tous les Français; 3° des questions orales pour la géographie et la topographie. Les prix de ce concours consistent en quatre livrets de caisse d'épargne, de 25 francs chacun. Enfin les instituteurs de l'arrondissement sont invités à y préparer leurs élèves par trois ou quatre leçons spéciales consacrées chaque semaine à ces matières.

— L'attraction des populations allemandes de l'Autriche vers la grande Allemagne se manifeste dans le monde de la science comme dans celui de la politique. Un des professeurs les plus éminents de l'Université de Vienne va, paraît-il, passer à Berlin.

— L'empereur et roi Guillaume vient d'ouvrir la session des Chambres prussiennes par un discours dont le point le plus saillant est consacré à l'instruction publique. La Prusse va augmenter dans une proportion considérable les crédits qui lui sont consacrés; c'est par la science allemande qu'elle nous a vaincus, et elle veut assurer le maintien d'une supériorité que l'indifférence de nos divers gouvernements lui a, hélas ! rendu trop facile. Allons-nous donc lui laisser prendre une nouvelle avance ? On parle bien partout de réformes ; mais on n'agit guère : est-ce que notre bel enthousiasme va encore se passer en vains discours, comme cela s'est vu tant de fois? C'est à peine si l'on nous fait entrevoir, au travers des luttes intestines de l'Assemblée, la perspective prochaine d'une loi sur l'enseignement obligatoire. Mais l'enseignement supérieur, qui inspire et recrute tous les autres, quand donc s'en occupera-t-on? L'Allemagne va augmenter encore la richesse et les moyens d'études de ses universités pendant que nos Facultés végètent dans une véritable indigence. Croirait-on que, chez nous, une Faculté rapportant chaque année à l'État un *bénéfice net* de 20 à 30 000 fr., obtienne en tout 250 francs pour l'entretien de sa bibliothèque, l'achat de livres nouveaux, l'acquisition d'ouvrages courants servant aux cours et aux élèves, les reliures, les abonnements aux recueils périodiques, etc. ? C'est pourtant l'exacte vérité. Une université allemande a souvent jusqu'à 7 ou 800 000 francs de revenus ou de subventions. En France, il y a des Facultés qui rapportent la même somme à l'État. Eh bien ! la Prusse, à elle seule, augmente de VINGT-CINQ MILLIONS en une fois le budget de l'instruction publique. Demandez-vous après cela pourquoi les officiers français sont moins instruits que les officiers allemands!

Le véritable secret de notre défaite est avant tout dans notre indifférence pour l'instruction à tous ses degrés; c'est peut-être là aussi qu'il faut chercher la cause de notre mobilité politique. L'étude n'éclaire pas seulement l'esprit, elle modère aussi les emportements de la passion. Les hommes de science demandent des réformes, ils ne font pas de révolutions.

ÉMILE ALGLAVE.

CONGRÈS INTERNATIONAL D'ANTHROPOLOGIE ET D'ARCHÉOLOGIE PRÉHISTORIQUES

SESSION DE BOLOGNE

SOMMAIRE. — Les Phéniciens et l'époque du bronze dans le nord de l'Europe. — Organisation du congrès de Bologne. — L'âge de la pierre polie dans les provinces napolitaines. — L'homme et les phénomènes géologiques dans l'Italie centrale. — Le quaternaire des environs de Paris. — Les époques glaciaires dans les Pyrénées. — Cavernes à ossements dans divers lieux. — Mammifères quaternaires de la Belgique. — Chronologie d'une vallée de l'Ariége. — Cassures des os fossiles. — Palafittes de la Haute-Autriche. — Perforation des pierres dures avec du sureau. — Excursion à Modène et à la terramare de Montale. — Les populations préhistoriques. — Liaison des temps antéhistoriques avec l'antiquité classique. — L'art à l'âge du bronze; ses centres. — Stations anciennes d'Allemagne et de Pologne. — Terramares et palafittes en Italie. — Cimetières païens de la Pologne. — Terpen de la Frise. — Périodes de l'âge du bronze. — Dolmens de l'Aveyron. — Mottes du Haut-Languedoc. — Excursion à Marzabotto.

Il y a deux ans nous rendions compte à cette place des travaux qui avaient rempli la quatrième session du Congrès d'anthropologie et d'archéologie préhistoriques (1). En présence des splendides collections de l'âge du bronze que renferment tous les musées de la Scandinavie, il était impossible que la question de l'origine de ces richesses ne se posât point devant les savants réunis à Copenhague. Ce fut le vénérable doyen des archéologues du Nord, M. Nilsson, qui aborda le premier ce sujet. Reprenant les faits exposés par lui dans *Les habitants primitifs de la Scandinavie*, il chercha à établir que les Phéniciens étaient les véritables importateurs du bronze dans le nord de l'Europe, et que, sous leur influence, il s'était développé dans ces pays une industrie indigène, à laquelle seraient dus ces beaux objets et ces armes habilement travaillées, que nous avons admirés dans les musées des antiquités du Nord.

Le savant président du Congrès, M. Worsaœ, quelque grande que fût sa compétence sur ce sujet, ne prit aucune part à cette discussion, mais on sait qu'il ne partage pas sur cette question les opinions du professeur de Lund. Il pense que le berceau de la civilisation du bronze est bien plutôt dans l'intérieur de l'Asie, d'où elle a pénétré en Europe par l'Est. Il se prononce en même temps contre l'hypothèse d'un centre de fabrication quelconque, étrusque, romain, grec ou phénicien, fournissant seul pendant des siècles des instruments de bronze aux nations les plus diverses (2).

M. Desor s'efforça de réfuter à la fois la doctrine de l'indigénat scandinave des bronzes, et celle des centres multiples de fabrication et de commerce. « Depuis, dit-il, que l'on a fait des recherches et de nombreuses fouilles dans d'autres pays et dans d'autres conditions, spécialement dans les palafittes des lacs suisses et qu'on y a trouvé des ustensiles usuels qui se coulaient sur place, et une foule d'objets d'un travail plus fini, portant des dessins et des ornements d'un style déterminé, l'idée d'un indigénat scandinave s'est trouvée ébranlée. Comment admettre, en effet, que les fabriques de la Scandinavie aient fourni les bronzes de la Suisse, de l'Autriche, de la Gaule, ou, ce qui est encore plus invraisemblable, que les mêmes formes et les mêmes dessins soient apparus fortuitement sur tant de points à la fois? On est donc naturellement conduit à leur supposer une origine commune qui ne peut être que le commerce. Une immense industrie a dû exister quelque part à cette époque reculée et inonder de ses produits l'Europe et tout le monde connu, transportant ses marchandises en Scandinavie par mer et chez nous par terre. Ce qu'il importe, c'est de rechercher la trace et le point de départ de ce grand commerce. Déjà l'on commence à apercevoir quelques lignes de ce réseau mercantile ; elles semblent converger vers l'Italie et nous font pressentir que l'Étrurie et la Grande-Grèce pourraient bien avoir été les foyers de cette industrie (1). » Certes, la question qui se posait ainsi était assez importante pour mériter de fixer sérieusement l'attention. Aussi fut-il décidé que la cinquième session du Congrès serait tenue l'année suivante à Bologne, au centre de l'ancienne Étrurie, afin de permettre aux archéologues de comparer les bronzes du Nord à ceux du Midi.

La question importante de la relation des temps préhistoriques avec les temps classiques de l'histoire devait aussi se poser en Italie, et principalement dans l'Étrurie, en face des documents les plus propres à l'éclairer et à la résoudre.

La session devait donc s'ouvrir à Bologne le 1er octobre 1870. Le programme de ses travaux était arrêté, les adhésions recueillies, tous les préparatifs faits par le comité d'organisation, aidé dans son œuvre par la bienveillance du gouvernement italien, pour recevoir ses hôtes d'une façon digne de l'antique cité étrusque et de son renom scientifique, lorsque tout à coup une guerre, depuis longtemps recherchée et secrètement préparée d'un côté, engagée de l'autre avec l'imprudence la plus coupable, éclata au centre de l'Europe. Tous les regards furent dès lors exclusivement fixés sur cette lutte dont l'issue devait être si douloureuse pour notre pays, et l'attention fut un temps distraite des pures conquêtes de l'esprit, pour être uniquement concentrée sur ce retour au XIXe siècle d'une de ces invasions des peuples de la Germanie dans les riches et fécondes contrées de la Gaule, si fréquentes dans les premiers siècles de notre ère. Aussi le congrès de Bologne fut-il renvoyé à des temps meilleurs.

Lorsque les convulsions, qui agitèrent la France au sortir de cette guerre désastreuse, parurent enfin apaisées, les organisateurs du Congrès pensèrent que l'intérêt de l'institution qui leur était confiée leur faisait un devoir de profiter de cet instant de calme pour convoquer de nouveau les amis des sciences préhistoriques.

C'est pour répondre à ce nouvel appel que plus de deu cents étrangers, venus de tous les pays de l'Europe, se trouvaient réunis à Bologne le 1er octobre dernier. Dans l'impossibilité où nous sommes de transcrire ici tous les noms, nous nous bornerons à citer MM. Gozzadini, Capellini, Conestabile, Cornalia, Stoppani, Scarabelli, Ponzi, de Rossi, Anca, Spano, Nicolucci, Mantegazza, Angelucci, Marinoni, etc., etc., pour l'Italie ; de Quatrefages, Paul Gervais, de Mortillet, Joly, Garrigou, Chantre, Cartailhac, pour la France ; Virchow, pour la Prusse ; Wurmbrand, pour l'Autriche ; Dupont, Dognée, pour la Belgique ; Witherby, pour l'Angleterre ; Worsaœ, Steenstrup, Engelhardt, V. Schmidt, pour le Danemark ; Dirks, Boot, pour les Pays-Bas ; Da Sylva, pour le Portugal ; Przezdziecki, pour la Russie ; Hildebrandt, Montelius, de Lagerberg, pour la Suède ; Desor, Favre, Vogt, Morel-Fatio, pour la Suisse, etc., etc.

Comme en Danemark, nous avons pu constater que les conquêtes de la science ne sont pas en Italie le patrimoine d'une

(1) Voyez *Revue des cours scientifiques*, tome VII, page 162, 12 février 1870, et pour le compte rendu du Congrès précédent à Norwich, le tome VI, page 66, 2 janvier 1869.

(2) Worsaœ, *The Antiquities of South-Jutland or Sleswick*, in *Arch. Journ. of R. Arch. Inst. of Gr. Bret. and Irel.* 1866.

(1) Desor, *Le congrès anthropologique et préhistorique de Copenhague en* 1869, conférence faite à la Société d'utilité publique de Neuchâtel.

aristocratie intellectuelle, jalouse et dédaigneuse. Le gouvernement, les municipalités, le peuple, ont montré qu'elles appartenaient au patrimoine commun et qu'ils en appréciaient la valeur. Tandis que le prince Humbert acceptait le protectorat du Congrès et honorait ses travaux par sa présence, les municipalités et les administrations provinciales de Bologne, de Modène, de Ravenne, de Bagnacavallo, de Lugo, de la terre d'Otrante, s'efforçaient de témoigner de leur intérêt par des réceptions magnifiquement organisées et par des publications spéciales sur les terramares, les palafittes et les cavernes, libéralement distribuées à chaque membre du Congrès. Mais ce n'est pas à ces manifestations officielles que s'est borné pour nous l'accueil de l'Italie. Nous avons vu un riche particulier dépenser, dit-on, près de cinquante mille francs pour recevoir le Congrès au milieu des fouilles d'une nécropole antique; nous avons vu le peuple des villes et des campagnes accourir sur notre passage, pavoiser ses maisons, assister à nos séances et nous prodiguer ses bravos, à nous les représentants de ce qu'il y a au monde de moins matériel et de la science la moins directement applicable en résultats pratiques. Par ce temps de matérialisme et d'appétits grossiers, c'était un spectacle vraiment réjouissant.

SÉANCE D'OUVERTURE — DIMANCHE 1er OCTOBRE

Le Congrès a été solennellement ouvert le dimanche 1er octobre à une heure dans la grande salle de la bibliothèque de l'Université, qui avait été décorée d'une façon toute spéciale pour cette solennité. Les livres qui en tapissent toutes les parois et qui sont un patrimoine universel, formaient une décoration toute naturelle pour une semblable fête scientifique et internationale. Aussi n'avait-il été nécessaire, pour enlever à cette salle son air d'habituelle austérité et lui donner un aspect plus riant, que de l'orner des écussons et des drapeaux de toutes les nations et de cartouches rappelant les étapes successives du Congrès, depuis sa fondation en 1865, jusqu'à aujourd'hui. Des places spéciales et des tribunes improvisées permettaient au public d'assister aux réunions.

Les membres du Congrès furent reçus à leur entrée dans la salle par la musique de la cité, qui exécuta un hymne composé pour la circonstance et confondant dans l'ensemble de la marche royale italienne des motifs empruntés aux divers chants nationaux de l'Europe.

M. le comte Gozzadini, désigné suivant les règlements, par le congrès de Copenhague, pour être le président de cette session, ouvrit la séance par un discours remarquable qui fut chaleureusement applaudi.

Après avoir souhaité la bienvenue aux étrangers accourus à Bologne pour assister à cette réunion, il a passé en revue les sources auxquelles les études préhistoriques peuvent puiser en Italie et qui sont de deux sortes : les stations sur lesquelles l'homme a vécu, et les sépultures dans lesquelles ses restes ont été ensevelis. A la première catégorie appartiennent les grottes, les palafittes des lacs de l'Italie du Nord, les terramares de la région circumpadane. A la deuxième se rattachent des sépultures comme celles de Cantalupo Mandala et de San Polo de l'âge de la pierre et de Camarola du commencement de l'âge du bronze. Mais les plus importantes des nécropoles italiennes sont sans contredit celles du premier âge du fer, comme celles d'Albano, de Golasecca et de Villanova. C'est là que se trouvent les traces de la dernière période préhistorique, au delà de laquelle on voit naître les premières lueurs des âges historiques dans la nécropole de Marzabotto, à laquelle succède à son tour celle franchement étrusque de Felsina, qui se trouve sous le cimetière actuel de Bologne. Ce sont là des sources auxquelles aura à puiser le Congrès pour une des questions les plus importantes qui se poseront devant lui : la liaison entre les temps antéhistoriques et les temps classiques dont l'histoire a conservé le souvenir.

Après avoir indiqué ces sources, M. le comte Gozzadini a parcouru rapidement, mais de la façon la plus complète, l'histoire des progrès des études préhistoriques en Italie. Cette partie de son discours présentait, avec une si parfaite exactitude, un tableau complet de ces progrès et formait une préface si heureuse et si importante des travaux du Congrès, que le conseil en a, par acclamation, voté l'impression immédiate.

Le préfet de Bologne a souhaité à son tour au nom du gouvernement la bienvenue aux membres du Congrès, et a annoncé que le ministre de l'instruction publique, empêché d'assister à la séance d'ouverture, viendrait sous peu de jours prendre part aux travaux de l'Assemblée, et que le prince héréditaire, qui a accepté le protectorat de cette session, viendrait également assister à ses réunions et affirmer par sa présence les sympathies du gouvernement italien pour les travaux et les progrès des sciences.

M. Worsaœ a pris ensuite la parole au nom du roi de Danemark, qui, comme nos lecteurs le savent, était le protecteur du dernier Congrès et qui s'honore du titre de président de la Société des antiquaires du Nord. Il a exprimé ses regrets de ne pouvoir venir prendre place au milieu de savants de tous les pays réunis sous le paisible et bienfaisant drapeau de la science.

En sortant de cette séance, le Congrès s'est rendu au local affecté à l'exposition italienne d'anthropologie et d'archéologie préhistoriques. Cette exposition, provoquée par l'initiative de M. le professeur Capellini et organisée par lui sous le patronage et avec l'aide des ministres de l'Instruction publique et de l'Agriculture et du Commerce, formait l'annexe la plus importante de nos réunions. Elle avait, en effet, groupé dans un même local la presque totalité des objets préhistoriques rencontrés en Italie, de sorte que les découvertes, qui devaient être le sujet des communications et des discussions les plus intéressantes du Congrès, se trouvaient matériellement sous les yeux de ses membres.

Tous les savants de l'Italie, toutes les municipalités s'étaient fait un honneur de répondre à l'appel qui leur avait été adressé et d'envoyer les objets préhistoriques de leurs collections ou de leurs musées. L'ensemble était donc complet. Les provinces du versant adriatique des Apennins, aussi bien que celles du versant méditerranéen et des îles, celles de l'Italie du Nord aussi bien que celles de l'Italie du Centre et du Sud, étaient représentées dans cette exposition, qui a été la première de ce genre faite dans un but purement scientifique, et que nous désirons voir imiter à l'avenir dans les pays où le Congrès tiendra ses assises.

Le soir du même jour une séance supplémentaire eut lieu à l'Université pour la nomination du bureau qui se trouva ainsi constitué :

Président, comte J. Gozzadini.

Présidents honoraires, J. Capellini, E. Cornalia, A. Stoppani

G. de Mortillet, fondateurs; E. Desor, J. J. A. Worsaœ, anciens présidents.

Vice-présidents, J. Scarabelli, J.C. Conestabile, A. de Quatrefages, C. Vogt, J. Steenstrup, E. Dupont.

Secrétaire-général, J. Capellini.

Secrétaires, P. Cazalis de Fondouce, F. Garrigou, E. Cartailhac, A Demarsy.

Secrétaires-adjoints, E. Chantre, L. Pigorini, E. Dognée, De Lagerberg.

Membres du conseil, Ponzi, Spano, Gervais, Engelhardt, Favre, Hildebrandt, Schmidt, Boot.

Trésorier, Ph. Bianconcini-Persiani.

LUNDI 2 OCTOBRE.

Le lundi, à neuf heures du matin, la municipalité de Bologne recevait officiellement le Congrès à l'*Archiginnasio* et lui faisait les honneurs du musée d'antiquités de la ville. L'*Archiginnasio* est le palais de l'ancienne Université de cette ville savante. C'est là qu'ont enseigné Galvani, Aldrovande, Mondini, qui y disséqua en 1440 le premier cadavre, et que se réunissaient des étudiants anglais, français, espagnols, allemands, hongrois, venus en foule de tant de pays divers pour recevoir de ces maîtres vénérés l'enseignement qu'ils répandaient libéralement autour d'eux. En parcourant ces corridors, jadis si animés, l'œil retrouve les souvenirs de cette brillante époque sur tous les murs, décorés des armoiries de ces studieux enfants de toutes les nations de l'Europe.

Aujourd'hui, le silence a succédé dans cette demeure à l'animation d'autrefois, le vieux palais, accru d'un vaste local voisin, abrite la bibliothèque de la ville, qui compte plus de 150 000 volumes, et un musée de fondation récente, mais déjà remarquablement riche, dû en grande partie aux générosités de trois enfants de Bologne. Ce musée comprend des collections de conchyliologie, de minéralogie et de géologie, un médailler, des terres-cuites étrusques, de provenances diverses, enfin les objets retirés des fouilles de la *Certosa,* dont nous aurons bientôt à entretenir nos lecteurs. Ces fouilles firent le sujet d'un discours prononcé dans la réception de ce jour par l'ingénieur Zannoni, qui dirige si habilement ces travaux (1).

Séance de l'après-midi. — Présidence de M. Desor.

M. NICOLUCCI ouvre la séance par une communication sur *l'âge de la pierre polie dans les provinces napolitaines.* Ces provinces n'ont rien à envier aux autres contrées de l'Europe, tant sous le rapport de la multiplicité des objets de cet âge que sous ceux de la variété des formes et de la diversité des matériaux. Ceux-ci ont tous été pris dans le pays même, sauf l'obsidienne et la jadeïte. Cette dernière ne pouvait provenir que de l'Asie centrale. Quant à la première, elle se trouve tout près du continent napolitain, dans les îles Procida et Lipari; une seule variété, d'un vert éclatant, avec laquelle ont été fabriqués quelques objets rencontrés dans la Vallée de la Vibrata, serait d'une origine vraiment exotique et proviendrait, soit de la Bohême, soit de l'île de Ténériffe. Les Calabres, avec leurs roches primitives si variées, paraissent avoir fourni la presque totalité des haches et autres instruments polis; aussi M. Nucolucci ne doute-t-il point qu'il ne dût exister dans cette région de grands centres de fabrication, dont les produits étaient répandus dans toute l'Italie méridionale et peut-être même plus loin. Les deux époques de l'âge de la pierre sont représentées dans ces provinces. On a rencontré dans diverses localités, au milieu des terres d'alluvion, des haches taillées à grands éclats, notamment près de *Castellucio di Sora* (*terre de labour*), où ont été trouvés en même temps un dent d'Éléphant, ainsi que des dents et des bois d'une grande espèce de cerf, et, dans une grotte près de *Cassino* où ces armes étaient associées à des fragments de défenses d'Éléphant, des dents du *Rhinoceros tichorinus,* des bois de Cerf et un crâne entier d'*Hyena spelœa.* M. Nicolucci cite encore une grande quantité d'objets de silex trouvés à Sora dans une couche de terre assez profonde, où auraient été aussi rencontrés des os de *Bos primigenius* et de deux Cerfs, dont un semble être le Cerf à bois gigantesque. Ce gisement serait, d'après lui, un atelier de fabrication remontant à l'âge de la pierre éclatée, mais les objets exposés par le savant professeur comme provenant de cette localité, nous ont paru appartenir franchement à l'âge de la pierre polie. Quant aux objets de cette dernière époque, on en trouve dans toutes les localités des provinces napolitaines, à la surface du sol, ou bien dans des grottes et en plein air, associés avec des cendres, des poteries grossières et des os cassés.

M. PONZI donne lecture d'un mémoire important, dans lequel il envisage *l'Homme dans ses relations avec les phénomènes géologiques dans l'Italie centrale* et principalement dans les environs de Rome. Les premières traces de l'Homme s'y rencontrent dans le dépôt de transport qui recouvre les sables jaunes pliocènes et qui correspond, d'après M. Ponzi, au diluvium alpin de la Lombardie, c'est-à-dire à la première époque de la période quaternaire. Ce sont des silex taillés en forme de haches triangulaires trouvés à Aquatraversa et au Janicule. Les hommes de cette région ont dû par conséquent traverser, pour arriver jusqu'aux temps historiques, toute la période glaciaire, et ce sont les descendants de ces aborigènes que les anciens disaient être nés de la terre

Censque virum truncis et duro robore nati.

M. Ponzi montre l'Homme de cette époque vivant avec l'Éléphant, le Rhinocéros, le Cerf, le Cheval, l'Hippopotame, l'Ours et tous les survivants de la dernière faune pliocène; exposé sans défense aux bourrasques atmosphériques, aux grandes pluies amenées par l'abaissement de la température et puis aux conditions encore plus dures que lui font les froids de l'époque glaciaire. Mais la chaleur que développent alors les volcans de l'Italie centrale lui rendent plus supportable l'habitation de cette partie des Apennins, aussi les tufs volcaniques de la campagne romaine, contemporains de l'époque glaciaire, contiennent-ils des silex taillés qui témoignent de la présence de l'Homme. Si à partir de ce moment la température se radoucit, c'est contre les tremblements de terre et les éruptions volcaniques qu'il a désormais à se défendre.

Celles-ci se calment à leur tour, la mer se retire et laisse, à la place du golfe de Viterbe, une grande plaine desséchée, à la surface de laquelle on trouve, au-dessus des tufs volcaniques, des preuves que l'Homme en a aussitôt pris possession. Dans ces conditions plus douces d'existence, son intelligence et ses facultés ont pu se développer plus aisément, ce qui est attesté par une industrie plus perfectionnée. C'est l'époque

(1) Voyez ci-après la course à la *Certosa.*

néolithique, à laquelle appartiennent les sépultures de *Cantalupo*, où ont été trouvés cinq squelettes humains, avec de belles armes de silex, bouts de lance et de flèche de la meilleure époque, des fragments de poterie grossière et des ossements de Cheval, de Bœuf, de Cochon, d'un *Canis* et de Cerf élaphe. Les squelettes semblent appartenir à deux races différentes, l'une brachicéphale, l'autre dolichocéphale.

Les feux des volcans s'allument encore par intervalle, mais leur aire d'action se restreint de plus en plus, puisqu'elle est bornée, à l'âge du bronze, à la formation du Monte Cavi avec son cratère des champs d'Annibal et les petites bouches auxiliaires qui l'accompagnent. A cette époque de plus grande tranquillité correspond, pour les populations du Latium, un nouveau progrès. Elles sont mises, par leurs relations avec des peuples étrangers, en possession des premiers métaux.

Les feux souterrains se raniment une troisième fois et font irruption par le cratère des monts Albains. Des pluies violentes, reprenant sur les flancs de la montagne les cendres volcaniques, les répandent dans la plaine en courants boueux qui y forment des dépôts de *pépérino*, tandis que les anciens cratères éteints du Latium se remplissent d'eau et sont changés en lacs. C'est la première époque du fer à laquelle appartient la belle sépulture d'*Albano*, que ces courants boueux ont recouverte. M. de Rossi croit aussi avoir aperçu des traces d'habitations lacustres de cette époque sur les rives de l'ancien cratère-lac de *Valle Marciana*, aujourd'hui desséché. Après une période de tranquillité une nouvelle éruption eut lieu, mais encore moins violente. Elle ne donna naissance qu'au petit cratère du *Monte Pila* ouvert sur le bord de celui du *Monte cavi*. M. Ponzi pense qu'elle dut être contemporaine de l'époque où Romulus jeta les fondations de Rome et qu'elle se prolongea jusque sous la domination des Rois (1).

Il est présenté deux mémoires de M. A. Roujou, sur le *Quaternaire des environs de Paris*. On divise généralement ces terrains en diluvium jaune, s'étendant dans les vallées, et diluvium rouge, sur les plateaux. M. Belgrand a introduit une nouvelle subdivision en distinguant, ce qui est incontestable, le diluvium des plateaux, les graviers et limons des hauts niveaux et ceux des bas niveaux. M. Roujou va plus loin : il admet cinq dépôts, mais ses divisions sont peut-être un peu théoriques, d'après M. de Mortillet.

1° Dépôt de boues triturées de la première époque glaciaire, dû à un glacier venant du Morvan et ayant recouvert les environs de Paris avant le creusement de la vallée de la Seine. Ce glacier a aussi laissé ses traces sur les grès de Fontainebleau. Antérieur à l'*Elephas meridionalis*.

2° Graviers roulés et limons des hauts niveaux. Dépôt évidemment fluviatile, interglaciaire, renfermant l'*Elephas meridionalis*. C'est le dépôt de Montreux.

3° Sur ces alluvions fluviatiles, il y a un dépôt de roches anguleuses, empâtées par un ciment rouge, sans fossile. Deuxième époque glaciaire.

4° Dépôt de limons du fond de la vallée. Le plus abondant de tous. L'*Elephas primigenius*, en grande abondance, a remplacé le *meridionalis*. Il est accompagné par l'Ours des cavernes, le Rhinocéros *tichorinus*, le Renne, etc.

5° Dépôt pseudo-diluvien, quelquefois assez développé, sur le précédent mais sans ses fossiles. Argile sableuse. Age de la pierre polie et restes d'animaux domestiques.

(1) Voyez Tite-Live, liv. I, chap. XXXI.

M. Roujou n'a encore rencontré des traces de l'Homme que dans le quatrième et le cinquième de ces dépôts.

M. Garrigou estime que ces faits coïncident avec ce qu'il a pu observer lui-même dans les Pyrénées. Sans parler d'un dépôt glaciaire qui serait peut-être miocène, il y en a certainement un qui correspond aux temps pliocènes, mais il croit que les expressions de première et de deuxième époque glaciaire employées par M. Roujou sont vicieuses. Il ne pense pas qu'il y ait eu des époques alternatives de froid et de chaud pendant lesquelles les glaciers se seraient successivement avancés et retirés, mais qu'il y a eu un retrait progressif, interrompu seulement par des temps d'arrêt plus ou moins longs. A l'époque pliocène les glaciers des Pyrénées occupaient à partir du sommet de la chaîne une étendue de plus de 40 kilomètres avec une épaisseur qui atteignait 1000 à 1200 mètres au milieu de leur trajet. Ces glaciers se sont retirés peu à peu, en donnant par leur fusion les alluvions du sommet des coteaux du bassin sous-pyrénéen et mettant à découvert les cavernes les plus élevées, que l'Homme a fréquentées ainsi que l'Ours spéléen, le Mammouth, le grand Felis, etc. C'était la période quaternaire ancienne à laquelle correspond une moraine frontale à un niveau bien inférieur à celui de la précédente. De nouvelles retraites des glaciers ont reporté successivement leurs limites vers le centre des montagnes, laissant des moraines de plus en plus reculées, produisant des alluvions de plus en plus récentes, et ouvrant aux êtres vivants les cavernes des moyens et des bas niveaux. Ce mouvement s'est continué jusqu'à nos jours et a insensiblement réduit les glaciers des Pyrénées à n'occuper que les sommets les plus élevés de la chaîne. On peut donc distinguer dans le bassin sous-pyrénéen, comme dans celui de la Seine, cinq sortes de dépôts superficiels :

1° Ceux de l'époque pliocène, qui recouvrent les sommets des plateaux sous-pyrénéens. On n'y a rencontré jusqu'à aujourd'hui aucun débris de mammifère, ni de traces de l'existence de l'Homme à cette époque.

2° Les moraines du pied des Pyrénées et les dépôts formant la terrasse supérieure des vallées renfermant la faune quaternaire ancienne (Mammouth, Ours spéléen, etc.) et des débris de l'industrie humaine de l'époque archéolithique. C'est à cette période qu'appartiennent les cavernes à ossements situées à plus de 150 mètres au-dessus du fond des vallées actuelles.

3° Les premières moraines formées dans l'intérieur des vallées et les dépôts constituant en avant des montagnes la seconde terrasse, avec la faune et des débris d'industrie humaine de l'âge du Renne. Cavernes à ossements, d'un niveau inférieur aux précédentes.

4° Moraines plus reculées et dépôts formant la troisième terrasse des vallées, sans faune particulière, mais renfermant déjà des fossiles récents.

5° Moraines touchant presque celles des glaciers actuels et dépôts des terrasses inférieures. A cette époque les cours d'eau ont dû former de grands lacs dans les plaines sous-pyrénéennes. La faune est la même que celle de nos jours. Les débris de l'industrie humaine se rapportent aux âges de la pierre polie, du bronze et du fer.

Cette communication donne lieu à une intéressante discussion. M. Vogt pense qu'il ne faut pas vouloir établir de parallèle trop absolu entre les régimes des différents bassins, qui sont indépendants et pourraient avoir été différents dans le passé, comme ils le sont encore aujourd'hui.

Il ne paraît pas parfaitement démontré à M. Issel qu'il y ait eu des glaciers à l'époque miocène, dont la faune correspond à la faune actuelle de la mer Rouge. Il y a entre elles un parallélisme de genre vraiment remarquable. Or il semble impossible de pouvoir admettre l'existence de glaciers dans une région où vivait une faune analogue à celle de la mer Rouge, à moins de supposer à cette époque, dans les localités indiquées, des altitudes pouvant permettre l'existence de glaciers dans les climats chauds. C'est aussi l'opinion de M. de Mortillet, même pour l'époque pliocène. Les coquilles terrestres amènent à cet égard aux mêmes considérations que les marines, puisque l'*Helix vermiculata,* qui vit aujourd'hui à Nice et à Gênes, se trouve en abondance dans les terrains pliocènes du Piémont.

Une note de M. Reboux, sur les espèces fossiles qui se trouvent dans *les terrains quaternaires des environs de Paris*, est déposée sur le bureau avec plusieurs objets provenant de ces terrains.

M. le Dr Rivière a mis à profit les travaux du chemin de fer de Nice à Gênes pour étudier à nouveau les cavernes de Baôsses-Rousses près Menton. Non-seulement on retrouve des ossements et des instruments de silex dans l'intérieur des cavernes, comme l'avaient déjà signalé plusieurs explorateurs, mais encore la tranchée faite pour le chemin de fer a montré l'existence de nombreux foyers dans le talus d'éboulement qui s'étend jusqu'à la mer au-devant de ces cavités. Les ossements que M. Rivière en a retirés appartiennent au Cerf, au Chevreuil, au *Sus Scrofa*, au Cheval, au Bœuf, au Loup, à l'Ours spéléen, au *Felis antiqua,* à l'Hyène des cavernes, au Rhinocéros, à l'*Arctomys*, etc. — Quant aux instruments de silex et d'os, ils se rapportent à trois types différents : à ceux du Moustier et de la Madeleine d'abord, et puis aussi au commencement de l'âge de la pierre polie. Il y a donc là un mélange de plusieurs époques qu'il importe d'étudier et de démêler avec le plus grand soin. Une phrase de M. Rivière, relative à l'énumération des animaux trouvés dans les cavernes, amène une discussion qui menace de lancer le Congrès dans la grosse et grave question de l'espèce, qui l'eût occupé pour tout le reste de son temps, si le président ne l'eût arrêté dans cette voie, en faisant observer que cette question, traitée d'une façon générale, sortait du cadre habituel de ses travaux.

M. O. Fraas n'ayant pas pu se rendre au Congrès, M. Desor fait connaître les découvertes faites par lui dans la caverne de la *Roche-Creuse*, près d'Ulm, en Wurtemberg, dans laquelle s'est trouvé un mélange d'ossements tout à fait extraordinaire. On entre par un couloir de 4 à 5 mètres de hauteur et de 20 mètres de long dans une vaste salle, dont le fond est tapissé de roches éboulées, au milieu desquelles on a trouvé deux couches de limon. La seconde, rouge et ferrugineuse, est la couche archéologique. On y a recueilli de pleins wagons d'ossements. Il y en a une quantité énorme appartenant au Renne et à l'Ours ; puis en moins grande quantité à deux Bœufs, le grand et un plus petit, qui pourrait être le Bœuf musqué ; à un cheval de petite taille et à très-grosse tête, très-voisin du petit Poney d'Irlande ; au Loup, au Renard ordinaire et au Renard bleu. On y trouve encore des défenses et des fragments de mâchoire de Mammouth, des fragments de membres et de dents de Rhinocéros, quelques os d'un Lion de très-grande taille, la partie antérieure du crâne d'une Antilope, qui n'est ni le Chamois ni le Saïga, peut être l'espèce signalée par M. Pomel dans les terrains glaciaires ou diluviens de l'Auvergne. On n'y trouve pas d'ossements de l'Homme, mais les traces de son passsage et de son action s'y rencontrent en abondance. Ce sont des couteaux de silex, des poteries grossières faites à la main, des incisives de cheval perforées, une mâchoire de chat sauvage percée aussi d'un trou, des mâchoires du grand Ours, dont on a coupé l'apophyse et auxquelles on a laissé les dents, etc. — M. Fraas pense que c'est l'Homme qui a accumulé dans cette caverne tant d'ossements différents, qu'il rapportait du dehors pour les travailler et en faire des instruments. En face du Renne qui semble indiquer une station froide, du grand Chat et de l'Antilope, qui semblent au contraire demander un pays chaud, il croit devoir faire intervenir l'hypothèse de l'existence d'une haute montagne pour y placer l'habitation des animaux des climats froids, lesquels à certaines époques seraient descendus dans la plaine où vivaient les autres. Mais rien n'autorise une semblable hypothèse et M. Desor ne voit aucune difficulté à faire coexister ensemble tous ces animaux. Pour lui d'ailleurs, comme pour M. Fraas, la caverne de la Roche-Creuse est un repaire humain.

M. Sawiszа entretient ensuite le Congrès de cinq cavernes explorées par lui dans les environs de Cracovie. Dans une de ces grottes il y avait un foyer et des instruments de silex associés avec des ossements de Bœuf, de Cheval, de Sanglier, de Renard, mais point de Renne ni d'Ours. Dans une autre au contraire les ossements de ce dernier sont si abondants qu'elle porte le nom de *grotte des Ours.*

M. le Cte Przezdziecki complète cette communication par quelques détails sur deux autres grottes situées aussi dans les environs de Cracovie. Dans le limon qui remplit celle de Potok, le professeur Waga, de Varsovie, a recueilli des ossements et des défenses de Mammouth, de Rhinocéros, de Cheval, de Cerf, de Renne, de Cochon, et des dents d'Ours des cavernes.

M. Dupont présente ensuite des considérations intéressantes sur *la Faune mammifère quaternaire de la Belgique*, qui comprend 8 espèces perdues (*Elephas primigenius* et *antiquus, Rhinoceros tichorinus* et *Merkii*, *Hippopotamus major*, *Felis antiqua*, *Ursus spelæus*, *Cervus megaceros*), un plus grand nombre d'espèces émigrées et les nombreuses espèces vivant actuellement dans les régions septentrionales tempérées. Parmi celles de la deuxième catégorie il faut distinguer 2 espèces émigrées au Sud, le *Lion* et l'*Hyène ;* 3 à l'Est, l'*Antilope Saïga*, l'*Hamster* et peut-être le *Cheval;* 3 à l'Ouest, vivant aujourd'hui en Amérique, l'*Ovibos moschatus*, le *Cervus Canadensis*, l'*Ursus ferox;* 5 au Nord, le *Glouton*, le *Renard bleu*, le *Renne*, le *Lagomys*, etc.; et 3 émigrées en altitude, la *Marmotte*, le *Bouquetin*, le *Chamois*. Cet assemblage d'espèces si diverses est une des choses les plus curieuses de l'époque quaternaire Il est évident que l'Hippopotame prouve l'absence des hivers rigoureux et les espèces du Nord excluent les étés trop chauds. Il faut donc supposer à cette époque un climat plus égal et des températures extrêmes moins excessives que de nos jours. Or, c'est le vent du N.E. qui apporte en hiver le froid et en été la chaleur, double effet qui semble tenir à l'existence actuelle d'une grande plaine dans cette direction. Il faudrait donc chercher l'explication du climat de l'époque quaternaire dans l'absence de ces terres et la présence, à cette époque, d'une grande mer au N.E. de l'Europe.

M. Vogt ne doute pas que s'il y a eu émigration, elle n'ait dû en effet se faire en tous sens, mais il se demande si elle a effectivement jamais eu lieu. Ne faut-il pas voir, dans des changements de distribution des terres et des mers, dans des modifications de forme de nos continents si découpés, l'unique raison de ce semblant d'émigration, des espèces ayant pu s'éteindre dans certaines parties tout en continuant à se développer ailleurs? La cause du climat quaternaire indiquée par M. Dupont devrait être étayée sur d'autres raisons que celles qui ont été données. Les causes ne sont d'ailleurs pas uniques; elles sont généralement très-complexes, et les climats surtout sont une résultante. En somme, le froid serait plutôt la règle de notre région et c'est exceptionnellement que nous vivons actuellement dans un climat chaud. Nous devrions donc nous demander, non pas d'où venait le froid quaternaire, mais d'où nous vient la chaleur actuelle.

Séance du soir. — Présidence de M. Vogt.

M. Garrigou, continuant la communication qu'il a faite dans la séance de l'après-midi, montre que la vallée de Tarascon, dans l'Ariége, présente une échelle chronologique complète de l'habitat humain depuis l'époque où les glaciers, qui la couvraient d'abord, ont commencé à diminuer et à se retirer. A mesure que ce retrait s'est effectué, des cavernes ont été mises à jour sur les flancs des montagnes et ont été habitées par l'Homme ou par les animaux à des époques, d'autant plus récentes, qu'elles sont plus rapprochées du fond de la vallée. Les myriades d'ossements qu'il a extraits de ces cavernes ont conduit M. Garrigou à faire une étude particulière de la façon dont ils sont cassés. Il a déjà porté les conclusions qu'il en a tirées devant la Société d'anthropologie de Paris, où elles ont été combattues par MM. Broca et Hamy. « Voici dans quels termes se pose, dit-il, la question. L'Homme a dû se nourrir en mangeant la chair des animaux ou les fruits de la terre. Si l'on retrouve les restes de ses repas dans un terrain quelconque, l'on pourra se servir de ce fait pour conclure à son existence avant la formation du terrain qui recouvre les restes de ses repas. Or, pour manger la chair des animaux qu'il tuait, l'Homme devait casser plus ou moins grossièrement les ossements auxquels les muscles sont attachés. Les ossements cassés peuvent donc servir à constater la présence de l'Homme dans certaines époques géologiques. » Reste à étudier les cassures afin de reconnaître celles qui sont dues à la main de l'homme là où on les rencontrera. C'est ce que M. Garrigou s'est attaché à faire. Il a fait passer sous les yeux du Congrès trois tableaux présentant des séries d'os cassés. Ceux de la première sont des os de bœuf et de mouton que le boucher a coupés à l'aide de la scie ou du hacheron pour débiter sa marchandise à ses clients; on peut y remarquer une cassure régulière faite toujours dans le même sens, et les observateurs de l'avenir pourraient, en retrouvant un de ces os, en conclure qu'il a été cassé par la main de l'homme, que les entailles qu'il porte près des épiphyses ont été faites en détachant les chairs, et que, par conséquent, l'Homme était contemporain de l'animal auquel il appartient. Les séries suivantes sont exactement semblables à celle-là, sauf qu'il n'y a plus de trait de scie; elles proviennent de grottes de l'âge des métaux, de l'âge de la pierre polie, de l'âge du Renne, de l'âge de l'Ours. On peut en conclure également que l'Homme a été contemporain des animaux auxquels ces os appartiennent, qu'il les a cassés, soit pour en séparer la chair, soit pour en extraire la moelle, soit pour fabriquer des armes avec leurs fragments, et qu'il faut considérer les amas énormes de ces ossements trouvés dans les grottes habitées par l'Homme, comme les débris de ses repas. M. Garrigou pousse encore plus loin les conclusions qu'il prétend tirer de ses études, et il présente une troisième série, formée d'ossements du *Dicrocerus elegans* de la colline de Sansan. En comparant leurs cassures, évidemment anciennes, à celles des séries précédentes, il n'hésite pas à les considérer comme dues à la main de l'Homme et à y voir une preuve de l'existence de celui-ci à l'époque miocène.

M. Steenstrup ne pense pas que les os présentés par M. Garrigou aient été cassés par l'homme, car le choc laisse toujours des traces. Il n'est pas un os cassé des Kjœk-kenmœdding ni des tourbières du Danemark qui ne présente une petite cavité conchoïdale avec des lignes étoilées, produite par le choc qui l'a brisé. On a fait jouer un trop grand rôle à l'extraction de la moelle, et, d'ailleurs, dans cette hypothèse, on n'aurait pas brisé des os qui n'en contiennent pas, comme ceux du Mammouth, dont les fragments sont si abondants dans les cavernes de la Belgique. Pour ce qui est des mâchoires d'ours, prétendues cassées, M. Steenstrup pense que c'est la cavité du canal du nerf dentaire qui a amené la rupture de l'os en ce point. C'est aussi l'opinion de M. Joly.

M. de Mortillet estime que l'on peut casser un os sans qu'il y en reste de trace. Les Sauvages, qui brisent surtout des os longs pour avoir des éclats, les prennent à la main par une extrémité et frappent de l'autre sur une pierre. Ce procédé leur donne des cassures longues et franches.

M. Dupont reconnaît surtout la main de l'Homme sur les os cassés par lui à la marque de petits coups donnés sur les extrémités, pour détacher les épiphyses, et le long du corps pour amener une bonne fente. Dans le *trou de Chaleux*, qui lui a fourni 40 000 silex, les ossements de 56 chevaux étaient tous brisés, les épiphyses étant séparées de la diaphyse. Les omoplates sont généralement intactes, mais là, celles du cheval étaient cassées sous l'acromion, comme si pour débiter l'animal on eût trouvé plus commode de briser l'omoplate que de désarticuler l'humérus, auquel elle tient par de solides ligaments. Les os à moelle cassés se mesuraient par boisseaux, tandis que ceux qui ont été trouvés entiers n'étaient qu'au nombre de cinq.

M. P. Gervais pense que bien souvent l'explication de la cassure est donnée par l'étude du gisement et que c'est notamment le cas pour Sansan. Les os proviennent généralement d'une assise marneuse, où ils sont entremêlés et brisés par le poids des terres, surtout ceux qui sont sur les bords de cette couche. C'est aussi l'opinion de M. Cartailhac, qui pense que la dessiccation peut produire des fissures dans le sens des fibres, et que les os finissent par se séparer ainsi en fragments.

M. Garrigou ne croit pas que l'absence de l'empreinte conchoïdale dont a parlé M. Steenstrup, trace évidente du choc, soit pourtant une preuve que la cassure qui en est dépourvue ne soit pas due à la main de l'Homme. Dans plusieurs expériences qu'il a faites, il a vu, à la suite d'un coup bien porté, un os frais voler en éclats, dont un ou deux, tout au plus, portaient une semblable empreinte. Si le coup est vigoureusement porté avec un instrument tranchant, l'os se fend sans en conserver aucune trace. Il ne pense pas que des ossements aient pu être brisés par des carnassiers, sans que ceux-ci y aient laissé les marques de leurs dents. Il admet d'ailleurs très-volontiers toutes les causes naturelles de cassures que l'on peut invoquer, mais il persiste à croire que lorsqu'un os a été cassé dans un sens perpendiculaire ou oblique à ses fibres, c'est une cause directe qui a produit ces cassures et que cette cause est la main de l'Homme. Du reste, son intention a été simplement de poser la question des os cassés, afin qu'on se livre à son étude et à des expériences qui puissent la juger définitivement.

Après cette intéressante discussion M. le Cte de Wurmbrandt lit une note sur les *Palafittes de la Haute-Autriche.* D'après les observations du professeur Unger, les grands lacs de la Hongrie ont si considérablement diminué que l'on ne peut guère espérer de retrouver les traces de pilotis, qui, situés près des anciens rivages, sont restés à sec et ont été détruits par l'action des agents atmosphériques. M. Hochstœtter en a pourtant signalé dans le petit lac de Vantschait, en Carinthie. La Société anthropologique de Vienne a pris des mesures pour assurer l'exploration régulière de tout l'empire autrichien, et déjà M. de Wurmbrandt, qui est un de ses membres les plus zélés, a exploré des cavernes à Peggau et retrouvé sur les lacs d'Attersee et de Fraunsee des pilotages, au milieu desquels il a recueilli des objets semblables à ceux des palafittes de la Suisse. Dans le premier de ces lacs il a reconnu cinq stations, voisines les unes des autres. Les pilotis sont cachés sous une couche de gravier de 0m,50 d'épaisseur, qui recouvre la couche archéologique; ils sont généralement en bois de pin. Les objets, en majorité en pierre, affectent des formes très-variées, mais il y a aussi quelques ornements en bronze et même un objet en fer. Il y a une certaine différence d'ornementation entre les poteries des lacs de la Haute-Autriche et celles des lacs de la Carinthie, qui paraîtraient être un peu plus récentes. Le Bœuf, l'Ours, le Cochon, le Cerf, le Castor, composent la faune de ces habitations lacustres. Deux produits exotiques y ont enfin été rencontrés, le jayet et l'obsidienne.

M. de Wurmbrandt s'est livré à une étude particulière de la fabrication des marteaux-haches. Il a la conviction que l'on peut très-bien trouer la serpentine avec des éclats de silex, mais on ne peut obtenir par ce procédé qu'une perforation irrégulière, et, au lieu d'un cylindre, c'est toujours un cône qui reste au centre. Il croit donc qu'il est impossible de ne pas admettre l'emploi d'un instrument en métal pour le forage de ces marteaux, où le creusement d'un sillon très-profond a amené la formation d'une pièce intérieure cylindrique.

M. Desor, après avoir appelé l'attention du Congrès sur deux vases à fond plat de l'âge de la pierre polie, qui font partie de la collection Clément, dit que les expériences de M. Keller prouvent avec la plus parfaite évidence que l'on peut perforer les roches les plus dures, tout simplement avec un roseau, ou une corne de bœuf, et du sable. M. Worsaœ montre une pierre dure dans laquelle M. Forel a pu, avec une branche de sureau, commencer assez profondément une perforation, en ménageant un cône au milieu de la cavité. Le noyau qui est ménagé à l'intérieur des trous des haches antiques serait, d'après M. Morel-Fatio, absolument semblable à celui obtenu par M. Forel, mais M. de Wurmbrandt affirme que la pièce intérieure des marteaux antiques est au contraire parfaitement cylindrique, et qu'il est impossible de l'obtenir avec aucun des procédés indiqué, parce qu'il y a toujours un certain battement qui tend à donner au noyau une forme conique. C'est le cas pour la pierre de M. Forel.

M. Deo Gratias présente quelques considérations sur *les cavernes de la Malta et de Pian Marino*, situées entre Finale et Albenga. La caverne de la *Malta*, ouverte à l'orient, est composée de deux salles. Dans la première on a trouvé des foyers, presqu'à fleur du sol, avec des tessons de poterie, des os fracturés, des poinçons, un éclat de silex et des meules de gneiss; dans la seconde, des cailloux striés, des coquilles percées, des fusaïoles de terre cuite, une dent perforée, dans un dépôt reposant sur une couche de stalagmite. Sous celle-ci, on a trouvé une mandibule d'enfant, trois crânes, dont un posé sur un vase, et des cendres avec quelques objets de l'âge de la pierre polie. La caverne de *Pian-Marino* est également divisée en deux cavités. Dans les foyers de la première il n'a été rencontré que quelques fragments d'os et de vases. Dans la seconde salle, qui se termine par une sorte d'abîme, on a trouvé des couches de cendres de 3 mètres d'épaisseur, coupées à 0m,40 au-dessus de leur base par un lit de gravier de 0m,05 à 0m,06 d'épaisseur, au-dessous duquel M. Deo Gratias a recueilli une hachette de serpentine, deux grosses épingles d'os, un petit couteau de silex et quelques autres objets analogues. Dans la couche de cendres supérieures au lit de gravier il a trouvé trois morceaux de crâne humain, la mâchoire inférieure d'une hyène et des fragments d'os de sanglier.

MARDI 3 OCTOBRE

Excursion à Modène et à la terramare de Montale

A sept heures du matin, un train spécial emportait vers Modène tous les membres du Congrès, au nombre d'environ deux cents. Reçus à la gare par le syndic et le corps municipal, ils en repartirent, aussitôt les compliments échangés, pour aller visiter la terramare de Montale, qui est située à une heure environ de la ville. La file de plus de cinquante voitures traversa les rues de Modène au milieu d'une double haie de peuple. Des drapeaux et des tapis ornaient, selon l'usage du pays, les fenêtres en signe de fête. Le long du chemin les maisons étaient également pavoisées, et les villageois accouraient pour saluer et fêter les étrangers, qu'ils connaissaient déjà et désignaient sous le nom de *préhistoriques.*

Comme toute la région circumpadane à laquelle il appartient, le pays situé autour de Modène est une plaine monotone, parsemée de fermes et découpée en champs rectangulaires par des rangées d'ormeaux auxquels grimpent des vignes comme au temps de Virgile :

« Arboribus pendet vindemia nostris. »

Dans cette plaine se montrent en certains endroits de petits monticules peu élevés, de forme assez régulière : ce sont les *terramares.* Ce jour-là celui de *Montale* était en fête. Les maisons du village, qui est à ses pieds, étaient pavoisées, les fenêtres ornées de tapis, la garde nationale sous les armes, et la foule curieuse et sympathique des villageois faisait la haie sur le passage de notre cortége, dont les cloches de l'église, située sur la plate-forme du petit tertre, fêtaient l'arrivée en sonnant à toute volée. L'archiprêtre, qui habite sur la terramare, à côté de l'église, nous en fit courtoisement les honneurs. Trois excavations avaient été préparées, dans lesquelles nous eûmes, pendant une heure, tout loisir de remuer les terres, les ossements, les poteries, les débris de ces anciennes habitations de l'âge de bronze. Nous pûmes reconnaître dans une de ces excavations les pentes de deux talus anciens du monticule primitif, montrant à la fois comment il s'était formé et successivement agrandi. Nous n'insisterons pas plus longuement ici sur la constitution et l'origine de ces amas, puisque nous aurons bientôt à résumer les communications faites au Congrès sur ce sujet.

Après que nous eûmes amplement satisfait notre curiosité, et que chacun de nous eut fait une provision suffisante d'ossements, de tessons de poterie, d'anses lunulées, etc., notre cortége reprit le chemin de Modène, où l'attendait, dans le somptueux palais qui fut jadis la résidence des ducs d'Este, un banquet gracieusement offert par la ville et accepté avec reconnaissance par nos estomacs affamés. Au dessert, M. de Quatrefages s'est rendu l'interprète des sentiments qui nous animaient tous, en disant combien les étrangers étaient à la fois surpris et touchés de voir chez le peuple tant de respect pour ceux qui cultivent une science qui est, en somme, la moins intéressante pour lui. Prenant ensuite la parole, M. Vogt a dit qu'après la série des toasts officiels, lui, citoyen de la libre et démocratique Helvétie, portait un toast au peuple italien, parce que la science court le danger de s'écrouler si elle ne se base sur le peuple. Nous avons bu avec lui de tout cœur au peuple italien ; mais, malgré l'enthousiasme qui a accueilli ses paroles, j'ose confesser que je ne sais pas trop ce que c'est qu'une science qui se base sur le peuple. La science n'est ni démocratique, ni aristocratique, de même qu'elle ne doit être religieuse ni athée. Elle est la science ; toute qualification la diminue, et je me permets, à l'encontre de mon savant confrère, de souhaiter, non qu'elle se base sur le peuple, c'est-à-dire sur la partie la moins éclairée de la population, mais qu'elle soit répandue à profusion et avec la plus large libéralité, par ceux qui la possèdent et la cultivent, dans tous les rangs de la société.

Après le repas, les membres du Congrès se répandirent dans la ville. La cathédrale, les musées d'anatomie, d'anthropologie, d'histoire naturelle, le jardin botanique, la pinacothèque, reçurent successivement leurs visites jusqu'au moment du départ, qui, comme l'arrivée, eut lieu au milieu du concours empressé et sympathique de la population modénaise.

MERCREDI 4 OCTOBRE

Séance de l'après-midi. — Présidence de M. Worsaœ

A dix heures du matin, les membres du bureau recevaient à l'exposition le royal protecteur du Congrès, le prince Humbert, que cette exhibition des richesses préhistoriques de l'Italie parut vivement intéresser. Cette visite terminée, l'on se rendit à la salle des réunions, où la séance publique commença immédiatement sous la présidence de M. Worsaœ. Après avoir remercié le prince d'avoir bien voulu accepter le protectorat du Congrès, le président donna la parole au membre chargé de rendre compte de la *course* faite la veille *à la terramare de Montale*.

M. Pigorini rappelle que cette terramare, une des plus intéressantes de l'Italie, est située dans la province de Modène, qu'elle présente extérieurement la forme d'un monticule, et que l'on a pu voir dans le fond des excavations des têtes de pilotis. Il arrive ensuite à l'histoire de sa formation. On voit, dit-il, qu'il y avait là un emplacement marécageux où se sont établies plusieurs familles, au moyen d'un pilotage supportant un plancher sur lequel elles ont bâti des cabanes de bois et d'argile. Sous ce plancher s'accumulèrent peu à peu leurs immondices et leurs rebuts de cuisine, formant le premier noyau d'un monticule qui s'est ensuite agrandi de plus en plus. Lorsque le plancher du pilotage a été entièrement recouvert, les habitants ont continué à vivre sur ce tertre, qui, s'accroissant toujours, a finalement atteint une hauteur de 5 mètres et un diamètre de 60 à 70 mètres.

A Castione, près de Parme, on trouve un pilotage de l'âge du bronze dans un bassin, non plus naturel, mais formé artificiellement. Aussi pourrait-on penser que la population des terramares descendait peut-être des habitants des lacs de la Suisse et de la Lombardie, de sorte qu'ayant l'habitude de vivre sur les eaux elle forma dans la plaine des bassins artificiels pour y établir ses demeures. Comme à Montale, le monticule de Castione a bientôt dépassé la hauteur du pilotage ; mais les objets que l'on trouve dans la partie supérieure du tertre sont les mêmes que ceux que l'on rencontre au milieu des pieux. Sous la ville de Parme sont aussi des pilotis établis par la même population de l'âge du bronze, qui présentent une particularité intéressante. Un premier pilotage ayant fléchi, il en a été planté un second ; celui-ci, ayant fléchi à son tour, a été remplacé par un troisième : enfin sur le tout s'est formé le monticule de terramare. A Fontanellata, M. Pigorini a trouvé un autre système d'établissement, mais se rapportant au premier âge du fer. La station était sur une sorte d'île formée au milieu du bassin à l'aide de fagots réunis les uns aux autres et fixés par de petits pieux ; mais on ne peut dire si le bassin était naturel ou artificiel.

Sous l'empire des anciennes idées, qui voulaient voir partout des restes étrusques ou romains et ne paraissaient pas soupçonner qu'il pût y en avoir de populations antérieures, quelques personnes ont considéré les terramares comme des *Ustrini* et non des stations. Le nom de Mgr. Cavedoni est principalement attaché à cette manière de voir ; mais aujourd'hui presque tous les archéologues se sont ralliés à l'opinion que nous avons développée et à laquelle conduisent toutes les études modernes. Comment, en effet, aurait-on établi des *Ustrini* dans l'eau ? Si ce sont des restes de bûchers, comment y retrouve-t-on précisément les pieux et les planches qui auraient dû être les premiers dévorés par le feu ?

Les travaux de MM. Strobel et Canestrini démontrent que les végétaux et les coquilles des terramares se rapprochent des espèces qui vivent aujourd'hui dans les Alpes. Les restes de l'industrie humaine qui ont été recueillis dans ces amas consistent en poteries, objets de bois, de bronze et quelquefois de fer, quelques bijoux d'or, jamais d'argent. Ce sont donc principalement des dépôts de l'âge du bronze. M. Pigorini a cependant trouvé dans une terramare quelques objets de pierre polie, qui semblent être là comme les traces d'une civilisation qui disparaît. Ces objets, qui se rapprochent de ceux des palafittes, le portent, de plus fort, à regarder les populations de ces stations comme provenant de celles qui habitaient sur les lacs de la Suisse, du Piémont et de la Lombardie. Parmi les objets trouvés dans les terramares, ceux d'ambre sembleraient seuls indiquer des rapports commerciaux avec d'autres peuples; toutefois, les savants italiens pensent que cet ambre ne provenait pas de rapports directs avec la Baltique, mais arrivait de proche en proche du Nord au Midi par des échanges entre tribus voisines. On n'a rien observé qui pût donner aucune indication sur les croyances religieuses de ces peuples. On n'a retrouvé nulle part leurs tombeaux, et l'on pense qu'ils brûlaient peut-être les morts et déposaient les cendres dans de petits monticules de pierre que la culture de la plaine aurait depuis longtemps détruits. Ils n'ont, en effet, occupé que les plaines circumpadanes et ne paraissent pas, dans la direction du Sud, avoir dépassé Imola.

M. le Cte Conestabile s'est demandé quelles sont ces populations que, faute d'un autre nom, on nomme *préhistoriques*, et il a tâché de coordonner les données historiques ou autres qui peuvent aider à la solution de cette question. D'après la philologie, quatre grandes immigrations ont peuplé l'Europe à l'époque la plus reculée à laquelle cette science puisse atteindre. La race âryenne, à laquelle elles appartiennent, sortie de la partie de l'Asie centrale comprise entre la Caspienne et l'Himalaya, s'est divisée en quatre rameaux : 1° Les Celtes, qui se sont avancés, par le Caucase, vers le centre et l'occident de l'Europe. Ce serait le rameau le plus ancien, mais presque à la même époque s'est détaché 2° le rameau âryo-pélagique, qui s'est dirigé vers l'Asie Mineure et le Grèce. 3° Les Germains sont allés plus tard sur la voie des Celtes dans l'Europe centrale, et 4° les Slaves, passant par la Sarmatie et le Volga, ont envahi la Russie, la Servie, la Bohême. M. Pictet a fixé de vingt-huit à vingt siècles avant l'ère chrétienne les époques de ces diverses immigrations.

La race âryo-pélagique a donc occupé la Grèce, et, poussant sans cesse devant elle, s'est avancée en Europe, par la voie continentale, jusqu'au pied des Alpes. Les immigrations de cette race en Italie peuvent se diviser en quatre séries. La première a formé la race la plus ancienne, que nous nommerons les *Aborigènes*. La seconde s'est avancée vers le centre de l'Italie et a donné naissance à deux grands groupes : le *latin* et l'*ombrien*, dont le premier a occupé la plaine et l'Occident, le second les montagnes orientales et centrales. Ils ont refoulé les Aborigènes, dont on croit retrouver les traces dans les provinces de la Pouille et du Trentin. La troisième série nous amène aux immigrations maritimes. Les Pélages, partis de la Grèce, ont abordé en Italie par trois côtés : par la côte orientale, par la côte occidentale vers la Calabre, et par la côte nord. Les voilà donc établissant ce grand empire qui a laissé des traces d'une civilisation très-avancée, notamment ces immenses murs pélagiques et cyclopéens, que l'on trouve en plusieurs endroits. Mais à son tour arrive pour lui l'époque de la décadence. Des colonies venues directement de l'Asie Mineure fondent l'empire étrusque dans l'Italie centrale. Au moment de leur grande prospérité, ces peuples s'étendent vers le sud et le nord de la Péninsule et constituent la triple confédération étrusque. Dans l'Étrurie septentrionale, ils fondent *Felsina* (*Bologne*) qui en est la capitale. Cela se passait vers le XIVe siècle avant notre ère. M. Mariette a trouvé, en effet, à Carnac, une inscription qui nous apprend que Menephta, roi de la dix-neuvième dynastie égyptienne, fut attaqué par une expédition des *peuples de la mer*. Parmi ceux-ci sont cités les Sicules et les *Turchas*, nom qui répond à celui des *Étrusques*, et c'est à ces derniers qu'appartenait le chef de l'expédition, ce qui prouve que leur empire devait être florissant à cette époque, c'est-à-dire au XVe siècle avant l'ère chrétienne.

On s'est demandé si la civilisation de l'âge du bronze dans le Nord ne venait pas du Midi, et un grand nombre de savants penchent vers l'affirmative. Mais doit-on l'attribuer aux Étrusques, ou faut-il limiter l'influence de ceux-ci au premier âge du fer ? La question est loin d'être encore éclaircie. C'est à ceux qui ont fait de cette époque une étude particulière qu'il appartient de la trancher.

Après ces intéressantes communications, M. Desor aborde la question de la liaison des temps anté-historiques avec ceux de l'antiquité classique. Il importe d'abord de constater que l'on comprend sous le nom d'âge du bronze plusieurs époques, et que l'on y rapporte des types bien divers : les terramares, les palafittes, les cimetières, comme Hallstadt et Saint-Jean-de-Maurienne, les tumuli de l'Allemagne, les galgals de la Bourgogne, etc. Les terramares sont des collines artificielles, et, après l'avoir constaté, nous devons nous demander si l'on ne retrouve ailleurs rien d'analogue. Dans les lacs à palafittes, on rencontre de véritables îles, qui sont également artificielles ; telle est l'île des Roses sur laquelle est bâtie un château royal. L'île Zita dans le lac Varèse est fort probablement aussi artificielle. Il y en a également dans les lacs de la Suisse et beaucoup en Irlande. Voilà donc une certaine analogie entre les palafittes et les terramares. Cette analogie ne fait que s'affirmer encore plus si l'on envisage les objets qui s'y trouvent, et l'on en retire l'impression que les gens qui habitaient les unes et les autres de ces stations étaient des hommes humbles et modestes, vivant chez eux comme ils avaient vécu peut-être à l'âge de la pierre, et n'exerçant aucune action au dehors.

Si maintenant nous passons aux peuples auxquels appartiennent les sépultures de Villanova, fouillées et décrites par le comte Gozzadini, nous trouvons des gens qui ont dû avoir des loisirs, qu'ils ont employés à développer leur sentiment artistique, et, comme corollaire de ce développement, nous voyons tout à coup se créer un type nouveau. Il est important que chacun se pénètre de ce type de Villanova, car il a un cachet qui lui est propre, et que nous retrouverons au dehors de l'Italie, dans une foule de localités, comme à Hallstadt, dans les tombelles de la Franche-Comté et de la Suisse, etc. — On rencontre bien dans ces localités les moules dans lesquels on a coulé une partie des objets qu'on y trouve, mais ce sont seulement les moules des haches, des couteaux, des épées, en un mot, des objets simples à la forme desquels on est rationnellement conduit. Mais quand il s'agit de dessins, d'objets d'imagination, on ne peut supposer que le même trait, la même figure, le même méandre aient pu être trouvés simultanément sur des points si différents que l'Italie et la Scandinavie. Il y a donc des liens entre les peuples de cette époque ; il y a un centre où ils viennent s'approvisionner. On s'est demandé à Copenhague où pouvait être ce centre, et l'on est venu le chercher en Italie. Maintenant il faudrait faire comme en paléontologie. Lorsqu'on découvre dans les terrains stratifiés un type important, on en fait un jalon : telles sont les nummulites, qui marquent le début des formations tertiaires, les spatangues pour les terrains crétacés. Il faudrait que la collection de Villanova devînt de même un type, un jalon placé dans ce passé mystérieux entre les âges préhistoriques et ceux qui appartiennent au domaine de l'histoire.

Si, en effet, nous comparons les objets qui proviennent de Villanova avec ceux fournis par la nécropole de Marzabotto ou par le cimetière de Felsina, nous reconnaîtrons qu'ils sont plus anciens que ceux-ci, et pourtant il y a entre eux une grande affinité. La perfection ne s'y rencontre pas encore, mais les grandes lignes de l'art étrusque s'y trouvent déjà. Il faut donc placer Villanova avant le XVe siècle avant l'ère chrétienne, qui est la date de l'époque étrusque, et ce n'est encore qu'au delà que doit être reporté l'âge du bronze. Ce jalon posé pour l'Italie nous guidera aussi pour l'étude des autres pays, car pour M. Desor tous les pays, même ceux du Nord, ont reçu à cette époque, de la Péninsule, sinon les objets fabriqués, au moins les modèles et les types.

M. Worsaæ ne peut point se ranger à l'opinion de M. Desor. Il faut distinguer entre les objets du commencement et ceux de la fin de l'âge du bronze. A la fin, il y a bien dans ceux du Nord des ressemblances avec ceux de Villanova, et il peut bien y avoir une influence venue du Midi ; mais, au début, la différence est considérable. Au Midi manquent les lurers, les grandes épées, les diadèmes de la Scandinavie. Tous ces objets, et les autres les plus remarquables de l'âge du bronze, dans le Nord, datent de l'époque la plus ancienne, et l'on peut se demander d'où ils sont venus. On a trouvé en Chine et dans toute l'Asie des objets de bronze très-remarquables, il est donc probable que cette civilisation est venue de l'Asie. Elle a pénétré d'abord dans l'Asie Mineure et la Grèce, et s'est aussi avancée peu à peu vers le nord et l'ouest de l'Europe, recevant à chaque nouvelle étape l'influence propre de chaque peuple.

M. Virchow fait ensuite connaître des stations anciennes de l'Allemagne que l'on n'a commencé à étudier que depuis peu. Dans les plus vieux documents, on trouve mentionnés, sous un nom qui signifie *circonvallations*, des monticules assez analogues à celui de Montale. On a cru longtemps que c'étaient d'anciennes forteresses, mais on pense aujourd'hui que ce sont des habitations primitives, car on y trouve réunis un grand nombre de débris propres à de semblables stations. Les objets en métaux y sont très-peu nombreux, peut-être parce que la nature chimique du sol détruit rapidement les métaux, mais, lorsqu'on y en trouve, c'est généralement du fer. Ces habitations peuvent appartenir à une race relativement nouvelle, bien que préhistorique pour l'Allemagne, puisque l'on n'a que des renseignements fort vagues et fort douteux sur cette partie de l'Europe, jusqu'au Xe siècle de l'ère chrétienne. M. Virchow a entrepris récemment des fouilles dans la Volhynie sur l'emplacement d'une ancienne ville. Il y a aussi dans la même région, sur les bords d'une grande rivière navigable, une longue série de monticules analogues aux terramares, les restes d'une habitation lacustre, etc. C'est en somme un pays qui promet beaucoup.

Ce qui frappe M. Vogt dans les communications qui précèdent, c'est le vague dans lequel on reste relativement aux races humaines. Sauf de très-rares exceptions, on n'a trouvé de restes humains ni dans les palafittes, ni dans les terramares. Les tombeaux où il faut les chercher doivent, d'après lui, recéler un art plus avancé que les habitations, car on dit qu'en Italie on logeait mieux les morts que les vivants. Il se demande si, comme on l'a dit, les habitants des terramares descendaient de ceux des palafittes, et il croit que c'est plutôt le contraire qui est la vérité, comme rentrant mieux dans le sens général de la marche des peuples. Les palafittes de l'âge de la pierre, décèlent la connaissance des pratiques agricoles de l'ancienne Égypte à peu près cinquante siècles avant l'époque étrusque. Si donc les habitants de ces palafittes sont venus de l'Égypte, ils doivent l'avoir quittée avant que les métaux y fussent connus, ce qui nous amène à une antiquité bien supérieure à celle des premières émigrations âryennes. M. Vogt se demande encore si la distinction entre le bronze et le fer est bien fondée. Dans l'antiquité, ces métaux ne servaient pas aux mêmes usages : le premier seul était employé pour les instruments tranchants. Il pense donc que s'il y a eu une époque du bronze primitive, indépendante du fer, elle doit être rapportée à un temps extrêmement ancien, et que finalement les immigrations qui ont peuplé l'Europe à cette époque ont eu lieu du midi au nord et non de l'est à l'ouest. Toutefois, les anthropologistes n'ont pas pu se mettre d'accord avec les linguistes. On ne peut, en effet, tirer aucune conclusion de la forme du crâne chez les peuples qui, d'après ceux-ci, appartiennent à la race âryenne. On trouve sur ces crânes tous les caractères, et, si l'on peut dire avec certitude que les langues slaves, scandinaves, germaines, latines, sont de même origine, on ne peut établir anatomiquement la même conclusion pour les hommes qui les parlent, car un peuple peut toujours avoir adopté une langue qui n'était pas la sienne.

La suite de la discussion étant renvoyée à la réunion du soir, M. le ministre de l'instruction publique clôt la séance, en exprimant combien le gouvernement est heureux de voir le prince héréditaire siéger au milieu des nombreux savants qui honorent son pays de leur présence. Le signe le plus remarquable, dit-il, de la renaissance de l'Italie, c'est, qu'au milieu des puissantes préoccupations politiques qu'a dû entretenir dans tous les esprits la reconstitution de ce pays, tant de savants italiens aient pu devenir des maîtres illustres dans la science toute nouvelle de l'anthropologie préhistorique. Il est heureux, ajoute-t-il en terminant, de voir au Congrès le représentant du roi de Danemark : car ce royaume, si petit sur la carte de l'Europe, est un des plus grands dans les choses de l'esprit, dont les victoires sont les meilleures et les plus durables.

Séance du soir.— Présidence de M. Dupont.

M. le comte Przezdziecki entretient le Congrès des découvertes archéologiques faites en Pologne. Il y a trente ans M. Kraszewski avait exploré un atelier de silex taillés près de la ville de Krzemienice, en Volhynie, qui tire son nom de la dénomination polonaise du silex. Tout récemment M. Przezdziecki a découvert un nouvel atelier du même âge à Grobowek, sur les bords de la Vistule, au nord de Varsovie. Là abondent les pointes de flèche, les grattoirs, les petites lames, les nucléi, mêlés à des fragments de poterie grossière. La station lacustre la plus orientale, de toutes celles connues jusqu'à aujourd'hui, est celle du lac Czeszewo, dans le grand duché de Posen. Le niveau du lac s'étant abaissé de deux pieds en 1863, on vit apparaître du côté de l'Est un pilotage supportant un plancher formé par des troncs d'arbre serrés les uns contre les autres. Le tout formait un demi-cercle occupant une étendue d'un demi-hectare. Un tumulus, situé près de là sur les bords du lac, semble avoir fait partie d'un ensemble de fortifications se reliant à l'existence de l'habitation lacustre. Ce n'est que tout récemment que l'on a fait des recherches dans ce pilotage, et l'on y a trouvé en grand nombre des objets tels que marteaux de pierre brute, poteries, fusaïoles de terre cuite et de pierre, outils et emmanchures de bois de cerf, évidemment travaillés avec des instruments de métal, ainsi que deux fragments de crânes humains. Ces objets, qui sont mis sous les yeux du Congrès, appartiennent au musée de Cracovie.

Au bord de ce lac, à Dobieszewko, se trouve le plus remarquable des nombreux cimetières païens de l'ancienne Pologne. Ces cimetières nommés *Zale*, consistent en une agglomération de tertres, surmontés de quatre gros blocs et recouverts de cailloux. Dans ces tertres sont des urnes d'argile remplies de cendres et d'ossements calcinés, avec des objets de bronze, notamment des épingles et des fibules. On a même trouvé dans l'un d'eux un glaive ciselé de style romain. Ceux de Dobieszewko occupent un espace de 100 hectares. Au centre de chacun d'eux est un carré de pierres brutes de chaque angle duquel partent des rayons formés de pierres semblables. Entre ces rayons se trouvent les urnes funéraires groupées sous des tas de pierres recouverts d'argile. Autour des grandes urnes, on trouve des vases plus petits, de formes toutes particulières : les uns reposent sur un pied en forme de sabot de cheval, d'autres ont l'apparence de deux pots juxtaposés, d'une cuiller, etc... ; on y en a même remarqué de tout petits paraissant avoir été des jouets d'enfants. M. Przezdziecki montre au Congrès un certain nombre d'objets de bronze et de verre de divers âges, qui ne sont certainement pas plus anciens que l'époque romaine.

M. Dirks fait une communication sur les *wierden* ou *terpen* de la Frise. Ce sont de petits monticules artificiels de 4 à 6 mètres de hauteur, que l'on rencontre en grand nombre tout le long de la mer du Nord dans les provinces de Frise et de Groningue. Ils ont servi de lieu de refuge et d'habitation à toutes les populations qui ont vécu dans ces provinces depuis les temps antéhistoriques, et se sont accrus sans cesse, comme les terramares, par l'accumulation des débris que les diverses générations y ont laissés et dont les couches sont aujourd'hui exploitées comme engrais. Au sommet on trouve des objets du moyen âge, puis des objets saxons, des monnaies romaines, quelques monnaies byzantines, enfin des objets de l'âge du bronze et quelquefois même de l'âge de la pierre. M. Dirks parle encore des dolmens et des tumuli de la Hollande. On ne connaît jusqu'à présent qu'un seul dolmen dans la Frise, mais dans la province de Drenthe il en existe plusieurs qui ont été décrits.

M. Hildebrandt revient sur la question de l'âge du bronze, dans lequel il pense, comme M. Worsaœ, qu'il faut distinguer des périodes. Quand on compare les formes du Midi avec celles du Nord, on trouve des différences bien tranchées. A l'est, en Hongrie et jusque dans les Carpathes, où a fleuri une riche civilisation de cet âge, on trouve encore des formes bien caractérisées et toutes particulières. Il en est de même plus au nord, dans l'ancien royaume de Hanovre. Il est donc bien difficile de parler en bloc de l'âge du bronze, et la difficulté grandit encore si l'on en considère la chronologie. En Italie par exemple, l'histoire, qui pénètre jusqu'à une époque très-reculée, n'a point conservé de souvenir de l'âge du bronze. En Hongrie, à moins d'admettre que les Daces n'ont laissé aucune trace archéologique, c'est à leur temps qu'il faut rapporter la civilisation du bronze. Dans le Nord, c'est à une époque encore plus récente, dans les premiers siècles de l'ère chrétienne seulement, que le bronze a fait place au fer. Pour se rendre compte de la caractérisation de ces groupes, M. Hildebrandt a pris un objet déterminé, les fibules, dont il a figuré les différentes formes sur des planches qu'il met sous les yeux du Congrès. Dans le type septentrional, la fibule est formée par une épingle et un fil trois fois replié et finalement roulé en spirale, ou se terminant par un disque plus ou moins orné. L'épingle est toujours indépendante du fil. Dans le type méridional au contraire, la fibule est faite d'une seule pièce qui forme d'un côté l'aiguille et de l'autre la tige. On peut y distinguer le groupe hongrois, le groupe italien, auquel appartient la fibule renflée, le groupe de Hallstadt, etc. Le type septentrional paraît également bien distinct pour toutes les autres catégories d'objets. Il faut donc aller chercher ailleurs que dans le Midi, c'est-à-dire en Asie, le pays d'origine de la civilisation du bronze dans le Nord, et, si toute notre Europe a été peuplée à cette époque par les tribus âryennes, on doit penser que leur dispersion a dû avoir lieu bien longtemps auparavant.

M. Cartailhac soumet au Congrès une carte sur laquelle il a tracé l'orientation de plus de cinquante dolmens de l'Aveyron relevée à la boussole. Il en ressort qu'ils sont indistinctement dirigés dans tous les sens, et que le préjugé de l'orientation des dolmens doit être abandonné. D'autre part il se pourrait que la distribution topographique de ces tombeaux ait un intérêt que l'on n'a pas encore soupçonné, mais qui demande à être mieux étudié. Les observations faites par M. de Mortillet sur les dolmens du Poitou et de la Bretagne corroborent cette opinion.

M. Cartailhac se félicite d'avoir pu, dans la course de Montale, voir ce que c'était que les terramares, car cette vue lui a rappelé quelque chose d'analogue qui existe dans le midi de la France, et notamment dans le Haut-Languedoc. Ce sont des monticules connus sous le nom de *mottes*, formés par des assises de cendres et de terre, qui s'élèvent jusqu'à 10 mètres de hauteur sur une base quelquefois de plus de 100 mètres de diamètre. Seulement, au lieu d'être comme les terramares situées dans la plaine et établies sur des pilotages, elles se trouvent souvent à des hauteurs bien différentes. Telles sont les mottes de Cruzel, de Mont-Gaillard, de Pibrac, de Montastruc, de Roquezécière et autres avoisinant Toulouse, que l'on ne savait jusqu'à présent comment classer. Dans les cendres sont des charbons et des fragments de bois non brûlé, d'innombrables tessons de poterie, des ossements d'animaux (Bœuf, *Sus*, Mouton, Cheval) tous fracturés mais non brûlés, des coquilles terrestres et fluviatiles. On n'y rencontre jamais d'ossements humains ni de monnaie, mais il faut avouer que les poteries, même celles des couches inférieures, paraissent en général très-peu primitives.

M. Garrigou pense également que ces mottes peuvent être rapprochées des terramares, et il saisit cette occasion pour indiquer aussi dans les Pyrénées l'existence d'habitations lacustres. Outre des restes de l'époque préhistorique trouvés par lui dans les tourbières et les anciens lacs desséchés des bassins sous-pyrénéens, il a reconnu dans deux lacs de l'Ariége les emplacements parfaitement conservés de plusieurs habitations ressemblant plutôt à des cranoges qu'à des pilotages. Un assemblage de poutres de bois de pin en occupait le pourtour et le fond. Ce qui paraît extraordinaire au premier abord, c'est de retrouver de semblables habitations jusqu'à une altitude de 1600 à 1700 mètres. Cela prouverait que le climat du pays, à l'époque où elles étaient utilisées, n'était guère différent de celui de nos jours, et que les glaciers des Pyrénées étaient déjà retirés sur les hauts sommets.

Il est ensuite donné lecture d'une note de MM. E. MASSENAT et PH. LALANDE sur une station en plein air de l'âge du Moustier, recouverte par des tufs calcaires dus à des sources incrustantes. Cette station est située dans la commune de Saint-Cernin (Corrèze), dans la petite vallée de la Couze, un des affluents de la Vézère, en face du moulin de la Grève. Le banc de travertin, d'une épaisseur d'environ 10 mètres, forme une terrasse recouverte de terre végétale. C'est sous ce banc qu'a été trouvé un foyer horizontal de 7 à 8 mètres de longueur, renfermant des fragments d'os brûlés ou non, de petits galets roulés et quelques éclats de silex et de quartz amorphe du type du Moustier ou de Chez Pouré. Une station semblable a été entrevue, il y a quatre ans, dans le Lot, par M. GARRIGOU. Elle renfermait des ossements de Renne.

JEUDI 5 OCTOBRE.

Excursion à Marzabotto.

Tous ceux qui s'intéressent aux études archéologiques connaissent le nom de *Marzabotto*, qui a été illustré par les recherches et les beaux travaux de M. le comte Gozzadini. Le propriétaire du vaste domaine qui occupe aujourd'hui cet antique emplacement, M. le chevalier J. Aria, avait gracieusement invité les membres du Congrès à assister aux fouilles et à l'exploration de quelques sépultures. La journée du jeudi avait donc été réservée, dans notre programme, pour une excursion à Marzabotto. Nous partîmes de Bologne, à onze heures du matin, par un train spécial, et nous pûmes consacrer toute l'après-midi à l'examen et à l'étude des emplacements antiques et du riche musée que M. Aria a formé dans son château, en réunissant avec un soin jaloux tous les objets trouvés dans les fouilles faites jusqu'à ce jour. Nous aurons bientôt à résumer les communications faites au Congrès à l'occasion de cette course; nous nous bornerons donc maintenant à remercier, au nom de nos confrères, M. le chevalier Aria de sa gracieuse et large hospitalité. Nous nous permettrons cependant de lui exprimer ici un regret au nom de la science. M. Aria a publié à ses frais, avec une grande magnificence, les rapports de M. le comte Gozzadini sur les fouilles de Marzabotto, rapports qui sont accompagnés de planches splendides. Il est malheureusement impossible de se les procurer, parce qu'ils ont été tirés à un très-petit nombre d'exemplaires et n'ont pas été mis dans le commerce. La science aurait eu tout à gagner à une publicité plus large et moins exclusive qui eût permis à tous ceux qui s'occupent d'archéologie de pouvoir se procurer les représentations des objets intéressants trouvés à Marzabotto. Nous désirons vivement que M. le chevalier Aria le comprenne et rende à la science un service de plus en donnant aux travaux de M. le comte Gozzadini la seule publicité réelle, c'est-à-dire celle du commerce.

Après un somptueux repas présidé par le prince Humbert, qui avait tenu à prendre part ce jour-là à notre excursion, le départ eut lieu à une heure avancée de la soirée, à la lueur des flambeaux et des feux de Bengale, qui éclairaient des reflets les plus fantastiques les collines de Marzabotto, le château moderne et les sépultures antiques.

CAZALIS DE FONDOUCE,
Secrétaire du Congrès de Bologne.

— La suite très-prochainement. —

ORIGINE DES TERRAINS DE SÉDIMENT

SÉDIMENTATION

On désigne par sédimentation le mode de formation des terrains sédimentaires. Sous ce titre, je décrirai : 1° la *sédimentation mécanique*, 2° la *sédimentation chimique*. Tout ce qui a été dit, sur l'origine des couches lacustres et des couches marines s'appliquant également aux terrains anciens, je n'aurai plus à revenir sur les actions déjà signalées, et je me bornerai ici aux faits que peut seule révéler l'observation attentive des terrains sédimentaires. Auparavant, je ferai remarquer à quel point l'étude des phénomènes actuels et celle des phénomènes anciens se prêtent un mutuel secours. Si la connaissance des premiers est le plus souvent indispensable à l'intelligence des seconds, en revanche, l'examen minutieux des produits ou des terrains formés au temps jadis, sous l'influence des phénomènes anciens, nous fournit, sur les conséquences des phénomènes actuels, des renseignements que nous aurions en vain demandés à l'étude de ces derniers. Les uns nous montrent l'action, les autres, les résultats. Nous serions peut-être fort embarrassés de savoir comment se sont constituées les puissantes assises des terrains de sédiment, si nous n'avions sous les yeux le spectacle des précipitations chimiques, des érosions, des atterrissements, des dépôts actuels de matériaux dans les lacs et les mers, des éjections de calcaire, de silice et de fer par les sources minérales, des terrains édifiés par les foraminifères, les polypiers, les végétaux, etc. ; d'un autre côté, si les ruptures de l'écorce solide et les travaux de l'homme ne nous laissaient apercevoir, sur une foule de points, la série des assises sédimentaires constituées autrefois, nous ignorerions absolument la manière d'être des terrains de même origine qui se forment sous les eaux, puisque nous pouvons à peine en aborder la couche la plus superficielle.

SÉDIMENTATION MÉCANIQUE

L'acte complet se divise en trois périodes : la première, de *désagrégation*, pendant laquelle les roches déjà existantes se décomposent et se réduisent en morceaux ; la deuxième, de *transport*, pendant laquelle leurs débris sont charriés vers les lieux où ils doivent s'accumuler ; la troisième, de *dépôt*, pendant laquelle les mêmes matériaux, parvenus à leur destination, se déposent et s'entassent pour constituer de nouvelles roches. Il est bon d'ajouter que si les trois périodes se succèdent dans l'ordre indiqué, les actions particulières à chacune d'elles opèrent simultanément pour peu que la sédimentation soit de longue durée. Ainsi, en même temps que des sables et des galets se fixent et s'arrêtent dans le fond d'un bassin, d'autres, entraînés par le mouvement des eaux, s'acheminent vers le même lieu, pendant que les rochers des rivages, continuant à se désagréger, fournissent incessamment de nouveaux débris.

C'est, en effet, le sol émergé, plus accessible aux agents extérieurs, ce sont ensuite les roches des rivages, plus exposées à l'action des vagues et des tempêtes, qui approvisionnent surtout les bassins de sédimentation. La désagrégation et la décomposition superficielle des roches, les dégradations du sol, les érosions fluviatiles et marines, les débris solides des animaux et quelquefois des plantes préparent les matières qui s'accumulent dans les bassins pour former les conglomérats, les poudingues, les grès, les sables, et, dans certains cas, les argiles, qui constituent la presque totalité des sédiments d'origine mécanique. Il est presque inutile d'ajouter que ces matériaux sont d'autant plus abondants que l'étendue des bassins hydrographiques superficiels qui aboutissent au centre de sédimentation est plus considérable, que les roches extérieures et celles du bassin se désagrégent plus aisément, que les dégradations et les transports ont plus d'énergie. On a essayé de déterminer le degré d'humidité et de sécheresse relatives des anciens climats d'après la nature des sédiments, en supposant, ce qui paraît assez vraisemblable, que les grandes accumulations de galets et de blocs volumineux dénotent des actions torrentielles et des transports extrêmement énergiques, et, par conséquent, des périodes de grandes pluies. On a admis, au contraire, mais d'une manière plus problématique, que les fins sédiments, surtout quand ils sont d'origine chimique, correspondent à des époques de tranquillité et de sécheresse.

Quoi qu'il en soit de ces appréciations, le géologue reconnaît facilement, au premier aspect, les roches de sédimentation mécanique, puisqu'elles consistent toujours en une agglomération d'éléments usés, roulés, plus rarement anguleux et fragmentés, de nature et de provenance très-diverses. Tantôt, ce sont des grains de sable de pareil format, tantôt, des débris de toute grandeur et de toute espèce, depuis le volume de la parcelle presque imperceptible à celui de blocs mesurant plusieurs mètres dans tous les sens. A Épinac, un puits de houillère traverse un de ces blocs. Tous ces débris sont entassés pêle-mêle dans la même assise; néanmoins, les strates, d'épaisseur en général considérable, mais d'ailleurs très-inégale de l'une à l'autre, se succèdent fort régulièrement, à moins qu'elles n'aient été dérangées par des mouvement, du sol. Telle assise de grès fins et homogènes, par exemple peut se trouver intercalée entre deux bancs de poudingues à gros éléments ou entre une couche d'argile et une couche de calcaire. En mainte circonstance, les dépôts d'origine chimique alternent, en effet, avec ceux d'origine mécanique, et l'on citerait difficilement un terrain qui fit exception. Les matériaux constitutifs des assises formées par voie de sédimentation mécanique sont plus ou moins solidement cimentés par de la silice, du calcaire, des oxydes de fer, etc., de manière à constituer des roches fort dures et fort résistantes, surtout dans les terrains anciens, mais quelquefois aussi friables et sans consistance. Les fossiles y sont rares, en général, et consistent presque exclusivement en débris usés et roulés par un long charriage. Rarement le collectionneur peut-il mettre la main sur un échantillon complet et de conservation irréprochable. Disons cependant que cette règle, qui s'applique surtout aux roches à gros éléments, souffre des exceptions, et que les grès et les sables fins fournissent quelquefois des fossiles d'une irréprochable perfection.

Les sédiments d'origine mécanique s'accumulent plutôt sur les bords que dans le fond des bassins, ce qui se comprend aisément, si l'on considère que le transport des matériaux par les eaux torrentielles s'arrête au pourtour même des bassins, et que, d'autre part, les rivages se trouvent beaucoup plus exposés à l'action destructive des vagues et des ras de marée, que les régions profondes. Cependant, on ne doit pas établir de règle trop absolue, et souvent la même couche peut être suivie à de grandes distances sans rien perdre de son épaisseur et sans que l'aspect en soit modifié.

SÉDIMENTATION CHIMIQUE

Nous avons vu que les roches de sédimentation chimique ont une texture fine, compacte, homogène, que les assises en sont bien distinctes et bien ordonnées, et, qu'en général, les dépôts de cette nature ont plus d'importance dans l'intérieur des bassins qu'à leur périphérie. J'ajouterai que les fossiles y sont fort nombreux, de belle conservation, et ne laissent que rarement apercevoir des traces de frottement et de charriage. Les roches qui dominent de beaucoup dans les terrains formés par voie de sédimentation chimique, sont le calcaire, la dolomie, le gypse, le sel gemme, l'argile, la silice, le fer oligiste, le fer hydroxydé ; il importe d'en rechercher l'origine.

1° *Calcaire.* — Mentionnons seulement, mais pour en faire bonne justice, l'ancienne hypothèse de la production du calcaire par les animaux marins. S'il est vrai que les coquilles et les parties solides des crustacés, des mollusques, des polypiers s'atténuent et se désagrégent à la longue, sous l'action des chocs et des frottements, et que la boue calcaire qui en provient se mêle aux sédiments : où les animaux marins ont-ils pris leur calcaire? Évidemment, ils n'ont pu le créer de toutes pièces, et ils l'ont emprunté à l'eau marine. Le problème consiste donc à trouver d'où vient le calcaire en dissolution dans les océans, et, par conséquent, il n'est point résolu. D'un autre côté, ce serait une erreur de croire que le carbonate de chaux, quelle qu'en soit d'ailleurs l'origine, fût d'abord absorbé par les animaux marins, puis restitué par leurs dépouilles de manière à former la totalité des assises de calcaire sédimentaire. Il y a une énorme disproportion entre la masse de ce calcaire et la quantité de débris que peuvent fournir les mollusques et les zoophytes, en les supposant aussi nombreux que possible. Assurément, leurs dépouilles ne constituent pas la millième et peut-être la dix millième partie du calcaire, bien que certaines assises ne soient guère composées que de débris organiques.

Une deuxième hypothèse attribue le calcaire à la désagrégation des roches du sol primordial et des roches éruptives. Elle s'appuie sur des faits positifs, sans être cependant plus admissible que la précédente. En effet, s'il est vrai que la décomposition des silicates de chaux ait pour résultat la production de carbonates, la quantité de calcaire ainsi constituée ne s'élève certainement pas à la cent-millième, peut-être à la millionième partie de celui que renferment les terrains de sédiment. La cause invoquée est réelle, on doit en tenir compte, mais elle n'explique en aucune manière l'origine du calcaire. Il y aurait grande insuffisance dans la production. Qu'on veuille bien, en effet, considérer que les roches ignées ne renferment de la chaux qu'en proportion bien minime, et que leur teneur en cet alcali semble diminuer en raison de leur importance et de l'espace qu'elles occupent à la surface du globe. Ainsi, dans les granites et dans les gneiss, il n'y a pas de chaux : leur feldspath, qui est l'orthose, n'en renferme point, et leur mica, presque toujours alumineux, n'en contient pas davantage. Cependant, comme le feldspath oligoclase et les micas magnésiens entrent, par exception, dans la composition de certains granites, je crois qu'en exagérant beaucoup, on peut porter à 1 pour 100 la chaux contenue en moyenne dans ces roches. Le calcaire provenant de la décomposition des roches feldspathiques correspond, par conséquent, à 99 pour 100 de détritus argileux et arénacés résultant de la même décomposition. En d'autres termes, si le calcaire sédimentaire provient des granites et des gneiss, il s'est formé, en même temps, une quantité cent fois plus considérable de sables et d'argiles. Mais ces sables et ces argiles n'existent pas, ou du moins ne peuvent être désignés. Si, en effet, les calcaires de sédiment inférieurs alternent avec des couches schisteuses, argileuses ou arénacées, et si ces couches ont, dans le principe, plus d'importance que le calcaire, la disproportion est loin d'atteindre 1 pour 100 et même 1/10e, et, vers le milieu de la série sédimentaire, les calcaires dominent de beaucoup. On ne peut parler que pour mémoire des roches éruptives amphiboliques et pyroxéniques, des porphyres, des trachytes et des basaltes, parce que leurs affleurements constituent seulement des accidents et n'ont jamais occupé que des espaces insignifiants à la surface des terres fermes ou dans les bassins des mers. En moyenne et en nombres ronds, toutes ces roches contiennent peut-être 12 à 15 pour 100 de chaux, de sorte que le calcaire de cette origine correspond à environ 85 pour 100 de détritus. Mais on peut affirmer qu'elles ont encore moins contribué que les roches feldspathiques à la constitution du calcaire, puisqu'au moment de leurs éruptions, ce dernier minéral se trouve au moins aussi répandu dans les terrains de sédiment que les roches d'une autre nature, et que, d'ailleurs, tous les produits éruptifs réunis, sauf peut-être le granite, sont loin d'avoir l'importance des calcaires de même époque. Si l'on allègue que les schistes cristallins forment la partie arénacée et argileuse du résidu de la décomposition du granite, et que le calcaire, tenu plus longtemps en suspension dans les eaux, ne s'est déposé que peu à peu et beaucoup plus tard, je répondrai que les schistes cristallins ayant conservé intacts leur feldspath et leur mica, on ne voit pas comment le granite aurait pu produire du calcaire ; et, d'ailleurs, la disproportion en volume précédemment signalée n'existerait pas moins entre le calcaire d'une part, et les résidus arénacés de granite, d'autre part. Enfin, la théorie est inapplicable toutes les fois que le calcaire repose sur un fond de bassin granitique, siliceux, argileux ou même calcaire, et qu'il ne se trouve en relation avec aucune roche éruptive ; et ce cas est, de beaucoup, le plus fréquent.

Assez récemment, Cordier, puis M. Leymerie ont introduit dans la science une nouvelle hypothèse. La priorité revient à Cordier, puisque le pli cacheté déposé par lui à l'Académie des sciences de Paris, et rendu public après sa mort, en 1862, date de 1844 ; mais l'invention appartient également à M. Leymerie, puisque la théorie complète figure dans ses *Éléments de minéralogie et de géologie*, publiés en 1861. D'après ces auteurs, le calcaire des terrains de sédiment provient, par voie de double décomposition, du chlorure de calcium, autrefois contenu en plus grande quantité dans les eaux des mers, et du carbonate de soude, déversé par les sources minérales, jadis plus abondantes. Mais on a adressé à cette hypothèse de nombreuses objections, dont je ne rapporterai que les principales : 1° Elle est inutile, car si l'on admet que le carbonate de soude provient des sources minérales, pourquoi compliquer sans profit et ne pas supposer au calcaire la même origine ? 2° Elle n'est pas applicable au calcaire d'eau douce. 3° Il aurait fallu que les anciennes mers fussent salées avec du chlorure de calcium et que leur population n'eût pas souffert de ce régime et se fût peu à peu habituée au chlorure de sodium ; ce qui paraît infiniment improbable si l'on considère à quel point les animaux marins actuels, qui ne diffèrent en rien de leurs prédécesseurs sous le rapport de l'organisme, se montrent difficiles sur la nature du milieu : 4° Une dernière objection, à mon avis sans réplique, et qui aurait pu dispenser de produire les autres si elle eût été énoncée la première, c'est que le calcaire et le sel marin, y compris le sel gemme, se trouvent en énorme disproportion, et qu'il y a certainement, à la surface du globe, cent fois plus de calcaire au moins que de chlorure de sodium.

L'hypothèse à laquelle se rallient presque tous les géologues, et qui est, de beaucoup, la plus vraisemblable, admet que le calcaire a été injecté dans les mers à l'état de carbonate de chaux par des sources minérales analogues aux sources incrustantes de l'Auvergne et à celles qui produisent le travertin et la panchina en Italie. La seule objection que l'on puisse élever, c'est qu'il faudrait que les anciennes sources calcarifères eussent été excessivement nombreuses, et d'un débit plus abondant que celui des sources actuelles. Mais est-ce là une fin de non-recevoir, et même une objection sérieuse ? Et ne savons-nous pas que la plupart des phénomènes naturels ont une époque de plus grande intensité qui peut se manifester à tous les moments de la durée géologique ? Au contraire, les faits qui militent en faveur de cette hypothèse sont nombreux, péremptoires, et lui donnent un haut degré de probabilité, je dirai presque de certitude. Il faut d'abord constater que l'invraisemblance ou l'insuffisance des autres suppositions lui laisse le champ libre. Il faut ensuite tenir compte du phénomène actuel des sources calcarifères, lesquelles, pour se trouver depuis longtemps dans une période de déclin, n'en rejettent pas moins au dehors de grandes quantités de carbonate de chaux. Il faut enfin considérer que cette théorie explique tous les faits et se plie à toutes les éventualités. La discontinuité des assises calcaires, à chaque instant séparées par des grès, des argiles et des roches d'une autre nature ; l'existence, à un même niveau, d'un dépôt, ici calcaire et plus loin marneux et arénacé ; le mélange du carbonate de chaux avec de la dolomie, de l'argile ou d'autres matières, se comprennent naturellement si l'on émet la supposition, fort légitime, que les sources calcarifères ont varié en nombre et en abondance, suivant les époques ; qu'elles ont eu leurs moments d'interruption ; qu'elles ont surgi dans tel lieu plutôt que dans tel autre, et que souvent elles déversaient leurs produits dans les mers où se déposaient en même temps de l'argile et de la dolomie. Enfin (et cette preuve me paraît la plus forte), il est impossible d'expliquer autrement que par des éjections sous-marines l'origine de ces immenses massifs calcaires qui reposent sur des grès quartzeux, sur des argiles, sur des gneiss, sur des granites, en un mot, sur un fond de bassin où il n'y a pas de calcaire. Tous les géologues savent que ces cas sont, de beaucoup, les plus fréquents. Évidemment, dans de pareilles conditions, le sol sous-marin, pas plus que le sol émergé, n'a pu fournir la matière calcaire, qui provient ainsi de l'intérieur du globe. Cela est bien manifeste dans les bassins tertiaires d'Aurillac, du Puy-en-Velay et de la Limagne d'Auvergne, où le calcaire repose sur un fond de bassin granitique nullement altéré, et ne correspond à aucune espèce de détritus arénacé.

J'ai fait remarquer précédemment que les gisements souterrains de cette substance n'ont pu être situés à de grandes profondeurs, autrement la chaleur aurait expulsé l'acide carbonique. S'il n'est point inadmissible que de semblables décompositions s'opèrent quelquefois sur le trajet des cheminées volcaniques et fournissent peut-être une portion de l'acide carbonique dégagé pendant les éruptions, on ne peut supposer que la chaux caustique soit jamais arrivée dans les mers en quantité notable, car elle aurait immédiatement anéanti les animaux marins, qui pullulent, au contraire, dans les calcaires. Selon toute vraisemblance, le calcaire des terrains de sédiment provient donc, à l'état de carbonate, de l'intérieur du globe, d'où il a été extrait par les eaux minérales; mais il est impossible de nous figurer la nature de ses gisements souterrains.

2° *Dolomie.* — La discussion ci-dessus s'applique aux dolomies plus encore peut-être qu'aux calcaires, puisque la magnésie est plus rare dans les minéraux constitutifs du sol primordial, et qu'elle manque notamment dans les feldspaths ou n'y existe qu'en proportion insignifiante. Selon toute probabilité, la dolomie sédimentaire a la même origine que le calcaire. Il ne s'agit pas ici des dolomies, assez mombreuses, formées par métamorphisme.

3° *Gypse.* —Quand cette substance est en bancs parallèles et réguliers, comme par exemple dans les marnes irisées de l'est de la France, et qu'elle ne renferme pas de matières étrangères, on n'en peut mettre en doute la provenance souterraine. Le gypse, en effet, n'existe dans aucune roche ignée, et ne pourrait dériver de la décomposition de quelques-unes que par des réactions inadmissibles. Quand il forme des lentilles intercalées dans les terrains de sédiment, et qu'il renferme en même temps du calcaire non transformé, on peut lui supposer, à la rigueur, une origine épigénique, quoiqu'il soit assez naturel de penser qu'il arrive de l'intérieur, et qu'il a été rejeté par des sources jaillissant au lieu même de son gisement. Quelquefois il est évidemment épigénique, par exemple dans les localités déjà citées de la Toscane et de l'Algérie. Il provient alors de la décomposition de calcaires par des eaux chargées d'acide sulfurique. En Toscane, où la nature est prise sur le fait, les sources acides existent encore, et augmentent incessamment la masse du gypse; en d'autres lieux elles sont taries, mais on reconnaît aisément l'origine du gypse à sa disposition en massifs irréguliers, sans aucune stratification, et au bombement du terrain, résultant de la dilatation de la nouvelle roche, qui occupe un plus grand volume que le calcaire dont elle provient.

4° *Sel gemme.* — Ici de sérieuses difficultés se présentent. D'après l'opinion la plus accréditée, le sel gemme est un résidu d'eaux marines séquestrées dans des bassins clos, par suite des mouvements du sol, et concentrées par l'évaporation. Il existe, en effet, dans certaines contrées du pourtour de la Caspienne, dans le Sahara, dans les États-Unis de l'Ouest, des résidus de cette nature formant des croûtes de sel plus ou moins épaisses sur l'emplacement d'anciens lacs salés. Mais si les exemples que nous avons sous les yeux démontrent la probabilité de phénomènes semblables dans le passé, nous comprenons difficilement que les couches de sel gemme ainsi formées aient pu se recouvrir d'argiles et d'autres sédiments, et se conserver désormais à l'abri de toute action dissolvante, comme c'est le cas pour toutes les masses enfouies dans les terrains sédimentaires. En effet, les mouvements du sol ont replongé sous les mers ces amas, sur lesquels se sont aussitôt déposés les argiles ou les calcaires qui les surmontent. Il semble impossible que le double phénomène se soit opéré assez rapidement pour que le sel gemme n'ait pas été dissous. On échappe en grande partie à la difficulté en imaginant que le dépôt d'argile a eu lieu dans les bassins mêmes d'évaporation, mais alors on se heurte à d'autres objections. Le plus souvent, en effet, il y a plusieurs couches superposées dans le même lieu et séparées par des bancs d'argile. A Dieuze, par exemple, les amas de sel gemme ainsi disposés sont au nombre de treize, et leur épaisseur totale s'élève à 65 mètres. Il faudrait donc que, sur ce point, la séquestration des eaux marines, et les phénomènes compliqués d'exhaussement, d'évaporation, de dépôt d'argile immédiat et d'affaissement se fussent renouvelés treize fois, toujours dans les mêmes circonstances, ce qui paraît assez invraisemblable. Si le sel gemme provient des anciennes mers, celles-ci étaient beaucoup plus salées que les mers actuelles, et l'on a peine à admettre que la vie ait pu y exister dans de pareilles conditions. Et si l'on imagine que la salure des océans est demeurée à peu près constante à toutes les époques, parce que les sources minérales déversaient du chlorure de sodium au fur et à mesure que la proportion en diminuait dans les mers, je répondrai qu'il y a là une nouvelle hypothèse dont l'exactitude est encore à justifier.

Une deuxième explication ne satisfait pas davantage. Elle suppose les amas de sel gemme constitués sous les eaux des mers par des sources minérales, à des profondeurs telles que, l'agitation étant absolument nulle, le sel peut s'accumuler sur place, sans se dissoudre en totalité, dès que les eaux ambiantes en sont saturées. Aussi bien que la première, elle rend compte de la forme irrégulière et lenticulaire des amas; elle explique beaucoup mieux les alternances des couches de sel et d'argile, car il suffit de supposer des intermittences dans la sédimentation et dans le débit des sources. Mais c'est une erreur de croire que tout mouvement moléculaire cesse à de grandes profondeurs, puisque la vie existe jusque au delà de 5 000 mètres. On ne comprend pas que le déversement des sources sous-marines ait pu s'opérer sans communiquer un mouvement sensible aux eaux environnantes, et que tout le sel ne se soit pas répandu dans la mer, ne fût-ce que par la simple diffusion. En supposant même l'eau de ces sources complétement saturée, on conçoit encore moins que le chlorure de sodium qu'elles tenaient en dissolution ait pu se déposer à l'état solide, puisque cette substance est également soluble à chaud et à froid. Il faudrait donc imaginer que les sources déversèrent le sel gemme solide, ce qui est inadmissible.

Une troisième hypothèse échappe à une grande partie des objections qu'on peut adresser aux précédentes. Elle consiste à supposer que les amas de sel gemme ont été formés, dans des dépressions et des bassins clos du sol émergé, par des éruptions d'eaux salées et de boues analogues aux salses de l'époque actuelle. Mais il faudrait admettre que les eaux salées ont surgi en premier lieu, qu'elles se sont ensuite concentrées, et que les argiles ne se sont épanchées à leur surface qu'au moment où le sel gemme formait déjà une couche épaisse. Des affaissements successifs ou un affaissement lent et continu expliquerait l'alternance du sel et des argiles, puis l'intercalation définitive du dépôt au milieu des terrains de sédiment. Cependant, en produisant cette théorie, je ne me dissimule pas qu'elle est bien hypothétique. A mon avis, le problème relatif à l'origine du sel gemme doit attirer toute l'attention des géologues, car il a été à peine effleuré.

5° *Argile.* — On ne peut nier que la décomposition des feldspaths, décrite précédemment sous le nom de kaolinisation, n'ait produit de grandes quantités d'argile, mais ce serait une erreur de penser, avec beaucoup de géologues, que toute l'argile n'ait pas d'autre origine. Il semble même que si, aux premiers temps du globe, d'énergiques décompositions en ont altéré le revêtement feldspathique, on ne puisse guère attribuer les argiles des terrains de sédiment moyens à la décomposition des roches ignées. Ces argiles, en effet, devraient correspondre à des massifs arénacés presque aussi importants, et qu'on ne trouve nulle part; elles ne reposent jamais sur des fonds de bassins feldspathiques, et les affleurements superficiels de granites et de gneiss de leur bassin hydrographique, quand il s'en rencontre, seraient bien insuffisants pour leur donner naissance. Il est d'ailleurs difficile d'admettre que des argiles et des limons préparés sur les terres fermes et déversés dans les mers par les eaux torrentielles aient pu s'étaler également, et former des assises puissantes et régulières à une distance des rivages souvent très-considérable. Les marnes irisées du Trias reposent sur des calcaires, qui s'appuient eux-mêmes sur une épaisse série de couches de grès et de conglomérats ne contenant point d'argile. Les marnes oxfordiennes du Jura reposent sur des calcaires, et il en est de même de toutes les argiles de la formation jurassique et des formations supérieures. L'alternance, si habituelle, des argiles et des calcaires dans tous les terrains, le mélange en toutes proportions de ces deux produits dans les assises marneuses, achèvent de démontrer une communauté de provenance. Il faut donc aussi admettre, pour l'argile, une origine fréquemment souterraine. Les salses actuelles nous montrent que des torrents de boue sont quelquefois rejetés des profondeurs du globe, et nous ne voyons pas pourquoi il n'en aurait pas été de même au temps jadis, et pourquoi le phénomène n'aurait pas eu autrefois une plus grande énergie. La bigarrure des argiles irisées du Jura, leur enchevêtrement avec des gypses, des dolomies, des bancs de sel gemme et d'autres substances provenant d'injections, le peu de netteté de leur stratification, l'absence des fossiles, tout dénote qu'elles ont été déversées dans les mers par des sources boueuses analogues à nos salses. Dans les minières de fer du pays de Montbéliard et du Jura bernois, l'origine éruptive des argiles sidérolitiques se trahit à l'absence complète de stratification et de débris organiques, à leur mélange avec du fer en grains et des sables éruptifs, à l'altération et à la corrosion profonde du calcaire jurassique sur le bord des bassins. Dans le Jura bernois, M. Quiquerez a été assez heureux pour découvrir les cheminées par où se déversaient ces divers produits. On est donc obligé d'admettre, dans beaucoup de cas, pour les argiles, une provenance éruptive.

6° *Sables.* — Presque toujours le sable, les grès et les poudingues proviennent de la décomposition de roches quartzeuses plus anciennes, et appartiennent ainsi à la sédimentation mécanique. Il se présente cependant des cas exceptionnels, où les sables sont venus de l'intérieur à la manière des argiles et des autres produits mis en œuvre dans la sédimentation chimique. Peut-être les sables de Fontainebleau ont-ils une origine analogue. Ils ne reposent pas, en effet, sur des couches arénacées ou quartzeuses, et l'on ne voit point quelles sont les roches préexistantes qui auraient pu les fournir. Ils ne sont pas stratifiés, et l'on n'y découvre de fossiles que dans des localités exceptionnelles du pourtour du bassin. Si la provenance de ces sables est controversable, à coup sûr on ne peut révoquer en doute l'origine éruptive de ceux qui accompagnent l'argile rouge et le minerai de fer dans les gisements sidérolithiques du Jura bernois.

7° *Silice.* — Qu'elle soit en bancs plus ou moins nettement stratifiés, comme les meulières tertiaires, ou en rognons isolés, comme dans les terrains secondaires, la silice est toujours fournie par des sources minérales analogues aux geysers.

8° *Fer oligiste.* — Le fer oligiste sédimentaire, si nettement stratifié et quelquefois si fossilifère, ne peut provenir que de sources ferrugineuses. L'absence de toute roche antérieure qui le renferme en quantité suffisante et sa texture oolitique rendent cette hypothèse extrêmement vraisemblable.

9° *Fer hydroxydé.* — Quel qu'en soit le gisement, le fer hydroxydé provient également de sources ferrugineuses. Quand il apparaît sous la forme de fer en grains, comme dans les bassins sidérolithiques, son origine éruptive est incontestable, et l'on ne peut se refuser à le faire sortir de ces mystérieux réservoirs souterrains qui contiennent tant de choses, et dont l'intervention est si commode en géologie.

10° *Houille.* — La houille est une roche en grande partie métamorphique, puisque, dans le principe, elle a consisté en une accumulation de débris végétaux. Néanmoins, comme elle se montre exclusivement dans les terrains sédimentaires, il convient d'en rechercher ici le mode de formation. Ce qui va suivre s'applique aussi bien à l'anthracite, et même, dans une certaine mesure, au lignite et au graphite; seulement la houille sert de type, comme étant de beaucoup le combustible le plus répandu.

Il n'est pas douteux que les roches charbonneuses ne proviennent de végétaux enfouis. Suivant les lieux et les circonstances, on remarque, en effet, tous les passages entre le bois à peine altéré et le lignite, entre celui-ci et la houille, l'anthracite et même le graphite. La difficulté consiste seulement à découvrir de quelle manière les plantes sont devenues charbon. Pour les lignites le problème est plus simple : presque toujours on voit clairement qu'ils proviennent de troncs d'arbres accumulés sur place et plus ou moins complétement carbonisés après leur enfouissement. Mais, dans la houille et l'anthracite, la transformation est assez complète pour que toute trace de tissu organique ait le plus souvent disparu ; et si la première de ces roches renferme encore une foule de produits volatiles résultant d'une sorte de distillation du bois, la seconde ne consiste guère qu'en un charbon dur et compacte. Au premier abord, il paraît naturel d'admettre pour la houille et l'anthracite la même origine que pour les lignites. Les innombrables empreintes de feuilles et les tiges entières qui se rencontrent dans les houillères semblent démontrer une accumulation de bois charriés ou morts sur place. Pendant longtemps cette hypothèse a prévalu. Cependant les considérations suivantes, en grande partie déduites des recherches et des calculs de M. Élie de Beaumont, en démontrent le peu de fondement.

Le volume du bois, supposé transformé sans perte en charbon de terre, se réduit au moins suivant le rapport des poids spécifiques du bois et de la houille, qui sont 0,70 et 1,30; par conséquent, 1 mètre cube de bois donnerait au plus $0^{m},5385$ de houille. Mais comme le premier est loin de consister en carbone pur, le rapport des volumes doit être encore augmenté, et l'on peut admettre que le bois transformé en charbon de terre fournit à peine la moitié de son volume de houille. On estime également qu'une masse compacte de bois d'un poids déterminé, convertie en houille, diminue de volume dans la proportion de 1 à 0,4235, et que l'épaisseur d'une couche de bois sans interstices serait réduite de 1 à 0,2280 après sa transformation en houille.

Mais 1 hectare de bois taillis de vingt-cinq ans, coupé sans réserve, ne donne que 180 stères de bois. Chaque stère pesant environ 330 kilogrammes, cette quantité de bois se réduirait à 85 stères environ si on la supposait agglomérée en une seule masse et sans aucun vide. Étendue sur la surface de l'hectare, cette masse formerait une couche de bois ayant à peine 8 millimètres et demi d'épaisseur, et donnerait une couche de houille d'un peu moins de 2 millimètres. Une futaie ne renferme pas trois fois autant de carbone qu'un taillis de vingt-cinq ans; par conséquent elle en contient moins qu'une couche de houille de 6 millimètres. Mais on connaît (Creuzot, Aveyron) des couches de houille dépassant 20 et même 30 mètres. Si on les suppose constituées par des arbres forestiers accumulés sur place, il faudrait, en admettant les conditions les plus favorables, une succession d'au moins 5000 futaies pour donner 30 mètres de houille. En mettant cent ans pour chaque futaie, ou, ce qui est plus précis, pour la durée moyenne de chacun des arbres qui se remplacent incessamment sur le même sol, on trouve que la couche de charbon aurait employé cinq cent mille ans à se constituer. Mais cent années sont bien peu de chose pour exprimer la durée des arbres forestiers abandonnés à eux-mêmes, et il faudrait au moins doubler ou tripler ce chiffre. Ce n'est donc pas cinq cent mille ans, c'est un million, c'est un million et demi d'années qu'aurait duré la formation de la couche de houille de 30 mètres. Absolument parlant, le temps ne fait rien à l'affaire, car le géologue peut invoquer cet agent à son bon plaisir, assuré de n'être jamais contredit. Cependant, quoique la végétation houillère ait été plus active que celle de nos contrées tempérées, comme les arbres houillers, tous acotylédonés et remplis de moelle (Fougères, Lycopodiacées) ou de grandes lacunes (Équisétacées), renfermaient à peine, sous le même volume, la moitié du carbone des arbres de nos forêts, on arrive à trouver faibles ces durées de cinq cent mille ans et plus, déjà si considérables par elles-mêmes. Mais il est impossible d'imaginer que les générations forestières se succèdent au même lieu sans que le bois subisse la décomposition qui est la conséquence forcée de sa mort naturelle. Un arbre gigantesque finit par ne laisser à sa place qu'une poignée de terreau, la presque totalité de sa substance retournant à l'atmosphère sous forme gazeuse. Dans de pareilles conditions, il faudrait des milliards d'années pour élever sur le sol des couches de charbon de quelque épaisseur. Il est donc infiniment invraisemblable que la houille provienne d'arbres forestiers accumulés sur place.

Mais pourquoi les végétaux houillers n'auraient-ils pas été charriés comme ceux qui constituent les lignites et les bois fossiles dans une foule de localités? Pourquoi le charbon de terre ne proviendrait-il pas d'accumulations de troncs d'arbres analogues à celles qui se forment actuellement aux embouchures du Mississippi?

On répond :

Les interstices du bois en bûches empilées se montent à plus du tiers du volume total. Le vide est beaucoup plus considérable quand il s'agit de branchages; il équivaut au moins à la moitié de la masse dans un radeau naturel formé d'arbres entiers enchevêtrés dans tous les sens. Réduit en houille, un pareil radeau fournirait une couche dont l'épaisseur serait environ neuf fois moindre; de façon que, pour un banc de charbon de terre de 30 mètres d'épaisseur, il faudrait un radeau de 270 mètres au moins. Mais nous avons vu que les végétaux houillers renferment beaucoup moins de carbone que ceux de nos forêts; il conviendrait peut-être de doubler et même de tripler les épaisseurs précédentes, et d'attribuer les couches de houille de 1, 2, 30 mètres à des radeaux de 27, 54, 810 mètres. Évidemment une pareille hypothèse est inadmissible, en supposant même une grande exagération dans les calculs.

Il est, au contraire, assez naturel d'imaginer que les bois flottés n'ont pas formé de radeaux, et qu'ils ont échoué un à un dans chaque bassin houiller, où les mêmes courants les ont transportés et accumulés pendant un grand nombre de siècles. Cette supposition, qui explique le mode de formation de certains amas de bois fossiles, ne doit pas être absolument écartée; mais s'il ne paraît pas invraisemblable que les arbres flottés aient contribué, dans certains cas, à l'édification des couches de houille, à coup sûr ils n'y entrent que pour une bien faible part. Que les arbres soient tombés sur place ou qu'ils aient été charriés, leur croissance demande le même temps, et leur accumulation sur une épaisseur déterminée exige le même nombre d'années. Quoique le bois se conserve mieux sous l'eau qu'à l'air libre, il ne peut échapper à la décomposition s'il ne se trouve immédiatement enfoui, et cela n'a pu avoir lieu dans les houillères, où les couches de combustible ne renferment aucune trace des vases et des ensablements qui ont protégé les lignites. Les objections adressées à l'hypothèse de l'accumulation sur place des arbres forestiers conservent donc ici leur valeur presque entière.

Selon toute probabilité, les végétaux entassés dans les forêts où ils avaient vécu et les bois charriés dans les lacs et les estuaires isolément ou par radeaux naturels n'ont contribué que pour une bien faible proportion à la formation du charbon de terre. Il faut donc chercher une autre hypothèse qui explique la conservation, puis la carbonisation des plantes de la houille. La plus simple et la plus naturelle, c'est de supposer que les houillères ne sont que d'anciennes tourbières. Comme la tourbe se forme incessamment et que le temps ne doit pas être mesuré au géologue, on peut imaginer des couches tourbeuses de l'épaisseur qu'on voudra. Les alternances de houille, de grès et d'argile, la forme lenticulaire de certaines assises et leur irrégularité d'allures s'expliquent par des affaissements subits et des débordements qui ont jeté des sables et des limons sur les couches de combustible, toutes choses dont les tourbières actuelles offrent des exemples. Il est presque inutile de faire observer que les produits antiseptiques qui préservaient les végétaux houillers de la décomposition étaient d'une autre nature que ceux de la tourbe, laquelle se forme difficilement quand la température moyenne du lieu atteint 10 degrés. Les plantes différaient beaucoup aussi : de nos jours ce sont les Sphaignes, les Mousses et d'humbles végétaux herbacés qui constituent la tourbe; autrefois c'étaient vraisemblablement les racines connues sous le nom de *Stigmaria*, appartenant à des Sigillaires et peut-être aussi à des Lycopodiacées arborescentes. On a même soupçonné l'existence de plusieurs flores successives, caractérisées, comme dans nos tourbières, par des espèces différentes. D'après certains géologues, ce sont les Stigmaires qui paraissent avoir d'abord envahi le fond marécageux, et qui constituent la base des dépôts houillers; puis est survenue une deuxième végétation de Prêles et de Fougères, au-dessus de laquelle il s'en est établi une troisième où dominent les Conifères. Dans les trois zones, on reconnait assez fréquemment les restes ou les empreintes des tiges renversées ou encore enracinées des grands arbres qui croissaient à la surface du sol tourbeux.

En ce qui concerne la transformation des végétaux en charbon de terre, l'expérience et l'observation montrent qu'elle s'effectue aisément en présence de l'eau et à l'aide de la chaleur accompagnée d'une forte pression. En chauffant des feuilles de fougère entre des couches d'argile comprimée, M. Goeppert est parvenu à imiter parfaitement les empreintes végétales du terrain houiller. M. Baroulier a réussi également dans les mêmes expériences; il a, en outre, obtenu de la houille de diverses qualités en chauffant de la sciure de bois. M. Violette a reconnu que le bois porté, en vase clos, à une température de 300 à 400 degrés s'agglutine en une sorte de houille grasse, et M. Daubrée a transformé à volonté des fragments de bois en lignite, en houille et en anthracite en variant les conditions de ses expériences; il a aussi recueilli des produits liquides semblables aux bitumes naturels. Un morceau de sapin lui a donné une anthracite que l'acier avait peine à rayer. Sans nous lancer outre mesure dans le champ des suppositions, il est donc facile de nous rendre compte de la métamorphose des anciennes tourbes en charbon de terre. L'eau ne manquait pas, non plus que la pression, puisque la plupart des dépôts houillers sont enfouis à plusieurs centaines de mètres, et que souvent il faut ajouter au poids des sédiments qui les recouvrent celui d'un grand nombre d'assises enlevées par le phénomène relativement moderne des érosions. La chaleur ne faisait pas davantage défaut, puisque, dans toutes les houillères profondes, la température dépasse encore de 20 degrés et plus la moyenne du lieu, et que l'action du feu central était certainement plus énergique aux époques reculées où se formait la houille. Le temps pouvait d'ailleurs suppléer à la température dans une certaine limite, une chaleur modérée suffisamment prolongée produisant les mêmes résultats qu'une chaleur plus forte dans un temps moindre. Il est donc infiniment vraisemblable que la houille provient d'anciennes tourbières.

CH. CONTEJEAN,
Professeur à la Faculté des sciences de Poitiers.

VARIÉTÉS

Le service de santé dans l'armée allemande.

I

Lorsque l'armée entre en campagne, chaque régiment est placé, pour le service de santé, sous les ordres d'un chirurgien en chef; à chaque bataillon sont adjoints un chirurgien et un aide-chirurgien. A côté, ou pour mieux dire, au-dessous de ce personnel se trouvent 12 infirmiers (1 par compagnie), 30 porteurs (10 par bataillon). Ces 50 employés suivent le régiment en ses marches et sur le champ de bataille, et organisent sur ses derrières, à l'abri du tir ennemi, un *lieu de pansement*.

Après le lieu de pansement régimentaire vient l'*ambulance*. Il y en a une par division, c'est-à-dire pour un nombre d'hommes qui varie de 10 à 12000. Le personnel de l'ambulance est en proportion de ce nombre, et se compose de 6 chirurgiens, 4 aides, 8 infirmiers; de 1 compagnie de 150 brancardiers, porteurs de 30 brancards. Cette compagnie forme pendant le combat des *patrouilles de santé*. Le matériel de l'ambulance consiste en voitures chargées de médicaments et de bandages, et de plus en 6 chariots de transport disposés pour recevoir les uns : 2 blessés grièvement atteints, et 4 blessés dont l'état offre moins de gravité; les autres : 12 blessés dont la blessure n'est que légère. L'ambulance est, on le voit, essentiellement mobile; c'est le centre médical, si je puis dire, de la division pour les secours immédiats, pour les amputations pressantes; elle groupe les 170 hommes qu'elle occupe en deux parts : les uns fonctionnent du champ de bataille au lieu de pansement; les autres transportent les blessés du lieu de pansement au *lazaret* de campagne; les uns constituent ce que les Allemands appellent le détachement volant, les autres sont le dépôt.

Les lazarets sont au nombre de 4 par division, de 12 par corps d'armée. Ils sont, autant que les circonstances le permettent, choisis de façon à pouvoir contenir chacun 200 lits. Les soins sont donnés aux 800 malades ou blessés prévus pour chaque division par 85 personnes qui se décomposent ainsi qu'il suit : 20 chirurgiens, 20 aides, 40 infirmiers, 5 pharmaciens.

Ainsi pour 12000 hommes l'administration militaire dispose 800 places dans les lazarets, c'est-à-dire qu'elle compte en moyenne, sur une proportion de malades de 6 1/2 pour 100. Il va sans dire que ce chiffre est fort au-dessous de la réalité; à la suite d'un engagement sérieux, il faut le multiplier par 3 et par 4 pour atteindre le chiffre vrai. L'organisation prussienne y avise en évacuant les malades au fur et à mesure, dès qu'ils peuvent voyager sans exposer leur vie, vers des stations importantes, placées sur les derrières de l'armée, vers de grands hôpitaux voisins des lignes ferrées. Ces lazarets permanents recueillent successivement tous ceux qui n'ont pu achever leur guérison dans les lazarets volants attachés à la division, et, par conséquent, toujours en mouvement avec elle.

II

J'ai indiqué, par quelques chiffres précis, ce que fait l'État pour le service sanitaire des troupes; mais, en tout ce qui touche à la charité, en tout ce qui demande plus que du travail, je veux dire du dévouement, l'État ne peut que peu de chose s'il n'est énergiquement secondé par l'initiative privée; la meilleure organisation militaire est impuissante sans un concours multiple de bonnes volontés civiles.

Ce concours, toutefois, ne peut s'exercer avec profit qu'à la condition d'être, lui aussi, rigoureusement réglé. Il faut que les volontaires désireux de prêter leur assistance aux ambulances et aux lazarets soient mis complétement à la disposition, j'allais dire à la discrétion de l'autorité militaire; il faut, qu'ils soient enrégimentés. C'est là le meilleur, le seul moyen d'éviter les flâneurs, les amateurs plus dangereux encore, qui se glissent si volontiers dans nos sociétés de secours, c'est là aussi le moyen qui permet de centraliser le mieux les dons et les efforts, de diriger les envois de médecins ou de médicaments vers les points où ils sont le plus vivement désirés. Le mauvais emploi qui a été fait si souvent chez nous des fonds, des offrandes de toute nature, des bras exercés qui se mettaient en foule au service des blessés, provenait surtout, je le répète, du défaut de centralisation. Il n'y a que les quartiers-généraux qui puissent être suffisamment renseignés sur la nécessité qu'il y a de faire parvenir, à un moment donné, sur telle localité, telle ou telle quantité de secours ; il importe donc que l'élément civil si utile, si indispensable au service médical des armées, soit comme incorporé dans l'armée elle-même. C'est ce qui a lieu en Prusse, où tous les volontaires, médecins, infirmiers, etc., relèvent de l'autorité militaire dès qu'ils entrent en activité, et sont envoyés par elle aux postes où leur présence est la plus nécessaire.

Mais ce personnel, naturellement hétérogène ne se prêterait pas avec assez de souplesse aux exigences de la situation toute militaire qui lui est faite en campagne, s'il n'y était préparé de longue main, s'il ne s'y était initié pendant la paix. C'est ce que reconnurent, dans la session qu'ils tinrent à Wurzbourg, en 1867, les délégués des différents comités allemands ; le résultat de leurs discussions fut de proclamer que la méthode la plus efficace pour exécuter la Convention de Genève, et assurer en même temps à l'Allemagne une armée de volontaires, c'était, d'une part, d'adopter des règles communes à tous les comités, de les placer tous sous le contrôle d'un comité central qui leur imprimât une activité unique ; d'autre part, de former spécialement un corps d'infirmiers et d'infirmières. De cette façon, l'unité qu'on exigerait d'eux, la guerre venue, serait une vieille habitude, le pli en serait depuis longtemps contracté, et l'on aurait, au lieu de novices, des aides rompus à la tâche et sur qui l'on pourrait compter.

Dans la campagne de 1866, le comité central de Dresde avait dirigé, à lui seul, quarante comités provinciaux ; on généralisa ce système ; toutes les sociétés qui se formèrent depuis, — et il n'est pas de ville de second ordre qui n'ait la sienne aujourd'hui, — se placèrent, en quelque sorte, sous la dépendance du siége central établi dans le chef-lieu de la province. En outre, pénétrés de ce sentiment qu'on ne s'improvise pas infirmier et garde-malade, les comités se sont entendus avec l'administration de certains hôpitaux, — celui de la Charité, à Berlin, entre autres, — pour que les membres des sociétés de secours désireux de se rendre vraiment utiles pussent s'y préparer par des études pratiques à l'œuvre difficile où ils voulaient collaborer activement. Les comités de la province de Saxe s'adressèrent, à cet effet, aux diaconesses de Halle, et leur demandèrent de vouloir bien concourir à former des infirmières, et nombre de jeunes filles, sans être astreintes à entrer dans l'ordre, reçoivent de ces religieuses l'instruction spéciale qui leur a permis de rendre dans la dernière guerre d'inappréciables services. Mais le modèle, en ce sens, de tous les comités allemands est celui qui s'est constitué à Dresde, sous le nom de *Comité d'Albert*. Les femmes qui en font partie sont tenues à des études en règle ; elles passent des examens, obtiennent des diplômes, et sont capables, au sortir de l'enseignement qu'elles ont reçu, de toute la besogne d'un infirmier de profession. Ces cours en vue des femmes ont leur cause dans la conviction où l'on est, en Allemagne, qu'elles s'entendent mieux que les infirmiers à soigner les malades, à la condition de n'être pas absolument ignorantes en physiologie et en médecine. L'avis des comités allemands est qu'il conviendrait en campagne d'employer infirmiers et infirmières dans la proportion de 1 à 2, et c'est le but qu'ils poursuivent de créer un personnel féminin conforme à cette proportion.

Le matériel que les Sociétés de secours font parvenir à l'armée n'est pas l'objet de soins moindres ; il est soumis lui aussi à une régularité, à des prescriptions toutes militaires. Lorsque la guerre est sur le point d'éclater, l'autorité militaire fixe, autant que possible, dans le voisinage des voies ferrées, les dépôts où seront emmagasinés les dons destinés aux soldats. C'est dans ces dépôts que se fait l'emballage des objets de toutes sortes dont les ambulances et les lazarets peuvent éprouver le besoin ; il se fait avec une précision mathématique, comme on en jugera par la citation suivante d'un écrivain allemand, fort compétent en cette matière :

« L'emballage doit se faire dans des caisses ou des ballots de dimensions qui leur permettent d'être facilement transportés. Chaque colis doit porter, à un endroit très-visible, l'indication exacte de tout ce qu'il contient. Les effets d'habillement, les bandages, les vivres, les objets divers qui sont susceptibles d'être envoyés aux malades, doivent être emballés séparément dans des caisses spéciales ; chaque caisse doit renfermer ce qui est nécessaire aux premiers besoins d'une station de 50 malades.

» La *caisse d'habillement*, qui contient aussi du linge et des objets de campement, est composée de : 25 chemises, 25 paires de bas et de chaussettes, 15 caleçons, 10 gilets de flanelle, 10 paires de souliers, 25 paires de pantoufles de paille, 10 ceintures, 15 essuie-mains, 25 draps, 15 oreillers, 40 couvertures de laine, 5 couvertures d'ouate, 20 étoffes à paillasse, *ficelées en un paquet*, 5 matelas, *disposés un à un et non enveloppés*. Les bois de lit doivent être démontés. En outre, le colis peut renfermer quelques robes de chambre, quelques vestes, des châles et des cravates, des gants, des bretelles, des bonnets de nuit, des oreillers.

» La *caisse à bandages* contiendra 10 livres de charpie, 50 ceintures de toile, 20 de laine, 30 de gaze, 50 draps carrés, 30 triangulaires, 50 compresses, 10 livres de vieille toile, 20 feuilles d'ouate, 25 coussins, 5 filets pour envelopper la tête, 4 béquilles, 2 bassins, 2 chaudrons, 2 seringues, 3 pincettes, 2 paires de ciseaux, 6 vases de diverses formes, 1 irrigateur, 40 mètres de toile cirée, de papier vernis, 2 éponges fines, 2 feuilles de carton, etc. Ajoutez à cette énumération, la liste de tous les instruments de chirurgie, une trousse complète. Ajoutez-y une pharmacie portative, dans des cas fort rares, il est vrai, car, en général, — et ceci est encore fort caractéristique, — c'est l'autorité militaire qui se charge de fournir les médicaments, elle ne déroge de cette habitude qu'à la dernière extrémité.

» La *caisse à vivres* est remplie comme il suit : 50 bouteilles de vin, dont 5 bouteilles de l'orto, de Madère ou de Tokay, 25 bouteilles d'eau de Seltz, 1 bouteille de rhum, de cognac ou d'eau-de-vie, 20 bouteilles de bière de Bavière et de Porter, 2 bouteilles de sirop de fruits, 5 pots de confiture ou de gelée, 2 bouteilles d'huile d'olives, 25 citrons, 10 oranges, 10 livres de fruits secs, 3 pots d'extrait de viande, de la farine, de la semoule, de l'orge perlée, du riz, *une demi-livre de sagou*, 10 livres de sucre, 5 livres de café, 5 livres de chocolat, du cacao, du thé, une livre de tablettes à bouillon, du biscuit, de la viande fumée, du jambon, du lard, du saucisson, des œufs, des harengs, des conserves de légumes ; enfin, 1000 *cigares*, 3 livres de tabac et du tabac à priser. On n'oubliera pas d'y joindre des cuillers, des couteaux et des fourchettes. »

La caisse *aux extras* contient à peu près tout ce qui peut s'imaginer, des cartes, des jeux de dominos et de dames, des pipes, des marteaux, de la ficelle, des porte-monnaie (?), des aiguilles, du savon, des peignes, bref l'exposition universelle en miniature.

III

Grâce à cette organisation, dont la citation que je viens de faire, indique assez l'extrême minutie et la parfaite économie, les comités civils de secours aux blessés ont obtenu parfois de l'autorité militaire la permission d'établir pour leur propre compte, avec certaine indépendance, des lazarets de campagne. Je dis certaine indépendance ; elle n'est, en effet, jamais complète, car ces lazarets civils sont placés, eux aussi, sous la surveillance, discrète, il est vrai, mais toujours éveillée, d'un inspecteur et d'un chirurgien militaires. Dans la guerre de 1866, des 36084 malades ou blessés que comptait, en juillet, l'armée prussienne, 5350 étaient soignés dans des établissements de ce genre; et les résultats ainsi obtenus avaient encouragé le ministère de la guerre à appliquer cette méthode, durant la dernière campagne, sur une échelle plus vaste encore.

Ce qui a rendu cette méthode possible et féconde, c'est la subordination étroite des comités civils vis-à-vis de l'autorité militaire, c'est l'intime fusion qui s'est faite entre deux éléments dont l'accord est la condition essentielle de tout succès sérieux, de toute réforme vraiment pratique. Je ne saurais mieux terminer cette rapide analyse de l'organisation sanitaire de la Prusse qu'en empruntant quelques lignes à un écrivain dont le jugement ne saurait être suspect ici: d'abord, parce qu'il appartient à un sexe, peu épris d'ordinaire, de la réglementation; et puis, parce que c'est une Anglaise, c'est-à-dire la citoyenne d'un pays où l'on n'abdique pas volontiers, en faveur de l'État, l'indépendance civile. Miss Nightingale écrivait, au lendemain de la guerre de Crimée, à la princesse Victoria de Prusse: « Dans toute grande guerre, les aides, les secours civils apportés aux blessés, sont fort désirables et même indispensables; mais, mon expérience m'a prouvé que les services rendus par ce concours sont exactement dans la mesure où ce concours est subordonné, incorporé, à l'organisation militaire; sans cette subordination, cette fusion, ce concours est inutile, il peut même être dangereux. »

H. D.

TRAVAUX SCIENTIFIQUES ÉTRANGERS

M. G. VALENTIN
Professeur à l'université de Berne

Contributions à l'histoire de l'hibernation des marmottes

M. Valentin a entrepris, à propos de l'hibernation des marmottes, une vaste série de recherches qui embrasse la plupart des questions physiologiques. Le sommeil hibernal, l'inactivité et l'engourdissement qui en résultent pour toutes les parties de l'organisme, offrent un champ très-vaste d'observations. M. Valentin a exploité ce champ souvent avec succès, en tous cas, avec une persévérance qui lui fait honneur. Le sujet n'eût-il pas l'importance qu'il possède en réalité, le soin minutieux avec lequel il est traité et fouillé, la rigueur et la précision avec lesquelles chaque détail est analysé et éclairci, suffiraient pour donner à l'œuvre une incontestable valeur. « Patience, passe science », dit un vieux proverbe. M. Valentin le justifie bien; c'est grâce à cette persévérance scientifique, unie à une incontestable élégance dans les méthodes et à un emploi judicieux des procédés physiques qu'il doit la place honorable qu'il occupe parmi les physiologistes de notre temps.

Aujourd'hui, il ajoute trois nouvelles notes à ses publications antérieures sur le même sujet. La première est une étude des mouvements respiratoires de l'animal plongé dans le sommeil hibernal; la seconde, une étude des mouvements musculaires; la troisième rend compte de l'effet des différents poisons sur l'animal engourdi.

L'auteur, dans toutes ses recherches, fait un grand usage de la méthode graphique. Le résultat des expériences est toujours mis sous les yeux du lecteur, qui peut ainsi constater par lui-même la légitimité des conclusions et leur degré de généralité. L'appareil enregistreur auquel M. Valentin accorde sa préférence n'est pas le kymographion de Ludwig, c'est l'appareil de Marey, avec régulateur de Foucault et axes variables, dont il a été parlé précédemment.

Il ne saurait être question ici de reproduire le détail des observations, et le manuel opératoire de chacune d'elles. Nous nous bornerons à signaler les résultats principaux auxquels peuvent conduire leur discussion et leur comparaison.

On sait que les respirations de l'animal hibernant sont rares, et que le degré d'engourdissement est, en quelque sorte, mesuré par l'intervalle de temps qui les sépare.

Lorsqu'on observe une marmotte profondément endormie (c'est-à-dire au point qu'on puisse la laisser tomber de quelques pieds de hauteur, sur une couche de paille, sans troubler son repos apparent), l'activité respiratoire se trahit par un léger soulèvement des flancs de l'animal, appréciable à l'œil nu. L'intervalle entre ces respirations successives, la pause respiratoire, en un mot, varie entre une et six minutes, et quelquefois davantage. Mais il arrive, dans beaucoup de cas, que le soulèvement est trop faible pour être saisissable; il est quelquefois inférieur à un vingtième de millimètre, et il faut la puissance d'amplification du levier enregistreur pour le rendre visible. Les tracés respiratoires que l'on recueille pendant ce profond engourdissement ont une forme caractéristique qui ne permet pas de les confondre avec ceux que fournirait tout autre mammifère, ou la marmotte elle-même, dans son état de veille. Ils ont une amplitude et une longueur beaucoup plus considérables, la contraction et le relâchement musculaires ayant, comme on sait, une durée plus grande dans ces conditions que dans les conditions ordinaires. La forme de ces graphiques respiratoires est différente chez l'animal, suivant qu'il est dans le sommeil, dans la période de réveil, ou qu'il est tout à fait vigil; et la différence est aussi considérable ici que chez un lapin avant et après la section du nerf vague. Si le réveil est complet, le graphique est entièrement comparable à celui que fournirait tout autre mammifère.

Dans une circonstance, le mouvement respiratoire présente des particularités notables. C'est lorsqu'on vient à exercer sur les pattes de l'animal une série de pressions assez fortes. On constate alors une respiration très-profonde et d'une durée inusitée; cette durée est d'une minute à une minute et demie; et, si le sommeil de l'animal n'est pas tout à fait profond, cette respiration exagérée s'accompagne d'une sorte de ronflement ou de rhonchus. De plus, l'aspiration et l'expiration, au lieu d'être régulières et tout d'une venue, présentent souvent des oscillations secondaires.

La période de réveil est caractérisée par ce fait, que la pause respiratoire diminue constamment, et lorsqu'elle a entièrement disparu, lorsqu'une respiration succède à l'autre sans intervalle de repos, l'animal est complétement réveillé. En même temps, l'amplitude augmente, et la différence de durée des deux périodes inspiratoire et expiratoire, dont l'ensemble constitue une respiration complète, s'atténue; tandis que le rapport de la seconde à la première variait entre 2,46 et 1, il se réduit maintenant à 0,97 ou 0,58.

Si l'on vient à cesser les excitations, l'animal retombe, la plupart du temps, dans l'état primitif de torpeur d'où on l'avait tiré, et les tracés respiratoires présentent alors, dans ce demi-sommeil, la succession de caractères de l'engourdissement complet et du réveil absolu.

M. Valentin avait déjà remarqué que si l'on venait à sacrifier une marmotte dans le repos hibernal, en pratiquant une injection de strychnine sous la peau, en l'asphyxiant par constriction de la trachée ou par immersion dans l'eau, on n'observait pas les convulsions que d'autres animaux présentent dans des circonstances pareilles. Il fut ainsi conduit à examiner si le curare, l'antiarine et la vératrine, ne présenteraient pas aussi quelques particularités dans leur mode d'action. Ce sont là, en effet, des poisons qui modifient profondément les contractions musculaires, et qui ont mérité le nom de *poisons musculaires*.

Pour ces expériences, il importe de prendre des marmottes dont le sommeil hibernal soit à son plus haut degré. C'est dans le mois de mars qu'elles remplissent le mieux les conditions d'un engourdissement profond.

En opérant sur un lapin, l'absorption du curare avait pour résultats : une première convulsion après trois minutes, la mort après cinq minutes. La même dose de poison ne produisait son effet sur la marmotte qu'au bout de deux heures, c'est-à-dire vingt-cinq fois plus tard. L'antiarine, administrée à la dose de 1 gramme, agissait dix fois plus lentement : pour la vératrine, la différence s'élevait d'un quart d'heure à deux heures. Quelle est la cause de ce ralentissement d'action? A la vérité, il ne faut pas plus d'une seconde aux corps liquides injectés dans une cavité séreuse pour commencer à pénétrer dans le sang; et, dans les expériences que nous relatons, le poison était toujours injecté dans une cavité séreuse, dont la faculté d'absorption ne pouvait guère être modifiée par le sommeil hibernal. Cependant, la circulation est tellement lente, les impulsions du cœur si rares, que le poison doit mettre très-longtemps pour arriver dans l'intimité des tissus ou dans le système nerveux central. Ne voit-on pas le courant sanguin, immobile et stagnant dans les petits vaisseaux du mésentère, entre deux contractions cardiaques? L'inefficacité du poison n'est, probablement, qu'apparente : elle tient à cette cause accessoire.

A l'inverse de ce qui arrive chez les autres animaux, l'injection de fortes doses de curare et d'antiarine ne produit ici aucun accès de convulsions précédant la mort. Quelquefois même, l'animal périt sans s'être réveillé. Les battements du cœur sont devenus plus précipités, les respirations plus fréquentes et plus profondes, les inspirations plus égales aux expirations; mais là se sont bornés les symptômes du réveil.

Nous ne pouvons que signaler les modifications de l'excitabilité réflexe, ou de l'irritabilité musculaire que l'auteur a mises en lumière, et, renvoyer, pour plus amples renseignements, à la lecture de son mémoire.

M. E. BRUCKE
Professeur à l'université de Vienne

Fondements physiologiques de la versification allemande moderne

Le travail de M. Brücke s'adresse spécialement à des lecteurs allemands. « Tous ceux qui se sont occupés de prosodie alle- » mande et de métrique, dit-il, savent combien les premiers » principes en sont peu satisfaisants et litigieux. Tandis que » notre poésie atteignait un développement admirable, sans égal, » dans aucune autre langue vivante, ses règles restaient obscures » et inexpliquées. La cause en doit être attribuée au désir trop » servile de copier l'antiquité classique, d'où est résultée, dans » notre poésie nationale, l'introduction d'un élément étranger » et perturbateur. Ce mélange rend d'autant plus urgent le » retour, sans autre préoccupation, aux principes naturels. »

La première conclusion à laquelle l'auteur arrive est assez révolutionnaire. Elle constate la sujétion de la Rhythmique à la *Physiologie*.

Le vers allemand consiste en une succession de syllabes qui doivent être récitées avec des alternatives méthodiquement fixées de force ou d'affaiblissement. Or ces coups de force et ces atténuations correspondent à une augmentation ou à une diminution de la pression expiratoire. Les muscles qui amplifient ou rétrécissent la capacité thoracique battent donc la mesure du vers et c'est là le principal; les modifications accessoires, la séparation des syllabes, sont dévolues au larynx et aux organes de la parole.

Les coups de force ou *arsis* se produisent au moment où la force de l'expiration est maxima : leurs intervalles portent le nom de *thesis*. Le vers est donc une succession d'*arsis* et de *thesis*. La syllabe correspondante à l'*arsis* est ainsi mise en relief sur toutes ses voisines par la force de l'expiration, sans qu'il soit nécessaire de faire intervenir aucun effort de prononciation. Dès lors, peu importe si, dans le langage de la prose ou de la conversation, les syllabes sont longues ou briéves, si elles se prononcent en un temps plus ou moins long. Le temps ne fait rien à l'affaire. Dans le vers, le rhythme fixera la durée qu'on devra leur donner.

La prosodie allemande est très-compliquée. Mais elle se réduit, en somme, à deux questions : la question d'accent et la question de durée. Une syllabe peut être longue ou brève, être accentuée ou ne l'être pas.

L'accent, vaguement défini par les prosodistes, consiste dans le coup de force que nous avons précédemment signalé. C'est une expiration plus forte; d'où résulte, par une conséquence physique, une élévation du ton. Il ne peut donc y avoir deux accents, comme on le dit quelquefois : l'un consistant dans un renforcement de la voix, l'autre dans une élévation du ton. Ces deux résultats sont connexes. Il y a seulement deux effets de même nature se différenciant par leur intensité : le *haupton* et le *nebenton*, l'accent fort, l'accent faible.

Chemin faisant, l'auteur redresse sur différents points les prosodistes Platen, C. Freese, Minkwitz. Nous nous bornerons aux résultats qui peuvent s'appliquer aux autres langues.

Après avoir étudié l'accent dans le mot, M. Brücke l'étudie dans le vers. L'accent dans le vers, c'est l'arsis; mais il y en a deux espèces, l'arsis de premier ordre ou *ictus* qui se distingue par sa force de l'arsis de second ordre ou simple.

Après l'étude de l'accent, vient l'étude de la durée. Ici, comme dans la musique ou la danse, ce qu'il importe de connaître, c'est l'intervalle des temps forts : il s'agit de mesurer l'intervalle des arsis.

M. Brücke emploie, à cet effet, un instrument dont le nom revient souvent dans les travaux allemands, et qui jouit d'une grande popularité chez nos voisins : le *kymographion*. La chose est plus simple que le nom. C'est un cylindre métallique recouvert d'un papier noirci, sur lequel une plume légère peut laisser la trace de ses excursions. L'appareil est mis en mouvement par un mouvement d'horlogerie. Le cylindre enregistreur qu'emploie notre compatriote M. Marey, avec régulateur de Foucaut, et axes de vitesse variable, nous paraît bien supérieur au kymographion de Ludwig.

Pendant qu'une bouche exercée récite les vers les mieux rhythmés, le mouvement de la lèvre supérieure se transmet par l'intermédiaire d'un tambour et d'un tube au levier écrivant. Le rhythme se trouve ainsi consigné et fixé sur le papier noirci.

Il y a certaines conditions à remplir, mais sur lesquelles il nous est impossible d'insister.

On a ainsi le graphique d'un beau vers. Il faut avouer que, vue de cette façon, la plus splendide poésie n'offre pas une grande séduction. Le poëte ne soupçonnerait pas quel bizarre squelette présente au regard son œuvre ainsi disséquée. C'est une ligne qui ondule sans régularité : s'élevant au moment où la voix s'élève, retombant avec elle pour se relever de nouveau : c'est comme un profil de paysage, avec des montagnes et des collines séparées par des vallées. Les montagnes correspondent aux graves coups de force, aux *ictus*; les collines aux *arsis*; la largeur des vallées représente le temps qui les sépare. Ainsi est apprécié le rhythme.

Nous regrettons de ne pouvoir mettre sous les yeux du lecteur le schema du vers alcaïque que donne Brücke. En réalité, pour ces études, on est obligé de substituer aux paroles divers monosyllabes conventionnels qui, seuls, permettent d'obtenir des résultats comparables. M. Brücke passe en revue les différentes formes poétiques, le vers iambique, le trochaïque, l'hexamètre, où il reconnaît six *arsis* dont les sommets sont équidistants, le pentamètre, l'anapeste, la strophe alcaïque, la strophe saphique, la strophe glyconique, le vers phaleucique et asclépiadique; il termine par l'étude de la césure et des temps prosodiques. Mais la question devient alors du domaine des grammairiens.

BULLETIN DES SOCIÉTÉS SAVANTES

Académie des sciences de Paris. — 27 NOVEMBRE

Revenons à la séance de lundi dernier, dont nous avons dû laisser de côté la correspondance.

Le Père *Secchi*, aidé de M. *Diamilla Müller* et du Père *Denza*, a commencé les recherches préliminaires qui doivent précéder l'observation des mouvements du pendule et des courants magnétiques à l'intérieur du tunnel du mont Cenis. Une chambre, située à 1600 mètres au-dessous de la surface de la montagne et dont la température se maintient à 21 degrés, même quand il neige aux deux bouts du tunnel, a été choisie pour lieu d'expériences. Ces études auront une importance bien plus grande que celles qui ont été faites au mont Schœllien, en Écosse, et au Chimboraçao, à cause de la connaissance exacte que l'on possède des roches constitutives de la montagne. L'influence prépondérante de ces roches pourra donc être étudiée avec plus de soin.

Une question soulevée autrefois, débattue, puis oubliée, est remise en actualité. Il s'agit de l'influence des conjonctions solaires sur l'intensité magnétique du globe. Cette influence, dont M. *Moïse Lion* paraît avoir parlé le premier, serait réelle, d'après M. *Diamilla Müller*. M. Moïse Lion rapproche ce fait de la corrélation qui paraît exister, suivant M. Wolf, de Berne, entre l'intensité magnétique terrestre et le nombre des taches solaires.

M. *Bourget* arrive à rendre compte théoriquement, au moyen de modifications très-simples des formules d'acoustique de toutes les perturbations qui se manifestent dans les tuyaux sonores, et établissaient jusqu'ici des divergences entre l'expérience et la théorie. En tenant compte du frottement des molécules de l'air contre les parois du tuyau et de la résistance au mouvement de la colonne d'air extérieur, dans le cas des tuyaux ouverts, M. Bourget démontre les cinq théorèmes suivants :

1° Les carrés des nombres de vibrations des divers sons possibles d'un même tuyau sont diminués d'une quantité constante, par suite des diverses causes perturbatrices.

2° La vitesse du son, déduite du son fondamental d'un tuyau sonore, est toujours moindre que la vitesse à l'air libre.

3° La vitesse du son, déduite d'un harmonique d'un tuyau, se rapproche d'autant plus de la vitesse réelle que l'harmonique dont on part est plus élevé.

4° L'excès sur l'unité du rapport des carrés de la vitesse réelle et de la vitesse calculée par un son n_i est en raison inverse du carré du nombre de vibrations n_i pour un même tuyau.

5° Si l'on calcule au moyen d'un harmonique, et en s'appuyant sur la loi de Bernouilli, le son fondamental d'un tuyau sonore, on obtient un son fondamental d'autant plus aigu que l'harmonique d'où l'on part est plus élevé.

M. *Paey* rend compte des résultats des expériences du général Pleasonton relativement à l'influence de la lumière violette sur les êtres vivants. Cette lumière, riche en rayons chimiques, surexciterait d'une manière extraordinaire l'accroissement des animaux et des végétaux.

M. *Jourdain*, professeur à la Faculté des sciences de Montpellier, a étendu au poisson Lime (*Orthagoriscus mola*) ses recherches sur la veine porte rénale des vertébrés à sang froid. Un fait curieux que l'auteur signale chez ce poisson, c'est l'absence de toute dilatation stomacale. On ne constate, dans toute l'étendue du tube digestif, que des modifications d'aspect de la muqueuse qui semblent indiquer une spécialisation particulière des diverses régions correspondantes.

M. *Garrigou* a étudié, en compagnie du général de *Nansouty*, les habitations lacustres pyrénéennes de France. Il a démontré l'existence de peuples de l'âge de fer tout autour de Salies-de-Béarn. Auparavant se trouvaient dans les mêmes lieux des peuplades ne connaissant pas les métaux, ce qui fait remonter à une haute antiquité l'existence des populations béarnaises.

M. *Delidon* explique la formation des buttes de Saint-Michel en l'Herm par le dépôt de matières solides qui se forme à la rencontre de l'eau douce et de l'eau salée, et à l'enflure qu'éprouvent ces dépôts par suite des actions physiques et chimiques de l'eau douce ou de l'eau salée sur les matières qui les constituent.

Dans la séance d'aujourd'hui, M. *Favre* adresse une note sur la chaleur qui est mise en liberté lorsque le cuivre se sépare de ses sels et se dépose à l'état métallique.

M. *de la Rive*, commentant les expériences de M. Maret relatives à la décharge électrique des torpilles, s'en sert pour établir l'identité du fluide électrique et du fluide nerveux qui produit les contractions musculaires. Pour lui, la décharge de la torpille et la contraction musculaire sont deux phénomènes du même ordre, mais se produisant dans des appareils différents, qui transforment différemment le phénomène fondamental.

M. le secrétaire perpétuel signale ce fait remarquable, que l'on peut faire d'excellent pain en le salant avec l'eau de mer, et que ce pain semble constituer un excellent tonique; au contraire, suivant une remarque de M. Boussingault, la soupe faite avec cette même eau n'est pas mangeable. M. Boussingault rappelle à ce sujet que diverses peuplades de l'Amérique boivent l'eau de mer à la condition de la laisser préalablement en contact avec des morceaux de canne à sucre. Ces divers faits semblent tenir, le premier, à ce que le chlorure de magnésium est porté pendant la cuisson du pain à une température suffisante pour le détruire, ce qui n'a pas lieu quand on fait simplement du bouillon. Quant à l'influence de la canne à sucre, elle paraît due à la formation d'un composé de sucre et de chlorures qui n'a pas le goût désagréable de ces derniers. Comme ces observations sont intéressantes pour la panification, une commission composée de MM. Chevreul, Boussingault, Balard, Jules Cloquet et Dumas est chargée de les apprécier.

M. *Sacc*, de Neuchâtel, adresse de remarquables études sur les huiles siccatives de lin. L'huile de lin, chauffée à 100 degrés avec l'oxyde de plomb, devient siccative; à une température plus élevée, elle perd cette propriété et prend une consistance visqueuse. Une cuisson plus intense en fait une matière analogue à du caoutchouc. Les huiles de lin visqueuses possèdent, suivant M. *Paul Thenard*, la faculté de ne pas se dessécher et de ne pas cependant attirer la poussière. Dans certains pays on peint les bois avec ces huiles, qui ne cessent jamais de coller aux doigts, et cependant les peintures qu'elles forment se nettoient avec la plus grande facilité. M. *Chevreul* se sert de ces faits pour expliquer comment certains apprêts permettent d'obtenir des étoffes noires qui ne se salissent pas, tandis que d'autres noirs se ternissent rapidement en attirant à eux toutes les poussières de l'atmosphère. Il condamne en particulier les apprêts au savon que l'on fait subir aux étoffes de soie avant de les teindre en noir.

M. *Descloiseaux* communique à l'Académie un mémoire sur un minéral nouveau de Montdebras (Creuse), qu'il nomme *mondebrasite*, et dans lequel il a trouvé un autre minéral fort rare partout l'*ambligonite*.

De la part de M. *Schlesing*, directeur de l'École des tabacs, M. H. Sainte-Claire Deville communique un nouveau moyen de reconnaître et de doser les sels de potasse et de soude à l'aide de leurs perchlorates. Ces perchlorates sont, ainsi que l'avait indiqué Serullaz, absolument insolubles dans l'alcool. De là un mode de dosage aussi précis que rapide, et que M. Deville emploi constamment dans son laboratoire.

Deux communications de M. *Claude Bernard* sont fort intéressantes : la première est un travail de M. Faivre, doyen de la Faculté des sciences de Lyon, relatif au trajet suivi par la sève dans son ascension et sa descente. M. Faivre démontre que l'écorce suffit à cette double circulation, sur laquelle le bois n'a qu'une influence très-secondaire.

La seconde communication relate les travaux de greffe épidermique de M. *Raverdin*. Si à la surface d'une plaie on place un lambeau frais d'épiderme, ce lambeau devient un foyer de cicatrisation, absolument comme les bords mêmes de la plaie. Les deux foyers semblent même s'influencer réciproquement. Si l'on place le lambeau plus près d'un bord de la plaie que du bord opposé, on voit deux sortes de caps cicatriciels opposés se former l'un sur le lambeau, l'autre sur le bord de la plaie, et se diriger l'un vers l'autre jusqu'à ce qu'ils se touchent. Il y a là un moyen d'accélérer considérablement la cicatrisation des plaies. Chose remarquable, de l'épiderme de nègre, transporté sur un blanc, perd très-rapidement son caractère spécial. Les épidermes d'animaux ne réussissent pas tous sur l'homme; entre tous, l'épiderme des lapins est celui qui se greffe le plus facilement.

Société de biologie de Paris. — 11 NOVEMBRE 1871

M. *Ranvier* communique les premiers résultats de recherches longues et laborieuses sur la fine structure des éléments nerveux périphériques, résultats qui éclairent d'un nouveau jour le rôle physiologique de ces éléments.

On sait déjà que les nerfs périphériques éprouvent, au moment de leur fonctionnement, certaines modifications qui témoignent des actions moléculaires qui s'y passent : ainsi la substance nerveuse est *acide* quand elle a fonctionné; la mise en jeu de ses propriétés y détermine une augmentation de chaleur, et il s'y fait incontestablement des échanges osmotiques liquides ou gazeux qui interviennent, tant dans les phénomènes intimes de la nutrition que dans la récupération plus ou moins rapide des propriétés physiologiques perdues ou momentanément suspendues; on restitue, par exemple, très-rapidement (en neuf ou dix minutes chez un lapin succombant à une hémorrhagie), la propriété excito-motrice au moyen de l'oxygénation artificielle de l'une des pattes. Il peut donc s'opérer une circulation facile des liquides dans les nerfs; comment et par quelle voie se fait cette circulation? C'est ce que paraissent montrer les faits histologiques suivants :

M. Ranvier emploie pour ses observations et ses préparations les rameaux nerveux thoraciques très-longs et très-grêles de la souris; si on les plonge dans une solution de nitrate d'argent dans la proportion de 1 pour 300 d'eau, puis que l'on mette la préparation dans la glycérine après un lavage préalable à l'eau distillée, on voit sur le nerf entier, non dilacéré (à un grossissement de 150 diamètres), de petites barres transversales très-nettes, lesquelles sont coupées sur un grand nombre de points par une autre petite barre verticale, de façon à représenter autant de petites croix latines. Il est déjà aisé de voir, dans ces conditions, que la branche transversale de la croix correspond au cylindre d'axe. Si l'on fait intervenir dans la préparation du filet nerveux dissocié le picro-carminate d'ammoniaque neutre au centième, la chose devient alors des plus claires, et il est facile de constater que chaque petite croix correspond à un *étranglement* près duquel apparaît le cylindre d'axe légèrement coloré en jaune, puis devenant de plus en plus net sous la coloration carminée, s'élargissant et se recouvrant de gouttelettes de myéline, qui, elle, ne se colore pas ou presque pas. A un grossissement de 800 diamètres et à l'aide du disque à immersion on constate de plus que l'étranglement en question est déterminé par un véritable anneau discoïde, jouant là le rôle d'anneau constricteur du tube nerveux. Dans les préparations par dissociation, le nitrate d'argent (à 1 pour 300) colore aussi en noir ces anneaux, ainsi que le cylindre d'axe, au niveau de l'étranglement : d'où il suit que, de même que le picro-carminate d'ammoniaque, le nitrate d'argent traverse l'anneau et arrive jusqu'au centre axile du cordon nerveux; d'où il suit, en définitive, que les liquides peuvent pénétrer dans les nerfs, et que la curieuse disposition révélée par les belles préparations de M. Ranvier constitue le lieu et en quelque sorte l'organe de cette pénétration.

Enfin M. Ranvier annonce que ses recherches l'ont en même temps conduit à admettre que le cordon nerveux est renfermé dans une véritable *cavité séreuse* avec revêtement épithélial interne.

M. *Brown-Séquard* a fait une série d'expériences qui paraissent montrer que la cause de l'*apnée* donnée par Rosenthal, savoir : un sang trop riche en oxygène et trop pauvre en acide carbonique, est erronée. Si l'on sectionne, dit M. Brown-Séquard, les deux pneumogastriques et que l'on insuffle l'animal, il n'y a pas d'apnée. Si un seul pneumogastrique est coupé, on voit bien diminuer les mouvements de la narine du côté correspondant et l'apnée se produire, mais très-faiblement; elle ne se produit plus du tout lorsqu'à la suite de cette première section on pratique celle du second nerf vague, et que l'on insuffle en même temps l'animal. D'où il résulte que c'est par l'influence des nerfs pneumogastriques que s'exerce l'apnée dans le cas d'insufflation pulmonaire; ce n'est donc pas par excès d'oxygène, mais bien par manque d'acide carbonique.

M. *Trasbot* montre à la Société une chienne atteinte de *teigne faveuse* de la plus belle venue. Cette affection parasitaire s'observe rarement chez les chiens. Sa production, dans le cas actuel, paraît être due aux circonstances suivantes : la chienne est une terrière; elle nourrissait dans ces derniers temps, et elle apportait à ses petits les rats qu'elle prenait. Or, la teigne faveuse est très-fréquente chez le rat. Les petits chiens ont d'abord contracté la maladie, et après eux la mère.

La communication faite dans une des précédentes séances par M. Damaschino, et que beaucoup de nos lecteurs ont sans doute remarquée, était faite aussi au nom de M. H. Roger, dans le service duquel ont été observés les petits malades dont il s'est agi.

18 novembre 1871 (1).

M. *Carville*, à propos de la communication dernière de M. Brown-Séquard sur l'apnée, rappelle qu'il avait déjà réalisé avec son maître Longet, il y a quelques années, l'expérience qui consiste à sectionner le pneumogastrique et à pratiquer l'insufflation pulmonaire; il n'a pas vu l'apnée se produire en ce cas.

M. Carville ajoute à l'histoire de l'apnée le document suivant, qui a plus particulièrement trait à la thérapeutique par l'air comprimé : Ayant eu à se soumettre lui-même à ce traitement, il a étudié avec grand soin les modifications survenues dans l'état du pouls, dans la température et la respiration. Pour la respiration, notamment, voici ce qu'il a observé : avant le traitement, les inspirations étaient de 24 par minute; après un mois et demi, elles sont tombées à 11 et même 10, en dehors des séances médicatrices.

M. *Brown-Séquard* a fait de nombreuses expériences en introduisant au contact de la muqueuse laryngée, brachéale et bronchique divers gaz plus ou moins irritants, après avoir préalablement mis la trachée en communication avec l'extérieur à l'aide d'un tube : le résultat est constant et montre que l'apnée est occasionnée par l'excitation des ramifications du nerf vague dans les poumons. Mais ce mode d'influence sur les actes respiratoires n'est pas le seul, et l'action du nerf phrénique peut également intervenir, ainsi que le démontrent les phénomènes consécutifs à la section de la moelle épinière au-dessus ou au-dessous de la naissance de ce nerf. Il y a donc, en définitive, dans ces conditions, une double influence d'arrêt : l'une descendante, s'exerçant sur le cœur par l'intermédiaire du phrénique; l'autre ascendante, émanant du pneumogastrique à son extrémité périphérique.

M. *Prévost* (de Genève), qui assiste à la séance, fait part à la Société des résultats d'expériences récentes entreprises, soit avec A. Waller, de si regrettable mémoire, soit seul : 1° sur la détermination de la cause de la première respiration chez le fœtus; 2° sur la régénération des nerfs dans le cas de leur écrasement.

Pour résoudre la première question, M. Prévost enlève du ventre de femelles de rats pleines les fœtus renfermés dans la cavité ammiotique et les plonge sous l'eau; il observe alors une, deux, trois, quatre respirations très-nettes, sans le moindre mouvement convulsif; puis il y a arrêt complet de la respiration. Si l'on retire alors les fœtus de la cavité de l'amimos, ils se remettent aussitôt à respirer. Il semble donc que deux causes interviennent : l'impression de l'air froid, c'est-à-dire l'influence de l'oxygène, et l'action de l'acide carbonique.

En second lieu, M. Prévost a démontré expérimentalement que, contrairement à l'assertion de M. Schiff, les nerfs comprimés entre les mors d'une pince se régénèrent plus rapidement que lorsque les nerfs ont été sectionnés. Il a constaté, en outre, que cette régénération a lieu également dans le cas où l'animal est rendu paraplégique par une section de la moelle.

Enfin M. Prévost annonce qu'il a produit des convulsions en excitant le bout central du grand sympathique coupé.

Dans l'une des précédentes séances, M. *Troisier*, interne des hôpitaux, a présenté une observation, avec pièces anatomiques à l'appui, qui mérite d'être mentionnée : il s'agit d'une hémorrhagie cérébrale chez un fœtus mort-né à cinq mois environ. Le ventricule latéral droit est rempli par un caillot noirâtre; l'hémorrhagie qui s'est probablement produite dans le corps strié, dont la portion ventriculaire est dissociée par du sang coagulé, a fusé dans le ventricule moyen, dans le quatrième ventricule et sur les parties latérales du bulbe rachidien. On voit sur la voûte à trois piliers du côté gauche un petit caillot tout à fait indépendant du précédent. Il y a, en outre, quelques ecchymoses sous-méningées et des hémorrhagies dans les gaînes périvasculaires se montrant sous la forme de points rouges disséminés, assez nombreux.

L'examen du système vasculaire de l'encéphale fait avec soin a montré au niveau des circonvolutions de la face interne de l'hémisphère gauche une dilatation ovoïde (0mm,33 de longueur) d'une petite artériole. Cette dilatation offre la plus grande analogie, dans sa conformation extérieure et sa structure, avec les anévrysmes miliaires des adultes et des vieillards. Il fut impossible de retrouver le vaisseau qui avait été rompu, de sorte que l'on ignore si l'hémorrhagie était due à la rupture d'un anévrysme miliaire siégeant dans le corps strié.

La mère avait fait une chute six jours avant l'accouchement; les douleurs étaient survenues immédiatement après. Cet accident peut être considéré comme la cause occasionnelle de l'hémorrhagie cérébrale observée chez le fœtus.

Il y avait, en outre, dans l'épaisseur de l'épiploon gastro hépatique deux petits grains globuleux, rouges, d'un millimètre de diamètre environ, situés sur le trajet d'une artériole et présentant à l'œil nu la plus grande ressemblance avec les anévrysmes miliaires de l'encéphale; mais l'examen microscopique fit découvrir qu'il s'agissait d'hémorrhagies dans des follicules lymphatiques.

(1) Le champignon décrit dans le pain altéré par M. Legros (séance du 4 novembre 1871), d'après les recherches de MM. Krasinski et Wdowkoski est le *Thamnidium*.

Le propriétaire-gérant : Germer Baillière.

PARIS. — IMPRIMERIE DE E. MARTINET, RUE MIGNON, 2.

LA

REVUE SCIENTIFIQUE

DE LA FRANCE ET DE L'ÉTRANGER

REVUE DES COURS SCIENTIFIQUES (2E SÉRIE)

DIRECTION : MM. EUG. YUNG ET ÉM. ALGLAVE

2e SÉRIE — 1re ANNÉE | NUMÉRO 24 | 9 DÉCEMBRE 1871

Paris, le 8 décembre 1871.

Mais ce qui est plus grave, c'est que le système lui-même est une cause d'amoindrissement pour les sujets qui paraissent en profiter, et qui en réalité en sont victimes. On demande à des jeunes gens, au début de leur carrière, un violent effort qui dépasse souvent leurs forces. Ces jeunes gens ont le sentiment de l'effort accompli et de la compensation qu'on leur doit. Ils regardent leur titre comme une conquête définitive que rien ne peut atteindre sans injustice. C'est donc, pour beaucoup d'entre eux, non pas l'accès à des fonctions qui vont donner carrière à leur activité, mais bien une propriété acquise à grand'peine qui les dispense pour le reste de leur vie de tout effort nouveau. Ainsi envisagée, la fonction est faite pour le fonctionnaire, et rien n'est plus funeste qu'un pareil renversement de l'ordre naturel des choses. La vie est un combat, c'est une lutte de tous les instants qui est la source même du progrès..... Et qui ne sait aujourd'hui quelle part a eue dans nos désastres ce fonctionarisme routinier et endormi, trop répandu en France dans l'armée comme dans les carrières civiles! Aussi notre critique porte-t-elle sous ce rapport plus loin que le sujet qui fait l'objet spécial de notre étude. Ce doit être une préoccupation constante d'un gouvernement éclairé, que d'introduire dans toutes les fonctions administratives, par de sages dispositions, l'esprit d'émulation et de concurrence, le sentiment de la responsabilité, afin de stimuler les efforts de tous.

Le système des examens avec limite d'âge exerce une influence désastreuse sur le niveau des études. Pour arriver à temps, il faut écourter les études qui ne font pas partie de programmes déjà si chargés. Il faut se spécialiser, et c'est aux dépens de l'instruction générale et du développement intellectuel. A mesure que le domaine des sciences ira en s'accroissant, que les réformes nécessaires dans l'instruction viendront imposer aux jeunes gens de nouvelles études trop négligées de notre temps, telles que les langues vivantes, l'économie politique et les éléments du droit sans lesquels on est à peine capable de faire un citoyen, l'inconvénient s'accusera de plus en plus. Qu'on laisse donc à chacun un usage plus indépendant et plus personnel de ses facultés.....

La Société des ingénieurs civils de Paris étudie les inconvénients que présente le mode de recrutement des ingénieurs de l'État.

Si l'on étudie, dit le rapport de la commission, l'organisation de l'École polytechnique et de ses annexes, à côté du savoir de ses ingénieurs, de l'honorabilité de leur corps, des services qu'ils ont rendus, on est tout d'abord frappé de ce fait, que, loin d'être constituée pour la diffusion de la science, elle est, par une déviation singulière des principes qui ont présidé à sa création, devenue absolument exclusive. Si, en effet, on écarte l'élément militaire qu'il n'y a pas lieu d'examiner ici, le nombre des ingénieurs formés à l'École polytechnique n'est que de vingt-cinq à trente par an.

Or, c'est assurément une idée qui n'appartient plus à notre époque que de faire concourir à vingt ans quelques jeunes gens pour les réunir dans une école fermée, d'où ils sortent chargés des plus graves intérêts du pays, constitués en un corps inaccessible et seul entre tous où les efforts personnels ne soient pas stimulés par une libre concurrence.

Le mode de recrutement des ingénieurs de l'État est une anomalie dans l'ensemble de notre système administratif..... Qui voudrait proposer au gouvernement d'instituer une école dans laquelle on ferait entrer des jeunes gens choisis avant vingt ans pour en faire des magistrats, avec cette condition que l'État s'interdirait expressément de nommer un procureur général ou un conseiller en dehors de cette école ?..... Est-ce que tous les avocats, tous les magistrats ne se lèveraient pas pour soutenir le système actuel, qui permet à l'État de désigner aux diverses fonctions de la magistrature des hommes choisis dans le barreau, et qui, par leur carrière antérieure, ont donné de leur valeur une mesure bien autrement exacte et sûre que ne peut le faire un examen passé avant vingt ans ? De même l'université s'est réservé toute liberté dans le choix de ses professeurs..... Les positions officielles des médecins et des chirurgiens qui ont le plus d'analogie avec le service de l'État sont les fonctions de médecins des hôpitaux et d'agrégés aux facultés. Est-ce qu'on a pensé à fonder une école où les quelques sujets nécessaires chaque année à ces fonctions entreraient avant vingt ans ?

L'École polytechnique présente donc bien seule cette anomalie, qu'un examen passé à vingt ans sert comme base unique au recrutement d'un corps important.

Il existe d'autres raisons, pour ainsi dire d'ordre moral, qui s'élèvent avec force contre le régime actuel.

C'est d'abord une erreur de croire que quelques examens passés au début de la vie soient un critérium si sûr qu'ils puissent servir à classer définivement des hommes suivant leurs aptitudes réelles. Un homme de valeur se compose de qualités complexes, dans lesquelles le jugement, la volonté, le caractère, jouent un rôle considérable ; les aptitudes de mémoire, qui suffisent quelquefois à faire passer de brillants examens, ne mettent pas ces qualités en relief. Aussi voyons-nous souvent des jeunes gens ne pas justifier à trente ans les espérances qu'ils avaient données tout d'abord ; et réciproquement des hommes dont le développement intellectuel a été plus lent, nous surprendre par une capacité de production que nous n'aurions pas soupçonnée en eux dans leur jeunesse.

SOCIÉTÉ LINNÉENNE DE LONDRES

SÉANCE PUBLIQUE ANNUELLE

M. GEORGE BENTHAM

De la Société royale de Londres

La biologie systématique

Introduction. — Influence des théories de Darwin. — Rôle de la biologie systématique. — Types abstraits. — Nécessité des observations répétées.

II. Étude des individus vivants. — Des jardins zoologiques en général. — Principaux jardins zoologiques de l'Europe. — Des jardins botaniques en général. — Principaux jardins botaniques de l'Europe.

III. Herbiers et collections zoologiques. — Cabinets d'anatomie comparée. — Danger des rapprochements erronés. — Principaux herbiers du monde.

IV. Dessins. — Leurs avantages et leurs inconvénients. — Planches biologiques.

V. Descriptions écrites. — Qualités d'une bonne description. — Supériorité des monographies sur les descriptions isolées. — Impossibilité de décrire toutes les espèces d'insectes dans un seul ouvrage. — Traités des genres des plantes. — Traités de zoologie.

I. — INTRODUCTION.

Messieurs,

C'est aujourd'hui la dixième fois que j'ai l'honneur de présider cette réunion annuelle. Permettez-moi d'en profiter pour esquisser rapidement les progrès accomplis par la *biologie systématique*, étude qui s'appuie sur les sciences théoriques et spéculatives, tout aussi bien que sur les sciences pratiques ; permettez-moi aussi de vous exposer les efforts qui ont été faits pour en examiner, en poser et en étudier les bases, et pour consolider les sables mouvants qui les environnent. Déjà en 1862, puis en 1866 et en 1868, j'ai traité ce sujet ; mais cette fois les difficultés se sont multipliées. M. Dallas, dont l'obligeance me fournissait les notes zoologiques qui m'étaient nécessaires, est maintenant chargé de fonctions qui absorbent tout son temps ; il m'a donc fallu m'adresser à des correspondants étrangers, en même temps qu'à mes savants confrères. Tous ont répondu à mon appel avec un empressement dont je ne saurais assez les remercier (1) ; et s'il y a quelque différence dans l'étendue et la nature des renseignements que j'ai reçus de différents pays, de sorte qu'il ne serait peut-être pas facile d'en conclure exactement les progrès relatifs faits par chaque nation, cette différence vient de ce que mes questions ont été posées en termes trop généraux : ces termes, quoique les mêmes pour tous nos correspondants, ont été compris différemment par chacun d'eux. Néanmoins, dans l'examen que je me prépare à faire devant vous, je me propose d'examiner surtout les progrès relatifs faits par la zoologie et la botanique dans les méthodes suivies et les résultats obtenus, d'abord au point de vue du travail général commun à tous les pays, et ensuite au point de vue des études particulières à chacun des pays principaux où l'on cultive la science biologique. Cet examen sera naturellement précédé de quelques observations générales, servant à compléter les idées que j'ai eu l'honneur de vous exposer en 1862.

Depuis cette époque, la biologie systématique s'est trouvée jusqu'à un certain point rejetée sur le second plan par la vive impulsion que les théories de Darwin ont communiquée aux sciences spéculatives proprement dites. La foudre a été lancée, il est vrai ; mais elle n'a pas encore produit tout son effet. Nous autres systématiques, nourris dans la doctrine de l'immuabilité des espèces, et de leur séparation par des limites positives, qui nous sommes toujours attachés à déterminer ces limites et les moyens par lesquels les espèces, toujours prêtes à les franchir dans leurs variations infinies, y sont sans cesse ramenées et contenues, nous aurions pu tout d'abord nous sentir disposés à résister à la tendance révolutionnaire des doctrines nouvelles ; mais nous nous sommes trouvés ébranlés et troublés. Le vaste champ qui s'ouvrait aux esprits aventureux a bientôt été envahi par de nombreux aspirants ; un cri de dédain s'est élevé contre les zoologistes de cabinet et les botanistes d'herbier, et l'on a refusé le nom de science à tout ce qui n'était ni théorique ni microscopique. Cependant on est allé un peu loin dans certains cas. Si les faits ne sont presque rien, lorsqu'on n'en sait pas tirer les conséquences, les affirmations dénuées de faits à l'appui sont plus qu'inutiles. Les théoriciens ne sauraient discuter sans donner les preuves sur lesquelles ils s'appuient, et ces preuves ne peuvent être fournies que par la saine biologie systématique, qui doit reprendre et qui reprend en effet son rang parmi les sciences, dirigée et guidée dans sa marche par les résultats des théories dont elle a fourni les bases. Si nous ne devons plus croire à l'immuabilité absolue des races, disons cependant que le plus grand nombre (qu'on les appelle genres, espèces ou variétés, peu importe) sont, à notre époque géologique ou à tout autre, pratiquement circonscrites entre des limites plus ou moins définies. Établir ces limites pour

---

(1) C'est pour moi un devoir d'exprimer ici ma reconnaissance au docteur Lüken et au docteur Lange, pour le Danemark ; au docteur Andersson et à ses collègues de Stockholm, pour la péninsule scandinave ; à MM. Trautvetter et von Schrenk, de Saint-Pétersbourg, pour la Russie ; au professeur Troschel, de Berne, pour l'Europe centrale ; à MM. Aloïs Humbert et de Candolle, pour la Suisse ; à MM. Adolfo Savi et d'Achiardi, pour l'Italie ; à M. Decaisne et à ses collègues du jardin des Plantes qui, au milieu des rudes épreuves qu'ils traversaient, ont trouvé moyen de répondre à nos questions dans le court espace de temps qui a séparé les deux siéges ; à MM. Verill et A. Gray, pour les États-Unis ; enfin, en Angleterre, à MM. Sclater, Salvin, Gwyn Jeffreys, Stainton, M'Lachlan, et aux autres membres de la Société royale, qui tous ont répondu à mes questions avec le plus cordial empressement.

tous les détails de forme, de structure, d'habitude et de constitution, apprécier d'une manière judicieuse les rapports très-compliqués qui existent entre les différentes races ainsi limitées, n'est pas moins nécessaire que de suppléer à l'insuffisance des données scientifiques par les profondeurs du sentiment germanique ou par les éclairs de l'imagination italienne, ou que de grossir des organismes délicats et encore en germe, avec une précision qui prétend surpasser la puissance de nos meilleurs microscopes.

Loin de moi, cependant, l'idée de nier, d'un côté, tous les progrès faits, dans ces derniers temps, par la biologie, depuis que des théories et des hypothèses bien développées ont soumis à ses recherches l'histoire de notre globe et des différentes races qui l'ont habité; et, de l'autre côté, la solidité acquise par la base systématique sur laquelle cette science repose, grâce à l'emploi persévérant du microscope et du scalpel. Mais je voudrais insister sur la nécessité de montrer la même habileté dans la méthode, la nomenclature et la classification, ces intermédiaires si importants entre les travaux de l'anatomiste et ceux du théoricien, puisqu'ils donnent aux observations de l'un une forme que peuvent saisir les arguments de l'autre. L'observateur minutieux, le biologiste systématique et le théoricien, s'aidant ainsi mutuellement, contribuent également au progrès général de la science; et, au point de vue de l'application pratique, le rôle du biologiste est certainement le plus important.

Je vous disais, en commençant, que les bases de la science biologique sont environnées de sables mouvants; eh bien! ces sables mouvants ne sont autre chose que les données imparfaites ou fausses, la méthode imparfaite et la fausse méthode. Pour faire comprendre les progrès que l'on fait en les écartant ou en les affermissant, il ne sera pas inutile de considérer quelles sont ces données, et quels moyens nous avons de les fixer, de manière à en tirer parti.

Et d'abord, n'oublions pas que les races dont nous étudions les rapports ne peuvent se présenter à notre esprit que sous une forme abstraite. En parlant d'un genre, d'une espèce ou d'une variété, il ne suffit pas d'avoir un seul individu sous les yeux; il nous faut encore réunir les propriétés de la race tout entière que nous étudions, en les distinguant de celles qui sont particulières aux races ou aux individus subordonnés. On ne peut se former une idée correcte d'une espèce d'après un seul individu, ni d'un genre d'après une seule espèce. Nous ne pouvons pas plus choisir une espèce type qu'un individu type. Si nous avions devant nous un individu représentant exactement la souche commune de tous les individus d'une espèce ou de toutes les espèces qui appartiennent au même genre; ou encore, si vous l'aimez mieux, une copie exacte du modèle ou du type d'après lequel toute l'espèce ou tout le genre a été créé, il nous serait absolument impossible de le reconnaître. Je me rappelle avoir assisté autrefois à une leçon faite par un naturaliste allemand, qui jouissait alors d'une fort grande réputation. Ce naturaliste philosophe croyait avoir démontré dans cette leçon que le trèfle commun est le type des papilionacées. Ses faits étaient assez exacts, mais ses arguments auraient pu être invoqués en faveur de toute autre espèce particulière qu'on aurait voulu choisir. Imaginons deux individus d'une espèce, deux espèces du même genre, deux genres de la même famille, chez l'un desquels certains organes sont plus développés, plus différenciés ou plus rapprochés que chez l'autre; si nous tombons d'accord sur la question de savoir lequel est le plus parfait, chose rare pour des naturalistes, comment déterminerons-nous celui qui représente la souche ou le modèle commun? L'individu parfait est-il un progrès, une copie perfectionnée; l'individu imparfait une dégénérescence, une mauvaise copie de l'autre? Les preuves directes ne peuvent s'étendre qu'à quelques générations; le raisonnement par analogie est impossible sans preuves directes comme point de départ; et le type imaginaire qui ne s'appuie pas sur un de ces deux moyens n'est plus qu'une affaire de poëte, et non de naturaliste.

Il s'ensuit que toute idée abstraite de race doit résulter de l'observation, faite par nous-mêmes ou par d'autres, d'un aussi grand nombre que possible des individus qui la composent. Quelque fixe qu'une race puisse être en réalité, si jamais elle est fixe, il n'en est pas de même de l'idée abstraite que nous en avons : aucune espèce, aucun genre établi par nous, ne peut être considéré comme absolu; il devra toujours être complété, corrigé ou modifié, à mesure qu'un plus grand nombre d'individus auront été convenablement observés. C'est pour cela qu'une espèce décrite d'après un seul individu et même un genre établi d'après une seule espèce, sont toujours plus ou moins suspects, à moins qu'ils ne s'appuient sur de fortes analogies ou sur des observations répétées.

Pour observer et généraliser les faits biologiques, pour établir et classer les idées abstraites que nous nommons variétés, espèces, genres, familles, etc., nous pouvons étudier : 1° les individus vivants, 2° des spécimens conservés, 3° des dessins, et 4° enfin des descriptions écrites. Chacun de ces moyens a ses avantages, mais chacun aussi a ses inconvénients particuliers, auxquels un ou plusieurs des autres peuvent obvier avec plus ou moins de succès.

II. — Étude des individus vivants.

L'étude des individus vivants, dans leur état naturel, est sans doute le moyen le plus satisfaisant; mais le nombre des individus que l'on peut ainsi observer ensemble, pour les comparer, est fort restreint, et jamais un seul individu ne peut, à un certain moment, fournir toutes les données nécessaires, même sur ce seul individu. Il y a avantage, à cet égard, à entretenir des collections d'animaux vivants et de plantes, surtout puisqu'on peut alors étudier d'une manière continue les différentes phases de la vie du même individu, et quelquefois celle de plusieurs générations successives. Ces collections permettent aussi les autopsies immédiatement après la mort, quand les grands changements physiologiques qui la suivent ont à peine eu le temps de commencer. Mais il y a aussi des inconvénients; il y a des difficultés à surmonter et quelques causes spéciales d'erreur à éviter; et, à ce point de vue aussi bien qu'à celui des progrès les plus récents qui ont été faits dans leur application à la science, il existe une différence marquée entre les collections vivantes de zoologie et celles de botanique, généralement appelées jardins botaniques.

Le grand défaut des collections vivantes, surtout de celles de zoologie, c'est qu'elles sont nécessairement incomplètes. Les meilleures ne fournissent à l'observation que des individus et non des espèces; quelquefois des genres. En effet, il est toujours plus facile de représenter des genres que des espèces, car un petit nombre d'espèces représenteront toujours une plus grande proportion du nombre total des espèces qui constituent un genre, que le même nombre d'individus ne peuvent le faire par rapport au nombre de ceux que contient l'espèce.

Des classes entières manquent complétement dans les jardins zoologiques, qui ne possèdent le plus souvent que des vertébrés. On a réussi, dans ces dernières années, à y ajouter quelques animaux aquatiques des ordres inférieurs; mais les insectes, par exemple, ces animaux qui ont une si grande influence sur l'économie générale de la nature, et dont l'étude, au point de vue de leurs mœurs et de leurs transformations, prend de jour en jour une plus grande importance, les insectes manquent complétement dans nos jardins zoologiques. La brièveté de leur vie, leur multiplication si rapide, les différents milieux où se passent les différentes périodes de leur existence, opposeront longtemps des obstacles sérieux à la formation de collections entomologiques vivantes, qui puissent donner des résultats satisfaisants. Les frais qu'entraînent la formation et l'entretien de collections vivantes sont aussi bien plus considérables pour les animaux que pour les plantes; mais, d'un autre côté, les collections d'animaux sont bien plus attrayantes pour la masse du public payant; et, avec une administration judicieuse, les sacrifices que l'on pourra faire au goût populaire seront plus que compensés par des bénéfices pécuniaires qui permettront d'augmenter l'utilité scientifique des collections.

Les fausses données et les erreurs contre lesquelles il faut se tenir en garde, dans l'observation des collections zoologiques vivantes, proviennent surtout des conditions exceptionnelles dans lesquelles se trouvent les animaux. Le changement de climat et de nourriture, le manque d'exercice, etc., agissent sur leur caractère, leurs habitudes et leur constitution; la captivité modifie complétement les circonstances qui se rattachent à leur reproduction. De telles erreurs sont assurément peu nombreuses et peu importantes, si on les compare à celles que donne, pour les observations botaniques, l'étude des plantes de nos jardins; mais, à mesure que les jardins zoologiques vont se multiplier et s'étendre, il sera de plus en plus nécessaire d'en tenir compte.

Je me rappelle qu'autrefois, quand j'étais jeune, il existait déjà un certain nombre de petites collections d'animaux vivants; mais c'étaient presque toutes des ménageries foraines ou locales, destinées surtout à l'amusement du public, telles que celle du Pfauen Insel à Potsdam, du parc de Portici, de la Tour de Londres. A Paris seulement, le jardin des Plantes, à l'époque où florissaient les de Jussieu et les Cuvier, possédait une collection d'animaux vivants, formée surtout en vue des besoins de la science. Mais les choses ont bien changé depuis lors. Le jardin des Plantes, qui avait si longtemps tenu le premier rang, est resté stationnaire, et n'occupe plus maintenant que le second. Il peut, il est vrai, être toujours fier de compter des professeurs tels que les Milne-Edwards, les Brongniart, les Decaisne et tant d'autres; mais il a depuis longtemps perdu la faveur du gouvernement et du public payant : ceux-ci l'ont abandonné pour le jardin d'Acclimatation, maintenant détruit (1), et le jardin des Plantes s'est trouvé presque réduit aux ressources de la science pure, laquelle est rarement riche. Cependant l'Angleterre, et, après elle, plusieurs des États et des villes du continent, ont fait de grands progrès. L'établissement de notre Société zoologique, celui de notre jardin zoologique ont ouvert une ère nouvelle dans l'étude de la science. Après bien des vicissitudes, la Société a eu le bonheur de rencontrer un homme qui réunit au plus haut degré les connaissances zoologiques et les talents administratifs; grâce à lui, notre grande collection d'animaux vivants est maintenant parvenue au rang distingué qu'occupait autrefois le jardin des Plantes, et tout nous fait espérer qu'elle saura le conserver.

Avec un revenu annuel d'environ 23 000 livres sterling (575 000 francs), la Société zoologique suffit à l'entretien d'environ mille espèces de vertébrés; et, quoiqu'une partie de son revenu soit nécessairement consacrée à plaire au public payant, cependant il en reste encore une assez large part pour la science pure, à l'avancement de laquelle les souscriptions des membres de la Société sont avant tout destinées, par l'observation des animaux vivants, la dissection de ceux qui meurent, et la publication des résultats obtenus. Des expériences physiologiques sont ou faites au Jardin même, ou encouragées avec la plus grande libéralité; nous en pouvons citer comme exemples les expériences de transfusion du sang dont M. F. Galton a dernièrement rendu compte devant la Société royale. Nous avons formé une riche bibliothèque zoologique; et enfin, les comptes de l'année qui vient de s'écouler montrent qu'une somme d'environ 1800 livres sterling (45 000 fr.) a été consacrée aux publications scientifiques de la Société.

Des jardins zoologiques sur le modèle de celui de Londres ont été créés non-seulement dans plusieurs villes d'Angleterre, mais encore dans des pays étrangers, je puis, je crois, citer comme les plus importants, ceux d'Amsterdam, d'Anvers, de Hambourg, de Cologne, de Francfort, de Berlin, de Rotterdam et de Dresde. Les rapports qui ont été publiés présentent, par exemple, les recettes du jardin zoologique de Hambourg comme atteignant annuellement un chiffre qui peut varier entre 8000 et 9000 livres sterling (de 200 000 à 225 000 francs). Il y a aussi les jardins dits d'acclimatation; mais ces jardins ont à peine un caractère scientifique : en effet, leur but est moins l'étude de la physiologie et de la constitution des animaux, que leur transformation dans un but pratique. En réalité, ils servent surtout à l'amusement du public, et, comme spéculation, donnent quelquefois de médiocres résultats. Le grand Jardin du bois de Boulogne, qui n'existe plus, a donné en 1868 un déficit d'environ 1600 livres sterling (40 000 francs), sur une dépense totale d'environ 7200 livres sterling (180 000 francs). A la Haye, un jardin d'acclimatation plus petit donne un dividende annuel à ses actionnaires.

Les collections de végétaux vivants offrent de grands avantages sur celles d'animaux, par suite de la possibilité de les établir sur une plus grande échelle et à bien moins de frais. Dans plusieurs jardins botaniques, on a pu facilement cultiver plusieurs milliers d'espèces avec une dépense relativement faible. De plus, les espèces peuvent être représentées par un nombre considérable d'individus, ce qui est un grand avantage, surtout au point de vue de l'instruction; on peut étudier plusieurs générations successives d'un grand nombre de plantes, et enfin, on a toute facilité de faire des expériences physiologiques et des observations microscopiques sur les

(1) M. Bentham est un peu pressé d'annoncer la mort du jardin d'Acclimatation de Paris : il a beaucoup souffert; mais il existe encore, ses plaies sont guérissables, et il se relèvera dans un avenir prochain. C'est là le vœu que forment tous les amis de cet établissement utile, qui est appelé à rendre de véritables services à la science pratique.

plantes et leurs organes, tandis qu'il leur reste encore un peu de vie. D'un autre côté, il faut reconnaître que les erreurs qui proviennent d'observations faites dans les jardins botaniques, sont d'un nombre et d'une importance regrettables. Dans le cours de son existence, une plante change tellement d'aspect, que celui qui a le soin d'une grande collection est exposé à confondre quelquefois ses élèves ; il y a même une époque, celle où la semence est dans le sol, où la plante échappe complétement à son observation. Le botaniste est donc forcé de s'en fier aux étiquettes, et celles-ci sont souvent déplacées par quelque accident, ou par la négligence des jardiniers. Il se peut encore que l'on sème une graine, et qu'une autre pousse à sa place ; enfin, une plante vivace peut mourir et céder sa place au rejeton de quelque espèce voisine. Les erreurs de noms dues à ces causes, et à bien d'autres encore, se sont souvent perpétuées sous la sanction de directeurs qui, faute de bibliothèques suffisantes, ou d'herbiers, ou même quelquefois faute d'expérience ou de capacité, n'ont pas su les reconnaître. Certaines plantes ont pu aussi se trouver tellement déguisées ou transformées par la culture, qu'il est devenu difficile d'en reconnaître l'identité; et de nouvelles variétés d'hybrides qui, laissées à elles-mêmes, auraient succombé sous une des innombrables causes de destruction auxquelles elles sont constamment exposées à l'état sauvage, ont été préservées et propagées, grâce aux soins de l'horticulteur attentif qui les présente au monde comme des espèces nouvelles.

Qu'il se trouve, en outre, qu'une étiquette mal placée indique que la graine provient d'une contrée où l'on n'a signalé l'existence d'aucune plante analogue; aussitôt le directeur y voit un genre nouveau, et, tout fier de sa découverte, lui donne un nom et enrichit d'une prétendue diagnose son prochain catalogue de graines, ajoutant ainsi une énigme de plus à toutes celles qui encombrent la science. Cet abus avait pris de telles proportions dans plusieurs des jardins de l'Europe, au commencement de ce siècle, que, si l'on en excepte peut-être les index de Fischer, de Meyer et quelques autres listes dressées avec soin, la grande majorité, peut-être même les neuf dixièmes des nouvelles espèces indiquées dans ces catalogues, n'étaient nullement distinctes; et, pour ma part, je suis forcé par mon expérience de considérer *a priori* comme douteuse toute espèce fondée sur une plante cultivée et dont l'existence n'a pas été confirmée par celle d'individus sauvages. Heureusement que cette habitude tend à disparaître, et que les directeurs de jardins botaniques commencent à s'apercevoir que leur réputation n'a rien à gagner à ce que leur nom soit attaché à celui de quelque espèce imaginaire.

Les collections de plantes vivantes ou jardins botaniques sont bien plus anciennes que les collections zoologiques, et, depuis le XVIe siècle, on en trouve toujours dans les principales universités où l'on enseigne la médecine. Le jardin botanique de Padoue remonte à 1525; celui de Pise, à 1544; celui de Montpellier, à 1597. Le jardin des Plantes de Paris, qui tint si longtemps le premier rang, plus encore pour la botanique que pour la zoologie, fut fondé en 1610, tandis que le premier jardin botanique de l'Angleterre, celui d'Oxford, ne date que de 1632. Ces jardins des universités, qui furent tous plus ou moins dirigés par des botanistes éminents, qui y résidaient, ont grandement favorisé l'étude de la structure et des affinités des plantes, surtout dans les villes où un climat plus doux ou moins variable permettait de réunir de grandes collections en plein air, ou sans qu'il fût nécessaire de protéger beaucoup les plantes. Sur le continent, les jardins ont longtemps servi et servent encore beaucoup à l'instruction aussi bien qu'aux expériences scientifiques, comme l'ont si bien montré les travaux récents de Naudin et de Decaisne. Pour ces études, la disposition en grands et en petits carrés convient tout particulièrement; et j'avoue que j'ai souvent eu plus de plaisir à voir la facilité que trouvent les étudiants laborieux à suivre, le livre à la main, les rangées de plantes systématiquement alignées dans ces jardins d'université tirés au cordeau, qu'à contempler la foule élégante qui se presse dans les jardins botaniques modernes, dessinés peut-être avec plus de goût.

Je ne crois pas que les jardins botaniques du continent aient fait de grands progrès depuis quelques années. Ceux que j'avais vus pour la première fois en 1830 m'ont semblé avoir peu gagné lorsque je les ai revus en 1869. Les uns se sont agrandis, les autres sont devenus plus élégants; mais le plus grand nombre est resté presque au même point, et quelques-uns ont même perdu. En Angleterre, on a fait de grands progrès. Il est vrai que les jardins de Kew avaient autrefois été fort utiles aux recherches de Robert Brown et d'un petit nombre de savants privilégiés ; mais ces jardins étaient la propriété particulière du souverain, et l'accès en était difficile aux savants en général. Mais trente années d'efforts persévérants de la part des deux Hooker, le père et le fils, qui ont successivement dirigé ces jardins, en ont fait le premier établissement scientifique de l'Europe entière. Sur les sommes considérables que le Parlement y consacre chaque année, une partie est nécessairement dépensée en embellissements pour attirer le public; mais cependant, malgré les inconvénients de notre climat, malgré les frais qu'entraînent les serres, nous avons réussi à y réunir des espèces originaires de toutes les parties du globe, en nombre bien plus considérable qu'elles ne se trouvent dans n'importe quelle autre collection; le public est admis à les visiter, et les botanistes ont toute liberté de venir les étudier.

III. — Herbiers et collections zoologiques.

Les plantes desséchées ont sur les plantes vivantes le grand avantage de pouvoir être réunies en nombre infiniment plus grand, rapprochées et comparées, quelque éloignés que soient les époques et les lieux où elles ont été recueillies. Ce sont souvent les seuls matériaux qui puissent nous faire connaître les races qu'ils représentent; quoique ce ne soient encore que des individus, ils peuvent, par leur nombre, nous donner une idée plus exacte des espèces et des autres groupes abstraits que les plantes vivantes, qui sont presque isolées; enfin, le soin avec lequel elles sont conservées fournit le moyen de vérifier ou de rectifier les descriptions ou les dessins qui peuvent inspirer des doutes. Le grand inconvénient de ces spécimens, c'est d'être incomplets; ils ne peuvent fournir toutes les données qu'exige la connaissance d'une race ou même d'un individu. Les caractères, même les plus insignifiants, fournis par des plantes desséchées, ont trop souvent été considérés comme suffisants pour établir des affinités et d'autres conclusions générales, auxquelles il a ensuite fallu renoncer; et voilà pourquoi un cri général a été poussé contre les muséums et les herbiers, par les savants mêmes dont les théories s'écrouleraient, si on leur retirait l'appui de toutes les données que fournissent les plantes desséchées.

Si l'on considère les défauts des spécimens conservés et les moyens d'y suppléer, on trouvera une grande différence entre les collections zoologiques et les collections botaniques. En général, les spécimens zoologiques ne montrent que les formes extérieures; les spécimens botaniques permettent de reconnaître la structure interne (1). Or, presque toujours les caractères qui se présentent le plus souvent ou de la manière la plus frappante à l'observateur prennent à ses yeux une importance exagérée. De là vient que la forme extérieure a si longtemps presque exclusivement servi de base à la classification des animaux, tandis que les botanistes ont commencé bien plus tôt à tenir compte des détails de la structure intérieure. Maintenant encore la paléontologie en est réduite à attacher une importance absolue aux contours et aux traces extérieures d'organes accessoires, ce qui est le plus incertain de tous les caractères. Cependant la forme extérieure est, en réalité, bien plus importante pour les animaux que pour les plantes : le nombre, la forme, la grosseur et les proportions des membres; la forme et la couleur des excroissances, des cornes, des becs, des plumes, des poils, etc., chez les animaux, peuvent être considérés comme invariables dans chaque espèce, quand on les compare aux mêmes caractères dans les racines, les branches, les feuilles, et, jusqu'à un certain point, dans les fleurs mêmes des plantes. Pour les plantes, les circonstances locales, la nourriture, les conditions météorologiques, etc., arrivent facilement à modifier l'individu, et à produire des variétés plus ou moins permanentes. Les animaux, au contraire, sont bien moins sensibles à ces influences; et ce n'est que par un travail lent et caché que les espèces ou les genres, à quelque classe qu'ils appartiennent, ont pu se transformer dans la suite des siècles ou des grandes époques géologiques. Même la position relative des organes extérieurs, si constante chez les animaux, l'est moins dans les plantes. Les animaux, ayant ainsi des contours définis, et ne présentant pas en général de masses trop considérables, des spécimens conservés, squelettes ou peaux, peuvent être réunis en assez grand nombre sous les yeux de l'observateur, et présenter ainsi des caractères suffisants pour déterminer les espèces; tandis que, à de très-rares exceptions près, il est impossible de conserver dans un cabinet botanique une plante entière avec sa forme naturelle. Et, bien que les spécimens botaniques bien préparés présentent certains traits généraux qui suffisent souvent pour établir l'espèce, si le genre est connu, cependant les botanistes les plus expérimentés se sont souvent trompés en pareil cas, quand ils se sont contentés de comparer les caractères extérieurs, sans examiner l'intérieur des plantes.

Quoi qu'il en soit, la biologie systématique veut faire bien plus que de reconnaître les espèces; et, quand il faut monter plus haut, classer les espèces et étudier leurs affinités, les spécimens zoologiques perdent bientôt la supériorité qu'ils avaient sur les spécimens botaniques. Les caractères que le professeur Flower appelle *adaptifs* dominent relativement dans les premiers, tandis que les caractères essentiels que fournit la structure interne manquent totalement : aussi les premiers caractères en viennent-ils à prendre une importance exagérée aux yeux de l'élève; et même il se peut que des arguments en faveur d'une théorie favorite s'appuient sur des distorsions qui proviennent en réalité d'une préparation mal faite, mais que l'on regarde comme la reproduction exacte des sujets vivants, de sorte que l'ereur est très-difficile à réfuter. Des animaux vertébrés empaillés, des insectes remarquables à l'état parfait, des coquilles de mollusques, des coraux et des éponges composent nécessairement la plus grande partie d'un cabinet d'histoire naturelle destiné au public; mais la science et l'instruction en demandent bien davantage : pour leur être vraiment utiles, les collections doivent, autant que possible, présenter chaque animal dans toutes ses parties et dans toutes les phases de sa vie. Cette nécessité, reconnue de notre temps, a amené la fondation de cabinets d'anatomie comparée, parmi lesquels celui de notre Collége de chirurgie est assurément au premier rang. Mais je n'ai trouvé nulle part, si ce n'est sur une très-petite échelle, une combinaison satisfaisante des deux cabinets, et cependant l'idée n'est pas nouvelle : plusieurs zoologistes ont exprimé le désir de voir adopter un arrangement de ce genre, et il faut espérer qu'on en tiendra compte dans l'établissement des nouveaux muséums zoologiques nationaux qu'on va créer à South-Kensington, et qui seront destinés à la fois au public et aux hommes de science. Les simples curieux y trouveront évidemment tout ce qu'il leur faut, et il y a de bonnes raisons de croire que les efforts des zoologistes n'auront pas été vains : sans doute, dans la partie consacrée à la science et à l'étude, nous pourrons voir les peaux des vertébrés conservées sans être déformées par un préparateur maladroit, rapprochées autant que possible de leurs squelettes et de préparations anatomiques convenables; nous y trouverons les nids et les œufs des animaux ovipares; les insectes avec leurs œufs, leurs larves et leurs pupes; les coquillages avec les animaux qui les produisent; — toujours en y joignant, autant que faire se pourra, les notes du collectionneur sur l'habitat, les mœurs, etc., du sujet, de même que l'on complète fréquemment d'une manière fort avantageuse les plantes d'un herbier, en les rapprochant des fruits détachés, des graines, des jeunes plantes sortant du germe, des gommes et de leurs autres produits.

Ici, cependant, il importe de se tenir en garde contre une autre source de données inexactes; je veux parler du rapprochement de spécimens étrangers l'un à l'autre, erreur qui a probablement fourni à la botanique plus de faux genres et de fausses espèces que n'ont pu le faire les changements d'étiquettes dans les jardins. Les collectionneurs les plus attentifs ont envoyé de très-bonne foi, comme appartenant à la même espèce, des fleurs et des fruits provenant de différentes plantes. Les fruits avaient peut-être été ramassés sous un arbre d'où l'on supposait naturellement qu'ils étaient tombés. Ils ont aussi confondu deux arbres de la même forêt, dont les feuillages se ressemblaient, et dont l'un était en fleur et l'autre couvert de fruits, et les ont présentés comme identiques, tandis qu'ils n'étaient même pas congénères. En un mot, les rapprochements erronés, faits pendant les diverses opérations de la dessiccation, de l'appareillement, du classement et enfin du placement des spécimens, ont été d'une fréquence déplorable. Les notes des collectionneurs, si elles n'ont pas été immédiatement attachées aux objets, ou rapprochées de numéros mis d'avance, égarent souvent le natura-

(1) Par structure interne, j'entends ici la morphologie des organes internes ou des parties que comprend ordinairement l'anatomie comparée des animaux, et non la structure microscopique des tissus, qui est plus spécialement désignée sous le nom d'anatomie végétale.

liste; car les collectionneurs ne sont que trop portés à s'en fier à leur mémoire, au lieu de noter quelques particularités au moment où ils recueillent les spécimens. Aussi, tant qu'on n'a pas voulu s'en rapporter à l'analogie plutôt qu'à un coup d'œil jeté en passant sur un spécimen et une étiquette, les faux genres et les fausses espèces produits par ce système ont été admis sans discussion. La *Magallana* de Cavanilles a pu, jusqu'à nos jours, venir jeter le désordre dans les caractères des Tropæolées, parce qu'on s'est refusé à reconnaître ce fait, cependant assez considérable par lui-même, qu'on avait maladroitement prétendu rattacher le fruit d'une famille de plantes à une malheureuse fleur d'une autre famille.

Il existe une très-grande différence entre les muséums de zoologie et les herbiers au point de vue des ressources dont ils disposent pour former, entretenir et augmenter leurs collections. Les muséums zoologiques sont de beaucoup les plus coûteux; mais, d'un autre côté, ils attirent bien plus la masse du public payant, tandis que les herbiers ne s'adressent guère qu'aux hommes de science, qui sont rarement riches. Cependant la zoologie et la botanique ont un droit égal à l'appui de l'État, pour favoriser l'instruction comme la science pure; et, au point de vue pratique et économique, l'herbier est encore plus nécessaire que le muséum. Je sais que la commission royale nommée pour étudier la question des études scientifiques et des progrès de la science en général, s'est occupée de l'organisation à donner aux nouveaux muséums en vue de ces exigences nouvelles; je sais aussi qu'elle a consulté nos plus éminents zoologistes : il serait donc superflu d'insister davantage sur ce sujet. Si le gouvernement échoue dans ce qu'il va faire pour la science, ce ne sera pas faute d'avoir été averti de ses besoins.

Les données me manquent sur les améliorations les plus récentes introduites dans les cabinets de zoologie; mes notes sur ceux du continent ont surtout été prises de 1830 à 1847, et ne seraient donc plus exactes. Il serait à désirer qu'un homme au courant de la question se chargeât d'inspecter les principaux de ces établissements, de manière à nous permettre de profiter des améliorations introduites dans leurs arrangements intérieurs. Ce qui nous manque surtout, c'est une esquisse générale des principales collections de zoologie et de botanique ouvertes aux hommes de science, indiquant les branches les plus riches de chaque collection particulière, et l'endroit où se trouvent maintenant déposées les séries types les plus importantes. Parmi les herbiers il s'est fait dernièrement quelques changements qu'il faut indiquer. Paris, — je veux dire le brillant Paris de l'an dernier, — a fait des pertes considérables. De tous les grands herbiers particuliers que j'y ai connus autrefois, deux seulement, celui de Jussieu et celui de A. de St-Hilaire, avaient été achetés par le gouvernement; celui de Webb a été porté à Florence; celui de J. Gay, qui aurait été précieux pour le Jardin, a été acheté par Hooker, et offert par lui au jardin de Kew. Le célèbre herbier de Delessert a été emporté à Genève, tandis que sa bibliothèque botanique, une des plus riches qu'il y ait au monde, se trouve enfermée à l'Institut. Ces herbiers ne sont qu'en partie remplacés par celui de M. Cosson, qui s'est fort accru pendant ces dernières années, et auquel il a ajouté, au printemps dernier, les collections de Schultz Bipontinus, si riches en composites. L'herbier du Jardin des Plantes est toujours un des plus riches, mais ce n'est plus le plus riche de tous. Le budget trop restreint de l'administration ne lui a permis de faire que bien peu d'acquisitions; le personnel dont elle dispose est si peu nombreux, et donne si peu de temps, que les acquisitions des vingt dernières années attendent en grande partie qu'on les classe; quant à la bibliothèque, elle est fort insuffisante. Les gouvernements qui se sont succédé en France ont avant tout visé à l'effet, et ont peu favorisé la science. Je voudrais pouvoir exprimer ici le chagrin que me causent les terribles souffrances d'un pays avec lequel je me trouve en rapport intime depuis plus d'un demi-siècle; je voudrais exprimer ma reconnaissance pour la bienveillance que j'y ai toujours rencontrée, et chez mes amis particuliers, et chez tous les hommes de science, depuis Antoine-Laurent de Jussieu et ses collègues, jusqu'aux éminents professeurs du Jardin des Plantes, qui viennent de subir toutes les épreuves du siége. Espérons que, quand la crise sera passée, quand l'élasticité du caractère français, si plein de ressources, aura rendu la prospérité au pays, le nouveau gouvernement ouvrira enfin les yeux, et verra que, même au point de vue de la politique, la voix de la science mérite de n'être pas moins écoutée que le cri populaire.

L'herbier de Delessert a été bien reçu à Genève; on lui a donné une place convenable dans une des dépendances du Jardin Botanique, tout près du Muséum d'histoire naturelle, maintenant en voie de construction. A Paris, il était resté quelque temps à peu près inutile, parce qu'on avait voulu y introduire la classification du Linnée de Sprengel; mais maintenant un comité fort actif, composé de savants tels que MM. Jean Mueller, Reuter et Rapin, sous la présidence du docteur Fauconnet, en a déjà fort avancé la distribution en ordres naturels. Ainsi Genève, qui possède déjà la collection si importante des types de de Candolle et celle de Boissier, si riche en plantes de la Méditerranée et de l'Orient, est devenue un des grands centres des études botaniques; de plus, comme elle a eu le bon sens de raser ses fortifications, elle pourra désormais accumuler ses trésors en toute confiance. Munich, dont l'avenir promettait tant, a beaucoup perdu. Le gouvernement bavarois n'a pu s'entendre avec les héritiers de Von Martins; sa bibliothèque botanique a été dispersée, et son herbier est transporté à Bruxelles, où il deviendra le noyau d'une collection botanique nationale pour la Belgique. A Vienne, l'herbier impérial est maintenant admirablement logé au Jardin Botanique; il est bien classé, et offre l'immense avantage d'une riche bibliothèque botanique placée dans les mêmes salles. A Berlin, où l'herbier royal et les muséums de zoologie ont toujours été fort bien tenus, on se plaint de manquer d'espace, depuis que l'herbier a été transporté dans les bâtiments de l'Université. A Florence, nous apprenons, par le *Giornale Botanico Italiano*, que les difficultés élevées au sujet des fonds laissés par M. Webb pour l'entretien de son herbier, sont aplanies; nous espérons donc que les intentions libérales de celui qui a fait à la science ce magnifique présent ne seront plus désormais si honteusement éludées. Ajoutons aux six villes que nous venons de nommer, celles de Leyde, de Saint-Pétersbourg, de Stockholm, d'Upsal et de Copenhague, qui possèdent des herbiers nationaux suffisants pour l'étude régulière de la botanique; mais quand je les ai visités, il y a maintenant bien des années, ces herbiers étaient tous plus ou moins en retard pour le classement. Je ne sais quelles améliorations y auront été introduites depuis lors.

Aux États-Unis d'Amérique, l'herbier d'Asa Gray, que

vient d'acquérir l'Université de Harvard, tient maintenant le premier rang. Celui de Melbourne, en Australie, fondé par Ferdinand Mueller, a pris des proportions considérables, grâce à ses efforts infatigables; et celui du Jardin Botanique de Calcutta, successivement administré par les docteurs Thomson et T. Anderson, a presque repris le rang qui lui appartenait, et qu'il conservera, il faut l'espérer. Quant à notre grand herbier national de Kew, avec sa bibliothèque, il l'emporte maintenant sur tous les autres par son étendue, sa valeur et son utilité pratique. Les deux Hooker, le père et le fils, qui l'avaient d'abord créé, entretenu et augmenté, ont, par leurs efforts incessants et désintéressés, obtenu du gouvernement l'appui sans lequel un établissement de ce genre ne peut rendre de services véritables; de plus, leur administration libérale et judicieuse leur a valu l'appui et l'approbation de tous les savants étrangers qui ont visité l'établissement, ou sont entrés en correspondance avec les directeurs. Je ne veux rien dire ici des matériaux si précieux pour la botanique qui se sont accumulés au Musée Britannique pendant le siècle dernier, parce que la partie de cet établissement consacrée à l'histoire naturelle est en voie de transformation, et que j'ai déjà eu occasion d'exprimer mes idées sur la botanique. J'ajouterai seulement que nous possédons aussi des herbiers fort considérables aux Universités d'Oxford, de Cambridge et d'Édimbourg, ainsi qu'au *Trinity College* de Dublin; et j'ose espérer que ces grands centres d'éducation sentiront la nécessité de les conserver et de les agrandir, s'ils veulent compter parmi leurs professeurs des botanistes éminents.

IV. — Dessins.

Les dessins ont sur les spécimens conservés dans les muséums l'avantage de pouvoir être plus complets à bien des égards : ils peuvent représenter des objets et des portions d'objets qu'il a été impossible de conserver; ils reproduisent la couleur et les autres caractères que la dessiccation fait souvent disparaître; ils conservent les détails anatomiques et microscopiques sous une forme telle, que l'observateur peut y avoir recours aussi souvent qu'il le veut, sans recommencer une dissection. Enfin, quoique chaque dessin ait cela de commun avec un spécimen conservé, qu'il représente ordinairement un individu et non une espèce, cependant, des copies exactes multiplient cet individu, pour ainsi dire à l'infini, de manière à en permettre l'étude simultanée à un nombre quelconque de naturalistes. Souvent, au contraire, les spécimens des mêmes espèces qui se trouvent dans des muséums différents sont seulement semblables et non identiques, de sorte que la comparaison et la détermination imparfaites des spécimens que l'on considérait comme anthentiques, c'est-à-dire comme absolument semblables au premier spécimen décrit, ont donné lieu à de nombreuses erreurs. En outre, en employant des figures et d'autres signes, les dessins peuvent représenter, avec une perfection plus ou moins grande, les idées abstraites de genre et d'espèce; ils peuvent nous montrer les caractères génériques ou spécifiques plus ou moins dépouillés des détails spécifiques ou individuels.

D'un autre côté, les dessins prêtent, bien plus que les spécimens conservés, à des imperfections et à des défauts, qui peuvent provenir d'une observation défectueuse du modèle, et du peu d'habileté de l'artiste; et les erreurs de ce genre, une fois admises, sont bien plus difficiles à corriger que celles des descriptions écrites elles-mêmes. Une image transmet une idée avec bien plus de rapidité; elle laisse une impression bien plus forte que la description écrite, quelque détaillée qu'elle soit, qui peut y être ajoutée pour la modifier ou la corriger; le dessin est, trop souvent, la seule chose qu'examine le naturaliste théoricien. Cela arrive surtout pour les figures qui donnent les détails anatomiques et microscopiques des plantes et des animaux les plus petits; plus ces figures sont compliquées et difficiles à vérifier, plus on les accepte avec confiance. De plus, les dessins coûtent cher; leur prix dépasse souvent les ressources de la science seule, qui doit alors avoir recours au public payant, comme elle le fait pour les jardins et les muséums; le public demande qu'en échange on flatte un peu ses goûts; enfin, on se préoccupe de l'effet au point de vue de l'art, ce qui augmente nécessairement les frais, et rend les gravures encore moins accessibles à la plupart des biologistes. Il me semble que les collections de dessins, arrangées d'après un ordre systématique, ont trop rarement reçu des directeurs de muséums toute l'attention qu'elles méritent; je crois que les gouvernements, les associations scientifiques et tous ceux qui sont disposés à faire quelque chose en faveur de la science, devraient surtout se préoccuper de les multiplier sous une forme pratique et accessible aux petites bourses.

Pour être véritablement utile, un dessin zoologique ou botanique doit, avant tout, être exact et complet; ce qu'il faut, c'est une reproduction fidèle, et non un tableau. Plus d'un tableau magnifique, représentant un animal ou une plante, surtout lorsqu'ils sont groupés avec d'autres, est devenu presque inutile à la science, à cause de telle ou telle attitude gracieuse, de telle ou telle courbure élégante que l'artiste a voulu donner à un membre ou à une branche; trop souvent les détails analytiques, qui ont une importance capitale pour le biologiste, sont négligés parce qu'ils nuisent à l'effet général. La seconde qualité que nous exigeons d'une illustration aussi bien que d'une description, c'est d'être générale ou jusqu'à un certain point abstraite; pour cela, il faut que l'artiste, s'il n'est pas naturaliste lui-même, travaille sous les yeux du naturaliste, de manière à comprendre ce qu'il dessine. On doit apporter le plus grand soin à prendre pour modèle un individu dans un état normal de santé, de taille, etc.; on doit choisir et disposer les détails anatomiques, de manière à représenter la race plutôt que l'individu, — toutes choses qui exigent une connaissance approfondie du sujet. Il est vrai que l'artiste, dont le travail indépendant consiste à copier d'une façon machinale, peut quelquefois servir de frein au naturaliste qui, dans des études minutieuses faites au microscope, peut se laisser influencer par des théories préconçues, ce qui est d'ailleurs assez rare. Pour ma part, les meilleurs dessins analytiques que j'aie vus étaient toujours dus à des naturalistes, et j'ai longtemps regretté que mon inexpérience comme dessinateur ôtât beaucoup de leur valeur aux mémoires que j'ai publiés sur la botanique.

Enfin, lorsque nous considérons que le grand avantage d'une gravure sur une description, c'est que la première nous donne en un instant les détails que nous ne tirons de la seconde qu'à force d'étude, nous exigeons que chaque gravure, chaque dessin soit aussi complet que la clarté et la précision le comportent. Les esquisses, les portraits qui ne donnent pas les détails de structure, négligent souvent les caractères essentiels que nous recherchons; si, au contraire, les détails ne sont pas accompagnés des contours généraux, il nous manquera un moyen puissant d'en fixer la signification dans notre esprit. Les détails de structure peuvent pécher également par le trop grand ou le trop petit nombre; ils peuvent être sur une trop grande ou une trop petite échelle. Si la gravure est surchargée de détails peu importants, ou que l'esquisse générale indique suffisamment, ces détails détournent l'attention de ceux sur lesquels elle devrait se porter tout d'abord; si ces détails se trouvent grossis plus que la clarté ne l'exige, ils demandent d'autant plus d'efforts pour être compris, à moins toutefois qu'ils ne soient destinés à garnir les murailles d'une salle de cours. C'est là, je crois, le reproche que l'on peut faire à quelques tableaux des muscles des vertébrés, ou de la structure interne des insectes; et je sais qu'il en est de même de ceux des ovules et autres organes microscopiques des fleurs par Griffith et quelques autres naturalistes : malgré toute leur valeur scientifique, ces tableaux ne rendent que peu de services, parce qu'ils sont faits sur une trop grande échelle. La disposition des planches est fort importante; on doit se souvenir qu'il ne s'agit pas de plaire aux yeux, mais de présenter à la fois la plus grande somme possible de détails comparables, sans produire de confusion.

Les planches biologiques ont généralement fait beaucoup de progrès de nos jours. Il est vrai que quelques-unes des représentations d'animaux et de plantes qui remontent au milieu du siècle dernier peuvent lutter avec les travaux modernes, sous le rapport des contours généraux et de la physionomie; mais les détails analytiques étaient autrefois presque entièrement négligés, et la couleur, quand on y avait recours, était voyante et inexacte. En Angleterre, nous sommes sans rivaux, je crois pouvoir le dire, pour l'effet artistique, et aussi, malheureusement pour le naturaliste, pour le prix élevé de nos meilleures planches de zoologie et de botanique; les Français se distinguent par le choix, l'arrangement et l'exécution des détails scientifiques — citons comme exemples quelques-unes des publications du Muséum de Paris, telles que les Malpighiacées d'Adrien de Jussieu — ainsi que par les excellentes gravures sur bois qui illustrent leurs ouvrages populaires; les Allemands et certains peuples du Nord se font remarquer par l'admirable netteté de leurs dessins d'objets microscopiques, exécutés à un prix relativement minime, ce qui est dû, en partie du moins, à l'habitude qu'ils ont de graver sur la pierre lithographique.

V. — Descriptions écrites

C'est sur les descriptions écrites que nous comptons principalement pour faire connaître à ceux qui s'occupens d'histoire naturelle les résultats que nous a donnés l'étude de animaux et des plantes; mais il y a deux sortes de descriptions, les descriptions individuelles et les descriptions d'espèces, de genres ou de races. Les premières, comme les spécimens conservés ou comme les planches, sont des matériaux d'études; les uns et les autres n'exigent guère pour leur préparation qu'un peu d'habileté guidée par une connaissance générale du sujet; mais les descriptions abstraites, soit qu'elles se rapportent aux espèces ou à des races d'un degré supérieur, exigent la connaissance des rapports mutuels qui existent entre les individus et les races, et de la classification qui en résulte, connaissances qui constituent la biologie systématique. C'est là une distinction dont il faut toujours tenir compte pour juger tous les ouvrages descriptifs. Tout débutant peut, avec un peu de soin, écrire une longue description d'un individu, qui soit d'une exactitude irréprochable; mais pour préparer une bonne description d'espèces, il faut bien connaître le sujet, il faut savoir apprécier l'importance des points que l'on indique. Cette description ne peut être utile qu'à condition d'être exacte; elle doit être complète sans redondance, concise sans être obscure, abstraite et non individuelle; enfin, l'abstraction doit être judicieuse et fidèle, ce qui est la qualité la plus difficile à acquérir, et le grand point pour la science.

La grande importance de l'exactitude est trop évidente pour qu'il soit nécessaire d'y insister. Nous sommes tous exposés aux erreurs d'observation. Une vue imparfaite, des instruments inexacts, des illusions d'optique, un état accidentellement anormal du spécimen que l'on étudie, un jugement trop précipité sur ce que l'on a vu, sous l'influence de théories préconçues, voilà autant de causes qui ont souvent induit en erreur les naturalistes les plus éminents. Pour se mettre en garde contre ces erreurs, il importe de répéter les observations sur des spécimens différents, et de les vérifier à chaque pas au moyen de l'analogie. Quand une fois des erreurs ont été admises sur un témoignage qui paraît digne de foi, il est très-difficile de les corriger, et elles servent de base à plus d'une théorie erronée. Si nous reconnaissons qu'un auteur s'est souvent rendu coupable d'examens peu sérieux et de conclusions trop précipitées, nous sommes en droit de ne plus admettre ni ses descriptions, ni ses genres, ni ses espèces qu'après vérification; mais une erreur accidentelle de la part d'un naturaliste qui a fait ses preuves est ce qu'il y a de plus dangereux, malgré l'ardeur avec laquelle certains commençants se livrent à cette recherche. Je ne crois pas qu'il y ait jamais eu de botaniste qui mît plus de soin que Robert Brown à vérifier ses observations à plusieurs reprises, et à les soumettre à toutes les épreuves que lui fournissait son esprit essentiellement généralisateur; nul ne commit jamais moins d'erreurs et n'établit ses théories sur un terrain plus solide; et malgré cela, Brown lui-même a laissé échapper quelques négligences sur des points de détail, négligences dont se sont, de nos jours, avidement emparés quelques botanistes amateurs de paradoxes, qui espéraient se justifier ainsi de consacrer leur temps et leurs forces à contester plusieurs de ses découvertes et de ses conclusions les plus importantes.

Nous l'avons dit, une description doit être tout à la fois complète et concise; ce sont là deux qualités fort importantes au point de vue de la pratique. Une description, quelque exacte qu'elle soit d'ailleurs, est absolument inutile si elle ne donne pas les points essentiels; elle ne l'est guère moins si ces points essentiels sont noyés dans une mer de détails inutiles. Le difficile est de reconnaître quels sont ces points essentiels; et c'est même là une des causes de la supériorité des monographies et des flores sur les descriptions isolées, comme celles des mémoires zoologiques et botaniques des voyages d'exploration. J'ai déjà insisté sur cette idée en 1862. Dans les premières, l'auteur doit également examiner et classifier toutes les familles alliées, et reconnaître ainsi les points essentiels; dans les autres, il est trop aisément e cué à se fier à ce qu'il croit essentiel. Ma longue expérience des descriptions botaniques, comme lecteur et comme auteur, m'a fait voir combien il est difficile d'en préparer une qui soit vraiment bonne, et à quel point il est impossible d'arriver à rien de satisfaisant d'après une première observation d'un seul échantillon. Avec quelque soin que vous ayez noté tous les points qui se présentent, vous trouverez, après l'examen comparatif d'autres échantillons de la même famille, plus d'une erreur à corriger, plus d'une omission à réparer, sans compter ce qu'il faut retrancher. J'ai eu plus d'une fois à vérifier la même espèce dans deux auteurs différents; chez l'un, je trouvais une description de quelques lignes qui satisfaisait immédiatement l'esprit, tandis que, dans l'autre, il me fallait laborieusement étudier deux ou trois pages in-quarto de détails minutieux, où il manquait, après tout, quelques-uns des points essentiels.

Mais le grand problème à résoudre à chaque pas que fait la biologie systématique ou descriptive, le problème qui lui donne une si grande importance scientifique, c'est celui de la découverte et de l'appréciation des affinités et des rapports mutuels; et mes propres souvenirs me permettent de dire que, sur ce point, la science a fait d'immenses progrès, surtout pendant les dernières années. On a trop souvent constaté la substitution graduelle de la classification naturelle à la classification artificielle, pour qu'il soit nécessaire de revenir sur cette idée. Il est, je crois, universellement admis à présent qu'une espèce est un ensemble d'individus liés par certaines ressemblances ou affinités dues à une origine commune. Il est également reconnu que, pour être étudiées avec fruit, ces espèces doivent être distribuées en groupes d'après des ressemblances ou affinités moins intimes que celles qui servent à établir les espèces. Mais c'est ici que commence la différence d'opinions sur le sens de ces affinités plus éloignées : proviennent-elles aussi d'une origine commune, ou de cette imitation supposée d'un type, dont j'ai parlé plus haut? Néanmoins, pour ceux aux yeux desquels affinité signifie communauté d'origine, il est difficile de renoncer à une explication si facile des ressemblances et des différences mystérieuses dont l'étude est notre principe fondamental et notre guide dans nos classifications. Tout cela a déjà été dit par de plus habiles que moi; le seul but que je me propose en le répétant, c'est d'insister sur la nécessité de traiter tous les groupes systématiques, depuis l'ordre jusqu'au genre, à l'espèce ou à la variété, comme des familles de même nature, comme des collections d'individus entre lesquels il existe une parenté plus proche qu'avec les individus de toute autre famille du même degré, et aussi sur la nécessité de renoncer à l'expression de type d'un genre ou d'un autre groupe, si ce n'est dans un sens purement historique, et comme question de nomenclature (1). Si un genre demande à être divisé, nos règles de nomenclature exigent que le nom primitif soit conservé à la subdivision à laquelle appartient l'espèce que le fondateur du genre a particulièrement eue en vue en en établissant le caractère; c'est pour cela, et pour cela seulement, qu'il devient nécessaire de demander quelle était ou quelles étaient les espèces types, — types du biologiste ou, pour mieux dire, de l'artiste, et non de la nature.

Sans répéter ce que j'ai souvent dit de la supériorité relative des monographies et des faunes ou des flores sur les descriptions diverses, je puis ajouter que les immenses progrès faits dans l'accumulation des espèces connues, rendent désormais bien moindre encore l'importance relative que peut avoir pour la science l'addition de quelques formes nouvelles, si on la compare au classement convenable et à l'appréciation exacte de celles qui sont déjà connues. On a beaucoup fait à cet égard pendant les dernières années; et néanmoins quelques branches de la biologie, et plus encore peut-être de l'entomologie, sont fort en arrière au point de vue des données utiles dont nous avons besoin pour bien étudier l'histoire des espèces et de leur généalogie, de leur origine, de leur développement, de leurs migrations, de leurs rapports mutuels, de leurs luttes, de leur déclin, et enfin de leur disparition. Il est à craindre que, pour les insectes comme pour les plantes, une proportion beaucoup trop considérable des innombrables genres et sous-genres reconnus ne soit fondée plutôt sur le classement fait par quelque collectionneur que sur l'étude des affinités; et il faut bien qu'il en soit ainsi dans bien des cas, tant que nous ne connaîtrons un grand nombre d'insectes que par la forme extérieure qui correspond à une seule des phases variées de leur existence.

Le temps d'un *système de la nature*, ce temps où l'on prétendait, dans un seul ouvrage, présenter le tableau de tous les genres et de toutes les espèces des êtres organisés, est bien loin de nous. Même un *Species plantarum* est devenu presque impossible, maintenant que le nombre de ces espèces est certainement de plus de 100.000. La dernière tentative de ce genre, le *Prodromus* de de Candolle, a été commencée il y a près de quarante ans : la première partie a tout à fait vieilli, et tout ce qu'il est permis d'espérer, c'est d'en voir terminer bientôt une des trois grandes classes. Sans les insectes, le travail sur les animaux aurait été plus facile. Les mammifères peuvent compter de 2000 à 3000 espèces vivantes; les oiseaux, à peu près 10 000; les reptiles et les amphibies, moins de 2000; les poissons environ 10 000; les crustacés et les arachnides, un peu plus de 10 000; les mollusques, environ 20 000; les vers, les actinozoaires et les amorphozoaires, moins de 6000. Or, la classification scientifique et la description de toutes les espèces connues de chaque groupe ne serait pas une trop lourde tâche pour des naturalistes connaissant à fond chacun un groupe spécial. Pour un groupe important, celui des poissons, ce travail a été exécuté de la manière la plus satisfaisante dans l'admirable ouvrage du docteur Günther sur les genres et les espèces de tous les poissons connus, ouvrage auquel il a eu tort de donner le titre trop modeste de *Catalogue des poissons du Muséum britannique*, et dont le septième et dernier volume a paru tout récemment. Nous pouvons tous apprécier les vues pleines d'une saine philosophie qui se trouvent exprimées dans la préface de ce volume, laquelle, par une étrange méprise, est signée d'un nom autre que le sien; et tous les zoologistes sont d'accord pour reconnaître le soin avec lequel ces vues ont été appliquées aux moindres détails. Cependant les insectes sont la grande pierre d'achoppement des zoologistes. Gerstäcker évalue le nombre des espèces

(1) Dans les leçons, on désigne quelquefois une certaine espèce comme le *type* d'un genre, c'est-à-dire comme en représentant bien les caractères principaux; mais pour empêcher toute confusion possible avec le *type* imaginaire, il vaudrait assurément mieux se servir du mot *exemple*, comme on le fait souvent. Dans la biologie géographique, on emploie aussi le mot type dans un autre sens, qui ne donne lieu à aucune erreur.

décrites à environ 160 000, qui se répartissent ainsi : coléoptères, 90 000 ; hyménoptères, 25 000 ; diptères, 24 000 ; lépidoptères, de 22 000 à 24 000. Selon M. Bates, pour les coléoptères du moins, cette évaluation est d'un tiers trop forte ; mais, même en faisant cette réduction, le nombre qui resterait serait encore supérieur à celui des plantes, et il est probable que le rapport du nombre des espèces encore inconnues à celui des espèces décrites, est bien plus grand pour les insectes que pour les plantes. Nous ne devons donc plus nous attendre à voir publier sur les genres et les espèces des insectes un ouvrage dû au travail d'un seul auteur, ou même rédigé sous la direction d'une seule intelligence. Mais le système de la division du travail, maintenant adopté par les entomologistes, pourra nous donner cet ouvrage par fragments détachés ; le seul inconvénient sera que, plus la portion de la grande classe naturelle des Arthropodes à laquelle l'entomologiste se bornera sera petite, moins il pourra apprécier la signification des caractères distinctifs, et plus il sera disposé à multiplier les petits genres, c'est-à-dire à exagérer l'importance des familles des degrés inférieurs, inconvénient grave pour le naturaliste général qui voudra se servir des travaux de son confrère.

Un traité des genres des plantes est encore dans les limites des forces d'un seul botaniste ; mais il devra nécessairement s'en rapporter sur bien des points aux observations d'autrui, ce qui est bien loin de valoir l'examen personnel des espèces. Le dernier travail complet sur ce sujet est celui d'Endlicher ; mais cet ouvrage, qui a demandé plusieurs années d'études assidues, date maintenant de trente ans. Le docteur Hooker et moi, nous en avions commencé un autre, dont la première partie a paru en 1862 et qui aurait pu être terminé vers ce moment, si bien d'autres travaux commencés ne nous avaient retardés, quoique les recherches indispensables pour ces autres travaux soient loin d'être perdues pour les *genres des plantes*. Quoi qu'il en soit, la partie maintenant achevée nous mène jusqu'à la fin des *composites*, ce qui représente à peu près la moitié des plantes *phanérogames*. Comme ouvrage de description ou d'exposition encore plus générale des familles ou des ordres des plantes, nous n'avons rien d'important depuis le *Règne végétal* de Lindley, qui est de 1845, mais qui a été réimprimé avec quelques additions et corrections en 1853. Citons encore le *Traité général* de Le Maout et Decaisne, que j'ai eu occasion de mentionner en 1868, et dont madame Hooker prépare maintenant une traduction anglaise, sous la direction du docteur Hooker. Le docteur Baillon a également commencé une *Histoire des plantes*, qui contient beaucoup d'observations nouvelles et utiles, et qui est illustrée d'excellentes gravures sur bois ; mais, comme traité général, une partie de cet ouvrege a un caractère trop populaire, quelquefois trop diffus, pour être fort utile à la science, et, d'autre part, les caractères des genres ont quelque chose de trop technique pour un ouvrage populaire, où ils ne sont pas rapprochés dans un tableau d'ensemble ; en outre, le volume trop considérable de l'ouvrage, eu égard à ce qu'on y apprend, sera toujours un défaut sérieux. Je ne puis croire que l'auteur ait lu le prospectus dans lequel l'éditeur a l'audace d'annoncer que l'ouvrage complet aura environ huit volumes. Si l'on suit le même plan que pour le premier volume, il y en aura quatre ou cinq fois ce nombre.

Pour la zoologie, le précieux ouvrage de Bronn, intitulé *Klassen und Ordnungen des Thierreichs*, continué, depuis la mort de Bronn, par Keferstein et d'autres, et dont j'ai parlé en 1866, n'a fait que peu de progrès. Les *Amorphozoaires*, les *Actinozoaires* et les *Mollusques*, qui forment les deux premiers volumes, étaient alors achevés ; depuis lors, Gerstäcker s'est occupé des Arthropodes, en commençant par les Crustacés, pour le troisième volume, dont il n'y a encore que les généralités, avec les Cirripèdes et les Copépodes, de publiés. Selenka a aussi donné trois ou quatre parties du sixième volume, consacré aux oiseaux : il y traite la partie anatomique et les généralités avec de grands détails. Un autre travail général de mérite, quoique sur une échelle moins étendue, n'a guère marché plus vite ; je veux parler du *Handbuch der Zoologie* de Carus et Gerstäcker. Le second volume, contenant les *Arthropodes*, les *Mollusques* et les animaux inférieurs, est publié depuis 1861 ; en 1868 est venu s'y ajouter la première moitié des Vertébrés, pour le premier volume, avec la promesse que le reste paraîtrait en automne : nous l'attendons encore. Parmi les autres manuels de zoologie scientifique publiés sur le continent, les principaux sont celui de Harting, publié à Tiel, en Hollande, dont il n'avait encore paru en 1870 que trois volumes, contenant les Crustacés, les Vers, les Mollusques et les animaux inférieurs ; le livre du savant suédois A. E. Holmgren, intitulé *Handbok i Zoologi*, dont les Mammifères ont été publiés en 1865, et les Oiseaux de 1868 à 1871 ; enfin le *Grundzüge* de Claus, et le *Handbuch* de Troschel, destinés aux élèves des universités allemandes.

G. Bentham.

— La suite à un prochain numéro. —

CONGRÈS INTERNATIONAL D'ANTHROPOLOGIE ET D'ARCHÉOLOGIE PRÉHISTORIQUES (1)

SESSION DE BOLOGNE

Sommaire. — L'homme préhistorique en Italie (M. Nicolucci). — L'anthropophagie et les sacrifices humains (M. Vogt). — Compte rendu des courses à Marzabotto et à la Certosa (M. Conestabile). — La ville étrusque de Marzabotto (M. Chierici). — Les deux époques du bronze en Scandinavie (M. Montelius). — Découvertes préhistoriques en Portugal (M. da Sylva). — L'âge du bronze dans le sud-est de la France. Les palafittes de Paladru (M. Chantre). — Station de l'âge du Renne dans la vallée du Gardon (M. Cazalis de Fondouce). — Excursion à Ravenne. — Les Kjœkkenmœddings de l'Amérique du Nord (M. White). — Position archéologique de la Finlande (M. Aspelin). — Encore quelques mots à propos de Marzabotto (MM. Desor, Conestabile). — Choix de la Belgique pour le prochain congrès. — Clôture du congrès.

VENDREDI 6 OCTOBRE.

Visite à la Certosa.

A huit heures du matin, les membres du Congrès partaient de l'*Archiginnasio* pour aller visiter les fouilles de la *Certosa*, sous la conduite du syndic de Bologne, M. le commandeur Casarini, et de l'ingénieur Zannoni, qui en dirige les travaux. La *Certosa*, ancien couvent de chartreux bâti en 1335, est devenue depuis 1801 le centre du cimetière communal de Bologne, qui occupe aujourd'hui, non-seulement l'ancien cloître, mais encore de vastes terrains situés tout autour. C'est un cimetière d'un genre tout particulier et des plus remarquables. Des séries de portiques, formant de longues galeries, se

(1) Suite et fin. — Voyez le numéro précédent, page 530.

développent autour de l'ancienne chartreuse, et c'est dans l'épaisseur des murailles que sont déposés les corps. Des statues et des bas-reliefs, dont certains ne sont pas sans valeur, ornent les portiques de ce *Campo Santo* original, qui ressemble peut-être plus à un musée lapidaire qu'à un cimetière.

En 1869, en creusant une tombe dans une des chapelles de la *Certosa,* les ouvriers mirent à découvert une *ciste,* dans un petit puits dont les parois étaient bâties avec des cailloux à sec. Rapprochant aussitôt cette découverte d'autres faites à différentes époques dans le *Champ de l'Hôpital*, M. Zannoni pensa qu'il devait y avoir là un cimetière antique. Il fit partager sa conviction à la junte municipale, et put bientôt commencer des fouilles qui, sous son habile direction, ont donné des résultats qui ont dépassé toutes les espérances.

Quatre groupes de sépultures ont été mis à jour dans le cimetière de la chartreuse : le plus vaste, dans la partie nord du champ appelé *de l'Hôpital,* l'autre, dans la partie méridionale du même champ, le troisième, dans l'espace compris sous la chapelle de la Vierge, les constructions voisines, partie de la chapelle des Anges et la petite chapelle postérieure; enfin, le dernier groupe est dans le champ des galeries. Dans le premier groupe, on a exploré 187 sépultures, dans le second 38, dans le troisième 130, dans le quatrième 10. Elles appartiennent toutes à deux types bien distincts, l'inhumation et l'incinération, dans la proportion d'environ 2 du premier pour 1 du second. La profondeur à laquelle se trouvent les tombes varie, pour celles de la première catégorie, de $1^m,21$ à $6^m,13$, et pour celles de la seconde de $0^m,26$ à $5^m,83$ au-dessous du sol antique, qui est lui-même en contre-bas du sol actuel de $1^m,37$ en moyenne. Tous les objets qui ont été retirés de ces fouilles ont été réunis dans le musée de l'*Archiginnasio,* dont ils remplissent deux grandes salles. Ils se rapportent tous à l'époque étrusque la plus pure, et marquent l'épanouissement de cette civilisation dont M. Gozzadini a retrouvé les débuts à Villanova et suivi le développement à Marzabotto : de sorte que l'on ne peut douter que l'on n'ait à la *Certosa* la nécropole de l'antique *Felsina.* Un vase de bronze, trouvé dans ces fouilles, mérite une mention spéciale, car c'est un exemplaire jusqu'à aujourd'hui unique. Il a $0^m,32$ de hauteur, et présente la forme d'un cône tronqué à sa partie inférieure. La panse est divisée en quatre zones, sur chacune desquelles sont figurées, en bas-relief, des scènes qui rendent ce vase des plus précieux par les détails de mœurs et de costumes qu'elles révèlent.

Séance de l'après-midi. — Présidence de M. de Mortillet.

M. Nicolucci veut traiter devant le Congrès la question de *l'Homme préhistorique en Italie,* car le magnifique tableau des immigrations âryennes, que M. Conestabile a déroulé dans une des précédentes séances, ne lui paraît pas complet. Les Aryens n'ont en effet commencé à pénétrer dans nos contrées qu'à la fin de l'âge néolithique, puisqu'ils nous ont apporté les premiers métaux. Ils ont trouvé en Europe une race d'hommes dont la fable et l'histoire ont gardé le souvenir, et que les anciens auteurs désignent sous le nom d'*Autochthones* ou d'*Aborigènes.*

Les premières traces de la présence de l'Homme dans l'Italie centrale sont contenues dans des terrains de transport rapportés par les uns au pliocène, mais plus probablement de la première période de l'époque quaternaire. Tels sont les nombreux silex des anciennes alluvions du Tibre, de l'Inviolatella, des grottes de la Sicile, qui ne peuvent laisser de doute sur l'existence de l'homme en Italie depuis le commencement de l'époque glaciaire. On a trouvé ses restes même près du Pô, entre Voghera et Pavie, dans les travertins d'Orvieto, en Ombrie, dans le Val de l'Olmo, près d'Arezzo et dans l'île de Livi. La capacité intérieure des crânes de cette époque, qui sont indistinctement brachicéphales et dolichocéphales, est très-limitée; les os sont épais, gros et pesants; la forme du crâne, presque toujours ogivale, très-élargie dans la partie postérieure; le front bas, étroit, presque toujours fuyant, les arcades sourcilières plus ou moins proéminentes et rapprochées entre elles jusqu'à se confondre dans la ligne médiane. Un rudiment de crête s'élève au milieu du front, se prolongeant jusqu'à la moitié de la suture sagittale, où elle se termine par une forte dépression circulaire de $0^m,02$ à $0^m,03$ de diamètre. Une gouttière correspond intérieurement à cette crête extérieure. Le trou occipital est toujours plus en arrière que dans les crânes italiens des âges postérieurs. On n'a pas pu encore étudier la face. Si l'on en juge par les crânes, la taille de ces hommes était donc petite, mais leur puissance musculaire devait être considérable.

A l'âge de la pierre polie, il y a déjà des modifications. On a trouvé l'Homme de cet âge dans une crypte sépulcrale à *Cantalupo Mandela,* près de Rome. Son front est large, élevé, moins fuyant; la moitié antérieure et la postérieure mieux proportionnées entre elles; la région temporale plus élargie, la tête plus régulièrement courbée, le trou occipal plus central, les os moins lourds et moins épais. La capacité intérieure du crâne a augmenté et la taille s'est élevée. Il y a toujours des brachicéphales et des dolichocéphales, et l'on remarque un léger prognathisme maxillaire corrigé par l'implantation verticale des dents.

A l'époque du bronze, la tête a continué à se développer dans toutes ses parties. Le front est large et élevé; la proportion entre les deux moitiés bien établie; l'épaisseur des os normale, ainsi que la capacité de la boîte crânienne. A l'âge du fer, le type crânien est fixé dans les diverses provinces italiennes, et les variations qu'il pourra subir postérieurement ne doivent être attribuées qu'à l'arrivée de peuples étrangers.

Les crânes brachicéphales ont été rencontrés dans le Piémont, le Modénais, l'île d'Elbe et dans une des cryptes de Cantalupo; les dolichocéphales, à l'île d'Elbe, dans l'Ombrie, à Cantalupo, à l'île de Livi. Or, les populations de l'Italie supérieure sont encore aujourd'hui brachicéphales, celles de la basse Italie dolichocéphales, celles de l'île d'Elbe, de l'Ombrie, sont mélangées, ainsi que celles de la province de Rome. M. Nicolucci conclut de toutes ces considérations que l'Homme a subi en Italie un développement graduel, physique et intellectuel, depuis l'époque quaternaire jusqu'aux temps historiques.

M. Mantegazza pense que la difficulté est très-grande lorsqu'il faut juger sur de petits fragments comme le sont généralement ceux des crânes les plus anciens. Aussi croit-il que tout ce que l'on a écrit sur les anciens types doit être suivi de plusieurs points d'interrogation. Il voudrait que l'on mît à l'étude la question de la hiérarchie du type crânien. Ne trouve-t-on pas en effet des crânes étrusques, comme l'a très-bien établi M. Nicolucci, à Marzabotto aussi bien qu'à la Certosa? Et aujourd'hui, n'y a-t-il pas dans le midi de la Sardaigne deux types de crânes venant tous deux des confins des âges préhistoriques : l'un très-long, probablement sémitique, l'autre égyptien ? Il conclut en disant que plus on étudie les grands problèmes anthropologiques, plus on les trouve compliqués, et que, dans l'état actuel de nos connaissances crâniologiques, il faut se méfier infiniment des conclusions, étudier beaucoup et avoir de la patience.

M. Vogt prend ensuite la parole sur *l'anthropophagie et les sacrifices humains.* Loin d'être liés à l'état le plus barbare de l'humanité, l'anthropophagie et les sacrifices humains sont, dit-il, une phase, et une phase nécessaire, du développement de la civilisation. D'une part, en effet, nous voyons que les tribus anthropophages sont plus civilisées que celles qui ne le sont pas. Tels sont les Fidjiens et les Bassoutos, qui sont d'ailleurs de mœurs douces et d'une politesse exquise. D'autre part, les faits avancés par Spring, Worsaœ, Capellini, Garrigou, comme indiquant l'habitude de l'anthropophagie chez l'homme préhistorique, se rapportent tous à un âge déjà avancé en civilisation, mais il n'y a pas un fait qui puisse laisser supposer l'existence de cet usage dans les premiers temps de l'âge de la pierre. Enfin, l'Homme n'est pas anthropophage par instinct, puisque ses dents et la longueur de son tube intestinal indiquent plutôt un frugivore qu'un carnivore, et qu'il constituerait une exception dans le règne animal où il est assez rare qu'un animal mange son semblable. Telles sont les prémisses posées par M. Vogt, qui se propose de prouver dans ce discours qu'aucun peuple n'a été exempt de ces habitudes, et que l'anthropophagie est encore en usage dans toute l'Europe avec les sacrifices humains qui en découlent.

La cause la plus générale de l'anthropophagie n'est, dit-il, ni la nécessité, ni la soif de la vengeance, elle est toute dans des idées métaphysiques sur les rapports entre l'âme et le corps. Tous les peuples arrivent à penser que les qualités psychiques sont intimement liées avec certaines parties du corps, et qu'en mangeant celles-ci on augmente chez soi ces qualités. L'Indien mange du cerf pour se donner de la vitesse dans la course, du lion pour en acquérir la force. Il est naturel, dès lors, qu'on en arrive à manger les chefs et les gens valeureux pour gagner de la puissance et du courage. Et non-seulement on acquiert ainsi les qualités de celui que l'on mange, mais on l'absorbe complétement, on l'éteint à son profit et l'on en prend le nom (Nouvelle-Zélande). D'abord on mange son adversaire. Ce repas devient bientôt un privilége pour l'homme à l'exclusion de la femme ; puis pour un chef ou une tribu qui acquiert ainsi des qualités particulières. Plus tard on se contente de manger une partie du corps : le cœur, les yeux. C'est le commencement de l'anthropophagie symbolique, dont il ne reste bientôt plus qu'un titre royal. Le premier nom de la reine Pomaré était *Aïmata — Je mange l'œil.* Enfin, comme l'Homme se fait son dieu à son image, celui-ci est le plus puissant des chefs, et il finit par le manger réellement ou symboliquement pour acquérir ses qualités suprêmes.

Les sacrifices humains sont intimement liés avec l'anthropophagie. Le sacrifice punit la victime pour les crimes d'un autre, car le dieu partage toutes les passions de l'Homme. Comme lui, il est irascible et sa colère demande une victime à frapper, si l'on veut lui arracher le coupable. D'ailleurs, l'Homme ne peut s'imaginer un être vivant sans nourriture ; si donc il veut un dieu vivant, il faut qu'il le nourrisse. Les deux idées sont par conséquent nécessairement liées : on offre au dieu des victimes pour qu'il les mange, ou pour l'apaiser. On choisit des victimes d'autant plus précieuses qu'on veut plus l'honorer. D'abord ce sont des colombes, puis des jeunes filles. Le sacrifice devient enfin symbolique, comme on le voit chez les Romains, où les sacrifices humains n'étaient consommés que dans de grandes occasions. Ce n'est pas tout encore : plus le crime est grand, plus l'expiation doit être grande, plus la victime doit être distinguée, et les dieux eux-mêmes sont sacrifiés aux dieux. C'est ce qui se passait chez les anciens Mexicains, où le prêtre-chef et la victime portaient tous deux le costume du dieu. M. Vogt a oublié de conclure dans la séance ; nous croyons devoir réparer cet oubli, et, bien que nous ayons plus d'une réserve à faire et que nous ne partagions pas ses opinions à cet égard, devoir dégager la conclusion qui domine toute sa dissertation et qu'il avait annoncée en commençant, savoir que toute l'Europe chrétienne en est, dans la célébration de la Cène, au sacrifice des anciens Mexicains et à l'anthropophagie symbolique.

M. le comte Conestabile rend compte des *courses de Marzabotto et de la Certosa.* Les objets que l'on a découverts dans les tombeaux de Marzabotto sont très intéressants, parce qu'ils sont les indices d'une civilisation très-avancée, bien qu'elle n'ait pas toutefois atteint la hauteur de celle dont parlait tantôt M. Vogt, la civilisation de l'anthropophagie. Les objets de bronze décèlent deux époques bien distinctes dans ces sépultures : une statuette de Vénus (?), à cachet asiatique, très-bien travaillée, peut être rapportée au IIe siècle de Rome ; un autre groupe très-intéressant, Mars embrassant Vénus, joint au caractère lourd de l'art étrusque une délicatesse de physionomie qui lui donne un air grec. Une certaine quantité de vases peints témoignent d'une civilisation assez avancée. Il y a encore des épingles à cheveux, des situles, des cistes de bronze, destinées à recevoir les ossements brûlés. Ces cistes sont une spécialité de l'Étrurie septentrionale ; dans l'Étrurie centrale, elles sont remplacées par des urnes cinéraires en poterie. Il y a également des objets de fer, épées, pointes de lance, preuve d'une époque déjà plus avancée que celle de Villanova, où ce métal n'apparaît que comme une rareté. Il y a des tombeaux rectangulaires et des puits funéraires excessivement curieux, construits en cailloux roulés. Nous y trouvons aussi une construction très-remarquable, dans laquelle on pénétrait par des degrés. Elle ne présente plus que le soubassement en tuf, de style toscan, analogue à ceux des monuments sépulcraux de l'Étrurie centrale.

Une partie de la nécropole est sur les pentes de la colline, qui forme le parc de Marzabotto, une autre dans la plaine. Ici les tombeaux sont formés de quatre dalles et d'un couvert en forme de toit. Dans la plaine même, tout près du fleuve, il y a des rues et des constructions rectangulaires. M. Gozzadini ne voit dans tout cela qu'une nécropole : M. Conestabile est obligé, bien à regret, de se séparer en cela de son savant confrère, car il croit que, dans la partie qu'il a découverte récemment, il y a des restes qui semblent appartenir à la ville à laquelle devait se rattacher la nécropole de Marzabotto. Ce qui le fait supposer, c'est qu'il y a là une rue large de $5^{m},50$, présentant des fondations rectangulaires sur les deux côtés, et des trottoirs en grandes dalles, comme ceux des rues de Pompéi. Il faut ajouter, pour être juste, qu'au milieu de ces fondations on a trouvé des puits funéraires, ce qui ne laisse pas d'être assez embarrassant, les Étrusques n'étant pas dans l'habitude de mêler les morts avec les vivants. Cette nécropole doit être rapportée entre le IIIe et le Ve siècle de Rome, puisque les Gaulois Boïens mirent fin à la domination étrusque dans cette partie de l'Étrurie, vers le milieu du IVe siècle. La rareté des inscriptions ne permet pas de supposer qu'elle ait été en usage au delà de cette époque, car la masse des inscriptions étrusques ne date guère que de ce moment, et elle devient d'autant plus considérable que l'on se rapproche de l'ère chrétienne.

A la Certosa, nous avons des choses à peu près de la même époque qu'à Marzabotto, peut-être un peu plus récentes. Mais à Villanova nous sommes à une époque bien plus ancienne. Il y a là quelque chose de spécial qui doit servir à éclaircir la question des origines de la civilisation étrusque. On a bien contesté l'étruscisme des tombeaux de Villanova; mais M. Gozzadini a répondu victorieusement à cette objection en les comparant avec ceux du Tyrol, qui portent des inscriptions étrusques. D'ailleurs il y a des crânes étrusques à Villanova comme à Marzabotto, de sorte qu'il n'y a pas de difficulté au point de vue crâniologique. Revenant sur l'opinion émise par M. Desor dans une séance précédente, M. Conestabile pense, comme lui, que l'on peut se baser sur Villanova pour séparer les temps historiques des préhistoriques. Au delà on trouve les terramares, qui ne se ressentent que vers leur fin de l'influence étrusque, mais qui appartiennent de la façon la plus générale à une civilisation antérieure. Pour élucider complétement cette question et étudier l'influence et l'expansion de la civilisation étrusque, il faudrait comparer avec elle les terramares, les palafittes de la Suisse et le cimetière de Hallstadt.

M. LE COMTE GOZZADINI signale quelques particularités pour prouver que les cellules rectangulaires n'ont pas été des habitations. Ce sont : 1° la capacité suffisante pour un mort et non pour un vivant; 2° la présence de puits funéraires au milieu des cellules; 3° la faible épaisseur des murs, suffisants pour former des séparations dans la terre, mais incapables de supporter le poids de murailles élevées et couvertes de toitures; 4° les tuiles plates n'ont pas servi à former des toits, puisqu'on en trouve aussi dans les puits funéraires, et qu'il y a des tombes faites entièrement avec ces tuiles; 5° il n'y a pas de vestige de communication des cellules entre elles ou avec l'extérieur; 6° si certaines cellules étaient des tombes, comme cela est certain, comment les autres seraient-elles des habitations?

M. LE PROFESSEUR CHIERICI prend bien à regret la parole pour combattre l'opinion de M. Gozzadini. Nous avons bien vu des tombes à Marzabotto, mais elles renferment les restes des habitants d'une cité fondée pendant le premier âge du fer, qui correspond à l'arrivée des Étrusques dans la vallée du Pô. Dans Marzabotto, il y a quatre emplacements qui portent aujourd'hui les noms de *Misano*, de *Misanello*, de *Morello* et de *Campucelliera*. *Misanello* est la petite colline au pied de laquelle nous avons vu les tombes qui ont été fouillées en notre présence. Là sont les monuments les plus remarquables de Marzabotto, notamment le grand soubassement en tuf dont a parlé M. Conestabile, et que M. Chierici considère comme ayant appartenu à un temple. De ce point descendait vers *Misano* une source dont on peut suivre l'aqueduc en tuf sur une longueur de 30 mètres. A *Campucelliera* est le principal groupe des tombes faites avec de grandes dalles de tuf. Des tombes semblables se trouvent encore à *Morello*. Au centre de ces trois points est *Misano*. C'est une grande plaine toute parsemée de constructions en cailloux à sec, dans lesquelles M. Gozzadini n'a aperçu que des tombes, mais où M. Chierici voit, au contraire, les restes de maisons et de rues ayant formé jadis une ville que, faute d'autre nom, il désigne sous celui de *Misano*.

Il expose ensuite à l'appui de son opinion les faits qu'il a pu constater le jour de la course avec MM. Conestabile, Regnoli, Zannoni, Desor et de Mortillet. Une rue longue de 300 mètres et large de 14 mètres se reconnaît du sud au nord dans la direction de *Campucelliera*. Une autre rue de même dimension coupait celle-ci perpendiculairement de l'est à l'ouest, en allant vers *Morello*. Des constructions se reconnaissent sur les côtés de ces deux voies, qui sont pavées avec des cailloux et des dalles atteignant jusqu'à 1 mètre carré. Il y a des trottoirs sur les deux côtés, et au delà, des fossés pour l'écoulement des eaux, qui y sont conduites depuis la rue par de petits canaux passant sous les trottoirs. De distance en distance des passages de pierre établissent la communication d'un trottoir à l'autre, exactement comme à Pompéi. Les cellules quadrangulaires, qui ne sont que les subdivisions des maisons, sont entrecoupées par des voies secondaires, avec leurs trottoirs, leurs passages et leurs fossés. Partout sont épars des fragments de tuiles et des traces du séjour de l'homme, notamment des os d'animaux, mais non de l'homme lui-même, des morceaux de poterie, des objets d'os, de pierre, de bronze, de fer, etc. Cet emplacement n'occupe plus qu'un espace de 9 hectares, mais ce n'est guère que la moitié de l'emplacement primitif, qui a été ainsi réduit par les érosions du Reno. Dans la plaine de *Misano* se trouvait donc, d'après M. Chierici, la ville antique, divisée en *quartiers* par les deux voies principales, qui aboutissaient chacune à des nécropoles situées dans la campagne. Ces quartiers étaient eux-mêmes subdivisés par des rues secondaires. Sur la hauteur de *Misanello* s'élevait le temple, entouré des édifices les plus remarquables; là se trouvait aussi la source, dont un aqueduc conduisait l'eau dans la cité.

Non-seulement, pour le savant professeur, les Étrusques ont habité Marzabotto, mais ils s'y sont établis dès leur arrivée dans la vallée du Pô, car on y rencontre des objets qui ont la plus grande analogie avec ceux de certaines terramares, comme celles de *San-Polo* et de *Castellarano*, dans le Reggianais, où l'on retrouve les constructions en cailloux en sec et l'âge du fer superposés directement aux premiers monticules, qui sont de l'âge du bronze. A Marzabotto même, on voit au-dessous des constructions de Misano une assise de terramare primitive, dans laquelle on retrouve les mêmes objets que dans le reste de l'emplacement, moins toutefois les tuiles et les briques, si abondantes dans les couches supérieures du sol. On y trouve, en revanche, les revêtements de terre des cabanes, portant encore les empreintes des boisages dont ils garnissaient les interstices. Cette assise représente, pour M. Chierici, la première station des Étrusques prenant possession de ce pays, et s'y établissant d'abord dans des cabanes en rase campagne, pendant qu'ils préparaient les matériaux et tout ce qui était nécessaire à la construction définitive de la cité.

Résumant toutes les communications précédentes, M. DESOR pense qu'il y a un profit pratique à en tirer pour les recherches à venir, savoir l'établissement du type de Villanova comme alon entre les temps historiques et ceux qui les ont précédés. La terramare est plus ancienne, elle n'est pas étrusque, et M. Desor ne sait même pas si Villanova est bien étrusque. Pour les terramares, elles ne le sont certainement pas, car il ne faut pas les juger d'après quelques petits produits que l'on y rencontre par circonstance. Dans les Wigwans des sauvages de l'Amérique, on peut bien trouver une marmite ou une monnaie, mais on ne pourrait en conclure que leurs habitants soient les mêmes que ceux de New-York. Les hommes des terramares de l'âge du fer et les Étrusques se sont trouvés en Italie dans les mêmes conditions relatives. D'autres conclusions à tirer de ce que nous avons vu sont qu'il y a une différence capitale dans les habitudes entre les populations étrusques des deux côtés des Apennins, et que ces peuples, comme les Romains, brûlaient leurs morts, mais que certaines familles avaient le privilége de les inhumer. Enfin, revenant sur la question du commerce, qui a dû, vers cette époque, s'étendre sur toute l'Europe, M. Desor recommande d'explorer avec soin les anciens gués, pour tâcher d'établir, par les objets que l'on peut y trouver, l'âge où ils ont commencé à être pratiqués, et déterminer ainsi le passage des anciennes voies commerciales.

M. Montelius revient ensuite sur la distinction de deux époques du bronze dans la Scandinavie. Dans la première a dominé la coutume de l'inhumation; dans la seconde, celle de l'incinération. Les objets de ces deux périodes sont très-différents; mais on trouve entre eux des formes intermédiaires, par exemple de grandes épées, forme spéciale à la première époque, avec les ornements à cercles concentriques de la seconde. Les grands colliers, les longues épingles, les scies, enfin la plupart des antiquités de celle-ci n'ont pas d'analogues dans la première, qui paraît n'être qu'un développement tout local de la civilisation de l'âge de la pierre. Les haches sans douille de cette époque ne sont, en effet, que des reproductions de la hache de pierre, tandis que le *celt* à douille est un type différent qui caractérise la seconde période. On peut donc se demander si l'introduction de celle-ci dans le Nord n'est pas due, au contraire, à une influence étrangère.

Séance du soir. — Présidence de M. le comte Conestabile.

Conformément aux règlements, le président propose de mettre à l'ordre du jour de la séance de clôture la fixation du lieu où sera tenu le prochain congrès. M. Dognée demande que ce soit en Belgique, et que la présidence en soit offerte à l'illustre d'Omalius d'Halloy. Ces deux propositions sont adoptées et mises à l'ordre du jour pour dimanche.

Le président met ensuite aux voix l'adoption de la proposition faite à Copenhague, et portée à l'ordre du jour de la présente session, relativement au choix de la langue française comme langue officielle et internationale du Congrès. Cette proposition est votée par acclamation, de sorte que c'est en français que devront désormais être faites toutes les communications et avoir lieu toutes les discussions. Un article additionnel conforme à ce vote sera ajouté au règlement.

Nous rappellerons, à cette occasion, qu'il y a bientôt un siècle (en 1784), l'Académie de Berlin proposait pour le prix d'éloquence cette question : *De l'universalité de la langue française*. Parlée partout depuis deux siècles. notre langue a été écrite avec pureté par de nombreux auteurs étrangers, tels que l'Anglais Hamilton, l'Italien Goldoni, les Allemands Leibnitz, Frédéric II, Grimm, le prince de Ligne etc.

Plusieurs propositions sont déposées sur le bureau par divers membres pour être mises à l'ordre du jour de la prochaine session. L'une d'elles est relative à une modification de l'article Ier du règlement; elle propose que désormais, au lieu d'avoir des sessions annuelles, le Congrès se réunisse seulement tous les deux ans.

Une autre motion a pour objet la création d'un bulletin international d'anthropologie et d'archéologie préhistoriques, sous le patronage du Congrès. L'assemblée, reconnaissant le mérite de l'excellent recueil des *Matériaux pour l'histoire de l'Homme*, déclare qu'elle ne saurait avoir de meilleur organe que cette publication, et, désireuse d'établir avec elle des relations qui puissent répondre aux vœux des auteurs de cette motion, elle nomme une commission chargée de se mettre en rapport avec les directeurs des *Matériaux*, de s'entendre avec eux sur les perfectionnements qui peuvent être apportés à leur revue, et de prêter à celle-ci l'appui moral du Congrès.

Sur la proposition de M. Pigorini, le Congrès émet ensuite le vœu que le gouvernement italien fasse classer parmi les monuments nationaux quelques terramares, afin d'en assurer la conservation.

M. le chevalier da Silva fait connaître quelques découvertes préhistoriques faites en Portugal. Après avoir rappelé les travaux de M. Pereira da Costa, il décrit une caverne des monts Albardes, dans l'Estramadure portugaise. L'entrée, située à une hauteur de 42 mètres au-dessus du fond de la vallée, est exposée au midi. C'est une fente étroite à laquelle succède un couloir qui descend rapidement jusqu'au fond de la caverne, qui n'est plus qu'à 14 mètres. Le sol de la caverne lui a présenté la stratigraphie suivante de haut en bas :

1° Une couche de pierres éboulées.

2° Une couche de terre noirâtre de 14 centimètres;

3° Une couche de terre rougeâtre de 26 centimètres;

4° Un lit de cendres de 11 centimètres;

5° Plusieurs alternances de terre noirâtre et de cendres renfermant des ossements d'animaux.

Les recherches furent interrompues par l'hostilité des paysans, qui forcèrent M. da Silva à quitter le pays. Depuis, il a fouillé, mais sans y rien trouver, un beau dolmen situé près de Colorès, sur une des montagnes de Cintra, à près de 2000 pieds au-dessus du niveau a mer. La dalle supérieure en fut brisée, raconte-t-on, à la suite du tremblement de terre de 1755. Dans deux autres dolmens, situés aux environs de la ville de Thomar, qui avaient échappé aux recherches de M. Pereira da Costa, il a pu recueillir trois crânes brisés et deux couteaux de silex. Enfin, à Abrigada, à 14 kilomètres de Lisbonne, on a trouvé une hache de bronze de très-grande dimension et à deux anses. En terminant, M. da Silva demande au Congrès d'encourager les études préhistoriques en Portugal, en votant des remerciments à la reine pour l'intérêt qu'elle porte à ces études et la protection qu'elle leur accorde.

A l'occasion de la couche de pierres éboulées, mentionnée par M. da Silva, dans la caverne des monts Albardes, M. Garrigou attire l'attention du Congrès sur ce fait qu'en général, dans le Midi de la France du moins, toutes les cavernes de l'âge du renne présentent une couche semblable de blocs éboulés, comme si, à la fin de cet âge, il y avait eu une sorte de mouvement du sol qui eût déterminé la fracture des rochers. Cette observation amène une discussion à laquelle prennent part MM. Garrigou, Gervais et Favre, tant sur ce sujet que sur le niveau des cavernes par rapport au fond des vallées.

Une lettre de M. de Cigala, relative aux habitations découvertes à Santorin sous les dépôts volcaniques, est déposée sur le bureau. Elle est accompagnée de quelques planches figurant une coupe de l'île, un plan des habitations, et reproduisant quelques-uns des objets qui y ont été trouvés. Cette lettre, qui date déjà du mois de juin 1870, ne contient d'ailleurs rien de nouveau.

M. Chantre fait une intéressante communication sur l'*âge du bronze dans le sud-est de la France*. Après avoir exposé les différentes trouvailles faites tant dans le Dauphiné que dans les environs de Lyon et la vallée du Rhône, et avoir mis sous les yeux du Congrès les belles planches d'un travail sur ce sujet dont il prépare la publication, M. Chantre présente le mémoire et les planches qu'il a publiés tout récemment sur les *palafittes du lac de Paladru*, dans le département de l'Isère. Une vieille légende, conservée dans le pays, racontait qu'il y avait au fond de ce lac les ruines d'une ville très-ancienne détruite par la vengeance divine. En 1864, M. G. Vallier reconnut que, conformément à l'opinion émise par Fournet, cette légende se reliait à l'existence de pilotages analogues à ceux des lacs de la Suisse et de la Savoie. Grâce au bienveillant concours des propriétaires du lac, M. Chantre a pu, dans ces dernières années, faire des recherches dans le plus considérable de ces pilotages : celui des grands roseaux. Il en a retiré un grand nombre d'objets : haches, pointes de lance, clefs, vrilles, éperons, etc., tous de fer et analogues à ceux que l'on a trouvés dans les buttes de Saint-Austaille (Creuse), avec une monnaie carlovingienne.

Ainsi que l'a fait observer M. Desor, cette découverte est des plus importantes, car elle agrandit singulièrement dans nos pays, et de la façon la plus inattendue, la sphère des palafittes. Voilà, en effet, des habitations lacustres, non plus seulement de l'âge de la pierre ou du bronze, mais de l'époque carlovingienne. Comment se fait-il toutefois que l'histoire n'en fasse aucune mention?

Celui qui écrit ces lignes a entretenu ensuite le Congrès d'*une station de l'âge du renne* qu'il a récemment explorée dans le Midi de la France. Les stations de cet âge du Périgord et de Bruniquel ont été pendant longtemps les seules à présenter les traces, à une époque aussi reculée, d'une race d'hommes paraissant se distinguer, par la présence d'artistes qui ont travaillé les os d'une façon remarquable et y ont gravé des représentations d'objets extérieurs, des populations de l'âge suivant, plus habiles pourtant dans la taille et la confection de leurs instruments de silex.

Plus tard, M. Garrigou a retrouvé ces artistes dans les Pyrénées, mais au delà d'un certain méridien; il fallait franchir le sud-est de la France et sauter brusquement jusqu'en Savoie pour en rencontrer de nouveau les traces. On trouvait bien pourtant le renne utilisé à Bize, dans le département de l'Aude, mais sans marque d'un développement artistique de la population humaine qui allât plus loin que le tracé de quelques chevrons ou de quelques points sur des os appointis en forme de flèches. Le renne semblait même n'avoir habité ni dans les Cévennes ni dans le Vivarais, car les grottes de cette région, renfermant des outils de silex de cette époque, n'avaient fourni aucun ossement pouvant être rapporté à ce ruminant. C'est cette lacune que nos dernières fouilles viennent de combler. Nous avons été assez heureux pour trouver dans une grotte située à côté du célèbre pont du Gard, dans le département de ce nom, au-dessous de terres remaniées renfermant des objets de l'époque romaine et de l'âge de la pierre polie, une couche dans laquelle sont des ossements de renne travaillés par l'homme, associés à des ossements de cheval, de cerf et de bœuf. Il y a également une grande quantité de silex se rapportant au type des Eyzies et de Laugerie basse, des pointes de flèches ou de harpons de bois de renne, barbelées comme celles du Périgord. Enfin, il s'y est aussi trouvé un fragment d'os sur lequel sont figurées deux petites têtes d'un mammifère, peut-être une sorte de bouquetin. Nous n'avons pu travailler dans cette localité que pendant quelques jours. Nous espérons, grâce au bon vouloir éclairé du propriétaire, M. Calderon, notre confrère à la Société géologique, pouvoir reprendre prochainement ces fouilles et arriver à des résultats plus concluants encore.

M. le comte Przezdziecki présente, au nom de la Société scientifique et littéraire de Cracovie, un projet de carte archéologique avec teintes et signes conventionnels, dont l'adoption générale donnerait aux cartes qui seraient faites dans l'avenir avec ce système un caractère d'internationalité qui manque totalement à celles qui ont été dressées jusqu'à présent.

L'assemblée charge le bureau de nommer une commission pour étudier cette question et la représenter au prochain Congrès.

M. le professeur P. Gervais termine la séance par quelques considérations sur la faune quaternaire de l'Italie. L'*Hyperfelis Verneuilli* du frère Indes, trouvé parmi les ossements de cette époque rencontrés à *Monte-Mario*, n'est autre chose qu'un jeune du *Felis spelæa*.

SAMEDI 7 OCTOBRE.

Excursion à Ravenne.

La municipalité de Ravenne avait tenu à honneur de recevoir le Congrès, et, bien que ses gloires soient loin de remonter aux époques préhistoriques, il eût été en vérité d'autant plus difficile de ne pas accepter cette gracieuse invitation, qu'elle répondait justement au désir qu'avait chacun de nous de visiter cette ville si intéressante à tant d'égards. Un train spécial, parti de Bologne à sept heures du matin, nous y transporta en deux heures. A Lugo, à Bagnacavallo, la population tout entière, rangée le long de la voie ferrée, salua notre passage de ses acclamations enthousiastes, qui se mêlaient aux accords des fanfares locales. En arrivant, nous fûmes reçus à la gare par le syndic entouré de la junte municipale, des sociétés de secours mutuel des ouvriers et des étudiants et d'une foule considérable. Après que nous eûmes échangé avec nos hôtes des compliments de bienvenue, reçu d'eux un guide et un plan de Ravenne spécialement imprimés à notre intention, et réparé nos forces à un buffet qu'ils avaient fait dresser dans la salle d'attente, nous montâmes dans des voitures préparées par leurs soins, et notre cortége se mit en route à travers les rues de Ravenne. Nous visitâmes ainsi la basilique de Saint-Vitale, la cathédrale, le baptistère, la chapelle privée de l'archevêché, le tombeau de Galla Placidia et l'église Sainte-Apollinaire dans les murs, sans que notre admiration pût se lasser devant ces beaux monuments et ces splendides mosaïques dont la dotèrent les rois Goths et les empereurs d'Orient, principalement Théodoric et Justinien. Tous ces monuments remontent donc au ve ou au vi^e siècle de l'ère chrétienne et, malgré leur haute antiquité, ils n'ont presque pas subi de changements depuis l'époque de leur fondation. L'église de Sainte-Apollinaire *in classe*, que nous visitâmes dans l'après-midi, est, avec les mosaïques qui la décorent, le spécimen le mieux conservé que l'on puisse voir de l'ancienne basilique chrétienne.

Outre les églises construites par Théodoric, il nous est resté de la Ravenne des Goths un portique sur la place, soutenu par huit colonnes qui portent le chiffre de ce roi; ce portique conduisait à la basilique d'Hercule qu'il avait restaurée. Son palais, détruit par Charlemagne qui en emporta les ornements en France, « n'est plus indiqué que par un grand mur dans lequel sont enchâssées quelques petites colonnes et une vasque de porphyre; mais son tombeau, élevé par lui, est encore entier, et son énorme coupole, d'un seul bloc, est l'un des plus grands monolithes qui appartiennent à l'Europe » (Des Vergers). Quelle ne fut pas la joie de nos géologues, condamnés depuis le matin à l'archéologie pure, de retrouver des Hippurites dans les pierres de ce tombeau, et d'y reconnaître ainsi la marque authentique de leur provenance istrienne !

Nous visitâmes encore dans cette journée mémorable l'archevêché où nous vîmes les fameux papyrus de Ravenne, le tombeau du Dante, l'académie des beaux-arts, et la bibliothèque *classense* où nous avons pu admirer les éditions les plus rares des classiques grecs et latins, les beaux livres sortis des ateliers des Alde, des Junte et des meilleurs imprimeurs italiens, ainsi que de nombreux et remarquables manuscrits parmi lesquels le manuscrit du Dante avec miniatures et le célèbre Aristophane du xe siècle. Nous terminâmes enfin nos courses de l'après-midi par une promenade dans la célèbre *Pinete* qui enveloppe la ville du côté de la mer.

Strabon nous apprend que de son temps la ville de Ravenne était construite dans des marais sur le bord de la mer; il la représente comme « une grande ville bâtie sur pilotis et traversée par des canaux que l'on passait en bateaux ou sur des ponts ». Des atterrissements successifs l'ont éloignée de 6 kilomètres de l'Adriatique et ont élevé le niveau du sol. A Saint-Vitale, les bases des colonnes sont à environ 0^m,90 au-dessous du pavé moderne, au baptistère le sol primitif est à 1 mètre au-dessous du sol actuel, à Saint-Apollinaire *in cita* 0^m,50. Mais c'est surtout dans les fouilles récemment faites sur l'emplacement du palais de Théodoric que nous avons pu mesurer cet atterrissement et en constater l'importance et la composition. Une mosaïque a été mise à découvert par ces fouilles à la profondeur d'environ 2 mètres. Son plan est recouvert par une couche de débris de 0^m,35, au-dessus de laquelle on peut reconnaître un dépôt d'eau douce, composé spécialement d'argile jaune, de 0^m,55; celui-ci est à son tour recouvert par une couche de 1^m,20 de terre grise limoneuse et de débris plus ou moins récents.

On le voit, la journée de Ravenne fut bien remplie à notre grand profit. Un splendide banquet de deux cent soixante couverts, servi dans les grands corridors de l'ancien couvent des Bénédictins, qui est aujourd'hui consacré aux établissements d'instruction (écoles, lycée, académie des beaux-arts, bibliothèque classense, etc.), interrompit fort heureusement les fatigues de cette journée, en nous permettant à la fois de nous reposer de celles de la matinée et de prendre des forces pour affronter celles de l'après-midi. Le départ eut lieu à six heures du soir. Comme le matin, les populations de Bagnacavallo et de Lugo nous saluèrent au passage. Nous dûmes même nous arrêter à cette dernière station pour recevoir les félicitations de la municipalité et accepter des rafraîchissements. Je cite ces faits avec reconnaissance et avec joie, car ils prouvent, comme je le disais en commençant ce compte rendu, que l'Italie entière s'est associée à notre Congrès et s'est intéressée à nos travaux. Un peuple qui prend ainsi intérêt aux choses de l'esprit et de l'intelligence est assuré, s'il ne se détourne point de cette voie, d'avoir un avenir digne de son brillant et glorieux passé.

DIMANCHE 8 OCTOBRE

Séance de clôture. — Présidence de M. Worsaæ.

Une note de *M. A. Roujou sur un silex taillé trouvé à la base du limon des plateaux sur la butte des moulins, près de Melun (Seine-et-Marne)*, est présentée au Congrès de la part de l'auteur. Ce silex, qui rappelle le type du Moustier, était sous un bloc erratique entre les sables de Fontainebleau et le limon des plateaux antérieur à l'*Elephas meridionalis*, dans un point qui ne paraît pas avoir subi de remaniement. Sa date oscillerait donc géologiquement entre les temps qui se sont écoulés depuis la formation des sables jusqu'au début de l'époque quaternaire, et serait probablement pliocène. L'auteur croit devoir en conclure, contrairement à ce qu'il avait dit dans un autre travail, que le type du Moustier serait plus ancien que celui de Saint-Acheul. Mais il est difficile d'avoir la certitude qu'il n'y a pas eu de remaniement, et il me semble que M. Roujou ne regarde pas lui-même l'âge de ce silex comme parfaitement déterminé.

Il est également présenté une note de *M. le docteur Ch. A. White* sur les *Kjœkkenmœddings de l'Amérique du Nord*. Des amas de coquilles ont été explorés en Amérique dans la nouvelle Écosse, le New-Jersey, le Maine, le Massachusetts et sur plusieurs points de la rivière Saint-Jean, dans la Floride. Tous ces monticules sont identiques avec ceux du Danemark. On y trouve des poteries grossières, des flèches de silex, des haches de pierre, des couteaux de trapp, de silex ou de quartz, grossièrement travaillés, etc., mais jamais de métal. La faune dont on y rencontre les débris, mammifères, oiseaux, poissons ou mollusques, est identique avec la faune actuelle des parties de l'Amérique où ils sont situés. Non-seulement il existe de ces monticules de coquilles marines sur les bords de la mer, mais on en retrouve encore dans l'intérieur du continent, notamment sur les rives du Mississipi, le long de la rivière Saint-John, de la rivière des Cèdres, etc.; seulement, ce sont alors des accumulations de coquilles d'eau douce et principalement d'*Unio*. Ils sont généralement moins étendus que ceux des bords de la mer, et renferment des débris d'industrie en moins grande quantité. M. White connaît près de trente de ces monceaux, dont les plus remarquables sont ceux qui se trouvent près des villages de Kosangua, Subula et Bellevue. Dans le premier, il a trouvé, au milieu des dépouilles de onze espèces d'*Unio*, un foyer non remanié, installé entre des pierres calcaires provenant de la falaise voisine, des fragments de poterie grossièrement ornée, des éclats et des têtes de flèche de silex, une hache verte et des os fracturés du *Cervus viginianus*.

Dans le sol argileux des rives du Mississipi, on trouve un grand nombre de trous, d'environ 50 centimètres de diamètre et autant de profondeur, dont les parois présentent des traces certaines du feu et qui sont remplis de coquilles, d'os longs d'animaux, tous brisés, et de morceaux de charbon. Il est évident que la terre a été chauffée au moyen d'un feu allumé dans le trou, que l'on y a mis ensuite les coquillages et autres aliments, et que l'on a recouvert le tout pour que la cuisson ait lieu au moyen de la chaleur ainsi concentrée.

Il faut conclure de tout ce qui précède que les amas de coquilles d'eau douce sont contemporains de ceux des bords de la mer, et que les uns et les autres sont dus à un peuple qui en était à l'état de civilisation de l'âge de la pierre européenne. Or, nous savons que c'était l'état du peuple américain lors de la découverte du Nouveau-Monde, et, comme on ne trouve dans ces amas aucun des objets de fer ni des poteries qui ont remplacé depuis lors chez ces indigènes les instruments de silex et les poteries grossières, M. White conclut que ces monticules sont antérieurs à la venue des Européens.

Un mémoire de M. Deo Gratias, *Sur les ossements humains de Savone*, est encore présenté au congrès. Son auteur donne de nouveaux détails sur leur découverte, dit que pour lui ces restes étaient bien contemporains du dépôt des marnes subapennines, et cherche à en faire valoir les raisons. Toutefois, comme ni M. Deo Gratias, ni M. Issel, ni personne qui pût apprécier l'importance de cette constatation n'était présent lors de cette trouvaille, les doutes émis à son égard nous paraissent subsister en entier.

Vient ensuite la présentation d'un mémoire de M. Aspelin sur la *Position archéologique de la Finlande*. Peu de recherches ont encore été faites dans ce pays, et pourtant on y trouve partout des ustensiles de pierre en nombre considérable. L'université d'Helsingfors en possède 672, et plusieurs collections particulières de 200 à 300. Ils sont rarement de silex, la Finlande ne possédant pas cette roche, mais de quartzite, schiste argileux, chloriteux, talqueux, diorite, serpentine ou syénite. Quelques belles pièces, telles que poignards et pointes de lance de silex, ont certainement été apportées de la Scandinavie, mais les haches-marteaux de syénite ont été évidemment fabriquées dans le pays, comme le prouvent plusieurs pièces commencées et non achevées. On n'a trouvé encore en Finlande que peu d'objets de bronze : trois épées et deux celts à douilles ornés de spirales, qui ont une origine scandinave bien évidente.

Il y a des tumuli dans l'île d'Abo et le long des côtes ouest et sud. Ils contiennent des os calcinés renfermés quelquefois dans des vases de pierre, mais ils n'ont pas encore été étudiés scientifiquement. Il paraît cependant que ceux du nord appartiennent à l'époque du bronze et ceux du sud à la première époque du fer. Ces derniers sont entourés d'un ou deux cercles de pierres brutes ; au centre de l'un d'eux a été rencontrée une construction de pierre, en forme de puits élargi à la base. Les objets que l'on a jusqu'à maintenant trouvés dans ces tumuli sont des celts à douille, des épées, des fers de lance, des fibules, etc., présentant tous des formes éminemment suédoises. D'autres tombes de la même époque affectent la disposition d'enfoncements plats, alignés en longues séries parallèles. Des fortifications fort anciennes, qui se trouvent également en Finlande, n'ont pas été encore examinées. M. Aspelin a joint à son mémoire de très-beaux dessins représentant les principaux objets qui y sont cités.

M. Humphalvy fait une communication dans laquelle il s'élève contre la théorie actuellement admise dans la science, qui considère l'Europe comme ayant été peuplée, avant les Aryens et les Sémites, par des peuples de langue touranienne, dont les Finnois et les Hongrois seraient les représentants actuels. Ces peuples seraient donc alors les plus anciens habitants de l'Europe, tandis que pour M. Humphalvy, il résulte de l'histoire des immigrations qui ont peuplé notre continent occidental jusqu'à la fin du xe siècle de notre ère, que ce sont au contraire les derniers venus. Il conclut en disant qu'il ne faut pas nommer *touranienne* ni *finnoise* la langue primitive de l'Europe, parce que c'est un caractère qui peut être faux, mais *anarienne*, parce que c'est simplement un caractère négatif.

M. Desor demande à revenir en quelques mots sur la question de Marzabotto. A l'entrée du musée de M. le chevalier Aria, on a pu remarquer un squelette d'homme robuste, ayant à son côté droit une épée et une lance de fer. La soie de cette épée est large, contrairement à ce que l'on remarque dans les épées de bronze, il n'y a point de croisière, et comme la lame, le fourreau est de fer. La lame est grande, en feuille de saule effilée, et rappelle les lances que Diodore de Sicile place entre les mains des Gaulois. Ces armes sont les pendants de celles qu'on trouve à la Tène, au champ de bataille de la Tiefenau, à Alise-Sainte-Reine, de sorte que si on les avait rencontrées partout ailleurs, on ne manquerait pas de dire qu'elles sont gauloises, et pourtant elles sont au milieu d'une sépulture étrusque. On pourrait se demander si la nécropole de Marzabotto n'a pas été utilisée pendant l'occupation gauloise ; aussi M. Desor croit-il devoir attirer sur ce fait l'attention des savants italiens.

M. le comte Conestabile ne pense pas qu'on puisse invoquer pour l'expliquer les invasions gauloises. Des épées de même forme et de même dimension ont été trouvées dans d'autres localités étrusques situées en dehors de la sphère de ces invasions, notamment en Toscane. Une entre autres a été rencontrée à côté d'un squelette dont le crâne n'a pas du tout le type gaulois. M. Conestabile pense qu'il faut considérer ces armes comme appartenant absolument à l'Étrurie.

Suivant les propositions faites dans la précédente séance, le Congrès décide que sa sixième session aura lieu en 1872 en Belgique, et que le vénérable et savant baron d'Omalius d'Halloy sera prié d'en accepter la présidence. MM. de Ravenstein, Van Beneden, Spring, Dupont et Dognée sont invités à se joindre à lui pour constituer le comité d'organisation. M. Dognée donne aussitôt lecture d'une dépêche du ministre de l'intérieur remerciant le Congrès de l'honneur qu'il fait à la Belgique, et l'assurant qu'il lui accordera toute sa sympathie et tous les encouragements qui seront en son pouvoir.

M. le comte Gozzadini reprend alors la présidence et prononce la clôture de cette session qui a réalisé, par l'importance des communications et des discussions, les espérances conçues au début, et dont il sera fier toute sa vie d'avoir été le président. Ces paroles, prononcées avec une émotion visible, sont couvertes d'applaudissements, juste tribut d'hommages rendu par l'assemblée au savant explorateur de Marzabotto et de Villanova.

Un fait qui nous a tous frappés dans la civilisation étrusque, dit ensuite M. Desor, c'est le respect que l'on portait jadis aux morts : conservons parmi nous cette habitude. Nous avons perdu notre président Lartet, j'invite l'assemblée à se lever en signe de deuil. Cette marque de regrets est donnée, dans le plus profond silence, à la mémoire de l'émule du grand Cuvier.

Sur la proposition de M. le secrétaire général Capellini, le Congrès vote des remerciments au prince Humbert, son protecteur; au roi de Danemark, qui s'est fait représenter à ses séances et a été le protecteur de la dernière session ; aux ministres de l'instruction publique et de l'agriculture et du commerce, qui ont organisé l'exposition italienne d'anthropologie et d'archéologie préhistoriques; au municipe et à la députation provinciale de Bologne ; aux municipes de Modène, de Ravenne, de Lugo et de Bagnacavallo ; au chevalier Aria; à la députation provinciale de la terre d'Otrante ; aux auteurs qui ont fait des dons de travaux ou des communications au Congrès; aux exposants; enfin aux étrangers venus des régions les plus éloignées.

Le Congrès ne pouvait se séparer sans exprimer sa reconnaissance à son président, à son secrétaire général et aux membres du comité d'organisation. C'est ce qu'il a fait par l'organe de M. Worsaœ et de M. Paul Gervais. Qu'il nous soit permis d'en consigner encore ici l'expression ! Grâce au zèle de ces messieurs, les attentions les plus prévenantes nous ont entourés dès notre arrivée à Bologne, les travaux de nos confrères italiens nous ont été distribués avec la plus grande libéralité, les courses que nous avons eu à faire nous ont été facilitées par la générosité et les soins prévoyants du comité, en sorte que chacun de nous a emporté du Congrès, en quittant Bologne, les souvenirs à la fois les plus utiles et les plus agréables.

Le soir, un grand banquet offert par la municipalité de Bologne nous réunissait tous pour la dernière fois à la même table dans la belle salle Farnèse du palais gouvernemental. C'est là que Charles-Quint reçut la couronne impériale des mains du pape, avec lequel il rêvait la domination universelle des corps et des âmes (1), et que, trois siècles après, un souverain français prononçait au contraire des paroles de liberté et d'émancipation (2), pendant que ses armées préludaient, à côté de celles de Victor-Emmanuel, à cette unité italienne que nous souhaitons devoir être dans l'avenir, comme elle le promet, féconde en grands et glorieux résultats.

P. Cazalis de Fondouce,
Secrétaire du Congrès de Bologne.

(1) Souvenir historique rappelé dans un toast de M. le commandeur Casarini.

(2) Ce discours est gravé sur une plaque de marbre scellée dans les murs de la salle Farnèse.

TRAVAUX SCIENTIFIQUES FRANÇAIS

M. W. DE FONVIELLE

État actuel de la navigation aérienne. — Tentatives de direction.

Les deux premières ascensions exécutées avec tant de succès, la première par Pilatre de Roziers, et la seconde par Charles et Robert, furent rapidement suivies par des tentatives de direction aérienne. On croyait alors que la conquête de l'air était susceptible d'une solution immédiate.

Le 12 mars 1784, Blanchard attela à son ballon un char aérien pourvu de quatre rames, avec lesquelles il espérait choisir sa route dans l'océan atmosphérique. L'expérience eut lieu au Champ-de-Mars, devant une foule considérable, qui vit le ballon obéir au vent comme si la nacelle n'eût porté aucun mécanisme.

Le 25 avril suivant, Guyton de Morveaux, également accompagné par un aide, procéda à une expérience analogue devant l'Académie de Dijon. Cette fois, le navire aérien n'avait que deux rames, mais il était pourvu d'un gouvernail. Le savant chimiste prétendit avoir exécuté certaines évolutions, et il publia un récit circonstancié en un volume in-8 ; mais on peut croire qu'il aurait évidemment recommencé ses expériences s'il avait été aussi heureux qu'il le prétendait. Cependant, lorsqu'il devint plus tard membre du Comité de salut public, il se borna à organiser des compagnies d'aérostiers, chargés du soin d'exécuter des ascensions captives.

Le 15 juillet de la même année, les frères Robert exécutaient une troisième tentative à l'aide d'un aérostat allongé. Leur construction se trouvait compliquée par l'adjonction d'un ballonnet qui devait se comprimer sous l'action du gaz hydrogène, et qui boucha l'orifice. Le duc de Chartres, plus tard Philippe-Égalité, se trouvait à bord. Il eut la présence d'esprit de crever l'étoffe avec l'épée que, en qualité de prince du sang, il n'avait pas cru devoir laisser à terre.

Le 15 juin 1785, Pilatre de Roziers exécuta à Calais son ascension avec une aéro-montgolfière, et trouva la mort dans sa hardie tentative pour franchir le détroit. Il paya de sa vie une expérience dans laquelle il s'agissait de mettre en pratique deux idées fécondes : la recherche des courants aériens en faisant varier la hauteur, et l'emploi de la chaleur pour dilater le gaz. Mais aucune de ces conceptions ne pouvait être appliquée dans l'état actuel des connaissances aériennes. Le continuateur de Pilatre, le célèbre Zambeccari, un des hommes les plus intrépides dont l'histoire fasse mention, périt également dans les airs (1).

Comme on le voit, le génie français, surexcité par la découverte des frères Montgolfier, produisit un véritable mouvement d'expériences aériennes. C'est seulement après avoir reconnu l'inutilité de ces tentatives qu'on se borna à faire servir les ballons à de fastueuses exhibitions dans les hippodromes et dans les champs de foire (2).

Les expériences de navigation aérienne devinrent rapidement le domaine des charlatans et des rêveurs, qui ne réussirent qu'à discréditer la navigation aérienne, et à donner libre carrière à leur imagination en essayant de réaliser le *plus lourd que l'air*, vieille idée renouvelée d'Icare.

Les seules expériences que nous devons citer, sont celles qui furent exécutées par M. Henry Giffard, le 24 septembre 1852, à l'Hippodrome. Ces expériences furent répétées quelques années plus tard à l'usine de Courcelles. Cette fois, M. Giffard se fit accompagner dans les airs par M. Gabriel Yon, qui a été employé dans toutes ses constructions aériennes. M. Giffard paraît avoir obtenu des résultats sérieux, à l'aide de deux hélices mues par une machine à vapeur.

(1) C'est le poëte Kotzebue qui lui donne ce nom et non sans raison. Les détails des expériences de Zambeccari se trouvent rapportés dans les 17ᵉ et 19ᵉ volumes des *Annales de Gilbert*. Zambeccari avait compliqué l'invention de Pilatre et introduit un gouvernail mobile autour d'un axe auquel on pouvait donner une direction quelconque. C'était une analogie à celle des plans inclinés de Peters.

La mongolfière de Zambeccari était à quelque distance du ballon, tandis que celle de Pilatre y était adhérente. Cette précaution ne l'a point empêché de brûler.

(2) On peut lire dans le 16ᵉ volume des annales de *Gilbert* une longue étude sur les ascensions des aéronautes français, Robertson et Garnerin, tant en Russie qu'en Allemagne et en Angleterre. La jalousie des savants allemands qui n'osent quitter terre éclate de la façon la plus burlesque.

Les éléments de la navigation aérienne existent tous depuis un grand nombre d'années. Il ne reste qu'à les coordonner, et qu'à apprendre à en faire usage. C'est un art très-difficile, qui demande à la fois une grande dextérité et une science très-profonde.

Qu'on nous permette d'insister sur une vérité, dont il faudrait persuader les innombrables inventeurs, qui croient qu'une idée heureuse peut permettre de suivre les aigles dans les airs.

Prenons un exemple pour faire comprendre notre pensée tout entière. Plusieurs journaux viennent de mentionner avec éloges des tentatives qui paraissent devoir être faites en Allemagne par un physicien qui a imaginé d'employer comme force motrice la combustion d'une portion du gaz de son ballon. L'idée a été indiquée à différentes reprises dans les *Comptes rendus* de l'Académie des sciences, si j'ai bonne mémoire. Cette solution est donc, en quelque sorte, dans le domaine public, de sorte qu'il est puéril de s'en faire un titre de gloire. Mais on se tromperait gravement, si l'on s'imaginait que ce procédé offrirait un perfectionnement sensible. En effet, les pertes d'eau nécessaires pour faire fonctionner la machine dépasseraient toujours de beaucoup la diminution de force ascensionnelle produite par l'emploi du gaz comme combustible. Même dans le cas où l'on recueillerait la quantité d'eau produite, il faudrait toujours employer simultanément du charbon. En effet, en dépensant 1 mètre cube de gaz, c'est-à-dire en sacrifiant 1 *kilo environ de force ascensionnelle*, on ne produit pas moins de 3000 calories!

Ce ne peut être qu'un perfectionnement venant s'ajouter à un système trouvé, car les pompes pour puiser le gaz dans le ballon introduiraient, quoi que l'on fît, une complication gênante, dans un problème dont le principal inconvénient est sa complication même, et non la difficulté réelle des solutions à imaginer.

C'est ce qui fait que les expérimentateurs dont il nous reste à parler, se sont restreints à employer la force humaine. L'événement prouvera si cette simplification est suffisante pour obtenir une déviation sensible dans l'air du vent, seul résultat important à obtenir. En effet, rien qu'avec l'alternance des courants aériens on pourrait, sans doute, louvoyer dans les airs, et parvenir à atteindre un périmètre d'une dimension raisonnable.

Le siége de Paris aurait pu être l'occasion d'expériences très-curieuses à cet égard, mais les tentatives de rentrée aérienne n'ont point été suivies avec une persévérance suffisante, et dans des conditions assez variées pour que l'on soit fixé à l'égard des espérances qu'on en peut concevoir.

Il paraît que le gouvernement délégué a fait construire un aérostat allongé en soie, destiné à des expériences de direction aérienne; mais je n'ai pu trouver de traces de cet objet. Un membre de la commission scientifique m'a dit que le ballon avait été égaré à la suite de la conclusion de l'armistice. Les frères Tissandier essayèrent de tirer partie des courants aériens pour revenir de Rouen à Paris, les 7 et 8 novembre 1870. Mais ces expériences restèrent isolées, et les deux aéronautes furent envoyés à la suite des armées, et employés à d'inutiles observations captives.

Une station aéronautique fut établie à Lille, à ma sollicitation et sous ma direction, pour procéder à des tentatives de rentrée aérienne, mais les ballons n'arrivèrent que vers le milieu de janvier, et les vents furent dirigés vers le nord pendant toute la durée de cette période. Les instruments que j'avais imaginés pour permettre de reconnaître immédiatement la route, et pour se maintenir en l'air à un niveau rigoureusement constant, ont été exécutés par M. Steward, opticien anglais, et ont figuré à l'exposition universelle de Londres, dans la section française.

Une seule expérience de direction aérienne à l'aide d'une force motrice a eu lieu pendant cette période. Elle a été exécutée par l'aérostat *le Duquesnes*, pourvu d'appareils à hélice très-simples, inventés par l'amiral Labrousse. C'était tout ce qu'il fallait pour une tentative un peu désespérée. Malheureusement le *Duquesnes* était monté par quatre hommes qui n'avaient jamais fait d'ascension; ils ne pouvaient manœuvrer avec assez d'ensemble leurs deux hélices pour empêcher la rotation de se produire avec leur ballon, qui n'avait reçu aucune forme spéciale pour paralyser le mouvement giratoire.

Les hélices étaient manœuvrées à l'aide d'arbres dont les paliers reposaient sur un cadre. Les bouts des arbres débordaient à droite et à gauche, de manière qu'un d'eux accrocha pendant le traînage. La nacelle fut renversée, et M. Richard laissé pour mort par les trois marins qui se sauvèrent en emportant les dépêches. Des paysans survinrent pour cacher le ballon, ils s'aperçurent que M. Richard vivait encore. Ils le transportèrent à Reims, ville voisine, occupée par les Prussiens; on le soigna en secret à l'hôpital militaire, on le guérit et on le fit partir pour Lille, où il arriva la veille de la déclaration de l'armistice. L'expédition du *Duquesnes* avait eu lieu, le 9 janvier, à trois heures cinquante minutes du matin.

Un crédit de 40000 francs a été mis à la disposition de M. Dupuy de Lôme, membre de l'Académie des sciences, pour la construction d'un aérostat allongé. Les crédits ayant été épuisés, M. Dupuy de Lôme continue la construction à ses frais, risques et périls. Le ballon sera gonflé de gaz hydrogène pur. On a disposé à cet effet des batteries analogues à celles qui ont servi au Champ-de-Mars et à l'Hippodrome pour le gonflement du ballon captif.

M. Dupuy de Lôme se différencie de ses prédécesseurs par la suppression de la perche dont se servent tous les constructeurs de ballon allongé, pour maintenir la rigidité de leur appareil. Il remplace la poche par un ballonnet, ou poche dans laquelle l'air est foulé à l'aide d'une pompe. Cette poche est destinée à être remplie d'air atmosphérique à mesure que le ballon se videra par une cause quelconque. Elle est située à la partie inférieure de l'aérostat et cousue avec le tissu. Le ballon porte deux orifices latéraux par lesquels on peut manœuvrer les soupapes du haut, destinées à vider l'appareil. Si l'on fermait les orifices, on pourrait faire servir l'appareil à expérimenter le système du général Meunier, relatif à la manière de faire descendre l'aérostat en augmentant par une compression mécanique la tension du gaz. Mais la forme allongée du ballon serait un obstacle, car il faut que le ballon soit doué d'une très-grande résistance ailleurs que dans la forme sphérique. Remercions vivement M. Dupuy de Lôme du soin avec lequel il applique son art à une question si longtemps dédaignée par ses confrères. Il aura rendu un éminent service à la navigation aérienne en plaçant ses expériences sous le patronage de l'Académie des sciences. Son navire aérien servira à des études qui feront singulièrement progresser la connaissance des mouvements aériens. Il est permis d'espérer qu'elles seront la base d'études systématiques, que de nouvelles constructions de M. Giffard vont faciliter d'une façon très-puissante, car l'année 1872 ne se passera point sans que le captif de l'Exposition universelle, agrandi, perfectionné, soit installé, soit au jardin des Tuileries, soit à la cour du Carrousel.

Les questions relatives aux observations en ballon, auxquelles nous nous sommes spécialement attaché, pour notre part, ne sont pas sans devoir exercer une influence sérieuse sur la navigation aérienne proprement dite. Sans des progrès très-sérieux à cet égard, il serait impossible de juger même de l'effet des mécanismes. Nous avons lieu d'espérer que de grands efforts seront faits prochainement pour attaquer ces questions d'une façon sérieuse.

BULLETIN DES SOCIÉTÉS SAVANTES

Institut géologique de Vienne. — JUILLET A SEPT. 1871.

T. Fuchs. Sur la transformation de grès et de cailloux roulés, désagrégés en une roche solide. — D. Stur. Sur le calcaire de la Leitha.

T. Fuchs fournit une notice intéressante sur une des questions les plus difficiles de la pétrographie, celle du mode de formation des grès.

Tout le monde sait qu'un grès est une roche composée de grains siliceux, réunis par un ciment, et douée d'une ténacité plus ou moins grande. La nature et les proportions du ciment sont excessivement variables, la structure et la composition des grains agglutinés ne le sont pas moins, bien que la silice soit toujours l'élément chimique dominant de la roche. On comprend dès lors la multitude de problèmes que soulève l'étude de chaque grès considéré en particulier. La question examinée par T. Fuchs est celle du moment où le ciment est intervenu, pour transformer en un grès dur et tenace un sable sans cohésion, ou un amas de matériaux roulés. Le ciment a pu, en effet, se produire et manifester son action, au moment même où s'est formé le dépôt sableux qui devait devenir un grès, ou bien le sable a pu rester, pendant une longue période, à l'état désagrégé, et la solidification de la roche ne s'opérer que tardivement, par suite d'une intervention excessivement lente de la matière agglutinante. On comprend qu'entre ces deux extrêmes tous les cas intermédiaires doivent se présenter ; cependant il y a lieu, pour chaque grès isolément, de se poser la question dans les termes qui viennent d'être indiqués. Pour justifier la distinction précédente, Fuchs cite et discute deux exemples : l'un dans lequel le dépôt du sable et sa consolidation sous forme de grès ont été presque simultanés; l'autre, qui montre ces deux faits comme ayant été séparés par un laps de temps considérable. Le premier est celui des plaques de grès à contours arrondis, que l'on trouve dans le sable de la jetée naturelle qui clôt le port de Messine du côté du détroit. Ces plaques ont en moyenne de 4 à 6 mètres de diamètre et 30 centimètres d'épaisseur. Elles sont de forme très irrégulière. Des fouilles récentes opérées sur la plage de l'avant-port de Messine ont traversé d'abord une couche de 3 mètres de sables et de cailloux roulés, puis une bande de marnes grises, et ont atteint un conglomérat solide rempli de coquilles en parfait état de conservation, identiques avec celles qui vivent encore dans la mer voisine. L'intégrité de ces coquilles, la plupart extrêmement fragiles, montre qu'elles ont dû être englobées dans un magma compacte, aussitôt après leur dépôt, sans quoi le mouvement des vagues les eût bientôt usées et détruites. La formation des grès a donc dû suivre presque immédiatement le dépôt du sable et des débris pierreux ou coquilliers qui en forment les éléments principaux. Fuchs se demande, à ce propos, à quelle cause on peut attribuer cette solidification si rapide du sable de la plage de Messine, et il émet l'hypothèse, qu'elle est due, peut-être, à l'action incrustante de certaines algues, capables de végéter au milieu des sables et des galets marins, et de les réunir par un ciment calcaire. A l'appui de cette idée, il cite les observations du docteur Lorenz (1), qui démontrent que plusieurs algues, entre autres, le *Codium bursa*, le *Palmophyllum flabellatum*, l'*Euhymenia microphylla*, la *Peyssonelia orbicularis*, le *Sphærococcus ligatus*, etc., jouissent de la propriété d'agglutiner les coquilles et les grains de sable, de manière à former des masses solides de la grosseur du poing, et il en conclut que cette propriété des algues, constatée ainsi sur de petites proportions de matière, peut tout aussi bien s'être exercée sur une plus grande échelle, et avoir donné naissance aux blocs volumineux de la plage de Messine.

Comme exemple du second mode de formation des grès, Fuchs rappelle les détails fournis antérieurement par A. Brezina sur un grès à grains cristallins de Sievring près de Vienne, et ses propres observations sur la même roche (2). Le grès de Sievring est composé de grains de quartz et de débris de coquilles réunis par un ciment calcaire ; il est en amas irréguliers au milieu d'un sable formant des lits horizontaux, dont il coupe verticalement la stratification. Il est évident que le sable était émergé au moment où la production du grès a commencé à s'y opérer, et que celle-ci est due à des infiltrations locales d'eau chargée de carbonate de chaux. Ainsi, dans ce cas, le dépôt du sable et la formation du grès ont été certainement séparés par un long intervalle de temps.

Les bulletins de juillet, d'août et de septembre des *Verhandlungen* de la *Geologische Reichsanstalt*, contiennent les éléments d'une discussion fort animée sur la position géologique précise et sur la constitution de l'une des assises du bassin tertiaire de Vienne, celle du calcaire de la Leitha (*Leithakalk*).

Le calcaire de la Leitha, ainsi désigné à cause de la montagne qui porte ce nom, où il a été distingué d'abord, couvre de vastes surfaces de terrains en Gallicie, en Hongrie, en Transylvanie, en Slavonie, en Croatie, en Styrie et dans le Banat. Il se présente dans toutes ces contrées comme la dernière couche marine du terrain tertiaire, abstraction faite toutefois d'un dépôt peu étendu signalé près de Lapugy en Transylvanie. Ce fait paraît avoir été admis par tous les géologues autrichiens, et aucune contestation ne s'élève jusqu'à présent de ce côté; mais il n'en est plus de même quand on considère le calcaire de Leitha dans l'intérieur du bassin de Vienne, où il se rencontre également, mais avec une certaine complication, dans ses caractères pétrographiques, ce qui en rend l'étude difficile. D'après D. Stur, il y aurait dans le bassin tertiaire de Vienne, comme dans les bassins correspondants des pays précédemment cités, trois assises marines distinctes : le calcaire de la Leitha y formerait la zone marine supérieure ; au-dessous se trouverait le grès de Gainfahren ou l'argile de Mollersdorf qui sont contemporains, et, plus profondément, l'argile de Baden. D'après T. Fuchs, V. Reuss, F. Karrer, C. Mayer et L. Neugeboren, ces trois assises appartiendraient au contraire au même horizon géologique et ne seraient que des facies différents d'une même zone.

Il y a peu de temps encore, l'opinion soutenue par D. Stur était généralement admise. Le calcaire de la Leitha, avec la couche de cérites caractéristique qui le termine, avait été, en effet, observé à Mollersdorf même, au-dessus de l'argile de cette localité, qui s'en distinguait par sa faune de bivalves; puis au-dessous de cette argile jaunâtre, un forage avait permis de constater que l'argile bleue de Baden présentait une épaisseur de plus de 130 mètres.

Un autre forage, récemment exécuté à Vöslau, a été le point de départ de la discussion qui vient de s'élever. Le nouveau puits n'a qu'une profondeur de 40 mètres environ ; il est tout entier compris dans le calcaire de la Leitha, ou plutôt dans des marnes et des conglomérats qui en sont l'équivalent géologique. La matière d'un amas argileux, inclus dans cette assise, a été examinée par Reuss, et a fourni à l'étude les résultats les plus inattendus. On y a trouvé, avec une baguette d'oursin et quelques valves peu nombreuses de coquilles bivalves, une quantité prodigieuse de foraminifères, appartenant surtout aux groupes des rhabdoïdes, des cristellarides, des globigérinides et des rotalides. Cette faune est encore remarquable par l'exclusion de quelques-unes des familles de foraminifères les plus répandues. Ainsi, les foraminifères siliceux n'y ont qu'un seul représentant, la *Clavulina communis;* les polymorphinides s'y montrent à peine, et les miliolides y font totalement défaut. De telles particularités donnent à cette faune un caractère tranché; or, cet ensemble de fossiles si nettement défini est presque identiquement le même que l'on trouve dans l'argile de Baden ; il n'est donc pas étonnant que Reuss, partant de cette assimilation paléontologique, en soit arrivé à conclure qu'il y a identité géologique entre l'assise de calcaire de la Leitha et celle de l'argile de Baden.

Les observations de F. Karrer ont conduit cet auteur aux mêmes conclusions. Il cite plusieurs puits de Berchtolsdorf, dans lesquels on a rencontré, sous une couche d'alluvion, une bande d'argile surmontant le conglomérat de la Leitha avec ses fossiles caractéristiques. A mesure que les puits sont plus rapprochés de la formation triasique, on voit diminuer l'épaisseur de l'assise

(1) Lorenz (*Physikalische Verhältnisse und Vertheilung der Organismen in Quarnerischen Golfe*). T. Fuchs regrette que cet ouvrage estimable soit trop peu connu des géologues et des paléontologistes.

(2) A. Brezina, *Jahrbuch der K. K. geologischen Reichsanstalt*, 1870, p. 113.

argileuse, jusqu'à ce qu'enfin elle se termine en coin. Un autre puits creusé à Baden dans le conglomérat de la Leitha a traversé une série de poches remplies de l'argile de Baden. Enfin, Karrer signale encore ce fait que le canal de St. Helena-Friedhof, bordé par le calcaire de la Leitha, se trouve tout entier creusé dans une argile identique avec celle de Baden; non-seulement les mêmes foraminifères, mais encore les mêmes gastéropodes s'y retrouvent avec leurs plus belles espèces.

C. Mayer écrit de Zurich que le calcaire à nullipores de Stazzano, près de Tortona, offre les divers aspects pétrographiques du calcaire de la Leitha, et que les couches supérieures de ce calcaire de Stazzano présentent des alternances répétées avec une argile bleue, qui constitue un immense dépôt dans la même localité, et qui possède la faune de Baden. D'après lui, le calcaire moellon du midi de la France serait aussi contemporain du calcaire de la Leitha, dont il renfermerait presque complétement la faune. Ce calcaire moellon repose sur des couches sableuses qui correspondent à la mollasse suisse, et le calcaire de Stazzano se trouve exactement dans les mêmes conditions par rapport au grès de Serravalle.

L. Neugeboren admet aussi la contemporanéité du calcaire de la Leitha et de l'argile de Baden. A Pank, près de Lapugy en Transylvanie, il a trouvé réunis dans les mêmes couches des fossiles qui appartiennent ordinairement, dans le bassin de Vienne, à des assises distinctes.

D. Stur, assailli par cette série d'arguments, réplique vivement et répond successivement à chacun de ses adversaires. La raison principale qui sert de base à sa réfutation, c'est que le calcaire de la Leitha se présente dans le bassin de Vienne dans des conditions tout à fait anormales. Cette assise y constitue un dépôt de rivage, au fond d'un golfe étroit qui était en communication imparfaite avec la mer. Par suite de ces conditions, au lieu de former un vaste dépôt homogène et régulier comme en Gallicie, où elle couvre d'une nappe calcaire uniforme une surface de plus de cent milles carrés, elle est représentée dans le bassin viennois par des conglomérats, des sables et des argiles avec des amas ou des lits de foraminifères intercalés. La présence de dépôts d'argile inclus dans cette formation est un fait signalé depuis longtemps par Hörnes à la limite orientale des Alpes. Les bancs argileux compris dans le calcaire de la Leitha sont simplement l'équivalent géologique de ce calcaire, au même titre que les grès ou les conglomérats qui appartiennent au même niveau. Il est vrai qu'on y trouve les foraminifères de l'argile de Baden, mais D. Stur, tout en reconnaissant la véracité et l'importance de cette observation, rejette, comme trop absolue, la conclusion que l'on veut en tirer. Entre le dépôt de l'argile de Baden et celui du calcaire de la Leitha, il s'est produit, dit-il, des changements de niveau considérables. Par conséquent, il peut s'être formé des dépressions du fond de la mer dans une partie du bassin de Vienne, et les foraminifères de l'argile de Baden ont pu continuer à vivre dans ces bas-fonds, durant la période de dépôt du calcaire de la Leitha. Quant à la faune de gastéropodes caractéristique de l'argile de Baden, Stur nie positivement qu'on l'ait jamais rencontrée en un point quelconque des assises du calcaire de la Leitha. Enfin, il fait observer que l'argile du canal de St-Helena-Friedhof peut fort bien appartenir à la formation de ce calcaire, sans qu'on soit en droit de l'assimiler à l'argile de Baden, car cette dernière se retrouve en général à un niveau plus bas, très-épaisse, avec ses fossiles spéciaux, et sans aucun mélange de cailloux roulés ou de couches de grès, comme ceux qui sont si communs dans la zone suprajacente du calcaire de la Leitha.

En somme, la solution du problème géologique soulevé peut être ramenée à celle d'une question générale de paléontologie. Une faune de foraminifères suffit-elle à elle seule pour caractériser une formation? Une réponse affirmative à cette question entraînera l'assimilation du calcaire de la Leitha et de l'argile de Baden; une réponse négative séparerait au contraire nettement ces deux assises et en maintiendrait la distinction, jusqu'à ce qu'on ait pu établir l'identité des mollusques appartenant aux deux formations.

Académie des sciences de Paris. — 4 DÉCEMBRE 1871.

Dans sa dernière séance, l'Académie a reçu avis que trois masses énormes de fer météorique ont été découvertes au Groënland, par M. le professeur suédois Nordenskyœh. Deux navires danois ont transporté ces masses en rade de Copenhague, et ont reçu pour leur gouvernement, en échange de leurs services, l'une de ces météorites pesant vingt mille livres. Les deux autres, dont les poids sont respectivement de quarante-neuf mille six cents et dix mille livres, font actuellement partie du Musée national de Stockholm.

M. *Stanislas Meunier* annonce qu'il est parvenu à transformer l'*aumalite*, roche des météorites, en une autre roche, également d'origine céleste, la *chantonnite*. L'auteur considère, en conséquence, ces deux roches comme ayant pu être en rapport stratigraphique; la chantonnite ne serait que la forme éruptive de l'aumalite.

MM. *Dusart* et *Hardy*, ayant étudié sur les phénols l'action des métalloïdes de la famille du chlore et celle de l'acide azotique, sont conduits à considérer ces composés organiques comme tenant à la fois des hydrocarbures et des alcools.

Ces conclusions résultent de ce que, d'une part, certains composés peuvent être obtenus, soit en partant du phénol, soit en partant de l'hydrocarbure correspondant; d'autre part, les phénols peuvent, dans certaines circonstances, donner naissance à des éthers composés analogues à ceux des alcools, mais plus difficiles à obtenir.

Nous signalerons, enfin, cette observation de M. *Chabrier*, que, dans les temps calmes et couverts, lorsque la température est douce et l'humidité de l'air très-grande, les eaux de pluies contiennent généralement de l'acide nitreux; cet acide est remplacé par l'acide nitrique lorsque la pluie tombe après une période sèche, chaude, et que le temps devient orageux.

Pendant une heure, aujourd'hui, M. Élie de Beaumont a feuilleté la correspondance; au bout de ce temps, c'est-à-dire à quatre heures, la séance a commencé par la nomination d'une commission de six membres chargés de préparer une liste de candidats pour une place d'associé étranger. Il s'agit de remplacer sir John Herschel; les suffrages de l'Académie paraissent devoir se porter sur M. Airy, astronome royal à Londres, et dont les travaux d'astronomie et de physique sont depuis longtemps très-appréciés des savants.

Il semble également que M. Darwin soit sur le point d'entrer à l'Académie; il serait nommé membre correspondant.

C'est encore là une nomination dont s'applaudiront certainement tous les amis des sicences. On peut ne pas partager les opinions scientifiques de M. Darwin; mais il est impossible de méconnaître l'impulsion immense que les idées du célèbre auteur de l'*Origine des espèces* ont donnée aux recherches de zoologie. Que M. Darwin se trompe, c'est possible; mais ses erreurs sont celles d'un homme de génie, et elles auront rendu à la zoologie autant de services que les doctrines discutées d'un de nos plus illustres savants en ont rendu à la géologie.

M. *Delaunay* présente à l'Académie le 1er volume de l'*Annuaire météorologique*, que vient de rédiger M. Marié Davy, d'après les documents recueillis à l'Observatoire. Cet annuaire est le complément, et, en quelque sorte, le résumé des observations consignées chaque jour dans le Bulletin international de météorologie, bulletin où sont centralisées les observations recueillies dans soixante-six stations de l'Europe et de l'Asie. M. Delaunay souhaite que le service de la météorologie soit constitué hors de l'Observatoire et d'une manière indépendante de celui de l'astronomie; il prépare tout à l'observatoire, de manière qu'aucun service ne soit en ouffrance, lorsque cette séparation aura lieu:

Nous savons, en effet, que M. Delaunay a entrepris un remaniement de tous les services de l'Observatoire. On dit même que dans ce remaniement l'astronomie physique s'est trouvée grandement victime de l'extension exubérante donnée à l'astronomie mathématique, et nous ne serions pas étonné que quelque grosse question ne soit bientôt soulevée au sujet du mode de répartition du service et des instruments.

On pressent déjà des colères dans les questions *toutes scientifiques*, posées à M. Delaunay, par M. Leverrier, *uniquement dans l'intérêt* de la science.

Deux systèmes sont en présence dans le service dit de l'*avertissement aux ports* et dont le but est de faire connaître sur les divers points de nos côtes l'arrivée prochaine des tempêtes. M. Leverrier, — dans l'intérêt de nos marins, bien entendu, — voudrait savoir lequel de ces systèmes est employé; l'un d'eux est condamné par la pratique, et certains faits constatés par M. Leverrier semblent lui faire craindre que ce ne soit précisément ce système qui ait prévalu à l'Observatoire.

M. Delaunay demande que la question de M. Leverrier soit formulée aux *Comptes rendus*; il se fera alors un plaisir d'y répondre.

Ne quittons pas l'Observatoire sans annoncer que MM. Wolf et André viennent de terminer une série d'expériences préliminaires destinées à éliminer certaines causes d'erreur dans l'observation du prochain passage de Vénus sur le disque du soleil. On sait qu'au moment où la planète achève de faire son entrée sur le disque, et au moment où elle va commencer sa sortie, une sorte de ligament noir se produit unissant le bord du soleil au bord correspondant de la planète. L'existence de ce ligament rend très-incertaine la détermination des moments où ont lieu les deux contacts internes, les seuls qu'il soit possible d'observer. On a considéré ce ligament comme un effet d'irradiation. L'irradiation ayant pour effet de faire paraître plus grand le disque brillant du Soleil, plus petit le disque obscur de Vénus, on voit que les bords des deux astres doivent, au moment du contact, paraître distants d'une certaine quantité, mais qu'une échancrure doit se produire dans le bord du soleil au point où le contact réel a lieu; de là la formation du ligament; de là aussi cette conséquence que le moment de la formation du ligament devait être considéré comme le moment précis du contact. MM. Wolf et André ont démontré d'abord que l'irradiation ne se produit pas dans les lunettes, attendu que les mesures micrométriques d'un disque déterminé ne changent pas, que ce disque se détache en noir sur un fond très brillant, ou que, le fond étant obscur, le disque soit au contraire vivement éclairé. La cause de la formation du ligament est donc tout autre; elle réside dans ce que la mise au point de la lunette est toute différente, suivant qu'elle est faite sur un objet volumineux dont on veut voir les détails, ou sur un point très-petit qu'on cherche à voir le plus nettement possible. Dans le cas actuel, ce qu'il importe de voir nettement, c'est le disque de Vénus; or, si l'on met un point sur une étoile, le disque se voit avec une netteté parfaite, et toute trace de ligament disparaît. Les expériences de MM. Wolf et André ne laissent aucun doute à cet égard; elles viennent d'être répétées devant la commission compétente de l'Académie qui les approuve. Nous aurons donc, selon toute probabilité, des observations précises du prochain passage; un instrument dépourvu, autant que possible, d'aberration, et une bonne mise aux points, voilà les conditions essentielles de l'observation trouvées.

Académie de médecine de Paris. — 28 NOVEMBRE 1871.

A chaque fin d'année, la science chôme à l'Académie; le rôle de l'administration y devient prépondérant par force. Ce sont les rapports annuels sur la vaccine, les eaux minérales, les épidémies, à présenter au ministre, ceux des divers prix à faire connaître, les élections pour l'année suivante, la séance solennelle, etc., etc. L'intérêt scientifique y est ainsi fort effacé.

Ce rôle a commencé aujourd'hui par un rapport officiel de M. Devilliers, *Sur les améliorations à apporter dans l'éducation physique, intellectuelle et morale des nourrissons et des enfants assistés*. C'est le premier travail émanant de la commission permanente nommée à la suite de la longue discussion de 1869, sur la *mortalité des nourrissons*. Le service n'est donc qu'en voie d'organisation, et l'on demande au ministre de l'intérieur l'institution de prix et médailles pour récompenser les médecins qui se dévoueront à cette œuvre utile.

Le concours du prix Portal, *sur le cancer*, n'a pas abouti. Un seul mémoire a été envoyé, et du rapport de M. Barth il résulte qu'il ne mérite pas le prix. La question est renvoyée au concours de 1873.

Quelques observations soulevées par ces deux rapports et une correspondance chargée ont formé le menu de cette séance, qui s'est prolongée néanmoins jusqu'à cinq heures.

5 DÉCEMBRE 1871.

Un mémoire de M. Godin, sur la dissolution des corps métalliques et organiques dans les corps gras, à l'aide des benzoates, est tout ce qu'il y a à retenir de la correspondance.

— M. Blot lit le discours qu'il a prononcé au nom de l'Académie sur la tombe de M. P. Dubois, le célèbre accoucheur et ancien doyen de la Faculté de médecine, qui a succombé en province, il y a quelques jours, mais qui, depuis de longues années, était mort déjà pour la science et ses amis.

— Le choléra, dont on n'entendait plus guère parler en France depuis l'automne, continue à sévir en Orient, où la température reste élevée. C'est ce qui résulte d'une lecture de M. Fauvel sur la marche de ce redoutable fléau en Europe en 1871. Il signale ses étapes dans le nord-ouest, où il a débuté. Kœnigsberg a le plus souffert. Au 7 septembre dernier, on y comptait 2635 cas et 1204 décès. Son séjour à Hambourg constituait le plus grave danger pour la France, en raison du départ des paquebots transatlantiques d'émigrants qui a lieu. 40 cholériques morts sur un de ces paquebots en relâche à Halifax, montrent le bien-fondé d'avoir interdit l'entrée du port du Havre à ces paquebots.

A mesure que la température s'abaissait dans ces régions, l'épidémie disparaissait graduellement sur les bords de la Baltique, où elle est actuellement complétement éteinte. Mais ce fut pour se rallumer au sud-est par sa manifestation à Constantinople où elle sévit encore. La plus grande mortalité a été de 370 décès dans la semaine du 3 au 9 novembre. Jusque-là, les décès cholériques s'élevaient à 2000 sur une population de 800 000 âmes.

Le pèlerinage aux lieux saints a bientôt infecté Médine et la Mecque, ainsi que l'envoi de quelques troupes turques dans l'Arabie. L'Égypte est ainsi menacée des deux côtés, ainsi que tout le bassin et le littoral de la Méditerranée, comme en 1865. Gare à nous pour 1872.

A aucune époque, le choléra n'a sévi simultanément sur une aussi grande étendue, d'Archangel à l'extrémité méridionale de l'Afrique, mais jamais non plus avec moins d'intensité. Ce n'est pas qu'il ait perdu de sa force, les attaques en ont été aussi graves, mais beaucoup plus rares. En s'étendant, l'influence épidémique ne s'est pas affaiblie, mais la résistance organique semble avoir augmenté : telle est la conclusion de ce travail.

— Voici revenir la question de l'alcoolisme sous forme d'un très-volumineux rapport de M. Bergeron sur les travaux de MM. Lunier, Jeannel et Roussel, récemment lus à l'Académie. Cet autre fléau du jour s'est introduit en France, surtout depuis la distillation des alcools de grains et de betteraves. Sans lui attribuer exclusivement nos récents désastres, préparés de longue main par bien d'autres causes, M. Bergeron montre qu'il n'y a pas été étranger, surtout à Paris. Cela résulte du tableau même de son action et de ses effets morbides. Les recherches statistiques de M. Lunier dans l'est et l'ouest de la France le démontrent avec évidence. C'est ainsi que, dans la Sarthe, où la consommation annuelle de l'alcool a quadruplé de 1856 à 1869, les folies alcooliques se sont élevées de 5 à 15 pour 100. Elles se sont aussi élevées de 8,87 à 18 pour 100 en quinze ans dans le Morbihan, avec la progression concomitante de la consommation de l'alcool. De même dans les Côtes-du-Nord, où de 10,61 pour 100 de 1856 à 1858, la folie alcoolique s'est élevée à 25 de 1868 à 1870, dont 21 parmi les femmes, proportion que l'on ne retrouve heureusement nulle autre part. Les recherches sont moins démonstratives dans l'est.

Le rapporteur approuve donc, sans hésiter, les restrictions légales proposées au débit des liqueurs alcooliques, ainsi que les répressions et les punitions, les peines même les plus sévères à édicter contre l'abus de leur emploi, c'est-à-dire l'ivrognerie. Il ne dédaigne pourtant pas les institutions de tempérance et de correction, et montre surtout la nécessité de l'instruction sous toutes les formes pour vaincre ce mal affreux, car c'est surtout l'ignorance qui met l'adolescent et plus tard l'homme aux prises de l'ivrognerie comme de toutes les séductions du vice et du crime qu'elle entraîne. Aussi souhaiterions-nous que la *Revue* y contribuât par la reproduction de certains passages vraiment éloquents de ce savant rapport.

Société de biologie de Paris. — 25 NOVEMBRE 1871.

M. *Réverdin* communique à la Société les principaux résultats de recherches originales et des plus intéressantes sur la *greffe épidermique*. La note de M. Réverdin sera insérée *in extenso*.

M. *Volpat*, après avoir pratiqué sur un cochon d'Inde la section du nerf sciatique gauche, a observé les faits suivants dont il rend témoins les membres de la Société : de petits nodules épidermiques, d'abord remplis de sang, et ayant subi consécutivement un travail d'induration avec croûtes superficielles, se sont formés et persistent à la région dorsale antérieure de l'animal contre le rachis. De plus, les attaques d'épilepsie provoquée et même spontanée, auxquelles l'animal est sujet, offrent en ce moment, et en concomitance avec les altérations de nutrition de la peau, la particularité curieuse suivante : La zone épileptogène s'est en quelque sorte dédoublée; elle existe des deux côtés, mais les attaques sont unilatérales, c'est-à-dire qu'elles se manifestent et s'accomplissent d'un seul côté, et réciproquement, lorsque l'on provoque l'une après l'autre la zone épileptogène de chaque côté. L'expérience est plusieurs fois réalisée devant la Société.

M. *Brown-Séquard* a vu se produire cinq fois des attaques convulsives à forme épileptique chez des pigeons, dans les conditions expérimentales suivantes : Une section longitudinale et médiane de l'encéphale d'avant en arrière était pratiquée, de façon à diviser exactement le chiasma optique; ni les lobes optiques, ni le cervelet, n'étaient intéressés ; seuls les pédoncules cérébraux ont paru un peu touchés dans quelques cas. Il s'opère d'abord chez l'oiseau comme un tournoiement de la tête ; puis les ailes entrent en convulsions, et peu après les pattes ; à ces phénomènes succèdent quelques instants de stupeur et de somnolence, après quoi tout rentre dans l'ordre.

M. *Magnan* a observé des attaques à peu près semblables chez des oiseaux, tels que : pigeons, poules, et particulièrement chez un merle auxquels il avait administré par injection de l'essence d'absinthe.

M. *Carville* signale également des attaques convulsives chez des animaux auxquels on injecte de l'ichthyocolle en solution concentrée dans le diploé des os du crâne ; les phénomènes convulsifs ne ressemblent pas, en ce cas, à ce qui se passe à la suite de la section des canaux semi-circulaires.

M. *Vulpian* rappelle combien il est facile de déterminer des convulsions chez les pigeons : la moindre circonstance accessoire de l'expérience principale suffit quelquefois à cette détermination ; telle est, par exemple, l'hémorrhagie plus ou moins abondante qui accompagne ordinairement ces opérations sur l'encéphale. Aussi importe-t-il beaucoup de se mettre à l'abri de ces accidents presque inévitables pour rapporter à sa véritable cause le résultat obtenu.

M. *Brown-Séquard*, dans une seconde communication, appelle l'attention sur un cochon d'Inde rendu épileptique par une section de la moelle en travers, et qui présente les particularités suivantes : on provoque à volonté, chez cet animal, et indépendamment l'une de l'autre, soit une attaque d'épilepsie généralisée, soit une attaque d'épilepsie spinale. Cette dernière se produit à la suite de provocations faites à l'anus et se prolonge au delà de vingt minutes.

M. *Vulpian* rappelle à ce propos l'observation d'une de ses malades de la Salpêtrière, observation publiée par son ancien interne, M. Hallopeau, et dont les détails établissent une grande analogie avec le fait expérimental dont il vient d'être question : cette malade, en effet, présentait successivement et tout à fait indépendamment les unes des autres des attaques d'épilepsie généralisée et d'épilepsie spinale. Les convulsions toniques et cloniques débutaient par un des membres inférieurs, puis, abandonnant celui-ci, passaient à l'autre ; elles reprenaient après cela le premier, et ainsi de suite durant une heure.

Enfin, dans le même ordre de faits, M. *Magnan* a observé, de concert avec M. *Jolyet*, à la suite d'injections d'essence d'absinthe chez des chiens, des attaques convulsives, successives et indépendantes, aux membres postérieurs et dans les muscles de la face.

CHRONIQUE SCIENTIFIQUE

Éclipse totale de soleil de 1871

Il y aura encore, le 11 décembre de cette année, une éclipse de soleil invisible pour nous, qui sera totale un peu plus de deux minutes au Bengale, et pendant quatre minutes dix-huit secondes sur la côte nord-ouest de l'Autralie. Le colonel Tennant et le capitaine Herschel, de concert avec M. Hennessey pour la partie photographique, observeront cette éclipse sur un pic indien des monts Neilgherries appelé *Dodabetta*, élevé de 8650 pieds au-dessus du niveau de la mer, à la latitude boréale de 11°25′ et à la longitude de 76°43′ à l'est de Greenwich. M. Airy a accordé, pour cette observation, un des équatoriaux, à lunette de six pouces de diamètre, destinés à l'observation du passage de Vénus en 1874.

Une seconde expédition anglaise doit se rendre à Ceylan pour y observer ce même phénomène ; enfin, M. Janssen, pourvu d'une mission des bureaux des Longitudes, s'est rendu dans le même but à Batavia. G.

— La Faculté de médecine vient de perdre son ancien doyen, le baron Paul Dubois, l'un des accoucheurs les plus éminents de notre époque. Il était âgé de soixante-seize ans.

BIBLIOGRAPHIE SCIENTIFIQUE

Bulletin des publications nouvelles

La race prussienne, par A. de Quatrefages, membre de l'Institut, professeur au Muséum d'histoire naturelle de Paris. Gr. in-18 de 110 pages, avec un plan du bombardement du Muséum (Paris, Hachette). 2 fr.

Les hommes et les actes de l'insurrection de Paris devant la psychologie morbide, par J. V. Laborde. Gr. in-18 de 152 pages (Paris, Germer Baillière). 2 fr. 50

Traité d'électricité médicale, par les docteurs E. Onimus et Ch. Legros. 1 fort vol. in-8, avec 141 figures (Paris, Germer Baillière). Nous en rendrons compte prochainement. 12 fr.

Le ciel géologique, prodrome de géologie comparée, par Stanislas Meunier, aide-naturaliste au Muséum d'histoire naturelle de Paris. 1 vol. in-8 (Paris, Didot).

L'électricité appliquée aux arts mécaniques, à la marine et au théâtre, par Ernest Saint-Edme. In-8 de 234 pages, avec 66 figures (Paris, Gauthier-Villars).

Quelques réflexions sur la science en France, par L. Pasteur, membre de l'Institut. In-8 de 40 pages (Paris, Gauthier-Villars).

En ballon pendant le siége de Paris, par Gaston Tissandier. Récit des ascensions et applications de l'aréonautique à la guerre. 1 vol. gr. in-18 (Paris, Dentu). 3 fr.

Le lendemain de la mort, ou la vie future selon la science, par Louis Figuier. 1 vol. gr. in-18 (Paris, Hachette). 3 fr. 50

Atlas physique de la France, publié par l'Observatoire de Paris. Format : 96 centimètres sur 73. La première carte, qui vient de paraître comme spécimen, est consacrée à l'hydrographie de la France et des pays voisins. C'est une réduction au deux-millionième des eaux de la carte de Gaule au huit-cent-millième (Paris, Hachette).

Nouvelle théorie de la poussée des terres et de la stabilité des murs de revêtement, par J. Curie, capitaine du génie (Paris, Gauthier-Villars).

Étude sur les plaies par armes à feu, par L. Vaslin. Gr. in-8 avec 22 planches en lithographie, dessinées d'après nature (Paris, Germer Baillière). 6 fr.

Pathologie des tumeurs, cours professé à l'Université de Berlin par R. Virchow, traduit de l'allemand par P. Aronssohn, revu par l'auteur. Tome III, contenant les tumeurs lymphatiques (leucémie, typhoïde, scrofulose, hyperplasie, tuberculose) et strumeuses, les myomes et les névromes (Paris, Germer Baillière). 12 fr.

L'Atmosphère, description des grands phénomènes de la nature, par Camille Flammarion. 1 magnifique volume gr. in-8 jésus avec 223 gravures sur bois et 19 grandes planches chromo-lithographiques, exécutées d'après les peintures et aquarelles d'A-chard, Berchère, E. Ciceri, Karl Girardet, A. Marie, Silbermann et Weber. (Paris, Hachette). Ouvrage d'étrennes. 30 fr.

BULLETIN DES COURS PUBLICS

Sorbonne

Mécanique céleste (les mercredis et vendredis, à dix heures). — M. Serret (de l'Institut) traitera des Méthodes générales dont on fait usage dans la Mécanique céleste et en fera l'application à diverses questions particulières.

Mathématiques (les lundis et samedis à dix heures). — M. Liouville (de l'Institut) traitera de diverses questions d analyse.

Physique générale et Mathématiques (les mardis et vendredis, à midi). — M. Bertrand (de l'institut) traitera des Lois mathématiques relatives à l'action et à la transformation des forces et particulièrement des théories du magnétisme et de l'électricité.

Physique générale et expérimentale (les mercredis et vendredis, à dix heures). — M. Regnault (de l'Institut), professeur. M. Mascart, suppléant, traitera de différentes questions d'optique.

Chimie (les mercredis, à midi et demi). — M. Balard (de l'Institut) traitera de questions relatives à la chimie générale, et les samedis, à la même heure, de l'analyse chimique.

Chimie organique (les mardis, à une heure). — M. Berthelot traitera de la Thermo-chimie ; les vendredis, à la même heure, il exposera les Méthodes d'analyse.

Médecine (les mercredis et vendredis, à une heure). — M. Claude Bernard (de l'Institut et de l'Académie de médecine) traitera de la Médecine expérimentale.

Histoire naturelle des corps inorganiques (les mardis et vendredis, à deux heures trois quarts). — M. Élie de Beaumont (de l'Institut), professeur. M. Ch. Sainte-Claire Deville (de l'Institut), conservateur de la collection géologique du Collége de France, suppléant, traitera des phénomènes éruptifs, et en particulier des Phénomènes volcaniques.

Histoire naturelle des corps organisés (les mardis et samedis, à deux heures). — M. Marey traitera de différentes questions de mécanique animale.

Embryogénie comparée (les mardis et samedis, à une heure). — M. Coste (de l'Institut) traitera de l'ensemble des Phénomènes que les animaux présentent dans leur développement.

Zoologie (animaux articulés). M. Blanchard (de l'Académie des sciences), professeur, commencera ce cours le vendredi 8 decembre 1871, à une heure, dans l'amphithéâtre de la galerie de géologie, et le continuera les lundis, mercredis et vendredis, à la même heure. Le professeur traitera des caractères zoologiques, des conditions de la vie, des mœurs et des instincts des Crustacés, des Arachnides et des Insectes.

Le propriétaire-gérant : GERMER BAILLIÈRE.

PARIS. — IMPRIMERIE DE E. MARTINET, RUE MIGNON, 2.

LA

REVUE SCIENTIFIQUE

DE LA FRANCE ET DE L'ÉTRANGER

REVUE DES COURS SCIENTIFIQUES (2E SÉRIE)

DIRECTION : MM. EUG. YUNG ET ÉM. ALGLAVE

2e SÉRIE — 1re ANNÉE | NUMÉRO 25 | 16 DÉCEMBRE 1871

Paris, le 15 décembre 1871.

La comète de Tuttle (de Cambridge, États-Unis) est une des comètes dont la périodicité soupçonnée par les astronomes n'était pas encore rigoureusement démontrée ; pour que la périodicité d'un de ces astres soit bien établie, il faut en effet qu'il soit revenu à son périhélie.

La comète de Tuttle a été découverte à Paris par Méchain, le 9 janvier 1790, et suivie par lui et Messier jusqu'au 1er février de la même année.

La comète n'a pas été revue en 1803, en 1815 et en 1830, lorsqu'elle a dû revenir près du soleil ; aussi, lorsque Tuttle la découvrit, le 4 janvier 1858, on la prit d'abord pour une comète nouvelle. L'astre fut observé en Amérique et en Europe du 5 janvier au 23 mars 1858. Les calculs faits depuis cette époque, par M. Bruhus, directeur de l'Observatoire de Leipzig, lui donnaient une période de 13,71 ans (13 ans 71 centièmes d'an), elle devait donc repasser auprès du soleil et être par conséquent visible à la fin de 1871.

La conjecture des astronomes a été heureusement vérifiée, puisque M. Borelly, aide astronome à l'Observatoire de Marseille, a retrouvé cette comète à peu près à la place que lui avaient assignée les calculs du docteur Tischler.

La comète de Tuttle est, comme toutes les comètes périodiques, d'un faible éclat ; elle ne brille aujourd'hui que comme une étoile de treizième grandeur.

Un nouveau retour de la comète aura lieu vers mai 1885.

ERRATUM. — Une interversion de paquets a rendu inintelligible le premier Paris du dernier numéro, page 553. L'article commence à la cinquième ligne de la deuxième colonne : « La Société des ingénieurs civils, etc. » Tout ce qui précède doit être reporté à la fin de l'article.

LES CRITIQUES DE DARWIN EN ANGLETERRE

I. *Contributions à la théorie de la sélection naturelle*, par A. R. Wallace, 1870. — II. La formation des espèces, par Saint-George Mivart, F. R. S., 2e édition, 1871. — III. L'origine de l'homme selon Darwin (*Quarterly Review*, juillet 1871).

Un espace de plus de dix années nous sépare de l'époque où parut l'*Origine des espèces*, et, quoi qu'on puisse dire ou penser des doctrines de Darwin et de la manière dont elles ont été présentées, il est incontestable que son livre a opéré dans la biologie une révolution analogue à celle qu'opérèrent dans l'astronomie les *Principes* de Newton. C'est que, pour nous servir des termes d'Helmholtz, ce livre, l'*Origine des espèces*, contient une idée essentiellement neuve et féconde.

A mesure que le temps s'est écoulé, un changement profond s'est produit dans les critiques adressées à Darwin. Le mélange d'ignorance et de grossièreté qui caractérisa d'abord les attaques dirigées contre lui, n'est plus depuis longtemps le signe tristement distinctif de l'anti-Darwinisme. Au lieu de non-sens trompeurs qui ne firent que discréditer leurs auteurs, nous lisons maintenant des essais plus ou moins intelligents, jugeant plus ou moins sainement, ayant quelquefois une valeur réelle et durable, comme celui qui a paru dans *North British Review* en 1867.

Les publications de M. Wallace, celles de M. Mivart, contiennent des discussions de certaines idées de Darwin ; elles sont particulièrement remarquables non-seulement à cause de la compétence scientifique de leurs auteurs, mais aussi parce qu'il y est tenu compte de ces questions philosophiques qui sont au-dessous de toute science physique : c'est là chose aussi rare que nécessaire. On peut faire le même éloge d'un article publié en juillet 1871 dans *Quarterly Review*, et qui est peut-être la meilleure preuve que l'on puisse donner du changement qui s'est fait dans l'opinion publique relativement au *Darwinisme*.

L'auteur de ce dernier article admet la réalité de l'influence de la sélection naturelle ; il accorde même qu'*à priori* il y a là une probabilité en faveur de cette opinion que l'homme est issu de quelque forme animale inférieure, si tant est que les formes animales inférieures aient dérivé les unes des autres par suite d'une évolution.

M. Wallace et M. Mivart vont plus loin. Ils sont aussi partisans de l'évolution que M. Darwin lui-même ; mais M. Wallace nie que l'homme puisse dériver d'une forme inférieure par ce procédé de sélection naturelle qu'il considère cependant, avec M. Darwin, comme suffisant pour expliquer l'évolution de tous les êtres inférieurs à l'homme. M. Mivart, admettant que la sélection naturelle a été l'une des causes de l'évolution des êtres inférieurs à l'homme, maintient néanmoins que, même pour ces êtres, l'intervention d'autres causes est manifestement nécessaire; malheureusement, il ne nous dit rien de la nature de ces causes. Ainsi M. Mivart est moins darwiniste que M. Wallace, parce qu'il a moins de foi dans la puissance de la sélection naturelle ; mais il est en revanche plus évolutionniste, puisque M. Wallace regarde comme nécessaire d'appeler un agent intelligent à son aide — une sorte de sir John Sebright surnaturel — pour produire la charpente animale de l'homme, tandis que M. Mivart n'invoque pas l'assistance divine avant d'arriver à l'âme humaine.

Il y a donc une divergence considérable entre M. Wallace et M. Mivart. D'autre part, on peut constater de curieuses similitudes entre M. Mivart et l'écrivain de *Quarterly Review*, tellement que, si la chose en valait la peine, M. Mivart pourrait parfaitement accuser de plagiat un auteur qui s'abstient d'ailleurs scrupuleusement de le citer.

L'auteur en question et M. Mivart reprochent à M. Darwin d'être « comme bien d'autres savants » embarrassé dans un système métaphysique radicalement faux, et de ne tenir aucun compte des premiers principes de la philosophie et de la religion. Tous deux insistent sur la nécessité d'avoir une base philosophique solide, et s'efforcent d'en démontrer l'absence. L'écrivain de *Quarterly Review* pense que « l'homme diffère plus de l'éléphant et du gorille que ceux-ci ne diffèrent de la terre qui les nourrit », et M. Mivart exprime l'opinion « qu'il y a plus loin de l'homme au singe que du singe à un bloc de granit ».

De même, lorsque M. Mivart, dans le domaine de l'anatomie, opposant à Darwin cette difficulté que la prétendue ressemblance entre l'œil du céphalopode et celui des poissons est tout à fait illusoire, ainsi que Gegenbaur et d'autres l'ont montré, l'écrivain de *Quarterly Review* adopte cet argument sans hésitation.

Il y a un point cependant sur lequel il est impossible de décider si M. Mivart et l'écrivain de *Quarterly Review* sont ou non du même avis.

Ce dernier déclare que M. Darwin a sans nécessité rejeté les premiers principes de la philosophie et de la religion.

Il considère d'abord, si j'ai bien compris, que, les idées de M. Darwin étant erronées, l'opposition à la religion qui en découle n'est pas réelle. Mais je soupçonne que telle n'est pas la signification du passage de M. Mivart, dont notre auteur s'est certainement inspiré et qui est ainsi conçu : « Les conclusions contraires à la religion, qui ont été tirées de la doctrine de l'évolution, qu'elles soient ou non darwiniennes, ne sont pas le moins du monde des conséquences forcées de cette doctrine ; elles sont, en fait, illégitimes. »

On peut donc dire que l'écrivain de *Quarterly Review* et M. Mivart pensent qu'il n'y a pas de contradiction réelle entre la doctrine de l'évolution, qu'elle soit ou non exclusivement darwinienne, et la religion. Mais que signifie ce dernier terme *religion* dont on a tant abusé ? Sur ce point, *Quarterly Review* demeure silencieuse. Au contraire, M. Mivart est parfaitement explicite et il ne peut être un instant douteux que par ce mot *religion*, il n'entende la théologie, et par théologie cette variété particulière de protée qui est exposée par les docteurs de l'Église catholique et tenue par les membres de cette Église pour la seule forme du vrai absolu, la seule foi qui sauve.

Suivant M. Mivart, les plus grandes autorités de l'Église catholique acceptent la doctrine de la *création dérivatrice* ou de l'*évolution*, et ainsi leurs enseignements *s'accordent avec tout ce que peut exiger la science moderne.*

J'avoue que cette double assertion m'a beaucoup plus intéressé qu'une autre également contenue dans le livre de M. Mivart. Quelque petite que soit ma connaissance de la doctrine catholique et de l'influence exercée par elle dans les premiers temps, il m'est difficile d'admettre que la science moderne eût trouvé un bienveillant accueil dans la plus grande et la plus solide des organisations théologiques.

Mon étonnement redouble lorsque je vois M. Mivart citer le père Suarez comme son principal témoin en faveur de la liberté dont jouissent les catholiques. La réputation populaire de ce savant théologien, de ce casuiste subtil, n'était pas de nature à faire considérer ses ouvrages comme le refuge de la liberté de penser. Mais on a récemment démontré que Judas Iscariote et Robespierre, Henri VIII et Catilina étaient des modèles de vertu, des hommes beaucoup plus avancés que leur époque, des victimes des préjugés vulgaires, et il était possible que le jésuite Suarez fût dans le même cas. Aussi, entraîné par la déclaration formelle de M. Mivart, je me suis hâté de faire connaissance avec les livres de la théologie catholique traitant la question, espérant, non pas me familiariser avec les véritables enseignements de l'Église catholique et me délivrer d'un préjugé injuste, mais me mettre en état, à l'occasion, de faire rougir un auteur protestant de ne pas oser sortir, à l'exemple de l'Église catholique, des données de la tradition verbale.

Je regrette que mes prévisions aient été cruellement trompées. Mais l'étendue de ma déception ne peut être bien comprise que lorsque j'aurai cité quelques passages du livre de M. Mivart qui avait réveillé mes espérances. On lit dans son chapitre d'introduction :

« Il n'y a rien qui puisse alarmer dans le fait de l'acceptation générale de la doctrine de l'évolution ; cette doctrine est sans aucun doute conforme avec la plus scrupuleusement orthodoxe théologie chrétienne (1). »

Nous ne suivrons pas M. Huxley dans les développements théologiques, qui forment treize pages de son article, et qui auraient peu d'intérêt. Pour lui, contrairement à l'opinion de M. Mivart, les Pères les plus autorisés de l'Église catholique sont manifestement contraires à la doctrine de l'évolution. Dieu, dans la Genèse, a bien dit ce qu'il voulait dire ; les espèces animales et végétales ont été l'objet d'une création réelle. M. Huxley laisse aux docteurs catholiques la responsabilité de cette opinion, et il termine la partie théologique de son article en s'élevant contre l'introduction de la théologie dans les affaires scientifiques, introduction qui n'est, suivant lui, qu'une sorte de trahison à l'égard de la vérité. « Il faut choisir, dit-il avec le prophète ; adorer Dieu ou Baal. » Et il continue ainsi :

Après nous être débarrassé du côté théologique de la doctrine de l'évolution, nous revenons aux objections scienti-

(1) Il est bon de remarquer que M. Mivart emploie le terme *chrétien* comme s'il était équivalent de *catholique.*

fiques qui lui ont été faites récemment. Le terrain se trouve d'ailleurs singulièrement déblayé par la retraite spontanée d'ennemis qui l'occupaient depuis dix-neuf ans. Le rédacteur de *Quarterly Review* ne s'abstient pas seulement de nier la possibilité de l'évolution, il admet encore ouvertement que M. Darwin a forcé l'esprit humain à « reconnaître la probabi- » lité — sinon plus — de l'évolution et la réalité de l'influence » de la sélection naturelle ».

Je ne vois pas bien comment, si l'influence de la sélection naturelle est *certaine*, l'évolution est seulement *probable;* car la formation d'une espèce nouvelle par voie de sélection naturelle est, quoi qu'on fasse, une évolution. Mais il est inutile de quereller sur les termes précis d'une phrase qui montre que le niveau de l'intelligence est maintenu assez haut chez les lecteurs de la *Quarterly Review* pour que la prochaine marée les enlève forcément jusqu'au sommet de ces côtes, autrefois si ardues, de l'évolution. Une fois là, ils ne peuvent s'arrêter avant d'avoir gagné le cœur de cette grande région et accepté le singe comme générateur de la forme humaine. Le rédacteur admet, en effet, que M. Darwin a parfaitement établi :

« Que si les diverses espèces d'animaux inférieurs ont dérivé les unes des autres par le procédé de génération naturelle, ou par évolution, il devient probable, à priori, que le corps de l'homme a eu une semblable origine; mais, dans ce cas, cette conclusion peut également être tirée du fait généralement admis que l'homme est en tout un animal. »

Du principe posé dans la dernière partie de cette phrase, il suivrait que si l'homme était construit sur un plan aussi différent de tous les autres animaux que le plan d'organisation de l'oursin l'est de celui de la baleine, son origine animale serait *aussi probable* qu'elle l'est aujourd'hui que nous savons qu'à chaque os, chaque muscle, chaque dent, chaque bulbe dentaire de l'homme correspondent un os, un muscle, une dent, un bulbe dentaire chez le singe. Cela prouve de deux choses l'une : — ou bien que le rédacteur de *Quarterly Review* a sur la probabilité des notions qui lui sont toutes particulières, — ou bien qu'il a une foi si grande dans la doctrine de l'évolution que l'existence d'une lacune considérable entre l'organisation de deux animaux n'est pas suffisante pour détruire sa conviction, que, même dans ce cas, ils ont pu procéder l'un de l'autre par évolution.

Mais c'est là une remarque en passant. L'auteur admet que rien dans la structure physique de l'homme n'est contradictoire avec l'hypothèse de son origine simienne; c'est là une concession dont l'importance n'est pas diminuée, parce qu'elle est faite à contre-cœur et d'une manière irrationnelle. Au lieu de nous réjouir de l'étendue de la retraite de l'ennemi, il vaut beaucoup mieux mettre le siége devant sa dernière forteresse, à savoir qu'il y a une différence spécifique entre les facultés mentales de l'homme et celles des animaux, et que, en conséquence de cette différence spécifique, il ne peut y avoir eu de progrès graduel des facultés de l'un aux facultés de l'autre.

Le rédacteur de *Quarterly Review* se retranche dans des remparts psychologiques d'aspect formidable; il est impossible de l'atteindre sans détruire un à un ces derniers.

Notre écrivain commence par poser cette proposition : La *sensation* n'est pas la *pensée*, et le degré le plus élevé de la première ne saurait constituer la portion la plus rudimentaire de la dernière, bien que les sensations fournissent les conditions nécessaires à l'existence de la *pensée* ou de la *connaissance*.

Cette proposition est vraie ou fausse, suivant la signification que l'on attache au mot *pensée*. *Pensée* est fréquemment employé dans le même sens que conscience, et spécialement pour indiquer cet état particulier de la conscience que nous appelons la mémoire. Si je me rappelle l'impression faite sur moi par une couleur, une odeur, et si je perçois nettement par la mémoire le bleu, le musc, je puis dire en toute rigueur que *je pense* au bleu, au musc, et, aussi longtemps que cette pensée dure, elle est simplement une faible reproduction de cet état de la conscience à qui j'ai donné les noms en question lorsque, pour la première fois, je connus ce genre de sensation.

Si maintenant cette faible reproduction de la sensation que nous appelons la mémoire est exactement désignée par le mot *pensée*, il me semble quelque peu difficile de tracer une ligne de démarcation nette et sérieuse entre la pensée et la sensation. Si les sensations ne sont pas des pensées rudimentaires, on peut dire que quelques pensées sont des sensations rudimentaires.

Le son le plus intense ne constituerait pas un écho, mais personne au monde pour cela ne soutiendrait que l'écho est d'une nature absolument différente du son. De plus rien n'est moins exact ni moins précis que cette assertion que « les sensations fournissent les conditions de l'existence de la pensée ou de la connaissance ». Si elle implique que les sensations fournissent les conditions d'existence de la première des sensations, c'est là une vérité qui ne valait guère la peine d'être aussi solennellement énoncée. Si elle veut dire que les sensations fournissent autre chose, elle est absolument erronée. Enfin, si, comme on pouvait le conclure de l'ensemble du texte, elle signifie que les sensations sont la matière subjective de toute pensée ou de toute connaissance, elle n'en est pas moins contraire aux faits, puisque nos émotions, qui forment la plus grande partie de la matière subjective de nos pensées, ne sont aucunement des sensations.

On trouvera encore plus excentrique le morceau psychologique suivant, du même auteur :

« Nous pouvons clairement distinguer au moins six modes » d'action auxquels préside le système nerveux.

» 1° L'impression reçue se transforme en mouvements appro- » priés sans l'intervention de la sensation ou de la pensée, » comme cela arrive dans le danger. (C'est l'action réflexe du » système nerveux.)

» 2° Les stimulants extérieurs se transforment en sensations » par le moyen desquelles des effets appropriés sont produits. » (Sensation.)

» 3° Les impressions reçues donnent naissance à l'observa- » tion d'objets sensibles. (Perception sensible.)

» 4° Les sensations et les perceptions sont assemblées, et » combinées en agrégations plus ou moins complexes, suivant » les lois de l'association des perceptions des sens. — (Asso- » ciation.)

» Les quatre groupes qui viennent d'être énumérés ne » comprennent que des opérations non délibérées, consistant » tout au plus en idées émanées des sens ou *présentatives* et » n'impliquant en aucune façon une faculté réflective ou *re-* » *présentative*. De telles actions déterminent et constituent » l'*instinct*. — A côté d'elles nous pouvons distinguer deux » autres espèces d'actions mentales, à savoir :

» 5° Les sensations et les perceptions des sens sont réfléchies » par la pensée, reconnues comme nous appartenant, et nous » reconnaissons que nous sommes nous-mêmes affectés par » elles. (Conscience.)

» 6° Nous réfléchissons sur nos sensations et nos perceptions » et nous nous demandons ce qu'elles sont et pourquoi elles » sont. (Raison.)

» Ces deux dernières sortes d'actions sont des opérations dé- » libérées, accomplies au moyen d'idées représentatives qui » impliquent l'usage d'une faculté *réfléchie représentative*. De » telles actions caractérisent l'*intelligence* ou la faculté de » raisonner.

» Maintenant nous affirmons que la possession des quatre » premiers modes d'actions (*présentatifs*), à leur plus haut de- » gré de développement, n'implique en aucune façon la pos- » session des deux autres (*représentatifs*). Tout le monde ad- » mettra, pensons-nous, la vérité de la proposition suivante :

» Deux facultés sont de *nature* et non pas de développement » différent, lorsque, possédant l'une dans toute sa plénitude, » on peut ne pas posséder l'autre. A plus forte raison, cette » proposition est encore vraie, si ces deux facultés tendent à » croître en raison inverse l'une de l'autre. C'est le cas des » parties *instinctive* et *intellectuelle* de la nature humaine.

» Quant aux animaux, nous pouvons admettre qu'ils possèdent » les quatre premiers groupes d'action,—qu'ils peuvent avoir, » pour ainsi dire, des images mentales, des objets sensibles, » combinés dans tous les degrés de complexité, suivant les lois » de l'association. Nous leur refusons, au contraire, les *deux* » derniers modes d'action mentale. Autrement dit, nous leur » refusons le pouvoir de réfléchir sur leur propre existence, » de rechercher la nature des objets, la cause des phénomè- » nes. Nous nions qu'ils puissent se rendre compte de ce » qu'ils connaissent, ou avoir conscience d'eux-mêmes en » réfléchissant. En d'autres termes, nous leur refusons la » *raison*.

» La possession de la faculté présentative, comme elle a » été définie plus haut, n'implique pas celle de la faculté » réflective. Aucune somme d'opérations directes n'implique » le pouvoir de se poser les questions réflectives mentionnées » plus haut, le *pourquoi* et le *comment*. »

Plusieurs points sont dignes d'être notés dans ce remarquable exposé des facultés intellectuelles. En premier lieu, l'auteur néglige la volonté et l'émotion, quoique ce ne soient pas des moins considérables parmi « les modes d'action aux- » quels préside le système nerveux »; de plus, la mémoire ne trouve place qu'implicitement dans sa classification. Secondement, nous trouvons que le second « mode d'actions auxquelles » préside le système nerveux » est celui dans lequel « les sti- » mulants extérieurs se transforment en sensations par le » moyen desquelles des effets corrélatifs sont produits ». (Sensation.) Cela signifie-t-il réellement, dans l'esprit de l'auteur, que la *sensation* est l'*agent* par lequel se trouve produit l'effet corrélatif du stimulus, qui donne naissance à la *sensation*? Supposons que quelqu'un enfonce une épingle dans mon corps. L'effet corrélatif de ce stimulus particulier sera probablement triple : j'éprouverai une sensation de douleur, je tressaillerai, enfin je pousserai une exclamation. Le rédacteur du *Quarterly Review* pense-t-il que la *sensation* est l'agent par lequel les deux autres phénomènes sont produits?

Mais il n'est guère utile de discuter de ces matières avec cet écrivain et avec les personnes qui ont l'imprudence d'apprendre de lui leur physiologie ou leur psychologie. Le point réellement intéressant est que, admettant complétement que les animaux « peuvent posséder les quatre premiers groupes » d'action », on admet par cela même tout ce qui est nécessaire pour l'évolutioniste. Car on admet ainsi que, dans les animaux, « les impressions donnent lieu à des sensations d'où » résulte l'observation d'objets sensibles », et que ces êtres possèdent ce que notre écrivain appelle des « perceptions » sensitives ». Il n'était pas possible d'éviter cette conséquence, car nous avons autant de raisons d'attribuer aux animaux que nous en avons d'attribuer à nos semblables la faculté de percevoir les objets extérieurs comme objets extérieurs, et de faire ainsi pratiquement la distinction entre le *moi* et le *non-moi*, de distinguer les objets semblables et dissemblables, les phénomènes simultanés de ceux qui sont successifs. Lorsqu'un piqueur va à la chasse avec un lévrier en laisse, et qu'un lièvre vient à passer dans le champ de vision, le lièvre devient le sujet de cet état particulier de la conscience que nous nommons *sensation visuelle*, et c'est là tout ce que le piqueur reçoit de l'extérieur. La sensation, comme telle, ne nous apprend rien sur la cause de cet état de la conscience; mais la faculté de penser se met aussitôt à l'œuvre sur cette donnée de la sensation brute qui lui est fournie par les yeux, et toute une série d'idées se développe. Premièrement, arrive l'idée qu'il y a un objet à une certaine distance; puis cette autre idée : la perception de la ressemblance entre l'état de la conscience déterminé par cet objet et ceux fournis par la mémoire d'états analogues, déterminés antérieurement par la présence d'un lièvre. Cette idée est suivie par une autre de la nature des émotions; c'est le désir de posséder le lièvre. Viennent ensuite une série plus ou moins longue de pensées qui aboutissent à une volition et à un acte, le piqueur lâche le lévrier. Ces dernières idées sont concomitantes de certaines modifications dans le système nerveux de l'homme. Les divers états de conscience que nous venons d'énumérer ne peuvent se produire que si certains changements physiques s'accomplissent suivant un certain ordre, une certaine corrélation, dans les éléments nerveux de la rétine, du nerf optique, du cerveau, de la moelle épinière et des nerfs des bras. De telle sorte que là, comme dans toutes les autres opérations intellectuelles, nous avons à distinguer deux sortes de changements successifs : les uns dans la base physique de la conscience, les autres dans la conscience même. Les uns peuvent être et seront quelque jour, sans aucun doute, suivis dans tous leurs détails par l'anatomiste et le physicien ; des autres, l'homme seul qui en est le siége peut avoir une connaissance immédiate.

Comme il est nécessaire d'établir une distinction bien nette entre ces deux ordres de phénomènes, nous appellerons la première sorte d'action *neurose*, la seconde *psychose*. Lorsque le piqueur a été entraîné à ce qu'il a fait, chaque étape dans les phénomènes de neurose a été accompagné ou suivi de près d'un état correspondant de psychose. Le piqueur a eu conscience qu'il voyait quelque chose, ce quelque chose il s'est assuré que c'était un lièvre, et il en a eu conscience; il a eu conscience de son désir de s'emparer du lièvre; en conséquence, il a lâché à temps le lévrier, et il a eu conscience qu'il délivrait le chien de sa laisse. Seulement avec l'habitude, bien que les diverses étapes de la neurose s'accomplissent, car autrement l'impression sur la rétine n'aurait pas pour conséquence de faire lâcher le chien, la plus grande partie des étapes de la psychose s'évanouit, et le piqueur lâche le chien sans en avoir conscience, ou, comme on dit, sans y penser, sur la simple vue du lièvre. Personne ne niera que la série des actes qui intervenaient d'abord entre la sensation et l'acte final par lequel le chien était lâché ne soient, dans le sens le plus strict du mot, des opérations intellectuelles, des actes de raison. Cessent-ils d'être tels parce que l'homme n'en a plus conscience? Cela dépend de l'essence et du mode de production de ces opérations, qui, prises ensemble, constituent le raisonnement.

Maintenant le raisonnement peut se transformer en affirmation, et l'affirmation consiste à indiquer de quelque façon l'existence, la coexistence, la succession, la ressemblance, la dissemblance des choses ou des idées que l'on en a. Quiconque fait cela raisonne, et si une machine produit les effets de la raison, je ne vois pas plus de motifs pour lui refuser le pouvoir de raisonner que je n'en vois pour refuser à l'appareil de M. Babbage le nom de *machine à calculer*.

En conséquence, il me semble que le piqueur raisonne, qu'il en ait ou non conscience, que son raisonnement soit produit seulement par la neurose ou qu'il implique pour une plus ou moins grande part la psychose. Or, s'il est vrai que le piqueur raisonne dans ce cas, cela est également vrai pour le lévrier. Les ressemblances essentielles dans la structure et les fonctions du système nerveux de l'homme et du chien, autant que nous puissions les connaître, ne peuvent permettre de douter que les manières de procéder de l'un et de l'autre ne soient exactement les mêmes. Dans le chien, il n'est pas douteux que la matière nerveuse interposée entre la rétine et les muscles ne subisse une série de modifications entièrement analogues à celles qui, chez l'homme, donnent naissance à la sensation, à un entraînement d'idées et à un acte de volonté.

Que la neurose soit accompagnée d'une psychose identique avec la nôtre, cela est impossible à dire. Mais ceux qui nient que le chien ait conscience des modifications nerveuses correspondantes à celles qui, chez l'homme, sont la cause de toute pensée, ceux-là sont tout aussi fondés à dire que le chien n'a pas non plus conscience des modifications nerveuses concomitantes de la sensation chez l'homme. En d'autres termes, s'il n'y a pas de motifs pour croire qu'un chien pense, il n'y en a pas non plus pour croire qu'un chien soit sensible.

Comme on le sait, Descartes accepta hardiment ce dilemme, et soutint que les animaux n'étaient autre chose que des machines entièrement dépourvues de conscience; mais il ne nia pas et personne ne peut nier que, dans ce cas, ce ne soient des machines raisonnantes, capables d'accomplir toutes les opérations qui sont accomplies par le système nerveux de l'homme lorsqu'il raisonne : car, en supposant que chez l'homme, et chez l'homme seul, la psychose s'ajoute à la neurose, la neurose, qui est commune à l'homme et aux animaux, donne à leur procédé de raisonnement une unité fondamentale indiscutable. D'ailleurs, l'opinion de Descartes est sujette à de très-sérieuses objections : si l'on admet que l'évidence apparente de la sensibilité des animaux est insuffisante pour prouver que cette sensibilité existe réellement, quelle est la valeur de l'évidence qui nous conduit à admettre que nos semblables sont réellement sensibles?... L'évidence résulte seulement ici de l'analogie; elle ne se soutient que par la similitude de la structure et des actes de nos semblables avec notre propre structure, avec nos actes. Or, si cet argument est bon pour prouver que nos semblables sont sensibles, il l'est certainement pour prouver que les singes perçoivent aussi des sensations : car les différences dans la structure et les manières d'agir de l'homme et du singe sont trop faibles pour qu'on puisse soutenir que l'homme possède ces états de la conscience que nous nommons des sensations, tandis que les singes n'éprouvent rien de pareil. Bien plus, il est aussi évident que les singes sont capables d'émotion et de volonté que cela peut l'être pour nos semblables. Mais si les singes possèdent trois des quatre manières d'être de la conscience que nous constatons chez nous, y a-t-il une raison quelconque de leur refuser la quatrième? S'ils sont capables de sensation, d'émotion et de volition, pourquoi leur refuserait-on la pensée, dans le sens d'affirmation?

Aucune réponse n'a été donnée à ces questions, et comme la loi de continuité est aussi opposée que le sens commun à cette doctrine que les animaux ne sont que des machines inconscientes, il est extrêmement probable qu'aucune réponse suffisante ne leur sera faite.

Il y a quelque raison de croire que la conscience est une fonction de la substance nerveuse qui se manifeste lorsque cette substance a atteint un certain degré d'organisation, comme nous savons que cela arrive pour d'autres « actions auxquelles préside le système nerveux », les actions réflexes, par exemple. Comme je me suis aventuré à le dire ailleurs, « nos pensées sont l'expression de changements moléculaires qui surviennent dans cette matière vivante qui est la source de tous nos phénomènes vitaux ».

A cette opinion M. Wallace pose une objection en ces termes : « N'ayant pu trouver dans les écrits du professeur Huxley aucune indication du chemin qu'il suit pour passer de ces phénomènes vitaux qui se réduisent, en dernière analyse, à des mouvements de particules matérielles, à ces autres phénomènes que nous désignons par les mots de *pensée, sensation, conscience;* sachant d'ailleurs qu'une expression aussi affirmative de son opinion serait d'un grand poids auprès de beaucoup de personnes, je m'efforcerai de prouver en aussi peu de mots que la clarté le comporte que cette théorie ne peut s'asseoir sur aucune preuve; que, de plus, elle me semble en opposition avec les conceptions les plus nettes de la physique moléculaire. »

Malgré tout le respect que je dois à M. Wallace, il me semble que sa remarque est tout à fait à côté de la question. Je ne sais rien en réalité et je n'espère même rien savoir des procédés par lesquels s'accomplit la transition d'un mouvement moléculaire aux divers états de la conscience, et je suis complétement d'accord avec le passage qu'il cite du professeur Tyndall, supposant sans doute que ce passage est en opposition avec l'opinion que je soutiens.

Tout ce que j'ai dit, c'est que, dans mon opinion, la conscience et l'action moléculaire peuvent être exprimées l'une par l'autre, absolument comme la chaleur et les actions mécaniques peuvent être exprimées en fonctions l'une de l'autre. Qu'il soit possible d'exprimer la conscience en kilogrammètres ou non, je ne me hasarderai certainement pas à le dire; mais qu'il y ait une certaine corrélation entre l'action mécanique et la conscience, cela est aussi évident que possible. Supposons que les pôles d'une batterie électrique soient réunis par un fil de platine, une certaine intensité de courant donne naissance, dans l'esprit d'un spectateur, à cet état particulier de la conscience que nous désignons sous le nom de *lumière rouge sombre*,— une intensité un peu plus grande à ce que nous appelons *lumière rouge brillant*. Si l'intensité s'accroît encore, la lumière devient blanche. Enfin, l'observateur est ébloui, et sa conscience éprouve alors cet état particulier que nous nommons la *douleur*. Étant donnés le même fil, le même système nerveux, les diverses quantités d'électricité nécessaires pour produire les divers états de conscience dont nous venons de parler seront exactement les mêmes aussi souvent que l'expérience sera répétée. De même que la force électrique, les ondulations lumineuses, les vibrations nerveuses produites par l'action de celles-ci sur la rétine sont autant d'expressions des changements moléculaires survenus dans les éléments de la batterie; de même la conscience peut être considérée, comme l'expression de changements moléculaires dans la matière nerveuse, qui est l'organe de la conscience.

Et puisque cela, comme beaucoup d'autres cas semblables qu'on pourrait citer, prouve qu'un état déterminé de la conscience est, dans le sens le plus étroit du mot, l'expression d'un changement moléculaire également déterminé, il est inutile d'aller plus loin pour rechercher si un fait aussi facilement établi est ou non contradictoire avec un système particulier de physique moléculaire.

En fait, M. Wallace me paraît avoir confondu deux propositions différentes. La première, c'est cette vérité indiscutable que la conscience est corrélative à certains changements moléculaires de l'organe de la conscience; l'autre, c'est que la nature de cette corrélation soit connue ou qu'il soit même possible de la connaître, ce qui est tout autre chose. M. Wallace croit sans doute aussi fermement que moi à la corrélation de ces sortes de phénomènes que nous appelons la cause et l'effet; mais je l'envierais beaucoup s'il savait le moins du monde comment une cause produit l'effet qui lui est corrélatif. Prenons le cas le plus simple possible : supposons qu'une balle en mouvement vienne frapper une autre balle au repos; je sais très-bien, comme fait d'expérience, que la balle en mouvement communiquera une partie de son mouvement à la balle immobile, et que le mouvement des deux balles après le choc sera dans un rapport déterminé avec la masse des deux balles et la quantité de mouvement de la première. Mais comment cela se fait-il? Comment pouvons-nous concevoir que la force vive de la première balle passe dans la seconde? J'avoue qu'il m'est aussi impossible de me faire une idée de ce qui arrive dans ce cas que de concevoir comment le mouvement de mes particules nerveuses déterminé par le choc de cette balle produit chez moi cet état particulier de la conscience que j'appelle la douleur. En dernière analyse, tout est incompréhensible, et le seul objet de la science est de réduire au plus petit nombre possible les incompréhensibilités fondamentales.

Revenons à *Quarterly Review*. Son rédacteur admet que les animaux « ont des images mentales des objets sensibles » combinés à tous les degrés de complexité suivant les lois » de l'association ». Probablement, par cette phrase incomplète et embrouillée, l'auteur entend admettre plus de choses que ces mots ne paraissent en contenir. « Des images mentales d'objets sensibles », même si elles sont « combinées » à tous les degrés de complexité », ne peuvent être et ne sont que « des images mentales des objets sensibles ». Les jugements, les émotions, les volitions, ne peuvent être enfermés sous ce titre « d'images mentales des objets sensibles ». Si le lévrier n'a pas plus de qualités mentales que l'écrivain en question ne lui en accorde, il peut avoir « l'image mentale » d'un « objet sensible », — le lièvre; — il peut combiner à tous les degrés de complexité, cette image avec celles d'autres objets sensibles mais il ne saurait juger si le lièvre est à une certaine distance, s'il ressemble à d'autres lièvres dont il a gardé le souvenir; enfin il ne pourrait désirer courir après ce gibier. En conséquence, le lévrier demeurerait en place, et le noble art de la chasse n'existerait pas. Or, comme cet art est très-largement pratiqué, il s'ensuit que le lévrier possède un certain nombre de facultés mentales que le rédacteur de *Quarterly Review* refuse pourtant absolument à tous les animaux.

Enfin, quelles sont les facultés mentales dont cet auteur fait la prérogative exclusive de l'homme? Il y en a deux. La première, c'est que nous nous reconnaissons par nous-mêmes comme des êtres affectés et percevant des sensations : c'est là la conscience de nous-mêmes; la seconde, c'est le pouvoir de réfléchir sur nos sensations et nos perceptions, et de nous demander ce qu'elles sont et pourquoi elles sont : c'est là la raison.

A la faculté définie dans cette dernière phrase l'auteur applique le nom de *raison*, sans expliquer pourquoi il se sépare ainsi de l'usage et ne tient aucun compte de la propriété fondamentale de ce que l'usage appelle aussi la raison. Mais si l'homme ne peut être considéré comme un être raisonnable qu'à la condition de se demander ce que sont ses sensations et ses perceptions, et pourquoi elles sont, que sera donc le Hottentot ou le nègre de l'Australie, ou simplement le paysan d'un de nos districts agricoles? Que seront même les notables de certains cantons? Combien d'honorables lecteurs de *Quarterly Review* ne sauraient faire autre chose que demeurer la bouche béante si vous leur demandiez s'ils ont jamais réfléchi sur leurs sensations et leurs perceptions, s'ils se sont demandé ce qu'elles sont et pourquoi elles sont?

De sorte que, si la définition de la raison imaginée par notre auteur était exacte, la majorité des hommes appartenant aux nations même les plus civilisées seraient dépourvus de ce qui caractérise au plus haut degré l'humanité. Si cette définition est absurde, comme je le crois, la raison n'étant certainement pas la conscience, se trouvant être d'ailleurs l'un des modes d'action auxquels préside le système nerveux, nous devons, si nous adoptons la classification du rédacteur de *Quarterly Review*, la retrouver parmi les quatre facultés qu'il concède aux animaux. Ainsi, pour la seconde fois, notre auteur livre sa place au lieu de la défendre.

Comme nous l'avons vu, le rédacteur de *Quarterly Review* chapitre à la fois tous les évolutionnistes sur leur ignorance de la philosophie. M. Mivart n'est pas moins peiné de l'ignorance de M. Darwin en fait de science morale. Il regrette que M. Darwin et nous autres ne fassions même pas cette distinction élémentaire entre la moralité matérielle et la moralité formelle, et il énonce comme un axiome qu'un novice ne devrait pas ignorer cette proposition, que « des actes non » accompagnés d'actes intellectuels de la part d'un être con» scient n'ont pas le degré le plus simple de valeur, quand » même ils tendraient vers l'accomplissement d'un devoir ».

C'est peut-être l'opinion de M. Mivart, mais on ne saurait considérer cette proposition comme ayant le moindre rapport avec un axiome. M. Mill la rejette entièrement, dans son ouvrage, sur l'utilitarisme. L'écrivain le plus autorisé d'une école tout opposée, M. Carlyle, n'est pas éloigné d'en faire autant et d'admettre le mérite d'une vertu, même inconsciente. Il me paraît d'ailleurs difficile de concilier le dire de M. Mivart avec ce résumé si élevé des devoirs de l'homme : « Tu dois aimer le Seigneur Dieu de tout ton cœur, de toute » ton âme, de toute ta force; tu dois aimer ton prochain » comme toi-même. »

Suivant la définition de M. Mivart, l'homme qui aime Dieu et son prochain, et qui, par une extrême affection pour tous deux, fait tout ce qu'il leur plaît, cet homme est néanmoins dépourvu de toute parcelle de bonté réelle.

Il y a plus: M. Darwin, qui est accusé par M. Mivart de ne pas connaître la différence entre la bonté matérielle et la bonté formelle, discute à fond cette question dans un passage digne d'être lu, et arrive à une conclusion tout opposée à l'axiome de M. Mivart. Une proposition si discutée et si souvent rejetée ne devrait, en aucun cas, être l'objet d'une confiance aussi grande que celle qui lui est accordée par M. Mivart. Pour moi, je la rejette entièrement, parce que la conséquence logique de l'adoption d'un pareil principe, c'est le refus de toute valeur morale à la sympathie et à l'affection. Suivant l'axiome de M. Mivart, l'homme qui en voit un autre se débattre dans l'eau, et qui le sauve au péril de ses jours, a fait une action « dénuée du » degré le plus élémentaire de bonté », si, en se dépouillant sur la côte, il ne s'est pas dit à lui-même : « Je vais faire cela » parce que c'est mon devoir, et pas pour d'autre raison »; le plus beau caractère auquel l'humanité puisse atteindre, celui de l'homme qui fait le bien sans y penser, parce qu'il aime la justice et la pitié, parce qu'il a pour le mal une invincible répulsion, ce caractère n'a aucun droit à notre admiration! Nier qu'un homme agit moralement parce qu'il ne se demande pas s'il doit ou non agir ainsi, c'est refuser à l'enfant qui calcule d'instinct le titre d'arithméticien parce qu'il ne sait pas comment il fait ses sommes. Si l'espèce humaine acceptait généralement l'axiome de M. Mivart et en faisait sa règle de conduite, elle ne serait plus qu'un assemblage d'insupportables fats; mais il n'en a jamais été ainsi, et j'espère bien que l'évolution n'a rien d'aussi terrible en réserve pour notre race.

Si une action dont le motif n'est pas autre chose que l'affection ou la sympathie, si une telle action est digne d'approbation morale et réellement bonne, quel est l'homme qui, ayant jamais possédé un chien, niera que cet animal ne soit capable de telles actions?

M. Mivart dit, à la vérité : « On peut affirmer cependant » qu'il n'y a pas dans les brutes de traces d'actions simulant » la moralité qui ne puissent être expliquées par la crainte » d'une punition, l'espérance d'un plaisir ou la satisfaction » de quelque affection personnelle. » Mais on peut tout aussi bien affirmer qu'il n'y a pas d'action humaine à qui l'on ne puisse assigner un pareil motif. Lorsqu'un homme fait quelque chose, il agit soit parce qu'il craint d'être puni s'il s'abstient, soit parce qu'il espère tirer quelque plaisir de son action, soit enfin parce qu'il cède à ses affections (1).

Affirme-t-on, avec les moralistes absolus, que l'homme a le sentiment inné du bien et du mal? Cela signifie seulement que lorsque certaines idées se présentent à son esprit, le sentiment de l'approbation s'élève, de même que celui de la désapprobation lorsque certaines autres idées viennent à se former. Faire notre devoir, c'est mériter l'approbation de notre conscience; manquer à notre devoir, c'est, nous le disons tous, être désapprouvé par elle. Et maintenant, l'approbation est-elle un plaisir ou une peine? sûrement c'est un plaisir. La désapprobation est-elle un plaisir ou une peine? sûrement c'est une peine. Par conséquent, ce que soutiennent les moralistes absolus revient à dire que dans la véritable nature de l'homme, quelque chose le rend capable d'éprouver ces sortes de peines et de plaisirs. Et lorsqu'on parle des principes immuables et éternels de la morale, le véritable sens de ces paroles, c'est que, la nature de l'homme étant telle que nous la connaissons, il a toujours été et sera toujours capable de sentir les espèces particulières de peines et de plaisirs. *A priori*, je n'ai rien à dire contre cette proposition. Admettant qu'elle soit vraie, je n'en vois pas mieux comment la faculté morale est d'une origine différente des autres facultés de l'homme. S'il me plaisait de dire que c'est une loi éternelle et immuable de la nature humaine que le gingembre échauffe la bouche, j'exprimerais là une vérité toute aussi réelle que la première, bien que ma pensée fût exprimée dans un langage d'une pompe passablement inutile. J'avoue qu'il m'a toujours été impossible de comprendre les causes de la querelle amère qui s'est élevée entre les intuitionnistes et les utilitaires. L'intuitionniste n'est après tout qu'un utilitaire qui croit qu'une certaine classe de peines et de plaisirs a une importance particulière, en raison de son fondement dans la nature de l'homme, et de sa connexion inséparable avec l'existence réelle de ce dernier comme être pensant. En ce qui touche l'affection, Spinoza a fort bien dit : « Aimer c'est associer son plaisir à l'objet aimé » (1). Or, rapportons-nous en au sens commun, un service rendu par affection est-ce un plaisir ou une peine? C'est sûrement un plaisir. En sorte que, si le motif qui nous porte à accomplir une action est, ou l'amour de notre prochain, ou l'amour de Dieu, on ne peut nier que le plaisir n'entre dans ce motif.

Mais nous en avons déjà beaucoup dit pour répliquer aux arguments de M. Mivart. J'ajouterai seulement qu'il est regrettable que cet écrivain ait cru devoir renforcer ses raisonnements de l'opinion de philosophes qui ne sont nullement de son bord, et qu'il ait tiré de leur doctrine des conséquences qu'on a cent fois démontré n'en pas résulter; qu'il ait enfin, à bout d'arguments, eu recours à une ingénieuse plaisanterie. D'après les idées de Spencer, Mill et Darwin, nous dit M. Mivart, la vertu ne serait *qu'une espèce d'atavisme* (*retrieving*); afin que la plaisanterie n'échappe pas il la souligne. Et quand cela serait? la vertu en serait-elle moins la vertu? Que je dise que la sculpture n'est pas autre chose qu'une manière de tailler la pierre; la peinture, une manière de barbouiller un canevas; la musique, une manière de faire du bruit; ces expressions sont vraies au fond; mais elles prouvent seulement que je n'ai pas eu un moyen plus ingénieux de déprécier quelques-uns des plus nobles dons de l'humanité que de me servir à leur égard d'un langage absolument impropre. Là d'ailleurs si

(1) En séparant le plaisir des motifs puisés dans l'affection, je suis M. Mivart, sans admettre pourtant la justesse de cette distinction.

(1) *Nempe, Amor nihil aliud est, quam Lætitia, concomitante idea causæ externæ* (*Ethices*, III, XIII).

la plaisanterie de M. Mivart est tout à fait hors de saison, cela tient tout bonnement à un fait que M. Mivart aurait certainement relevé si son jugement n'avait pas été obscurci par le parti pris de nous tourner en ridicule. C'est que, n'admettrait-on pas que les lois de l'évolution soient applicables à l'homme, la transmission par hérédité n'en serait pas moins certaine. M. Mivart niera hardiment que l'homme doive une bonne part de ses tendances morales à ses ancêtres; mais l'homme qui hérite du désir de voler d'un père kleptomaniaque, ou d'une tendance à la bienveillance d'un Herward, n'en est pas moins comparable, dans la mesure où il subit l'influence de l'hérédité, au chien qui a hérité de son aïeul d'une tendance à aller prendre les canards dans les étangs. En sorte que, indépendamment de l'opinion que l'on peut avoir sur l'évolution, les qualités morales sont en réalité comparables à *une espèce d'atavisme;* quoique la comparaison, si elle a pour but de battre en brèche la doctrine de l'évolution, soit de peu de secours pour ceux qui l'emploient.

Le rédacteur de *Quarterly Review* et M. Mivart fondent leurs objections à la production des facultés de l'homme au moyen de l'évolution des facultés d'animaux inférieurs sur ce fait, qu'il existe une différence spécifique entre les facultés mentales et morales de l'homme et celles des brutes. Je me suis efforcé de montrer, en exposant le peu de fondement de leur base philosophique, combien ces objections avaient peu de valeur.

Les objections de M. Wallace à cette même doctrine de l'évolution des facultés humaines par les causes naturelles sont d'un ordre tout différent et méritent d'être examinées à part.

Si je l'ai bien compris, M. Wallace ne doute pas que les facultés mentales de l'homme, comme son corps, n'aient pris leur origine dans celles de quelque animal inférieur à lui; mais il est d'avis que, dans le cas de l'homme, il faut faire intervenir un agent particulier autre que ceux dont on s'est servi pour expliquer l'évolution des animaux inférieurs. « Une » intelligence supérieure a guidé l'évolution de l'homme » dans une direction déterminée et pour un dessein spécial, » absolument comme l'homme lui-même dirige le développement de certaines formes animales ou végétales. » Cela veut dire, je suppose, que de même que le pigeon de roches, a été produit par des causes naturelles, tandis que le pigeon culbutant a été tiré du pigeon bleu de roches par suite de l'intervention spéciale de l'intelligence de l'homme, de même quelque forme anthropoïde peut avoir été produite par voie de variation spontanée et de sélection naturelle; mais cette forme ne se serait jamais élevée jusqu'à l'homme sans l'intervention d'une intelligence supérieure qui a joué le rôle de l'éleveur de pigeons.

Suivant M. Wallace, « soit que l'on compare le sauvage à » l'homme le plus civilisé, soit qu'on le compare à la brute, » on est conduit à cette même conclusion que, dans son cerveau volumineux et bien développé il possède un organe » disproportionné avec ses besoins ». Et il se demande : « Qu'y a-t-il dans la vie du sauvage en dehors de la satisfaction brutale et facile de ses appétits effrénés? Quelles pensées, quelles idées, quelles actions, le placent de beaucoup » au-dessus du singe ou de l'éléphant? » Je réponds à M. Wallace en citant un remarquable passage qui se trouve dans son instructive publication sur « *Les instincts de l'homme et des animaux* ».

» Les sauvages font de longues journées de marche dans » toutes les directions, et, toutes leurs facultés étant dirigées » vers ce sujet, ils arrivent à une connaissance très-étendue » et très-complète de la topographie, non-seulement de leur » propre district, mais aussi des pays voisins. Chacun de ceux » qui ont parcouru quelque région nouvelle communique ses » connaissances à ceux qui ont moins voyagé; la description » des routes, des localités, le récit des moindres incidents de » voyage, forment les principaux sujets de conversation, le » soir, autour des feux. Chaque voyageur, chaque captif » d'une autre tribu, ajoutent à la masse des connaissances » communes, et comme l'existence des individus, des familles, des tribus même, dépend du degré plus ou moins grand » d'étendue de ces connaissances, la totalité des facultés perceptives les plus pénétrantes du sauvage adulte sont employées à les acquérir et à les perfectionner. Le bon chasseur, le bon guerrier, arrivent ainsi à connaître la position de » chaque colline, de chaque chaîne de montagne, la direction » et le confluent de tous les cours d'eau, la situation de chaque contrée caractérisée par quelque végétation particulière, et cela non-seulement dans la région qu'il a traversée, » mais aussi à plusieurs milles tout autour. Son observation » pénétrante le rend apte à percevoir les moindres ondulations de la surface du terrain, les moindres changements » dans le sous-sol, ou bien encore les modifications dans le » caractère de la végétation qui seraient tout à fait imperceptibles pour un étranger. Ses yeux sont toujours tournés » dans la direction où il marche : le côté moussu des arbres, » la présence de certaines plantes à l'ombre des rochers, les » oiseaux qui volent le matin ou le soir, sont pour lui des » indications d'après lesquelles il se dirige aussi sûrement » que le soleil dans le ciel. »

J'ai vu suffisamment de sauvages pour avoir le droit de dire que rien n'est plus admirable que cette description de ce qu'un sauvage doit apprendre. Mais elle est incomplète. Ajoutez-y la connaissance qu'un sauvage est obligé d'acquérir des propriétés des plantes, du caractère et des mœurs des animaux et des indices si fugitifs d'après lesquels on peut découvrir leur marche; considérez que même un Australien sait faire d'excellents paniers, de très-bons filets, des lances élégamment ornées et parfaitement équilibrées; qu'il apprend à s'en servir de manière à pouvoir transpercer un pain de quatre livres à une distance de soixante yards; et que très-souvent, comme c'est le cas pour les Indiens de l'Amérique, leur langage atteint une telle complexité qu'un Européen bien doué a de la peine à s'en rendre parfaitement maître; considérez que chaque fois qu'un sauvage suit à la piste son gibier, il déploie une finesse d'observation, une perspicacité dans ses inductions et ses déductions qui, appliquées à d'autres matières, suffiraient pour assurer la réputation d'un homme de science européen, et je pense qu'il sera inutile de vous demander pourquoi les sauvages possèdent un cerveau bien développé. On peut affirmer que le travail intellectuel d'un bon guerrier ou d'un bon chasseur sauvages est très-supérieur en complexité, en difficulté, à celui que développe un Anglais ordinaire. Les jeunes Anglais ont grand peur des examinateurs du service civil; mais quelle que soit la férocité de ces messieurs, ils n'ont jamais songé à demander à un candidat de posséder la connaissance d'une paroisse aussi complétement que les sauvages (suivant la propre remarque de M. Wallace) connaissent une étendue de pays d'une centaine de milles ou plus de diamètre.

Mais acceptons l'argument, et supposons qu'un sauvage ait réellement un cerveau plus développé que ses besoins ne l'exigent; tout ce que l'on peut dire, c'est que cette objection à la sélection naturelle, si s'en est une, s'applique tout aussi bien aux animaux inférieurs.

Le cerveau d'un marsouin est étonnant par sa masse et le développement de ses circonvolutions; cependant, depuis que l'histoire d'Arion est tombée en discrédit, il serait aventureux de prétendre que les marsouins sont très-tourmentés par leur intelligence; il est encore plus difficile d'imaginer que leur cerveau volumineux est seulement une préparation à la formation future de quelque cétacé supérieur. Certainement encore, le loup doit avoir un cerveau beaucoup trop grand, autrement comment se ferait-il que le chien, avec la même forme et la même quantité de cerveau, puisse développer une aussi singulière intelligence? Le loup est par rapport au chien dans le même état que le sauvage par rapport à l'homme civilisé; par conséquent, si la doctrine de M. Wallace est acceptable, quelque puissance supérieure doit avoir présidé à la transformation en loup de quelque forme inférieure dans le but de préparer, au moyen du loup, l'apparition du chien.

M. Wallace soutient de plus que l'origine de quelques facultés mentales de l'homme ne peut s'expliquer par la conservation de certaines variations accidentelles. Ainsi, par exemple, la capacité de se faire une conception idéale de l'espace et du temps, de l'éternité et de l'infini, la capacité d'éprouver un sentiment intime de plaisir artistique dans la contemplation de la forme, de la couleur, ou de certains groupements de celles-ci; il en est de même pour ces notions abstraites de la forme et des nombres qui rendent possibles la géométrie et la l'arithmétique. « Comment, demande-t-il, » toutes ces facultés ou seulement l'une d'entre elles, aurait- » elle pu se développer alors qu'elle n'aurait été d'aucun usage » pour l'homme dans son premier état de barbarie? »

Certainement la réponse n'est pas difficile à trouver. Les sauvages inférieurs sont aussi dépourvus de ces conceptions que les brutes elles-mêmes. Quelle sorte de conception de l'espace et du temps, de la forme et des nombres peut être possédée par un sauvage qui n'a jamais pu compter au delà de cinq ou six, qui ne sait pas comment tracer un triangle ou un cercle, et qui n'a pas la moindre idée de la séparation de cette qualité particulière des corps, que nous appelons la forme, de toutes autres qualités. Aucune de ces facultés ne se montre chez l'homme, à moins qu'il ne fasse partie de quelque société déjà avancée. Or, dans de telles sociétés, les conditions ne manquent pas où la sélection naturelle peut s'exercer sur les personnes qui montrent une tendance à la possession de ces facultés.

Le sauvage qui peut amuser ses compagnons en leur contant quelque histoire intéressante, autour des feux de nuit, est tenu en estime par eux et récompensé d'une manière quelconque de ce qu'il sait faire — en d'autres termes, il y a avantage pour lui à posséder cette faculté. Celui qui sait le mieux tailler une pagaie ou creuser un canot s'élève également au-dessus de ses camarades plus maladroits; celui qui compte un peu mieux que les autres acquiert plus d'ignames lorsqu'un échange a lieu, et devient le plus habile à dénombrer une tribu ennemie. L'expérience de chaque jour montre que les conditions de notre existence sociale actuelle exercent une influence sélective extraordinairement puissante en faveur des nouvellistes, des artistes, et accroit les forces intellectuelles de toutes sortes. Il est hors de doute que toutes les formes d'existence sociale doivent avoir eu la même tendance, si nous considérons ce fait indiscutable, que les animaux eux-mêmes ont le pouvoir de discerner la forme et le nombre, et qu'ils sont capables de tirer quelque plaisir de la vue de certaines formes, de l'audition de certains sons. Si nous admettons, comme le fait M. Wallace, que les sauvages les moins instruits n'ont pas atteint un degré très-supérieur à l'éléphant et au singe, et, si nous admettons de plus, comme je crois qu'on doit l'admettre, que les conditions de la vie sociale tendent puissamment à donner un avantage aux individus qui ont subi une variation tendant à leur donner une supériorité au point de vue intellectuel ou esthétique, qu'est-ce qui s'oppose à ce que ces facultés d'un ordre si élevé doivent, comme les autres, leur développement à l'influence de la sélection naturelle?

Finalement, en ce qui touche le développement du sens moral au moyen de la simple sensation de plaisir ou de peine, sensation agréable ou désagréable suivant l'un ou l'autre cas, et dont les animaux inférieurs sont pourvus, je ne vois rien dans les raisonnements de M. Wallace qui ne se trouve déjà dans les écrits de M. Mill, de M. Spencer ou de M. Darwin.

Je n'ai pas l'intention de suivre le rédacteur de *Quarterly Review* et M. Mivart à travers la longue série d'objections de détails qu'ils ont élevées contre les vues de M. Darwin. Quiconque aura étudié attentivement la question pourra certainement soulever, à force de fureter, un grand nombre de petites difficultés; mais pas plus que les auteurs en question, il ne réussira je pense à produire un fait qui soit absolument contradictoire avec la doctrine de M. Darwin. Nos auteurs ont du reste parfois imaginé des objections et des critiques qui reposent simplement sur des erreurs de leur part. Ainsi, par exemple, le rédacteur de *Quarterly Review* et M. Mivart insistent sur les ressemblances des yeux des céphalopodes et de ceux des vertébrés, sans se douter le moins du monde qu'il y a des différences frappantes et en même temps fondamentales entre eux. De même, le rédacteur de Quarterly Review fustige M. Darwin pour avoir dit que les gibbons, « sans avoir » été l'objet d'aucune éducation, peuvent marcher ou courir » debout avec une certaine vitesse, quoiqu'ils se meuvent » alors gauchement et beaucoup moins sûrement que » l'homme ».

Le rédacteur de *Quarterly Review* dit que c'est là une légère méprise; car M. Darwin ne dit pas que le gibbon effectue cette progression verticale en plaçant ses bras énormes derrière sa tête ou en les étendant en arrière comme des espèces de balanciers.

Avant de faire une pareille critique, si peu importante qu'elle soit, le rédacteur de *Quarterly Review* aurait dû s'assurer qu'elle était parfaitement fondée; mais il n'en est rien.

Je suppose que notre auteur a puisé ses idées sur le mode de promenade des gibbons dans mon livre: *De la place de l'Homme dans la Nature*: mais à cette époque je n'avais pas vu de gibbon marcher; depuis, j'en ai vu, et je puis affirmer que rien n'est plus exact que le fait cité par M. Darwin. Le gibbon que j'ai vu marchait sans mettre ses bras derrière la tête et sans les étendre en arrière. Tout ce qu'il faisait, c'était de toucher le sol avec les doigts étendus de ses longs bras, absolument comme un homme qui porte une canne; mais cela n'était même pas nécessaire pour lui permettre de marcher.

Un grand nombre des objections du rédacteur de *Quarterly Review* et de M. Mivart s'appliquent encore à la doctrine de l'évolution en général et non pas à la forme particulière sous laquelle cette doctrine a été présentée par M. Darwin; d'autres sont dirigées contre certaines idées que ces messieurs prêtent à M. Darwin et qui ne lui ont jamais appartenu. Un remarquable exemple de ce mode d'argumentation se trouve dans un chapitre de M. Mivart sur les *similitudes indépendantes de structure*. M. Mivart dit que ces similitudes ne peuvent être expliquées par le « *Darwinisme pur et simple* », mais « qu'il » n'est pas du tout improbable qu'un certain pouvoir inné, » une loi définie d'évolution aidée par l'action corrective de la » sélection naturelle, aient exercé une action nécessaire d'a- » bord, puis adjuvante. »

Je ne sais pas exactement ce que M. Mivart entend par le *Darwinisme pur et simple*. A la vérité, M. Mivart dote ce pauvre Darwinisme de si singulières opinions que je me demande si il a jamais pu exister. Mais je ne vois rien, dans l'exposé de la manière de voir que M. Mivart s'imagine avoir inventée, qui soit contradictoire avec ce que je crois être les idées de M. Darwin.

Il me semble que le fondement de la théorie de la solution naturelle est précisément ce fait, que les êtres vivants tendent constamment à varier. Cette variation n'est ni indéterminée ni fortuite; elle n'a pas lieu dans toutes les directions, dans le sens absolu de ce mot.

A proprement parler, elle n'est pas indéterminée, elle n'a pas lieu dans toutes les directions, parce qu'elle est limitée par les caractères généraux du type auquel appartient l'organisme présentant cette variation. Une baleine ne tend pas à varier de manière à se couvrir de plumes, pas plus qu'un oiseau ne tend à développer des fanons de baleine. Dans le langage ordinaire, il n'y a pas d'inconvénient à dire que les vagues qui viennent se briser sur les côtes de la mer sont fortuites, sans loi, et se brisent dans toutes les directions. Dans le langage scientifique, au contraire, c'est là une grosse erreur, car chaque parcelle d'écume est le produit de forces parfaitement définies, agissant elles-mêmes suivant des lois bien déterminées. Chaque variation d'une forme vivante, si petite qu'elle soit, si accidentelle en apparence qu'elle puisse être, ne peut se comprendre que comme l'expression de l'activité de forces moléculaires, de *puissances* résidant dans l'organisme. Et comme ces forces agissent certainement suivant des lois définies, leur résultat général est sans aucun doute en rapport avec quelque loi générale qui les domine toutes. Il ne me semble pas qu'il y ait aucune objection à ce qu'on appelle cette loi générale une *loi d'évolution*. Mais on n'en est pas plus savant pour cela, et l'on n'a pas contribué le moins du monde à faire avancer la doctrine de l'évolution, dont le grand *desideratum* est précisément une théorie de la variation.

Lorsque M. Mivart nous dit que son but a été de soutenir cette doctrine, que les espèces se sont formées sous l'influence de *lois naturelles* (pour la plupart inconnues), aidée par l'action *subordonnée* de la « sélection naturelle, » il semble croire que son entreprise a le mérite de la nouveauté. Tout ce que je puis dire, c'est que je n'ai jamais eu la moindre pensée que M. Darwin ait jamais eu un but différent. Si j'affirme que « les espèces sont développées par suite d'une variation (1) (procédé naturel, dont les lois sont pour la plupart inconnues) aidée par l'action subordonnée de la sélection naturelle, il me semble que la proposition que je viens d'énoncer constitue l'essence et le pivot de la doctrine soutenue dans la première édition de l'*Origine des espèces*. Ce dont l'évolutionniste a besoin en ce moment, ce n'est pas une affirmation nouvelle du principe fondamental du Darwinisme, mais une réponse à cette question : Quelles sont les limites de la variation? Si une variété prend naissance, cette variété peut-elle se perpétuer ou même se développer davantage lorsque les conditons sélectives n'ont pas d'influence sur elle, ou même sont défavorables à son existence?

Je ne trouve pas que M. Darwin ait été très-précis dans sa réponse à cette question. Il semble avoir d'abord incliné vers la négative; maintenant il paraît, au contraire, pencher vers l'affirmative. Laissant de côté les grandes questions de théologie, de philosophie, de morale, par la discussion desquelles ni le rédacteur de *Quarterly Review*, ni M. Mivart, n'ont causé aucun dommage au darwinisme, quelles que soient les injures qu'ils lui ont adressé, c'est là que leur critique porte juste. Ces messieurs ont eu d'ailleurs le tort de confondre une lutte pour quelques bagatelles avec l'assaut d'une forteresse.

Sous certains rapports, on peut enfin qualifier d'injuste et de déplacée la manière dont le rédacteur de *Quarterly Review* a traité M. Darwin. Un langage aussi énergique appelle justification, et sur ce point j'ajouterai les remarques qui suivent :

Le rédacteur de *Quarterly Review* commence son essai par une énumération soigneuse de tous les points sur lesquels, pendant treize années de labeur incessant, M. Darwin a modifié ses opinions. Il a été souvent et justement remarqué qu'un lecteur non prévenu des ouvrages de M. Darwin n'est pas tant frappé de prime abord de l'habileté, des connaissances, ni même de la merveilleuse fertilité du génie inventif de l'auteur; ce qui le touche, c'est cette rigide véracité, cette honnêteté sévère, qui ne permettent pas à l'écrivain de dissimuler un point faible, de pallier une difficulté, qui le conduisent, au contraire, dans toutes les occasions, à signaler les défauts de sa propre armure, et même quelquefois, ce me semble, à admettre contre lui-même des hypothèses qu'il est inutile de discuter. Un critique qui désirerait attaquer M. Darwin n'aurait qu'à lire les ouvrages de ce savant avec intention de remarquer, non pas leurs qualités, mais leurs défauts, et il trouverait facilement sous sa main plus de suggestions imaginées par l'auteur contre ses propres doctrines que sa propre ingéniosité ne lui en aurait fait inventer sans l'aide des critiques que M. Darwin s'adresse à lui-même.

Cette candeur scientifique n'est pas une qualité si commune aujourd'hui qu'il soit utile de la décourager; elle me semblait mériter un autre traitement que celui dont elle a été l'objet de la part de l'écrivain de *Quarterly Review*, qui se comporte vis-à-vis de M. Darwin comme l'aurait fait un procureur des anciens bailliages vis-à-vis d'un homme contre lequel il aurait voulu obtenir une conviction *per fas et nefas*, et aurait entamé l'affaire en s'efforçant de faire naître dans l'esprit du jury une prévention contre le prisonnier. Dans son ardeur à exécuter ce louable dessin, notre auteur ne peut même pas raconter l'histoire de la doctrine de la sélection

(1) Comprenant sous ce titre la transmission par hérédité.

naturelle sans une perfide et injustifiable tentative de déprécier M. Darwin. « A M. Darwin, dit-il, et (à part quelques » réserves faites pour M. Wallace) à M. Darwin seulement re» vient l'honneur d'avoir le premier mis en relief et démontré » cette vérité. » Personne moins que moi ne désire jeter un doute sur l'originalité de M. Wallace, ou mettre en question son droit à l'honneur d'avoir été l'un des inventeurs de la doctrine de la sélection naturelle; mais l'affirmation que M. Darwin doit à la réserve de M. Wallace l'honneur d'être considéré comme le seul inventeur de cette doctrine est tout simplement ridicule. La preuve en est apportée tout d'abord par M. Wallace lui-même, dont la conduite aussi noble que dépourvue de mesquine jalousie devrait être imitée par bien des gens de moindre valeur que lui. M. Wallace écrit ceci : « J'ai éprouvé toute ma vie, et j'éprouve encore la plus sincère » satisfaction que M. Darwin se soit mis à l'œuvre longtemps » avant moi, et qu'il ne me soit pas échu d'écrire l'*Origine » des espèces*. J'ai depuis longtemps mesuré mes propres » forces, et je sais combien elles auraient été au-dessous » d'une pareille œuvre. » En sorte que s'il y a de la réserve dans tout cela, c'est celle de M. Darwin durant les vingt longues années d'études qui se sont écoulées entre la conception et la publication de sa théorie, réserve qui donnait à M. Wallace la chance de découvrir d'une manière indépendante l'importante influence de la sélection naturelle. Enfin, si l'on se rappelle que les *Essais* de M. Darwin et de M. Wallace furent publiés simultanément dans le *Journal of Linnæan Society* pour 1858, on voit que le rédacteur de *Quarterly Review*, en voulant déprécier perfidement les mérites de M. Darwin, lui a en réalité attribué une priorité qui, en toute justice, n'existe pas.

M. Mivart, dont les opinions s'accordent si souvent avec celles de l'écrivain de *Quarterly Review*, a présenté la question sous un point de vue qui, à mon sens, — et j'ai grand regret de le lui dire, — est absolument inexact. Il dit que la théorie de la sélection naturelle est en général exclusivement associée au nom de M. Darwin, « par suite de la noble » abnégation de M. Wallace ». Comme je l'ai dit, personne n'honore plus que moi M. Wallace, à la fois pour ce qu'il a fait et pour ce qu'il n'a pas fait dans ses rapports avec M. Darwin; rien n'est peut-être plus honorable pour lui que cette franche déclaration qu'il n'aurait pu écrire un livre comme l'*Origine des espèces*. Mais, par cette déclaration, la personne la plus intéressée dans la question dément par avance cette insinuation de M. Mivart, que la gloire de M. Darwin est plus ou moins due à la modestie de M. Wallace.

T. H. Huxley,
Professeur à l'École des mines et au Collège royal des chirurgiens de Londres.

SOCIÉTÉ LINNÉENNE DE LONDRES

SÉANCE PUBLIQUE ANNUELLE

M. GEORGE BENTHAM
De la Société royale de Londres

La biologie systématique (1)

VI. Biologie géographique. — 1° Danemark. — 2° Suède et Norwège. — 3° Russie. — 4° Allemagne et Hollande. — 5° Suisse. — 6° Italie et région de la Méditerranée. — 7° France. — 8° Grande-Bretagne.

VI. — Géographie biologique

J'aurais voulu faire un examen comparatif des monographies partielles, des faunes et des flores, de manière à vous signaler les moyens de comparer les plantes et les animaux de différents pays; aussi avais-je posé cette question aux zoologistes étrangers : « Quels sont les ouvrages ou les mémoires dans lesquels les animaux les plus importants de votre pays sont comparés à ceux des autres pays? » Les réponses que j'ai obtenues m'ont rarement satisfait. Dans les pays où la zoologie a été bien étudiée, nous trouvons des manuels populaires, des mémoires savants, des ouvrages d'une grande valeur scientifique, ou d'autres ornés de magnifiques illustrations. Mais les faunes abrégées et synoptiques, si utiles à celui qui étudie l'histoire naturelle en général, et correspondant à ce que nous avons sur les flores des différents pays, ces faunes sont fort rares. On s'est occupé moins encore de définir l'habitat de chaque espèce, quoique ce travail tienne une place importante dans la plupart de nos flores modernes; enfin on a, le plus souvent aussi, négligé d'indiquer les races alliées ou correspondantes qui peuvent se trouver dans des pays éloignés. Il est vrai que nous possédons plusieurs mémoires excellents sur la distribution géographique des animaux, — j'en ai cité plusieurs en 1869; — mais la plupart de ces travaux sont surtout consacrés à la discussion de tel ou tel point particulier, et ne donnent que les faits dont l'auteur a besoin pour sa théorie, et non le recueil de tous les faits qui peuvent être utiles au biologiste général, ou à celui qui s'occupe de géographie. Ces faits, il faut aller les chercher dans un grand nombre d'ouvrages et de mémoires différents : j'en ai reçu de longues listes de Danemark, de Suède, d'Allemagne, de Suisse, d'Italie, de France et des États-Unis. Je n'ai pu encore en consulter que quelques-uns, qui semblaient se rapporter plus directement aux objets de mes études actuelles; mais j'espère y revenir dans une autre occasion. En attendant, il faut que je me contente de jeter un coup d'œil rapide sur les différents pays, en suivant le même ordre que les années précédentes et en montrant ce qui a été fait depuis pour combler les lacunes existantes. C'est sur ces lacunes que j'appellerai particulièrement l'attention de ceux qui étudient les insectes et les mollusques terrestres; car les insectes et les coquillages de terre sont, de tous les animaux, ceux dont la vie et l'habitat dépendent le plus de la végétation. Dans les notes suivantes, je n'entre dans aucun détail sur les ouvrages ou les mémoires de zoologie que je cite, parce que ce travail existe déjà dans l'analyse de la revue annuelle insérée dans les *Archives* de Wiegmann, et, mieux encore, dans notre excel-

(1) Suite et fin. — Voyez le numéro précédent, p. 554.

lent *Zoological Record*, travail qui mérite, à tant de titres l'appui de tous ceux qui s'intéressent aux progrès de la zoologie.

I. Danemark. — Au point de vue de la biologie géographique, le Danemark proprement dit n'a guère d'importance que comme trait d'union, d'un côté, entre la péninsule Scandinave et l'Europe centrale, et de l'autre, comme barrière entre la mer Baltique et les mers du Nord. Cette terre basse et plate, sans grande variété dans son aspect physique, est peu faite pour produire ou faire vivre des organismes particuliers; elle se rattache d'une manière inséparable à l'Europe centrale. Mais les terres arctiques qui appartiennent à ce royaume, le Groënland, l'Islande et les îles Faroë, ont un grand intérêt; le Danemark lui-même, malgré son peu d'étendue, est remarquable pour le nombre de naturalistes éminents qu'il a produits, en zoologie comme en botanique. Sa réputation à cet égard, établie par les grands noms que j'ai cités dans mon discours de 1865, est honorablement soutenue par Bergh, Krabbe, Lütken, Mörch, Reinhardt, Schiödte, Steenstrup et tant d'autres, pour la zoologie ; tandis que Lange, Œrsted et Warming sont du petit nombre de ceux qui s'adonnent maintenant plus ou moins à la botanique systématique. A l'époque où je l'ai visitée, il y a déjà bien des années, leur collection générale de zoologie était peu nombreuse, quoique riche en animaux des contrées septentrionales et très-bien arrangée sous la direction de Steenstrup. Les insectes du Muséum de Storm-Gade étaient aussi très-nombreux, tandis que l'Université possédait la collection des types de Fabricius. L'herbier du jardin botanique, rendu précieux par les types de Vahl et des autres botanistes de son époque, s'est enrichi de nos jours des grandes collections mexicaines de Liebmann, des collections brésiliennes de Lund et d'autres. Les plantes de l'Amérique centrale recueillies par Œrsted, et celles du Brésil collectionnées par Warming se trouvent aussi à Copenhague; mais je ne saurais dire si elles appartiennent à des établissements publics ou à des particuliers. Le jardin botanique et le jardin zoologique n'y sont pas fort importants; mais les publications biologiques y sont intéressantes : je citerai, entre autres, les *Transactions* de la Société royale des sciences, la continuation du *Tidsskrift* de Kröyer, par Schiödte, et le *Videnskabelige Meddelelser*, de la Société d'histoire naturelle. Quelques auteurs y ont adopté une habitude, que devraient suivre ceux qui écrivent dans une langue que ne comprennent pas la majorité des naturalistes modernes, c'est celle de donner de courts résumés de leurs mémoires en langue française. Voici un aperçu des travaux les plus importants qui ont paru sur la zoologie théorique depuis 1868 : — Le professeur Reinhardt, en publiant dans les *Transactions* de l'Académie royale de Danemark (1869) neuf planches posthumes, exécutées sous la direction du professeur Eschricht, pour montrer la structure des différents Cétacés, les a accompagnées de courtes explications. Le professeur Reinhardt a encore publié dans le *Videnskabelige Meddelelser*, pour 1870, une liste des oiseaux que l'on trouve dans les *Campos* du Brésil central; il y a ajouté des notes copieuses sur leur distribution, leurs habitudes et leurs différents noms. L'introduction de ce mémoire contient des remarques fort utiles sur la distribution géographique et autres particularités de ces oiseaux, que je voudrais voir traduire pour les amis de l'ornithologie en Angleterre et ailleurs. Le même *Videnskabelige Meddelelser* contient un essai du docteur Lütken sur les limites et la classification des poissons ganoïdes, surtout au point de vue paléontologique, accompagné d'un tableau synoptique de l'état actuel, au point de vue de la théorie et de la géologie, de cette branche importante de la palichthyologie. Sur les mollusques, le docteur Bergh a publié, dans le *Tidsskrift* de Kröyer pour 1869, une de ses excellentes monographies anatomiques et systématiques sur la tribu des Phyllidées, avec un grand nombre de planches, dont on trouvera un compte rendu détaillé dans le *Zoological Record*, vol. VI, p. 559. Sur les insectes, le professeur Schiödte, dans le même journal pour 1869, a donné un travail consciencieux, avec de nouveaux faits et des vues nouvelles sur la morphologie et le système des Rhynchotés; (ce travail a été analysé dans le *Zoological Record*, vol. VI, p. 475. Nous devons au docteur Krabbe la description de cent vingt-trois espèces de tænias trouvés dans des oiseaux ; c'est une monographie complète, accompagnée de dix planches et publiée dans les *Transactions* de la Société royale de Danemark, année 1869, avec un résumé en français (travail cité dans le *Zoological Record*, vol. VI, p. 633). Pour les Échinodermes, les travaux précieux du docteur Lütken sur divers genres et espèces d'Ophiurides, vivants et fossiles, avec un tableau synoptique, en latin, des Ophiurides et des Euryalides, et un résumé général en français, formant la troisième partie de ses *Additamenta ad historiam Ophiuridarum*, dans les *Transactions* de la Société royale de Danemark, année 1869, ont été analysés dans le *Zoological Record*, vol. VI, p. 639, 642, etc. Aucun travail fort important sur la botanique théorique n'a paru en Danemark depuis ceux que j'ai cités dans mon discours de 1868.

Il n'existe aucune faune générale du Danemark; mais j'ai une assez longue liste d'ouvrages et de mémoires détachés desquels on peut conclure les différentes classes d'animaux que l'on trouve au Danemark. De ces ouvrages, les plus récents sont les *Batraciens* de Collin, dans le *Tidsskrift* de Kröyer pour 1870, et les *Mollusques marins* de Mörch, qui paraissent dans le *Videnskabelige Meddelelser* de cette année.

Quant à l'Islande, les seuls mémoires cités sont les *Mammifères terrestres*, ou plutôt le mammifère de l'Islande, dans le *Videnskabelige Meddelelser* de 1867; les *Mollusques* de Mörch, dans le même journal, année 1868. La *Description des oiseaux de l'Islande et des îles Faroë*, par C. Müller, est de 1862, et celle des Échinodermes, par Lütken, de 1857. Je ne vois cité aucun ouvrage spécial sur les insectes de l'île ; tandis que, pour la botanique, C.-C. Babington nous a donné, dans le onzième volume de notre *Journal linnéen*, un excellent tableau de sa flore, dont on peut considérer les phanérogames comme assez complétement étudiés. E. Rostrup aussi, dans le quatrième volume du *Tidsskrift* de la Société botanique de Copenhague, a énuméré les plantes des îles Faroë.

II. Suède et Norvége. — La péninsule scandinave est, à bien des égards, fort intéressante pour le biologiste. Elle possède une région montagneuse élevée et étendue, avec un climat moins rigoureux que celui de la plus grande partie des terres septentrionales situées sous la même latitude, et l'uniformité de sa formation géologique est interrompue par les districts calcaires de la Scanie. Elle constitue ainsi un grand centre de conservation des races organiques entre les grands espaces désolés situés à l'est et l'Océan à l'ouest; elle a donc été traitée comme un centre de création, d'où une faune et une flore scandinaves ont rayonné dans différentes directions. En qualité de patrie de Linné, on peut aussi la considérer comme la terre classique de la biologie théorique, qui y est maintenant étudiée avec ardeur, comme l'attestent les noms de Holmgren, de Kinberg, de Liljeborg, de Malm, de Malmgren, de G. O. Sars, de Stäl, de Thorell et de bien d'autres encore, pour la zoologie; et ceux d'Agardh, d'Andersson, d'Areschoug, de Fries, de Hartmann et d'autres, pour la botanique. Deux des Académies dont Linné fut le collaborateur, celles d'Upsal et de Stockholm, publient encore leurs Transactions et leur journal; il faut maintenant y ajouter les mémoires publiés par l'Université de Lund. Ils ont perdu les collections faites par Linné, et le Muséum zoologique d'Upsal, que j'ai visité, il y a bien des années, était alors fort pauvre; celui de Stockholm vaut mieux, et l'ordre y est excellent. Pour les herbiers, il y a à Upsal les collections de Thunberg et d'Afzélius, et celle de Swartz à Stockholm, où l'herbier de l'Académie des sciences a été dernièrement fort augmenté par les soins du docteur Andersson.

La faune et la flore scandinaves ont été en général bien étudiées. Les nombreuses flores qui ont paru depuis quelques années, montrent que le public en général s'intéresse réellement à ces études. Je remarque que le Manuel de Hartmann en est à sa dixième édition; Andersson a publié 500 vignettes des plantes les plus communes, extraites principalement des illustrations faites par Fitch pour mon Manuel anglais; mes listes contiennent en outre plusieurs mémoires sur les cryptogames de la Suède. Les rapports de la végétation scandinave avec celle des autres pays ont aussi été traités d'une manière spéciale par Zetterstedt, qui l'a comparée avec celle des Pyrénées; par Areschoug, Andersson, Ch. Martinus et d'autres encore, comme je l'ai montré plus en détail dans mon discours de 1869. Bien des ouvrages se sont succédé depuis Linné sur la faune vertébrée; entre autres, ceux de Liljeborg sur les vertébrés en général, et de Sundevall sur les oiseaux, tous deux encore inachevés. Les crustacés, les mollusques et les animaux inférieurs ont été l'objet de nombreux mémoires : la faune marine et celle des eaux douces ont été surtout étudiées par feu Sars et M. G. O Sars; et Th. Thorell, dans les Transactions d'Upsal, nous a donné un travail approfondi sur les genres des araignées de l'Europe, avec d'excellentes observations sur leur classification par genres, et une comparaison générale des faunes arachnoïdes de la Scandinavie et de la Grande-Bretagne, le tout en anglais, bien que publié en Suède. Mais ce travail ne s'étend pas aux espèces; l'auteur y nomme seulement un type, — et j'espère qu'il veut dire par là un exemple et non un type, — de chaque genre; il n'indique pas non plus l'étendue géographique des différents genres. Il ne semble pas qu'il existe d'ouvrage général sur les insectes de la Scandinavie.

La faune et la flore du Spitzberg ont surtout occupé les naturalistes suédois. A la description des vertébrés par Malmgren, et des lichens, par T. M. Fries, se sont maintenant ajoutés, dans les dernières parties des Transactions ou des Comptes rendus de l'Académie royale de Suède, les insectes par Holmgren, les mollusques par Mörch, la flore phanérogame par T. M. Fries, et les algues par Agardh.

Une monographie excellente et approfondie d'un genre de plantes peu considérable, mais en même temps très-répandu, intitulé *Prodromus monographiæ Georum*, par N. J. Scheutz, a paru dans la dernière partie des Transactions de l'Académie d'Upsal. On y trouve indiquées plusieurs particularités intéressantes de la distribution géographique de quelques espèces : l'une des plus curieuses est l'identité presque parfaite du genre *cocciné* du Levant et du genre *chilense* du Chili méridional, entre lesquels les différences sont si légères qu'on ne les aurait guère considérés que comme des variétés, si tous deux eussent appartenu au même pays. Tout ce mémoire est en latin; les distinctions spécifiques sont un peu longues; mais les remarques sur chaque section et chaque espèce indiquent leurs rapports et leurs principales différences avec celles qui s'en rapprochent le plus.

Tous les écrits sur la botanique publiés en Suède ou se rapportant à ce pays, se trouvent régulièrement inscrits dans des catalogues annuels, insérés par T. O. B. N. Krok dans le *Botaniske Notiser* de Stockholm.

III. Russie. — Le point le plus intéressant de la biologie de la Russie, c'est son uniformité relative sur une énorme étendue de territoire. Occupant plus de 130 degrés de l'est à l'ouest et plus de 20 du sud au nord, sans montagnes (1) ni Océan qui viennent interposer une grande barrière géologique, elle ne présente dans sa faune et sa flore que des changements graduels sur cette vaste étendue, tandis que les montagnes qui la bornent au sud et à l'est, et le froid qui règne sur ses rivages septentrionaux, offrent au naturaliste russe plusieurs types biologiques plus ou moins distincts, tels que le caucasique, celui de l'Asie centrale, le mantchourien et l'arctique, qui viennent tous se fondre dans le grand type européo-asiatique. En même temps, les trois premiers de ces types constituent, au moins en apparence, de grands centres de conservation. En distinguant soigneusement les races diverses qui donnent à chacun de ces types son caractère particulier, en étudiant leurs rapports mutuels, la surface que chacun d'eux occupe sans subir de modifications, la manière compliquée dont ces différentes surfaces empiètent l'une sur l'autre, les changements graduels que peut déterminer la distance, la disparition d'une race à laquelle une autre vient se substituer sans cause physique appréciable, le Russe, sans même sortir de son pays, peut apporter, plus que tout autre observateur, des matériaux précieux à l'histoire générale des races. Pour la botanique, j'ai eu plusieurs fois occasion de citer la flore russe de Ledebour, comme étant la flore complète d'un seul pays la plus étendue que nous possédions, ainsi que les nombreux mémoires qui viennent la compléter. Plusieurs de ces travaux sont encore en cours de publication, surtout dans le *Bulletin de la Société des naturalistes de Moscou*; j'ai aussi des notes de flores locales et des listes de diverses publications moins importantes. Le dernier volume que j'aie reçu des *Mémoires de l'Académie de Saint-Pétersbourg*, contient la partie botanique des voyages de Schmidt dans les pays de l'Amoor et du Sachalin, exposé dans lequel les rapports géographiques de la flore sont traités d'une manière complète, et la première partie d'une *Flore du Caucase* très-consciencieuse de F. J. Rup-

(1) La célèbre chaîne de l'Oural, qui sépare l'Asie de l'Europe, a sur presque toute sa longueur trop peu d'élévation et une pente trop douce pour avoir une grande influence sur la végétation; la chaîne prétendue qui se trouve entre Berne et Ekaterinbourg, a, selon Ermann, moins de 1600 pieds au-dessus du niveau de la mer, et part d'un plateau qui, sur une largeur de plus de 120 milles, ne se trouve que 700 pieds au-dessous.

recht, que l'on pourrait plutôt appeler commentaires sur les plantes du Caucase. C'est une énumération d'espèces, avec de nombreuses observations sur les affinités, et des détails très-complets sur les stations du Caucase, mais rien sur la distribution des plantes en dehors de cette région; plus de 300 pages grand in-quarto ne contiennent que les polypétales qui précèdent les légumineuses, et la mort regrettable de l'auteur empêchera sans doute l'ouvrage d'être jamais achevé. N. Kaufmann, professeur de botanique à l'Université de Moscou, botaniste actif et qui donnait de grandes espérances, dont ses collègues ont eu à regretter la mort l'hiver dernier, avait publié en langue russe une flore de Moscou qui avait eu le plus grand succès. Pour la zoologie de la Russie, l'ouvrage nouveau le plus important est le *Thierwelt sibiriens* de Middendorff, analysé dans le *Zoological Record*, vol. VI, p. 1, qui, avec la partie descriptive publiée précédemment, et la botanique du voyage par Trautvetter, Ruprecht et d'autres, nous donne un tableau précieux de la biologie du nord-est de la Sibérie, région froide et inhospitalière, où les organismes animaux et végétaux sont peut-être plus pauvres en espèces et en individus que dans toute autre région d'égale étendue que ne couvrent pas des neiges éternelles. Les remarques de Middendorpff sur cette pauvreté de la faune sibérienne, sur son uniformité et sa ressemblance avec la faune européenne, sur le sens qu'il faut donner aux espèces, sur leur variabilité et sur la multiplicité des fausses espèces qui ont été publiées, sur la complexité des diverses étendues géographiques qu'elles occupent, sur leur extinction et leur remplacement par d'autres, etc., méritent d'être attentivement étudiées par tous les naturalistes. Le travail de L.-V. Schrenck sur les mollusques de l'Amoor et de la Mantchourie, cité dans le *Zoological Record*, vol. IV, p. 504, se recommande également par la manière dont les rapports des espèces, la variabilité, les affinités et la distribution géographique des mollusques de la Mantchourie sont traités. Les publications de la première réunion de l'Association des naturalistes russes contiennent une étude des crustacés de la mer Noire par V. Czerniavski, une description des chætopodes annelés de la baie de Sébastopol par N. Bobretzki, et un mémoire sur la zoologie du lac Onéga et de ses environs par K. Kesslar, avec une étude des poissons, des crustacés et des annélides du lac Onéga, et des mollusques recueillis dans les lacs Onéga et Ladoga, et aux environs, ainsi qu'une liste des papillons du gouvernement d'Olonetz. Les mémoires historiques et scientifiques publiés par l'Université de Kazan, dont nous avons dernièrement reçu plusieurs volumes, contiennent une énumération systématique et une description des oiseaux d'Orenbourg (329 espèces), avec des notes détaillées sur leurs habitudes, etc., par E. A. Eversmann, publiées après la mort de l'auteur par M. N. Bogdanoff, et formant un volume in-octavo de 600 pages, en langue russe.

Le public russe n'encourage pas assez, en ce moment, les travaux de ce genre, pour qu'on puisse publier sur la biologie d'autres ouvrages indépendants que quelques manuels populaires; mais l'Académie impériale de Saint-Pétersbourg, d'un autre côté, s'est montrée excessivement libérale dans les secours qu'elle accorde, et non moins active dans la publication de *Transactions* avec d'excellentes gravures, outre ses comptes rendus. Les derniers volumes reçus continuent les *Symbolæ Sirenologicæ* de J. F. Brandt, et ses recherches sur le genre *Hyrax*, travail dont on a rendu compte dans le *Zoological Record*, vol. V, page 3, et VII, page 5; le tableau des Vipérides, de A. Strauch, avec des détails complets sur leur distribution géographique; les études de E. Metschnikoff sur le développement des Échinodermes et des Némertines, et un mémoire de N. Miklucho-Maclay sur les éponges de l'océan Pacifique septentrional et de l'Océan arctique, avec des remarques sur leur extrême variabilité, qui ont contribué à multiplier les fausses espèces. Pour la botanique, la monographie des espèces d'*Astragale* qui se trouvent dans l'ancien monde, par Bunge, est le résultat de plusieurs années de travaux et de recherches consciencieuses. Les huit sous-genres et les cent quatre sections dans lesquels ce genre si étendu se subdivise, semblent très-satisfaisants; mais les espèces, au nombre de neuf cent soixante et onze, sont probablement beaucoup trop nombreuses. En outre, il nous manque ces rapprochements avec les formes américaines, qui, par suite de cas nombreux d'identité ou de très-grande ressemblance, sont indispensables pour bien juger les espèces de l'Asie septentrionale. Bunge a encore publié une monographie des *Héliotropiés* de la région méditerranéo-orientale, dans le Bulletin de la Société des Naturalistes de Moscou, qui fait paraître un volume chaque année. Les derniers reçus contiennent plusieurs des catalogues botaniques déjà indiqués, avec divers mémoires moins importants sur l'entomologie.

IV. Allemagne et Hollande. — L'Allemagne, ou plutôt l'Europe centrale, depuis le Rhin jusqu'aux monts Carpathes, et depuis la Baltique jusqu'aux Alpes, est, en grande partie, la continuation de cette région biologique généralement uniforme, mais avec des changements graduels, qui couvre l'empire russe. Elle ne présente pas encore ces races particulières à l'Ouest, qui s'arrêtent au Rhin et au Rhône, ou ne font tout au plus que lancer au delà de ces fleuves quelques éclaireurs; cependant les montagnes qui la bornent au sud offrent un type biologique tout autre que celles qui limitent la Russie, indiquant à beaucoup d'égards, comme je l'ai fait observer en 1869, un rapport plus intime avec les montagnes de la Scandinavie et des latitudes élevées, qu'avec les Pyrénées à l'ouest ou le Caucase à l'est. La vérification et la poursuite de ces indications donnent un intérêt tout particulier à l'étude des races germaniques, de leurs variations et de leurs affinités. Pour les différences positives entre les espèces, toutes les plantes et tous les animaux, excepté le petit nombre auquel leur petitesse permet d'échapper longtemps aux observateurs, peuvent maintenant être considérés comme aussi bien connus en Allemagne qu'en France et en Angleterre; et, en Allemagne surtout, la recherche des caractères anatomiques et physiologiques a, depuis quelques années, beaucoup contribué à amener une plus juste appréciation de ces distinctions et des rapports naturels des races organiques. Mais la biologie théorique, et surtout la zoologie, ont encore beaucoup à faire. Parmi les nombreuses flores du pays, tant générales que locales, il en est plusieurs dans lesquelles on a indiqué les végétaux des régions voisines; mais il ne semble pas qu'il y ait de faunes complètes au même point de vue. Quelques-unes ont été commencées pour certaines subdivisions; mais dans celles-ci, comme dans les nombreux mémoires de zoologie locale plus ou moins étendue, autant que j'en puis juger, les animaux, et surtout les insectes, semblent être considérés seulement au point de vue des formes qu'ils affectent dans la région dont on s'occupe, souvent avec une étude critique très-serrée des variations ou des races des degrés inférieurs, mais en négligeant toute comparaison avec les formes qu'une espèce peut prendre, ou par lesquelles elle peut être représentée dans les pays voisins ou éloignés.

L'Allemagne est au premier rang des nations civilisées pour ses travaux biologiques dans presque toutes les branches; ils sont probablement plus volumineux que ceux de tout autre pays. Ses Académies des sciences et ses autres Associations scientifiques, ses muséums et ses jardins zoologiques, ses herbiers et les jardins de ses Universités, ses zoologistes et ses botanistes, connus du monde entier, sont bien trop nombreux pour que nous entreprenions de les citer ici. Elle surpasse toutes les autres nations par l'étude patiente et persévérante des petits détails, quoiqu'elle le cède à la France pour la clarté et la concision des méthodes d'exposition. Ses tendances spéculatives sont bien connues, et la grande impulsion qu'elles ont reçues depuis que le Darwinisme s'est répandu, semble avoir rejeté la biologie théorique sur le second plan; les tristes événements de l'année qui vient de s'écouler ont aussi suspendu pour un temps, ou troublé violemment, le cours de la science. Aussi les ouvrages sur la zoologie contenus dans les catalogues que j'ai reçus portent-ils presque tous la date de 1868 ou 1869, et ont-ils été déjà analysés dans les comptes rendus des Archives de Wiegmann, et dans le 5e et 6e volume du *Zoological Record*. Quant aux principaux travaux sur la zoologie étrangère, nous aurons à en parler plus loin.

Pour la botanique théorique aussi, on n'a publié depuis trois ans d'autre ouvrage important que la grande *Flore du Brésil*, qui, après la mort du docteur V. Martius, a été activement continuée sous la direction du docteur Eichler, et dont j'aurai à parler encore, quand je m'occuperai de l'Amérique du Sud. Rohrbach a publié un bon aperçu sur le genre difficile des *Silènes*, et, dans le *Linnæa*, un tableau des Lychnidés; et Böckeler, dans le *Linnæa* aussi, décrit en ce moment les Cypéracés de l'herbier de Berlin. Son travail est peu satisfaisant, si l'on considère les détails dans lesquels il est traité, puisqu'il ne tient aucun compte de toutes les espèces bien connues qui n'y sont pas représentées, ni des positions ou des renseignements relatifs à ceux qu'il décrit, s'ils ne viennent de cet herbier. Ce n'est pas là une monographie, mais une collection de matériaux détachés pouvant servir à une monographie.

V. Suisse. — La Suisse comprend la chaîne de montagnes la plus élevée et la plus étendue dont la biologie ait été bien étudiée; je veux parler ici des Alpes, dont le nom sert à caractériser la végétation et les autres traits physiques des montagnes en général, quand elles atteignent les limites des neiges éternelles ou qu'elles en approchent. Les rapports de cette végétation alpestre, et dans le caractère général qu'elle doit au climat et à d'autres causes physiques, et dans les liens géographiques qui la rattachent à d'autres flores, ont souvent servi de sujet à des travaux remarquables, dont j'ai déjà cité plusieurs; et il est fort à désirer que les résultats obtenus soient confirmés ou contredits par ceux que l'on pourrait tirer de données zoologiques, et plus particulièrement de l'observation des insectes et des mollusques terrestres. Comme premier pas, il faut que les plantes et les animaux du pays soient définis avec exactitude et classés d'après la même méthode que ceux des régions voisines. C'est ce qui a été fait pour les plantes. La flore suisse a été étudiée par des botanistes allemands aussi bien que par des botanistes français; elle figure dans le tableau synoptique de Koch et dans quelques autres flores allemandes. De Candolle et les autres savants français qui ont écrit sur la flore française, ont dû y introduire une grande partie des végétaux de la Suisse; enfin, les auteurs des nombreuses flores suisses et de tous les manuels (1) que nous possédons sur ce sujet, ont généralement suivi l'un ou l'autre de ces modèles, de sorte qu'il est assez facile de reconnaître les races botaniques de la Suisse; mais, ici encore, les faunes méthodiques du pays sont fort en arrière. C'est à M. Humbert que je dois les notes suivantes sur ce qui a été publié sur ce sujet pendant les trois dernières années.

V. Fatio, *Faune des Vertébrés de la Suisse*, in-8°, vol. I. Mammifères, 1869, indiqué dans le *Zoological Record*, VI, page 4; le second volume, Reptiles, Batraciens et Poissons, doit paraître dans le courant de cette année. Ensuite viendront le 3e et le 4e volume, contenant les Oiseaux. Cette faune est la première qui ait été publiée sur les Vertébrés de la Suisse. Jusqu'ici nous n'avions eu que des catalogues partiels et incomplets. Les espèces y sont soigneusement décrites, avec des notes fréquentes sur leur distribution et leurs habitudes, d'après les observations recueillies par l'auteur dans toutes les collections de la Suisse, et sur le terrain. Il y a aussi des détails historiques intéressants sur certains animaux qui ont plus ou moins disparu de la Suisse, comme le cerf, le bouquetin et le sanglier, et aussi sur les mammifères dont les restes ont été trouvés dans des dépôts récents. G. Stierlin et V. de Gautard, *Fauna Coleopterorum Helvetica*, dans les Nouveaux mémoires de la Société helvétique, XXIII et XXIV; c'est un catalogue avec des stations, et souvent des limites de hauteur, qui vient compléter la *Fauna Coleopterorum Helvetica* de Heer. Les catalogues de H. Frey, et ses notes sur les Microlépidoptères de la Suisse, dans le *Mittheilungen* de la Société entomologique suisse. P. E. Müller, Note sur les *Cladocères* des grands lacs de la Suisse, dans les Archives de la Bibliothèque Universelle, XXXVII, avril 1870. Dans son excellent mémoire sur les Monoclées des environs de Genève, Jurine n'avait décrit que les petits crustacés des étangs et des marais. Il n'avait pas étudié les espèces qui habitent le lac de Genève, et il avait négligé aussi quelques formes très-intéressantes qui ne se rencontrent

(1) Dans la liste des publications des trois dernières années seulement, que m'a envoyée M. A. de Candolle, je trouve les nouveaux manuels de botanique suisses : J. C. Ducommun, *Taschenbuch für den schweizerischen Botaniker*, 1 vol. in-8 de 1024 pages, avec quelques gravures analytiques; il donne peu de détails sur les stations. N. T. Simler, *Botanischer Taschenbegleiter des Alpenclubisten*, 1 vol in-12, avec quatre planches; ne contient que les espèces alpestres. Tissière (chanoine de Saint-Bernard), *Guide du botaniste au Grand Saint-Bernard*, 1 vol. in-8 : catalogue, avec des détails sur les positions. J. Rhiner, *Prodrom. der Waldstädter Gefässpflanzen*, 1 vol. in-8 : catalogue avec des détails sur les localités. Morthier, *Flore analytique de la Suisse*, 1 volume in-18 : ouvrage imité d'un ouvrage allemand plus ancien, intitulé *Excursions-Flora für die Schweiz*, par A. Gremli. Une nouvelle édition (la 3e) de la *Flora von Bern* de L. Fischer, et du *Rubi bernenses*, de Fischer-Ooster; ce dernier ouvrage, avec quelques additions à la Flore suisse de A. Gremli, ajoutant 98 pages aux volumes de littérature batologique que nous possédons déjà, sans faire un pas en avant pour nous donner une idée claire de ce qu'est une espèce donnée d'arbuste ou nous permettre de nommer facilement celles que nous rencontrons, sinon dans les localités mêmes indiquées par les différents auteurs.

que dans les grandes masses d'eau, telles que les *Bythotrephes longimanus* et la *Leptodora hyalina*. M. Muller indique les différences qui existent entre les Cladocères du centre des lacs et ceux des bords. Les premiers, qui flottent librement à la surface, ont un caractère particulier, qui appartient aussi aux crustacés des mers ouvertes; leur corps est d'une transparence extrême, et ils ont une grande tendance à développer des organes d'équilibre, longs et rigides. Les derniers, au contraire, sont peu transparents; ils ont des formes rabougries, et n'ont pas d'organes d'équilibre ou d'autres longs appendices qui pourraient gêner leurs mouvements au milieu de corps solides, tels que les pierres et les plantes aquatiques qui se trouvent près du rivage. La plupart de ces espèces du littoral montrent, de plus, le développement de quelque organe propre à les aider à se mouvoir sur les corps solides. M. Müller trouve aussi un très-grand rapport entre les Cladocères de la Suisse et ceux de la Scandinavie.

L'Association zoologique du Léman, fondée sur le modèle de la Société Ray, a pour but de publier des monographies appartenant au bassin du lac de Genève, c'est-à-dire à la région comprise entre Martigny et la Perte du Rhône, avec les vallées des affluents que le Rhône reçoit dans cette partie de son cours. Cette Société a réussi autant qu'on peut l'attendre d'une entreprise scientifique de ce genre, qui compte actuellement près de deux cents associés. Elle a déjà publié des mémoires par A. Brot, sur les coquilles de la famille des Naïades, avec neuf planches; par F. Chevrier, sur les Nyssées (Hyménoptères); par V. Fatio, sur les Arvicoles, avec six planches; par H. Fournier sur les Dascillides (Coléoptères), avec quatre planches; elle publie en ce moment un ouvrage plus important, fruit de longues et patientes recherches, l'*Histoire naturelle des poissons du bassin du Léman*, par G. Lunel, in-folio avec vingt planches en chromolithographie. Deux parties, avec huit planches, ont déjà paru, et l'ouvrage avance rapidement. Nous avons sur la table de notre bibliothèque un spécimen de planches, envoyé par M. Humbert. J'ai encore une liste assez longue de mémoires sur la zoologie de la même région, ou du canton de Vaud, publiée dans le *Bulletin de la Société vaudoise d'histoire naturelle*; et d'autres travaux sur la zoologie des autres régions, extraits de différentes autres transactions suisses, tous indiqués dans notre *Zoological Record*, vol. 5 et 6. A ces mémoires, il faut ajouter les *Oiseaux de l'Engadine supérieure*, par J. Saratz, travail publié dans le second volume du *Bulletin de la Société suisse d'ornithologie*, 1870. La vallée de l'Engadine supérieure commence à 1860 mètres au-dessus du niveau de la mer, et se termine à 1650, hauteur à laquelle commence l'Engadine inférieure. Ainsi la liste donnée par M. Saratz ne se rapporte à aucun point plus bas que cette hauteur. Il divise les oiseaux de cette vallée et des montagnes environnantes de la manière suivante: — 1° oiseaux sédentaires; 2° oiseaux qui font leurs nids dans l'Engadine supérieure, mais n'y passent pas l'hiver; 3° oiseaux purement de passage. Il énumère 144 espèces, et indique pour chacune l'habitat, les époques de passage, l'abondance ou la rareté, etc.

Meyer-Dür publie, dans les *Mittheilungen* de la Société suisse d'entomologie (III, 1870), une note assez courte sur certains rapports observés entre les faunes des insectes de l'Europe centrale et celles de Buenos-Ayres. C'est là peut-être une question à étudier, si on la rapproche de la coïncidence que nous avons indiquée plus haut entre un *Geum* du Chili et un autre de la Méditerranée orientale, et de quelques autres exemples curieux d'espèces de plantes identiques ou très-rapprochées, qui se trouvent dans les régions chaudes et sèches de la Méditerranée orientale, dans l'Australie centrale, et dans les parties extra-tropicales de l'Amérique du Sud.

Les naturalistes suisses portent la même activité dans les différentes branches de la biologie. Les précieux mémoires de E. Claparède sur les Chætopodes annélides et sur les Acarinés ont été complétement examinés dans le *Zoological Record*; il en est de même des mémoires de Henri de Saussure sur l'entomologie, qui ont été continués dans les derniers volumes des *Mémoires de la Société suisse d'entomologie de Genève*, et dans ceux de la *Société suisse d'entomologie*. Pour la botanique, depuis la mention que j'ai faite du *Prodromus* de de Candolle, le seizième volume a été complété par la publication de la première partie, qui contient deux monographies importantes, celle des Urticacées par Weddell, et celle des Pipéracées par Casimir de Candolle et J. Muller. Les commotions sociales de l'année que nous venons de traverser ont beaucoup retardé le dix-septième volume, qui doit terminer ce grand ouvrage; mais il faut espérer qu'il sera bientôt achevé. Le second volume de la *Flore orientale* de Boissier, citée dans mon discours de 1868, est maintenant sous presse.

Le docteur G. Bernouilli, qui a passé quelque temps dans l'Amérique centrale, a publié, dans les *Mémoires de la Société générale helvétique* (vol. XXIV) une étude du genre *Théobroma*, après avoir comparé ses échantillons avec ceux des herbiers de Kew, de Berlin et de Genève.

VI. Italie, et région de la Méditerranée. — L'intérêt biologique de la région de la Méditerranée, qui comprend l'Europe méridionale, la côte septentrionale de l'Afrique, et les pays connus sous la dénomination vague du Levant, est, à bien des égards, l'opposé de celui que présente le grand empire russe. S'étendant du détroit de Gibraltar au pied du Caucase et du mont Liban, sur 40 ou 45 degrés de longitude, et 10 ou 12 de latitude, depuis les pentes méridionales des Pyrénées, des Alpes, du Scardus et des monts Balkans, jusqu'aux côtes de l'Afrique, elle offre, il est vrai, une certaine uniformité de végétation sur toute cette longueur et cette largeur; mais elle a évidemment été le théâtre de grandes convulsions géologiques et de fréquents bouleversements qui se sont succédé, et qui, tout en détruisant entièrement ou en partie quelques-unes des races qui comptaient le plus d'individus, ont en même temps déterminé à la surface du sol des accidents qui ont beaucoup facilité la conservation ou l'isolement d'autres races représentées par un nombre d'individus relativement moindre. Il en résulte qu'il n'y a probablement aucune étendue égale de l'hémisphère nord, dans l'ancien monde, où les espèces prises toutes ensemble, et particulièrement les espèces natives, soient plus nombreuses; il n'en est aucune, je le crois, qui contienne tant d'espèces séparées — j'appelle ainsi celles qui occupent plusieurs circonscriptions limitées, fort éloignées les unes des autres — et il n'en est certainement aucune où il y ait tant de races d'espèces ou même de genres particuliers à un certain point, et dont les individus plus ou moins nombreux occupent des localités isolées qui ont souvent moins d'un mille de surface. Sous tous ces rapports, la région de la Méditerranée l'emporte de beaucoup sur la grande région de la Russie, qui est trois fois aussi longue et deux fois aussi large; elle offre encore, peut-être, un contraste presque aussi grand avec un espace plus au sud couvert d'une végétation uniforme, qui occupe les parties les plus sèches de l'Afrique et de l'Arabie et s'étend jusqu'au Scinde. Ce caractère de variété endémique et locale que présentent les plantes de la région de la Méditerranée, a aussi, me dit-on, été observé pour les insectes.

Des trois grandes péninsules européennes qui forment la partie principale de cette région, c'est l'Italie qui est la plus étroite, et qui offre le caractère le moins individuel dans sa biologie ; mais c'est la plus centrale, et, comme sa base continentale vient rejoindre les pentes des Alpes, on peut la prendre pour type général de la région entière. C'est aussi la partie de beaucoup la mieux connue. L'Italie a été la première parmi les nations de l'Europe à se faire un nom dans les sciences naturelles, après être sortie de la barbarie du moyen âge ; et, quoique depuis elle se soit plus spécialement consacrée aux arts, et qu'elle se soit laissé devancer dans la carrière des sciences par plusieurs des nations plus septentrionales, elle a toujours, au milieu de toutes ses vicissitudes, produit un nombre suffisant de physiologistes éminents ainsi que de zoologistes et de botanistes théoriques ; et, depuis quelques années, la culture de la biologie semble y avoir reçu une impulsion nouvelle. Espérons seulement que ce mouvement ne sera pas arrêté par des intrigues locales et politiques, qui semblent avoir eu pour résultat, dans un cas du moins, de donner un poste botanique important au moins capable des divers candidats. Parmi les différentes académies et associations de publication que j'ai citées dans mon discours de 1865, la Société italienne des sciences naturelles de Milan possède un grand nombre de mémoires sur la zoologie de l'Italie ; quelques autres essais sur la zoologie et la paléontologie se trouvent dispersés dans les publications des académies de Turin et de Venise, et dans celles de l'Institut technique de Palerme. D'après les listes que j'ai reçues, il semble que de nouveaux catalogues des oiseaux de la Sicile et de Modène ont été publiés par Doderlein dans le *Journal de Palerme;* d'autres, des Aranéïdes de l'Italie, et des poissons de Modène, par Canestrini, ont paru dans les *Transactions de Milan ;* d'autres enfin, des Diptères de l'Italie, ont été commencés par Rondani dans le *Bulletin de la Société italienne d'entomologie.* La Malacologie, si importante pour l'étude de l'histoire physique de la région de la Méditerranée, a produit de nombreux mémoires, particulièrement dans les *Transactions de Milan*, dans le *Bullettino malacologico* de Gentiluomo, et dans la *Biblioteca malacologica*, publiée à Pise. J'apprends aussi que, lorsque le professeur Paolo Savi est mort, au commencement d'avril, le manuscrit de son *Ornithologie italienne* était achevé et venait d'être remis à l'imprimeur.

Pour la botanique, l'excellente *Flore italienne* de Parlatore avance toujours lentement. Nous en sommes à la seconde partie du quatrième volume, ce qui nous mène jusqu'aux Euphorbiacées, en commençant par les ordres inférieurs. Le vieux *Journal de botanique* n'existe plus depuis 1847, comme je le présumais en 1865 ; il a depuis été remplacé par un *Nuovo Giornale Botanico italiano*, qui publie assez régulièrement quatre parties par an; le dernier numéro que nous ayons reçu est le second du troisième volume. Les meilleurs des mémoires qu'il contient sont les descriptions, par Beccari, de quelques-unes de ses collections de Bornéo. Delpino, bien connu pour ses intéressantes observations sur la dichogamie, aussi bien que pour quelques théories où l'imagination joue peut-être un trop grand rôle, a aussi donné à la botanique systématique une monographie des Marcgraaviacées ; mais, malheureusement, il n'avait pas à sa disposition des matériaux suffisants pour écrire une histoire utile de ce groupe petit mais difficile. De plus il a, sans nécessité, imposé de nouveaux noms à des familles qu'il pense avoir déjà été indiquées, mais qu'il n'a pas le temps de vérifier. De Notaris, sous les auspices de la municipalité de Gênes, a publié un tableau de la Bryologie italienne, qui forme un assez gros volume in-octavo.

Je n'ai que peu de chose à dire des deux autres grandes péninsules européennes, malgré leur grande importance relative en biologie. La péninsule occidentale ou ibérique est le centre principal de cette flore occidentale si remarquable, dont j'ai parlé spécialement en 1869, et qui, plus que toute autre, peut-être, a besoin d'être comparée aux faunes entomologiques ou autres. Mais l'Espagne est fort arriérée dans la culture des sciences. Après avoir beaucoup promis dans la seconde moitié du siècle dernier, après avoir produit un grand nombre de naturalistes et surtout de botanistes éminents, elle est depuis si longtemps sujette à des pronunciamientos chroniques, qu'elle laisse exploiter par des étrangers les richesses naturelles de son sol. Le *Prodromus Floræ Hispanicæ*, de Willkomm et de Lange, qui, lorsque je l'ai cité, courait risque de rester à l'état de fragment, a été continué depuis, et sera, nous l'espérons, bientôt complété par la publication de sa dernière partie. Les seuls travaux zoologiques récents qui m'aient été signalés, sont les mémoires publiés par Steindachner, sur son voyage ichthyologique en Espagne et en Portugal, et les Catalogues du muséum de zoologie de Lisbonne, que publie l'Académie des sciences de Lisbonne. La péninsule orientale, Turquie et Grèce, ne possède aucune littérature biologique à elle, si l'on en excepte quelques faibles tentatives faites à Athènes; et son état social actuel, si peu satisfaisant, ne peut attirer que de rares visiteurs étrangers. Le Levant, au point de vue de la botanique du moins, a été bien plus complétement étudié ; mais, là comme en Turquie, il reste encore beaucoup à faire; et, en attendant la publication du second volume de Boissier, dont j'ai déjà parlé, je ne sais rien d'important sur la biologie de la région de la Méditerranée orientale, que l'on ait publié depuis deux ou trois ans. Mais c'est là une lacune et en même temps un chaînon entre la flore et la faune de l'Inde et celles de l'Europe, qui dédommagera amplement de leurs efforts les naturalistes de l'avenir.

VII. France. — La France, sans aucun caractère spécial au sol, réunit dans ses limites des parties de plusieurs régions biologiques, ce qui force ses naturalistes à étudier toutes les flores et les faunes de l'Europe pour bien comprendre celles de leur pays. La plus grande partie de sa surface forme l'extrémité occidentale de la grande région russo-européenne, dont j'ai parlé plus haut; la flore et probablement aussi la faune de cette région, viennent en France se fondre avec le type de l'Europe occidentale, qui y déborde plus ou moins de la péninsule ibérique. Au sud-est, la France a une extrémité des Alpes suisses, reliées jusqu'à un certain point avec les Pyrénées au sud ouest, par la chaîne des Cévennes, mais à un niveau trop peu élevé, et qui, probablement, a toujours été trop peu élevé pour permettre l'échange des formes vraiment alpestres de ces deux grandes chaînes. Au sud des Cévennes, la France comprend une partie de la grande région de la Méditerranée, et les productions marines de ses côtes sont celles de trois différentes régions maritimes, la mer du Nord, l'Atlantique et la Méditerranée. Les quelques races endémiques ou locales qu'elle peut posséder semblent être sur les pentes méridionales qui bornent la région de la Méditerranée; et si les montagnes volcaniques de la France centrale ont un intérêt spécial, c'est plutôt par suite de l'absence d'un grand nombre d'espèces qui sont communes à la même hauteur sur les montagnes de l'est ou du sud-ouest, qu'à cause de la présence de races particulières qui ne soient pas des degrés inférieurs, à l'exception, peut-être, d'un très-petit nombre d'espèces devenues rares, et qui sont probablement les derniers vestiges de races expirantes.

Avec tant d'avantages naturels, la science française, représentée pendant les deux derniers siècles par un nombre d'hommes éminents aussi grand, sinon plus grand, que tout autre pays, a longtemps senti la nécessité de passer complètement en revue les productions biologiques de son territoire. Les flores françaises, soit locales, soit générales, sont maintenant nombreuses, et parmi elles il en est d'excellentes. La distribution géographique des plantes en France a aussi été le sujet de plusieurs mémoires et d'ouvrages séparés; seulement il est à regretter que, dans les flores elles-mêmes, on n'ait pas encore adopté l'habitude instructive d'indiquer, pour chaque espèce, sa distribution en dehors de la France. Pour la zoologie, on n'a essayé de faire aucune faune générale, depuis celle de Blainville, qui est restée inachevée; et je ne crois pas qu'on songe même maintenant à en faire une. Mais j'ai une longue liste de faunes partielles et de mémoires sur les animaux de différentes classes, dans plusieurs des départements de la France; et Rey et Mulsant publient en ce moment, dans es Comptes rendus de deux Sociétés de Lyon, des monographies détaillées de tous les Coléoptères de la France.

Milne-Edwards, dans son *Rapport sur les progrès de la zoologie en France*, a exposé d'une manière complète les progrès faits en biologie par les naturalistes français; le même travail a été fait pour la botanique systématique par Ad. Brongniart, dans son *Rapport sur les progrès de la Botanique phytographique*. Les derniers progrès faits dans les deux branches, ainsi que dans les autres sciences naturelles, ont été aussi retracés par M. Émile Blanchard, dans ses discours annuels prononcés aux réunions des délégués des Sociétés savantes de France, tenues chaque année, en avril, à la Sorbonne, de 1865 à 1870. La Société botanique de France s'était aussi montrée fort active jusqu'à cette époque, et la publication de ses comptes rendus arrivait presque jusqu'aux dernières réunions. Le manque de temps me force à renvoyer à plus tard quelques détails que j'aurais voulu donner sur les derniers travaux des biologistes français; cependant je ne puis résister au désir de citer ici la note suivante sur un ouvrage qui a été cité, mais non analysé, dans le dernier volume du *Zoological Record*, et que je dois, avec d'autres renseignements, à l'obligeance du professeur Deshayes, qui ne se remet qu'avec peine d'une maladie grave contractée pendant le siége de Paris par les troupes allemandes : « Pour les Mollusques, nous devons aussi regretter de n'avoir aucun ouvrage complet qui embrasse toute cette branche si importante du règne animal. Il est vrai que nous nous servons des nombreux ouvrages publiés en Angleterre, parmi lesquels il en est d'excellents, tels que ceux de Forbes et Hanley, de Gwyn Jeffreys, etc. Cependant je puis vous indiquer un excellent ouvrage publié en 1869 par M. Petit de la Saussaye. Malheureusement l'auteur, conchologiste savant et habile, vient de mourir. Il a eu l'avantage de dresser un catalogue général des mollusques testacés des mers de l'Europe, en ayant dans sa propre collection presque toutes les espèces qu'il cite, et après avoir reçu directement des auteurs mêmes des échantillons étiquetés des espèces qui ne se trouvent pas sur les côtes françaises. Son ouvrage se divise en deux parties. La première est consacrée au catalogue méthodique et synonymique des espèces, qui sont au nombre de 1150. Dans la seconde partie, ces espèces sont réparties géographiquement en sept zones, commençant par la plus septentrionale, pour finir par les régions chaudes de la Méditerranée. Voici ces zones : 1, zone polaire; 2, zone boréale; 3, zone britannique; 4, zone celtique; 5, zone lusitanienne; 6, zone méditerranée; 7, zone algérienne. Il y a quelques années, il eût été impossible à M. Petit d'établir la cinquième zone, car on ne savait littéralement rien de la faune malacologique de l'Espagne. Jusqu'en 1867, ses mers sont restées moins connues que celles de la Nouvelle-Hollande ou de la Californie. C'est seulement alors que Hidalgo publia un catalogue synonymique bien dressé, dans le *Journal de conchyliologie* de Crosse et Fischer.

VIII. Grande-Bretagne. — Au point de vue de la biologie, es Iles britanniques ont, moins encore que la France, le caractère endémique. Elles forment, en quelque sorte, une ceinture extérieure à des régions déjà citées, et dont la plus grande partie, comme nous l'avons vu pour la France, appartient à l'extrémité de la grande région russo-européenne. Comme la France aussi, mais à un degré moindre, elles subissent l'influence de ce type occidental qui remonte de la péninsule ibérique. Cependant la séparation est complète entre elles et la région de la Méditerranée ou celle des Alpes; la végétation, et aussi, me dit-on, la zoologie de leurs montagnes est scandinave; et, si elle se rattache par quelque lien aux chaînes du Midi, c'est plutôt aux Pyrénées qu'aux Alpes. Le caractère distinctif principal de la Grande-Bretagne vient de sa position insulaire, qui arrête l'immigration passive des races, et explique en partie la pauvreté relative de sa faune et de sa flore; d'un autre côté, cet isolement peut n'être ni assez ancien ni assez complet pour avoir amené la production et la conservation de formes endémiques. Autant que nous pouvons le savoir, il n'existe ni dans la botanique des phanérogames, ni dans aucun des ordres d'animaux pour lesquels la question a été suffisamment étudiée, une seule race particulière à la Bretagne, d'un degré assez élevé pour être appelée espèce, dans le sens linnéen du mot. Jusqu'à quel point cela est-il vrai pour les cryptogames inférieurs, c'est ce qu'il est impossible de déterminer à présent; il est encore fort difficile d'établir des espèces d'après des affinités naturelles, et, pour certains lichens et certains champignons par exemple, nous avons encore à éclaircir bien des doutes, venant de ce que des phases de la vie individuelle ont été prises pour des genres et des espèces véritables. Nous avons donc besoin d'étudier les faunes et les flores de nos voisins, pour connaître complétement les animaux et les plantes que nous possédons; cette étude nous montrera en outre ce que nous n'avons pas, mais ce que nous aurions eu sans l'intervention de causes qui demandent à être examinées; citons comme exemple les plantes comme la *Salvia pratensis,* espèce commune en Europe, et que nous rencontrons à chaque pas dès que nous traversons le détroit, mais qui manque en Angleterre, ou ne s'y trouve que dans certaines localités particulières.

Cependant il n'est point de pays où la flore et la faune natives aient été l'objet d'études aussi longues et aussi patientes que les nôtres; il n'en est point où leurs détails occupent encore l'attention d'une aussi nombreuse armée d'observateurs. Les flores que nous possédons se sont accrues, dans l'année qui vient de s'écouler, d'un ouvrage excellent de J. D. Hooker, intitulé *Flore des Iles Britanniques;* c'est le meilleur ouvrage que nous ayons pour l'enseignement, et l'indication soigneuse de la distribution générale de chaque espèce, vient combler une lacune de nos anciens livres d'étude, même les meilleurs. Le *Compendium de la Cybèle britannique*, de H. C. Watson, traite des rapports géographiques de nos plantes avec l'exactitude de détails qui caractérise tous les ouvrages de cet écrivain. Pour la zoologie, quoique nous n'ayons pas de faunes synoptiques qui correspondent à nos flores dans toutes les subdivisions du règne animal, la série des travaux sur les vertébrés de la Grande-Bretagne, publiés par van Voorst, présente un tableau mieux fait et plus complet de nos races indigènes, qu'aucun pays du continent ne peut se vanter d'en posséder. Je remarque aussi avec plaisir que, dans la nouvelle édition qu'il annonce des *Oiseaux de la Grande-Bretagne,* M. Newton se propose de déterminer tout spécialement les limites géographiques auxquelles ils s'étendent, question à laquelle M. Yarrell avait déjà consacré tant de travail. Du côté des mollusques, nous avons été fort heureux. Le bel ouvrage de Forbes et Hanley, publié par la Société Ray, a été suivi de la *Conchiologie britannique* de Gwyn Jeffreys, travail qui, avec la *Faune malacologique de la Grande-Bretagne,* du même auteur, a réuni tous les suffrages. La position géographique des espèces existantes, aussi bien que celle des espèces fossiles, y est indiquée avec soin; la seule chose qui manque est peut-être un tableau synoptique général des caractères des classes, des fossiles et des genres en lesquels les espèces se subdivisent. Les publications de la Société Ray comprennent aussi plusieurs ouvrages excellents sur les animaux des ordres inférieurs de la Grande-Bretagne; mais la faune entomologique de notre pays, malgré le nombre des habiles naturalistes qui s'y consacrent, semble être restée un peu en arrière, surtout pour l'étude des insectes du continent voisin. Lorsque j'ai demandé quels étaient les ouvrages dans lesquels nos insectes sont comparés avec ceux des autres pays, notre secrétaire, M. Stainton, m'a répondu ce qui suit : « Les questions que vous m'adressez sur notre littérature entomologique sont très-importantes; je regrette donc de ne pouvoir y répondre que d'une manière fort peu satisfaisante. Le *Coleoptera Hesperidum* de Wollaston est le seul ouvrage sur lequel je puisse appeler votre attention comme donnant la faune d'une région particulière, avec l'étendue géographique occupée par les espèces qui se rencontrent aussi autre part. R. M. Lachlan, qui, en 1868, avait publié (*Trans. Ent. Soc.*, ser. 3, V), une monographie des *Caddis* de la Grande-Bretagne, a donné, en 1868, dans le même recueil, une monographie des Neuroptères planipennes de la Grande-Bretagne; mais il n'y dit que peu de chose des autres pays d'Europe où se retrouvent nos espèces. En 1867 (*Entom. Monthly Mag.*, III), M. M'Lachlan, esprit éminemment philosophique, a publié une monographie des Psocides de la Grande-Bretagne; et, à propos de leur distribution dans notre pays, il s'exprime ainsi : « En général, je n'ai pas cité de localités particulières; ces insectes ont été si peu collectionnés, qu'énumérer ici les localités connues ou indiquées serait probablement paraître ridicule dans quelques années. » Le Rév. T. A. Marshall a publié (*Entom. Monthly Mag.*, I à III) un mémoire sur les Homoptères de la Grande-Bretagne, dans lequel il indique quelquefois la distribution de nos espèces dans les autres contrées de l'Europe.

Voici comment nous pouvons présenter l'état de la faune des insectes de la Grande-Bretagne : J. F. Stephens avait commencé, en 1827, un travail systématique décrivant tous les ordres des insectes de notre pays, sous le titre d'*Exposé de l'entomologie britannique*. Cet ouvrage, suspendu en 1835, eut un volume supplémentaire en 1846. Les Lépidoptères, les Coléoptères, les Orthoptères, les Neuroptères, étaient achevés; les Hyménoptères commencés seulement; les Hémiptères et les Diptères manquaient complétement. En 1839, M. Stephens publia, sous une forme plus abrégée, un *Manuel des Scarabées de la Grande-Bretagne.* En 1849, on voulut combler les lacunes laissées par Stephens dans son *Entomologie,* et l'on fit le plan d'une série de volumes qui devaient porter le titre de *Insecta britannica* : M. F. Walker se chargea des Diptères, M. W. S. Dallas des Hémiptères, et, comme la connaissance des petits papillons de nuit avait fait de grands progrès depuis 1835, je me chargeai d'écrire un volume sur les Tinéines. Trois volumes sur les Diptères de la Grande-Bretagne, par MM. F. Walker et A. H. Haliday, parurent de 1851 à 1856, et mon volume sur les Tinéines en 1854. En 1859, un autre groupe de ces petits papillons fut décrit par S. J. Wilkinson, sous le titre de *Tortrices de la Grande-Bretagne.* Les Hémiptères n'ayant pas été faits par M. Dallas, furent entrepris par MM. Douglas et Scott pour la Société Ray, et, en 1865, un volume in-quarto fut publié, contenant les Hémiptères hétéroptères, laissant les Homoptères pour un autre volume encore inachevé. Même dans ce travail consciencieux, on ne trouve presque rien sur la distribution géographique de nos espèces en dehors de notre île. La même observation s'applique à la *Geodephaga britannica* de J. F. Dawson, publiée en 1854; aux *Papillons de la Grande-Bretagne*, par Westwood, ouvrage publié en 1855, et à l'*Histoire naturelle des papillons de nuit de la Grande-Bretagne,* par E. Newman, publiée en 1869.

Je ne crois pas exagérer en disant que, pendant bien des années, l'entomologie a été étudiée en Angleterre avec un esprit insulaire et étroit qu'un botaniste a peine à concevoir. Le système de n'admettre dans les collections que les insectes de la Grande-Bretagne fut poussé si loin, que c'était presque un crime de posséder un insecte étranger : la présence accidentelle d'un pareil hôte dans un cabinet suffisait pour déprécier toute la collection. En effet, M. Samuel Stevens peut vous assurer que la valeur des spécimens tient surtout à ce qu'ils soient reconnus comme indubitablement britanniques. Un insecte qui, pris dans le comté de Kent, vaudrait deux livres sterling, ne vaudrait pas deux shellings s'il avait été pris en Normandie. J'ai attaqué ce ridicule il y a quelques années, dans le *Entomological Weekly intelligencer* (vol. V, 1858, articles Jeddo et Insularisme); mais il est loin d'avoir disparu.

Tout en approuvant ce dernier paragraphe de M. Stainton, j'ajouterai cependant que, dans certains cas, une collection locale ou géographique, distincte de la collection générale, peut être fort utile; or, l'introduction de spécimens étrangers nuirait fort à cette collection. Dans un muséum local, une salle séparée, destinée exclusivement aux productions de la localité, fait bien mieux connaître l'histoire de cette localité ; et j'ai vu gâter plusieurs de ces salles par l'admission de spécimens étrangers, qui donnaient au visiteur des impressions fausses, toujours difficiles à effacer. Mais jamais une collection exclusive de ce genre ne peut présenter d'une manière satisfaisante la faune ou la flore d'une région, ou enseigner une branche de la zoologie ou de la botanique.

M. Stainton ajoute : « J'ai entendu dire que ceux qui ont fait une étude critique des différences entre les espèces très-rapprochées, ont rarement le temps d'y ajouter les détails de position géographique, et que ceux qui se chargeraient de cette dernière partie pourraient échouer faute de bien connaître les espèces. » A cela je réponds que, pour bien apprécier les limites et les rapports d'une espèce, la connaissance de la position géographique et des différentes formes qu'elle prend suivant la région où elle se trouve, est un élément essentiel ; et il me semble que c'est pour avoir négligé ce caractère général, entre autres, que bien des naturalistes éminents, qui ont consacré leur vie à la distinction critique de races des degrés inférieurs, élevées par erreur au rang d'espèces, n'ont après tout, au point de vue scientifique, que le mérite d'avoir assorti et catalogué des collections. D'un autre côté, l'étude de la géographie zoologique, sans une connaissance suffisante des espèces, n'est guère que de la théorie pure. La division du travail poussée trop loin tend à rétrécir l'esprit, et retarde plutôt qu'elle ne favorise la marche de la science.

M. Stainton m'avertit qu'il vient de paraître une monographie des éphémérides, par le rév. A.-E. Eaton (*Trans. Entom. Soc.*, 1871), traitant de ces insectes sur toute la terre ; avec chaque espèce qui se rencontre en Angleterre, il indique exactement les autres pays où elle se trouve. C'est un mémoire précieux, où l'auteur semble avoir traité à fond son sujet.

Depuis ma dernière revue de nos publications biologiques, deux ouvrages sur l'ornithologie, précieux et magnifiquement illustrés, mais très-chers, ont été publiés ; ce sont l'*Ornithologie étrangère* de Sclater et Salvin, et la *Monographie des Alcédinides* de Sharpe. En outre, différents mémoires, par Flower, Mivart, Parker et d'autres, ont beaucoup ajouté à ce que nous savions de l'anatomie comparée de différents groupes de mammifères. En Angleterre comme sur le continent, la biologie des pays éloignés a continué d'être étudiée dans des mémoires ou des publications indépendantes dont j'aurais voulu pouvoir parler à leur tour ; mais le temps me force à m'arrêter, et à remettre à plus tard ce que j'avais à dire sur les monographies, les faunes et les flores de l'Amérique du Nord, de l'Australie et d'autres pays.

G. BENTHAM.

— Traduit de l'anglais par BATTIER. —

BULLETIN DES SOCIÉTÉS SAVANTES

Société géologique de France. — NOVEMBRE 1871.

La Société géologique a fait sa réouverture le premier lundi de novembre.

Dans cette séance, beaucoup de membres se sont retrouvés après une longue séparation. — Les séances, il est vrai, n'ont jamais été suspendues pendant cette triste année 1871 ; mais elles étaient bien peu fréquentées et les circonstances extérieures influèrent naturellement sur la nature des communications. C'est ainsi qu'après le bombardement de Paris, la proposition fut faite d'exclure de la Société tous les membres allemands appartenant aux pays en guerre avec la France.

Il a suffi, pour écarter cette proposition, de faire observer que le diplôme de membre de la Société géologique était un contrat qui liait les deux parties. L'Allemand qui a été présenté et reçu conformément au règlement, qui a payé son droit, ne pouvait en être dépouillé. Le règlement n'a même pas prévu certaines circonstances exceptionnelles qui justifieraient pleinement cette exclusion. Nous pourrions, en effet, citer des faits qui, s'ils avaient été commis par des membres de la Société, même en état de guerre, seraient, au point de vue scientifique, tellement odieux, que l'expulsion serait une peine beaucoup trop légère.

Souvent de jeunes Allemands sont venus en France explorer les contrées les plus riches en fossiles. Les renseignements les plus détaillés leur étaient fournis à Paris. Ils étaient reçus dans les collections, y travaillaient à leur gré ; livres et fossiles étaient complétement mis à leur disposition. Les jeunes géologues de Paris leur servaient de guides dans leurs excursions aux alentours. Or, l'un de ces derniers, M. V., préparateur de l'une des chaires de géologie de la capitale, qui habite Soissons, y avait réuni depuis huit ans une nombreuse collection renfermant des espèces rares ou inédites, un herbier assez riche, etc.

La paix signée, un régiment de ligne prussien passait à Soissons. Un jeune sergent accompagné de deux soldats vint loger chez notre collègue, et fut installé dans la chambre où se trouvaient les collections. Sur les portes vitrées des armoires, une pancarte en allemand, signée du commandant de place, avertissait que tous les objets renfermés dans cette chambre étaient destinés à l'étude, et qu'il était interdit d'y toucher. Néanmoins, le lendemain matin, après le départ de ses hôtes forcés, M. V. vit avec douleur ses fossiles brisés en menus morceaux, ses plantes découpées, et leurs débris mélangés. Les fruits de huit années de recherches scientifiques étaient anéantis.

Quand on réfléchit à de pareils actes, et qu'on voit dans le même pays les chefs allemands faire impitoyablement saisir, au milieu de leurs familles, et fouiller, devant une fosse préparée pour recevoir leurs corps, un certain nombre de notables, coupables uniquement d'avoir essayé de défendre les approches de leurs villages, et parmi eux trois instituteurs (1), dont l'un a été, après un jugement dérisoire, condamné à mort, pour avoir distribué aux gardes nationaux de sa commune leurs fusils déposés à la mairie, on doit être peu étonné des dispositions des habitants de nos campagnes à l'égard des Allemands. Aussi, est-ce sans surprise que nous avons dernièrement appris le mauvais traitement qu'avait eu à subir un jeune professeur allemand en voyage scientifique dans un de nos départements.

Nous déplorons plus que personne un pareil état de choses, nous qui avons parcouru si souvent les campagnes de l'Allemagne, qui partout avons reçu de nos confrères en géologie l'accueil sympathique que nous leur avions toujours fait. Aujourd'hui, la haine que l'Allemand a laissée derrière lui est telle, qu'aucun de nous ne serait assez puissant pour garantir la sécurité d'un voyageur de cette nation dans nos campagnes.

Plus que toute autre cause, la formation de la Société géologique de France, ses excursions annuelles ouvertes à tous les étrangers, avaient contribué à établir, entre tous les géologues de la terre, cette fraternité si précieuse. Si désormais

(1) Voyez un récent rapport de M. Henri Martin au Conseil général de l'Aisne.

les rapports scientifiques deviennent plus difficiles, ce n'est pas aux Français qu'il faut s'en prendre.

La plupart des assistants à la séance d'ouverture revenaient de voyage. Les géologues ont, en effet, l'habitude de consacrer leurs vacances à des tournées d'exploration, rapportant ainsi des matériaux pour le travail d'hiver dans le cabinet, en même temps que la marche et le grand air raffermissent la santé et l'énergie morale.

Rien n'est salutaire comme ces excursions prolongées pendant un certain nombre de semaines, et des noms que nous pourrions citer, comme les de Buch, les Cordier, les d'Omalius d'Halloy, et bien d'autres, sont d'éclatants témoignages de leur heureuse influence.

Il serait bien à désirer que, de bonne heure, la jeunesse en prît le goût, ou qu'on lui en fît contracter l'habitude. Lorsque nous parcourions l'Allemagne ou la Suisse pendant les vacances, bien des fois nous avons vu le chemin de fer déverser des compagnies de vingt à trente jeunes gens de quinze à dix-huit ans conduits par leur maître; le sac au dos, le marteau-houlette à la main, ils allaient parcourir les montagnes, couchant dans les chalets des bergers, et acquérant ainsi, en même temps que des notions précises d'orographie, de géologie et de botanique, la vigueur physique et l'habitude de se trouver en face de difficultés matérielles de toute sorte, de les supporter sans murmures, de les vaincre avec résolution.

Une fois ce goût des voyages d'exploration contracté, une fois leurs yeux ouverts aux premières notions nécessaires à l'intelligence du monde extérieur, le pli est rapidement pris, et ces jeunes gens arrivés à vingt ou vingt-cinq ans continuent de voyager isolément ou par groupes. Rien n'est plus propre à faire des hommes robustes, des esprits sains et cultivés, et des âmes à sentiments élevés. La géologie est surtout apte à donner à ces voyages l'attrait nécessaire, puisque à chaque pas elle offre des sujets d'observations, des matériaux à recueillir, etc. Le géologue une fois en campagne, même seul, ne s'ennuie jamais. On s'habitue ainsi à se diriger à l'aide de cartes, on se rend un compte exact du relief des lieux, etc.

A ces titres divers, c'est une science qu'il faut de plus en plus introduire dans l'enseignement. Est-ce qu'un cultivateur, un industriel, un officier du génie ou de l'état-major peut ignorer, nous ne dirons pas la science qui s'appelle la géologie, mais les notions qui permettent de reconnaître les différentes natures du sol, d'apprécier les reliefs, de se familiariser avec les détails de la topographie? On dirait que tout cela en France est de la plus parfaite inutilité, en voyant qu'on n'en enseigne pas le moindre mot ni dans les lycées, ni même à l'école polytechnique, et que, par une réforme qui date de l'entrée de M. Duruy au ministère, mais qui avait été préparée antérieurement par le comité des inspecteurs généraux, on a supprimé le peu de sciences naturelles qu'exigeait l'examen du baccalauréat.

Mais revenons à la Société géologique.

Lorsqu'en 1870 la guerre commençait avec la Prusse, la session ordinaire était terminée, et l'on se disposait à aller occuper un nouveau local, rue des Grands-Augustins, n° 7. Le déménagement et l'installation de la bibliothèque se firent pendant le siége, et aujourd'hui, grâce à la collection véritablement exceptionnelle de livres de géologie qu'elle possède, et à la disposition avantageuse des locaux, la Société offre à ses membres un précieux centre d'études.

La première séance du 6 novembre a été bien remplie.

Après l'annonce des pertes faites par la Société depuis ses dernières réunions, pertes parmi lesquelles il faut compter sir Roderick Murchison, mort à Londres le 22 octobre dernier à l'âge de quatre-vingts ans, et notre éminent compatriote, M. Édouard Lartet, professeur au Muséum d'histoire naturelle, les communications scientifiques se succèdent.

M. de Mortillet présente une analyse des résultats fournis par le percement du tunnel des Alpes sur la nature des roches traversées. Il distingue dans ces roches quatre systèmes : 1° Des grès talqueux et anthraciteux qui ont été percés sur une longueur de 2 kilomètres environ (2090 mètres), et que M. de Mortillet rapporte, d'accord en cela avec beaucoup de géologues français, au terrain houiller. 2° Des quartzites épais, dans la direction de la galerie, de 388^{m},50. 3° Des calcaires avec anhydrite et dolomie, 355^{m},60. 4° Des schistes calcaires environ 9000 mètres. Ces trois dernières assises seraient du *trias*.

Ces nombres se rapprochent beaucoup de ceux que M. Élie de Beaumont a publiés d'après M. A. de Sismonda. L'épaisseur totale, égale à la longueur du tunnel, c'est-à-dire environ 12 kilomètres, se réduit à 7 kilomètres environ quand on la considère orthogonalement.

M. de Mortillet fait observer que M. de Gastaldi et d'autres géologues de Turin ne voient dans cet ensemble de couches ni terrain houiller, ni trias, mais qu'ils attribuent le tout à l'*étage laurentien* des géologues canadiens. D'autre part, M. Élie de Beaumont persiste dans son ancienne opinion qu'il n'y a là, en effet, qu'un seul et même système, qu'il attribue au lias, et il a récemment défendu sa manière de voir par de nombreux arguments (1).

On voit qu'on est loin d'être d'accord sur la géologie de cette partie des Alpes. Cependant il faut reconnaître que la plupart des géologues français et suisses admettent l'assimilation au terrain houiller et au trias. Cette conviction, qui s'est imposée à la suite de la réunion extraordinaire de la Société en Maurienne, il y a dix ans, sous la direction de M. Lory, a donc besoin d'être de nouveau défendue, puisqu'elle est de nouveau attaquée par de si hautes autorités.

Une autre région, qui est également le sujet de bien des contestations, c'est la Provence. M. Dieulafait expose une longue et importante communication pour démontrer à l'aide de coupes détaillées et à grande échelle que M. Coquand a commis de graves erreurs dans ses publications sur la Provence. Celles que M. Dieulafait a particulièrement signalées se rattachent aux deux chefs suivants :

1° M. Coquand a admis que tout le système de la Sainte-Baume était renversé, que par suite les différents étages se succédaient de *bas en haut* dans l'ordre *descendant*. M. Dieulafait établit au contraire que dans la Sainte-Baume il n'y a rien de renversé.

2° Les calcaires blancs dont M. Coquand veut faire du *Coral-rag* sont pour M. Dieulafait les classiques calcaires à *Chama* de l'étage néocomien. Il démontre l'exactitude de ces rectifications à l'aide de ses coupes ; mais il la confirmera en communiquant à la Société les fossiles qu'il a recueillis dans ces calcaires.

Le midi de la France a besoin d'être mieux étudié. Déjà depuis plusieurs années de grands progrès ont été accomplis ; mais il reste encore un riche champ de découvertes et d'améliorations.

M. Jannetaz signale à la base de l'argile plastique du village d'Issy un gisement de carbonate de strontiane et de baryte.

M. Gervais, qui a récemment visité les collections paléontologiques de l'Italie, énumère les principaux débris de mammifères qu'il y a observés. Il constate d'abord qu'aucune de ces collections ne renferme d'objets appartenant à l'époque où l'homme se servait surtout d'outils fabriqués avec des ossements de renne. Passant ensuite aux époques plus anciennes, il mentionne la présence du bouquetin dans l'Italie méridionale pendant la période quaternaire. Une belle collection pliocène, de l'époque des couches supérieures du val d'Arno,

(1) *Comptes rendus de l'Académie des sciences*, 18 septembre 1871.

appartenant au maire de Florence, renferme l'*Elephas meridionalis*, le *Mastodon arvernensis*, des ruminants et des carnassiers (Ours, grand *Felis*) C'est une faune terrestre. Dans le val d'Arno inférieur, des animaux marins, notamment une baleine, s'associent aux mammifères terrestres. Le musée de Bologne possède des marnes subapennines, une baleine analogue à la *B. biscayensis*. Les lignites de Cadibona et de Monte-Bamboli ont fourni aux musées de Pise et de Florence, outre l'*Anthracotherium* qui est caractéristique de ces dépôts, un *Sus*, des carnassiers, un grand blaireau et un singe. Enfin, la mollasse marine du Trentin renferme des mammifères que l'on peut voir au musée de Naples.

La séance est terminée par la lecture de lettres de MM. de Rouville, Ebray, etc.

LUNDI 20 NOVEMBRE

Cette séance est consacrée tout entière à la discussion des modifications proposées par le Conseil dans le règlement de la Société.

Le mauvais état des finances, dû en grande partie au payement lent et irrégulier des cotisations, l'envoi trop tardif du bulletin, différents abus qui s'étaient glissés peu à peu, nécessitaient de profondes et immédiates réformes; aussi, la Société n'a-t-elle pas hésité à réviser complétement son règlement. Les articles en ont été discutés un à un : de nombreuses et importantes additions y ont été apportées, faites dans un but plus large et destinée à mettre le règlement en rapport avec la situation nouvelle que fait à la Société le nombre de ses membres sensiblement accru.

Académie des sciences de Paris. — 11 DÉCEMBRE 1871.

On se souvient que, dans l'une des précédentes séances de l'Académie, M. Faye a exposé une théorie de la constitution du soleil, dans laquelle il admet, avec le P. Secchi, que le soleil est gazeux, tout en repoussant à la fois, dans une certaine mesure, les raisonnements sur lesquels le P. Secchi fonde son opinion, et plusieurs des conclusions auxquelles arrive le savant romain.

Le P. Secchi vient de répondre à M. Faye. Il reconnaît l'indépendance des deux théories, mais maintient énergiquement ses conclusions. Suivant le P. Secchi, le soleil a une atmosphère obscure, dans laquelle flottent les protubérances, et qui joue un rôle important dans le phénomène connu sous le nom de *couronne;* cette atmosphère est le siége de mouvements analogues à nos vents alizés et qui ne peuvent être expérimentalement constatés; enfin, la température du soleil, toujours d'après le P. Secchi, est d'*au moins* 10 millions de degrés.

Le P. Secchi vient de donner une méthode nouvelle pour mesurer facilement la hauteur des protubérances qui dépassent les bords de la fente du spectroscope. Ce procédé consiste à placer devant cette fente une lame de verre pouvant tourner autour d'un axe parallèle à la fente; la longueur de cette lame doit être égale à la demi-longueur de la fente elle-même. Cela étant, si l'on dirige le spectroscope vers une protubérance, on percevra deux sortes de rayons : les premiers traversant directement la fente, les seconds ne traversant la fente qu'après avoir traversé la lame de verre. Ces derniers pourront être déviés de quantités variables avec l'inclinaison de la lame de verre, et l'on conçoit qu'au moyen d'une certaine inclinaison, on puisse amener la base de la protubérance à être en contact avec le même bord de la fente qui est tangent au sommet de la protubérance vue directement. Le déplacement correspondant des rayons lumineux sera précisément la grandeur de la protubérance; or il est facile de calculer en fonctions de l'épaisseur de la lame de verre, de son inclinaison et de son indice de réfraction.

D'autres données sur la constitution du soleil ne peuvent manquer d'être acquises par l'observation de l'éclipse totale qui aura eu lieu depuis six jours lorsque ce compte rendu paraîtra. M. Janssen observe à Batavia pour le compte du Bureau des longitudes; il informe aujourd'hui l'Académie que tout est parfaitement disposé en vue de l'événement.

Nous ne pouvons nous empêcher de faire remarquer ici combien est grande la place qu'occupe aujourd'hui dans la science l'astronomie physique, combien sont remarquables les découvertes qu'elle accomplit. Il importe que, dans cette voie, l'Observatoire de Paris ne se laisse pas devancer et que, dans ce grand établissement, l'astronomie physique reprenne la place à laquelle elle a droit.

On pouvait croire qu'une discussion s'engagerait à ce sujet, dans la séance d'aujourd'hui, entre M. Delaunay et M. Leverrier; mais, M. Delaunay n'ayant pas inséré aux *Comptes rendus* la note sur laquelle devait s'engager le combat, M. Leverrier a renoncé à la parole.

Aujourd'hui, M. Delaunay s'est borné à nous parler du froid. M. Ch. Deville en a fait autant. Nous avons atteint, décidément, une température plus basse même qu'en 1788. A Montsouris, le thermomètre est descendu jusqu'à 23°,5 au-dessous de 0. Mais l'action du froid paraît être demeurée assez circonscrite; elle se déplace en marchant du nord-est au sud-ouest. Quant au dégel actuel, il se produit sous l'influence d'une bourrasque qui sévit en ce moment sur les côtes de la Suède.

Nous reviendrons, dans notre prochain compte rendu, sur un curieux mode de dessin à la vapeur de mercure imaginé par M. Merget, et auquel ce savant a été conduit par l'étude de la vaporisation de ce métal. On sait que Faraday admettait, sur la foi de certaines expériences, que les vapeurs émises par le mercure ne pouvaient s'élever que de quelques centimètres au-dessus du liquide. En appliquant, dans ce cas particulier, les théories de Clausius, M. Merget a trouvé que les molécules mercurielles, au moment de leur transformation en vapeur, devaient s'élancer au-dessus de la surface du liquide avec une vitesse initiale de 180 mètres, suffisante pour les lancer à 1700 mètres de distance. C'est dire que, sous ce rapport, la vapeur de mercure ne diffère pas des autres vapeurs liquides et tend comme elles à se répandre dans tout l'espace qui s'offre à elle. M. Merget a voulu confirmer expérimentalement ses prévisions théoriques, et il est arrivé à déceler le mercure en le faisant agir sur du papier imprégné de certains sels d'iridium, de palladium, de platine ou même d'or et d'argent, papier qui est d'une extrême sensibilité. Ceci établi, nous dirons prochainement comment M. Merget a su développer ses expériences de manière à en faire un véritable procédé artistique.

M. de Selve vient de faire une intéressante observation. Tout le monde connaît cette moisissure bleuâtre si commune que les botanistes appellent le *penicillium glaucum*. Les filaments dont ce champignon inférieur est le fruit et qui en forment le *mycelium* sont incolores. On a donné le nom de *penicillium bicolor* à une moisissure qui ne diffère du *penicillium glaucum* que par la couleur orangée de son mycélium. Or M. de Selve a vu que cette couleur orangée tient uniquement à des bactéries qui vivent en quantités innombrables sur ce mycélium et après quelque temps de ce parasitisme se transforment en vibrions et nagent librement dans le liquide.

Ce fait donne l'explication d'une observation célèbre, sur laquelle s'appuie toute la théorie de l'*ovulation spontanée*. On a vu, dit-on, au sein d'une membrane dite proligère, des cellules (œufs ou gonidies) se former de toutes pièces et donner naissance à des vibrions. Or c'est précisément le contraire qui arrive La *membrane proligère* n'est autre chose qu'un immense amas de bactéries. Vient-il à tomber, à son intérieur, un œuf, une gonidie, les bactéries s'y attachent et lui donnent cet aspect nébuleux qu'on a considéré comme un indice de formation spontanée récente. Les bactéries vivent là quelque temps, puis se détachent sous forme de vibrions, en ne laissant plus que les enveloppes de l'œuf ou de la gonidie, dont elles ont dévoré le contenu. Il semble ainsi qu'un œuf se soit formé dans la membrane même et qu'il en soit sorti des vibrions.

M. Alphonse Milne-Edwards poursuit les études commencées par son père sur la placentation des mammifères dans ses rapports avec la distribution de ces êtres en groupes naturels. L'étude du placenta presque sphérique et abondamment vasculaire du fourmilier à quatre doigts lui fournit l'occasion de rappeler combien sont diverses les formes du placenta dans le groupe des édentés, auquel appartient le fourmilier. Cette diversité conduit à poser ce dilemme : ou bien on a exagéré, dans l'établissement des groupes naturels, l'importance de la placentation, — ce qui est possible, — ou bien le groupe des édentés n'est pas naturel, — ce qui est probable. En conséquence, M. Alphonse Milne-Edwards pense qu'une étude attentive des animaux de ce groupe conduira à les distribuer dans des groupes spéciaux, dont ils ne seraient que des types dégradés.

Après une communication de M. Grimaux sur le dichlorure du toluène et ses dérivés, et une lecture de M. Dehérain sur l'absorption de l'azote par les végétaux, l'Académie se forme en comité secret.

Académie de médecine de Paris. — 12 DÉCEMBRE 1871.

Rectification par M. Fauvel au procès-verbal de la dernière séance : C'est de Stettin et non pas de Hambourg qu'est parti le paquebot d'émigrants qui a transmis le choléra aux États-Unis. Hélas ! c'est toujours de Prusse.

— A la suite de nombreux rapports des départements sur la vaccine, se trouve une lettre de M. Soverini, conservateur du vaccin de l'arrondissement de Bologne, avec envoi de tubes contenant du cow-pox naturel découvert récemment dans les villages. A expérimenter.

— M. Richet présente des *observations de tumeurs fibreuses de l'utérus* extirpées avec succès par M. Cazenave de Bordeaux.

— Deux ouvrages belges méritent, par leur importance, d'être cités : *Statistique de l'armée belge de* 1868 *à* 1869, grand ouvrage in-4° de plus de 500 pages et un *Manuel des appareils modèles*, par le docteur Merchie, inspecteur général du service de santé de l'armée belge.

M. Broca exprime le vœu à cet égard que la statistique de l'armée française, qui a pu être suspendue par les événements, soit reprise et continuée au profit de la science.

— Un long éloge du professeur Longet, dont les restes ramenés à Paris ont été inhumés la semaine dernière, est lu par M. Larrey tel qu'il l'a prononcé dans cette triste cérémonie au nom de l'Académie.

— L'Académie adopte ensuite, paragraphe par paragraphe, les conclusions du rapport de M. Bergeron sur l'alcoolisme et vote des remerciements à la commission et à son rapporteur.

— Puis vient une série de rapports sur la nécessité, démontrée par M. le docteur Descieux, d'*enseigner l'hygiène dans toutes les écoles* ; M. Delpech conclut qu'il y a lieu de s'associer à cette pensée et de l'encourager, et l'Académie adopte avec renvoi au ministre de l'instruction publique pour l'exécution.

M. Demarquay fait une analyse consciencieuse des travaux envoyés au concours du prix de l'Académie sur la question des *épanchements traumatiques intra-crâniens*.

Pour le prix de pathologie expérimentale d'Amussat, trois concurrents sont entrés en lice, mais deux ont été récusés comme ne se fondant pas sur des expériences sur les animaux. Le *Traité des fractures non consolidées ou pseudarthroses*, de M. le docteur Bérenger-Féraud, réunissant tous les suffrages de la commission, a même failli échouer, comme ne satisfaisant qu'incomplétement à cette condition du programme. Le prix de 1000 francs lui a pourtant été adjugé, mais M. Gosselin, rapporteur, rappelle en terminant cette condition expresse du prix Amussat pour ceux qui voudraient y concourir à l'avenir.

Société de biologie de Paris. — 2 DÉCEMBRE 1871.

M. *Brown-Séquard.* — Ayant répété les expériences dont il a été question dans la précédente séance, relatives à l'injection d'ichthyocolle ou autres substances dans le diploé des os du crâne, il n'a point observé de phénomènes convulsifs chez les pigeons dans ces circonstances. Il s'est assuré également que les convulsions épileptiformes qu'il a signalées ne dépendent point de l'hémorrhagie liée à l'opération expérimentale.

En second lieu, M. *Brown-Séquard* revient sur les altérations de nutrition attribuées chez le cochon d'Inde à l'influence des lésions expérimentales des nerfs, notamment du sciatique ; ces altérations seraient dues, la plupart du temps, au grattage exercé par l'animal sur son propre tégument ; cependant, les altérations seraient réelles et véritablement spontanées lorsqu'elles siégent en arrière du membre dans un espace triangulaire qui serait un véritable lieu d'élection.

M. *Laborde* fait remarquer que, dans les conditions dont il s'agit, ces altérations, bien qu'affectant des siéges divers, sont néanmoins de même nature, et que, conséquemment, on ne s'explique pas pourquoi elles ne seraient pas dues à la même cause. Le grattage peut assurément intervenir comme cause occasionnelle, accessoire et hâtive, du phénomène ; mais pourquoi ne le voit-on pas survenir chez un animal sain et vierge de toute atteinte expérimentale ? — Si, d'ailleurs, on prend la précaution d'entourer l'animal d'un manchon ou paletot d'étoffe suffisamment épaisse pour mettre les parties à l'abri du grattage, on n'en voit pas moins apparaître les mêmes altérations, absolument comme dans les cas dans lesquels la patte de l'animal ou les parties de cette patte tributaires de la branche sciatique sectionnée deviennent le siége d'altérations de nutrition en rapport avec l'évolution de la lésion expérimentale.

M. *Brown-Séquard*, continuant ses études sur les causes de l'apnée, a fait et répété l'expérience suivante : Après avoir introduit un tube dans la trachée d'un chien, et un second tube dans le larynx, il provoque chez l'animal des convulsions à l'aide de la strychnine, puis, il fait passer un courant d'acide carbonique à travers le tube laryngien ; les convulsions sont aussitôt diminuées et même arrêtées. M. Brown-Séquard pense que l'irritation de la muqueuse laryngienne est des plus efficaces pour produire l'effet dont il s'agit.

M. *Claude-Bernard* demande s'il a été recherché ce qu'il advient, en ce cas, après la section du spinal. — M. Brown-Séquard n'a pas fait cette expérience.

M. *Brown-Séquard* montre à la société le cadavre d'un chien mort rapidement sous la chloroformisation et *la rigidité cadavérique* depuis quatorze jours. A ce propos, M. Brown-Séquard rappelle ses anciennes observations et sa théorie sur la production et la durée de la rigidité cadavérique. Toutes les fois que la mort est rapide ou subite, sans que les forces aient été préalablement très-affaiblies, sans qu'il y ait eu de surmenage musculaire, l'irritabilité des muscles survit plus longtemps, et la rigidité cadavérique, établie très-vite après la mort, se prolonge très-longtemps comme dans le cas actuel. Le contraire a lieu dans des conditions d'affaiblissement antérieur et de déperdition musculaire.

M. *Bert* pense qu'il ne faut pas trop généraliser à cet égard, et il se fonde sur les résultats expérimentaux suivants : lorsque l'on sectionne, ainsi qu'il l'a fait maintes fois, les deux pneumogastriques sur des canards, et que l'on galvanise les deux bouts centraux, la mort est immédiate, presque instantanée ; or, les actes réflexes et l'irritabilité musculaire disparaissent avec une rapidité insolite, et la putréfaction survient de très-bonne heure.

M. *Brown-Séquard.* Le même procédé expérimental ne lui a jamais donné un tel résultat.

M. *Charcot* fait remarquer qu'à la suite de la mort par le foudroiement, la rigidité cadavérique est presque immédiate, et que la putréfaction est également très-hâtive.

M. *Carville* rappelle une expérience qui consiste à soumettre un lapin à un tournoiement très-rapide, à la façon d'une fronde, en le tenant par les pattes de derrière, expérience souvent répétée par M. Lannelongue dans le laboratoire de Longet : la mort survient en quelques minutes, et, en ce cas, la rigidité s'établit très-rapidement. Cette expérience est faite séance tenante, et donne, en effet, les résultats annoncés : l'animal est en rigidité cadavérique dix minutes à peine après la mort.

M. *Moreau* a cherché à produire expérimentalement dans l'intestin un liquide riche en albumine ; il a employé, à cet effet, le cantharidate de potasse préparé par lui-même dans la proportion de 4 pour 100, et l'a injecté dans une anse intestinale isolée selon le procédé déjà décrit par M. Moreau ; — après trois heures, le liquide recueilli coagulait en masse comme la sérosité de vésicatoire. M. Moreau signale, à ce propos, comme recherches intéressantes à faire, l'examen des liquides diarrhéiques au point de vue de leur richesse en albumine.

M. *Barety*, interne des hôpitaux, fait à la société la communication suivante : La fleur de l'Helianthus ou grand soleil des jardins, autrement dit Tournesol, exécute, sous l'influence des rayons solaires, deux sortes de mouvements : 1° Un mouvement dans le sens latéral du couchant au levant et du levant au couchant. 2° Un mouvement dans le sens vertical. Le premier de ces deux mouvements est un mouvement de torsion du tournesol sur son axe représenté par la tige. Le second de ces mouvements est un mouvement de redressement de la tige au point où elle s'incurve pour se confondre avec le réceptacle de la fleur. Ces deux mouvements coïncident dans un même espace de temps donné ; le mouvement dans le sens vertical est beaucoup plus étendu que le mouvement dans le sens latéral.

L'observation a porté sur un tournesol convenablement exposé et parfaitement développé, à partir du lever du soleil, vers le milieu de juin 1870, jusqu'à huit heures trois quarts du matin. Ces deux sortes de mouvements ont été rendus beaucoup plus sensibles à l'aide d'une tige fixe dans le milieu de la fleur suivant la normale. A l'aide de cette petite tige munie de quelques accessoires, on a pu s'assurer que, dans un même espace de temps donné, environ cinq heures, de quatre heures et demie à huit heures trois quarts, la fleur du tournesol s'est portée vers le soleil à deux reprises différentes et que simultanément elle se redressait et retombait à une seule reprise.

BIBLIOGRAPHIE SCIENTIFIQUE

Bulletin des publications nouvelles

Voyages et aventures dans l'Alaska (ancienne Amérique russe), par Frédérick Whymper. Traduit de l'anglais. 1 vol. gr. in-8, illustré de 37 gravures sur bois et accompagné d'une carte (Paris, Hachette). Ouvrage d'étrennes. 10 fr.

Les races humaines, par Louis Figuier. 1 vol. gr. in-8, illustré de 334 gravures sur bois et de 8 chromo-lithographies, représentant les principaux types des familles humaines (Paris, Hachette). Ouvrage d'étrennes. 10 fr.

Diamants et pierres précieuses, par Dieulafait. 1 vol. in-18 avec 130 vignettes (Paris, Hachette). Ouvrage de vulgarisation scientifique. 2 fr.

Traité d'électricité médicale, par MM. les docteurs E. Onimus et Ch. Legros. 1 vol. in-8. — Paris, 1871.

Vers la fin de l'année 1864, un savant de Berlin, bien connu par ses travaux d'embryogénie et d'anatomie générale, et qui, depuis une dizaine d'années, s'occupait d'électrothérapie, vint à Paris pour y montrer comment il appliquait le courant constant au traitement de certaines maladies. Il s'appelait Remak. J'eus alors l'avantage de servir d'aide et de cicérone à ce médecin. Remak traita un grand nombre de malades en ville, dans les hôpitaux et surtout à la Charité, où Rayer, Velpeau et M. Claude Bernard, en qualité de commissaires de l'Académie des sciences, assistèrent à ses expériences. Physiologiste fort exercé, connaissant à fond les moindres détails du fonctionnement des systèmes musculaire et nerveux, ayant étudié avec beaucoup de méthode et d'exactitude les effets des courants galvaniques sur l'organisme sain et sur l'organisme malade, Remak maniait l'agent électrique avec une singulière dextérité. Il savait discerner avec une clairvoyante promptitude les points où il convenait, dans chaque cas, d'appliquer les électrodes de la pile, et il eut, entre autres, des succès incontestables dans le traitement des maladies rebelles aux courants d'induction, comme l'atrophie musculaire progressive, l'ataxie locomotrice, etc.

A l'exception du docteur Hiffelsheim, les praticiens de Paris employaient alors presque exclusivement l'électricité de Faraday. L'enseignement décisif de Remak sur l'efficacité thérapeutique du simple courant de Volta les toucha comme il convenait. Remak mourut quelque temps après, — comme Hiffelsheim, d'ailleurs, — sans avoir eu le temps d'obtenir la récompense académique qu'il convoitait ardemment. Les lettres qu'il m'écrivait à ce sujet quelque temps avant sa mort témoignent, disons-le en passant, du prix qu'on attache à l'étranger aux décisions de l'Institut de France.

Je ne ferai pas tort à M. le docteur Onimus en rappelant ici que le goût de l'électrothérapie lui est venu en assistant aux conférences cliniques de Remak. Préparé par une forte éducation physiologique, M. Onimus a pensé, comme le savant de Berlin, que l'application des courants électriques aux organes malades ne pouvait pas être pratiquée empiriquement, et qu'il fallait, de toute nécessité, une connaissance préalable et méthodique des effets des courants sur les organes sains. Comprenant ainsi qu'il est indispensable d'asseoir l'électropathologie sur l'électrophysiologie, il résolut de poursuivre parallèlement les expériences de laboratoire et les études cliniques, en s'associant pour les premières un expérimentateur d'un mérite rare, M. Charles Legros.

Même après les travaux de Matteucci, de du Bois-Reymond, de Remak, de Becquerel, etc., il restait beaucoup d'obscurité dans plusieurs questions fondamentales d'électrophysiologie. MM. Onimus et Legros se sont appliqués d'abord à les éclaircir. Quelques exemples vont donner une idée des résultats auxquels ils sont arrivés dans cette direction. C'est dans la moelle épinière, comme on le sait, qu'est l'origine des phénomènes dits réflexes, et beaucoup de névroses sont caractérisées en partie par l'exaltation de ces phénomènes. En examinant l'action des courants sur la moelle, les auteurs ont découvert que le courant descendant, c'est-à-dire un courant dont le pôle positif est placé sur la partie supérieure de la moelle et le pôle négatif sur la partie inférieure, abolit toute espèce d'action réflexe, quelque forte que soit l'excitation portée sur les membres postérieurs. Lorsqu'on met le pôle positif sur la partie supérieure de la moelle et le pôle négatif sur l'un des membres postérieurs, on n'obtient aucune contraction réflexe dans le membre électrisé, mais on en provoque dans le membre opposé. De telles propriétés ont été heureusement appliquées à la suppression des inconvénients réflexes dans certains cas de paraplégie, d'hystérie, etc. MM. Onimus et Legros ont étudié pour la première fois l'influence des courants continus sur la nutrition générale, et ils ont trouvé que celle-ci en reçoit une accélération marquée. Les animaux soumis au courant excrètent une quantité plus considérable d'urée et d'acide carbonique et se développent plus rapidement. Cette influence sur la nutrition se rattache évidemment à un effet sur la circulation capillaire et peut-être sur les nerfs vaso-moteurs. La contractilité artérielle est modifiée par les courants. Si l'on emploie un courant ascendant, les vaisseaux se resserrent sans ralentir le flux sanguin. Le courant descendant provoque la dilatation des capillaires. On constate, de la part des deux courants, une influence analogue sur tous les organes pourvus de fibres lisses, entre autres sur l'intestin. Les auteurs ont étudié avec un soin particulier les phénomènes électrophysiologiques qu'on observe dans cet organe, ainsi que dans la vessie, la matrice, etc. En examinant d'une façon générale l'effet du courant continu sur le système nerveux, ils ont reconnu que l'électricité n'est pas toujours un excitant, mais quelquefois aussi un calmant capable d'exercer une sédation marquée sur les contractures, les spasmes et les phénomènes d'irritation des centres nerveux.

Telles sont les découvertes les plus remarquables de MM. Onimus et Legros, et qui ont valu à ces savants la première médaille dans le concours ouvert par l'Académie des sciences pour l'application de l'électricité à la thérapeutique. Les chapitres où elles sont exposées, avec les conséquences pratiques qu'on en peut tirer, sont aussi les parties les plus intéressantes du livre qu'ils viennent de publier. Elles font du *Traité d'électricité médicale* un ouvrage éminemment original qui, tout en étant composé en vue des besoins de l'art, se trouve être aussi pour le plus grand bénéfice de la physiologie pure. Les auteurs ne se sont pas bornés cependant à exposer les résultats de leurs investigations personnelles. Ils ont voulu donner au public un traité complet, qui embrasse et résume tout ce qu'on sait positivement en fait d'électricité médicale. Une étude minutieuse et détaillée des divers appareils employés comme producteurs d'électricité statique, de courants d'induction et de courants continus, forme la première partie de l'ouvrage. La deuxième est consacrée à l'histoire de l'électricité, considérée au point de vue de la physiologie générale, c'est-à-dire comme élément des milieux externes et internes de l'économie et aussi comme modificateur des tissus. Cinq chapitres composent la troisième partie. Ils traitent de l'action des courants : 1° sur le sang, 2° sur les nerfs, 3° sur les muscles, 4° sur la nutrition, 5° sur le cœur et le poumon. Les effets du courant de Faraday sont constamment comparés à ceux du courant de Volta.

C'est dans ces derniers chapitres, qui constituent plus des trois quarts de l'ouvrage, qu'il faut voir comment la physiologie et la pathologie se complètent et s'entr'aident au profit de la thérapeutique, combien la science est précieuse pour l'art et enfin quelles espérances il est permis de fonder sur cette force, encore mystérieuse, dont à peine nous commençons à connaître les salutaires vertus. Les médecins qui appliquent l'électricité sans doctrine déterminée et précise, au gré de conjectures empiriques, se heurtent souvent aux contradictions et aux incertitudes les plus décevantes. On peut croire que le livre de MM. Onimus et Legros mettra fin à ces difficultés de la pratique, tant les auteurs se sont montrés soucieux d'expliquer à fond les mécanismes de l'action électrique et de formuler avec clarté les règles opératoires qu'on en doit déduire.

Cela ne veut pas dire que le *Traité d'électricité médicale* soit un livre sans lacunes. Le terrain n'est encore défriché qu'à moitié, et il reste de quoi occuper beaucoup d'investigations. Du moins la bonne méthode est définie et il n'y a plus qu'à la suivre.

Fernand Papillon.

Le propriétaire-gérant : Germer Baillière.

Paris. — Imprimerie de E. Martinet, rue Mignon, 2.

LA

REVUE SCIENTIFIQUE

DE LA FRANCE ET DE L'ÉTRANGER

REVUE DES COURS SCIENTIFIQUES (2e SÉRIE)

DIRECTION : MM. EUG. YUNG ET ÉM. ALGLAVE

2e SÉRIE — 1re ANNÉE NUMÉRO 26 23 DÉCEMBRE 1871

LA LIBERTÉ DE L'ENSEIGNEMENT SUPÉRIEUR (1)

La commission de 1870

L'administration française s'est aperçue depuis quelques années de l'insuffisance de ses moyens d'instruction publique. Il existait dans l'opinion publique parmi les hommes de science un état de mécontentement et d'agitation ; on signalait notre infériorité et les progrès accomplis dans les pays étrangers. Le gouvernement tenta alors de donner satisfaction à ces vœux et de calmer l'agitation publique; ce fut à ce moment que M. Duruy créa les laboratoires (31 juillet 1868) et l'école des hautes études. C'était un bon mouvement, mais insuffisant ; une réforme totale était nécessaire; on ne l'osait pas. Plus tard, le gouvernement vit qu'il ne pouvait garder plus longtemps le monopole de l'enseignement supérieur; il se résigna. Sans doute il entrevit sa propre insuffisance et les dangers que lui créait un privilége attaqué à la fois par différents partis politiques. La liberté de l'enseignement supérieur était promise. On voulut la régler; une loi sur ce sujet fut mise à l'étude (1870). Sous le ministère de M. Duruy une enquête avait été faite sur les institutions d'enseignement supérieur à l'étranger : Allemagne (M. Hillebrand); Angleterre (MM. Demogeot et Montucci); Amérique (M. Hippeau) (2).

M. Duruy, sorti du ministère, présenta en son nom personnel, le 14 juillet 1870, un projet de loi dont voici les dispositions principales :

Article 1er. L'enseignement public est donné : 1o Dans les facultés entretenues par l'État; 2o dans les écoles publiques d'enseignement supérieur, entretenues par les communes ou les départements.

Article 2. Les facultés confèrent les grades, à l'aide d'un jury choisi dans leur sein par le Ministre.

Cette loi, libérale dans la plupart de ses articles en ce qu'elle augmentait et confirmait les droits et garanties octroyés aux professeurs titulaires et aux agrégés, n'était que l'amélioration de l'enseignement par l'État. Ce n'était pas la liberté de l'enseignement. C'était la persistance de la centralisation universitaire et du système autoritaire en matière d'instruction publique.

Jusqu'alors les enquêtes faites par l'État, notamment sur l'enseignement de la médecine, ont affecté deux formes principales :

1o Enquête par-devant les Chambres, avec documents fournis par l'administration, qui, ayant l'initiative du projet, en choisissait les éléments avec l'aide de ses fonctionnaires ;

2o Enquête au sein du corps enseignant, sans promiscuité ni mélange d'aucun élément étranger.

Ces deux formes ont été prédominantes; à peine trouve-t-on en 1830, en 1870, des tentatives de réforme faites avec l'aide des commissions mixtes, mais sans grand retentissement.

La commission de l'instruction supérieure libre, présidée en 1870 par M. Guizot, avait pour objet l'ensemble de l'instruc-

(1) Voyez ci-dessus page 458, 11 novembre 1871.

(2) Précédemment, M. Jaccoud (1864) avait fait un remarquable rapport sur l'enseignement de la médecine dans les Universités allemandes. M. Wurtz a récemment fait paraître, au nom du gouvernement (1870), un ouvrage contenant la description et les plans des principaux laboratoires de l'Allemagne. Nous avions nous-même attiré l'attention sur ce sujet par une publication antérieure sur les laboratoires allemands. M. Le Fort a publié le résultat de ses observations sur les institutions scientifiques d'Angleterre. Nous citerons encore les articles de Revue publiés par MM. Albert Duruy, Pouchet, N. Pascal, Émile Alglave, Laboulaye, Renan, etc. Les documents ne manquent pas ; ce qui fait le plus défaut en France, c'est l'esprit public.

Contraint d'accorder la liberté de l'enseignement ou plutôt d'en partager le privilége avec son puissant antagoniste le clergé, le gouvernement a songé depuis plusieurs années à se tenir prêt pour soutenir la concurrence. M. Duruy a donné à plusieurs membres distingués de l'Université des missions à l'étranger pour y étudier les institutions d'instruction publique. On préparait ainsi les bases d'un projet de loi par lequel l'État ne se dessaisissait pas de son privilége, mais acceptait la concurrence et en même temps songeait à fortifier l'Université en prévision de la lutte. Ainsi s'explique la création de l'institution des hautes études (1868) et des laboratoires de science.

tion supérieure. Les littérateurs, les philosophes, les hommes politiques, les religieux constituaient ce comité consultatif; les médecins n'y furent appelés qu'à titre officieux et pour être entendus sur des détails techniques.

Il est facile de comprendre comment la plupart des rapports demandés par le gouvernement à ses agents ou à ses professeurs n'avaient abouti à aucun progrès sérieux. Demander à un corps constitué et privilégié de s'accuser lui-même et de révéler publiquement le vice de son organisation, c'est demander plus que ne comporte la faiblesse humaine. On peut, sans consulter les dossiers, affirmer que dans ces rapports délibérés en corps l'apologie tient plus de place que la critique, que toute innovation y est tenue pour suspecte et que l'esprit de conservation y domine. En pouvait-il être autrement?

A supposer, par exemple, que, dans l'ordre de l'enseignement, l'État demandât quelque chose comme l'adjonction des capacités, était-il présumable que cette demande indiscrète fût favorablement accueillie par un corps qui devait se croire détenteur de toutes les capacités? S'il s'agissait de spécialités nouvelles ne devaient-elles pas être niées, ou n'était-il pas probable qu'on prouverait qu'elles étaient implicitement contenues dans les chaires déjà existantes? Cette résistance, d'ailleurs, pouvait emprunter le caractère d'une indépendance, d'une sorte d'autonomie qui ne souffrait pas l'intrusion de l'État, derrière lequel on pouvait supposer des personnages ambitieux qui, sous le prétexte du bien public, demandaient à prendre place dans le cénacle?

La question ainsi posée prenait une gravité devant laquelle devaient s'arrêter les projets de réforme proposés timidement par l'État. Les mots de dignité, d'indépendance, répondent à des idées tellement nobles qu'ils ont comme un effet magique. Ce n'est pas que la chose soit commune ni qu'elle ait surtout été fort encouragée dans ces dernières années; les hommes indépendants sont rares lorsqu'on les considère isolément; à l'état de corporation les hommes sont plus hardis à revendiquer des droits qui, à bien prendre, ne sont que des priviléges.

Le moment des enquêtes sérieuses était venu. Ce n'était plus l'Université de France représentée par ses hauts dignitaires et par quelques personnages officiels qui était consultée, agissant à la fois comme juge et comme partie; on allait demander l'avis de personnes distinguées et indépendantes prises parmi les sommités de la science, et en dehors ou au-dessus de toute hiérarchie. Les opinions de toute nature y devaient y être représentées. C'est ainsi que fut formée la Commission de 1870.

Cette Commission instituée en 1870, près le ministère de l'instruction publique, pour préparer les bases d'un projet de loi sur l'enseignement supérieur libre, sous la présidence du ministre, M. Segris, se composait de MM. Guizot, Andral, Bersot, Bertrand, Bois, Boissier, duc de Broglie, R. P. Captier, général de Chabaud-Latour, Darcy, Denonvilliers, Dubois, Dumas, général Favé, Franck, Léop. de Gaillard, Laboulaye, R. P. A. Perraud, Prévost-Paradol, Ravaisson, de Rémusat, Saint-Marc Girardin, Saint-René Taillandier, Serret, Thureau-Dangin, Valette.

Composée d'hommes éminents pris parmi les illustrations des lettres, des sciences, appartenant presque tous à l'Institut de France, au haut enseignement, laïques, protestants, catholiques, membres de congrégations religieuses enseignantes, la Commission tint de nombreuses séances où toutes les questions que soulève la liberté de l'enseignement furent traitées avec une grande sincérité et une remarquable élévation. Le ministre délégua la présidence à M. Guizot, qui après avoir fait la loi de 1835 sur l'instruction primaire aura l'honneur d'attacher encore son nom à la prochaine loi sur la liberté de l'enseignement supérieur.

Le programme des discussions fut ainsi formulé par M. Guizot: « Donner la liberté, sans abaisser le niveau des » études, et en maintenant les garanties auxquelles l'intérêt » social a droit. » Suivant l'illustre homme d'État, l'objet principal de la réunion était d'examiner dans quelle mesure, sous quelles conditions, la liberté doit être distribuée entre les divers établissements d'instruction relevant de l'État, de l'Église, ou de l'industrie. Tout d'abord, il fut convenu que le principe de la liberté était hors de cause, mais qu'il fallait en déterminer les conditions.

Le R. P. Captier posa nettement la question en disant que les demandeurs en la cause étaient l'Église et les associations, les municipalités, les écoles philosophiques. En fait, il s'agissait surtout des congrégations religieuses enseignantes considérées comme personnes morales.

M. Prévost-Paradol exprima aussitôt l'opinion que la liberté d'association n'avait pas d'objet utile et que l'enseignement laïque serait étouffé entre l'Église et l'État. M. Laboulaye, au contraire, pensait que la liberté profiterait à tout le monde.

La Commission désigna, pour être entendus au sujet des institutions étrangères, MM. Renan, Gast. Paris, du Collége de France, Hillebrand, de la Faculté de Douai, Le Fort et Jaccoud, agrégés à la Faculté de médecine de Paris, lesquels exposèrent l'état des Universités en Allemagne. Pour la Belgique, on entendit MM. Batbie, professeur à la Faculté de droit de Paris, Périn (de Louvain), de Monge (de Louvain), de Laveleye (de Liége), et, pour l'Angleterre, MM. Agassiz fils, Hippeau, Demogeot, Lerambert.

La Commission ne paraît pas avoir désiré faire un examen approfondi des Universités allemandes, sans doute parce qu'elle n'avait point pour mission de réformer l'instruction en France, mais seulement d'examiner la question de la liberté d'enseignement. Sous ce dernier rapport l'exemple de la Belgique était intéressant. L'enquête, quoique rapide sur ce point, montre suffisamment que le système belge n'a pas donné de bons résultats. On sait, d'ailleurs, que la concurrence ecclésiastique dans ce pays n'a abouti qu'à abaisser le niveau des études. La Commission semble avoir reconnu, en ce qui concerne la comparaison avec l'Allemagne, que les garanties d'instruction y étaient plus grandes qu'en France (M. Guizot). D'autre part, M. Hillebrand déclarait que l'introduction des *Privat-Docenten* et la rétribution des professeurs par les élèves lui paraissaient les meilleurs moyens de relever l'enseignement dans les Facultés de l'État. Pour la Belgique, voici, en substance, la déposition de M. Périn : l'Université de Louvain a été fondée en 1834 par les évêques. Cette université vit par des quêtes et des dons. La commune prête les bâtiments. Les professeurs ne connaissent pas les ressources financières de l'établissement. Les droits d'examen sont perçus par l'État qui alloue, du reste, une indemnité aux membres du jury. Les associations sont libres, mais n'ont pas qualité de personnes civiles et par conséquent sont inaptes à posséder. Elles n'ont pas de caractère de permanence. En Belgique, la liberté d'enseignement est complète, mais elle ne fonctionne pas, car, l'État d'une part, le clergé de l'autre, détiennent l'enseignement. Les professeurs de Louvain enseignent conformément à un programme déterminé par les évêques. Il y a pour chaque sujet un professeur unique; c'est le corps épiscopal qui nomme ses professeurs sur la présentation du conseil de l'Université. Les protestants ne sont pas admis à suivre les cours à l'Université de Louvain. Pour la collation des grades, il y a un jury mixte. Bien qu'il y ait plusieurs universités en Belgique, le passage d'une université dans l'autre est un fait inouï. On se plaint que ces universités rivales entretiennent la division politique dans le pays.

M. Baudouin, inspecteur général des écoles primaires, fit le parallèle entre l'Allemagne et la Belgique : en Belgique, la liberté existe en principe, mais non en fait, car il n'y a dans chaque université qu'un professeur pour chaque branche de la science; en Allemagne, au contraire, la multiplicité des cours sur le même sujet fait que les opinions les plus opposées peuvent être représentées dans la même université. C'est la plus sûre et la meilleure des libertés.

Enquête sur l'Angleterre. — Les universités anglaises, ainsi que le fit observer M. de Rémusat, n'ont pas été fondées par l'État, et sont des établissements privés. Cependant le Parlement s'est déclaré, récemment, apte à modifier leurs statuts et leurs programmes d'enseignement. Le droit et la médecine s'enseignent hors des Universités; ainsi il n'y a que trois chaires de droit à Oxford et deux à Cambridge.

M. Demogeot rappella que la profession d'avocat en Angleterre s'apprend avec le droit chez les praticiens, et qu'il faut, pour être admis au titre d'avocat, faire partie d'une des quatre corporations connues sous le nom de Hôtel de Cour, et qui jouissent d'un privilége exclusif.

M. Montucci donna les renseignements suivants sur l'enseignement de la médecine en Angleterre : il s'y est organisé, avec le temps, des corporations ou collégès de médecins, qui, grâce à des legs et donations, fondèrent des cours publics. Ces associations délivrent des brevets qui s'y obtiennent moins facilement que dans les universités. En 1858, la loi organisa à Londres un conseil général médical où furent inscrits les noms des médecins ayant fait leurs études en règle. Il fut institué un diplôme dont la collation restait réservée aux neuf colléges et aux dix universités des trois royaumes. En même temps on fixa un programme d'études.

La médecine ne s'apprend guère aux universités; le véritable enseignement se donne dans les hôpitaux. A chaque hôpital de quelque importance, en Angleterre, est adjointe une école de médecine. Il résulte d'une observation de M. Dumas, que, indépendamment de l'enseignement donné dans les hôpitaux de Londres, il y a des cours de médecine complets professés dans les deux colléges affiliés à l'Université de Londres. Deux hôpitaux de cent à cent vingt lits sont affectés à ces colléges, qui sont des établissements indépendants de l'État.

Quant aux jurys d'examen, M. Montucci en expose la constitution : le conseil général médical, qui est nommé pour un tiers par le gouvernement, a le droit de se faire représenter par un délégué qui assiste aux examens mais qui n'a pas voix délibérative. Il y a un jury pour chaque université, nommé par la *Cour* de l'université. Les professeurs n'en peuvent pas faire partie; ce jury est composé exclusivement de membres de l'Université. En Écosse, cependant, le jury est composé, par moitié, de professeurs.

M. Le Fort fit remarquer que la décision prise récemment (24 février 1870) en Angleterre, y modifie la réglementation antérieure de la profession médicale. Avant 1858, cette profession pouvait s'y exercer sans diplôme uniforme; il suffisait d'un titre délivré par une des nombreuses universités ou corporations existantes. Après 1858, il existait encore près de quatre cents titres divers délivrés par dix-neuf corps différents. En 1869, une pétition demanda la création d'un jury unique pour l'Angleterre, et de deux autres pour l'Écosse et l'Irlande. Le conseil médical se prononça pour l'unification du titre ; mais le mode d'exécution n'est pas encore déterminé.

Amérique.— M. Hippeau donne quelques renseignements sur les écoles d'ensignement supérieur aux États-Unis. La plupart y sont le produit de dons particuliers. Il y a, aux États-Unis, 84 ou 85 facultés de théologie, 53 écoles de médecine, 350 colléges pour l'instruction secondaire. L'État surveille mais n'administre pas les universités.

M. Laboulaye indique le caractère de ces corps enseignants : ils émanent du public et non de l'État; les notables y ont droit de surveillance et les professeurs se recrutent entre eux. Quant à la liberté philosophique des professeurs, elle n'est pas limitée, en pratique ; cependant la plupart des universités ont été fondées par des corporations religieuses. Les presbytériens ont fondé l'université de Nashville, les unitaires celle de Cambridge, les catholiques celle de Saint-François-Xavier à New-York. On obtient le titre de docteur en médecine après deux ans d'enseignement scientifique et trois ans d'enseignement pratique dans les hôpitaux. Il est certain, et M. Agassiz en dépose, que les brevets sont facilement accordés. A Philadelphie il y a 7 écoles particulières de médecine qui donnent jusqu'à 800 et 900 grades par an. Jamais, du reste, le droit de conférer les grades n'est refusé à une université qui se fonde. Une loi générale permet l'association pour l'enseignement comme pour toute autre entreprise commerciale, et toute association peut posséder et posséder sans limite ; seulement la législation doit être avertie des progrès de ces associations et du chiffre de leur revenu, et elle les soumet successivement à son autorisation, mais pour la forme seulement. M. Guizot et M. de Rémusat font observer, à ce sujet, que, quand on a tant d'espace devant soi, on peut en effet ne pas s'inquiéter du développement des biens de main-morte.

M. Guizot, résumant ce qui a été dit précédemment, reconnaît que l'Allemagne laisse une grande liberté à ses universités. La multiplicité de ces universités, indépendantes l'une de l'autre, stimule leur émulation. La multiplicité des professeurs et des *Privat-Docenten* porte le même bienfait dans chaque université et développe, en même temps que la liberté, la variété la plus féconde dans l'enseignement, dans la production des idées, dans la discussion des opinions. L'État laisse aux universités l'autonomie de fait, bien que la liberté de l'enseignement ne soit pas inscrite dans ses lois. Il y a une liberté établie par l'usage, qui trouve son origine, d'abord dans les circonstances au milieu desquelles les universités se sont fondées ou bien ont passé des mains de l'Église dans celles de l'État, à l'époque de la réforme et en conséquence du grand mouvement libéral du XVIe siècle, et ensuite dans les traditions les plus chères de l'Allemagne, où la liberté inellectuelle a existé de tout temps et sans le concours de la liberté politique qu'elle a précédée de bien loin et qui commence à y pénétrer aujourd'hui.

En Angleterre, la liberté a mis des siècles à se fonder, mais elle a gagné pas à pas le pays tout entier; elle s'est développée dans l'administration, dans l'enseignement, dans l'esprit public, en même temps que dans le Parlement. En Amérique, toutes les libertés sont établies à la fois.

En ce qui concerne la France, M. Guizot ne voudrait pas qu'on altérât ce caractère d'unité qui appartient à notre civilisation. Il pense que ce principe n'est pas inconciliable avec la liberté. Le problème a été en partie résolu pour l'instruction primaire et pour l'enseignement secondaire. Pour ce qui est de l'enseignement supérieur, il faut soumettre l'État à une concurrence libre, sérieuse, variée, et en même temps, pour conserver le caractère de la civilisation française, il faut fortifier l'État en donnant à son enseignement le large développement et le stimulant de la liberté intérieure qui lui ont manqué. Les établissements qui, par le cours naturel des choses, feront concurrence à l'État, sont les établissements de l'Église, les corporations reconnues par l'État et ayant qualité de personnes civiles, et enfin l'enseignement donné par les particuliers. Il faut examiner si le principe de la liberté de l'enseignement supérieur ne doit pas trouver sa place dans les établissements de l'État, quelles sont les garanties qu'il faudrait exiger des personnes désirant se livrer à l'enseignement libre, et enfin comment doit se faire la collation des grades.

M. Dumas recherche dans quelles conditions l'enseignement supérieur s'est développé en France et pourra, dans l'avenir, supporter la concurrence des établissements libres. En 1815, et pendant une vingtaine d'années, les étrangers affluaient autour de nos chaires d'enseignement supérieur, à la Sorbonne, au Collége de France, à l'École polytechnique. Depuis lors l'enseignement a été grandissant à l'étranger, tandis qu'il s'affaiblissait en France. C'est qu'en 1815 les étrangers trouvaient en France ce qu'ils n'avaient pas encore chez eux: l'enseignement pratique des sciences. L'orateur se rappelle encore leur étonnement lorsqu'ils voyaient, au laboratoire de l'École polytechnique, 150 jeunes gens répétant les expériences du professeur. Depuis, ce travail de laboratoire a pris, à l'étranger, de très-grands développements et y a porté des fruits merveilleux. Voici dans quelles conditions sont établis ces laboratoires. Le local est fourni par l'université, mais l'élève paye les expériences et subvient au traitement du préparateur, du surveillant, et même des professeurs; conditions excellentes qu'on n'a jamais pu établir en France, ce qui explique pourquoi l'établissement des laboratoires y a presque toujours échoué. L'orateur rappelle, à ce propos, sa propre expérience à la Faculté de médecine et ce qu'il a vu se passer dans les facultés des sciences. *Du moment où les élèves ne payent pas*, ils abordent ces travaux sans vocation arrêtée, et le professeur n'a, dans son laboratoire, que des passants. D'un autre côté, le payement par les élèves, qui est si simple en Allemagne ou en Angleterre, est impossible avec notre système universitaire.

Passant à une question plus générale, M. Dumas exprime la pensée que la solidarité de toutes les facultés françaises s'oppose à leur développement et les rendrait incapables de lutter contre un établissement autonome. Que ne pourrait pas faire la Faculté de médecine de Paris, s'il n'y avait pas de solidarité entre elle et les autres, si elle pouvait appliquer à des améliorations les bénéfices que lui donnent les inscriptions, et si elle inspirait à tous l'intérêt et l'attachement que l'on ne saurait éprouver que pour les établissements vraiment autonomes! D'ailleurs, comment, dans la situation actuelle, les villes pourraient-elles s'intéresser aux facultés qui existent dans leurs murs, puisque toute dépense faite pour améliorer cette faculté n'aurait pour résultat que d'exonérer l'État et de le mettre à même de faire une autre dépense dans une autre ville? Cette indifférence s'est manifestée pendant longtemps dans le conseil municipal de Paris. Il faut donc rendre aux facultés leur autonomie, leur budjet distinct, et la jouissance des ressources qu'elles peuvent se créer.

Quant au personnel enseignant, il sera facile à organiser. Nous avons déjà les trois ordres de professeurs : titulaires, adjoints, agrégés. Qu'on laisse ces forces aller, par l'autonomie, à leur destination naturelle, et tous les problèmes se résoudront spontanément. C'est du reste ce qu'on a vu pour l'école centrale qui s'est formée dans des conditions d'autonomie et qui est autrement prospère que les établissements de l'État. C'est ce que l'on voit surtout pour les établissements d'Angleterre et d'Allemagne qui ont acquis sur les nôtres une supériorité inquiétante pour la civilisation de la France.

Il y a eu aussi, en France, des écoles d'enseignement supérieur fondées par des particuliers. Plusieurs ont prospéré. Si d'autres ont échoué, il faut s'en prendre, non aux hommes, mais aux conditions qui leur étaient faites. Divers savants ont essayé de fonder des laboratoires de chimie pour l'enseignement de la jeunesse. M. Pelouze en a fondé un; l'orateur lui-même en avait fondé un autre. S'ils n'ont pas réussi alors que tant de savants allemands réussissent dans de semblables entreprises, c'est qu'ils étaient obligés de tout faire par eux-mêmes, de payer leur loyer, tandis que les savants allemands se rattachent à l'Université et reçoivent d'elle un local. Il faut changer ces conditions. Sans doute, il y a eu en France de grandes difficultés budgétaires, mais il s'agit d'un intérêt supérieur, et du rang même que la France doit tenir dans le monde civilisé.

M. Laboulaye demande que le professeur soit libre d'enseigner ce qu'il veut, que l'étudiant soit libre de s'inscrire au cours du professeur qu'il veut, que le professeur et l'étudiant soient attachés l'un à l'autre par le lien d'une rémunération directe. Tout l'avenir de l'enseignement est là....

Il y a grand avantage à laisser l'étudiant suivre librement la pente naturelle de son esprit et diriger ses études comme il l'entend. Il n'est pas rare de voir, en Allemagne, un étudiant arrivé pour faire de la médecine, sortir de l'Université théologien, et réciproquement.

La méthode allemande excite la pensée, anime le zèle du professeur, développe le goût du travail chez l'étudiant. La réglementation française assoupit toutes ces ardeurs fécondes. Or, où l'Allemagne a-t-elle appris ces procédés salutaires? Précisément à l'antique Université de Paris, qui s'était elle-même inspirée des exemples de l'Université de Bologne. Que l'Université française reprenne ses antiques traditions. — Qu'elle se guide sur cette maxime gravée au frontispice de l'Université de Göttingen : *Honos et præmium.*

Il ne s'est rencontré dans la Commission de 1870 qu'un adversaire décidé de la liberté d'enseignement. Pour l'honorable inspecteur général des écoles de médecine, la liberté de l'enseignement n'est pas désirable. Elle affecte du reste différentes formes : en Allemagne, c'est la liberté scientifique, en Belgique, c'est la participation au monopole de l'État de quelques corporations ecclésiastiques : en Angleterre, l'État ne pouvait entreprendre seul l'enseignement de la médecine par la raison que les hôpitaux appartiennent tous à des particuliers : en France, c'est justement le contraire. On pourrait en France autoriser la fondation de colléges spéciaux à côté des facultés.

La liberté au lieu d'apaiser les querelles et de restituer à l'enseignement un caractère exclusivement scientifique, développera au contraire les abus qui n'étaient qu'en germe dans l'enseignement universitaire, et provoquera à l'excès le goût des controverses philosophiques ou religieuses. Quant aux études, elles n'ont rien à attendre non plus de la liberté. Quels sont les pays où les études sont actuellement les plus fortes? C'est précisément ceux où l'État, les universités d'État ont conservé le monopole ou la surveillance de l'enseignement ; c'est la France et l'Allemagne.....

Quant à la collation des grades, l'examen à lui seul n'est pas une garantie suffisante; sans la garantie de scolarité, les candidats hâtivement préparés par les répétiteurs seront insuffisamment instruits. Le niveau des examens s'abaissera forcément en même temps que le niveau des études.

Il ne faut pas croire que de la multiplication des établissements libres sortira une émulation féconde. C'est une utopie. Il n'y aura émulation que dans l'indulgence. Plus ces écoles seront nombreuses, moins elles auront d'élèves; les rapports seront plus faciles, plus fréquents, plus familiers entre ces rares élèves et le professeur; c'est une nouvelle cause d'indulgence à l'examen.

Lorsque l'État a pris sous sa tutelle les écoles préparatoires de médecine qui, depuis vingt ou trente ans de régime libre, n'avaient pu rien produire, alors que sous sa surveillance et moyennant certaines garanties analogues à celles dont l'honorable membre et M. Andral voudraient entourer l'établissement des écoles libres, l'enseignement s'y est élevé à un niveau où les facultés libres ne pourraient atteindre qu'après vingt-cinq ou trente ans d'efforts, on ne leur a pas accordé pour cela le droit de collation des grades. Elles ont été simplement autorisées à délivrer des diplômes d'officiers de santé, et encore les jurys doivent être présidés par un professeur de faculté.

De ces observations, l'honorable membre conclut au maintien de la collation des grades par l'État; il repousse également les jurys mixtes.

Il n'y a, dit-il, de bons examinateurs que les professeurs enseignants. Un jury composé pour partie de membres étrangers à l'enseignement serait fatalement plus faible et plus indulgent que les jurys de professeurs.

L'orateur n'approuve pas davantage le système allemand; ce système, dit-il, comporte des examens professionnels, mais les candidats ne peuvent s'y présenter que munis de diplômes universitaires. La première chose à en dire, c'est que ce système, au moins pour la médecine, n'a pas été adopté par suite d'un libre choix; il a été imposé par la nécessité. Par le hasard des circonstances, les universités allemandes se sont souvent trouvées placées dans de petites villes de sept à huit mille âmes; il en est résulté que, faute de malades et de cadavres en nombre suffisant, l'enseignement a dû prendre un caractère scientifique plutôt que professionnel. On a dû se réduire aux travaux de laboratoire, et tout au plus à l'étude d'un petit nombre d'affections spéciales. Dans ces circonstances, l'État ne trouvant pas cet enseignement tout théorique suffisant pour former des praticiens, a été amené à instituer des examens d'État. En France, au contraire, les études étant à la fois théoriques et pratiques, ce système, dangereux à beaucoup d'égards, n'aurait pas de raison d'être.

M. Denonvilliers déclare que le droit du professeur à faire un cours sur des matières différentes de celles dont l'enseignement officiel lui est confié n'a jamais été contesté à l'École de médecine, seulement, en fait, on en use peu, parce que les élèves n'en sentent pas le besoin; quant à la propagation des idées scientifiques nouvelles, c'est le premier devoir des professeurs de se tenir au courant des progrès et ils n'y manquent pas.

L'honorable inspecteur général des écoles de médecine exprime la pensée que la liberté absolue de l'enseignement pour la médecine pourrait avoir les plus graves conséquences; il est effrayé à la pensée qu'une école aussi savante que la Faculté de médecine de Paris pourrait être abandonnée par une grande partie de ses élèves. D'ailleurs, dit l'honorable orateur, l'administration ne fait-elle pas preuve d'un esprit très-libéral en accordant aux villes, aux départements, la faculté d'organiser des cours de médecine, sous la réserve de certaines garanties, et de faire des officiers de santé.

Répondant à M. Guizot, l'honorable inspecteur déclare n'être pas prêt pour émettre des propositions relativement à la réforme de l'enseignement médical; et en réponse à M. Valette qui demande pourquoi Lyon n'a pas de Faculté de médecine, il s'exprime ainsi : Les deux seules Facultés qui existent, outre celle de Paris, ne se soutiennent déjà qu'à peine. La création d'une Faculté à Lyon aurait pour résultat de ruiner celle de Montpellier, résultat fâcheux, sans parler des droits acquis, parce qu'il y a dans le corps enseignant de Montpellier de bonnes traditions. Enfin, une Faculté ne s'improvise pas. Il faudrait plus d'une année avant que la Faculté de Lyon se constituât d'une manière sérieuse.

Le père Perraud s'éleva contre cette déposition dans les termes suivants :

Plusieurs membres de la Commission ont fait entendre des paroles émues pour défendre les droits de la science. Nous devons tous, de quelque point de l'horizon politique ou relegieux que nous ait fait venir ici l'appel libéral du gouvernement, nous associer à ces nobles et patriotiques préoccupations. Nous ne voulons pas mutiler la science; nous voulons au contraire, en la rendant plus libre, lui donner des ailes pour qu'elle puisse monter plus haut. Le système de liberté avec des garanties répond aux justes exigences de l'esprit scientifique; il établit entre les écoles de l'État et les écoles libres une concurrence équitable. La concurrence, c'est l'émulation, c'est le progrès. Ainsi pratiquée, la concurrence tournera au profit de tous.

Voici le système proposé par le père Perraud :

Les Facultés libres, pour conférer des grades équivalents aux grades universitaires, devront se conformer aux conditions suivantes :

1° Avoir au moins autant de chaires, pour chaque branche d'enseignement, que les Facultés de l'État.

2° N'avoir comme professeurs des chaires essentielles que des docteurs ou des agrégés de Faculté.

3° Imposer à leurs étudiants, soit le même temps d'études et le même nombre d'inscriptions que dans l'Université, soit un programme approuvé par le conseil supérieur de l'instruction publique.

4° Admettre au sein de leurs jurys d'examen un délégué de l'État, étranger aux Facultés universitaires.

Le conseil supérieur fixera le prix des inscriptions et des examens qui devra être uniforme pour toutes les Facultés libres.

Des diplômes conférés par des jurys professionnels seront substitués aux grades académiques pour l'entrée dans les fonctions publiques et dans les carrières libérales.

Les grades académiques délivrés soit par les Facultés de l'État, soit par les Facultés libres, seront exigés par les jurys professionnels comme garantie d'études préalables faites d'une manière scientifique.

Ce projet se rapproche de celui du duc de Broglie qui donnerait aux grades une simple valeur honorifique et demanderait un examen professionnel.

Cette discussion aboutit à un projet de loi qui sans doute aurait été présenté aux chambres si les événements politiques n'avaient interrompu le cours des réformes projetées.

Projet de loi émané de la Commission de 1870, rédaction de M. Guizot.

Après avoir admis en principe, avec ses conséquences naturelles et ses garanties nécessaires, la liberté de l'enseignement supérieur, la Commission regarde comme indispensable et exprime le vœu formel que des mesures législatives, administratives ou financières, selon la nature des questions, soient adoptées sans délai pour accomplir dans l'enseignement supérieur donné par l'Université et au sein des établissements de l'État, les améliorations et les progrès nécessaires pour que ces établissements soutiennent avec honneur la concurrence à laquelle ils seront désormais appelés, et maintiennent l'enseignement supérieur en France au niveau élevé que lui impose et lui imposera de plus en plus l'état général des esprits et des lumières en Europe. La Commission ne saurait énumérer ici les réformes et les développements qui doivent assurer ce résultat ; elle se borne à exprimer les vœux qu'il lui paraît le plus urgent de satisfaire :

1° Que les professeurs des diverses Facultés dans les établissements de l'État soient reconnus inamovibles dans leurs chaires, selon les règles de discipline et de juridiction établies dans l'Université ;

2° Que, pour leur régime intérieur, spécialement pour le choix de leur doyen, pour la présentation aux chaires vacantes de leur sein, pour l'emploi des agrégés, pour l'autorisation des cours qui pourront être donnés dans les locaux affectés à leur service, pour les diverses relations et les divers modes d'enseignement qui peuvent s'établir entre les professeurs et les élèves, les Facultés instituées par l'État soient investies d'une large part d'autonomie et de liberté ;

3° Qu'il soit pourvu, dans le budget de l'État, aux moyens personnels et matériels d'étude et de progrès dont le besoin se fait vivement sentir dans l'enseignement supérieur, tels que l'augmentation du nombre des chaires et des professeurs titulaires ou agrégés, la formation et l'entretien des bibliothèques, des laboratoires et des divers instruments du travail intellectuel ;

4° Que, dans quelques-unes des principales villes de l'État, et avec leur concours, il soit organisé un enseignement supérieur complet, c'est-à-dire réunissant toutes les Facultés avec leurs dépendances nécessaires, de telle sorte que, sans détruire l'unité de la grande Université nationale, ces établissements locaux deviennent, chacun pour son compte, de puissants foyers d'étude, de science et de progrès intellectuels.

Projet de loi sur la liberté de l'enseignement supérieur élaboré par la Commission réunie en 1870 au ministère de l'instruction publique, sous la présidence de M. Guizot.

TITRE I.

Art. 1er. — Tout Français majeur, n'ayant encouru aucune des incapacités prévues par l'art. 6 de la présente loi (perte des droits civils, condamnations, etc.) ;

Les associations formées dans un dessein d'enseignement supérieur ; les départements et les communes, pourront ouvrir librement des cours ou des établissements d'enseignement supérieur, aux seules conditions suivantes :

Art. 2. — Déclaration indiquant les noms, qualité du déclarant, le local, l'objet des cours, qui sera remise au recteur ou inspecteur d'académie. L'ouverture des cours ne pourra avoir lieu que dix jours après la déclaration.

Art. 3. — Les établissements libres devront être administrés et dirigés par trois personnes au moins qui signeront la déclaration.

La liste des professeurs et le programme des cours seront communiqués chaque année aux autorités sus-désignées.

Indépendamment des cours proprement dits, il pourra être fait, dans lesdits établissements, des conférences spéciales sans qu'il soit besoin d'autorisation préalable.

TITRE II.

Art. 4. — Faculté libre.

Faculté départementale ou municipale.

Art. 5. — Le ministre a droit de déléguer des inspecteurs.

Art. 6. — Des incapacités légales.

Art. 7. — Les étrangers pourront être autorisés à professer ou diriger des cours et facultés libres dans les conditions de l'art. 78 de la loi du 15 mars 1850.

Art. 8. — Les dispositions de l'art. 291 du Code pénal ne sont pas applicables aux associations formées dans un dessein d'enseignement supérieur.

Art. 9. — Déclaration, délais (voy. art. 2).

TITRE III. — DE LA COLLATION DES GRADES.

Art. 10. — Les aspirants aux grades et certificats peuvent, sans aucune condition d'inscription, subir leurs examens devant les Facultés de l'État et autres établissements publics actuellement chargés de leur collation, ou devant un jury spécial formé dans les conditions déterminées par l'article 11.

Toutefois, un candidat ajourné dans un desdits établissements ne peut se présenter à un nouvel examen devant le jury spécial, et réciproquement, *à moins d'une autorisation du ministre*. . . . . .

Ces dispositions ne s'appliquent pas à la collation des grades de bachelier ès lettres et de bachelier ès sciences.

Art. 11. — Les membres du jury spécial sont nommés pour neuf ans par décret impérial.

Ils sont renouvelés par tiers tous les trois ans ; ils peuvent être indéfiniment renommés.

Les professeurs en exercice de l'Université impériale, ou appartenant à l'enseignement supérieur libre, ne peuvent faire partie du jury.

Un décret rendu dans la forme des règlements d'administration publique, le conseil impérial entendu, déterminera le mode de composition des commissions d'examen, le lieu et l'époque de leur session.

Art. 12. — Les examens subis devant les établissements de l'État ou devant le jury spécial, sont soumis aux mêmes règles en ce qui concerne l'âge, le stage dans les hôpitaux, et autres, les programmes, le nombre des épreuves nécessaires pour l'obtention de chaque grade ou certificat, les délais obligatoires entre chaque épreuve, et les droits à percevoir.

Art. 13. — Le ministre garde le droit de visa.

TITRE IV. — DISPOSITIONS SPÉCIALES A LA MÉDECINE.

Art. 14. — Les établissements fondés pour l'enseignement de la médecine ne pourront prendre le titre de Facultés libres municipales ou départementales qu'aux conditions suivantes :

1° Leurs professeurs seront docteurs en médecine ;

2° Elles justifieront avoir à leur disposition dans un hôpital 120 lits au moins, habituellement occupés, pour les trois enseignements cliniques : médical, chirurgical, obstétrical.

La Faculté sera autorisée de plein droit, si elle veut, à fonder l'hôpital dont elle aurait besoin pour son enseignement.

3° Elles seront pourvues : 1° de tables de dissection, de tout ce qui est nécessaire aux exercices anatomiques des élèves ; 2° des laboratoires nécessaires aux études de chimie et de microscopie pratique ; 3° de collections d'études pour l'anatomie normale et pathologique, d'un cabinet de physique, d'une collection de matière médicale, d'une collection d'instruments et appareils de chirurgie ; 4° il y sera institué :

Un cours d'anatomie,
Un cours de physiologie,
Un cours de physique et chimie appliquées,

Un cours de pathologie médicale,
Un cours de pathologie chirurgicale,
Un cours d'opérations et d'appareils,
Un cours de pharmacologie et d'histoire naturelle médicale,
Un cours d'hygiène,
Un cours de médecine légale,
Trois cours de clinique (médicale, chirurgicale, obstétricale).

Art. 16. — Les examens de fin d'année sont exigés.

Art. 17. — Les élèves devront passer tous les examens de grade et la thèse devant le même jury, à moins d'autorisation spéciale du ministre.

Art. 18. — Contraventions punies de 1000 à 3000 francs.

Art. 19. — Crimes et délits commis dans les cours par les professeurs punis par les tribunaux; récidive punie *par le tribunal*, de l'*incapacité*.

Dans une note additionnelle, M. Guizot demande que l'État se mette en demeure de soutenir dignement la concurrence.

Nous avons cru devoir mettre sous les yeux du lecteur quelques-uns des éléments d'une enquête qui n'a pas jusqu'ici reçu de publicité, et qui devra être reprise. La Commission de 1870 était animée des intentions les plus libérales et les plus patriotiques; elle n'a point eu le temps d'achever sa tâche. Il existe, relativement à l'enquête sur la réforme de l'enseignement supérieur, d'autres documents que nous analyserons dans un prochain numéro.

P. Lorain,
Professeur agrégé à la Faculté de médecine de Paris.

DES LOIS EN GÉNÉRAL

Reconnaître des lois, c'est reconnaître l'uniformité des rapports entre les phénomènes; il suit de là que l'ordre dans lequel les différents groupes de phénomènes sont rapportés à des lois doit dépendre de la fréquence avec laquelle les rapports uniformes qu'ils manifestent chacun à part sont perçus distinctement. A quelque degré que l'on soit arrivé dans la connaissance de ces rapports uniformes, les mieux connus sont ceux qui ont frappé l'esprit le plus souvent et le plus fortement. La constance et la régularité que nous supposerons entre les phénomènes successifs seront proportionnées en partie au nombre de fois qu'une relation se sera présentée non-seulement à nos sens, mais encore à notre conscience, en partie à la vivacité de l'impression que les deux termes de la relation auront faite sur nous.

Tel est le principe qui dirige l'esprit dans la découverte des lois. A ce principe général se rattachent certains principes secondaires qui déterminent d'une manière plus ou moins immédiate et plus ou moins évidente la marche et la suite de nos généralisations : — En premier lieu, *l'influence plus ou moins directe des phénomènes sur notre bien-être personnel*. Tandis que, dans ce qui nous entoure, beaucoup de choses n'exercent sur nous aucune influence appréciable, d'autres, à différents degrés, produisent en nous des plaisirs et des peines : il est évident que les phénomènes dont l'action sur nos organes, soit en bien, soit en mal, est la plus forte seront les premiers dont les lois seront constatées et reconnues. — En second lieu, *l'évidence de l'un ou de l'autre des deux phénomènes entre lesquels un rapport peut être perçu*. Parmi les phénomènes, les uns sont tellement cachés qu'ils ne peuvent être découverts que par une observation très-attentive; les autres ont trop peu d'importance pour être remarqués; d'autres ne sollicitent que médiocrement notre attention; d'autres enfin ont tant d'importance et d'éclat qu'ils s'imposent d'eux-mêmes à notre observation; il n'est pas douteux que, les conditions étant supposées les mêmes, ces derniers seront ceux dont les lois seront reconnues les premières. — En troisième lieu, *la fréquence absolue avec laquelle les relations se présentent*. Il y a bien des degrés dans la manière dont les phénomènes se manifestent à nous, soit dans leur simultanéité, soit dans leur succession : les uns sont de longue durée ou constamment sous nos regards, les autres ne durent qu'un instant ou ne se montrent que très-rarement; il est évident que les derniers ne seront pas rapportés à leurs lois aussi promptement que les premiers. — En quatrième lieu, *la fréquence relative des phénomènes*. Beaucoup de phénomènes n'ont lieu qu'en certains temps et en certains lieux; or, comme un rapport qui n'est pas à la portée d'un observateur ne peut être perçu, fût-il d'ailleurs un fait très-commun sur d'autres points de l'espace et du temps, nous devons tenir compte des circonstances physiques environnantes, aussi bien que de l'état de la société, des arts et des sciences, car tout cela influe sur la fréquence avec laquelle certains groupes de phénomènes se manifestent. — Le cinquième principe secondaire que nous devons prendre en considération, c'est que la découverte des lois dépend en partie de la simplicité des phénomènes qu'elles régissent. Les phénomènes complexes dans leurs causes ou leurs conditions nous dérobent tellement leurs relations essentielles qu'il faut des expériences souvent répétées pour découvrir le lien véritable qui unit les antécédents aux conséquents. Il ressort de là que, toutes choses égales d'ailleurs, la généralisation doit aller du simple au composé, et c'est là ce que M. Comte a regardé bien à tort comme le seul principe régulateur de la généralisation. — En dernier lieu vient le degré d'abstraction : les relations concrètes sont les premières connues. C'est plus tard nécessairement que l'on a recours à l'analyse pour séparer les connexions essentielles de toutes les circonstances qui les déguisent. C'est alors qu'il devient possible de décomposer en leurs éléments les rapports, toujours plus ou moins complexes, qui lient les phénomènes entre eux. Ainsi procède la généralisation, jusqu'à ce qu'elle ait atteint les vérités les plus hautes et les plus abstraites.

Tels sont les divers principes secondaires. La fréquence et l'impression plus ou moins vive avec laquelle les relations invariables frappent l'observation interne et externe déterminent la reconnaissance de leur uniformité, et cette fréquence et cette vivacité d'impression dépendant des conditions indiquées plus haut, il en résulte que l'ordre dans lequel les faits se groupent et se généralisent doit dépendre de la réalisation plus ou moins complète des conditions susdites. Voyons comment les faits justifient cette conclusion, en examinant d'abord ceux qui mettent en lumière le principe général, et puis ceux qui démontrent les principes particuliers qui en découlent.

Les relations reconnues les premières comme uniformes sont celles qui existent entre les propriétés communes de la matière : tangibilité, visibilité, cohésion, pesanteur, etc. Nous n'avons jamais supposé ni qu'il fût un temps où la résistance offerte par un objet fût regardée par nous comme causée par la volonté de l'objet, ni qu'il fût un temps où la pression d'un corps sur la main qui le tient fût attribuée à l'action d'un être vivant. Aussi sont-ce là les relations dont nous avons le plus souvent conscience, ces relations étant objectivement fréquentes, remarquables, simples, concrètes, et nous affectant d'une manière immédiate.

Il en est de même des phénomènes ordinaires du mouvement. La chute d'un corps aussitôt qu'il est privé de son appui est un fait qui nous affecte directement, un fait évident, simple, concret et très-souvent répété. Aussi est-ce un fait qui a été reconnu comme loi antérieurement à toute tradition. Nous ignorons s'il fut une époque où les mouvements produits par la gravitation terrestre furent attribués à une volition. Si quelquefois on a recours à l'intervention d'un agent libre, c'est seulement lorsqu'il s'agit d'une relation obscure ou d'un fait dont l'antécédent n'est pas perçu, comme la chute d'un aérolithe. — D'un autre côté, des mouvements de même nature que celui d'une pierre qui tombe, les mouvements des corps célestes, restent longtemps sans être généralisés, et, jusqu'à ce que leur uniformité soit reconnue, sont considérés comme les effets d'une volonté libre. Cette différence ne tient pas évidemment au degré de complexité ou d'abstraction, puisque le mouvement elliptique d'une planète est un phénomène aussi simple et aussi concret que le mouvement d'une flèche qui décrit une parabole. Mais les antécédents ne se laissent pas apercevoir, et les conséquents, d'une durée continue, ne produisent pas sur nous l'effet d'une répétition fréquente. Voilà pourquoi on a tardé à réduire ces phénomènes en lois; ce qui le prouve, c'est qu'ils ont été successivement généralisés d'après leurs degrés de fréquence et d'évidence : le cycle mensuel de la lune d'abord; puis le mouvement annuel du soleil; plus tard, les périodes des planètes inférieures, et enfin les périodes des planètes supérieures.

A l'époque où les phénomènes astronomiques étaient encore attribués à une volonté, certains phénomènes terrestres d'un ordre différent, mais d'une simplicité égale pour quelques-uns, étaient interprétés de la même manière. La solidification de l'eau à une basse température est un phénomène simple, concret et qui nous touche de près; mais il n'est ni aussi fréquent que les phénomènes que nous voyons généralisés plus tôt, ni aussi facile à connaître dans son antécédent. Quoique tous les climats, excepté sous les tropiques, nous offrent assez régulièrement en hiver le rapport qui existe entre le froid et la glace, cependant, au printemps et en automne, les gelées accidentelles du matin n'ont pas des rapports bien évidents avec le degré de température. La sensation n'offrant pas une règle d'appréciation très-sûre, il est impossible pour un sauvage de percevoir le rapport exact qui existe entre une température de 32 degrés Fahr. et la congélation de l'eau. Voilà pourquoi on a pendant longtemps attribué ce phénomène à une cause personnelle. La même chose a eu lieu par rapport aux vents et pour des raisons plus grandes encore. Leur irrégularité et l'obscurité où se cachent leurs antécédents ont permis aux explications mythologiques de subsister pendant de longues années.

A l'époque où l'uniformité de beaucoup de relations inorganiques tout à fait simples n'avait pas encore été reconnue, certaines relations organiques, très-compliquées et tout à fait spéciales, étaient converties en lois. L'union constante de plumes et d'un bec, de quatre pattes et d'un système osseux interne est un fait avec lequel tous les sauvages ont toujours été et sont encore familiarisés. Si un sauvage trouvait un oiseau avec des dents ou un mammifère couvert de plumes, il serait aussi surpris que le plus savant naturaliste.

Or, ces phénomènes organiques, dont l'uniformité a été reconnue de si bonne heure, sont absolument de la même nature que ces phénomènes plus nombreux dont la constance a été reconnue plus tard par la biologie. L'union constante de glandes mammaires avec deux condyles occipitaux, de vertèbres avec des dents logées dans des alvéoles, de cornes frontales avec l'habitude de ruminer, sont des généralisations purement empiriques comme celles qui sont connues du chasseur des temps primitifs. Le botaniste est incapable de comprendre le rapport mystérieux qui existe entre des fleurs papilionacées et des semences renfermées dans des gousses aplaties : il connaît ces rapports et d'autres semblables comme de simples faits et de la même manière que le barbare connaît les rapports qui existent entre certaines feuilles particulières et certaines espèces particulières de bois. Mais, si un grand nombre de ces relations uniformes, dont l'ensemble forme en grande partie les sciences organiques, ont été connues de très-bonne heure, cela tient à l'impression vive et à la répétition fréquente avec lesquelles elles se sont présentées à l'expérience. Quoiqu'il soit très-difficile de découvrir un rapport entre le cri particulier d'un oiseau et de la chair bonne à manger, cependant les deux termes de la relation sont frappants, se présentent souvent à l'observation, et la connaissance du lien qui les unit intéresse directement notre bien-être personnel. D'autre part, des relations innombrables de même ordre, et qui même s'offrent à nous plus fréquemment dans les plantes et dans les animaux, restent ignorées pendant des siècles, si elles sont peu fréquentes ou peu importantes.

Si, passant de cet état primitif à un état plus avancé, nous recherchons l'époque de la découverte de ces lois moins connues qui forment en grande partie ce qu'on nomme la science, nous trouvons que l'ordre dans lequel elles sont découvertes est déterminé par les mêmes causes. Pour s'en convaincre, il suffit d'examiner à part l'influence de chacun des principes secondaires indiqués plus haut.

Que les lois qui ont un rapport direct à la conservation de la vie soient, toutes choses égales d'ailleurs, découvertes avant celles qui ne nous intéressent qu'indirectement, c'est un fait partout attesté dans l'histoire de la science. Les habitudes des tribus encore barbares qui fixent les temps par les phases de la lune, et qui, dans leurs échanges, donnent un certain nombre d'articles pour un nombre égal d'autres articles, prouvent que les conceptions d'égalité et de nombre qui ont donné naissance aux sciences mathématiques se sont développées sous l'influence des besoins personnels; et il n'est pas douteux que ces rapports généraux des nombres entre eux, qui font partie des règles de l'arithmétique, se sont révélés pour la première fois à l'esprit dans la pratique des échanges. Il en a été de même de la géométrie. L'étymologie du mot montre que cette science ne consistait, dans le principe, que dans un certain nombre de règles nécessaires pour le partage des terres et la construction des habitations. Les propriétés de la balance et du levier, qui renferment le premier principe de la mécanique, furent généralisées de bonne heure sous l'influence des besoins du commerce et de l'architecture. La nécessité de fixer l'époque des fêtes religieuses et des travaux de l'agriculture a fait inventer aux hommes les périodes astronomiques les plus simples. Les premières connaissances en chimie, telles qu'on les retrouve dans la métallurgie ancienne, ont certainement pris naissance dans les recherches que l'on fut obligé de faire pour perfectionner les outils et les instruments. L'alchimie, qui vint après, nous montre ce qu'a pu, pour la découverte d'un certain nombre de lois, le désir ardent de se procurer des avantages personnels. Notre âge n'est pas non plus dépourvu d'exemples de cette nature. « Ici, dit Humboldt, lorsqu'il voyageait en Guyane, ici comme dans beaucoup de contrées de l'Europe, les sciences ne sont jugées dignes d'occuper l'esprit qu'en tant qu'elles peuvent contribuer immédiatement au bien-être de la société. » « Comment croire, lui disait un missionnaire, que vous avez quitté votre pays pour venir sur les bords de cette rivière vous exposer à être dévoré par les Mosquitos, et pour mesurer des terres qui ne vous appartiennent pas? » Nos côtes fournissent des exemples pareils. Sur les bords de la mer, il n'est point de naturaliste qui ne sache avec quel mépris les pêcheurs regardent les collections qui sont faites pour le microscope ou l'aquarium. Telle est leur incrédulité sur la valeur qu'elles peuvent avoir qu'on parvient à peine, même par l'appât du gain, à leur faire conserver le rebut de leurs filets. Mais pourquoi chercher loin de nous des preuves qui nous sont fournies par les entretiens journaliers de ceux avec lesquels nous vivons. Le désir que l'on exprime de posséder « une science pratique », une science qui puisse servir aux besoins de la vie, joint au ridicule que l'on jette ordinairement sur les recherches scientifiques qui ne sont pas d'une application immédiate, suffit pour montrer que l'ordre suivant lequel les lois se découvrent dépend en grande partie de l'influence plus ou moins directe qu'elles peuvent exercer sur notre bien-être.

Que, toutes choses égales d'ailleurs, les phénomènes imposants soient rapportés à leurs lois avant les phénomènes peu remarquables, c'est une vérité si évidente qu'elle n'exige presque aucune preuve. Si l'on admet que par l'homme primitif, comme par l'enfant, les propriétés des grands objets de la nature sont remarquées avant celles des objets petits, et que les relations externes des corps sont généralisées avant les relations internes, il faut admettre aussi que, dans les progrès subséquents, l'importance ou la grandeur des relations a déterminé en grande partie l'ordre dans lequel elles ont été reconnues comme uniformes. De là il est arrivé qu'après avoir constaté d'abord ces phénomènes très-frappants qui constituent une lunaison, puis ces phénomènes moins frappants qui marquent l'année, et enfin ces phénomènes encore moins frappants qui marquent les périodes planétaires, l'astronomie s'est occupée de phénomènes beaucoup moins remarquables, de ceux, par exemple, qui se répètent dans le cycle des éclipses de la lune, et de ceux qui ont suggéré la théorie des épicycles et des cercles excentriques. Quant à l'astronomie moderne, elle s'occupe de phénomènes beaucoup moins frappants encore; et cependant, parmi ces phénomènes, quelques-uns, comme la rotation des planètes, sont les plus simples que nous présente le ciel. En physique, l'usage que l'on apprit de bonne heure à faire des canots impliquait la connaissance empirique de certains phénomènes hydrostatiques, intrinsèquement plus complexes que beaucoup de phénomènes statiques que l'expérience seule n'a pu révéler; mais ces phénomènes hydrostatiques s'imposaient d'eux-mêmes à l'observation. Si nous comparons la solution du problème de la gravité spécifique par Archimède avec la découverte de la pression atmosphérique par Torricelli (deux phénomènes de nature identique), nous comprenons que l'une a précédé l'autre, non à cause d'une différence dans les rapports des deux phénomènes avec notre bien-être personnel, ni à cause d'une différence au point de vue de leurs manifestations plus ou moins fréquentes, ni à cause de leur simplicité relative, mais parce que, dans le premier cas, le rapport entre l'antécédent et le conséquent est beaucoup plus frappant que dans le second. Entre autres exemples pris au hasard, on peut faire remarquer que les rapports entre l'éclair et le tonnerre, et entre la pluie et les nuages, furent reconnus longtemps avant d'autres rapports du même ordre, simplement parce qu'ils s'imposaient d'eux-mêmes à l'attention. La découverte si tardive des formes microscopiques de la vie et de tous les phénomènes qu'elles présentent peut être citée comme pouvant servir à montrer clairement que certains groupes de relations, ordinairement imperceptibles, bien que sous d'autres points de vue semblables à d'autres relations connues depuis longtemps, ne peuvent se révéler à nous que lorsqu'un changement de circonstances ou de conditions les a rendues susceptibles d'être perçues. Mais, sans entrer dans de plus longs détails, il suffit d'examiner les recherches dont s'occupent maintenant le physicien, le chimiste, le physiologiste, pour voir que la science n'a avancé et ne continue d'avancer qu'en allant des phénomènes qui sont les plus frappants aux phénomènes qui le sont moins.

Si nous comparons entre eux certains faits biologiques, nous voyons jusqu'à quel point la *fréquence absolue* d'une relation avance ou retarde la reconnaissance de son uniformité. Le rapport entre la mort et les blessures, rapport constant non-seulement en ce qui concerne les hommes, mais encore en ce qui concerne les êtres inférieurs, était reconnu comme l'effet d'une cause naturelle lorsque les morts causées par les maladies étaient encore regardées comme surnaturelles. Parmi les maladies elles-mêmes, il est à remarquer que les plus rares étaient attribuées à une influence diabolique, à l'époque où les plus communes étaient attribuées à des causes naturelles, fait qui trouve son pendant dans nos campagnes, où le paysan, dans sa croyance aux charmes, montre en ce qui concerne les maladies rares un reste de superstition, dont il a su se dépouiller par rapport aux maladies fréquentes, comme les rhumes. Si nous empruntons nos exemples à la physique, nous voyons que, même dans la période historique, les tourbillons étaient expliqués par l'intervention des esprits des eaux; mais nous ne voyons pas que, à la même époque, l'évaporation de l'eau exposée au soleil ou à une chaleur artificielle ait été expliquée de la même manière; cependant ce dernier phénomène est plus merveilleux et beaucoup plus complexe que l'autre; mais, parce qu'il se répète fréquemment, il a été de bonne heure mis au nombre des phénomènes naturels. Les arcs-en-ciel et les comètes font à peu près la même impression sur les sens, et l'arc-en-ciel est de sa nature le phénomène le plus compliqué; mais, principalement parce qu'ils sont beaucoup plus communs, les arcs-en-ciel ont été regardés comme dépendant directement du soleil et de la pluie, tandis que les comètes étaient encore regardées comme les signes de la colère divine.

Les peuplades qui vivent dans l'intérieur des terres doivent être restées longtemps dans l'ignorance des phénomènes journaliers et mensuels des marées, et les habitants des tropiques n'ont pas pu de bonne heure se faire une idée des hivers du Nord. Ces deux exemples prouvent ce que peut la *fréquence relative* des phénomènes sur la découverte des lois. Les animaux qui, dans les pays où ils naissent, n'excitent aucune surprise par leurs formes ou par leurs habitudes, excitent, au contraire, dans les pays où ils n'ont jamais été vus, un étonnement qui approche de la terreur, et sont même regardés comme des monstres; ce fait peut nous en suggérer beaucoup d'autres, qui montrent que la présence ou l'éloignement des phénomènes déterminent en partie l'ordre dans lequel ils sont rapportés à leurs lois. Toutefois, les progrès de la généralisation dépendent non-seulement de la place que les phénomènes occupent dans l'espace, mais encore de la place qu'ils occupent dans le temps. Des faits qui ne se produisent que rarement ou presque jamais à une époque deviennent très-fréquents à une autre époque, uniquement à cause des progrès de la civilisation. Le levier, dont les propriétés se montrent dans l'usage des bâtons et des armes, est vaguement compris par chaque sauvage : en l'appliquant à certains travaux, il prévoit sans se tromper certains effets; mais la roue et l'essieu, la poulie et la vis ne peuvent révéler leurs propriétés, soit à l'expérience, soit à la raison, avant que le progrès des arts les ait rendues plus ou moins familières. Par ces divers moyens d'observation que nous avons reçus de nos pères et que nous avons multipliés nous-mêmes, nous avons acquis la connaissance d'un grand nombre de propriétés chimiques qui n'existaient, pour ainsi dire, pas pour l'homme primitif. Les différents genres d'industrie, en se développant, nous ont fait découvrir des substances et des propriétés nouvelles, et par là une multitude de lois que nos ancêtres n'auraient pu trouver. Ces exemples et d'autres semblables qui se présenteront au lecteur prouvent que les matériaux accumulés, les procédés et les produits qui ne se rencontrent que dans les sociétés avancées en civilisation, augmentent beaucoup la possibilité de découvrir de nouveaux groupes de relations, et la facilité de les généraliser en les rendant plus accessibles à l'expérience, et relativement plus fréquentes. De plus, diverses classes de phénomènes présentés par la société elle-même, comme ceux de l'économie politique, par exemple, deviennent, dans les États avancés, relativement fréquents, et par conséquent susceptibles d'être connus; tandis que, dans les États moins avancés, ces phénomènes se manifestent trop rarement pour que leurs rapports soient perçus, ou, comme dans les États les moins avancés, ne se manifestent jamais.

Il est évident que, partout où n'intervient aucune autre circonstance, l'ordre dans lequel les lois se constatent et s'établissent varie suivant la complexité des phénomènes. En géométrie, les propriétés des lignes droites ont été comprises avant les propriétés des lignes courbes; les propriétés du cercle l'ont été avant celles de l'ellipse, de la parabole et de l'hyperbole; et les équations des courbes simples ont été déterminées avant celles des courbes doubles. La trigonométrie plane, en raison de sa simplicité, a précédé la trigonométrie sphérique, et la mensuration des surfaces et des solides plans a précédé la mensuration des surfaces et des solides courbes. La même chose a eu lieu pour la mécanique : les lois du mouvement simple ont été connues avant les lois du mouvement composé, et celles du mouvement rectiligne avant celles du mouvement circulaire. Les propriétés des leviers à plateaux et à bras égaux ont été comprises avant les propriétés des leviers à bras inégaux, et la loi du plan incliné a été formulée avant celle de la vis, dans laquelle elle est impliquée. En chimie, le progrès a été des corps simples aux corps composés, des composés inorganiques aux composés organiques. Et partout où, comme dans les sciences plus élevées, les conditions de l'observation sont plus compliquées, nous pouvons encore voir clairement que la complexité relative, toutes choses égales d'ailleurs, détermine l'ordre des découvertes.

Il est également évident que l'esprit va des relations concrètes aux relations abstraites, et des moins abstraites aux plus abstraites. La numération qui, sous sa forme primitive, s'appliquait seulement aux unités concrètes, a devancé la simple arithmétique dont les règles s'appliquent aux nombres abstraits. L'arithmétique, bornée dans sa sphère aux rapports numériques concrets, est également plus ancienne et moins abstraite que l'algèbre, qui s'occupe des rapports entre ces mêmes rapports. Et pareillement le calcul des opérations vient après l'algèbre, tant dans l'ordre d'évolution que dans l'ordre d'abstraction. En mécanique, les relations plus concrètes des forces, telles qu'elles se déploient dans le levier, le plan incliné, etc., furent découvertes avant les relations plus abstraites formulées dans les lois de l'analyse et de la composition des forces, et plus tard que les trois lois abstraites du mouvement formulées par Newton fut découverte la loi plus abstraite encore de l'inertie. La même chose est arrivée en physique et en chimie. Là aussi on est allé des vérités mêlées à toutes les circonstances des faits particuliers et des classes particulières de faits à des vérités de toutes les circonstances qui les accompagnaient et qui les déguisaient, c'est-à-dire à des vérités d'un plus haut degré d'abstraction.

Si rapide et si grossière qu'elle soit, cette ébauche d'un développement intellectuel qui a été long et compliqué démontre par les faits mêmes, j'ose le croire, le principe posé *à priori* : que l'ordre dans lequel les différents groupes de lois sont reconnus et formés dépend non d'une seule circonstance, mais de plusieurs circonstances. Nous généralisons successivement les différentes classes de relations, non-seulement parce qu'il existe entre elles une certaine différence de nature, mais aussi parce qu'elles sont diversement placées dans le temps et dans l'espace, diversement accessibles à l'observation, et parce qu'elles affectent diversement notre propre constitution : ce sont là les différentes circonstances qui, se combinant à l'infini, influent sur la manière dont nous acquérons la connaissance des lois. Les différents degrés d'importance, de visibilité, de fréquence absolue, de fréquence relative, de simplicité, d'existence concrète, doivent être considérés comme autant de facteurs; de leur action et de leurs combinaisons, en proportions toujours variables, résulte un procédé très-complexe d'évolution mentale. Mais, s'il est évident que les causes prochaines de l'ordre successif dans lequel les relations se réduisent en lois sont nombreuses et compliquées, il est évident aussi qu'il existe une seule cause dernière, à laquelle ces causes prochaines sont subordonnées. Comme les différentes circonstances qui déterminent la découverte prompte ou tardive des lois ou des relations uniformes sont les circonstances qui déterminent le nombre et la force des impressions que ces relations font sur notre esprit, il s'ensuit que la marche progressive de la généralisation est soumise à un principe fondamental de psychologie. Aussi la méthode *à posteriori*, comme la méthode *à priori*, nous amène à conclure que l'ordre dans lequel nous généralisons les relations dépend de la fréquence plus ou moins grande et de l'impression plus ou moins vive avec laquelle elles se présentent à nos sens et à notre conscience.

Après ce coup d'œil rapide sur la marche de l'esprit humain dans le passé, voyons ce qui peut l'éclairer dans le présent et ce qui peut la diriger dans l'avenir.

Remarquons d'abord que la tendance à croire à l'universalité de la loi est devenue d'âge en âge de plus en plus forte. Au milieu de cette multitude infinie de phénomènes successifs ou simultanés qui les environnent, les hommes ont toujours été occupés à en faire passer quelques-uns des groupes dont la loi était encore ignorée dans les groupes dont la loi était déjà reconnue. Et par conséquent, plus le nombre des relations qui ne sont pas encore rapportées à leur loi diminue, plus la probabilité que, parmi elles, il n'en est aucune qui ne soit pas soumise à une loi, augmente. S'il est permis d'avoir ici recours aux nombres, il est clair que, si, parmi les phénomènes qui nous entourent, cent de différentes espèces se sont produits dans un ordre constant, il se forme en nous une légère présomption que tous les phénomènes se produisent dans un ordre également constant. Lorsque la constance et l'uniformité ont été constatées dans mille phénomènes, plus variés dans leurs espèces, la présomption devient plus grande. Et lorsque les phénomènes reconnus comme uniformes s'élèvent à des myriades qui en renferment plusieurs de chaque espèce, on est ordinairement porté à induire que l'uniformité existe partout.

Les hommes ont été conduits à cette conclusion d'une manière lente et insensible. Ce qui a fait arriver les esprits à cette croyance à la constance des phénomènes, soit simultanés, soit successifs, ce n'est pas l'intuition claire des raisons que nous venons de donner, mais une habitude de penser que ces raisons expliquent et justifient. En se familiarisant avec des uniformités concrètes, on a conçu l'idée abstraite d'uniformité, l'idée de loi, et dans la suite des temps cette idée a gagné peu à peu de la fixité et de la clarté. Il en a été ainsi spécialement pour ceux qui ont la connaissance la plus étendue des phénomènes naturels, pour les hommes de science. Le mathématicien, le physicien, l'astronome, le chimiste, héritant chacun de son côté des connaissances accumulées par leurs prédécesseurs, faisant eux-mêmes de nouvelles découvertes ou vérifiant les anciennes, finissent par croire à la loi beaucoup plus fermement que le commun des hommes. Chez eux, cette croyance, cessant d'être purement passive, devient un puissant mobile qui les portera à de nouvelles investigations. Partout où il existe des phénomènes dont la cause n'est pas encore connue, ces esprits cultivés, poussés par la conviction que, là comme ailleurs, règne un ordre invariable, se mettent à observer, à comparer et à expérimenter. Et lorsqu'ils sont parvenus à découvrir la loi qui régit les phénomènes, leur croyance générale à l'universalité de la loi acquiert une force nouvelle. Tel est l'empire de l'évidence, tel est le pouvoir de la science, que, pour celui qui est déjà avancé dans l'étude de la nature, il est devenu impossible, je ne dirai pas de croire, mais presque de concevoir qu'il y ait des phénomènes sans loi.

Cette habitude de reconnaître partout une loi, habitude qui déjà distingue les penseurs modernes des penseurs anciens, ne peut manquer de se répandre parmi les hommes en général. L'accomplissement des prédictions qu'on peut faire à chaque découverte nouvelle, et l'empire de plus en plus grand que l'on acquiert sur les forces de la nature, prouvent à ceux qui ne sont pas encore initiés la valeur des généralisations scientifiques et des connaissances qu'elles résument. L'instruction, en s'étendant, répand chaque jour dans les masses cette connaissance des lois qui n'a appartenu jusqu'à présent qu'au petit nombre; et, à mesure que cette diffusion des connaissances augmentera, les croyances des savants deviendront les croyances du genre humain tout entier.

La conclusion que la loi est universelle deviendra d'une évidence irrésistible lorsque l'on aura compris que *le progrès dans la découverte des lois est lui-même soumis à une loi*, et que par là même on aura compris pourquoi certains groupes de phénomènes ont été rapportés à leur loi, tandis que d'autres groupes ne l'ont pas encore été. Quand on aura vu que l'ordre dans lequel les lois sont reconnues doit dépendre de la fréquence avec laquelle les phénomènes se renouvellent sous nos yeux, et de l'impression plus ou moins vive qu'ils font sur nos sens et sur notre conscience; quand on aura vu qu'en fait les phénomènes les plus communs, les plus importants, les plus remarquables, les plus concrets et les plus simples, sont ceux dont les lois ont été les premières reconnues, parce qu'ils se sont offerts le plus souvent et le plus distinctement à l'observation, on en conclura que, longtemps après que la grande masse des phénomènes aura été rapportée à ses lois, il restera toujours des phénomènes dont la loi ne sera point connue, parce qu'ils sont rares, ou peu remarquables, ou peu importants en apparence, ou complexes, ou abstraits. Ainsi, l'on trouvera la solution d'une difficulté que l'on soulève quelquefois. Quand on demandera pourquoi l'universalité de la loi n'est pas encore complétement établie, on pourra répondre que les phénomènes auxquels on ne l'a pas encore étendue sont ceux auxquels on ne pourra l'étendre qu'en dernier lieu. L'état de choses dont nous pouvons prédire le retour est précisément l'état de choses que nous voyons exister maintenant. Si les phénomènes simultanés ou successifs de la biologie et de la sociologie n'ont pas encore été rapportés à leurs lois, il faut en conclure non que ces lois n'existent pas, mais que jusqu'à présent elles ont échappé à nos moyens d'analyse. Ayant depuis longtemps constaté l'uniformité qui règne dans les groupes inférieurs de phénomènes, et ayant constaté la même uniformité dans les groupes supérieurs, si nous n'avons pas encore réussi à découvrir les lois des phénomènes de l'ordre le plus élevé, nous n'avons pas le droit de nier l'existence de ces lois; mais nous pouvons conclure que la faiblesse de nos facultés nous a seule empêchés de les découvrir; et, à moins qu'on ne pousse l'absurdité jusqu'à prétendre que le procédé de généralisation, dont la fécondité devient de plus en plus grande, ait maintenant atteint ses limites, et soit devenu tout d'un coup inutile, nous devons inférer que le genre humain finira par découvrir un ordre constant de manifestations jusque dans les phénomènes les plus complexes et les plus obscurs.

Herbert Spencer.

MUSÉUM D'HISTOIRE NATURELLE DE PARIS

ANTHROPOLOGIE

COURS DE M. DE QUATREFAGES
de l'Institut

Formation et caractères des races humaines métisses

I

LOIS GÉNÉRALES DU MÉTISSAGE

Messieurs,

Nous nous retrouvons dans des circonstances bien douloureuses. L'époque même de la réouverture de nos amphithéâtres nous rappelle que la France sort à peine d'une crise effroyable, sans précédent aucun dans le passé.

Guerre étrangère, signalée par des désastres inouïs dont l'histoire aura à rechercher les causes; révolte, un moment triomphante dans Paris, de toutes les pires passions, de tous les rêves les plus monstrueux contre tout ce qui fait la vie et l'honneur des sociétés; voilà ce que nous avons eu le cruel privilége de voir s'accomplir en moins d'une année.

Ces désastres, ces ébranlements des fondements de la civilisation ont effrayé bien des courages. Il est des esprits qui se sont laissés aller à désespérer de l'humanité elle-même ; un plus grand nombre ont regardé la France comme irrévocablement déchue du haut rang qu'elle a occupé jusqu'à ce jour. Je ne suis ni des uns ni des autres. L'humanité ne périt pas parce que quelques énergumènes ne veulent pas en accepter les lois morales; la France ne périra pas pour avoir vu sa gloire militaire momentanément éclipsée, pour avoir été déchirée, pendant deux mois, par les insensés et les bandits de tous pays.

A cet égard, le passé nous est un gage de l'avenir. En 1816, notre patrie était bien autrement épuisée d'hommes et d'argent qu'elle ne l'est, qu'elle ne le sera même après avoir payé cette rançon, dont le chiffre a effrayé le monde financier.

Ceux qui espèrent ou craignent notre ruine définitive n'ont aucune idée du ressort, de l'élasticité, qui sont une des qualités caractéristiques de nos races. *Mens agitat molem*, et l'esprit, l'âme française, sont restés intacts au milieu de nos effondrements politiques, de nos bouleversements sociaux. Pendant le siége, pendant le bombardement, le mouvement intellectuel s'est à peine ralenti à Paris. Les académies, les sociétés savantes, ont tenu leurs séances à jour fixe; ici, au Muséum, on réparait les serres et les galeries au fur et à mesure que les obus prussiens en brisaient les vitrages et les murs. Il en a été de même sous le règne néfaste de la Commune. Et voyez ce qui se passe depuis que l'ordre et la loi sont revenus avec notre armée. A part les murs noircis, calcinés, écroulés sous l'action du pétrole, quelles traces reste-t-il de ces jours terribles? Presque aucune; et l'étranger, rentrant dans Paris, peut à peine soupçonner ce qui s'est passé, si ce n'est en face de ces ruines que le temps seul permettra de relever.

Pour ramener, autant que possible, l'état normal dans l'ordre des choses intellectuelles, les cours publics ont été rouverts. C'était une mesure logique et honorable pour le pays. C'était lui dire qu'on le regardait comme capable d'être après la catastrophe ce qu'il avait été pendant la lutte. Déjà les Facultés ont commencé à fonctionner et ont retrouvé une bonne part de leurs élèves que la nécessité de subir des examens attache d'une manière spéciale à ces établissements.

Ici, au Muséum, notre enseignement n'a pas cette sanction obligatoire. Nos cours s'adressent uniquement aux hommes qu'anime le plus pur, le plus spontané désir de s'instruire. En outre, à cette époque avancée de l'année, nous voyons presque toujours s'éclaircir quelque peu les rangs de ces auditeurs bénévoles. Nous ne pouvions donc compter sur notre auditoire habituel. Je n'en suis que plus sensible à votre présence sur ces bancs, et vous remercie cordialement d'être venus, bien plus nombreux que je ne l'aurais espéré.

J'aurais voulu pouvoir répondre entièrement à l'attente qui vous conduit ici; mais, à certains égards, la chose m'est impossible. En prévision d'un bombardement dont pour mon compte je n'ai jamais douté, j'avais démonté et descendu dans nos caves la collection entière des crânes qui constitue notre ensemble le plus précieux. Je l'y ai laissée en voyant après l'armistice se préparer, au grand jour, ces *nouvelles journées de juin* qu'on eût peut-être pu prévenir, qu'à coup sûr on pouvait rendre moins terribles. Elle y est encore, et, par conséquent, l'appareil de démonstration me fait défaut dans sa partie la plus essentielle.

Dans ces conditions, j'ai dû chercher un sujet pouvant fournir matière à un nombre restreint de leçons et pouvant être abordé, au moins dans son ensemble, sans que l'absence de têtes osseuses se fît trop sentir. L'étude des races mixtes, étudiées à un point de vue général, m'a paru remplir ces deux conditions. Je l'ai, il est vrai, abordée ici l'an dernier. Mais avec quelques développements nouveaux elle pourra, j'espère, intéresser encore même mes anciens auditeurs; et, d'ailleurs, je me propose de la compléter par une application aux populations européennes actuelles.

Toutes ces populations sont mixtes; il importe de montrer que ce n'est pas pour elles une condition nécessaire d'infériorité, comme on l'a prétendu. L'anthropologie paléontologique a révélé tout récemment l'existence, en Europe, d'hommes qui ont vécu dans les âges géologiques passés; il importe de montrer que ces hommes ont laissé des descendants. Et, chose remarquable, j'aurai à vous les montrer surtout dans cette Allemagne du Nord d'où nous est venue l'effroyable tempête qui a commencé nos malheurs. Chemin faisant, j'aurai à relever et à combattre des erreurs, des préjugés enfantés, propagés par les passions politiques et exploités contre nous.

Tel est, messieurs, le cadre que j'essayerai de remplir.

Dans un cours précédent j'ai examiné d'une manière générale les caractères des races humaines. Dans les comparaisons que j'ai eu à faire, dans les détails que j'ai mis sous vos yeux, j'ai eu en vue principalement les groupes humains chez lesquels ces caractères sont le plus nettement accusés. En d'autres termes, cette partie de notre enseignement a porté principalement sur les *races pures*. Mais à côté de ces groupes il en est d'autres, à caractères intermédiaires et qui servent de transition entre les précédents. Ce sont les *races mixtes*. Celles-ci sont très-nombreuses, et à y regarder de près on les retrouve presque partout. Gerdy est même allé jusqu'à dire qu'on ne trouvait plus de races pures; mais ce n'est là qu'une exagération, résultant de la fausse idée que l'éminent professeur s'était faite des races humaines.

Quoi qu'il en soit, l'examen de ces races mixtes, la signification de leurs caractères, les causes diverses qui ont pu leur donner naissance, ont été à peu près toujours négligées. En général on s'est borné à constater le fait sans aller plus loin. Cette manière de procéder est très-naturelle chez les polygénistes. Les groupes à caractères intermédiaires sont pour eux des *espèces* au même titre que les groupes à caractères plus précis, et ils n'ont pas à s'enquérir de ce qui a pu produire un état de choses qui n'a pour eux rien de particulier.

Le silence des monogénistes surprendrait, au contraire, à bon droit, si l'on ne se reportait à l'époque où ils ont écrit, si l'on ne tenait compte de la direction de leurs études. Buffon, Blumenbach, manquaient d'une foule de documents acquis seulement depuis peu ; Prichard n'était pas naturaliste, et lui aussi est venu quelques années trop tôt pour être suffisamment informé. Mais, aujourd'hui, on ne saurait rester dans une pareille indifférence.

Le globe et ses populations sont de mieux en mieux connus, et de plus en plus il devient manifeste que presque partout, parfois même dans des îles, des groupes plus ou moins purs sont entourés de populations mixtes. Parfois de grandes formations humaines présentent ce caractère et l'emportent par le nombre sur les représentants des types voisins, mieux caractérisés, sans qu'aucun document nous éclaire sur ce qui a pu amener cet état de choses.

D'autre part, les rapports deviennent de plus en plus actifs et fréquents entre les points du globe les plus éloignés. Sur la trace de nos steamers, de nos railways, de nos voies de communication de toutes sortes les races se rencontrent et il naît des métis chaque jour plus nombreux. Les populations émigrées vers d'autres cieux se modifient. Par ces moyens divers l'humanité marche évidemment vers quelque chose de nouveau et dont il est impossible de ne pas se préoccuper. En outre, ce que nous voyons jette un jour tout nouveau sur les faits accomplis dans le passé. Voilà pourquoi l'examen des races mixtes me semble devoir être abordé avec quelques détails, tout en restant au point de vue général où nous nous étions placés dans nos études précédentes.

Revenons d'abord sur quelques notions déjà acquises, rappelons le sens précis de ces mots : *races mixtes*; et résumons quelques faits généraux, déjà exposés, mais qu'il est nécessaire d'avoir parfaitement présents à l'esprit.

J'appelle *mixte*, toute race se rattachant par ses caractères à la fois à deux ou plusieurs autres races, considérées comme pures.

Deux causes peuvent amener la formation des races mixtes ; elles peuvent agir seules ou se combiner. Ce sont :

1° *Les actions de milieu.* — J'ai cité dans les leçons de l'année dernière un certain nombre de faits de cette nature, portant sur les Européens et très-frappants, bien que les expériences soient encore très-loin d'avoir dit leur dernier mot, faute d'un temps suffisant. Le résultat général qui ressort de ces faits est qu'une race importée, tout en conservant des traits qui la rattachent à sa souche première, éprouve des modifications qui la rapprochent des races locales. Ce résultat est formulé presque en entier dans l'appréciation de M. Élisée Reclus, déclarant qu'en Amérique le nègre et le blanc tournent également à la peau rouge.

2° *Le croisement.*—Ce procédé de formation des races mixtes est le plus aisé à constater. Partout où pénètre une race nouvelle, elle entre en contact avec les races locales : des métissages ont lieu, et l'on voit surgir une population qui résulte de ces mélanges. Il est inutile d'insister sur les faits de cet ordre, dont nous avons d'ailleurs cité les exemples les plus importants.

3° *L'action combinée du milieu et du croisement.* — Les deux agents de modification agissant simultanément produisent parfois des résultats autres que ceux qu'aurait amenés leur action isolée. J'ai cité encore quelques exemples très-curieux de cette sorte de faits.

Les questions générales que je viens de rappeler, les questions secondaires qu'elles comprennent, ont été traitées essentiellement au point de vue de l'unité de l'espèce humaine. Nous aurions à les reprendre ici. Mais je n'insisterai guère que sur celles qui se rattachent au croisement, parce qu'elles prêtent plus que les autres à des considérations spéciales en rapport direct avec le sujet qui nous occupe aujourd'hui.

Rappelons d'abord que dans tout mariage la tendance de l'hérédité est identique chez le père et chez la mère. Cette tendance est de reproduire en entier chaque parent. De là ces luttes, sur lesquelles j'ai dû insister avec détail, et le compromis d'où il résulte que le fils ne reproduit jamais en entier ni l'un ni l'autre de ses parents, ni aucun de ses ascendants. Ces phénomènes, qui sont en tous cas inévitables, sont plus sensibles quand le père et la mère appartiennent à des races différentes, bien tranchées. Chaque jour, les faits prouvent que tout métis est une résultante produite par un compromis entre les deux types parents.

Les luttes, les compromis que je vous rappelle, ont pour théâtre l'être entier enfanté par croisement. Ils portent sur les détails aussi bien que sur l'ensemble de cet être, et la victoire peut se partager de diverses manières entre les deux types. De là résultent trois sortes de combinaisons principales.

1° Chacun des types, vaincu plus ou moins complétement sur certains points, l'emporte au contraire sur d'autres. — De là résulte la juxtaposition de traits empruntés pour ainsi dire de toutes pièces à chacun des deux parents.

2° Les deux types peuvent transiger pour ainsi dire sur l'ensemble aussi bien que sur certains détails. — De là résulte l'apparition de caractères intermédiaires entre ceux des parents.

3° Les caractères des parents peuvent enfin se fondre de manière à produire une résultante, nécessairement distincte des composantes.

Ainsi, le croisement produit selon les cas la juxtaposition ou la fusion des caractères des deux types croisés avec l'apparition de caractères nouveaux.

Tels sont les phénomènes qui se produisent dans les croisements, à la première génération et sous la seule influence de l'hérédité immédiate et directe. Dans les générations suivantes cette sorte d'hérédité conserve certainement son rôle ; mais elle se complique des phénomènes produits par l'hérédité médiate ou indirecte et des phénomènes d'atavisme. De là résultent ces actions complexes, et bien des problèmes dont la solution a paru impossible à ceux qui oublient ces faits généraux dont l'existence a été constatée chez les plantes comme chez les animaux, et qui doivent par conséquent se retrouver chez l'homme lui-même.

Quand il s'agit de celui-ci, la première question à aborder est celle de la possibilité du métissage. Les groupes humains peuvent-ils se croiser de manière à donner naissance à des populations, à des races métisses par leur origine, mixtes par leurs caractères

Sans doute la question doit paraître et est en réalité étrange en présence des faits généraux que j'ai cités ailleurs, et que du reste tout le monde connaît. Mais elle a été posée, et l'on y a répondu par la négative. Il est donc nécessaire de la traiter au moins succinctement. Pour ne pas tomber dans trop de redites je ne parlerai que du croisement entre le blanc et le nègre.

On ne nie pas la fécondité de la première union entre ces deux races, mais on affirme que le mulâtre est faible, que la mulâtresse est peu féconde, mauvaise nourrice, etc. Le docteur Nott en particulier, se fondant sur une pratique médicale dans la Caroline du Sud, est d'abord très-affirmatif sur ces deux points. Quelques pages plus loin, il reconnaît pourtant avoir vu chez un de ses amis trois ménages dont la composition suffirait pour réfuter ce que ses premières propositions ont d'absolu. Le premier comprenait un nègre, une mulâtresse et treize enfants; le second, un mulâtre, une négresse et douze enfants; le troisième, un mulâtre, une tiercerone et quatre enfants. Un peu plus loin, le même docteur Nott déclare avoir reconnu que les mulâtres sont robustes, les mulâtresses fécondes et bonnes nourrices dans la Louisiane, la Floride et l'Alabama.

Pour expliquer cette contradiction, le savant Américain a recours à une théorie assez étrange. Il suppose que les métis de la Caroline résultent du croisement du nègre avec l'Anglo-Saxon, tandis que dans les trois États cités plus haut l'élément blanc est fourni par le Celte français ou espagnol. Or, selon lui, ce sont autant d'espèces humaines. L'Anglo-Saxon est pour Nott le seul vrai blanc, trop distant du nègre pour pouvoir se croiser utilement avec lui; tandis que le Celte, beaucoup plus rapproché des races noires, se prête à des unions dont les produits sont robustes et peuvent se multiplier.

Sans même toucher à la question physiologique longuement traitée ailleurs, il est facile de réfuter cette théorie par des considérations purement historiques.

La Lousiane a été perdue par la France dès la fin du siècle dernier. Comment tous les mulâtres vivant aujourd'hui dans cet État seraient-ils fils de Français ? Ce serait accorder aux colons d'une autre origine, et en particulier aux colons anglo-saxons, un certificat de retenue et de moralité bien peu mérité si l'on en juge par ce qui se passe dans les colonies où cette race est seule représentée.

Le Floride a appartenu bien longtemps à l'Espagne; mais elle n'était guère espagnole que de nom. En fait, elle a été essentiellement colonisée par les Anglo-Saxons. Dans ses voyages à travers cette contrée, parmi les tribus indigènes vivant encore en pleine liberté, Bartram ne rencontra d'autres Européens que des traficants anglais qui déjà avaient appris leur langue aux Kreeks et aux Séminoles. Les voyages de Bartram remontent à 1744.

L'Alabama était la patrie des Kreecks supérieurs expulsés depuis quelques années seulement. Les États-Unis seuls ont colonisé cet État.

Ainsi, sur les trois États cités par Nott, il en est deux où les mulâtres ne peuvent être en très-grande majorité, sinon en totalité, que le produit du croisement du nègre et de l'Anglo-Saxon. De là il résulte que ce dernier peut, aussi bien que le Français, donner naissance à des métis vigoureux et féconds.

S'il était nécessaire d'invoquer d'autres preuves, nous en appellerions à des témoignages remontant aux premiers temps de la colonisation; nous citerions les paroles formelles du P. Labat, du P. Dutertre; nous y joindrions les affirmations des divers contemporains. Je me borne à citer textuellement les paroles de MM. Audain et Hombron :

Ce dernier nous dit : « Dans nos colonies, les négresses et » les blancs (lorsqu'ils se croisent) offrent une fécondité mé» diocre ; les mulâtresses et les blancs sont extrêmement fé» conds, ainsi que les mulâtres et les mulâtresses. » — Cette dernière phrase concorde pleinement avec le résumé suivant de M. Audain : « A Saint-Domingue, partie espagnole, il y a » un tiers de nègres, deux tiers de mulâtres et une propor» tion presque insignifiante de blancs. » — Or, ici, les mulâtres s'entretiennent bien par eux-mêmes, car les blancs ne suffiraient pas à cet entretien, et le mulâtre, on le sait, répugne singulièrement à s'unir au nègre.

Je ne nie pas pour cela que sur certains points les métis de nègre et de blanc ne puissent être faibles et peu féconds. J'accepte, quoique pouvant être discuté, tout ce qu'on dit des mulâtres de la Caroline du Sud et de la Jamaïque. Mais si les faits avancés par Etwick, Long, Wott, sont vrais, ne faut-il pas en conclure que le croisement dont il s'agit donne des résultats différents selon les localités ? Et ce contraste même n'accuse-t-il pas l'intervention des *actions de milieu?*

Au reste, dans les questions de cette nature, il faut tenir compte avant tout des faits généraux attestés par ceux-là même qui recourent à tant de subtilités pour s'en dissimuler la signification.

En réalité, personne n'ose nier l'existence actuelle de nombreuses races métisses, le fait domine de trop haut toutes les théories, mais on cherche à atténuer la portée de ce qui frappe tous les yeux. Knox, par exemple, avoue qu'il existe des métis en Amérique ; mais, selon lui, ils résultent à peu près uniquement de croisements directs. Dès qu'ils ne s'alimenteront plus, affirme-t-il, ils disparaîtront. Les blancs aussi disparaîtront du reste, et les indigènes seuls resteront maîtres de la terre qui appartint jadis à leurs pères. — Je dois dire que Knox est le seul à professer des doctrines aussi absolues.

Knox se borne à des allégations. Opposons-lui quelques faits et quelques chiffres.

Je mets sous vos yeux un tableau indiquant le chiffre des blancs, nègres, indiens et métis composant les populations du Mexique, du Guatemala, de la Colombie, de la Plata et du Brésil. Le total général est de 16 046 100 ; celui des métis de toute sorte est de 3 333 000. Vous voyez que les populations pures ou regardées comme telles sont aux populations mélangées dans le rapport de 5 à 1 en nombre rond.

Prenons maintenant la population entière du globe. M. d'Omalius la porte à 1200 millions. Il estime que le chiffre des métis s'élève à 18 millions. C'est, vous le voyez, environ 1/66e de la population totale.

Les calculs de M. d'Omalius ne portent que sur les métis provenant de races bien tranchées, que sur les croisements qui ne sont devenus possibles que depuis l'ère des grandes découvertes. Or, le cap de Bonne-Espérance a été doublé en 1497 ; l'Amérique a été découverte en 1492. Le contact sérieux et par suite les croisements sur une échelle un peu considérable n'ont commencé que bien plus tard. Il n'y a guère plus de trois siècles que le mouvement s'est accusé d'une manière sérieuse sur l'ensemble du globe, et déjà 1/66e de la population totale est métisse ! Là où la colonisation a été plus ancienne, plus générale, et où diverses circonstances trop longues à énumérer ici ont favorisé, activé les mélanges, les métis forment 1/5e de la population ! Que sera-ce donc dans une dizaine de siècles ?

Tous ces métis auront disparu, même en Amérique, nous répondent Knox et ceux qui de près ou de loin se rattachent à sa manière de voir... Mais en présence de la rapidité avec laquelle leur nombre s'est accru, en présence des faits analogues qui se sont produits ailleurs, tout autorise à penser le contraire. Appelons-en encore à l'expérience.

Les Basters, les Griquas, résultant du croisement entre le blanc et le Hottentot se sont multipliés de manière à inquiéter successivement les chefs des colonies qui se sont succédé au Cap. Dira-t-on que le sang local domine dans les Griquas, et voudra-t-on attribuer à cette prédominance le développement de cette race métisse ? Nous répondrons que cette explication ne peut être invoquée quand il s'agit des Basters de la Nouvelle-Platberg, et que le nombre des enfants provenant des mariages entre métis de cette colonie est signalé comme remarquable par les voyageurs.

Martius nous a appris que les Cafusos nés du croisement des nègres avec les indigènes du Brésil, retirés dans les bois où ils ont trouvé un refuge, y ont formé une race à part.

L'amiral Jurien de La Gravière nous apprend qu'à Manille les métis d'Espagnols, de Chinois et de Tagols, sont beaucoup plus nombreux que les souches-mères. — A Mindauao, les métis d'Espagnols et de Tagals forment la majorité des habitants. — « La fusion des races », ajoute mon éminent confrère, « s'est opérée avec une facilité merveilleuse sur ce coin de » terre isolé. »

Les Marquises, subissant le sort des autres terres polynésiennes, ont été ravagées par ce mal mystérieux qui semble vouloir anéantir les races océaniennes. Elles se repeuplent par les métis, nous apprend M. Jouan.

On voit qu'on ne saurait nier la formation actuelle, journalière des races métisses.

Certains polygénistes ne nient ni la production ni la multiplication des métis. Ils acceptent le fait, mais ils déclarent que les populations ainsi produites ne constituent pas des *races proprement dites*. Par exemple, Davis et Turnham, dans leurs *Crania Britannica*, disent : « Nous rencontrons une con» fusion de sang établie sur une vaste échelle, mais nou» cherchons en vain une race nouvelle. » Ils concluent à la multiplicité des espèces humaines.

En s'exprimant ainsi, les deux éminents anthropologistes anglais oublient les faits généraux que je viens de rappeler et les enseignements que fournit pour leur appréciation l'étude des animaux et des végétaux.

La confusion dont ils arguent se produit aussi chez les animaux *entre races* abandonnées à elles-mêmes. Il me suffit ici de vous rappeler ce qu'enseigne l'observation journalière. S'est-elle produite une seule fois *entre espèces* depuis que nous observons ce qui se passe autour de nous ? Non.

Bien loin que cette confusion soit un signe de disparition future, elle est le point de départ inévitable de la formation de toute race nouvelle produite par le croisement de deux races distinctes. C'est ce que savent bien tous les éleveurs.

Quand on crée une race métisse, elle ne s'asseoit pas du premier coup. L'hérédité indirecte, l'atavisme, interviennent nécessairement et produisent des irrégularités dans la suite des générations qui se succèdent. Plus les races diffèrent et sont égales de sang, plus ces irrégularités persistent. Au contraire, une race ébranlée, irrégulière, associée à une race déjà fortement assise, donne naissance à une race métisse qui se fixe plus aisément. Telle a été la théorie mise en pratique par M. Malingié pour créer sa race charmoise ; et cette théorie se justifie jusqu'à un certain point par les considérations et les faits que nous avons longuement exposés dans un cours précedent. M. Malingié voulait créer une race donnant à la fois de la laine et de la chair, mais ayant ses racines dans les races indigènes. Dans ce but, il croisa d'abord les races tourangelle, berrichonne et solonaise pour produire des métis pour ainsi dire instables. Puis il les unit à des individus de race new-kent et mérinos. Vous savez que l'expérience lui donna raison.

Cet ébranlement préalable n'est pas d'ailleurs toujours nécessaire. M. Pluchet a obtenu sa race de Trapp en croisant directement le mérinos et le dichley.

La race charmoise et celle de Trapp sont aujourd'hui parfaitement assises.

Aujourd'hui elles peuvent à leur tour donner naissance à des croisements utiles, comme l'ont montré M. de Lavergne en Limousin, M. Pierre de Rémusat en Charolais. Mais pour atteindre aux résultats que je viens d'indiquer, il a fallu employer pendant plusieurs années la sélection artificielle pratiquée avec grand soin. Il a fallu en outre des milieux appropriés. Vous savez bien que les croisements de moutons indigènes avec les mérinos ont souvent déjoué les tentatives d'amélioration faites par ce procédé. Le sang indigène reprenait le dessus.

Entre races humaines il ne peut être question de sélection artificielle. La nature agit seule, et le résultat définitif, la production d'une race métisse à caractères arrêtés et définis, doit forcément se faire attendre bien plus longtemps. Or, pour asseoir la race charmoise, il a fallu 20 ou 25 ans d'études et d'efforts, c'est-à-dire 20 à 25 générations, car dans cette question c'est *par générations* et non *par années* qu'il faut compter. Les populations humaines métisses dont nous parlons en sont au plus à leur 12e ou 15e génération. Il est évident que les races nouvelles ne peuvent encore être assises. En outre, elles puisent incessamment aux sources premières du métissage, ce qui ne peut qu'accroître et prolonger l'état de confusion dont parlent Davis et Turuham. Et pourtant une foule de voyageurs, frappés des caractères généraux qui distinguent les métis, les ont décrits et ont signalé les différences qui les séparent de leurs souches mères. Ces descriptions sont connues de tous ceux qui lisent les Voyages.

Mais, ajoute-t-on, nulle part on ne rencontre un *peuple* présentant un type moyen ; nulle part on ne voit de races hybrides persistant uniquement par elles-mêmes et sans mélange nouveau des sangs qui leur ont donné naissance.

Il est difficile de saisir le sens de cette objection. Veut-on parler de grandes populations parfaitement intermédiaires entre deux souches connues ? C'est une question que nous aurons à reprendre plus tard.

Veut-on parler d'un peuple exclusivement composé de métis ? Il est évident que des conditions spéciales et difficiles à réaliser sont nécessaires pour qu'il se produise une population de cette nature. Il faut non-seulement que cette population soit entièrement pénétrée par le métissage, mais encore qu'elle soit rigoureusement isolée, sans quoi de nouveaux croisements auront lieu. Or, cette réunion de conditions pouvait-elle se produire sur de vastes continents, dans des îles fréquentées? Évidemment non.

Mais ce fait s'est produit pour des populations peu nombreuses et qu'un concours de circonstances a maintenues isolées pendant un temps plus ou moins long, et ces populations ont grandi parfois avec une rapidité remarquable.

J'ai déjà cité les Cafusus du Brésil; mais l'exemple tiré des Pitcairniens est plus frappant encore. J'ai déjà raconté ici avec détail cette histoire si instructive à tant d'égards; j'y reviendrai sans doute encore. Je me borne donc à rappeler ici les faits les plus en rapport avec la question dont il s'agit en ce moment.

En 1789, à la suite d'une révolte, des matelots anglais, au nombre de 9, vinrent s'établir sur le petit îlot de Pitcairn, dans l'océan Pacifique, accompagnés de 6 Tahitiens et de 15 Tahitiennes. Les blancs s'étant conduits en tyrans, la guerre de race éclata. En 1793 la population était réduite à 4 blancs et 10 Tahitiennes. La guerre s'alluma de nouveau entre ces rares possesseurs de l'île, et 2 Européens périrent dans la lutte. Bientôt Adams seul survécut à tous ses compagnons. Mais les mariages avaient été féconds, les premiers métis avaient grandi et s'étaient mariés entre eux. Eux aussi avaient eu de nombreux enfants. Si bien qu'en 1825, le capitaine Beechey trouva à Pitcairn une population de 66 individus. En 1856 elle était de 189 individus. Elle avait donc presque triplé en 31 ans! Est-ce là un signe de décadence et un présage d'extinction?

Nier la formation de populations métisses qui prennent naissance et se façonnent en quelque sorte sous nos yeux, c'est nier la lumière. Mais comment ne pas admettre que ce qui se passe aujourd'hui a pu, a dû se passer autrefois? Évidemment, refuser au passé ce que le présent montre si clairement, serait conclure en dépit de toutes les analogies.

Or, une fois que l'attention est éveillée sur cette question, on ne tarde pas à reconnaître sur une foule de points du globe des traces d'anciens métissages. La plupart des *races mixtes* sont sans doute des *races métisses*.

On admet assez facilement qu'il en est ainsi lorsque sur les confins d'une race distincte, aux points de contact de deux races pures, on rencontre des populations présentant à divers degrés des caractères intermédiaires. La proximité d'habitat rend alors facilement compte des croisements. Mais bien des esprits répugnent à admettre le mélange des sangs entre des populations que séparent de vastes espaces ou des barrières naturelles. Il n'y a pourtant pas lieu de nier le métissage quand les caractères l'indiquent.

L'homme a été de tout temps bien plus voyageur qu'on ne le croit généralement. L'ère moderne n'a pas seule colonisé. Dans les âges passés, d'autres peuples que les Européens ont souvent franchi les mers, traversé les continents et croisé leur sang avec celui des races locales. Nous en verrons bien des exemples lorsque nous étudierons en détail les populations du globe; mais en voici un qui présente de l'intérêt à plusieurs points de vue.

Les Kafres proprement dits forment une des populations les plus distinctes de l'Afrique méridionale. Ils sont bornés au nord par les nègres de la baie de Lagoa, un des rameaux les plus inférieurs de cette race. Au sud se présentent les Hottentots purs; à l'ouest les Bechuanas, population à caractères mixtes bien accusés. Or, nous disent les missionnaires qui ont séjourné chez les Kafres, on rencontre dans cette population une grande variété de teints allant du marron au noir luisant: les yeux sont tantôt gris, tantôt noirs; les cheveux tantôt lisses, tantôt crépus; les traits tantôt tiennent surtout du nègre, tantôt se rapprochent du type blanc dans la même famille et alors que toute possibilité d'un mélange adultère n'existe pas.

Ces phénomènes sont ceux que l'on observe chez les mulâtres dans certaines colonies. Nous conclurons que les Kafres sont des métis de blancs et de noirs.

Ils ont pourtant été considérés comme une *espèce* particulière par Desmoulins, qui les confond à tort avec les nègres mozambiques. A plus forte raison, Morton et son école les ont-ils de même regardés comme une espèce à part.

Que diront pourtant les polygénistes en présence des faits que je viens de résumer? Admettront-ils que le caractère de cette espèce est de varier? Des naturalistes admettront difficilement cette hypothèse. Diront-ils que cette race s'éteindra? Le passé répond à cet égard de l'avenir. — Nieront-ils les faits? Nous nous bornerons à les renvoyer à ceux qui les ont observés.

Pour nous, jugeant d'après ce qui se passe chez les animaux, chez les végétaux, nous dirons: les Kafres sont une race métisse qui n'est pas encore complétement assise; et quand nous étudierons cette question avec détail, nous verrons l'histoire des Arabes rendre compte de tous ces faits en justifiant notre conclusion.

Je le répète, l'étude des races humaines nous montrera bien des faits analogues. Il y a du vrai dans les opinions de Girdy, bien qu'il les ait exagérées. A y regarder de près, les races métisses sont en somme plus nombreuses que les races pures.

A. DE QUATREFAGES.

TRAVAUX SCIENTIFIQUES ÉTRANGERS

Travaux et faits astronomiques récents (1)

Je me propose de donner ici un léger aperçu de ce qui a eu lieu de plus saillant, en fait de travaux et d'événements astronomiques, depuis la notice sur le même sujet que j'ai publiée dans le cahier de juin 1869 de nos *Archives*. Il va sans dire que cet

(1) Les déplorables événements dont la France a été le théâtre et la victime pendant les années 1870 et 1871 ont été nécessairement un obstacle à ses progrès scientifiques; mais si le mouvement de l'intelligence nationale a été ralenti, nous pouvons espérer que de prompts et énergiques efforts ne tarderont pas à lui donner une nouvelle impulsion, et que la science française reprendra bientôt dans le monde le rang qu'elle doit y occuper. Mais il faut qu'on se hâte, car pendant que la guerre désorganisait nos établissements scientifiques, les nations étrangères marchaient dans la voie scientifique que nous parcourions avec elles.

En ce qui concerne l'astronomie, de grands travaux ont été effectués ou publiés pendant l'année 1870-1871, et M. le professeur Gaulier de Genève en a donné un remarquable résumé. Nous ne croyons pouvoir mieux faire que de publier ici cet article très-propre à montrer à la France ce qui a été fait et ce qu'elle doit faire, si l'on veut maintenir l'astronomie française au degré d'élévation où elle était parvenue il y a quelques années.

aperçu sera loin d'être complet, mais il suffira, j'espère, pour montrer, qu'à travers les difficultés et les complications résultant de grandes et déplorables perturbations sociales dans une partie du continent européen, la science a continué à marcher avec une activité remarquable. Ce sera surtout, comme précédemment, d'après les documents publiés par la Société astronomique de Londres que j'exposerai ce qui a été fait dernièrement.

MÉMOIRES DE LA SOCIÉTÉ ASTRONOMIQUE

Cette Société a continué la publication de son recueil de *Mémoires* et de ses *Notices mensuelles.*

Les derniers volumes des mémoires qui ont paru sont les tomes 37 et 38. Le tome 37 renferme : 1° Un rapport du major Tennant sur les observations de l'éclipse totale du soleil du 18 août 1868 faites à Guntoor dans l'Inde anglaise. 2° Un mémoire du capitaine Clarke, sur l'usage avantageux fait par lui, sur une montagne d'Écosse en 1868, pour déterminer la vraie direction du méridien, d'une lunette méridienne diagonale, construite par Brauer à l'observatoire de Poulkova, où les rayons de lumière sont réfléchis par un prisme latéral intérieur, à travers l'un des pivots creux de l'instrument, sur l'oculaire placé de côté, comme dans les télescopes newtoniens, de manière à faciliter l'observation des passages d'étoiles à toutes les hauteurs. 3° Un mémoire de M. Stone sur la détermination de la constante de la nutation, par les observations des circumpolaires faites à Greenwich, de 1851 à 1865. La valeur moyenne qui en résulte pour cet élément est de 9",134.

Le tome 38 des mémoires renferme : 1° Un septième catalogue d'étoiles doubles, résultant d'observations faites à Slough par sir John Herschel, de 1823 à 1828, avec son télescope à réflexion de 20 pieds, et qu'il n'avait pas encore publiées ; 2° un mémoire du professeur Cayley sur la détermination de l'orbite d'une planète d'après trois observations.

OBSERVATOIRE ROYAL DE GREENWICH

L'observatoire de Greenwich continue à tenir le premier rang parmi ceux de la Grande-Bretagne et peut-être du monde entier. Le volume des observations de 1868, publié cette année par M. Airy, renferme trois appendices importants : 1° le catalogue des positions dans le ciel d'environ 2760 étoiles au 1er janvier 1864, résultant des sept années d'observations, faites de 1861 à 1867, avec le cercle des passages ; ce catalogue fournit des données pour déterminer les mouvements propres de toutes les étoiles observées par Bradley ; 2° un mémoire de M. Breen sur les corrections à appliquer aux éléments des orbites de Jupiter et de Saturne obtenus par Bouvard ; 3° une description très-détaillée, accompagnée de planches, du grand équatorial de l'observatoire de Greenwich, dont la lunette, à tube de bois, a un objectif, de Merz de Munich, de 12 3/4 pouces anglais d'ouverture effective et d'environ 12 pieds de distance focale. On peut suivre, avec cette lunette, le mouvement diurne des astres, à l'aide d'un mécanisme mis en action par une chute d'eau.

ÉCLIPSE DE SOLEIL DE 1870

L'éclipse de soleil du 22 décembre 1870 a pu être observée en bonne partie à Greenwich, et la réduction des observations a prouvé que les erreurs des tables de la lune de Hansen étaient petites, et sensiblement les mêmes près de la conjonction que dans les autres parties de l'orbite lunaire.

Cette éclipse devant être totale, pendant environ deux demi-minutes, sur les rives occidentales de la mer Méditerranée, a donné lieu à plusieurs expéditions scientifiques considérables pour aller l'y observer, comme cela avait eu lieu déjà, à peu près dans la même région, lors de l'éclipse totale du 18 juillet 1860.

La principale de ces expéditions, munie d'un grand nombre d'instruments appropriés aux diverses recherches, est partie par le vaisseau anglais l'*Urgent*, pour débarquer des astronomes en quatre stations, savoir en Sicile, à Cadix, à Gibraltar et à Oran. MM. Lockyer, Huggins, Carpenter et Tyndall en faisaient partie, et le professeur Adams les a rejoints à Naples avec d'autres personnes. Lord Lindsay, avec quelques habiles observateurs, s'est rendu de son côté à Cadix avec un appareil photographique complet. Il y a eu aussi une expédition d'astronomes des États-Unis d'Amérique, qui se sont établis en Sicile sous la direction du professeur Pierce et en Espagne sous celle du professeur Winlock. M. Janssen a réussi à quitter en ballon Paris assiégé, pour aller observer l'éclipse à Oran. Les pères Secchi et Denza, MM. Cacciatore, Blaserna et Donati l'ont observée à Augusta et Terra Nova en Sicile, le père Serpieri en Calabre ; le professeur Roscoe et M. de Schio sont montés sur l'Etna dans la même intention ; MM. Weiss et Oppolzer se sont rendus à Tunis pour le même but.

Malheureusement, outre un accident grave qu'a éprouvé le navire *la Psyché*, amenant une partie de l'expédition anglaise près des côtes de Sicile, le temps a été généralement peu favorable aux observations, et des nuages ont plus ou moins obscurci le ciel pendant la durée de l'éclipse. Cependant, lord Lindsay et MM. Wilard et Brothers ont obtenu de bonnes photographies pendant l'éclipse totale, et la couronne lumineuse, qui apparaît alors autour du disque obscur de la lune, a été spécialement l'objet d'un grand nombre d'observations. Elles ont confirmé l'opinion que cette couronne émane du soleil, et qu'elle se compose de deux couches concentriques : l'intérieure, qui est la plus brillante, a de deux à cinq minutes de degré de largeur, l'extérieure est radiée, et sa lumière va en s'affaiblissant graduellement, jusqu'à une distance de près de quinze minutes à partir du disque obscur. Une partie de cette lumière est polarisée, de sorte qu'elle peut réfléchir celle du soleil, en même temps qu'en émettre une propre.

Le père Secchi, en comparant les dernières photographies de cette couronne avec celles obtenues lors des éclipses de 1860, 1868 et 1869, a constaté qu'elles s'accordaient à manifester un affaiblissement de lumière et un abaissement vers les deux pôles du soleil. Des expériences récentes, faites en temps ordinaire, lui ont montré que le disque du soleil présente, en effet, habituellement deux calottes moins lumineuses près des pôles, d'environ 40 ou 50 degrés d'étendue à partir de ces points, et que c'est aussi là que l'on voit le moins de protubérances rosées. Le n° de mai 1871, du *Bulletin météorologique du Collége romain*, où cet astronome a inséré ces remarques, renferme aussi l'annonce que le professeur Tacchini de Palerme, auquel on doit déjà d'intéressantes représentations des protubérances solaires journalières observées par lui, est arrivé, en un jour très-clair, à voir la couronne en plein soleil, en regardant cet astre derrière un obstacle opaque convenablement disposé.

ANALYSES SPECTRALES ET OBSERVATIONS DES PROTUBÉRANCES SOLAIRES

Le P. Secchi a publié, en 1868, dans les *Actes de la Société italienne des Quarante*, deux mémoires importants, accompagnés de planches, sur les spectres prismatiques des étoiles fixes. Divers observateurs se sont occupés aussi des lignes spectrales qu'on peut distinguer dans les aurores boréales. On doit citer encore les recherches spectroscopiques de M. Respighi sur la scintillation stellaire.

Depuis la mémorable découverte, faite à peu près en même temps par MM. Janssen et Lockyer, immédiatement après la grande éclipse du 18 août 1868, de la possibilité d'observer les protubérances solaires hors des moments des éclipses totales, on a continué avec une grande activité les recherches de ce genre, et je ne pourrais en rapporter ici tous les détails. Je me bornerai à dire que MM. Huggins, Lockyer et Young en Angleterre, MM. Zœllner, Spœrer et Littrow en Allemagne, le P. Secchi et M. Respighi à Rome, M. Tacchini à Palerme, M. Ellery à Melbourne, M. Hennessey à Mussœrie et le professeur Winlock en Amérique, ont été entre les principaux auteurs de travaux récents dans cette partie si curieuse et si neuve de la science. L'optique, la physique, la chimie et l'astronomie s'y trouvent pour ainsi dire en contact mutuel, et amènent par leur concours des résultats très-remarquables, pour l'extension de nos connaissances sur la nature des corps célestes, et spécialement sur celle de notre soleil (1).

Il a paru, en 1870 et 1871, deux ouvrages spéciaux intéressants sur cet astre : l'un en français du P. Secchi, l'autre en anglais de M. Richard Proctor.

PROCHAIN PASSAGE DE VÉNUS

Un passage de la planète Vénus sur le disque du soleil aura lieu le 8 décembre 1874 ; il doit être observé dans des régions terrestres fort distantes entre elles, et reconnues les plus avantageuses pour en déduire une valeur exacte de la parallaxe du soleil. Les cinq stations adoptées par les Anglais pour cette observation sont, dit-on, Alexandrie et les îles Kerguelen, Rodriguez, Woahoo (île Sandwich) et Auckland (Nouvelle-Zélande). J'ai déjà eu l'occasion de parler, dans de précédentes notices, des publications de M. Airy et de quelques autres astronomes, à l'occasion de ce phénomène important. Voici ce que M. Airy dit à ce sujet, dans son dernier rapport au bureau des visiteurs cité plus haut :

« Mon temps a été occupé, en partie par des préparatifs pour le passage de Vénus. J'ai pris des mesures pour pourvoir chacune des cinq stations d'un instrument des passages, d'un cercle de hauteurs et d'azimut et d'un équatorial. J'ai déjà les cinq instruments des passages, neufs et montés sur des piliers de pierre. J'ai aussi cinq pendules, dont deux de l'observatoire royal et trois neuves, un cercle de hauteur et d'azimut de l'observatoire et quatre neufs ; enfin cinq équatoriaux, à lunettes de six pouces d'ouverture, munies d'un mouvement d'horlogerie. Pour accompagner ces deux dernières classes d'instruments je n'ai qu'une pendule, et je dois m'en procurer encore neuf. On doit préparer quinze observatoires portatifs, dont je pourrai exhiber des spécimens aux visiteurs. L'observatoire royal peut fournir trois lunettes mobiles de quatre pouces d'ouverture et il est à désirer qu'on en ait deux de plus.

» Mes préparatifs ne sont relatifs qu'aux observations du contact des limbes des deux astres faites à l'œil. Cette méthode, avec toutes les chances et les défauts auxquels elle est sujette, possède l'inestimable avantage d'être indépendante d'échelles instrumentales. J'espère que l'erreur d'observation n'excèdera pas quatre secondes de temps, correspondant à environ 0″,13 d'arc. Je serais très-content de voir, sous une forme détaillée, un plan pour effectuer les mesures convenables aux moyens d'appareils héliométriques ou photographiques, et j'attacherais un grand intérêt à les combiner avec les observations faites à l'œil, si les stations que j'ai choisies le permettaient. Mais j'ai actuellement une impression de doute sur la certitude de l'égalité des parties de l'échelle employée. Une erreur dépendant de cette cause ne pourrait être diminuée par aucune répétition des observations.

» Divers membres du corps de l'artillerie royale ont exprimé leur désir de prendre part aux observations du passage de Vénus. Je crois qu'il s'y joindra des officiers de la marine royale. »

(1) Les savants mémoires sur le soleil de M. le professeur Zœllner, de Leipsig, ont paru, soit dans le Recueil de ceux de la Société royale de Saxe, soit dans les numéros 1815-1816, 1835 et 1849-1852 des *Astr. Nachrichten*. M. Spœrer, dans le numéro 1854 de ce dernier journal, conclut de ces observations l'existence, dans les hautes régions de l'atmosphère solaire, d'un courant dirigé de l'équateur vers les pôles.

M. Airy ayant appelé le bureau des visiteurs à discuter la convenance de l'adoption d'un plan d'observations photographiques lors du passage de Vénus, il paraît (d'après le n° du 8 juin, p. 107 du journal *Nature*) que le bureau a résolu affirmativement cette question, et a demandé au gouvernement anglais une somme supplémentaire de 5000 livres sterling pour mettre ce plan à exécution.

Il existe aussi, en Allemagne, une commission des principaux astronomes de ce pays-là, pour préparer l'observation du passage de Vénus de 1874. D'après la mention qui en est faite dans le n° de mai 1871 des *Monthly Notices*, la seconde conférence de cette commission a eu lieu à Berlin, du 27 au 28 mars de cette année, entre dix astronomes. Il y a été résolu qu'on établirait pour l'observation de ce phénomène quatre stations héliométriques, dont une dans l'hémisphère boréal, au Japon ou en Chine, en admettant que la Russie en institue d'autres au nord-est de l'Asie, et trois dans l'hémisphère austral, savoir deux dans le voisinage des îles Kerguelen et Auckland, et la troisième à l'île Maurice. On y a décidé aussi qu'il y aurait quatre stations photographiques, savoir celles du nord et des îles Kergulen et Auckland, et une quatrième en Perse, entre Mascate et Téhéran. Il faudra pour ces stations 9 astronomes, 8 photographes et 9 aides.

Une commission française, formée avant la dernière guerre, et composée de l'amiral Paris et de MM. Faye, Laugier, Villarceau et Puiseux, avait rapporté au bureau des longitudes qu'il serait particulièrement désirable que les astronomes de cette nation qui feraient cette observation occupassent les îles de Saint-Paul et d'Amsterdam, Yokohama au Japon, Tahiti, Nouméa, Mascate et Suez. Il est peu probable que les tristes événements dont la France vient d'être le théâtre aient permis de donner suite jusqu'à présent à ces propositions, mais on doit espérer qu'elles pourront être reprises (1).

Quant à la Russie, sa vaste étendue présente des positions favorables pour l'observation du passage de Vénus. M. Otto Struve a organisé il y a deux ans un comité pour prendre en considération l'établissement d'une chaîne d'observateurs, qui seraient placés à des intervalles d'environ cent milles de distance, le long de la région comprise entre le Kamtschatka et la mer Noire, à cause des incertitudes que présentent, dans ces parages, les conditions atmosphériques du mois de décembre. Ces dispositions rappellent ce qui a déjà été fait par la Russie, sous l'impératrice Catherine II, pour l'observation du passage de Vénus de 1769, où deux astronomes genevois, Jaques André Mallet et Jean-Louis Pictet-Mallet, furent, entre autres, chargés de se rendre dans la Laponie russe pour y faire cette observation.

OBSERVATOIRES D'OXFORD ET DE CAMBRIDGE.

M. Main, directeur de l'observatoire d'Oxford, a publié, en 1870, le second catalogue général de 2386 étoiles observées dans

(1) La France se prépare enfin à prendre part aux observations du passage de Vénus. Le passage de Mercure sur le soleil, le 7 novembre 1868, ayant montré que l'instant des contacts intérieurs était apprécié d'une manière très-différente par des observateurs également exercés, mais pourvus de lunettes d'un pouvoir optique différent, deux astronomes de l'Observatoire de Paris, MM. Wolf et André, avaient été amenés à étudier le phénomène de la goutte ou du ligament noir et à préciser les moyens d'en empêcher la production. Les erreurs que la formation du ligament noir introduit dans la détermination de l'instant du contact géométrique intérieur du disque de la planète et du disque du soleil donnant une erreur correspondante dans la valeur de la parallaxe solaire, il y a le plus haut intérêt à ce que l'observation du passage de Vénus soit faite avec des instruments construits de manière à éviter ce phénomène. La section d'astronomie de l'Académie des sciences s'occupe aujourd'hui à examiner le mémoire que MM. Wolf et André lui ont remis sur ce sujet le 1er mars 1869, et elle ne tardera pas à se prononcer sur le genre et la grandeur des instruments que les astronomes français vont avoir à faire construire en toute hâte. G. R.

cet établissement de 1854 à 1861 inclusivement, avec un cercle-méridien de Jones et un instrument des passages. Ce catalogue comprend des étoiles doubles et quelques étoiles de neuvième et de dixième grandeur.

Depuis la fin de 1861, le cercle de passage acquis de M. Carrington a été substitué à Oxford aux deux instruments précédents, pour les observations méridiennes.

L'observatoire d'Oxford a été construit en 1772, avec une partie des fonds légués à l'Université par le docteur John Radcliffe. L'astronome actuel de cet établissement adresse, chaque année, au bureau des gardiens de la fondation, un rapport succinct qui est imprimé. Dans celui de juillet 1871, M. Main annonce que le volume des observations de 1868 va paraître, qu'il contiendra, entre autres, un catalogue annuel de 1772 étoiles, comparé à d'autres catalogues, un autre catalogue de 48 étoiles doubles, etc. Son rapport renferme aussi l'énoncé d'un résultat curieux et nouveau des observations faites à Oxford sur la direction du vent, savoir que cette direction moyenne annuelle, déduite des observations diurnes bihoraires, suit une marche périodique évidemment liée à celle des taches du Soleil. Ainsi, en 1860, année de *maximum* de taches, le vent a eu, en moyenne, sa direction la plus occidentale. En 1866, année de *minimum*, sa direction moyenne a été la plus méridionale, et pendant ces six ans cette direction a marché graduellement de 58 degrés de l'ouest vers le sud. Dès lors elle a rétrogradé vers l'ouest, et M. Main prévoit que 1871, année de *maximum* de taches, verra, à très-peu de chose près, la direction moyenne du vent redevenir la même qu'en 1860. Il cite les recherches sur ce sujet communiquées par M. Baxendell à la *Société philosophique de Manchester*.

L'observatoire de Cambridge a reçu, en décembre 1870, son nouveau cercle de passages, construit par Simms et dû à la munificence de miss Sheepshanks. Il est muni d'une lunette de 8 pouces d'ouverture, de deux cercles verticaux de 3 pieds de diamètre, où les lectures se font à l'aide de 4 microscopes micrométriques, et de 2 lunettes collimatrices de 6 pouces d'ouverture, qui peuvent être dirigées l'une sur l'autre à travers une ouverture dans le cube central. L'instrument peut être aisément et sûrement retourné à l'aide d'un appareil particulier. C'est M. Graham qui s'en occupera spécialement, sous la direction du professeur Adams.

OBSERVATOIRE DE KEW.

Le photohéliographe de l'observatoire de Kew a continué à fontionner, sous la direction de M. de la Rue; et dans l'année 1870, la neuvième de la série, on a obtenu, en 220 jours, 380 représentations photographiques du soleil.

MM. de la Rue, Stewart et Lœvy ont présenté à la Société royale de Londres de nouveaux mémoires, soit sur la méthode adoptée par eux pour s'assurer de la position et des surfaces occupées par les taches sur le disque du soleil, et sur son application aux observations faites à Kew de 1862 à 1866, soit sur l'examen de la collection de dessins de ces taches exécutées par M. Schwabe de Dessau, d'après ses observations comprises entre 1825 et 1867. Ils ont trouvé, en mettant leurs résultats sous une forme graphique, les dates suivantes pour les *maxima* et *minima* des taches :

1833, novembre 28, *minimum.*
1836, décembre 21, *maximum.*
1843, septembre 21, *minimum.*
1847, novembre 14, *maximum.*
1856, avril 21, *minimum.*
1859, octobre 7, *maximum.*
1867, février 14, *minimum.*

Ces époques coïncident bien, en général, avec celles déterminées par M. Wolf de Zurich, mais il y a, cependant, quelques différences. Ainsi, ce dernier a trouvé :

1844,0 pour le 2me *minimum* du tableau précédent.
1848,6 pour le 2me *maximum*, »
1860,2 pour le 3me *maximum*, »

Les astronomes anglais, que je viens de citer, ont aussi continué leurs études relatives à l'action des planètes sur les taches du soleil. Les résultats qu'ils ont obtenus, d'après les observations faites de 1832 à 1868, prouvent qu'il y a un accroissement d'activité dans la production des taches solaires quand Jupiter et Vénus, ou Mars et Mercure sont angulairement peu éloignés l'un de l'autre dans le ciel, et, par conséquent, que leur action a lieu dans le même sens; et qu'il y a décroissement, au contraire, quand ces planètes sont à près de 180 degrés l'une de l'autre.

L'observatoire de Kew était, jusqu'à présent, sous le patronage de l'*Association britannique pour l'avancement des sciences*, dont la dernière session vient d'avoir lieu à Edimbourg, sous la présidence de sir William Thomson. Ce savant a annoncé, dans son discours d'ouverture, que M. Gassiot avait fait un don de dix mille livres sterling à l'observatoire de Kew, en plaçant l'administration de ce fonds sous la direction d'un comité dépendant de la Société royale de Londres.

OBSERVATOIRE DE DUBLIN.

M. le docteur Brunnow, directeur actuel de l'observatoire de Dun Sink, près de Dublin, fait usage maintenant de la grande lunette achromatique de l'artiste français Cauchoix, de 11 3/4 pouces anglais de diamètre, donnée à cet établissement par sir James South, et montée équatorialement, en 1868, par MM. Grubb et fils. Il l'a employée à une nouvelle recherche de la parallaxe annuelle de α de la Lyre, en comparant sa position à celle de son petit compagnon, qui ne participe probablement pas à son mouvement propre. La valeur qu'il a obtenue est de $0'',2143$ avec une erreur probable de $\pm\ 0'',0095$. Il a comparé aussi l'étoile σ du Dragon avec une autre de dixième grandeur qui en est voisine, et il a trouvé ainsi la parallaxe de la première de $0'',225$ avec une erreur probable de $\pm\ 0'',028$. M. Brunnow regarde ces résultats comme ayant encore besoin de confirmation.

AUTRES OBSERVATOIRES ANGLAIS DIVERS

M. Stone, depuis son arrivée à l'observatoire du Cap de Bonne-Espérance, s'est attaché à déterminer, avec le cercle de passages, la position exacte des étoiles voisines du pôle austral. Il a commencé aussi à observer de nouveau les étoiles doubles déjà observées au Cap par sir John Herschel. Il doit publier prochainement un catalogue de 328 étoiles, observées de 1856 à 1864, avec le nouveau cercle des passages.

M. Stone a reconnu récemment qu'il existait une connexion entre la période des taches solaires de M. Wolf et les températures terrestres au Cap. Le professeur Smyth, d'Édimbourg, paraît être arrivé à la même conclusion pour les températures de cette dernière ville, et M. Cleveland Abbe, directeur de l'observatoire de Cincinnati, cite (*Nature*, 15 juin 1871, p. 123) une discussion sur ce sujet, publiée dans le journal scientifique américain de Silliman, qui contient une intéressante confirmation de cette connexion. Je me suis occupé de ce sujet dès 1844, et j'ai publié alors, dans notre *Bibliothèque universelle*, un mémoire qui a été reproduit dans les *Annales de chimie et de physique* de la même année (tome XII, pp. 57-63).

Les astronomes ont appris avec joie que M. Carrington, dont les observations de taches du soleil et le catalogue d'étoiles circumpolaires sont justement appréciés, pouvait, après une interruption de quelques années, se livrer de nouveau à des travaux astronomiques. Il se fait ériger un nouvel observatoire à Churt, près de Farnham, sur une colline d'environ 60 pieds de hauteur. Une pendule y sera placée dans une caisse imperméable à l'air, au fond d'un puits de 6 pieds de diamètre et de 40 pieds de profondeur, de manière à avoir une température et une pression invariables. L'observatoire, situé au-dessous du sol, sera pourvu d'un cercle de hauteur et d'azimut sur le principe de Steinheil, c'est-à-dire où l'axe horizontal est aussi l'axe optique. Un objectif de 6 pouces de diamètre, muni d'un prisme fixé à l'extérieur, est placé à l'un des bouts et l'oculaire à l'autre bout de l'axe.

L'observatoire particulier de M. Joseph Gurney Barclay, à Leyton, comté d'Essex, a continué à être en activité. M. Barclay a publié, en 1870, un second petit volume in-4° d'observations d'étoiles doubles, de comètes, d'éclipses et d'occultations, faites de 1865 à 1869 par M. Talmage, avec l'équatorial de cet observatoire, construit par MM. Cooke, et dont la lunette a 10 pouces d'ouverture.

NOUVEAUX INSTRUMENTS

La Société royale de Londres a fait construire, par MM. Grubb de Dublin, un grand équatorial, auquel peut s'adapter, à volonté, soit une lunette achromatique de 15 pouces anglais d'ouverture et de 15 pieds de longueur focale, avec son tube, soit un autre tube contenant un miroir de 18 pouces de diamètre. Des spectroscopes sont adaptés à l'instrument. Celui de M. Grubb se compose d'une dizaine de prismes, procurant une dispersion totale d'environ 90 degrés, et se mouvant automatiquement, de manière à présenter successivement les diverses parties du spectre à une lunette d'observation de 6 pouces de longueur focale et de 1 pouce d'ouverture. A angle droit de cette lunette, il y en a une autre de 4 1/2 pouces de foyer servant de collimateur. Ce grand équatorial a été placé par la Société royale entre les mains de M. Huggins, dont les travaux spectroscopiques sont bien connus du monde savant. Il a été établi à Upper Tulse Hill, près de Londres, où se trouve l'observatoire de M. Huggins, dans une tourelle de 10 pieds de diamètre, construite exprès et ayant la forme d'un tambour.

Le grand télescope à réflexion, dont le miroir a 4 pieds de diamètre, monté équatorialement par les mêmes artistes, a été expédié à l'observatoire de Melbourne, en Australie, et l'on a tout lieu d'espérer que MM. Ellery et Mac George en tireront un très-bon parti. Ce dernier a déjà reconnu, avec ce télescope, de nouvelles petites étoiles près de Sirius.

La grande lunette achromatique équatoriale de 25 pouces d'ouverture et de 29 pieds de distance focale, construite dans les ateliers de MM. T. Cooke et fils, à York, pour M. Newall de Gateshead, a été achevée et transportée dans la propriété de M. Newall, à Ferndene. Le tube de la lunette, en plaques d'acier rivées, a 32 pieds de long, et il est renflé vers son milieu en forme de cigare. Près de l'oculaire se trouvent ajustés deux chercheurs de 4 pouces d'ouverture, et une lunette de 6 1/2 pouces pour observer les comètes. Un pilier de fer fondu de 19 pieds de hauteur, depuis le sol jusqu'au centre de l'axe de déclinaison, supporte l'instrument, qui est muni d'un cercle de déclinaison de 26 pouces de diamètre. Le poids total de ce colossal équatorial est de près de 9 tonnes. Un appareil d'horlogerie met aisément sa lunette en mouvement, grâce à l'habileté avec laquelle l'instrument est équilibré. Les cercles et les micromètres y seront éclairés par des tubes de Geissler. M. Newall se propose de l'établir dans un climat favorable, et de l'y mettre, pendant un certain nombre d'heures par jour, à la disposition des astronomes, sous la direction de M. Albert Marth.

MM. Troughton et Simms ont été récemment chargés de construire, d'après les dessins du colonel Strange, deux nouveaux secteurs zénithaux pour les grandes opérations trigonométriques qui se poursuivent dans l'Inde britannique. Ce sont des portions de cercle de 3 pieds de diamètre, munies chacune d'une lunette de 4 pouces d'ouverture et de 4 pieds de longueur focale, et où les lectures se font à l'aide de 4 microscopes micrométriques. L'un de ces secteurs est arrivé à Bangalore, présidence de Madras, et a été remis au capitaine John Herschel, chargé d'en faire l'application à la détermination de latitudes astronomiques à de courtes distances, dans le double but d'étudier les actions d'attraction locale et d'en éliminer les effets sur les mesures géodésiques. Cet ingénieur a trouvé qu'une seule nuit d'observation (de 36 étoiles en 6 heures) avec le nouveau secteur était amplement suffisante pour donner une latitude dont l'erreur probable ne dépassait pas un cinquième de seconde de degré. Il croit que ce résultat satisfaisant est entièrement dû à la grande stabilité de l'instrument.

RADIATIONS CALORIFIQUES LUNAIRE ET STELLAIRES

La pile thermo-électrique a été employée récemment avec succès par plus d'un observateur pour des expériences sur la radiation lunaire.

Le comte Rosse a réussi, en mars et avril 1869, à l'aide de son télescope à réflexion de 3 pieds de diamètre, de deux thermopiles et d'un galvanomètre à réflexion de Thomson, à constater que la chaleur de la lune augmente avec sa phase d'éclairage. Les rayons calorifiques qui se sont manifestés étaient, cependant, principalement de chaleur obscure, et lord Rosse en conclut que la plus grande partie de la chaleur reçue par la lune est de la chaleur solaire, absorbée d'abord par la croûte lunaire, et renvoyée ensuite en radiation obscure. En employant un vase d'eau chaude comme terme de comparaison intermédiaire, il estime que la radiation de la pleine lune n'est que la 89819me partie de celle du soleil, valeur sensiblement la même que celle à laquelle on arrive par une recherche purement théorique. Des observations du même genre ont été faites à Paris vers la fin de 1869, par MM. Baille et Marié-Davy, et leurs résultats confirment en général ceux de lord Rosse.

Ce dernier a continué avec succès, en 1870, ses recherches sur la chaleur de la lune. Il trouve la proportion de cette chaleur, transmise par une plaque de verre, représentée par le chiffre 12, tandis que la même plaque donne passage à 87 pour 100 de chaleur solaire, et à 1,6 de chaleur d'un corps à la température de 180 degrés de Fahrenheit. Comme, dans ces expériences sur la radiation lunaire, la quantité de chaleur mesurée par la thermopile représente la différence entre la radiation d'un cercle céleste contenant le disque de la lune, et d'un cercle de même diamètre de la partie du ciel environnante, lord Rosse a cherché à lier la radiation du ciel à celle d'un corps de température connue ; et ses observations lui donnent, pour la température apparente du ciel, des valeurs comprises entre 16 et 31 degrés de Fahrenheit, soit de — 8°,89 et — 0°,56 centigrades.

M. Huggins avait obtenu, dès 1867, avec une thermopile très-sensible, un effet calorifique appréciable pour les étoiles Sirius, Régulus, Pollux et Arcturus.

M. Stone, avant de quitter Greenwich, y a essayé aussi, en 1868 et 1869, de déterminer le pouvoir calorifique de quelques étoiles. Il y a employé une thermopile en forme de fer à cheval, dont les deux faces, également exposées à l'objectif de la lunette du grand équatorial, étaient affectées de la même manière par les causes perturbatrices, de sorte que la chaleur de l'image de l'étoile, projetée sur chacune des faces de la pile, se manifestait seule. Il a obtenu ainsi, en plusieurs nuits, des indications positives de chaleur provenant d'Arcturus et d'α de la Lyre. Il a trouvé, en tenant compte de l'effet d'absorption de l'objectif, que la chaleur d'Arcturus, à une hauteur de 25 degrés, était de 0,00000137 d'un degré de Fahrenheit, et celle de α de la Lyre seulement d'environ les 2/3 de cette quantité. Cela équivaut pour Arcturus à la chaleur d'un tube d'eau bouillante de 3 pouces de côté placé à 400 yards, soit 365^{m},75 de distance ; tandis que pour celle de α de la Lyre, ce cube serait à 600 yards. M. Stone présume que la cause de la différence de pouvoir calorifique, entre ces deux étoiles de première grandeur, peut être liée à celle de leurs couleurs, l'une étant rouge et l'autre blanche. La chaleur manifestée diminue rapidement quand l'humidité augmente, et le moindre nuage ou brouillard fait disparaître tout effet sensible. Les détails de ces expériences ont été publiés dans les *Proceedings* de la Société royale de Londres de janvier 1870.

VARIATIONS D'ÉCLAT DE L'ÉTOILE η DU NAVIRE ARGO, ET CHANGEMENTS DANS LES NÉBULEUSES VOISINES

M. *Tebbutt*, qui observe depuis 1854, à Windsor, dans la Nouvelle-Galles du Sud, les remarquables variations d'éclat de cette étoile, a adressé récemment à la Société astronomique un tableau de la succession de ses décroissements de grandeur, ou d'éclat apparent, déterminés par lui de 1854 à 1870, par comparaison avec des étoiles voisines, en faisant usage, jusqu'à la fin de 1863, des étoiles de comparaison adoptées au Cap par Sir John Herschel. Voici un extrait de ses résultats.

En juillet 1854, η du Navire brillait comme une étoile de toute première grandeur.

En mai 1860, elle n'était plus que de la grandeur représentée par le chiffre	3,41
En avril et mai 1863, ce chiffre était de	4,66
En février et mars 1865, »	5,25
En février 1868, 1869 et 1870, »	6,20
Vers le milieu de 1866 et de 1870, »	6,40
En novembre et décembre 1870, »	6,25

On voit par là que, jusqu'en février 1868, il y a eu une diminution graduelle d'éclat, de la première à la sixième grandeur, qui a duré environ quatorze ans, et que dès lors l'étoile, étant invisible à l'œil nu, a présenté de légères fluctuations, correspondant à environ 1/4 de grandeur.

J'ai fait mention, dans ma notice de 1869, des changements d'apparence observés par M. Abbott, à Hobart-town, dans les nébuleuses voisines de cette étoile. Il a continué ses observations, et a transmis à la Société astronomique deux cartes de ces nébuleuses et des étoiles environnantes, dressées par lui en janvier 1870 et février 1871. Elles ont paru dans le numéro de juin 1871 des *Monthly Notices*, avec les remarques de l'auteur et celles de MM. Herschel et Airy. Ce dernier estime que M. Abbott a eu le mérite de signaler le premier des changements de position et de forme dans la nébuleuse voisine de η du Navire ; mais sa lunette ayant seulement environ 4 pouces d'ouverture, il est à désirer qu'un nouvel examen soit fait avec un instrument plus puissant, et le grand télescope de Melbourne pourra être très-utile sous ce rapport.

FAITS DIVERS RELATIFS AUX ÉTOILES

M. E. B. *Powell*, de Madras, s'est occupé des éléments de l'orbite elliptique que décrivent, l'une autour de l'autre, les deux belles étoiles australes qui forment le groupe de α du Centaure, le plus voisin de notre système solaire qu'on ait reconnu jusqu'à présent. Il a trouvé le demi-grand axe de cette orbite de 20'',13 ; l'excentricité, de 0,63944 du demi-grand axe ; la durée de la révolution de 76 ans,25 et l'époque du passage au périastre 1871,2. La distance angulaire des deux étoiles était de 10'',24 en 1870,1. Ce groupe binaire avait déjà été observé à Lima par le Père Feuillée, en juillet 1709, et dès lors il y a eu un peu plus de deux révolutions de l'une des étoiles autour de l'autre.

M. W. T. *Lynn*, l'un des adjoints de l'observatoire de Greenwich, a communiqué à la Société astronomique un cas assez curieux de mouvements propres de petites étoiles. Il s'agit du groupe binaire 36 d'Ophiuchus, composé de deux étoiles de cinquième à sixième grandeur, et d'une autre étoile de septième grandeur, la trentième du Scorpion, distante des deux premières d'environ 12'21'' de degré. Or, ces étoiles ont, toutes trois, un mouvement propre annuel de 1'',27 dans la même direction, et voyagent, par conséquent, ensemble dans le ciel. Ce fait était déjà connu. Mais M. Lynn en a obtenu la confirmation, d'après les catalogues publiés à Greenwich de 1840 à 1864. Il a constaté aussi que l'étoile de neuvième grandeur, n° 17415 du catalogue formé par Œltzen d'après les zones d'Argelander, a un mouvement propre annuel de 1'',2.

Le docteur *Pihl* s'est occupé d'un amas d'étoiles qui porte le n° 34 dans la liste de l'astronome Messier. Il a déterminé, avec un équatorial de 4 pouces 1/4 d'ouverture, les positions relatives de 85 des étoiles de ce groupe, en les rapportant à deux étoiles principales. Un nouvel examen comparatif de cet amas, au bout d'un long intervalle de temps, pourra donner lieu à d'importants résultats.

M. *Richard Proctor*, auquel la Société astronomique doit de nombreuses communications récentes, a construit déjà un atlas céleste de douze cartes, et en prépare un autre qui comprendra les 324 000 étoiles des cartes d'Argelander. Ces travaux l'ont conduit à de nouvelles considérations sur la distance des étoiles et sur leur distribution, dans l'exposition desquelles je ne puis entrer ici.

VARIABILITÉ DE COULEUR DE LA PLANÈTE JUPITER

M. *John Browning*, astronome anglais et constructeur d'instruments, et le docteur Mayer de Philadelphie, ont observé, pendant les dernières oppositions de Jupiter, quelques apparences particulières de coloration, surtout dans les bandes, apparences que M. Browning présumerait être de nature périodique. Il y a des observateurs qui n'admettent pas encore de changements réels de couleur, et qui attribuent la diversité des apparences à celle des instruments. Mais MM. Penrose et Ranyard confirment les assertions de M. Browning. Ce dernier, depuis décembre 1867, avec des grossissements de 350 à 500 appliqués à un télescope à réflexion d'un pied de diamètre, a vu les bandes obscures du disque de Jupiter d'un gris cuivré et les pôles d'un gris bleuâtre, sans apercevoir de couleur sur la bande équatoriale, tandis que, plus tard, et depuis deux ans, la couleur jaune fauve de cette dernière bande a été beaucoup plus marquée. M. Ranyard, après avoir cité de plus anciennes observations de changements d'apparences sur le disque de Jupiter, présume, comme M. Browning, qu'il y a quelque connexion entre le retour de ces changements et la période des taches du soleil (1).

NOUVELLES PETITES PLANÈTES

Depuis ma notice de 1869, où le nombre reconnu de ces petits corps planétaires télescopiques, situés entre Mars et Jupiter, était déjà de 108, il en a été découvert 9 ; 4, *Félicité*, *Ate*, *Iphigénie* et un tout nouvellement, ont été signalés en Amérique par le docteur C. H. F. Peters, astronome du collége d'Hamilton, à Clinton, État de New-York, et un, *Lydie*, a été reconnu à Marseille par M. Borelly. L'avant-dernière de ces planétoïdes, *Amalthée*, de dixième à onzième grandeur, a été trouvée, le 12 mars 1871, à Bilk près de Dusseldorf, par le docteur Luther, auquel on doit déjà de nombreuses découvertes de ce genre. On en compte donc actuellement 114 (2), dont les moyennes

(1) Zœllner, dans son dernier mémoire sur le soleil (*Astr. Nachr.*, n° 1851), s'est occupé aussi des variations qui ont lieu à la surface de Jupiter et de leur cause probable. Le numéro 1843 du même recueil contient des observations récentes sur ces variations, accompagnées d'une planche, par M. J. Birmingham, de Millbrook, comté de Tuam, en Irlande.

(2) La notice de M. Gautier a été écrite dans les premiers jours d'août. Depuis cette époque, on a découvert trois nouvelles petites planètes, de sorte que leur nombre total est aujourd'hui de 117. G. R.

distances au Soleil, en prenant celle de la Terre pour unité, sont comprises entre celle de *Flore* 2201 et celle de *Sylvie* 3494. Les cinq dernières se trouvent dans la partie intérieure de cette espèce d'anneau d'astéroïdes, dont l'observation et la détermination des orbites elliptiques, assez excentriques, décrites autour du Soleil, exigent des instruments optiques puissants et des travaux considérables. Le volume des *Éphémérides de Berlin* pour 1873 contient un supplément, où se trouvent des éphémérides approximatives calculées de vingt en vingt jours, de 108 de ces petites planètes pour 1871, ce qui permet de les trouver avec une forte lunette équatoriale. L'éphéméride est journalière pour 58 d'entre elles, près des époques de leur opposition. Le travail du calcul de ces éphémérides se trouve réparti entre quarante-cinq astronomes, qui s'en sont chargés, chacun au moins pour une d'entre elles, et dont quelques-uns, tels que les docteurs Becker, Gunther, Luther, Peters, Powalky et MM. Lehmann et Sievers, en ont pris chacun de 3 à 10.

COMÈTES

Il n'a pas paru de comètes très-brillantes depuis 1866, mais on en a découvert et observé 3 télescopiques en 1869, 4 en 1870, et déjà 4 en 1871. Les plus importantes d'entre elles sont les comètes à courte période qui portent les noms de Winnecke, de d'Arrest et d'Encke, et la comète à longue période de Tuttle, qui ont été observées de nouveau.

L'Académie impériale des sciences de Vienne, reconnaissant l'importance de la recherche assidue des comètes, spécialement par leur connexion, nouvellement reconnue, avec les essaims de météores lumineux, a résolu de donner une série de prix de la valeur de 20 ducats autrichiens, soit de 136 francs, pendant les trois années comprises entre le 31 mai 1869 et le 31 mai 1872, à ceux qui découvriraient, dans cet intervalle de temps, des comètes télescopiques et non prédites, le nombre des prix à décerner annuellement étant limité à 8.

A. Gautier.

— La fin prochainement. —

BULLETIN DES SOCIÉTÉS SAVANTES

Académie des sciences de Paris. — 18 décembre 1871.

Nous avons parlé, dans notre précédent compte rendu, des expériences de M. Merget relatives à la diffusion des vapeurs de mercure. Les membres de l'Académie ont eu sous les yeux, dans la dernière séance, diverses reproductions très-fidèles d'objets ou de dessins obtenus par M. Merget en utilisant la vaporisation du mercure. Voici comment ces reproductions ont été obtenues :

Des réactifs qui décèlent le mercure, l'azotate d'argent ammoniacal est le plus sensible. Viennent ensuite les sels d'or, de platine, d'iridium et de palladium. D'autre part, l'argent réduit condense lui-même très-énergiquement les vapeurs de mercure. Cela posé, supposons qu'un cliché photographique positif ait été exposé pendant quelque temps à ces vapeurs ; il suffira de l'appliquer ensuite sur un papier imprégné d'azotate d'argent ammoniacal ou d'un sel des autres métaux que nous avons indiqués pour obtenir, par réduction des sels métalliques, un autre positif identique au premier. Ce positif devra être viré et lavé pour le fixer s'il a été obtenu au moyen d'un sel d'argent; il suffira de le laver si l'on a employé les sels des autres métaux précieux.

Une feuille d'un végétal exposée aux vapeurs mercurielles, puis déposée sur un papier sensibilisé, se reproduit dans tous ses détails. Voilà donc un nouveau moyen de dessiner fidèlement un grand nombre d'objets d'histoire naturelle. Les dessins ainsi obtenus sont d'une grande finesse ; nous avons vu circuler parmi eux, reproduite avec toutes ses lignes, la main d'un ouvrier employé à l'étamage des glaces.

Nous n'avons pas besoin d'insister sur l'importance que peuvent prendre les procédés de M. Merget dans les analyses qualitatives et dans les recherches d'hygiène relatives aux industries où le mercure est manié en grandes masses.

Un fait intéressant, signalé par M. Merget, c'est l'imbibition mercurielle dont sont l'objet les ouvriers employés dans ces industries, quelles que soient d'ailleurs les précautions prises pour assurer la ventilation. Les vêtements, la barbe, la chevelure, sont autant de condenseurs de la vapeur mercurielle qui continuent hors de l'atelier l'intoxication commencée pendant le travail. Heureusement M. Merget annonce la découverte de procédés désinfecteurs dont il affirme le succès.

M. *de Tastes* a imaginé un nouveau propulseur fondé sur ce que les membranes élastiques vibrantes donnent lieu par leur mouvement à une aspiration d'air, laquelle implique une réaction sur l'appareil muni de la membrane. C'est là une simple prise de date, les expériences de M. de Tastes n'étant pas encore terminées.

Arrivons maintenant à la séance d'aujourd'hui, à laquelle assiste l'empereur du Brésil.

Elle débute par une heureuse nouvelle : les observations de la nouvelle éclipse de soleil ont eu un plein succès. Par une dépêche télégraphique datée d'Octacamund (côte de Malabar), et qui n'a mis qu'une vingtaine d'heures pour arriver à Paris, M. Janssen annonce en ces termes les résultats qu'il a obtenus : « Spectre de la couronne attestant matière plus loin qu'atmosphère du soleil. »

On sait que la question controversée était celle-ci : la couronne qui se manifeste pendant les éclipses de soleil est-elle un phénomène qui se produit autour du soleil lui-même, ou bien n'est-ce que le résultat des réflexions et des réfractions subies par les rayons lumineux dans notre atmosphère? La dépêche de M. Janssen semble trancher la question en faveur de la première alternative. Hâtons-nous d'ajouter cependant qu'elle est trop concise pour pouvoir se passer des commentaires dont M. Janssen ne manquera pas de la faire suivre.

Nous apprenons encore que la section de zoologie vient de présenter en première ligne M. Darwin pour une place de correspondant. La section a tenu à montrer ainsi qu'elle n'était pas exclusive et qu'elle appréciait hautement la valeur d'un homme dont les doctrines sont cependant contraires à l'opinion connue de la plupart des naturalistes de l'Académie.

Après cela, on peut considérer comme l'événement de la séance la discussion qui s'est élevée entre M. *Pasteur* et M. *Fremy*.

Dans un mémoire récemment traduit et publié dans les *Annales de chimie et de physique*, M. Liebig attaque les doctrines de M. Pasteur relativement à la fermentation. Pour M. Liebig, la décomposition des matières albumineuses est la cause des phénomènes de fermentation; pour M. Pasteur, la cause de ces phénomènes réside, au contraire, dans les phénomènes vitaux qui accompagnent la nutrition et le développement d'organismes inférieurs, animaux ou végétaux, qui sont les véritables *ferments*. Par des expériences inattaquables, M. Pasteur a établi tout au moins le rôle prépondérant de ces organismes : aussi est-ce avec la plus grande énergie qu'il maintient la rigoureuse exactitude de ses conclusions, et qu'il invite M. Liebig à venir répéter auprès de lui ses expériences fondamentales. « Qu'il vienne, ajoute M. Pasteur avec une émotion que sa voix trahit; qu'il vienne malgré son titre de savant allemand, bien qu'il soit le compatriote des insulteurs de la science française, de ceux qui osent traîner dans la boue le grand nom de Lavoisier (1)! »

Les théories de M. *Pasteur* ne sont pas celles de M. *Frémy*. Aussi, après la lecture dont nous venons de parler, M. Frémy demande-t-il à M. Pasteur quelle est l'origine de la levûre de bière qui se produit dans un grain de raisin exposé à l'air.

Cette origine, répond M. Pasteur, est uniquement dans les germes de levûre disséminés partout dans l'atmosphère.

De là, M. Frémy tire cette conséquence, qu'un verre d'eau sucrée exposé à l'air et pourvu des sels ammoniacaux nécessaires au développement de la levûre de bière, devrait, en peu de temps, devenir le siége d'une fermentation alcoolique très-marquée ; or, cela n'a jamais lieu.

Mais alors l'absence de fermentation alcoolique tient, suivant M. Pasteur, à ce que la levûre de bière n'est pas le seul ferment dont les germes se trouvent dans l'atmosphère. On doit y rencontrer les germes de tous les ferments, et ces germes se déposent tous à la fois dans les liqueurs exposées à l'air. Or, chacun d'eux exige pour se développer des cir-

(1) On sait, en effet, qu'après avoir insulté un anthropologiste éminent, pour avoir prouvé que les Prussiens n'avaient jamais rien eu de commun avec la race allemande, il s'est trouvé un savant prussien qui a eu l'impudence d'écrire que Lavoisier *était un amateur qui méritait à peine le nom de savant.*

constances particulières ; si ces circonstances sont réalisées dans un liquide donné par l'un d'eux, celui-là se développe et empêche le développement des autres.

Le suc de raisin étant un terrain propice au développement de la levûre de bière, la fermentation alcoolique s'établit dans ce suc, sans qu'il soit besoin de l'intervention du chimiste, par un ensemencement naturel; au contraire, l'eau sucrée ammoniacale est plus propice au développement de la levûre lactique, et, comme le fait remarquer M. *Trécul*, cette levûre se développe la première. C'est pourquoi, dans le verre d'eau sucrée, on ne voit pas se développer la levûre de bière, pas plus que la fermentation alcoolique.

M. Frémy ne paraît pas convaincu par ces raisons ; toutefois, il n'apporte pas un fait qui contredise directement l'argumentation de M. Pasteur.

Il nous reste à signaler une description de l'état atmosphérique pendant la première quinzaine de décembre, par M. *Delaunay* ; une communication de M. Edmond Becquerel, qui fixe à — 27°,5, le maximum de froid observé à Montargis, durant cette quinzaine ; enfin, une note de M. Bert annonçant que les rayons du spectre ont une action très-inégale sur la végétation. Les rayons verts sont les moins favorables à la végétation ; soumises aux rayons rouges, les plantes sont encore languissantes ; la lumière blanche seule satisfait pleinement à toutes les conditions de la végétation. Nous ne croyons pas nous tromper beaucoup en disant que ces résultats ne sont pas absolument nouveaux pour les botanistes.

Après ces communications, l'Académie se forme en comité secret pour discuter les titres des candidats à la place laissée vacante dans la section d'économie rurale par la mort de M. Payen, et entendre la présentation d'une liste de candidats à la place d'associé étranger actuellement vacante. Les candidats sont MM. Airy, astronome royal à Greenwich; Agassiz, à Cambridge (Massachussets), Kirchoff (de Heidelberg) et Bunsen (de Heidelberg). Sur ces deux noms une vive discussion s'engage ; plusieurs académiciens déclarent qu'ils ne pourront voter pour un savant prussien tant qu'un soldat de cette nation sera encore sur notre territoire. L'émotion est telle que M. Faye ne peut maîtriser la discussion et lève la séance, le vote de l'Académie étant remis à trois semaines.

Académie de médecine de Paris. — 19 DÉCEMBRE 1871.

Après une série de rapports officiels sur les épidémies, les eaux minérales, les vaccinations et les remèdes secrets, M. Béclard dépouille la correspondance imprimée. A ce propos, M. Pidoux présente un ouvrage qui se détache de ce fond tout médical : c'est *la Révolution philosophique au* XIX*e siècle*, fragments posthumes de François Huet, publiés tels qu'ils ont été trouvés après sa mort, avec une introduction de M. Pidoux, et suivis d'un travail sur la certitude de l'histoire évangélique.

— M. Richet présente un nouvel aspirateur des liquides dans les cavités, imaginé par M. Potain. Il est fondé sur la machine pneumatique, et c'est en faisant le vide dans une bouteille quelconque, hermétiquement fermée, que le liquide est aspiré. Cet instrument a l'avantage que la canule peut être désobstruée sur place et que des quantités indéfinies de liquide peuvent être extraites sans changer l'instrument. C'est un grand perfectionnement sur celui de M. Dieulafoy.

— On procède au renouvellement du bureau pour 1872. M. Barth passant à la présidence, M. Depaul obtient 61 voix comme vice-président, sur 63 votants ; M. Béclard est maintenu à l'unanimité dans ses fonctions de secrétaire annuel et même perpétuel par intérim, et MM. Vernois et Jolly, membres du conseil d'administration.

— M. Vernois lit un rapport très-favorable sur le mémoire de M. Bertillon, relatif à l'influence du mariage sur la mortalité, la criminalité et l'aliénation mentale, présenté le 14 novembre dernier et analysé (*voy.* n° 21). Des remerciements sont votés à l'auteur.

— Un long rapport sur les travaux envoyés au concours du prix Godard est ensuite lu par M. Hérard. Six concurrents se sont présentés ; ce sont, par ordre : MM. Carrière (*Tumeur hydatique alvéolaire*), Lagardelle (*Opuscules sur la folie*), un anonyme (*Cirrhose*), Demenfre (*Lichen hyperthrophique*), Brébant (*Choléra épidémique*), et Bertin, de Montpellier (*Embolie*). Après une analyse de ces divers travaux, dont les mérites et les défauts sont également signalés, le rapporteur conclut à ce que le montant du prix soit partagé comme suit : 600 francs au numéro 1 et 400 francs au numéro 6, à titre d'encouragement, ainsi que des mentions honorables aux numéros 4 et 5. Ces conditions ont été adoptées aussitôt en comité secret. C'est pourquoi on le proclame.

Société de biologie (1). — SÉANCE DU 8 DÉCEMBRE.

M. Carville revenant sur le *foudroiement* produit par l'application de courants électriques, après avoir assisté à un grand nombre d'expériences de cette nature avec MM. Longet, Gavarret, Vulpian, déclare n'avoir jamais vu obtenir un véritable foudroiement, une sidération subite, malgré l'emploi de puissantes batteries électriques : en conséquence, M. Carville demande à M. Brown-Séquard comment et par quels procédés il a réalisé les résultats par lui annoncés.

M. Brown-Séquard a donné sur ce sujet des renseignements détaillés dans une leçon faite à Londres et traduite depuis dans le *Journal de physiologie*. M. Brown-Séquard employait des courants électro-magnétiques interrompus très-puissants, allant de la bouche à l'anus de l'animal en expérience; en réalité, il n'est jamais arrivé à produire un foudroiement subit; il s'écoulait quelquefois un quart d'heure avant la mort, d'autres fois quatre minutes seulement. Dans un cas remarquable, l'irritabilité musculaire était éteinte complétement au bout de quatre minutes. En somme, ce que M. Brown-Séquard a surtout cherché à établir, c'est que moins l'irritabilité musculaire a été mise en jeu avant la mort, et moins la rigidité cadavérique dure, et *vice versâ*.

M. Vulpian a fait un grand nombre d'expériences dans le but d'étudier l'influence de l'électrisation généralisée sur la respiration, en faisant passer d'une extrémité à l'autre des animaux un courant puissant : il se produit d'abord, dans ces conditions, sur le cochon d'Inde notamment, une grande exaltation de la sensibilité dont témoignent les cris de l'animal; bientôt les cris cessent, la respiration diminue rapidement, puis s'arrête totalement si on laisse en place les électrodes. Mais, si avant la cessation complète des mouvements respiratoires, et dans un moment où le coup mortel n'est pas encore donné, on suspend le courant généralisé pour placer les électrodes dans d'autres parties du corps, on excite le retour de la fonction respiratoire, et l'on ramène la vie par le même procédé, différemment appliqué, qui devait produire la mort. Lorsque le pôle placé dans la cavité buccale, tandis que l'autre est dans l'anus, est transporté dans la cavité nasale, on arrête plus facilement et plus vite la respiration. Enfin, le courant généralisé exerce une action considérable sur les mouvements du cœur, probablement par l'intermédiaire du bulbe.

M. Vulpian communique, en outre, quelques résultats d'analyses de liquides morbides, faits dans le sens des recherches de MM. Peter et Daremberg fils. Ces analyses, réalisées par M. Guillochin, interne en pharmacie, ont porté particulièrement sur la sérosité de l'œdème cellulaire et de l'ascite dans la maladie de Bright : le liquide de l'œdème a donné sur 1000 parties 4,70 d'albumine ; le liquide de l'ascite 23 d'albumine également pour 1000. Quant à l'urée, elle était complétement absente dans le liquide de l'œdème, tandis qu'il en existait une certaine quantité dans celui de l'ascite.

M. Brown-Séquard montre les pattes d'une poule dont les muscles ont subi une atrophie considérable à la suite de la section du sciatique ; les doigts ne semblent pas avoir subi de modification appréciable sous l'influence de la même lésion ; de plus, du côté de la section nerveuse, existe une eschare considérable au genou sur lequel le volatile était obligé de s'appuyer pour marcher.

M. Vulpian fait remarquer que, dans ce cas comme dans la plupart des cas semblables, le bout supérieur ou central du nerf sectionné est considérablement réduit de volume par rapport au bout périphérique ; mais cette atrophie est due à une simple diminution du volume des tubes nerveux et non à une altération structurale ou à la disparition de ces tubes. M. Vulpian a eu l'occasion récente d'observer un fait de cette nature sur le nerf auditif d'un cochon d'Inde, dont les oreilles présentent une abondante suppuration, et qui offre en même temps le phénomène du tournoiement.

(1) Les altérations signalées par M. Brown-Séquard dans la dernière séance, à la suite de sections des nerfs sciatiques chez le cochon d'Inde, ont leur siége d'élection en arrière de la *mâchoire* inférieure, et non du membre, ainsi que nous le fait dire une erreur typographique.

BIBLIOGRAPHIE SCIENTIFIQUE

L'Atmosphère, par CAMILLE FLAMMARION.

Ce magnifique volume vient d'être publié par la maison Hachette avec un luxe extraordinaire, à l'occasion des étrennes de 1872. C'est, à proprement parler, le livre des quatre saisons : sa lecture sera attachante à toutes les époques de l'année, car on y trouve sur tous les événements météorologiques une multitude de renseignements que l'on

FIG. 55. — Mirage supérieur observé à Paris au pont des Arts.

chercherait inutilement dans les traités de physique ordinaires. Les grands froids qui viennent de régner autour de nous donnent malheureusement un cuisant intérêt d'actualité au curieux chapitre sur les hivers mémorables. *L'Atmosphère* ne sera pas moins utile à consulter dans le chapitre des grands étés lorsque nous traverserons la prochaine canicule. L'auteur ne s'est point borné à enregistrer le résultat de ses propres expériences. S'il n'a point dédaigné de mettre en réquisition les savants qui restent à terre, il s'est principalement attaché à mettre à contribution les œuvres de ses confrères en aéronautique. Il a si largement puisé dans nos *Éclairs et tonnerre,* que nous ne pourrions décemment faire l'éloge de ce passage de son livre. Parmi les belles gravures qui donnent tant de prix à cet ouvrage, nous appellerons surtout l'attention sur celles qui représentent les faits météorologiques observés à Paris, tels que *le Mirage du pont des Arts* (fig. 55), *la Seine charriant des glaçons* et *les Feux Saint-Elme de Notre-Dame* : car tout le monde peut juger de leur minutieuse exactitude.

C'est une excellente habitude, qui commence à se généraliser, que de prendre les exemples autour de nous, au lieu d'aller chercher des faits, souvent mal décrits et hypothétiques, dans les régions lointaines. Que de choses seraient connues si les grands voyageurs commençaient à faire le tour de Paris avant de faire le tour du monde!

J'ai toujours été étonné de voir comment des auteurs qui n'ont jamais fait d'ascension se mêlent de décrire les phénomènes atmosphériques. Comment osent-ils parler des nuages, dont ils sont restés constamment à distance respectueuse? La lecture du livre de M. Flammarion me confirme dans cette manière de voir. Ce qui me confondrait de la façon la plus complète, ce serait que la publication de cet ouvrage ne multipliât point le nombre des aéronautes. Il m'est fort agréable d'avoir à enregistrer le succès d'un de mes anciens collaborateurs des *Voyages aériens.* Je vois avec plaisir que, s'il a cessé de participer directement au mouvement aéronautique, il n'a point cessé d'y intéresser les autres.

W. DE FONVIELLE.

AVIS.

Les abonnés dont l'époque de renouvellement échoit à la fin de décembre, et qui désirent à cette occasion changer les conditions de leur souscription et profiter des avantages que leur présente, soit l'abonnement d'un an, s'ils ne sont abonnés qu'au semestre, soit la souscription aux deux *Revues Scientifique* et *Politique*, sont priés d'avertir immédiatement M. Germer Baillière, en lui envoyant un mandat sur la poste ou des timbres-poste.

Les abonnés qui, d'ici à la fin de décembre, n'auront fait parvenir aucun avis au bureau de la *Revue* seront considérés comme désirant continuer leur abonnement dans les mêmes conditions. En conséquence, ils recevront par l'entremise des porteurs, soit à Paris, soit dans les départements, une quittance analogue à celle qui leur a été déjà remise lors de leur première souscription.

Le propriétaire-gérant : GERMER BAILLIÈRE.

PARIS. — IMPRIMERIE DE E. MARTINET, RUE MIGNON, 2.

LA

REVUE SCIENTIFIQUE

DE LA FRANCE ET DE L'ÉTRANGER

REVUE DES COURS SCIENTIFIQUES (2^E^ SÉRIE)

DIRECTION : MM. EUG. YUNG ET ÉM. ALGLAVE

2e SÉRIE — 1re ANNÉE NUMÉRO 27 30 DÉCEMBRE 1871

Paris, 29 décembre 1871.

La Faculté de médecine de Paris s'est occupée la semaine dernière de la chaire de physiologie vacante par suite de la mort de M. Longet. Les deux principaux candidats, nous l'avons dit il y a longtemps déjà, étaient M. Béclard, agrégé, secrétaire de l'Académie de médecine, et M. Vulpian, actuellement professeur d'anatomie pathologique, qui aurait quitté cette chaire pour celle de physiologie.

Ceci soulevait la question des permutations qui, pendant longtemps, n'en fut pas une. La permutation constituait, en effet, un usage si fréquent, qu'il semblait devenu un droit, réclamé à ce titre par les intéressés, toujours consacré par la Faculté et accepté par le ministre. C'est à tel point, que la Faculté réglait la préférence à l'ancienneté professorale pour l'arrivée aux chaires de clinique qui exerçaient une grande attraction sur les professeurs de pathologie. On ne manquait pas d'expliquer cette attraction en remarquant que les cours de clinique augmentaient à peine pour le professeur les charges de son service d'hôpital, tandis que les cours de pathologie lui imposaient un travail complétement distinct, et surtout en signalant la fascination plus grande que le cours de clinique semblait exercer sur la clientèle. Fondés ou non, ces commentaires étaient désobligeants pour la Faculté, et les chaires de pathologie n'en devenaient pas moins des chaires de passage, ce qui constituait un abus évident.

Il ne faut donc pas s'étonner des critiques de plus en plus vives soulevées depuis quelques années par les permutations; mais hâtons-nous d'ajouter aussitôt que le cas de M. Vulpian n'était pas du tout celui-là. A côté des changements inspirés par des convenances personnelles, l'intérêt de l'enseignement peut comporter des permutations soustraites à toute critique désobligeante, puisqu'elles ne rapportent au professeur aucun avantage particulier. C'est ce qui arrivait pour M. Vulpian; la plus grande partie de ses travaux rentrent dans la physiologie plutôt que dans l'anatomie pathologique, et ont eût parfaitement compris que la Faculté l'invitât à changer de chaire.

C'est ce qu'elle n'a point fait. A la majorité de 15 voix contre 10, elle a repoussé la permutation. Les dix professeurs qui ont voté pour la permutation de M. Vulpian sont, croyons-nous, les suivants: MM. Axenfeld, Baillon, Daremberg, Dolbeau, Gavarret, Hardy, Laugier, Robin, Sappey, Tardieu. On remarquera que parmi les quinze adversaires actuels de la permutation se trouvent la plupart de ceux qui en ont profité.

Lors de la dernière permutation, qui avait été fort discutée, il avait été en quelque sorte entendu d'avance qu'on n'en autoriserait plus désormais. Par cette sorte d'entente anticipée, on voulait éviter toute apparence d'hostilité personnelle en refusant à l'un ce qui avait été tant de fois accordé aux autres. Ce souvenir a probablement déterminé une partie des votes actuels. L'arrière-pensée des candidats à la chaire qui resterait vacante a dû préoccuper aussi plus d'un membre de la Faculté, car les présentations pour l'anatomie pathologique n'auraient sans doute pas été les mêmes que pour la physiologie.

Quoi qu'il en soit, le vote de la Faculté rend à peu près certaine la nomination de M. Béclard à la chaire de physiologie. Il y apportera un talent de parole qu'on a souvent l'occasion d'apprécier à l'Académie de médecine; et, à coup sûr, son enseignement rendra d'incontestables services aux élèves, par la clarté de méthode et d'exposition dont il a déjà fait preuve dans son Traité élémentaire de physiologie.

— En attendant une solution bien longue à venir pour le choix d'un nouveau siége à la Faculté de médecine de Strasbourg, la Faculté des sciences se trouve transportée en partie à Nancy, qui acquiert ainsi deux nouvelles chaires scientifiques; une chaire de chimie agricole donnée à M. Grandeau, qui faisait déjà cet enseignement à Nancy depuis plusieurs années à titre de chargé de cours, — et une chaire de géologie et de minéralogie donnée à M. Delbos, ex-directeur de l'École supérieure des sciences de Mulhouse, dont la *Revue* a publié plusieurs articles. Enfin, M. Baudelot, professeur de zoologie et physiologie animales à la Faculté des sciences de Strasbourg, passe avec la même qualité à Nancy; le titre de la chaire d'histoire naturelle de cette dernière ville étant modifié à cette occasion.

ÉM. ALGLAVE.

DE LA LIBERTÉ DE L'ENSEIGNEMENT SUPÉRIEUR (1)

Le parti catholique

En même temps que le gouvernement impérial, sollicité par de hautes influences et ému, du reste, du mouvement de l'opinion, instituait près le ministère de l'instruction publique une commission pour l'étude des questions se rapportant à la liberté de l'enseignement supérieur, la Société catholique délibérait de son côté. Les résultats de ces délibérations sont consignés dans un fascicule de la Société générale d'éducation et d'enseignement (1870). Les griefs, les aspirations des représentants du clergé et du parti catholique, y sont exposés clairement et sans réticences. C'est là un progrès de nos mœurs publiques. Nous donnons une analyse étendue de ces importants documents.

Il faut le reconnaître franchement, tout n'est pas œuvre de parti dans l'argumentation de la Société catholique. Il y a un terrain commun à tous les honnêtes gens, à tous les esprits élevés, quelle que soit la direction philosophique dans laquelle ils sont entraînés, c'est celui de la morale et du patriotisme. Il n'est pas juste de ne voir chez un adversaire que l'arrière-pensée. Quand les arguments sont bons et présentés avec l'accent de l'honnêteté et de la conviction, il les faut accepter et faire siens. Or, au cours de la discussion qui est analysée plus loin, le lecteur trouvera souvent l'expression d'idées justes et généreuses. Il saura reconnaître à côté les idées qui sont manifestement inspirées par l'esprit de parti.

LES QUATRE PROPOSITIONS DE LA SOCIÉTÉ CATHOLIQUE (2).

1. — La Société générale d'éducation et d'enseignement demande que la loi à intervenir sur l'enseignement supérieur n'exige, pour l'ouverture des cours, que des garanties d'ordre public, et n'impose aux professeurs aucune condition de diplôme ou de brevet de capacité.

2. — La Société générale d'éducation et d'enseignement demande que la loi à intervenir sur les établissements d'enseignement supérieur, respectant complètement la liberté de ces établissements, ne s'ingère en aucune façon dans leur constitution intérieure.

3. — La Société générale d'éducation et d'enseignement, considérant que la liberté d'enseignement n'existe pas sans le droit de conférer les grades, demande que la loi à intervenir sur l'enseignement supérieur déclare en principe que les grades seront conférés par les Facultés libres comme par celles de l'État. Un certain nombre d'examinateurs devront avoir le titre de docteur.

4. — La Société générale d'éducation et d'enseignement, considérant que l'exercice de certaines professions libérales n'est pas libre en France, mais qu'il n'en résulte pas que l'entrée de ces carrières soit mise sous la dépendance absolue de l'État, demande que la loi à intervenir se borne à donner à l'État les moyens d'exercer un contrôle et une surveillance sur la collation des grades nécessaires pour l'exercice de ces professions.

Analyse des discours prononcés dans le cours de la discussion sur la liberté de l'enseignement supérieur soulevée dans le sein de la Société catholique d'éducation et d'enseignement.

Les séances ont été inaugurées par un discours du secrétaire général, M. Eugène de Germiny, exposant l'état de la question. Nous en reproduisons textuellement l'exorde :

Messieurs, il y a soixante-huit ans, le premier consul, apprenant que la loi du 11 floréal an X avait reçu l'approbation du Corps législatif, et que désormais aucune école libre ne pourrait s'ouvrir en France sans l'autorisation du gouvernement, disait à Fourcroy : « Ce n'est qu'un » commencement : bientôt nous ferons plus et mieux. »

Six ans après, le 17 mars 1808, il exécutait sa pensée, et, sans tenir aucun compte des droits du Corps législatif, rendait les décrets qui créaient le monopole universitaire dans notre pays.

Depuis cette époque, c'est-à-dire depuis soixante-deux ans, les catholiques français ont incessamment lutté pour reconquérir la liberté de l'enseignement. Il faut leur rendre justice, messieurs ! Quelles qu'aient été les armes qu'ils ont employées dans ce combat, quels qu'aient été les motifs qu'ils ont fait valoir dans les discussions qu'ils ont soutenues, ils n'ont poursuivi qu'un but et revendiqué qu'un droit, le droit commun et la liberté. Aussi ont-ils condamné les adversaires qu'ils rencontrent à la dernière heure de cette lutte à déserter eux-mêmes, pour les combattre, la cause de la liberté, et n'ont-ils plus qu'à les abandonner à la honte de leur mauvaise foi.

Trois étapes successives, messieurs, ont marqué notre conquête :

Il faut placer la première en 1833. Alors, pour la première fois, on obtint en France la liberté de l'instruction primaire.

Puis est arrivée la loi de 1850, qui non-seulement consacra de nouveau la liberté de l'éducation primaire, mais y joignit, dans une certaine mesure du moins, celle de l'instruction secondaire. Ce fut la seconde étape.

Nous voici parvenus à la troisième, c'est-à-dire au moment où nous allons sans doute obtenir la liberté de l'enseignement supérieur. Cependant, ne nous le dissimulons pas, la bataille n'est pas achevée et la victoire ne nous est pas encore assurée.

C'est pour la rendre plus certaine que le conseil de notre Société a provoqué cette assemblée générale.

En effet, s'il s'agissait seulement de discuter les détails d'un projet de loi, notre réunion aujourd'hui serait évidemment inutile. Il eût été plus sage d'attendre le travail de la commission instituée par le gouvernement et d'examiner ensemble la loi qu'elle proposerait.

Mais nous n'en sommes pas là ; un point est encore vivement combattu dans la presse, dans l'opinion publique même, et sur ce point pourtant les défenseurs de la liberté ne peuvent faire aucune concession.

Nous acceptons parfaitement, messieurs, en ce qui nous concerne, une loi de *transition* ; nous la reconnaissons utile, nécessaire ; mais nous n'accepterons pas une loi de *transaction*. Ce serait trahir la liberté, déserter notre cause. Vous pouvez en juger par l'importance de la question qui reste à débattre. Vous le savez, c'est la question de la collation des grades.

L'orateur reconnaît que sur la question des principes l'accord n'existe pas entre tous les membres de la Société. Répondant à l'assertion émise à la tribune du Sénat par M. Quentin-Bauchard (16 février 1850), à savoir que le droit d'enseigner serait un attribut et une délégation de la puissance publique qui, *la première,* en aurait la charge et le devoir, M. de Germiny estime que le droit d'enseigner appartient en première ligne et d'abord au père de famille ; que ce n'est qu'à son défaut, et en présence de son impuissance, que la puissance publique en peut être investie. L'État ne doit point prendre la place du père de famille.

L'orateur appuie son opinion de plusieurs articles du code qui montrent que le père est gardien de son enfant, qu'il peut le placer où il veut, et qu'il est enfin responsable des actes de celui-ci. Or, il serait impossible de légitimer ce droit de garde, ce droit de correction, si l'on déniait au père le soin d'élever son enfant.

Quant à la distinction subtile qu'on tente d'établir entre l'*éducation* et l'*instruction*, l'orateur en fait justice en quelques mots ; pour lui, le père chargé d'élever son enfant se trouve aussi chargé de l'instruire. Il consent, du reste, à ne pas exclure immédiatement l'État des écoles ; il l'y tolère, du moins pour un certain temps. L'État ne doit plus conserver qu'un droit de contrôle et de surveillance.

Aujourd'hui l'enseignement supérieur libre est soumis au

(1) Voyez ci-dessus, pages 458 et 601, 11 novembre et 23 décembre 1871.

(2) Société générale d'éducation et d'enseignement autorisée le 7 mars 1868. Session extraordinaire, avril 1870, fascicule, Paris, imprimerie de Jules Claye, 7, rue Saint-Benoît.

bon plaisir du gouvernement. Ce n'est pas que les cours officiels soient bien suivis, car sur 4000 jeunes gens inscrits à l'École de droit, 400 étudiants au plus viendraient assister aux leçons dans les amphithéâtres.

Quant à la Faculté des lettres, elle ne fait plus d'élèves. Cependant l'État maintient l'obligation des inscriptions, sans s'inquiéter, du reste, de l'assiduité des élèves qui peuvent en fait se faire instruire où ils veulent. L'État se borne donc à prélever un droit sur notre éducation. Aujourd'hui on veut bien permettre, à l'avenir, aux pères de famille d'enseigner ou de confier à des maîtres de leur choix le soin d'élever leurs enfants. C'est ce droit qu'il s'agit de régler. Pour les cours publics, la Société est d'avis qu'il n'y a lieu d'exiger du professeur libre aucun diplôme ou grade. Pour les établissements d'enseignement supérieur, la question est plus grave; comme ces établissements jouiront de droits spéciaux, il faut aussi qu'ils présentent des garanties spéciales. C'est pourquoi le comité a pensé qu'il fallait que le directeur d'un semblable établissement eût le titre de docteur, et qu'il fût assisté de sept personnes jouissant de l'intégralité de leurs droits, et qui seraient responsables avec lui.

Reste la question capitale, celle de la collation des grades. Si la loi réserve ce droit exclusif à l'État, elle n'est qu'une duperie. Il faut obtenir à la fois la liberté d'enseignement et la collation des grades. Sans cela il n'y a plus de garantie, plus d'études sérieuses, l'enseignement devient hâtif et tombe aux mains de préparateurs obscurs et sans responsabilité.

Si l'État se réserve le droit de conférer les grades à nos élèves, il est juge et partie; c'est un rival qui nous examine; il ne faut pas que nos juges soient nos adversaires. Voilà pourquoi le comité veut la collation des grades par les Facultés libres. Cela est d'autant plus nécessaire, d'après l'orateur, que dans l'enseignement supérieur la parole de l'élève, comme celle du professeur, traduit des opinions, des croyances, des doctrines, une foi. A l'École de médecine, on a vu se produire des faits graves sous ce rapport. A l'École de droit, il y a des sujets de thèse que l'élève n'oserait aborder, par exemple : l'*appel comme d'abus* (1).

Grâce à la liberté d'enseignement et à la collation des grades enlevée à l'État, la jeunesse viendra mettre sa science librement acquise sous l'influence de la religion, et « illuminée des plus grandes clartés » au service de la cause catholique. Si l'on jette un regard d'ensemble sur les autres pays, on voit que partout ou presque partout l'instruction est libre. En Amérique (États-Unis), sur 290 établissements d'instruction ou universités, il y en a 200 qui sont libres.

En Angleterre, les Universités sont moins nombreuses, mais elles confèrent librement les grades. En Allemagne, à la vérité, il faut passer par les Universités reconnues par l'État, mais ce n'est pas, à proprement parler, l'État qui enseigne. En Belgique, de 1817 à 1835, les Facultés de l'État, seules, conféraient les grades. En 1835, la liberté d'enseignement existant, le gouvernement nomma un corps d'examinateurs. En 1849, ce jury fut pris par moitié parmi les professeurs des Universités libres.

Le conseil de la Société, examinant les trois modes, rejette d'abord l'établissement d'un jury d'État pris en dehors des Facultés.

(1) C'est une erreur manifeste, d'autant plus que la majorité des professeurs de l'École se rattachent au parti catholique.

M. de Germiny exprime le regret que la vie d'Université n'existe pas en France. Il est, dit-il, grand dommage qu'au sortir du collége l'élève ne trouve pas cette vie d'université. Si, au lendemain de nos études philosophiques, bacheliers de la veille nous voulons aller dans les lieux où l'on dit que se réunit la jeunesse sérieuse et studieuse, quelles questions y sont agitées ? Parle-t-on science, érudition ? Non ; nous sommes entraînés au milieu de discussions politiques qui nous saisissent et nous détournent des graves études, et qui bientôt ont seules le pouvoir de nous intéresser. Il faudrait une transition entre la vie de collége et la vie politique; cela serait bon pour la société comme pour l'individu ; que la vie d'Université se refasse, et cette transition sera ménagée. Or, si l'on ne donne pas aux Facultés et aux Universités libres, comme à celles de l'État, le droit de conférer les grades, c'est une chimère de penser que ces usages et ces mœurs, que nous envions aux étrangers, s'implanteront dans notre pays.

Le révérend père Captier, prieur de l'École Albert-le-Grand à Arcueil, entendu après M. de Germiny, précise encore davantage le rôle que le clergé catholique réclame dans l'enseignement. Il reconnaît le droit qu'a l'État de s'intéresser à l'enseignement, de s'occuper de la marche des esprits, de provoquer la formation d'institutions pour développer la science et multiplier le travail intellectuel. Mais il doit donner libre carrière à toutes les forces vives du pays enseignant. Il convient donc de faire profiter de la liberté, et l'Université qui enseigne au nom de l'État, et l'Église qui a le principal souci des âmes. Ce serait un bien grand spectacle que de voir les catholiques provoquer les premiers un large épanouissement de la vie intellectuelle. C'est alors que l'Église, que l'orateur croit dépositaire de la vérité religieuse tout entière, prendrait, au milieu de nos sociétés agitées, une grande et puissante position, d'où elle entraînerait tout à la suite.

Il faut pour cela qu'il se forme non des professeurs seulement, mais des corps enseignants, durables, et, en un mot, des corporations obtenant de la loi modifiée *la personnalité civile*. Ces corporations posséderont, auront des revenus fixes... Ce ne serait pas tout à fait la propriété de mainmorte. Du reste, l'orateur déclare que cette liberté de corporation, qu'il réclame au profit de toute doctrine compatible avec les bonnes mœurs et la paix publique, pourrait profiter aussi bien aux libres penseurs qu'aux orthodoxes. Il ne faut pas craindre que le clergé tente de construire une vaste Université à l'image de l'Université impériale. L'Université libre catholique serait tout à fait restreinte et locale.

Le révérend père Captier pense qu'il ne faut pas conserver à l'Université actuelle son excessive centralisation et sa dépendance et que la décentralisation sauvegarderait mieux la dignité du professeur.

L'abbé Moigno prend ensuite la parole ; il rappelle qu'il a étudié la question de la liberté d'enseignement en 1824 et en 1846. Il pense qu'il faudrait décréter qu'il y aura en France *deux enseignements* : un enseignement de l'État qu'on laisse tel qu'il est, et un enseignement libre ; et au-dessus de ce double enseignement, il faudrait un conseil général de l'instruction publique qui les dirigerait et les administrerait tous les deux. C'est de ce conseil supérieur même à l'Université, et qui aurait une certaine surveillance sur les deux enseignements, que partiraient en réalité les grades ; des commissions mixtes iraient faire subir les examens dans les Universités libres. Demander plus en ce moment serait imprudent.

Dans la seconde séance (8 mars 1870), le révérend père Captier donne de nouvelles explications. Il ne veut pas que l'on confonde l'État avec le pays ; plus l'Université sera indépendante de l'État, plus elle sera dépendante du pays. Or, les gouvernements passent, mais le pays reste.

Il ne faut point renverser l'Université qui représente nos vieilles Universités détruites par le radicalisme révolutionnaire. Il faudrait appliquer à l'Université une réforme qui permît de la définir, non plus l'*État enseignant*, mais bien le *pays enseignant.*

C'est dans un grand intérêt national que je mettrais à la conservation de l'Université la double condition de lui donner plus d'indépendance et de la décentraliser. C'est par cette décentralisation que je voudrais la mettre en parfaite communication d'esprit avec le pays.

Alors chaque grande ville jugée digne, d'après nos lois, de posséder un grand foyer de lumière, aurait son corps enseignant, relié aux autres corps enseignants, mais aussi avec une certaine autonomie locale.

L'enseignement supérieur comprendrait donc, premièrement, des cours libres, dont la liberté serait très-grande, sauf les garanties d'ordre public et de moralité ; là, je ne m'inquiète pas des grades ; secondement, des corporations universitaires libres, capables de posséder ; enfin, l'Université officielle.

Le révérend père Captier voudrait qu'une Université libre pût conférer des grades.

Si l'on veut que cette collation des grades appartienne à l'État, on dira : cette Université confère les grades au nom de l'État.

Si l'on craint que ces grades conférés n'offrent pas à l'État les garanties politiques nécessaires, on pourra compléter l'institution, en plaçant à l'entrée d'un certain nombre de carrières des examens professionnels, des examens d'État, comme il y en a en Angleterre, en Allemagne et probablement dans plusieurs autres pays.

Discours de M. Anicet Digard. L'orateur fait l'historique de la question. Il y a soixante ans que les catholiques attendent. Il y a quarante ans, un jeune prêtre, Lacordaire, dénonçait les vices de l'internat des colléges de l'État. En 1830, il s'unit à M. le comte de Montalembert et à M. de Coux, et à eux trois ils ouvrirent une école libre à Paris ; ils furent poursuivis pour ce fait.

Aujourd'hui, la liberté d'enseignement est demandée par M. d'Ariste devant le Sénat, et le gouvernement promet de faire droit à cette demande.

Déjà en 1833, grâce à M. Guizot, était promulguée la loi libérale sur l'instruction primaire. A cette époque, M. Guizot disait :

Le développement intellectuel tout seul, le développement intellectuel séparé du développement moral et religieux, devient un principe d'orgueil, d'insubordination, d'égoïsme, et, par conséquent, de danger pour la société.

Eh bien, dit M. Digard, nous ne voulons pas que l'Université soit rentée à nos frais (1), pour donner à ceux que l'État lui confiera une éducation étrangère, sinon contraire à l'esprit du christianisme... Si l'enseignement devient libre, les libres penseurs pourront payer eux-mêmes l'enseignement qui leur plaît, indifférent, athée, socialiste, solidaire ; qu'il y ait émulation entre gens de cœur, gens de foi et gens de liberté, d'accord ; mais disons à nos adversaires : Si vous ne voulez pas avoir à compter avec nous, ne demandez rien au budget, sans quoi, comme tous les pouvoirs, comme tous les mandataires de l'État, vous aurez à répondre de vos actes devant le pays tout entier, et nous en sommes, du pays.

M. Digard raconte ensuite la lutte pour la liberté de l'enseignement secondaire, de 1841 à 1843, et cite ces paroles d M. le duc de Broglie parlant, en 1847, au nom de la Chambre des pairs :

La loi convie enfin toutes les communions établies en France à former, sous des conditions égales, des établissements d'éducation qui leur soient propres, des établissements fondés sur un principe exclusivement religieux, des établissements rigoureusement soumis à l'unité de croyances, de culte, de pratiques, des établissements où l'enseignement profane lui-même relève de la religion. L'enseignement de l'État ne saurait avoir ce caractère exclusif ; la loi l'offre à tous et ne l'impose à personne ; que peut-elle faire de plus ?

Ce n'est qu'en 1850 que fut accordée, par la loi Falloux, la liberté de l'enseignement secondaire, avec un conseil mixte.

Quant à l'enseignement supérieur, il est encore entre les mains de l'État. Or, les catholiques pensent que la religion a le droit d'être représentée dans cet enseignement, surtout à l'École de médecine. A l'École de droit, l'enseignement touche à des questions mixtes sur lesquelles le droit civil et le droit canonique sont en conflit et qu'un catholique, que même tout légiste doit connaître. Quant à la Sorbonne, « c'est » la tour de Babel ».

L'orateur insiste sur la collation des grades, sans laquelle il n'y a point d'Université possible.

M. Gaultier de Claubry signale les dangers de certain mode d'enseignement pratiqué quelquefois dans les écoles universitaires.

J'ai, dit-il, entendu des professeurs d'anatomie, de médecine, de botanique, faire trépigner l'assemblée tout entière en récitant des vers ou latins ou français d'auteurs licencieux..... Il y a, dans certains cours, des choses qui peuvent être nuisibles, d'autant plus que l'obligation imposée à tous les candidats pour prendre des grades ne leur permet pas de se soustraire à cette instruction. C'est pour cela qu'une Université libre, un enseignement bien organisé, pourra produire d'immenses résultats.

..... Il faut poser en principe que les grades seront attachés à l'enseignement libre, sans quoi, au bout de très-peu de temps, il n'y aurait plus qu'un très-petit nombre d'auditeurs et très peu de résultats sérieux..... Le jour où un établissement sérieux sera fondé, où les pères de famille pourront envoyer leurs enfants dans une école où ils seront certains de rencontrer à la fois la science et les bons principes, soyez-en sûrs, cet enseignement aura un grand retentissement ; diverses villes voudront y participer.....

M. Hermann Kuhn rappelle qu'en Allemagne, en Prusse notamment, les écoles sont des personnes civiles, peuvent posséder, se perpétuer et s'agrandir. Les villes et les communes y entretiennent les établissements ; l'État n'intervient que dans des cas extraordinaires. C'est pour cela que le budget de l'instruction publique, en Prusse, est très-infime. Chaque école étant une personne civile a aussi son administration, son *curatorium*, qui administre selon le pacte de fondation. Il en résulte que bien des écoles sont tout à fait indépendantes, que d'autres sont des écoles municipales, et que très-peu dépendent directement du gouvernement. Seulement le gouvernement exige un certain degré dans les études, un certain niveau pour conférer les droits publics, le droit de donner les grades et de faire passer des examens officiels.

Le 7 mars 1870, la Société d'éducation et d'enseignement mettait en discussion la question suivante : « Faut-il conserver » l'Université de France ? » M. Sabatier émettait l'avis qu'il y avait place pour une Université catholique, mais qu'avant quelque temps il était impossible de supprimer l'Université. L'orateur faisait en ces termes la critique de l'Université :

Voilà une nombreuse jeunesse qui sort des écoles, des colléges, qui

(1) Elle ne coûte rien.

se porte autour des grandes chaires établies à Paris et en province, qui vient assister aux cours; je la suppose la plus sage, la plus laborieuse, la plus studieuse qu'il soit possible de l'imaginer. Le cours est fini, le professeur s'en va; la jeunesse, de son côté, s'en va; où va-t-elle? Le professeur n'en sait rien, il ne s'en préoccupe pas; qu'est-ce que cela lui fait? Mais, comment! dans cette Université, dans ces Facultés, il n'y aura personne pour s'occuper du sort de la jeunesse? Ces jeunes gens qui sont là, personne ne saura où ils vont, personne n'exercera sur eux une surveillance nécessaire à cet âge? Non, absolument personne.

Ce n'est pas là un état acceptable; je dis que, dans un pays comme la France, ce n'est pas un système d'enseignement supérieur sérieux et digne de ce pays; je dis qu'il est impossible, dans un vrai système d'enseignement supérieur, de livrer ainsi la jeunesse à elle-même, et la pratique de tous les pays étrangers, de toutes les nations qui ont quelque souci de la jeunesse, proteste contre un pareil système..... Jetez les yeux sur l'Allemagne. En Allemagne vous avez des centres intellectuels sans nombre, admirables foyers répandus sur toute la surface du territoire. Vous avez, à Bonn, à Wurtzbourg, à Heidelberg, à Munich, à Berlin, de grands centres intellectuels, où il y a une jeunesse nombreuse, des hommes éminents, un foyer de lumières scientifiques, littéraires, morales, philosophiques. Revenez en France, à Paris, l'enseignement supérieur est au niveau de ce qu'il y a de plus élevé dans les pays étrangers; mais il n'y a que Paris en France, et si vous recherchez les autres Facultés, vous voyez dans le Midi, à Montpellier, à Toulouse, à Aix, à Poitiers, des Facultés autrefois célèbres, et qui dépérissent aujourd'hui. Retrouvez-vous sur toute la surface de la France des villes comme Bonn, Heidelberg, Wurtzbourg? Non, en France il y a un grand centre intellectuel, où toute la vie scientifique est concentrée, Paris; en dehors, rien, relativement rien.....

Que faut-il faire? Il faut réformer l'Université. L'Université a beau dire, elle se considère peut-être comme très-supérieure à tout ce qui existe dans les pays étrangers; il faut lui dire la vérité, il faut réformer l'enseignement supérieur. Comment?.... Par *la décentralisation*.... La France comprend, parce qu'elle en a fait l'expérience, que son organisation sociale est mauvaise, qu'elle se trouve dans un état monstrueux; que son organisation politique, après avoir été funeste dans le passé, pourrait être très-dangereuse dans l'avenir, et qu'il n'y a pas de réformes plus urgentes que de rechercher la vie locale là où elle existe encore, de la relever là où elle n'existe plus, de la recréer, de la faire de nouveau jaillir, d'établir enfin sur toute la surface du territoire, dans la vie communale, départementale, provinciale, le gouvernement du pays par le pays, c'est-à-dire la France s'administrant elle-même.

Eh bien, je demande la permission d'appliquer à l'Université ce principe de décentralisation, et voici comment : l'Université forme aujourd'hui en France un seul corps, qui a sa tête à Paris et qui rayonne sur tous les départements jusqu'aux extrémités de la France. Je voudrais qu'on distribuât sur la surface du territoire une série de corps universitaires qui fussent indépendants, autonomes; et si vous me permettez de dire où je les place, c'est évidemment dans les centres provinciaux qui seront créés par la nouvelle loi de décentralisation, et qui existent en partie par le centre provincial de la magistrature, le centre provincial militaire; ces corps universitaires seront donc, à mon sens, autonomes, indépendants, s'administrant eux-mêmes; de plus, ils auront une administration civile, pourront recevoir des dons et des legs, être propriétaires. Enfin, et c'est le point essentiel de l'organisation, ils seront soumis à la surveillance de l'État au point de vue de l'ordre public et des bonnes mœurs, mais sous la direction et le contrôle, quant au reste, des conseils provinciaux.

M. Sabatier rappelle que cette idée de décentralisation universitaire avait conduit, en 1815, Louis XVIII à rendre une ordonnance concernant la nécessité de multiplier les Universités provinciales (17 février 1815), mais que cette ordonnance n'avait pas été suivie d'effet.

La décentralisation, dit M. Sabatier, est une question de mœurs plus qu'une question de loi. Un des moyens les plus pratiques serait d'établir de grands centres, de faire que sur certains points du territoire il y eût de grandes Universités qui rayonneraient autour d'elles, qui seraient de grands centres de vie locale, où se grouperaient une jeunesse nombreuse, des hommes éminents, tout un ensemble d'institutions qui viendraient favoriser l'œuvre décentralisatrice. Voilà l'intérêt de ce projet au point de vue politique; maintenant il a un intérêt et des avantages au point de vue de l'Université. Je suis très-convaincu d'abord que la décentralisation de l'Université la relèvera au point de vue scientifique et moral, et voici pourquoi : la décentralisation établissant dans le sein de l'Université nationale des Universités libres, qui par conséquent seront rivales, entraînera la concurrence, au point de vue scientifique, des méthodes, des maîtres, des élèves, et il est certain que partout où il y a concurrence le niveau s'élève. Comment le niveau scientifique, comme le niveau moral s'est-il relevé, depuis 1850, dans l'Université? Par la concurrence, parce que l'Université a vu se placer en face d'elle des écoles libres.....

L'orateur résume son discours par les conclusions suivantes :

La Société d'éducation est d'avis :

1° Qu'il y a lieu de maintenir l'enseignement supérieur universitaire;

2° Qu'il est néanmoins indispensable de faire des réformes dans l'organisation de l'Université;

3° Que ces réformes doivent consister dans l'application à l'Université du principe de décentralisation, par la division de l'Université en un certain nombre d'Universités provinciales indépendantes et s'administrant elles-mêmes sous le contrôle des futurs conseils provinciaux.

M. E. de Germiny conteste formellement à l'État le droit d'enseigner, et pense que si l'enseignement universitaire est maintenu provisoirement, ce maintien est la conséquence uniquement d'une situation de fait.

La Société adopte ensuite les propositions suivantes :

1° La Société générale d'éducation et d'enseignement demande que la loi à intervenir sur l'enseignement supérieur n'exige, pour l'ouverture des cours, que des garanties d'ordre public, et n'impose aux professeurs aucune condition de diplôme ou de brevet de capacité.

2° Que la loi à intervenir sur les établissements d'enseignement supérieur, respectant complétement la liberté de ces établissements, ne s'ingère en aucune façon dans leur constitution intérieure.

3° La Société générale d'éducation et d'enseignement, considérant que la liberté d'enseignement n'existe pas sans le droit de conférer les grades, demande que la loi à intervenir sur l'enseignement supérieur déclare en principe que les grades seront conférés par les Facultés libres comme par celles de l'État.

4° La Société générale, considérant que l'exercice de certaines professions libérales n'est pas libre en France, mais qu'il n'en résulte pas que l'entrée de ces carrières soit mise sous la dépendance absolue de l'État, demande que la loi à intervenir se borne à donner à l'État les moyens d'exercer un contrôle et une surveillance sur la collation des grades.

La Société, sur la proposition de M. Beslay, adopte

Un amendement qui exige qu'un certain nombre d'examinateurs soient pourvus du diplôme de docteur.

Ainsi la Société catholique d'éducation et d'enseignement réclame la liberté de l'enseignement supérieur; elle la demande pour tout le monde; elle sait ou elle croit qu'elle seule en pourra profiter, et que le privilége de l'enseignement sera désormais exploité par l'État et par les congrégations religieuses. La question s'est posée de même en Belgique; il en sera ainsi, sans aucun doute, dans tous les pays catholiques. Nous désirons la liberté vraie et non un privilége partagé. Comment atteindre ce but? C'est une question que nous poserons dans un prochain numéro.

P. Lorain,

Professeur agrégé à la Faculté de médecine de Paris.

MUSÉUM D'HISTOIRE NATURELLE DE PARIS

ANTHROPOLOGIE

COURS DE M. DE QUATREFAGES

de l'Institut

Formation et caractères des races humaines métisses (1)

II

ACTION COMBINÉE DE L'HÉRÉDITÉ ET DU MILIEU. — INÉGALITÉ ET DIVERSITÉ DES RACES.

J'ai attribué au croisement les caractères mixtes que présentent les Kafres. Par là, je me suis mis en désaccord non-

(1) Voyez notre numéro précédent, page 612.

seulement avec les polygénistes, mais aussi avec certains monogénistes éminents qui ont cherché ailleurs l'explication de ce fait. Je me borne à citer Buffon et Prichard. Ce dernier, mettant en doute les faits de diversité que je rappelais dans la dernière séance, demande s'il est possible d'admettre que des frères soient dissemblables. L'étude détaillée du croisement chez les animaux nous a montré qu'il en est souvent ainsi, et là même se trouve la justification de notre manière de voir. Toutefois l'opinion de Buffon et de Prichard mérite d'être discutée, car elle conduit à des considérations nouvelles.

Tous deux attribuent exclusivement aux actions de milieu les caractères mixtes présentés par certaines populations. Cette manière de voir peut être soutenue dans un certain nombre de cas où nous faisons intervenir le croisement, si l'on s'en tient aux caractères morphologiques. En faisant passer graduellement d'un état physique à un autre, les actions de milieu donnent nécessairement naissance à des états intermédiaires; la race qui se forme sous leur influence, alors même que l'homme intervient, ne marche pas d'une façon constante et rigoureusement graduée vers le terme qu'elle est destinée à atteindre. Ainsi les bœufs pelones constituent un véritable état intermédiaire entre nos races européennes couvertes de poils et les calungos dont le corps est nu; la race de moutons bassets appelée la race Ancou, quoique multipliée par la sélection, donnait encore des produits mixtes dix à douze ans après les premières tentatives faites pour la fixer.

Des faits analogues doivent se produire chez l'homme, en voie de transformation sous l'influence d'un milieu nouveau, et il doit en résulter un état de choses assez semblable à ce qui se voit chez les Kafres. Aussi Prichard, là et ailleurs, n'invoque-t-il que les actions de milieu. Pour reconnaître avec sûreté l'intervention du croisement dans la production de la race mixte, il faut donc recourir à d'autres caractères que ceux que fournit l'examen du corps.

Quels seront ces caractères? Je n'hésite pas à répondre qu'il faut les prendre *tous* en sérieuse considération. Mais la première place revient incontestablement aux caractères linguistiques. Eux aussi se modifient par le croisement. Eux aussi prennent bien souvent un cachet de mélange. Il est bien rare que deux races parlant des langues différentes se pénètrent un peu profondément sans que les langues ne fassent de même. Le fait se passe sous nos yeux. En Amérique, l'Espagnol et le Portugais se sont appropriés bien des mots, bien des tournures locales. Il en est de même dans le Far-West des États-Unis. Une langue nouvelle, le *jargoon*, a même pris naissance sur le point où se sont rencontrés les Russes; les Anglo-Américains, les Français et les indigènes. Enfin l'anglais lui-même ne porte-t-il pas l'empreinte irrécusable de ces pénétrations et n'est-il pas à un haut degré une langue mixte?

La linguistique comparée a donc une importance de premier ordre dans les questions du genre de celle dont il s'agit ici. Nous verrons qu'il est bien peu de races métisses qui ne parlent pas une langue mixte. Les populations dont nous parlons en ce moment présentent-elles ce caractère d'une double origine? Voyons ce que disent à cet égard les linguistes de profession.

Koelle, Maury, Latham, etc., s'accordent pour faire une famille à part, la famille Zimbienne ou Zingienne, des langues kafres et mozambiques. Pour eux, la grammaire et le vocabulaire en sont essentiellement nègres; mais ils y signalent d'une part des éléments arabes et nilotiques, d'autre part des éléments malgaches, c'est-à-dire malayo-polynésiens. Laissons momentanément de côté ces derniers, dont la trace est moins facile à saisir; nous verrons l'histoire elle-même rendre compte de la manière la plus probable du mélange des blancs et des nègres. La chronique retrouvée par le capitaine Guillain nous montre les Arabes fondant des colonies sur la côte orientale d'Afrique depuis Quiloa jusqu'à Sofala; elle nous renseigne sur les guerres soulevées pour la possession de cette région aurifère; elle nous donne la date de l'expulsion de certains occupants. Où pouvaient aller ces derniers si ce n'est plus au sud encore pour échapper à leurs vainqueurs et trouver une nouvelle patrie? Tout autorise à penser que ce sont eux qui ont relevé la race nègre en Kafrerie en se mêlant à elle, et qui ont apporté aux indigènes, avec une proportion malheureusement trop faible de sang blanc, ces éléments de langage sémitique qu'ont su retrouver les auteurs que je citais plus haut.

La question actuelle a trop d'importance pour ne pas y insister quelque peu. Voici encore un exemple intéressant à bien des points de vue :

La population malaise occupe, vous le savez, les côtes de Malacca et de presque toute la Malaisie. Elle est de plus formée de grands États à l'intérieur de Sumatra, des Moluques.... Elle a été considérée par Cuvier comme une des grandes races principales. A plus forte raison les polygénistes en ont-ils fait une espèce distincte. Or nous verrons que dans ses traits physiques, elle présente à un très-haut degré les caractères d'une race mixte. Eh bien, la linguistique conduit aussi à la même conclusion.

La grammaire est polynésienne. Logan y trouve les indices d'une langue primitive offrant de grands rapports avec les langues malgaches, mais mêlée à des éléments siamois. Max Müller l'englobe dans sa famille touranienne. Le vocabulaire est encore plus mélangé. Ritter a dressé un tableau d'où il résulte que sur cent mots, la langue malaise possède cinquante mots polynésiens, tous exprimant des idées simples ou désignant, soit les noms de nombre, soit des objets qui ont un nom dans toutes les langues (ciel, terre, eau, main...).

Vingt-sept mots malayoux qui supposent un état social un peu plus avancé (arc, cris,... etc.).

Seize mots sanscrits, tous relatifs à la mythologie, à des idées générales, à des abstractions (cause, temps, etc.).

Cinq mots arabes en rapport avec la religion actuelle de ces peuples, le mahométisme, ou avec le commerce.

Deux mots appartenant tour à tour aux langues javanaise, kalinga, portugaise, anglaise ou hollandaise et s'appliquant presque toujours à des objets de commerce.

On voit que la linguistique confirme le fait général de la multiplicité des souches d'où est sortie la race malaise, et qu'en outre elle fournit des indications précieuses sur le rôle et la succession des divers éléments anthropologiques qui ont concouru à sa formation. En somme, l'examen des caractères physiques, l'analyse du langage, conduisent aux mêmes conclusions, et certes, lorsqu'on arrive à un résultat identique par des routes aussi différentes, il est bien plus que probable qu'on est dans le vrai.

Plus on étudie la question des races mixtes et plus on reste convaincu que le mélange a joué dans le passé un rôle tout aussi considérable que de nos jours. Mais le milieu est-il inactif pour cela, et Buffon, Prichard, avaient-ils absolument tort? Non, certes. En examinant d'une manière générale comment se forment les races, j'ai cité bien des faits qui mettent nettement en lumière l'influence du milieu. Cette influence et celle du croisement se combinent, et la race nouvelle est la résultante de cette double action.

Ce principe fort simple et qui n'est que la conséquence d'une foule de faits exposés naguère ici même avec détail, suffit pour rendre compte de certains phénomènes assez singuliers au premier abord et qui nous arrêteront un instant. Rappelons d'abord les caractères généraux que présente le croisement du blanc et du nègre là où l'on a pu l'observer avec le plus de sûreté, c'est-à-dire dans nos colonies. Remarquons que les deux races qui se rencontrent dans ces conditions sont toutes deux importées, mais que le milieu local se rapproche bien plus du milieu africain que du milieu européen.

Voyons d'abord ce qui se passe lorsque le croisement est unilatéral et dirigé dans le sens de la race blanche.

1° A la première génération, du blanc pur et du nègre résulte le *mulâtre*, qui possède un 1/2 de sang blanc. D'ordinaire, ses traits sont intermédiaires entre ceux des deux races ; les cheveux sont crépus, mais non laineux, noirs, plus longs que chez le nègre ; la couleur varie du jaune enfumé au brunâtre ; l'odeur caractéristique du nègre persiste à peu près en entier.

2° Le blanc marié au mulâtre produit le tierceron qui a 3/4 de sang blanc. Les traits en sont presque ceux du blanc; les cheveux sont souvent rouges et bouclés, les yeux bleus ou gris, la couleur est jaunâtre, mais plus foncée par places et surtout à la naissance des ongles, aux organes génitaux, au mamelon, l'odeur de nègre est affaiblie.

3° Du blanc uni au tierceron naît, le quarteron possédant 7/8 de sang blanc. Celui-ci ressemble entièrement au blanc, si ce n'est qu'il conserve des teintes foncées aux points précédemment indiqués, mais surtout au mamelon et aux organes génitaux. En outre, l'odeur persiste encore fréquemment, mais très-affaiblie.

4° Le blanc et le quarteron donnent naissance au quinteron qui a 15/16 de sang blanc. Celui-ci est entièrement blanc, et la loi même consacre sa qualité, mais il est souvent pâle et faible. La race métisse à ce degré de croisement semble éprouver une véritable crise. Cette remarque importante est due à M. Visigné, médecin instruit, qui a longtemps pratiqué à la Louisiane.

5° Le blanc et le quinteron donnent naissance à des fils ayant 31/32 de sang blanc. Ce sont à tous égards de vrais blancs, généralement très-robustes.

Tels sont les faits généraux, mais les exceptions sont nombreuses.

MM. Rufz et de Moussy ont montré tout récemment encore qu'aux colonies on rencontre dans la population mulâtre une très-grande variabilité de couleur et de traits. L'atavisme intervenant dans ces races en voie de formation explique aisément les faits de cette nature.

M. Visigné, à qui j'ai dû tant de précieux renseignements sur cette question, a vu souvent, après un nombre de générations qui auraient dû suffire pour effacer toute trace de sang nègre, se manifester, soit des plaques plus ou moins foncées, soit des taches brunes semblables aux taches de rousseur.

M. Troyer nous apprend que dans l'Inde et dans l'Amérique méridionale, la coloration caractéristique du nègre persiste parfois très-longtemps aux organes génitaux. Dans l'Inde encore, le teint peut être très-blanc chez l'enfant et noircir plus tard de manière à rendre les individus méconnaissables. Nous verrions donc ici se produire plus lentement et au bout de plusieurs années un phénomène semblable à celui qui s'accomplit en quelques jours chez le négrillon immédiatement après sa naissance.

Voilà les faits principaux qui résultent du croisement unilatéral s'effectuant en faveur de la race blanche. Dans les cas de croisement également unilatéral mais inverse, la transformation s'accomplit avec beaucoup plus de rapidité. Le tierceron nègre est entièrement nègre.

Les choses se passent exactement de la même manière, lorsque la race blanche s'unit à la race indigène dans l'Amérique centrale. M. l'abbé de Bourbourg nous apprend qu'il faut cinq générations pour faire un blanc ; que trois générations suffisent pour faire un Yukatèque.

Cette différence s'explique aisément dans les deux cas par l'influence du milieu. Cette influence lutte contre celle du sang, lorsque le croisement unilatéral se fait dans le sens de la race blanche ; dans le cas contraire, les deux actions concourent au même résultat, et dès lors, le but doit être atteint bien plus rapidement.

Comme il s'agit ici d'une question importante, je vous citerai encore quelques exemples :

M. Simonot a décrit des Sénégalais qui — « associent à une » peau franchement noire toutes les formes caractéristiques » du Maure et cela à tous les âges. » — Pour M. Simonot, ce sont là des métis de nègre et de sémites. Je serais plutôt tenté de voir en eux des *sémites noircis*. Mais quelle que soit l'opinion que l'on adopte, il faut bien reconnaître que le milieu a exercé ici sur la couleur une action évidente.

Si le milieu noircit le teint des métis de nègre et de blanc, sur les bords du Sénégal, il tend à le blanchir dans nos climats tempérés. Prosper Lucas a donné l'histoire de deux familles habitant Paris, et dans lesquelles les deux races étaient représentées par les parents. Dans toutes deux, l'influence du sang blanc s'est de plus en plus accusée à chaque naissance successive.

M. Duveyrier, dans l'excellent livre où il a raconté son voyage au Sahara, apprécie et explique très-nettement les faits de même nature qu'il a constatés. Dans l'Oued-Rir, il a trouvé sur les plateaux des populations blanches ; les régions basses sont au contraire peuplées d'hommes noirs. Pourtant la race est foncièrement la même, et notre voyageur s'est assuré que les tribus de ces deux localités recevaient un nombre équivalent d'esclaves nègres, que les croisements étaient partout également fréquents. Il conclut en disant : « Le sang nègre a vaincu le sang blanc dans les lieux où le » climat se rapproche de celui de la Nigritie. Le sang blanc » a vaincu le sang nègre partout où la race blanche a re- » trouvé les conditions de son climat originel. » On ne saurait mieux dire et je n'ai rien à ajouter.

Il est aisé de voir les conséquences qui découlent des faits précédents, et les applications qu'on doit en faire dans l'étude des grandes races mixtes. Revenons sur une de celles dont nous avons déjà parlé.

Les Kafres proprement dits, les nègres mozambiques eux-mêmes, portent la trace d'une certaine infusion de sang blanc et des traces de croisement avec une race jaune. Toutefois, le type nègre prédomine chez tous deux. Cet état de choses tient probablement en grande partie à l'infériorité numérique des éléments étrangers qui sont venus se mêler à la race nègre primitive. Mais, de plus, celle-ci avait pour elle le milieu sous l'influence duquel elle s'était constituée. Il n'est donc pas surprenant qu'elle ait eu l'avantage.

Des considérations analogues expliquent l'ascendant du type hottentot chez les Griquas et chez certains Basters. Chez eux aussi, le milieu combattait en faveur de la race locale, et celle-ci devait par conséquent l'emporter.

Ainsi, toutes les fois que nous étudierons une race métisse, nous devrons rechercher autant que possible les points d'origine d'où sont partis les éléments anthropologiques qui lui ont donné naissance ; nous devrons, dans le calcul de la proportion de ces éléments, tenir compte des actions de milieu.

Passons à des considérations d'un tout autre ordre.

En présence de la grandeur et de la multiplicité du rôle joué par le croisement dans la formation des populations et des races humaines, il est impossible de ne pas se préoccuper de ses effets, de ne pas se demander s'il abaisse ou s'il élève le niveau moyen de l'humanité. Mais avant d'aborder cette question, il faut s'expliquer sur un point, fort clair pour quiconque se place sur le terrain que nous n'avons pas quitté, mais qu'on a beaucoup obscurci en faisant intervenir des considérations étrangères à la science.

Les races sont-elles égales ? existe-t-il des races inférieures et des races supérieures ? Telle est la question qu'on a fréquemment soulevée en se plaçant tantôt au point de vue religieux, tantôt au point de vue politique. Examinons-la sous le rapport exclusivement scientifique ; et, pour cela, recourons à notre terme de comparaison habituel, aux animaux. Prenons le chien pour exemple.

Dans le cours précédemment consacré à l'histoire de l'espèce et des races, nous avons vu que pour chaque espèce animale ou végétale, *tout est comme* si cette espèce avait pour point de départ une paire primitive unique. Nous avons expliqué aussi comment, en vertu des tendances de l'hérédité, tous les fils issus des mêmes parents devaient être égaux et semblables, comment il en serait de même indéfiniment si aucune cause de perturbation n'intervenait. De là, il résulte qu'en principe, et toutes choses égales d'ailleurs, les descendants d'un même couple ne peuvent qu'être égaux entre eux.

Mais pour que cette égalité se maintînt, il faudrait que l'hérédité pût agir seule et sans obstacles, il faudrait que toutes les conditions d'existence et de reproduction fussent égales.

Or, en fait, cette égalité de conditions est impossible, et par suite l'égalité des descendants et des races qui en sortent ne l'est pas moins.

Le principe est-il faux pour cela ? La loi de l'hérédité est-elle détruite ? Non, mais son action est masquée par d'autres actions. L'égalité originaire persiste, mais à l'état virtuel.

La sélection artificielle met remarquablement en lumière cette égalité latente et virtuelle. Au bout de dix générations, Daubenton obtint, des descendants purs de nos plus tristes races de moutons à laine, des toisons égales en finesse et en longueur à celles des mérinos. En somme, la plupart de nos races supérieures ont pour point de départ des races qui ne les valaient pas.

Les conditions d'existence et de reproduction ne sont pas seulement *inégales*. Elles sont plus souvent encore peut-être seulement diverses. Or, cette diversité imprime des variations correspondantes aux générations d'où sortent successivement des races différentes sans qu'on puisse, en réalité, les subordonner les unes aux autres.

Ce sont là des faits bien simples et que personne ne révoquerait en doute s'il s'agissait des animaux, des chiens par exemple. Qui n'admet dans cette espèce l'existence de races diverses par leurs aptitudes, ne pouvant, par conséquent, se suppléer mutuellement sans que pour cela l'une d'elles soit supérieure à l'autre ? Comment le chasseur classerait-il le chien courant et le chien d'arrêt, si ce n'est en tenant compte des besoins du moment ? Et, d'autre part, qui donc voudrait voir dans le chien des rues l'égal des chiens de chasse, de garde ou de luxe ? Tous nos animaux domestiques prêteraient à des considérations analogues.

L'homme seul pouvait-il échapper aux actions complexes résultant des lois de l'hérédité, du milieu, des conditions d'existence ? Non, il les a nécessairement subies. Ici encore tout à dû se passer, tout s'est passé comme chez les animaux. C'est là un fait qu'ont contesté quelques auteurs qui, surtout en Amérique, se sont placés sur le terrain de la Bible. Quelques libres penseurs leur sont venus en aide, croyant ainsi pouvoir plus aisément attaquer l'esclavage. Aux uns et aux autres, il est facile de répondre au nom de l'expérience et de l'observation.

Comparons toujours les extrêmes : le blanc et le nègre. Le premier a fondé de grands États qui ont duré des siècles ; partout il a laissé des monuments matériels et intellectuels. Chez lui, quand le flambeau de la civilisation s'éteignait chez un peuple, il se rallumait chez un autre, et brillait d'un éclat toujours plus vif. La race blanche a une histoire non-seulement politique, mais encore intellectuelle et révélant en tout des facultés progressives.

Le nègre a fondé des États parfois étendus, mais sans durée ; il n'a laissé aucun monument matériel, aucun monument intellectuel ; son histoire purement politique accuse incontestablement des instincts essentiellement stationnaires.

J'ai entendu un négrophile ardent nier ces faits généraux, et reporter à la race noire l'honneur d'avoir fondé les grands empires du Nil supérieur, d'avoir élevé les monuments de Meroë. Mais ces assertions n'ont pas besoin aujourd'hui d'être réfutées. Nous y reviendrons, du reste, plus tard avec quelque détail.

Le nègre est donc inférieur au blanc. Est-ce à dire que cette infériorité soit sans appel et irrémédiable ? Non. L'égalité virtuelle existant entre toutes les races d'une même espèce réserve l'avenir aux plus inférieures. N'oublions pas notre propre passé. Les Égyptiens, les Chinois, ont précédé probablement tous les Aryans, à coup sûr, tous les Européens dans la voie de la civilisation. Nous étions de vrais sauvages quand ils étaient à leur apogée. Aujourd'hui nous les dédaignons; un jour peut-être, nos descendants seront-ils dédaignés justement par petits-fils des nègres nos contemporains.

Quoi qu'il en soit, l'espèce humaine a, comme les espèces animales, ses races supérieures et inférieures, ses races égales, mais diverses. Quel sera le résultat du croisement entre elles ? C'est ce que nous rechercherons surtout dans la suite de ces leçons.

III

EFFETS DU CROISEMENT DES RACES HUMAINES. — THÉORIE DE M. DE GOBINEAU

Le croisement des races humaines a-t-il été, sera-t-il utile ou nuisible à l'espèce considérée dans son ensemble? Les races métisses sont-elles égales, supérieures ou inférieures aux races d'où elles sortent? Tels sont les termes dans lesquels le problème a été proposé par divers anthropologistes.

Disons tout d'abord que cette manière abstraite et absolue de poser la question n'est fondée à aucun point de vue. Nous avons vu qu'il existait des races diverses mais égales, qu'il existait aussi des races inégales. Supposer que le résultat puisse être le même, quelle que soit la valeur relative de celles qui se croiseront, est évidemment peu rationnel. Tel est pourtant le point de vue auquel s'est placé M. de Gobineau dans son *Essai sur l'inégalité des races humaines*. Sans aller aussi loin, M. Périer et l'école de Morton demandent aussi que la race la plus élevée conserve avec soin sa pureté. Il va sans dire, d'ailleurs, que pour eux ces races sont de véritables espèces.

Dans l'étude que nous allons faire, nous examinerons d'abord les doctrines de M. de Gobineau. D'une part, c'est lui qui a le plus nettement accepté toutes les conséquences des principes qui lui sont plus ou moins communs avec d'autres auteurs; d'autre part, il les a développées dans un livre intéressant, instructif à bien des égards, et qui aura rendu un service réel en éveillant l'attention du public sur bien des faits généralement trop ignorés.

Vous voyez que je rends de grand cœur justice à cet ouvrage. Mais, je dois ajouter, que pour être vraiment utile, il doit être lu avec une certaine précaution. Ce ne sont pas seulement les idées de l'auteur, ce sont aussi les faits dont il argue qui ont souvent besoin d'être appréciés à l'aide d'une critique éclairée. Quelques remarques suffiront, je pense, pour justifier ces ppréci ations.

M. de Gobineau semble tenir le milieu entre les monogénistes et les polygénistes. Il admet comme nous qu'on ne connaît pas l'homme primitif. Comme nous encore, il fait sortir de cette souche commune trois races, la blanche, la jaune et la noire. Mais pour nous, ces trois races fondamentales ont servi de point de départ à un grand nombre d'autres. Pour M. de Gobineau elles existent seules avec leurs qualités absolument radicales. Ces qualités ne peuvent être changées par quelque action que ce soit, et le milieu en particulier est absolument sans action sur elles.

Ici nous avons à signaler une contradiction manifeste. C'est précisément aux actions de milieu que l'auteur attribue la formation de ses trois races. Remontant à l'origine des choses, il admet que l'espèce encore récente n'était pas fixée et que les agents de toute sorte empruntaient une puissance extrême aux cataclysmes encore peu éloignés. De cette action énergique sur des hommes à caractères peu stables seraient résultées les trois races; mais celles-ci une fois constituées seraient devenues immuables. Or, objecterons-nous, depuis ces temps primitifs l'homme est resté le même au fond, et, pour être moins actives, les forces qui l'avaient transformé une première fois n'ont pas changé de nature. La conséquence logique des prémisses de M. de Gobineau serait donc d'accorder au milieu une influence moins énergique sans doute, mais effective. En refusant toute action au milieu actuel, l'auteur sape lui-même les fondements de son point de départ.

Il admet, il est vrai, quelques pages plus loin, que les conditions de climat, de nourriture..., etc., peuvent modifier héréditairement la taille, la couleur, la proportion des membres, etc. Donc, en réalité, il attribue aux conditions d'existence le pouvoir de former des races en prenant ce mot dans le sens que lui donnent les naturalistes.

C'est là une contradiction; et ce n'est pas la seule qui se rencontre dans ce livre. Bien souvent l'auteur se laisse emporter par sa plume et avance les assertions les plus absolues, qu'il atténue ou contredit un peu plus loin. De là résulte pour le lecteur attentif une véritable fatigue. De là peuvent aussi résulter de graves erreurs pour celui qui lit sans réflexion.

L'ouvrage de M. de Gobineau prête aussi à une autre critique générale. On y trouve trop souvent énoncés comme indiscutables, comme universellement admis, les faits les moins certains, les plus inattendus.

Ainsi l'auteur admet que la race nègre a occupé autrefois une aire beaucoup plus étendue que celle où nous la trouvons aujourd'hui. Il a sans doute raison sur ce point dans une certaine mesure. Mais il ajoute qu'elle remontait jadis jusqu'à la mer Caspienne; il lui rapporte les géants et les Choréens dont parle la Bible, et qu'il regarde comme en ayant été les représentants purs; il affirme que Goliath était un nègre. Or vous savez bien que rien ne justifie de pareilles assertions. Certes, si le géant tué par David avait eu le teint noir, la Bible n'eût pas manqué de mentionner un pareil détail.

Voici encore un exemple de la facilité avec laquelle M. de Gobineau présente comme des faits ses hypothèses les plus hasardées. Il déclare que la race jaune est originaire d'Amérique. C'est là, dit-il, qu'elle s'est constituée; c'est de là qu'elle est sortie en passant le détroit de Behring pour envahir l'Asie et l'Europe entière. Or, M. de Gobineau est le premier et le seul auteur, à ma connaissance, qui ait admis de pareilles migrations. Tout ce que nous savons du passé des populations américaines nous les montre marchant dans un sens précisément opposé, si bien que sans la découverte de l'homme fossile en Californie, on pourrait encore aujourd'hui regarder le nouveau continent comme ayant été peuplé à une époque relativement très-récente.

Ces remarques faites, voyons quelles sont les idées de M. de Gobineau sur les trois races humaines et sur les résultats de leur croisement.

Comme nous l'avons dit plus haut, ces trois races une fois constituées sont demeurées invariables dans leurs caractères physiques, intellectuels et moraux. La race noire est, aux yeux de l'auteur, entièrement livrée à l'empire et aux appétits des sens. Incapable d'apprécier l'utile, dépourvue d'intelligence et d'énergie, elle présente un cachet d'animalité très-prononcée. M. de Gobineau en fait sa *race femelle*.

La race jaune est pour lui la *race mâle*. Il lui reconnaît une certaine intelligence et lui attribue des instincts utilitaires, un grand amour du bien-être matériel, associés à une faiblesse musculaire générale et à une tendance décidée à l'obésité.

La race blanche reste, en quelque sorte, isolée et en dehors de ses deux sœurs. A elle seule appartiennent, selon M. de Gobineau, l'énergie, la beauté, la puissance physique et morale; seule elle porte en elle des instincts de liberté et d'honneur ; seule elle est douée d'initiative et de facultés organisatrices.

De ces trois races sont sorties toutes les populations du globe, et les différences que l'on observe entre ces dernières sont dues uniquement au croisement. Il y a là, vous le voyez, abus d'un principe qui n'est vrai que dans certains cas ; ou mieux, généralisation abusive d'un fait fréquent mais non pas universel, et que les conditions dans lesquelles il s'accomplit modifient en outre souvent, comme nous l'avons vu.

Selon M. de Gobineau, dans tout croisement entre races inégales l'inférieure gagne, la supérieure perd. Nous aurons à examiner plus tard si cette assertion est fondée ; mais ce qu'il nous faut montrer ici, c'est la manière dont l'auteur explique le fait qu'il affirme. Pour lui, tout dépend du *sang* en prenant ce mot dans son sens anatomique et le plus absolu. La proportion matérielle de sang blanc que possède la race croisée détermine d'avance et nécessairement le degré qu'elle occupera dans l'échelle de l'humanité. Tout se passe exactement comme si l'on mélangeait du vin et de l'alcool. Si l'on pouvait inventer un instrument qui mesurât la quantité du sang blanc coulant dans les veines d'un homme, cet instrument préciserait la valeur intellectuelle et morale des individus, comme l'alcoolomètre précise le titre d'une liqueur.

Nous verrons plus loin combien cette donnée générale est en désaccord avec les faits. L'auteur, du moins lui, reste-t-il fidèle, et en poursuit-il logiquement l'application? Non, et le reste de la théorie est en désaccord complet avec ce qui semble en être le point de départ.

En effet, du principe que nous venons d'exposer il résulte que deux races ayant la même qualité de sang blanc devraient être rigoureusement égales. La diversité des autres sangs rendrait compte de leurs différences caractéristiques. Si elles venaient à s'unir, il est évident que la quantité du sang supérieur resterait la même chez les métis, et par conséquent la race croisée ne pourrait déchoir. Telles sont les conséquences logiques que semblerait devoir accepter M. de Gobineau. Mais au contraire, il les repousse. Sans exposer les raisons qui l'ont conduit à se mettre en contradiction avec les données premières, il admet que le croisement est, par lui-même, une cause de dégradation, si bien que le croisement de deux races égales engendre une race inférieure à ses deux parentes.

C'est en partant de ces données quelque peu contradictoires que M. de Gobineau croit pouvoir expliquer l'origine, la grandeur, les vicissitudes et la fin de toutes les civilisations, de toutes les sociétés humaines. Dès le début, pourtant, se présentaient quelques difficultés bien sérieuses, et qui eussent fait hésiter tout esprit moins aventureux que celui de l'auteur. M. de Gobineau les franchit par le procédé que j'ai indiqué plus haut.

Il compte dix civilisations distinctes, savoir : les civilisations assyrienne, indienne, chinoise, égyptienne, grecque, italique, germanique, alléghanienne, mexicaine et péruvienne. A toutes il attribue un fond de races colorées, vivifiées par l'infusion d'une certaine quantité de sang blanc. Mais la race blanche pure, cette race qui porte en elle seule tout le pouvoir de création et d'organisation, a-t-elle eu sa civilisation propre? L'histoire est absolument muette sur ce point. M. de Gobineau supplée à l'histoire. Il admet que la civilisation blanche a existé antérieurement à toute autre et dans le centre de l'Asie. A l'appui de cette opinion, il n'apporte du reste d'autre preuve que l'existence de ces grands tumuli longtemps attribués aux Scythes, aux Tchoudes,... etc., et dont les recherches récentes de l'archéologie préhistorique permettent d'entrevoir l'origine. C'est un argument bien faible en matière aussi grave, et diverses objections sérieuses se présentent tout d'abord à l'esprit.

Les civilisations de métis, admises par M. de Gobineau, ont laissé des monuments bien autrement remarquables, à tous les points de vue, que les monceaux de terre et de pierres attestant seuls la civilisation de ses blancs purs hypothétiques. Lui-même ne comparerait certainement pas le plus grand de ces tumuli aux pyramides d'Égypte, aux temples de Karnac ou de Salsette, pas même aux palais de Palanqué ou aux téocalli mexicains. Toutes ces œuvres supposent *un art*, et l'art fait absolument défaut dans les tumuli. Un des principaux cachet de toute civilisation manquerait donc à ces œuvres attribuées à la race supérieure.

Pour nous, qui tenons compte avant tout de ce qu'on sait sur le passé de la race blanche, ce fait est chose toute simple. Les *blancs purs* dont parle M. de Gobineau n'étaient rien moins que civilisés au moment où ils se montrent. En Asie, ce sont les Aryas, ancêtres des Indous modernes, c'est-à-dire des conquérants encore à demi pasteurs. En Europe, ce sont les barbares qui démolissent le monde romain. Il y a plus, nous connaissons aujourd'hui les descendants sans doute les moins mélangés de la souche âryane. Ce sont les Mamongis qui, retirés dans leurs montagnes, vivent encore à la façon de leurs ancêtres et restent dans un état de barbarie quoique ayant été cernés depuis des siècles par de grands États brahmaniques, persans ou musulmans.

Rien, on le voit, ni dans le passé, ni dans le présent, n'autorise à supposer l'existence d'une *civilisation blanche pure* en donnant à ces mots le sens que leur prête M. de Gobineau. Bien au contraire, ce qui ressortirait des faits primitifs acceptés tels qu'il les raconte, c'est que le mélange de la race blanche avec les races colorées a amené un progrès immense dont toutes, sans exception, étaient incapables tant qu'elles restaient isolées ; car ce serait, d'après notre auteur lui-même, de ce mélange seulement que daterait l'*histoire*.

Ajoutons encore une observation à celles qui précèdent.

Dans la théorie de M. de Gobineau, il était nécessaire d'expliquer pourquoi ces blancs civilisés au centre de l'Asie avaient abandonné leur patrie et avaient débordé sur le reste du monde. C'est à la pression de la race jaune que l'auteur attribue ce mouvement d'émigration. Arrivant par hordes innombrables à travers le détroit de Behring, les jaunes auraient vaincu par le nombre les blancs, qui l'emportaient pourtant sur eux en force physique, en courage, en organisation. L'histoire, vous le savez bien, ne nous apprend rien de semblable. Bien plus, les traditions américaines supposent toutes des mouvements en sens inverse, comme je le rappelais dans notre dernier entretien. M. de Gobineau ne peut donc invoquer aucun fait en faveur de son hypothèse, et le peu que nous savons sur ces questions obscures conclut absolument contre lui.

Pour M. de Gobineau, les civilisations sont d'autant plus élevées, d'autant plus durables, que la race est plus pure, ou, en d'autres termes, qu'elle a dans les veines une plus forte proportion de sang blanc. Or, au début des migrations régénératrices, ce sang précieux était plus abondant. Voilà pourquoi, selon notre auteur, les plus anciennes civilisations ont été les plus remarquables à tant d'égards, pourquoi les Assyriens, les Babyloniens, ont laissé des œuvres colossales, pourquoi les civilisations brahmanique, chinoise et égyptienne ont duré si longtemps.

Ici encore, il faut bien le dire, l'auteur se met en contradiction avec les faits. Me plaçant toujours à son point de vue, je lui accorderais volontiers que le sang blanc domine chez les Brachmanes, même chez les Assyriens, qu'il regarde, avec tous les Sémites, comme issus du croisement du blanc et du nègre; mais je ne puis admettre qu'il en soit ainsi des Chinois. Ceux-ci appartiennent essentiellement à la race jaune, bien qu'ils soient bien plus mélangés qu'on ne le croit généralement. Or, en fait de durée, la civilisation chinoise ne le cède à aucune autre, et la grande muraille vaut bien, dans son genre, le temple de Bélus.

En somme, selon M. de Gobineau, tout ce que produit une civilisation énergique ou faible, durable ou passagère, est dû au sang blanc. Mais cette sorte de ferment ne conserve pas indéfiniment sa vertu. Celle-ci s'affaiblit et disparaît par des croisements répétés. En même temps tout se rapetisse et devient instable; la civilisation s'épuise et meurt. Pour qu'elle retrouve la force et la vie, une nouvelle infusion de sang blanc est indispensable. Or, jusqu'aux dernières invasions germaniques, la race privilégiée avait satisfait à ces besoins de l'humanité en décadence. Mais elle s'est épuisée dans ce dernier effort. Nulle part elle n'existe plus à l'état de pureté nécessaire, et déjà sur toute la surface du globe le sang régénérateur est dilué outre mesure. Par conséquent l'humanité a dépassé son âge mûr; elle est en plein déclin. Bientôt le mélange sera complet : chaque individu aura dans les veines $\frac{1}{7}$ de sang blanc contre $\frac{2}{7}$ de sang coloré. Alors commencera la fin du monde. Les forces physiques reprendront leur empire sur l'homme de plus en plus dégénéré : les croisements multipliés auront rendu l'espèce humaine inféconde : elle s'éteindra et disparaîtra. Six à sept mille ans ont suffi pour nous conduire au point où nous sommes; il en faudra tout au plus autant pour qu'il n'y ait plus d'hommes sur la terre.

Telles sont en gros les idées de M. de Gobineau, les déductions qu'il en tire. Je m'abstiens de les examiner en détail tout aussi bien que les conséquences politiques, sociales, etc., qu'il en fait sortir. Je me borne à faire remarquer qu'aucune science ne peut nous renseigner sur la durée future de l'humanité, et qu'en tout cas les chiffres adoptés par notre auteur devraient être considérablement augmentés par suite des découvertes récentes relatives à l'homme paléontologique.

Mais le principe sur lequel repose la théorie entière est-il fondé ? Est-il vrai que le croisement des races amène inévitablement l'abâtardissement des populations ? Là est la question fondamentale, et à l'appui de la solution qu'il en donne M. de Gobineau invoque à peu près exclusivement le témoignage de l'histoire. Suivons-le donc sur ce terrain en acceptant, sans les discuter, toutes les déterminations ethnologiques qu'il adopte lui-même, tous les faits qu'il avance. Certes, nous faisons là une grande concession. La cause que défend notre auteur y gagne-t-elle quelque chose ? Je ne le crois pas.

Certes, si jamais une nation, une civilisation, pour employer le langage de l'auteur, ont été composées d'éléments multiples, ce sont la nation, la civilisation romaines. M. de Gobineau le reconnaît et examine les éléments qu'il attribue à la Rome primitive. Ce sont des Pélasges qui, pour l'auteur, représentent la race jaune pure ; des Celtes, métis de jaunes pures et de Slaves, qui ne sont eux-mêmes que des métis du jaune et du blanc; des Ibères, issus des jaunes croisés à des Sémites, métis de blancs et de noirs; des Celtibères, fils des Ibères et des Celtes; des Venètes, Slaves; des Sicules, apportant avec eux de nouveaux éléments sémitiques; des Rasènes, ou Grecs sémitisés. Le seul élément quelque peu relevé admis par M. de Gobineau dans ce mélange de toutes les races est représenté par les Tyrrhéniens, qu'il regarde néanmoins comme fort mélangés de Sémites.

En présence de cette énumération, de ces appréciations ethnologiques, et étant admis que les mélanges, les métissages, sont une cause de mort, on se demande vraiment comment Rome a pu naître, comment elle a pu vivre.

Ce sont pourtant — M. de Gobineau l'admet — ces éléments si divers, ces métis de toutes races, qui, fondus ensemble, ont formé le peuple romain. Or, jamais race n'a certainement possédé à un plus haut degré la double puissance d'assimilation et d'infusion de son propre esprit. Rome ne conquit pas seulement le monde; elle le romanisa. Quand les barbares, les blancs purs de M. de Gobineau, entrèrent en lutte avec elle, ils furent d'abord repoussés. Vainqueurs plus tard, ils furent romanisés à leur tour. Comment concilier ces faits universellement connus avec la théorie de M. de Gobineau ?

Pourtant, comme toutes les choses de ce monde, Rome et sa civilisation devaient décliner et finir. Alors commence le moyen-âge, pendant lequel la société se renouvelle par un procédé comparable à celui qui rajeunit le vieil Æson. Et quand la Renaissance se montre, quand la société se recompose et s'asseoit de nouveau, est-ce dans les contrées qui nourrissent les races regardées comme les plus pures par l'auteur que pointe l'aurore des temps modernes ? Non, il le reconnaît lui-même. Le jour se fait d'abord là où les populations ont été le plus mélangées; et ce qui apparaît, ce sont la Grèce et Rome, qui semblent sortir vivantes de la tombe.

M. de Gobineau déplore cette résurrection gréco-romaine. Il y voit à la fois pour nous une preuve et une cause de décadence. Nous ne discuterons pas ce jugement. Il est, en tout cas, permis de voir avec peine un fait qui se produit, mais le nier est impossible.

Or, le fait même de cette résurrection accuse une puissance de vitalité bien grande dans le monde gréco-romain, et il est difficile de voir une cause de faiblesse et de mort dans le métissage d'où ce monde est sorti.

Au reste, que voudrait l'auteur ? que regrette-t-il de perdre par ces mélanges ? Partout il vante les blancs purs, les Aryas. Quel signe si grand de supériorité a-t-il trouvé chez eux ? J'ai lu et relu très-attentivement tous les passages du livre où je pouvais espérer rencontrer une réponse à ces questions, et, en réalité, je n'ai vu signalée que l'énergie guerrière. M. de Gobineau se complaît dans la peinture des races batailleuses toujours prêtes à combattre et à boire. Mais lui-même ne peut méconnaître l'orgueil farouche, l'insubordination indomptable de ces guerriers. Évidemment, s'il n'eût été entraîné par sa théorie, il se serait demandé quelle civilisation pouvait s'asseoir sur de pareilles bases; il eût reconnu la nécessité d'éléments empruntés ailleurs et d'une autre nature. Alors il aurait compris pourquoi il ne pouvait signaler d'autre civilisation blanche que celle de ses Tchoudes, et se serait mis d'accord avec les faits admis par lui-même. En effet, il reconnaît que les civilisations naissent toujours au contact des races les unes avec les autres, et seulement alors.

M. de Gobineau trouve ces civilisations fort inégales et juge qu'elles vont en s'amoindrissant. Il vante l'énergie démesurée et sans but des Assyriens, leurs colosses, leurs tours de Babel; il oppose les temples d'Ellora et de Karnac à nos monuments européens; il veut bien admirer la civilisation grecque qui témoigne si fort contre lui, mais il se rabat sur son peu de durée. Il ne dit rien des civilisations arabes, rien des Almoravides et des Almohades. Quant à notre civilisation actuelle, il n'a pour son présent et pour son avenir que le plus parfait dédain.

Ce dédain est-il mérité? Laissons de côté tout amour propre mais aussi toute modestie mal placée. Constatons des faits.

Il est très-vrai que nous ne produisons plus de tour de Babel, de temples de Karnac, d'Elephanta ou de Salsette. Le gigantesque sans but ne nous séduit plus. Mais, le but précisé, reculons-nous devant la grandeur et les difficultés d'une entreprise? Le moment serait mal choisi pour nous accuser de faiblesse. Nous venons de couper l'isthme de Suez, et le canal de M. de Lesseps a été, certes, creusé sur une autre échelle que la rigole des Pharaons. Nous venons de percer les Alpes et d'accomplir par conséquent une œuvre en dehors de tout ce que l'antiquité eût osé rêver.

Il est encore vrai que, pris en masse, nous sommes moins artistes que les Athéniens. Homère reste inimitable, l'œuvre de Phidias n'a pas été égalée. Je le veux bien. Mais sans sortir du domaine des arts, il est des points où nous sommes les maîtres. A en juger par les anecdotes, les Grecs n'ont jamais eu de Raphaël ou de Michel-Ange, pas plus que des Bethoven ou des Rossini.

Lorsqu'il nous condamne à une infériorité radicale, M. de Gobineau oublie évidemment le caractère le plus saisissant des temps modernes. Il méconnaît le développement scientifique, sans exemple, sans analogie dans le passé, et qui donne à notre civilisation une physionomie absolument nouvelle. Même en nous plaçant sur son propre terrain, en admettant tous les faits qu'il admet lui-même, mais en concluant plus logiquement qu'il ne fait, nous pouvons lui répondre: non, sans vanité, nous, les fils de races cent fois croisées, nous ne sommes pas inférieurs aux pères que vous nous donnez comme étant d'un sang plus pur. Nous sommes au moins leurs égaux; mais nous ne leur ressemblons pas. Nous manifestons la puissance humaine sous d'autres aspects. S'ils conservent à certains égards une supériorité que nous ne contestons pas, nous prenons largement notre revanche sous d'autres rapports. Voilà en réalité ce qu'enseigne la comparaison entre le passé et le présent de l'humanité, et de là même nous tirerons la conséquence que l'homme, si bien doué qu'il soit, ne saurait atteindre en même temps à tous les points extrêmes du champ livré à son activité; que chez lui le progrès, auquel je crois fermement, ne s'accomplit pas d'une manière uniforme et générale; que dans le temps, comme dans l'espace, il existe des populations, des *races* égales, mais diverses.

A. DE QUATREFAGES.

VARIÉTÉS

Discussion sur l'infection purulente à l'Académie de Médecine.

Une discussion commencée en 1869 à propos d'une communication de M. A. Guérin, interrompue deux fois, soit à cause d'autres discussions urgentes plus appropriées aux besoins du temps, soit à cause de la guerre, a été reprise au commencement de mars 1871 et a été terminée il y a deux mois à peine. Pendant la guerre civile un assez bon nombre d'académiciens étaient restés fidèles aux séances, la discussion a continué, et les préoccupations politiques qui ont suivi la guerre étrangère et la guerre civile n'ont pas davantage empêché les médecins et les chirurgiens français de poursuivre avec tous les détails, avec toutes les finesses du raisonnement et de la dialectique, l'étude d'un point encore obscur de la chirurgie : la cause et l'essence de l'infection purulente.

La grande mortalité qui atteint les blessés et les opérés est due, on le sait, à un état général grave qui suit dans un laps de temps assez rapproché les plaies ou les opérations, et qui, jusqu'ici, malgré bien des traitements préconisés par les empiriques, les physiologistes et les médecins, est encore aussi fatalement mortel qu'il l'était au commencement de ce siècle. Cet état général est ce que l'on a appelé l'infection purulente, la septicémie, la pyohémie, la diathèse purulente la phlébite des opérés, et il est considéré comme mortel dans la très-grande majorité du cas. A tel point, que M. A. Guérin, en présentant un cas de guérison d'infection purulente, le 18 mai 1869, croyait fournir un exemple d'une excessive rareté et que ses collègues mettaient même le fait en doute.

La communication d'un fait d'infection purulente guérie provoqua le rappel des observations de guérisons publiées par Vidal (de Cassis), MM. Sédillot et Nélaton. M. Broca cita un fait nouveau. M. A. Guérin, croyait à l'efficacité du sulfate de quinine, pour guérir l'infection purulente. M. Broca s'éleva contre la spécificité du sulfate de quinine, appliquant ici le principe général en vertu duquel aucune intoxication virulente ne saurait être guérie par un médicament spécifique dont l'action *antidotique* s'exercerait dans le sang même par de mystérieuses neutralisations. La question de l'infection purulente a été mise à l'ordre du jour de l'Académie, et plusieurs mois plus tard la discussion s'engagea sur un tout autre terrain, la cause et la nature de l'infection purulente.

M. Verneuil a proposé une théorie dont les linéaments se rattachent à l'école allemande de Weber, Billroth et Virchow. Suivant l'honorable académicien, la cause de l'infection purulente est un poison animal, la *sepsine* (de Bergmann, Panum et Hisch), qui passe dans l'économie par l'absorption veineuse ou lymphatique. Tantôt il y a peu de poison absorbé et il y a seulement fièvre traumatique, tantôt il y en a beaucoup et il existe une septicémie grave ou pyohémie. Cette théorie a soulevé contre elle un grand nombre d'opposition, quoiqu'elle fut défendue avec talent et appuyée pour quelques points au moins sur de solides preuves. Et nous devons dire ici, pour ne plus y revenir, qu'il en ressortait clairement qu'il y a des infections purulentes faibles et des infections purulentes fortes.

Une autre théorie a été opposée à celle de M. Verneuil, par M. A. Guérin: la théorie du miasme animal répandu dans l'air, viciant le pus et capable d'être absorbé par les surfaces des plaies. Cette explication était commandée par la croyance à la contagion de l'infection purulente, contagion qui, d'ailleurs, n'est rien moins que démontrée, et que notre génération accepte trop facilement.

M. J. Guérin, de son côté, a reproduit ce qu'il avait dit nombre de fois à propos de la méthode sous-cutanée à laquelle il a attaché son nom. Il a dit que l'infection purulente était due à l'absorption des produits putrides des plaies. Il a rappelé les travaux de MM. Conheim, Hayem et Vulpian, qui ont vu des globules blancs rentrer dans le torrent de la circulation, et en a conclu que les globules de pus semblables aux globules blancs du sang pouvaient être absorbés dans les plaies. A un faible degré l'empoisonnement de l'économie causerait une septicémie simple, la fièvre traumatique plus ou moins grave. On retrouve cette série des *maladies ébauchées* que M. J. Guérin conçoit dans toutes les fièvres graves, le choléra, la morve et le charbon. A part le souci de justifier la méthode d'aspiration du pus dans les plaies qu'il a préconisée, M. J. Guérin se rattacherait presque entièrement à la doctrine allemande et aux opinions de M. Verneuil.

Jusqu'ici il n'était point question d'autre chose que de la source du poison de l'infection purulente, le mode d'absorption était un peu négligé. MM. Legouest, Bouillaud, Chassaignac et Piorry en ont fait la remarque. Les discours des honorables académiciens ont ressuscité la doctrine de la phlébite et de l'altération du sang par le pus, c'est-à-dire la doctrine des Velpeau, Blandin, Breschet et même Cruveilhier; car si M. Piorry a dit que le pus pénétrait dans les vaisseaux par imbibition, M. Colin a dit qu'au début de l'infection purulente il y avait de petites phlébites et angioleucites capillaires suppurées.

Les débats, néanmoins, ont continué sur la nature du poison animal qui causerait l'infection purulente : Impossible de nier que le pus en était la source principale, les uns tenaient pour un produit nouveau formé dans le pus ; les autres pour des éléments de pus dissociés. M. A. Guérin est revenu sur l'idée d'un miasme chirurgical, agissant comme le miasme paludéen, ou le miasme typhique, et en a tiré la conclusion que M. J. Guérin avait tiré autrefois pour le traitement des plaies par la méthode sous-cutanée, à savoir qu'il fallait cacher les plaies pour empêcher les miasmes de venir altérer le pus normal d'une plaie.

A ce moment M. Chauffard est intervenu. Dans un de ses plus remarquables discours, il a fait une critique si juste et si serrée des propositions de MM. A. Guérin, J. Guérin et Verneuil, que la discussion a semblé épuisée. Toutes les théories de la sepsine et du miasme ont été ébranlées au point que même les organiciens les plus purs allaient se laisser entraîner à partager les doctrines vitalistes absolues de M. Chauffard sur l'infection purulente. Cependant, lorsque l'on eut échappé au charme de choses bien dites en bon français, il devint impossible d'admettre que l'infection purulente, sans préambule et en présence seulement d'un état local irritatif, fût l'œuvre de la spontanéité spécifique de l'être, « cette maîtresse majeure dont nous ne connaissons pas encore tout le pouvoir créateur », ainsi que le disait l'honorable académicien. Mais nous connaissions la diathèse purulente de Teissier, nous avions été élevé avec la théorie de la phlébite et de la spontanéité des abcès métastatiques. Nous ne sommes pas loin non plus du temps où Jourdan parlait aussi de la spontanéité spécifique causant les syphilides lorsqu'elle était provoquée par l'irritation chancreuse. L'école physiologique moderne est plus exigeante; la métaphysique pure n'est point son fait. M. Chauffard avait bien critiqué, mais il n'a pas aussi heureusement édifié, personne n'a été convaincu.

La méditation de tant de théories diverses opposées, exclusives toutes, ou presque toutes, ont ramené quelques esprits à la réalité. M. Gosselin a pris la parole, et tout son discours peut être résumé en cette formule : Les individus qui ont une ostéite épiphysaire ou une ostéomyélite aiguës, une suppuration osseuse enfin, sans plaie extérieure, meurent d'infection purulente. Ils ont des abcès métastatiques lorsque le mal a duré assez longtemps pour qu'ils puissent se produire. On ne peut donc trouver là ni la sepsine du pus altéré, ni la putridité du pus, ni le miasme contagieux. Quant à l'action spontanée de l'économie, l'activité réparatrice troublée, dont M. Chauffard fait la cause de l'infection purulente à la suite des plaies, tout en comptant l'influence des conditions de l'individu et du milieu où il vit, elle avait reçu une rude atteinte par la production de ces faits.

La suppuration osseuse sans plaie était un argument difficile à réfuter; la discussion avait besoin d'aliments nouveaux : il fallait reconstruire tout le travail fait seulement en vue des plaies et l'on pouvait dire que la discussion était terminée. Toutefois la fièvre en elle-même est devenue l'objet d'autres argumentations. M. Gosselin avait dit qu'on ne connaissait pas l'essence de la fièvre. MM. Bouillaud, Chauffard et J. Guérin ont repris une nouvelle discussion sur les fièvres putrides, où l'humorisme moderne dans ce qu'il y a de meilleur a été réhabilité. M. Bouillaud a montré que depuis Pinel jusqu'à nos jours, on avait toujours considéré les fièvres putrides, infections purulentes ou fièvres typhoïdes, comme des altérations du sang développées la plupart du temps à l'occasion d'une lésion locale, mais que l'on ne méconnaissait pas qu'elles puissent être dues à un empoisonnement.

Cette longue discussion a passé presque inaperçue, elle n'a point passionné le public ; est-ce l'effet de la guerre ? Nos esprits ont-ils été si troublés que nous n'avions plus alors le calme et l'attention nécessaires pour les travaux assidus ? On ne sait. De ce tournoi brillant où les orateurs de l'Académie se sont disputé le terrain quelquefois avec passion, il ne reste pour expliquer l'infection purulente que deux idées nouvelles ou plutôt renouvelées et une idée ancienne, défendues toutes trois avec talent. Le miasme de l'infection purulente, c'est-à-dire la contagion de l'infection purulente, le poison chimique ou sulfate de sepsine trouvé dans le pus capable de causer la pyohémie, c'est-à-dire l'altération du pus, et enfin la spontanéité purulente de l'individu, c'est-à-dire la diathèse purulente de Teissier. La doctrine de la phlébite a néanmoins gardé un certain crédit. Mieux interprétée qu'autrefois, elle est celle-là même qu'avait entrevue M. Cruveilhier. Il est si vrai que les faits valent mieux que les idées, que les ostéites suppurées bien interprétées ont renversé sans effort les théories les plus laborieusement et les plus ingénieusement construites.

ARMAND DESPRÉS,
Professeur agrégé à la Faculté de médecine de Paris.

BULLETIN DES SOCIÉTÉS SAVANTES

Institut géologique d'Autriche. — SEPTEMBRE 1871.

Le 3 octobre, l'Institut géologique a reçu la visite de l'empereur du Brésil accompagné de deux de ses chambellans. La visite a commencé à sept heures et demie du matin et a duré jusqu'à neuf heures et demie. Les membres de l'Institut géologique, présents à Vienne, ont reçu l'empereur, et, sur sa demande, lui ont fait parcourir en détail le musée et les laboratoires. Don Pedro II s'est enquis particulièrement du mode d'installation des collections et des travaux scientifiques qui s'y rattachent. Des explications nombreuses lui ont été fournies sur les publications de la Reichsanstalt et sur les excursions géologiques qu'elle charge chaque année ses membres d'exécuter. Ensuite, on a fait passer sous les yeux de l'illustre visiteur un certain nombre de feuilles, soit de la carte géologique d'ensemble de l'Empire austro-hongrois, soit des cartes de détail. L'attention du souverain du Brésil a paru vivement excitée à la vue d'une carte qui représente l'ensemble des produits combustibles fossiles de la monarchie autrichienne au triple point de vue de la production, de la consommation et de la circulation, pendant l'année 1869. Enfin, don Pedro II s'est retiré en remerciant les savants autrichiens de leur gracieux accueil, et en témoignant sa satisfaction d'avoir pu examiner en détail un établissement dont il connaissait du reste depuis longtemps la haute valeur scientifique.

NOTICES DU PROFESSEUR KARL PETERS, DE GRATZ : 1° SUR LES THERMES DE RÖMERBAD-TUEFFER; 2° SUR LA FORMATION DE LIGNITES DE BREZNA; 3° SUR DES RESTES DE PACHYDERMES TROUVÉS A VOITSBERG; 4° SUR UNE DENT DE DINOTHERIUM DE LA CAVERNE DE SCHEMMERT, PRÈS DE GRATZ; ET 5° SUR LES CAVERNES DE PEGGAU.

Les eaux thermales de Römerbad-Tüffer ont été exploitées autrefois par les Romains, elles possèdent une température de 37°,5. La région dans laquelle on les observe est riche en eaux minérales, qui généralement sourdent au fond de la vallée, et dont l'une, celle de Cilli, jaillit dans le lit même de la Save; mais la source de Römerbad-Tüffer se distingue de toutes ces eaux par l'altitude élevée de son point d'émergence et par l'âge géologique relativement très-ancien des assises au milieu desquelles elle est située. La station de bains de Römerbad-Tüffer se trouve, en effet, placée à 250 pieds au-dessus du fond d'une étroite vallée, creusée en grande partie dans le calcaire carbonifère, sur le penchant du mont Kopitnik. Contrairement à une opinion émise naguère par Zollikofer, Karl Peters assure que la source qui alimente ces bains ne sort pas de la dolomie triasique, mais qu'elle prend naissance au contact du trias et du calcaire carbonifère, lesquels sont en couches presque verticales. A l'époque romaine, le point d'émergence de l'eau minérale de Römerbad-Tüffer était un peu plus au sud-ouest, probablement au milieu de la dolomie. On voit encore aujourd'hui dans cette direction un canal rempli de limon et de débris entassés. Ce changement n'est pas le seul que les eaux thermales en question aient subi; leur teneur en chaux paraît avoir augmenté, au moins si l'on en juge d'après la présence d'un petit dépôt calcaire qui se fait dans l'un des conduits abducteurs. Le débit de la source est si abondant qu'il suffit pour amener en quelques secondes le remplissage de deux bassins de plus de 40 mètres cubes de capacité.

Du reste, la source de Franz-Josefsbad-Tüffer, comprise dans le même district, mais à une altitude moindre, est encore de beaucoup plus abondante. On demeure étonné, ajoute Peters, quand on considère l'énorme volume d'eau que fournissent les sources thermales qui jaillissent dans cette étroite vallée, depuis Cilli jusqu'à Steinbrück.

Le gisement de lignite de Brezna est situé à peu de distance de Römerbad-Tüffer. Il fournit chaque année plus d'un million de quintaux de charbon fossile, en morceaux plus ou moins volumineux, qui sont principalement employés dans les tuileries de Vienne. Malgré l'extension donnée aux travaux de la mine dans ces dernières années, on ne sait encore si ce gisement se compose d'une couche charbonneuse unique, ou s'il est constitué par deux couches distinctes. Il paraît formé par une série d'amas inégaux distribués à la suite les uns des autres, comme les perles d'un collier. Malgré ce que cette disposition offre de défavorable, l'exploitation de ce dépôt de lignite est très-avantageuse.

Le lignite repose sur la dolomie triasique; il est recouvert par le calcaire miocénique à nullipores, mais cependant, sans que le contact avec cette dernière roche soit immédiat. Il en est séparé par un banc d'eurite, semblable à ceux qui s'observent souvent ailleurs en Autriche dans la même position, et dont l'époque d'éruption correspond à la période miocène. Le toit de l'assise de lignite renferme une grande quantité des moules du cyrène et d'une autre coquille d'eau douce ressemblant à un unio.

Karl Peters a reçu de Voitsberg les débris d'un crâne et la moitié d'une mâchoire inférieure d'une espèce de rhinocéros. Ce fragment de mâchoire est garni de dents incisives qui offrent cette particularité remarquable de ressembler à des dents de ruminant. L'espèce à laquelle appartiennent ces restes devait donc être intermédiaire entre les pachydermes et les ruminants. C'est un cas nouveau à ajouter à ceux du même genre qui ont été déjà signalés, et sur lesquels nous devons rappeler que nos éminents paléontologistes français ont à diverses reprises appelé l'attention des savants.

En creusant le tunnel du chemin de fer de Gratz-Raab, on a trouvé un fragment de défense de dinothérium qui semble avoir appartenu à un individu adulte et qui se distingue par sa faible courbure. Les directeurs du chemin de fer occidental de Hongrie ont fait don de ce fossile remarquable à l'Université de Gratz.

Peters annonce que la baronne Franciska Thinnfeld a continué à faire fouiller les cavernes de Peggau, et qu'elle y a trouvé, entre autres débris, une dent canine d'*Ursus spelæus* sur laquelle il y a des marques incontestables d'un travail humain.

SUR L'ÉTAT ACTUEL DES NOUVEAUX TRAVAUX EFFECTUÉS DANS LA MINE DE SEL GEMME DE HALLSTATT, PAR ANTOINE HORINEK

Il s'agit particulièrement, dans cette notice, d'une nouvelle galerie ouverte à un niveau beaucoup plus bas que toutes celles qui servaient précédemment à l'exploitation. Cette galerie, qui a déjà une longueur de 235 toises, n'a pas encore atteint la masse saline principale, ce qui prouve que les dépôts d'argile, d'anhydrite, de gypse, etc., qui recouvrent le sel gemme, augmentent d'épaisseur vers le fond de la vallée; cependant, la coupe fournie par Horinek démontre avec évidence qu'en poursuivant la galerie commencée on ne tardera pas à atteindre le grand massif de sel gemme.

NOUVELLES DE FERDINAND VON RICHTHOFEN

Les dernières nouvelles que l'on a reçues du célèbre géologue voyageur Ferd. von Richthofen, apprennent que ce savant a dû renoncer à un quatrième voyage qu'il devait entreprendre dans l'ouest de la Chine : les massacres de Tientsin ayant rendu le pays peu sûr pour les Européens. Il s'est rendu au Japon dans l'espoir de pénétrer dans l'intérieur du pays, mais le gouvernement japonais lui en a refusé l'autorisation. Alors, il a visité les îles Liou-Kiou, où il a reçu un excellent accueil de la part des chefs indigènes. Il se disposait ensuite à retourner en Chine, et à reprendre son quatrième voyage.

Société géologique de France. — 4 DÉCEMBRE.

La société reprend et achève la discussion des articles du règlement. M. le président soumet ensuite à l'approbation des membres présents plusieurs décisions du conseil ayant trait aux collections et à la bibliothèque.

La Société décide que ces collections seront vendues, sauf celle de M. Leveillé provenant du Tourtia de Belgique et renfermant les types décrits et figurés par d'Archiac; cette collection est donnée à la Faculté des sciences, où elle devra rester indivise et pouvoir être consultée par les savants qui voudront l'étudier. Plusieurs types de Mollusques sont aussi donnés au Muséum.

M. le président rappelle ensuite que la Société doit chercher dès maintenant à fixer le lieu de sa réunion extraordinaire pour l'année 1872, et prie ceux des membres qui auraient des propositions à faire à cet égard de vouloir bien les déposer prochainement. M. Hébert signale tout de suite le département des Basses-Alpes, et propose les villes de Digne et de Castellanne comme centres d'explorations. Il appelle l'attention de la Société sur l'intérêt que présentent les terrains triasique, jurassique, crétacé et tertiaire, si développés et si riches en fossiles dans cette région.

La délimitation du terrain jurassique et du terrain crétacé, si controversée dans ces derniers temps, l'étude des couches à *Terebratula janitor*, et celle des calcaires blancs à *Terebratula Moravica* de Rougon, qui ont été et sont encore l'objet de tant de savantes discussions en France et à l'étranger, offriraient un attrait tout spécial à la réunion. M. Hébert demande que la Société prenne au plus tôt ce projet en considération, afin que les savants étrangers, qui se sont occupés de ces questions et qui désireraient assister à cette réunion, puissent être avertis en temps utile.

M. Jannettaz revient sur la communication qu'il a faite dans une séance précédente, et apporte de nouveaux documents sur les dépôts de calcaire strontianifère des environs de Paris.

M. Tombeck signale à ce sujet plusieurs horizons de strontiane sulfatée et carbonatée dans le département de la Haute-Marne : 1° Dans le portlandien supérieur à Vassy, à Brillon etc.; 2° dans la partie moyenne du néocomien (entre l'argile ostréenne et les marnes jaunes à *Toxaster complanatus*) ; 3° dans la partie inférieure, à Bethancourt, à Saint-Dizier. Dans cette dernière localité, on trouve la strontiane sous une forme pseudomorphique, les fossiles sont transformés en carbonate de strontiane. C'est à ces gisements, dit en terminant M. Tombeck, qu'il faut recourir pour trouver l'origine de la strontiane dans les couches tertiaires des environs de Paris.

M. Levallois combat les conclusions de M. Tombeck, et fait remarquer avec raison que les causes qui ont produit la strontiane dans les terrains secondaires de la Haute-Marne ont pu agir à plusieurs reprises et avoir leurs effets au commencement de la période tertiaire dans les environs de Paris. Il est par conséquent inutile de chercher à expliquer l'une par l'autre la présence de la strontiane dans ces gisements différents.

M. Munier-Chalmas fait observer que l'âge des calcaires strontianifères dont a parlé M. Jannettaz est parfaitement connu, qu'on les avait souvent confondus avec le conglomérat de Meudon, mais qu'ils lui sont inférieurs et sont caractérisés par la présence du *Cerithium inopinatum* (Deshayes), qui se retrouve en grande quantité à Mons (Belgique) dans les assises les plus inférieures du terrain tertiaire.

M. Garrigou présente un grand mémoire de M. Magnan sur la constitution géologique des Pyrénées et des Corbières, mémoire dont il donne une courte analyse. M. Magnan s'est attaché surtout à montrer la puissance et le développement du terrain crétacé dans ces régions montagneuses. Il y reconnaît dans les assises inférieures le néocomien, l'aptien, et le gault ou albien. Il appuie ses observations sur des caractères stratigraphiques et paléontologiques nombreux. Il s'étend surtout sur l'albien, dont la présence avait été contestée par M. Leymerie, et il donne à cet étage une puissance de 2000 mètres environ. M. Magnan maintient que les calcaires à *Requienia* existent dans chacun de ces trois étages. Il se trouve sur ce dernier point en contradiction avec M. Hébert qui n'aurait reconnu qu'un seul niveau de Requienies dans les Pyrénées.

M. Hébert dit à ce sujet qu'il a combattu la récurrence des calcaires à Requienies citée par M. Coquand à la Bedoule, et qu'il n'a vu qu'un seul horizon de ces calcaires dans les localités qu'il a visitées, mais qu'il n'a pas voulu étendre cette opinion à toutes les autres régions. Toutefois, un travail de M. Cayrol, qu'il est chargé de présenter à la Société, montrerait que là aussi il n'y a qu'un seul horizon de calcaires à Requienies, et que c'est par suite de failles qui ont échappé à M. Magnan que cet observateur aurait conclu à l'existence de trois horizons distincts. Ce travail de M. Cayrol donne sur la composition du gault dans les Corbières des renseignements d'un très-grand intérêt. La position de cet étage est indiquée en détail dans des coupes qui paraissent fort bien faites. M. Hébert en reproduit une sur le tableau.

M. Hébert rend compte d'un mémoire sur l'*étage tithonique*, publié en Suisse par M. Pillet, conservateur du musée de Chambéry.

Académie des sciences. — 26 Décembre 1871.

L'Académie devant se former en comité secret, la séance a été fort courte. — Nous y signalerons seulement deux faits importants.

M. Merget continue ses communications relatives à la diffusion des vapeurs de mercure et à leur influence nuisible sur les organismes vivants. Il constate que des oiseaux suspendus au-dessus d'un bain de mercure et recouvert par une cloche meurent très-rapidement. Si des morceaux de chlorure de chaux se trouvent en même temps sous la cloche, l'action délétère des vapeurs de mercure est à peu près paralysée, ou plutôt les vapeurs de mercure elles-mêmes sont transformées, à mesure qu'elles se forment, en substances parfaitement inoffensives.

Le soufre peut, à la rigueur, être substitué au chlorure de chaux, mais il a l'inconvénient de former des composés dont la présence se trahit par une odeur des plus désagréables. Le véritable préservatif de l'empoisonnement par les vapeurs mercurielles est donc le chlorure de chaux.

On se souvient que dans la dernière séance de l'Académie, M. Pasteur a répondu à des critiques adressées par M. Liebig à ses travaux sur la fermentation. M. Pasteur soutient d'une part : 1° *que toute fermentation est corrélative du développement de certains organismes vivants* ; 2° *que la transformation du vin ou de l'alcool en acide acétique est le résultat de l'action d'un végétal microscopique*, le Mycoderma aceti. « Il n'existe pas, dit M. Pasteur, dans un pays » quelconque, une goutte de vin aigri spontanément, au contact de » l'air, sans que le *Mycoderma aceti* n'ait été présent au préalable. »

M. *Pasteur* soutient d'ailleurs et démontre, par des expériences dont les résultats n'ont pas encore été infirmés, que les germes des êtres qui produisent les fermentations ou l'acétification spontanées proviennent de l'atmosphère.

Au contraire, M. Fremy, d'accord avec M. Liebig, admet que ces *ferments* résultent d'une transformation de la matière albuminoïde contenue dans les sucs fermentescibles, laquelle peut, suivant les cas, donner naissance à tel ou tel des ferments connus. Chaque ferment ne peut, du reste, suivant M. Fremy, déterminer qu'une seule espèce de fermentation.

A ce fait énoncé par M. Fremy, qu'on n'a jamais vu la fermentation alcoolique s'établir spontanément dans un verre d'eau sucrée, convenablement minéralisée et exposée à l'air, M. Pasteur répond que l'absence de fermentation alcoolique tient à ce que le développement de la levûre lactique, qui apparaît la première, empêche celui de la levûre alcoolique.

Là en était la question dans la dernière séance.

Aujourd'hui, M. *Trécul* apporte un élément nouveau dans la discussion. Lui aussi soutient que la matière albuminoïde peut donner naissance à des corpuscules mobiles, à des bactéries, que ces bactéries devenant au bout de quelque temps immobiles, sont susceptibles de se transformer en levûre lactique. A son tour, la levûre lactique peut donner naissance, soit à de la levûre alcoolique dont elle n'est, pour ainsi dire, que l'état jeune, et qu'elle précède toujours, soit au *Mycoderma cerevisiæ*. Le terme de toutes ces transformations est un *Penicillium*.

Voilà donc toute une série d'organismes, considérés d'ordinaire comme appartenant à des groupes tout à fait distincts, comme étant de nature tout à fait différente, qui ne sont, suivant M. Trécul, que les différentes phases de l'évolution d'un végétal unique dont l'état parfait, pour ainsi dire, est un *Penicillium*.

Des phénomènes de ce genre se retrouvent dans un grand nombre de végétaux et d'animaux inférieurs, quoique peut-être avec un peu moins de complexité. Quelque étrange qu'ils puissent paraître au premier abord, ils n'ont cependant rien d'insolite. A propos même des *Penicillium*, Huxley a cru voir récemment quelque chose d'analogue à ce qu'a observé M. Trécul ; mais il s'exprime cependant sur ce point avec une extrême réserve et dans une forme qui laisse percer un certain étonnement.

M. Trécul prétend déterminer les circonstances dans lesquelles ces transformations s'accomplissent. M. Pasteur, au contraire, nie formellement qu'elles puissent se produire. Il n'a jamais vu la levûre lactique se transformer ; toujours, suivant lui, elle se multiplie par division des cellules et cela avec une extrême rapidité. On peut suivre facilement cette multiplication au moyen d'un microscope à objectif inférieur de

Nachet, et s'assurer que jamais elle ne se complique de phénomènes de métamorphose ou de génération alternante.

Ainsi sont posés les termes d'une discussion qui occupera probablement une grande partie de la prochaine séance de l'Académie, et dont nous n'avons pas besoin de faire ressortir toute l'importance.

En ce qui concerne l'origine des ferments, trois opinions sont en présence :

Pour M. Pasteur, chaque ferment a son germe spécial et se développe en demeurant toujours identique avec lui-même.

Pour M. Fremy, les ferments organisés, une fois produits avec leurs caractères spéciaux, conservent ces caractères et les propriétés spéciales qui s'y rattachent ; mais divers ferments peuvent procéder d'une même substance albuminoïde qui donne naissance à l'un ou à l'autre, suivant les conditions dans lesquelles elle se trouve placée.

Pour M. Trécul, enfin, les bactéries, le ferment lactique, le ferment alcoolique, le *Mycoderma cerevisiæ*, le *Penicillium glaucum*, sont les phases successives d'un être unique qui tire lui-même son origine de la transformation d'une substance albuminoïde donnée.

Remarquons que pour M. Trécul comme pour M. Pasteur, l'apparition de la levûre lactique précède et exclut celle de la levûre alcoolique, puisque ces deux levûres ne sont que le même végétal à deux âges différents. Seulement, M. Trécul établit entre ces deux levûres un lien qui, suivant M. Pasteur, n'existe pas. De plus, pour M. Trécul, la levûre lactique est de toute nécessité précédée par l'existence d'une substance albuminoïde ; il s'ensuit que cette levûre ne devrait jamais se développer dans le verre d'eau sucrée de M. Fremy. Elle peut, au contraire, suivant M. Pasteur, s'y développer parfaitement sans aucune addition préalable de substance albuminoïde. C'est ce qu'il se propose de démontrer par l'expérience.

Dans le comité secret, on a exposé les titres des candidats à la place vacante dans la section d'économie rurale par suite de la mort de M. Payen. Les candidats sont : M. Déhérain, M. Hervé-Mangon, professeur au Conservatoire des arts et métiers, et M. Schlœsing, directeur de l'École des tabacs. L'élection aura lieu lundi prochain et sera sans doute favorable à M. Hervé-Mangon, qui a de puissants soutiens.

Académie de médecine de Paris. — 26 DÉCEMBRE 1871.

Des élections et des rapports forment encore le menu de cette séance de fin d'année. Il faut bien renouveler les commissions permanentes des épidémies, des eaux minérales, de la vaccine, des remèdes secrets et le comité de publication pour 1872. Cela s'est fait pendant que M. le docteur Foville fils lisait un travail sur la nécessité d'empêcher la fréquentation des cafés et cabarets et de tous autres lieux de réunion où se débitent les alcools pour faire une guerre plus efficace à l'alcoolisme. Il expose, à cet effet, le développement de cette funeste habitude aux États-Unis pendant la guerre de l'indépendance et fait l'historique de la fondation des sociétés de tempérance pour y porter remède. Il signale également la création féconde de ces sociétés en Angleterre et en Irlande depuis 1829. Mais il ne croit pas utile de recourir en France à ces associations, dont tous les adhérents sont tenus de prêter serment ; il suffirait de former des lieux de réunion, d'amusements, de jeux, de causeries, d'affaires, où les consommations alcooliques seraient absolument interdites. Un moyen efficace, selon nous, de favoriser ces établissements, serait de les dispenser de l'impôt des patentes en augmentant celui des débits de spiritueux.

Puis sont venus les rapports sur les prix annuels. Celui de Capuron avait cette année pour sujet : *la fréquence relative des positions occipito-postérieures dans la présentation du sommet et leur influence sur la marche du travail de l'accouchement*. Plusieurs mémoires ont été reçus, mais tous ont été éliminés par la commission à l'exception d'un seul, sous le n° 1, dont M. Blot, rapporteur, reconnaît le mérite, mais combat plusieurs erreurs et discute certaines propositions risquées, en concluant à lui accorder une somme de 1000 francs à titre d'encouragement.

Comme ces programmes tracés d'avance n'amènent ainsi que des compilations, des travaux sans originalité, la commission propose de laisser à l'avenir toute liberté à l'initiative des concurrents à ce prix, comme l'Académie l'a déjà fait pour plusieurs autres. Mais M. Devergie, appuyé par M. Depaul, ne veut pas ainsi engager l'avenir indéfiniment, car l'Académie peut, à un moment donné, vouloir éclairer une question nouvelle d'obstétrique. Sans croire que l'Académie perde sa liberté de poser une question à l'avenir par ce vote illimité, M. Blot consent à ce que la liberté soit seulement donnée aux candidats pour 1873, de traiter à leur choix un sujet quelconque, pourvu qu'il se rapporte aux accouchements. C'est un petit progrès que l'Académie a adopté à l'unanimité.

Quant au prix triennal Itard à accorder à l'auteur du meilleur livre ou mémoire de médecine pratique ou thérapeutique appliquée, ayant au moins deux ans de publication, M. Verneuil, rapporteur, annonce que sept concurrents se sont présentés, la plupart avec des titres réels à son obtention. Il en distingue notamment les travaux d'un aliéniste distingué, d'un médecin des charbonnages de la Belgique, d'un praticien distingué de la province où sévit la pustule maligne qui a cherché à éclaircir tous les doutes sur son étiologie et son traitement ; mais c'est au *Traité historique et pratique de la syphilis*, par M. Lancereaux qu'il accorde le prix de 2000 francs avec un encouragement de 700 francs au n° 6 et des mentions honorables aux n°s 4 et 5.

Une motion de M. Chauffard, appuyé de M. Vulpian, sur les retards inexplicables apportés aux remplacements des nombreuses vacances existantes dans le sein de l'Académie, va faire sortir les commissions de leur torpeur.

Société de biologie de Paris. — 16 DÉCEMBRE 1871.

M. *Ranvier* a fait des recherches qui montrent que l'*atrophie* d'un muscle déterminée par l'amaigrissement est en rapport avec l'atrophie des faisceaux primitifs. Il a comparé le muscle couturier d'un sujet vigoureux, ayant succombé à une affection aiguë, au muscle couturier d'un autre sujet primitivement vigoureux et dont la mort a été la suite d'une dysenterie chronique. Ces muscles ne contenaient pas de tissu interfasciculaire. Ils furent d'abord placés dans une solution de bichromate de potasse à 2 pour 100, jusqu'à ce qu'ils eussent perdu leur élasticité ; la mensuration des faisceaux a pu, dès lors, être faite d'une manière très-exacte ; les dimensions du muscle normal sont les suivantes : Largeur, 3 centimètres 2 millimètres ; épaisseur, 1 centimètre. Le diamètre moyen des faisceaux primitifs, 55 millièmes de millimètre. Le muscle atrophié représente les dimensions ci-après : Largeur, 1 centimètre 6 millimètres ; épaisseur, 0 centimètre 7 millimètres. Diamètre moyen des faisceaux 0^{mm},030. Le rapport des deux muscles peut être exprimé par 42 : 23, c'est-à-dire 1,8. Le rapport des faisceaux par 55 : 30 ou 1,5.

Dans une seconde communication, M. *Ranvier* montre quelle est la distribution des *étranglements annulaires* des tubes nerveux.

Après avoir plongé un nerf fraîchement cueilli sur un animal qui vient d'être sacrifié dans une solution d'acide osmique au centième, et avoir attendu vingt-quatre heures, c'est-à-dire le temps nécessaire à la pénétration du réactif dans toute l'épaisseur du nerf, lequel est alors coloré en noir, on observe sur des préparations bien faites ce qui suit : Les étranglements annulaires apparaissent avec la plus grande netteté ; la myéline est colorée en gris plus ou moins foncé ; mais au niveau de chaque étranglement, cette coloration est interrompue et laisse une ligne claire parfaitement accentuée. Les étranglements peuvent, à la faveur de ces dispositions, être exactement comptés sur le parcours du nerf. Ils sont à peu peu près à égale distance les uns des autres ; toutefois, cette distance varie sur les différents tubes d'un nerf, et aussi suivant les espèces animales. Voici quelques exemples : Chez le chien : nerf sciatique poplité interne, gros tube du diamètre de 0^{mm},01 ; distance des anneaux 0^{mm},9 à 1 millimètre ; autre tube du diamètre de 0^{mm},06 ; distance des anneaux 0^{mm},7 à 0^{mm},8. Chez la grenouille verte : nerf sciatique, gros tubes, distance des anneaux, 1^{mm},5 à 2 millimètres.

M. *Bert* rappelle la structure singulière du renflement moteur de la sensitive. On a attaché beaucoup d'importance à cette structure relativement à la cause de la sensibilité et du mouvement. Or, les cotylédons de la jeune sensitive présentent les mêmes propriétés que les feuilles ordinaires. M. Bert s'est assuré que, cependant, le lieu du mouvement dans les cotylédons a la structure ordinaire des pétioles et non celle toute spéciale des autres feuilles ; celle-ci n'a donc pas l'importance que l'on a cru pouvoir lui attribuer.

M. *Landouzy*, interne des hôpitaux, présente une tumeur de la peau sessible, arrondie, saillante, violacée, de consistance élastique. Cette tumeur, exactement limitée à la peau, ne gagnant pas le tissu cellulaire, présente, à la coupe, une coloration blanche et un suc analogue à celui que donnerait un carcinome ou un ganglion lymphatique.

M. Barèty, interne des hôpitaux, communique à la Société les deux observations suivantes :

La première est relative à un soldat qui, quatre jours après son entrée à l'hôpital Saint-Martin, présenta tout à coup les signes d'une perforation du poumon droit. Trois jours plus tard on pouvait constater un hydropneumothorax. Ce même jour, à la visite du soir, le malade présenta un phénomène singulier. — L'air de la salle était froid : le bois et le charbon manquant, on ne pouvait plus la chauffer. En découvrant rapidement la poitrine de ce malade, la surface cutanée de la poitrine dans sa partie antérieure se présenta avec une différence d'aspect à droite et à gauche, tandis que sur toute la moitié gauche l'aspect de la peau était normal, sur la moitié droite depuis le cou jusqu'à trois travers de doigt au-dessous du mamelon, et depuis le milieu du sternum jusqu'au côté droit, la peau était en quelque sorte chagrinée, les bulbes pileux faisant saillie comme dans le phénomène connu sous le nom de *chair de poule*. Cet aspect existait aussi sur le cou, vers sa base à droite et à gauche. En outre, la peau n'était moite que sur la face et le cou, sèche ailleurs. Au bout de quelques minutes, les saillies des bulbes s'étaient presque entièrement effacées. Ce phénomène ne fut observé qu'une seule fois.

Il paraît raisonnable de le rattacher à l'état du poumon et de la plèvre (hydropneumothorax), et de penser qu'il se montrait à l'occasion de l'exposition brusque de la poitrine à l'air froid.

La seconde observation se rapporte à un jeune homme de vingt-et-un ans, entré à l'hôpital Saint-Louis le 16 octobre 1870, et mort le 25 du même mois, atteint d'une varioloïde très-discrète dont la marche fut des plus heureuses. Il était en pleine convalescence, lorsque le 23 octobre au matin, dix jours après son entrée, il fut trouvé dans un état de somnolence profonde dont il ne sortit plus, étant mort trois jours après avec les symptômes d'une méningite.

Le jour même où furent constatés les premiers signes d'une méningite, vers quatre heures du soir, un phénomène fort intéressant attira l'attention : c'était la présence de nombreuses gouttelettes de sueur sur la moitié droite de la face (menton, lèvre, joue, tempe). La moitié gauche était sèche et paraissait n'être ni plus, ni moins chaude que la droite. En outre, sur le cou et la partie supérieure de la poitrine, la moitié droite paraissait plus moite et plus chaude que la gauche. Les joues et le menton étaient rosés. De plus, quand on relevait les paupières, on voyait que la pupille droite était un peu plus dilatée que la gauche. Ces phénomènes persistèrent pendant plus d'une heure.

BIBLIOGRAPHIE SCIENTIFIQUE

Bulletin des publications nouvelles

Traité d'astronomie sphérique et d'astronomie pratique, par F. Brünnow, directeur de l'Observatoire de Dublin. Édition française publiée par C. André, astronome adjoint à l'Observatoire de Paris (Paris, Gauthier-Villars). 2 vol. in-8 avec figures dans le texte.

Cours élémentaire de géologie appliquée, par Stanislas Meunier, aide-naturaliste au Muséum d'histoire naturelle (Paris, Dunod). 1 vol. in-8.

Rapport sur les travaux de la septième ambulance, par le docteur A. Desprez (Bulletin de la Société française de secours aux blessés militaires); brochure gr. in-8.

La percée des Alpes, par Enéa Bignami, traduit de l'original italien par l'auteur, avec deux autographes et deux cartes (Paris, Hachette). 1 vol. gr. in-18. 3 fr. 50.

Leçons élémentaires de géologie appliquée à l'agriculture, par A. Meggey, ingénieur en chef des mines, 2ᵉ édition (Paris, Savy). 1 vol. in-8. 5 fr.

Esprit et matière, réponse à M. le docteur Buchner, par le docteur Hubert (Paris, Savy). 1 vol. in-8. 5 fr.

First annual report of the geological survey of Indiana, made during the year 1869, by E. T. Cox, state geologist (Indianopolis, États-Unis, Alexander H. Conner). 1 vol. in-8 avec figures dans le texte, accompagné de 4 grandes cartes géologiques.

La race prussienne, par A. DE QUATREFAGES. (Paris, L. Hachette.)

Le combat terminé, nous avons bien le droit d'examiner quels sont les vainqueurs, et par une sorte de curiosité scientifique il est permis de se demander quelles seront les conséquences de la victoire. L'auteur que nous analysons ne devait pas être le dernier à se livrer à cet examen.

C'est parce qu'il s'agissait d'une guerre de races, écrit fort justement M. de Quatrefages, que nos ennemis se sont montrés aussi exigeants ; il faut ajouter, pour rester dans l'explication historique et ethnologique, que puisque la Prusse a été l'une des régions les plus tardivement habitées de l'Allemagne, en raison de l'inhospitalité de son climat et de l'improductivité de son sol, ses habitants ont dû entrer plus tard que leurs voisins dans le grand mouvement civilisateur de l'Europe. En effet, ne fût-ce qu'au point de vue scientifique, la Prusse est demeurée jusqu'au siècle dernier assez en retard sur tous les autres États allemands : ainsi, l'Université de Berlin ne compte pas même un siècle d'existence, alors que celle de la petite ville de Giessen, par exemple, remonte à 1609 ; celles de Prague, de Vienne, etc., sont plus anciennes encore. Les hivers sont longs et rigoureux en Prusse, des forêts immenses ont couvert tout le pays. Les peuples qui autrefois ont émigré là ne s'y sont pas trouvés dans des conditions climatériques faites pour adoucir les mœurs et rendre les relations bienveillantes.

Les chapitres consacrés à l'étude des habitants primitifs de la Prusse et au mélange des populations qui ont traversé le pays sont écrits de main de maître. L'auteur a bien raison de combattre le procédé de polémique qui consiste, pour les besoins de la politique de conquête, à invoquer les raisons ethnologiques tirées de la linguistique. Les journaux allemands ne s'en sont pas fait faute. Il est cependant admis sans conteste qu'on ne peut plus dire : telle langue, telle race. Les faits historiques, anciens et actuels, sont là pour attester que les peuples ont assez souvent changé de langage, pour qu'il ne soit plus possible de les agglomérer d'après ce seul indice, sans jeter le monde entier dans une série de guerres continuelles. Pour la seule et charmante petite île de Jersey, où le français est la langue officielle, nous aurions immédiatement la guerre avec l'Angleterre ; il en serait de même avec la Belgique, et je ne sais trop ce que deviendrait la Suisse !

Les Vandales, rattachés à la grande souche slave, ont occupé de bonne heure le cours supérieur de l'Elbe ; les Slaves sont très-probablement arrivés les premiers sur la Vistule, à l'époque préhistorique, qu'ils ont envahie tout entière. Attaqués par les Goths, on les voit perdre un moment une partie du littoral, mais quatre cents ans après, reprenant leur revanche, ils sont bientôt maîtres des pays voisins, en rejetant sur l'empire romain les Germains ou leurs descendants, et aux vᵉ et vıᵉ siècles, une partie de la Courlande, le Mecklembourg, la Prusse, la Poméranie, le Brandebourg, la Sibérie, tout est Slave ! Il y a là un accord complet entre les anciens historiens ethnologistes. Mais un autre peuple, de souche slave aussi, a été signalé par quelques-uns de ces mêmes historiens. Les premiers étaient blonds, de grande taille, ressemblant aux Germains sous plus d'un aspect, les derniers sont bruns et de petite taille. Tacite, Strabon, Ptolémée, etc., les ont appelés Fenni, Phinni, Zouni, Suomes, Estes, etc. Bien plus tard, au xııᵉ siècle, les Bremois ont rencontré, vers la Dwina, des peuples sauvages parlant une langue inconnue qui se nomment entre eux Lives, Lettons, Wendes, Curons, Esthons, etc. Ils descendent des précédents et ce seraient des Finnois.

L'étude de ces peuples, facilitée par les travaux d'un historien archéologue fort intelligent, qui a fait de la Scandinavie le sujet d'intéressants mémoires, M. E. Beauvois, est esquissé d'une manière sagace et lucide par M. de Quatrefage. L'origine des Slaves est connue, celle des Germains l'est aussi. Les derniers n'ont pas encore paru sur la région qui nous occupe, ou ont été repoussés bien vite des frontières extrêmes dont ils s'étaient emparés. Voici maintenant, au milieu de ces Slaves, et tout à l'heure absorbés par eux, une petite population, disséminée, il est vrai, en plusieurs peuples, mais avec des caractères spécifiques trahissant une origine commune. Ces Finnois seraient les descendants de la petite race qui a vécu en Europe pendant l'époque quaternaire. Ce sont encore de pauvres tribus humaines chassées ou accompagnées par les glaciers, ou refoulées vers la Baltique par les premières invasions aryennes. Les Esthoniens de nos jours, qui sont leurs descendants, présentent encore les principaux traits ostéologiques essentiels de cet homme quaternaire de la France et de la Belgique. Cette opinion, que M. de Quatrefages sait fort bien n'être pas celle des historiens qui font venir les Finnois du Nord-Est, mérite d'être discutée avec attention. C'est à coup sûr un des meilleurs chapitres du livre. L'auteur, quoique forcé de se restreindre, a accumulé les preuves scientifiques de toute nature. Il n'échappera pas à ceux de nos lecteurs familiarisés avec ces questions que l'auteur a encore pris pour guides les caractères physiques, et non pas seulement les données de la linguistique. A en juger par ces caractères, les Poméraniens actuels seraient les descendants des Esthoniens, de même que les Lives, les Esthoniens, et les Courlandais de nos jours sont des Finnois. Cependant la langue finnoise a totalement disparu de la Prusse. Il en sera de même bientôt en Esthonie, en Livonie et en Courlande. Dans ce dernier pays, en 1862, deux mille individus au plus se servaient encore d'un dialecte finnois; en Livonie, à la même date, douze habitants seulement parlaient la langue de leurs pères.

Dans le XIIe siècle, si fécond en transformations, les Pruczi ou Prutzi occupaient à peine la Prusse orientale d'aujourd'hui, et bien loin de conduire les Germains à la victoire, ce furent les Germains, qui, appelés par les chevaliers teutoniques, furent bientôt maîtres de tout le pays. C'est ce grand fait historique qui explique l'introduction rapide de la langue allemande. Les colons allemands formèrent la bourgeoisie des villes, la race slavo-finnoise demeura dans les campagnes, et c'est elle qui forme encore aujourd'hui la plus grande partie de la population actuelle.

Le bombardement du Muséum est raconté ensuite sous le coup vif encore d'une émotion d'indignation facile à comprendre. M. de Quatrefages a fait partie du nombre de ces savants qui sont restés fermes à leur poste, fidèles à leurs devoirs, dévoués aux intérêts de la science. Tout le monde ne fit pas de même, et l'on se rappelle encore avec peine le nombre de ces fuyards, hommes jeunes, pour la plupart, de la haute bourgeoisie, qui, pendant que tous, grands ou petits, mangions l'indigeste pain noir du siége, vivaient à très-bon compte dans toutes nos stations du Midi. J'avais lu ce chapitre avec un sentiment de tristesse, et cependant j'étais disposé à croire encore à une sorte de fatalité, à un malentendu, à des ordres mal compris. La *Gazette de Cologne* vient nous rassurer à cet égard : « A la brochure de M. de Quatrefages, dit-elle, est annexée une carte spéciale du Jardin des Plantes, sur laquelle sont exactement indiqués les points où ont éclaté les obus allemands. En effet, la plupart de ces projectiles sont tombés très-près des serres et des galeries minéralogiques, mais ceux qui sont familiarisés avec les lieux se rappellent que ces constructions ne sont pas éloignées du labyrinhte, monticule orné de cèdres du Liban, qui offrait un objectif commode aux canons allemands... Malheureusement, l'appréciation naturelle, imartiale, des événements de la guerre semble ignorée en France. »

Il n'y a rien à répondre à cet aveu. Napoléon Ier était sans doute un naïf, le jour où il envoyait, dans Moscou, un détachement de sa garde pour garantir un hôpital d'enfants, et naïf aussi fut le général Oudinot, en choisissant, lors du siége de Rome, en 1849, des positions défavorables à notre armée, mais qui permettaient d'épargner les plus beaux monuments et les richesses artistiques de la ville antique.

Fort heureusement, un revirement d'opinion se fait déjà dans les esprits, je n'ai jamais cessé d'y compter, et, le croirait-on, c'est la *Gazette de Cologne* qui donne cet exemple bon à suivre. L'un de ses correspondants, M. de Wickede, vient de faire paraître un livre intitulé : l'*Histoire de la guerre en* 1870. Témoin du siége de Paris, au milieu des troupes allemandes, il fait part de ses impressions; « partout la dévastation, les feux de bivouac allumés avec des livres précieux... Une nuée de racailles s'est précipitée d'Allemagne sur la France. Ils affluent autour de Paris, volent, pillent et excitent les soldats à piller... Les autorités civiles et militaires, dit M. de Wickede, accordaient avec une légèreté qui mérite d'être flétrie des laissez-passer à une foule de gens sur lesquels ils n'avaient pas les moindres renseignements, et ainsi des vagabonds, des escrocs et autres canailles (*Gesindel*) se faufilèrent dans notre armée... Il se passa alors bien des choses qui ne sont pas à l'honneur du nom allemand, et qui ont révolté à bon droit les Français; il n'y a rien à répondre quand ils nous accusent de barbarie et de brutalité. »

Cet aveu honorable pour l'écrivain est bon à enregistrer. Mais il faut conclure :

L'Allemagne a confié ses destinées à celui de ses confédérés qui lui est ethnologiquement le plus étranger... S'imagine-t-elle avoir inauguré un règne de justice et de paix?... Les grands et petits États, qui ne sont pas formés seulement de provinces allemandes, verront-ils ces dernières revendiquées par la Prusse au nom du droit historique et de la linguistique?... Le vainqueur se contentera-t-il de ces seules provinces, ou bien se rappellera-t-il, au moment opportun, que le Sleswig danois était aussi bon à prendre que le Sleswig allemand? Un peu plus tôt, un peu plus tard, la Russie n'élèvera-t-elle pas la voix de ses millions d'hommes, au nom du panslavisme? Alors les deux empires seront-ils d'accord pour régner à la fois sur les Germains et les Latins, ou au contraire se disputeront-ils l'un à l'autre quelques peuples ou quelques nations?

A. Dubeau.

TRAVAUX SCIENTIFIQUES ÉTRANGERS

Spectre de la comète d'Encke (III, 1871), d'après Huggins (1)

Le 8 novembre 1871, Huggins a examiné au spectroscope la comète d'Encke. D'après cet astronome, la totalité de la lumière de la comète est résolue par le prisme en une bande lumineuse, dont le bord le plus brillant et le moins réfrangible a une longueur d'onde d'environ 5160, et se trouve, par conséquent, au voisinage de T. Cette bande coïncide avec la plus brillante des bandes du spectre du carbone. En outre, on soupçonne l'existence de deux autres bandes, l'une moins réfrangible, l'autre plus réfrangible que la bande précédente.

Les observations d'Huggins montrent que le spectre de la comète d'Encke est identique avec celui des comètes de 1866 (Huggins-Secchi), de 1867 (Huggins), de 1868 (Huggins-Secchi. Wolf et Rayet), de la comète de Vinnecke (Wolf-Secchi), de la comète de 1870 (Wolf et Rayet).

G. Rayet.

(1) *Astronomische Nachrichten*, n° 1871, 19 décembre 1871.

AVIS.

Les abonnés dont l'époque de renouvellement échoit à la fin de décembre, et qui désirent à cette occasion changer les conditions de leur souscription et profiter des avantages que leur présente, soit l'abonnement d'un an, s'ils ne sont abonnés qu'au semestre, soit la souscription aux deux *Revues Scientifique* et *Politique*, sont priés d'avertir immédiatement M. Germer Baillière, en lui envoyant un mandat sur la poste ou des timbres-poste.

Les abonnés qui, d'ici à la fin de décembre, n'auront fait parvenir aucun avis au bureau de la *Revue* seront considérés comme désirant continuer leur abonnement dans les mêmes conditions. En conséquence, ils recevront par l'entremise des porteurs, soit à Paris, soit dans les départements, une quittance analogue à celle qui leur a été déjà remise lors de leur première souscription.

Le propriétaire-gérant : Germer Baillière.

PARIS. — IMPRIMERIE DE E. MARTINET, RUE MIGNON, 2.

TABLE DES MATIÈRES

ARTICLES SPÉCIAUX.

FRANCE.

Institut de France.

Académie des sciences morales et politiques.

Collége de France.

Muséum d'histoire naturelle de Paris.

Faculté de médecine de Paris.

Société météorologique de France.

Faculté des sciences de Montpellier.

Société des sciences médicales de Lyon.

Société d'agriculture du Pas-de-Calais.

ANGLETERRE-AMÉRIQUE.

Association britannique pour l'avancement des sciences.

Institution royale de la Grande-Bretagne.

Société royale d'Édimbourg.

Société Linnéenne de Londres.

Owen's College, Manchester.

Institut Midland, Birmingham.

Association américaine pour l'avancement des sciences.

BELGIQUE-SUISSE.

Académie des sciences de Belgique.

Société de physique et d'histoire naturelle de Genève.

ITALIE.

Université de Turin.

Congrès international d'anthropologie et d'archéologie préhistoriques.

ALLEMAGNE.

Académie des sciences de Berlin.

TRAVAUX SCIENTIFIQUES FRANÇAIS.

TRAVAUX SCIENTIFIQUES ÉTRANGERS.

VARIÉTÉS.

Nécrologie.

TABLE DES AUTEURS

www.ingramcontent.com/pod-product-compliance
Lightning Source LLC
LaVergne TN
LVHW080953230826
846091LV00012B/4083

* 9 7 8 2 3 2 9 7 4 8 5 4 2 *